U0196144

桩基工程手册

（第二版）

龚晓南　主编

中国建筑工业出版社

图书在版编目（CIP）数据

桩基工程手册/龚晓南主编．—2版．—北京：中国建筑工业出版社，2015.7（2024.7重印）
ISBN 978-7-112-18072-1

Ⅰ.①桩…　Ⅱ.①龚…　Ⅲ.①桩基础-工程施工-技术手册　Ⅳ.①TU473.1-62

中国版本图书馆CIP数据核字（2015）第085198号

本书结合工程建设发展需要，着重反映近年来我国在桩基工程实践中的新经验和新方法，也包含科研工作中较系统的新成果，同时适当介绍国外先进技术，并附有工程实例。全书共分19章，包括：总论，竖向荷载下单桩和群桩的承载力，单桩和群桩的沉降计算，水平荷载下单桩和群桩基础受力分析，桩的抗拔承载力，桩的负摩阻力，被动桩，桩基的结构设计，预制钢筋混凝土桩的施工，灌注桩施工，钢桩的施工，深水桩基础，特殊土地基中桩基础，复合桩基，桩的现场载荷试验，桩基抗震设计与计算，桩基工程质量检验，桩基工程的原型观测，桩基施工环境效应及对策。

责任编辑：石振华　王　梅　杨　允
责任设计：张　虹
责任校对：陈晶晶　赵　颖

桩基工程手册（第二版）
龚晓南　主编
*
中国建筑工业出版社出版、发行（北京西郊百万庄）
各地新华书店、建筑书店经销
霸州市顺浩图文科技发展有限公司制版
天津画中画印刷有限公司印刷
*
开本：787×1092毫米　1/16　印张：70　字数：1746千字
2016年1月第二版　2024年7月第十二次印刷
定价：**168.00**元
ISBN 978-7-112-18072-1
（27309）

《桩基工程手册》（第二版）编写委员会

主　编：龚晓南

委　员：章履远　高文生　陈竹昌　赵明华　刘祖德

冯忠居　魏汝龙　黄绍铭　李耀良　沈保汉

周国然　滕文川　李　亮　龚一鸣　潘凯云

关立军　鹿　群

各章编写人

第 1 章　总论　龚晓南

第 2 章　竖向荷载下单桩和群桩的承载力　高文生　刘金砺

第 3 章　单桩和群桩的沉降计算　陈竹昌

第 4 章　水平荷载下单桩和群桩基础受力分析　赵明华　邹新军　邓友生

第 5 章　桩的抗拔承载力　刘祖德　杜　斌

第 6 章　桩的负摩阻力　冯忠居

第 7 章　被动桩　魏汝龙　王年香　杨守华　高长胜

第 8 章　桩基的结构设计　黄绍铭　岳建勇　刘陕南

第 9 章　预制钢筋混凝土桩的施工　李耀良　张日红

第 10 章　灌注桩施工　沈保汉　张海春　熊宗喜

第 11 章　钢桩的施工　李耀良

第 12 章　深水桩基础　周国然

第 13 章　特殊土地基中桩基础

13.1　概述　龚晓南

13.2　湿陷性黄土地基中桩基础　滕文川

13.3　盐渍土地基中桩基础　滕文川　鲁海涛

13.4　冻土地基中桩基础　滕文川　曾晓东

13.5　膨胀土地基中桩基础　李　亮

13.6　岩溶地基中桩基础　赵明华

第 14 章　复合桩基　龚晓南

第 15 章　桩的现场载荷试验　龚一鸣　张耀年　施　峰

第 16 章　桩基抗震设计与计算　潘凯云　罗强军　高国家

第 17 章　桩基工程质量检验　关立军

第 18 章　桩基工程的原型观测　魏汝龙　王年香　杨守华　高长胜　何　宁

第 19 章　桩基施工环境效应及对策　鹿　群　龚晓南

序（第二版）

桩基础是土木工程建设中应用最多的基础形式，在建筑工程、交通工程、港口工程、海洋工程等领域得到广泛应用。改革开放以来，我国土木工程建设发展很快。随着土木工程建设的发展，我国桩基工程发展也很快，在新桩型引进和研发、桩基工程理论研究、桩基工程设计计算水平、桩基施工机械和施工工艺、桩基工程监测技术以及桩基工程施工管理等各个方面都有了长足的发展。为了总结近二十年来我国在桩基工程领域理论和实践的新发展，总结经验，更好地为工程建设服务，中国建筑工业出版社委托浙江大学滨海和城市岩土工程研究中心龚晓南教授，邀请有关桩基工程专家、学者，在《桩基工程手册》（第一版）（1995，中国建筑工业出版社）的基础上组织编写《桩基工程手册》（第二版）。

《桩基工程手册》（第二版）与第一版相比，在章节设置上增加了桩的抗拔承载力，桩的负摩阻力，特殊土地基中桩基础，复合桩基，桩基抗震设计与计算，桩基施工环境效应及对策等章节，内容较全面。《桩基工程手册》（第二版）在广度和深度上都有较大的发展，较好地反映了我国桩基技术的发展，希望《桩基工程手册》（第二版）的出版推动我国桩基技术水平的进一步发展。

中国工程院院士 周镜

2015年8月26日

序（第一版）

城市建设立体化，交通高速化，以及改善综合居住环境已成为现代土木工程的特征。现代土木工程建设对地基基础提出了更高的要求，桩基础在高层建筑、桥梁、港口以及近海结构等工程中正在广泛应用。新的桩型、新的施工工艺、新的桩材被采用，桩基工程设计计算理论、方法，施工工艺，原型试验及检测方法发展很快。新中国成立以来，特别是改革开放以后，我国城市高层建筑和道路桥梁的地基基础大量采用了桩基，在设计和施工的过程中研究解决了不少特殊问题并积累了许多实践经验。为了总结我国在桩基工程领域的理论和实践，供土木工程技术人员在从事桩基础设计、施工、监测工作，以及土木类大专院校有关专业师生应用参考，中国土木工程学会土力学及基础工程学会地基处理学术委员会应中国建筑工业出版社委托，邀请全国桩基工程专家，学者，组成《桩基工程手册》编写委员会，负责《桩基工程手册》的编写组织工作。在建筑、交通、铁道等各部门桩基工程同行的大力支持下，完成了《桩基工程手册》编写工作。它反映了我国目前桩基工程的先进水平，希望《桩基工程手册》的出版进一步推动我国桩基工程的发展。

中国科学院院士

卢肇钧

1995 年 8 月

前　言

《桩基工程手册》(第一版) 于1995年出版，至今已近20年。在这段时间我国土木工程建设发展很快，桩基技术也得到很多发展。无论是新桩型的应用、桩基施工技术、桩基设计水平、桩基理论研究、桩基监测技术以及桩基施工管理等各个方面都有了长足的发展，受中国建筑工业出版社的委托组织编写《桩基工程手册》(第二版)。

《桩基工程手册》(第二版) 的对象与第一版基本相同，以从事桩基工程设计和施工的中等以上工程技术人员为主，内容结合工程建设发展需要，着重反映近年来我国在桩基工程实践中的新鲜经验，也包含科研工作中较系统的新成果，并适当介绍国外先进技术，尽可能附有工程实例。

桩基工程的质量和承载能力，不仅与场地工程地质条件有关，而且与桩基施工工艺、程序和施工队伍的经验有密切关联。因此，读者在使用《桩基工程手册》中介绍的方法、试验数据、计算参数和工程实例时，应结合当地的经验和施工条件全面考虑，不宜盲目套用。《桩基工程手册》(第二版) 与第一版一样主要针对建筑工程的桩基，兼顾桥梁及港口码头用桩。

《桩基工程手册》(第二版) 与第一版相比，章节设置上增加了桩的抗拔承载力，桩的负摩阻力，特殊土地基中桩基础，复合桩基，桩基抗震设计与计算，桩基施工环境效应及对策等章节，桩基设计原则合并在总论中介绍。《桩基工程手册》(第二版) 与第一版相比，广度和深度都有较大的发展，如在现浇钢筋混凝土桩的施工中增设了静钻植桩工法。《桩基工程手册》(第二版) 共分十九章，包括：总论，竖向荷载下单桩和群桩的承载力，单桩和群桩的沉降计算，水平荷载下单桩和群桩基础受力分析，桩的抗拔承载力，桩的负摩阻力，被动桩，桩基的结构设计，预制钢筋混凝土桩的施工，灌注桩施工，钢桩的施工，深水桩基础，特殊土地基中桩基础，复合桩基，桩的现场载荷试验，桩基抗震设计与计算，桩基工程质量检验，桩基工程的原型观测，桩基施工环境效应及对策。

《桩基工程手册》(第二版) 由浙江大学滨海和城市岩土工程研究中心龚晓南教授主编，参加各章编写工作的有：中国建筑科学研究院高文生研究员，同济大学陈竹昌教授，湖南大学赵明华、邹新军教授，武汉大学刘祖德和杜斌教授，长安大学冯忠居教授，南京水利科学研究院魏汝龙、王年香、杨守华和高长胜研究员，上海民用设计院黄绍铭、岳建勇和刘陕南教授级高工，上海基础工程公司李耀良教授级高工，浙东建材公司张日红研究员，北京建筑工程研究院沈保汉研究员，浙江建筑投资集团章履远教授级高工，上海三航局设计院周国然教授级高工，甘肃土木工程科学研究院滕文川、鲁海涛教授级高工和曾晓东教授级高工，中南大学李亮教授，福建省建筑科学研究院龚一鸣、张耀年、施峰教授级高工，云南怡成建筑设计有限公司潘凯云教授级高工，中国建筑科学研究院关立军研究员，天津城建大学鹿群教授等。

《手册》编写工程中得到全国有关同行的支持，提供了大量资料。浙江大学滨海和城市岩土工程研究中心博士研究生周佳锦、陶燕丽、刘念武和豆红强，研究生孙中菊和朱旻为部分书稿打印、制图、校对，周佳锦、刘峰、朱旻和王志琰为编排索引等做了大量工作。《手册》是集体辛勤劳动的产物，借此向所有为本手册作出贡献的同志致以衷心感谢。

《手册》中如有错误和不当之处，敬请读者批评指出。为便于再次印刷和再版时增补订正，来函请寄：杭州浙江大学紫金港校区安中大楼（A415 室）浙江大学滨海和城市岩土工程研究中心龚晓南（E-mail：13906508026@163.com）。

龚晓南

浙江大学滨海和城市岩土工程研究中心

2015 年 8 月 16 日

目　录

第1章　总　　论

龚晓南　（浙江大学滨海和城市岩土工程研究中心）

1.1　桩和桩基础及其效用

桩是在地基中设置的柱型构件，依靠地基土体提供的侧摩阻力和端阻力承担荷载。通过打入、压入或植入设置的称为预制桩；通过钻孔灌注设置的称为灌注桩。按工程应用，桩主要有三类：第一类桩与地基及连接桩顶的承台组成桩基础，用于承担上部结构传来的竖向和水平荷载；第二类桩主要用于支挡土压力，如基坑围护结构中的支护桩、边坡加固中的抗滑桩等；第三类桩用于形成复合地基。第一类桩是主要的，占工程应用的大多数。第二类桩主要承受水平荷载。第二类桩中用于基坑围护的支护桩设计、施工，因为在深基坑工程设计施工手册等著作和手册中已有详细介绍，本手册不再介绍。同样用于形成复合地基的第三类桩，在复合地基理论及工程应用等著作和手册中已有详细介绍，本手册也不再介绍。本手册主要介绍上述的第一类桩及第二类桩中的被动桩。

在地基中设置的各类钢筋混凝土桩、钢桩和木桩可与地基、承台组成桩基础。桩基础是一种人工地基，广义上也可将桩基础视为一类地基处理手段。当天然地基不能满足工程建设所要求的稳定和变形要求时，需要通过处理形成人工地基以满足工程建设的要求。常用的人工地基有三大类：桩基础、复合地基、经土质改良形成的人工地基。建筑工程中，最常用的是桩基础。顺便指出，在地基处理过程中通过土质改良形成的增强体，如各类水泥土桩，以及在地基中设置的散体材料桩，如碎石桩，不属于桩基础中的桩。

桩的效用是通过桩侧土的抗力和桩端土的抗力，将上部结构的荷载传递给地基土层。通过桩基础可将上部结构的荷载传递到地基深部较坚硬、压缩性小的土层或岩层。采用桩基础可以提供较大的竖向承载力和水平承载力，使产生的沉降量较小。

在一般建筑工程中，桩承受竖向载荷为主，但在港口、桥梁、高耸塔形建筑、近海钻采平台、支挡结构等工程中，桩还需承受较大的水平载荷。

1.2　桩和桩基础发展概况

桩的应用历史可以追溯到远古时代，当人类有简单土木工程活动时，就开始用木桩加固地基。早在新石器时代，人类在湖泊和沼泽地里，木桩搭台作为水上住所。浙江余姚河姆渡新石器时代遗址发现了遗存的木桩，距今已有6000余年。我国汉朝已用木桩修桥。到宋朝，桩基技术已比较成熟，上海的龙华塔和太原的晋祠圣母殿等都是现存的北宋年代修建的桩基建筑物。在世界各地保存有许多人类在古代使用木桩支承房屋、桥梁、码头等的遗存，如英国保存有一些罗马时代修建的木桩基础的桥和居民点。

随着钢铁冶炼业的发展，19世纪20年代，开始使用铸铁板桩修筑围堰和码头。到20世纪初，美国出现了各种形式的型钢，特别是H形的钢桩受到营造商的重视。美国密西西比河上的钢桥大量采用钢桩基础，到20世纪30年代在欧洲建造钢桥也大量采用钢桩基础。二次世界大战后，随着冶炼技术的进一步发展，各种直径的无缝钢管也被作为桩材用于基础工程。上海宝钢工程中，曾使用直径为900mm、长约60m的钢管桩基础。1998年建成的88层上海金茂大厦，桩的最大深度达83m。

随着钢筋混凝土的发展，20世纪初预制和现浇钢筋混凝土桩得到了应用。我国20世纪50年代开始生产预制钢筋混凝土桩，多为方桩。1949年美国雷蒙德混凝土桩公司最早用离心机生产了中空预应力钢筋混凝土管桩。我国铁路系统于20世纪50年代末也开始生产使用预应力钢筋混凝土桩。现在各类预应力钢筋混凝土管桩在我国各地土木工程建设中得到广泛应用。

20世纪20到30年代开始应用沉管灌注混凝土桩。上海在20世纪30年代修建的一些高层建筑的基础，就曾采用沉管灌注混凝土桩，如Franki桩和Vibro桩。到20世纪50年代，随着大型钻孔机械的发展，出现了钻孔灌注混凝土或钢筋混凝土桩。在20世纪50～60年代，我国的铁路和公路桥梁，曾大量采用钻孔灌注混凝土桩和挖孔灌注桩。

从成桩工艺的发展过程看，最早采用的桩基施工方法是打入法。打入的工艺从手锤到自由落锤，然后发展到蒸汽驱动，柴油驱动和压缩空气为动力的各种打桩机。另外，还发展了电动的振动打桩机和静力压桩机。

随着就地灌注桩，特别是钻孔灌注桩的出现，钻孔机械也在不断改进。如适用于地下水位以上的长、短螺旋钻孔机；适用于不同地层的各种正、反循环钻孔机，旋转套管机，冲击钻机等等。为提高灌注桩的承载力，出现了各种异形桩和扩大桩端直径的扩底桩，出现了孔底或桩周压浆的新工艺。桩的施工方法不断增多，近年来植桩法也在我国得到快速发展，如静钻根植桩法和中掘植桩法等。

目前，桩基的成桩工艺还在不断发展中。

1.3 桩的分类及适用范围

根据不同目的，桩可以有不同的分类，现作简要介绍。

1）按桩身材料分类

按桩身材料可分为木桩、钢桩、混凝土桩和钢筋混凝土桩，以及组合桩。钢桩又可分钢管桩、型钢桩和钢板桩等；混凝土桩和钢筋混凝土桩又可分为预制钢筋混凝土桩、就地灌注混凝土桩和钢筋混凝土桩两大类。预制钢筋混凝土桩又可分普通钢筋混凝土桩和预应力钢筋混凝土桩，预应力钢筋混凝土桩又可分先张法预应力钢筋混凝土桩和后张法预应力钢筋混凝土桩两类。组合桩是指一根桩用两种材料组成。较早采用的水下桩基，泥面以下用木桩而水中部分用混凝土桩。这种组合桩在上海20世纪30年代曾用过，现在已经很少使用了。

2）按桩身形状分类

按桩身形状可分为圆桩、管桩、正方形桩及各种异形桩。管桩横截面又可分外圆内圆、外圆内方和外方内圆三类；异形桩有竹节桩、支盘桩、DX桩、X形桩、Y形桩等。

3）按成桩方法对土层的影响分类

不同成桩方法对周围土层的扰动程度、对周边环境的影响不同，同时也影响桩承载能力的发挥和计算参数的选用。按成桩方法对土层的影响一般可分为挤土桩、部分挤土桩、非挤土桩三类。

（1）挤土桩，也称排土桩。在成桩过程中，桩周围的土被压密或挤开，因而使周围土层受到严重扰动，土的原始结构遭到破坏，土的工程性质有很大改变（与原始状态比较）。这类桩主要有打入或压入的预制木桩和混凝土桩；打入的封底钢管桩和混凝土管桩；以及沉管式就地灌注桩等。

（2）部分挤土桩，也称微排土桩。在成桩过程中，桩周围的土受到轻微或较小的扰动，土的原状结构和工程性质的变化不明显。这类桩主要有打入小截面的I型和H型钢柱，钢板桩；开口式的钢管桩（管内土挖除），以及螺旋桩等。

（3）非挤土桩，也称非排土桩。成桩过程中，将与桩体积相同的土挖出，因而桩周围的土较少受到扰动，但有应力松弛现象。这类桩主要有各种形式的挖孔或者钻孔桩，井筒管桩和预钻孔埋桩等。

4）按桩的作用功能分类

按桩的作用功能分类，可以主要分为用于桩基础中的桩、用于支挡土压力的桩和用于形成复合地基中的桩三大类。

5）按承受荷载类别和荷载传递机理分类

按承受荷载类别分类，可分为主要承受竖向承压荷载的桩、主要承受水平向荷载的桩、主要承受竖向拉拔荷载的桩以及承受上述多种荷载组合作用的桩。如在高耸塔形建筑物和水中的高桩承台基础中，桩要承受风和波浪所引起的往复拉和压的荷载。

对主要承受竖向承压荷载的桩，按荷载传递机理又可分为摩擦桩、端承桩和端承摩擦桩三类。

（1）摩擦桩。桩承担的竖向荷载主要通过桩身侧表面与土层的摩阻力传递给周围的土层，桩端承受的荷载很小，一般不超过10%。如设置在深厚软土地基和松砂地基中的桩。这类桩基的沉降较大。

（2）端承桩。桩承担的竖向荷载主要通过桩端传递给土层，通过桩身侧表面与土层的摩阻力传递给周围的土层的荷载很小。如通过软弱土层桩尖嵌入基岩的嵌岩桩，桩承担的大部分竖向荷载通过桩身直接传给基岩，桩的承载力主要由桩的端部提供。设计中一般不考虑桩侧摩阻力的作用，如武汉长江大桥的管桩基础。如果桩的长细比较大，由于桩本身的压缩，桩侧摩阻力也可能部分地发挥作用。

（3）端承摩擦桩。桩承担的竖向荷载通过桩的端阻力和侧壁摩阻力传递给土层，两者比例都较大。如穿过软弱地层嵌入较坚实的硬黏土或砂、砾持力层的桩。这类桩的端承力和侧壁摩阻力所分担荷载的比例，与桩径、桩长、土层的厚度和性质，以及持力层的刚度有关。

主要承受水平向荷载的桩，桩身要承受弯矩力，其整体稳定性则靠桩侧土的被动土压力、水平支撑或拉锚来平衡。如抗滑桩、港口码头工程用的板桩、基坑支护桩等都是主要承受水平向荷载的桩。

主要承受竖向拉拔荷载的抗拔桩，拉拔荷载依靠桩侧摩阻力承受，如深厚软基中地下工程的抗浮桩、板桩墙后的锚桩等。

6）按成桩的方法和工艺分类

按成桩的方法和工艺分类，可分为打入桩、压入桩、植入桩和就地灌注桩。随科学技术和施工机械的发展，不断出现一些新的成桩方法和工艺，这里仅介绍常用的成桩方法形成的桩。

（1）打入桩。将预制桩用击打或振动法打入地层至设计要求标高。打入的机械有自由落锤、蒸汽锤、柴油锤、压缩空气锤和振动锤等。遇到难于通过的较坚实地层时，可辅之以射水枪。预制桩包括木桩、钢筋混凝土桩和钢桩。打入桩往往产生较大的施工噪声，造成环境影响。

（2）压入桩。利用无噪声的各类压桩机械将预制桩压入到设计标高。

（3）就地灌注桩。按成孔的工艺又可分为沉管灌注桩和钻孔灌注桩两大类。沉管灌注桩的成孔方法是将钢管打入土层到设计标高，然后灌注混凝土。灌注混凝土过程中，可逐渐将钢管拔出。钻孔灌注桩使用各种钻孔机械成孔，然后灌注混凝土。在成孔过程中，根据土层情况和钻孔机械可分为采用泥浆护壁和不采用护壁两类。就地灌注桩施工过程中对孔壁周围土层扰动很小。成孔机械有冲击钻、旋转钻、长螺旋和短螺旋等。在地下水位以上土层中做灌注桩时，也可采用人工挖孔法。为提高灌注桩的承载力，可用管内锤击法或扩孔器将桩的端部扩大，也可将桩身局部扩大，形成扩底桩或葫芦形桩。

（4）植入桩。如静钻根植桩法，采用螺旋钻机先将桩位至设计处标高的土钻松，并注入水泥浆，然后植入预制桩到设计标高；又如中掘植桩法，通过螺旋钻机在管桩中不断取土在地基中植入管桩。

7）其他分类方法

按桩的直径可分为微型桩、普通桩和大直径桩。三者间很难有统一分类标准。有的将直径小于 300mm 的称为微型桩，有的将直径小于 250mm 的称为微型桩；有的将直径大于 800mm 的灌注桩称为大直径灌注桩，有的则将直径大于 1200mm 的灌注桩称为大直径灌注桩。

按桩的长度可分为短桩、普通桩、长桩和超长桩。按桩长分类也很难有统一分类标准。目前，我国工程用灌注桩已超过 100m。

1.4 桩基工程勘察要点

桩基工程勘察属于岩土工程勘察，是岩土工程勘察的一部分。桩基工程勘察的基本内容和技术要求应符合岩土工程勘察的一般要求。岩土工程师应根据桩基工程特点和区域性工程地质特点制定桩基工程勘察方案，确定勘探点的布置和勘探深度，提出需要测定的土工参数和采用的测定方法。

一般情况下，桩基工程勘察包括下述内容：

（1）查明场地地基岩土层分布情况，各层的厚度、深度及变化规律，各层土的物理力学性质指标，提出可作为桩端持力层的岩土层。

（2）查明水文地质条件，判定水质对桩身材料是否具有腐蚀性，评价地下水对桩基设计和施工的影响。

(3) 查明不良地质构造、特殊岩土层、可液化土层分布，评价其对桩基的危害程度，并提出防治措施和建议。

(4) 对桩基施工条件、可能产生的环境效应及减小环境影响的措施提出建议。

对端承桩，对桩端持力层层面起伏的控制要求较高；对摩擦桩，为了控制工后沉降和差异沉降，对桩端下卧可压缩土层的厚度及平面变化规律的控制要求较高；对端承摩擦桩，为了较正确评价桩的端承力，控制工后沉降和差异沉降，不仅对桩端持力层层面起伏和厚度的控制要求较高，而且对持力层下卧可压缩土层的厚度及平面变化规律的控制要求也较高。采用桩基础，可将上部结构的荷载传递到地基深部较坚硬、压缩性小的土层或岩层，桩基工程勘察勘探孔一般较深。对桩端持力层层面起伏的控制要求较高，或对桩端下卧可压缩土层的厚度及平面变化规律的控制要求较高，桩基工程勘察勘探孔的间距一般较小。对端承桩和端承摩擦桩，详细掌握桩端持力层的岩土工程特性非常重要。

桩基工程勘察应满足桩基设计和施工的要求，根据桩基工程特点进行岩土工程勘察。

1.5 桩和桩基础的设计原则

地基基础工程设计要做到保证质量、保护环境、安全适用、节约能源、经济合理和技术先进，桩和桩基础的设计也不例外，总的设计原则是一致的。为了满足上述要求，以下要点在桩和桩基础设计中要予以重视。

桩和桩基础具有可提供较大的承载力、工后沉降小、能较好控制由荷载不均或由压缩性土层厚度差异较大可能造成的沉降差等优点，在工程建设中得到广泛应用。虽然桩和桩基础具有很多优点，但并不是任何情况下都适用的，它也有适用范围。以建筑工程为例，常用的地基基础形式有三类：浅基础、桩基础和复合地基。应根据场地岩土工程条件和设计要求，通过与浅基础和复合地基在适用性、技术和经济合理性、工期等多方面进行比较分析，决定是否选用桩基础。

不同工程类型对采用的桩基有不同的使用功能和要求，如：建筑桩基、桥梁桩基、港口码头桩基、抗滑桩等工程中桩所承受荷载有较大差异，使用功能和变形要求也不同。除承载力和变形要求外，桥梁桩基和港口码头桩基要进行防冲刷稳定验算，桥梁桩基、港口码头桩基和抗滑桩一般要进行稳定分析。不同工程类型中桩和桩基有特殊性，设计要予以重视。

在进行桩和桩基设计前，应详细了解场地工程地质条件和水文地质条件，荷载大小及分布情况，工后沉降控制要求，场地周边环境情况，施工机械条件及地区经验，通过比较分析确定选用桩型，如采用端承桩或摩擦桩，还是端承摩擦桩；是方形桩还是圆形桩；还需确定桩身的材料，如采用钢筋混凝土桩，还是钢桩，还是木桩；还需确定施工方法和施工工艺，如采用打入桩，还是压入桩，还是植入桩，还是就地灌注桩等。

桩的承载能力既取决于由桩侧土摩阻力和桩端土端承力提供的承载能力，也取决于由桩身强度自身的承载能力。上述两者中取较小值为桩的承载能力，因此桩的承载能力设计，应使二者数值较为接近，以节约资源，节省工程费用。该原则对竖向承压桩、抗拔桩和承受水平荷载的桩的设计都是适用的。

对端承桩，持力层的选用非常重要；对摩擦桩，要重视下卧压缩土层产生的工后沉降；对端承摩擦桩，要合理评价由桩侧土摩阻力提供的承载能力和由桩端土端承力提供的承载能力两者的比例。

桩的长度对桩的受力性状有较大影响，严密一点应该说，桩土相对刚度对桩的受力性状有较大影响。桩土相对刚度与桩土材料模量比、桩的长径比有关。桩土材料模量比小，桩土相对刚度小，桩的长径比大，桩土相对刚度小。长桩和超长桩的设计要重视长桩和超长桩的承载特性对桩的承载能力的影响。

在实际工程中常采用群桩基础，群桩中每根桩的受力性状，与单桩的受力性状是有差异的。两者的差异与地基土性质、桩间距、承台刚度、桩基属于端承桩还是摩擦桩等因素有关。在桩基设计中要考虑群桩效应对桩基承载能力的影响。

桩基设计还要考虑桩基施工对周围环境的影响。桩基施工的环境效应主要表现下述几个方面：挤土桩施工对周围土体产生挤压，对周围建（构）筑物及地下管线可能造成不良影响，严重将影响正常使用，甚至造成破坏；锤击式沉桩的噪声、振动对周围环境造成不良影响，影响正常工作和生活；非挤土灌注桩施工产生排污可能造成环境污染。在桩基设计中一定要考虑桩基施工对周围环境可能造成的不良影响。当桩基施工可能对周围环境造成不良影响时，应采取有效措施，减小桩基施工对周围环境的影响，控制在合理范围。

特殊土地基中的桩基设计一定要重视特殊土特性对桩基受力性状的影响。特殊土地基主要包括湿陷性黄土地基，盐渍土地基，冻土地基，膨胀土地基，以及岩溶地基等。特殊土地基中的桩基设计应重视的问题及对策请参阅第13章。欠固结土地基中的桩基设计要考虑土层固结可能产生的负摩阻力问题。

在传统建筑桩基理论中，一般不考虑桩间土直接参与承担荷载。近20年来，人们从不同出发点不断探讨如何让桩间土也能直接承担部分荷载，发展形成了复合桩基概念。在复合桩基中，桩和桩间土直接承担荷载。这里要强调的是在荷载作用下，桩和桩间土能够同时直接承担荷载是有条件的。如：由端承桩形成的桩筏基础，在荷载作用下，桩间土是不能够与桩同时直接承担荷载的；由摩擦桩形成的桩筏基础，在荷载作用下，要保证桩间土能够与桩同时直接承担荷载也是有条件的。在荷载作用的全过程中，要求通过桩和桩间土的变形协调，保证桩和桩间土能够同时直接承担荷载。在复合桩基的设计和施工中，一定要重视形成复合桩基的条件。不能保证桩和桩间土能够同时直接承担荷载，而视为复合桩基是偏不安全的，轻则降低工程安全储备，重则造成安全事故。

另外，设计还要考虑施工的可能性，方便施工。

坚持正确的设计原则，坚持概念设计，精心设计，就能做到保证质量、保护环境、安全适用、节约能源、经济合理和技术先进的要求。

1.6 桩基础发展展望

虽然桩基础的应用已有几千年历史，但随着现代化建设和城市化进程的发展，桩基础工程还有很大的发展空间。桩基础是土木工程中最常用的基础形式，其应用量大面广。在桩基工程理论和工程实践发展方面，虽已取得长足的进步，但在许多方面仍不能满足工程建设的需要。在工程建设的需要的推动下，近年来桩基工程理论和工程应用研究发展很快。

在桩基础计算理论方面，人们对单桩和群桩在竖向和水平向荷载作用下的荷载传递机理和规律开展了深入研究，特别是对超长桩和异形桩的荷载传递机理和规律研究更多。在深入研究桩在荷载作用下的荷载传递机理和规律的基础上，人们不断发展单桩和群桩的承载力和沉降计算理论，尤其是超长桩和异形桩的承载力和沉降计算理论。

地基工后沉降会对桩基础产生负摩阻力，将对桩基础承载力和沉降产生重要影响。处理不当造成工程事故也常有发生。人们不断重视和深入开展地基沉降对桩基础产生的负摩阻力发展规律研究和负摩阻力对桩基础承载力和沉降的影响研究，发展有关设计计算理论。

考虑摩擦型桩和桩间土共同承担荷载的复合桩基理论在我国还会得到不断发展，重视复合桩基的形成条件、适用范围和沉降计算。按沉降控制设计理论和设计计算方法、变刚度调平设计理论将会在我国得到发展和应用。

在桩体尺寸和桩体形状方面，为了满足高层、超高层建筑物、大型桥梁、高塔等承载的需要，超长桩和大直径桩越来越多。如：上海金茂大厦钢管桩以地面以下 80m 的砂层作为桩端持力层，桩径为 914.4mm；温州和厦门地区最长灌注桩均已超过 100m；南京长江二桥主塔墩基础钻孔灌注桩深度 150m，直径为 3m。在超长桩设计计算和工程应用中，应结合超长桩荷载传递机理和规律的研究，重视超长桩的工作特性。在桩体形状方面：近年各地发展了多种异形桩，如挤扩支盘桩、DX 桩、X 形桩、Y 形桩等；在异形桩应用中应重视施工质量和异形断面对桩基承载力的影响，特别是现浇形成的异形桩。在我国管桩发展很快，管桩种类也很多，在断面形状上有外圆内圆、外方内圆、外圆内方等多种形状，有普通管桩和预应力管桩，预应力管桩又有先张式预应力和后张式预应力管桩两类。在管桩应用中应重视管桩施工过程中的挤土效应，压桩过程中的挤土效应会对已设置的桩和周围构筑物产生不良影响。要重视工程地质条件对管桩设置的影响，还要合理评估各类管桩的抗拔承载力。近年来，还发展了大直径薄壁筒桩，筒桩施工是利用内外两层钢管套装在预制的钢筋混凝土环形桩靴上，在顶部中高频振动器作用下，将两层钢管沉入地基到达设计标高，放入钢筋笼，灌入混凝土，边振动边拔管直至钢管全部拔出地面，这样便形成中心填充有地基土的筒形桩体。在钢管沉入过程中，套入内管的土芯中部分土体可从排土孔排出，施工过程中挤土效应很小。不放入钢筋笼，直接灌入混凝土，就形成素混凝土筒桩。

在桩的施工工艺方面发展空间很大，除各种打入法、压入法和就地灌注法外，植入桩法近年得到发展，且会有较大发展空间。植入桩法具有环保、节能，质量较可靠的优点。另外，灌注桩后注浆技术也在工程中得到应用，灌注桩后注浆技术可有效提高桩的承载力。

随着中西部开发的进一步发展，特殊土地基，如湿陷性黄土地基、盐渍土地基、冻土地基、膨胀土地基和岩溶地基中桩基础应用会越来越多，特殊土地基在桩基础施工工艺、设计计算方法、桩基工作性状研究都会有较大发展。

总之，虽然桩基础应用年代久且随着现代化进展已得到很大发展，但无论是桩基础计算理论还是工程应用都还有很大的发展空间。土木工程建设发展的需要是桩基础计算理论和工程应用不断发展的动力。

1.7 关于地基承载力和桩基承载力表达形式的说明

我国在不同时期、不同行业的规范中，对地基承载力和桩基承载力的表达采用了不同的形式和不同的测定方法。因此，在已发表的论文、工程案例、出版的著作和已完成的设计文件中对地基承载力和桩基承载力也采用了多种不同的表达形式。下面先讨论地基承载力的表达形式，然后讨论桩基承载力的表达形式。

对地基承载力的表达形式主要有下述几种：地基极限承载力、地基容许承载力、地基承载力特征值、地基承载力标准值、地基承载力基本值以及地基承载力设计值等等。在介绍上述不同表述的地基承载力概念前，先介绍土塑性力学中关于条形基础 Prandtl 极限承载力解的基本概念。

条形基础 Prandtl 极限承载力解的极限状态示意图如图 1.7-1 所示。

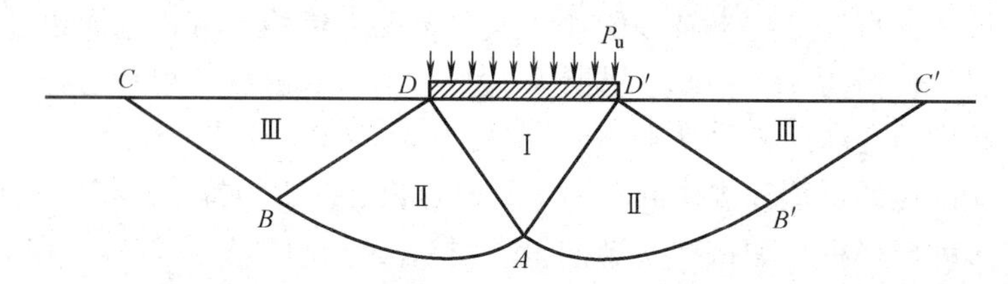

图 1.7-1 Prandtl 解示意图

设条形基础作用在地基上的压力为均匀分布，基础底面光滑。地基为半无限体，土体服从为刚塑性假设，即土体中应力小于屈服应力时，土体表现为刚体，不产生变形。当土中应力达到屈服应力时，土体处塑性流动状态。土体的抗剪强度指标为 c、φ。在求解中不考虑土体的自重。根据土塑性理论，当条形基础上荷载处于极限状态时，地基中产生的塑性流动区如图 1.7-1 中所示。图中Ⅰ和Ⅲ区为等腰三角形，Ⅱ区为楔形，其中 AB 和 AB' 为对数螺线。图 1.7-1 中 $\angle ADD'$ 和 $\angle AD'D$ 为 $\frac{\pi}{4}+\frac{\varphi}{2}$，$\angle BCD$ 和 $B'C'D'$ 为 $\frac{\pi}{4}-\frac{\varphi}{2}$，$\angle ADB$ 和 $\angle AD'B'$ 为 $\frac{\pi}{2}$。

根据极限分析理论或滑移线理论，可得到条形基础极限荷载表达式为：

$$P_u=c\cot\varphi\left[\frac{1+\sin\varphi}{1-\sin\varphi}\exp(\pi\tan\varphi)-1\right] \tag{1.7.1}$$

式中 c——土体黏聚力；

φ——内摩擦角。

当 $\varphi=0$ 时，式（1.7.1）蜕化成

$$P_u=(2+\pi)c \tag{1.7.2}$$

土力学及基础工程中的太沙基地基承载力解等表达形式均源自该 Prandtl 解，可根据一定的条件，通过对式（1.7.1）进行修正获得。

地基极限承载力是地基处于极限状态时所能承担的最大荷载，或者说地基产生失稳破坏前所能承担的最大荷载。

地基极限承载力也可通过荷载试验确定。在荷载试验过程中，通常取地基处于失稳破

坏前所能承担的最大荷载为极限承载力值。

对某一地基而言，一般说来其地基极限承载力值是唯一的。或者说对某一地基，其地基极限承载力值是一确定值。

地基容许承载力是通过地基极限承载力除以安全系数得到的。影响安全系数取值的因素很多，如安全系数取值大小与建筑物的重要性、建筑物的基础类型、采用的设计计算方法以及设计计算水平等因素有关，还与国家的综合实力、生活水平以及建设业主的实力等因素有关。

因此，一般说来对某一地基而言，其地基容许承载力值不是唯一的。

在工程设计中安全系数取值不同，地基容许承载力值也就不同。安全系数取值大，工程安全储备也大；安全系数取值小，工程安全储备也小。

在工程设计中，地基容许承载力是设计人员能利用的最大地基承载力值，或者说地基承载力设计取值不能容许超过地基容许承载力值。

地基极限承载力和地基容许承载力是国内外最常用的概念。

地基承载力特征值、地基承载力标准值、地基承载力基本值、地基承载力设计值等都是与相应的规范规程配套使用的地基承载力表达形式。

现行《建筑地基基础设计规范》GB 50007—2011 采用的地基承载力表达形式是地基承载力特征值，对应的荷载效应为标准组合。在条文说明中对地基承载力特征值的解释为“用以表示正常使用极限状态计算时采用的地基承载力的设计使用值，其含义即为在发挥正常使用功能时所允许采用的抗力设计值”。规范中还对地基承载力特征值的试验测定作出了具体规定。

《建筑地基基础设计规范》GBJ 7—89 采用地基承载力标准值、地基承载力基本值和地基承载力设计值等表达形式。地基承载力标准值是按该规范规定的标准试验方法经规范规定的方法统计处理后确定的地基承载力值。也可以根据土的物理和力学性质指标，根据规范 提供的表确定地基承载力基本值，再经规范规定的方法折算后得到地基承载力标准值。对地基承载力标准值，经规范规定的方法进行基础深度、宽度等修正后可得到地基承载力设计值，对应的荷载效应为基本组合。这里的地基承载力设计值应理解为工程设计时可利用的最大地基承载力取值。

在某种意义上，可以将上述规范中所述的地基承载力特征值和地基承载力设计值理解为地基容许承载力值，而地基承载力标准值和地基承载力基本值是为了获得上述地基承载力设计值的中间过程取值。

对桩基承载力的表达形式主要也有下述几种：桩基极限承载力、桩基容许承载力、桩基承载力特征值、桩基承载力标准值、桩基承载力基本值以及桩基承载力设计值等等。

桩基极限承载力是桩基础处于极限状态时所能承担的最大荷载，或者说桩基础产生失稳破坏前所能承担的最大荷载。

桩基极限承载力可通过荷载试验确定。在荷载试验过程中，通常取桩基础处于失稳破坏前所能承担的最大荷载为极限承载力值。

对某一桩基础而言，一般说来其桩基极限承载力值是唯一的。或者说对某一桩基础，其桩基极限承载力值是一确定值。

桩基极限承载力既取决于由桩侧土摩阻力和桩端土端承力提供的极限承载能力，也取决于由桩身强度所能提供的极限承载能力。荷载试验确定的桩基极限承载力是上述两者中的较小值。

桩基容许承载力是通过桩基极限承载力除以安全系数得到的。影响安全系数取值的因素很多，如安全系数取值大小与建筑物的重要性、建筑物的基础类型、采用的设计计算方法以及设计计算水平等因素有关，还与国家的综合实力、生活水平以及建设业主的实力等因素有关。因此，一般说来对某一桩基而言，其容许承载力值不是唯一的。

在桩基工程设计中安全系数取值不同，桩基容许承载力值也就不同。安全系数取值大，工程安全储备也大；安全系数取值小，工程安全储备也小。在桩基工程中，桩基容许承载力是设计人员能利用的最大桩基承载力值，或者说桩基承载力设计取值不能超过桩基容许承载力值。与地基极限承载力和地基容许承载力一样，桩基极限承载力和桩基容许承载力是国内外最常用的概念。而桩基承载力特征值、标准值、基本值、设计值等都是与相应的规范规程配套使用的桩基承载力表达形式，不能离开相应的规范规程去使用它。

笔者认为掌握了桩基极限承载力、桩基容许承载力以及安全系数这些最基本的概念，就不难在此基础上理解各行业现行及各个时期的规范内容，并能够使用现行规范进行工程设计。

参考文献

[1] 编写委员会. 桩基工程手册，北京：中国建筑工业出版社，1995.
[2] 刘金砺主编，李大展、高文生副主编. 桩基工程技术进展. 北京：知识产权出版社，2005.

第2章　竖向荷载下单桩和群桩的承载力

高文生　刘金砺　（中国建筑科学研究院）

2.1　概述

对于桩基而言，多数情况下是用来承受竖向荷载的，竖向荷载下单桩和群桩的承载力的确定和验算是桩基设计计算的主要内容。虽然实际工程中桩基所处的地质条件千差万别，桩型各异，施工方法多种多样，受力性状各不相同。但有一点是相同的，即竖向荷载下单桩和群桩，都是经桩身通过桩侧土或桩端土向下传递荷载的。

2.1.1　竖向荷载下桩基的工作原理

竖向荷载下，桩基础的功能是将作用于承台的竖向荷载传递到深部土层，以满足上部结构物对于基础的承载力和变形的要求。由于现代建筑材料性能和成桩技术的发展，对于各种地质条件、不同荷载大小，均可通过变化桩的截面、长度和数量，以及进入良好持力层不同深度等来实现上述要求。

竖向承载桩基可由单根桩或多根桩构成，但工程实际中大多数为多根桩构成的群桩。群桩桩顶与承台相连，承台将荷载传递于各基桩桩顶或承台底与承台周围地基土，形成协调承受上部荷载的承台-桩群-土体系。

桩顶竖向荷载由桩侧摩阻力和桩端阻力承受。以剪应力形式传递给桩周土体的荷载最终也将扩散分布于桩侧土层和桩端持力层。持力层受桩端荷载和桩侧荷载而压缩（含部分剪切变形），桩基因此产生沉降。

单桩的承载力随桩的几何尺寸与外形、桩周与桩端土的性质、成桩工艺等而变化。对于群桩基础，由于承台与桩顶同步沉降，承台底面的土必然受到压缩从而产生土反力，该土反力也分担一部分荷载。

由于群桩的承台-桩群-土的相互影响和共同作用，群桩的工作性质与破坏特征与单桩迥然不同。群桩设计时，不仅要掌握单桩的性状和承载力的变化规律，还需考虑群桩基础的群桩效应。

2.1.2　影响单桩竖向承载力的因素

1. 桩侧土的性质与土层分布

桩侧土的强度与变形性质影响桩侧阻力的发挥性状与大小，从而影响单桩承载力的性状与大小。桩侧土的某些特性，如湿陷性、可液化性、欠固结等，将在一定条件下引起桩侧阻力降低，甚至出现负摩阻力，从而使单桩承载力显著降低。

桩侧土层的分布不仅影响桩侧阻力沿桩身的分布，而且影响单桩的承载力。如湿陷性土、可液化土、欠固结土层分布于桩身下部，则会使因这些土层的沉降而产生的负摩阻力的中性点深度大于这些土层分布于桩身上部的情况，从而使单桩所受下拉荷载增加，承载力降幅增大。软硬土层、黏性土与非黏性土层分布的相对位置也会影响侧阻力的发挥特性。

2. 桩端土层的性质

桩端持力层的类别与性质直接影响桩端阻力的大小和沉降量。低压缩性、高强度的砂、砾、岩层是理想的具有高端阻力的持力层。特别是桩端是砂、砾层中的挤土桩，可获得很高的端阻力。高压缩性、低强度的软土几乎不能提供桩端阻力，并导致桩发生突进型破坏（Q-s 呈陡降型），桩的沉降量和沉降的时间效应显著增加。

3. 桩的几何特征

桩的总侧阻力与其表面积成正比，因此为提高桩的承载力，可采用较大比表面积（表面积与桩身体积之比 A/V）的桩身几何外形，如 Δ、I、"糖葫芦"形等。为提高总桩端阻力，采用钻扩、挖扩、夯扩等扩底桩则是很常见的。

桩的直径、长度及其比值（长径 L/d）是影响总侧阻力和总端阻力的比值、桩端阻力的发挥程度和单桩承载力的主要因素之一。相同的土层、采用不同长径比，或相同的材料用量，采用不同的桩径、桩长，可获得明显不同的单桩承载力。

4. 成桩效应

挤土桩、非挤土桩、部分挤土桩三大类成桩工艺的成桩效应是不同的。成桩效应影响桩的承载力及其随时间的变化。一般来说，饱和土中的成桩效应大于非饱和土的，桩群的大于独立单桩的。

各类成桩工艺的质量稳定性是不同的，因此成桩质量对于承载力的影响也不容忽视。如预制桩的桩身质量稳定性高于灌注桩，灌注桩中干作业的质量稳定性高于泥浆护壁作业，干作业中人工挖孔的质量稳定性又高于机械作业，等等。

5. 其他因素的影响

除上述直接因素外，尚有许多其他间接条件的变化也会对桩基承载力产生影响，如地震、地裂缝、洪水、地下水位变化和岩溶发育等。既有建筑桩基周边进行新工程建设时，会对既有建筑桩基产生不同程度的影响，有时甚至是严重影响，如基坑开挖、地铁穿越或相邻施工等。

2.1.3 桩基的竖向极限承载力

桩基础的竖向极限承载力包括两层含义：一是桩基结构自身的极限承载力；二是支承桩基结构的地基土极限承载力。通常情况下，桩基的极限承载力是由地基土极限承载力所制约。

1. 单桩的竖向极限承载力

单桩竖向静力荷载试验是确定单桩竖向极限承载力和宏观评价桩承载变形性状的可靠依据。静载试验所得荷载-沉降（Q-s）曲线的型态随桩侧和桩端土层的分布与性质、成桩工艺、桩的形状和尺寸（桩径、桩长及其比值）、应力历史等诸多因素而变化。常见的 Q-s 线型大体可划分为如图 2.1-1 所示的两种基本类型，即"陡降型"和"缓变型"。前者，Q-s 出现明显陡降段，相应的沉降梯度剧增，破坏点明显，称其为"突进型"破坏；后者，当荷载值超过一临界值后，沉降梯度的变化趋缓或趋于常量，称此为"渐进型"破坏（刘金砺，1990）。

对于陡降型 Q-s，其极限承载力即为与破坏荷载相等的陡降起始点荷载。对于缓变型 Q-s，极限承载力取值方法诸多，如有的取 Q-s 曲线斜率转变为常数或斜率减小的起始点

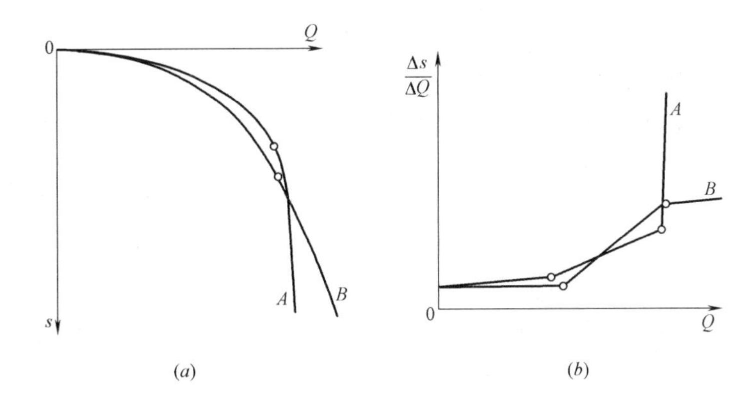

图 2.1-1 单桩静载试验曲线

(a) 荷载-沉降 Q-s；(b) 荷载-沉降梯度 $\Delta s/\Delta Q$-Q

荷载为极限承载力，即 $\Delta s/\Delta Q$-Q 曲线的第二拐点（图 2.1-1b），有的取 s-lg$t$（t 为历时）曲线尾部明显弯曲的前一级荷载为极限承载力，有的取 s-lg$Q$ 曲线转变为陡降直线的起始点荷载为极限承载力；有的取 lg$s$-lg$Q$ 第二直线交会点荷载为极限承载力，等等。其方法不下 20 种，但在许多情况下，常因荷载特征点不明显，使取值结果带有任意性，加之有的取值方法的物理意义并不明确，因而对于缓变型 Q-s 的极限承载力宜综合判定取值。由于对 Q-s 呈缓变型的桩，荷载达到"极限承载力"后再施加荷载，并不会导致桩的失稳和沉降的显著增大，即承载力并未达到极限，因而该极限承载力实际为"拟极限承载力"。

按照以可靠性理论为基础的极限状态设计准则，第一类极限状态一承载能力极限状态是：结构物（桩基）达到最大承载能力或不适于继续承载的变形。因此，对于 Q-s 呈缓变型的单桩，可按控制沉降量确定其极限承载力。中国、苏联和西欧某些国家已逐步采用这种取值方法，特别是对于大直径桩。一般根据上部结构类型和对沉降的敏感度取某一沉降值所对应的荷载为极限承载力。该极限沉降值通常取 40～60mm 或（3%～6%）D（D 为桩端直径）。桩径小、群桩基础、上部结构对不均匀沉降敏感者取低沉降值；反之，取高沉降值。

对于单桩基础，其工作性状与单桩静载试验是一致的，因此，按上述方法确定的单桩极限承载力即为桩基的极限承载力。

2. 群桩的竖向极限承载力

对于群桩基础，其承载力因群桩效应而发生不同于单桩的变化，一般情况下，群桩基础的承载力由三部分组成：各基桩的桩侧阻力、桩端阻力和承台竖向土阻力。群桩基础受竖向荷载后，承台、桩群、土形成一个相互作用、共同工作体系，其变形和承载力均受相互作用的影响和制约。

2.1.4 桩基竖向承载力的确定方法

1. 单桩竖向承载力的确定方法

单桩极限承载力 Q_u 由总极限侧阻力 Q_{su} 和总极限端阻力 Q_{pu} 组成，若忽略两者间的相互影响，可表示为：

$$Q_u = Q_{su} + Q_{pu}$$

$$=\sum U_i l_i q_{sui}+A_p q_{pu} \tag{2.1.1}$$

式中 l_i、U_i——桩周第 i 层土厚度和相应的桩身周长；

A_p——桩端底面积；

q_{sui}、q_{pu}——第 i 层土的极限侧阻力和持力层极限端阻力。

Q_u、q_{sui}、q_{pu}的确定通常采用下列几种方法。

（1）原型试验法

原型静载试验是传统的也是最可靠的确定承载力的方法。它不仅可确定桩的极限承载力，而且通过埋设各类测试元件可获得荷载传递、桩侧阻力、桩端阻力、荷载-沉降关系等诸多资料。由于试验费用、工期、设备等原因，往往只能对部分工程的少量桩进行试验，《建筑桩基技术规范》JGJ 94—2008 规定，对于设计等级为甲级的建筑桩基，应通过单桩静载试验确定。

（2）静力学计算法

根据桩侧阻力、桩端阻力的破坏机理，按照静力学原理，采用土的强度参数，分别对桩侧阻力和桩端阻力进行计算。由于计算模式、强度参数与实际的某些差异，计算结果的可靠性受到限制，往往只用于一般工程或重要工程的初步设计阶段，或与其他方法综合比较确定承载力。

（3）原位测试法

对地基土进行原位测试，利用桩的静载试验与原位测试参数间的经验关系，确定桩的侧阻力和端阻力。常用的原位测试法有：静力触探法（CPT）；标准贯入试验法（SPT）；旁压试验法（PMT）。

（4）经验法

根据静载试验结果与桩侧、桩端土层的物理性指标进行统计分析，建立桩侧阻力、桩端阻力与物理性指标间的经验关系，利用这种关系预估单桩承载力。这种经验法简便而经济，但由于各地区间土的变异性大，加之成桩质量有一定离散性，因此，经验法预估承载力的可靠性相对较低。一般只适于初步设计阶段和一般工程，或与其他方法综合比较确定承载力。经验法用于地区性规范的可靠性是较高的。

2. 群桩竖向承载力的确定方法

由于通过载荷试验确定群桩基础承载力难于实现，传统也是现行的办法是，以单桩极限承载力为已知参数，根据承台效应（群桩效应）系数计算群桩极限承载力。

2.2 单桩竖向抗压承载力

2.2.1 竖向荷载下单桩的荷载传递特性

竖向荷载下单桩的荷载传递特性是指，作用在桩顶的竖向荷载通过桩与桩周土的作用（桩侧阻力、桩端阻力），将荷载传递到桩侧与桩端下地基土中的规律与特点，以及与其相伴的沉降变形特性。

1. 桩、土体系的荷载传递

桩侧阻力与桩端阻力的发挥过程就是桩、土体系荷载的传递过程。桩顶受竖向荷载后，桩身压缩而向下位移，桩侧表面受到土的向上摩阻力，桩身荷载通过发挥出来的侧阻力传递到桩周土层中去，从而使桩身压缩变形随深度递减。随着荷载增加，桩端出现竖向位移和桩端反力。桩端位移加大了桩身各截面的位移，并促使桩侧阻力进一步发挥。一般靠近桩身上部土层的侧阻力先于下部土层发挥，而侧阻力先于端阻力发挥出来。

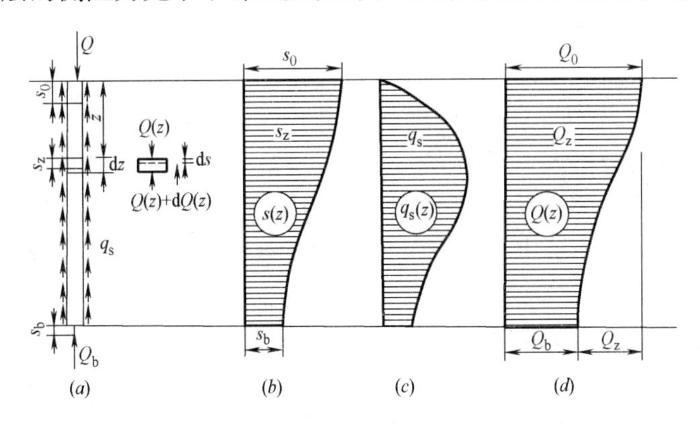

图 2.2-1 桩土体系荷载传递分析

由图 2.2-1（*a*）看出，任一深度 z 桩身截面的荷载为：

$$Q(z)=Q_0-u\int_0^z q_s(z)\mathrm{d}z \tag{2.2.1}$$

竖向位移为：

$$s(z)=s_0-\frac{1}{E_pA}\int_0^z Q(z)\mathrm{d}z \tag{2.2.2}$$

由微分段 dz 的竖向平衡可求得 $q_s(z)$ 为：

$$q_s(z)=-\frac{1}{U}\frac{\mathrm{d}Q(z)}{\mathrm{d}z} \tag{2.2.3}$$

微分段 dz 的压缩量为：

$$\mathrm{d}s(z)=-\frac{Q(z)}{AE_p}\mathrm{d}z$$

故

$$Q(z)=-AE_p\frac{\mathrm{d}W(z)}{\mathrm{d}z} \tag{2.2.4}$$

将式（2.2.4）代入式（2.2.3）得：

$$q_s(z)=\frac{AE_p}{U}\frac{\mathrm{d}^2s(z)}{\mathrm{d}z^2} \tag{2.2.5}$$

式（2.2.1）～（2.2.5）中 A——桩身截面面积；

E_p——桩身弹性模量；

U——桩身周长。

式（2.2.5）就是桩土体系荷载传递分析计算的基本微分方程，通过在桩身埋设应力或位移测试元件，利用式（2.2.3）和式（2.2.4）即可求得轴力和侧阻沿桩身的变化曲线（图 2.2-1*c*、*d*）。

2. 荷载传递性状随有关因素的变化

Mattes 和 Poulos（1969，1971）通过理论分析得到桩土体系荷载传递性状随有关因素变化的一般规律如下：

(1) 桩端土与桩周土的刚度比 E_b/E_s 愈小，桩身轴力沿深度衰减愈快，即传递到桩端的荷载愈小。在桩的长径比 $L/d=25$ 情况下，$E_b/E_s=1$ 时，即均匀土层中，桩端阻力占总荷载约5%，即接近于纯摩擦桩；当 E_b/E_s 增大到100时，其端阻力占总荷载约60%，即属于端承载，桩身下部侧阻的发挥值相应降低；E_b/E_s 再继续增大，对端阻分担荷载比影响不大。

(2) 随桩土刚度比 E_c/E_s（桩身刚度与桩侧土刚度之比）的增大，传递到桩端的荷载增大，侧阻发挥值也相应增大；但当 $E_b/E_s \geqslant 1000$ 后，端阻分担的荷载比变化不明显。

(3) 随桩的长径比 L/d 增大，传递到桩端的荷载减小，桩身下部侧阻发挥值相应降低。当 $L/d \geqslant 40$，在均匀土层中，其端阻分担的荷载比趋于零；当 $L/d \geqslant 100$，不论桩端刚度多大，其端阻分担荷载值小到可忽略不计。

(4) 随桩端扩径比 D/d 增大，桩端分担荷载比增加。对于均匀土层中的中长桩（$L/d=25$），其桩端分担荷载比，等直径桩仅约5%，$D/d=3$ 的扩底桩可增至约35%。

上述荷载传递的理论分析结果说明，单桩极限承载力所对应的某特定土层的极限侧阻力 q_{su} 和极限端阻力 q_{pu}，由于桩长与桩径比或桩端、桩周土刚度比异常，或由于该土层分布位置的变化，其发挥值是不同的。为有效发挥桩的承载性能和取得最佳经济效果，设计时应根据土层的分布与性质，运用桩土体系荷载传递特性，合理确定桩径、桩长、桩端持力层等。

3. 单桩的荷载-沉降特性

单桩竖向静力荷载试验的荷载-沉降（Q-s）曲线是桩土体系荷载传递、侧阻和端阻发挥性状的综合反映。Q-s 线型随桩侧土层分布与性质、桩径、桩长、长径比、成桩工艺与成桩质量等诸多因素而变化。由于桩侧阻力一般先于桩端阻力发挥出来（支承于坚硬基岩的短桩除外），因此 Q-s 曲线的前段主要受侧阻力制约，而后段则主要受端阻力制约。但是，对下列情况则例外：

一是超长桩（$L/d>100$），Q-s 全程受侧阻性状制约；

二是短桩（$L/d<10$）和支承于较硬持力层上的短至中长（$L/d \leqslant 25$）扩底桩，Q-s 前段同时受侧阻和端阻性状的制约；

三是支承于岩层上的短桩，Q-s 全程受端阻制约。

单桩 Q-s 曲线与只受基底土性状制约的平板载荷试验不同，它是总侧阻 Q_s、总端阻 Q_p 随沉降发挥过程的综合反映，因此，许多情况下不出现初始线性变形段，端阻力的破坏模式与特征也难以由 Q-s 明确反映出来。

从下面介绍的几种工程实践中常见 Q-s 曲线，可进一步剖析荷载传递和承载力性状。

(1) 软弱土层中的摩擦桩（超长桩除外）。由于桩端一般为刺入剪切破坏，桩端阻力分担的荷载比例小，Q-s 曲线呈陡降型，破坏特点明显，如图2.2-2（a）所示。

(2) 桩端持力层为砂土、粉土的桩。由于端阻所占比例大，发挥端阻所需位移大，Q-s 曲线呈缓变型，破坏特征不明显，如图2.2-2（b）所示。桩端阻力的潜力虽较大，但对于建筑物而言已失去利用价值，因此常以某一极限位移 s_u，一般取 $s_u=40 \sim 60\text{mm}$，控制确定其极限承载力。

(3) 扩底桩。支承于砾、砂、硬黏性土的扩底桩，由于端阻破坏所需位移量过大，端阻力所占比例较大，其 Q-s 曲线呈缓变型，极限承载力一般可取 $s_u=(3\%\sim6\%)D$，（桩

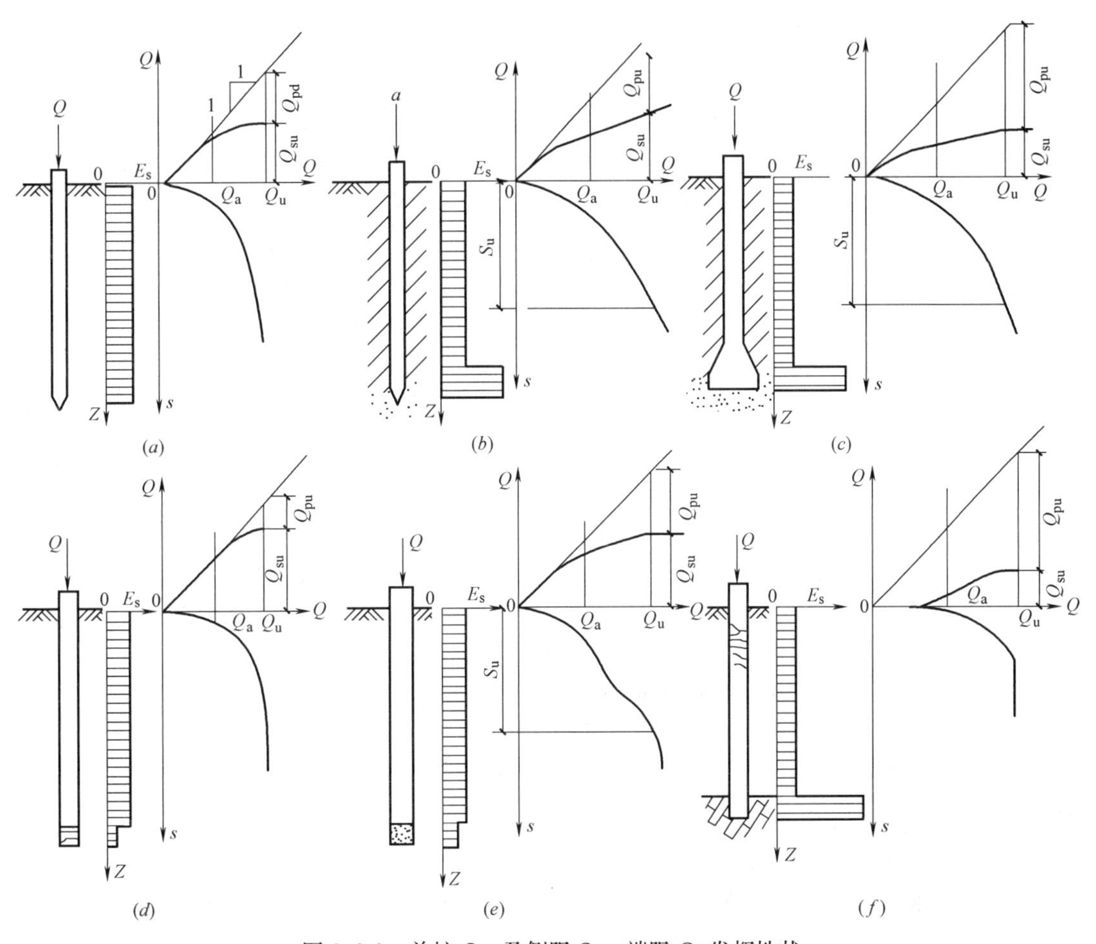

图 2.2-2 单桩 Q-s 及侧阻 Q_s，端阻 Q_p 发挥性状

（a）均匀土中的摩擦桩；（b）端承于砂层中的摩擦桩；（c）扩底端承桩；（d）孔底有沉淤的摩擦桩；（e）孔底有虚土的摩擦桩；（f）嵌入坚实基岩的端承桩

径大者取低值，桩径小者取高值）控制，如图 2.2-2（c）所示。

（4）泥浆护壁作业，桩端有一定沉渣的钻孔桩。由于桩底沉渣强度低、压缩性高，桩端一般呈刺入剪切破坏，接近于纯摩擦桩，Q-s 曲线呈陡降型，破坏特征点明显，如图 2.2-2（d）所示。

（5）桩周为加工软化型土（硬黏性土、粉土、高结构性黄土等）无硬持力层的桩。由于侧阻在较小位移下发挥出来并出现软化现象，桩端承载力低，因而形成突变、陡降型 Q-s线型，与图 2.2-2（d）所示孔底有沉渣的摩擦桩的 Q-s 曲线相似。

（6）干作业钻孔桩孔底有虚土。Q-s 曲线前段一般摩擦桩相同，随着孔底虚土压密，Q-s 曲线的坡度变缓，形成台阶形，如图 2.2-2（e）所示。

（7）嵌入坚硬基岩的短粗端承桩。由于采用挖孔成桩，清底好，桩不太长，桩身压缩量小和桩端沉降小，在侧阻力尚未充分发挥的情况下，便由于桩身材料强度的破坏而导致桩的承载力破坏，Q-s 曲线呈突变、陡降型，如图 2.2-2（f）所示。

4. 荷载-沉降曲线的异常

当桩的施工存在明显的质量缺陷，其 Q-s 曲线将呈现异常。异常形态随缺陷的性质、桩侧与桩端土层性质、桩型等而异，图 2.2-3 为四类缺陷形成的异常 Q-s 曲线。

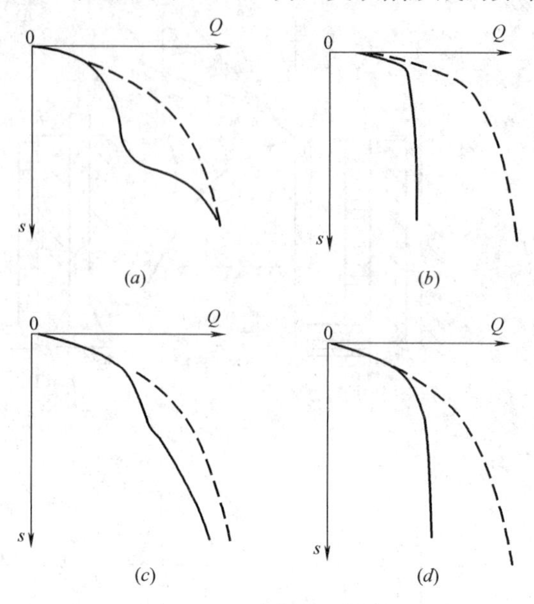

图 2.2-3　异常 Q-s 曲线

（a）打入桩接头拉断或灌注桩断桩；（b）桩身混凝土强度不足被压碎；
（c）干作业钻孔桩孔底沉渣过厚；（d）泥浆护壁作业孔底沉渣过厚
实线—异常；虚线—正常

2.2.2　桩侧阻力

1. 桩侧阻力的发挥性状

桩身受荷向下位移时，由于桩土间的摩阻力带动桩周土位移，相应地，在桩周环形土体中产生剪应变和剪应力。该剪应变、剪应力一环一环沿径向向外扩散（图 2.2-4），在离桩轴 nd（n=8～15，d 为桩的直径，n 随桩顶竖向荷载水平、土性而变）处剪应变减小到零(Rendolph &Wroth1978；Cooke et al 1979)。离桩中心任一点 r 处的剪应变（图 2.2-5）为：

$$\gamma=\frac{\mathrm{d}W_{\mathrm{r}}}{\mathrm{d}r}\cong\frac{\Delta W_{\mathrm{r}}}{\delta_{\mathrm{r}}}=\frac{\tau_{\mathrm{r}}}{G} \tag{2.2.6}$$

式中　G——土的剪变模量，$G_{\mathrm{s}}=E_0/2\ (1+\mu_{\mathrm{s}})$，$E_0$ 为土的变形模量，μ_{s} 为土的泊松比。

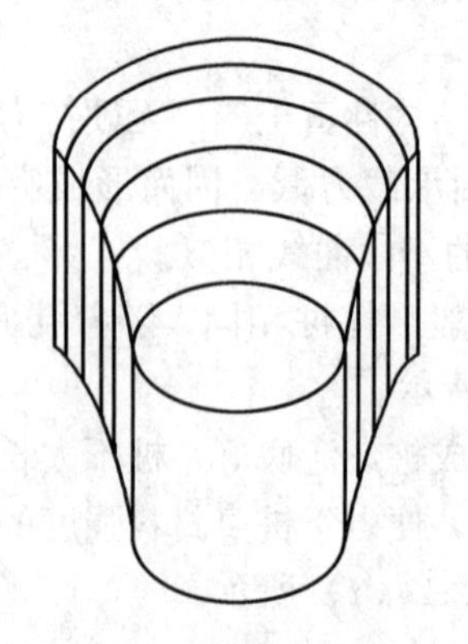

图 2.2-4　桩侧土变形示意
（引自 Luker，1988）

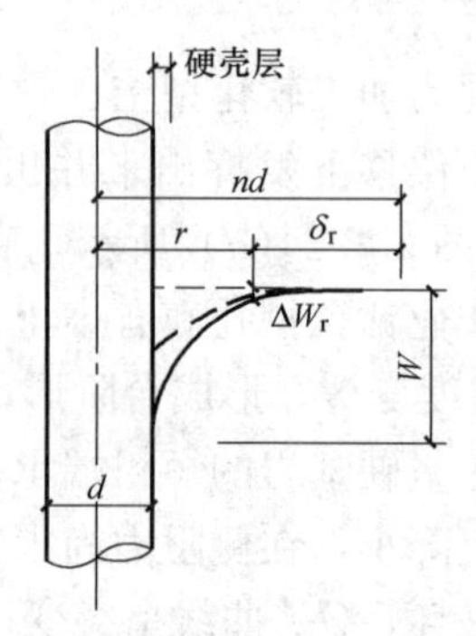

图 2.2-5　桩侧土的剪应变、剪应力
（引自 Luker，1988）

相应的剪应力，可根据半径为 r 的单位高度圆环上的剪力总和与相应的桩侧阻力总和相等的条件求得：

$$2\pi r\tau_r=\pi dq_s$$

剪应力为

$$\tau_r=\frac{d}{2r}q_s \tag{2.2.7}$$

将桩侧剪切变形区（$r=nd$）内各圆环的竖向剪切变形加起来就等于该截面桩的沉降 W。将式（2.2.7）τ_r代入式（2.2.6）并积分

$$\int_{\frac{d}{2}}^{nd}\mathrm{d}W_r=\int_{\frac{d}{2}}^{nd}\frac{\tau_r}{G_s}\mathrm{d}r$$

得

$$W=\frac{d}{2G_s}q_s\ln(2n) \tag{2.2.8}$$

设达到极限桩侧阻力 q_{su}所对应的沉降为 W_u，则

$$W_u=\frac{d}{2G_s}q_{su}\ln(2n) \tag{2.2.9}$$

由式（2.2.9）可见，桩侧阻力发挥至极限所需桩土相对位移 W_u 随桩径 d 增大和土的剪切模量 G_s 降低而增大。

按照传统经验，发挥极限侧阻所需位移与桩径大小无关，略受土类、土性影响。对于黏性土 W_u约为 5～10mm。对于砂类土 W_u约为 10～20mm。对于加工软化型土（密实砂、粉土、高结构性黄土等）所需 W_u值较小。对于加工硬化型土（如非密实砂、粉土、粉质土等）所需 W_u值更大，且极限特征点不明显（见图 2.2-6）。这一特性宏观地反映于单桩静载试验 Q-s 曲线。

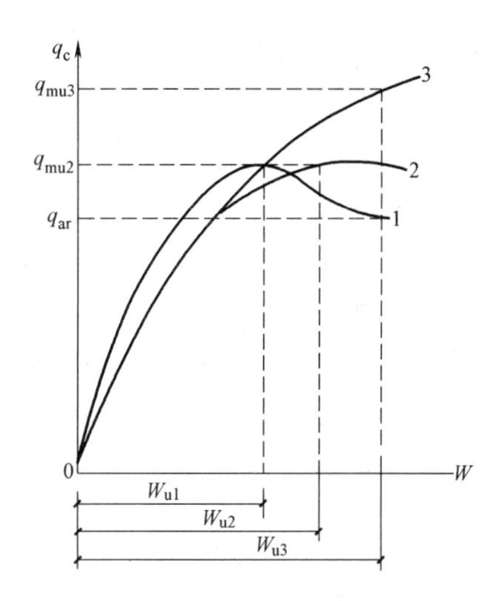

图 2.2-6 土性对桩侧阻力发挥性状的影响
1—加工软化型；2—非软化、硬化型；
3—加工硬化型

通过近 20 多年来的试验研究和工程实践获得的新认知是：发挥侧阻所需的相对位移并非定值，而是与桩径大小、成桩工艺、土层性质及各土层竖向分布位置（处于桩侧的上、中、下方）有关；桩土剪切滑移面除坚硬黏土层出现于桩土界面外，一般出现于紧靠桩表面的土体中，极限侧阻力等于桶形面上土的剪切强度，$q_{su}=\sigma_r\tan\varphi+c$；对于灌注桩，由于混凝土浇注过程有水泥浆渗入孔壁土中形成紧固于桩表面的薄层水泥土，滑移面发生于其外侧的土体中；当采用泥浆护壁且泥浆较稠时，桩表面附着低强度泥皮，滑移面发生于泥皮中；当实施后注浆时，滑移面发生于注浆硬壳层外侧。故此，称桩侧阻力较摩阻力更符合其作用机理。

表 2.2-1 所列为日本某地灌注桩的实测桩土相对位移与桩侧阻力（Masam & Fukuoka 1988），桩侧为砂土夹薄层黏土层，桩端进入密砂层，桩径 $d=2$m，桩长 $L=40$m。

由表 2.2-1 可知，该静力试桩顶荷载达 40MN，沉降达 202mm（约相当于桩径的 10%），浅层土（0～8.5m）的侧阻力极限值对应的桩土相对位移 W 为 45～122mm

($W/d \cong 2.3\% \sim 6.1\%$)；随着土层埋置深度增加，发挥侧阻所需位移增大，24m以下的砂砾层和砂黏土交互层，当相对位移接近桩径的10%时，其侧阻力尚未达极限值。

侧阻力 q_s（kPa）与桩土相对位移 W（mm） **表 2.2-1**

深度(m)	分项＼荷载(MN)	5	10	15	20	25	30	35	40
0～2 冲填砂	W	1.59	4.79	12.85	29.1	45.30	71.25	123.30	202.36
	W/d	0.080	0.240	0.643	1.455	2.265	3.568	6.165	10.118
	q_s	0	15.9	15.9	31.8	63.7	63.7	63.7	63.7
2～8.5 冲填砂 淤积砂	W	1.40	4.40	12.40	28.35	44.40	70.20	122.00	201.20
	W/d	0.070	0.220	0.62	1.418	2.220	3.510	6.100	10.060
	q_s	0	9.8	14.7	26.9	59.0	64.7	99.0	99.0
8.5～15 淤积砂 黏土	W	1.13	3.85	11.75	27.30	43.05	68.65	120.10	198.85
	W/d	0.057	0.193	0.588	1.365	2.153	3.433	6.005	9.943
	q_s	14.7	22.0	41.6	49.0	73.5	73.5	73.5	78.3
15～24 砂、砾 黏土	W	0.80	3.30	10.95	26.20	41.65	67.00	118.15	196.55
	W/d	0.040	0.165	0.548	1.310	2.083	3.350	5.908	9.828
	q_s	10.6	26.5	49.5	65.4	70.7	97.3	123.8	141.5
24～40 砂、黏土交互层	W	0.50	2.70	10.10	25.05	40.25	65.30	1161.15	194.20
	W/d	0.025	0.135	0.505	1.253	2.063	3.265	5.808	9.710
	q_s	30.7	46.1	57.1	74.6	98.8	109.8	115.2	133.9

（引自 Masam and Fukuoka，1988）

表2.2-1所列试桩桩侧土以松散砂为主，这也是导致发挥侧阻所需桩土相对位移增大的因素之一。另外，该组试桩系采用Benoto工法成孔，套管来回旋转对桩侧土的扰动作用大，这也是导致发挥极限侧阻所需相对位移大幅增加的另一因素。

由此可得到如下认识：发挥极限侧阻所需桩土相对位移随桩径、土性和成桩工艺而变化。建筑桩基常用桩径为$\phi600 \sim \phi800$，桩径的影响并不显著，但土性和成桩工艺影响则较明显，如密实土所需相对位移小于松散土，预制桩所需相对位移小于灌注桩。

图2.2-7为日本大阪地区8根直径桩的静载试验的荷载-沉降（Q/Q_u-s/d）归一化曲线（Masahiro Koike et al 1988）。这8根桩的桩侧土层为冲积砂、黏土和洪积砂、砾石、黏土，桩端进入洪积砂或砾层，均采用Benoto工法成桩。图2.2-8为平均侧阻-桩顶相对沉降（$\overline{q_s}$-s/d）曲线。

由图2.2-8可知，发挥平均侧阴极限值（$\overline{q}_{smax}$）相应的桩顶相对沉降量（s/d）为2～8%，相应的绝对沉降（s）约为30～160mm。其中试桩A、C、G由于加载量不足，q_s实际并未达极限值。对照图2.2-7和图2.2-8可知，q_s-s曲线呈加工硬化型者，其Q/Q_u-s/d曲线大体呈缓变型（如A、C、G）。这说明桩的荷载-沉降性状不仅受端阻力性状的影响，而且与侧阻力性状有关。

2. 桩侧阻力的成桩效应

不同的成桩工艺会使桩周土体中应力、应变场发生不同变化，从而导致桩侧阻力的相应变化。这种变化又与土的类别、性质特别是土的灵敏度、密实度、饱和度密切相关。图 2.2-9（a）、（b）、（c）分别表示成桩前、挤土桩和非挤土桩桩周土的侧向应力状态，以及侧向与竖向变形状态。

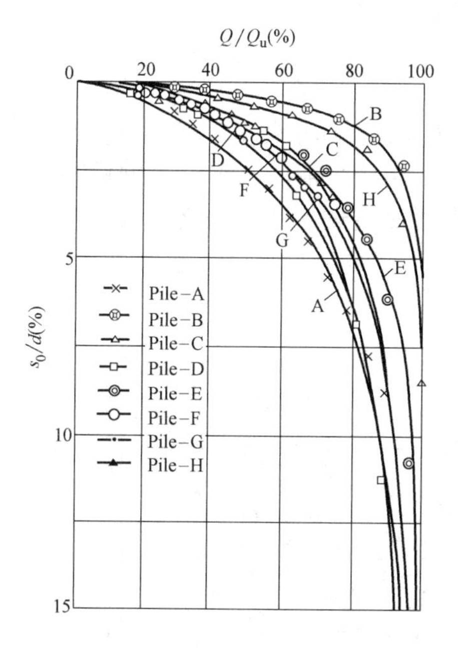

图 2.2-7　荷载-沉降归一化曲线

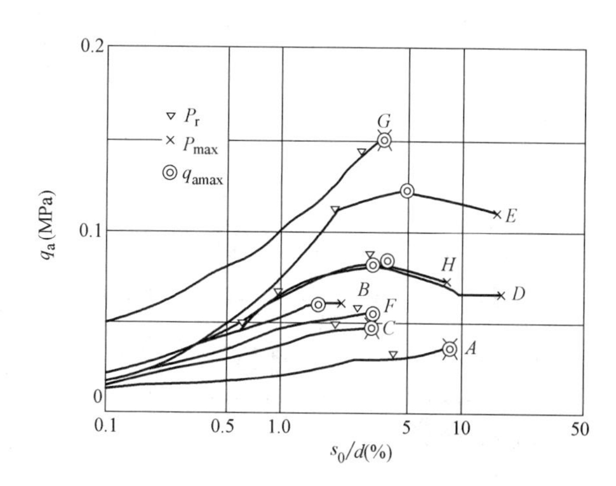

图 2.2-8　平均侧阻-桩顶相对沉降

（引自 Masahiro Koike et al 1988）

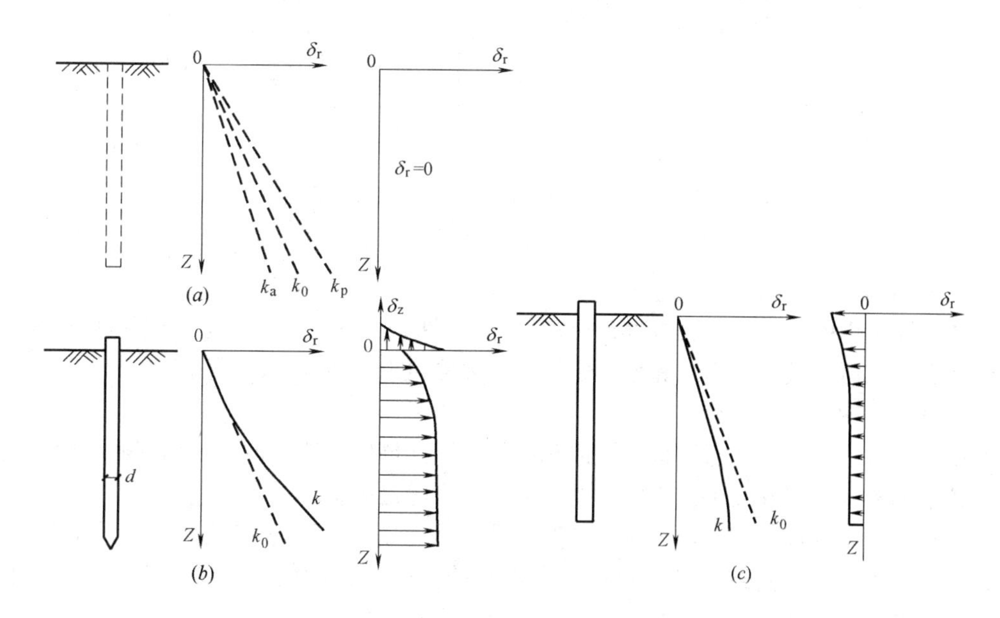

图 2.2-9　桩周土的应力及变形

（a）静止土压力状态（k_0，k_a，k_p为静止、主动、被动土压力系数）；

（b）挤土桩 $k>k_0$；

（c）非挤土桩，$k<k_0$（δ_r，δ_z为土的侧向、竖向位移）

挤土桩（打入、振入、压入式预制桩，沉管灌注桩）成桩过程产生的挤土作用，使桩周土扰动重塑、侧向压应力增加。对于非饱和土，由于土受挤而增密。土愈松散，黏性愈低，其增密幅度愈大。对于饱和黏性土，由于瞬时排水固结效应不显著，体积压缩变形小，引起超孔隙水压力，土体产生横向位移和竖向隆起。

1）挤土桩的挤土效应

（1）砂土中的挤土效应

非密实砂土中的挤土桩、沉桩过程使桩周土因侧向挤压而趋于密实、导致桩侧阻力提高，对于桩群，桩周土的挤密效应更为显著。图 2.2-10 为砂土中挤土桩桩群内部成桩前后标贯击数的变化。由此，因挤土效应导致标贯击数提高最大达 4 倍之多（Philcox，1962）。

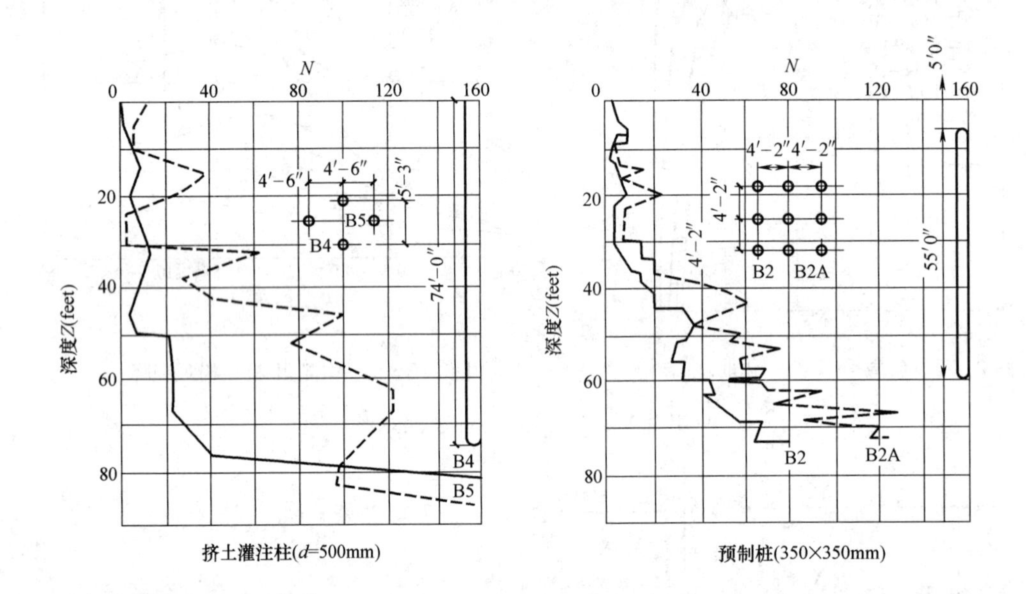

图 2.2-10　砂土中挤土桩成桩前后标贯击数 N 的变化

（Philcox，1962）

（2）饱和黏性土中的挤土效应

饱和黏性土中的挤土桩，成桩过程使桩侧土受到挤压、扰动、重塑，产生超孔隙水压力。随后出现孔压消散、再固结和触变恢复，导致侧阻力产生显著的时间效应。

2）非挤土桩的松弛效应

非挤土桩（钻孔、挖孔灌注桩）在成孔过程由于孔壁侧向应力解除，出现侧向松弛变形。孔壁土的松弛效应导致土体强度削弱，桩侧阻力随之降低。

桩侧阻力的降低幅度与土性、有无护壁、孔径大小等诸多因素有关。对于干作业钻、挖孔桩无护壁条件下，孔壁土处于自由状态，土产生向心径向位移，如图 2.2-9（c）所示。浇筑混凝土后，径向位移虽有所恢复，但侧阻力仍有所降低。

图 2.2-11 所示为同一粉砂层中采用不同成桩工艺，孔壁松弛效应导致成桩前后桩周土标贯击数的变化（虚线表示成桩前的 N 值，三条实线表示成桩后的 N 值；桩径均为 1.0m，桩长为 9.4～10m）。从中看出，1 号桩系 Benoto 工法，成孔过程采用钢套筒护壁，

由于套筒沉拔时边摇动边压拔，引起孔壁砂土 N 值有所降低；3 号桩为预钻孔植入式桩，桩侧 N 值降幅较大，但桩端以下无变化，这主要是桩植入后施行锤击之故；8 号桩也为钻孔植桩，桩植入后施加振动，故沿桩长及桩端以下一定范围内 N 值均有一定降低。

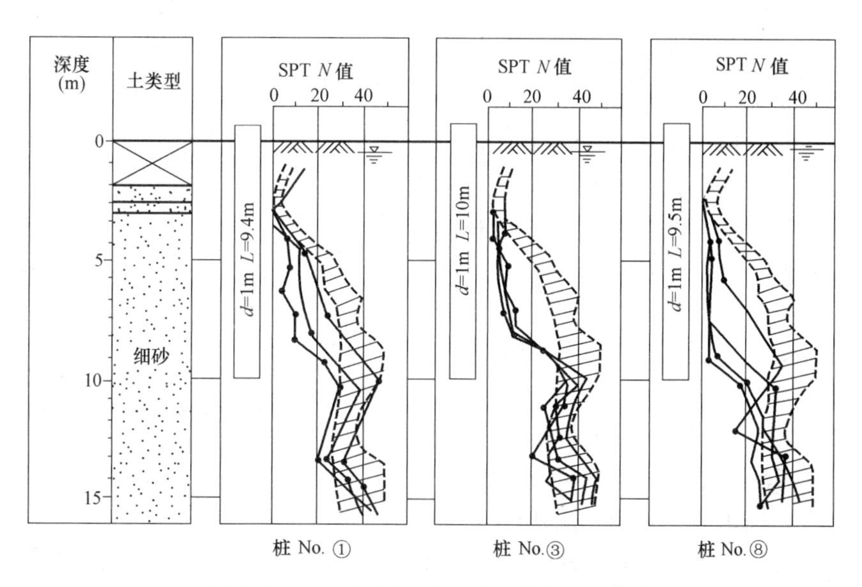

图 2.2-11 成孔松弛效应引起桩周砂土变松

对于无黏聚性的砂土、碎石类土中的大直径钻、挖孔桩，其成桩松弛效应对侧阻力的削弱影响是不容忽视的。

在泥浆护壁条件下，孔壁处于泥浆侧压平衡状态，侧向变形受到制约，松弛效应较小，但桩身质量和侧阻力受泥浆稠度、混凝土浇筑等因素的影响而变化较大。

3. 桩侧阻力的深度效应

按有效应力原理，桩侧阻力随桩的入土深度 h 增加而线性增大（$q_s=k_0\gamma h\tan\delta$）。通过室内模型试验和原型试验研究表明，侧阻力并不符合上述一直随深度线性增大的规律，而是随有关因素呈特定规律变化，称此为“深度效应”。

当桩入土深度超过一定深度后，侧阻不再随深度增加而增大。该一定深度即侧阻的临界深度。

目前根据砂土中模型桩试验所得的侧阻临界深度 h_{cs}不尽相同，Vesic（1967）得到侧阻临界深度 h_{cs}与端阻临界深度 h_{cp}的关系为：$h_{cs}=(0.5\sim0.7)h_{cp}$；Meyerhof（1978）得到：$h_{cs}=(0.3\sim0.5)h_{cp}$；现场试验得到：$h_{cs}=h_{cp}$（Tavenas，1971；Meyerhof，1976）。h_{cs}也随上覆压力 P_0的增大而减小。

侧阻稳值随砂土密度提高而增大；上覆压力使侧阻稳值有所提高。

关于黏性土中侧阻的深度效应，由于试验研究尚少，其机理和变化规律还有待进一步探讨。

2.2.3 桩端阻力

1. 端阻力的破坏模式

桩端阻力破坏机理与扩展式基础承载力的破坏机理有相似之处。图 2.2-12 表示承载力由于基础相对埋深（h/B，B 为基础宽度，h 为埋深）、砂土的相对密度不同而呈整体剪切（General Shear）、局部剪切（Local Shear）和刺入剪切（Punching Shear）三种破坏模式（Vesic，1963）。整体剪切破坏的特征是：连续的剪切滑裂面开展至基底水平面，基底水平面土体出现隆起，基础沉降急剧增大，曲线上破坏荷载特征点明显。局部剪切破坏特征是：基础沉降的产生的土体侧向压缩量不足以使剪切滑裂面开展至基底水平面，基础侧面土体隆起量较小。刺入剪切破坏的特征是：由于持力层的压缩性，土体的竖向和侧向压缩量大，基础竖向位移量大，沿基础周边产生不连续的向下辐射形剪切，基础“刺入”土中，基底水平面无隆起出现。

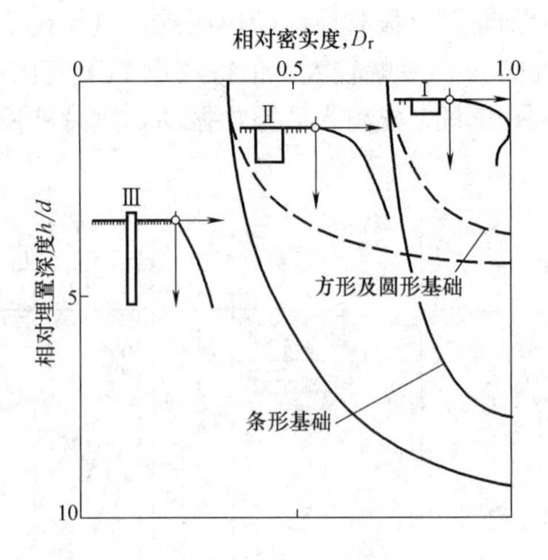

图 2.2-12　地基破坏模式

Ⅰ—整体剪切破坏；Ⅱ—局部剪切破坏；Ⅲ—刺入剪切破坏

（引自 Vesic，1963）

由图 2.2-12 可看出，对于一定密实度的土，随着相对埋深的增大（侧向超载增加），其破坏模式可由整体剪切转变化局部剪切、刺入剪切。土的密实度越低，发生整体剪切破坏的可能性越小。对桩端土而言，其相对埋深很大，破坏模式主要取决于桩端土层及桩端上覆土层的性质，并受成桩效应、加载速率的影响。

当桩端持力层为密实的砂、粉土和硬黏性土，其上覆层为软土，且桩不太长时，端阻一般呈整体剪切破坏；当上覆土层为非软弱土层时，则一般呈局部剪切破坏；当存在软弱下卧层，可能出现刺入剪切破坏。

当桩端持力层为松散、中密砂、粉土、高压缩性和中等压缩性黏性土时，端阻一般呈刺入剪切破坏。

对于饱和黏性土，当采用快速加载，土体来不及产生体积压缩，剪切面延伸范围增加，从而形成整体剪切或局部剪切破坏。但由于剪切是在不排水条件下进行，因而土的抗剪强度降低，剪切破坏面的形式更接近于围绕桩端的“梨形”。

2. 端阻力的成桩效应

桩端阻力成桩效应随土性、成桩工艺而异。

（1）对于非挤土桩，成桩过程中桩端土不产生挤密，而是出现扰动、虚土或沉渣，因而使端阻力降低。

（2）对于挤土桩，成桩过程中桩端附近土受到挤密，导致端阻力提高。对于黏性土与非黏性土、饱和与非饱和状态、松散与密实状态、其挤土效应差别较大。如松散的非黏性土挤密效果最佳，密实或饱和黏性土的挤密效果较小。因此，端阻力的成桩效应相差也较大。

图 2.2-13 所示为挤土桩沉桩后桩端附近土的内摩擦角变化情况（Meyerhof，1959）。从中可看出，挤土效应是显著的，桩表面土的内摩擦角提高约 57%。

图 2.2-14 所示桩端持力层为细粒土的打入桩（挤土桩）、钻孔桩（非挤土桩）和长螺旋压灌桩（部分挤压桩）的端阻力发挥比（q_p/q_{pu}）与桩端沉降比（s_b/d）的关系曲线

（Van Weele，1988）。从中看出，不同桩型发挥相同端阻所需桩端沉降明显不同，且随端阻发挥比增加而增大。当端阻发挥 50%时，其桩端沉降比 s_b/d，打入桩仅需 1%左右，而钻孔桩需 3%～4%。要充分发挥端阻，桩端沉降比，打入桩需 10%，钻孔桩需 20%～30%，压灌桩介于两者之间。这一比较试验结果清楚地说明，不同成桩工艺导致端阻力发挥性状不同。

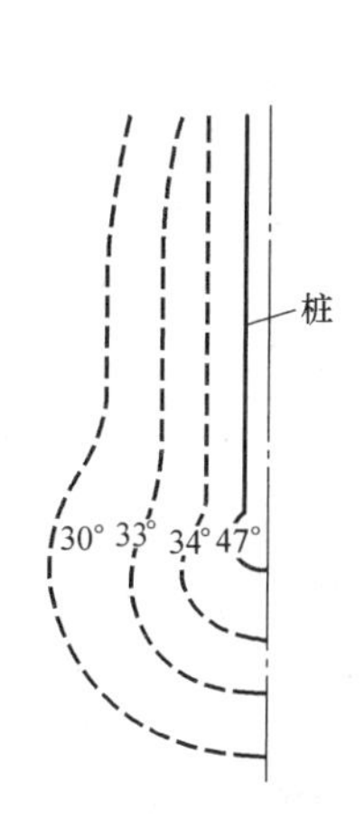

图 2.2-13 挤土桩桩端附近土的内摩擦角变化

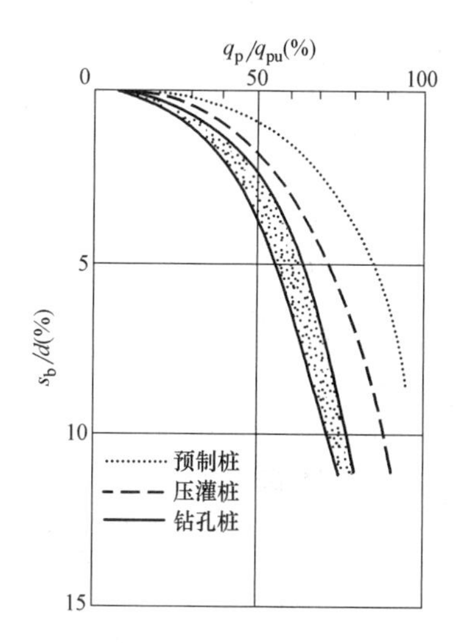

图 2.2-14 不同成桩工艺端阻发挥比-桩端沉降比 q_p/q_{pu}-s_b/d

从单桩静载试验极限端阻力参数统计结果看，挤土桩与非挤土桩极限端阻之比：在非挤土桩为干作业条件下，黏性土、粉土为 1.5～2.5，粉、细、中砂为 4.5～7.5；非挤土桩为泥浆护壁条件下，黏性土、粉土为 4～7，粉、中、粗砂为 4.5～7.5。由此可见，在细粒土中，成桩工艺对端阻值的影响是显著的。

3. 端阻力的深度效应

按刚塑性理论求得的桩端阻力公式，其埋深（边载）对于端阻力的影响是随深度线性增加的。通过室内模型试验和原型试验研究表明，端阻力并不符合上述一直随深度线性增大的规律，而是随有关因素呈特定规律变化，称此为“深度效应”。

1）端阻力的临界深度 h_{cp}

当桩端进入均匀持力层的深度 h 小于某一深度时，其极限端阻力一直随深度线性增大；当进入深度大于该深度后，极限端阻力基本保持恒定不变。该深度称为端阻力的临界深度 h_{cp}，该恒定极限端阻力为端阻稳定值 q_{pl}，见图 2.2-15。

根据模型和原型试验结果，端阻临界深度和端阻稳值具有如下特性（Foray，et Puech，1976）：

（1）端阻临界深度 h_{cp} 和端阻稳值 q_{pl} 均随持力层（砂土）相对密实度 D_r 增大而增大。因此，端阻临界深度随端阻稳值增大而增大。

（2）端阻临界深度受覆盖压力 P_0（包括持力层上覆土层自重和地面荷载）影响而随端阻稳值呈不同关系变化。当 $P_0=0$ 时，h_{cp} 随 q_{pl} 增大而线性增大；当 $P_0>0$ 时，h_{cp} 与 q_{pl} 呈非线性关系，P_0 愈大，其增大率愈小；在 q_{pl} 一定的条件下，其 h_{cp} 随 P_0 增大而减小，即随上覆土层厚度增加而减小，见图 2.2-16。

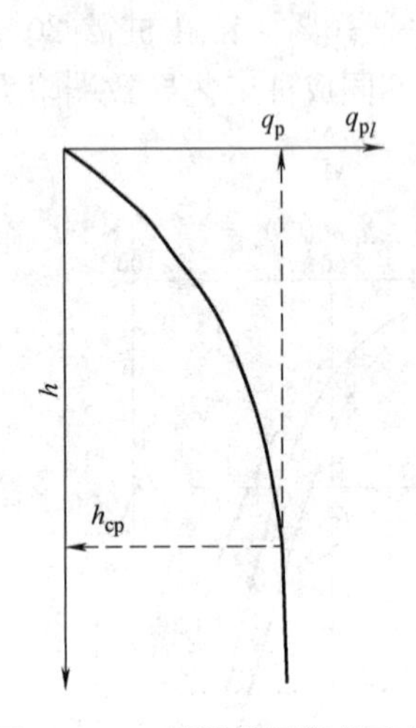

图 2.2-15 端阻临界深度示意

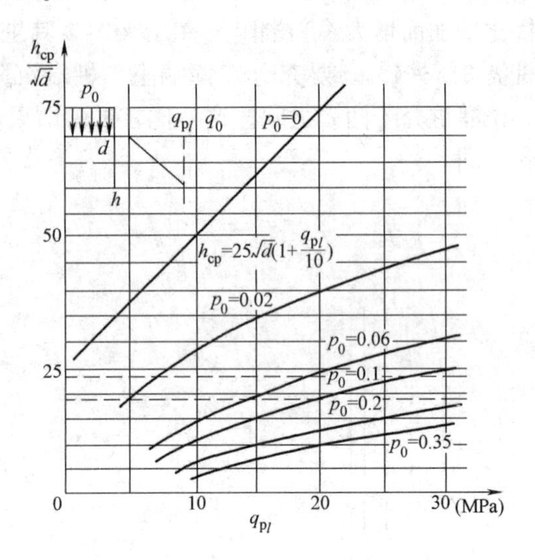

图 2.2-16 临界深度、端阻稳值及覆盖压力的关系（h_{cp}，d 的单位为 cm）（引自 Foray，1976）

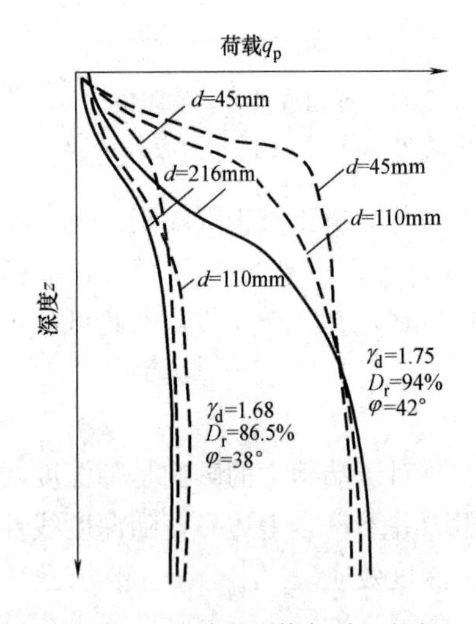

图 2.2-17 端阻稳值与砂土的相对密度和桩径的关系（引自 Kerisel，1958）

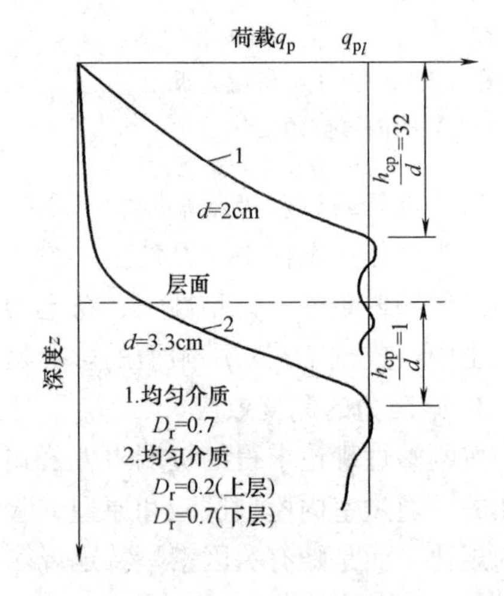

图 2.2-18 均匀与双层砂中端阻的变化（引自 Foray，1976）

（3）端阻临界深度随桩径增大而增大，见图 2.2-17。

（4）端阻稳值 q_{pl} 的大小仅与持力层（砂土）的相对密实度 D_r 有关，而与桩的尺寸无关。由图 2.2-17 看出，同一相对密实度 D_r 砂土中不同截面尺寸的桩，其端阻稳值 q_{pl} 基本相等。

（5）端阻稳值与覆盖层厚度无关。图 2.2-18 所示为均匀砂和上松下密双层砂中的端阻曲线。均匀砂（$D_r=0.7$）中的贯入曲线 1 与双层砂（上层 $D_r=0.2$，下层 $D_r=0.7$）中的贯入曲线 2 相比，其线形大体相同，端阻稳值也大体相等。

2）端阻的临界厚度 t_c

当桩端持力层下存在软弱下卧层，且桩端与软弱下卧层的距离小于某一厚度时，端阻力将受软弱下卧层影响而降低，该厚度称为端阻的“临界厚度” t_c。图 2.2-19 表示软土中密砂夹层厚度变化及桩端进入夹层的深度变化对端阻的影响。当桩端进入密砂夹层的深度及离软弱下卧层距离足够大时，其端阻力可达到密砂中的端阻稳值 q_{pl}。这时，要求夹层总厚度不小于 $h_{cp}+t_c$，如图 2.2-19 中的④；反之，当桩端进入夹层的深度 $h<h_{cp}$或距软弱层顶面距离 $t_p<t_c$时，其端阻值都将减小，如图 2.2-19 中的①、②、③所示。

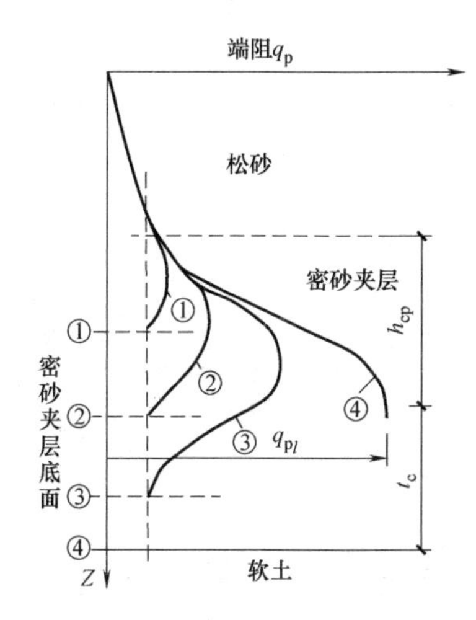

图 2.2-19 端阻随桩入密砂深度及离软卧层距离的变化（引自周镜，1986）

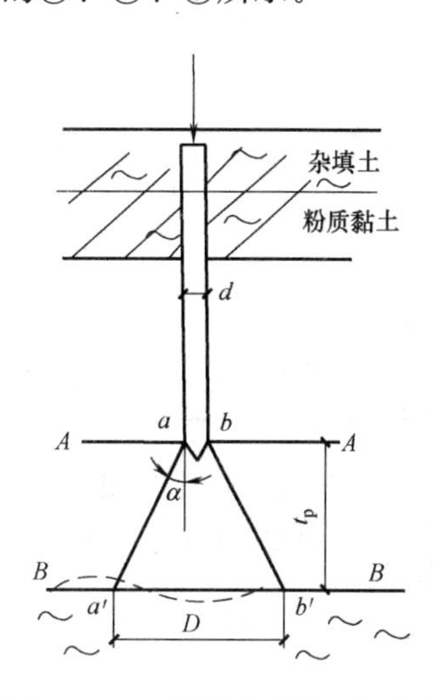

图 2.2-20 软卧层对端阻的影响

软弱下卧层对端阻产生影响的机理，是由于桩端阻力沿一扩散角 α（α 是砂土相对密实度 D_r的函数并受软弱下卧层强度和压缩性的影响，其范围 10°～20°。对于砂层下有很软土层时，可取 $\alpha=10°$）向下扩散至软弱下卧层顶面，引起软弱下卧层出现较大压缩变形，桩端连同扩散锥体一起向下位移，从而降低了端阻力，见图 2.2-20。若桩端荷载超过该端阻极限值，软弱下卧层将出现更大的压缩和挤出，导致刺入剪切破坏。

临界厚度 t_c主要随砂的相对密实度 D_r和桩径 d 的增大而加大。对于松砂，$t_c=1.5d$，密砂，$t_c=(5\sim10)d$；砾砂，$t_c=12d$。根据淮河边夹于软黏性土层之间的硬黏性土中的原型预制桩载荷试验（陈强华等，1981），硬黏性土中的临界深度与临界厚度接近相等，$h_{cp}=t_c=7d$。

根据以上端阻的深度效应分析可见，对于以夹于软弱土层中的硬层作桩端持力层时，要根据夹层厚度，综合考虑桩端进入持力层的深度和桩端下硬层的厚度，不可只顾一个方面而降低端阻力。

以上是对砂层中端阻深度效应的定性分析，对于黏性土中端阻的深度效应机理尚待研究。

2.2.4 桩侧阻力与桩端阻力的耦合作用

关于桩侧阻力和桩端阻力的相互关系传统认知是：各自独立、互不影响。然而，根据近 30 多年不同土中的试验结果表明，这一传统认识有待调整。以下引用 4 项试验成果对此现象进行探讨。

1. 试验结果

(1) 一般黏性土中干作业灌注桩试验结果

文献［2］所述北京市桩基研究小组1975年于天坛小区在粉质黏土中进行的长螺旋钻机干作业灌注桩不同桩端土刚度条件下极限端阻力、极限侧阻力和单桩极限承载力试验结果（表2.2-2）。

北京天坛小区不同桩端土刚度试验结果 **表2.2-2**

组号	桩号	桩径(mm)	有效桩长(m)	桩端桩侧土层	孔底情况	P_u (kN)	q_{su} (kPa)	q_{bu} (kPa)
1	43	310	8.82	相同	虚土小于10cm	730	72.2	1458
	42		8.80		放50cm高草笼	530	61.8	0
2	50	420	8.77	相同	虚土10cm	970	71.7	1011
	46		8.85		虚土10cm+27cm回落土	750	61.7	217
	52		8.82		放50cm高草笼	780	66.2	72

(2) 文献［3］所述桩端土层为微风化岩层和密实细砂层中的钻孔灌注桩分别在桩端悬空和正常嵌固条件下进行的静载试验结果（表2.2-3）。

桩端悬空和正常嵌固灌注桩试验结果 **表2.2-3**

桩号	桩长	桩径(m)	桩端土层	试验条件	P_u (kN)	q_{su} (kPa)	q_{bu} (kPa)
1	11.75	0.8	微风化岩层	空底	3200	130	0
				实底	7600	155	7650
2	25.00	0.8	密实细砂	空底	5000	72	0
				实底	6400	80	781

(3) 上海软土地基工程桩静载试验

文献［6］所述的上海某工程灌注桩桩侧为淤泥质土、黏性土、粉土，桩端为粉砂层，孔底沉渣厚度分别为0和50mm，其静载试验结果见表2.2-4。

上海某工程灌注桩静载试验结果 **表2.2-4**

试桩编号	桩径(m)	桩长(m)	沉渣厚度(mm)	极限荷载		极限侧阻		极限端阻	
				Q_u(kN)	(%)	q_{su}(kPa)	(%)	q_{bu}(kPa)	(%)
ST-1	0.8	51	0	6300	150	36.9	117	3716	1242
ST-2	0.8	51	50	4200	100	31.6	100	299	100

(4) 石家庄不同土层中的模型试验

文献［5］所述石家庄现场模型桩试验，桩径为190mm，桩长分为3m（A组）、5m（B组）、7m（C组）、9m（D组）4种，桩端持力层分别为粉土、粉细砂、砂砾、粉土；各组试桩孔底处理情况分为三种情况：①孔底放置50cm高草笼；②30kg重锤夯3击；③垫30cm厚干拌混凝土，30kg重锤夯20击。试验结果见表2.2-5。

石家庄模型桩试验结果 表 2.2-5

组别	孔底处理	极限荷载 Q_u(kN)	总极限侧阻		总极限端阻
			Q_{su}(kN)	比较(%)	Q_{bu}(kN)
A	情况 1	140	139.9	100	0.1
	情况 2	186	159.2	114	26.8
	情况 3	192	162.4	116	29.6
B	情况 1	325	324.2	100	0.8
	情况 2	344	329.8	103	14.2
	情况 3	358	339.0	105	19.0
C	情况 1	378	377.7	100	0.3
	情况 2	405	398.0	105	7.0
	情况 3	425	410.9	109	14.1
D	情况 1	—	—	—	—
	情况 2	495	492.3	—	2.7
	情况 3	506	494.9	—	11.1

2. 试验结果规律特征

上述 4 个地区不同土层中灌注桩孔底通过人为处理形成不同支承刚度，桩侧土层相同的静载试验结果反映出如下特征：

（1）孔底支承刚度差异导致极限端阻力、极限荷载变化较大者，极限侧阻力的变化相应加大。这表明孔底支承刚度增大不仅导致端阻力提高，而且导致桩侧阻力提高，侧阻力的增强幅度与桩端支承刚度的增强成匹配关系。但侧阻力受桩端土支承刚度影响的变幅远小于端阻力的变幅，这说明两者的作用机理不同。

（2）随着桩的长径比增大，侧阻力受桩端支承刚度的影响随之降低。

（3）增强桩端土的支承刚度既可提高端阻力，又可增强侧阻力，减小沉降，因此，选择较硬土层作为桩端持力层、严控孔底沉渣或采用后注浆增强措施等具有重要的工程意义。

3. 桩侧阻力与桩端阻力耦合作用的机理分析

桩端支承刚度对桩侧阻力影响的机理，较多的解释是桩端土破坏时发生梨形剪切滑裂面，滑动体对桩侧表面产生附加法向压应力，从而提高桩侧阻力。然而，根据对桩端平面周围土体的竖向位移观测（深标）表明，由加载至破坏，土体一直发生漏斗形沉降，无隆起现象。

分析认为，侧阻力的增高是由于桩身受压产生侧胀即泊松效应所致。泊松效应是指桩身受压产生侧胀，桩身受拉产生内缩，其侧向膨胀应变 ε_r 或侧向收缩应变 $-\varepsilon_r$，为泊松比 μ 与轴向应变 ε_z 的乘积：$\varepsilon_r=\mu\varepsilon_z$。显然，桩端阻力越大，轴向应变 ε_z 和侧向膨胀应变 ε_r 越大，桩侧阻力增强幅度越大。

2.2.5 单桩承载力的确定方法

以下分别详细介绍确定单桩承载力的静力学计算法、原位测试法和经验法。

1. 静力学计算法

1）桩端阻力的计算确定单桩承载力

(1) 计算端阻力的极限平衡理论公式

以刚塑体理论为基础，假定不同的破坏滑动面形态，可推导出不同的极限桩端阻力理论表达式，Terazghi（1943）、Meyerhof（1951）、БереЗанцеВ（1961）、Vesic（1963）所提出的单位面积极限桩端阻力公式，可以统一表达为如下形式：

$$q_{pu}=\zeta_c cN_c+\zeta_\gamma \gamma_1 bN_r+\zeta_q \gamma hN_q \tag{2.2.10}$$

式中 N_c、N_γ、N_q——分别为反映土的内聚力 c、桩底以下滑动土体自重和桩底平面以上边载（竖向压力 γh）影响的条形基础无量纲承载力系数，仅与土的内摩擦角 φ 有关；

ζ_c、ζ_γ、ζ_q——桩端为方形、圆形时的形状系数；

b、h——分别为桩端底宽（直径）和桩的入土深度；

c——土的黏聚力；

γ_1——桩端平面以下土的有效重度；

γ——桩端平面以上土的有效重度。

由于 N_γ 与 N_q 接近，而桩径 b 远小于桩深 h，故可将式（2.2.10）中的第二项略去，变成：

$$q_{pu}=\zeta_c cN+\zeta_q \gamma hN_q \tag{2.2.11}$$

式中 ζ_c、ζ_q——形状系数，见表 2.2-6。

形状系数 **表 2.2-6**

φ	ζ_c	ζ_q
<22°	1.20	0.80
25°	1.21	0.79
30°	1.24	0.76
35°	1.32	0.68
40°	1.68	0.52

式（2.2.11）中几个系数之间有以下关系：

$$N_c=(N_q-1)\cot\varphi \tag{2.2.12}$$

$$\zeta_c=\frac{\zeta_q N_q-1}{N_q-1} \tag{2.2.13}$$

有代表性的桩端阻力极限平衡理论公式 Terzaghi（1943）、Meyerhof（1951）、БереЗанцеВ（1961）、Vesic（1963）公式，其相应的假设滑动面见图 2.2-21，其承载力系数 $N_q^*=\zeta_q N_q$（N_q为条形基础埋深影响承载力系数）值示于图 2.2-22。由图可见，由于假定滑动面图形不同，各家的承载力系数相差是很大的。

当桩端土为饱和黏性土（$\varphi_u=0$）时，极限端阻力公式可进一步简化，此时，式（2.2.11）中，$N_q=1$，$\zeta_c N_c=N_c^*=1.3N_c=9$（桩径 $d\leqslant 30$cm 时）。根据试验，承载力随桩径增加而略有减小。$d=30\sim60$cm 时，$N^*=7$；当 $d>60$cm 时，$N_c^*=6$。因此，对于桩端为饱和黏性土的极限端阻力公式为：

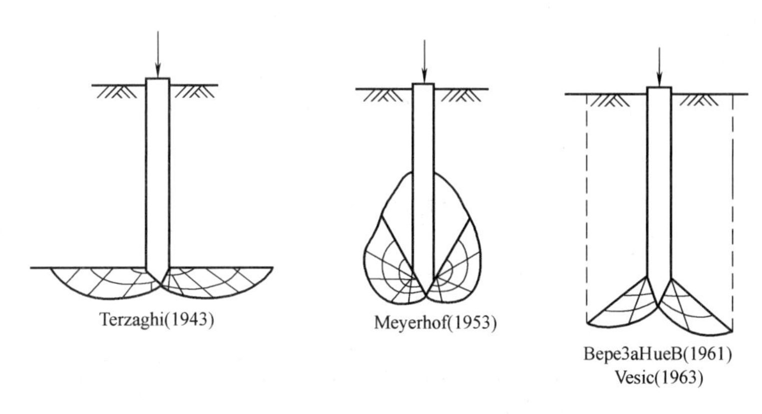

图 2.2-21 几种桩端土滑动面图形

$$q_{pu}=N_c^* c_u+\gamma h=(6\sim9)c_u+\gamma h \quad (2.2.14)$$

式中 c_u——土的不排水剪切强度。

(2) 考虑土的压缩性计算端阻力的极限平衡理论公式

① Vesic (1975) 提出按图 2.2-23 破坏图式计算极限端阻力。该图表示，桩端形成压密核Ⅰ，压密核随荷载增加将剪切过渡区Ⅱ外挤，ab 面上的土则向周围扩张，形成虚线所示塑性变形区。根据空洞扩张理论计算 ab 面上的极限应力，再通过剪切过渡区Ⅱ的平衡方程计算桩的极限端阻 q_{pu}得：

$$q_{pu}=cN_c+\bar{p}N_q \quad (2.2.15)$$

式中，$\bar{p}$为桩端平面侧边的平均竖向压力：

$$\bar{p}=\frac{1+2k_0}{3}\gamma h$$

$$N_q=\frac{3}{3-\sin\varphi}e^{(\frac{\pi}{2}-\varphi)\tan\varphi}\cdot\tan^2\left(\frac{\pi}{4}+\frac{\varphi}{2}\right)I_{rr}\cdot\frac{4\sin\varphi}{3(1-\sin\varphi)} \quad (2.2.16)$$

$$N_c=(N_q-1)\cos\varphi$$

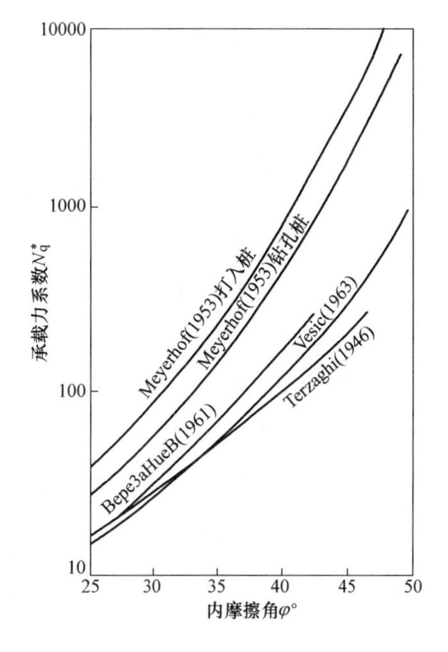

图 2.2-22 不同土层的承载力系数与土内摩擦角关系

式中 k_0——土的静止侧压力系数；

I_{rr}——修正刚度指数，按下式计算：

$$I_{rr}=\frac{I_r}{1+I_r\Delta} \quad (2.2.17)$$

式中 Δ——塑性区内土体的平均体积变形；

I_r——刚度指数，按下式计算：

$$I_r=\frac{G_s}{c+\bar{p}\tan\varphi}=\frac{E_0}{2(1+\mu_s)(c+\bar{p}\tan\varphi)} \quad (2.2.18)$$

式中 μ_s——土的泊松比；

G_s——土的剪变模量；

E_0——土的变形模量。

当土剪切时处于不排水条件或为密实状态，可取 $\Delta=0$，此时，$I_{rr}=I_r$，I_r也可查表2.2-7取值。

土的刚度指数 **表 2.2-7**

土类别	I_r
砂(D_r=0.5～0.8)	70～150
粉土	50～75
黏土	150～250

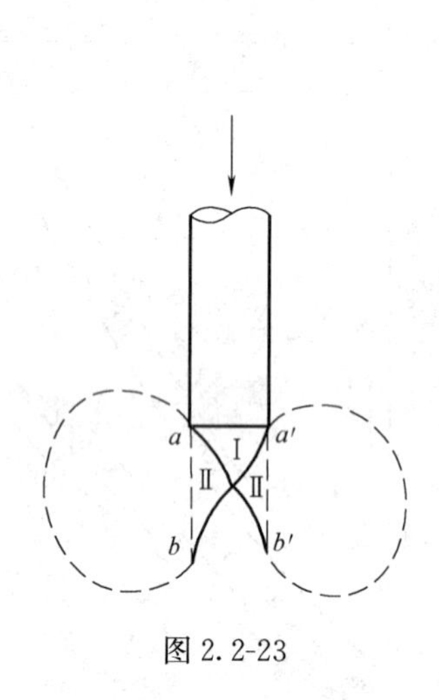

图 2.2-23

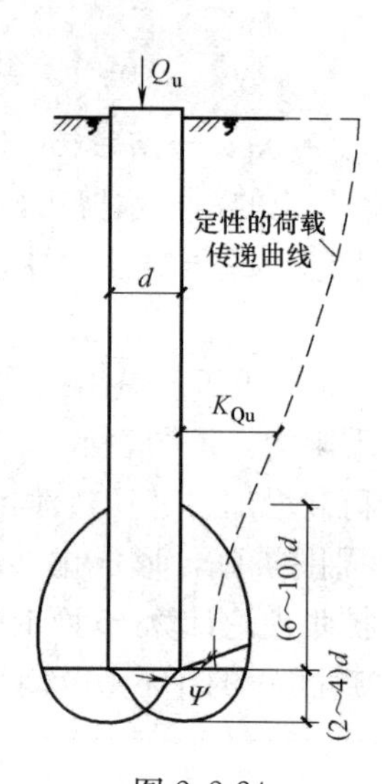

图 2.2-24
（引自 Janbu，1976）

式（2.2.17）中引入刚度指数 I_r来反映土的压缩性影响，该刚度指数与土的变形模量成正比，与平均法向压力成反比。这使得极限端阻力计算值随土的压缩体变形增大而减小，与前述按刚塑体理论求得的与土的压缩性无关的极限端阻公式相比有所改进。

② Janbu（1976）提出按下式计算式（2.2.19）中的 N_q：

$$N_q=(\tan\varphi+\sqrt{1+\tan^2\varphi})^2 e^{2\psi\tan\varphi} \tag{2.2.19}$$

式中，ψ 表示于图 2.2-24 中，其值由高压缩性软土的 60°变成密实土的 105°。

表 2.2-8 列出了 Vesic 和 Janbu 公式中 N_c、N_q值。

采用 Vesic 公式，需要进行多项室内试验，以测定所需的土参数 c、φ、E_s、μ_s、γ，而 Janbu 公式中的 ψ 可通过贯入试验等原位测试方法区别土的压缩性确定。

（3）端阻力理论计算式的应用

应用上述极限平衡理论公式计算极限端阻力时需考虑以下两点：

① 对于饱和黏性土持力层，可采用式（2.2.15）计算极限端阻力，土的抗剪指标采用不排水剪切试验指标 c_u：对于非饱和的黏性土、粉土、砂土，宜考虑压缩性影响，可采用 Janbu 公式计算极限端阻力，并与其他公式计算结果比较取值。

② 当桩端进入持力层深度大于临界深度 h_{cp} 时，以 $h=h_{cp}$ 代入以上有关端阻力公式中计算，h_{cp} 按 2.2.3 节所述方法确定：当桩端进入持力层深度小于 h_{cp} 时，可按内插法近似处理，即在桩端置于持力层表面，$h=0$，$q_{pu}^{0}=\frac{1}{3}q_{pl}$ 与 $h=h_{cp}$，$q_{pu}=q_{pl}$（q_{pl} 为 $h=h_{cp}$ 对应的端阻稳值）之间直线内插确定 q_{pu}。

Janbu 和 Vesic 公式算得的承载力因素 N_c、N_q 　　**表 2.2-8**

	Janbu			Vesic				
φ	$\psi=75$	90	105	$I_{rr}=10$	50	100	200	500
0	$N_c=1.00$	1.00	1.00	$N_c=1.00$	1.00	1.00	1.00	1.00
	$N_q=5.74$	5.74	5.74	$N_q=6.97$	9.12	10.04	10.97	12.19
5	1.50	1.57	1.64	1.79	2.12	2.28	2.46	2.71
	5.69	6.49	7.33	8.99	12.82	14.69	16.69	19.59
10	2.25	2.47	2.71	3.04	4.17	4.78	5.48	6.57
	7.11	8.34	9.70	11.55	17.99	21.46	25.43	31.59
20	5.29	6.40	7.74	7.85	13.57	17.17	21.73	29.67
	11.78	14.83	18.53	18.83	34.53	44.44	56.97	78.78
30	13.60	18.40	24.90	18.34	37.50	51.02	69.43	104.33
	21.82	30.14	41.39	30.03	63.21	86.64	118.53	178.98
35	23.08	33.30	48.04	27.36	59.82	83.78	117.34	183.16
	31.53	46.12	67.18	37.65	84.00	118.22	166.15	260.15
40	41.37	64.20	99.61	40.47	93.70	134.53	193.13	311.50
	48.11	75.31	117.52	47.04	110.48	159.13	228.97	370.04
45	79.90	134.87	227.68	59.66	145.11	212.79	312.04	517.60
	78.90	133.87	226.68	53.66	144.11	211.79	311.04	516.60

2）桩侧阻力的计算

桩的总极限侧阻力的计算通常是取桩身范围内各土层的极限侧阻力 q_{sui} 与对应桩侧表面积 $u_i l_i$ 乘积之和，即

$$Q_{su}=\sum U_i l_i q_{sui} \tag{2.2.20}$$

当桩身为等截面时

$$Q_{su}=U\sum l_i q_{sui} \tag{2.2.21}$$

q_{sui} 的计算可分为总应力法和有效应力法两类，根据各家计算表达式所用系数的不同，人们将其归纳为 α 法、β 法和 λ 法。α 法属总应力法，β 法属有效应力法。

（1）α 法

α 法由 Tomlinson（1971）提出，α 法又称总应力法，用于计算饱和黏性土的侧阻力，其表达式为：

$$q_{su}=\alpha c_u \tag{2.2.22}$$

式中 α——系数，取决于土的不排水剪切强度和桩进入黏性土层的深度比，可按表

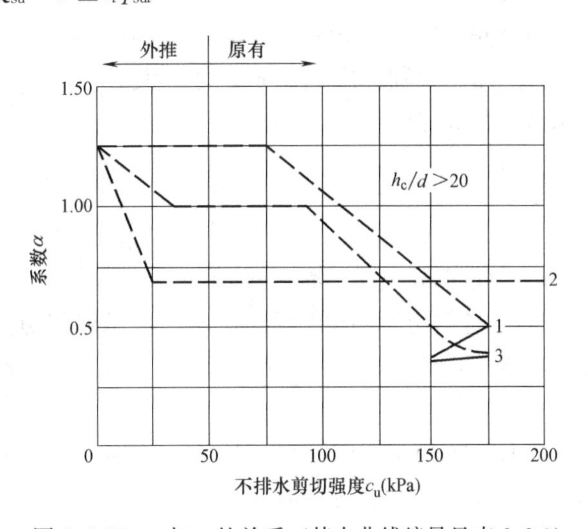

图 2.2-25 α 与 c_u 的关系（其中曲线编号见表 2.2-9）

2.2-9和图2.2-25确定；

c_u——桩侧饱和黏性土的不排水剪切强度，采用无侧限压缩、三轴不排水压缩或原位十字板、旁压试验等测定。

打入硬到极硬黏土中桩的 α 值 **表2.2-9**

编号	土质条件	h_c/d	α
1	为砂或砂砾覆盖	<20 >20	1.25 （图2.2-25）
2	为软黏土或粉砂覆盖	$8<\frac{h_c}{d}\leqslant 20$ >20	0.4 （图2.2-25）
3	无覆盖	$8<\frac{h_c}{d}\leqslant 20$ >20	0.4 （图2.2-25）

（2）β 法

β 法由 Chandler（1968）提出。β 法又称有效应力法，用于计算黏性土和非黏土的侧阻力，其表达式为：

$$q_{su}=\sigma'_v k_0 \tan\delta \tag{2.2.23}$$

对于正常固结黏性土，$k_0=1-\sin\varphi'$，$\delta\approx\varphi'$ 因而得：

$$q_{su}=\sigma'_v(1-\sin\varphi')\tan\varphi'=\beta\sigma'_v \tag{2.2.24}$$

式中 β——系数，$\beta=(1-\sin\varphi')\tan\varphi'$，当 $\varphi'=20°\sim30°$，$\beta=0.24\sim0.29$；据试验统计，$\beta=0.25\sim0.40$，平均为0.32；

k_0——土的静止土压力系数；

δ——桩、土间的外摩擦角；

σ'_v——桩侧计算土层的平均竖向有效应力，地下水位以下取土的浮重度；

φ'——桩侧计算土层的有效内摩擦角。

应用 β 法时需注意以下问题：

① 该法的基本假定是认为成桩过程引起的超孔隙水压力已消散，土已固结，因此对于成桩休止时间短的桩不能用 β 法计算其侧阻力。

② 考虑到侧阻和深度效应对于长径比 L/d 大于侧阻临界深度 $(L/d)_{cr}$ 的桩，可按下式取修正的 q_{su} 值：

$$q_{su}=\beta\cdot\sigma'_v\left(1-\log\frac{L/d}{(L/d)_{cr}}\right) \tag{2.2.25}$$

式中临界长径比，对于均匀土层可取 $(L/d)_{cr}=10\sim15$，当硬土层上覆盖有软弱土层时，$(L/d)_{cr}$ 从硬土层顶面算起。

③ 当桩侧土为很硬的黏土层时，考虑到剪切滑裂面不是发生于桩侧土中，而是发生于桩土界面，此时取 $\delta=(0.5\sim0.75)\varphi'$ 代入式（2.2.24）的 $\tan\varphi'$ 中计算。

（3）λ 法

综合 α 法和 β 法的特点，Vijayvergiya 和 Fodcht（1972）提出如下适用于黏性土的 λ 法：

$$q_{su}=\lambda(\sigma'_v+2c_u) \tag{2.2.26}$$

式中 σ'_v、c_u——分别与式（2.2.24）和式（2.2.23）中相同；

λ——系数，可由图 2.2-26 确定。

图 2.2-26 所示 λ 系数是根据大量静载试验桩资料回归分析得出。由图看出，λ 系数随桩的入土深度增加而递减，至 20 以下基本保持常量。这主要反映了侧阻的深度效应及有效竖向应力 σ'_v的影响随深度增加而递减所致。因此，在应用该法时，应将桩侧土的 q_{su}分层计算，即根据各土层的实际平均埋深由图 2.2-26 取相应的 λ 值和σ'_v、c_u值计算各土层的 q_{su}值。

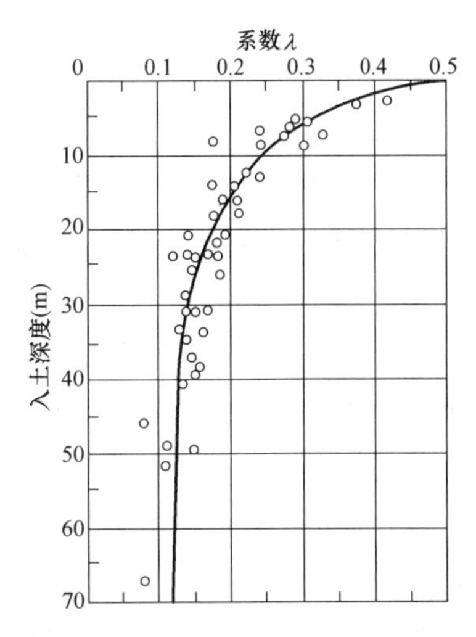

图 2.2-26 λ 与桩入土深度的关系

2. 原位测试法确定单桩承载力

通过原位测试法确定单桩承载力，在国外已较普遍采用。其中最常用的方法有静力触探法、标准贯入试验法和旁压试验法三种。标准贯入试验法和旁压试验法在我国积累的经验不够丰富，应用较少。下面主要介绍利用静力触探试验确定单桩承载力在我国的发展应用情况。

静力触探试验（简称静探）较适用于松软地层。20 世纪 30 年代，荷兰已用简单的圆锥探头来评价桩的单位阻力。目前，荷兰基本上全用静探法确定打入桩的承载力，苏联和北欧已将静探法列入规范。我国从 1970 年代开始这方面的试验研究工作，并在一些规范中纳入了这一方法。但各国使用的方法不完全相同。我国铁路系统的《铁路桥涵地基和基础设计规范》TB 10002.5—2005 中的“综合修正法”就属于静探法，《建筑桩基技术规范》JGJ 94—2008 中的原位测试法也列入了静探法。

1）《铁路桥涵地基和基础设计规范》TB 10002.5—2005（综合修正法）

根据铁道部科学研究院、铁道部第三设计院和北京铁路局等单位的研究，国外现有方法不完全适合我国的情况，其原因在于这些方法只着重于通过确定端阻的取值范围来解决探头和桩径间的尺寸差异的影响，而没有考虑静探与桩之间的应力场不同和材料不同的影响。其次，国外对确定端阻的工作报道较多，而对侧阻的确定方法研究较少，因而对桩的总极限承载力不能做出适当的评价。铁道部科学研究院等提出的综合系数修正法系根据 80 余根试桩资料统计分析校验提出。在统计分析时，考虑了不同端阻取值范围的影响；考虑了不同土类不同的影响，利用计算机进行大量比较计算而给出。

《铁路桥涵地基和基础设计规范》TB 10002.5—2005：对于打入、振动下沉和桩尖爆扩桩的容许承载力用静探法估算单桩极限承载力时，可按下列公式计算：

$$[P]=\frac{1}{2}(U\sum a_i f_i l_i+\lambda ARa) \tag{2.2.27}$$

式中 $[P]$——桩的容许承载力（kN）；

U——桩身截面周长（m）；

l_i——各土层厚度（m）；

A——桩底支承面积（m^2）；

a_i、a——振动沉桩对各土层桩周摩阻力和桩底承压力的影响系数，对于打入桩其值为1.0；

λ——系数。

f_i和R分别为桩周土的极限摩阻力和桩尖土的极限承载力，按静力触探试验测定时：

$$f_i=\beta_i\overline{f_{si}}$$

$$R=\beta\overline{q_c}$$

式中 β_i、β——分别为侧摩阻、端阻的综合修正系数；

$\overline{f_{si}}$——桩侧第i层土经静力触探试验测得的平均侧摩阻力（kPa）。

式中$\overline{q_c}$的计算程序是，先分别计算桩端平面（不包括桩靴）以上$4d$（d为桩直径）和以下$4d$范围内的静探端阻平均值$\overline{q_{c1}}$和$\overline{q_{c2}}$。若桩底以上的平均端阻$\overline{q_{c1}}$大于桩底以下的平均端阻$\overline{q_{c2}}$，则取桩底以下的平均端阻$\overline{q_{c2}}$作为$\overline{q_c}$值；否则，取桩底面以上和以下各$4d$范围内的静探端阻$\overline{q_{c1}}$和$\overline{q_{c2}}$平均值作为$\overline{q_c}$值。

综合修正系数是根据61根打入桩的试桩实测极限荷载与式（2.2.27）估算的值进行比较，利用相对误差最小为标准（最小二乘法）进行统计得到的。试桩的实测值取为荷载沉降曲线上最大曲率后进入直线段的起点的相应荷载。若曲线后部的直线段不明显时，取（0.04～0.05）D（D为桩端直径）为桩端直径沉降值对应的荷载作为极限荷载。

对比的试桩均为打入混凝土桩，桩长6.5～31m，桩径25～5.5cm。桩尖持力层的土质有黏土、粉质黏土、粉土、粉砂、细砂、中砂和砂、黏土互层。β_i和β按下列判别标准选用相应的计算公式。

当第i层土的$\overline{q_{ci}}>2000$kPa，且$\overline{f_{si}}/\overline{q_{ci}}\leqslant0.014$时（式中的$\overline{f_{si}}$和$\overline{q_{ci}}$均以kPa计）：

$$\beta_i=5.067(\overline{f_{si}})^{-0.45}$$

当不满足上述$\overline{q_{ci}}$和$\overline{f_{si}}/\overline{q_{ci}}$条件时，则

$$\beta_i=10.045(\overline{f_{si}})^{-0.55}$$

当桩底土的$\overline{q_{c2}}>2000$kPa，且$\overline{f_{s2}}/\overline{q_{c2}}\leqslant0.014$时（式中的$\overline{f_{s2}}$和$\overline{q_{c2}}$均以kPa计）

$$\beta=3.975(\overline{q_c})^{-0.25}$$

当不满足上述$\overline{q_{c2}}$和$\overline{f_{s2}}/\overline{q_{c2}}$条件时，则

$$\beta=12.064(\overline{q_c})^{-0.35}$$

式中$\overline{q_{ci}}$为相应于$\overline{f_{si}}$土层中桩侧触探平均端阻；$\overline{f_{s2}}$为相应于$\overline{q_{c2}}$土层中桩底触探平均侧阻。上列综合修正系数计算公式不适用于以城市杂填土为主的短桩。综合修正系数用于黄土地区时，应做试桩校核。

2)《建筑桩基技术规范》JGJ 94—2008法

《建筑桩基技术规范》中推荐的单桥探头，其圆锥底面积为15cm^2，且还有7cm高的滑套，锥角为60°。根据土层静探的比贯入阻力值，按下式估算单桩的竖向极限承载力。

当根据单桥探头静力触探资料确定混凝土预制桩单桩竖向极限承载力标准值时，如无当地经验，可按下式计算：

$$Q_{uk}=Q_{sk}+Q_{pk}=u\sum q_{sik}l_i+\alpha p_{sk}A_p \tag{2.2.28}$$

当$p_{sk1}\leqslant p_{sk2}$时

$$p_{sk}=\frac{1}{2}(p_{sk1}+\beta\cdot p_{sk2}) \tag{2.2.29}$$

当 $p_{sk1}>p_{sk2}$时

$$p_{sk}=p_{sk2} \tag{2.2.30}$$

式中 Q_{sk}、Q_{pk}——分别为总极限侧阻力标准值和总极限端阻力标准值；

u——桩身周长；

q_{sik}——用静力触探比贯入阻力值估算的桩周第 i 层土的极限侧阻力；

l_i——桩周第 i 层土的厚度；

α——桩端阻力修正系数，可按表 2.2-10 取值；

p_{sk}——桩端附近的静力触探比贯入阻力标准值（平均值）；

A_p——桩端面积；

p_{sk1}——桩端全截面以上 8 倍桩径范围内的比贯入阻力平均值；

p_{sk2}——桩端全截面以下 4 倍桩径范围内的比贯入阻力平均值，如桩端持力层为密实的砂土层，其比贯入阻力平均值 p_s超过 20MP_a 时，则需乘以表 2.2-11 中系数 C 予以折减后，再计算 p_{sk2}及 p_{sk1}值；

β——折减系数，按表 2.2-12 选用。

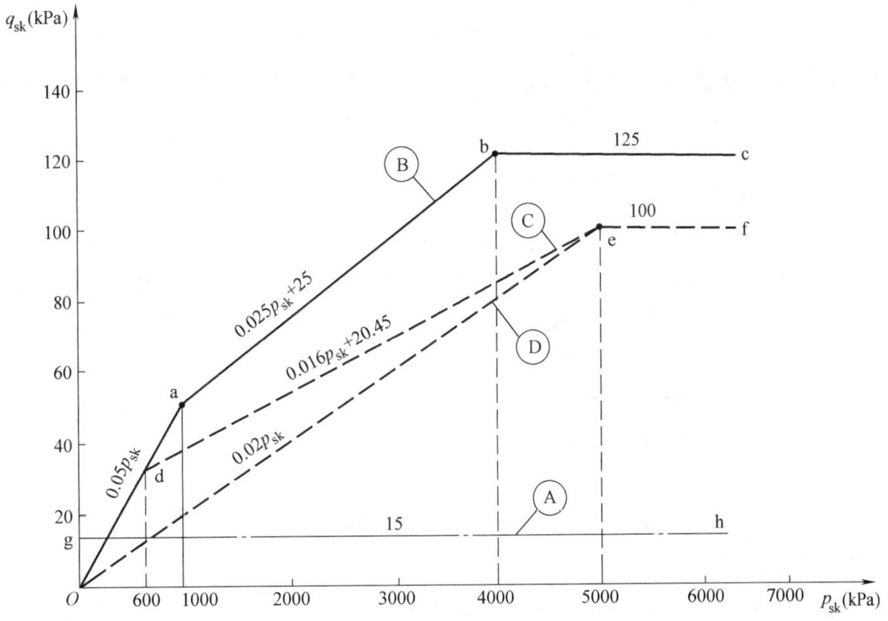

图 2.2-27 q_{sk}-p_s曲线

注：1. q_{sik}值应结合土工试验资料，依据土的类别、埋藏深度、排列次序，按图 2.2-27 折线取值；图 2.2-27 中，直线Ⓐ（线段 gh）适用于地表下 6m 范围内的土层；折线Ⓑ（oabc）适用于粉土及砂土土层以上（或无粉土及砂土土层地区）的黏性土；折线Ⓒ（线段 odef）适用于粉土及砂土土层以下的黏性土；折线Ⓓ（线段 oef）适用于粉土、粉砂、细砂及中砂。

2. p_{sk}为桩端穿过的中密～密实砂土、粉土的比贯入阻力平均值；p_{sl}为砂土、粉土的下卧软土层的比贯入阻力平均值；

3. 采用的单桥探头，圆锥底面积为 15cm²，底部带 7cm 高滑套，锥角 60°。

4. 当桩端穿过粉土、粉砂、细砂及中砂层底面时，折线Ⓓ估算的 q_{sik}值需乘以表 2.2-13 中系数 η_s值；

桩端阻力修正系数 α 值 表 2.2-10

桩长(m)	$l<15$	$15\leqslant l\leqslant 30$	$30<l\leqslant 60$
α	0.75	0.75～0.90	0.90

注：桩长 $15\leqslant l\leqslant 30$m，$\alpha$ 值按 l 值直线内插；l 为桩长（不包括桩尖高度）

系数 C 表 2.2-11

p_s(MPa)	20～30	35	>40
系数 C	5/6	2/3	1/2

折减系数 β 表 2.2-12

p_{sk2}/p_{sk1}	$\leqslant 5$	7.5	12.5	$\geqslant 15$
β	1	5/6	2/3	1/2

注：表 2.2-11、表 2.2-12 可内插取值。

系数 η_s 值 表 2.2-13

p_{sk}/p_{sl}	$\leqslant 5$	7.5	$\geqslant 10$
η_s	1.00	0.50	0.33

当根据双桥探头静力触探资料确定混凝土预制桩单桩竖向极限承载力标准值时，对于黏性土、粉土和砂土，如无当地经验时可按下式计算：

$$Q_{uk}=Q_{sk}+Q_{pk}=u\sum l_i\cdot\beta_i\cdot f_{si}+\alpha\cdot q_c\cdot A_p \tag{2.2.31}$$

式中 f_{si}——第 i 层土的探头平均侧阻力（kPa）；

q_c——桩端平面上、下探头阻力，取桩端平面以上 $4d$（d 为桩的直径或边长）范围内按土层厚度的探头阻力加权平均值（kPa），然后再和桩端平面以下 $1d$ 范围内的探头阻力进行平均；

α——桩端阻力修正系数，对于黏性土、粉土取 2/3，饱和砂土取 1/2；

β_i——第 i 层土桩侧阻力综合修正系数，黏性土、粉土：$\beta_i=10.04\ (f_{si})^{-0.55}$；砂土：$\beta_i=5.05\ (f_{si})^{-0.45}$。

注：双桥探头的圆锥底面积为 15cm²，锥角 60°，摩擦套筒高 21.85cm，侧面积 300cm²。

3. 经验法确定单桩承载力

经验法确定单桩承载力被列入国家、行业和地区标准中，用于桩基的初步设计和非重要工程的设计，或作为多种方法综合确定单桩承载力的依据之一，也有规定在无条件进行静载试桩的条件下应用这种方法确定单桩承载力。

国内外有关规范所规定的确定单桩承载力经验方法及经验参数，由于采用的设计准则和统计样本的不同而各具一定特色。下面以我国《建筑桩基技术规范》JGJ 94—2008 为例介绍该方法的具体计算模式。

（1）方法的建立

根据土的物理指标与承载力参数之间的经验关系计算单桩竖向极限承载力，核心问题是经验参数的收集，统计分析，力求涵盖不同桩型、地区、土质，具有一定的可靠性和较大的适用性。

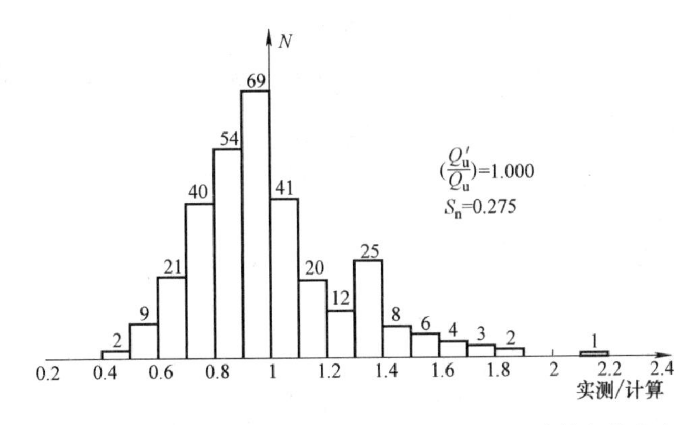

图 2.2-28 预制桩（317 根）极限承载力实测/计算频数分布

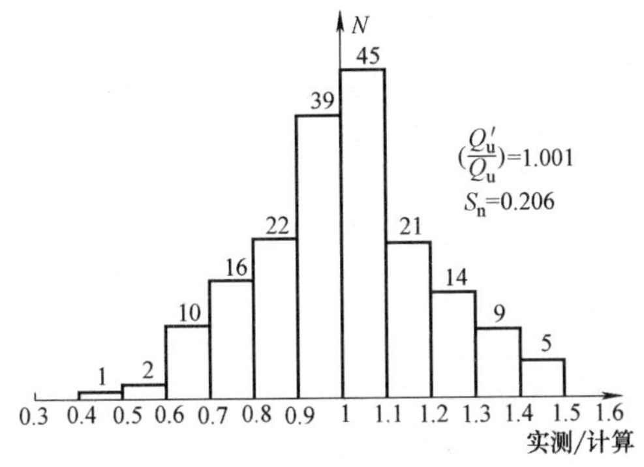

图 2.2-29 水下钻（冲）桩（184 根）极限承载力实测/计算频数分布

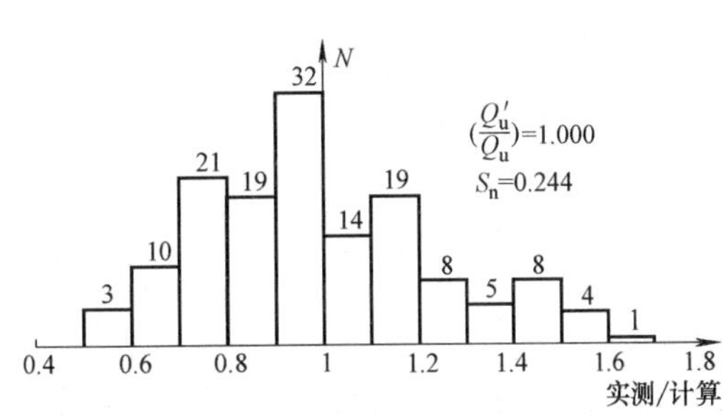

图 2.2-30 干作业钻孔桩（144 根）极限承载力实测/计算频数分布

《建筑桩基技术规范》JGJ 94—94 收集的试桩资料经筛选得到完整资料 229 根，涵盖 11 个省市。修订后的《建筑桩基技术规范》JGJ 94—2008 又共收集试桩资料 416 根，其中预制桩资料 88 根，水下钻（冲）孔灌注桩资料 184 根，干作业钻孔灌注桩资料 144 根。前后合计总试桩数为 645 根。以原规范表列 q_{sik}、q_{pk}为基础对新收集到的资料进行试算调整，其间还参考了上海、天津、浙江、福建、深圳等省市地方标准给出的经验值，最终得到表 2.2-14、表 2.2-15 所列各桩型的 q_{sik}、q_{pk}经验值。

对按各桩型建议的 q_{sik}、q_{pk}经验值计算统计样本的极限承载力 Q_{uk}，各试桩的极限承载力实测值 Q'_u与计算值 Q_{uk}比较，$\eta=Q'_u/Q_{uk}$，将统计得到预制桩（317 根）、水下钻（冲）孔桩（184 根）、干作业钻孔桩（144 根）的 η 按 0.1 分位与其频数 N 之间的关系，Q'_u/Q_{uk}平均值及均方差 S_n分别表示于图 2.2-28～图 2.2-30 中。

（2）计算模式与参数取值

当根据土的物理指标与承载力参数之间的经验关系确定单桩竖向极限承载力标准值时，宜按下式估算：

$$Q_{uk}=Q_{sk}+Q_{pk}=u\sum q_{sik}l_i+q_{pk}A_p \qquad (2.2.32)$$

式中 q_{sik}——桩侧第 i 层土的极限侧阻力标准值，如无当地经验时，可按表 2.2-14 取值；

q_{pk}——极限端阻力标准值，如无当地经验时，可按表 2.2-15 取值。

桩的极限侧阻力标准值 q_{sik}（kPa） 表 2.2-14

土的名称	土的状态		混凝土预制桩	泥浆护壁钻(冲)孔桩	干作业钻孔桩
填土			22～30	20～28	20～28
淤泥			14～20	12～18	12～18
淤泥质土			22～30	20～28	20～28
黏性土	流塑	$I_L>1$	24～40	21～38	21～38
	软塑	$0.75<I_L\leqslant1$	40～55	38～53	38～53
	可塑	$0.50<I_L\leqslant0.75$	55～70	53～68	53～66
	硬可塑	$0.25<I_L\leqslant0.50$	70～86	68～84	66～82
	硬塑	$0<I_L\leqslant0.25$	86～98	84～96	82～94
	坚硬	$I_L\leqslant0$	98～105	96～102	94～104
红黏土	$0.7<a_w\leqslant1$		13～32	12～30	12～30
	$0.5<a_w\leqslant0.7$		32～74	30～70	30～70
粉土	稍密	$e>0.9$	26～46	24～42	24～42
	中密	$0.75\leqslant e\leqslant0.9$	46～66	42～62	42～62
	密实	$e<0.75$	66～88	62～82	62～82
粉细砂	稍密	$10<N\leqslant15$	24～48	22～46	22～46
	中密	$15<N\leqslant30$	48～66	46～64	46～64
	密实	$N>30$	66～88	64～86	64～86
中砂	中密	$15<N\leqslant30$	54～74	53～72	53～72
	密实	$N>30$	74～95	72～94	72～94
粗砂	中密	$15<N\leqslant30$	74～95	74～95	76～98
	密实	$N>30$	95～116	95～116	98～120
砾砂	稍密	$5<N_{63.5}\leqslant15$	70～110	50～90	60～100
	中密(密实)	$N_{63.5}>15$	116～138	116～130	112～130
圆砾、角砾	中密、密实	$N_{63.5}>10$	160～200	135～150	135～150
碎石、卵石	中密、密实	$N_{63.5}>10$	200～300	140～170	150～170
全风化软质岩		$30<N\leqslant50$	100～120	80～100	80～100
全风化硬质岩		$30<N\leqslant50$	140～160	120～140	120～150
强风化软质岩		$N_{63.5}>10$	160～240	140～200	140～220
强风化硬质岩		$N_{63.5}>10$	220～300	160～240	160～260

注：1. 对于尚未完成自重固结的填土和以生活垃圾为主的杂填土，不计算其侧阻力；
2. a_w为含水比，$a_w=w/w_L$，w为土的天然含水量，w_L为土的液限；
3. N为标准贯入击数；$N_{63.5}$为重型圆锥动力触探击数；
4. 全风化、强风化软质岩和全风化、强风化硬质岩系指其母岩分别为 $f_{rk}\leqslant15$MPa、$f_{rk}>30$MPa 的岩石。

2.2.6 大直径桩的承载特性

1. 概述

由于桩的承载性状随桩径而有所变化，所以工程界将桩划分为小直径桩（微型桩），中等直径桩（常规直径桩），大直径桩。按国内外习惯，其桩径界限大体：$d\leqslant25$cm 为小

桩的极限端阻力标准值 q_{pk} (kPa) 表 2.2-15

土名称	土的状态 \ 桩型		混凝土预制桩桩长 l(m)				泥浆护壁钻(冲)孔桩桩长 l(m)				干作业钻孔桩桩长 l(m)		
			$l\leqslant9$	$9<l\leqslant16$	$16<l\leqslant30$	$l>30$	$5\leqslant l<10$	$10\leqslant l<15$	$15\leqslant l<30$	$30\leqslant l$	$5\leqslant l<10$	$10\leqslant l<15$	$15\leqslant l$
黏性土	软塑	$0.75<I_L\leqslant1$	210~850	650~1400	1200~1800	1300~1900	150~250	250~300	300~450	300~450	200~400	400~700	700~950
	可塑	$0.50<I_L\leqslant0.75$	850~1700	1400~2200	1900~2800	2300~3600	350~450	450~600	600~750	750~800	500~700	800~1100	1000~1600
	硬可塑	$0.25<I_L\leqslant0.50$	1500~2300	2300~3300	2700~3600	3600~4400	800~900	900~1000	1000~1200	1200~1400	850~1100	1500~1700	1700~1900
	硬塑	$0<I_L\leqslant0.25$	2500~3800	3800~5500	5500~6000	6000~6800	1100~1200	1200~1400	1400~1600	1600~1800	1600~1800	2200~2400	2600~2800
粉土	中密	$0.75\leqslant e\leqslant0.9$	950~1700	1400~2100	1900~2700	2500~3400	300~500	500~650	650~750	750~850	800~1200	1200~1400	1400~1600
	密实	$e<0.75$	1500~2600	2100~3000	2700~3600	3600~4400	650~900	750~950	900~1100	1100~1200	1200~1700	1400~1900	1600~2100
粉砂	稍密	$10<N\leqslant15$	1000~1600	1500~2300	1900~2700	2100~3000	350~500	450~600	600~700	650~750	500~950	1300~1600	1500~1700
	中密、密实	$N>15$	1400~2200	2100~3000	3000~4500	3800~5500	600~750	750~900	900~1100	1100~1200	900~1000	1700~1900	1700~1900
细砂	中密、密实	$N>15$	2500~4000	3600~5000	4400~6000	5300~7000	650~850	900~1200	1200~1500	1500~1800	1200~1600	2000~2400	2400~2700
中砂			4000~6000	5500~7000	6500~8000	7500~9000	850~1050	1100~1500	1500~1900	1900~2100	1800~2400	2800~3800	3600~4400
粗砂			5700~7500	7500~8500	8500~10000	9500~11000	1500~1800	2100~2400	2400~2600	2600~2800	2900~3600	4000~4600	4600~5200
砾砂	中密、密实	$N>15$	6000~9500		9000~10500		1400~2000		2000~3200		3500~5000		
角砾、圆砾		$N_{63.5}>10$	7000~10000		9500~11500		1800~2200		2200~3600		4000~5500		
碎石、卵石		$N_{63.5}>10$	8000~11000		10500~13000		2000~3000		3000~4000		4500~6500		
全风化软质岩		$30<N\leqslant50$	4000~6000				1000~1600				1200~2000		
全风化硬质岩		$30<N\leqslant50$	5000~8000				1200~2000				1400~2400		
强风化软质岩		$N_{63.5}>10$	6000~9000				1400~2200				1600~2600		
强风化硬质岩		$N_{63.5}>10$	7000~11000				1800~2800				2000~3000		

注：1. 砂土和碎石类土中桩的极限端阻力取值，宜综合考虑土的密实度，桩端进入持力层的深径比 h_b/d，土越密实，h_b/d 越大，取值越高；

2. 预制桩的岩石极限端阻力指桩端支承于中、微风化基岩表面或进入强风化岩、软质岩一定深度条件下极限端阻力；

3. 全风化、强风化软质岩和全风化、强风化硬质岩指其母岩分别为 $f_{rk}\leqslant15MPa$、$f_{rk}>30MPa$ 的岩石。

桩（微型桩）；25cm<d<80cm为中等直径桩；d≥80cm为大直径桩。

大量试验证实桩端阻力、侧阻力与桩径有明显关系，称其为尺寸效应。将中、小桩的端阻力、侧阻力参数或计算模式套用于大直径桩是不合适的，会得出偏大的结果。

大直径桩多在较硬持力层埋深不大或桩较长时，为保证其长径比L/d不致过大的情况下采用。当桩不太长且持力层为黏性土、粉土、砂砾层时，往往采用扩底以提高桩端承载力。对于扩底桩，其端阻力的确定原则与非扩底桩是相同的。

2. 大直径桩的承载性状

1）荷载-沉降特性

图2.2-31（*a*）、（*b*）、（*c*）所示分别为桩端支承于砂卵石上的人工挖孔扩底桩，支承于黏性土、粉土的人工挖孔底桩和支承于中、细砂上的泥浆护壁钻孔扩底桩的荷载试验所得荷载-沉降（Q-s）、总侧阻-沉降（Q_s-s）和总端阻-沉降（Q_p-s）曲线。

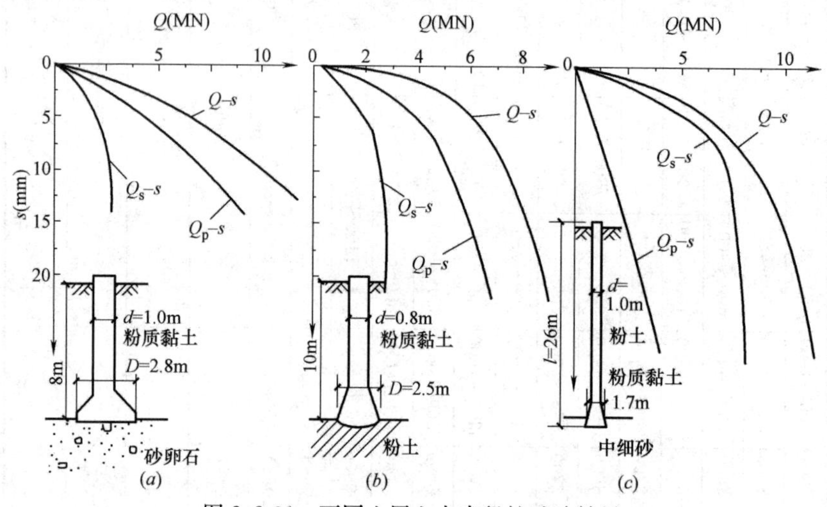

图2.2-31 不同土层上大直径桩试验结果

（*a*）砂卵石层上的人工挖孔桩；（*b*）黏性土层上的人工挖孔桩；（*c*）泥浆护壁大直径桩

从中看出：

（1）桩端持力层性质不同的大直径桩具有相似的荷载-沉降特性，都属于缓变型，不显示明显的破坏特征点。对于砂卵石持力层上的挖孔桩，其Q-s变化更为平缓。

（2）桩侧阻力都在较小桩顶沉降（10～15mm）下发挥出来，而端阻力随沉降增大而逐渐发挥并不显示破坏特征点。对于泥浆护壁的钻孔桩，由于孔底沉渣影响，发挥桩端阻力所需竖向位移更大，桩端分担的荷载也相应减小，Q_p-s有近似线性关系。

如前所述，采用Benoto成桩方法时，由于桩侧土的扰动范围大，砂层的桩侧阻力可能需要较大的桩顶沉降（s>20mm）才能充分发挥出来。

2）破坏特性

图2.2-32表示持力层为粉土的桩底平面土的竖向变形情况（丁家华，1988），图中标明，随着荷载增加桩底周围土始终产生竖向位移，而不出现隆起。这说明桩端土没发生整体剪切破坏，而由土的压缩机理起主导作用。即随着荷载增加，桩底以下土体产生体积压缩和向下辐射剪切，由此排出的土体积足以容纳桩端的下沉体积，而不会导致土体侧向挤出形成通向桩端平面以上的连续剪切滑动面。

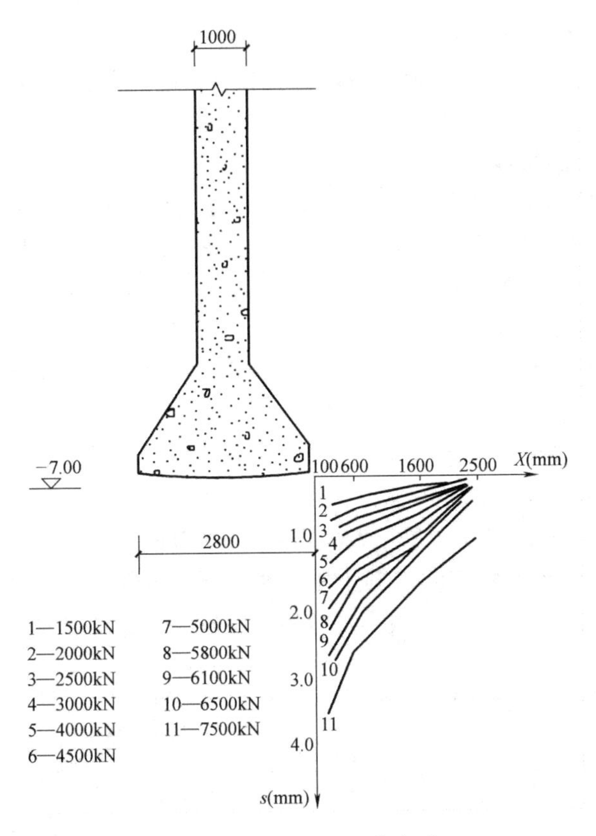

图 2.2-32 桩底土竖向变形

（引自丁家华，1988）

这种以压缩机理起主导作用的渐进变化，Q-s 曲线表现为缓变型，无明显特征点，因此，承载力的确定一般以沉降控制。

对于桩端进入硬持力层较浅，且其上为软弱覆盖层的大直径桩，其端阻力可能为突进破坏，其 Q-s 曲线呈陡降型。

3）大直径桩承载力的确定

（1）根据静载试验确定承载力

如前所述大直径桩的荷载-沉降关系一般呈缓变型。在此情况下根据静载试验 Q-s 曲线确定承载力时，通常取 $s=40\sim60$mm 或 $s=0.03\sim0.06D$（D 为桩端直径，桩径小者取高值，桩径大者取低值）所对应的荷载为极限承载力。承载力的设计取值应根据上部结构的绝对沉降和不均沉降的容许值、土层与荷载分布的不均匀程度等因素作适当调整。

对于沉降不敏感的结构物桩基，一般可取 $s=0.01D$ 对应的荷载为承载力特征值。

对于沉降敏感的结构物单柱单桩基础，宜按等变形的准则确定不同直径桩的承载力特征值。当存在群桩效应时，则应调整各桩承载力的取值。

为较准确地通过试验确定桩侧阻力和桩端阻力，可在原型桩试验中埋设桩底土压力盒和桩身钢筋应力计或混凝土应变计予以测定，也可采用简便的压板面积不小于 0.5m^2 的深层压板载荷试验近似测定桩端阻力。

（2）通过计算预估承载力

大直径桩（包括扩底桩）的极限承载力标准值可按下式计算：

$$Q_{uk}=Q_{sk}+Q_{pk}=U_e\sum\psi_{si}q_{ski}L_{ei}+\psi_p q_{pk}A_p \tag{2.2.33}$$

式中 q_{ski}——中等直径桩（d=250～800mm）桩身极限侧阻力标准值，可按前述侧阻力计算方法确定或通过土的原位试验、经验方法确定；

L_e——有效侧阻桩段长，L_e=总长－扩底高=$L-L_u$；

U_e——桩身侧阻有效周长，$U_e=\pi d_e$，对于外齿形护壁桩，其有效桩径d_e取外齿的最大外径（见图2.2-33），这是由于桩侧剪切面发生于外齿尖连成的竖向环形面所通过的土体中而不是桩土界面，对于等截面桩身，取$U_e=\pi d$；

A_p——桩端投影面积；

q_{pk}——中等直径桩（D=250～800mm）桩端极限阻力标准值，按实测、原位测试、经验或下述方法确定；

ψ_{si}、ψ_p——侧阻、端阻折减系数（尺寸效应系数），按下述方法取值。

① 桩端阻力折减系数

由于端阻力的渐进破坏效应导致砂层的端阻力随桩径增大而降低（Meyerhof，1988），图2.2-34所示为不同密实度砂土中极限端阻折减系数ψ_p与桩端直径D的关系，从中看出，ψ_p随D增大呈双曲线型减小，砂的密度越大，ψ_p随D增大的折减率越大。

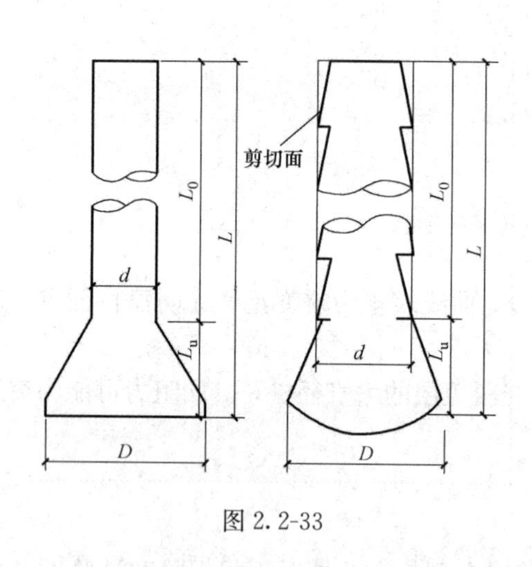

图2.2-33

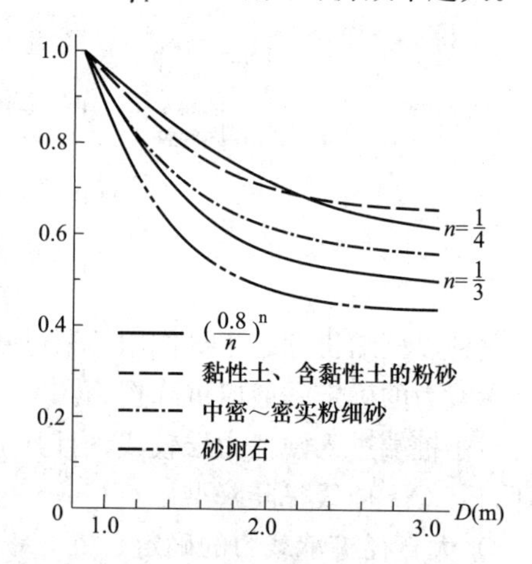

图2.2-34 大直径桩端阻尺寸效应系数ψ_p与桩径D关系计算与试验比较

图2.2-34为《北京大直径桩勘察、设计、施工的若干建议》中根据不同土中大直径桩试验结果规定的端阻力折减系数ψ_p与桩端直径D的关系（苏立人等，1986）从中看出，黏性土的端阻力折减率较小，砂卵石的端阻折减率较大，中密、密实粉细砂居中。

根据上述大直径桩极限端阻随桩径增大而降低的变化特性，建议ψ_p与桩端直径D的关系如下：

$$\psi_p=\left(\frac{0.8}{D}\right)^n \tag{2.2.34}$$

式中，经验指数n，对于黏性土、粉土取$n=1/4$；对于砂土、碎石类土，取$n=1/3$。按式（2.2.34）计算的大直径桩端阻折减系数ψ_p图示于图2.2-34。

② 桩侧阻力的折减问题

桩成孔后产生应力释放，孔壁出现松弛变形，导致侧阻力有所降低，侧阻力随桩径增大呈双曲线型减小（图 2.2.35，H. Brandl，1988）。

对于无黏性的砂类土、碎石类土中大直径桩的侧阻力，前述表 2.2-1、图 2.2-5 表明，发挥侧阻最大值所需沉降远大于常规直径桩所需沉降（$s \leqslant 20$mm）；图 2.2-35 所示统计结果，侧阻力随桩径增大而呈双曲线型减小（Brandl，1985）。据此，建议大直径桩极限侧阻折减系数（尺寸效应系数）ψ_s 按下式确定：

$$\psi_s = \left(\frac{0.8}{d}\right)^{\frac{1}{m}} \qquad (2.2.35)$$

式中　经验指数 m，对于黏性土、粉土取 $m=1/5$；对于砂土、碎石类土，取 $m=1/3$。

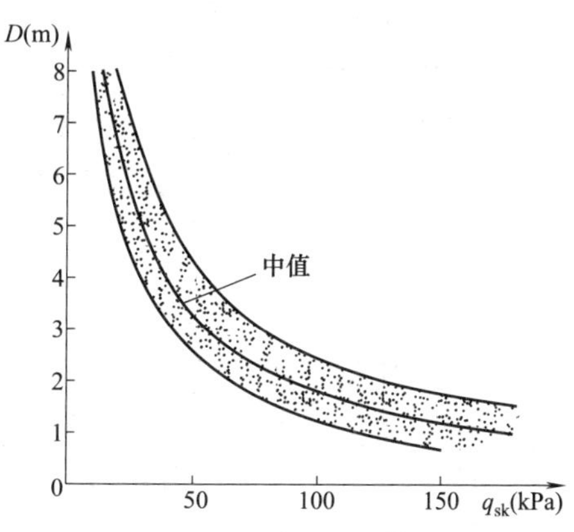

图 2.2-35　砂、砾土中极限侧阻力随桩径的变化

③ 大直径桩端阻经验值

根据不同持力层、不同桩径（$D=0.8\sim2.4$m）不同桩长（$L=4.5\sim11.8$m）的 40 根人工挖孔桩静载试验结果进行统计分析，对于 $D>0.8$m 桩的极限端阻值按式（2.2.33）进行修正，参考干作业钻孔桩的极限端阻标准值的经验值，得到 $D=0.8$m 桩的极限端阻标准值 q_{pk}，列于表 2.2-16。

干作业（清底干净）大直径桩（$D=0.8$m）极限端阻力标准值 q_{pk}（kPa）　表 2.2-16

土名称		状态		
黏性土		$0.25<I_L<0.75$	$0<I_L<0.25$	$I_L<0$
		800～1800	1800～2400	2400～3000
粉土			$0.75<e<0.9$	$e<0.75$
			1000～1500	1500～2000
砂土碎石类土		稍密	中密	密实
	粉砂	500～700	800～1100	1200～1600
	细砂	700～1100	1200～1800	2000～2500
	中砂	1000～2000	2200～3200	3500～5000
	粗砂	1200～2200	2500～3500	4000～5500
	砾砂	1400～2400	2600～4000	5000～7000
	圆砾、角砾	1600～3000	3200～5000	6000～9000
	卵石、碎石	2000～3000	3300～5000	7000～11000

注：1. 当桩进入持力层的深度 h_b 分别为：$h_b \leqslant D$，$D<h_b \leqslant 4D$，$h_b>4D$ 时，q_{pk}可相应取低、中、高值。
2. 砂土密实度可根据标贯击数判定，$N \leqslant 10$ 为松散，$10<N \leqslant 15$ 为稍密，$15<N \leqslant 30$ 为中密，$N>30$ 为密实。
3. 当桩的长径比 $L/d \leqslant 8$ 时，q_{pk}宜取较低值。
4. 当对沉降要求不严时，q_{pk}可取高值。

对于其他成桩工艺，当清底情况不佳时，其极限端阻 q_{pk} 可参考表 2.2-15 取值，并按式（2.2.33）乘以端阻修正系数 ψ_p。

大直径极限侧阻经验值可按表2.2-14取值，并按式（2.2.35）乘以侧阻修正系数 ψ_s。

（3）根据极限平衡理论公式计算

对于饱和黏性土，可按下式估算极限端阻：

$$q_{pu}=\left(\frac{0.8}{D}\right)^{\frac{1}{4}}\cdot 9c_u+\gamma h \tag{2.2.36}$$

式中 c_u——土的不排水抗剪强度；

γ——桩端以上土的平均重度；

h——桩入土深度；当 $h>h_{cp}$，取 $h=h_{cp}$。

2.2.7 超长桩承载特性

1. 概述

目前，对超长桩并没有统一的认识和标准，大致可分为两类。一类是从桩基施工的因素出发，根据桩长界定超长桩，认为 $L>40$m（刘金砺，1990）或 $L>50$m（阳吉宝，1998；迟跃君，1998）为超长桩。另一类则从桩的荷载传递特性出发，以长径比作为判断超长桩的标准，认为 $L/D=50$ 或 $L/D=100$ 为超长桩。综合上述桩基施工及承载变形特性两个因素，并综合相关文献的理论与实测研究，可普遍认为桩长 $L\geqslant50$m 且长径比 $L/D\geqslant50$ 的桩为超长桩。理论研究和实践均表明，不同长度的桩在荷载作用用下其承载力的发挥性状是不同的。

（1）超长桩的发展

超高层建筑和大跨度桥梁的建设，使得基底荷载越来越大，对基桩承载力和变形提出了更高的要求，桩基向大直径、超长桩方向发展。如杭州湾跨海大桥钢管桩的直径达1.6m，单桩最大长度达89m；上海环球金融中心、金茂大厦都采用了桩长超过80m的钢管桩。东海大桥与苏通大桥主墩工程，则采用了桩径为2500mm的灌注桩，前者桩长为112m，后者桩长达125m；杭州钱塘江六桥采用的钻孔灌注桩更长，达130m；温州世贸中心、上海中心大厦、上海白玉兰广场、天津117大厦等超高层建筑采用了长为80～120m不等的钻孔灌注桩。从克服传统泥浆护壁灌注桩工艺局限性出发，桩端（侧）后注浆技术已大量用于大直径超长灌注桩，并提高承载力、减少变形。

（2）超长桩桩型

钢管桩与泥浆护壁钻孔灌注桩是超长桩采用的主要桩型。

对于超长钢管桩来说，其沉桩的难度在于采用合适的打桩机和打桩锤，并结合桩头、桩端、接桩等构造的强化处理，将其有效地打入坚硬地层。另一方面，还要考虑长期使用过程中，地下水环境特别是海水等腐蚀环境对钢材的锈蚀作用及相应的防腐与耐久性措施。

泥浆护壁灌注桩的成孔难度则在于大直径超深孔的孔壁稳定性、泥皮厚度、孔底沉渣厚度、孔身垂直度的控制。超长灌注桩因施工工艺所带来的泥皮、沉渣、垂直度等影响承载力的问题较常规桩更为突出，施工机具与工艺的选择、成孔质量的控制有其特殊的地方。

（3）超长桩需研究的问题

大直径超长桩的长径比较大，很多桩长径比超过50，甚至达到100。理论研究和工程实践均表明，超长桩的受力性状与短桩有所区别。超长桩的设计荷载较大，而长径比的增加使得桩土刚度减小，直接影响其承载力与变形能力，主要表现为侧阻与端阻的发挥效率较低、桩身压缩明显，增加了承载力取值的难度。超长桩长径比、桩身强度、刚度的确定是影响其力学与变形行为的主要指标，超长桩的设计中应重点考虑。

对于超长桩来说，其长度的增加给施工、承载与变形特性都带来了较大的负面影响，不能简单套用短桩、中长桩的经验与认知。因此，明晰超长桩的施工难点和工作性状，合理进行超长桩的设计就显得越来越重要。

2. 超长桩承载变形性状

载荷试验是认识超长桩工作性状最直接的手段。目前，超长桩的应用以钻孔灌注桩为主，表2.2-17列出了浙江、上海、北京等地的几个工程超长灌注桩的概况，桩径为800～1200mm，桩长为48.5～119.8m，长径比为53.9～108.9，桩端持力层涵盖了黏土、砂土、卵石和基岩。

试桩参数表 **表2.2-17**

	桩号	桩径 D (mm)	桩长 L (m)	长径比 L/D	入持力层深度(m)	混凝土强度	备注
台州鑫泰广场	SZ1	800	76.2	95.3	黏土层2.0	C35	
	SZ2	800	59.3	74.1	卵石层1.0	C35	
	SZ3	800	62.7	78.4	黏土层2.0	C35	
	SZ4	900	63.8	70.9	黏土层2.0	C35	
	SZ5	1000	76.4	76.4	卵石层1.0	C35	
温州世贸中心	S1	1100	119.85	108.95	中风化基岩1.10	C40	
	S2	1100	92.54	84.13	中风化基岩2.62	C40	
	S3	1100	88.17	80.15	中风化基岩0.52	C40	
上海仲盛商业中心	67,133,232	900	48.5	53.9	粉砂16	C30	
	SZA1,SZA2,SZA3	900	48.5	53.9	粉砂16		
上海世博	T7,T8	950	89.0	93.68	粗砂2.6	C35	
虹桥	S22	850	71.8	84.47	粉细砂夹中粗砂2.0	C35	
长峰虹口商城	SZ1,SZ2	1200	71.5	59.6	细砂3.3	C35	
CCTV新台址工程	A1,A2,A3	1200	53	44.2	砂卵石	C40	

1）变形特性

（1）Q-s 曲线特征

图2.2-36～图2.2-39为台州鑫泰广场和温州世贸中心试桩荷载-沉降曲线。

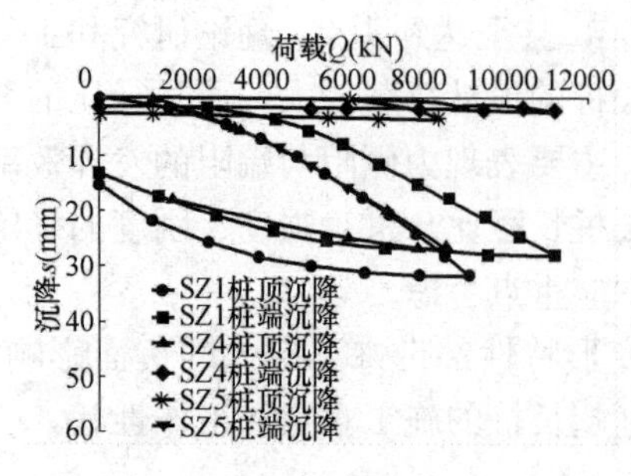

图 2.2-36 台州鑫泰广场 SZ1、SZ4、SZ5 试桩 Q-s（s_b）曲线

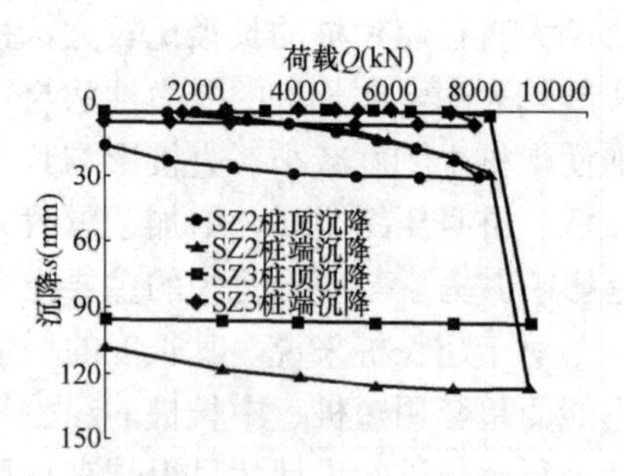

图 2.2-37 台州鑫泰广场 SZ2、SZ3 试桩 Q-s（s_b）曲线

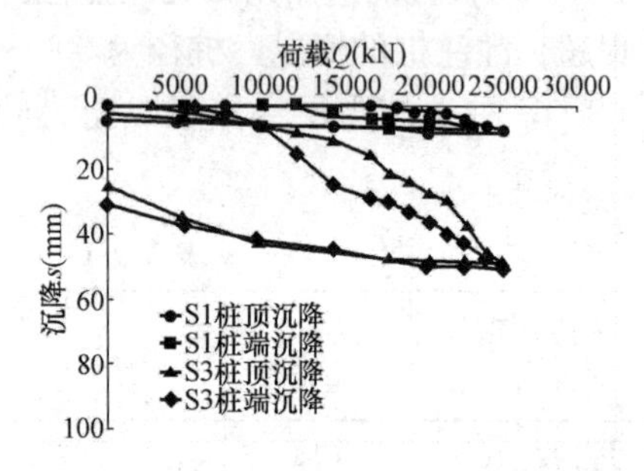

图 2.2-38 温州世贸中心 S1、S3 试桩 Q-s（s_b）曲线

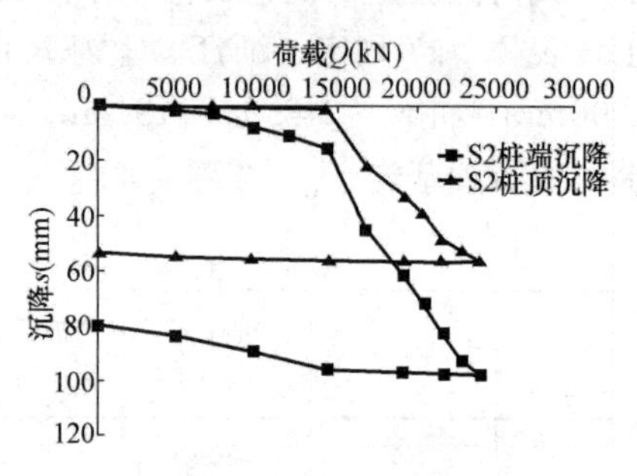

图 2.2-39 台州鑫泰广场 S2 试桩 Q-s（s_b）曲线

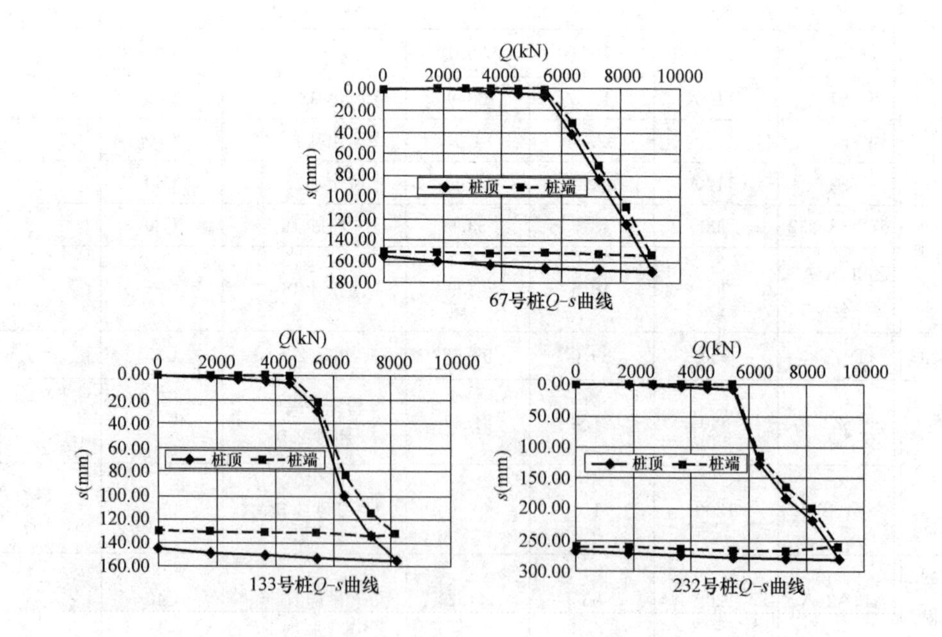

图 2.2-40 上海仲盛商业中心 3 组大直径超长灌注桩荷载位移曲线

从图 2.2-36～图 2.2-39 及表 2.2-18 中可以看出，超长桩 Q-s 曲线有陡降型和缓变型两类。

上海仲盛商业中心超长灌注桩的变形与承载力 **表 2.2-18**

桩号	最大加载量(kN)	桩顶			桩端			极限承载力(kN)
		变形(mm)	残余变形(mm)	回弹率(%)	变形(mm)	残余变形(mm)	回弹率(%)	
67号	9100	168.87	155.21	8.81	152.87	150.37	1.6	5460
133号	8190	155.0	144.92	6.5	133.65	132.01	1.2	4550
232号	9100	281.77	268.55	4.7	259.34	257.88	0.5	5460

（2）缓变型。SZ1、SZ2、SZ4、SZ5、S1 试桩，*Q-s* 曲线均表现为缓变型，不存在明显的拐点。桩端沉降一般在 5mm 左右，即使对承受较高荷载水平的 S1 试桩，在加载到时，252000kN 桩端沉降也仅有 6.89mm，说明持力层性状好，清渣干净，此时桩顶沉降主要由桩身压缩产生。

（3）陡降型。在荷载作用下，桩身发生刺入破坏，*Q-s* 曲线呈陡降型。如 SZ3、S2 试桩。SZ3 试桩在加载至 8800kN 时，桩顶沉降由上一级荷载 8800kN 时的 27.98mm 剧增到 126.33mm，桩端沉降也相应由 1.68mm 增加到 96.96mm。S2 试桩在加载至 16800kN 时，桩顶沉降由一级荷载 14400kN 时的 15.27mm 增加到 44.32mm，桩端沉降也由 0.55mm 相应增加到 21.04mm，此后更是随着荷载增加，桩顶、桩端沉降不断增大。

上海仲盛商业中心 3 组常规大直径超长灌注桩试桩 *Q-s* 曲线有明显的拐点，皆呈陡降型，见图 2.2-40，竖向抗压极限承载力分别为：5460kN、4550kN、5640kN，仅为设计要求的 60%左右。67 号试桩，当桩顶荷载达到 5460kN 后，*Q-s* 曲线出现拐点，桩顶与桩端沉降皆急剧增加，在最大加载 9100kN 时，桩顶与桩端沉降分别为 168mm 和 155mm，表明桩顶的沉降主要是由于桩端沉降引起的，桩身呈整体下沉。

（4）情况分析

大直径超长桩持力层一般均选在较好的土层，桩端的支承条件好，不易产生刺入破坏。分析上述试桩曲线特征，可以判定沉渣厚度成为影响超长灌注桩 *Q-s* 曲线性状的主要因素。受沉渣影响，常规灌注桩桩周围接触面与桩端土体皆发生较大的塑性变形，上海仲盛商业中心 3 组大直径超长灌注桩试桩在最大加载值 9100kN 卸荷后，桩顶与桩端的回弹率分别为 8.81%和 1.6%。当沉渣厚度较大时，在荷载作用下，发生刺入破坏，*Q-s* 曲线呈陡降型。当清渣干净时，桩顶沉降主要由桩身压缩产生，*Q-s* 曲线均表现为缓变型。

实践表明，大直径超长灌注桩，由于成孔直径大、长度深，成孔作业时间较长，使得孔壁稳定性不易保证，比常规桩更易产生缩径和沉渣，且孔底很深增加了清孔的难度，因此大直径超长桩控制成渣厚度成为施工中的难题。

2）桩身压缩

（1）两组工程试桩

桩身压缩量是超长灌注桩一个比较重要的参数，影响桩身混凝土的弹塑性变化规律和桩的破坏方式。单桩受竖向荷载作用时，其桩顶沉降量 s 包括：桩身压缩量 s_s、桩端沉降量 s_b（弯曲变形 s_f，s_f一般可以不予考虑）。其中，s_s又包括弹性压缩量 s_{se}和塑性压缩量 s_{sp}，即 $s=s_{se}+s_{sp}+s_b$。

鑫泰广场 5 根试桩和世贸中心 3 根试桩的桩身压缩量曲线如图 2.2-41 和图 2.2-42 所示。桩身弹塑性压缩量表即压缩量占桩顶沉降的比例见表 2.2-19 和表 2.2-20。

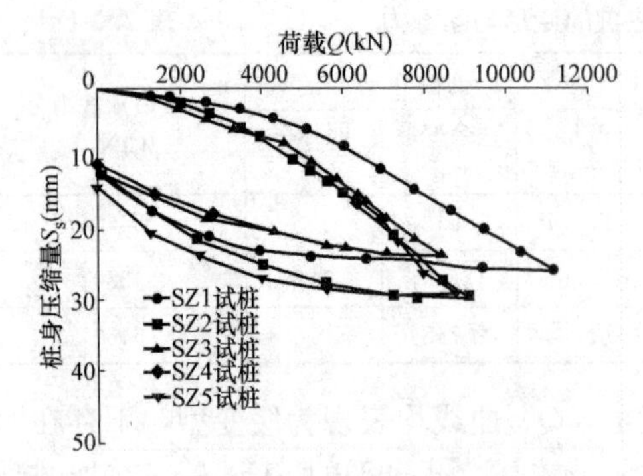

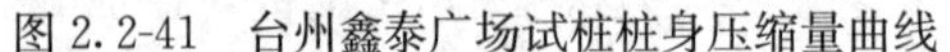

图 2.2-41 台州鑫泰广场试桩桩身压缩量曲线

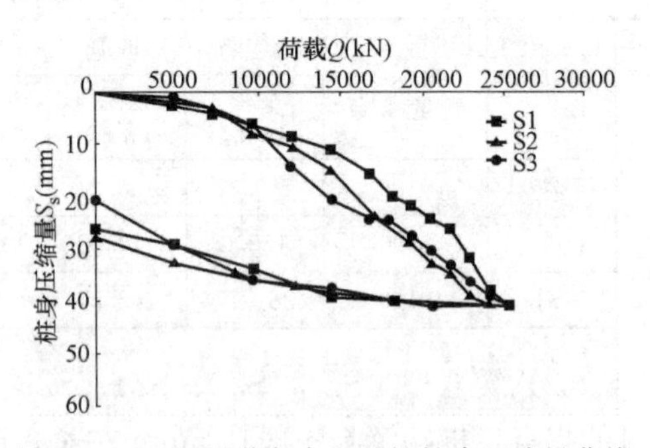

图 2.2-42 温州世贸中心试桩桩身压缩量曲线

鑫泰广场试桩桩身压缩量表 **表 2.2-19**

桩号	桩长(m)	桩身压缩 s(mm)	桩身压缩 s_s(mm)	弹性压缩 s_e(mm)	s_e/s(%)	塑性压缩 s_p(mm)	s_p/s(%)	桩身压缩与桩顶沉降比
SZ1	76.2	31.93	29.84	15.82	53.02	14.02	46.98	93.45
SZ2	59.3	30.65	24.28	12.73	52.43	11.55	47.57	79.22
SZ3	62.7	126.33	29.38	17.19	58.53	12.18	41.47	23.25
SZ4	63.8	27.01	23.58	12.95	54.92	10.63	45.08	87.30
SZ5	76.4	28.12	25.73	13.90	54.02	11.83	45.98	91.50

温州世贸中心试桩桩身压缩量表 **表 2.2-20**

桩号	桩长(m)	桩身压缩 s(mm)	桩身压缩 s_s(mm)	弹性压缩 s_e(mm)	s_e/s(%)	塑性压缩 s_p(mm)	s_p/s(%)	桩身压缩与桩顶沉降比
SZ1	119.9	47.92	41.03	20.43	49.79	20.60	50.21	85.62
SZ2	92.54	96.82	41.01	14.86	36.24	26.15	63.76	42.36
SZ3	88.17	49.52	41.23	13.4	32.5	27.83	67.5	83.26

① 结合表 2.2-17 桩身几何参数，分析图 2.2-41 和图 2.2-42 两曲线可以看出，桩径对桩身压缩量影响较大，相同荷载水平作用下，桩径增加，其压缩量减小，对比 SZ1 与 SZ5 试桩我们可以明显看到这一点。

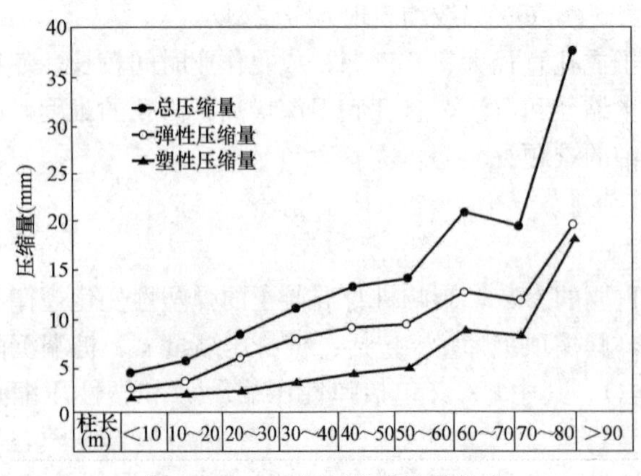

图 2.2-43 多根钻孔灌注桩桩身压缩量与桩长的关系曲线

② 对比 SZ1 与 SZ2 试桩，以及 S1、S2 和 S3 试桩可以看出，在相同荷载水平作用下，随着桩长的增加，桩身压缩量增大。从表 2.2-19 和表 2.2-20 中也可以看出，随着桩长增加，极限荷载作用下桩身压缩占桩顶沉降的比例增加。

③ 从图 2.2-41 和图 2.2-42 中曲线可以看出，在低荷载水平下，对相同桩径的试桩压缩量曲线重合性较好，桩身压缩量基本呈线性。表现为混凝土的弱性压缩。随着荷载的增

加，压缩曲线不再呈直线，表现为较大的塑性变形。随着荷载水平的增加，塑性压缩量总压缩量的比例增大。

（2）大量工程实测资料统计

图 2.2-43 为软土中 1000 多根钻孔桩既观测桩顶、桩端沉降及桩身应力-应变的静载试验结果统计分析，表 2.2-21 为几项工程试桩桩身压缩量表。

试桩桩身压缩量表 **表 2.2-21**

	桩号	桩长(m)	桩径(mm)	桩端持力层	桩顶加载(kN)	桩顶沉降 s_u(mm)	桩端沉降 s_b(mm)	桩身压缩	桩身压缩占桩顶变形比例(%)
仲盛商业中心	S1	48.5	900	粉细砂	12000	19.07	3.12	15.95	83.6
	S2	48.5	900	粉细砂	12000	15.94	2.31	13.63	85.5
	S3	48.5	900	粉细砂	12000	19.55	2.81	16.74	85.6
越洋	SP3	70.0	850	含砾粉细砂	12000	24.5	4.0	20.5	83.7
虹桥	C1882	50.6	850	粉细砂	16500	35.85	12.19	23.66	66.0
	C2249	50.7	850	粉细砂	15000	25.32	6.63	18.69	73.8
	C1013	50.8	850	粉细砂	14300	41.92	2.22	39.7	91.7
	S22	71.8	850	粉细砂夹中粗砂	20000	52.3	7.9	44.4	84.9
CCTV新台址工程	TP-A1	51.7	1200	砂卵石	33000	21.78	1.98	19.8	90.9
	TP-A2	51.7	1200	砂卵石	30250	31.44	5.22	26.22	83.4
	TP-A3	53.4	1200	砂卵石	33000	18.78	1.78	17.	90.5
	TP-B1	33.4	1200	细中砂	33000	20.92	5.38	15.54	74.3
	TP-B2	33.4	1200	细中砂	33000	14.50	3.78	10.72	73.9
	TP-B3	33.1	1200	细中砂	33000	21.80	3.32	18.48	84.8
温州某工程	S1	98	1000	中等风化凝灰岩	14904	44.81	4.55	40.26	89.8
	S2	98	1000		14904	41.94	5.38	36.56	87.2
	S3	98	1000		14904	39.68	3.75	35.93	90.5

从表 2.2-19、表 2.2-20、表 2.2-21 及图 2.2-43 可以发现以下特征：

① 相同桩径的桩在极限荷载作用下，桩身混凝土的总压缩量是桩长的函数，即桩身压缩量随桩长的增加而增加。

② 相同桩径的桩在极限荷载作用下桩身混凝土不仅有弹性压缩量，而且有塑性压缩量。塑性压缩是一个宏观定义，主要是由桩身混凝土的塑性压缩以及桩端附近混凝土压缩组成。

③ 桩身塑性压缩量除了与桩长有关外，还与桩顶荷载水平、长径比、桩身混凝土强度、配筋量、地质条件、施工质量等因素有关。在其他条件一定时，桩顶荷载水平越高，桩身压缩量越大，而且桩身混凝土破坏前有一个临界值（该值与桩顶荷载水平、桩身混凝土强度、桩长和配筋等有关）。实测表明，桩长 40m、桩径 1000mm、C25 混凝土的钻孔灌注桩其压缩量的临界值约为 20mm。亦即对该种桩做试桩时，控制最大试验荷载的附加条件是桩顶、桩端的沉降差小于 20mm。而且，可以通过桩顶、桩端沉降是否同步，来判断桩身混凝土是否压碎。

④ 对桩端沉渣较少的桩，在极限荷载下桩身压缩量占桩顶沉降的比例较大，为

66.0%～91.7%，普遍达80%以上，因此对超长桩应该以非刚性桩来认识，沉降计算中除要计算桩端力及桩侧摩阻力传递到桩端引起的桩端沉降外，还要充分考虑到桩身压缩变形量引起的沉降。由于在极限荷载作用下桩身有塑性变形，在高荷载水平作用下，不能将超长灌注桩作为弹性杆件进行计算。

⑤ 由于桩身压缩量大，在桩顶沉降达到控制值时，桩端沉降量还不大，还远未达到桩端阻力完全发挥所需的桩端沉降量，这严重影响了超长桩端承力的发挥。所以要选择合适的桩长及长径比 L/D。

2.2.8 后注浆灌注桩的竖向承载力

1. 概述

灌注桩后注浆是一项土体加固技术与桩工技术相结合的桩基辅助工法，可用于灌注桩及地下连续墙，分为桩侧后注浆与桩端后压浆两种。该技术旨在通过桩底、桩侧后注浆固化沉渣（虚土）和泥皮，并加固桩底和桩周一定范围的土体，以大幅提高桩的承载力，增强桩的质量稳定性，减小桩基沉降。由于采用的注浆方法是在灌注桩成桩后一定时间内实施的，所以一般称为灌注桩后注浆。

灌注桩桩端后注浆分两类模式：一种是封闭式注浆，即在桩端预设注浆容器，注入的浆液通过充填容器来挤压周围的土体；另一种是开放式注浆，即在桩端处设置单向注浆阀，注入的浆液通过注浆阀直接注入周围土中，进而加固桩底沉渣和土体。《建筑桩基技术规范》JGJ 94—2008 采用的后注浆模式属于后者的开放式注浆，这也是规范中后注浆灌注桩承载估算公式的适用条件。

2. 《建筑桩基技术规范》JGJ 94—2008 中后注浆灌注桩承载力计算

规范采用的灌注桩桩底后注浆和桩侧后注浆装置有以下特点：一是桩底注浆采用管式单向注浆阀，有别于构造复杂的注浆预载箱、注浆囊、U形注浆管，实施开敞式注浆，其竖向导管可与桩身完整性声速检测兼用，注浆后可代替纵向主筋；二是桩侧注浆是外置于桩土界面的弹性注浆管阀，不同于设置于桩身内的袖阀式注浆管，可实现桩身无损注浆。注浆装置安装简便、成本较低、可靠性高，适用于不同钻具成孔的锥形和平底孔型。其注浆阀设置与工艺见图 2.2-44。

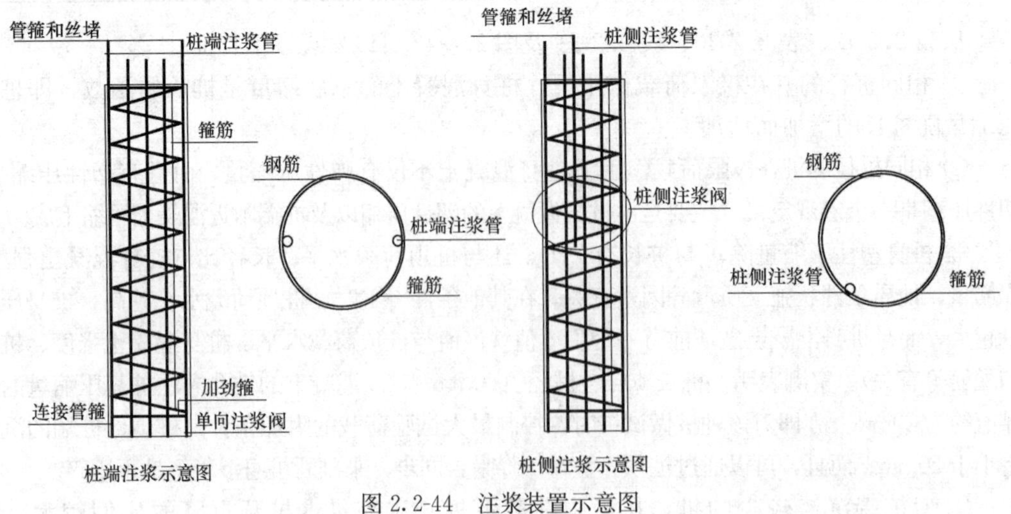

图 2.2-44 注浆装置示意图

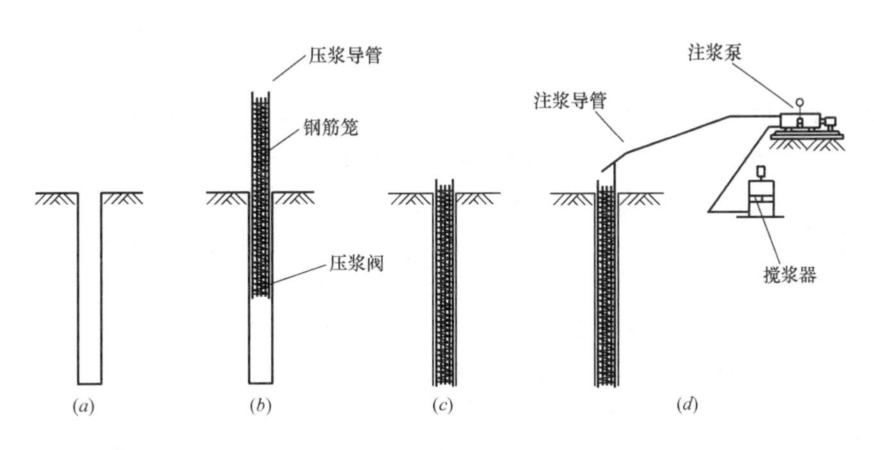

图 2.2-45 后注浆装置与工艺流程

(a) 成孔；(b) 下放钢筋笼及；(c) 灌注桩身混凝土；(d) 实施后压浆；压浆阀、压浆导管

注浆效应随注浆土层物理化学性质及浆液性质和注浆压力的不同而变化，可分为渗入性注浆、压密注浆和劈裂注浆三种类型。在灌注桩后压浆的注浆性态中，上述三种注浆性态大多同时存在。在同一次注浆实施过程中，它们相互交织，只有主次之分而没有明显的界线区分。

1) 渗入注浆增强机理

试验和实践证明，注浆开始浆液总是先充填较大的空隙，然后在一定压力下渗入土体孔隙。对于水泥系粒状浆材，实施渗入性注浆的前提条件是浆材必须满足颗粒尺寸可注性的要求，即浆材颗粒尺寸小于孔隙尺寸；此外，还应使浆液具有良好的流动性和稳定性。对砂土，可用可注指数 N 判断渗入性注浆的可行性。

$$N=\frac{D_{15}}{d_{85}}\geqslant 10\sim 15 \tag{2.2.37}$$

$$\text{或 } k=10^{-4}\sim 10^{-5}\text{cm/s}$$

式中 D_{15}——小于该粒径的土颗粒质量占总质量 15%的土颗粒粒径；

d_{85}——小于该粒径的水泥颗粒质量占总质量 85%的水泥颗粒粒径。

N 值越大，可注性越好。据上海市隧道设计院和浙江大学等单位的工程实践和研究发现，采用 42.5 级普通硅酸盐水泥，对渗透系数为 $10^{-4}\sim10^{-5}$cm/s 的砂土层，浆液具有良好的可注性，采用超细水泥则可注入的裂隙和粒径为 0.10～0.25mm 的细砂，与化学浆液的可注性基本相同。

当桩侧土为粗粒土（卵、砾、中粗砂）时，桩侧注浆以渗入性注浆为主；当桩端持力层为粗粒土，或虽为细粒土但桩身穿越且紧邻粗粒土，或混凝土浇筑过程有离析发生时，则桩底注浆以渗入注浆为主。

2) 劈裂注浆增强机理

工程技术人员最初是在钻孔压水过程中发现水力劈裂现象的。当钻孔中液体压力达到某一数值时，钻孔中液体突然流失，后来将这一现象发生的原因归结为钻孔中液体压力提高引起周围土体或岩体开裂。反应在桩基后压浆试验中，当注浆压力升高到一定值时，注浆压力会突然降落，进浆量明显增加。继续加大注浆量，则注浆压力气会缓慢升高。一般认为劈裂注浆机理是高压浆液克服土体最小主应力面或软弱结构面上的初始应力和抗拉强度，使其劈裂，浆液沿劈裂面进入土体。已有的试验研究表明钻孔发生劈裂注浆的条件是复杂的。

清华大学的试验研究表明，土体中某点的最小主应力达到抗拉强度即 $\sigma_{min}=\sigma_t$ 是造成水力劈裂的必要条件。水科院的试验研究表明，水力劈裂既不是一点破坏导致整体破坏，也不是整体达到强度极限后出现的破坏形式，而是介于两者之间。

桩侧土为细粒土（粉细砂、粉土、黏性土）时，桩侧注浆以劈裂注浆为主。对于桩表面附着的泥皮薄弱区的泥浆护壁灌注桩则较易发生劈裂注浆，浆液沿桩身表面上溯。当桩端持力层为粗粒土，桩底注浆以渗入注浆为主，随后将出现桩底土一定范围的劈裂注浆（细粒土）及沿桩身向上 10～20m 高度的劈裂注浆。当桩端持力层及桩侧均为细粒土时，桩底注浆开始为渗入注浆，随后转化为劈裂注浆。

3）承载变形特征

（1）后注浆单桩的承载变形特性

后注浆能有效增强端阻力和侧阻力，进而提高桩的承载力。除注浆参数外，土层性质对注浆后端阻力和侧阻力的增强效果也有重要影响，在其他条件相同情况下，粗粒土的增强效应高于细粒土，桩端持力层厚度大的桩承载力提高幅度大于持力层薄的。但不论情况下，后注浆桩与普通桩相比，其静载试验的 Q-s 曲线都明显的变缓，桩底注浆相当于对施加了向上的预应力，使得发挥桩端阻力所需的桩顶位移变小，由此使得后注浆灌注桩在工作荷载条件下，桩基沉降减小。见图 2.2-46～图 2.2-49。

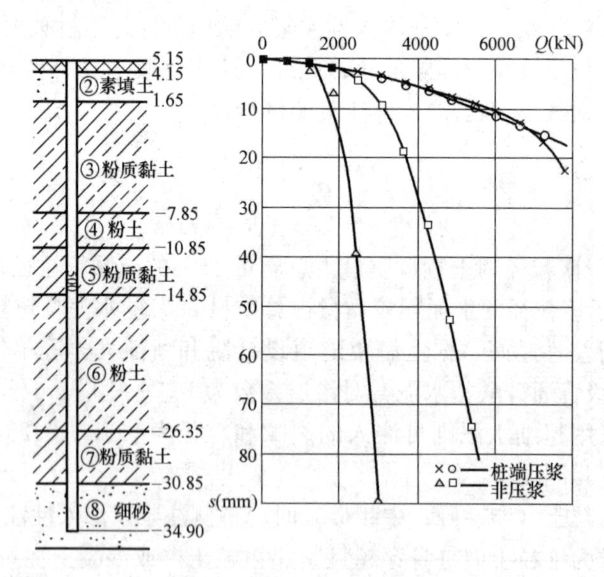

图 2.2-46 软土地区（天津）后注浆灌注桩的 Q-s 曲线

（2）后注浆群桩的承载变形特性

工程实践和模型试验研究表明，后注浆群桩的承载变形性状有如下特点：

① 在土层、群桩几何参数相同情况下，后注浆群桩承载力显著高于非注浆群桩。在一定桩距范围内（$3.75d$～$7.5d$），其承载力增幅随着桩距的加大而提高。

② 与非注浆群桩相比，后注浆群桩的桩土相对变形即桩间土的压缩变形显著减小。在其他条件相同情况下，桩端刺入变形很小，后注浆群桩基础更接近于实体基础。

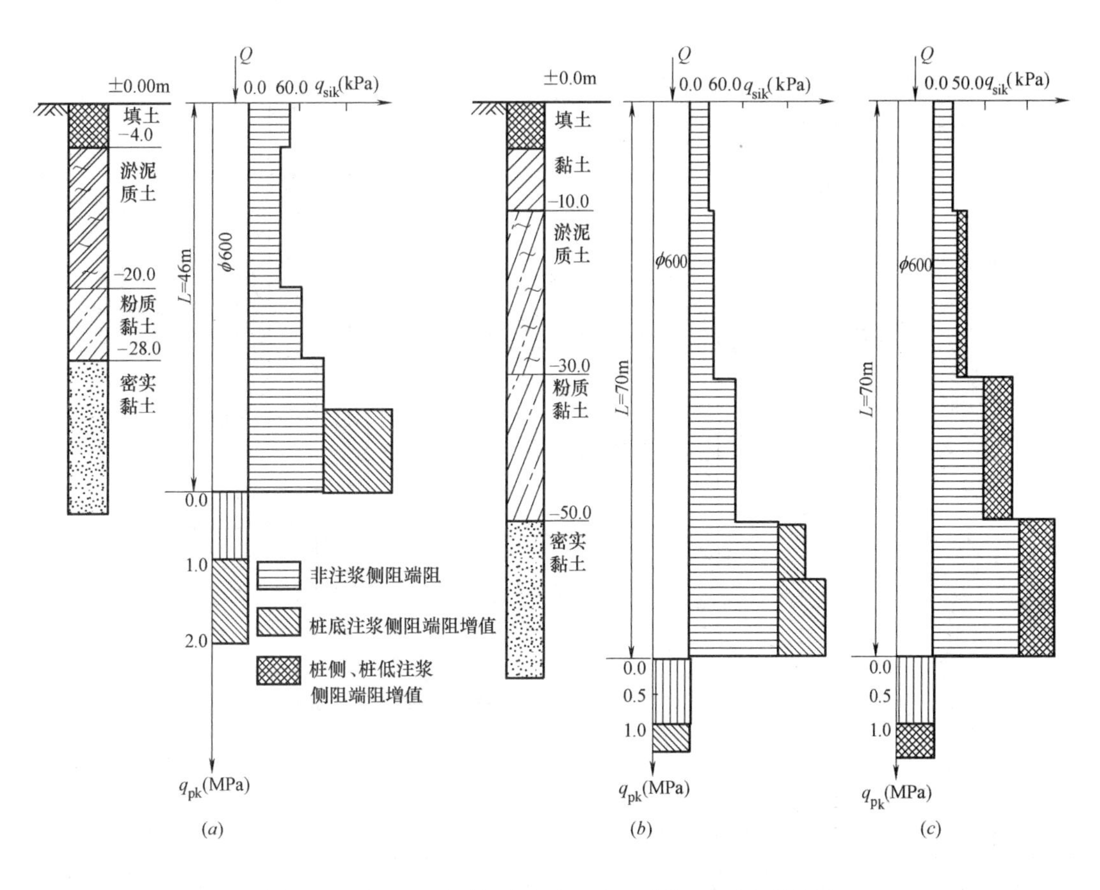

图 2.2-47 软土地区细粒土后压浆桩侧阻、端阻增强特征

(a) 桩底压浆与非压浆桩（天津）；(b) 桩底压浆与非压浆桩（上海）；(c) 桩侧桩底压浆与非压浆桩（上海）

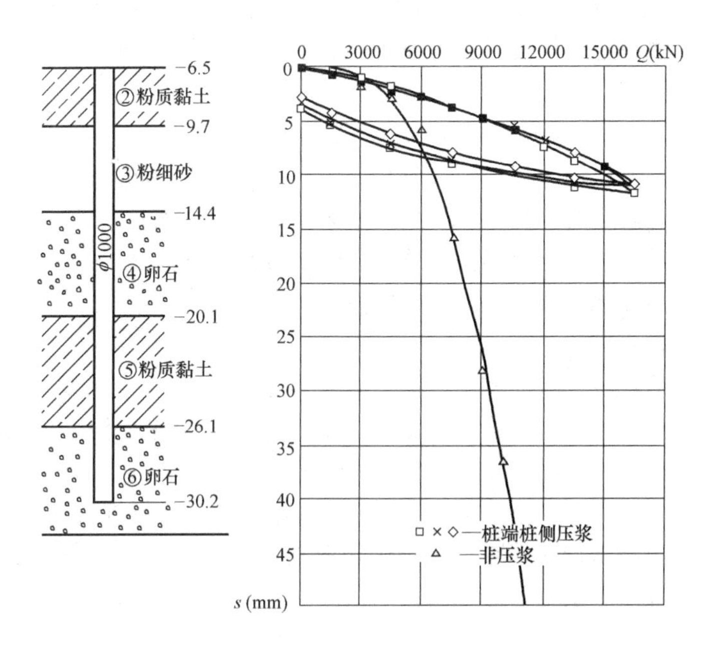

图 2.2-48 粗粒土持力层（北京）后注浆灌注桩的 Q-s 曲线

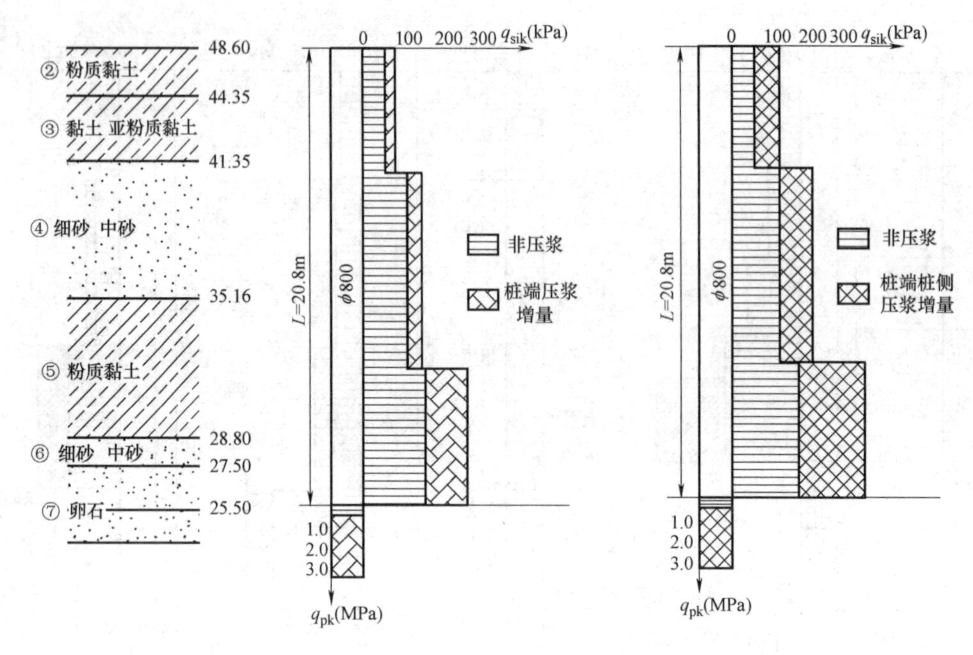

图 2.2-49 粗粒土中后压浆桩侧阻、端阻增强特征

4）后注浆灌注桩竖向极限承载力计算

（1）后注浆灌注桩单桩承载力

后注浆灌注桩单桩承载力大小受桩周土层性质、施工质量、注浆模式和注浆量等多种因素影响，理论计算目前还难以解。确定后注浆灌注桩单桩承载力的最直接和可靠的方法就是进行现场静载荷试验。初步设计时，可按经验公式估算。在符合《建筑桩基技术规范》JGJ 94—2008 中规定的浆技术实施条件下，后注浆单桩极限承载力标准值可按下式估算：

$$\begin{aligned}Q_{uk}&=Q_{sk}+Q_{gsk}+Q_{gpk}\\&=u\sum q_{sjk}l_j+u\sum\beta_{si}q_{sik}l_{gi}+\beta_p q_{pk}A_p\end{aligned}\tag{2.2.38}$$

式中 Q_{sk}——后注浆非竖向增强段的总极限侧阻力标准值；

Q_{gsk}——后注浆竖向增强段的总极限侧阻力标准值；

Q_{gpk}——后注浆总极限端阻力标准值；

u——桩身周长；

l_j——后注浆非竖向增强段第 j 层土厚度；

l_{gi}——后注浆竖向增强段内第 i 层土厚度：对于泥浆护壁成孔灌注桩，当为单一桩端后注浆时，竖向增强段为桩端以上 12m；当为桩端、桩侧复式注浆时，竖向增强段为桩端以上 12m 及各桩侧注浆断面以上 12m，重叠部分应扣除；对于干作业灌注桩，竖向增强段为桩端以上、桩侧注浆断面上下各 6m；

q_{sik}、q_{sjk}、q_{pk}——分别为后注浆竖向增强段第 i 土层初始极限侧阻力标准值、非竖向增强段第 j 土层初始极限侧阻力标准值、初始极限端阻力标准值；

β_{si}、β_p——分别为后注浆侧阻力、端阻力增强系数，无当地经验时，可按表 2.2-22 取值。对于桩径大于 800mm 的桩，应进行侧阻和端阻尺寸效应修正。

后注浆侧阻力增强系数 β_{si}、端阻力增强系数 β_p 表 2.2-22

土层名称	淤泥 淤泥质土	黏性土 粉土	粉砂 细砂	中砂	粗砂 砾砂	砾石 卵石	全风化岩 强风化岩
β_{si}	1.2～1.3	1.4～1.8	1.6～2.0	1.7～2.1	2.0～2.5	2.4～3.0	1.4～1.8
β_p		2.2～2.5	2.4～2.8	2.6～3.0	3.0～3.5	3.2～4.0	2.0～2.4

注：干作业钻、挖孔桩，β_p 按表列值乘以小于 1.0 的折减系数。当桩端持力层为黏性土或粉土时，折减系数取 0.6；为砂土或碎石土时，取 0.8。

（2）后注浆灌注桩群桩承载力

① 后注浆群桩的承台分担荷载比

由于注浆效应导致桩底和桩间土强度刚度提高，群桩桩土整体工作性能增强，桩端刺入变形减小，从而使承台土反力较非注浆群桩降低 25%～50%，相应的承台分担荷载比减小 30%～65%（因群桩承载力提高）。工程设计可按如下方法处理：

A. 按《建筑桩基技术规范》JGJ 94—2008 第 5.2.5 条规定：考虑承台效应计算复合基桩竖向承载力时，对于采用后注浆灌注桩的承台，承台效应系数取规范建议取值范围内的低值。

B. 采用地基-基础-上部结构共同作用计算方法确定承台土阻力的分布和大小。

② 优化布桩

由于后注浆单桩承载力根据土层不同物理化学性质可提高 50%～120%，在桩端持力层、桩长不变的情况下，桩数减小，桩距随之增大。以 3 倍桩径为最小初始桩距，按单桩承载力不同增幅可调相应桩距、桩数列于表 2.2-23。若后注浆单桩承载力增幅为 35%～127%，则相应的桩数可减至 74%～44%，桩距由 $3d$ 增至（3.5～4.5）d。

单桩承载力增幅与优化布桩 表 2.2-23

桩　　距	单桩承载力(%)	桩数(%)(等基础面积内)
$3d$	100	100
$3.5d$	135	74
$3.75d$	156	64
$4.0d$	179	56
$4.5d$	227	44

2.3 群桩竖向承载力

2.3.1 群桩承载特性

群桩不同于单桩承载特性在于，群桩基础受竖向荷载后，承台、桩群、土形成一个相互作用、共同工作体系，其变形和承载力，均受相互作用的影响和制约。这种相互作用的影响和制约通常称为群桩效应。群桩效应通过群桩效应系数 η 表现出来。群桩效应系数 η

定义为：

$$\eta=\frac{\text{群桩中基桩的平均极限承载力}}{\text{单桩极限承载力}}=\frac{Q_{ug}}{Q_u}$$

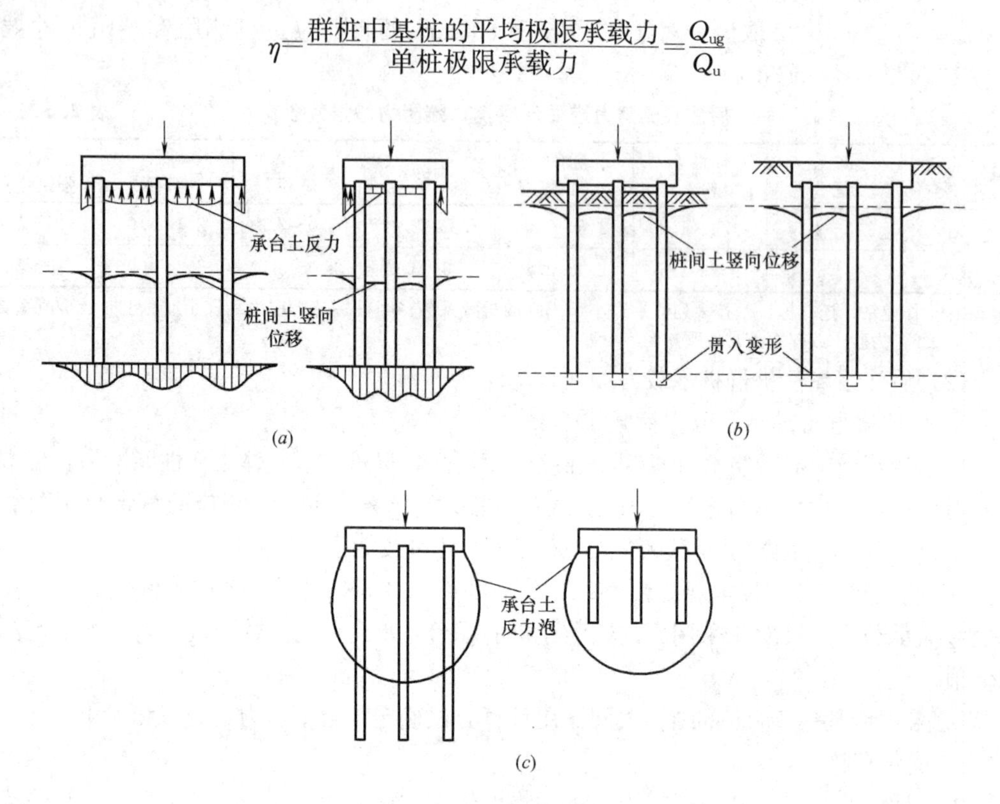

图 2.3-1 群桩类型示意图

(a) 大小桩距；(b) 高低承台；(c) 长短桩

对于低承台式，荷载一般是经由桩土界面（包括桩身侧面与桩底面）和承台底面两条路径传递给地基土的。但在长期荷载下，荷载传递的路径则与多种因素有关，如桩周土的压缩性、持力层的刚度、应力历史与荷载水平等，大体上有两类基本模式：

第一是桩、承台共同分担，即荷载经由桩体界面和承台底面两条路径传递给地基土，使桩产生足够的刺入变形，保持承台底面与土接触的摩擦桩基就属于这种模式。

研究表明，桩-土-承台共同作用有如下一些特点：

(1) 承台如果向土传递压力，有使桩侧摩阻力增大的增强作用；

(2) 承台的存在有使桩的上部侧阻发挥减少（桩土相对位移减小）的削弱作用；

(3) 承台与桩有阻止桩间土向侧向挤出的遮拦作用；

(4) 刚性承台有迫使桩同步下沉，桩的受力如同刚性基础底面接触压力的分布，承台外边缘桩承受的压力大于位于内部的桩。

(5) 桩-土-承台共同作用还包含着时间因素（如固结、蠕变以及触变等效应）的问题。

第二是桩群独立承担，即荷载仅由桩体界面传递给地基土。桩顶（承台）沉降小于承台下面土体沉降的摩擦端承桩和端承桩就属于这种模式。

1. 群桩承载机理

群桩效应是群桩承载机理区别于单桩的关键，群桩效应具体反映于以下几方面：群桩的侧阻力与端阻力、承台土反力、桩顶荷载分布、群桩沉降及其随荷载的变化、群桩的破坏模式。

制约群桩效应的主要因素，一是承载类型、桩侧与桩端的土性、土层分布和成桩工艺（挤土或非挤土）；二是群桩自身的几何特征，包括承台的设置方式（高或低承台）、桩距 S_a 桩长 L 及桩长与承台宽度比 L/B_c、桩的排列形式、桩数 n。由于低承台情况下，群桩效应的影响更显著，现就低承台群桩效应的一般变化规律分述如下。

1）承载类型的影响

（1）端承型群桩的群桩效应

由端承桩组成的群桩基础，通过承台分配于各桩桩顶的竖向荷载，其大部分由桩身直接传递到桩端。由于桩侧阻力分担的荷载份额较小，因此桩侧剪应力的相互影响和传递到桩端平面的应力重叠效应较小。此外，桩端持力层比较坚硬，桩端的刺入变形较小，承台底土反力较小，承台底地基土分担荷载的作用可忽略不计。因此，端承型群桩中基桩的性状与独立单桩相近，群桩相当于单桩的简单集合，桩与桩的相互作用、承台与土的相互作用，都小到可忽略不计。端承型群桩的承载力可近似取为各单桩承载力之和；即群桩效率系数 η 可近似取为 1。

$$\eta=\frac{P_u}{nQ_u}\approx 1 \tag{2.3.1}$$

式中 P_u、Q_u——分别为群桩和单桩的极限承载力；

n——群桩中的桩数。

由于端承型群桩的桩端持力层刚度大，因此其沉降也不致因桩端应力的重叠效应而显著大增，一般无需计算沉降。

当桩端硬持力层下存在软弱下卧层时，则需附加验算以下内容：单桩对软弱下卧层的冲剪；群桩对软弱下卧层的整体冲剪；群桩的沉降（主要是软弱下卧层的附加沉降）。

（2）摩擦型群桩的群桩效应

由摩擦桩组成的群桩，在竖向荷载作用下，其桩顶荷载的大部分通过桩侧阻力传布到桩侧和桩端土层中，其余部分由桩端承受。由于桩端的刺入变形和桩身的弹性压缩，对于低承台群桩，承台底也产生一定土反力，分担一部分荷载，因而使得承台底面土、桩间土、桩端土都参与工作，形成承台、桩、土相互影响共同作用，群桩的工作性状趋于复杂。桩群中任一根基桩的工作性状明显不同于独立单桩，群桩承载力将不等于各单桩承载力之和，其群桩效率系数 η 可能小于 1 也可能大于 1，群桩沉降也明显地超过单桩。

2）群桩几何特征的影响

（1）桩距对群桩效应的影响

① 桩距对侧阻力的影响

桩侧阻力只有在桩土间产生一定相对位移的条件下才能发挥出来，群桩的桩间土竖向位移受相邻桩影响而增大，桩土相对位移随之减小，如图 2.3-1（*a*）所示。这使得在相等沉降条件下，群桩侧阻力发挥值小于单桩。在桩距很小条件下，即使发生很大沉降，群桩中各基桩的侧阻力也不能得到充分发挥，如图 2.3-1（*a*）所示。

由于桩周土的应力、变形状态受邻桩影响而变化，因此桩距的大小不仅制约桩土相对位移，影响发挥侧阻所需群桩沉降量，而且影响侧阻的破坏性状与破坏值。

② 桩距对端阻力的影响

群桩的端阻力不仅与桩端持力层强度与变形性质有关，而且因承台、邻桩的相互作用而变化。一般情况下，端阻力随桩距减小而增大，这是由于邻桩的桩侧剪应力在桩端平面上重叠，导致桩端平面的主应力差减小，以及桩端的侧向变形受到邻桩逆向变形的制约而减小所致。

持力土层性质和成桩工艺的不同，桩距对端阻力的影响程度也不同。在相同成桩工艺条件下，群桩端阻力受桩距的影响，黏性土较非大、密实土较非密实土大。就成桩工艺而言，非饱和土与非黏性土中的挤土桩，其群桩端阻力因挤土效应而提高，提高幅度随桩距增大而减小。

(2) 承台对群桩效应的影响

低承台限制了桩群上部的桩土相对位移，从而使基桩上段的侧阻力发挥值降低，即对侧阻力起“削弱效应”，如图 2.3-1 (*b*) 所示。侧阻力的承台效应随承台底土体压缩性提高而降低。

承台对桩群上部桩土相对位移的制约，还影响桩身荷载的传递性状，侧阻力的发挥不像单桩那样开始于桩顶，而是开始于桩身下部（对于短桩）或桩身中部（对于中、长桩）。

对于低承台，承台还具有限制桩土相对位移、减小桩端贯入变形的作用，从而导致桩端阻力提高。这一点从高低承台群桩的对比试验中表现得很明显。承台底地基土越软，承台效应越小。

(3) 桩长与承台宽度比的影响

当桩长较小时，桩侧阻力受承台的削弱效应而降幅较大；当承台底地基土质较好，桩长与承台宽度比 $L/B_c=1\sim1.2$ 时，承台土反力形成的压力泡包围了整个桩群，桩间土和桩端平面以下土因受竖向压应力而位移，导致桩侧剪应力松弛而使侧阻力降低，见图 2.3-1 (*c*)。当承台底地基土压缩性较高时，侧阻随桩长与承台宽度比的变化将显著减小。

3) 土性的影响

(1) 砂土中的摩擦型群桩

砂土中的打入桩，其沉桩挤土加密效应十分显著，对于非密实砂因沉桩而变密实；对于群桩，由于沉桩挤土变形受到已沉入桩的阻挡作用，挤土加密效应比孤立单桩更为显著。桩群沉桩挤土加密效应随桩距减小、桩数增多而增强，与打桩流向也有一定关系。

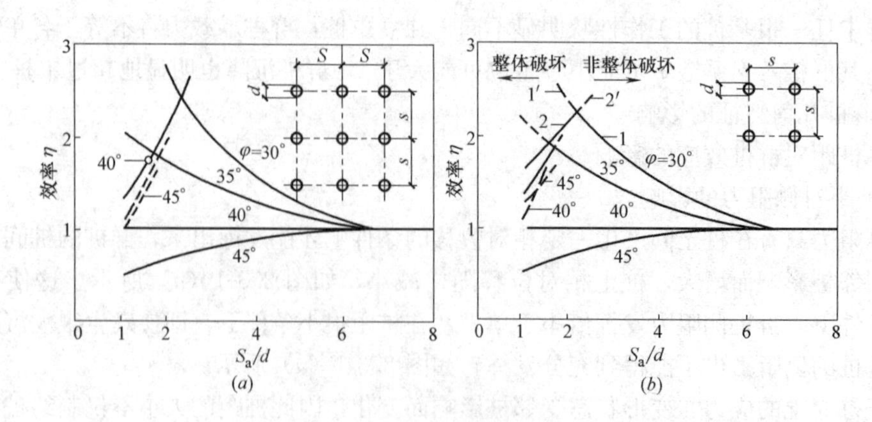

图 2.3-2 砂土中群桩的效率

(引自 Meyerhof，1960；Kishida，1964)

图 2.3-2 所示为砂土中大比例尺压入式挤土桩模型试验所得群桩效率 η 与桩距径比 S_a/d 的关系（Meyerhof，1960；Kishida，1964）。图 2.3-2 表明：

① 对于松砂（$\varphi=30°$）、中密砂（$\varphi=35°$），分别于桩距 $S_a=(2.2\sim2.5)d$、$S_a=(1.8\sim2.0)d$ 出现承载力峰值（$\eta=2.5\sim1.8$），并以此为界限，群桩侧阻破坏模式发生变化。当小于该限桩距时呈整体破坏，大于此界限桩距时呈非整体破坏。

② 砂的初始密度越小，由于沉桩挤土效应导致群桩承载力的增幅越大。对于很密（$\varphi=45°$）的砂，群桩效率 η 小于 1，这是由于桩的打入而使砂变松所致。显然，实际工程中不会在密砂中打桩，只可能有以密砂作为桩端持力层的情况。因此，实际上可以认为，对于砂土中的打入桩，其群桩效率 η 大于 1 的。也就是说对于砂土中的群桩，由于群桩效应会导致承载力提高。

③ 当桩距 $S_a=(6\sim7)d$，其群桩承载力基本不再显示群桩效应。该临界距径比，非挤土型桩比挤土型桩小。

（2）粉土中的摩擦型群桩

中国建科院地基所刘金砺等曾在非密实的具有加工硬化性质的粉土中做了钻孔单桩、群桩模型试验，试验参数及所确定的群桩承载力效应系数见表 2.3-1 和表 2.3-2；图 2.3-3 表示 3×3 高、低承台群桩的承载力效应系数与桩距的关系。

双桩效应 **表 2.3-1**

桩组编号	试验序号	桩径 d(mm)	桩长比 l/d	桩距比 S_a/d	承台设置	极限荷载(kN)		双桩效应 η	备注
						双桩	对比单桩		
D-1	4	125	18	3	低	160	54	1.48	
D-2	48	125	18	3	低	188	54	1.74	
D-3	73	125	18	3	低	130			浸水饱和
D-4	3	170	18	3	低	248	87	1.43	
D-5	49	170	18	3	低	348	87	*2.0	
D-6	71	170	18	3	低	193			浸水饱和
D-7	21	250	18	3	高	542	188	1.44	
D-8	17	250	18	3	低	632	188	1.68	
D-9	72	250	18	3	低	490			浸水饱和
D-11	60	250	18	2	低	450	188	1.20	
D-12	61	250	18	4	低	540	188	1.44	
D-13	32	250	18	5	低	780	188	1.99	
D-14	31	250	18	6	低	780	188	2.07	
D-15	58	250	8	3	低	280	91	1.54	
D-16	57	250	13	3	低	510	122	2.09	
D-17	56	250	23	3	低	660	284	1.16	
D-18	29	330	18	3	低	**1010	331	1.53	
D-19	74	330	18	3	低	780			浸水饱和
D-20	14	330	14	3	低	890	270	1.16	

* D-5 双桩由于试验前桩侧受到起重机预压，承载力偏高。

** D-18 双桩由于埋设桩侧土压力盒，孔底虚土较多，桩端阻力偏低，其极限荷载为修正值。

从上述表、图的试验结果可以看出粉土中群桩的承载力、群桩效应具有如下特性：

① 表列 42 组粉土中不同桩径、桩长、桩距、排列和桩数的高低承台群桩（9 桩）的效应系数 η 均大于 1（$S_a=6d$ 高承台群桩 D-18 组试验除外）。这是加工硬化型粉土中桩群-土相互作用出现侧阻的“沉降硬化”所致。

群桩效应 表 2.3-2

桩组编号	试验序号	桩径 d(mm)	桩长径比 l/d	桩距桩径比 S_a/d	桩数 n	承台设置	极限荷载(kN)		群桩效率 η
							群桩	对比单桩	
D-1	59	125	18	3	3×3	低	490	47	1.16
D-3	19	170	18	3	3×3	低	1080	87	1.28
D-4	22	170	18	3	3×3	低	910	87	1.16
D-5	23	250	18	3	3×3	低	2560	188	1.51
D-6	37	330	18	3	3×3	低	*3960	331	1.33
D-7	26	250	8	3	3×3	低	1340	91	1.61
D-8	50	250	13	3	3×3	低	1880	122	1.69
D-9	27	250	23	3	3×3	低	2950	284	1.45
D-11	69	330	14	3	3×3	低	3100	276	1.25
D-12	33	250	18	2	3×3	低	2040	188	1.21
D-13	70	250	18	4	3×3	低	2470	188	1.46
D-14	38	250	18	6	3×3	低	3780	188	2.23
D-14	47	250	18	6	3×3	低	4250	188	2.26(复压)
D-15	30	250	18	2	3×3	高	1770	188	1.05
D-16	24	250	18	3	3×3	高	2300	188	1.36
D-17	64	250	18	4	3×3	高	1740	188	1.03
D-18	18	250	18	6	3×3	高	1494	188	0.88
D-19	16	250	18	3	4×1	低	1120	188	1.49
D-20	13	250	18	3	4×2	低	2100	188	1.40
D-21	10	250	18	3	4×3	低	**2130	188	1.21
D-22	15	250	18	3	4×4	低	3500	188	1.19
D-23	51	250	18	3	2×2	低	1210	188	1.60
D-24	55	250	18	3	6×1	低	1590	188	1.41

* D-6 群桩因埋设桩侧土压力盒，孔底虚土多，使桩端阻力偏低，其极限荷载系修正值。

** D-21 群桩因试验前试抗浸水，承载力偏低，其极限荷载为根据浸水对比试验修正而得。

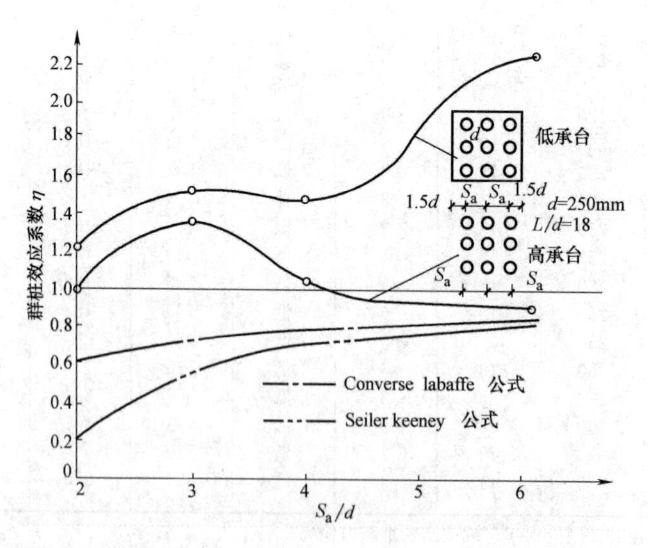

图 2.3-3 粉土群桩效应系数 η 与桩距 S_a 的关系（刘金砺等）

② 从图 2.3-3 看出，粉土中当桩距 $S_a<4d$，无论高、低承台，群桩效应系数 η 峰值均出现在 $S_a=3d$ 时。这一点同前述群桩侧阻，端阻峰值出现于 $S_a=3d$ 是相对应的。

③ 对于粉土低承台群桩，当 $S_a>4d$，η 随 S_a 增大而增大，$S_a=6d$ 时，η 高达 2.23。这说明大桩距群桩其承台分担荷载的比例是很大的，但该比例将随桩长的增大而降低。

图 2.3-3 表明，按传统的 Converse-Labarre 公式和 Seiler-Keeney 公式计算的群桩效应比实测值小很多。

（3）黏性土中的摩擦型群桩

根据饱和软土中不同桩距（S_a/d=3、4、6）、不同桩数（n=3×3、4×4）、高、低承台及带砂石褥垫群桩基础的大比例尺（d=100mm，L/d=40）现场模型试验结果（刘金砺、黄强、李华、胡文龙等，1991）、粉质黏性土中小比例（模型桩尺寸：30mm×30mm×1440mm，30mm×30mm×1080mm）模型群桩现场试验结果（佟世祥，1981）和张忠苗等对桩侧土为淤泥质土，桩端土为粉砂，桩长径比 L/d=50 不同桩间距（2d、3d、4d、5d）的 4 桩承台（承台面积相同，承台底土为淤泥质土）的模型试验结果，黏性土中群桩的承载性状可归纳为以下几点。

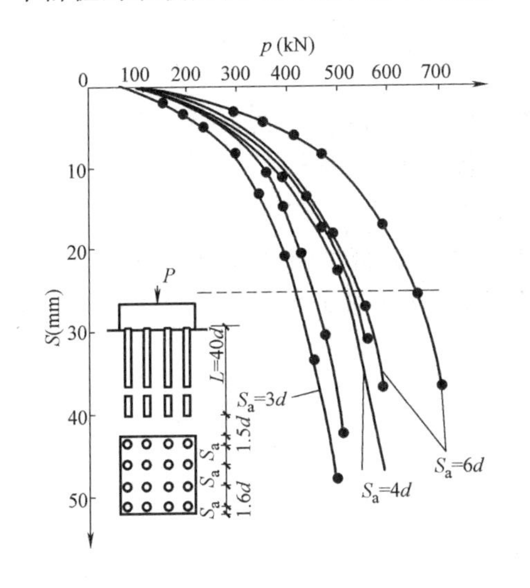

图 2.3-4 不同桩距低承台群桩荷载-沉降

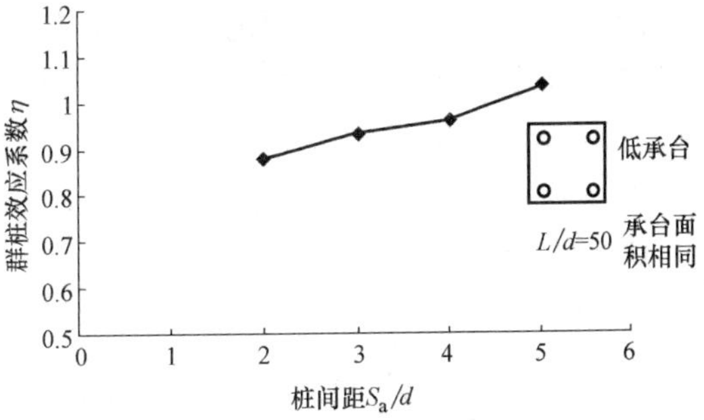

图 2.3-5 软土中群桩效应系数 η 与桩距 S_a 的关系（张忠苗等）

模型试验群桩效率汇总表 **表 2.3-3**

编号	桩距比 S_a/d	桩数 n	承台宽 $B_c(m)$	承台设置方式	荷载偏心距 θ	极限荷载 $p_u(N)$	对应单桩极限荷载 Q_u(kN)	群桩效率 $\eta=\frac{p_u}{nQ_u}$
G-1	3	4×4	1.20	低	0		26.5	0.97
G-2	4	4×4	1.50	低	0	509	29.4	1.08
G-4	6	4×4	2.10	低	0	641	29.4	1.36
G-6	6	3×3	1.50	低	0	447	32.4	1.54
G-7	4	4×4	1.50	低	$B_c/12$	526	29.4	1.12
G-9	4	4×4	1.50	低	0	533	29.4	1.13
G-2B	4	4×4	1.50	低	$B_c/6$	440	29.4	0.94
G-9B	4	4×4	1.50	低	0	490	29.4	1.04
G-10S	3	2×4	0.60	高	0	225	29.4	0.96
G-10N	3	2×4	0.60	低	0	235	29.4	1.0

① 群桩的变形与破坏特性

图 2.3-4 所示不同桩距低承台群桩的 p-s 曲线表明，由于承台的“增强效应”使得大小桩距群桩荷载-沉降性状明显改善，p-s 趋于缓降型，其宏观破坏模式属渐进型，因此按变形（s=25mm）确定其极限荷载（见图 2.3-4）。

② 群桩效率

表 2.3-3 所列为软土中大比例模型试验群桩承载力效率系数。由表看出，群桩效率系数 η 随桩距增大而提高，对于较小桩距 S_a=(3～4)d 群桩，其 η 接近或略大于 1。图 2.3-6 为上海浦西黄褐色亚黏土中小比例模型试验群桩承载力效率系数 η 与桩距的关系。从中看出，η 变化的特征是随桩距增大而增大，随桩数增加而减小。对于小桩距（3d）群桩，除 2×2 排列群桩（I 切）外，η 均小于 1（0.8～0.95）。图 2.3-5 表明，其群桩效应系数随着桩间距的增大而增大。当桩间距从 2d 增大到 5d 时，群桩效应系数相应的从 0.88 增大到 1.03。

上述大、小比例模型群桩试验结果的差异，主要是由于比例过小的群桩，其桩距绝对值也很小，侧阻呈桩土整体破坏，导致多桩数群桩承载力降低。

2. 群桩桩顶荷载分布

由于承台、桩群、土相互作用效应导致群桩基础各桩的桩顶荷载分布不均。一般说来，角桩的荷载最大，边桩次之，中心桩最小。如图 2.3-7 为某工程钢管桩的静载荷试桩成果，桩长 75m，桩径 ϕ750mm，管桩壁厚 14mm。

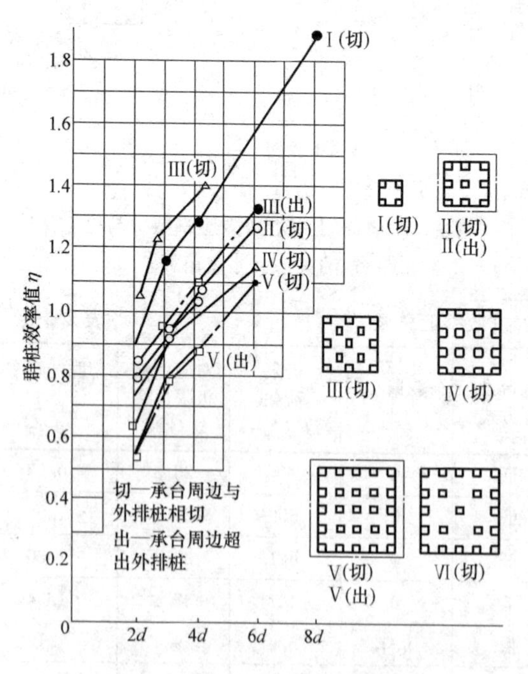

图 2.3-6 低承台群桩的群桩效率与桩距关系
（引自佟世祥，1981）

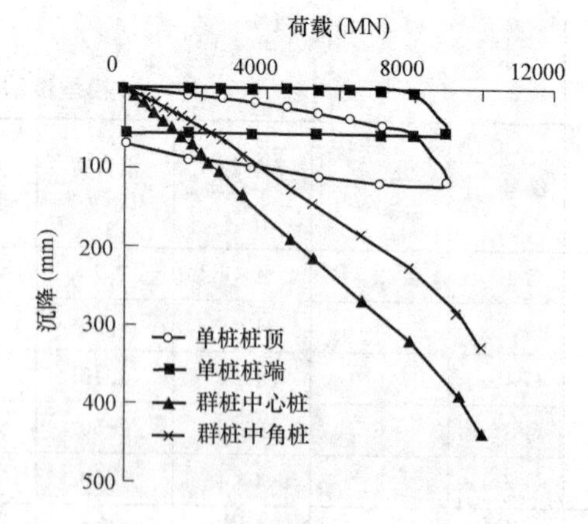

图 2.3-7 单桩和群桩的 p-s 曲线

荷载分布的不均匀度随承台刚度的增大、桩距的减小、可压缩性土层厚度的增大、土的黏聚力的提高而增大。桩顶荷载的分布在一定程度上还受成桩工艺的影响，对于挤土桩，由于沉桩过程中土的均匀性受到破坏，已沉入桩被后沉桩挤动和抬起，因而沉桩顺序对桩顶荷载分布有一定影响。如由外向里沉桩，其荷载分布的不均匀度可适当减小，但沉桩挤土效应显著，沉桩难度更大。

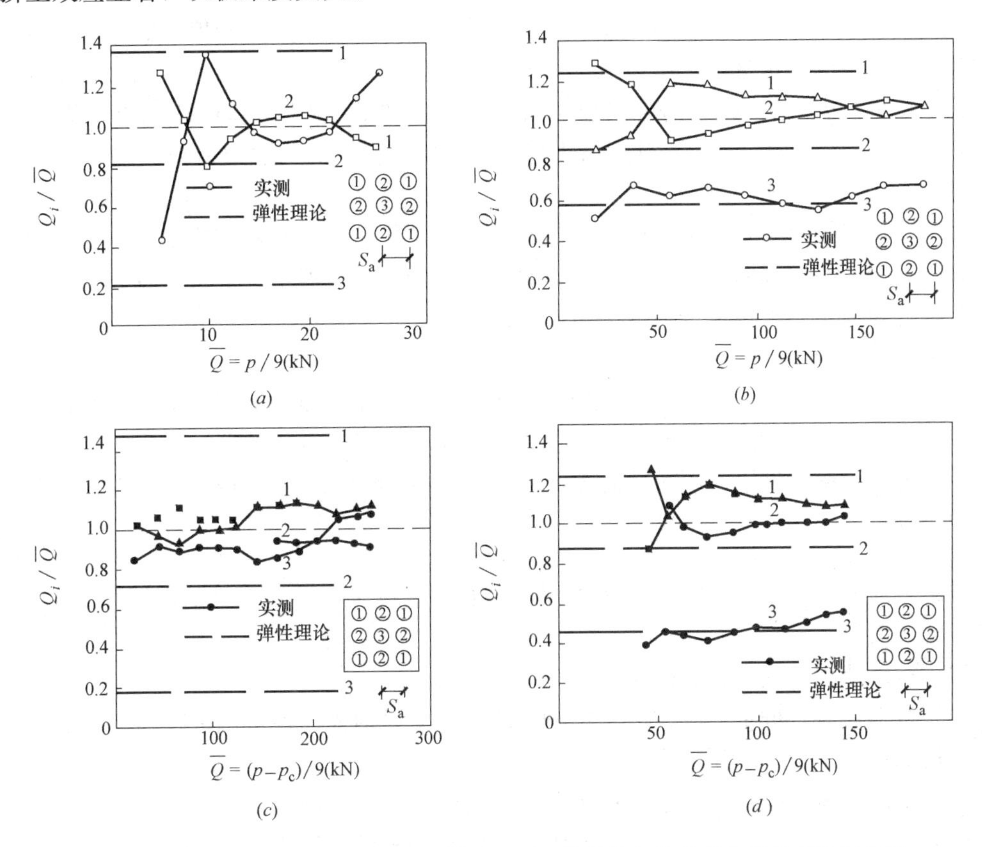

图 2.3-8 群桩桩顶荷载分配比 $Q_i/\overline{Q}$ 随桩距、荷载的变化及其与弹性理论解比较

d=250mm，L/d=18，P—总荷载，P_c—承台底土反力和

(a) $S_a/d=3$ 高桩台 (b) $S_a/d=6$ 高桩台 (c) $S_a/d=3$ 低桩台 (d) $S_a/d=6$ 低桩台

图 2.3-8 为粉土中桩径 d=250mm、桩长 $L=18d$、桩数 $n=3\times3$、桩距 $S_a/d=3$ 和 6 的柱下独立钻孔群桩基础实测各桩桩顶荷载比 $Q_i/\overline{Q}$（$\overline{Q}=(P-P_c)/9$，P 为总荷载，P_c 为承台分担的荷载）随桩顶平均荷载 $\overline{Q}$ 的变化情况，并给出了采用 Poulos 和 Davis (1980) 基于线弹性理论导出的解的计算结果（刘金砺，1984）。从中看出：

(1) 桩距 $3d$ 时，无论高、低承台，实测各桩荷载相差不大，总趋势是中心桩略小，角、边桩略大；而按弹性理论分析结果，高、低承台中心桩只分别承受平均桩顶荷载的 21%、18%；角桩则承受平均桩顶荷载的 138%、148%。

由于在界限桩距 $3d$ 条件下，中心桩的侧阻力因桩群、土相互作用出现“沉降硬化”现象的提高量大于角、边桩，补偿了一部分由于相邻影响而降低的承载力，从而使桩顶荷载分布差异值减小。

(2) 桩距 $6d$ 时，实测各桩桩顶荷载差异较大，高承台中心桩只承受平均桩顶荷载的 50%～65%，低承台只承受 40%～55%，与弹性理论分析结果大体相近；但角、边桩实测值的差异较理论值小。说明在大桩距条件下基本不显示桩群、土相互作用对侧阻的增强效应，因而其桩顶荷载分布与弹性理论解接近；承台贴地（低承台）使各桩的荷载差异增大，这与弹性理论分析结果是一致的。

(3) 群桩在较小荷载下和达到极限荷载后，出现桩顶荷载的重分布；在达到极限荷载后，无论桩距大小和高、低承台，中心桩荷载都趋于增大。说明不同位置的基桩其侧阻力的发挥不是同步的，角桩由于桩、土间（桩与外围土）的相对位移比中心桩大，侧阻的发挥先于中心桩。因而出现随着荷载增大，中心桩分担的荷载增大，而角桩分担的荷载相对减小的现象。对于桩距 $3d$ 的群桩则由于桩群、土相互作用的增强效应最终出现中心桩荷载超过角、边桩的现象。

由上述试验结果可知，对于非密实的具有加工硬化特性的非密实粉土、砂土中的柱下独立群桩基础，在验算基桩承载力时，计算承台抗冲切、抗剪切、抗弯承载力时，可忽略桩顶荷载分布的不均，按传统的线性分布假定考虑。

3. 群桩的沉降比

在常用桩距条件下，由于相邻桩应力的重叠导致桩端平面以下应力水平提高和压缩层加深，因而使群桩的沉降量和延续时间往往大于单桩。桩基沉降的群桩效应，可用每根桩承担相同桩顶荷载条件下，群桩沉降量 s_G 与单桩沉降量 s_1 之比，即沉降比 R_s 来度量：

$$R_s = \frac{s_G}{s_1} \tag{2.3.2}$$

群桩效应系数越小，沉降比越大，则表明群桩效应越明显，群桩的极限承载力越低，群桩沉降越大。

群桩沉降比随下列因素而变化：

(1) 桩数影响：群桩中的桩数是影响沉降比的主要因素。在常用桩距和非条形排列条件下，沉降比随桩数增加而增大。

(2) 桩距影响：当桩距大于常用桩距时，沉降比随桩距增大而减小。

(3) 长径比影响：在相同桩长情况下，沉降比随桩的长径比 L/d 增大而增大。

2.3.2 桩基与复合桩基

1. 桩基与复合桩基的概念

(1) 桩基

由设置于岩土中的桩和与桩顶连接的承台共同组成的基础或由柱与桩直接连接的单桩基础。

(2) 复合桩基

由基桩和承台下地基土共同承担荷载的桩基础。

(3) 基桩

桩基础中的单桩。

(4) 复合基桩

单桩及其对应面积的承台下地基土组成的复合承载基桩。

2. 基桩与复合基桩的承载力

(1) 单桩竖向承载力特征值 R_a

根据《建筑地基基础设计规范》GB 50007—2011 和《建筑桩基技术规范》JGJ 94—2008 定义：

$$R_a = \frac{1}{K} Q_{uk} \tag{2.3.3}$$

式中 Q_{uk}——单桩竖向极限承载力标准值；这里"标准值"的含义系指通过根单桩静载试验所得单桩极限承载力在极差不超过30%时的平均值，或按经验参数极限侧阻力标准值和极限端阻力标准值计算的单桩极限承载力标准值；

K——安全系数，取 $K=2$。

(2) 基桩竖向承载力特征值

对于端承型桩、桩数少于4根的柱下摩擦型独立桩基，或由于土层性质、使用条件等因素不宜考虑承台效应时，基桩竖向承载力特征值应取单桩竖向承载力特征值，$R=R_a$

(3) 复合基桩竖向承载力特征值

不考虑地震作用时

$$R=R_a+\eta_c f_{ak} A_c \tag{2.3.4}$$

考虑地震作用时

$$R=R_a+\frac{\zeta_a}{1.25}\eta_c f_{ak} A_c \tag{2.3.5}$$

$$A_c=(A-nA_{ps})/n \tag{2.3.6}$$

式中 η_c——承台效应系数，可按表2.3-6取值；

f_{ak}——承台下1/2承台宽度且不超过5m深度范围内各层土的地基承载力特征值按厚度加权的平均值；

A_c——计算基桩所对应的承台底净面积；

A_{ps}——桩身截面面积；

A——承台计算域面积。对于柱下独立桩基，A 为承台总面积；对于桩筏基础，A 为柱、墙筏板的1/2跨距和悬臂边2.5倍筏板厚度所围成的面积；桩集中布置于单片墙下的桩筏基础，取墙两边各1/2跨距围成的面积，按条基计算 η_c；

ζ_a——地基抗震承载力调整系数，应按现行国家标准《建筑抗震设计规范》GB 50011采用。

当承台底为可液化土、湿陷性土、高灵敏度软土、欠固结土、新填土时，沉桩引起超孔隙水压力和土体隆起时，不考虑承台效应，取 $\eta_c=0$。

这里将承台土抗力分摊到相应的基桩的抗力中，构成复合基桩承载力特征值，便于设计，特别是桩筏基础，可分别对柱、墙、核心筒群桩基础进行基桩承载力验算，从而避免采用整体桩基荷载进行验算，尤其有利于按变刚度调平设计原理实行局部平衡整体协调的方法进行设计。

3. 复合桩基应用

(1) 应保持桩间土能始终与承台协同工作，不因外界条件的变化出现与承台脱空现象，故按复合桩基设计应排除以下特殊情况：液化土、湿陷性土、高灵敏度软土、欠固结土、非密实新填土、沉桩引起超孔隙水压力出现土体隆起等情况。

(2) 桩与承台共同分担荷载是一种客观现象，按复合桩基进行设计，将承台效应计入复合基桩承载力中，势必导致基桩分担的荷载水平高于按常规不考虑承台效应的设计，相应的沉降有所加大。因此，对复合桩基的应用范围应符合下列条件：

① 上部结构整体刚度较好、体形简单的建筑物，如剪力墙结构、筒仓、烟囱、水塔等。这类建筑不仅整体性强而且刚度好，上部结构与桩基协同工作能力强，能够保持建筑物正常使用功能。

② 对差异沉降适应性较强的排架结构和柔性构筑物，如单层排架厂房、钢制油罐等。这类建筑由于差异沉降引起的次内力比高次超静定的混凝土框架结构要小，适应能力较强。

③ 对于框筒、框剪结构，按变刚度调平原则设计，对于荷载集度较小的外框架区，为弱化其支承刚度增沉以实现减小差异沉降的目标，采用复合桩基是一种优化措施。

④ 对于软土地基减沉复合疏桩基础。软土地基多层建筑在承载力满足要求的情况下，设置疏桩，利用承台与桩共同分担荷载以减小建筑物沉降。这种复合桩基较不计承台效应的常规桩基沉降要大，但较天然地基沉降要小得多，基桩荷载水平虽然比常规桩基中的基桩高，但就桩基的整体承载力安全度而言，要高于天然地基。

上述复合桩基的应用条件看出，前两种主要着眼于节约资源、降低造价；后两种情况，主要着眼于优化设计，改善建筑物的正常使用功能，并可收到节约能源的辅助效益。

2.3.3 承台土反力与承台分担荷载的作用

1. 概述

群桩基础承台的结构功能在于将荷载传递到各桩桩顶。按承台与地面脱离和与地面接触两种情况，将其划分为高承台和低承台。桥梁、码头平台、海洋平台、各类支架等的桩基，绝大多数为高承台。建筑物桩基，绝大多数为低承台。低承台摩擦型桩基，当其承受竖向荷载而沉降时，承台底必产生土反力，从而分担一部分荷载，桩基的承载力随之提高。

大量工程观测表明，建筑物群桩基础承台不同程度地起到分担荷载的作用。非湿陷性黄土状亚黏土中的爆扩桩圆形承台桩基，在桩距较大桩数不多（4～10根）的情况下，承台底分担荷载比为60%左右（徐至钧、汪国烈，1982）。武汉某22层框-剪结构楼桩箱基础，其承台底地基土为、粉质黏土，承台底分担荷载约16%（何颐华、金宝森等，1987）。软土地区上海某25层框-筒结构楼桩箱基础，承台底为淤泥质粉质黏土，承台分担荷载约26%（金宝森、肖辉祥等，1991）。上海尚有5栋12层到32层不同结构类型的高层建筑桩基经测试，其承台分担荷载比为10%～28%（赵锡宏等，1989）。该5栋建筑桩基为常规桩距（3～4）d，承台底地基土为淤泥质粉质黏土、亚砂土或粉砂。福州软土地区，2栋砖混多层住宅条形基础，4栋框架多层桩筏基础，承台底为粉质黏填土，桩距为（4.3～4.6）d，承台分担荷载比为16%～22%。山东省三个水闸钻孔桩基础的实测表明承台底土反力能长期稳定在20～25kPa，相当于上部荷载的21%～26%（牟王玮，1981）。

国外某些桩筏基础的实测结果也表明，承台能分担一定比率的荷载，如新加坡某42层建筑，采用大直径桩支承于软岩中，建至17层时，实测筏式承台分担荷载比为40%（Leung，et al 1985）；英国伊丽莎白女皇二世会议中心大厦的桩筏基础，桩径d=1.8m，桩距（3.8～5.6）d，承台分担荷载70%等。

应指出，上述所列承台分担荷载的比率，对于承台底位于地下水位以下的情况，由于未扣除水浮力而偏大。这是因为土压力盒的测试结果包含静水压力值。

对于软土地区的建筑物桩基也发现过地基土与承台底脱离的现象，如上海码头某筒仓桩筏基础，承台土反力初期为30kPa，随后又逐渐减小，以致与承台底脱离（陈绪录，1979）。这是由于所采用的打入式挤土桩，桩距较小（S_a=3.74d），桩数多（n=604），沉桩过程桩间土隆起（最大 50cm），随着超孔压消散，重塑土再固结所致。对于饱和软土中挤土群桩承台分担荷载的作用是否可在设计中考虑，对这一问题有两种观点：一种是考虑承台分担荷载需视具体情况确定，当承台下无欠固结土、湿陷性土、液化土时，可予考虑。对于上述挤土沉桩形成超孔压使桩间土转化为欠固结状态，即属于不应予考虑承台分担荷载之例。另一种观点是，认为软土中的基础由于挤土沉桩或由于其他原因可能造成桩间土与承台脱离，但是由于软土中桩基承载力随时间而显著增长，足以补偿由于土与承台脱离而减少的承载力，即两者的时效可以互补，因此，设计中可考虑承台分担荷载。

2. 承台底土阻力发挥的条件

在端承桩的条件下，由于桩和桩端土层的刚度远大于桩间土的刚度，不可能发挥承台底土的承载作用；对于摩擦桩，一般情况下可以考虑承台底土的作用，但如桩间土是软土、回填土、湿陷性黄土、液化土等，则桩间土可能下沉而使承台与土之间脱开，就不能传递荷载。此外，由于降低地下水位、动力荷载作用、挤土桩施工引起土面的抬高等因素也都会使桩基施工以后承台底面和土体脱开，不能传递荷载，因而在设计时不能考虑承台底的土阻力。

承台底土阻力的发挥值与桩距、桩长、承台宽度、桩的排列、承台内外区面积比等因素有关。承台底土阻力群桩效应系数可按下式计算：

$$\eta_c = \eta_c^i \frac{A_c^i}{A_c} + \eta_c^e \frac{A_c^e}{A_c} \tag{2.3.7}$$

式中 A_c^i、A_c^e——承台内区，即外围桩边包络区的面积、外区的净面积，则承台底总面积为 $A_c = A_c^i + A_c^e$；

η_c^i、η_c^e——承台内、外区土阻力群桩效应系数，按表 2.3-4 选用。

承台内、外区土阻力群桩效应系数 **表 2.3-4**

B_c/l \ S_a/d	η_c^i				η_c^e			
	3	4	5	6	3	4	5	6
≤0.20	0.11	0.14	0.18	0.21	0.63	0.75	0.88	1.00
0.40	0.15	0.20	0.25	0.30				
0.60	0.19	0.25	0.31	0.37				
0.80	0.21	0.29	0.36	0.43				
≥1.00	0.24	0.32	0.40	0.48				

3. 承台土反力与桩、土变形的关系

桩顶受竖向荷载而向下位移时，桩土间的摩阻力带动桩周土产生竖向剪切位移。现采用 Randolph 等（1978）建议的均匀土层中剪切变形传递模型来描述桩周土的竖向位移，由式（2.3.8），离桩中心任一点 r 处的竖向位移为

$$W_r = \frac{q_{sd}}{2G}\int_r^{nd} \frac{dr}{r} = \frac{1+\mu_s}{E_0} q_s d \ln \frac{nd}{r} \tag{2.3.8}$$

由式（2.3.8）可看出，桩周土的位移随土的泊松比 μ_s、桩侧阻力 q_s、桩径 d、土的变形范围参数 n（随土的抗拉强度，荷载水平提高而增大，n=8～15）增大而增大，随土的弹性模量 E_0、位移点与桩中心距离 r 增大而减小。对于群桩，桩间土的竖向位移除随

上述因素而变化外，还因邻桩影响增加而增大，桩距越小，相邻影响越大。承台土反力的发生是由于桩顶平面桩间土的竖向位移小于桩顶位移产生接触压缩变形所致。因此承台土反力与桩、土变形密切相关，并随下列因素而变化：

（1）承台底土的压缩性越低、强度越高，承台上反力越大；

（2）桩距越大，承台土反力越大，承台外缘（外区）土反力大于桩群内部（内区）；

（3）承台土反力随着荷载水平提高，桩端贯入变形增大，桩、土界面出现滑移而提高；

（4）桩越短，桩长与承台宽度比越小，桩侧阻力发挥值越低，承台土反力相应提高。

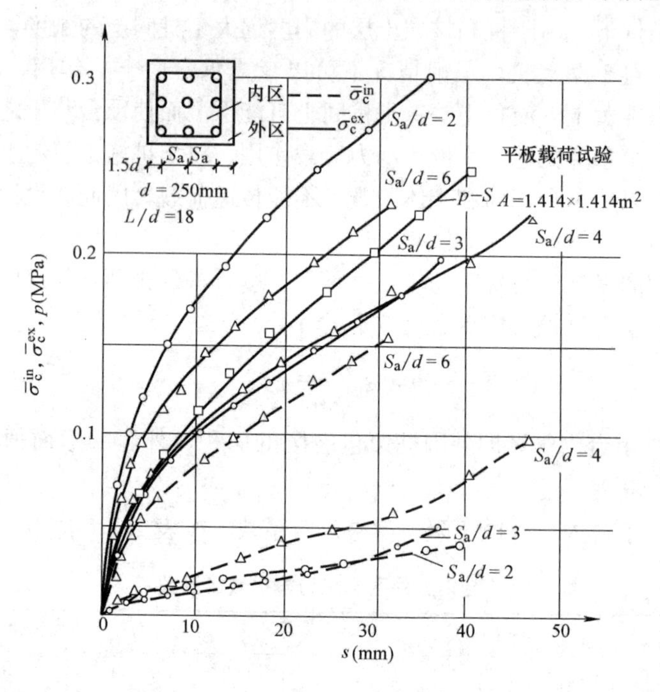

图 2.3-9 承台内、外区土反力-沉降

图 2.3-9 为粉土中群桩承台内、外区平均正反力随桩基沉降的变化（刘金砺等，1987）。从中看出，承台外区土反力与沉降关系$\overline{\sigma}_c^{ex}$-s 同平板试验的 p-s 曲线接近，说明承台外区受桩的影响较小；承台内区土反力与沉降关系$\overline{\sigma}_c^{in}$-s 与外区$\overline{\sigma}_c^{ex}$-s，明显不同，前者在桩侧阻力达极限值以前呈拟线性关系，侧阻达极限后，出现反弯。对于大桩距 $S_a=6d$，其承台内、外区土反力-沉降曲线差异不大。

上述试验结果反映了桩、土变形对承台土反力的影响。

4. 承台土反力的分布特征

1）非饱和粉土中群桩的承台土反力

图 2.3-10 为非饱和粉土中柱下独立桩基不同桩距承台土反力分布图。从中看出：

（1）承台土反力分布的总体图式特征是承台外缘大，桩群内部小，呈马鞍形或抛物形。

（2）土反力分布图式不随荷载增加而明显变化，桩群内部（内区）土反力总的来说比较均匀。

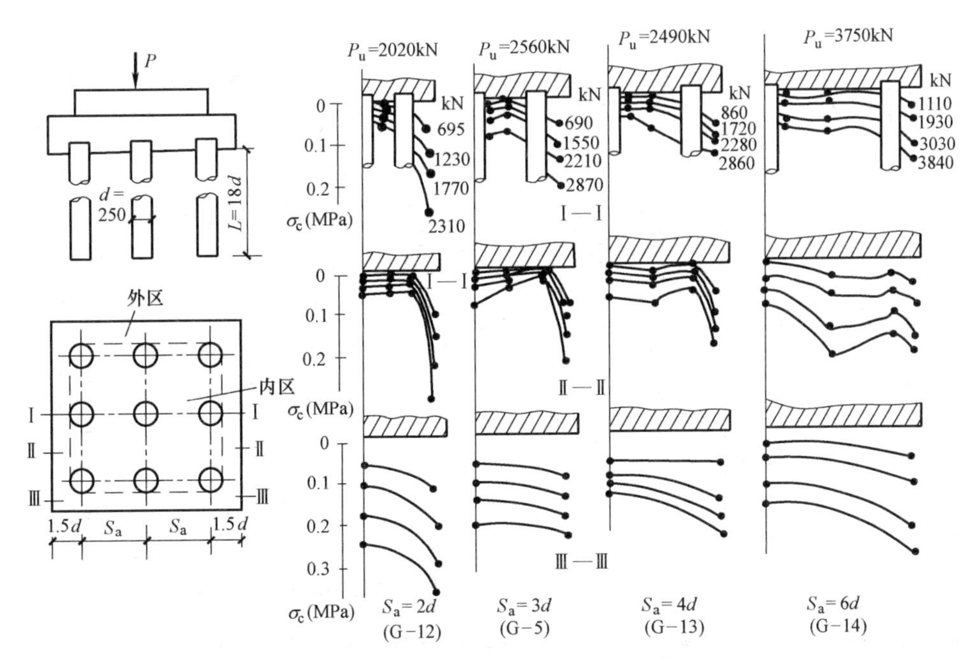

图 2.3-10 粉土中不同桩距承台土反力分布

(3) 承台内区土反力随桩距增大而增大，外区土反力受桩距影响相对较小；承台内、外区土反力的差异随桩距增大而增大。由表 2.3-5 看出，当桩距由 $2d$ 增至 $6d$ 时，外、内区平均土反力比$\bar{\sigma}_c^{ex}/\bar{\sigma}_c^{in}$，在 1/2 极限荷载下由 9.8 降至 1.7；在极限荷载下由 8.1 降至 1.5。承台外、内区分担荷载比 p_c^{ex}/p_c^{in} 随桩距增大而明显减小，在 1/2 极限荷载下由 13.5 降至 0.60。这是由于$\bar{\sigma}_c^{ex}/\bar{\sigma}_c^{in}$、$A_c^{ex}/A_c^{in}$ 均随桩距增大而减小所致（A_c^{ex}、A_c^{in} 分别为承台外、内区有效面积）。

不同桩距群桩（$L=18d$，$n=3\times3$）承台外、内区土反力 **表 2.3-5**

桩 距 S_a	2d		3d		4d		6d	
荷载 p(kN)	$p_u/2$	p_u	$p_u/2$	p_u	$p_u/2$	p_u	$p_u/2$	p_u
	1010	2020	1280	2560	1245	2490	1875	3750
外区$\bar{\sigma}_c^{ex}$(MPa)	0.148	0.298	0.082	0.173	0.088	0.182	0.111	0.225
内区$\bar{\sigma}_c^{in}$(MPa)	0.015	0.037	0.011	0.037	0.019	0.055	0.064	0.147
$\bar{\sigma}_c^{ex}/\bar{\sigma}_c^{in}$	9.8	8.1	7.5	4.7	4.6	3.3	1.7	1.5
A_c^{ex}/A_c^{in}	1.34		0.76		0.54		0.35	
p_c^{ex}/p_c^{in}	13.5	11.2	5.93	3.71	2.03	1.78	0.60	0.53

2) 饱和软土中群桩的承台土反力

图 2.3-11 为饱和软土中柱下独立桩基不同桩距的承台及平板基础土反力分布图。从中看出，承台土反力分布图形与粉土中群桩是相似的，但对于常规桩距 $S_a=(3\sim4)d$，其内、外区土反力差异更大。平板基础的土反力分布图形明显不同于带桩的承台，其内、外差异较小。这说明，桩群对于承台土反力的影响是显著的。

3) 承台底土的强度和密实度与承台土反力的关系

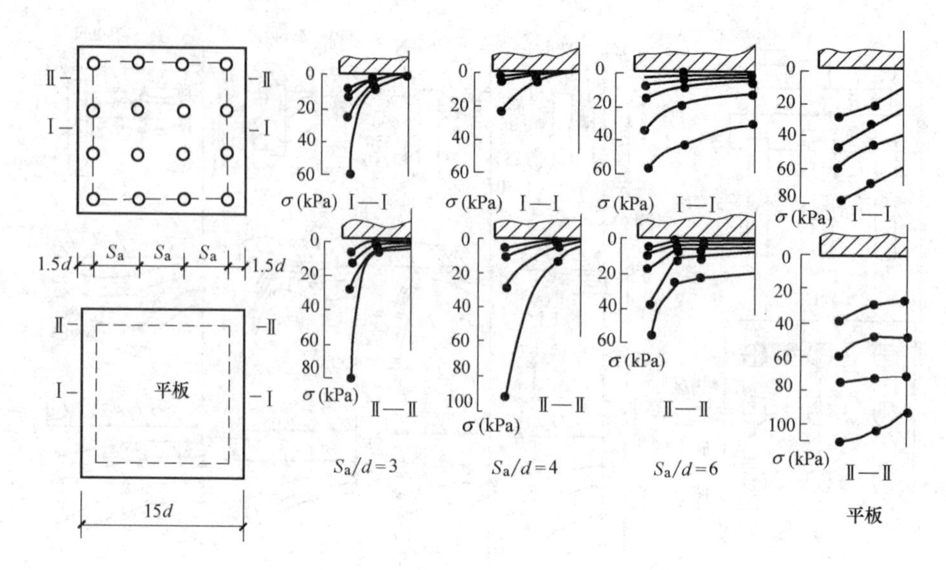

图 2.3-11　饱和软土中不同桩距承台及平板基础土反力分布

要注意承台底垫层的做法，承台底垫层强度和密实度的不同对承台土的反力影响很大，为了使承台土的反力能得到发挥，要尽可能提高承台底土层垫层的强度和密实度。普通的抛石垫层由于孔隙很大，承台底土的阻力发挥较小；如果采用碎石、瓜子片、砂、水泥混合的路基级配垫层，则在相同条件下承台底土阻力更易发挥。

5. 承台荷载分担比影响因素

桩基承台分担荷载的比率随承台底土性、桩侧与桩端土性、桩径与桩长、桩距与排列、承台内、外区的面积比、施工工艺等诸多因素而变化。根据现有试验与工程实测资料，承台分担荷载比率可由 0 变动至 60%～70%。

图 2.3-12 为非饱和粉土中的钻孔群桩的几何参数对承台分担荷载比的影响以及承台分担荷载 P_c/P 随荷载水平 P/P_u 的变化关系。(其中，P_c 为承台底分担荷载量；P 为外加荷载；P_u 为群桩极限荷载)。从中可看出：

(1) 桩径过小 ($d \leqslant 125$mm) 时，P_c/P 异常增大 (图 2.3-12*a*)。这说明粉土中模型比例过小的群桩可能使模拟失真；

(2) P_c/P 随桩长减小而增大 (图 2.3-12*b*)。当桩长小于承台宽度 ($L/B_c<1$)，P_c/P 异常增大，其极限荷载下的分担比 P_c/P_u 达 42%；

(3) P_c/P 随桩距增大而增大 (图 2.3-12*c*)，当桩距增至 $6d$ 时，P_c/P_u 显著增大 (达 65%)；

(4) 条形排列群桩比方形排列的承台分担荷载比大 (图 2.3-12*d*、*e*)。这主要是由于前者的承台外、内区面积之比较后者大。此外，对于相同排列，P_c/P 随桩数增加而减小，当桩数增加到一定数量时这种现象趋于不明显。这也是由于外、内区面积比的变幅趋于减小所致；

(5) P_c/P 随荷载水平的提高有以下变化特征：当荷载水平较低 ($P/P_u=20\%\sim30\%$)，P_c/P 随荷载增加而增长较快。一般情况下，当 $P/P_u=50\%\sim60\%$，P_c/P 随荷载增长率减小。当荷载超过极限值 ($P/P_u>100\%$)，桩端贯入变形加大，P_c/P 再度增长。

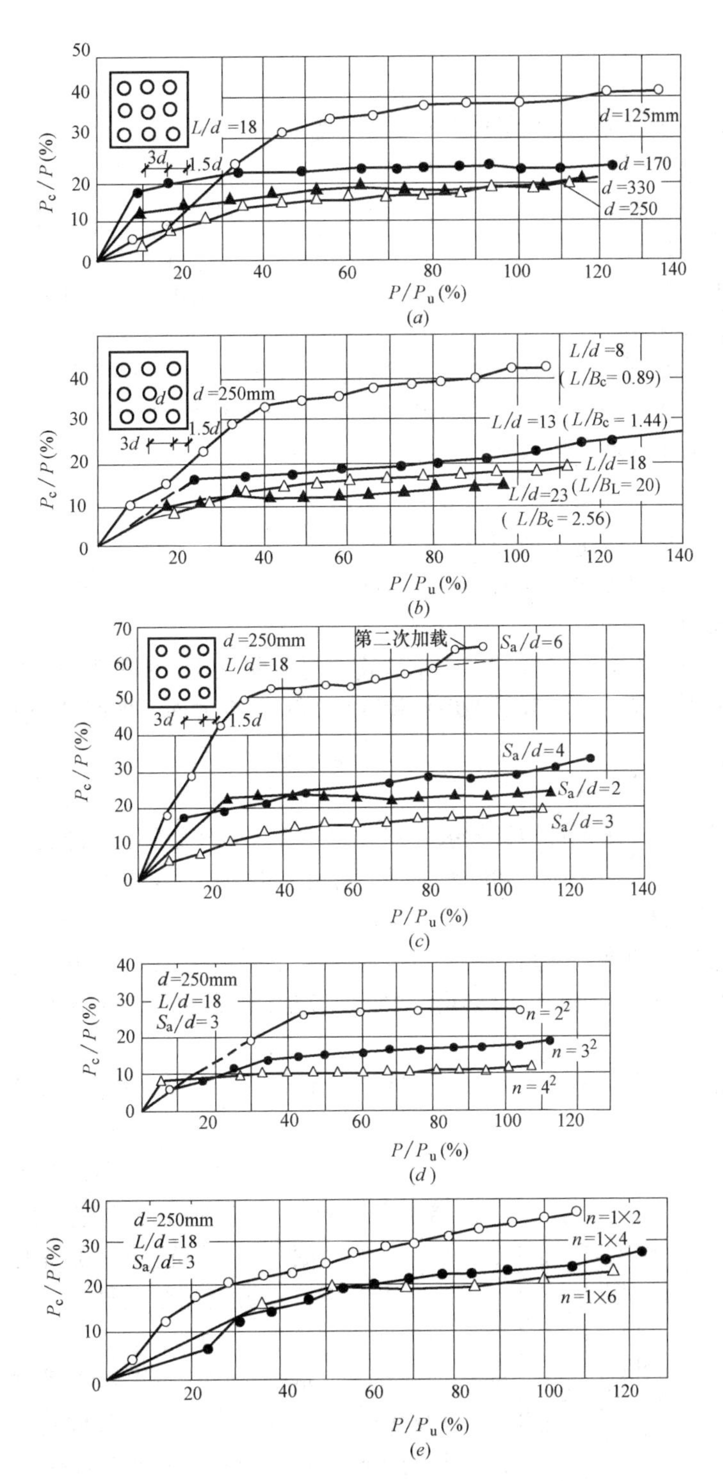

图 2.3-12 承台荷载分担比随荷载水平（P/P_u）的变化

(a) 不同桩径；(b) 不同桩长；(c) 不同桩距；(d) 方形排列；(e) 条形排列

当承台底面以下不存在湿陷性土、可液化土、高灵敏度软土、新填土、欠固结土，并且不承受经常出现的动力荷载和循环荷载时，可考虑承台分担荷载的作用。承台分担荷载极限值可按下式计算：

$$P_{cu}=\eta_c f_{ck} A_c \tag{2.3.9}$$

式中 η_c——承台土反力群桩效应系数，可按式（2.3.7）确定；

f_{ck}——承台底地基土极限承载力标准值；

A_c——承台有效底面积。

2.3.4 群桩极限承载力计算

如前所述，端承型群桩的承台、桩、土相互作用小到可忽略不计，因而其极限承载力可取各单桩极限承载力之和。

摩擦型群桩极限承载力的计算需考虑承台、桩、土相互作用特点，根据群桩的破坏模式建立起相应的计算模式，这样才能使计算结果符合实际。群桩极限承载力的计算按其计算模式和计算所用参数大体分为以下几种方法：

（1）以单桩极限承载力为参数的承台效应系数法；

（2）以土强度为参数的极限平衡理论计算法；

（3）以桩侧阻力、端阻力为参数的经验计算法。

1. 群桩的破坏模式

群桩的极限承载力是根据群桩破坏模式来确定其计算模式的。破坏模式的判定失当，往往引起计算结果出入很大。分析群桩的破坏模式应涉及两个方面，即群桩侧阻的破坏和端阻的破坏。

（1）群桩侧阻的破坏

传统的破坏模式划分方法是将群桩的破坏划分为：桩土整体破坏和非整体破坏。

整体破坏是指桩、土形成整体，如同实体基础那样承载和变形，桩侧阻力的破坏面发生于桩群外围（图2.3-13*a*）。

非整体破坏是指各桩的桩、土间产生相对位移，各桩的侧阻力剪切破坏发生于各桩桩周土体中或桩土界面（硬土）（图2.3-13*b*）。这种破坏模式的分析实际上仅是桩侧阻力破坏模式的划分。

影响群桩侧阻破坏模式的因素主要有：土性、桩距、承台设置方式、在承台刚度，上部结构形成成桩工艺。

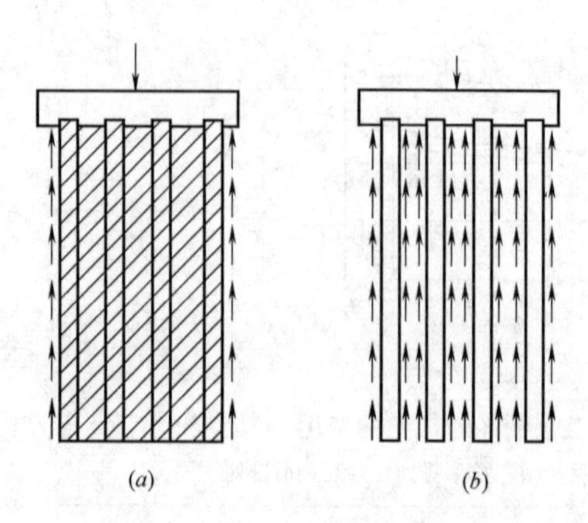

图2.3-13 群桩侧阻力的破坏模式
（*a*）整体破坏；（*b*）非整体破坏

对于砂土、粉土、非饱和松散黏性土中的挤土型（打入、压入桩）群桩，在较小桩距（$S_a<3d$）条件下，群桩侧阻一般呈整体破坏。

对于无挤土效应的钻孔群桩，一般呈非整体破坏。

对于低承台群桩，由于承台限制了桩土的相对位移，因此在其他条件相同的情况下，低承台较高承台更容易形成桩土的整体破坏。

对于呈非整体破坏的群桩误判为整体破坏，会导致总侧阻力计算偏低（桩数较少时除外），总端阻力计算偏高。其总承载力，当桩端持力层较好且桩不很长时，则会计算偏高，趋于不安全。

（2）群桩端阻的破坏

单桩端阻力的破坏分为整体剪切破坏、局部剪切破坏和刺入剪切破坏三种破坏模式，对于群桩端阻的破坏，也包括这三种模式。不过，群桩端阻的破坏与侧阻的破坏模式有关。在侧阻呈桩土整体破坏的情况下，桩端演变成底面积与桩群投影面积相等的单独实体墩基（图 2.3-14*a*）。由于基底面积大、埋深大，一般不发生整体剪切破坏。只有当桩很短且持力层为密实土层时，才可能出现整体剪切破坏（图 2.3-14*b*）。

当群桩侧阻呈单独破坏时，各桩端阻的破坏与单桩相似，但因桩侧剪应力的重叠效应、相邻桩桩端土逆向变形的制约效应和承台的增强效应，而使破坏承载力提高（图 2.3-14*b*）。

当桩端持力层的厚度有限且其下为软弱下卧层时，群桩承载力还受控于软弱下卧层的承载力。可能的破坏模式有：①群桩中基桩的冲剪破坏；②群桩整体的冲剪破坏。如图 2.3-15 所示。

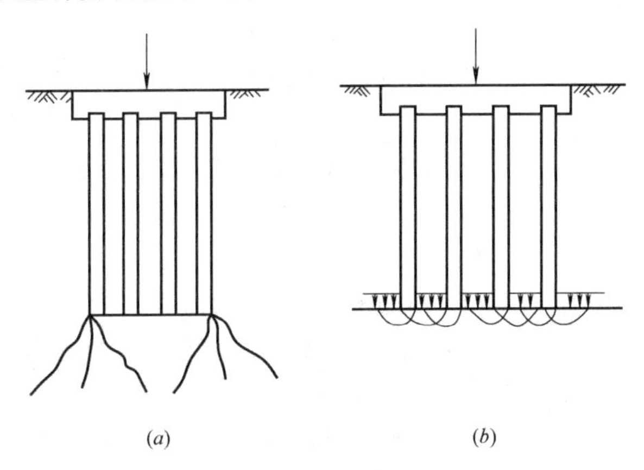

(*a*)　　(*b*)

图 2.3-14　群桩端阻的破坏模式

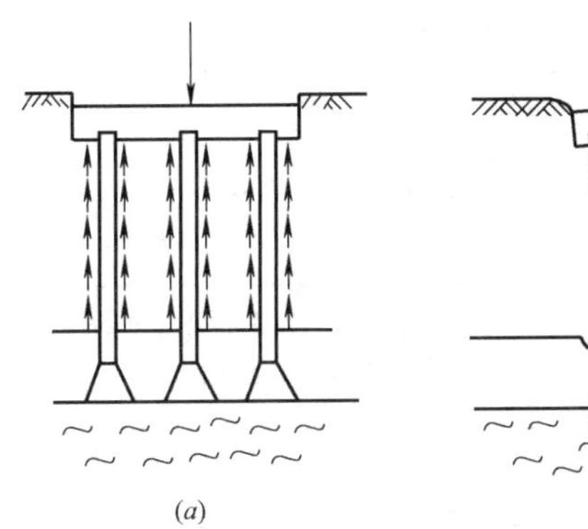

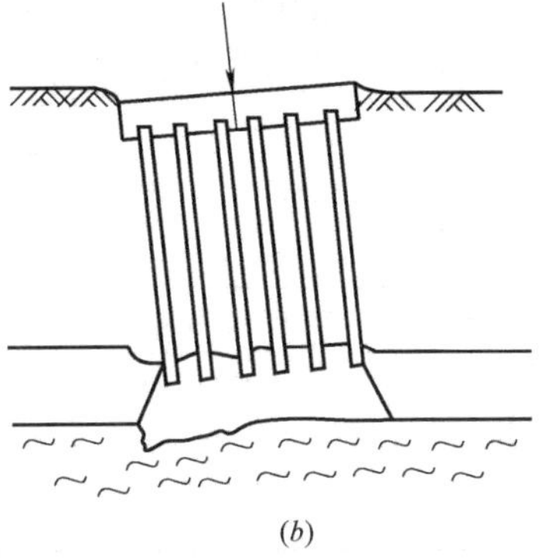

(*a*)　　(*b*)

图 2.3-15　群桩破坏模式

（*a*）基桩冲剪破坏；（*b*）群桩整体冲剪破坏

2. 以单桩极限承载力为参数的承台效应系数法

以单桩极限承载力为已知参数，根据群桩效应系数计算群桩极限承载力，是一种沿用很久的传统简单方法。

《建筑地基基础设计规范》GB 50007—2011 与《建筑桩基技术规范》JGJ 94—2008 规定，单桩竖向承载力特征值 R_a 应按下式确定：

$$R_a=\frac{1}{K}Q_{uk} \tag{2.3.10}$$

式中　Q_{uk}——单桩竖向极限承载力标准值；

　　K——安全系数，取 $K=2$。

对于端承型桩基、桩数少于 4 根的摩擦柱下独立桩基由于地层土性、使用条件等因素不宜考虑承台效应时，基桩竖向承载力特征值取单桩竖向承载力特征值，$R=R_a$。

对于符合下列条件之一的摩擦型桩基，宜考虑承台效应确定其复合基桩的竖向承载力特征值。

(1) 上部结构整体刚度较好、体形简单的建（构）筑物（如独立剪力墙结构、钢筋混凝土筒仓等）；

(2) 差异变形适应性较强的排架结构和柔性构筑物；

(3) 按变刚度调平原则设计的桩基刚度相对弱化区；

(4) 软土地区的减沉复合疏桩基础。

考虑承台效应的复合基桩竖向承载力特征值可按下式确定：

$$R=R_{a}+\eta_{c}f_{ak}A_{c} \tag{2.3.11}$$

式中 η_c——承台效应系数，可按表2.3-6取值；

f_{ak}——承台下1/2承台宽度且不超过5m深度范围内各层土的地基承载力特征值按厚度加权的平均值；

A_c——计算基桩所对应的承台底净面积：$A_c=(A-nA_p)/n$，A 为承台计算域面积；A_p 为桩截面面积；对于柱下独立桩基，A 为全承台面积；对于桩筏基础，A 为柱、墙筏板的1/2跨距和悬臂边2.5倍筏板厚度所围成的面积；桩集中布置于墙下的桩筏基础，取墙两边各1/2跨距围成的面积，按条形基础计算 η_c。

当承台底为可液化土、湿陷性土、高灵敏度软土、欠固结土、新填土时，沉桩引起超孔隙水压力和土体隆起时，不考虑承台效应，取 $\eta_c=0$。

承台效应系数 η_c **表2.3-6**

B_c/l \ S_a/d	3	4	5	6	>6
≤0.4	0.06~0.08	0.14~0.17	0.22~0.26	0.32~0.38	0.5~0.8
0.4~0.8	0.08~0.10	0.17~0.20	0.26~0.30	0.38~0.44	
>0.8	0.10~0.12	0.20~0.22	0.30~0.34	0.44~0.50	
单排桩条形承台	0.15~0.18	0.25~0.30	0.38~0.45	0.50~0.60	

注：1. 表中 S_a/d 为桩中心距与桩径之比；B_c/l 为承台宽度与有效桩长之比。当计算基桩为非正方形排列时，$S_a=\sqrt{\frac{A}{n}}$，A 为计算域承台面积，n 为总桩数。

2. 对于桩布置于墙下的箱、筏承台，η_c 可按单排桩条基取值。

3. 对于单排桩条形承台，当承台宽度小于 $1.5d$ 时，η_c 按非条形承台取值。

4. 对于采用后注浆灌注桩的承台，η_c 宜取低值。

5. 对于饱和黏性土中的挤土桩基、软土地基上的桩基承台，η_c 宜取低值的0.8倍。

3. 以土强度为参数的极限平衡理论法

前面提及群桩侧阻力的破坏分为桩、土整体破坏和非整体破坏（各桩单桩破坏）；群桩端阻力的破坏，可能呈整体剪切、局部剪切和刺入剪切（冲剪）三种破坏模式。下面根据侧阻、端阻的破坏模式分述群桩极限承载力的极限平衡理论计算法。

1) 低承台侧阻呈桩、土整体破坏

对于小桩距（$S_a\leqslant 3d$）挤土型低承台群桩，其侧阻一般呈桩、土整体破坏，即侧阻力的剪切破裂面发生于桩群、土形成的实体基础的外围侧表面（图2.3-16）。因此，群桩的极限承载力计算可视群桩为“等代墩基”或实体深基础，取下面两种计算式的较小值。

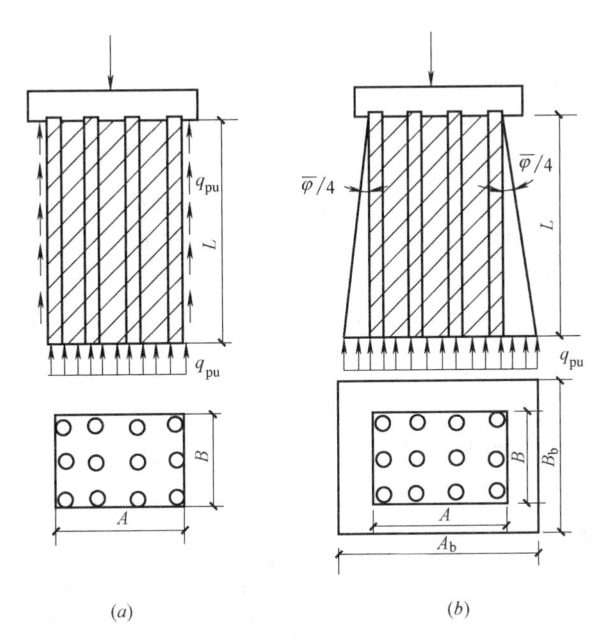

图 2.3-16 侧阻呈桩、土整体破坏的计算模式

一种模式是群桩极限承载力为等代墩基总侧阻与总端阻之和（图 2.3-16a）：

$$P_u = P_{su} + P_{pu} = 2(A+B)\sum l_i q_{sui} + ABq_{pu} \tag{2.3.12}$$

另一模式是假定等代墩基或实体深基外围侧阻传递的荷载呈 $\varphi/4$ 扩散分布于基底，该基底面积为（图 2.3-16b）：

$$F_e = A_b B_b = (A + 2L\tan\frac{\overline{\varphi}}{4})(B + 2\tan\frac{\overline{\varphi}}{4}) \tag{2.3.13}$$

相应的群桩极限承载力为：

$$P_u = F_e q_{pu} \tag{2.3.14}$$

式中 q_{sui}——桩侧第 i 层土的极限侧阻力；

q_{pu}——等代墩基底面单位面积桩端土地基极限承载力；

A、B、L——等代墩基底面的长度、宽度和桩长（图 2.3-16）；

$\overline{\varphi}$——桩侧各土层内摩擦角的加权平均值。

单位面积极限侧阻 q_{su}的计算可采用单桩的极限侧阻力土强度参数计算法（α 法、β 法或 γ 法）。就我国目前工程习惯而言，经验参数法使用较普遍，因而也可采用这两种方法计算结果比较取值。

单位面积桩端土极限承载力 p_{pu}的计算，主要可以采取地质报告估算、经典理论计算以及现场试验来确定。

（1）地质报告估算

可由工程地质报告中提供的桩端持力层土的单位面积极限承载力考虑深度修正后估算 p_{pu}。

（2）经典理论计算极限端阻力 q_{pu}

对于桩端持力土层较密实、桩长不大（等代墩基的相对埋深较小）或密实持力层上覆盖软土层的情况，可按整体剪切破坏模式计算。等代墩基基底极限承载力可采用太沙基的浅基极限平衡理论公式计算。考虑到桩、土形成的等代墩基基底是非光滑的，故采用粗糙基底公式。极限端阻力表达式为：

条形基底 $$q_{pa}=cN_c+\gamma_1 hN_q+0.5\gamma_2 BN_r \tag{2.3.15}$$

方形基底 $$q_{pu}=1.3cN_c+\gamma_1 hN_q+0.4\gamma_2 BN_r \tag{2.3.16}$$

圆形基底 $$q_{pu}=1.3cN_{c_1}+\gamma_1 hN_q+0.6\gamma_2 DN_r \tag{2.3.17}$$

式中 N_c，N_q，N_r——反映土黏聚力 c、边载 q、滑动区土自重影响的承载力系数，均为内摩擦角 φ 的函数，由 φ 值查图 2.3-17 确定；

γ_1，γ_2——基底以上土和基底以下基宽深度范围内土的有效重度；

D，B，h——基底直径、宽度和埋深。

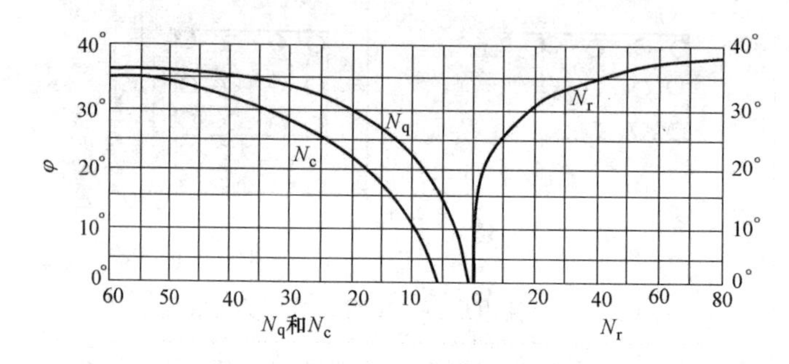

图 2.3-17 承载力系数

（引自太沙基，1943）

在群桩基础承受偏心、倾斜荷载情况下，可采用 Hansen（1970）或 Vesic（1970）公式计算等代墩基的地基极限承载力。

对于桩端持力层为非密实土层的小桩距挤土型群桩，虽然侧阻呈桩、土整体破坏而类似于墩基，但墩底地基由于土的体积压缩影响一般不致出现整体剪切破坏，而是呈局部剪切、刺入剪切破坏，尤以后者多见。但关于局部剪切破坏的理论计算公式迄今还未能建立起来，作为一种近似，Terzaghi 建议对土的强度参数 c、φ 值进行折减以计算非整体剪切破坏条件下的极限承载力，取

$$c'=\frac{2}{3}c$$

$$\varphi'=\arctan\left(\frac{2}{3}\tan\varphi\right) \tag{2.3.18}$$

计算公式与整体剪切破坏相同。

由上述等代墩基极限端阻力计算公式看出，等代墩基宽度 B 对 q_{pu} 的影响增量与 B 呈线性关系，当 B 很大时与实际不符，因此参照有关规范经验地规定，当 $B>6$m 时，按 6m 计算。另外，埋深 h 影响也显示深度效应，可近似按单桩处理。按此法计算的群桩极限承载力值一般偏高，因此其安全系数一般取 2.5～3.0。

(3) 现场基岩试验法

对于人工挖孔桩，可采用现场桩端基岩试验来确定桩端基岩的单位面积极限端阻标准值。

2）高承台侧阻呈桩土非整体破坏

对于非挤土型群桩，其侧阻多呈各桩单独破坏，即侧阻力的剪切破裂面发生于各基桩

的桩、土界面或近桩表面的土体中。这种侧阻非整体破坏模式还可能发生于饱和土中不同桩距的挤土型高承台群桩。

对于侧阻呈非整体破坏的群桩，其极限承载力的计算，若忽略群桩效应，包括忽略承台分担荷载的作用，可表示为下式：

$$P_u = P_{su} + P_{pu} = nU\sum L_i q_{sui} + nA_p q_{pu} \tag{2.3.19}$$

式中 n——群桩中的桩数；

U——桩的周长；

L_i——桩侧第 i 层土厚度；

A_p——桩端面积。

由于侧阻呈各桩单独破坏，其端阻也类似于独立单桩随持力层土性、入土深度、上覆土层性质等不同而呈整体剪切、局部剪切、刺入剪切破坏。因此极限侧阻 q_{su}和极限端阻 q_{pu}可参照单桩所述方法计算。

4. 以侧阻力、端阻力为参数的经验计算法

在具备单桩极限侧阻力、极限端阻力的情况下，群桩极限承载力可采用上述极限平衡理论法相似的模式，按侧阻破坏模式分为两类。

(1) 侧阻呈桩、土整体破坏

群桩极限承载力的计算基本表达式与式（2.3.19）相同。计算所需单桩极限侧阻 q_{su}、极限端阻 q_{pu}的确定，可根据具体条件、工程的重要性，通过单桩原型试验法、土的原位测试法、经验法确定。

如前所述，大直径桩极限端阻值低于常规直径桩的极限端阻值，因此对于类似于大直径桩的“等代墩基”的极限端阻值也随平面尺寸增大而降低，故 q_{pu}值应乘以折减系数 η_b：

$$\eta_b = \left(\frac{0.8}{D}\right)^n \tag{2.3.20}$$

其中，D 为等代墩基底面直径或短边长度，n 根据土性取值。

(2) 侧阻呈桩、土非整体破坏

群桩极限承载力计算的基本表达式与式（2.3.19）相同，计算所需 q_{su}、q_{pu}的确定同上。

当试验单桩的地质、几何尺寸、成桩工艺等与工程桩一致时，则可按下式确定群桩极限承载力：

$$P_u = nQ_u \tag{2.3.21}$$

式中 Q_u——单桩的极限承载力。

按式（2.3.19）或式（2.3.21）计算侧阻非整体破坏情况下的群桩极限承载力的简单模式，忽略了承台、桩、土相互作用产生的群桩效应。在某些情况下，其计算值会显著低于实际承载力。如非密实粉土、砂土中的常规桩距 $S_a=(3\sim4)d$ 群桩基础，其侧阻力由于沉降硬化而比独立单桩有大幅度增长。对于低承台群桩，其承台分担荷载的作用也较可观，因此，其群桩极限承载力比计算值高得多。对于饱和黏性土中的群桩，按上述模式计算，其计算值一般接近于实际承载力。

2.3.5 群桩软弱下卧层验算

1. 概述

在土层竖向分布不均的情况下，为减小桩长节约投资，或由于沉桩（管）穿透硬层的困难，可考虑将桩端设置于存在软弱下卧层的有限厚度硬层上。该有限厚度硬层是否可作为群桩的可靠持力层，是设计中要考虑的重要问题。设计不当，可能招致两种后果：一是较薄的持力层因冲剪破坏而使桩基整体失稳（图 2.3-18）；二是因软卧层的变形而使桩基沉降过大。

上述现象的出现与下列因素有关：一是软弱下卧层的强度和压缩性；二是硬持力层的强度、压缩性和厚度；三是群桩的桩距、桩数；四是承台的设置方式（高、低承台）及低承台底面的土性；五是桩基的荷载水平。

如前所述，关于单、群桩冲剪破坏的机理研究得还不够透彻，影响冲剪破坏的因素很多，本节介绍的计算方法仍是经验性的（刘金砺，1990A）。

2. 按冲剪破坏极限状态计算

1）基桩单独冲剪破坏

群桩在下列情况下一般呈基桩单独冲剪破坏

（1）桩距较大（$S_a>6d$），且桩端硬持力层较薄，其厚度 $t\leqslant\frac{S_a-d}{2}\cot\alpha$ 时，其中 α 为冲剪锥体斜面与竖直线的夹角，见图 2.3-19。α 随砂土相对密实度 D_r 增大而增大，并受软弱下卧层强度和压缩性的影响，其范围值为 10°～20°；对于砂层下有很软土层时，可取 $\alpha=10°$；

（2）对于高承台群桩，或承台下地基土可能出现自身固结、湿陷、震陷、液化的低承台群桩，当桩侧土层很软弱，虽其桩距略小于 $6d$，也可能出现各基桩单独冲剪破坏。

基桩单独冲剪破坏的极限承载力与独立单桩相同，任一基桩的冲剪破坏极限承载力（见图 2.3-19）为：

对于高承台 $$Q_u=U\sum L_i q_{sui}+A_p q_{pu} \tag{2.3.22}$$

对于低承台 $$Q_u=U\sum L_i q_{sui}+A_p q_{pu}+p_{cu}/n \tag{2.3.23}$$

式中 q_{sui}——第 i 层土的极限侧阻力；

q_{pu}——考虑软弱下卧层影响的单桩极限端阻力；

p_{cu}——承台底总土阻力极限值；

A_p、n——基桩桩端面积和群桩中桩数。

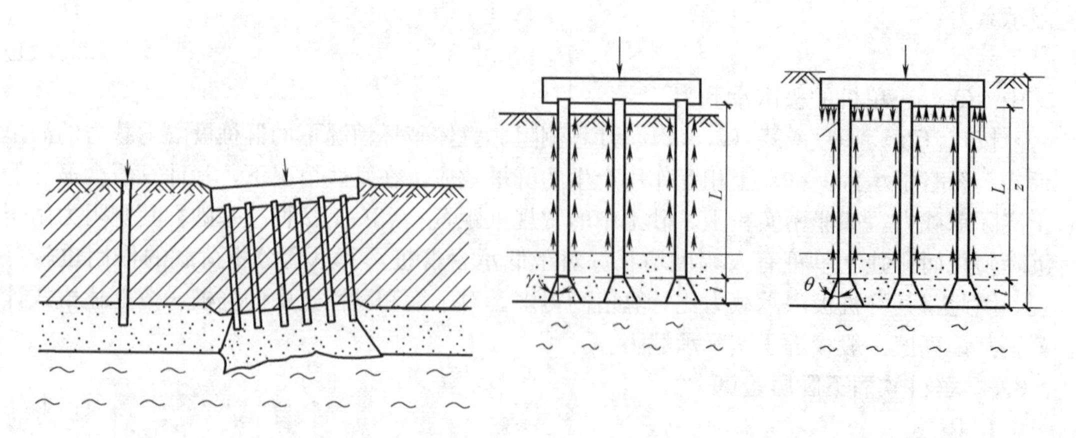

图 2.3-18 桩基受软弱下卧层影响发生冲剪破坏

图 2.3-19 基桩单独冲剪

2）整体冲剪破坏

在下列情况下，各基桩桩端持力层呈整体冲剪破坏。整体冲剪表现为桩群、桩间土、硬持力层冲剪体形成如同实体墩基而破坏。

（1）发生整体冲剪破坏的条件

① 桩间较小（$S_a \leqslant 6d$）；

② 桩端硬持力层与软下卧层的压缩性相差较大（$E_{s1}/E_{s2} \geqslant 3$）；各基桩桩端冲剪锥体扩散线在硬持力层中相交重叠，荷载引起的局部压力超出其承载力过多时，将引起软弱下卧层侧向挤出，桩基偏沉，严重者引起整体失稳；

③ 桩端持力层为砂、砾层的挤土型低承台群桩，桩距虽较大（$S_a \leqslant 6d$），由于成桩挤密效应和承台效应，导致桩端持力层的刚度提高和桩土整体性加强，也可能发生整体冲剪。

（2）《建筑桩基技术规范》JGJ 94—2008 的验算方法

对于上述情况下整体冲剪破坏极限承载力的计算，《建筑桩基技术规范》JGJ 94—2008 建议可按下列公式验算软弱下卧层的承载力（图 2.3-20）：

$$\sigma_z + \gamma_m z \leqslant f_{az} \tag{2.3.24}$$

$$\sigma_z = \frac{(F_k + G_k) - 3/2(A_0 + B_0) \cdot \sum q_{sik} l_i}{(A_0 + 2t \cdot \tan\theta)(B_0 + 2t \cdot \tan\theta)} \tag{2.3.25}$$

式中 σ_z——作用于软弱下卧层顶面的附加应力；

γ_m——软弱层顶面以上各土层重度（地下水位以下取浮重度）的厚度加权平均值；

t——硬持力层厚度；

f_{az}——软弱下卧层经深度 z 修正的地基承载力特征值；

A_0、B_0——桩群外缘矩形底面的长、短边边长；

q_{sik}——桩周第 i 层土的极限侧阻力标准值，无当地经验时，可根据成桩工艺按规范表 2.2-14 取值；

θ——桩端硬持力层压力扩散角，按表 2.3-7 取值。

桩端硬持力层压力扩散角 θ **表 2.3-7**

E_{s1}/E_{s2}	$t=0.25B_0$	$t \geqslant 0.50B_0$
1	4°	12°
3	6°	23°
5	10°	25°
10	20°	30°

注：1. E_{s1}、E_{s2} 为硬持力层、软弱下卧层的压缩模量；
2. 当 $t<0.25B_0$ 时，取 $\theta=0°$，必要时宜通过试验确定；当 $0.25B_0<t<0.50B_0$ 时，可内插取值。

3）对于《建筑桩基技术规范》JGJ 94—2008 的验算方法说明

（1）验算范围。规定在桩端平面以下受力层范围存在低于持力层承载力 1/3 的软弱下卧层。实际工程持力层以下存在相对软弱土层是常见现象，只有当强度相差过大时，才有必要验算。因下卧层地基承载力与桩端持力层差异过小，土体的塑性挤出和失稳也不致出现。

（2）传递至桩端平面的荷载，按扣除实体基础外表面总极限侧阻力的 3/4 而非 1/2 总极限侧阻力。这是主要考虑荷载传递机理，在软弱下卧层进入临界状态前基桩侧阻平均值已接近于极限。

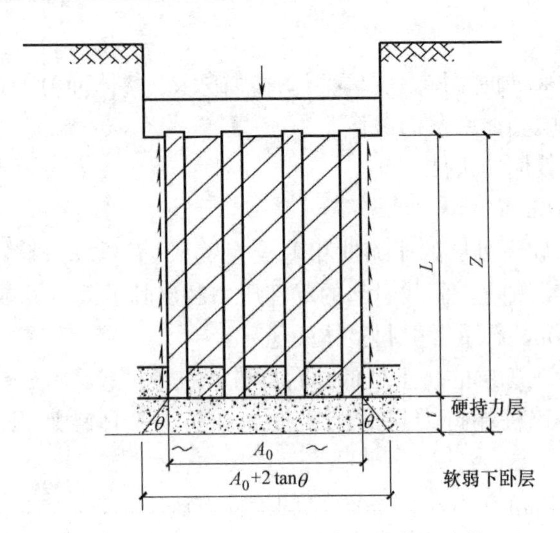

图 2.3-20 软弱下卧层承载力验算

(3) 桩端荷载扩散。持力层刚度越大，扩散角越大，这是基本性状，这里所规定的压力扩散角与《建筑地基基础设计规范》GB 50007 一致。

(4) 软弱下卧层承载力只进行深度修正。这是因为下卧层受压区应力分布并非均匀，呈内大外小，不应作宽度修正；考虑到承台底面以上土已挖除且可能和土体脱空，因此修正深度从承台底部计算至软弱土层顶面。另外，既然是软弱下卧层，即多为软弱黏性土，故深度修正系数取 1.0。

参考文献

[1] 北京市桩基小组. 钻孔灌注村试验研究 [R]. 中国建筑科学研究院地基所，1976.

[2] 刘利民. 桩基承载性状研究的新进展 [J]. 岩土工程界，2000 年第 1 期.

[3] 上海市建筑科学研究院. 联合广场混凝土灌注桩单桩垂直静载试验报告 [R]. 1995.

[4] 席宁中. 桩端土刚度对桩侧阻力影响的试验研究 [D]. 中国建筑科学研究院，2002.

第3章　单桩和群桩的沉降计算

陈竹昌　（同济大学）

3.1　单桩的沉降计算

3.1.1　概述

在实际工程中，桩基础通常由一群桩所组成。人们关心单桩沉降问题有多方面的原因。首先，从以往的研究工作中，已经建立了群桩与单桩的沉降之间的一些关系，如以弹性连续介质理论为基础的群桩与单桩沉降的理论关系，或者根据现场试验、室内试验得到的这两者的经验关系。利用这些关系以及单桩沉降，在某些特定的土质与地层剖面条件下可以估计群桩基础的沉降。其次，在进行群桩基础内力分析时，需提供单桩轴向刚度的数据，而单桩轴向刚度的确定往往依赖于单桩沉降分析。第三，近年来，随着桩施工工艺与打桩机具设备的迅速发展，大直径钻孔桩和高承载力打入桩的使用更加广泛，在工程实践中采用单桩结构的情况日趋增多，这时单桩沉降计算就是一个实际的工程问题。

单桩受到荷载作用后，其沉降量由下述三个部分组成：

（1）桩本身的弹性压缩量；

（2）由于桩侧摩阻力向下传递，引起桩端下土体压缩所产生的桩端沉降；

（3）由于桩端荷载引起桩端下土体压缩所产生的桩端沉降。

单桩沉降组成不仅同桩的长度、桩与土相对压缩性、土的剖面有关，还同荷载水平、荷载持续时间有关。当荷载水平较低时，桩端土尚未发生明显的塑性变形且桩周土与桩之间并未产生滑移，这时桩端土体压缩特性可用弹性性能来近似表示；当荷载水平较高时，桩端土将发生明显的塑性变形，导致单桩沉降组成及其特性都发生明显的变化。如荷载持续时间很短，桩端土体特性通常呈现弹性性能，反之，如荷载持续时间很长，则需考虑沉降的时间效应，即土的固结与次固结的效应。一般地说，群桩基础内力分析与短期加载的情况相对应，单桩结构的沉降与长期加载的情况相对应。因此，应根据工程问题的性质以及荷载的特点，选择与之相适应的单桩沉降计算方法与参数。

目前单桩沉降计算方法主要有下述几种：

（1）荷载传递分析法；

（2）弹性理论法；

（3）剪切变形传递法；

（4）有限单元分析法；

（5）其他简化方法。

下面介绍除了有限元分析之外的各种方法。

3.1.2 荷载传递法

荷载传递法也称传递函数法，有人首先提出（Seed 和 Reese，1957），用来分析桩的荷载传递规律及其沉降计算。这种方法的基本概念是把桩规划分为许多弹性单元，每一单元与土体之间用非线性弹簧联系（图 3.1-1a）以模拟桩 -土间的荷载传递关系。桩端处土也用非线性弹簧与桩端联系，这些非线性弹簧的应力-应变关系，即表示桩侧摩阻力 τ（或桩端抗力 σ）与剪切位移 s 间的关系（τ-s 或 σ-s 关系），这一关系一般就称作为传递函数。

为了导得传递函数法的基本微分方程，可根据桩上任一单元体的静力平衡条件得到（图 3.1-1b）：

$$\frac{\mathrm{d}P(z)}{\mathrm{d}z}=-U\tau(z) \tag{3.1.1}$$

式中 U——桩截面周长。

桩单元体产生的弹性压缩 ds 为：

$$\mathrm{d}s=-\frac{P(z)\mathrm{d}z}{A_{\mathrm{p}}E_{\mathrm{p}}}$$

或

$$\frac{\mathrm{d}s}{\mathrm{d}z}=-\frac{1}{A_{\mathrm{p}}E_{\mathrm{p}}}P(z) \tag{3.1.2}$$

式中 A_{p}、E_{p}——桩的截面积及弹性模量。

将式（3.1.2）求导，并以式（3.1.1）代入得

$$\frac{\mathrm{d}^2 s}{\mathrm{d}z^2}=\frac{U}{A_{\mathrm{p}}E_{\mathrm{p}}}\tau(z) \tag{3.1.3}$$

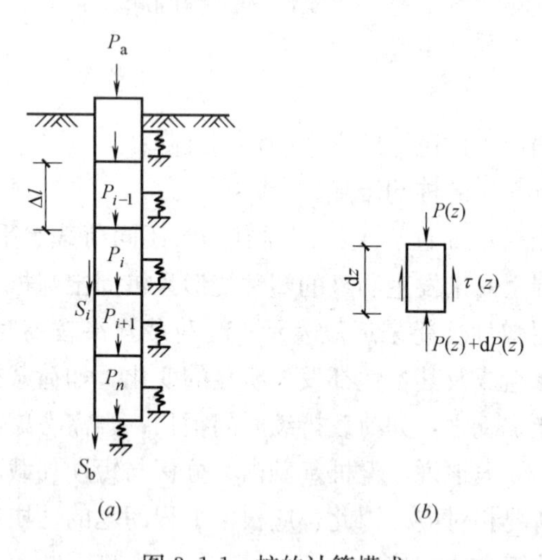

图 3.1-1 桩的计算模式

公式（3.1.3）就是传递函数法的基本微分方程，它的求解取决于传递函数 τ（z）-s 的形式。目前根据求解微分方程（3.1.3）的途径不同，分成两种计算方法，第一种方法称为解析法，是由 Kezdi、佐藤悟（Kezdi ，1957 及佐藤悟 1965）等提出，他们把传递函数简化假定为某种曲线方程，然后直接求解平衡微分方程（3.1.3）；第二种方法称为位移协调法，是由 Seed 和 Reese（1957）、Coyle 和 Reese（1966）等提出，他们采用实测或通过试验方法得到传递函数，然后建立各单元桩的静力平衡条件及位移协调条件求解。下面介绍几种传递函数形式及位移协调法。

1. 传递函数形式

（1）Kezdi 方法

假定传递函数为指数曲线（图 3.1-2），即

$$\tau(z)=K\gamma Z\tan\varphi\left[1-\exp\left(\frac{-ks}{s_{\mathrm{u}}-s}\right)\right] \tag{3.1.4}$$

式中 K——土的侧压力系数；

γ、φ——土的重度及内摩擦角；

k——系数，与土的类别及密实度有关；

s_u——桩侧摩阻力充分发挥时的临界位移。

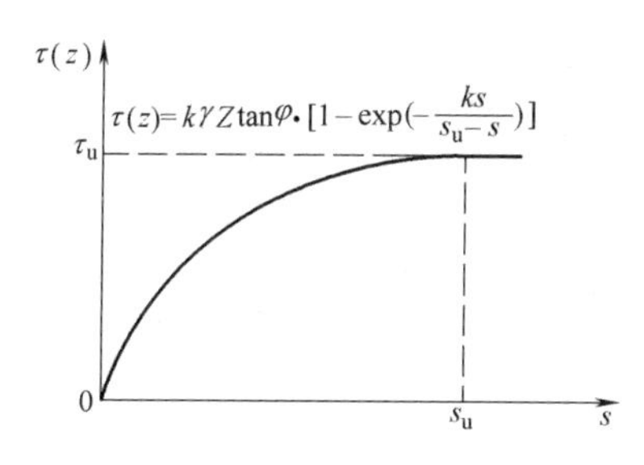

图 3.1-2 Kezdi 的传递函数形式

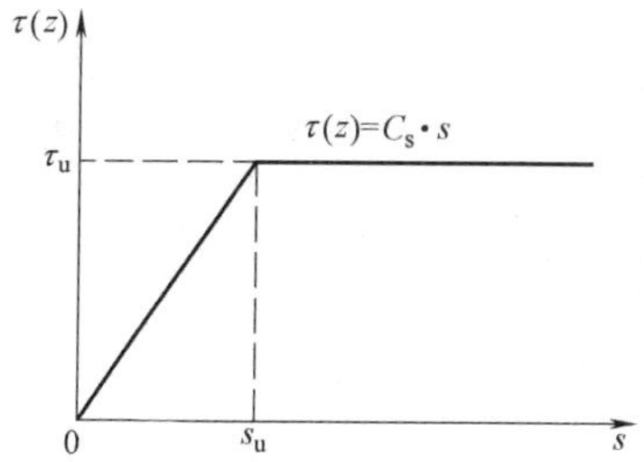

图 3.1-3 佐藤悟的传递函数形式

（2）佐藤悟方法

假定传递函数是线弹性全塑性关系（图 3.1-3），即

当 $s<s_u$时 $\tau(z)=C_s s$

$$s\geqslant s_u\text{时}\quad \tau(z)=\tau_u=\text{常数} \tag{3.1.5}$$

式中 C_s——土的剪切变形系数，kN/m³。

（3）Gardner 方法（Gardner，1975）

假定传递函数为双曲线关系（图 3.1-4），即

$$\tau(z)=A\left(\frac{s}{\frac{1}{K}+\frac{s}{\tau_u}}\right) \tag{3.1.6}$$

式中 K、A——实验常数，$A=\frac{\tau_u}{Ks_u}+1$。

（4）Kraft 等方法（Kraft，etal，1981）

在计算中考虑土的应力-应变呈现非线性特征时，并用双曲线表示土的应力-应变关系，则可得到作用的剪应力为 τ(z) 时的割线剪切模量 G_s为：

$$G_s=G_{si}(1-\psi)$$

式中 G_{si}——土小应变时的初始剪切模量；

$$\psi=\frac{\tau(z)R_f}{\tau_{max}}$$

R_f——应力-应变曲线的拟合常数，可取 0.9～1.0；

τ_{max}——桩破坏时发挥的最大剪应力。

并提出考虑土非线性特征时的传递函数表达式为：

$$\tau(z)=\frac{G_{si}s}{r_0\ln\left[\frac{r_m/r_0-\psi}{1-\psi}\right]} \tag{3.1.7}$$

式中 r_0——桩截面半径；

r_m——桩沉降影响区半径。

（5）Vijayvergiya 方法（Vijayvergiya，1977）

假定传递函数为抛物线，即

$$\tau(z)=\tau_{max}\left(2\sqrt{\frac{s}{s_u}}-\frac{s}{s_u}\right) \tag{3.1.8}$$

式中 τ_{max}——桩侧最大摩阻力；

s_u——相应于 τ_{max} 发挥时的桩临界位移，建议取用 $s_u=5\sim7.5$mm。

(6) Heydinger 和 O'Neill 方法（Heydinger，1987）

建议的传递函数用下式表示：

$$\tau(z)=\frac{E_{\tau s}\dfrac{s}{d}}{\left(1+\left|\dfrac{E_{\tau s}\dfrac{s}{d}}{\tau_{max}}\right|^{m}\right)^{1/m}} \tag{3.1.9}$$

式中 $E_{\tau s}$——$\tau(z)$-$\dfrac{s}{d}$ 曲线的初始切线斜率，$E_{\tau s}=E_u/K$；

E_u——土的不排水剪初始模量；

K——取决于 L/D 的参数，建议取用 $K=\exp(0.36+0.38\ln\dfrac{L}{D})$；

L——桩长；

d——桩直径；

m——形状系数，$m=\exp\left\{0.12+0.54\ln\left[\dfrac{(E_u)_{ave}}{P_a}\right]-0.42\ln\dfrac{L}{d}\right\}$；

$(E_u)_{ave}$——土的平均不排水剪模量；

P_a——大气压力；

τ_{max}——桩侧最大摩阻力。

2. 位移协调法

位移协调法（Seed 和 Reese，1957）是应用实测的传递函数，因此不能直接求解微分方程（3.1.3）。这时可采用位移协调求解，可将桩划分成许多单元体，考虑每个单元的内力与位移协调关系，求解桩的荷载传递及沉降量。其计算步骤如下：

(1) 已知桩的特征值（桩长 L、截面积 A_p、弹性模量 E_p），以及实测的桩侧传递函数［$\tau(z)$-s 关系］曲线，如图 3.1-4 所示。

(2) 将桩分成 n 个单元，每单元长 $\Delta L=L/n$，见图 3.1-5。n 的大小取决于要求的计算精度，D'Appolonia 和 Thurman（1965）指出，当 $n=10$ 时一般可满足实用要求。

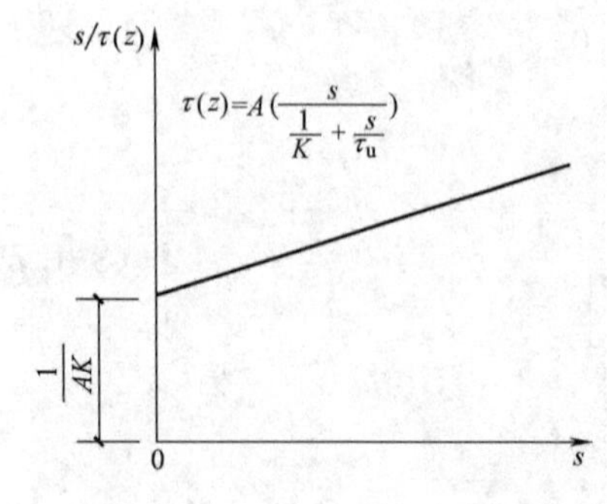

图 3.1-4 Gardner 的传递函数形式

(3) 先假定桩端处单元 n 底面产生位移 s_b，从实测桩端处土的传递函数曲线中求得相应于 s_b 时的桩侧摩阻力 τ_b 值。Seed 和 Reese（1957）建议桩端处桩的轴向力 P_b 值，可用一般虚拟的桩长 ΔL_p 的摩阻力来表示，即

$$P_b=U\Delta L_p\tau_b$$

式中 ΔL_p——虚拟的桩端换算长度。

上述计算 P_b 的公式是很粗略的，ΔL_p 的确也较困难。因此，Coyle 和 Reese（1966）建议 P_b 按

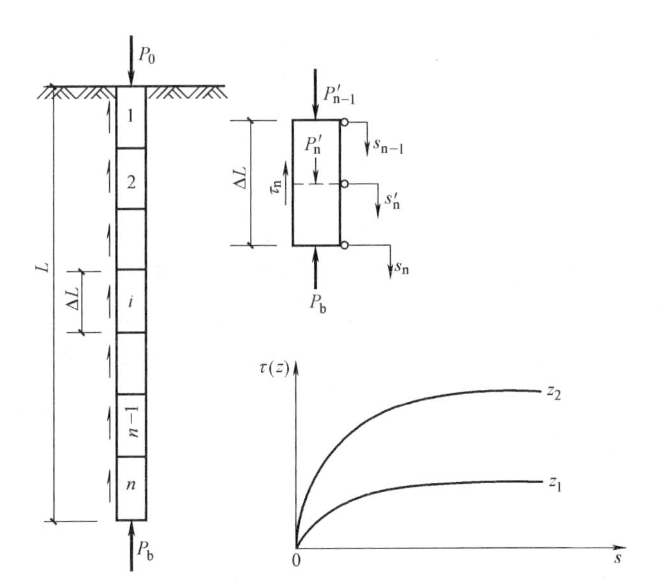

图 3.1-5 位移协调法

Skempton 的地基承载力公式计算，Gardner（1957）建议 P_b可按 Mindlin 公式计算，也可用 $P_b=k_bA_bs_b$（k_b和 A_b为桩端处的地基反力系数和桩截面面积）来估计。

（4）假定第 n 单元桩中点截面处的位移为 s'_n（一般可假定 s'_n等于或略大于 s_b），然后从实测的传递函数（τ-s）曲线上，求得相应于 s'_n时的桩侧摩阻力 τ_n值。

（5）求第 n 单元桩顶面处轴向力 $P_{n-1}=P_b+\tau U\Delta L$。

（6）求第 n 单元桩中央截面处桩的位移 $s'_n=s_b+\Delta$，式中 Δ 为第 n 单元下半段桩的弹性压缩量，即 $\Delta=\frac{1}{4}\ (P_b+P'_n)\ \frac{\Delta L}{A_pE_p}$。其中 P'_n为第 n 个单元桩中央截面处桩的轴向力（见图 3.1-5），即 $P'_n=\frac{1}{2}\ (P_b+P_{n-1})$。

（7）校核求得的 s'_n值与假定值是否相符，若不符则重新假定 s'_n值，直到计算值与假定值一致为止。由此求得 P_b、P_{n-1}、s'_n和 τ_n值。

（8）再向上推移一个单元桩段，按上述步骤计算第 n-1 单元桩，求得 P_{n-2}、s'_{n-1}及 τ_{n-1}值。依此逐个向上推移，直到桩顶第一单元，即可求桩顶荷载 P_0及相应的桩顶沉降量 s_0值。

（9）重新假定不同的桩端位移，重复上述（4）至（8）步骤，求得一系列相应的 P（z）分布图，及相应的 τ（z）-z 分布图，最后还可得到桩的 P_0-s_0曲线。

传递函数法由于假定桩侧任何点的位移只与该点上的摩阻力有关，而与其他点的应力情况无关，亦即忽视了土的连续性，因此它在理论上受到一定局限。要使传递函数法在实际应用上取得比较满意的结果，其关键是如何取得符合实际情况的传递函数，即 τ-s 关系曲线。比较理想的方法是在桩的静荷载试验时，在桩身内埋设量测元件，实测桩身轴力分布及沉降，由此得到实测的传递函数 τ-s 关系。若工程中无条件做桩的静荷载试验，或要求在试桩前就取得传递函数资料，则可通过现场或室内试验模拟取代。如 Seed 和 Reese 在现场进行十字板剪力试验；Coyle 和 Reese 在三轴剪力仪中测定黏土与模型钢管桩间的传递函数关系；Kezdi用直剪仪测定砂土的传递函数关系。由于桩、土间的荷载传递关系是很复杂的，影响的因素很多，上述测定的方法也只是一些近似模拟方法，有待今后继续探讨。

3.1.3 弹性理论法

1. 概述

从20世纪60年代开始，许多学者对以弹性理论为根据的桩性状分析方法做了大量的研究。这些方法的共同特点都以弹性连续介质理论模拟桩周土体的响应，并都使用了在半无限体内施加荷载的Mindlin方程求解。弹性理论法通常把桩分成若干个均匀的受载单元，通过桩上各单元的桩位移与邻近土位移之间的协调条件从而获得各单元受载大小的解。这里借轴向荷载下桩的压缩求得桩的位移，使用荷载作用于土体内某一点所产生的Mindlin位移解求得土的位移。这些方法的主要区别在于对沿着桩的剪应力分布做了不同的假定，大致可分为下列三种：

(1) 作用在各单元中点处桩轴上的集中荷载（如D'Appolonia和Romualdi，Thurman和D'Appolonia等）；

(2) 作用在各单元中点处的圆形面积上的均布荷载（如Nair）；

(3) 作用在各单元四周侧面积上的均布荷载（如Poulos和Davis，Poulos和Mattes）。

第三种假定同桩的实际工作状况最符合，特别是在桩较短的情况。但对于较细长的桩，按照上述三种剪应力分布假定得到的解差别甚小。本文着重介绍Poulos等按第三种假定提出的分析方法及其计算结果。

弹性理论法把土体看作线弹性体，用弹性模量E_s和泊松比ν_s两个变形指标表示土的性能。ν_s的大小对分析结果影响不大，E_s则是关键的指标。但是E_s很难从室内土工试验取得精确的数值，在工程上大都需要从单桩试验结果反求其值，这使得弹性理论法的应用受到限制。尽管这样，近几年采用该法计算单桩沉降的可靠性已得到广大工程技术界的重视，有的国家已将该法分析单桩沉降列入桩基础规范中。同时，由于计算机技术和数值分析的进步，加上以Poulos为代表的学者们在这一领域的杰出工作，单桩和群桩的弹性分析在今天已发展成为一种得以实施的、较完整的理论体系，并已成为人们讨论单桩和桩基础性状的重要理论依据之一。大量的桩试验结果同弹性分析的对比表明，弹性理论分析在大多数方面能反映桩和桩基础在工作荷载下的性状。与常用的荷载传递法相比较，用弹性理论法得到的单桩沉降其离散性要小（Aschenbrener & Olson，1984）；如采用这两种方法分析土质条件相近地区的大量单桩荷载试验资料，这一点将得到证实。从分析问题设计的深度和广度而言，弹性理论法还具有如下的优点：

(1) 便于进行参数研究，能确定影响单桩沉降的重要因素；

(2) 单桩沉降分析很容易扩充到其他基本量的分析，如桩身压缩量，桩端沉降，桩身相对荷载，桩端相对荷载，瞬间沉降与最终沉降等，并可作相应的参数研究；

(3) 以弹性连续介质理论为依据的单桩分析，只要通过简单的扩充便可进行群桩分析，没有考虑土连续性的方法则不能分析群桩。

2. 单根摩擦桩的分析原理

这里以半无限均质弹性体中的单根摩擦桩的理想化模式为例说明Poulos弹性理论法的分析原理（Poulos & Davis，1980）（Desai & Christian，1977）。

1）基本假定与简化

（1）将土看作为均质的，各向同性的弹性半空间体，具有弹性模量 E_s 和泊松比 ν_s，他们都不因有桩的存在而发生变化。

（2）将桩看作为长度 L、直径 d、底端直径 d_b 的一根圆柱；桩顶与地表面齐平，并作用有轴向外荷载 P；沿桩身圆周作用有均匀分布的剪应力 τ；在桩端作用有均匀的竖向应力 σ_b（见图 3.1-6）。

（3）桩身侧面假定是完全粗糙的。

（4）只考虑桩与其邻近土之间的竖向位移协调，忽视他们之间的径向位移协调。

2）土的位移方程

在一般情况下，将桩划分成 n 个单元，例如取 $n=10$，其精确度可以满足计算要求。

考虑图 3.1-6 中的典型单元 i，单元 j 上的剪应力 τ_j 在 i 处产生的桩周土位移 s'_{ij} 可表示为：

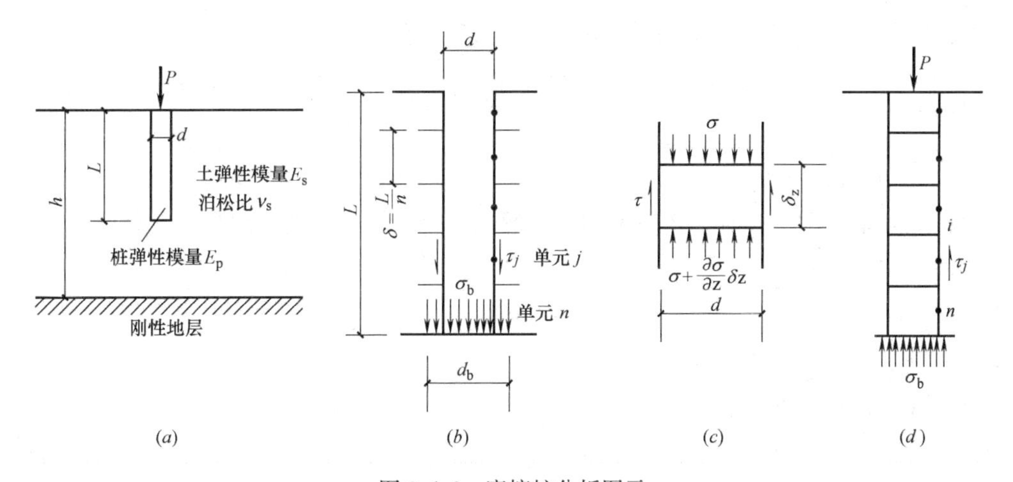

图 3.1-6 摩擦桩分析图示

（a）问题；（b）桩周土的应力；（c）桩单元；（d）桩中应力

$$s'_{ij}=\frac{d}{E_s}I_{ij}\tau_j \tag{3.1.10}$$

式中 I_{ij}——单元 j 上的剪应力 $\tau_j=1$ 时在 i 处产生的竖向位移系数。

全部 n 个单元上的剪应力和桩端上的竖向应力在 i 处产生的土位移 s'_i 为：

$$s'_i=\frac{d}{E_s}\sum_{j=1}^{n}I_{ij}\tau_j+\frac{d}{E_s}I_{ib}\sigma_b \tag{3.1.11}$$

式中 I_{ib}——桩端竖向应力 $\sigma_b=1$ 时在 i 处产生的竖向位移系数。

对于其他的单元和桩端可以写出类似的表达式，于是，桩所有单元的土体位移可用矩阵形式表示为：

$$\{s'\}=\frac{d}{E_s}[I_s]\{\tau\} \tag{3.1.12}$$

式中 $\{s'\}$——土位移矢量，$\{s'\}=\{s'_1 s'_2 \cdots\cdots s'_n s'_b\}^T$；

$\{\tau\}$——桩侧剪应力和桩端应力矢量，$\{\tau\}=\{\tau_1\tau_2\cdots\cdots\tau_n\tau_b\}^T$；

$[I_s]$——土位移系数的方阵，由下式给出

$$[I_s]=\begin{vmatrix} I_{11}\,I_{12}\cdots I_{1n}\,I_{1b} \\ I_{21}\,I_{22}\cdots I_{2n}\,I_{2b} \\ \cdots\cdots\cdots\cdots \\ I_{n1}\,I_{n2}\cdots I_{nn}\,I_{nb} \\ I_{b1}\,I_{b2}\cdots I_{bn}\,I_{bb} \end{vmatrix}$$

$[I_s]$中各元素的数值可以用表示半空间体内单位点荷载产生的位移的 Mindlin 方程进行积分而求得，详细见文献（Poulos & Davis，1980）。

3）桩的位移方程

假定桩材料的弹性模量 E_p和桩截面积 A_p均为常数。将面积比定义为桩截面积同桩外周边包围的面积之比值，即

$$R_A=\frac{A_p}{\pi d^2/4} \tag{3.1.13}$$

对实心桩，$R_A=1$。

参照图 3.1-6，考虑圆柱桩单元的竖向平衡条件可得

$$\frac{\partial\sigma}{\partial z}=\frac{-4\tau}{R_A d} \tag{3.1.14}$$

式中 σ——桩的轴向应力；

τ——桩侧面的剪应力。

分析桩各单元的位移时，忽略径向力的影响，只计轴向力的压缩作用。因此，这个单元的轴向应变可写为：

$$\frac{\partial s''}{\partial z}=\frac{-\sigma}{E_p} \tag{3.1.15}$$

这里 s''为桩的位移。

从式（3.1.14）和（3.1.15）可得

$$\frac{\partial^2 s''}{\partial z^2}=\frac{4\tau}{d}\frac{1}{E_p R_A} \tag{3.1.16}$$

这个方程可写成有限差分的形式，依次应用于计算点 $i=1\sim n$。式（3.1.14）可同样应用于桩顶，其 $\sigma=P/A_p$，式（3.1.15）用于桩端，其 $\sigma=\sigma_b$。由此可得到桩位移方程为：

$$\{\tau\}=\frac{d}{4\delta^2}E_p R_A[I_p]\{s''\}+[Y] \tag{3.1.17}$$

式中 $\{\tau\}$——$n+1$ 剪切-应力矢量；

$\{s''\}$——$n+1$ 桩位移矢量；

$[I_p]$——桩作用矩阵（$n+1$ 方阵），由下式给出

$$[I_p]=\begin{bmatrix} -1 & 1 & 0 & 0 & \cdots & 0 & 0 & 0 & 0 \\ 1 & -2 & 1 & 0 & \cdots & 0 & 0 & 0 & 0 \\ 0 & 1 & -2 & 1 & \cdots & 0 & 0 & 0 & 0 \\ & & & & \cdots & & & & \\ & & & & \cdots & & & & \\ 0 & 0 & 0 & 0 & \cdots & 1 & -2 & 1 & 0 \\ 0 & 0 & 0 & 0 & \cdots & 2 & 2 & -5 & 3.2 \\ 0 & 0 & 0 & 0 & \cdots & 0 & -\frac{4}{3}f & 12f & -\frac{32}{3}f \end{bmatrix}$$

$$f=\frac{L/d}{nR_{\mathrm{A}}}$$

$\{Y\}$——$\left[\frac{Pn}{\pi dL}00\cdots000\right]^{\mathrm{T}}$。

4）位移协调

根据桩土界面普遍满足弹性的条件，即界面不发生滑移，则沿界面诸相邻点的桩位移与土位移都相等，即

$$\{s'\}=\{s''\} \tag{3.1.18}$$

将式（3.1.12）和（3.1.18）代入式（3.1.17）可得

$$\{\tau\}=\left[[I]-\frac{n^2K}{4(L/d)^2}[I_{\mathrm{p}}][I_{\mathrm{s}}]\right]^{-1}\{Y\} \tag{3.1.19}$$

式中 $[I]$——$n+1$ 阶的单位矩阵；

K——桩的刚度系数，由下式给出

$$K=\frac{E_{\mathrm{p}}}{E_{\mathrm{S}}}R_{\mathrm{A}} \tag{3.1.20}$$

K 是桩与土之间相对压缩性的指标，K 值愈小，表明桩相对地愈易压缩。

从式（3.1.19）可求得桩身摩阻力和桩端阻力分布。然后由式（3.1.17）求算桩位移分布。

3. 单桩沉降计算

在上述最简单的摩擦单桩理想化模式分析的基础上，Poulos 考虑了有限厚度土层、桩端处为较坚硬的土层等情况对理想化模式进行了修正（Poulos & Davis，1980），使理论分析的条件更趋近于土层的实际分布。他将理想化模式的单桩分析连同修正后的单桩分析的典型数值结果一并以参数解形式来表示。这种参数解形式不仅便于在工程中用以估算单桩沉降，还能揭示影响单桩沉降的因素及其相互关系。下面介绍参数解。

1）均质土中的单桩

在均质土中的单桩桩顶沉降 s，可由式（3.1.21）和（3.1.22）确定：

$$s=\frac{P}{E_{\mathrm{s}}L}I_{\rho} \tag{3.1.21}$$

$$I_{\rho}=\begin{cases}I_0（半空间均质土）\\ I_0R_{\mathrm{h}}（有限厚度土层）\end{cases} \tag{3.1.22}$$

式中 P——作用于桩顶的荷载；

E_{s}——土的弹性模量；

L——桩的长度；

I_{ρ}——沉降影响系数；

I_0——在 $\nu_{\mathrm{s}}=0.5$ 的半空间均质土中单桩的沉降影响系数，I_0 取决于 L/d 和 K，由图 3.1-7 查取；

R_{h}——考虑均质土厚度的修正系数，R_{h} 取决于 L/d 和均质土厚度与桩长的比值 h/L，由图 3.1-8 查取。

土的泊松比 ν_{s} 对单桩沉降的影响较小，一般小于 15%，可忽略不计，故在单桩计算中通常取用 $\nu_{\mathrm{s}}=0.5$ 时的 I_0 值。如果需要考虑 ν_{s} 的影响，可用下式取代式（3.1.22）来计

算 ν_s 为其他值时的 I_ρ：

$$I_\rho=\begin{cases}I_0R_v(\text{半空间均质土})\\ I_0R_vR_h(\text{有限厚度土层})\end{cases} \tag{3.1.23}$$

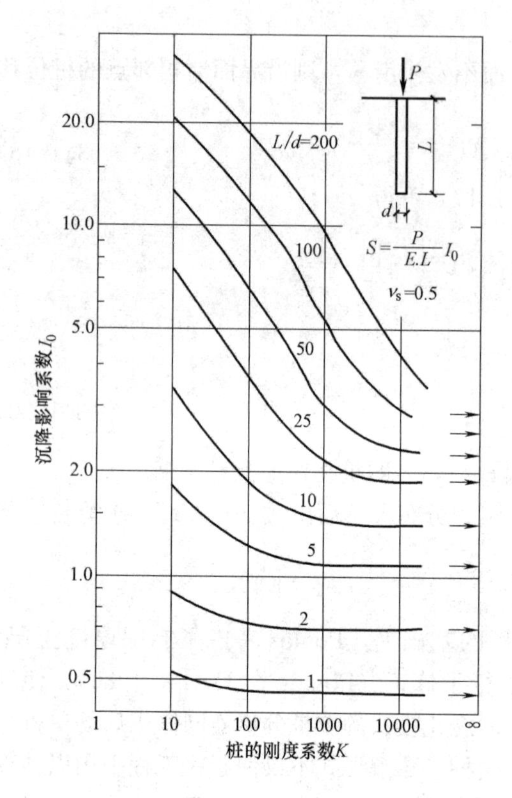

图 3.1-7 半空间均质土中单桩沉降影响系数 I_0

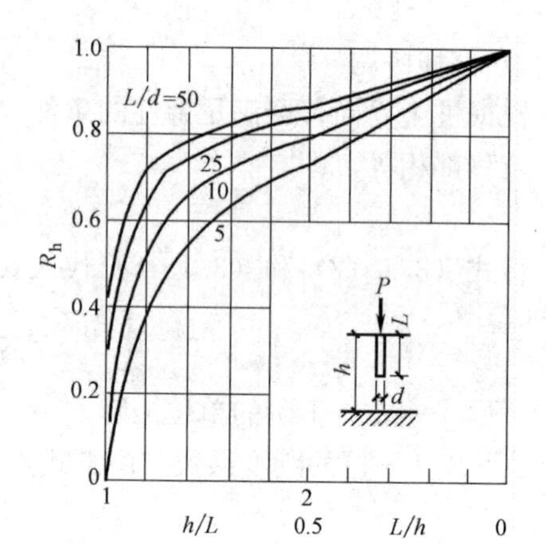

图 3.1-8 土层厚度修正系数 R_h

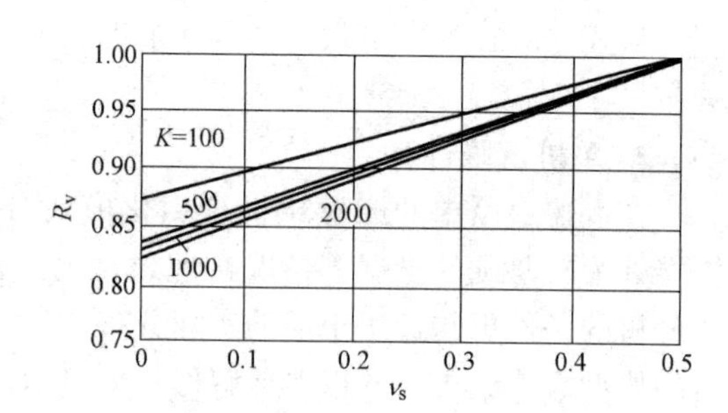

图 3.1-9 土泊松比修正系数 R_v

这里 R_v 为考虑土泊松比的修正系数，可由图 3.1-9 查得。

有时均质土中的单桩沉降 s 用下式表示：

$$s=\frac{P}{E_sd}\overline{I}_\rho \tag{3.1.24}$$

其中 $\overline{I}_\rho=\overline{I}_0R_kR_vR_h$

式中 $\overline{I}_\rho$——沉降影响系数；

$\overline{I}_0$——不可压缩单桩的沉降影响系数，由图 3.1-10 查取；

R_k——考虑桩压缩性的修正系数，由图 3.1-11 查取；

其余符号意义同前。

对于在半空间均质土中的不可压缩单桩，其沉降可表示为：

$$s=\frac{P}{E_sd}\overline{I}_0 \tag{3.1.25}$$

2）端部支承在低压缩性土层中的单桩

当桩端处持力层的弹性模量 E_b 比其上的桩间土弹性模量 E_s 要大时，仍然用式（3.1.21）计算单桩沉降，但需按下式确定 I_ρ：

$$I_{\rho}=I_0R_b \tag{3.1.26}$$

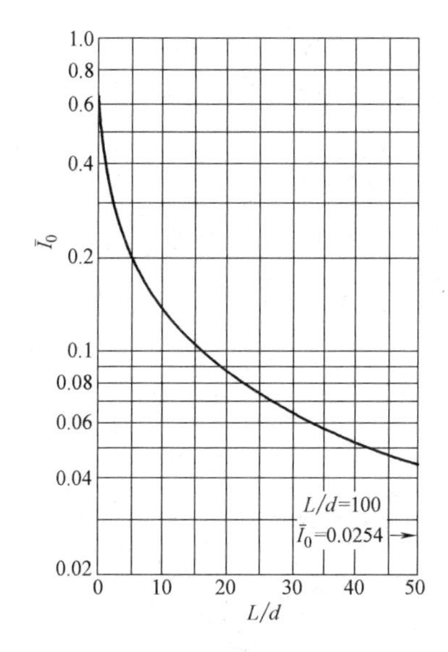

图 3.1-10 不可压缩单桩的沉降影响系数 $\bar{I}_0$

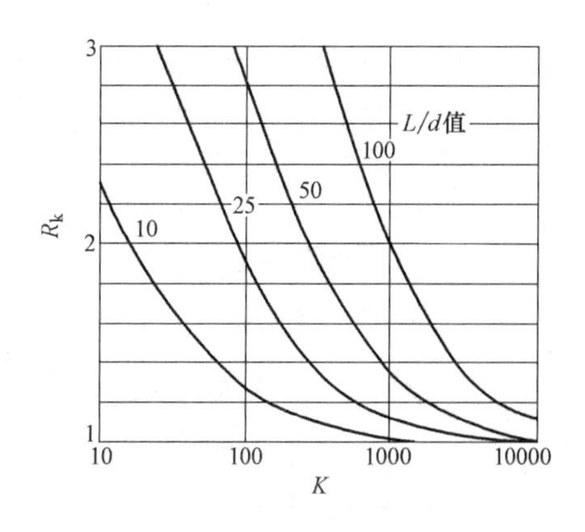

图 3.1-11 桩压缩性的修正系数 R_k

这里 R_b 为考虑持力层刚度影响的修正系数，R_b 随着 L/d、E_b/E_s 和 K 而变化，由图 3.1-12 查取。

有时将单桩沉降计算式（3.1.21）改写成另一表达式可能更方便些，即

$$\begin{aligned}s&=\frac{P}{E_sL}I_{\rho}=\frac{P}{E_sL}I_{\rho}\frac{L}{L}\frac{R_A\frac{\pi}{4}d^2}{A_P}\frac{E_P}{E_P}\\&=\frac{PL}{E_PA_P}I_{\rho}\frac{\pi}{4}\frac{R_AE_P}{E_s}\left(\frac{d}{L}\right)^2\\&=\frac{PL}{E_pA_p}\left[\frac{\pi}{4}K\left(\frac{d}{L}\right)^2I_{\rho}\right]=M_R\frac{PL}{E_PA_P}\end{aligned} \tag{3.1.27}$$

其中 $M_R=\frac{\pi}{4}K\left(\frac{d}{L}\right)^2I_{\rho}$

在这一表达式中，单桩沉降 s 同将单桩视作单柱受压状态时的弹性压缩量（即 PL/E_pA_p）联系起来。由于从单桩静荷载试验资料可直接得到 s 和 PL/E_PA_P，故很方便求出 M_R 的实测值，便于与理论值作比较。M_R 也称为（单桩）沉降影响系数，它同 L/d、K 和 E_b/E_s 的理论关系如图 3.1-13 所示。

3）端部支承在刚性层中的单桩

当桩端处为刚性层（如基岩），单桩可按 E_b/E_s 大于 1000 的柱桩（端承桩）处理，其沉降量按式（3.1.27）加以计算，M_R 值由图 3.1-14 查取。从图中可见，M_R 同 L/d 和 K 有关，它随着 L/d 的增大而减小，并随着 K 的减小而降低。

需要说明一下，首先，前述的计算单桩沉降所涉及的沉降影响系数（如 I_p、$\bar{I}$ 或 M_R），都是根据桩土界面不发生滑移的条件而得到的。其次，上列的单桩沉降系数解都基于土弹性模量沿桩身为均匀分布；Poulos 曾对比半空间均质土与 Gibson 土（即土模量在地表处为零并随深度线性增长）的分析结果指出，如果这两种情况下沿桩长的土模量平均

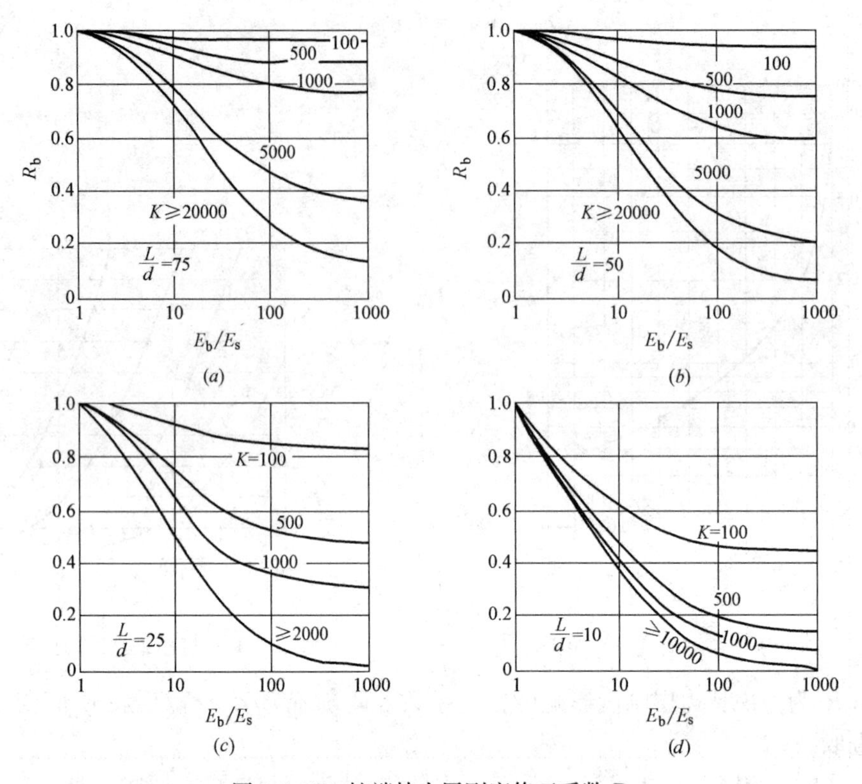

图 3.1-12 桩端持力层刚度修正系数 R_b

值相同，他们的桩顶沉降是相当接近的，差别只有 7%左右；因此，将桩身土模量看作为均匀分布对单桩沉降计算的影响不大。

4. 影响单桩沉降的因素

从上列弹性分析所得的沉降影响系数同有关参数质检的关系，并结合其他的分析，分别对影响单桩沉降、桩身压缩量和桩端沉降的因素讨论如下。

单桩沉降主要由下列三个无量纲参数所决定：

(1) 桩的长径比 L/d；

(2) 桩的刚度系数 K；

(3) 桩端处持力土层的弹性模量与桩周土弹性模量之比值 E_b/E_s。

对于在半空间均质土中的摩擦单桩，其沉降只同前二个参数有关，如用式（3.1.24）表示单桩沉降，沉降影响系数 $\bar{I}_p$ 如图 3.1-15 所示。从图中可见，当比值 $P/E_s d$ 不变时，单桩沉降随着 L/d 和 K 的增大而减小，亦即桩愈长和桩土相对愈难压缩，单桩沉降就愈小。

关于持力层性状（即 E_b/E_s 的大小）的影响。从图 3.1-12 中的 R_b 随 E_b/E_s 的增大而减小和图 3.1-13 中的 M_R 随 E_b/E_s 的增大而减小的变化规律可以看出，E_b/E_s 愈大，单桩沉降就愈小。

关于这些参数之间的关系对单桩沉降的影响。L/d 的大小将使得持力层的性状对桩沉降的影响发生明显的变化。对于细长桩（即 L/d 较大），桩端持力层性状对单桩沉降影响较小，反之，对于短桩，桩端持力层性状对单桩沉降却有显著的影响。这些规律可从图

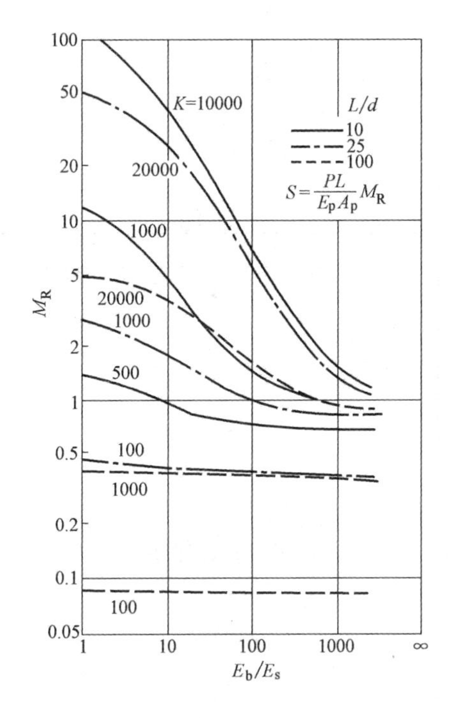

图 3.1-13 单桩沉降影响系数 M_R

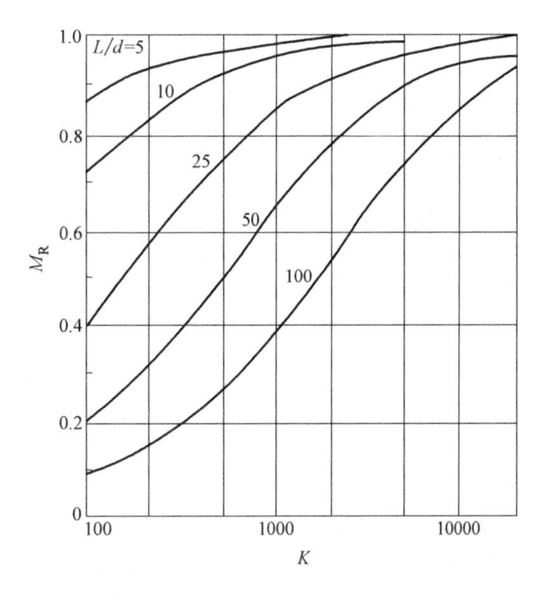

图 3.1-14 桩端处为刚性层的柱桩的沉降影响系数 M_R

3.1-13 或图 3.1-12 中当 K 值不变时 M_R-E_b/E_s关系或 R_b-E_b/E_s关系随着 L/d 的增减而产生的变化中得出。同 L/d 的作用相类似，桩相对压缩性的变化也会使得持力层性状对单桩沉降的影响产生同样的作用，也就是说，K 值的减小将使得持力层性状对单桩沉降的影响趋于降低，反之，K 值的增大则使得持力层性状对单桩沉降的影响趋于明显。这些规律也同样可从图 3.1-13 或图 3.1-12 中当 L/d 值不变时 M_R-E_b/E_s关系或 R_b-E_b/E_s关系随 K 的变化趋势中得到。

3.1.4 剪切变形传递法

Cooke（1974）提出了摩擦桩的荷载传递物理模型，如图 3.1-16 所示。假定当荷载水平 P/P_u较小时，桩在轴向荷载 P 作用下沉降较小，桩与土之间不产生相对位移。因此，桩沉降时周围土体也随之发生剪切变形，剪应力 τ 从桩侧表面沿径向向四周扩散到周围土体中。分析时假定桩侧上下土层之间没有相互作用。此外，认为摩擦桩一般在工作荷载作用时，桩端承担的荷载比例较小，计算中可略去不计，即假定桩的沉降主要是由桩侧荷载传递而引起的。

在图 3.1-16 中分析沿桩侧的环形土单元 $ABCD$，当桩发生沉降 s 后，单元也随之沉降，并发生剪切变形 $A'B'C'D'$，将剪应力传递给相邻单元 $BCEF$，这个传递过程连续地一直传递到很远处 X 点，距桩轴为 $r_m=nr_0$，在 X 点处由于剪应变已很小可忽略不计。

根据上述剪应力传递概念，可求得距桩轴 r 处土单元的剪应变为 $\gamma=\frac{ds}{dr}$，其剪应力 τ 为：

$$\tau=G_s\gamma=G_s\frac{ds}{dr} \tag{3.1.28}$$

式中 G_s——土的剪切模量。

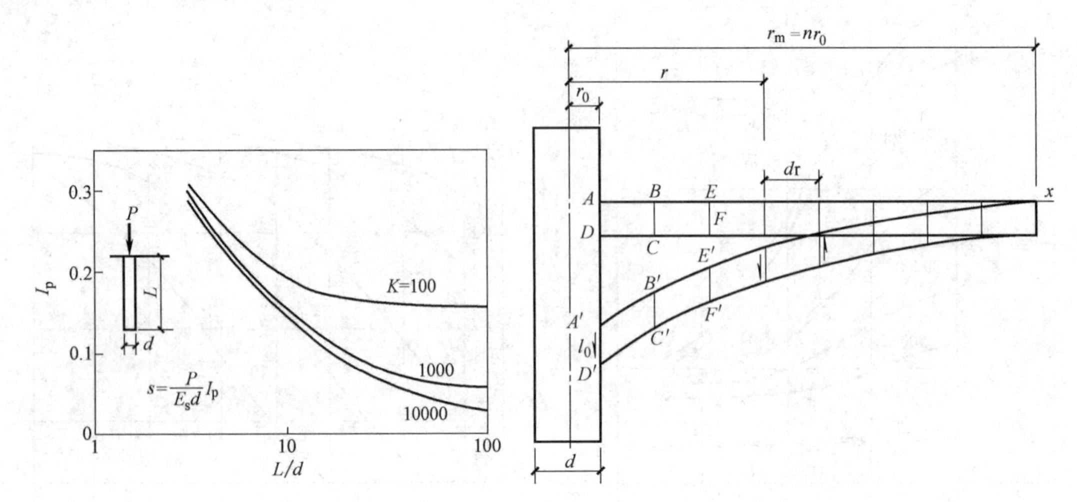

图 3.1-15 L/d 和 K 对匀质土中单桩沉降的影响　　图 3.1-16 剪切变形传递法的桩身荷载传递模型

根据平衡条件知

$$\tau=\tau_0\frac{r_0}{r} \tag{3.1.29}$$

由公式（3.1.28）得

$$\mathrm{d}s=\frac{\tau}{G_s}\mathrm{d}r=\frac{\tau_0 r_0}{G_s}\frac{\mathrm{d}r}{r} \tag{3.1.30}$$

若土的剪切模量 G_s 为常数，则由式（3.1.30）可得桩侧沉降 s_s 的计算公式为：

$$s_s=\frac{\tau_0 r_0}{G_s}\int_{r_0}^{r_m}\frac{\mathrm{d}r}{r}=\frac{\tau_0 r_0}{G_s}\ln\left(\frac{r_m}{r_0}\right) \tag{3.1.31}$$

若假定桩侧摩阻力为均匀分布，则桩顶荷载 $P_0=2\pi r_0 L\tau_0$，土的弹性模量 $E_s=2G_s(1+\nu_s)$。当取土的泊松比 $\nu_s=0.5$ 时，则 $E_s=3G_s$，代入式（3.1.34）得桩顶沉降量 s_0 的计算公式：

$$s_0=\frac{3}{2\pi}\frac{P_0}{LE_s}\ln\left(\frac{r_m}{r_0}\right)=\frac{P_0}{LE_s}I \tag{3.1.32}$$

其中

$$I=\frac{3}{2\pi}\ln\left(\frac{r_m}{r_0}\right) \tag{3.1.33}$$

Cooke 通过实验认为，一般当 $r_m=nr_0>20r_0$ 后，土的剪应变已很小可略去不计。因此，可将桩的影响半径 r_m 定为 $20r_0$。Randolph 和 Wroth（1978）提出桩的影响半径 $r_m=2.5L\rho\ (1-\nu_s)$，其中 ρ 为不均匀系数，表示桩入土深度 1/2 处和桩端处土的剪切模量的比值，即 $\rho=\frac{G_s(l/2)}{G_s(l)}$。因此，对均匀土 $\rho=1$，对 Gibson 土 $\rho=0.5$。在上述确定影响半径的两种经验方法中，Cooke 提出 r_m 只与桩径有关比较简单，而 Randolph 等提出 r_m 与桩长及土层性质有关，比较合理。

上述 Cooke 提出的单桩沉降计算公式（3.1.31）和（3.1.32），由于忽略了桩端处的荷载传递作用，因此对短桩误差较大。Randolph 等提出将桩端作为刚性墩，按弹性力学方法计算桩端沉降量 s_b，即

$$s_b=\frac{P_b(1-\nu_s)}{4r_0 G_s}\eta \tag{3.1.34}$$

式中 η——桩入土深度影响系数，一般 $\eta=0.85\sim1.0$。

对于刚性桩，则根据 $P_0=P_s+P_b$ 及 $s_0=s_s=s_b$ 的条件，由上式（3.1.31）及（3.1.34）可得

$$P_0=P_s+P_b=\frac{2\pi LG_s}{\ln\left(\frac{r_m}{r_0}\right)}s_s+\frac{4r_0G_s}{(1-\nu_s)\eta}s_b \tag{3.1.35}$$

$$s_0=s_s=s_b=\frac{P_o}{G_sr_0\left[\frac{2\pi L}{r_0\ln\left(\frac{r_m}{r_0}\right)}+\frac{4}{(1-\nu_s)\eta}\right]} \tag{3.1.36}$$

3.1.5 单桩沉降计算的其他方法

在竖向工作荷载作用下，单桩沉降 s 由桩身压缩量 s_s 和桩端沉降 s_b 组成，即

$$s_0=s_s+s_b \tag{3.1.37}$$

如分别考虑桩侧摩阻力和桩端阻力对 s_s、s_b 的作用，s_s 和 s_b 可表示为：

$$s_s=s_{ss}+s_{sb} \tag{3.1.38}$$

$$s_b=s_{bs}+s_{bb} \tag{3.1.39}$$

式中 s_{ss}——桩侧摩阻力引起的桩身压缩量；

s_{sb}——桩端阻力引起的桩身压缩量；

s_{bs}——由于桩侧荷载传布到桩端平面以下引起土体压缩所产生的桩端沉降；

s_{bb}——由于桩端荷载引起土体压缩所产生的桩端沉降。

如桩端荷载 P_b 与桩顶荷载 P 之比值为 α，那么，桩侧荷载 P_s 等于 $(1-\alpha)P$。在桩顶与地表面齐平的情况（下面讨论均以此情况为准）下，式（3.1.38）可写成为：

$$\begin{aligned}s_s&=\frac{\Delta(1-\alpha)PL}{E_PA_P}+\frac{\alpha PL}{E_PA_P}=[\Delta+\alpha(1-\Delta)]\frac{PL}{E_PA_P}\\&=\xi\frac{PL}{E_PA_P}\end{aligned} \tag{3.1.40}$$

其中

$$\xi=\Delta+\alpha(1-\Delta) \tag{3.1.41}$$

式中 L——桩长；

E_P、A_P——桩身的弹性模量和截面积；

Δ——桩侧摩阻力分布系数，Δ 的大小取决于工作荷载下的摩阻力沿桩身的分布，如摩阻力呈均匀分布，$\Delta=1/2$，如呈三角形分布，$\Delta=2/3$；

ξ——桩身压缩量的综合系数。

基于上列的公式，人们考虑单桩沉降的组成与方法的不同，从而给出了各种计算单桩沉降量的简化方法。

1. Das 介绍的方法

这里援引文献（Das，1984）中叙述的方法。

（1）s_s 的确定

$$s_s=s_{ss}+s_{sb}=\Delta\frac{P_sL}{E_PA_P}+\frac{P_bL}{E_PA_P}$$

（2）s_{bb} 的确定

使用类似于浅基础沉降的计算方法确定桩端荷载 P_b 引起的沉降 s_{bb}，即

$$s_{bb}=\frac{\sigma_b d}{E_s}(1-\nu_s^2)I_b \tag{3.1.42}$$

式中 d——桩的直径或宽度；

σ_b——在桩端处单位面积上的荷载，即 $\sigma_b=P_b/A_p$；

E_s、ν_s——分别为土的弹性模量和泊松比，如无经验值，可由表3.1-1查用；

I_b——影响系数，取用0.88。

各类土的弹性参数 **表3.1-1**

土类	弹性模量 E_s		泊松比 ν_s
	MN/m^2	lb/in^2	
松砂	10.35～24.15	1500～3500	0.20～0.40
中密砂	17.25～27.60	2500～4000	0.25～0.40
密砂	34.50～55.20	5000～8000	0.30～0.45
粉质砂土	10.35～17.25	1500～2500	0.20～0.40
砂和砾石	69.00～172.50	10000～25000	0.15～0.35
软黏土	2.07～5.18	300～750	
一般黏土	5.18～10.35	750～1500	0.15～0.35
硬黏土	10.35～24.15	1500～3500	

C_b的典型值 **表3.1-2**

土的类型	打入桩	钻孔桩
砂(密到松)	0.02～0.04	0.09～0.18
黏土(硬到软)	0.02～0.03	0.03～0.06
粉土(密到松)	0.03～0.05	0.09～0.12

Vesic（1977）还提出一种估计 s_{bb}值的半经验公式，即

$$s_{bb}=\frac{P_b C_b}{d\sigma_{bu}} \tag{3.1.43}$$

式中 σ_{bu}——桩端极限阻力；

C_b——经验系数，表3.1-2列出各类土 C_b的代表性数值。

（3）s_{bs}的确定

桩侧荷载 P_s引起的沉降 s_{bs}可按公式（3.1.41）相类似的表达式计算，即

$$s_{bs}=\left(\frac{P_s}{uL}\right)\frac{d}{E_s}(1-\nu_s^2)I_s \tag{3.1.44}$$

这里 u 和 L 分别为桩的周长和长度，I_s为影响系数。I_s可以下列经验关系求得

$$I_s=2+0.35\sqrt{\frac{L}{d}} \tag{3.1.45}$$

Vesic同样也提出一个与式（3.1.43）相类似的经验关系用以估计 s_{bs}，即

$$s_{bs}=\frac{P_s C_s}{L\sigma_{bu}} \tag{3.1.46}$$

其中 $C_s=\left(0.93+0.16\sqrt{\frac{L}{d}}\right)C_b$ (3.1.47)

这里C_b值可由表3.1-2查取。

2. 我国铁路（TBJ2-85）、公路（JTJ02A-85）两规范的方法

我国铁路桥涵设计规范和公路桥涵地基与基础设计规范都规定按下式计算单桩沉降：

$$s=\Delta\frac{PL}{E_P A_P}+\frac{P}{C_0 A_0} \tag{3.1.48}$$

式中 Δ——桩侧摩阻力分布系数，对于打入和震动下沉的摩擦桩，$\Delta=2/3$，对于钻（挖）孔灌注摩擦桩，$\Delta=1/2$；

C_0——桩端处土的竖向地基系数，当桩长$L\leqslant 10$m时，取用$C_0=10m_o$，当$L>10$m时，取用$C_0=Lm_0$；

m_0——地基系数随深度变化的比例系数，m_0值按桩端土的类型由表3.1-3查取；

A_0——自地面（或桩顶）以$\varphi/4$角扩散至桩端平面处的面积；

其余符号同上。

土的m和m_0值 **表3.1-3**

土的名称	m和m_0(kN/m^4)	
	当地面处水平位移大于0.6cm但小于及等于1cm时	当地表处水平位移等于及小于0.6cm时
流塑黏性土$I_L\geqslant 1$,淤泥	1000～2000 (100～200)	3000～5000 (300～500)
软塑黏性土$1>I_L\geqslant 0.5$	2000～4000 (200～400)	5000～10000 (500～1000)
硬塑黏性土$0.5>I_L\geqslant 0$,细砂,中砂	4000～6000 (400～600)	10000～20000 (1000～2000)
半干硬的黏性土,粗砂	6000～10000 (600～1000)	20000～30000 (2000～3000)
砾砂,角砾,圆砾,碎石,卵石	10000～20000 (1000～2000)	30000～80000 (3000～8000)
块石,漂石		80000～120000 (8000～12000)

式（3.1.48）的第一项表示桩身压缩量，第二项表示桩端沉降量。现对该式讨论如下：

（1）在计算桩身压缩量时，对于钻（挖）孔桩和打（振）入桩的情况，分别去用了不同的Δ值，这说明该式已考虑到成桩工艺对桩侧摩阻力分布的影响。

（2）忽略了桩端荷载（即取$\alpha=0$）对桩身压缩量的影响，只计桩侧摩阻力的影响。

3. Ting的方法（Randolph & Wroth，1978）（Ting，1985）

基于简化的分析，当土为均质体时，Randolph和Wroth（1978）给出了桩端沉降s_b（$=s_{bs}+s_{bb}$）与桩顶沉降s之比值s_b/s的关系式，即

$$\frac{s_b}{s}=\frac{1}{\cosh\mu L} \tag{3.1.49}$$

其中
$$\mu L=\sqrt{\frac{8}{\xi\lambda}}\frac{L}{d}$$

$$\xi=\ln\left[5.0(1-\nu_s)\frac{L}{d}\right]$$

$$\lambda=\frac{E_p}{G_s}$$

这里 G_s 为土的剪切模量，其余符号同前述。

考虑到 $s=s_s+s_b$，式（3.1.49）可写成为：

$$s=s_s\frac{1}{\left(1-\frac{s_b}{s}\right)}=s_s\frac{\cosh\mu L}{\cosh\mu L-1} \tag{3.1.50}$$

如果忽略桩端阻力引起的桩身压缩量 s_{sb}，则上式可表示为：

$$s_s=s_{ss}\cdot\beta \tag{3.1.51}$$

其中
$$\beta=\frac{\cosh\mu L}{\cosh\mu L-1} \tag{3.1.52}$$

Ting 建议按式（3.1.51）估计单桩沉降，其中 s_{ss} 取用：

$$s_{ss}=\Delta\frac{PL}{E_PA_P}=\left(\frac{1}{3}\sim\frac{1}{2}\right)\frac{PL}{E_PA_P} \tag{3.1.53}$$

必须说明一下，首先，式（3.1.53）取用的 Δ 值比式（3.1.48）要小些，因为国外在桩基设计时使用的安全系数（通常约等于 3 左右）比国内要大些，而 Δ 值则随着荷载水平的减小而降低。其次，采用式（3.1.50）预估单桩沉降比采用式（3.1.51）要合理些，但需要解决桩端荷载大小的问题。

4. 以 Geddes 应力公式为依据的简化计算方法（黄绍铭，2005）

Geddes 根据 Mindlin 提出的作用于半无限弹性体内任一点的集中力产生的应力解析解进行积分，导得了单桩荷载作用下土体中所产生的应用公式。黄绍铭等依据上述 Geddes 导得的单桩荷载作用下土体中竖向应力公式，采用我国工程广泛采用的地基沉降分层总和法以及对桩身压缩量的计算，提出了单桩沉降简化计算方法，单桩沉降量 s 可表示为

$$s=\Delta\frac{PL}{E_PA_P}+\frac{P}{E_sL} \tag{3.1.54}$$

式中 Δ——与桩侧摩阻力分布形式有关的系数，一般情况下 $\Delta=1/2$；

E_s——桩端下地基土的压缩模量；

其余符号同上。

以工程实用角度出发，考虑到实际工程中影响单桩荷载传递规律因素的多样性和复杂性，也考虑到软土地基桩基工程中许多预先埋设桩身应力测试元件的单桩静载荷试验所得到的桩端阻力和桩侧阻力实测值的结果，同时考虑到近似估计单桩桩端阻力和桩侧均匀分布阻力的分配参数（α 和 β）的分析结果以及 Poulos 和 Davis 按 Mindlin 位移解得到的分析结果，这些实例与分析的结果总体上较接近（即绝大部分桩顶荷载由接近均匀分布的桩侧阻力所承担，而桩端阻力分担的荷载很小）的事实，对软土中单桩荷载分配可提出以下简化但在实用上基本合理的假定：在工作荷载水平的桩顶荷载作用下，可忽略单桩桩端阻力分担作用（即取 $\alpha=0$），桩顶荷载主要由近似按均匀分布的桩侧阻力所承担（即取 $\beta=1$）。

将上述单桩荷载分配假定（即取 $\alpha=0$，$\beta=1$）直接代入式（3.1.54），可得：$s_s=\Delta\dfrac{PL}{E_P A_P}$，$\Delta=1/2$。该式为式（3.1.54）中第一项桩身压缩量 s_s 的表达式。

将上述单桩荷载分配假定（即取 $\alpha=0$，$\beta=1$）求出单桩桩端下土层中的竖向应力 σ_δ，然后再按单向分层总和法求得桩端沉降量 s_b，并用积分形式表示为：

$$s_b=\int_L^H\frac{\sigma_\delta}{E_s}dz=\int_L^H\frac{\sigma_{zb}+\sigma_{zu}+\sigma_{zv}}{E_s}dz$$

$$=\frac{P}{E_sL}\int_1^{H/L}[\alpha(I_b-I_v)+\beta(I_u-I_v)+I_v]dm=\frac{P}{E_sL}\int_1^{H/L}I_u dm \quad (3.1.55)$$

式中 I_b、I_u 和 I_v 分别为桩端阻力、桩侧均匀分布阻力和桩侧线性增长分布阻力的荷载作用下在土体中任一点的竖向应力系数。

经过数值计算并与部分工程实例资料比较分析表明，在工作荷载水平的桩顶荷载作用下，单桩桩端下压缩层层底深度一般可近似假定在（1.1～1.2）倍桩长范围（即 $H/L=1.1\sim1.2$），同时假定软土泊松比 $\mu=0.4$，则按数值分析方法求出式（3.1.55）中的积分值后，即可得：$s_b=(0.909\sim1.053)\dfrac{P}{E_sL}\approx\dfrac{P}{E_sL}$，该式即为（3.1.54）中第二项桩端沉降量的表达式。

5. 桩身压缩量的分析（Chen & Song，1991）

同济大学曾分析了 84 根埋设有量测元件的竖向静荷载试桩资料，其中包括打入式钢筋混凝土预制桩 25 根，钢管桩 25 根，以及钻孔灌注桩 34 根。利用这些资料探讨桩侧摩阻力分布系数 Δ 及桩端荷载分担比 α 的变化规律。

对于每一根试桩，相应于桩顶荷载 P 与桩极限荷载 P_u 的某一比值 P/P_u，从量测的轴向力变化绘制桩侧摩阻力的分布图，由此确定分布图的形心，该形心与地表面的距离同桩长之比值即为 Δ。相类似地，对于不同的 P/P_u 值，求得相应的 Δ 值。

图 3.1-17～3.1-19 和图 3.1-20～图 3.1-22 分别给出 $P=0.5P_u$ 和 $P=P_u$ 时预制桩、钢管桩、钻孔灌注桩的 Δ 与 L/d 的实测散点图，以及由此勾绘出的 Δ-L/d 平均曲线。从图中可作如下的分析：

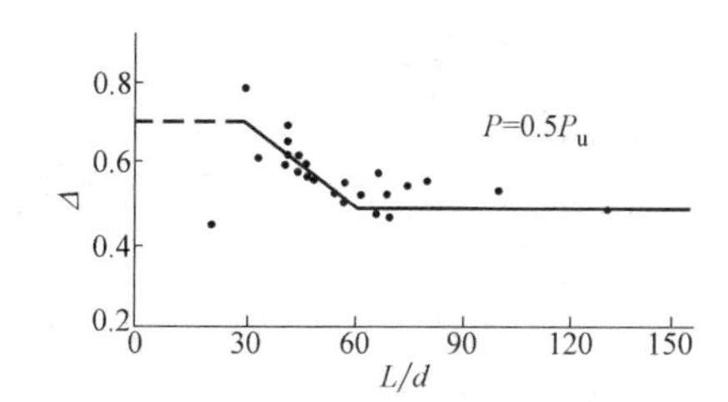

图 3.1-17 Δ-L/d 关系（混凝土预制桩），$P=0.5P_u$

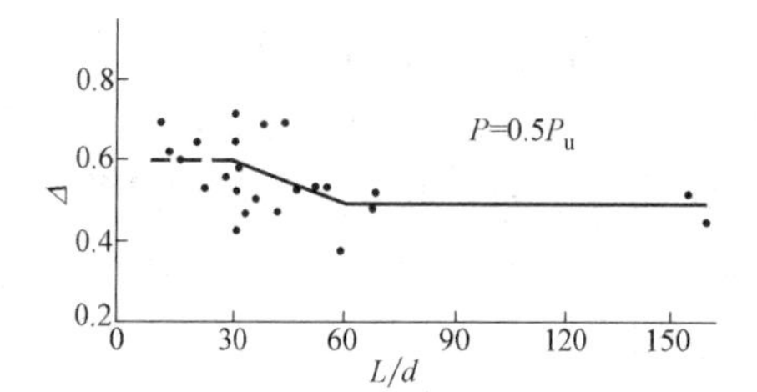

图 3.1-18 Δ-L/d 关系（混凝土预制桩），$P=0.5P_u$

（1）$P=0.5P_u$ 时的 Δ-L/d 的平均曲线。对于各类桩，总的趋势都遵循 Δ 随着 L/d 的增大而减小的变化规律。当 L/d 在 30～60 之间，Δ 随着 L/d 的增大而减小的规律最明显；当 L/d 大于 60 时，Δ 不再减小，趋于常数值，此时预制桩和钢管桩的 Δ 值为 0.50，钻孔灌注桩为 0.42；当 L/d 小于 30 时，Δ 与 L/d 的关系不明显，可认为是水平线。

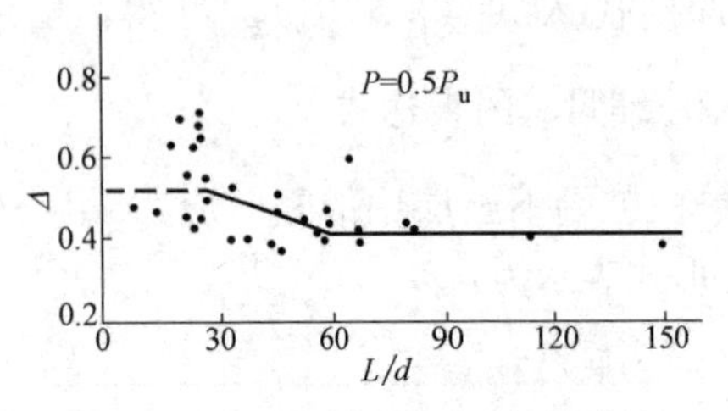

图 3.1-19 Δ-L/d 关系（钻孔灌注桩），$P=0.5P_u$

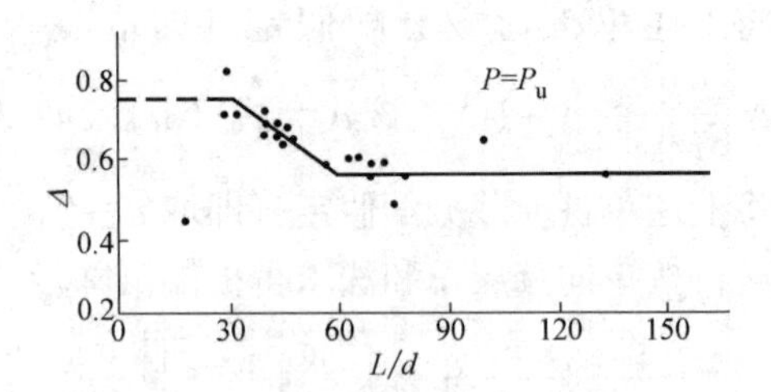

图 3.1-20 Δ-L/d 关系（混凝土预制桩），$P=P_u$

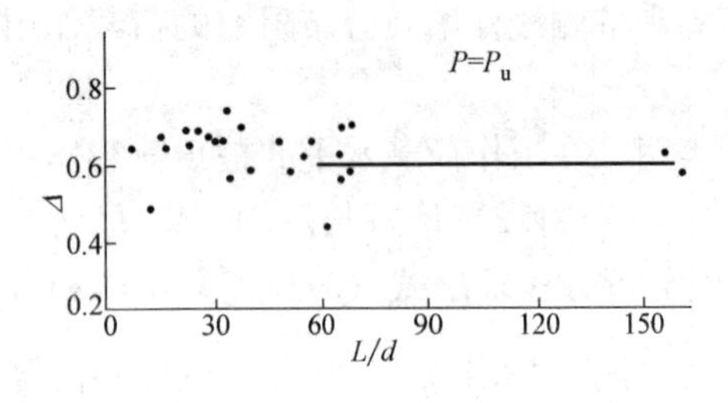

图 3.1-21 Δ-L/d 关系（钢管桩），$P=P_u$

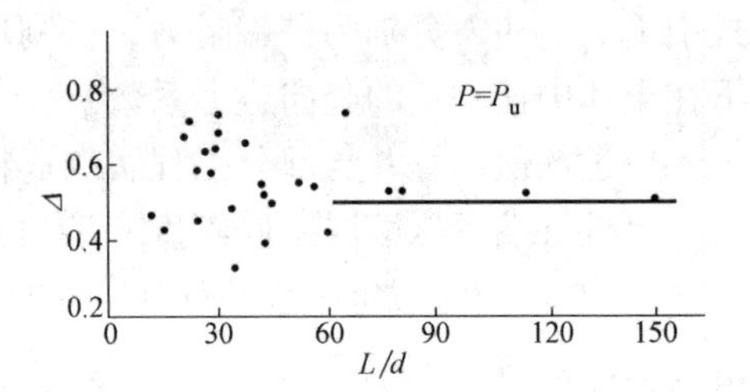

图 3.1-22 Δ-L/d 关系（钻孔灌注桩），$P=P_u$

（2）$P=0.5P_u$时的Δ-L/d的平均曲线与实测点之间的离散性。总的说来，L/d较小时，离散型较大，随着L/d的增大，离散性趋于减小。这表明，短桩的Δ值受土层剖面变化的影响较大，呈现较大的离散型；长桩的Δ值，由于桩顶和桩端位移增大以及桩上段桩-土抗力衰减所产生的调节作用，受土层剖面变化的影响减小，呈现较小的离散性。

（3）$P=0.5P_u$和$P=P_u$的Δ-L/d平均曲线的对比表明，Δ随着荷载水平（P/P_u）的增大而增大，并且L/d愈大，其递增率就愈大。

（4）在同样的荷载水平和桩长径比的条件下，挤土桩的Δ值一般要比非挤土桩大些。

图 3.1-23 给出了$P=0.5P_u$时的桩端荷载分担比α与L/d的实测散点图，图中还标出Lee等人用边界元法得到的在E_b/E_s(即持力层土与桩间土的弹性模量之比值)=1、5和10时的理论解。从图中可见，工作荷载下的绝大部分实测点落在$E_b/E_s=1$和10的两条理论曲线之间，并且工作荷载下的α与L/d实测平均曲线同$E_b/E_s=5$的理论曲线较吻合。

根据上述各类型桩在工作荷载下的Δ-L/d的关系及工作荷载下α-L/d关系，通过式

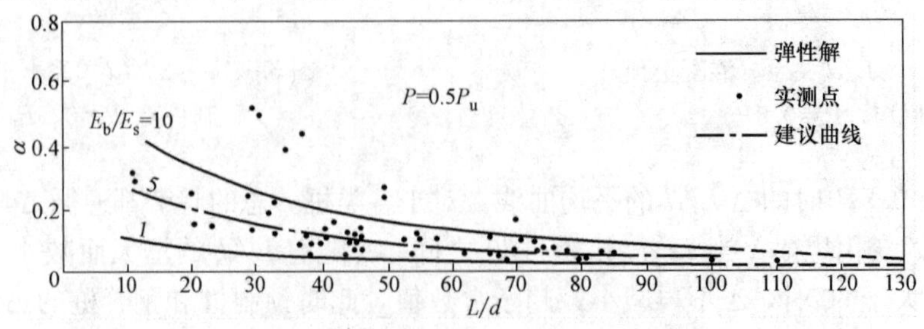

图 3.1-23 工作荷载下的α与L/d的关系

(3.1.41) 的 ξ 与 Δ、α 关系，可计算各类型桩在工作荷载下的 ξ 与 L/d 关系，如表 3.1-4 所列。从表中可见，对于各类型桩，计及桩侧和桩端荷载的 ξ 值都遵循随 L/d 的增加而减小的规律；当 L/d 从 10 增大到 100，预制桩的 ξ 从 0.80 降低到 0.51，钢管桩从 0.71 降低到 0.51，钻孔灌注桩从 0.65 降低到 0.43。

ξ 与 L/d 的关系 **表 3.1-4**

L/d		10	20	30	40	50	60	70	80	100
Δ	钢筋混凝土预制桩	0.72	0.72	0.72	0.647	0.573	0.50	0.50	0.50	0.50
	钢管桩	0.60	0.60	0.60	0.567	0.533	0.50	0.50	0.50	0.50
	钻孔灌注桩	0.52	0.52	0.52	0.487	0.453	0.42	0.42	0.42	0.42
α		0.27	0.18	0.13	0.10	0.07	0.06	0.045	0.04	0.025
$\xi=\Delta+\alpha(1-\Delta)$	钢筋混凝土预制桩	0.80	0.77	0.76	0.68	0.60	0.53	0.53	0.52	0.51
	钢管桩	0.71	0.67	0.65	0.61	0.57	0.53	0.53	0.52	0.51
	钻孔灌注桩	0.65	0.61	0.58	0.54	0.49	0.46	0.45	0.44	0.43

3.2 群桩沉降的试验和现场观测

3.2.1 打入群桩沉降的试验研究

1. O'Neill 等的试验研究

在超固结硬黏土中，O'Neill 等（1982）进行了一组桩距 $S_a=3d$，桩数 $n=3\times3$ 的高承台群桩试验，并与单桩试验作比较。试验采用直径 $d=27.3$cm，长度 $L=13$m、$L/d=47.6$ 的打入钢管桩。

图 3.2-1 给出在群桩竖直平面内不同深度（地表处和桩端处）的桩、土位移实测结果。从图中可见，当荷载水平 P/P_u（P 为群桩上的外荷载，P_u 为群桩极限荷载）$=14\%$时，地表处和桩端处的桩间土位移与桩位移之比值都接近于 1，当 $P/P_u=56\%$ 时，地表处的位移比约 40%，桩端处的位移比约 80%，当 $P=P_u$时，地表和桩端位移比都降低到 20%左右。这些结果表明：(1) 高承台群桩的位移比在不同荷载水平下沿深度都趋于增大，即其侧摩阻力从桩顶开始逐步向下发挥，与单桩相似；(2) 桩端处位移比随荷载水平增大而降低。当 $P=P_u$时群桩沉降已转变为以桩间土压缩变形为主（80%左右）；(3) 外荷载远小于工作荷载（即 $P/P_u\leqslant50\%$）时，群桩沉降几乎全部由桩端以下地基整体压缩变形引起，

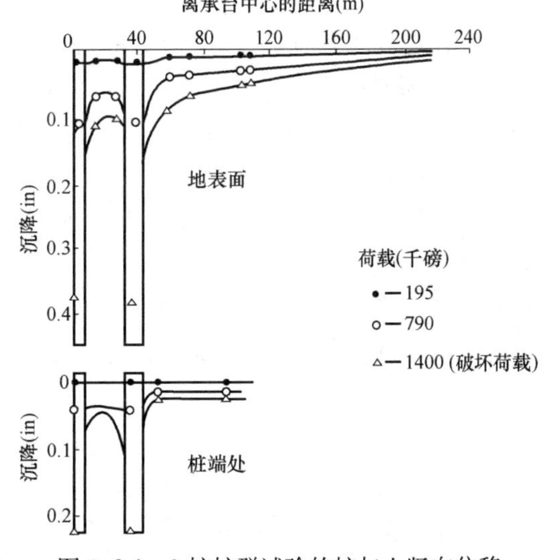

图 3.2-1 9 桩桩群试验的桩与土竖向位移
(引自 O'Neill 等，1982)

外荷载接近于工作荷载时，群桩沉降仍以地基整体压缩变形为主，约占80%。

2. Koizumi 等的试验研究

在含水量 $w=80\%\sim130\%$，孔隙比 $e=2.0\sim3.0$ 的深厚软黏土中，Koizumi 等（1967）进行了一组 $S_a=3d$、$n=3\times3$ 的低承台群桩试验。试验采用 $d=30$cm、$L=5.55$m、$L/d=18.5$ 的打入钢管桩。在图 3.2-2 中给出群桩荷载-沉降曲线，在图 3.2-3 中给出相应荷载下竖向压缩量和侧向位移的分布。从图中可看出软黏土中纯摩擦群桩沉降变形有如下特点：

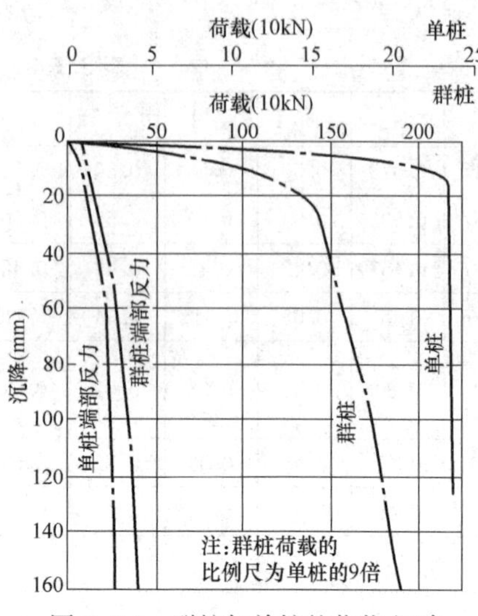

图 3.2-2 群桩与单桩的荷载-沉降曲线（引自 Koizumi 等，1967）

（1）在软黏土中的群桩沉降，其桩端以下地基整体压缩变形所占的比例随荷载水平的增加而降低。这趋势与在硬黏土中的群桩是一致的。例如，荷载水平 $P/P_u=42\%$时，地基整体压缩变形占群桩沉降的60%不到，$P/P_u=84\%$时，约占群桩沉降的40%不到，$P/P_u=100\%$时，只占15%。

（2）在工作荷载（$P/P_u=50\%$）条件下，尽管群桩沉降仍以地基整体压缩变形为主，但是桩间土在压缩变形已占相当的份额（>40%）。

（3）在竖向荷载作用下，纯摩擦群桩的桩间土和桩端以下土都会产生侧向位移（从图 3.2-3 估计，当 P/P_u小于42%时侧向位移不大），并且土侧向位移随桩间土和桩端以下土的竖向压缩变形的增加而增大。因此，群桩沉降的相当部分是由于桩承台下的土侧向挤出的结果。

（4）在竖向工作荷载下，纯摩擦群桩的土侧向位移主要在桩端以下土层和桩身下部土层中发生；随着荷载水平的增大，土侧向位移逐渐从以桩端以下土的侧向位移为主转变为以桩间土的侧向位移为主；并且荷载愈大，桩上部桩间土的侧向位移也愈大。

3.2.2 钻孔群桩沉降的试验研究

刘金砺等（1985，1990）在粉土中进行了7组 $n=3\times3$ 的不同桩距的高、低承台群桩试验，试验采用 $d=25$cm、$L=4.5$m、$L/d=18$ 的钻孔灌注桩。根据土中埋设竖向沉降标的实测结果，图 3.2-4 给出桩间土压缩变形与群桩沉降之比和桩端以下地基整体压缩变形与群桩沉降之比同桩距径比（S_a/d）、荷载水平（P/P_u）、承台设置方式（高、低承台）的关系。从这些结果可以看出，钻孔群桩的沉降变形性状与打入群桩大不相同，其主要特点如下：

（1）桩间土压缩变形比随桩距增大而增大，地基土整体压缩变形比则随桩距增大而减小。当桩距增大到 $6d$ 时，群桩沉降主要桩间土压缩变形（>80%）引起，即主要由桩端贯入变形（忽略桩身弹性压缩）引起。在荷载 $P/P_u\geqslant50\%$的条件下，桩距 $S_a/d=2$ 时，群桩沉降主要由桩端以下地基整体压缩变形（>75%）引起；桩距 $S_a/d=3$ 时，桩间土压缩变形和地基整体压缩变形约各占群桩沉降的50%左右。

（2）两种变形比随荷载变化的总趋势是：地基土整体压缩变形比随荷载增加而增大，

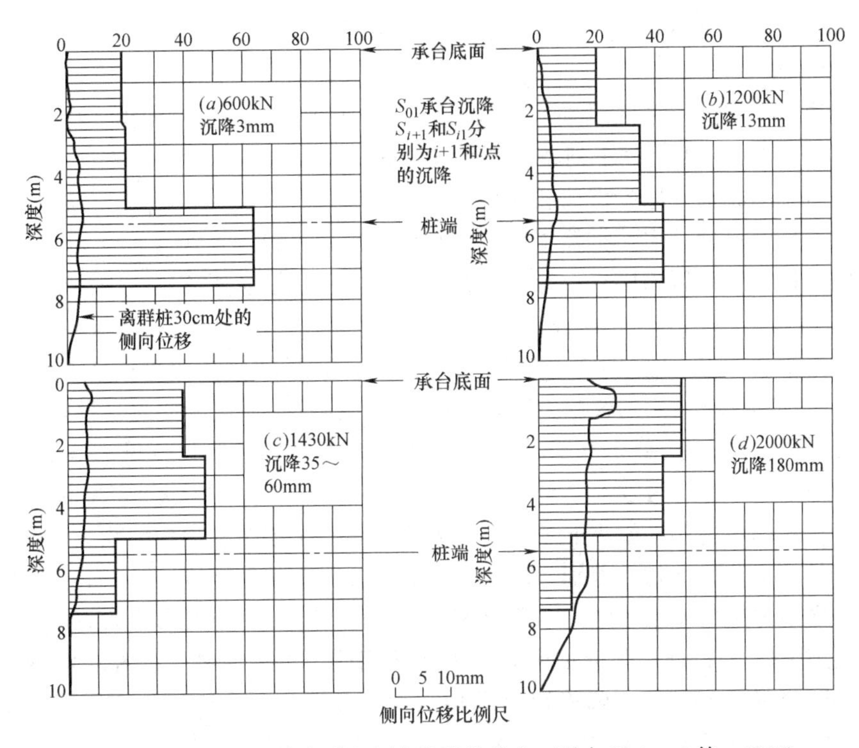

图 3.2-3 群桩的压缩变形和侧向位移的分布（引自 Koizumi 等，1967）

桩间土压缩变形比则随荷载增加而减小，在荷载很小的情况下，群桩沉降主要由桩间土压缩变形引起。由此刘金砺认为，这反映了群桩荷载传递特性，即小荷载下由桩身下部桩侧摩阻力分担荷载出现贯入变形，与单桩荷载传递性状相反。

（3）承台设置方式不同，群桩变形性状有所不同。对于高承台，桩间土压缩变形比随荷载循由大到小，又由小到大的规律变化；而低承台，则随荷载增加而变小并在约 $P_u/2$ 荷载后趋于稳定。高、低承台中，小桩距群桩（$S_a/d=2\sim3$），当荷载近于工作荷载 $P_u/2$ 时，两者的两种变形比彼此相近。刘金砺认为，这说明在 $P_u/2$ 荷载下桩与桩侧土之间相对位移尚未发展到桩身顶部。但对于不受承台约束的高承台群桩，其贯入变形势必随荷载增加而增大。此时的高承台桩间土竖向变形并非全部为压缩变形而包含一部分桩顶处的相对位移。低承台群桩由于桩顶处桩土相对位移受承台约束，并在桩的侧限条件下受承台底土反力作用发生压缩。

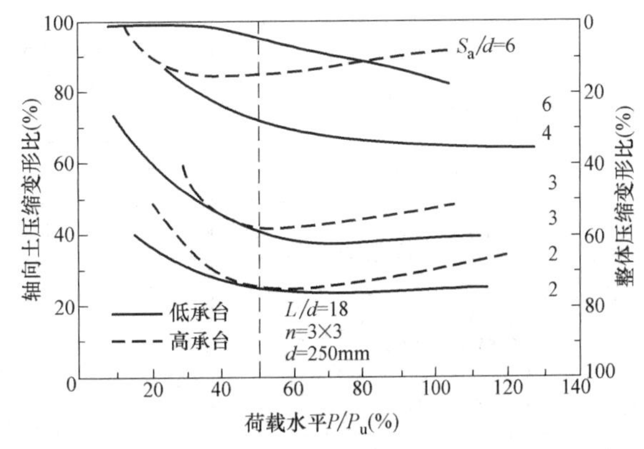

图 3.2-4 钻孔群桩的桩间土压缩变形比、地基整体压缩变形比随承台设置方式、桩距、荷载的变化（引自刘金砺，1990）

3.2.3 打入桩基沉降的现场观测

这里结合上海软土地区的工程经验

1. 桩周浅部砂土层存在对打入桩基础沉降的影响

1）高架道路

在高架道路中选择三个区段共24座，（4＋11＋9）打入桩基的沉降观测结果进行比较，如表3.2-1所示，他们在下列条件都几乎相同：

（1）桩基础的总荷载和各桩荷载水平；

（2）桩基几何尺寸（包括桩长、桩间距和桩数）；

（3）桩端持力层和压缩层（都是⑦层粉细砂层）和在桩基压缩层范围内静力触探比贯入阻力P_s值。

这三个区段桩基主要差别在于桩周土类不同。C区段存在浅部砂土层，其厚度为12.6m，A和B区段桩周均匀软黏土和黏土。这三个区段桩基的共同点是桩端持力层和压缩层均匀为⑦砂土层（包括$⑦_1$和$⑦_2$层），其P_s值较高且相互接近（见表3.2-1）。因此，C区段桩基是桩端压缩层为砂土且桩周存在厚砂土层的典型，C区段同A和B区段对比反映了在桩端压缩层为相同砂土的条件下桩周存在厚砂土层与桩周均为软黏土和黏土这两种情况的桩基沉降及其性状的差别。从表3.2-1列出在通车2年和3年3个月期的实例沉降来看，A区段分别为C区段的3.22倍和4.59倍，B区段分别为C区段的1.87倍和2.10倍。这说明，与桩周均为软黏土和黏土情况相比，桩周厚砂土的存在将使得打入桩基工后沉降明显降低与桩基沉降稳定时间相当大幅度缩短。由于这三个区段桩基在总荷载、桩基几何尺寸（桩长、桩间距、桩数）以及桩基平面尺寸等方面几乎都非常接近，其相对误差都在0%～8%范围内，因此上述对比分析是可靠的。

三个区段桩周土类不同的比 **表3.2-1**

区　段		A	B	C
桩基墩号		4	11	9
桩型		450×450方桩	450×450方桩	450×450方桩
桩长(m)		31	31	32
桩数(根)		30	28	28
承台平面尺寸(m)		8.5×7.0	10.0×5.5	10.0×5.5
桩间距		3.5d	3.5d	3.5d
承台底荷载(kN)		15850	16336	15294
桩端持力层		⑦	⑦	⑦
压缩层的静探比贯入阻力P_s(MPa)	平均值	12.96	14.4	14.8
	平均范围	12.89～13.00	13.7～14.6	12.8～16.0
浅部砂土层厚度(m)	平均值	0	0	12.6
	平均范围			10.6～13.5
砂层厚度与桩埋入土中长度之比	平均值	0	0	0.43
	平均范围			0.36～0.46

续表

区段			A	B	C
实测沉降（mm）	通车2年	平均值	7.4	4.3	2.3
		平均范围	6.3～8.4	2.7～7.2	1.7～3.0
	通车3年3月	平均值	13.3	6.1	2.9
		平均范围	10.2～16.1	4.1～9.8	2.5～3.9
实测沉降比（以C区段为准）		通车2年	3.22	1.87	1.00
		通车3年3月	4.59	2.10	1.00

注：1. C区段的浅部砂性土为粉细砂③3层和砂质粉土③2层，③3层P_s值为6.0～7.8MPa，③2层P_s值为1.6～2.4MPa。
2. A和B区段桩周土为饱和软黏土和黏土，但是B区段的浅部土层的砂性略重于A区段。B区段浅部为黏质粉土、砂质粉土③2层和黏质粉土夹粉砂③层，③2层P_s值为1.02 MPa，③层P_s值为0.7 MPa。A区段浅部为黏质粉土夹粉砂③层，其P_s值为0.5MPa。
3. 实测沉降的起始时间为1995.11，不包括施工期的沉降及通车开始4个月的沉降。

2）高层住宅

上海某工程的B22和B23两栋高层住宅，其上部结构为34层框支剪力墙，采用450×450mm的预制方桩，桩尖进入持力层（⑦$_1$）不小于2m。由于本场地受古河道切割，B23正好位于古河道切割区，古河道区域分布着灰色⑤$_2$砂质粉土层，中密，系中压缩性土，层面标高−13.06～−17.70m，厚度约9～15m，P_s平均值为4.7MPa。而正常地层区域分布着⑤$_{1\text{-}2}$层灰色粉质黏土，该层土的P_s值仅为0.90MPa左右．图3.2-5是该工程竣工前的沉降观测曲线。从图中可以看出，桩周存在厚⑤$_2$砂土层的B23住宅，其竣工沉降平均值为40mm，并且沉降趋势已经快趋于稳定，桩周均为饱和软黏土和黏土的B22住宅，其竣工沉降平均值为93.4mm，并且沉降发展呈明显的增大趋势。由于这两栋住宅的上部结构与荷载、桩基几何尺寸、桩端持力层与压缩层完全相同，只有桩周土是否存在砂性土的差别，从两栋住宅竣工前的沉降观测曲线来看，与桩周均为软黏土和黏土的情况相比，桩周砂土层的存在使得打入桩基住宅的竣工期沉降明显降低。

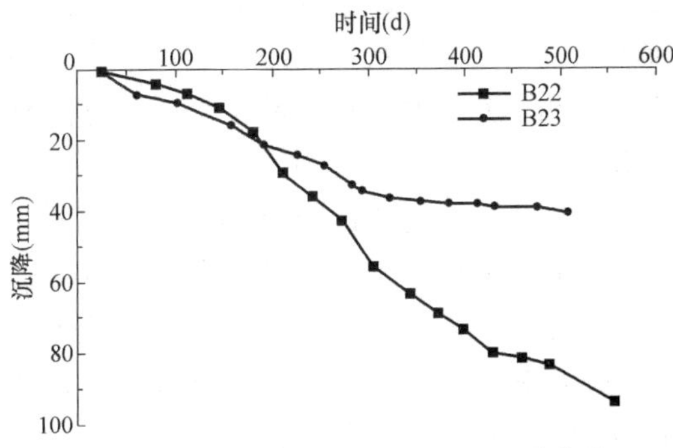

图3.2-5 某工程B22和B23的沉降曲线

综合上述高架道路和高层住宅的实测沉降结果可以认为，除了桩周存在浅部砂土层与桩周均为软黏土和黏土有差别外，在其他条件都相同的情况下，桩周浅部砂土层的存在，既可以明显降低打入桩基建筑物竣工期的沉降，又可明显降低其工后沉降，并可缩短其沉降稳定时间。进而可以推断，桩周浅部砂土层存在，可明显降低桩基总沉降。

值得注意的是，桩端压缩层为砂土地层是桩周围浅部砂土层存在能够明显降低打入桩基建筑物竣工期沉降，工后沉降和缩短桩基沉降稳定时间的重要前提条件。

对于打入桩基，当桩周均为饱和软黏土和黏土时，沉桩施工挤土作用将引起桩周土的扰动与结构破坏，导致桩周土的隆起，侧向位移和孔隙水压力上升；在打桩结束后，桩基施工场地的地表面都出现较明显的隆起现象，这时桩周土的强度与静力触探阻力都比沉桩之前要小，这已为一些现场观测资料所证明。由于上海地区天然结构软黏土通常都夹有薄层粉砂且其水平向渗透系数比竖向渗透系数要大得多，原状软黏土的固结系数和渗透系数比扰动后软黏土的固结系数和渗透系数要大得多（两者可相差1～2个数量级），在这种情况下土的再固结沉降所需的持续时间实际上比原状土的固结沉降所需的持续时间还要长；其间土体的沉降大于桩的沉降，在桩-土界面上对桩产生向下的负摩阻力，从而加大了桩基础的沉降量。

当桩周存在浅部砂土层时，在沉桩挤压和振动作用下，也会出现孔压在增长、振动液化以及随后孔压消散和再固结沉降的过程，但由于砂土渗透性高以及桩沉入砂土所需要锤击能量远远大于沉入饱和软黏土时的锤击能量，浅部砂土层存在使得沉桩时和随后的孔压消散速度与土再固结沉降进程都要快得多。浅部砂土层的存在对桩周其余饱和软黏土和黏土在动力固结和再固结沉降中可以产生如下有利效应：

（1）减小桩周其余饱和软黏土和黏土固结的最大渗径；

（2）对于砂土层以上和以下的黏性土来说，它在沉桩过程中始终是良好的连续排水通道；

（3）与桩周均为饱和软黏土和黏土的情况相比，它使得场地桩基沉桩的总锤击能量大幅度增加，一方面，为桩周其余黏性土在沉桩过程中产生动力固结提供动力来源，加快在砂土层以下黏性土的动力固结效应，另一方面，在一定程度上也降低了沉桩施工速率，从而减缓沉桩施工挤压对桩周黏性土扰动与结构破坏的效用；

（4）在桩基沉桩阶段产生的动力固结，在沉桩结束后将会减少软黏土渗透性的降低，从而缩短土再固结沉降的持续时间。

这反映浅部砂土层存在在一定程度上改变了桩周为软黏土和黏土场地的沉桩施工完全以土的扰动、破坏和隆起为主的局面。浅部砂土层存在可能引起上述作用，可从桩周存在浅部砂土层场地在群桩沉桩结束后观察到的一些现象来推断，例如在场地先沉桩的部位会出现地表面下陷以及沉桩后砂土土层的静力触探阻力与标贯击数都比沉桩前有明显提高。

2. 桩周土特性和压缩层组成对打入桩基沉降性状的影响

前面讨论了在桩基压缩层都是相同的砂土层条件下桩周土特性不同（存在砂土层的地层情况及软黏土和黏土的地层情况）对打入桩基沉降性状的影响，这里探讨桩周砂土层存在对打入桩基沉降性状的影响同压缩层的组成之间的依赖关系。

将上海地区压缩层常见土层分成三类，即砂性土、硬塑黏土和可塑黏性土。砂性土包括粉细砂，砂质黏土，黏质粉土，黏性土与粉砂互层或与砂质粉土互层以及黏性土夹粉砂或夹砂质粉土。硬塑黏性土包括⑥层黏性土和⑨层黏性土（当⑨层定名为黏性土时）。

采用上述划分压缩层土类方法，主要考虑各土类在上部结构静荷载作用下或沉桩振动荷载作用下其渗透固结存在差异，以使能从压缩层的组成和桩周土特性两个方面来反映打入桩基沉降性状。将黏性土夹粉砂或夹砂质粉土（有时属于⑧层）归入砂性土，主要从总体渗透性与排水条件判断，而未归入可塑黏性上；此外，将黏性土中硬塑状态与可塑状态分开，前者的变形速率比后者要快。必须说明的是，以下分析对比均局限于建筑物层数不超过18层以及桩长的20～35m的打入桩基。

为了表示压缩层的组成，这里采用下列指标：

压缩层的砂土比β_1（%）

$$\beta_1=\text{压缩层内砂性土厚度}/\text{压缩层厚度}$$

压缩层的硬塑黏性土比 β_2（%）

$$\beta_2=\text{压缩层内硬塑黏性土厚度}/\text{压缩层厚度}$$

压缩层的可塑黏性土比 β_3（%）

$$\beta_3=\text{压缩层内可塑黏性土厚度}/\text{压缩层厚度}$$

压缩层的准砂土比 β（%）

$$\beta=\beta_1+\beta_2$$

准砂土比 β 与可塑黏性土比 β_3 之间关系

$$\beta+\beta_3=100\%$$

根据调研的打入桩基沉降实测结果和地质资料的现有状况，将桩周分为存在厚层砂土的地层情况及软黏土和黏土的地层情况，将桩端压缩组成按 β 的大小分为压缩层以准砂土为主（$\beta>75\%$）和压缩层以可塑性黏性土为主（$\beta_3>50\%$或 $\beta<50\%$）两种情况。由此可归纳为桩周土特性和压缩层组成的 4 种组合，其中组合 1 为桩周存在厚砂土和 $\beta>75\%$ 的组合，组合 2 为桩周均为软黏土与黏土和 $\beta>75\%$的组合，组合 3 为桩周存在厚砂土和 $\beta_3>50\%$的组合，组合 4 的桩周均为软黏土与黏土和 $\beta_3>50\%$的组合。

（1）压缩层以准砂土为主时桩周土特性对打入桩基沉降性状的影响

表 3.2-2 列出组合 1 与组合 2 的桩基沉降性状（指标）对比．这代表在压缩层均以准砂土为主（$\beta>75\%$或者说 $\beta_3<25\%$）的条件下，桩周存在厚砂土层与桩周的软黏土和黏土两种桩周情况对桩基性状的影响。从表中可见，与桩周的软黏土和黏土相比，桩周厚砂土层存在使得桩基沉量降低 30.9%，竣工沉降比提高 18.4%，沉降稳定时间缩短 16.7%，以及工后沉降降低 68.3%；这表明在这种压缩层组成的条件下桩周厚砂土层存在不仅能提高竣工沉降比和缩短沉降稳定时间，还能较大幅度降低桩基沉降量和工后沉降。但是，在压缩层以准砂土为主的条件下，不管是桩周存在厚砂土层还是桩周为软黏土和黏土的地层情况，桩基沉降性状仍然表现大体相近的特征，即总体上都具有竣工沉降高(88.3%和 74.6%，前者为组合 1 后者为组合 2，下同)，沉降稳定时间短（3.5 年和 4.2 年)，观测稳定沉降值小（50.2mm 和 12.6mm）及工后沉降小（5.9mm 和 18.6mm）的特征．这两种桩周围地层情况下桩基沉降性状所显示的上述相近特征揭示，桩端压缩层组成在桩基沉降性状中起主导作用；上述桩基沉降性状的相似特征是高准砂土比压缩层固有变形性能的反映，也就是说高准砂土比压缩层的存在是桩基的竣工沉降比高、沉降稳定时间短、观测稳定沉降值小及工后沉降小等相近特征能够存在的基本条件。从另一层次上讲，桩周厚砂土层存在能够较大幅度降低桩基沉降量（30.9%）和工后沉降（68.3%）是离不开高准砂土压缩层这一基本条件的。

组合 1 和组合 2 下的打入桩基沉降性状对比　　表 3.2-2

对比类型		竣工期沉降平均值(mm)	竣工期平均值(天)	竣工沉降比平均值(%)	沉降稳定时间平均值(年)	平均观测稳定沉降值(mm)
组合 1	桩周存在厚砂土层和 $\beta>75\%$	44.3	582	88.3	3.5	50.2
组合 2	桩周为软黏土、黏土和 $\beta>75\%$	54.0	636	74.6	4.2	72.6
组合 1/组合 2		82.0	91.5	118.4	83.3	69.1

（2）以压缩层β_3＞50％时桩周土特性对打入桩基沉降性状的影响

表3.2-3列出组合3与组合4的桩基沉降性状的对比。这代表压缩层可塑黏性土比β_3均大于50％（或β_3＞β）的条件下，桩周存在厚砂土层与桩周为软黏土和黏土两种地层情况对桩基沉降性状的影响。从表中可见，当压缩层β_3＞50％时，尽管这两种桩周地层情况下桩基沉降性状总体上还很接近，但是与压缩层β＞75％时两种桩周地层情况下桩基沉降性状相比都有很大的差别，即桩基沉降性状都具有竣工沉降比低（＜34.7％和＜42.9％，前者为组合3和后者为组合4，下同）、沉降稳定时间长（＞8.3年和＞7.4年），观测稳定沉降值大（＞105mm和＞117.5mm）及土后沉降大（＞69.2mm和＞66.2mm）的相近特征。

这表明在两种桩周地层情况都相同的条件下压缩层的组成从β＞75％（或β_3＜25％）变成β_3＞50％（或β_3＞β），可引起桩基沉降性状显著差异，即竣工沉降比从高变低（从88.3％和74.6％变成＜34.7％和＜42.9％），沉降稳定时间从短变长（从3.5年和4.2年变成＞8.3年和＞7.4年），观测稳定沉降值从小变大（从50.2mm和72.6mm变成＞105.9mm和＞117.5mm）。上述的分析与数据进一步证明压缩层组成在桩基沉降性状中起主导作用，较高可塑黏性土比的压缩层则同桩基沉降性状具有竣工沉降比低、沉降稳定时间长、观测稳定沉降值大及工后沉降大等特征有密切关系。

组合3和组合4下的打入桩基沉降性状对比　　表3.2-3

对比类型		竣工期沉降平均值(mm)	竣工期平均值(天)	竣工沉降比平均值(％)	沉降稳定时间平均值(年)	平均观测稳定沉降值(mm)
组合3	桩周存在厚砂土层和β_3＞50％	36.7	443	＜34.7	＞8.3	＞105.9
组合4	桩周为软黏土、黏土和β_3＞50％	51.3	384	＜42.9	＞7.4	＞117.5
	组合3/组合4	71.5	115.4	80.9	112.2	90.1

从表3.2-3中还可以看出，在压缩层β_3都大于50％的条件下，与桩周为软黏土和黏土相比，桩周厚砂土层存在使得打入桩基沉降量降低9.9％，竣工沉降比降低19.1％，沉降稳定时间增大12.2％以及工后沉降增大4.5％。从这些数据可见，当压缩层β_3＞50％时，桩周厚砂土层存在却导致大多数打入桩基沉降性状的特征（指标）朝不利方向发展，说明在这种情况下浅部砂土层存在对桩基沉降性状已没有什么有利的影响了。值得注意的是，在压缩层β都大于75％的条件下，与桩周为软黏土和黏土相比，桩周厚砂土层存在引起全部桩基沉降性状特征（指标）朝有利方向发展，而且变动幅度较大。这两种压缩层组成的条件下，桩周厚砂土层对打入桩基沉降性状所产生的实际效用有较大的差别。

3.2.4 打入桩基与钻孔桩基沉降的现场观测

1. 高架道路两类桩基沉降的现场观测

在高架道路两类桩基沉降观测资料中发现，当桩周均为饱和软黏土和黏土时，打入（PHC）桩基沉降比钻孔桩基沉降要大约40％（37％～42％），如表3.2-4所示。两类桩基沉降对比的地层剖面见表3.2-5。桩端持力层均为⑦$_2$层粉细砂土，静力触探比贯入阻力p_s为14～14.5MPa。桩基几何尺寸见表3.2-4，桩荷载水平约0.45。从表3.2-4和表3.2-5

中可见，两类桩基沉降对比在下列条件是很接近的：

（1）桩基础的总荷载和各桩荷载水平；

（2）桩基几何尺寸（包括桩长、桩间距和桩数）；

（3）桩端持力层和压缩层（都是⑦$_2$层粉细砂土）以及桩周土（都是饱和软黏土和黏土）。

应该指出的是，表3.2-4给出的实测沉降不包括施工期的沉降及通车开始4个月的沉降。尽管如此，从该表得到的关于打入桩基沉降大于钻孔桩基沉降的结论在定性规律方面仍然是可靠的，这同桩端持力层和压缩层以及桩周土的地层条件有密切关系。

桩基几何尺寸及实测沉降值 **表3.2-4**

墩号(pm)	11	12	13	14	15	16	17	18	19	20	21	22	23	26	27	28	29	30
桩型及桩径	ϕ800钻孔桩								ϕ550PHC桩									
桩长(m)	52	52	52	52	52	52	52	52	54	52	50	50	51	53	53	52	52	54
桩数(根)	12	12	12	12	13	13	13	13	13	13	13	13	13	13	15	16	16	16
桩间距	2.5d(2.0m)								3.5d(1.94m)									
实测沉降mm	4.5	5.0	5.0	5.1	4.5	5.2	5.7	4.2	6.1	6.1	6.3	6.4	7.2	6.6	6.6	6.9	7.7	6.7
平均沉降mm	4.9								6.7									
沉降比(打/钻)	1.37																	
墩号(pm)	31	32	33	34	35	36	37	38	39	40	41	42	43	44	45	46	47	
桩型及桩径	ϕ800钻孔桩								ϕ550PHC桩									
桩长(m)	53	54	54	54	54	54	54	54	54	54	54	54	54	54	54	53	53	
桩数(根)	13	15	15	15	15	15	13	13	13	13	13	13	13	13	13	15	15	
桩间距	2.5d(2.0m)									3.5d(1.94m)								
实测沉降mm	6.4	6.0	6.5	5.5	5.0	6.7	6.6	6.6	6.9	7.4	8.2	7.3	8.1	9.0	10.3	10.1	9.7	
平均沉降mm	6.2									8.8								
沉降比(打/钻)	1.42																	

土层剖面 **表3.2-5**

地层编号	土的名称	厚度(m)
1+2	砂黏土	2～3
3	淤泥质粉质黏土夹粉砂	3～4
4	淤泥质黏土	10～12
5-1	粉质黏土、黏土	7～9
5-2	粉质黏土	10～12
5-3-1	粉质黏土夹粉砂	12～14
5-3-2	粉质黏土	2
7-2	粉细砂	>10

2.《建筑桩基技术规范》JGJ 94—2008有关两类桩基沉降的现场观测资料

在该规范修编时，收集到上海、天津、温州地区预制桩和钻孔灌注桩基础沉降观测资料共110份，将实测最终沉降量与桩长关系散点图分别表示于图3.2-6（a）、（b）、（c）。该规范认为，图3.2-6反映出一个共同规律：预制桩基础的最终沉降量显著大于钻孔灌注桩基础的最终沉降量，桩长愈小，其差异愈大。这一规律反映出预制桩因挤土沉桩产生桩土上涌导致沉降增大的负面效应。由于三个地区地层条件存在差异，桩端持力层、桩长、桩距、沉桩工艺流程等因素变化，使得预制挤土效应不同。为使计算沉降更符合实际，建立以灌注桩基础实测沉降与计算沉降之比随桩端压缩层范围内模量当量值$\overline{E_s}$而变的经验值（参见后面表3.3-4）。对于饱和土中未经复打、复压、引孔沉桩的预制桩基础按表3.3-4所列Ψ值再乘以挤土效应系数1.3～1.8，对于桩数多、桩距小、沉桩速率快、土体渗透性低的情况，挤土效应系数取大值；对于后注浆灌注桩则乘以0.7～0.8折减系数。

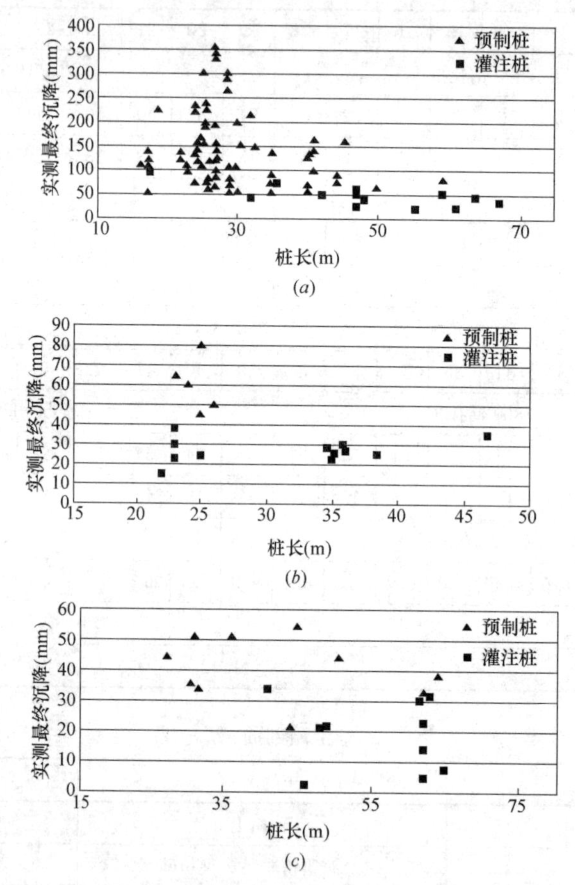

图3.2-6 预制桩基础与灌注桩基础实测沉降量与桩长关系
（a）上海地区；（b）天津地区；（c）温州地区

应该说明，该规范修编时还收集了软土地区的上海、天津，一般第四纪土地区的北京、沈阳，黄土地区的西安等共计150份已建桩基工程的沉降观测资料，得出实测沉降与计算沉降之比Ψ与沉降计算深度范围内压缩模量当量值$\overline{E_s}$的关系如图3.2-7所示，在此基础上该规范给出了列于表3.3-4的Ψ-$\overline{E_s}$经验关系。

建立以灌注桩基础的桩基沉降计算经验系数Ψ与当量值$\overline{E_s}$的经验关系，对于饱和土中预制桩基础，其Ψ值等于灌注桩基础的对应值Ψ乘以挤土效应系数。上述理念有其合

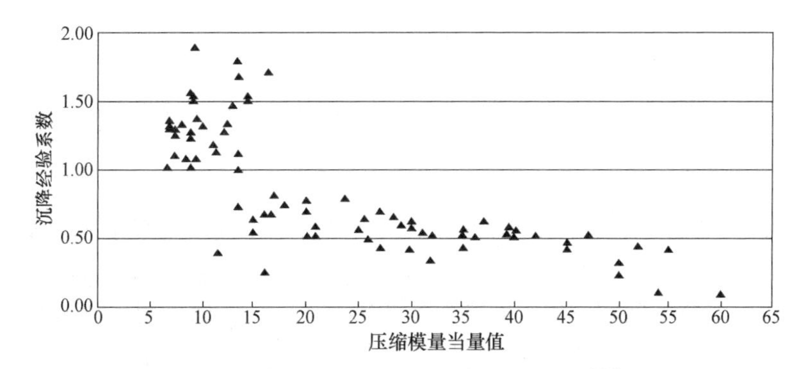

图 3.2-7 沉降经验系数 Ψ 与压缩模量当量值$\overline{E_s}$的关系

理性和先进性，能考虑桩的类型和施工对桩基沉降的影响，能在一定程度上反映预制因挤土沉桩产生桩土上涌导致沉降增大的负面效应。但是，仍存在下列问题：

（1）在上海地区地表面附近有 20m 左右饱和软黏土的地层条件下，桩长约为 30m 左右的挤土桩与非挤土桩施工对桩基性状有较大的影响，但是从图 3.2-6（a）可见，符合这种桩长条件的钻孔灌注桩基础沉降观测资料很少，与预制桩基础不匹配；

（2）将不同地质条件（软土地区、一般第四纪、黄土地区）的桩基工程沉降观测资料一起汇总为桩基沉降计算经验系数 Ψ 与当量值$\overline{E_s}$的关系，似不见得有利。因为计算桩基沉降所用的 E_s一般采用室内土工压缩试验的结果，都存在土样扰动的影响，尤其是砂性土，其根本原因是原状土样取土困难，有时会出现在同一场地加固后的 E_s值反而比加固前低的怪现象；

（3）既要注意到桩的类型对桩基沉降影响在工程中的意义，又要注意到该课题研究的复杂性；

（4）从地区性研究入手，结合地区特定工程地质条件进行探索似更有利。

3.3 群桩的沉降计算

3.3.1 等代墩基法计算群桩的沉降

等代墩基（实体深基础）模式计算桩基础沉降是在工程实践中最广泛应用的近似方法。该模式假定桩基础如同天然地基上的实体深基础一样工作，按浅基础沉降计算方法进行估计。图 3.3-1 和图 3.3-2 示出在我国工程中常用两种等代墩基法的计算图式。这两种图式的假想实体基础底面都与桩端齐平，其差别在于不考虑或考虑群桩外围侧面剪应力的扩散作用，但两者的共同特点是都不考虑桩间土压缩变形对沉降的影响。

在我国通常采用群桩桩顶外围按 $\varphi/4$ 向下扩散与假想实体基础底平面相交的面积作为实体基础的底面积 F，以考虑群桩外围侧面剪应力的扩散作用。对于矩形桩基础，这时 F 可表示为：

$$F=A\times B=\left(a+2L\tan\frac{\varphi}{4}\right)\left(b+2L\tan\frac{\varphi}{4}\right) \tag{3.3.1}$$

式中 a、b——分别为群桩桩顶外围矩形面积的长度和宽度；

A、B——分别为假想实体基础底面的长度和宽度；

L——桩长；

φ——群桩侧面土层内摩擦角的加权平均值。

对于图 3.3-1 和图 3.3-2 所示的两种图式，可用下列公式计算桩基沉降量 s_G：

$$s_G=\psi B p_0 \sum_{i=1}^{n} \frac{\delta_i-\delta_{i-1}}{E_{si}} \tag{3.3.2}$$

式中 ψ——经验系数，应根据各地区的经验选择表 3.3-1 列出上海市《地基基础设计规范》DGJ 08—11—2010 采用的不计侧面剪应力扩散作用时的经验系数；

B——假想实体基础底面的宽度，如不计侧面剪应力扩散作用，取 $B=b$；

n——基底以下压缩层范围内的分层总数目，按地质剖面图将每一种土层分成若干分层，每一分层厚度不大于 0.4B，压缩层的厚度计算到附加应力等于自重应力的 20%处，附加应力应考虑相邻基础的影响；

δ_i——按 Boussinesq 课题计算地基土附加应力时的沉降系数，计算矩形基础中心沉降可由表 3.3-2 取用；

E_{si}——各分层土的压缩模量，应取用自重应力至自重应力加附加应力时的模量值；

p_0——对应于荷载效应准永久组合时的基础底面处的附加应力。

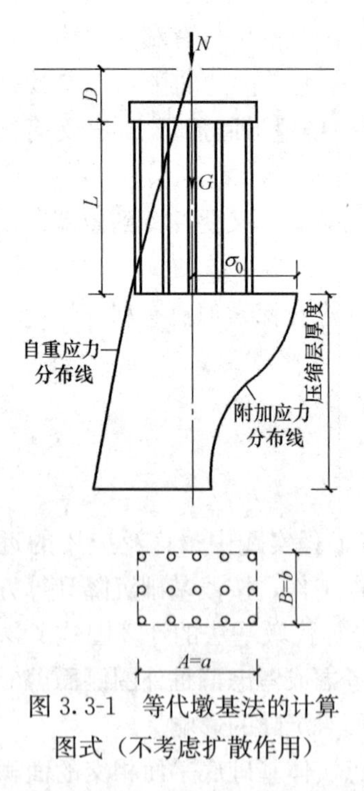

图 3.3-1 等代墩基法的计算图式（不考虑扩散作用）

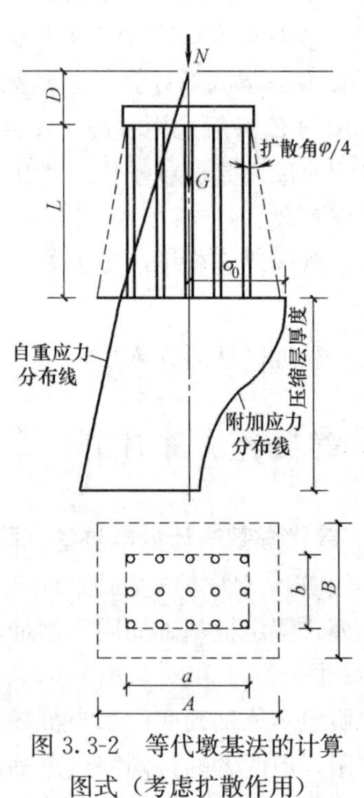

图 3.3-2 等代墩基法的计算图式（考虑扩散作用）

桩基沉降估算经验系数 ψ_e **表 3.3-1**

桩端入土深度(m)	<20	30	40	50	60
沉降估算经验系数 ψ_e	0.7	0.6	0.45	0.3	0.2

式（3.3.2）可改写为：

$$s_G=\psi \sum_{i=1}^{n} \frac{\sigma_{zi}}{E_{si}} H_i \tag{3.3.3a}$$

$$或者\ s_G=\sum_{i=1}^{n}\frac{\sigma_{zi}}{E_{si}}H_i \quad (\psi=1) \tag{3.3.3b}$$

这里 H_i 为第 i 分层的厚度，σ_{zi} 为基础底面传递给第 i 分层中心处的附加应力，其余符号同上。

从上述可以看出，在我国工程中采用等代墩基法计算桩基沉降有如下的特点：(1) 不考虑桩间土压缩变形对桩基沉降的影响，即假想实体基础底面在桩端平面处；(2) 如果考虑侧面摩阻力的扩散作用，则按 $\varphi/4$ 角度向下扩散；(3) 桩端以下地基土的附加应力按 Boussinesq 课题确定。

下面介绍一些欧美国家使用等代墩基法的计算图式及其与我国的差别。

关于假想实体基础底面的位置。考虑到桩间土存在着压缩变形，Peck 等建议将假想实体基础底面置于桩端平面以上 L_c 高度。如果桩位于均匀黏土层中，L_c 取桩长的 1/3（见图 3.3-3a），如果桩穿过软弱土层进入坚硬持力层，取桩端进入持力层深度的 1/3（见图 3.3-3b）。Peck 等将假想基底位置往上移动的建议总的说来是可取的，主要考虑了土层剖面的影响，可进一步的应用。

矩形基础中心沉降系数 δ **表 3.3-2**

$\frac{2Z}{B}$	A/B											
	1.0	1.2	1.4	1.6	1.8	2.0	3.0	4.0	5.0	6.0	10.0	条形
0.0	0.000	0.000	0.000	0.000	0.000	0.000	0.000	0.000	0.000	0.000	0.000	0.000
0.2	0.100	0.100	0.100	0.100	0.100	0.100	0.100	0.100	0.100	0.100	0.100	0.100
0.4	0.197	0.198	0.198	0.198	0.198	0.198	0.199	0.199	0.199	0.199	0.199	0.199
0.6	0.290	0.292	0.293	0.293	0.294	0.294	0.294	0.294	0.294	0.294	0.294	0.294
0.8	0.375	0.379	0.381	0.383	0.383	0.384	0.385	0.385	0.385	0.385	0.385	0.385
1.0	0.450	0.457	0.462	0.465	0.466	0.467	0.469	0.470	0.470	0.470	0.470	0.470
1.2	0.515	0.527	0.534	0.539	0.542	0.544	0.548	0.548	0.549	0.549	0.549	0.549
1.4	0.571	0.588	0.599	0.605	0.610	0.613	0.619	0.621	0.621	0.621	0.621	0.621
1.6	0.620	0.641	0.655	0.665	0.671	0.676	0.685	0.687	0.688	0.688	0.688	0.688
1.8	0.662	0.688	0.705	0.717	0.726	0.732	0.745	0.748	0.749	0.750	0.750	0.750
2.0	0.698	0.728	0.749	0.764	0.775	0.783	0.800	0.804	0.806	0.806	0.807	0.808
2.2	0.729	0.764	0.788	0.806	0.819	0.828	0.850	0.856	0.858	0.859	0.860	0.860
2.4	0.757	0.795	0.823	0.843	0.858	0.870	0.896	0.904	0.907	0.908	0.909	0.910
2.6	0.781	0.823	0.854	0.877	0.894	0.907	0.939	0.949	0.953	0.954	0.956	0.956
2.8	0.802	0.848	0.881	0.907	0.926	0.941	0.978	0.990	0.995	0.997	0.999	0.999
3.0	0.821	0.870	0.906	0.933	0.955	0.971	1.014	1.029	1.035	1.037	1.040	1.040
3.2	0.838	0.889	0.928	0.958	0.981	0.999	1.048	1.065	1.072	1.075	1.078	1.079
3.4	0.854	0.907	0.948	0.980	1.005	1.025	1.079	1.099	1.107	1.110	1.114	1.115
3.6	0.867	0.923	0.966	1.000	1.027	1.048	1.108	1.130	1.140	1.144	1.149	1.149
3.8	0.880	0.938	0.983	1.019	1.047	1.070	1.135	1.160	1.171	1.176	1.181	1.182
4.0	0.891	0.951	0.998	1.035	1.065	1.090	1.160	1.188	1.200	1.206	1.212	1.214

续表

$\frac{2Z}{B}$	A/B										
	1.0	1.2	1.4	1.6	1.8	2.0	3.0	4.0	5.0	6.0	10.0	条形
4.2	0.902	0.963	1.012	1.051	1.082	1.108	1.183	1.214	1.228	1.235	1.242	1.244
4.4	0.911	0.974	1.025	1.065	1.098	1.125	1.205	1.238	1.254	1.262	1.270	1.272
4.6	0.920	0.985	1.036	1.078	1.113	1.141	1.225	1.262	1.279	1.288	1.297	1.300
4.8	0.928	0.994	1.047	1.097	1.126	1.155	1.244	1.284	1.302	1.312	1.323	1.326
5.0	0.935	1.003	1.057	1.102	1.138	1.169	1.262	1.304	1.325	1.336	1.348	1.351
6.0	0.966	1.039	1.099	1.149	1.190	1.225	1.338	1.394	1.423	1.439	1.460	1.465
7.0	0.988	1.065	1.130	1.183	1.228	1.267	1.396	1.463	1.501	1.523	1.553	1.562
8.0	1.005	1.085	1.153	1.209	1.258	1.319	1.441	1.518	1.564	1.591	1.633	1.646
9.0	1.018	1.101	1.171	1.230	1.280	1.345	1.477	1.536	1.615	1.649	1.701	1.721
10.0	1.028	1.113	1.185	1.246	1.299	1.365	1.506	1.600	1.659	1.697	1.761	1.788
12.0	1.044	1.133	1.207	1.271	1.327	1.381	1.551	1.658	1.727	1.774	1.861	1.904
14.0	1.055	1.146	1.223	1.290	1.347	1.392	1.584	1.700	1.778	1.833	1.940	2.002
16.0	1.064	1.156	1.235	1.303	1.363	1.400	1.609	1.732	1.817	1.878	2.003	2.087
18.0	1.071	1.164	1.244	1.314	1.375	1.407	1.628	1.758	1.848	1.914	2.055	2.162
20.0	1.076	1.171	1.252	1.322	1.384	1.412	1.644	1.778	1.873	1.944	2.099	2.229
25.0	1.086	1.182	1.265	1.338	1.402	1.431	1.673	1.816	1.920	1.999	2.183	2.372
30.0	1.092	1.190	1.274	1.348	1.413	1.444	1.692	1.842	1.952	2.036	2.241	2.488
35.0	1.097	1.196	1.281	1.355	1.421	1.453	1.706	1.860	1.974	2.063	2.283	2.672
40.0	1.100	1.200	1.286	1.361	1.428	1.460	1.716	1.873	1.991	2.088	2.316	2.672

注：A——基础长度（m）；B——基础宽度（m）；
Z——计算点离桩尖底面的垂直距离（m）。

Tomlinson（1977）对群桩外围侧面的扩散作用提出了另一简化的方法，即以群桩桩顶外围按水平与竖向为1∶4向下扩散（见图3.3-3c与d）。由此得到的假想实体基础底面积通常比按$\varphi/4$角度扩散要大些。

计算地基土中附加应力，国外大都采用从假想实体基础边缘按水平与竖向为1∶2的斜线（见图3.3-3a与b）或者按30°角的斜线（见图3.3-3c与d）将荷载向下扩散的简化方法。这种方法一般适用于黏土中的桩基，所得的附加应力同Boussinesq解的结果相差不太多。压缩层的厚度通长计算到地基土附加应力等于基底附加应力的1/10处，或者计算到不可压缩层（如岩石）顶面。按1∶2的斜线确定荷载扩散面积的方法使用起来相当方便，通常将在桩基承台底面标高处的总附加荷载N_g（N_g等于承台底面标高处的上部结构总荷载减去该处的上覆有效土重）直接作为作用在假想基础底面的总附加荷载，即可按下式求出假想基底以下深度Z_i（相应于某一土层中点）的附加应力σ_{zi}：

$$\sigma_{zi}=\frac{N_g}{(B+Z_i)(A+Z_i)} \tag{3.3.4}$$

这里B和A分别为假想基础底面的宽度和长度。从上式得到σ_{zi}后，可按式（3.3.3b）计算桩基的沉降量。

3.3.2 按 Mindlin 解确定地基土附加应力的群桩沉降计算方法

除了采用 Boussinesq 解和扩散角方法分析地基土的附加应力之外，近年来国内外还根据半无限弹性体内集中力的 Mindlin 公式发展了一些估计桩基荷载作用下的地基土附加应力方法，以改善地基土附加应力估计的精度，这些方法与等代墩基法的主要差别只是采用了 Mindlin 解代替 Boussinesq 解来确定土中附加应力，同时它们又具有等代墩基法的一些特征，如取用有侧限的固结试验得到的土压缩模量作为土的变形指标，按分层总和法计算群桩的沉降等。

基于 Mindlin 公式估计土中应力的方法大致可分成两种。一种是以 Mindlin 应力公式为基础的方法，它根据 Geddes 对 Mindlin 公式积分而导出的应力解，然后用叠加原理求得单桩和群桩荷载作用下地基土的附加应力。另一种是以 Mindlin 位移公式为基础的方法，该法通过均质土中群桩沉降的 Mindlin 解与均布荷载下矩形基础沉降的 Boussinesq 解的对比来估计等代墩基的等效基底附加应力，称为等效作用法。现分述这两种估计附加应力方法，分别结合上海市《地基基础设计规范》DGJ 08—11—2010 和《建筑桩基技术规范》JGJ 94—2008 进行介绍。

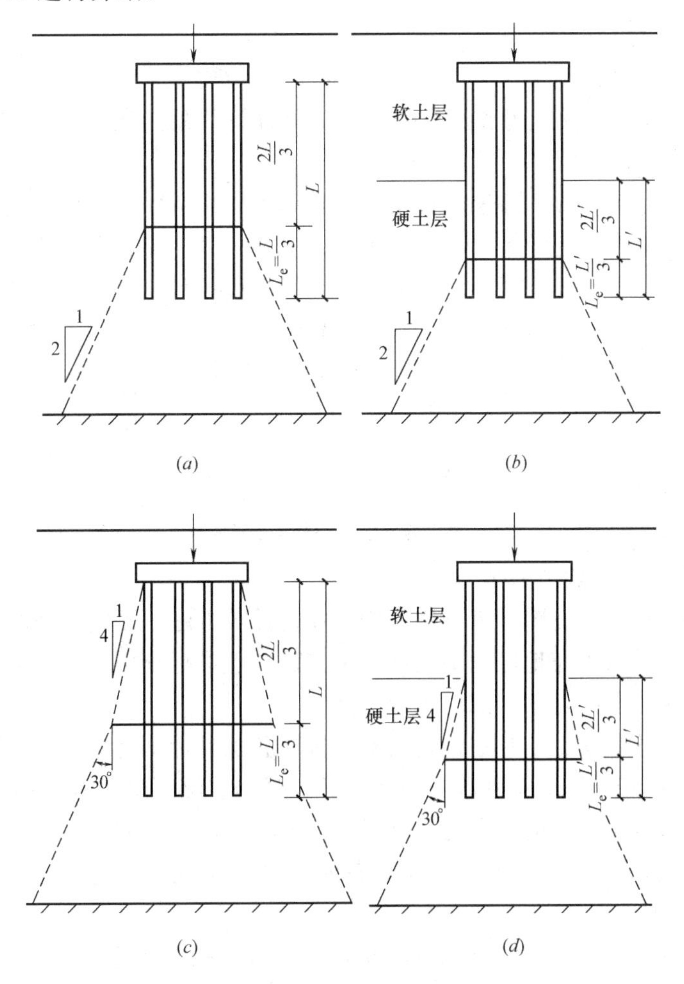

图 3.3-3 国外等代墩基法计算图式

1. 上海市《地基基础设计规范》DGJ 08—11—2010 基于 Geddes 应力解的计算方法

该规范采用以 Mindlin 应力计算为依据的单向压缩分层总和法计算群桩基础的沉降 s_G：

$$s_G=\psi_m\sum_{t=1}^{T}\frac{1}{E_{s,t}}\sum_{i=1}^{n_t}\sigma_{z,t,i}\Delta H_{t,i} \tag{3.3.5a}$$

$$\sigma_z=\frac{P}{L^2}\sum_{i=1}^{k}\left[\alpha I_{p,j}+(1-\alpha)I_{s,j}\right] \tag{3.3.5b}$$

式中 T——在沉降计算点处压缩层范围内自桩端平面往下的土层数；

$E_{s,t}$——桩端平面下第 t 层土在自重压力至自重压力加附加压力作用时的压缩模量 (MPa)；

n_t——桩端持平面下第 t 层土的单向压缩计算分层总数；

$\sigma_{z,t,i}$——桩端平面下第 t 层土的第 i 个分层处土体的竖向附加应力（kPa）；

$\Delta H_{t,i}$——桩端平面下第 t 层土的第 i 个分层的层厚（m）；

P——单桩沉降计算荷载（kN），取对应于作用效应准永久组合时的单桩平均附加荷载；

L——桩长（m）；

k——总桩数；

α、$1-\alpha$——分别是桩的端阻力和侧摩阻力占沉降计算荷载的比，α 可近似按单桩端阻比 p_p取值；

I_{pj}、$I_{s,j}$——分别为第 j 根桩的桩端阻力和桩侧摩阻力对应力计算点的应力影响系数，详见上海市《地基基础设计规范》DGJ 08—11—2010 附录 H；

ψ_m——桩基沉降计算经验系数，应根据类似工程条件下沉降观测资料及经验确定。在不具备条件时，可按表 3.3-3 选用。

桩基沉降计算经验系数 ψ_m **表 3.3-3**

桩端入土深度(m)	<30	40	50	70
沉降计算经验系数 ψ_m	1.05	0.95	0.85	0.65

注：1. 表内数值可内插；

2. 桩端持力层位于⑦₂ 层时，桩基沉降经验系数 ψ_m可按上表相应数值的 0.9 倍选取。

1）桩基沉降计算经验值系数

在该规范修订中桩基沉降计算方法沿用原规范计算方法，而主要是通过收集建筑物长期沉降实测资料，结合上海地区地基土条件和工程特点进行分析，对桩基沉降计算系数进行了调整，从而使之更接近于上海的工程实际。

该规范修订共收集了 115 幢建筑物的实测资料和工程计算资料，最终选取其中资料较齐全的 95 幢用于沉降计算经验系数的统计分析。根据实测沉降量推算的建筑物最终沉降值与未修正计算沉降值之间的比值为 ψ_m的定义，将 95 幢建筑物的 ψ_m与桩端入土深度关系的散点图表示于图 3.3-4，图中还标出了推荐的 ψ_m与桩端入土深度关系。

2）统计分析中计算规定

该规范修订在确定上海地区桩基沉降量计算的经验修正系数 ψ_m的计算分析中，作出了一系列经验性规定。说明如下：

（1）统计时将各幢建筑物中心点计算沉降与实测各点最终沉降量的平均值进行对比分析。式（3.3.5*a*）计算得到的最大沉降值用以估算建筑物最终平均沉降量。

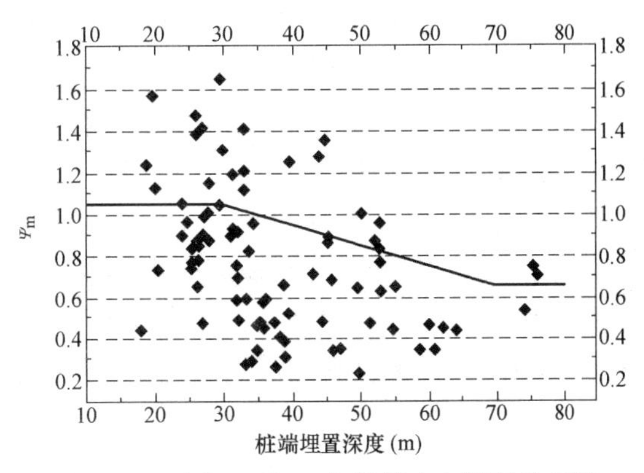

图 3.3-4 全部工程 ψ_m 与桩端入土深度关系图

（2）单桩沉降计算荷载 P 是单桩的平均附加荷载，应采用作用效应准永久组合值进行计算。首先将作用在基础顶面的上部结构作用效应准永久组合值加上基础及上覆土的自重扣去基础承台底面水浮力，然后扣去基底处土的自重应力（地下水位以下取浮重度）与基础底面积的乘积，得到作用于桩群顶端的总的附加荷载；再除以总桩数后，加上单桩扣去等量体积土体重量后的自重值，即为单桩沉降计算荷载。

计算荷载 P 由桩端阻力 p_p和桩侧摩阻力 p_s共同承担，且 $p_p=\alpha p$，$p_s=(1-\alpha)p$，α 称桩端阻比，根据长期工程应用经验，对于桩数在 50 根以上的桩基可近似按单桩地基土极限支承力的端阻比 p_p取值。桩的端阻力假定为桩端的集中力，桩侧摩阻力假设为沿桩身线性增长分布。

（3）采用 Geddes 按弹性理论中的 Mindlin 应力公式积分后得出的单桩荷载在半无限地基中产生的应力计算沉降时，在桩中心线上的 σ_z趋于无穷大。对于应力集中奇异点的处理，可采用 $n=r/L=0.002$ 处的应力值近似代替桩中心线上的应力值（其中 r 为计算点离桩身轴线的水平距离，L 为桩长）。采用该假定模式，桩中心点的计算沉降大于桩侧土的计算沉降，可以部分模拟桩的刺入沉降。

（4）公式中所用的压缩模量 E_s为计算深度处土在自重应力至自重应力加附加应力作用下的压缩模量，一般采用勘察报告中提供的由室内土工压缩试验得到的数值，与之前规范保持一致。

根据本次收集的地质勘察资料，对室内土工试验和现场静力触探试验成果确定的压缩模量进行了对比分析，并按照上海市《岩土工程勘察规范》DGJ 08—37 推荐的土的压缩模量与原位测试成果关系式计算。分析结果表明，对于第⑧层黏性土层，原位测试所确定的压缩模量通常较小，且该层对于上海常规采用第⑦层作为桩端持力层的工程来说，是主要的压缩层；对于第⑦、⑨两层砂土层，原位测试所确定的压缩模量通常较大。但目前对于原位试验成果与土的压缩模量 E_s之间的规律尚存有一定的争论，不同勘察单位推荐的建议值又相差较大，因此本次规范修订仍采用室内压缩试验得出的压缩模量，待今后进一步积累经验再行修订。

（5）在采用分层总和法计算沉降时，考虑到桩端处的应力集中，土体的计算分层厚度在桩端以下的一定范围内应适当加密。实际工程计算时，一般区域计算厚度取 1m，加密区域计算层厚度取 0.1m，已能保证足够的精度。

（6）不建议采用式（3.3.5）及配套的沉降计算经验系数 ψ_m来估算建筑物下各点不均匀沉降。

2.《建筑桩基技术规范》JGJ 94—2008 等效作用分层总和法

此法将均质土中群桩沉降的 Mindlin 解与均布荷载下矩形基础沉降的 Boussinesq 解之比值用以修正等代墩基的基底附加应力，然后按分层总和法计算群桩沉降。现以矩形布置群桩基础为例说明该法的要点。

1）均质土中群桩沉降的 Mindlin 解

以半无限体内作用力的 Mindlin 位移解为-基础，考虑桩、土位移的协调条件，通过略去桩身压缩变形和应用广义链杆法以减少桩-土系统的未知变量，给出了均质土中刚性承台群桩沉降的数值。由此得到的群桩沉降 ω_M 可表示为：

$$\omega_M=\frac{\overline{Q}}{E_s d}\bar{\omega}_M \tag{3.3.6}$$

式中 $\overline{Q}$——群桩中各桩的平均荷载；

E_s——均质土的弹性模量；

d——桩径；

$\bar{\omega}_M$——Mindlin 解的群桩沉降系数，随群桩的距径比、长径比、桩数、基础长宽比而变。

2）矩形基础沉降的 Boussinesq 解

运用弹性半无限体表面均布荷载下的 Boussinesq 解，不计实体深基础侧阻力和应力扩散，求得实体深基础的沉降：

$$\omega_B=\frac{P}{aE_s}\bar{\omega}_B \tag{3.3.7}$$

中

$$\bar{\omega}_B=\frac{1}{4\pi}\left[\ln\frac{\sqrt{1+m^2}+m}{\sqrt{1+m^2}-m}+m\ln\frac{\sqrt{1+m^2}+1}{\sqrt{1+m^2}-1}\right] \tag{3.3.8}$$

式中 m——矩形基础的长宽比，$m=a/b$；

a，b——分别为矩形基础的长度与宽度；

P——矩形面积上均布荷载之和；

E_s——土的弹性模量。

由于数据过多，为便于分析应用，当 $m\leqslant15$ 时，式（3.3.8）可用下式近似表示：

$$\bar{\omega}_B=(m+0.6336)/(1.1951m+4.6275) \tag{3.3.9}$$

由此产生的误差在2.1%以内。

3）两种弹性解的沉降比值

相同基础平面尺寸条件下，对于按不同几何参数刚性承台群桩 Mindlin 位移解沉降计算值 ω_M 与不考虑群桩侧面剪应力和应力不扩散实体深基础 Boussinesq 解沉降计算值 ω_B 二者之比为等效沉降系数 ψ_e。按实体深基础 Boussinesq 解分层总和法计算沉降 ω_B，乘以等效沉降系数 ψ_e，实质上包含了按 Mindlin 位移解计算桩基础沉降所涉及的附加应力及桩群几何参数的影响，并称之为等效作用（分层总和）法。当 $P=n_a n_b\overline{Q}$ 时，ψ_e 可表示为

$$\psi_e=\frac{\omega_M}{\omega_B}=\frac{\dfrac{\overline{Q}}{E_s\cdot d}\bar{\omega}_M}{\dfrac{n_a\cdot n_b\cdot\overline{Q}\bar{\omega}_B}{a\quad E_s}}=\frac{\bar{\omega}_M}{\bar{\omega}_B}\frac{a}{n_a\cdot n_b\cdot d} \tag{3.3.10}$$

式中 n_a——群桩外围矩形长边布桩数；

n_b——群桩外围矩形短边布桩数；

为应用方便，将按不同距径比 $S_a/d=2$、3、4、5、6，长径比 $L/d=5$、10、15……100，总桩数 $n=4$……600，各种布桩形式（$n_a/n_b=1$、2、3……10），桩基承台长宽比（$L_C/B_C=1$、2……10），对式（3.3.10）计算出的 ψ_e 进行回归分析，得到 ψ_e 的表达式为

$$\psi_e=C_0+\frac{n_b-1}{C_1(n_b-1)+C_2} \tag{3.3.11}$$

$$n_b=\sqrt{n\cdot B_C/L_C} \tag{3.3.12}$$

式中 n_b——矩形布桩时的短边布桩数，当布桩不规则时可按式（3.3.12）近似计算；

C_0、C_1、C_2——根据群桩距径比 S_a/d、长径比 L/d 及基础长宽比 L_C/B_C 而确定的系数，详见《建筑桩基技术规范》JGJ 94—2008 附录 E；

L_C、B_C、n——分别为矩形承台的长、宽及总桩数。

当布桩不规则时，等效距径比可用下式近似计算：

对圆形桩 $$S_a/d=\sqrt{A}/(\sqrt{n}\cdot d) \tag{3.3.13}$$

对方形桩 $$S_a/d=0.886\sqrt{A}/(\sqrt{n}\cdot b) \tag{3.3.14}$$

式中 A——桩基承台总面积；

b——方桩截面边长。

4）桩基沉降计算

图 3.3-5 示出了桩基沉降计算等效作用分层总和法的计算模式，具有不考虑桩基侧面应力扩散、等效作用面位于桩端平面、等效作用面积为承台投影面积及等效作用附加压力采用承台底平均附加压力等特点。

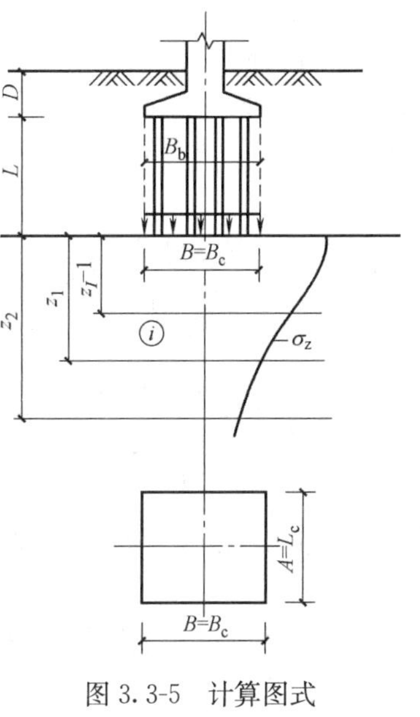

图 3.3-5 计算图式
（建筑桩基技术规范）

桩基任一点最终沉降量可用角点法按下式计算：

$$s_G=\psi\cdot\psi_e\cdot s'_G=\psi\cdot\psi_e\cdot\sum_{j=1}^{m}p_{0j}\sum_{i=1}^{n}\frac{z_{ij}\overline{\alpha}_{ij}-z_{(i-1)}\overline{\alpha}_{(i-1)j}}{E_{si}} \tag{3.3.15}$$

式中 s_G——桩基最终沉降量（mm）；

s'_G——采用 Boussinesq 解，按实体深基础分层总和法计算出的桩基沉降量（mm）；

ψ——桩基沉降计算经验系数，当无当地可靠经验时，可按表 3.3-4 选用。对于采用后注浆施工工艺的灌注桩，桩基沉降计算经验系数应根据桩端持力层类别，乘以 0.7（砂、砾、卵石）～0.8（黏性土、粉土）折减系数。对于饱和土中采用预制桩（不含复打、复压、引孔沉桩）时，应根据桩距、土质、沉降速率和顺序等因素，乘以 1.3～1.8 挤土效应系数，对于土的渗透性低、桩距小、桩数多、沉降速率快时取大值；

ψ_e——桩基等效沉降系数，按式（3.3.10）确定；

m——角点法计算点对应的矩形荷载分块数；

p_{0j}——第 j 块矩形底面在荷载效应准永久组合下的附加压力（kPa）；

n——桩基沉降计算深度 z_n 范围内所划分的土层数，z_n 按附加应力等于土的自

重应力的20%确定；

E_{si}——等效作用面以下第 i 层土的压缩模量（MPa），采用土在自重压力至自重压力加附加压力作用时的压缩模量；

z_{ij}、$z_{(i-1)j}$——桩端平面第 j 块荷载计算点至第 i 层土、第 $i-1$ 层土底面的距离（m）；

$\alpha_{(ij)}$、$\overline{\alpha}_{(i-1)j}$——桩端平面第 j 快荷载计算点至第 i 层土、第 $i-1$ 层土底面深度范围内平均附加应力系数，详见《建筑桩基技术规范》JGJ 94—2008 附录D。

桩基沉降计算经验系数 Ψ **表3.3-4**

$\overline{E_s}$(MPa)	≤10	15	20	35	≥50
ψ	1.2	0.9	0.65	0.50	0.40

注：1. $\overline{E_s}$为沉降计算深度范围内压缩模量的当量值，可按下式计算：$\overline{E_s}=\Sigma A_i/\Sigma\frac{A_i}{E_{si}}$，式中 A_i为第 i 层土附加应力系数沿土层厚度的积分值，可近似按分块面积计算；

2. ψ 可根据$\overline{E_s}$内插取值。

计算矩形桩基中点沉降时，桩基沉降量可按下式计算：

$$s_G=\psi\cdot\psi_e\cdot s'_G=4\cdot\psi\cdot\psi_e\cdot p_0\sum_{i=1}^{n}\frac{Z_i\overline{\alpha}_i-Z_{i-1}\overline{\alpha}_{i-1}}{E_{si}} \tag{3.3.16}$$

式中 p_0——在荷载效应准永久组合下承台底的平均附加压力；

$\overline{\alpha}_i$、$\overline{\alpha}_{i-1}$——平均附加应力系数，根据矩形长宽比 a/b 及深宽比$\frac{Z_i}{b}=\frac{2Z_i}{B_C}$，$\frac{Z_{i-1}}{b}=\frac{2Z_{i-1}}{B_C}$，详见《建筑桩基技术规范》JGJ 94—2008 附录D。

桩基沉降计算深度按附加应力等于土的自重应力的20%确定。

3.4 非黏性土中群桩的沉降

3.4.1 采用原位测试估算群桩沉降

1. 采用静力触探试验估算（Tomlinson，1977）（卢世深等译，1984）（Das，1984）

Schmertmann 基于静力触探试验估计沉降的方法，起初用于分析浅基础，后来也用于分析桩基础，该法有两个特点：

（1）根据弹性半无限体理论和试验研究的结果，认为基础下砂土中附加应力可以用三角形分布加以近似，并取压缩层厚度等于基础宽度的二倍。

（2）根据螺旋荷载板和静力触探试验的对比结果，提出砂土的变形模量 E_0 与静力触探阻力 q_c之间的关系，即

$$E_0=N\times q_c \tag{3.4.1}$$

其中系数取下列值：

粉土、砂质粉土及轻黏性粉砂 $N=2$

洁净的细至中砂、轻粉砂 $N=3.5$

粗砂及含少量砾石的砂 $N=5$

砂质砾石及砾石 $N=6$

对于桩基础，取桩长的2/3处作为等代墩基底面，Schmertmann 提出按下式估算沉降量 s_G：

$$s_G = C_1 \cdot C_2 \sum_{i=1}^{n} \frac{\sigma_{zi}}{E_{0i}} \Delta Z_i$$
$$= C_1 \cdot C_2 \cdot \sigma_0 \sum_{i=1}^{n} \frac{I_{zi}}{E_{0i}} \Delta Z_i \tag{3.4.2}$$

式中 σ_0——等代墩基底面的附加应力；

σ_{zi}——第 i 层土的附加应力，取 $\sigma_{zi}=\sigma_0 I_{zi}$；

I_{zi}——第 i 层土的应变影响系数，按图 3.4-1 确定，图中给出 I_z 与相对深度 $Z/0.5B$ 的关系；

E_{0i}——压缩层范围内第 i 层土的变形模量，按式（3.4.1）确定；

ΔZ_i——第 i 层土的厚度；

B——等代墩基底面的宽度；

n——压缩层厚 $2B$ 范围内的土层数，根据静力触探阻力 q_c 与深度关系的曲线划分，每一层土有大致相近的阻力值 q_c；

C_1——深度修正系数，即考虑基础埋深对沉降的影响而引入的系数；

C_2——徐变修正系数，即考虑长期沉降与短期沉降关系而引入的系数。

深度修正系数按下式确定：

$$C_1 = 1 - 0.5\left(\frac{\sigma_c}{\sigma_0}\right) \tag{3.4.3}$$

式中 σ_c——等代墩基底面处的土自重应力。

徐变修正系数按下式确定

$$C_2 = 1 + \log\left[\frac{T}{0.1}\right] \tag{3.4.4}$$

这里 T 为长期沉降的时间（以年计），视砂土的粒径大小、密度取 5～10 年，颗粒

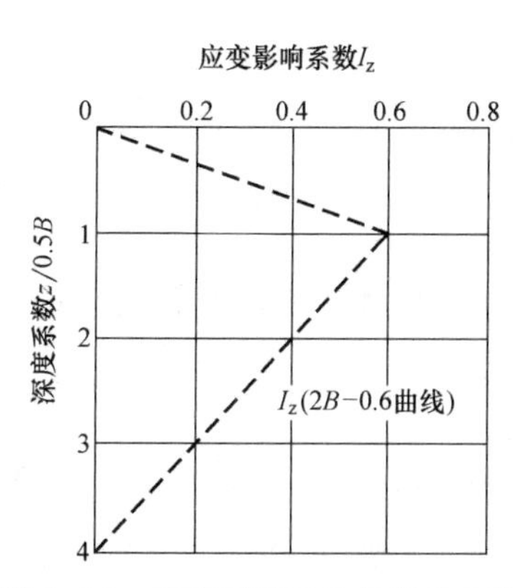

图 3.4-1 应变影响系数的简化曲线

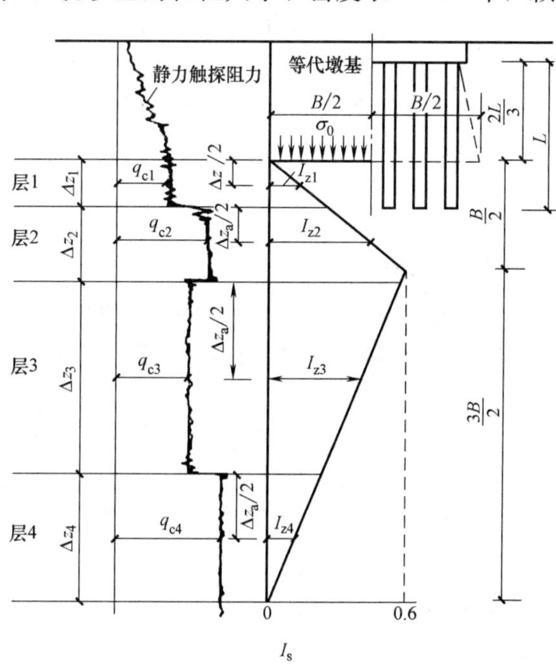

图 3.4-2 计算砂土中群桩沉降的 Schmertmann 方法

粗、密度大取较小值。

用 Schmertmann 方法估算群桩沉降的程序如下：

（1）绘制静力触探阻力 q_c 与深度的曲线图，按曲线的变化分为 n 个土层，确定各土层厚度 Δz_i。

（2）将群桩的等代墩基底面按比例绘在静探阻力图上；由底面起向下取压缩层厚度为计算等代墩基底面宽度的二倍，绘出影响系数 I_z 与深度 z 的曲线，如图 3.4-2 所示。

（3）估计各土层的 q_c 平均值，并按式（3.4.1）确定 E_{0i}。

（4）从 I_z-z 曲线确定对应于各土层中点的 I_{zi} 值。

（5）将 I_{zi}、E_{0i}、Δz_i、n 值代入式（3.4.2）中，即可计算出群桩沉降。

De Beer 和 Martens 建议按下式估算砂土中群桩沉降 s_G：

$$s_G = \sum_{i=1}^{n} \frac{2\sigma_{ci}\Delta z_i}{3q_{ci}} \ln \frac{\sigma_{ci}+\sigma_{zi}}{\sigma_{ci}} \tag{3.4.5}$$

式中 σ_{ci}——压缩层范围内第 i 层土的自重应力（kPa）；

Δz_i——第 i 层土的厚度（m）；

q_{ci}——第 i 层土的静探阻力平均值（kPa）；

σ_{zi}——第 i 层土的附加应力（kPa）；

n——压缩层范围内的土层数，通常按静探阻力划分，使得每一土层有相近的阻力值。

式（3.4.5）计算的沉降通常偏大。

Meyerhof（1974）建议用下式估算群桩沉降 s_G：

$$s_G = \frac{\sigma_0 BI}{2q_c} \tag{3.4.6}$$

式中 σ_0——等代墩基底面的附加应力（kPa）；

B——等代墩基底面的宽度（m）；

q_c——压缩层范围的静探阻力平均值（kPa）；

I——深度修正系数，由下式给出

$$I = 1 - \frac{D'}{8B} \geqslant 0.5$$

这里 D' 为群桩有效埋深（m）。

2. 采用标贯试验估算（Meyerhof，1976）（Das，1984）

Meyerhof（1974）建议用下式估算砂土中群桩沉降 s_G（mm）：

$$s_G = \frac{0.92\sigma_0\sqrt{BI}}{N} \tag{3.4.7}$$

式中 N 为在桩端平面以下深度相当于群桩宽度范围内标准贯入试验击数的平均值；其余符号和单位同式（3.4.6）。

3.4.2 沉降比法

众所周知，群桩沉降 s_G 一般要大于在相同荷载作用下单桩的沉降 s，通常将这两者沉降的比值称为群桩沉降比 R_s。在工程实践中，有时利用群桩沉降比 R_s 的经验值和单桩沉降 s 来估算群桩沉降 s_G，即

$$s_G = R_s \cdot s$$

s 通常可从现场单桩试验得到荷载一沉降曲线求得。目前估计 R_s的方法有二类，即经验法和弹性理论法。本文讨论基于砂土中桩基原型观测或室内模型试验而得到的估计 R_s 的经验方法。

根据一些桩基原型观测资料，Skempton（1953）建议按群桩基础宽度的大小来估计 R_s，即

$$R_s = \left(\frac{4B+2.7}{B+3.6}\right)^2 \tag{3.4.8}$$

式中　B——群桩基础宽度（m）。

根据砂土中打入桩基和沉井的资料，Meyerhof（1959）建议按下式估计方形群桩的 R_s值：

$$R_s = \frac{\overline{S_a}(5-\overline{S_a}/3)}{(1+1/r)^2} \tag{3.4.9}$$

式中　$\overline{S_a}$——桩间距与桩径的比值；

　　r——方形群桩的行数。

根据中密-密砂土中模型桩群的试验资料；Vesic（1967）建议按下式估计 R_s：

$$R_s \approx \sqrt{\frac{\overline{B}}{d}} \tag{3.4.10}$$

式中　$\overline{B}$——群桩的外排桩轴线之间的距离；

　　d——桩径。

通过密实细砂中方形群桩与单桩试验结果的对比，Бepeчaнyeв（1961）发现，在桩间距为（3～6）d 条件下，群桩沉降的大小与群桩假想支承面积的边长成线性增长，而不受群桩桩数或桩间距的影响。因此，群桩沉降比等于边长比，

$$R_s = \frac{B}{B_1} = \sqrt{\frac{A}{A_1}} \tag{3.4.11}$$

式中　A——群桩假想支撑面积，$A=B^2$；

　　B——群桩假想面积的边长，按图 3.4-3 确定；

　　A_1——单桩假想支撑面积，$A_1=B_1{}^2$；

　　B_1——单桩假想面积的边长（图 3.4-3）。

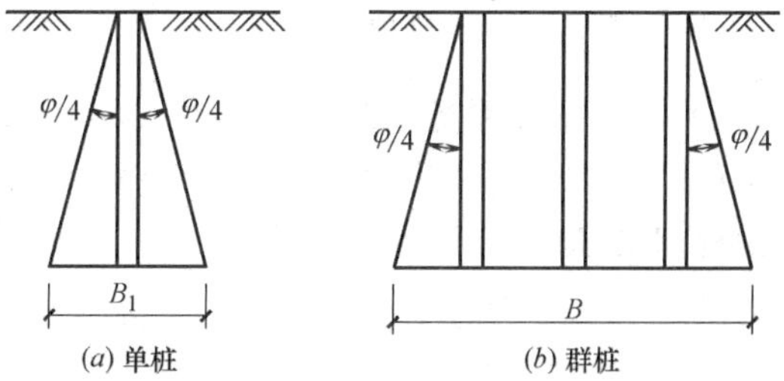

φ/4　φ/4　B_1

(a) 单桩

φ/4　φ/4　B

(b) 群桩

图 3.4-3　单桩与群桩假想支承面积图示

3.5　弹性理论计算群桩的沉降

3.5.1　两根桩的相互作用

1. 两根桩相互作用的分析

要将弹性理论有关单桩沉降分析的方法扩展于群桩，通常只需对群桩中两根桩沉降的相互作用进行分析，然后利用对称性和叠加原理将两桩分析用以计算群桩的沉降。显然，这种简化的方法忽略了桩对土的加强效应。

考虑由几何尺寸和受载条件完全相同的两根桩组成的群桩，如图3.5-1所示。与单桩分析相同，将每根桩划分成 n 个圆柱单元和1个均匀受载的圆底面。如土体内保持弹性条件且桩土界面不发生滑移，每一单元中心处的桩与土的位移必须相等，桩的位移方程应与单桩时相同，亦即式（3.1.17）。对于摩擦桩，土的位移方程可写成

$$\{s'\}=\frac{d}{E_s}[I^1+I^2]\{\tau\} \tag{3.5.1}$$

式中 $\{s'\}$——土位移矢量；

$\{\tau\}$——桩侧剪应力和桩端应力矢量；

$[I^1+I^2]$——土位移系数 $I_{ij}^1+I_{ij}^2$ 和 $n+1$ 阶方阵；

$I_{ij}^1+I_{ij}^2$——分别表示桩1和桩2中单元 j 上的单位剪应力对桩1的单元 i 所产生的位移系数。

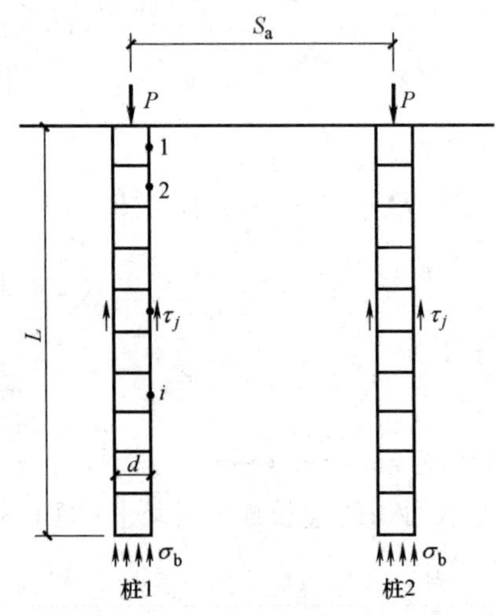

图3.5-1 两摩擦桩桩群

可通过对半无限体内竖向荷载所产生的竖向位移的Mindlin方程求积分而得到 $I_{ij}^1+I_{ij}^2$ 的数值。

求解上述的土位移与桩位移相等而建立的方程组，则可得到沿着桩的剪应力和位移的数值。因此，两根桩桩群的分析同单桩完全一样，只是土位移系数的矩阵中包含了第2根桩的作用。从这种分析可以将相互作用系数 α 定义为：

$$\alpha=\frac{\text{邻近桩引起的附加沉降}}{\text{桩在自身荷载下的沉降}}$$

这里桩与邻近桩都承受相同荷载。

2. 相互作用系数

在半无限均质体（$\nu_s=0.5$）中两根摩擦桩的相互作用系数 α 同桩间距（S_a/d）、桩长径比（L/d）和桩刚度系数（K）之间的关系，如图3.5-2～图3.5-4所示。从图中可见，当 S_a/d 增大，相互作用明显地降低；当 L/d 和 K 增大，即桩变得更细长或更坚硬，相互作用则趋于增大。

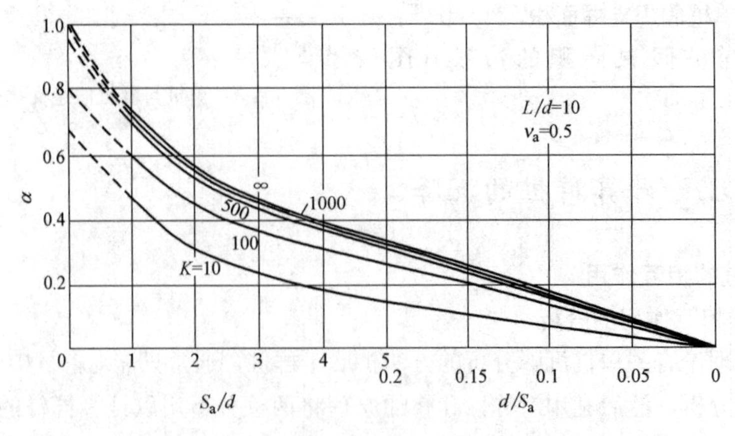

图3.5-2 摩擦桩相互作用系数（$L/d=10$）

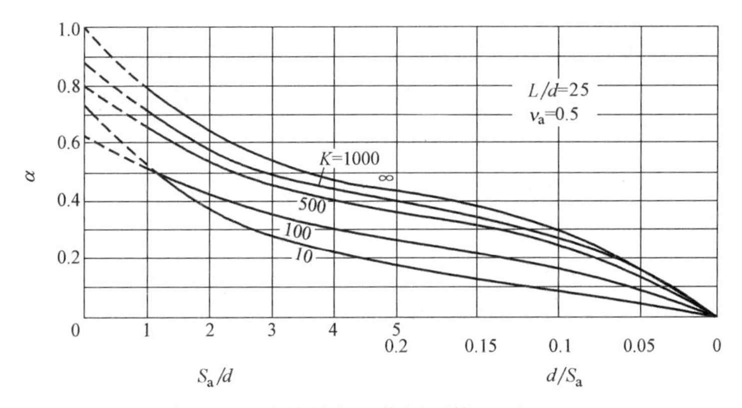

图 3.5-3 摩擦桩相互作用系数（$L/d=25$）

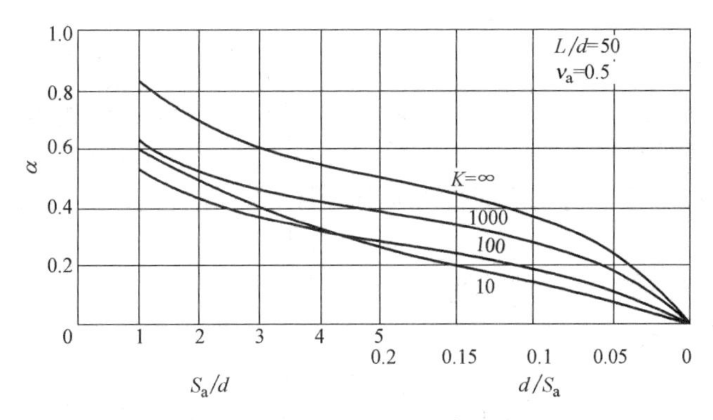

图 3.5-4 摩擦桩相互作用系数（$L/d=50$）

3.5.2 群桩沉降的弹性理论解

1. 群桩的分析

如果群桩中所有的桩具有相同的特征，即围绕某一边界内桩等间距布置、各桩几何尺寸相同以及各桩承受的荷载相同，借助于叠加原理和对称性，两桩群桩的分析很容易推广到任一桩数的群桩分析。这时可通过相互作用系数的叠加给出某一桩因群桩内其他桩产生的附加沉降。例如，对于 4 根桩的方形群桩，当桩间距等于 S_a时，每一根桩的沉降都可表示为：

$$s=Ps_1(1+2\alpha_1+\alpha_2) \tag{3.5.2}$$

式中 s_1——在单位荷载作用下孤立单桩的沉降；

P——每根桩上的荷载；

α_1——桩距为 S_a时的相互作用系数；

α_2——桩距为$\sqrt{2}S_a$时的相互作用系数。

如果放松各桩荷载相同的限制，对于 n 根几何尺寸相同的群桩，其中桩 k 的沉降 s_k利用叠加法可表示为：

$$s_k=s_1\sum_{\substack{j=1\\j\neq k}}^{n}P_j\alpha_{K_j}+s_1P_K=s_1\sum_{j=1}^{n}\alpha_{K_j}P_j \tag{3.5.3}$$

式中 s_1——在单位荷载下孤立单桩的沉降；

P_j——桩 j 上的荷载；

α_{K_j}——相应于桩 k 与桩 j 之间间距的相互作用系数，其中 $\alpha_{kk}=1$。

对于其余的桩也可写出类似的表达式，于是，所有桩的沉降可用矩形形式表示为：

$$\{s\}=s_1[\alpha]\{P\} \tag{3.5.4}$$

式中 $\{s\}$——桩沉降的 n 个矢量；

$\{P\}$——桩荷载的 n 个矢量；

$[\alpha]$——相互作用系数的 n 阶方阵，其中 $\alpha_{jj}=1$。

此外，群桩总荷载 P_G 与各桩荷载的竖向平衡条件，即

$$P_G=\sum_{j=1}^{n}P_j \tag{3.5.5}$$

在下面两种简单的情况下，可求得式（3.5.4）和（3.5.5）的解：

（1）各桩的荷载相同，相当于柔性承台桩基的情况。例如支撑油罐结构的桩基。这时可利用 $P_j=P_G/n$ 和式（3.5.4）计算群桩中各桩的沉降，由此分析群桩的不均匀沉降。

（2）各桩的沉降相同，相当于刚性承台桩基的情况。例如高层建筑的桩基。这时可从上列两式中求得群桩的沉降量以及各桩的荷载分布。

进行上述的群桩分析，只需要两桩相互作用系数 α 与桩间距 S_a 的关系及单桩沉降的知识。

群桩分析的结果通常用下列两种方法来表示：

（1）群桩沉降比 R_S

$$R_S=\frac{\text{群桩的沉降}}{\text{在群桩各桩平均荷载作用下的孤立单桩沉降}}$$

$$=\frac{s_G}{s_1\dfrac{P_G}{n}}=\frac{s_G n}{s_1 P_G} \tag{3.5.6}$$

（2）群桩折减系数 R_G

$$R_G=\frac{\text{群桩的沉降}}{\text{在群桩总荷载作用下的孤立单桩沉降}}$$

$$=\frac{s_{G'}}{s_1 P_G} \tag{3.5.7}$$

R_G 只对荷载与沉降之间有线性关系和群桩荷载下单桩不发生破坏的弹性土中，才有严格的意义。尽管群桩沉降比 R_S 对工程问题是更加实用和熟悉的量，但是采用 R_G 对检验群桩的比较性的性状是有一些好处的，因 R_G 事实上代表单桩沉降为单位值时的群桩沉降，从而对包含不同桩数且承受相同总荷载的群桩的相对沉降给出直接的度量。R_G 值介于 $1/n$～1 范围内变动，它与 R_S 有简单的关系，即

$$R_S=nR_G \tag{3.5.8}$$

2. 均质土中群桩的弹性理论解

对于在半无限均质体内具有刚性承台的摩擦群桩的情况，这里给出由式（3.5.4）和（3.5.5）求得 R_S、R_G 以及群桩荷载 分布的一些典型结果。

在表 3.5-1 中列出 R_S 的理论值，这些数值是根据具有刚性承台连接的方形群桩且群桩中同一行（或列）相邻桩的间距为 S_a 而得到的。从表中可以看出，R_S 随着桩间距 S_a/d

的减小而增大，但是随着桩数 n、桩长径比 L/d 和桩刚度系数 K 的增加而增大。一些分析结果表明，群桩的确切排列布置对于 R_S 的影响不大，例如，由 16 根桩组成的群桩按 4×4 排列同按 8×2 排列的 R_S 值相近，因此，表 3.5-1 中方形排列的 R_S 值可近似地用于同一桩数的其他排列情况。当群桩的桩数大于 16 根时，Poulos 发现 R_S 与桩数的平方根近似地成线性增长，因此，对于给定的 S_a/d、L/d 和 K 值，可按下式外推桩数大于 25 根的群桩沉降比 R_S：

$$R_S=(R_{25}-R_{16})(\sqrt{n}-5)+R_{25} \tag{3.5.9}$$

式中 R_{25}——25 桩群桩的 R_S 值；

R_{16}——16 桩群桩的 R_S 值；

n——群桩的桩数。

利用 R_S 的理论值，可按式（3.5.6）计算群桩沉降 s_G，即

$$s_G=R_S\cdot s \tag{3.5.10}$$

或

$$s_G=R_S P_{av} s_1 \tag{3.5.11}$$

式中 P_{av}——群桩中各桩的平均荷载，$P_{av}=P_G/n$；

s——在荷载 P_{av} 作用下单桩的沉降。

上列公式中的 s（或 s_1），通常按 P_{av} 从单桩静载荷-沉降曲线确定。但是试桩资料室短期试验的结果，尚需考虑沉降的时间效应。为此，直接由试桩量测的单桩沉降值还要除以小于 1 的沉降完成系数（即短期沉降与最终沉降的比值），该系数视土的性质、荷载水平而定。

均质土内具有刚性承台的群桩的沉降比 R_s **表 3.5-1**

L/d	S_a/d	沉降比 R_s															
		群桩内桩的根数 n															
		4				9				16				25			
		桩刚度系数 K															
		10	100	1000	∞	10	100	1000	∞	10	100	1000	∞	10	100	1000	∞
10	2	1.83	2.25	2.54	2.62	2.78	3.80	4.42	4.48	3.76	5.49	6.40	6.53	4.75	7.20	8.48	8.68
	5	1.40	1.73	1.88	1.90	1.83	2.49	2.82	2.85	2.26	3.25	3.74	3.82	2.68	3.98	4.70	4.75
	10	1.21	1.39	1.48	1.50	1.42	1.76	1.97	1.99	1.63	2.14	2.46	2.46	1.85	2.53	2.95	2.95
25	2	1.99	2.14	2.65	2.87	3.01	3.64	4.84	5.29	4.22	5.38	7.44	8.10	5.40	7.25	9.28	11.25
	5	1.47	1.74	2.09	2.19	1.98	2.61	3.48	3.74	2.46	3.54	4.96	5.34	2.95	4.48	6.50	7.03
	10	1.25	1.46	1.74	1.78	1.49	1.95	2.57	2.73	1.74	2.46	3.42	3.63	1.98	2.98	4.28	4.50
50	2	2.43	2.31	2.56	3.01	3.91	3.79	4.52	5.66	5.58	5.65	7.05	8.94	7.26	7.65	9.91	12.66
	5	1.73	1.81	2.10	2.44	2.46	2.75	3.51	4.29	3.16	3.72	5.11	6.37	3.88	4.74	6.64	8.67
	10	1.38	1.50	1.78	2.04	1.74	2.04	2.72	3.29	2.08	2.59	3.73	4.65	2.49	3.16	4.76	6.04
100	2	2.56	2.31	2.26	3.16	4.43	4.05	4.11	6.15	6.42	6.14	6.50	9.92	8.48	8.40	10.25	14.35
	5	1.88	1.88	2.01	2.64	2.80	2.94	3.38	4.87	3.74	4.05	4.98	7.54	4.68	5.18	6.75	10.55
	10	1.47	1.56	1.76	2.28	1.95	2.17	2.73	3.93	2.45	2.80	3.81	5.82	2.95	3.48	5.00	7.88

图 3.5-5 给出桩数不同的群桩折减系数 R_G 与 S_a/d 的关系曲线。从图中可见，R_G 随桩数的增加趋于减小；但是，在桩距较小的情况下，要减小群桩的沉降，维持桩间距不变而依靠增加桩数的方法变得格外无效。因此，Poulos 认为，在较均匀土层中的群桩，其沉降主要取决于群桩的宽度；在一个给定宽度的群桩基础，超过某一桩数之后再增加桩的数量只能略微改善群桩的沉降性能。图 3.5-6 示出的 R_G 与群桩宽度 B/d（d 为桩径）的理论关系曲线也证明了上述的观点。这些曲线表明，多于 25 根桩的群桩有一根共同的 R_G-B/d 极限曲线，并与 5^2 群桩曲线相重合。此外，Skempton 建议的群桩沉降比与群桩宽度的关系曲线，也用 R_G 重新表示后在图中标出，同理论曲线在总趋势上是相当一致的。这些结果启示，如果沉降是唯一的判断标准，使用间距大、数量少的群桩比使用间距小、数量多的群桩更为经济。

对于 L/d、S_a/d 和 K 的一系列广泛的数值，在表 3.5-2 中给出桩数为 3×3 和 4×4 的摩擦群桩的荷载分布理论值，这里用桩的荷载与群桩平均荷载之比值 P/P_{av} 来表示。群桩内桩的标识号如图 3.5-7 所示。从表中可见，角桩承受的荷载最大，边桩次之，中心桩最小；随着桩间距增大，桩数增加，L/d 增大或 K 增大，群桩的荷载分布趋向于愈加不均匀。

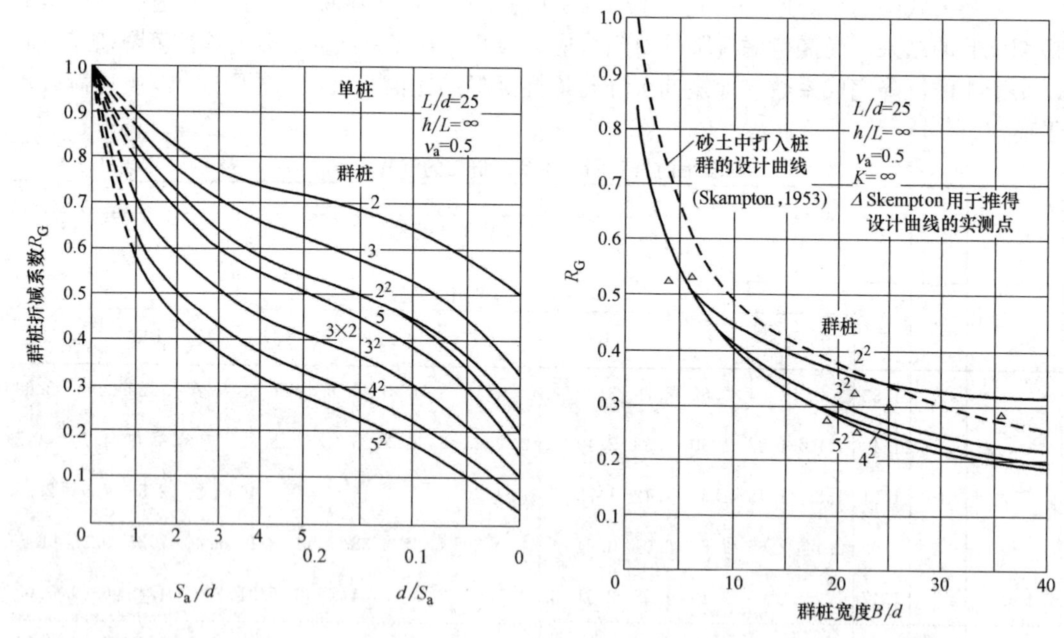

图 3.5-5　R_G 随 S_a/d 桩数的变化

图 3.5-6　R_G 和群桩宽度的关系曲线

3. 弹性理论解的应用及其与实测成果的比较。

Poulos 基于弹性理论，通过大量的计算机运算，提供了许多参数曲线与表格。这些图标使得在工程设计中应用弹性理论分析桩基沉降及其他性状成为一种得以实施的较完整的体系，受到各国学者的重视，在工程实践中得到检验，从而促进理论分析的进一步发展。

由于半无限均质土内具有刚性承台的摩擦群桩的弹性理论解（简称常规弹性理论解）已有较完整的参数图表（包括 R_s、α 和群桩荷载分布等），人们常将试验研究及工程实践的结果与之作比较，由此发现常规弹性理论解过高地估计了群桩相互作用，主要表现在下列三个方面：

(1) 常规弹性理论预估的相互作用系数远大于实测的相互作用系数。图3.5-8示出了Cooke等（1979）在伦敦黏土中进行桩试验所得的观测结果，这里包括在桩加载时两个标高的土竖向位移V_s与桩位移V_p之比值V_s/V_p随相对径向距离S_a/d的实测结果，即桩顶处和桩中部处的α-S_a/d实测曲线。这两条实测相互作用系数曲线彼此接近。但是，常规弹性理论的相互作用系数曲线与实测曲线却相差甚远，在径向距离为12d时，理论曲线仍然具有相当大的α值（见图3.5-8），而实测曲线的α已接近于零，这表明由常规弹性理论所提供的α在数值和影响范围方面都明显偏大，值得注意的是，Banerjee和Davis提出的相互作用系数理论曲线同观测结果则非常吻合，正好落在两根实测曲线之间（见图3.5-8）。他们的理论曲线是按照土弹性模量随深度成线性变化的假定而得到的，即$E(z)=mz$，这里$E(z)$为深度z处的处的模量，m为与模量随深度z增长的比例系数。

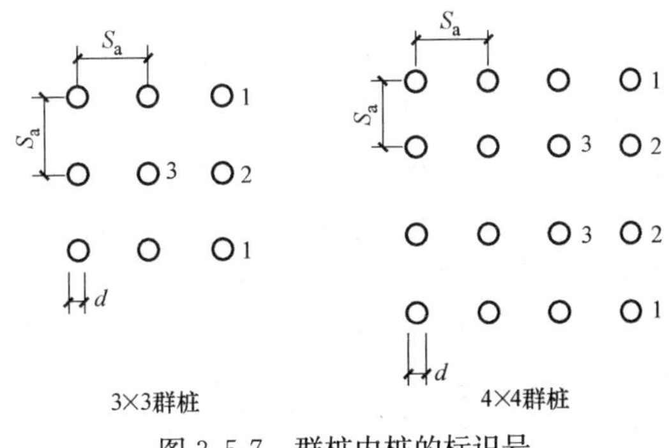

图3.5-7 群桩内桩的标识号

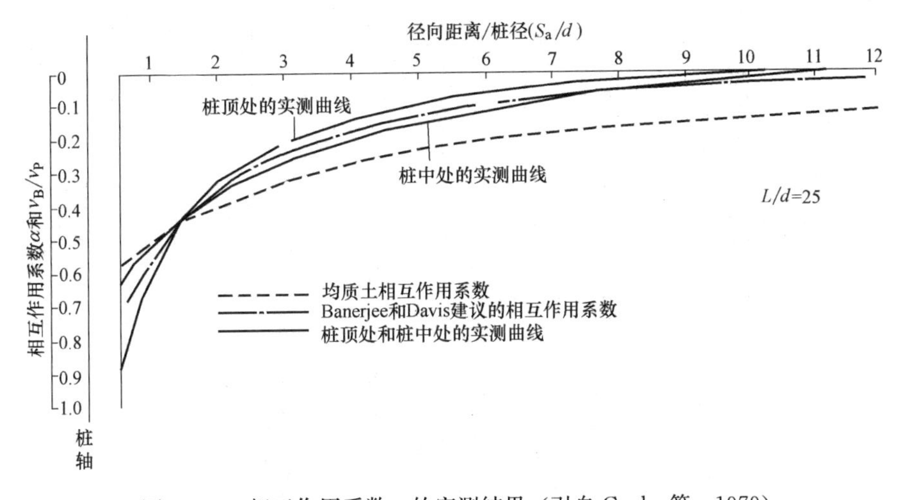

图3.5-8 相互作用系数α的实测结果（引自Cooke等，1979）

(2) 常规弹性理论所预估的群桩沉降比R_s往往大于实测值。相当多的实践经验表明，在桩端持力层以下无软弱层的情况，根据单桩荷载试验资料和常规弹性理论的R_s值借外推法预估群桩沉降，其计算值通常大于实测值；这说明理论的R_s值偏大。必须说明，在桩端持力层以下有软卧层的情况，这时有可能出现相反的趋势，即群桩沉降比实测值大于或者远大于理论值；但是，在这种地质条件下已不宜采用群桩沉降比的方法估计群桩沉降量。

(3) 由常规弹性理论预估的群桩荷载分布的不均匀性比实测结果要大，室内群桩模型试验和现场群桩试验的结果表明，实测的群桩荷载分布的总趋势与常规弹性理论分析是一致的，亦即两者都得到角桩荷载最大、边桩荷载次之和中心桩荷载最小的总趋势；但是，实测的角桩与中心桩荷载之比值要小于理论的比值（陈强华等，1990）（何颐华等，1987）

(O′Neill et al，1982)，实测的群桩荷载分布比理论的要均匀些（见图 3.5-20)。

从上述 α、R_s荷载分布三个方面的理论值与实测值的对比，都说明常规弹性理论分析过高地估计了相互作用，即过高的估计了 α 值。而 R_s偏大和群桩荷载分布偏于不均匀则是 α 偏大的必然结果，因为理论的 R_s和荷载分布都是以 α 为基础而推导出来的。

以弹性理论叠加法为基础的计算群桩沉降的方法，忽略了桩群在土中的“加筋效应”和“遮帘效应”，即在考虑桩与桩的相互影响时，仅仅对各桩变形进行叠加，并未考虑桩的存在所带来的影响，从而过高地估计桩的相互作用。近些年来，国内外对群桩性能的分析从不同的角度进行了研究。有一种意见认为，按弹性理论分析群桩时，只要计算群桩中某一桩与其四周邻近桩之间的相互作用，而忽略该桩与四周邻近桩以外其他桩的相互作用，以此方式考虑群桩在土中的“遮帘效应”，这时在式（3.5.4）中的 n 阶方阵 $[\alpha]$ 实际上是带状矩阵。另一种意见主要从土模量分布模式探讨群桩性能的分析。下面着重讨论后者的一些研究结果。

均质土内具有刚性承台的群桩的荷载分布 **表 3.5-2**

群桩的桩数	L/d	S_a/d	P/P_{av}								
			桩 1			桩 2			桩 3		
			K								
			100	1000	∞	100	1000	∞	100	1000	∞
3×3	10	2	1.28	1.47	1.56	0.84	0.75	0.72	0.52	0.16	−0.15
		5	1.20	1.25	1.26	0.91	0.88	0.88	0.57	0.47	0.45
		10	1.10	1.13	1.14	0.95	0.94	0.94	0.78	0.73	0.70
		20	1.04	1.05	1.06	0.98	0.97	0.97	0.91	0.88	0.88
	25	2	1.18	1.38	1.50	0.89	0.79	0.65	0.71	0.32	−0.35
		5	1.17	1.29	1.32	0.92	0.87	0.84	0.63	0.38	0.34
		10	1.11	1.18	1.21	0.95	0.91	0.89	0.77	0.61	0.55
		20	1.06	1.11	1.21	0.97	0.95	0.94	0.87	0.77	0.73
	100	2	1.24	1.11	1.70	0.86	0.93	0.66	0.58	0.84	−0.45
		5	1.22	1.17	1.37	0.90	0.92	0.81	0.53	0.61	0.24
		10	1.14	1.15	1.28	0.94	0.93	0.86	0.70	0.68	0.42
		20	1.07	1.10	1.21	0.97	0.95	0.90	0.86	0.79	0.55
4×4	10	2	1.68	2.00	2.14	0.97	0.95	0.95	0.38	0.09	−0.04
		5	1.42	1.51	1.52	1.01	1.00	1.00	0.56	0.48	0.47
		10	1.21	1.25	1.28	1.01	1.00	1.00	0.77	0.73	0.70
		20	1.10	1.13	1.12	1.00	1.00	1.00	0.89	0.86	0.86
	25	2	1.50	1.87	2.25	0.97	0.95	0.89	0.54	0.23	−0.05
		5	1.40	1.62	1.70	1.01	1.01	0.99	0.59	0.36	0.30
		10	1.25	1.41	1.48	1.00	1.01	1.00	0.74	0.57	0.50
		20	1.14	1.23	1.26	1.00	1.00	1.00	0.85	0.76	0.72
	100	2	1.56	1.35	2.30	0.96	0.97	1.01	0.52	0.70	−0.15
		5	1.50	1.45	1.84	1.02	1.01	0.98	0.47	0.52	0.18
		10	1.29	1.35	1.65	1.00	1.00	1.00	0.70	0.63	0.34
		20	1.15	1.24	1.42	1.00	1.01	1.00	0.83	0.75	0.56

4. 理论研究的一些新进展

如前所述，均质土的弹性理论分析存在着过高地估计 α、R_s及群桩荷载分布不均匀性等问题，为了改善群桩性能分析的精度，Poulos 及其他研究者探讨了土模量分布模式对于 α、R_s及群桩荷载分布的影响，这里主要涉及土模量沿深度方向和沿径向的变化，前者由土的地质条件形成，后者由桩周土的应变水平不同而引起。

1）土模量沿深度变化的影响

由于天然土形成过程中的生成条件，大部分土层强度沿深度方向趋于增大。因此，在许多场合下，考虑土模量随深度呈线性增长更接近于实际的情况。按桩端持力层情况的不同，可分为摩擦桩和支承在较硬持力层上的桩。这两类的桩-土几何条件的规定如图3.5-9所示。

对于摩擦桩，按照 Poulos（1979）的解，单桩（桩顶）沉降可表示为：

$$s=\frac{P}{E_{SL}d}\bar{I}_{\rho} \tag{3.5.12}$$

式中　P——作用于桩顶的荷载；

E_{SL}——桩端处的土弹性模量；

d——桩径；

$\bar{I}_{\rho}$——沉降影响系数。

在图 3.5-10 至图 3.5-12 中示出 $h/L=2$ 和桩长径比 L/d 为不同值时摩擦桩的$\bar{I}_{\rho}$同 η 和 K 的关系。其中 $\eta=E_{s0}/E_{SL}$ 和 $K=E_P R_A/E_{SL}$，这里 E_{s0} 为地表面处的土弹性模量，E_P 为桩的弹性模量，以及 R_A 为桩的面积比。

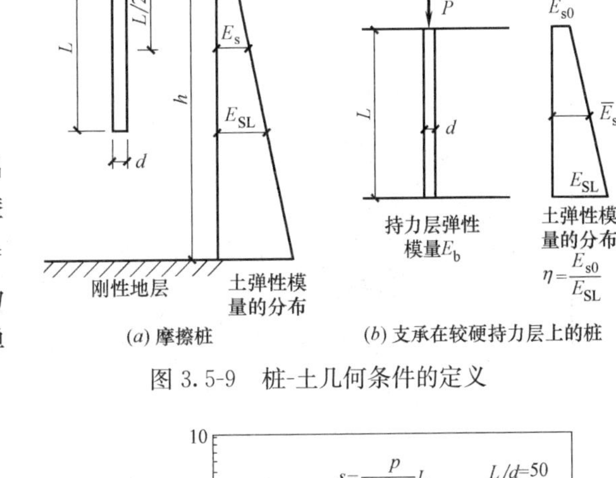

图 3.5-9　桩-土几何条件的定义

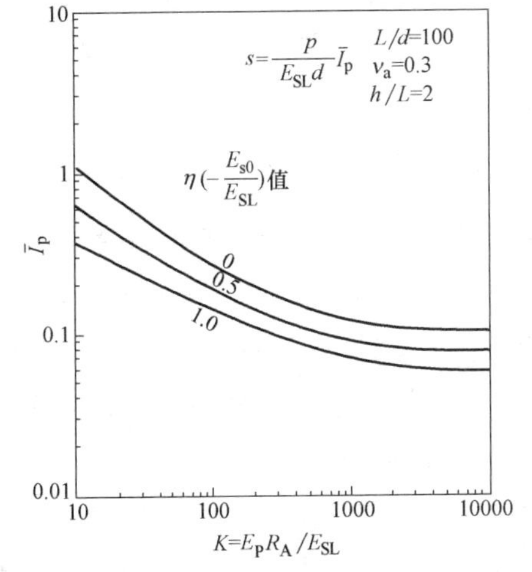

图 3.5-10　摩擦桩的沉降影响系数（$L/d=25$）

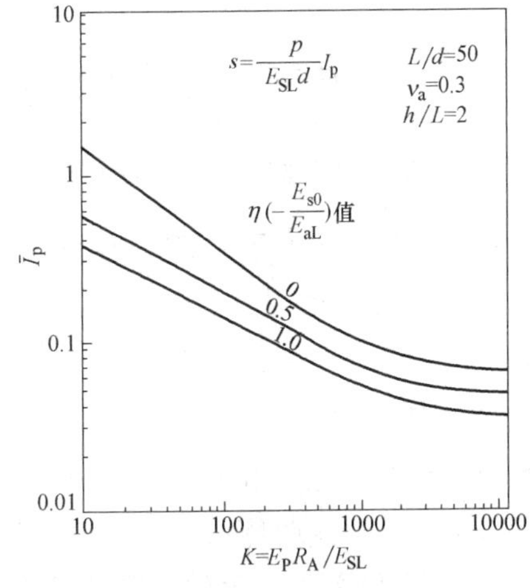

图 3.5-11　摩擦桩的沉降影响系数（$L/d=50$）

对于土模量呈线性分布的情况，根据 Randolph 基于简化弹性分析方法所得到的解析解，可将式（3.5.14）中的$\bar{I}_{\rho}$用如下显式表示：

$$\bar{I}_{\rho}=\frac{4(1+\nu_s)\left[1+\frac{1}{\pi\lambda}\frac{8}{(1-\nu_s)}\frac{\eta_1}{\xi}\frac{\tanh(\mu L)}{\mu L}\frac{L}{d}\right]}{\left[\frac{4}{(1-\upsilon_s)}\frac{\eta_1}{\xi}+\frac{4\pi\bar{\rho}}{\xi}\frac{\tanh(\mu L)}{\mu L}\frac{L}{d}\right]} \tag{3.5.13}$$

这里 $\eta_1=d_b/d$（d_b为桩端直径），$\xi=E_{SL}/E_b$，$\bar{\rho}=\bar{E}_s/E_{SL}$，另外

$$\lambda=2(1+\nu_s)\frac{E_p}{E_{SL}}$$

$$\zeta=\ln\left\{\left[0.25+(2.5\bar{\rho}(1-\nu_s)-0.25)\xi\right]\frac{2L}{d}\right\}$$

$$\mu L=2\left(\frac{2}{\zeta\lambda}\right)^{0.5}\frac{L}{d}$$

从式（3.5.13）可以看出，Randolph 给出的$\bar{I}_\rho$表达式，不仅能用于磨擦桩的情况，并且可用于持力层较硬的情况，还能考虑扩大桩端的问题。

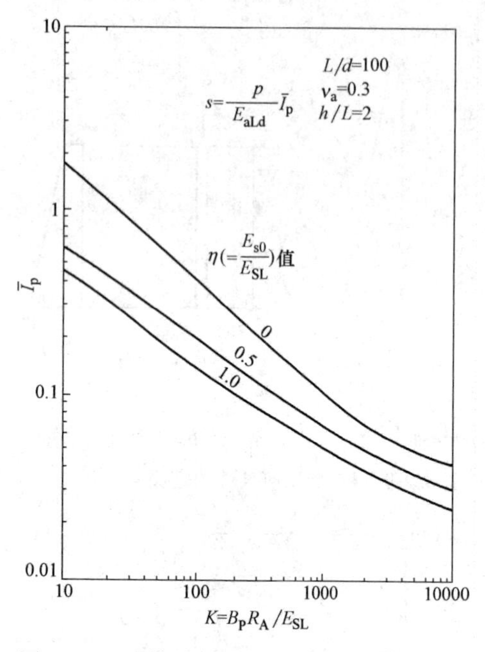

图 3.5-12 摩擦桩的沉降影响系数（L/d=100）

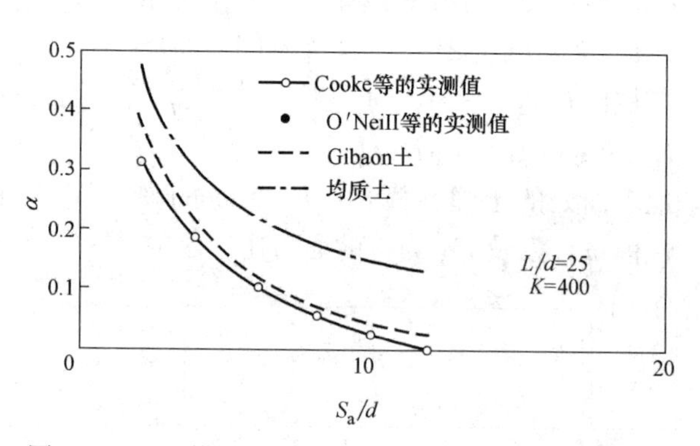

图 3.5-13 土模量沿深度的分布对相互作用系数的影响

现在讨论土层模量沿深度呈线性增长的相互作用系数及其与均质土相互作用系数的关系。弹性理论分析表明，在桩长径比和桩端刚度系数（$K=E_PR_A/E_{SL}$）相同的条件下，均质土的相互作用系数比线性增长土要大；线性增长土的相互作用系数随着$\bar{\rho}$（$\overline{E_s}/E_{SL}$）的减少而降低，亦即$\bar{\rho}=1/2$（$E_{s0}=0$）的 Gibson 土其相互作用系数 α 最小，而其他线性增长土（$1/2<\bar{\rho}<1$）的 α 值则介于均质土与 Gibson 土之间变化。图 3.5-13 所示 $L/d=25$ 和 $K=400$ 时这两种临界土层条件下的 α 与桩距 S_a/d 关系的弹性理论解，在图中还给出 Cooke 等和 O'Neill 等的实测结果。从图中可见，Gibson 土的 α 理论值要比均质土小很多，并与 Cooke 等实测值较吻合。但是随着 L/d 的增大，Gibson 土与均质土的 α 值差别将趋于减小；如 L/d 增长到 50，这时 Gibson 土的 α 值比均质土约小 20%～25%左右，两者的差别并不大。

对于典型的桩刚度系数值，Randolph 和 Poulos（1982）提出了一个相当实用的近似公式用以预估线性增长土的 α 值，即

$$\alpha\approx\frac{0.5\ln(L/S_a)}{\ln(L/d\bar{\rho})}\tag{3.5.14}$$

这里 L 为桩长，S_a 为桩间距，d 为桩径，以及$\bar{\rho}=\overline{E}_s/E_{SL}$。从上式中也可看出，均质土与 Gibson 土的 α 值差异随着 L/d 的增大而趋于减小。

对于在模量呈线性增长的土层中的群桩，利用式（3.5.14）的两桩相互作用系数 α 和式（3.5.12）的单位荷载下的单桩沉降 $s_1(=s/P)$，可通过方程式（3.5.4）和（3.5.5）求解群桩的沉降（相当于刚性承台的情况）或者求解群桩中各桩的沉降（相当于柔性承台的情况），与前述的一般群桩分析方法相同。

考虑土模量沿深度呈线性增长的土剖面模式更接近于实际情况，借此有时在一定程度上可以解释均质土剖面过高估计群桩相互作用的问题。实际上，只有 Gibson 土剖面模式且桩较短的条件下，相互作用系数 α 才能有较大幅度的降低。在不少的情况下，实际土剖面往往只是在某种程度上呈现线性增长（即 $\bar{\rho}$介于 1/2 与 1 之间），而不完全是 Gibson 剖面，再加上桩长的效应，就会使得土剖面对 α 的影响变得不明显；这时按照实际土剖面的情况采用线性增长土模式的弹性理论方法进行分析，往往还是得到群桩沉降偏大和群桩荷载分布偏于不均匀的预估结果。下面列举 Poulos 利用 O′Neill 等的试验所作的分析，用以说明土模量沿深度的模式未必从根本上能改善群桩性能的预估。

O′Neill 等在硬黏土场地上进行了单桩和群桩（$L/d=47.6$）的试验，其中包括 4、5 和 9 根桩的群桩试验。在场地上取得了极为详细的土工试验资料，图 3.5-14 示出标准贯入、静力触探、旁压仪、波速（跨孔法）等现场试验以及三轴不排水剪、超固结比等室内试验的结果沿深度的变化。基于 O′Neill 等的这些试验数据，Poulos 探讨了土剖面模式对于群桩沉降和群桩荷载分布的理论预估的灵敏度。他取用了下列四种土剖面模式：(1) 线性变化的剖面。土弹性模量 E_S 随深度的变化按关系式 $E_s=40+5.38z(\mathrm{MN/m^2})$，该式由旁压仪试验测得的不排水剪强度 C_u 值近似简化成沿深度呈线变化关系后再用经验关系 $E_s=750C_u$ 而推得；(2) 均质剖面。取 $E_s=75\mathrm{MN/m^2}$，(3) 双层剖面。上层土厚为 8m 和 $E_s=55\mathrm{MN/m^2}$，其下为深厚土层和 $E_s=100\mathrm{MN/m^2}$；(4) 实测土剖面。该剖面遵循三轴不排水剪强度 C_u 沿深度的实测分布，其中 $E_s=750C_u$。

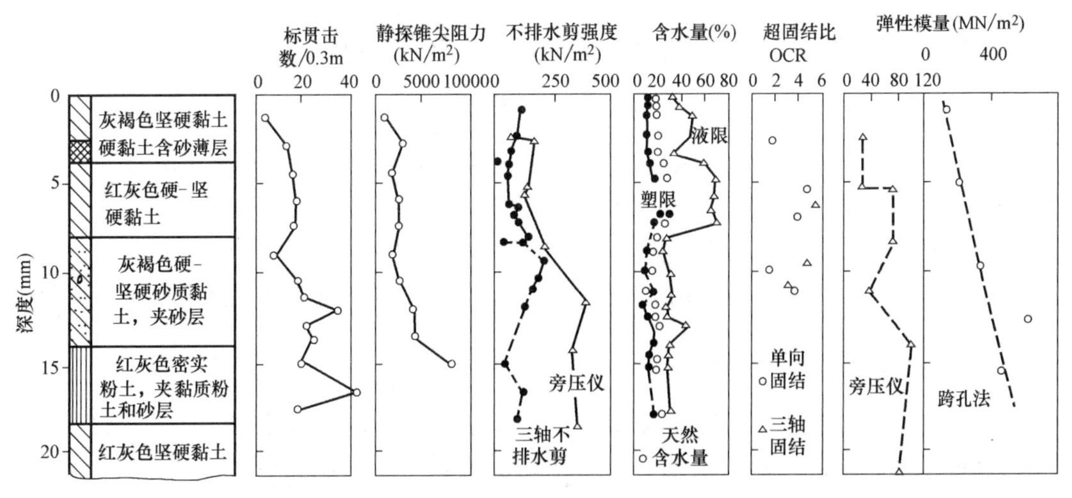

图 3.5-14　场地土工试验资料汇总

图 3.5-15 给出四种土剖面模式的单桩和群桩的理论预估沉降，并与实测值作比较。所有土剖面都给出相近的单桩沉降预估值，并与单桩沉降实测值较好吻合；但是，所有群桩沉降预估值要比实测值约大 50%。此外，在所有的预估群桩荷载分布解之间只有很小的差别，亦即土剖面模式对预估群桩荷载桩荷载分布的影响很小，而且预估群桩荷载分布

的不均匀性总是大于实测的不均匀性。综合上述可以认为，在此特定的情况下沿深度方向的土剖面模式对预估群桩性能不是一个关键因素。

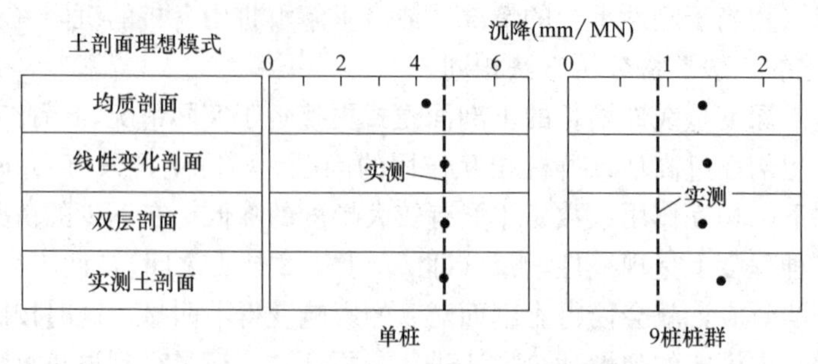

图 3.5-15　土剖面模式对单桩、群桩沉降的影响

为使得理论分析的单桩沉降、群桩沉降和群桩荷载分布的预估结果同实测结果能够较好吻合，需要进一步改善理论分析方法。下面介绍考虑土弹性模量在径向变化的弹性理论分析。

2）土模量沿径向变化的影响

O'Neill 等（1977）曾指出，在分析桩之间的相互作用时，取用位于桩之间且产生低应变的土的模量，应区别于与桩邻近且产生高应变的土的模量；后者适用于计算单桩沉降，前者应当用于计算桩之间的相互作用。按照这一观点，与桩邻近的土模量很可能比桩之间土体的模量小很多，而前述的分析群桩沉降比的常规方法则使用了与计算单桩沉降和两桩相互作系数相同的土模量，故采用常规方法将出现群桩沉降比偏大的趋势。

这里介绍 Poulos 提出的考虑土模量径向（水平向）变化的分析群桩性能方法（Poulos，1988）。

据相互作用系数的定义，可将两根相同桩的相互作用系数表示为：

$$\alpha=\frac{\text{邻近桩引起的附加沉降}}{\text{桩在自身荷载下的沉降}}=\frac{\Delta s}{s} \tag{3.5.15}$$

在过去分析 Δs 和 s 时都采用相同的土弹性模量，即都采用了近桩的土模量 E_s，在考虑土模量水平向变化的分析中，作了如下的修正：

（1）计算单桩沉降 s 仍采用近桩土模量 E_s；

（2）计算附加沉降 Δs 则采用平均土模量 E_{sav}，E_{sav} 值应与桩间土发生较低应变水平相协调。

为了确定 E_{sav}，需要假定在桩之间的土模量分布，用以反映土中的不同应变水平。这可根据有限元分析或其他近似分析来确定桩之间的应变分布，然后使用土的典型试验资料来判定土模量与应变的函数关系，进而得到土模量与距离的函数关系。为简化起见，Poulos 采用了图 3.5-16 所示的土模量分布假定。土模量与离开每一根桩的距离呈线性增长，从桩表面处的 E_s 变化到离开桩表面的距离 S_t 处的 E_{sm} 之后，距离超过 S_t 之后，土模量保持常数值 E_{sm}。借上述土模量分布的假定，计算式（3.5.15）的 Δs 时桩间土模量平均值 E_{sav} 可由下式给出：

当 $S_a<2S_t+d$ 时

$$\frac{E_{sav}}{E_s}=1+0.25(\mu-1)\frac{(S_a-d)}{S_t}\qquad(3.5.16)$$

当 $S_a>2S_t+d$ 时

$$\frac{E_{sav}}{E_s}=\mu+(1-\mu)\frac{S_t}{(S_a-d)}\qquad(3.5.17)$$

式中　S_a——桩间距；

S_t——过渡距离；

d——桩径；

$\mu=E_{sm}/E_s$ 以及 E_{sm} 为低应变水平时的土弹性模量。

利用边界元可得到在上述土模量假定条件下的相互作用系数 α，对于 $L/d=50$，$K=1000$（这里 K 为桩模量与近桩土模量的比值）和 $S_t/d=3$ 的情况，图 3.5-17 示出不同 μ 值时的 α 与 S_t/d 的关系曲线，其中 $\mu=1$ 的曲线相应于单桩沉降和相互作用系数都假定具有相同土模量值的常规计算方法。从图中可见，在给定桩距的条件下，α 随着 μ 的增大而减小。

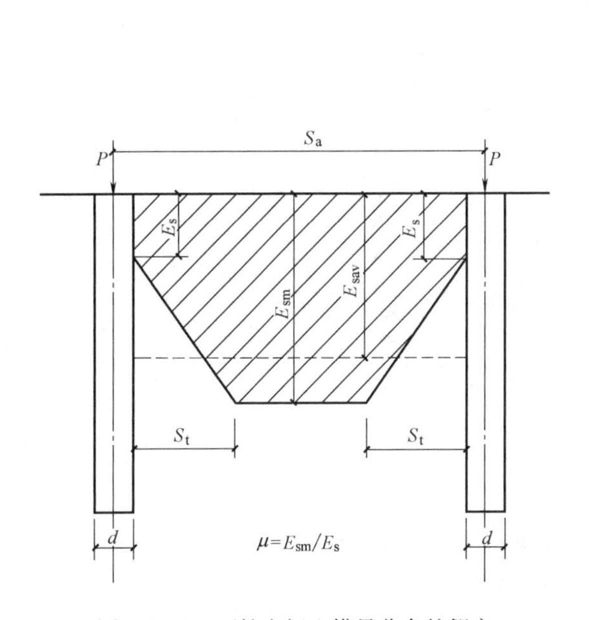

图 3.5-16　两桩之间土模量分布的假定

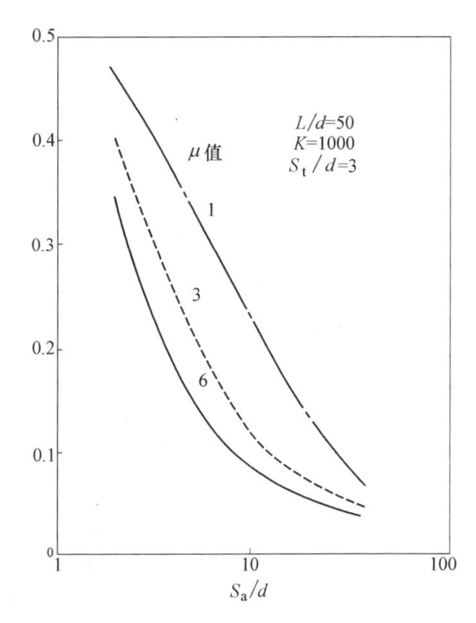

图 3.5-17　土体模量比 μ 对 α 的影响

对于不同桩数的群桩，图 3.5-18 示出比值 μ 对群桩沉降比的影响以及对群桩最大和最小桩荷载的影响。随着 μ 的增大，群桩沉降比趋于减小，这是相互作用衰退的反映，随着群桩数的增加，这种衰退效应变得更为明显，并且群桩荷载分布也变得更加均匀。

对于一个 3×3 的群桩，图 3.5-19 示出桩距的影响。随着桩距的增大，群桩沉降比趋于减小，群桩荷载分布趋于均匀；这些效应随着 μ 值的增大将更加明显。

综合上述可知，与使用相同土模量进行单桩沉降和相互作用的常规方法（$\mu=1$）相比较，使用较高土体模量进行相互作用计算的方法（即 $\mu>1$）将得到较小的群桩沉降比和较均匀的群桩荷载分布。

对于前面提到 O'Neill 等在硬黏土场地中得到的单桩和群桩试验结果，Poulos 取用

μ=4.8分析了群桩的性能，图3.5-20和图3.5-21分别给出群桩沉降比和群桩荷载分布的理论值与实测值，在图中还给出的μ=1理论值。在进行理论分析时，取用$E_s=25q_c$（q_c为静力触探探头阻力）计算单桩沉降，并作为群桩的近桩土模量；根据跨孔波速试验结果确定的土体模量值E_{sm}以及上列E_s的值，得到μ=4.8，而S_t假定为桩径的三倍。从图3.5-21可见，使用μ=4.8计算相互作用系数而得到的群桩沉降比同实测相当吻合，使用常规相互作用系数（即μ=1）的方法则过高估计群桩沉降比；尽管μ=4.8时的群桩荷载分布理论值与实测值不是完全吻合的，但却要比μ=1时的理论值与实测接近得多。

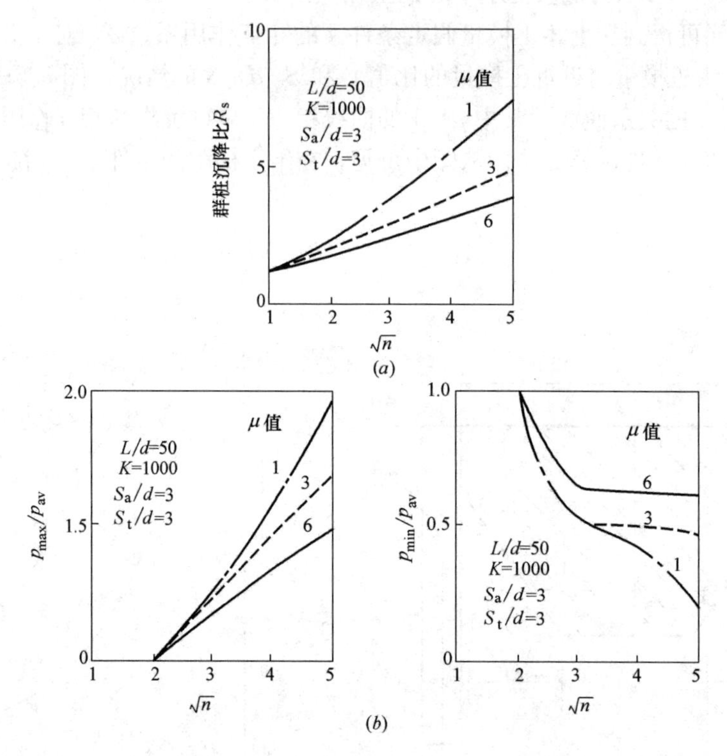

图3.5-18 R_s、荷载分布随μ、桩数n的变化

（a）群桩沉降比R_s；（b）荷载分布

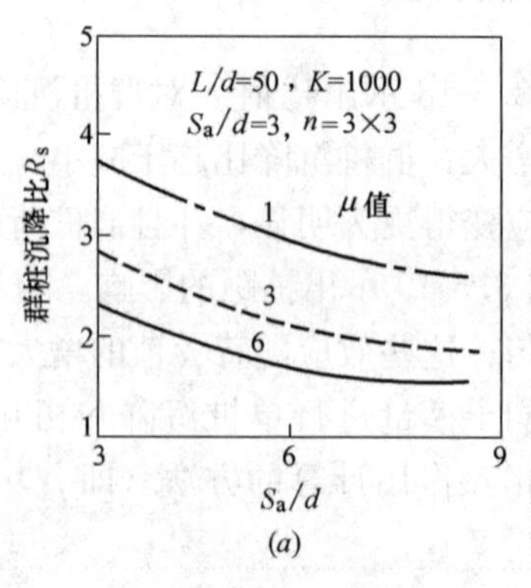

图3.5-19 R_s、荷载分布随μ、S_a/d的变化

（a）群桩沉降比R_s

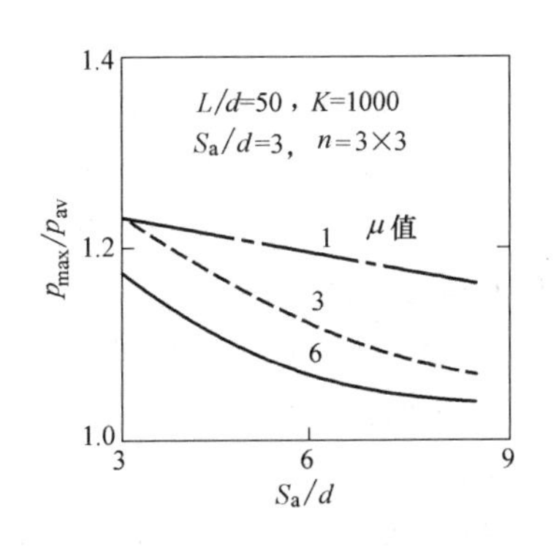

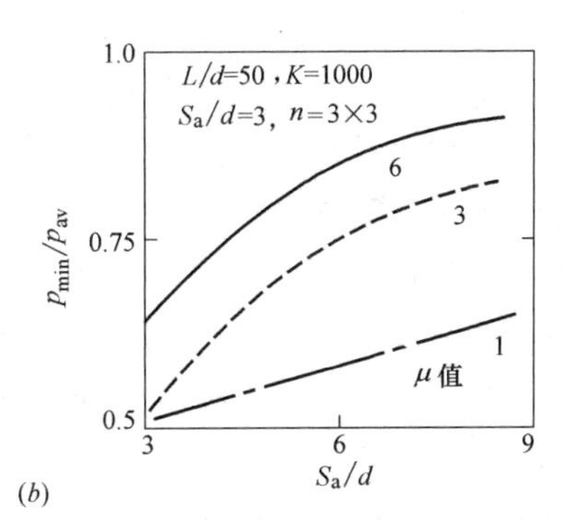

(b)

图 3.5-19 R_s、荷载分布随 μ、S_a/d 的变化（续）

(b) 荷载分布

上述的理论分析与群桩实测的对比表明，考虑桩之间的土体模量大于近桩土模量的理论分析，有可能使得预估的群桩性能（包括相互作用系数、群桩沉降比及群桩荷载分布）更加合理。但是，要将桩之间的土体刚度大于近桩土刚度的概念转化为工程实用计算方法，并且推广到各类型的群桩基础中去，还有许多课题有待研究。例如，合理的确定 μ 和 S_t，这涉及桩间土的应变水平分布同群桩几何尺寸、土的性质、成桩工艺以及桩的刚度系数等因素的复杂关系。

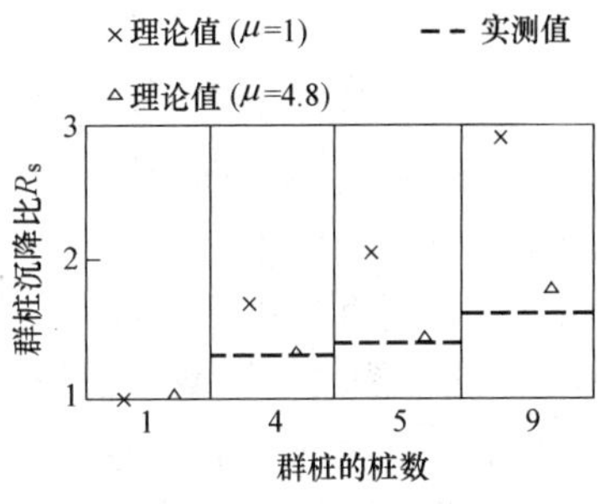

图 3.5-20 群桩沉降比的理论值与实测值

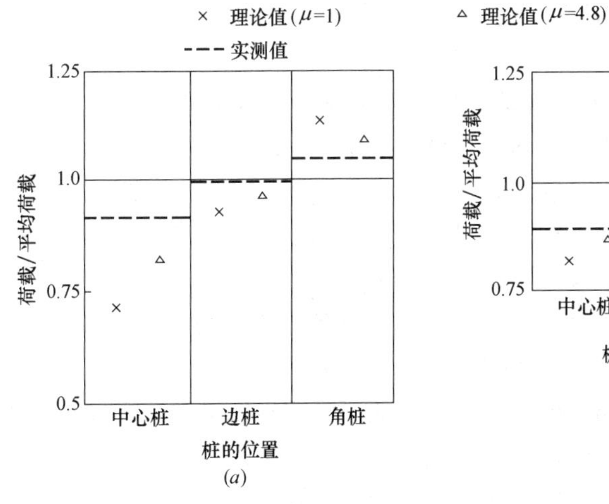

(a)

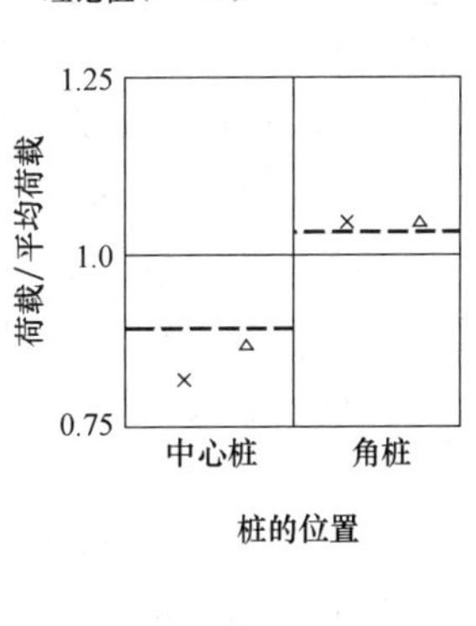

(b)

图 3.5-21 群桩荷载分布的理论值与实测值

(a) 9 桩桩群；(b) 5 桩桩群

3.6 土变形指标

3.6.1 问题的提出与背景情况

问题的提出及背景情况，说明如下。

（1）土的压缩模量 E_s 很难从室内试验正确确定

从室内土工固结试验得到的土压缩模量 E_s 受取土（包括取土器壁的厚度、取土技术等）、运输和试验等环节产生的扰动影响，尤其是砂性土的扰动更显著。采用室内土工固结试验的 E_s 值作为我国现行桩基沉降计算的主要变形指标，存在有时误差和离散性偏大的缺陷。

（2）我国的一些原位土工试验（如静力触探）指标与土变形指标（如土压缩模量）的经验关系，大都是由室内固结试验的 E_s 与静力触探锥尖阻力的数据进行统计而得到的。这些经验关系包含室内固试验的误差，在实际工程中很难应用。

（3）试图建立原位土工试验指标与砂土变形指标的普遍关系是存在很大困难的。

国外在标定赛马（C.C）进行了大量各种类型砂土静力触探对比试验发现，对砂土锥尖阻力值有重要影响的因素远比人们预料的要多，还包括了砂土的矿物组成、级配、细颗粒含量、颗粒形状等材料特性以及胶结作用、各向异性、地质年代等结构特性。因此，试图探索原位土工试验指标与砂土变形指标之间普遍的经验关系是不现实的。

（4）在指导思想方面更要重视地区性研究（包括在区砂土的材料与结构特性研究），特别要重视通过积累桩基沉降观测资料来探索建立的地区特定砂土的原位土工试验指标与土变形指标之间的关系。其中土变形指标由桩基沉降观测资料判定，先有粗框然后细化；原位土试验指标也可在桩基场地附近补做。

3.6.2 先行探索的桩型与桩周土特性

根据上海地区桩的类型和施工对桩基沉降的影响同桩周土特性、桩端压缩层组成之间关系的认识与理解，说明如下。

1. 钻孔灌注桩基

通过积累桩基沉降观测资料来提高土变形指标（土压缩模量 E_s）的估算精度，要更加重视积累钻孔灌注桩基础沉降观测资料

1）要重视积累桩周为饱和软黏土和黏土时的钻孔灌注桩基沉降观测资料。在这类桩周土地层条件下，钻孔灌注施工不仅对桩周土基本上不产生挤土与扰动的作用，而且在这类桩周土条件下施工质量相对易于控制。从上海地区表面附近有 20m 左右饱和软黏土的实际情况，积累桩端入土深度均 30m 左右的钻孔灌注桩基沉降观测资料对上海地区改善土变形指标的精度有重要参考价值，说明如下：

（1）引起该桩端入土深度钻孔桩基沉降的荷载较简单，仅为上部结构荷载，不涉及挤土桩施工引起的负摩阻力的复杂影响。

（2）在相近桩端入土深度范围内，上海地区已积累大量预制桩基沉降观测资料，与钻孔桩基沉降观测资料相比则可判断上海地区的挤土效应系数上限值。因为预制桩沉桩挤土作用能够引起桩周土扰动、结构破坏和土体隆起以及随后土产生最严重再固结沉降的地层条件就是桩周均为饱和软黏土和黏土的地层条件［指其他条件（桩距、桩数、施工速度）相同的情况下］。

2）在上海地区还有一些古河道地层剖面或有的土层缺失的地层剖面，有时会在更大的桩端入土深度时出现桩周均为饱和软黏土和黏土的地层条件，应充分利用这些条件积累钻孔桩基沉降观测资料，为判断更深土层的变形指标创造条件。

3）当桩端入土深度很大时，在上海地区的钻孔灌注桩的桩周不仅有软黏土和黏土，还有砂土层或厚砂土层存在，这时钻孔灌注桩在厚砂土层中施工难度较大，施工质量难以

控制。例如，在厚砂土层为密实的⑦2 层（或⑨层及其下砂土层）且桩端进入砂土层深度达到 15～20m 的情况下，这时试桩所测到的单桩极限承载力很低，往往只有原设计预期的单桩极限承载力的 50%左右，实测的砂土层摩阻力仅为上海规范建议值或地质勘察报告给定数据的 20%～38%范围内。综合上述可知，桩周存在厚砂土层的地层条件下钻孔灌注桩施工对桩基沉降的影响，与桩周均为饱和软黏土和黏土的地层条件下有很大差异。

2. 打入预制桩基

有的高架道路和高层住宅的打入桩基沉降实测结果表明，除了桩周存在砂土层与桩周均为软黏土和黏土有差别外，在桩基荷载（包括总荷载和各桩荷载水平）、桩基尺寸（包括桩长、桩间距和桩数）以及桩端持力层与压缩层（均为⑦层）等条件都很接近的情况下，桩周砂土层的存在能够明显降低打入桩基施工期沉降、工后沉降和总沉降，并可缩短桩基沉降稳定时间。由此可见，与桩周为软黏土和黏土相比，桩周砂土层的存在将会减小打入桩沉桩挤土作用产生的土再固结沉降影响。因此，桩周砂土层的存在，对于打入桩基沉降来说往往是有利的，而对于钻孔桩基沉降来说则可能起相反的作用。

值得注意的是，当桩端压缩层以可塑黏性土为主时桩周砂土层存在对减少打入桩基沉降已不起作用了。说明桩周砂土层存在对打入桩基沉降的影响还依赖于桩端压缩层的组成。

3.6.3 其他工作

通过桩基沉降观测资料来改善土变形指标的精度，尚需做好一些工作：

（1）从桩基沉降观测资料可得到推算最终沉降量后，对于桩长较大的桩基尚需估算桩身压缩量，在推算最终沉降量中扣除桩身压缩量后才能用以估算压缩层的土压缩模量。因为桩身压缩量在推算最终沉降量的份额随桩长的增大而增加；

（2）对于桩周为饱和软黏土和黏土时的钻孔桩基，这时计算荷载 P、α 和桩侧摩阻力的确定似与式（3.3.5）有差别；

（3）在典型地层剖面场地并有钻孔桩基观测点附近，专门设置原位土工试验点，既可做静力触探试验，又可做其他原位土工试验，还可做对比试验。

参考文献

[1] 陈强华，陈冠发，洪毓康（1990）. 高层建筑下桩-箱共同作用原位测试研究. 岩土工程师. 第 2 卷，第 1 期.

[2] 何颐华，金宝森，王秀珍，雷克木（1987），高层建筑箱型基础加摩桩的研究，中国建筑科学研究院地基所，1987.

[3] 刘金砺，袁振隆，张国平（1984），钻孔群桩工作机理与承载能力研究，建筑科学研究报告，中国建筑科学研究院，1984，No. 2-1.

[4] 刘金砺（1990）. 桩基础设计与计算. 北京：中国建筑工业出版社.

[5] 卢世深等译（1984）. 旁压仪和基础工程. 北京：人民交通出版社.

[6] 上海市标准（1989）. 地基基础设计规范（DBF09—11—89）条文说明及背景材料汇编.

[7] 上海市工程建设规范（2010）. 地基基础设计规范（DBF09—11—2010）.

[8] 中华人民共和国行业标准（2008）. 建筑桩基技术规范（JGJ 94—2008）.

[9] 刘金砺，邱明兵（2007）. 不同类型沉降变形机理差异及中小桩距群桩基础的沉降计算. 土木工程学报，第 40 卷增刊.

[10] 周红波，陈竹昌 (2007). 上海软土地区打入桩基长期沉降性状研究. 岩土力学.
[11] 张定，陈竹昌，姚笑青 (1999). 桩的施工方法对桩基沉降的影响. 同济大学学报，Vol. 27，No. 6.
[12] 黄绍铭 (2005)，桩基础. 软土地基与地下工程. 中国建筑工业出版社.
[13] 张定，陈竹昌 (2002). 高架桥梁桩基础后期沉降控制研究，轨道交通明珠线一期工程. 上海科学技术出版社.
[14] 周红波 (2004)，桩的类型和施工技术与工艺对桩基性状影响研究. 同济大学博士论文 [D].
[15] 中华人民共和国交通部标准 (1985). 公路桥梁涵地基与基础设计规范 (JTJ 024—85).
[16] 中华人民共和国铁道部标准 (1985). 铁道桥涵设计规范 (TBJ—2).
[17] 朱百里，沈珠江等 (1990). 计算土力学. 上海科学技术出版社.
[18] 佐滕・悟 (1965). 基桩承载力机理. 土木技术，Vol. 20 No. 1-5.
[19] Aschenbrener, T. B. and Olson, R. E (1984), Prediction of Settlement of single piles inclay, Analysis and Design of Pile Foundation (edited by J. R. Meyer).
[20] Chen, Z. C. and Song, R. (1991), A study of compressyion of individual pile, Proc. 4th International Conference onPiling and Deep Foundation, Milano, Italy.
[21] Cooke, R. W., Price, G. and Tarr, K. J. (1979), Jacked pile in London clay: a study of load transter and settlement under working conditions, Geotechnique, Vol. 29, NO. 2.
[22] Coyle, H. M. and REESE, l. C. (1966), Load transfer for axially loaded pile in clay, J. S. M. F. D., ASCE, Vol. 92. SM2.
[23] DAppolonia, E. and Thurman, A. G. (1965). Computed movement of friction and end-bearing piles embedded in uniform and stratified soils. Proc. 6th ICSMFE. Montereal, V01. 2.
[24] Dad, B. M. (1984), Principles of foundation engineering, Brooks/Cole Engineering Divison.
[25] Desai, C. S. and Christian, J. T. (1977), Numerical method in geotechnical engineering, Mcgraw-HILL Book Company.
[26] Gardner, W. S. i (1975). Consideration in the design of drilled piers, Design, Construction and Per-formance of Deep Foundation.
[27] Heydinger, A. G. (1987), Recommendations; load-transfer criteria for piles in clay, AD-A181713.
[28] Kezdi, A. (1957), The bearing capaeity of pile and pile groups , Proc, 4thICSMFE, London, Vol. 2.
[29] Koyxumi, Y, and Ito, K. (1967), Field tests with regard to pile driving and bearing capacity of pile foundation , Soil and Foundation, Vol. 7, No. 3.
[30] Kraft, L. M., Ray, R. P. and Kagawa, T. (1981), Theoretical t-x curves. J. Geotech . Engng, Vol. 107, No, GT11.
[31] Liu, J. L,. Yuan, Z. L. and Zhang, K. P. (1985), Cap-pile-soil interaction of bored pile groups, Proc. 11thICSMFE, Vol. 3.
[32] Meyerhof, G. G (1976), Bearing capacity and settlement of pile foundation, J. Geotech. Engng. ASCE, Vol. 102, No. GJ3.
[33] ONeill, M. W. Hawkins, R. S. and, Mahar, L. J. (1982), Load transfer mechanisms in pile and pile groups , G. Geotech. Engng, ASCE, Vo1. 108. No. GT12.
[34] ONeill, M. W., Ghaxxaly, O. I. and, Ha. H. B. (1977), Analysis of threedimensional pile groups with nonlinesr. soil response and pile-soil-pile interaction, Proc, 9th Annual Offshore Technology Conference, Houston, Texas.
[35] Poulos, H. G. (1979), Settlement of single pile in non-homogeneous soil, J. Geotech. Engng, ASCE, Vo1. 105. No. GT5

[36] Poulos, H. G. and Davis, E. H. (198O), Pile foundation analysis and design, John Wiley and Sons.

[37] Poulos, H. G. (1988), Marine Geotechnics, Uniwin Hyman Ltd, London.

[38] Poulos, H. G. (1988), Modified calculation of pile group settlement interaction, J. Geotech, Engng, ASCE, Vol. 114, No. GT8.

[39] Randolph, M. F. and Wroth, C. P. (1978), Analysis of defrmation of vertically loaded piles, J. Geotech. Engng, ASCE, Vol. 104, No. GT12

[40] Randolph, M. F. and Poulos, H. G. (1982), Estimation of the flexibility of offshore pile groups, Proc. 2tnd Int. Conf. Numerical Method in Offshore Piling, Austin.

[41] Seed, H. B. and Reese, L. C. (1957), The action of soft clay along friction piles. Trans. ASCE, Vol. 122.

[42] Ting, W. H. (1985), A simplified method of estimating settlement of individual piles, Ground Engineering, September.

[43] Tomlinson, M. J. (1977), Pile design and construction practice, Viewpoint Pubications.

[44] Vijayvergiya, V. N. (1977), Load-movement characterstice of piles, Proc. 4th Symposium of Waterway, Port. Coastal and Ocean DIVISION, asce. Long Beach, Calif,. Vol. 1.

第4章　水平荷载下单桩和群桩基础受力分析

赵明华　邹新军　邓友生

4.1　水平荷载下单桩的受力特性

桩基础除了承受较大的竖向荷载外，往往还需承受较大的水平荷载（如波浪力、风力、震动力、船舶撞击力以及行车的制动力等）和力矩，从而导致桩基的受力情况更为复杂。

20世纪30年代以前，人们偏重于研究竖向荷载下基桩的工作性能，而对水平荷载下基桩的工作性能研究较少；之后，国内外学者才开始对水平受荷桩的工作性能进行探讨，如我国张有龄先生（Y. L. Chang）在1937年提出的张氏法、苏联安盖尔斯基的k法等。60年代后，由于管桩和大直径钻孔桩的普遍应用，并积累了大量水平静载试验桩数据，由此促进了水平受荷桩的作用机理和计算方法的深入研究。

4.1.1　工作性能及其破坏性状

水平荷载作用下，基桩的工作性状涉及桩身半刚体结构部件和土体之间的相互作用问题，因而极为复杂，其水平承载能力不仅与桩本身材料强度和截面尺寸有关，且很大程度上取决于桩侧土的水平抗力。

水平荷载作用下桩身产生挠曲变形，且变形随深度变化，导致桩侧土体所发挥的水平抗力也随深度变化。当桩顶未受约束时，桩顶的水平荷载首先由靠近地面处的土体承担。荷载较小时，土体虽处于弹性压缩阶段，但桩身水平位移足以使部分压力传递到较深土层。随荷载增加，土体逐步产生塑性变形，并将所受水平荷载传递至更大深度。当变形增大到桩材不能容许或桩侧土体屈服破坏时，桩土体系便趋于破坏，桩的水平承载力丧失。

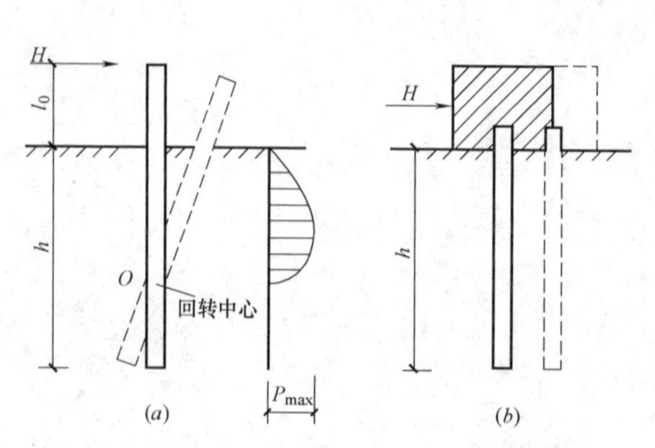

图4.1-1　刚性桩
(*a*) 桩顶自由；(*b*) 桩顶嵌固

桩的材料强度和截面尺寸越大，其抗弯刚度就越大，水平力作用下桩身的挠曲变形就越小；另外，土体强度越大，水平抗力就越大，对桩身挠曲变形的约束作用也越大，故桩的水平受力变形特性受桩-土相对刚度的影响较大。

通常根据桩-土相对刚度，将桩划分为刚性桩和弹性桩。当桩身无量纲入土深度 $\alpha h \leqslant 2.5$（αh 详见后述）时，桩的相对刚度较大，可不考虑水平荷载作用下桩本身的挠曲变形，称为刚性桩，其水平承载力取决于桩侧土强度及其稳定性，如墩基和沉井基础等；当 $\alpha h>2.5$ 时，桩的相对刚度较小，桩身挠曲变形较大，称为弹性桩，其水平承载力取决于桩材抗弯刚度和桩侧土强度，一般情况下弹性桩居多。

1. 刚性桩的破坏

当桩的长度较小或桩周土体软弱时，桩的刚度远大于土体的刚度，则水平荷载作用下，桩本身挠曲变形极微，可忽略不计，故桩体将产生全桩长的刚体变位。

当桩顶自由时（图 4.1-1*a*），桩身将绕靠近桩端的一点 O 转动，O 点上方的土层和 O 点到桩底之间的土层产生被动抗力。这两部分作用方向相反的土抗力构成力矩以共同抵抗桩顶水平荷载的作用，并构成力的平衡。当水平荷载达到一定值时，桩侧土体开始屈服，随荷载增加，屈服逐渐向下发展，直至桩身因转动而破坏。对于桩顶自由的刚性桩，当桩身抗剪强度满足要求时，桩体本身一般不发生破坏，故其水平承载力主要由桩侧土的强度控制。但桩径较大时，尚需考虑桩底土偏心受压时的承载能力。

当桩顶嵌固在承台中时，因桩顶受到约束而不能产生转动，桩与承台将一起产生刚体位移以获得土体抗力，如图 4.1-1（*b*）所示，当土体抗力不足以平衡水平荷载或嵌固处的弯矩超过桩截面极限抵抗矩时，桩基础失效而破坏。

2. 弹性桩的破坏

当桩的长径比较大或桩周土体较坚实时，桩土相对刚度较小，此时在桩顶水平荷载作用下，由于桩侧土体水平抗力的约束，桩体本身将产生随深度增大而逐渐减小的挠曲变形，且达一定深度后，挠曲变形趋近于零（图 4.1-2*a*）。此时，随水平荷载的不断增加，桩身在较大弯矩处断裂或使桩体产生过大侧移使桩周土体屈服破坏，导致桩的水平承载能力丧失。

当桩顶受承台约束时，除可能出现上述弯曲破坏外，在桩顶与承台嵌固处也将产生较大弯矩，并因桩材屈服而形成塑性铰，如图 4.1-2（*b*）所示。桩材对弹性桩的破坏性状也有一定影响，如钢筋混凝土桩，其抗拉强度低于轴心抗压强度，故桩身挠曲时首先在截面受拉侧开裂而趋于破坏，故钢筋混凝土桩用作弹性桩时，应控制其截面开裂并限定相应的位移；而钢管桩，其抗压强度与抗拉强度基本一致，但抗弯刚度一般低于同直径的钢筋混凝土实心桩。水平荷载作用下，与钢筋混凝土桩不同，可承受较大的挠曲变形而不产生截面受拉破坏。故钢管桩用作弹性桩时，应控制其水平位移以免失稳。H 钢桩比钢管桩的刚度大，但打入时两翼缘之间土体扰动较大，在相同水平力下所产生的水平位移一般比钢管桩大，通常可达 140%。

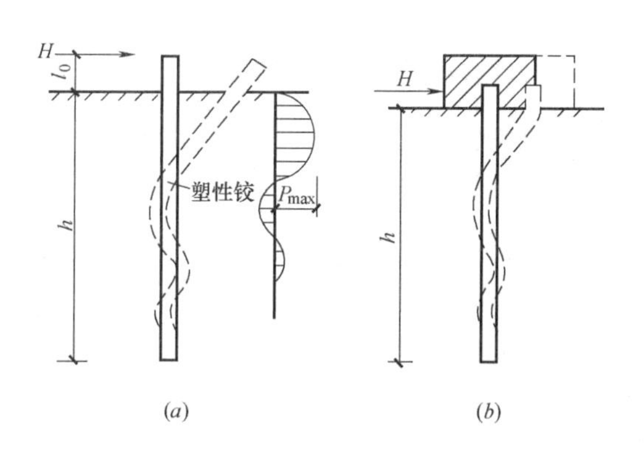

图 4.1-2 弹性桩
（*a*）桩顶自由；（*b*）桩顶嵌固

此外，桩体发生转动或破坏之前，桩顶将产生较大的水平位移，而该水平位移往往使所支承结构物的位移量超出容许范围或使结构不能正常使用，故设计时还须考虑桩顶位移是否满足上部结构所容许的限度。

试验研究表明，循环荷载作用下桩的水平位移会有明显增大，其主要原因有：

(1) 循环次数增加导致桩体累积残余变形加大；

(2) 循环荷载作用降低土体刚度和强度，使土体水平抗力降低。此外，这种抗力的降低还与土质、循环次数等有关，如：①浅层土抗力的降低多于深层土；②黏性土抗力的降低比砂性土多；③土抗力随循环的次数增加而降低，但当循环次数达一定值（如40～50次）后趋于稳定；④循环次数对桩列上前、后桩位置的影响不大。

目前，只有 p-y 曲线法能考虑水平循环荷载对桩的影响，但其解答也只能给出循环荷载下桩性状的包络线，关于循环荷载作用下桩的性状还有待进一步研究。

4.1.2 计算方法分类

水平荷载下基桩的受力分析方法较多，通常可综合分为如下几大类。

1. 极限地基反力法（极限平衡法）

极限地基反力法首先由雷斯（Rase，1936）提出，冈部（1951）、Broms（1964，1965）等进行了发展，适用于埋入深度较小的刚性桩。该法假定桩侧土体处于极限平衡状态，并按照作用于桩上的外力及土的极限静力平衡条件推求桩的水平承载力，不考虑桩本身挠曲变形，且认为地基反力 q 仅是深度 z 的函数，而与桩身挠曲变形 x 无关，即

$$q=q(z) \tag{4.1.1}$$

根据不同的土反力分布规律假定，又分为不同的计算方法，表4.1-1给出了几种常用的极限地基反力法。

常用极限地基反力法 表4.1-1

地基反力分布	方法	摘要
二次曲线（抛物线）	恩格尔-物部法	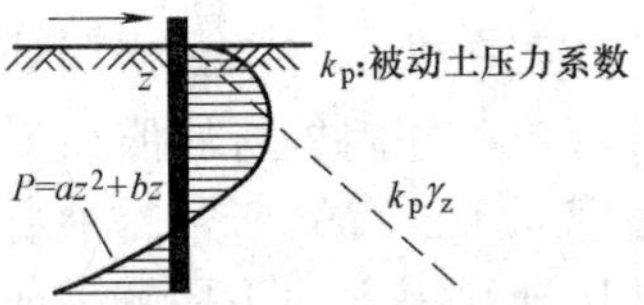
直线	雷斯法	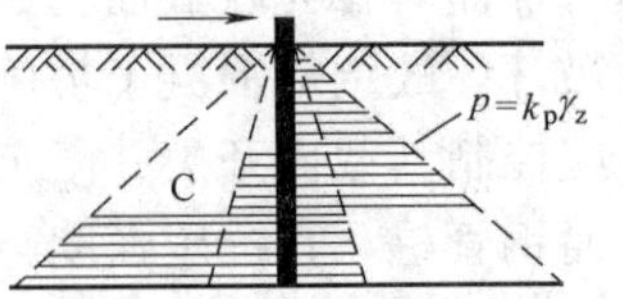
	冈部法	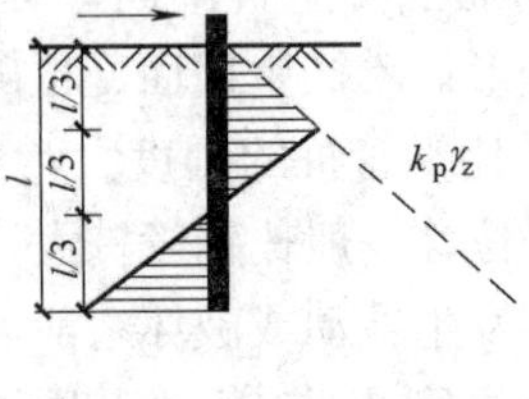

续表

地基反力分布	方法	摘要
直线	斯奈特科法	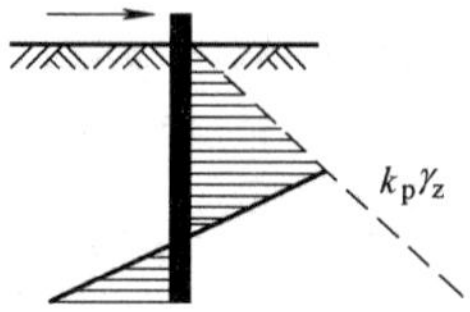
	布罗姆斯法（短桩）	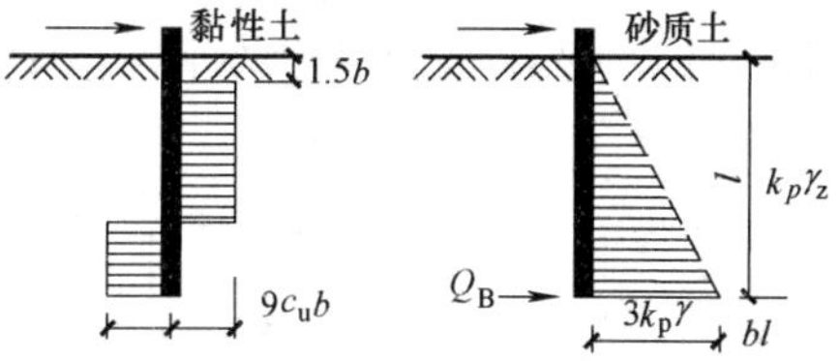
任意（部分近似）直线	挠度曲线法	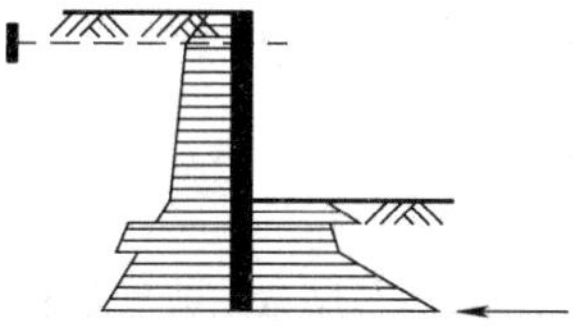

由于在确定桩的水平抗力时假定桩侧土体处于极限平衡状态，不考虑桩身与地基的变形特性，故极限地基反力法不适用于一般桩基变形问题的研究，即不能用于长桩和含有斜桩的桩结构物计算。

2. 弹性地基反力法

弹性地基反力是指由桩的位移 x 所产生的地基反力。弹性地基反力法将土体假定为弹性体，用梁的弯曲理论求解桩的水平抗力，其假定地基反力 q 与桩的位移 x 的 m 次方成比例，且随深度发生变化，即

$$q=kz^{n}x^{m} \tag{4.1.2}$$

式中，k 是由土的弹性所决定的系数，与指数 m、n（$n\geqslant0$，$1\geqslant m\geqslant0$）有关，单位为 kN/m^{m+n+2}。上式 z 与 x 的幂方形式也可表示成为与 z 的任意函数 k（z）乘积的形式：

$$q=k(z)\ x^{m} \tag{4.1.3}$$

根据指数 m 的取值不同，弹性地基反力法又可分为：$m=1$ 时的线弹性地基反力法和 $m\neq1$ 时的非线性弹性地基反力法，两者在数学上的处理方法完全不同。

1）线弹性地基反力法

线弹性地基反力法中，地基系数 k（z）表示单位面积土在弹性限度内产生单位变形时所需的力，其值可通过实测试桩在不同类别土质及不同深度的 x 及 q 后反算得到。大量试验表明，地基系数 k（z）值不仅与土的类别及其性质有关，且随深度变化。为简化计算，一般指定 k（z）中的两个参数为单一参数。随指定参数不同，分为张氏法、k 法、m 法和 c 法等。

为了使 k（z）值能较准确地反映实际情况，我国学者吴恒立提出了综合刚度原理和

双参数法，并形成了该法的解析解，进而作了相关的数值计算。

线弹性地基反力法假定地基为服从虎克定律的弹性体，地基反力 q 与桩上任一点的位移 x 成正比，即文克尔（Winkler）假定。但该假定没有考虑地基土的连续性，对于某些地基，如剪切刚度较大的岩石地基，其假定则不能成立。此外，土的物理性质很复杂，不可能用这种简单的数学关系来表达。但文克尔假定与很多反映土实际状态的复杂分析方法相比，数学处理简单，便于工程应用，故我国目前各类规范仍采用该法计算。当桩的挠曲变形较小时（一般规定桩在地面处的允许水平位移为6～10mm），桩身任一点的土抗力与桩身侧向位移可近似为线性，适用该法。

现将国内外几种常用的地基系数图式简述如下：

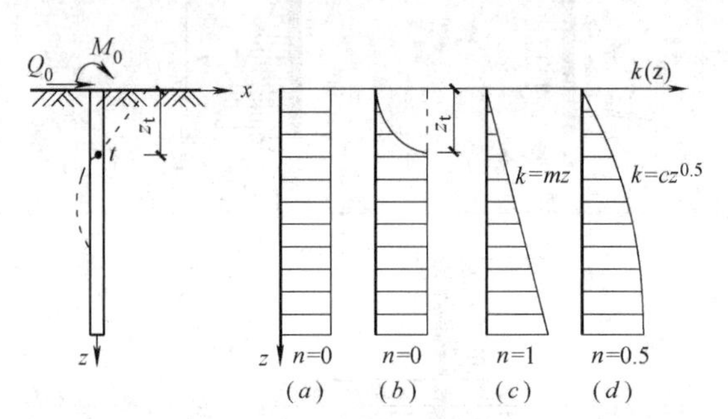

图4.1-3 桩侧地基反力系数分布模式

（1）张氏法

如图4.1-3（a）所示，假定 k（z）沿深度为一常数，即 $n=0$，从而可得到一个四阶常系数常微分方程，可用特征值法求解桩身内力和位移。

$$EI\frac{d^4x}{dz^4}+kb_px=0 \tag{4.1.4}$$

该法由我国张有龄先生于1937年提出，曾在日本流行相当长的时期。根据其假定，地面处桩侧移最大，则土的侧向抗力为最大，试验证明对于非黏性土和正常固结黏性土，地面处土体实际侧向抗力很小，因此与实际情况相矛盾。只有在坚硬的岩石中，才可能水平方向地基系数沿深度不变。

（2）k法

如图4.1-3（b）所示，假定 k（z）在第一弹性零点 t 至地面间随深度增加（呈凹形抛物线），而到 t 后为常数。但实际上，t 点以上 k（z）的变化规律并没明确，在公式推导时假定该段土体的抗力呈抛物线变化，而土体抗力与位移 x 有关，x 假定为高次曲线，与原假定不一致。该法由苏联安盖尔斯基于1937年提出，曾在我国广泛采用。用该法所得桩身最大弯矩值大于实测值，偏于安全。但由于推导及假定存在一定的问题，我国现行规范已将其取消。

（3）m法

如图4.1-3（c）所示，假定 k（z）随深度呈线性增加，即 $n=1$，所得方程为变系数常微分方程，不能直接求得精确解，通常采用幂级数求解。

$$EI\frac{d^4x}{dz^4}+kb_pzx=0 \tag{4.1.5}$$

该法最早于1939年由N·B·ypdH用来计算板桩墙的平面问题，1962年由K·G西林引入我国。不少学者通过试验和理论分析，认为非黏性土和正常固结黏性土的 k（z）随深度呈线性增加。我国目前对该法用得最多，如现行铁路、公路桥梁桩基以及建筑桩基等规范均推荐该法。但该法也有缺点，如假定 k（z）随深度无限增长，与实际不符。

地基反力系数法中，如反力系数随深度成线性增大时，可用下式表述桩土相对刚度

$$\alpha=\sqrt[5]{\frac{mb_{p}}{EI}} \tag{4.1.6}$$

式中 α——为桩土变形系数，其量纲为长度单位的倒数；

EI——桩身抗弯刚度，$EI=0.85E_cI_0$（桥梁工程 $EI=0.80E_cI_0$），其中 E_c 为桩身混凝土弹性模量（kN/m^2），I_0 为桩身截面惯性矩（m^4）；

b_p——桩的计算宽度（m），见本章后续章节；

m——地基系数沿深度增长的比例系数（kN/m^4）。

计算分析中，一般以桩的无量纲入土深度 αh 来区分刚性桩和弹性桩。

（4）c 法

如图 4.1-3（d）所示，该法于 1964 年由日本久保浩一提出。假定 k（z）随深度呈抛物线增加，即 $n=0.5$。因 n 不为整数，其微分方程不能用幂级数求解，但可用积分方程和微分算子求解。

$$EI\frac{d^4x}{dz^4}+kb_pz^{0.5}x=0 \tag{4.1.7}$$

我国公路部门对若干基桩的实测结果分析表明，k（z）随深度按 0.1～0.6 次方变化，因此，我国公路桥涵地基与基础设计规范同时推荐 m 法和 c 法。

上述方法均为按文克尔假定的弹性地基梁法，只是各自假定的地基系数随深度分布规律不同，其计算结果也不同。实用时，可根据土类和桩变位等情况，考虑采用何种地基反力模式较为适宜。通常，m 法和 c 法适用于一般黏性土和砂性土，张氏法对于超固结黏性土、地表有硬层的黏性土和地表密实的砂性土等情况较为适用。实际上，地基系数的分布模式远不止于上述情况，如日本竹下淳就曾提出不同情况下 n 应为 0、0.5、1.0 或 2.0。

2）非线性弹性地基反力法

桩身侧移较大时，桩身任一点的土抗力与桩身侧向位移之间呈非线性关系（$m\neq1$），为非线性弹性地基反力法，其中最具代表性的是里法特提出的 $m=0.5$ 的港湾研究所方法。据地基特性，港研法又分 $n=1$ 的久保法和 $n=0$ 的林一宫岛法。因非线性微分方程难以用解析法或近似法求解，故该法用标准桩得到的标准曲线和相似法则来计算实际桩的受力状态。

非线性弹性地基反力法可以更广泛地反映桩的实际动态，该法可适用于竖直桩、栈桥及柔性系缆浮标等有较大位移的结构计算。但由于该法计算的复杂性，实用中往往受到限制。

3. 复合地基反力法（*p-y* 曲线）

桩入土深度较大时，桩的破坏形态是桩周土由地面开始屈服，塑性区逐渐向下扩展。复合地基反力法在塑性区采用极限地基反力法，在弹性区采用弹性地基反力法，根据弹性区与塑性区边界上的连续条件求解桩的水平抗力。因塑性区和弹性区的确定需根据土的最终位移来判断，故广义上也称为 *p-y* 曲线法。如长尚、竹下、布罗姆斯等假定塑性区地基反力按土压力理论，弹性区地基反力呈线性分布；斯奈特科等假定塑性区地基反力为二次曲线分布，在弹性区地基反力采用张氏法等，表 4.1-2 为几种典型的复合地基反力法。

常用复合地基反力法 表 4.1-2

地基反力分布	方　法	摘　要
塑性区：库伦土压力 弹性区：$p=k_{\mathrm{h}}y$	长尚法	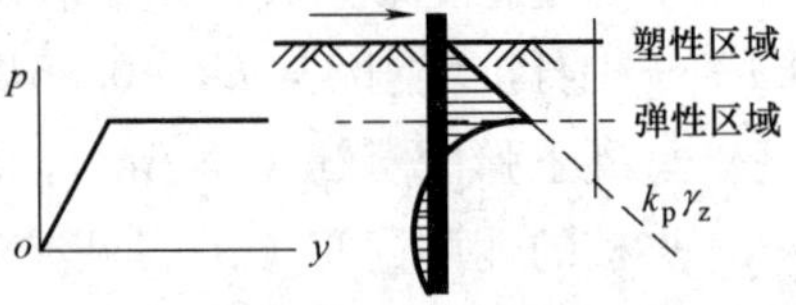 塑性区域 弹性区域 p o y $k_{\mathrm{p}}\gamma_{z}$
塑性区：库伦土压力 弹性区：$p=kxy$	竹下法	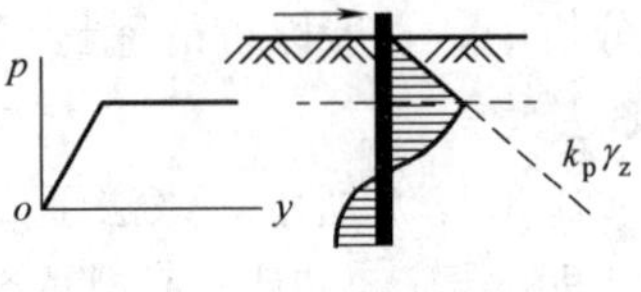 p o y $k_{\mathrm{p}}\gamma_{z}$
塑性区：郎肯土压力的三倍（砂）或 $9c_{\mathrm{u}}$（黏土） 弹性区：$p=k_{0}xy$（砂） $p=k_{\mathrm{h}}y$（黏土）	布罗姆斯法（长桩）	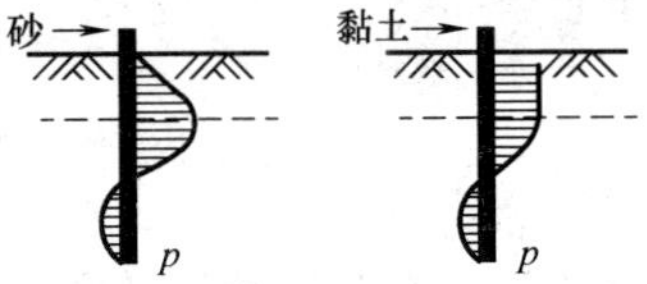 砂 黏土 p p
塑性区：二次曲线 弹性区：$p=k_{\mathrm{h}}y$	斯奈科特	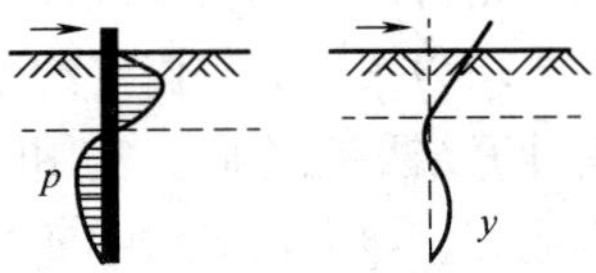 p y
塑性区：$p=p_{\mathrm{u}}$ 弹性区：$p=ky^{1/3}$（注）	马特洛克法（黏土），也称 API 规范法	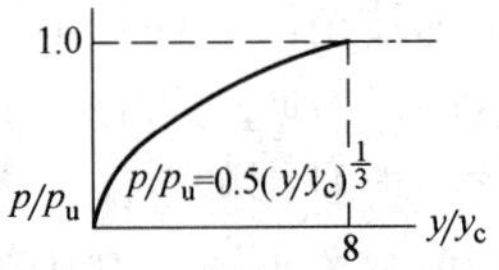 1.0 p/p_{u} $p/p_{\mathrm{u}}=0.5(y/y_{\mathrm{c}})^{\frac{1}{3}}$ 8 y/y_{c}
塑性区：被动土压力 过渡区：$p=ky^{1/n}$ 弹性区：$p=kxy$（注）	里斯—考克斯库普法（砂土）也称原 API 规范法	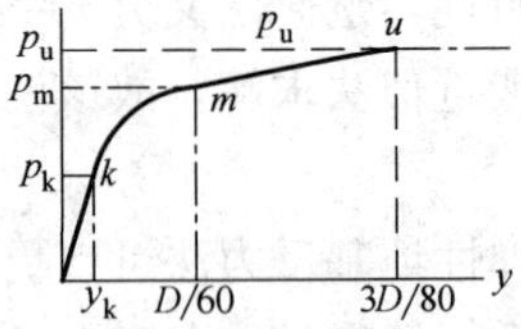 p_{u} p_{m} p_{k} k m u y_{k} $D/60$ $3D/80$ y

注：本应根据土质试验结果，没有试验资料时，可按照该方法。

此外，马特洛克（Matlock）、里斯-考克斯（Reese-Cox）等人把麦克莱伦特-福奇特（Meclel-land-Focht）提出的由桩侧水平地基反力与土的不排水三轴试验所得的应力-应变曲线的相互关系加以引申，提出按实际的应力-应变关系进行计算的方法，该法被美国石油协会关于海洋结构物的技术报告 API-RP-2A 所选用，称为 p-y 曲线法，沿地面下若干深度处桩身的 p-y 曲线如图 4.1-4 所示。实际上，实测不同深度处的桩侧地基土反力与桩身挠度非常困难，特别是土压力，故多用室内三轴试验，根据土的应力一应变关系，求出桩上每隔一定深度的 p-y 曲线，再与现场试桩相配合。

复合地基反力法能如实地反映地基的非弹性性质及由地表开始的渐进性破坏现象，是目前国外最为流行的分析方法。但计算过程中，须以某些形式对地基的性质进行数学化模拟；为验证模拟是否合适，还须利用计算机反复收敛计算，这两点是此法存在的问题。对承受反复荷载、且地基中产生较大应变的桩基，宜采用 p-y 曲线法。如我国港口桩基规范建议采用该法。

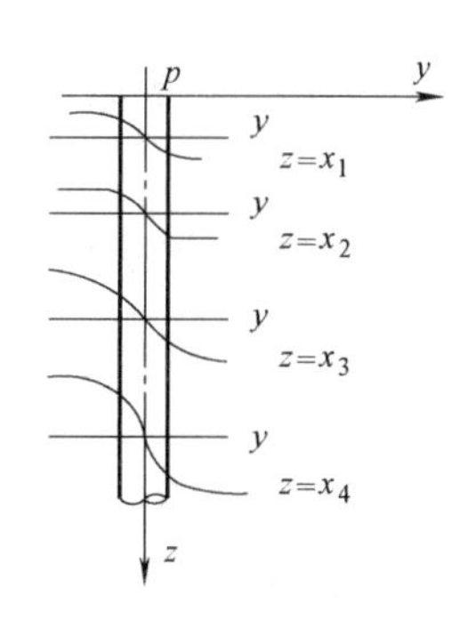

图 4.1-4　不同深度处的 p-y 曲线

4. 弹性理论法

弹性理论法假定桩埋置于各向同性半无限弹性体中，土的弹性系数（杨氏模量 E_s 和泊松比 μ_s）或为常数或随深度按某种规律变化。计算时将桩径为 d、入土深度为 h 的桩分成若干微段，根据半无限体中承受水平力并发生位移的明德林（Mindlin）方程估算微段中心处的桩周土位移，另据细长杆（桩）的挠曲方程求得桩的位移，并用有限差分式表达。令土位移和桩位移相等，通过每一微段处未知位移的足够多的方程来求解。波勒斯按此原理获得了桩头位移 ρ 和转角 θ 的计算公式（Poulos, H. G. & Davis, E. H. 1980 年）：

桩头自由时：

$$\rho = I_{\rho H}\frac{H}{E_s h} + I_{\rho M}\frac{M}{E_s h^2} \tag{4.1.8}$$

$$\theta = I_{\theta H}\frac{H}{E_s h^2} + I_{\theta M}\frac{M}{E_s h^3} \tag{4.1.9}$$

桩头嵌固时：

$$\rho = I_{\rho F}\frac{H}{E_s h} \tag{4.1.10}$$

式中　H、M——分别为作用于桩头的水平荷载和力矩；

$I_{\rho H}$、$I_{\rho M}$——分别为桩头自由时桩仅受水平荷载 H 和仅受力矩 M 作用时的地面处位移的影响系数；

$I_{\theta H}$、$I_{\theta M}$——分别为桩头自由时桩仅受水平荷载 H 和仅受力矩 M 作用时的地面处转角的影响系数；

$I_{\rho F}$——桩头嵌固时桩受水平荷载 H 作用时的地面处位移的影响系数。

$I_{\rho H}$、$I_{\rho M}$、$I_{\theta H}$、$I_{\theta m}$ 和 $I_{\rho F}$ 等系数与桩的柔度系数 $K_R=\frac{E_P I_P}{E_s l^4}$ 及长径比 l/d 的关系有专门的图以供单桩、群桩计算查用。

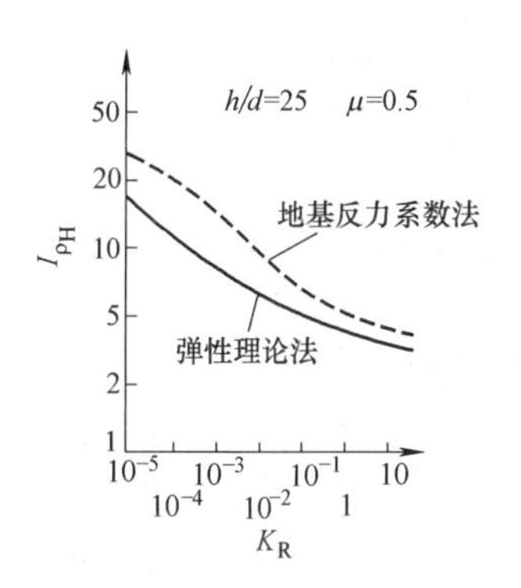

图 4.1-5　弹性理论法与地基系数法比

据分析：$K_R=0.1$ 相当于刚性桩，$K_R=10^{-4}$ 相当于弹性桩，且弹性理论法求得的位移或转角影响系数值一般比地基反力系数法求得的相应值小，如图 4.1-5 所示，后者的结果约为前者的 2.5 倍。

弹性理论法将土体视为连续介质体，而非彼此独立的弹簧，因而能更准确地描述土体对桩的作用效应，但其假定土体为弹性半空间体，不能考虑土体的非线性问题。该法能考虑水平荷载作用下桩土间出现的脱离和土的局部屈服等，有助于对桩土性状进一步探索。对水平受荷桩深入详尽计算之前，用弹性理论法对已有的参数解作初步分析，可由参数解较方便地查得桩尺寸、桩刚度和土的压缩性等因素对其性状的影响。

4.2 刚性桩的计算分析

4.2.1 概述

图 4.2-1 绘出了桩的相对刚度对匀质土中水平受荷桩的计算参数所产生的影响。当桩头仅受力矩 M_0 作用且 $\alpha h<3$ 时（图 4.2-1a），不论是位移系数 y_{1M} 还是弯矩系数 M_{1M} 都表现出桩刚体转动的性状；而当 $\alpha h>3$ 时，桩身挠曲性状就有所表现，且随 αh 值的逐渐增大而更趋明显；至 $\alpha h>5$ 时，桩身下段已表现为完全嵌固于土中而无位移和转动，桩头仅受水平力 H_0 作用时（图 4.2-1b）的情况也类似。

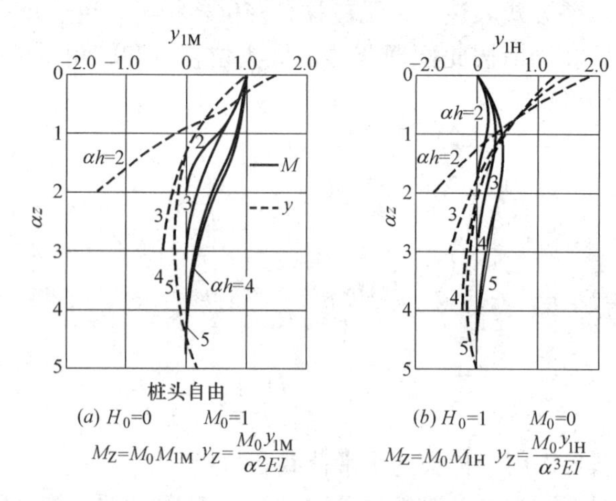

图 4.2-1 刚性短桩向弹性长桩渐变的情况

显见，桩的无量纲入土深度即 αh 对桩的变形与受力特性有着重要影响。因此，国内外将 $\alpha h\leqslant2.5$ 的桩视为刚性桩；而 $\alpha h>2.5$ 的桩则为弹性桩。

当地基反力系数不是随深度按线性增大，而是其他分布模式时，桩—土变形系数将有不同于上述的表达式和判别值，但其作为区分判据的作用则和上述内容相同。

弹性桩和刚性桩的弯矩、位移比较 **表 4.2-1**

αh	4.0	3.5	3.0	2.8	2.6	2.4
桩中弯矩系数	0.7676 100%	0.7500 97.7%	0.7032 91.6%	0.6745 87.9%	0.6393 83.3%	0.6012 78.3%
地面位移系数	2.4407 100%	2.5017 102.5%	2.7266 111.7%	2.9052 119.0%	3.1626 129.6%	3.5256 144.6%

刚性桩具有入土较浅且外力作用下桩中弯矩不大等特点，如表 4.2-1 所示，因缺少充分的水平支持，虽其弯矩可减为弹性桩的 83.3%，但位移将增加为弹性桩的 129.6%（转角亦相应增大），以至上部结构不允许。因此，在应用刚性短桩方案时须慎重考虑。工程中是采用刚性桩还是弹性桩应根据现场地质、上部构造要求和施工条件等因素决定。

4.2.2 极限地基反力法

极限地基反力法亦称极限平衡法，主要有 Broms 的刚性桩极限地基反力法（Broms，B. B. 1964）。极限地基反力法中的刚性桩判据为 $\beta h<2.25$，式中 h 为桩的入土长度，$\beta=\sqrt[4]{\frac{k_h d}{4EI}}$，$k_h$ 为地基反力系数，d 为直径或桩宽，EI 为桩身抗弯刚度。该法在工程中应用较少。

4.2.3 地基反力系数法

地基反力系数法是将地基土为弹性变形介质体，按 m 法假定考虑桩侧土体弹性抗力，并在推导过程中假定：

① 不考虑桩与土体之间的黏聚力和摩阻力；

② 桩-土刚度比视为无限大，水平荷载作用下只能发生转动而无挠曲变形。

根据桩底地质情况，又可分为两种情况分析。

1. 非岩石地基（包括立于风化岩层内和岩面上）

当基桩受到水平力 H 和偏心竖向力 $F_V=(F+G)$ 共同作用（图 4.2-2a）时，可将其等效为距离基底作用高度为 λ 的水平力 H：

$$\lambda=\frac{Ne+Hl}{H}=\frac{\sum M}{H} \tag{4.2.1}$$

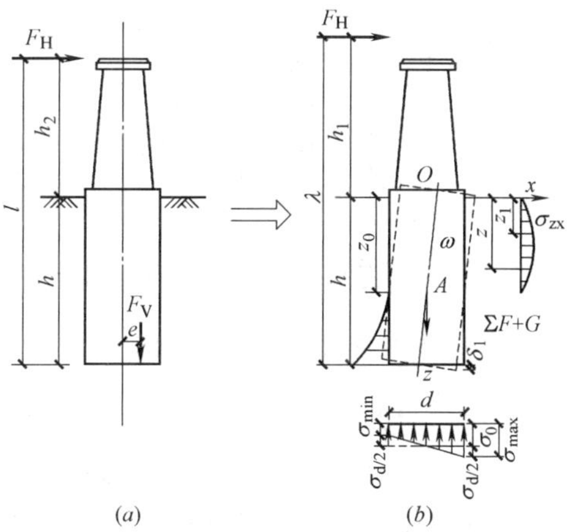

图 4.2-2 非岩石地基计算模型

水平力作用下，基桩将围绕位于地面下 z_0 深度处的 A 点转动一 ω 角（图 4.2-2b），地面下深度 z 处桩的水平位移 Δx 和土的水平抗力 σ_{zx} 分别为：

$$\Delta x=(z_0-z)\tan\omega \tag{4.2.2}$$

$$\sigma_{zx}=\Delta x C_z=C_z(z_0-z)\tan\omega \tag{4.2.3}$$

式中 z_0——转动中心 A 离地面的距离；

C_z——深度 z 处水平向地基系数，$C_z=mz_0$，m 为地基反力系数的比例系数。

将 C_z 值代入式（4.2.3）得：

$$\sigma_{zx}=mz(z_0-z)\tan\omega \tag{4.2.4}$$

即土的水平抗力沿深度为二次抛物线变化。若考虑到桩端处竖向地基系数 C_0 不变，则桩端压应力图形与桩端竖向位移图相似，故

$$\sigma_{d/2}=C_0\delta_1=C_0\frac{d}{2}\tan\omega \tag{4.2.5}$$

式中，C_0 按 4.3 节所述方法确定，且不得小于 $10m_0$，d 为桩的直径。

上述各式中 z_0 和 ω 为两个未知数，根据图 4.2-2 可建立两个平衡方程式，即

$$\sum X=0 \qquad H-\int_0^h \sigma_{zx}b_p\mathrm{d}z=H-b_p m\tan\omega\int_0^h z(z_0-z)\mathrm{d}z=0 \tag{4.2.6}$$

$$\sum M=0 \qquad Hh_1+\int_0^h \sigma_{zx}b_p z\mathrm{d}z-\sigma_{d/2}W_0=0 \tag{4.2.7}$$

式中，b_p 为桩的计算宽度，W_0 为桩端截面模量。联立求解可得：

$$z_0=\frac{\beta b_p h^2(4\lambda-h)+6dW_0}{2\beta b_p h(3\lambda-h)} \tag{4.2.8}$$

$$\tan\omega=\frac{6H}{Amh} \tag{4.2.9}$$

其中：$A=\frac{\beta b_p h^3+18dW_0}{2\beta(3\lambda-h)}$，$\beta=\frac{mh}{C_0}=\frac{m}{m_0}$，$\beta$ 为深度 h 处桩侧水平地基反力系数与桩端竖向地基反力系数的比值，其中 m、m_0 按后续章节中的有关规定采用。

地面或局部冲刷线以下深度 z 处基础侧面水平压力土体水平抗力：

$$p_z=\frac{6H}{Ah}z(z_0-z) \tag{4.2.10}$$

桩端边缘处压应力

$$p_{\max\atop\min}=\frac{N}{A_0}\pm\frac{3dH}{A\beta} \tag{4.2.11}$$

式中，N 为基础底面处竖向力标准值（包括基础自重）；A_0 为桩基础底面积。

离地面或最大冲刷线以下 z 深度处桩截面上的弯矩（图 4.2-2）为：

$$\begin{aligned}M_z&=H(\lambda-h+z)-\int_0^z\sigma_{zx}b_p(z-z_1)\mathrm{d}z_1\\&=H(\lambda-h+z)-\frac{Hb_pz^3}{2hA}(2z_0-z)\end{aligned} \tag{4.2.12}$$

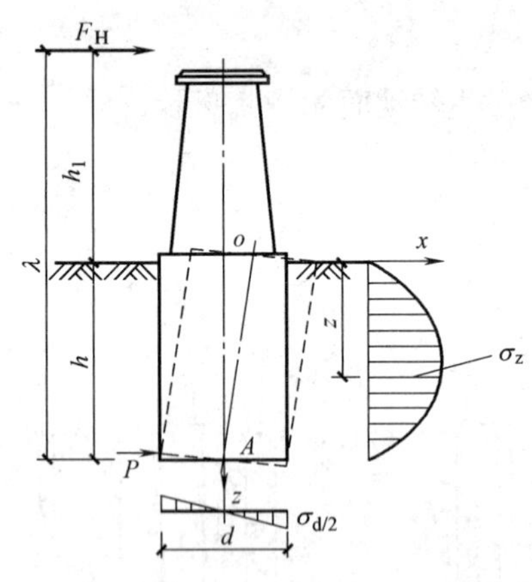

图 4.2-3 桩端嵌入基岩内的计算模型

2. 岩石地基（桩端嵌入基岩内）

若桩端嵌入基岩内，在水平力和竖直偏心荷载作用下，可假定桩端不产生水平位移，桩的旋转中心 A 与桩端截面中心重合，即 $z_0=h$（图 4.2-3）。而在桩端嵌入处将存在一水平阻力 R，该阻力对 A 点的力矩一般可忽略不计。取弯矩平衡方程便可导得转角 $\tan\omega$ 为：

$$\tan\omega=\frac{H}{mhD} \tag{4.2.13}$$

其中
$$D_0=\frac{b_p\beta h^3+6dW_0}{12\lambda\beta}$$

水平抗力
$$p_z=z(h-z)\frac{H}{hD_0} \tag{4.2.14}$$

桩端边缘处压应力
$$p_{\max\atop\min}=\frac{N}{A_0}\pm\frac{dH}{2\beta D_0} \tag{4.2.15}$$

由 $\sum x=0$ 可得嵌固处水平力 H_1 为：

$$H_1=\int_0^h b_p\sigma_{zx}\mathrm{d}z-H=H\left(\frac{b_ph^2}{6D_0}-1\right) \tag{4.2.16}$$

地面以下 z 深度处桩身截面弯矩为：

$$M_z=H(\lambda-h+z)-\frac{b_pHz^3}{12Dh}(2h-z) \tag{4.2.17}$$

此外，当基桩仅受偏心竖向力 N 作用时，$\lambda\to\infty$，上述公式均不能应用。此时，应以

$M=Ne$ 代替式中的 Hh_1，同理可导得上述两种情况下相应的计算公式，其结果分别列于表 4.2-2 和表 4.2-3 中。

支承在非岩石类土的刚性桩的水平位移及作用效应计算方法　　表 4.2-2

计算项目	计算公式	
	水平力 H 和偏心竖向力 N 共同作用	仅有偏心竖向力 N 作用
基础转角	$\omega=\dfrac{6H}{Amh}$	$\omega=\dfrac{2\beta(Ne)}{mhB}=\dfrac{2\beta M}{mhB}$
基础转角中心至地面或局部冲刷线的距离	$z_0=\dfrac{\beta b_p h^2(4\lambda-h)+6dW_0}{2\beta b_p h(3\lambda-h)}$	$z_0=\dfrac{2}{3}h$
地面或局部冲刷线以下深度 z 处基础截面上的弯矩	$M_z=H(\lambda-h+z)-\dfrac{Hb_p z^3}{2hA}(2z_0-z)$	$M_z=M_1-\dfrac{\beta M b_p z^3}{6Bh}(2z_0-z)$
地面或局部冲刷线以下深度 z 处基础侧压力	$p_z=\dfrac{6H}{Ah}z(z_0-z)$	$p_z=\dfrac{2\beta M}{Bh}z(z_0-z)$
基础底面竖向压力	$p_{\substack{max\\min}}=\dfrac{N}{A_0}\pm\dfrac{3dH}{A\beta}$	$p_{\substack{max\\min}}=\dfrac{N}{A_0}\pm\dfrac{3dM}{B}$
墩台顶面水平位移	$\Delta=(k_1z_0+k_2l_0)\omega+\delta_0$	
表内系数	$A=\dfrac{\beta b_p h^3+18dW_0}{2\beta(3\lambda-h)}$；$B=\dfrac{1}{18}\beta b_p h^3+dW_0$；$\beta=\dfrac{mh}{C_0}=\dfrac{m}{m_0}$；$\lambda=\dfrac{\sum M}{H}$	

注：表中符号意义同前述。

支承在岩石类土的刚性桩水平位移及作用效应计算方法　　表 4.2-3

计算项目	计 算 公 式	
	当水平力 H 和偏心竖向力 N 共同作用	当仅有偏心竖向力 N 作用
基础转角	$\omega=\dfrac{H}{mhD_0}$	$\omega=\dfrac{Ne}{D_1mh}=\dfrac{M}{D_1mh}$
基础转角中心至地面或局部冲刷线的距离	$z_0=h$	$z_0=h$
地面或局部冲刷线以下深度 z 处基础截面上的弯矩	$M_z=H(\lambda-h+z)-\dfrac{b_p z^3 H}{12hD_0}(2h-z)$	$M_z=M_1-\dfrac{b_p z^3 M}{12D_1h}(2h-z)$
地面或局部冲刷线以下深度 z 处基础侧压力	$p_z=z(h-z)\dfrac{H}{hD_0}$	$p_z=z(h-z)\dfrac{M}{hD_1}$
基础底面竖向压力	$p_{\substack{max\\min}}=\dfrac{N}{A_0}\pm\dfrac{dH}{2\beta D_0}$	$p_{\substack{max\\min}}=\dfrac{N}{A_0}\pm\dfrac{dH}{2\beta D_1}$
基础嵌固处水平力	$H_1=H\left(\dfrac{b_p h^2}{6D_0}-1\right)$	$H_1=\dfrac{b_p h_2}{6D_1}M$
墩台顶面水平位移	$\Delta=(k_1z_0+k_2l_0)\omega+\delta_0=(k_1h+k_2l_0)\omega+\delta_0$	
表内系数	$D_0=\dfrac{b_p\beta h^3+6dW_0}{12\lambda\beta}$；$D_1=\dfrac{b_p\beta h^3+6dW_0}{12\beta}$；$\beta=\dfrac{m}{m_0}$；$\lambda=\dfrac{\sum M}{H}$	

注：表中符号意义同前述。

对于桩上设有墩、台之类的高耸结构，表 4.2-2 和表 4.2-3 均列出了墩台顶面水平位移的计算式。墩顶水平位移由刚性桩在地面处水平位移、地面至墩顶范围内水平位移及台身变形引起的墩顶水平位移组成，即

$$\Delta=(k_1z_0+k_2l_0)\omega+\delta_0 \tag{4.2.18}$$

k_1、k_2 系数 表 4.2-4

αh	系数	λ/h				
		1	2	3	4	∞
1.6	k_1	1.0	1.0	1.0	1.0	1.0
	k_2	1.0	1.1	1.1	1.1	1.1
1.8	k_1	1.0	1.1	1.1	1.1	1.1
	k_2	1.1	1.2	1.2	1.2	1.2
2.0	k_1	1.1	1.1	1.1	1.1	1.1
	k_2	1.2	1.3	1.4	1.4	1.4
2.2	k_1	1.1	1.2	1.2	1.2	1.2
	k_2	1.2	1.5	1.6	1.6	1.7
2.4	k_1	1.1	1.2	1.3	1.3	1.3
	k_2	1.3	1.8	1.9	1.9	2.0
2.5	k_1	1.2	1.3	1.4	1.4	1.4
	k_2	1.4	1.9	2.1	2.2	2.3

注：1. 如 $\alpha h<1.6$ 时，$k_1=k_2=1.0$；
2 当仅有偏心竖向力作用时，$\lambda/h\to\infty$。

式中 l_0——地面或局部冲刷线至墩台顶面高度；
δ_0——在 l_0 范围内墩台身与基础变形产生的墩台顶面水平位移；
k_1、k_2——考虑基础刚性影响的系数，查表 4.2-4。

为了保证土的固着作用可靠，水平土压力应满足下列条件：

$$p_{h/3}\leqslant\eta_1\eta_2\frac{4}{\cos\varphi}\left(\frac{\gamma h}{3}\tan\varphi+c\right) \tag{4.2.19}$$

$$p_{h}\geqslant\eta_1\eta_2\frac{4}{\cos\varphi}(\gamma h\tan\varphi+c) \tag{4.2.20}$$

式中 γ、φ、c——分别为土的重度、内摩擦角和黏聚力；对于透水性土，γ 取浮重度，在验算范围内有数层土时，取各层土的加权平均值；
$p_{h/3}$、p_h——相应于 $z=h/3$ 和 $z=h$ 深度处的水平压力；
η_1——系数。对外部超静定推力体系拱桥墩台，$\eta_1=0.7$；其他结构体系，$\eta_1=1.0$；
η_2——考虑结构重力在总荷载中所占的百分比的系数，$\eta_2=1-0.8M_g/M$；
M_g——结构自重对基础底面重心产生的弯矩；
M——全部荷载对基础底面重心产生的总弯矩。

4.2.4 《公路桥梁钻孔桩计算手册》法

《公路桥梁钻孔桩计算手册》在 m 法和 c 法的假定基础上，当桩的无量纲入土深度 $\alpha h\leqslant2.5$ 时，计入桩底截面土体产生的反力矩及桩端转角作用，采用统一的 m 法计算公式，导出相应的刚性桩桩身内力及位移计算公式，其计算表达式与弹性桩公式一致，只是无量纲系数不同而已，从而将刚性桩与弹性桩进行了统一。且计算表明，其计算与 4.2.3 节方法所得结果基本一致，具体计算公式可参见《公路桥梁钻孔桩计算手册》。限于篇幅，此不赘述。

4.3 弹性桩的计算分析

4.3.1 概述

如前所述，弹性桩的水平受力计算方法较多，目前国内常用的主要是地基反力系数法，其中根据反力系数随深度的变化假定又分为张氏法、m 法、k 法、c 法等。而对于各种方法的计算准确与否关键是地基系数的确定。

对于能进行水平荷载试验的桩，可按相应于各模式的位移计算方法，由实测地面水平位移值反算求得地基反力系数的比例系数（方法见后）。然后据此地基反力系数分别求得桩身内力和变位。以求得的最大弯矩值和实测弯矩值最为接近的分布模式作为进一步计算的依据。由钢筋混凝土桩水平荷载试验资料的研究得知，大直径钢筋混凝土桩在发生较大水平位移时往往桩身已开裂，故不能取任意的一个实测位移值来反算地基反力系数，而应采用临界开裂时所对应的水平荷载和相应的水平位移测值。故我国的许多设计规范都规定，地基反力系数或其比例系数所对应的水平位移限值。根据大量钢筋混凝土桩的水平静载试验资料，当配筋率较低时，这个限值定为 6mm；当配筋率较高和对于钢桩，可取略大的限值，如 10mm。

除用水平荷载试验的方法外，还可用标准贯入试验、旁压仪试验、土样室内试验和荷载板试验等来确定水平受荷桩的地基反力系数。

太沙基推荐用于荷载板试验的地基反力系数和模量变化系数　　表 4.3-1

	土性	硬	很硬	坚硬
黏性土	不排水抗剪强度 c_u(kPa)	100～200	200～400	>400
	k_1(MN/m^3)	18～36	36～72	>72
	推荐值(MN/m^3)	27	54	>108
砂性土	相对密实度	松	中密	密实
	干或湿的土 n_h(MN/m^3)	2.5	7.5	20
	浸水的土 n_h(MN/m^3)	1.4	5	12

荷载板试验可与土样室内试验结合应用。设 300mm 方板所测得黏性土中的荷载一变形曲线上所确定的太沙基地基反力系数为 k_1，则桩的水平向地基反力系数 k 可按 $k=k_1/1.5$ 求得。对于砂性土，可由太沙基的模量变化系数 n_h 求算，即桩的水平向地基反力系数为 $k=n_h z/b$，z 为深度，b 为桩的直径或边宽。n_h 参阅表 4.3-1。

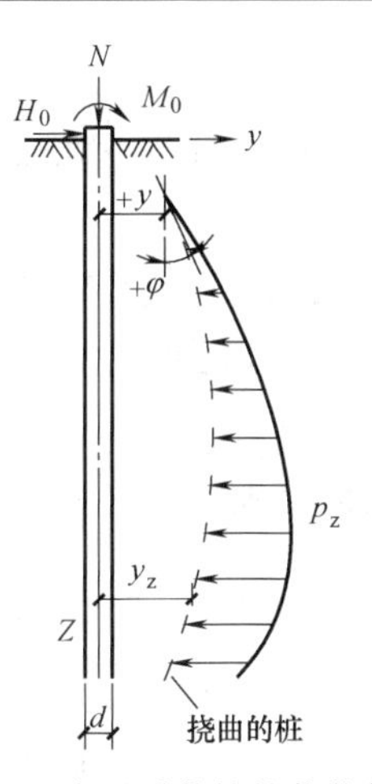

图 4.3-1　水平受荷桩的荷载与变形

作为一种试用途径，Palmer 和 Thompson 于 1956 年提出由土样室内试验结果计算水平受荷桩地基反力系数的方法。根据土样室内三轴试验数据与桩的水平荷载试验数据的相关性，导得深度 z 处的土反

应模量为

$$E_z=11\frac{\sigma_\Delta}{\varepsilon} \tag{4.3.1}$$

式中，$\sigma_\Delta/\varepsilon$ 为土样在侧限压力为 γz 时的三轴试验割线模量。曾按此相关关系，通过桩的挠曲线的逐次渐近，求得短期水平荷载作用下桩的弹性曲线。

弹性桩在弹性地基上梁的挠曲微分方程中应含有轴向荷载（图 4.3-1 中 N 力）的效应。但因桩的轴向荷载通常比桩的压曲临界荷载小得多，当小于临界荷载的 10%时，一般均把轴向荷载的效应略去不计。另外，梁挠曲理论中假定土中各点的反力各不相干，虽导致水平受荷桩的计算存在一定误差，但不影响实用。因此，进行水平受荷桩的内力及位移计算分析时，往往不计桩身轴力的影响。

4.3.2 地基反力系数沿深度为常数的计算方法

如前所述，当地基反力系数沿深度为常数时即为张氏法，故桩身挠曲微分方程可写为：

$$EI\frac{\mathrm{d}^4x}{\mathrm{d}z^4}+b_\mathrm{p}k_\mathrm{h}x=0 \tag{4.3.2}$$

显见，其为一常系数微分方程，由特征方程可得其通解为：

$$x_z=e^{\beta z}(C_1\cos\beta z+C_2\sin\beta z)+e^{-\beta z}(C_3\cos\beta z+C_4\sin\beta z) \tag{4.3.3}$$

其中

$$\beta=\sqrt[4]{\frac{k_\mathrm{h}b_\mathrm{p}}{4EI}} \tag{4.3.4}$$

再根据桩两端边界条件，即可定出四个待定系数 C_1、C_2、C_3 和 C_4，进而逐次微分可求得桩身转角、弯矩和剪力。

当桩顶自由、地面处作用水平力 H_0 和弯矩 M_0，且为无限长桩时，可得桩身挠曲变形为：

$$x_z=\frac{H_0}{2EI\beta^3}\mathrm{e}^{-\beta z}\cos\beta z+\frac{M_0}{2EI\beta^2}\mathrm{e}^{-\beta z}(\cos\beta z-\sin\beta z) \tag{4.3.5}$$

进而求得桩身弯矩 M_z 为：

$$M_z=\frac{H_0}{\beta}\mathrm{e}^{-\beta z}\sin\beta z+M_0\mathrm{e}^{-\beta z}(\cos\beta z+\sin\beta z) \tag{4.3.6}$$

依此类推，可得出其他边界条件及桩身剪力和桩侧土体抗力的计算公式，限于篇幅，此不赘述。

4.3.3 地基反力系数沿深度按线性增大的计算方法

1. 我国常用的方法——m 法

（1）计算公式

该法假定地基反力系数随深度呈线性增加，故桩的挠曲微分方程为：

$$EI\frac{\mathrm{d}^4x}{\mathrm{d}z^4}+b_\mathrm{p}mzx=0 \tag{4.3.7}$$

若令 $\alpha=\sqrt[5]{\frac{mb_\mathrm{p}}{EI}}$（$\alpha$ 即为前述的桩-土变形系数），则上式可写为：

$$\frac{\mathrm{d}^4 x}{\mathrm{d}z^4}+\alpha^5 zx=0 \tag{4.3.8}$$

对于桩头有水平力 H_0 和弯矩 M_0 共同作用的全埋入桩，可由式（4.3.8）导得弹性长桩的变位（位移 x_z和转角 φ_z）、内力（弯矩 M_z和剪力 Q_z）以及桩侧土抗力 σ_z为：

$$\left.\begin{aligned}
x_z&=x_0 A_1+\frac{\varphi_0}{\alpha}B_1+\frac{M_0}{\alpha^2 EI}C_1+\frac{H_0}{\alpha^3 EI}D_1\\
\frac{\varphi_Z}{\alpha}&=x_0 A_2+\frac{\varphi_0}{\alpha}B_2+\frac{M_0}{\alpha^2 EI}C_2+\frac{H_0}{\alpha^3 EI}D_2\\
\frac{M_z}{\alpha^2 EI}&=x_0 A_3+\frac{\varphi_0}{\alpha}B_3+\frac{M_0}{\alpha^2 EI}C_3+\frac{H_0}{\alpha^3 EI}D_3\\
\frac{Q_z}{\alpha^3 EI}&=x_0 A_4+\frac{\varphi_0}{\alpha}B_4+\frac{M_0}{\alpha^2 EI}C_4+\frac{H_0}{\alpha^3 EI}D_4\\
q_z&=mzx=mz\left(x_0 A_1+\frac{\varphi_0}{\alpha}B_1+\frac{M_0}{\alpha^2 EI}C_1+\frac{H_0}{\alpha^3 EI}D_1\right)
\end{aligned}\right\} \tag{4.3.9}$$

式中，x_0 和 φ_0 分别为地面处桩身的水平位移和转角，A_1、B_1、…、C_4、D_4 为弹性长桩按 m 法计算所用的 16 个无量纲系数，可由无量纲换算深度 $\bar{z}=\alpha z$ 查表确定（表4.3-2）。

上式中的 x_0、φ_0 是未知的，可分别由下式计算：

$$\left.\begin{aligned}
x_0&=H_0\delta_{\mathrm{HH}}+M_0\delta_{\mathrm{HM}}\\
\varphi_0&=-(H_0\delta_{\mathrm{MH}}+M_0\delta_{\mathrm{MM}})
\end{aligned}\right\} \tag{4.3.10}$$

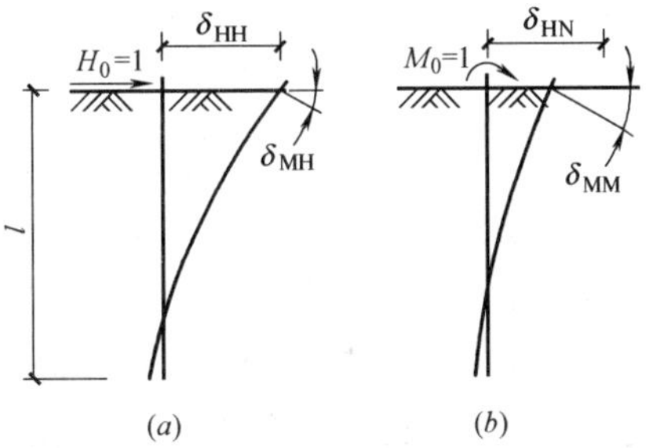

图 4.3-2 单位力和单位弯矩作用时的桩截面变位

式中 δ_{HH}、δ_{MH}——由于 $H_0=1$ 所引起的桩截面水平位移和转角，如图 4.3-2（a）所示；

δ_{HM}、δ_{MM}——由于 $M_0=1$ 所引起的桩截面水平位移和转角，如图 4.3-2（b）所示。

$$\left.\begin{aligned}
\delta_{\mathrm{HH}}&=\frac{1}{\alpha^3 EI}\cdot\frac{(B_3D_4-B_4D_3)+K_{\mathrm{h}}(B_2D_4-B_4D_2)}{(A_3B_4-A_4B_3)+K_{\mathrm{h}}(A_2B_4-A_4B_2)}\\
\delta_{\mathrm{HM}}&=\frac{1}{\alpha^2 EI}\cdot\frac{(B_3C_4-B_4C_3)+K_{\mathrm{h}}(B_2C_4-B_4C_2)}{(A_3B_4-A_4B_3)+K_{\mathrm{h}}(A_2B_4-A_4B_2)}\\
\delta_{\mathrm{MH}}&=\frac{1}{\alpha^2 EI}\cdot\frac{(A_3D_4-A_4D_3)+K_{\mathrm{h}}(A_2D_4-A_4D_2)}{(A_3B_4-A_4B_3)+K_{\mathrm{h}}(A_2B_4-A_4B_2)}\\
\delta_{\mathrm{MM}}&=\frac{1}{\alpha EI}\cdot\frac{(A_3C_4-A_4C_3)+K_{\mathrm{h}}(A_2C_4-A_4C_2)}{(A_3B_4-A_4B_3)+K_{\mathrm{h}}(A_2B_4-A_4B_2)}
\end{aligned}\right\} \tag{4.3.11}$$

式中：$K_{\mathrm{h}}=\dfrac{C_0 I_0}{\alpha EI}$

当桩底支承于非岩石类土中且 $\alpha h>2.5$，或当桩底支承于基岩且 $\alpha h>3.5$ 时，可以假定桩端转角 $\varphi_{\mathrm{h}}=0$，则式（4.3.11）简化为：

$$\left.\begin{aligned}
\delta_{HH}&=\frac{1}{\alpha^3 EI}\cdot\frac{(B_3D_4-B_4D_3)}{(A_3B_4-A_4B_3)}=\frac{1}{\alpha^3 EI}A_{x_0}\\
\delta_{HM}&=\frac{1}{\alpha^2 EI}\cdot\frac{(B_3C_4-B_4C_3)}{(A_3B_4-A_4B_3)}=\frac{1}{\alpha^2 EI}B_{x_0}\\
\delta_{MH}&=\frac{1}{\alpha^2 EI}\cdot\frac{(A_3D_4-A_4D_3)}{(A_3B_4-A_4B_3)}=\frac{1}{\alpha^2 EI}A_{\varphi_0}\\
\delta_{MM}&=\frac{1}{\alpha EI}\cdot\frac{(A_3C_4-A_4C_3)}{(A_3B_4-A_4B_3)}=\frac{1}{\alpha EI}B_{\varphi_0}
\end{aligned}\right\}\tag{4.3.12}$$

式中，A_{x_0}、B_{x_0}、A_{φ_0}、B_{φ_0} 均为 αz 的函数，且根据结构力学互等原理，$B_{x_0}=A_{\varphi_0}$，其值可由《公路桥涵地基与基础设计规范》(JTG D63—2007)（以下简称公桥基规）相应表格查取。

同理，对于嵌固于基岩中的桩，可得：

$$\left.\begin{aligned}
\delta_{HH}&=\frac{1}{\alpha^3 EI}\cdot\frac{(B_2D_1-B_1D_2)}{(A_2B_1-A_1B_2)}=\frac{1}{\alpha^3 EI}A_{x_0}^0\\
\delta_{HM}&=\frac{1}{\alpha^2 EI}\cdot\frac{(B_2C_1-B_1C_2)}{(A_2B_1-A_1B_2)}=\frac{1}{\alpha^2 EI}B_{x_0}^0\\
\delta_{MH}&=\frac{1}{\alpha^2 EI}\cdot\frac{(A_2D_1-A_1D_2)}{(A_2B_1-A_1B_2)}=\frac{1}{\alpha^2 EI}A_{\varphi_0}^0\\
\delta_{MM}&=\frac{1}{\alpha EI}\cdot\frac{(A_2C_1-A_1C_2)}{(A_2B_1-A_1B_2)}=\frac{1}{\alpha EI}B_{\varphi_0}^0
\end{aligned}\right\}\tag{4.3.13}$$

式中，$A_{x_0}^0$、$B_{x_0}^0$、$A_{\varphi_0}^0$、$B_{\varphi_0}^0$ 也均为 αz 的函数，其中 $B_{x_0}^0=A_{\varphi_0}^0$，同样可由《公桥基规》中相应表格查取。

大量计算表明，当 $\alpha h>4.0$ 时，桩端位移和转角极微，其边界已相当于嵌固，故此时嵌岩桩与非嵌岩桩的边界条件一致，其计算公式可以通用。

将 x_0、φ_0 代入式 (4.3.9)，再由桩顶 M_0、H_0 即可求得桩在地面以下任一深度的内力、位移及桩侧土体抗力。

显然上述计算方法比较繁杂，当桩的支承条件及入土深度符合式 (4.3.12) 和式 (4.3.13) 条件时，可将 x_0、φ_0 代入式 (4.3.9)，并通过无量纲系数整理，可得地面以下桩身位移及内力的简捷计算方法，或称无量纲法，即对于 $\alpha h>2.5$ 的摩擦桩、$\alpha h>3.5$ 的端承桩，或 $\alpha h>2.5$ 的嵌岩桩，可按下式计算：

$$\left.\begin{aligned}
x_z&=\frac{H_0}{\alpha^3 EI}A_x+\frac{M_0}{\alpha^2 EI}B_x\\
\varphi_z&=\frac{H_0}{\alpha^2 EI}A_\varphi+\frac{M_0}{\alpha EI}B_\varphi\\
M_z&=\frac{H_0}{\alpha}A_m+M_0B_m\\
Q_z&=H_0A_q+\alpha M_0B_q
\end{aligned}\right\}\tag{4.3.14}$$

其中，A_x、B_x、A_φ、B_φ、A_m、B_m、A_q 及 B_q 均为无量纲系数，为 αh 和 αz 的函数，可由表 4.3-3～表 4.3-9 查取。查表时尚需注意，表 4.3-3～表 4.3-6 用于 $\alpha h>2.5$ 的摩擦桩和 $\alpha h>3.5$ 的端承桩；表 4.3-7～表 4.3-9 用于 $\alpha h>2.5$ 的嵌岩桩，且当 $\alpha h>4.0$ 时，则无论桩端支承情况如何，均可按表 4.3-3～表 4.3-6 查取。

无量纲系数 *A*、*B*、*C*、*D*

表 4.3-2

$\bar{z}=\alpha z$	A_1	B_1	C_1	D_1	A_2	B_2	C_2	D_2	A_3	B_3	C_3	D_3	A_4	B_4	C_4	D_4
0.0	1.0000	0.0000	0.0000	0.0000	0.0000	1.0000	0.0000	0.0000	0.0000	0.0000	1.0000	0.0000	0.0000	0.0000	0.0000	1.0000
0.1	1.0000	0.1000	0.0050	0.0002	0.0000	1.0000	0.1000	0.0050	-0.0001	0.0000	1.0000	0.1000	-0.0050	-0.0003	0.0000	1.0000
0.2	1.0000	0.2000	0.0200	0.0013	-0.0001	1.0000	0.2000	0.0200	-0.0013	-0.0001	0.9999	0.2000	-0.0200	-0.0027	-0.0002	0.9999
0.3	0.9999	0.3000	0.0450	0.0045	-0.0003	0.9999	0.3000	0.0450	-0.0045	-0.0007	0.9999	0.3000	-0.0450	-0.0090	-0.0010	0.9999
0.4	0.9999	0.3999	0.0800	0.0107	-0.0011	0.9998	0.3999	0.0800	-0.0107	-0.0021	0.9997	0.3599	-0.0800	-0.0213	-0.0032	0.9996
0.5	0.9997	0.4999	0.1250	0.0208	-0.0026	0.9995	0.4999	0.1249	-0.0208	-0.0052	0.9992	0.4999	-0.1249	-0.0417	-0.0078	0.9989
0.6	0.9994	0.5999	0.1799	0.0360	-0.0054	0.9987	0.5998	0.1799	-0.0360	-0.0108	0.9981	0.5997	-0.1799	-0.0719	-0.0162	0.9974
0.7	0.9986	0.6997	0.2449	0.0572	-0.0100	0.9972	0.6995	0.2449	-0.0572	-0.0200	0.9958	0.4994	-0.2449	-0.1143	-0.0300	0.9944
0.8	0.9973	0.7993	0.3199	0.0853	-0.0171	0.9945	0.7989	0.3198	-0.0853	-0.0341	0.9918	0.7985	-0.3198	-0.1706	-0.0512	0.9891
0.9	0.9951	0.8985	0.4047	0.1214	-0.0273	0.9902	0.8978	0.4046	-0.1214	-0.0547	0.9852	0.8971	-0.4044	-0.2428	-0.0819	0.9803
1.0	0.9917	0.9972	0.4994	0.1666	-0.0487	0.9833	0.9958	0.4992	-0.1665	-0.0833	0.9750	0.9945	-0.4988	-0.3329	-0.1249	0.9667
1.1	0.9866	1.0951	0.6038	0.2266	-0.0610	0.9732	1.0926	0.6035	-0.2215	-0.1219	0.9598	1.0902	-0.6027	-0.4429	-0.1829	0.9463
1.2	0.9793	1.1917	0.7179	0.2876	-0.0863	0.9586	1.1876	0.7172	-0.2874	-0.1726	0.9378	1.1834	-0.7157	-0.5745	-0.2589	0.9172
1.3	0.9691	1.2866	0.8413	0.3654	-0.1188	0.9382	1.2799	0.8400	-0.3649	-0.2376	0.9073	1.2732	-0.8375	-0.7295	-0.3563	0.8764
1.4	0.9552	1.3791	0.9737	0.4559	-0.1597	0.9105	1.3687	0.9716	-0.4552	-0.3196	0.8657	1.3582	-0.9675	-0.9075	-0.4788	0.8210
1.5	0.9368	1.4684	1.1148	0.5599	-0.2109	0.8737	1.4526	1.1115	-0.5587	-0.4204	0.8105	1.4368	-1.1047	-1.2161	-0.6303	0.7475
1.6	0.9128	1.5535	1.2640	0.6784	-0.2719	0.8257	1.5302	1.2587	-0.6763	-0.5435	0.7386	1.5069	-1.2481	-1.3504	-0.8147	0.6516
1.7	0.8820	1.6331	1.4206	0.8119	-0.3460	0.7641	1.5996	1.4125	-0.8085	-0.6914	0.6464	1.5662	-1.3962	-1.6134	-1.0362	0.5287
1.8	0.8437	1.7058	1.5836	0.9611	-0.4341	0.6865	1.6587	1.5715	-0.9556	-0.8672	0.5299	1.6116	-1.5473	-1.9058	-1.2991	0.3737
1.9	0.7947	1.7697	1.7519	1.1264	-0.5377	0.5897	1.7047	1.7342	-1.1179	-1.0736	0.3850	1.6397	-1.6988	-2.2275	-1.6077	0.1807
2.0	0.7350	1.8229	1.9240	1.3080	-0.6582	0.4706	1.7346	1.8987	-1.2954	-1.3136	0.2068	1.6463	-1.8482	-2.5779	-1.9662	-0.0565
2.2	0.5749	1.8871	2.2722	1.7204	-0.9562	0.1513	1.7311	2.2229	-1.6933	-1.9057	-0.2709	1.5754	-2.1248	-3.3595	-2.8486	-0.6976
2.4	0.3469	1.8745	2.6088	2.1954	-1.3389	-0.3027	1.6129	2.5187	-2.1412	-2.6633	-0.9489	1.3520	-2.3390	-4.2281	-3.9732	-1.5915
2.6	0.0331	1.7547	2.9067	2.7237	-1.8148	-0.9260	1.3349	2.7497	-2.6213	-3.5999	-1.8773	0.9168	-2.4369	-5.1402	-5.3554	-2.8211
2.8	-0.3855	1.4904	3.1284	3.2877	-2.3876	-0.7548	0.8418	2.8665	-3.1034	-4.7175	-3.1079	0.1973	-2.3456	-6.0229	-6.9901	-4.4449
3.0	-0.9281	1.0358	3.2247	3.8584	-3.0532	-2.8241	0.0684	2.8041	-3.5409	-5.9998	-4.6879	-0.8913	-1.9693	-6.7646	-8.8403	-6.5190
3.5	-2.9279	-1.2717	2.4630	4.9798	-4.9806	-6.7081	-3.5868	1.2702	-3.9192	-9.5437	-10.3404	-5.8540	1.0741	-6.7889	-13.6924	-13.8261
4.0	-5.8533	-5.9409	-0.9268	4.5478	-6.5332	-121.1581	-10.6084	-3.7665	-1.6143	-11.7307	-17.9186	-15.0755	9.2437	-0.3576	-15.6105	-23.1404

桩置于土中（$\alpha h>2.5$）或基岩（$\alpha h\geqslant 2.5$）位移系数 **表 4.3-3**

$\bar{h}=\alpha h$ / $\bar{z}=\alpha z$	4.0		3.5		3.0		2.8		2.6		2.4	
	A_x	B_x	A_x	B_x	A_x	B_x	A_x	B_x	A_x	B_x	A_x	B_x
0.0	2.4407	1.6210	2.5017	1.6408	2.7266	1.7576	2.9052	1.8694	3.1626	2.0482	3.5256	2.3268
0.1	2.2787	1.4509	2.3378	1.4700	2.5510	1.5807	2.7185	1.6856	2.9580	1.8519	3.2931	2.1091
0.2	2.1178	1.2909	2.1749	1.3093	2.3764	1.4139	2.5327	1.5117	2.7543	1.6656	3.0616	1.9014
0.3	1.9588	1.1408	2.0140	1.1585	2.2038	1.2570	2.3489	1.3478	2.5526	1.4393	2.8320	1.7037
0.4	1.8027	1.0006	1.8559	1.0177	2.0340	1.1100	2.1679	1.1938	2.3537	1.3229	2.6053	1.5159
0.5	1.6504	0.8704	1.7016	0.8868	1.8680	0.9729	1.9907	1.0497	2.1586	1.1663	2.3822	1.3378
0.6	1.5027	0.7498	1.5519	0.7655	1.7065	0.8455	1.8180	0.9153	1.9679	1.0194	2.1636	1.1694
0.7	1.3602	0.6389	1.4074	0.6539	1.5502	0.7277	1.6504	0.7904	1.7823	0.8819	1.9499	1.0104
0.8	1.2237	0.5373	1.2688	0.5516	1.3997	0.6192	1.4885	0.6747	1.6022	0.7536	1.7416	0.8604
0.9	1.0936	0.4448	1.1366	0.4585	1.2554	0.5197	1.3227	0.5680	1.4282	0.6342	1.5391	0.7192
1.0	0.9704	0.3612	1.0113	0.3741	1.1178	0.4289	1.1834	0.4699	1.2603	0.5232	1.3425	0.5861
1.1	0.8544	0.2861	0.8930	0.2982	0.9870	0.3464	1.0407	0.3800	1.0989	0.4203	1.1519	0.4608
1.2	0.7459	0.2191	0.7822	0.2305	0.8632	0.2719	0.9048	0.2979	0.9438	0.3248	0.9672	0.3426
1.3	0.6450	0.1599	0.6788	0.1704	0.7464	0.2048	0.7756	0.2231	0.7950	0.2364	0.7883	0.2310
1.4	0.5518	0.1079	0.5829	0.1176	0.6366	0.1447	0.6530	0.1549	0.6522	0.1543	0.6148	0.1252
1.5	0.4661	0.0629	0.4944	0.0716	0.5335	0.0911	0.5366	0.0930	0.5152	0.0779	0.4462	0.0246
1.6	0.3881	0.0242	0.4132	0.0319	0.4370	0.0434	0.4263	0.0366	0.3835	0.0067	0.2820	−0.0715
1.7	0.3174	−0.0085	0.3390	−0.0020	0.3466	0.0011	0.3215	−0.0147	0.2565	−0.0601	0.1217	−0.1638
1.8	0.2593	−0.0357	0.2717	−0.0305	0.2620	−0.0364	0.2219	−0.0616	0.1339	−0.1230	−0.0353	−0.2521
1.9	0.1972	−0.0580	0.2107	−0.0541	0.1827	−0.0697	0.1268	−0.1048	0.0149	−0.1827	−0.1897	−0.3401
2.0	0.1470	−0.0757	0.1558	−0.0734	0.1082	−0.0991	0.0356	−0.1447	−0.1011	−0.2399	−0.3422	−0.4253
2.2	0.0646	−0.0994	0.0624	−0.1007	−0.0287	−0.1491	−0.1371	−0.2170	−0.3265	−0.3488	−0.6436	−0.5925
2.4	0.0035	−0.1103	−0.0124	−0.1160	−0.1533	−0.1902	−0.3010	−0.2828	−0.5469	−0.4538	−0.9432	−0.7583
2.6	−0.0399	−0.1114	−0.0725	−0.1225	−0.2700	−0.2260	−0.4603	−0.3452	−0.7655	−0.5575		
2.8	−0.0690	−0.1054	−0.1220	−0.1231	−0.3828	−0.2593	−0.6183	−0.4068				
3.0	−0.0874	−0.0947	−0.1646	−0.1200	−0.4943	−0.2919						
3.5	−0.1050	−0.0570	−0.2587	−0.1063								
4.0	−0.1079	−0.0149										

桩置于土中（$\alpha h>2.5$）或基岩（$\alpha h\geqslant 2.5$）转角系数 **表 4.3-4**

$\bar{h}=\alpha h$ / $\bar{z}=\alpha z$	4.0		3.5		3.0		2.8		2.6		2.4	
	A_φ	B_φ	A_φ	B_φ	A_φ	B_φ	A_φ	B_φ	A_φ	B_φ	A_φ	B_φ
0.0	−1.6210	−1.7506	−1.6408	−1.7573	−1.7576	−1.8185	−1.8694	−1.8886	−2.0482	−2.0129	−2.3269	−2.2269
0.1	−1.6160	−1.6507	−1.6358	−1.6573	−1.7526	−1.7185	−1.8644	−1.7886	−2.0432	−1.9129	−2.3218	−2.1269
0.2	−1.6012	−1.5507	−1.6202	−1.5574	−1.7377	−1.6186	−1.8496	−1.6887	−2.0284	−1.8130	−2.3071	−2.0271
0.3	−1.5768	−1.4511	−1.5965	−1.4578	−1.7134	−1.5190	−1.8253	−1.5891	−2.0042	−1.7135	−2.2829	−1.9276
0.4	−1.5433	−1.3520	−1.5632	−1.3588	−1.6802	−1.4201	−1.7922	−1.4903	−1.9712	−1.6148	−2.2502	−1.8290
0.5	−1.5015	−1.2539	−1.5214	−1.2607	−1.6387	−1.3222	−1.7510	−1.3925	−1.9304	−1.5172	−2.2098	−1.7319
0.6	−1.4601	−1.1573	−1.4722	−1.1641	−1.5900	−1.2258	−1.7027	−1.2964	−1.8826	−1.4215	−2.1628	−1.6368
0.7	−1.3959	−1.0624	−1.4162	−1.0693	−1.5350	−1.1315	−1.6483	−1.2025	−1.8291	−1.3282	−2.1106	−1.5444
0.8	−1.3340	−0.9698	−1.3547	−0.9768	−1.4747	−1.0397	−1.5890	−1.1112	−1.7712	−1.2380	−2.0545	−1.4556
0.9	−1.2671	−0.8799	−1.2884	−0.8870	−1.4102	−0.9508	−1.5258	−1.0233	−1.7099	−1.1513	−1.9956	−1.3708
1.0	−1.1965	−0.7931	−1.2185	−0.8005	−1.3427	−0.8656	−1.4601	−0.9391	−1.6466	−1.0689	−1.9357	−1.2909
1.1	−1.1228	−0.7098	−1.1458	−0.7175	−1.2732	−0.7842	−1.3929	−0.8592	−1.5826	−0.9911	−1.8758	−1.2164
1.2	−1.0473	−0.6304	−1.0715	−0.6388	−1.2029	−0.7073	−1.3255	−0.7841	−1.5191	−0.9187	−1.8175	−1.1479
1.3	−0.9708	−0.5551	−0.9966	−0.5637	−1.1329	−0.6350	−1.2590	−0.7140	−1.4573	−0.8519	−1.7619	−1.0858

续表

$\overline{h}=\alpha h$ / $\overline{z}=\alpha z$	4.0		3.5		3.0		2.8		2.6		2.4	
	A_{φ}	B_{φ}	A_{φ}	B_{φ}	A_{φ}	B_{φ}	A_{φ}	B_{φ}	A_{φ}	B_{φ}	A_{φ}	B_{φ}
1.4	−0.8941	−0.4841	−0.9218	−0.4934	−1.0640	−0.5678	−1.1945	−0.6494	−1.3984	−0.7912	−1.7100	−1.0305
1.5	−0.8180	−0.4177	−0.8481	−0.4277	−0.9974	−0.5058	−1.1327	−0.5905	−1.3431	−0.7367	−1.6628	−0.9823
1.6	−0.7434	−0.3560	−0.7763	−0.3669	−0.9339	−0.4492	−1.0748	−0.5375	−1.2924	−0.6887	−1.6212	−0.9412
1.7	−0.6708	−0.2990	−0.7070	−0.3109	−0.8740	−0.3981	−0.0213	−0.4904	−1.2470	−0.6472	−1.5855	−0.9072
1.8	−0.6008	−0.2467	−0.6409	−0.2599	−0.8186	−0.3526	−0.9730	−0.4493	−1.2074	−0.6122	−1.5563	−0.8801
1.9	−0.5339	−0.1992	−0.5784	−0.2137	−0.7682	−0.3126	−0.9302	−0.4141	−1.1740	−0.5835	−1.5335	−0.8595
2.0	−0.4706	−0.1562	−0.5201	−0.1724	−0.7231	−0.2781	−0.8933	−0.3847	−1.1469	−0.5609	−1.5169	−0.8450
2.2	−0.3559	−0.0837	−0.4113	−0.1036	−0.6499	−0.2245	−0.8377	−0.3420	−1.1108	−0.5318	−1.5000	−0.8306
2.4	−0.2583	−0.0275	−0.3341	−0.0520	−0.5998	−0.1898	−0.8051	−0.3183	−1.0956	−0.5201	−1.4973	−0.8283
2.6	−0.1785	−0.0142	−0.2710	−0.0155	−0.5709	−0.1708	−0.7916	−0.3089	−1.0931	−0.5282		
2.8	−0.1161	−0.0435	−0.2273	−0.0081	−0.5591	−0.1634	−0.7894	−0.3075				
3.0	−0.0699	−0.0630	−0.2006	−0.0216	−0.5572	−0.1622						
3.5	−0.0121	−0.0829	−0.1837	−0.0295								
4.0	−0.0034	−0.0851										

桩置于土中（$\alpha h>2.5$）或基岩（$\alpha h\geqslant 2.5$）弯矩系数 **表 4.3-5**

$\overline{h}=\alpha h$ / $\overline{z}=\alpha z$	4.0		3.5		3.0		2.8		2.6		2.4	
	A_{m}	B_{m}	A_{m}	B_{m}	A_{m}	B_{m}	A_{m}	B_{m}	A_{m}	B_{m}	A_{m}	B_{m}
0.0	0.0000	1.0000	0.0000	1.0000	0.0000	1.0000	0.0000	1.0000	0.0000	1.0000	0.0000	1.0000
0.1	0.0996	0.9997	0.0996	0.9997	0.0996	0.9997	0.0995	0.9997	0.0995	0.9997	0.0994	0.9996
0.2	0.1970	0.9981	0.1969	0.9980	0.1966	0.9979	0.1964	0.9978	0.1961	0.9975	0.1956	0.9972
0.3	0.2901	0.9938	0.2898	0.9937	0.2889	0.9933	0.2882	0.9928	0.2871	0.9921	0.2857	0.9910
0.4	0.3774	0.9862	0.3768	0.9860	0.3746	0.9849	0.3730	0.9838	0.3706	0.9822	0.3673	0.9797
0.5	0.4575	0.9746	0.4564	0.9742	0.4523	0.9721	0.4491	0.9701	0.4447	0.9670	0.4386	0.9624
0.6	0.5294	0.9586	0.5274	0.9580	0.5206	0.9544	0.5153	0.9506	0.5080	0.9461	0.4980	0.9384
0.7	0.5923	0.9382	0.5892	0.9372	0.5787	0.9317	0.5707	0.9267	0.5596	0.9190	0.5444	0.9074
0.8	0.6456	0.9132	0.6411	0.9118	0.6259	0.9039	0.6145	0.8968	0.5986	0.8857	0.5771	0.8693
0.9	0.6893	0.8841	0.6829	0.8820	0.6620	0.8712	0.6464	0.8615	0.6249	0.8465	0.5961	0.8244
1.0	0.7231	0.8509	0.7145	0.8482	0.6868	0.8338	0.6664	0.8210	0.6384	0.8016	0.6012	0.7730
1.1	0.7471	0.8141	0.7360	0.8105	0.7005	0.7921	0.6745	0.7759	0.6393	0.7515	0.5929	0.7158
1.2	0.7618	0.7742	0.7477	0.7696	0.7032	0.7466	0.6712	0.7266	0.6281	0.6967	0.5719	0.6535
1.3	0.7676	0.7316	0.7500	0.7260	0.6957	0.6979	0.6571	0.6737	0.6056	0.6380	0.5393	0.5872
1.4	0.7650	0.6869	0.7435	0.6801	0.6785	0.6465	0.6329	0.6179	0.5728	0.5763	0.4965	0.5178
1.5	0.7547	0.6408	0.7288	0.6326	0.6523	0.5931	0.5995	0.5600	0.5309	0.5124	0.4452	0.4467
1.6	0.7373	0.5937	0.7068	0.5840	0.6182	0.5383	0.5581	0.5007	0.4813	0.4474	0.3872	0.3753
1.7	0.7138	0.5463	0.6781	0.5349	0.5771	0.4828	0.5100	0.4408	0.4255	0.3822	0.3247	0.3050
1.8	0.6849	0.4989	0.6436	0.4858	0.5301	0.4273	0.4563	0.3812	0.3654	0.3181	0.2601	0.2375
1.9	0.6514	0.4522	0.6043	0.4373	0.4783	0.3724	0.3987	0.3226	0.3029	0.2562	0.1962	0.1745
2.0	0.6141	0.4066	0.5610	0.3898	0.4231	0.3189	0.3386	0.2661	0.2401	0.1978	0.1359	0.1180
2.2	0.5316	0.3203	0.4658	0.2996	0.3077	0.2184	0.2183	0.1626	0.1232	0.0968	0.0394	0.3280
2.4	0.4433	0.2426	0.3652	0.2182	0.1948	0.1311	0.1102	0.0782	0.0353	0.0265	0.0000	0.0000
2.6	0.3546	0.1755	0.2656	0.1478	0.0967	0.0620	0.0310	0.0210	0.0000	0.0000		
2.8	0.2700	0.1198	0.1736	0.0901	0.0269	0.0164	0.0000	−0.0002				
3.0	0.1931	0.0760	0.0954	0.0462	0.0000	−0.0001						
3.5	0.0508	0.0135	0.0000	0.0000								
4.0	0.0001	0.0001										

桩置于土中（αh>2.5）或基岩（$\alpha h \geqslant 2.5$）剪力系数 表 4.3-6

$\bar{h}=\alpha h$ / $\bar{z}=\alpha z$	4.0		3.5		3.0		2.8		2.6		2.4	
	A_q	B_q	A_q	B_q	A_q	B_q	A_q	B_q	A_q	B_q	A_q	B_q
0.0	1.0000	0	1.0000	0	1.0000	0	1.0000	0	1.0000	0	1.0000	0
0.1	0.9883	−0.0075	0.9880	−0.0076	0.9870	−0.0032	0.9861	−0.0087	0.9849	−0.0096	0.9831	−0.0110
0.2	0.9555	−0.0280	0.9543	−0.0283	0.9503	−0.0805	0.9469	−0.0326	0.9457	−0.0358	0.9357	−0.0407
0.3	0.9047	−0.0582	0.9021	−0.0590	0.8930	−0.1637	0.8860	−0.0681	0.8760	−0.0751	0.8622	−0.6847
0.4	0.8390	−0.0955	0.8345	−0.0970	0.8190	−0.1050	0.8071	−0.1125	0.7903	−0.1241	0.7672	−0.1419
0.5	0.7615	−0.1375	0.7546	−0.1397	0.7314	−0.1517	0.7137	−0.1628	0.6890	−0.1799	0.6553	−0.2658
0.6	0.6749	−0.1819	0.6653	−0.1850	0.6332	−0.2016	0.6091	−0.2167	0.5757	−0.2399	0.5304	−0.2746
0.7	0.5820	−0.2269	0.5693	−0.2309	0.5376	−0.2525	0.4966	−0.2719	0.4541	−0.3015	0.3970	−0.3452
0.8	0.4852	−0.2709	0.4691	−0.2760	0.4171	−0.3029	0.3791	−0.3268	0.3273	−0.3627	0.2587	−0.4153
0.9	0.3869	−0.3125	0.3670	−0.3188	0.3044	−0.3512	0.2593	−0.3794	0.1987	−0.4215	0.1195	−0.4822
1.0	0.2890	−0.3506	0.2651	−0.3582	0.1919	−0.3961	0.1400	−0.4286	0.0711	−0.4763	−0.0172	−0.5141
1.1	0.1939	−0.3844	0.1653	−0.3934	0.0815	−0.4367	0.0234	−0.4730	−0.0525	−0.5257	−0.1479	−0.5988
1.2	0.1015	−0.4134	0.0692	−0.4236	−0.0247	−0.4721	−0.0883	−0.5119	−0.1698	−0.5684	−0.2695	−0.6449
1.3	0.0148	−0.4369	−0.0220	−0.4486	−0.1251	−0.5017	−0.1931	−0.5443	−0.2782	−0.6033	−0.3790	−0.6805
1.4	−0.0659	−0.4549	−0.1070	−0.4679	−0.2183	−0.5252	−0.2894	−0.5697	−0.3758	−0.6296	−0.4736	−0.7045
1.5	−0.1395	−0.4672	−0.1849	−0.4815	−0.3030	−0.5422	−0.3755	−0.5876	−0.4603	−0.6463	−0.5503	−0.7152
1.6	−0.2056	−0.4739	−0.2551	−0.4894	−0.3780	−0.5525	−0.4499	−0.5975	−0.5297	−0.6527	−0.6065	−0.7114
1.7	−0.2636	−0.4750	−0.3170	−0.4917	−0.4425	−0.5560	−0.5115	−0.5992	−0.5823	−0.6482	−0.6397	−0.6919
1.8	−0.3135	−0.4710	−0.3703	−0.4888	−0.4956	−0.5529	−0.5589	−0.5924	−0.6164	−0.6321	−0.6471	−0.6556
1.9	−0.3550	−0.4622	−0.4148	−0.4809	−0.5366	−0.5430	−0.5910	−0.5770	−0.6300	−0.6037	−0.6261	−0.6004
2.0	−0.3884	−0.4491	−0.4503	−0.4684	−0.5648	−0.5264	−0.6067	−0.5525	−0.6214	−0.5624	−0.4741	−0.5256
2.2	−0.4317	−0.4118	−0.4951	−0.4313	−0.5805	−0.4738	−0.5844	−0.4761	−0.5306	−0.4383	−0.3659	−0.3112
2.4	−0.4465	−0.3631	−0.5058	−0.3810	−0.5379	−0.3954	−0.4829	−0.3608	−0.3289	−0.2533	0.0000	0.0000
2.6	−0.4365	−0.3073	−0.4838	−0.3210	−0.4314	−0.2910	−0.2918	−0.2035	0.0000	0.0000		
2.8	−0.4064	−0.2485	−0.4307	−0.2545	−0.2546	−0.1598	0.0000	−0.0002				
3.0	−0.3607	−0.1905	−0.3473	−0.1841	0.0000	0.0000						
3.5	−0.1998	−0.0167	0.0000	0.0000								
4.0	0.0000	−0.0005										

桩嵌固于基岩内（αh>2.5）位移系数 表 4.3-7

αz	$\alpha h \geqslant 4.0$		$\alpha h=3.5$		$\alpha h=3.0$		$\alpha h=2.8$		$\alpha h=2.6$		$\alpha h=2.4$	
	A_x	B_x	A_x	B_x	A_x	B_x	A_x	B_x	A_x	B_x	A_x	B_x
0.0	2.401	1.600	2.389	1.582	2.385	1.586	2.371	1.593	2.330	1.596	2.240	1.586
0.1	2.241	1.432	2.231	1.414	2.227	1.422	2.212	1.429	2.170	1.433	2.081	1.422
0.2	2.082	1.273	2.073	1.262	2.070	1.268	2.054	1.275	2.012	1.279	1.924	1.269
0.3	1.925	1.125	1.918	1.116	1.914	1.124	1.898	1.131	1.855	1.135	1.768	1.125
0.4	1.771	0.987	1.766	0.980	1.762	0.990	1.748	0.998	1.702	1.001	1.616	0.992
0.5	1.621	0.858	1.617	0.854	1.613	0.866	1.595	0.874	1.552	0.878	0.467	0.868
0.6	1.476	0.740	1.473	0.737	1.468	0.751	1.450	0.759	1.407	0.763	1.323	0.754
0.7	1.335	0.631	1.334	0.630	1.330	0.646	1.311	0.655	1.267	0.659	1.184	0.649
0.8	1.201	0.531	1.201	0.532	1.197	0.551	1.177	0.560	1.133	0.564	1.052	0.554
0.9	1.073	0.440	1.075	0.444	1.070	0.468	1.050	0.474	1.005	0.474	0.925	0.468
1.0	0.952	0.359	0.956	0.364	0.951	0.387	0.930	0.396	0.885	0.397	0.806	0.391
1.1	0.838	0.285	0.843	0.293	0.838	0.317	0.817	0.327	0.772	0.332	0.695	0.323
1.2	0.732	0.220	0.739	0.230	0.734	0.257	0.712	0.267	0.667	0.271	0.591	0.262
1.3	0.634	0.163	0.642	0.175	0.636	0.203	0.614	0.214	0.569	0.218	0.496	0.210

续表

αz	$\alpha h \geq 4.0$		$\alpha h=3.5$		$\alpha h=3.0$		$\alpha h=2.8$		$\alpha h=2.6$		$\alpha h=2.4$	
	A_x	B_x	A_x	B_x	A_x	B_x	A_x	B_x	A_x	B_x	A_x	B_x
1.4	0.543	0.113	0.553	0.128	0.550	0.157	0.525	0.168	0.480	0.172	0.409	0.164
1.5	0.460	0.070	0.471	0.087	0.466	0.118	0.443	0.129	0.399	0.163	0.330	0.126
1.6	0.385	0.033	0.398	0.052	0.392	0.086	0.369	0.097	0.325	0.101	0.259	0.094
1.7	0.317	0.003	0.332	0.024	0.326	0.059	0.303	0.070	0.260	0.074	0.198	0.067
1.8	0.256	−0.022	0.273	0.001	0.267	0.037	0.244	0.048	0.203	0.052	0.145	0.046
1.9	0.203	−0.042	0.221	0.017	0.215	0.021	0.192	0.032	0.153	0.035	0.100	0.030
2.0	0.156	−0.058	0.176	−0.030	0.170	0.008	0.148	0.019	0.111	0.023	0.064	0.018
2.2	0.082	−0.077	0.104	−0.046	0.099	−0.006	0.078	0.004	0.048	0.007	0.016	0.004
2.4	0.029	−0.083	0.054	−0.049	0.050	−0.010	0.033	−0.001	0.012	0.001	0	0
2.6	−0.004	−0.080	0.230	−0.043	0.020	−0.007	0.008	−0.001	0	0		
2.8	−0.022	−0.070	0.005	−0.032	0.004	−0.003	0	−0				
3.0	−0.028	−0.056	−0.001	−0.020	0	−0						
3.5	−0.015	−0.018	0	0								
4.0	0	0										

桩嵌固于基岩内（$\alpha h>2.5$）弯矩系数 **表 4.3-8**

αz	$\alpha h \geq 4.0$		$\alpha h=3.5$		$\alpha h=3.0$		$\alpha h=2.8$		$\alpha h=2.6$		$\alpha h=2.4$	
	A_m	B_m	A_m	B_m	A_m	B_m	A_m	B_m	A_m	B_m	A_m	B_m
0.0	0	1	0	1	0	1	0	1	0	1	0	1
0.1	0.100	1	0.100	1	0.100	1	0.100	1	0.100	1	0.100	1
0.2	0.197	0.998	0.197	0.998	0.197	0.998	0.197	0.998	0.197	0.998	0.197	0.998
0.3	0.290	0.994	0.290	0.994	0.290	0.994	0.290	0.994	0.291	0.994	0.291	0.994
0.4	0.378	0.986	0.378	0.987	0.378	0.986	0.378	0.986	0.379	0.986	0.380	0.986
0.5	0.458	0.975	0.458	0.975	0.459	0.975	0.459	0.975	0.459	0.975	0.462	0.975
0.6	0.531	0.959	0.531	0.960	0.531	0.959	0.532	0.959	0.533	0.959	0.536	0.959
0.7	0.594	0.939	0.595	0.940	0.595	0.939	0.596	0.939	0.598	0.938	0.603	0.939
0.8	0.648	0.914	0.649	0.915	0.649	0.914	0.651	0.914	0.654	0.913	0.662	0.914
0.9	0.693	0.863	0.694	0.886	0.694	0.885	0.696	0.884	0.701	0.884	0.712	0.885
1.0	0.728	0.853	0.729	0.854	0.729	0.852	0.732	0.850	0.740	0.850	0.754	0.851
1.1	0.753	0.817	0.754	0.817	0.755	0.815	0.759	0.813	0.769	0.812	0.787	0.814
1.2	0.770	0.777	0.770	0.778	0.772	0.774	0.777	0.771	0.789	0.770	0.814	0.773
1.3	0.777	0.735	0.778	0.736	0.778	0.730	0.786	0.727	0.802	0.726	0.833	0.820
1.4	0.776	0.691	0.777	0.691	0.779	0.685	0.788	0.680	0.808	0.678	0.845	0.682
1.5	0.763	0.645	0.768	0.645	0.771	0.635	0.782	0.630	0.806	0.628	0.852	0.633
1.6	0.753	0.598	0.753	0.597	0.756	0.585	0.769	0.579	0.799	0.579	0.854	0.582
1.7	0.731	0.551	0.730	0.549	0.734	0.533	0.750	0.525	0.786	0.522	0.852	0.530
1.8	0.705	0.503	0.703	0.500	0.707	0.480	0.727	0.471	0.769	0.467	0.846	0.476
1.9	0.673	0.456	0.670	0.451	0.676	0.427	0.699	0.416	0.749	0.411	0.838	0.421
2.0	0.638	0.410	0.633	0.402	0.640	0.373	0.667	0.360	0.735	0.355	0.828	0.366
2.2	0.559	0.321	0.550	0.307	0.559	0.265	0.595	0.248	0.672	0.241	0.805	0.256
2.4	0.472	0.239	0.457	0.216	0.468	0.157	0.516	0.135	0.615	0.126	0.780	0.144
2.6	0.383	0.165	0.359	0.129	0.374	0.051	0.434	0.218	0.556	0.011		
2.8	0.294	0.099	0.258	0.047	0.277	−0.055	0.352	0.091				
3.0	0.207	0.041	0.157	−0.032	0.179	−0.161						
3.5	0.005	−0.078	0.096	−0.220								
4.0	−0.184	−0.181										

桩嵌固于基岩内（αh>2.5）地面处转角系数　　表 4.3-9

系数 \ αh	4.0	3.5	3.0	2.8	2.6	2.4
A_φ	−1.600	−1.584	−1.593	−1.586	−1.596	−1.586
B_φ	−1.732	−1.711	−1.687	−1.691	−1.686	−1.687

注：表中系数值用于 φ_0 的计算，因其他深度处 φ_z 及 Q_z 的计算不常应用，限于篇幅，此处从略。

求得桩身各截面的水平位移、转角、弯矩、剪力以及桩侧土抗力后，即可验算桩身强度、决定配筋量、验算桩侧土抗力以及桩上墩台位移等。

要检验桩的截面强度和进行配筋计算，其控制截面为桩身最大弯矩截面。因此，须找出最大弯矩截面所在位置 z_{Mmax} 及相应的最大弯矩 M_{max}。

① 图解法

将各深度 z 处的 M 值求出后绘制 z-M_z 图，直接从图中读出。

② 无量纲系数法

根据桩身最大弯矩截面剪力为零，即 $Q_z=0$。由式（4.3.14）可得：

$$Q_z=H_0A_q+\alpha M_0B_q=0$$

即

$$\left.\begin{aligned}&\frac{\alpha M_0}{H_0}=-\frac{A_q}{B_q}=C_q\\&\frac{H_0}{\alpha}=\frac{M_0}{C_q}\end{aligned}\right\}\tag{4.3.15}$$

显见，C_q 为无量纲系数，可制成相应表格，由表 4.3-10 查取。再由式（4.3.14）可得

$$M_{max}=\frac{M_0}{C_q}A_m+M_0B_m=M_0K_m\tag{4.3.16}$$

其中 K_m 为无量纲系数，同样可由表 4.3-10 查取。

应用时可先由 $C_q=\dfrac{\alpha M_0}{H_0}$ 查表 4.3-10 得 $\bar{z}$，再同表查得 K_m，则有 $z_{Mmax}=\bar{z}/\alpha$，$M_{max}=M_0K_m$。

确定桩身最大弯矩及其位置的系数表　　表 4.3-10

αz \ αh	4.0		3.5		3.0		2.8		2.6		2.4	
	C_q	K_m	C_q	K_m	C_q	K_m	C_q	K_m	C_q	K_m	C_q	K_m
0.0	∞	1	∞	1	∞	1	∞	1	∞	1	∞	1
0.1	131.252	1.001	129.489	1.001	120.507	1.001	112.954	1.001	102.805	1.001	90.196	1.000
0.2	34.186	1.004	33.699	1.004	31.158	1.004	29.090	1.005	26.326	1.005	22.939	1.006
0.3	15.544	1.012	15.282	1.013	14.013	1.015	13.003	1.014	11.671	1.017	10.064	1.019
0.4	8.781	1.029	8.605	1.030	7.799	1.033	7.176	1.036	6.368	1.040	5.409	1.047
0.5	5.539	1.057	5.403	1.059	4.821	1.066	4.385	1.073	3.829	1.083	3.183	1.100
0.6	3.710	1.101	3.597	1.105	3.141	1.120	2.811	1.134	2.400	1.158	1.931	1.196
0.7	2.566	1.169	2.465	1.176	2.089	1.209	1.826	1.239	1.506	1.291	1.150	1.380
0.8	1.791	1.274	1.699	1.289	1.377	1.358	1.160	1.426	0.902	1.549	0.623	1.795
0.9	1.238	1.441	1.151	1.475	0.867	1.635	0.683	1.807	0.471	2.173	0.248	3.230
1.0	0.824	1.728	0.740	1.814	0.484	2.252	0.327	2.861	0.149	5.076	−0.032	18.277
1.1	0.503	2.299	0.420	2.562	0.187	4.543	0.049	14.411	−0.100	−5.649	−0.247	−1.684
1.2	0.246	3.876	0.163	5.349	−0.052	−12.716	−0.172	−3.165	−0.299	−1.406	−0.416	−0.714
1.3	0.034	23.438	−0.049	−14.587	−0.249	−2.093	−0.355	−1.178	−0.465	−0.675	−0.557	−0.381

续表

αz \ αh	4.0		3.5		3.0		2.8		2.6		2.4	
	C_q	K_m	C_q	K_m	C_q	K_m	C_q	K_m	C_q	K_m	C_q	K_m
1.4	−0.145	−4.596	−0.229	−2.572	−0.416	−0.986	−0.508	−0.628	−0.597	−0.383	−0.672	−0.220
1.5	−0.299	−1.876	−0.384	−1.265	−0.559	−0.574	−0.639	−0.378	−0.712	−0.233	−0.769	−0.131
1.6	−0.434	−1.128	−0.521	−0.772	−0.684	−0.365	−0.753	−0.240	−0.812	−0.146	−0.853	−0.078
1.7	−0.555	−0.740	−0.645	−0.517	−0.797	−0.242	−0.854	−0.157	−0.898	−0.091	−0.925	−0.046
1.8	−0.665	−0.530	−0.756	−0.366	−0.896	−0.164	−0.943	−0.103	−0.975	−0.057	−0.987	−0.026
1.9	−0.768	−0.396	−0.862	−0.263	−0.988	−0.112	−1.024	−0.067	−1.034	−0.034	−1.043	−0.014
2.0	−0.865	−0.304	−0.961	−0.194	−1.073	−0.076	−1.098	−0.042	−1.105	−0.020	−1.092	−0.006
2.2	−1.048	−0.187	−1.148	−0.106	−1.225	−0.033	−1.227	−0.015	−1.210	−0.005	−1.176	−0.001
2.4	−1.230	−0.118	−1.328	−0.057	−1.360	−0.012	−1.338	−0.004	−1.299	−0.001	0	0
2.6	−1.420	−0.074	−1.507	−0.028	−1.482	−0.003	−1.434	−0.001	0.333	0		
2.8	−1.635	−0.045	−1.692	−0.013	−1.593	−0.001	0.056	0				
3.0	−1.893	−0.026	−1.886	−0.004	0	0						
3.5	−2.994	−0.003	1.000	0								
4.0	−0.045	−0.011										

③ 直接计算法

根据桩身最大弯矩截面处剪力为零，由式（4.3.9）可得

$$\frac{Q_z}{\alpha^3 EI}=x_0 A_4+\frac{\varphi_0}{\alpha}B_4+\frac{M_0}{\alpha^2 EI}C_4+\frac{H_0}{\alpha^3 EI}D_4=0$$

若令

$$f(\bar{z})=x_0 A_4+\frac{\varphi_0}{\alpha}B_4+\frac{M_0}{\alpha^2 EI}C_4+\frac{H_0}{\alpha^3 EI}D_4 \tag{4.3.17}$$

显见 $f(\bar{z})$ 为关于 $\bar{z}$ 的高阶幂级数，采用牛顿法可求出该法大于零的第一个根，也即桩身距地面处第一个弯矩的极值点，其绝对值即为桩身入土部分的最大弯矩值。故最大弯矩相应位置为：

$$\bar{z}_{m+1}=\bar{z}_m-\frac{f(\bar{z})}{f'(\bar{z})} \tag{4.3.18}$$

其中

$$f'(\bar{z})=x_0 A_5+\frac{\varphi_0}{\alpha}B_5+\frac{M_0}{\alpha^2 EI}C_5+\frac{H_0}{\alpha^3 EI}D_5 \tag{4.3.19}$$

A_5、B_5、C_5 及 D_5 分别由 A_4、B_4、C_4 及 D_4 对 $\bar{z}$ 求导而得，其计算方法同前。

计算时可取初值 $\bar{z}=0.1\bar{h}$，其收敛很快，且可任意控制 $\bar{z}_{Mmax}$ 的计算精度得到极精确的解答，求得 $\bar{z}_{Mmax}$ 后，再将其代入式（4.3.9）或式（4.3.14）即可求得桩身最大弯矩值。该法计算速度快、精度高，便于计算机编程计算。

求得桩身最大弯矩后，可根据相应领域的混凝土结构设计规范进行桩身配筋计算，限于篇幅，此不赘述。

当桩置于非岩石地基中时，已知桩露出地面长 l_0，桩顶自由，其上作用有水平力 H 及弯矩 M，则桩顶位移可应用叠加原理求得，如图 4.3-3 所示，可得桩顶位移 x_1 和转角 φ_1 为：

$$\left.\begin{aligned}x_1&=x_0-\varphi_0 l_0+x_q+x_m\\ \varphi_1&=\varphi_0+\varphi_q+\varphi_m\end{aligned}\right\} \tag{4.3.20}$$

其中 x_0、φ_0 可用前述方法求得，而 x_q、x_m、φ_q、φ_m 是将桩露出段视为下端嵌固、跨度

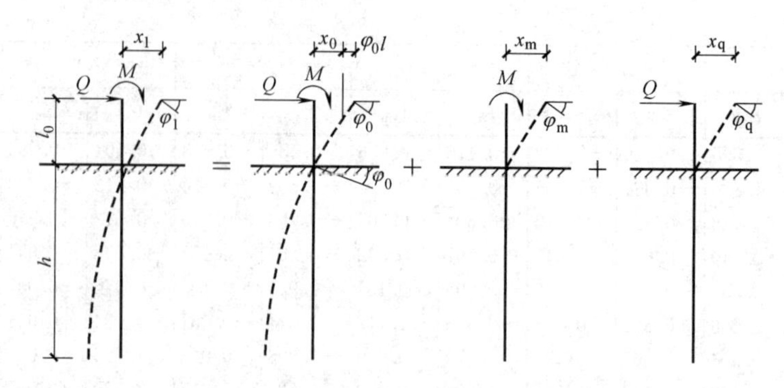

图 4.3-3 桩顶位移计算

为 l_0 的悬臂梁来计算求得，即

$$\left.\begin{aligned} x_q&=\frac{Ql_0^3}{3EI} \quad & x_m&=\frac{Ml_0^2}{2EI} \\ \varphi_q&=-\frac{Ql_0^2}{2EI} \quad & \varphi_m&=-\frac{Ml_0}{EI} \end{aligned}\right\} \tag{4.3.21}$$

若将式（4.3.20）无量纲化，并整理可得：

$$\left.\begin{aligned} x_1&=\frac{Q}{\alpha^3 EI}A_{X_1}+\frac{M}{\alpha^2 EI}B_{X_1} \\ \varphi_1&=-\left(\frac{Q}{\alpha^2 EI}A_{\varphi_1}+\frac{M}{\alpha EI}B_{\varphi_1}\right) \end{aligned}\right\} \tag{4.3.22}$$

式中：A_{x1}、$B_{x1}=A_{\varphi 1}$ A_{x1}、$B_{\varphi 1}$ 为$\bar{h}=\alpha h$ 及$\overline{l_0}=\alpha l_0$的函数，可查表得到。

同理可求得桩端嵌固于基岩中，桩顶自由时的桩顶位移和转角。

（2）m 值的确定

上述计算公式中的 m 值的确定主要有两种：一是按经验数据取值；二是实测法。

我国最初应用 m 法时，引用苏联西林等人推荐的 m 值。1974 年，根据桩的水平静载试验修订了 m 值。现行的《公路基规》采用此值；铁路部门采用的 m 值与此基本相同；《建筑桩基技术规范》JGJ 94—2008（以下简称《桩基规范》）也规定了 m 值，分别列于表 4.3-11a～c。

非岩石类土的比例系数 m 和 m_0（公路桥涵设计采用）　　表 4.3-11a

序号	土的名称	m 和 m_0（kN/m⁴）
1	流塑黏性土 $I_L\geqslant1$、淤泥、软塑黏性土 $1>I_L\geqslant0$	3000～5000
2	可塑黏性土 $0.75>I_L\geqslant0.25$、粉砂	5000～10000
3	硬塑黏性土 $0.25>I_L\geqslant0$、细砂、中砂	10000～20000
4	坚硬、半坚硬黏性土 $I_L<0$、粗砂	20000～30000
5	砾砂、角砾、圆砾、碎石、卵石	30000～80000
6	密实卵石夹粗砂、密实漂卵石	80000～120000

注：1. 本表用于结构在地面处位移最大值不超过 6mm；位移较大时，适当降低。

2. 当基础侧面设有斜坡或台阶，且其坡度或台阶总宽与深度之比超过 1∶20 时，表中 m 值应减少 50%。

非岩石类土的比例系数 m 和 m_0（铁路桥涵设计采用） 表 4.3-11b

序号	土的名称	m 和 m_0（kPa/m^2）
1	流塑黏性土、淤泥	3000～5000
2	软塑黏性土、粉砂、粉土	5000～10000
3	硬塑黏性土、细砂、中砂	10000～20000
4	坚硬黏性土、粗砂	20000～30000
5	角砾土、圆砾土、碎石土、卵石土	30000～80000
6	块石土、漂石土	80000～120000

注：1. 本表用于结构在地面处水平位移最大值不超过 6mm；位移较大时，适当降低。
2. 当基础侧面设有斜坡或台阶，且坡度或台阶总宽与地面以下或局部冲刷线以下深度之比超过 1∶20 时，表中 m 值应减少一半。

地基土的比例系数 m（MN/m^4）（建筑桩基设计采用） 表 4.3-11c

地基土类别	预制桩、钢桩		灌注桩	
	m	相应单桩在地面水平位移（mm）	m	相应单桩在地面水平位移（mm）
淤泥、淤泥质土、饱和湿陷性黄土	2～4.5	10	2.5～6	6～12
流塑（$I_L>1$）、软塑（$0.75<I_L\leqslant1$）状黏性土、$e>0.9$ 粉土、松散粉细砂、松散填土	4.5～6.0	10	6～14	4～8
可塑（$0.25<I_L\leqslant0.75$）状黏性土，$e=0.7\sim0.9$ 粉土、湿陷性黄土、稍密、中密填土、稍密细砂	6.0～10.0	10	14～35	3～6
硬塑（$0<I_L\leqslant0.25$）、坚硬（$I_L\leqslant0$）状黏性土、湿陷性黄土（$e<0.75$）、粉土、中密的中粗砂、密实老填土	10.0～12.0	10	35～100	2～5
中密、密实的砾砂、碎石类土			100～300	1.5～3

注：1. 当桩顶水平位移大于表列值或当灌注桩配筋率较高（>0.65%）时，m 值应适当降低；当预制桩的水平位移小于 10mm 时，m 值可适当提高。
2. 当水平荷载为长期或经常出现的荷载时，应将表列 m 值乘以 0.4 降低采用。
3. 当地基为可液化土时，应将表列 m 值乘以土层液化折减系数。

m 值随土性、桩材和刚度、桩的水平位移值和荷载水平及其作用方式等因素而变化。上列各表中均按土类及土性来规定 m 值，同时限制其适用的水平位移值。表 4.3-11a 中 m 值除考虑土类、土性和水平位移限制外，还考虑荷载的循环反复作用，故可直接用于计算由循环反复荷载作用的桩。对于只受水平静力作用的桩，计算时可将表中的 m 值酌情予以提高（最大可提高为 2 倍）。

另一种更为合适的确定 m 值的途径是由桩的现场水平荷载试验测定，但必须使桩在最大水平荷载作用下满足下列两个条件：

① 桩周土不致因桩的水平位移过大而丧失其对桩的约束作用，即水平荷载下桩长范围内的土大部分仍处于弹性工作状态；

② 在此水平荷载下，容许桩截面开裂，但裂缝宽度不应超出钢筋混凝土结构容许的开裂限度，且裂缝应在卸载后能闭合。

根据上述要求，同时考虑配筋率的影响，我国《建筑桩基技术规范》对于钢筋混凝土预制桩、钢桩、桩身全截面配筋率大于 0.65%的灌注桩，取静载试验时地面处水平位移为10mm（对于水平位移敏感的建筑物取6mm）所对应荷载为单桩水平承载力设计值(若地面处桩身水平位移超过该限值，可降低m值并改变桩尺寸，重新设计计算直至满足限值)，并由桩的水平静载试验反算m值。一般对入土深度为h的完全埋入桩的桩头施加水平静载H_0，测得相应的桩头水平位移x_0，由$x_0=H_0A_0/(\alpha^3EI)$反算出α值，即可得m。当以静载试验的临界荷载H_{cr}和其对应的水平位移x_{cr}来反算时，可用表4.3-12中的ν_x值按下式计算m。

$$m=\frac{\left(\frac{H_{cr}}{x_{cr}}\nu_x\right)^{5/3}}{b_p(EI)^{2/3}} \tag{4.3.23}$$

桩顶（身）最大弯矩系数ν_M和桩顶水平位移系数ν_x **表4.3-12**

桩顶约束情况	铰接、自由	固接	铰接、自由	固接
αh	υ_x		υ_M	
4.0	2.441	0.940	0.768	0.926
3.5	2.502	0.970	0.750	0.934
3.0	2.727	1.028	0.703	0.967
2.8	2.905	1.055	0.675	0.990
2.6	3.163	1.079	0.639	1.018
2.4	3.526	1.095	0.601	1.045

注：铰接（自由）的υ_M系桩身的最大弯矩系数，固结的υ_M系桩顶的最大弯矩系数；$\alpha h>4.0$时取$\alpha h=4.0$。

当采用经验查表法确定m值时，若桩侧土层为分层地基时，考虑到仅地表以下一定深度范围h_m［一般认为是3～4倍桩径或2（$d+1$）］内的土层对水平受荷桩的内力变形计算最具影响，故工程中主要对该范围内各土层的m_i值进行加权后得出一当量m值，再按上述单层地基方法计算桩身内力与变形。

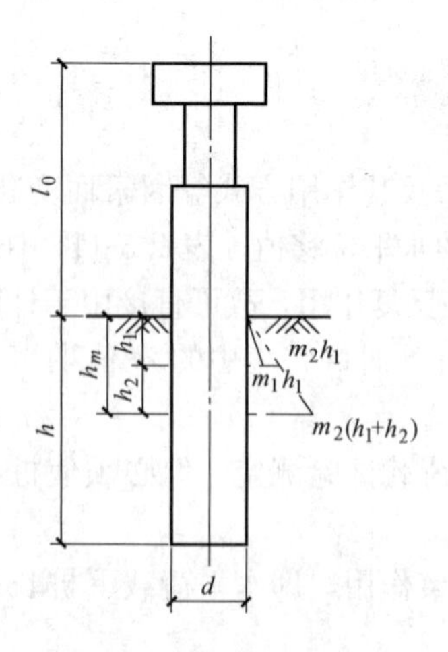

图4.3-4 m值换算

以往的做法（包括目前建筑工程领域仍采用的）是按深度加权（换算前后地基系数图形面积在深度h_m范围内相等）的方式，当地面或局部冲刷线以下h_m深度范围内有两层土时（图4.3-4），其地基反力系数的比例系数分别为m_1和m_2，层厚分别为h_1和h_2，则对于随深度呈线性增大的地基反力系数分布模式，计算的平均比例系数为

$$m=\frac{m_1h_1^2+m_2(2h_1+h_2)h_2}{h_m^2} \tag{4.3.24}$$

可以发现，这种按深度加权的换算方法中，埋深越大的土体，其m值在桩身内力位移计算中所起的作用将越大。事实上，桩周土对抵抗水平力所起的作用与其本身变形有关：土体压缩程度越高，其抗力发挥程度越大；而自桩顶向下，桩的水平位移越来越小，土体埋深越大，对抵抗水平荷载的贡献应越低，换算中所对应分配的权重应越低，从而这种计算方法会导致计算结果误差较大。为此，2007年公路部门对《公路基规》修订时，采用了根据桩身位移挠曲线形状与深度建立综合权函数计算当量m值的方法，最终计算公式如下（双层地基）：

$$m=m_1+(1-\gamma)m_2 \tag{4.3.25}$$

其中：$\gamma=\begin{cases}5\ (h_1/h_m)^2 & h_1/h_m\leqslant 0.2\\ 1-1.25\ (1-h_1/h_m)^2 & h_1/h_m>0.2\end{cases}$

需说明的是，采用上式得到的当量 m 值只能保证桩顶位移的计算精度，而桩身最大弯矩尚存在一定偏差，需进一步对桩身最大弯矩值进行修正，详见《公路基规》。

（3）桩的计算宽度

桩身计算桩宽 b_p **表 4.3-13**

桩的直径 d 或边长 b(m)	圆桩计算桩宽	方桩计算桩宽
>1.0	$0.9(d+1)$	$b+1$
$\leqslant 1.0$	$0.9(1.5d+0.5)$	$1.5b+0.5$

国外有取实际桩宽或直径为计算桩宽的做法。苏联在推导 m 法时，考虑到计算中的平面条件同桩实际的轴对称条件的差异，计算中按矩形截面，而其他形式截面同矩形截面所存在的差异以及多根桩之间的相互影响等因素，则引用计算桩宽的概念。我国《建筑桩基技术规范》按表 4.3-13 取用桩身计算宽度 b_p。

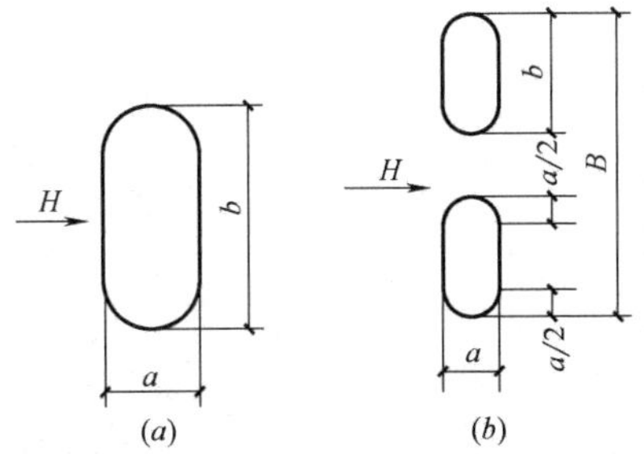

图 4.3-5 计算 k 值时桩基示意图

（a）圆端形与矩形组合截面；（b）单桩宽度计算

我国公路部门为适应桥梁墩台桩基础设计计算，采用桩的计算宽度 b_p 为

当 $d\geqslant 1.0$m 时 $b_p=kk_f(d+1)$ (4.3.26)

当 $d<1.0$m 时 $b_p=kk_f(1.5d+0.5)$ (4.3.27)

对单排桩或 $L_1\geqslant 0.6h_1$ 的多排桩，$k=1.0$ (4.3.28)

对 $L_1<0.6h_1$ 时，$k=b_2+\dfrac{1-b_2}{0.6}\times\dfrac{L_1}{h_1}$ (4.3.29)

式中 b_p——桩的计算宽度（m），$b_p\leqslant 2d$；

d——桩径或垂直于水平外力作用方向桩的宽度（m）；

k_f——桩形状的换算系数，视水平力作用面（垂直于水平力作用方向）而定，圆形或圆端截面 $k_f=0.9$；矩形截面 $k_f=1.0$；圆端形与矩形组合截面 $k_f=1-0.1a/d$（图 4.3-5a）；

k——平行于水平力作用方向的桩相互影响系数；

L_1——平行于水平力作用方向的桩间净距（图 4.3-6）；梅花形布桩时，若相邻两排桩的中心距 S 又小于（$d+1$）m 时，可按水平力作用面各桩间的投影距离计算（图 4.3-7）；

h_1——地面或局部冲刷线下桩计算埋入深度，取 $h_1=3$（$d+1$），但不得大于 h（图 4.3-7）；

考虑各桩柱间相互影响时，尚须引入相互影响系数 k，其值按图 4.3-5 所示计算。

b_2——与平行于水平力作用

方向的一排桩数目 n 有关的系数，当 $n=1$，$b_2=1.0$；$n=2$，$b_2=0.6$；$n=3$，$b_2=0.5$；$n\geqslant 4$，$b_2=0.45$。

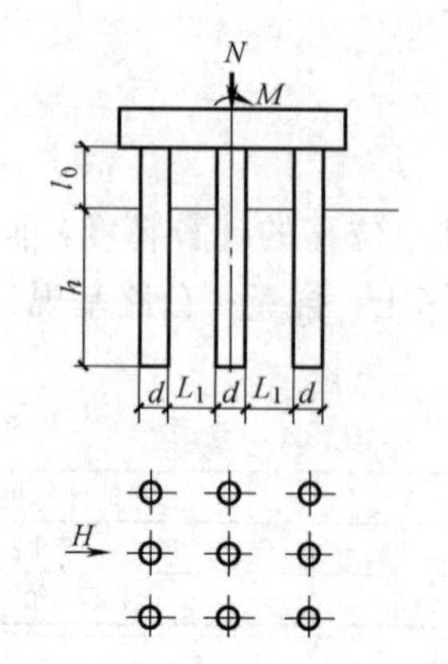

图 4.3-6 计算 k 值时桩基示意图

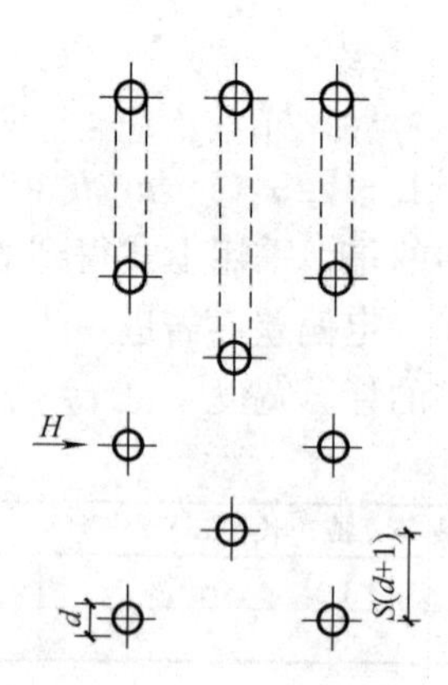

图 4.3-7 梅花形布桩

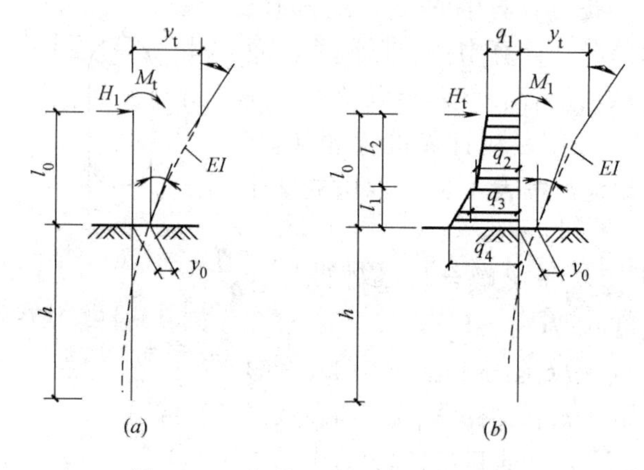

图 4.3-8 部分埋置桩的外力和变位

若平行于水平力作用方向的各排桩数目不等，且相邻桩间中心距等于或大于 $d+1$ 米，则所验算各桩可取同一个 k，其值按桩数最多的一排选取。此外，若垂直于水平力作用方向有 n 根桩时，计算宽度可取 $n\,b_p$，但须满足 $n\,b_p \leqslant B+1$（B 为 n 根桩垂直于水平力作用方向的外边缘距离，以米计，见图 4.3-5b）。

（4）伸出地面以上的桩的计算

部分埋入桩如图 4.3-8 所示，图中地面以上桩段长度为 l_0，地面以下桩长为 h，作用于桩顶的水平力为 H_t，弯矩为 M_t。对此，先计算出地面处的剪力（水平力）H_0 和弯矩 M_0，即 $H_0=H_t$ 和 $M_0=H_t l_0+M_t$。然后由式（4.3.10）计算得 x_0 和 φ_0。将 H_0、M_0 和 x_0、φ_0 带入式（4.3.9），便可计算各深度处的桩身内力、变形及桩侧土抗力。

当需要确定桩顶的水平位移和转角时，可按下式计算

$$x_t=x_0+\varphi_0 l_0+\frac{H_t l_0^3}{3EI}+\frac{M_t l_0^2}{2EI} \tag{4.3.30}$$

$$\varphi_t=\varphi_0+\frac{H_t l_0^2}{2EI}+\frac{M_t l_0}{EI} \tag{4.3.31}$$

上面两式右边最后两项是把 l_0 段视为悬臂梁而得到的桩顶水平位移和转角。

对于图 4.3-8（b）中在 l_0 段受到水平分布荷载作用时，可用下式计算地面处的弯矩

和剪力

$$M_0=M_t+H_t(l_1+l_2)+\frac{1}{6}l_2[(2q_1+q_2)l_2+3(q_1-q_2)l_1]+\frac{1}{6}(2q_3+q_4)l_1^2 \quad (4.3.32)$$

$$H_0=H_t+\frac{1}{2}(q_1+q_2)l_2+\frac{1}{2}(q_3+q_4)l_1 \quad (4.3.33)$$

式中，$q_1 \sim q_4$ 为该处的水平分布荷载强度。求得 H_0 和 M_0 后，仿照上面的计算方法计算各深度的变位和内力及土压力。桩柱顶端的水平位移为

$$x_t=x_0+\varphi_0(l_1+l_2)+\Delta_0 \quad (4.3.34)$$

式中

$$\Delta_0=\frac{M_t}{2nEI}-(nl_1^2+2nl_1l_2+l_2^2)+\frac{H_t}{3nEI}(nl_1^3+3nl_1^2l_2+3nl_1l_2^2+l_2^3)+\frac{1}{120nEI}\begin{bmatrix}(11l_2^4+40nl_2^3l_1+20nl_2l_1^3+50nl_1^2l_2^2)q_1\\+4(l_2^4+10nl_2^2l_1^2+5nl_2^3l_1+5nl_1^3l_2)q_2\\+(11nl_1^4+15nl_2l_1^3)q_3+(4nl_1^4+5nl_2l_1^3)q_4\end{bmatrix} \quad (4.3.35)$$

n 为伸出地面以上的桩段抗弯刚度 E_tI_t 同地面以下桩段抗弯刚度 EI 的比值。如上下段桩柱截面和材料相同，则 $n=1$。

(5) 土的稳定性验算

为了保证桩在土中获得可靠地固着，应按规范验算桩底处和入土深度的上部 1/3 点处的压力。验证土压力应满足的条件与刚性短桩的计算相同。

(6) 计算示例

已知：某建筑物采用钢筋混凝土桩，直径 $d=1.5$m，埋入并支承在非岩石类土中，入土深度 $h=15$m，桩头在地面处自由，作用有水平荷载 $H_0=60$kN 和 $M_0=700$kN.m，C25 级混凝土的弹性模量 $E_c=2.80\times10^4$MPa$=2.80\times10^7$kN/m^2，地基反力系数的比例系数 $m=9400$kN/m^4，土的内摩擦角 $\varphi=22°$，黏聚力 $c=15$kN/m^2，重度 $\gamma=20$kN/m^3。

计算：桩在地面处的位移、转角和桩中弯矩及土压力。

解：

① 计算桩宽和抗弯刚度的确定

由表 4.3-8 得计算桩宽为

$$b_p=K_\varphi K_0 d$$
$$=0.9(1.5+1)=2.25\text{m}$$

$$EI=0.85\times2.80\times10^7\times\frac{\pi}{64}\times1.5^4=0.85\times2.80\times10^7\times0.249=59.3\times10^5\text{kN}\cdot\text{m}^2$$

② 计算桩-土变形系数

$$\alpha=\sqrt[5]{\frac{mb_p}{EI}}=\sqrt[5]{\frac{9400\times2.25}{59.3\times10^5}}=0.324\text{m}^{-1}$$

$$\alpha h=0.324\times15=4.86>4$$

故可按弹性长桩计算，并可按 $\alpha l=4.0$ 查表。

计算如下各值

$$\alpha EI=0.324\times59.3\times10^5=19.213\times10^5\text{kN}\cdot\text{m}$$
$$\alpha^2EI=(0.324)^2\times59.3\times10^5=6.225\times10^5\text{kN}$$

$$\alpha^3 EI=(0.324)^3\times 59.3\times 10^5=2.017\times 10^5 \text{kN/m}$$

③ 计算位移和转角

查表，$\alpha z=4.0$ 得

$A_0=2.441$，$B_0=1.625$ 和 $C_0=1.751$

由此算出地面处水平位移为

$$\begin{aligned} x_0 &= H_0 A_0/\alpha^3 EI+M_0 B_0/\alpha^2 EI \\ &=60\times 2.441/2.017\times 10^5+700\times 1.625/6.225\times 10^5 \\ &=72.613\times 10^{-5}+182.731\times 10^{-5} \\ &=255.344\times 10^{-5}=2.55\text{mm} \end{aligned}$$

地面处转角为

$$\begin{aligned} \varphi_0 &= H_0 B_0/\alpha^2 EI+M_0 C_0/\alpha EI \\ &=60\times 1.625/6.225\times 10^5+700\times 1.751/19.213\times 10^5 \\ &=15.663\times 10^{-5}+63.795\times 10^{-5} \\ &=79.458\times 10^{-5}\text{rad} \end{aligned}$$

x_0 值在桩的水平位移限值内，然后将 x_0 和 φ_0 值同上部结构设计要求相比较，据以判断本桩是否适用。

④ 计算桩中弯矩

应计算桩中弯矩并绘制弯矩沿深度分布图，以便验算桩截面强度和配置的钢筋数量。对于钻孔灌注的桩，还可据此决定所配置钢筋的长度。

弯矩按前述解答计算，即

$$M_r=\alpha^2 EI\left[x_0 A_3+\frac{\varphi_0}{\alpha}B_3+\frac{M_0}{\alpha^2 EI}C_3+\frac{H_o}{\alpha^3 EI}D_3\right]$$

通常列表计算，先求出

$$\varphi_0/\alpha=79.458\times 10^{-5}/0.324=245.241\times 10^{-5}\ \text{rad}\cdot\text{m}$$

$$M_0/\alpha^2 EI=700/6.225\times 10^5=112.450\times 10^{-5}\text{m}$$

和 $$H_0/\alpha^3 EI=60/2.017\times 10^5=29.747\times 10^{-5}\text{m}$$

弯矩计算表

计算点深度 z(m)	换算深度 $\bar{z}=\alpha z$	A_3	B_3	C_3	D_3	$x_0 A_3$ $\times 10^{-5}$	$\frac{\varphi_0}{\alpha}B_3$ $\times 10^{-5}$	$\frac{M_0}{\alpha^2 EI}C_3$ $\times 10^{-5}$	$\frac{H_0}{\alpha^3 EI}D_3$ $\times 10^{-5}$	M_z (kN·m)
0	0	0	0	1.0000	0	0	0	112.450	0	700.00
0.62	0.2	−0.0013	−0.0001	0.9999	0.2000	−0.3315	−0.0245	112.439	5.949	735.06
1.54	0.5	−0.0208	−0.0052	0.9992	0.4999	−5.304	−1.275	112.360	14.871	766.93
2.16	0.7	−0.0572	−0.0200	0.9958	0.6994	−14.586	−4.905	111.978	20.805	766.31
3.09	1.0	−0.1665	−0.0833	0.9750	0.9945	−42.458	−20.429	109.639	29.583	729.53
4.63	1.5	−0.5587	−0.4204	0.8105	1.4368	−142.469	−103.099	91.141	42.740	588.34
6.17	2.0	−1.2954	−1.3136	0.2068	1.6463	−330.327	−322.149	23.255	48.972	398.70
8.02	2.6	−2.6213	−3.5999	−1.8775	0.9168	−668.432	−882.843	−211.125	27.272	190.23
9.26	3.0	−3.5406	−5.9998	−4.6879	−0.8913	−902.853	−1471.397	−527.154	−26.514	92.60
10.80	3.5	−3.9192	−9.5437	−10.3404	−5.5840	−999.396	−2340.507	−1162.778	−166.107	76.10
12.35	4.0	−1.6143	−11.7307	−17.9186	−15.0755	−411.647	−2876.849	−2014.947	−448.451	11.23

根据表列计算值可绘得 M_z-z 图，如图 4.3-9 所示。由图可知桩中最大弯矩约为 767kN·m，其位置深度为 $z=1.54$m 附近。

桩中剪力也可按上述解答列表计算，一般情况下，剪力不控制设计，故不一定要进行剪力计算。

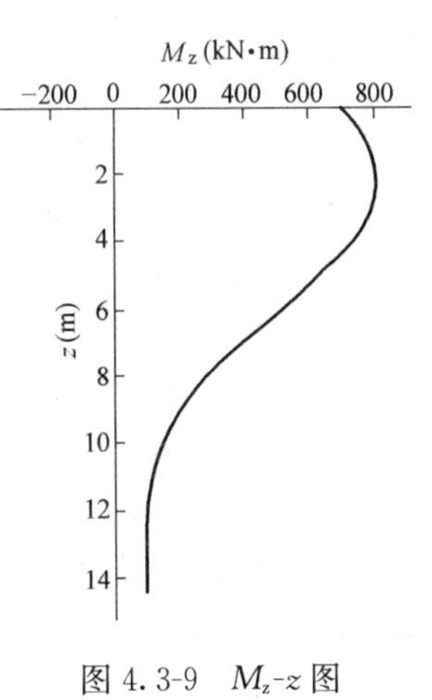

图 4.3-9 M_z-z 图

⑤ 验算土的稳定性

深度 $z=h/3=5$m 和 $z=h=15$m 两处的容许土压力按公式计算，其中取 $\eta_1=0.7$、$\eta_2=0.4$，可得到

$$[p_{h/3}]=\frac{4}{\cos\varphi}\left(\frac{1}{3}\gamma h\tan\varphi+c\right)\eta_1\eta_2$$

$$=\frac{4}{\cos22^\circ}\left(20\times\frac{15}{3}\tan22^\circ+15\right)\times0.7\times0.4$$

$$=\frac{4}{0.9272}\ (100\times0.4040+15)\ \times0.28$$

$$=64.5\text{kN/m}^2$$

$$[p_h]=\frac{4}{\cos\varphi}(\gamma h\tan\varphi+c)\eta_1\eta_2=\frac{4}{0.9272}(20\times15\times\tan22^\circ+15)\times0.28$$

$$=164.5\text{kN/m}^2$$

该两处的计算土压力可用 $\sigma_z=mz\left(x_0A_1+\frac{\varphi_0}{\alpha}B_1+\frac{M_0}{\alpha^2EI}C_1+\frac{H_0}{\alpha^3EI}D_1\right)$计算，其换算深度 αz 分别为 $0.324\times5=1.62$ 和 $0.324\times15=4.86$。据 αz 查表 4.3-2 可得到

$\bar{z}=1.62$时，$A_1=0.9128$，$B_1=1.5538$，$C_1=1.2640$，$D_1=0.6784$

$\bar{z}=4.86$时，$A_1=-5.8553$，$B_1=-5.9409$，$C_1=-0.9268$，$D_1=4.5478$

（分别用较接近的$\bar{z}=1.6$ 和最大$\bar{z}=4.0$ 的值）。

由此计算

$$\sigma_{z=1.62}=\frac{9400}{0.324}\times1.62\times(255.344\times0.9128-245.241\times1.5538$$

$$+112.450\times1.2640+29.747\times0.6784)\ \times10^{-5}$$

$$=6.74\text{kN/m}^2<[\sigma_{1/3}]=64.5\text{kN/m}^2$$

$$\sigma_{z=4.68}=\frac{9400}{0.324}\times4.86\times(255.344\times(-5.8533)-245.241\times(-5.9409)$$

$$+112.450\times(-0.9268)+29.747\times4.5478)\times10^{-5}$$

$$=-9.3\text{kN/m}^2<[\sigma_1]=164.5\text{kN/m}^2$$

故可满足土稳定性要求。

2. 按极限状态的计算分析方法（СНиП2.02.03—85）

我国在上部工程结构的计算中已采用极限状态分析方法，桩基结构也应该采用这种计算分析方法。苏联于 1985 年颁布的桩基础规范（СНиП2.02.03—85）对竖向荷载和水平荷载两种情况下的桩都采用了按极限状态的计算分析方法，并仍用地基反力系数沿深度按线性增大的模式，附有详细计算用表，可供我国参考使用。其在极限状态计算方面有如下要点。

1）分两类极限状态和两个应力-应变阶段

（1）第一类极限状态——按承载力的极限状态，其中有

按桩和桩承台极限强度的极限状态；

按桩周土承载力的极限状态；

对于承受巨大水平荷载的桩基（例如纵向墙和支挡结构基础等）或靠近斜坡以及陡立土层的地基，按基础承载力的极限状态。

（2）第二类极限状态——按变形的极限状态，其中有

对于承受竖向荷载的桩基，按桩周土和桩基础沉降的极限状态；

对于承受水平荷载和弯矩的桩基，按桩周土和桩共同位移（桩头水平位移和转角）的极限状态；

按钢筋混凝土桩结构的裂缝或开展的极限状态。

桩-土体系的两个应力-应变阶段为：①线弹性变形阶段；②由线弹性变形发展为极限平衡的应力-应变阶段。前者称第一工作阶段，后者为第二工作阶段。应根据应力、应变发展决定按哪一个工作阶段计算。计算的土压力和桩头变位 x_p 和 φ_p 应满足的条件，即 $\sigma_z \leqslant 4\eta_1\eta_2(\gamma z\tan\varphi_I + \varepsilon\varphi_I)/\cos\varphi_I$ 以及 $x_p \leqslant x_u$ 和 $\varphi_p \leqslant \varphi_u$。

2）采用工作条件系数

在计算中，桩材料或土的强度均采用由规范规定的设计特征强度值。对于灌注桩和钻孔桩（桩-柱和钻入式沉井除外）的混凝土强度采用的工作条件系数一般为 $\gamma_{cb}=0.85$，尚需考虑下述的手工计算予以调整：

（1）对于粉质黏土中的地下水位所钻进的桩底，当不需护壁钻孔和灌注混凝土，$\gamma_{cb}=1.0$；

（2）对于采用拔出套管的施工且不是在水中钻孔和灌注的混凝土，$\gamma_{cb}=0.9$；

（3）同上（2），但系在水中的情况，用直升导管灌注的混凝土，$\gamma_{cb}=0.8$；

（4）同上（3），但用泥浆超静水压力施工，用直升导管灌注的混凝土，$\gamma_{cb}=0.7$。

用 kz 表达（k 即上节中所用的比例系数 m）的地基反力系数 C_z 随深度 z 所产生的线性增大在按极限状态的计算中按下式引入工作系数 γ_c，即

$$C_z = kz/\gamma_c \tag{4.3.36}$$

由此得

$$\alpha = \sqrt[5]{\frac{mb_p}{\gamma_c EI}} \tag{4.3.37}$$

当桩-土体系处于第一工作阶段时，取 $\gamma_c=1$；处于第二工作阶段时，$\gamma_c=3$。这表明后一情况的地基反力系数为前一情况的1/3，即在第二工作阶段时，桩-土变形系数 α 约为第一工作阶段的80%。

按极限状态计算分析时，比例系数 k 规定如表4.3-14所示。

（3）计算塑性铰深度

本法考虑塑性铰的发生。塑性铰为具有抗弯性能且其抗矩等于桩截面极限抗矩的一种铰。承受水平荷载时，桩有可能发展为第二工作阶段，从而在桩－土体系中形成塑性区和弹性区。如果桩和承台铰接，则容许桩在塑性区范围内或边界处形成塑性铰。如果桩头嵌固于承台桩板中，将相继有两个塑性铰出现：第一个在嵌固处，第二个在塑性区范围内或

地基反力系数的比例系数 k 和强度比例系数 a **表 4.3-14**

土类和土的性质	比例系数 k(kN/m^4)	强度比例系数 a(kN/m^3)
粗砂(0.6≤e≤0.7) 硬黏土和砂质黏土(I_L<0)	18000～30000	71～92
细砂(0.6≤e≤0.7)、中砂(0.6≤e≤0.7)、硬黏质砂土(I_L<0)， 黏土和硬塑及半硬塑砂质黏土(0≤I_L≤0.5)	12000～18000	60～71
粉砂(0.6≤e≤0.8)，塑性黏质砂土(0≤I_L≤1)， 黏土和软塑砂质黏土(0.5≤I_L≤0.75)	7000～12000	44～60
软塑黏土和砂质黏土(0.75≤I_L≤1)	4000～7000	26～44
砾砂(0.55≤e≤0.7)，填充有砂的大块石土	50000～100000	100～120

注：1. 表中液性指数 I_L 和孔隙比 e 较大者，用表中较低的 k 值。I_L 和 e 为中间值时，按内插确定 k 值。
2. 密砂的 k 值可比表中提高 30%。

其边界处。以出现第二个塑性铰为桩-土体系的极限状态，并按下式确定塑性铰深度 Z_z

$$Z_z{}^3+\frac{3}{2}eZ_z{}^2-\frac{3M_u}{ab_p}=0 \tag{4.3.38}$$

式中 e——桩头处外荷载的偏心距；

M_u——考虑轴向力效应的桩截面的极限抗拒；

a——表示桩周土中形成的塑性区对换算水平力或弯矩所产生的影响系数，此影响系数称为强度比例系数，其值如表 4.3-14 所示。

(4) 采用可靠性系数以计算水平力

根据塑性铰深度确定桩一土体系的承载能力 F_d。对于桩头非嵌固情况

$$F_d=\eta_1\eta_2\frac{ab_p}{2}Z_z^2 \tag{4.3.39}$$

式中 η_1——对承受外静定推力结构的基础，$\eta_1=0.7$；其他结构体系的基础，$\eta_1=1.0$；

η_2——考虑恒载在总荷载中所占比例的系数；

$$\eta_2=\frac{M_c+M_t}{\bar{n}M_c+M_t} \tag{4.3.40}$$

M_c——外部荷载计算值在桩底引起的弯矩（kN·m)；

M_t——外部荷载计算值在桩顶引起的弯矩（kN·m)；

$\bar{n}$——等于 2.5 的系数。对于特别重要的构造物，当 $\bar{l}\leqslant2.6$ 时，$\bar{n}=4$；当 $\bar{l}>5$ 时，$\bar{n}=2.5$；对中间值的 $\bar{l}$ 时，按内插求得。单排桩有偏心竖向荷载时，$\bar{n}=4$，且和 $\bar{l}$ 值无关。

对于桩头嵌固于承台中，按下式计算桩的承载力

$$F_d=1.65\eta_1\eta_2\sqrt[3]{ab_pM_u{}^2} \tag{4.3.41}$$

式中各代号的含义同上。

按此，在水平荷载、竖向荷载和弯矩的共同作用下，当发展为第二工作阶段时，单桩的计算水平力

$$H\leqslant F_d/\gamma_k \tag{4.3.42}$$

式中，γ_k 为可靠性系数，一般为 $\gamma_k=1.4$。

(5) 第一工作阶段的单桩计算

地面位移 $x_0=H_0\delta_{HH}+M_0\delta_{HM}$

地面转角 $\varphi_0=H_0\delta_{MH}+M_0\delta_{MM}$

桩中弯矩 $M_z=\alpha^2EIx_0A_3-\alpha EI\varphi_0B_3+M_0C_3+\frac{H_0}{\alpha}D_3$

桩中剪力 $Q_z=\alpha^3EIx_0A_4-\alpha^2EI\varphi_0B_4+\alpha M_0C_4+H_0D_3$

土压力 $\sigma_z=kz\left(x_0A_1+\frac{\varphi_0}{\alpha}B_1+\frac{M_0}{\alpha^2EI}C_1+\frac{H_0}{\alpha^3EI}D_1\right)$

式中计算参数 A、B、C、D 等可参看前述章节。

当桩顶嵌固于承台中时，嵌固弯矩 M_f 的计算式为

$$M_f=\frac{(\delta_{MH}+l_0\delta_{MM}+l_0/2EI)H}{\delta_{MM}+l_0/EI} \tag{4.3.43}$$

式中，l_0 为伸出地面上的桩长，桩顶作用力为 H 和 M。在地面处，$H_0=H$，弯矩 $M_0=M+Hl_0$。

(6) 第二工作阶段的单桩计算

本法对水平受荷桩在第二阶段的计算分析分为桩头同承台铰接和嵌固两种情况，编有计算参数表 4.3-15 和表 4.3-16 供计算使用。表中以换算桩长 $\overline{l}=\alpha l$ 和计算水平力 $\overline{H}=H\alpha^2/ab_p$ 以及换算的塑性区深度 $\overline{z}_i=\alpha z_i$ 为指标（表中 $\overline{z}_i$ 有 6 种深度），分别查得换算的虚拟参数 $\overline{u}$、$\overline{\varphi}$、$\overline{M}$、$\overline{u}_o^f$、$\overline{\varphi}_0^f$、$\overline{H}_0^f$ 和 $\overline{M}_0^f$，

然后计算第二工作阶段的弹性区边界的水平力：

$$H_{ci}=\overline{H}ab_p/\alpha^2 \tag{4.3.44}$$

式中，a 为强度比例系数，见表 4.3-14，α 按式（4.3.37），k（相当于上节中的 m）按表 4.3-14 采用。

当桩顶的外加的水平力 $H<H_{el}$ 时，按下式计算地面处桩位移和转角

$$x_0=\overline{u}_{el}\frac{a}{k}\times\frac{H}{H_{el}},\varphi_0=\overline{\varphi}_{el}\frac{a}{k}\times\frac{H}{H_{el}} \tag{4.3.45}$$

$\overline{u}_{ci}$、$\overline{\varphi}_{ci}$ 值分别表示表 4.3-15 和表 4.3-16 中 $\overline{z}_1=0$ 时查得的 $\overline{u}$、$\overline{\varphi}$ 值。

当 $H>H_{el}$ 时，按下式计算地面处桩位移和转角

$$x_0=\overline{u}\frac{a}{k},\quad \varphi_0=\overline{\varphi}\frac{a}{k}\alpha \tag{4.3.46}$$

$\overline{u}$、$\overline{\varphi}$ 值见表 4.3-15 和表 4.3-16。

当容许发展到第二工作阶段时，弹性区内深度 z 的弯矩和剪力分别按下式计算

$$M_z=\frac{ab_p}{\alpha^3}(\overline{u_0^f}A_3+\overline{\varphi_0^f}B_3+\overline{M_0^f}C_3+\overline{H_0^f}D_3) \tag{4.3.47}$$

$$Q_z=\frac{ab_p}{\alpha^2}(\overline{u_0^f}A_4+\overline{\varphi_0^f}B_4+\overline{M_0^f}C_4+\overline{H_0^f}D_4) \tag{4.3.48}$$

A、B、C、D 系数见表 4.3-2。

在第二工作阶段时，塑性区内深度 z_i 的弯矩和剪力分别按下式计算

$$M_{z_i}=M_0+Hz_i-\frac{ab_pz_i^3}{6} \tag{4.3.49}$$

$$H_{z_i}=H-\frac{ab_pz_i^2}{2} \tag{4.3.50}$$

当桩头嵌固于承台中时，上式中的 M_0 可用嵌固弯矩 M_f 代替，而 M_f 为

$$M_{\mathrm{f}}=\frac{\overline{M}ab_{\mathrm{p}}}{\alpha^{3}} \tag{4.3.51}$$

式中，换算弯矩$\overline{M}$由表 4.3-15 按$\overline{H}$、$\bar{l}$和 z_i值查得。

桩头与承台铰接时的计算参数 **表 4.3-15**

$\bar{l}$	$\overline{H}$	$\bar{z}_i$	$\bar{u}$	$\overline{M}$	$\bar{u}_0^{\mathrm{f}}$	$\bar{\varphi}_0^{\mathrm{f}}$	$\overline{H}_0^{\mathrm{f}}$	$\overline{M}_0^{\mathrm{f}}$
2.6	0.927	0.00	1.000	−0.943	1.000	0.000	0.927	−0.943
	0.963	0.30	1.039	−0.980	1.039	0.000	0.964	−0.981
	1.061	0.60	1.158	−1.089	1.158	0.000	1.074	−1.094
	1.210	0.90	1.374	−1.275	1.372	0.009	1.281	−1.308
	1.407	1.20	1.733	−1.552	1.718	0.054	1.644	−1.700
	1.656	1.50	2.337	−1.960	2.258	0.234	2.314	−2.471
2.8	0.947	0.00	1.000	−0.983	1.000	0.000	0.947	−0.938
	0.984	0.30	1.039	−0.975	1.039	0.000	0.985	−0.975
	1.083	0.60	1.156	−1.081	1.156	0.000	1.096	−1.086
	1.232	0.90	1.365	−1.260	1.363	0.008	1.301	−1.292
	1.425	1.20	1.709	−1.522	1.692	0.052	1.652	−1.663
	1.660	1.50	2.256	−1.890	2.183	0.217	2.273	−2.365
3.0	0.972	0.00	1.000	−0.940	1.000	0.000	0.972	−0.940
	1.010	0.30	1.039	−0.970	1.039	0.000	1.011	−0.977
	1.111	0.60	1.155	−1.083	1.155	0.000	1.124	−1.087
	1.263	0.90	1.361	−1.259	1.359	0.008	1.331	−1.291
	1.457	1.20	1.690	−1.512	1.676	0.050	1.678	−1.649
	1.687	1.50	2.020	−1.856	2.133	0.204	2.268	−2.304
3.2	0.998	0.00	1.000	−0.947	1.000	0.000	0.998	−0.947
	1.036	0.30	1.039	−0.984	1.039	0.000	1.037	−0.984
	1.141	0.60	1.156	−1.092	1.156	0.000	1.154	−1.096
	1.298	0.90	1.361	−1.269	1.359	0.080	1.365	−1.300
	1.496	1.20	1.684	−1.519	1.670	0.049	1.714	−1.655
	1.729	1.50	2.174	−1.852	2.108	0.197	2.291	−2.286
3.4	1.021	0.00	1.000	−0.957	1.000	0.000	1.021	−0.957
	1.061	0.30	1.040	−0.995	1.040	0.000	1.062	−0.995
	1.169	0.60	1.157	−1.105	1.574	0.000	1.182	−1.109
	1.331	0.90	1.363	−1.285	1.361	0.008	1.398	−1.316
	1.537	1.20	1.685	−1.538	1.672	0.049	1.755	−1.673
	1.777	1.50	2.168	−1.870	2.102	0.194	2.333	−2.298
3.6	1.040	0.00	1.000	−0.968	1.000	0.000	1.040	−0.968
	1.081	0.30	1.040	−1.007	1.040	0.000	1.082	−1.007
	1.192	0.60	1.159	−1.118	1.159	0.000	1.206	−1.123
	1.360	0.90	1.367	−1.303	1.365	0.008	1.428	−1.334
	1.574	1.20	1.692	−1.562	1.678	0.049	1.794	−1.698
	1.825	1.50	2.174	−1.900	2.109	0.194	2.382	−2.328
3.8	1.054	0.00	1.000	−0.977	1.000	0.000	1.054	−0.977
	1.096	0.30	1.040	−1.017	1.040	0.000	1.097	−1.017
	1.210	0.60	1.160	−1.131	1.160	0.000	1.224	−1.136
	1.383	0.90	1.371	−1.320	1.369	0.008	1.452	−1.352
	1.606	1.20	1.700	−1.580	1.686	0.050	1.827	−1.723
	1.867	1.50	2.188	−1.933	2.122	0.195	2.429	−2.364
4.0	1.064	0.00	1.000	−0.982	1.000	0.000	1.064	−0.985
	1.107	0.30	1.041	−1.026	1.041	0.000	1.108	−1.026
	1.223	0.60	1.162	−1.142	1.162	0.000	1.237	−1.146
	1.400	0.90	1.375	−1.334	1.373	0.009	1.470	−1.366
	1.629	1.20	1.708	−1.606	1.694	0.050	1.853	−1.775
	1.901	1.50	2.203	−1.964	2.137	0.197	2.469	−2.399

桩头嵌固于承台时的计算参数 **表 4.3-16**

$\bar{l}$	$\bar{H}$	$\bar{z}_i$	$\bar{u}$	$\bar{M}$	$\bar{u}_0^f$	$\bar{\varphi}_0^f$	$\bar{H}_0^f$	$\bar{M}_0^f$
2.6	0.316	0	1	0.642	1	−0.642	0.316	0
	0.388	0.3	1.238	0.802	1.238	−0.801	0.392	0
	0.478	0.6	1.603	1.032	1.602	−1.03	0.513	−0.01
	0.578	0.9	2.174	1.377	2.17	−1.359	0.732	−0.067
	0.682	1.2	3.108	1.904	3.082	−1.804	1.155	−0.279
	0.785	1.5	4.771	2.767	4.631	−2.34	2.086	−0.96
2.8	0.344	0	1	0.643	1	−0.643	0.344	0
	0.422	0.3	1.236	0.795	1.236	−0.795	0.426	0
	0.52	0.6	1.594	1.02	1.593	−1.018	0.555	−0.01
	0.631	0.9	2.142	1.349	2.139	−1.331	0.778	−0.065
	0.748	1.2	2.997	1.826	2.973	−1.734	0.191	−0.26
	0.864	1.5	4.389	2.54	4.266	−2.168	2.009	−0.84
3.0	0.366	0	1	0.644	1	−0.644	0.366	0
	0.45	0.3	1.237	0.979	1.237	−0.797	0.454	0
	0.556	0.6	1.593	1.022	1.593	−1.026	0.591	−0.01
	0.678	0.9	2.134	1.347	2.131	−1.329	0.823	−0.064
	0.808	1.2	2.955	1.806	2.932	−1.717	1.238	−0.25
	0.939	1.5	4.216	2.454	4.103	−2.11	2.007	−0.755
3.2	0.383	0	1	0.648	1	−0.648	0.383	0
	0.472	0.3	1.238	0.803	1.238	−0.803	0.475	0
	0.585	0.6	1.598	1.031	1.598	−1.029	0.619	−0.01
	0.716	0.9	2.141	1.36	2.138	−1.392	0.862	−0.064
	0.86	1.2	2.956	1.819	2.932	−1.73	1.282	−0.25
	1.008	1.5	4.167	2.446	4.056	−2.114	2.046	−0.755
3.4	0.395	0	1	0.653	1	−0.653	0.395	0
	0.487	0.3	1.241	0.81	1.241	−0.81	0.491	0
	0.606	0.6	1.604	1.043	1.604	−1.141	0.641	−0.01
	0.746	0.9	2.155	1.379	2.152	−1.361	0.893	−0.065
	0.903	1.2	2.978	1.848	2.955	−1.759	1.333	−0.251
	1.067	1.5	4.183	2.48	4.075	−2.15	2.102	−0.75
3.6	0.403	0	1	0.658	1	−0.658	0.403	0
	0.497	0.3	1.243	0.817	1.243	−0.817	0.501	0
	0.62	0.6	1.611	1.054	1.611	−1.052	0.656	−0.01
	0.768	0.9	2.17	1.398	2.167	−1.381	0.916	−0.065
	0.935	1.2	3.009	1.881	2.985	−1.791	1.37	−0.254
	1.115	1.5	4.233	2.531	4.124	−2.199	2.16	−0.757
3.8	0.407	0	1	0.661	1	−0.661	0.407	0
	0.503	0.3	1.244	0.823	1.244	−0.823	0.507	0
	0.629	0.6	1.616	1.064	1.616	−1.062	0.665	−0.01
	0.782	0.9	2.183	1.415	2.108	−1.397	0.932	−0.066
	0.967	1.2	3.038	1.91	3.014	−1.819	1.398	−0.258
	1.15	1.5	4.321	2.583	4.182	−2.247	2.211	−0.768
4.0	0.409	0	1	0.664	1	−0.664	0.409	0
	0.507	0.3	1.245	0.827	1.245	−0.827	0.51	0
	0.634	0.6	1.62	1.07	1.62	−1.068	0.67	−0.01
	0.79	0.9	2.193	1.427	2.189	−1.409	0.941	−0.067
	0.941	1.2	3.061	1.933	3.037	−1.841	1.417	−0.26
	1.174	1.5	4.342	2.626	4.231	−2.285	2.25	−0.778

4.3.4 地基反力系数沿深度按凸抛物线增大的计算方法

根据国内大量钻孔灌注桩水平荷载试验资料，当限制桩头不得有过大水平位移时，用地基反力系数沿深度按凸抛物线的模式计算水平受荷桩，可获得地面处桩身位移和桩中最大弯矩两者计算值同实测值均吻合较好的结果。按照这种模式所建立的水平受荷桩计算分析方法因采用 c 表示地基反力系数的比例系数，故在国内通称 c 法，并在公路部门被推荐使用。

按凸抛物线增大地基反力系数的模式可使靠近地面的土层发挥较大的抗力，故桩中弯矩计算值比 m 法结果有所减小，但两者得出的地面处桩身水平位移计算值却相近。本节介绍 c 法的要点，其详细试验论证和计算参数、计算用表可参阅文献。

该法以式（4.1.7）所示的桩身挠曲微分方程为依据，但地基系数标记为 c_z。由实测桩侧土体抗力曲线的拟合可知，桩身第一位移零点到地面的距离 h_0 段内有如下的关系：

$$c_z=c_0\left(\frac{z}{h_0}\right)^{0.5} \tag{4.3.52}$$

式中，c_0 为桩身第一位移零点处的地基反力系数。

令 $c=c_0/h_0{}^{0.5}$，则 $c_z=cz^{0.5}$

这表明地基反力系数沿深度按凸抛物线增大，其中 c 为地基反力系数的比例系数。

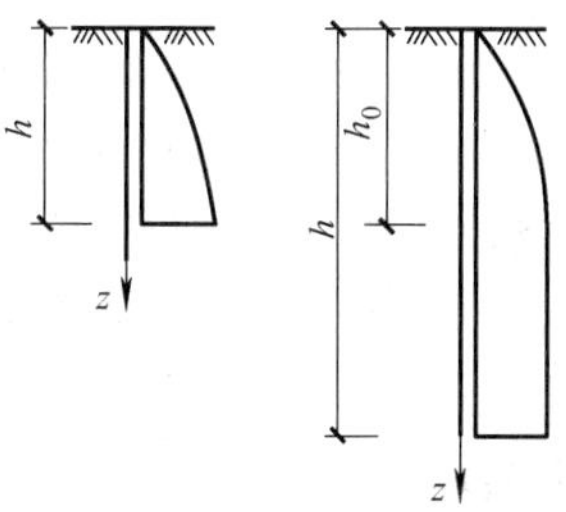

(a) $lh\leqslant4$　(b) $lh>4$

图 4.3-10　c 法地基反力系数分布

目前对地基反力系数在深层土内的变化资料较少。不过定性地说，一定深度下，位移和土压力都很小，故桩周土将保持原有的弹性性质，即一定深度以下，地基反力系数应渐趋于常数。为了确定从按凸抛物线转变为趋于常数的转换点，在用有限元计算并比较了转换点深度为 $\alpha h_0=2.5$、3.0、3.5、4.0、4.5 和 5.0 六种情况之后得知，只要 $\alpha h_0>2.5$，桩中内力和变位的计算结果就基本上不受到转换点深度的影响。因此在 c 法中取此转换点深度与弹性长桩的上限值 $\alpha h=4.0$ 相同，即是说按凸抛物线分布到 $\alpha h_0=4.0$ 之处，再往深处时，地基反力系数就取为常数，如图 4.3-10。相应的桩-土变形系数为

$$\alpha=\sqrt[4.5]{\frac{cb_p}{EI}} \tag{4.3.53}$$

式中，比例系数 c 值见表 4.3-17，EI 为桩的抗弯刚度，b_p为桩的计算宽度（c 法中：方桩采用桩边宽的 2.0 倍为计算宽度；圆桩采用桩直径的 1.8 倍为计算宽度）。

比例系数 c 值　　表 4.3-17

土类	c (MN/m$^{3.5}$)	$[x_0]$ (mm)
$I_L>1.0$ 的流塑性黏性土、淤泥	3.9～7.9	≤6
$0.5\leqslant I_L<1.0$ 的软塑性黏性土、粉砂	7.9～14.7	≤5～6
$0<I_L<0.5$ 的硬塑、黏性、细砂、中砂	14.7～29.4	≤4～5
半干硬性黏性土，粗砂	29.4～49.0	≤4～5
砾砂、角砾砂、砾石土、碎石土、卵石土	49.0～78.5	≤3
块石土、漂石夹砂土	78.5～117.7	≤3

注：1. 用表列 c 值计算地面处桩身水平位移 x_0 不宜大于表列 $[x_0]$ 值。否则应降低 c 值，若 $x_0<[x_0]$ 很多，则可适当提高 c 值。

2. 黏性土和砂土可根据液性指数 I_L 值高低和密度分别采用表列 c 值的高限、低限或中值。

表4.3-17中 c 值是根据试桩的 H_0-$\lg x_0$ 曲线反算确定，以该曲线的第二个弯折点作为反算依据。由实测资料可知，该曲线的第二个弯折点相应于钢筋混凝土桩中最大弯矩作用下截面开裂而裂缝宽度一般在混凝土结构容许的开裂度之内，且桩周土尚处于稳定状态时的荷载—位移关系。因此，c 法计算是以桩—土体系处于弹性工作状态为依据，不需验算桩周土压力。同时，该 c 值已包含考虑长期荷载和静荷载循环反复作用两种效应而引起的 c 值折减。

若 $2.4/\alpha$ 深度范围内为匀质土，可由表4.3-17中该土类栏选用 c 值。若 $2.4/\alpha$ 深度范围内为三层土，可参照式（4.3.54）求得相当于单一土层的换算 c 值用于计算分析。换算 c 值如下式

$$c=\frac{c_1h_1^{1.5}+c_2(h_2^{1.5}-h_1^{1.5})+c_3(h_3^{1.5}-h_2^{1.5})}{(2.4/\alpha)^{1.5}} \tag{4.3.54}$$

式中：c_1、c_2 和 c_3 分别为 $2.4/\alpha$ 深度内由上向下的三层土的地基反力系数；h_1、h_2 和 h_3 分别为各层土厚。本法分完全埋入桩和部分埋入桩两种情况计算，其公式可参阅相关文献。

4.3.5 线弹性地基反力法幂级数通解

为了计算方便，不少学者在综合已有方法的基础上，采用不同的数学手段导得了线弹性地基反力法的通解，如日本的横山幸满（1977）、我国的王伯惠（1978）以及张耀年（1998）等。现以王伯惠的微分算子法给出其通解如下：

1. 基本微分方程式的通解

线弹性地基反力法桩的基本微分方程式

$$EI\frac{\mathrm{d}^4x}{\mathrm{d}z^4}+mb_\mathrm{p}z^\mathrm{n}x=0 \tag{4.3.55}$$

式中 m——地基比例系数，应通过实测确定，当 $n=1$ 时，可查表。

n——通过实测确定的指数，表征弹-塑性土体在水平力下的变形性能，与桩材无关。

其他符号意义及坐标体系规定同前。

设方程（4.3.55）的解为：

$$x=f(z) \tag{4.3.56}$$

若将式（4.3.55）展开为麦克—劳林级数，则

$$x=f(z)=f(0)+\frac{f'(0)}{1!}z+\frac{f''(0)}{2!}z^2+\frac{f'''(0)}{3!}z^3+\frac{f^{(4)}(0)}{4!}z^4+\cdots+\frac{f^{(\mathrm{r})}(0)}{r!}z^\mathrm{r}+\cdots \tag{4.3.57}$$

由式（4.3.55）并根据地面处桩顶边界条件及材料力学知识可得：

$$\left.\begin{aligned}
&f(z)=x && f(0)=f(z)\big|_{z=0}=x_0\\
&f'(z)=\frac{\mathrm{d}x}{\mathrm{d}z}=\varphi_z && f'(0)=\left.\frac{\mathrm{d}x}{\mathrm{d}z}\right|_{z=0}=\varphi_0\\
&f''(z)=\frac{\mathrm{d}^2x}{\mathrm{d}z^2}=\frac{M_Z}{EI} && f''(0)=\left.\frac{\mathrm{d}^2x}{\mathrm{d}z^2}\right|_{z=0}=\frac{M_0}{EI}\\
&f'''(z)=\frac{\mathrm{d}^3x}{\mathrm{d}z^3}=\frac{Q_Z}{EI} && f'''(0)=\left.\frac{\mathrm{d}^3x}{\mathrm{d}z^3}\right|_{z=0}=\frac{H_0}{EI}\\
&f^{(4)}(z)=\frac{\mathrm{d}^4x}{\mathrm{d}z^4}=\frac{q_Z}{EI} && f^{(4)}(0)=\left.\frac{d^4x}{\mathrm{d}z^4}\right|_{z=0}=\frac{q_0}{EI}
\end{aligned}\right\} \tag{4.3.58}$$

将式（4.3.58）代入式（4.3.57）得：

$$x=x_0+\varphi_0 z+\frac{M_0}{2!EI}z^2+\frac{H_0}{3!EI}z^3+\frac{q_0}{4!EI}z^4+\frac{f^{(5)}(0)}{5!}z^5+\cdots+\frac{f^{(r)}(0)}{r!}z^r+\cdots \tag{4.3.59}$$

由式（4.3.59）显见，要求解 x，其关键是 $f^{(r)}(0)(r>4)$ 的表达式。为此将式（4.3.59）逐次微分，为使表现形式简化清晰，引用微分运算符号 D，其定义为：

$$\left.\begin{aligned}&D^0 x=x\\&D^n=\frac{d^n}{dz^n}\\&D^r D^s=\frac{d^r}{dz^r}\frac{d^s}{dz^s}=\frac{d^{r+s}}{dz^{r+s}}=D^{r+s}\end{aligned}\right\} \tag{4.3.60}$$

通过整理，$f^{(r)}(z)$ 可表示为：

$$f^{(r)}(z)=f^{(k+4)}(z)=D^k D^4 x=-\frac{mb_1}{EI}[Dz^n+Dx]^k \tag{4.3.61}$$

式中：$k=r-4$

可见，将二项式 $(Dz^n+Dx)^k$ 展开并微分可得，除了 $k=n$ 的一项（$D^n z^n D^0 x=n!$）不含 z 外，其余的各项均含有 z。又由于所求为 $f^{(r)}(0)$，即令 $z=0$，故可得 $f^{(r)}$（0）的值，即得不含 z 项的二项式系数，将各 $f^{(r)}(0)$ 归纳整理即可得微分方程式的解为：

$$x=x_0 A_1+\frac{\varphi_0}{\alpha}B_1+\frac{M_0}{\alpha^2 EI}C_1+\frac{H_0}{\alpha^3 EI}D_1 \tag{4.3.62}$$

式中：$\alpha=\sqrt[n+4]{\frac{mb_p}{EI}}$

$$\left.\begin{aligned}A_1=&1-\frac{n}{(n+4)!}(\alpha z)^{n+4}+\frac{1}{(2n+8)!}\frac{(2n+4)!}{(n+4)!}(\alpha z)^{2n+8}\\&-\frac{1}{(3n+12)!}\frac{(3n+8)!}{(2n+8)!}\frac{(2n+4)!}{(n+4)!}n!(\alpha z)^{3n+12}+\cdots\\&=1+\sum_{k=1}^{\infty}(-1)^k(\alpha z)^{k(n+4)}\prod_{i=1}^{i=k}\frac{[i(n+4)-4]!}{[i(n+4)]!}\\B_1=&\frac{\alpha z}{1!}\left[1+\sum_{k=1}^{\infty}(-1)^k(\alpha z)^{k(n+4)}\prod_{i=1}^{i=k}\frac{[i(n+4)-3]!}{[i(n+4)+1]!}\right]\\C_1=&\frac{(\alpha z)^2}{2!}\left[1+\sum_{k=1}^{\infty}(-1)^k(\alpha z)^{k(n+4)}\prod_{i=1}^{i=k}\frac{[i(n+4)-2]!}{[i(n+4)+2]!}\right]\\D_1=&\frac{(\alpha z)^3}{3!}\left[1+\sum_{k=1}^{\infty}(-1)^k(\alpha z)^{k(n+4)}\prod_{i=1}^{i=k}\frac{[i(n+4)-1]!}{[i(n+4)+3]!}\right]\end{aligned}\right\} \tag{4.3.63}$$

A_1、B_1、C_1 和 D_1 为无量纲系数。同前述 m 法解答，分次微分即可求得其他 12 个无量纲系数 A_2、B_2、$\cdots D_4$，它们也均为无穷级数，由此可得相应的初参数方程为：

$$\left.\begin{aligned}
x_z&=x_0A_1+\frac{\varphi_0}{\alpha}B_1+\frac{M_0}{\alpha^2EI}C_1+\frac{H_0}{\alpha^3EI}D_1\\
\frac{\varphi_z}{\alpha}&=x_0A_2+\frac{\varphi_0}{\alpha}B_2+\frac{M_0}{\alpha^2EI}C_2+\frac{H_0}{\alpha^3EI}D_2\\
\frac{M_z}{\alpha^2EI}&=x_0A_3+\frac{\varphi_0}{\alpha}B_3+\frac{M_0}{\alpha^2EI}C_3+\frac{H_0}{\alpha^3EI}D_3\\
\frac{Q_z}{\alpha^3EI}&=x_0A_4+\frac{\varphi_0}{\alpha}B_4+\frac{M_0}{\alpha^2EI}C_4+\frac{H_0}{\alpha^3EI}D_4
\end{aligned}\right\}\tag{4.3.64}$$

尚需注意，上式与式（4.3.9）在形式上完全相同，但其16个无量纲系数的计算式是不同的。求得初参数方程后，其他求解过程全同于m法解答，此不赘述。

2. 通解的实用计算法

由上述解答可见，16个无量纲系数均为无穷级数，并由式（4.3.63）可知，其表达式复杂，对计算机编程处理极为不便，为此，可将上述16个系数重新整理，可得其通式为：

$$\left.\begin{aligned}
X_j&=\sum_{i=0}^{\infty}a_i\\
a_i&=\frac{-(\alpha z)^{n+4}}{k(k+1)(k+2)(k+3)}a_{i-1}\\
a_0&=\frac{1}{j!}(\alpha z)^j\\
k&=i(n+4)-3+j
\end{aligned}\right\}\tag{4.3.65}$$

$j=0$、1、1、3分别代表A、B、C、D

即 $$X_0=A_1,X_1=B_1,X_2=C_1,X_3=D_1$$

$$\left.\begin{aligned}
X_j'&=\sum_{i=0}^{\infty}a_i'\\
a_i'&=\frac{k+3}{\alpha z}a_i
\end{aligned}\right\}\tag{4.3.66}$$

同理：

$$\left.\begin{aligned}
X_j''&=\sum_{i=0}^{\infty}a_i''\\
a_i''&=\frac{k+2}{\alpha z}a_i
\end{aligned}\right\}\tag{4.3.67}$$

$$\left.\begin{aligned}
X_j'''&=\sum_{i=0}^{\infty}a_i'''\\
a_i'''&=\frac{k+1}{\alpha z}a_i
\end{aligned}\right\}\tag{4.3.68}$$

则

$$\begin{aligned}
&X_0'=A_2\quad X_1'=B_2\quad X_2'=C_2\quad X_3'=D_2\\
&X_0''=A_3\quad X_1''=B_3\quad X_2''=C_3\quad X_3''=D_3\\
&X_0'''=A_4\quad X_1'''=B_4\quad X_2'''=C_4\quad X_3'''=D_4
\end{aligned}$$

显见，上述计算各系数均为递推过程，故计算机处理极为简便。此外，尚需注意

0! =1。

若按直接法计算桩身地面下最大弯矩时，式（4.3.19）中无量纲系数 A_5、B_5、C_5 和 D_5，同理可为：

$A_5=X''''_0 \qquad B_5=X''''_1 \qquad C_5=X''''_2 \qquad D_5=X''''_3$，其中：

$$\left.\begin{aligned} X''''_j &= \sum_{i=0}^{\infty} a''''_i \\ a''''_i &= \frac{k}{\alpha z} a'''_i \end{aligned}\right\} \tag{4.3.69}$$

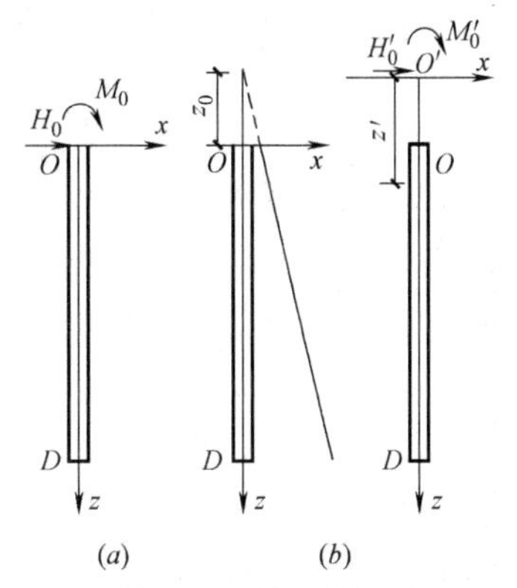

图 4.3-11 $z_0 \neq 0$ 时的计算图式

4.3.6 地面处抗力不为零的计算方法

当地面处抗力不为零（即 $z_0 \neq 0$）时，可将微分方程式移轴，仍利用上述解答计算。

设地基系数曲线如图 4.3-11（b）所示，令 $z'=z+z_0$，则相当于将坐标原点 O 上移距离 z_0 至点 O'，则微分方程式可写为：

$$EI\frac{d^4 x}{dz'^4}+mb_p z' x=0 \tag{4.3.70}$$

但式（4.3.70）是桩 $O'OD$ 的弹性挠曲方程式，$O'O$ 可视为虚拟桩段，对于 $O'OD$ 桩，由上述分析可得：

$$\left.\begin{aligned} x_{z'} &= \frac{H_0'}{\alpha^3 EI}A_X+\frac{M_0'}{\alpha^2 EI}B_X \\ \varphi_{z'} &= \frac{H_0'}{\alpha^2 EI}A_\varphi+\frac{M_0'}{\alpha EI}B_\varphi \\ M_{z'} &= \frac{H_0'}{\alpha}A_m+M_0' B_m \\ Q_{z'} &= H_0' A_q+\alpha M_0' B_q \end{aligned}\right\} \tag{4.3.71}$$

式中 $x_{z'}$——桩身截面位置为 z' 处的水平位移，z' 由坐标原点 O' 算起，其余同。

若在上式中令 $z'=z_0$ 可得：

$$\left.\begin{aligned} M_{z'=z_0} &= M_0 \\ Q_{z'=z_0} &= H_0 \end{aligned}\right\} \tag{4.3.72}$$

联解则：

$$\left.\begin{aligned} M_0' &= \frac{1}{\Delta}\left[\frac{H_0}{\alpha}A_{mz_0}-M_0 A_{qz_0}\right] \\ H_0' &= \frac{1}{\Delta}\left[-H_0 B_{mz_0}+\alpha M_0 B_{qz_0}\right] \\ \Delta &= A_{mz_0}B_{qz_0}-A_{qz_0}B_{mz_0} \end{aligned}\right\} \tag{4.3.73}$$

将此式代入式（4.3.71）就可求得桩身任一截面 z' 处的 $x_{z'}$、$\varphi_{z'}$、$M_{z'}$ 及 $Q_{z'}$。

【算例】

某桥梁钢筋混凝土灌注桩直径 $d=1.0$m，混凝土抗压弹性模量 $E_h=2.7\times10^7$kPa，地面以上桩长 3m，入土深度 15m，桩顶承受水平力 $H=30$kN，弯矩 $M=45$kN·m，土体为硬塑黏土，$m=18400$kN/m^4。地表处抗力不为零，设 $z_0=2$m，按 m 法计算桩身位移和内力。

解： $$I=\pi d^4/64=0.049\text{m}^4$$

$$EI=0.8E_\text{h}I=1.058\times10^6\text{kN}\cdot\text{m}^2$$

计算宽度 $$b_\text{p}=0.9(1+1)=1.8\text{m}$$

$$\alpha=\sqrt[5]{\frac{mb_\text{p}}{EI}}=\sqrt[5]{\frac{18400\times1.8}{1.058\times10^6}}=0.500\text{m}^{-1}$$

$$\alpha EI=0.498\times1.058\times10^6=5.290\times10^5\text{kN}\cdot\text{m}$$

$$\alpha^2EI=2.645\times10^5\text{kN};\alpha^3EI=1.322\times10^5\text{kN/m}$$

地面处桩身剪力 $$H_0=30\text{kN}$$

弯矩 $$M_0=45+30\times3=135\text{kN}\cdot\text{m}$$

1）求虚拟桩段顶点 O' 处的 $H_{O'}$ 和 $M_{O'}$（参见图 4.3-12）

$$\alpha h=0.500\times(2+15)=8.5>4.0$$

查表，当 $\alpha z_0=0.500\times2=1.0$ 时

$$A_{\text{m}z_0}=0.7231\qquad B_{\text{m}z_0}=0.8509\qquad A_{\text{q}z_0}=0.2890\qquad B_{\text{q}z_0}=-0.3506$$

将其代入式（4.3.73）得：

$$\Delta=0.7231\times(-0.3506)-0.2890\times0.8509=-0.500$$

$$Q_{O'}=(-0.8509\times30-0.3506\times135\times0.500)/(-0.500)=98.45\text{kN}$$

$$M_{O'}=(0.7231\times30/0.500-0.2890\times135)/(-0.500)=-8.73\text{kN}\cdot\text{m}$$

2）求桩身各段的 M、Q 值

将 $H_{O'}$、$M_{O'}$ 代入式（4.3.71）得：

$$x_{z'}=\frac{H_{O'}}{\alpha^3EI}A_\text{x}+\frac{M_{O'}}{\alpha^2EI}B_\text{x}=\frac{98.45}{1.322\times10^5}A_\text{x}-\frac{8.73}{2.645\times10^5}B_\text{x}=(7.45A_\text{x}-3.30B_\text{x})\times10^{-4}\text{ m}$$

$$\varphi_{z'}=\frac{H_{O'}}{\alpha^2EI}A_\varphi+\frac{M_{O'}}{\alpha EI}B_\varphi=\frac{98.45}{2.645\times10^5}A_\varphi-\frac{8.73}{5.290\times10^5}B_\varphi=(3.72A_\varphi-1.165B_\varphi)\times10^{-4}\text{弧度}$$

$$M_{z'}=H_{O'}A_\text{m}/\alpha+M_{O'}B_\text{m}=196.9A_\text{m}-8.73B_\text{m}\text{kN}\cdot\text{m}$$

$$Q_{z'}=H_{O'}A_\text{q}+\alpha M_{O'}B_\text{q}=98.45A_\text{q}-4.37B_\text{q}\text{kN}$$

对 $z'\geqslant2$ 即 $\alpha z'\geqslant1$ 的各值查表得相应 A_x、…、B_q 值，代入上列四式即得桩身地面以下各 z' 点之 $x_{z'}$、$\varphi_{z'}$、$M_{z'}$ 及 $Q_{z'}$ 值。现列表计算 $M_{z'}$ 及 $Q_{z'}$ 值于表 4.3-18 和表 4.3-19（$x_{z'}$ 和 $\varphi_{z'}$ 略）。

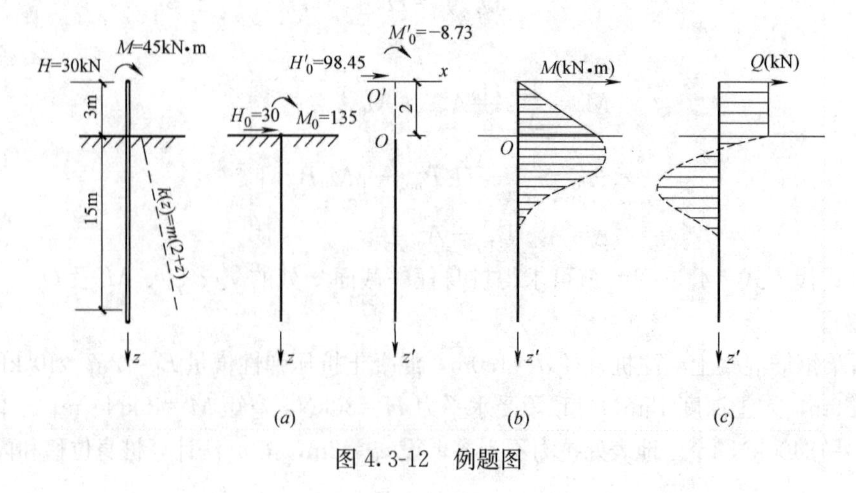

图 4.3-12 例题图

地面以上桩身由材料力学方法即可求得：$M_z=45+30z$kN·m；$Q_z=30$kN

桩身 M、Q 值绘于图 4.3-12 中（b）、（c）。

$M_{z'}$ 值计算表 表 4.3-18

z'(m)	$\alpha z'$	$196.9A_m$	$-8.73B_m$	$M_{z'}$(kN·m)
2	1.0	196.9×0.723=142.4	−8.73×0.851=−7.4	135.0
2.40	1.2	×0.762=150.0	×0.774=−6.8	143.2
2.80	1.4	×0.765=150.6	×0.687=−6.0	144.6
3.60	1.8	×0.685=134.9	×0.499=−4.4	130.5
4.40	2.2	×0.532=104.8	×0.320=−2.8	102.0
6.00	3.0	×0.193=38.0	×0.076=−0.7	37.3
8.00	4.0	×0=0.0	×0=0.0	0

$Q_{z'}$ 值计算表 表 4.3-19

z'(m)	$\alpha z'$	$98.45A_q$	$-4.37B_q$	$Q_{z'}$(kN)
2	1.0	98.45×0.289=28.5	−4.37×(−0.351)=1.53	30.0
2.40	1.2	×0.102=10.0	×(−0.413)=1.80	11.8
2.80	1.4	×(−0.066)=−6.5	×(−0.455)=1.99	-4.5
3.60	1.8	×(−0.314)=−30.9	×(−0.471)=2.06	-28.9
4.40	2.2	×(−0.432)=−42.5	×(−0.412)=1.80	-40.7
6.00	3.0	×(−0.361)=−35.5	×(−0.191)=0.83	-34.7
8.00	4.0	×0=0.0	×0=0.0	0

4.3.7 综合刚度原理及双参数法

针对上述水平力作用下桩的设计计算单一参数法（张氏法、m 法、c 法等）的不足，即桩在地面处的位移、转角、桩身最大弯矩及其所在位置等，不能同时全部很好地与实测结果吻合，只能凑合至较为接近的程度。其原因之一是待定参数不够，二是参数选择不恰当。为此提出了双参数法，由于指定参数和指定值不同，可以有各种不同形式。假定水平地基反力系数 $k(z)=mz^{1/n}$，通过调整 m、$1/n$ 两个参数改变的 $k(z)$ 分布模式。当 $k(z)$ 的分布模式确定后，就具有唯一解。但由于这种双参数法存在数学上的困难，加之物理意义方面研究不够，故过去很少采用。近年来，吴恒力等对综合刚度原理和双参数法进行了理论研究，得到了解析解，并进行了数值分析。通过结合一些试桩实测值进行验算，表明对弹性长桩采用综合刚度原理与双参数法，可使地面处桩身位移、转角及最大弯矩及其所在位置等主要工程指标的计算值与实测值能同时吻合较好，现简介如下：

（1）综合刚度原理与双参数法的基本概念

根据梁在横向荷载作用下的弯曲理论，桩的挠曲微分方程为：

$$EI\frac{\mathrm{d}^4x}{\mathrm{d}z^4}+b_pkx=EI\frac{\mathrm{d}^4x}{\mathrm{d}z^4}+mb_pz^{1/n}x=0 \tag{4.3.74}$$

综合刚度 EI 的物理意义可作这样的解释，把上式改写为：

$$(E_pI_p+\Delta E_pI_p)\frac{\mathrm{d}^4x}{\mathrm{d}z^4}+mb_pz^{1/n}x=0 \tag{4.3.75}$$

式中，$E_{p}I_{p}$ 为桩自身刚度。将桩-土共同作用设想为土的一部分是桩（正附着层，刚度改变量 $\Delta E_{p}I_{p}>0$），或桩的一部分是土（负附着层，$\Delta E_{p}I_{p}<0$）。当桩在地面附近位移较大时，综合刚度会相对较小，故可能出现 $\Delta E_{p}I_{p}<0$。因此，式中 EI 具有桩-土综合刚度的概念，通常认为，桩的刚度 EI 只取决于桩身的材料和截面几何形状与尺寸。事实上，这一认识存在片面性。因位于土中的桩，其刚度就是桩-土共同作用的结果，应由载荷的大小与比值、桩长、桩身截面形状与尺寸、桩身材料、施工方法及桩侧土抗力的分布模式等决定。m法和c法均把桩的计算宽度加大而作为计算宽度，并不能像以上所述从桩-土共同作用的物理概念上说清楚。

同时，作为决定桩侧地基土反力系数 $k(z)$ 分布模式的两个待定参数 m 和 $1/n$ 中，m 是任意非零正数，$1/n$ 是任意实数，通常采用 $1/n\geqslant0$。当 m 值已知，$1/n=0$ 时，即为张氏法；$1/n=0.5$ 时，即为c法；$1/n=1.0$ 时，即为m法。也就是说，张氏法、c法及m法均为双参数法的特例。

（2）综合刚度原理与双参数法的求解

一般采用幂级数法求解式（4.3.74）所示的水平受荷桩的变系数线性齐次常微分方程，令桩土变形系数 α 为：

$$\alpha=\left(\frac{mb_{p}}{EI}\right)^{\frac{1}{4+1/n}} \tag{4.3.76}$$

则式（4.3.74）变为：

$$\frac{d^{4}x}{dz^{4}}+\alpha^{4+1/n}z^{1/n}x=0 \tag{4.3.77}$$

进而可求得该微分方程的解析解（桩身挠曲位移和弯矩）为：

$$\begin{cases} x=x_{0}A(\alpha z)+\dfrac{\varphi_{0}}{\alpha}B(\alpha z)+\dfrac{M_{0}}{\alpha^{2}EI}C(\alpha z)+\dfrac{H_{0}}{\alpha^{3}EI}D(\alpha z) \\ \dfrac{M}{\alpha^{2}EI}=x_{0}A''(\alpha z)+\dfrac{\varphi_{0}}{\alpha}B''(\alpha z)+\dfrac{M_{0}}{\alpha^{2}EI}C''(\alpha z)+\dfrac{H_{0}}{\alpha^{3}EI}D''(\alpha z) \end{cases} \tag{4.3.78}$$

当桩的入土深度为 h，桩在地面处的荷载 H_{0} 和 $M_{0}=eH_{0}$ 以及位移 x_{0} 和转角 φ_{0} 已知，且地基反力系数 $k(z)$ 中的指数 $1/n$ 又是确定的，则有下列关系式：

$$\begin{cases} x_{0}=H_{0}\dfrac{C_{1}}{\alpha^{3}EI}+M_{0}\dfrac{C_{2}}{\alpha^{2}EI} \\ \varphi_{0}=-\left(H_{0}\dfrac{C_{2}}{\alpha^{2}EI}+M_{0}\dfrac{C_{3}}{\alpha EI}\right) \end{cases} \tag{4.3.79}$$

式中，C_{1}、C_{2} 及 C_{3} 为已知无量纲系数，与指数 $1/n$ 及桩底条件有关，长桩（$\alpha h\geqslant4.5$）只与 $1/n$ 有关，由上式求出的 α 和 EI 将满足水平受荷桩在地面处和桩底处的边界条件。长桩（$\alpha h\geqslant4.5$）的无量纲系数 C_{1}、C_{2} 及 C_{3} 与桩底条件无关，只与 $1/n$ 有关，其关系见表4.3-20。

为使桩身最大弯矩及其所在位置与实测值吻合，对于 $k(z)=mz^{1/n}$ 的情况，只需调整参数的 $1/n$ 值。如果最大弯矩计算值小于实测值，应采用较大的 $1/n$ 值计算；反之，采用较小的 $1/n$ 值计算，直至计算值与实测值相近为止。此时的 $1/n$、α 和 EI 就是所要求的设计参数，将其代入式（4.3.79），即可求得桩身挠曲位移与弯矩值。

无量纲系数 C_1、C_2 及 C_3 与 $1/n$ 的关系　　表 4.3-20

$1/n$	C_1	C_2	C_3	$1/n$	C_1	C_2	C_3
0.0	$\sqrt{2}$	1	$\sqrt{2}$	1.1	2.49	1.65	1.76
0.1	1.54	1.07	1.45	1.2	2.54	1.69	1.78
0.2	1.67	1.16	1.50	1.3	2.59	1.72	1.80
0.3	1.79	1.23	1.54	1.4	2.64	1.75	1.82
0.4	1.90	1.30	1.58	1.5	2.68	1.78	1.83
0.5	2.10	1.36	1.61	1.6	2.71	1.80	1.84
0.6	2.11	1.42	1.64	1.7	2.74	1.82	1.85
0.7	2.20	1.48	1.67	1.8	2.77	1.84	1.86
0.8	2.28	1.53	1.70	1.9	2.79	1.86	1.87
0.9	2.36	1.57	1.72	2.0	2.81	1.88	1.89
1.0	2.42	1.61	1.74				

尚需注意，采用该法时需先进行试桩，实测出桩在地面处的挠度、转角、桩身最大弯矩及其位置，从而反算出综合刚度和双参数，作为该地区同类桩的设计依据。对于重大工程是可取的，但对无试桩资料的中小工程，需事先建议出综合刚度和双参数的选用范围，土的比例系数 m 值的选择，对砂土 m 值较小，岩石 m 值较大，硬塑粉质黏土介于两者之间，土质越软，m 值越小。各种土质中水平受荷桩的计算表明，同类土质情况下各个量对 m 值的影响均不敏感。而土抗力指数 $1/n$ 的选择对桩身最大弯矩非常敏感。一般地面处允许位移越大，桩身实测最大弯矩也越大，$1/n$ 值也相应地要取大值。对于钢管桩，$1/n$值较大，可取 1.5～5.0；对于预应力钢筋混凝土打入桩，$1/n$ 值可取 1.5～3.5；但对于混凝土钻孔灌注桩，$1/n$ 值不宜过大，视土质而定，可在 0～2.0 范围内选取。同时，这些建议的范围仅供未作试桩的中小工程初步设计时参考选用。

4.3.8 *p-y* 曲线法

前述几种方法虽能根据弹性地基上梁的挠曲微分方程通过数值计算或无量纲系数求解水平受荷桩的承载力、内力和变位，但当桩出现较大位移，土的非线性反应将变得突出，使土压力同位移呈线性关系的求解方法不相适应。*p-y* 曲线法则考虑了土的非线性反应，既可用于小位移，也可用于较大位移情况的求解。

该法中水平荷载所产生的土反应由 *p-y* 曲线表达，各深度处的 *p-y* 曲线被假定为互不干扰并共同构成，如图 4.3-13 的曲线族可表达桩-土体系的应力-应变形状。图（*a*）为沿深度的 *p-y* 曲线；图（*b*）为其曲线族。计算中土模量 E_s 用图（*c*）中割线 p/y 表示。土模量沿深度分布可采用任意图式，所用的主要物理力学性质指标对黏性土为不排水抗剪强度 c_u、重度 γ 和最大主应力差的一半对应的应变值 ε_{50}；对砂性土为内摩擦角 φ、重度 γ 和地基反力系数 k。这两类土均需求出每单位桩长上土的极限土阻力和土阻力随位移发展的规律。这些指标和参数均可由土样的试验室试验或现场试验确定，其原则是使由 *p-y* 曲线法求得的桩变位或内力同由弹性分析方法求得的结果相协调；同时，还应使地基反力系数法所用的地基反力系数同由 *p-y* 曲线推求得到的土模量值一致，否则应调整所用的地基反力系数值，直至使两者相符或接近时为止，可参阅本节计算示例。如不能取得试验数据，通常可参照目前已知的经验制作 *p-y* 曲线。黏性土和砂性土的 *p-y* 曲线制作不尽相同，下面分述 Matlock 建议的软黏性土 *p-y* 曲线制作方法和 Reese 等建议的硬黏土和砂性土 *p-y* 曲线制作方法。

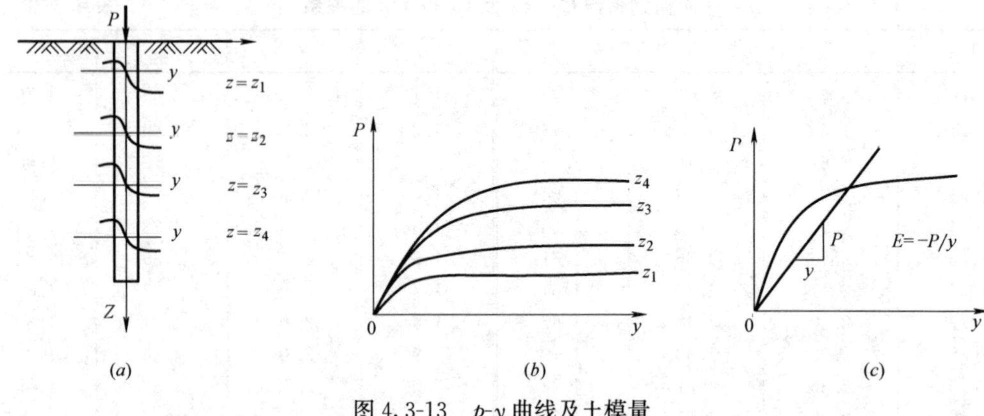

图 4.3-13 p-y 曲线及土模量

p-y 曲线法可应用于静力的短期荷载和循环反复荷载，也适用于任意尺寸、刚度和嵌固状态的桩在发生了弹性变形以至产生塑性变形并达到或超过剪切破坏时的内力和变位计算。海洋工程结构中，p-y 曲线已有较广泛的应用。

1. 黏性土中的 p-y 曲线法

1）软黏土

(1) 短期荷载时

① 每单位桩长的极限土阻力 p_u 按下面两式计算并取其中较小值

$$p_u=\left(3+\frac{\gamma}{c_u}z+\frac{Jz}{b}\right)c_u b \tag{4.3.80}$$

或

$$p_u=9\ C_u b \tag{4.3.81}$$

式中 γ——由地面到深度 z 处的土的平均有效重度；

c_u——土的不排水抗剪强度；

z——深度；

b——桩的边宽或直径；

J——试验系数，一般取 $J=1/2$；较硬的土取 $J=0.25$。

② 土阻力达到极限土阻力的一半时的相应变位为

$$y_{50}=2.5\ \varepsilon_{50}b \tag{4.3.82}$$

式中，ε_{50} 为相当于最大主应力差的一半时对应的土的应变值，可按表 4.3-21 采用。

ε_{50} 值 **表 4.3-21**

c_u(kPa)	54～107	107～215	215～430
ε_{50}	0.007	0.005	0.004

③ 确定 p-y 曲线的坐标值（p，y）

参照图 4.3-14，按如下的关系式确定坐标值

$$p/p_u=0.5(y/y_{50})^{1/3} \tag{4.3.83}$$

亦即当 $y=8y_{50}$ 时，土达到 $p/p_u=1$ 的极限，此后保持为定值。

(2) 循环反复荷载时

① 对小于 $0.72p_u$ 的压力值，按上述短期荷载时的同样方法绘制 p-y 曲线的前段。

② 联解式（4.3.80）和（4.3.81），求出强度降低的临界深度 z_r（见图 4.3-15）

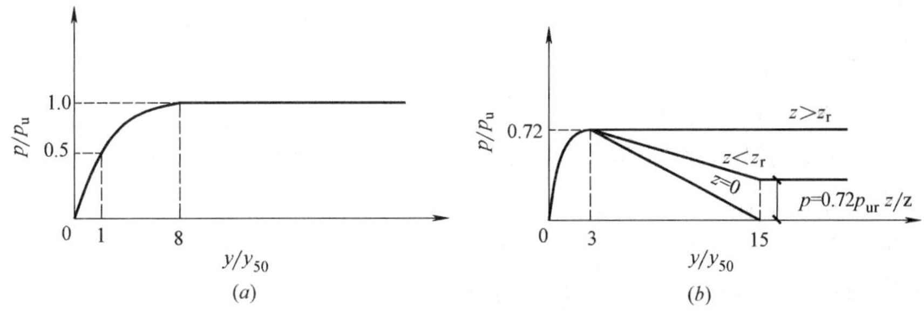

图 4.3-14 软土用 p-y 曲线坐标值

(a) 短期荷载；(b) 循环反复荷载

$$z_r=6b/(J+\gamma b/c_u) \tag{4.3.84}$$

式中符号同前。

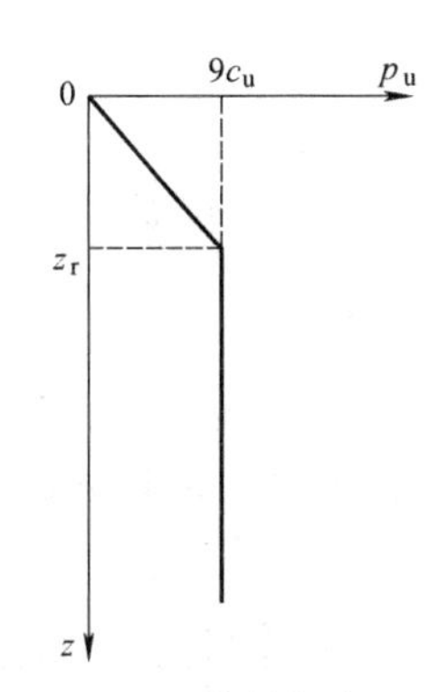

图 4.3-15 临界深度 z_r

③ 如果某 p-y 曲线所在的深度大于或等于 z_r，则对于超过 $3y_{50}$ 的所有位移值 y 均取 $p=0.72p_u$，如图 4.3-14 所示。

④ 对于不大于 z_r 的所有深度，其 p 值由在 $y=3y_{50}$ 处的 $0.72p_u$ 降低为在 $y=15y_{50}$ 处如下的值

$$p=0.72p_u z/z_r \tag{4.3.85}$$

对于 $y>15y_{50}$ 所有位移值，取 p 为常数，$p=0.72p_u z/z_r$。

对于不同深度，可重复上述步骤，求得相应的 p-y 曲线。

2）硬黏土

（1）短期静荷载时

① 取得土的不排水抗剪强度值和沿深度的最可能的分布规律以及 ε_{50} 的值。如不能取得，可按表 4.3-21 采用 ε_{50} 值。

② 用式（4.3.80）和式（4.3.81）给出的最小值作为每单位桩长的极限土阻力 p_u。

③ 计算当土阻力达到极限土阻力一半时的位移

$$y_{50}=b\varepsilon_{50} \tag{4.3.86}$$

④ p-y 曲线按下式绘制

$$p/p_u=0.5(y/y_{50})^{0.25} \tag{4.3.87}$$

⑤ 对于超过 $16y_{50}$ 的所有位移 y，均采用 $p=p_u$。

（2）循环反复荷载时

① 按照上述方法确定短期静荷载下的 p-y 曲线；

② 确定水平荷载循环施加的次数 N；

③ 可对若干个 p/p_u 值，由试验室获得的关系确定循环反复荷载对位移的影响系数 C；如果缺乏试验数据，可按下式求得

$$C=9.6(p/p_u)^4 \tag{4.3.88}$$

④ 相应于上述的若干个 p/p_u 值，由下式计算循环反复荷载产生的位移

$$y_c=y_s+y_{50}C\lg N \tag{4.3.89}$$

式中 y_c——N 次循环加卸载后的位移；

y_s——短期静荷载下的位移；

y_{50}——相应于极限土阻力一半时短期静荷载位移。

由此，以 $p\text{-}y_c$ 曲线定义 N 次循环加卸载后的土反应。对每一处深度，可重复上述步骤求得其相应的 $p\text{-}y_c$ 曲线。

2. 砂性土中的 *p-y* 曲线法

(1) 取得土性数据如内摩擦角 φ、重度 γ 以及桩的边宽或直径 h 等。

(2) 计算出用于极限土阻力计算的参数 $\alpha=\varphi/2$，$\beta=45°+\varphi/2$

静止土压系数 $K_0=0.4$，主动土压系数 $K_a=\tan^2(45°-\varphi/2)$

(3) 计算每单位桩长的极限土阻力，可分为下面两种情况

靠近地面时

$$p_{ct}=\gamma z[\frac{K_0 z\tan\varphi\sin\beta}{\tan(\beta-\varphi)\cos\alpha}+\frac{\tan\beta}{\tan(\beta-\varphi)}(b+z\tan\beta\tan\alpha)$$
$$+K_0 z\tan\beta(\tan\varphi\sin\beta-\tan\alpha)-K_a b] \tag{4.3.90}$$

离地面较深时

$$p_{cd}=K_a b\gamma z(\tan^8\beta-1)+K_0 b\gamma z\tan\varphi\tan^4\beta \tag{4.3.91}$$

(4) 绘制 $p_{ct}\text{-}z$ 和 $p_{cd}\text{-}z$ 关系图，如图 4.3-16 所示。由这两条关系曲线的交点决定临界深度 z_r（横山幸满，1977）。于是，当 $z<z_r$ 时，用式（4.3.90），当 $z>z_r$ 时，用式（4.3.91）。

(5) 绘制 $p\text{-}y$ 曲线如图 4.3-17 所示，此曲线由 u、m、k 各点连接而成。各点的坐标值汇列如表 4.3-22 并说明如下。

u、m、k 点坐标值 **表 4.3-22**

位置	u 点	m 点	k 点
p	$z<z_r, p_u=Ap_{ct}$ $z>z_r, p_u=Ap_{cd}$	$p_m=\frac{B}{A}p_u$	$p_k=k_s y_k$
y	$y_u=\frac{3}{80}b$	$y_m=\frac{b}{60}$	$y_k=(p_m y_m^{\omega}/k_s)^{\frac{\omega}{\omega-1}}$

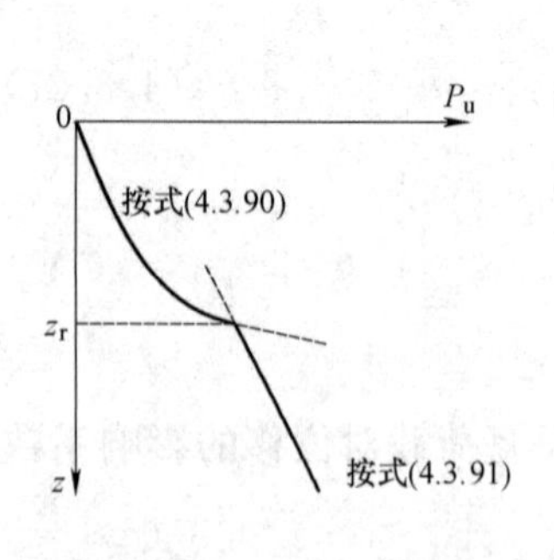

图 4.3-16 由 $p_{ct}\text{-}z$ 和 $p_{cd}\text{-}z$ 确定 z_r

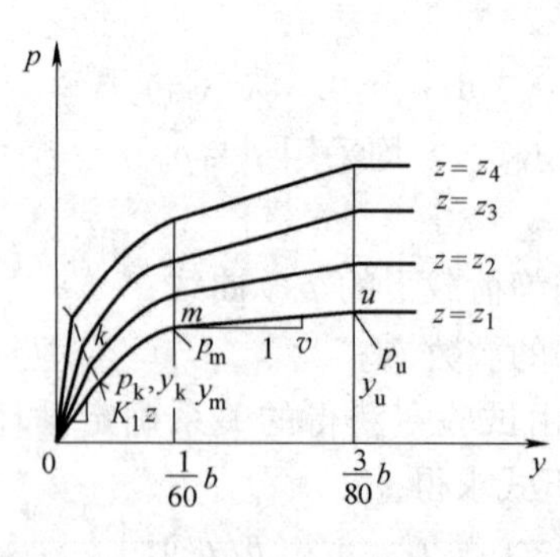

图 4.3-17 砂性土 $p\text{-}y$ 曲线坐标值

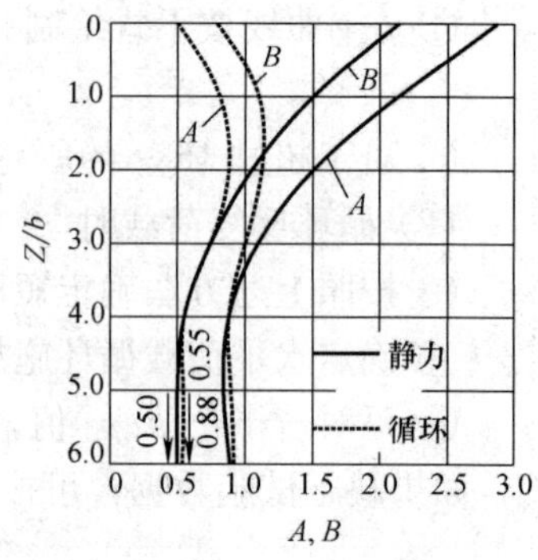

图 4.3-18 无量纲系数 A 和 B

① u 点 在 u 点，土达到了极限阻力，其相应位移为 $y_u=3b/80$。极限土阻力按 z 所在深度而取值有异。当 $z<z_r$ 时，u 点的极限土阻力为 $p_u=Ap_{ct}$，当 $z>z_r$ 时，u 点的极限土阻力为 $p_u=Ap_{cd}$，其中无量纲系数值 A 由图 4.3-18 查得，p_{ct} 按式（4.3.90），p_{cd} 按式（4.3.91）。

② m 点 m 点的位移为 $y_m=b/60$，其相应的极限土阻力仿上 u 点的相同方法确定，但采用由图 4.3-18 查得的无量纲系数 B 值，亦即当 $z<z_r$ 时，$p_m=Bp_{ct}$；当 $z>z_r$ 时，$p_m=Ap_{cd}$。用直线连接 u 点和 m 点，直线的斜率为

$$v=(p_u-p_m)/(y_u-y_m) \tag{4.3.92}$$

③ k 点 Ok 为 p-y 曲线的初始直线段，k 为终点，该段斜率为 $k_s=k_1z$，k_1 见表 4.3-23。

地基反力系数 k_1 **表 4.3-23**

密度	松	中密	密
$k_1(MN/m^3)$	5.0	15	35

用抛物线分别连接 O、k 和 k、m 两点，抛物线方程为

$$p=Dy^{\frac{1}{\omega}} \tag{4.3.93}$$

式中的 ω 为

$$\omega=p_m/vy_m \tag{4.3.94}$$

由此可得系数 D 为

$$D=p_m y_m^{\omega} \tag{4.3.95}$$

据此，可得到 k 点的位移值为

$$y_k=\left(\frac{p_m}{k_s y_m^{\frac{1}{\omega}}}\right)^{\frac{\omega}{\omega-1}}=\left(\frac{D}{k_1 Z}\right)^{\frac{\omega}{\omega-1}} \tag{4.3.96}$$

用式（4.3.93）计算出抛物线上若干点，以便绘出某一深度 z 的 p-y 曲线。对每一处深度可重复上述步骤求得相应的 p-y 曲线，图 4.3-17 为其曲线族。

3. p-y 曲线的应用和计算示例

p-y 曲线一般可与无量纲系数法或有限差分法相结合应用。与无量纲系数法结合应用时，按所选用的地基反力系数沿深度的分布图式，计算桩-土变形系数或弹性长度 T。然后，据以查得各深度的无量纲系数，并根据桩的设计水平荷载和弯矩，求得各深度处的桩的位移 y。由所绘成的 p-y 曲线族中相应于该深度的某一条 p-y 曲线查得土阻力 p。将 p 除以桩宽 b 后，得到该深度的土压力 p'。于是土模量为 $E_s=p'/y$。据此绘得 E_s-z 图并用最小二乘法找出 E_s-z 相关性较好的一条直线的斜率 $k_1=E_s/y$，从而得到地基反力系数 k_1 并由 $T=(1.5EI/k_1b)^{1/4}$ 得新的 T 值，照此进行重复迭代到前后两次算得的 T 值相接近或相符为止。最后，根据设计的水平荷载和弯矩用无量纲系数法计算出桩的变位和内力，并验算地面处桩水平位移、转角能否满足其容许限值和最大弯矩能否为桩截面承受。和有限差分法结合应用时，可将桩身划分为若干段，对各段划分点用差分式表示桩身弹性曲线微分方程中的导数式。联解各点的代数差分方程可得到各划分点的挠度。进而计算桩身变形和内力。联解方程组时，需假定 E_s 值沿桩身的分布（对每一计算点假定一个 E_s 值）。解得挠度 y 后，可由 p-y 曲线查得 p 值，从而得到新的 E_s 值，用新的 E_s 值联解方程组可获得新的挠度值。照此反复迭代直到假定的和新求得的 E_s 值相接近为止，参看下例。

【算例】 已知钢管桩外径 864mm，壁厚 25.4mm，入土长度 10m。$E=2\times10^5MN/m^2$，$I=307300cm^4$。作用于桩头的外力为：$N=6.3MN$，$M_0=-180kN\cdot m$ 和 $H_0=420kN$。地基为中密砂，$\varphi=35°$，$c_u=5.0kN/m^2$，浮重度 $\gamma=1.3\times10^3kg/m^3$。求：桩中最大弯矩

和截面最大应力。

解:

(1) 临界深度的计算

$$z_r = 6b/(J+\gamma b/c_u) = 6\times0.864/(0.5+1.3\times9.81\times0.864/5) = 1.92\text{m}$$

(2) 极限土阻力的计算

按每隔 0.5m 的各个深度绘制 p-y 曲线。对于小于临界深度的 0.5m、1.0m、1.5m 和 2.0m（接近 1.92m）等四个深度，按式（4.3.90）计算极限土阻力。先计算各参数:

$$\alpha=\varphi/2=17.5°, \beta=45°+\varphi/2=62.5°, \beta-\alpha=27.5°$$

$\tan\varphi=\tan35°=0.7002, \tan\alpha=\tan17.5°=0.3153, \tan\beta=\tan62.5°=1.9210$

$\tan(\beta-\alpha)=\tan27.5°=0.5206, \tan^8\beta=\tan^8 62.5°=185.4421$

$\tan^4\beta=\tan^4 62.5°=13.617, \sin\beta=\sin62.5°=0.8870, \cos\alpha=\cos17.5°=0.9537$

$K_0=0.4, K_a=\tan^2(45°-35°/2)=0.271, b=0.864\text{m}$

当 $z=0.5$m 时,

$$p_{ct}=\gamma z\left[\frac{K_0 z\tan\varphi\sin\beta}{\tan(\beta-\varphi)\cos\alpha}+\frac{\tan\beta}{\tan(\beta-\varphi)}(b+z\tan\beta\tan\alpha)+K_0 z\tan\beta(\tan\varphi\sin\beta-\tan\alpha)-K_a b\right]$$

$$=1.3\times9.8\times0.5\left[\frac{0.4\times0.5\times0.7002\times0.8870}{0.5205\times0.9537}+\frac{1.921}{0.5206}(0.864+0.5\times1.9210\times0.3153)+0.4\times0.5\times1.9210\times(0.7002\times0.870-0.3153)-0.271\times0.864\right]$$

$=28.3\text{kN/m}$

仿此计算 $z=1.0$m、1.5m 和 2.0m 各深度处的 p_{ct}值，其结果汇于表 4.3-24。

对于超过 z_r 的各个深度，按式（4.3.91）计算极限土阻力 p_{cd}，当 $z=3.0$m 时，

$p_{cd}=K_a b\gamma z(\tan^8\beta-1) + K_0 b\gamma z\tan\varphi\tan^4\beta$

$=0.271\times0.864\times1.3\times9.81\times3(185.4421-1)+0.4\times0.864\times1.3\times9.81\times0.7002\times0.86413.6177=1778\text{kN/m}$

p_{cd}值亦列于表 4.3-24 中。

极限土阻力计算结果 **表 4.3-24**

z(m)	0.5	1.0	1.5	2.0	3.0	4.0	8.0
p_{ct}(kN/m)	28.3	75.5	142.0	227.0			
p_{cd}(kN/m)					1778	757	2726

(3) 绘制 p-y 曲线

$z\neq0.5$ 时 $y_u=3b/80=3\times0.864/80=0.0324\text{m}$

$$y_m=b/60=0.864/60=0.0144$$

$$z/b=0.5/0.864=0.57\text{m}$$

由图 4.3-18 查得 $A=1.0$，$B=0.7$，故得

$$p_u=Ap_{ct}=1.0\times28.3=28.3\text{kN/m}$$

$$p_m=Bp_{ct}=0.7\times28.3=20.0\text{kN/m}$$

$$v=\frac{p_u-p_m}{y_u-y_m}=\frac{28.3-20.0}{0.0324-0.0144}=461.11\text{kN/m}^2$$

$$w=\frac{p_m}{vy_m}=\frac{20.0}{461.11\times0.0144}=3.01\approx3.0$$

$$1/w=1/3.01=0.33$$

$$D=\frac{p_m}{y_m^{\frac{1}{w}}}=\frac{20}{0.0144^{0.33}}=78$$

设中密砂 $k_1=16.3\text{MN/m}^3$（按 Reese 数据）

$$y_k=\left(\frac{D}{k_1Z}\right)^{\frac{w}{w-1}}=\left(\frac{78}{16.3\times1000\times0.5}\right)^{\frac{3.00}{2.00}}$$

$$=1.1\times10^{-3}\text{m}$$

由上得 m-k 之间的抛物线方程为

$$p=Dy^{\frac{1}{w}}=78y^{\frac{1}{300}}$$

m-k 线段坐标计算结果 **表 4.3-25**

y(mm)	1	2	4	6	10
p(kN/m)	9	11	13	15	18

仿上步骤，计算 $z=1.0$m、1.5m 和 2.0m 深度的 p-y 曲线坐标，计算结果见表 4.3-25，其 p-y 曲线如图 4.3-19（a）所示。

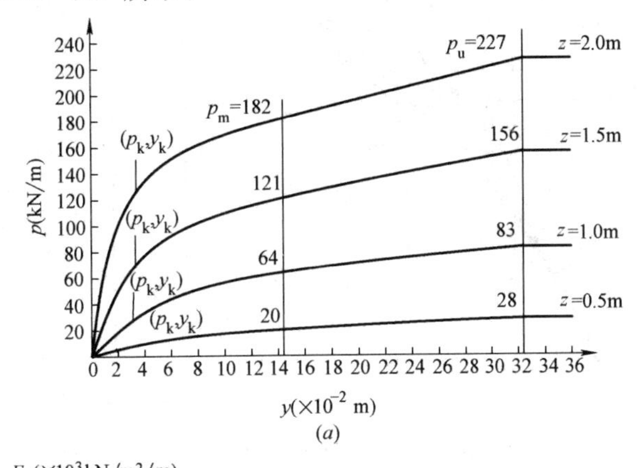

(a)

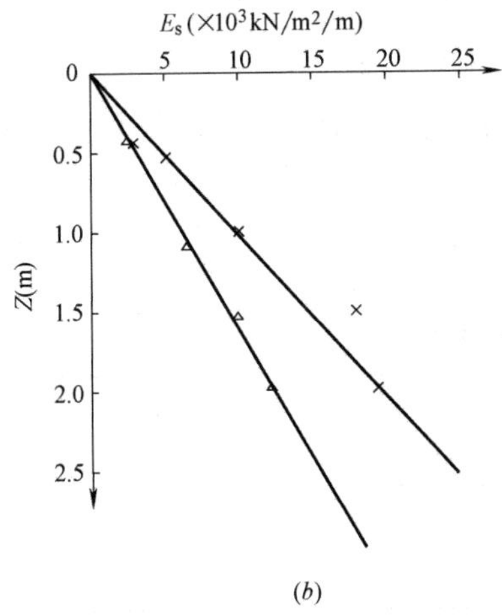

(b)

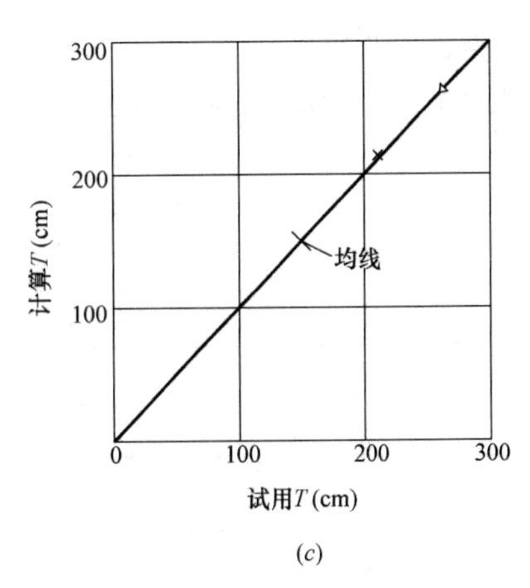

(c)

图 4.3-19 p-y 曲线

(4) 用无量纲系数法求桩的位移

设土模量沿深度按线性增大，试算其弹性长度如下

$$T=\sqrt[5]{\frac{EI}{k_1}}=\sqrt[5]{\frac{2\times10^5\times307300\times10^{-8}}{16.5\times1000}}=2.07\text{m}$$

因 $L/T=10/2.07>4$，可按弹性长度计算。

在 $H_0=420\text{kN}$ 和 $M_0=-180\text{kN}\cdot\text{m}$ 的共同作用下，可按下式计算桩在地面处的位移

$$y_0=C_y\frac{H_0T^3}{EI}$$

式中，$C_y=A_y+\frac{M_0B_y}{H_0T}$，其值由图 4.3-20 查得，计算结果列于表 4.3-26，表中 p 值由图 4.3-19 (*a*) 求得。

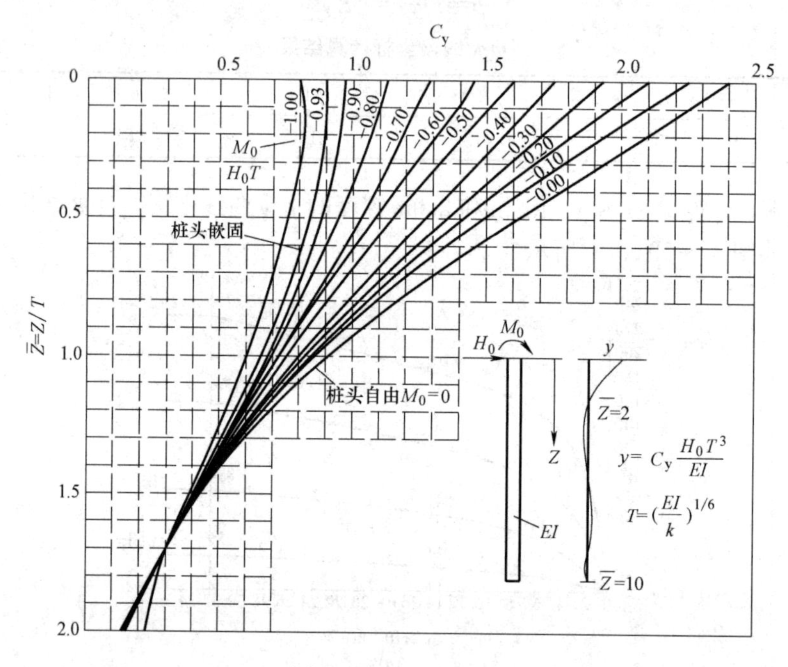

图 4.3-20 系数 C_y

(5) 土模量的验算

由图 4.3-19 (*b*) 中的 E_s-z 关系，可知 $k_1=E_s/y\approx7.1\text{MN/m}^3$，故第二次试算的弹性长度为

$$T=\sqrt[5]{\frac{2\times10^5\times307300\times10^{-8}}{7.1\times1000}}=2.44\text{m}$$

第一次土模量计算结果 **表 4.3-26**

z (m)	$\bar{z}=z/T$	C_y	y (mm)	p (kN/m)	$p'=p/b$ (kN/m²)	$E_s=p'/y$ (kN/m³)×1000
0.5	0.24	1.80	11.0	19	22	2
1.0	0.48	1.50	9.20	63	73	7.9
1.5	1.72	1.20	7.30	104	120	16.4
2.0	0.97	0.94	5.70	152	176	30.9

第二次土模量计算结果　　表 4.3-27

z (m)	$\bar{z}=z/T$	C_y	y (mm)	p (kN/m)	$p'=p/b$ (kN/m^2)	$E_s=p'/y$ (kN/m^3)×1000
0.5	0.19	1.97	23.6	23	27	1.1
1.0	1.38	1.68	20.2	71	82	4.1
1.5	1.58	1.40	16.8	125	145	8.6
2.0	0.77	1.17	14.0	181	209	14.9

设 $T=2.60$m 重复上述步骤，得到表 4.3-27 的第二次土模量计算结果。将第二次试算得到的 E_s值绘于图 4.3-19（b），可定出新的 $K_1=E_s/y=5\text{MN/m}^3$，从而求得新的弹性长度为

$$T=[2\times10^5\times307300\times10^{-8}/5000]^{1/5}=2.65\text{m}$$

此值和假定值 2.60m 接近，见图 4.3-19（c）。至此可不再进行验算。

（6）计算桩中内力

桩中内力可用无量纲系数法。本例按 $M_Z=A_M H_0 T+B_M M_0$

计算桩中弯矩。A_M、B_M值参阅表 4.3-28。计算结果列于表 4.3-28。桩中剪力计算从略。

桩中弯矩计算结果　　表 4.3-28

z(m)	$z=z/T$	A_M	B_M	$A_M H_0 T$	$B_M M_0$	M_z(kN·m)
0	0	0	+1.0	0	−180	−180
0.5	0.19	0.17	0.99	185	−178	+7
1.0	0.38	0.36	0.98	393	−176	+217
1.5	0.57	0.50	0.97	546	−175	+371
2.0	0.77	0.62	0.92	677	−166	+511
2.5	0.97	0.70	0.88	764	−158	+606
3.5	1.35	0.76	0.71	830	−128	+702
4.5	1.73	0.70	0.53	764	−95	+669

（7）验算桩截面应力

由表 4.3-28 可知，桩中最大弯矩约为 702kN·m。按此计算桩截面外缘最大弯应力为

$$\sigma_{max}=M_{max}b/(2EI)=702\times10^6\times864/(2\times307300\times10^4)=98.6\text{MPa}$$

截面轴向压应力为　$\sigma_n=N/A=4\times6.3\times10^6/[3.14(0.864^2-0.813^2)]=94.0\text{MPa}$

总应力为　$\sigma=\sigma_{max}+\sigma_n=98.6+94=193.0\text{MPa}$

此值小于钢材屈服应力，故该桩在设计荷载下安全。

4.3.9 弹性地基反力法的数值计算方法简介

前面介绍了线弹性地基反力法的幂级数通解，该解答理论精度较高，而且已有大量的计算图表供查，但也存在一定的局限性，如地基分层、比例系数变化或桩身抗弯刚度变化等，均无法直接应用解答。而数值计算则灵活、方便，局限性小，适用于桩侧土地基系数沿桩身呈各种规律变化的情况，且计算精度可任意控制，不需查取任何图表。随着目前计算技术及微机的高速发展，数值计算方法日益为广大工程界所接受。为此，本节将介绍几

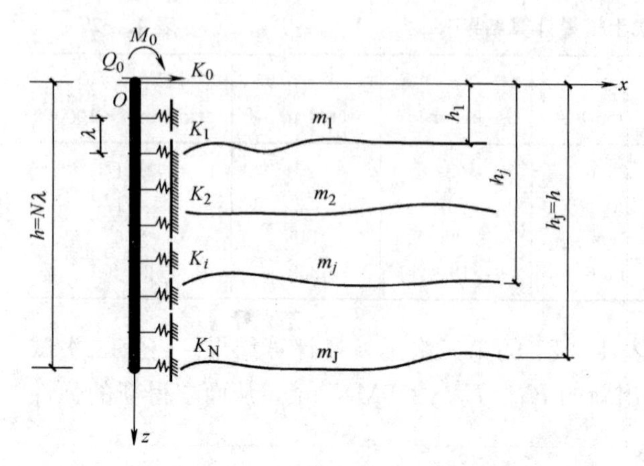

图 4.3-21　纽玛克法计算简图

种常用且易于实现的数值计算方法，这些方法不仅适用于线弹性地基反力法，而且适用于非线弹性地基反力法的计算。

4.3.9.1　纽玛克（Newmark）法

纽玛克法的基本概念是把桩分为若干段，将沿每段桩侧土体的水平抗力变换为一等效的弹簧支承在该段，如图 4.3-21 所示，弹簧的刚度系数则根据该处桩侧土的特性而定，从而，所有问题都化为计算支承在一系列弹簧支座上的连续梁，而用纽玛克数值计算法求出梁的内力及位移，其具体计算步骤及公式如下：

（1）由文克尔假设，将地基视为若干个支承弹簧，弹簧个数 N＝所划分单元个数。

（2）求出各弹簧刚度系数 K_i

由于 $k(z)=m(z+z_0)^{\mathrm{n}}$，则

$$K_i=\int_{(i-\frac{1}{2})\lambda}^{(i+\frac{1}{2})\lambda} b_{\mathrm{p}} k(z)\mathrm{d}z \tag{4.3.97}$$

由式（4.3.97）积分得：

$$\left.\begin{aligned}
&K_0=\frac{m_1 b_{\mathrm{p}}}{n+1}\left[\left(z_0+\frac{\lambda}{2}\right)^{\mathrm{n}+1}-z_0{}^{\mathrm{n}+1}\right]\\
&K_{\mathrm{N}}=\frac{b_{\mathrm{p}} m_j}{n+1}\left[(z_0+h)^{\mathrm{n}+1}-\left(z_0+h-\frac{\lambda}{2}\right)^{\mathrm{n}+1}\right]\\
&K_i=\frac{b_{\mathrm{p}} m_j}{n+1}\left\{\left[z_0+\left(i+\frac{1}{2}\lambda\right)\right]^{\mathrm{n}+1}-\left[z_0+(i-\frac{1}{2}\lambda)\right]^{\mathrm{n}+1}\right\}\\
&i=1,2,\cdots,N-1
\end{aligned}\right\} \tag{4.3.98}$$

式中，m_j 为第 i 个弹簧位置相应的 m 值。若当式中计算的单元含有两种 m 值时，应分开计算再叠加。

（3）假定桩尖处位移为 1（嵌岩桩可假定桩尖剪力为 1），求出桩顶弯矩 M_0^1，转角 φ_0^1，剪力 H_0^1 及各弹簧支承点位移 x_i^1

（4）假定桩尖处转角为 1，求出桩顶弯矩 M_0^2，转角为 φ_0^2，剪力 H_0^2 及各弹簧支承点位移 x_i^2。

（5）根据桩顶边界条件建立方程组（二元线性代数方程）。

桩顶自由时（单排桩）：

$$\left.\begin{aligned}
xH_0^1+\varphi H_0^2=H_0\\
xM_0^1+\varphi M_0^2=M_0
\end{aligned}\right\} \tag{4.3.99}$$

桩顶弹性嵌固时（多排桩）：

$$\left.\begin{aligned}
xH_0^1+\varphi H_0^2=H_0\\
x\varphi_0^1+\varphi\varphi_0^2=M_0
\end{aligned}\right\} \tag{4.3.100}$$

联解方程组（4.3.99）或（4.3.100），即可求得桩尖处的实际位移 x 和转角 φ。

（6）计算各支承点实际位移 x_i，剪力 V_i 及弯矩 M_i。

$$\left.\begin{aligned}x_i&=xx_i^1+\varphi x_i^2\\V_i&=\sum K_i x_i\\M_i&=M_{i-1}+V_\lambda\end{aligned}\right\}\tag{4.3.101}$$

上述各式中 i 自 N，$N-1$，…，0。

其中各 x_i^j 的计算按以下顺序进行（$j=1,2$）。

x_i^j，Q_i，$V_{i右}$，M_{i+1}，α_{i+1}，$\bar{\alpha}_i$，φ_i

且

$$x_i=x_{i-1}+\varphi_{i-1}\lambda$$

$$Q_i=K_i x_i$$

$$V_{i右}=V_{i-1右}+Q_i$$

$$M_{i+1}=M_i+V_{i右}\lambda$$

$$\alpha_{i+1}=-\frac{M_{i+1}}{EI_i}$$

$$\bar{\alpha}_{\mathrm{N}}=0$$

$$\bar{\alpha}_{\mathrm{N}-1}=\frac{\lambda}{6}\alpha_{\mathrm{N}-2}$$

$$\bar{\alpha}_i=\frac{\lambda}{12}(\alpha_{i-1}+10\alpha_i+\alpha_{i+1}),\quad i\leqslant N-1$$

$$\varphi_i=\varphi_{i-1}+\bar{\alpha}_i$$

4.3.9.2 定点系数法

该法由周铭根据结构力学中用力法求解弹性支承连续梁的方法演变而来，亦称为 D 法，其计算公式及步骤如下：

（1）同纽玛克法划分单元，求出各单元相应的柔度系数：

$$C_i=1/K_i\tag{4.3.102}$$

式中 K_i 可按式（4.3.98）计算。

（2）计算支座 j 处作用一单位弯矩时，在 i 支座处产生的角变位 δ_{ij}：

$$\left.\begin{aligned}\delta_{\mathrm{N,N}}&=\frac{2}{3EI}+C_{\mathrm{N}-1}+4C_{\mathrm{N}}+C_{\mathrm{N}+1}\\\delta_{0,1}&=\frac{1}{6EI}-C_0-2C_1\\\delta_{\mathrm{N,N+1}}&=\frac{1}{6EI}-2C_{\mathrm{N}}-2C_{\mathrm{N}+1}\\\delta_{\mathrm{N,N+2}}&=C_{\mathrm{N}+1}\end{aligned}\right\}\tag{4.3.103}$$

（3）假定桩顶（地面处）作用有单位水平力（$H=1$）或单位弯矩（$M=1$）时，按定点法求得在单桩 1 支点处所产生的内弯矩 $M_1^{\mathrm{H(M)}}$：

$$M_1^{\mathrm{H(M)}}=\frac{-\left[\dfrac{\Delta_1^{\mathrm{H(M)}}}{\delta_{1,1}}-(K_1-K_1'\overline{K}_3)\dfrac{\Delta_2^{\mathrm{H(M)}}}{\delta_{2,0}}\overline{K}_2'\right]}{1-K_1'\overline{K}_3-\overline{K}_2(K_1-K_1'\overline{K}_3)}\tag{4.3.104}$$

其中：$\overline{K}_N$、$\overline{K}_N$为右定点系数（$N=1$，2，3）

$$\left.\begin{aligned}\overline{K}_N&=\frac{\delta_{N,N-1}-\delta_{N+1,N-1}\cdot\overline{K}_{N+1}}{\delta_{N,N}-\dfrac{\overline{K}_{N+1}^2}{\overline{K}'_{N+1}}\delta_{N+1,N-1}-\delta_{N,N+2}\cdot\overline{K}'_{N+2}}\\ \overline{K}'_N&=\frac{\delta_{N,N-2}}{\delta_{N,N}-\dfrac{\overline{K}_{N+1}^2}{\overline{K}'_{N+1}}\delta_{N+1,N-1}-\delta_{N,N+2}\cdot\overline{K}'_{N+2}}\end{aligned}\right\}\tag{4.3.105}$$

K_1，K'_1为左定点系数

$$K_1=\delta_{1,2}/\delta_{1,1},\qquad K'_1=\delta_{1,3}/\delta_{1,1}\tag{4.3.106}$$

$$\left.\begin{aligned}&\Delta_1^H=C_0, &&\Delta_2^H=0\\ &\Delta_1^M=\frac{1}{6EI}-C_0-2C_1, &&\Delta_2^M=C_1\end{aligned}\right\}\tag{4.3.107}$$

式中 $\Delta_1^{H(M)}$、$\Delta_2^{H(M)}$——分别为在单位外力H或M作用下，在支座1、2处桩轴线转角。

（4）计算其余点2，3，4，…，$N-1$各点处的内弯矩$M_i^{H(M)}$

$$\begin{aligned}M_2^{H(M)}&=-\overline{K}_2M_1^{H(M)}-\frac{\Delta_2^{H(M)}}{\delta_{2,0}}\overline{K}'_2\\ M_3^{H(M)}&=-\overline{K}_3M_2^{H(M)}-\overline{K}'_3M_1^{H(M)}\\ M_{N-1}^{H(M)}&=-\overline{K}_{N-1}M_{N-2}^{H(M)}-\overline{K}'_{N-1}M_{N-3}^{H(M)}\end{aligned}\tag{4.3.108}$$

（5）根据叠加原理，计算外力H和M作用下桩身各支点弯矩：

$$M_N=HM_N^H+MM_N^M\tag{4.3.109}$$

（6）单桩各支点的地基反力：

$$R_N=R_N^0+M_{N+1}-2M_N+M_{N-1}\tag{4.3.110}$$

式中 R_N^0——简支梁支座反力。

4.3.9.3 有限差分法

有限差分法的基本原理是将桩身（假定桩身为等截面，当不是等截面时推导稍作修改）划分为若干单元，如图4.3-22所示。对各个单元的划分点以差分式近似地代替桩身弹性曲线微分方程中的导数式。这样，对于桩身所有划分点将曲线微分方程转变成一组代数差分方程，再联解代数差分方程即可得所要求的解。

假定$f(z)$为一连续函数，各个单元的长度为a，则在i点处：

$$\left(\frac{dx}{dz}\right)_i=\lim_{\Delta z\to 0}\left(\frac{\Delta x}{\Delta z}\right)_i=\lim_{\Delta z\to 0}\frac{x_{i+1}-x_i}{z_{i+1}-z_i}=\lim_{a\to 0}\frac{x_{i+1}-x_i}{a}$$

式中，$\Delta z=a$，$\Delta x=x_{i+1}-x_i$。若a很小，则导数$\frac{dx}{dz}$近似地等于$\frac{\Delta x}{\Delta z}$，即$\left(\frac{dx}{dz}\right)_i\approx\left(\frac{\Delta x}{\Delta z}\right)_i$故

$$\left(\frac{dx}{dz}\right)_i\approx\frac{1}{a}(x_{i+1}-x_i)\tag{4.3.111}$$

式中，$\Delta x=x_{i+1}-x_i$称为函数$f(z)$在$z=z_i$点处的一次差分，通常将式（4.3.111）称为一阶向前差分式，因为它只包括i和$i+1$点处的x值。

同理，也可写出：

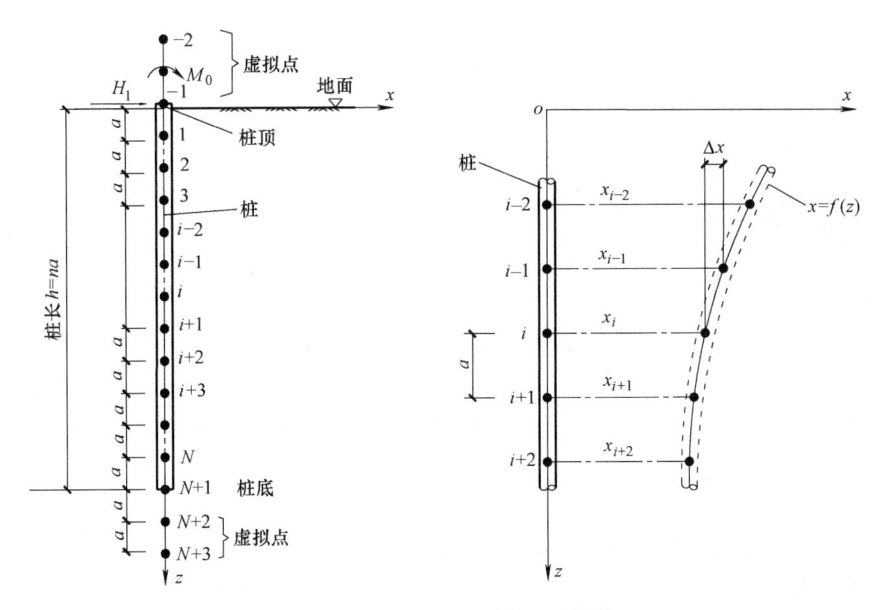

图 4.3-22 桩的有限差分法计算模型

$$\left(\frac{\mathrm{d}x}{\mathrm{d}z}\right)_i \approx \frac{1}{a}(x_i - x_{i-1}) \tag{4.3.112}$$

通常称式（4.3.112）为一阶向后差分式，因为它只包括 i 和 $i-1$ 点处的 x 值。同理还可写出包括 $i-1$ 和 $i+1$ 点处 x 值的一阶中心差分式为：

$$\left(\frac{\mathrm{d}x}{\mathrm{d}z}\right)_i \approx \frac{x_{i+1} - x_{i-1}}{2a} \tag{4.3.113}$$

若规定符号 $\overline{\Delta}$ 表示一阶向前差分，Δ 表示一阶中心差分，$\underline{\Delta}$表示一阶向后差分。则

$$(\overline{\Delta}x)_i = x_{i+1} - x_i$$

$$(\Delta x)_i = \frac{x_{i+1} - x_{i-1}}{2}$$

$$(\underline{\Delta}x)_i = x_i - x_{i-1}$$

根据微积分原理

$$\frac{\mathrm{d}^2 x}{\mathrm{d}z^2} = \frac{\mathrm{d}}{\mathrm{d}z}\left(\frac{\mathrm{d}x}{\mathrm{d}z}\right) \approx \frac{\Delta^2 x}{\Delta z^2}$$

这里 Δ^2 表示二次差分，则 i 点处的二阶中心差分为：

$$\begin{aligned}(\Delta^2 x)_i &= \Delta(\Delta x)_i = \Delta\left(\frac{x_{i+1} - x_{i-1}}{2}\right) = \frac{1}{2}(\Delta x_{i+1} - \Delta x_{i-1}) \\ &= \frac{1}{2}\left(\frac{x_{i+2} - x_i}{2} - \frac{x_i - x_{i-2}}{2}\right) = \frac{x_{i+2} - 2x_i + x_{i-2}}{4}\end{aligned} \tag{4.3.114}$$

式（4.3.114）的二阶差分是以 x_i 的向前数第二个 x_{i+2} 和向后数第二个 x_{i-2} 来表示的，但是通常对二阶中心差分多用 x_i 的向前数第一个 x_{i+1} 和向后数第一个 x_{i-1} 来表示。因为 $(\Delta^2 x)_i = \overline{\Delta}(\Delta x)_i$ 或 $(\Delta^2 x)_i = \Delta(\overline{\Delta}x)_i$，所以

$$(\Delta^2 x)_i = \overline{\Delta}(\underline{\Delta} x)_i = \overline{\Delta}(x_i - x_{i-1}) = \overline{\Delta} x_i - \overline{\Delta} x_{i-1}$$
$$= x_{i+1} - 2x_i + x_{i-1}$$

故当 a 很小时

$$\left(\frac{\mathrm{d}^2 x}{\mathrm{d}z^2}\right)_i = \lim_{\Delta z \to 0}\left(\frac{\Delta^2 x}{\Delta z^2}\right)_i \approx \lim_{a \to 0}\left(\frac{\Delta^2 x}{a^2}\right)_i - \frac{x_{i+1} - 2x_i + x_{i-1}}{a^2} \tag{4.3.115}$$

依次类推，可得四阶中心差分为：

$$(\Delta^4 x)_i = x_{i+2} - 4x_{i+1} + 6x_i - 4x_{i-1} + x_{i-2}$$

故当 a 很小时

$$\left(\frac{\mathrm{d}^4 x}{\mathrm{d}z^4}\right)_i = \lim_{\Delta z \to 0}\left(\frac{\Delta^4 x}{\Delta z^4}\right)_i \approx \lim_{a \to 0}\left(\frac{\Delta^4 x}{a^4}\right)_i = \frac{x_{i+2} - 4x_{i-1} + 6x_i - 4x_{i-1} + x_{i-2}}{a^4} \tag{4.3.116}$$

将上述各差分式代入式（4.1-4）可得基桩基本微分方程式的差分方程为：

$$EI\left[\frac{x_{i+2} - 4x_{i+1} + 6x_i - 4x_{i-1} + x_{i-2}}{a^4}\right] + C_z x_i b_p = 0$$

式中：C_z 为 i 点深度处桩侧土的侧向地基系数。

此式可写为：

$$x_{i+2} - 4x_{i+1} + a_i x_i - 4x_{i-1} + x_{i-2} = 0 \tag{4.3.117}$$

式中 $a_i = 6 + \dfrac{C_z h^4 b_p}{EIN^4}$，$h$ 为桩的入土深度，N 为沿桩长划分的单元数目。

将式（4.3.117）用于桩身第1、2、3、…、N、$N+1$ 点，即可得到 $N+1$ 个方程。

桩身共划分为 N 个单元，$N+1$ 个点，再加上桩顶以上和桩底以下各两个虚拟点，则需求解 $N+5$ 个未知侧移，因此还需根据桩顶和桩底处的边界条件得到另外四个附加方程。

（1）桩顶处

① 当桩顶无约束时

桩顶处剪力：

$$EI\left(\frac{\mathrm{d}^3 x}{\mathrm{d}z^3}\right)_{z=0} = H_0$$

即

$$x_3 - 2x_2 + 2x_{-1} - x_{-2} = \frac{2H_0 h^3}{EIN^3} \tag{4.3.118}$$

桩顶处弯矩：

$$EI\left(\frac{\mathrm{d}^2 x}{\mathrm{d}z^2}\right)_{z=0} = M_0$$

即

$$x_2 - 2x_1 + x_{-1} = \frac{M_0 h^2}{EIN^2} \tag{4.3.119}$$

② 当桩顶有约束时，桩顶处转角为：

$$EI\left(\frac{\mathrm{d}x}{\mathrm{d}z}\right)_{z=0} = 0$$

即

$$x_2 - x_{-1} = 0 \tag{4.3.120}$$

（2）桩底处

对于较长的摩擦桩和端承桩，桩底弯矩很小可忽略不计，即 $M_h = 0$，故

$$EI\left(\frac{d^2x}{dz^2}\right)_{z=h}=0$$

即
$$x_N-2x_{N+1}+x_{N+2}=0 \tag{4.3.121}$$

对于任何长度的摩擦桩和较长的端承桩，可认为桩底处剪力为零，则

$$EI\left(\frac{d^3x}{dz^3}\right)_{z=h}=0$$

即
$$x_{N+3}-2x_{N+2}+2x_N-x_{N-1}=0 \tag{4.3.122}$$

因此当桩顶无约束时，可得矩阵式：

$$T_1X-P=0$$

即桩身各点侧移的矩阵形式为：

$$X=T_1^{-1}P \tag{4.3.123}$$

若在上述方法中略去桩顶和桩底处的剪力方程，则可消除掉-2点和$N+3$点处的未知位移，而只需求解$N+3$个方程，所得解答出入不会太大。

求出桩身各点侧移后，即可根据下面公式和前述差分公式用各点的侧移求出桩身任一深度处的转角φ_i、弯矩M_i和剪力Q_i，即

$$\left.\begin{aligned}
&\frac{dx}{dz}=\varphi_i, && \varphi_i=\frac{x_{i+1}-x_{i-1}}{2a}\\
&EI\frac{d^2x}{dz^2}=M_i, && M_i=EI\frac{x_{i+1}-2x_i+x_{i-1}}{a^2}\\
&EI\frac{d^3x}{dz^3}=Q_i, && Q_i=EI\frac{x_{i+2}-2x_{i+1}+2x_{i-1}-x_{i-2}}{2a^3}
\end{aligned}\right\} \tag{4.3.124}$$

若桩身划分的单元数越多，计算的精度就越高，但所需求解的方程也就越多，通常宜利用计算机求解，其矩阵形式为：

各结点处的转角：

$$\varphi=\frac{1}{2a}T_2X \tag{4.3.125}$$

各结点处截面内的弯矩：

$$M=\frac{EI}{a^2}T_3X \tag{4.3.126}$$

各结点处截面内的剪力：

$$Q=\frac{EI}{2a^3}T_4X \tag{4.3.127}$$

其中φ、M、Q为列阵；T_2、T_3、T_4为矩阵。各矩阵的具体形式可参见有关专著，在此不赘述。

4.3.9.4 有限单元法

前面介绍的有限差分法尚具有一定的缺点，比如考虑一般边界条件比较麻烦；消除负挠度困难，即当基础趋于与地基分离时难以消除文克尔弹簧等，而鲍勒斯在1974年提出的有限单元法可以消除这些缺点，它的基本原理是将连续的桩身划分为若干单元的离散体，根据力的平衡和位移的协调建立方程，通过计算机进行求解。显然，它与前面所述的有限差分法根本不同，其属于物理上的近似（有限差分属于数学上的近似），如果划分的单元越多，所得结果也越精确。该法的主要优点之一是可以不求解桩身弹性曲线微分方

程，只要用简单的力学概念，将桩身侧向位移引起的侧向土抗力视为位于各单元结点处的反力，该反力等于结点处桩身的侧向位移值与该处土的地基系数（考虑土的计算宽度后）的乘积。有限单元法适用于地基系数随深度变化的各种图式，可以用于土抗力与桩身侧移呈非线性的情况。

（1）基本公式

设 P_i 为桩身某结点 i 处的外力（包括力和弯矩），F_i 为结点 i 处桩身的内力（包括土抗力和弯矩）。桩身各结点处的外力和内力分别用矩阵 P 和 F 来表示，则它们之间的关系可用下式表示：

$$P=AF \tag{4.3.128}$$

A 称为静力矩阵，同样，用矩阵 e 表示桩身由于内力引起该系列结点处的变位（称内部变位）；以 X 表示该系列结点在外力作用下轴线的变位，两者用另一矩阵 B 联系起来，即

$$e=BX \tag{4.3.129}$$

B 称为位移矩阵。可以证明［Wang（1970 年）、Laursen（1969 年）］矩阵 B 为矩阵 A 的转置（$B=A^{\mathrm{T}}$）。

若以内部位移来描述内力，则可写成：

$$F=Se \tag{4.3.130}$$

S 称为刚度矩阵。位移矩阵和刚度矩阵的建立是矩阵分析法的基本步骤，将式（4.3.129）代入式（4.3.130）及利用 $B=A^{\mathrm{T}}$ 可得：

$$F=SA^{\mathrm{T}}X \tag{4.3.131}$$

将上式代入式（4.3.128）可得：

$$P=ASA^{\mathrm{T}}X \tag{4.3.132}$$

从此式可看出，将方阵 ASA^{T}（为 $P\times P$ 矩阵）求逆，即可解出矩阵 X，即

$$X=[ASA^{\mathrm{T}}]^{-1}P \tag{4.3.133}$$

求出 X 后，代入式（4.3.131），即可求得所要求的桩结点内力。

（2）A 矩阵的建立

如图 4.3-23 所示，设桩长为 h，划分为 5 个相等长度的单元（实际上，单元的个数和各个单元的长度应根据具体情况确定，各个单元的长度不一定划分为相等）。以 P_1、P_2、…、P_6 代表作用在各结点处的弯矩；X_1、X_2、…、X_6 代表与 P_1、P_2、…、P_6 相应各结点对桩原来轴线的转角；以 P_7、P_8、…、P_{12} 代表作用于各结点处的水平外力；X_7、X_8、…、X_{12} 代表与 P_7、P_8、…、P_{12} 相应结点对桩的原来轴线的侧向变位；以 F_1、F_2、…、F_{10} 代表各单元端点处的内弯矩；e_1、e_2、…、e_{10} 代表与 F_1、F_2、…、F_{10} 相应的端点转角。以 F_{11}、F_{12}、…、F_{16} 代表各结点处土的抗力；e_{11}、e_{12}、…、e_{16} 代表与 F_{11}、F_{12}、…、F_{16} 相对应的土的压缩量。图中所示力、弯矩和变位均为正方向。

现取结点 1、结点 2、单元①和单元②作为自由体。先考虑结点 1 处弯矩的平衡：

$$P_1-F_1=0 \quad 或 \quad P_1=F_1$$

再考虑结点 1 处水平力的平衡：

$$P_7-\frac{F_1}{a}-\frac{F_2}{a}+F_{11}=0 \quad 或 \quad P_7=\frac{F_1}{a}+\frac{F_2}{a}-F_{11}$$

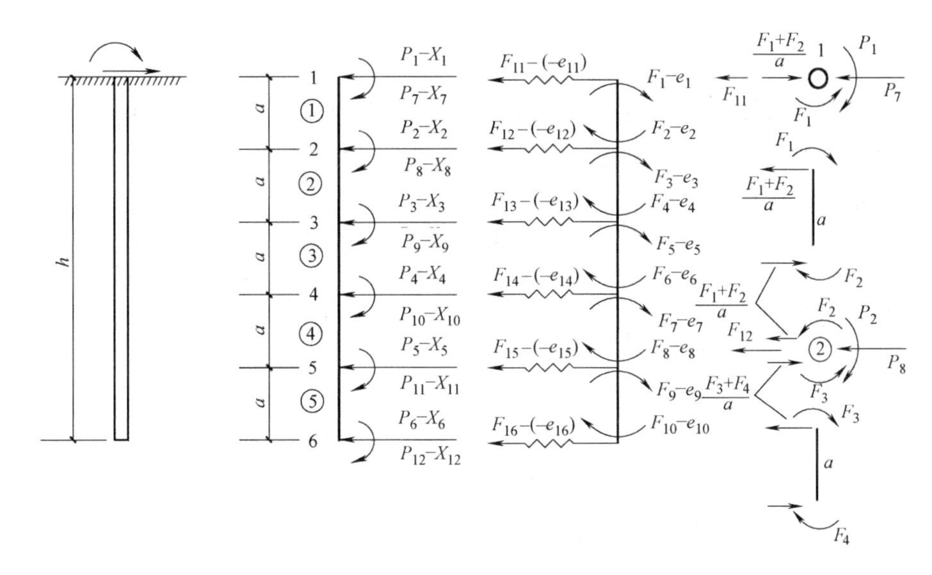

图 4.3-23 有限单元法计算模型

同理，对于结点 2 有：

$$P_2=F_2+F_3$$

$$P_8=-\frac{F_1}{a}-\frac{F_2}{a}+\frac{F_3}{a}+\frac{F_4}{a}-F_{12}$$

类似地，可考虑各个结点，例如，考虑结点 6：

$$P_6=F_{10}$$

$$P_{12}=-\frac{F_9}{a}-\frac{F_{10}}{a}-F_{16}$$

将上列各式按矩阵代数表示，可写出矩阵 A。矩阵 A 的阶数为 $NP\times NF$，其中 $NP=2N+2$，$NF=3N+1$，N 为单元个数。

(3) B 矩阵的建立

如桩身第①单元在外力作用下结点 1 转角为 X_1，侧向位移为 X_7；结点 2 转角为 X_2，侧向位移为 X_8，由于土不能抵抗转动，转角 e_1（根据小变形理论）值即为（图 4.3-24）：

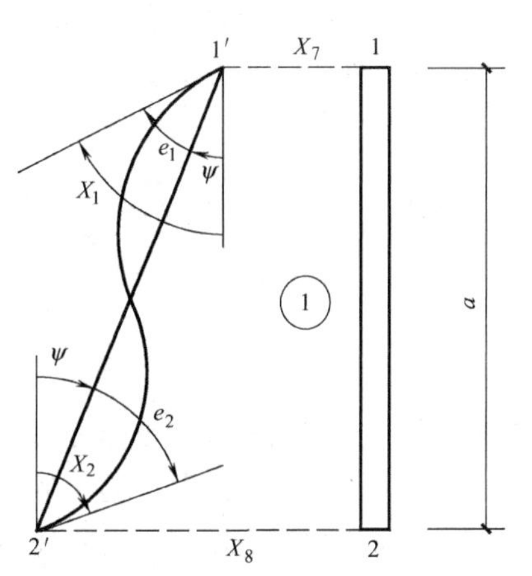

图 4.3-24 单元变位示意

$$e_1=X_1+\frac{X_7}{a}-\frac{X_8}{a}$$

同理

$$e_2=X_2+\frac{X_7}{a}-\frac{X_8}{a}$$

$$e_3=X_3+\frac{X_8}{a}-\frac{X_9}{a}$$

$$e_4=X_4+\frac{X_8}{a}-\frac{X_9}{a}$$

……

又 $e_{11}=-X_7$，$e_{12}=-X_8$，…，$e_{16}=-X_{12}$。

式中，负号是由于图 4.3-23 中 X_7、…、X_{12}的正方向与 e_{11}、…、e_{16}的正方向相反而得。将上述各式列为矩阵代数表达式，即得矩阵 B。不难看出 $B=A^{\mathrm{T}}$。

(4) S 矩阵的建立

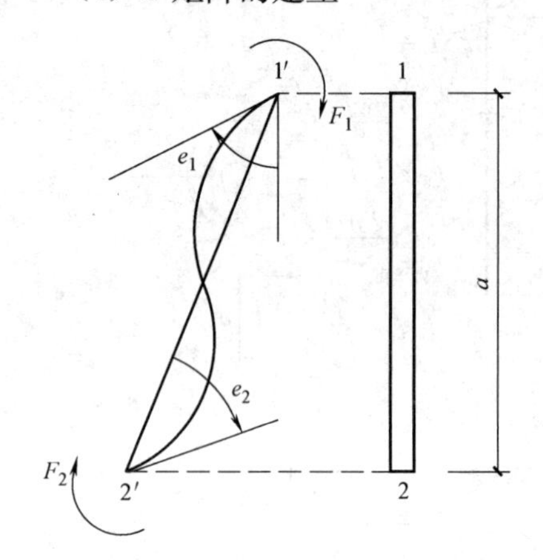

图 4.3-25 共轭梁示意

由结构力学知识，一个两端简支的单元（图 4.3-25）内弯矩 F_1 和 F_2 与 e_1、e_2 的关系式为：

$$\left.\begin{aligned}\frac{F_1a}{3EI}-\frac{F_2a}{6EI}=e_1\\ \frac{-F_1a}{6EI}+\frac{F_2a}{3EI}=e_2\end{aligned}\right\}$$

联解可得：

$$F_1=\frac{4EI}{a}e_1+\frac{2EI}{a}e_2$$

$$F_2=\frac{2EI}{a}e_1+\frac{4EI}{a}e_2$$

同理，可得其他单元的内力为：

$$F_3=\frac{4EI}{a}e_3+\frac{2EI}{a}e_4$$

$$F_4=\frac{2EI}{a}e_3+\frac{4EI}{a}e_4$$

…………

而结点 1 处的土抗力 F_{11} 为

$$F_{11}=\frac{a}{2}b_1\frac{C_0+C_1}{2}e_{11}=K_1e_{11}$$

式中 C_1——结点 1 处的地基系数；

C_0——第一单元中点处的地基系数。

结点 2 处的土抗力 F_{12} 为

$$F_{12}=ab_1C_2e_{12}=K_2e_{12}$$

同理：

$$F_{13}=ab_1C_3e_{13}=K_3e_{13}$$

…………

$$F_{16}=\frac{a}{2}b_1\frac{C_0'+C_6}{2}e_{16}=K_6e_{16}$$

式中 C_6——结点 6 处的地基系数；

C_0'——第五单元中点处土的地基系数。

将上列各式列为矩阵，可得矩阵 S。

(5) P 矩阵的建立

P 为一列阵，它代表作用于各结点处的外力，如果某外力不存在时，则令列阵 P 中相应于该力的元素为零，列阵 P 为：

$$P=\{P_1,P_2,P_3,\cdots,P_{12}\}^{\mathrm{T}} \tag{4.3.134}$$

当桩身单元划分的个数与图 4.3-23 不相同时，矩阵 A、B、S、P 的形式与前面所示相同，只是矩阵的大小不同而已。

4.3.9.5 有限元-有限层法

如前所述，以文克尔假定为基础的弹性地基梁法将桩周土视为许多孤立的水平弹簧，难以考虑地基土的层状构造及土体应力-应变关系的非线性特性，而且忽略了土体的连续性，因而不能充分反映桩-土共同作用的实际情况。有限单元法可考虑土的弹塑性，适用于任意水平地基系数分布形式。但由于桩在水平荷载下与土的相互作用是一个三维空间问题，因此计算机的工作量很大，对计算机内存的要求也较高且运算耗时较长。为此，我国学者宰金璋在 1987 年用有限元、有限层相结合的方法对承受水平荷载的桩进行了分析，亦即有限元一有限层法。它可方便地考虑土的层状构造、各向异性和非线性特性，与有限单元法相比，其输入数据、占用存贮单元和运算时间都大大减少，从而可以在普通微机上进行空间课题的分析计算。但现有方法未考虑土体弹性模量随其受力及变形等变化而变化的特征，本节将引入地基加权刚度概念，对现有有限元-有限层法进行改进，以求获得更准确的桩土共同工作计算模式及承载力变化规律，现将该法详述如下。

1. 桩-土共同作用分析

如图 4.3-26 所示，假定地基土由若干水平土层组成且桩的设置不破坏土层的连续性。将地基土划分为 n 个层元（原土层的天然分层面也可作为分割面），桩身亦相应地划分为 n 个梁单元，桩与土通过 $n+1$ 个结点相连接。桩端以下土体除天然分层面外，可按需要做更细地剖分，连同桩身部分，共为 N 层。

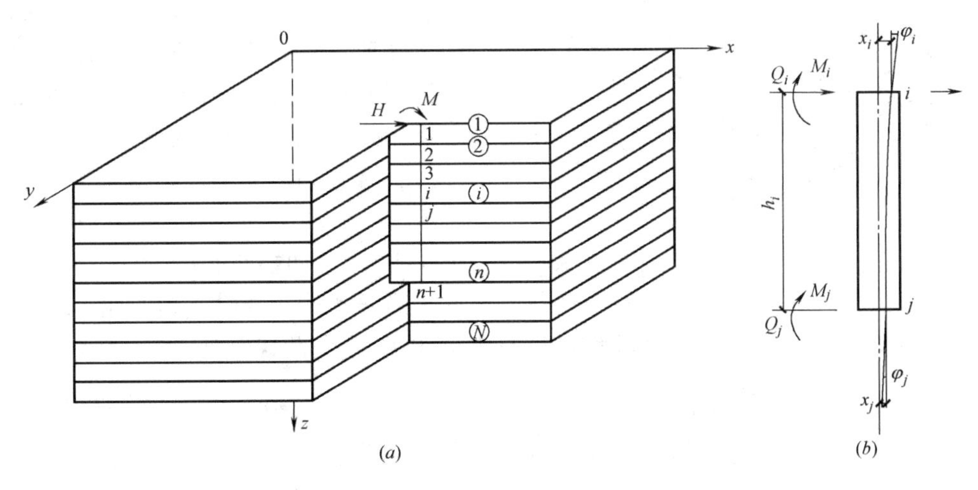

图 4.3-26 水平受荷桩的有限元-有限层计算模型

(*a*) 分析模型；(*b*) 桩身梁单元

桩身采用不考虑轴力的梁单元，如图 4.3-26 (*b*) 所示，其单元刚度矩阵 $[K_e]$ 为：

$$[K_e]=\frac{EI}{h^3}\begin{bmatrix}12 & 6h & -12 & 6h \\ & 4h^2 & -6h & 2h^2 \\ \text{对} & & 12 & -6h \\ & \text{称} & & 4h^2\end{bmatrix} \tag{4.3.135}$$

式中 h——桩段的长度。

地基采用层状水平各向同性弹性半空间有限层模型，其弹性矩阵 $[D]$ 为：

$$[D]=\begin{bmatrix} d_1 & d_2 & d_3 & & & 0 \\ d_2 & d_1 & d_3 & & & \\ d_3 & d_3 & d_4 & & & \\ & & & d_5 & & \\ & 0 & & & d_6 & \\ & & & & & d_6 \end{bmatrix} \tag{4.3.136}$$

其中：$d_1=\lambda n(1-n\nu_2^2)$，　$d_2=\lambda n(\nu_1+n\nu_2^2)$，　$d_3=\lambda n\nu_2(1+\nu_1)$

$d_4=\lambda(1-\nu_1^2)$，　$d_5=\dfrac{E_1}{2(1+\nu_1)}$，　$d_6=G_2$

$\lambda=\dfrac{E_2}{(1+\nu_1)(1-\nu_1-2n\nu_2^2)}$，　$n=\dfrac{E_1}{E_2}$

式中 E_1，ν_1——xoy 平面内的变形模量和泊松比；

E_2，ν_2——z 方向变形模量和泊松比；

G_2——与 xoy 平面垂直的平面内的剪变模量。

(1) 物理模型和边界条件

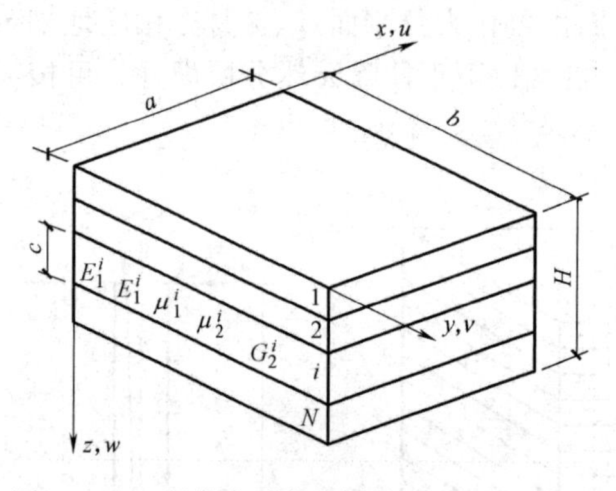

图 4.3-27　层状水平各向同性半空间物理模型

选取有限体域 $a\times b\times H$ 来代表半空间，其中 a、b 和 H 的数值按荷载作用范围选取，以使边界位移可以忽略为准则，常取 $a=b=L$，$H=L/2$，如下卧基岩较浅，H 取基岩埋深。各层元均取五个物理参数即 E_1、E_2、ν_1、ν_2 和 G_2，如图 4.3-27 所示。边界条件可分为两类：

① A 类边界条件，如图 4.3-28 中 AB 所示。$x=0$ 和 $x=a$ 两端面上 $u=0$，$\tau_{xz}=0$；$y=0$ 和 $y=b$ 两端面上 $\nu=0$，$\tau_{yz}=0$。

② B 类边界条件，如图 4.3-28 中 DE 所示。$x=0$ 和 $x=a$ 两端面上 $v=w=0$，$\sigma_x=0$；$y=0$ 和 $y=b$ 两端面上 $u=w=0$，$\sigma_y=0$。

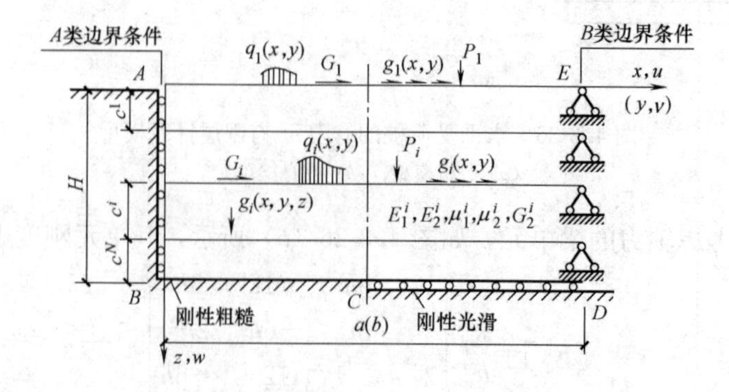

图 4.3-28　边界条件和支承条件

底部支承条件亦考虑有代表性的两种：

① 刚性粗糙支承，如图 4.3-28 中 BC 所示。该面上 u，ν 和 w 全部为零。

② 刚性光滑支承，如图 4.3-28 中 CD 所示。该面上 $w=0$，剪应力为零。

(2) 层元分析

① 位移函数

采用分离变量的函数项级数表示结点位移，以水平位移 u (x，y，z) 为例，可表示如下：

$$u(x,y,z)=\sum_{m=1}^{\infty}\sum_{n=1}^{\infty} f_{\mathrm{mn}}^{\mathrm{u}}(z)\mathrm{X}_{\mathrm{m}}(x)\mathrm{Y}_{\mathrm{n}}(y)$$

其中，$X_{\mathrm{m}}(x)$和 $Y_{\mathrm{n}}(y)$为满足相应边界条件的已知函数，而 $f_{\mathrm{mn}}^{\mathrm{u}}(z)$可取多项式，为简单计可取为线性函数，由此将三维问题化为一维问题。取 $X_{\mathrm{m}}(x)$和 $Y_{\mathrm{n}}(y)$为梁函数的形式，对于水平受荷桩，只需考虑 A 类边界条件建立如下位移函数：

$$\left.\begin{aligned}
u(x,y,z)&=\sum_{m=1}^{\infty}\sum_{n=1}^{\infty} f_{\mathrm{mn}}^{\mathrm{u}}(z)\sin k_{\mathrm{m}}x\cos k_{\mathrm{n}}y\\
\nu(x,y,z)&=\sum_{m=1}^{\infty}\sum_{n=1}^{\infty} f_{\mathrm{mn}}^{\mathrm{v}}(z)\cos k_{\mathrm{m}}x\sin k_{\mathrm{n}}y\\
w(x,y,z)&=\sum_{m=1}^{\infty}\sum_{n=1}^{\infty} f_{\mathrm{mn}}^{\mathrm{w}}(z)\cos k_{\mathrm{m}}x\cos k_{\mathrm{n}}y
\end{aligned}\right\}\qquad(4.3.137)$$

式中，$k_{\mathrm{m}}=m\pi/a$；$k_{\mathrm{n}}=n\pi/b$。

基于上述位移模式，考虑图 4.3-29 所示的有限层元，上下两节面编号记为 i 和 j，层厚为 c。当 c 较小时，可设 $f_{\mathrm{mn}}^{\mathrm{u}}(z)$、$f_{\mathrm{mn}}^{\mathrm{v}}(z)$ 和 $f_{\mathrm{mn}}^{\mathrm{w}}(z)$ 为线性变换，即：

$$f_{\mathrm{mn}}^{\mathrm{u}}(z)=a_{1,\mathrm{mn}}+a_{2,\mathrm{mn}}z,\ f_{\mathrm{mn}}^{\mathrm{v}}(z)=a_{3,\mathrm{mn}}+a_{4,\mathrm{mn}}z,\ f_{\mathrm{mn}}^{\mathrm{w}}(z)=a_{5,\mathrm{mn}}+a_{6,\mathrm{mn}}z$$

取 i、j 节面位移参数 u_{mn}^{i}、ν_{mn}^{i}、w_{mn}^{i} 和 u_{mn}^{j}、ν_{mn}^{j}、w_{mn}^{j} 为基本未知数，并令$\bar{z}=z/c$，$\{\delta\}_{\mathrm{mn}}=[u_{\mathrm{mn}}^{i}\quad \nu_{\mathrm{mn}}^{i}\quad w_{\mathrm{mn}}^{i}\quad u_{\mathrm{mn}}^{j}\quad \nu_{\mathrm{mn}}^{j}\quad w_{\mathrm{mn}}^{j}]^{\mathrm{T}}$，$\{f\}=[u\quad \nu\quad w]^{\mathrm{T}}$，$r$ 和 s 为计算中所取项数，则式 (4.3.137) 可表示为：

$$\{f\}=\sum_{m=1}^{r}\sum_{n=1}^{s}[N]_{\mathrm{mn}}\{\delta\}_{\mathrm{mn}}$$

$$[N]_{\mathrm{mn}}=\begin{bmatrix} AB & 0 & 0 & \bar{z}B & 0 & 0\\ 0 & AC & 0 & 0 & \bar{z}C & 0\\ 0 & 0 & AD & 0 & 0 & \bar{z}D \end{bmatrix}\qquad(4.3.138)$$

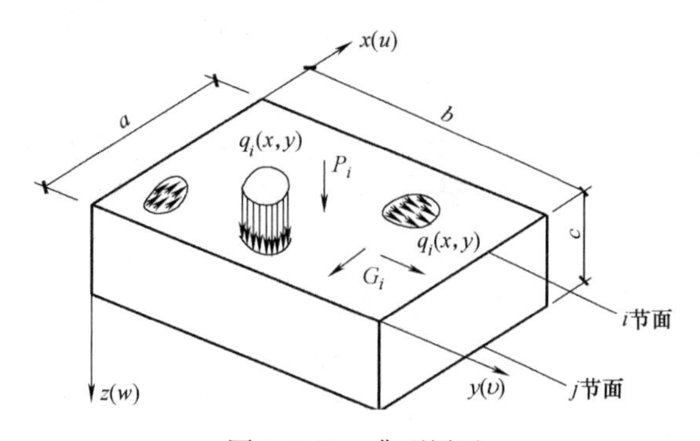

图 4.3-29 典型层元

式中：

$A=1-\bar{z}$，$B=\sin k_{\mathrm{m}}x\cos k_{\mathrm{n}}y$，$C=\cos k_{\mathrm{m}}x\sin k_{\mathrm{n}}y$，$D=\cos k_{\mathrm{m}}x\cos k_{\mathrm{n}}y$

② 刚度矩阵

由能量原理，并利用基础函数系 $\{X_{\mathrm{m}}(x)\}$ 和 $\{Y_{\mathrm{n}}(y)\}$ 的正交性，可得到层元呈对角矩阵形式的总体方程，仅在主对角线上有 6×6 阶的非零子矩阵：

$$\begin{bmatrix} [S]_{1111} & & & & & 0 \\ & [S]_{1212} & & & & \\ & & \ddots & & & \\ & & & [S]_{\mathrm{mnmn}} & & \\ & & & & \ddots & \\ 0 & & & & & [S]_{\mathrm{rsrs}} \end{bmatrix} \begin{bmatrix} \{\delta\}_{11} \\ \{\delta\}_{12} \\ \vdots \\ \{\delta\}_{\mathrm{mn}} \\ \vdots \\ \{\delta\}_{\mathrm{rs}} \end{bmatrix} = \begin{bmatrix} \{F\}_{11} \\ \{F\}_{12} \\ \vdots \\ \{F\}_{\mathrm{mn}} \\ \vdots \\ \{F\}_{\mathrm{rs}} \end{bmatrix} \tag{4.3.139}$$

显然，式（4.3.139）可分解成彼此不耦和的 $r\times s$ 个 6×6 阶的小方程组：

$$[S]_{\mathrm{mnmn}}\{\delta\}_{\mathrm{mn}}=\{F\}_{\mathrm{mn}} \tag{4.3.140}$$

式中：$[S]_{\mathrm{mnmn}}$为层元第 mn 项子刚度矩阵，为一对称矩阵，具体形式可参见相关文献。

③ 等效荷载向量

式（4.3.140）中 $\{F\}_{\mathrm{mn}}$为等效荷载向量，可由虚功原理经静力等效获得。设层元内作用有体力 $\{q\}_{\mathrm{V}}$，在 i、j 节面上的 A_i、A_j区域作用有面力 $\{q\}_i$、$\{q\}_j$，则

$$\{F\}_{\mathrm{mn}}=\int_V [N]_{\mathrm{mn}}^{\mathrm{T}}\{q\}_{\mathrm{V}}\mathrm{d}V+\int_{A_i}[N]_{\mathrm{mn}}^{\mathrm{T}}\{q\}_i\mathrm{d}A+\int_{A_j}[N]_{\mathrm{mn}}^{\mathrm{T}}\{q\}_j\mathrm{d}A \tag{4.3.141}$$

令$\{F\}_{\mathrm{mn}}=[F_{i,\mathrm{mn}}^{\mathrm{u}} \quad F_{i,\mathrm{mn}}^{\mathrm{v}} \quad F_{i,\mathrm{mn}}^{\mathrm{w}} \quad F_{j,\mathrm{mn}}^{\mathrm{u}} \quad F_{j,\mathrm{mn}}^{\mathrm{v}} \quad F_{j,\mathrm{mn}}^{\mathrm{w}}]^{\mathrm{T}}$，则不同荷载下各分量可分别计算。

(3) 整体分析

由式（4.3.139）和（4.3.140）可知位移级数式（4.3.137）各项不耦合，故可分项按常规方法集成分项总体刚度矩阵和分项总体荷载向量，如对第 mn 项，把 N 个层元各自的式（4.3.140）按总刚度矩阵形成方式迭加起来，按支承条件修改刚度矩阵后便可进行求解。

2. 基桩改进有限元-有限层分析方法

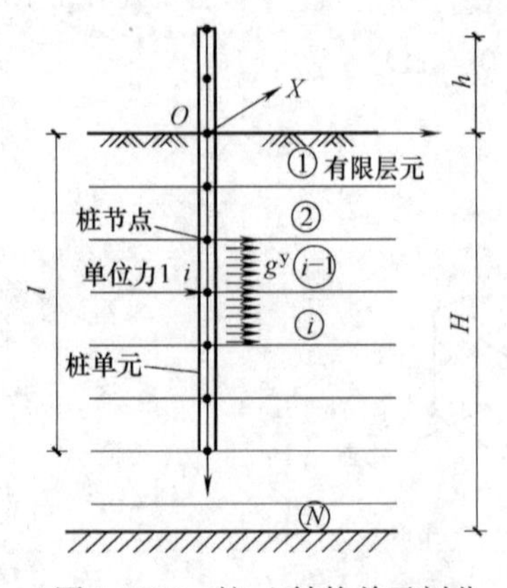

图 4.3-30 桩-土结构单元剖分

(1) 桩-土结构单元剖分

如图 4.3-30 所示，假设地基土由若干水平土层组成，将地基土划分为 N 个有限层元，层元计算深度为 H。假定位于土层中的桩不破坏土层的连续性，地面以下桩长度为 l，沿桩身划分为 n 个弹性的平面梁单元，地面以上桩长度为 h，沿桩身划分为 m 个弹性的平面梁单元，则桩通过 $n+1$ 个节点与地基土相连。

(2) 桩-土结构共同作用基本方程

根据桩与土之间的相互作用，可建立如下平衡方程：

$$[K_p]\{U\}=\{P\}-\{R\} \tag{4.3.142}$$

式中 $[K_p]$——桩的总体刚度矩阵，可以根据桩单元的单元刚度矩阵 $[K_e]$ 按对号入座的方法集成，$[K_e]$ 也即为平面梁单元的刚度矩阵；

$\{U\}$——桩身节点的位移向量，$\{U\}=\{u_1 \quad \varphi_1 \quad u_2 \quad w_2 \quad \varphi_2 \cdots u_{n+1} \quad \varphi_{n+1}\}$，$u_i$、$\varphi_i$ 分别为桩身节点的水平位移和转角；

$\{P\}$——桩身节点荷载向量；

$\{R\}$——桩身节点上的地基土反力向量。

由桩土连接点的位移连续性有：

$$[K_s]\{U\}=\{R\} \tag{4.3.143}$$

式中 $[K_s]$——地基刚度矩阵，$[K_s]=[\delta]^{-1}$。

将式（4.3.143）代入式（4.3.142），可得水平荷载作用下桩土共同作用的基本方程为：

$$[K_p+K_s]\{U\}=\{P\} \tag{4.3.144}$$

(3) 地基刚度矩阵

建立地基刚度矩阵时可先求出桩单元节点处施加单位水平力时的地基柔度矩阵，再对地基柔度矩阵求逆得到地基刚度矩阵。

求解水平荷载时有限层方法宜取 A 类边界条件，依次在每个桩单元节点上施加单位水平力 1，将该水平力平均分布到与该节点相连的两个有限层元上，作为竖直面内的法向荷载处理。若在第 i 个桩节点上施加单位水平力 1，则与该节点相连的第 $i-1$、i 号有限层元的高度范围内作用的法向水平均布荷载 g^y 为

$$g^y=\frac{1}{(c_i+c_{i-1})b_p} \tag{4.3.145}$$

式中 b_p——桩的计算宽度；

c_{i-1}、c_i——第 $i-1$、i 号有限层元的厚度。

相应的有限层等效荷载非零分量为

$$F^v_{上,mn}=F^v_{下,mn}=\begin{cases}cg^y\sin\dfrac{k_m(L+b)}{2}\sin\dfrac{k_nL}{2} & (m\text{ 为偶数且 }n\text{ 为奇数})\\ 0 & (\text{其他情况})\end{cases} \tag{4.3.146}$$

式中 $F^v_{上,mn}$、$F^v_{下,mn}$——有限层元节面上的等效荷载；

c——有限层元的厚度；

L——有限层水平计算范围。

按上式可形成在第 i 个桩身节点施加单位水平力时的有限层荷载列阵，通过有限层方法求解可得有限层节面的位移，取出加荷方向桩身节点处的水平位移，组成水平柔度矩阵 $[\delta]$。

对地基土水平柔度矩阵 $[\delta]$ 求逆可得水平刚度矩阵 $[K_{sh}]$，然后根据桩节点自由度编号，将地基土水平刚度矩阵 $[K_{sh}]$ 扩充后，即可形成总地基刚度矩阵 $[K_s]$。

(4) 桩身内力及位移计算

根据桩所受外荷载 $\{P\}$，则可由式（4.3.144）解得桩身位移 $\{U\}$，则各桩段的内力为：

$$\left.\begin{aligned}
Q_i&=\frac{6EI_i}{h_i^3}[2x_i-h_i\varphi_i-2x_{i+1}-h_i\varphi_{i+1}]\\
M_i&=\frac{2EI_i}{h_i^2}[-3x_i+2h_i\varphi_i+3x_{i+1}+\varphi_{i+1}h_i]\\
Q_{i+1}&=Q_i\\
M_{i+1}&=Q_ih_i
\end{aligned}\right\}\tag{4.3.147}$$

由桩土位移协调原理可知，式（4.3-144）所得桩身位移 $\{U\}$ 也就是与桩身紧贴的桩侧土的位移，因此，桩身作用于土的水平推力 $\{Q_P\}$，亦即土对桩的水平抗力应为：

$$\{Q_P\}=[K_S]\{U\}\tag{4.3.148}$$

将 $\{Q_P\}$ 作为水平荷载，作用于各个土层元的节面上，运用有限层分析方法，即可求得土中任意点的位移 $\{U\}$、$\{V\}$、$\{W\}$ 和应力 $\{\sigma_x\}$、$\{\sigma_y\}$、$\{\sigma_z\}$、$\{\tau_{xy}\}$、$\{\tau_{yz}\}$、$\{\tau_{zx}\}$。

3. 考虑地基土的非线性分析

有限层方法适合于层状地基土，因其本身的特性，过去一般都将土体按弹性材料考虑。实际上地基土具有明显的非线性特性，倾斜荷载作用下的桩侧土体发生变形后，靠近桩一定范围内的土体可能进入了非线性状态，但离桩较远处的土体可能还处于弹性状态。但有限层元内的水平变形模量只能取一个值，因此采用地基加权刚度概念来近似地在桩的有限元一有限层分析中考虑地基土的非线性特性。

根据弹性理论，可导得桩侧土体的位移沿水平方向分布如下式所示：

$$u_r=\frac{1+\mu}{2\pi E}\frac{R^2}{r^2}F\tag{4.3.149}$$

式中 u_r——距桩心 r 处的位移；

F——作用在桩节点上的地基反力；

R——桩径；

r——计算点距桩心的水平距离；

μ——土的泊松比；

E——土的弹性模量。

取桩侧3～5倍桩径范围内的土体位移进行加权平均，即按式（4.3-149）对位移进行积分，再取平均位移 u_a 作为估计有限层元内土体非线性状态的位移值。

土体的变形模量 E 与桩侧土体平均位移 u_a 的非线性关系近似地按下式考虑：

$$E=E_0e^{-Bu_a}\tag{4.3.150}$$

式中 E_0——土体初始变形模量，随深度线性增加；

u_a——土体的平均位移，以mm为单位；

B——指数系数，可取0.5～1.0。

根据桩侧一定范围内土体的平均位移，按式（4.3-150）确定土体的变形模量，再按有限层方法确定地基土的刚度矩阵，称地基加权刚度。

为考虑地基土的非线性特性，可采用增量分析法，具体过程如下：

将作用在桩上的外荷载 $\{P\}$ 等分为 n 个增量荷载 $\{\Delta P\}$，根据土体的当前位移状态按有限层方法形成地基的当前刚度矩阵 $[K_s]$，与桩的总刚度矩阵 $[K_P]$ 一起合成桩土整体刚度矩阵，求解式（4.3.144），得到当前增量荷载 $\{\Delta P\}$ 作用下桩节点的增量位移

$\{\Delta U\}$，利用 $\{\Delta U\}$ 和地基刚度矩阵可求得桩身作用于土的水平推力增量 $\{\Delta Q_p\}$。然后将 $\{\Delta Q_p\}$ 作为荷载作用在有限层元的节面上，求出节面位移增量，根据（4.3.149）式求出有限层元的平均位移，按地基加权刚度方法确定新位移状态下的地基刚度，再进行下一个增量荷载作用下的整体分析。

4. 计算参数取值

（1）土的计算参数

在进行桩土共同作用分析时，各层土的变形参数的选用是保证分析结果正确性的关键。对于水平受荷桩的分析来说，最重要的变形参数是土的水平变形模量 E_h。因此，选用 E_h 值时，应充分考虑土的成因、埋藏条件以及荷载水平等对 E_h 的影响。

由于成因条件和沉积历史的缘故，天然沉积土沿垂直向与水平向的变形特性通常是不相同的。两者之间的关系受着多种因素的影响，这还待作深入的研究。梅耶霍夫（1986年）指出，对于正常固结黏土，其水平变形模量 E_h 低于竖向变形模量 E_v；对于超固结土，则 E_h 大于 E_v，亦有研究认为 $E_h/E_v=2.0$。我国学者宰金璋认为，对于淤泥、淤泥质土和泥炭等软土，一般取 $E_h/E_v\leqslant 1.0$，而对于硬塑状态的黏性土层以及中密砂土，一般取 $1.0\leqslant E_h/E_v\leqslant 2.0$，其计算结果与实测结果能很好地吻合。

（2）桩顶与桩端约束条件的处理

当桩顶与承台视为刚性连接或桩端嵌入基岩，则相应结点的转角为零。只需将桩身总体刚度矩阵 $[K_p]$ 对角线中与桩顶、桩端节点转动分量相对应的元素充大数（例如 10^{15}）即可。

（3）精度分析与评价

通常，各桩段 h_i 取为 1～2 倍桩径 d，分析精度足以满足工程要求。用有限元-有限层法算出的结果一般能保证桩的地面位移与最大弯矩同时和实测结果相吻合，并可使沿着桩身的弯矩图或位移、转角曲线与实测值相一致。总之，该法可用于分析水平受荷桩的各种问题，对层状地基的实际分布状况具有广泛的适应性，能近似地考虑土的应力一应变非线性特性和各向异性的影响，具有较高的计算精度，是分析水平受荷桩的一种有效方法。

4.3.9.6 有限杆单元法

有限杆单元法即只采用杆单元的有限单元法，该法广泛用于梁、柱、桩及其组合体系（如框架结构、梁板桥、十字交叉梁、水平受荷桩、网架结构等）的分析计算。相比前述有限元、有限元-有限层法可对基桩进一步简化，运算更为简便。

有限杆单元法假定杆单元为弹性体，杆单元为小变形构件，不计轴力对剪力弯矩和桩身水平位移的影响，建立单刚矩阵后，将基桩桩侧土体作用相应的简化后，可按前述有限元方法的基本步骤进行求解。

（1）单元划分及单元刚度矩阵

仍假定地基土由若干水平土层组成且桩的设置不破坏土层的连续性，将基桩划分为 n 个梁单元，注意在水平集中荷载作用处、分布荷载曲率突变点、桩径突变处、地面处、土层分界面处均必须为单元节点。

桩基受力如图 4.3-31 所示。其中 F_{Ni}^e、F_{Qi}^e、M_i^e、F_{Nj}^e、F_{Qj}^e、M_j^e、$\overline{u}_i^e$、$\overline{v}_i^e$、$\overline{\varphi}_i^e$、$\overline{u}_j^e$、$\overline{v}_j^e$、$\overline{\varphi}_j^e$分别为作用于单元 i 节点和 j 节点的轴力、剪力、弯矩、轴向位移、水平位移和转角，EI 为抗弯刚度，h 为单元长度。可得杆单元刚度方程：

$$\begin{Bmatrix} F_{Ni}^{e} \\ F_{Qi}^{e} \\ M_{i}^{e} \\ F_{Nj}^{e} \\ F_{Qj}^{e} \\ M_{j}^{e} \end{Bmatrix} = \begin{bmatrix} \frac{EA}{h} & 0 & 0 & -\frac{EA}{h} & 0 & 0 \\ 0 & \frac{12EI}{h^3} & \frac{6EI}{h^2} & 0 & -\frac{12EI}{h^3} & \frac{6EI}{h^2} \\ 0 & \frac{6EI}{h^2} & \frac{4EI}{h} & 0 & -\frac{6EI}{h^2} & \frac{2EI}{h} \\ -\frac{EA}{h} & 0 & 0 & \frac{EA}{h} & 0 & 0 \\ 0 & -\frac{12EI}{h^3} & -\frac{6EI}{h^2} & 0 & \frac{12EI}{h^3} & -\frac{6EI}{h^2} \\ 0 & \frac{6EI}{h^2} & \frac{2EI}{h} & 0 & -\frac{6EI}{h^2} & \frac{4EI}{h} \end{bmatrix} \begin{Bmatrix} \bar{u}_i^{e} \\ \bar{v}_i^{e} \\ \bar{\varphi}_i^{e} \\ \bar{u}_j^{e} \\ \bar{v}_j^{e} \\ \bar{\varphi}_j^{e} \end{Bmatrix} \tag{4.3.151}$$

简化为：

$$[F_{ij}]=[K_e]\{U_{ij}\} \tag{4.3.152}$$

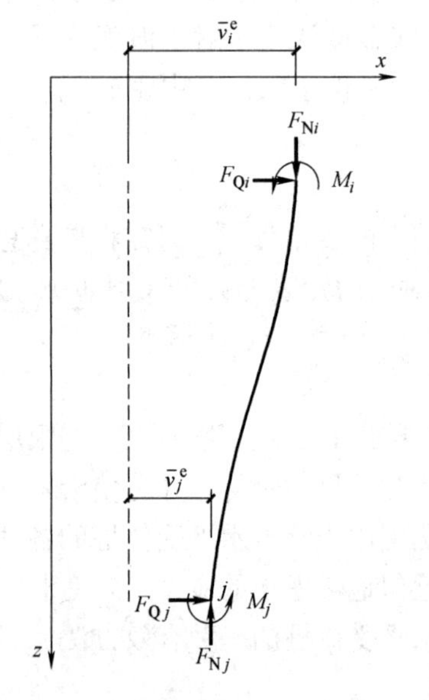

图 4.3-31 杆单元受力分析示意

如将轴向位移与水平位移、转角分开计算，则上式可写成：

$$\left\{ \begin{aligned} &\begin{Bmatrix} F_{Ni}^{e} \\ F_{Nj}^{e} \end{Bmatrix} = \begin{bmatrix} \frac{EA}{l} & -\frac{EA}{l} \\ -\frac{EA}{l} & \frac{EA}{l} \end{bmatrix} \begin{Bmatrix} \bar{u}_i^{e} \\ \bar{u}_j^{e} \end{Bmatrix} \\ &\begin{Bmatrix} F_{Qi}^{e} \\ M_{i}^{e} \\ F_{Qj}^{e} \\ M_{j}^{e} \end{Bmatrix} = \begin{bmatrix} \frac{12EI}{l^3} & \frac{6EI}{l^2} & -\frac{12EI}{l^3} & \frac{6EI}{l^2} \\ \frac{6EI}{l^2} & \frac{4EI}{l} & -\frac{6EI}{l^2} & \frac{2EI}{l} \\ -\frac{12EI}{l^3} & -\frac{6EI}{l^2} & \frac{12EI}{l^3} & -\frac{6EI}{l^2} \\ \frac{6EI}{l^2} & \frac{2EI}{l} & -\frac{6EI}{l^2} & \frac{4EI}{l} \end{bmatrix} \begin{Bmatrix} \bar{v}_i^{e} \\ \bar{\varphi}_i^{e} \\ \bar{v}_j^{e} \\ \bar{\varphi}_j^{e} \end{Bmatrix} \end{aligned} \right. \tag{4.3.153}$$

(2) 桩侧土体摩阻力分析

对于桩侧摩阻力，假定桩侧摩阻力分布模式，再计算单元所受竖向荷载、水平荷载并分配至单元节点；按地基系数分布函数计算单元地基系数，将单元地基约束等效成节点弹簧约束，并计算等效弹簧刚度，计算公式如下：

$$\begin{cases} k_i=C_i(z)bh \\ k_0=\dfrac{1}{4}C\left(\dfrac{h}{2}\right)bh \\ k_t=C(H)bh/2 \end{cases} \tag{4.3.154}$$

式中 h——单元长度；

H——桩的埋深；

k_i、k_0、k_t——分别为节点 i 处、地面以下 $h/2$ 处以及桩端节点的等效弹簧刚度；

$C_i(z)$、$C(h/2)$、$C(H)$——分别为节点 i 处、地面以下 $h/2$ 处以及桩端节点的地基系数。

(3) 桩身位移计算

求得杆单元单刚度矩阵后，可按对号入座的方法集成桩的总体刚度矩阵 $[K_p]$，节点外荷载 $[P]$，其中节点外荷载包括桩周土体的摩阻力，则整个基桩的平衡方程为：

$$[K_p]\{U\}=\{P\} \tag{4.3.155}$$

计算过程中，应根据基桩桩顶、桩端边界条件对总体刚度矩阵 $[K_p]$ 进行修正：桩顶自由桩端弹性嵌固时无需对考虑地基土约束后的整体刚度方程进行修正；桩顶自由桩端嵌岩时桩端水平位移和转角为 0，桩端端承铰支时桩端水平位移为 0，桩顶桩端嵌固时桩顶转角为 0，则删除与已知位移有关的荷载列阵、位移列阵、刚度矩阵中行、列。另外，基桩各单元应满足位移应力连续协调，即上一单元 j 节点的轴力、剪力、弯矩、轴向位移、水平位移和转角与下一节点 i 节点一致。

对基桩的整体平衡方程进行求解，即可得基桩的单元节点位移。

(4) 桩身内力计算

对各基桩单元进行静力平衡计算，则可得到基桩单元段的内力为：

$$\left.\begin{aligned}
Q_i&=\frac{6EI}{h_i^3}[2\bar{u}_i^e-h_i\bar{\varphi}_i^e-2\bar{u}_j^e-h_i\bar{\varphi}_j^e]\\
M_i&=\frac{2EI}{h_i^2}[-3\bar{u}_i^e+2h_i\bar{\varphi}_i^e+3\bar{u}_j^e+\bar{\varphi}_j^e h_i]\\
Q_{i+1}&=Q_i\\
M_{i+1}&=Q_i h_i
\end{aligned}\right\} \tag{4.3.156}$$

由桩土位移协调原理可知，上述桩身位移 $\{U\}$ 也就是与桩身紧贴的桩侧土的位移，因此，桩身水平位移与地基系数相乘可得桩侧土压力。

上述计算过程均忽略了 P-Δ 效应，当基桩作用有倾斜荷载等复杂荷载时，P-Δ 效应则不能忽视，此时基桩计算的有限杆法应做相应的改进，此内容将在以后章节论述。

4.4　群桩基础计算分析

4.4.1　概述

群桩基础在承受中心或偏心竖向荷载之外，还常受到风力、车辆制动力、土压力、水压力、冰压力和地震作用等水平力作用。当水平荷载不太大时，群桩基础一般只设置竖向桩，由其来承担群桩的弯矩作用；对于水平荷载很大或竖向荷载的偏心距很大以及地基土抗力很弱等情况，常须配置斜桩，构成竖直桩和斜桩组合的群桩基础。由于结构设计需要，群桩承台底面设在地面或局部冲刷线以上的标高处，如桥墩、码头等，这就形成高承台群桩，其与承台底面埋置于地面或局部冲刷线以下且仅受竖向力的低承台群桩，在计算分析方法上有较大的不同。后者的计算分析方法可参阅本书前述章节。本节介绍竖向荷载和较大的水平荷载及弯矩共同作用下的群桩计算分析方法，包括高承台群桩和低承台群桩两种情况。

图 4.4-1 所示为几种群桩基础：图 (a) 为单排桩，常用作跨径不大的桥孔或其他结构支承。图 (b) 为海上平台或其他高耸塔架埋置较深的桩支承。图 (c) 为高桩码头，以上几类均可归于高承台范围。图 (d) 的结构物一般用刚度很大的承台连接各桩头，虽有

时可按低承台群桩设计，但当受水流冲刷而发生承台底面脱空的情况或虽不脱空但承台有平移和转动等变位时，则须按高承台群桩计算分析。图（e）为构筑物如墙、柱的基础，在平面上可为单排桩或多排桩，由于墙体下一般不会脱空，可类似图（f）的挡墙下群桩，按低承台群桩设计。图（g）为储罐（油、水）桩基，一般设有根数很多的桩，并常用柔性底板连接各桩顶部，形成与刚性承台群桩不同的柔性板群桩基础。

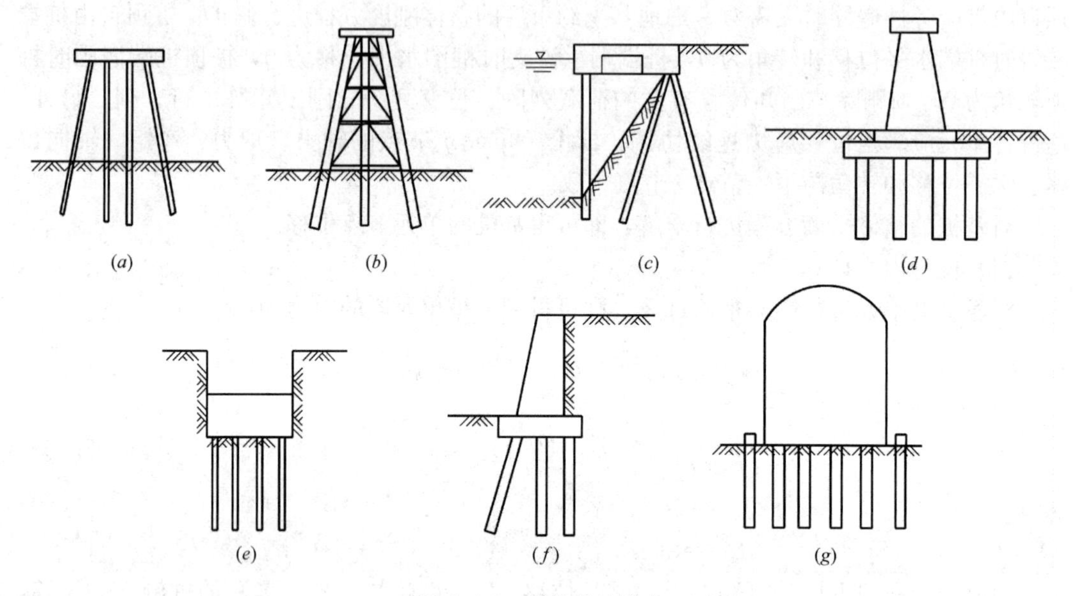

图 4.4-1 群桩基础形式

桩头固结于刚性承台（或盖梁）中的群桩基础，在竖向荷载 P、水平荷载 H 和弯矩 M 的共同作用下，承台将发生竖向位移 v、水平位移 w 和转角 φ，如图 4.4-2 所示，各桩以其桩头处的反应即轴向力 N、剪力 Q 和弯矩 M 来抵抗外荷载和变位。群桩基础的计算分析就在于确定这些反应，以便进一步设计、验算基桩中的弯矩和剪力并查明其变位值能否为上部结构所容许，至于承台一般可按钢筋混凝土结构原理设计。

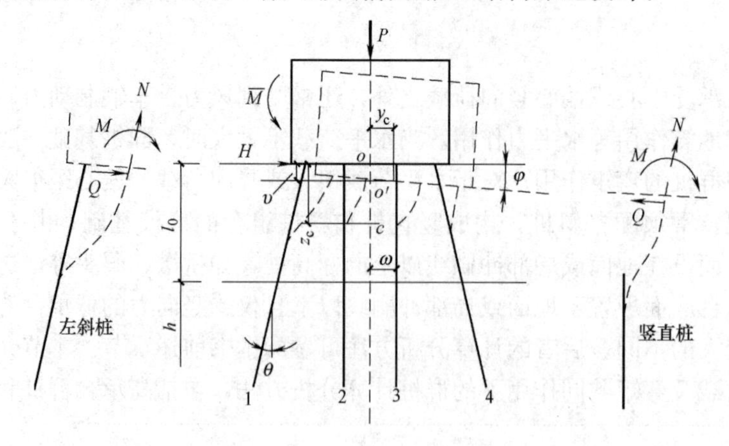

图 4.4-2 群桩基础受力变位

由图 4.4-2 可见，当桩嵌固于承台中时，各桩虽桩头转角相同，但其竖向和水平向位移却互不相同。因此，位于水平荷载作用方向最远方的桩将有最大的变位和相应的最大内力和应力。随外荷载的不断增大，应力最大的桩（如桩 4）将最早断裂，然后其他各桩按由远而近的位置依次破坏。此为群桩基础中各桩承担荷载的不均匀性。如为多排桩，外荷载在边缘桩同中部桩之间的分配也不均匀。增大外荷载直到接近桩-土体系的极限承载力时，远方桩与近方桩或角隅桩与边缘桩、中部桩的桩中应力将渐趋接近。

分析表明，由于群桩基础与承台为刚性连接，因此各桩都将承担一定量的外荷载，其分担能力与桩的尺寸、刚度、布置、桩距、桩数和地基土刚度等有关。对有些情况，还可在计算中考虑承台底面下土的抗力和摩擦力。此外，当群桩基础各桩相邻较近时，还将在地基中产生土压力叠加效应。这种效应将随着外荷载的增大而发展到使土产生剪切破坏。但若桩距大到一定程度，据研究，大约桩距大于 $8d$（一般认为大于 $6d$ 即可，d 为桩的直径或边宽）时，此种效应可不予考虑。因此，如何选用恰当的桩距，也是设计中应慎重考虑的问题之一。

群桩基础存在整体破坏和非整体破坏两种形态。群桩基础随地基滑移而破坏和群桩承台因变位增大而影响使用功能，如使上部结构遭受不可容许的变形和使支座移位而导致桥孔坍移等，均属整体破坏范围。此时，桩与桩间土没有相对位移，桩间土无松动且承台板底面同土一般不脱离，桩上段一般也无断裂，水平荷载作用方向的最前方地面将出现开裂。非整体破坏表现为桩身或承台或两者的连接处发生断裂。当桩入土较浅时，最前方的桩还可能被上拔。这种破坏的最常见原因是承台和桩在承载过程中，伴随有桩前方地基土屈服，使桩-土体系的塑形变形不断发展。据国外研究，承受竖向荷载、水平荷载和弯矩的群桩基础，只要其中各单桩具备抵抗下压荷载的能力，群桩将不会发生整体破坏，故单桩的验算是群桩基础设计计算的前提。群桩基础的滑移属于地基抗滑稳定问题，我国公路桥梁地基基础设计规范规定，一般情况下不需进行群桩基础的抗倾覆和抗滑移验算，但特殊情况下，例如路堤填土超载作用下桥台群桩基础，应验算群桩基础向前方移动或被剪的可能。

图 4.4-3（a）的桥台群桩通过软黏土层后支承于可压缩硬土层上。由于路堤填土的超载作用，软土层和硬土层均发生如图中虚线所示的压缩变形，使群桩有朝路堤方面倾斜的趋势，这和路堤填土朝桥孔方向的运动以及软土层朝桥孔方向的土压力一起，在桩中产生了很大的弯矩。图 4.4-3（b）的情况略有不同，桩通过软土层后支承于基岩上，这种桥台群桩一般不向路堤方向倾斜，而在路堤填土所形成的运动和软土层土压力的共同作用

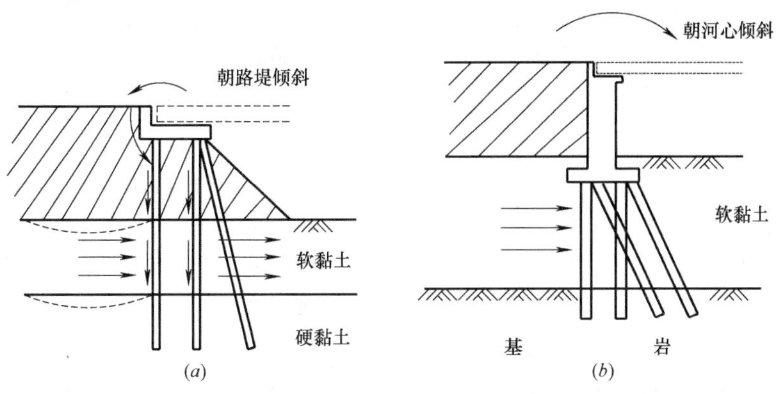

图 4.4-3　路堤填土超载下的群桩

下，一般表现为向桥孔方向倾斜及移动。因此，在作群桩基础的计算分析时，应先对群桩基础由外部环境因素引起的变位趋势作出符合实际的判断。路堤填土超载作用所可能产生的桩周负摩擦力，主要影响其竖向承载力和沉降，应在群桩竖向承载力计算分析中予以考虑。

水平荷载、竖向荷载和弯矩等共同作用下的群桩计算分析方法，大体上可分为空间桩基结构计算法和平面桩基结构计算法两大类。后法是把原为三维空间结构的群桩简化为二维平面结构，是最常用的一种方法。

平面群桩结构计算法假定外荷载和群桩中各桩都位于同一竖平面中，并对称于水平向中央竖平面。因各桩变位都发生在同一竖平面中，从而使变位分量和外荷载分量均只三个，即桩头的水平位移、竖向位移和转角，并均为本桩桩顶轴向力、水平力和弯矩的线性函数，与其他各桩无关。这样就比较方便地导出实用计算公式。这一方法在1950年由A. Hrennikoff提出并做了如下规定：桩顶承台板为绝对刚性；不考虑桩侧土和桩底土的被动土压力和摩擦力；邻桩对本桩的影响以本桩地基反力系数的降低来表示。A. Hrennikoff通过研究表明，决定群桩基础中各桩荷载的并非单桩的若干刚度系数（指桩头发生单位变位时桩作用于承台的力）自身，而是这些单桩刚度系数的比值（主要是ν_1、ρ_3/ρ_1 和 ρ_4/ρ_1 3个比值，各ρ值意义见后述）。假如单桩的各刚度系数全部按相同比例减少为$1/q$，其结果是群桩变位和桩头变位都将增大q倍。但按单桩刚度系数与桩位移的乘积所确定的桩内力却由于前者减为$1/q$，后者增为q倍之故而维持其原值不变。故按Hrennikoff方法求解群桩基础，常用这3个比值作为主要的计算参数。下节将主要介绍平面群桩结构的计算分析。

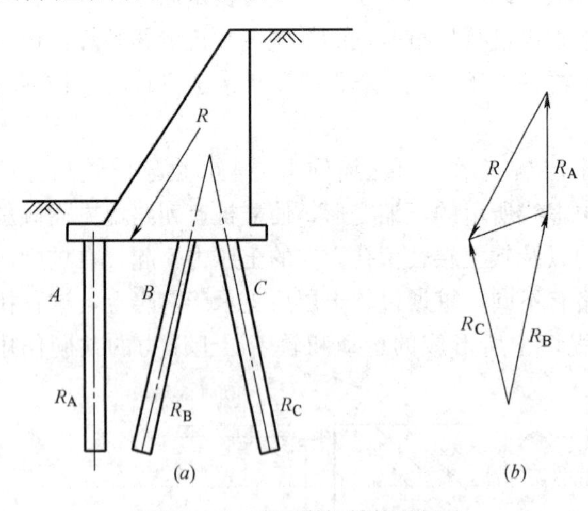

图4.4-4 平面群桩结构图解法

对于平面群桩结构的求解，A. Vésic曾提出另一种方法即桩群中心法（Vésic. A，1956）。其原理是认为群桩中存在一个群桩中心，如图4.4-2中的C点。只要外荷载合力能作用在该中心，则群桩基础将不发生任何转动。群桩中心在图4.4-2中的位置由y_c和z_c两值确定，它们是由桩的倾斜角度、各桩头到坐标原点的距离和单桩桩顶发生单位轴向位移所引起的轴向力与单桩桩顶发生单位水平位移所引起的水平力的比值3个参数所决定，并由此3个参数所表达的5个桩群常数来求得。然后，通过7个桩头反应系数可求得水平力、竖向力和弯矩作用下的桩顶反应（轴向力、剪力和弯矩）。据A. Vésic的验证，该方法求解的结果同实际观测结果甚为接近，唯一的差异在于按该法计算时，前方桩同后方桩承担相同的水平力。而实际上，前方桩比后方桩多承担水平力。

空间群桩结构计算法用于群桩基础不宜简化为平面结构而应将桩和支承于桩上的结构作为一个整体来计算的情况。空间群桩结构可以是如图4.4-1（b）所示的桩和桩上构架组成的结构，也可以是如图 4.4-1 中（d）、（e）、（f）所示的桩顶嵌固于刚性承台板中的结构或图（g）所示的桩顶由柔性底板连接的结构。空间群桩结构一般需用矩阵法和计算机计算，需要建立三维的结构坐标系。另外，对桩上结构建立梁单元坐标系，对桩建立桩单元坐标系。当不考虑扭转时，与平面群桩结构相比较，空间群桩结构的任一个节点增加 3 个节点力，共有 6 个节点力分量，即 1 个竖向力分量、2 个水平力分量和 3 个弯矩分量，变位分量也增加为 6 个，即坐标轴方向的 3 个位移分量和 3 个转角分量。在对梁单元和桩单元分别建立了刚度矩阵和变换矩阵（变换矩阵是使结构坐标系同单元坐标系统一起来）后，通过整体刚度矩阵的建立来求解梁单元的节点力和桩单元顶端的分配荷载。可见，空间群桩结构和平面群桩结构虽同样采用矩阵法且前者的矩阵可由后者矩阵推演而成，但是空间群桩结构的矩阵计算要复杂得多。

平面群桩结构有一种较为简单的图解方法。如图 4.4-4（a）中所示的 3 排以上的竖直桩、斜桩组合成的平面群桩结构。当桩顶同承台铰接时的静力图解法如下。在倾斜荷载 R 的作用下，设桩 A、B 和 C 中产生的内力为 R_A、R_B 和 R_C，则由图 4.4-4（b）的力多边形可求得桩 A 和桩 B 分别承担的轴向压力 R_A 和 R_B，桩 C 则承担了轴向拉力 R_C。应用此法时，间距小的几根相邻桩（相邻竖直桩或相邻斜桩）可在图解时合并视为一根桩用于力多边形中。

群桩计算分析中，承台是否满足绝对刚性假定，可通过比值 $6E_0I_0/(\rho_1S^3)$ 的计算结果作出判断。其中，E_0 为承台材料的弹性模量；I_0 为相当于排桩的承台截面惯矩，b 为排桩在与水平力相垂直方向的中心间距，d 为板厚，S 为顺水平力作用方向的桩中心间距，ρ_1 为单桩轴向刚度系数。承台满足绝对刚性的条件为（横山幸满，1977）：

$$\frac{6E_0I_0}{\rho_1S^3}>\left(\frac{n}{1.5}\right)^4 \tag{4.4.1}$$

式中 n——沿水平力作用方向的桩排数。

4.4.2 高承台群桩基础的受力分析

1. 计算公式

如图 4.4-5 所示，假定沿承台底面为 x 轴，竖直方向为 z 轴，承台中心 O 在外荷载 N、H、M 作用下，产生水平位移 a_0，竖向位移 b_0 及转角 β_0（a_0、b_0 以坐标轴正方向为

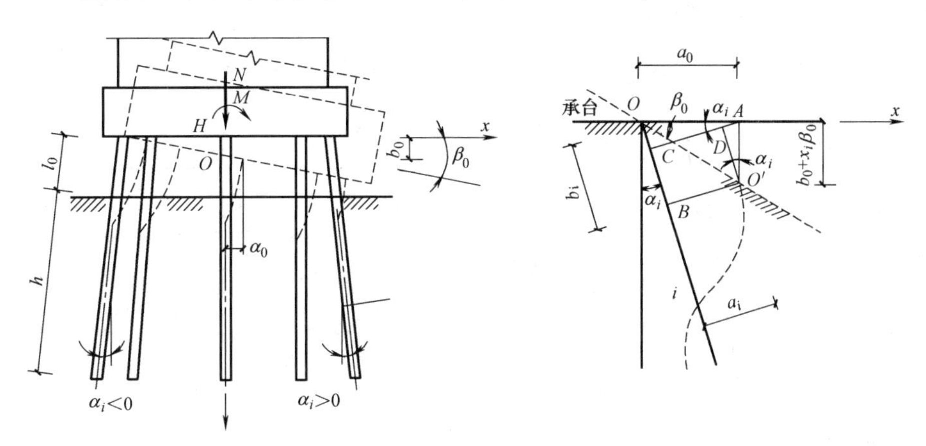

图 4.4-5 高桩承台计算示意

正，β_0 以顺时针转动为正)，则第 i 排桩中的每一桩沿其轴线方向的位移 $b_i=a_0\sin\alpha_i+(b_0+x_i\beta_0)\cos\alpha_i$，垂直于桩轴线方向的横轴向位移 $a_i=a_0\cos\alpha_i-(b_0+x_i\beta_0)\sin\alpha_i$，转角 $\beta_i=\beta_0$。故第 i 根桩桩顶引起的轴向力 P_i、横轴向力 Q_i 及弯矩 M_i 值为：

$$\left.\begin{aligned}P_i&=\rho_1 b_i=\rho_1[a_0\sin\alpha_i+(b_0+x_i\beta_0)\cos\alpha_i]\\Q_i&=\rho_2 a_i-\rho_3\beta_i=\rho_2[a_0\cos\alpha_i-(b_0+x_i\beta_0)\sin\alpha_i]-\rho_3\beta_0\\M_i&=\rho_4\beta_i-\rho_3 a_i=\rho_4\beta_0-\rho_3[a_0\cos\alpha_i-(b_0+x_i\beta_0)\sin\alpha_i]\end{aligned}\right\}\tag{4.4.2}$$

式中 α_i——第 i 根桩桩轴线与竖直线夹角，即倾斜角；

x_i——第 i 排桩桩顶至承台中心的水平距离；

ρ_1——当第 i 根桩桩顶处仅产生单位轴向位移（即 $b_i=1$）时，在桩顶引起的轴向力；

ρ_2——当第 i 根桩桩顶处仅产生单位横轴向位移（即 $a_i=1$）时，在桩顶引起的横轴向力；

ρ_3——当第 i 根桩桩顶处仅产生单位横轴向位移（即 $a_i=1$）时，在桩顶引起的弯矩；或当桩顶产生单位转角（即 $\beta_i=1$）时，在桩顶引起的横轴向力；

ρ_4——当第 i 根桩桩顶处仅产生单位转角（即 $\beta_i=1$）时，在桩顶引起的弯矩。

由式（4.4.2）可见，只要求出 a_0、b_0、β_0 及 ρ_1、ρ_2、ρ_3、ρ_4，即可由式（4.4.2）求解出任意根桩桩顶的 P_i、Q_i、M_i 值。

（1）ρ_1、ρ_2、ρ_3、ρ_4 的求解

ρ_1、ρ_2、ρ_3、ρ_4 为单桩的桩顶刚度系数，如图 4.4-6 所示，可由下式计算：

$$\left.\begin{aligned}\rho_1&=\frac{1}{\dfrac{l_0+\xi h}{EA}+\dfrac{1}{C_0A_0}}\\\rho_2&=\alpha^3EIx_{\mathrm{q}}\\\rho_3&=-\alpha^2EIx_{\mathrm{m}}\\\rho_4&=\alpha EI\varphi_{\mathrm{m}}\end{aligned}\right\}\tag{4.4.3}$$

式中：$x_{\mathrm{q}}=\dfrac{B_{\varphi_1}}{A_{X_1}B_{\varphi_1}-A_{\varphi_1}B_{X_1}}$；$x_{\mathrm{m}}=\dfrac{A_{\varphi_1}}{A_{X_1}B_{\varphi_1}-A_{\varphi_1}B_{X_1}}$；$\varphi_{\mathrm{m}}=\dfrac{A_{X_1}}{A_{X_1}B_{\varphi_1}-A_{\varphi_1}B_{X_1}}$，均是 $\bar{h}=\alpha h$ 及 $\bar{l}_0=\alpha l_0$ 的函数，可查表得到。

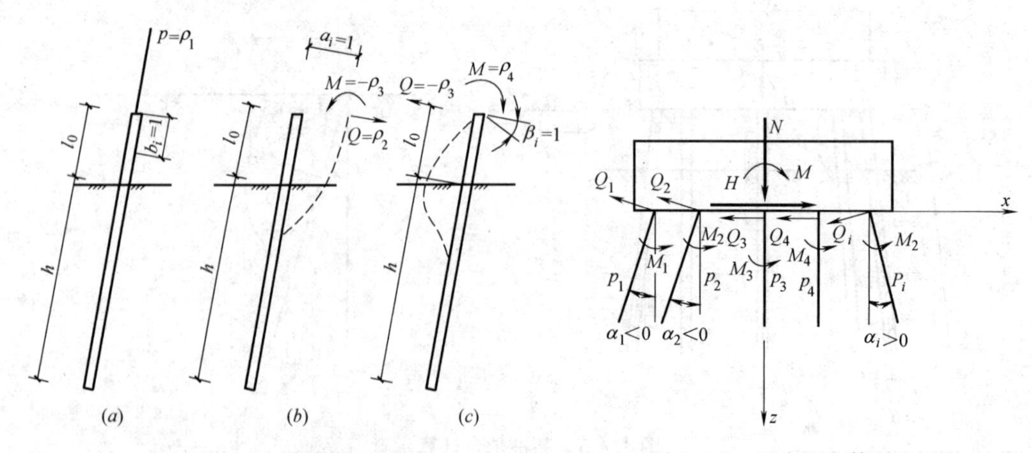

图 4.4-6 桩顶刚度系数示意　　图 4.4-7 承台隔离体受力示意

（2）a_0、b_0、β_0 的计算

如图 4.4-7 所示，沿承台底面取隔离体考虑作用力的平衡，可得典型方程如下：

$$\left.\begin{aligned} a_0\gamma_{ba}+b_0\gamma_{bb}+\beta_0\gamma_{b\beta}-N=0 \\ a_0\gamma_{aa}+b_0\gamma_{ab}+\beta_0\gamma_{a\beta}-H=0 \\ a_0\gamma_{\beta a}+b_0\gamma_{\beta b}+\beta_0\gamma_{\beta\beta}-M=0 \end{aligned}\right\} \tag{4.4.4}$$

式中 N、H、M——已知外力；

γ_{ba}、γ_{aa}、…、$\gamma_{\beta\beta}$——群桩刚度系数，分别为承台产生单位水平向位移（$a_0=1$）、单位竖向位移（$b_0=1$）以及绕坐标原点产生单位转角时（$\beta_0=1$），所有桩顶对承台作用的竖向反力之和、水平向反力之和及弯矩之和；

$$\gamma_{ba}=\sum_{i=1}^{n}(\rho_1-\rho_2)\sin\alpha_i\cos\alpha_i$$

$$\gamma_{aa}=\sum_{i=1}^{n}(\rho_1\sin^2\alpha_i+\rho_2\cos^2\alpha_i)$$

$$\gamma_{\beta a}=\sum_{i=1}^{n}[(\rho_1-\rho_2)x_i\sin\alpha_i\cos\alpha_i-\rho_3\cos\alpha_i]$$

$$\gamma_{aa}=\sum_{i=1}^{n}(\rho_1\cos^2\alpha_i+\rho_2\sin^2\alpha_i)$$

$$\gamma_{ab}=\gamma_{ba}$$

$$\gamma_{\beta b}=\sum_{i=1}^{n}[(\rho_1\cos^2\alpha_i+\rho_2\sin^2\alpha_i)x_i+\rho_3\sin\alpha_i]$$

$$\gamma_{\beta b}=\gamma_{b\beta}$$

$$\gamma_{\alpha\beta}=\gamma_{\beta\alpha}$$

$$\gamma_{\beta\beta}=\sum_{i=1}^{n}[(\rho_1\cos^2\alpha_i+\rho_2\sin^2\alpha_i)x_i^2+2x_i\rho_3\sin\alpha_i+\rho_4]$$

n——桩的根数。

联解式（4.4.4）则可得承台位移 a_0、b_0 和 β_0 各值，并将 ρ_1、ρ_2、ρ_3 和 ρ_4 等代入式（4.4.2），即可求得各桩顶所受作用力 P_i、Q_i和 M_i。

2. 竖直对称多排桩的计算

目前钻孔灌注桩多采用竖直桩，且对称设置，因此计算可以简化。若将坐标原点设于承台底面竖向对称轴上，则由上面分析可得 $\gamma_{ab}=\gamma_{ba}=\gamma_{b\beta}=\gamma_{\beta b}=0$，故有：

$$\left.\begin{aligned} b_0=\frac{N}{\gamma_{bb}} \\ a_0=\frac{\gamma_{\beta\beta}H-\gamma_{a\beta}M}{\gamma_{aa}\gamma_{\beta\beta}-\gamma_{a\beta}^2} \\ \beta_0=\frac{\gamma_{aa}M-\gamma_{a\beta}H}{\gamma_{aa}\gamma_{\beta\beta}-\gamma_{a\beta}^2} \end{aligned}\right\} \tag{4.4.5}$$

且

$$\left.\begin{aligned}\gamma_{bb}&=\sum_{i=1}^{n}\rho_1\\\gamma_{aa}&=\sum_{i=1}^{n}\rho_2\\\gamma_{\beta\beta}&=\sum_{i=1}^{n}\rho_4+\sum_{i=1}^{n}x_i^2\rho_1\\\gamma_{a\beta}&=-\sum_{i=1}^{n}\rho_3\end{aligned}\right\}\tag{4.4.6}$$

则作用于每一桩顶的作用力 P_i、Q_i、M_i 为：

$$\left.\begin{aligned}P_i&=\rho_1 b_1=\rho_1(b_0+x_i\beta_0)\\Q_i&=\rho_2 a_0-\rho_3\beta_0\\M_i&=\rho_4\beta_0-\rho_3 a_0\end{aligned}\right\}\tag{4.4.7}$$

3. 地面以上作用梯形分布水平荷载的群桩基础计算

当地面以上桩身部分 l_0 作用有梯形水平分布的荷载时（如桥台桩基），如图 4.4-8 所示，应在式（4.4.4）中相应的增加该分布荷载及其引起的弯矩，即

$$\left.\begin{aligned}&a_0\gamma_{ba}+b_0\gamma_{bb}+\beta_0\gamma_{b\beta}-(N+\sum_{i=1}^{n}Q_q\sin\alpha_i)=0\\&a_0\gamma_{aa}+b_0\gamma_{ab}+\beta_0\gamma_{a\beta}-(H-\sum_{i=1}^{n}Q_q\cos\alpha_i)=0\\&a_0\gamma_{\beta a}+b_0\gamma_{\beta b}+\beta_0\gamma_{\beta\beta}-(M-\sum M_q+\sum_{i=1}^{n}x_iQ_q\sin\alpha_i)=0\end{aligned}\right\}\tag{4.4.8}$$

式中 M_q、Q_q——作用于桩身出露段 l_0 的分布力在桩顶产生的弯矩和剪力（图 4.4-9）；

n——第 i 排桩承受侧向分布力的桩数。

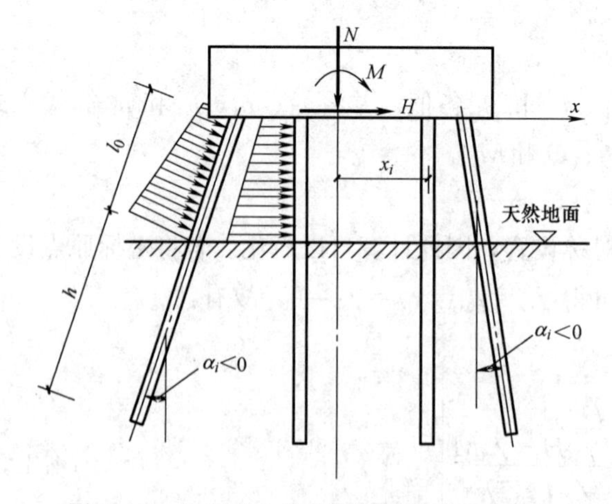

图 4.4-8 地面以上作用有梯形分布力的群桩

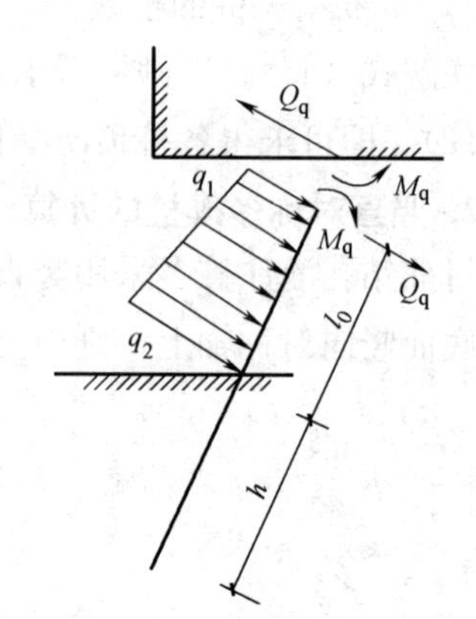

图 4.4-9 M_q 和 Q_q 计算示意

根据桩顶与承台的联结条件及桩的变形连续条件可导得：

$$\left.\begin{aligned}
M_{l_0} &= M_q + Q_q l_0 + \left(\frac{q_1}{2} + \frac{q_2 - q_1}{6}\right) l_0^2 \\
Q_{l_0} &= Q_q + \left(q_1 + \frac{q_2 - q_1}{2}\right) l_0 \\
\frac{M_q l_0^2}{2} + \frac{Q_q l_0^3}{6} + \frac{q_1 l_0^4}{24} + \frac{(q_2 - q_1) l_0^4}{120} &= \frac{M_{l_0}}{\alpha^2} B_X + \frac{Q_{l_0}}{\alpha^3} A_X \\
M_q l_0 + \frac{Q_q l_0^3}{2} + \frac{q_1 l_0^3}{6} + \frac{(q_2 - q_1) l_0^3}{24} &= \frac{M_{l_0}}{\alpha} B_\varphi + \frac{Q_{l_0}}{\alpha^2} A_\varphi
\end{aligned}\right\} \tag{4.4.9}$$

式中 q_1、q_2——桩顶及地面处作用的土压力值；

M_{l_0}、Q_{l_0}——桩在地面处的弯矩和剪力。

联解式（4.4.9）可求得 M_q、Q_q，然后可按前述方法求出作用于各桩顶的 P_i、Q_i 和 M_i。

4. 计算算例

设桥墩下高承台群桩基础如图 4.4-10 所示。直径 1.2m 的钢筋混凝土桩在地面以下的入土深度 $h=25.19$m，地面局部冲刷线以上的长度 $l_0=12.81$m。地基为粉砂，内摩擦角 $\varphi=24°$，地基土的比例系数 $m=4000\text{kN/m}^4$。顺桥孔长度方向受有竖向荷载 $\sum N=11291.69$kN，水平荷载 $\sum H=836.23$kN 和 $\sum M=7782.9$kN·m。混凝土弹性模量 $E_c=2.8\times10^7\text{kN/m}^2$，混凝土重度为 15kN/m^3（已扣除浮力）。试计算承台变位和桩中内力。

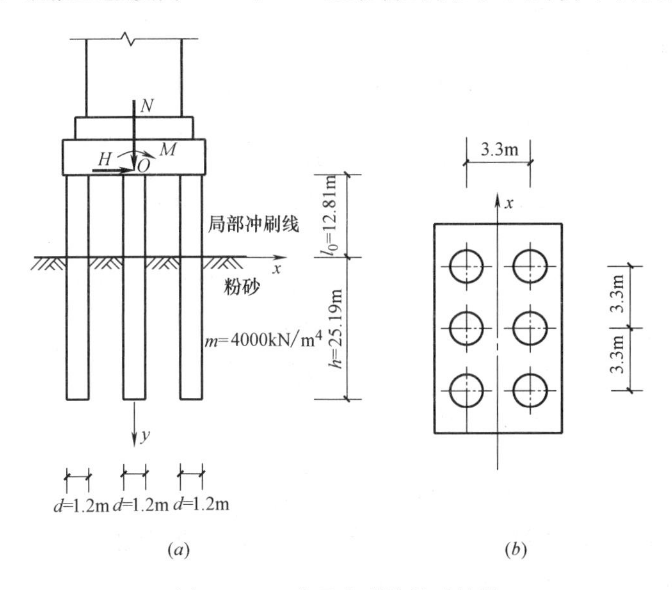

图 4.4-10 高承台群桩基础计算

解： 设采用 6 根钻孔灌注桩的群桩基础，如图 4.4-10 的布置。

（1）桩的计算宽度

$$b_p = kk_f(d+1) = 0.9(d+1)k$$

其中
$$k = b_2 + \frac{1-b_2}{0.6} \cdot \frac{L_1}{h_1}$$

$$h_1 = 3(d+1) = 3\times(1.2+1) = 6.6\text{m}$$

$$L_1 = 3.3 - d = 2.1\text{m} < 0.6h_1 = 3.96\text{m}$$

$$\because n=3 \ \therefore b_2 = 0.5$$

则 $$k=0.5+\frac{1-0.5}{0.6}\times\frac{2.1}{6.6}=0.765$$

$$b_p=0.9\times(1.2+1)\times0.765=1.515\text{m}$$

(2) 桩的变形系数 α

$$I=\pi d^4/64=3.14\times1.2^4/64=0.102\text{m}^4$$

$$EI=0.8\,E_cI=0.8\times2.8\times10^7\times0.102=2.285\times10^6\text{kN}\cdot\text{m}^2$$

$$\alpha=\sqrt[5]{\frac{mb_1}{EI}}=\sqrt[5]{\frac{4000\times1.515}{2.285\times10^6}}=0.305\text{m}^{-1}$$

桩入土深度 $h=25.19\text{m}$，$\bar{h}=\alpha h=0.305\times25.19=7.683>2.5$，故可按弹性长桩计算。

(3) 计算桩顶系数 ρ_1、ρ_2、ρ_3、ρ_4

钻孔灌注桩采用 $\xi=0.5$；$l_0=12.81\text{m}$；$h=25.19\text{m}$

$A=\pi d^2/4=3.14\times1.2^4/4=1.131\text{m}^2$

$C_0=m_0\,h=4000\times25.19=100760\text{kN/m}^3$

$$A_0=\begin{cases}\pi(d/2+h\tan\bar{\phi}/4)^2\\ \pi S^2/4\end{cases}=\begin{cases}3.14\times(1.2/2+25.19\times\tan24°/4)^2\\ 3.14\times3.3^2/4\end{cases}=\begin{cases}33.08\\ 8.549\end{cases}\text{m}^2$$

取小值，故 $A_0=8.549\text{m}^2$

$$\therefore\rho_1=\left(\frac{l_0+\xi h}{EA}+\frac{1}{C_0A_0}\right)^{-1}$$

$$=\left(\frac{12.81+25.19/2}{1.131\times2.8\times10^7}+\frac{1}{100760\times8.549}\right)^{-1}=5.0939\times10^5=0.223EI$$

已知 $\bar{h}=\alpha h=0.305\times25.19=7.683>4.0$ 取 $\bar{h}=4.0\text{m}$ 计算。

$\bar{l}_0=\alpha l_0=0.305\times12.81=3.907\text{m}$

查表得：$x_Q=0.06287$，$x_m=-0.17867$，$\varphi_m=0.68474$

$\therefore\rho_2=\alpha^3EI\,x_Q=0.305^3\times0.06287EI=0.0018EI$

$\rho_3=-\alpha^2EI\,x_m=0.305^2\times0.17867EI=0.0166EI$

$\rho_4=\alpha EI\varphi_m=0.305\times0.68474EI=0.2088EI$

(4) 承台单位变位

所有桩顶对承台作用“反力”之和包括桩顶竖向反力之和：$\gamma_{cc}=n\rho_1$；桩顶水平反力之和：$\gamma_{aa}=n\rho_2$；桩顶反弯矩之和：$\gamma_{\alpha\beta}=\gamma_{\beta\alpha}=-n\rho_3$；桩顶反弯矩之和：$\gamma_{\beta\beta}=n\rho_4+\rho_1\sum K_i\,x_i^2$。则计算承台底面原点 o 处变位 b_0、a_0、β_0 为：

竖向位移： $b_0=P/\gamma_{cc}=P/(n\rho_1)=11291.69/(6\times0.223EI)=8439.23/EI$

水平位移：

$$a_0=\frac{\gamma_{\beta\beta}H-\gamma_{\alpha\beta}M}{\gamma_{aa}\gamma_{\beta\beta}-\gamma_{a\beta}^2}=\frac{(n\rho_4+\rho_1\sum_{i=1}^{n}x_i^2)H+n\rho_3M}{n\rho_2(n\rho_4+\rho_1\sum_{i=1}^{n}x_i^2)-n^2\rho_3^2}$$

$$=\frac{(6\times0.2088EI+0.223EI\times4\times3.3^2)\times836.23+6\times0.0166EI\times7782.9}{6\times0.0018EI\times(6\times0.2088EI+0.223EI\times4\times3.3^2)-(6\times0.0166EI)^2}=\frac{85199.29}{EI}$$

转角（rad）：

$$\beta_0=\frac{\gamma_{aa}M-\gamma_{a\beta}H}{\gamma_{aa}\gamma_{\beta\beta}-\gamma_{a\beta}^2}=\frac{n\rho_1M+n\rho_3H}{n\rho_1\left(n\rho_3+\rho_1\sum_{i=1}^{n}x_i^2\right)-(n\rho_3)^2}$$

$$=\frac{6\times0.223EI\times7782.9+0.0166EI\times836.23}{6\times0.223EI\times(6\times0.208EI+0.223EI\times4\times3.3^2)-(6\times0.0166EI)^2}=\frac{683.93}{EI}$$

（5）计算作用在每根桩顶上作用力 P_i、Q_i、M_i

任一桩顶轴向力为：

$$N_i=(b_0+\beta x_{i0})\rho_1=0.223EI\times(8439.23+3.3\times689.93)/EI=2389.67\text{kN}$$

任一桩顶水平力为：

$$Q_i=a_0\rho_2-\beta_0\rho_3=0.0018EI\times85199.29/EI-0.0166EI\times683.93/EI$$
$$=142.01\text{kN}\approx\sum H/n=139.37\text{kN}$$

任一桩顶弯矩为：

$$M_i=\beta_0\rho_4-a_0\rho_3=0.2088EI\times594.96/EI-0.0166EI\times83412.85/EI=-1260.43\text{kN}\cdot\text{m}$$

（6）计算局部冲刷线处桩身弯矩 M_0、水平力 Q_0 及轴力 P_0

$$M_0=M_i+N_il_0=-1260.43+142.01\times12.81=535.66\text{kN}\cdot\text{m}$$
$$Q_0=142.01\text{kN}$$
$$P_0=2389.67+1.131\times12.81\times15=2563.53\text{kN}$$

求得 M_0、Q_0、P_0 后就可按前述单桩计算方法进行计算和验算，然后进行群桩基础承载力和沉降验算（需要时）。

4.4.3 低承台群桩基础的受力分析

对于低桩承台，应考虑承台侧面土的水平抗力，与桩和桩侧土共同作用抵抗和平衡水平荷载的作用。但由于在反复荷载作用下，承台底面与土体多有脱空现象，故不计承台底面土的竖向抗力，且假定桩侧土的水平地基系数自承台底面呈三角形分布，如图 4.4-11 所示。

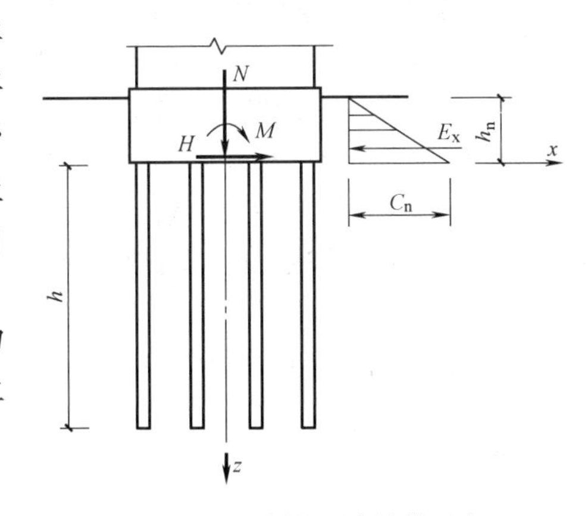

图 4.4-11 低桩承台计算示意

设承台埋入地面或最大冲刷线的深度为 h_n，可得作用于承台侧面（宽 b_1）单位宽度上的水平抗力 E_x，及对 x 轴的弯矩 M_{Ex} 为：

$$\left.\begin{aligned}E_x&=a_0F^C+\beta_0S^C\\M_{Ex}&=a_0S^C+\beta_0I^C\end{aligned}\right\}\qquad(4.4.10)$$

式中 F^C、S^C、I^C——分别为承台侧面地基系数的图形面积、以其对承台底面的面积矩和惯性矩，$F^C=\frac{C_nh_n}{2}$，$S^C=\frac{C_nh_n^2}{6}$，$I^C=\frac{C_nh_n^3}{12}$；

C_n——承台底面处侧向土的地基系数。

同理可得典型方程式（4.4.4），但其中 γ_{aa}，$\gamma_{\beta\beta}$，$\gamma_{\beta b}$应改为：

$$\left.\begin{aligned}\gamma_{aa}&=\sum_{i=1}^{n}(\rho_1\sin^2\alpha_i+\rho_2\cos^2\alpha_i)+b_1F^C\\ \gamma_{\beta a}=\gamma_{a\beta}&=\sum_{i=1}^{n}[(\rho_1-\rho_2)x_i\sin\alpha_i\cos\alpha_i-\rho_3\cos\alpha_i]+b_1S^C\\ \gamma_{\beta\beta}&=\sum_{i=1}^{n}[(\rho_1\cos^2\alpha_i+\rho_2\sin^2\alpha_i)x_i^2+2x_i\rho_3\sin\alpha_i+\rho_4]+b_1I^C\end{aligned}\right\}\tag{4.4.11}$$

当基桩为竖直且对称布置时，则

$$\left.\begin{aligned}\gamma_{aa}&=\sum_{i=1}^{n}\rho_2+b_1F^C\\ \gamma_{\beta\beta}&=\sum_{i=1}^{n}\rho_4+\sum_{i=1}^{n}x_i^2\rho_1+b_1I^C\\ \gamma_{a\beta}=\gamma_{\beta a}&=-\sum_{i=1}^{n}\rho_3+b_1S^C\end{aligned}\right\}\tag{4.4.12}$$

若桩底嵌入岩层内，且岩层以上无覆盖层时，可令 $h=0$，$h_n=0$，取 l_0 为承台底面至岩面之间的桩长，并采用

$$\left.\begin{aligned}\rho_2&=\frac{12EI}{l_0^3}\\ \rho_3&=\frac{6EI}{l_0^2}\\ \rho_4&=\frac{4EI}{l_0}\end{aligned}\right\}\tag{4.4.13}$$

其余仍可按前述公式计算。

4.4.4 低承台群桩基础水平承载力特征值确定

对于低承台群桩基础（不含水平力垂直于单排桩基纵向轴线和弯矩较大的情况），为计算其水平承载力特征值，应采用群桩效应系数考虑承台和桩与土之间的相互作用，有关的效应系数分别是桩的相互影响效应系数 η_i、桩顶约束效应系数 η_r、承台侧向土水平抗力效应系数 η_l 和承台底摩阻效应系数 η_b。当承台底部和侧面土为自重湿陷性土、可液化土、欠固结土或高灵敏度软土时，可取 $\eta_b=\eta_l=0$。这些效应的综合结果可用效应综合系数 η_h 表示：

当考虑地震作用且 $S_a/d\leqslant6$ 时

$$\eta_h=\eta_i\eta_r+\eta_l\tag{4.4.14}$$

其他情况下：

$$\eta_h=\eta_i\eta_r+\eta_b+\eta_l\tag{4.4.15}$$

于是，此类低承台群桩基础中复合基桩或基桩的水平承载力特征值 R_h 为

$$R_h=\eta_h R_{ha}\tag{4.4.16}$$

式中 R_{ha}——单桩水平承载力特征值，确定的方法见后述。

1. 群桩效应系数的计算

(1) 桩的相互影响效应系数 η_i

群桩中各桩的相互影响可使地基土的地基反力系数降低。这种降低在承受水平力的群

桩基础中比在承受竖向力的群桩基础中更为显著，其与桩距、桩数和桩的排列布置等因素有关。当桩数不多的群桩基础中沿水平力作用方向的桩距大于（6～8）d 时，可不考虑此种降低效应。

根据国内试验结果，可按下列经验式计算群桩中各桩的相互影响效应系数

$$\eta_i=\frac{(S_a/d)^{0.015n_2-0.45}}{0.15n_1+0.10n_2+1.9} \tag{4.4.17}$$

式中 S_a/d——沿水平荷载作用方向的桩中心距与桩直径之比；

n_1，n_2——分别为沿水平荷载作用方向与垂直水平荷载作用方向每排桩的桩数。

（2）桩顶约束效应系数 η_r

桩顶在承台中的约束一般有自由和嵌固两种状态，前者可使桩顶弯矩为零而水平位移有所偏大，后者则可使承台水平位移较小而桩顶弯矩有所偏大。如能在桩顶构成一种有限约束，亦即将桩顶同承台做成浅嵌固连接，就能在水平位移略大于完全嵌固、小于桩顶自由水平位移的情况下，使桩顶弯矩相应有所减小，从而可适当改善群桩基础中各桩的受弯作用。

按位移控制和按抗弯控制的群桩基础桩顶约束效应系数 η_r 按表 4.4-1 采用。

桩顶约束效应系数 η_r **表 4.4-1**

换算深度 αh	2.4	2.6	2.8	3.0	3.5	≥4.0
位移控制	2.58	2.34	2.20	2.13	2.07	2.05
强度控制	1.44	1.57	1.71	1.82	2.00	2.07

（3）承台侧向土水平抗力效应系数 η_l

承台水平位移一般均甚小，其侧面土抗力不至发展到出现被动土压力的状态，故承台侧面土抗力可按线弹性地基反力系数原理计算，土抗力作用宽度 B'_c 可取承受土抗力的承台侧向宽度（以米计）加 1m 考虑。承台侧向土抗效应系数可按下式计算

$$\eta_l=\frac{m\chi_{oa}B'_c h_c^2}{2n_1 n_2 R_{ha}} \tag{4.4.18}$$

式中 m——承台侧面土的地基反力系数的比例系数，当无试验资料时，按表 4.3-11c 采用；

χ_{oa}——桩顶水平位移允许值，当以位移控制时可取 10mm（对水平位移敏感的结构物取 6mm）；当以桩身抗弯强度控制时（低配筋灌注桩），可按下式近似确定（式中 v_x 值见表 4.3-12）。

$$\chi_{oa}=\frac{R_{ha}v_x}{\alpha^3 EI} \tag{4.4.19}$$

（4）承台底摩阻效应系数 η_b

当地基土不致因震陷、湿陷和自重固结等原因而和承台底脱离时，在水平力作用下并承受竖向荷载的低承台群桩基础的底面与地基土之间会有摩擦力发生，这有利于基础的水平承载力。承台底摩阻效应系数可按下式计算

$$\eta_b=\frac{\mu P_c}{n_1 n_2 R_{ha}} \tag{4.4.20}$$

式中 μ——承台底与地基土之间的摩擦系数，按表4.4-2采用；

P_c——承台底地基土所分担的竖向荷载标准值，可按下式计算

$$P_c=\eta_c f_{ak} A_c \tag{4.4.21}$$

f_{ak}——承台下1/2承台宽度且不超过5m深度内地基土承载力特征值，取加权平均值；

η_c——承台效应系数（当承台底土为湿陷性土、可液化土、欠固结土、高灵敏度软土或新填土时，沉桩引起超孔隙水压力和土体隆起时，不考虑承台效应即 $\eta_c=0$），可按表4.4-3取值。

承台底与地基土之间的摩擦系数 μ **表 4.4-2**

土的类别	黏性土			粉土	中砂、粗砂、砾砂	碎石土	软质岩石	表面粗糙的硬质岩石
	可塑	硬塑	坚硬	密实 中密（稍湿）				
摩擦系数 μ	0.25～0.30	0.30～0.35	0.35～0.45	0.30～0.40	0.40～0.50	0.40～0.60	0.40～0.60	0.65～0.75

承台效应系数 η_c **表 4.4-3**

B_c/L \ S_a/d	3	4	5	6	>6
≤0.4	0.06～0.08	0.14～0.17	0.22～0.26	0.32～0.38	0.50～0.80
0.4～0.8	0.08～0.10	0.17～0.20	0.26～0.30	0.38～0.44	
>0.8	0.10～0.12	0.20～0.22	0.30～0.34	0.44～0.50	
单排桩条形承台	0.15～0.18	0.25～0.30	0.38～0.45	0.50～0.60	

注：1. B_c/L 为承台宽度与桩长之比；当计算基桩为非正方形排列时，$S_a=\sqrt{A/n}$，A 为承台计算域面积，n 为总桩数。

2. 对于桩布置于墙下的箱、筏承台，可按单排桩条形承台取值。

3. 对于单排桩条形承台，当承台宽度小于1.5d时，按非条形承台取值。

4. 对于采用后注浆灌注桩承台，宜取低值。

5. 对于饱和黏性土中的挤土桩基、软土地基上的桩基承台，宜取低值的0.8倍。

2. 单桩水平承载力特征值 R_{ha} 的确定

单桩水平承载力特征值 R_{ha} 可按单桩静载试验结果确定。当缺乏静载试验资料时，对柱身配筋率小于0.65%的灌注桩可用下式估算其 R_{ha} 值

$$R_{ha}=\frac{0.75\alpha\gamma_m f_t W_0}{\upsilon_M}(1.25+22\rho_g)\times\left(1\pm\frac{\xi_N N_k}{\gamma_m f_t A_n}\right) \tag{4.4.22}$$

式中 γ_m——桩截面模量塑性系数，圆形截面取2，矩形截面取1.75；

f_t——桩身混凝土抗拉强度设计值；

W_0——桩身换算截面受拉边缘的截面模量。圆形截面，$W_0=\pi d[d^2+2(\alpha_E-1)\rho_g d_0^2]/32$；方形截面，$W_0=b[b^2+2(\alpha_E-1)\rho_g b_0^2]/6$，其中 $d_0(b_0)$ 为扣除保护层后桩直径（边宽），α_E 为钢筋与混凝土两者弹性模量之比；

υ_M——桩身最大弯矩系数（查表4.3-12），当单桩基础和单排桩基纵向轴线垂直于水平力方向时按桩顶铰接考虑；

ρ_g——桩身配筋率，以%计；

A_n——桩身换算截面积，圆桩为 $\pi d^2[1+(\alpha_E-1)\rho_g]/4$，方桩为 $b^2[1+(\alpha_E-1)\rho_g]$；

ξ_N——桩顶竖向力影响系数，压力取 0.5，拉力取 1.0；

N_k——荷载效应标准组合下的桩顶竖向力（kN）。

当桩的水平承载力由水平位移控制，且缺少单桩水平静载试验资料时，对于预制桩、钢桩和配筋率不小于 0.65%的灌注桩，用下式估算 R_{ha} 值

$$R_{ha}=\frac{0.75\alpha^3 EI}{v_x}\chi_{oa} \tag{4.4.23}$$

式中 EI——桩身抗弯刚度，对于钢筋混凝土桩，$EI=0.85E_cI_0$；其中，E_c 为混凝土弹性模量，I_0 为桩身换算截面惯性矩，圆形截面 $I_0=W_0d/2$；方形截面 $I_0=W_0b_0/2$；

v_x——桩顶水平位移系数，按表 4.3-12 取值。

验算永久荷载控制的桩基水平承载力时，应将上述确定的单桩水平承载力特征值 R_{ha} 值乘以调整系数 0.8；验算地震作用下桩基水平承载力时，应将 R_{ha} 值应乘以调整系数 1.25。

4.5 提高桩基水平承载力的措施

桩的水平承载力和其水平变形密切相关。一般情况下，桩的水平变形制约了桩-土体系的抗力，只有当桩或桩基础的变形为桩基结构所允许时，桩-土体系的抗力才可作为设计采用的承载力，因此要提高桩的水平承载力，必须保证桩-土体系有相应的刚度和强度。

4.5.1 桩的刚度和强度

水平受荷桩的抗弯刚度和其材料弹性模量 E 以及截面惯性矩有关。计算变形时，对于静定桩基结构，采用 $0.85EI$ 表达截面抗弯刚度；对于超静定桩基结构，则用 $0.8EI$。故在可能的条件下，采用较高等级混凝土制桩，可以获得较高的抗拉和抗压强度以及较高的弹性模量。例如，制桩用 C30 混凝土，其轴心抗压标准强度比 C20 混凝土可提高 50%，抗拉标准强度可提高 31%，弹性模量可提高 25%，因而桩的变形将有相应减少，截面强度也将有所提高。特别当桩有较严格的开裂限制时，这一措施对提高桩的承载力十分有效。混凝土骨料亦有较大的关系；用高能量桩锤打桩时，碎石混凝土比卵石混凝土更能耐受锤击。

钢筋混凝土桩的开裂将影响其刚度和强度。而裂缝的最大宽度反比于配筋率和钢筋弹性模量，且和钢筋直径成正比关系。因此，要提高桩的刚度和限制其裂缝开展，宜采用较高的配筋率和较小直径的主钢筋。一般认为配筋率达到 0.1%～0.2%的混凝土可视为钢筋混凝土，显然，按此值配置桩的主钢筋是偏少的。满足不了桩的抗裂要求。

法国按桩的直径规定其配筋率。当桩直径大于 1m 时，最低配筋率为 $0.5\phi^{-0.5}$(%)，其他直径时，为 0.5%。式中 ϕ（以米计）为圆形截面桩的直径，当为矩形截面时，$\phi=4A/p$，其中 A 为矩形截面的面积，p 为矩形周长；同时，规定其绝对最低配筋率为 0.35%。

当考虑到沉桩过程有偏位可能时，也可配置额外的钢筋来保持桩的抗弯能力。

随钢材等级不同，钢管桩弹性模量和抗拉强度虽有不同，但其差别不如不同等级混凝土差异那样大，故提高钢管桩刚度的较有效方法是在钢管桩内填充混凝土，且主要填充在上段。

4.5.2 桩基的构造措施

为减少桩或桩基础的变形，可从构造上采取下列措施：

(1) 采用刚度较大的承台或帽梁　图 4.5-1 (*a*) 的帽梁和图 4.4-1 中的承台采用较大的厚度可有效地提高桩基础的刚度。整体浇筑的大刚度承台能使群桩中某根桩的缺陷引起的后果分摊到相邻各桩去，能确保群桩的整体刚度。承台或帽梁底部正对桩头处应设必要的钢筋网。

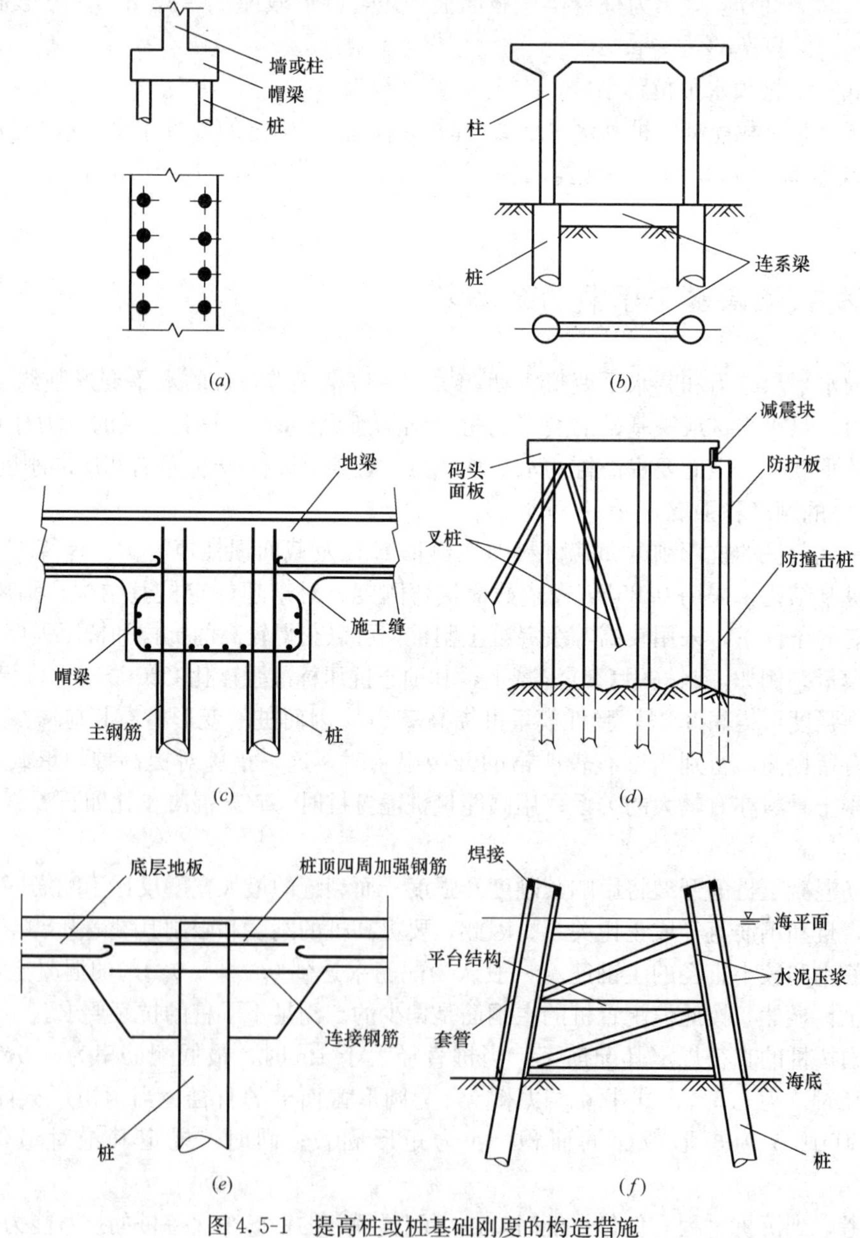

图 4.5-1　提高桩或桩基础刚度的构造措施

(2) 各桩顶用连系梁或地梁相连接　图 4.5-1 (*b*) 的地梁一般在桩顶的互相垂直的两个方向设置，且应设置在桩顶，不应设于桩的侧面。其主钢筋应同桩头主钢筋相连接，图 4.5-1 (*c*) 的双桩柱式结构中，柱顶一般不设帽梁而直接和上方的立柱相接且主钢筋连通。在两桩之间设置横系梁；横系梁钢筋伸入桩内并浇筑住一起，使双桩能共同变形。

如果地梁或帽梁周围的土不会坍塌，其侧向土抗力可作为桩水平抗力的一个组成部分，可分担桩的一部分水平荷载。

(3) 将桩顶连接到底层地板　图 4.5-1 (*e*) 的桩头及其外露的钢筋应伸入底板中并由混凝土浇筑在一起，桩和底层地板可以共同承担桩基结构的水平荷载。

(4) 自由长度较大的桩以群桩为依靠　图 4.5-1 (*d*) 中码头前方的防撞击桩的顶部可支靠于码头面板，从而受到群桩支持，限制桩的水平位移的发展。桩顶同码头板之间设置减震块。

(5) 用套管增强　桩外面设置钢套管，在桩同套管之间用压浆法将两者胶结在一起。

图 4.5-1 (*f*) 为用钢套管并压浆增强的海上平台桩。钢套管长度一般为桩直径的 4 倍。钻孔灌注桩用护筒护壁施工时，亦可不拔除护筒，在浇灌混凝土时让其同桩头胶结，可增强桩的刚度。

(6) 设置斜桩　群桩可设置正向斜桩或反向斜桩或正、反向斜桩对称布置（图 4.4-2 中 1 号桩为正向斜桩，4 号桩为反向斜桩，均相对于水平作用方向而言）以及叉桩（图 4.5-1*d*）来提高群桩刚度。当群桩在左、右和前、后两个方向都受有水平力，可在两方向分别设置斜桩。

(7) 保证桩接头刚度　打入桩接头应采用可靠的刚性构造。钢管焊接接头长时，焊接头应可靠。

4.5.3 桩侧土体水平抗力

当工程设计确定了桩基础场地并通过论证确定了桩型和桩的尺度并采取提高桩或桩基础刚度和强度的措施后，尚可通过地基改良以提高桩周土的抗力，桩周土越密实，桩-土体系的承载力将越高，变形将越小。

大量研究表明，影响基桩变形及水平承载能力的主要土是地面以下深度为 3～4 倍桩径范围内的土体。显然，桩侧土体越密实、强度越高，其水平抗力就越大，桩土体系的承载能力也就越高，基桩的变形越小。提高桩侧土体水平抗力通常可采取如下措施：

(1) 在地面围绕桩身开挖一深 (3～6)d 的圆锥形坑，填以级配砂石或灰土等低压缩性材料并夯实；或采用地基处理方法加固土体，如高压旋喷形成固结体、砂性土内静压注浆等，以提高桩侧地基土水平抗力系数。

(2) 在桩身上部约 (4～8)d 范围内将桩侧土挖除，浇筑素混凝土，提高桩身刚度，增大桩侧土体提供抗力的面积，使桩的水平承载能力得以提高。

(3) 对于低桩承台，承台外侧的回填土可采用灰土或炉渣、砂石等材料，分层夯实，以提高土的水平抗力系数，如图 4.5-2 所示，从而提高水平荷载下桩基的水平抗力。

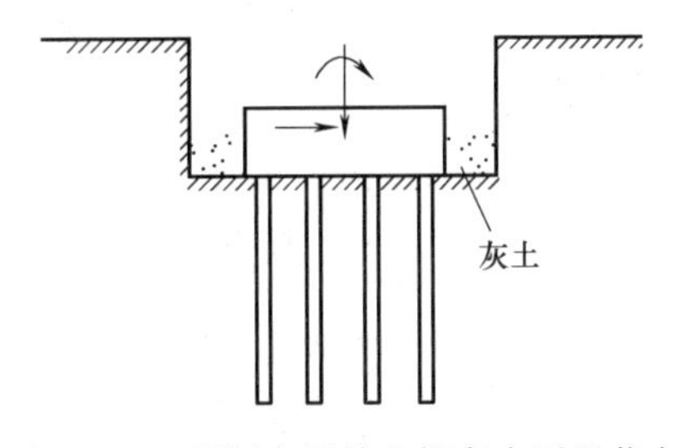

图 4.5-2　利用台侧填土提高水平承载力

据经验，桩的打入对桩周砂土的挤密影响范围在侧向可达到（3～4）d 处，对黏性土可达到 1d 处。故加固改良土的径向范围应大于此值。

参考文献

[1] Davisson，M T & Gill，H L Laterally Loaded Piles in a Layered Soil System. JSMFD，ASCE，1963，89（3）.
[2] Broms，B B. Lateral Resistance of Piles in Cohesive Soils，Proc. ASCE，92（SM2），1964.
[3] Hrennikoff，A. Analysis of Pile Foundation with Batter Piles，1978.
[4] Tomlinson M J. 桩的设计与施工．朱世杰译．北京：人民交通出版社，1984.
[5] 交通部科学研究院等．公路桥梁钻孔桩（上册）．北京：人民交通出版社，1978.
[6] 吉林省交通科学研究所，交通部公路规划设计院．公路桥梁钻孔桩计算手册．北京：人民交通出版社，1981.
[7] 横山幸满，唐业清、吴庆荪译．桩结构物的计算方法和计算实例．北京：中国铁道出版社，1984.
[8] 胡人礼．桥梁桩基础分析与设计．北京：中国铁道出版社，1987.
[9] Poulos H G，Davis E H. Pile Foundation Analysis and Design. The University of Sydey，1980.
[10] Desai C S，Christian J T．岩土工程数值方法．卢世深等译．北京：中国建筑工业出版社，1981.
[11] Bowles，J E．基础工程分析与计算．唐念慈等译．北京：中国建筑工业出版社，1987.
[12] Palmer，L A & Thompson，J B. Soil Modulus for laterally Loaded Piles，Proc of ASCE，82（SM4），1956.
[13] Vesic，A. Contribution a l'e'tude des Fondations Sar Pieux Vertiaux et Inclines. Annales desTravaux Publics de Belgigue No. 6 1956.
[14] 刘金砺．桩基础设计与计算．北京：中国建筑工业出版社，1990.
[15] 宰金珉，宰金璋．高层建筑基础分析与设计．北京：中国建筑工业出版社，1993.
[16] 史佩栋．实用桩基工程手册．北京：中国建筑工业出版社，1999.
[17] 史佩栋 主编，顾晓鲁 主审．桩基工程手册（桩和桩基础手册）．北京：人民交通出版社，2008.
[18] 林天健，熊厚金，王利群．桩基础设计指南．北京：中国建筑工业出版社，1999.
[19] 黄强．桩基工程若干热点技术问题．北京：中国建材工业出版社，1996.
[20] 董建国，赵锡宏．高层建筑地基基础-共同作用理论与实践．上海：同济大学出版社，1997.
[21] 王伯惠，上官兴．中国钻孔灌注桩新发展．北京：人民交通出版社，1999.
[22] 吴恒力．计算推力桩的综合刚度原理和双参数法（第二版）．北京：人民交通出版社，2000.
[23] 赵明华．桥梁桩基计算与检测．北京：人民交通出版社，2000.
[24]《建筑地基基础设计规范》GB 50007—2011．北京：中国建筑工业出版社，2012.
[25]《公路桥涵地基与基础设计规范》JTG D 63—2007．北京：人民交通出版社，2007.
[26]《建筑桩基技术规范》JGJ 94—2008．北京：中国建筑工业出版社，2008.
[27] 赵明华．桥梁地基与基础（第二版）．北京：人民交通出版社，2009.
[28] 王晓谋 主编，赵明华 主审．基础工程（第三版）．北京：人民交通出版社，2003.
[29] 赵明华，邹新军，邹银生，等．倾斜荷载下基桩的改进有限元-有限层分析方法．工程力学，2004，21（3）.
[30] 赵明华，邹新军，罗松南．水平荷载下桩侧土体位移分布的弹性解及其工程应用．土木工程学报，2005，38（10）.
[31] 赵明华，刘俊龙，刘建华．双层地基横向受荷桩简化计算方法研究．公路交通科技，2006，（12）.
[32] 赵明华，邹新军，罗松南，等．横向受荷桩桩侧土体位移应力分布弹性解．岩土工程学报，2004，26（6）.
[33] 赵明华，吴鸣，郭玉荣．轴、横向荷载下桥梁基桩的受力分析及试验研究．中国公路学报，2002，15（1）.
[34] 赵明华，李微哲，曹文贵．复杂荷载及边界条件下基桩有限杆单元方法研究．岩土工程学报，2006，28（9）.
[35] Rollins K M，Gerber T M，Lane J D，et al. Lateral resistance of a full-scale pile group in liquefied sand. Journal of Geotechnical and Geoenvironmental Engineering，2005，131（1）.
[36] 张耀年．横向受荷桩的通解．岩土工程学报，1998，20（1）.

第 5 章　桩的抗拔承载力

刘祖德　杜　斌

5.1　概述

5.1.1　抗拔桩的定义、适用范围、类别

抗拔基础的结构形式主要有重力式基础、锚板基础、桩（墩）基础和桶型基础等。抗拔桩是一种重要的桩基形式，也是抗拔基础的主要结构形式之一，应用也最为广泛。重力式基础和锚板基础的抗拔承载能力主要取决于回填土的土料性质及其压实质量，并且施工时对周围土体扰动较大。与此不同的是，抗拔桩设置时对周围土体的扰动很小，土体的强度和变形性质能较大程度地得以保持，与原状土相差不太大，这是抗拔桩的主要优点之一。近年来，国内外抗拔桩的应用日益发展，已广泛用于建（构）筑物的抗浮、抗倾、桩基静载试验中反力结构等方面。

一般而言，承受轴向拉拔力，抵抗建（构）筑物向上（或斜向上）位移的各种桩基均可称为抗拔桩（uplift pile）。

抗拔桩应用范围很广，主要有：(1) 地下车站、地下停车库、地下商场以及地下储存设施等地下工程；(2) 高耸建（构）筑物（如塔桅结构、烟囱、高层楼房）的桩基础；(3) 膨胀土或冻胀土地基上的建筑物基础；(4) 输电线路杆塔、风电杆塔基础；(5) 海上石油钻井平台、海上码头平台下的桩基础；(6) 索道桥、悬索桥和斜拉桥中的锚桩基础，或锚碇块底下的桩；(7) 桩的静载荷试验中所用的锚桩；(8) 水闸、船闸等水工建筑物基础；(9) 临时工程基础等。

在工程设计中一定要认真分析、充分考虑工程实施和运行过程中的各类基础拉拔工况，否则可能造成严重的财产和经济损失。深埋水泵房一类的取水结构、港工中船坞等结构的基础抗压桩，在特定环境条件下也可能承受拉拔荷载，这种拉拔荷载在设计中往往容易被忽略。当地下水位升高时，这些建（构）筑物会承受巨大浮托力，从而会使桩身产生拉应力。水闸、船闸等水工建筑物除受到浮托力作用外，还可能受过水段底板面上水流的脉动压力（有压有拉）。在地震作用下，砂土或粉土地基可能会产生液化，土层呈现出类似液态的物理特征，同时，建筑物侧壁与土界面上的外摩擦力可能降低至零或一个很小的值，从而使深水泵房、船坞等基础连同上部封闭筒状结构一起呈上浮趋势，此时，其底板上的桩基础所受的拉拔荷载将更为可观。

通常，在桩基础承受竖向拉拔荷载的同时，还会承受一定比例的水平向荷载，例如输电线路杆塔基础、斜拉桥中的锚桩基础等。抗拔桩的设置方向主要取决于荷载的性质和作用方向，相应地，抗拔桩形式主要有竖桩、斜桩、叉形桩基等多种，其中叉形桩基抵御拉压交变荷载作用的能力最强。实际工程中，考虑到施工方便及荷载特性等因素，抗拔桩设置方向并

不一定必须与荷载方向一致，故也会出现竖桩斜拔、斜桩竖拔、斜桩反拔等情况。

抗拔桩的应用实例见图 5.1-1。

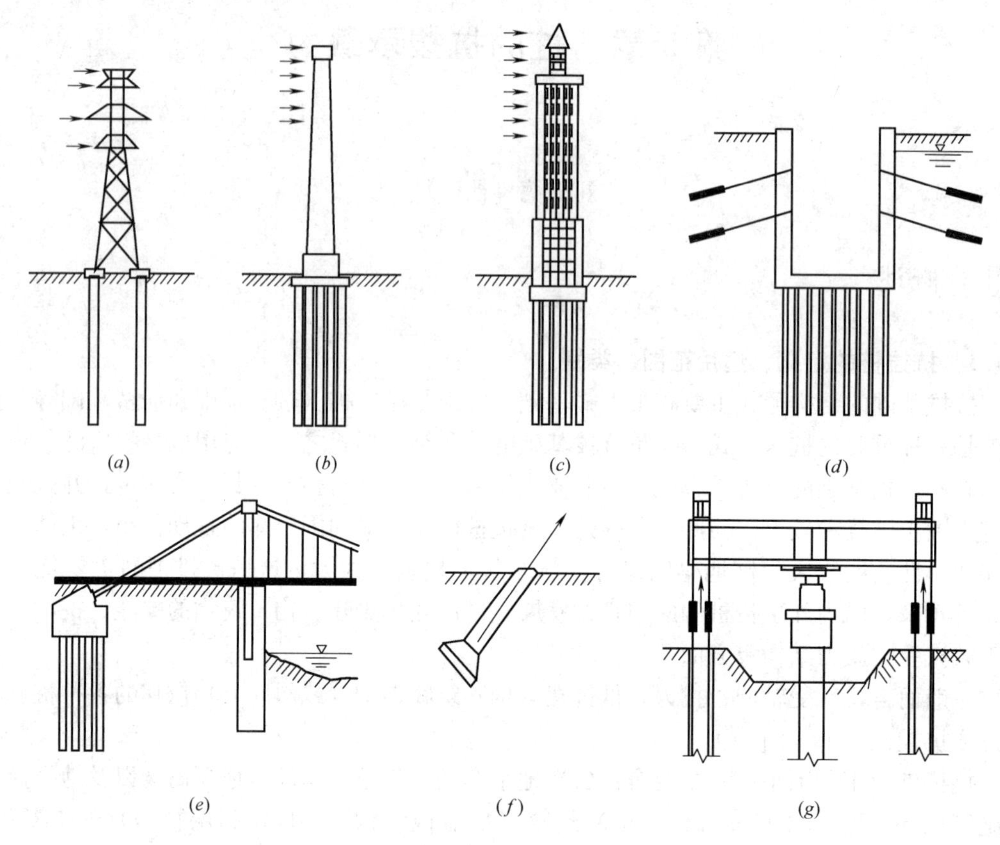

图 5.1-1 抗拔桩应用实例

抗拔桩的分类方法很多，一般可按照截面形状、受抗拔力时间的长短、施工工艺以及所在土层不同等方式进行分类。

1. 按照截面形状分，抗拔桩可以分为等截面抗拔桩和变截面抗拔桩（如扩底桩及支盘桩等）。传统意义上的抗拔桩一般是指等截面的竖向抗拔桩，这种桩主要利用侧壁负摩阻力和桩的自重来抵抗上拔力，其抗拔能力比较有限，而且往往具有应变软化性质，即抗拔能力超过峰值后，随着上拔位移的增加会逐渐降低，甚至出现陡降，趋于终值，因此它们并非理想桩型。为了提高桩的抗拔能力，通常将抗拔桩做成变截面形式，如扩底桩（夯扩、爆扩、机扩、掏扩）和支盘桩等。其主要目的是使桩体不仅能发挥桩-土间侧摩阻力，而且还能充分发挥桩的扩大部分的扩孔阻力。近几年的实践证明，变截面桩可以大大提高单桩承载力，在相同的桩顶荷载作用下，变截面桩桩顶位移比等截面桩小，而且可较大地降低桩材用量和工程造价。研究表明，在相同的桩体工程条件下，扩底抗拔桩与钻孔灌注桩相比，单桩承载力一般情况下可提高 50%，甚至可达一倍以上，支盘桩单桩承载力则提高更多。

为了提高等截面桩体的抗拔承载力，也常常在桩侧采用后注浆技术，通过在灌注桩内预埋桩侧注浆阀，在桩身混凝土灌注完成后的一段时间内利用压力注入水泥浆，使桩端一定范围的沉渣与水泥浆固化，或使桩侧桩身混凝土与桩间土间的泥皮以及桩周部分土体与水泥浆固化，基于与承压灌注桩的桩侧注浆技术相同原理，抗拔桩后注浆技术主要通过提高桩侧阻，从而提高基桩抗拔承载力。工程实践表明，在确定的拉拔荷载条件下，采用抗拔桩后注浆技术，能有效增加抗拔桩的桩身承载力，减少桩体工程量，达到较好的技术经济效果。

为保证抗拔桩的耐久性，解决抗拔桩在承受上拔荷载时，容易出现裂缝的问题，对抗拔桩施加预应力无疑是一种十分有效的措施。抗拔桩混凝土中的水泥结石和骨料在温度、湿度变化条件下产生体积变形，同时，它们又粘结在一起不能自由变形，于是形成相互间的约束应力，一旦此约束应力大于水泥石和骨料间的粘结强度，以及水泥石自身的抗拉强度，就会产生微裂缝。在受压状态下，微裂缝对混凝土的承载、防渗、防腐蚀等使用功能无明显危害性，但在上拔力的作用下，抗拔桩桩身混凝土呈拉伸状态，会导致微裂缝被拉伸后扩展、串通，结构构件完整性被破坏，从而降低直至丧失承载能力。工程实践证明，采用预应力方法解决抗拔桩裂缝问题是一种相对经济安全的方案。主要表现在：预应力抗拔桩在不改变桩身截面形状的情况下可最大限度地提高桩的抗拔承载力，并能通过施加的初始压应力产生一定的桩体初始变形，从而有效控制结构物的上拔位移量，有利于桩发挥其全部承载力。同时，通过施加预应力，可使桩体在初始受拉过程中桩内部处于受压状态，更适合抗拔桩的受力特性，并可以根据抗拔桩桩侧摩阻力等受力特点，通过预留预应力线材自由段的方式灵活设置上拔力着力点，从而使桩身应力在不同受力阶段均匀、合理分布，避免了普通抗拔桩在上拔力过大的情况下，桩顶附近范围的混凝土容易产生裂纹而导致抗拔桩失效的弊端；预应力高强钢绞线等线材的使用，可以有效地提高桩的抗拉强度，减少桩结构尺寸和配筋数量，从而节省投资；若采用拉力分散型预应力的设计方法，还可以进一步节省材料。

近年来，除了在灌注抗拔桩中应用预应力技术外，有些工程也将预应力预制桩，如预应力高强混凝土管桩作为临时抗拔桩或丙级建筑物的准永久性抗拔桩。但预制桩尤其是预应力混凝土管桩由于桩顶与承台之间连接、桩段之间连接的抗拉力常得不到有效保证，导致了一些工程事故发生，工程界多数意见持慎用或不用的态度。

另外，树根桩、螺旋桩也常作为抗拔桩。这些小桩具有施工灵活、方便经济、噪声小、利于环境保护等特点，目前应用也逐渐发展。

2. 按照抗拔桩的所受抗拔力时间的长短，抗拔桩可以分为临时性抗拔桩和永久性抗拔桩。临时性抗拔桩主要是指使用时间较短或只是暂时承受上拔力的桩，一般是整个构筑物施工过程中的一种辅助措施，或者是建（构）筑物使用过程中的一种受力状态。比如在地下水位较高地段施工时，高层建筑常需设置抗浮桩，在测试桩体竖向抗压承载能力试验中的锚桩等。另外，在钢板桩重复利用的工程中拔出桩体或在采用拔除法进行旧桩回收处理时，也要充分考虑基桩的抗拔能力，这两种情况从实施的目的而言，虽不属于抗拔桩的范畴，但其拔出过程也与抗拔桩受力一致，所要考虑的因素也基本类同。永久性抗拔桩一般和建筑物的使用寿命是一致的，其设计时更加注重桩身结构的可靠性和安全性，如高水位地区的地下工程、水处理构筑物、高耸塔、斜拉桥中的锚桩等。

3. 按施工工艺分，抗拔桩等截面桩有打入、压入、钻孔灌注混凝土等多种施工方式，变截面桩则有螺旋式拧入桩，夯扩、爆扩、挤扩或掏扩后再灌注混凝土等施工方式。在以上各种方法中，应用最广泛的抗拔桩桩型是钻孔灌注桩。目前，一些新型的抗拔桩形式也在逐渐兴起和应用，如应用于土层中的拧入式螺旋桩和钻孔桩底连接岩石锚杆等。

4. 按照所在土层不同，抗拔桩可分为砂土地基中的抗拔桩、软土地基中的抗拔桩、基岩地基中的抗拔桩以及特殊土（冻土、黄土）地基中的抗拔桩等，对于基岩覆盖较浅的山区，一般还可以做成嵌岩式抗拔锚桩。

5.1.2 发展历程及趋势

抗拔桩的发展历史可以追溯到很久以前。古代人们把牲畜或小船系在树木上，在附近没有树木可以利用时，则会在地上打入木桩，这种木桩就是抗拔桩最初的雏形，也一直沿用至今。1833年，英国的一位盲人制砖工 Alexander Mitchell 发明了最早的螺旋桩，作为抗拔桩的一种形式，这种螺旋桩最早应用于灯塔的基础，并在全世界得到推广。

在大型的电厂，码头、房屋等结构出现以前，建（构）筑物抗拔基础并没有引起很多重视。从20世纪50年代起，抗拔桩首先在输电系统得到长足发展，加拿大 A. B. Chance 公司在输电线塔的基础工程中采用了螺旋桩，并于1959年制定了第一个关于抗拔桩-螺旋桩的标准——PISA（Power Installed Screw Anchors）。

其后，随着城市建设的推进和海事结构的发展，抗拔桩的形式和应用范围不断扩展。从等截面桩到变截面桩，从小承载力的桩到大吨位的抗拔桩，从钢筋混凝土结构到预应力钢筋混凝土结构，从现场灌注桩到预制桩，抗拔桩的形式日新月异，其应用范围也越来越广，桩的抗拔承载力的技术研究也不断向前发展。

对抗拔桩承载力的计算公式探讨，首先是从无黏性土中的抗拔桩开始的。1952年，别列赞采夫（Berezancev）从广义库仑破坏条件由极限平衡方程出发，假设桩侧土为轴对称变形，采用哈尔-卡门（Haar-Karman，1909）塑性状态，求得圆柱形抗拔桩承载力的理论计算双曲线公式。Tomlinson 于1957年、Vesic 于1970年分别发表文章，均认为抗拔桩的侧摩擦力和抗压桩的侧摩擦力是相等的。经过后来的研究，人们才逐渐认识到两者有所不同。由于对抗拔桩侧摩擦力的发挥缺乏充分的认识，抗拔桩的荷载传递机理和计算方法并不成熟，除了有的工程采用现场试验来确定抗拔桩的承载力外，在大部分工程中，主要还是借鉴传统的抗压桩极限承载力的确定方法来确定抗拔桩极限承载力，即以抗压侧摩擦力乘以折减系数表示抗拔侧摩擦力。由于这种方法比较直观，简便，目前仍在应用，如我国《建筑桩基技术规范》JGJ 94—2008 规定，抗拔桩的极限承载力按抗压桩的侧摩阻力值的0.5～0.8估算承载力。实际上，抗拔桩的桩土作用机理远没有这种方法表示的那样简单，单纯靠引入一个经验系数是很不充分的。美国的 Kulhawy 所领导的研究小组曾对等截面抗拔桩基础问题进行了持续广泛的研究，认为等截面抗拔桩基础主要破坏形态为沿着桩-土侧壁界面上发生土的圆柱形剪切破坏，在某些条件下也可能发生倒锥台剪破，或者发生混合剪切面破坏，并于1979年提出抗拔桩承载力计算公式。

我国的抗拔桩研究起步于20世纪80年代。1989年，杨克己结合干船坞的桩基问题，在调查研究和模型试验的基础上，通过同一种土层上的单桩与群桩，以及不同入土深度和不同桩数的群桩等多种情况进行了对比性的模型试验。通过分析，对抗拔单桩和群柱的破坏机理、承载力和优化的入土深度，都有了一些新的规律性的认识。刘祖德（1995，1996）比较系统地介绍了抗拔桩基础，对抗拔桩基础受力性状和应用范围等做了较详细的介绍。史鸿林等（1996）在现场大直径钻孔灌注桩的原型抗拔试验基础上，对桩的抗浮安全度、荷载传递机理和抗拔桩对其周围土体的影响等进行了研究。杜广印等人（2000）对抗拔桩和抗压桩的侧阻作了对比研究，初步得出了影响侧阻的预测公式，在一定程度上揭示了抗压桩和抗拔桩侧阻有所差别的原因。在工程实践中，对桩基的允许变形要求较严，不是单纯地以承载力作为设计标准，而往往是以最大允许变形量作为设计标准。张尚根等（2002）年采用 Cooke 提出摩擦桩的荷载物理模型，推导出抗拔桩的荷载与位移关系的理论解，并把理论解与模型桩试验结果进行了比较，理论解与实测结果在线性阶段吻合较好。清华大学的黄锋、李广信采用“套叠式”桩周土变形模型反映桩基荷载传递规律，推导出荷载-位移关系的理论解。何世鸣、朱世平、杜高恒等人（2005）提出了部分粘结预应力抗拔桩的概念，并通过实验研究了这种预应力抗拔桩的特点。

在基于非破坏性试验的基础上，预测桩的抗拔承载力主要有灰色系统理论法、神经网络模型法、数学模型外推法，而有限元分析方法也得到广泛使用。

总的来说，抗拔桩设计和施工中还处于探索阶段，到目前为止还未形成统一的、较为完整的理论，实践经验还需进一步积累，理论研究还需进一步深入。在抗拔桩的研究上，目前需重点进行以下几个方面的研究：

（1）抗拔桩的工作机理和破坏模式的研究：抗压桩的研究相对比较成熟，但抗拔桩的受力机理研究还不够完善，通过现场试验对桩身内力进行测试的研究，目前进行的还较少，而在抗拔群桩的受力机理和破坏模式方面的研究，则更是有待加强。

（2）抗拔桩变形性能的研究：抗拔桩基础是以强度和变形两个指标来控制的，过大的变形不能满足基础的使用要求，另外，抗拔桩的布桩形式也会影响抗拔桩基础的变形特性。目前，抗拔桩的研究主要集中在承载力方面，虽然现阶段对抗拔桩的变形也比较重视，但相对而言，研究还是显得不足。

（3）解决永久性抗拔桩桩身混凝土的裂缝问题：抗拔桩的桩身混凝土在成型过程中，存在着众多的微裂缝（宽度小于肉眼可见裂缝宽度 0.05mm）、微孔、气泡，结构内部呈不均匀状态；裂缝宽度是最主要的特征，因为它直接影响混凝土的抗渗能力和对钢筋的保护能力，也即直接影响构件或结构的耐久性和承载能力，因此，现行的各国结构规范对允许裂缝的宽度都进行了限制。对于抗拔桩，充分了解桩体材料的耐久性对抗拔桩的影响，考虑如何衡量、控制和解决裂缝问题还需进一步研究。

（4）现场试验或试桩成果的应用：从一定程度上来讲，抗拔桩的研究不是纯理论的研究，而是应该以实践紧密地结合起来，如现场试桩成果与设计计算公式的结果进行比较和分析，从而修正计算公式，使其更加贴近实际。另外，收集长期的监测资料，对抗拔桩的长期受力情况进行分析也是十分必要的。

（5）扩孔端的优化研究：扩孔端能有效地增加抗拔桩的承载力，是一项应用十分广泛的技术。应深入研究扩孔端的入土深度、长度、扩孔孔径对抗拔桩承载力的影响，不断提升抗拔桩的技术、经济效益。

（6）各种实用技术的研究：抗拔桩实用技术的研究，如后灌浆技术、预应力技术，桩型研究以及桩基施工技术等方面的研究，可以充分揭示各项技术的理论基础，更好发挥各种技术的优势。

5.2 抗拔桩的受力性状

影响抗拔桩承载力的因素很多，概括来讲，主要受三个方面因素的制约：第一，桩身截面和材料的抗拉强度；第二，桩周表面特性（即桩-土侧壁界面的几何特征）以及外摩阻特征；第三，桩周土的物理力学特性。

同时，桩的抗拔承载力还会受到桩端支承情况、荷载特性以及施工方法等因素的影响。例如，钻孔灌注桩的桩周土会由于钻孔过程而部分原位法向应力被解除；相反地，在打入桩中，桩周土（尤其是砂性土）会因沉桩而被挤紧，原位法向应力比天然条件下有所增大。原位法向应力随静置时间而又会有所逐渐衰减，此即所谓应力松弛现象。而且土的原位法向应力在拔桩的过程中也并非一成不变。据法国布依埃许（A. Puech）等人的试验结果知，用压力盒测定沿桩身不同深度处界面上法向应力在拔桩过程中因砂的剪胀而有所增加。它使桩侧面上的剪切阻力也相应地增加，无论紧砂还是松砂都是如此，松砂侧压力系数从初始的0.5增加到破坏时的1.5，而紧砂从初始的略大于0.5之值增加到破坏时的3.8。他们得出结论是：法向应力的增加导致桩侧剪切阻力的增加，因此桩的轴向极限抗拔承载力不可能从土的静止条件下求得，更可能的是接近于被动土压力状态下的侧压力系数。

抗拔桩的承载力也会受到桩材泊松效应影响，桩受压或受拉时所产生的泊松膨胀或泊松收缩（即侧向膨胀或侧向收缩）将使土的水平应力增加或减少，从而使土的抗剪强度和侧面摩阻力增加或减少。这种影响虽然对中等硬度至软黏土来说是微不足道的，但对硬黏土和岩石基础来说，由于土的变形模量很大，桩的泊松效应的影响就不容忽视，尤其是岩基内的锚桩，应考虑泊松收缩引起桩-岩石之间的脱开之可能性。一般而言，实心的混凝土桩的泊松效应较空心管桩泊松效应要明显得多。

相较于抗压桩，抗拔桩侧阻力会随着上拔量的增加，致土层松动及侧面积减少，从而低于抗压侧阻力，故在利用一般工程地质勘察报告所提供的抗压侧阻力来确定抗拔侧阻力时，需引入拔压的侧阻力比例系数，即抗拔系数，也称拔压比。拔压比是反映抗拔桩承载能力的重要指标，抗拔侧阻力取决于桩周土层的力学性质，拔压比则主要受到土层抗拔系数的地区差异性的影响。一般情况下，灌注桩的拔压比高于预制桩，因此相同条件下灌注桩的抗拔系数一般要高于预制桩，长桩的拔压比高于短桩，因此相同条件下长桩的抗拔系数要高于短桩。在考虑抗拔桩承载历史影响的同时，还应当考虑土层液化对承载力的影响、施工后孔隙水应力消散后的固结对承载力的影响、黏土土层自重固结产生的负摩阻力对承载力的影响、对于某些条件下的群桩基础还应考虑基桩之间相互作用产生的群桩效应等。同时，抗拔桩所承受的拉拔荷载往往是多变的，有恒载的，也有周期性加卸载的，更有拉拔与下压反复交替的（如风荷载、地震作用、工程应用所要求的交变荷载等），研究的对象往往超出静力学的范畴。

关于桩侧摩阻力达到其峰值与相应的桩顶上拔位移量，大致存在着两种不同的观点。第一种观点以为：侧阻力达到其峰值所需的桩顶上拔位移量与桩径有关。例如吕斯（L. C. Reese）1970年的试验表明：坚硬黏土内受压钻孔桩的侧阻力在相对位移为0.5%～2%d（d为桩径）时达到其峰值。由此分析推论，认为上拔时相对位移要比下压时更大些，可取2%d值。第二种观点认为：侧阻力与相对位移关系比较固定，与桩径基本无关。张季如等人（1996年）的研究表明，不管土属于何种类型以及桩直径、长度和施工方法有怎样的不同，桩侧摩阻力充分发挥所需的桩与土之间相对位移值总在4～10mm左右。与桩端荷载传递相关联的较大的位移值，通常随着桩的直径增加。由此看来桩径虽有一定影响，但在有限的桩径变幅范围内，其影响不太大，两者并非线性关系。

另外，在设计抗拔桩截面时，应该考虑桩体材料的耐久性的影响，充分考虑因为材料强度变化而出现桩体抗拉承载能力不足的情况。钢筋混凝土构件本身带有微裂缝会直接影响混凝土的抗渗能力和混凝土对钢筋的保护能力，也会直接影响构件或结构的耐久性和承载能力，设计中应充分考虑材料耐久性。

检测是确保抗拔桩承载力和耐久性的手段，采用单桩竖向抗拔静载试验检测单桩承载力是目前最可靠的方法之一，工程中常用静载法校验设计要求的单桩抗拔承载力极限值，用钻芯法、动测法（低应变法、声波透射法等）检测桩身结构的完整性、缺损位置及程度等。抗拔桩大都主要为受拉构件，只考虑纵向钢筋承担拉力作用，因此对桩体混凝土质量的要求主要是从保护受力筋的要求出发，即纵向钢筋的保护层厚度必须满足，保护层的混凝土质量必须得到保证。

所以，与基桩的抗压承载力相比，抗拔承载力更具不确定性，考虑抗拔桩的承载力时，既要考虑桩的短期抗拔承载力，又要注意桩的长期抗拔能力的变化情况，特别是随时间减弱的情况。除了前面讲到的情况外，轻亚黏土、粉土、细砂和中砂等类型土中随桩入土深度的增加会产生局部侧摩阻力减弱的深度效应，桩基础的施工过程、抗拔桩侧阻力存在着退化效应，又如临界位移以后黏土中桩侧摩阻力发生退化即所谓的疲劳及循环荷载作用下饱和软黏土侧阻退化等，都需要全面、系统地加以考虑。

5.2.1 等截面桩的受力特征

1. 传统等截面抗拔桩

等截面桩受上拔荷载时，除了自重之外，主要通过桩周摩阻力来抵抗上拔荷载。对桩身较长的等截面抗拔桩来讲，承受上拔荷载时其荷载传递机理类似于其受压，但是所有的应力正负号则与之相反，桩侧摩阻力的方向也相反，桩身拉应力开始产生在桩的顶部。随着桩顶向上位移的增加，桩身拉应力逐渐向下部扩展。当桩尖部位的桩-土相对滑移量也达到某-定值（通常在10mm以内）时，该处界面摩阻力已发挥出其极限值。这时整个桩身侧壁总摩阻力已经达到甚至超过了峰值，其后桩的抗拔总阻力就将逐渐下降，抗拔能力逐渐丧失。对桩身较短粗的桩，由于在上拔过程中桩的弹性拉伸量不大，上拔荷载达到其峰值只需要相当小的位移，抗拔能力即告丧失。

图5.2-1为一次砂土中的抗拔桩模型试验的桩侧剪切应力实测结果。模拟桩长度仅为1.65m，桩的弹性伸长量有限，因而实测剪应力在桩身上的发展几乎是同步的。

如果是弹性长桩，那么剪应力的变化将是由上到下逐步发展的。A. Puech等人应用数值模拟的方法对一根均匀密度砂土中的14m长桩（桩径d=30cm）进行了分析，分析中假设这根桩的相对刚度较差（桩-土弹性模量比$E_P/E_s=100$），结果表明，抗拔桩与桩周土的相对位移从桩顶逐步传向桩尖，桩侧摩擦自上而下逐渐产生，桩身荷载向土中的传递过程与一般抗压桩的规律相符，只是应力符号和方向相反（见图5.2-2）。

抗拔桩的破坏形态大致可分为四大基本类型（见图5.2-3）：

（1）沿桩-土侧壁界面剪破；

（2）桩周土体破坏；

（3）复合剪切面剪破，即桩的下部沿桩-土界面剪破，而上部的部分深度内土体中形成斜向裂面或曲线型裂面，部分土体与桩粘附在一起，与桩同时上移；

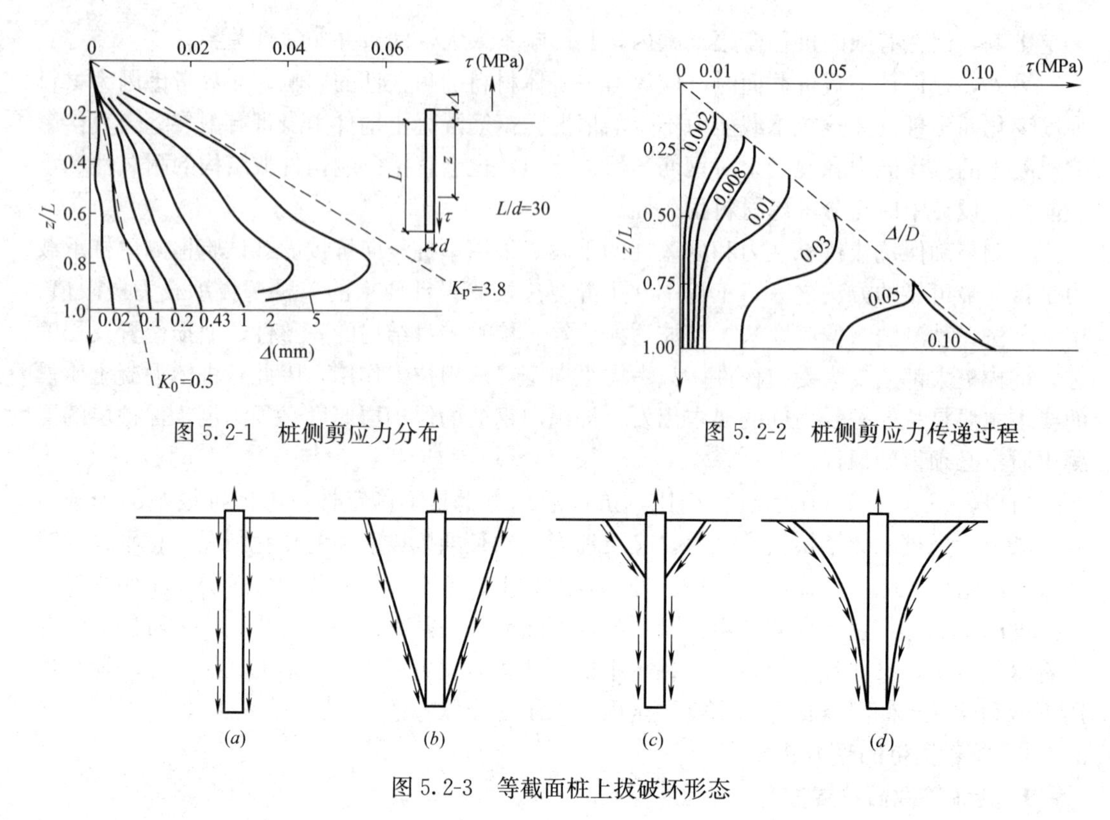

图 5.2-1 桩侧剪应力分布

图 5.2-2 桩侧剪应力传递过程

图 5.2-3 等截面桩上拔破坏形态

（4）桩身拔断

其中，比较常见的破坏形态是图 5.2-3（*a*）所示类型。只有在软岩中的短粗灌注桩才可能出现完整通长的沿岩土体破坏，如倒锥体破坏或喇叭形土体破坏，如图 5.2-3（*b*）、（*c*）。复合剪切面剪破则常在硬黏土中较长的钻孔灌注柱周围出现，而且往往是桩的侧面不平滑而黏土与桩身表面黏结很好。完整通长倒锥体土重过大，不可能发生像图 5.2-3（*b*）中的那类破坏。只有上方局部范围内的小倒锥形土体的重量不足以破坏该局部界面上桩-土粘着力时即可形成这种复合滑动面，事实上，在硬黏土内，桩的上拔过程中沿桩身不同深度处自上而下地逐步出现若干倒锥形裂缝，它们就是可能出现局部倒锥体土块随桩体一起上拔的产生诱因。

简单的机理如图 5.2-4 所示，当刚施加上拔荷载时，沿着满足摩尔-库仑破坏条件的区域在土中出现间条状剪切面，如图 5.2-4（*a*）所示，每一剪切面空间上又呈倒锥形斜面。这时尚可能有较大的基础滑移运动。随着上拔力的增加，迫使界面外土中出现一组略与界面平行的滑裂面，沿着它们基础产生较大滑移见图 5.2-4（*b*）。这种滑移剪切最终发展成为桩基的连续滑移，见图 5.2-4（*c*），即沿圆柱形的滑移面破坏。但某些情况下，在连续滑移剪切破坏发生前，间条状剪切面也会直接导致基础破坏。这将产生混合式破坏面，即在靠近地面呈一倒锥形面，而下部为一个完整的圆柱形剪切面。

若土质较好，桩-土界面上粘结又牢，而桩身配筋不足或非通长配筋时，也可能出现桩身被拉断的破坏现象（图 5.2-5）。

2. 预应力等截面抗拔桩

预应力抗拔桩根据预应力筋与混凝土的粘结情况，可分为受拉型和受压型两种，两者的主要区别在于桩体承受荷载时桩体材料的应力状态。

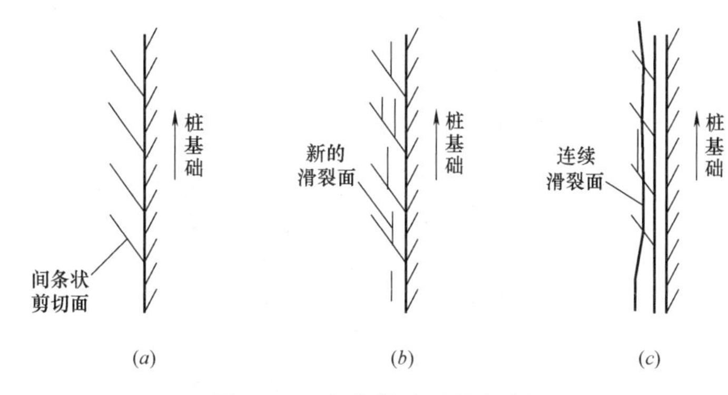

图 5.2-4 复合滑动面形成过程

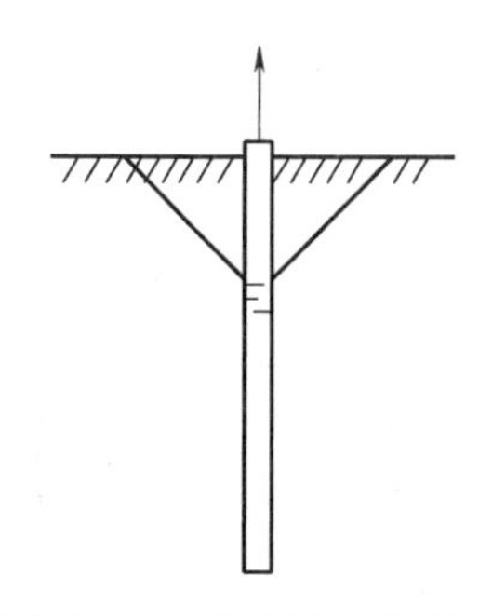

图 5.2-5 桩身被拉断现象

受拉型抗拔桩见图 5.2-6（a）受拉钢筋与混凝土完全粘结，上拔荷载是通过桩体内受力筋与混凝土接触界面上的粘结应力，由顶端向底端传递的。上半部的桩体混凝土仍然较易出现张拉裂缝，耐久性能差。受压型抗拔桩见图 5.2-6（b）中受力筋与桩体材料隔开，上拔荷载直接传至桩底或桩底部承载体。这种抗拔桩受荷时，上部大部分桩体混凝土受压，不易开裂，用于永久性抗拔基础是适宜的。目前，受拉型抗拔桩应用较为广泛，以下主要讨论的是这种预应力抗拔桩。

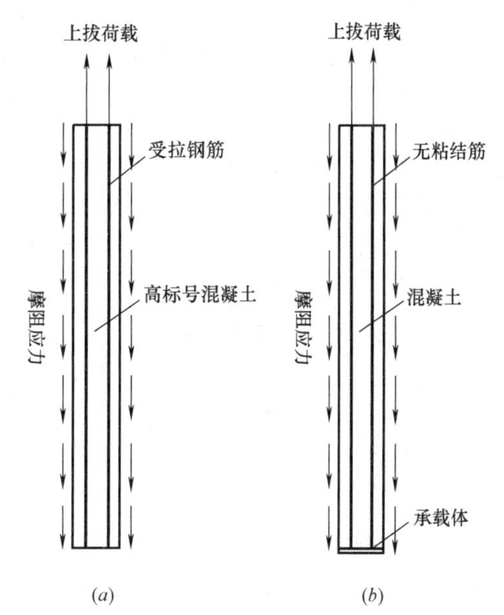

图 5.2-6 受拉型和受压型抗拔桩结构示意图
（a）受拉型抗拔桩；（b）受压型抗拔桩

预应力抗拔桩一般是通过先期的预张拉，使预应力筋在抗拔桩承受抗拔力之前承受一定的预应力，并使桩体产生相应的初始变形。这种预先的变形，使桩侧和土体之间在桩承受上拔载荷以前就发生相互的作用，有利于桩发挥其全部承载力，并能够有效减少桩顶的位移。而普通的抗拔桩由于没有初始变形，发挥全部承载能力时，桩顶会产生较大的位移。

抗拔桩的荷载传递除桩身自重平衡一部分以外，其余全部由桩周摩阻力来平衡。预应力抗拔桩与非预应力抗拔桩的结构构造不同，两者在地层中的力系也有着明显差异。预应力抗拔桩随着上拔荷载的增加，桩侧摩阻力由深而浅逐步发挥。而非预应力抗拔桩随着上拔荷载的增加，桩侧摩阻力由浅而深逐步发挥，其规律与承受静压荷载时的桩侧摩阻力发挥情况一样，但是摩阻力的方向相反。

对于较长的抗拔桩，在承受上拔荷载的初期，非预应力抗拔桩的部分桩身混凝土处于受拉状态，而预应力抗拔桩的桩身混凝土则仍全部处于受压状态。而在抗拔承载力充分发挥时，非预应力抗拔桩的桩身轴力（以拉为正）沿桩身向下逐渐减少，见图 5.2-7（a），桩顶位置的桩身轴力最大，桩底最小；预应力抗拔桩的桩身轴向力沿桩身向下逐渐增加，见图5.2-7（*b*），轴力最大处取决于施加预应力的着力点。

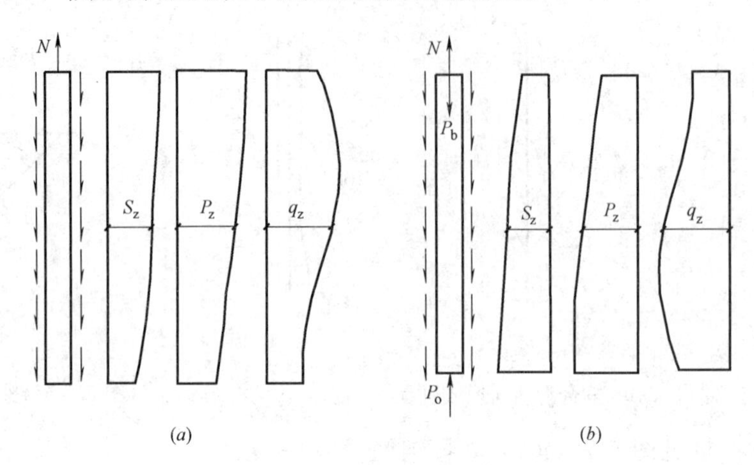

图5.2-7　抗拔桩桩身变形（S_z）、轴力（P_z）和侧摩阻（q_z）分布图

（*a*）非预应力抗拔桩；（*b*）预应力抗拔桩

如前所述，无论抗拔桩施加预应力与否，其破坏形式或者是桩侧摩阻力太小造成拔出破坏，或者是桩侧摩阻力足够的情况下的桩身结构破坏。非预应力抗拔桩的桩身结构的破坏主要是桩身混凝土的失效引起的，且桩身破坏的位置一般位于桩上部，而预应力抗拔桩的桩身破坏一般是预应力体系失效引起的。

3. 后注浆等截面抗拔桩

抗拔桩采用后注浆技术的目的是提高单桩抗拔承载力。抗拔桩后注浆主要加固桩底以上桩周土体（包括桩周泥皮），注浆液与桩周泥皮及相邻周围土体形成一种特殊的水泥-土网状结构，通过这种桩-土界面性质的改变，增加桩侧摩阻力，从而提高桩的抗拔承载力。

对于等截面桩，抗拔承载力一般主要取决于桩的侧阻，其后注浆的目的也更侧重于加固并改善桩端上部桩周土的性状。而抗压桩，桩端和桩侧后注浆均可有效地提高单桩承载力，且端承抗压桩的承载力的提高主要取决于桩端后注浆，桩侧后注浆的作用相对较小。为保证抗拔桩全段桩周土的加固效果，一般情况下，抗拔桩的桩侧注浆量应大于抗压桩的桩侧注浆量，注浆压力也应高于抗压桩桩侧后注浆的注浆压力，桩侧注浆管应埋置至桩底附近。

桩侧注浆提高桩基抗拔承载力的效果在桩身全长范围内均可发挥，承载力提高系数随桩长的改变比较稳定，且在荷载水平较低的情况下即可发挥，同时，在极限荷载作用下，桩侧注浆抗拔桩的桩顶位移往往也较小，适用于基础变形要求严格的情况，同时也利于桩身抗裂验算要求。而且桩侧注浆技术应用方式灵活，也可以作为一种补充措施，与其他多种抗拔桩型结合使用，充分发挥抗拔桩的承载能力。

后注浆工法适用于含砂丰富地层。对于砂层，采取桩侧注浆可以显著提高桩基抗拔承载力并有效地控制桩顶位移量。根据工程经验，后注浆效果随土颗粒的增大而增大，在卵石层中的效果最好，承载力提高系数可达到100%以上。对于软黏土地层，通过后注浆提高桩基抗拔承载力的效果不太明显。在沿海地区，多分布较厚含淤泥和淤泥质黏土软土地层，在桩基设计中桩侧注浆方案应慎用。

抗拔桩进行桩侧注浆时，宜先从上往下顺序进行，确保浆液尽可能向桩周土体内而不是沿桩土交界面上溢，从而在桩周形成较大的上拔体。抗拔桩后注浆示意图见图 5.2-8。抗拔桩注浆时，一方面要控制好注浆水灰比，水灰比过大容易造成浆液流失，后注浆的有效性降低；水灰比过小会增加注浆阻力，后注浆的可注性降低。因此，注浆浆液水灰比应根据土层类别、土的密实度、土是否饱和等诸因素确定，桩周土和泥皮矿物颗粒化学成分及物理特性不同，水泥-土的水化反应也会不同。另一方面，抗拔桩的后注浆时间应在成桩后尽快进行，此时水泥浆注入桩周扰动土，有利于水泥浆扩散，使浆液与桩周土或泥皮混合形成强度较高的水泥土。

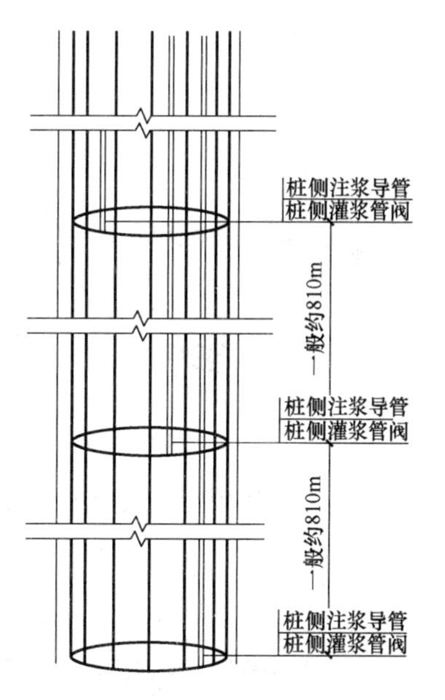

图 5.2-8 抗拔桩后注浆示意图

如上所述，后注浆与桩周土形成水泥土的综合强度除了与土体及水泥浆本身的矿物成分、物理化学性质相关外，还取决于注入浆液总量、水泥浆扩散范围等因素。根据资料介绍，只有当水泥浆的掺入量超过一定的百分比后，水泥土强度才随着水泥渗入比增加而明显加大。

在一定的注浆压力条件下，后注浆竖向扩散范围约为 8～15m，而水平扩散范围则与桩周土可灌性有关；当注浆量一定时，假定水泥浆均匀分布于桩周土中，则水泥渗入量 a_w，为：

$$a_w=\frac{W_s}{\frac{\pi}{4}(D^2-d^2)h\times\gamma_s}\times 100\% \tag{5.2.1}$$

式中 a_w——水泥渗入量；

W_s——水泥用量；

D——注浆扩散半径；

d——桩径；

h——注浆高度；

γ_s——土体天然重度。

显然，在确定水泥渗入量的条件下，注浆量随着桩径增大，加固范围快速递增（图 5.2-9），而注浆加固体强度随水泥渗入量增加而加大，为保证抗拔桩的注浆效果，充分发挥后注浆抗拔桩优势，在桩径较大时，注浆量也应有所增加。

在确定的注浆量条件下，水泥渗入量随桩径及注浆加固范围而快速递减（图 5.2-10），即当注浆量确定时，小直径桩比大直径桩有效加固范围大，考虑到在桩周土体中浆液扩散的非均匀性，应根据土层注浆量、注浆加固范围对注浆抗拔桩承载力提高幅度进行修正。

以下的几个工程实例说明了后注浆技术在经济技术上的优势。

【实例 1】 某沿海城市 500kV 地下圆形变电站工程，主体结构直径超过 130m，底板埋深为地面自然标高下－33.4m，结构顶面为地面绿化广场，整个建筑为纯地下结构，设计有效抗拔桩桩长近 50m。该工程场地地层属于典型的沿海软土地层。试桩区域各土层的

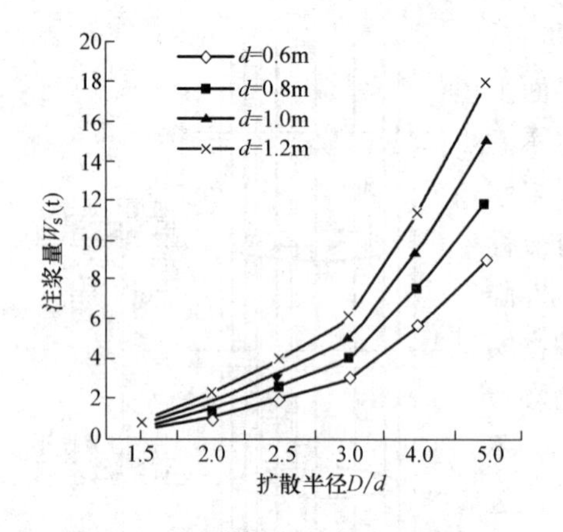

图 5.2-9 注浆量与扩散半径的关系（水泥渗入量5%）

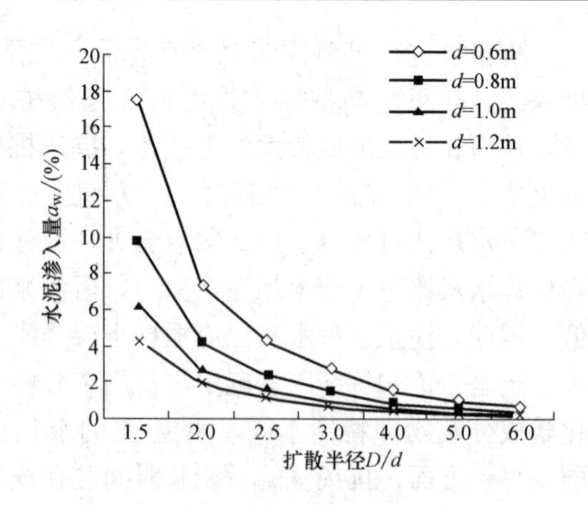

图 5.2-10 水泥渗入量与扩散半径的关系（水泥用量1.0t）

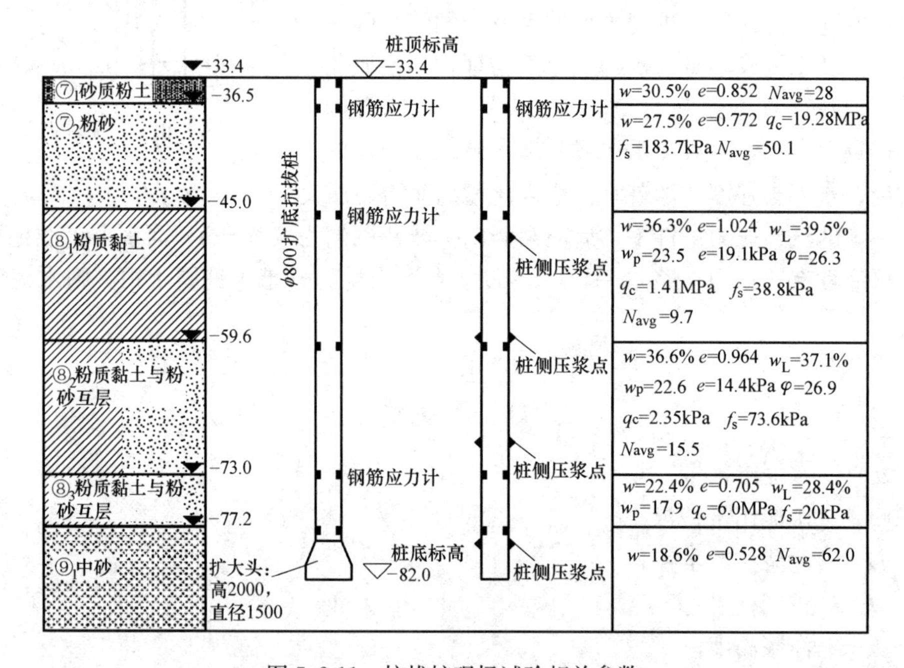

图 5.2-11 抗拔桩现场试验相关参数

主要物理力学指标参见图5.2-11。

吴春秋等人（2007）就该项工程建设中提出的扩底抗拔桩和等截面桩侧注浆抗拔桩两种抗浮桩方案进行了试桩研究。通过比较分析，认为在技术经济条件相当的情况下，选择桩侧注浆方案可以节省工期。虽然单根扩底桩的施工时间比等截面桩施工时间仅多出约12个小时。但对于工程量较大的项目，扩底桩方案会增加较多的总工期。而桩侧注浆施工可以与桩基施工交叉进行，不影响总工期，因此采用桩侧注浆等截面桩方案可以比扩底桩方案节省大量工期，由此还可以带来巨大的间接效益。

【实例2】 张武、高文生（2008）介绍了河北省栾城县某污水处理厂进行三根桩基的试桩的抗拔锚桩的情况。试桩直径800mm、桩长19～26m，为钢筋混凝土灌注桩，由于单桩承载力特征值要求不低于6000kN，全部采用后注浆工艺。试验中，单桩最大拉拔加载值不低于12000kN，采用四锚一桩，锚桩桩长为22.5m，桩径为800mm，采用后注浆工艺。根据计算，锚桩的单桩抗拔承载力设计值不应低于3000kN，桩周各类土层厚度锚桩穿越的土层桩侧阻标准值及承载力计算见表5.2-1。

后注浆抗拔桩承载力计算表 **表5.2-1**

土层序号	土层类别	土层厚度(m)	侧阻力标准值(kPa)	抗拔系数 λ_i	侧阻力增强系数 ξ_i	抗拔极限承载力(常规)(kN)	抗拔极限承载力(后注浆)(kN)
③	粉土	4.2	40	0.8	1.5	337.6	506.4
④	粉砂	4.7	50	0.8	1.6	472.3	755.7
⑤	粗砂	4.5	70	0.7	2.1	553.9	1163.2
⑥	粉土	5.7	40	0.8	1.5	458.2	687.3
⑦	中砂	3.4	60	0.7	1.8	358.7	645.7
Σ		22.5	—	—	—	2180.7	3758.3

4. 特殊土中抗拔桩

目前，对于冻土、黄土、软土等特殊土中的抗拔桩的研究成果还比较少。由于桩周土体的特殊性质，其承载特性和一般地基土中的抗拔桩有着一定的差别。

(1) 冻土

我国多年冻土与季节性冻土区域面积为729万km^2，约占国土总面积的76.3%，在这些区域，特别是多年冻土和标准冻深大于0.5m的季节冻土的地区开展工程建设，将会不可避免地遇到的冻土工程问题，并应通过静力、热工、稳定三方面的计算，达到安全、经济的目的。

结合室内冻土力学试验、模型试验和现场实物试验，围绕桩基冻土作用机理、冻结强度影响因素、桩基垂直水平承载力实测等方面，国内外学者近年来进行了一些研究工作。北美国家、俄罗斯等对冻土地段抗拔桩有一些应用实例。自20世纪70年代中期以来，我国在高纬度冻土区铁路建设工程中，开展了打入桩、插入桩、灌注桩的一系列试验研究，取得了桩周土回冻规律、桩侧冻结强度等一些研究成果。但总的来说冻土地区桩基础，特别是抗拔桩的力学性能研究尚处于初步研究阶段，也没有形成完整的研究体系。

作为地基土的冻土，其强度、承载力等，除了与地基土的物质成分、孔隙比等因素有关外，还与冻土中冰的含量有很大关系，冻土中未冻水量的变化直接影响着冻土中冰-土的胶结强度。因此进行抗拔桩的计算时，要按照可能出现的最不利地温状态来进行承载力设计。

邱明国等人(1999)对冻土中桩的破坏模式进行了试验研究，认为均质冻土中等截面竖直桩承载力主要受冻结力强度所控制，其Q-s曲线呈陡降形，在正常情况下存在着明显的台阶。土与基础间的冻结力，是在土体冻结过程中，桩基周围的湿土通过水分冻结成冰，将土颗粒与桩体紧密地胶结在一起而产生的胶结力。冻结力的大小不但与地基土的性质有关，在很大程度上也与地基土的冻结深度与冻结强度有关。桩身混凝土在浇筑后以及在形成强度的过程中，水泥的水化热对桩身及地基土的冻结(回冻)时间有很大影响，对冻土层的地温及冻土上限也有很大影响。

冻结力在整个桩上拔的过程中总是在不断地消减，当桩基受到上拔力作用时，上拔力增大到一定程度，会破坏这种冻结力的作用形式。开始是在局部点和面上冻土和桩基发生脱离，然后局部的点和面连成连续的滑动面。在此过程中，随着冻结力的作用不断减小，桩土间的滑动摩擦力开始起作用。

冻土中的抗拔桩除受冻结力强度控制外，还会受冻结或回冻过程中的冻胀作用影响。在封闭的体系中，土中水冻结体积扩张产生内应力；在开放体系中，土体在冻结过程中发生的体积膨胀对工程结构物或构筑物的作用力称为冻胀力。土体冻胀力作用于桩基础轮廓表面，当工程结构物的重量和附加荷载不足以与之平衡时，土体将产生冻胀变形，同时引起结构物变形。根据冻胀力作用于基础轮廓表面的部位和方向，分为切向冻胀力、法向冻胀力和水平冻胀力：切向冻胀力 σ_t 垂直于冻结锋面，平行作用于基础垂向侧表面，使基础随着土体的冻胀变形而产生向上位移的拔起力；法向冻胀力 σ_{n0} 垂直于冻结锋面及基础底面，把基础向上抬起；水平冻胀力 σ_{h0} 垂直于基础侧表面，使基础受到水平方向挤压或推力而产生水平位移。寒冷地区的轻型建筑物，经常由于切向冻胀力的作用而遭到破坏。冻胀示意图见图 5.2-12。

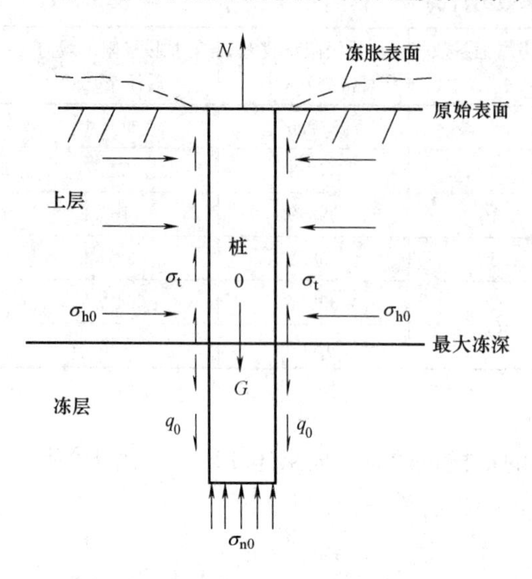

图 5.2-12 冻胀示意图

σ_t—切向冻胀力；σ_{n0}—法向冻胀力；σ_{h0}—水平冻胀力；q_0—侧摩阻力；G—桩身自重；N—上拔力

对于埋深超过最大冻深的桩，抗拔桩的承载力主要包括桩壁与桩侧土之间的冻结力、摩阻力及桩体自重等。在最大冻深以上，桩侧面将受到水平冻胀力和切向冻胀力的共同作用；而在最大冻深以下，由于没有受到这两种冻胀力作用，桩侧面仅受到桩与冻土间侧摩阻力作用，显然，对于最大冻深以上的抗拔桩，则不含这部分摩阻力。

作用在桩基上的切向冻胀力会使桩体产生不均匀上抬，如果设计时对此考虑不当，则会引起基础在切向冻胀力的作用下产生上拔变形，甚至破坏。因此，在对冻土地区桩基础抗拔承载力设计中，要充分考虑到冻胀力的影响。

汪仁和（2006）在不同冻结条件下进行了单桩的室内抗拔模型试验，得出以下结论：

① 冻土温度越低，单桩的承载力越大。从不同冻土负温下试桩的 P-s 曲线（图 5.2-13）可以看出，冷冻温度越低，冻土桩的抗拔承载力越大、相同荷载对应的桩身沉降量减小，从冻结力与温度的关系曲线可以看出，温度对于冻土地基承载性能的影响是非常大的（图 5.2-14）；

② 桩的轴力沿桩深衰减很快，轴力传递主要在上部，沿桩长的分布形式总是上大下小分布，见图 5.2-15；

③ 桩侧冻结力 f 从桩头沿桩深分布为：开始为线性增加，到一定深度后逐渐减小，呈双折线形，见图 5.2-16；

④ 冻土抗拔桩的承载力主要是桩侧的冻结力，而冻土的切向冻胀力对桩的抗拔承载力造成的是负面影响，在桩身及地基土的冻结（回冻）过程中，冻土的切向冻胀力具有将桩向上抬起的趋势，减小了冻土抗拔承载力。

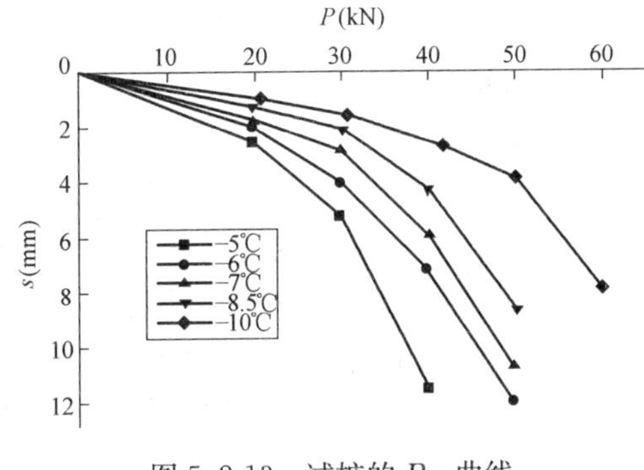

图 5.2-13 试桩的 P-s 曲线

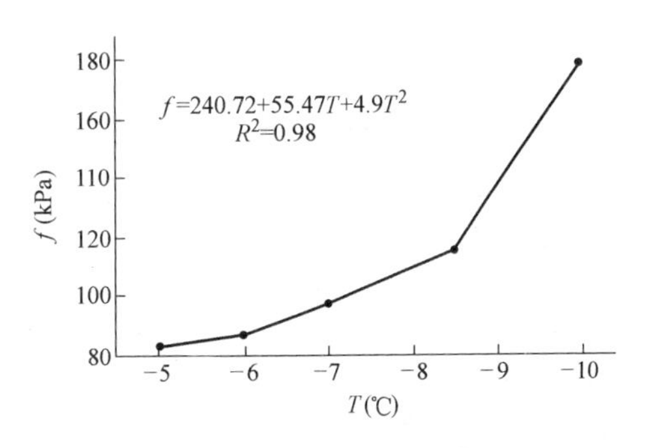

图 5.2-14 冻结力与温度的关系

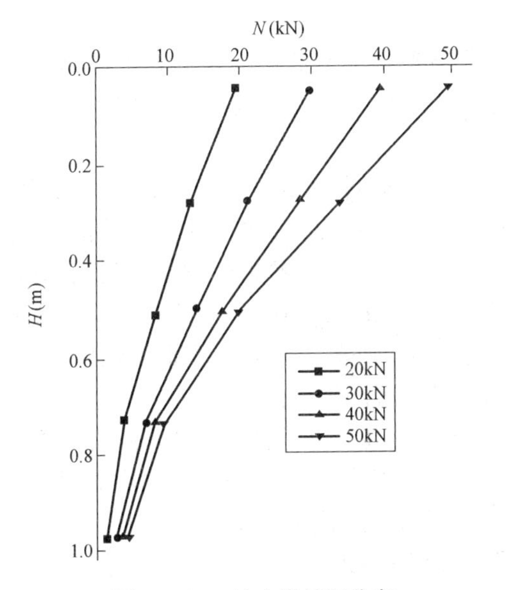

图 5.2-15 轴力沿桩深分布

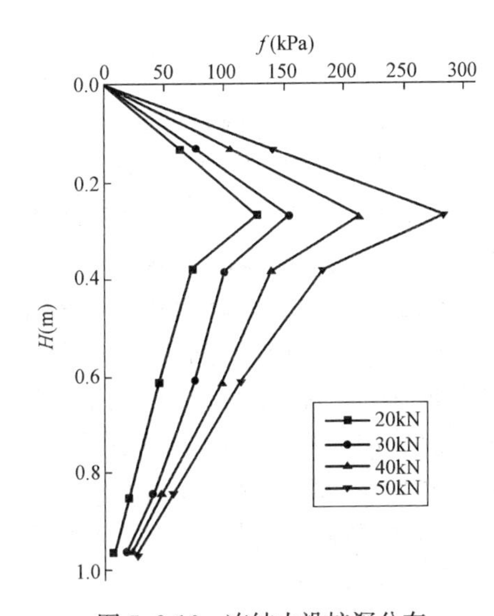

图 5.2-16 冻结力沿桩深分布

(2) 黄土及软土

黄土可分为湿陷性黄土和非湿陷性黄土两类黄土，黄土的结构性和欠压密性是决定黄土的工程性质的本质特性，结构强度和侧向压力对黄土的应力-应变关系曲线有着显著的影响。在黄土中的抗拔桩设计主要需要考虑以上因素，但其承载机理和破坏形式仍与一般土层中的抗拔桩类似。

软土地区抗拔桩承载机理和破坏形式与一般土层中的抗拔桩类似，但一般均需要通过变截面和桩侧灌浆等方法及工艺来提高抗拔承载力，或者采用桶型抗拔基础等其他形式。而扩底抗拔桩的抗拔力主要包括扩大头四周竖直向上延伸的圆柱体侧表面上土的黏聚力和被动土压力所产生的摩阻力、基础自重等。

5.2.2 变截面桩的受力特征

为了提高抗拔桩的抗拔承载力，除了上述的后灌浆技术外，变截面桩也应用得相当广泛。变截面桩的主要形式包括扩底桩、支盘桩和螺旋桩等。

5.2.2.1 扩底抗拔桩

扩底桩是通过增加桩端截面，改变桩体抗拔受力模式来提高抗拔承载力的。作为抗拔桩，扩底桩的最大优点是可以通过增加不多的材料来显著增加桩基的抗拔承载力。对于这

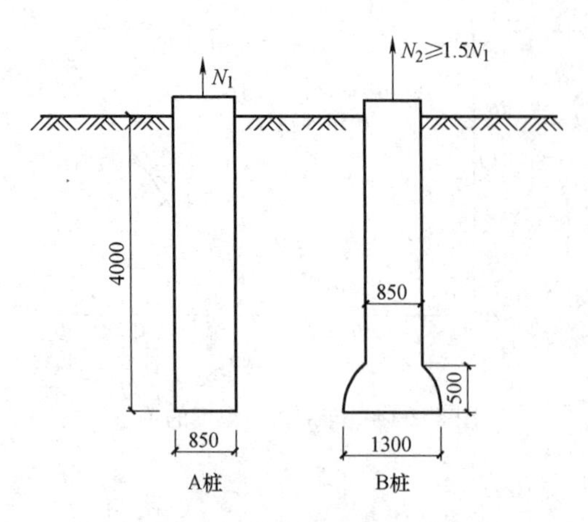

图 5.2-17 扩底桩上拔承载力大于等截面桩

一点，可从国内外机扩桩、夯扩桩以及人工掏挖扩底桩的许多实践经验得到证明。1972年在国际大电网会议（CIGRE）上，法国马尔丹（Martin）曾举出一例：某工地短粗钻孔灌注桩（长 4.0m，直径 ϕ850mm）仅在其底端 500mm 的范围用机扩的办法将底径增至 ϕ1300mm，相当于将底端半径增大 225mm（图 5.2-17），而土内桩的抗拔承载力却净增了 200t 左右，即增加了 50%以上，而桩的混凝土用量度仅增加了 0.53t。

随着扩孔技术的不断发展，扩底桩的应用愈来愈广泛，设计理论也逐步发展和完善。

1. 扩底抗拔桩的荷载传递规律

扩底桩的抗拔力主要有三部分组成，即桩本身的自重、扩大头部分的抗拔力和桩周摩阻力。通常，等截面抗拔桩承载力中的桩侧摩阻力部分随着上拔荷载的增加开始逐渐增大，一般在桩-土界面上相对位移达到 4～10mm 时，相应的侧壁摩阻力就会达到其峰值，其后将逐渐下降。与此不同的是，中等长度的扩底桩在上拔过程中，受桩端扩大头挤压所引起的上拔端阻力与桩杆侧摩阻力的发挥并不是同步的。通常，桩身侧摩阻力先达到它的极限值，而此时扩大头上方的土抗力只达到其极限值的很小一部分（特别是桩杆很长者更是如此），在扩大头上拔的挤压作用下，土对它的反作用力（即上拔端阻力）随着上拔位移的增加而增大，直到桩上拔位移量达到相当大时（有时可达数百毫米），才可能因土体整体拉裂破坏或向上滑移而失去稳定。因此，扩大头抗拔阻力所担负的总上拔荷载中的百分比也是随着上拔位移量而逐渐增加的。桩接近破坏荷载时，扩大头阻力往往是决定因素。

带扩大头的圆柱形桩，其抗拔阻力随扩头直径的增加而迅速提高。而且在相当大的上拔变位幅度内，上拔阻力可随上拔位移量持续不断地同步增长，呈现所谓的抗拔“有后劲”的现象。图 5.2-18 是等截面桩和扩底桩的上拔荷载-位移曲线，其中曲线 4 和 5 表示等截面桩情况，而曲线 1、2 和 3 则均为扩底桩。扩大头直径分别为 1020mm、810mm 和 610mm。所有 5 根桩杆直径均为 457mm。除了曲线 4 所代表的桩的长度为 4.57m，其他的 4 根桩长均为 3.05m。由图可知，等截面桩不仅抗拔承载力小，而且达到极限抗拔阻力时相应的上拔位移也很小（5～10mm），荷载-位移曲线有明显的转折点，甚至有峰后承载力减小的现象。与之相反，扩底桩的荷载-位移曲线却显得有“后劲”，在相当大的上拔位移变幅内，上拔力可不断上升，除非桩周土体彻底滑移破坏。

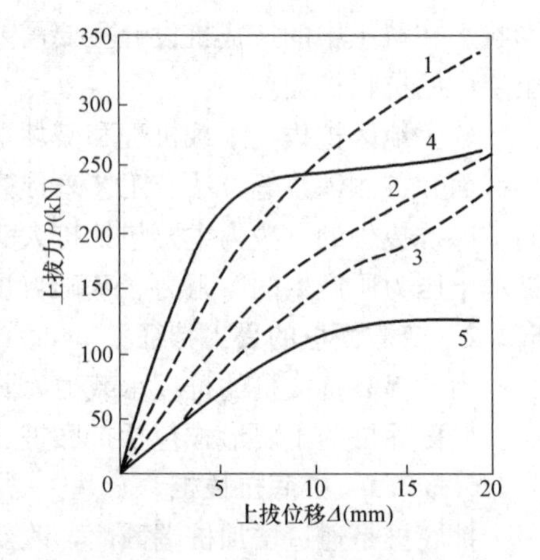

图 5.2-18 上拔荷载-位移曲线

鉴于扩底抗拔桩的受力特点，在杆塔基础设计中，普遍建议采用扩头钻孔桩来代替传统的先挖坑再回填土埋设高平板基础（现浇的或预制的）的旧式施工方法。在 20 世纪 70～90 年代内，我国电力建设界创造性地发展了大量扩底桩构成的杆塔抗拔基础作为优选基型，如爆扩桩、机扩桩、机扩锚杆、掏挖桩、夯扩桩、静水压力压扩桩，后注浆桩以及各种组合式的扩体桩，有效地提高了桩的上拔承载力，取得了明显的经济效益和社会效益。我国冶金、电力部门所作的研究成果也表明扩底桩扩大头所担负的抗拔阻力占总的抗拔承载力的百分比很大。

此外，在扩大头端部以上的一段桩杆侧壁上，不能发挥出桩-土相对位移，从而该段上侧摩阻力的发挥也受到了限制，设计中通常忽略该段的侧摩阻力。在一定的桩形条件下，扩大头的上移还带动相当大范围内土体一起运动，促使地表面较早地出现一条或多条环向裂缝和浅部的桩-土脱开现象，所以，设计中通常也不考虑桩体侧面地表下 1.0m 范围内的桩-土界面摩阻力。

扩底抗拔桩承载能力除受到大头尺寸、桩长等因素影响外，还与桩径、桩的刚度系数、土质、上拔极限位移、施工因素等直接相关。扩大头的作用是最明显的，扩大头上移挤压土体，上层部分桩周土剪应力随之提高，从而改善上部土体的力学性能。对于饱和土，泊松比接近于 0.5，土的侧压力系数较大，扩大头对桩周围剪应力的影响就更加明显，扩底桩的抗拔极限承载力提高效果更为显著。但是，扩大头所引起应力的变化是复杂的。

2. 扩底抗拔桩的破坏形式

扩底抗拔桩扩大头的上移使基土内产生各种形状的复合剪切破坏面，这种特型基础的地基破坏形态相当复杂多变并随施工方法、基础埋深以及各层土的特性而变，基本的破坏形式如图 5.2-19 所示。

当桩基础埋深不很大时，虽然桩杆侧面滑移出现得较早，但是当扩大头上移导致地基剪切破坏后，原来的桩杆圆柱形剪切面不一定能保持图 5.2-19 中中段那种规则的形状，尤其是靠近扩大头的部位变得更复杂，也可能演化成图 5.2-20 中的“圆柱形冲剪式剪切面”，最后可能在地面附近出现较小的倒锥形剪切面，其后的变形发展过程就与等截面桩中的相似。

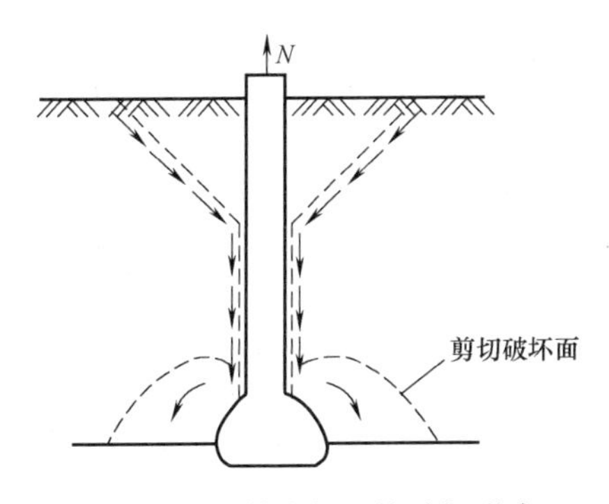

图 5.2-19 扩底桩上拔破坏形式

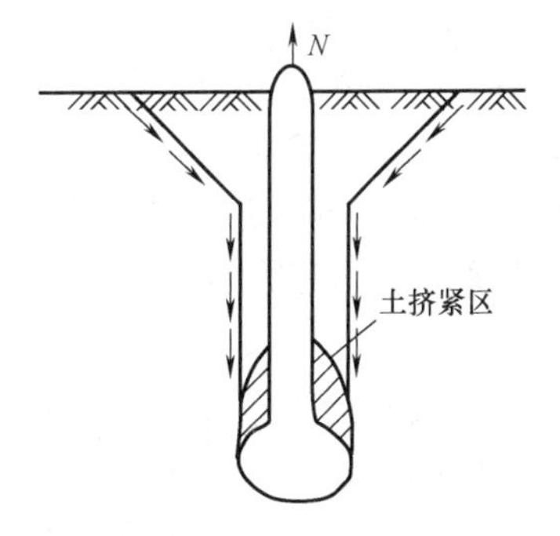

图 5.2-20 圆柱形冲剪式剪切面

应当指出，只有在硬黏土中，前述条状剪切面才可能发展成为倒锥形的破坏面。如果扩大头埋深不大，桩杆较短，则可能仅出现圆柱形冲剪式剪切面或仅出现倒锥形剪切破坏面，也可能出现一个介于圆柱形和倒锥形之间的曲线滑动面（状如喇叭）。在计算抗拔承载力时，宜多设几种可能的破坏面，择其抗力最小的作为最危险滑动面。

在浅层有一定厚度的软土层时，为了保证扩底桩能具有较高的抗拔承载力，扩大头往往会设计埋入下卧的硬土层（或砂土层）内一定深度处，这时抗拔桩的承载力主要由下卧硬土层（或砂土层）的强度来发挥，而上覆的软土层至多只能起到压重作用。所以完整的滑动面就基本上在下卧的硬土层（或砂土层）内开展（图 5.2-21），而上面的软土层内不出现清晰的滑动面，而呈大变形位移（塑流）。

在均匀的软黏土地基中，扩底桩在上拔力作用下表现为一种固形物在浓缩流体中运动的状态。这浓缩流体就是饱和软黏土，而固形物就是桩，在软土介质内部不易出现明显的滑动面。此外，扩大头的底部软土将与扩大头底面粘在一起向上运动，所留下的空间会由真空吸力作用将扩大头四周的软土吸引进来，填补可能产生的空隙（见图 5.2-22）。与此同时，由于相当大的范围内土体在不同程度上有所被牵动而一起运动，较短的扩底桩周围地面会呈现一个浅平的凹陷圈，而在软土内部则始终不会出现空隙，一直要到桩头快被拔出地面时才看得到扩大头与底下的土脱开。

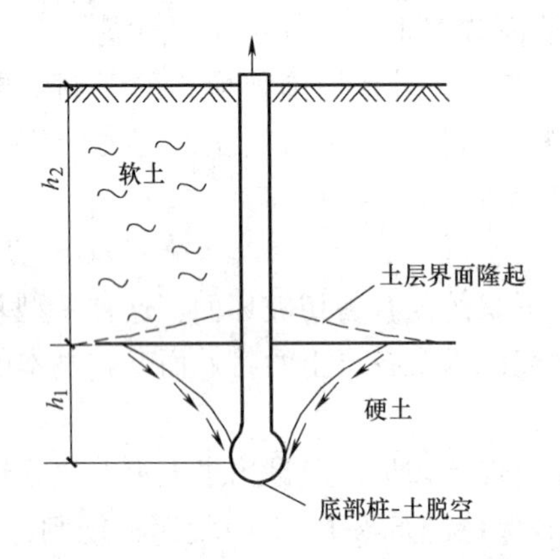

图 5.2-21 有上覆软土层时上拔破坏形态

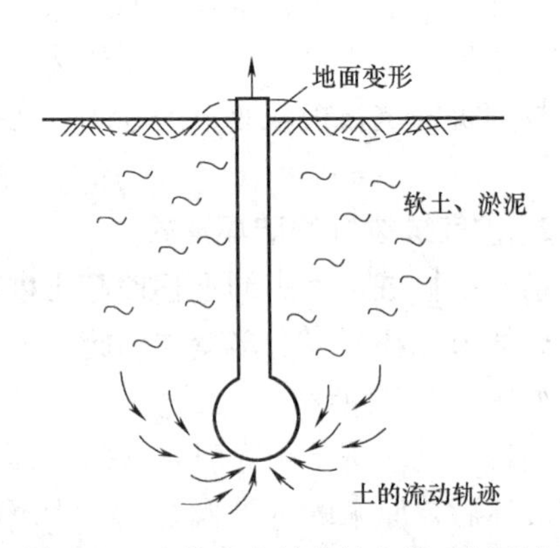

图 5.2-22 软土中扩底桩上拔破坏形态

相反地，在有一定强度的原状黏土地基中的机扩桩或爆扩桩，则一般不会遵循上述流动破坏的机理和原则。虽然上拔过程中桩底真空吸力很大，但是这种绝对数量上小于一个大气压力值的真空吸力尚不足以牵动周围土体一起移动，于是，将扩底桩拔出地面之后，可发现留下的一个圆柱形孔洞，内壁很光滑、有擦痕。孔径或与扩大头直杆相同或较之稍为小些。这是因为真空吸力也可能导致缩孔的道理。

3. 扩底抗拔桩承载力的几个影响因素

与等截面抗拔桩相比，扩底抗拔桩的承载力除受到地层条件、桩长、桩径、施工方法等因素的影响外，还有扩大头埋设条件等几个重要影响因素。

（1）扩大头埋设条件对扩底桩抗拔承载力的影响

扩底桩的抗拔阻力除了桩身侧壁摩阻力外，主要还取决于扩大头位置附近土层的埋藏条件及其物理力学性质，特别是紧靠扩大头顶部上方的土质，因此在成层土的地质条件下若采用扩底桩方案，不一定桩愈长抗拔阻力就一定会愈大，应周密考虑扩大头设置的适当深度，以便取得最佳效果。

在上有软土层，下有硬黏性土层的情况下，应尽量保证扩大头位置深入硬土层。相反地，在上有硬壳层，下为深厚淤泥或软塑黏土的情况下，增加桩长并不能显著提高其抗拔阻力，如果缩短桩长，使扩大头顶部像铆钉一样紧贴硬壳层底面，则反而可以增加桩的抗拔阻力。

（2）抗拔桩的承载力在一定程度上受到扩大头上部直径渐变段的扩展角 θ 的影响。在其他条件一致的情况下，在扩大头水平投影面积相同情况下，如果扩大头上半部轮廓不相同，桩的极限抗拔阻力不同，则上拔过程中荷载-上拔位移曲线形状也各异。一般的，θ 愈小，极限抗拔阻力愈小，相同上拔位移对应的荷载也愈小。

（3）特殊土质对扩底桩抗拔阻力的影响

在湿陷性黄土地区，未湿陷时的原状黄土结构强度较大，短桩的极限抗拔荷载取决于地基土抗整体剪切破坏的能力，较长的扩底桩则可能形成复合形式的滑动面，下部为圆柱形滑动面，而上部才呈现喇叭形倒锥台滑动面特征，这种情况下，由于滑动土体体积较小，相应的抗拔承载力也受会到限制（图 5.2-23）。

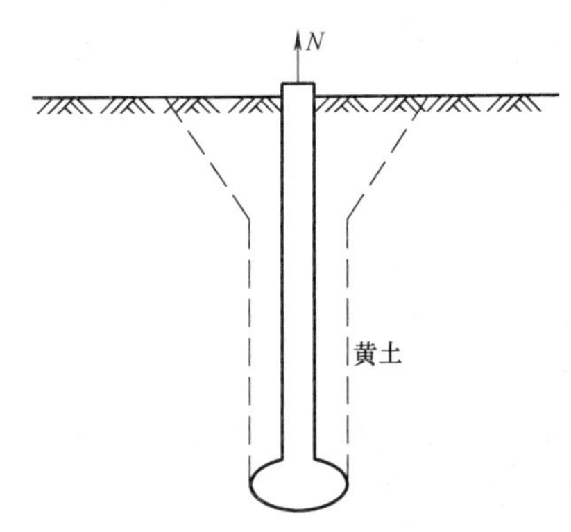

图 5.2-23 黄土中扩底桩抗拔破坏形态

而黄土的湿陷过程有可能导致其强度锐减，变形模量陡降，从而使桩的抗拔承载力降低。黄土地区的输电线路上的转角塔，其基础长期受到上拔恒载作用，一旦黄土湿陷，就立即会出现杆塔基础的移位和倾斜现象。

华东、华南老黏土地区（包括风化花岗岩残积土地区），硬黏土和半风化土的强度大、变形性能良好，试验抗拔桩时常常出现桩体拉断而基土未损的现象。对这类情况，扩底桩的设计时，应重点研究选择适当的扩大头尺寸（不必过大）和提高桩身的抗拉强度问题，协调基土与桩体的强度同步发挥。

（4）扩底桩底部真空吸力对抗拔阻力的影响

等截面桩底部水平截面面积不大，上拔时桩底真空吸力对抗拔阻力的影响有限。扩底桩扩大头底部面积大。若黏性土体饱和，黏土与桩的界面粘结密合，桩的上拔有可能使基底产生完全的真空。真空吸力在软基中桩的抗拔总阻力中要占相当大的比例，不容忽视。

但在长期上拔荷载作用下，这种真空效应不可能长期持久地存在，终会因桩-土界面之间某些缝隙通道漏水漏气而逐渐减弱，直至消失，所以桩底真空吸力效应只适合于短期上拔荷载的条件。显然，这种真空效应不适用于透水性较大的粉土，更不能在砂类土中应用。

（5）从桩扩大头向上延伸，桩侧表面摩擦阻力中应忽略季节性冻结或含水量变化那一段的桩侧摩阻力。

（6）在倾斜上拔荷载作用下，可考虑将倾斜荷载可分解为竖直和水平的两个分量，然后分别复核桩基础对上拔、滑移和倾覆的稳定性。一般的，扩底桩在倾斜荷载作用下不易产生基础的整体失稳，桩材的强度和桩基础的位移是关注的着重点，如桩杆内的最大弯矩和桩顶水平位移量等。

5.2.2.2 支盘抗拔桩

支盘桩是另外一种变截面抗拔桩的形式，支盘桩由主桩、支盘或分支构成，如图 5.2-24 所示。按挤扩部分形式其可分为分支支盘桩、多支盘支盘桩和分支及支盘混合型

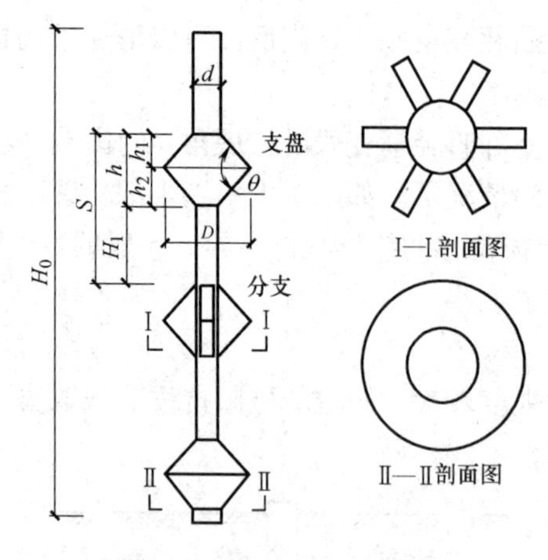

图 5.2-24　支盘桩构造图

支盘桩。

1. 荷载传递规律

支盘抗拔桩施工工艺与抗压桩一致，但荷载传递机理有较大的不同，其抗拔承载力构成及其受力特性与普通抗拔桩也存在较大差别。支盘桩受压时，荷载除了靠桩侧摩阻力、支盘端承力及桩端阻力传递外，还在于桩身的弹性压缩引起桩身侧向膨胀，使桩-土界面的摩阻力趋于增加，以及支盘下和桩端处土体的压密作用使端承力逐渐增加。而受拉时，桩身在拉伸荷载作用下趋于收缩，使桩-土界面摩阻力减小，同时也失去桩端阻力的作用。受拉与受压时，荷载传递性能的明显差异构成了两者承载力的差异，即抗拔承载力远小于抗压承载力。虽然如此，由于支盘桩桩身多处设置了支盘，支盘在上拔荷载作用下，支盘对其上端土体产生压应力，充分利用盘顶以上土体的自重，同时，挤扩时所产生的挤密效应也使土阻力趋于增加，故而使支盘桩的抗拔力比等截面桩要大得多（见图 5.2-26），而且其抗拔承载力比较稳定。支盘桩的抗拔作用机理如图 5.2-25 所示。需要指出的是，由于桩径的泊松效应、边界条件及桩周土的剪胀性等因素的影响，支盘桩的单位抗拔侧阻力值小于等截面受压桩的抗压侧阻力值。

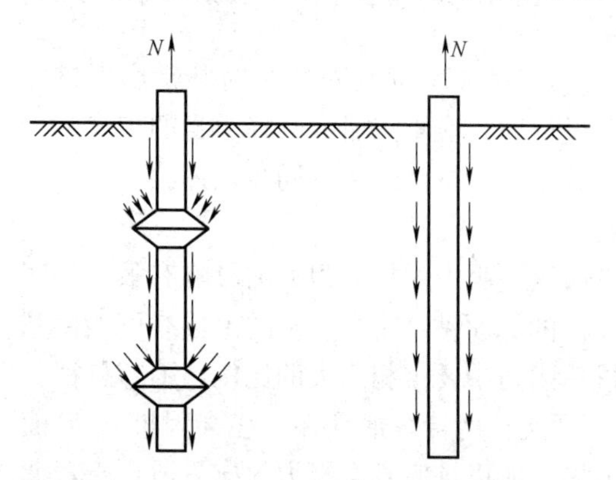

图 5.2-25　支盘桩与等直径桩的抗拔作用图

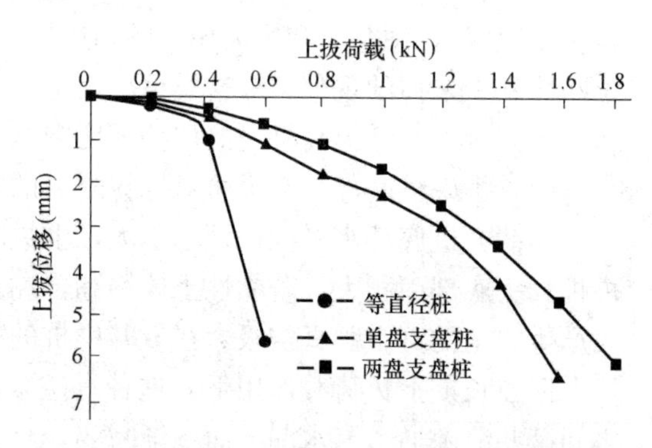

图 5.2-26　三种模型桩的荷载-位移曲线

当桩顶承受上拔荷载时，桩身开始承受拉力，当荷载到达一定值时，桩土出现相对位移，近地面部分桩侧摩阻力开始发挥，在荷载不断增大时，顶盘首先发挥承载力，然后是向下第一个盘，依次向下发展，直至最后一个支盘达到其极限抗拔承载力。上拔过程中，桩侧的摩阻力先于支盘承载力的发挥，桩侧摩阻力先达到峰值并且进入软化阶段，各支盘达到极限承载力的时间也不同步，Q-s 曲线斜率降低并呈现反弯段和拐点（图 5.2-27）；支盘桩在变截面处轴力发生突变，因此对支盘桩来说，支

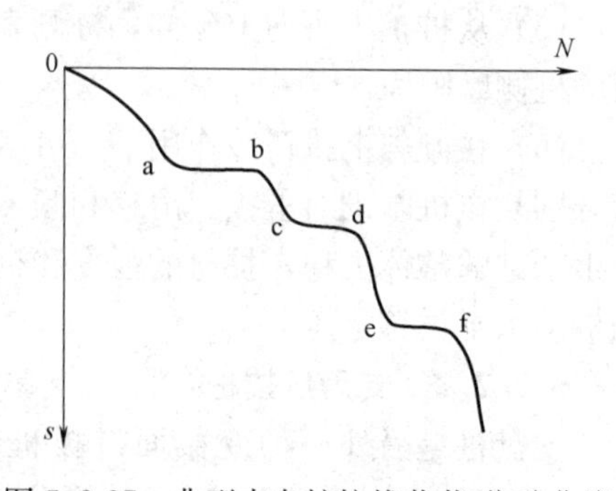

图 5.2-27　典型支盘桩抗拔荷载-位移曲线

盘的位置不同，其抗拔着力点不同，轴力发生突变位置不一样，分布曲线也不同，故合理设置支盘并控制好支盘的间距，将有利于提高抗拔承载力。此外，桩侧摩阻力发挥还与桩的直径有关，通常采用桩的长度与直径的比值来表示，即桩的长径比。然而，如何确定桩的临界长径比，有待深入研究。

另外，支盘极限抗拔承载力发挥所需较大相对位移，故达极限抗拔承载力时桩顶位移相当可观。

支盘桩抗拔承载力主要由主桩侧摩阻力、支盘承载力及桩身自重等组成。支盘桩抗拔承载力的主要影响因素包括桩侧土体强度、支盘受荷面与水平面的夹角、桩体尺寸、支盘数量与间距、成桩工艺等。

（1）桩侧土体强度

桩土外内摩擦角一般可取（1/3～1/2）φ，土体内摩擦角 φ 增大，支盘抗拔承载力将提高，主桩抗拔侧阻力随土的固结不排水抗剪强度的增大而提高。

（2）支盘受荷面与水平面的夹角 θ

当主桩和支盘直径、支盘数量确定后，支盘抗拔承载力随 θ 减小而增大，但盲目减小 θ 并不经济，夹角太小时不能充分发挥支盘的承载力作用，通常 θ 取 45°左右。

（3）支盘数量与间距

一般支盘桩抗拔承载力随支盘数量的增多而相应提高，但当支盘净距小于 2～3 倍主桩直径时，增设支盘对提高支盘桩抗拔极限承载力效果不显著，因此支盘间距一般应大于 4.0 倍主桩直径，支盘数为 2～4 个。

（4）成桩工艺

支盘形成过程中支盘周围土体受到支盘机挤压，其密度、黏聚力、内摩擦角显著提高，压缩系数、孔隙比相应降低，土体力学性能大大改善，致使支盘桩抗拔承载力显著提高。

2. 破坏形式

支盘桩抗拔对桩周较大范围土体有明显影响，破坏过程为：首先在支盘或分支边沿处出现塑性区，随上拔荷载增大塑性区逐渐增大进而形成破裂面，桩连同桩周一定范围内土体产生滑动，支盘桩失效。在一般土体中，单、多盘支盘桩可能出现如图 5.2-28 所示的不同滑动面破坏模式。显然，产生不同的滑动破坏面时，支盘桩的抗拔承载力是不同的。对于单盘桩（盘一般设在桩底位置），当桩长足够时一般盘的端承载力可以得到充分发挥，若能保证桩身的抗拉强度，最终桩周土体沿着图 5.2-28 中 1 滑动而破坏；但若相同桩长设置多盘时（如图 5.2-26 的双盘桩），可能由于上盘顶及两盘间土体厚度不足，会导致盘顶土体承载力不能充分发挥就发生沿 2、4（3）滑动面的剪切破坏。显然此时双盘桩的抗拔承载力反而可能会小于单盘桩。

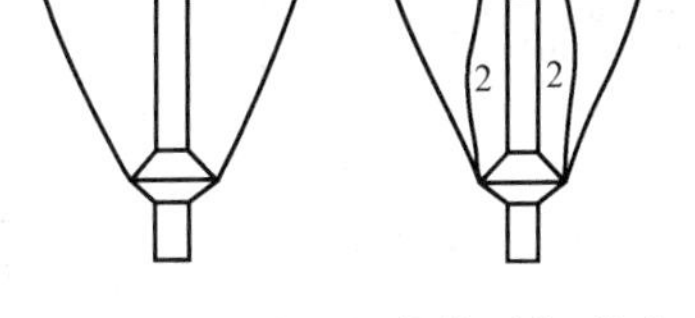

图 5.2-28　支盘桩抗拔破坏形式

支盘抗拔桩整个桩身处于受拉状态，桩身易开裂，但这对于非永久性工程，如桩基试验用的锚桩、悬吊施工中悬索的锚桩等影响不大。

5.2.2.3 螺旋抗拔桩

螺旋桩是桩体表面附有叶片的变截面桩，有较高的竖向承载能力，是一种工厂预制化、施工机械化的环保型桩基，在一些国外工程中应用较为广泛，在国内，近年来也被应用于高压输电塔和堤防加固工程。目前，螺旋桩已经从钢结构、小直径的抗拔锚向复合材料、大直径叶片的方向发展，具有承担斜向荷载作用的特点但对其承载机理的研究较少。

1. 荷载传递规律

螺旋抗拔桩的荷载传递规律和支盘桩基本类似。当桩顶承受上拔荷载时，桩土出现相对位移，位移随着上拔荷载的增加而增加，但两者并非线性关系，当荷载达到一定的值时，位移急剧增大，此时的荷载称为螺旋桩的极限抗拔力。南京水利科学研究院进行的黏土中单叶螺旋桩试验，锚叶直径 150mm，叶片厚度 5mm，杆长 1.86m，杆径 48mm，导程为 50mm，图 5.2-29 反映的是试验螺旋桩拉拔荷载-位移曲线。

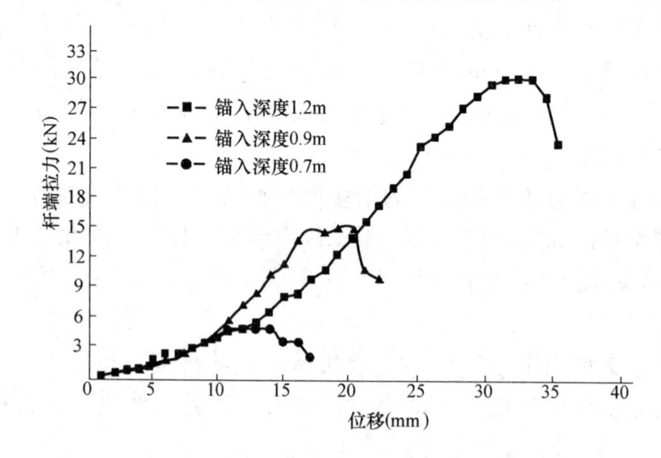

图 5.2-29 螺旋桩拉拔试验的荷载-位移曲线

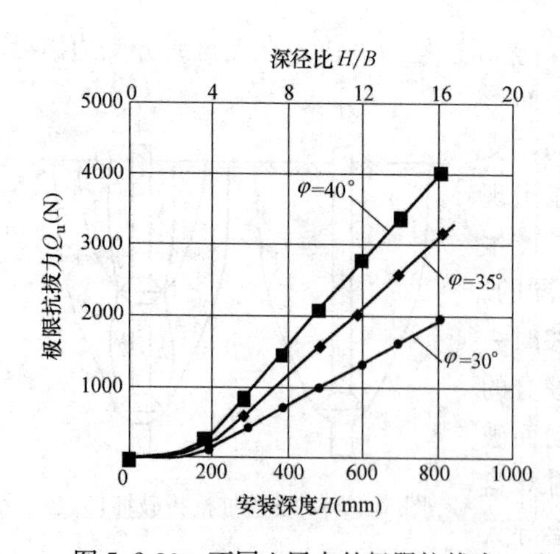

图 5.2-30 不同土层中的极限抗拔力

实验表明：螺旋桩极限抗拔力远远高于同杆径的试验钢桩，在相同埋深的情况下，不同性质土体中螺旋桩的极限抗拔力不同（图 5.2-30）。黏土中螺旋桩的极限抗拔力因含水量不同而不同，含水量大，螺旋桩的极限抗拔力低。砂土中，对于相同的埋深，极限抗拔力随着土的密实度的增加而增加，并于砂土的摩擦角有很大的影响，对一定的安装深度，抗拔力随着摩擦角的增加而增加。相对而言锚的形状对抗拔力的影响很小，锚叶直径与锚入深度是主要因素。

2. 破坏形态

汪滨等人进行的螺旋桩试验过程中，对土层的内部的压力及表层的变形进行测量，发现不同的埋深其破坏形式不一样，见图 5.2-31。

对埋深较浅的锚，其破坏面由一组曲面组成，在接近砂土层表面时，向外倾斜。这种

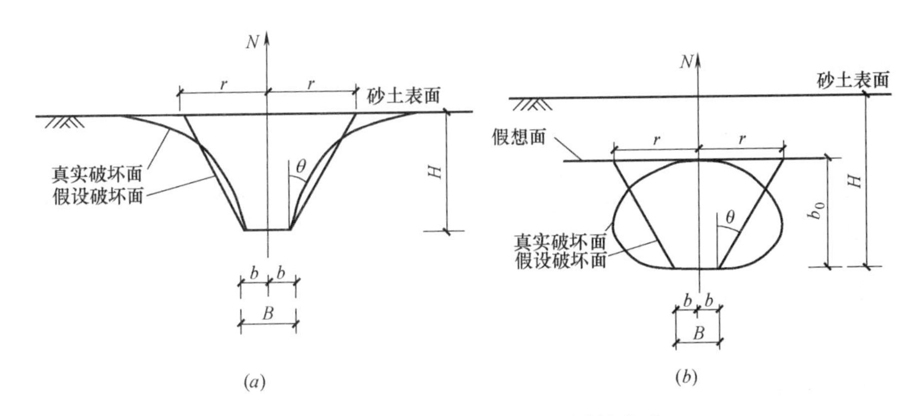

图 5.2-31 螺旋桩受拉时的极限抗拔力

形式的破坏是一般的剪切破坏，见图 5.2-31（a）。在相对较深的锚中，受拉时在砂土层内形成一个破坏面，见图 5.2-31（b）。在这种情况下，破坏是深部局部剪切破坏，在加载至深部破坏时，砂土层表面几乎没有观察到变形，破坏面构成一个封闭的球状体，球状体外形尺寸高度和最大直径与深径比（H/B）及砂土的摩擦角有关。在两者之间存在一种中间形式。在密砂中，深埋破坏形式发生的深度较松砂要深一些。

5.2.3 嵌岩式锚桩的受力特征

嵌岩式锚桩属于岩石锚杆的一种，它可以广泛运用于稳定岩石边坡、支撑挡墙背后土压力，稳定隧洞围岩等工程中。

通常在岩石地基中锚桩都采用预成孔灌注桩的形式。它由插入岩石钻孔中的钢筋束和灌注水泥砂浆所组成。钢筋索可采用钢棒、钢丝或钢索。在岩石中也可将钢型材直接插入岩孔。施工中有时还在灌浆之前，用机械方式使锚桩中部和底部扩大，形成各种扩头形式。根据灌浆方式不同，灌注式锚桩可以分为重力式注浆直轴式锚桩、低压注浆锚桩、高压注浆锚桩、二次灌浆锚桩、单扩头或多节扩头形锚桩等。

1. 荷载传递规律

岩石锚桩受拉拔荷载作用时，桩与岩石之间的荷载传递规律取决于一系列的复杂因素。一般来说，随着上拔荷载的增加，结合应力的最大值总是从岩面开始出现，然后逐渐移向锚桩的下端，以渐进性的方式发生逐步转移直至桩底端破坏为止，并不断改变着结合应力的分布规律，沿锚杆长度以类似于摩擦桩荷载传递的方式逐步转移结合应力。

弹性理论解不能完全反映以上事实，因为它的基本假定是：锚桩壁与基土的交界面上不允许存在任何局部脱开剥离或滑动现象，并且认为岩体中不存在任何节理裂隙。布辛内斯克弹性理论解 τ 分布见图 5.2-32。由于上层岩体渐进性破坏所产生的实际结合应力 τ 沿深度分布见图 5.2-33。对于相当细长的锚桩，浅层处的锚桩壁可能与岩石完全剥离脱开。上拔荷载 N 愈大，脱开深度也愈大。

对于嵌岩式锚桩基础，其抗拔承载力一般不考虑岩面以上一定深度的覆盖土层的抗拔作用，这是因为嵌岩式锚桩的抗拔力主要由岩石剪切破坏所发挥的阻力决定，且所需上拔位移很小，此时覆盖土层中桩-土摩阻力发挥极少。

2. 破坏形态

岩石锚桩上拔破坏形态可分为如下几种：

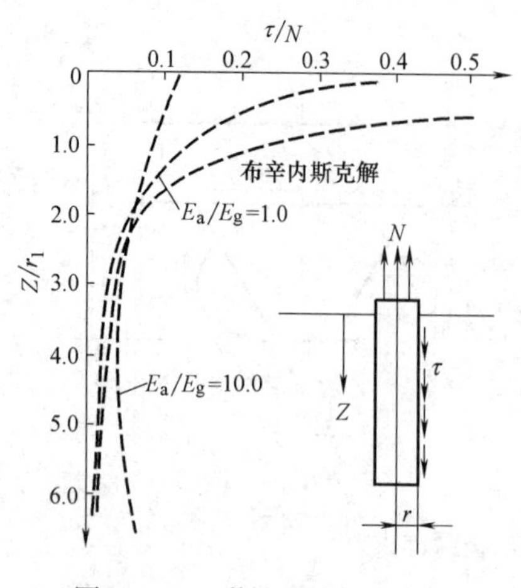

图 5.2-32 弹性理论解 τ 分布

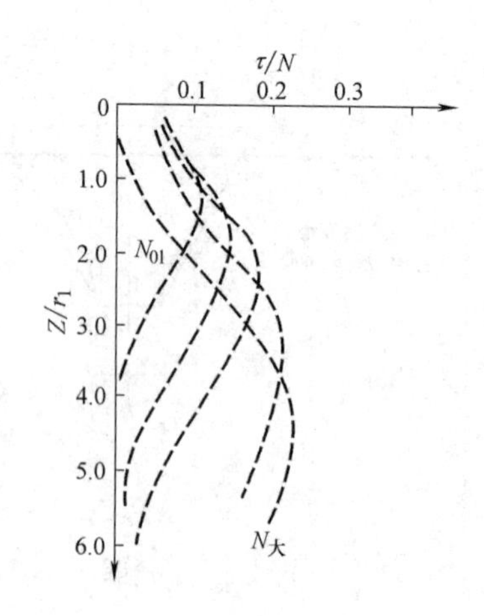

图 5.2-33 实际的 τ/N 分布

(1) 沿着锚筋与周围混凝土的结合处破坏；

(2) 沿着地基岩石与锚桩混凝土侧表面的结合处破坏；

(3) 由于地基岩体的剪切或拉裂破坏；

(4) 由于锚筋强度不足的破坏；

(5) 由于锚桩混凝土强度不足产生的压碎或拉裂破坏。

各种因素既是独立的，又是相互联系和相互影响的。应该对各种可能的破坏进行单独校核验算，然后取其最小的抗拔阻力来进行设计。

在各向同性完整岩石锚桩受拔致破坏时，一般呈现为一个倒置的岩石锥破坏模式（图 5.2-34）。在各向异性岩石中的破坏面到底与上述倒置锥形态有多大差别，主要取决于岩石层面和结构面（如节理）的方向、密度、胶结物和充填物等，也取决于锚桩埋置的相对于结构面的方向以及施加荷载的方向。具有水平层面的水成岩（如四川成渝线一带）中埋设的竖直锚桩，上拔时岩体破坏面基本上与图 5.2-34 中相似，只是倾角较缓，并且呈台阶状，台阶密度与层面密度有关（图 5.2-35）。若锚桩埋深过大，锚筋强度很高，则不可能在全长范围内都发生倒锥形岩体破坏，在沉积岩中观测到锚桩只可能带动较小深度内的岩体一起破坏，而在该深度以下桩段上产生混凝土（或砂浆）与岩石的结合面破坏（图 5.2-36）。群锚桩间距较密时不可能形成每个桩的完整倒锥形破裂面，应力叠加和相互干扰的结果形成小锥体群破裂面形态（图 5.2-37）。

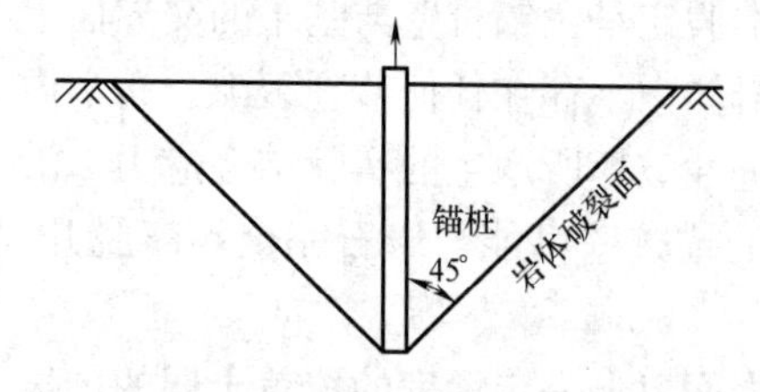

图 5.2-34 各向同性岩石中锚桩拔出的理想岩锥形式

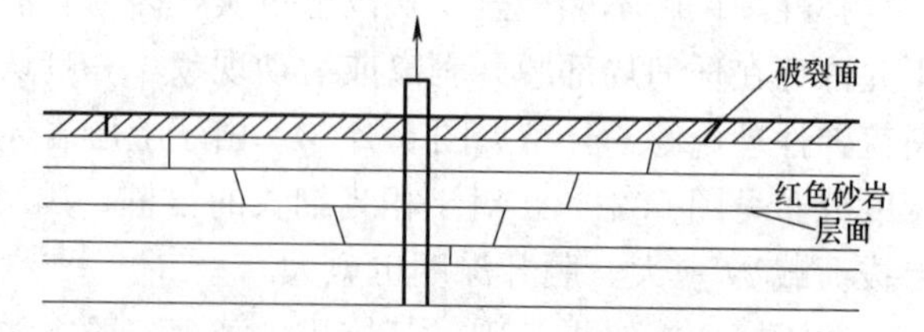

图 5.2-35 四川红色砂岩中锚桩上拔破坏形态

由于灌注式锚桩多种多样，它们的破坏形态也各异，除倒锥体破坏和岩土-混凝土（或砂浆）结合面破坏外，还可能出现由扩大头极限承载力所决定的局部剪切破坏形式。

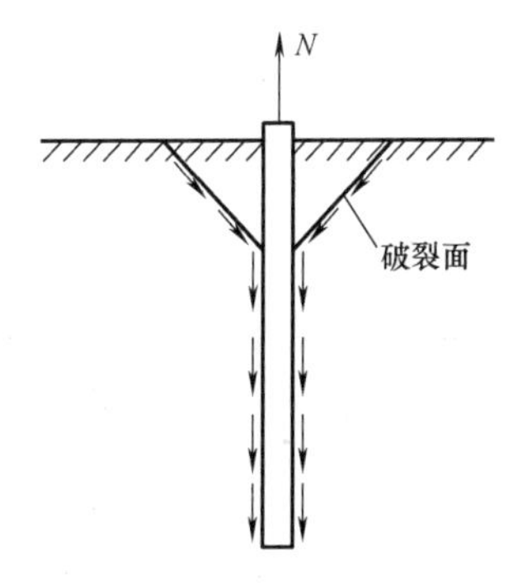

图 5.2-36 较长锚桩破坏形式

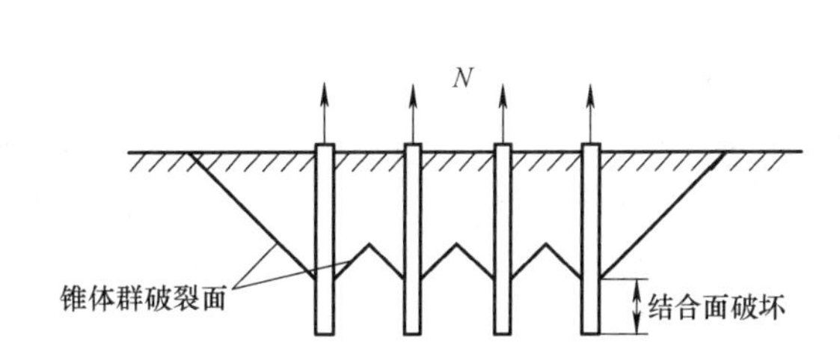

图 5.2-37 锚桩群破坏形态

5.2.4 抗拔桩群桩的受力特征

目前，对群桩抗拔的研究资料还比较少。群桩的极限抗拔荷载可表示为：

$$Q_u(g)=Q_n(g)+W_g \tag{5.2.2}$$

式中 $Q_u(g)$——群桩极限抗拔荷载总值；

$Q_n(g)$——群桩极限抗拔荷载净值；

W_g——群桩及桩帽的重量。

抗拔桩群桩基础不论桩距、桩数、桩的入土深度如何，荷载位移曲线都与同样条件下的单桩相似，是陡变型的，拐点较明确，不像抗压桩群那样是缓变型的，拐点难以确定。当群桩中每桩所受的荷载与单桩相同时，群桩的上拔量比单桩的大。抗拔群桩各桩分配的荷载很不均匀，就黏土中的桩群而论，一般是中心桩的最低，角桩或边中桩的最高。

抗拔桩群桩基础的基桩，有的可按单桩对待，但有的则不能，这主要取决于土质和桩距的大小。一般认为，对于黏性土，只要桩的中心距超过 6 倍桩径，群桩中的基桩就如单桩一样工作，对于密实砂，中心距会稍大。对于桩的中心距较小的群桩，一般要考虑群桩效率的问题。

按照传统定义，群桩的群桩效率（η）应为：

$$\eta=\left[\frac{Q_n(g)}{(N)(Q_n)}\right]\times100\% \tag{5.2.3}$$

式中 η——群桩效率系数，对抗拔桩通常小于 100%；

N——群桩中桩的根数；

Q_n——单桩的极限抗拔荷载净值。

软黏土中群桩效率随桩距与桩径之比 S/d 而大致呈线性增加，直至达到 100%；当 S/d 及埋深比 L/d 比相同时，群桩效率随群桩中桩的根数增加而减小，当群桩的 L/d 比和桩的根数相同时，群桩效率随埋深比增加而减小。有试验表明，软土地区的扩底钻孔灌注桩群桩的中心间距大于 3 倍的扩底直径时，单桩与群桩的抗拔试验结果无明显差异，群桩效应不明显。

与软黏土类似，砂土中的群桩抗拔效率是群桩中桩的 L/d，S/d 及桩的数量和砂土密实度的函数。对于某一砂土密实度和 L/d 值，群桩效率随 S/d 增大呈线性增长。

5.3 抗拔桩的承载力计算

无论是哪种形式的抗拔桩，确定单桩承载力是桩基础设计的首要问题。影响单桩抗拔力的因素很多，主要有桩的类型及施工方法、桩的长度、地基的类别、土层的形成历史、桩的加载历史、荷载的特性等，因此要建立一个能够全面反映这些因素的理论分析模式或经验公式是比较困难的，确定单桩极限承载力的方法主要有理论公式法、经验公式法以及静载荷试验法等。

(1) 理论公式法：先假定不同的破坏模式，然后以土的抗剪强度及侧压力系数等主要参数来进行承载力计算。由于抗拔剪切破坏面的不同假定，以及桩周土强度指标的复杂性和不确定性，此公式应用起来比较困难，因此，一般采用经验公式法计算单桩或群桩抗拔极限承载力。

(2) 经验公式法：以试桩资料为基础，建立起桩的抗拔侧阻力与抗压侧阻力之间的关系和抗拔破坏模式，依据抗压侧阻力乘以一定的折减系数，分析计算其抗拔承载力。但鉴于一级建筑物桩基的重要性，以及经验公式中参数仍具有局限性，为慎重起见，规范规定这一类基桩的抗拔极限承载力标准值应通过现场单桩抗拔静载试验来确定。

(3) 现场静载试验法：按照规范提供的单桩竖向抗拔静载试验要求，根据试验荷载与上拔变形量曲线形状之间的关系确定单桩抗拔极限承载力。目前常用的现场静载试验法有两种：一是在桩顶通过钢梁施加上拔力，另一种是在桩底埋设荷载箱，通过荷载箱在桩底施加向上的力。现场静载试验法最为直接、准确，因为目前对抗拔桩的机理研究尚不够深入，应加强抗拔桩静载试验的研究和应用。

5.3.1 等截面桩抗拔承载力的计算

5.3.1.1 等截面桩单桩承载力的计算

使用静力学方法计算等截面抗拔桩的承载力时，通常都假定不同的抗拔桩破坏面形状，然后根据平衡方程计算出各破坏面对应的极限抗拔力。对于给定的具体问题，破裂面应该是确定的，不能同时存在多个破裂面。因此，如何确定给定问题的最危险破裂面就成为研究抗拔桩问题的关键。

1. 圆柱状剪切破坏时桩的抗拔承载力计算方法

对于灌注抗拔桩，根据柯哈威（Kulhawy）等人研究，实际破坏面一般出现在界面以外附近的土体内，而不会出现在桩-土界面上，因此计算这类抗拔桩沿桩-土界面滑移破坏的抗拔承载力时，并不采用界面上材料的抗剪强度，只需知道土的抗剪强度即可。

圆柱状剪切破坏时的桩抗拔承载力由桩体重量和圆柱形滑动面上的剪切阻力构成：

$$P_u = \overline{W} + \pi d \int_0^L K\,\overline{\gamma} \tan \overline{\varphi} \mathrm{d}z \tag{5.3.1}$$

式中 P_u——桩的极限抗拔承载力；

$\overline{W}$——钻孔桩的有效重量；

d——钻孔桩直径，破坏时 $d=d_m$；

L——钻孔桩长度（入土深度）；

K——土的侧压力系数，破坏时 $K=K_u$；

$\overline{\gamma}$——土的有效重度平均值；

$\overline{\varphi}$——桩周土的平均有效内摩擦角。

若在均质土中，并设应力随深度呈线性增加，而上式可改写为

$$P_u=\overline{W}+\pi d\frac{L^2}{2}K_u\overline{\gamma}\tan\overline{\varphi} \tag{5.3.2}$$

或

$$P_u=\overline{W}+f_a(\pi dL) \tag{5.3.3}$$

式中 f_a——沿桩身长度上桩周土的平均抗剪强度。

正确应用以上公式的关键在于正确确定破坏时所能动员的桩径d_m和破坏时的侧压力系数 K_u。d_m一般大于钻孔桩实际桩径 d。据多人研究结果，砂性土实际剪切面均在桩土界面外 6mm 左右处。K_u 值是一个最重要的、影响最大的因素，但是各家惯用的方法和标准差别很大。例如有的用著名的杰基公式，即静止土压力系数，这对正常压密土较为适用；有的用朗肯主动土压力系数$K_u=K_a$，普遍认为此值较小，过于保守；有的用朗肯被动土压力系数，及$K_u=K_p$，为安全起见，实际桩基设计中一般不采用。柯哈威（Kulhawy）等人的研究认为，用$\sqrt{K_p}$值比较符合实际，如对紧密砂试验结果取$K_u=\sqrt{K_p}=2.54$ 比较合适。此外，土层的应力历史还反映在土的超固结比 OCR 值上，紧砂的 OCR 较大，因此紧砂中原位侧向应力较大，K_u 也大。另外，上述公式主要适用于黏性土，选择好与作用在桩身上的应力范围相适应的土内摩擦 φ，它可用室内直接剪切试验成果确定。

对于黏性土中桩，其抗拔阻力也可以采用总应力计算。与下压桩相同，对于不排水荷载条件下（即作用时间较短的荷载），可以用不排水分析法。设饱和黏土 $\varphi\approx0$，单位桩侧摩擦阻力可表示为：

$$f_s=\alpha S_u \tag{5.3.4}$$

式中 S_u——土的不排水抗剪强度，随深度变化；

α——黏着系数，或为考虑施工影响、土受扰动等影响而对S_u 的折减系数。

α 值随基础种类、土的类别以及施工工艺而变化，是一个经验系数。汤姆林逊（Tomlinson）认为，黏土中打入桩的 α 系数还随 L/d（桩的长径比）而变化（图 5.3-1）并与土的塑性指数有关，见图 5.3-2。

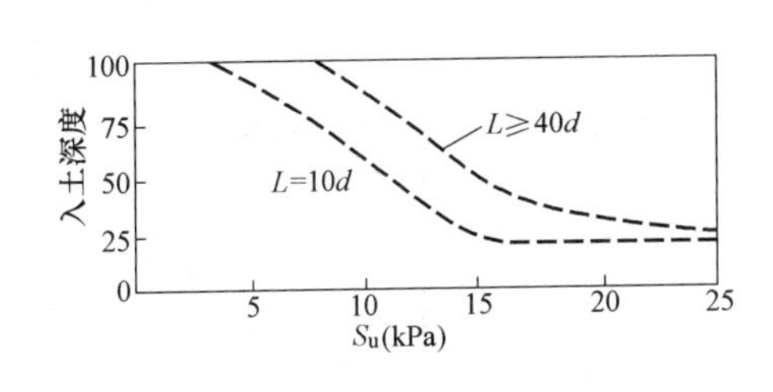

图 5.3-1 黏着系数与桩长径比的关系

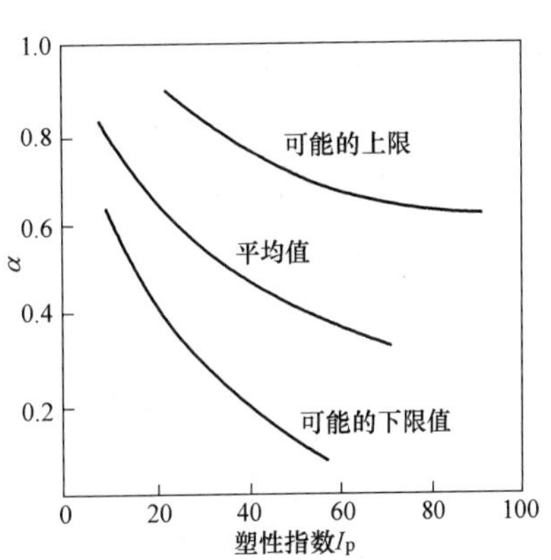

图 5.3-2 黏着系数 α 与土的塑性指数 I_p 的关系

对于使用泥浆循环排渣成孔的灌注桩，可能由于泥浆造成黏土的软化，α 值将有所减小，这种情况在严重超固结黏土中尤为明显。一些资料表明，超固结黏土中用泥浆排渣成孔的 α 值仅为干式钻孔者的 1/2～1/3。

此外，土的不排水强度波动范围也很大。它是有效应力、应力历史、有效上覆压力和含水量的函数，其偏离值与平均值之比很大。因此使用总应力法进行不排水分析时需要有较大安全系数，而且总应力法不适用于长期稳定性的研究。

除了 α 法之外，还有排水分析法，也就是说，即使对黏性土也可采用有效应力分析法，计算公式与前相同。这时，黏土的强度以有效内摩擦角的形式提供。对于超固结黏土，在不排水剪切时强度较大，但长期荷载下，它可能软化，计算中要采用终值有效内摩擦角而不用峰值有效内摩擦角，而对于正常固结黏土来说，峰值强度与软化后的终值强度相差不多。

另一种静力计算公式由阿华特（Awad）等人所提出。该公式建立在朗肯被动土压力理论的基础之上，其形式为

$$P_u=\frac{1}{2}\pi d L^2\gamma\tan^2\left(45°+\frac{\varphi}{2}\right)\cdot\mu \tag{5.3.5}$$

式中 μ——摩擦系数，对于就地灌注桩和粗糙表面的打入式混凝土桩 $\mu=0.33$，其他桩 $\mu=0.25$。

2. 复合剪切面破坏时桩的抗拔承载力计算方法

上拔和下压时基础侧壁阻力的主要区别之一，就在于上拔时地面附近可能局部产生锥形剪切面。如果出现复合剪切面，而浅部土层内实际水平土压力将降低，这是因为锥形土体会随着桩的上拔一起上移，而与其下面的土脱离，并使土内应力降低。斯梯瓦尔特（Stewart）等研究了这一现象之后，提出了等截面桩水平土压力进行折减，但该折减系数仍要依靠桩的试拔等经验地加以确定。

为了解决复合剪切面条件下桩上拔承载力的实际定量计算问题，首先要准确估算出可能的锥形体的几何尺寸。斯梯瓦尔特（Stewart）和柯哈威（Kulhawy）等汇集了多人的研究结果后提出了确定倒锥体深度的方法，如图 5.3-3 所示。由图可知，黏性土抗剪强度较高或砂性土原位土应力较高的情况下，那些 L/d（桩的长径比）值比较小的桩往往易形成局部倒圆锥形破坏面。例如当 $\gamma\frac{L}{S_u}=0.5\ \frac{L}{d}=2.5$ 时，锥形体的深度 z_1 约为 0.3L。图中

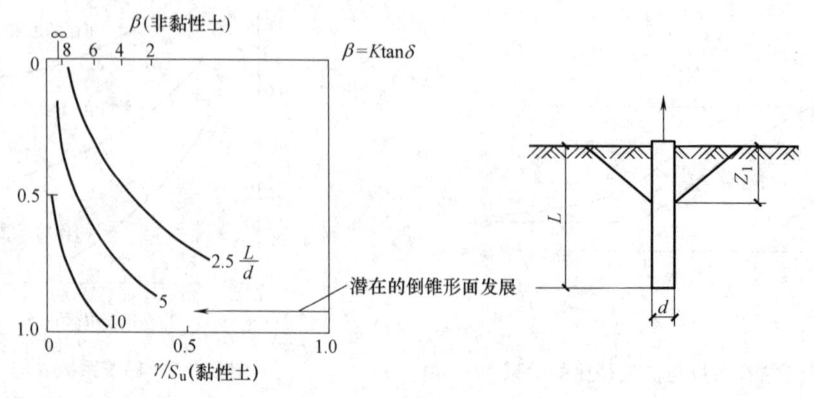

图 5.3-3 钻孔灌注桩上拔时倒锥形破坏面的发展

L 为桩长；$\beta = K\tan\delta$（侧压力系数乘以桩-土界面上外摩擦系数）；γ 为土的有效重度；S_u 为黏性土的不排抗剪强度。

已知可能的锥形体几何尺寸后，桩的上拔承载力计算值可由下列两部分所组成：第一部分为桩重和与桩体一起上移的锥形土体重量；第二部分为锥形体（锥高 z_1）以下的直桩部分圆柱形滑动面上的剪切阻力，即：

$$P_u = \overline{W}_p + \overline{W}_c + \pi d\int_{L-z_1}^{L} K\,\overline{\gamma}_z \tan\overline{\varphi}\,dz \tag{5.3.6}$$

式中 $\overline{W}_p$、$\overline{W}_c$——桩重和锥形土体有效重量；

z_1——倒锥形土体的锥高，及锥顶入土深度。

其余符号同前。

关于 z_1 的确定也可以采用试算法，即找出不同 z_1 条件下的桩抗拔承载力计算值，求其最小值即得所求得 P_u 值，相应的 z_1 值也就是最危险的倒锥体锥高或入土深度。

3. 用规范法确定等截面桩的抗拔承载力

在缺乏拔桩试验资料的情况下，通常采用下压桩的静力计算公式先算出下压桩侧壁摩阻力计算值，然后乘上一个抗拔桩折减系数，即得等截面桩的上拔承载力，这种方法在规范中采用较多。通常折减系数小于 1.0，其原因是，上拔时桩-土间截面法向应力与相同条件下下压时的数值相比较小。江苏省电力设计院 1978 年在南通地区粉质黏土和粉土中进行灌注桩的抗拔试验表明：折减系数不但是一个小于 1.0 的数，而且它随桩入土深度的增加而增大。ϕ600mm 的钻孔灌注桩桩长为 9m 和 12m 时，折减系数分别为 0.78 和 0.98。

鉴于输电线路杆塔基础中较普遍的存在桩的抗拔问题，因此择要地介绍我国与美国的两个较常用的规范作为参考，然后简单介绍其他一些规范和规定。

(1) 我国电力行业标准《架空送电线路基础设计技术规定》DL/T 5219—2005 中规定，承受拔力的单桩，应按下列公式单桩的抗拔承载力：

$$T \leqslant U_k/\gamma_s + G_p \tag{5.3.7}$$

式中 T——按荷载效应标准组合计算的基桩拔力；

U_k——单桩抗拔极限承载力标准值，可按《建筑桩基技术规范》相关条款确定；

G_p——基桩自重，地下水位以下取浮重度。

其中，单桩的抗拔承载力标准值应符合下列规定：

① 对于一级杆塔桩基，有条件时单桩上拔极限承载力标准值应通过现场单桩上拔静载荷试验确定，单桩上拔静载荷试验及抗拔极限承载力标准值取值可按现行行业标准《建筑桩基技术规范》JGJ 94—2008 进行。

② 对于二、三级杆塔桩基，如无当地经验时，单桩上拔极限承载力标准值可按下列规定计算：

$$U_k = \sum \lambda_i q_{sik} u_i l_i \tag{5.3.8}$$

式中 U_k——基桩抗拔极限承载力标准值；

u_i——桩身周长，对于等直径桩取 $u = \pi d$；

q_{sik}——桩侧表面第 i 层土的抗压极限侧阻力标准值，可按该规范相关表格取值；

λ_i——抗拔系数，可按表 5.3-1 取值。

抗拔系数 λ_i 表 5.3-1

土类	λ值
砂土	0.50～0.70
黏性土、粉土	0.70～0.80

注：桩长 l 与桩径 d 之比小于20时，λ 取小值。

我国现行《建筑桩基技术规范》JGJ 94—2008的计算方法与此类似。

(2) 我国《公路桥涵地基与基础设计规范》JTG D63—2007

该规范主要考虑抗压桩的计算，其提出的桩抗拔承载力公式是建立在经验及相关统计的基础之上的，桩允许受拉时，摩擦桩单桩轴向受拉承载力容许值按下列公式计算：

$$[R_\tau]=0.3u\sum_{i=1}^{n}\alpha_i l_i q_{ik} \tag{5.3.9}$$

式中 $[R_t]$——单桩轴向受拉承载力容许值（kN）；

u——桩身周长（m），对于等直径桩，$u=\pi d$；

α_i——振动沉桩对各土层桩侧摩阻力的影响系数，按该规范表5.3.3-6采用；对于锤击、静压沉桩和钻孔桩，$\alpha_i=1$。

计算作用于承台底面由外荷载引起的轴向力时，应扣除桩身自重值。

(3) 美国国家标准《输电线路杆塔基础设计导则》(试行)

该导则系美国电气电子工程师协会（IEEE）和美国土木工程学会（ASCE）联合制定的。该导则第5.3.1.2条指出：对于等截面桩，目前的理论水平一般仍认为土的破坏面呈圆柱形滑裂面形状比较合理。极限抗拔力T_u可用下式表示：

黏性土（不排水状态）
$$P_u=Q_s+\overline{W}_c=\pi d\sum_{0}^{L}\alpha C_u\Delta L+\overline{W}_c \tag{5.3.10}$$

砂性土（排水状态）
$$P_u=Q_s+\overline{W}_c=\pi d\sum_{0}^{L}K\bar{\sigma}_v(\tan\delta)\Delta L+\overline{W}_c \tag{5.3.11}$$

式中 $\overline{W}_c$——桩的有效重量；

d——桩直径；

L——地面以下桩的长度（还应略去受冻结深度影响范围内地表土的强度）；

α——剪切强度折减系数；

C_u——土的不排水抗剪强度；

ΔL——桩段的长度；

$\bar{\sigma}_v$——土有效上覆压力；

δ——桩材与周围土之间的外摩擦角；

K——土侧向压力系数；

在输电线路设计中，直线杆塔基础所承受的大部分拉拔荷载主要由风荷载所引起的，因而它们通常是短期作用的荷载。因此对这些杆塔基础来说可不考虑长期荷载作用的影响。对于大转角塔和终端塔，因它们的桩基所受的长期荷载可能占最大拉拔荷载设计值的50%～90%，因此必须考虑长期拉拔荷载的影响。

对于锥形破坏面的抗拔承载力计算公式为：

$$P_u=\pi\bar{\gamma}\left[\frac{d^2}{4}+\frac{dL\tan\theta}{2}+\frac{L^3\tan\theta}{3}\right]+\overline{W}_c \tag{5.3.12}$$

对于曲线倒锥滑动面的抗拔承载力计算公式为：

$$P_u = \pi \bar{\gamma} d \frac{L^2}{2} Sk\tan\bar{\varphi} + \overline{W}_c \tag{5.3.13}$$

上两式中　$\bar{\gamma}$——土的平均有效重度；

$\overline{W}_c$——桩基础的有效重量；

S——形状系数；

k——土侧压力系数；

$\bar{\varphi}$——土的有效内摩擦角。

（4）日本港湾协会1979年编制的《港口建筑物设计标准》

该标准所推荐的桩抗拔承载力公式可同时考虑土层强度中的黏聚力和内摩擦角两部分：

$$R_{ult} = UL\,\bar{f}_s \tag{5.3.14}$$

$$\bar{f}_s = \sum_{i=1}^{n} \frac{(C_{ai} + k_s \cdot q_i \cdot \mu)l_i}{L} \tag{5.3.15}$$

式中　U、L——分别为桩的周长及入土深度；

k_s——桩侧土压力系数，取为0.3～0.7；

μ——桩与土间的摩擦系数，可取$\mu=\tan\varphi$；

q_i——为i土层的厚度；

l_i——i土层的厚度；

C_{ai}——i层土与桩间的黏着力。

4. 根据现场桩的抗拔试验成果确定桩的抗拔力

桩的上拔试验提供了上拔荷载与上拔位移量关系曲线。总的来说，采用逐级加载、应力控制条件下，桩的上拔与下压试验所绘制的荷载-位移量曲线形状一般都比较相似。但用应变率控制条件得到的试验成果却有着本质区别：下压载荷试验较少出现荷载自动下降的趋势，上拔荷载试验则往往在破坏前，随着上拔位移量的增加，荷载达到峰值后自动有下降的趋势，且这时已经超过破坏极限了。由于上述原因，目前在大型现场上拔试验中很少采用应变控制式加载方式。

根据现场抗拔试验确定桩的抗拔力时，常用方法有下列几类：第一，尽可能模拟上拔试验实测数据变化的规律，选定较合适的函数关系，重新绘制荷载-上拔位移量曲线，然后根据该函数的特征值推求所谓的“破坏荷载”；第二，直接应用试验记录中的曲线形状，选用合适的推理方法确定“破坏荷载”；第三，根据容许上拔位移量寻求相对应的设计抗拔力。根据现场试验确定抗拔力，虽然方法林林总总，但都离不开人的主观判断，故使用该方法时，经验是十分重要的。

应当指出的是，“破坏荷载”应与所规定取用的安全系数相联系。德国工业标准DIN1054中关于桩基安全系数的规定中指出安全系数选用值与荷载条件、桩的斜率和试验次数有关，可取1.5～2.0值。波兰规范规定将极限承载力除以安全系数2.0来确定设计承载力（也即允许承载力）。日本则选取屈服荷载的1/2与极限承载力的1/ 3两者中的小者作为长期荷载下的允许抗拔力。这里，屈服荷载是指试桩曲线上由近似于直线段到产生比较明显曲折，曲率最大时的荷载。

具体来讲，根据现场桩的抗拔试验成果来确定“破坏荷载”时，取值标准有下列几种：

（1）按 P-Δ 曲线的陡升段来确定

桩抗拔试验结果通常表明，N-Δ 曲线基本上由三段组成：Ⅰ段为直线段，N-Δ 呈比例关系线性增加；Ⅱ段为曲线段，随着桩土间相对位移的增大，桩侧摩阻力逐步发挥出来，同时出现桩周土层松动（尤其是浅处），该段内上拔位移量增加的速率比侧阻力的增加更快，而且愈来愈快；Ⅲ段又呈直线状，此时即使拉拔荷载增加很少，但桩的上拔位移量却仍急剧上升，同时桩周地面往往出现环向裂缝。Ⅲ段起点所对应的荷载可视为桩的极限抗拔承载力。

（2）Δ-lg$t$ 法

Δ 为上拔位移量；t 为时间。由于桩的抗拔荷载试验一般都是应力控制式逐级加载的，所以在每一增量荷载作用下 Δ-lg$t$ 曲线的形状能较客观地反映出桩-土侧壁界面的工作状况。该曲线的斜率在抗拔稳定的情况下基本上是不变的。等到荷载达到某一临界值时，曲线斜率的变化和桩顶上拔变位发展速率的变化都明显起来，这与该级荷载增量作用下桩周土塑性变形发展和土层松动程度有关。可将 Δ-lg$t$ 曲线上出现明显的向下曲折或斜率陡增的前一级荷载作为桩的极限抗拔承载力。

（3）根据上拔位移量控制设计上拔承载力

根据国内研究结果，一般认为，应取试拔桩曲线的陡升段起点作为抗拔极限承载力取值标准。但为了充分发挥桩侧摩阻力和安全起见，一般桩顶上拔位移控制在一定范围内，通常用一个绝对数值或相应于桩直径一个值。这个数值桩的各承载力要素不同，地质条件和区域经验不同而不尽相同。

用荷载试验确定桩的抗拔承载力时还应注意：

① 桩在打入后应充分休止后再进行拔桩试验。美国材料试验学会（ASTM）标准规定黏性土中摩擦桩至少要求休止 7d。苏联国家标准 ТОСТ 5686—69 规定砂土中拔桩前必须休止 3d，而黏性土中则至少休止 6d。也有建议按土的塑性指数 I_p 值来确定休止天数的：

$$T = (1.2 \sim 1.6) I_p \tag{5.3.16}$$

按上式算得的休止时间一般会更长。

② 桩的抗拔承载力问题往往比抗压承载力复杂得多。通常较普遍的研究方法大多只是针对桩的短期上拔稳定性问题而言的。至于抗拔桩的长期稳定性问题，应作专门的研究，要考虑诸多特殊性因素，如黏性土的长期蠕变，负孔隙水压力的消散过程（也即吸水过程）会导致土含水量增加和强度降低，土体内以及桩-土界面上裂缝的不断发展等。

③ 必须计及桩身重量、地下水的浮力、上拔过程中在桩底端处可能引起的短期真空吸力等影响，但这种真空吸力对桩的长期抗拔承载力来说是不能作出贡献的。

5.3.1.2 等截面桩桩群的抗拔承载力

在确定群桩桩基抗拔承载力时，须要分别从桩身材料强度（包括桩与承台的连接部强度），单桩周围地基抗拔承载力以及桩群的地基抗拔承载力先分别加以验算，然后以其中小者作为计算桩基容许抗拔承载力的依据。

相对于单桩的抗拔承载力研究而言，对群桩进行现场静载荷试验十分困难，而动载荷测试来研究上拔承载力问题则更因机理太复杂而难以获得可靠的成果。为此，桩群的抗拔承载力通常只能按一些理论或经验的公式作整体验算，本节主要介绍几种经验公式。

（1）我国电力行业标准《架空送电线路基础设计技术规定》DL/T 5219—2005 中规定，荷载效应基本组合下，钻（冲、挖）孔工作中群桩中基桩的上拔承载力计算应符合下述极限状态计算表达式：

$$T_{max} \leqslant U_k/\gamma_s + G_p \tag{5.3.17}$$

$$T \leqslant U_{gk}/\gamma_s + G_{gp} \tag{5.3.18}$$

式中 U_{gk}——群桩呈整体破坏时基桩的抗拔极限承载力标准值；

U_k——基桩抗拔极限承载力标准值；

G_{gp}——群桩基础所包围体积的桩土总自重设计值除以总桩数，地下水位以下取浮重度；

G_p——基桩自重，地下水位以下取浮重度。

基桩的抗拔极限承载力的确定应符合下列规定：

① 对于一级杆塔桩基，有条件时基桩上拔极限承载力标准值应通过现场基桩上拔静载荷试验确定。

② 对于二、三级杆塔桩基，如无当地经验时，群桩呈非整体坏时，计算方法同单桩承载力计算，群桩呈整体破坏时，基桩的上拔极限承载力标准值可按下式计算：

$$U_{gk} = \frac{1}{n} u_i \sum \lambda_i q_{sik} l_i \tag{5.3.19}$$

式中 u_i——桩群外围周长，其余参数意义同前。

我国现行《建筑桩基技术规范》JGJ 94—2008 的计算方法与此类似。

（2）我国标准《干船坞设计规范》CB/T 8524—2011 中规定，当桩的中心距大于 $6d$ 且无试验资料时，按单桩计算基桩的抗拔力，并对钢筋混凝土打入桩的摩阻力提供的抗力部分取 0.6～0.8 的折减系数，同时抗拔桩的；当桩的中心距小于 $3d$ 时，可将群桩最外面各桩所包络的整块作为一个深基础，按深基础的抗拔力计算。当桩中心距小于 $6d$ 大于等于 $3d$ 时，宜按群桩的抗拔效率系数进行抗拔力计算，对于黏性土可按下式计算：

$$E = 0.94 + 0.056\left(\frac{S}{d}\right) - 0.0083 \cdot \left(\frac{L}{d}\right) - 0.01mn \tag{5.3.20}$$

式中 E——群桩抗拔效率系数；

S——桩距（m）；

d——桩径或桩的边长（m）；

L——桩的入土深度（m）；

m、n——桩数（m 为桩的排数；n 为每排中桩的根数）。

当桩距较大、桩数较少和入土深度较短时，若按式（5.3.20）算出的 $E>1.0$，则取 $E=1.0$。

（3）日本《建筑物基础结构设计规范》的规定如下，按桩群抗拔承载力确定的单桩容许抗拔力 R_a 为：

$$R_a = \frac{1.5WA + \psi LS}{3n} \tag{5.3.21}$$

式中 L——桩长；

n——桩群内的桩数；

S——土层的抗剪强度；

ψ——整体破坏时的桩群外围周长；

A——整体破坏验算时取用的截面积；

W——作用在桩群下单位面积上的桩与土的重量。

式中数字1.5及3分别反映了桩土重量及土层抗剪强度数据的变异性不同须取用的安全系数之不同。计算简图见图5.3-4（a）。对于桩长较小的情况，验算模式还不仅是上述的一种，也可能出现桩周一定范围内的土体随着桩-土体系一起呈倒锥台形状破坏。这时计算简图应改为图5.3-4（b）。

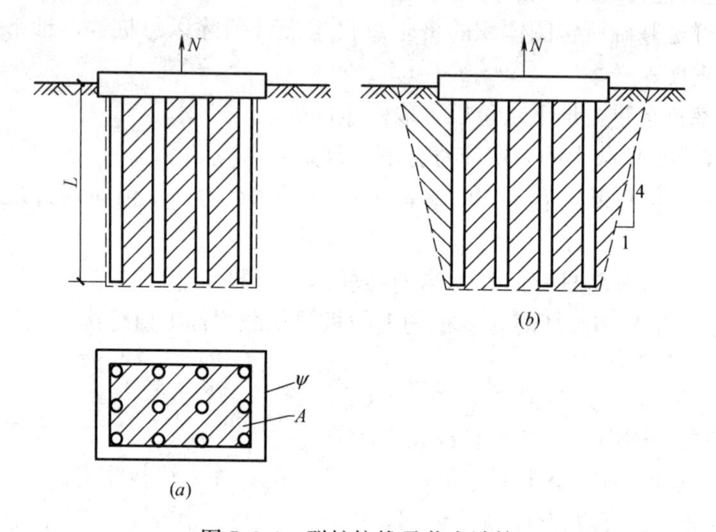

图5.3-4 群桩抗拔承载力计算

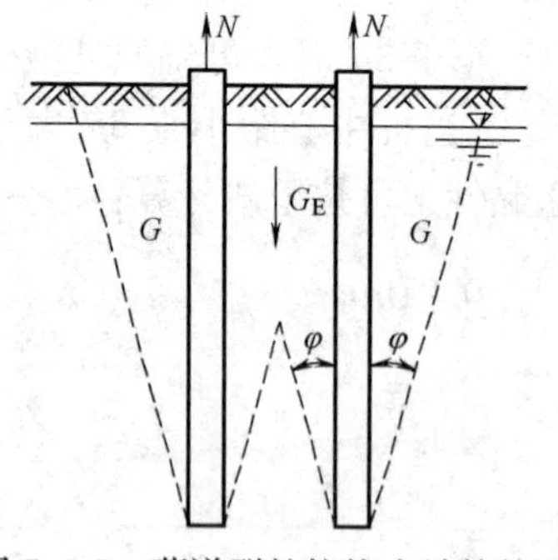

图5.3-5 蔡谦群桩抗拔力计算简图

Tomlinson（1994）指出对于砂性土中的群桩抗拔承载力可以用图5.3-4（b）所示的破坏土体有效重量来计算，并与群桩中各单桩承载力之和除以适当的安全系数的值来比较确定。对于黏性土中的群桩，Tomlinson建议群桩抗拔承载力为如图5.3-4（a）所示的土体的不排水抗剪强度和桩、承台和土体的有效重量之和，不过土体范围略有差异，并针对不同的情况相应选取安全系数。

（4）匈牙利蔡谦（Szechy）建议的一种桩群抗拔破坏模式与岩石锚桩中所用的相类似，其计算简图见图5.3-5。

总的桩群抗拔阻力为

$$\sum N = W_E + \sum W_p \tag{5.3.22}$$

式中 W_E——由土内摩擦角φ所确定的土体质量；

W_p——单桩重量。

5.3.1.3 后注浆等截面抗拔桩承载力

目前，后灌浆抗拔桩的抗拔承载力的研究还处于初期的探索阶段，相应的理论也未完善，抗拔承载力难以通过理论公式或经验公式准确确定。由于工程地质条件和抗拔桩受力机理的复杂性，影响抗拔桩承载力的因素是多方面的，如桩的类型、施工方法、土质类别、土层的形成条件及分布情况、荷载特征等，凡是引起桩周土内应力状况变化的因素及桩身混凝土强度都会对抗拔桩的承载力产生影响。

由于桩周土承压与抗拔时受力性质及强度发挥的机理是不相同的。对抗压桩，桩土作用表现为压剪作用。而抗拔桩的桩土作用表现为拉剪作用。因此，后注浆抗压桩的侧阻增强系数与后注浆抗拔桩侧阻增强系数应该有所差异。从实际效果而言，后灌浆抗拔桩较抗压桩的承载力提高幅度要大。

抗拔桩的承载力计算，应该通过静载试验确定。对于初步的估算，也可利用数值方法进行模拟，或者参照后注浆的抗压桩承载力计算模式，抗拔承载力的提高通过侧阻增强系数表示，侧阻增强系数同样取决于桩周土的可灌性及注浆后桩周土强度提高的幅度。但是这些初步估算的方法也离不开实际经验的指导。

5.3.1.4 特殊土中等截面抗拔桩承载力

1. 季节性冻土上轻型建筑的短桩基础

现行《建筑桩基技术规范》JGJ 94—2008 中规定，季节性冻土上轻型建筑的短桩基础，应按下列公式验算其抗冻拔稳定性：

$$\eta_f q_f u z_0 \leqslant T_{gk}/2 + N_G + G_{gP} \tag{5.3.23}$$

$$\eta_f q_f u z_0 \leqslant T_{uk}/2 + N_G + G_P \tag{5.3.24}$$

式中 η_f——冻深影响系数，按表 5.3-2 采用；

q_f——切向冻胀力，按表 5.3-3 采用；

z_0——季节性冻土的标准冻深；

T_{gk}——标准冻深线以下群桩呈整体破坏时基桩抗拔极限承载力标准值，可按《建筑桩基技术规范》第 5.4.6 条确定；

T_{uk}——标准冻深线以下单桩抗拔极限承载力标准值，可按《建筑桩基技术规范》第 5.4.6 条确定；

N_G——基桩承受的桩承台底面以上建筑物自重、承台及其上土重标准值。

η_f 值 **表 5.3-2**

标准冻深(m)	$z_0 \leqslant 2.0$	$2.0 \leqslant z_0 \leqslant 3.0$	$z_0 > 3.0$
η_f	1.0	0.9	0.8

q_f（kPa）值 **表 5.3-3**

土类 \ 冻胀性分类	弱冻胀	冻胀	强冻胀	特强冻胀
黏性土	30～60	60～80	80～120	120～150
砂土、砾(碎)石(黏、粉粒含量>15%)	<10	20～30	40～80	90～200

注：1. 表面粗糙的灌注桩，表中数值应乘以系数 1.1～1.3；
2. 本表不适用于含盐量大于 0.5%的冻土。

2. 膨胀土上轻型建筑的短桩基础

我国《建筑桩基技术规范》JGJ 94—2008 中规定，膨胀土上轻型建筑的短桩基础，应按下列公式验算群桩基础呈整体破坏和非整体破坏的抗拔稳定性：

$$u\sum q_{ei}l_{ei}\leqslant T_{gk}/2+N_G+G_{gP} \tag{5.3.25}$$

$$u\sum q_{ei}l_{ei}\leqslant T_{uk}/2+N_G+G_P \tag{5.3.26}$$

式中 T_{gk}——群桩呈整体破坏时，大气影响急剧层下稳定土层中基桩的抗拔承载力标准值，可按《建筑桩基技术规范》第5.4.6条确定；

T_{uk}——群桩呈非整体破坏时，大气影响急剧层下稳定土层中基桩载力标准值，可按《建筑桩基技术规范》第5.4.6条确定；

q_{ei}——大气影响急剧层中第 i 层土的极限胀切力，由现场浸水试验确定；

l_{ei}——大气影响急剧层中第 i 层土的厚度。

5.3.2 变截面桩抗拔承载力的计算

5.3.2.1 扩底桩抗拔承载力的计算

扩底抗拔桩上拔时，扩大头的上移使地基土内产生各种形状的剪切破坏面，这种基础的破坏形态复杂多变，并随基础深度、扩大头形状、土质特性等变化。已有的抗拔桩承载力计算公式大多以土体的整体剪切破坏形式为前提，破坏面的假定与地质条件和桩型有较大的关系。破坏形态与机理决定了计算方法的选择，不存在一种统一的、可以普遍适用的扩底桩抗拔承载力的计算公式。实际上，构成桩上拔承载力的各部分，其发挥的不同步性使计算公式过于繁琐复杂且毫无实际意义。有时在难以确定破坏模式时，需假设多个破坏情况分别计算，取其中较小值作为抗拔桩承载力设计值。下面主要针对常见的上拔破坏模式展开讨论，即图5.3-6所示。

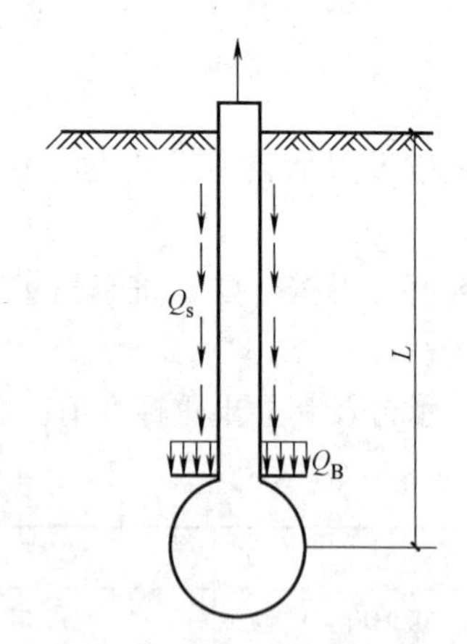

图5.3-6 扩底桩抗拔承载力计算基本模式

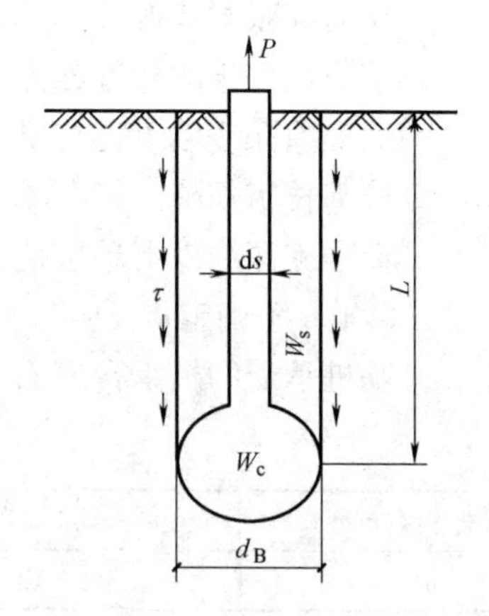

图5.3-7 圆柱形滑动面法计算模式

1. 基本计算公式

扩底桩的极限抗拔承载力 P_u 可视为由以下三部分所组成，即：桩杆侧摩阻力 Q_s、扩底部分抗拔承载力 Q_B 和桩与倒锥形土体的有效自重 W_c。

$$P_u=Q_s+Q_B+W_c \tag{5.3.27}$$

计算模式简图见图5.3-7。

上式中 Q_s 的求法可参考等截面桩的侧摩阻力计算，计算桩长系从地面算到扩大头中部（若其最大断面不在中部，则算到最大断面处），而 Q_s 的计算长度为从地面算到扩大头的顶面的深度。如属于硬裂隙土，则还应扣除桩杆靠近地面的1.0m范围内的侧壁摩阻力。

桩扩底部分的抗拔承载力可分两大不同性质的土类（黏性土和砂性土）分别求得：

（1）黏性土（按不排水状态考虑）

$$Q_B = \frac{\pi}{4}(d_B^2 - d_s^2) N_c \cdot \omega \cdot c_u \tag{5.3.28}$$

（2）砂性土（按排水状态考虑）

$$Q_B = \frac{\pi}{4}(d_B^2 - d_s^2) \bar{\sigma}_v \cdot N_q \tag{5.3.29}$$

式中 d_B——扩大头直径；

d_s——桩杆直径；

ω——扩底扰动引起的抗剪强度折减系数；

N_c、N_q——承载力因素；

c_u——不排水抗剪强度；

$\bar{\sigma}_v$——有效上覆压力。

2. 摩擦圆柱法

该法的理论基础：假定在桩上拔达破坏时，在桩底扩大头以上将出现一个直径等于扩大头最大直径的竖直圆柱形破坏土体。根据这种理论的桩的极限抗拔承载力计算公式为：

（1）黏性土（不排水状态下）

$$P_u = \pi d_B \sum_{O}^{L} c_u \Delta l + W_s + W_c \tag{5.3.30}$$

（2）砂性土（排水状态下）

$$P_u = \pi d_B \sum_{O}^{L} K \bar{\sigma}_v \tan \bar{\varphi} \Delta l + W_s + W_c \tag{5.3.31}$$

式中 W_c——桩自重；

φ——土的有效内摩擦角；

c_u——黏性土的不排水强度；

K——土的侧压力系数；

$\bar{\sigma}_v$——有效上覆压力。

其他符号见计算模式简图 5.3-7。应注意，桩长应从地面算至扩大头水平投影面积最大的部位高程。

3. 梅耶霍夫-亚当斯（Meyerhof-Adams）法

Meyerhof 和 Adams 提出用一个半经验的方法来计算基础的抗拔承载力。由于破坏面的形状相当复杂多变，不同几何尺寸条件下可能有不同形式的破坏面，而且还可能伴随有渐进性破坏现象，因此在推导扩底桩基础抗拔能力的计算公式时，必须作某些简化假定。从计算模式来看，Meyerhof 和 Adams 无非也是采用了竖圆柱式滑动面法，以代替在模型试验中观察到的喇叭形倒圆锥台形滑动面。Meyerhof 和 Adams 等人将实际观察到的滑动面称为“破坏面”，而将简化后的竖圆柱形滑动面称为“剪切面”，两者之间用一个K_u 系数联系起来。系数K_u称为“竖直剪切面上土压力的标定上拔系数”，实际上用K_u 系数考虑了实测滑动面与计算滑动面的等效因素。Meyerhof 和 Adams 分别对浅基础和深基础提出了桩上拔阻力的计算公式，计算简图见图 5.3-9。

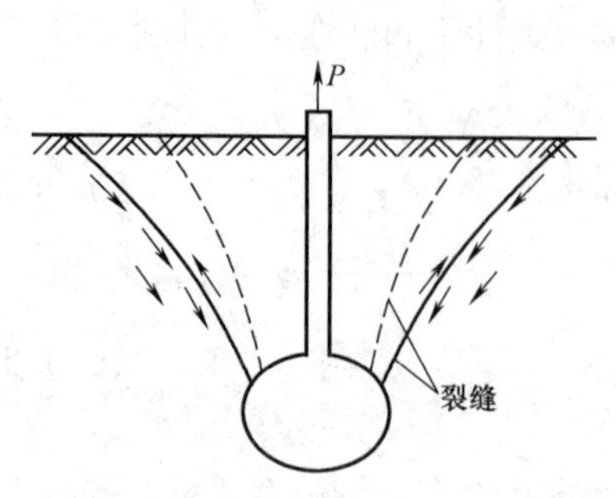
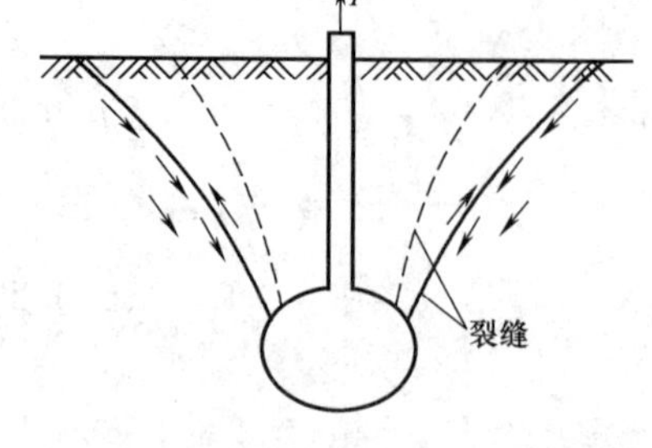

图 5.3-8 硬黏土中桩上拔时产生拉裂缝

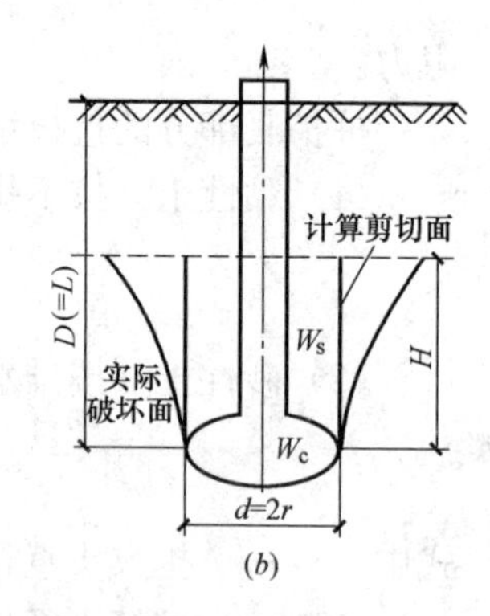

图 5.3-9 浅、深两种基础的不同破坏机理

当基础深度 D（即扩体桩的上拔计算长度 L）小于破坏面竖直方向临界深度 H 时，这种较短的扩体桩称为浅基础。当 D（也即 L）大于这一临界深度 H 时，上拔时基础滑动面将不延伸至地表面上来，而转化为土体内部的冲切和压缩。这种长的扩底桩称之为深基础。

表 5.3-4 列出了与各种土类的不同内摩擦角相对应的 H/d 极限值，其中 d 为桩扩大头直径。凡是桩的长度直径比（L/d）未超出 L/d 极限值一律按短基础公式计算。反之按深基础考虑。

浅基础与深基础的界限 **表 5.3-4**

φ(°)	20	25	30	35	40	45	50
H/d 极限值	2.5	3.0	4.0	5.0	7.0	9.0	11.0

浅基础极限抗拔承载力 P_u 可以由以下几个部分所构成：从扩大头四周竖直向上延伸的圆柱体侧表面上土的黏聚力和被动土压力所产生的摩阻力、基础自重 W_c 和圆柱体内包含的土重 W_s 即：

$$P_u = W_c + W_s + \pi dcL + \frac{\pi}{2} S_r d\gamma L^2 K_u \tan\varphi \tag{5.3.32}$$

式中 c——土的黏聚力；

S_r——决定圆柱体侧面上被动土压力大小的形状系数；

K_u——竖直破坏面上土压力的标定上拔系数，可以从下列近似公式计算：

$$K_u = 0.496(\varphi)^{0.18} \tag{5.3.33}$$

式中 φ——土的内摩擦角（°）。

形状系数 S_r 可由下式求得：

$$S_r = 1 + ML/d \leqslant 1 + MH/d \tag{5.3.34}$$

其中，M 为 φ 的函数，其最大值可由表 5.3-5 查出，该表中还列出了 S_r 和 K_u 的最大值。

公式（5.3.33）和公式（5.3.34）中的基础参数 **表 5.3-5**

φ(°)	20	25	30	35	40	45	50
H/d 极限值	2.5	3.0	4.0	5.0	7.0	9.0	11.0
S_r 的最大值	1.12	1.30	1.60	2.25	3.45	5.50	7.60
M 的最大值	0.05	0.10	0.15	0.25	0.35	0.50	0.60
K_u 的最大值	0.85	0.89	0.91	0.94	0.96	0.98	1.00

深的扩底桩（$L \geqslant H$）的极限抗拔承载力的计算与上述相似，可以表示为下式：

$$P_u = W_c + W_s + \pi dcL + \frac{\pi}{2} S_r d\gamma(2L - H) Hk\arctan\varphi \tag{5.3.35}$$

式中 W_s——在高度 H 的圆柱体内包含的土重。

P_u的上限还受桩扩大头以上的上覆土层承载能力的限制，即

$$(P_u)_{max} = \frac{\pi}{4} d^2 (cN_c + \gamma L N_q) + A_s f_s + W_c + W_s \tag{5.3.36}$$

式中 A_s——高度为 H 的圆柱体侧表面面积；

f_s——圆柱体单位侧表面上的平均摩擦力；

N_c和N_q——下压荷载作用下基础的承载力因素。

Meyerhof 和 Adams 报告了计算与实测的对比结果，指出在砂土中计算的基础抗拔能力与试验结果十分相符，在密实的砂土中理论计算的基础抗拔能力略微低于实际上的桩抗拔能力，而在松砂中则略微偏高。

该研究结果还表明：在黏土中桩底或基础底板之下土内出现负孔隙水压力（即真空吸力）的现象。在较硬的黏土内，长期荷载作用下土处于排水（或吸水）状态中，而上拔作用下基底土主要是吸水，因此，基础的抗拔能力要比短期荷载（即不排水状态）作用下的小得多。这是由于负孔隙水压力的逐渐消散和伴随而来的土质软化所造成的。上述中推荐的黏土中浅基础的极限抗拔承载力公式也适用于长期荷载排水（吸水）状态条件下的情况。但是，公式中土的抗剪强度计算参数 c 和 φ 应采用排水剪切试验成果。

对于基础在短期荷载作用下的极限抗拔承载力建议由以下公式求出：

$$(P_u)_{max} = \frac{\pi}{4} d^2 (c_u N_u) + W_c + W_s \tag{5.3.37}$$

式中 c_u——黏土的不排水强度；

N_u——不排水条件下抗拔承载力因素；

W_c、W_s——分别为基础和土的重量。

N_u值可由下式估算：

$$N_u \approx 2L/d \leqslant 9 \tag{5.3.38}$$

式中 L——基础深度，即扩底桩有效长度，均算至扩大头的最大直径处；

d——桩扩大头直径。

上述所有计算中，当地下水位高于桩扩大头底面时都应考虑地下水影响。

4. 公式法

我国《架空送电线路基础设计技术规定》DL/T 5219—2005 计算公式规定：计算方法与等截面桩相同，但在计算基桩自重时，扩底桩应按《建筑桩基技术规范》JGJ 94—2008 相关条款确定桩、土、柱体周长，计算桩、土自重。另外扩底桩破坏表面周长u_i按表 5.3-6 计算。

扩底桩破坏表面周长 u_i **表 5.3-6**

自桩底算起的长度 l_i	$\leqslant 5d$	$>5d$
u_i	πD	πd

而我国《建筑桩基技术规范》JGJ 94—2008 计算公式也只有在扩底桩破坏表面周长时略有不同，表 5.3-7 即根据考虑了桩周土性质不同的影响。l_i 对于软土取低值，对于卵石、砾石取高值；l_i 取值按内摩擦角增大而增加。

扩底桩破坏表面周长 u_i **表 5.3-7**

自桩底算起的长度 l_i	$\leqslant(4\sim10)d$	$>(4\sim10)d$
u_i	πD	πd

5.3.2.2 支盘桩抗拔承载力的计算

支盘桩抗拔承载力由主桩侧摩阻力、支盘承载力，桩身自重一般略去不计。

中国工程建设标准化协会《挤扩支盘灌注桩技术规程》CECS 192：2005 规定：当根据土的物理力学指标与承载力参数之间的经验关系确定单桩竖向抗拔极限承载力标准值时，宜按下列公式估算：

$$U_u = u\sum\lambda_i q_{si} L_i + \sum \eta q_{pj} A_{pj} \tag{5.3.39}$$

式中 U_u——单桩竖向抗拔极限承载力标准值（kN）；

u——主桩桩杆周长（m）；

λ_i——桩周第 i 层土的侧阻力折减系数，按表 5.3-8 的规定取值；

q_{si}——桩侧第 i 层土的极限侧阻力标准值，可按勘察报告提供的值采用，也可参照当地经验或国家现行相关标准的规定取值；

L_i——当第 i 层土中设置承力盘时，桩穿越第 i 层土折减盘高的有效厚度，按表 5.3-9 的计算方法确定；

η——盘底土层极限端阻力标准值的修正系数；水下作业时可按表 5.3-10 的规定取值；干作业可参照表 5.3-11 的规定取值；

A_{pj}——第 j 盘扣除桩身截面积的盘投影面积（m^2）；

q_{pj}——桩身第 j 个盘顶部土层的极限端阻力标准值（kPa），可按表 5.3-12 的规定取值。

桩周第 i 层土侧阻力折减系数 **表 5.3-8**

土层名称	λ值
砂土	0.50～0.70
黏性土、粉土	0.70～0.80

L_i 的计算方法 **表 5.3-9**

土层名称	公式
黏性土、粉土	$L_i=H_i-1.2h$
砂土	$L_i=H_i-(1.5-1.8)h$
碎石类土	$L_i=H_i-1.8h$
其他	$L_i=H_i-(1.1-1.2)h$

注：1. 其中，H_i为第 i 层土的厚度；

2. 未设置承力盘时 $h=0$。

水下作业盘底土层极限端阻力标准值修正系数 η 表 5.3-10

承力盘位置 \ 盘径(mm)	900	1400	1900
上盘	1.3	0.95	0.9
中盘	1.2	0.85	0.8
下盘	1.1	0.75	0.7

注：1. 当盘底部持力层土厚度小于 $4d$ 时，表中取值宜适当折减；
2. 表中，上盘、下盘以外的所有盘均称“中盘”。

干法作业盘底土层极限端阻力标准值修正系数 η 表 5.3-11

土层名称	硬塑黏土	可塑黏土	粉土	粉砂	细砂	中粗砂
η	0.6～0.8	0.8～1.0	0.8～1.0	0.8～0.9	0.6～0.7	0.4～0.5

盘底处于层的极限端阻力标准值 q_p、q_{pj}（kPa） 表 5.3-12

土层名称	土的状态	水下作业时承力盘距桩顶的距离(m)				干作业时承力盘距桩顶的距离(m)		
		5	10	15	h>30	5	10	15
黏性土	$0.75<I_L\leqslant1$	150～200	250～300	300～450	300～450	200～400	400～700	700～950
	$0.50<I_L\leqslant0.75$	350～450	450～600	600～750	750～800	500～700	800～1100	1000～1600
	$0.25<I_L\leqslant0.75$	800～900	900～1000	1000～1200	1200～1400	850～1100	1500～1700	1700～1900
	$0<I_L\leqslant0.25$	1100～1200	1200～1400	1400～1600	1600～1800	1600～1800	2200～2400	2600～2800
粉土	$0.75<e\leqslant0.9$	300～500	500～650	650～750	750～850	800～1200	1200～1400	1400～1600
	$e\leqslant0.75$	650～900	750～950	900～1100	1100～1200	1200～1700	1400～1900	1600～2100
粉砂	稍密	350～500	450～600	600～700	600～700	500～950	1300～1600	1500～1700
	中密、密实	700～800	800～900	900～1100	1100～1200	900～1000	1700～1900	1700～1900
细砂	中密、密实	1000～1200	1200～1400	1300～1500	1400～1500	1200～1400	2100～2400	2400～2700
中砂		1300～1600	1600～1700	1700～2200	2000～2200	1800～2000	2800～3300	3300～3500
粗砂		2000～2200	2300～2400	2400～2600	2700～2900	2900～3200	4200～4600	4900～5200
砾砂	中密、密实	1800～2500				3600～5300		
角砾圆砾		1800～2800				4000～7000		
碎石卵石		2000～3000				6000		

注：水下作业时，砂性土（细砂、中砂、粉砂）的取值应同时参考该处土层的标准贯入击数。当细砂标准贯入击数较高（如大于 50 击）时，表中取值应适当提高；当中粗砂标准贯入击数较低（低于 30～40 击）时，表中取值应适当降低。

我国行业标准《三岔双向挤扩灌注桩设计规程》JGJ 171—2009 中计算抗拔力的公式与《建筑桩基技术规范》JGJ 94—2008 中计算抗拔力公式的形式一致，只是在桩周长、等效抗拔长度系数及侧阻折减系数上有所不同。

5.3.2.3 螺旋桩抗拔承载力的计算

螺旋桩的抗拔力包括：破坏面内土体的重量、破坏面上摩擦力及锚杆的重量，通常锚杆的重量可以忽略，而破坏面上剪应力与破坏面的形状、岩土的力学性质及埋深等因素有关。

对于螺旋桩抗拔力的计算，不同的学者在不同的时期提出了不同的计算方法实际破坏面的描述是建立抗拔力计算公式的基础，为了便于推导，人们对实际的破坏面进行了合理的简化，汪滨（2005）在其编著的《螺旋锚技术及其在工程中的应用》对其中几种情况进行了介绍。

（1）锥形破坏面计算模型

锥形破坏面是一种较为简单的假定破坏形式，即将实际破坏曲线简化为与锚叶边缘相交、与铅垂面成夹角 θ 的斜线。对于浅埋锚，假定的破坏面由锚叶周边以一定的角度向土层延伸，形成一个倒锥台破坏面。并假设桩周土是均质的，各向同性，本构关系为非线性且锚叶是薄而刚性的，变形可以忽略不计。

根据 Mark P. Mitsch 和 Samuel P. Clemence 对多叶螺旋桩进行的试验，在浅埋时，在试验中测得 θ 为土体内摩擦角的一半左右，见图 5.3-10（*a*），深埋时受力情况见图 5.3-10（*b*）。当锚叶间距大于 3～4 倍锚叶直径时，可以认为各锚叶作用是相互独立的；当锚叶间距小于 3～4 倍锚叶直径时，可以将两锚叶间的破坏面看成一个圆筒形。此时螺旋锚的抗拔力由顶部锚叶剪切阻力、圆筒破坏面的摩擦力和锚杆上的摩擦力组成。

$$Q_{u1}=Q_p+Q_f+Q_{sh} \tag{5.3.40}$$

式中　Q_p——顶部锚叶上的剪切阻力；

Q_f——上、下锚叶间土层的摩擦阻力；

Q_{sh}——锚杆上的摩擦阻力。

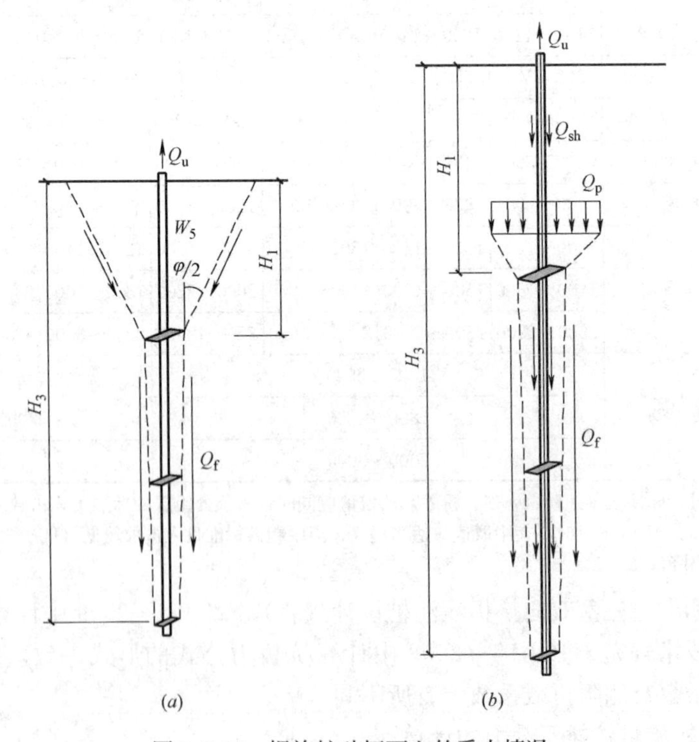

图 5.3-10　螺旋桩破坏面上的受力情况

① 无黏性土计算如下：

浅埋锚：

$$Q_u=\pi\gamma K_u\tan\varphi\cos^2\left(\frac{\varphi}{2}\right)\left[\frac{1}{2}B_1H_1^2+\frac{1}{3}\tan\frac{\varphi}{2}H_1^3\right]+\frac{\pi}{2}B\gamma(H_3^2-H_1^2)K_u\tan\varphi+W_s \tag{5.3.41}$$

式中 Q_u——螺旋锚抗拔力；

γ、φ——土体重度，内摩擦角；

K_u——水平测压系数；

B_1——顶部锚叶的直径；

B——锚叶平均直径；

H_1——顶部锚叶的埋深；

W_s——浅埋锚破坏面内土体的重量。

深埋锚：

$$Q_u=\gamma H_1A_{1Nqu}+\frac{\pi}{2}B\gamma(H_3^2-H_1^2)K_u\tan\varphi+L_sH_1\left(\frac{\gamma H_1}{2}\right)K_u\tan\varphi \tag{5.3.42}$$

式中 N_{qu}——黏土的抗拔因子；

A_1——顶部锚叶的直径；

L_s——锚片截面周长。

② 黏性土计算如下：

顶部锚叶上的剪切阻力 Q_p：

浅埋锚：

$$Q_p=\pi\gamma K_u\tan\varphi\cos^2\left(\frac{\varphi}{2}\right)\left[\frac{\frac{1}{2}B_1H_1^2+\frac{1}{3}\tan\frac{\varphi}{2}H_1^3}{2}\right]+\pi c\cos\left(\frac{\varphi}{2}\right)\left[B_1H_1+\frac{\tan\varphi}{2}\right]+W_s \tag{5.3.43}$$

深埋锚：

$$Q_p=\gamma H_1A_1N_{qu}+AcN_{cu}\gamma H_1^2\frac{L_sK_u\tan\varphi}{2} \tag{5.3.44}$$

式中 N_{cu}——黏土的抗拔因子。

上下锚叶的土层摩擦力用下式计算：

$$Q_f=\frac{\pi}{2}B\gamma(H_3^2-H_1^2)K_u\tan\varphi+\pi cB(H_3-H_1) \tag{5.3.45}$$

其他部分的计算办法与无黏性土类似。

（2）对数曲面破坏面计算模型

Ghaly 和 Hanna 在 1994 年提出了对数曲面破坏面的概念，并在此基础上系统地提出了无黏性土中单个螺旋桩分别在不同埋深下的抗拔力计算理论模型，这里仅对其荷载组成作介绍，具体公式参考相关资料。

浅埋螺旋桩的抗拔力可以分为三个部分：锚的自重、滑移土体的重量、破坏面的摩擦力。其中锚的自重可以忽略不计。因此，其抗拔力通常仅考虑两个部分，即总的抗拔力是土体重量与破坏面摩擦力垂直分量两者之和。

在深埋锚试验中，通过对砂土表面变形和砂内垂直与水平压力的测量，可以确认在土层深部锚叶附近，首先产生应力集中，出现破坏，形成一个封闭的球状体。

深埋螺旋桩的抗拔力包括四个部分，由于自重可以忽略不计，因而抗拔力的计算包括以下三个部分：剥离土体的重量；破坏面摩擦力在垂直方面的分量；剥离土体上部的附加压力。即深锚的极限抗拔力由土体重量、破坏面摩擦力的垂直分量及上部附加压力。

在深埋和浅埋之间存在一个过渡深度，其承载机理和抗拔力计算方法介于深埋与浅埋之间。对于密砂、中密砂、松砂，其深径比分别大于 14、10 和 8 为深锚；深径比分别小于 11、9 和 7 为浅锚；介于两者之间有一个过渡阶段，其破坏面是深锚与浅锚的结合。经过试验的观察和对参数的比较，确认为在埋深的上半部类似浅埋锚，在埋深的下半部类似深埋锚。

5.3.3 嵌岩式锚桩抗拔承载力的计算

岩层中抗拔桩基础的设计应根据岩层条件和上部结构的荷载，合理选择基础形式，充分利用材料强度，并正确估算锚筋容许拉力、锚筋与混凝土之间的锚固力、桩身与周围岩石的摩阻力和岩层内部剪切破坏时的抗拔承载力。依据抗拔桩的破坏形式，以可能发生的最不利情况下的抗拔承载力作为控制条件并尽可能充分地利用各种材料的潜在能力，使基础的设计既安全可靠又经济合理。

由桩身材料强度控制的桩的抗拔承载力是容易计算的，故本节中主要涉及由灌注式岩石锚桩桩周介质控制的抗拔桩承载力计算问题。

灌注式岩石锚桩抗拔能力计算模式基本上与土中抗拔桩的极限承载力公式相同，其抗拔力来自桩侧桩-岩黏结力和端部桩-岩黏结力（后者常可忽略）。锚桩上拔时会产生负泊松效应，使岩石中锚桩桩径收缩，使桩-岩黏结力减小，减幅可达 30%，但需做必要的现场试验验证。

对岩石中直轴式灌注桩地锚，其抗拔承载力计算公式为：

$$P_u = \pi D \int_0^{h/\cos\eta} 0.7\tau_b(z)\,dz \tag{5.3.46}$$

式中 P_u——抗拔极限承载力；

D——钻孔直径；

h——锚桩入岩层深度；

η——外力和锚桩轴线之间的夹角；

τ_b——锚桩侧壁与岩石的黏结强度；

$h/\cos\eta$——锚桩长度，即等于 L。

锚桩与岩石孔壁黏结强度τ_b 值的确定大致在下列范围之间（混凝土抗压强度为f_c，岩石单桩抗压强度为q_u）：

$$f_c < q_u \text{时，} \tau_b \approx 0.05 f_c$$

$$f_c > q_u \text{时，} \tau_b \approx 0.05 q_u \sim 0.2 q_u$$

其中较大的值对应于较弱的岩石。最大承载力时锚桩的滑移量不超过 10mm。

在锚杆较短时，难以精确估计τ_b 沿深度分布的规律，只能采用锚桩入岩深度内平均黏结力S_τ。这样，锚桩极限抗拔力为：

$$P_u = \pi D L S_\tau \tag{5.3.47}$$

式中，S_τ 值经验数据如表 5.3-13 所示。

岩石种类和q_u与S_τ的经验关系　　表 5.3-13

岩石种类	无侧压抗压强度q_u(MPa)	锚桩-岩石黏结力S_τ(MPa)
页岩或泥岩	0.35～112.6	0.12～3.1
砂岩	7.0～24.5	0.53～6.7
石灰岩或白垩	1.05～7.0	0.12～3.0
火成岩	0.35～10.5	0.13～6.4
变质岩		0.48～1.9

加拿大 Adams 等人通过试验，认为岩石与灌注桩间的极限粘结强度影视两者中较小抗剪强度的函数。美国 R. G. Horvath 和 T. C. Kenney 也持有与此类似的观点，并提出桩侧壁阻力与上述两者中较小抗剪强度材料的无侧限抗压强度 S_τ 的关系式（式中强度单位为 10^5Pa)：

（1）对于较大直径（ϕ400mm 以上）的地锚：

$$S_\tau = Y0.66 \sim 0.8Y\sqrt{q_u} \tag{5.3.48}$$

（2）对于较小直径（ϕ400mm 以下）的地锚：

$$S_\tau = Y0.8 \sim 1.6Y\sqrt{q_u} \tag{5.3.49}$$

5.4 抗拔桩的布桩原则

抗拔桩布桩原则，主要包括桩型的选择，抗拔桩的布置，以及持力层的选定等方面。其他相关构造规定可参见相关规范。

5.4.1 桩型选择

随着抗拔桩的应用和研究不断深入，抗拔桩的形式也越来越多样化，就抗拔桩的截面而言，有等截面桩，扩底桩，支盘桩等，就附加使用技术而言，有后注浆技术，预应力技术等。如何在实际工程中选用适当的桩型，满足工程需要，就必须要充分分析不同形式抗拔桩的特点，扬长避短，同时，也要分析桩周土的特点：黏性土、砂土、岩石还是特殊土(冻土、黄土、软土)，以及施工条件和使用环境，还要分清荷载的性质，长期的、短期的还是周期性，有无抗震要求，上拔位移要求如何等。

一般情况下，变截面桩能够提供更高的抗拔承载力，但充分发挥其抗拔承载力所需的位移量往往较大。后灌浆技术可以大幅度提高抗拔桩的承载能力，对于适合进行后注浆的土层，这种技术一般都能取得就较好的效果；扩底桩的施工技术已经比较成熟，也可以较大程度提高抗拔承载能力，但对于超长桩，扩底的效果并不明显，一般可采取后注浆的方式来提高抗拔承载力。而在有抗震要求或周期性荷载作用下，支盘桩无疑是一种很好的选择形式，预应力技术在限制桩体裂缝，提高桩体承载能力和减少上拔位移等方面也有突出的优点。

总之，抗拔桩的选择要综合考虑多方面的因素，充分理解抗拔桩工程对自然条件的依赖性，岩土性质的不确定性，经验的地域性，以及岩土参数的可靠性，因地制宜的按照桩基功能要求进行抗拔能力的设计（包括试桩），才能在保证工程安全的情况下，达到可靠、经济的综合效益。

5.4.2 抗拔桩的布置

抗拔桩的布置包括基础的整体布置和群桩基础的布置，整体布置主要根据基础荷载的分布考虑抗拔桩的整体布局，另一个方面的就是群桩基础中方桩间距的确定，使群桩能发挥更好的作用。

目前的研究认为，高耸构筑物和高层建筑物的受拉区域主要集中在边角部位，而抗浮地下室的受拉区域在平衡自重不足的部位，因此在考虑了承台自重及承台上土重对拉力的抵消作用后，一般在竖向受拉构件下布桩，联合承台要求桩体形心与上部结构在荷载基本组合或标准组合下产生的拉力中心相重合，以减少偏心影响。桩数以抗拔承载力控制为主，按照规范《建筑桩基技术规范》JGJ 94—2008 等规范要求进行计算，而桩间距和布桩密度控制一般同抗压桩，满足最小中心距和最大布桩系数要求，确保成桩质量。

对于支盘桩，我国《三岔双向挤扩灌注桩设计规程》JGJ 171—2009 规定：

相邻桩的最小中心距不宜小于 3.0d（d 为桩身设计直径），并不宜小于 1.5D（D 为承力盘设计直径）。当 D 大于 2m 时，桩的最小中心距不宜小于 $D+1$（m）。承力盘的竖向中心间距：当持力土层为砂土时，不宜小于 2.5D；当持力土层为黏性土、粉土时不宜小于 2.0D。承力岔的竖向中心间距不宜小于 1.5D。承力岔与承力盘的竖向中心间距：当持力土层为粉细砂时，不宜小于 2.0D；当持力土层为黏性土、粉土时不宜小于 1.5D。

基础承台的设计视布桩方案和受力情况而定。对于单桩承台直接传递拉力。因此承台配筋仅需要满足构造要求；对于多桩承台当仅承受倾覆上拔力作用时，承台为反向悬臂梁板，常通过承台顶面配置主筋、承台底面配置构造钢筋满足抗弯要求；如需承受水浮力产生的上拔力作用时，承台为多跨连续梁结构，承台顶面和底面必须同时配置受力主筋以满足抗弯要求。正常使用极限状态要求由于承台厚度通常较大，拱度和裂缝均较小，一般不用验算。

值得注意的是，由于地下水位季节性的变化，上部结构使用荷载的变化（例如水池结构，存在一个满池与空池的循环问题）以及建筑物（构筑物）承受水平风荷载大小、风向的随机变化等，工程中以单纯受拉形式存在的抗拔桩比例不大、概率不多，多数情况是基础桩在某种荷载组合下以抗拔桩形式出现，而在另一种荷载组合下又以抗压桩、抗水平力桩的形式出现或两者、三者兼而有之。因此在布桩和基础承台设计时，应综合考虑、统筹兼顾，满足各种受力状态下的计算和构造要求。

5.4.3 持力层

一般的，等截面抗拔桩的抗拔承载力主要由桩侧摩阻力来提供，持力层的选择一般比较被动，有时候需要通过后注浆等加固形式方能取得较好的效果，但对于扩底桩或支盘桩，持力层的选择显得更为重要。

我国《三岔双向挤扩灌注桩设计规程》JGJ 171—2009 规定：淤泥及淤泥质土层、松散状态的砂土层、可液化土层、湿陷性黄土层、大气影响深度以内的膨胀土层、遇水丧失承载力的强风化岩层不得作为抗压三岔双向挤扩灌注桩的承力盘和承力岔的持力土层。可塑-硬塑状态的黏性土、稍密-密实状态的粉土和砂土、中密-密实状态的卵砾石层和残积土层、全风化岩、强风化岩层等宜作为抗压三岔双向挤扩灌注桩的承力盘和承力岔的持力土层。

承力盘的持力土层厚度不宜小于 3d（d 为桩身设计直径）；当有软弱下卧层时，承力盘的持力土层厚度不宜小于 $4d$。承力岔的持力土层厚度不宜小于 $2d$；当有软弱下卧层时，承力岔的持力土层厚度不宜小于 $3d$。承力盘底进入持力土层的深度不宜小于 0.5～1.0h（h 为承力盘和承力岔的高度），承力岔底进入持力土层的深度不宜小于 1.0h。

宜选择较硬土层作为桩端持力土层。桩端全断面进入持力土层的深度，对于黏性土、粉土时不宜小于 2.0d；砂土不宜小于 1.5d；碎石类土不宜小于 1.0d。当存在软弱下卧层时，桩端以下硬持力层厚度不宜小于 $3d$。

对于受地震作用的基桩，桩身配筋长度应穿过可液化土层和软弱土层，进入稳定土层的深度不应小于 $4.0/a$（a 为桩的水平变形系数）。对于承受水平荷载或较大弯矩的基桩，配筋长度应通过计算确定，且不应小于 $4.0/a$，并应穿过软弱土层进入稳定土层。

5.5 抗拔桩的施工及事故

5.5.1 抗拔桩施工

与普通抗压桩相比，抗拔桩虽然在受力特点、破坏机理、桩体设计和构造、单桩承载力的确定和测试、基础承台的设计和构造等方面却存在着较大的差异，但单抗拔桩在设计要求（满足承载能力极限状态要求和正常使用极限状态要求）、设计方法（用分项系数表达的以概率理论为基础的极限状态设计方法）、施工工艺（静压、振动、锤击、钻孔、人工挖孔、夯扩）等方面两者基本相同。

以支盘桩施工工艺为例，其流程与普通支盘桩施工工艺基本相同：泥浆护壁钻孔—下放支盘机挤压形成支盘腔—下放钢筋笼—浇注水下混凝土成桩。施工流程见图 5.5-1。

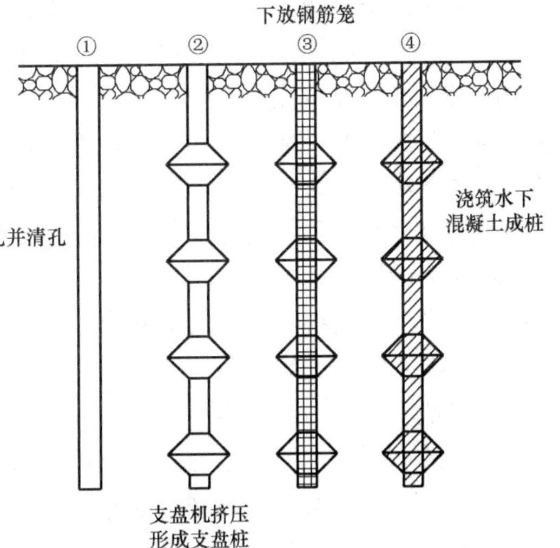

图 5.5-1 支盘桩施工流程图

抗拔桩应注意以下几个问题：

(1) 抗拔桩多为人工挖孔灌注桩，因此，一般的人工挖孔抗拔桩的施工注意事项，对抗拔桩也适用。

(2) 抗拔桩多用于深基坑工程，其桩底一般比围护结构较深，因此，施工安全尤其重要。在人工挖孔施工过程中：

① 做好降水、通风等安全防护措施；

② 应对桩体在不同标高穿越的不同土层有详细的了解，并应有穿越不利土层的施工应对措施。穿越砂层时应防止流砂、涌砂现象，穿越上部为透水层下部为隔水层的土层时，降水效果不理想，人工挖孔困难大，可改用机械钻孔。

(3) 若桩底端扩大头进入基岩，需爆破施工时，应注意将桩体扩大头部分完全置于基岩内，并应注意爆破强度、方向等，避免直段桩孔侧土体塌孔，并应注意爆破施工安全。

(4) 开挖至设计标高时，应及时通知现场监理及设计相关各方验孔，验孔后应及时浇注封底混凝土，避免雨淋以及地下水位回升至桩孔内。若桩孔内有积水，应在灌注混凝土前抽干。

（5）应按设计要求，做好抗拔桩与底板、底板梁之间先后浇注混凝土之间的结构连接、防水构造等工作，避免在结构受力、防水等方面出现薄弱环节。

拔桩机是利用振动、静力或锤击作用将桩拔出地层的桩工机械，是抗拔基桩的专用机械，一般在回收基坑支护的钢板桩，或用拔除法处理旧桩时使用。拔桩作业也常采用相应的振动沉桩机、静力压桩机或双动汽锤，再配以桩架和索具，故也称振动沉拔桩机、静力压拔桩机。桩工施工中以振动拔桩较普遍，作业时，将振动拔桩机固定装于桩头上，通过弹簧吸振器和索具悬挂于吊钩下，开动拔桩机振动器产生的振动，引起桩和土体共振，土体结构破坏，桩身与土体间摩擦力减小，同时收紧索具，将桩逐渐拔出。若采用偏心块式振动器，因沉桩和拔桩阻力方向不同，必须对偏心块进行调整。此种拔桩设备结构简单，拔桩效率高，有发展前途。液压拔桩机利用其夹桩器夹住桩头，液压缸强制顶压夹桩器，使之向上顶升一段距离，将桩逐段拔出，适用在黏土、砂土或含少量砾石的土层中拔工字钢或型钢桩。也有采用静力机械方法拔桩的，即由电动机驱动卷扬机，利用钢丝绳滑轮组的拉力将桩强制拉出地面。使用方便，成本低，但拔桩力不大、设备笨重、拔桩效率低，只适用于软土地层施工。利用双动汽锤拔桩，系将锤体倒置，固定于桩头，并悬挂于索具下，先将土中桩头晃动，减低桩和土壤间紧密度，然后开动汽锤，向上锤击振动，收紧索具，将桩逐渐拔出，可在各种土层中拔除混凝土桩及其他桩。

5.5.2 抗拔桩事故

如何解决地下工程结构物的抗浮问题目前已成为一个经常面临的问题。因地下水浮力作用或抗浮措施不当而造成地下工程的上浮和开裂破坏，在国内外已有不少的事例。在我国曾出现过许多因地下水浮力过大而导致地下室破坏的事故。在这些事故中，有的地下室底板隆起，导致底板破坏开裂漏水；有的地下建筑物整体浮起，导致梁柱结点处开裂及底板破坏等等。因此，地下结构物的抗浮问题成为影响结构工程设计和工程投资效益的难题之一，并逐步引起岩土工程师和结构工程师的重视与广泛关注，补偿基础抗浮设计问题已成为结构设计和工程投资考虑的问题之一。

水浮力的影响是导致建筑物上浮的主要原因，如何正确地计算建筑物基础抗浮验算的水压力，是建筑物抗浮设计的关键所在。由于对建筑设防水位没有具体规定（尤其是在汛期经常有滞水灾害的城市闹市区，带有一至多层的地下室的裙楼部位），带有人为的随意性，且对地下水压力认识不一，故造成水压力计算值的不准确。设计人员往往仅参考地质报告提供的地下水位资料来确定设防地下水位，对于地下结构，由于施工因素的影响，会在地下建筑物周围留下一圈透水性较好的回填土层，如砂砾，建筑垃圾等。在填土外围是未受扰动、渗透性差的黏土。当遇到长时间的强降雨气候时，很容易在建筑物周围形成一个连通的水力通道，此时地下水位很有可能超过原设防地下水位，甚至滞水面高出地面，如图 5.5-2 所示。

对于抗拔桩与抗拔锚杆受力性能的确定主要依靠单桩抗拔试验，忽视了抗拔桩或锚杆的刚度和群桩（锚）效率系数问题，以及地下水位上升对抗拔构件的承载力影响。对于土层地质条件较差的地区，特别是在地层中有暗洪、暗沟、暗塘、暗谷的地段，在这些地质中存在大量变形性能极差的淤泥，使得桩与锚杆的变形量增大、刚度变低，同时由于地下水的上升，土体有效应力降低，导致桩与锚杆的刚度和承载力进一步下降。

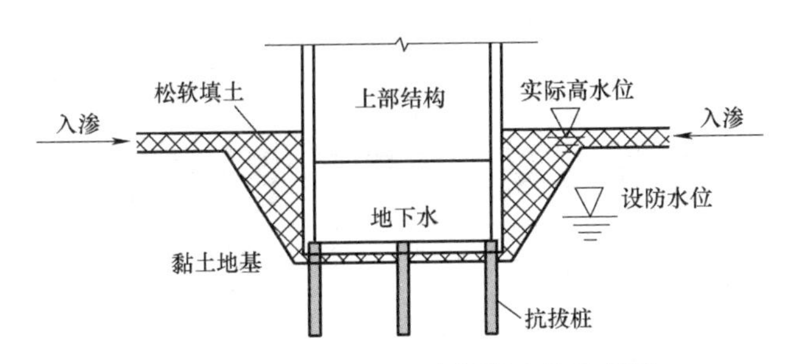

图 5.5-2 填土对地下水位影响的示意图

某商业广场，总建筑面积为 39778.6m^2，其中地上 28959.8m^2，地下 10818.8m^2，地上为 3 层高地下 1 层。本工程为钢筋混凝土框架结构，设四条伸缩缝兼抗震缝，将结构平面分为五个单元。基础为预压法预应力管桩，单桩竖向抗压设计极限承载力标准值为 2200kN，单桩竖向抗拔承载力设计值为 630kN。地下室与下沉式广场为钢筋混凝土整体连接底板，在主体地下室板设置混凝土后浇带。

2005 年 1 月 26 日发现商铺间 ALC 砌块墙体出现裂缝，下沉式广场楼梯出现裂缝。2005 年 2 月 20 日发现：在原有裂缝相应部位的下沉式广场及地下室底板发生斜向裂缝，裂缝部位主要集中在下沉式广场的四角对角线方向向主体中心部位延伸。

根据现场和设计施工的情况，水浮力较大是墙板底板产生裂缝的主要原因，结构所受到的水浮力已经超过原设计的水浮力值。根据附近地下水位的监测情况，建筑物外围地区的地下水并未超过该地区的设防水位。因此最可能的情况如前面介绍的一样：由于施工因素的影响，地下建筑物周围留下一圈透水性较好的回填土层，当遇到长时间的强降雨气候时，在建筑物周围形成了一个连通的地下水体，而此地下水体的水位超过了原设防地下水位。

河南某卷烟厂的地下车库以及武汉徐东路某住宅区车库等工地都发生过库体在暴雨季节上浮的情况，上浮量分别约为 30cm 和 40cm。

参考文献

[1] 杨克己，等. 抗拔桩的破坏机理和承载力的研究. 海洋工程，1989，7 (2).

[2] 杨克己，等. A Study of Failure Mechanism and Uplifting Capacity of Tension Pile Foundation. Proceedings of the International Conference on Deep Foundations. Vol. 1. 北京：中国建筑工业出版社，1986.

[3] K. P. RChoudhuri，et al. Uplift Resistance of Model Pile and Pile Groups. 2nd International Conference on Numerical Methods in off-Shore Piling，1982.

[4] 刘祖德，等 . Choice of Calculating Models about the Uplift Resistance of Transmission Tower Foundations. IEEE/CSEE Joint Conference on High-Voltage Transmission Systems in China.

[5] 刘祖德. 抗拔桩基础. 地基处理，1996，7 (1).

[6] 吴春秋，等. 深埋纯地下建筑不同抗拔桩型承载性状试验研究. 岩土工程学报，2007，9.

[7] 汪仁和，等. 冻土中单桩抗拔承载力的模型试验研究. 冰川冻土，2006，10.

[8] 唐晓玲，等. 盘桩的抗拔机理及工程应用. 建筑技术，2009，9.

[9] 赵明华，等. DX 桩抗拔承载机理及设计计算方法研究. 岩土力学，2006，2.

第6章　桩的负摩阻力

冯忠居

6.1　负摩阻力的成因及工程影响

6.1.1　负摩阻力定义

桩受压后通过桩侧表面和桩端的岩土体把荷载传递给地基土，地基土与桩的作用力可分为地基土对桩侧表面的摩阻力和对桩的端阻力两部分。作用于桩侧表面摩阻力的方向取决于桩与周围地基土之间的相对位移。当桩的下沉速率大于地基土的下沉速率时，地基土对桩侧表面就会产生向上作用的摩阻力，称为正摩阻力，它对桩起支承作用；当地基土的下沉速率大于桩的下沉速率时，则地基土对桩侧表面就会产生向下作用的摩阻力，称为负摩阻力（negative side resistance）。

6.1.2　负摩阻力产生的条件及工程影响

1. 负摩阻力产生条件

负摩阻力产生的原因很多，主要有下列几种情况：

(1) 当桩穿过欠固结的松散填土或新沉积的欠固结土层而支撑于坚硬土层中，桩侧土因固结而产生的沉降大于桩的沉降时；

(2) 桩侧为自重湿陷性黄土、季节性冻土或可液化砂土土层时，当黄土遇水湿陷、冻土融沉或当可液化土受地震或其他动力荷载而液化，液化土重新固结而出现大量下沉时；

(3) 当桩侧抽取地下水或深基坑开挖降水等原因引起地下水位全面降低，土的有效应力增加，产生大面积的地面沉降时；

(4) 桩侧表面土层因大面积地面堆载或大面积填土引起桩侧土沉降时；

(5) 饱和软土中打入密集的桩群，引起超孔隙水压力，土体大量上涌，随后重塑土体使超孔隙水压力消散而重新固结时；

(6) 灵敏度较高的饱水黏性土，受打桩等施工扰动（振动、挤压、推移）影响，附加超孔隙水压力增加，当其消散时土体固结引起下沉变形时；

(7) 打桩和桩静荷载试验过程中，当卸荷桩身向上回弹时，在桩身上部可能引起桩表面的负摩阻力。

上述情况土的自重和地面上的荷载都将通过负摩阻力传递给桩，桩的负摩阻力随较软弱土层或其他特殊土土层厚度的增大而增大。

桩基负摩阻力增加桩体轴向荷载，从而使桩轴向压缩量增加，并且在摩擦桩情况下也可能使桩的沉降有较大的增加。群桩承台情况下，填土沉降可使承台底部和土之间形成脱空的间隙，这样就把承台的全部重量及其上荷载转移到桩身上，从而改变了承台内的弯矩和其他应力状态。

桩的负摩阻力产生与发展是一个时间过程，例如打入桩过程中的土中总应力的增长和松弛消散，孔隙水压力随固结过程的消散，软弱淤泥质土的触变效应。土沿桩身传递过程受上述因素影响而出现时间效应。

2. 黄土的负摩阻力

黄土在天然含水率时往往具有较高的强度和较小的压缩性，但浸水后，有的虽然不发生湿陷，但强度迅速降低，有的不仅强度降低，而且在地面上的外荷载作用下，甚至仅在黄土自重作用下发生显著的下沉现象（即湿陷现象）。前一种黄土通常称为非湿陷性黄土，后一种则称为湿陷性黄土。

黄土产生湿陷是因为其自身形成时气候干燥，土中的水分不断蒸发，水中所含的碳酸钙和硫酸钙在土粒表面析出，形成胶结物，因此使土粒之间具有抵抗移动的能力，这种黄土在其上面覆盖土的作用下不会发生压密。但当其被水浸湿后，水分子进到土粒之间的孔隙内，使土粒的表面形成水膜，并使碳酸钙和硫酸钙溶解，从而降低了土粒之间抵抗移动的能力，以致在其上覆荷载作用下或者在其他附加压力作用下，土粒之间互相挤紧，形成沉陷现象。这种沉陷主要是由于浸水产生的，所以称其为湿陷。有的黄土因为已经经过长期浸水，其湿陷性早已消失。

当桩侧湿陷性黄土受到水的浸泡时，在地面上外荷载作用或黄土的自重作用下，会产生相对于桩身的下沉，从而对桩身产生负摩阻力，湿陷性黄土开始浸水时，桩身上即有负摩阻力的作用，但数值很小；随着湿陷量的增长，负摩阻力也逐渐增大；当整个湿陷性土层受水浸湿并产生湿陷后，负摩阻力达到峰值；之后，尽管湿陷量继续增长但负摩阻力反而有所降低，黄土地区进行桩基设计时应考虑这种负摩阻力对桩的作用。

3. 负摩阻力对工程的影响

在桩基的设计过程中，建筑物荷载通过桩基础传递给地基，桩顶荷载由桩端土层抵抗力和桩侧土的侧摩阻力来承担。如果桩基础置于压缩性较大的土层中，由于土体的大面积沉降，桩基础会不同程度受到负摩阻力影响。负摩阻力引起的下拉荷载会产生进一步的桩端沉降和桩身压缩变形。如果在桩基础设计时不考虑或未充分考虑负摩阻力，可能造成桩端地基屈服破坏、桩身破坏以及结构物不均匀沉降。

目前国内桩基础设计中仍然大规模使用钢筋混凝土预制桩和灌注桩，在结构物基础设计中由于未考虑负摩阻力的影响而出现结构物不均匀沉降导致的倾斜、坍塌等现象。例如哈尔滨市某建筑物坐落在深厚杂填土上，楼层仅为三层，并采用了桩基础，桩尖处在原始土层持力层上。当时考虑到杂填土已沉积多年，忽略了杂填土对桩表面产生的负摩阻力的影响。当桩基础完工后，进行了单桩静载试验，结果表明：单桩承载力满足设计和使用要求，随后进行上部结构施工，并投入了使用。但是经过很短的时间，墙体出现多处裂缝。经调查与分析，单桩承载力满足设计要求，是杂填土产生的负摩阻力使得桩基础产生较大的沉降变形，由于杂填土的极不均匀及外界条件影响的不均匀性，桩基础产生的不均匀沉降最终导致建筑物墙体出现裂缝。

兰州市某住宅楼场地为湿陷性黄土、人工填土地基，采用人工挖孔灌注桩，桩端持力层为泥质砂岩，楼房建成后，由于地基建筑物四周地坪均未做硬化处理或仅做了浅层处理（40cm 的换填），同时受雨季天然降雨的影响，地基遇水软化，引起地基塌陷，使土层原本具有的正摩阻力变为负摩阻力进而使桩基整体下沉，建成后 2 年楼房墙面开始出现裂缝，2 年内桩的下沉量最大为 27.8cm。

在我国西北地区，湿陷性黄土广泛分布，在受到水浸润时土体沉降较大，桩基产生负摩阻力的现象比较明显；在沿海地区，地层中存在有层状的滨海或浅海相的淤泥或者淤泥质黏土，负摩阻力问题的也尤其突出。

6.1.3 中性点位置的确定

1. 负摩阻力与沉降的关系

中性点是指正摩阻力与摩阻力的分界点（即摩阻力为零的位置）：该位置以上，桩周土的下沉量大于桩本身的下沉量，桩承受负摩阻力；该位置以下，桩身的下沉量大于桩周土，桩承受正摩阻力。中性点位置处桩土位移相等、桩身轴力最大、摩阻力为零。

负摩阻力将对桩产生向下的附加荷载，相当于在桩顶荷载之外，又附加一个分布于桩侧表面的荷载。负摩阻力作用使桩身轴力不在桩顶最大，而是在中性点处最大，如图6.1-1所示。

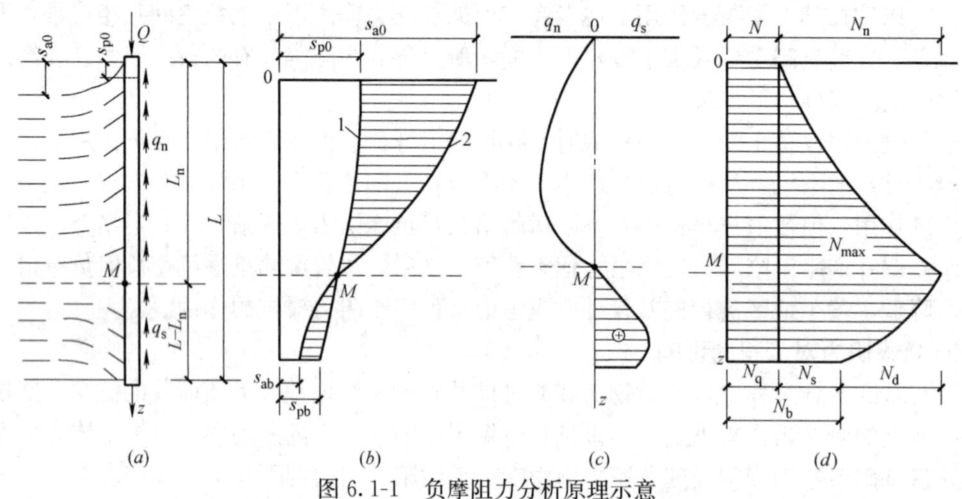

图6.1-1 负摩阻力分析原理示意

(*a*) 桩及桩周土受力、沉降示意图；(*b*) 桩、土沉降及相对位移；(*c*) 摩阻力分布及中性点 (*M*)；(*d*) 桩身轴力

其中

Q——桩顶荷载；
M——中性点位置；
q_n——负摩阻力；
q_s——正摩阻力；
L_n——桩身产生负摩阻力段，即中性点的深度；
L——桩长；
s_{p0}——桩顶沉降；
s_{a0}——桩顶周围土沉降；
s_{pb}——桩端沉降；
s_{ab}——桩端周围土沉降；
1——桩身各断面的沉降；
2——各深度桩周土的沉降；
N——桩顶轴力；
N_n——负摩阻力产生的轴力，即下拉力；
N_b——端阻力；
N_q——桩顶轴力产生端阻力；
N_s——正负侧摩阻力相互抵消后产生的端阻力；
N_d——正摩阻力对轴力的抵消作用；
N_{max}——轴力最大值，出现在中性点位置。

2. 影响中性点位置的主要因素

(1) 桩端持力层刚度。持力层越硬，中性点位置越深；相反持力层越软，则中性点位置越浅。在相同的条件下，端承桩的中性点深度大于摩擦桩。

(2) 桩周土的压缩性和应力历史。桩周土越软、欠固结度越高、湿陷性越强、相对于桩的沉降越大，则中性点位置亦越深，值得注意的是，桩、土沉降稳定之前，中性点位置是变动的。

(3) 桩周土层上的外荷载。一般地面堆载越大或抽水使地表下沉越多，那么中性点位置越深。

(4) 桩的长径比。一般桩的长径比越小，则中性点位置越深。

3. 中性点位置的确定

桩中性点位置确定的途径有理论计算、参考有关规范的经验参数和按工程桩的工作特性等。按桩周土层沉降与桩沉降相等的条件确定中性点位置，即图 6.1-1 中 $s_p=s_a$。严格地说，每项沉降分量必须通过计算而得。中性点位置也可参照表 6.1-1 确定。

中性点深度 **表 6.1-1**

持力层性质	黏性土、粉土	中密以上砂	自重湿陷性黄土	砾石、卵石	基岩
中性点深度比 L_n/L_0	0.5～0.6	0.7～0.8	0.77～0.8	0.9	1.0

注：1. L_n、L_0分别为产生负摩阻力的深度和软弱土层或自重湿陷性黄土层厚度；
2. 桩穿越自重湿陷黄土层时，L_n按表列增大 10%（持力层为基岩除外）；
3. 当桩周土层固结与桩基固结沉降同时完成时，取 $L_n=0$；
4. 当桩周土层计算沉降量小于 20mm 时，L_n应按列表值以 0.4～0.8 折减。

按工程桩的工作特性分别估算中性点位置，带有经验性质，其依据是实测结果。国内外现场测试统计成果见表 6.1-2。

经验法确定中性点深度 **表 6.1-2**

持力层类型	中性点深度比 L_n/L_0
摩擦桩	0.7～0.8
摩擦端承桩(桩尖土标准贯入击数 $N\leqslant 20$)	0.8～0.9
支承在一般砂或砂砾层中的端承桩(沉降在允许范围内)	0.85～0.95
支承在岩层或坚硬土层上的端承桩	1.0

6.2 单桩负摩阻力的计算

6.2.1 单桩负摩阻力的计算

桩的负摩阻力的大小与基桩沉降及桩侧土压缩沉降、沉降速率、稳定历时等因素有关，且它随时间变化，分布也比较复杂。要想在计算中考虑各种因素几乎是不可能的，一般只能简化地计算桩的负摩阻力的最大值，实际中需根据具体情况具体分析和处理。

为确定桩负摩阻力强度的大小，就必须研究产生负摩阻力时桩与土共同作用的特点、土沿桩身的抗剪强度特征与桩侧的应力状态。为简便起见，各种负摩阻力计算方法均假定：桩周负摩阻力是均匀分布的，对于分层地基，也假定在同一层内的负摩阻力是均匀分布的；对于同一土类，作用在桩周单位面积的负摩阻力和正摩阻力在数值上大致是相等的。

实际中一般使用经验公式计算桩的负摩阻力分为两大类：一是总应力法，另一是有效应力法。总应力法主要考虑不排水剪切强度、贯入击数、侧向土压力、无侧限抗压强度、静力触探头阻力等因素对表面负摩阻力的影响，这些参数通过实验手段较易得到，同时总应力方法具有简单明了、易于估算的特点，特别是在没有现场试验条件地区的工程建设中能得到广泛的应用。

(1) 大面积地面下沉时桩的负摩阻力 f'：

$$f'=0.3\sigma'_{v} \tag{6.2.1}$$

式中 σ'_{v}——有效应力（kPa）。当降低地下水位时，$\sigma'_{v}=\gamma'z$；当地面有满布荷载时，$\sigma'_{v}=p+\gamma'z$。

(2) 黏性土的负摩阻力 f'：

$$f'=q_{u}/2 \tag{6.2.2}$$

式中 q_{u}——无侧限抗压强度（kPa）。

(3) 由于活荷载而引起桩的负摩阻力 f'：

$$f'=0.4\sigma'_{v} \tag{6.2.3}$$

符号意义同前。

(4) 用三轴不排水固结强度计算负摩阻力 f'：

$$f'=c_{uu}+\sigma'_{v}K\tan\varphi_{uu} \tag{6.2.4}$$

式中 c_{uu}——三轴不排水剪测定的黏聚力；

σ'_{v}——土的平均有效应力，地基的垂直总应力减去孔隙水压力（Pa）；

K——土的侧压力系数，$K=\frac{\sigma'_{h}}{\sigma'_{v}}$，软土取0.5，其他土按式（6.2.6）计算。

当无实测孔隙水压力时，可按下式计算。

$$\sigma'_{v}=\gamma Z+\gamma h-K_{w}\gamma_{w}h \tag{6.2.5}$$

式中 γ——土的重度（kN/m³）；

Z——地面到地下水面的深度（m）；

h——由地下水位算起的深度（m）；

K_{w}——水压力分布系数，一般取0.8，地基沉降量大时取0.7；

γ_{w}——水的重度（kN/m³）。

(5) 按有效应力法计算负摩阻力 f'：

$$f'=\sigma'_{v}K\tan a \tag{6.2.6}$$

式中，$K\tan a'$值根据不同土性按表6.2-1采用。当降低地下水位时，$\sigma'_{v}=\gamma'z$；当地面有满布荷载时，$\sigma'_{v}=p+\gamma'z$。

不同土性 $K\tan a'$ 值 **表 6.2-1**

土类	淤泥、淤泥质土、黏土	粉质黏土、粉土	砂土	自重湿陷性黄土
$K\tan a'$	0.15～0.25	0.25～0.40	0.35～0.50	0.20～0.35

(6) 用静力触探试验结果确定负摩阻力 f'：

$$f'=q_{c}/10 \tag{6.2.7}$$

式中 q_c——锥尖阻力（kPa）。

（7）用标准贯入试验 N 值确定负摩阻力 f'：

$$f'=N/5+3\ (砂类土) \tag{6.2.8}$$

$$f'=N/2\pm1(黏性土) \tag{6.2.9}$$

（8）布罗姆斯（Broms）提出如果土的下沉速率为 10mm/y 时，$K\tan\alpha'$值见表 6.2-2

不同土性 $K\tan\alpha'$值 **表 6.2-2**

土类	岩石、填土	砂和砾石	粉土和正常固结黏土（$w_L\leqslant50\%$）	正常固结的高液限黏土（$w_L>50\%$）
$K\tan\alpha'$	0.15～0.25	0.25～0.40	0.35～0.50	0.20～0.35

（9）同济大学对上海软土曾提出经验式计算摩阻力 f'：

$$f'=0.3(p+\gamma'_z) \tag{6.2.10}$$

式中 p——桩顶附加压力（N）；

γ'_z——土的有效覆盖压力（N）。

（10）地区经验值

上海市提出了桩周土的极限正摩阻力的经验值，全国地基规范也提出了预制桩桩周土摩阻力值，都已在工程中广泛应用，根据 Broms 的经验，认为负摩阻力仅为正摩阻力的1/2～2/3。

以上各种方法和经验值，以式（6.2.6）的有效应力法与实测的结果较为接近。

在确定了中性点深度之后，桩身负摩阻力 F：

$$F=U\int_0^{L_n}f'_i\mathrm{d}z \tag{6.2.11}$$

式中 U——桩的周长（m）；

L_n——中性点的深度；

f'_i——土的分层摩阻力；

z——离桩顶的距离。

对于开口钢管桩来说，上式应乘以 0.6 的形状系数；打桩过程中，桩周土层和孔隙水表现了复杂的运动形式，开口钢管桩打入时，桩周土层被拖带下去，孔底的土进入管内，直至形成土塞为止，拖带下去的桩周土受到压缩挤密，模型试验可以清楚地看到桩周土层在桩周向下弯曲，因此开口钢管桩扰动影响较小，负摩阻力小于挤土打入桩。

以上所列这些计算方法是不同行业针对软土地基所提出的负摩阻力计算方法，侧重论述软土地基不同的变形引起的桩侧负摩阻力，事实上，对湿陷性黄土引起的负摩阻力与软土等情况采用相同的计算方法是不合理的，这一点由湿陷性黄土与软土自身的工程性状是不难理解的，因此，现行的计算负摩阻力的相关技术资料中采用统一的计算负摩阻力的范围是有问题的。

6.2.2 负摩阻力下的单桩容许承载力计算

在工程设计中，考虑负摩阻力作用时，可用下式计算单桩的容许承载力：

$$P_{pa}=\frac{正极限桩侧摩阻力总和-负极限桩侧摩阻力总和}{K_1}+\frac{极限桩端阻力总和}{K_2} \tag{6.2.12}$$

式中 P_{pa}——负摩阻力下的单桩容许承载力；

K_1——桩侧摩阻力的分部安全系数；

K_2——桩端阻力的分部安全系数。

由式（6.2.12）可知，负摩阻力削弱了单桩的容许承载力，为了充分考虑桩的荷载传递中桩极限侧摩阻力与桩极限端阻力明显不同步发挥，上式之所以采用不同的安全系数 K_1、K_2，一般情况下桩侧极限摩阻力发挥所需的桩土间相对位移4～10mm，而桩极限端阻力的完全发挥则可能要求桩端下沉达到 $D/10$（D 为桩径）以上。不同国家与行业对 K_1、K_2 的取值有较大差异，苏联桩基规范 K_1 取1.1～1.4，K_2 取3.0～4.0；《岩土工程勘察设计手册》（1996）则建议 K_1 取1.5～2.0，K_2 取2.0～4.0；《建筑桩基技术规范》JGJ 94—2008、《公路桥涵地基与基础设计规范》JTG D66—2007、《铁路桥涵地基和基础设计规范》TB 10002.5—2005 对 K_1、K_2 均取2。具体工程设计中，应根据当地的工程地质条件、土质条件和桩的种类以及以往的工程经验等要素加以研究，慎重选择 K_1、K_2 值。

此外，若正、负极限摩阻力按实际测定值推算时，究竟采用何种试验方法，尚有争论。有的认为正极限摩阻力应采用压桩试验测定，而负极限摩阻力应采用拔桩试验测定。有的则认为两者统一取桩试验实测结果。事实上，由于桩周土固结沉降而产生的负摩阻力机理上与拔桩试验测定的并不相同。建议通过工程桩的实测积累成果，然后用类比法指导待建工程的设计参数取值。

【例1】 某单桩，桩径 ϕ300mm，打入6m厚的正常固结淤泥质粉土，穿透该层后进入下卧紧砂层1.5m。两层土的静力触探试验桩端阻力 q_c-z 曲线如图6.2-1所示。

设安全系数 $K_1=1.5$、$K_2=3.0$，求该桩的容许承载力 P_p。

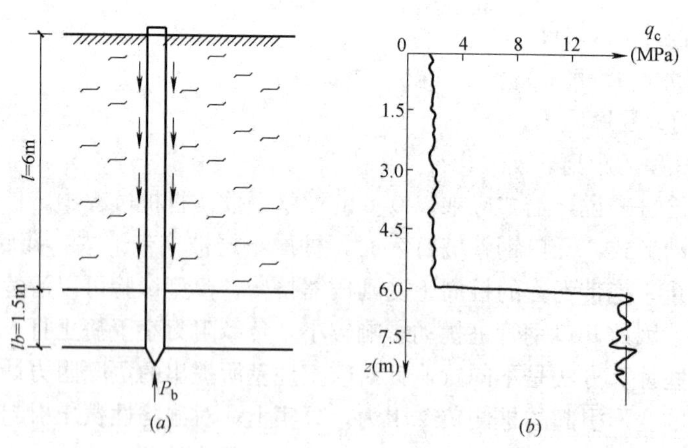

图6.2-1 计算资料

【解】 单桩的单位面积极限端阻力为 f_b：

$$f_b=\frac{q_c l_b}{10B}=\frac{16\times1000\times1.5}{10\times0.3}=8000\ (\text{kPa})$$

桩的总极限端阻力为：

$$P_b=f_bA=8000\times\frac{\pi\times0.3^2}{4}=565\ (\text{kN})$$

淤泥质粉土层内的总极限侧摩阻力为：

$$P_{s1}=\frac{q_c A_s}{150}=\frac{2.2\times1000}{150}\times\pi\times0.3\times6=83\ (\text{kN})$$

紧砂层内的总极限侧摩阻力为：

$$P_{s2}=\frac{q_c A_s}{150}=\frac{16\times1000}{150}\times\pi\times0.3\times1.5=151\ (\text{kN})$$

当不考虑桩在淤泥质粉土内的负摩阻力时。单桩容许承载力为：

$$P_{pa}=\frac{P_{s1}+P_{s2}}{1.5}+\frac{P_b}{3.0}=\frac{83+151}{1.5}+\frac{565}{3}=334\text{kN}$$

当桩附近修建公路，填方使用淤泥质粉土产生新的固结沉降时，该软土层内的正摩阻力不但完全丧失，反而会产生数量与之相同，作用方向刚好相反的负摩阻力。于是，该单桩的容许承载力就锐减为：

$$P_{pa}=\frac{-83+151}{1.5}+\frac{565}{3}=234\text{kN}$$

就是说，考虑了负摩阻力，单桩的容许承载力比原来不考虑时降低了29%以上。

【例2】 填土堆载产生负摩阻力对桩的影响，某工程基础采用钻孔灌注桩，桩径 $d=1.0\text{m}$，桩长 $l_0=12\text{m}$，穿过软土层，桩端持力层为砾石，如图6.2-2所示。地下水位在地面下1.8m，地下水位以上软黏土的天然重度 $\gamma=17.1\text{kN/m}^3$，地下水位以下它的浮重度 $\gamma'=10.2\text{kN/m}^3$。现在桩顶周围地面大面积填土，填土荷重 $P=10\text{kN/m}^2$，计算因填土对该单桩造成的负摩阻力下拉荷载标准值（计算中负摩阻力系数 ζ_n 取0.2）。

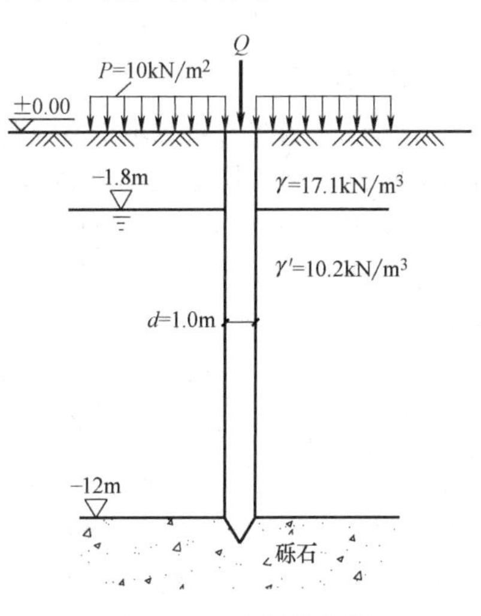

图6.2-2 土层分布图

【解】 根据《建筑桩基技术规范》中性点深度比 $l_n/l_0=0.9$

$$l_0=12\text{m},\ l_n=0.9\times12=10.8\text{m}$$

单桩负摩阻力标准值为：

$$\gamma'=\frac{17.1\times1.8+10.2\times9.0}{10.8}=11.35\text{kN/m}^3$$

$$\sigma'_v=p+\gamma' z=10+11.35\times\frac{10.8}{2}=71.29\text{kN/m}^2$$

单桩负摩阻力标准值为：

$$f'=k\tan a'\sigma'_v=0.2\times71.29=14.26\text{kN/m}^2$$

下拉荷载为：

$$Q=u\times l_n f'=\pi\times1.0\times10.8\times14.26=483.6\text{kN}$$

6.2.3 相关规范对负摩阻力的考虑

我国《建筑桩基技术规范》JGJ 94—2008规定：桩周土沉降可引起桩侧负摩阻力时，应根据工程具体情况考虑负摩阻力对桩基承载力和沉降的影响；当缺乏可参照的工程经验时，可按下列规定验算：

(1) 对于摩擦型桩取桩身计算中性点以上侧摩阻力为零；

(2) 对于端承型桩除应满足上式要求外，尚应考虑负摩阻力引起桩的下拉荷载；

(3) 当土层不均匀或建筑物对不均匀沉降较敏感时，尚应将负摩阻力引起的下拉荷载计入附加荷载验算桩基沉降。

众所周知，对于摩擦桩，桩身承载力设计值的控制因素是沉降量，尤其是建筑物的不均匀沉降，而桩身强度和桩端土的承载力都不是其控制因素。中性点位置上桩轴向压力为最大值，因此只要校核验算中性点处的桩身承载力是否能通得过，故有第1条规定，说明中性点以上的侧摩阻力对桩承载的确定已无意义。对于端承桩则桩身强度和桩端土承载力为控制因素，尤其要校核桩端土承载力是否满足设计要求，桩端持力层是否破坏（当桩端进入持力层过浅时）。这时，说明中性点位置几乎贴近持力层顶面，中性点以下桩侧的正摩阻力总量微不足道。因此既要满足第1条规定，又要校核桩在桩顶荷载和数量较大的负摩阻力所引起的下拉荷载综合作用下桩端土的极限承载力是否被超过，故有第2条规定。土层不均匀导致建筑桩基础中各基桩的荷载不均匀。不但要执行1、2两条规定，还要验算建筑桩基基础整体的沉降量和不均匀沉降，这时矛盾焦点不在于单根桩的承载力问题，而在于校核沉降量是否超标，所以第3条规定了这下拉荷载应计入附加荷载来计算桩的沉降和不均匀沉降。

对具有代表性的黄土地区如陕西、甘肃、宁夏等省，桩基设计中的负摩阻力考虑都不同。陕西省对黄土层中的桩基础设计时按两种情况考虑，第一种是对地下水位不可能上升到桩基础底面以上，且桩侧湿陷性土层不可能出现局部浸水情况，以及地下水位不可能上升且对桩侧湿陷性土层偶然发生浸水采取了防水措施的情况，不考虑负摩阻力发生，桩侧仅存在正摩阻力；第二种是对桩侧湿陷性土层可能因地下水位上升或因偶然性原因出现桩侧一定深度完全浸水的情况，考虑桩侧上部6m深度为负摩阻力。甘肃省对于非自重湿陷性黄土地基，其处理厚度到基础底面以下土的附加压力与上覆土层的饱和自重压力之和等于或小于黄土的湿陷起始压力的深度，或处理到土的附加压力等于土的自重压力的25%的深度处；对于自重湿陷性黄土地基处理全部湿陷性黄土层。宁夏回族自治区借鉴设计反馈的信息和实际试验的结果，对黄土地区的桩长计算取桩长自地面10m以30%的摩阻力计入负值，黄土层不足10m的以黄土层实际厚度层的30%摩阻力计入负值，在计入负值后桩长明显增加，在同等条件下桩长普遍增长了5～15m以上。

6.2.4 时间效应产生的负摩阻力评估

负摩阻力的发生和发展需经历一个很缓慢的时间过程，即具有时间效应。大量工程实测结果表明，负摩阻力引起的桩沉降在工后很长时间内仍持续变化，这不利于结构物的正常使用。例如打入桩过程中的土中总应力的增长和松弛消散，孔隙水压力随固结过程的消散，软弱淤泥及淤泥质土的触变效应。土沿桩身荷载传递过程均受上述因素影响而出现时间效应现象。但桩负摩阻力涉及桩周土自身的欠固结和新荷载引起的附加固结问题，时间效应更为突出。

负摩阻力的发展过程与桩周土体固结过程紧密相关，故其完成需经历较长的时间。其初期由于桩身沉降的影响，负摩阻力增长缓慢，当桩身沉降稳定后，负摩阻力迅速增长。随着固结沉降的完成，负摩阻力趋于稳定。

中性点同样存在时间效应。伴随土体固结沉降的发展，桩土相对位移量也随时间不断增大，桩身负摩阻力的大小及作用深度逐渐增加（图 6.2-3），中性点的位置下移。随着时间的延续，桩土相对位移量逐渐稳定，桩身负摩阻力不再增长，中性点也逐渐地收敛并稳定于某一固定深度（例如实测资料表明，自重湿陷性黄土的湿陷过程中以砂卵石为持力层的桩负摩阻力及中性点的深度都是逐步增长的）。

负摩阻力发展过程历时的长短取决于桩侧土固结完成的时间和桩身沉降所完成的时间。当后者先于前者完成时，负摩阻力达峰值后稳定不变，如端承桩；反之，当桩的沉降迟于桩侧土固结完成时，则负摩阻力达峰值后将有所降低，如有的摩擦桩，桩端土层蠕变性较强者，就会呈现出这种特征，即使是摩擦桩，上述特征仍然明显。图 6.2-4 表示某工程实测一根桩的负摩阻力时间效应的概况。限于测试条件只测得桩、土下沉位移及中性点位置随时间的变化，如图 6.2-4 所示，且固结土层越厚，渗透性越低，负摩阻力达峰值所需的时间越长。

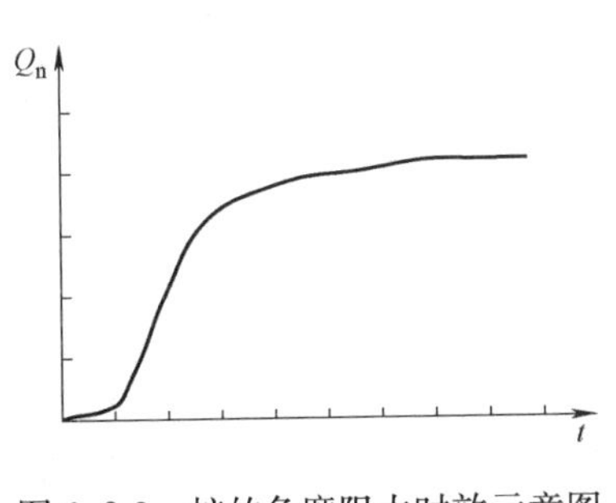

图 6.2-3 桩的负摩阻力时效示意图

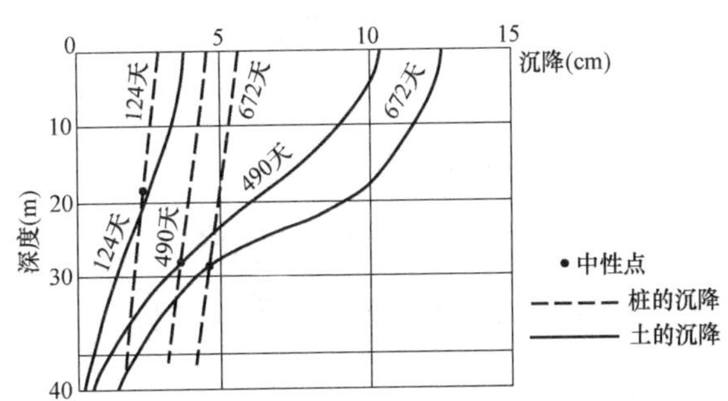

图 6.2-4 桩土下沉位移及中性点位置随时间的变化

6.3 群桩负摩阻力的计算

6.3.1 负摩阻力的群桩效应机理

当桩基础中承台与地面不接触时，高桩的负摩阻力单纯是由各桩与土的相对沉降关系决定的。当桩基础承台与地面接触甚至承台底深入地面以下时，低桩的负摩阻力的发挥受承台底面与土间的压力制约。刚性承台强迫所有桩基同步下沉，一旦作用有负摩阻力时，群桩中每根基桩上的负摩阻力发挥就不相同。

群桩中桩的间距十分关键。如果桩间距较大，群桩中各桩地表所分担的影响面积（即负载面积）为 S^2 也较大，由此各桩侧表面单位面积所分担的土体重量大于单桩的负摩阻力极限值，不发生群桩效应。如果桩间距较小，则各桩侧表面积所分担的土体重量可能小于单桩的负摩阻力极限值，则会导致群桩的负摩阻力降低。桩数愈多，桩间距愈小，群桩效应愈明显。

桩负摩阻力产生条件的类别和性质也至关重要。例如砂土液化、冻土融化、软黏土触变软化等产生条件，对群桩内外的各个单桩都会起作用，只是作用大小有些区别。若产生的条件是属于群桩基础外围堆载引起的负摩阻力，则除了周边的桩外侧真正产生经典意义上的负摩阻力以外，群桩中间部位的基桩会因周边桩的遮拦作用而发挥负摩阻力。群桩的桩数愈多，桩间距愈小，这种遮拦作用就愈明显。最终导致群桩的负摩阻力总和大幅度降低，群桩效应更为明显。

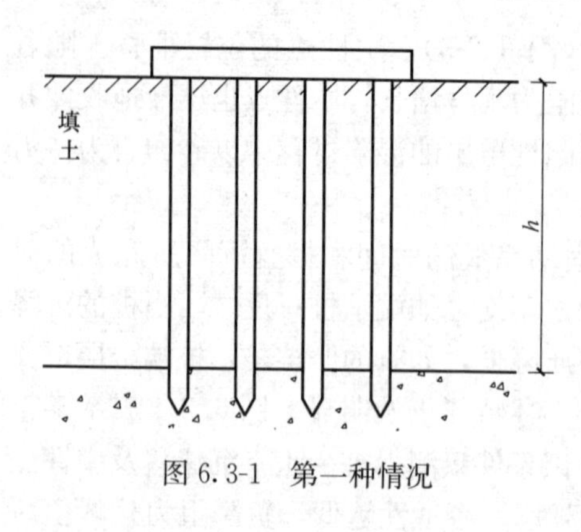

图 6.3-1 第一种情况

6.3.2 群桩负摩阻力的计算

1. 常见情况

可简单地分为两种情况来分析：

1）第一种情况：持力层上覆盖有填土，在填土中打桩。由于填土要固结下沉（如土湿化变形的结果），而桩端持力层较好，桩实际上不可能向下再产生较大沉降（端承桩），于是填土对桩壁产生负摩阻力。这时又可能出现两种不同情况：

（1）桩距较正常者。桩周土可能产生相对于桩的滑移，固结下沉的填土能引起表现为每根基桩都发挥负摩阻力极限值的附加下拉荷载（见图 6.3-1）

每一基桩承载的下拉荷载为

$$P_{\mathrm{n}}=K\,\bar{q}\tan\delta'(\pi Dh) \tag{6.3.1}$$

式中 h——填土厚；

$\bar{q}$——平均竖向有效应力，即$\frac{1}{2}\gamma'h^2$。

由负摩阻力引起的群桩总下拉荷载为

$$\sum_{n=1}^{n}P_{\mathrm{n}}=n\times K\bar{q}\tan\delta'(\pi Dh) \tag{6.3.2}$$

式中 n——桩数。

（2）桩距较小者。这时桩与桩间土不易产生相对滑移，群桩呈现为像一个整块块体一样工作。如果不产生桩-土相对滑移，势必使全部桩间填土的整个重量由群桩所承担，即附加的下拉荷载等于桩间土重量。除此之外，在群桩的外包络线以外的填土照样也要沉降，它同样会对群桩的周边桩侧壁（沿包络线长度）产生负摩阻力，它也应再加到上述的下拉荷载上去。由此可知，所增加的总下拉荷载为

$$P_{\mathrm{N}}=\gamma'h\cdot(\text{群桩周界的长}\times\text{宽})+2(\text{群桩周界的长}+\text{宽})\cdot K\,\bar{q}\tan\varphi\times h \tag{6.3.3}$$

式中 γ'——填土的有效重度（本项忽略桩体积）；

φ——填土的内摩擦角（一般采用有效值）。

其他符号同前。

经过比较，取（6.3.2）和（6.3.3）两式计算所得的较小值作为群桩的附加总下拉荷载。

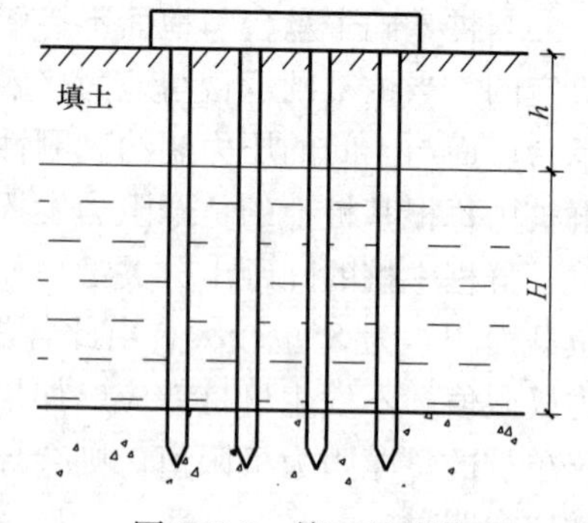

图 6.3-2 第二种情况

2）第二种情况：地层埋藏如图 6.3-2 所示。在埋设桩之前，软土在填土材料自重下已经固结完成。然而，打桩之后，由于打桩作用或地下水位下降等因素引起软土层新的固结，这样又会产生群桩负摩阻力。

计算方法与第一种情况相比有一定区别。

对于正常桩距的情况，群桩所受总的下拉荷载由软土对桩侧壁的黏着力和填土的负摩

阻力之和而获得，即

$$\sum P_{\mathrm{n}}=\pi DhK\bar{q}\tan\delta+\pi DHc_{\mathrm{a}}\cdot n \tag{6.3.4}$$

式中 c_{a}——软土对桩壁的黏着力；其余同上。

桩距较小者，同样假定群桩中间的软土和填土和桩一起像一个整块块体一样工作。群桩总的附加下拉荷载计算也同式（6.3.3）类似，只不过取软土与填土之和，即

$$\sum P_{\mathrm{n}}=(\text{群桩周长}\times\text{宽})(\gamma_{\mathrm{f}}'h+\gamma_{\mathrm{c}}'H)+2(\text{群桩周长}+\text{宽})(h\cdot K\bar{q}\tan\varphi_{\mathrm{f}}+HC_{\mathrm{u}}) \tag{6.3.5}$$

式中 γ_{f}'、γ_{c}'——分别为填土和软土的有效重度；

φ_{f}——填土的内摩擦角；

C_{u}——填土的不排水强度。

与前述方法相类似，取（6.3.4）和（6.3.5）两式所得的较小值作为群桩所受的总附加下拉荷载。

2.《建筑桩基技术规范》的规定

群桩中任一基桩的下拉荷载标准值可按式（6.3.6）计算：

$$Q_{\mathrm{g}}^{\mathrm{n}}=\eta_{\mathrm{n}}\cdot n\sum_{i=1}^{n}q_{si}^{\mathrm{n}}l_i \tag{6.3.6}$$

式中 n——中性点以上土层数；

l_i——中性点以上各土层的厚度；

η_{n}——负摩阻力群桩效应系数，按式（6.3.7）确定：

$$\eta_{\mathrm{n}}=S_{\mathrm{ax}}\cdot S_{\mathrm{ay}}\Big/\left[\pi d\left(\frac{q_{\mathrm{s}}^{\mathrm{n}}}{\gamma_{\mathrm{m}}'}+\frac{d}{4}\right)\right] \tag{6.3.7}$$

式中 S_{ax}、S_{ay}——分别为纵横向桩的中心距；

$q_{\mathrm{s}}^{\mathrm{n}}$——中性点以上桩的平均负摩阻力标准值；

γ_{m}'——中性点以上桩周土平均有效重度。

注：对于单桩基础或按式（6.3.7）计算群桩基础的 $\eta_{\mathrm{n}}>1$ 时，取 $\eta_{\mathrm{n}}=1$。

6.4 减小负摩阻力的措施

6.4.1 减小单桩负摩阻力的措施

桩周负摩阻力的产生会使桩的负荷过大，造成桩基沉降加剧，从而影响上部结构的安全。因此，需要针对的工程情况，采取相应的措施。总的设计原则是：优先选用端承桩基础，当负摩阻力很大时，可采用涂抹滑动层等方法处理，以降低负摩阻力，确保建筑物的安全。只有当结构允许有较大下沉和不均匀下沉时，才宜选用摩擦桩基础。

（1）涂层法

涂层法是应用最为广泛的一种措施，主要适用于打入式预制混凝土桩和钢桩。它分为单涂层法和双涂层法。

常用的是单涂层法（SLI 法）。涂料可以是纯沥青、沥青混合料、S 树脂乳胶以及再生橡胶等，涂层厚度取决于材料性能和土的性质（如砂石料的颗粒粒径和棱角尖锐程度）。为了防止钢管桩打入过程中涂料被砂石刮掉，也可适当扩大桩头引孔，打桩后在留下的缝

隙内灌胶质泥浆。此法是降低负摩阻力的有效方法，目前在国内、外被广泛采用，工艺简单、造价低廉，尤以树脂乳胶（厚4～5mm）最好。

双涂层法：在桩上涂抹滑动层和保护层。滑动层是黏弹性质的特殊沥青或聚链烯为主要成分的低分子化合物，层厚约4～5mm；保护层为1.8～2.0mm厚的合成树脂，作用为保护滑动层，防止滑动层在打桩和运输过程中脱落擦去，以降低负摩阻力。此法比单涂层法更为优越，采用此法可降低材料消耗和施工费用10%～20%，可优先考虑用。

涂层所用沥青要求软化点较低（50～65℃）在25℃时的针入度为40～70mm。施工时，将沥青加热至150～180℃，喷射或浇淋在桩表面上，喷浇厚度为6～10mm左右。在喷浇涂层之前应将桩表面清洗干净，喷浇时还应注意不要将涂层扩展到需利用桩侧正摩阻力的桩身部分。

（2）预钻孔法

预钻孔法既适用于打入桩，又适用于钻孔灌注桩。对于不适于采用涂层法的地质条件，可先在桩位处钻进成孔，再插入预制桩，在计算中性点以下的桩段宜用桩锤打入以确保桩的承载力。中性点以上的钻孔孔腔与插入的预制桩之间灌入膨润土泥浆，用以减少桩负摩阻力。

对于泥浆护壁钻孔灌注桩来说，若要采用此法，则必须更换一次钻孔泥浆。可在浇筑完中性点以下的下段混凝土后，换置高稠度膨润土泥浆，再插入预制混凝土桩段，构成复合桩。对于干法作业的钻孔灌注桩，方法大致与前相同，只是当下段混凝浇筑完毕后，直接插入桩径比钻孔径较小的预制混凝土桩段，再在桩与孔壁之间的缝隙里充填以高稠度的膨润土泥浆以形成隔离层。

（3）塑料薄膜滑动隔离层法

在干作业成桩条件下，可用双层筒形塑料薄膜预先置于钻孔的沉降土层范围内（即中性点以上的桩段范围），然后在筒形膜以内浇筑混凝土，使塑料薄膜在桩身与孔壁之间形成可自由滑动的隔离层。此法应用的关键技术是薄膜材料的选型和施工工艺。要求筒形膜能平直密贴于孔内腔壁，而且两层之间又能自由滑动，不受阻滞。浇筑混凝土过程中湿混凝土材料对其施加侧压力而不至于“压死”，难以滑动，因此需要辅之以增滑填料，如特殊沥青等。

（4）套管法

套管法，即在桩的外侧增设与桩不连接的套管，靠套管承受负摩阻力。此法应用的成败在于套管如何保证不与桩身“卡死”。由于套管结构过于复杂，施工（特别是打入式的桩）十分困难，因此，欲得良好效果，费用较高。

（5）端承桩法

当桩穿过较薄的欠固结软黏土、新填黏性土或砂性土层及松砂时，可使桩端支承在岩层或坚硬土层上，并且用增大桩断面的方法来承受负摩阻力。此法承载力可靠，但消耗材料较多，造价高。

（6）群桩法

当穿过较厚的欠固结软黏土、新填黏性土层时，可用增加桩数的方法承受负摩阻力，由于黏性土地基的群桩效应，使桩的负摩阻力降低，此法如能与涂层法一起使用则效果更好。

（7）预压加固法

对于欠固结软黏土、新填黏性土层，在软土层上先打入若干砂井，然后在地面设置排水井砂层，再在上面堆载预压，待其沉降稳定后再打桩施工，减少桩周土层的工后沉降量，以达到降低负摩阻力的目的。

(8) 挖扩桩法

当端承桩穿过较厚的欠固结软黏土、新填土或砂性土层及松砂时，可在桩位预先挖出比桩身大的孔，然后再将桩插入，并在桩与孔的缝隙中入膨润土泥浆，以降低负摩阻力，此法称为挖扩桩法，此法可用于无法采用涂层法的工程。

(9) 地基浸水法、浸水预压加固法

当穿过较薄的自重湿陷性黄土层时，可采用地基浸水法或浸水预压加固法。地基浸水法，先将建筑场地预先浸水，以增加孔隙水压力，使黄土的湿陷性（沉降）预先发生后，再将桩打入，可降低桩周负摩阻力。浸水预压加固法，在对建筑场地预先浸水的基础上，采用预压法加固后，再将桩打入，可更有效的降低桩周负摩阻力。

(10) 分段施工法

在软弱土地基上，可在桩基础施工完毕半年至一年后，再续建上部结构，可有效降低负摩阻力。

6.4.2 减小群桩负摩阻力的措施

大量实测资料表明，桩基础外围桩和中心部位的桩上所作用的负摩阻力是不相同的，尤其是由外部填土或堆载所引起的负摩阻力情况下更为明显。因此，可分下列几种情况来研究减小群柱负摩阻力影响的措施：

(1) 在群桩基础外围设置保护桩

这种保护桩也称隔离桩。适用于主要由外部填土或堆载所引起的负摩阻力情况，见图6.4-1。这种隔离式的保护桩只能隔离新填土自重所产生的周边桩上的负摩阻力。使外围的下层软黏土固结下沉所引起的下拉荷载全部由周边保护桩来负担。但应注意新填土或堆载还会引起保护桩桩身上产生巨大侧压力。设计中应考虑加强这种保护桩的抗弯能力和刚度。保护桩的桩顶应紧贴群桩承台的边缘或建筑物基础底板外轮廓边缘。

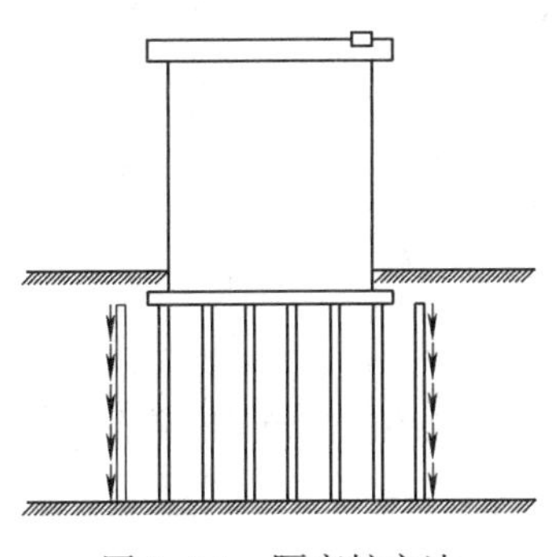

图 6.4-1 隔离桩方法

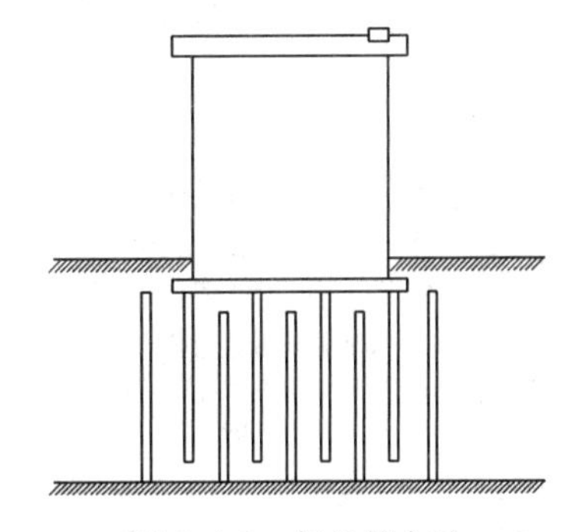

图 6.4-2 保护桩方法

(2) 在群桩基础内部设置保护桩

这是布罗姆斯（Broms）提出的一种措施，其构思见图 6.4-2。除了外围设有隔离式的保护桩外，在建筑物基底轮廓内部也设有相当数量的保护桩。埋设桩时，这种保护桩的桩顶暂时先不与基础底板接触而其端部则深入持力层。另一方面，工程桩的打入深度也要控制暂时先不进入持力层过深，留有余地。这样，将来由于各种因素引起下拉荷载时，依

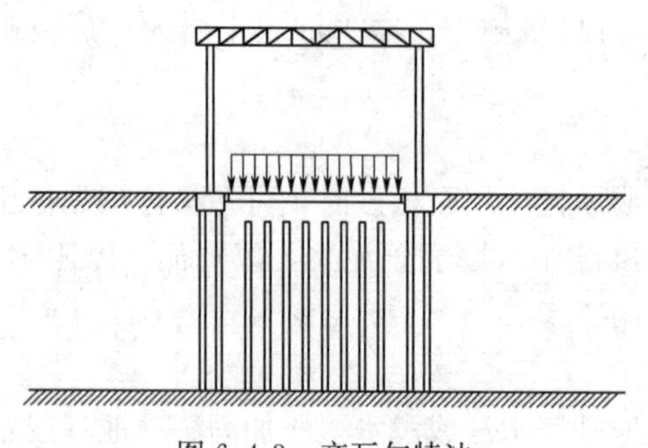
图 6.4-3 齐瓦尔特法

靠工程桩与保护桩之间的相对位移所产生的剪切阻力来平衡下拉荷载。既能保护工程桩不会因下拉荷载过大而折断或桩端土破坏，又能靠保护桩尽量减少建筑物（包括桩基）产生不利的沉降和不均匀沉降。

墨西哥齐瓦尔特（Zeevaert）也设计了一种旨在减小土体固结引起负摩阻力的保护桩，原理与上相同（图 6.4-3）。

我国在建筑物纠倾和地基加固处理的多项工程中，曾对补强用的锚杆静压桩设计和施工提出了与上述原理类同的要求，即锚杆静压桩压到位的控制标准是规定的压桩力，考虑了压桩力的补强后，建筑物地基总承载力不要超过设计总荷载过多，甚至可以令其相等。此外，锚杆静压桩的桩顶暂不要与基础底板相联结，适当等待建筑物的固结沉降进程达到相对稳定的时刻，其中包括了桩负摩阻力引起的下拉荷载作用这一因素。一旦认为，建筑物的后续沉降已不会太大了，就应果断地决策将锚柱静压桩的桩顶立即与基础底板完成连接，实施所谓“封桩”。其后，建筑物即使产生一定后续沉降，桩端承载力也不会产生破坏。

（3）基桩的半逆作法施工

其原理与措施（2）类同，但施工部署和步骤有所区别。方法是工程桩施工采用静压法，但压桩反力是先前完成的几层（一般 3～4 层）上部结构和基础的自重。其他步骤同第（2）节内阐述的锚杆静压桩工相同。

工程桩半逆作法的优点是：可以靠调节压桩力和安排压桩的时间和次序来改善基础结构中的内应力，借此还可防止建筑物产生过量沉降或倾斜。一个重要的前提是产生桩负摩阻力的条件应该提前实现，使不利因素早日解决。

建筑物基础上预留若干锚杆静压桩桩孔，一旦发生由桩负摩阻力及下拉荷载引起的建筑物不利沉降和不均匀沉降发展趋势，立即补充锚杆静压桩能有效地遏制事故的发生和扩大。

参考文献

［1］ 史佩栋主编．桩基工程手册，北京：人民交通出版社，2008.
［2］ 冯国栋，等．桩的负摩阻力专辑．水利电力科技资料，1979，第8期.
［3］ 张忠苗．桩基工程．北京：中国建筑工业出版社．2007.
［4］ 冯忠居．特殊地区基础工程．北京：人民交通出版社，2008.
［5］ 冯忠居，冯瑞玲，赵占厂，谢永利．黄土湿陷性对桥梁桩基承载力的影响．交通运输工程学报．2005，03.
［6］ 建筑桩基技术规范 JGJ 94－2008．北京：中国建筑工业出版社，2008.
［7］ 公路桥涵地基与基础设计规范．JTG D66—2007．北京：人民交通出版社，2007.
［8］ 铁路桥涵地基和基础设计规范 TB 10002．5—2005，北京：中国铁道出版社，2005.

第7章 被动桩

魏汝龙 王年香 杨守华 高长胜

7.1 概述

桩基础承载力高，能同时承受轴向和侧向荷载的作用，且适用于各种工程地质条件，作为一种常用的深基础形式，已广泛应用于低承载力及中等到高压缩性土层地区的重型建筑物，以及承受水平荷载为主的水工、港工、海工建筑物。因此，研究桩基与周围土体的相互作用，对于更好地了解桩基承载力机理，以充分发挥桩基的潜力，从而对于正在日益大型化的桩基的合理设计，具有重大的理论和实际意义。

根据桩基与周围土体的相互作用，可以将桩基分为两大类。第一类桩基直接承受外荷载并主动向土中传递应力，称为“主动”桩；第二类桩基并不直接承受外荷载，只是由于桩周土体在自重或外荷作用下发生变形或移动而被动地承受土体传来的压力，称为“被动”桩。显然，在主动桩中，桩上的荷载是“因”，而土的变形或移动是“果”；在被动桩中，土体变形或移动是“因”，而它在桩身引起的荷载是“果”。可以想象，被动桩问题要比主动桩问题复杂得多。例如，在主动桩中，桩上所受的外荷载一般是明确的，与桩的存在和土体移动无关，只是桩土相互作用力的分布不清楚而已。在被动桩中，虽说土体移动是因，但它却与有无桩的存在以及桩的性状、数量和布置有关，也就是说，这个问题的原始数据是变化的，更不用说由此而引起的桩身荷载了。由此可以看出，被动桩与移动土体之间的相互作用是一个非常复杂的重要课题，从一开始就必须将桩土体系当作整体来考虑，才能搞清桩土之间的相互作用，从而更好地服务于工程设计与建设。

7.2 被动桩工作原理

迄今为止，国内外对于桩基与土的相互作用，特别是对于发生运动的土体与被动桩之间的相互作用，研究得并不充分。例如，岸坡中码头桩基的抗滑作用和遮帘作用，就是桩基码头设计中长期以来始终没有搞清楚的问题。

被动桩是由于桩周土体在自重或外荷作用下发生变形或移动而被动地承受土体传来的压力，也就是由于土体发生侧向位移而对其中桩产生侧向荷载。工程中引起土体位移主要有两个原因：(1) 开挖、堆载或地面其他荷载引起土体位移；(2) 由边坡土体变形或滑动引起土体位移。前一种情况的被动桩一般称为普通地基中的侧向受荷桩，后者一般称为抗滑桩。虽然有人曾进行工地试验，以观测大面积堆载对邻近桩基的影响，也有人曾在许多简化假设的基础上，提出过一些抗滑桩的设计方法，但这些问题十分复杂，迄今还未能完全搞清桩基与土体运动之间的相互作用及其机理。为了摸清该问题的研究现况，为相关的研究和设计做参考，先将对这两个原因引起土体位移的桩受力机理的研究情况进行小结。

(1) 普通地基的侧向受荷桩

【定性资料】

Franx 和 Boonstra (1948) 最早报道了荷兰的几个桥梁和高架桥工程承受土体侧向位移桩的观测资料，主要问题是桩和桥台产生了很大偏移，而一个地方由于施工完成后两年土体产生很大位移导致桩已破坏 (Geuze，1948)。

Heyman 和 Boersma (1961) 在荷兰阿姆斯特丹进行一个确定土堤与已有桩基建筑物的最近距离的试验。三根试验桩穿过 8.5m 厚的黏土和泥炭土到达持力层，不允许桩头产生水平位移，最初在距桩 30m 处填筑了一个高 7m 的土堤，然后以 5m 的间距向桩方向推移，测出桩身最大弯矩和桩头反力。建议当桩离坡脚大于 35m (约 4 倍软土层厚度)，引起作用于桩上的荷载可忽略不计。

Stermac 等 (1968) 研究了一段高速公路上 7 个桥梁的实测桥台位移，其中 3 个桥台的侧向位移很大，并需要校正位置。每个现场桥台出现偏向路堤一侧的位移，他们认为这是由于土体长时间沉降引起的。从其他侧向位移随时间变化的资料来看，这一结论是不正确的。由图 7.2-1 示出的一般桩基桥台可以得出最好的解释。回填土沉降而引起作用于斜桩上的荷载是最重要的因素，这些荷载方向指向路堤一侧，从而可能导致桥台朝这方向位移。

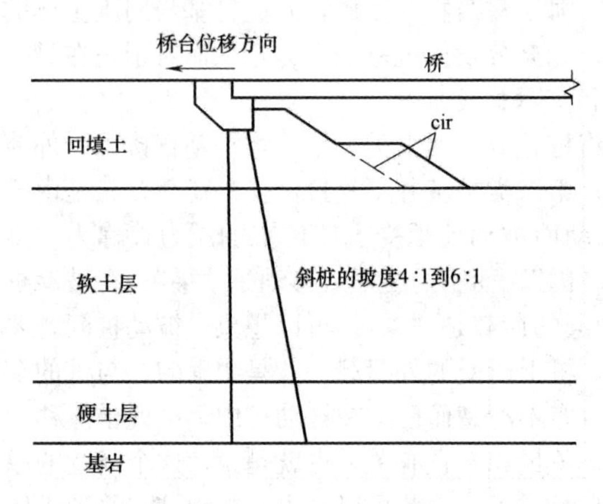

图 7.2-1 桥台的一般结构形式

Leussink 和 Wenz (1969) 和 Wenz (1973) 报道了不排水强度约 15kPa 的软土上矿石堆场引起的很大的侧向位移试验。测斜管测出的土体水平位移达 1m，测量了三根试验桩的位移，当最大水平位移达 400～500mm 时，发现桩已破坏。矿石堆场所引起的荷载高达 250kPa，远超过软土的初始承载力，也远远超过路堤的地面荷载范围。

【定量资料】

Heyman (1965) 报道了一个试验研究。两根试验桩穿过 9.5m 厚的黏土和泥炭土到达持力砂层。桩头不许水平移动，其中一根桩位于土堤坡脚，另一根距坡脚 12m，测定了土堤每个施工阶段桩的弯矩分布，最大弯矩和土堤荷载的关系如图 7.2-2 所示。结果表明土堤荷载约 70kPa 时最大弯矩增长更快。尽管文章中未给出软土层的不排水强度，但最大弯矩的趋势与无桩时的实测土体侧向位移极为相似。

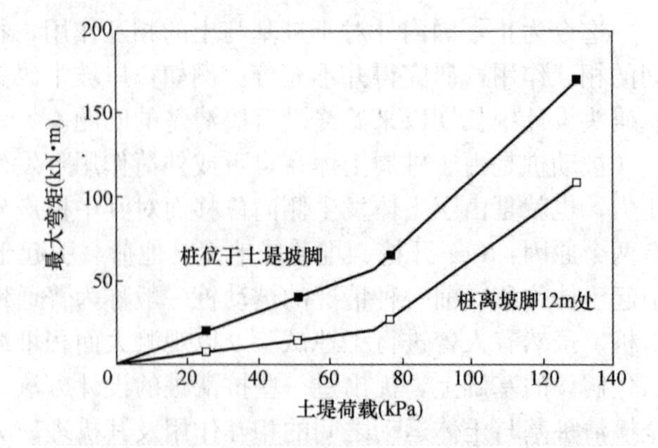

图 7.2-2 桩的最大弯矩与土堤荷载的关系

Nicu 等 (1971) 观测了 13.5m 厚的硬黏土上桥台桩基。6 根桩的位移由预埋于桩中的测斜管测定，也测定了桥台的沉降和侧向位移，桥台翼墙的沉降达55mm，桥台朝路堤方向位移。当荷载超过3倍的软土层不排水抗剪强度时，桥台产生了显著的侧向位移。

Marche 和 Lacroix（1972）分析了15个桥梁的桥台水平位移。当路堤荷载超过 $3S_u$ 时软土的塑性变形影响就很明显。采用无量纲变量来研究桥台水平位移与桩和土性状的关系发现点子很分散，不能得出可靠的结论，图7.2-3示出了桥台位移与沉降之比 y/δ 和桩的相对柔度 S_uL^4/EI 的关系，桩长按嵌固点计算。Seymour-Jones（1971）对7个桥台的实测资料和范围也在图7.2-3中示出，与 Marche 和 Lactoix（1972）的实测范围基本一致。有趣的是，尽管有的位移高达250mm，但桥台的工作性状仍令人满意。

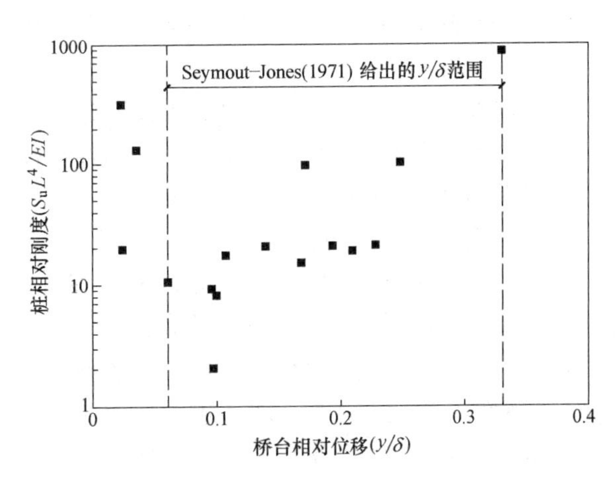

图7.2-3 桥台相对位移与桩相对刚度的关系

在 Heyman 和 Boersma（1961）和 Heyman（1965）的观测资料基础上，Oteo（1974）提出了桩最大弯矩和桩头反力的关系曲线，$M_{max}/H_{max}=ml_e$，其中 $l_e=\sqrt[4]{EI/G}$，m 是0.35～0.5的常数。如果知道桩头的水平反力，就可以用该法计算出最大弯矩，但这个关系与实际现场条件有关。

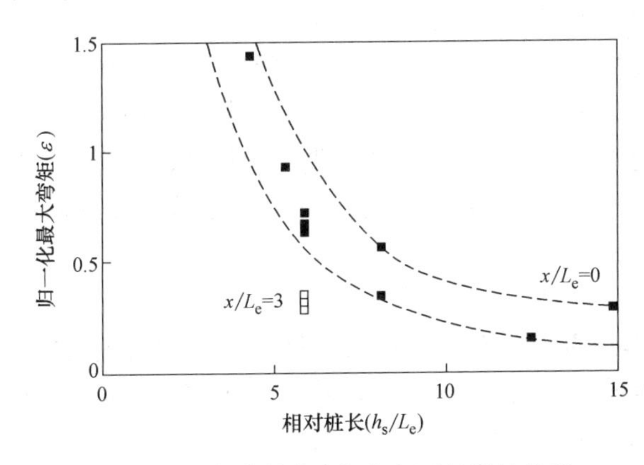

图7.2-4 桩的最大弯矩与相对长度的关系

Oteo（1977）简要总结了几个现场试验，给出了无量纲最大桩弯矩 $\varepsilon=M_{max}/(\eta qdL_e^2)$ 与相对桩长 h_s/L_e 的关系（图7.2-4），η 是考虑桩离土堤距离和土堤坡度的系数（按 De-Beer 和 Wallays，1972[46]提出的方法计算），q 是地面荷载，d 桩宽，h_s 软土层厚度，并给出了桩位于路堤坡脚处（$x/l_e=0$，x 为桩距坡脚距离）和桩位于坡脚外（$x/L_e=3$），尽管没有明确适用的安全系数范围，但图7.2-4仍可用来计算桩的最大弯矩。

Ingold（1977）报道了一个现场试验结果，桩位于已施工完成后4个月的土堤坡脚，桩的弯矩和位移测量了13个月，桩的弯矩虽然不大，但仍在明显增大。不幸的是没有测量软土层底部的弯矩，由于桩进入硬土层，最大弯矩可能在该处。

Bigot 等（1977）报道了在法国进行的现场试验。桩位于土堤坡脚处，土堤分级施工，桩的位移、桩影响范围外土体自由水平位移用测斜管测量，桩的弯矩1m间隔测一点，实测弯矩与从实测土体位移分布计算的弯矩非常接近。

【桥台的允许位移】

桥台的设计应包括强度和变形两个方面，关于强度方面桥台设计规范已比较完善，而桥台允许水平位移则还没有建立。Moulton 等（1985）在进行了广泛的研究后认为，对于只出现水平位移情况，桥台的允许水平位移可以相当大，但是，如果同时出现沉降和水平位移，则很可能发生破坏。对于大多数被调查的桥梁，水平位移小于 25mm 可以接受，而大于 50mm 则不能接受，在这个基础上，Moulton 等（1985）建议允许位移为 38mm。

（2）抗滑桩

在被动桩的研究中，实用意义较大的问题之一是关于抗滑桩的设计，抗滑桩为承受由滑坡或土坡不稳定引起土体位移的桩，在两种情况下由于引起土体位移的机理不同，位移产生的原因和大小也很可能不一样。

Matsui 等（1982）为验证 Ito 和 Matsui（1975）[68] 提出作用于抗滑桩上土压力的计算公式，在长 60cm、宽 30cm、深 30cm 的钢制模型箱内进行了一系列模型试验。模型箱两端为加荷板，由空气压缩机提供荷载，土体水平位移的大小通过改变加荷板的压力来获得，并由位移计测量，桩侧压力由压力盒测定，采用三种黏土和一种砂土、不同桩径和桩距。试验结果表明，作用于桩上侧向压力随土体位移增加而增加，达到峰值后，对于黏土侧向压力基本不随位移增大，而对于砂土则稍微有所减少，如果用全对数坐标表示，则侧向压力与位移为双线性关系。

高桩码头的现场观测资料不多见，一般是在出现问题之后，为查明其损坏原因才进行较全面的现场观测。魏汝龙等在综合分析一些现场观测结果的基础上，对桩基码头与岸坡相互作用的认识得到了进一步深化，岸坡对于高桩码头的影响主要有两种，一种是岸坡侧向变形对桩基产生水平推力并导致码头位移；另一种是岸坡竖向变形使桩基产生负摩擦力并造成码头差异沉降。实际上，上述两种影响往往同时存在，而且，它们对于码头结构造成的危害在表观上差异也不大。一般来说，岸坡的影响在竣工初期以水平变形为主，而经过一定时间后，岸坡差异沉降就逐渐成为控制因素。从已有的现场资料来看，岸坡侧向变形的影响始终占主导地位的高桩码头十分少。

为观测桩土相互作用的定性规律，并分析其机理，陈永战在有效尺寸 7.5m×2.5m×3.75m 的砂槽中进行桩台自由或约束的单排直桩和双排直桩及单排叉桩五种情况的模型试验。岸坡由容重 15kN/m^3 的松粗砂制成，坡度 1∶1.5，坡高 1.6m。模型桩由外径 42mm、壁厚 2mm、长 320cm 的铝合金管制成，弹模 7×10^4MPa。模型比为 10，近似模拟边长为 60cm 的钢筋混凝土方桩。用拉压力传感器测量桩台约束时的反力，桩台自由时的水平位移用游标卡尺测量，桩身应力用电阻应变片测量，桩、土水平位移用简易的钢丝吊锤法测量。试验结果表明，桩基组合和桩台约束情况对岸坡位移及桩基应力和变形均有重要影响。桩基刚度小，则其位移大，抵御岸坡变形能力亦低，反之亦然。

魏汝龙等曾对桩基码头与岸坡相互作用进行了一系列的离心模型试验研究。首先，为了摸索试验技术，对只有 3 根桩的理想化简单码头进行试验。用高岭土制作岸坡，铝合金制作模型桩。共完成了两组试验，第一组用来比较有无桩时岸坡的变形，第二组测量桩中应力并与有限元计算结果比较。试验结果表明岸坡中的桩基不仅有增强岸坡稳定的抗滑作用，而且还有减小土体变形的遮帘作用，试验结果与计算结果基本相符，误差小于 15%。这说明离心模型试验基本可以反映桩基和岸坡之间相互作用的主要特征。在此基础上，用土工离心模型试验来比较和优选实际工程的各种设计方案，取得了预期的成果。

马骥（1986）针对目前抗滑桩设计中常用的计算公式和桩的锚固深度等问题，采用可行的方案模拟现场抗滑桩的实际受力情况，在室内进行单桩模型试验。在不同荷载、不同埋深和不同桩前极限抗力条件下，测出了单桩各点的变位、弯矩和桩周抗力及它们的变化值，且与几种计算方法所计算出的相应数值比较接近。试验结果表明，滑动面的存在和起作用与否，决定了抗滑桩的受力条件。当滑动力小于滑动面以上桩前滑体的极限抗滑力（由滑动面的强度所控制），抗滑桩与普通地基中的侧向受荷桩无本质的区别。

高长胜（2007）通过离心模型试验对不同桩位与桩头条件下采用抗滑桩加固边坡的变形破坏特性进行研究。试验表明，设在边坡中部的抗滑桩在边坡破坏前桩头水平位移最大，而在相同的破坏载荷作用下，设在中部的抗滑桩比设在上、下部以及桩头固定比桩头自由时边坡破坏后的位移矢量要小，这表明抗滑桩设边坡中部以及桩头固定对边坡土体的遮挡效果及边坡安全系数的提高最好。

7.3 被动桩设计理论与方法

7.3.1 被动桩计算方法

引起土体侧向位移而对桩体产生荷载的原因主要有两个：一是开挖、堆载或地面其他荷载作用，另一个为边坡土体变形或滑动引起，由于两者引起土体位移的机理不同，位移产生的原因和大小也很可能不一样。对于承受土体侧向位移的被动桩，国内外多侧重研究土体或边坡变形作用在桩体上的情况，尤其是在港口码头、堤坝等工程中承受软土侧向变形的被动桩研究的较多，但是从桩土相互作用机理以及桩的受力特性，两者是基本相同的，同时被动桩的设计一般均是由极限强度要求来控制，已有研究表明当滑动力小于滑动面以上桩前滑体的极限抗滑力，抗滑桩与普通地基中的侧向受荷桩无本质的区别。因此，一般的被动桩计算分析方法均适用这两种情况。

为了分析被动桩与土体的相互作用，国内外不少学者在一定简化基础上对承受土体水平位移桩和桩群的设计计算已提出了许多计算方法。Poulos（1989）、Stewart（1994）、魏汝龙（1995）等人均对被动桩的计算方法进行了总结，根据前人研究成果，将相关计算方法归纳成如下：

1. 经验法

经验法是在室内或现场试验观测资料的基础上进行总结而来的，Heyman 等人（1961）和 De Beer（1972）都曾在现场观测基础上提出土体侧向位移作用下桩基所受压力的计算方法，由于这些方法是纯经验性质，有些假设过于简单，甚至很不合理，从而导致计算值与实测值之间有较大偏差，实际应慎重使用。

2. 压力法

用压力法计算抗滑桩的最大问题是如何确定由土体移动而作用于桩上的侧向压力，然后进一步计算确定桩身弯矩和位移，许多学者对此进行了专门研究，而且有些简化假设并不合理，从而导致计算值与实测值之间有较大差异。

1）Begemann 和 DeLeeuw 法

Begemann 和 DeLeeuw（1972）提出了一个相当简单的方法。计算由地面荷载产生的作用于桩上的荷载时，近似地认为桩是刚性的，土体侧向位移和水平应力分布用弹性方法计算，而不考虑桩的作用，参考图 7.3-1，用平均水平应力和最大侧向位移确定 A-B 线，桩按等值板桩墙考虑，A 点表示受有两倍的弹性水平应力、无位移的刚性墙，B 点表示不受水平应力、位移等于自由土体位移的柔性桩。O-C 线表示在均布荷载作用下桩的变形，简单假定桩端固定。

两条直线的交点就是桩和土位移相容时的解，从此可以计算出最大弯矩。相容性在最大位移处是严格满足的，在桩与桩周土不容许相对位移的地方是很近似的。

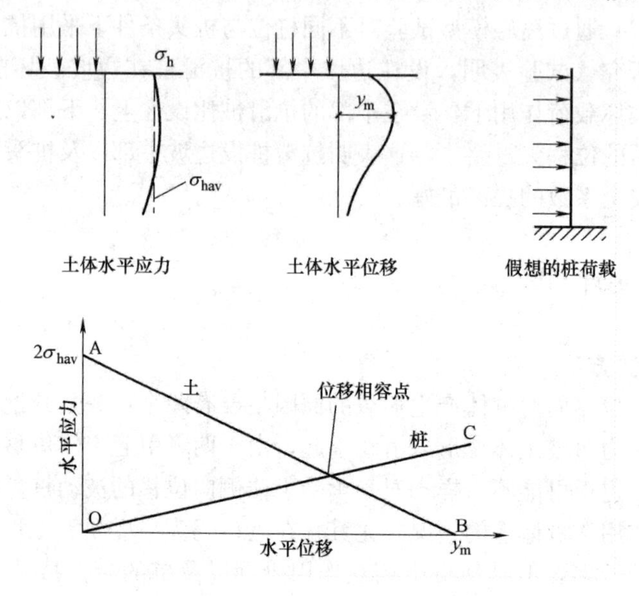

图 7.3-1 Begemann 和 DeLeeuw 的计算方法

2）DeBeer 和 Wallays 法

DeBeer 和 Wallays（1972）根据土堤安全系数提出桩的最大弯矩计算方法，安全系数大于 1.6 时，作用于软土层范围桩上水平压力为 $p_h=\eta\gamma H$，折减系数可按下式计算

$$\eta=\frac{\beta-\varphi/2}{\pi/2-\varphi/2} \tag{7.3.1}$$

参数意义如图 7.3-2（*a*）所示，最不利的情况为垂直土堤，水平土压力等于地面荷载。按桩头固定，桩尖进入硬土层计算桩的最大弯矩，不能得出弯矩分布，该法计算的最大弯矩与实测结果很吻合（DeBeer 和 Wallays，1972）。

当安全系数小于 1.6 时，首先确定考虑桩的抗滑作用的最危险的滑动面，假设以桩和滑弧交点为界，桩受方向相反的极限土压力（Randolph 和 Houlsby，1984，认为等于 $10.5S_u$）作用。DeBeer 和 Wallays（1972）认为桩绕桩头转动，根据力平衡条件来确定桩的有效深度（在其以下桩不受荷载作用），如图 7.3-2（*b*）所示，再利用这样得出的土压力分布计算桩的最大弯矩。该法假设当安全系数小于 1.6 时，极限土压力才出现，可能会引起较大误差，严格意义来说只当安全系数等于 1 时才完全正确。

3）Tschebotarioff 法

Tschebotarioff（1973）认为作用于软土层内桩上土压力呈三角形分布（图 7.3-3），从而提出一套计算方法。侧向压力的最大值最初按下式计算

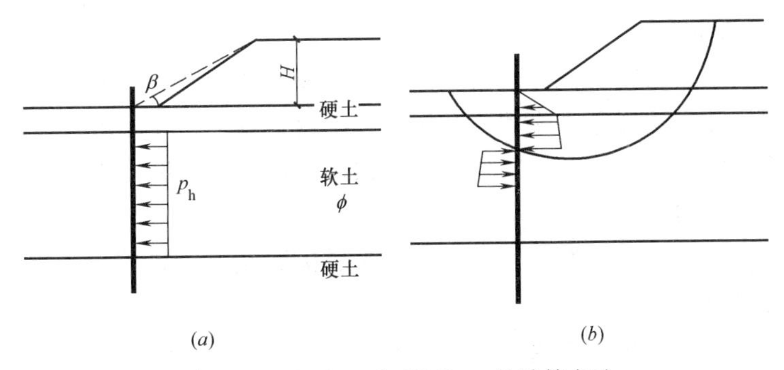

图 7.3-2 DeBeer 和 Wallays 的计算方法

(a) 安全系数大于 1.6；(b) 安全系数小于 1.6

$$p_{h(max)}=2K_0\gamma H \tag{7.3.2}$$

后来根据 Nicu 等（1971）的现场试验资料，修改为

$$p_{h(max)}=K_0\Delta\sigma_v \tag{7.3.3}$$

其中，$\Delta\sigma_v$为计算的桩处软土层中点的竖向应力增量。Tschebotarioff 建议当土堤荷载小于 $3S_u$（对应的安全系数为 1.7）时，桩上侧向压力可忽略不计。

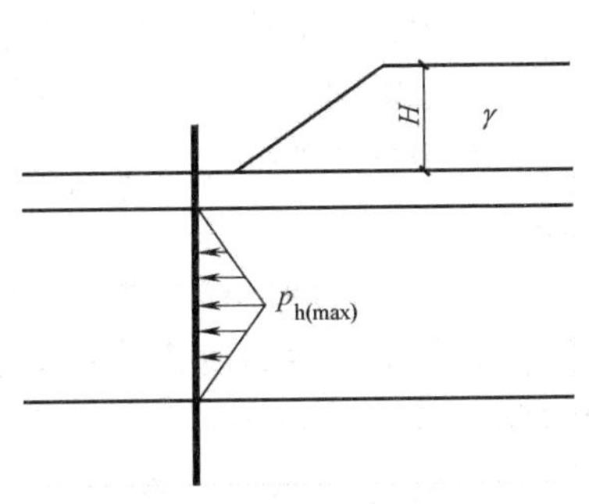

图 7.3-3 Tschebotarioff 的计算方法

4）德国推荐方法

Fedders（1977），Franke（1977）和 Tan（1988）提出的承受土体侧向位移桩的设计方法被德国桩基委员会所采用。土堤稳定安全系数的临界值是稠度指数I_c的函数，如图 7.3-4 所示。当安全系数大于临界值时，就可不考虑侧向土压力的影响，当安全系数小于临界值时，单位长度的侧向压力 p_h取下列最小值

$$\left.\begin{aligned}p_h&=10S_ud\\p_h&=(q-2S_u)S\\p_h&=(q-2S_u)3d\\p_h&=(q-2S_u)h_s\\p_h&=(q-2S_u)B_c/n\end{aligned}\right\} \tag{7.3.4}$$

其中，d——桩宽或直径，q——地面荷载，S——桩间距，h_s——软土厚度，B_c—桩群的总宽度，n—桩数，这方法可计算出土堤破坏点极限状态下的最大弯矩值。

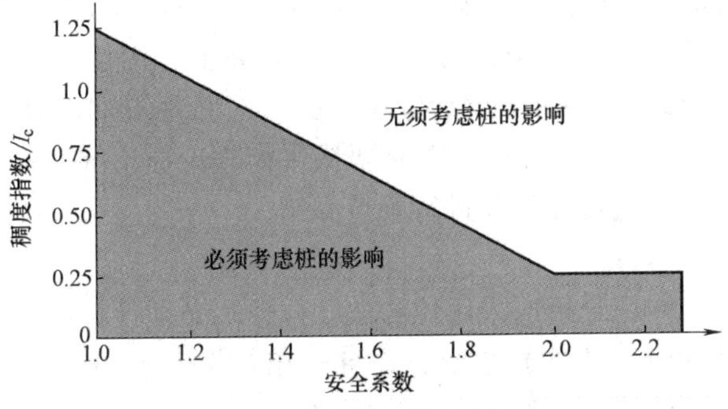

图 7.3-4 德国推荐的计算方法

5）推力传递系数法

推力传递系数法是目前我国比较常用的抗滑桩设计计算方法，主要分悬臂桩法和地基系数法两种情况。该方法做了许多简化和假设，回避了桩土相互作用问题，由于许多规范和参考书籍上均有该法的详细介绍，这里不再累述，仅阐述其设计要求与步骤。

【抗滑桩设计要求】

（1）采用抗滑桩加固的滑坡体整体应具有足够的稳定性，即安全系数满足设计要求，保证滑体不越过桩顶，不从桩间挤出；

（2）保证桩周的地基抗力和滑坡的变形控制在容许范围内；

（3）桩身要有足够的强度和稳定性。配筋合理，满足桩的内应力和变形的要求；

（4）抗滑桩的间距、尺寸、埋深等较适当，保证安全，方便施工，节约成本。

【抗滑桩设计计算步骤】

（1）分析滑坡的原因、性质、范围、厚度、分析其稳定状态、发展趋势；

（2）根据滑坡体岩土的抗剪强度指标，计算滑坡推力；

（3）根据地形、地质及现场施工条件等确定设桩位置和范围；

（4）根据滑坡推力大小、地形和地层性质，初定桩长、锚固深度、桩截面尺寸及桩间距；

（5）确定桩的计算宽度，并根据滑坡体地层性质，选定地基系数；

（6）根据选定的地基系数及桩的截面形式、尺寸，计算桩的变形系数（α 或 β）及其计算深度（αh 或 βh）；

（7）根据 αh 或 βh，判断桩是刚性桩还是弹性桩；

（8）根据桩底的边界条件计算桩各截面的变位、内力及侧壁应力等，确定最大剪力、弯矩的位置；

（9）校核地基强度（若桩身作用于地基的弹性应力超过地层的容许值或小于其容许值过多，则应调整桩的埋深、截面尺寸、间距，重新计算，直至符合为止）；

（10）根据计算结果，绘制桩身的剪力图和弯矩图；

（11）对于钢筋混凝土桩，根据剪力图和弯矩图对桩进行配筋设计。

6）其他

在应用压力法进行抗滑桩设计计算时，必须要正确理解桩的阻滑机理和桩土相互作用，以上方法都回避了桩土相互作用，假设过于简单，用于设计计算会带来严重的偏差。对于基于极限平衡原理的抗滑桩设计方法与思路，许多学者都进行研究，Tomio ito 等（1979），潘家铮（1980），沈珠江（1992），Poulos（1995），Hassiotis 等人（1997）等都提出了具体的设计方法与思路，但实际上目前考虑桩土作用比较完整的是 Tomio Ito 等（1975，1979，1981，1982）在一系列论文中所提出的并逐步加以补充的塑性变形理论法以及沈珠江院士（1961，1992）根据散粒体极限平衡理论提出的比较完整的散粒体极限平衡理论法，这两种计算理论将在下面进行重点介绍。

3. 位移法

更合理的桩土相互作用分析应采用位移法，位移法必须计算或实测无桩时土体自由侧向位移分布，然后把这位移叠加到桩上，而桩土相互作用则用弹性理论或地基反力法计算。该法能得出弯矩和位移分布情况，但土体位移分布计算比较困难。

（1）弹性分析

Poulos（1973）提出了弹塑性土体中单桩的有限差分边界元分析法。桩用弹性薄条模拟，且与土的相互作用由半无限弹性体的 Mindlin 方程计算，作用于桩上极限压力指定要考虑桩周土体的塑性屈服，该法考虑了土体的变形模量和屈服应力随深度而线性变化。他还得出了单桩的各种计算图式，如考虑桩的刚度、边界条件、土体运动及其分布、桩径、土体变形模量和屈服应力等多种因素对于被动桩性状的影响，并与现场实测结果进行了比较，结果表明，桩上最大弯矩的理论值偏高，桩头反力偏低，但计算数值沿深度的分布与实际情况比较符合。Hull 等（1992）用该法分析了不稳定土坡中抗滑桩，Hull 和 McDonald（1992）分析了由于桥梁施工用的路堤填筑引起接近破坏的桩。

（2）地基反力法

地基反力法已广泛用于主动桩的分析。Marche（1973）使用该法分析承受土体侧向位移桩，与 Poulos（1973）的弹性方法不同，尽管合适的地基模量可以反映相互作用，但不直接考虑地基的连续性。控制方程为

$$E_{\mathrm{p}}I_{\mathrm{p}}\frac{\mathrm{d}^4 y_{\mathrm{p}}}{\mathrm{d}z^4}=k(y_{\mathrm{p}}-y_{\mathrm{s}}) \tag{7.3.5}$$

其中，E_{p} 和 I_{p} 分别为桩的弹性模量和惯性矩，y_{p} 为桩在深度 z 处的位移；y_{s} 为无土时桩在 z 处的位移，k 为地基反力模量。利用现场实测土体自由位移和考虑地基性状随深度变化，该法的计算结果和实测值非常吻合。

Baguelin（1976）也用上述方法编制了计算机程序进行计算，此时需要已知 y_{s}。他指出当输入 y_{s} 的实测值时，y_{p} 的计算值是令人满意的；但当输入 y_{s} 的理论值，y_{p} 的计算值与实测值相差较大。这说明土体位移对计算结果影响很大。土体水平位移的计算值往往比实测值小得多，因而需要知道实测的土体位移值，方可得到满意的结果，而这往往是相当困难的。

Marche 和 Schneeberger（1977）进行类似分析，用弹性理论计算土体自由位移时，考虑了土的不均质性和各向异性，也得到与实测结果非常一致的结果。

Bourges 等（1980）和 Bigot 等（1982）用非线性弹簧（即 p-y 曲线）模拟土体，采用上述方法分析，并编制了单桩的计算程序。Bigot 等（1977）用该程序通过输入实测土体自由位移计算桩的弯矩和位移得到结果与实测值非常一致，Bigot 等（1982）用经验法计算的土体位移进行分析时，发现弯矩最大值与实测结果相当吻合，但其他地方的弯矩则相差较大。

（3）群桩分析

以上方法已用于单桩分析，用于群桩问题，则需要进行一定的改进和简化，改进和简化的方法如下：

其一是把单桩分析时的桩头固定改为近似模拟刚性桩帽的影响，这相当于假定各排桩的土体侧向位移相同，这样偏于保守，特别是由于相邻桩的遮帘作用位移会明显减小。

其二是修改计算程序，以适用不同的土体自由位移，这样将更符合实际情况，尽管在缺少更详细的试验或分析资料情况下，很难确定遮帘作用所引起的位移减小量。

由于桩群的遮帘作用，输入的土体自由位移可能比桩周围实际发生的要大，所以以上两种改进都可能得出偏保守的结果。当桩群使土堤安全系数增加很多时，这种影响特别显

著。但是，如果土体自由位移已知或可准确计算，这些影响就不大了。

4. 有限单元法

有限元法最初是用来分析桩土相互作用的机理，近年来不少学者已经开始采用有限元对抗滑桩加固边坡的设计进行研究

Randolph（1981）编制了平面应变分析程序。桩用等值板桩墙替代，其抗弯刚度等于桩土的平均桩弯刚度，即 $E_{w}I_{w}=E_{p}I_{p}+E_{s}I_{s}$，软土用修正剑桥模型模拟，土堤用等值荷载代替。这样可以把桩群直接分成单元网格进行计算。

Springman（1984）用平面应变有限元进行分析，土堤用线弹性模型，软土用线弹性模型或修正剑桥模型，计算结果与离心模型试验结果不太吻合，不同的计算模型得出的桩弯矩分析也不同。

Naylor（1982）用平面应变方法分析时，在板桩墙和土体之间设置了连接单元，这样允许土和墙相对位移，且接近桩周三维特性。因为软土、土堤和连接单元均用线弹性模型，因而不能考虑土和墙之间的极限土压力，这就表明，对于柔性桩或软土层很深，并不需要设连接单元。Rowe 和 Poulos（1979）也用该法分析了位于土坡中心的抗滑桩，使用了土的弹塑性模型，桩的极限土压力按绕桩塑性流动方法计算。

Cater（1982）以桩为中心按轴对称方法对单桩进行有限元分析。不对称荷载采用傅里叶级数的非偶合调和项处理，用弧形不对称荷载模拟地表条形荷载，采用了土的非线性弹性模型，计算结果绘制成各种图表形式，给出了弯矩随深度的变化，及桩相对刚度和软土层厚度的影响，这种方法模拟了问题的三维性质，但不能直接用于分析桩群，除非刚性桩帽用桩头不转动来表示。可以把这种方法推广到考虑塑性变形（Smith 和 Griffiths，1988），但到现在为止，还未用来分析承受邻近地面荷载引起土体侧向位移桩。

Bransby 和 Spingman（1996）使用三维有限元方法进行分析，土按线弹性模型计算，尽管单元网格很粗糙，计算结果在一定程度上肯定要受到影响，但与离心模型试验结果较一致。该法使用较复杂，不可能用于设计，但该法用于解释和确定性状和一般趋势还是很有用的。

魏汝龙等人（1992）、王年香（1998）应用二维、三维有限单元法，分析了高桩码头中桩土相互作用，并分析了岸坡坡度和坡高、填土厚度、排架间距、桩顶联结条件以及桩的刚度等因素对于码头桩基受力性状的影响，并认为高桩码头与岸坡之间复杂的三维相互作用可以简化为二维问题进行计算。

近年来 Ugai 等人（1985，1989），Matsui 等人（1992），Griffiths 等人（1999）开始研究将抗剪强度折减有限单元法应用到边坡稳定及抗滑桩与边坡相互作用的研究中，并通过与极限平衡法的计算比较发现在无桩边坡中，采用抗剪强度折减有限单元法得到的稳定安全系数与滑弧和极限平衡法基本相同，Ugai 等人（1995）又将三维抗剪强度折减有限单元法应用到边坡稳定与加固工程的研究工作中，Cai F 等人（1998，1999，2000）采用抗剪强度折减有限单元法对滑坡中柔性桩的受力特性、锚杆加固边坡、排水、降雨与水位作用对边坡的影响以及抗滑桩加固边坡中的相关问题进行了研究，并得到一些有意义的研究成果。

5. 计算方法评述

从设计的观点来看，纯经验的压力法具有一定的吸引力。因为它们能快捷地估算出桩

基最大弯矩和桩顶位移。在这类方法中，DeBeer 和 Wallays 法比较简单实用，得到普遍采用。然而，由于这类方法过于简单，计算偏差较大，在实用上受到一定的限制。

压力法虽然在桩土相互作用方面考虑的比较简单，但由于该法在确定桩身最大弯矩和桩顶位移较为简单和实用，故该方法对工程设计人员有较大的吸引力，并得到广泛的使用。

位移法和有限元法可以更精确地模拟地层和荷载条件，也能得出桩的弯矩和位移分布情况，但计算较繁琐，需编制计算程序。位移法的主要问题是假设无桩时的土体位移分布，特别是由于土体侧向位移的预测要比土体沉降预测要困难得多，使得位移法在应用上受到一定限制，Poulos 提出的有限差分法比较实用，也得到普遍接受。

压力法和位移法用于单桩时已相当复杂，用于桩群分析时将会困难重重，有限元法为此提供了一个极好手段。有限元法可以定量地考虑各种复杂边界条件、土的非线性性状、施工顺序等影响，这就解决了统一分析各种不同条件下的模型试验和现场观测结果问题。而抗剪强度折减有限单元法可以考虑土体非线性本构关系、桩土相互作用及复杂的边界条件、可方便地研究多排抗滑桩的情况，不需要事先假定滑裂面，可以给出与极限平衡法一样的安全系数，因而应用抗剪强度折减有限元法对抗滑桩与土体相互作用研究比其他方法更为有利，具有广阔的前景。如果将各种影响因素作为独立变量，组合成各种不同条件而进行参数分析，就可以减少模型试验工作量。在实用上，还可以用来进行最优设计，从中选择最为经济合理的方案。

7.3.2 塑性变形理论法

在 1975 年发表的文章中 Tomio Ito 等介绍了两种方法以计算抗滑桩上的侧向力，其中一种基于塑性变形理论，另一种基于塑性流动理论。根据他们自己的分析，由于对计算结果影响很大的一个重要参数——塑性黏滞系数难以精确地估计，故塑性流动理论的计算结果的可靠性不高，它们与现场观测和室内试验得到的实测值的比较结果也不佳。所以，在以后的文章中，他们只着重推荐了塑性变形理论方法。兹介绍如下：

他们提出的设计方法中一个主导思想是，抗滑桩的设计，不仅要保证全部抗滑桩作用下的土体整体稳定，而且还要保证每根抗滑桩本身的稳定性。

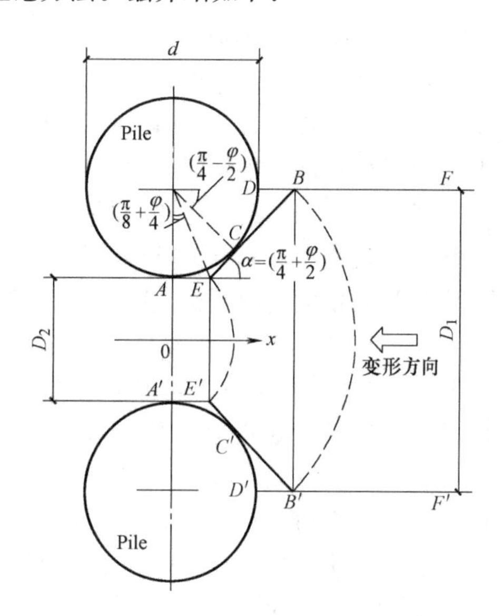

图 7.3-5 桩周土体的塑性状态

1. 滑动面以上土体作用于阻滑桩上的侧向力

Tomio ito 等（1975）根据塑性变形理论从单排桩角度提出了移动土体产生的极限侧压力计算公式，该公式考虑了桩径、桩间距和土性参数对侧压力的影响。

对照图 7.3-5，Itomio 作了以下主要假定：

（1）当土层变形时，沿着 AEB 和 $A'E'B'$出现两个滑动面，其中 EB 和 $E'B'$线与 x 轴的交角等于 $\pi/4+\varphi/2$；

（2）土层只在桩周土区 $AEBB'E'A'$中

变为塑性，服从 Mohr-Coulomb 屈服准则，土层可用内摩擦角 φ 和黏聚力 c 的塑性体表示；

(3) 在深度方向上，土层处于平面应变条件；

(4) 即使有摩擦力作用在 AEB 和 $A'E'B'$ 面上，土体 $AEBB'E'A'$ 的应力分布与无摩擦力时相同；

(5) 桩是刚性的；

(6) 假设 AA 面作用力为主动土压力；

(7) 在考虑塑性区 $AEBB'E'A'$ 的应力分量时作用在 AEB ($A'E'B'$) 面上的剪应力忽略不计。

然后根据塑性区 $AEBB'E'A'$ 力的平衡条件，认为作用于平面 BB' 和平面 AA' 上侧向力之差就是 x 轴方向上单位厚度土层作用在桩上的侧向力 p (z)；

$$p(z)=cA\left[\frac{1}{N_{\varphi}\tan\varphi}\left\{\exp\left(\frac{D_1-D_2}{D_2}N_{\varphi}\tan\varphi\tan\left(\frac{\pi}{8}+\frac{\varphi}{4}\right)\right)-2N_{\varphi}^{1/2}\tan\varphi-1\right\}+\frac{g_1}{g_2}\right]$$
$$-\left\{D_1\frac{g_1}{g_2}-2D_2N_{\varphi}^{-1/2}\right\}+\frac{\gamma Z}{N_{\varphi}}\left\{A\exp\left(\frac{D_1-D_2}{D_2}N_{\varphi}\tan\varphi\left(\frac{\pi}{8}+\frac{\varphi}{4}\right)\right)-D_2\right\} \quad (7.3.6)$$

对于 $\varphi=0$ 的软土，有

$$p(z)=cD\left(3\ln\frac{D_1}{D_2}+\frac{D_1-D_2}{D_2}\tan\frac{\pi}{8}\right)+\gamma z(D_1-D_2) \quad (7.3.7)$$

式中：

$$N_{\varphi}=\tan^2\left(\frac{\pi}{4}+\frac{\varphi}{2}\right),A=D(D_1/D_2)^{[N_{\varphi}^{1/2}\tan\varphi+N_{\varphi}-1]}，g_1=2\tan\varphi+2N_{\varphi}^{1/2}+N_{\varphi}^{-1/2} \quad (7.3.8)$$

$$g_2=N_{\varphi}^{1/2}\tan\varphi+N_{\varphi}-1， \quad (7.3.9)$$

c 为土的内聚力，φ 中为土的内摩擦角，D_1 为桩中心距，D_2 是桩净间距，γ 是土体重度，z 表示到地表的深度。

当土体相对于桩产生移动时，作用在桩上的侧向力由零逐渐增大到极限值 P，将 P (z) 沿土层深度积分，即可得出桩上所受的总的极限侧向力 P_u。尽管上面两方程是在假设桩为刚性的情况下得到的，但仍可推广到弹性桩的情况，这是因为：根据上述对地层的假定，桩周附近土体变形很小故桩变形产生的影响可以忽略（Tomio，1981）。一系列野外试验及室内模型试验（Tomio，1982）表明，计算结果与实际抗滑桩上的实测值相比，即使在桩顶自由的情况下也能吻合，在桩顶受约束的情况下更为准确。

由于极限侧压力 P_u 并非总能发挥出来，Tomio（1982）后来又提出了侧向作用力动员因子 a_m 的概念，进一步完善了他的理论。当桩土相对位移由零逐渐增加时，侧压力也由零逐渐增加到极限侧压力 P_u，桩身实际受到的侧压力应为 $a_m \cdot p$ (z)，a_m 称为侧向作用力动员因子，一般介于 0～1.0 之间。

确定了阻滑桩上的侧向力后，就可对土坡稳定问题进行两种分析，即阻滑桩本身的稳定性和含有阻滑桩的土坡整体稳定（见图 7.3-6）。

2. 桩的稳定分析

对于桩的稳定可以采用承受水平荷重的桩的分析方法。滑动面以上土体作用在桩上的

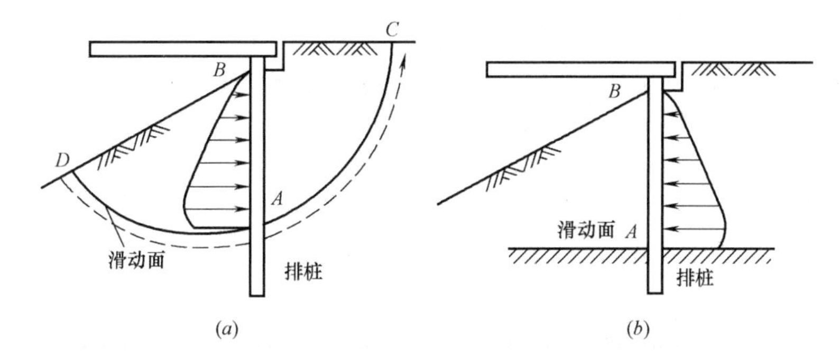

图 7.3-6 桩基码头岸坡稳定分析
(a) 土坡稳定性；(b) 桩的稳定性

侧向荷重如图 7-10 所示，其分布可由式（7.3.6）或式（7.3.7）得出，而滑动面以下桩上的侧向反力则与桩的挠度成正比，其基本议程如下：

$$\left.\begin{aligned} E_p I_p \frac{d^4 y_1}{d\bar{z}^4} &= p(\bar{z}) \quad (-H' \leqslant \bar{z} \leqslant 0) \\ E_p I_p \frac{d^4 y_2}{d\bar{z}^4} &= -E_s y_2 \quad (\bar{z} \geqslant 0) \end{aligned}\right\} \tag{7.3.10}$$

其中，$\bar{z}=z-H$；H 是滑动面离地面的深度；H'则是从桩顶到滑动画的长度；y_1 和 y_2 分别为桩在滑动面以上和以下的挠度；E_p——桩的弹性模量；I_p——桩的惯性矩；E_s——土的变形模量。

根据$\bar{z}\to\infty$处 $y_2=0$ 的条件解式（7.3.10），桩挠度的通解可以得出如下：

$$\left.\begin{aligned} y_1 &= a_0 + a_1\bar{z} + a_2\bar{z}^2 + a_3\bar{z}^3 + f(\bar{z}) \\ y_2 &= e^{-\beta\bar{z}}(A\cos\beta\bar{z} + B\sin\beta\bar{z}) \end{aligned}\right\} \tag{7.3.11}$$

式中 a_0、a_1、a_2、a_3、A 和 B 是积分常数，它们可由桩头联结条件和桩在滑动面处的连续性条件而确定；$f(\bar{z})$ 是除了 $p(\bar{z})/E_p I_p$ 的四重不定积分的积分常数 a_0、a_1、a_2 和 a_3 之外的解的余项；$p=\sqrt[4]{E_s/4E_p I_p}$，式（7.3.10）中的 $p(\bar{z})$ 中以写成

$$p(\bar{z}) = f_1 + f_2(\bar{z}) \tag{7.3.12}$$

其中 f_1 和 f_2 是可以从式（7.3.6）或式（7.3.7）得出的常数。所以，式（7.3.11）中的第一式可以变换如下

$$y_1 = a_0 + a_1\bar{z} + a_2\bar{z} + a_3\bar{z} + \frac{f_1}{24E_p I_p}\bar{z}^4 + \frac{f_2}{120E_p I_p}\bar{z}^5 \tag{7.3.13}$$

式（7.3.11）中两组积分常数之间的关系可以通过桩在滑动面处的下述连续性条件得出。

$$\left.\begin{aligned} [y]_{\bar{z}=0} &= [y_1]_{\bar{z}=0} = [y_2]_{\bar{z}=0} \\ [\theta]_{\bar{z}=0} &= \left[\frac{dy_1}{d\bar{z}}\right]_{\bar{z}=0} = \left[\frac{dy_2}{d\bar{z}}\right]_{\bar{z}=0} \\ [M]_{\bar{z}=0} &= \left[\frac{d^2 y_1}{d\bar{z}}\right]_{\bar{z}=0} = \left[\frac{d^2 y_2}{d\bar{z}}\right]_{\bar{z}=0} \\ [S]_{\bar{z}=0} &= \left[\frac{d^3 y_1}{d\bar{z}}\right]_{\bar{z}=0} = \left[\frac{d^3 y_2}{d\bar{z}}\right]_{\bar{z}=0} \end{aligned}\right\} \tag{7.3.14}$$

式中 y——桩的挠度；θ——桩的转角；M——桩的弯矩；S——桩的剪力。

将式（7.3.11）连续微分后代入式（7.3.14），可以得出

$$\left.\begin{aligned}a_0&=A\\a_1&=-\beta(A-B)\\a_2&=-\beta^2B\\a_3&=\frac{\beta^3}{3}(A+B)\end{aligned}\right\}\tag{7.3.15}$$

通过上述公式，只要根据桩头联结条件定出积分常数 A 和 B 后，就可得出阻滑桩弹性曲线方程的通解。然后通过其连续微分，分别得出桩的挠度、弯矩和剪力等，因为桩的抗弯安全系数一般显著地低于其抗剪安全系数，故桩的稳定分析，可以将其容许挠曲应力 $\sigma_{a\mathrm{II}}$ 与侧向力引的最大挠曲应力 $\sigma_{\max}$ 比较而得出其安全系数：

$$F_p=\sigma_{a_{\mathrm{II}}}/\sigma_{\max}\tag{7.3.16}$$

以下将考虑4种桩头联结条件：自由桩头（可以任意转动和位移）；不能转动的桩头（可以无转动地位移）；铰结的桩头（无位移地转动）和固定的桩头（既不能转动也不能位移）。

（1）自由桩头的解

因为桩头处（$\bar{z}=-H'$）的弯矩和剪力为零

$$\left.\begin{aligned}[M]_{\bar{z}=-H'}&=-E_pI_p\left[\frac{d^2y_1}{d\bar{z}^2}\right]_{\bar{z}=-H'}=0\\ [S]_{\bar{z}=-H'}&=-E_pI_p\left[\frac{d^3y_1}{d\bar{z}^2}\right]_{\bar{z}=-H'}=0\end{aligned}\right\}\tag{7.3.17}$$

得出积分常数 A 和 B 如下：

$$\left.\begin{aligned}A&=\frac{12E_pI_p\beta^4}{}\{3(2+\beta H')f_1-H'(3+2\beta H')f_2\}\\ B&=\frac{-(H')^2}{12E_pI_p\beta^2}\{3f_1-2H'f_2\}\end{aligned}\right\}\tag{7.3.18}$$

滑动面以上的最大弯矩发生在滑动面处

$$[M_{1,\max}]_{\bar{z}=0}=-E_pI_p\left[\frac{d^2y_1}{d\bar{z}^{-2}}\right]_{\bar{z}=0}=-2E_pI_pa_2\qquad(-H'<\bar{z}\leqslant0)\tag{7.3.19}$$

滑动面以下的最大弯矩则发生在剪力等于零处

$$[M_{2,\max}]_{\bar{z}=\bar{z}_2}=-2E_pI_p\beta^2e^{-\beta\bar{z}_2}(A\sin\beta\bar{z}_2-B\cos\beta\bar{z}_2)\qquad(\bar{z}\geqslant0)\tag{7.3.20}$$

其中，$\bar{z}_2$ 为剪力变为零处的深度

$$\bar{z}_2=\frac{1}{\beta}\tan^{-1}\frac{A+B}{A-B}\tag{7.3.21}$$

（2）不转动桩头的解

因为桩头的转角和剪力为零

$$\left.\begin{aligned}[\theta]_{\bar{z}=D-H'}&=\left[\frac{dy_1}{d\bar{z}}\right]_{\bar{z}=-H'}=0\\ [S]_{\bar{z}-H'}&=E_pI_p\left[\frac{dy_1}{d\bar{z}^3}\right]_{\bar{z}=-H'}=0\end{aligned}\right\}\tag{7.3.22}$$

得出积分常数

$$\left.\begin{aligned}A=&\frac{H'}{48E_pI_p\beta^3(1+\beta H')}\{4(2\beta H^2(H')^2+6\beta H'+3)f_1\\&-H'(5\beta^2(H')^2+12\beta H'+6)f_2\}\\B=&\frac{-H'}{48E_pI_p\beta^3(1+\beta H')}\{4(2\beta H^2(H')^2-3)f_1\\&-H'(5\beta^2(H')^2-6)f_2\}\end{aligned}\right\}\tag{7.3.23}$$

最大弯矩 $M_{1,\max}$ 和 $M_{2,\max}$ 则分别为

$$\left.\begin{aligned}[M_{1,\max}]_{i=-H'}=&-E_pI_p(2a_2-6a_3H'+\frac{f_1}{2E_pI_p}(H')^2\\&-\frac{f_2}{6E_pI_p}(H')^3)\quad(-H'\leqslant\bar{z}\leqslant0)\\[M_{2,\max}]_{i=\bar{z}_2}=&-2E_pI_p\beta^2e^{-\beta\bar{z}_2}(A\cos\beta\bar{z}_2-B\cos\bar{z}_2)\quad(\bar{z}\geqslant0)\end{aligned}\right\}\tag{7.3.24}$$

其中 $\bar{z}_2=\frac{1}{\beta}\tan^{-1}\frac{A+B}{A-B}$，与式（7.3.21）中的一样。

（3）铰结桩头的解

因为桩头的挠度和弯矩为零

$$\left.\begin{aligned}[y]_{\bar{z}=-H'}=[y_1]_{\bar{z}}=-H'=0\\[M]_{\bar{z}=-H}=-E_pI_p\left[\frac{d^2y_1}{d\bar{z}^2}\right]_{\bar{z}=-H'}=0\end{aligned}\right\}\tag{7.3.25}$$

得出积分常数 A 和 B 为

$$\left.\begin{aligned}A=&\frac{(H')^3}{120E_pI_p\beta\{1+2(1+\beta H')^3\}}\{15(2+\beta H')(3+\beta H')f_1\\&-H'(7\beta^2(H')^2+27\beta H'+30)f_2\}\\B=&\frac{(H')^2}{120E_pI_{(p\beta)}\{1+2(1+\beta H')^3\}}\{15\beta^3(H')^6-6\beta H'-6)f_1\\&-H'(7\beta^3(H')^3-30\beta H'-30)f_2\}\end{aligned}\right\}\tag{7.3.26}$$

最大弯矩 $M_{1,\max}$ 和 $M_{2,\max}$ 分别为

$$\left.\begin{aligned}[M_{1,\max}]_{\bar{z}=\bar{z}}=&-E_pI_p(2a_2+6a_3\bar{z}_1+\frac{f_1}{2E_pI_p}(\bar{z}_1)2\\&+\frac{f_2}{6E_pI_p}(\bar{z}_1)3)\quad(-H'\leqslant\bar{z}\leqslant0)\\[M_{2,\max}]_{\bar{z}=\bar{z}_2}=&-2B\beta^2E_pI_p\qquad(\bar{z}\geqslant0)\end{aligned}\right\}\tag{7.3.27}$$

其中 $\bar{z}$ 由 $[s]_{\bar{z}=\bar{z}_1}=0$ 得出，$\bar{z}_1=\frac{-f_1\pm\sqrt{(f_1)^2-12E_pI_pa_3f_2}}{f_2}$ （7.3.28）

（4）固定桩头的解

因为桩头处的挠度和转角为零

$$\left.\begin{array}{l}[y]_{\bar{z}=-H'}=[y_1]_{\bar{z}=-H'}=0\\ [\theta]_{\bar{z}=-H'}=\left[\dfrac{d^2y_1}{d\bar{z}^2}\right]_{\bar{z}=-H'}=0\end{array}\right\} \tag{7.3.29}$$

得出积分常数 A 和 B 为

$$\left.\begin{array}{l}A=\dfrac{(H')^4}{120E_pI_{p\beta}(1+\beta H')\{2+(1+\beta H')^3\}}\{5(3+\beta H')^2f_1\\ \qquad -H'(2\beta^2(H')2+9\beta H'+12)f_2\}\\ B=\dfrac{-(H')^3}{120E_pI_p(1+\beta H')\{2+(1+\beta H')^3\}}\{5\beta^3(H')^3-9\beta H'-12)f_1\\ \qquad -H'(2\beta^3(H')^3-12\beta H'-15)f_2\}\end{array}\right\} \tag{7.3.30}$$

而最大弯矩则为

$$\left.\begin{array}{l}[M_{1,\max}]_{\bar{z}=H'}=-E_pI_p(2a_2-6a_3H'+\dfrac{f_1}{2E_pI_p}(H')^2\\ \qquad -\dfrac{f_2}{6E_pI_p}(H')^3)\quad(-H'\leqslant\bar{z}\leqslant 0)\\ [M_{2,\max}]_{\bar{z}=0}=2B\beta^2E_pI_p\qquad(\bar{z}\geqslant 0)\end{array}\right\} \tag{7.3.31}$$

3. 土坡稳定分析

对于土坡稳定，可以考虑几种分析方法，但是对于码头岸坡稳定分析，下述方法可能是比较合理的。如果假设圆弧滑动面，则可以利用用于滑动面以上土体的抗滑力矩 M_r 和驱动力矩 M_d 进行比较而得出其安全系数；如果假设主要由一段平面组成的复式滑动面，则可以将作用于滑动面以上的土体的抗滑力 F_r 和驱动力 F_d 进行比较而得出安全系数。其中，抗滑力 F_r 或抗滑力矩 M_r 是滑动面上的抗剪力 F_{rs} 和阻滑桩的反作用力 F_{rp} 之和，或分别由它们引起的抗滑力矩 M_{rs} 之和。因此

$$F_s=\frac{M_r}{M_d}=\frac{M_{rs}+M_{rp}}{M_d} \tag{7.3.32}$$

或

$$F_s=\frac{F_r}{F_d}=\frac{F_{rs}+F_{rp}}{F_d} \tag{7.3.33}$$

其中 F_{rs} 和 F_d 或 M_{rs} 和 M_d 的数值可以通过条分法一类的常规方法得出，面 F_{rp} 值或 M_{rp} 值则可利用桩的反作用力除以桩距而加以计算。如果这样算出的安全系数大于要求的数值，就能保证土坡稳定。

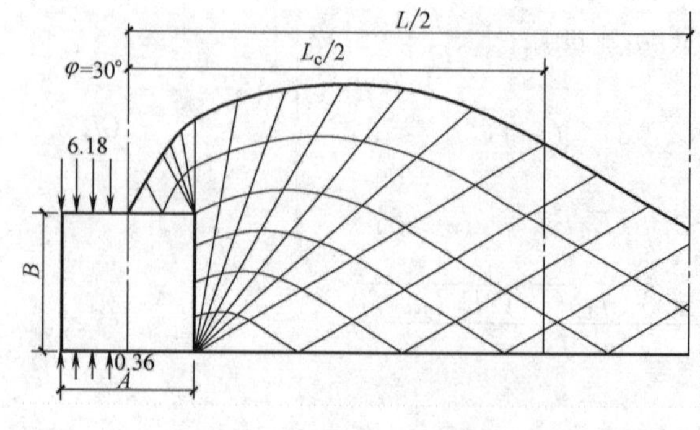

图 7.3-7 桩距较大时的滑移线

以上方法也适用于有多排桩的情况。此时，假设每个桩排均远离相邻的桩排，故可以忽视各桩排之间的相互影响。但是，对于每排桩来说，利用上法算出的临界侧向力并不是总能

全部发挥出来。因而引入了所谓的侧向力动员因子（Tomio Ito. 1982），它在下述两个数值之间变化：每一个值根据能够保证桩的稳定性的最大侧向力确定；第二个值根据防止滑坡所需的最小侧向力确定。

7.3.3 散体极限平衡理论法

国内现有的抗滑桩设计方法往往只按桩的折断计算抗滑阻力，而未考虑土体绕桩滑动的可能。沈珠江（1961，1992）提出完整的抗滑桩极限设计方法应当包括各种可能的破坏验算，即应当包括土坡整体滑动验算，土体绕桩滑动验算和毁桩滑动验算。他利用散粒体极限平衡理论推导了土体沿水平方向绕桩滑动桩身受到的绕流阻力公式，根据不同的土体参数指标，可以计算得到单位桩长上的绕流阻力，并在此基础上提出阻滑桩的具体设计步骤。

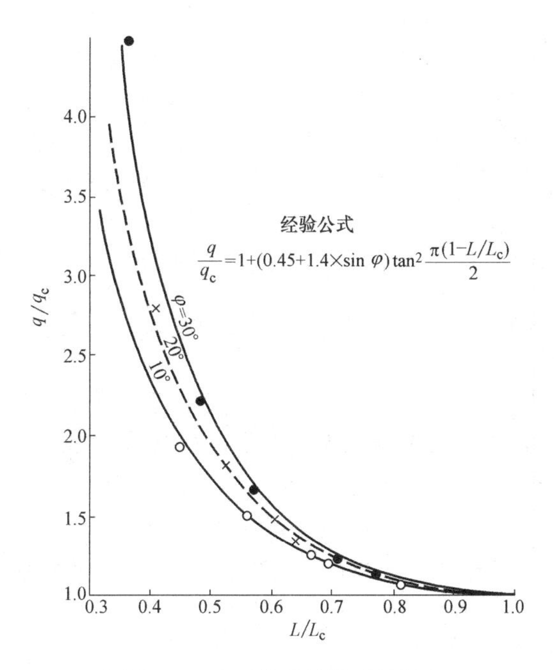

图 7.3-8 小于临界桩距时的阻力

1. 桩的绕流阻力

在假设土层无限广阔并沿水平向对垂直桩作相对运动，且桩的侧面绝对粗糙的基础上，推导出矩形桩单位桩长上的绕流阻力公式如下。

$$q_c=(\sigma_v+\sigma_c)\times[(e^{\pi\tan\varphi}-K_a)A+2(1-\sin\varphi)\tan\varphi\cdot e^{(\frac{\pi}{2}+\varphi)\tan\varphi}B] \tag{7.3.34}$$

式中，σ_v 为竖向应力；$\sigma_c=c\cot\varphi$ 为黏聚压力；c 和 φ 为土的黏聚力和内摩擦角；$K_a=\dfrac{1-\sin\varphi}{1+\sin\varphi}$为主动土压力系数；$A$ 和 B 分别为桩截面的宽度和高度。

当阻滑桩列成一排时，如果两桩中心距 L 超过下列临界间距 L_c

$$L_c=\left(1+\frac{1}{2}\tan\mu e^{\frac{\pi}{2}\tan\varphi}\right)A+2e^{\mu\tan\varphi}\sin\mu B \tag{7.3.35}$$

式中 $\mu=\dfrac{\pi}{4}+\dfrac{\varphi}{2}$，则绕桩滑动的滑移线图形将如图 7.3-7 所示，按此图形计算所得的绕流阻力仍如式（7.3.34）。但当桩距再缩小时，阻力将逐步加大。此时，上述基本公式不能再用，必须另外进行数值计算。曾对 $\varphi=5^\circ\sim40^\circ$的各种土及各种桩距的阻力进行计算，将所得的结果绘制归一化的阻力与桩距关系图，可求得下列经验公式

$$q/q_c=1+(0.45+1.4\sin\varphi)\tan^2\frac{\pi(1-L/L_c)}{2} \tag{7.3.36}$$

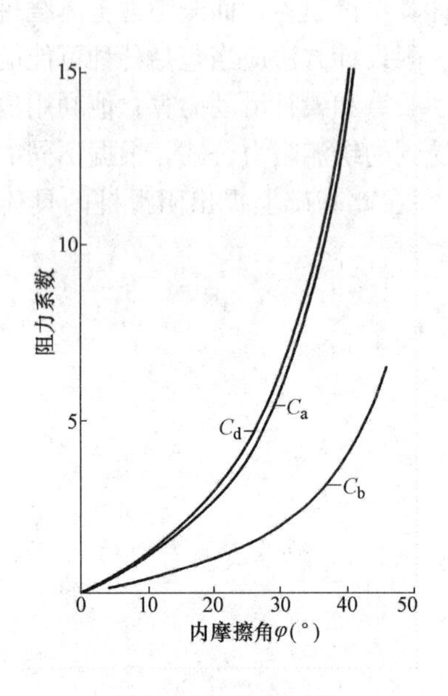

图 7.3-9 阻力系数

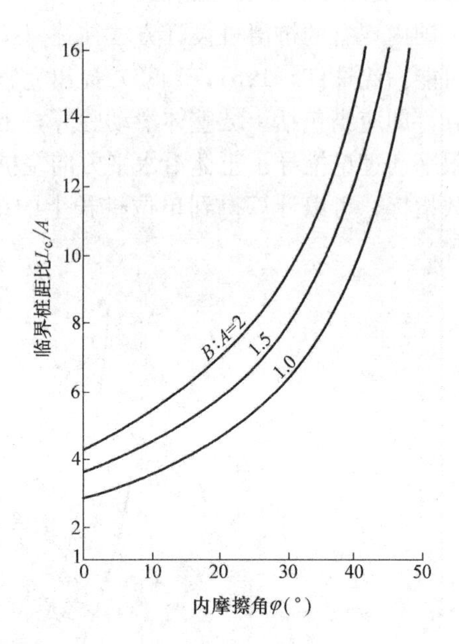

图 7.3-10 临界桩距

对于 $\varphi=10^\circ$、20°和 30°，经验曲线与计算点的拟合情况如图 7.3-10 所示。

为了便于应用，将式（7.3.34）改写成

$$q_c=(\sigma_v+\sigma_c)[C_aA+C_bB] \tag{7.3.37}$$

其中各种 φ 值时的阻力系数 C_a 和 C_b 绘于图 7.3-9 中，而三种宽高比的矩形桩的临界桩距比 L_a/A 则示于图 7.3-10 中，对于 $\varphi=0$ 的理想黏性土，图 7.3-10 仍然适用，但 q_c 则应改用式（7.3.38）计算

$$q_c=[(2+\pi)A+2B]c \tag{7.3.38}$$

对于圆桩，则按 $A=B=0.8D$ 的等效方桩计算，可以得到十分接近的结果。

2. 阻滑桩的极限设计

极限设计的原则是假定参与工作的各部件都达到极限应力状态，各自发挥了最大的承载能力，然后对各部件的承载能力打一折扣，即除以适当的安全系数以保证安全。就阻滑桩来说，极限状态应当是这样的：土坡刚刚要滑下来，桩刚好折断或倾倒，而桩之间的空档又刚好有滑坡土要绕流出来，根据这一原则，具体的设计步骤可以归纳如下。

（1）整体滑动验算

通过这一验算确定单位宽度滑坡体上保证安全的最低抗滑阻力 p_r。整体滑动验算可按常用的传递系数（潘家铮，1980）进行。将滑坡体分成若干块，每块的滑坡推力计算公式为：

$$E_i=F_sT_i-(N-u_iL_i)\tan\varphi-c_iL_i-p_r+E_{i-1}\varphi \tag{7.3.39}$$

其中 F_s 为土坡稳定安全系数，其值一般可取 1.2 左右，$\varphi=\cos\Delta a_1+\sin\Delta a_1\tan\varphi_i$ 为

传递系数，$\Delta a_1=a_{i-1}-a_i$，$T_i=\overline{W}_i\sin a_i$，$N_i=\overline{W}_i\cos a_i$，$\overline{W}_i$ 为第 i 个土块重，l_i、a_i 和 u_i 为滑面长度、倾角和作用于其上的孔隙压力。

（2）绕桩滑动验算

通过这一验算确定刚好发生绕流时单桩所能提供的最大滑力 Q_i，其值应不小于 $F_{(r)}p_rL$，其中 $F_{(r)}$ 为阻止绕流的安全系数，一般可取 $F_{(r)}=1.5$ 左右，单位桩长上的绕流阻力按前面公式求出后，总阻力 Q_r 可按下式积分求出

$$Q_i=\int_0^h q_r\mathrm{d}h \tag{7.3.40}$$

式中，h 是从坡顶到滑面的桩段长度。

阻滑桩的间距不宜过大或过小。桩距过大时那以满足 $Q_r>F_{(r)}P_rL$ 的要求。桩距过小则桩排将起挡土墙作用，绕流将被完全堵塞，堵塞阻力 q_s 可按下列式计算：$q_s=(\sigma_v+\sigma_c)(K_p+K_a)L$。当桩距 L 小于 $0.5L_c$ 时，绕流被阻塞的可能性大大增加。此时应比较 q_r 和 q_s，选用较小者作为抗滑阻力。建议阻滑桩间距应控制在（0.5～1.5）L_c 之间，下限用于 φ 角较大的土中，上限用于 φ 角较小的土中。

（3）桩的破坏验算

以上计算了两种力，已是为了为是土坡稳定而要求桩提供的阻滑力 p_rL，另一是桩和土之间可能发生的最大作用力 Q_r。但是，如果桩的断面和入土深度不够，桩可能这段或倾倒，仍不能提供足够的抗阻力。因此还必须从桩本身不致破坏出发而确定另一种抗力 Q_p，并保证满足 $Q_p>F_BP_rL$。

桩的破坏验算方法可在很多文献中找到，此处不再赘述。但是需要讨论一下桩破坏的安全系数 F_B 的取值问题。因为结构计算的可靠性虽然大于土工计算。因此，一般可取 $F_B=1.5\sim2.0$ 左右。

7.3.4　强度折减有限单元法

近年来 Ugai 等人（1985，1989），Matsui 等人（1992），Griffiths 等人（1999）开始研究将抗剪强度折减有限单元法应用到边坡稳定及抗滑桩与边坡相互作用的研究中，并通过与极限平衡法的计算比较发现在无桩边坡中，采用抗剪强度折减有限单元法得到的稳定安全系数与滑弧和极限平衡法基本相同，Ugai 等人（1995）又将三维抗剪强度折减有限单元法应用到边坡稳定与加固工程的研究工作中，Cai F 等人（1998，1999，2000）采用抗剪强度折减有限单元法对滑坡中柔性桩的受力特性、锚杆加固边坡、排水、降雨与水位作用对边坡的影响以及抗滑桩加固边坡中的相关问题进行了研究，并得到一些有意义的研究成果。下面对利用强度折减有限单元法进行抗滑桩计算和设计进行介绍（Ugai 等，1995）。

1. 基本含义

采用极限平衡法对边坡稳定性进行分析是目前比较流行的方法，而在进行抗滑桩加固边坡分析时，由于极限平衡法不能考虑桩土的相互作用，使得计算结果合理性与可靠性受到质疑，近年发展起来的弹塑性抗剪强度有限单元法可以对抗滑桩加固边坡进行合理的研究，它可以给出和常规极限平衡法同样的边坡整体稳定安全系数。

在没有抗滑桩的边坡中，大量的有限元和极限平衡法对比计算表明，无论是采用二维还是三维抗剪强度折减有限单元法计算得到的边坡稳定安全系数和相应滑动面的结果与常

规极限平衡法计算结果几乎相同［Ugai（1989），Griffiths 等人（1999），Ugai 等人（1995)］，这说明采用抗剪强度折减有限单元法研究边坡的稳定安全性状是完全可行与可靠的。

强度折减有限元法分析边坡的稳定性是采用解的不收敛作为破坏标准，在指定的收敛准则下算法不能收敛，即表示应力分布不能满足边坡土体的破坏准则和总体平衡要求，意味着出现破坏。所谓抗剪强度折减技术就是将抗剪强度指标 c' 和 φ'，用一个抗剪强度折减系数 F，如式（7.3.41）和式（7.3.42）所示的形式进行折减，然后用折减后的虚拟抗剪强度指标 c'_F 和 φ'_F，取代原来的抗剪强度指标在以 Mohr-Coulomb 准则作为屈服函数的弹塑性有限元分析中使用，这种分析方法称为抗剪强度折减有限单元法（Shear strength reduction finite element method 简称 SSRFEM 法）。

$$c'_F=\frac{c'}{F} \tag{7.3.41}$$

$$\varphi'_F=\tan^{-1}\left(\frac{\tan\varphi'}{F}\right) \tag{7.3.42}$$

式中，c' 是有效黏聚力，φ' 是有效内摩擦角。在弹塑性有限元数值分析中，折减系数 F 的初始值取得足够小，以保证开始时是一个近乎弹性的问题。然后不断增加 F 的值，折减后的抗剪强度指标逐步减小，反复对边坡进行分析，首先部分单元开始屈服，应力在单元之间重新分配，局部失稳逐渐发展；直到某一个临界状态，在虚拟的折减抗剪强度下整个边坡发生失稳。那么在发生整体失稳之前的那个折减系数值，即实际抗剪强度指标与发生虚拟破坏时折减强度指标的比值，就是这个边坡的稳定安全系数。使用抗剪强度折减有限元法不仅可以直接得出边坡的稳定安全系数，不需要事先假设滑裂面的形式和位置，还可以得到边坡内各单元的应力和变形情况，给出破坏区域等相关情况。这里定义的抗剪强度折减有限单元法的稳定安全系数，与极限平衡分析中所定义的边坡稳定安全系数在本质上是一致的。

对于含有抗滑桩加固的边坡，在进行 SSRFEM 法计算时，先根据边坡的基本特性预估一个值，该值应该是比较接近而又小于边坡未加固前稳定安全系数，在进行有限元计算时当抗剪强度折减系数 F 小于这个预估值时，整个边坡先完全按土体来考虑（包括抗滑桩），而当抗剪强度折减系数 F 达到这个预估值时，桩体范围内单元的材料特性则由土体材料转换为桩体材料，而在此时桩体中的应力假定为 0，然后再对抗剪强度折减系数 F 进行一步一步的递增，直到整个边坡破坏为止。由于抗滑桩的阻滑作用，使边坡在破坏时出现的破坏可能不是圆弧或连续的形状，这种情况对采用极限平衡法进行研究是困难的，而采用 SSRFEM 法则可以方便考虑桩土相互作用等影响，并在算出边坡稳定安全系数的同时，也给出了抗滑桩的受力特性。图 7.3-11 为抗剪强度折减有限单元法的计算流程图。

2. 本构模型

在三维抗剪强度折减有限元分析中土体采用 20 节点等参单元模拟，桩采用 15 节点五面体单元和 20 节点单元模拟，本构模型采用非关联准则的弹塑性本构模型，该模型主要包含以下六个参数：杨氏模量 E、泊松比 μ、摩擦角 φ、黏聚力 c、重度 γ 和剪胀角 ψ，其中 E、μ 对边坡土体单元的变形影响较大，φ、c 和 γ 对边坡稳定安全系数影响较大，φ 反映土体的剪胀特性，除明显的超固结土外，一般的剪胀角都较小，通常来说当 φ 小于 300

时，ψ 可近似取 0，并采用 Mohr-Coulomb 准则作为屈服函数，如下式所示：

$$f=\sqrt{J_2}\left(\cos\Theta-\frac{1}{\sqrt{3}}\sin\Theta\sin\varphi'\right)-\left(\frac{1}{3}\right)I_1\sin\varphi'-c'\cos\varphi' \tag{7.3.43}$$

式中：f 为屈服函数，$\Theta=\frac{1}{3}\sin^{-1}\left(-\frac{3\sqrt{3}}{2}\frac{J_3}{J_2^{3/2}}\right)$，$\left(-\frac{\pi}{6}\leqslant\Theta\leqslant\frac{\pi}{6}\right)$，$I_1$、$J_2$ 和 J_2 分别是有效应力张量的第一不变量、有效应力偏量的第二不变量和有效应力偏量的第三不变量。

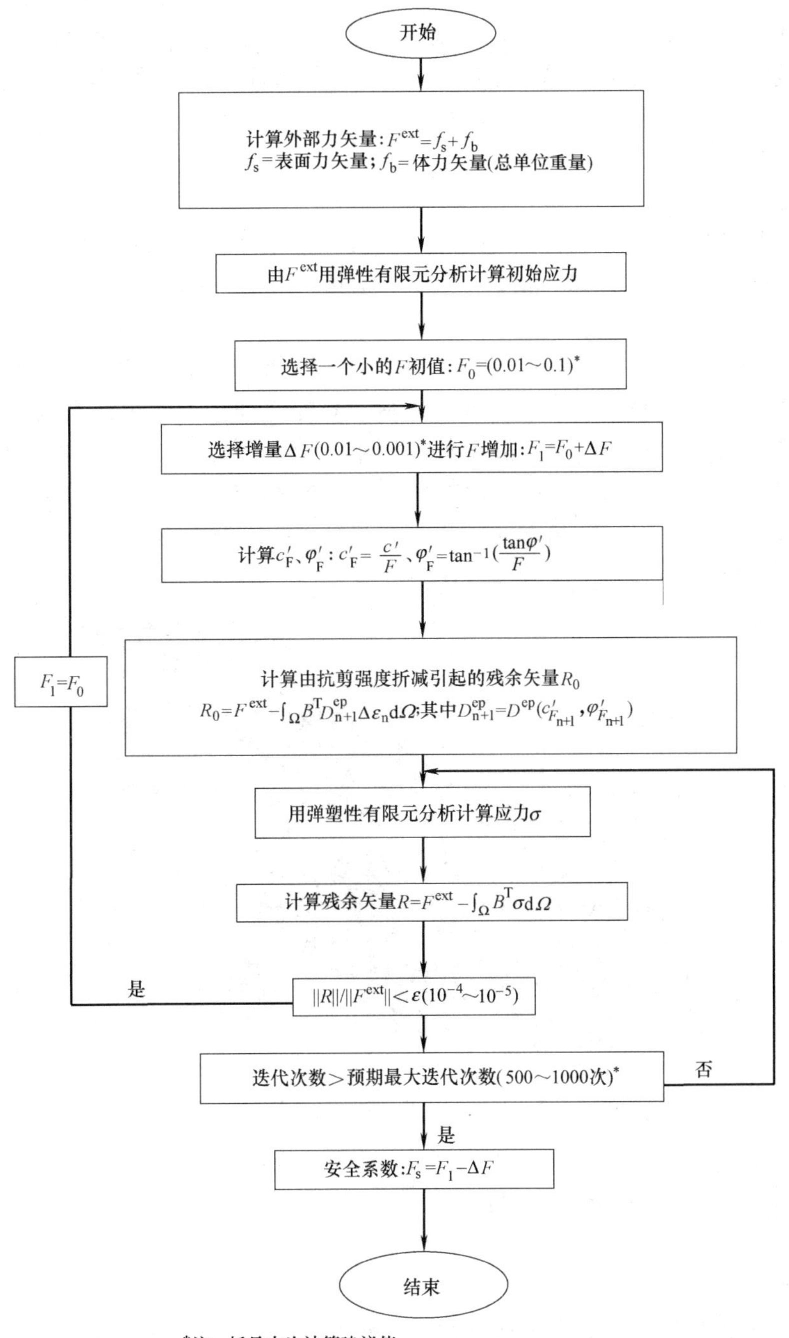

*注：括号内为计算建议值

图 7.3-11 抗剪强度折减有限单元法计算流程图

采用 Drucker-Prager 准则作为塑性势函数，如下式所示：

$$g=-\alpha I_1+\sqrt{J_2}-k \tag{7.3.44}$$

式中：g 是塑性势函数，$\alpha=\dfrac{\tan\psi}{\sqrt{9+12\tan^2\psi}}$，$k=\dfrac{3c'}{\sqrt{9+12\tan^2\psi}}$，$\psi$ 是剪胀角。

3. 接触面单元模拟

由于抗滑桩和周围的土体弹模相差很大，在进行有限元计算时如果桩土间不设置接触面单元，会使计算结果和实际相差甚远，因此设置接触面单元成为必要。在这里岩土体和抗滑桩的接触面采用三维 16 节点无厚度接触单元模拟，接触面单元采用弹塑性模型，参数参照接触单元一侧岩土介质的参数。采用 Mohr-Coulomb 准则定义屈服函数 f 和塑性势函数 g：

$$f=\tau-\sigma_n\tan\varphi-c \tag{7.3.45}$$

$$g=\tau-\sigma_n\tan\psi \tag{7.3.46}$$

式中，τ 是沿着接触单元的剪切应力的矢量和，σ_n 是垂直于接触单元的法向应力，c 和 φ 分别是接触单元一侧岩土介质的凝集力和内摩擦角，ψ 是接触单元一侧岩土介质的剪胀角。

4. 边界条件

在进行 SSRFEM 计算中，应用抗滑桩加固边坡的两个对称性来确定计算范围，即抗滑桩本身以及抗滑桩与抗滑桩之间的对称，按照这两个对称确定出计算范围如图 7.3-12 所示，这个计算范围为抗滑桩中心线与相邻抗滑桩之间土体的中心线之间，为了减小接触面单元的病态条件，在抗滑桩周围采用了小厚度的网格。具体的边界约束条件：计算坡体侧面剖面约束 y 方向位移，边坡底面约束 3 个方向位移，边坡前后剖面约束 x 方向位移，抗滑桩桩头约束则根据计算工况进行设置。

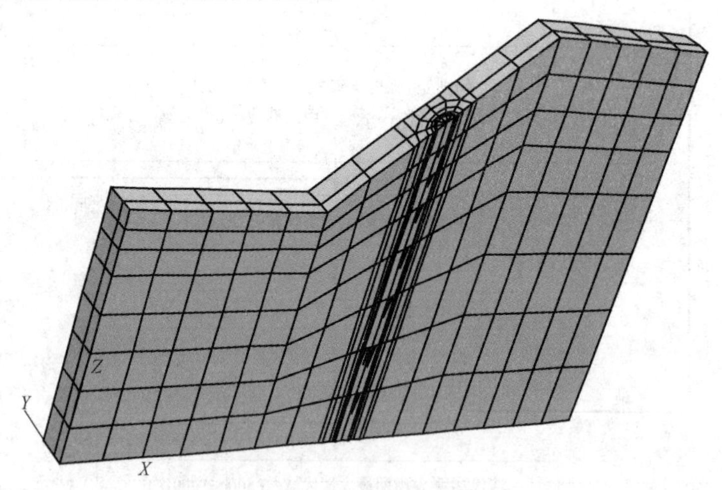

图 7.3-12 三维有限元模型网格

7.4 被动桩稳定简化分析法

7.4.1 概述

近几十年来，我国在港口码头建设方面积累了丰富的设计、施工经验，并进行了大量的科研工作，设计水平和施工质量都有了很大提高，但是也存在一些问题，发生过一些滑坡事故，有的岸坡虽未滑动，但在施工、使用期间产生了很大变形，影响码头的正常使用。造成滑坡事故的原因很多，如事先未能对码头区的地形、地貌、水文和工程地质进行全面勘察等，但工程设计中对于稳定分析重视不够也是个重要因素，因此强调稳定分析的重要性还是十分必要的。

稳定分析最常用的方法是基于极限平衡理论的条分法，最早由瑞典学者 Pettersson 提出。该法假定土体沿某一滑动面滑动，滑动时，滑动面上土体的抗剪强度完全被动用，整个土坡和各部分都处于静力平衡状态。在这个假设的基础上，提出了许多计算方法。作用于每一土条的力有（图 7.4-1）：条底上的法向反力 N_i 和剪力 T_i，土条界面上的水平力和剪力，土条自重 W_i，这些力对各土条和整个土坡必须满足平衡条件，但是，大多数的大小及作用点位置是未知的，共有 $5n-2$ 个未知量，$3n$ 个平衡方程（Nash，1987）。因此，为了求解，必须作出各种简化假定以减少未知量或增加方程数，这样的假定大致有下列三种：

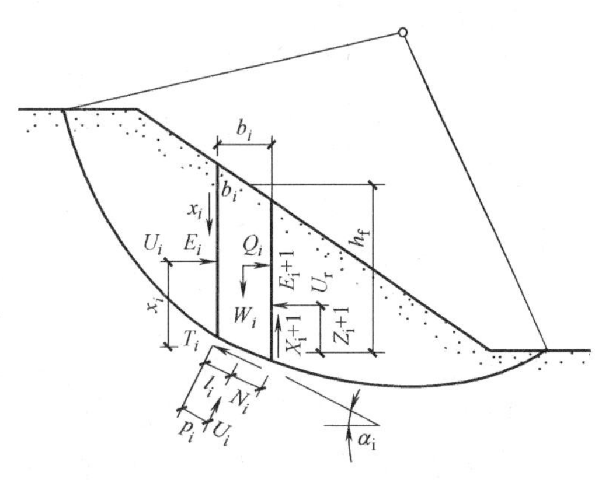

图 7.4-1 作用在土条上的各种作用力

（1）假定土条界面上的水平力和剪力的大小，例如，Fellenius 法假设土条界面上的水平力和剪力均为 0；简化 Bishop 法假设土条界上的剪力为 0。

（2）通过试算来假定土条界面力合力作用方向，属于这一类的有 Spencer 法，Morgensten-Price 法，Sarma 法，不平衡推力传递法等。

（3）假定条间力合力的作用点位置，例如 Janbu 提出的普遍条分法。

为了确定土坡的最小安全系数，需要对许多可能的滑动面进行验算，计算工作量十分庞大，如果考虑的未知数越多，则计算更为麻烦，因此，条分法的发展与计算技术的发展密切相关。研究表明，简化 Bishop 法得出的结果比 Fellenius 法精确，一般可满足于常规分析的要求。Fellenius 法由于完全没有考虑条间力，安全系数可能降低。简化 Bishop 法的误差一般不超过 7%，通常只有 2%以下。

由于极限平衡理论不能考虑土体的应力应变关系，无法分析土坡内由于变形的逐渐发展而导致稳定破坏的全过程，实际上，稳定和变形有着十分密切的关系，土坡在发生整体稳定破坏之前，往往伴随着相当大的竖向沉降和侧向变形，因此，随着有限单元法在岩土工程应力应变分析方面广泛应用并取得了巨大成就，人们开始探索如何采用有限单元法进行边坡稳定分析。但计算过程和要求较为复杂，并需要提出一个恰当的评判标准。

与条分法不同，极限分析法基于塑性理论，一般地，极限分析法可用任意形状的结构、复杂的加荷条件、均质或非均质的塑性材料，在框架结构、地基承载力、地下结构和土坡的稳定分析中得到广泛的应用。

在极限分析中，有两种方法得出极限荷载。第一种为静力方法，得出极限荷载的下限解，第二种可动方法，得出极限荷载的上限解。在静力方法中，必须确定是否存在与外力平衡且处处满足塑性屈服条件的平衡应力场，如果存在的话，就可得出小于极限荷载和不

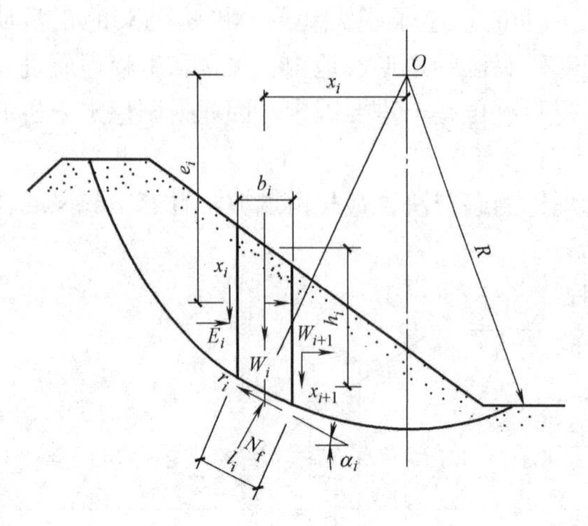

图 7.4-2 简化 Bishop 法

发生塑性破坏的外荷载。在可动方法中，需要寻找一个可能的可动速度场，然后计算相应的内外塑性能消散，如果外塑性能消耗大于内塑性能消耗，则外荷就大于极限荷载。这样，极限荷载可定义为在外荷载作用下，存在一个静力允许应力场，刚刚出现自由塑性流动。

极限分析法最主要的是如何在一系列的静力许可应力场或可动许可速度场中确定最佳，使下限解和上限解尽可能接近极限荷载，目前这方面的研究相当活跃，也提出了一些通过数值分析求解上限解的计算方法（Anderheggen 和 Knopfel，1972），并与条分法结果进行比较（Jiang 和 Magnan，1997）。

在码头岸坡稳定分析中，最常用的方法还是简化 Bishop 法，并已编制出计算机程序。计算桩的抗滑时只简单地考虑切桩力所增加的安全系数，这样与实际情况出入较大，导致计算结果不合理。虽然也已提出了一些桩-土稳定分析方法（Ito，1979；Lee，1995），但它们也只是简单地加上桩的抗弯力矩而已。这里介绍一个从沈珠江提出的桩绕流阻力出发，提出一个桩-岸坡稳定简化分析方法。

7.4.2 岸坡稳定分析的简化 Bishop 法

1. 简化 Bishop 法

如图 7.4-2 所示，E_i 和 X_i 分别表示法向和切向条向力，W_i 为土条自重，N_i 和 T_i 分别为土条底部的总法向力和切向力，其余符另见图 7.4-2，

根据每一土条的竖向力平衡条件得

$$N_i\cos\alpha_i = W_i + X_i - X_{i+1} - T_i\sin\alpha_i \tag{7.4.1}$$

按照安全系数的定义及 Mohr-Coulomb 准则，得

$$T_i = \frac{c'_i l_i}{F} + (N_i - u_i l_i)\ \frac{\tan\varphi_i'}{F} \tag{7.4.2}$$

将式（7.4.2）代入式（7.4.1）得

$$N_i = \frac{W_i + X_i - X_{i+1} - \dfrac{c'_i l_i \sin\alpha_i}{F} + \dfrac{u_i l_i \tan\varphi'_i \sin\alpha_i}{F}}{\cos\alpha_i + \dfrac{\tan\varphi'_i \sin\alpha_i}{F}} \tag{7.4.3}$$

在极限平衡时，各土条对圆心的力矩之和应当为 0，此时条间力的作用将相互抵消，因此，得

$$\sum W_i R\sin\alpha_i - \sum T_i R + \sum Q_i e_i = 0 \tag{7.4.4}$$

将式（7.4.2）和式（7.4.3）代入式（7.4.4），最后得到安全系数的公式为

$$F = \frac{\sum \dfrac{c'_i b_i + (W_i + X_i - X_{i+1} - u_i b_i)\tan\varphi'_i}{\cos\alpha_i + \dfrac{\tan\varphi'_i \sin\alpha_i}{F}}}{\sum W_i \sin\alpha_i + \sum Q_i \dfrac{e_i}{R}} \tag{7.4.5}$$

式中，X_i和X_{i+1}是未知的，为使问题解，Bishop 又假定各土条之间的切向条向力均略去不计，这样式（7.4.5）可简化成

$$F=\frac{\sum\frac{c'_ib_i+(W_i-u_ib_i)\tan\varphi'_i}{\cos\alpha_i+\frac{\tan\varphi'_i\sin\alpha_i}{F}}}{\sum W_i\sin\alpha_i+\sum Q_i\frac{e_i}{R}} \tag{7.4.6}$$

这就是国内外使用相当普遍的简化 Bishop 法，由于等式两边均包含安全系数，故需采用迭代法计算。令

$$f(F)=F-\frac{\sum\frac{c'_ib_i+(W_i-u_ib_i)\tan\varphi'_i}{\cos\alpha_i+\frac{\tan\varphi'_i\sin\alpha_i}{F}}}{\sum W_i\sin\alpha_i+\sum Q_i\frac{e_i}{R}} \tag{7.4.7}$$

由 Newton-Raphson 法

$$F^{(n+1)}=F^{(n)}-\frac{f(F^{(n)})}{f'(F^{(n)})} \tag{7.4.8}$$

将式（7.4.7）代入式（7.4.8），可得如下迭代格式

$$F^{(n+1)}=F^{(n)}\frac{SB-SS}{WW-SS} \tag{7.4.9}$$

其中

$$\left.\begin{aligned}WW&=\sum W_i\sin\alpha_i+\sum Q_i\frac{e_i}{R}\\SB&=\sum\frac{c_i'b_i+(W_i-u_ib_i)\tan\varphi_i'}{F^{(n)}\cos\alpha_i+\tan\varphi_i'\sin\alpha_i}\\SS&=\sum\frac{[c_i'b_i+(W_i-u_ib_i)\tan\varphi_i']\tan\varphi_i'\sin\alpha_i}{(F^{(n)}\cos\alpha_i+\tan\varphi_i'\sin\alpha_i)^2}\end{aligned}\right\} \tag{7.4.10}$$

计算经验表明，一般只需迭代了 3～4 次就可满足精度要求，而且迭代通常总是收敛的。

2. 桩的抗滑力计算

港工规范中，由桩的桩滑作用所增加的安全系数，按下式计算（图 7.4-3）

$$F_{\mathrm{p}}=\frac{\sum T_j\cos\beta_j}{L_{\mathrm{a}}\cdot WW} \tag{7.4.11}$$

$$\left.\begin{aligned}&T_j=0.5p_jt_j' && (t_j\geqslant1.25t_j')\\&T_j=0.4p_jt_j && (2\text{m}<t_j<1.25t_j')\\&T_j=0 && (t_j\leqslant2\text{m})\end{aligned}\right\} \tag{7.4.12}$$

$$t_j'=\sqrt{\frac{8M_{\mathrm{c}}}{p_j}} \tag{7.4.13}$$

$$\left.\begin{aligned}&p_j=7.5S_{\mathrm{u}}d && (\varphi=0)\\&p_j=\gamma h_j(K_{\mathrm{p}}-K_{\mathrm{a}})m_{\mathrm{k}}d && (\varphi>0)\end{aligned}\right\} \tag{7.4.14}$$

式中，β_j——第 j 根桩处滑弧切线与水平线的夹角；L_{a}——排架间距；M_{c}——桩的容

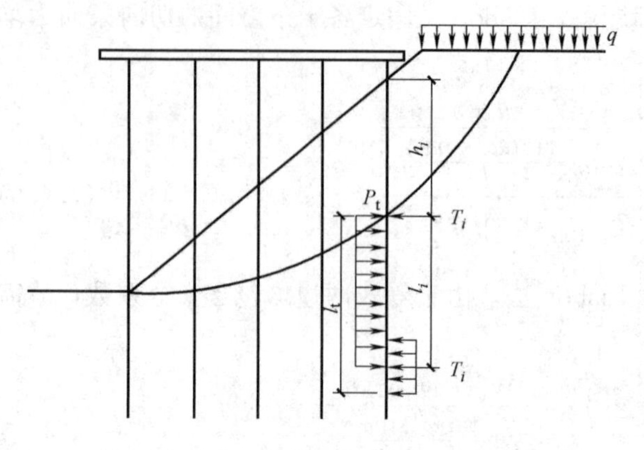

图 7.4-3 桩的抗滑力计算示意图

许抗弯弯矩；S_u——土的不排水程度；d——圆桩的直径或方桩顺岸方向的边长；m_k——考虑桩的遮帘作用的经验系数，一般 $m_k=1.0\sim3.0$。

7.4.3 桩基-岸坡稳定简化分析方法

1. 桩基绕流抗滑力的计算

作用于桩上的侧向土压力从岸坡土体无位移时的0变化到岸坡土体位移相当大、岸坡几乎破坏时的极限值，因此，为了可靠地设计桩基码头，必须确定合适的桩侧土压力。根据沈珠江（1961，1992）提出方桩的极限土压力

$$q_c=(\sigma_v+\sigma_c)\times[(e^{\pi\tan\varphi}-K_a)A+2(1-\sin\varphi)\tan\varphi\cdot e^{(\frac{\pi}{2}+\varphi)\tan\varphi}B] \tag{7.4.15}$$

当 $\varphi=0$ 时，上式简化为

$$q_c=[(2+\pi)A+2B]c \tag{7.4.16}$$

对于圆桩，可按边长为0.8倍直径的方桩考虑。对同一种土，极限抗滑力随深度线性变化，对于成层土，则分段线性变化。

研究表明，当间距大于6倍桩径或宽度时，群桩效应可以不考虑。由于码头桩的排架间距及各排架桩距一般都大于6倍桩宽，因此，计算桩的极限土压力时不考虑桩之间的相互影响。但是对于每排桩来说，利用上述算的极限抗滑力并不是总能全部发挥出来，因此，桩的抗滑力必须根据下述两个条件进行修正：①保证桩的稳定性和结构安全来确定最大抗滑力；②防止滑坡所需的最小抗滑力。

2. 最大抗滑力的计算

在计算桩的最大抗滑力时，不考虑桩头联结条件的影响。均质土坡中桩的受力如图7.4-4所示，取滑动面以下部分桩进行分析，将滑动面以上的极限抗滑力化成等效的作用于 S 点上的水平推力 H_s 和弯矩 M_s。在 H_s 和 M_s 作用下，就产生以地基中的某一点 C 为中心的刚体转动（Raes，1936），在 C 点以上，桩前受有极限抗滑力，在 C 点以下，桩后受有极限抗滑力。由水平向力平衡和对 S 点的力矩平衡条件可得

$$\left.\begin{aligned}2p_s(2t_0-t_1)+K(2t_0^2-t_1^2)&=2H_s\\2K(t_1^3-2t_0^3)-3p_s(2t_0^2-t_1^2)&=6M_s\end{aligned}\right\} \tag{7.4.17}$$

其中，K——极限抗滑力随深度变化的系数；p_s——S 点的极限抗滑力，t_0 和 t_1 的意义见图7.4-4。由式（7.4.17）可求 t_0 和 t_1，最大弯矩 M_{max} 出现在滑动面下面，其数值及距滑动面距离 z_0 可由下式求出：

$$\left.\begin{aligned}2p_sz_0+Kz_0^2-2H_s&=0\\M_{max}&=\frac{1}{2}p_sz_0^2+\frac{1}{6}Kz_0^3-M_s-H_sz_0\end{aligned}\right\} \tag{7.4.18}$$

1）滑动面以下桩的实际长度 $t\geqslant t_1$ 情况

(1) 如果桩的容许抗弯弯矩 $M_c \geqslant M_{max}$，则以 H_s 作为桩的最大抗滑力。

(2) 如果 $M_c < M_{max}$，将滑动面上的 H_s 和 M_s 乘以折减系数 K_m，而滑动面以下部的抗力不变。折减系数 K_m 可按下式求得

$$\left.\begin{aligned}&2p_s z_0 + Kz_0^2 - 2K_m H_s = 0\\&\frac{1}{2}p_s z_0^2 + \frac{1}{6}Kz_0^3 - K_m M_s - K_m H_s z_0 = M_c\end{aligned}\right\}\tag{7.4.19}$$

最后以 $K_m H_s$ 作为桩的最大抗滑力。

2) $t < t_1$ 情况

将滑动面上的 H_s 和 M_s 乘以折减系数 K_t，而滑动面以下部分的抗力不变，K_t 可由下式求得

$$\left.\begin{aligned}&2p_s(2t_0 - t) + K(2t_0^2 - t^2) = 2K_t H_s\\&2K(t^3 - 2t_0^3) - 3p_s({2t_0}^2 - t^2) = 6K_t M_s\end{aligned}\right\}\tag{7.4.20}$$

然后可由下式求得 M_{max}

$$\left.\begin{aligned}&2p_s z_0 + Kz_0^2 - 2K_t H_s = 0\\&M_{max} = \frac{1}{2}p_s z_0^2 + \frac{1}{6}Kz_0^3 - K_t M_s - K_t H_s z_0\end{aligned}\right\}\tag{7.4.21}$$

(1) 如果 $M_c \geqslant M_{max}$，则以 $K_t H_s$ 作为桩的最大抗滑力。

(2) 如果 $M_c < M_{max}$，再将抗滑力乘以折减系数 K_m，由

$$\left.\begin{aligned}&2p_s z_0 + Kz_0^2 - 2K_m K_t H_s = 0\\&\frac{1}{2}p_s z_0^2 + \frac{1}{6}Kz_0^3 - K_m K_t M_s - K_m K_t H_s z_0 = M_c\end{aligned}\right\}\tag{7.4.22}$$

求得 K_m，最后以 $K_m K_t H_s$ 作为桩的最大抗滑力。

3) $t \leqslant 0$ 情况，则桩的最大抗滑力为 0。

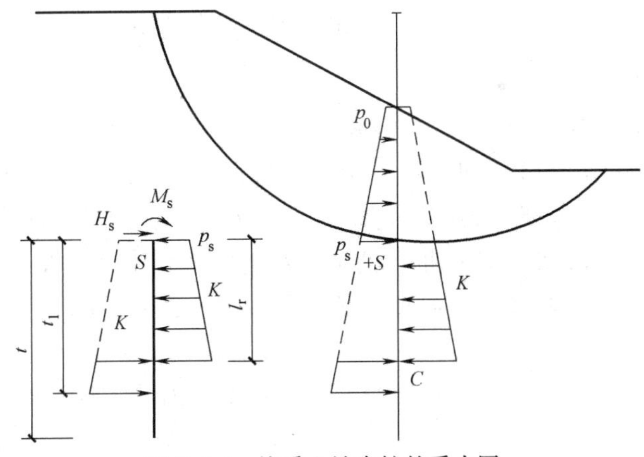

图 7.4-4　均质土坡中桩的受力图

3. 稳定简化分析方法

研究表明，当土坡本身的稳定安全系数大于 1.7～1.8 时，作用于桩上的荷载可以忽略不计，因此，我们假设岸坡抗滑稳定所动用桩的抗滑力与土坡安全系数 F 成反比，即当安全系数大于 1 时，动用的抗滑力为 H/F，作用点位置不变，当安全系数小于或等于 1

时，动用的抗滑力为桩的最大抗滑力 H，土坡稳定仍采用简化 Bishop 法计算，如图 7.4-2 所示，并考虑桩的抗滑作用。

（1）安全系数大于1情况

与式（7.4.4）相似，增加桩的抗滑作用，由对圆心的力矩平衡条件得

$$\sum W_iR\sin\alpha_i-\sum T_iR+\sum Q_ie_i-\frac{\sum H_jh_j}{F}=0 \tag{7.4.23}$$

将式（7.4.2）和（7.4.3）代入式（7.4.23），最后得到安全系数的公式为

$$F=\frac{\sum\frac{c_i'b_i+(W_i-u_ib_i)\tan\varphi_i'}{\cos\alpha_i+\frac{\tan\varphi_i'\sin\alpha_i}{F}}+\sum H_j\frac{h_j}{R}}{\sum W_i\sin\alpha_i+\sum Q_i\frac{e_i}{R}} \tag{7.4.24}$$

迭代格式为

$$F^{(n+1)}=F^{(n)}\frac{SB-SS}{WW-SS}+\frac{\sum H_jh_j}{R\ (WW-SS)} \tag{7.4.25}$$

其中，H_j和h_j分别为第j根桩的最大抗滑力及其作用点到圆心的垂直距离。

（2）安全系数小于或等于1的情况

对圆心的力矩平衡条件得

$$\sum W_iR\sin\alpha_i-\sum T_iR+\sum Q_ie_i-\sum H_jh_j=0 \tag{7.4.26}$$

整理得

$$F=\frac{\sum\frac{c_i'b_i+(W_i-u_ib_i)\tan\varphi_i'}{\cos\alpha_i+\frac{\tan\varphi_i'\sin\alpha_i}{F}}}{\sum W_i\sin\alpha_i+\sum Q_i\frac{e_i}{R}-\sum H_j\frac{h_j}{R}} \tag{7.4.27}$$

$$F^{(n+1)}=F^{(n)}\frac{SB-SS}{WW-SS-\sum H_j\frac{h_j}{R}} \tag{7.4.28}$$

4. 算例分析

如图 7.4-5 所示，岸坡为一均质土坡，坡高 15m，坡度 1∶2，土质指标为，$\gamma=18\text{kN/m}^3$，$c=20\text{kPa}$，$\varphi=14°$。桩基由一对叉桩和 9 根直桩组成，直桩长 30m，叉桩坡度为 3∶1，长为 31.62m，桩的容许抗弯弯矩为 1000kN·m。坡顶地面荷载为 80kPa。

采用简化 Bishop 法、港工规范推荐的考虑截桩力法和建议的桩-岸坡简化法计算，三种方法得出的滑弧基本一致（图 7.4-5），安全系数列于表 7.4-1。可以看出，港工规范法计算的考虑抗滑所增加的安全系数明显要大于建议方法的计算值，建议方法计算的考虑桩抗滑所增加的安全系数小于 0.1，符合港工规范要求。因此，建议的桩-岸坡稳定简化方法比较合理。

各法计算的安全系数　　表 7.4-1

安全系数	简化 Bishop 法	港工规范法	简化方法
简化 Bishop 法的安全系数	1.056	1.061	1.154
考虑抗滑所增加的安全系数	—	0.247	0.053
全部安全系数	1.056	1.308	1.207

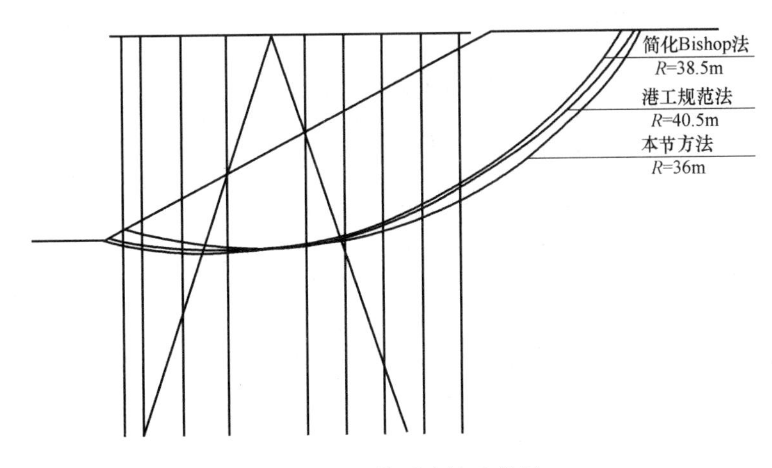

图 7.4-5 均质岸坡示意图

7.4.4 桩基性状的简化计算

对于桩基性状可以采用承受水平荷载的桩的分析方法。如图 7.4-6 所示，取滑动面与桩的交点为 Z 轴原点，向下为正，滑动面以上土体作用在桩上的侧向荷载可由式（7.4.15）或式（7.4.16）计算值乘以折减系数 K_t 和 K_m，再除以岸坡稳定安全系数 F 得出，可写成

$$\left.\begin{aligned} p &= 0 \qquad -h_0 \leqslant z \leqslant -h_1 \\ p &= p_1 + K_1 z \quad -h_1 \leqslant z \leqslant 0 \end{aligned}\right\} \tag{7.4.29}$$

滑动面以下桩上的侧向反力则与桩的挠度成正比。因此，桩的弯曲方程如下

$$\left.\begin{aligned} EI\frac{d^4 y_1}{dz^4} &= 0 \qquad -h_0 \leqslant z \leqslant -h_1 \\ EI\frac{d^4 y_2}{dz^4} &= p_1 + K_1 z \quad -h_1 \leqslant z \leqslant 0 \\ EI\frac{d^4 y_3}{dz^4} &= -dk_h y_3 \qquad z \geqslant 0 \end{aligned}\right\} \tag{7.4.30}$$

其中，h_0、h_1——桩顶到滑动面的长度和滑动面离坡面的深度，y_1、y_2、y_3——桩在三段的挠度，E、I、d——桩的弹模、惯性矩和宽度或直径，k_h——土体水平反力系数。

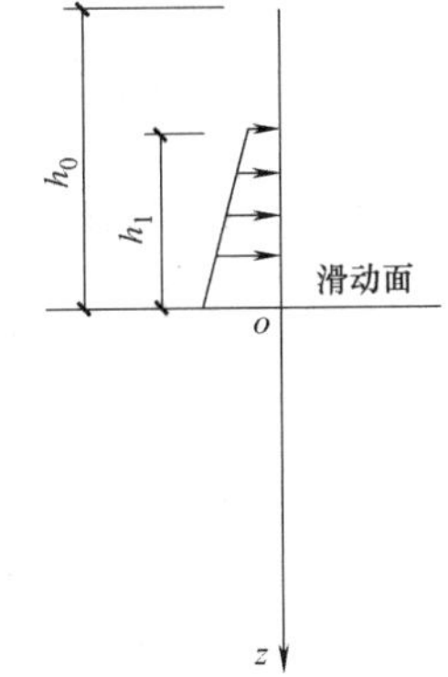

图 7.4-6 简化计算示意图

根据 $z\to\infty$处 $y_3=0$ 的条件解式（7.4-30），可得出桩挠度的通解为[124]

$$\left.\begin{aligned} y_1 &= a_1 + b_1 z + c_1 z^2 + d_1 z^3 \\ y_2 &= a_2 + b_2 z + c_2 z^2 + d_2 z^3 + \frac{p_1 z^4}{24EI} + \frac{K_1 z^5}{120EI} \\ y_3 &= e^{-\beta z}(A\cos\beta z + B\sin\beta z) \end{aligned}\right\} \tag{7.4.31}$$

式中，$\beta=\sqrt[4]{\dfrac{dk_h}{EI}}$，$a_1\sim d_1$、$a_2\sim d_2$、$A$、$B$ 是积分常数，可由桩头联结条件和桩身连续性条件而确定。

由坡面处桩的连续性条件得

$$\left.\begin{aligned} a_1 &= a_2 - \frac{p_1 h_1^4}{24EI} + \frac{K_1 h_1^5}{30EI} \\ b_1 &= b_2 - \frac{p_1 h_1^3}{6EI} + \frac{K_1 h_1^4}{8EI} \\ c_1 &= c_2 - \frac{p_1 h_1^2}{4EI} + \frac{K_1 h_1^3}{6EI} \\ d_1 &= d_2 - \frac{p_1 h_1}{6EI} + \frac{K_1 h_1^2}{12EI} \end{aligned}\right\} \tag{7.4.32}$$

由滑动面处桩的连续性条件得

$$\left.\begin{aligned} a_2 &= A \\ b_2 &= \beta(B-A) \\ c_2 &= -\beta^2 B \\ d_2 &= \frac{\beta^3}{3}(A+B) \end{aligned}\right\} \tag{7.4.33}$$

将式（7.4-32）和（7.4-33）代入式（7.4-31），得桩的挠度 y、转角 θ、弯矩 M 和剪力 S 为

$$\left.\begin{aligned} y_1 &= A + \beta(B-A)z - \beta^2 Bz^2 + \frac{\beta^3}{3}(A+B)z^3 - \frac{p_1 h_1}{24EI}(h_1^3 + 4h_1^2 z \\ &\quad + 6h_1 z^2 + 4z^3) + \frac{K_1 h_1^2}{120EI}(4h_1^3 + 15h_1^2 z + 20h_1 z^2 + 10z^3) \\ y_2 &= A + \beta(B-A)z - \beta^2 Bz^2 + \frac{\beta^3}{3}(A+B)z^3 + \frac{p_1 z^4}{24EI} + \frac{K_1 z^5}{120EI} \\ y_3 &= e^{-\beta z}(A\cos\beta z + B\sin\beta z) \end{aligned}\right\} \tag{7.4.34}$$

$$\left.\begin{aligned} \theta_1 &= -\beta(B-A) + 2\beta^2 Bz - \beta^3(A+B)z^2 + \frac{p_1 h_1}{6EI}(h_1^2 + 3h_1 z + 3z^2) \\ &\quad - \frac{K_1 h_1^2}{24EI}(3h_1^2 + 8h_1 z + 6z^2) \\ \theta_2 &= -\beta(B-A) + 2\beta^2 Bz - \beta^3(A+B)z^2 - \frac{p_1 z^3}{6EI} - \frac{K_1 z^4}{24EI} \\ \theta_3 &= -\beta e^{-\beta z}[(B-A)\cos\beta z - (A+B)\sin\beta z] \end{aligned}\right\} \tag{7.4.35}$$

$$\left.\begin{aligned} M_1 &= 2EI\beta^2[B - \beta(A+B)z] + \frac{p_1 h_1(h_1 + 2z)}{2} - \frac{K_1 h_1^2(2h_1 + 3z)}{6} \\ M_2 &= 2EI\beta^2[B - \beta(A+B)z] - \frac{z^2(3p_1 + K_1 z)}{6} \\ M_3 &= 2EI\beta^2 e^{-\beta z}(B\cos\beta z - A\sin\beta z) \end{aligned}\right\} \tag{7.4.36}$$

$$\left.\begin{aligned} S_1 &= -2EI\beta^3(A+B) + p_1 h - \frac{K_1 h_1^2}{2} \\ S_2 &= -2EI\beta^3(A+B) - \frac{z(2p_1 + K_1 z)}{2} \\ S_3 &= -2EI\beta^3 e^{-\beta z}[(A+B)\cos\beta z - (A-B)\sin\beta z] \end{aligned}\right\} \tag{7.4.37}$$

这样，只要根据桩头联结条件定出常数 A 和 B 后，就可得出桩的性状，最后进行桩的安全校核。下面将给出四种桩头联结条件的解。

1. 桩头自由情况

由桩头处（$z=-h_0$）的弯矩和剪力为零条件得

$$\left.\begin{aligned} A &= \frac{h_1}{12EI\beta^3}[3p_1(2+\beta h_1)-K_1h_1(3+2\beta h_1)] \\ B &= \frac{h_1^2}{12EI\beta^2}(2K_1h_1-3p_1) \end{aligned}\right\} \tag{7.4.38}$$

2. 桩头不转动情况

由桩头处的转角和剪力为零条件得

$$\left.\begin{aligned} A &= \frac{h_1}{48EI\beta^3(1+\beta h_0)}\{4p_1[3+6\beta h_0-\beta^2h_1(3h_0-h_1)] \\ &\quad -K_1h_1[6+12\beta h_0+\beta^2h_1(8h_0-3h_1)]\} \\ B &= \frac{h_1}{48EI\beta^3(1+\beta h_0)}\{4p_1[3-\beta^2h_1(3h_0-h_1)]-K_1h_1[6-\beta^2h_1(8h_0-3h_1)]\} \end{aligned}\right\} \tag{7.4.39}$$

3. 桩头铰结情况

由桩头处的挠度和弯矩为零条件得

$$\left.\begin{aligned} A &= -\frac{1+\beta h_0}{\beta h_0}B-\frac{h_1[3p_1(h_1-2h_0)-K_1h_1(2h_1-3h_0)]}{12EI\beta^3h_0} \\ B &= \frac{h_1}{120EI\beta^2[1+2(1+\beta h_0)^3]}\{-15p_1[6(h_1-2h_0)(1+\beta h_0) \\ &\quad +\beta^3h_0(h_1^3-4h_1^2h_0+4h_1h_0^2)]+K_1h_1[30(2h_1-30h_0)(1+\beta h_0) \\ &\quad +\beta^3h_0(12h_1^3-45h_1^2h_0+40h_1h_0^2)]\} \end{aligned}\right\} \tag{7.4.40}$$

4. 桩头固定情况

由桩头处挠度和转角为零条件得

$$\left.\begin{aligned} A &= \frac{1+\beta h_0}{1-\beta h_0}B-\frac{p_1h_1(h_1^2-3h_1h_0+3h_0^2)}{6EI\beta(1-\beta^2h_0^2)}+\frac{K_1h_1^2(3h_1^2-8h_1h_0+6h_0^2)}{24EI\beta(1-\beta^2h_0^2)} \\ B &= \frac{h_1}{360EI\beta(1+\beta h_0)}\{5p_1[36(h_1^2-3h_1h_0+h_0^2)+\beta(-h_1^3+40h_1^2h_0 \\ &\quad -114h_1h_0^2+112h_0^3)+\beta^3h_0^2(h_1^2-16h_1^2h_0+42h_1h_0^2-40h_0^3)] \\ &\quad -K_1h_1[45(-3h_1^2+8h_1h_0-6h_0^2)+2\beta(2h_1^3-75h_1^2h_0+190h_1h_0^2 \\ &\quad -140h_0^3)+4\beta^3h_0^2(-h_1^3+15h_1^2h_0-35h_1h_0^2+25h_0^3)]\} \end{aligned}\right\} \tag{7.4.41}$$

7.5 岸坡被动桩

7.5.1 概述

长桩大跨度的板梁结构码头具有施工速度快、装配程度高、造价较低及适用于深层有持力层的软土地基等特点，在港口工程中得到广泛采用。但是，如果对于岸坡变形可能引起的问题认识不足，设计中没有给予足够的重视，就会造成不良后果，我国有些这种形式的码头，由于这个原因而或多或少地出现了一些问题。本节以湛江港一区南码头一期工程为依托，对岸坡变形与码头桩基相互作用影响等进行了现场观测、土工离心模型试验和砂槽模型试验工作。

湛江港一区南码头一期工程为一突堤码头，共有六个泊位，码头前沿深度为17.5～18.5m，长度为北边581m，南边427m，东边275m，全部采用长桩大跨度的钢筋混凝土板梁结构形式。图7.5-1是其废钢泊位的简化断面，排架间距为5m，每段有12个排架，长度58.25m，设计荷载除机械荷重外，还有均布荷载，前方承台为30kN/m²，后方承台为80kN/m²。桩为50cm×50cm的预应力钢筋混凝土空心方桩，角上钢筋4ϕ25，边上的为4ϕ22，混凝土标号为40。

港区地层由近代淤积层和滨海相沉积的湛江组地层组成。近代淤积层为灰色淤泥，湛江组地层的上层为灰色黏性土，厚度20m左右，下层为灰色中粗砂。设计把这层作为持力层，桩尖进入此层2m以上。

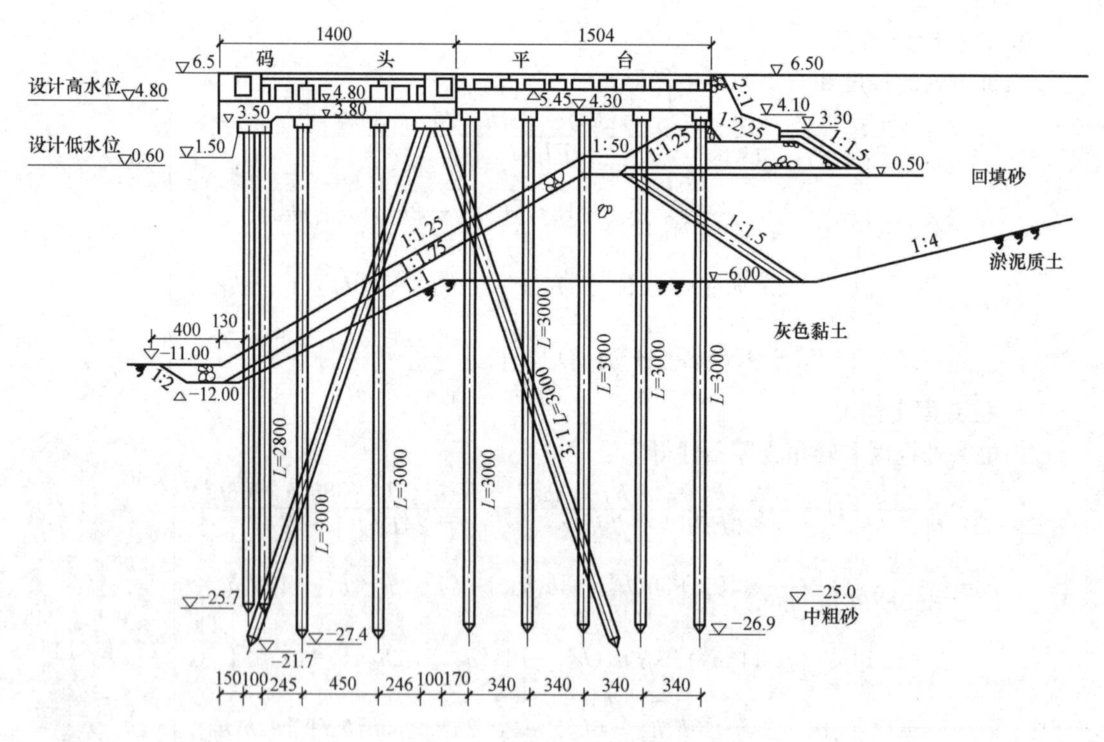

图7.5-1 废钢泊位的简化断面

7.5.2 现场观测

1. 码头损坏及修复情况

1）码头损坏情况

（1）位移和沉降。1989年12月测量的码头前沿位移和沉降结果表明，码头的沉降不大，最大的只有3cm，而码头朝前沿方向的位移却很大，最大值达12.5cm，堆场沉降高达40多厘米，并明显出现挡土墙后沉降大，中部小的局面。

（2）码头裂缝。该码头结构损坏中十分触目的现象是6号斜桩桩帽的裂缝，尤以废钢泊位最为严重，其27排叉桩桩帽损坏最严重的达8个。损坏的叉桩帽有一向码头前沿方向约45°的裂缝或断开，有的插到桩帽里的斜桩钢筋在连接处断裂，桩帽向前错位达十几厘米，直桩和直桩帽、斜桩本身基本没有损坏。

（3）前后方承台及其横梁相互挤紧。

（4）横梁上和纵梁上出现裂缝。

2）修复情况

鉴于码头结构损坏严重，如不及时修复，将对码头的安全产生不利的影响。因此，于1990年5月～7月对码头进行了修复，修复工作主要包括下列几方面的内容。

（1）修补叉桩帽。在已损坏的叉桩帽周围安上钢筋，浇筑混凝土，便叉桩帽扩大。

（2）在105段前后承台之间重设一条宽10cm的缝隙。

（3）对横梁和纵梁进行了喷浆处理。

（4）加高堆场地面，使其与码头面齐平。

2. 观测仪器布置

趁码头修复之际，在废钢泊位的105段和104段埋设安装了16个钢筋计，2个反力计和6根测斜管。在6号桩的四根主筋上各安装了一只钢筋计，目的是测定6号桩的受力情况。选择在破坏最严重的105段第6榀和第1榀及104段第7榀和第3榀排架的6号桩共四根桩上安装钢筋计。反力计必须安装在前后方承台横梁之间，用于测定后方承台对前方承台的水平推力。由于前后方承台排架间距不同，因此，选择排架时须满足前后方承台排架的横梁有一定接触面的地方。选了105段的第5榀和第3榀排架的横梁上安装反力计，共2个。选择105段的第4、5榀排架之间及104段的第5、6榀排架之间的两个断面上，相应于2号、7号桩和挡土墙后10m处，埋设测斜管共6根，以测定这些地方深层土体的水平位移。所有仪器的平面布置见图7.5-2。

3. 观测结果及其分析

如果以安装前作为零点，钢筋计在经过安装的一系列过程后，立即就受到较大的拉应力作用，有的高达50～60MPa，引起这个应力的原因是多方面的，可能主要是由于焊接而使钢筋和钢筋计拉杆受热膨胀，冷却后产生拉应力。我们认为，应该扣除这部分应力，即以钢筋计安装好的读数作为初步读数。在以后的叙述中，桩的应力和力均以拉为正，压为负。

图7.5-3～图7.5-6示出四榀排架中的6号桩钢筋应力的变化过程线。从这些图可以看出，开始一段时间钢筋应力的变化不大，甚至出现压应力，然后拉应力迅速增大，有的达到10MPa以上。说明该码头在修复以后6号桩仍受到拉力的作用，临岸面钢筋应力比临海面的大，说明6号桩桩顶受到一个由嵌固引起的负弯矩。

如果简单地假设6号桩只受到了轴向力和弯矩的作用，那么就可根据钢筋应力计算出相应截面上的轴向力和弯矩的大小及混凝土的应力分布。图7.5-7～图7.5-9为这四根6号桩的边缘混凝土应力的过程线，临海面的应力小于临岸面，最大者达1.5MPa左右，没有达到混凝土的抗拉设计强度。而临岸面的应力接近抗拉设计强度2.15MPa，104段第3榀的接近抗裂强度2.55MPa。这些分析都是针对因安装钢筋计而凿去预应力混凝土后重浇的那部分混凝土而言的，而对于预应力混凝土，本身就受一个约5.85MPa的预压力的作用，则混凝土均处于受压状态。

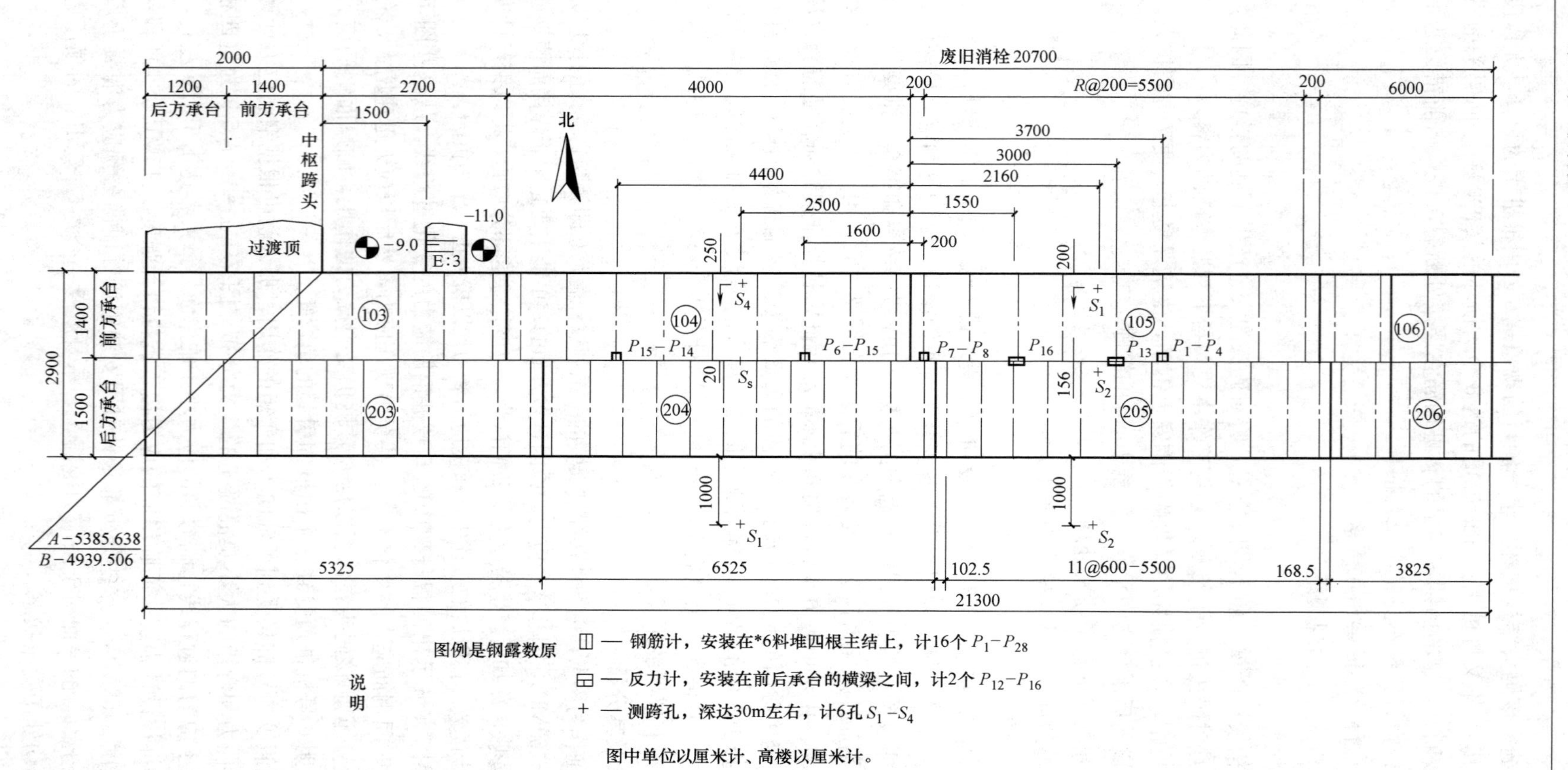

图 7.5-2 观测仪器平面布置图

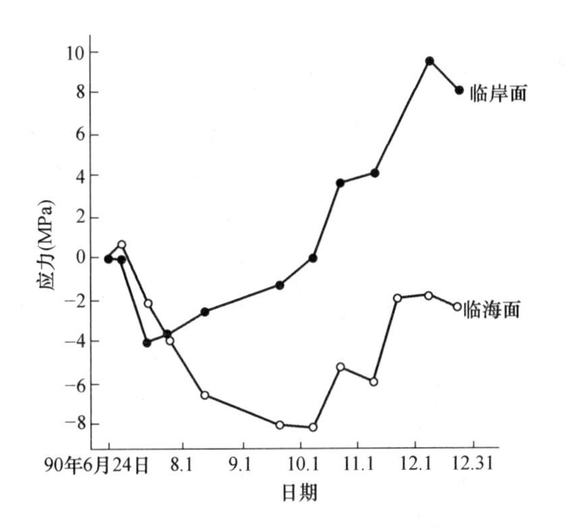

图 7.5-3 105 段第 6 榀 6 号桩钢筋应力过程线

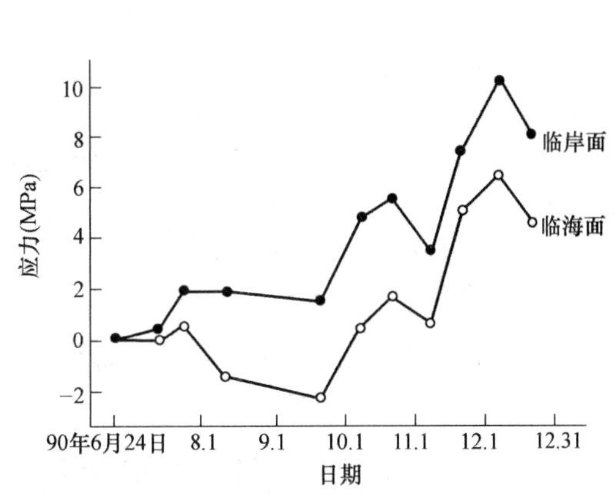

图 7.5-4 105 段第 1 榀 6 号桩钢筋应力过程线

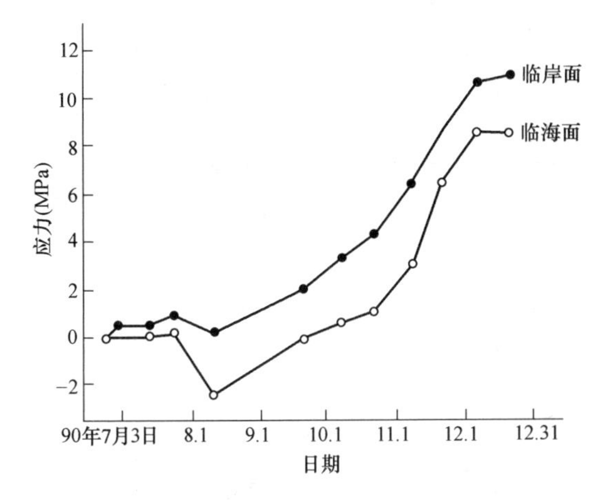

图 7.5-5 104 段第 7 榀 6 号桩钢筋应力过程线

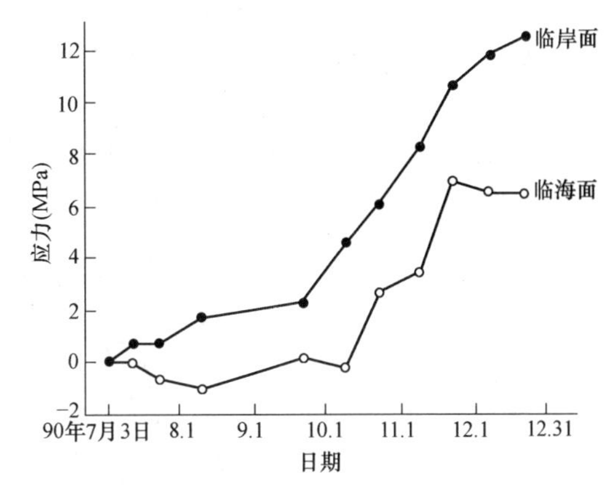

图 7.5-6 104 段第 3 榀 6 号桩钢筋应力过程线

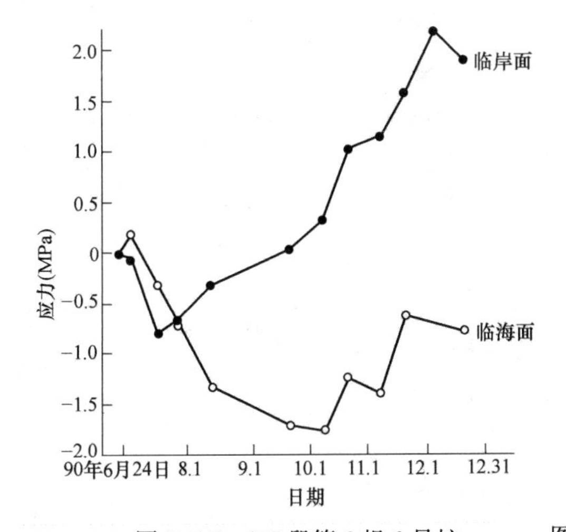

图 7.5-7 105 段第 6 榀 6 号桩边缘混凝土应力过程线

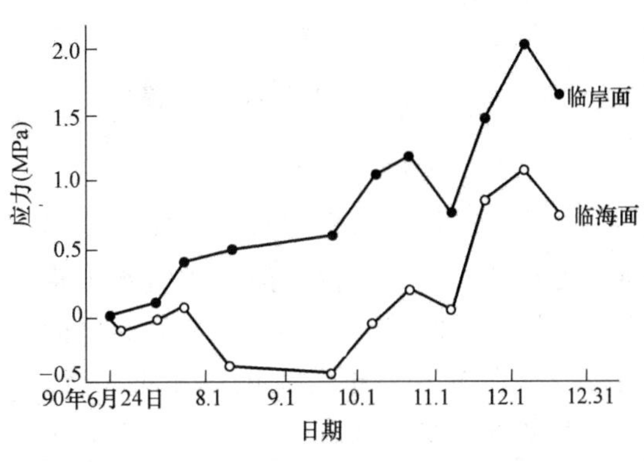

图 7.5-8 105 段第 1 榀 6 号桩边缘混凝土应力过程线

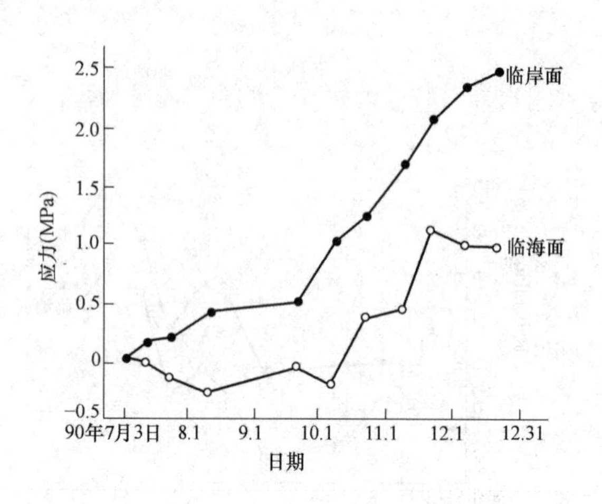

图 7.5-9 104 段第 5 榀 6 号桩边缘混凝土应力过程线

图 7.5-10 与图 7.5-11 分别示出 6 号桩桩顶的轴向力和弯矩的过程线，图 7.5-12 为反力计测出的 105 段后方承台对前方承台的水平推力的过程线。轴向力在经过一个平衡段后就大幅度增加，而弯矩达到一定数值后变化就不大了，说明 6 号桩主要是受到轴向拉力的作用。如果简单地认为 105 段的水平推力由其 9 榀排架均匀承担，并传递到各自的一对叉桩上，假设每根斜桩各只承受一半的水平力，这样就可以估计出 6 号桩只承受水平推力之和的 1/18，那么由此而引起的 6 号桩轴向拉力约占其全部拉力的 30%。因此，可以认为 6 号桩的拉力主要来源于桩侧土压力和负摩擦作用。后方承台向前方承台的水平推力现在虽然不是很大，但一直呈增长趋势，且位于中间的第 5 榀排架处的水平推力比边缘第 3 榀处的小，只有它的 1/3～1/2 左右。

6 根测斜管的测量结果表明，目前码头地基深层土体几乎没有水平位移，说明岸坡基本上是稳定的。

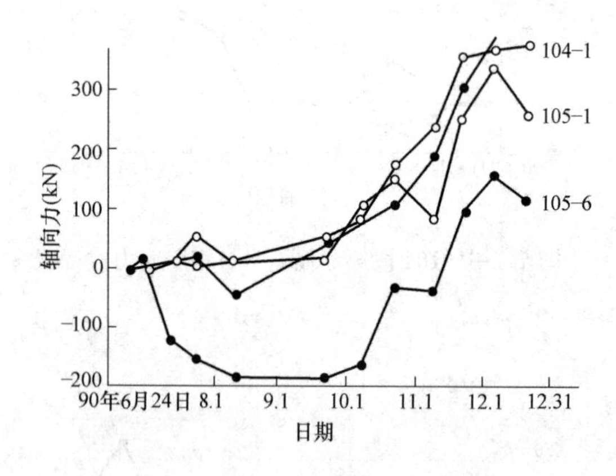

图 7.5-10 6 号桩轴向力过程线

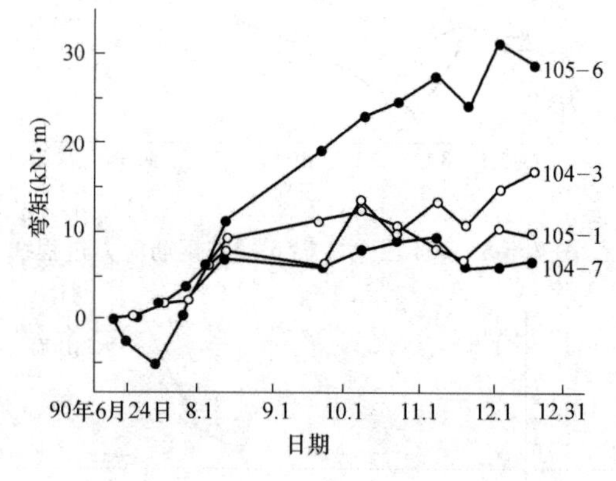

图 7.5-11 6 号桩弯矩过程线

4. 码头结构损坏原因分析

通过分析码头水平位移、沉降和 6 号斜桩受力以及后方承台向前方承台水平推力的观测结果发现，目前码头前后方之间的挤压力以及 6 号桩受到的弯矩都不大，这似乎表明岸坡和抛石棱体作用于前后承台下桩基上的水平推力的影响并不显著。但是，6 号桩上的轴向拉力都已大大超过

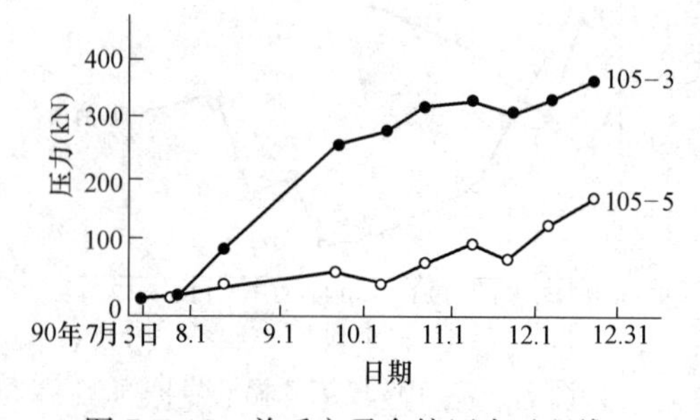

图 7.5-12 前后方承台挤压力过程线

后方承台传来的水平挤压力所能产生的数值。因此，叉桩损坏可能主要是由6号桩所受的负摩擦力引起的。当然，由于观测时间较短，岸坡侧向变形的影响可能尚未充分显示出来。从码头整修前已经发生的水平位移和前后方承台之间的挤压来看，码头建成初期，岸坡侧向变形是肯定存在的，这也是引起码头结构损坏的原因之一，特别是105段第6榀排架中6号桩的受力情况明显不同于其他三榀排架，测得的轴向力偏低，弯矩偏高，表明该桩目前仍受到较大的土体侧向变形影响。

7.5.3 土工离心模型试验

当湛江港一区南码头二期工程的设计完成后，发现一期工程部分结构已遭受破坏，设计单位为慎重起见，对二期工程的原设计方案进行了修改。我们利用离心模型试验对原设计方案、修改方案及二个比较方案进行了比较。

1. 试验方法

1）试验设备

试验在南京水科院土工离心机上进行，试验所用的模型盒尺寸为69cm×35cm×40cm，另一侧为加厚有机玻璃板，以便观察土体的变形。

2）模型制作

（1）模型比尺。综合考虑桩的长度、模型盒的尺寸、测量仪器的安装以及试验精度要求，选定模型比尺n=120。

（2）码头结构模型。根据桩的抗弯刚度与原型相似条件确定模型桩。模型桩由0.5mm×0.3cm的铝合金制成，横梁的尺寸为1.0cm×1.2cm，面板厚度0.26cm，整个码头模型内4个排架组成。

（3）岸坡模型。岸坡模型用泥浆分层在离心机上固结而成，由天然强度控制。然后切削成设计岸坡，插入模型桩，并在有机玻璃一侧的土体上贴上正方形网格，以观测土体变形。最后做上抛石棱体、护坡及后方填砂，装上横梁及面板。

3）测量方法

（1）桩基应力测量。以中间两个排架桩为测量对象，用电阻应变片测量桩基应力。

（2）码头沉降和水平位移由位移传感器测量。

（3）土体变形观测。通过预先在有机玻璃上贴的正方形网格来观察土体变形。

4）堆场荷载的施加

在码头的后方堆场上放一个柔性底板的矩形铜盒，试验时通过电磁阀向盒中充水以模拟堆场荷载。设计荷载为80kN/m^2。

2. 第一阶段试验结果分析

1）试验程序

第一阶段主要对原设计方案（图7.5-13）和修改方案（图7.5-14）进行试验。试验程序为：（1）地基固结（120g）；（2）停机切削岸坡、插桩、后方回填土（1g）；（3）上机旋转至120g，不停机向后方堆场加载，测定整个过程的试验数据（120g）。

2）试验结果及分析

（1）土体变形：试验后，原方案和修改方案的土体变形均很小，只是堆场下的土体略有压缩，码头前沿处的土体稍有隆起，而且需仔细观察才能发现。

（2）桩基应力：120g下桩基应力结果列于表7.5-1。可以看出，除原方案6号桩入土

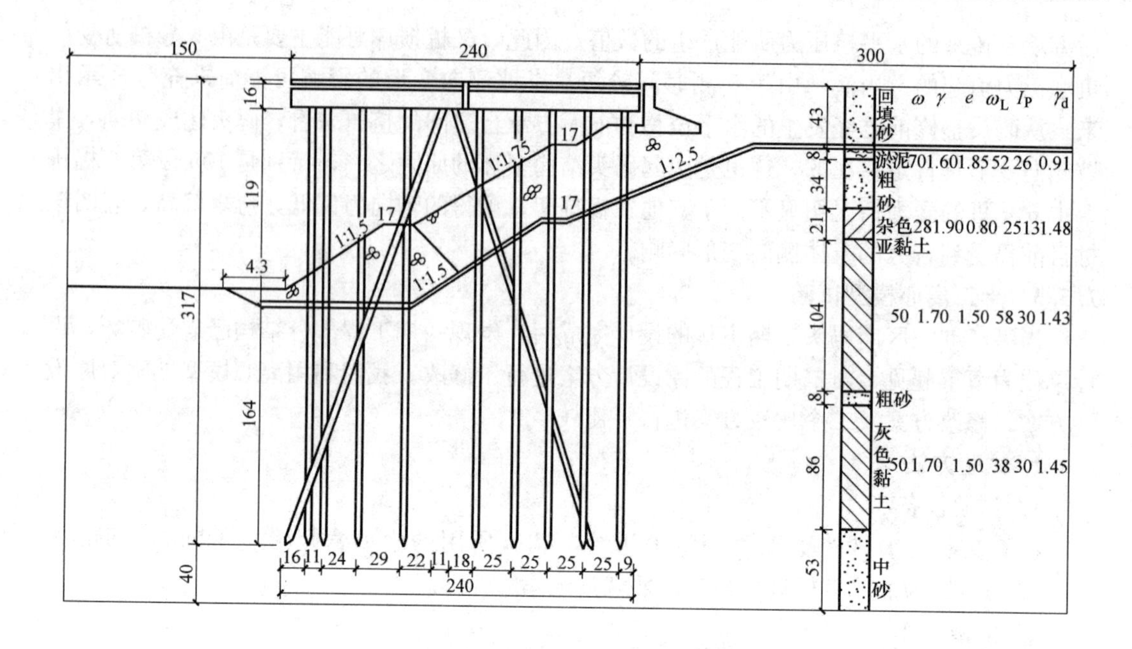

图 7.5-13 原设计方案

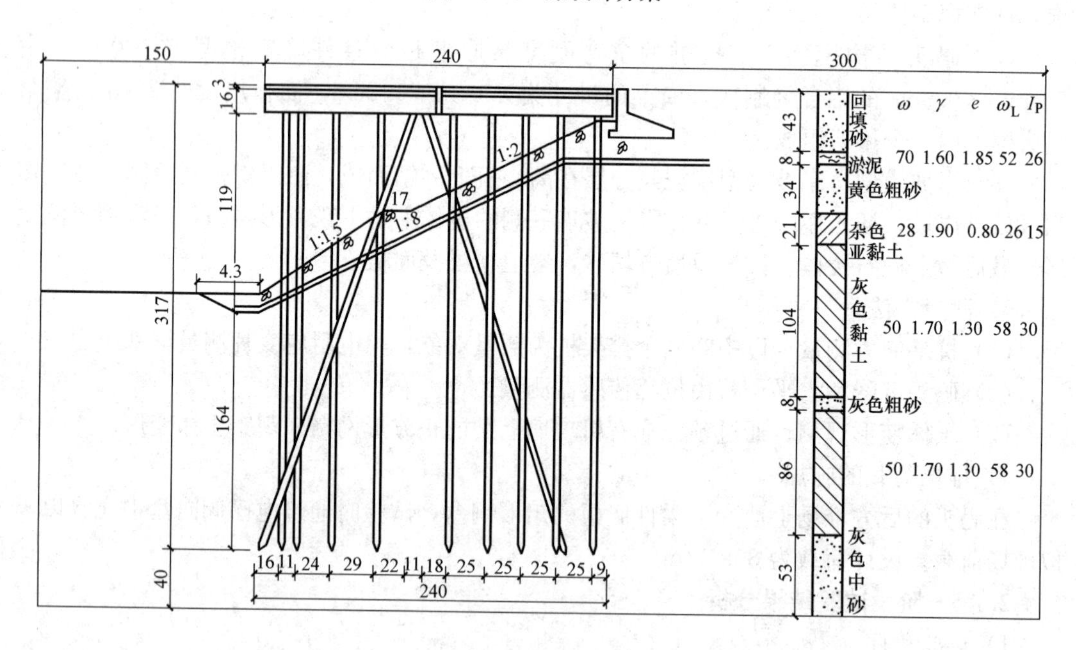

图 7.5-14 修改设计方案

处的应力比桩顶的大之外，最大拉应力分别出现在，1 号桩入土处临海面、5 号桩桩顶临海面、6 号桩桩顶临岸面。与原方案比较，修改方案 6 号桩桩顶处的应力略高一些（压应力高 28%，拉应力高 12%），而其余部位的应力水平均低于原方案，降低程度从 16%～60%不等，降低最多处为 6 号桩入土处及 1 号桩顶。5 号桩桩顶及入土处的应力符号相反，说明两部位之间出现反弯点，6 号桩也有相同的情形，而 1 号桩则无此现象。因此，从桩基应力分析，修改方案略优于原方案。

（3）码头位移及沉降：原方案和修改案的水平位移分别 67.3cm 及 73.1cm，沉降分别 17.4cm 及 18.4cm。与原方案相比，修改方案分别偏高 9%和 6%，因此，从变形来看，两个方案区别不大。

（4）堆场加载对码头结构的影响：在堆场加载后，三个最大拉应力出现部位（1 号桩入土处，5 号及 6 号桩桩顶）的应力略有增加，增加最多的只占总应力的 10%，一般为 5%左右；由堆荷引起的码头水平位移最多只占总位移量的 3%（1.9cm），码头沉降最多只占总沉降量的 10%（1.0cm）。可以说，桩基应力及码头结构的变形主要由岸坡开挖及后方回填引起，堆载的影响甚小。

120*g* 下桩基应力（MPa） **表 7.5-1**

方案 \ 部位		1 号		5 号		6 号	
		临海面	临岸面	临海面	临岸面	临海面	临岸面
桩顶	原方案	−27.72	22.62	−43.03	45.55	32.95	−34.78
	修改方案	−12.16	9.64	−35.09	38.18	42.15	−38.75
	降低（%）	56	57	19	16	−28	−12
入土处	原方案	−31.56	30.43	8.95	−10.77	−47.00	118.22
	修改方案		17.96	7.50	−6.80	−19.22	396.3
	降低（%）		41	17	37	59	66

3. 第二阶段试验结果分析

1）试验程序

从第一阶段的试验结果可以看出，无论是应力还是变形都比实际情况的要大。为了更好地与现场实测数据进行比较，在第二阶段试验中，排除了切削岸坡、打桩、抛填棱体等施工过程的影响。具体试验程序为：（1）地基固结（120*g*）；（2）停机切削岸坡、插桩、抛填块石棱体（1*g*）；（3）上机旋转至 120*g*，测出施工过程中发生的位移及应力（120*g*）；（4）停机后迅速在码头后方回填土（1*g*）；（5）旋转至 120*g*，不停机而对后方堆场加载，并测出试验数据，这部分数据近似地代表后方回填及加载的影响。试验包括：修改方案、双叉桩方案（图 7.5-15）、叉桩加斜顶桩方案（图 7.5-16）。

2）试验结果分析

第二阶段试验主要分析了码头位移和沉降，试验结果列于表 7.5-2，可以看出：

（1）码头在施工过程中产生的水平位移约占总位移的 35%。对于修改方案，施工过程中的位移（24cm）与后方回填、堆载引起的位移（41cm）之和为 65cm，与第一阶段试验结果（73cm）较为接近，说明按第二阶段试验程序进行试验可以近似地将码头在施工过程中产生的位移区分开来，而将其第二部分水平位移作为码头建成后可能产生的位移量。

（2）施工过程引起的码头沉降约占总沉降量的 39%左右。但是，对于修改方案，第二阶段试验得出的总沉降量 28cm 显著地大于第一阶段试验得出 18cm，这可能是由于在沉降量中弹性部分所占比重较大，因而停机时的回弹部分影响较大，不能忽视。因为第二阶段试验中测出的第二部分沉降与第一阶段试验中的数值接近（17～18cm），可以认为，这些数据部分可代表码头沉降量。

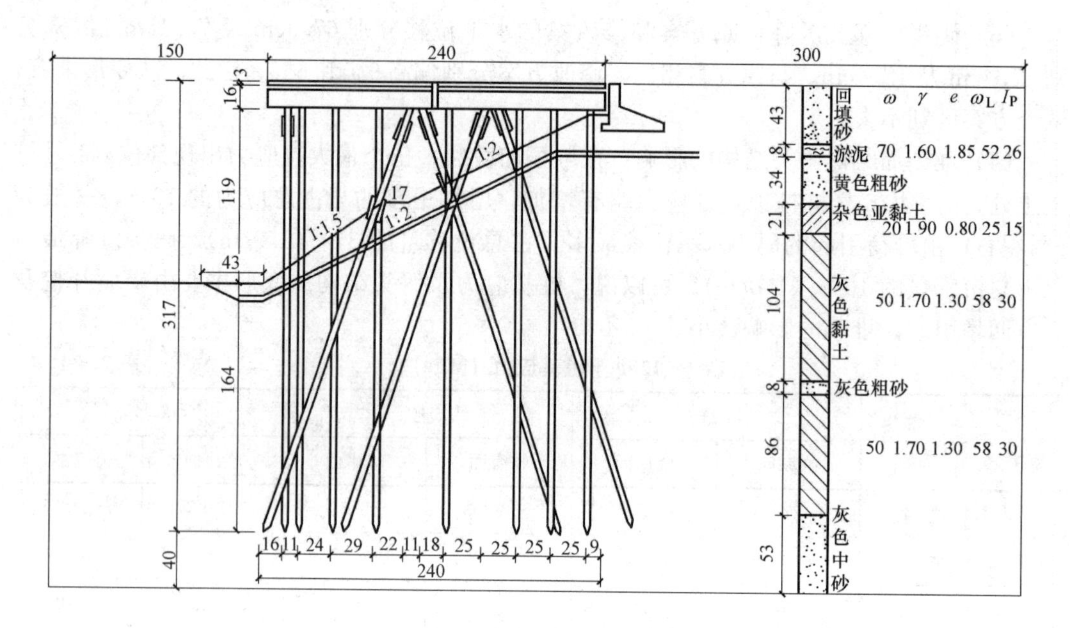

图 7.5-15 双叉桩方案模型

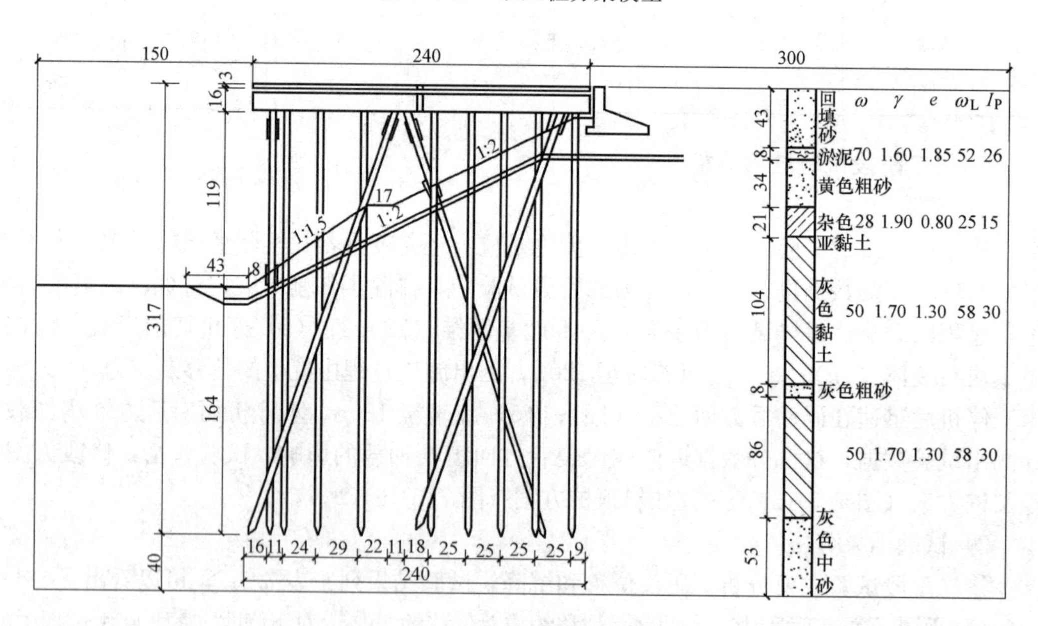

图 7.5-16 叉桩加斜顶桩方案模型

第二阶段试验结果 单位:cm **表 7.5-2**

方案 变形	水平位移			沉降		
	修改方案	双叉桩方案	叉桩加斜顶桩方案	修改方案	双叉桩方案	叉桩加斜顶桩方案
(1)挖坡抛石棱体引起	23.9	11.7	12.0	10.7	11.5	11.6
(2)填土、堆载引起	41.0	22.3	22.1	17.7	17.3	17.5
(3) =[1]+[2]	64.9	34.0	34.1	28.4	28.8	29.1
(4) [1]/[3]×100%	37	34	35	38	40	40

3）第一阶段试验数据的修正

按照前面的分析，我们可以根据第二阶段的试验结果对第一阶段的试验结果进行修正，即：

水平位移：按第一阶段试验数据的60%计。

沉降：第一阶段试验数据或第二阶段试验第二部分沉降作为码头的沉降。修正后的试验结果列于表7.5-3。

修正后试验结果的对比 单位：cm **表7.5-3**

变形＼方案	原方案	修改方案	双叉桩方案	叉桩加斜顶桩方案
水平位移	43.7	44.8	22.3	22.1
沉降	17.4	18.1	17.3	17.5

7.5.4 大型砂槽模型试验

为了观测桩土相互作用的定性规律，并分析其机理，我们进行了大型砂槽模型试验。

1. 试验方法

试验在长10m、宽2.5m、深4m的砂槽中进行，所用有效尺寸7.5m×2.5m×3.75m。岸坡由松散的粗砂组成，坡度为1∶1.5，坡高1.6m，重度15kN/m^3。模型桩为外径42mm、壁厚2mm、长3.2m的铝合金管。试验分为桩台自由和约束的单排直桩和双排直桩以及单排叉桩等5种情况。桩台约束时用拉压力传感器测定桩台的水平约束反力，桩台自由时的水平位移用游标卡尺测量，桩身不同位置上贴有电阻应变片，以测量其应力，桩、土的水平位移利用简易的钢丝吊锤法，通过吊锤位置变化进行测量。

2. 试验结果及其分析

1）桩土位移特性

在坡顶荷载作用下，桩基和岸坡的位移见图7.5-19。该图表明：在坡肩附近，最大水平位移出现在浅层土内，而坡中处最大位移出现在坡面；桩台约束时，双排直桩前排桩基入土处位移最大，而单排叉桩后桩的最大位移发生在浅部。当堆载为190kPa时，后排斜桩最大位移为3.6cm；当堆载为365kPa时，最大位移增至9.2cm。可见，坡顶堆载的大小对于岸坡土和桩基的侧向变形有重要影响。此外，桩台约束可使桩土变形明显减小。叉桩桩台最大位移仅为0.5cm，这说明叉桩对桩台具有很强的水平约束力。

2）桩基应力特征

桩台自由时，双排直桩和单排叉桩在不同堆载作用下，前后桩弯矩沿深度的变化见图7.5-20。由该图可以看出：（1）双排直桩弯矩沿深度的变化趋势基本一致，即坡面以上桩基弯矩为负，坡面以下弯矩为正；单排叉桩的弯矩分布就有差异，后桩坡面以上弯矩为负，坡面以下为正，而前桩整个桩基弯矩均为正值；（2）前桩弯矩一般小于后桩弯矩，前排直桩弯矩最大值比后桩弯矩最大值小10%左右，前排斜桩最大弯矩比后排斜桩小约40%；（3）堆载的增加可使桩基弯矩值增大。

3. 桩型和桩台约束条件对桩位移、弯矩的影响

从表7.5-4列出的桩基最大弯矩及桩基、坡肩、坡中和坡脚的最大位移可以看出，不同桩型或桩台约束条件，对桩基弯矩、桩土及桩台位移在数值大小和分布上，均存在差异。单排直桩桩台自由时，桩基弯矩值较小，分布也较简单，但桩土变形量却较大；叉桩台位移较小，桩土位移量也较小，前后桩的弯矩分布不规则，相比而言，桩台约束时，双排直桩的前后桩弯矩分布一致，桩土位移量也较小。

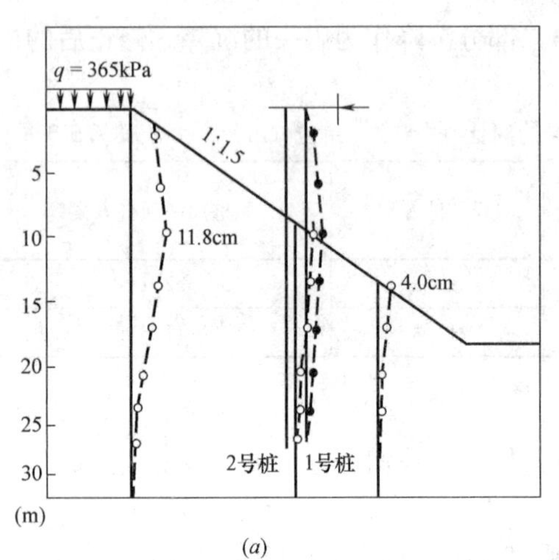

(*a*)

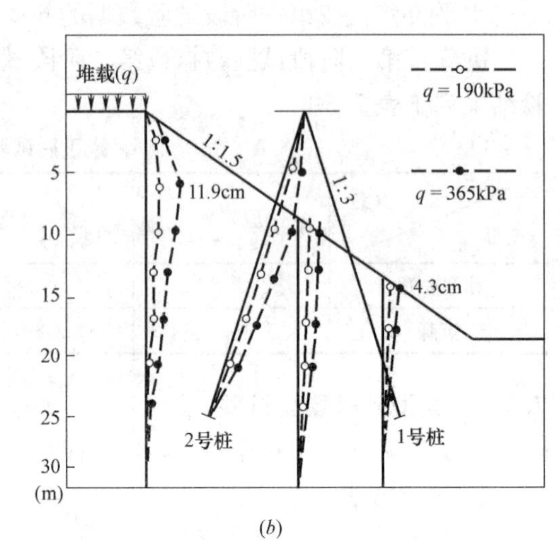

(*b*)

图 7.5-19 砂槽试验桩土位移

（*a*）双排进桩；（*b*）叉桩

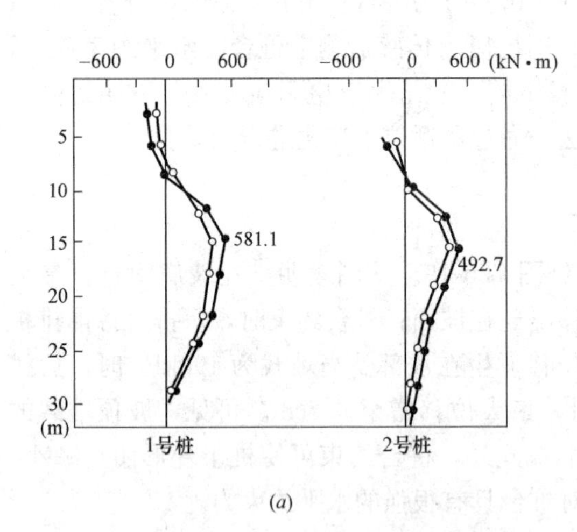

(*a*)

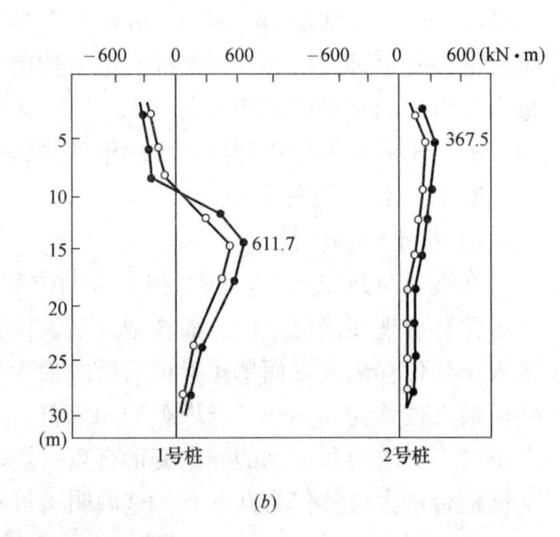

(*b*)

图 7.5-20 不同荷载下桩基弯矩

（*a*）双排进桩（桩台自由）；（*b*）叉桩

不同桩型和桩台约束条件下桩土位移和桩基弯矩（q=190kPa） **表 7.5-4**

桩型	单排直桩		叉桩		双排直桩		
桩台约束条件	自由	约束	1号桩	2号桩	自由		约束
					1号桩	2号桩	2号桩
桩基最大弯矩(kN·m)	287.6	762.9	521.4	267.7	441.2	389.0	488.5
桩基最大位移(cm)	18.4	6.9	7.8	—	10.6	—	5.3
坡肩最大位移(cm)	10.7	11.8	8.1		9.7		8.6
坡脚最大位移(cm)	7.9	6.1	3.9		5.8		3.6

4. 桩土相互作用特性

桩土相互作用分析涉及桩土的性质、力和位移的传递关系、刚度联系等因素。现仅从以下两个方面加以探讨：

（1）桩弯矩与桩周土位移的关系。被动桩应力与桩周土位移有密切联系。桩入土处截面弯矩 M 与该处桩周土位移 δ_s 之间的关系见图 7.5-21。由图可看出，加载初期土体发生微小位移，即可引起桩中弯矩的显著增加；随着堆载的增加，土体进入弹塑性变形状态，此时桩中弯矩随桩周土位移的增长速率减小；当堆载加大到使土体进入塑性变形状态时，弯矩不再随土位移的增加而增加。可见，码头后方填土堆载初期是引起桩中应力的重要时期，施工时应严格控制堆载速度。

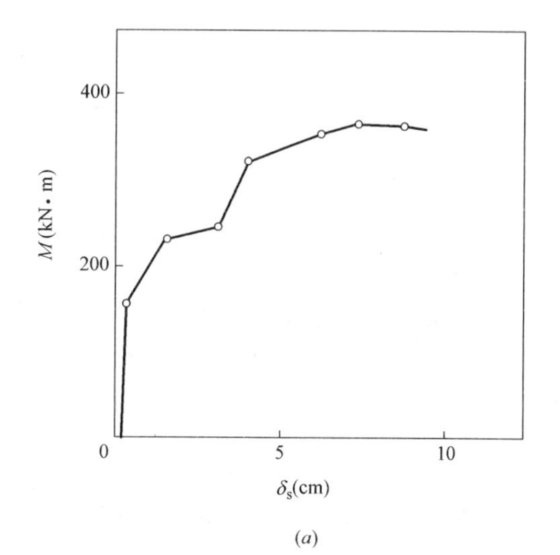

(a)

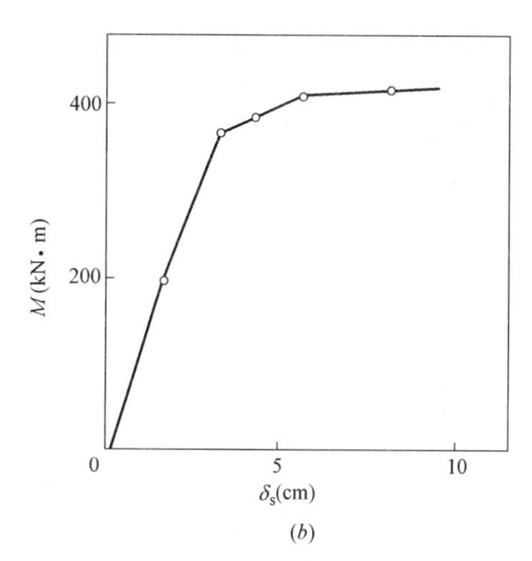

(b)

图 7.5-21　弯矩与土体位移之间的关系
（a）弯矩间土位移的关系；
（b）弯矩与桩排土位移的关系

（2）岸坡变形与桩基遮帘效率。以 δ_S 和 δ_s' 分别表示有桩和无桩时岸坡土的位移；$\eta=[\delta_s'-\delta_s/\delta_s']\times100\%$ 表示桩基遮帘效率。不同桩型对于岸坡不同部位的侧向变形所产生的遮帘效率及该部位土体最大位移值见表 7.5-5。

由表 7.5-5 看出：①坡肩桩基的遮帘效率均小于 25%，而坡中和坡趾均大于 50%，大大高于坡肩；②桩台约束可使桩基遮帘效率提高 10%左右；③不同桩型的遮帘效率不同，排桩和叉桩的遮帘效率高于单桩；单排叉桩的遮帘效率与桩台约束时双排桩遮帘效率比较接近。因此，岸坡侧向变形由于桩基的存在而受到抑制，这种抑制作用对于岸坡不同部位的土体侧向变形所产生的遮帘效率不同，并受到桩型和桩台约束条件的影响。

不同桩型的桩基遮帘效率和岸坡土最大位移（q=365kPa）　　表 7.5-5

桩型		单排直桩		双排直桩		叉桩	无桩
约束条件		自由	约束	自由	约束	自由	δ_s'(cm)
坡肩	δ_s(cm)	13.4	12.3	13.1	11.8	11.9	15.4
	η(%)	13	20	15	21	23	
坡中	δ_s(cm)	10.6	8.8	9.8	6.2	8.5	29.7
	η(%)	64	70	67	79	71	
坡脚	δ_s(cm)	8.8	6.9	6.3	4.0	4.3	18.7
	η(%)	53	63	66	79	77	

参考文献

[1] 马永潮编著. 滑坡整治及防护工程养护 [M]. 北京：中国铁道出版社，1996.
[2] De Beer，E E . The effects of horizontal loads on piles due to surcharge or seismic effects. Proc. 9thICSMFE，Tokyo，1977，3：547-558.
[3] Hull，T. S. and Poulos H. G.，Discussion：Design Method for Stabilization of Slopes with Piles. J. Geotech. Engrg.，ASCE，1999，911-913.
[4] 魏汝龙. 桩基结构与土的相互作用 [J]. 水利水运科技情报，1989 (3)：7-14 .
[5] 王年香. 被动桩与土体相互作用研究综述 [J]. 水利水运科学研究，2000 (9)：69-74.
[6] Matsui T，Hong W P，Ito T. Earth pressure on piles in a row due to lateral soil movements . Soils and Foundations. 1982. 22 (2)：71-81.
[7] 李同田. 土坡中抗滑桩的作用力计算新方法 [R]. 天津大学水利系研究报告，1985.
[8] 马骥. 单根抗滑桩受力条件的实验研究 [M]. 滑坡文集（第5集）. 北京：中国铁道出版社，1986，88-96.
[9] 徐良德，项瑛，伊道成等. 排架桩与双排单桩对比模型试验 [M]. 滑坡文集（第6集），北京：中国铁道出版社，1988，78-83.
[10] 魏汝龙，杨守华. 湛江港一区南码头二期工程离心模型实验报告 [R]. 南京水利科学学研究院土工所，1991.
[11] 陈永战，魏汝龙. 桩基码头岸坡与桩基相互作用的试验研究 [J]. 水利水运科学研究. 1993，(3)：257-265.
[12] Poulos H G . Analysis of piles in soil undergoing lateral movement . JSMFD，ASCE，1973，99 (SM5)：391-406.
[13] 魏汝龙，王年香. 湛江港一区南码头一期工程现场观测 [R]. 南京水利科学研究院土工所，1991.
[14] Poulos，H. G. & Davis，E. H. (1988). Pile foundation analysis and design. Wiley，NewYork.
[15] 王年香. 码头桩基与岸坡相互作用的数值模拟和简化计算方法研究 [D]. 博士学位论文，南京水利科学研究院，1998.
[16] Tschebotarioff，G. P. (1973). Foundations，retaining，and earth structures. New York：Mc Graw-Hill.
[17] 潘家铮. 建筑物的抗滑稳定和滑坡分析 [M]. 北京：水利出版社，1980.
[18] 铁道部第二勘测设计院编. 抗滑桩设计与计算 [M]. 北京：中国铁道出版社，1983.
[19] Ito，T.，Matsui，T. & Hong，W. P. Design method for the stability analysis of the slop with landing pier [J]. Soils and Foundations，1979. 19 (4)：p43-57.
[20] Ito，T.，Matsui，T. & Hong，W. P. Design method for stabilizing piles against landslide-one row of piles [J]. Soils and Foundations，1981. 21 (1)：21-37.
[21] Ito，T.，Matsui，T. & Hong，W. P. Extended design method for multi-row stabilizing piles against landslide. Soils and Foundations，1982. 22 (1)：1-13.
[22] 沈珠江. 散粒体对柱体的绕流压力及其在计算桩对岸坡稳定的遮帘作用中的应用 [R]. 南京水利科学研究所研究报告，1961.
[23] 沈珠江. 桩的抗滑阻力和抗滑桩的极限设计 [J]. 岩土工程学报，1992，14 (1)：51-56.
[24] 《桩基工程手册》编写委员会. 桩基工程手册（第一版）. 北京：中国建筑工业出版社，1995.
[25] Ugai，K.. A method of calculation of global safety factor of slopes by elasto-plastic FEM [J].

Soils and Foundations，1989. 29 (2)：190-195.

[26] Griffiths，D. V. & Lane，P. A. Slope stability analysis by finite elements [J]. Geotechnique，1999. 49 (3)：387-403.

[27] Ugai，K. & Leshchinsky，D. Three-dimensional limit equilibrium and finite element analysis：a comparison of results [J]. Soils and Foundations，1995. 35 (4)：1-7.

[28] Fei Cai. Finite element analysis of slopes with stabilizing measures [Ph. D Dissertation]，Japan：2000.

[29] Poulos，H. G. Design of reinforcing piles to increase slope stability. Can. Geotech. J. 1995. 32 (5)：808-818.

[30] 山田刚二，渡一正亮，小桥澄治. 铁科院西北所译. 斜坡和斜坡崩塌及其防治 [M]，北京：科学出版社，1980.

[31] Randolph，M. F. The response of flexible piles to lateral loading [J]. Geotechnique，(1981). 31 (2)：247-259.

[32] Randolph，M. F. & Houlsby，G. T. The limiting pressure on a circular pile loaded laterally in cohesive soil. Geotechnique，1984. 34 (4)：613-623.

[33] 陈永战. 高桩码头岸坡与桩基相互作用实验研究 [硕士学位论文]. 南京：南京水利科学研究院，1991.

[34] 魏汝龙，王年香. 桩基码头性状监测//岩土与水工建筑物相互作用研究成果汇编. 1991.

[35] 魏汝龙，张城厚. 提高码头岸坡稳定性的经验总结//第三届全国土力学和基础工程学术会议论文选集. 1981.

第 8 章　桩基的结构设计

黄绍铭　岳建勇　刘陕南

8.1　概述

桩基结构是由桩和连结桩顶的承台两部分组成，其中桩是将上部结构荷载传递给地基土的主要结构构件，而承台则是将分散的各桩在桩顶处连结成一个整体，并把上部结构荷载分配给各桩的主要结构构件。桩基按承台的位置可分为低承台桩基和高承台桩基两种，低承台桩基的承台底面位于地面以下，高承台桩基的承台底面则位于地面以上（主要在水中）。应当指出，低承台桩基主要用于承受竖向荷载为主、量大面广的建筑工程桩基中，同时这类桩基中大多以设置竖直桩为主；而高承台桩基主要用于除受竖向荷载之外往往还受水流、波浪、系船力等水平荷载作用的桥梁、码头等临水构筑物的桩基中，同时这类桩基中除设有竖直桩往往还有倾斜桩，后者主要用于承受水平荷载，显然上述两种不同类型桩基的结构设计计算方法是不相同的。还需指出，传统意义上的低承台桩基，国际上不少规范均规定其承受竖向荷载时原则上只考虑由桩承担，不考虑竖向荷载由桩与承台共同承担，但是在我国近二、三十年的桩基工程实践中，特别是软土地区低承台摩擦桩基，在特定条件下，也出现了可以考虑桩与承台共同承担竖向荷载的低承台摩擦桩基，如沉降控制复合桩基等，当然这一类的桩基结构设计有其特殊的规定要求。基于上述工程实践中存在着众多不同类型的桩基，其结构设计方法不尽相同的实际情况，根据本书对各章篇幅的总体安排要求，本章内容仍将与本书第一版保持一致，仅主要介绍工程实践中应用最广泛、竖向荷载全部由桩承担即传统意义上的低承台桩基的结构设计内容，上述提及的其他类型桩基结构设计方法，读者可参见相关的规范和专著，本章不再赘述。

按照以上分析及考虑，本章以下各节主要分成三部分，介绍竖向荷载全部由桩承担即传统意义上的低承台桩基的结构设计的内容。第一部分简要介绍桩基结构设计的一般要求，主要有三方面，一是有关桩身的构造要求，包括工程中常用桩型及其选择原则，桩身主要截面形式和几何尺寸以及桩身材料的主要要求等；二是有关承台的构造要求，包括工程中常用承台类型及其选择原则，承台下桩位布置原则，承台的形式和基本尺寸，承台的连接构造以及承台材料的主要要求等；三是简要介绍我国桩基结构的基本设计原则，着重指出除有专门要求外，桩基结构原则上和上部结构一致，均采用概率极限状态方法设计，并均需考虑承载能力和正常使用两种极限状态。第二部分主要讨论常用桩型的桩身结构计算问题。应当指出，桩身结构计算应当区分并分别考虑桩身在施工阶段和使用阶段不同的受力工况，当然施工阶段桩身结构计算主要是针对除灌注桩以外的预制桩，尤其是预制混凝土桩而言的，因此本部分有关桩身结构计算内容，将分别考虑施工阶段预制混凝土桩的桩身结构计算，以及使用阶段不同受力工况下的桩顶荷载计算和常用桩型的桩身结构两种极限状态计算等两方面内容；其中对使用阶段桩身结构两种极限状态计算内容，根据近十年来的工程建设经验做了补充和调整。第三部分主要讨论桩基结构中的承台结构计算问题，承台结构计算原则上应包括作用在承台上的荷载和承台下的桩顶反力计算以及承台结构自身的承载能力和正常使用两种极限状态计算等两方面内容。其中有关承台结构两种极限状态计算的问题，必须认识到由于承台自身在其几何尺寸比例、受荷方式及支承条件等方面与一般结构构件相比均有其特殊性，使得承台结构的实际受力状态存在着诸多的不确定性，至今仍是一个复杂的研究课题。因此本部分有关承台结构两种极限状态计算问题，和本书第一版相比作了较多的修改，其中对承台结构承载能力极限状态计算，主要介绍我国现行有关规范中有明确规定的局部承压、抗冲切、抗剪切及抗弯曲等承载能力计算内容，而对现行规范中无明确规定的正常使用极限状态计算，则提出了供读者参考的计算内容。需要指出，本章 4.2 节讨论桩基承台结构承载能力极限状态中的抗弯曲承载力计算时，要涉及桩基承台沉降弯曲变形与内力的计算问题。该问题的实质是桩基承台下群桩的沉降与考虑上部建筑结构影响的承台弯曲变形的协调问题，它是目前地基基础学科领域尚未完成合理解决的课题之一。本章编写人根据近十余年工程界所积累的经验和已收集到的承台沉降弯曲变形实测资料，在本章第一篇写人等[1]于 20 世纪 80 年代初所提出的以 Gedds 单桩荷载应力公式为依据的单桩和群桩沉降计算方法（该法已在我国工程界得到推广应用，并在我国有关规范[2][11]中已有具体介绍）的基础上，通过与上海地区某超高层建筑（金茂大厦）桩基承台沉降弯曲变形实测资料的对比分析，研究探讨并简要介绍了考虑承台及上部建筑结构刚度影响时桩基承台沉降弯曲变形与内力的实用计算方法，供读者参考。对该课题有兴趣的读者还可同时参阅本章编写人已公开发表的论文[3]进行比较分析。

8.2 桩基结构设计的一般要求

本节主要介绍桩基结构设计的一般要求，包括桩身的构造要求、承台的构造要求以及桩基结构设计的主要原则等，其中桩与承台的连接构造要求将在承台的构造部分做具体介绍。

8.2.1 桩身的构造要求

工程中常用桩型包括预制混凝土桩（包括预制混凝土方桩和预应力混凝土桩，预应力混凝土桩又分为预应力管桩与预应力空心方桩）、钢桩和灌注桩。预制混凝土桩和钢桩又可统称为预制桩。以下将主要介绍灌注桩、预制混凝土桩和钢桩的主要截面形式、几何尺寸、配筋率和配筋长度以及桩身接头等方面的构造要求。应当指出，桩身的这些构造要求与桩的承载性状（竖向承压、竖向抗拔和水平受荷等）密不可分，下文介绍将主要以竖向承压为主，并兼顾抗拔桩和水平受荷桩的构造要求。

对于桩型的选择应根据建筑结构类型、荷载性质、地质情况、施工条件、工程场地周围环境、当地的经验以及技术经济合理性等因素综合考虑，尚应注意：一般情况下宜优先考虑预制混凝土方桩，当预制混凝土桩要求穿越坚硬土层或要求进入坚硬土层较大深度并选用较重的锤时，桩身锤击拉应力较大，宜采用预应力混凝土桩；在抗震设防烈度为 8 度及以上地区，不宜采用预应力管桩和预应力空心方桩；在市区施工、当场地周围环境保护要求较高，如邻近保护性建筑物、易损坏的建筑物、地铁、隧道和重要地下市政管线等，估计采用预制混凝土桩难以控制沉桩挤土影响时，可采用灌注桩；对于荷载分布很不均匀的建筑桩基宜选择尺寸和承载力可调性大的桩型和工艺（如灌注桩等）；挤土沉管灌注桩在饱和黏性土中应用时应慎重；人工挖孔灌注桩主要用于低水位的非饱和土中，或是其他桩型难以成桩或成桩设备难以进入施工现场的情况。

8.2.1.1 灌注桩

1. 主要截面形式和几何尺寸

灌注桩的施工方法很多，各地区土层条件不一，常用的施工方法也不一致，有钻孔灌注桩，也有人工挖孔灌注桩、冲孔灌注桩、沉管灌注桩、长螺旋灌注桩等。其中应用最为广泛的主要是钻孔灌注桩。不同施工方法的灌注桩基本尺寸不尽相同。对于钻孔灌注桩，其设计直径宜大于等于550mm，而且要求施工时钻头直径不应小于设计直径。人工挖孔桩的直径不应小于800mm。常用钻孔灌注桩直径主要为550～850mm，但在超高层建筑和桥梁工程中，大直径钻孔灌注桩（d>800mm）应用也非常普遍。

桩长是根据桩的承载力和沉降要求结合具体土层条件试算确定的，但桩长需要满足桩的长径比（桩长与设计直径之比l/d）要求（如表8.2-1所示）。桩的长径比主要应满足桩身不产生压屈失稳要求和考虑现场施工条件。一般说来，按不出现压屈失稳条件确定桩的长径比主要针对露出地面的桩长较大的高承台桩基，或桩侧土为可液化土、特别软弱土或自重湿陷性黄土的情况。而按施工现场条件确定桩的长径比时，完全是针对端承桩而言，这时需考虑控制其不致由于施工中难以避免的桩身垂直度偏差而出现相邻桩的桩端交会从而降低端阻力的现象发生。

桩的长径比（l/d） **表8.2-1**

桩型	穿越一般黏性土、砂土	穿越淤泥、自重湿陷性黄土
端承桩	≤60	≤40
摩擦桩	不限	不限

因此，根据上述原则，在表8.2-1中主要针对端承桩的长径比并考虑桩身所穿越土层的性质作了限制，而对摩擦桩则不作严格限制。但是当摩擦桩长径比较大时，应当注意两方面问题：

（1）桩的长径比与桩的承载和变形性状相关。随着长径比加大，桩的侧摩阻力和端阻力的发挥效率较低、桩身压缩明显；

（2）长径比较大的桩，其水平承载力与竖向承载力的比值较低；而且长径比较大时，桩身水平刚度相对较小，对水平变形的抵抗能力也相对较差。在建筑物有抗震设防要求时或者在土体易发生侧向流动的区域，应注意控制桩的长径比。

2. 桩身配筋

1）配筋率

灌注桩桩身配筋应根据外力的性质与大小，以及工程地质条件确定。对于竖向承压桩和桩顶水平荷载较小的情况，可按构造配筋。当桩身直径为300～2000mm时，承压桩的截面配筋率可取0.65%～0.20%（小桩径取高值）。软土地区竖向承压桩的配筋率一般不宜小于0.42%，承受水平力桩的配筋率不小于0.65%。对受荷载特别大的桩、抗拔桩和嵌岩端承桩均应根据计算确定配筋率，并不得小于上述构造配筋率要求值。

2）配筋长度

（1）承压桩的配筋长度一般要满足下列要求：

① 对于端承桩和位于坡地、岸边的桩应沿桩身等截面或变截面通长配筋；

② 摩擦型桩配筋长度不应小于 2/3 桩长；

③ 对于考虑地震作用的桩，桩身配筋长度应穿过可液化土层和软弱土层，进入稳定地层的深度对于碎石土、砾石、粗中砂、密实粉土、坚硬黏土不应小于 $2d\sim3d$（d 为桩径），对于其他非岩石土不宜小于 $4d\sim5d$；

④ 因先成桩后开挖基坑且基坑开挖深度较大、桩将随地基土回弹而承受一定的上拔力，以及桩侧有欠固结土而受负摩阻力的桩，其配筋长度应穿过软弱土层并进入稳定土层，进入的深度不应小于 $2d\sim3d$；

（2）对受水平荷载的桩、抗拔桩，配筋长度要满足下列要求：

① 当桩顶受水平荷载作用时，配筋长度不宜小于 $4.0/\alpha$（α 为桩的水平变形系数）；

② 抗拔桩及因地震作用、冻胀或膨胀力作用而受上拔力的桩，应等截面或变截面通长配筋。

3. 桩身混凝土、钢筋和混凝土保护层厚度

1）混凝土

桩身混凝土强度设计等级应根据结构设计使用年限和环境类别确定。对于设计使用年限 50 年和干燥环境条件下，桩身混凝土强度设计等级不应小于 C25。根据国标《混凝土结构耐久性设计规范》规定，对于地下水水位较高的地区，桩身位于长期湿润环境（属于 I-B 类环境），甚至是干湿交替环境（I-C 类环境），桩身混凝土强度设计等级分别不应小于 C30 和 C35；而根据国标《混凝土结构设计规范》，桩身位于长期湿润环境（属于二 a 类环境），甚至是干湿交替环境（二 b 类环境），桩身混凝土强度设计等级分别不应小于 C25 和 C30；综合考虑，一般条件下桩身混凝土强度等级不宜小于 C30。采用水下浇注法进行成桩施工时，为保证混凝土施工质量，混凝土强度设计等级也不宜太高，一般不宜高于 C40。值得注意的是，由于水下灌注的混凝土实际桩身强度会比混凝土标准试块强度等级低，为保证桩身实际强度达到设计要求，在桩基施工时，对于桩身混凝土一般采用比混凝土强度设计等级提高一级进行配制。

在冻融、海水、化学腐蚀等特殊条件下的桩身设计混凝土强度等级不应低于现行国家标准《混凝土结构耐久性设计规范》GB/T 50476 和《工业建筑防腐蚀设计规范》GB 50046 的有关规定。

2）钢筋

对于受水平荷载的桩，主筋不宜小于 8ϕ12；对于竖向承压桩和抗拔桩，主筋不宜小于 6ϕ10；纵向主筋应沿桩身周边均匀布置，其净距不小于 60～80mm。

箍筋应采用螺旋式，直径不应小于 6mm，间距宜为 200～300mm；受水平荷载较大的桩基、承受水平地震作用的桩基以及考虑主筋作用计算桩身受压承载力时，桩顶以下 $5d$ 范围内的箍筋应加密，间距不应大于 100mm；当桩身位于液化土层范围内时箍筋应加密；当考虑箍筋受力作用时，箍筋配置应符合现行国家标准《混凝土结构设计规范》GB 50010 的有关规定。箍筋的设置应在构造上予以重视主要是考虑到①箍筋的抗剪作用；②箍筋在轴向压力作用下对混凝土起的约束作用，可以较大幅度提高桩身受压承载力；③桩顶荷载最大，因此在桩顶箍筋适当加密对竖向承载是有利的。

当钢筋笼长度超过 4m 时，应每隔 2m 设一道环形加劲箍筋以提高钢筋笼的刚度，加劲箍直径根据钢筋笼的重量、分段长度等确定，并不小于 12mm。

3）保护层厚度

以往灌注桩的主筋保护层厚度不小于35mm，水下灌注桩主筋保护层厚度不小于50mm。但根据国家标准《混凝土结构耐久性设计规范》GB/T 50476—2008的规定，混凝土保护层厚度不再是指主筋的保护层厚度，而是从混凝土表面到钢筋（包括纵向主筋、箍筋和分布钢筋）公称直径外边缘之间的最小距离，新颁布的国家标准《混凝土结构设计规范》GB 50010—2010中对混凝土保护层厚度的定义与此相同；因此这一要求比原来规范要求更为严格。

海水腐蚀环境中桩身混凝土保护层厚度应符合国家现行标准《港口工程混凝土结构设计规范》JTJ 267的规定，其他腐蚀环境还可参照《工业建筑防腐蚀设计规范》GB 50046的相关规定。

4. 灌注桩新桩型构造简介

1）后注浆灌注桩

后注浆是钻孔灌注桩施工的一种辅助工艺，它的提出主要是解决泥浆护壁灌注桩由于桩底沉淤和桩侧泥皮对桩端和桩侧阻力的削弱影响，主要应用于在地下水位较高、采用泥浆护壁的灌注桩中。后注浆灌注桩主要分为桩端后注浆和桩端、桩侧联合注浆两种，其中桩端后注浆灌注桩应用广泛并在实际工程中取得较好的应用效果。

后注浆灌注桩的注浆管数量宜根据桩径确定，且不应少于2根。注浆管应采用钢管，钢管内径不宜小于25mm，壁厚不应小于3.2mm。注浆应采用P.O 42.5级水泥浆液，水灰比0.55～0.6。注浆管应随钢筋笼同时下放，注浆管与钢筋笼的固定采用铁丝绑扎，绑扎间距一般为2.0m。钢筋笼上、下端应有不少于4根与注浆管等长的同钢号的引导钢筋，引导钢筋应采用箍筋固定，箍筋间距一般为1.5m。

每根桩注浆量的大小和桩径、桩长、土层性质关系密切，可根据桩端不同土层条件和使用要求参考类似工程经验综合确定。根据部分地区工程经验，对于桩端后注浆灌注桩的注浆量不应小于表8.2-2中的有关数值。

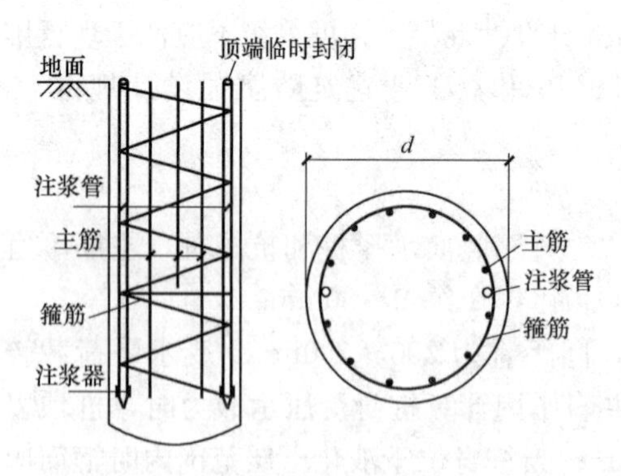

图8.2-1 后注浆灌注桩构造示意图

桩端后注浆灌注桩水泥的最小注入量

表8.2-2

桩直径(mm)	注浆量(水泥重量t)
600	1.2
700	1.6
800	2.0
900	2.5
1000	3.0

注：引自湖北省《建筑地基基础设计规范》DB 42/242—2003。

2）变截面灌注桩

(1) 钻孔扩底灌注桩

对于持力层承载力较高、上覆土层较差的抗压桩和桩端以上有一定厚度较好土层的抗拔桩，可采用扩底灌注桩（图8.2-2a）。

扩底端直径与桩身直径之比D/d，应根据承载力要求及扩底端侧面和桩端持力层土性特征以及扩底施工方法确定；人工挖孔桩的扩展角度较大，但一般 D/d 也不应大于 3，钻孔灌注桩桩扩展角度略小，D/d 一般不应大于 2.5。扩底端侧面的斜率 α/h_c 应根据实际成孔条件及土体自立条件确定，α/h_c 可取 1/4～1/2，砂土可取 1/4，粉土、黏性土可取 1/3～1/2；承压桩扩底端底面宜呈锅底形，矢高 h_b 可取 (0.15～0.20)D。

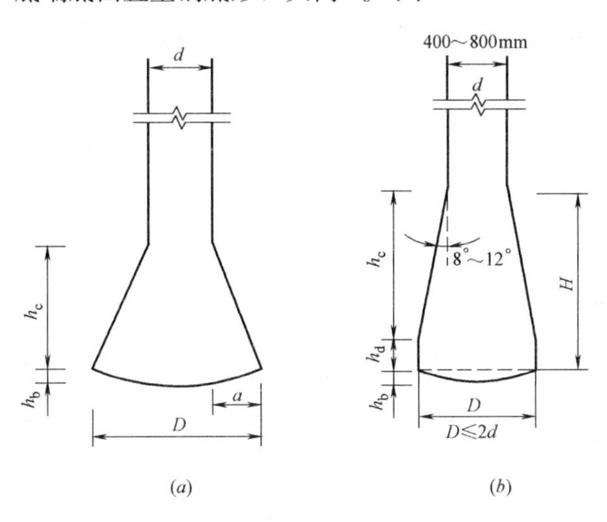

图 8.2-2 扩底桩

(a) 扩底桩示意；(b) 小扩展角扩底桩示意

在软黏土和粉性土地层中，可以采用小扩展角的扩底灌注桩（图 8.2-2b）。上海地区采用的扩底灌注桩主要作为抗拔桩，其 D/d 一般仅为 2；圆锥台的长度 H 约 1.0～2.5m，锥台面扩展角 8°～12°，斜率 α/h_c 仅 0.15～0.2，但在实际工程中应用效果较好，抗拔桩的承载性状也有较大的改善。

扩底灌注桩作为抗拔桩时，其桩端与普通抗拔灌注桩相比需承受较大的上拔力，因此在扩底抗拔灌注桩中纵向钢筋宜全长等截面设置。

（2）挤扩支盘灌注桩

挤扩支盘灌注桩又称为多节扩径灌注桩、DX 桩等。它往往是在合适的土层中挤扩成承载力盘及分支，挤扩直径不应大于相应设备型号能挤扩的最大直径，如表 8.2-3 所示。

挤扩设备型号与挤扩直径 **表 8.2-3**

	98-400 型	98-600 型	2000-800 型
桩身直径 d(mm)	450～600	650～800	850～1000
挤扩盘最大直径 D(mm)	1180	1590	1980

挤扩支盘的位置应选择在强度相对较高的硬塑～可塑状态的黏土、密实或中密的砂土中且该层应有一定的厚度（一般不宜小于 1.5D，且挤扩支盘下 2.0D 深度范围内不应有软弱下卧层）。挤扩支盘竖向间距还不宜小于 3 倍的扩盘直径以利于挤扩支盘承载力的发挥。桩的主筋应经计算确定。最小配筋率不宜小于 0.4%～0.65%。

当桩身范围内主要以淤泥或淤泥质土层为主、无可设置挤扩支盘的较硬土层时，不应采用挤扩支盘桩。

8.2.1.2 预制混凝土桩

预制混凝土桩中主要包括预制混凝土方桩和预应力混凝土桩（又可分为预应力管桩和

预应力空心方桩）。预应力管桩由于构件质量可靠、桩身强度高，耐锤击，而且施工快捷、造价相对较低，近年来广泛应用于建筑、市政、港口工程中。预应力空心方桩目前也有一定应用，但相对较少。预制混凝土桩的桩身构造（包括分段桩长、桩身配筋等）往往与施工阶段的运输、吊运、沉桩方式等密切相关。因此下文将针对这三种桩型结合它们在施工阶段的运输、沉桩等的要求对其主要桩身构造要求分别予以介绍。

1. 预制混凝土方桩

预制混凝土方桩（以下简称预制方桩）是我国传统的最主要桩型，国家通用建筑标准设计图集《预制钢筋混凝土方桩》04G361 中对一般工业与民用建筑物中所采用的预制方桩的主要构造均进行了规定。

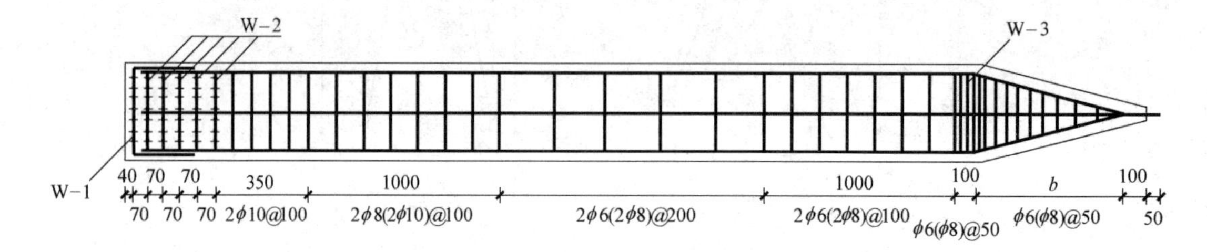

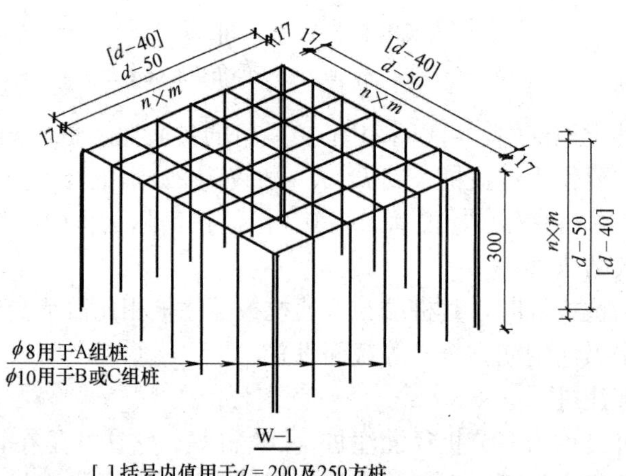

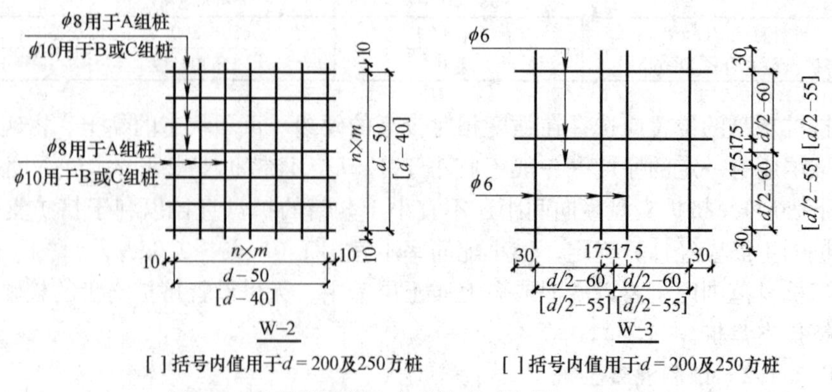

图 8.2-3 预制混凝土方桩构造示意图

1）主要截面形式和几何尺寸

在国家通用建筑标准设计图集《预制钢筋混凝土方桩》04G361中，对锤击整根桩（代号ZH）、锤击焊接桩（代号JZH_b）和静压整根桩（代号AZH）、静压焊接桩（代号$JAZH_b$）、静压锚接桩（代号$JAZH_a$）五类的几何尺寸和配筋都有具体规定。这主要是考虑到预制方桩的施工方式有锤击和静压两种，不同施工方式对桩身材料强度的要求有所差异；而且，预制方桩的桩长必须要考虑运输和吊运的需要，必要时可分段制作、现场焊接或锚接（锚接仅适用于静压沉桩）。同时根据混凝土强度等级和配筋率不同又分为A、B、C三组，根据不同的地质条件、抗震设防烈度、单桩承载力特征值、桩的密集程度及施工条件等因素选用，抗震设防等级为7度或7度以上地区应采用B组或C组。图8.2-3为其中锤击整根桩构造示意图。

桩的断面共有200×200、250×250、300×300、350×350、400×400、450×450、500×500七种尺寸。各断面预制方桩的整根桩最大长度和分段桩的单节最大长度见表8.2-4，但实际施工中应考虑桩架的高度、运输和装卸能力的影响进行确定。同时对于锤击桩、摩擦桩的长细比不宜大于120；端承型桩或摩擦型桩需穿越一定厚度的硬土层时，其长细比不宜大于100。

各断面预制桩整根桩最大长度和分段最大长度　　表8.2-4

断面边长(mm)		200	250	300	350	400	450	500
整根桩最大长度(m)	锤击沉桩	10	12	16	21	24	27	30
	静压沉桩	10	12	16	16	16	16	16
单节最大长度(m)	锤击沉桩	10	12	16	18	18	18	18
	静压沉桩	10	12	16	16	16	16	16

注：引自国家通用建筑标准设计图集《预制钢筋混凝土方桩》04G361。

2）桩身混凝土和配筋

桩身混凝土强度等级和配筋应满足在整个施工阶段（包括起吊、运输、吊立等）和使用阶段全过程的需要，并要考虑在锤击沉桩时桩身动应力要求；同时还应满足国家建筑标准设计图集《预制钢筋混凝土方桩》04G361的有关规定：

（1）桩身混凝土强度等级不宜低于C30，其中A组用C30，B组用C30～C40，C组用C40～C50。

（2）桩的最小纵向钢筋配筋率与沉桩方法相适应，锤击桩不小于0.8%，静压桩不小于0.6%，当桩身细长时，亦不宜小于0.8%。主钢筋直径不应小于ϕ14。B组桩的配筋率不小于1.0%，C组桩不小于1.2%。

（3）对于同时承受水平荷载的桩，应根据计算确定桩身混凝土强度等级和配筋。对于桩周有可能液化或地基承载力特征值小于25kPa或不排水抗剪强度小于10kPa的软弱土层时，应考虑压曲影响，适当调整主筋及箍筋的配置以及提高混凝土强度等级。

（4）截面为200×200、250×250方桩的纵向钢筋保护层厚度为25mm，其余截面方桩的纵向钢筋保护层厚度为30mm。

（5）长期或经常承受水平力、上拔力的桩或未按图集要求进行吊运的桩应进行桩身裂缝验算。

（6）预制方桩的标记形式如下例所示：JZH_b-345-121212A表示总长为36m、桩截面450×450采用焊接法三段接桩，分段长度上段为12m，中段为12m，下端为12m的锤击桩。

对于静压桩，当预估沉桩阻力较大或需穿越较厚硬土层时或采用顶压式压桩时，宜在桩顶部适当增加网片和箍筋，并提高混凝土强度等级。

预制方桩桩尖可将主筋合拢焊在桩尖辅助钢筋上，对于持力层为密实砂和碎石类土时，在桩尖处包以钢钣桩靴，加强桩尖。

3）桩身接头构造

预制方桩与承台的连接构造详见 8.2.2 节承台的构造要求。预制方桩桩节间的接桩有焊接、锚接等形式，锚接仅用于静压桩。对于抗拔桩、单桩受荷大的桩、大片密集的桩群或需穿越一定厚度硬土层的桩必须分段时，应采用焊接接头。接桩宜避免在桩端穿越硬土层时进行。

预制方桩的接头既要传递在使用阶段承受的压力以及可能出现的拔力、弯矩和剪力，若采用锤击法施工时则还要传递锤击沉桩阶段反复作用的压应力和拉应力。因此接头的设计和施工是至关重要的，在国家建筑标准设计图集《预制钢筋混凝土方桩》04G361 中提供的接头形式大体有以下三种：

（1）角钢绑焊接头。其构造示意图见图 8.2-4（a）。

（2）钢板绑焊接头。其构造示意图见图 8.2-4（b）。

（3）硫磺胶泥浆锚接头。其构造示意图见图 8.2-4（c）。

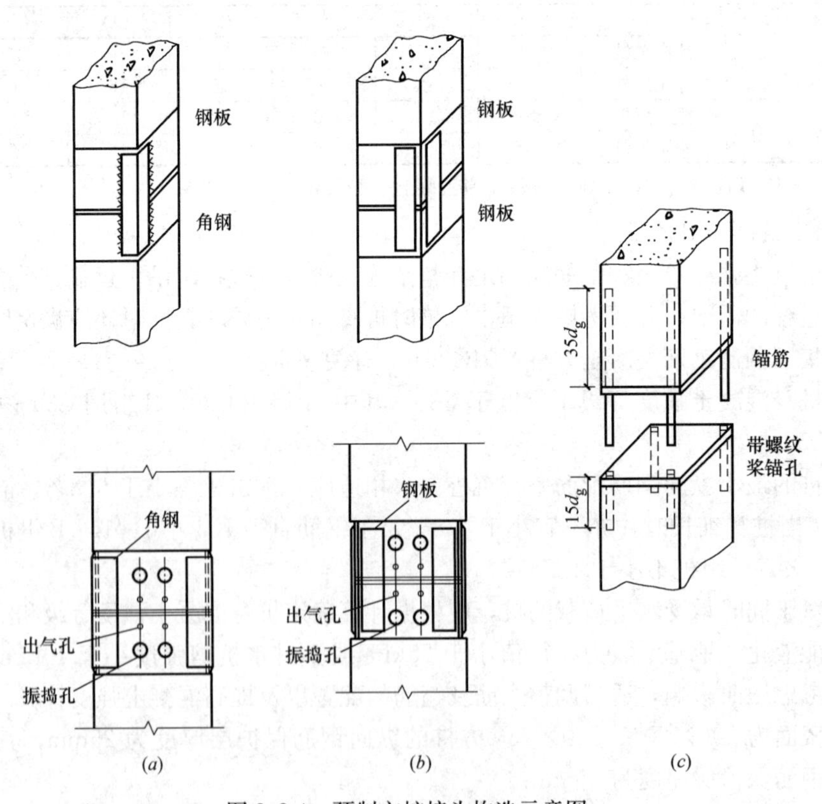

图 8.2-4 预制方桩接头构造示意图

接桩应在穿过硬土层后进行，接桩时上下节桩应保持竖直。焊接接桩时上下节桩纵轴线必须重合一致，端头钢板需平整、清洁，平整度必须小于 2mm，若两端头之间有缝隙，需用厚薄适当、加工成楔形的铁片填实焊牢，以保证相连接两个桩段间荷载均匀传递。硫磺胶泥浆锚接头的优点是节省钢材和工效高，但它仅适用于软弱土层中采用静力压入方式沉桩的预制混凝土桩，而且硫磺胶泥是一种热塑冷硬的材料，必须严格遵守施工工艺规定，否则质量不易保证。

2. 预应力管桩

预应力管桩的桩身构造示意如图 8.2-5 所示。预应力管桩按混凝土强度等级可分为预应力高强混凝土管桩（PHC）、预应力混凝土管桩（PC）和预应力薄壁管桩（PTC）。按生产工艺可分为先张法预应力管桩和后张法预应力混凝土管桩，后者主要应用于港口工程大直径管桩，将在本书第 12 章中专门介绍。国家建筑标准设计图集《预应力混凝土管桩》10G409 中对预应力管桩的常用形式和截面尺寸都进行了规定，预应力薄壁管桩（PTC）由于在实际工程应用中存在一定的工程隐患，在该图集新一版的修订中已经取消了。

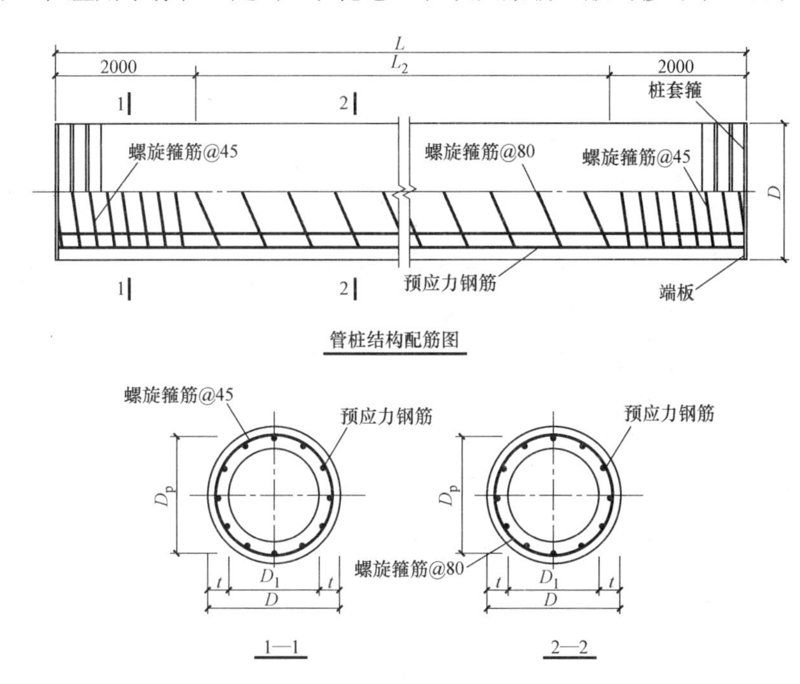

图 8.2-5 预应力管桩结构示意图

1）主要截面形式和几何尺寸

在国家建筑标准设计图集《预应力混凝土管桩》10G409 中对预应力管桩的主要截面形式和几何尺寸规定如下：

(1) 预应力管桩常用截面尺寸和结构性能见表 8.2-5、表 8.2-6。设计人员可根据场地工程地质情况、抗震设防烈度、上部结构特点、荷载大小、施工条件、沉桩设备等选用。抗震设防烈度 7 度地区或工程地质条件复杂、桩基设计等级为甲级以及用于抗拔和主要承受水平荷载的预应力管桩，宜选用 AB、B、C 型，且直径应大于 300mm。

(2) 预应力管桩用于摩擦型桩时，桩的长径比不宜大于 100，用于端承型桩时，长径比不宜大于 80。

(3) 桩尖形式宜根据地层性质选择，常用形式包括十字形钢桩尖和开口形钢桩尖、锥形钢桩尖（如图 8.2.6 所示），也可根据当地经验选用其他形式。

PHC桩桩身承载力与裂缝控制指标 **表8.2-5**

外径 D (mm)	壁厚 t (mm)	单节桩长 (m)	型号	混凝土有效预压应力计算值 σ_{ce}(MPa)	桩身轴心受拉承载力设计值 [N](kN)	按标准组合计算的抗裂弯矩 M_k(kN·m)	桩身轴心受压承载力设计值(未考虑压屈影响)[R](kN)	理论重量 (kg/m)
300	70	7～11	A	4.15	204	25	1271	132
			AB	6.37	326	31		
			B	8.19	435	36		
			C	10.87	612	43		
400	95	7～12	A	4.30	381	60	2288	237
			AB	5.87	536	70		
		7～13	B	8.03	765	84		
			C	10.01	995	97		
500	100	7～14	A	4.84	598	118	3158	327
		7～15	AB	6.59	842	138		
			B	8.75	1169	164		
			C	10.06	1381	180		
500	125	7～14	A	4.53	653	123	3701	383
		7～15	AB	6.18	918	144		
			B	8.24	1275	170		
			C	9.93	1594	193		
600	110	7～15	A	4.60	762	191	4255	440
			AB	6.26	1071	224		
			B	8.34	1488	265		
			C	9.81	1806	295		
600	130		A	4.63	870	205	4824	499
			AB	6.31	1224	240		
			B	8.40	1700	285		
			C	10.12	2125	323		
700	110	7～15	A	4.60	918	282	5124	530
			AB	6.33	1306	331		
			B	8.52	1836	395		
			C	11.16	2550	475		
700	130		A	4.38	995	299	5850	605
			AB	6.04	1414	350		
			B	8.14	1989	417		
			C	10.70	2763	501		
800	110	7～30	A	4.89	1148	402	5992	620
			AB	6.58	1594	469		

续表

外径 D (mm)	壁厚 t (mm)	单节桩长 (m)	型号	混凝土有效预压应力计算值 σ_{ce}(MPa)	桩身轴心受拉承载力设计值 [N](kN)	按标准组合计算的抗裂弯矩 M_k(kN·m)	桩身轴心受压承载力设计值(未考虑压屈影响)[R](kN)	理论重量 (kg/m)
800	110	7～30	B	9.01	2295	568	5992	620
			C	11.76	3188	685		
800	130	7～30	A	4.57	1224	427	6876	711
			AB	6.16	1700	496		
			B	8.47	2448	599		
			C	11.10	3400	721		
1000	130	7～30	A	4.97	1741	766	8929	924
			AB	6.75	2448	901		
			B	8.97	3400	1071		
			C	10.65	4189	1205		
1200	150	7～30	A	4.73	2295	1262	12434	1286
			AB	6.36	3188	1469		
			B	9.04	4781	1817		
			C	10.73	5891	2045		

注：引自国家通用建筑标准设计图集《预应力混凝土管桩》10G409。

PC 桩桩身承载力与裂缝控制指标 **表 8.2-6**

外径 D (mm)	壁厚 t (mm)	单节桩长 (m)	型号	混凝土有效预压应力计算值 σ_{ce}(MPa)	桩身轴心受拉承载力设计值 [N](kN)	按标准组合计算的抗裂弯矩 M_k(kN·m)	桩身轴心受压承载力设计值(未考虑压屈影响)[R](kN)	理论重量 (kg/m)
300	70	7～11	A	4.14	204	24	974	132
			AB	6.35	326	30		
			B	8.15	435	35		
			C	10.79	612	43		
400	95	7～12	A	4.29	381	59	1752	237
			AB	5.85	536	69		
		7～13	B	8.66	842	87		
			C	9.94	995	96		
500	100	7～14	A	4.83	598	115	2419	327
		7～15	AB	6.56	842	136		
			B	8.70	1169	161		
			C	10.61	1488	185		
500	125	7～14	A	4.52	653	121	2835	383
		7～15	AB	6.16	918	141		
			B	8.19	1275	168		

续表

外径 D (mm)	壁厚 t (mm)	单节桩长 (m)	型号	混凝土有效预压应力计算值 σ_{ce}(MPa)	桩身轴心受拉承载力设计值 [N](kN)	按标准组合计算的抗裂弯矩 M_k(kN·m)	桩身轴心受压承载力设计值(未考虑压屈影响)[R](kN)	理论重量 (kg/m)
500	125	7-15	C	9.87	1594	190	2835	383
600	110	7～15	A	4.58	762	187	3260	440
			AB	6.24	1071	220		
			B	8.29	1488	261		
			C	10.67	2019	310		
600	130		A	4.62	870	201	3695	499
			AB	6.28	1224	236		
			B	8.35	1700	281		
			C	10.45	2231	328		
800	110	7～30	A	5.17	1224	406	4590	620
			AB	6.93	1700	477		
			B	9.45	2448	581		
			C	12.27	3400	702		
800	130	7～30	A	4.82	1301	430	5267	711
			AB	6.48	1806	503		
			B	8.86	2601	610		
			C	11.56	3613	737		
1200	150	7～30	A	5.00	2448	1274	9525	1286
			AB	6.71	3400	1492		
			B	9.48	5100	1858		
			C	11.58	6545	2146		

注：引自国家通用建筑标准设计图集《预应力混凝土管桩》10G409。

（4）预应力管桩的标记形式如下例所示：PHC600 AB110-28 表示外径 600、壁厚 110、长度 28m 的 AB 型预应力高强混凝土管桩。

2）桩身混凝土和配筋

预应力管桩的桩身混凝土强度等级（表 8.2-5、表 8.2-6）和配筋要满足桩身结构计算要求，用于抗拔桩和有水平力作用时还需要根据环境条件要求进行抗裂或裂缝宽度验算。

预应力管桩采用预应力钢棒 SBPDL1275/1420，钢棒抗拉强度标准值≥1420MPa，其张拉控制应力一般是抗拉强度标准值的 0.7 倍。预应力钢棒的直径有 7.1、9.0、10.7、12.6 等四种。预应力钢筋应沿预应力管桩的圆周均匀布置，最小配筋率不得低于 0.4%，并不少于 4 根。

3）桩身接头构造

预应力管桩与承台的连接构造详见 8.2.2 节承台的构造要求。预应力管桩桩节质量较为可靠，但桩节间的连接强度及施工质量往往成为预应力管桩桩身结构的重要环节。实际工程中时有因接头焊缝施工质量差或焊完后未完全冷却，就继续沉桩形成质量隐患甚至发生质量事故。在工程中设计应尽量减少预应力管桩的接头数量，任一单桩的接头数量不宜超过 3 个。

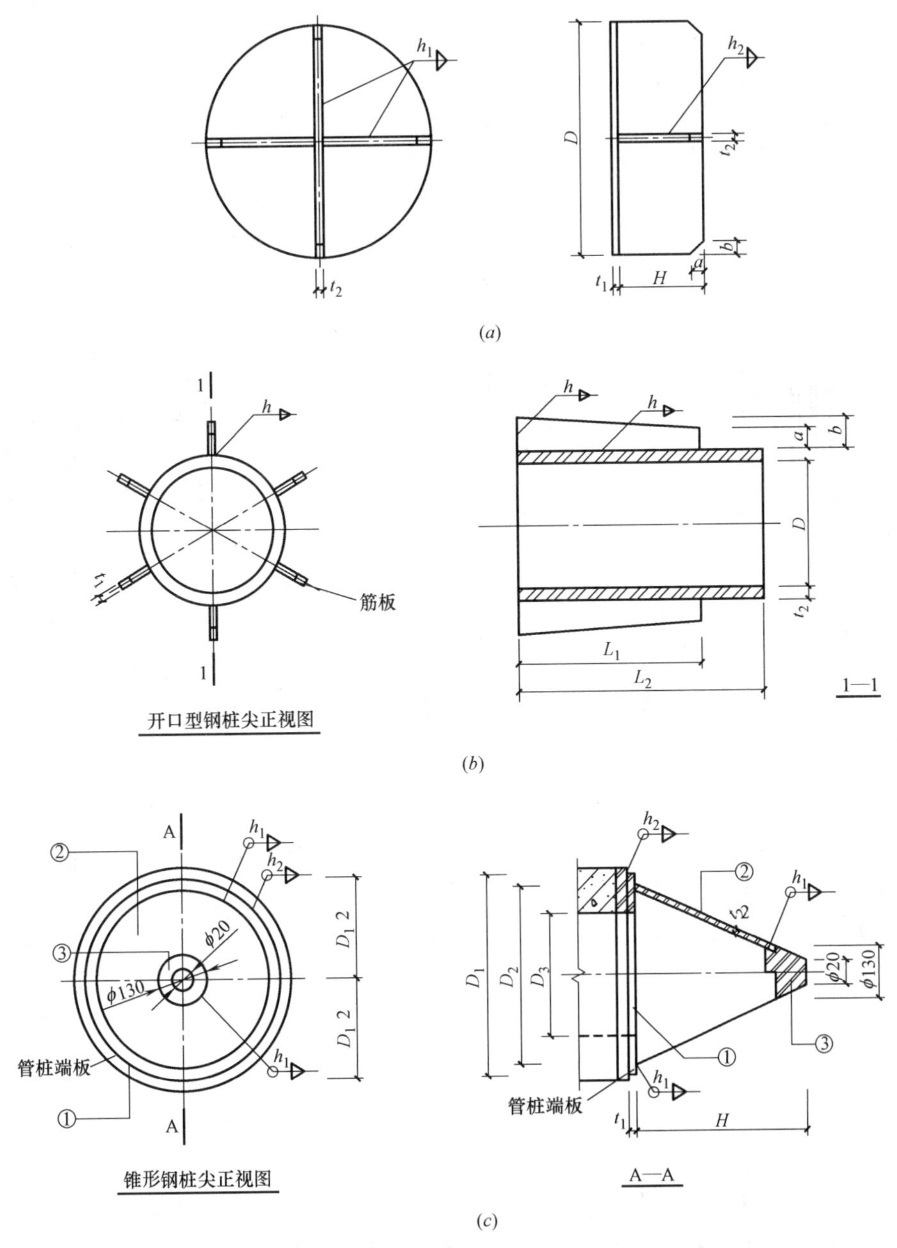

图 8.2-6 预应力管桩桩尖构造示意图

(a) 十字形钢桩尖；(b) 开口形钢桩尖；(c) 锥形钢桩尖

注：引自国家通用建筑标准设计图集《预应力混凝土管桩》10G409。

接桩应避免桩尖接近硬持力层或桩尖处于硬持力层时进行，这是由于在沉桩（主要是锤击沉桩时），当桩端从软弱土层进入坚硬土层而突然停止进行接桩时，桩身会产生较大拉应力，因此应予以避免。接桩时，其入土部分预应力管桩的桩头宜高出地面0.5～1.0m。

预应力管桩桩节的连接可采用端板焊接或机械快速接头（图8.2-7）。端板钢材应明确采用Q235B，端板锚孔及其与预应力钢棒连接是连接构造的关键。当预应力管桩用作抗拔桩时，除对管节间的连接应进行相关验算外，可对端板厚度作适当加强、增大端板的焊接剖口尺寸和设置端部锚固筋。机械快速接头在广东等地区的工程中也有应用，主要是啮合式机械快速接头，见图8.2-7。

预应力管桩如需截桩，应采用有效措施以确保截桩后预应力管桩的质量，如采用锯桩器，严禁采用大锤横向敲击截桩或强行扳拉截桩。

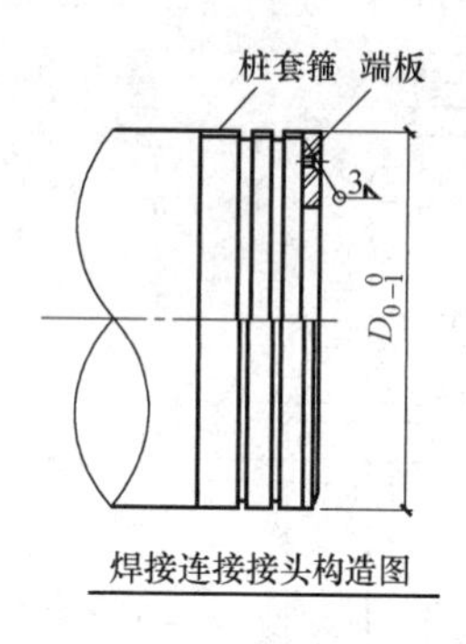

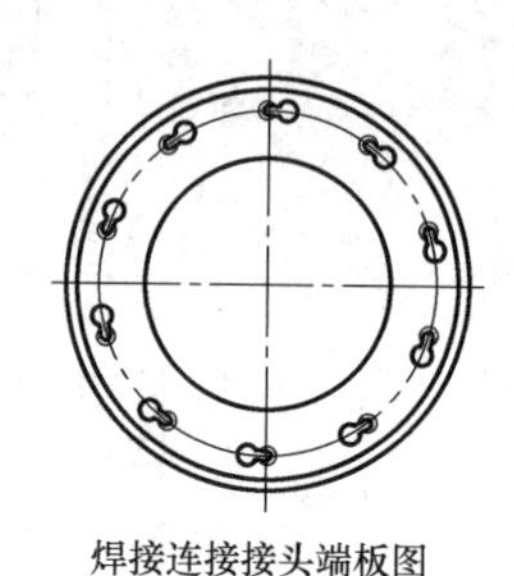

图8.2-7 预应力管桩焊接接头构造示意图

注：引自国家通用建筑标准设计图集《预应力混凝土管桩》10G409。

3. 预应力空心方桩

在实际工程中，预应力空心方桩也有应用。预应力空心方桩截面形状外方内圆，其生产工艺更接近预应力管桩。

国家建筑标准设计图集《预应力空心方桩》08SG360中对预应力空心方桩的强度等级、尺寸、配筋等都有相关规定。预应力空心方桩按混凝土强度等级可分为预应力高强混凝土空心方桩（PHS）、预应力混凝土空心方桩（PS）两种，桩身分别采用C80和C60钢筋混凝土。常用截面包括300、350、400、450、500、550、600、650、700等9种，桩型包括A、AB、B型三种。

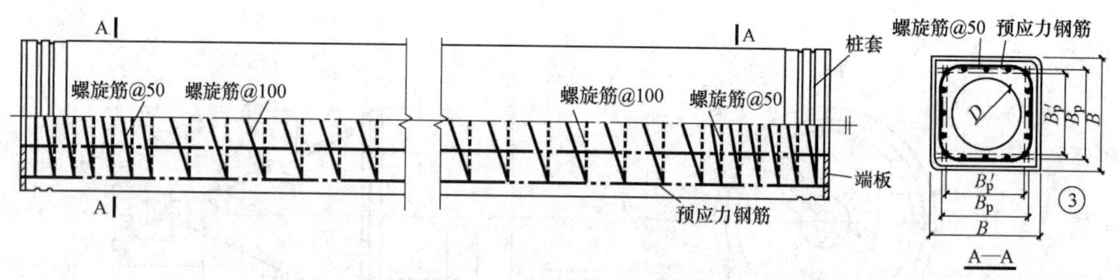

图8.2-8 预应力空心方桩构造示意图

注：引自国家通用建筑标准设计图集《预应力空心方桩》08SG360。

预应力空心方桩截面配筋率不小于0.4%。混凝土的有效预压应力不低于3.0N/mm²，混凝土保护层厚度不宜小于30mm，预应力空心方桩的接头可采用端板焊接。预应力空心方桩的接头数量不宜超过3个。预应力空心方桩一般不宜截桩，如遇特殊情况确需要截桩时，可采用机械法截去。

8.2.1.3 钢桩

1. 主要类型和基本尺寸

钢桩在我国过去很少采用，仅从20世纪70年代末起，对海洋平台基础和建造在深厚软土地基上少量的高重建筑物，才开始采用大直径开口钢管桩，在个别工程中也有采用宽翼板 H 型钢桩。钢桩具有易于贯入、耐击打、桩身承载力高等优点。

表 8.2-7 列出了钢管桩主要规格及其截面特性，钢管桩材料一般为 Q235，少量也有用 16Mn 等低合金钢带焊制。使用 Q235 钢时，应根据工程需要选用合适质量等级的镇静钢。重要海港工程经技术经济比较也可采用耐腐蚀钢种。

常用钢管桩规格 **表 8.2-7**

钢管桩尺寸			重量		面积			断面特性		
外径 (mm)	厚度 (mm)	内径 (mm)	(kg/m)	(m/t)	断面积 (cm^2)	外包面积 (m^2)	外表面积 (m^2/m)	断面系数 (cm^3)	惯性矩 (cm^4)	惯性半径 (cm)
406.4	9	388.4	88.2	11.34	112.4	0.13	1.28	109×10	222×10^2	14.1
	12	382.4	117	8.55	148.7			142×10	289×10^2	14
508	9	490	111	9.01	141.1	0.203	1.6	173×10	439×10^2	17.6
	12	484	147	6.8	187			226×10	575×10^2	17.5
	14	480	171	5.85	217.3			261×10	663×10^2	17.5
609.6	9	591.6	133	7.52	169.8	0.292	1.92	251×10	766×10^2	21.2
	12	585.6	177	5.65	225.3			330×10	101×10^3	21.1
	14	581.6	206	4.85	262			381×10	116×10^3	21.1
	16	577.6	234	4.27	298.4			432×10	132×10^3	21
711.2	9	693.2	156	6.41	198.5	0.397	2.23	344×10	122×10^2	24.8
	12	687.2	207	4.83	263.6			453×10	161×10^3	24.7
	14	683.2	241	4.15	306.6			524×10	186×10^3	24.7
	16	679.2	272	3.65	349.4			594×10	212×10^3	24.6
812.8	9	794.8	178	5.62	227.3	0.519	2.55	452×10	184×10^2	28.4
	12	788.8	237	4.22	301.9			596×10	242×10^3	28.3
	14	784.8	276	3.62	351.3			690×10	280×10^3	28.2
	16	780.8	314	3.18	400.5			782×10	318×10^3	28.8
914.4	12	890.4	267	3.75	340.2	0.567	2.87	758×10	346×10^2	31.9
	14	886.4	311	3.22	396			878×10	401×10^3	31.8
	16	882.4	351	2.85	451.6			997×10	456×10^3	31.8
	19	876.4	420	2.38	534.5			117×10^2	536×10^3	31.7
1016	12	992	297	3.37	378.5	0.811	3.19	939×10	477×10^3	35.5
	14	988	346	2.89	440.7			109×10^2	553×10^3	35.4
	16	984	395	2.53	502.7			124×10^2	628×10^3	35.4
	19	978	467	2.14	595.4			146×10^2	740×10^3	35.2

注：引自日本钢管桩协会，1984。

表 8.2-8 列出了宽翼板 H 型钢桩主要规格及其截面特性。

H 型钢桩主要规格及截面特性 **表 8.2-8**

H 钢桩型号 断面高×每延米重 (m m)×(N/m)	截面积 (cm^2)	截面高 (mm)	翼板宽 (mm)	翼板厚 (mm)	腹板厚 (mm)	截面特征			
						x-x 惯矩 (cm^4)	x-x 截面系数 (cm^3)	y-y 惯矩 (cm^4)	y-y 截面系数 (cm^3)
HP360×1740	222	360.9	378.1	20.45	20.45	50780	2817	18440	975
HP360×1520	194	355.9	375.5	17.91	17.91	43700	2458	15820	842
HP360×1320	169	351.3	373.3	15.62	15.62	37330	2147	13570	726
HP360×1090	139	345.7	371.0	12.83	12.83	30340	1753	10860	587
HP310×1740	222	324.6	326.9	23.62	23.62	39370	2425	13780	842

续表

H钢桩型号 断面高×每延米重 (m m)×(N/m)	截面积 (cm²)	截面高 (mm)	翼板宽 (mm)	翼板厚 (mm)	腹板厚 (mm)	截面特征			
						x-x 惯矩 (cm^4)	x-x 截面系数 (cm^3)	y-y 惯矩 (cm^4)	y-y 截面系数 (cm^3)
HP310×1520	194	319.7	320.5	20.82	20.82	33800	2113	11450	714
HP310×1320	169	313.7	313.1	18.29	18.29	28840	1835	940	601
HP310×1100	141	308.1	310.3	15.49	15.37	23680	1537	7740	498
HP310×940	119	303.3	308.0	13.08	13.08	19650	1296	6370	415
HP310×790	100	299.2	306.0	11.05	11.05	16340	1095	5290	346
HP250×850	108	253.7	259.7	14.35	14.35	12240	964	4200	323
HP250×630	80	246.4	256.0	10.67	10.54	8740	711	2980	233
HP200×540	68.4	203.7	207.3	11.30	11.30	4950	488	1680	162

注：引自 Bowles，J. E. 1982。

钢管桩主要截面特性及重量的计算公式

单位长度重量 $Q=0.2466\cdot(D-t)\cdot t$ (N/ m) (8.2.1*a*)

截面面积 $A=\pi\cdot t\cdot(D-t)\times10^{-2}$ (cm^2) (8.2.1*b*)

惯性矩 $I=\frac{\pi}{64}(D^4-d^4)\times10^{-4}$ (cm^4) (8.2.1*c*)

截面系数 $W=\frac{\pi}{32}\cdot\frac{D^4-d^4}{D}\times10^{-3}$ (cm^3) (8.2.1*d*)

式中 D——钢管桩外径（mm）；

t——钢管桩壁厚（mm）；

d——钢管桩内径（mm）。

钢管桩管壁的设计厚度由有效厚度和腐蚀厚度两部分组成，腐蚀厚度的计算在本节第3部分具体介绍。钢管桩管壁的最小有效厚度不应小于7mm；钢管桩外径与管壁有效厚度之比 D/t 不宜大于100，当 D/t 大于100时，应考虑局部弯曲而降低钢材的强度设计值。

钢管桩桩尖构造包括敞口和闭口两种，敞口钢管桩常需在桩端设置加强箍提高桩身沉桩能力（也有不带加强箍的形式），闭口钢管桩有平底、锥底两种。H型钢桩桩端可以设置端板，也可不带端板，做成锥底或平底形式。

2. 桩身接头构造

钢桩与承台的连接构造详见8.2.2节承台的构造要求。钢桩的分段长度宜为12～15m，一般应采用焊接连接。钢管桩桩身接头采用上下节桩对接焊接方法连接，其构造示意图见图8.2-9（*a*）。宽翼板H型钢桩桩身接头可采用对焊或采用连接板贴角焊。其构造示意见图8.2-9（*b*）。

3. 钢桩的防腐蚀

钢桩的腐蚀是钢桩设计中的重要问题。管壁腐蚀厚度的计算方法有两种，比较多的是按设计使用年限和年腐蚀速率进行考虑，另一种是考虑使用年限内钢管桩管壁总的腐蚀厚度，一般按经验2mm取用。对于腐蚀速率，建筑工程一般可按表8.2-9取用。

根据现行《港口桩基设计规范》，海港工程、河港工程钢桩在大气区、水位变动区域、浪花飞溅区、泥下区的腐蚀速率参见表8.2-10。

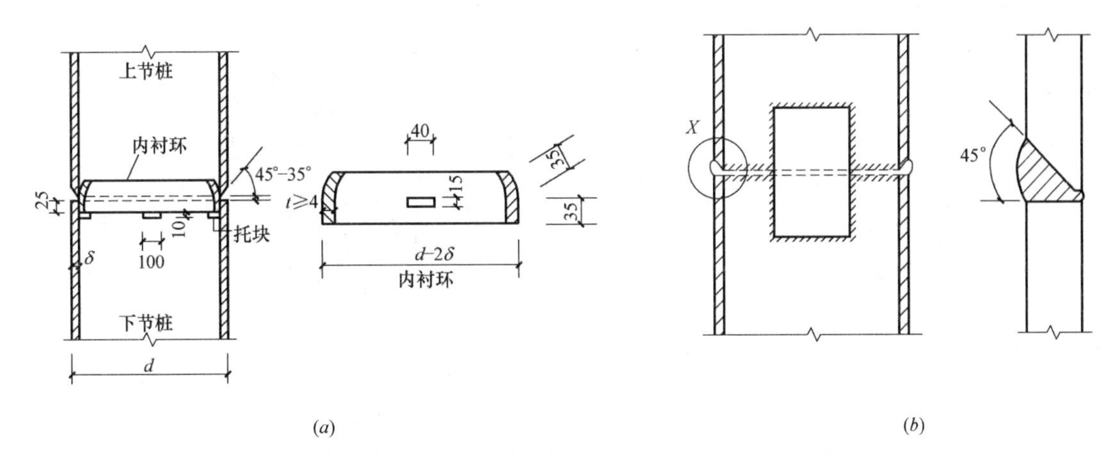

图 8.2-9　钢桩接头

(a) 钢管桩接头；(b) H 型钢桩接头

建筑工程中钢桩年腐蚀速率建议取值　表 8.2-9

钢桩所处环境		单面腐蚀率(mm/y)
地面以上	无腐蚀气体或腐蚀性挥发介质	0.05～0.1
地面以下	水位以上	0.05
	水位以下	0.03
	水位波动区	0.1～0.3

注：引自行业标准《建筑桩基技术规范》JGJ 94—2008。

海港（河港）工程中钢桩年腐蚀速率取值　表 8.2-10

	部位	单面腐蚀率(mm/y)
海港工程	大气区	0.05～0.10
	浪溅区	0.20～0.50
	水位变动区	0.12～0.20
	泥下区	0.05
河港工程	平均低水位以上	0.06
	平均低水位以下	0.03

注：引自现行行业标准《港口桩基技术规范》JGJ 254。

钢桩的腐蚀，也有一些实测资料。2002 年，宝钢先后挖出了在地基土中已 25 年的钢管桩。实测结果表明，19 根钢管桩试桩内外两侧的腐蚀量为 0.4～0.9mm，平均为 0.6mm。两侧同时腐蚀速度基本在 0.02～0.03mm/年之间，单面腐蚀速度小于 0.02mm/年。

钢桩防腐措施可选用外表面涂防腐层、增加腐蚀余量及阴极保护等。有需要时，钢管桩的管内可填充一定高度的低强度等级混凝土，对于提高桩身强度、抗弯刚度、承载力以及防腐能力都是有利的。

8.2.2　承台的构造要求

8.2.2.1　承台的类型、布桩及埋深

1. 承台的类型

(1) 根据上部结构类型和荷载传递要求，桩基承台可采用独立承台、条形承台、交叉

条形承台、筏形承台和箱形承台等形式，常用承台形式的示意如图 8.2-10 所示。

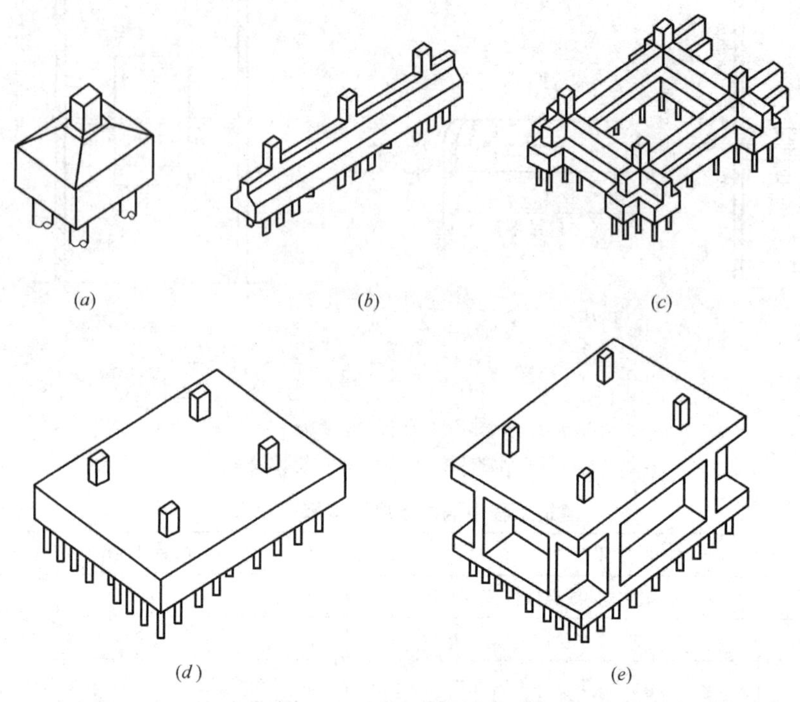

图 8.2-10 承台的基本形式

(a) 独立承台；(b) 条形承台；(c) 交叉条形承台；(d) 筏形承台；(e) 箱形承台

(2) 柱下桩基一般选用独立承台，墙下桩基一般选用条形承台或交叉条形承台。若柱距不大，柱荷载较大，柱下独立承台之间可能出现较大不均匀沉降时，也可将独立承台沿一个方向连接起来形成柱下条形承台，或在两个方向连接起来形成交叉条形承台。

(3) 当上部结构荷载很大，若采用条形承台或交叉条形承台桩群布置不下时，可考虑选用筏形承台。根据上部结构类型的不同，筏形承台可分为平板式和梁板式。平板式筏形承台多用于上部为筒体结构、框筒结构和柱网均匀、柱距较小的框架结构中，而梁板筏形承台可用于上部为柱距较大的框架结构中。

2. 承台下布桩的一般要求

(1) 承台下布桩的最基本要求就是要使桩群中各桩的桩顶荷载和桩顶沉降尽可能地均匀。为此，布桩时要使上部结构传来的长期作用荷载在承台底面的合力作用点应尽可能与该部分桩群的形心位置相重合，应当注意这时不仅要考虑整个建筑物下全部桩群的形心要与建筑物总荷载的合力作用点相重合，也要考虑建筑物中各相对独立部分下的桩群形心与相应上部结构荷载的合力作用点相重合。

(2) 为节约材料应尽量缩小承台的平面尺寸，一般应尽可能按最小桩距进行布桩。最小桩距的具体要求参见本章表 8.2-11 中的规定。但应注意，对于独立承台下的桩数一般不宜少于三根，当地基土对桩的支承力、桩身结构强度及施工质量有可靠保证的前提下，柱下独立承台也可采用一根或两根桩，墙下条形承台也可采用单排桩，但需按规定在承台之间设置必要的连系梁。

(3) 墙下条形承台及交叉条形承台下宜均匀布桩，但在门窗下尽可能不布桩，柱下条形承台及交叉条形承台下的桩宜布置在与上部荷载作用相对应的位置下面，其中梁板式筏形和箱形承台下的桩尚应考虑尽可能布置在梁板的纵横梁和箱形承台的内外隔墙下。

(4) 在整个建筑物下，当桩基与天然地基混合布置时，设计时应予以特别注意。原则上讲，一般不宜在部分柱或墙下设置桩基，而在另一部分柱或墙下则支承在天然地基上。但当必须采用桩基与天然地基混合布置方案时，尤其是在软土地基中，则必须进行详尽的沉降估算及分析，使桩基与天然地基之间的沉降差尽可能小，若估算的沉降差较大时，则不宜采用混合布置方案，对设置在桩基和天然地基上的结构构件之间应采用沉降缝断开或其他有效措施。

3. 承台的埋深及其他有关问题

(1) 承台的埋深应根据工程地质条件、建筑物使用要求、荷载性质以及桩的承载力要求等因素综合考虑。筏形承台和箱形承台的埋置深度不宜小于建筑物高度的 1/18～1/20。在满足桩基稳定的前提下承台宜浅埋，并尽可能埋在地下水位以上。这样能便于施工，在冻土地区能减少地基土冻胀对承台的影响，工程造价也能经济。但不得因埋深过浅造成水平荷载作用下产生过大的水平位移而影响其正常使用。特别是在软土地基中，当桩基设计需要承台侧面能承担部分水平荷载时，承台的埋深和侧面积都需满足所需土压力的要求，且一般不宜小于建筑高度的 1/18。

(2) 当承台必须埋在地下水位以下时，除了在施工时采取必要的降水措施外，如地下水对承台材料有侵蚀时尚应考虑采取必要的防止侵蚀措施。

(3) 在冻深较大（标准冻深大于 1m）地区，当承台下为弱冻胀、冻胀性土时，承台下应换填粗砂、中砂、炉渣等松散材料，厚度不宜小于 30cm。当承台下为强冻胀性土时，承台下应预留 10～15cm 空隙；或换填粗砂、中砂、炉渣等松散材料，并预留 5～10cm 空隙，承台四周应填以粗砂、中砂、炉渣等松散材料，或在承台侧表面涂沥青、包油毡作隔离层。处理构造参见图 8.2-11。在冻深较小（标准冻深等于和小于 1m）地区，承台底位于冻深线以上时，承台下宜换填粗砂、中砂、炉渣等松散材料，厚度一般不小于 10cm。

(4) 对于膨胀土地基，可根据土的胀缩性、胀缩等级，采用上述类似措施进行承台的防膨胀处理。

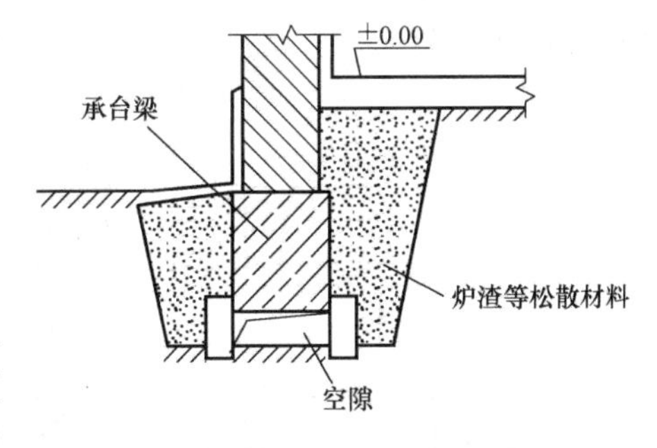

图 8.2-11 承台下地基冻胀处理

8.2.2.2 承台的形式和基本尺寸

1. 承台的平面形式和基本尺寸

对于独立承台和筏形承台，根据上部结构类型和布桩要求，可采用矩形、三角形、多边形和圆形等形式的现浇承台板；对于条形和交叉条形承台，一般采用现浇连续承台梁，当需防冻胀或地基土膨胀时，为便于承台梁设置防胀设施，也可采用预制承台梁，一般情况下，承台的平面尺寸是根据上部结构荷载分布和布桩要求确定的，为节省材料，应使承台的平面尺寸尽可能小，为此宜考虑尽可能按最小桩距要求布桩，表 8.2-11 列出了桩的最小中心距 S_{min} 的数值。当施工中采取减小挤土效应的可靠技术措施时，桩的最小中心距可根据当地经验适当减小。边桩中心至承台边缘的距离不宜小于桩的直径或边长，且桩的外边缘至承台边缘的距离不宜小于150mm。对于条形承台梁，桩的外边缘至承台梁边缘的距离不小于75mm。承台下部钢筋至承台顶面的高度不宜小于300mm。

桩最小中心距 S_{min} **表 8.2-11**

土类与成桩工艺		排数不少于3排且桩数不少于9根的摩擦型桩	其他情况
非挤土灌注桩		3.0d	3.0d
部分挤土桩	非饱和土、饱和非黏性土	3.5d	3.0d
	饱和黏性土	4.0d	3.5d
挤土桩	非饱和土、饱和非黏性土	4.0d	3.5d
	饱和黏性土	4.5d	4.0d
钻、挖孔扩底桩		2D或D+2.0m(D>2m)	1.5D或D+1.5m(D>2m)
沉管夯扩、钻孔挤扩桩	非饱和土、饱和非黏性土	2.2D且4.0d	2.0D且3.5d
	饱和黏性土	2.5D且4.5d	2.2D且4.0d

注：1. d——圆桩设计直径或方桩设计边长，D——扩大端设计直径。
2. 当纵横向桩距不相等时，其最小中心距应满足“其他情况”一栏的规定。
3. 当为端承桩时，非挤土灌注桩的“其他情况”一栏可减小至2.5d。

2. 承台的剖面形式和基本尺寸

(1) 现浇柱下独立承台的剖面一般采用矩形等厚度板形式。为节省混凝土用量，独立承台也可采用台锥形式或台阶形剖面形式，图8.2-12给出的三种典型剖面形式。台锥形或台阶形实际就是在矩形剖面肩角部割坡或变阶而成，对于承台的厚度以及割坡的起点和坡角或变阶部位的尺寸均应满足本章8.4节承台结构计算中局部受压、抗冲切、抗剪切和抗弯承载力的计算要求。承台板的厚度一般不宜小于300mm。台锥形和台阶形承台的边缘厚度也不宜小于300mm。如图8.2-12 (b) 所示台锥形承台，当$a/h_0>1$时，侧面坡度宜满足$n/m<1/3$；当$a/h_0<1$时，侧面坡度宜满足$n/m<1/2$。如图8.2-12 (c) 所示台阶形承台，每阶高度一般为300～500mm，柱边与台阶形承台最上部两阶交界点连线的坡度宜满足$n/m<1/2$。

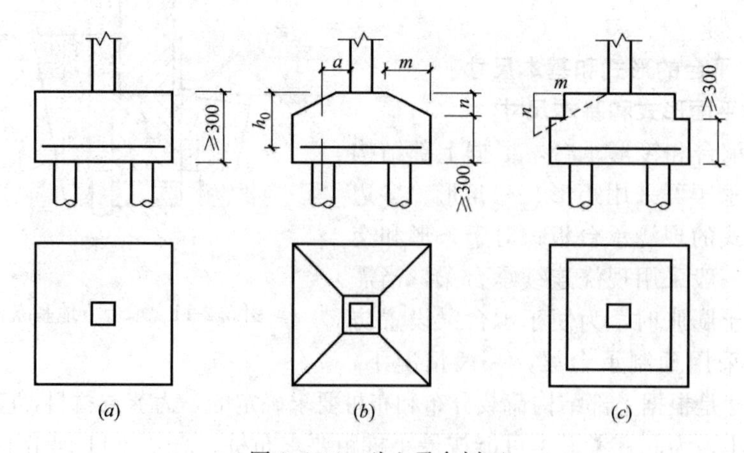

图8.2-12 独立承台剖面

（2）如图8.2-13所示条形承台（或交叉条形承台）的剖面一般采用矩形或倒T形的截面形式，至于柱下条形承台（或交叉条形承台）则一般采用倒T形的截面形式。条形承台也可采用割坡，侧面坡度宜满足$n/m<1/2$。

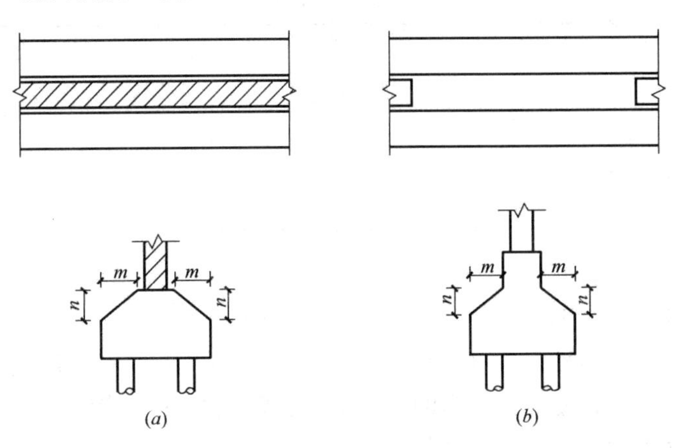

图8.2-13 条形承台剖面

（3）对于筏形承台板，为了避免因抗冲切承载力不足而把板厚设计过大，可将桩顶扩大成倒锥台形（图8.2-14a）类似无梁楼盖的构造形式，以提高其抗冲切能力。同样，在柱底不影响使用要求的条件下，也可将其扩大成正锥台形（图8.2-14b）。

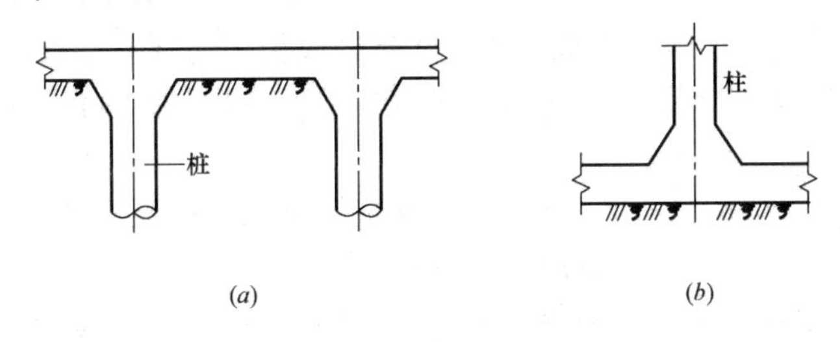

图8.2-14 筏形承台剖面

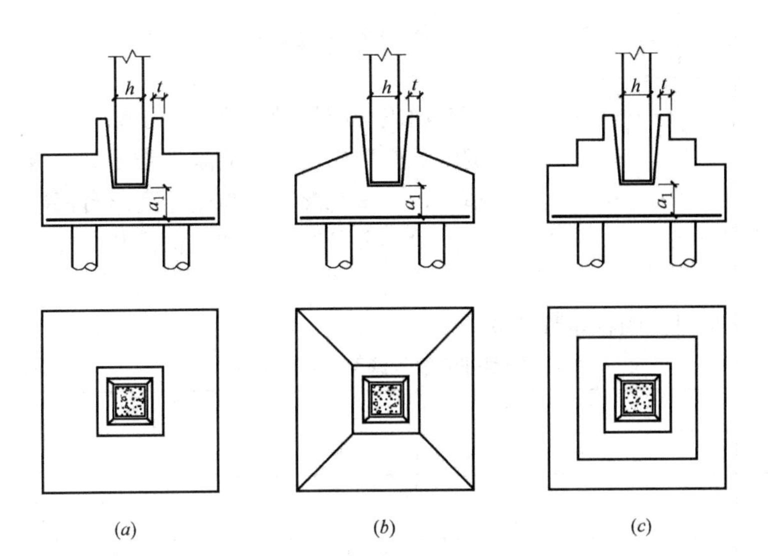

图8.2-15 杯形承台剖面

（4）当上部结构为预制柱时，承台应做成杯口，示意如图8.2-15所示，杯口承台的杯底有效高度 a_1 和杯壁厚度 t 可参照表8.2-12选用。

杯口承台的杯底和杯壁高度 **表8.2-12**

柱断面长边尺寸 h(mm)	杯底有效高度 a_1(mm)	杯壁厚度 t(mm)
$h<500$	≥250	150～200
$500\leqslant h<800$	≥300	≥200
$800\leqslant h<1000$	≥300	≥300
$1000\leqslant h<1500$	≥300	≥350
$1500\leqslant h<2000$	≥400	≥400

8.2.2.3 承台的连接

1. 承台与混凝土柱的连接

（1）现浇混凝土柱的桩基承台，其插筋的数量、直径以及钢筋种类应与柱内纵向受力钢筋相同。柱纵向受力钢筋在基础内的最小锚固长度 l_{aE} 应按下式计算确定：

一、二级抗震等级　　$l_{aE}=1.15l_a$

三级抗震等级　　$l_{aE}=1.05l_a$

四级抗震等级　　$l_{aE}=1.0l_a$

式中　l_a——纵向受力钢筋的锚固长度按现行国家标准《混凝土结构设计规范》GB 50010有关规定确定。

钢筋混凝土柱纵筋的下端宜做成直钩放在基础底板钢筋网上。当符合下列条件之一时，可仅将四角的钢筋伸到底板钢筋网上，其余纵筋不伸到底板钢筋网上，但仍需满足上述最小锚固长度要求。

① 当柱为轴心受压或小偏心受压，基础高度大于等于1200mm时；

② 当柱为大偏心受压，基础高度大于等于1400mm时。

（2）杯形承台与预制混凝土柱的连接构造示意图如图8.2-16所示。

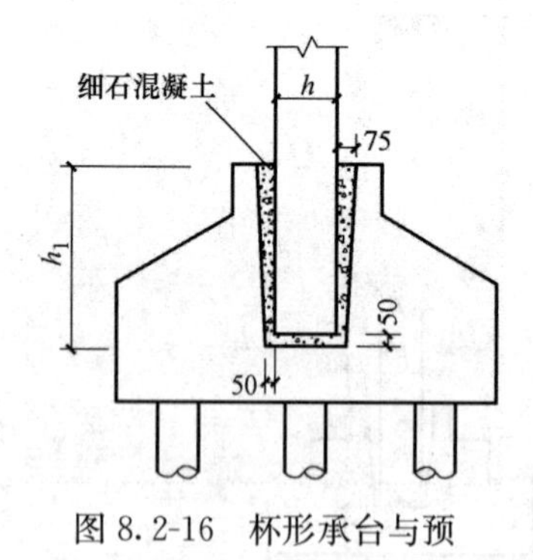

图8.2-16　杯形承台与预制柱的连接

杯口内表面应尽量凿毛，柱子插入杯口后，柱与杯口之间的空隙应采用比承台混凝土强度高一级的细石混凝土密实填充，当填充混凝土强度达到承台混凝土设计强度的70%以上时，方可进行上部结构吊装。柱子插入杯口的深度 h_1，可参照表8.2-13选用。同时，h_1 应满足钢筋锚固长度的要求及吊装时柱的稳定性要求。

预制柱的插入深度 h_1（mm） **表8.2-13**

矩形或工字形柱				双肢柱
$h<500$	$500\leqslant h<800$	$800\leqslant h\leqslant 1000$	$h>1000$	
$h_1=(1.0\sim1.2)h$ 且≥500	$h_1\geqslant h$	$h_1\geqslant 0.9h$ 且≥800	$h_1\geqslant 0.8h$ 且≥1000	$h_1=(1/3\sim2/3)h_a$ 且 $=(1.5\sim1.8)h_b$

注：1. h 为柱截面长边尺寸（mm）；h_a 为双肢柱整个截面长边尺寸；h_b 为双肢柱整个截面短边尺寸；
2. 柱为轴心受压或小偏心受压时，h_1 可适当减小；柱偏心距大于 $2h$ 时，h_1 应适当加大。

2. 承台与桩的连接

上部结构的荷载通过承台传递到桩顶，不同性质的荷载对承台与桩的连接有相应的不同要求：竖向下压荷载要求桩顶与承台底紧密接触；竖向上拔荷载要求桩顶与承台连接的抗拉强度不低于桩身抗拉强度；水平荷载要求桩顶与承台连接的抗剪切强度不低于桩身抗剪切强度，且桩与承台之间形成铰接或固接；弯矩荷载则要求桩顶与承台固接相连，若为铰接则不能将弯矩直接传递于桩顶，而只能借助承台的刚性将弯矩转变为拉、压荷载传给桩顶。由于实际桩基工程中，只承受竖向下压荷载的情况很少，因此一般需要将桩顶嵌入承台，具体要求为：

（1）预制混凝土桩和灌注桩桩顶嵌入承台的高度应根据桩的受力情况、设计假定及施工条件等综合考虑，不宜小于 100mm；当桩径小于 400mm 时，不宜小于 50mm。混凝土桩的桩顶主筋应伸入承台内，其锚固长度不宜小于 35 倍主筋直径；对于抗拔桩桩顶主筋的锚固长度应按现行国家标准《混凝土结构设计规范》GB 50010 确定，必要时需采取一定的锚固措施。图 8.2-17 给出预应力桩与承台连接详图，预应力桩桩顶内需设置托板并放入钢筋骨架，桩顶标高以下浇灌填芯混凝土，混凝土强度等级同承台混凝土。对抗压预应力管桩，桩顶嵌入承台高度一般为 50～100mm，混凝土填芯高度一般为 1.5～2m；对抗拔预应力管桩，混凝土填芯高度应根据填芯混凝土与管桩管壁的粘结强度计算初步确定，并应通过试验结果进行确认，且混凝土填芯高度不小于 2m。

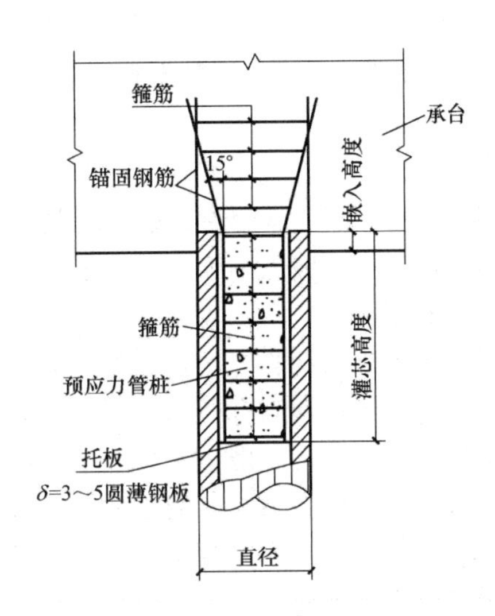

图 8.2-17 预应力桩顶与承台连接示意

（2）钢桩桩顶与承台之间固接构造要求如图 8.2-18 所示。

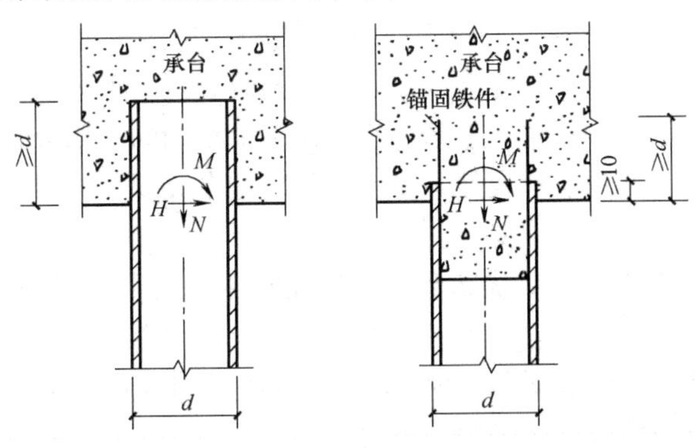

图 8.2-18 钢桩桩顶与承台的固接连接

注：图中 d 为钢管桩外径或 H 型钢桩截面高，单位 cm。

3. 承台与承台的连接

（1）单桩承台，宜在两个相互垂直的方向上设置连系梁；两桩承台，宜在其短向设置连系梁；单排桩条形承台，宜在垂直于承台梁方向的适当部位设置连系梁；有抗震要求的柱下独立承台，宜在两个主轴方向设置连系梁；

(2) 连系梁起传递水平荷载的作用，能增强桩基承台之间的共同作用。连系梁截面一般可按可能的最大水平压力确定，配筋则按可能的最大水平拉力确定。有抗震要求的桩基承台，连系梁所承受水平荷载按桩基最大水平剪力确定，或取桩基竖向静荷载的1/10估算。

(3) 连系梁的高度不宜小于相邻承台中心距的1/15，宽度不宜小于250mm，连系梁顶面宜与承台顶面位于同一标高。当承台之间设有钢筋混凝土基础梁时，可以利用基础梁兼起连系梁的作用。

(4) 连系梁的混凝土强度等级应和承台相同。连系梁的配筋，上下各不宜少于两根直径12mm以上钢筋，并按受拉钢筋要求锚入承台。

8.2.2.4 承台混凝土和钢筋

1. 混凝土

为保证承台有足够的拉冲切、拉弯、抗剪切和局部受压承载力，承台混凝土强度等级不宜低于C25。承台受力钢筋的混凝土保护层厚度不宜小于50mm。承台下部钢筋保护层厚度应与桩顶嵌入高度一致。承台侧面和顶面钢筋的混凝土保护层厚度不宜小于35mm。

2. 钢筋

承台受力钢筋应通长布置，不应长短相间或缩短后交叉布置。矩形承台板配筋宜按双向均匀布置，钢筋直径不应小于12mm，间距不应大于200mm，并不应小于100mm。柱下独立桩基承台的最小配筋率不应小于0.15%。对于三桩承台，钢筋应按三向板带均匀布置，且最里面的三根钢筋围成的三角形应在柱截面范围内。钢筋锚固长度自边桩内侧（当为圆桩时，应将其直径乘以0.8等效为方桩）算起，不应小于35倍钢筋直径；当不满足时应将钢筋向上弯折，此时水平段的长度不应小于25倍钢筋直径，弯折段长度不应小于10倍钢筋直径。

8.2.3 桩基结构的设计原则

8.2.3.1 概率极限状态设计原则

根据国家《工程结构可靠性设计统一标准》GB 50153—2008以及《建筑结构可靠度设计统一标准》GB 50068—2001的规定，工程结构（包括整个结构、组成结构的构件以及地基基础）宜采用以概率理论为基础、以分项系数表达的极限状态设计方法。桩基作为主要的地基基础形式之一，同时，桩基结构又是整个结构的一部分，理应遵循上述设计原则，采用概率极限状态方法进行设计。目前，国内各有关规范对于桩基结构的设计都基本采用这一设计原则。

极限状态分为承载能力极限状态和正常使用极限状态。由桩身和承台构成的桩基结构，其承载能力极限状态主要验算桩身和承台的截面、内力和配筋，正常使用极限状态主要根据受力状况、环境条件和耐久性要求验算裂缝宽度和抗裂。对于受水平荷载较大或对水平位移有严格限制的桩基，还需验算桩的水平位移。

8.2.3.2 桩基结构设计的特殊性

桩基结构设计与上部结构设计相比，也有其特殊性，主要表现在以下几个方面：

(1) 桩基结构对其施工阶段和使用阶段均应进行两种极限状态的验算。对于预制混凝土桩，其施工阶段的桩身结构计算往往起控制作用，施工阶段验算的内容主要包括预制混凝土桩的起吊、运输、吊立和沉桩等。

（2）使用阶段承压桩在竖向荷载作用下的桩身结构强度验算不同于一般的轴心受压构件的强度验算，在一定程度上属于经验控制方法。主要原因在于：①承压桩的桩身结构强度验算需考虑桩在制作、运输、沉桩、接桩或水下作业等施工过程中，多种不确定因素对桩身材料的削弱影响；②承压桩的桩身结构强度验算还需考虑桩在地基土中实际受力状态与理想的轴心受压状态之间的差异在长期荷载作用下可能产生的不利影响。国内外工程界多数是采用在设计时控制桩身材料容许应力或给定总安全系数等较实用的方法，来综合考虑上述两方面因素的影响。

（3）使用阶段水平荷载作用下的桩身结构两种极限状态验算，与桩身材料性质、桩顶水平位移控制要求等多种因素密切相关，不是独立的构件强度计算。这是由桩顶水平荷载作用下桩-土共同作用的复杂承载、变形性状所造成的。

（4）使用阶段承台结构两种极限状态计算也有其特殊性，一是由于承台在其几何尺寸比例、受荷方式及支承条件等方面与一般结构构件相比都有其特殊性，也使得承台结构的实际受力状态存在较多的不确定性；二是承台的受力尤其是弯曲内力与承台在长期使用阶段逐步形成的沉降弯曲变形有关，但目前弯曲内力计算常用的方法都存在一定的局限（在本章8.4节中将详细讨论），目前承台受力尚缺少合理明确的计算方法。

8.2.3.3 桩基结构设计的主要内容

依据前述概率极限状态设计原则，并考虑桩基结构设计的特殊性，桩基结构设计的主要设计计算内容及作用效应分项系数取用的基本原则可以总结归纳如表8.2-14所示。值得注意的是，在桩基结构的截面、内力与配筋计算时，与上部结构构件计算保持一致，采用作用效应的基本组合，分项系数按相应荷载规范取值，但这些分项系数的规定适用于荷载直接作用的情况。对于变形（或不均匀变形）产生的附加影响（或称为间接作用），其机理和计算都比较复杂，不能直接套用直接作用的分项系数。

桩基结构两种极限状态验算原则 **表8.2-14**

	施工阶段		使用阶段	
	承载能力极限状态	正常使用极限状态	承载能力极限状态	正常使用极限状态
	构件截面、内力、配筋计算	变形及裂缝	构件截面、内力、配筋计算	变形及裂缝
验算内容	预制混凝土桩的起吊、运输、吊立及锤击沉桩		桩与承台结构计算	
作用效应	基本组合（构件重要性系数可取0.9）	标准组合作用下的计算裂缝	基本组合①	标准组合作用下的计算裂缝或变形
抗力限值	经验或结构设计限值	经验或结构设计限值	经验或结构设计限值	经验或结构设计限值

①当采用变形协调原理求解桩基结构内力时，可采用标准组合计算变形及相应的内力再乘以调整系数后进行截面和配筋计算。调整系数需根据类似工程经验确定。

8.3 桩身的结构计算

如前所述，桩身结构计算需要针对桩身在施工阶段和使用阶段不同的受力工况下进行计算。本节将分别从施工阶段预制桩（尤其是预制混凝土桩）的吊运和沉桩过程中桩身结构计算和使用阶段桩身结构计算两方面进行介绍。

8.3.1 施工阶段预制混凝土桩的桩身结构计算

预制混凝土桩（一般包括预制混凝土方桩和预应力混凝土空心桩）主要是根据施工阶段的荷载，即在吊运和沉桩过程中受力状况进行桩身结构计算的。因为在许多场合下，由使用荷载产生的预制混凝土桩桩身结构内力往往低于施工阶段荷载所引起的内力。考虑到受力状态有明显的区别，以下将分别讨论预制混凝土桩在吊运以及沉桩过程中的桩身结构计算问题。

8.3.1.1 预制混凝土桩吊运过程中桩身结构计算

1. 吊运过程中的桩身内力分析

吊运过程一般包括起吊、运输、堆放和旋转吊立就位等几个阶段。在吊运过程中，确定合理的吊点（或支点，下同）位置是控制桩身结构在吊运过程中产生的内力的关键。同时应注意，为方便施工，桩在起吊、运输、堆放和旋转吊立就位等几个阶段中宜采用同一套吊点。由于桩内主筋通常都是沿着桩长均匀分布，所以吊点位置应按使吊运过程中产生的桩身最大正负弯矩绝对值尽可能接近的原则确定。

以预制方桩为例，当桩的长度不大时，可采用一个吊点，但是在一般情况下，当桩长＜18m时，宜采用二点吊点；当桩长＞18m时，宜采用三个吊点。预应力管桩，当桩长小于15m时，宜采用两点吊；15～30m时，宜采用四点吊。

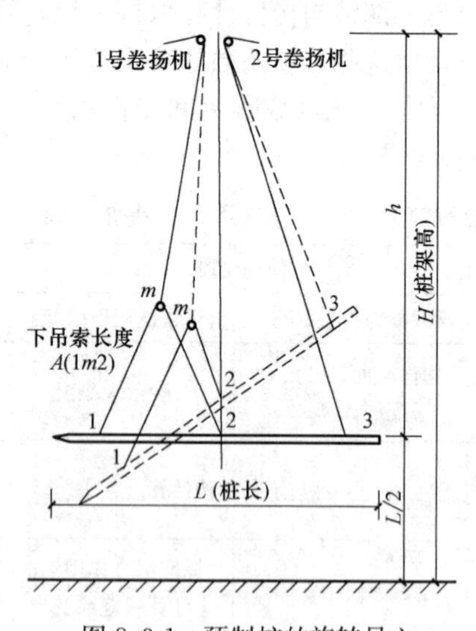

图8.3-1 预制桩的旋转吊立

表8.3-1中列出了分别采用1～4个吊点时常用吊点的位置及其相应的桩身弯矩计算公式。在表8.3-1桩身弯矩计算公式中，q是指包括桩身自重和台座吸力两种性质荷重在内的均布荷载值，其中计算桩身自重时，应考虑起吊时的振动和冲击影响，动力系数可取1.5；计算台座吸力时，一般取3kPa。根据该均布荷载，即可按多跨连续梁计算桩身弯矩。一个吊点时，一般采用表8.3-1（a）中（3）的吊点位置；二个吊点时，一般采用表8.3-1（b）中（3）或（4）的吊点位置；三个吊点时，常采用表8.3-1（c）中（3）的吊点位置。如吊点设在其他位置时，桩身弯矩可参考表8.3-1中有关公式。应当指出，若采用三点吊点（图8.3-1），桩在旋转吊立就位时所用的下吊索的长度必须大于桩长。

2. 吊运过程中桩身结构计算要点

对预制混凝土桩原则上均需根据上述内力分析结果，进行吊运过程中桩身结构的强度计算和抗裂性验算。

对预制钢筋混凝土桩而言，全国通用建筑标准设计结构图集《预制钢筋混凝土桩》11G301中列出的各种规格混凝土桩的配筋，是均已按桩在吊运过程中产生的最大内力（按图集所述方式）进行强度和抗裂度验算，并满足构造要求后确定的。在套用该标准图集时，应注意只有当桩身混凝土强度达到设计强度70%时方可起吊，达到100%时才能运

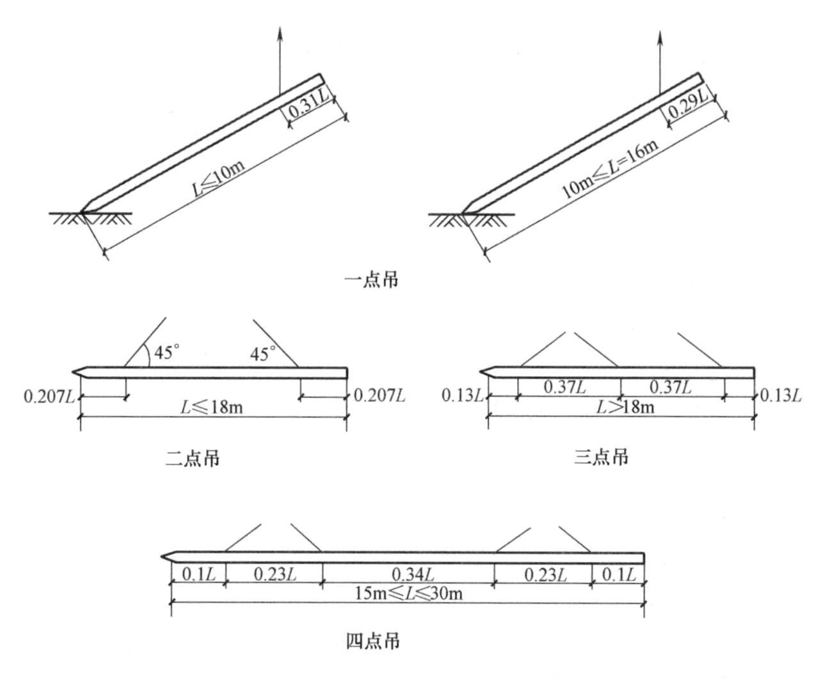

图 8.3-2 桩的旋转起吊

输；桩在旋转吊立就位时，严禁使用吊环等以及其他一些适用条件和有关规定；不能满足图集中的有关要求时，原则上应根据实际现场条件验算配筋。在图集的相关桩身结构计算中，水平吊运、旋转吊立阶段桩身验算时，构件安全等级可取三级，相应结构重要性系数为 0.9。根据图集中的有关规定，预制方桩水平吊运、旋转吊立阶段的裂缝控制等级为三级（允许出现裂缝，但应控制裂缝宽度），裂缝宽度按承压桩小于 0.3mm 控制，承受水平力、上拔力和位于地下水位以下的桩按小于 0.2mm 控制。

吊点的位置及桩身弯矩 **表 8.3-1**

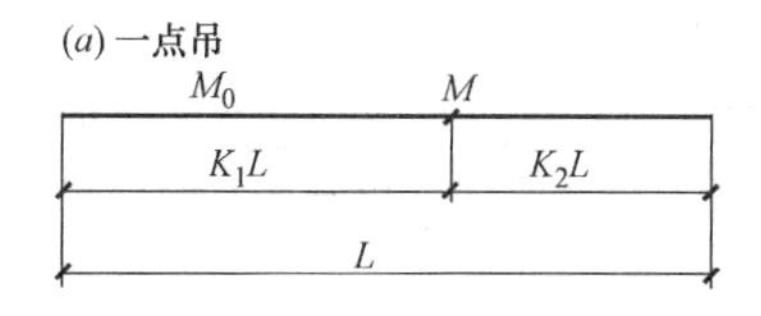

(b) 二点吊

M_1 M_0 M_2

K_1L K_2L K_1L

L

编号	K_1	K_2	支座弯矩 M	跨中弯矩 M_0
1	0.800	0.200	$0.020qL^2$	$0.070qL^2$
2	0.750	0.250	$0.031qL^2$	$0.056qL^2$
3	0.710	0.290	$0.0436qL^2$	$0.042qL^2$
4	0.690	0.310	$0.048qL^2$	$0.038qL^2$

编号	K_1	K_2	支座弯矩 $M_1=M_2$	跨中弯矩 M_0
1	0.200	0.600	$0.020qL^2$	$0.025qL^2$
2	0.250	0.500	$0.031qL^2$	0
3	0.207	0.586	$0.0214qL^2$	$0.0189qL^2$
4	0.210	0.580	$0.022\ qL^2$	$0.020\ qL^2$

续表

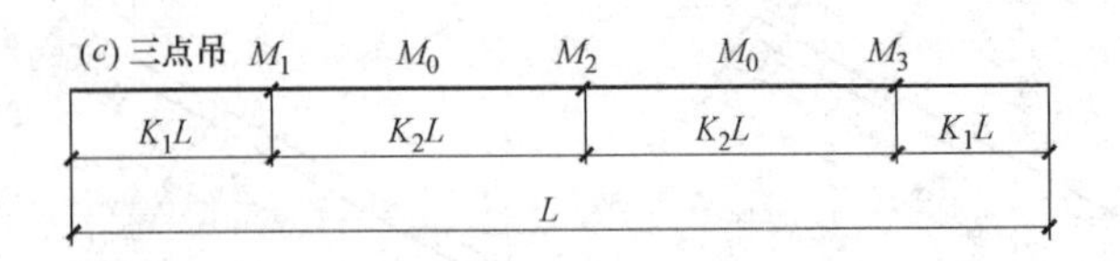

编号	K_1	K_2	支座弯矩 $M_1=M_3$	支座弯矩 M_2	跨中弯矩 M_0
1	0.145	0.355	$0.0105qL^2$	$0.0105qL^2$	$0.0052qL^2$
2	0.153	0.347	$0.0117qL^2$	$0.0092qL^2$	$0.0046qL^2$
3	0.130	0.370	$0.0085qL^2$	$0.0129qL^2$	$0.0065qL^2$

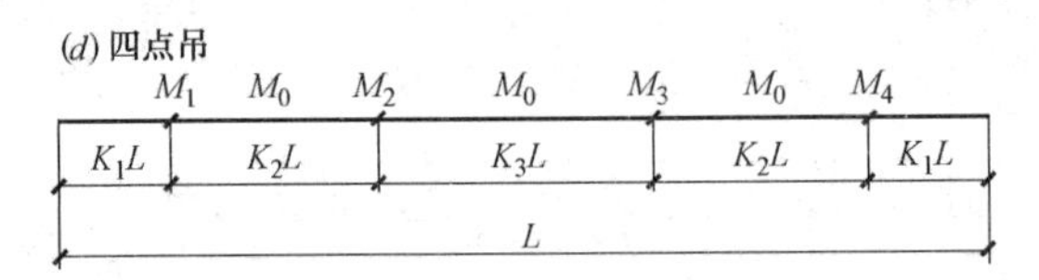

编号	K_1	K_2	K_3	支座弯矩 $M_1=M_4$	支座弯矩 $M_2=M_3$	跨中弯矩 M_0
1	0.100	0.230	0.340	$0.0005qL^2$	$0.0079qL^2$	$0.0065qL^2$

对预应力桩而言，标准图集《预应力混凝土管桩》03SG409 和《预应力混凝土空心方桩》08SG360 也已对施工阶段预应力管桩和预应力空心方桩按图集所述吊点方式，在吊运时的受力状态进行了验算，实际工程如采用其他吊点进行吊运，对于预应力管桩、预应力空心方桩，应按吊运弯矩小于抗裂弯矩进行控制。还应注意，预应力管桩和预应力空心方桩桩身混凝土强度等级应达到设计强度的100%后方能出厂，达到设计强度的100%和龄期（常压养护为28d、预应力管桩蒸养1d、预应力空心方桩蒸养3d）要求后方可沉桩。

8.3.1.2 预制混凝土桩沉桩过程中桩身结构计算

预制混凝土桩的沉桩方法主要有两类：一类是锤击法沉桩，另一类是静压法沉桩。锤击法沉桩是最古老但却是使用最普遍的沉桩方法，而静压法沉桩则是较新型、主要用于软土地基的沉桩方法。

锤击沉桩过程中，当桩顶受到锤击后，桩身中产生应力波的传递，桩身受到反复的锤击压应力和拉应力的作用；而在静压沉桩过程中，由于避免了锤击应力，故在正常压入沉桩过程中的应力一般均小于施工阶段的吊运应力和使用阶段的应力。因此，以下主要讨论锤击沉桩过程中的桩身应力及其相应的桩身结构计算问题。

1. 锤击沉桩过程中桩身应力简述

当桩顶受锤击后，桩身中就产生了应力波，其传递的速度，在混凝土和木材中约为3000～4000m/s，在钢材中约为5000m/s；同时，桩身就受到反复的锤击压应力和拉应力的作用。实测数据表明：预制混凝土桩最大锤击压应力可达20～30MPa，最大值一般发生在沉桩终期，出现在接近桩顶或底端部（尤其是端承桩的端部）；而最大锤击拉应力则可达 6～9MPa，最大值一般发生在沉桩初期或中间时段，出现在桩身中、上部。对预制混凝土桩而言，除桩顶压应力外，工程中主要关心的是锤击过程中桩身拉应力的最大值。影响桩身锤击应力的主要因素有以下五个方面。

1）锤击速度

现场实测数据表明，当锤重一定时，桩身锤击应力随锤击速度增加而增加，而随锤重的增加虽亦略有增加，但不如锤击速度影响那样明显。实测数据还表明，当锤击能量一定时，桩身锤击应力随锤重增加而减少，因此工程实践中采用“重锤低打”对降低桩身锤击应力，是有一定作用的。

2）锤垫及桩垫的刚度

锤垫系指锤与桩帽之间垫块，桩垫则是桩帽与混凝土桩之间垫块。一般在锤击钢桩时不设置桩垫，仅设锤垫。这两种垫块的刚度 K 均与其弹性模量 E、厚度 h 及面积 A 有关，可统一表示为 $K=AE/h$。采用刚度较小的垫块可以增加锤接触桩顶的时间，增长应力波的波长，减小对桩顶的冲击力。但是垫块的刚度也不宜太小，否则垫块将会吸收大量锤击能量，从而增加沉桩时间，降低施工效率。应当指出，在锤击时，当垫块使用几次后，其厚度就会减小，刚度就随之较快增加，因此在锤击沉桩全过程中，使垫块始终保持适当的刚度是很重要的。

在标准图集《预应力混凝土管桩》03SG409 中，要求桩帽或送桩器与预应力管桩周围的间隙应为 5～10mm，桩锤与桩帽之间和桩帽与桩顶之间均加设弹性衬垫，衬垫厚度均匀，压实后的厚度不小于 120mm.

3）桩身材料性质

有关混凝土桩材的弹性模量对锤击应力的影响资料表明，较高的桩材弹性模量导致较高的桩身压应力和拉应力。而且预制混凝土桩的龄期不同，抗冲击能力差异较大，有资料表明，蒸养后的桩强度在 3d 达到要求，但其抗冲击性能仅是 28d 标养构件的 36%。因此，对于预制混凝土桩尤其是入土深度较深、锤击击数高的桩，强调按强度和龄期（预制方桩 28d，预应力管桩不少于 14d）双控标准满足要求后方可锤击沉桩。

实测和理论分析表明，桩身锤击拉应力的大小在很大程度上取决于桩长 l 和应力波波长 l_ω的比值，当桩长小于应力波的波长时，锤击拉应力较小。而应力波的波长一方面是与锤接触桩顶的时间长短有关，同时它也与锤重 W_h 和桩身重量 W_p 有关，瑞典 Broms, B. B.（1981）认为，桩长为 l 的应力波波长 l_ω可近似按下式估算：$l_\omega=3W_h/(W_p/l)$，从该式可以看出，对桩长一定的桩，增加桩锤重量，可以增加应力波波长，从而减小桩身锤击拉应力。

4）桩周地基土条件

实测和理论分析表明，桩周土质条件，不但决定反射应力波的性质，而且也决定反射应力波的强度。一般来说，当桩端土质相当坚硬时，则反射回压力波；当桩端土质极为软弱时，则反射回拉力波。当然，由于桩身材料内部阻尼，以及锤击能量向桩侧地基土的耗散，上述反射波的强度都要小于桩顶初始压应力波。此外，当桩端穿越坚硬土层进入软弱土层时，桩身拉应力值明显增大；当桩端从软弱土层进入坚硬土层而突然停止时，桩身也会产生较大拉应力。

5）制桩质量和沉桩工艺

桩的预制质量不满足规定要求时，如桩顶高低不平，桩身弯曲等都会加大锤击应力值；沉桩时当桩顶进入打桩机的固定位置后强力矫正桩位，桩在受弯或受扭转状态下进行锤击，也会在桩身中产生过大的锤击应力；此外，当桩身出现裂缝或在桩身接头处有间隙时，应力波的波长和强度也都会受到影响等。还有资料表明，当锤击时偏心为1/6桩截面边长时，桩身中的锤击应力要增加一倍。

由于影响锤击应力的因素较多，并且带有随机性，因此长期来有关桩身锤击应力问题，主要是根据工程经验和简单的假定对桩顶的锤击应力作近似估算。

Broms，B. B.（1981）就曾提出在自由落锤作用下，桩顶最大锤击压应力 σ_h 可按下式估算：

$$\sigma_h = \alpha \sqrt{h_e} (\mathrm{MPa}) \tag{8.3.1}$$

式中 α——对钢桩取18，混凝土桩取3，木桩取2；

h_e——自由落锤有效高度，以cm计。

利用冲击波传播原理，桩顶最大锤击压应力 σ_h 也可按下式估算：

$$\sigma_h = \frac{\alpha\sqrt{2 \cdot eE_p\gamma_p H}}{\left(1+\frac{A_c}{A_h}\sqrt{\frac{E_c\gamma_c}{E_h\gamma_h}}\right)\left(1+\frac{A_p}{A_c}\sqrt{\frac{E_p\gamma_p}{E_c\gamma_c}}\right)} \tag{8.3.2}$$

式中 σ_h——桩顶最大锤击压应力（$\mathrm{kN/cm^2}$）；

α——桩锤锤型系数，对自由落锤取1，对柴油锤取2；

e——桩锤效率系数，对自由落锤取0.6，对柴油锤取0.8；

H——桩锤的冲程（cm）；

E——弹性模量（$\mathrm{kN/cm^2}$）；

A——净截面面积（$\mathrm{cm^2}$）；

γ——重度（$\mathrm{kN/m^3}$）；

h、c、p——分别为 E、A、γ 的脚标，h为桩锤（hammer），c为桩垫（cushion），p为桩（pile）。

随着现代土动力学、计算机技术以及量测技术的发展，逐渐发展起一种采用一维波动方程把锤击击沉桩过程作为桩顶受到撞击后在桩身中产生的应力波在桩身内传播过程来分析锤击应力的方法。由于它能较全面考虑多种因素的影响，为分析计算锤击应力提供了一种有力工具。其基本概念是：桩顶受到锤击时，应变以纵波形式沿桩的轴向传递，同时克服桩周土的阻力使桩贯入土中，其应变传递服从一维波动方程：

$$\frac{\partial^2 D}{\partial t^2} = \frac{E}{\rho}\frac{\partial^2 D}{\partial x^2} \pm R \tag{8.3.3}$$

式中 D——沿其纵轴方向的位移；

R——所受到的动阻力；

E、ρ——桩身材料弹性模量和密度。

具体求解方程（8.3.3）时大体有两类方法：

（1）史密斯法：美国史密斯（Smith，E. A.，1962）首先提出应用差分法和电子计算机求解方程（8.3.3）。该法将整个打桩系统抽象化为由许多分离单元所组成，桩锤、桩帽、锤垫、桩垫、桩身部分的弹性均由无质量的弹簧模拟，而各部分的重量则由不可压缩的刚性质块代表。桩周土的弹性、塑性动阻力与静阻力也分别用弹簧、摩擦键及缓冲壶来表示（图 8.3-3）。Smith（1962）并提出了计算图式中涉及的各种参数的初步建议值，从而第一次为实际工程提供了在严密的基础上分析受到许多复杂因素影响的锤击沉桩问题的工具。

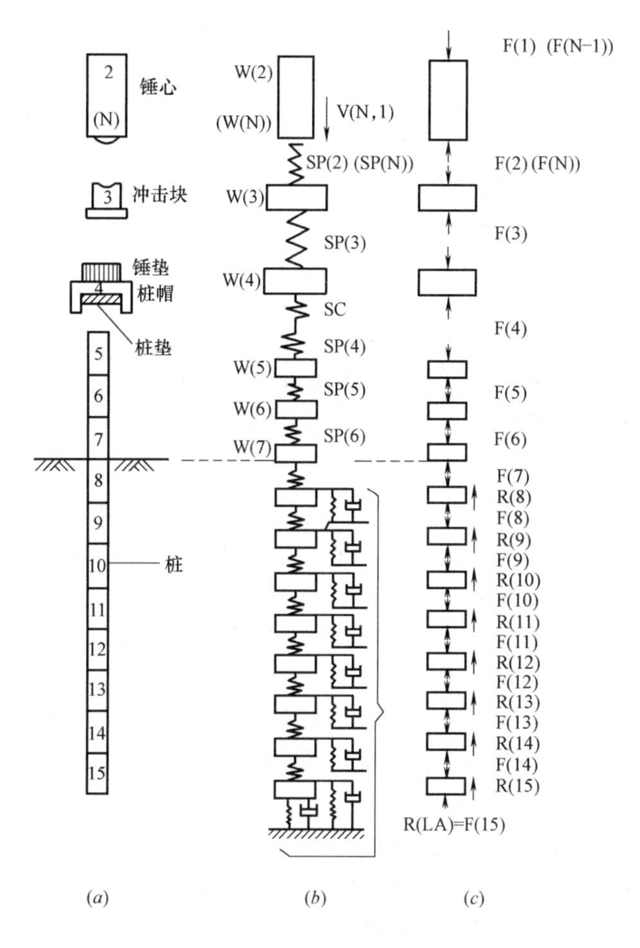

图 8.3-3 史密斯法

（2）凯斯法：美国的凯斯技术学院（Case Western Reserve University）经过十年左右时间的努力，在高勃尔（Goble，1975）教授的领导下，于 1975 年提出了一套锤击沉桩问题的测试分析方法。该法与史密斯法相比有两个非常突出的优点：一是采用实测锤击时桩顶附近处的桩身应变及加速度作为已知数据直接输入波动方程进行分析，避开了在确定桩锤、锤垫、桩帽和桩垫等单元参数时许多不确定因素的影响；二是它将桩简化为等截面均质弹性杆件，桩周土阻力模型简化为刚塑性并按土阻尼主要集中在桩端的假定，按行波理论求得波动方程的准闭合解。由于解答公式简单，所以有可能在打桩现场立即得到桩身锤击应力、锤击能量、承载能力和桩身质量等许多实时分析结果。凯斯法在现场量测的基本概念如图 8.3-4 所示。凯斯法量测的直接结果是取得一条力波曲线和一条速度波曲线（图 8.3-4）。由于凯斯法具有上述优点，在工程中得到较广泛的应用。因为它必须实测桩顶处的应变和加速度，因此近年来也发展了许多不同型号的现场打桩测试分析设备，如 PDA、

PID、TNO等。另一方面，在分析方法上也在原有简单的凯斯法公式基础上，发展了更为合理的计算机分析程序，如CAPWAP、CAPWAPC等。

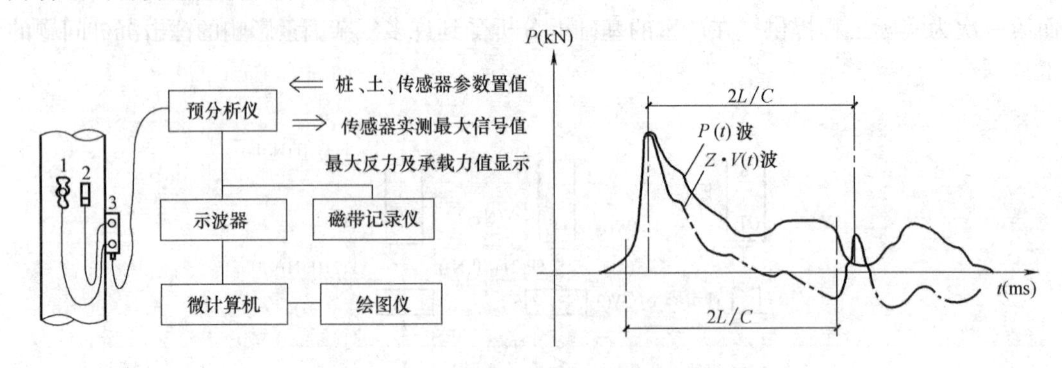

图8.3-4 凯斯法现场量测基本概念

2. 锤击沉桩过程中桩身结构计算要点

如上所述，就预制混凝土桩而言，锤击沉桩过程中桩身结构计算主要考虑锤击拉应力问题。还应指出，锤击沉桩桩身中拉压应力属于动应力范畴，它与桩身材料的动强度有关。桩身结构计算中一般可按以下原则考虑。

(1) 对普通钢筋混凝土预制桩（尤其是长桩），即使是考虑混凝土抗动态拉应力强度较抗静态拉应力强度要高30%～40%左右，裂缝往往还是难以避免的。实际工程中，锤击时桩身发生环向裂缝的现象也是时有发生的。然而，对工业与民用建筑中大量采用的低承台桩基，只要裂缝宽度不大，不一定都影响使用质量，在目前条件下应在设计阶段就要强调合理选择桩型、合理配置钢筋和布置接头位置，然后在施工阶段则应加强制桩质量管理、沉桩工艺控制和合理选用锤型、锤重、锤垫和桩垫，用以尽量降低锤击沉桩拉应力。

(2) 对于其他不容许出现裂缝情况以及高承台桩基的桩，最好是能采用预应力混凝土桩，由于它已经预施加了一定的有效压应力（如国家建筑标准设计图集《预应力混凝土管桩》10G409中各种类型预应力管桩的有效预压应力大致为4.0～10.0N/mm²），加上混凝土本身的动态抗拉强度，只要沉桩过程正常，一般就不会再出现裂缝。

交通部行业标准《港口工程桩基规范》JTJ 254—98中，对预应力桩锤击沉桩时的拉应力验算规定如下：

$$\gamma_s\sigma_s \leqslant \frac{\sigma_{pc}}{\gamma_{pc}} + f_t \tag{8.3.4}$$

式中 γ_s——锤击沉桩拉应力分项系数，取1.10；

σ_s——锤击沉桩拉应力标准值，分为5.0、5.5、6.0和6.5MPa四级，应根据锤能和锤击速度大小、桩垫及锤垫的刚度、桩长及土质情况等综合考虑分别取用小值、中值或大值。凡符合下列情况者取较小值，对于有沉桩经验的地区且经过论证，拉应力标准值可酌情增减：

① 锤型和锤击速度较小时；

② 采用弹性较大的软桩垫，如120mm厚的水泥袋纸桩垫；

③ 桩长小于30m；

④ 无较明显的硬、软土层相间情况。

γ_{pc}——混凝土预应力分项系数，取 1.0；

f_t——混凝土轴心抗拉强度设计值（MPa）。

《港口工程桩基规范》JTJ 254—98 中对预制混凝土桩锤击压应力建议可取 12.0～20.0MPa，取值应根据桩端支承性质、截面大小、桩长、选用的桩锤及地基条件综合考虑。凡符合下列情况者取较小值，对于有沉桩经验的地区且经过论证，压应力标准值可酌情增减：

① 锤能和锤击速度较小时；

② 采用刚度较小而弹性较大的软桩垫；

③ 桩长小于 30m；

④ 有不易造成偏心锤击的地质条件。

这些拉压应力的取值是依据上海、天津和华南等地的试验数据进行数理统计确定的，同时已考虑动静换算和处理，可以直接用于设计计算。

8.3.2 使用阶段桩顶荷载及桩身结构计算

使用阶段的桩身结构计算与桩在长期使用阶段的受力状况有关，竖向承压桩、抗拔桩、受水平荷载作用的桩其桩身结构计算各有不同，本节将先讨论使用阶段桩顶荷载的传统计算方法（也是目前低承台桩基仍广泛使用的方法）和考虑承台与桩共同作用求取桩顶荷载的方法，然后针对桩顶荷载已知的情况分别介绍仅考虑竖向荷载作用下（此时桩顶水平荷载较小，可不予考虑）以及桩顶竖向荷载、水平荷载共同作用下桩身结构计算要点。

8.3.2.1 使用阶段桩顶荷载计算

1. 传统计算方法

在竖向和水平向荷载联合作用下，传统的群桩桩顶荷载计算依据下列基本假定：

（1）承台为绝对刚性，受弯矩作用时呈平面转动，不产生挠曲；

（2）桩与承台为铰接相连，只传递轴向力和剪力，不传递弯矩；

（3）群桩中各桩的桩身截面相等，刚度也相同；

（4）承台发生变位时，承台与土的接触面不承受法向和切向抗力，即承台与地面不接触。

在上述四项假定前提下，并假定 i 桩桩顶应力均匀分布，则 i 桩桩顶竖向和水平荷载分别为：

$$N_i=\frac{F+G}{n}\pm\frac{M_x x_i}{\sum_{j=1}^{n}y_j^2}\pm\frac{M_y x_i}{\sum_{j=1}^{n}x_j^2} \tag{8.3.5a}$$

$$H_i=\frac{H}{n} \tag{8.3.5b}$$

式中 F、G——分别为作用于承台顶面的竖向荷载与承台自重及覆土重设计值（kN）；

n——群桩中的桩数；

M_x、M_y——分别为桩基承台底面上的外力对通过桩群形心的 x、y 轴的力矩（kN·m）；

x_i、y_i——分别为第 i 桩至 y、x 轴的垂直距离（m）；

$\sum x_j^2$、$\sum y_j^2$——分别为各桩至 y、x 轴垂直距离的平方和（m^2）；

H——作用于承台底面的水平荷载（kN）。

应当指出，式（8.3.5*a*）、式（8.3.5*b*）对一般建筑物和受水平向荷载不大的低承台桩基的桩顶荷载计算是可行的。在这种方法中，作用在承台底面的水平荷载 H 也可以考虑由承台外侧的土体抗力承担一部分，一般土体抗力可取被动土压力的 1/3。

2. 考虑承台、桩与土共同作用按线弹性地基反力法计算桩顶荷载方法

该法适用于承受较大水平荷载的低承台桩基及承受水平力的高承台桩基的桩顶荷载计算。该法的详细计算步骤及计算参数确定方法参见行业标准《建筑桩基技术规范》JGJ 94。以下主要以工业与民用建筑工程中最常用的低承台竖直桩基为例对该法原理进行简要介绍。

该法需作以下假定：

（1）桩作为埋设于弹性介质中的弹性杆件；

（2）承台为绝对刚性，受弯矩作用时呈平面转动，不产生挠曲；

（3）与承台为刚性连接，可以传递轴向力、剪力和弯矩；

（4）承台侧面承受水平弹性土抗力，承台底面承受竖向弹性土抗力和切向土抗力。

在上述四项假定前提下，承台、桩、土形成一个共同承受竖向和水平向荷载联合作用的结构体系，该方法主要内容及步骤如下：

1）基本计算系数

（1）地基土水平抗力系数和竖向抗力系数的比例系数 m、m_0。

当有试验数据时，应按试验数值确定，如无资料时，按土的类别由表 8.3-2 所列的 m、m_0 选择。

（2）桩身水平变形系数

$$\alpha=\sqrt[5]{\frac{mb_0}{EI}} \tag{8.3.6}$$

式中 b_0——计算宽度（m）；

对于矩形桩：当边宽 $b\leqslant 1\text{m}$，$b_0=1.5b+0.5$；当边宽 $b>1\text{m}$，$b_0=b+1$。

对于圆形桩：当直径 $d\leqslant 1\text{m}$，$b_0=0.9(1.5d+0.5)$；

当直径 $d>1\text{m}$，$b_0=0.9(d+1)$。

E——桩身弹性模量（MPa）；

I——桩身截面惯性矩（m^4）。

地基土水平抗力系数的比例系数 m 和竖向抗力系数的比例系数 m_0　　表 8.3-2

地基土类别	m、m_0 (kN/m^4)	相应桩顶水平位移(mm)
淤泥、淤泥质土、饱和湿陷性黄土	2500～6000	0～12
流塑($I_L>1$)或软塑($0.75<I_L\leqslant 1$)状一般黏性土、松散粉细砂、松散填土	6000～14000	4～8
可塑($0.25<I_L<0.75$)状一般黏性土，湿陷性黄土，稍密、中密填土	14000～35000	3～6
硬塑($0<I_L<0.25$)、坚硬($I_L<0$)状一般黏性土、湿陷性黄土，中密和中粗砂、密实老填土	35000～100000	2～5
中密、密实的砾砂、碎石类土	100000～300000	1.5～3

（3）桩端底面地基土竖向抗力系数

$$c_0 = m_0 h \tag{8.3.7}$$

式中 h——桩的入土深度（m），当 $h<10\text{m}$ 时，按 10m 计算。

（4）单桩桩端计算面积

$$A_0 = \pi\left(h\tan\frac{\varphi}{4}+\frac{d}{2}\right)^2 \tag{8.3.8a}$$

或

$$A_0 = \frac{\pi}{4}S^2 \tag{8.3.8b}$$

应取以上两式计算值的较小者。

式中 φ——桩周各土层内摩擦角的加权平均值（°）；

S——桩的中心距（m）。

2）求单位力作用于桩顶时在桩顶产生的变位

应当指出，实际工程中的桩一般情况下都属于弹性桩，按第 4 章所讨论的“m”法的规定，弹性桩的换算深度 $\bar{h}=\alpha h \geqslant 4$，因此

（1）水平力 $H_0=1$ 作用下

$$\text{桩顶水平位移}\ \delta_{\text{HH}} = \frac{Af}{\alpha^3 EI} = \frac{2.441}{\alpha^3 EI} \tag{8.3.9}$$

$$\text{桩顶转角}\quad \delta_{\text{MH}} = \frac{Bf}{\alpha^2 EI} = \frac{1.625}{\alpha^2 EI} \tag{8.3.10}$$

（2）弯矩 $M_0=1$ 作用下

$$\text{桩顶水平位移}\quad \delta_{\text{HM}} = \delta_{\text{MH}} \tag{8.3.11}$$

$$\text{桩顶转角}\quad \delta_{\text{MM}} = \frac{Cf}{\alpha EI} = \frac{1.751}{\alpha EI} \tag{8.3.12}$$

3）求承台发生单位变位时，任一基桩桩顶所受到的阻力（图 8.3-5）

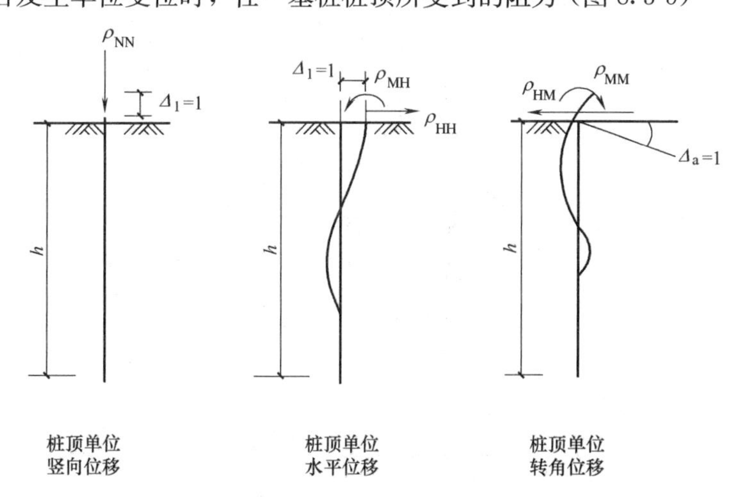

图 8.3-5 基桩刚度系数

承台发生单位竖向位移时在桩顶引起的轴向力

$$\rho_{\text{NN}} = \frac{1}{\dfrac{\xi_{\text{N}} h}{EA}+\dfrac{1}{c_0 A_0}} \tag{8.3.13a}$$

承台发生单位水平位移时在桩顶引起的

水平力 $$\rho_{HH}=\frac{\delta_{MM}}{\delta_{HH}\delta_{MM}-\delta_{MH}^2} \tag{8.3.13b}$$

弯矩 $$\rho_{MH}=\frac{\delta_{MH}}{\delta_{HH}\delta_{MH}-\delta_{MH}^2} \tag{8.3.13c}$$

承台发生单位转角时在桩顶引起的

水平力 $$\rho_{HM}=\rho_{MH} \tag{8.3.13d}$$

弯矩 $$\rho_{MM}=\frac{\delta_{HH}}{\delta_{HH}\delta_{MM}-\delta_{MH}^2} \tag{8.3.13e}$$

式中 ξ_N——当桩侧阻力沿桩身均匀分布时，$\xi_N=(1+\alpha')/2$；当桩侧阻力沿桩身呈三角形分布时，$\xi_N=(2+\alpha')/3$；当端承桩时，$\xi_N=1$；其中，α'为桩端荷载占桩顶荷载的比例；

c_0——桩端地基土竖向抗力系数；$c_0=m_0h$，m_0 为桩端地基土竖向抗力系数的比例系数（参见表 8.3-2）；h 为桩的入土深度，当 $h<$ 10m 时，以 10m 计算；

E、A——分别为桩身弹性模量和桩身截面积；

δ_{HH}、δ_{MH}、δ_{HM}、δ_{MM}——单桩的柔度系数，见式（8.3.9）～式（8.3.12）。

4）求承台发生单位变位时承台所受到的抗力（图 8.3-6）

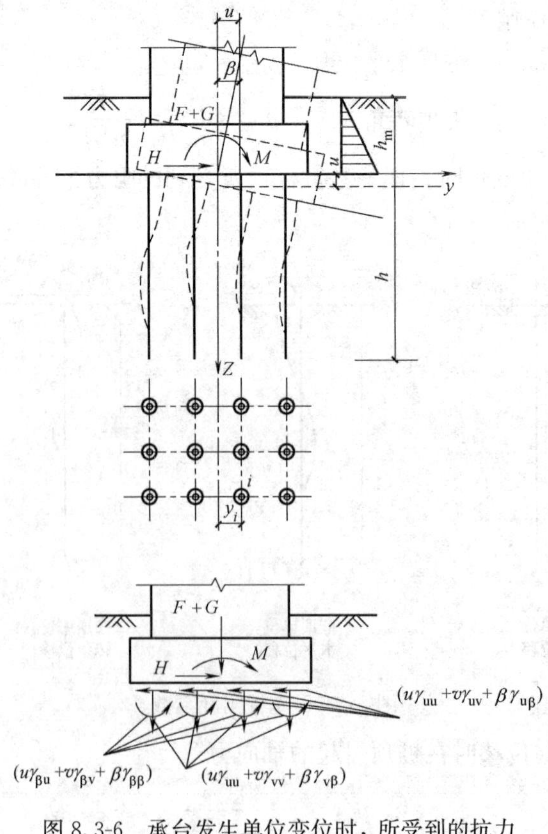

图 8.3-6 承台发生单位变位时，所受到的抗力

承台发生单位竖向位移时承台受到的

竖向抗力 $\gamma_{vv}=n\rho_{NN}+c_b A_b$

水平抗力 $\gamma_{uv}=\mu c_b A_b$

反向弯矩 $\gamma_{\beta v}=0$ (8.3.14*a*)

承台发生单位水平位移时承台受到的

竖向抗力 $\gamma_{vu}=0$

水平抗力 $\gamma_{uu}=n\rho_{HH}+\beta_0 F^c$

反向弯矩 $\gamma_{\beta u}=-n\rho_{MH}+\beta_0 S^c$ (8.3.14*b*)

承台发生单位转角时承台受到的

竖向抗力 $\gamma_{v\beta}=0$

水平抗力 $\gamma_{u\beta}=\gamma_{\beta u}$

反向弯矩 $\gamma_{\beta\beta}=n\rho_{MM}+\rho_{NN}\sum K_i y_i^2+B_0 I^c+c_b I_b$ (8.3.14*c*)

式中 $c_b A_b$——承台发生单位竖向位移时，承台底所受到的竖向抗力；其中，c_b为承台底地基土的竖向抗力系数 $c_b=mh_n$，h_n为承台埋深（m），当 $h_n<1$m 时，按 1m 计算；m_0为地基土竖向反力系数，$m_0\approx m$；A_b为承台底与土接触的总面积；

$\mu c_b A_b$——承台发生单位竖向位移时，承台底所受到的水平向抗力；$\gamma_{uv}=\mu c_b A_b\neq\gamma_{vu}=0$，这是由于承台底水平抗力是一种特殊形成的抗力，而当承台发生水平位移时在竖向不引起抗力；

F^c、S^c、I^c——分别为承台底以上侧向土水平反力系数 c_n图形的面积、对于底面的面积矩、惯性矩：$F^c=c_n h_n/2$、$S^c=c_n h_n^2/6$、$I^c=c_n h_n^3/12$；

$\beta_0 F^c$——承台发生单位水平位移时，承台侧面受到的水平土抗力；$B_0=B+1$，B为垂直于承台位移方向的承台宽度；

$\beta_0 S^c$——承台发生单位水平位移时，承台侧面受到的土抗反弯矩，或承台发生单位转角时所受到的水平土抗力；

$B_0 I^c$——承台发生单位转角时，承台侧面所受到的土抗反弯矩；

$c_b I_b$——承台发生单位转角时，承台底面所受到的土抗反弯矩；I_b为承台底与地基土接触面的惯性矩；其中 $I_b=I_P-\sum AK_i y_i^2$，I_p为承台底面总的惯性矩，A 为单桩桩顶截面积，K_i 为第 i 排桩的桩数，y_i为坐标原点至各桩的距离。

5）求承台的水平位移 u、竖向位移 v、转角 β

取承台（包括地下室墙体）隔离体的平衡（见图 8.3-6 中所示的荷载 $F+G$、H、M，承台变位 u、v、β 均规定为正值），可写出以下三个平衡方程。

$$\sum y=0 \quad u\gamma_{uu}+v\gamma_{uv}+\beta\gamma_{u\beta}-H=0$$

$$\sum z=0 \quad u\gamma_{vu}+v\gamma_{vv}+\beta\gamma_{v\beta}-(F+G)=0$$

$$\sum M=0 \quad u\gamma_{\beta u}+v\gamma_{\beta v}+\beta\gamma_{\beta\beta}-M=0 \tag{8.3.15}$$

解式（8.3.15）可得：

$$v=\frac{F+G}{\gamma_{vv}}$$

$$u=\frac{\gamma_{\beta\beta}H-\gamma_{u\beta}M}{\gamma_{uu}\gamma_{\beta\beta}-\gamma_{u\beta}^2}-\frac{(F+G)\gamma_{uv}\gamma_{\beta\beta}}{\gamma_{vv}(\gamma_{uu}\gamma_{\beta\beta}-\gamma_{u\beta}^2)}$$

$$\beta=\frac{\gamma_{uu}M-\gamma_{u\beta}H}{\gamma_{uu}\gamma_{\beta\beta}-\gamma_{u\beta}^2}+\frac{(F+G)\gamma_{uv}\gamma_{u\beta}}{\gamma_{vv}(\gamma_{uu}\gamma_{\beta\beta}-\gamma_{u\beta}^2)} \tag{8.3.16}$$

6）求任一基桩桩顶荷载

轴向荷载 $N_i=(v+\beta y_i)\rho_{NN}$

水平荷载 $H_i=u\rho_{HH}-\beta\rho_{HM}$

弯矩 $M_i=\beta\rho_{MM}-u\rho_{MH}$ (8.3.17)

7）求桩身最大弯矩及其位置

考虑到桩与承台连接处构造上的差异和塑性重分布效应，桩顶固端弯矩 M_0 取（0.7～0.8）M_i。桩身的最大弯矩位置和最大弯矩值可由 $\alpha h=4.0$（建筑工程桩基一般均属于弹性长桩）及 $c_1=\frac{\alpha M_0}{H_0}$ 从表 8.3-3 中查得换算深度 $\overline{h}$ 和 c_2 值计算得到，α 是桩的水平变形系数，H_0 是桩顶水平荷载。

则最大弯矩位置 $$z_{max}=\frac{\overline{h}}{\alpha} \tag{8.3.18a}$$

最大弯矩值 $$M_{max}=M_0c_2 \tag{8.3.18b}$$

αh=4 时的桩身最大弯矩系数 **表 8.3-3**

c_1	换算深度 $\overline{h}$	c_2
∞	0.0	1
5.539	0.5	1.057
0.824	1.0	1.728
−0.299	1.5	−1.876
−0.865	2.0	−0.304
−1.048	2.2	−0.187
−1.230	2.4	−0.118
−1.420	2.6	−0.074
−1.635	2.8	−0.045
−1.893	3.0	−0.026
−2.994	3.5	−0.003
−0.045	4.0	0.011

8.3.2.2 使用阶段桩身结构计算要点

如上所述，根据传统计算方法和考虑承台、桩与土共同作用计算方法都可得到作用在桩基中各桩桩顶的竖向荷载 N_i、水平荷载 H_i 值和弯矩 M_i 值，但因传统计算方法中桩顶与承台连接假定为铰接，故传统计算方法中桩顶弯矩 $M_i=0$。由于目前国内各规范有关以竖向承载为主的低承台桩基的桩顶荷载计算仍按传统计算方法为主，因此在求得作用在桩基中各桩桩顶的竖向荷载 N_i 和水平荷载 H_i 后，就可将桩视作埋于土中的结构构件进行桩身结构计算，其计算内容主要有桩顶竖向荷载作用下的桩身结构计算和桩顶竖向、水平荷载共同作用下的桩身结构计算。前者适用于桩顶水平荷载较小、一般可以不予考虑的情况；而后者针对低承台桩基中虽然承受较大的竖向荷载，同时也承受一定的水平荷载时的情况，如桩基水平抗震验算等。以下分别对这两种情况作简要介绍。

1. 桩顶竖向荷载 N_i 作用下桩身结构计算

1）承压桩

承压桩主要承受竖向下压荷载，一般只需按承载能力极限状态进行桩身结构计算。但与一般建筑结构的受压构件相比，承压桩的结构计算仍有其特殊性。例如，对采用锤击法沉桩的预制混凝土桩或钢桩，应考虑到在锤击过程中随着锤击数增加而使桩身产生疲劳，强度降低；沉桩过程中桩身拼接不可避免地要产生一定的误差；在桩数较多、间距较小的桩群的沉桩过程中，由于土体隆起或水平位移致使桩身倾斜或弯曲变形，沉桩入土后难以确切检验质量等。又如，对于现场浇筑的灌注桩则应当考虑它的成孔和混凝土水下浇筑的质量都较难以保证稳定等；此外，在大多数情况下，由于桩身均埋置于土中，地基土对桩有一定程度的侧向约束作用，在桩顶竖向荷载作用下，一般可不考虑桩身结构的压曲破坏等。由于问题的复杂性，对于竖向荷载作用下桩的结构强度要准确予以计算几乎是不可能的，因此国外的各种桩基规范都是采用对桩身材料的容许应力加以严格控制的途径来考虑桩身结构强度的。

国内对桩身结构设计的重视始于 20 世纪 80 年代初期，由于长桩及超长桩逐步应用，桩身结构强度问题逐渐引起业内重视。由桩身结构强度决定的单桩竖向承载力在上海市《地基基础设计规范》DB J08—11—1989 中提出了近似计算的经验公式，后在《建筑桩基技术规范》JGJ 94—2008 中也纳入了类似的规定：

$$N \leqslant \psi f_c A \tag{8.3.19}$$

式中 N——作用在桩顶的竖向荷载设计值；

A——桩身横截面面积；

f_c——混凝土轴心抗压强度标准值。

ψ 是桩身结构强度计算经验系数，在《建筑桩基技术规范》JGJ 94—2008 中，对预制桩和预应力桩 ψ 取 0.85；灌注桩 ψ 取 0.7～0.8。在上海市《地基基础设计规范》DGJ 08—11—2010 中，对预制桩 ψ 取 0.75～0.85，预应力管桩桩身结构计算时需扣除有效预压应力，即按 $N \leqslant (0.75 \sim 0.85) f_c A - 0.37A\sigma_{pc}$，$\sigma_{pc}$ 为桩身横截面上混凝土有效预加应力；钢桩的桩身结构按 $N \leqslant (0.60 \sim 0.80) fA'$ 控制，A' 是钢桩考虑腐蚀后的有效截面积；f 是钢材的抗压强度设计值。该经验系数源于宝钢大量钢桩的实际工程经验。上述桩身结构强度验算公式均是针对长期荷载作用下的桩身结构强度控制提出的。需要注意工程试桩时受力状况是不一样的，因此试桩的桩身结构强度控制原则上不宜套用上述计算方法。

还应指出，当混凝土桩桩顶箍筋间距<100mm 且满足桩身构造配筋要求时，《建筑桩基技术规范》JGJ 94—2008 规定在式（8.3.19）中可考虑钢筋对桩身结构的有利作用。

2）抗拔桩

抗拔桩的桩身结构计算分为两方面：

（1）按承载能力极限状态要求，可根据轴心抗拉构件验算桩的截面和配筋，这与上部结构轴心抗拉构件的验算是一致的，截面拉应力的验算等可遵照《混凝土结构设计规范》GB 50010 等相关结构设计规范的有关要求。

目前国内对于预应力管桩作为抗拔桩时桩身结构强度如何控制未完全统一，建议采用混凝土有效预压应力进行控制为宜；同时，还应对预应力管桩管节之间的连接（焊缝强度、端头板厚度）以及桩顶与承台的连接构造等进行验算。

（2）按正常使用极限状态要求，根据桩的类型、所处环境条件和设计使用年限进行桩身抗裂或裂缝宽度验算。对于预应力空心桩或环境条件对裂缝控制有严格要求桩身不允许出现裂缝时应按《混凝土结构设计规范》GB 50010进行验算。对于允许出现裂缝的桩基，按荷载效应标准组合计算的桩身最大裂缝宽度应满足下式：

$$w_{\max} \leqslant w_{\lim} \tag{8.3.20}$$

式中 $w_{\max}$——按作用在桩顶的上拔力标准值计算的桩身最大裂缝宽度，可按现行国家标准《混凝土结构设计规范》GB 50010计算，根据国标《混凝土结构耐久性设计规范》GB/T 50476的规定，当保护层设计厚度超过30mm时，可将厚度取为30mm计算裂缝的最大宽度；

$w_{\lim}$——最大裂缝宽度限值，按现行国家标准《混凝土结构耐久性设计规范》GB/T 50476中相关规定取用，一般环境条件下桩身裂缝宽度限值可取0.3mm。

2. 桩顶竖向荷载 V_i 和桩顶水平荷载 H_i 作用下桩身结构计算要点

1）承压桩

低承台承压桩在竖向荷载 V_i 和桩顶水平荷载 H_i 作用下桩身结构计算，原则上应按偏压构件进行两种极限状态验算，即按承载能力极限状态验算桩身截面强度和配筋，并根据桩的类型和环境条件要求按正常使用极限状态验算桩身抗裂或裂缝宽度。

实际上，对于以竖向承载为主的建筑工程桩基，它在水平荷载作用下的桩顶位移控制条件是比较严格的，应当可不计由于桩身水平位移造成桩顶竖向荷载偏心所产生的桩身附加弯矩的影响；在这种情况下，其桩身结构计算可主要考虑以下两方面内容：

（1）在轴向力和弯矩作用下（指在桩顶水平荷载 H_i 作用下桩身最大弯矩截面处的轴力与截面弯矩，可按m法计算）的正截面承载力验算应符合现行国家标准《混凝土结构设计规范》GB 50010、《钢结构设计规范》GB 50017的有关规定。

（2）对于环境条件要求较高不允许出现桩身裂缝的桩或低配筋率的灌注桩，需按混凝土偏压构件进行桩身抗裂验算，如下式所示：

$$\frac{\eta M_{\mathrm{k}}}{W} - \frac{N_{\mathrm{k}}}{A} \leqslant f_{\mathrm{tk}} \tag{8.3.21}$$

式中 M_{k}——在桩顶水平荷载 H_i 作用下桩身最大弯矩截面处的弯矩标准值，可按m法计算；

N_{k}——桩身最大弯矩截面处的轴力标准值；

η——偏心距的增大系数，在桩顶位移较小时可取1.0；

W——桩身截面模量；

A——桩身截面积；

f_{tk}——混凝土抗拉强度标准值。

对于预应力桩，通常考虑预压应力的有利影响，可根据工程性质和环境条件按国家标准《混凝土结构设计规范》GB 50010分别按一级裂缝或二级裂缝控制：

一级裂缝：
$$\frac{\eta M_{\mathrm{k}}}{W} - \frac{N_{\mathrm{k}}}{A} - \sigma_{\mathrm{ce}} \leqslant 0 \tag{8.3.22}$$

二级裂缝：

$$\frac{\eta M_k}{W}-\frac{N_k}{A}-\sigma_{ce}\leqslant f_{tk} \tag{8.3.23}$$

式中 σ_{ce}——混凝土有效预压应力。

当灌注桩、预制桩等允许桩身产生裂缝且对裂缝宽度有一定限制时，也可按偏压构件进行桩身裂缝宽度的计算。但需要指出，对于建筑工程低承台桩基，往往属于弹性长桩，一般按桩顶允许位移确定的桩顶水平承载力均能满足桩身结构裂缝宽度的计算限值要求。也即当采用桩顶允许位移确定桩顶水平承载力时，一般不需要进行桩身裂缝宽度的验算。

2）抗拔桩

低承台抗拔桩在竖向上拔荷载和桩顶水平荷载作用下桩身结构计算，原则上应按偏拉构件进行两种极限状态验算。具体计算内容可参照前述竖向荷载作用下的抗拔桩桩身结构计算要求进行，但截面拉应力应由桩身弯矩和竖向上拔力两部分所产生。由于桩顶位移较小，偏心距的增大系数可取 1.0，即对于两部分桩身拉应力可以直接相加。

8.4 承台的结构计算

承台结构计算原则上应包括作用在承台上的荷载和承台下的桩顶反力计算以及承台结构的承载能力和正常使用状态计算两部分内容。

如本章概述中所述，由于桩基承台与一般结构构件相比在几何尺寸、受荷方式及支承条件等方面均有其特殊性，使得承台结构的实际受力状态存在着诸多的不确定性，本章主要介绍有关承台结构两种极限状态计算问题，对承台结构承载能力极限状态计算，简要介绍我国现行有关规范中有明确规定的内容，包括局部受压、抗冲切、抗剪切和抗弯曲承载力计算等四部分，更为详细的内容参见《混凝土结构设计规范》GB 50010、《建筑地基基础设计规范》GB 50007 和现行行业标准《建筑桩基技术规范》JGJ 94 等相关标准。而对现行规范中无明确规定的正常使用极限状态计算，简述现行标准中相关的内容并进行探讨，提出可供参考的计算内容。

需要指出，本部分在介绍承台结构承载能力极限状态中抗弯曲承载力计算内容时，简要介绍了采用以 Geddes 单桩荷载应力公式为依据的群桩沉降计算方法计算各桩桩顶沉降，按承台下各桩的桩顶沉降与承台结构相应桩位处的竖向变形保持协调一致的原则来求解承台结构弯曲变形及内力的方法，结合上海地区某超高层建筑桩基承台板沉降弯曲变形近十年的长期观测结果，讨论了按该方法求解时需要考虑的问题，对该方法提出了改进的建议，供读者参考。

8.4.1 荷载及桩顶反力的计算

（1）根据承台结构计算要求，作用在承台上的荷载应按表 8.4-1 分别计算确定。

承台上的荷载 **表 8.4-1**

分类	上部结构传至承台上的荷载			承台自重及覆土重
	竖向荷载	水平荷载	弯矩	
设计值	F	H	M	G
标准值	F_k	H_k	M_k	G_k

应当指出，对承台进行承载能力状态（包括局部受压、抗冲切、抗剪切和抗弯曲承载

力）和正常使用状态（包括变形和裂缝）计算时，应分别采用荷载设计值和标准值的最不利组合结果进行计算。

(2) 根据承台结构不同的计算用途，作用在承台上的总荷载及其相应的桩顶反力可分为三类，如表 8.4-2 所示。

承台上的总荷载及桩顶反力　　表 8.4-2

用途	抗弯承载力 桩顶局部受压承载力	抗冲切承载力 抗剪切承载力 柱下局部受压承载力	变形及裂缝
总荷载	F、H、M、G	F、H、M	F_k、H_k、M_k、G_k
桩顶反力	N_i	N_{ni}	N_{ki}

注：表中 N_i——i 桩桩顶反力设计值；
N_{ni}——i桩桩顶净压力设计值，即桩顶反力设计值中不计承台及其上土重；
N_{ki}——i桩桩顶反力标准值。

(3) 计算上述三种桩顶反力时，一般可采用验算桩身结构强度时的桩顶荷载传统计算方法的公式 (8.3.5) 进行，这时应将承台上的荷载作用位置按静力等效原则移至承台底面桩群形心处 i，则

$$N_i=\frac{F+G}{n}\pm\frac{M_x y_i}{\sum_{j=1}^{n}y_j^2}\pm\frac{M_y x_i}{\sum_{j=1}^{n}x_j^2} \tag{8.4.1a}$$

$$N_{ni}=\frac{F}{n}\pm\frac{M_x y_i}{\sum_{j=1}^{n}y_j^2}\pm\frac{M_y x_i}{\sum_{j=1}^{n}x_j^2} \tag{8.4.1b}$$

$$N_{ki}=\frac{F_k+G_k}{n}\pm\frac{M_{kx} y_i}{\sum_{j=1}^{n}y_j^2}\pm\frac{M_{ky} x_i}{\sum_{j=1}^{n}x_j^2} \tag{8.4.1c}$$

式中 n——总桩数；

x_i、y_i——i 桩至 y、x 轴的距离，坐标轴的原点位于桩群形心；

x_j、y_j——j 桩至 y、x 轴的距离，坐标轴的原点位于桩群形心；

M_x、M_y——作用在承台底面，绕通过桩群形心的 x、y 轴力矩设计值；

M_{kx}、M_{ky}——作用在承台底面，绕通过桩群形心的 x、y 轴力矩标准值。

8.4.2 承台结构承载能力极限状态计算

承台结构承载能力极限状态计算一般包括局部受压、抗冲切、抗剪切和抗弯曲四部分内容。应当指出，这些内容与普通钢筋混凝土结构计算原则是基本一致的。

8.4.2.1 局部受压承载力

现浇柱下桩基承台，当承台混凝土强度等级低于承台上柱或承台下的桩的混凝土强度等级时，应验算承台面与柱或桩交接处的局部受压承载力，混凝土承台局部受压区的截面尺寸应符合下列要求：

$$F_l\leqslant 1.35\beta_c\beta_l f_c A_l \tag{8.4.2a}$$

$$\beta_l=\sqrt{\frac{A_b}{A_l}} \tag{8.4.2b}$$

式中 F_l——局部受压面上作用的局部荷载设计值；

β_c——承台混凝土强度影响系数：当混凝土强度等级不超过C50时，取$\beta_c=1.0$；当混凝土强度等级不超过C80时，取$\beta_c=0.8$；其间按线性内插法确定；

β_l——承台混凝土局部受压时的强度提高系数；

f_c——承台混凝土轴心抗压强度设计值；

A_l——混凝土局部承压面积；

A_b——局部受压计算底面积，可根据局部受压面积与计算底面积同心、对称的原则确定，具体参见图8.4-1。

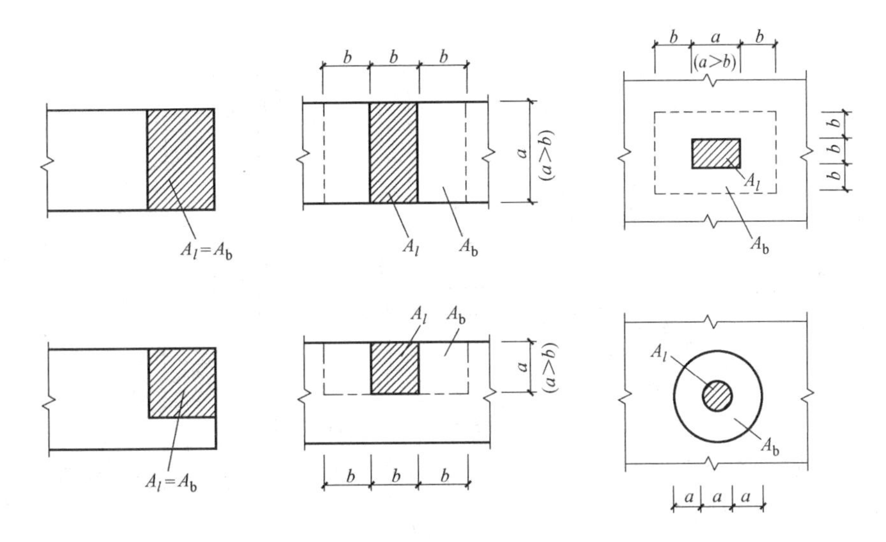

图8.4-1 局部受压计算底面积A_b

8.4.2.2 抗冲切承载力

承台结构冲切破坏主要应考虑以下几种情况，一种是柱对承台结构冲切，如图8.4-2所示；另一种是角桩对承台结构冲切，如图8.4-3所示；对于整片式筏形承台，当上部结构剪力墙（如平板筏形承台上作用高层建筑核心筒）形成封闭的平面框时，如图8.4-4所示，应考虑框内桩群和框外桩群对承台板的整体扩散线围成的锥体面上冲切。冲切破坏时，可假定沿柱（墙）底周边或桩顶周边以不小于45°扩散线围成的锥体面上混凝土被拉坏，其计算方法可参照柱对承台结构冲切承载力计算。由于桩基承台中一般只配置底部受拉钢筋，而不配置箍筋和弯起钢筋，纵向钢筋对承台的抗冲切承载力的增强作用较小，一般予以忽略，因此承台板抗冲切承载力仅考虑混凝土的抗冲切承载力，目前实际工程中大多数桩基承台的厚度是由其抗冲切承载力控制的。

1. 桩基承台受柱的冲切

（1）冲切破坏锥体应采用自柱边或承台变阶处至相应桩顶边缘连线所构成的锥体，锥体斜面与承台底面之夹角不应小于45°（见图8.4-2）。

（2）受柱冲切承载力可按下列公式计算：

$$F_l \leqslant \beta_{hp}\beta_0 u_m f_t h_0 \quad (8.4.3a)$$

$$F_l = F - \sum Q_i \quad (8.4.3b)$$

$$\beta_0 = \frac{0.84}{\lambda + 0.2} \quad (8.4.3c)$$

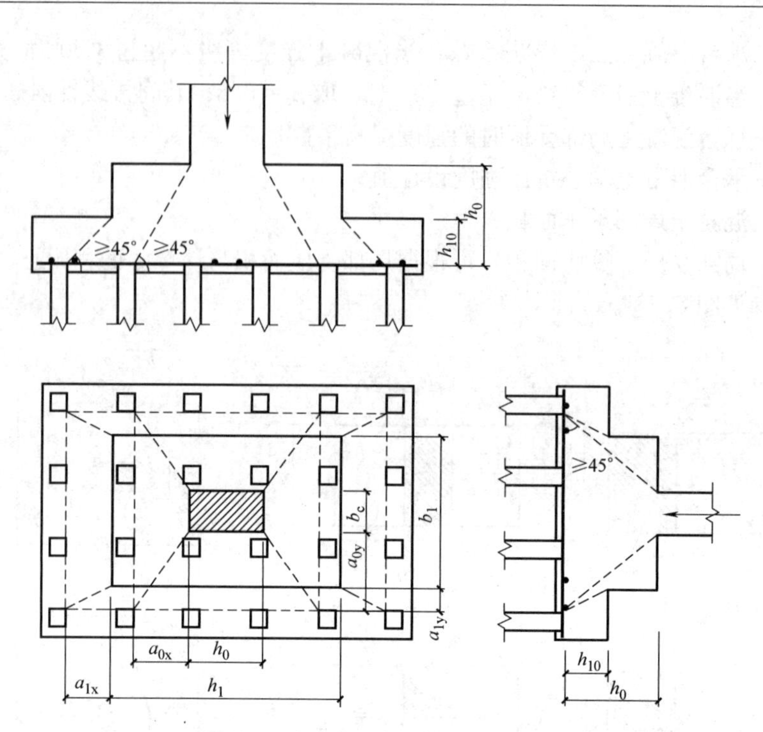

图 8.4-2 柱对承台的冲切计算示意

式中 F_l——不计承台及其上土重，在荷载效应基本组合下作用于冲切破坏锥体上的冲切力设计值；

f_t——承台混凝土抗拉强度设计值；

β_{hp}——承台受冲切承载力截面高度影响系数，当 $h \leqslant 800$mm 时，β_{hp} 取 1.0；$h \geqslant 2000$mm 时，β_{hp} 取 0.9；其间按线性内插法取值；

u_m——承台冲切破坏锥体一半有效高度处的周长；

β_0——柱冲切系数；

λ——冲跨比，$\lambda = a_0/h_0$，a_0 为柱边或承台变阶处到桩边水平距离；当 $\lambda < 0.25$ 时，取 $\lambda = 0.25$；当 $\lambda > 1.0$ 时，取 $\lambda = 1.0$；

F——不计承台及其上土重，在荷载效应基本组合作用下柱底的竖向荷载设计值；

$\sum Q_i$——不计承台及其上土重，在荷载效应基本组合下冲切破坏锥体内各桩的反力设计值之和。

(3) 对于柱下矩形独立承台受柱冲切的承载力可按下列公式计算（图 8.4-2）：

$$F_l \leqslant 2[\beta_{0x}(b_c + a_{0y}) + \beta_{0y}(h_c + a_{0x})]\beta_{hp} f_t h_0 \tag{8.4.4}$$

式中 β_{0x}、β_{0y}——由式（8.4.3c）求得，$\lambda_{0x} = a_{0x}/h_0$、$\lambda_{0y} = a_{0y}/h_0$；$\lambda_{0x}$、$\lambda_{0y}$ 均应满足 0.25～1.0 的要求；

h_c、b_c——分别为 x、y 方向柱截面的边长；

a_{0x}、a_{0y}——分别为 x、y 方向柱边至最近桩边的水平距离。

(4) 对于柱下矩形独立阶形承台受上阶冲切的承载力可按下列公式计算（见图 8.4-2）：

$$F_l \leqslant 2[\beta_{1x}(b_1 + a_{1y}) + \beta_{1y}(h_1 + a_{1x})]\beta_{hp} f_t h_{10} \tag{8.4.5}$$

式中 β_{1x}、β_{1y}——由式（8.4.3c）求得，$\lambda_{1x} = a_{1x}/h_{10}$、$\lambda_{1y} = a_{1y}/h_{10}$；$\lambda_{1x}$、$\lambda_{1y}$ 均应满足

0.25～1.0 的要求；

h_1、b_1——分别为 x、y 方向承台上阶的边长；

a_{1x}、a_{1y}——分别为 x、y 方向承台上阶边至最近桩边的水平距离。

对于圆柱及圆桩，计算时应将其截面换算成方柱及方桩，即取换算柱截面边长 $b_c=0.8d_c$（d_c为圆柱直径），换算桩截面边长 $b_p=0.8d$（d 为圆桩直径）。

对于柱下两桩承台，宜按深受弯构件（$l_0/h<5.0$，$l_0=1.15l_n$，l_n为两桩净距）计算受弯、受剪承载力，不需要进行受冲切承载力计算。

2. 位于柱冲切破坏锥体以外的单桩

位于柱冲切破坏锥体以外的单桩可按下列规定计算承台受单桩冲切的承载力：

四桩以上（含四桩）承台受角桩冲切的承载力可按下列公式计算（见图 8.4-3）：

$$N_l\leqslant[\beta_{1x}(c_2+a_{1y}/2)+\beta_{1y}(c_1+a_{1x}/2)]\beta_{hp}f_th_0 \tag{8.4.6a}$$

$$\beta_{1x}=\frac{0.56}{\lambda_{1x}+0.2} \tag{8.4.6b}$$

$$\beta_{1y}=\frac{0.56}{\lambda_{1y}+0.2} \tag{8.4.6c}$$

式中 N_l——不计承台及其上土重，在荷载效应基本组合作用下角桩反力设计值；

β_{1x}、β_{1y}——角桩冲切系数；

a_{1x}、a_{1y}——从承台底角桩顶内边缘引 45°冲切线与承台顶面相交点至角桩内边缘的水平距离；当柱边或承台变阶处位于该 45°线以内时，则取由柱边或承台变阶处与桩内边缘连线为冲切锥体的锥线（见图 8.4-3）；

h_0——承台外边缘的有效高度；

λ_{1x}、λ_{1y}——角桩冲跨比，$\lambda_{1x}=a_{1x}/h_0$，$\lambda_{1y}=a_{1y}/h_0$，其值均应满足 0.25～1.0 的要求。

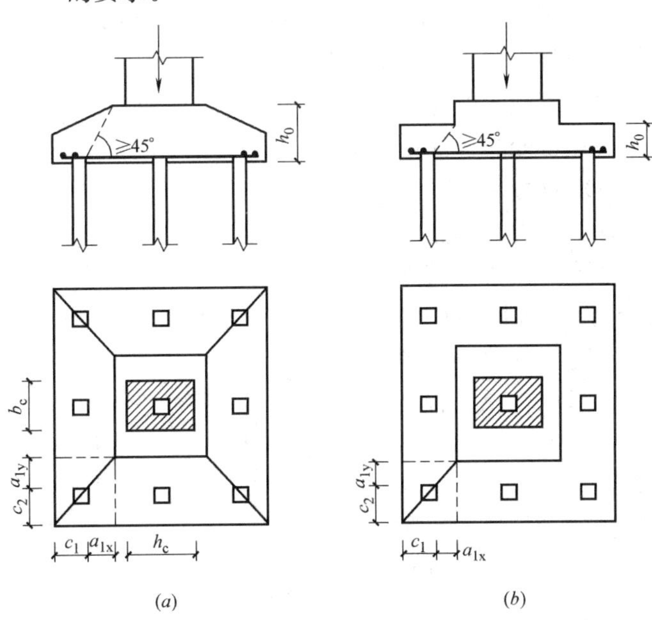

图 8.4-3 四桩以上（含四桩）承台角桩冲切计算示意

（a）锥形承台；（b）阶形承台

8.4.2.3 抗剪切承载力

柱下独立承台抗剪切承载力原则上应分别对柱边和桩边连线以及变阶处和桩边连线所形成的斜截面进行受剪承载力计算，比较后予以确定。当柱边外有多排桩形成多个剪切斜截面时，尚应对每个斜截面进行验算。图 8.4-5 表示柱下独立矩形平板承台抗剪切承载力计算简单示意图，由于承台结构的厚度往往较大，类似于深梁、厚板，其抗剪切承载力 V 应考虑剪跨比和计算截面高度的影响，一般可按下列公式计算：

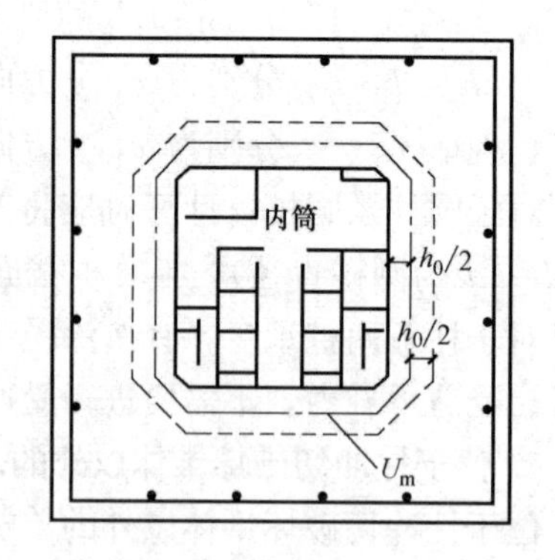

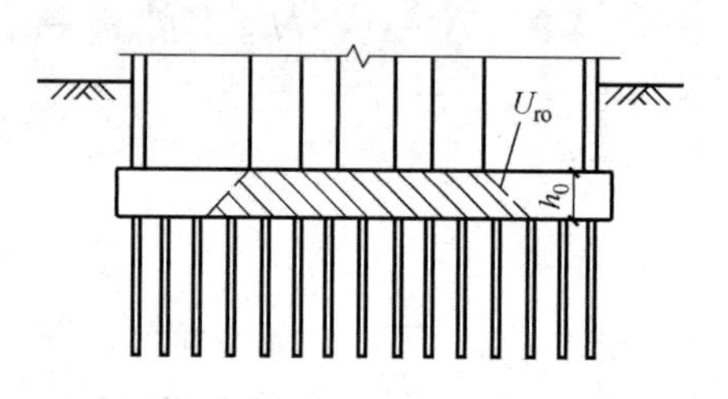

图 8.4-4 整片式筏形承台剪力墙的整体冲切

$$V \leqslant \frac{1.75}{\lambda+1.0}\beta_{hs} f_t b_0 h_0 \qquad (8.4.7)$$

式中 λ——计算截面的剪跨比，$\lambda_x=\dfrac{a_x}{h_0}$，$\lambda_y=\dfrac{a_y}{h_0}$。$a_x$、$a_y$ 为柱边或承台变阶处至 y、x 方向计算一排桩的水平距离，当 $\lambda<0.25$ 时，取 $\lambda=0.25$；当 $\lambda>3$ 时，取 $\lambda=25$。

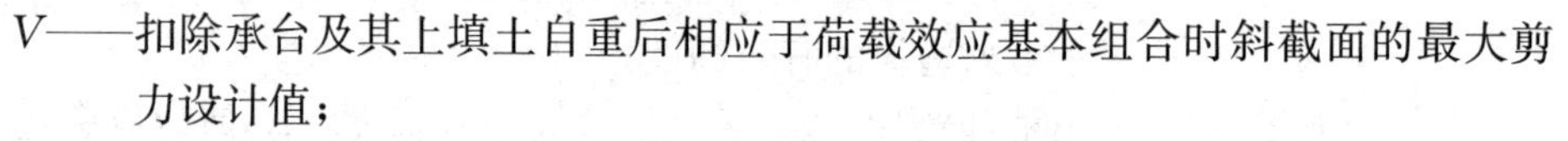

V——扣除承台及其上填土自重后相应于荷载效应基本组合时斜截面的最大剪力设计值；

β_{hs}——受剪切承载力截面高度影响系数：$\beta_{hs}=(800/h_0)^{1/4}$，当 $h_0<800\text{mm}$ 时，取 $h_0=800\text{mm}$；当 $h_0>2000\text{mm}$ 时，取 $h_0=2000\text{mm}$。

f_t——承台混凝土轴心抗拉设计强度；

b_0——承台计算截面处的计算宽度；

h_0——计算宽度处的承台有效高度。

8.4.2.4 抗弯曲承载力

桩基承台抗弯曲承载力计算主要内容就是如何确定在上部结构外荷载及桩顶反力作用下承台结构内的弯矩，当弯矩确定后，便可按普通钢筋混凝土梁、板构件计算承台梁、板的配筋。

1. 柱下独立承台

1）多桩独立矩形承台计算截面取在柱边和承台高度变化处（杯口外侧或台阶边缘，图 8.4-6*a*）

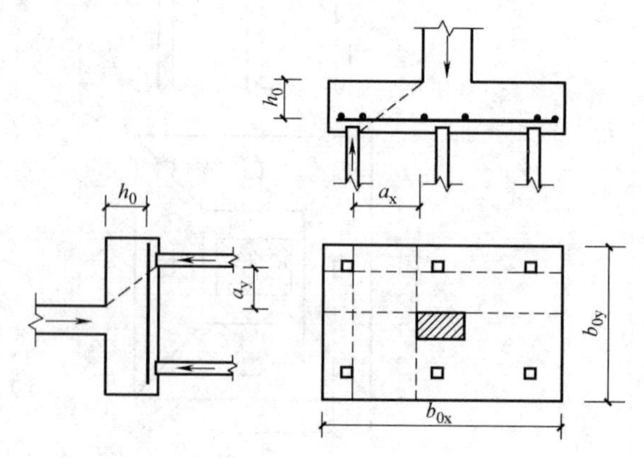

图 8.4-5 承台斜截面受剪计算示意

$$M_x=\sum N_i y_i \qquad (8.4.8a)$$

$$M_y = \sum N_i x_i \quad (8.4.8b)$$

式中 M_x、M_y——垂直 y 轴和 x 轴方向计算截面处的弯矩设计值；

x_i、y_i——垂直 y 轴和 x 轴方向自桩轴线到相应计算截面的距离；

N_i——扣除承台和其上填土自重后相应于荷载效应基本组合时的第 i 桩竖向力设计值。

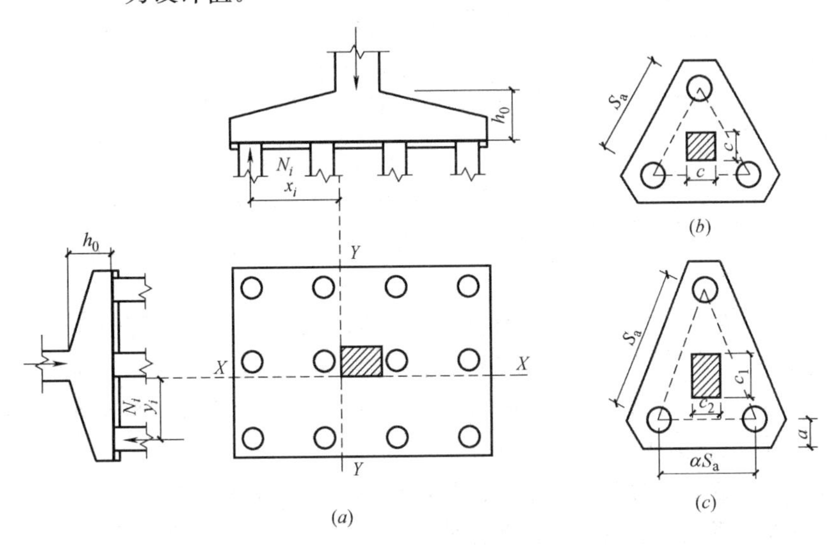

图 8.4-6 承台弯矩计算示意

2）三桩独立承台

（1）等边三桩承台（图 8.4-6b）

$$M = \frac{N_{\max}}{3}\left(S_a - \frac{\sqrt{3}}{4}c\right) \quad (8.4.9)$$

式中 M——由承台形心至承台边缘距离范围内板带的弯矩设计值；

$N_{\max}$——扣除承台和其上填土自重后的三桩中相应于荷载效应基本组合的最大单桩竖向力设计值；

S_a——桩距；

c——方柱边长，圆柱时 $c=0.886d$（d 为圆柱直径）。

（2）等腰三桩承台（图 8.4-6c）

$$M_1 = \frac{N_{\max}}{3}\left(S_a - \frac{0.75}{\sqrt{4-\alpha^2}}c_1\right) \quad (8.4.10a)$$

$$M_2 = \frac{N_{\max}}{3}\left(\alpha S_a - \frac{0.75}{\sqrt{4-\alpha^2}}c_2\right) \quad (8.4.10b)$$

式中 M_1、M_2——分别为由承台形心到承台两腰和底边的距离范围内板带的弯矩设计值；

S_a——长向桩距；

α——短向桩距与长向桩距之比，当 α 小于 0.5 时，应按变截面的二桩承台设计；

c_1、c_2——分别为垂直于、平行于承台底边的柱截面边长。

2. 墙下条形或交叉条形承台

墙下条形或交叉条形承台弯曲内力计算的主要问题是如何考虑墙体与承台梁的共同作用，即作用于承台梁上的有效竖向荷载的取值问题。实际工程中基于不同荷载分布假定常用的有以下三种不同的弯矩和剪力计算方法：

1）均布全荷载连续梁法

不考虑墙体与承台梁的共同作用，将墙体传下的荷载均布于承台梁上，以桩作为支座，按普通连续梁计算其弯矩和剪力。

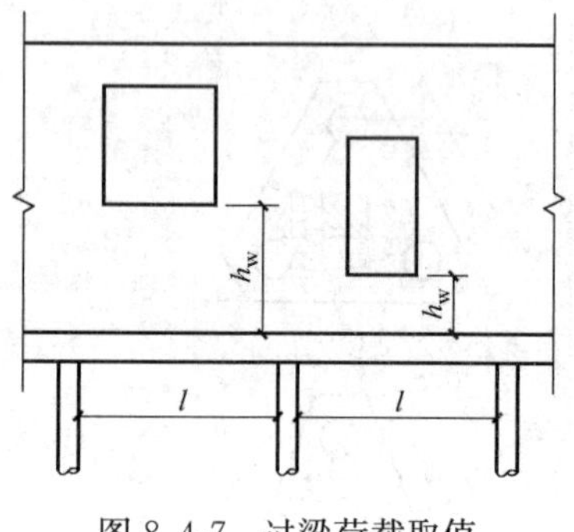

图 8.4-7 过梁荷载取值

2）过梁荷载取值法

按《砌体结构设计规范》GB 50003 中有关过梁荷载取值的规定确定连续承台梁上的荷载。对砖砌体，当承台上皮至首层门窗洞口下皮墙体高度 $h_w \leqslant l/3$（l 为桩的净距）时，取高度 h_w 范围全部墙体重作为均布荷载；当 $h_w \geqslant l/3$ 时取 $l/3$ 高度范围墙重作为均布荷载（图 8.4-7），弯矩和剪力计算与连续梁法相同。

3）倒置弹性地基梁法

将承台梁以上的墙体视为半无限平面弹性地基，承台梁视为桩顶反力作用下的倒置弹性地基梁，按弹性理论求解承台梁的反力分布，经简化后作为作用于承台梁上的荷载，然后按普通连续梁计算其弯矩和剪力。作用于承台梁的荷载简图，分别根据（a）$a_0 < L/2$；（b）$L/2 \leqslant a_0 \leqslant L$；（$c$）$L_0 \leqslant a_0 \leqslant L/2$；（$d$）$a_0 \geqslant L$，由图 8.4-8 选取。承台梁弯矩和剪力计算式示于表 8.4-3。

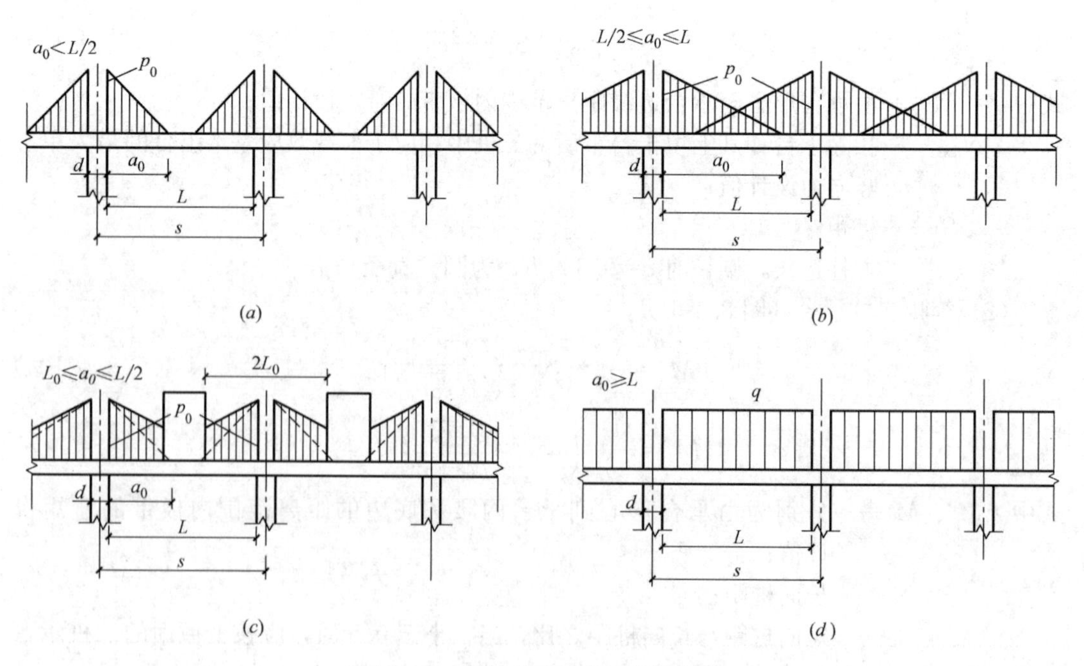

图 8.4-8 倒置弹性地基梁荷载取值

墙下连续承台梁内力计算公式 **表 8.4-3**

内力	计算简图编号	内力计算公式	公式编号
支座弯矩	(a)、(b)、(c)	$M=-p_0\frac{a_0^2}{12}\left(2-\frac{a_0}{L_c}\right)$	(8.4.11a)
	(d)	$M=-\frac{qL_c^2}{12}$	(8.4.11b)
跨中弯矩	(a)、(c)	$M=p_0\frac{a_0^3}{12L_c}$	(8.4.11c)
	(b)	$M=\frac{p_0}{12}\left[L_c\left(6a_0-3L_c+0.5\frac{L_c^2}{a_0}\right)-a_0^2\left(4-\frac{a_0}{L_c}\right)\right]$	(8.4.11d)
	(d)	$M=\frac{qL_c^2}{24}$	(8.4.11e)
最大剪力	(a)、(b)、(c)	$V=\frac{p_0a_0}{2}$	(8.4.11f)
	(d)	$V=\frac{qL}{2}$	(8.4.11g)

注：当连续承台梁少于 6 跨时，其支座与跨中弯矩应按实际跨数和图 8.4-8 求计算公式。

图 8.4-8 和式（8.4.11）中：

p_0——线荷载的最大值（kN/m），按下式确定：

$$p_0=\frac{qL_c}{a_0} \tag{8.4.12a}$$

a_0——自桩边算起的三角形荷载图形的底边长度，分别按下列公式确定：

中间跨

$$a_0=3.14\sqrt[3]{\frac{E_nI}{E_kb_k}} \tag{8.4.12b}$$

边　跨

$$a_0=2.40\sqrt[3]{\frac{E_nI}{E_kb_k}} \tag{8.4.12c}$$

L_c——计算跨度，$L_c=1.05L$；

L——两相邻桩之间的净距；

s——两相邻桩之间的中心距；

d——桩身直径；

L_0——桩中心至门窗边的距离；

q——承台梁顶面以上的均布荷载；

E_nI——承台梁的抗弯刚度；E_n 为承台梁混凝土弹性模量，I 为承台梁横截面的惯性矩；

E_k、b_k——墙体的弹性模量和墙体的宽度。

当门窗口下布有桩且承台梁顶面至门窗口的砌体高度小于门窗口的净宽时，则应按倒置简支梁近似计算该段梁的弯矩，即取门窗净宽的 1.05 倍为计算跨度，取门窗口下桩顶荷载为集中荷载计算。在以上三种计算方法中，不考虑墙体与承台梁协同工作的均布全荷载连续梁法计算弯矩最大，偏于保守，一般不宜采用；过梁荷载取值法的计算弯矩最小，但它是在考虑墙体能充分发挥拱效应的假定下建立起来的，对砌体质量要求较高，可能存在不安全因素；倒置弹性地基梁法考虑了墙梁的协同工作、材料性质、门窗洞口等因素的影响，是较符合实际的，因此在一般情况下宜采用倒置弹性地基梁法计算。墙下承台梁的弯曲内力求出后，便可按普通钢筋混凝土构件计算抗弯钢筋。

3. 柱下条形承台、筏形承台和箱形承台

柱下条形承台、筏形承台和箱形承台的弯曲内力可按下列两种方法计算：

1）将上部结构柱作为支座、桩顶反力作为计算外荷载，按倒置的连续梁、井格梁、楼盖结构分别计算柱下条形、筏形承台和箱形承台结构的弯曲内力。当倒置的连续梁和楼盖结构的支座反力与上部结构柱的竖向荷载之间有较大出入时，则应适当调整桩位并重复上述计算过程。当支座反力与上部结构柱竖向荷载基本吻合时，即可确定最后计算弯曲内力。

2）将桩视作弹性支承，上部结构柱和墙传至承台的荷载视作外荷载，按弹性支承上的结构物计算柱下条形、筏形和箱形承台结构的弯曲内力。自 20 世纪 80 年代以来，随着以 Geddes 单桩荷载应力公式为依据的单桩和群桩沉降计算方法逐步在工程中得到推广应用以及计算机技术日益普及，上述承台结构弯曲内力的分析方法得到了较广泛的应用和发展。目前工程应用中，该方法又可根据对其中桩的弹性支承系数确定方法的不同，大体分为两类：

一类是按工程经验预估承台下各桩的平均桩顶荷载和平均桩顶沉降量，根据两者的比值并参考桩位平面布置和桩间距大小等工程设计信息，根据工程经验直接给出承台下各桩的弹性支承系数，进而即可按弹性支承上的结构物进行承台的沉降弯曲变形和内力计算，这类方法在工程中应用时需有足够的工程经验。

另一类则是以 Geddes 单桩荷载应力公式为依据的单桩和群桩沉降计算方法在工程中得到推广应用和发展的基础上，按承台下各桩桩顶沉降与承台结构相应桩位处的竖向变形相等（即所谓共同工作的原则）的要求，通过多次迭代和逐次逼近的计算方法来确定各桩的弹性支承系数，再按弹性支承上结构物计算承台的沉降弯曲变形和内力（以下简称“桩基承台沉降弯曲特性实用计算方法”）。具体计算时，一般可先按静力平衡原则近似求出竖向荷载作用下承台下各桩的初始桩顶反力（荷载）P，接着根据前述以 Geddes 单桩荷载应力公式为依据的群桩沉降计算方法，计算承台下各桩的初始沉降量 s，即可获得各桩的初始弹性支承系数 P/s，之后进行第一轮弹性支承上承台沉降弯曲变形和内力以及承台下各桩的桩顶反力（荷载）的计算，接着应继续根据前述的群桩沉降计算方法求解承台下各桩第一轮改进的桩顶沉降量，从而町得到承台下各桩第一轮改进的弹性支承系数，按改进后的各桩弹性支承系数，进行第二轮弹性支承上承台沉降弯曲变形和内力以及承台下各桩的桩顶反力（荷载）的计算，该轮计算原则上可重复第一轮计算的方法和步骤进行。如此即可进行多轮次的迭代计算，直到某轮计算中各桩改进的桩顶反力（或承台内力）与该轮开始计算时的数值相对误差小于某一定值 ε（可取 $\varepsilon=0.01$）时为止，计算实践表明，这种逐次逼近计算的收敛速度是很快的。

显然，后一类方法在分析原理上更为合理。因此，十余年来这种计算方法已被编制成多种版本的计算软件，在实际工程中应用越来越多。然而，用这些软件计算得到的桩基承台沉降弯曲变形和内力是否和实际相符这一基本问题，却并没有得到足够的重视和研究。

为此，以下针对已积累了十余年长期沉降弯曲变形实测资料的上海某超高层建筑桩基承台，采用上述桩基承台沉降弯曲特性实用计算方法进行了复核计算，并将其中沉降弯曲变形的计算值和实测值进行了直接的对比，在对比分析的基础上，针对该实用计算方法存在的若干问题提出了改进的建议。

拟复核计算的超高层建筑位于上海市浦东新区陆家嘴。上海位于长江三角洲入海口的东南前缘，是国际著名地处软土地区的特大型城市。该超高层建筑所在场地地势平坦，自然地面标高（吴淞口海平面高度）在 3.60～4.00m 左右，场地地基土组成及描述如表 8.4-4 所示。该超高层建筑的塔楼地面以上 88 层，地下 3 层。建筑平面呈八边形（双轴对称），上部结构体系采用了钢-混凝土组合结构，居中的混凝土核心筒为主要的抗侧力结构，核心筒四周的 8 根钢筋混凝土巨型柱（1.5m×5.0m）和 8 根巨型钢柱（1.2m×1.2m）承受垂直荷载，该塔楼的设计竖向总荷载约为 3×10^6kN，按核心筒结构范围内投影面积计，平均承台底面总压力高达 2060kN/m^2，即使按外围布置的巨型柱和角柱外包投影面积计，平均承台底面总压力为 1075kN/m^2。从桩基的承载能力和沉降变形两方面综合考虑，经多种方案分析比较，塔楼桩基最终选择⑨$_{-2}$层细砂夹中粗砂作为桩端持力层，桩型采用直径 914.4mm、壁厚为 20mm 钢管桩，有效桩长为 61m，塔楼桩基承台采用混凝土平板结构，承台板平面为八边形（双轴对称），承台板下共设置 429 根桩：承台板厚度 4000mm，承台板混凝土强度等级 C50。桩基承台板及桩位布置如图 8.4-9 所示，图中黑色三角代表设置在承台板上的 13 个沉降观测点，该建筑沉降观测从承台板浇筑完成开始，历时近十年未曾间断直至沉降稳定，测得了完整的承台板沉降弯曲变形随时间变化的实测结果，沿图 8.4-9 中剖面 A-A 上 5 个测点历时十余年的沉降与时间关系曲线如图 8.4-10 所示，其中尤为难能可贵的是得到了核心筒体中部观测点的实测变形值约为 8.35cm，相对弯曲（基础弯曲部分矢高与长度之比）约为 1/1650。作用在承台板上的竖向荷载的大小及分布示意图如图 8.4-11 所示（由于竖向荷载大小和分布也是双轴对称，为简化在图中仅表示四分之一承台板荷载情况）。

工程场地地基土组成及描述 **表 8.4-4**

层序	土层名称及描述	厚度(m)	层顶标高(m)
①	填土，色杂，稍湿，黏土含少量碎屑	0.8～1.4	3.6～4.0
②	粉质黏土，褐黄色，很湿，可塑～软塑	1.7～3.4	2.5～3.1
③	淤泥质粉质黏土，灰色，饱和，软塑～流塑，夹薄层粉砂	3.5～4.5	−0.34～−1.39
④	淤泥质黏土，灰色，饱和，软塑～流塑，含少量有机质，夹薄层粉砂	9.2～10.8	−4.02～-2.94
⑤	粉质黏土，灰色，饱和，含大量有机质，夹薄层粉砂	6.1～10.1	−13.90～-12.64
⑥	粉质黏土，暗绿色，很湿，硬塑～可塑，含少量有机质，夹薄层粉砂	2.3～5.0	−23.80～-19.23
⑦$_{-1}$	粉质黏土，草黄色，饱和	4.8～8.5	−26.10～−23.85
⑦$_{-2}$	粉细砂，草黄至灰色，饱和，细粉砂含少量有机质	24.5～35.2	−32.58～−30.42
⑧	砂质粉土，灰色，饱和，含薄层粉质黏土和薄层粉砂	3.0～11.0	−67.31～−57.11
⑨$_{-1}$	砂质粉土，灰色，饱和，含少量细砂和黏土	3.0～6.0	−71.81～−63.42
⑨$_{-2}$	细砂，灰色，饱和，夹中粗砂，含少量有机质	46.0～48.0	−75.49～−66.42
⑩	粉质黏土，蓝灰色，很湿，硬塑～可塑，夹薄层细砂	7.5	−119.85～−119.07

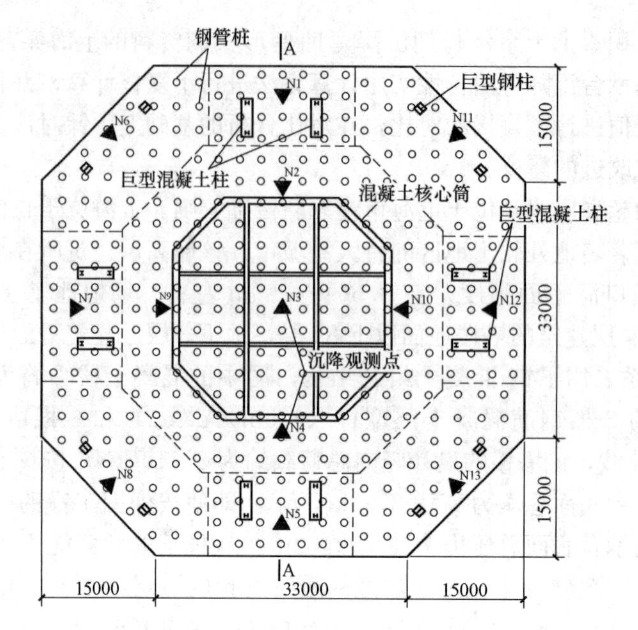

图 8.4-9 塔楼桩基承台板和桩位及位移观测点平面布置示意

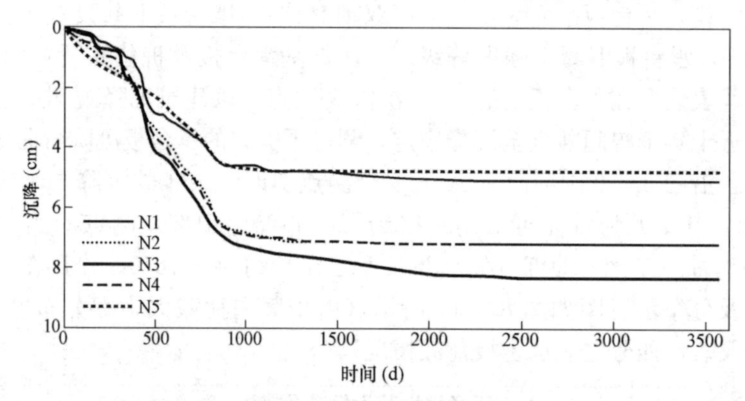

图 8.4-10 桩基承台板中部 A-A 剖面五个观测点的沉降与时间的关系示意

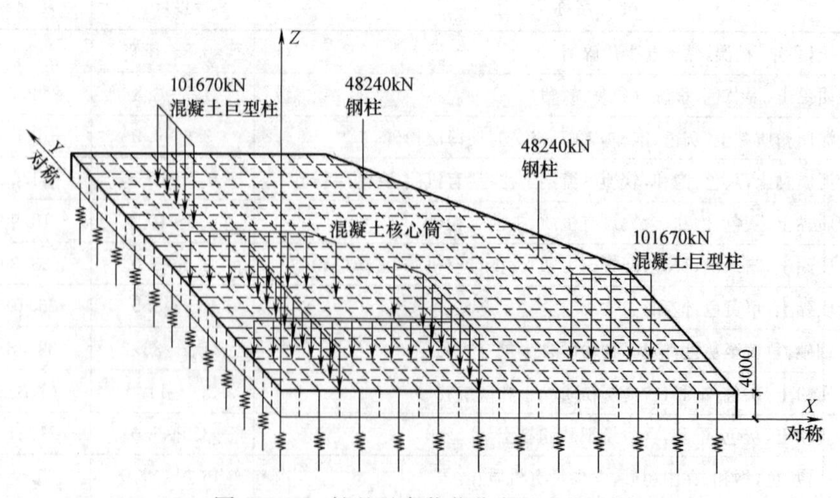

图 8.4-11 桩基承台荷载分布及大小示意

如前所述，“桩基承台沉降弯曲特性实用计算方法”的关键是获得各桩弹性支承系数，这需要通过对各桩的桩顶沉降量和承台弯曲沉降特性二方面多轮次计算后才能确定，然而在这二个方面的计算中还存在以下若干需要进一步探讨的问题。首先，是如何确定各桩的桩顶沉降量计算中的经验系数问题。众所周知，桩基沉降计算很大程度上需要依靠工程经验，虽然前述以 Mindlin 应力公式为依据的群桩沉降计算方法在我国已被多本设计规范所采用，并积累了不少以沉降计算经验系数表示的工程经验，但这些经验系数是指用该沉降计算方法计算桩基中心处桩的桩顶沉降量并乘以沉降计算经验系数后，用来代表该桩基的平均沉降的工程经验，如需要用该沉降计算方法逐根计算桩基中各桩的桩顶沉降时，尚缺少相应的经验系数。其次是桩基承台沉降弯曲特性计算中如何考虑上部结构共同作用的影响。应当指出，在实际工程中对这一问题仍存在着不同的看法。一种看法是 20 世纪 70～80 年代起我国对基础和上部结构共同作用课题进行了大量的专题研究工作逐渐形成的，研究结果[20][21]表明，上部结构尤其是有巨大竖向刚度的高层建筑上部结构对基础变形和内力的影响是客观存在并应当考虑的，但是会产生明显影响即参与共同作用的上部结构的层数范围是有限的，这一层数范围可以结合具体工程，采用选择若干不同层数的上部结构与基础结合在一起进行共同作用整体分析的方法，并通过对其中基础的沉降弯曲特性分析结果进行比较后确定。研究结果[5-6]还表明，该层数范围一般在 5～20 层。另一种则是传统的看法，虽然上部结构参与基础共同作用是客观事实，但是由于共同作用的机理复杂、涉及面很广、影响因素很多，因此在实际工程中，按弹性支承上结构物计算桩基承台沉降弯曲特性时，宜仍将承台与上部结构分开，上部结构荷载由承台独立承担，不考虑上部结构共同作用的影响。再次，还有一个问题，是如何确定合理的承台混凝土结构（包括参与共同作用的上部混凝土结构）截面刚度。

桩基承台大多数是混凝土结构，由于钢筋混凝土材料自身工作性能的复杂性，造成它在外部因素作用下的结构截面刚度与作用的方式（直接或间接作用）、大小和持续时间长短等因素都有复杂的关系，原则上钢筋混凝土受弯构件在短期荷载作用下，由于受拉混凝土开裂导致截面刚度从初始不开裂的弹性刚度开始而减少，而长期荷载作用下，由于受压区混凝土徐变性质又会导致截面刚度进一步折减，虽然《混凝土结构设计规范》GB 50010—2010 中，对钢筋混凝土受弯构件在荷载直接作用下的短期和长期截面刚度均提出了近似的计算公式，但对桩基承台结构而言，它是在上部结构荷载（直接作用）和桩顶沉降（间接作用）长期共同作用下的受力构件，无法直接套用上述混凝土规范中仅适用直接荷载作用下的截面刚度的计算公式，需要探讨适合桩基承台实际工作状态的截面刚度计算方法。

以下根据前述已积累有近十年实测沉降结果的上海某超高层建筑的结构设计有关数据，采用上述桩基承台沉降弯曲特性实用计算方法，对该桩基承台结构进行复核计算分析。

由前文分析可知，“桩基承台沉降弯曲特性实用计算方法”中存在着各桩的桩顶沉降计算经验系数、上部结构共同作用对承台影响和承台混凝土结构截面刚度折减等三个方面的不确定性，为此，首先归纳了这三方面不同的假设方案，其中有关各桩的桩顶沉降计算经验系数的假设方案考虑的比较简单，主要分二种，一种是假设为 1.0，即直接等于不修正的沉降计算结果，另一种假设等于地区性的桩基平均沉降计算经验系数（如表 8.6-6 给出了上海地区桩基平均沉降计算经验系数）；关于参与共同作用的上部结构层数的假设方案，大体也可分为两种，一种是不考虑上部结构共同作用的方案，即认为参与和承台共同作用的上部结构层数为零，另一种则是参照上述有关基础与上部结构共同作用的研究结果所总结的观点，针对该工程进行了不同层数上部结构与承台共同作用的分析。

图 8.4-12 给出了图 8.4-9 中剖面 A—A 沉降弯曲特性的计算结果，其中曲线①表示不考虑上部结构共同作用影响的计算结果，曲线②、③、④、⑤、⑥分别表示考虑承台与一层、二层、五层、十层和二十层上部结构共同作用影响的分析结果。由图 8.4-12 可以看出，上部结构超过一定层数（为 5 层）后，承台弯曲变形基本保持不变，因此以下考虑上部结构共同作用的影响时，参与共同作用的上部结构层数统一取 10 层计算；关于混凝土承台（包括参与共同作用的上部混凝土结构）截面刚度折减的假设方案，相对比较复杂，但原则上仍分为二种，一种是采用不计受拉区混凝土开裂和受压区混凝土徐变的截面弹性刚度（为简化计算，计算截面弹性刚度时忽略截面钢筋的影响），即不考虑截面刚度折减：另一种是采用需计入混凝土开裂和徐变的截面折减刚度，此处所谓折减刚度是将混凝土不开裂、不计徐变性质的弹性刚度计算中的材料弹性模量直接乘以小于 1.0 的折减系数这一简单做法得到的。但如前所述，由于钢筋混凝土材料性能的复杂性，截面刚度折减系数是与截面处所受作用的方式、大小和时间长短等多种因素有关，无法预先计算，因此在下文的具体工况计算时采用试算方法进行假设方案分析。

将上述三个方面的假设方案进行组合，提出了如表 8.4-5 所示的桩基承台沉降弯曲特性六种不同的分析工况，尝试通过该六种工况中有关沉降弯曲变形的计算结果与实测结果的直接对比，找到与实测结果最接近的相应工况及其所对应的假设方案，然后对所存在的 3 个方面问题进行分析并提出解决的方法。

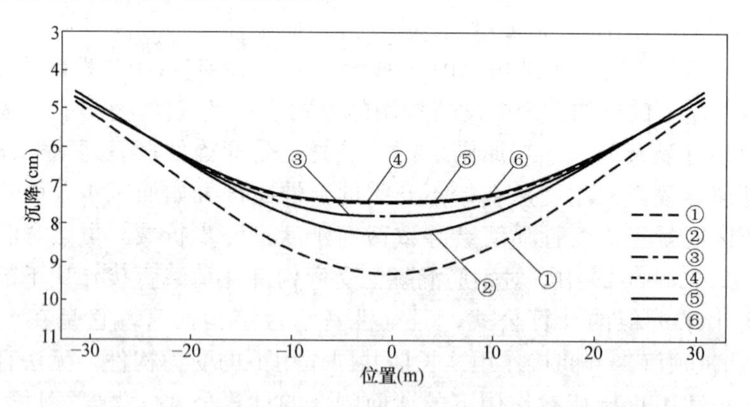

图 8.4-12 上部结构刚度对承台板弯曲变形计算结果影响

根据以上对该实用方法存在的三个方面不确定性的总体考虑，基于通用有限元程序 ANSYS，编制以 Geddes 单桩荷载应力公式为依据的群桩沉降接口程序，计算确定承台弹性支承系数，在通用程序中实现了可考虑上部结构-承台-桩群共同作用的高层建筑桩基承台的有限元计算分析。模型中承台板、核芯筒剪力墙和巨型柱均采用厚板单元模拟，结构楼板采用薄板单元模拟，桩群采用弹簧单元模拟。图 8.4-13 为表 8.4-5 所列的六种分析工况下图 8.4-9 中剖面 A-A 的沉降弯曲变形的计算结果，同时也给出了图 8.4-9 中剖面 A-A 上 5 个沉降观测点历时近十年的的实测沉降值（图中以圆圈表示）。通过图 8.4-13 中各工况计算曲线与实测结果对比，应当可以得到以下几点认识：

实用计算方法中需探讨的问题及假设方案 **表 8.4-5**

工况编号	实用计算方法中需探讨的问题及假设方案		
	各桩的桩顶沉降计算经验系数	参与共同作用的上部结构层数	混凝土结构截面刚度折减系数
①	1.0	0	1.0
②	1.0	10	1.0
③	1.0	10	<1.0
④	平均沉降计算经验系数	0	1.0
⑤	平均沉降计算经验系数	10	1.0
⑥	平均沉降计算经验系数	10	<1.0

上海地区桩基平均沉降计算经验系数 **表 8.4-6**

桩端入土深度(m)	<30	40	50	70
沉降计算经验系数	1.05	0.95	0.85	0.65

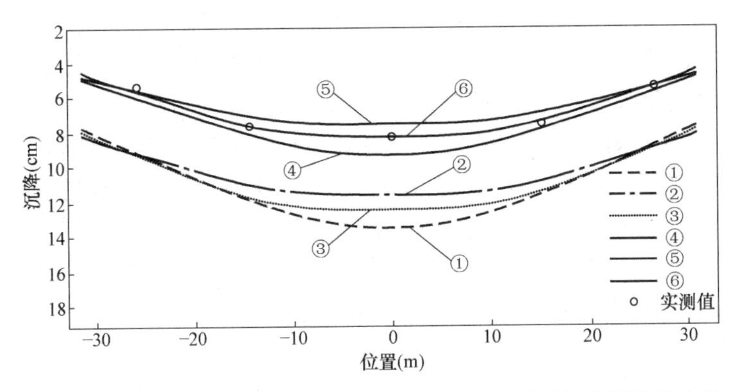

图 8.4-13 不同工况下承台板沉降弯曲变形计算结果与实测结果比较

(1) 工况①～③曲线与实测值相比差别普遍较大，而工况④～⑥曲线与实测值相比差别总体较小。由于工况①～③曲线所对应工况的各桩桩顶沉降计算经验系数都取 1.0，即沉降计算结果不修正，因此导致计算沉降普遍较大，这符合上海地区工程经验；而工况④～⑥所对应的各桩桩顶沉降计算经验系数都采用小于 1.0 的地区性桩基平均沉降计算经验系数，因此计算沉降与实测值总体接近更为符合上海地区工程经验。同时，由工况④～⑥计算结果与实测值总体接近这一事实，也可认为本工程各桩的桩顶沉降计算经验系数取地区性桩基平均沉降计算经验系数的假设基本合理。

(2) 工况④和⑤曲线的弯曲形状和实测值相比总体比较接近。但工况④曲线的曲率要比实测值大，说明按工况④计算时，仅考虑承台自身刚度，得到的承台变形是偏大的，因此，计算承台结构弯曲特性时考虑上部结构影响是必要的；工况⑤曲线的弯曲曲率比实测值小，说明按工况⑤计算时，虽已考虑上部结构共同作用的影响，但承台及参与共同作用的上部混凝土结构截面刚度取不计混凝土开裂和徐变的弹性刚度，得到的承台变形是偏小的，因此为了使计算值能和实测值相接近，在混凝土承台（包括参与共同作用的上部混凝土结构）截面刚度计算中，将不计混凝土开裂和徐变的截面弹性刚度作适当的折减是必要的。

(3) 工况⑥曲线是建立在工况①～⑤分析基础上，在上述承台结构弯曲特性实用计算方法中，对各桩桩顶沉降计算经验系数直接取用地区性桩基平均沉降计算经验系数，同时合理地考虑了一定层数（10层）的上部结构参与共同作用，并在混凝土承台（包括参与共同作用的上部混凝土结构）截面刚度计算中，采用计入混凝土开裂和徐变的折减刚度系数后计算得到的沉降弯曲变形曲线，该曲线与实测值最为接近，其中刚度折减系数取值是通过试算后得到的，最终对应曲线⑥假设的刚度折减系数为0.5。对一般实际工程，如果能收集到同类有长期沉降观测数据的工程实例，经过类似本文所进行的试算法分析，也应该可以得到可供该实际工程应用的经验性刚度折减系数。

以上结合工程实例探讨了多种因素对承台板沉降弯曲变形的影响，并与长期现场实测结果进行了分析比较，同时在上述承台板弯曲特性实用计算方法中，对各桩的桩顶沉降计算经验系数的确定、与承台共同作用的上部结构层数的确定以及承台弯曲变形计算时刚度折减系数的确定都提出了合理、可行的建议，得到了承台桩顶沉降弯曲变形的计算值与实测值能有较好吻合的结果。但是，必须看到在实际工程应用中，承台结构设计除了需控制承台板的沉降弯曲变形外，也密切关注与承台配筋直接有关的承台板的弯矩分布及其大小。需要说明，由于种种客观条件的限制，上述工程没有承台板的内力实测资料，因此上述承台结构弯曲特性实用计算方法中同样可以得到的内力计算结果无法通过与实测结果直接对比来论证其合理性。为此，只能尝试通过以上沉降弯曲变形的计算和实测结果的对比进行分析推断，然而从材料力学基本原理可知，从构件的弯曲变形推断其弯曲内力时，对变形自身的实测或计算的精度都要有极高的要求，因而通过一般常规的实测或计算变形来分析内力得出的结论只能是近似和定性的。以下尝试结合工程实例的沉降弯曲变形计算分析结果讨论承台板弯矩计算结果，图8.4-14给出了上述实际工程实例，采用三种不同结构刚度假定工况分析方法得到的图8.4-9中A-A剖面的承台弯矩分布，图中第①、②和③条曲线分别表示不考虑承台和上部结构共同作用且承台截面刚度取不计混凝土开裂和徐变影响的弹性刚度、考虑承台和上部结构的共同作用且承台和上部混凝土结构截面刚度取不计混凝土开裂和徐变影响的弹性刚度以及考虑承台和上部结构的共同作用且承台和上部混凝土结构截面刚度取计入混凝土开裂和徐变影响的折减刚度三种假定工况的分析结果，也就是图8.4-13中对应④、⑤和⑥三种假定工况。其中，假定工况⑥是和沉降弯曲变形实测值最接近的，从图8.4-14可以看出，曲线①不考虑承台和上部结构共同作用且承台截面刚度取不计混凝土开裂和徐变影响的弹性刚度时，承台板的最大正弯矩位于承台板中部，其弯矩的分布与上部结构荷载的分布密切相关；而当考虑上部结构的共同作用时，如图中②和③线所示，承台板中部正弯矩有较大程度的减小，这是由于上部结构刚度作用使得承台板中部变形趋于平缓，不均匀变形减小，从而引起的附加弯矩减小。同时，其最大弯矩发生的位置不同于曲线①在承台板中部，而是发生在核芯筒墙体的边缘，这表明上部结构尤其是核心筒墙体的刚度对承台板的弯矩有较大的重分布作用，使得该部位弯矩增大并变得最大，应当认为这种弯矩分布的变化是合理的；同时，从图8.4-14曲线①、②和③对比也可以看出，三条曲线的最大弯矩值相差较大；和曲线①相比，曲线②和③最大弯矩都有较大程度减小；曲线③最大弯矩值最小。曲线③最大弯矩约为曲线①最大弯矩的60%。通过上述对弯矩分布和大小两方面计算结果比较可以看出，在上述承台板弯曲特性实用计算方法中，考虑承台和上部结构共同作用且承台与上部混凝土结构截面刚度取计入混凝土开裂和徐变影响的折减刚度，不但能使承台结构沉降弯曲变形的计算结果与实测值能有较好的吻合，而且也能使计算得到承台内力分布和大小（如图 8.4-14 中曲线③所示）更为合理。因此，承台结构弯曲特性实用计算方法中考虑承台和上部结构共同作用，且根据钢筋混凝土工作特性对承台和上部混凝土结构刚度作适当折减应是必要和合理的。

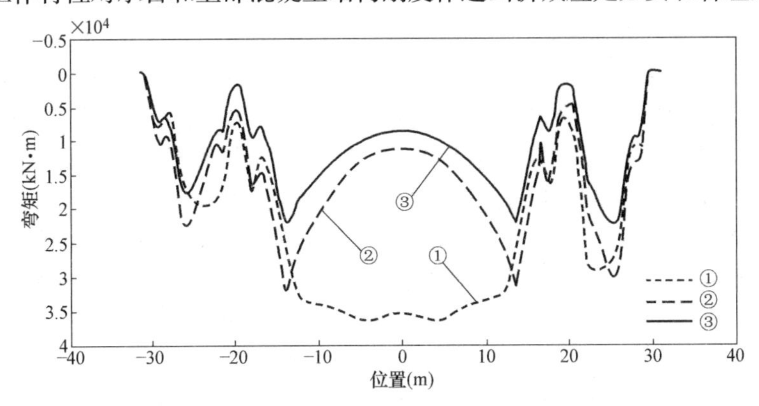

图 8.4-14　不同方法考虑结构刚度时计算得到的承台板弯矩

综上所述，在上述超高层建筑基础承台板的弯曲特性分析中，如各桩桩顶沉降计算考虑直接采用地区性桩基平均沉降计算经验系数进行修正，同时能合理考虑承台与上部结构共同作用，并且对承台及上部混凝土结构截面刚度根据钢筋混凝土工作特性进行适当折减，就能使承台结构弯曲变形的实测值与计算值有较好吻合。而且，从定性角度考虑，在承台结构弯曲特性分析计算中同时求得的弯曲内力也更为合理。当然，这种简单实用的修正方法还需通过更多的工程实测结果进行反分析，积累更多的各桩桩顶沉降计算经验系数和弹性刚度折减系数的工程经验。因此，虽然目前上述承台结构弯曲特性实用计算方法已被编制成多种版本在工程应用的计算程序，而且随着实际工程应用越来越普及，但该计算方法尚需要进一步积累工程实测数据和经验进行不断研究并逐步完善。

此外，采用前述方法进行承台的弯曲变形及内力分析时，有两个问题应当指出。其一，当参与共同作用的上部结构层数范围确定后，该范围的上部结构将与承台一起承担上部结构外荷载，因而对上部结构提出了需作相应考虑的新的设计要求。其二，桩基承台沉降弯曲特性实用计算方法是建立在弹性支承上结构物分析原理上的，其弹性支承系数是按桩顶荷载与相应的桩顶最终沉降量的比值确定的，因而严格来说该方法只能反映桩基沉降趋于稳定时的受力状况，而实际桩基沉降是一个需要长时间才能完成的过程，在这一过程中承台的受力状况该方法是无法反映的。

8.4.3　承台结构正常使用极限状态计算

与普通钢筋混凝土结构构件一样，承台结构同样需要进行正常使用极限状态计算，应当指出，这些计算内容原则上应与普通钢筋混凝土结构计算是基本一致的。以下结合桩基承台结构的特点，对桩基承台正常使用极限状态计算中应注意的变形和裂缝两个问题进行探讨。

由于承台的厚度与跨度之比与一般梁板相比较大，故在一般情况下，承台的挠度很小。即使对于荷载和平面尺寸均较大的超高层建筑的平板式筏形承台也是如此，如上述比较典型的上海某超高层建筑基础板实测基础板平面尺寸约为 60m×60m，实测承台板差异变形如图 8.4-13 所示约 3.3cm，两测点的距离约为 54m，其相对弯曲值约 1/1650。该值远小于钢筋混凝土构件的弯曲变形限值。但是，鉴于超高层建筑的桩基承台板是极为重要的承重构件之一，如要对其相对弯曲作出统一的容许变形值应十分慎重，尚需在继续积累工程实测资料和设计经验基础上做进一步的深入研究。

混凝土结构正常使用极限状态计算另一个重要内容是裂缝宽度的验算。关于承台结构的裂缝宽度计算方法，原则上是与常规钢筋混凝土受弯构件的裂缝的计算公式是一致的，具体可参见《混凝土结构设计规范》GB 50010 规定的最大裂缝宽度计算公式。由混凝土裂缝的计算公式可知最大裂缝宽度与受拉钢筋的保护层厚度成正比关系，保护层厚度越大，计算得到的最大裂缝宽度越大。实际上，虽然最大裂缝宽度随保护层厚度增加而增大，但是保护层厚度增加实际上对混凝土的耐久性是有利的。由于承台下部钢筋保护层厚度需与桩顶嵌入承台高度保持一致，一般为 50～100mm，应当认为可根据《混凝土结构耐久性设计规范》GB/T 50476（以下简称耐久性设计规范）规定，当保护层设计厚度超过 30mm 时，可将保护层厚度取为 30mm 计算裂缝的最大宽度。

同常规钢筋混凝土构件一样，桩基承台结构应根据环境类别确定其裂缝计算宽度限值，但目前《混凝土结构设计规范》和《混凝土结构耐久性设计规范》对环境类别和最大裂缝的相关规定不尽相同。《混凝土结构设计规范》规定，需根据表 8.4-7 规定的环境类别选用不同的裂缝控制等级和最大裂缝宽度限值，裂缝宽度限值如表 8.4-8 所示。对大多数桩基承台，其环境类别一般为二类或三类，因而裂缝控制等级为三级，最大裂缝宽度限值为 0.2mm；在而《混凝土结构耐久性设计规范》中规定的环境类别与混凝土设计规范不同，如表 8.4-9 和表 8.4-10 所示。对大多数桩基承台，属于一般环境中的长期与水或湿润土体接触的Ⅰ-B类环境。根据《混凝土结构耐久性设计规范》对不同环境作用等级的混凝土结构表面裂缝计算宽度限值规定，如表 8.4-11 所示，桩基承台其表面裂缝计算宽度限值可取为 0.3mm。因此，综合以上对有关规范对裂缝宽度计算和限值规定的讨论，我们认为，对于长期在水位以下的Ⅰ-B类环境的承台结构，最大裂缝宽度计算时，当受拉钢筋保护层设计厚度超过 30mm 时，可将保护层厚度取为 30mm 计算裂缝的最大宽度，同时其最大裂缝宽度限值可取为 0.3mm。

混凝土结构的环境类别 **表 8.4-7**

环境类别		条件
一		室内正常环境
二	a	室内潮湿环境；非严寒和非寒冷地区的露天环境、与无侵蚀性的水或土壤直接接触的环境
	b	严寒和寒冷地区的露天环境、与无侵蚀性的水或土壤直接接触的环境
三		使用除冰盐的环境；严寒和寒冷地区冬季水位变动的环境；滨海室外环境
四		海水环境
五		受人为或自然的侵蚀性物质影响的环境

钢筋混凝土构件的裂缝控制等级及最大裂缝宽度限值 **表 8.4-8**

环境类别	裂缝控制等级	最大裂缝宽度限值
一	三	0.3(0.4)
二	三	0.2
三	三	0.2

环境类别 表 8.4-9

环境类别	名称	腐蚀机理
Ⅰ	一般环境	保护层混凝土碳化引起钢筋锈蚀
Ⅱ	冻融环境	反复冻融导致混凝土损伤
Ⅲ	海洋氯化物环境	氯盐引起钢筋锈蚀
Ⅳ	除冰盐等其他氯化物环境	氯盐引起钢筋锈蚀
Ⅴ	化学腐蚀环境	硫酸盐等化学物质对混凝土的腐蚀

一般环境对配筋混凝土结构的环境作用等级环境类别 表 8.4-10

环境作用等级	环境条件	结构构件示例
Ⅰ-A	室内干燥环境 永久的静水浸没环境	常年干燥、低湿度环境中的室内构件； 所有表面均永久处于静水下的构件
Ⅰ-B	非干湿交替的室内潮湿环境 非干湿交替的露天环境 长期湿润环境	中、高湿度环境中的室内构件； 不接触或偶尔接触雨水的室外构件； 长期与水或湿润土体接触的构件
Ⅰ-C	干湿交替环境	与冷凝水、露水或与蒸汽频繁接触的室内构件； 地下室顶板构件； 表面频繁淋雨或频繁与水接触的室外构件； 处于水位变动区的构件

裂缝计算宽度限值 表 8.4-11

环境作用等级	钢筋混凝土构件	有粘结预应力混凝土构件
A	0.40	0.20
B	0.30	0.20(0.15)
C	0.20	0.10
D	0.20	按二级裂缝控制或按部分预应力A类构件控制
E、F	0.15	按一级裂缝控制或按全预应力类构件控制

参考文献

[1] 黄绍铭，裴捷，贾宗元，魏汝楠. 软土中桩基沉降估算. //中国土木工程学会第四届土力学及基础工程学术会议论文集 [C]. 上海：同济大学出版社，1986：237-243.

[2] 上海市《地基基础设计规范》DGJ 08—11—2010 [S]. 上海，2010.

[3] 黄绍铭，岳建勇，刘峰，陆余年. 上海某超高层建筑桩基承台沉降弯曲变形计算与实测对比研究 [J]. 建筑结构学报，2012，33 (9)：81-86

[4] 陈仲颐，叶书麟主编. 基础工程学. 北京：中国建筑工业出版社，1990.

[5] 国家通用建筑标准设计图集《预制钢筋混凝土方桩》04G361.

[6] 国家建筑标准设计图集《预应力混凝土管桩》10G409.

[7] 国家建筑标准设计图集《预应力空心方桩》08SG360.

[8] 交通部第三航务工程勘察设计院. 行业标准《港口工程桩基规范》JTJ 254—98，北京：人民交通出版社，1998.

[9] 钱家欢，殷宗泽主编. 土工原理与计算. 北京：中国水利水电出版社，1996.
[10] 国家标准.《混凝土结构设计规范》GB 50010—2010. 北京：中国建筑工业出版社，2011.
[11] 国家标准.《建筑地基基础设计规范》GB 50007—2011. 北京：中国建筑工业出版社，2012.
[12] 国家标准.《混凝土结构耐久性设计规范》GB/T 50476—2008. 北京：中国建筑工业出版社，2008.
[13] 史佩栋主编. 桩基工程手册. 北京：人民交通出版社，2008.
[14] 张雁，刘金波主编. 桩基手册. 北京：中国建筑工业出版社，2009.
[15] 同济大学主编. 中国工程建设标准化协会《钢筋混凝土承台设计规程》CECS 88：97.
[16] 刘金砺. 桩基础设计与计算. 北京：中国建筑工业出版社，1990.
[17] 日本钢管桩协会（1984）. 钢管桩—设计与施工.
[18] 张桐庆. 宝钢钢管桩在地基土中25年的腐蚀. 宝钢技术，2004年第5期.
[19] 黄绍铭，高大钊主编. 软土地基与地下工程. 北京：中国建筑工业出版社，2005.
[20] 董建国，赵锡宏著. 高层建筑地基基础——共同作用理论与实践. 上海：同济大学出版社，1997
[21] 宰金珉，宰金璋. 高层建筑基础分析与设计. 北京：中国建筑工业出版社，1993.
[22] 行业标准.《建筑桩基技术规范》JGJ 94—2008. 北京：中国建筑工业出版社，2008.
[23] Bowles，J. E. （1982），Foundation Analysis and Design. McGraw-Hill Book company，Newyork.
[24] Broms. BB. （1981）， Present Piling Practice，Thamas Telford LTD. London.
[25] Poulos，H. G.，Davis，E. H. （1980）、Pile Foundation Analysis and Design John Wileyand Sons，Ins. NewYork.
[26] Tomlinson，M. J.. （1977），Pile Design and Construction Practice，Viewpoint Publication，London.

第9章　预制钢筋混凝土桩的施工

李耀良　张日红

9.1　概述

预制混凝土桩的形式，按长度可分为多节桩或单节桩，按材料可分成预应力混凝土桩和普通混凝土桩，按构造可分为空心混凝土桩与实体混凝土桩，按沉桩方法有锤击沉桩、振动沉桩和静力沉桩。本节以钢筋混凝土方桩为例介绍沉桩的施工工艺，其他桩形施工方法类似，不再重复。

预制钢筋混凝土桩结构坚固耐久，可按需要制成不同尺寸的截面和长度，能承受较大的竖向荷载和施工锤击应力，且不受地下水和潮湿变化的影响，施工质量较其他桩型易于控制，在建筑基础工程中应用广泛。随着我国大规模经济建设的发展，适应重型厂房、高层建筑以及大型桥梁工程的需要，预制桩的施工工艺和机械设备不断进步和更新，设计经验日益丰富和成熟，各项科研成果促进了设计、施工技术水平的提高。目前，普通钢筋混凝土桩的截面尺寸可达800mm×800mm，预应力混凝土空心管桩已可生产最大直径1200mm并投入使用。预制桩的沉桩深度可达80m以上。

由于现代城市对环境保护的要求日趋严格，对沉桩噪声、振动、挤土等的监控、检测和防护措施综合技术有了很大发展。迄今，预制钢筋混凝土桩仍然是我国工程建设中应用最多、最为普及的桩型。

9.2　预制钢筋混凝土桩的常用规格

钢筋混凝土实心桩，断面一般呈方形。桩身截面一般沿桩长不变。实心方桩截面尺寸一般为200mm×200mm～600mm×600mm，码头方桩的尺寸为800mm×800mm。

钢筋混凝土实心桩桩身长度：限于桩架高度，现场预制桩的长度一般在25～30m以内。限于运输条件，工厂预制桩，桩长一般不超过12m，否则应分节预制，然后在打桩过程中予以接长。接头不宜超过2个。

钢筋混凝土实心桩的优点：长度和截面可在一定范围内根据需要选择，由于在地面上预制，制作质量容易保证，承载能力高，耐久性好。因此，工程上应用较广。

混凝土管桩一般在预制厂用离心法生产。桩径有ϕ300、ϕ400、ϕ500mm等，每节长度8m、10m、12m不等，接桩时，接头数量不宜超过4个。管壁内设ϕ12～22mm主筋10～20根，外面绕以ϕ6mm螺旋箍筋，多以C80混凝土制造。混凝土管桩各节段之间的连接可以用角钢焊接或法兰螺栓连接。由于用离心法成型，混凝土中多余的水分由于离心力而甩出，故混凝土致密、强度高、抵抗地下水和其他腐蚀的性能好。混凝土管桩应达到设计强度100%后，方可运到现场打桩。堆放层数不超过三层，底层管桩边缘应用楔形木块塞紧，以防滚动。

9.3 预制钢筋混凝土桩的制作

9.3.1 普通钢筋混凝土桩

普通钢筋混凝土桩一般有实心方桩和空心管桩两种，方桩截面通常为200～800mm。单根桩的最大长度可根据打桩架的高度、地质条件、预制场所、运输能力等条件而定。常用桩的长度限制在27m以内；特殊需要时，可达31m。无高桩架打设长桩时，可将桩分节预制，在沉桩过程中进行接桩。方桩可在工厂或施工现场制作，管桩则在工厂内以离心法制成，较之实心桩可减轻桩的自重和节约材料。目前，工厂生产的管桩常用直径为400～800mm，试生产已达1200mm。桩的混凝土强度等级一般为C60～C80。特殊情况下，可到C100。钢筋混凝土桩的制作应综合考虑工艺条件、土质情况、荷载特点等因素。

9.3.1.1 粗细骨料及水泥的选用

粗、细骨料应满足水工混凝土的技术要求，以提高混凝土的密实度和抗拉强度，保证

抗渗性、抗冻性、抗蚀性。粗骨料宜选用强度较高、级配良好的碎石或碎卵石，尤其是用于锤击的预制桩。其最大颗粒粒径不大于桩截面最小尺寸的1/4，同时不大于钢筋最小净距的3/4。粗骨料粒径宜为5～40mm。

细骨料宜选用中粗砂。砂、石的质量标准及检验方法应符合相应的规范要求。

水泥强度等级不宜低于32.5级。有抗冻要求时宜选用强度等级不低于42.5级。根据工程特点和环境条件所选用的普通硅酸盐水泥、矿渣水泥、快硬硅酸盐水泥，应符合相关的质量检验标准。

为了减少拌合用水，以防止裂缝，节约水泥，并便于运输及浇筑，可在混凝土中掺加减水剂或其他外加剂。掺用的外加剂应符合有关标准，并经试验符合要求方可使用。

9.3.1.2 模板的制备及安装

选用模板的类型和构造必须有足够的强度、刚度及稳定性，以保证桩的外形尺寸准确，成型面光洁。模板构造力求简单及安装拆除方便，并满足钢筋的绑扎与安装以及混凝土的浇筑及养护等工艺要求。宜选用定型耐久的装配式模板。模板的拼缝应严密、不漏浆。

模板及其支架的材料可选用钢材、木材、混凝土，并尽可能避免使用土模。其材质符合相关技术标准的规定。模板及支架应妥善保管维修，钢模板及钢支架应防止锈蚀。模板及支撑的制作安装要平直、牢固，其允许偏差应符合施工规范的要求。安装时脚手架等不得与模板或支架相连接。若模板安装在基土上，必须坚实并有排水措施。

模板与混凝土的接触面应清理干净，并涂刷脱模剂，以保证混凝土质量并防止脱模时粘结。

模板吊运安装的吊索应按设计规定。固定在模板上的预埋件和预留孔洞位置准确，不得遗漏并安装牢固。

9.3.1.3 钢筋的制备和绑扎

钢筋的品种和质量，焊条、焊剂的牌号和性能，以及桩靴、桩帽中使用的钢板和型钢必须符合设计要求和现行国家标准的规定，并应具有厂质量证明书或试验报告。钢材的机

械性能必须符合设计要求和《混凝土结构工程施工质量验收规范》的规定。钢筋焊接接头焊接制品的机械性能试验结果必须符合《钢筋焊接及验收规程》的规定。

钢筋在运输和储存时，必须保留标牌，并按批分别堆放整齐，避免锈蚀和污染，预制桩的吊环必须采用未经冷拉的 HPB300 级热轧钢筋。

钢筋的加工包括调直、去锈、画线、剪切、冷加工、弯曲、焊接等工序。加工的规格、形状、尺寸、数量、接头设置及允许偏差都必须符合设计要求和施工规范的规定。钢筋的表面应洁净、无损伤，油渍、漆污和铁锈等应在使用前清除干净。

钢筋连接应采用对焊，不得采用绑扎和搭焊。焊接前，必须根据施工条件进行试焊，合格后方可施焊。焊工须持有焊工证。

钢筋网片和骨架的绑扎及焊接质量，以及接头尺寸的允许偏差应符合建筑工程质量验收标准及钢筋焊接规程的规定。在同一截面的接头数量不得超过 50%，且同一根钢筋两个接头的距离应大于 30 倍直径并不小于 500mm。钢筋骨架和桩帽、桩靴、预埋件以及混凝土保护层的允许偏差应符合设计要求。

冬期施工，钢筋进行冷拉时温度不宜低于－20℃。钢筋的冷拉设备、仪表和工作油液，应根据环境温度选用并应在使用温度下进行配套检验。钢筋的焊接宜在室内进行，如必须在室外焊接时，其最低气温不宜低于－20℃且应有防雪、挡风措施。焊后的接头，在冷却前严禁接触冰雪。

钢筋骨架的运输，应根据骨架长度、重量及刚度，结合工地条件，采用相应的吊运方式。若钢筋骨架的刚度不够时，吊运过程中应临时加固或设计加工专用的吊运机具，以防止钢筋骨架产生过大的变形。钢筋骨架的吊点应设在钢筋骨架的重心处，且吊点处宜使用加强筋，吊运时应保持平稳，防止摆动或脱落。吊装就位时，应保证钢筋骨架位置准确，不产生变形，并保持钢筋保护层的厚度。浇筑混凝土前，必须按照设计图和规范进行检查，并做好隐蔽工程验收记录。

9.3.1.4 混凝土的制备、运输、浇捣、养护

混凝土的制备，包括配合比设计，原材料的备存、称量，配料、搅拌及卸料。混凝土配合比的选择，应满足设计强度等级、施工和易性及水工混凝土的要求，合理使用材料和节省水泥，应通过计算和试配确定，并考虑现场实际施工条件的差异和变化进行合理调整。配合比设计，应分别符合普通混凝土和泵送混凝土有关规范的规定。

(1) 碎石最大粒径与输送内径之比宜小于或等于 1∶3；卵石宜小于或等于 1∶2.5。

(2) 通过 0.315mm 筛孔的砂应不少于 15%，砂率宜控制在 40%～50%。

(3) 最小水泥用量宜为 300kg/m^3；最大不宜超过 500kg/m^3。

(4) 混凝土的坍落度宜为 8～18cm。

(5) 混凝土内宜掺加适量的外加剂。

混凝土的最大水灰比、浇筑时的坍落度均应符合有关规范的规定，并尽可能采用较小水灰比的干硬性混凝土。

混凝土必须严格按照设计或试验得出的重量比配料。称量要准确，称量器具应符合计量要求。材料称量的允许偏差应符合：

(1) 水泥：±2%；

(2) 粗细骨料：±3%；

（3）水、外加剂溶液：±2%。

对粗细骨料的含水量应经常测定，及时调整拌合用水量。

现场制桩混凝土搅拌站的位置应力求缩短混凝土的运距，出料口高程要适应运输和浇筑机械的运行操作。

混凝土搅拌站的工艺布置，应根据生产量，储存、设备状况，地形环境以及砂石料水泥堆场等条件，因地制宜确定。

混凝土的运输方式及设备选择，可按地形、运距、浇筑强度、结构体形及气候条件而定。混凝土在运输过程中，应保持其均匀性，不允许有离析现象。浇筑时坍落度应符合规定，否则必须在浇筑前进行二次搅拌，并且不允许发生初凝现象。

混凝土出料、运输直到浇筑完毕，延续时间不得超过有关规定。冬、夏期和雨期施工尚应采取防冻、防止水分蒸发及防雨措施。

混凝土应由桩顶向桩尖连续浇筑，如发生中断，应在前段混凝土凝结前将余段混凝土浇筑完毕。间歇允许最长时间与水泥品种及混凝土凝结条件有关，不得超过《混凝土结构工程施工规范》的规定。浇筑及振捣混凝土时，应经常观察模板、支架、钢筋预埋件和预留孔洞的情况。当发现有变形、移位时，应立即停止浇筑，并应在已浇筑的混凝土凝结前修整完好才能继续浇筑。浇筑混凝土时应填写施工记录，并按混凝土强度检验评定标准，取样、制作、养护和试验混凝土强度的试块。桩制作的尺寸允许偏差应符合施工规范规定，桩的质量检查应按规定做好记录。在检验前，不得修补桩的质量缺陷。

桩的检验应结合浇筑顺序逐根进行，验收时应具备下列资料：

（1）桩的结构图；

（2）材料检验记录；

（3）钢筋和预埋件等隐蔽验收记录；

（4）混凝土试块强度报告；

（5）桩的检查记录；

（6）养护方法等。

9.3.1.5 混凝土的养护和拆模

混凝土的养护方法分自然养护、常压蒸汽养护和高温高压养护。

自然养护：在自然温度下（+5℃以上）浇水进行养护。对于普通混凝土，应在浇筑后12h内，在外露面上加以覆盖和浇水。对于干硬性混凝土，应在浇筑后的1～2h立即覆盖浇水养护。浇水养护的时间以达到标准条件下养护28d强度的60%左右为度。用普通水泥和矿渣水泥时，不得少于7昼夜。施工中掺外加剂的混凝土不得少于14昼夜。浇水次数应能保持混凝土有足够的润湿状态。

模板的拆除时间，应根据施工特点和混凝土所达到的强度来确定。如设计无特殊要求时，应符合施工规范的规定。拆下的模板及其配件，应将表面的灰浆、污垢清除干净并维护整理，注意保护，防止变形，以供重复使用。

已浇筑的混凝土强度达到1.2MPa，方可供施工人员走动和安装模板及支架。冬期施工时，应对原材料的加热、搅拌、运输、浇筑和养护过程等进行热工设计计算，并应按要求施工。混凝土在受冻前，其抗压强度不得低于下列规定：

（1）硅酸盐水泥或普通硅酸盐水泥配制的混凝土为设计强度等级的30%；

(2) 矿渣硅酸盐水泥配制的混凝土为设计强度等级的40%。

配制冬期施工的混凝土宜优先选用硅酸盐水泥或普通硅酸盐水泥。水泥强度等级不应低于42.5级，最小水泥用量不宜少于300kg/m^3。水灰比不应大于0.6。使用矿渣硅酸盐水泥，宜优先考虑采用蒸汽养护。

冬季浇筑的混凝土，宜使用引气型减水剂，含气量控制在3%～5%，以提高混凝土的抗冻性能，并不得掺入氯盐。

混凝土在浇筑前，应清除模板和钢筋上的冰雪，运输和浇筑混凝土用的容器应有保温措施。采用加热养护时，混凝土养护前的温度不得低于2℃。

冬期不得在强冻胀性地基土上制桩，在弱冻胀性地基土上浇筑时，基土应保温，以免受冻。

冬期浇筑具有钢接头的钢筋混凝土桩时，宜先将钢接头结合处的表面加热到正温，并应养护至设计要求强度的70%。

养护混凝土的蒸汽温度，采用普通硅酸盐水泥时不宜超过80℃；采用矿渣硅酸盐水泥时可提高至85～95℃。蒸汽养护宜使用低压饱和蒸汽，加热应均匀，并须排除冷凝水和防止结冰。基土不应受水浸，掺有引气型外加剂的混凝土不宜采用蒸汽养护。采用暖棚法养护时，棚内温度不得低于5℃，并应保持混凝土表面湿润。模板的保温层，应在混凝土冷却到5℃后方可拆除。当混凝土与外界温差大于20℃时，拆模后的混凝土表面应临时覆盖，使其缓慢冷却。

9.3.2 预应力钢筋混凝土桩

9.3.2.1 预应力混凝土的材料

粗细骨料、水泥及钢筋等原材料的技术要求应满足普通钢筋混凝土桩的标准，一般采用中等粒径的河砂和天然砾石，42.5级～52.5级普通硅酸盐水泥，冷拉热轧螺纹钢筋，钢号为5号钢和25锰硅两种，直径常为16～28 mm。选用普通低合金Ⅳ级热轧螺纹钢筋，直径常为12～28mm。

9.3.2.2 模板的制备与安装

模板的技术要求和安装允许偏差应满足普通钢筋混凝土桩的标准。一般均在工厂制造，常采用钢模板。

9.3.2.3 钢筋的制备和绑扎

钢筋制备和绑扎的技术要求以及安装的允许偏差应满足普通钢筋混凝土桩的标准。

预应力筋的下料长度应由计算确定，并应考虑下列因素：桩的长度、锚夹具厚度、千斤顶长度、焊接接头或镦头的预留量、冷拉伸长值，弹性回缩值、张拉伸长值、台座长度等。

预应力筋在储存、运输和安装过程中，应防止锈蚀及损坏。为了防止钢筋镦头和其他外露钢体生锈，钢筋头宜先涂刷一层环氧树脂胶，并同其他外露钢件一起，再涂刷一层油漆。

锚具按设计规定选型，其锚固能力不得低于预应力筋标准抗拉强度的90%，预应力筋锚固的内缩量不得超过设计规定。

锚具应有出厂合格证明，进场时应按规范规定检查验收：包括外观检查、硬度检验、锚固能力试验报告。

9.3.2.4 施加预应力

预加应力工艺有先张法、后张法和电热张拉等。先张法比后张法工艺简单，工序少，效率高，易于保证质量，适合于工厂化成批生产，可省去锚具和减少预埋钢件，构件成本也较低，是生产预应力钢筋混凝土桩的主要方法。目前，常用的先张法有台座法（直线配筋）和钢模机组流水法两种。由于台座法设备简单，可采取自然养护。因此，全国各地预制厂都普遍采用。先张钢模机组流水法的特点是以钢模代替台座承受张拉力，机械化程度和生产效率较高，劳动强度低，占用厂房面积小，生产成本较低，目前也逐渐推广使用。

预应力张拉机具设备及仪表，应由专人负责使用和管理，并定期维护和配套校验。压力表的精度不宜低于1.5级。校验张拉设备用的试验机和测力计精度不得低于±2%，并符合计量标准。检验时，千斤顶活塞的运行方向应与实际张拉工作状态一致。张拉设备的校验期限不宜超过半年。如在使用过程中，张拉设备出现反常现象或在千斤顶检修后应重新校验。预应力筋的张拉控制应力孔应符合设计的要求。通常ϕ400mm桩有效预应力值为5MPa时，张拉控制力为536kN、ϕ550桩，有效预应力值为5MPa时，张拉控制力为792kN。采用应力控制方法张拉时，应校核预应力筋的伸长值。如实际伸长值大于计算伸长值10%或小于计算伸长值5%时，应暂停张拉，查明原因并采取措施予以调正后方可继续张拉。预应力筋的计算伸长值ΔL_y，可按下式计算：

$$\Delta L_y=\frac{P_y \cdot L_y}{A_y \cdot E_y} \tag{9.3.1}$$

式中 P_y——预应力筋的平均张拉力（N）；

A_y——预应力筋的截面面积（cm^2）；

L_y——预应力筋的长度（cm）；

E_y——预应力筋的弹性模量（N/cm^2）。

预应力筋的实际伸长值，宜在初应力约10%σ_k时开始量测，但必须加上初应力以下的推算伸长值。

锚固阶段张拉端预应力筋的内缩量，不得大于施工规范的规定。

预应力筋张拉和放松时，均应填写施工预应力记录表。

先张法墩式台座中的承力台墩必须具有足够的强度和刚度，且不得倾覆和滑移。其抗倾覆系数不得小于1.5；抗滑系数不得小于1.3。台座的构造应适合生产工艺要求，横梁的挠度不应大于2mm，并不得产生翘曲。预应力筋的定位板必须安装准确，其挠度不应大于1mm。

同时张拉多根预应力筋时，必须事先调正初应力，使其相互间的应力一致。预应力筋张拉后，对设计位置的偏差不得大于5mm，也不得大于桩截面的4%。

所有预应力筋应同时放松，放松时混凝土强度必须符合设计要求，并不得低于设计强度等级的70%。

冬期施工中，施加预应力时温度不宜低于−15℃，如采用控制应力方法时，冷拉控制应力应较常温提高30MPa。采用冷拉方法时，冷拉率与常温相同。钢筋的张拉设备以及仪表和工作油液，应根据环境温度选用，并应在使用温度条件下进行配套试验。

9.3.2.5 混凝土的制备、运输、浇捣、养护

混凝土施工的技术要求和构件的允许偏差以及检验方法，应满足普通钢筋混凝土桩的标准。

9.4 预制桩的吊运、堆放及运输

9.4.1 预制桩的起吊

预制桩应达到设计强度的70%方可起吊，如提前起吊，必须强度和抗裂验算合格。

桩起吊时必须做到平稳，并不使桩体受到损伤。吊点位置和数目应符合设计规定。当吊点少于或等于3个时，其位置应按正负弯矩相等的原则计算确定；当吊点多于3个时，其位置应按反力相等的原则计算确定。见图9.4-1。

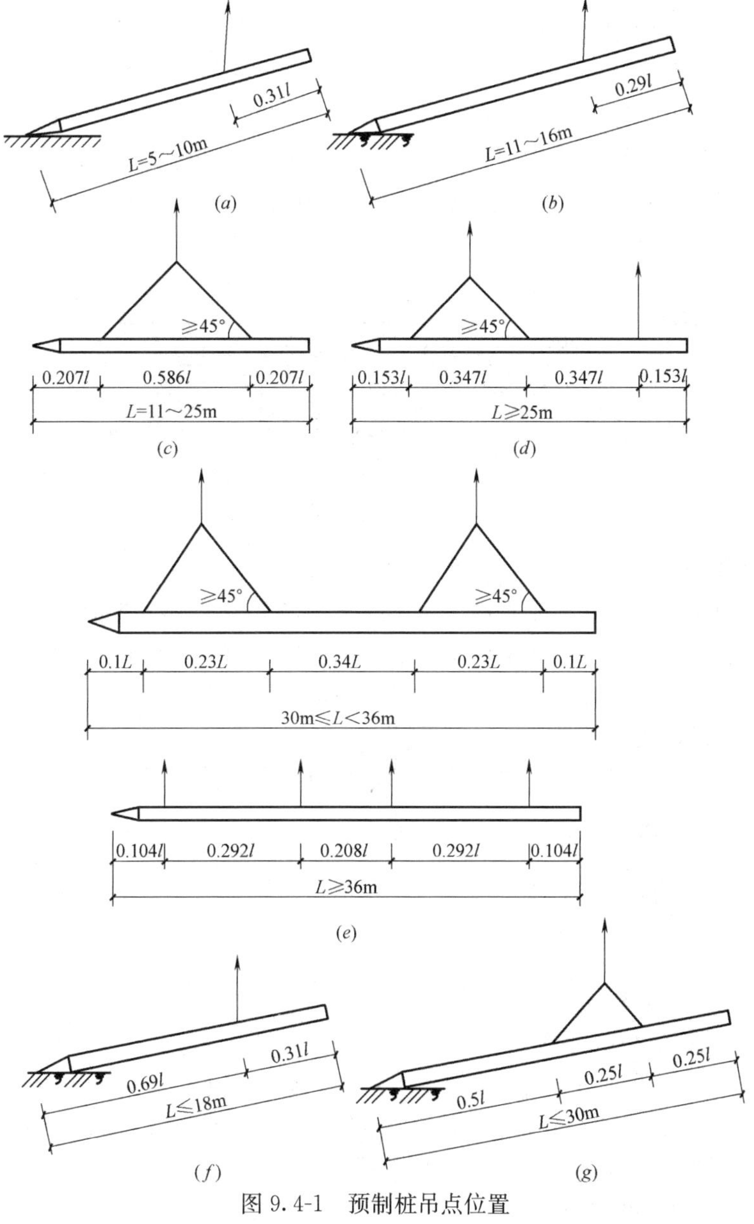

图9.4-1 预制桩吊点位置

(*a*)、(*b*) 一点吊法；(*c*) 两点吊法；(*d*) 三点吊法；(*e*) 四点吊法；(*f*) 预应力管桩一点吊法；(*g*) 预应力管桩两点吊法

单节桩长在20m以下时，可以采用2点吊；为20～30m时，可采用3点吊。

起吊可采用钢丝绳绑扣、夹钳、吊环或起吊螺栓。有时，尚可配合使用吊梁。

9.4.2 预制桩的运输

桩的搬运通常可分为预制场驳运、场外运输、施工现场驳运。

预制桩达到设计强度100%后方可运输。如提前运输，必须经过验算合格。

打桩前，将桩运至现场堆放或直接运至桩架前。一般按打桩顺序和进度随打随运，以减少二次搬运。

运桩必须平稳，不得损伤。支垫点应设在吊点处，不得因搬运使桩身产生的应力超过容许值。

运桩前，应按验收规范要求，检查桩的混凝土质量、尺寸、预埋件、桩靴或桩帽的牢固性以及打桩中使用的标志是否备全等，运到现场后应进行外形复查。

桩的场外运输，可视运距、工程环境、桩长等条件，选用汽车、拖拉机、火车、驳船等运输工具。预制场内驳运常采用行车、塔式起重机、门式起重机等运输工具，现场内驳运，也可视运距、桩长等条件，选用铁轨平车（图9.4-2）、托板滚筒、履带式起重机或汽车等运输工具。

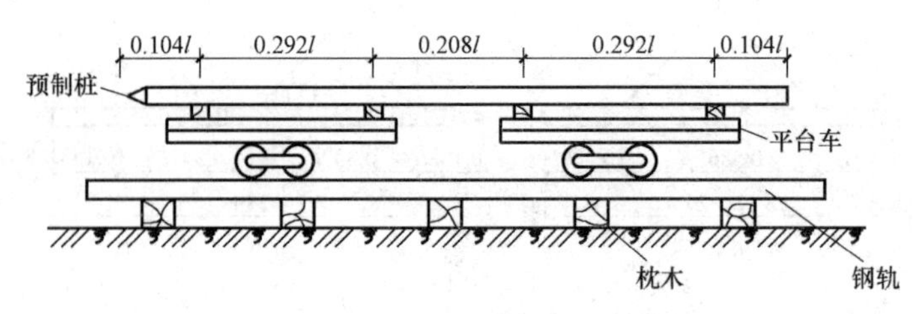

图9.4-2 预制桩平板轻轨运输

9.4.3 预制桩的堆放

堆桩场地要平稳、坚实，不得产生过大或不均匀沉陷。支点垫木的间距应与吊点位置相同，并保持在同一平面上，各层垫木应上下对齐处于同一垂直线上。最下层的垫木应适当加宽。堆桩层数应根据地基强度和堆放时间而定，一般不宜超过四层。不能由于堆存原因，使桩身产生的应力超过容许值，甚至倾倒。

不同规格的桩应分别堆放，堆放位置和方法应根据打桩位置、吊运方式以及打桩顺序等综合考虑。

9.5 锤击法沉桩

9.5.1 锤击法沉桩机理

9.5.1.1 锤击沉桩的原理

锤击法沉桩工作原理是利用桩锤自由下落时的瞬时冲击力锤击桩头所产生的冲击机械能，克服土体对桩的阻力，其静力平衡状态遭到破坏，导致桩体下沉，达到新的静力平衡状态。如此反复地锤击桩头，桩身也就不断地下沉。

9.5.1.2 桩的下沉机理

打桩时，桩尖刺入土中必然会破坏原状土的初始应力状态，造成桩尖下土体的压缩和侧移，土体对桩尖相应产生阻力。随着桩顶压力的增大，桩尖下土体的变形相应增大，并达到极限状态，形成塑性流动状态。塑性流动时，桩尖处土体形成连续滑动面，土体从桩尖的表面被向下和侧向压缩挤开，桩尖继续刺入并进入下层土体中。在地表面处，部分土体向上隆起，在地面深处由于上覆土层的压力，土体向水平向挤开，使贴近桩周处土体结构完全破坏。在桩周附近的一个区域内，由于较大的辐射向压应力，土体受到了压缩并形成塑性区。弹性和塑性变形区域的大小，取决于土的性质和桩的直径。随着桩的刺入、桩周表面受到由土体的强大法向抗力所引起的桩侧摩阻力的抵抗，当施加于桩头的压力和桩身自重之和大于上述这两部分阻力的总和时，桩就继续贯入土中，直至设计标高，完成全部沉桩过程。

砂性土桩周扰动的范围约为桩径的 6 倍，黏性土桩周土体按其破坏影响程度一般可分为四区。如图 9.5-1 所示，第Ⅰ区为硬层区厚度约为 1cm，在强大挤压力作用下土体由水平层变成很薄的附在沿桩身的硬外壳，土体中的孔隙水大部分被挤出。第Ⅱ区为重塑挤密区，厚度约为0.5～1.5 倍桩径，在强大挤压力作用下，土体产生流动变形时，土体遭受破坏被扰动和重塑，并产生很大的超静孔隙水压力，土体也被挤实。地面处土体向上凸起，凸起的高度随桩入土深度、土体性状、土层序列而定，在近第Ⅰ区处，土体结构完全破坏并随着离第Ⅲ区的距离减小，其土体破坏扰动程度也逐渐减小。第Ⅲ区为扰动区，厚度约为 3～5 倍桩径，土体结构基本保持不变，土体密度和重度有所减小，含水量增加，超静孔隙水压力明显增大。在近第Ⅱ区处，土体结构稍有扰动，并随着离第Ⅳ区的距离减小，土体扰动影响逐渐减小，土体结构趋向保持不变。第Ⅳ区为影响区，距桩中心约 4～10m，土的物理性质稍有变化，随着桩的下沉土体中的超静孔隙水压力稍有变化，且随着时间的增长，短期内将会有所增大。

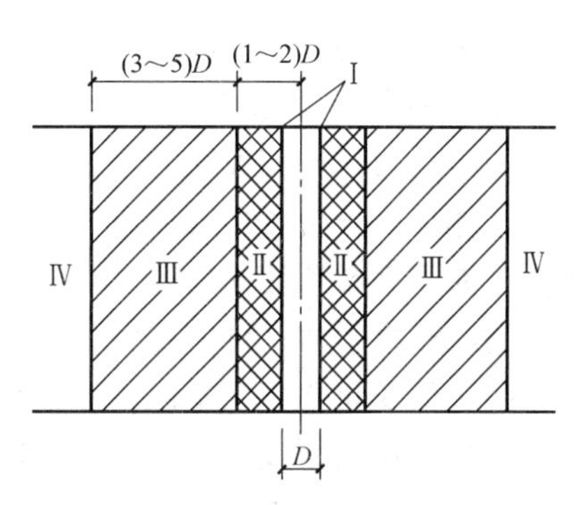

图 9.5-1 打入黏土中桩周围的重塑扰动区
Ⅰ—硬层区；Ⅱ—重塑挤密区；
Ⅲ—扰动区；Ⅳ—影响区

如上所述，打桩产生的重塑扰动区内的土体应力状态已经改变而形成了一个新的应力状态。

黏性土地基中，当桩在相互的重塑挤密区内时，受土体挤出的影响，先打好的桩可能会随着邻近桩施打时的土体挤出而抬高，在打桩停止一段时间后仍会有所抬高，其延续时间与土性有关，颗粒越细则延续时间越长。

9.5.2 锤击法沉桩机械设备及衬垫的选择

锤击法沉桩施工机械包括桩锤、桩架、动力装置、送桩杆（替打）及衬垫等，应按工程地质条件、现场环境、工程规模、桩型特性、布桩密集度、工期、动力供应等多种因素来选择。

9.5.2.1 桩锤

桩锤是冲击沉桩主要设备，有落锤、气动锤、柴油锤、液压锤等类型。

落锤是最传统、简易但比较笨重的桩锤。通常落锤的重量为 0.5～2t，用于小直径短桩，锤重以 1.5～5 倍桩的重量为宜。

气动锤按动力特性分为蒸汽锤和压缩空气锤。按结构特性有单动式、复动式、差动式。按冲击特性有汽缸冲击式、活塞冲击式。目前常用的是单动气缸冲击式蒸汽锤。

柴油锤可分为导杆式、筒式。

液压锤是最新型桩锤，可分为陆地型和海上型。按其工作原理，又可分为专用液压式桩锤和液压动力驱动式桩锤。

打桩施工宜选用重锤低击。锤重选用与锤型选择可参考表 9.5-1 和表 9.5-2。

1. 各类桩锤的技术性能

（1）汽动锤的技术性能见表 9.5-3～表 9.5-5。

（2）柴油锤的技术性能见表 9.5-6～表 9.5-7。

（3）液压锤的技术性能见表 9.5-8。

2. 选桩锤的一般原则

选择合适的锤型和锤级必须先对桩的形状、尺寸、重量、埋入长度、结构形式以及土质、气象作综合分析，再按照桩锤的特性进行选定，有时几种锤配合使用往往更为有效。但是无论如何都必须使用锤击力能充分超过沉桩阻力的桩锤。桩的打入阻力包括桩尖阻力、桩的侧壁摩阻力、桩的弹性位移所产生的能量损失等。桩重与锤重必须相适应，桩锤和桩重的比值变化会产生不同的打桩效率。如果锤重不足，则沉桩困难，并易引起桩的头部破损。但当用大型锤打小断面的桩时，也会使桩产生纵向压曲或局部破坏。一般情况下相对于桩重，锤重越大，打击效率越高。但应同时考虑工程环境施工进度及费用。

综上所述，选择桩锤的一般原则如下：

（1）保证桩能打穿较厚的土层（包括硬夹层），进入持力层，达到设计预定的深度。

（2）桩的锤击应力应小于桩材的容许强度，保证桩不致遭受破坏。钢筋混凝土桩的锤击压应力不宜大于混凝土的标准强度，锤击拉应力不宜大于混凝土的抗拉强度，预应力桩的锤击拉应力不宜大于混凝土的抗拉强度与桩的预应力值之和。

（3）打桩时的总锤击数和全部锤击时间应适当控制，以避免桩的疲劳和破坏或降低桩锤效率和施工生产率，见表 9.5-9。

（4）桩的贯入度不宜过小。柴油锤沉桩的贯入度不宜小于 1～2mm/击，蒸汽锤不宜小于 2～3mm/击，以免损坏桩锤和打桩机。

（5）按照桩锤的动力特性，对不同的土质条件、桩材强度、沉桩阻力，选择工效高、能顺利打入至预定深度的桩锤。

表 9.5-10 试验资料表明，柴油锤与蒸汽锤的锤击波波型不同，具有同级别的冲击力时，蒸汽锤的冲击能量要比柴油锤高 1.2～1.4 倍，按沉桩总贯入阻力计算所需的冲击力来选择锤型时，应考虑桩锤能量相当这个因素。

3. 几种选锤方法

（1）按桩重选用桩锤

锤重一般应大于桩重，可参见表 9.5-12，落锤施工中锤重以相当于桩重的 1.5～2.5 倍为佳，落锤高度通常为 1～3m，以重锤低落距打桩为好。如采用轻锤，即使落距再大，常难以奏效，且易击碎桩头。并因回弹损失较多的能量而减弱打入效果。故宜在保证桩锤落距在 3m 内能将桩打入的情况下，来选定桩锤的重量。

锤重选用参考表 **表 9.5-1**

锤型			单动蒸汽锤					筒式柴油锤									
			3t	4t	7t	10t	15t	1.2t	1.8t	2.5t	3.5t	4t	4.5t	6t	7t	8t	15t
锤冲击力(kN)			1500~2500	1700~2700	2400~3600	2800~3600	3500~4300	600~900	900~1500	2000~3000	3000~4000	4000~6000	4500~7000	5000~8000	6000~12000	7000~12000	12000~18000
适用的桩规格	钢管桩直径(cm)		φ350~φ500	φ350~φ600	φ400~φ700	φ500~φ800	φ600~φ900	φ250~φ350	φ350~φ450	φ400~φ550	φ500~φ700	φ550~φ750	φ600~φ900	φ800~φ1000	φ900~φ1200	φ1000~φ1500	φ1500~φ2200
	预置方桩、管桩的变长或直径(cm)		35~40	35~45	40~45	40~50	50~60	25~30	30~40	35~45	40~50	45~55	50~60	55~65	60~70	65~80	80~100
	I、H 型钢桩边长(cm)		25~35	30~40	35~45	40~50	45~60	20~30	25~35	30~40	35~45	40~50	45~55				
	钢板桩(幅)		1~2	1~2	2	3	3~4	1	1~2	2	2~3	3	3~4	4	4~5		
	木桩的直径或边长(cm)		φ300以上	φ350以上				φ200以上	φ300以上	φ400以上							
黏性土	一般进入深度(m)		1~1.5	1.5~2	1.5~2.5	2~3	2.5~3.5	0.5~1.0	1~2	1.5~2.5	2~3	2.5~3.5	3~4	3.5~4.5	4~5		
	桩尖可达到静力触探“P_s”值(MPa)		2.5	3	4	5	6.5	2.0	3	4	5	6	7	>7	>7		
砂土	一般进入深度(m)		0.5	1.0	1~1.5	1.5~2	2~2.5	<0.5	0.5~1.0	0.5~1.0	1~1.5	1~1.5	1.5~2	2~2.5	2~3	2.5~3.5	3.5~5
	桩尖可达到标准击数 N 值		15~20	20~25	20~30	30~40	40~50	15~20	15~25	20~30	25~35	35~45	40~50	45~50	50	50	50
软质岩石	桩尖可进入深度	强风化			0.5	0.5~1	0.8~1.3			0.5	0.5~1	0.5~1.5	1~1.5	1.5~2.5	2~3	2.5~3.0	3~4
		中等风化				表层	0.2~0.4				表层	表层	0.5	0.5~1	1~1.5	1.5~2.0	2~2.5
锤的常用控制贯入度(cm/10 击)			3~5	3~5	3~5	3~5	3~5	2~3	2~3	2~3	2~3	3~4	3~5	3~5	4~8	4~8	5~10
设计单桩极限承载力(kN)			600~1100	900~1500	1500~3000	2500~4000	3500~5000	250~600	400~1000	800~1600	1500~3000	2500~4000	3000~5000	4000~8000	5000~9000	7000~11000	10000~16000
锤的重量(t)(冲击块重/总重)			2.71/3.36	4.15/4.8	5.4/6.6	10.7~11.06/8.95~9.12	13.5/15.63	1.2/2.75	1.8/4.00	2.5/5.65	3.5/7.50	4.0/10.0	4.5/10.5	6.0 15.0	7.2/21.0	8.0/16.4	15.0
适宜的桩重(t)			1.2~3.0	1.5~3.5	2.5~5.5	2.5~6.5	3.5~8.0	1.0~1.5	1.3~2.5	1.7~11.0	2.5~6.0	3.0~7.0	3.5~8.0	5.0~10	6.0~12	7~15	10~40

注：本表仅供选锤参考，不能作为设计确定贯入度和承载力的依据。

桩锤选用范围表　　表 9.5-2

锤形	适用范围	优点	缺点
落锤	(1)适宜于打设木桩、细长尺寸的混凝土桩、小直径的钢桩 (2)适宜于一般土层及黏土,含砾石的砂黏土层不太适宜	构造简单,使用运输方法,基本上不需保养,运输费低,工费小,故障少,振动小,能随意调正落距,锤击力较大	工效低,易损坏,桩头打设精度低,噪声大,一般不能打设斜桩,锤击速度慢(每分钟 6～20 次)
单动气锤	(1)适宜于打设各种桩和 45°斜桩 (2)适宜于黏土、砂土、含砾石砂黏土层,砂砾层中也可能,不适宜于软弱淤泥	结构简单、落距小、可按土质变化情况调节落距。不易损坏设备和桩头,锤击力大,锤击速度较快,工效较高,不大受土质影响,打桩精度高	需配置吊重的打桩机以及蒸汽供应设备,运输费高,工费高,需注意保养,存在污染公害,噪声和振动大
双动气锤	(1)适宜于打设各种中小型桩和 45°斜桩 (2)可用于拔桩和悬吊打桩,使用压缩空气时可用于水下打桩 (3)适宜于一般土层及含砾石的砂黏土层,不适宜于砂砾层	锤击速度快,工效高,不太受土质影响,打桩速度快,精度高,桩锤效率高	设备笨重,移动困难,运输费高,需经常保养,噪声和振动较大,需大型供气设备
柴油锤	(1)最适于打设细桩、木桩和 30°斜桩 (2)适宜于一般土层砂土,含砾石砂黏土层,不适宜于层厚较大的软弱黏土和坚硬土层	不需外部能源,桩架轻,移动灵活,方便,运费较低,燃料消耗少,锤击速度大,锤击力稍大,一般不损坏桩头,工效高	软土中效率低,桩锤起动困难,噪声和振动大,存在油烟污染公害
液压锤	(1)适于打设各种直桩和斜桩 (2)适宜于各种土层 (3)可用于拔桩和水下打桩	不需外部能源,工作可靠操作方便,机动性很好,锤击速度决,工效高,锤能很大,可随时调节锤击力大小,桩锤效率很高,保证不损坏桩头,低噪声,低振动,无废气公害,不需桩垫,可在桩打设中检查桩的承载力,可自动纪录,控制打桩	运费高,工费高,维修保养复杂且难度高,设备贵

单动气锤 **表 9.5-3 (*a*)**

性能指标	蒸汽汽缸冲击式										活塞冲击式	气动低噪声式(日本)				
	1.5t	2.0t	2.5t	3.0t	4.0t	6.5t	7t	8.0t	10t～新 10t	15t	6.5t	MRBS -2500	MRBS -4000	MRBS -7000	MRBS -8000	MRBS -12500
冲击部分重(t)	1.5	2.0	2.5	2.7	4.15	3.4	5.4	6.0	8.9～9.2	13.5	3.4	25	40	70	80	125
锤总重(t)	1.75	2.25	2.8	3.4	4.8	6.5	6.6	8.7	10.7～11.1	15.6	6.5	87	144	265	274	387
外形尺寸 长×宽×高(cm)	68.7	70	77.5	86.5		82	112.5	104.6	108 134.5	132	95.7					
	57.5	61.2	66.2	73.0		76.5	88.7	83.0	102 116	120	82.7					
	242	252	261	418		505	568	495	569 517	543	483					
冲击频率(次/min)	15～25	15～25	15～28	60～90		50	24～30	30	60～70 25～40	35～40	50	35	35～40	35～40	38	36
最大冲击能量(kN/m)	16.9	22.5	28	32.4		40.3	89	82.2	92.3 118.7	182.5	40.3	312.5	500	875	1200	2185
最大冲程(m)	1.3	1.3	1.3	1.35	1.35	1.2	1.65	1.37	1.4 1.3	1.35	1.2					
蒸汽压力(MPa)	0.7	0.7	0.7	0.7～0.8	0.7～0.8	0.7～1.0	0.7～1.0	0.8～1.0	0.8～1.0 0.7～1.3	0.7～1.3	0.7					
蒸汽消耗量(kg/h)				500～650		700	650～1400	1100	2000～4000 1400～3300	3000～4500	600～750					
最大冲击力(kN)				1500～2500	1700～2700		2400～3100		3100～3600 2800～3300							
锤砧端面(mm^2)				580^2	642^2	668^2	642^2	760^2	880^2	840^2	880^2					

单作用蒸汽桩锤的主要技术性能 **表 9.5-3 (*b*)**

型　　号	30	60	70	100	150	65
冲击方式	气缸冲击式					活塞冲击式
冲击部分重量(kg)	2400	6000	5400	9130	13500	3357
最大冲程(mm)	1350	1200	1650	1300	1350	1200
常用冲程(mm)	600～800	600～900	500～800	500～800	500～800	200 以上
气缸直径(mm)	350	520	512	700	700	360
冲击频率(次/min)	60～90	20～30	24～30	25～40	35～40	50
最大打击能量(kN·m)	32.4	72	89	118.7	182.5	40.28
总质量(kg)	3100	8674	6600	11130	15630	6500

双动蒸汽锤 **表 9.5-4 (*a*)**

性能指标	CCCM-503	Y-5	CCCM-502	CCCM-501	CCCM-703	C-35	C-32	CCCM-742A	BP-28	C-231	7t
冲击部分重(t)	0.09	0.095	0.18	0.365	0.689	0.614	0.655	1.13	1.45	1.13	2.16
锤总重(t)	0.7	0.625	1.43	2.088	2.968	3.767	4.095	4.46	6.55	4.45	7.0
外形尺寸 长×宽×高(cm)	28.0× 38.0× 145	40.5× 42.0× 129	38.0× 65.5× 161	53.5× 72.5× 185	56.0× 71.0× 249	65.0× 71.0× 238	63.2× 80.0× 299	66.0× 81.0× 269	65.0× 100.3× 319	66.0× 81.0× 277	66.0× 69.6× 342
冲击频率(次/min)	300	240	275	225	123	135	125	105	120	105	95
冲击能量(kN/m)	1.38	1.4	3.22	5.7	9.06	10.83	15.88	18.17	25.0	18.0	26.45
冲程(m)	0.177	0.21	0.222	0.242	0.406	0.45	0.525	0.508	0.5	0.508	0.483
蒸汽压力(MPa)											0.6～0.7
蒸汽消耗量 (m^3/min)	5.7	2.83	7.8	11.32	12.74	12.75	17	17	30	17	

双作用蒸汽桩锤的主要技术性能 **表 9.5-4 (*b*)**

型　　号		100C	200C	400C	200C	300C	400C	600C
应用方式		陆上型			水上型			
冲击部分重(kg)		4536	9072	18144	9072	13608	18144	27216
最大冲程(mm)		420	390	420	390	420	420	420
冲击频率(次/min)		103	98	100	98	110	100	100
最大打击能量(kN·m)		45.47	69.41	156.69	69.4	124.43	156.9	227.44
工作压力(MPa)	蒸汽	0.98	0.99	1.05	0.99	0.88	1.05	1.05
	压缩空气	0.98	0.99	1.05	0.99	0.88	1.05	1.05
消耗量	蒸汽(kg/h)	2817	4069	10954	4069	9483	10954	13472
	压缩空气(m^3/min)	35	49	130	40	126	130	188
总质量(kg)		10070	17690	37649	19194	33113	41359	54886

半自动蒸汽锤　　　　表 9.5-5

性能指标	1.1t	1.5t	CCCM -007	CCCM -570	CCCM -582	CCCM -680
冲击部分重(t)	1.1	1.5	1.25	1.8	3.0	6.0
锤总重(t)	1.3	1.76	2.295	2.7	4.3	8.847
外形尺寸 长×宽×高(cm)		79× 82.5× 262	78× 79× 478	81× 77.5× 484	118× 90× 464	140.5× 83× 495
冲击频率(次/min)	30	20～26	30	30	30	30
冲击能量(kN/m)	15	15	18.75	27	39	82
蒸汽压力(MPa)		0.8	0.65～0.8	0.8～1.0	0.8～1.0	0.8～1.0

导杆式柴油锤　　　　表 9.5-6

性能指标	D_1-150	D_1-300	D_1-600	D_1-1200	D_1-1800	D_1-2500	D_1-3500
冲击部分重(t)	0.15	0.3	0.6	1.2	1.8	2.5	3.5
锤总重(t)	0.3	0.55	1.25	2.31	3.1	4.2	6.0
抗锤高度(m)	2.5	2.6	3.5	3.8	4.2	4.5	4.8
冲击频率(次/min)			50～60	50～60	45～50		
最大冲击能量(kN/m)	～2.0	～4.5	11.2	21.6	37.8	～45	～70
最大冲程(m)			0.38	0.48	0.54		
燃料消耗(L/h)			3.1	5.5	6.9		

各种柴油锤的主要性能　　　　表 9.5-7 (*a*)

型号 名称	K13	K25	K35	K45	KB60	MH45B	MH72B	IDH-25	IDH-35	IDH-45
撞锤体重(t) 机体总重(t)	1.3 2.9	2.5 5.2	3.5 7.5	4.5 10.5	6 15	4.5 10.13	7.2 17.54	2.5 5.5	3.5 7.8	4.5 10.8
最大打击能量(J) 冲击压力(t) 每分钟打击数(次/min) 允许打桩倾斜角(°)	3.7 68 40～60 20	7.5 108 39～60 20	10.5 150 39～60 20	13.5 191 39～60 45	16 246 35～60 45	13.5 200 42～60 45	21.6 280 42～60 45	7.5 108 42～60 前倾 5 后倾 15	10.5 150 42～60 前倾 5 后倾 15	13.5 191 42～60 前倾 5 后倾 15
燃油消耗量(L/h) 润滑油消燃量(L/h)	3～8 2	9～12 1	12～16 1.5	17～21 2	24～30 2.5	15～22 4	25～37 3～4	10～14 5～6	14～20 1.5	18～25 1.8
燃油箱容量(L) 润滑油箱容量(L) 冷却水箱容量(L)	40 5 70	40 7 80	48 9.5 140	65 13.5 170	130 25 350	100 20 210	158 44 435	35 7 125	50 7.6 150	62 10 175
使用桩的长期承载能力(t)	20～50	30～100	50～150	65～200	100～ 300	65～200	100～ 400	20～25	50～150	65～200
燃油 锤体润滑油 锤头润滑油	轻油 机油 SAE40～50 高温气缸油					轻油 机油 SAE40～50 高温气缸油		轻油 机油 SAE40～50 高温气缸油		

DD 系列多导杆大吨位柴油打桩锤技术参数　　　　表 9.5-7 (*b*)

参数名称	DD160	DD180	DD200	DD220	DD250	DD300	DD350	DD400	DD450	DD500
气缸体质量(kg)	16000	18000	20000	22000	25000	30000	35000	40000	45000	50000
气缸体最大冲程(m)	3	3	3	3	3	3	3	3	3	3

续表

参数名称	DD160	DD180	DD200	DD220	DD250	DD300	DD350	DD400	DD450	DD500
冲击频率(次/min)	34～50	34～50	32～50	32～50	32～50	32～50	32～50	30～50	30～50	30～50
最大能量(kJ)	480	540	600	600	750	900	1050	1200	1350	1500
燃油消耗量(l/h)	45	48	50	56	60	64	68	72	75	81
最大爆炸力(kN)	4290	4750	5100	5400	5720	7060	7780	8540	9340	10200
适宜最大桩重(kg)	48000	55000	60000	70000	76000	80000	90000	100000	110000	120000
燃油箱容积(L)	220	220	350	350	380	380	420	450	500	550
润滑油箱容积(L)	70	70	100	100	100	100	110	110	120	140
最大施工斜度	1∶3									
打桩锤总重(kg)	33500	36800	43600	46000	52800	61000	72000	83000	91800	105800
导轨中心距(mm)	600	600	600/900	600/900	600/900	600/900	600/900	600/900	900	900

三一重工多功能电液履带桩机柴油锤参数表　　表9.5-7（c）

型　号	D46	D62	D80	D100
每次打击能量(kJ)	70～145	105～210	170～265	210～330
打击次数(次/min)	37～53	35～50	36～45	36～45
钢丝绳最大直径(mm)	38	38	30	30
总重量(kg)	8800	11870	16365	19820
外形尺寸(mm)	6285×785×848	6910×800×970	7200×890×1110	7358×890×1110
导轨中心距(mm)	330	600	600	600

导杆式柴油打桩锤的主要技术性能　　表9.5-7（d）

型　号		DD2	DD4	DD6	DD12	DD18	DD25
桩最大长度(m)		5	6	8	10	12	16
桩最大直径(mm)		200	250	300	350	400	450
锤击部分质量(kg)		220	400	600	1200	1800	2500
锤击部分跳高(mm)		1300	1500	1800	2100	2100	2100
气缸孔径(mm)		120	200	200	250	290	370
最大打击能量(kN·m)		3	6	11	25	29.6	41.2
压缩比		1∶18	1∶18	1∶15	1∶15	1∶15	1∶18
卷扬机能力(kN)		5	5	15	20	30	30
桩锤外形尺寸(mm)	长	460	560	750	750	850	970
	宽	460	600	680	750	800	960
	高	2080	2400	3300	4700	4740	4920
桩锤质量(kg)		460	720	1250	2160	3100	4200
生产厂		上海金泰股份有限公司					

筒式柴油打桩锤的主要技术性能 **表 9.5-7 (*e*)**

型号		D22	D18	D25	D32	D35	D40	D50	D60	D72
冲击部分质量(kg)		1200	1800	2500	3200	3500	4000	5000	6000	7200
最大打击能量(kN・m)		30	45	62.5	80	87.5	100	125	180	216
冲击部分行程(mm)		2500	2500	2500	2500	2500	2500	2500	2500	2500
冲击频率(次/min)		40～60	40～60	40～60	39～52	39～52	39～52	37～53	35～50	35～50
最大爆发力(kN)		500	600	1080	1500	1500	1900	2140	2800	2800
桩锤外形尺寸(mm)	长	693	790	897	897	962	1023	1023	1023	1023
	宽	528	578	825	825	800	940	940	940	940
	高	3830	3950	4870	4870	5100	4780	5280	5770	5905
总质量(kg)		2400	4210	6490	6490	8800	9300	10500	12270	16756

各类柴油锤规格 **表 9.5-7 (*f*)**

性能 \ 型号	DD-18(国产)	D_1-18(国产)	D_1-25(国家)	D_1-40(国产)	K-25(日产)	K-35(日产)	K-45(日产)
冲击部分质量(kg)	1800	1800	2500	4000	2500	3500	4500
桩锤总质量(kg)	4000	4000	5650	9258	5200	7500	10500
最大冲击能量(kg・m)	37800	4600	6250	10000	7500	10500	13500
每分钟锤击次数	45～50	40～60	40～60	40～60	35～55	35～55	35～55
冷却方式	风冷	风冷	水冷	水冷	水冷	水冷	水冷
燃料消耗(L/h)	6.9	9.0	18.5	23.0	9～12	12～16	17～21
形式	导杆式	筒式	筒式	筒式	筒式	筒式	筒式

液压打桩锤性能表 **表 9.5-8 (*a*)**

项目 \ 型号	h6m500	h6m1000	h6m3000	h6m5000
冲击能(t)	10	20	60	100
冲击力(t)	500	1000	3000	5000
击数/min	60	60	60	60
冲程(cm)	120	120	120	120
冲击部分锤重(t)	5	10	40	70
锤总重(t)	10	20	75	125

液压打桩锤的主要技术性能 **表 9.5-8 (*b*)**

型号	HHK-5A	HHK-7A	HHK-9A	HHK-12A	HHK-14A	HHK-18A
最大打击能量(kN・m)	60	84	108	144	168	216
最大冲程(mm)	1200	1200	1200	1200	1200	1200
冲击频率(次/min)	40～100	40～100	40～100	40～100	40～100	40～100
桩锤质量(t)	5	7	9	12	14	18
总质量(t)	8.7	11	13.2	21	23.5	28
功率(kW)	75	93	120	160	185	240
生产厂	芬兰 JUNYYUN 永腾					

三一重工多功能电液履带桩机液压锤参数表 表 9.5-8（c）

型号	最大打击能量(kJ)	锤心最大行程(mm)	频率(次/min)	锤心重(kg)	工作压力(MPa)	流量(L/min)	锤重(kg)
SH80	150	1500	35	8000	24	450	13500
SH110	170	1500	30	11000	24	450	16000
SH140	210	1500	30	14000	24	580	21500
SH200	300	1500	30	20000	24	760	30000

锤击数建议控制值 表 9.5-9

桩　型	总锤击数	最后5m锤击数
钢	＜3500～4000	＜1000～1200
预应力钢筋混凝土	＜2000～2500	＜700～800
钢筋混凝土	＜1500～2000	＜500～600

柴油锤与蒸汽锤能量相当对照表 表 9.5-10

柴油锤	12～22级	25级	30级	33级	35级	40级	45级	50级
最大冲击力(落高2m)	90～130t 1807～260t	200～280t	250～330t	300～380t	300～400t	350～500t	480～550t	700～1000t
蒸汽锤		3t	4t	7t		10t		
最大冲击力(落高约0.8m)		约200t	约230t	约300t		约350t～380t		

常用锤型贯穿硬土层能力 表 9.5-11

地质情况＼锤型			6.5t 单动气锤	10t 单动气锤	MB～40 柴油锤	MB～70 柴油锤
夹砂层	可贯穿深度(m)(中密状)N=15～30		1.5～2.5	2.0～4.0	3.5～5.5	5.0～7.0
桩尖处硬土层	硬黏土	可进入深度(m)	2.5～4.0	4.0～6.0	6.0～8.0	＞8.0
		桩尖到达土层的N值	25～30击	35～40击	40～50击	—
	亚砂土及砂(中密～密实)	可进入深度(m)	0.5～1.0	1.0～2.0	1.5～3.0	2.5～4.0
		桩尖到达土层的N值	20～30击	30～40击	40～50击	＞50击
	砾砂及极密砂	可进入深度(m)	—	—	表层	0.5～1.5
		桩尖到达土层的N值	—	—	N＞50击	N＞50击
	风化岩	可进入深度(m)	表层	—	1.5～2.5	—
		桩尖到达土层的N值	20～30击	—	45～50击	—

（2）按桩锤冲击力选用桩锤

桩的总贯入阻力 P_u 的大小是与土质、桩型、桩长等因素有关。只有当所选用的桩锤的冲击力 P_k 大于桩的总贯入阻力 P_u 时，桩才能穿透土层打入到预定的深度。但桩锤的冲击力过大将会使桩产生过大的锤击应力而引起桩的破损。

选用的桩锤冲击力 P_k 值应满足下式要求：

开口桩：

$$P_k > K(S_j \cdot R_d + U_0 \cdot l_{Fi} \cdot f_0 + U_i \cdot l_i \cdot f_i) \tag{9.5.1}$$

闭口桩：

$$P_k > K(S \cdot R_d + U_0 \cdot l_{Fi} \cdot f_0) \tag{9.5.2}$$

式中 S_j——开口桩桩尖的折算面积（cm^2），一般为桩尖环形面积的2倍；

S——闭口桩桩尖的截面积（cm^2）；

l_{Fi}——桩侧摩阻力集中区的高度（cm），一般可取（7～8)D；

l_i——桩内土芯高度；

D——桩的外径（cm）；

U_0——桩的外周长（cm）；

U_i——桩的内周长（cm）；

f_i——桩内土芯的摩阻力（kPa），软土地基中一般可取30kPa；

R_d——桩尖处土体的强度（kPa）；

K——桩身阻力系数，开口桩可取K为1.05～1.15，闭口桩可取K为1.2～1.3；

f_i，R_d——土的动力强度与土质有关，见表9.5-13，当用蒸汽锤时可将表中数值除以1.2～1.4；

N——标准贯入击数。

在钢筋混凝土桩施打期间，为防止出现大于0.2mm的裂缝，丹麦规范规定，在正常情况下，桩锤的有效落高ηh应不大于表9.5-14所列数值，而锤重和桩重的比例应不小于表列规定值。对钢桩和木桩也宜按表中规定值选用。

锤总重和桩重（包括桩帽重）的合宜比值（桩长20m左右） **表9.5-12**

桩的类型	单动气锤	双动气锤	柴油锤	落锤
钢筋混凝土桩	0.4～1.4	0.6～1.8	1.0～1.5	0.35～1.5
木　桩	2.0～3.0	1.5～2.5	2.5～3.5	2.0～4.0
钢板桩	0.7～2.0	1.5～2.5	2.0～2.5	1.0～2.0

注：土质较松软时采用下限位，土质较坚硬时采用上限值。

土体的动力强度 **表9.5-13**

土质	灰亚黏土 N=7～10	灰亚黏土 N=20～25	粉砂 N=30～50
f_{li}(kPa)	250	250～300	350
R_d(kPa)	3000～4000	4000～5000	6000～8000

桩锤的有效落高 **表9.5-14**

项　　目	(最大)ηh	(最小)$G_{锤}/G_{桩}$
钢筋混凝土桩	约1m	约0.8
钢桩	约2m	约1.5
木桩	约4m	约1.0

(3) 应用波动方程选用桩锤

波动方程分析打桩的主要成果是桩的反应曲线，即沉桩时的静阻力与桩的打入阻力关系曲线（图9.5-2），当土质条件相同时，不同的桩锤将具有不同的反应曲线。打入能力是以沉桩单位长度所需锤击数表示，以每击贯入度的倒数计算。从反应曲线的形状可知在桩的打入静阻力不大时，随着桩的贯入度的减小，桩打入后的承载力将迅速随之增大，但当贯入度减小到一定数值后，贯入度的减小只表明桩锤能量不足，而并不意味着桩的承载能力的继续提高，而且会使沉桩进度放慢，施工效率大为降低，甚至损坏桩材和机具，同时也是很不经济的。

选用时先按已知条件确定的计算参数，应用波动方程分析并绘制不同桩锤的相应反应曲线，然后从施工设备所允许的最小工作贯入度得出与不同桩锤反应曲线的交点，再按照桩的设计极限承载力与不同桩锤反应曲线的交点，就可了解到上述组合范围内能将桩打入并满足设计要求的几种桩锤类型，最后应用波动方程分析计算这几种桩锤所产生的相应的打桩时的最大锤击应力，并考虑施工效率，确定最合适的桩锤类型和锤级。

（4）按刚度控制图法选用单动蒸汽锤。

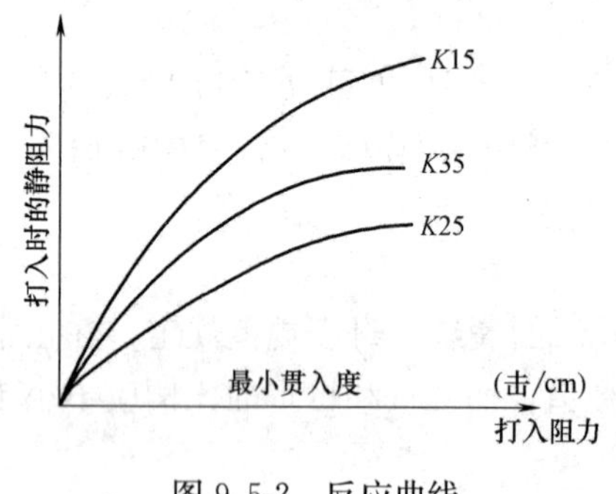

图 9.5-2 反应曲线

A. R. Hnelei-Son 和 S. E. Mouetafa 图解法（安特逊一马斯太法）是为了节省时间及免去繁复的计算，将应用应力波理论的三次微分方程式$\frac{\partial^3 u}{\partial x^3}=V^2\frac{\partial^2 u}{\partial x^2}$发展为图解的方式，来替代求解复杂的方程式，并包含了按土体等级分类在理论上的补充。

先按体重比（锤的活动部分重量与桩的重量之比），桩和垫材的刚度比，由图表中求得系数 β 的值，再根据土质及桩的允许最大锤击应力，由图表中求得所需桩锤能量，就可按照所需能量来选定锤级及其允许的最大落高，此法也应用于校核桩的锤击应力。如图 9.5-3 和图 9.5-4 所示。

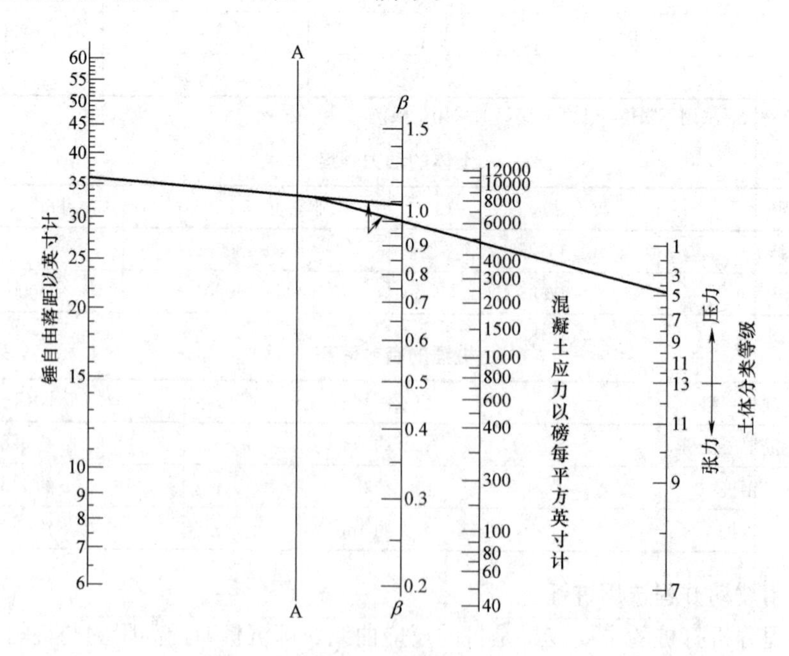

图 9.5-3 打桩动应力图解

(5) 按经验图解法选用柴油锤（钢管桩施工）。

日本港湾协会根据桩的大小、打桩时的贯入阻力与桩锤能量的经验关系，给出各种柴油锤的规格图，作为对使用的桩选择恰当的能量桩锤的资料，一般仅适用于开口钢管桩。

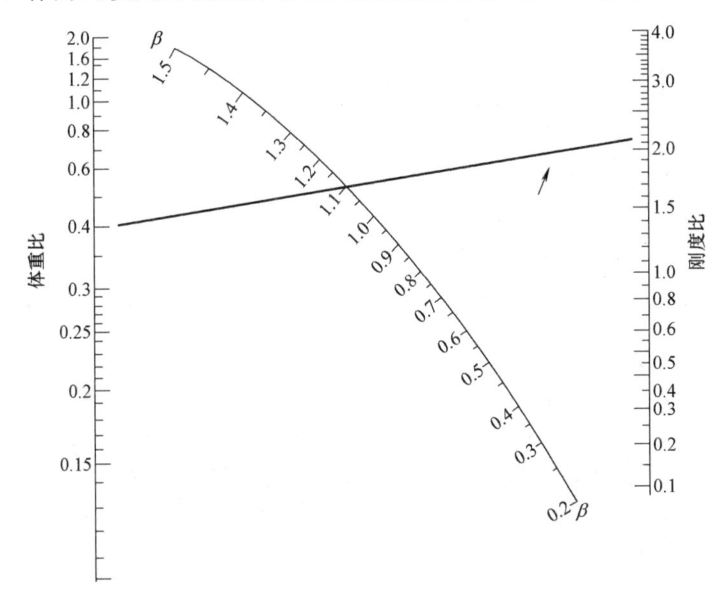

图 9.5-4 垫块刚度图解

应用时先按桩的截面积和桩的埋入长度确定②号垂线，再按桩的外径和桩尖处土体的 N 值确定④号垂线，通过④号垂线与桩周土体的 N 值线的交点作出垂直于④号垂线的⑥号垂直线，通过⑥号垂直线与②号垂线的交点求得桩的贯入阻力，则在图中按桩的贯入阻力和桩的重量二者的交点即可选定适宜的柴油锤锤级。如图 9.5-5 所示。

(6) 按经验综合比较法选用桩锤

广泛应用施工实践中桩的贯入试验及承载力试验资料，进行综合分析比较是较为可靠的方法，但地区性较强。在选用桩锤时，尚应考虑到打桩机的起吊能力是否满足桩体和桩锤重量。当淤泥质土层较厚时，为了提高施工效率，一般应尽可能采用蒸汽锤进行打桩作业。参见表 9.5-15。

必要时，也可通过现场试沉桩来验证所选择锤型的正确性。

9.5.2.2 桩架

桩架由车架、导向杆、起吊设备、动力设备、移动装置等组成。有时按施工工艺要求附有冲水、钻孔取土、拔管、配重加压等特殊工艺设备。其主要功能包括起吊桩锤、吊桩和插桩、导向沉桩。桩架可由钢或木制成，高度按桩长需要分节组装。选择桩架高度应按桩长＋滑轮组高＋桩帽高度＋起锤移位高度的总和另加 0.5～1m 的富余量。行走移动装置有撬滑、托板滚轮、滚筒、轮轨、轮胎、履带、步履等方式。一般可利用桩架的动力设备或配套设备进行桩架装卸作业和移动桩架。按桩架与桩锤配合作业的特性，桩架可分为支承式（图 9.5-6）、悬挂式（图 9.5-11）、悬吊式（图 9.5-12）等。按沉桩的导向杆形式又可分为无导杆式（图 9.5-12）、悬挂导杆式（图 9.5-11）、固定导杆式（图 9.5-6～图 9.5-10、图 9.5-13～图 9.5-15）等。

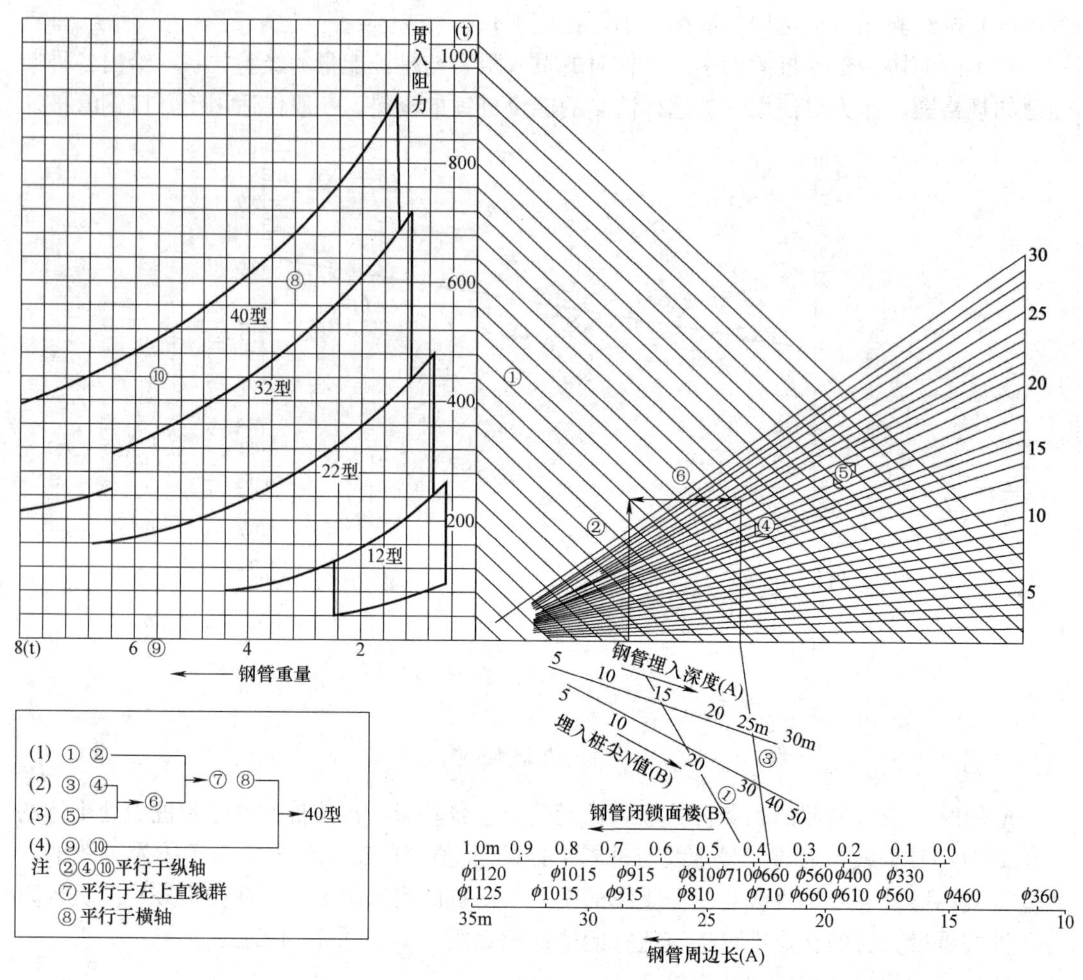

图 9.5-5 柴油锤规格图

桩锤选用表 **表 9.5-15**

柴油锤		12～14 级	22～25 级	30 级	35 级	40 级	45 级	70 级
蒸汽锤			3t	4t	7t	10t		
钢管桩（开口）	桩径（mm）	300～450	400～550	400～700	400～800	600～800	600～900	900～1500
	壁厚(mm)	＞6	6～16	7～16	8～16	9～16	12～18	16～25
	桩长(m)	10～15	10～30	15～40	15～50	15～60	20～70	30～80
H 型钢桩	边长(mm)	300～400	300～400	300～400	300～400	350～400	350～400	
	壁厚(mm)	12～16	12～16	12～16	16	12～16	16	
	桩长(mm)	10～30	15～40	15～50	25～60	30～70	30～80	
混凝土桩	桩径(mm)	300～400	400～500	400～600	450～600	500～700	600～800	
	桩长(mm)	5～15	8～20	10～30	15～40	20～50	30～60	
混凝土管桩	桩径(mm)	350～400	350～450	400～600	500～600	550～700	600～800	
	壁厚(mm)	60～70	70～80	80～90	80～100	100	100～120	
	桩长(m)	5～15	10～30	10～40	20～45	25～50	30～60	

续表

柴油锤		12～14 级	22～25 级	30 级	35 级	40 级	45 级	70 级
桩尖处土质	钢桩	灰亚黏土 $N=17\sim25$	灰亚黏土 $N=20\sim25$	粉砂 $N=30\sim50$	粉砂 $N=30\sim50$	粉砂 $N=30\sim50$	粉砂	粉砂 $N=40\sim50$
	混凝土桩	灰亚黏土 $N=10\sim17$	灰亚黏土 $N=13\sim17$	灰亚黏土 $N=10\sim20$	灰亚黏土 $N=17\sim25$	灰亚黏土 $N=20\sim25$	粉砂 $N=30\sim50$	
桩重(t)		1～3	2～5	2.5～6.5	3～8	4～10	4～12	8～22
斜桩角度		30°～45°	30°～45°	30°～40°	30°～45°	30°～45°	30°～45°	30°～45°
桩的极限承载力(kN)		1000～3000	2000～4000	500～5000	3000～7000	4000～8000	4500～9000	9000～15000

根据工程要求选择桩架一般依据下列因素：

(1) 桩锤的形式、重量、尺寸、通用性；

(2) 桩型、桩材、断面形状和尺寸、桩长、接头形式、送桩深度；

(3) 桩数、种类、布桩密度、施工精度；

(4) 作业空间有无场地宽狭和高度的限制、地形坡度、地面承载力、打入位置、导杆形状；

(5) 打桩是连续进行或是间断进行，工期长短；

(6) 打桩的顺序；

(7) 桩机平台；

(8) 施工作业人员的技术管理水平。

总之，按上述各项所选定的适宜的桩架，应满足能装载桩锤、稳定性好、移位机动性强、接地压力满足地基承载力要求、调正位置和角度方便且打入精度高、能将桩打入预定深度、桩架台数少，施工效率高、工费节省等要求。并应注意准备好打桩的辅助设备等。桩架选用可参阅表 9.5-16～表 9.5-20。

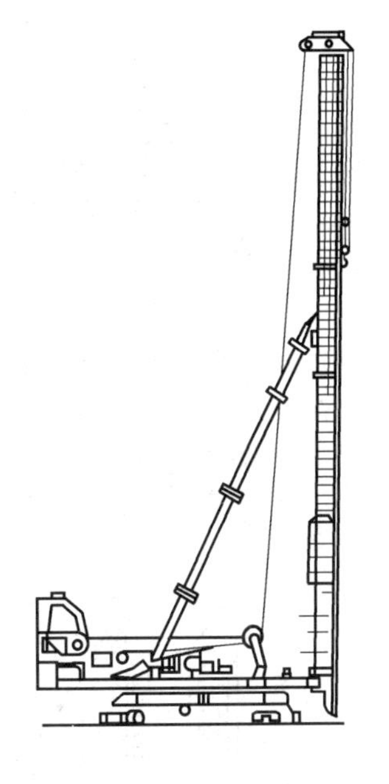

图 9.5-6 DJ3 型桩架构造及外形

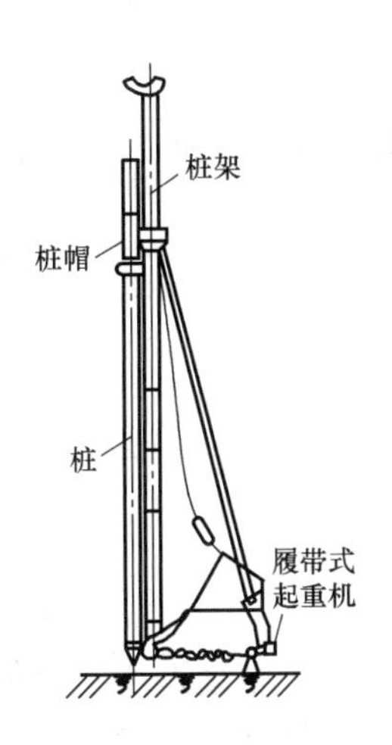

图 9.5-7 履带式桩机

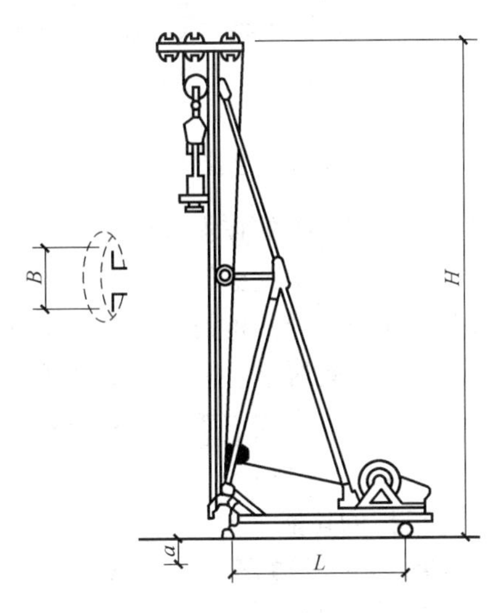

图 9.5-8 柴油打桩机桩架

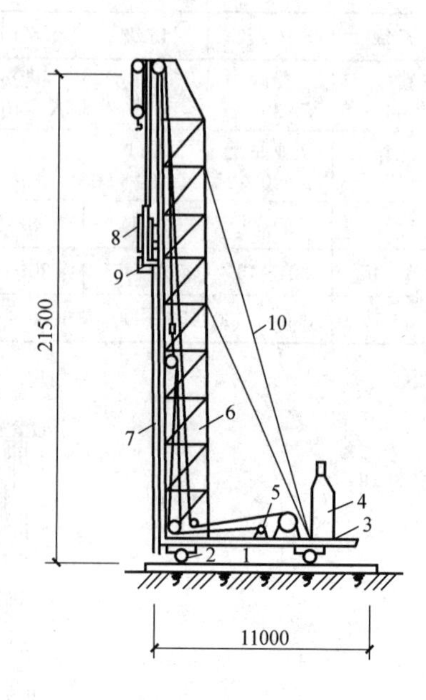

图 9.5-9 滚动式桩架

1—枕木；2—滚筒；3—底架；4—锅炉；5—卷扬机；6—机架；7—龙门；8—蒸汽锤；9—桩帽；10—纤缆

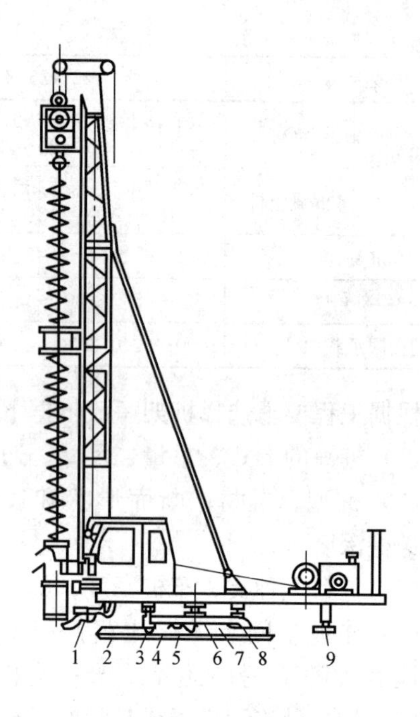

图 9.5-10 步履式桩架

1—上盘；2—下盘；3—回转滚轮；4—行走滚轮；5—钢丝滑轮；6—回转中心轴；7—行走油缸；8—中盘；9—支腿

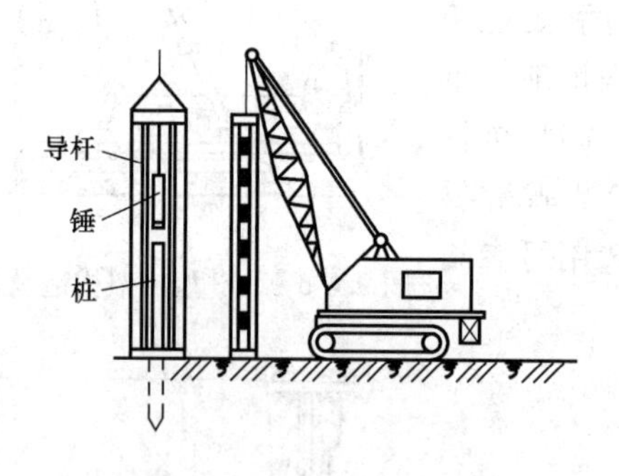

图 9.5-11 悬挂倒杆式施工法

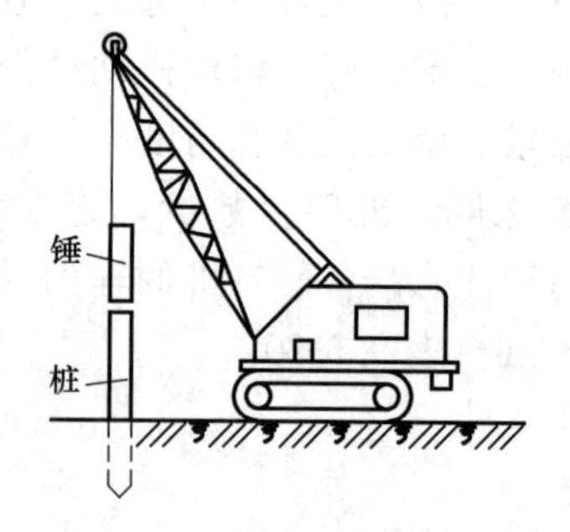

图 9.5-12 无倒杆式悬吊施工法

各种类型桩架的技术性能如下：

(1) 导杆支架式桩架的主要技术性能，参见表 9.5-17；

(2) 导架式导轨桩架的主要技术性能，参见表 9.5-18；

(3) 导架式履带桩架的主要技术性能，参见表 9.5-19；

(4) 直式和塔式桩架的主要技术件能，参见表 9.5-20。

9.5.2.3 垫材

1. 垫材的功能

根据桩锤和桩帽类型、桩型、地基土质及施工条件等多种因素，合理选用垫材能提高打桩效率和沉桩精度，保护桩锤安全使用和桩顶免遭破损，确保顺利沉桩至设计标高。

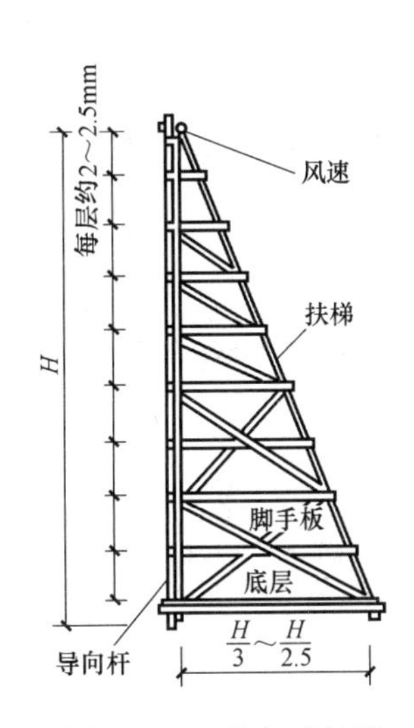

图 9.5-13 桁架式桩架

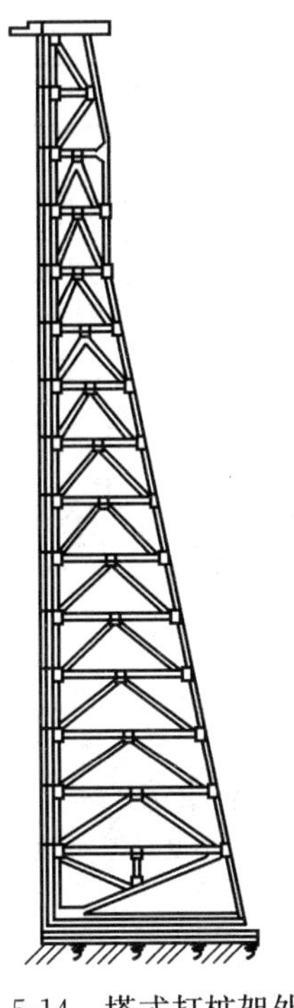

图 9.5-14 塔式打桩架外形

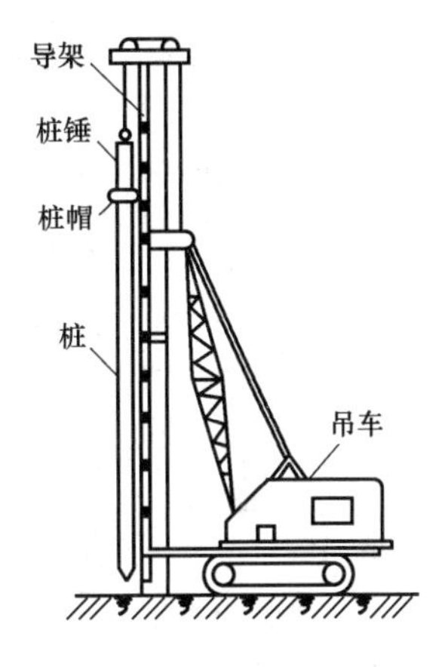

图 9.5-15 起重履带式锤击桩机

桩架选用参考表 **表 9.5-16**

型式			结构特征	优点	缺点	适用范围
无导杆式	木机架式	人字式三脚式	桩架中部悬吊桩锤，机架顶端设置风缆，采用人力式卷扬机为动力。桩架高度约6～15m左右，移动采用棍撬或托板滚轮	施工简便迅速，桩架轻巧运输方便，桩架装拆。基本上不受地基承载力影响	打桩精度差，桩架移动依靠人力较笨重，现场驳运受风缆影响	常用于锤重不大于2t的落锤，桩长不大于15m的直桩过程中
		斜吊式	桩架上部前倾置吊桩锤有底盘，无风缆，采用卷扬机位动力。移动采用托板滚轮或轮轨，桩架高度约10m左右	施工简便迅速，桩架轻巧运输方便，桩架装拆容易，受地基承载力影响小	打桩精度差，桩架移动灵活性较差，需配重稳定	常用于锤重不大于1t的落锤，桩长6cm左右的直桩过程中
	起重机式（参见图9.5-7）		可用轮胎式或履带式起重机悬吊桩锤	施工简便迅速，移动机动灵活	打桩精度差，另需配备插桩辅助设备。轮胎式受地基承载力影响较大	常用于大型落锤、桩长不大于15m的直桩工程中
悬挂导杆式	轮胎式起重机		利用起重机的工作特性和动力。悬挂导杆和桩锤，通畅导杆下端设置于地基土上	移动速度快，就位迅速，机动性大，施工作业距离大，运输方便，导杆装拆容易，打桩精度稍好	受地基承载力影响大，爬坡能力较差，连续负荷作业难，地基土软弱不平整时移动较难，桩走位时控制性能较差，一般尚需配备插桩辅助设备，软弱地基中调正导杆垂直度和变换方向较困难，机动性较小，施工作业距离较大	常用于中、小型柴油锤，中型直桩工程中
	履带式起重机（参见图9.5-15）			移动速度较快，就位迅速方便，爬坡能力较强，连续负荷作业易受地基承载力影响较小		

续表

型式			结构特征	优点	缺点	适用范围
固定导杆式	人字式		在钢或木人字把杆中间设置导杆，采用6根风缆稳定，依靠棍撬，移动，采用人力或卷扬机起吊沉桩	施工简便，结构简单，装拆容易，运输方便，基本上不受地基承载力影响	打桩精度较差，桩走位是控制性能较差，桩位调正较困难	常用于1t以下落锤，桩长不大于6m的直桩工程中
	导杆支架式（参见图9.5-11）		在钢或木2根起吊杆作用的立柱间设置桩锤，导杆上部设置左右可为三脚式或四角式，机架底处设置托板滚轮或轮轨，采用人力或卷扬机起吊沉桩	施工简便，装拆容易，基本上不受地基承载力影响		常用于2t以下落锤，2.5级以下柴油锤，桩长不大于15m的直桩工程中
	矢式		在钢或木三角式或四角式起重架中间，设置导杆，机架底设置托板滚轮移动就位，采用人力或卷扬机起吊沉桩	施工简便，运输方便，无须风缆，基本上不受地基承载力影响	装拆较费时，桩位就位调正较困难，桩走位时控制性能较差	常用于1.5t以下落锤，桩的长度不大于12m的直桩工程中
	桁架式（参见图9.5-13）		木桁架结构，外侧设置导杆顶部设2～3根风缆，稳定桩架，采用卷扬机起吊沉桩，托板滚轮行走机构	移动桩架时，桩锤不必卸下，可随意向四周移动	导杆垂直度修正较困难，桩位精确，调正较困难，装拆运输较费时	常用于2t以下的落锤，小型燕汽锤和柴油锤，桩长不大15m的直桩工程中
	直式（参见图9.5-10）		结构比较紧凑，为型钢构成的等截面空间桁架结构，采用卷扬机起吊沉桩和滚筒行走机构，顶部设2～3根风缆稳定桩架，外侧设置导杆	整体性好，装拆较方便，打桩精度较高。桩架移位较方便，移动桩架时桩锤不必卸下。桩架动力可自给	整体稳定性较差，对地基承载力要求较高，需人工铺设道木和大型运输设备转移桩架。修正导杆垂直度较麻烦，施工操作复杂，劳动强度大	常用3～7t蒸汽锤，25～40级柴油锤，桩长不大于24m的直桩工程中
	塔式	托板滚轮式（参见图9.5-10）	为型钢构成的变截面空间桁架结构，采用卷扬机起吊沉桩和托扳滚轮行走机构，顶部设2～3根风缆稳定桩架，外侧设置导杆	整体性好，稳定性好。对地基承载力要求稍低，起吊能力大，导杆垂直度调节梢易，可打斜桩，移动桩架时，桩锤不必卸下，桩架可向四周移位，桩架动力可自给	施工操作复杂，装拆运输麻烦，费时，转移桩架需较大型运输设备，桩架移动就位需铺设道木	适应范围广，常用于3～10t蒸汽锤，25～60级柴油锤，桩长不大于30m以下的直桩和斜度不大于1∶10的斜桩工程中
		步履式（参见图9.5-11）	为型钢构成的空间桁架结构，采用卷扬机起吊沉桩和电动液压步履式行走机构，外侧设置导杆	整体性稳定性好，对地基承载力要求低，起吊能力较大，可打后斜桩，移动桩架时桩锤不必卸下，桩架移位方便可向四周自由移动，桩架的动力基本自给，劳动强度较低。可节省大量道木和施工费用	施工操作较复杂，装拆运输麻烦费时，转移桩架需大型运输设备，要求施工场地平整度高，安装需吊车配合	适用范围广，常用于3～10t蒸汽锤，25～60级柴油锤，桩长不大于30m直桩和斜度不大于1∶10的斜桩工程中

续表

型式			结构特征	优点	缺点	适用范围
固定导杆式	导架式	导轨式（参见图9.5-10）	装置导杆的导架安装在专用机架底座上，采用2根液压钢支撑支承，可调节导架前后倾斜，导架底端可前后调节，机架可作水平向360°回转机架设置，使用卷扬机起吊沉桩，动力可采用电力或内燃机	整体性好，结构简单，移动操作方便迅速，劳动强度较低，可打前后斜桩，桩位和斜度控制精度较高	需铺设轨道，对地基平正度要求较高，转动移位较麻烦，费时，转移桩架需大型运输设备，安装需吊车配合	适用范围较广，适用于不大于35级柴油锤，桩长不大于25m的直桩和斜桩（向前1∶10，向后1∶3）的工程中
		履带式（参见图9.5-7、9.5-15）	装置导杆的导架安装在起重机上，并采用2根液压钢支撑，可调节导架前后倾斜，导架底端可前后细调，导架可作90°回转，机架底座可作水平向360°回转，机架设置履带移动装置，使用卷扬机起吊、沉桩，动力采用内燃机	整体性好，结构可靠，性能好，移动操作方便迅速，爬坡能力强，机动性强，装拆简便、迅速、劳动强度低，生产效率高，桩架动力自给，可打前后斜桩桩位和斜度控制精度高，可适用复合施工工艺	打桩时，对地基变位敏感，必要时需设置钢跑板，安装需吊车配合	适用范围广，适用不大于80级柴油锤。桩长不大于27m的直桩和斜桩（向前1∶10，向后1∶3）的工程中
		步履式（参见图9.5-10）	装置导杆的导架安装在专用机架底座上，采用2根液压钢支撑，可调节导架前后倾斜，机架底座下设置步履式移动装置，使用卷扬机起吊沉桩，动力可采用电力或内燃机	整体性，稳定性好，对地基承载力要求低，起吊能力较大，可打斜桩，劳动强度低，生产效率高。操作方便。桩位移动迅速和斜度控制精度较高	对地基平整度要求较高，安装麻烦较费时，施工操作较复杂，转移桩架需大型运输设备，安装需吊车配合	适用于不大于10t蒸汽锤和不大于70级柴油锤，桩长不大于27m的直桩和斜桩（向前1∶10，向后1∶3）的工程中
	吊龙门式（参见图9.5-15）		在履带式起重机上，吊装带有导杆的直桁架式或导架式吊龙门，可作水平向360°回转，利用起重机履带行走装置移动和起重机动力装置起吊沉桩	整体性件较好。结构较可靠，移动操作方便，迅速，爬坡能力强，机动性强，装拆简便，劳动强度较低，生产效率较高，桩架动力自给，桩位控制精度稍高	打桩时，对地基变位敏感，必要时需铺设钢跑板	一般适用于大于35级柴油锤，桩长不大于12m的直桩工程中

导杆支架式轮轨型桩架 **表 9.5-17**

性能指标	单位	DJG6	D_1-600	D_1-1200	D_1-1800	D_1-2500
桩架总重	t	1.2	2.5	4	65	9
适用柴油锤级		1	3～6	6～12	18～25	18～35
桩架尺寸(长×宽×高)	m	2.2×2.1×6.7	4.34×3.9×12	5.4×4.2×15	7.5×5.6×17.5	高23.5
桩架的起重能力	kN	7	20	40	75	90
轨道宽度	m		4	4	5.5	5.5
适用最大桩长	m	6.5	8	10	12	18
适用最大桩重	t	0.3	1.5	2.0	3.0	4.0
适用最大桩径	mm	ϕ180	ϕ300	ϕ350	ϕ400	ϕ450
导杆宽度	m		0.35	0.35	0.36	0.36
导杆向下延伸不低于机底	m		2	2	4	4
传动方式		人力或电动	人力或电动	电动或内燃机	电动或内燃机	电动或内燃机

多能桩架主要技术性能 **表9.5-18**

性能指标	单位	CCCM-570	CCCM-582	CCCM-680	T-135	T-179	D308	KH-100	DJG12	DJG18	DJG25
桩架总重	t	30.5	42.7	72	40	61	32.6	22	10.5	25	33
适用柴油锤级		1.8	3.0	6.0			15	11	6～12	12～18	6～25
桩架尺寸 长×宽×高	m	高22.6	高29.0	高31.0			高31.3	高28.3	4.32× 2.4× 17.8	7.14× 3.56× 20.25	9.7× 4.4× 24.4
桩架的起重能力	kN			42.5	30	50					
轨道宽度	m	3.0	3.5	4.88	7.5	4.5	4.0	3.3	2.4	3.8	4.4
适用最大桩长	m	14	20	23	16	25			12	16	18
适用最大桩重	t								3	5	8
适用最大桩径	mm										
桩架移动速度	m/min	14.2	14.2	10		3.2	12.2	25			
桩架行走速度	r/min	0.76	0.65	0.47			3.5	3.8			
打桩倾斜范围	前		1∶10	1∶10	1∶3	1∶20	1∶10			5°	5°
	后		1∶3	1∶3		1∶3	1∶3			14°	18.5°
平衡锤重	t					3				3	2.85

三点式履带桩架主要技术性能 **表9.5-19**

型号	立柱		桩锤作业		螺旋作业		桩锤、螺旋联合作业			发动机功率/转速/(kW/r/min)	重量(t)	外形尺寸长×宽×高(m)
	型号	导轨面数	桩锤型号	立柱长度(m)	螺钻型号	立柱长度(m)	桩锤型号	螺钻型号	立柱长度(m)			
75P	45C	2	K13 K25 K35 K45	24～30	D-40H-3 D-50H-2 D-60H-A D-60H-B	24～30	K13 K25 K35 K45	D-40H-3 D-50H-2 D-60H-A D-60H-B	18～30	77/1600	75	
	60C	2	K25 K35 K45 KB60	21～33	D-60H-A	21～30	K25 K35 K45	D-50H-2 D-60H-A D-60H-B	18～30			
85P	60C	2	K25 K35 K45 KB60	21～33	D-60H-A	24～30	K25 K35 K45	D-50H-2 D-60H-A D-60H-B	18～30	77/1600	85	4.97× 3.3×33
	80 C	2	K45 KB60 KB80 KB70	21～30	D-80H D-120H	21～30	K25 K35 K45	D-80H D-120H	21～30			
PD80	45R	2	45 35 25	21～30	D 60H D 50H	21～30	45 35 25	D 50H	21～27	90/2000	64.1～ 76.7	5.265× 3.3×30
	60R-2	2	60 45 35	21～30	D-60H	21～30	45 35 25	D-60H	21～27		68.9～ 83.9	

续表

型号	立柱		桩锤作业		螺旋作业		桩锤、螺旋联合作业			发动机功率/转速/(kW/r/min)	重量(t)	外形尺寸长×宽×高(m)
	型号	导轨面数	桩锤型号	立柱长度(m)	螺钻型号	立柱长度(m)	桩锤型号	螺钻型号	立柱长度(m)			
PD100	80R-2	2	80 70 60 45	21～30	D-120H D-80H	21～36	45 35 25	D-120H D-80H	21～30	112/2000	86.6～103.2	
	90R	2	80 70 60 45	21～33	D-240H D-150H D-120H	21～33	45 35	D-150H D-120H	21～27		93～103.9	
60P			25 35 45	21～27		21～37	25 35 45		21～27		主机 27.4	4.78×3.3×27
D308			25 35 45	21～27		21～27	25 35 45		2l～27		主机 34.0	4.78×3.3×2.7
D408			25 35 45 60 70	21～27		21～27	25 35 45 60		21～27		主机 37.0	5.005×3.3×2.7

固定导杆式桩架主要技术性能 **表 9.5-20**

性能指标	单位	直式		塔式				
		23m	30m	18m	24m	30m	34m	40m
桩架总重	t	10	18	8	18	26	34	36
适用桩锤		3t 蒸汽锤	3～7t 蒸汽锤	3～7t 蒸汽锤 25 级柴油锤	3～7t 蒸汽锤 25 级柴油锤	3～10t 蒸汽锤 35 级柴油锤	7～10I 蒸汽锤 25～45 级柴油锤	7～10t 蒸汽锤 25～45 级柴油锤
桩架尺寸	m	9.2×1.9×23.5	11.5×2.4×31.7	4.5×4.0×19.6	8.4×6.6×25	6.3×6.5×31	8.4×6.6×35.8	8.4×6.2×41.6
行走机构		滚筒	滚筒	托扳圆轮	托板圆轮	托板圆轮	托板圆轮步履机构	托板圆轮步履机构
适用最大桩长	m	18	24	12	18	24	27	30
适用最大桩重	t	8	12	8	10	13	17	17
适用最大桩径	mm	ϕ400	ϕ450	ϕ400	ϕ450	ϕ500	ϕ550	ϕ550
打桩倾斜范围	度				前 5 后 18 5		前 12 5	前 12.5
桩架起重能力	kN			100	130	170	220	220

打桩时，垫材起着缓和并均匀传递桩锤冲击力至桩顶的作用。桩帽上部与桩锤相隔的垫材称为锤垫。锤垫与桩锤下部的冲击垫接触，直接承受桩锤的强大冲击力，并均匀地传递于桩帽上。桩帽下部与桩顶相隔的垫材称为桩垫，桩垫与桩顶直接接触，将通过桩帽传递达的冲击力，更均匀地传递至桩顶上。桩垫通常应用于钢筋混凝土桩的施工中。

锤垫常采用橡木、桦木等硬木按纵纹受压使用。有时也可采用钢索盘绕而成。近年来也有使用层状板及化塑型缓冲垫材。对重型桩锤尚可采用压力箱式或压力弹簧式等新型结构式锤垫。桩垫通常采用松木横纹拼合板、草垫、麻布片、纸垫等材料。

垫材经多次锤击后，会因压缩减小厚度，使得密度和硬度增加、刚度也就随之增大，这一现象在桩垫中更为显著。保持垫层的适当刚度可以控制桩身锤击应力，提高锤击效率。尤其是对钢筋混凝土桩更为重要。若垫材刚度较大，则桩锤通过垫材传递给桩的锤击能量也会增加，从而提高打桩能力，锤击应力也将相应地增大。反之，若垫材刚度较小，则桩的锤击应力可减小，且能使桩锤对桩的撞击持续时间有所延长，当桩锤的打桩能力大于桩的贯入总阻力时，这将有利于桩的加速贯入和提高效率。

2. 垫材的选择

选用垫材的方法有以下三种：

（1）按力学理论分析的刚度控制图解法（安特逊-马斯太法）

在桩尖处土性、单动蒸汽锤锤重、桩重、桩的刚度、落锤高度等参数基本确定后，可应用应力波原理力学理论分析所制定的应力图解表及刚度图解表（图9.5-3、图9.5-4），查表计算确定所需垫层的适宜刚度，再按所选垫材材料来确定垫材的厚度。此法尚可检验垫材压缩后的厚度，以便于适时更换垫层，避免产生过大锤击应力而造成桩的开裂和破损。

计算时先按有关条件由打桩动应力图解表中查得系数β值，再按桩的重量与桩锤活动部分重的比值（ρ及β值），由垫材刚度图解表中查得桩与垫层的刚度比，然后由刚度比与桩的刚度（E_p/L_p）的乘积求得垫层刚度E_C/H_C，再按所选用的垫材的弹性模量E_C计算得到垫层的厚度H_C值。

（2）波动方程分析计算法

垫材由于受到桩锤的反复加载与卸载作用。在材料内部阻尼作用下应力与应变或受力与变形量之间存在着一定的关系（图9.5-16）。

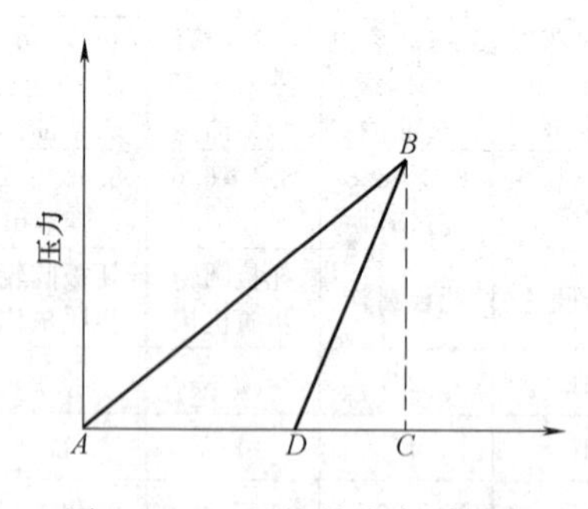

图9.5-16 锤垫的应力-应变图

通过动态与静态条件下的对比试验可知，一般垫材材料的动应力-应变关系与静态时较接近，因而常可采用静力试验的方法来进行测定。不同材料及不同厚度的垫材，其弹簧系数和恢复系数是不相同的。当垫材材料的弹性模量E_C确定后，即可按公式$SP(M)=E_CA_C/H_C$求得垫材的弹性系数。在史密斯法中，可通过线性的弹簧系数（OA及AB）和恢复系数e来近似描述这种特性。恢复系数的定义为垫材变形时所耗费的能量与回弹恢复时所能够释放的能量二者比值的平方根，即：

$$e=\sqrt{\text{回弹输出能量}/\text{变形时输入能量}}=\sqrt{\triangle BCD/\triangle ABC}$$

加载与卸载时的弹簧系数之间具有如下关系：

$K_{DB}=K_{AB}/e^2$ 因此垫材在变形量$C(M.t)$小于其已到达过的最大变形量C_{max}时，其受力即可按波动方程考虑：

$$F(M.t)=SP(M)/e^2\cdot e(M.t)-C_{max}\cdot SP(M)\cdot(1/e^2-1)$$

土层受力在任何情况下均认为不能承受拉力，垫材的重量较轻，在计算中一般可略去不计。当锤型和锤级、桩型、土性、垫材的弹簧系数均确定后，即可按波动方程求得垫材

材料的恢复系数 e，再由选用的垫材材料、桩型、锤型和锤级、土性，按波动方程分析计算的反应曲线来选用满足锤击应力及桩的承载力的垫材的厚度。当桩垫和锤垫都使用时，可先按经验确定合适厚度的锤垫，然后再按波动方程选用桩垫的合适厚度。

（3）经验法

桩锤和锤型确定后，垫层材料及厚度一般可参照表 9.5-21 取用。

垫层选用表 **表 9.5-21**

锤型	桩型(mm)		桩长(m)	硬木锤垫厚度(mm)	松木桩垫厚度(mm)
柴油锤 12～14 级	钢管桩	ϕ300～ϕ450	10～15	50	
柴油锤 20～25 级蒸汽锤 3t		ϕ400～ϕ550	10～30	50	
柴油锤 40～45 级蒸汽锤 10t		ϕ600～ϕ900	15～70	100	
柴油锤 30～35 级蒸汽锤 7t		ϕ400～ϕ800	10～50	100	
柴油锤 70 级		ϕ900～ϕ1500	30～80	200	
柴油锤 12～14 级	混凝土桩	ϕ300～ϕ400	5～15	50	50
柴油锤 20～25 级蒸汽锤 3t		ϕ350～ϕ500	8～30	50	50
柴油锤 30～35 级蒸汽锤 4～7t		ϕ400～ϕ600	10～45	100	70
柴油锤 40～45 级蒸汽锤 10t		ϕ500～ϕ800	20～60	100	100

9.5.3 锤击法沉桩施工

9.5.3.1 打入桩施工工艺

打入桩施工工艺分为冲击沉桩与振动沉桩。冲击沉桩是最早、最普遍应用的基本方法。随着重型建筑物的发展，要求桩基础提供更大的承载能力，桩的断面和长度相应增大，从而要求使用大能量的桩锤。锤击引起的噪声、振动、地层扰动、废气、溅油、烟火等公害问题也愈来愈严重。尤其是在城市建设中，对公害污染的限制要求愈来愈高，因而，发展了静力压桩沉桩工艺。

当施工机械设备能力足以克服桩的贯入阻力，且无特殊的公害限制要求时，如工程环境又适宜于沉桩，设备的运入，采用冲击沉桩法或振动沉桩法，将可获得较好的技术经济效益和缩短工期。冲击沉桩法比振动沉桩法施工简便、迅速，且能在沉桩过程中克服更大的贯入阻力，桩基础也将获得更高的承载力。冲击沉桩法的最大缺点是噪声和振动以及对土体的挤压，使用柴油锤时还会产生溅油等污染。振动沉桩法噪声较小，但对地基的振动影响较大，在密集建筑群中同样会产生挤土影响和危害。当环境影响限制较严时，往往采用低噪声、低振动及少挤土的其他沉桩方法。如静力压桩法、掘削施工法、埋入法、中掘法、预钻孔法、螺旋压入法等。也可采用减振和降低噪声的措施，如消声墙、防振壁及消振装置以及冲水辅助沉桩等。为减少噪声和溅油等公害也可采用消声罩（全封闭型和锤体封闭型）。

冲击沉桩使用的桩锤有自由落锤、气动锤、柴油锤、液压锤等。落锤沉桩是最原始、简易的施工法，由于落锤冲击能较小，其沉桩穿透能力较弱、工效低。一般用于软弱黏性土地基中（孔隙比 $e>1$、含水量 $w>30\%\sim40\%$、塑性指数 $I_p>15\sim18$、压缩模量 $E_g<300\sim500N/cm^2$，、标准贯入击数 $N<6\sim8$、静力触探 $P_s<1.5MPa$)、桩数较少且桩径小

于40cm、桩长10m以内的小型桥梁和民用建筑中的短桩基础。采用重型落锤时，桩径（边长）不大于50cm 。桩长可达20m左右，但此时应采用低落距锤击，以防止桩头破损。由于落锤沉桩法施工简易、维修方便、施工准备周期短、可在狭小场地作业、设备轻、对场地要求不高，因而应用仍较广泛。但落锤打入桩精度较差，且易产生偏心，施工中应予以注意。

蒸汽锤和气动锤沉桩常用于黏性土和松散砂土地基中（黏性土：孔隙比$e>0.6\sim0.7$、含水量$w>15\%\sim20\%$、塑性指数$I_p>5\sim7$、压缩模量$E_s<1000\sim1200\text{N/cm}^2$、标准贯入击数$N<30\sim50$击、静力触探$P_s<8\sim9\text{MPa}$。砂性土：孔隙比$e>0.85\sim0.95$、饱和度$S_r>0.7\sim0.8$、相对密度$D_r<0.3\sim0.4$、标准贯入击数$N<25\sim30$击、静力触探$P_s<8\sim9\text{MPa}$)，桩长小于60m且桩径（边长）小于60～80cm的桩基础。此类锤适应地基土层软硬变化的能力强，尤其当地基表层有较厚的软弱黏土层时，能控制打桩应力、打入精度高、工效也较高，桩锤不易损坏且故障较少，而且配置高桩架可打长桩减少接头，提高工效和桩的整体性，并能进行斜桩施工，适宜于大中型桩基础的施工。但此类桩锤需配备专用打桩机及供气设备，桩上设备的运输安装复杂，施工准备周期较长，对施工现场作业面、平整度和地面承压能力的要求较高，往往不能直接在原地基上进行作业，常需加固地基，对环境污染也有一定影响。当连续锤击时间较长时，桩锤效率将降低。

柴油锤冲击沉桩法常用于较硬黏性土和砂性土的地基中（黏性土：孔隙比$e>0.5\sim0.6$、含水量$w>15\%$、塑性指数$I_p>4\sim6$、压缩模量$E_s<1300\sim1500\text{N/cm}^2$、标准贯入击数$N<50$、静力触探$P_s<10\sim12\text{MPa}$，砂性土：孔隙比$e>0.6\sim0.7$、饱和度$S_r>0.5\sim0.6$、相对密度$D_r<0.6\sim0.7$、标准贯入击数$N<40\sim50$ 、静力触探$P_s<10\sim11\text{MPa}$)，桩径不大于120cm、桩长可达60m以上的桩基础。柴油锤的冲击能量大、锤击频率高、在硬土中打入能力强、工效显著、无需复杂的供气设备、能适用于多种打桩机、安装方便、施工准备周期短，适宜于各类桩基础的施工。但是，在软弱黏土层较厚的地基中施工时，柴油锤不易爆发，如同落锤，显著影响打桩效率，易造成桩的偏位倾斜，产生很大的打桩拉应力，降低桩的打入精度和施工质量。在坚硬地基中，由于锤心反弹强，锤跳高随之增大产生极大的冲击力，桩身易受破损，甚至产生锤心跳出锤体的严重事故，尤其是在打斜桩时为甚。故不适宜倾斜度大于30°的斜桩施工。另外，柴油锤的维修保养要求较高。

液压锤沉桩是近年来发展应用的新技术，适用于各类土层和桩型，具有较好的打斜桩能力、无废气污染危害、噪声和振动均较小、打桩效率高（一般比气动锤和柴油锤工效高40%～50%)、可根据土质情况及桩材料的强度随时调节控制桩锤的冲击力、施工时可不设置桩垫、桩的打入精度高。此外，打桩过程中获得桩锤冲击力以适应地层的变化和取得贯入阻力指标，既能保证冲击能量的充分发挥而又不损害桩体，还可按贯入阻力确定桩是否打至预定的土层。但由于液压锤设备及施工费昂贵、施工管理要求高、维修保养困难，需设置专用打桩机和强大的动力源，且对环境影响也较大。目前主要应用于大型桩基础工程中。

如上所述，选择适当的施工工艺和锤型与地基土性有关，包括地基土的软硬程度、持力层深度、有无硬夹层及漂砾石等，以确定沉桩的可行性。此外，还应弄清地表面的倾斜、施工作业面的大小、持力层的倾斜程度、地基的容许承载力、中间层的特性，以及现场条件和环境，如邻近地下管线及建筑物、大型设备运输进场条件等。

9.5.3.2 沉桩施工准备

沉桩施工准备工作主要内容如下：

1. 选择沉桩机具设备，进行改装、返修、保养，并准备运输。
2. 现场制桩或订购构件、加工件的验收，并办好托运。
3. 组织现场作业班组的劳动力，按计划工种、人数、需用工日配备齐全，并准备进场。
4. 进入施工现场的运输道路的拓宽、加固、平整和验收。
5. 清除现场妨碍施工的高空、地面和地下障碍物。
6. 整平打桩范围内场地，周围布置好排水系统，修建现场临时道路和预制桩场地。
7. 对邻近原有建筑物和地下管线，认真细致地查清结构和基础情况，并研究采取适当的隔振、减振、防挤、监测和预加固等措施。
8. 布置测量控制网、水准基点，按平面图放线定位。设置的控制点和水准点的数量应不少于2个，并应设在受打桩影响范围之外。
9. 根据施工总平面图，设置施工临时设施，接通供水、电、气管线，并分别通过试运转正常。

9.5.3.3 沉桩施工

设备进场后，进行安装和调试，然后移机至起点桩位处就位。桩架安装就位后应垂直平稳。

在打桩前，应用2台经纬仪对打桩机进行垂直度调正，使导杆垂直。并应在打桩期间经常校核检查，随时保持导杆的垂直度或设计角度。桩按施工组织设计要求轴向或斜角正确地堆置于预定位置。插桩就位位置及角度是保证直桩或斜桩沉桩精度的关键。正确的插桩方法如下：

1. 按桩位布置地桩，用小木桩、竹桩或圆钢插入桩位中心，就位时将桩尖对准地桩。
2. 以地桩为中心，用石灰画出与桩的外围同形位置，就位时将桩对准同形桩位。
3. 用铁锹挖出与桩同形的浅孔，将桩插入孔内就位。
4. 制作具有与桩外围同形孔洞的工具式木、混凝土或钢制定规，在就位时使用。
5. 使用钢或木制导框等固定桩的中心，避免桩发生偏移。

目前陆上打入闭口桩常采用第一种方法。

吊桩时，要严格遵守安全技术操作规程，防止打桩机倾斜、钢丝绳从桩上脱落或破断、桩和打桩机导管撞击及其他人身事故的发生。插桩后，应调正桩锤、桩帽、桩垫及打桩机导杆，使之与打入方向成一直线，可使用经纬仪（直桩）和角度计（斜桩）测定垂直度和角度。经纬仪应设置在不受打桩机移动及打桩作业影响的地位，并经常与打桩机导杆成直角的移动。桩的打入初期要徐徐试打，在确认桩的中心位置及角度无误后，再转为正式打入。在软土层中，开始将桩打入时，当锤放置在桩顶上常会由于自重使桩自沉大量贯入土中，因此应徐徐将锤放上桩顶，直至桩自沉到某一深度不动为止，再使桩中心不偏移地徐徐打入。在开始锤击作业时，应先进行缓慢的间断试打，直至桩进入地层一定深度时止。间断试打一般为2～3m 。当打斜桩尤其是大斜角桩时，特别要防止打桩机的重心急剧移动而造成打桩机的坍倒事故。在桩的角度和垂直度得到正确调正以后，即可连续正常施打。打桩初期如桩发生偏斜，可将桩拉起修正或者拔起再重打。重打时，可能仍会向原打入方向偏斜，此时可使用坚固的导材按所定位置及角度打正。打入长桩时，也可在导杆上安装可以升降的防振装置，在桩发生横向振动时，可以防止桩的弯曲变形，并有利于高效率进行打桩作业。

在接桩时，下节桩的地面预留高度一般为 50～80cm 。在下节桩打入后，应检查下节桩的顶部，如有损伤时应适当修复，并将污染在桩顶上的杂物清除掉。在上节桩就位之前，要清除掉上节桩下端接头处所附着的污染物。有变形的桩应修理后再就位。当采用送桩工艺时，送桩和桩顶面要接触紧密平整，以免桩头横向移动或者由于冲击所产生的冲击波的传播不平稳，导致贯入困难。

沉桩应连续施打，避免长时间中断。为了安全施工及避免邻桩就位开始打入时产生偏斜，采用送桩施打的桩孔必须及时填埋密实。

9.5.3.4 打桩流水和打桩顺序

制定打桩顺序时，应先研究现场条件和环境、桩区面积和位置、邻近建筑物和地下管线的状况、地基土质特性、桩型、布置、间距、桩数和桩长、堆放场地、采用的施工机械、台数及使用要求、施工工艺和施工方法等，然后结合施工条件选用打桩效率高、对环境危害影响小的合理打桩顺序。由于桩的打入，通常会使地基土受到压缩和密度增高，砂性土地基内打桩有使桩周围的土向桩周和下部移动的倾向，软弱黏性土地基内打桩将会产生较高的超孔隙水压力和桩周围的土有向侧向和上部移动的倾向，对环境带来危害。

当工程面积较大，打桩作业部分面积较小时，一般对四周环境影响较小，但对打桩区附近已有的建筑物和地下管线应作具体分析研究。打桩影响的程度与打桩区的面积、桩数、桩长和桩径的大小成正比、与距离成反比。闭口桩大于开口桩。当挡土墙、护岸等和打桩区邻近时，桩群周围受到挡土板桩或柱桩组成的挡土设施限制以及与其他浅埋式基础的建筑物邻接时，由于桩的打入造成四周的土体移动和升降，都可能扰动桩群周围的地基，使这些建筑物移动或变形。因此，打桩顺序宜先在邻近建筑物处周围打桩，后往内部打桩，以利于减小对邻近建筑物的影响。但在与已打入的基桩邻接时，不宜采用此顺序，以免造成已打入桩的变位，甚至造成桩被折断的事故。另外，当桩周土体为黏性土而桩尖持力层为砂性土时，采用此顺序将使已打入的桩随地基土体的隆起而上升，从而产生桩尖与持力层土体脱空的不利现象。这时应注意在打桩时及时测定桩的标高，并在打桩后继续进行观测，必要时需进行复打作业以保证桩的承载能力。

在密集群桩施工时，如由外周向中央部分打桩，由于地基受打桩振动及挤密，将导致后期沉桩困难，尤其在砂性土地基，甚至无法打到预定标高。同时也会使周围已打入的桩受到有害的弯曲应力。因而对密集群桩，常用由中央部位向四周打的方法。或者根据现场堆桩条件，从一面开始打入、平行前进。在斜坡地区，打桩顺序宜由坡顶向坡脚进行。当桩的打入精度要求不同时，一般宜先打入精度要求较低的桩。当沉桩区面积较大或采用多台打桩机进行打桩作业时，尚应考虑桩的堆放及运桩道路，安全的打桩顺序宜采用多流水作业法。当桩的长度、直径、桩顶标高等不同时，为减小桩的变位，可先打长桩、后打短桩，先打大直径桩、后打小直径桩，先打桩顶标高低的桩、后打桩顶标高高的桩。但是，当调整打桩顺序仍然无法避免扰动桩群周围的地基时，应并用掘削法等其他措施。

打桩顺序一般可分为单流水、双流水、三流水、四流水及多流水五类方法。

1. 单流水法

一般用于单台打桩机、桩数不多的工程，见图 9.5-17，可分为单向、双向和角向三种顺序。单向是只有一个固定的前进方向的顺序，常用于邻近没有建筑物或单侧有建筑物。双向是有两个固定前进方向的顺序，常用于邻近有相距不同的建筑物或对变形的敏感程度不同的建筑物。角向是有三个固定前进方向的顺序，常用于打桩区两侧均有邻近建筑物的情况。

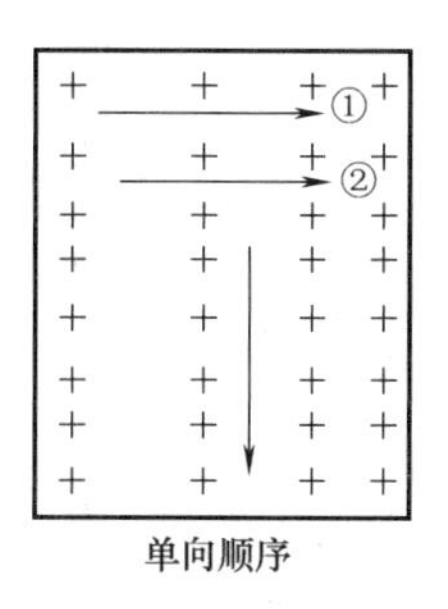

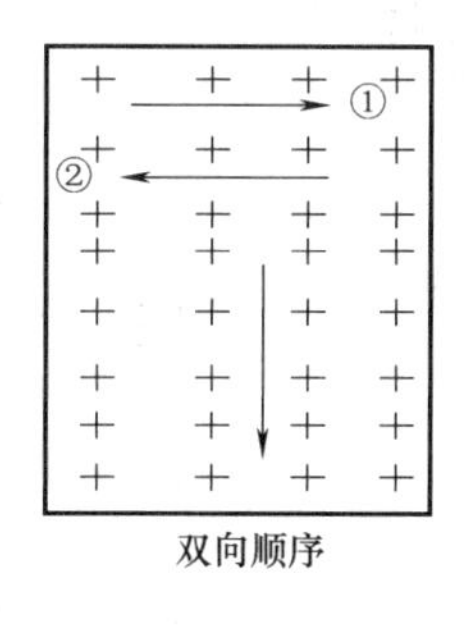

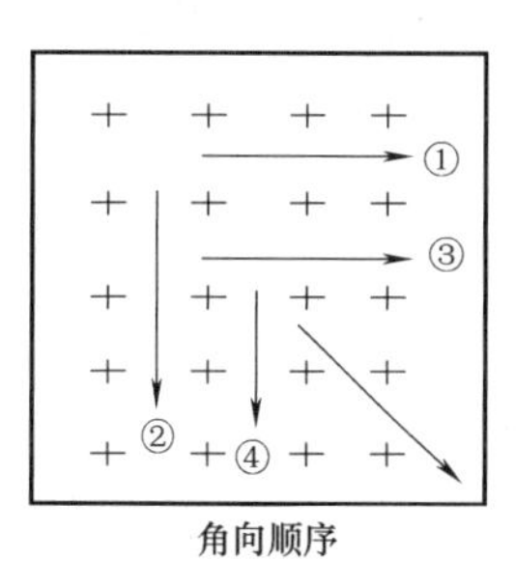

图 9.5-17 单流水法

2. 双流水法

一般用于两台打桩机或桩数较多且桩区狭长的工程，见图 9.5-18，可分为正向、反向、顺向三种顺序。正向是两个流水前进方向相对的打桩顺序，打桩作业由两侧向中间进行，常用于打桩区两侧均有邻近建筑物。反向是两个流水前进方向相反的打桩顺序，打桩作业由中间向两侧进行，常用于打桩区邻近无建筑物、桩的打入精度要求较高的情况。顺向是两个流水前进方向相同的打桩顺序，常用于施工桩机平台受一定限制，打桩区邻近无建筑物或仅一侧有建筑物的情况。另外，双流水中的每个流水又可按单流水中的顺序进行打桩作业。

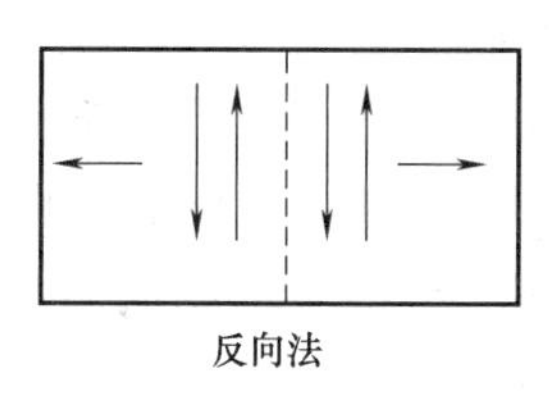

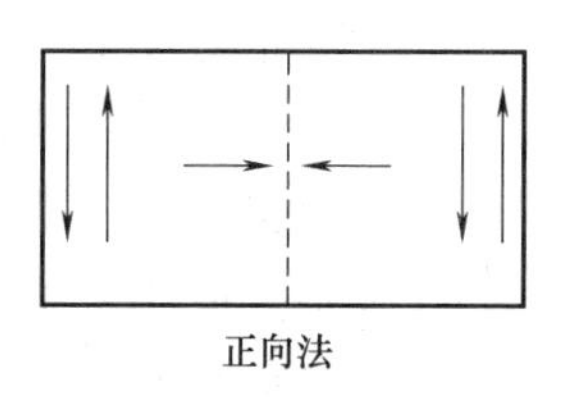

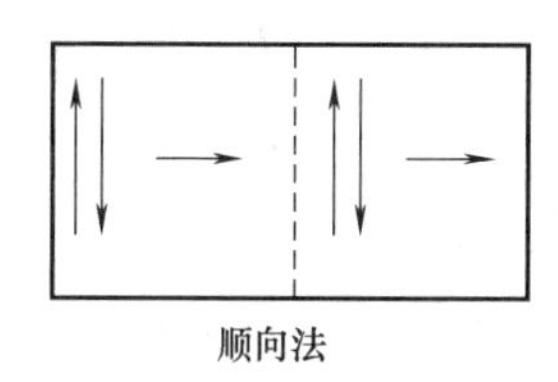

图 9.5-18 双流水法

3. 三流水法

一般用于多台打桩机、桩数较多且桩区较狭长的工程，可分为单向、分向、合向三种顺序，见图 9.5-19 。

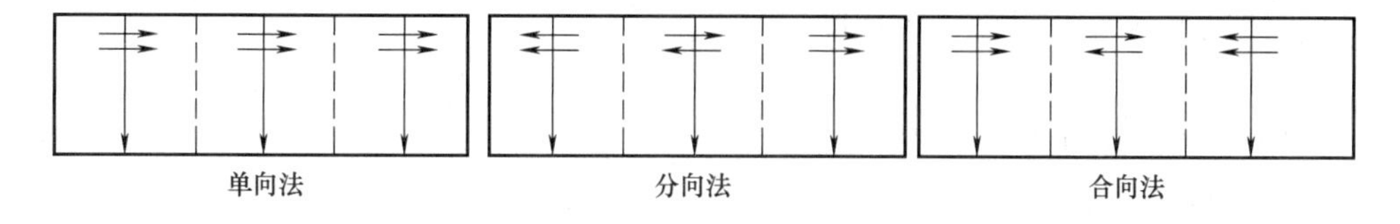

图 9.5-19 三流水法

单向法常用于工期较紧需进行立体交叉施工作业，且桩区邻近无建筑物或一侧有建筑物的情况。分向法是由里向外进行打入作业的顺序，常用于桩区邻近无建筑物、打入精度要求较高的情况。合向法是属于由外向里打入作业的顺序，常用于打桩区两侧均有邻近建筑物的情况。另外，上述顺序中的单个流水也可按单流水顺序结合具体施工条件进行打桩作业。

4. 四流水法

可分为顺向法、中心开花法、关门合围法三种，见图 9.5-20。

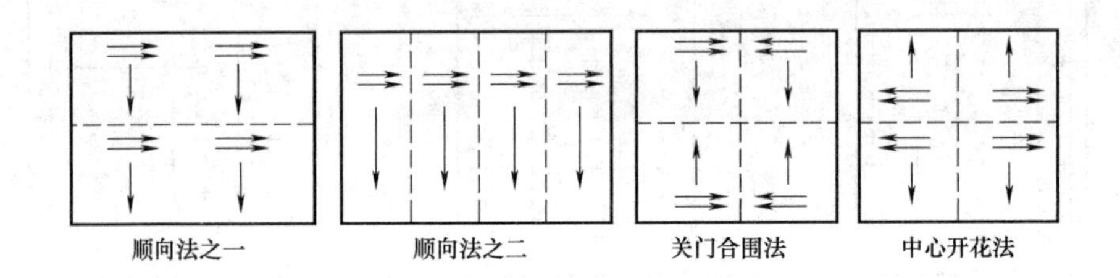

图 9.5-20 四流水法

顺向法常用于桩数很多，桩区面积较大而桩机平台受一定限制，桩区四周无邻近建筑物或仅一侧有建筑物的情况，有时也可用于工期较紧需进行立体交叉施工作业且桩区的长度相当长时。中心开花法即由中央向四周进行打桩作业，常用于桩数很多，桩的打入精度要求高，且四周无邻近建筑物的情况，或砂性土地基中桩数较多时。也可用于多台打桩机进行作业。关门合围法即由四周向中央进行打桩作业的方法，可用于桩数较多、桩距较大且桩的布置较稀、桩区四周均有建筑物的情况。但不宜在砂性土地基中采用。另外，上述各种方法的每个流水中的打桩顺序，也同样可按一单流水法结合具体施工条件采用。

5. 多流水法

又称大小流水法，是单流水法中的一种特殊方法，见图 9.5-21。

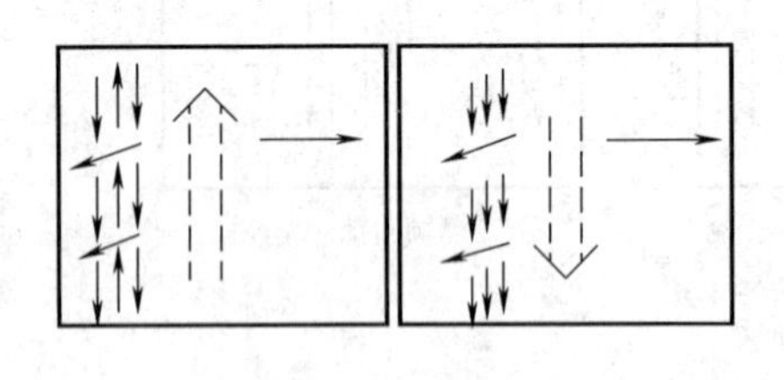

图 9.5-21 多流水法

常用于桩基础或桩距较小且桩布置相对稀密的情况下。一般也可分为单向顺序和双向顺序两种。其应用范围基本上与单流水相同。另外，多流水法也同样可在前述的各种流水法的每个流水中结合具体施工条件采用适宜的打桩顺序进行打桩作业。

综上所述，打桩的顺序随着条件的不同可相应采用不同的方法，也可在同一个打桩流水中同时采用多种打桩顺序进行作业。通常确定打桩顺序的基本原则是：

1）根据桩的密集程度及周围环境：

（1）分区考虑打桩顺序；

（2）由中间分开向两个方向对称进行；

（3）由中间向四周进行；

（4）由一侧向单一方向进行。

2）根据基础的设计标高：先深后浅。

3）根据桩的规格：先大后小、先长后短。

4）根据桩的分布状况：先群桩后单桩。

5）根据桩的打入精度要求：先低后高。

9.5.3.5 送桩与接桩

1. 送桩

当桩顶设计标高在地面以下，或由于桩架导杆结构及桩机平台高程等原因而无法将桩直接打至设计标高时，需要使用送桩。送桩应有足够的刚度和较小的变形量，以有效地传递锤击能量给桩。

送桩前，将送桩的下端套在桩顶上，上端置于桩帽下，起替打作用。送桩的规格和强度应能适应桩顶、桩锤及桩帽的构造要求，其外形不致使贯入阻力明显增大，且易于拔出，又尽可能少带起土体。送桩宜坚硬牢固、不产生弯曲变形、能多次重复使用。送桩一般为帽式，采用型钢或钢管与钢板焊接而成。送桩伸出导杆末端的长度最多不宜超过三分之二送桩总长度，以保证送桩施工时桩锤、送桩和桩三者的轴线在一条直线上，以减小偏心影响。当送桩的长度大于8～10m时，也可在送桩一侧上部设置导向脚，送桩施工时沿导杆上下滑移，可减小桩顶偏位。

送桩下端宜设置桩垫，要求厚薄均匀，并尽量与桩顶全断面接触，以免桩顶受力不均匀而发生桩顶破损现象。

2. 接桩

当施工设备条件对桩的限制长度小于桩的设计长度时，需采用多节桩组成设计桩长。这些沉入地下的接头，其使用状况的常规检查将是困难的。多节桩的垂直承载能力和水平承载能力将受到影响，桩的贯入阻力也将有所增大。影响程度主要取决于接头的数量、结构形式和施工质量。良好的接头构造形式，不仅应满足足够的强度、刚度及耐腐蚀性，而且也应符合制造工艺简单、质量可靠、接头连接整体性强，与桩材其他部分应具有相同断面和强度，在搬运、打入过程中不易损坏，现场连接操作简便迅速等条件。此外，也应做到接触紧密，以减少锤击能量损耗。

接头的构造分为机械式、焊接式、浆锚式三类。

（1）机械式

机械式接头可分为法兰螺栓连接法、钢帽铁榫连接法、钢帽销键连接法、钢帽凹凸榫连接法等。机械接头的优点是不受气象变化影响，现场连接操作简便迅速。但制造工艺复杂，接头整体性差，打桩时锤击能量损耗较大。尤其是钢帽凹凸榫连接法接头不能承受水平承载力。且对打入精度要求高、耗钢量多、耐腐蚀性差、工费较贵。在搬运打桩过程中，法兰连接桩容易损坏，要求施工技术管理水平较高。其中法兰螺栓连接法常用于管桩，其他可用于方桩。在大型海洋桩基工程中，有时也采用凹凸榫分离式钢接头。

（2）焊接式

可分为钢帽角钢焊接法、钢法兰焊接法、环衬焊接法、剖口对焊法。焊接方式又可分为手工焊、半自动焊和全自动焊。按焊缝布置有立焊和平焊，焊接特性基本上均为电弧焊，且又可分为药粉电焊条电弧焊、自动保护焊丝电弧焊、二氧化硫气体保护电弧焊等。焊接式接头制造工艺较简单、接头整体性强、质量可靠、锤击能量损耗较小。但打入精度要求较高、对操作人员技术要求严、耗钢量较高、施工操作复杂、受气象影响大、工费较贵、耐腐蚀性差。在搬运打桩过程中环衬焊接法桩和剖口对焊法桩容易受损。其中环衬焊接法一般仅用于钢管桩，法兰焊接法常用于钢筋混凝土管桩，钢帽角钢焊接法仅用于钢筋混凝土方桩，剖口对焊法也仅用于H型钢桩。

(3) 浆锚式

可分为环氧树脂砂浆连接法、快硬高强塑料浆连接法、硫磺胶泥砂浆连接法等。浆锚式接头的最大特点是制作工艺简单、耗钢量少、接头的整体性较好、施工操作较简便迅速、对打入精度要求较低、工效较高、工费省、打桩时锤击能量损耗较小、耐腐蚀性好。但桩在搬运打入过程中较易受损、操作不慎时将对接头的质量产生较大影响。浆锚式接头桩抗水平力较弱。

桩的接头应尽可能避开下述位置：桩尖刚达到硬土层时的位置；桩尖将穿透硬土层时的位置；桩身承受较大弯矩的位置。

为了保证接桩质量和提高工效，还必须做好下述各点：

(1) 接桩材料应妥善保管免受损坏。

(2) 接桩设备应注意维修保养，使用前应做好检验。

(3) 接头位置有方向性时，应先做好对口记号。

(4) 桩的接头部位因搬运、操作、打入等原因发生变形时，必须在接桩前进行修理。

(5) 接头部位附着水、油垢、污泥、铁锈等有害杂物时，应在接桩前彻底清除。

(6) 接桩时应使上下桩的轴线在同一直线上，其错开量和间隙应保持在允许误差内。上下节桩的中心轴线偏移不得大于5mm，节点纵向弯曲不得大于桩长的1%且不大于20mm。上下桩间隙应尽可能采用薄铁片填实。

(7) 重视作业时的天气，并做好对风雨的遮盖。在降雨、降雪和刮大风时，要停止焊接式和浆锚式接桩作业。气温在0℃以下时，一般须停止焊接式作业，否则需采取预热措施。

(8) 接桩作业需求在短时间内完成。在焊接作业时应选定适当的焊接电流、焊接电压及焊接速度。而在浆锚式接桩时，应满足浇筑温度和凝结时间的要求，见表9.5-22。

(9) 为保证接桩质量，应严格遵守各项操作规程。

焊接条件 **表9.5-22**

项　目	单　位	半自动焊	手工焊
焊接电流	A	350～480	150～180
焊接电压	V	26～31	26～31

9.5.4 沉桩阻力及停打标准

正确预估沉桩阻力是桩基工程设计施工的技术关键问题之一。为此应先了解沉桩入土过程的贯入机理，便于估算和确定停打标准。

9.5.4.1 桩的贯入机理

沉桩施工时，桩的贯入过程造成了桩周土颗粒的复杂运动，使桩周土体发生变化，桩尖“刺入”土体中时，原状土的初应力状态受到破坏，造成桩尖下土体的压缩变形，土体对桩尖相应产生阻力，随着桩贯入压力的增大，当桩尖处土体所受应力超过其抗剪强度时，土体发生急剧变形而达到极限破坏，土体产生塑性流动（黏性土）或挤密侧移和下拖（砂性土），桩尖下土体被向下和侧向压缩挤开，桩继续“刺入”下层土体中。随之桩周土体继续被压缩挤开。在地表处，黏性土体会向上隆起，砂性土则会被拖带下沉。在地面深处由于上覆土层的压力，土体主要向桩周水平向挤开，使贴近桩周处土体结构完全破坏。由于较大的辐射向压力的作用也使邻近桩周处土体受到较大扰动影响。此时，桩身必然会受到土体的强大法向抗力所引起的桩周摩阻力和桩尖阻力的抵抗，当桩顶施加的锤击力和桩自重之和大于沉桩时的这些抵抗阻力时，桩将继续“刺入”下沉直至设计标高。反之，则停止下沉。桩周土体变化状况可参见图 9.5-22。

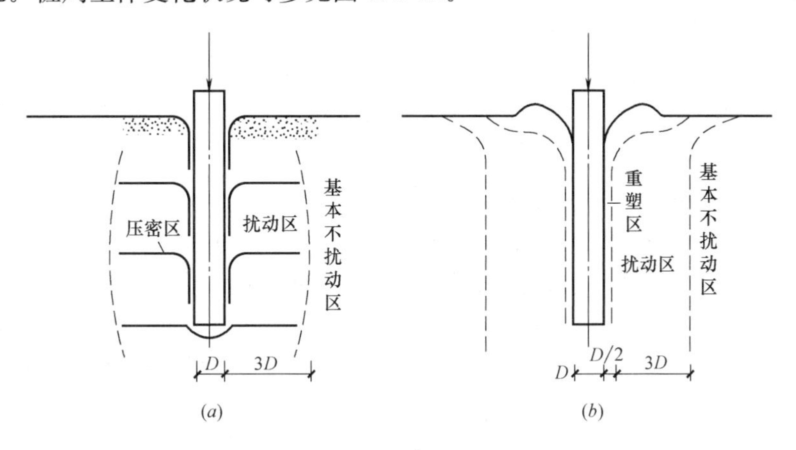

图 9.5-22 桩周围的变形区

(*a*) 砂性土；(*b*) 黏性土

9.5.4.2 沉桩时的动态阻力

打桩时，地基土体受到强烈的扰动，桩周土体的实际抗剪强度与地基土体的静态抗剪强度显然有很大差异。此时，地基土体对桩的抵抗阻力是明显不同于静态阻力的动态阻力。这一动态阻力的大小及其沿桩身的分布规律主要与桩型、土质、土层排列、沉桩工艺、桩长、桩数、桩距、施工顺序及进桩速度等因素有关。

沉桩时，桩的动态阻力是由动态摩阻力和动态端阻力组成。

1. 动态摩阻力

桩在锤击荷载作用下，随着桩的贯入，桩与桩周土体之间将出现相对位移——剪切。由于土体的抗剪强度和桩土之间的黏着力作用，土体对桩周表面产生摩阻力，当桩周土质较硬时，剪切面常发生在桩与土的接触面上，这时摩阻力将略小于土体的动态抗剪强度。当桩周土体较软时，剪切面一般均发生在邻近于桩表面处的土体内，这时摩阻力即为土体的动态抗剪强度。桩周动态摩阻力主要取决于上的性质，包括容重、灵敏度、重塑性能、颗粒级配及其重新排列后的影响程度、渗透性等，取决于桩靴的形式，桩的表面特点，桩的贯入速率，以及土体的侧限应力值等因素。

沉桩过程中，桩周土体的抗剪强度并不完全是常数。在黏性土中，随着桩的贯入桩周土体的抗剪强度将逐渐降低，直至降低到其重塑强度。但在砂性土中，除松砂外桩周土体的抗剪强度变化不大。在多次锤击作用下，由于振动周期荷载、土的残余应力效应、超孔隙水压力等因素的共同影响，随着桩的贯入，桩周土体对桩的摩阻力将急减至最小值。

2. 动态端阻力

桩在锤击荷载作用下，由于土体的惯性和动力特性，土体的动态抗压强度将显著大于静态抗压强度，并取决于桩尖处的端阻尼因素，桩的贯入速度和土质特性。

在黏性土中，桩尖处土体在扰动重塑、超静孔隙水压力、振动的共同作用下，土体的抗压强度将明显下降。在砂性土中，紧密砂将受振动松弛效应影响，土体的抗压强度减小。松砂将受振动挤密效应影响，土体的抗压强度会增大。但对于任何密度的砂土，均存在着一个与初始相对密度相对应的临界压力值，当桩周土体压力对桩尖处土体的压力小于这一临界压力值时，土体将产生松弛效应。反之将产生挤密效应。在成层土地基中，硬土中的桩端动阻力还将受到分界处黏土层的影响。上覆盖层为软土时，在临界深度以内桩端动阻力将随贯入硬土内深度增加而增大。下卧层为软土时，在临界厚度以内桩端动阻力将随贯入硬土的剩余厚度减小而减小。由于桩的尺寸效应和土体的压缩性效应，这一临界值与桩径的比值将随桩径的减小而有所增大。

9.5.4.3 沉桩阻力的分布规律

沉桩时，当桩顶施加的动荷载能克服桩周动摩阻力和桩端动阻力之和后，桩就贯入下沉，见图9.5-23。沉桩阻力分布基本图式表明桩周动摩阻力大致可分为上、中、下（即柱穴区、滑移区、挤压区）三部分。

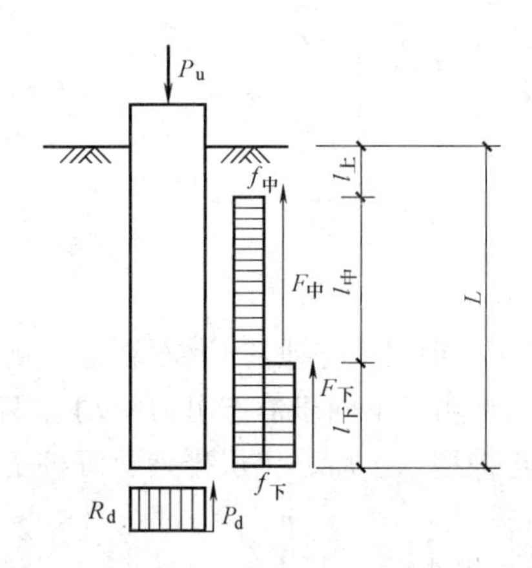

图9.5-23 沉桩阻力分布基本图式

桩贯入下沉过程中，随着桩尖的“刺入”和桩身的横向晃动，桩周土体将沿桩尖向桩侧四周挤开。位于浅层土中的桩周上覆土体的自重压力较小和桩的横向晃动幅度较大，将在桩周上部一定范围内形成土柱空穴，使桩与土体之间产生了缝隙。同时由于沉桩时产生的振动和超静孔隙水压力作用，不仅使桩周土体抗剪强度显著降低，而且沿桩身向上渗流的孔隙水也将在桩土之间产生润滑作用。在这些因素的综合影响下，使桩周几乎没有法向抗力及动摩阻力，桩周上部的动摩阻力必然大幅度地降低，甚至趋近于零，故又称这部分为柱穴区。这一范围占桩入土深度的比值，不仅与桩的入土深度有关，而且也与地基土的初始状态、土层的特性和变形特征、地基土的成层状态、沉桩施工工艺等因素有关。在桩周中部，虽然土体的上覆压力较大，但由于土体的扰动，振动和超静孔隙水压力作用，孔隙水沿桩周的向上渗流等因素的共同影响下，使桩身中部与桩周土体之间形成了一个软化层，这将明显降低桩周土体的抗剪强度。此时，桩周动摩阻力主要是桩在软化层中的滑移阻力，故又称这部分为滑移区。显然这一阻力是明显小于土体的抗剪强度的。这一范围占桩入土深度的比值，主要与桩的入土深度、土层排列的顺序、沉桩施工工艺等因素有关。由于桩贯入下沉时的桩尖效应影响，使邻近桩尖处的桩周土体对桩产生较大的法向抗力，而这必将明显增大桩周的动摩阻力。但又由于土体扰动、振动和超静孔隙水压力作用等因素的影响，桩周土体的抗剪强度也必将降低。但在二者的综合影响下，桩周动摩阻力仍然将明显增大。这时桩周动摩阻力的增大值主要与土质特性、沉桩工艺等因素有关。这个范围的大小主要取决于桩径和土质。

沉桩阻力的组成基本上可由下式表示：

$$P_u = F_{中} + F_{下} + P_d \tag{9.5.3}$$

式中 P_u——沉桩总阻力（kN）；

$F_{中}$——桩周中部滑移区动摩阻力（kN）；

$F_{下}$——桩周下部挤压区动摩阻力（kN）；

P_d——桩端动阻力（kN）。

9.5.4.4 沉桩阻力的估算

预估沉桩阻力一般可分为试打测定法和土质估算法两类。试打测定法常用的有波动方程测定法、大应变动测法（PZD动测法、PDA动测法）、打桩分析仪测定法、液压锤动力测定法等。土质估算法常用的基本方法有静力触探估算法、动力触探估算法、经验动阻力估算法等。

试打测定法中的波动方程测定法、大应变动测法、液压锤动力测定法，都是近代应用波动方程理论来测定桩的贯入动阻力的新方法，运用先进的计算机技术简化大量计算工作。它不仅能使人们更好地理解打桩过程的机理，而且还能测定桩在打入过程中的不同贯入阻力及其沿桩身的分布状况。但是，由于运用波动方程理论进行打桩阻力分析时，需要较精确地掌握桩锤效率系数、桩锤的弹簧系数、垫材的弹簧系数和恢复系数、桩周及桩底土的最大弹性变形值和阻尼系数、桩底阻力占桩总阻力的比例、桩锤的落距、桩的回弹贯入量、桩的贯入加速度等十多种参数，往往需依赖大量的实践对比试验资料，否则将会造成较大的误差。所以目前应用波动方程理论分析打桩阻力虽为测定桩的贯入动阻力提供了较正确的理论方法，但在实际应用中尚应与较成熟的地区性经验和精确测试各种参数的量测方法相结合，才能消除较大的误差，使测定的沉桩阻力较为精确。而且为了估算沉桩阻力，仍须先运入打桩施工设备进行试打。但对打桩施工积累可靠的设计施工经验数据，仍然是有较大价值的。

土质估算法是应用地基土质资料和桩的设计施工经验资料与沉桩阻力的分布规律相结合的半经验半理论方法，其经验公式表示如下：

1. 静力触探估算公式

$$P_u = F_{中} + F_{下} + P_d = U_0 \cdot \sum_{0}^{l_{中}} l_{中i} \cdot f_{si} + U_0 \cdot \sum_{0}^{l_{下}} l_{下i} \cdot f_{si} \cdot n_i + \rho \cdot m \cdot q_s \cdot s \tag{9.5.4}$$

式中 P_u——沉桩总阻力（kN）；

U_0——桩外周长（cm）；

s——桩尖截面积（cm^2）；

$l_{中i}$——滑移区土层厚度。当桩的入土深度 $L_0 \leqslant 30m$ 时，可取 $(50\sim60)\% \cdot L_0$，当 L_0 为 45～60m 时，可取 $(40\sim50)\% \cdot L_0$；

f_{si}——静力触探探头单位侧摩阻力（kPa）；

$l_{下i}$——挤压区土层厚度。通常为5～8倍桩径。当桩很大、土质硬时取较小值，反之取较大值；

n_i——挤压区土层的桩周冲击系数。黏性土中可取2.5～3.5，砂性土中可取2～3；

m——桩尖处土层的桩尖冲击系数。黏性土中可取2，砂性土中可取1.2～1.5；

ρ——桩尖尺寸效应折算系数。一般为0.4～0.6；

q_s——静力触探探头单位端阻力。通常可取桩尖最大截面上下各2.5倍桩径范围土层的平均值。

2. 动力触探估算公式

$$P_u = F_{中} + F_{下} + P_d = U_0 \cdot \sum_0^{l_{中}} l_{中i} \cdot N_i \cdot J_i + U_0 \cdot \sum_0^{l_{下}} l_{下i} \cdot N_i \cdot J \cdot n_i + \rho \cdot m \cdot N \cdot j \cdot s \tag{9.5.5}$$

式中 N_i——已深度修正的标准贯入击数；

J_i——标贯阻力折算系数（kPa/击）。黏土、粉质黏土、黏土质粉砂为2～3.5，砂质黏土、砂质粉土、粉质砂土为2～3.5，中密到松散细砂和中砂为4和5，粗砂和含少量砾石的土为5～6，砂砾土和砾石为8～10。

3. 经验动阻力估算公式

$$P_u = F_{中} + F_{下} + P_d = U_0 \cdot \sum_0^{l_{中}} l_i \cdot f_{中i} + U_0 \cdot \sum_0^{l_{下}} l_{下i} \cdot f_{下i} + S \cdot R_d \tag{9.5.6}$$

式中 $f_{中i}$——滑移区桩周土层的动态摩阻力（kPa）。一般约为静态摩阻力的0.65倍；

$f_{下i}$——挤压区桩周土层的动态摩阻力（kPa）。一般均大于静态摩阻力，中层亚黏土约为9～10倍，深层亚黏土约为7～9倍，砂土约为8～10倍；

R_d——桩尖处土层的动态端阻力（kPa）。一般均大于静态端阻力，中层黏性土约为1.6～1.8倍，深层黏性土约为1.5～1.7倍，砂土约为2.4～2.7倍。

上述土质估算法能在桩基施工前，无需进行桩的打入试验，预先估算桩的沉桩阻力。为解决沉桩的可行性及更好地进行施工管理提供了较大的帮助。但应用本公式时，需要具备一定的土质分析经验。

9.5.4.5 停打标准的确定

在锤击沉桩施工中，如何确定沉桩已符合设计要求可以停止施打是施工中必须解决的首要问题。

在沉桩施工中，确定最后停打标准有两种控制指标，即设计预定的“桩尖标高控制”和“最后贯入度控制”。影响最后贯入度的因素很多，条件也很复杂。如桩型、桩长、锤型和锤级、落锤高度、锤击频率的变化、锤击能量的变化、桩群密度和数量、施工顺序和进度、施工间歇时间变化、土质及其均匀程度、施工工艺的变化、地下水位的变化、气候变化、桩及桩架导杆倾斜度的变化、桩身挠曲度、锤击偏心程度、垫层刚度及其变化程度等都将会引起最后贯入度的变化。而在实际施工中很难通过计算的方法来将这些因素进行综合分析，以确定一个最后贯入度的控制值。

大量的工程实践资料也反映了即使在锤型、锤级、桩型、桩长、桩径、施工工艺、气候、地下水位、土质等完全相同的同一地区中，各根桩的最后贯入度也仍然是不同的。尤其是在软土地基和松砂地基中，桩的最后贯入度的差异将更为显著。这一现象主要是由于地基土层是一个不匀质体，而土层受沉桩扰动后土层特性会受到较大的影响，且其扰动影响程度也是不一致的。另外，桩锤效率、垫层刚度、锤击能量等在施打过程中并非为常值，而是在不规则地变化着，工程现场施工因素的千变万化影响更是难以估计，所以必然出现贯入度的变异。

"预定桩尖标高控制"法目前广泛应用于软土地基沉桩施工。但由于工程地质资料往往难以充分反映地基土层的埋深和层厚的变化及土质均匀程度等全面状况，在施工中也可能会出现桩尖未达到预定标高而贯入度已很小的情况，尤其是桩尖打入坚硬砂层中的超长桩。如果坚持按预定标高继续施打，常会造成锤击次数过多、贯入困难、锤击应力增大，从而有可能出现桩身疲劳破损及损坏施工机具设备的现象。有时，也会出现桩尖虽已达到预定标高而贯入度仍然很大，以至于发生使桩的极限承载能力降低及桩的使用期沉降量增大的现象

通常桩的最后贯入度与桩的承载能力并无直接明确关系。在软土地基中的中长桩，桩的承载能力中桩尖阻力所占比例较小，主要是沿桩身的桩周土层摩阻力，而桩的最后贯入度却基本上是取决于桩尖处土质的软硬程度。所以在地基条件相仿的情况下，即使因桩长差异较大，当桩尖处土质相似时，桩的最后贯入度也可能相当接近，而桩的承载能力相应于桩长的变化却有很大的差异。而在桩尖处土层为松砂的地基中，即使桩长相仿的支承桩，由于松砂土在沉桩期间所发生的振动密实效应，会使先后施打的桩的最后贯入度有较大的变化，但桩的承载能力却无明显的差异。

综上所述，采用单一的桩的"最后贯入度控制"法或"预定桩尖标高控制"法来检验桩是否符合设计要求都是不恰当的，也是很不合理的，有时甚至是不可能的。在实践工程应用中，应根据地基土质状况和桩的工作特性来确定合理的停打标准。通常对软土地基中的支承摩擦桩和桩尖处土层为松砂的支承摩擦桩或端承桩，采取以"预定桩尖标高控制"法为主，并以"最后贯入度控制"法为辅来制定停打标准是较合适的。一般情况下，按设计要求将桩施打至预定设计标高后可以停打。但必须同时根据桩的最后贯入度来辅助判定桩是否已进入持力层足够深度。当桩的最后贯入度已很小，但已进入持力层足够深度时，虽桩尖尚未达到设计标高但已较接近时，也可以提前停打。反之，可适当增大桩的打入深度。这是由于桩的贯入度变化是反映桩尖处土层软硬程度的明显标志，所以将其作为辅助标准对保证桩的质量是很有必要的。而在硬土地基中的端承桩桩基工程施工中，可采取以"最后贯入度控制法"为主，并以"预定桩尖标高控制"法为辅的停打标准是较合适的。即一般按设计要求将桩施打进入持力层达到预定最后贯入度控制值后就可以停打。但必须同时检验桩的施打标高是否已进入持力层足够深度来判定桩是否已符合设计要求。当桩的设计标高已达到，而桩的最后贯入度仍较大时可以继续施打直至最后贯入度符合设计要求后停打。反之，则需继续锤击 3 阵后，其每阵 10 击的最后贯入度平均值仍较小时方可提前停打。但当桩的施打标高与设计标高要求相差较大，而桩的最后贯入度却已很小时，此时很可能是桩尖碰上障碍物或地质异常，这时应继续施打至设计标高后才能停打。如果继续施打有困难时，应采取相应的技术措施以保证桩的质量。

另外，当地基土质变化较复杂时，有时尚可以"桩的总锤击数控制"法和"最后 5m 锤击数控制"法来作为判定桩可否停打的辅助标准，以避免桩身锤击数过多和锤击应力过大而产生疲劳破损的现象。

最后贯入度控制值应根据地基条件、桩型、锤型和锤级，结合设计要求通过桩的打入试验和承载力试验来合理确定。桩的锤击数控制值可参考表 9.5-23 选用。

桩的停打控制标准建议值　　表 9.5-23

<table>
<tr><td colspan="2">桩型</td><td colspan="4">PC 桩</td><td colspan="4">RC 桩</td></tr>
<tr><td colspan="2">桩规格(cm)</td><td>闭口</td><td>开口</td><td>闭口</td><td>开口</td><td>40×40</td><td>45×45</td><td>50×50</td><td>50×50</td></tr>
<tr><td colspan="2">桩尖处土质
(N 值)</td><td>砂质土
(30～50)</td><td>硬黏土
(20～25)</td><td>砂质土
(30～50)</td><td>硬黏土
(20～25)</td><td colspan="3">硬黏土
(20～25)</td><td>砂质土
(30～50)</td></tr>
<tr><td rowspan="2">锤型</td><td>柴油锤</td><td colspan="2">20～25 级</td><td colspan="2">30～40 级</td><td>30 级</td><td>30～35 级</td><td>35～45 级</td><td>40～45 级</td></tr>
<tr><td>气锤</td><td colspan="2">4～7t</td><td colspan="2">7～10t</td><td>7t</td><td>7～10t</td><td>10t</td><td>10t</td></tr>
<tr><td colspan="2">总锤击数控制值</td><td colspan="4">≤2000～2500</td><td colspan="4">≤1500～2000</td></tr>
<tr><td colspan="2">最后 5m 锤击
数控制值</td><td colspan="4">≤700～800</td><td colspan="4">≤500～600</td></tr>
<tr><td rowspan="2">最后贯入度建议值</td><td>柴油锤</td><td colspan="4">2～3mm/击</td><td colspan="4">2～3mm/击</td></tr>
<tr><td>气锤</td><td colspan="4">3～4mm/击</td><td colspan="4">3～4mm/击</td></tr>
</table>

综上所述，桩的停打控制标准如下：

1. 桩端位于一般土层时，以控制桩尖设计标高为主，贯入度可作参考。

2. 桩端达到中密以上砂土持力层时，以贯入度控制为主，桩尖标高应作参考。

3. 贯入度已达到设计要求而桩尖标高未达到时，应继续锤击 3 阵，其每阵 10 击的贯入度不应大于设计规定的数值。

4. 必要时，贯入度控制标准应通过试打后确定。

9.5.5 锤击法沉桩常见问题及处理

沉桩施工的标准是将桩完整地沉入到设计位置或达到设计的承载力。但是，由于桩的制作质量、地基土质变化、施工管理不善、施工设备故障、设计欠妥等多方面原因，常会在桩的搬运和下沉过程中发生一些异常现象和事故，必须及时采取相应对策妥善处理。发现问题进行事后处理总是比较困难。事故处理往往需要延长工期和相应增加费用，甚至会发生安全事故。有时需要修改设计，严重时甚至会造成整个基础工程报废而不得不重选场址，造成经济上重大损失。所以在施工前做好周密准备、施工中加强施工技术管理，避免产生失误是首要的。

9.5.5.1 常见问题和事故

1. 沉桩困难，达不到预定沉入深度。

2. 桩偏移及倾斜过大。

3. 桩达到了设计的埋入长度，但桩的承载能力不足。

4. 桩的下沉状况与地基调查或试验桩的下沉记录相比有异常现象。

5. 桩体破损，影响桩的继续下沉。

6. 已沉毕的桩发生了较大上浮。

7. 桩下沉过程的长时间中断。

8. 沉桩所引起的地基变形造成桩区的整体滑移。

9. 漏桩及桩位差错。

9.5.5.2 原因分析及处理

1. 沉桩困难，达不到预定埋入深度

沉桩困难，甚至无法继续下沉主要原因如下：

（1）桩型设计和施工工艺不合理，锤型选用不当。

（2）桩帽、缓冲垫、送桩的选定与使用有错误，锤击能量损失过大。

（3）桩锤性能故障，限制了桩锤能量的发挥。

（4）地基调查不充分，忽略了地面到持力层层间的孤块石、回填土层中的障碍物及中间硬夹层的存在等情况。

（5）忽略地基特性，桩距过密或沉桩顺序不当，使地基的密度增大过高。

（6）桩身设计或施工不当，沉桩过程中桩顶、桩身或桩尖破损，被迫停打。

（7）桩就位插入倾斜从而产生偏打，桩产生较大的横向振动，引起沉桩困难，甚至与邻桩相撞。

（8）桩的接头较多且连接质量不好，引起桩锤能量损失过大。

（9）长桩的设计细长比过大，引起桩的纵向失稳。

（10）桩下沉过程中存在长时间中断停歇或桩尖停在硬夹层中进行接桩。

为避免上述情况的发生，首先应完善设计和施工工艺，保证桩的制作质量和接桩质量，提高施工技术管理水平。完好的桩不能下沉时，施工控制可考虑为柴油锤一次冲击下桩的贯入量小于 0.5～1.0mm、气动锤小于 1～2mm、振动锤每一分钟的贯入量小于 25mm 或者振幅衰减到额定的 1/3～1/5 以下。沉桩时应详尽做好下沉记录以便于分析原因。

当碰到难以打入的硬土层时，首先应检验桩锤和缓冲垫。柴油锤的落高若小于 2m，说明柴油锤装备不良或缓冲垫过甚。蒸汽锤的落高若小于 0.8m，说明进气压力不足或气门调节阀不当造成半空打状况或缓冲垫过甚所致。若桩锤、桩帽和送桩与桩体不在同一轴线或缓冲垫厚薄不匀且桩的就位偏斜较大时，偏打将产生较大的横向振动，使打桩能量损耗过大。如无以上情况而沉桩困难，可能是锤型或桩锤的容量选用不当。如果经过验算表明桩锤的配备与桩型相符合时，说明主要是桩型的设计或施工工艺不合理。

当桩的打入记录与其他桩的差异很大时，首先应分析地基土质和工程环境，考虑地下障碍物影响的可能性，可从打桩记录获得证实。此时若地基土质无突然变化且贯入量无逐渐减小的趋势，贯入量突然显著减小而回弹量急剧增大，当桩就位偏斜较大且桩距较密时，随着桩锤的冲击某根邻桩也作相应的急剧晃动，说明桩尖与邻桩相撞。若打桩记录反映击沉至某埋入深度后，贯入量逐渐小于邻近桩的相应值，对开口桩其土芯量也随之相应减小时，则可能是桩尖破损。当桩的贯入量都小于其他桩的相应值时，说明是打桩顺序不合理，引起桩周摩阻增大。有时桩锤配备不良或存在故障也会发生这一现象。但对细长比较大的多节长桩，不仅应考虑纵向失稳的可能，还需考虑接头质量所引起的松动而使打桩能量损失过大。最后尚应注意，当桩在打入中途长时间停歇后再施打或桩尖停在硬层中进行接桩后再施打，也可能是沉桩困难的主要原因。

在上述情况下，可采用的相应措施如下：

（1）检修桩锤及打桩辅助设备。

（2）更换缓冲垫。

（3）加强施工技术管理，提高就位精度。

（4）采用合适的锤型和锤级。

（5）制定合理的打桩顺序。

(6) 保证桩的接头质量。

(7) 对砂性土地基考虑间断停打。

(8) 改变桩尖与桩断面设计，或改闭口桩为开口桩以减少沉桩阻力。

(9) 保证桩的制作质量或变更设计提高桩体的强度。

(10) 变更设计，改善桩的细长比。

(11) 改进施工工艺，增加辅助沉桩法。

2. 桩偏移和倾斜过大

大都由于施工技术管理不善所致，严重时将会造成桩基报废的重大质量事故，其产生原因如下：

(1) 打桩机的导杆倾斜。

(2) 桩锤能量不足。

(3) 就位精度不足。

(4) 相邻送桩孔的影响。

(5) 斜坡打桩施工。

(6) 地下障碍物或软弱暗浜。

(7) 桩锤、桩帽、桩不在同一轴线上，缓冲垫厚薄不匀，桩顶不平整所造成的施工偏打。

(8) 桩尖偏斜或桩体弯曲。

(9) 桩帽或送桩选用和使用不当。

(10) 接桩质量不良，接头松动或上下节桩不在同一轴线上。

(11) 桩的设计细长比过大引起桩的纵向失稳。

(12) 桩体压曲破损。

(13) 桩入土时的挤土影响。

(14) 打桩区邻近基坑开挖。

(15) 打桩顺序不合理。

通常可按下述来判定其主要原因：

(1) 当桩的偏位或倾斜随着桩的打入渐渐增加且打桩记录并无异常时，首先应检验打桩机导杆的垂直度，桩锤、桩帽和桩是否同轴，桩帽有无歪斜及缓冲垫是否厚薄均匀。此种情况也可能由于桩的就位偏差较大，桩体制作歪曲矢高过大，以及桩尖中心偏斜过大所致。

(2) 当桩的偏位或倾斜在沉桩开始就迅速增加时，应考虑邻近送桩孔、暗浜和地下障碍物影响的可能性。此外，斜坡上直接打桩时，往往也会发生这种现象。

(3) 当桩打入至持力层处其偏位或倾斜迅速增加时，往往是桩锤能量不足。或是送桩选用和使用不当及缓冲垫厚薄不匀所致。

(4) 当桩的偏位或倾斜在打入过程中途开始渐渐增加时，一般是由于桩体弯曲或接桩质量不好，造成接头松动和弯曲较大，桩锤能量不足以及因地面变位使打桩机导杆倾斜等原因造成施工偏打所致。对长桩应考虑细长比过大引起桩的纵向失稳的可能性。当锤击应力较大且打桩记录产生异常情况时，往往是因桩体压曲破损所致。有时在沉桩过程中打桩机的移位也会引起桩的偏斜。

为避免桩的倾斜，对上述情况宜采取相应措施如下：

（1）施工前详细调查掌握工程环境、场址建筑历史和地层土性、暗浜的分布和填土层的特性及其分布状况，预先清除地下障碍物。

（2）施工前认真检验打桩机导杆的垂直度，并在沉桩过程中随时校验和调正。

（3）加强施工技术管理，提高桩的就位精度。

（4）及时填实相邻的送桩孔。

（5）提高桩的制作质量，防止桩顶和接头面的歪斜及桩尖偏心和桩体弯曲等不良现象发生。

（6）提高施工接桩质量，保证上下节桩同轴。

（7）桩锤等设备配置正常，桩锤、桩帽、桩体应在同一轴线上，并经常保持缓冲垫的厚薄均匀，避免施工偏打。

（8）采用大一级能量的桩锤。

（9）斜坡打桩施工时，采用导框或围囹配合施工。

（10）设计长桩时注意改善桩的细长比特性。

（11）提高桩体强度，增厚缓冲垫，减小施工应力，尽可能缩短桩的长度和增大桩径，防止发生桩体压曲。

（12）制订合理的打桩顺序，减小挤土影响。

（13）打桩区及其邻近地区在打桩期间禁止基坑开挖。

（14）当桩入土较浅时，可停止打桩。拔起桩体并填实桩孔，将桩扶正插直后重新进行打桩作业。当桩入土较深且偏斜严重时，应考虑重新补打新桩。

3. 桩达到预定设计埋入深度，但桩的承载能力不足

通常通过土质资料和桩的贯入度记录及经验判断，有时会发现桩的承载能力不足现象。这往往是因为土层变化复杂，硬持力层的层面起伏较大，地质调查不充分，造成设计桩长不足，桩尖未能进入持力层足够的深度。

在这种情况下，可采用的相应措施如下：

（1）当桩的长度不大但埋入深度相差较大时，可先将桩打至与原地面平，再凿开桩顶将钢筋接长，浇筑早强高强度等级混凝土，待强度达到设计要求后继续复打，将桩尖打入持力层足够深度，直至满足设计承载力为止。

（2）当桩的长度较大，但桩的埋入深度相差不大时，可采用送桩将桩尖打入持力层足够深度直至达到设计承载力为止，待桩基施工完毕后进行基础开挖时，再将桩接长至设计标高。

（3）当打桩机高度足够时，可根据地层土质分布情况预先将各桩接长至相应长度，待桩强度达到设计要求后再进行打桩作业。

（4）变更设计改变布桩和增加桩数来满足设计承载力的要求。

（5）按桩的实际承载力减小上部结构荷载。

（6）对开口桩，可考虑在桩尖端设置十字加强筋或其他半闭口桩尖等形式，以谋求增加尖端闭塞效应的方法，来提高桩的承载能力。

4. 桩的下沉状况与土质调查资料或试验桩的下沉记录相比有异常现象

造成上述现象通常原因如下：

(1) 持力层层面起伏较大。

(2) 地面至持力层层间存在硬透镜体或暗浜。

(3) 地下有障碍物未清除掉。

(4) 打桩顺序和进桩进度安排不合理。

上述情况可采取的措施如下：

(1) 按照持力层的起伏变化减小或增大桩的埋入深度。

(2) 控制桩锤落高，提高打桩精度，防止桩体破损。

(3) 采用钢钎进行桩位探测，查清并清除遗漏的地下障碍物。

(4) 确定合理的打桩顺序。对砂性土地基可放慢施工进度采用短期休止的间断施工法，利用砂土松弛效应以减小桩的贯入总阻力。对黏性土地基也应放慢施工进度，打桩顺序采用中心开花的施工方法以减小超静孔隙水压力。

5. 桩体破损，影响桩的继续下沉

桩体破损情况比较复杂，通常主要原因如下：

(1) 由于制桩质量不良或运输堆放过程中支点位置不准确。

(2) 吊桩时，吊点位置不准确、吊索过短，以及吊桩操作不当。

(3) 沉桩时，桩头强度不足或桩头不平整、垫材厚薄不匀、桩锤偏心等所引起的施工偏打，造成局部应力集中。

(4) 终打阶段锤击力过大超过桩头强度，送桩尺寸过大或倾斜所引起的施工偏打。

(5) 桩尖强度不足，地下障碍物或孤块石冲撞等。

(6) 打桩时桩体强度不足，桩自由长度较长且桩尖进人硬夹层，桩顶冲出力过大，桩突然下沉，施工偏打，强力进行偏位矫正，桩的细长比过大，接桩质量不良，桩距较小且布桩较密受到较大挤压等均可能造成桩体破损。

对桩体破损可采取以下预防和处理措施：

(1) 运桩时，桩体强度应满足设计施工要求，支点位置正确。采用密肋形制桩时，认真做好隔离层。

(2) 吊桩时，桩体强度应满足设计施工要求，支点位置正确，起吊均匀平稳，禁止单头先起吊。起吊过程中应防止桩体晃动或其他物体碰撞。

(3) 在吊运过程中产生桩体破损时，应予更换。若破损程度较小，也可采用环氧砂浆补强和角钢套箍补强。

(4) 选用能量适当的桩锤并控制落高。保证缓冲垫均匀和厚薄适当并随时更换，以降低冲击应力。

(5) 使用符合桩径的桩帽和送桩，送桩不宜太长，保持桩锤、桩帽、桩体在同一轴线上，避免施工偏打。

(6) 提高桩体强度，增大桩的截面积。

(7) 桩头设置钢帽、加固环或局部扩大头部截面积，桩尖设置钢桩靴或加固环。

(8) 缩短桩长、改变桩的布置、增加桩数、减小桩的细长比。

(9) 根据地基土性和工程环境资料，确定合理的打桩顺序。

(10) 对砂性土地基可采取间歇停打或分区轮换施工法。对黏性土地基可采取放慢进桩速度或多流水打桩顺序。

(11) 采用预钻孔打桩，先钻透中间硬夹层，或采用钢冲桩冲透中间硬夹层，以减小桩的贯入阻力。

(12) 保证接头质量，填实接头间隙。

(13) 提高桩的就位和打入精度，避免强力矫正。

(14) 终沉时桩头发生破损，如只限于头部 1m 左右处时，对钢筋混凝土桩可停止锤击，清除露筋并凿平桩头，再将桩继续打入至设计标高，然后清理桩的头部加补强筋，补浇混凝土至设计桩顶标高。有时当桩较短，桩锤能量较大时，也可先修补桩头，待混凝土强度达到设计施工要求后再进行复打。如破损严重，宜补打新桩。

(15) 接桩时，如下节桩的头部严重破损，一般应补打新桩。

(16) 在打桩开始时发现桩尖破损，可将桩拔出对桩尖进行装置钢桩靴或加固环等补强措施后，再继续打入土中。

(17) 在打桩中途桩体发生严重破损时，原则上必须补打新桩。如破损部位尚未入土且破损程度轻微，经设计部门同意可采用环氧砂浆或角钢套箍补强，随后继续将桩打入至设计标高。

(18) 采用钢钎在桩位处进行探查，彻底清除遗漏的地下障碍物。

(19) 增大桩距，以减小桩体受挤压时的弯曲应力或增大桩体的抗弯强度。

(20) 打桩作业中应避免长时间中断，防止产生过大的冲击应力。

6. 已沉好的桩发生较大上浮

在黏性土地基中，由于桩贯入过程中所产生的挤土效应，使地基土体发生隆起和位移，已打入的桩由于邻桩的打入而在土体挤压作用下随着上浮和位移。当持力层为砂性土时，桩的上浮量较大，一般超过 10cm 时，原则上应进行复打施工作业，将桩重新打入到设计标高。但当持力层为黏性土时，桩是与桩周及桩尖处的土体伴随一起上浮的，随着土体内的超静孔隙水压力的消散，土体重新固结下沉时，上浮的桩会相应地下沉，故一般不必复打。

7. 桩下沉过程的长时间中断

打桩过程应避免长时间的中断，但由于各种施工因素及工程环境的影响，这种不得已中断也会发生。中断所产生的影响程度根据地基土质性状不同会有所差异，但随着中断时间的增加，桩周摩阻力由动变静而增大，使桩的继续打入变得困难，甚至造成桩体破损或无法打入。当采用送桩施工工艺时，还可能造成送桩难以拔出。

桩下沉过程中长时间中断原因如下：

(1) 对桩的贯入阻力估计不足，选锤能量过小。

(2) 打桩设备准备不充分而发生故障，或工程现场突然停电。

(3) 地基土质调查不全面，中间硬夹层厚薄不匀，在桩打入时，发生中间硬夹层的穿透困难。

(4) 桩头尺寸误差过大又疏于检验，造成桩头卡住桩帽的故障。

(5) 桩头锤击破损，进行修整补强。

(6) 地面以上部分桩体破损，进行修整补强。

(7) 打桩过程中，桩锤能量不足，调换大能量桩锤。

(8) 接桩和送桩停歇时间过长。

(9) 因打桩公害受外界干扰，被迫停打。

(10) 送桩拔出困难。

(11) 桩接头损坏进行修整。

(12) 发生重大安全事故。

(13) 遭受大风暴雨袭击及特殊气象影响。

(14) 邻近构筑物和地下埋设物发生破损危险。

(15) 打桩区现场地面发生突然塌陷。

在上述情况下被迫停止打桩，应及时采取相应措施，尽可能缩短中断时间。其预防和处理措施如下：

(1) 预先正确地估算桩的贯入阻力。

(2) 选用适当的桩锤，桩锤的能量应留有富余。

(3) 当地基土质调查资料不全面时，应进行补充调查。

(4) 打桩前，对施工设备和动力源进行检查调试和检修。

(5) 打桩前应检验桩的制作质量和尺寸规格。

(6) 打桩前应制定桩体破损修补计划和实施方案，准备好补强所需的工具和材料。

(7) 采用送桩工艺时，应选用适宜的送桩并在送桩完毕后及时拔出。

(8) 采用接桩工艺时，应制订提高施工效率缩短接桩时间的施工措施。

(9) 设计上应尽可能避免和减少接桩或送桩施工方法。

(10) 防止施工偏打使桩体受损。

(11) 控制桩锤冲击力，减小桩的施工应力，避免桩体受损。

(12) 桩头采用补强钢帽、加固环，或增大截面积，防止桩头受损。

(13) 施工中应防止桩发生压曲。

(14) 严格遵守安全操作规程，防止发生安全事故。

(15) 注意天气预报，合理安排施工作业，提前做好防止风雨影响的安全措施。

(16) 采用低公害施工法。

(17) 在采用接桩施工工艺时，为了遵守作业时间，对下节桩、中节桩的停打深度应从地基的状态和桩的毛度、桩锤能量等方面进行判断决定，以保证中断后仍有可能继续打桩。

(18) 打桩期间对打桩区地面沉降进行监测。

(19) 打桩前对邻近构筑物进行调查，除对受沉桩影响的构筑物采取防护加固措施外，还应在打桩期间进行监测。

8. 沉桩引起地基变位造成桩区整体滑移

在岸坡或山坡上进行打桩作业时，如设计施工不善，有时会造成工程现场整体滑移，导致场址报废的重大事故。其主要原因如下：

(1) 地基土质调查资料不详或差错，造成设计施工中对岸坡的稳定设计验算失误。

(2) 地基土质调查资料表明了岸坡失稳的可能性，而设计中未能重视。

(3) 施工工艺和施工方法不妥，产生较大的超静孔隙水压力，引起挤土、振动等影响导致土坡失稳。

(4) 打桩顺序流向不合理。

（5）未采取措施控制进桩速度。

（6）现场堆桩位置不妥造成超载。

（7）打桩期间坡脚开挖土方。

（8）打桩期间河流水位突然大幅度下降。

（9）打桩期间邻近深基坑开挖。

对上述情况相应的预防和处理措施如下：

（1）应对地基土质状况进行周密调查，并加密勘察孔的间距。

（2）设计施工中必须进行岸坡或斜坡稳定的验算。当安全系数不足时，应及时在打桩前采取相应的技术措施，提高稳定性。

（3）尽可能采用低振动、少挤土或无振动、无挤土的施工工艺和方法，有效地减小超静孔隙水压力、挤土、振动对岸坡或斜坡稳定的影响。也可采用预钻孔打入或压入施工法进行沉桩。

（4）采取由近向远进行打桩作业的打桩顺序。

（5）尽可能放慢打桩施工进度。

（6）岸坡或斜坡稳定影响区内尽可能减小施工荷载，并禁止堆载。

（7）重视工程环境、河流海洋水文、气象等调查资料，注意水位变化，采取防止水位突然下降的相应技术措施。

（8）打桩作业地区，在打桩前或打桩时严禁在坡脚处挖泥和开挖基坑，而在打桩作业结束后需挖泥或开挖基坑时，应先验算岸坡或斜坡的整体稳定性。

（9）打桩期间对打桩区的超静孔隙水压力和地基变位的变化状况进行监测，为检验打桩顺序的合理性和控制打桩进度提供依据。并可预先发现地基有失稳的趋势，以便及时采取相应措施。

9. 漏桩及桩位差错

主要原因是打桩前测量放线差错以及打桩时插桩失误所致。如采用送桩工艺，有时会在基坑开挖后才能发现。此时补桩已相当困难。因此，应加强施工管理采取预防措施，对桩位放样桩应建立多级复核制，对定位插桩实行逐根检查制，防止漏桩。在打桩完毕后，对现场进行一次全面复核，确认无漏桩后桩机方可撤离。

9.6 振动法沉桩

9.6.1 振动法沉桩机理

振动法沉桩即采用振动锤进行沉桩的施工方法。在桩上设置以电、气、水或液压驱动的振动锤，使振动锤中的偏心重锤相互逆旋转，其横向偏心力相互抵消，而垂直离心力则叠加，使桩产生垂直的上下振动，造成桩及桩周土体处于强迫振动状态，从而使桩周土体强度显著降低和桩尖处土体挤开，破坏了桩与土体间的粘结力和弹性力，桩周土体对桩的摩阻力和桩尖处土体抗力大大减小，桩在自重和振动力的作用下克服惯性阻力而逐渐沉入土中。

振动沉桩操作简便、沉桩效率高、工期短、费用省、不需辅助设备、管理方便、施工适应性强、沉桩时桩的横向位移小和桩的变形小、不易损坏桩材、软弱地基中入土迅速无公害。但缺点是振动锤的构造较复杂，维修较困难，耗电量大，设备使用寿命较短，需要大型供电设备；当桩基持力层的起伏较大时，桩的长度较难调节；地基受振动影响大，遇到坚硬地基时穿透困难，仍有沉桩挤土公害；且受振动锤效率限制，较难沉入30m以上的长桩。

9.6.2 振动法沉桩适用范围

通常可应用于松软地基中的木桩、钢筋混凝土桩、钢桩、组合桩的陆上、水上、平台上的直桩施工及拔桩施工。一般不适用于硬黏土和砂砾土地基。

振动沉桩的施工工艺可分为干振施工法、振动扭转施工法、振动冲击施工法、振动加压施工法、附加弹簧振动施工法、附加配重振动施工法、附加配重振动加压施工法等。

干振施工法是采用只有振动作用的振动锤沉桩，沉桩效率较低。轻型振动锤主要应用于软黏土地基中，桩长小于10m、桩径小于40cm的短桩基础。重型振动锤可应用于软黏土和松砂土地基中，桩长小于30m、桩径小于50cm的桩基础施工。

振动扭转施工法，下沉桩体不仅受到振动作用，同时也受到力偶的作用产生扭转。在下沉大型管桩时适合采用低转速重偏心块的振动锤。下沉小型管桩时适合采用高转速轻偏心块的振动锤。此法可适用于各类较硬土质的地基中。

振动冲击施工法乃是采用振动与冲击联合作用进行沉桩。振动作用有利于克服土体对桩体下沉时的桩周摩阻力，冲击作用有利于克服桩尖处的正面阻力。所以，振动冲击施工法具有较强的沉桩能力，穿透性能较好、消耗的功率较小。但桩下沉的速度常低于冲击施工法。此法适用于各类土质的地基，常应用于有中间硬土层的地基。

振动加压施工法乃是采用静压力与振动锤联合作用进行沉桩。沉桩能力强、穿透性能好，常应用于有中间硬土层或进入持力层一定深度的桩长30m左右的桩基础施工。

附加弹簧振动施工法乃是采用振动和附加弹簧压力共同作用的振动锤进行沉桩。其特点在于振动锤与附加荷重板不是刚性相连，而是利用弹簧使振动机工作时附加荷重板处于静止状态不参与振动，因而不会使振动体系的振幅减小。试验证明，有附加弹簧荷重时，桩体振动下沉的速度要比干振施工法快得多。为了增大振动时的下压力，有时可采用振压式振动锤。但应该指出，采用增加下压力的方法对大型管桩的作用不大。此法适用于软黏土和松砂土地基中，桩长小于30m、桩径小于50cm的桩基础施工。

附加配重振动施工法乃是采用配重桩帽进行振动沉桩。一般只用于软黏土和松砂土地基中，桩径小于40cm、桩长小于30m的桩基础施工。

附配重振动加压施工法乃是附加配重振动施工法和振动加压施工法的并用。其使用效果基本上略优于二振动加压施工法，一般应用较少。

有时，振动沉桩可按现场施工条件与预钻孔施工法和掘削施工法并用，以提高桩的穿透硬土层能力和增加桩的贯入深度。

9.6.3 振动法沉桩机械设备的选择

目前各国生产的振动锤基本形式有振动锤和冲击振动锤两种。见图9.6-1和图9.6-2。

振动锤是由电动机、振动器、吸振器、冲击块、冲击座、夹桩器、操纵仪等基本结构组成。各种振动锤的结构基本相似，但在构造形式上有所差别。冲击振动锤的基本结构形式有刚性式、柔性式、半刚性和半柔性三种。

振动锤按其机械特性可分为电动式、水动式、气动式。近年来为了使振动器的频率能

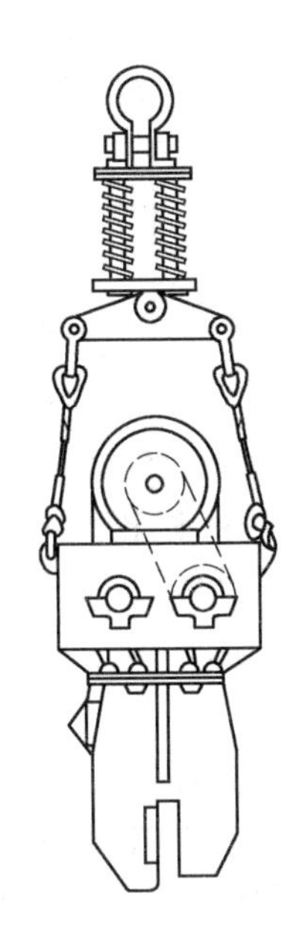

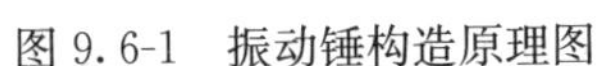

图 9.6-1　振动锤构造原理图

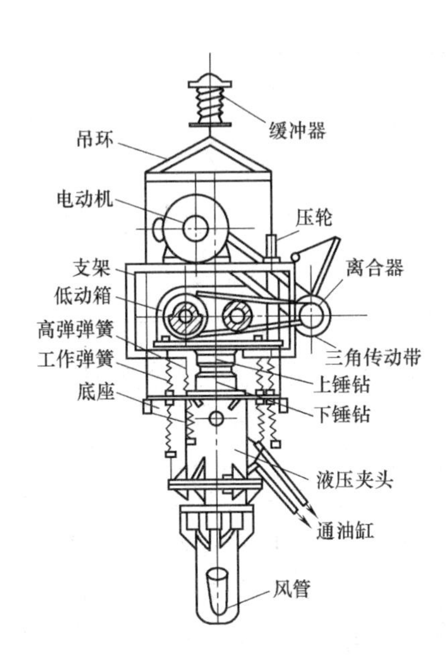

图 9.6-2　振动冲击锤构造示意图

无级调速，常使用液压马达驱动式。按驱动力的大小又可分为轻型、重型、超重型。按振动频率大小可分为单频式、双频式，也可分为变频型或低频型（15～20Hz）、中高频型（20～60Hz）、高频型（100～150Hz）、超高频型（1500Hz）等。

低频振动锤是使强迫振动与土体共振，其振动时振幅值很大，能破坏桩与土体间的粘结力和弹性力，使桩自重下沉。一般振幅在 7～25mm 内，有利于克服桩尖处土层阻力，可用于下沉大口径管桩、钢筋混凝土管桩。但将对邻近建筑物产生一定的影响。

中高频振动锤是通过高频来提高激振力，增大振动加速度。但振幅较小，通常为 3～8mm 左右。在黏性土中，常会显得能量不足，故仅适用于松散的冲积层、松散和中等密度的砂石层。大都用于沉拔钢板桩、预钻孔及中掘法并用的桩基础施工。

高频振动锤是使强迫振动频率与桩体共振，利用桩产生的弹性波对土体产生高速冲击，由于冲击能量较大将会显著减小土体对桩体的贯入阻力，因而沉桩速度极快。在硬土层中下沉大断面的桩时，能产生较好的效果。对周围土体的剧烈振动影响一般在 30cm 以内，可适用城市桩基础。

超高频振动锤乃是一种高速微振动锤，它的振幅极小，一般是其他振动锤的 1/3～1/4。但振动频率极高，对周围土体的振动影响范围极小，并通过增加锤重和振动速度来增加冲击动量。常用于对噪声和限制振动公害较严的桩基础施工中。

目前各国在选择振动参数时，需考虑共振和振动冲击两种效果。共振方法中又有强迫振动和土体共振，以及强迫振动和桩体共振两种方法。

选用振动锤时，不仅应考虑锤和桩的自重破坏桩端处土层的压力强度，还应考虑振动时尽可能产生大的冲击力使桩端处土层破碎。增加频率、重量、振幅可以增加冲击动量，但增大振幅能有效克服桩端处土体阻力，得到最好的下沉效果。

目前国内外生产振动锤较多的国家是俄罗斯、日本、德国、美国等。常用的振动锤性能和主要技术参数见表 9.6-1～表 9.6-3。

各国振动锤的技术参数 表 9.6-1

产国	日本	德国	美国	荷兰	中国
偏心力矩(N·m)	30～5000	8～7400	20.5～765		16.5～3800
振动频率(1/min)	400～1800	0～2900	0～9000以700～1800	1500～3000	404～1000
激振动(kN)	40～2140	50～1200	60～980	250～2400	75～1600
功率(kW)	10～300	～258	9～370	21.5～280	4.4～220
总重(t)	1.000～15.000	0.600～20.000	0.672～16.000	2.500～17.000	0.25～11.4

通常应按土质和桩重选用振动参数合理的振动锤，这不仅可节约能耗和减轻振动公害，并能以最省的功把桩迅速下沉到需要的深度。

振动锤的选择一般考虑下述要求：

1. 振动锤应具有必要的起振力 P_0

为了保证桩顺利下沉至设计标高，起振力 P_0 必须大于桩土之间的摩阻力 F，静止地存在于土体中的桩与土体之间有静摩阻力，若对桩给予强制振动则会产生一种固定不变的调和振动，这种调和振动会传播给和桩接触的土体。在振动加速度的作用下，桩周土将会产生液化现象，桩周土体粒子运动，会减少粒子间的内部摩擦，造成振动前的桩周静摩阻力 F 急剧下降至 F_v。以 μ 代表土体的振动影响系数，则

$$P_0 \geqslant F_v = \mu \cdot F \quad (\text{kN}) \tag{9.6.1}$$

当用低频振动锤下沉钢筋混凝土桩及管桩时 μ：0.6～0.18。黏土的 P 值比砂土为大。并随着振动加速度增大而增大，使土体的强度相应降低。但如振动加速度超过 $10g$ 后，土体强度降低率的变化将变得微小，可见振动沉桩的实际加速度没有必要超过 $10g$，对调和振动的振动加速度最大值 a_{max} 可用下式表示：

$$a_{max} \leqslant A \cdot w_A^2 \quad (\text{cm/s}^2) \tag{9.6.2}$$

式中 A——振动锤振幅（cm）；

w_A——振动锤负荷轴角速度，即振动圆频率（r/min）。

当用重力加速度比时，可以 η 表示：

$$\eta = a_{max}/g = A \cdot w_A^2/g \tag{9.6.3}$$

式中 g——重力加速度（cm/s^2）。

F 值的计算：

对于柱桩为

$$F = U_o \cdot \sum_0^l \tau_i \cdot l_i \quad (\text{kN}) \tag{9.6.4}$$

对于板桩为

$$F = U_o \cdot \sum_0^l i_i \cdot l_i \quad (\text{kN}) \tag{9.6.5}$$

式中 U_o——桩的外周长（cm）；

l_i——桩入土范围内各类土层厚度（cm）；

τ_i——柱桩相应土层的单位阻力系数（kPa），表 9.6-4；

i_i——板桩相应土层的单位阻力系数（kPa），表 9.6-4。

国产振动成桩机技术性能 表 9.6-2

	北京580型	北京601型	广东7t型	广东10t型	通化601型	成都C-2型	中-160型	508A型	A-型	C-3型	DEE-40型	64型	17.5t	20t
振动力(kN)	175	250	75	112	235	80	1030～1600	175	120	233	400		175	230
偏心力矩(N·m)	300	370	76.4	114.5	347	70	3520	300	132.5	112.4		16.5	302	392
振动频率(1/min)	720	720	939	931	720	730	404～1010	745	900	706			700	725
振幅(mm)	12.2	14.8	5.7	5.7	14	13		12		10.5			10～20	
电动机：功率(kW) 转速(r/min)	45 960	45 960	20 980	28 1460	50 860	22 1470	155 735	40	28	40	60	4.4		55
振动箱规格(mm)：长 宽 高	1010 875 1650	1010 875 1650	1180 840 1400	1095 744 1157	1010 875 1650	1460 781 2364	1630 1200 3100		1166 700 1157	1178 1118 2817	1970 986 3054	585 570 704	1010 875 1650	
振动锤重(t)	2.5	2.5	1.5	2.0	2.5	1.5	11.4		2.0	2.78	3.85	0.25	2.5	3.6
桩架高度(m)	17.5	17.5	24	24	13	13.6								

注：中-160型可并联下沉大型管桩。

振动沉桩锤技术性能 表 9.6-3

性能指标	DZ-4000型(拔桩)	CZ-8000型(沉桩)	DZ_1-8000型		VM_2-2500E(日)	VM_2-4000E(日)	VM_2-12000A(日)	VS-400(日)	VM_2-1200A(日)	VM_2-4000A(日)	VM_4-10000A(日)	BM-1(俄、中)	BM-3(俄、中)	BM-5(俄、中)
			沉桩	拔桩										
激振力(kN)	—	550	400	550	280～370	379～490	350	271～406	232	388	349	175	425	1200
偏心力矩(N·m)	400	800	800	400	190～250	280～400	1200	430～300	132	410	1200	1000	2360	3800
振动频率(1/min)	670	670	670	1100	1150	1100	510	750～1100	1250	920	1100	408	408	1000
空转时振幅(mm)	7.85	16.6	16.6	7.5	5.8～7.7	7.4～10.8	22.1	10～7.0	7.4	11.6	22.1			
电动机功率(kW)	90	90	90	90	45	60	90	60	30	60	90	60	100	220
振动箱规格(mm)(长×宽×高)	2200×1800×5090	1200×1800×5090	1800×1197×4954	1457×1145×4534	968×1236×3027	1042×1370×3239	1202×1150×4612	1083×1480×3406						
振动锤重(t)	—	4.8	4.8+3	5.2	3.8	4.6	5.44	5.02	1.785	3.522	5.44	4.5	2.5	11.25

振动作用下土体对桩侧的阻力系数 τ 及 τ' (kPa) **表 9.6-4**

土质类别	柱桩 τ 值			板桩 τ' 值	
	木桩钢管桩	钢筋混凝土桩	钢筋混凝土管柱（管内挖土）	轻型板桩	重型板桩
饱和砂土及软型黏性土	6	7	5	12	14
同上，但有密实黏性土间层或砾石土间层	8	10	7	17	20
坚塑性黏土	15	18	10	20	25
固态及半固态黏性土	25	30	20	40	50

试验表明，在管桩直径小于2m时，一般可不考虑桩内土芯的内摩阻力影响。

振动锤的起振力 P 可从振动锤的性能表中查出，也可按下式计算：

$$P=\frac{G}{g}\cdot{}^{2}_{\mathrm{A}}\cdot r=\frac{K_{\mathrm{A}}}{g}\cdot w^{2}\quad(\mathrm{kN})\tag{9.6.6}$$

式中 G——偏心锤重（kg）；

r——偏心距（cm）；

K_{A}——振动锤的偏心力矩，$K_{\mathrm{A}}=G\cdot r$（kN·cm）。

而必要的起振力 P_0 可按下式计算：

$$P_0=\frac{Q_{\mathrm{B}}+G_{桩}}{g}\cdot A_0\cdot w^2=(Q_{\mathrm{B}}+G_{桩})\cdot\eta\quad(\mathrm{kN})\tag{9.6.7}$$

式中 Q_{B}——振动锤重量（kg）；

$G_{桩}$——桩的重量（kg）；

A_0——振动体系的必要振幅（cm）。

同时，选用的振动锤的起振力 P 应与振动体系的重量（$Q_{\mathrm{B}}+G_{桩}$）相协调。

$$\nu_1<(Q_{\mathrm{B}}+G_{、})/P<\nu_2\tag{9.6.8}$$

式中 ν_1、ν_2——振动锤协调系数。

对钢板桩：$\nu_1=0.15$、$\nu_2=0.5$；

对木桩和钢管桩：$\nu_1=0.3$、$\nu_2=0.6$；

对钢筋混凝土桩和管桩：$\nu_1=0.4$、$\nu_2=1.0$。

2. 振动体系应具有必要的振幅

振动沉桩时，当振动锤使桩发生振动的必要振幅 A_0 使振动力大于桩周土体的瞬间全部弹性压力，并使桩端处产生大于桩端地基土的某种破坏力时，桩才能下沉。

振动体系的振幅 A_0 可按下式计算：

$$A_0=K_{\mathrm{A}}(Q_{\mathrm{B}}+G_{桩})\leqslant A\quad(\mathrm{cm})\tag{9.6.9}$$

式中 A_0——按土质情况、振动频率和桩的尺寸形状而定的桩下沉所必需的振幅。参见表9.6-5；

A——振动锤的振幅；

K_{A}——振动锤的偏心力矩。

日本曾根据经验及现场试验，提出如下的经验公式，只要知道土的 N 值（标准贯入击数），即可估算出所需要的 A_0 值。

$$A=\sqrt{0.8N+1}+3\quad(\mathrm{mm})\tag{9.6.10}$$

桩下沉所必需的振幅 A（cm） 表 9.6-5

土质 / 频率（转/min） / 桩型	砂性土			黏性土		
	300～700	8000～1000	1200～1500	400～700	800～1000	1200～1500
钢板桩，下端开口之钢管及截面小于 100～150cm² 之其他桩	—	8～10	4～6	—	10～12	6～8
截面小于 800cm² 之木桩和钢管桩（闭口）	—	10～12	6～8	—	12～15	8～10
截面小于 2000cm² 之钢筋混凝土方桩	12～15	—	—	15～20	—	—
下端开口之大直径钢筋混凝土管桩（管内配合挖土）	6～10	4～6	—	8～12	6～10	—

$$A=N/12.5+3 \quad (\mathrm{mm}) \tag{9.6.11}$$

按上两式计算取平均值，即可求出的 A_0 值应落在图 9.6-3 中 N-A 曲线所包络的范围内。

桩的下沉速度和振幅的关系见图 9.6-4。

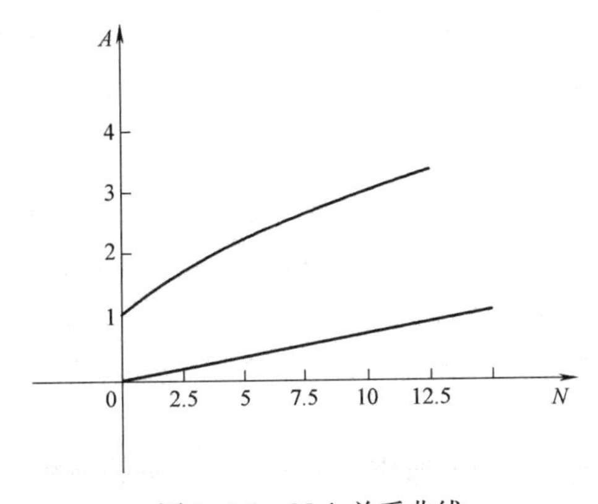

图 9.6-3 N-A 关系曲线

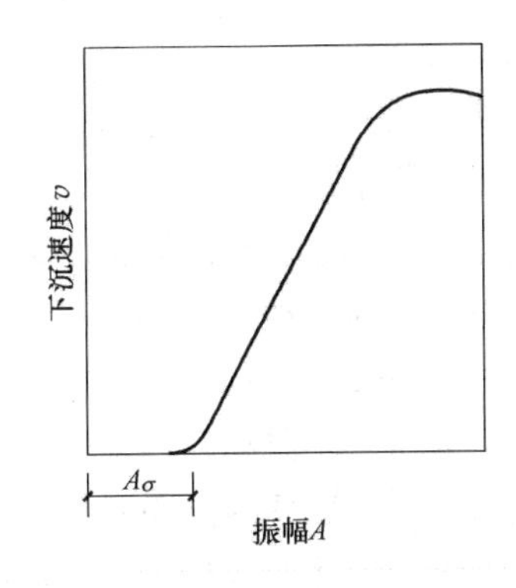

图 9.6-4 桩下沉速度与振幅关系

3. 振动锤应具有的必要的频率

振动沉桩时，只有当振动锤的频率 n 大于自重作用下桩能够自由下沉时的振动频率 n_0 时，桩才能沉入至预定设计标高。必要的振动频率 n_0 可按下式计算：

$$V_0=A_0 w_A>50(\mathrm{cm/s}) \tag{9.6.12}$$

$$w_0=V_0/A_0>50/A_0 \tag{9.6.13}$$

则必要的振动频率为

$$n_0=\frac{60}{2\pi}\cdot w_{A0} \quad (\mathrm{Hz}) \tag{9.6.14}$$

$$n=\frac{60}{2\pi}\cdot w_A \geqslant n_0 \quad (Hz) \tag{9.6.15}$$

$$w_A=\sqrt{P/K_A} \quad (1/s) \tag{9.6.16}$$

式中 V_0——必要的振动速度；

K_A——振动锤的偏心力矩；

w_{A0}——必要的振动角速度；

4. 振动锤应具有必要的偏心力矩

振动锤的偏心力矩 K_A 相当于冲击锤的锤重参数。因此，偏心力矩愈大，就愈能将更重的桩沉入至更硬的土层中去。当振动锤的必要振幅 A_0 确定后，便可根据已知的振动锤重量 Q_B 和桩的重量 Q_C 按下式计算必要的偏心力矩 K_{A0}：

$$K_A \geqslant K_{A0}=A_0 \cdot (Q_B+G_{桩}) \quad (kN \cdot cm) \tag{9.6.17}$$

振动锤的偏心力矩 K_A 值一般均可从振动锤的性能表中查得。

5. 振动体系应具有必要的重量

振动沉桩时，振动体系必须具有克服桩尖处土层阻力 σ_j 的必要的重量 Q_0。实践表明，在振动体系总重量 Q 达到某值以前，桩的沉入速度是随着 Q 的增加而增大的，并使得桩可以贯入更为坚硬的土层。一般桩的断面积 S 越大，振动锤的动量 I 越大，则要求振动体系的重量也越大。Q_0 值一般可按下列经验公式计算：

$$Q \geqslant Q_0=4 \cdot S \cdot N \cdot e^{-0.0625\sqrt{I}} \quad (kg) \tag{9.6.18}$$

式中 N——桩尖处土层的标准贯入击数；

S——桩的截面积（cm^2）；

Q——振动体系总重量，$Q=Q_B+G_{桩}$。

另外，在选定振动锤时，尚应根据桩径与长度，考虑以 5min 左右完成桩的打入为宜。若明显超过 5min 时，将会使打桩作业效率降低，容易加快机械磨耗。若达到 15min 以上时，可能会使振动锤的动力装置发热以致烧坏，造成打桩作业效率的急剧低落。此时应考虑选用更大功率的振动锤。

振动锤一般可安装在专用的桩架、冲击锤的桩架或履带式吊车上。其中以安装在履带式吊车上为最多。桩架也可设导向架。通常根据桩的类型、打桩平台形式及工程规模，可选用多种适合的型号。一般振动锤沉桩施工选用桩架时应考虑的主要因素基本上与锤击法沉桩相同。

采用振动锤沉桩施工时，应将振动锤夹在桩顶上。不同的桩应选用不同的夹具。一般采用油压杠杆机构的夹具，见图 9.6-5。

对夹具的要求是：

(1) 夹得紧。和桩接触的夹板面设有两个方向的齿，可产生两个方向的摩擦，使摩擦系数 f 增加。如夹钢板时的，可由一般的 0.1～0.15 提高到 0.6～0.7。

(2) 桩身材料要承受得了夹持的应力，为此要控制夹板的面压，一般的混凝土桩的抗拉强度小于 1.7MPa，因此对于混凝土桩的夹头，面压控制在 1.3MPa 以下。对于钢桩，面压控制在 40～150MPa 以下。根据控制的面压和起振力就可以确定夹板的面积。

(3) 夹板的材料要有一定的硬度和耐磨性能。

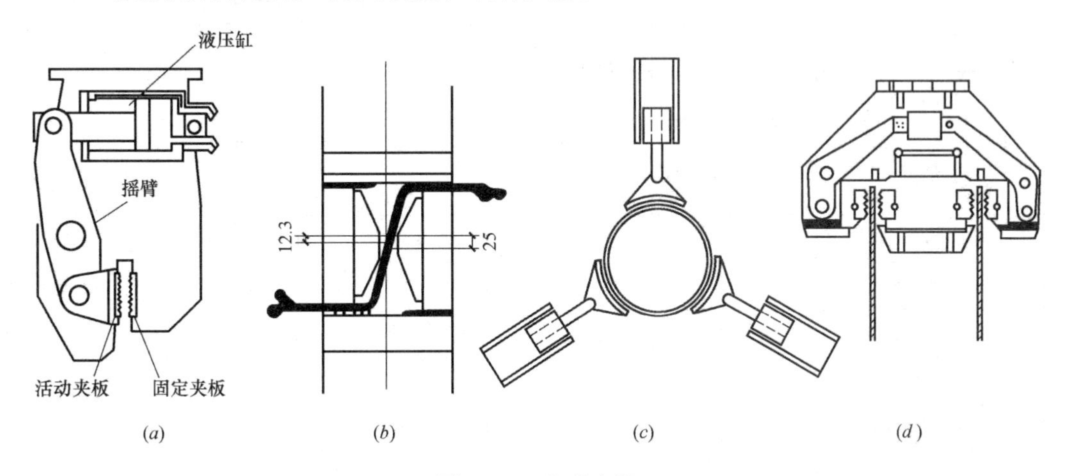

图 9.6-5 各种夹具

(a) 夹具构造原理; (b) Z 型钢板桩夹具; (c) 混凝土桩夹具; (d) 钢管桩夹具

高频振动锤桩机参数见表 9.6-6。

常见振动沉桩机械设备:

(1) DZ45KS、60KS、75KS、90KS、110KS 型振动沉拔桩锤

图 9.6-6 DZ45KS、60KS、75KS、90KS、110KS 型振动沉拔桩锤

产品特点:

① 由防振型双电机驱动，开有中孔，可直接放置钢筋笼和适应振动夯扩桩等桩种，可以配合导杆锤施工，简捷方便;

② 采用防振电机，可靠性高。也可根据用户要求配置;

③ 全部采用名牌配套件、强力三角皮带和特种材质齿轮，使用寿命长;

④ 采用特殊减振系统施工时，减小对周围环境的影响;

⑤ 噪声低、无污染、故障少，使用维修方便。

参数详见表9.6-6。

DZ45KS、60KS、75KS、90KS、110KS型振动沉拔桩锤参数表　　表9.6-6

参数名称	DZ45KS	DZ60KS	DZ75KS	DZ90KS	DZ110KS
静偏心力矩(Nm)	225	305	370	468	510
振动频率(r/min)	1000	960	1000	1000	1020
激振力(kN)	263	320	414	523	593
空载振幅(mm)	9.36	8.8	10.9	8.4	10
空载加速度(g)	10.5	9.0	12.2	9.42	12.4
许用拔桩力(kN)	120	200	200	240	240
许用加压力(kN)	80	120	120	120	120
中孔直径(mm)	ϕ400	ϕ500	ϕ500	ϕ600	ϕ600
电机功率(kW)	2×22	2×30	2×37	2×45	2×55
桩锤总质量(kg)	3940	4550	4875	7651	6523
电机类型	防振型	防振型	防振型/耐振型	防振型/耐振型	耐振型

(2) DZ22、40、60、90A、120A型振动沉拔桩锤

产品特点：

① 采用防振型单电机结构，可靠性高，也可根据用户要求配置；

② 全部采用名牌配套件、强力三角皮带和特种材质齿轮，使用寿命长；

③ 设有加压装置，明显增加贯入力，提高施工效率。

④ 减振效果好，噪声低、无污染、故障少。

参数详见表9.6-7。

DZ22、40、60、90A、120A型振动沉拔桩锤参数表　　表9.6-7

参数名称	DZ22	DZ40	DZ60	DZ90A	DZ120A
静偏心力矩(Nm)	140	180	230	460	700
振动频率(r/min)	950	1150	1150	1050	1000
激振力(kN)	140	260	345	570	782
空载振幅(mm)	8.0	7.5	7.2	10.3	13.33
空载加速度(g)	11.0	11.5	12.4	12.69	14
许用拔桩力(kN)	120	120	150	240	350
许用加压力(kN)	80	120	120	120	240
电机功率(kW)	22	37	60	90	120
桩锤总质量(kg)	2550	3380	4840	6155	7303
电机类型	防振型	防振型/耐振型	防振型/耐振型	防振型/耐振型	耐振型
参数名称	DZ22	DZ40	DZ60	DZ90A	DZ120A

其他设备参数见表 9.6-8～表 9.6-15。

振中 DZM100/DZM180/YZM04/EP800H 液压振动锤参数表　　表 9.6-8

参数	单位＼型号	DZM100	DZM180	YZM04	EP800H
振幅	mm	11.5	19.9	41	2.8
偏心力矩	N·m	480	1170	40	0-80～35.5
转数	r/min	1300	800	2800	0-2400～3600
激振力	kN	900	837	343	0～515
总质量	kg	5800	8000	1935	5500
拔桩力	kN	450	400	120	220

DZ 抗振电机振动锤系列参数表　　表 9.6-9

参数项目		单位＼型号	DZ4	DZ15	DZ30	DZ40	DZ60	DZ22KS	DZ22KSA	DZ45KS	DZ60KS	DZ75KS	DZ90KS	DZ110KS
电机功率		kW	4	15	30	37	55	11×2	11×2	22×2	30×2	37×2	45×2	55×2
静偏心力矩		N·m	19.37	70	170	190	300	120	120	238	310	370	430	510
振动频率		r/min	1100	980	980	1050	1000	1000	1000	1020	1020	1000	1050	1020
激振力		kN	26	75	180	230	335	134	134	277	360	414	530	593
空载振幅		mm	6.1	6.8	8.4	10.3	10.5	8.26	8.26	8.3	10.4	11.3	10.5	10
允许加压力		kN	—	60	100	100	120	—	—	200	200	200	200	240
允许拔桩力		kN	20	60	100	100	160	50	50	200	200	200	200	240
外形尺寸	长(L)	m	0.87	0.9	1.34	1.34	1.42	1.19	1.67	1.9	2.18	2.1	2.5	2.39
	宽(W)	m	0.64	1.1	1.02	1.12	1.04	1.04	1.6	1.12	1.1	1.28	1.3	1.42
	高(H)	m	0.96	1.5	1.77	1.98	1.91	1.11	1.5	1.94	2.07	1.9	2.11	2.06
质量		kg	580	1500	3130	3050	3920	1500	2020	3420	4500	4960	5860	6600

振中 DZJ 系列可调偏心力矩振动桩锤参数表　　表 9.6-10

参数项目		单位＼型号	小型	中型				大型				
			DZJ45	DZJ60	DZJ90	DZJ135	DZJ90KS	DZJ200	DZJ240	DZJ240A	DZJ(GPE)480S	
电机功率		kW	45	60	90	135	45×2	200	240	240	240×2	
静偏心力矩		N·m	0～206	0～353	0～404	0～754	0～700	0～2940	0～3528	0～3528	0～4671	0～5684
振动频率		r/min	1200	1100	1100	1000	1020	660	680	680	750	680
激振力		kN	0～338	0～478	0～547	0～843	0～815	0～1430	0～1822	0～1822	0～2940	
空载振幅		mm	0～6.6	0～8.3	0～7.6	0～10.7	0～9.7	0～21	0～20.7	0～23.5	0～18.3	0～22
允许加压力		kN	—	—	—	—	120	—	—	—	—	
允许拔桩力		kN	176.4	215	254	392	300	588	686	686	1176	
外形尺寸	长(L)	m	1.65	1.71	1.8	1.93	2.5	1.65	1.8	1.77	2.8	
	宽(W)	m	1.1	1.18	1.27	1.35	1.57	1.73	1.75	1.76	2.16	
	高(H)	m	2.37	2.53	2.73	3.42	2.42	6.54	7.08	6.64	7.8	
质量		kg	4050	5150	6500	8900	9100	18000	22000	20000	34600	34900

DZ耐振电机振动桩锤系列参数表 表9.6-11

参数项目	单位 \ 型号	DZ30A	DZ45A	DZ60A		DZ90A				DZ120A			DZ150A	DZ180SA	DZ60KSA	DZ90KSA	DZ120KSA
				Ⅰ	Ⅱ	Ⅰ	Ⅱ	Ⅲ	Ⅳ	Ⅰ	Ⅱ	Ⅲ					
电机功率	kW	30	45	60		90				120			150	90×2	30×2	45×2	60×2
静偏心力矩	N·m	192	245	360		460		460/368/276	635	700	600	600/700	1500/2000/2500	1260	370	460	700
振动频率	r/min	1050	1100	1100		1050				800			1000	620/800	800	1050	1000
激振力	kN	237	363	486		570		570/456/342	454	786	657	657/786	645/860/1075	901	460	514	786
空载振幅	mm	9.6	8.9	9.6	10	10.3		10.3/8.24/6.18	14	12.2	10.5	10.5/12.2	17.6/23.5/29.4	15.4	10	8.3	8.3
允许加压力	kN	100	200	200	—	160	—	—	160	240	—	—	—	400	200	240	400
允许拔桩力	kN	100	200	200		240				400			450/680	400	200	240	400
外形尺寸 长(*L*)	m	1.37	1.29	1.21		1.25			1.65	1.72			5.615	1.35	2.1	2.5	2.1
外形尺寸 宽(*W*)	m	1.08	1.23	1.37		1.5			1.1	1.31			1.71	2.63	1.28	1.6	1.28
外形尺寸 高(*H*)	m	1.88	2.12	2.24	2.4	2.33	2.56		2.46	2.64	2.84		1.43	2.8	1.91	2.21	1.91
质量	kg	2960	3820	5130	4320	6190	5670		6720	7780	7400	7400/7460	10310	12050	5540	7580	11860

振中 YZJ 系列液压振动锤参数表　　表 9.6-12

项目＼型号	单位	YZJ-50A	YZJ-50B	YZJ-75	YZJ-100	YZJ-150	YZJ-200
偏心力矩	N·m	0～80	0～137	0～203	0～447	0～670	0～900
最大转速	r	2400	1800	1800	1400	1400	1400
激振力	kN	0～515	0～500	0～736	0～980	0～1470	0～1960
空载振幅	mm	0～4.0	0～4.6	0～5.5	0～6.7	0～7.6	0～12.5
许用拔桩力	kN	180	294	441	588	882	1176
最大液压油流量	L		227	332	463	642	797
最大液压油压力	MPa		28	28	28	28	31.5
最大液压功率	kW	160	106	154	216	300	418
振动质量	kg	2000	3060	3770	6718	9000	9946

上海德倍佳机械有限公司 DBJ 系列液压高频振动桩锤的主要参数　　表 9.6-13

型号	DBJ-200T	DBJ-150T	DBJ-100T	DBJ-80T
功率(kW)	446	333	298	150
mr(kg·m)	56	47.8	35.26	25
F_c(kN)	2000	1500	1000	800
n (r/min)	0～2300	0～2400	0～2400	0～2400
频率范围(Hz)	0～38	0～38	0～40	0～40
最大振幅(mm)	20	18.8	17.6	20

三一重工多功能电液履带桩机振动锤系数　　表 9.6-14

型号	DZ45	DZ60	DZ90
电机功率(kW)	45	60	90
激振力(kN)	350	500	520
允许拔桩力(kN)	200	300	300
重量(kg)	4840	6810	7100
外形尺寸(mm)	1240×1580×2140	1320×1660×2350	2400×1700×2100
导轨中心距(mm)	330	600	600

振动沉桩锤技术性能　　表 9.6-15

机型＼性能	偏心力矩(N·m)	振动频率(r/min)	振动力(kN)	振幅(mm)	电动机功率(kW)	机械质量(kg)
CH-20(国产)	392	725	250	11	55	3500
VHZ-4000A(日产)	350 410	950 900	360 380	9.8 11.5	60	3650
VM2-5000(日产)	300 400	1100	410 550	6.1 8.2	90	5310
VM4-10000(日产)	600 800	1100	810 1080	9.2 12.3	150	8590

9.6.4 振动法沉桩施工

振动沉桩与锤击沉桩基本相同，除以振动锤代替冲击锤外，可参照锤击沉桩法施工。

桩工设备进场、安装调试并就位后，可吊桩和插入桩位土中，然后将桩头套入振动锤桩帽中或被液压夹桩器夹紧，便可启动振动锤进行沉桩直到设计标高。沉桩宜连续进行，以防停歇过久而难于沉入。振动沉桩过程中，如发现下沉速度突然减小，此时可能遇上硬土层，应停止下沉而将桩略为提升0.6～1.0m，重新快速振动冲下，可较易打穿硬土层而顺利下沉。沉桩时如发现有中密以下的细砂、粉砂、重黏砂等硬夹层，且其厚度在1m以上时，可能沉入时间过长或难以穿透，继续沉入将易损坏桩头和桩机，并影响施工质量。此时宜会同有关部门共同研究采取措施。

振动沉桩注意事项：

(1) 桩帽或夹桩器必须夹紧桩头，以免滑动而降低沉桩效率、损坏机具或发生安全事故。

(2) 夹桩器和桩头应有足够的夹紧面积，以免损坏桩头。

(3) 桩架顶滑轮、振动锤和桩纵轴必须在同一垂直线上。

(4) 桩架应保持垂直、平正，导向架应保持顺直。

(5) 沉桩过程中应控制振动锤连续作业时间，以免因时间过长而造成振动锤动力源烧损。

振动法沉桩施工中的常见问题及处理，可参照锤击法沉桩。

9.7 静压法沉桩

9.7.1 静压法沉桩机理

在20世纪50年代初，静压法沉桩首次在我国沿海地区使用。近年来已在我国软土地基桩基施工中较为广泛应用，并获得良好效果。

静压法沉桩即借助专用桩架自重和配重或结构物自重，通过压梁或压柱将整个桩架自重和配重或结构物反力，以卷扬机滑轮组或电动油泵液压方式施加在桩顶或桩身上，当施加给桩的静压力与桩的入土阻力达到动态平衡时，桩在自重和静压力作用下逐渐压入地基土中。

静压法沉桩具有无噪声、无振动、无冲击力、施工应力小等特点，可减少打桩振动对地基和邻近建筑物的影响，桩顶不易损坏、不易产生偏心沉桩、沉桩精度较高、节省制桩材料和降低工程成本，且能在沉桩施工中测定沉桩阻力为设计施工提供参数，并预估和验证桩的承载能力。但由于专用桩架设备的高度和压桩能力受到一定限制，较难压入30m以上的长桩。当地基持力层起伏较大或地基中存在中间硬夹层时，桩的入土深度较难调节。对长桩可通过接桩，分节压入。此外，对地基的挤土影响仍然存在，需视不同工程情况采取措施减少公害。

9.7.2 静压法沉桩适用范围

通常应用于高压缩性黏土层或砂性较轻的软黏土地基（$w>w_p$、$r_0<1.75$、$\varphi<20°$、$a_{1\text{-}2}>0.03$、$I_p>10$、$N<10$）。当桩需贯穿有一定厚度的砂性土中间夹层时，必须根据砂性土层的厚度、密实度、上下土层的力学指标，桩的结构、强度、形式和设备能力等综合

考虑其适用性。

静压法沉桩按加力方式可分为压桩机（压桩架、压桩车、压桩船）施工法、吊载压入施工法、锚桩反压施工法、结构自重压入施工法等。锚桩反压施工法使用较早，一般用于少量补桩。吊载压入施工法因受吊载能力限制，用于小型短桩工程。结构自重压入施工法用于受施工场地和高度限制无法采用大型压桩机设备，以及对原有构筑物进行基础改造补强的特殊工程。压桩机施工法应用较为广泛，为提高压桩机静压力，常可在压桩机上增设附加配重。在小型桩基工程中尚可采用压桩车施工法。

我国原有静压法设备的静压力一般为 800～2500kN，适用于桩径为 ϕ400～ϕ450mm、桩长为 30～35m 左右的桩基工程。近年来，少量沉桩设备的静压力可高达 3500～6000kN，应用于桩径为 ϕ450～ϕ500mm、桩长为 40m 左右的桩基工程。

9.7.3 静压法沉桩机械设备

静压法沉桩机械设备由桩架、压梁或液压抱箍、桩帽、卷扬机、钢索滑轮组或液压千斤顶等组成。见图 9.7-1。压桩时，开动卷扬机，通过桩架顶梁逐步将压梁两侧的压桩滑轮组钢索收紧，并通过压梁将整个压桩机的自重和配重施加在桩顶上，把桩逐渐压入土中。我国目前使用的压桩机大都采用这种顶压式。

近年来，华东地区研制采用了新型的箍压式。见图 9.7-2。箍压式压桩机压桩时，开动电动油泵，通过抱箍千斤顶将桩箍紧，并通过压桩千斤顶将整个压桩机的自重和配重施加在桩身上，把桩逐渐压入土中。

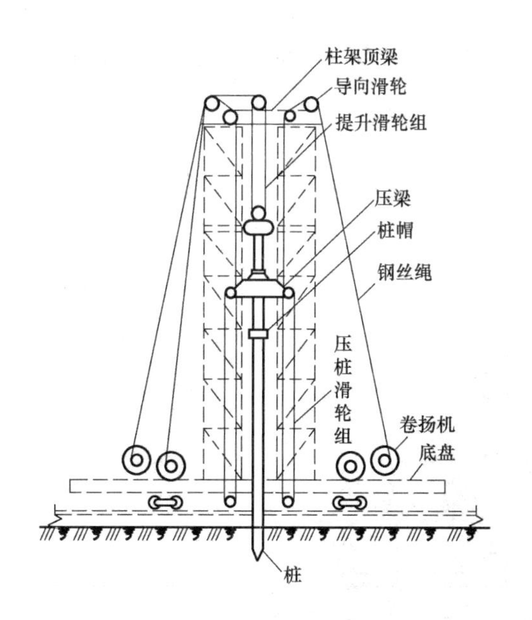

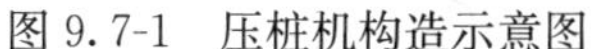
图 9.7-1 压桩机构造示意图

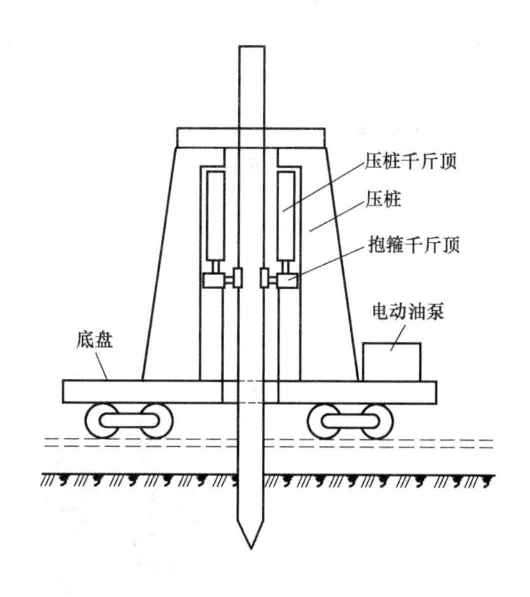

图 9.7-2 箍压式压桩机工作原理

压桩架按其行走机构特性可分为托板圆轮式、步履式、履带式三种。按压桩的结构特性可分为直桁架式、柱式、挺杆式三种。按沉桩施工方式可分为中压式、箍压式、前压式（固定式和旋转式）三种。通常压桩架上均设置配重，以提高静压能力。按配重的设置特性又可分为固定式和平衡移动式。一般平衡移动式配重均设置在钢轨小平车上，常应用于前压式压桩机。

1. 中压式压桩机

顶压式压桩机是最早的基本机型，其行走机构早期为托板圆轮式或走管式，行走时需铺设方木脚手，挖置地垄，采用蒸汽锅炉和蒸汽卷扬机动力，最大静压力约700kN。其后改进为步履式行走，采用电动卷扬机和电动油泵为动力，最大静压力已超过800kN。沉桩施工中，中压式压桩机通常均可自行插桩就位，施工简便，为提高静压力也常均匀设置固定式配重于底盘上。但由于受压柱高度的限制，最大桩长一般限为12～15m。对于长桩，将增加接桩工序，影响工效。另外，中压式压桩架由于受桩架底盘尺寸限制，于邻近已有建筑物附近处沉桩施工时，需保持足够的施工距离3m以上。

2. 箍压式压桩机

近年新发展的机型，行走机构为新型的液压步履式，以电动液压油泵为动力，最大静压力可达6000kN，沉桩施工可不受压柱高度的限制，一般长桩均无须接桩，提高了工效。但因不能自行插桩就位，施工中需配置辅助吊机。同样，由于受桩架底盘尺寸的限制，在邻近建筑物附近处沉桩施工时，需保持足够的施工距离（3m以上）。

3. 前压式压桩机

最新的压桩机型，其行走机构有步履式和履带式。步履式压桩机一般均采用电动卷扬机和电动油泵为动力，履带式压桩机一般均采用柴油发动机为动力，最大静压力可达1500kN。沉桩施工中，履带式压桩机均可自行插桩就位，尚可作360°旋转。由于前压式压桩机的压桩高度较高，通常施工中的最大桩长可达20m，有利于减少接桩工序。另外，由于不受桩架底盘的限制，最适宜在邻近建筑物处进行沉桩施工。

4. 其他机械

参见表9.7-1～表9.7-5，图9.7-3～图9.7-5。

图9.7-3 天立机械ZYC系列多功能液压静力压桩机

天立机械 ZYC 系列多功能液压静力压桩机参数表　　表 9.7-1

参数		型号													
		ZYC60	ZYC80	ZYC120	ZYC180	ZYC240	ZYC320	ZYC400	ZYC500	ZYC600	ZYC700	ZYC800	ZYC900	ZYC1000	ZYC1200
额定压桩力(tf)		60	80	120	180	240	320	400	500	600	700	800	900	1000	1200
压桩速度(m/min)	高速	3.4	4.0	2.6	10.0	9.4	8.0	6.5	6.5	5.3	6.6	5.4	6.5	3.1	5.4
	低速	1.6	1.1	1.3	2	2	1.8	1.5	1.6	1.3	1.5	1.21	1.1	1.0	0.9
一次压桩行程(mm)		1.4	1.4	1.5	1.6	1.8	1.8	1.8	1.8	1.8	1.8	1.8	1.8	1.8	1.8
一次行走距离(mm)	纵向	1.4	1.4	1.6	2.4	3.3	3.6	3.6	3.6	3.6	3.6	3.6	3.6	3.6	3.6
	横向	0.4	0.4	0.4	0.5	0.6	0.6	0.6	0.6	0.6	0.6	0.6	0.6	0.52	0.52
每次转角(°)		15	15	15	15	15	11	11	11	11	11	11	8	8	8
升降行程(m)		0.6	0.6	0.8	1.0	1.0	1.0	1.1	1.1	1.1	1.1	1.1	1.1	1.1	1.3
适用方桩(mm)	最小	□200	□200	□200	□250	□300	□350	□400	□400	□400	□400	□400	□350	适用于H型和其他异型钢桩及ϕ800管桩，600×600方桩	
	最大	□300	□300	□300	□400	□400	□450	□500	□500	□500	□600	□600	□600		
适用圆桩(mm)	最小	……	……	ϕ300	ϕ300	ϕ300	ϕ300	ϕ300	ϕ400	ϕ400	ϕ400	ϕ400	ϕ300		
	最大	……	……	ϕ300	ϕ400	ϕ400	ϕ550	ϕ600	ϕ600	ϕ600	ϕ600	ϕ600	ϕ800		
边桩距离(mm)		400	400	450	780	900	1300	1380	1380	1380	1380	1380	1650	1650	1650
角桩距离(mm)		800	800	1100	1600	1800	2600	2800	2800	2800	2800	2800	3000	3000	3000
吊机起重量(t)		3.0	3.0	5.0	8.0	12.0	12.0	12.0	16.0	16.0	16.0	16.0	25.0	25.0	25.0
吊桩长度(m)		7	7	10	12	14	14	14	15	15	15	15	15	15	15
功率(kW)	压桩	22	22	22	30	60	60	74	74	111	111	111	135	135	135
	起重	11	11	11	30	30	30	30	30	30	30	30	37	37	37
主要尺寸(m)	工作长	5.44	5.94	8.00	9.00	11.57	12.50	12.09	12.53	13.5	13.5	14.00	14.5	17.7	18
	工作宽	3.87	4.25	4.38	5.32	6.59	7.00	7.45	7.67	7.99	8.09	8.19	9.3	8.40	9.3
	运输高	2.60	2.60	2.88	3.00	3.2	3.2	3.05	3.10	3.15	3.2	3.2	3.40	3.40	3.40
总重量(t)≥		60	80	120	180	240	320	400	500	600	700	800	900	1000	1200

桩长不受限制，适宜于一般黏土、软弱土、砂层地基土等，尤其是覆土不太厚的岩溶地区和持力层较深的沿江沿海地区。

施工无噪声、无污染，适宜于对噪声管制的学校、居民区以及市区内作业。

施工无振动，适宜于地铁、立交桥、危房、精密仪器房的附近及河口岸边等对振动有限制的地区。

中升 ZSP880 全液压静力压桩机参数表　　表 9.7-2

压桩力	880t
压桩速度	1.5m/min
压桩行程	1.5m
压桩规格	方桩 最大 600mm×600mm
	圆桩 最大 600mm

续表

液压系统最大工作压力	22MPa
纵向步履最大行程	3.0m
横向步履最大行程	1.5m
吊机最大起重量	25t
压桩最小边距	7.0m
	4.8m
整机重量	200t
	680t

图9.7-4 中升ZSP880全液压静力压桩机

图9.7-5 YZYD200型锚杆式液压静力压桩机

YZYD200型锚杆式液压静力压桩机参数表 **表9.7-3**

参数名称	单位	参数
最大压桩力	kN	2000
压桩最大规格	m	0.45×0.45
一次压桩行程	m	1.2
压桩速度	m/min	0.9/1.8
边桩距离	m	3.1
接地比压	MPa	0.12
纵向行程	m	1.2
横向行程	m	0.5
一次最大转角	rad	0.348
电机总功率	kW	89
液压系统工作压力	MPa	20
整机自重	kN	510
配重	kN	1490
工作外形尺寸	m	9.2×6.2×20.5
拖运外形尺寸	m	8.9×3.0×3.0

静力压桩机的主要技术性能 **表 9.7-4**

型号		YZY80(WJY80)	YZY120(WJY120)	YZY160(WJY160)	WYC150	DYG320
最大夹持力(kN)		2600	3530	5000	5000	6000
夹持速度(m/min)		0.7	0.7	0.55	0.36	
最大夹入力(kN)		800	1200	1600	1500	3200
压桩速度(m/min)		1.7	2	1.81	2.4,1.2	
最大顶升力(kN)		1440	2430	1840	3000	
顶升速度(m/min)		1	1	1.01	0.6	
最大桩段长度(m)		12	12	10	15	20
最大桩段界面(mm×mm)		400×400	400×400	450×450	400×400	45～63号工字钢
最小桩段界面(mm×mm)		300×300	350×350	350×350	350×350	
液压系统额定压力(MPa)		13	17	17	16	32
液压系统额定流量(L/min)		146	154	176.5	118	400
主电动机功率(kW)		30	30	40	40	55
副电动机功率(kW)		13	13	30	30	17
外形尺寸(mm)	长	9000	9000	11450	10200	11900
	宽	6760	6760	7800	8000	11090
	高	6450	6450	15480	6530	15000
总质量(t)		110	120	188.5	180	150
生产厂		武汉建筑工程机械厂			武汉安装加工厂	北京建筑机械厂

YZY型系列液压静力压桩机主要技术参数 **表 9.7-5**

参数项目		单位	YZY-300	YZY-400	YZY-450	YZY-500	YZY-800
大身	横向行程(一次)	m	3	3	3	3	3
	纵向行程(一次)	m	0.5	0.5	0.5	0.5	0.55
	最大回转角	(°)	18	18	18	18	20
纵横向行走速度	前进	m/min	2	2	2	1.8	1.8
	回程	m/min	4.2	4.2	4.2	4	4
最大压入力(名义)		kN	3000	4000	4500	5000	8000
最大锁紧力		kN	7600	9000	10000	10000	10000
压柱界面	最大	m	0.5×0.5	0.5×0.5	0.5×0.5	0.5×0.5	0.55×0.55
	最小	m	0.4×0.4	0.4×0.4	0.4×0.4	0.4×0.4	0.4×0.4
油泵	系统压力	MPa	31.5	31.5	31.5	31.5	31.5
	最大流量	L/min	143	143	143	154	167
电动总功率		kW	85	85	85	92	100
接地比压	大船	t/m	1500	1800	1900	2000	2000
	小船	t/m	1800	2500	2900	3400	5500
整机	外形尺寸(长×宽×高)	m	10.6×9×8.6	10.6×9×9	10.6×9×9	11×9×9.1	11.1×10×9.1
	自重	kN	1500	1800	1900	2000	2000
	配重	kN	1800	2500	2900	3400	5500
大身	外形尺寸(长×宽×高)	m	10×3.5×0.9	10×3.5×1	10×3.5×1	10×3.5×1	10×3.5×1
	装运数量(包括牛腿)	kN	450	500	520	550	550

9.7.4 静压法沉桩施工

静压法沉桩相对锤击法沉桩，以静压力来代替冲击力，采用锤击法沉桩的基本程序，根据设计要求和施工条件制订施工方案和编制施工组织设计，正确判断沉桩阻力，合理选用沉桩设备和施工工艺，做好与锤击法沉桩相类同的施工准备工作。

1. 沉桩阻力

静压法沉桩预估沉桩阻力时，首先分析桩型、尺寸、重量、埋入深度、结构形式以及地基土质、土层排列和硬土层厚度等条件，对各种埋入深度时的沉桩阻力大小作出正确判断，以利于选用能满足设计和特定地基条件的。具有足够静压力的沉桩设备，将桩顺利地下沉到预定的设计标高。

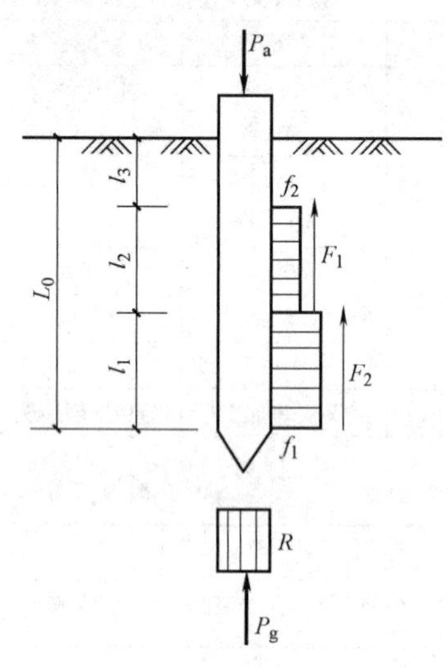

图 9.7-6 静压法沉桩

判断沉桩阻力就是要认识在静压力作用下，桩侧和桩尖土体对桩的抵抗阻力及其相互关系，分布规律以及主要影响因素等，正确分析桩的工作特性，预估桩的入土阻力，以解决桩的可压入性。

静压法沉桩入土过程中，地基土体受到重塑扰动，桩贯入时所受到的土体阻力并不完全是静态阻力，但也不同于锤击法沉桩时的动态阻力。静压法沉桩的贯入阻力沿桩身分布规律与锤击法沉桩相似，见图 9.7-6。沉桩阻力的大小和分布规律的影响因素主要是土质、土层排列、硬土层厚度、埋入持力层深度、桩数和桩距、施工顺序及进度等。分析实测试验资料表明，沉桩阻力是由桩侧摩阻力和桩尖阻力组成的。一般情况下，二者占沉桩阻力的比例是一个变值。当桩的入土深度较大时，通常桩侧摩阻力是主要的。当桩的入土深度较浅时，桩尖阻力所占的比例将较大。当桩尖处土层较硬时，桩尖阻力占沉桩阻力的比例将会明显增大。桩侧摩阻力和桩尖阻力对于反映地层变化特征两者基本上是一致的。见图 9.7-7。当桩在同一软黏土层中下沉时，随着桩的入土深度增加到某个定值后，沉桩阻力将逐渐趋向常值，不再随桩入土深度的增加而增大。当桩穿透较硬土层进入较软土层中时，沉桩阻力反而随着桩入土深度的增加明显减小，这主要是由于桩尖阻力的急剧降低所致。另外，在沉桩过程中，各土层作用于桩上的桩侧摩阻力并不是一个常值，而是一个随着桩的继续下沉而显著减小的变值，靠近桩尖处土层作用于桩上的桩侧摩阻力对沉桩摩阻力将起着显著作用。所以，在估算沉桩阻力时，如果不考虑地基土层的成层状态及各土层的特性，采用机械地将各层土体对桩身摩阻力进行叠加的方法，将会造成沉桩阻力估计过大，甚至错误地得出沉桩困难及静压力不足的假象。

静压法沉桩时，桩尖上的土阻力反映桩尖处附近范围土体的综合强度特性，这一范围的大小决定于桩的尺寸和桩尖处土体的破坏机理，它与桩尖附近处土层的天然结构强度和密度、土层的分层厚度和排列情况、桩尖进入土层的深度等多种因素有关。试验资料表明，一般在匀质黏性土层中，影响桩尖阻力的桩尖附近土层范围约为桩尖以上 2.5 倍桩径和桩尖最大截面以下 2.5 倍桩径。当桩尖阻力影响范围内存在强度相差较大的不同土层时，就不能简单地按上述界限内土层强度的平均值来考虑桩尖阻力，否则将会造成桩尖阻

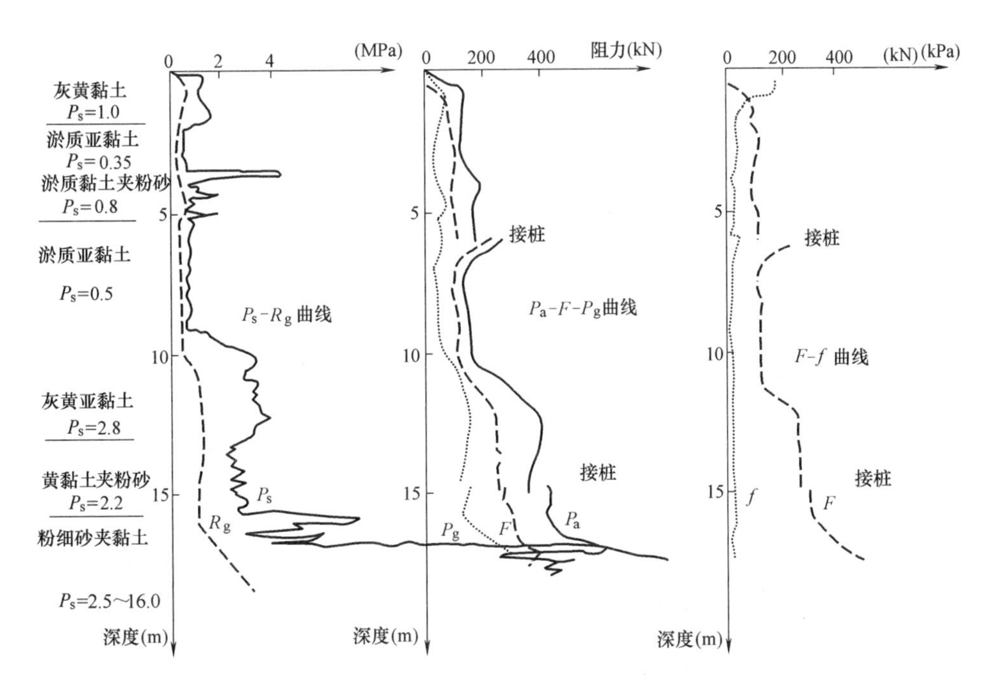

图 9.7-7 静力触探阻力与沉桩阻力实测值关系

力估算过高的不合理现象。这时可按下述情况进行分析，见图 9.7-8。

(1) 当桩尖处为硬土层，桩尖以上 2.5 倍桩径范围内存在软土层时，桩尖阻力决定于桩尖以上 2.5 倍桩径范围内土层强度的平均值。见图 9.7-8 (*b*)。

(2) 当桩尖处为软土层，桩尖最大截面以下 2.5 倍桩径范围内有硬土层时，桩尖阻力仍决定于桩尖以上 2.5 倍桩径范围内土层强度的平均值。见图 9.7-8 (*b*)。

(3) 当桩尖处为硬土层，桩尖最大截面以下 2.5 倍桩径范围内有软土层时，桩尖阻力决定于桩尖最大截面以下 2.5 倍桩径范围内土层强度的平均值。见图 9.7-8 (*c*)。

(4) 当桩尖处为软土层，桩尖以上 2.5 倍桩径范围内有硬土层时，桩尖阻力仍决定于桩尖最大截面以下 2.5 倍桩径范围内土层强度的平均值。见图 9.7-8 (*c*)。

(5) 当桩尖处的土层强度较高，桩尖以上 2.5 倍桩径范围和桩尖最大截面以下 2.5 倍桩径范围内均存在软土层时，桩尖阻力决定于桩尖以上 2.5 倍桩径范围和桩尖最大截面以下 2.5 倍桩径范围内土层强度平均值中的较小值。见图 9.7-8 (*d*)。

(6) 当桩尖处的土层强度较低，桩尖以上 2.5 倍桩径范围或桩尖最大截面以下 2.5 倍桩径范围内均存在硬土层时，桩尖阻力主要决定于桩尖以上 2.5 倍范围内土层强度的平均值。见图 9.7-8 (*e*)。

(7) 当桩尖处的土层强度较低，软土层的层厚又小于桩尖长度或 1.5 倍桩径时，桩尖阻力决定于桩尖以上 2.5 倍桩径范围或桩尖最大截面 2.5 倍桩径范围内土层强度平均值中的较小值。见图 9.7-8 (*f*)。

静压法沉桩时的沉桩阻力通常可按以下经验公式估算：

$$P_a = P_g + F_1 + F_2 = R \cdot S + U \cdot \sum_{0}^{l_1} f_{1i} \cdot l_{1i} + U \cdot \sum_{0}^{l_2} f_{2i} \cdot l_{2i} \quad (\text{kN}) \qquad (9.7.1)$$

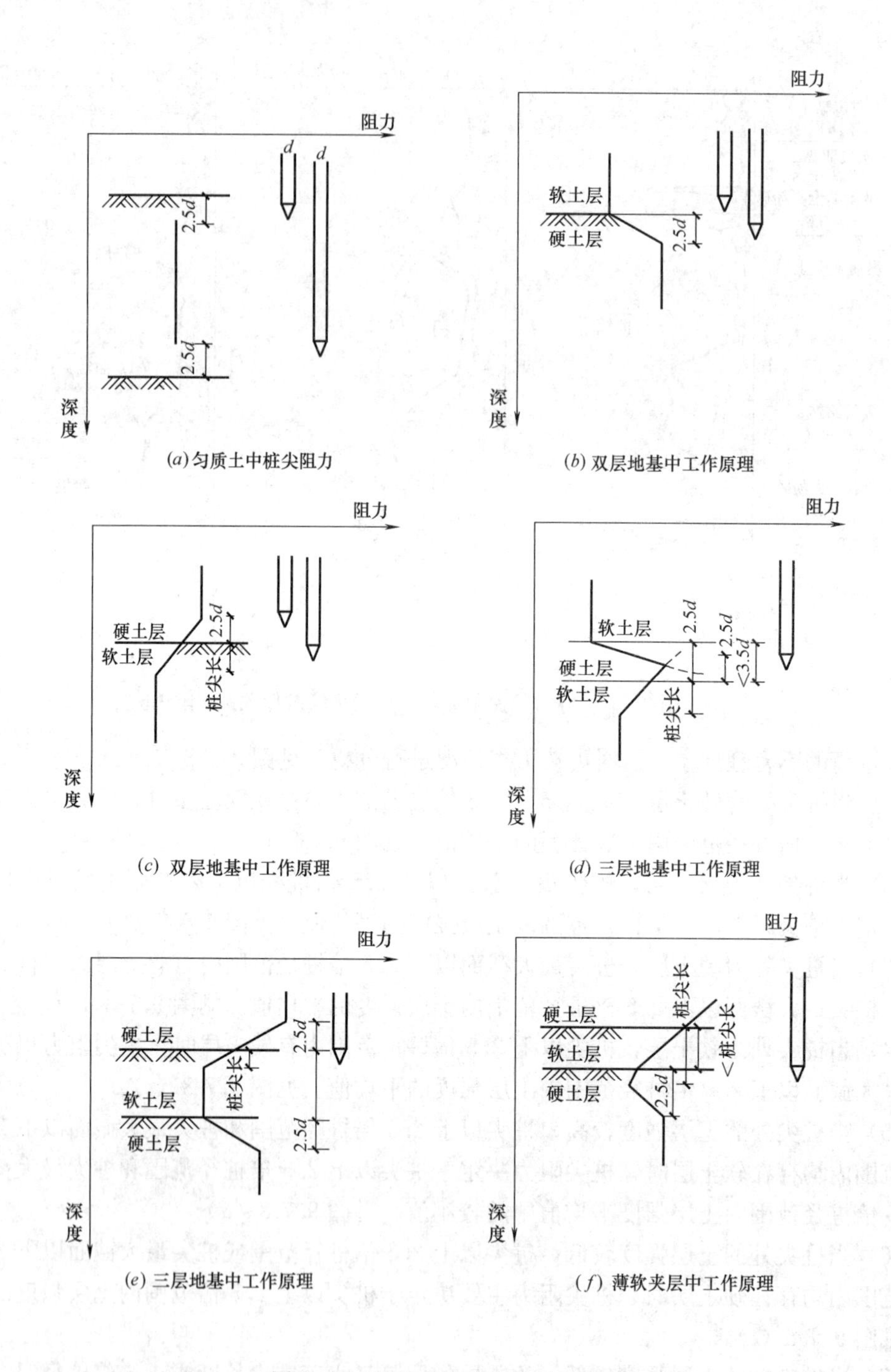

图 9.7-8 桩基在地基中的工作原理

式中 P_a——沉桩阻力（kN）；

P_g——桩尖阻力（kN）；

F_1——桩身下部挤压区桩侧摩阻力（kN）；

F_2——桩身中部滑移区桩侧摩阻力（kN）；

f_{1i}——桩身下部挤压区土层的桩侧单位摩阻力（kPa）；

f_{2i}——桩身中部滑移区土层的桩侧单位摩阻力（kPa）；

l_1——桩身下部挤压区摩阻力分布范围（m）；

l_2——桩身中部滑移区摩阻力分布范围（m）；

R——单位桩尖阻力（kPa）；

U_0——桩的周长（m）；

S——桩的截面积（m^2）

L_0——桩的入土深度（m）。

沉桩过程中，桩身下部的桩侧摩阻力约占沉桩摩阻力的50%～80%，它与桩周处土体强度成正比，与桩的入土深度成反比，桩尖阻力可应用静力触探探头比贯入阻力P_s，按以下经验公式估算：

$$R=\sum_{0}^{2.5D} K_i \cdot P_{si} \cdot l_i/2.5D \quad (\text{kPa}) \tag{9.7.2}$$

式中 R——桩尖单位阻力（取R上或R下中之较小值）（kPa）；

P_{si}——桩尖阻力影响范围内各土层的静力触探探头比贯入阻力平均值（不是该土层的平均值P_s）（kPa）；

l_i——桩尖阻力影响范围内各土层的厚度（m）；

K_i——桩尖阻力影响范围内各土层的探头阻力折减系数；

D——桩的直径（m）。

分析实测试验资料表明，软土地基中探头阻力折减系数K_i值一般在0.3～1.0范围内。当为软黏土（$P_s<100$kPa）时，可取K_i为0.6。当为硬黏土（$P_s>150\sim200$kPa）时，可取K_i为0.4，当为坚硬黏土（$P_s>250\sim300$kPa）时，可取K_i为0.3，当为轻亚黏土或亚砂土时，可取K_i为0.9～1.0。

此外，当黏性土层中有薄层砂时，将会显著增大桩尖阻力，其增大值可达50%～100%。当地基土质十分复杂时，也可通过试沉桩检验确定沉桩阻力。在软土地基中，采用静压法沉桩施工的过程中，因接桩施工作业或施工因素影响而暂停继续下沉的间歇时间的长短虽对继续下沉的桩尖阻力无明显影响（硬黏土中桩尖阻力一般最大增值约为5%），但对桩侧摩阻力的增加影响较大。见图9.7-7。桩侧摩阻力的增大值与间歇时间长短成正比（图9.7-9），并与地基土层的特性有关。所以，在静压法沉桩施工中，不仅应合理设计接桩的结构和位置，避免将桩尖停留在硬土层中进行接桩施工，而且应尽可能减少接桩施工时间和避免发生沉桩施工中断现象。

2. 压桩程序和接桩方法

静压法沉桩一般都采取分段压入、逐渐接长的方法。按图9.7-10所示压桩程序进行沉桩至设计要求标高。

接桩有焊接法和浆锚法。接桩工艺和技术要求与锤击法沉桩施工类同。

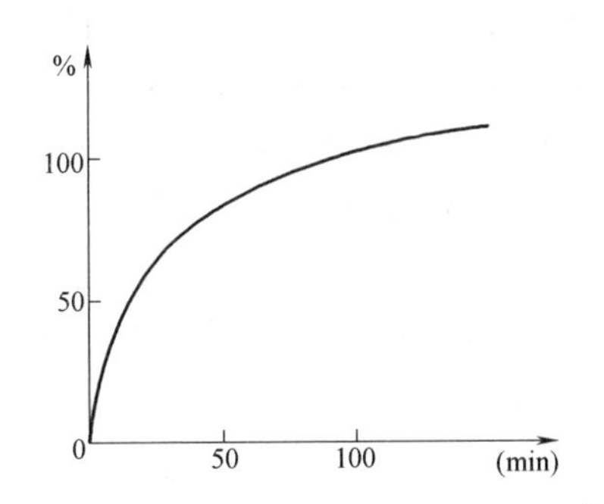

图9.7-9 施工间歇时间与沉桩阻力增长曲线

9.7.5 静压法常见问题及处理

1. 沉桩倾斜与突然下沉

插桩初期即有较大幅度的桩端走位和倾

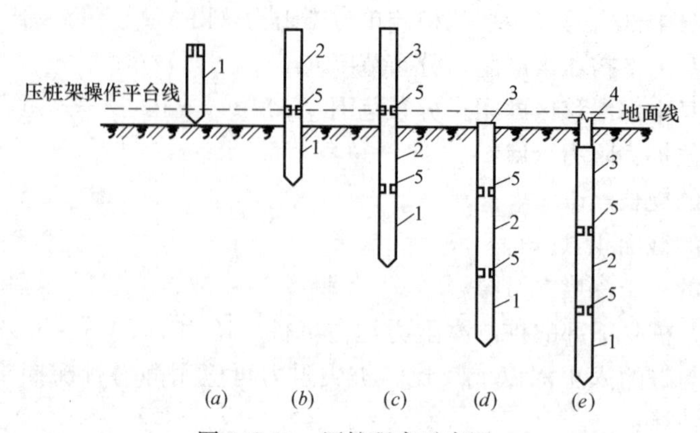

图 9.7-10 压桩程序示意图

(a)准备压第一段桩；(b)接第二段桩；(c)接第三段桩；
(d)整根桩压平至地面；(e)采用送桩压桩完毕
1—第一段；2—第二段；3—第三段；4—送桩；5—接桩处

斜，虽经采取强制固定措施，仍不见效。遇有此种情况，必定在地面下不远处有障碍物，如旧建构物的基础、大块石或各种管道等。某工程，在静力压桩时，几次插入桩均倾斜，挖土检查，发现在拆除老厂房时，条形砖基础没有完全清除即回填土，而桩端正好位于此砖基边上。桩位处旧墙基砖块因插桩受压，已明显倾斜。最后只得挖除墙基，重新回填土后压桩。

沉桩过程中。桩身倾斜或下沉速度突增。此种现象多为接头失效、跑离或桩身断裂所致。当桩身弯曲或有严重的横向裂缝、接桩顶面有较大的倾斜、桩尖倾斜过大，以及混凝土强度等级不够等，容易引起此种质量事故。遇有此种情况，一般在靠近原桩位作补桩处理。某工程，因预制桩混凝土质量较差，又在运输及现场吊运过程中产生不同程度的横向裂缝，施工时曾有四根桩发生倾斜和突然下沉，均作了补桩处理。对于在沉桩过程中因卷扬机或液压千斤顶不同步引起的临时倾斜，可随时调整机具工作速度，予以纠正。

2. 桩尖打不到设计高度

在压桩施工中，发生桩不能沉入到设计标高的情况。若是普遍现象，则应认为是地质资料或钻探资料不全面，而错定了桩的长度。如个别少数桩沉不到设计标高，其原因一般有下列几点：

(1) 桩尖碰到了局部的较厚的夹砂层或其他硬层。

(2) 桩体质量不符合设计要求。

如混凝土强度不够，承受不了太大的静压力。在施工时，当桩尖遇性状较好的土层，若继续施压，则往往发生桩顶混凝土压损破坏，桩身混凝土跌落，甚至桩身断裂而无法将桩下沉到预定的标高。某工程，共有桩 469 根，为空心钢筋混凝土预制桩，截面 40cm×40cm，由三节 8m 组成，全长 24m。最小桩距 1.2m，设计桩尖需进入灰绿色粉质黏土层（w—23.8%，γ—18.9kN/m^3，e—0.72，R—200kPa，φ—16°）。因桩身质量较差，虽经采取措施，终因混凝土强度不够，桩顶破损，最后仍有 14 根桩不能达到设计标高。

(3) 中断沉桩时间过长。

主要由于设备故障或其他特殊原因，致使一根桩在压入过程中突然中断，若延续时间过长，施工阻力增加，使桩无法下沉到设计标高。某工程，桩截面 40cm×40cm，长

24.5m，由8m、8m、8.5m三节组成，送桩深度为2.9m，入土总深度为27.5m，设计桩尖进入暗绿色硬黏土层。有一根桩入土深度23.4m时，桩尖进入灰色粉质黏土层（φ—21.5°，w—31%，γ—18.9kN/m^3），因一台卷扬机发生故障，停工抢修两个半小时后，继续施工，桩已无法下沉。

（4）接桩时，桩尖停留在硬层内。

由于接桩操作需停止施工一段时间，如果准备不充分，或电焊仅一人操作，时间拖长后，如上例提及的摩阻恢复很快，加之桩尖正在硬层内，都会使压桩阻力提高，如压桩机无潜力，必然导致不能继续沉桩。因此，在确定分节长度时，不要使接桩操作发生在桩尖处于硬层的情况。当然，加快接桩过程也是必要的。当发生桩压不下去时，还可用振动器辅助沉桩，以弥补沉桩设备的压力不足，但对于松散砂层有时会有相反结果，要适当注意。

3. 静压法沉桩施工注意事项

（1）桩的制作质量应满足设计和施工规范要求，其单节长度应结合施工环境条件、沉桩设备的有效高度、地基土质分层情况合理确定。当桩贯穿的土层中夹有砂土层时，确定单节长度应避免桩尖停在砂土层中接桩。

（2）沉桩施工前应掌握现场的土质情况，做好沉桩设备的检查和调试，保证使用可靠，以免发生施工中途间断，引起间歇后沉桩阻力增大，发生桩不能压入的滞桩事故。如果沉桩过程中需要停歇时，应将桩尖停歇在软弱土层中，使继续沉桩时的启动阻力不致过大。

（3）沉桩施工过程中，应随时注意保持桩处于轴心受压状态，如有偏移应及时调正，以免发生桩顶破碎和断桩质量事故。

（4）接桩施工中，应保持上、下节桩的轴线一致，并尽可能缩短接桩时间。采用焊接法时，应两人同时对角对称地进行，焊缝应连续饱满，并填实桩端处间隙，以防止节点变形不均而引起桩身歪斜。采用浆锚法时，应严格按操作工艺进行，保证胶结料浇注后的冷却时间，然后继续加荷施压下沉。

（5）静压法沉桩时所用的测力仪器应经常注意保养、检修和计量标定，以减小检测误差。施工中应随着桩的下沉认真做好检测记录。

（6）压桩机行驶的地基应有足够的承载能力，并保持平正。沉桩时尚应保持压桩机垂直压桩。

（7）沉桩过程中，当桩尖遇到硬土层或砂层而发生沉桩阻力突然增大，甚至超过压桩机最大静压能力而使桩机上抬时，这时可以最大静压力作用在桩上，采取忽停忽压的冲击施压法，使桩缓慢下沉直至穿透硬夹砂层。

（8）当沉桩阻力超过压桩机最大静压力或者由于来不及调正平衡配重，以致使压桩机发生较大上抬倾斜时，应立即停压并采取相应措施，以免造成断桩或其他事故。

（9）当桩下沉至接近设计标高时，不可过早停压。否则在补压时常会发生停止下沉或难以下沉至设计标高的现象。

（10）当采用振动器辅助沉桩法以弥补沉桩设备的静压力不足时，应注意控制振动器的使用，遵守振动器的操作规程，并应随时检查压桩机上的结构螺栓，发现螺栓松动时，应及时紧固，以免发生安全设备事故。

9.8 静钻根植桩法

9.8.1 前言

离心成型的先张法高强预应力混凝土管桩等产品（以下简称：PHC桩）自20世纪80年代中期开始在广东、上海、浙江等地开始推广，由于该产品施工方便，工期短，工效高，工程质量可靠，桩身耐打性好，承载力单位造价较钻孔灌注桩等其他常用桩型低等优点，比较适合沿海地区的地质条件，目前已成为我国桩基工程中最广泛使用的桩型。根据我国预应力管桩的生产量来估算，我国的管桩使用长度已经超过20亿m。该产品在我国的高速经济发展中发挥了重要的支撑作用。

但在近年来，由于城市化的快速进展，现有PHC桩产品及其施工方法存在的一些问题使得预制桩的应用受到了一定的限制。PHC桩产品主要的问题有以下几个方面：

(1) 在软土地基中作为摩擦桩或端承摩擦桩使用时，由于PHC桩与土体的侧摩阻力较低，加上桩端阻力也不够高，竖向抗压荷载下预制桩桩身强度不能充分发挥。如在浙江沿海的软土地基中，以PHC600（130）桩为例，桩身材料可承受的竖向抗压承载力设计值可达4824kN，其特征值为4824kN/1.35＝3573kN，但一般在工程中使用时，竖向抗压承载力特征值通常为1800～2500kN，桩身混凝土抗压强度得不到充分利用。

(2) 在软土地基的部分工程中，特别是设置有一层或二层地下室工程的开挖时，易发生桩身倾斜，造成对桩身的损害，甚至桩身断裂的现象。其原因主要是现有施工方法产生的挤土效应引起的超静孔隙水压力虽然随时间呈逐渐消散趋势，但完全消散需要数十日或数月的较长时间，被扰动的土体在开挖施工中产生较大的水平力。当桩身的抗弯性能不高，无法承受此水平力及开挖施工机械等的荷载叠加后增大的侧向土压力时，桩身将会出现倾斜甚至断裂现象：

(3) PHC管桩自20世纪70年代初期在日本问世以来，经历了数次较高烈度地震。在地震荷载作用下，PHC管桩破坏基本上发生在桩基最上节。主要破坏形式有桩身出现较大宽度弯曲裂缝、桩头弯曲受压破坏、桩身剪切破坏及剪压破坏。其主要原因是设计使用不当，但根据复核验算也存在上节PHC管桩的抗剪及抗弯能力不能承受高烈度下地震荷载作用问题。目前日本在预制桩桩基础上节桩中普遍采用增加了非预应力钢筋及强化螺旋箍筋的PRC管桩或离心成型钢管混凝土复合桩（SC桩）等。

(4) PHC桩在作为抗拔桩使用时，经常会出现桩身的抗拔承载力设计值达不到设计要求的现象，不得不使用钻孔灌注桩。

现有预制桩的打入及静压施工方法存在的主要问题有：

(1) 挤土对周围设施（地下构造物、管线）有影响，这是近年来在沿海地区都市中预制桩无法得到利用的一个重要原因；

(2) 穿透各种夹层时有难度，施工不当易对桩身造成宏观或微观的损害；

(3) 打入施工产生噪声和空气污染；

(4) 软土地基施工时会发生因挤土导致已施工桩的涌起，开挖时容易产生桩身倾斜甚至桩身断裂的现象；

(5) 桩顶标高难以控制，而截桩不当易造成桩头破坏或桩身预应力的变化。

另一方面，目前在工程建设中常用的钻孔灌注桩属于非挤土桩，尽管单位承载力下的施工价格比PHC桩要高很多，但在城市建设中依然得到广泛应用。据估计，宁波地区的灌注桩市场规模为预制桩市场规模的3倍。常用钻孔灌注桩施工中容易发生的问题有：

(1) 孔壁缩颈、持力层松动、桩底沉渣等时有发生，质量波动大，不稳定；

(2) 钻孔垂直度时有偏差；

(3) 水下灌注混凝土，容易产生混凝土离析，强度低等现象；

(4) 堵管等造成断桩，塌孔造成桩身混凝土有夹层；

(5) 钢筋笼的下落、上浮、偏靠孔壁现象时有发生；

(6) 桩顶标高易发生参差不齐，桩顶混凝土质量差；

(7) 现场难以保持整洁、文明施工难度大；

(8) 与预制桩相比，施工速度慢，效率低；

(9) 泥浆排放成为社会问题。

针对以上所述现有PHC桩产品及施工方法存在的问题点，通过分析钻孔灌注桩的优缺点，并对日本等国外的一些预制桩产品及施工方法进行研究，结合我国国情，开发了桩身抗拉、抗弯性能高及可增加桩与土体侧摩阻力的新型预制桩产品：复合配筋预应力高强混凝土桩及高强预应力混凝土竹节桩。并通过开发非挤土沉桩新型施工技术静钻根植工法，扩大预制桩在工程建设中的应用领域。

9.8.2 日本预制桩产品及工法概要

日本在1968年、1976年分别颁布的噪声规制法和振动规制法，使得在城市地区无法使用锤击沉桩。近30年来，新桩基工法不断开发出现，植入施工预制桩以及灌注混凝土桩等非挤土桩成为桩基施工的主流。日本预制混凝土桩生产量98%以上为采用离心成型的先张法高强预应力混凝土管桩（主要分四大类：PHC管桩、PRC管桩、竹节式管桩、SC管桩）。预制桩总量的90%采用埋入式施工工法进行施工。特别是近年来开发的可以发挥高承载力的扩底固化工法，使得埋入式施工得到了更加广泛的应用。图9.8-1是目前日本常用的预制桩施工工法。

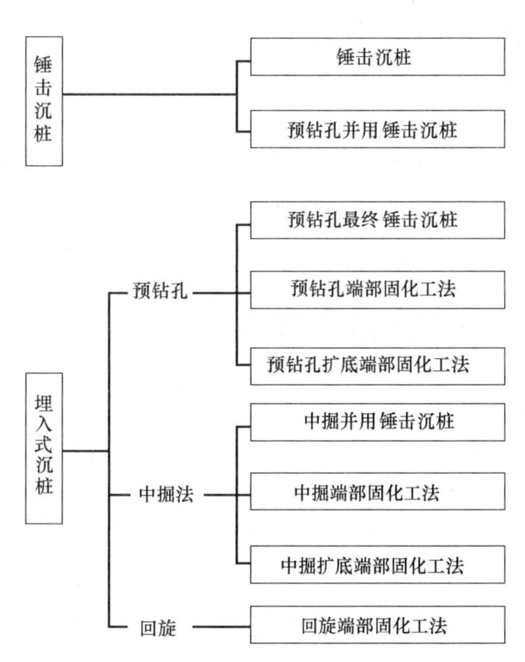

图9.8-1 预制桩施工工法的分类

所谓的孔扩底固化工法是利用单轴钻机在钻进后扩大桩端部，注入桩端固化水泥浆并与端部土进行反复搅拌，形成比预制桩桩端直径更大的水泥土柱状体（桩端固化部），预制桩在此桩端固化部固定。扩底固化工法相对于原有的普通埋入式工法能够发挥更大承载力的桩型，因此，此工法也称为高承载力工法。

在日本，打入法和普通埋入施工工法施工的预制桩及灌注桩的长期容许竖向承载力 R_a（桩的端阻力及侧摩阻力）可根据地基的 N 值及土的单轴抗压强度（无侧限抗压强度）由式（9.8.1）来确定。短期容许承载力可取长期容许竖向承载力的两倍。

$$R_a=\frac{1}{3}\{\alpha\overline{N}A_p+(\beta\overline{N}_sL_s+\gamma\overline{q}_uL_c)\psi\} \tag{9.8.1}$$

式中 α——端阻力系数，见表9.8-1；

β——砂土中桩周摩阻力系数，见表9.8-1；

γ——黏土中桩周侧摩阻力系数，见表9.8-1；

N——桩端部位地基的平均 N 值；

A_p——桩端有效面积；

N_s——砂土层加权平均 N 值；

L_s——桩周砂土层厚合计；

q_u——黏土层加权平均单轴抗压强度；

L_c——桩周黏土层厚合计；

ψ——桩周长。

式（9.8.1）中承载力系数

表9.8-1

施工法	端阻力 αN (kN/m²)	侧摩阻力(kN/m²)	
		砂土 β	黏土 γ
打入法	300N	3.3N_s 上限 N_s=30	0.5q_u 上限 q_u=200
	上限18000		
灌注桩	150N		
	上限9000		
埋入法	200N		
	上限12000		

从表9.8-1可以看出，对灌注混凝土桩，式（9.8.1）中的 α 取150，普通埋入法施工预制桩 α 取200，取值均低于打入法施工桩基的 $\alpha=300$。另外，桩的侧摩阻力系数 $\beta=3.3$，$\gamma=0.5$。

但是，对于新型扩底固化工法等施工方法，各项承载力系数 α，β，γ 可以对各种地质条件独自按所定的静载试验要求，通过日本建筑中心等单位进行性能评价确定取值。日本建筑中心审查通过的桩身直径600mm以上有代表性的扩底固化埋入工法桩的端阻力系数 α 根据扩底倍率、地质条件等为400～800。端阻力发挥如此大的原因主要包括：(1) 桩的扩底直径达到桩身直径的1.5～2.0倍，高度是桩身直径的2.5倍以上；(2) 为保证桩身与扩底固化根部成为一体共同承受荷载，预制混凝土桩的下部使用竹节式管桩等异形产品，通过其凸起部分的承压效果来增强桩身与扩底固化部的粘结强度。同样地质条件，所使用预制桩桩身直径相同时，新型的扩底固化工法施工的桩基承载力可比普通埋入工法高出50%～100%。

9.8.3 静钻根植桩产品性能

针对现有PHC桩产品存在的问题，通过试验研究开发了桩身抗拉、抗弯性能高的复合配筋预应力高强混凝土桩及可增加桩与土体侧摩阻力的预应力高强混凝土竹节桩。因两种产品均采用静钻根植工法进行施工，统称为静钻根植桩。

9.8.3.1 复合配筋预应力高强混凝土桩

复合配筋预应力高强混凝土桩（简称复合配筋桩，代号PRHC桩）是通过在现有有效预压应力AB型的PHC管桩中增加配置非预应力钢筋（钢筋混凝土用热轧带肋钢筋），并根据需要在桩端部配置与端板相接，满足一定长度要求的锚固钢筋，大幅度增加桩身的抗拉、抗弯性能。见图9.8-2。按非预应力钢筋最小配筋率，PRHC桩分为Ⅰ型、Ⅱ型、Ⅲ型、Ⅳ型，其相应的最小配筋率分别不得低于0.6%、1.1%、1.6%和2.0%。另外，非预应力钢筋的根数不得少于6根。PRHC桩的桩身混凝土强度等级分为C80、C100。

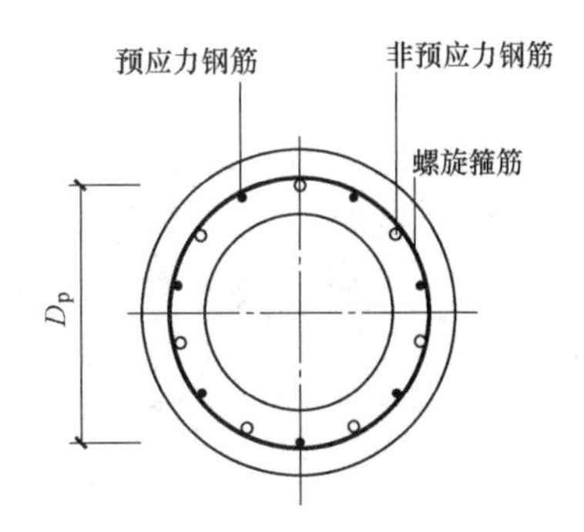

图 9.8-2 PRHC 桩结构示意

该产品除用于承受竖向抗压荷载的情况，也适用于承受抗拔荷载、水平荷载作用情况。根据日本的使用经验，对于较高地震设防烈度地区考虑地震作用水平承载的桩基础，通过对 PRHC 桩身受弯承载力和受剪承载力进行验算，可以进行选用。

PRHC 桩的桩身力学性能可参照混凝土结构设计规范及其他相关资料进行计算，图 9.8-3 为普通 PHC 管桩与新型 PRHC 桩的桩身抗弯试验结果。试验用 PHC 管桩的规格为 PHC600 AB、壁厚为 110mm，而 PRHC 桩为在 PHC 600AB（110）管桩中配置 14 根直径 10mm 的抗拉强度标准值为 400MPa 热轧带肋钢筋的Ⅰ型产品。从图 9.8-3 的对比试验结果来看，同样实验条件下，配置非预应力钢筋后 PRHC 桩的桩身极限抗弯性能比 PHC 管桩提高了近 50%。与 PHC 管桩相比，桩身的变形性能也有很大的改善，达到极限荷载时的桩身中间部的最大挠度增加了 60%。图 9.8-4 为在极限荷载作用下桩身的变形情况，由于桩身配置了热轧带肋钢筋，当荷载达到极限荷载后，随着桩身裂缝不断增多，裂缝高度向桩身截面上部发展，尽管桩身中间部的挠度加大，但不会出现 PHC 管桩的“脆性”断裂的破坏现象。

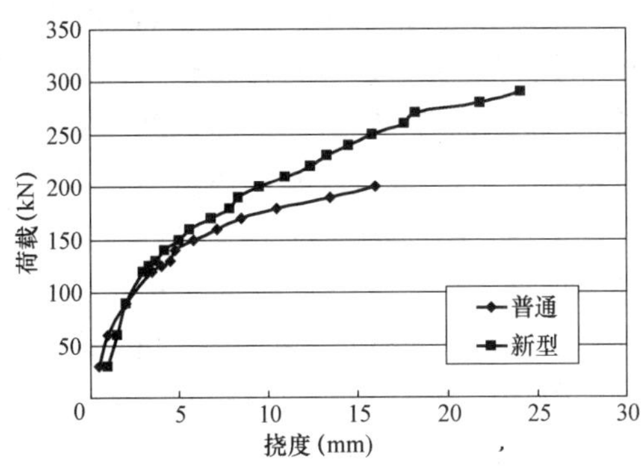

图 9.8-3 PHC 管桩与 PRHC 桩的荷载-挠度曲线

图 9.8-4 极限抗弯荷载作用下 PRHC 桩的变形情况

图 9.8-5 为直径 600mmⅠ型、Ⅱ型、Ⅲ型 PRHC 桩与 PHC 600AB（110）管桩的桩身极限抗弯弯矩计算结果的对比。Ⅰ型、Ⅱ型、Ⅲ型的极限抗弯弯矩比同直径 PHC 管桩分别提高 38%、62%、76%。图 9.8-6 为直径 600mmⅠ型、Ⅱ型、Ⅲ型、Ⅳ型 PRHC 桩与 PHC 600AB（110）管桩的桩身受拉承载力设计值的对比。Ⅰ型、Ⅱ型、Ⅲ型、Ⅳ型 PRHC 桩的受拉承载力设计值比同直径 PHC 管桩分别提高 37%、72%、95%、120%。

PRHC 桩可以广泛应用于工业与民用建筑的低承台、铁路、公路、桥梁、港口、水利、市政工程的桩基础。由于该产品的桩身抗弯性能比现有 PHC 桩有了大幅度的提高，对在软土地区设置有一层或二层地下室的建设工程，根据具体地质情况，在桩基的上节桩选用合适型号的 PRHC 桩可以避免开挖时桩身的损害甚至桩身断裂的现象。在浙江慈溪杭州湾地区的某工程中使用了直径 600mm 的 PRHCⅡ型产品，二层地下室的开挖过程中没有出现桩身的倾斜移位，更没有出现任何桩身的损害现象。由于 PRHC 桩的桩身抗拔

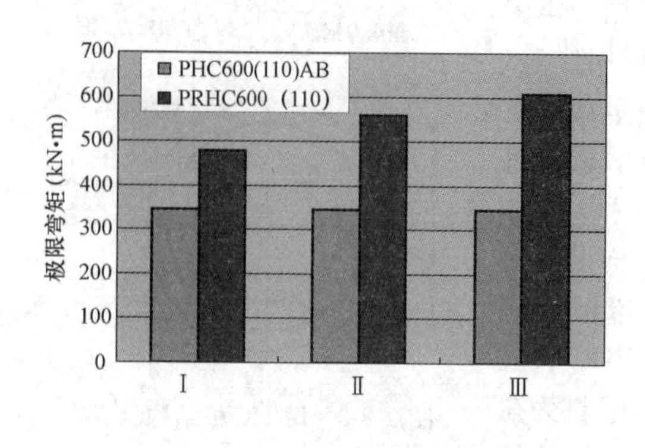

图 9.8-5 PRHC 桩与 PHC 管桩的桩身抗弯性能对比

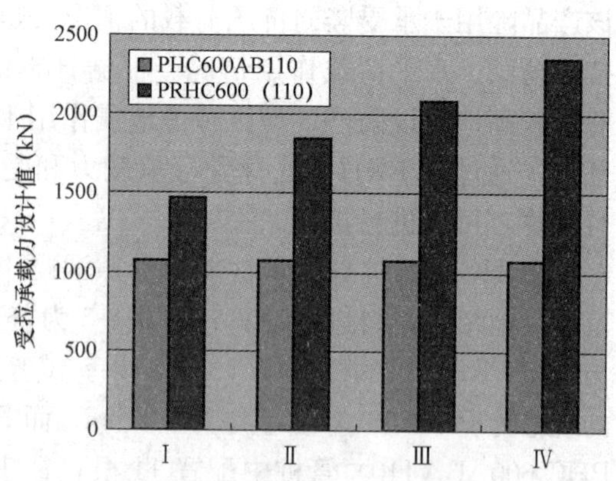

图 9.8-6 PRHC 桩与 PHC 管桩的受拉承载力对比

承载力比现有 PHC 桩有了大幅度的提高，完全能够满足一般工程中作为抗拔桩使用时的设计要求。PRHC600（110）Ⅰ型、Ⅱ型产品在宁波地区的多个工程中得到应用，作为工程桩进行的竖向抗拔承载力静载实验结果表明，极限抗拔承载力超过 2400kN。

9.8.3.2 预应力高强混凝土竹节桩

图 9.8-7 预应力高强混凝土竹节桩（PHDC 桩）

预应力高强混凝土竹节桩（简称竹节桩，代号 PHDC 桩）是桩身按每米等间隔带有竹节状凸起的异形预制桩产品（图 9.8-7）。为了增加桩与周围土体的摩擦阻力，在满足生产、运输、施工的前提下应尽可能加大节外径与桩身直径之差。目前所开发的 PHDC 桩的节外径比桩身直径大 150～200mm。具体来讲，PHDC 桩按节外径（mm）及桩身外径（mm）分为：550-400、650-500、800-600、900-700、1000-800 等规格。PHDC 桩的桩身混凝土有效预压应力值与现有预应力管桩相同，分为 A 型、AB 型、B 型和 C 型。

预应力混凝土预制桩放张过程中在对混凝土施加预压应力时，以桩长 15m 为例，根据桩身混凝土承受的预压应力的大小桩身长度会出现 1.5～4mm 左右的压缩。PHDC 桩生产时为了避免在放张过程中因桩身混凝土的压缩导致桩身与桩身凸起结合部分产生裂缝，需要所使用的钢模在桩身与桩身凸起结合部分能够追随混凝土的变形，确保产品外观质量与产品尺寸符合要求。表 9.8-2 为在生产过程中对同样下料长度的 PC 钢棒在同一生产班次制作的 PHC 管桩与 PHDC 桩的长度的检查结果，两种产品的桩长平均值一致，没有差异，表明在放张过程中，桩身凸起部分对桩身预应力的施加没有产生任何影响。

PHC 管桩与 PHDC 桩的长度检查结果 **表 9.8-2**

预制桩规格	5 根产品长度(m)					平均(m)
PHC500 AB 110 15m	14.971	14.974	14.975	14.972	14.975	14.973
PHDC650-500(100) AB 15m	14.972	14.971	14.973	14.971	14.973	14.972

PHDC桩的桩身力学性能计算方法、外观质量要求、尺寸偏差要求等与现有PHC管桩相同。通过适当的施工技术，使用该产品可以增加桩身与土体的侧摩阻力。特别是在软土地区，能够大幅度提高桩基的承载能力。通常，PHDC桩可使用在桩基的下节与中节，上节可以使用桩身直径相同的PHC管桩或PRHC桩：也可以根据设计要求，通过在PHDC桩的上端直径的变换，在上节使用比PHDC桩直径大100mm或200mm的PHC管桩或PRHC桩来满足上节桩桩身承受的竖向抗压，抗拔荷载。另外，使用更大直径的PHC管桩或PRHC桩也增加了桩基抗水平荷载的性能，确保开挖过程中桩身能够承受侧向土压力等的作用。见表9.8-3。

各种型号预制桩的组合使用例 **表9.8-3**

部位	组合一	组合二	组合三
上节	PHDC	PHC	PRHC
中段	PHDC	PHDC或	PRHC或
		PHC或	PHC或
		PHDC+PHC	PHDC+PHC
下节	PHDC	PHDC	PHDC

9.8.4 静钻根植工法

9.8.4.1 静钻根植工法施工工艺

为解决现有预制桩施工中存在的挤土、穿透夹层有难度等缺点，提高软土地基中预制桩的抗压、抗拔、抗水平承载力，结合钻孔灌注桩施工与预制桩的优点，研究开发了一种新型的预制桩沉桩施工技术：静钻根植工法。图9.8-8为该工法的主要施工流程。

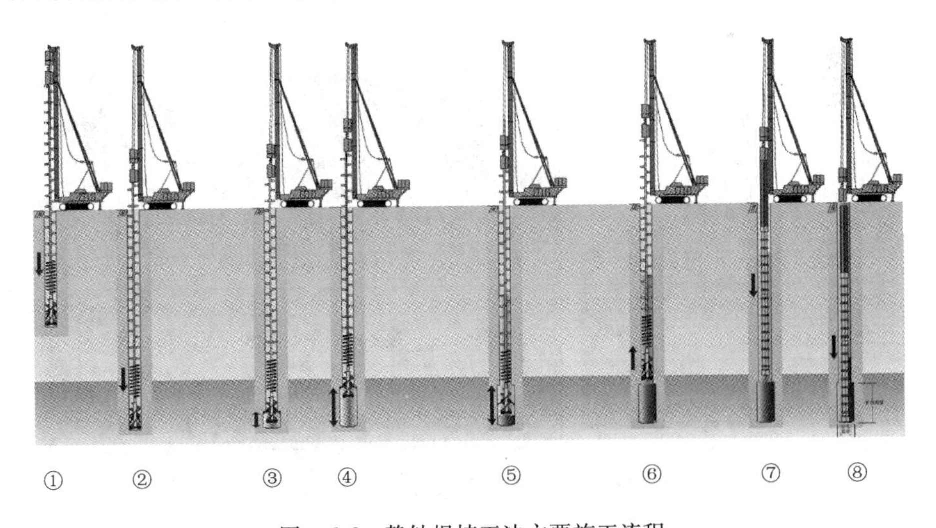

图9.8-8 静钻根植工法主要施工流程

图9.8-8中的具体施工流程如下：

① 钻机定位，钻头钻进；

② 钻头钻进，对孔体进行修整及护壁；

③、④ 钻孔至持力层后，打开扩大翼进行扩孔；

⑤ 注入桩端固化水泥浆并进行搅拌；

⑥ 收拢扩大翼边提升钻杆，边注入桩身固化水泥浆；

⑦、⑧ 利用自重将桩植入钻孔内、调整桩身垂直度，将桩植入桩端扩底部。

静钻根植工法桩基端部的扩底固化对发挥承载力是非常重要的，在施工过程中如何实现并确认设计所要求的扩大尺寸是确保承载力发挥的关键之一。静钻根植工法在施工过程中使用液压扩大系统，在钻杆中埋入液压回路进行桩基端部扩底作业。这样可以在地面上操作打开扩大机构，通过验算确认扩大部位的直径。进行扩底作业时，可以根据所在土层的强度指标分数次逐步加大扩底直径直至达到设计要求尺寸。

静钻根植工法的扩底直径可以达到所使用预制桩桩身直径的 1.7～2.0 倍，高度是钻孔直径的 2.5 倍以上。为确保桩的端阻力能够充分得到发挥，确保桩端扩底部分的强度大于其周围及下部持力层土体自身的强度，需根据持力层土体的强度选择注入一定强度的水泥浆。一般注入水泥浆的水灰比为 0.6～0.9，注入量是整个扩底部分体积，通过与土的搅拌混合，可以在桩端扩底部形成具有一定强度的水泥土构造。如采用水灰比为 0.6 的水泥浆按扩底部分体积注入时，桩端单位体积注入水泥量为 1090kg/m^3。根据所在土层的材料特性，所形成的桩端部水泥土的单轴抗压强度在 7～20MPa 左右。为使桩身与扩底固化端部成为一体共同承受由上部传递的荷载，根据 OGURA 等进行的有限元分析及模型试验[3]，下节预制桩使用竹节桩，通过其凸起部分的承压效果来增强桩身与桩端水泥土的粘结强度，可保证预制桩与桩端水泥土共同工作。

通常，在地下形成的扩底固化端部的形状是难以确认的，KON，OGURA 等通过将扩底固化端部从地下挖出的试验，对扩底端部的尺寸、形状、水泥土强度等进行调查。图 9.8-9 所示为从不同施工现场地下挖出的扩底固化端部，所要求的尺寸及形状能够得到确认。

图 9.8-9 扩底固化端部形成状况确认（KON、OGURA 等）

为确保静钻根植工法桩基的侧摩阻力的发挥，在钻孔提升钻杆时需注入桩周水泥浆。在竖向荷载作用下，侧摩阻力取决于下列三者间的抗剪强度关系：(1) 预制桩桩身与桩周水泥土；(2) 桩周水泥土体内部；(3) 桩周水泥土与土体。为确保侧摩阻力的发挥，要求预制桩桩身与桩周水泥土之间以及桩周水泥土体内部的抗剪强度要大于土体的抗剪强度。一般情况下，在软土地区下部土层的抗剪强度要高于上部土层，静钻根植工法通过在下部使用竹节桩的桩型组合，大幅度增加桩身与桩周水泥土体之间的抗剪强度，确保其能够大于土体的抗剪强度。通常，浙江地区软土地基土层的极限侧摩阻力标准值为 20～100kPa

左右，因此桩周水泥土体的最低抗剪强度要大于100kPa。静钻根植工法设定的桩周水泥土抗剪强度为150kPa，根据国外相关规范，水泥土的抗剪强度为抗压强度（无侧限）的1/3的建议，桩周水泥土的抗压强度设定为0.5MPa。桩周水泥浆的水灰比为1.0～1.5，水泥浆注入量为钻孔内土体有效体积的30%以上。

9.8.4.2 静钻根植桩基的抗压、抗拔、抗水平承载力

静钻根植桩的竖向承载力的确认参照了国外的相关规定，根据《建筑桩基技术规范》JGJ 94—2008第5.3.5条，按土的物理指标与承载力参数之间的经验关系确定单桩竖向抗压极限承载力标准值时，可采用下式计算：

$$Q_{uk}=Q_{sk}+Q_{pk}=\sum u_i q_{sik} l_i+q_{pk}A_p \tag{9.8.2}$$

式中 Q_{uk}——单桩竖向抗压极限承载力标准值；

Q_{sk}、Q_{pk}——单桩总极限侧阻力、总极限端阻力标准值；

q_{sik}——桩侧第i层土的极限侧阻力标准值，可按预制桩极限侧阻力标准值取值；

q_{pk}——极限端阻力标准值，可按照预制桩极限端阻力标准值的二分之一取值；

u_i——周长（竹节桩按节外径取值，其他类型桩按桩身外径取值）；

l_i——第i层桩身长度；

A_p——桩端扩底部投影面积。

根据国外的大量试验资料，在采用与静钻根植工法相近的工法施工的桩基中，上节桩采用PHC管桩或PRHC管桩时，侧阻力破坏可能会发生在桩身与水泥土之间，而中下节的PHDC竹节桩的侧阻力破坏发生在竹节外侧的水泥土或水泥土和钻孔孔壁原状土之间，因此在上述承载力计算公式中，PHDC桩身周长取值桩按节外径计算，其他类型桩按桩外径计算。

对于桩端部端阻力的破坏形态，根据国外的室内模型试验和对静载极限荷载试验后开挖出的桩端部进行的确认，在下节桩使用竹节桩的条件下，静载试验桩顶沉降量超过桩身直径10%时，桩端水泥土与竹节桩之间能保持一体，不会出现使用PHC管桩圆面桩在加载至一定荷载时桩端部因桩身与水泥土间发生破坏，使得加载无法继续的现象。因此，在使用竹节桩的条件下，计算桩端阻力按扩底部投影面积考虑。在公式（9.8.2）中，极限端阻力标准值按照预制桩极限端阻力标准值的二分之一取值，而在日本的承载力估算公式[公式（9.8.1）]中，与静钻根植桩工法基本等同的水泥浆工法的容许端部应力值取值为锤击工法的三分之二。从浙江沿海地区施工的静钻根植桩的静载试验结果来看，式（9.8.2）用于以砂层或砾（卵）石层作为持力层时，极限端阻力标准值按预制桩极限端阻力标准值的二分之一取值过于保守。

图9.8-10为部分采用静钻根植工法施工的桩基竖向抗压承载力静载试验结果与按式（9.8.2）估算的极限承载力的对比，可以看到静载试验结果均大于估算结果。根据统计，使用静载根植工法施工的设计试桩及工程桩进行的竖向抗压承载力静载试验结果全部能够满足设计要求。式（9.8.2）能够适用于静钻根植工法施工桩基的承载力估算。

在宁波市南环快速路工程中，对静钻根植桩在竖向抗压荷载作用下的各土层中的桩身轴力分布进行了测试。使用的桩型组合从下依次为PHDC800-600（110）15m×2根+PHC800AB（110）12m+PRHC800（110）Ⅱ15m×2根。按土层分布，共设置9个断面，每断面对称布置2个测点。图9.8-11为静载试验时各级荷载作用下桩身轴力分布的测定结果。该结果与式（9.8.2）的估算结果对比来看，除个别土层外，桩身侧摩阻力与估算结果相近。

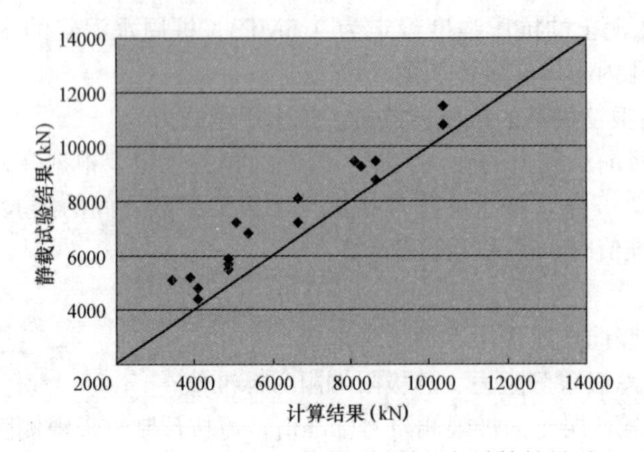

图 9.8-10 静钻根植工法静载试验结果与计算结果对比

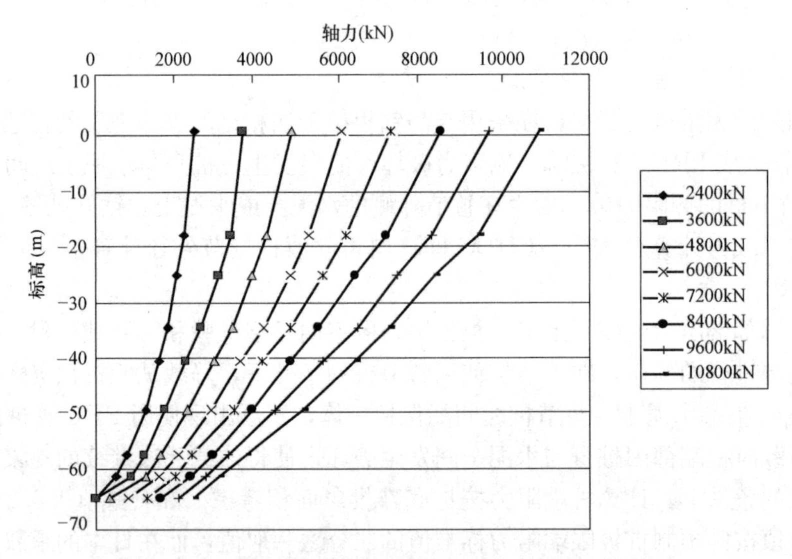

图 9.8-11 静钻根植桩静载试验桩身轴力分布测定结果

从目前所进行的静载试验结果可以看到，在宁波地区使用静载根植工法施工的PHC600管桩的承载力极限值最高可以达到9500kN，其特征值为4750kN，比现有PHC管桩桩身材料可承受的竖向抗压承载力特征值3573kN要高出33%。由于静钻根植工法施工对预制桩桩身无任何损伤，桩身的完整性良好，静载试验中没有发生任何桩身或桩与桩接头的破坏现象。因此在按桩身混凝土强度计算桩的承载力时，工作条件系数可以取0.8或更高。

由于静载根植工法在软土地区也能使得桩身材料强度得到充分利用，为满足静载根植工法对桩身性能的要求，需要进一步提高桩身混凝土强度，目前已经开发了桩身混凝土强度等级为C100的PHDC桩和PRHC桩。

图9.8-12为在宁波某公司的同一区域进行的静钻根植桩与钻孔灌注桩的竖向抗压承载力试桩静载试验结果。6根试验桩的桩长均为64m，以第⑧层粉砂层作为持力层，桩身

进入持力层2m，各桩间的桩间距为3m。按式（9.8.2）估算的ϕ650-500静钻根植桩与ϕ800～600静钻根植桩的极限承载力分别为6650kN、8630kN。从图9.8-12的试验结果来看、ϕ650～500静钻根植桩与ϕ800～600静钻根植桩的极限承载力大于式（9.8.2）的估算结果。ϕ650～500静钻根植桩的极限承载力试验结果与ϕ800mm钻孔灌注桩相近，而ϕ800～600静钻根植桩的极限承载力试验结果与ϕ1000mm钻孔灌注桩相近。

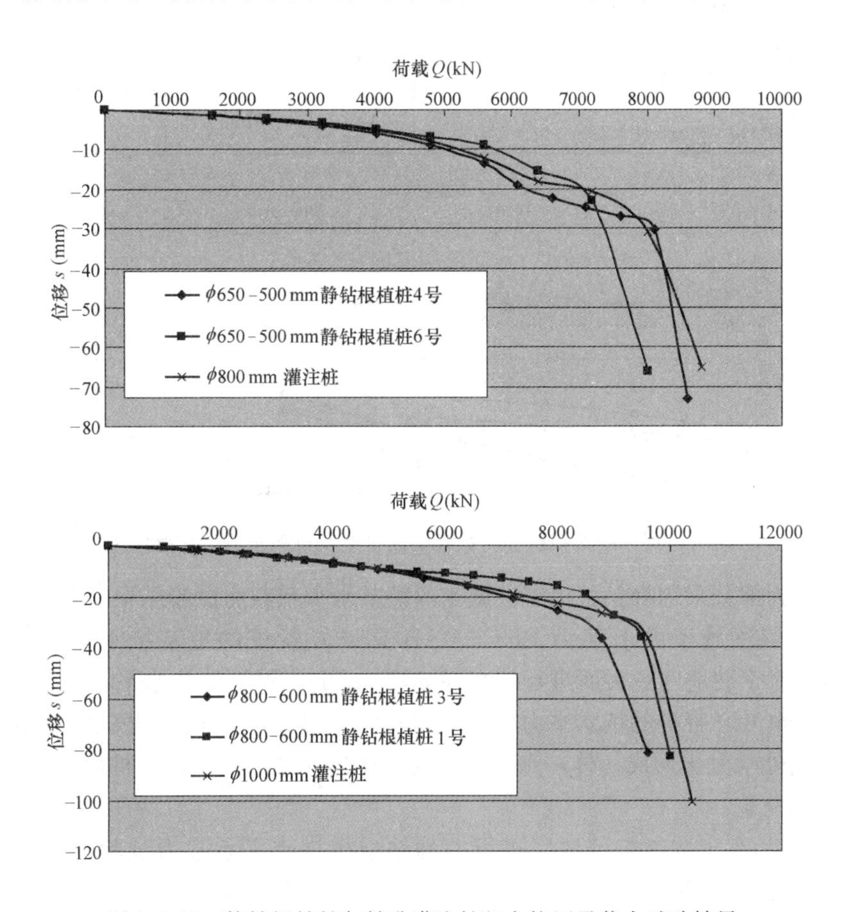

图9.8-12 静钻根植桩与钻孔灌注桩竖向抗压承载力试验结果

表9.8-4为部分采用静钻根植工法施工的桩基竖向抗拔承载力静载试验结果。试验结果表明，采用静钻根植工法施工的上部为PHC600AB 130管桩及PHC800AB 110管桩的桩基竖向抗拔承载力分别可以达到1900kN、2400kN，均超过按桩身配置的预应力钢筋抗拉强度标准值来决定的抗拉能力。采用静钻根植工法施工，由于扩底及桩身内外周水泥土能够有效地提高抗拔承载力，施工方法对桩身无损伤能够确保预制桩桩身材料的抗拉能力得到充分发挥。从表9.8-4的结果也可以看到，由于PRHC桩的桩身抗拉能力的提高，使用PRHC桩能够进一步增加桩基的竖向抗拔承载能力。

图9.8-13为在浙江慈溪杭州湾某工地中相邻的静钻根植桩与钻孔灌注桩的竖向抗拔承载力静载试验结果，该工地使用的静钻根植桩的组合为PHDC650-500(100)＋PRHC600Ⅰ型，桩长68m，钻孔灌注桩按抗拔桩的配筋设计，桩身直径ϕ700mm，桩长75m。尽管钻孔灌注桩的桩长比静钻根植桩要多7m，两根桩的U-s曲线相近。

部分工程静钻根植工法桩基竖向抗拔承载力试验结果　　表 9.8-4

工程名称	桩长(m)	桩型组合	抗拔承载力试验值(kN)	上拔量(mm)
某公司试桩 试验单位:浙江大学土木工程测试中心	64	PHDC800-600+PHC800	2400	34.22
		PHDC650-500+PHC600	1900	34.22
宁波南环快速路工程 试验单位:宁波宁大地基处理技术有限公司	72	PHDC800-600+PRHC800Ⅱ	＞3000	16.39
杭州湾某五星级酒店 检测单位:浙江开天工程技术有限公司	68	PHDC650-500+PRHC600Ⅰ	＞2000	15.20
宁波东部新城某项目 试验单位:宁波市建筑工程检测技术有限公司	59	PHDC650-500+PRHC600Ⅰ	＞2400	17.92

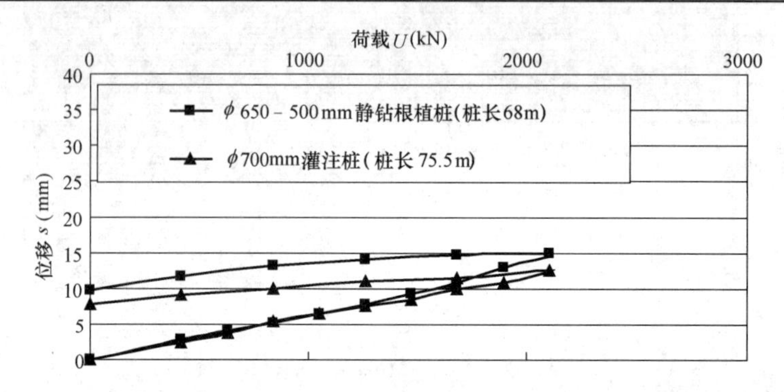

图 9.8-13　静钻根植桩与钻孔灌注桩竖向抗拔承载力试验结果

表 9.8-5 为部分采用静钻根植工法施工的桩基水平承载力试验结果。在宁波鄞州邱隘采用静钻根植工法施工的上部为 PHC600AB（130）管桩的桩基抗水平极限承载力为 180kN。根据对宁波地区过去所进行的直径 600mmPHC 管桩的抗水平承载力静载试验结果的调查，PHC600 管桩的抗水平力极限值为 80～120kN，采用静钻根植工法施工，使得桩身与桩身内外水泥土形成一体，水泥土作为桩体的一部分，增加了桩体的刚度，能够负担一部分水平荷载。

图 9.8-14 为在宁波市东部地区进行的静钻根植桩水平承载力试验的 $\Delta x/\Delta H$ 曲线。两条曲线的桩型组合中上部使用桩型分别是 PHC800AB（110）管桩，PRHC800（110）Ⅱ型复合配筋桩。由于 PRHC 桩的桩身抗弯性能比 PHC 管桩有大幅度提高，其临界荷载为 330kN，比同直径 PHC 管桩的临界荷载高出近 100%。

以上的试验结果表明，静钻根植工法可以大幅度提高预制桩的抗水平承载力，另外通过使用 PRHC 桩可以更加大幅度提高桩基抗水平临界荷载，确保在基坑开挖时不会出现移位、桩身倾覆、破坏等现象。

部分工程静钻根植工法桩基抗水平承载力试验结果　　表 9.8-5

工程名称	桩长(m)	桩型	水平承载力试验值(kN)	水平位移(mm)
某公司试桩 (郑州区邱隘) 试验单位:浙江大学土木工程测试中心	64	PHDC800-600+PHC800	240 (临界荷载:160)	24.43
	64	PHDC650-500+PHC600	180 (临界荷载:100)	32.64
宁波南环快速路工程 试验单位:宁波宁大地基处理技术有限公司	72	PHDC800-600+PRHC800Ⅱ	350 (临界荷载:＞300)	28.81

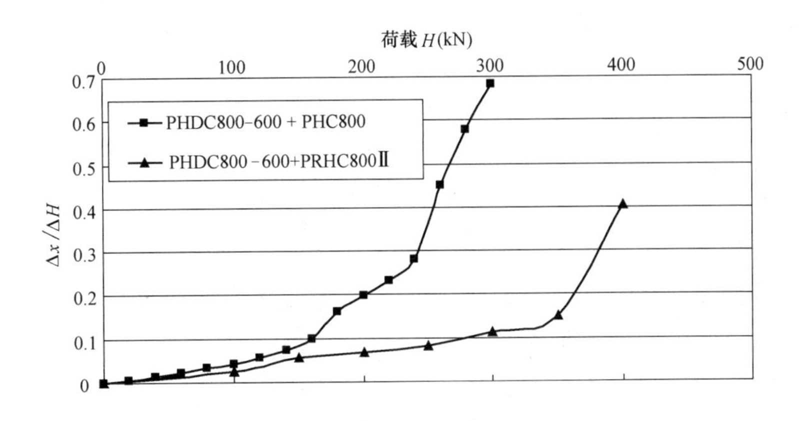

图 9.8-14 静钻根植桩水平承载力试验 H-$\Delta x/\Delta H$ 曲线

9.8.5 工程应用

9.8.5.1 某高架桥工程试验

浙江省内某高架桥，标准跨径为 30m，桥面宽度 25.5m，采用 9 根 1m 的钻孔灌注桩群桩基础，桩长 60～80m，桩数近万根。由于桩基在现有道路上施工，施工限制因素多，而且工程建设过程中排放大量泥浆，对现有道路和环境有较大影响。为节省造价和工期、保护环境，在本工程对静钻根植桩的应用进行了专项试验研究。

本工程采用直径 0.8m 静钻根植桩，试桩桩长 72m，桩底进入粉质黏土层 10a 层 1.8m。试桩参考地质孔情况如表 9.8-6。静钻根植桩桩型由上至下的组合为：PRHC800(110)Ⅱ-(15m+15m)+PHC800(110)AB-12 + PHDC800-600(110)AB-(15m+15m)，桩长总计 72m。桩端部构造如图 9.8-15 所示。本工程静钻根植桩单桩竖向承载力按式(9.8-2) 估算如下：

$$Q=Q_{uk}/2=(\sum u_i q_{sik} l_i+q_{pk} A_p)/2=4033+1276=5309\text{kN}$$

某高架桥静钻根植桩试桩地质孔桩基参数取值表 **表 9.8-6**

土层编号	岩土名称	厚度(m)	极限桩侧土摩阻力 q_{sik}(kPa)		极限端阻力标准值 q_{pk}(kPa)	
			钻孔灌注桩	预制桩*	钻孔灌注桩	预制桩*
z	杂填土	2.1				
1	黏土	0.8	25	26		
2a	淤泥质黏土	2.1	12	13		
2c	淤泥质黏土	7.6	13	14		
3	粉质黏土夹粉砂	2.8	20	21		
4	淤泥质黏土	5.6	18	19		
5b	粉质黏土	2.7	48	51		
5c	粉质黏土	4.6	46	48		
6a	粉质黏土	9.2	42	44		
6c	黏土	14.9	44	46		
7	粉质黏土	7.4	60	63		

续表

土层编号	岩土名称	厚度(m)	极限桩侧土摩阻力 q_{sik}(kPa)		极限端阻力标准值 q_{pk}(kPa)	
			钻孔灌注桩	预制桩*	钻孔灌注桩	预制桩*
8b	圆砾	0.6	110	116		
9a	粉质黏土	2.6	62	65		
9b	中砂	7.2	78	82		
10a	粉质黏土	8.2	75	79	1450	4000

*注：本工程地勘报告仅给出钻孔灌注桩取值，表中预制桩的取值系参照钻孔灌注桩取值与当地相关规定而定。

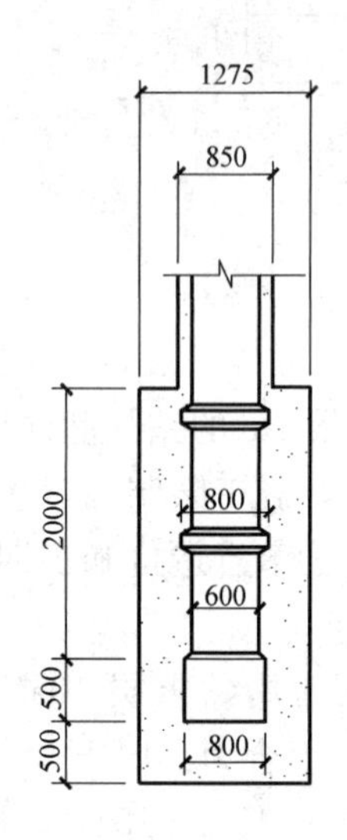

图9.8-15 静钻根植桩桩端部构造图

静钻根植桩使用履带式沉桩机带具备扩底功能的单轴钻机钻孔，钻杆是搅拌钻杆与螺旋钻杆的组合，将钻头定位于桩心位置，确认平面位置及钻杆垂直度。使用定位检测尺确认平面位置；使用2台经纬仪互成90°进行垂直度监测并校正。钻孔时根据地质情况，确保主机负荷在允许范围内，并在保证成孔质量的前提下选择合适的钻孔速度。钻孔过程中，根据地质情况边钻孔边喷水或膨润土混合液，利用带有专用搅拌翼的钻杆边钻孔边对孔体进行修整及护壁。根据孔径、钻孔速度及地质情况调整水用量。钻孔至设定深度后，上下反复提升和下降钻杆进行桩孔的修整。桩孔修整完成后，打开钻头部位扩大翼，按照设定的扩大直径分数次进行扩孔，扩孔完成后注入桩端水泥浆并进行反复搅拌。水泥浆泵送量与搅拌下沉或提升速度相匹配，保证水泥浆的均匀性。在桩端水泥浆注入后2h内开始进行植桩。植桩过程中，必须采用检测尺对桩进行定位，同时用2台经纬仪互成90°对桩进行检测，确保垂直度偏差不得超过0.5%。在下节桩桩顶距离地面1～2m时，用专用工具将桩固定，然后吊装下一节桩，桩与桩之间采用CO_2气体保护焊焊接。当最后一节桩沉桩至距地面2m左右时，用专用工具将桩进行固定、校正和送桩。

静钻根植桩单桩竖向静载试验汇总表见表9.8-7，根据现场试验状况及相关曲线综合判断该桩的单桩抗压极限承载力不小于10800kN。

单桩竖向静载试验汇总表 **表9.8-7**

荷载 Q(kN)	2400	3600	4800	6000	7200	8400	9600	10800
沉降 s(mm)	4.2	9.7	14.8	20.1	25.9	33.8	43.2	52.9

从静载试验情况看，公式采用和理论计算是合理的。

本工程静钻根植桩施工技术与传统钻孔灌注桩相比具有以下优点；

(1) 泥浆以渣土排出，其排放量在同等承载力条件下仅是钻孔灌注桩泥浆排放量的25%；

(2) 采用预制桩保证桩身质量稳定，施工机械化程度高，施工效率高于灌注桩3倍以上；

(3) 在同等承载力条件下混凝土用量只有钻孔灌注桩的30%，大幅度节约原材料、能源。

9.8.5.2 某工业项目试验

浙江省内某大型工业改造项目，工程地质条件及桩基设计参数建议值如表 9.8-8 所示。

某工业改造项目土层分布及桩基设计参数建议值 表 9.8-8

土层编号	岩土名称	厚度(m)	承载力参数			
			预应力管桩		钻孔灌注桩	
			q_{pa}(kPa)	q_{sia}(kPa)	q_{pa}(kPa)	q_{sia}(kPa)
1	黏土	0.5		60		55
2-1	淤泥	12.3		14		12
2-2	淤泥	12.9		18		16
3-1	淤泥质粉质黏土	1.6		22		20
3-2	粉细砂	4.2		40		35
3-1	淤泥质粉质黏土	8.3		30		25
4-1	粉土	2.6		40		35
4-2	粉质黏土	2.6		40		35
4-3	粉土	0		40		35
5-1	砾(卵)石	2.4		200		150
6-1	粉质黏土	0		50		45
6-2	粉质黏土	7.9	3000	60	750	55
6-3	粉土	3.1		40		35
7	砾(卵)石	1.3	11500	200	2200	150

设计桩长为 61m，桩型组合由上而下为 PRHC800(110) Ⅱ型 31m，PHC800 (110) AB15m，PHDC800-600(110)AB 15m，钻孔直径为 900mm，扩底直径为 1350mm，扩底高度为 3000mm。作为对比试验，在同场地相邻位置施工钻孔灌注桩，桩径为 1000mm，桩长同样为 61m。两种桩型进入持力层深度均为 1.3m。

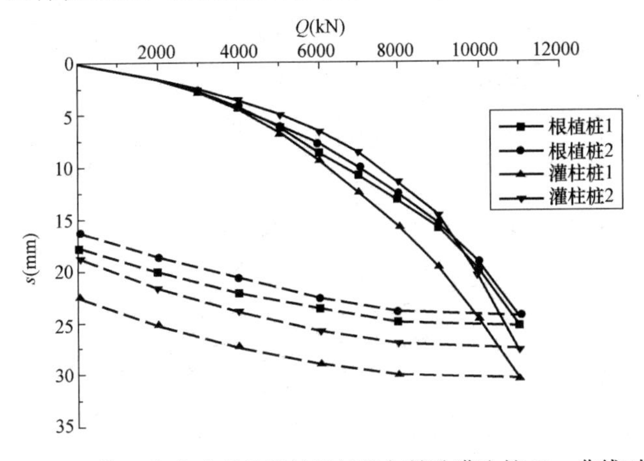

图 9.8-16 某工业改造项目静钻根植桩与钻孔灌注桩 Q-s 曲线对比

对静钻根植桩与钻孔灌注桩各2根进行了竖向抗压静载试验。*Q-s* 曲线如图9.8-16所示。

由图可知：*Q-s* 曲线为缓变型，试验加载最大荷载为11000kN，未加载至破坏，根植桩的竖向位移略小于灌注桩，该地质条件下，两种桩型的竖向抗压承载力相近。

9.8.5.3 某城市综合体工程试桩

该工程位于浙江省象山，工程土层分布及设计参数建议值如表9.8-9所示。

土层分布及桩基设计参数建议值 **表9.8-9**

土层编号	岩土名称	厚度(m)	承载力参数建议值			
			预应力管桩		钻孔灌注桩	
			q_{pa}(kPa)	q_{sia}(kPa)	q_{pa}(kPa)	q_{sia}(kPa)
Z	素填土	3.7		0		0
1	黏土	1.7		20		18
2	淤泥质黏土	6.2		7		6
3	黏土	7.6		25		22
5	黏土	5.0		20		18
6	圆砾	2.3	2300	40	900	36
7-1	含砾粉质黏土	0.7	800	28	520	25
7-2	含黏性土砾砂	3.4	2500	42	1000	38
8-1	含砾粉质黏土	0.6	1200	30	480	37

设计桩长为33m，桩型组合由上而下为PHC600(110)AB18m，PHDC650-500（100）15m，钻孔直径为750mm，扩底直径为1125mm，扩底高度为2400mm。

经计算可知，根据土体参数计算得到的静钻根植桩基础的单桩竖向承载力特征值为1939kN，考虑桩身轴心受压承载力的设计值为3120kN>1939kN，故该桩基础单桩竖向抗压承载力由土体控制，设计取值为1939kN。对该场地的3根枚试桩进行了单桩竖向抗压静载试验。*Q-s* 曲线如图9.8-17所示。

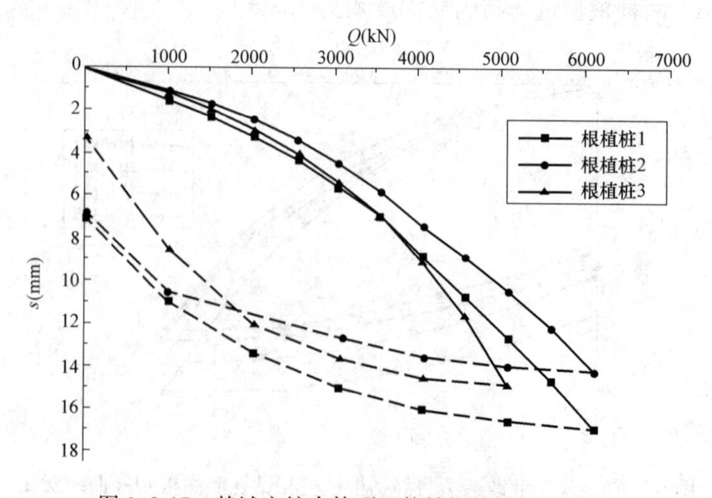

图9.8-17 某城市综合体项目静钻根植桩 *Q-s* 曲线

由图可知，在荷载作用下，静钻根植桩基础的竖向变形特征为缓变型，分别加载至6120kN、6120kN、5100kN时，竖向位移为16.91mm、14.22mm、14.88mm，未继续加载。因此，3根试验桩的单桩竖向承载力特征值可分别取为3060kN、3060kN、2550kN，均远远大于计算所得结果。说明在该地质条件下，静钻根植桩基础的设计计算仍偏于保守，可能的原因为桩端水泥浆与持力层土体固化效果极好，使得桩端强度大大提高，从而提高了桩端承载力。

9.8.6 结语

(1) 与现有预制桩相比，复合配筋桩的桩身抗弯、抗拉性能得到大幅度提高。

(2) 使用竹节桩可以增加桩身与土体的侧摩阻力，特别是在软土地区，能够大幅度提高桩基的承载能力。

(3) 所建议的竖向抗压承载力计算公式能够适用于静钻根植工法施工桩基的承载力估算，其估算结果可以用于初步设计。

(4) 静载根植工法在软土地区也能使桩身材料强度得到充分利用，为满足静载根植工法对桩身性能的要求，可使用桩身混凝土强度为C100的PHDC桩和PRHC桩。

(5) 静钻根植工法施工对预制桩桩身无任何损伤，桩身的完整性良好，按桩身混凝土强度计算桩的承载力时，工作条件系数可以取0.8。

(6) 在宁波地区工地的试验结果表明，ϕ650-500静钻根植桩的极限承载力与ϕ800mm钻孔灌注桩相近，ϕ800-600静钻根植桩的极限承载力与ϕ1000mm钻孔灌注桩相近。

(7) 静钻根植工法由于扩底，桩身内外周水泥土以及施工对桩身无损伤，能够确保预制桩的抗拔承载能力得到充分发挥。而PRHC桩能够进一步增加桩基的竖向抗拔承载能力。

(8) 静钻根植工法施工使得桩身与桩身内外水泥土形成一体，增加桩体刚度，水泥土能够负担部分水平荷载：PRHC桩抗水平临界荷载可比同直径PHC管桩高出近100%，确保基坑开挖时不会出现移位、桩身倾覆、破坏等现象。

9.9 施工质量控制与标准

质量检验包括材质检验、桩制作质量检验、强度检验和沉桩质量检验几方面。

9.9.1 材质检验

材质检验包括砂料、石料、水泥、钢材等。有时尚应对水、添加剂、电焊条等进行质量检验。

1. 砂料：检验颗粒级配、含泥量等符合“普通混凝土用砂质量标准及检验方法”。

2. 石料：检验颗粒级配、含泥量、骨料强度等符合相关标准。

3. 水泥：检验水泥的质保单，鉴定水泥标号，对活性不稳定的水泥应及时做试验。

4. 钢材：检验质保单，鉴定钢材技术参数，并应检验浮锈和油污等。

9.9.2 制作质量检验

制作质量检验包括模板、钢筋骨架、制作偏差、外观质量等，应符合国家施工规范及检验标准的要求。其制作允许偏差见表9.9-1。

桩制作的允许偏差 **表 9.9-1**

桩 类	项 目	允许偏差(mm)
钢筋混凝土预制桩	横截面边长	±5
	桩顶对角线之差	10
	保护层厚度	±5
	桩身弯曲矢高	不大于1‰桩长,且不大于20
	桩尖中心线	10
	桩顶平面对柱中心线的倾斜	≤3
	锚筋预留孔深	−0～+20
	浆锚预留孔位置	5
	浆锚预留孔径	±5
	锚筋孔的垂直度	≤1%
钢筋混凝土预制管桩	直径	±5
	竹壁厚度	−5
	抽芯圆孔平面位置对桩中心线	5
	桩尖中心线	10
	下节或上节桩的法兰对中心线的倾斜	2
	中节桩两个法兰对桩中心线倾斜之和	3
混凝土桩的钢筋骨架	主筋间距	±5
	桩尖中心线	10
	箍筋间距或螺旋筋的螺距	±20
	吊环沿纵轴线方向	±20
	吊环沿垂直于纵轴线方向	±20
	吊环露出桩表面的高度	−0～+10
	主筋距桩顶距离	±10
	桩顶钢筋网片	±10
	多节桩锚固钢筋长度	±10
	多节桩锚固钢筋位置	5
	多节桩预埋铁件	±3

桩的外观质量应符合下列要求：

1. 桩表面应平整、密实，掉角深度不应超过10mm，局部蜂窝和掉角的缺损总面积不得超过桩全部表面积的0.5%，并不得过分集中。板桩的凹凸榫应平整光滑。

2. 混凝土收缩产生的裂缝深度不得大于20mm，宽度不得大于0.5mm。

3. 桩顶和桩尖处不得有蜂窝、麻面、裂缝和掉角。

桩的一般缺陷可进行修整，但影响结构性能的缺陷，必须会同设计等有关单位研究处理。

9.9.3 强度检验

桩的强度包括对混凝土的配合比、拌制、浇筑、养护、试块抗压强度等进行质量检验。

1. 混凝土配合比检验，包括水灰比、坍落度、和易性、水用量、砂率值、容重及混凝土试块强度。

2. 混凝土拌制检验，包括原材料计量的允许偏差、搅拌加料顺序和搅拌最短时间等。

混凝土原材料计量的允许偏差：

(1) 水泥、外掺混合料小于±2%；

（2）粗、细骨料小于±3%；

（3）水及外加剂溶液小于±2%。

同时应定期检验各种计量衡器，经常测定骨料含水率。

混凝土搅拌的最短时间，自全部材料装入搅拌筒中起到卸料止，可按表9.9-2采用。

混凝土搅拌的最短时间（s） **表9.9-2**

混凝土坍落度(cm)	搅拌机型	搅拌机容积(L)		
		<400	400～1000	>1000
≤3	自落式 强制式	90 60	120 90	150 120
>3	自落式 强制式	90 60	90 60	120 90

3. 混凝土的浇筑检验，包括混凝土运输离析和预防措施，浇筑前模板和支架的质量检验记录，浇筑分层高度、厚度、程序、时间、振捣等操作，以及气象条件和防雨、防冻等措施进行检验。

4. 混凝土的养护检验，包括养护方式和措施、养护时间和湿度及拆模时间等。

5. 混凝土试块检验，包括试块的制作、取样、数量、养护、强度试验等。

混凝土的试块强度的平均值，不得低于1.05$R_{标}$；同批混凝土试块强度中最小一组的值不得低于0.9$R_{标}$。

9.9.4 沉桩质量检验

沉桩检验，包括桩的接头、桩位偏差、标高偏差、倾斜度偏差及桩的外观质量等。

1. 接头质量检验，应按接头的形式检验接头外观质量、连接件或胶结料、焊接或胶结质量，符合相应的规范要求。

2. 桩位偏差检验，应按桩的基础结构特性检验桩位偏差，参见表9.9-3。

预制桩（混凝土桩、板桩）位置的允许偏差 **表9.9-3**

桩类	项目	允许偏差(mm)
预制混凝土桩钢管桩木桩	上面盖有基础梁的桩： 1. 垂直基础梁的中心线 2. 沿基础梁的中心 桩数为1～2根或单排桩基中的桩 桩数为3～20根桩基中的桩 桩数大于20根桩基中的桩 3. 最外边的桩 4. 中间的桩	 100 150 100 1/2桩径或边长 1/2桩径或边长 一个桩径或边长
钢筋混凝土板桩	位置 垂直度 板桩间缝隙： 用于防渗 用于挡土	100 1% 不大于20 不大于25

3. 桩的标高偏差检验中，按标高控制的桩，桩顶标高的允许偏差为－50～＋100mm。

4. 桩的倾斜度偏差检验，直桩的倾斜度不得大于1%，斜桩倾斜度的偏差不得大于桩纵向中心线与沿垂线间的夹角正切值的1.5%。

5. 桩的外观检验，包括桩身破碎裂缝和断裂、桩身混凝土掉角露筋、接桩处拉脱开裂等。

9.9.5 验收标准

1. 验收打桩工程，应检验其是否符合设计要求和施工验收规范的规定。在验收前，不得切去桩顶。

2. 桩基工程验收应按下列规定进行：

(1) 桩的制作、吊运、堆放质量检验应在打桩前进行。

(2) 当桩顶设计标高与施工场地标高相同时，桩基工程施工质量验收应待打桩完毕后进行。

(3) 当桩顶设计标高低于施工场地标高需送桩时，在每根桩的桩顶打至场地标高时，应进行中间验收，待全部桩打完并开挖到设计标高后，再作全面检验。

3. 桩基工程验收时，应提交下列资料：

(1) 工程地质勘察报告。

(2) 施工组织设计及审阅单。

(3) 桩的结构和桩位设计图。

(4) 材料检验记录。

(5) 钢筋隐蔽验收记录。

(6) 混凝土试块强度试验报告。

(7) 桩的外观检查表和接桩外观检查表。

(8) 养护方法。

(9) 桩位测量放线图和工程测量复核单。

(10) 设计交底记录。

(11) 技术核定单。

(12) 防护措施图。

(13) 打桩记录。

(14) 中间质量验收单。

(15) 桩位竣工平面图（基坑开挖后施打至设计标高的桩位图）。

(16) 桩的静载荷和动载荷试验资料和确定贯入度的记录。

(17) 结构工程质量检查、检验记录卡。

(18) 分部分项工程技术复核记录。

(19) 工程质量评定表。

(20) 工程竣（交）工验收单。

9.10 预制桩施工对环境影响分析及保护措施

在软土地基中，由于大量桩体沉入地下，桩周一定范围内的地基土体受到挤压并形成超静孔隙水压力，造成沉桩区及其邻近土体的水平位移和垂直变位，使已下沉的桩和临近建筑物及地下管线受到损伤、甚至破坏，也可能降低桩的承载力。沉桩对桩周地基土体的强烈振动，将以振动波的形式在土中扩散传递，也会影响临近建筑物和地下管线的正常使用和安全。此外，沉桩施工中发出的噪声等公害，在市区内也将影响邻近地区市民的正常工作和生活。

9.10.1 施工噪声及防护

噪声在空气中以平面正弦波传播，并按声源距离对数值呈线性衰减。一般以声压单位dB来衡量噪声的强弱及其危害程度。噪声的危害不仅取决于声压大小，而且与持续时间有关。沉桩施工工艺不同，噪声声压也有所不同。见图9.10-1和图9.10-2，以及表9.10-1。

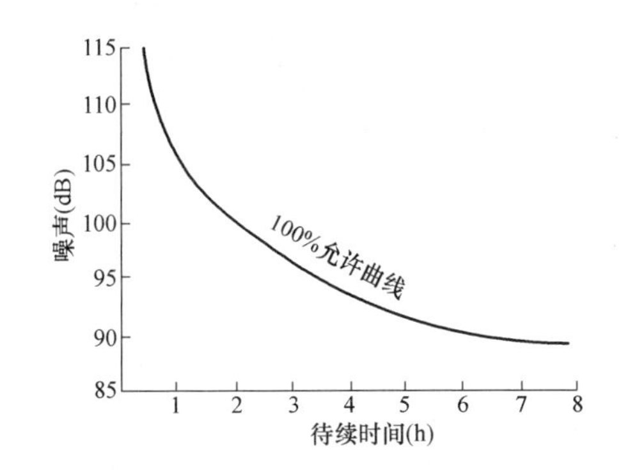

图9.10-1 噪声声压与人能经受的允许时间

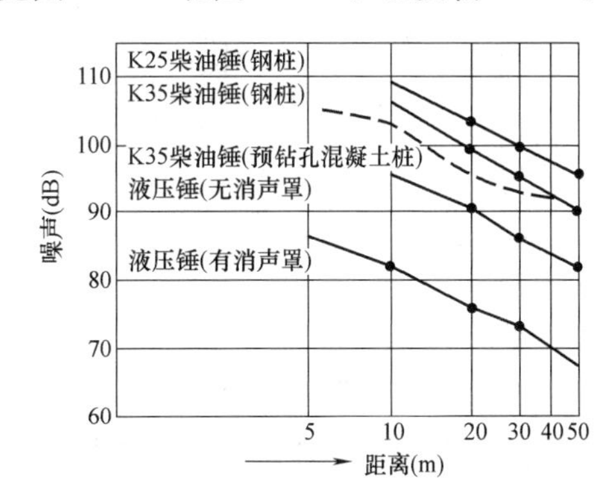

图9.10-2 打桩噪声与距离的关系

(钢桩)声源处噪声声压(dB) 表9.10-1

柴油锤					振动锤	静力压入	水冲与锤击并用	预钻孔与锤击并用	中掘与锤击并用
K-25	K-35	K-45	(有消声罩)K-45	K-60					
127～132	128～133	129～134	113～118	129～134	94～104	86～99	102～112	92～103	97～107

噪声随着离声源距离增大而衰减的状况，一般可按下式估算：

$$P_L = P_{wl} - 20\log r_b - a \cdot r_b - 8 \quad (\text{dB}) \tag{9.10.1}$$

式中 P_L——衰减后的声压(dB)；

P_{wl}——声源处的声压(dB)；

r_b——离声源的距离(m)；

a——地面吸收系数(dB/m)。与地面平整程度和特性有关。有时也可按图9.10-3采用图解法进行估算。

当在噪声扩散传播过程中有障碍物阻挡时，应考虑传播回折所增加的距离对噪声衰减的影响，以及障碍物的消声效能会使噪声进一步衰减。可按下式计算回折距离δ。

$$\delta = \frac{1}{2}(H-h)^2 \cdot \left(\frac{1}{A_b} + \frac{1}{B_b}\right) \quad (\text{m}) \tag{9.10.2}$$

式中 H——障碍物高度(m)；

h——声源的高度(m)；

A_b——声源处至障碍物的距离(m)；

B_b——受声处至障碍物的距离(m)。

障碍物的消声效能与其吸声效果及接合状态有关。一般简易板屏其最大消声值T_L约为5dB。通常也可按图9.10-4估算噪声受障碍物和回折距离δ影响所产生的衰减量。当噪声传播进室内时，一般尚可衰减约15dB。

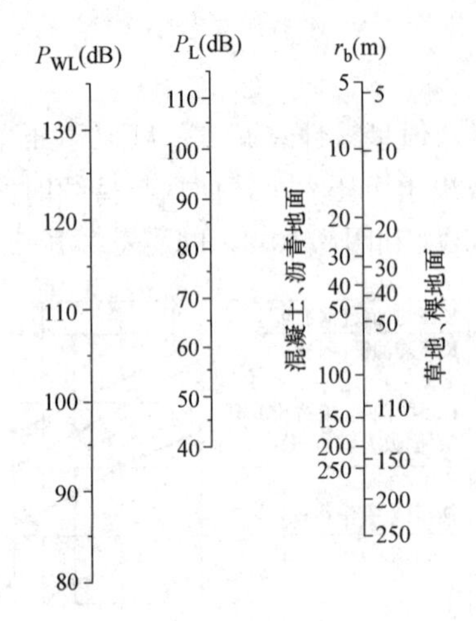

图 9.10-3 噪声随距离衰减图解法

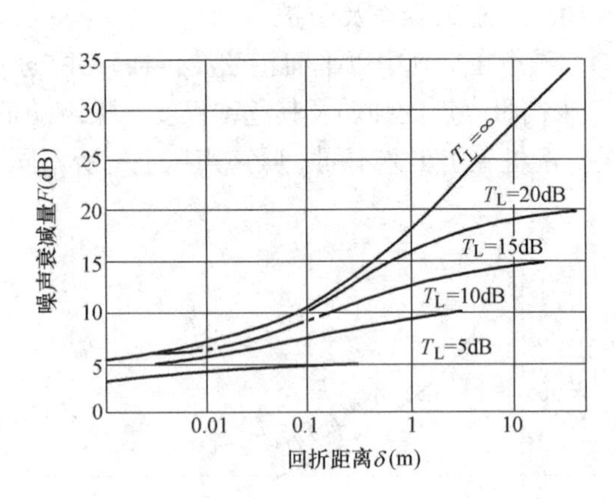

图 9.10-4 噪声回折距离与衰减量关系

当为多声源时，则受声处的噪声声压将为各个声源影响的合成。合成声压可按下式估算：

$$P_L = 10\lg(10^{P_{L1}/10} + 10^{P_{L2}/10}) \quad (\text{dB}) \tag{9.10.3}$$

当两声源处的声压差 ΔP_L 小于 20dB 时，低声压声源将不会使受声处的声压产生明显的增大现象。当为多声源时，可先将两个声源的合成值与其他声源再合成，逐次进行即可。噪声合成可按图 9.10-5 采用图解法进行估算。

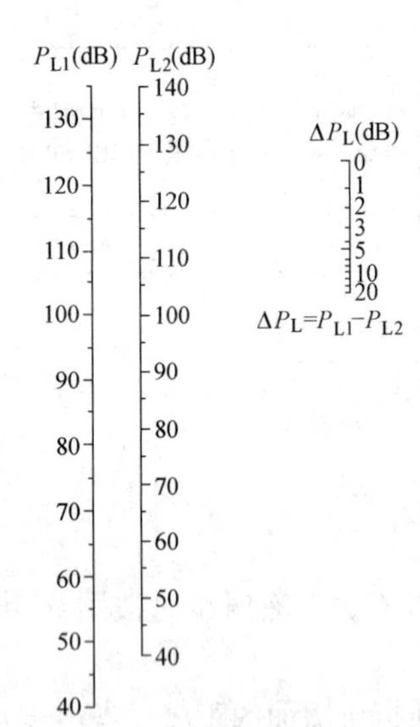

图 9.10-5 噪声合成图解法

住宅区噪声声压一般应控制在 70～75dB，在工商业区噪声声压可控制在 75～80dB。当沉桩施工噪声声压高于 80dB 时，应采取减小噪声的处理措施。一般可采取声源控制、遮挡、保护设施、时间控制等基本防护方法。

1. 声源控制防护

降低声源处噪声声压是直接有效措施。锤击沉桩法可按桩型和地基条件选用冲击能量相当的低噪声冲击锤。振动法沉桩选用超高频振动锤和高速微振动锤可较一般振动锤降低噪声声压 5～10dB，且噪声持续时间可缩短近一半。为了进一步减小噪声和缩短噪声持续时间，也可采用预钻孔辅助沉桩法、振动掘削辅助沉桩法、冲水辅助沉桩法等工艺。同时可改进桩帽、垫材以及夹桩器来取得降低噪声的效果。在柴油锤锤击法沉桩施工中，还可用桩锤式或整体式消声罩装置将桩锤封闭隔绝起来，并可在罩内壁设置以消声材料制作的夹层，可显著降低桩锤锤击所产生的噪声向外传播时的噪声声压，可降低15～20dB。其中桩锤式消声罩效果稍差，但使用方便经济。而整体式消声罩的效果较好，一般离打桩区 30m 处噪声声压可控制在 70dB 以下。

2. 遮挡防护

在打桩区和受声区之间设置遮挡壁可增大噪声传播回折路线，并能发挥消声效果，显著增大噪声传播时的衰减量。遮挡壁的消声效果不仅取决遮挡壁的高度，而且与制作遮挡壁的材料有关。当采用具有足够高度的优质消声材料制成的接合良好的遮挡壁时，可降低噪声声压达 20～25dB。通常情况下遮挡壁高度不宜超过声源高度和受声区控制高度，一般宜为 15m 左右比较经济合理。遮挡壁的设计可按噪声控制要求和前述估算公式及图表进行。

3. 保护设施防护

为了减小噪声对施工操作人员的危害影响，有时可采用消声效果良好的材料制成接合良好的操作控制室，以保护施工操作人员免受噪声长时间作用对人体健康和生产安全所产生的危害影响。

4. 时间控制防护

为了尽可能减小对打桩区邻近住宅区的噪声危害影响，确保正常生活和休息，可控制沉桩施工时间，午休和晚上停止沉桩施工。

9.10.2　振动影响及防护

沉桩施工所产生的振动，向邻近地基土体及建筑物传播，使地基出现较大的各种附加变化，如沉降、开裂等，影响邻近工厂企业的正常生产和住宅区居民的正常生活，严重时将造成邻近建筑物不同程度的损坏和岸坡失稳，是沉桩施工所引起的主要公害。

沉桩施工时产生振动，在地基中产生振动弹性波，并向沉桩区周围土层扩散传播。在地基土体中传播的振动弹性波可分为实体波和表面波两大类。实体波包括纵波（压缩波，又称 P 波）和横波（剪切波，又称 S 波）。在地基土上没有特殊表面层的情况下，表面波为瑞利波（存在于低波速的表面覆盖土层时，则表面波为乐夫波）。上述各种振动弹性波占总输入能量的百分比分别为：瑞利波占 67%、横波（剪切波）占 26%、纵波（压缩波）占 7%。

从振动弹性波在地基土中的传播图（图 9.10-6）可见，沉桩施工中所产生的振动在垂直方向和两个水平方向振动同时存在。但在振动频率较低的地基土中，垂直振动要比水平振动更容易感受到，且垂直振动比水平振动所引起的危害影响更大。由于表面波占了振动总输入能量的三分之二，以及表面波随着距离增加而衰减（属 $r_b^{-0.5}$ 级的衰减函数）要比实体波的衰减（属 r_b^{-2} 级的衰减函数）慢得多等特性，所以在离振源较远的一定距离内，表面波的影响是主要的。

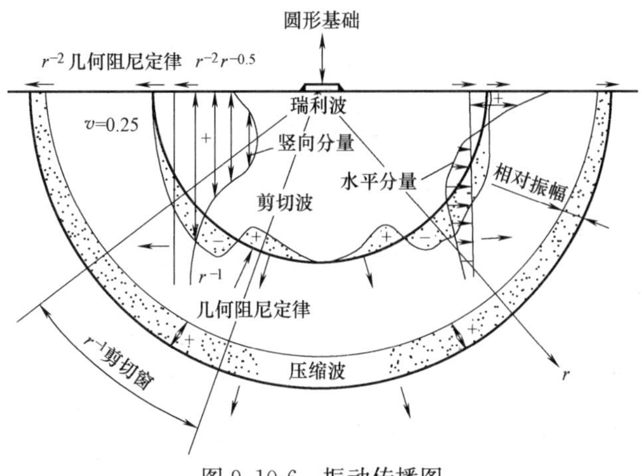

图 9.10-6　振动传播图

沉桩施工所引起的地基土的振动包含5个振动参数：振幅 A、质点速度 V、质点加速度 a、频率 f、波的传播速度 v。

9.10.2.1 振动的传播规律

在离沉桩点以外一定范围内，振动弹性波的传播有下列规律：

1. 振动频率 f 和振动周期 T

振动时引起的桩身振动属衰减性的自由振动，桩的自振频率主要受桩尖所在处土层性质的影响，与桩入土深度的关系不大。而桩的振动周期，随着桩入土深度的增加不仅未减小，有时甚至稍有增加。一般沉桩时的振动周期 T 为一常数。

$$T=2\pi\cdot\sqrt{M_p/K_z}\quad(\mathrm{s})\tag{9.10.4}$$

式中 M_p——桩的质量，$M_p=G_{桩}/g$（$\mathrm{kg\cdot s^2/cm}$）；

K_z——地基土的弹性阻力系数（kN/cm）。

当沉桩入土深度较浅时，地面振动波的周期较短，随着入土深度的增大，地面处振动波的周期呈延长趋势，且随着离振源的距离增加而稍有延长，并有接近某一固定周期的趋势。一般沉桩振动引起的地基土体的振动周期约为0.1～0.14s，振动频率约为10～7Hz。

2. 振动强度与沉桩能量的关系

桩锤冲击能量的大小是影响地基土体振动强度的主要因素之一。地基土体的振动强度随着桩锤能量的增大而相应增大。

最大振幅比比较表　　表9.10-2

土层	振动分量	$A_{max}(1.0)/A_{max}(2.0)$		$A_{max}(4.0)/A_{max}(2.0)$		$A_{max}(6.0)/A_{max}(2.0)$		$A_{max}(8.0)/A_{max}(2.0)$		$A_{max}(10.0)/A_{max}(2.0)$	
		$\bar{x}$	σ	$\bar{x}$	σ	$\bar{x}$	σ	$\bar{x}$	σ	$\bar{x}$	σ
打入砾石和碎石	水平 x 向	0.67	0.12	1.33	0.21	1.51	0.27	1.71	0.33	1.79	0.27
	垂直 z 向	0.71	0.07	1.28	0.16	1.46	0.24	1.67	0.28	1.92	0.29
	水平 y 向	0.75	0.14	1.21	0.15	1.32	0.26	1.54	0.23	1.65	0.00
打入中等颗粒砂	水平 x 向	0.70	0.10	1.25	0.09	1.49	0.14	1.67	0.05	1.75	0.11
	垂直 z 向	0.70	0.04	1.27	0.06	1.46	0.11	1.64	0.12	1.68	0.17
打入淤泥质黏土	水平 x 向	0.76	0.10	1.14	0.03	1.33	0.09	1.41	0.15	1.57	0.21
打入任意土层	水平 x 向	0.69	0.12	1.30	0.19	1.48	0.24	1.65	0.31	1.71	0.24
	垂直 z 向	0.70	0.06	1.27	0.13	1.46	0.21	1.65	0.26	1.78	0.27
	地面振动（不计方向）	0.70	0.10	1.28	0.17	1.47	0.24	1.65	0.30	1.69	0.26
	建筑物振动（不计方向）	0.70	0.11	1.32	0.18	1.48	0.19	1.67	0.26	1.85	0.22
	地面和建筑物振动（不计方向）	0.70	0.10	1.29	0.17	1.47	0.23	1.65	0.29	1.74	0.26

沉桩施工中在不同测点所测得的各项最大振幅比通常为常数。表9.10-2为捷尔斯基在不同土质时，以桩锤落距 $H_{锤}=2\mathrm{m}$ 为标准高度，对每一个测点标出比值 $A_{max(H)}/A_{max(2)}$，再经统计分析得到该比值的平均值 $\bar{x}$ 和标准离差 σ（波传播水平 x 向分量、垂直于传播方向的水平 y 向分量、垂直 z 向分量）。

值得注意的是对地面振动和建筑物振动分别进行测定时，其变化规律也无明显差异。应当指出，上述关系是在沉桩阻力较大的土层情况下测得的。当桩沉入软土层时，最大振幅并不随沉桩能量的增加而增加，有时甚至反而减小。

采用不同沉桩方法所引起的土体质点垂直方向峰值速度 V 与振源处能量和离振源的距离有如下近似关系：

$$V=1.5\frac{\sqrt{E_0}}{r}(\mathrm{mm/s}) \tag{9.10.5}$$

式中 E_0——振源能量（J）；

r——离振源的距离（m）；

V——土的质点峰值速度。

从式（9.10-5）可知，土的质点振动速度与离振源的距离成反比，与沉桩能量的平方根成正比。所以减小沉桩能量对减小振动影响的效果不大，主要是传播距离的影响。沉桩能量与土的振动加速度之间的关系类同于土的质点振动速度。

3. 振动强度与地基土体阻力的关系

振动弹性波传播的力学特性表明，控制桩锤能量传播的最重要因素是地基土体抵抗桩贯入下沉的阻力，尤其是桩尖处土体。当沉桩能量不变时，桩下沉的贯入度越小，则传递到地基土中的振动能量就越大，而在桩快速下沉中，大部分能量将消耗在桩的贯入下沉过程中。由于桩下沉时的贯入度大小取决于地基土体阻力，因此沉桩阻力的大小也可衡量预期的振动强度及二者关系。图 9.10-7 所示试验资料表明，桩沉入硬持力层时，不仅振动的振幅 A_{max} 较高，而且振动频率也较高。当桩贯入至软黏土层时，振动振幅 A_{max} 会变小，而且主要是低频振动。

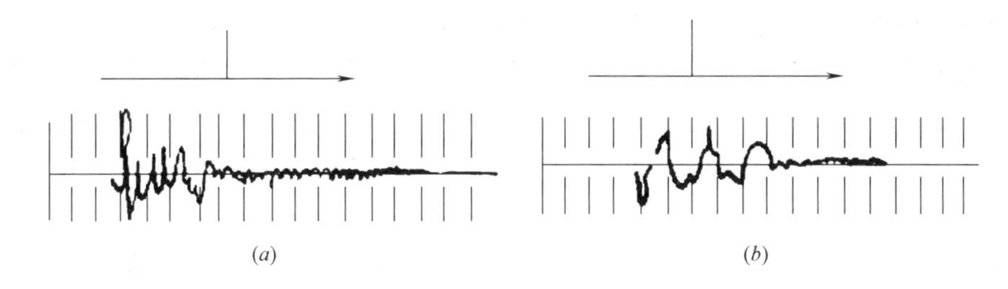

图 9.10-7 福郎克桩落距 6.2m，桩距 21.5m 处地面振动 x 方向振幅-时间关系

（a）桩打入碎石；（b）桩打入软土

4. 振动强度（振幅、振动加速度、质点振动速度）随距离的衰减关系

沉桩引起的地基土振动一般按振动振幅的衰减与距离的平方根成比例的抛物线形式向四周传播衰减。同时振动振幅的衰减与地基土的成层状态、土的弹性系数以及土的振动周期、桩锤的作用频率等有关。一般情况下，振动强度的衰减量与振动频率成正比。

高利岭和博尼茨克考虑瑞利波效应，按振动能量在地基土体为非完全弹性体中的消耗，提出计算表面波竖向分量振幅的半经验公式如下：

$$A_r=A_0\cdot\sqrt{\frac{r_{b0}}{r_b}}\exp[-\alpha(r_b-r_{b0})] \quad (\mathrm{mm}) \tag{9.10.6}$$

式中 A_r、A_0——离振源距离 r_b、r_{b0} 处的振动竖向分量的振幅（mm）；

α——地基土的能力吸收系数（1/m），可按表9.10-3采用。

地基土能量吸收系数表 表9.10-3

土质情况	α值(1/m)
松软饱和粉细砂，亚黏土，轻亚黏土	0.01～0.03
很湿的亚黏土、黏土	0.04～0.06
稍湿和干的轻亚黏土，亚黏土	0.07～0.10

式（9.10.6）由于未能考虑振动频率与衰减的关系，不能完全反映近振源处的实际衰减规律，但对一定距离以外的地点，仍不失为一种近似估算的方法。

振动加速度在土中传播时的衰减极快，土的质点振动速度的衰减也是随着距离的增大而减小。通常离振源40m处的垂直向质点振动速度将衰减为10m处的40%～50%，且随着桩入土深度的增加而呈稍减小的趋势。通常地基土的振动强度可采用其综合特性以dB表示。振动的水平向分量较小于振动的垂直向分量。日本北川原等考虑地面振动频率对地面波衰减的影响，提出经验公式如下：

$$\Delta L=10\log\frac{r_b}{r_{b0}}+55(f_L\cdot\alpha/v)(r_b-r_{b0})\quad(\mathrm{dB})\tag{9.10.7}$$

式中 r_b、r_{b0}——离振源r_b、r_{b0}处的距离（m）；

f_L——振动频率（Hz）；

v——地面波传播速度，通常为100～300m/s；

α——土的能量吸收系数，通常为0.01～0.1（1/m）；

ΔL——地面波由r_{b0}处传播至r_b处的衰减量。

由图9.10-8可知，按公式计算的理论值与实测值是较接近的。

沉桩振动所引起的地面振动强度基本上是按距离的对数呈线性衰减，并且较高频率的振动锤所引起的地面振动，其衰减值一般要比柴油锤稍大。但声波振动锤（90～120Hz）所引起的地面振动要比锤击法沉桩时小一个数量级。锤击法沉桩时，土体质点的最大振动速度与桩锤的能量和距离有着对应关系，见图9.10-9。该图一般表示可预计的振动强度的上限。

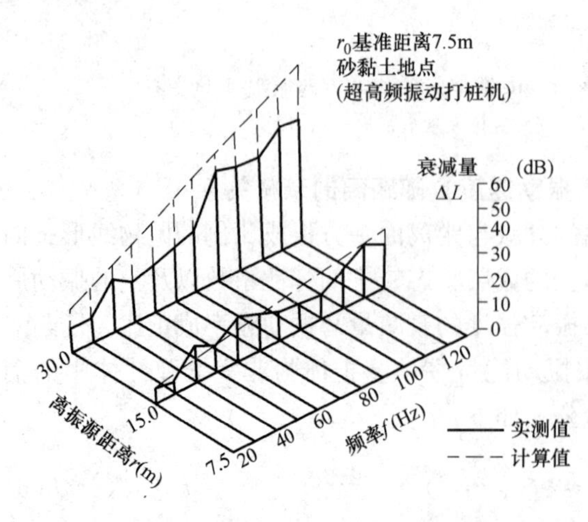

图9.10-8 地面振动强度-距离增值的衰减量

综上所述可知，表面波在地面振动中起着主导作用，一般地面土的振动振幅和振动加速度将在沉桩区10～15m处达最大值，且振幅A不大于0.2mm、振动加速度a不大于0.06g。当距离增大至20m后，振幅和加速度将显著减小，一般振幅A不大于0.08mm、振动加速度a不大于0.03g。振动频率也将随距离的增大而减小。在软土地基中，当桩锤能量为$(3\sim5.5)\times10^4$J时，地面土的质点振动速度在离沉桩区5～6m处将小于10mm/s，但地基存在硬土层时，则有时

打桩振动实测资料表 **表 9.10-4**

序号	打桩机械	打桩情况			测点位置(m)		振幅(mm)		频率(Hz)	速度(mm/s)		加速度(g)		资料来源
		描述	落距(m)	土层	描述	离振源距离	垂直	水平		垂直	水平	垂直	水平	
1	1.15t 落锤	锤击 ϕ32×1700cm 灌注桩	0.25 0.30 0.35 0.45	亚黏土 亚黏土 亚黏土 亚黏土	在地表面 在地表面 在地表面 在地表面	1.20 1.20 1.20 1.20	0.18 0.15 0.20	 0.05	28 28 23 32					建研院地基所试桩资料，1982 年，天津
2	DZ40-A 振动沉桩机	打桩管至持力层拔桩管		亚黏土 亚黏土	在地表面 在地表面	15.00 15.00	0.05 0.03		9 10					同上
3	K-25 或 K-35 柴油打桩机	不钻孔直接打入先钻孔 ϕ40.8～10m 后打桩		灰色亚黏土 灰色亚黏土		7.00 5.00	0.13 0.00	0.07 0.05						上海市基础工程公司 1984 年，上海
4	K35 柴油打桩锤	打 45×45×4050cm 钢筋混凝土桩	1.80～2.00	灰亚黏土 暗绿黏土	电梯井地面，北面塔吊处 地面，地下油池 静安宾馆二层 静安宾馆五层 静安宾馆九层 华山医院抗菌素室		0.195 0.046 0.029 0.010 0.014 0.012 0.022	0.016 0.007 0.015 0.019		4.9 1.15 0.73 0.26 0.36 0.31 0.55	4.0 2.1 0.20 0.48	0.13 0.031 0.019 0.007 0.009 0.008 0.014	0.016 0.007 0.003 0.012	上海四建公司，上海市建筑施工技术研究所，1979 年，上海
5	打桩				接近住宅处		0.013		30	2.5		0.049		美国房屋研究所，1952 年
6	ICE812 型振动锤	打板桩，桩断面模数 712cm^2 重量 63.4kg/m，长度 10～15m/根			桩附近处 30m 之外	30.00				25～50 0.7～2.5		0.40 0.03		美国(I·Waync 等)1977 年旧金山

续表

序号	打桩机械	打桩情况			测点位置(m)		振幅(mm)		频率(Hz)	速度(mm/s)		加速度(g)		资料来源
		描述	落距(m)	土层	描述	离振源距离	垂直	水平		垂直	水平	垂直	水平	
7	3t落锤	打模郎克桩	8.00 8.00 8.00 8.00	砾石 砾石 砾石 软泥	沉管 沉管 沉管 沉管	60.00 60.00 21.50 21.50		0.02 0.028 0.036 0.009						波兰·R·Clesielski,1980年
8	2.75t落锤	打钢板桩	1.00	黏土、砂 粗砾石	旧厂房支墩上 旧厂房墙上	10.00 10.00				3 1.1	0.7 0.25			M. S. Langley 和 P. C. Bllis,1980年
9	振动钻孔	桩径600mm		黏土	17世纪建筑 女儿墙 17世纪建筑 正面墙 17世纪建筑 地面上	15.00 15.00 15.00				 9.5	4 0.5 5			同上
10	3t落锤	就地灌注打入式钻孔桩,直管 ϕ500mm	8.00	白垩土	女儿墙 桩附近	15.00 2.00				7 12.5	7 17.5			同上
11	IDH-22柴油打桩锤锤击部分重2.2t每击能量5.5t·m 频率50~60次/分	打钢筋混凝土管桩 ϕ350mm,长12m			在地面上	10.00 14.60 18.00 20.00 23.00 30.00 40.00	0.15 0.08 0.04 0.027 0.021 0.027 0.006	0.11 0.025 0.01 0.01 0.005 0.008	12~14 12~17 13~11 12~11 11~12 13~11 14			0.083 0.013 0.028 0.015 0.011 0.018 0.005	0.085 0.014 0.005 0.005 0.003 0.001	据国外资料
12	K35柴油锤	钢筋混凝土桩 45×45×2850cm	1.2~1.4	灰亚黏土	地面上 钻孔9.5m	11.6 21.6	0.041 0.0305		10 10			0.016		上海市基础工程公司
					地面上	11.6 21.6	0.132 0.036		10 10			0.053		
					地面上钻孔11.5m	15.0 25.0 35.0 39.0		0.087 0.028 0.023 0.012	10				0.035	

可达 15mm/s。在一般施工条件下（桩锤锤级为 3～6t），沉桩振动的显著影响范围约为 10～15m。表 9.10-4 所示为国内外部分沉桩振动影响资料，可供参考。

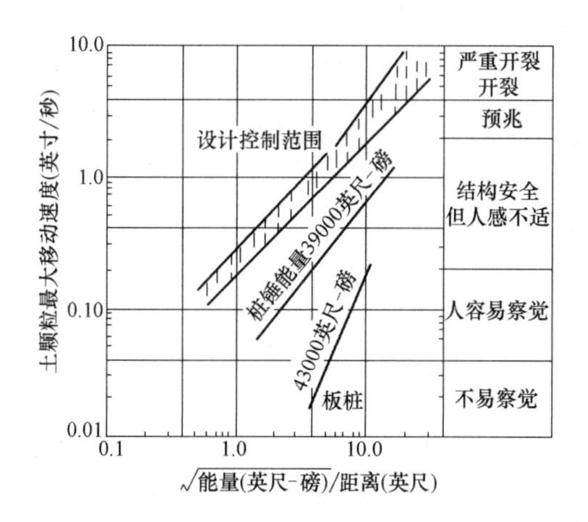

图 9.10-9　冲击打桩机的预期最大振动强度

9.10.2.2　振动的防护

沉桩振动的危害影响程度不但与桩锤的能量、桩锤的锤击频率、离沉桩区的距离有关，而且取决于沉桩区的地形、地基土的成层状态和土质、邻近建筑物的结构形式及其规模大小、重量和陈旧程度、建筑物的设备运转对振动影响的限制要求等。

当沉桩振动引起的地面振动加速度小于 0.1g 处，不致引起正常建筑物损坏和岸坡失稳。但当振动加速度大于（1/3）g 时，将产生一定的危害，当振动加速度达到 8m/s^2 时就会使建筑物发生危险。一般以振动加速度为振动影响的评价标准时，可参考我国地震烈度表。见表 9.10-5。

我国地震烈度表　　**表 9.10-5**

烈度	名称	加速度(m/s^2)	地震系数 $k=a_{max}/g$	地震情况
4	弱震	1.0～2.5	1/1000～1/400	门窗有时轻微震响
5	次强震	2.5～5.0	1/400～1/200	门窗、地板、天花板，屋架等轻微震响，开着的门窗晃动，尘土下落，粉刷灰粉散落，抹灰可能有很小裂缝
6	强震	5.0～10.0	1/200～1/100	Ⅰ类屋许多损坏，少数破坏，Ⅱ、Ⅲ类屋许多轻微损坏，Ⅱ类房屋可能少数破坏

地面振动的振幅所产生的危害影响与振动频率有着密切关系。振动频率越高则振动危害影响也将越大。一般以振动振幅和振动频率为振动影响评价标准的可参考图 9.10-10 和表 9.10-6。该图适用于维护良好的建筑物。对于老旧的建筑物应用时应特别慎重。

地基土的质点振动速度是判定冲击型荷载引起的振动破坏影响的最普遍广泛的评价指标。它对建筑物的结构破坏的关系也最大。人们开始觉察的振动速度按振动频率的不同大致为 0.12～0.16mm/s。通常地基土质点的振动速度其垂直向宜小于 2mm/s，水平向宜小于 10mm/s，否则往往会导致建筑物的粉刷层开裂，严重时将危害建筑物及岸坡的稳定性，见表 9.10-7。

另外，在沉桩施工中，为减小对工程环境的影响，通常要求地基土振动时，垂直方向

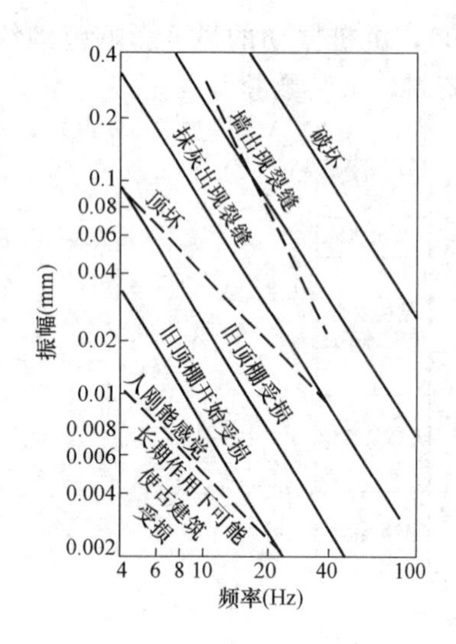

图 9.10-10 振动对结构物的损坏及人的感受程度的判定标准

的振动综合特性在离振源 20m 处小于 75dB。为了减小沉桩振动危害影响，应控制沉桩时的地基土振动特性（频率、振幅、加速度、质点振动速度）来满足上述限制要求。可采取相应技术措施，以达到减小振动强度、缩短振动影响时间、提高邻近建筑物的耐震性等目的。可供选择的一些防护措施如下：

1. 设计

为了缩短沉桩振动影响时间和减小振动影响程度，可设计采用长桩和扩大桩尖、桩尖灌浆等提高桩的承载能力达到减少桩的数量的防护方法。也可设计采用完全排土（钢管桩）和部分排土（空心钢筋混凝土管桩）桩型。

2. 施工

为了缩短沉桩振动影响时间和减小振动影响程度，可在沉桩施工中采用特殊缓冲垫衬或缓冲器，合理选用低振动强度和高施工频率的桩锤，采取桩身涂覆减小摩阻力的材料以及与预钻孔法、掘削法、水冲法、静压法相结合的沉桩施工工艺，控制沉桩施工顺序（由近向远沉桩顺序）等防护措施。

建筑物允许振幅参考值 **表 9.10-6**

类别	参考值(mm)
精密测量实验室	0.03
自动电力操纵汽轮发电机	0.02
精密车床和试验设备	0.02～0.04
铸型和特殊车间	0.03～0.05
民用办公住宅	0.05～0.07

振动速度极限标准 **表 9.10-7**

类别	极限值(mm/s)
住宅、房屋和类似结构	8
重型构件和高刚度骨架的建筑物	30
Ⅰ、Ⅱ类以外和受保护的建筑物	4

为了减小沉桩振动对沉桩区邻近的振动危害影响，也可设置遮断减振壁设施（图 9.10-11），使地面传播的振动弹性波的大部分能量被吸收和反射，从而减小继续传播中的振动弹性波的振动强度和振动影响范围。一般遮断减振壁的厚度为 50～60cm，深度为 4～5m。当地基土软土层较厚时宜深些，有时可达 15～16m。通常这一减振设施对减小振动表面波垂直方向的振动强度有显著效果，一般可减小至 1/3～1/10。遮断减振壁的位置可设置于离沉桩区 5～15m 处。遮断减振壁的形式有空沟型（视土

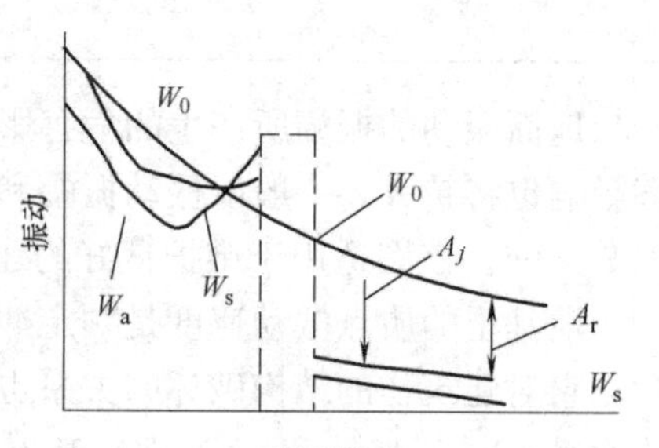

图 9.10-11 遮断壁的防振效果

质情况可设支撑或灌注护壁泥浆)、沥青壁型、发泡塑料壁型、混凝土壁型、地下连续墙型、水泥搅拌桩壁型、旋喷壁型、多层混合壁型、半混凝土半空沟壁型、半混凝土半发泡塑料壁型、半混凝土半沥青壁型、半发泡塑料半沥青壁型、双混凝土壁夹空沟壁型、双混凝土壁夹发泡塑料壁型、双混凝土壁夹沥青壁型、双发泡塑料壁夹沥青壁型等。一般常应用于地下水位低、地基土质软的场所。当地下水位较高时,宜采用发泡塑料壁型遮断减振型。有时也可设置一些按一定间距布置的钻孔,视土质条件采用清水或泥浆护壁的方法,使传播中的振动弹性波的振动能量获得释放、以减小振动的影响程度。

3. 加固

为了保证沉桩施工期间,沉桩区邻近建筑物在沉桩振动影响下的安全,对陈旧性的古建筑物宜采取临时托换加固体系防护措施,以提高建筑物的抗震性能。当沉桩振动的影响较大时,对一般危房尚可采取临时卸载和拆除部分墙体等防护措施,以防止邻近建筑物在沉桩振动影响下出现坍塌事故。

9.10.3 挤土影响及防护

在不敏感的饱和软黏土地基中沉桩时,由于土的不排水抗剪强度很低,具有弱渗透性和不排水时压缩性低的特点。沉桩入地基后桩周土体受到强烈扰动,主要表现为径向位移,桩尖和桩周一定范围内的土体受到不排水剪切以及很大的水平挤压,桩周土体接近于“非压缩性”,并产生较大的剪切变形,此时地基扰动重塑土的体积基本上不会产生变化。土体颗粒间孔隙内自由水被挤压而形成较大的超静孔隙水压力 Δu,从而降低了土的不排水抗剪强度,促使桩周邻近土体因不排水剪切而破坏,与桩体积等量的土体在沉桩过程中向桩周发生较大的侧向位移和隆起。由于孔隙水向四周消散及地基土体低压缩性的影响,以及群桩施工中的叠加因素,进一步扩大位移和隆起的影响范围,这也会使已打入的邻桩和邻近建筑物产生侧向位移和上浮。见图 9.10-12 和图 9.10-13。

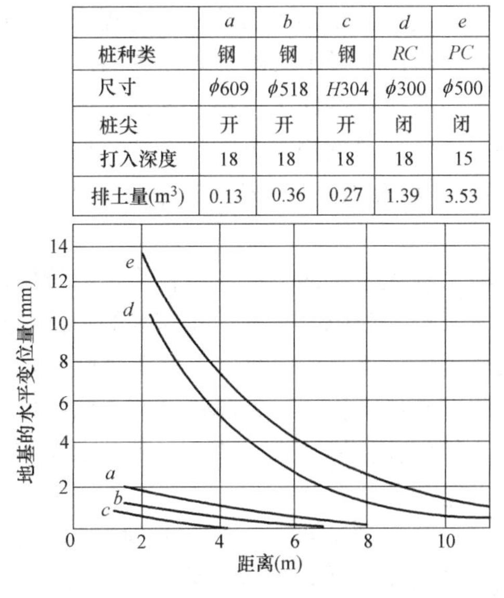

	a	*b*	*c*	*d*	*e*
桩种类	钢	钢	钢	*RC*	*PC*
尺寸	ϕ609	ϕ518	*H*304	ϕ300	ϕ500
桩尖	开	开	开	闭	闭
打入深度	18	18	18	18	15
排土量(m^3)	0.13	0.36	0.27	1.39	3.53

图 9.10-12 各种桩的排土量和地基位移

在敏感黏性土中沉桩时,土体受挤动的特征不同于不敏感的饱和软黏土,因为沉桩时对地基土的扰动会使地下水位以上的桩周敏感黏土液化,液化土被挤到桩周地表上,相应

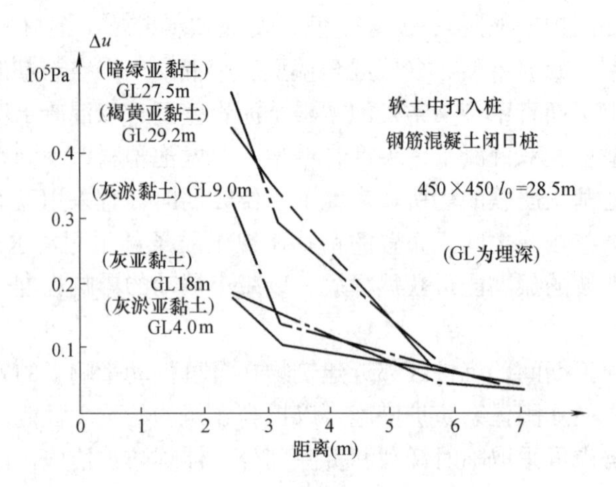

图 9.10-13 Δu 与距离和埋深的关系

地减小了桩周土体的侧向位移，也减小了桩周范围外地表土的隆起，且沉桩将促使敏感黏土产生重新固结，从而减少了地基土体的隆起，其隆起量也往往小于桩的入土面积。

在沉桩完毕后，重塑扰动土体中的超静孔隙水压力将随时间而消散，土体固结，并在新的条件下重新达到应力平衡。地基土体的固结度与超静孔隙水压力的水力梯度 $\Delta u/\Delta r_b$ 和消散速率 $\Delta u/\Delta t$ 的变化成反比。在固结期内，土体的垂直应力基本保持不变，而侧向有效应力则有所增大，并逐渐恢复到初始值。靠近桩周处地基土的含水量也趋向于恢复，而且地基土体在重塑固结时的沉降量往往大于沉桩时的隆起量，从而使沉桩后的地面反而产生沉降和使已打入的桩产生回沉，并扩大了固结沉降的影响范围。软土地基中，由于超静孔隙水压力的消散作用，地基土体沉降影响范围有时可达隆起范围的 1.7 倍左右。

但是，在沉桩区范围内地基土体不可能完全恢复至初始位置，尤其是桩尖支承在硬持力层中的摩擦支承桩。因为在地基土体重塑固结的回沉过程中，土体与桩之间将存在相对位移，使桩在下部正摩阻力和桩尖阻力及上部的负摩阻力共同作用下并产生回沉，减小了桩随土体固结下沉时的沉降量，此时桩的回沉量小于地面土体的沉降量。由于桩对地基土体的约束作用，因而也减小了土体的总的固结沉降量。这一约束作用的影响程度与桩的支承状态、桩的长度、地基土成层状态的相互位置、桩的密度等有关。当桩尖处土质较好、桩较长较密时，约束作用十分明显。

在坚硬黏土地基中沉桩时，地表土层的上拱现象较小，以侧向位移为主。因为地基土体抗剪强度较高，受挤压后常易产生裂隙，有利于孔隙水的消散，从而减小了超静孔隙水压力的影响程度和范围，使邻近土体不易受沉桩时的挤土影响而产生排水剪切破坏，所以邻近土体对桩周土体的变位将起着约束作用。尤其是地基土的强度较高时，对深层土体的变位也有较大的约束作用，土体仅在桩周较小范围内受到挤密压实，沉桩时地基土只产生较小范围的侧向位移和很小的隆起量。

在密实砂土地基中，也可看到沉桩时的排土所造成的土体的较大侧向位移及较显著的上拱隆起现象。沉桩时，除了桩周邻近的薄层砂 t 颗粒被挤压破碎，使这部分土获得进一步挤密而附着在桩身上外（在黏性土和松散砂质土地基中一般均存在），桩周其他土体主要表现为侧向位移和隆起。尤其是在沉桩振动影响的作用下，密实砂土小仅会产生松弛效应，而且将使砂土强度显著降低，从而减小了邻近土体对变位的约束作用，尤其是上层土体的约束作用。这都将进一步增大地基土的侧向位移和隆起，地表土的上拱隆起现象也更为显著。

在松散及中密砂质地基中，沉桩时的排土量使地基被挤密而产生的土体的侧向位移和沉降是常见的，特别是地表土的沉陷现象。因为沉桩时产生的对地基土的挤压力和振动影响可使地下水位以下的桩周砂土产生液化现象，从而使土体强度遭受显著破坏，导致液化部分的土体固结下沉和侧向位移。同时沉桩振动影响的也降低了邻近土体的强度，减小了对土体位移的约束作用，进一步扩大了地基土下沉和侧向位移的范围和影响程度，地面沉陷现象将更为显著。

另外，在黏性土和密实砂质土地基中，土体的侧向位移和隆起在沉桩区及邻近 10～15 倍桩径范围内常达到较大值，并将随距离的增大而逐渐减小，影响范围约为一倍桩长。但对软土地基、其影响范围可达 50m 外。在松散和中密的砂质土中，地基土体的沉降和位移的影响情况也基本相同，较大的沉降影响区为沉桩区及邻近 4～5 倍左右桩径范围，较显著的位移影响区为沉桩区及邻近 2 倍桩径左右处。总之，地基土的特性对沉桩区地基土的重塑固结程度，即对地基土的侧向位移和隆起沉陷的数值及影响范围有明显影响。

沉桩施工时，相邻建筑物的存在也会对地基变位产生反影响。反影响的程度不仅与相邻建筑物离沉桩区的距离有关，而且还与建筑物的刚度、面积、自重、基础埋深和形式有关。当相邻建筑物为深基础时，由于其挡土作用地基浅层和深层土体的侧向变位都会明显减小，而地基土体的隆起却明显增大，有时会使建筑物基础产生上拱现象。当相邻建筑物为浅基础时，由于相邻建筑物的约束作用，也会减小地基浅层土体的侧向位移和相应地增大土体的隆起，但对深层土体的变位将无显著作用，且将使建筑物基础产生较明显的上拱现象。仅当建筑物十分庞大，且地基土压缩层较厚时，才会对深层土体的变位起约束作用，但同时也增大了地基土体的隆起量。在砂质土地基中，也会减小地基土体的侧向变位。

相邻建筑物对沉桩引起的地基土体变位的有效约束作用，与其离沉桩区的距离有关。在黏性土地基中，一般为 1～2 倍桩长范围。在砂性土地基中，一般接近于 1 倍桩长。不论地基特性如何，当距离小于 10m 时约束作用将是十分明显的。相邻建筑物对地基土体变位的影响还与桩的排土量、密度、数量、长度、沉桩顺序、进度、振动能量以及地基土层排列状况等因素有关。因此在设计施工中，应预先考虑这一影响特性并采取相应的技术措施。

由于地基土的变位特性受多种因素的影响，目前要正确地预估沉桩造成的地基土的侧向位移、沉降、隆起等变化值及影响范围尚很困难，一般只能参考相应条件下的实测值进行判断。

为了减小沉桩引起的地基变位的影响，必须减小沉桩施工中的挤土量和超静孔隙水压力，或加快超静孔隙水压力的消散，减小地基变位和超静孔隙水压力的影响范围，采取相应的防护措施。可供选择的常用的防护措施分述如下：

1. 设计

合理选择桩型，采用大排土量的大口径空心管桩，以及承载力高的长桩以扩大桩距、减少桩数，利用桩内土芯减小桩的挤土率，从而降低沉桩引起的超静孔隙水压力值和地基变位值，缩小其影响范围，尽可能加大沉桩区与邻近建筑物之间的距离等。

2. 施工

(1) 采用掘削、水冲、预钻孔辅助沉桩法来减少桩的排土量以减小沉桩对地基土体的挤土影响程度，并达到降低超静孔隙水压力的目的。

在空心管桩施工中采用边沉桩边掘削的施工工艺可明显增大桩内土芯量、提高桩的排土量，显著减小沉桩挤土对地基变位和超静孔隙水压力的影响程度和范围。若同时采用预钻孔施工工艺效果更佳。当采用边钻孔边沉桩的预钻孔施工工艺时，一般预钻孔的直径宜为桩径的70%左右，预钻孔的深度宜为1/3～1/2的桩长。通常预钻孔深度范围内地基土体内的超静孔隙水压力值可减小40%～50%，地基变位值可减小30%～50%，其影响深度可达钻孔深度以下2～3m的范围。并可明显减小地基表面的隆起值，减小对已打入桩的挤拔和挤压影响，也有利于防止和减少对邻近建筑物的损伤。

(2) 合理安排沉桩施工顺序、进度。

在软黏土地基中，沉桩施工进度过快，不但显著增加超静孔隙水压力值，并促使邻近土体剪切破坏，显著地增加地基土体的变位值，而且扩大了超静孔隙水压力和地基变位的影响范围。沉桩施工顺序对超静孔隙水压力的形成及其水力梯度的大小和方向也有明显关系，且直接影响沉桩区及其邻近地区地基变位的分布规律。实践表明，地基变位的方向基本上与沉桩施工顺序方向是一致的。在砂性土地基中，由于砂性土的挤密沉降程度不仅与振动强度成正比．而且与振动作用的持续时间成正比。沉桩区中的已打入桩对振动传播的阻尼作用，将会显著减小作用于另一侧地基中的振动强度和振动有效作用的次数，明显减弱了砂性土地基的挤密效应，使地基土体的沉降值减少。但在沉桩前进方向一侧，随着沉桩作业的临近，不仅作用于地基土的振动强度将愈大，振动的有效作用次数也愈多，这都将加剧砂性土的振密效应，显著增加地基土体的沉降量。在沉桩起始处方向的地基土体的变位和超静孔隙水压力较小，影响范围也较小。而在沉桩终止处方向的地基土体的变位和超静孔隙水压力因受已沉入桩的约束作用而明显增大，影响范围也将最大。当沉桩顺序采用由中间向四向的形式时，对沉桩区邻近的影响程度和范围将会明显减小，且对沉桩区周围影响的差异也较小。但沉桩区中心处的超静孔隙水压力和地基变位值将会显著增大，已打入桩的下陷或上浮值也将会明显增大。在黏性土地基中，地基变位和已打入桩的变位取决于挤土方向和超静孔隙水压力值及其持续作用时间，且超静孔隙水压力的消散方向也会对地基变位产生显著影响。所以实际施工中宜尽可能采用先长桩后短桩、先中心后外围或对称式的施工顺序。

(3) 采用先开挖基坑后沉桩的施工工艺，可减小地基浅层软土的侧向位移和隆起，有利于降低沉桩所引起的超静孔隙水压力，从而减小地基深层土体变位。

(4) 采用降低地基中地下水位或改善地基土的排水特性，减小和加快消散沉桩引起的超静孔隙水压力，防止砂土液化或提高邻近地基土体的强度以增大其对地基变位的约束作用，从而减小地基变位及其影响范围。通常在沉桩区及其邻近范围，沿软土层埋深预先钻孔构筑砂桩、砂井、碎石桩、砂石桩、塑料排水带等一些行之有效的排水措施。在含水量较高的地层，可沿桩长粘接排水带。在地下水位较高的地区，也可采用井点或集水井抽水等降低地下水位的措施。

(5) 采用防渗防挤壁，可适当控制超静孔隙水压力的影响范围，并加强对沉桩邻近地区地基变位的约束作用，有效地防护邻近建筑物免受损害。通常可在沉桩区邻近沿软土层埋深预先设置构筑混凝土地下连续壁、水泥搅拌桩加固壁、旋喷加固壁、抗渗板桩以及桩排式砂桩、石灰桩、碎石桩等防护措施。

（6）设置防挤土槽，以减小地基浅层土体的侧向位移和隆起影响，并减小邻近浅埋式基础的建筑物和地下管线的差异变位影响。通常在沉桩区邻近防护建筑物和地下管线前3m左右处设置深度大于邻近建筑物基础和地下管线埋深的防挤土槽。当槽深较大时可在上槽内灌水或护壁泥浆以防止发生坍塌。

（7）设置防挤孔，以减小地基土体的变位值及其影响范围，并减小对邻近建筑物的变位影响。通常在沉桩区及其靠近邻近建筑物的一侧处，沿软土层埋深于沉桩施工前按梅花形设置单排直径为30cm左右的深孔，并向深孔内灌注护壁泥浆，以利于地基土体释放沉桩工所引起的有效应力和超静孔隙水压力的消散。并减小地基土体中的超静孔隙水压力和地基土体变位的影响范围和程度。

另外，在沉桩期内切忌在沉桩区及其邻近范围随意开挖基坑。即使沉桩完毕后，沉桩区的基坑开挖也应对称分层均匀地进行，这将有利于减小基坑开挖对已打入桩的变位影响程度。

地基变位的影响是由错综复杂的因素造成的，但只要认真考虑采取合理的防护措施，可以把影响控制在较小影响值内的。上述防护措施往往具有综合防治的效果，可结合实际工程的应用经验进行选用。

3. 监测

为了防护沉桩区邻近建筑物免受沉桩施工影响，宜在沉桩工期间采取监测措施，密切观测沉桩区及其邻近地区和邻近建筑物的变化状况，通过对地基土体的超静孔隙水压力、深层土体侧向位移。地面的侧向位移和隆起、邻近建筑物的变位和开裂状况的监测，有效地控制沉桩施工进度和及时地调整沉桩施工顺序和施工进度。以减小对邻近建筑物的危害影响。必要时可对邻近建筑物采取托换加固措施，以免发生坍塌事故，为此，预先应对邻近建筑物和地下管线进行仔细调查，并确定其允许变位值是十分必要的。

参 考 文 献

[1] 中华人民共和国行业标准. 预制钢筋混凝土方桩（JC 934—2004）[S]. 北京：中国标准出版社，2004.

[2] 阮起楠. 预应力混凝土管桩 [M]. 北京：中国建材工业出版社，2008.

[3] 中华人民共和国行业标准. 建筑桩基技术规范（JGJ 94—2008）[S]. 北京：中国建筑工业出版社，2008.

[4] 中华人民共和国行业标准. 建筑基坑支护技术规程（JGJ 120—2012）[S]. 北京：中国建筑工业出版社，2012.

[5] 王娟娣. 基础工程 [M]. 杭州：浙江大学出版社，2008.

[6] 钢筋混凝土预制桩打桩工艺标准（203—1996）[S]. 北京：中国建筑工业出版社，1996.

[7] 黄林青. 地基基础工程 [M]. 北京：化学工业出版社，2004.

[8] 中华人民共和国国家标准. 建筑工程施工质量验收统一标准（GB 50300—2001）[S]. 北京：中国建筑工业出版社，2001.

[9] 中华人民共和国国家标准. 建筑地基基础工程施工质量验收规范（GB 50202—2002）[S]. 北京：中国计划出版社，2002.

[10] 张忠苗. 桩基基础 [M]. 北京：中国建筑工业出版社，2002.

[11] 中华人民共和国国家标准. 建筑地基基础设计规范（GB 50007—2011）[S]. 北京：中国建筑工业出版社，2011.

[12] 张雁，刘金波. 桩基手册 [M]. 北京：中国建筑工业出版社，2009.

[13] 史佩栋. 桩基工程手册 [M]. 北京：人民交通出版社，2008.

[14] KUWABARA. F, Development of High Bearing Capacity Pile and Its Properties，基础工程，2008（日文）

[15] 张忠苗，刘俊伟，谢志专，张日红. 新型混凝土管桩抗弯抗剪性能试验研究. 岩土工程学报，2011，Vol. 33.

[16] OGURA. H 等，Enlarged Boring Diametr and Vertical Bearing Capacity by Root Enlarged and Solidified Perbored Piling Method of Precast Pile，GBRC 2007，1（in Japanese).

[17] 日本建筑中心. 建筑物的地基改良设计与质量管理指针. 2002（日文）.

[18] KON. H 等，Confirmation of Quality by Excavation investigation of root solidify bored precast piles. 第45回地盤工学研究発表会，2010，(In Japanese).

第 10 章　灌注桩施工

沈保汉　张海春　熊宗喜

10.1　概述

10.1.1　灌注桩分类

图 10.1-1 为灌注桩施工类型一览表。

表 10.1-1 为一些常用灌注桩设桩工艺选择参考表。

10.1.2　灌注桩施工的一般规定

10.1.2.1　资质审查

凡是承担灌注桩桩基工程的施工队伍，经有关主管部门对其进行技术资质审查合格，确认其技术业务范围并领取营业许可证后，方可承担相应的施工任务。

10.1.2.2　施工准备

1. 资料准备

1）进行灌注桩基础施工前应取得下列资料：

（1）建筑场地的桩基岩土工程报告书。

（2）桩基础工程施工图，包括桩的类型与尺寸，桩位平面布置图，桩与承台的连接，桩的配筋与混凝土强度等级以及承台构造等。

（3）图纸会审纪要。

（4）对于危险性较大的桩基工程，应有专家审查表。

（5）建筑场地和邻近区域内的地下管线、地下构筑物、危房、精密仪器车间等的调查资料。

（6）主要施工机械及其配套设备的技术性能资料。

（7）桩基工程的施工组织设计。

（8）水泥、砂、石、钢筋等原料及其制品的质检报告。

（9）桩试成孔、试灌注、桩工机械试运转报告。

（10）桩的静载试验和动测试验资料。

2）成桩机械及工艺的选择，应根据桩型、钻孔深度、土层情况、泥浆排放及处理条件综合确定。

3）施工组织设计应结合工程特点，有针对性地制定相应质量管理措施，主要应包括下列内容：

（1）施工平面图：标明桩位、编号、施工顺序、水电线路和临时设施的位置；采用泥浆护壁成孔时，应标明泥浆制备设施及其循环系统；

（2）确定成孔机械、配套设备以及合理施工工艺的有关资料，泥浆护壁灌注桩必须有泥浆处理措施；

（3）施工作业计划和劳动力组织计划；

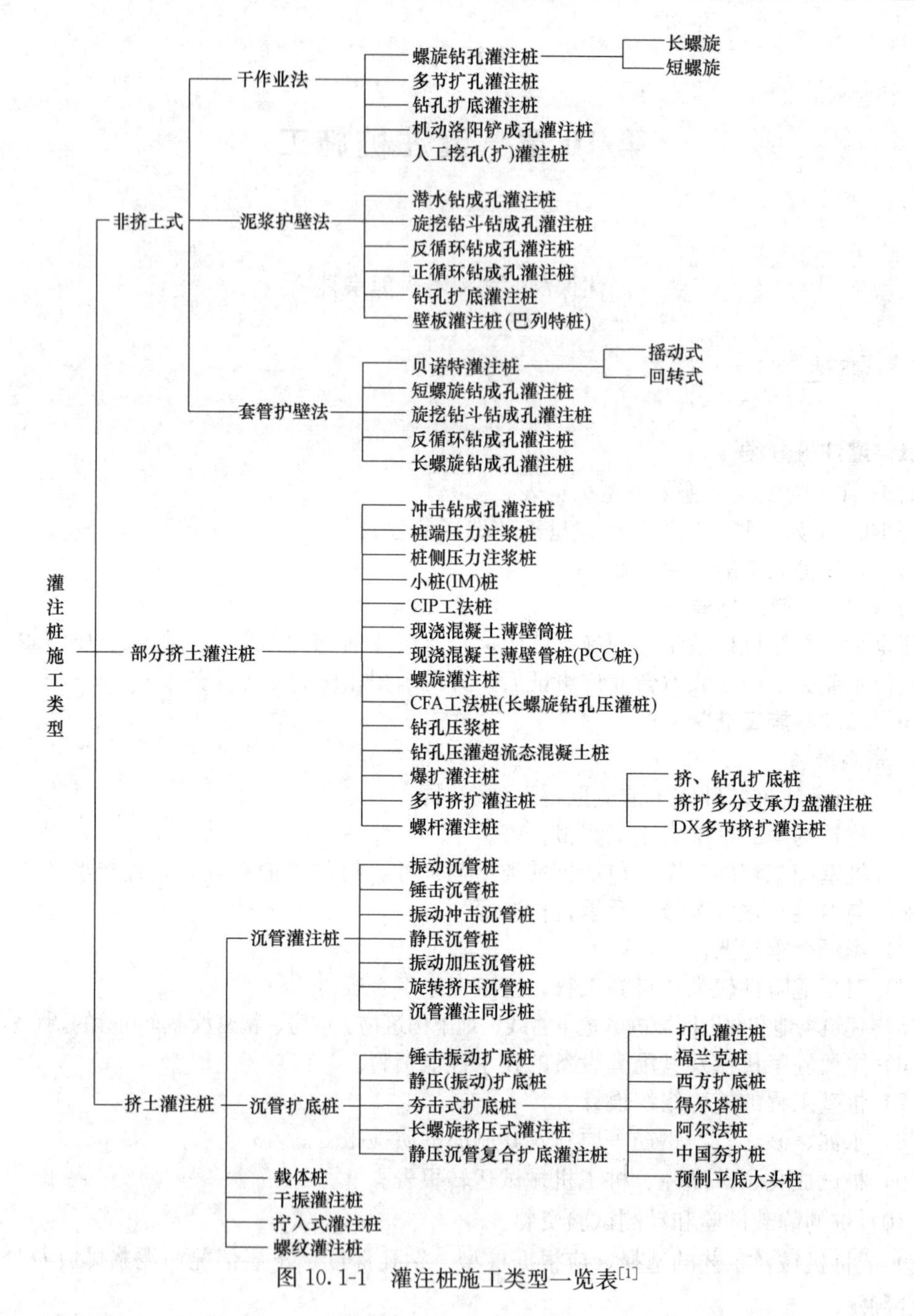

图 10.1-1 灌注桩施工类型一览表[1]

(4) 机械设备、备件、工具、材料供应计划；

(5) 桩基施工时，对安全、劳动保护、防火、防雨、防台风、爆破作业、文物和环境保护等方面应按有关规定执行；

(6) 保证工程质量、安全生产和季节性施工的技术措施。

4) 施工前应组织图纸会审，会审纪要连同施工图等应作为施工依据，并应列入工程档案。

2. 场地准备

进行现场踏勘，掌握施工场地的现状。

一些常用灌注桩设桩工艺选择参考表[1] **表 10.1-1**

桩型	桩径或桩宽(mm)	桩长(m)	穿过土层											桩端进入持力层				地下水位		对环境影响		孔(桩)底有无挤密
			一般黏性土及其填土	黄土		季节性冻土、膨胀土	淤泥和淤泥质土	粉土	砂土	碎石土	中间有硬夹层	中间有砂夹层	中间有砾石夹层	硬黏性土	密实砂土	碎石土	软质岩石和风化岩石	以上	以下	振动和噪声	排浆	
				非自重湿陷	自重湿陷																	
长螺旋钻孔灌注桩	300～1500	≤30	○	○	△	○	×	○	△	×	△	△	×	○	○	△	△	○	×	低	无	无
短螺旋钻孔灌注桩	300～3000	≤80	○	○	△	○	×	○	△	△	△	△	△	○	○	△	△	○	×	低	无	无
小直径钻孔扩底灌注桩(干作业)	桩身 300～600 扩大头 800～1200	≤30	○	○	△	○	×	○	△	×	△	△	×	○	○	△	△	○	×	低	无	无
机动洛阳铲成孔灌注桩	270～500	≤20	○	○	△	△	×	△	×	×	△	△	×	○	○	×	×	○	×	中	无	无
人工挖(扩)孔灌注桩	800～4000	≤60	○	○	○	○	△	○	△	△	○	△	△	○	○	○	○	○	△	无	无	无
潜水钻孔成孔灌注桩	450～1500	≤80	○	△	△	△	○	○	△	×/△	△	○	×	○	○	△	△	△	○	低	有	无
旋挖钻斗钻成孔灌注桩	800～3000	≤100	○	○	○	△	○	○	○	△	△	○	×/△	○	○	△	△	○	○	低	有	无
正循环钻成孔灌注桩	400～4000	≤150	○	○	△	△	○	○	△	×/△	○	○	×/△	○	○	△	○	△	○	低	有	无
反循环钻成孔灌注桩	400～2500	≤90	○	△	△	△	○	○	○	△	○	○	×/△	○	○	△	○	△	○	低	有	无
大直径钻孔扩底灌注桩(泥浆护壁)	桩身 800～4100 扩大头 1000～4380	≤70	○	○	○	△	○	○	○	×/△	○	○	×/△	○	○	△	×/△	△	○	低	有	无

续表

桩型	桩径或桩宽（mm）	桩长（m）	穿过土层											桩端进入持力层				地下水位		对环境影响		孔(桩)底有无挤密
			一般黏性土及其填土	黄土		季节性冻土、膨胀土	淤泥和淤泥质土	粉土	砂土	碎石土	中间有硬夹层	中间有砂夹层	中间有砾石夹层	硬黏性土	密实砂土	碎石土	软质岩石和风化岩石	以上	以下	振动和噪声	排浆	
				非自重湿陷	自重湿陷																	
贝诺特全套管灌注桩	600～3000	≤90	○	○	○	○	○	○	○	○	○	○	○	○	○	○	○	○	○	低	无	无
冲击成孔灌注桩	600～2000	≤50	○	×	×	△	△	○	○	○	○	○	○	○	○	○	○	△	○	中	有	无
桩端压力注浆桩	400～2000	≤130	○	○	○	○	○	○	△	×/△	○	○	×/△	○	○	△	△	○	△	低	有/无	有
钻孔压浆桩	400～800	≤30	○	○	△	○	○	○	△	×	△	△	×	○	○	△	△	○	○	低	无	有
长螺旋钻孔压灌桩	400～1000	≤30	○	○	○	○	△	○	○	△	△	△	△	○	○	△	△	○	○	低	无	有
锤击沉管成孔灌注桩	270～800	≤35	○	○	○	△	○	○	△	×	△	△	△	○	○	△	×	○	○	高	无	有
振动沉管成孔灌注桩	270～700	≤50	○	○	○	△	○	○	△	×	△	△	×	○	○	△	×	○	○	高	无	有
振动冲击沉管成孔灌注桩	270～500	≤25	○	○	○	△	○	○	○	△	○	○	△	○	○	○	○	○	○	高	无	有
夯扩桩	325～530	≤25	○	○	○	△	○	○	△	×	△	△	×	○	○	△	×	○	○	中	无	有
载体桩	300～600	≤25	○	○	○	○	○	○	○	△	○	○	△	○	○	○	×	○	○	中	无	有
DX 挤扩灌注桩	桩身 400～1500 承力盘 800～2500	≤60	○	△	○	△	○	○	△	×/△	△	△	×/△	○	△	△	△	○	○	低	有/无	无

注：1. 表中符号：○表示比较适合，即在大多数情况下适合，施工实践较多；△表示有可能采用，或在某种情况下适合，或施工实践不多；×表示不宜采用，或在大多数情况下适合，或几乎没有施工实践。

2. 表中设桩工艺选择的可能性及桩径、桩长参数会随着设桩工艺进步而有所突破或变化。

3. 钻机、成孔的成孔深度往往比实际桩长大得多，如正、反循环钻机最大钻孔深度分别可达到 600m 和 650m，但最大桩长分别为 90m 和 150m。

（1）了解现场妨碍施工的高空和地下障碍物。如：高架线路（高压线、电话线）；地下管线（各种管道、电缆等）；地下构筑物（旧人防、旧有基础等）。

（2）了解邻近建筑物情况，有无危险房屋、有无精密仪器设备房屋等。

（3）观察场地平整情况。

（4）了解现场道路、水源、电源、排水设施、已有房屋等情况。

3. 机械管理

各种桩工机械应建立技术档案和年审制度，必须经有关检查机构定期检查鉴定合格发给铭牌后方可使用；表明主要技术性能和数据的铭牌应镶在设备显眼的地方；不合格机械不得使用。

4. 桩基施工用的供水、供电、道路、排水、临时房屋等临时设施，必须在开工前准备就绪，施工场地应进行平整处理，保证施工机械正常作业。

5. 基桩轴线的控制点和水准点应设在不受施工影响的地方。开工前，经复核后应妥善保护，施工中应经常复测。

6. 用于施工质量检验的仪表、器具的性能指标，应符合现行国家相关标准的规定。

10.1.2.3 基本施工规定

1. 灌注桩是一项质量要求高，施工工序多，并必须在一个短时间内连续完成的地下隐蔽工程。因此，施工必须认真按程序进行，备齐技术资料，编写施工组织设计，做好施工准备。并按有关规范，规程和施工组织设计要求，建立各工序的施工管理制度，岗位责任制，交接班制，质量检查制度，设备和机具的维护保养制度，安全生产制度等。做到事事有分工，人人有专责，使施工有秩序地、快节奏地进行。

2. 不同桩型的适用条件应符合下列规定：

（1）泥浆护壁钻孔灌注桩宜用于地下水位以下的填土、黏性土、粉土、砂土、碎石土及风化岩层；

（2）旋挖钻斗钻成孔灌注桩宜用于黏性土、粉土、砂土、填土、碎石土及风化岩层；

（3）冲孔灌注桩除宜用于上述地址情况外，还能穿透旧基础、建筑垃圾填土或大孤石等障碍物。在岩溶发育地区应慎重使用，采用时，应适当加密勘察钻孔；

（4）长螺旋钻孔压灌桩后插钢筋笼宜用于填土、黏性土、粉土、砂土、非密实的碎石类土、强风化岩；

（5）干作业钻、挖孔灌注桩宜用于地下水位以上的填土、黏性土、粉土、中等密实以上的砂土、风化岩层；

（6）在地下水位较高，有承压水的砂土层、滞水层、厚度较大的流塑状淤泥、淤泥质土层不得选用人工挖孔灌注桩；

（7）沉管灌注桩宜用于黏性土、粉土和砂土；夯扩桩宜用于桩端持力层为埋深不超过20m的中、低压缩性黏性土、粉土、砂土和碎石类土。

3. 成孔

（1）成孔设备就位后，必须平正、稳固，确保在施工中不发生倾斜、移动，允许垂直偏差宜为0.3%，为准确控制成孔深度，应在桩架或桩管上作出控制深度的标尺，以便在施工中进行观测、记录。

(2) 成孔的控制深度应符合下列要求：

① 对于摩擦桩必须保证设计桩长，当采用沉管法成孔时，桩管入土深度的控制以标高为主，并以贯入度（或贯入速度）为辅。

② 对于端承摩擦桩、摩擦端承桩和端承桩，当采用钻、挖、冲成孔时，必须保证桩孔进入桩端持力层达到设计要求的深度，并将孔底清理干净。当采用沉管法成孔时，桩管入土深度的控制以贯入度（或贯入速度）为主，与设计持力层标高相对照为辅。

(3) 为保证成孔全过程安全生产，现场施工和管理人员应做好以下工作：

① 现场施工和管理人员应了解成孔工艺、施工方法和操作要点，以及可能出现的事故和应采取的预防处理措施。

② 检查机具设备的运转情况、机架有无松动或移位，防止桩孔发生移动或倾斜。

③ 钻孔桩的孔口必须加盖。

④ 桩孔附近严禁堆放重物。

⑤ 随时查看桩施工附近地面有无开裂现象，防止机架和护筒等发生倾斜或下沉。

⑥ 每根钻孔桩的施工应连续进行，如因故停机，应及时提上钻具，保护孔壁，防止造成塌孔事故，同时应记录停机时间和原因。

4. 钢筋笼制作和安放

1) 钢筋笼制作

(1) 钢筋笼的绑扎场地应选择在运输和就位等都比较方便的场所，最好设置在现场内。

(2) 钢筋的种类、钢号及尺寸规格应符合设计要求。

(3) 钢筋进场后应按钢筋的不同型号、不同直径、不同长度分别堆放。

(4) 钢筋笼绑扎顺序大致是先将主筋等间距布置好，待固定住架立筋（即加强箍筋）后，再按规定的间距安设箍筋。箍筋、架立筋与主筋之间的节点可用电弧焊接等方法固定。在直径为 2～3m 级的大直径桩中，可使用角钢及扁钢作为架立钢筋，以增大钢筋笼刚度。

(5) 从加工、组装精度，控制变形要求及起吊等综合因素考虑，钢筋笼分段长度一般宜定在 8m 左右。但对于长桩，当采取一些辅助措施后，也可定为 12m 左右或更长一些。

(6) 为防止钢筋笼在装卸、运输和安装过程中产生不同的变形，可采取下列措施：

a. 在适当的间隔处应布置架立筋，并与主筋焊接牢固，以增大钢筋笼刚度。

b. 在钢筋笼内侧暂放支撑梁，以补强加固。当将钢筋笼插入桩孔时，再卸掉该支撑梁。

c. 在钢筋笼外侧或内侧的轴线方向安设支柱。

(7) 钢筋笼的保护层

为确保桩身混凝土保护层的厚度，一般都在主筋外侧安设钢筋定位器，其外形呈圆弧状突起。定位器在贝诺特法中通常使用直径 9～13mm 作用的普通圆钢，而在反循环钻成孔法或旋挖钻斗钻成孔法中，为了防止桩孔侧面受到损坏，大多使用宽度为 50mm 左右的钢板，长度 400～500mm（图 10.1-2）。在同一断面上定位器有 4～6 处，沿桩长的间距

2～10m。灌注桩表面间隔体形式较多，除上式弓形间隔体外，还有混凝土环间隔体。

2）钢筋笼堆放

钢筋笼堆放应考虑安装顺序、钢筋笼变形和防止事故等因素，以堆放两层为好。如果能合理地使用架立筋牢固绑扎，可以堆放三层。

3）钢筋笼的沉放与连接

钢筋笼沉放要对准孔位、扶稳、缓慢，避免碰撞孔壁，到位后应立即固定。

大直径桩的钢筋笼通常是利用吊车将钢筋笼吊入桩孔内。

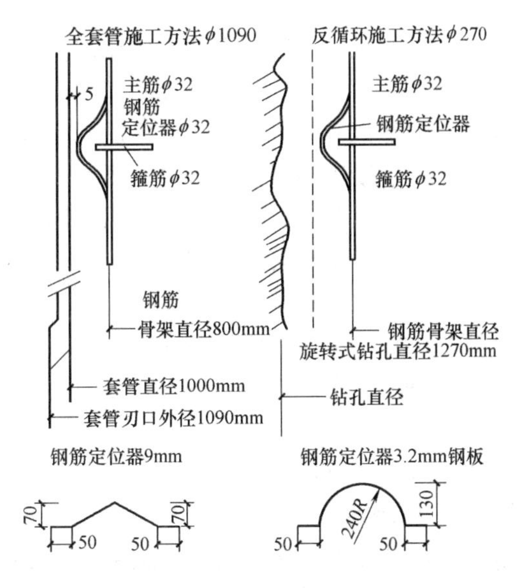

图 10.1-2 不同钢筋定位器形式

当桩长度较大时，钢筋笼可采用逐段接长法放入孔内。即先将第一段钢筋笼放入孔中，利用其上部架立筋暂时固定在套管（贝诺特桩）或护筒（泥浆护壁钻孔桩）等上部。此时主筋位置要正确、竖直。然后吊起第二段钢筋笼，对准位置后用绑扎或焊接等方法接长后放入孔中。如此逐段接长后放入到预定位置。

待钢筋笼安设完毕后，一定要检测确认钢筋顶端的高度。

5. 混凝土的配合比与关注

1）混凝土的配合比必须满足以下要求：

（1）混凝土的强度等级不应低于设计要求。

（2）坍落度应符合以下规定：

a. 用导管水下灌注混凝土坍落度宜为 180～220mm。

b. 非水下直接灌注混凝土（有配筋时）坍落度宜为 80～100mm。

c. 非水下直接灌注素混凝土坍落度宜为 60～80mm。

（3）粗骨料可选用卵石或碎石，其最大粒径对于沉管灌注桩不宜大于 50mm，并不得大于钢筋间最小净距的 1/3；对于素混凝土桩，不得大于桩径的 1/4；一般不宜大于 70mm。细骨料应选用干净的中、粗砂。混凝土所有原材料必须由质检合格证明。

2）灌注混凝土宜采用以下方法：

（1）导管法用于孔内水下灌注。

（2）串筒法用于孔内无水或渗水量很小时灌注。

（3）短护筒直接投料法用于孔内无水或虽孔内有水但能疏干时灌注。

（4）混凝土泵可用于混凝土灌注量大的大直径钻、挖孔桩。

3）灌注混凝土应遵守下列规定：

（1）检查成孔质量合格后应尽快灌注混凝土。桩身混凝土必须留有试块，直径大于 1m 的桩，每根桩应有 1 组试块，且每个灌注台班不得少于 1 组，每组 3 件。规范 GB 50202—2002 要求对少于 $50m^3$ 的混凝土的灌注桩至少应有一组试件，是指单柱单桩或每个承台下的桩。

（2）混凝土灌注充盈系数不得小于1；一般土质为1.1；软土为1.2～1.3。

（3）每根桩的混凝土灌注应连续进行。对于水下混凝土及沉管成孔从管内灌注混凝土的桩，在灌注过程中应用浮标或测锤测定混凝土的灌注高度，以检查灌注质量。

（4）灌注混凝土至桩顶时，应适当超过桩顶设计标高，以保证在凿除浮浆层后，桩顶标高和桩顶混凝土质量能符合设计要求。

（5）当气温低于0℃时，灌注混凝土应采取保温措施，灌注时的混凝土温度不应低于3℃；桩顶混凝土未达到设计强度的50%前不得受冻。当气温高于30℃时，应根据具体情况对混凝土采取缓凝措施。

（6）灌注结束后，应设专人作好记录。

4）主筋的混凝土保护层厚度不应小于30mm（非水下灌注混凝土），或不应小于50mm（水下灌注混凝土）。

10.1.2.4 质量管理

1. 一般规定

（1）灌注桩施工必须坚持质量第一的原则，推行全面质量管理（全企业、全员、全过程的质量管理）。特别要严格把好成孔（对钻孔桩包括钻孔和清孔，对沉管桩包括沉管和拔管及复打等）、下钢筋笼和灌注混凝土等几道关键工序。每一工序完毕时，均应及时进行质量检验，上一工序质量不符合要求，下一工序严禁凑合进行，以免存留隐患。每一工地应设专职质量检验员，对施工质量进行检查监督。

（2）灌注桩根据其用途、荷载作用性质的不同，其质量标准有所不同，施工时必须严格按其相应的质量标准和设计要求执行。

（3）灌注桩质量要求，主要是指成孔、清孔、拔管、复打，钢筋笼制作、安放，混凝土配制、灌注等工艺过程的质量标准。控制成桩质量，必须控制各个工序过程的质量；每个工序完工后，必须严格按质量标准进行质量检测，并认真做好记录。

2. 灌注桩成孔施工允许偏差及质量检验标准

《建筑地基基础工程施工质量验收规范》GB 50202—2002的有关规定如下：

（1）施工前应对水泥、砂、石子（如现场搅拌）、钢材等原材料进行检查，对施工组织设计中制定的施工顺序、监测手段（包括仪器、方法）也应检查。

（2）施工中应对成孔。清渣、放置钢筋笼、灌注混凝土等进行全过程检查，人工挖孔桩尚应复验孔底持力层土（岩）性。嵌岩桩必须有桩端持力层的岩性报告。

（3）施工结束后，应检查混凝土强度，并应做好桩体质量及承载力的检验。（具体要求和做法按国家现行标准《建筑工程基桩检测技术规范》JGJ 106的规定执行）

10.2 干作业螺旋钻孔灌注桩

10.2.1 适用范围及原理

10.2.1.1 基本原理

干作业螺旋钻孔灌注桩按成孔方法可分为长螺旋钻孔灌注桩和短螺旋钻孔灌注桩。

长螺旋钻成孔施工法是用长螺旋钻孔机的螺旋钻头，在桩位处就地切削土层，被切土块钻屑随钻头旋转，沿着带有长螺旋叶片的钻杆上升，输送到出土器后自动排出孔外，然后装卸到小型机动翻斗车（或手推车）中运走，其成孔工艺可实现全部机械化。

短螺旋钻成孔施工法是用短螺旋钻孔机的螺旋钻头，在桩位处就地切削土层，被切土块钻屑随钻头旋转，沿着带有数量不多的螺旋叶片的钻杆上升，积聚在短螺旋叶片上，形成“土柱”，此后靠提钻、反转、甩土，将钻屑散落在孔周。一般，每钻进 0.5～1.0m 就要提钻甩土一次。

用以上两种螺旋钻孔机成孔后，在桩孔中放置钢筋笼或插筋，然后灌注混凝土，成桩。

10.2.1.2 优缺点

1. 优点

（1）振动小，噪声低，不扰民。

（2）钻进速度快。在一般土层中，用长螺旋钻孔机钻一个深 12m、直径 400mm 的桩孔，作业时间只需 7～8min，其钻进效率远非其他成孔方法可比。加上移位、定位，正常情况下，长螺旋钻孔机一个台班可钻成深 12m、直径 400mm 的桩孔 20～25 个。

（3）无泥浆污染。

（4）造价低。

（5）设备简单，施工方便。

（6）混凝土灌注质量较好，因是干作业成孔，混凝土灌注质量隐患通常比水下灌注或振动套管灌注等要少得多。

2. 缺点

（1）桩端或多或少留有虚土。

（2）单方承载力（即桩单位体积所提供的承载力）较打入式预制桩低。

（3）适用范围限制较大。

10.2.1.3 适用范围

干作业螺旋钻成孔适用于地下水位以上的填土层、黏性土层、粉土层、砂土层和粒径不大的砾砂层。但不宜用于地下水位以下的上述各类土层以及碎石土层、淤泥层、淤泥质土层。对非均质含碎砖、混凝土块、条块石的杂填土层及大卵砾石层，成孔困难大。

国产长螺旋钻孔机，桩孔直径为 300～1000mm，成孔深度在 30m 以下。国产短螺旋钻孔机，桩孔最大直径可达 1828mm，最大成孔深度可达 70m（此时桩孔直径为 1500mm）。

10.2.2 干作业螺旋钻孔灌注桩施工

10.2.2.1 长螺旋钻孔灌注桩施工程序

1. 钻孔机就位

钻孔机就位后，调直桩架导杆，再用对位圈对桩位，读钻深标尺的零点。

2. 钻进

用电动机带动钻杆转动，使钻头螺旋叶片旋转削土，土块随螺旋叶片上升，经出土器排出孔外。

3. 停止钻进，读钻孔深度

钻进时要用钻孔机上的测深标尺或在钻孔机头下安装测绳，掌握钻孔深度。

4. 提起钻杆

5. 测孔径、孔深和桩孔水平与垂直偏差

达到预定钻孔深度后，提起钻杆，用测绳（锤）在手提灯照明下测量孔深及虚土厚度，虚土厚度等于钻深与孔深的差值。

6. 成孔质量检查

把手提灯吊入孔内，观察孔壁有无塌陷、胀缩等情况。

7. 盖好孔口盖板

8. 钻孔机移位

9. 复测孔深和虚土厚度

10. 放混凝土溜筒

11. 放钢筋笼

12. 灌注混凝土

13. 测量桩身混凝土的顶面标高

14. 拔出混凝土溜筒

施工程序示意见图10.2-1。

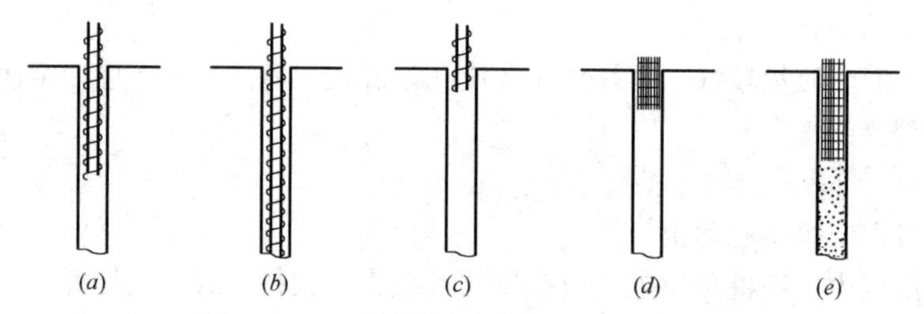

图10.2-1 长螺旋钻孔灌注桩施工程序示意

(*a*) 钻孔；(*b*) 钻至预定深度；(*c*) 提钻；(*d*) 放钢筋笼或插筋；(*e*) 灌注混凝土

10.2.2.2 短螺旋钻孔灌注桩施工程序

短螺旋钻孔灌注桩的施工程序，基本上与长螺旋钻灌注桩一样，只是第（2）项施工程序-钻进，有所差别。被短螺旋钻孔机钻头切削下来的土块钻屑落在螺旋叶片上，靠提钻反转甩落在地上，这样钻成一个孔需要多次钻进、提钻和甩土。

10.2.2.3 施工特点

1. 长螺旋钻成孔施工特点

长螺旋钻成孔速度快慢主要取决于输土是否通畅，而钻具转速的高低对土块钻屑输送的快慢和输土消耗功率的大小都有较大影响，因此合理选择钻进转速是成孔工艺的一大要点。

当钻进速度较低时，钻头切削下来的土块钻屑送到螺旋叶片上后不能自动上升，只能被后面继续上来的钻屑推挤上移，在钻屑与螺旋面间产生较大的摩擦阻力，消耗功率较大。当钻孔深度较大时，往往由于钻屑推挤阻塞，形成“土塞”而不能继续钻进。

当钻进速度较高时，每一个土块受其自身离心力所产生土块与孔壁之间的摩擦力的作用而上升。

钻具的临界角速度 ω_r（即钻屑产生沿螺旋叶片上升运动的趋势时的角速度）可按下式计算：

$$\omega_r=\sqrt{\frac{g(\sin\alpha+f_2\cos\alpha)}{f_1R(\cos\alpha-f_2\sin\alpha)}} \tag{10.2.1}$$

式中　g——重力加速度（m/s^2）；

α——螺旋叶片与水平线间的夹角；

R——螺旋叶片半径（m）；

f_1——钻屑与孔壁间的摩擦系数，取 0.2～0.4；

f_2——钻屑与叶片间的摩擦系数，取 0.5～0.7。

在实际工作中，应使钻具的实际转速为临界转速的 1.2～1.3 倍，以保持顺畅输土，便于疏导，避免堵塞。

为保持顺畅输土，除了要有适当高的转速之外，还需根据土质等情况，选择相应的钻压和给进量。在正常工作时，给进量一般为每转 10～30mm，砂土中取高值，黏土中取低值。

总的来说，长螺旋钻成孔，宜采用中、高转速、低扭矩、少进刀的工艺，使得螺旋叶片之间保持较大的空间，就能收到自动输土、钻进阻力小、成孔效率高的效果。

2. 短螺旋钻成孔施工特点

短螺旋钻机的钻具在临近钻头 2～3m 内装置带螺旋叶片的钻杆。成孔需多次钻进、提钻、甩土。一般为正转钻进，反转甩土，反转转速为正转转速的若干倍。因升降钻具等辅助作业时间长，其钻进效率不如长螺旋钻机高。为缩短辅助作业时间，多采用多层伸缩式钻杆。

短螺旋钻孔省去了长孔段输送土块钻屑的功率消耗，其回转阻力矩小。在大直径或深桩孔的情况下，采用短螺旋钻施工较合适。

10.2.2.4　施工注意事项

1. 钻进时应遵守下列规定：

（1）开钻前应纵横调平钻机，安装导向套（长螺旋钻孔机的情况）。

（2）在开始钻进，或穿过软硬土层交界处时，为保持钻杆垂直，宜缓慢进尺。在含砖头、瓦块的杂填土层或含水量较大的软塑黏性土层中钻进时，应尽量减少钻杆晃动，以免扩大孔径。

（3）钻进过程中如发现钻杆摇晃或难钻进时，可能遇到硬土、石块或硬物等，这时应立即提钻检查，待查明原因并妥善处理后再钻，否则较易导致桩孔严重倾斜、偏移，甚至使钻杆、钻具扭断或损坏。

（4）钻进过程中应随时清除孔口积土和地面散落土。遇到孔内渗水、塌孔、缩颈等异常情况时，应将钻具从孔内提出，然后会同有关部门研究处理。

（5）在砂土层中钻进如遇地下水，则钻深应不超过初见水位，以防塌孔。

（6）在硬夹层中钻进时可采取以下方法：

① 对于均质的冻土层、硬土层可采用高转速，小给进量，均压钻进。

② 对于直径小于 10cm 的石块或碎砖，可用普通螺旋钻头钻进。

③ 对于直径大于成孔直径 1/4 的石块，宜用镶焊硬质合金的耙齿钻头慢速钻进，石块一部分可挤进孔壁，一部分沿螺旋钻杆输出钻孔。

④ 对于直径很大的块石、条石、砖堆，可用镶有硬质合金的筒式钻头钻进，钻透后硬石砖块挤入钻筒内提出。

(7) 钻孔完毕，应用盖板盖好孔口，并防止在盖板上行车。

(8) 采用短螺旋钻孔机钻进时，每次钻进深度应与螺旋长度大致相同。

2. 清理孔底虚土时应遵守下列规定：

钻到预定钻深后，必须在原深处进行空转清土，然后停止转动，提起钻杆。注意在空转清土时不得加深钻进；提钻时不得回转钻杆。孔底虚土厚度超过质量标准时，要分析和采取处理措施。

3. 灌注混凝土应遵守下列规定：

(1) 混凝土应随钻随灌，成孔后不要过夜。遇雨天，特别要防止成孔后灌水，冬季要防止混凝土受冻。

(2) 钢筋笼必须在浇灌混凝土前放入，放时要缓慢并保持竖直，注意防止放偏和刮土下落，放到预定深度时将钢筋笼上端妥善固定。

(3) 桩顶以下5m内的桩身混凝土必须随灌注随振捣。

(4) 灌注混凝土宜用机动小车或混凝土泵车。当用搅拌运输车灌注时，应防止压坏桩孔。

(5) 混凝土灌至接近桩顶时，应随时测量桩身混凝土顶面标高，避免超长灌注，同时保证在凿除浮浆层后，桩顶标高和质量能符合设计要求。

(6) 桩顶插筋，要保持竖直插进，保证足够的保护层厚度，防止插斜插偏。

(7) 质量检查人员应将混凝土灌入量及坍落度等情况列入打桩记录。

(8) 混凝土坍落度一般保持为8～10cm，强度等级不小于C30，为保证和易性及坍落度应注意调整砂率、掺减水剂和粉煤灰等掺合料。

10.3 全套管灌注桩

10.3.1 适用范围及原理

10.3.1.1 基本原理

贝诺特（Benoto）灌注桩施工法为全套管施工法的一种。该法利用摇动装置的摇动（或回转装置的回转）使钢套管与土层间的摩阻力大大减少，边摇动（或边回转）边压入，同时利用冲抓斗挖掘取土，直至套管下到桩端持力层为止。挖掘完毕后立即进行挖掘深度的测定，并确认桩端持力层，然后清除虚土。成孔后将钢筋笼放入，接着将导管竖立在钻孔中心，最后灌注混凝土成桩。贝诺特法实质上是冲抓斗跟管钻进法。

10.3.1.2 优缺点

1. 优点

(1) 振动小，噪声低。

(2) 用套管插入整个孔内，孔壁不会坍落。

(3) 配合各种抓斗，几乎各种土层、岩层均可施工。

(4) 可在各种杂填土中施工，适合旧城改造的基础工程。

(5) 无泥浆污染，环保效果好，施工现场整洁文明，很适合于在市区的施工。

(6) 可确切地搞清持力层土质，选定合适的桩长。

(7) 因用套管，可靠近既有建筑物施工。

(8) 容易确保确实的桩断面形状。

(9) 可挖掘小于套管内径 1/3 的石块。

(10) 因含水比例小，较容易处理虚土，也便于余土外运。

(11) 可避免采用泥浆护壁法的钻、冲击成孔时产生的泥膜和沉渣时灌注桩承载力削弱的影响。

(12) 由于钢套管护壁的作用，可避免泥浆护壁钻（冲）孔灌注桩可能发生的缩颈，断桩及混凝土离析等质量问题。

(13) 由于应用全套管护壁可避免泥浆护壁法成孔难以解决的流砂问题。

(14) 可作斜桩。

(15) 成孔和成桩质量高。

(16) 充盈系数小，节约混凝土。

2. 缺点

(1) 因是大型机械，施工时要有较大场地。

(2) 地下水位下有厚细砂层（厚度 5m 以上）时，拉拔套管困难。

(3) 在软土及含地下水的砂层中挖掘，因下套管时的摇动使周围地基松软。

(4) 桩径有限制。

(5) 无水挖掘时需注意防止缺氧、有害气体等发生。

(6) 容易发生涌砂、隆起现象。

(7) 会发生钢筋笼上升事故。

(8) 工地边界到桩中心的距离比较大。

10.3.1.3 适用范围

贝诺特灌注桩几乎任何土质和岩层均可适用。但在孤石、岩层成孔时，成孔效率将显著降低。当地下水位有厚细砂层（厚度 5m 以上）时，由于摇动或回转作业使砂层产生排水固结现象，造成压进或拉拔套管困难，应避免在有厚砂层的土层中使用，如要施工，则需采取措施。

10.3.2 施工机械及设备

贝诺特钻机又称全套管钻机，是由法国贝诺特公司于 50 年代初开发和研制而成。我国于 70 年代开始引进此类钻机。1994 年起昆明捷程桩工有限责任公司结合我国国情研制开发出中、小型捷程牌 MZ 系列摇动式全套管钻机（又名磨桩机或搓管机）30 余套，与兄弟单位共同开发出捷程 MZ 全套管冲抓斗取土和全套管旋挖钻斗钻取土灌注桩及全套管软切割钻孔咬合灌注桩施工工法，并在全国数百项工程中得以应用。2001 年和 2004 年，国土资源部勘探技术研究所和北京嘉友心诚工贸有限公司先后开发出冲抓型搓管机和旋挖型搓管机。

10.3.2.1 全套管钻机分类

全套管钻机按结构可分为摇动式和回转式两大类。每一大类又可分为自行式（本机挖掘）和附着式（履带式起重机挖掘）两类。

全套管钻机按动力可分为发动机式和电动机式。

全套管钻机按其成孔直径可分为小型机（直径在 1.2m 以下）；中型机（直径在 1.2～1.5m 之间）和大型机（直径在 1.5～2.0m 之间或更大）。

回转式与摇动式相比具有以下优点：①可切割抗压强度为 275N/mm^{2}的岩石；②挖掘

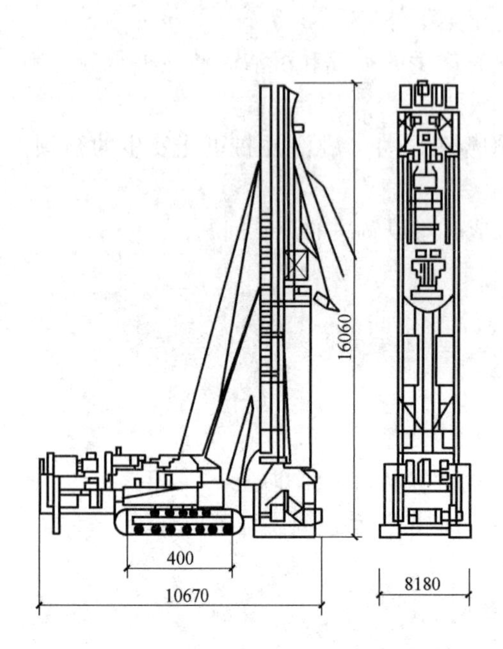

图10.3-1 日本三菱重工MZ150钻机示意图

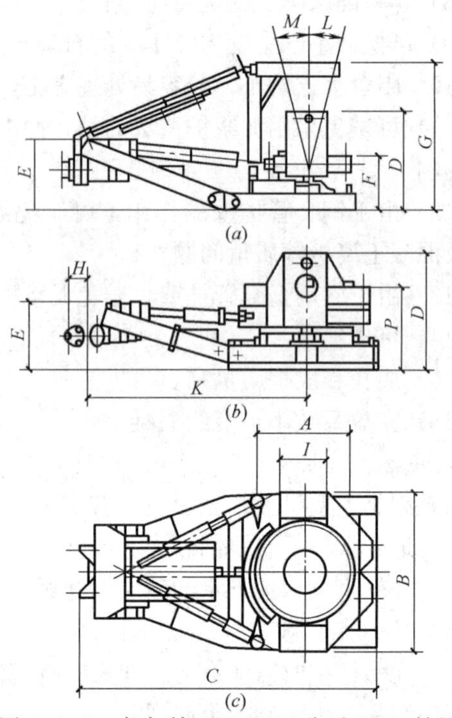

图10.3-2 意大利SOILMEC公司MGT钻机示意
(a) 带倾斜装置的钻机；(b) 不带倾斜装置的钻机；(c) 俯视图

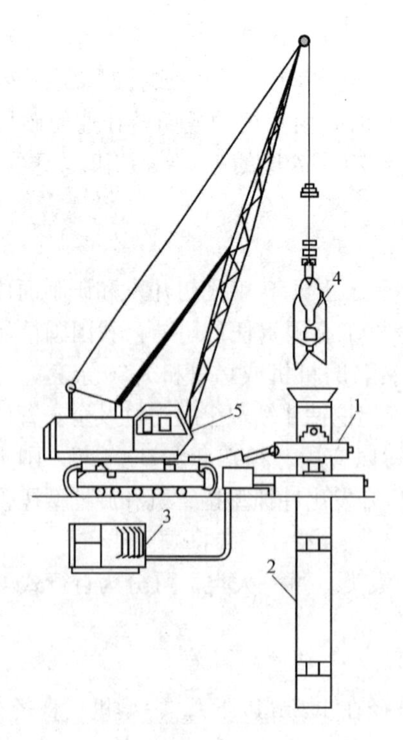

图10.3-3 捷程MZ钻机示意
1—钻机；2—套管；3—液压工作站；4—锤式抓斗；5—履带吊

深度可超过150m；③可在钻孔过程中保持1/500的垂直精度；④套管与套管之间的连接部受力情况更趋合理，寿命提高；⑤套管的360°连续全回转可以避免多次拆装夹紧油缸的液压油管，提高施工效率；⑥可配合反循环岩石钻头和岩石扩孔钻头钻进。

10.3.2.2 摇动式全套管钻机的构造及工作原理

摇动式全套管钻机是由钻机、锤式抓斗、动力装置和套管组成。

1. 钻机

钻机是整套机组中的工作机，由导向和纠偏机构、摇动装置、沉拔管液压缸、摇动臂和底架等组成。

图10.3-1和图10.3-2分别为日本三菱重工业株式会社和意大利SOILMEC公司的产品图例，图10.3-3为昆明捷程MZ钻机示意图。

导向和纠偏机构的作用是，在沉管前将套管（尤其是第一节套管）的垂直精度调整到允许的范围内。

摇动式装置是由夹管液压缸、夹管装置和摇动臂等组成。摇动装置的作用是，当将套管放入夹管装置后，收缩夹管液压缸，夹管装置即将套管夹持住，然后通过两个摇动臂上的摆动液压缸来回顶缩，夹管装置和套管即在一定的角度内以顺时针和逆时针方向转动。这样套管剪切土体，因此套管与土体间的摩阻力大大减少，套管逐渐压入土中。

2. 锤式抓斗

锤式抓斗的工作过程如下：

(1) 抓斗在初始状态时，抓斗片（又称抓爪）呈打开状态。

(2) 当套管压入土中，卷扬筒突然放松，抓斗以落锤（自由落体）方式向套管内冲入切土。

(3) 收缩专用钢丝绳，并提升动滑轮，抓斗片即通过与动滑轮相连接的连杆，使其抓土合拢。

(4) 继续卷扬收缩，抓斗被提出套管。

(5) 松开卷扬筒，动滑轮靠自重下滑，带动专用钢丝绳向下。

(6) 专用钢丝绳上凸缘滑过下棘爪斜面，继续下松，使抓斗片打开弃土。

锤式抓斗的抓斗片有二瓣式和三瓣式，前者适用于土质松软的场合，抓土较多；后者适用于硬土层，但抓土量较少。

图 10.3-4 为意大利 SOILMEC 公司的 BST-7 型锤式抓斗的结构图。

图 10.3-5 为日本三菱重工业株式会社生产的锤式抓斗的抓斗片、凿槽锤和十字凿锤，可根据不同的土层地质条件选用不同的抓斗片。

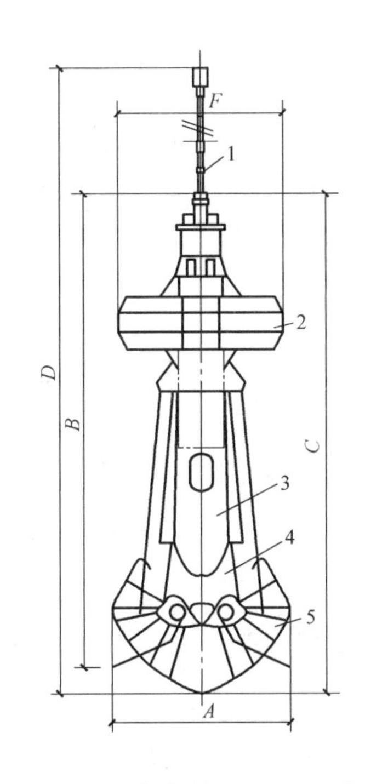

图 10.3-4 意大利 SOILMEC 公司的 BST-7 型锤式抓斗

1—专用钢丝绳；2—上导向器；3—连接履杆；4—矩形壳体；5—抓斗片

3. 动力装置

动力装置由发动机、轴向柱塞泵、皮带盘、液压油箱和柴油箱等组成，并全部安装在底盘上。

4. 套管

全套管钻机用的套管一般分为 1m、2m、3m、4m、5m 和 6m 等不同的长度，施工时可根据桩的长度进行配套使用。

因套管入土过程中受较大的扭矩，故套管一般均为双层结构。套管由上下接头和双层卷管焊接而成。上下接头均为经过精确加工的雌雄接头，便于套管准确连接，并且有互换性。套管之间的连接借助于内六角螺栓，下接头孔眼为光孔，上接头孔眼为螺纹孔。

在第一节套管的端部连接一段带有刃口的短套管，这些刃口都用硬质合金组成齿状的端部，短套管的直径比标准套管大 20～40mm，在下沉过程中以减小上部标准套管与孔间

	锤式抓斗的抓片				凿槽锤	十字凿锤
	硬质土用	万能型	黏土用	蝶石用		
抓斗片外形	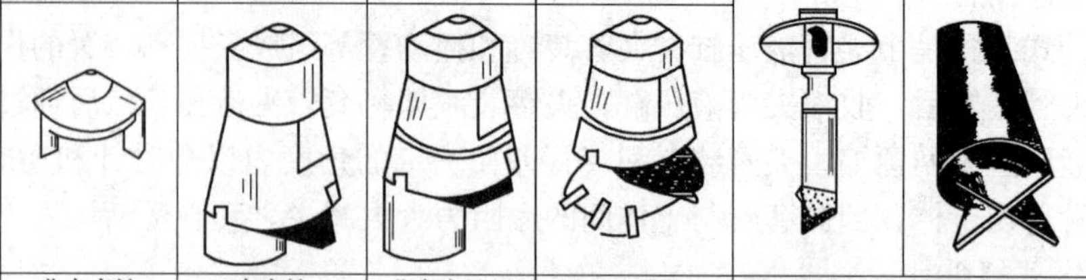					
特点	非水密性	水密性 效率很高	非水密性抓瓣锐利，适用于黏土	适用于其他三种抓瓣难以挖掘的砂砾	凿槽锤和十字凿锤一起使用，破碎硬质土，漂石层和岩层等	
用途	硬土层 硬黏土岩层 混凝土	粉土 普通土砂 砂砾石 软黏土	密实的 硬黏土 固结土	漂石，粗砂砾石 密实砂砾	硬质土、漂石层、岩层	

图 10.3-5 三菱重工的抓斗片、凿槽锤和十字凿锤
（引自 日本基础建设协会 1983 年）

的摩阻力。

图 10.3-6 为适应于不同土质的带有刃口的短套管。图 10.3-6（*a*）中Ⅰ型短套管适用于碎粒状土（砂、砾、破碎的石头、岩层和漂石等）；图 10.3-6（*b*）中Ⅱ型短套管适用于黏聚性土（黏土、石灰、亚黏土和贫混凝土等）；图 10.3-6（*c*）中Ⅲ型短套管适用于砂岩、黏土岩和石灰岩等。

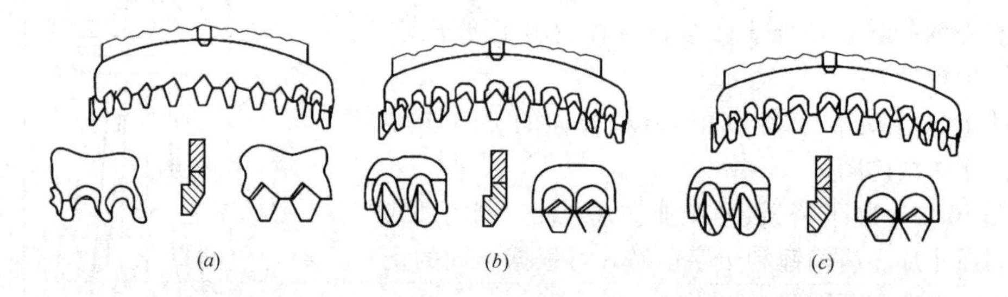

图 10.3-6 适应于不同土质的带有刃口的短套管（德国 LEFFER 公司的产品）
（*a*）Ⅰ型短套管；（*b*）Ⅱ型短套管；（*c*）Ⅲ型短套管

10.3.3 摇动式全套管冲抓取土灌注桩施工工艺

10.3.3.1 施工程序

（1）埋设第一节套管。

（2）用锤式抓斗挖掘，同时边摇动套管边把套管压入土中。

（3）连接第二节套管，重复第（2）步程序。

（4）依次连接、摇动和压入其他节套管，直至套管下到桩端持力层为止。

（5）挖掘完毕后立即测定挖掘深度、确认桩端持力层、清除孔底虚土。

（6）将钢筋笼放入孔中。

（7）插入导管。

（8）灌注混凝土。

（9）边灌注混凝土，边拔导管，边拔套管。

施工程序示意图见图 10.3-7。

10.3.3.2　施工特点

1. 具有摇动套管装置，压入套管和挖掘同时进行。

用摇动臂及专有的夹紧千斤顶将套管夹住，利用摇动千斤顶使套管在圆周方向摇动。此外尚可向下压进或向上拔出套管。由于摇动，使套管与地层间的摩阻力大大减少，借助套管本身的自重就很容易使套管下沉。

2. 抓斗片的张开、落下以及关闭、拉上用一根钢丝绳操作。

10.3.3.3　施工要点

1. 钻机安装和开始挖掘需要进行以下作业

（1）对于打设竖直桩的情况，在成孔前应将钻机用水准仪校正找平，成孔机具中心必须与桩中心一致。

（2）埋设第一、二节套管必须竖直，这是决定桩孔垂直度的关键。

与第一节套管组合的第一组套管必须保持很高的精度，细心地压入。全套管桩的垂直精度几乎完全由第一组垂直精度决定。第一组套管安好后要用两台经纬仪或两组测锤从两个正交方向校正其垂直度，边校正、边摇动套管、边压入，不断校核垂直度，使套管超前1m，然后开始使用锤式抓斗掘凿。规范要求钻孔灌注桩的垂直度偏差不超过1%。但如果钻进很深时，套管即使有些微误差，也会在孔底产生较大的桩心位移。

（3）利用全套管钻机将套管逐节小角度往复振摇并压入地层的同时，利用锤式抓斗和凿槽锥及十字凿锤等凿岩器具，将套管内的岩土冲凿抓取出地面，摇管和冲抓交替进行，直至套管下到桩端持力层为止。

2. 套管刃尖与挖掘底面关系应遵守下列原则

（1）一般土质的场合，套管刃尖可先行压进，也可与挖掘底面保持几乎同等深度的情况下压进。

（2）在不易坍塌的土质中，套管压进困难时，往往不得已取某种程度的超挖措施。

（3）在漂石、卵石层中挖掘时，套管不可能先行压进，可采取某种程度的超挖措施，但必须使周围土层的松弛最小。

3. 在砂土中成桩时的注意事项

在水位以下厚细砂层（厚度超过 5m）中成孔，摇动套管可能使砂密实而钳紧套管从而造成压进或拉拔套管困难。为此在操作时必须慎重，可事先制定好以下处理措施：抓斗的落距尽可能降低；套管的压进或拉拔应止于最低限度；套管不应长期放置在地基中作业；预备液压千斤顶以应付套管压拔困难的特殊情况；等等。

4. 在漂、卵石层中成孔应采用以下方法

（1）在卵石层中应采用边挖掘边跟管的方法。

（2）遇粒径 300mm 的漂石层，应先超挖 400mm 左右，把漂石抓出后，必须向孔内填入黏土或膨润土，填土部分应大于钻孔直径，再插入套管；如此反复操作突破该土层。

（3）遇个别大漂石，用凿槽锥顺着套管小心冲击，把漂石拨到中间后抓出；也可用十字冲锤予以击碎或挤出孔外；当遇有大于 2 倍桩径的漂石时，可结合人工爆破予以清除。

5. 在硬岩层中成孔时，要结合人工处理，如采用风镐破碎或爆破等措施。

6. 当遇含水层时，应将套管先摇钻至相对隔水层，再予以冲抓，如果孔内水量较大，

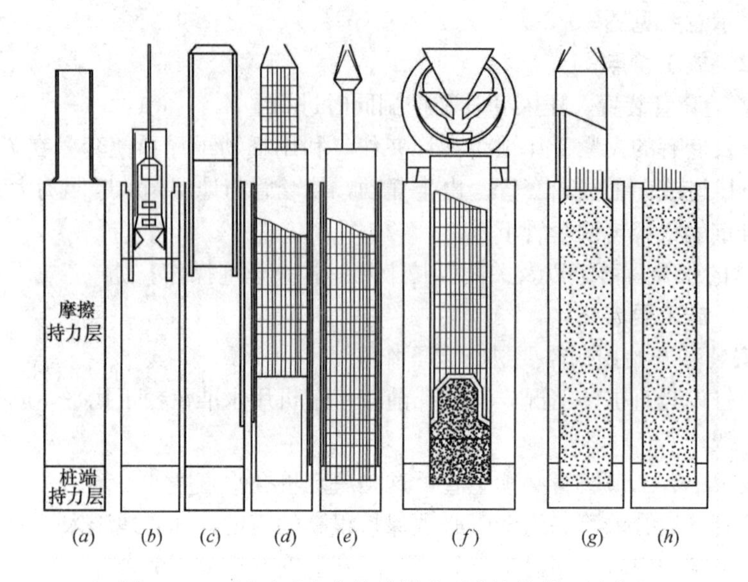

图10.3-7 摇动式全套管冲抓取土灌注桩施工示意

(a) 插入第一节套管；(b) 边挖掘，边压入；(c) 连接第二节套管；(d) 插入钢筋笼；(e) 插入导管；(f) 灌注混凝土，拉拔套管；(g) 拔出套管；(h) 施工结束

则要采用筒式取水器提取泥浆。

7. 孔底处理方法如下：

(1) 孔内无水，可下人入孔底清底。

(2) 虚土不多且孔内无水或孔内水位很浅时，可轻轻地放下锤式抓斗，细心地掏底。

(3) 孔内水位高且沉淀物多时，用锤式抓斗掏完底以后，立即将沉渣筒吊放到孔底，搁置15～30min（当孔深时，要事先测出泥渣沉淀完了所需时间，以决定沉渣筒搁置时间），待泥渣充分沉淀以后，再将沉渣提上来。

(4) 当采取上述第3项办法，仍认为孔底处理不够充分时，可在灌注混凝土之前，采用普通导管的空气升液排渣法或空吸泵的反循环方式等将沉渣清除。

8. 提高单桩承载力的措施

由于套管摇动降低桩侧阻力，由于抓斗冲击挖掘降低桩端阻力，可采取以下措施来提高单桩承载力。

1) 提高桩侧阻力的措施

(1) 用振捣棒自下而上分段捣实混凝土，确保混凝土与土紧密接触。

(2) 桩侧压力注浆法：将压浆管（管径25mm，压浆孔径10mm，孔距300mm，用塑料薄膜保护孔口）附在钢筋笼上一起放入孔内，在桩身混凝土灌注结束后2h内注浆，使桩与土紧密接触。

(3) 采用套管提升回降压密法，即边灌混凝土边提拔套管，每提升一段又下降少许，提升高度不得超过混凝土面的高度，使套管刃脚在下降时挤密下部混凝土，以充填桩与土之间的空隙。

2) 提高桩端阻力的措施

(1) 用旋喷法加固桩端持力层。

（2）压浆补强法。

（3）重锤夯实加固。

（4）桩端压力注浆法。

9. 钻机使用要点

（1）与附着式钻机相匹配的起重机，应根据成桩时所需的高度和起重量进行选择。

（2）在套管内挖掘土层时，碰到坚硬土岩和风化岩硬层时严禁用锤式抓斗冲击硬层，应用十字凿锤将硬层有效地破碎后，才能继续挖掘。

（3）用锤式抓斗挖掘套管内土层时，必须在套管上加上喇叭口，以保护套管接头的完好，防止撞坏。

（4）套管在对接时，接头螺栓应按说明书要求的扭矩，对称扭紧。接头螺栓拆下时，应立即洗净并浸入油中。

（5）起吊套管时，严禁用卸甲直接吊在螺纹孔内，应使用专用工具吊装，以免损坏套管螺纹。

（6）在施工中如出现其他故障使套管不能压入或拔出时，应定时将埋在土中的套管摇动。

（7）每天施工完毕，应将锤式抓斗内外冲洗干净。

10.3.4 回转式全套管钻机冲抓取土灌注桩施工的施工流程

（1）将回转式全套管装置放在桩位上，对准桩心，固定好液压动力箱并通过液压油管将其与全套管装置相连接。

（2）将地锚配重固定好，从而获得反力，利用水平调整油缸将全套管装置的水平位置调整好。

（3）进行挖掘桩孔前的准备，用履带起重机吊起第一节套管放入全套管装置内，回转套管并将其压入。

（4）进行挖掘桩孔工作，用锤式抓斗取土，并接长套管，依次逐节进行，直到套管下到桩端持力层为止。

（5）测定深度，清除孔底虚土，放钢筋笼，插入导管，灌注混凝土，边拔出导管和套管，成桩。

10.4 人工挖（扩）孔灌注桩

10.4.1 适用范围及原理

10.4.1.1 基本原理

人工挖（扩）灌注桩是指在桩位采用人工挖掘方法成孔（或桩端扩孔），然后安放钢筋笼，灌注混凝土成为支承上部结构的基桩。

10.4.1.2 优缺点

1. 优点

（1）环保效益显著

成孔机具简单，作业时无振动，无噪声，不扰民，环境污染小，当施工场地狭窄，邻近建筑物密集或桩数较少时尤为适用。

（2）环境适应能力强

不受地层情况的限制，适应各类岩土层。

（3）应用范围广

挖孔桩设计桩径和桩长的选择幅度大，因而单桩承载力变化范围大，既可用于多层建筑，也可用于高层建筑和超高层建筑，既可用于高耸结构物，也可用于大吨位桥桩；既能承受较大的竖向荷载，也能承受较大的水平荷载；既能用作承重桩，也能用于坡地抗滑桩、堤岸支护桩和基坑围护桩；这样宽广的应用范围是其他桩型所没有的。

（4）施工期短

可按施工进度要求分组同时作业，若干根桩孔齐头并进。

（5）在正常施工条件下质量有保证

由于人工挖掘，既便于检查孔壁和孔底，可以核实桩孔地层土质情况，也便于清底，孔底虚土能清除干净；大多数情况下，桩身混凝土在无水环境下干作业灌注，边灌注边振捣，施工质量可靠。

（6）承载力大

桩端可以人工扩大，以获得较大的承载力，可满足一柱一桩的要求。

（7）造价低

施工机具简单，投资省，加上我国劳动力便宜，施工费用低；挖孔桩与功能相近的钻孔桩相比，桩身混凝土坍落度小，水灰比小，桩顶超灌高度减小，均可节约水泥；挖孔桩不用泥浆，可免除开挖泥浆池，沉淀池和排浆沟及泥浆处理和外运，节约费用；挖孔桩往往按一柱一桩进行设计，可以节省承台费用；挖孔桩单桩承载力往往也由桩身强度控制，使桩身强度能充分发挥，因而单位承载力的造价较便宜。

2. 缺点

（1）桩孔内空间狭小，工人劳动强度大，作业环境差，施工文明程度低。

（2）人员在孔内上下作业，稍一疏忽，容易发生人身伤亡事故。故某些地区住建委发出逐步限制和淘汰人工挖孔灌注桩的通知。

（3）在地下水位高的饱和粉细砂层中挖孔施工，容易发生流砂突然涌入桩孔而危及工人生命的严重事故。

（4）在高地下水位场地，挖孔抽水易引起附近地面沉降、路面开裂、水管渗漏、房屋开裂或倾斜等危害。

（5）在富含水地层中挖孔，如果没有可靠的技术和安全措施，往往造成挖孔失败。

（6）在低层或小开间多层建筑及单柱荷载较小的工业建筑采用人工挖孔桩，其造价并不便宜。

10.4.1.3 适用范围

人工挖（扩）孔桩适宜在地下水位以上或地下水较少的情况下施工，适用于人工填土层、黏土层、粉土层、砂土层、碎石土层和风化岩层，也可在黄土、膨胀土和冻土中使用，适应性较强。

采取严格而恰当的施工工艺及措施也可在地下水位高的软土地区中应用。我国华东华南及华中地区等高地下水位软土地区的高层建筑中均有成功地采用人工挖（扩）孔桩基础的大量例子。以广东惠州地区为例，其所用的桩，几乎75%为人工挖（扩）孔桩。

在覆盖层较深且具有起伏较大的基岩面的山区和丘陵地区建设中，采用不同深度的挖孔桩，将上部荷载通过桩身传给基岩，技术可靠，受力合理。

因地层或地下水的原因，以下情况挖掘困难或挖掘不能进行，如地下水的涌水量多且难以抽水的地层；有松砂层，尤其是地下水位下有松砂层；有连续的极软弱土层；孔中氧气缺乏或有毒气发生的地层。

根据以上情况，当高层建筑采用大直径钢筋混凝土灌注桩时，人工挖孔往往比机械成孔具有更大的适应性。

在日本也采用人工挖（扩）孔桩，由于国情不同，日本建筑界认为人工挖孔比机械成孔施工速度慢、造价高。

10.4.1.4 构造尺寸

人工挖（扩）孔桩的桩身直径一般为 800～2000mm，最大直径在国外已达 8000mm，在国内已达 8200mm。桩端可采用不扩底和扩底两种方法。视桩端土层情况，扩底直径一般为桩身直径的 1.3～2.5 倍。

扩底变径尺寸一般按 $(D-d)/2:h=1:4$ 的要求进行控制，其中 D 和 d 分别为扩底部和桩身的直径，h 为扩底部的变径部高度。扩底部可分为平底和弧底两种，后者矢高 $h_1 \geqslant (D-d)/4$。

挖孔桩的孔深一般不宜超过 25m。当桩长 $L \leqslant 8$m 时，桩身直径（不含护壁，下同）不宜小于 0.8m；当 $8\text{m} < L \leqslant 15$m，桩身直径不宜小于 1.0m；当 $15\text{m} < L \leqslant 20$m 时，桩身直径不宜小于 1.2m；当桩长 $L \gg 20$m 时，桩身直径应适当加大。

大连某挖孔桩工程，桩径 2.4～4.2m，桩长 22～52m，共 48 根；厦门某挖孔桩工程，桩径 1.8m，桩长 73m；西安黄土中挖孔桩长度亦有超过 70m 的例子。

10.4.2 施工机具

常用的施工机具有：

(1) 电动葫芦（或手摇辘轳）、定滑轮组、导向滑轮组和提土筒，用于材料和弃土的垂直运输以及供施工人员上下。

(2) 护壁钢模板（国内常用）或波纹模板（日本用）。

(3) 潜水泵，用于抽出桩孔中的积水。

(4) 鼓风机和送风管，用于向桩孔中强制送入新鲜空气。

(5) 镐、锹、土筐等挖土工具，若遇到硬土或岩石还需准备风镐。

(6) 插捣工具，以插捣护壁混凝土。

(7) 应急软爬梯。

(8) 防水照明灯（低压 12V，100W）。

上述第 (2) 项模板主要应用于混凝土护壁施工，当采用其他护壁形式时，还有相应的施工机具。

10.4.3 施工工艺

10.4.3.1 施工特点

(1) 施工设备简单，均属小型设备，重量轻，移动方便。

(2) 挖孔热源需要下到孔内作业，活动余地小，工作环境恶劣，情况复杂，易发生人身安全事故，故制定严密、健全的安全措施是进行人工挖孔桩施工的首要条件。

(3) 为确保人工挖（扩）孔桩施工过程中的安全，必须考虑防止土体坍滑的支护措施。针对各种具体情况，支护的方法很多，例如：采用现浇混凝土护壁、喷射混凝土护壁、砖砌护壁、钢板护壁、波纹钢模板工具式护壁、双液高压注浆止水后现浇混凝土护壁、半模钢筋稻草混凝土护壁、双模护壁（砖砌外模加混凝土内模护壁）、钢护筒护壁钢筋混凝土护筒护壁、高压喷射混凝土隔水帷幕及自沉式护壁等。国内多采用现浇混凝土护壁。

10.4.3.2 施工程序

采用现浇混凝土分段护壁的人工挖孔桩的施工程序：

(1) 放线定位

按设计图纸放线、定桩位。

(2) 设置操作平台、提土支架和防雨棚

在桩孔顶设置操作平台，平台可用角钢和钢板制成半圆形，两个合起来即为一个整圆，用来临时放置混凝土拌合料和灌注扶壁混凝土用。同时架设提土支架，以便安装手摇辘轳或电动葫芦和提土桶。视天气情况，也应搭设防雨或防雪棚。

(3) 开挖土方

采取分段开挖，每段高度决定于土壁保持直立状态的能力，一般以0.8～1.0m为一施工段。

挖土由人工从上到下逐段用镐、锹进行，遇坚硬土层用锤、钎破碎。同一段内挖土次序为先中间后周边。扩底部分采取先挖桩身圆柱体，再按扩底尺寸从上到下削土修成扩底形。挖至孔底应复验孔底持力层土（岩）性，并按要求清理虚土，测量孔深，计算虚土厚度，达到设计要求。

弃土装入活底吊桶或箩筐内。垂直运输则在孔口安支架、工字轨道、电动葫芦或架三木塔、用10～20kN慢速卷扬机提升。桩孔较浅时，亦可用木吊架或木辘轳借粗麻绳提升。吊至地面上后用机动翻斗车或手推车运出。

在地下水以下施工应及时用吊桶将泥水吊出。如遇大量渗水，则在孔底一侧挖集水坑，用高扬程潜水泵排出桩孔外。

(4) 测量控制

桩位轴线采取在地面设十字控制网，基准点。安装提升设备时，使吊桶的钢丝中心与桩孔中心线一致，以作挖土时粗略控制中心线用。

(5) 支护护壁模板

模板高度取决于开挖土方施工段的高度，一般为1m，由4块或8块活动钢模板组合而成。

护壁支模中心线控制，系将桩控制轴线、高程引到第一节混凝土护壁上，每节以十字线对中，吊大线锤控制中心点位置，用尺杆找圆周，然后由基准点测量孔深。

(6) 灌注护壁混凝土

护壁混凝土要注意捣实，因它起着护壁与防水双重作用，上下护壁间搭接50～75mm。护壁分为外齿式和内齿式两种，见图10.4-1外齿式的优点：作为施工用的衬体，抗塌孔的作用更好；便于人工用钢钎等捣实混凝土；增大桩侧摩阻力。内齿式的优点：挖土修壁及支模简便。

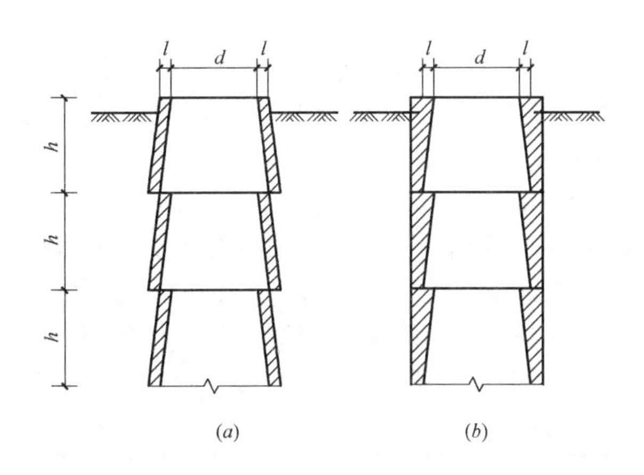

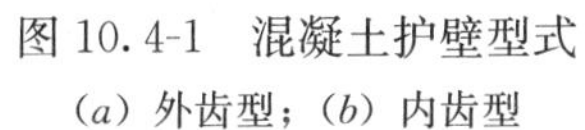

图 10.4-1 混凝土护壁型式

（a）外齿型；（b）内齿型

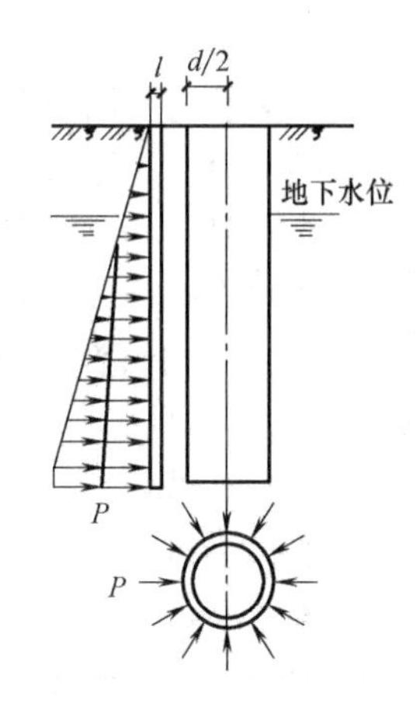

图 10.4-2 护壁受力简图

护壁通常为素混凝土，但当桩径、桩长较大，或土质较差、有渗水时应在护壁中配筋，上下护壁的主筋应搭接。

分段现浇混凝土护壁厚度，一般由地下最深段护壁所承受的土压力及地下水的侧压力（图 10.4-2）确定，地面上施工堆载产生侧压力的影响可不计。护壁厚度可按下式计算：

$$t \geqslant \frac{k \cdot N}{f_c} \tag{10.4.1}$$

式中 t——护壁厚度；

N——作用在护壁截面上的压力，

$$N = p \times \frac{d}{2} \ (\text{N/mm})；$$

式中 p——土及地下水对护壁的最大压力（N/mm^2）；

d——挖孔桩桩身直径（mm）；

f_c——混凝土的轴心抗压设计强度（N/mm^2）；

k——安全系数，取 1.65。

护壁混凝土强度采用 C25 或 C30，厚度一般取 100～150mm，大直径人工挖孔桩的护壁厚度可达 200～300mm；加配的钢筋可采用 ϕ6～9mm。

第一节混凝土护壁宜高出地面 200mm，便于挡水和定位。

（7）拆除模板继续下一段的施工

当护壁混凝土达到一定强度（按承受土的侧向压力计算）后便可拆除模板，一般在常温情况下约 24h 可以拆除模板，再开挖下一段土方，然后继续支模灌注护壁混凝土，如此循环，直到挖到设计要求的深度。

（8）钢筋笼沉放

钢筋笼就位，对质量 1000kg 以内的小型钢筋笼，可用带有小卷扬机和活动三木搭的小型吊运机具，或汽车吊吊放入孔内就位。对直径、长度、重量大的钢筋笼，可用履带吊或大型汽车吊进行吊放。

（9）排除孔底积水，灌注桩身混凝土

在灌注混凝土前，应先放置钢筋笼，并再次测量孔内虚土厚度，超过要求进行清理，混凝土坍落度为70～100mm。

混凝土灌注可用吊车吊混凝土吊斗，或用翻斗车，或用手推车运输向桩孔内灌注，混凝土下料用串桶，深桩孔用混凝土导管。混凝土要垂直灌入桩孔内，避免混凝土斜向冲击孔壁，造成塌孔（对无混凝土护壁桩孔的情况）。

混凝土应连续分层灌注，每层灌注高度不得超过1.5m。对于直径较小的挖孔桩，距地面6m以下利用混凝土的大坍落度（掺粉煤灰或减水剂）和下冲力使之密实；6m以内的混凝土应分层振捣密实。对于直径较大的挖孔桩应分层捣实，第一次灌注到扩底部位的顶面，随即振捣密实；再分层灌注桩身，分层捣实，直至桩顶。当混凝土灌注量大时，可用混凝土泵车和布料杆。在初凝前抹压平整，以避免出现塑性收缩裂缝或环向干缩裂缝。表面浮浆应凿除，使之与上部承台或底板连接良好。

10.4.3.3 施工注意事项

1. 施工安全措施

1）安全措施的重要性

人工挖孔桩因挖孔人员需要下到孔内操作，活动余地小，工作环境恶劣，孔深可达数十米，情况复杂，因此桩基施工中发生人身安全事故以人工挖孔桩位最多。多年来，人工挖孔桩施工作业因塌方、毒气、高处坠物、触电而造成的人员伤亡等重大安全事故时有发生。事故表明：人工挖孔桩是一种危险性高、作业环境恶劣且难以施工安全管理的成桩方法。从以人为本的观念出发，制定人工挖孔桩的严密、健全的安全措施是实施人工挖孔桩工程的首要条件。

2）主要的安全措施

(1) 从事挖孔桩作业的工人以健壮男性青年为宜，并须经健康检查和井下、高空、用电、吊装及简单机械操作等安全作业培训且考核合格后，方可进入现场施工。

(2) 在施工图会审和桩孔挖掘前，要认真研究钻探资料，分析地质情况，对可能出现流砂、管涌、涌水以及有害气体等情况应制定有针对性的安全防护措施。如对安全施工存在疑虑，应事先向有关单位提出。

(3) 施工现场所有设备、设施、安全装置、工具、配件以及个人劳保用品等必须经常进行检查，确保完好和安全使用。

(4) 为防止孔壁坍塌，应根据桩径大小和地质条件采取可靠的支护孔壁的施工方法。

(5) 孔口操作平台应自成稳定体系，防止在护壁下沉时被拉垮。

(6) 在孔口设水平移动式活动安全盖板，当提土桶提升到离地面约1.8m，推活动盖板关闭孔口，手推车推至盖板上卸土后，再打开盖板，放下提土桶装土，以防土块、操作人员掉入孔内伤人、采取电葫芦提升提土桶，桩孔四周应设安全栏杆。

(7) 孔内必须设置应急软爬梯，供人员上下孔使用的电葫芦、吊笼等应安全可靠并配有自动卡紧保险装置，不得使用麻绳和尼龙绳吊扶或脚踏井壁凸缘上下。电葫芦宜用按钮式开关，使用前必须检验其安全吊线力。

(8) 吊运土方用的绳索、滑轮和盛土容器完好牢固，起吊时垂直下方严禁站人。

(9) 施工场地内的一切电源、电路的安装和拆除必须由持证电工操作，电器必须严格接地、接零和使用漏电保护器。各孔用电必须分闸，严禁一闸多用。孔上电缆必须架空2.0m以上，严禁拖地和埋压土中，孔内电缆电线必须由防湿、防潮、防断等保护措施。

照明应采用安全矿灯或12V以下的安全灯。

（10）护壁要高出地表面200mm左右，以防杂物滚入孔内。孔周围要设置安全防护栏杆。

（11）施工人员必须戴安全帽，穿绝缘胶鞋。孔内有人时，孔上必须有人监督防护，不得擅自离岗位。

（12）当桩孔开挖深度超过5m时，每天开工前应进行有毒气体的检测；挖孔时要时刻注意是否有毒气体；特别是当孔深超过10m时要采取必要的通风措施，风量不宜少于25L/s。

（13）挖出的土方应及时运走，机动车不得在桩孔附近通行。

（14）加强对孔壁土层涌水情况的观察，发现异常情况，及时采取处理措施。

（15）灌注桩身混凝土时，相邻10m范围内的挖孔作业应停止，并不得在孔底留人。

（16）暂停施工的桩孔，应加盖板封闭孔口，并加0.8～1m高的围栏围蔽。

（17）现场应设专职安全检查员，在施工前和施工中应进认真检查；发现问题及时处理，待消除隐患后再行作业；对违章作业有权制止。

2. 挖孔注意事项

1）开挖前，应从桩中心位置向桩四周引出四个桩心控制点，用牢固的木桩标定。当一节桩孔挖好安装护壁模板时，必须用桩心点来校正模板位置，并应设专人严格校核中心位置及护壁厚度。

2）修筑第一节孔圈护壁（俗称开孔）应符合下列规定：

（1）孔圈中心线应和桩的轴线重合，其与轴线的偏差不得大于20mm。

（2）第一节孔圈护壁应比下面的护壁厚100～150mm，并应高出现场地表明200mm左右。

3）修筑孔圈护壁应遵守下列规定：

（1）护壁厚度、拉结钢筋或配筋、混凝土强度等级应符合设计要求。

（2）桩孔开挖后应尽快灌注护壁混凝土，且必须当天一次性灌注完毕。

（3）上下护壁间的搭接长度不得少于50mm。

（4）灌注护壁混凝土时，可用敲击模板或用竹竿木棒等反复插捣。

（5）不得在桩孔水淹没模板的情况下灌注护壁混凝土。

（6）护壁混凝土拌合料中宜掺入早强剂。

（7）护壁模板的拆除，应根据气温等情况而定，一般可在24小时后进行。

（8）发现护壁有蜂窝、漏水现象应及时加以堵塞或导流，防止孔外水通过护壁流入桩孔内。

（9）同一水平面上的孔圈二正交直径的极差不宜大于50mm。

4）多桩孔同时成孔，应采取间隔挖孔方法，以避免相互影响和防止土体滑移。

5）遇到流动性淤泥或流砂时，可按下列方法进行处理：

（1）减少每节护壁的高度（可取0.3～0.5m），或采用钢护筒，预制混凝土沉井等作为护壁，待穿过松软层或流砂层厚，再按一般方法边挖掘边灌注混凝土护壁，继续开挖桩孔。

（2）当采用（1）方法后仍无法施工时，应迅速用砂回填桩孔到能控制坍孔位置，并会同有关单位共同处理。

（3）开挖流砂严重时，应先将附近无流砂的桩孔挖深，使其起集水井作用。集水井应选在地下水流的上方。

6）遇坍孔时，一般可在塌方处用砖砌成外模，配适当钢筋（ϕ6～9mm，间距

150mm）再支钢内模灌注混凝土护壁。

7）当挖孔至桩端持力层岩（土）面时，应及时通知建设，设计单位和质检（监）部门对孔底岩（土）性进行鉴定。经鉴定复合设计要求后，才能按设计要求进行入岩挖掘或进行扩底端施工，不能简单地按设计图纸提供的桩长参考数据来终止挖掘。

8）扩底时，为防止扩底部塌方，可采取间隔挖土扩底措施，留一部分土方作为支撑，待灌注混凝土前挖除。

9）终孔时，应清除护壁污泥、孔底残渣、土、杂物和积水，并通知建设单位，设计单位及质检（监）部门对孔底性状、尺寸、土质、岩性、入岩深度等进行检验，检验合格后，应迅速封底、安装钢筋笼、灌注混凝土、孔底岩样应妥善保存备查。

10.5 反循环钻成孔灌注桩

10.5.1 适用范围及原理

10.5.1.1 基本原理

反循环钻成孔施工法是，在桩顶处设置护筒（其直径比桩径大15%左右），护筒内的水位要高出自然地下水位2m以上，以确保孔壁的任何部分均保持0.02MPa以上的静水压力保护孔壁不坍塌，因而钻挖时不用套管，钻机工作时，旋转盘带带动钻杆端部的钻头钻挖孔内土。在钻进过程中，冲洗液（又称循环液）从钻杆与孔壁间的环状间隙中流入孔底，并携带被钻挖下来的岩土钻渣，由钻杆内腔返回地面，与此同时，冲洗液又返回孔内形成循环，这种钻进方法称为反循环钻进。

反循环钻成孔施工按冲洗液（指水或泥浆）循环输送的方式，动力来源和工作原理可分为泵吸、气举和喷射等方法。

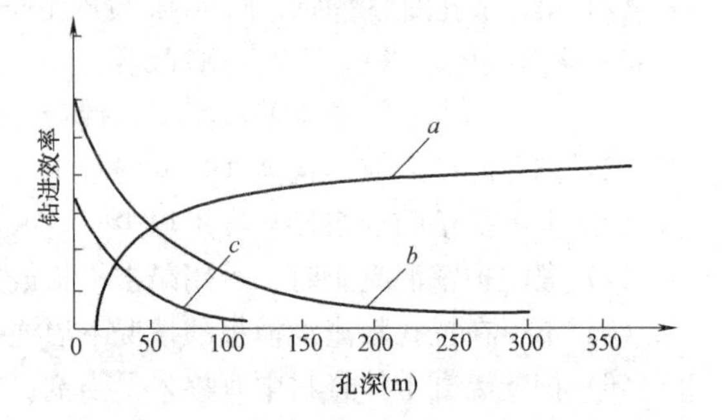

图11.5-1 三种反循环钻进效率曲线图

a—气举反循环；*b*—泵吸反循环；*c*—喷射反循环

（引自 李世京等 1990年）

1. 泵吸反循环施工原理

由图10.5-1可以看出，方形传动杆6与其下有内腔的钻杆连接，在钻杆的端部装有特殊性状的中空的反循环钻头2，钻杆放入注满冲洗液的钻孔内，通过旋转盘3的转动，带动方型传动杆和钻头进行钻挖。在真空泵10的抽吸作用下，砂石泵7及管路系统形成一定的真空度，钻杆内腔形成负压状态。孔内循环介质（被钻挖下来的岩土钻渣与冲洗液）在大气压作用下，通过钻杆流到地面上的泥浆沉淀池或贮水槽中，土、砂、砾和岩屑等便沉淀下来，冲洗液则流回孔内。

砂石泵的启动方式有真空启动（图10.5-1）和注水启动两种方式。

国产钻机大部分采用注水启动，即配备另一台离心泵作为副泵向主泵——砂石泵及其管线灌注清水或泥浆，充满后再启动砂石泵。这种启动方法比较简单可靠，对吸水管线密封要求稍低，而且便于变换循环方式，如果遇到易塌方的地层，可换用正循环护壁，防止塌方，当管线产生堵塞故障时，也可换用正循环予以排除。

2. 气举反循环施工原理

气举反循环钻进又称为压气反循环钻进。

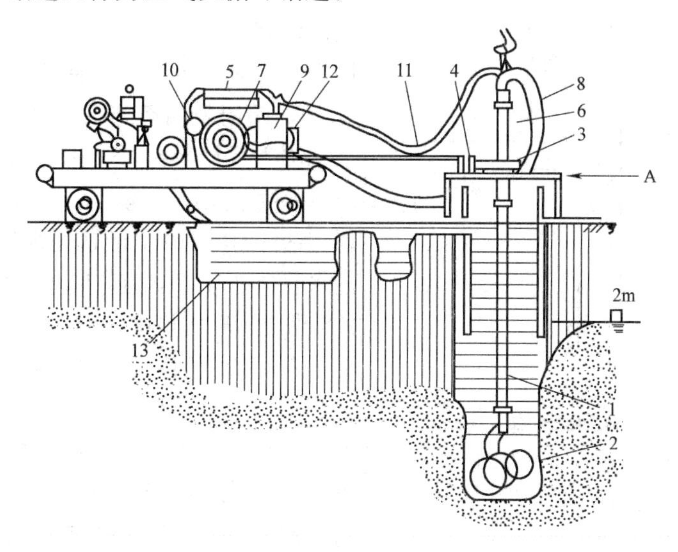

图 10.5-2 泵吸反循环施工法

1—钻杆；2—钻头；3—旋转台盘；4—液压马达；5—液压泵；6—方形传动杆；
7—砂石泵；8—吸渣软管；9—真空柜；10—真空泵；
11—真空软管；12—冷却水槽；13—泥浆沉淀池
（引自 京牟礼和夫 1976 年）

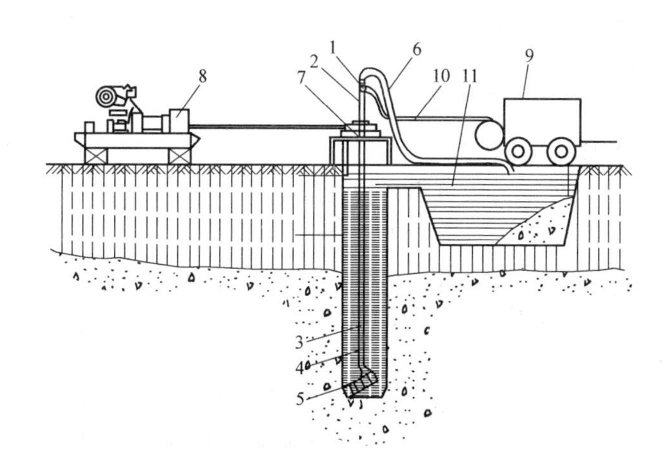

图 10.5-3 气举反循环施工法

1—气密式旋转接头；2—气密式传动杆；3—气密式钻杆；4—喷射嘴；5—钻头；
6—压送软管；7—旋转台盘；8—液压泵；9—压气机；10—空气软管；11—水槽
（引自 京牟礼和夫 1976 年）

由图 10.5-3 可以看出，在旋转接头 1 下接方形传动杆 2，再在方形传动杆下连接钻杆 3，最后在钻杆端部连接钻头 5，钻杆放入注满冲洗液的钻孔内，靠旋转盘 7 的转动，带动方形传动杆和钻头钻挖土、砂、砾和岩屑等。由钻杆下端的喷射嘴 4 中喷出压缩空气，与被切削下来的土砂等在钻杆内形成“视比重”比水还轻的泥砂水气混合物，由于压力差

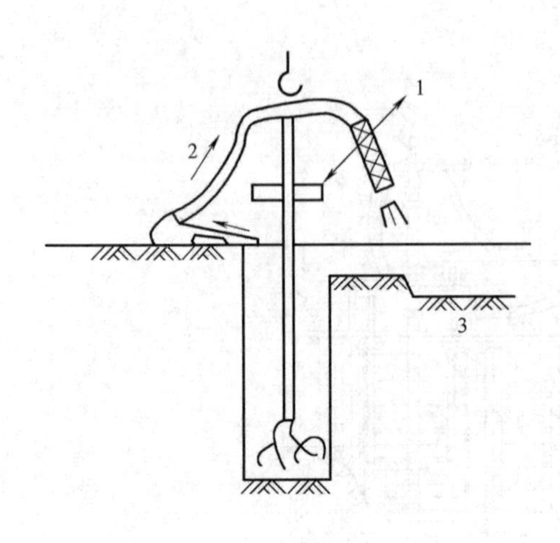

图 10.5-4 喷射反循环施工法
1—旋转盘；2—射水；3—沉淀池
（引自 日本土质力学手册 1981 年）

的作用，钻杆外侧的水柱压力将泥砂水气混合物与冲洗液一起压升，通过压送软管 6 排出至地面泥浆沉淀池或贮水槽中，土、砂、砾和岩屑等在泥浆池内沉淀，冲洗液则再流入孔内。

3. 喷射反循环施工原理

喷射反循环钻进又称为射流反循环钻进。

水喷射反循环施工法是把高压水通过喷嘴喷射到钻杆内，利用其流速使水环流，把低位的泥砂水混合物与水一起吸上，通过钻杆流至地面处的泥浆池或贮水槽中，土、砂、砾和岩屑等便沉淀下来，水则流回到孔内，见图 10.5-4。

由于气举反循环是利用送入压缩空气使水循环，钻杆内水流上升速度与钻杆内外液柱的重度差有关。孔浅时供气压力不易建立，钻杆内水流上升速度低，排渣性能差，如果孔的深度小于 7m，则吸升是无效的；孔深增大后，只要相应地增加供气量和供气压力，钻杆内水流就能获得理想的上升速度，孔深超过 50m 后即能保持较高而稳定的钻进效率。泵吸反循环是直接利用砂石泵的抽吸作用产生负压使钻杆内的水流上升而形成反循环的。因此，在浅孔时效率高，孔深大于 80m 时效率降低较大。根据上述特点，为了提高钻进效率，充分利用各种反循环方式的最好工作孔段，有时可采用其中两种方式相结合的复合反循环方式。

10.5.1.2 优缺点

1. 优点

（1）振动小、噪声低。

（2）除个别特殊情况外，一般可不必使用稳定液（稳定液的含义见 10.8 节），只用天然泥浆即可保护孔壁。

（3）因钻挖钻头不必每次上下排弃钻渣，只要接长钻杆，就可以进行深层钻挖。目前最大成孔直径为 4.0m，最大成孔深度为 150m。

（4）采用特殊钻头可钻挖岩石。

（5）反循环钻成孔采用旋转切削方式，钻挖靠钻头平稳的旋转，同时将土砂和水吸升；钻孔内的泥浆压力抵消了孔隙水压力，从而避免涌砂现象。因此，反循环钻成孔是对付砂土层最适宜的成孔方式，这样，可钻挖地下水位下厚细砂层（厚度 5m 以上）。

（6）可进行水上施工。

（7）钻挖速度较快。例如，对于普通土质，直径 1m，深度 30～40m 左右的桩，每天可完成一根。

2. 缺点

（1）很难钻挖比钻头的吸泥口径大的卵石（15cm 以上）层。

（2）土层中有较高压力的水或地下水流时，施工比较困难（针对这种情况，需加大泥浆压力方可钻进）。

(3) 如果水压头和泥水比重等管理不当，会引起坍孔。

(4) 废泥水处理量大；钻挖出来的土砂中水分多，弃土困难。

(5) 由于土质不同，钻挖时桩径扩大10%～20%左右，混凝土的数量将随之增大。

10.5.1.3 适用范围

反循环钻进成孔适用于填土、淤泥、黏土、粉土、砂土、砂砾等地层；当采用圆锥式钻头可进入软岩；当采用滚轮式（又称牙轮式）钻头可进入硬岩。

反循环钻进成孔不适用于自重湿陷性黄土层，也不宜用于无地下水的地层。

泵吸反循环经济，孔深一般不大于80m，以获得较好的钻孔效果，国内多数建筑物的钻孔灌注桩基的孔深多数在这范围内，所以建筑界用泵吸反循环钻成孔居多。温州世贸中心成功地应用120m超深泵吸反循环钻成孔灌注桩。

大型深水桥梁钻孔灌注桩长度超过100m的已十分普遍，一般均采用气举反循环钻成孔。

本节主要介绍泵吸反循环钻成孔灌注桩的施工工艺。

10.5.2 施工工艺

10.5.2.1 施工程序

(1) 设置护筒。

(2) 安装反循环钻机。

(3) 钻进。

(4) 第一次处理孔底虚土（沉渣）。

(5) 移走反循环钻机。

(6) 测定孔壁。

(7) 将钢筋笼放入孔中。

(8) 插入导管。

(9) 第二次处理孔底虚土（沉渣）。

(10) 水下灌注混凝土，拔出导管。

(11) 拔出护筒，成桩。

施工程序示意见图10.5-5。

10.5.2.2 施工特点

1. 反循环施工法是在静水压力下进行钻进作业的，故护筒的埋设是反循环施工作业中的关键。

护筒的直径一般比桩径大15%左右。护筒端部应打入在黏土层或粉土层中，一般不应打入在填土层或砂层或砂砾层中，以保证护筒不漏水。如确实需要将护筒端部打入在填土、砂或砂砾层中时，应在护筒外侧回填黏土，分层夯实，以防漏水。

2. 要使反循环施工法在无套管情况下不坍孔，必须具备以下五个条件。

(1) 确保孔壁的任何部分的静水压力在0.02MPa以上，护筒内的水位要高出自然地下水位2m以上。

(2) 泥浆护壁

在钻进中，孔内泥浆一面反循环，一面对孔壁形成一层泥浆膜。泥浆的作用如下：将钻孔内不同土层中的空隙渗填密实，使孔内漏水减少到最低限度；保持孔内有一定水压以

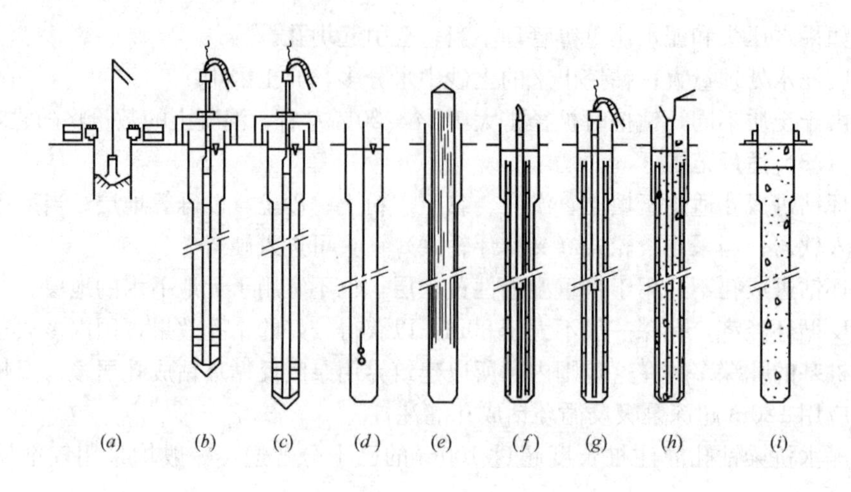

图 10.5-5 反循环钻孔成灌注桩施工示意图

(a) 设置护筒；(b) 安装钻机，钻进；(c) 钻进终了，处理虚土；(d) 孔壁测定；(e) 插入钢筋笼；(f) 插入导管；(g) 第二次处理虚土；(h) 灌注混凝土，拔出导管；(i) 拔出护筒

（引自 田上一男 1983 年）

稳定孔壁；延缓砂粒等悬浮状土颗粒的沉降，易于处理沉渣。

(3) 保持一定的泥浆相对密度

在黏土和粉土层中钻进时泥浆相对密度可取 1.02～1.04，在砂和砂砾等容易坍孔的土层中钻进时，必须使泥浆相对密度保持在 1.05～1.08。

当泥浆相对密度超过 1.08 时，则钻进困难，效率降低，易使泥浆泵产生堵塞或使混凝土的置换产生困难，要用水适当稀释，以调整泥浆相对密度。

在不含黏土或粉土的纯砂层中钻进时，还须在贮水槽和贮水池中加入黏土，并搅拌成适当相对密度的泥浆。造浆黏土应符合下列技术要求：胶体率不低于 95%；含砂率不大于 4%；造浆不低于 0.006～0.008m^3/kg。

成孔时，由于地下水稀释等使泥浆相对密度减少，可添加膨润土等来增大相对密度。

(4) 钻进时保持孔内的泥浆流速比较缓慢。

(5) 保持适当的钻进速度。

钻进速度同桩径、钻深、土质、钻头的种类与钻速以及泵的扬水能力有关。在砂层中钻进需考虑泥膜形成的所需时间；在黏性土中钻进则需要考虑泥浆泵的能力并要防止泥浆浓度的增加而造成糊钻现象。表 10.5-1 为钻进速度与钻头转速关系的参考表。

反循环法钻进速度与钻头转速的参考表 **表 10.5-1**

土质	钻进速度(min/m)	钻头转速(次/min)
黏土	3～5	9～12
粉土	4～5	9～12
细砂	4～7	6～8
中砂	5～8	4～6
砾砂	6～10	3～5

注：本表摘自日本基础建设协会“灌注桩施工指针”。

3. 反循环钻机的主体可在与旋转盘离开 30m 处进行操作，这使得反循环法的应用范围更为广泛。例如，可在水上施工，也可在净空不足的地方施工。

4. 钻进的钻头不需每次上下排弃钻渣，只要在钻头上部逐节接长钻杆（每节长度一般为 3m），就可以进行深层钻进，与其他桩基施工法相比，越深越有利。

10.5.2.3 施工注意事项

1. 规划布置施工现场，应首先考虑冲洗液循环、排水、清渣系统的安设，以保证反循环作业时，冲洗液循环通畅，污水排放彻底，钻渣清除顺利。

2. 冲洗液净化

(1) 清水钻进时，钻渣在沉淀池内通过重力沉淀后予以清除、沉淀池应交替使用，并及时清除沉渣。

(2) 泥浆钻进时，宜使用多级振动筛和旋流除砂器或其他除渣装置进行机械除砂清渣。振动筛主要清除粒径较大的钻渣，筛板（网）规格可根据钻渣粒径的大小分级确定，旋流除砂器的有效容积，要适应砂石泵的排量，除砂器数量可根据清渣要求确定。

(3) 应及时清除循环池沉渣。

3. 钻头吸水断面应开敞、规整，减少流阻，以防砖块、砾石等堆挤堵塞；钻头体吸口端距钻头底端高度不宜大于 250mm；钻头体吸水口直径宜略小于钻杆内径。

在填土层和卵砾层中钻挖时，碎砖、填石或卵砾石的尺寸不得大于钻杆内径的 4/5，否则易堵塞钻头水口或管路，影响正常循环。当有少量卵砾石尺寸大于钻杆内径时，可在钻头与钻杆连接处，设置内径较大的过渡钻杆，上口设置小于钻杆内径的过滤网，使大直径卵砾石留在过渡钻杆内，不影响反循环钻进操作。

4. 泵吸反循环钻进操作要点

(1) 起动砂石泵，待反循环正常后，才能开动钻机慢速回转下放钻头至孔底。开始钻进时，应先轻压慢转，待钻头正常工作后，逐渐加大转速，调整压力，并使钻头吸口不产生堵水。

(2) 钻进时应认真仔细观察进尺和砂石泵排水出渣的情况；排量减少或出水中含钻渣量较多时，应控制给进速度，防止因循环液相对密度太大而中断反循环。

(3) 钻进参数应根据地层，桩径、砂石泵的合理排量和钻机的经济钻速等加以选择和调整，钻进参数和钻速的选择见表 10.5-2。

(4) 在砂砾、砂卵、卵砾石地层中钻进时，为防止钻渣过多，卵砾石堵塞管路，可采用间断钻进、间断回转的方法来控制钻进速度。

(5) 加接钻杆时，应先停止钻进，将钻具提离孔底 80～100mm，维持冲洗液循环 1～2min，以清洗孔底并将管道内的钻渣携出排净，然后停泵加接钻杆。

(6) 钻杆连接应拧紧上牢，防止螺栓、螺母、拧卸工具等掉入孔内。

(7) 钻进时如孔内出现坍孔、涌砂等异常情况，应立即将钻具提离孔底，控制泵量，保持冲洗液循环，吸除坍落物和涌砂；同时向孔内输送性能符合要求的泥浆，保持水头压力以抑制继续涌砂和坍孔，恢复钻进后，泵排量不宜过大，以防吸坍孔壁。

(8) 钻进达到要求孔深停钻时，仍要维持冲洗液正常循环，清洗吸除孔底沉渣直到返出冲洗液的钻渣含量小于 4%为止。起钻时应注意操作轻稳，防止钻头拖刮孔壁，并向孔内补入适量冲洗液，稳定孔内水头高度。

泵吸反循环钻进推荐参数和钻速表 表10.5-2

地层 \ 钻进参数和钻速	钻压 (kN)	钻头转速 (rpm)	砂石泵排量 (m^3/h)	钻进速度 (m/h)
黏土层、硬土层	10～25	30～50	180	4～6
砂土层	5～15	20～40	160～180	6～10
砂层、砂砾层、砂卵石层	3～10	20～40	160～180	8～12
中硬以下基岩、风化基岩	20～40	10～30	140～160	0.5～1

5. 气举反循环压缩空气的供气方式可分别选用并列的两个送风管或双层管柱钻杆方式。气水混合室应根据风压大小和孔深的关系确定，一般风压为600kPa，混合室间距宜用24m。钻杆内径和风量配用，一般用120mm钻杆配风量为4.5m^3/min。

6. 清孔

(1) 清孔要求

清孔过程中应观测孔底沉渣厚度和冲洗液含渣量，当冲洗液含渣量小于4%，孔底沉渣厚度符合设计要求时即可停止清孔，并应保持孔内水头高度，防止发生坍孔事故。

(2) 第一次沉渣处理

在终孔时停止钻具回转，将钻头提离孔底500～800mm，维持冲洗液的循环，并向孔中注入含砂量小于4%的新泥浆或清水，令钻头在原地空转20～40min，直至达到清孔要求为止。原则是排渣口没有沉渣和砂砾为止。

(3) 第二次沉渣处理

在灌注混凝土之前进行第二次沉渣处理，通常采用普通导管的空气升液排渣法或空吸泵的反循环方式。

空气升液排渣法方式是将头部带有1m多长管子的气管插入到导管之内，管子的底部插入水下至少10m，气管至导管底部的最小距离为2m左右。压缩空气从气管底部喷出，如使导管底部在桩孔底部不停地移动，就能全部排出沉渣。在急骤地抽取孔内二等水，为不降低孔内水位，必须不断地向孔内补充清水。

对深度不足10m的桩孔，须用空吸泵清渣。

10.6 正循环钻成孔灌注桩

10.6.1 适用范围及原理

10.6.1.1 基本原理

正循环钻成孔施工法是由钻机回转装置带动钻杆和钻头回转切削破碎岩土，钻进是用泥浆护壁、排渣；泥浆由泥浆泵输进内腔后，经钻头的出浆口射出，带动钻渣沿钻杆与孔壁之间的环状空间上升到孔口溢进沉淀池后返回泥浆池中净化，再供使用。这样，泥浆在泥浆泵、钻杆、钻孔和泥浆池之间反复循环运行。

10.6.1.2 优缺点

1. 优点

(1) 钻机小，重量轻，狭窄工地也能使用。

（2）设备简单，在不少场合，可直接或稍加改进地借用地质岩心钻探设备或水文水井钻探设备。

（3）设备故障相对较少，工艺技术成熟，操作简单，易于掌握。

（4）噪声低，振动小。

（5）工程费用较低。

2. 缺点

由于桩孔直径大，正循环回转钻进时，其钻杆与孔壁之间的环状断面积大，泥浆上返速度低，挟带泥砂颗粒直径较小，排除钻渣能力差，岩土重复破碎现象严重。

10.6.1.3 适用范围

正循环钻进成孔适用于填土层、淤泥层、黏土层、粉土层、砂土层，也可在卵砾石含量不大于15%，粒径小于10mm的部分砂卵砾石层和软质基岩、较硬基岩中使用。桩孔直径一般不宜大于1000mm，钻孔深度一般约为40m为限，某些情况下，钻孔深度可达100m以上。

当采用优质泥浆，选择合理的钻进工艺与合适的钻具及加大冲洗液泵量等措施，正循环钻成孔工艺也可完成百米以上的深孔施工。

10.6.2 施工机械及设备

10.6.2.1 正循环钻机分类

以往专门用于桩孔施工的正循环钻机很少，主要直接借用或稍加改进使用水文水井钻机或地质岩芯钻机，常用的有SPJ-300型、红星-400型和SPC-300H型等钻机（见表10.6-1）。

20年来，为适应桩孔正循环回转钻进的需要，已正式生产了少量专用正循环钻机，如GPS-10型、XY-5G型和GQ-80型等钻机。

除此之外，国内外还生产正、反循环两用钻机和正、反循环与冲击钻进三用钻机。

10.6.2.2 正循环钻机的规格、型号及技术性能

正循环钻机和正、反循环、冲击钻进多用钻机的规格、型号及技术性能见表10.6-1。

10.6.2.3 正循环钻机的构造

正循环钻机主要由动力机、泥浆泵、卷扬机、转盘、钻架、钻钎、水龙头和钻头等组成。

1. 钻机

常用正循环回转钻机 **表10.6-1**

生产厂	钻机型号	钻孔直径（mm）	钻孔深度（m）	转盘扭矩（kN·m）	提升能力(kN)		驱动动力功率（kW）	钻机质量（kg）
					主卷扬机	副卷扬机		
上海探机厂等	GPS-10	400～1200	50	8.0	29.4	19.6	37	8400
上海探机厂等	SPJ-300	500	300	7.0	29.4	19.6	60	6500
上海探机厂等	SPC-500	500	500	13.0	49.0	9.8	75	26000

续表

生产厂	钻机型号	钻孔直径(mm)	钻孔深度(m)	转盘扭矩(kN·m)	提升能力(kN)		驱动动力功率(kW)	钻机质量(kg)
					主卷扬机	副卷扬机		
天津探机厂等	SPC-600	500	600	11.5			75	23900
石家庄煤机厂	0.8-1.5m/50m	800～1500	50	14.7	60.0		100	
石家庄煤机厂	1-2.5m/60m	1000～2500	60	20.6	60.0			
重庆探机厂	GQ-80	600～800	40	5.5	30.0		22	2500
张家口探机厂	XY-5G	800～1200	40	25.0	40.0		45	8000
郑州勘机厂	红星-400	650	400	2.5～13.2			40	9700
郑州勘机厂	XF-3	1200	50	40.0			40	7000

注：1. 上海探机厂已改名为金泰机械公司。
2. 红星-400 和 XF-3 为正反循环两用钻机。
3. 表中有的钻机的钻孔深度为 300～600m 仅表明钻孔的可能性。

现以 SPJ-300 型钻机为例。该机在狭窄场地施工时存在以下问题：钻机多用柴油机驱动，噪声大；散装钻机安装占地面积大，移位搬迁不方便；钻塔过高，现场安装不便，且需设缆绳，增加了施工现场的障碍；钻机回转器不能移开让出孔口，致使大直径钻头的起下操作不便：所配泥浆泵批量小，满足不了钻进排渣的需求。

针对上述不足，对现有的 SPJ-300 型钻机进行改装：采用电动机驱动；采用装有行走滚轮的“井”字形钻机底架；把钻塔改装为“门”形或四脚钻架，高度可控制在 8～10m 左右；将钻机回转器（如转盘）安装在底架前半部的中心处，保持其四周开阔，并能使转器左右移开，让出孔口；换用大泵量离心式泥浆泵。

2. 钻杆

钻机上主动钻杆截面形状有四方形和六角形两种，长 5～6m；孔内钻杆一般均为圆截面，外径有 ϕ89、ϕ114、ϕ127mm 等规格。

3. 水龙头

水龙头的通孔直径一般与泥浆泵出水口直径相匹配，以保证大排量泥浆通过、水龙头要求密封和单动性能良好。

4. 钻头

正循环钻头按其破碎岩土的切削研磨材料不同，分为硬质合金钻头、钢粒钻头和滚轮钻头（又称牙轮钻头）。

正循环钻头按钻进方法可分为全面钻进钻头、取芯钻头和分级扩孔钻进钻头。

全面钻进即全断面刻取钻进，一般用于第四系地层以及岩石强度较低、桩孔嵌入基岩深度不大的情况。取芯钻进主要用于某些基岩（如比较完整的砂岩、灰岩等）地层钻进。分级扩孔钻进即按设备能力条件和岩性，将钻孔分为多级口径钻进，一般多分为 2～3 级。

正循环钻机的钻头分类、组成、钻进特点以及适用范围等见表 10.6-2。

10.6.3　施工工艺

10.6.3.1　施工程序

正循环钻成孔灌注桩施工程序如下：

（1）设置护筒

护筒内径较钻头外径大 100～200mm。如所下护筒太长，可分成几节，上下节在孔口用铆钉连接。护筒顶部应焊加强箍和吊耳，并开水口。护筒入土长度一般要大于不稳定地层的深度；如该深度太大，可用两层护筒，两层护筒的直径相差 50～100mm。护筒可用 4～10mm 厚钢板卷制而成。护筒上部应高出地面 200mm 左右。

（2）安装正循环钻机。

（3）钻进。

（4）第一次处理孔底虚土（沉渣）。

（5）移走正循环钻机。

（6）测定孔壁。

（7）将钢筋笼放入孔中

（8）插入导管。

（9）第二次处理孔底虚土（沉渣）。

（10）水下灌注混凝土，拔出导管。

（11）拔出护筒。

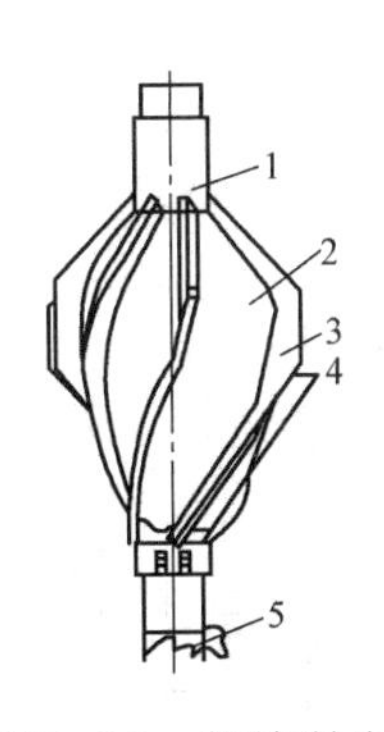

图 10.6-1　螺旋翼片式合金扩孔钻头

1—钻头体；2—护板；3—翼片；4—合金；5—小钻头

（引自李世京等，1990 年）

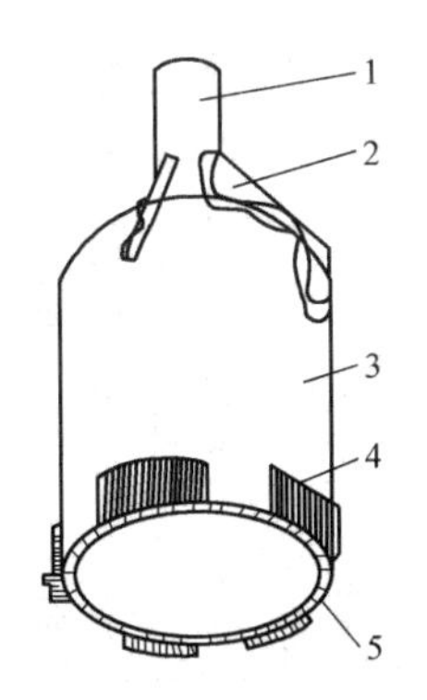

图 10.6-2　筒状肋骨合金取芯钻头

1—钻杆接头；2—加强筋板；3—钻头体；4—肋骨块；5—合金片

（引自李世京等，1990 年）

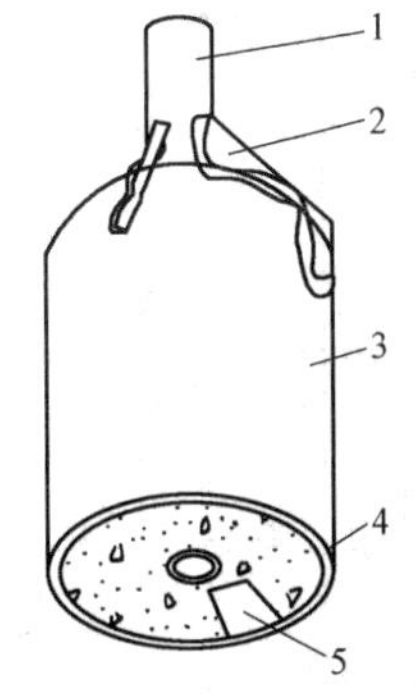

图 10.6-3　钢粒全面钻进钻头

1—钻杆接头；2—加强筋板；3—钻头体；4—短钻杆（或钢管）；5—水口

（引自李世京等，1990 年）

10.6.3.2　施工特点

与反循环钻进相比，正循环回转钻进时，泥浆上返速度低，排除钻渣能力差，为缓解上述问题，需特别重视，在正循环施工中，泥浆具有举足轻重的作用。

正循环钻机的钻头

表 10.6-2

	合金全面钻进钻头		合金扩孔钻头	筒状肋骨合金取芯钻头	滚轮钻头	钢粒全面钻进钻头
	双腰带翼状钻头	鱼尾钻头				
钻头组成	上腰带为钻头扶正环，下腰带为导向环，两腰间的距离为钻头直径的1～1.2倍。硬质合金刮刀式翼板焊接在钻头体中心管上。钻头下部带有钻进时起导向作用的小钻头	钻杆接头与厚钢板焊接，在钢板的两侧，钻杆接头下口各焊一段角钢，形成方向相反的两个泥浆口。在鱼尾的两侧边上镶焊合金	钻头由钻头体、护板、翼片、合金和小钻头组成。钻头体上焊六片螺旋形翼片，其上镶有合金，起扩孔作用。翼片下部连接一个起导向作用的小钻头	钻头由钻杆接头、筒状钻头体、加盖筋板、肋骨块和硬质合金片组成	大直径滚轮钻头采用石油钻井的滚轮组装焊接而成，可根据不同的地层条件和钻进要求组焊成不同的形式，钻进软岩多采用平底式，钻进较硬岩层和卵砾石层多采用平底式或锥底式	该钻头由筒状钻头体、钻杆接头、加强筋板、短钻杆（或钢管）和水口组成
钻进特点	在钻压和回转扭矩的作用下，合金钻头切削破碎岩土而获得进尺。切削下来的钻渣，由泥浆携出桩孔。对第四季地层是的适应性好，回转阻力小，钻头具有良好的扶正导向性，有利于清除孔底沉渣	在钻压和回转扭矩的作用下，合金钻头切削破碎岩土而获得进尺。切削下来的钻渣，由泥浆携出桩孔，此种钻头制作简单，但钻头导向性差，钻头直径一般较小，不适宜直径较大的桩孔施工	冲洗液顺螺旋翼片之间的空隙上返，形成旋流，流速增大，有利于孔底排渣	主要用于某些基岩（如比较完整的砂岩、灰岩等）地层钻进，以减少破碎岩石的体积，增大钻头比压，提高钻进效率	滚轮钻头在孔底既有绕钻头轴线的公转，又有滚轮绕自身轴心的自传，钻头与孔底的接触既有滚动又有滑动，还有钻头回转对孔底的冲击振动。在钻压和回转扭矩的作用下，钻头不断冲击、刮削、剪切破碎岩石而获得进尺	钢粒钻进利用钢粒作为碎岩磨料，达到破碎岩石进尺，泥浆的作用不仅是悬浮携带钻渣，冷却钻头，而且还要将磨小、磨碎失去作用的钢粒从钻头唇部冲击
适用范围	黏土层、砂土层、砾砂层、粒径小的卵石层和风化基岩	黏土层和砂土层	黏土层和砂土层	砂土层、卵石层和一般岩石地层	软岩、较硬的岩层和卵砾石层，也可用于一般地层	主要适用于中硬以上的岩层，也可用于大漂砾或大孤石
钻压	（800～1200）N/每片刀具	（800～1200）N/每片刀具			（300～500）N/每厘米钻头直径	钻头唇面压住钢粒的面积与单位有效面积上压力的乘积
转速	$n=\frac{60V}{\pi D}$	$n=\frac{60V}{\pi D}$			（60～180）rpm	（50～120）rpm
图例			图 10.6-1	图 10.6-2		图 10.6-3

1. 保持足够的冲洗液（指泥浆或水）量是提高正循环钻进效率的关键。

对于合金钻头和滚轮钻头，冲洗液量应根据上返速度按下式确定：

$$Q=60\times10^{3}Fv \tag{10.6.1}$$

式中 Q——冲洗液量（L/min）；

F——环空面积（m^2）；

v——上返速度（m/s）。

冲洗液上返速度根据冲洗液种类及钻头类型来确定，见表 10.6-3。

冲洗液上返速度（m/s） **表 10.6-3**

冲洗液类型 / 钻头型式	清水	泥浆
合金钻头	>0.35	>0.25
滚轮钻头	>0.40	>0.35

冲洗液量的选择对钢粒钻进有很大影响。如果冲洗液量过大，大部钢粒被冲起。孔底破碎岩石的钢粒数量不足；冲洗液量过小，则不能及时排除孔底岩渣和失效钢粒。

对于钢粒钻进，其冲洗液量的选择一般根据岩石性质、钻头过水断面、投砂量、钢粒质量、孔径和冲洗液性质等综合考虑，按下式确定：

$$Q=kD \tag{10.6.2}$$

式中 Q——冲洗液量（L/min）；

D——钻头直径（m）；

k——系数（L/(min·m)），$8\times10^{2}\sim9\times10^{2}$L/(min·m)。

钢粒投砂量一般为 15～40kg/次，采用少投勤投方式以保持孔底有足够的钢粒。

2. 制备泥浆是正循环钻成孔灌注桩施工的关键技术之一。

泥浆质量的好坏直接关系到桩的承载力。泥浆的作用：平衡压力、稳定孔内水位，保持孔壁稳定，防止坍塌，携带钻渣和清孔。正循环钻进对泥浆要求较为严格，泥浆的调配主要考虑：①护壁，防坍塌；②悬浮携带钻渣，清孔；③堵漏；④润滑和冷却钻头，提高钻进速度。

1）造浆黏土应符合下列技术要求：

（1）胶体率不低于 95%。

（2）含砂率不大于 4%。

（3）造浆率不低于 0.006～0.008m^3/kg。

2）泥浆性能指标应符合下列技术要求：

（1）泥浆相对密度为 1.05～1.25。

（2）漏斗黏度为 16～28。

（3）含砂率小于 4%。

（4）胶体率大于 95%。

（5）失水量小于 30mL/30min。

桩孔直径大时，可将泥浆相对密度加大到 1.25，黏度 28s 左右。

10.6.3.3 施工注意事项

1. 规划布置施工现场时，应首先考虑冲洗液循环、排水、清渣系统的安设，以保证正循环作业时，冲洗液循环畅通，污水排放彻底，钻渣清除顺利。

泥浆循环系统的设置应遵守下列规定：

(1) 循环系统由泥浆池、沉淀池、循环槽、废浆池、泥浆泵、泥浆搅拌设备、钻渣分离装置等组成，并配有排水、清渣、排废浆设施和钻渣转运通道等。一般宜采用集中搅拌泥浆，集中向各钻孔输送泥浆的方式。

(2) 沉淀池不宜少于二个，可串联并用，每个沉淀池的容易不小于 $6m^3$。

泥浆池的容积为钻孔容积的 1.2～1.5 倍，一般不宜小于 $8 \sim 10m^3$。

(3) 循环槽应设 1∶200 的坡度，槽的断面积应能保证冲洗液正常循环而不外溢。

(4) 沉淀池、泥浆池、循环槽可用砖块和水泥砂浆砌筑，不得有渗漏或倒塌。泥浆池等不能建在新堆积的土层上，以免池体下陷开裂，泥浆漏失。

2. 应及时清除循环槽和沉淀池内沉淀的钻渣，必要时可配备机械钻渣分离装置。在砂土或容易造浆的黏土中钻进，应根据冲洗液相对密度和黏度的变化，可采用添加絮凝剂加快钻渣的絮沉，适时补充低相对密度、低黏度稀浆，或加入适量清水等措施，调整泥浆性能。泥浆池、沉淀池和循环槽应定期进行清理。清出的钻渣应及时运出现场，防止钻渣废浆污染施工现场及周围环境。

3. 护筒设置应符合下列规定：

(1) 施工期间护筒内的泥浆应高出地下水位 1.0m 以上，在受水位涨落影响时，泥浆面应高出最高水位 1.5m 以上。

(2) 护筒埋设应准确、稳定，护筒中心与桩位中心的偏差不得大于 50mm。

(3) 护筒的埋设深度在黏性土中不宜小于 1.0m，在砂土中不宜小于 1.5m。护筒下端应采用黏土填实。

4. 正循环钻进操作注意事项：

(1) 安装钻机时，转盘中心应与钻架上吊滑轮在同一垂直线上，钻杆位置偏差不应大于 20mm。使用带有变速器的钻机，应把变速器板上的电动机和变速器被动轴的轴心设置在同一水平标高上。

(2) 初钻时应低档慢速钻进，使护筒刃脚处形成坚固的泥皮护壁，钻至护筒刃脚下 1m 后，可按土质情况以正常速度钻进。

(3) 钻具下入孔内，钻头应距孔底钻渣面 50～80mm，并开动泥浆泵，使冲洗液循环 2～3min。然后开动钻机，慢慢将钻头放到孔底，轻压慢转数分钟后，逐渐增加转速和增大钻压，并适当控制钻速。

(4) 正常钻进时，应合理调整和掌握钻进参数，不得随意提动孔内钻具。操作时应掌握提升降机钢丝绳的松紧度，以减少钻杆、水龙头晃动。在钻进过程中，应根据不同地质条件，随时检查泥浆指标。

(5) 根据岩土情况，合理选择钻头和调配泥浆性能。钻进中应经常检查返出孔口处的泥浆相对密实度和粒度，以保证适宜地层稳定的需要。

(6) 在黏土层中钻孔时，宜选用尖底钻头，中等钻速，大泵量，稀泥浆的钻进方法。

(7) 在粉质黏土和粉土层中钻孔时，泥浆相对密度不得小于 1.1，也不得大于 1.3，以有利进尺为准。上述地层稳定性较好，可钻性好，能发挥钻机快钻优点，产生土屑也较多，所以泥浆相对密实度不宜过大，否则会产生糊钻、进尺缓慢等现象。

（8）在砂土或软土等易塌孔地层中钻孔时，宜用平底钻头，控制进尺，轻压，低档慢速，大泵量，稠泥浆（相对密度控制在1.5左右）的钻进方法。

（9）在砂砾等坚硬土层中钻孔时，易引起钻具跳动、憋车、憋泵、钻孔偏斜等现象，操作时要特别注意，宜采用低档慢速，控制进尺，优质泥浆，大泵量，分级钻进的方法。必要时，钻具应加导向，防止孔斜超差。

（10）在起伏不平的岩面，第四系与基岩的接触带，溶洞底板钻进时，应轻压慢转，待穿过后再逐渐恢复正常的钻进参数，以防桩孔在这些层位发生偏斜。

（11）在同一桩孔中采用多种方法钻进时，要注意使孔内条件与换用的工艺方法相适应。如基岩钻进由钢粒钻头改用牙轮钻头时，须将孔底钢粒冲起捞净，并注意孔形是否适合牙轮钻头入孔。牙轮钻头下入孔内后，须轻压慢转，慢慢扫至孔底，磨合5～10min，然后逐步增大钻压和转速，防止钻头与孔形不合引起剧烈跳动而损坏牙轮。

（12）在直径较大的桩孔中钻进时，在钻头前部可加一小钻头，起导向作用；在清孔时，孔内沉渣易聚集到小钻孔内，并可减少孔底沉渣。

（13）加接钻杆时，应先将钻具稍提离孔底，待冲洗液循环3～5min后，再拧卸加接钻杆。

（14）钻进过程中，应防止扳手、管钳、垫叉等金属工具掉落孔内，损坏钻头。

（15）如护筒底土质松软出现漏浆时，可提起钻头，向孔中倒入黏土块，再放入钻头倒转，使胶泥挤入孔壁堵住漏浆空隙，稳住泥浆后继续钻进。

（16）钻进过程中，应在孔口换水，使泥浆中的砂粒土在沟中沉淀，并及时清理泥浆池和沟内的沉砂杂物。

5. 钻进参数的选择可参考下列规定

1）冲洗液量，可按式（10.6.1）和式（10.6.2）计算。

2）转速

（1）对于硬质合金钻进成孔，转速的选择除了满足破碎岩土的扭矩的需要，还要考虑钻头不同部位切削具的磨耗情况，按下式计算

$$n=\frac{60V}{\pi D} \tag{10.6.3}$$

式中　n——转速（rpm）；

D——钻头直径（m）；

V——钻头线速度，0.8～2.5m/s。

式中钻头线速度的取值如下：在松散的第四系地层和软岩中钻进，取大值；在硬岩中钻进，取小值；如果钻头直径大，取小值；钻头直径小，取大值。

一般砂性土中，转速取40～80rpm，较硬或非均质地层转速可适当调整。

（2）对于钢粒钻进成孔，转速一般取50～120rpm，大桩孔取小值，小桩孔取大值。

（3）对于牙轮钻头钻进成孔，转速一般取60～180rpm。

3）钻压

在松散地层中，确定钻压应以冲洗液畅通和钻渣清除及时为前提，灵活加以掌握；在

基岩中钻进可通过配置加重钻铤或重块来提高钻压。

(1) 对于硬质合金钻进成孔，钻压应根据地层条件、钻杆与桩孔的直径差、钻头形式、切削具数目、设备能力和钻具强度等因素综合考虑确定钻头所需的钻压。

(2) 对于钢粒钻进成孔，钻压主要根据地层、钻头形式、钻头直径和设备能力来选择，由下式确定：

$$P=pF \tag{10.6.4}$$

式中 P——钻压（N）；

p——单位有效面积上的压力（N/m^2）；

F——钻头唇面压住钢粒的面积（m^2）。

(3) 牙轮钻头钻进需要比较大的钻压才能使牙轮对岩石产生破碎作用，一般要求每厘米钻头直径上的钻压不少于300～500N。

6. 清孔（第一次沉渣处理）

1) 清孔要求

清孔的目的是使孔底沉渣（虚土）厚度、循环液中含钻渣量和孔壁泥垢厚度符合质量要求或设计要求；为灌注水下混凝土创造良好条件，使测深准确，灌注顺利。

在清孔过程中，应不断置换泥浆，直至灌注水下混凝土；灌注混凝土前，孔底500mm以内的泥浆相对密度应小于1.25，含砂率不得大于8%，黏度不得大于28s。

2) 清孔条件

在不具备灌注水下混凝土的条件下，孔内不可置换稀泥浆，否则容易造成桩孔坍塌。

在具备下列条件后方可置换稀泥浆：水下灌注的混凝土已准备进场；进料人员齐全；机械设备完好；泥浆储存量足够。

3) 清孔控制

成孔后进行的第一次清孔，清孔时应采取边钻孔边清孔边观察的办法，以减少清孔时间。在清孔时逐渐对孔内泥浆进行置换，清孔结束时应基本保持孔内泥浆为性能较好的浆液（即满足本节清孔要求），这样可有效地保证浆液的胶体量，使孔内钻屑及砂粒与胶体结合，呈悬浮状；防止钻屑沉入孔底，从而造成孔底沉渣超标。

当孔底标高在黏土或老黏土层时，达到设计标高前2m左右即可边钻孔边清孔。钻机以一档慢速钻进，并控制进尺，达到设计标高后，将钻杆提升300mm左右再继续清孔。当含砂率在15%左右时，换优质泥浆，按每小时降低4%的含砂率的幅度进行清孔。

当孔底标高完全在砂土层中时，换上优质泥浆，按每小时降低2%的含砂率的幅度清孔。

4) 清孔方法

对于正循环回转钻进，终孔并经检查后，应立即进行清孔，清孔主要采用正循环清孔和压风机清孔两种方法。

(1) 正循环清孔

一般只是用于直径小于800mm的桩孔。其操作方法是，正循环钻进终孔后，将钻头提离孔底80～100mm，采用大泵量向孔内输入相对密度为1.05～1.08的新泥浆，维持正循环30min以上，把桩孔内悬浮大量钻渣的泥浆替换出来，直到清除孔底沉渣和孔壁泥皮，且使得泥浆含砂量小于4%为止。

当孔底沉渣的粒径较大，正循环泥浆清孔难以将其携带上来；或长时间清孔，孔底沉渣厚度仍超过规定要求时，应改换清孔方式。

正循环清孔时，孔内泥浆上返速度不应小于0.25m/s。

(2) 压风机清孔

① 工作原理

由空压机（风量6～9m^3/min，风压0.7MPa）产生的压缩空气，通过送风管（直径20～25mm）经液气混合弯管（亦称混合器，用内径为18～25mm的水管弯成）送到清孔出水管（直径100～150mm）内与孔内泥浆混合，使出水管内的泥浆形成气液混合体，其重度小于孔内泥浆重度。这样在出水管内外的泥浆重度差的作用下，管内的气液混合体沿出水管上升流动，孔内泥浆经出水管底口进入出水管，并顺管流出桩孔，将钻渣排出。同时不断向孔内补给相对密度小的新泥浆（或清水），形成孔内冲洗液的流动，从而达到清孔的效果。

液气混合体距孔内液面的高度至少应为混合器距出水管最高处的高度的0.6倍。

② 清孔操作要点

A. 将设备机具安装好，并使出水管底距孔底沉渣面300～400mm。

B. 开始送风时，应先向孔内供水。送风量应从小到大，风压应稍大于孔底水头压力。待出水管开始返出泥浆时，及时向孔内补给足量的新泥浆或清水，并注意保证孔壁稳定。

C. 正常出渣后，如孔径较大，应适当移动出水管位置以便将孔底边缘处的钻渣吸出。

D. 当孔底沉渣较厚、块度较大，或沉淀板结时，可适当加大送风量，并摇动出水管，以利排渣。

E. 随着钻渣的排出，孔底沉渣减少，出水管应适时跟进以保持出水管底口与沉渣面的距离为300～400mm。

F. 当出水管排出的泥浆钻渣含量显著减少时，一般再清洗3～5min，测定泥浆含沙量和孔底沉渣厚度，符合要求时即可逐渐提升出水管，并逐渐减少送风直至停止送风。清孔完毕后仍要保持孔内水位，防止坍孔。

正循环钻成孔灌注桩常遇问题、原因和处理及对策可参见沈保汉编著的《桩基病害的防治、诊断及处理》一书。

10.7 潜水钻成孔灌注桩

10.7.1 适用范围及原理

10.7.1.1 基本原理

潜水钻成孔施工法是在桩位采用潜水钻机钻进成孔。钻孔作业时，钻机主轴连同钻头一起潜入水中，由潜在孔底的动力装置直接带动钻头钻进。从钻进工艺来说，潜水钻机属旋转钻进类型。其冲洗液排渣方式有正循环排渣和反循环排渣两种。

10.7.1.2 优缺点

1. 优点

(1) 潜水钻设备简单，体积小，重量轻，施工转移方便，适合于城市狭小场地施工。

(2) 整机潜入水中钻进时无噪声，又因采用钢丝绳悬吊式钻进，整机钻进时无振动，不扰民适合于城市住宅区、商业区施工。

(3) 工作时动力装置潜在孔底，耗用动力小，钻孔时不需要提钻排渣，钻孔效率较高，成孔费用比正反循环钻机低。

(4) 电动机防水性能好，过载能力强，水中运转时温升较低。

(5) 钻杆不需要旋转，除了可减少钻杆的断面外，还可避免因钻杆折断发生工程事故。

(6) 与全套管钻机相比，其自重轻，拔管反力小，因此，钻架对地基允许承载力要求低。

(7) 该机采用悬吊式钻进，只需钻头中心对准孔中心即可钻进，对底盘的倾斜度无特殊需求，安装调整方便。

(8) 可采用正、反两种循环方式排渣。

(9) 如果循环泥浆不间断，孔壁不易坍塌。

2. 缺点

(1) 因钻孔需泥浆护壁，施工场地泥泞。

(2) 现场需挖掘沉淀池和处理排放的泥浆。

(3) 采用反循环排渣时，土中若有大石块，容易卡管。

(4) 桩径易扩大，使灌注混凝土超方。

(5) 由于潜水钻机在孔内切削土体的反力是通过80mm×80mm方形钻杆传递到地面平衡的，所以对大直径、大净度及硬质地层不适用。

10.7.1.3 适用范围

潜水钻成孔适用于填土、淤泥、黏土、粉土、砂土等地层，也可在强风化基岩中使用，但不宜用于碎石土层。潜水钻机尤其适于在地下水位较高的土层中成孔。这种钻机由于不能在地面变速，且动力输出全部采用刚性转动，对非均质的不良地层适应性较差，加之转速较高，不适合在基岩中钻进。

10.7.2 施工机械与设备

10.7.2.1 潜水钻机的规格、型号和技术性能

我国潜水钻机的规格、型号及技术性能见表10.7-1。

10.7.2.2 潜水钻机的构造

KQ型潜水钻机主机由潜水电机，齿轮减速器，密封装置组成（图10.7-1），加上配套设备，如钻孔台车，卷扬机，配电柜，钻杆，钻头等组成整机（图10.7-2）。

1. 潜水钻主机

潜水电动机和行星减速箱均为一中空结构，其内有中心送水管。

潜水钻机在工作状态时完全潜入水中，钻机能否正常耐久地工作，主要取决于钻机的密封装置是是否可靠。

图10.7-3为潜水钻主机构造示意图。

2. 方形钻杆

轻型钻杆采用8号槽钢对焊而成，每根长5m，适用于KQ-800钻机；其他型号钻机应选用重型钻杆。

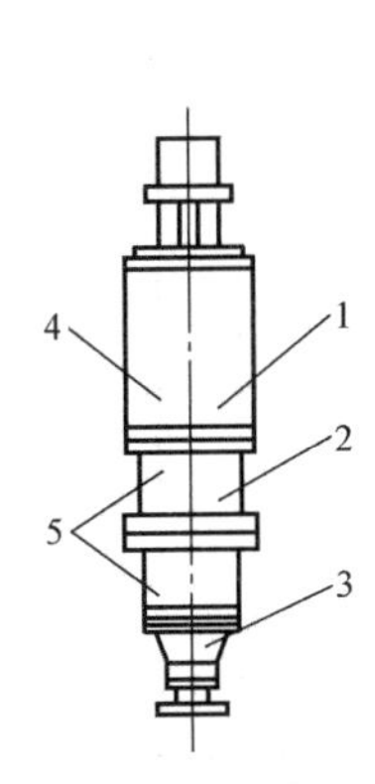

图 10.7-1 充油式潜水电机

1—电动机；2—行星齿轮减速器；3—密封装置；4—内装变压器油；5—内装齿轮油

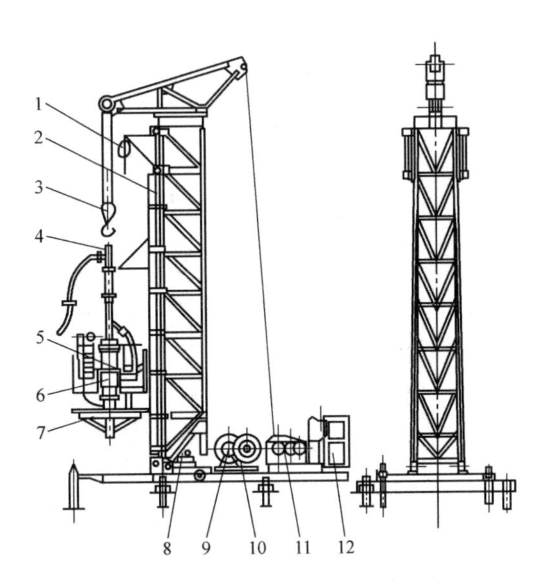

图 10.7-2 KQ2000 型潜水钻机整机外形

1—滑轮；2—钻孔台车；3—滑轮；4—钻杆；5—潜水砂泵；6—主机；7—钻头；8—副卷扬机；9—电缆卷筒；10—调度绞车，11—主卷扬机；12—配电箱

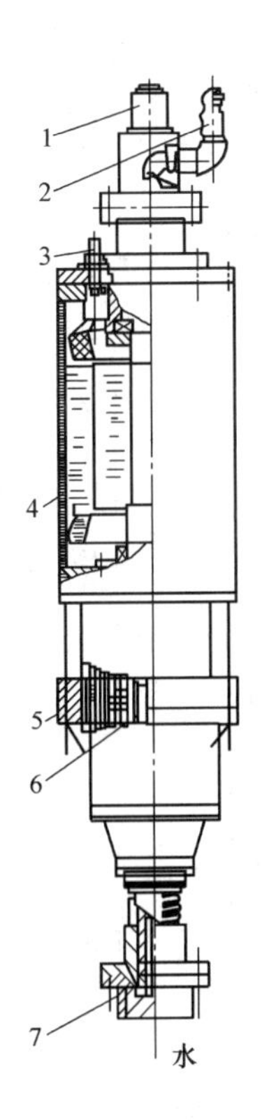

图 10.7-3 潜水钻主机构造示意图

1—提升盖；2—进水管；3—电缆；4—潜水钻机；5—行星减速箱；6—中间进水管；7—钻头接箍

3. 钻头

在不同类别的土层中钻进应采用不同形式的钻头。

(1) 笼式钻头

在一般黏性土、淤泥和淤泥质土及砂土中钻进宜采用笼式钻头（图 10.7-4）。

(2) 镶焊硬质合金刀头的笼式钻头

此种钻头可用在不厚的砂夹卵石层或在强风化岩层中钻进。

(3) 三翼刮刀钻头（图 10.7-5）和阶梯式四翼刮刀钻头（图 10.7-6）

适用于一般黏性土及砂土中钻进。

10.7.3 施工工艺

10.7.3.1 施工程序

1. 设置护筒

护筒内径较钻头外径大 100～200mm。护筒可用 4～10mm 厚钢板卷制而成。护筒上部应高出地面 200mm 左右。护筒孔内水位要高出自然地下水位 2m 以上。

2. 安放潜水钻机

3. 钻进

部分国产潜水钻机 **表 10.7-1**

性能指标		新钻钻机公司KQ系列钻机型号						GZQ系列钻机型号					
		KQ-800	KQ-1250A	KQ-1500	KQ-2000	KQ-2500	KQ-3000	GZQ-800	GZQ-1250	GZQ-1250A	GZQ-1250B	GZQ-1500	GZQ-2000
钻孔直径(mm)		450～800	450～1250	800～1500	800～2000	1500～2500	2000～3000	800	1250	1250	1250	1500	2000
钻孔深度(m)	潜水钻法	80	80	80	80	80	80	50	50	50	50	50	50
	钻斗钻法	35	35	35	—	—	—						
主轴转速(rpm)		200	45	38.5	21.3			200	60	45	38.5	40	20
最大扭矩(kN·m)		1.90	4.60	6.87	13.72	36.00	72.00	1.05	3.50	4.67	5.46		
钻进速度(m/min)		0.3～1.0	0.3～1.0	0.06～0.16	0.03～0.10			0.3～1.0	0.3～1.0	0.16～0.20	0.16～0.20	0.07～0.17	0.04～0.10
潜水电机功率(kW)		22	22	37	44	74	111	22	22	22	22	22	44
潜水电机转速(rpm)		960	960	960	960			960	960	960	960	960	
钻头钻速(rpm)		86	45	42		16	12						
整机外型尺寸(mm)	长度	4306	5600	6850	7500								
	宽度	3260	3100	3200	4000								
	高度	7020	8742	10500	11000								
主机质量(kg)		550	700	1000	1900			550	700	700	700		
整机质量(kg)		7280	10460	15430	20180			4600	4600	7500	7500	15000	20000

注：1. 钻斗钻法指旋挖钻成孔灌注桩工法。

2. 行走装置分为简易式、轨道式、步履式和车装式四种，可由用户选择。

3. 国内其他潜水钻机：DZ型、ZKC型、QZ型、GS15型及GPS900型等钻机由于资料不全，未列入本表。

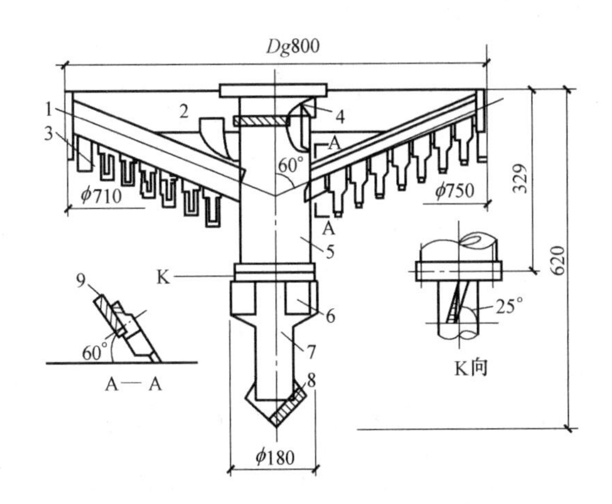

图 10.7-4 笼式钻头（孔径 800mm）

1—护圈；2—沟爪；3—腋爪；4—钻头接箍；5、7—岩芯管；6—小爪；8—钻尖；9—翼片

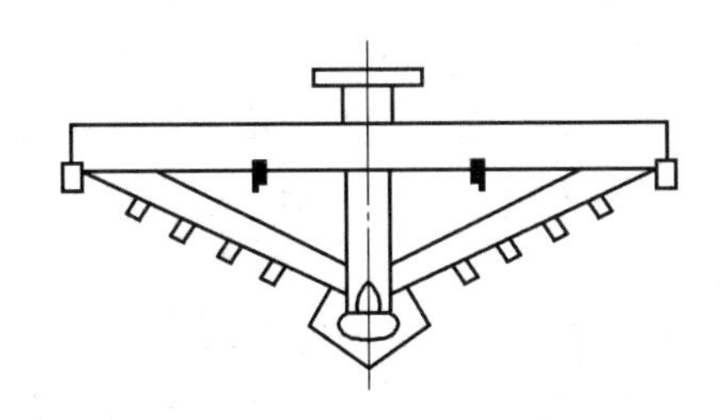

图 10.7-5 三翼刮刀钻头

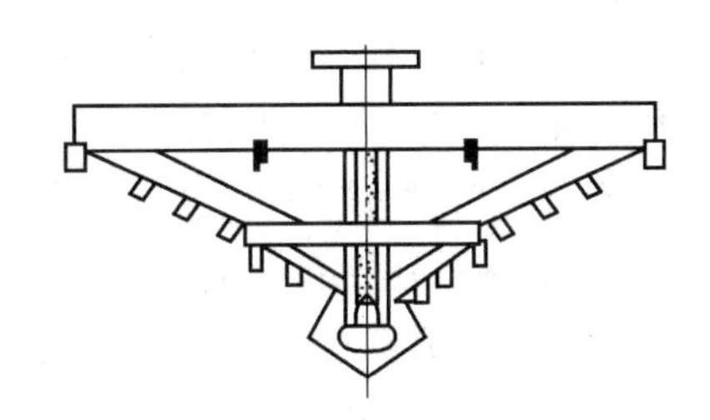

图 10.7-6 阶梯式四翼刮刀钻头

用第一节钻杆（每节长约 5m，按钻进深度用钢销连接）接好钻机，另一端接上钢丝绳，吊起潜水电钻对准护筒中心，徐徐放下至土面，先空转，然后缓慢钻入土中，至整个潜水电钻基本入土内，待运行正常后才开始正式钻进。每钻进一节钻杆，即连接下一节继续钻进，直到设计要求深度为止。

4. 第一次处理孔底虚土（沉渣）

5. 移走反循环钻机

6. 测定孔壁

7. 将钢筋笼放入孔中

8. 插入导管

9. 第二次处理孔底虚土

10. 水下灌注混凝土，拔出导管

11. 拔出护筒，成桩

10.7.3.2 施工特点

1. 钻进时，动力装置（潜水钻主机）、减速机构（行星减速箱）和钻头，共同潜入水下灌注。

2. 成孔排渣有正循环和反循环两种方式。

正循环排渣法和反循环排渣法可参考 10.5、10.6 二节。

10.7.3.3 潜水钻成孔灌注桩施工管理

潜水钻成孔灌注桩施工全过程中所需的检查项目，基本上与反循环钻成孔灌注桩相同，但在钻进中尚需补充两条，即钻进中是否有专人负责收、放电缆和进浆胶管；钻进中相电流是否合适。

10.8 旋挖钻斗钻成孔灌注桩

10.8.1 适用范围及原理

10.8.1.1 基本原理

旋挖钻斗钻成孔施工法是利用旋挖钻机的钻杆和钻斗的旋转及重力使土屑进入钻斗，土屑装满钻斗后，提升钻斗出土，这样通过钻斗的旋转、削土、提升和出土，多次反复而采用无循环作业方式成孔的施工法。

旋挖钻斗钻成孔法是20世纪20年代后期美国CALWELD公司改造钻探机械而用于灌注桩施工的方法。英文称“Earth Drill”（即土层钻孔机或土钻），日本称アースドリル工法。我国对此工法有众多译名，有的音译为“阿司特利法”；意译名有“土钻法”、“短螺旋钻孔锥”、“干取土钻法”、“回转斗成孔灌注法”、“旋转式钻孔桩”、“旋挖桩”、“旋挖斗成孔灌注桩”、“静态泥浆法”及“无循环钻”等，同一方法，众多名称。笔者认为译成“旋挖钻斗钻成孔法”较为确切。

旋挖钻机按其功能可分为单一方式旋挖钻斗钻机（Earth Drill）和多功能旋挖钻机（Rotary Drilling Rig），前者是利用短螺旋钻头或钻斗钻头进行干作业钻进或无循环稳定液钻进技术成孔制桩的设备，后者则通过配备不同工作装置还可进行其他成孔作业，配备双动力头可进行咬合桩作业，配备长螺旋钻杆与钻头可进行CFA工法桩作业，配备全套管设备可进行全套管钻进，一机多用。可见钻斗钻成孔施工法仅是多功能旋挖钻机的一种功能。目前，在我国钻斗钻成孔施工法是旋挖钻机的主要功能。

再则，反循环钻成孔法、正循环钻成孔法、潜孔钻成孔法及钻斗钻成孔法均属于旋挖成孔法，故简单地把旋挖钻斗钻成孔法称为旋挖钻成孔法是不恰当的，也是不科学的。

旋挖钻斗钻成孔法有全套管护壁钻进法和稳定液护壁的无套管钻进法2种，本节只论及无套管钻成孔法。

10.8.1.2 优缺点

1. 优点

（1）振动小，噪声低。

（2）最适宜于在黏性土中干作业钻成孔（此时不需要稳定液管理）。

（3）钻机安装比较简单，桩位对中容易。

（4）施工场地内移动方便。

（5）钻进速度较快，为反循环钻进的3～5倍。

（6）成孔质量高，由于采用稳定液护壁，孔壁泥膜薄，且形成的孔壁较为粗糙，有利于增加桩侧摩阻力。

（7）因其干取土干作业，加之所使用的稳定液由专用仓罐贮存，施工现场文明整洁，对环境造成的污染小。

2. 缺点

(1) 当卵石粒径超过100mm时，钻进困难。

(2) 稳定液管理不适当时，会产生坍孔。

(3) 土层中有强承压水，此时若又不能用稳定液处理承压水的话，将造成钻孔施工困难。

(4) 废泥水处理困难。

(5) 沉渣处理较困难，需用清渣钻斗。

(6) 因土层情况不同，孔径比钻斗直径大7%～20%。

10.8.1.3 适用范围

旋挖钻斗钻成孔法适用于填土层、黏土层、粉土层、淤泥层、砂土层以及短螺旋不易钻进的含有部分卵石、碎石的地层。采取特殊措施（低速大扭矩旋挖钻机及多种嵌岩钻斗等），还可以嵌入岩层。

10.8.2 施工机械及设备

旋挖钻斗钻机由主机、钻杆和钻斗（钻头）3个主要部分组成。

1. 主机

主机由履带式、步履式和车装式底盘，动力驱动方式有电动式和内燃式，短螺旋钻进的钻机均可用于旋挖钻斗钻成孔。

旋挖钻机种类很多，国外生产厂家也很多。如日本加藤15H、20HR、20THR系列；日立建机U106A、TH55、KH75、KH100、KH125系列；日本车辆ED400、ED500、DH300系列；意大利土力公司SR-20～SR-100系列、ST M20、STM30及RT3ST、SA25和SA40系列；德国宝峨BG12H～BG36H、BG20～BG42及BG25C、MBG24系列；其他还有意马、卡萨格兰特及迈特等众多系列。

近十多年来，随着土木建筑规模快速增大，国内旋挖钻机的发展达到一个新平台，目前生产旋挖钻机的有以三一重机、徐工、山河智能、上海金泰、中联重科、南车北京时代、郑州宇通、福田雷沃、郑州富岛及鑫国重机等为代表的40余家制造商；旋挖钻机形成了08、12、16/15、18/20、22/23、25/26、30/31、36、40、42及45等大中小型系列产品，最大成孔直径可达4000mm，最大钻孔深度已超过130m；配置各类钻斗可在各种土层和风化岩中进行成孔作业。2011年我国旋挖钻机产能约为1900台。

旋挖钻机按动力头输出扭矩、发动机功率及钻深能力可分为大型、中型、小型及微型钻机。微型钻机又称为BABY钻机或MIDI钻机，动力头输出扭矩只有30～40kN·m，整体质量约为3000～4000kg。旋挖钻机按结构形式可分为以欧洲为代表的方形桅杆加平行四边形连杆机构的独立式钻机和以日本为代表的履带式起重机附着式钻机。旋挖钻机按钻进工艺可分为单工艺钻机和多功能钻机（又称多工艺）钻机。

表10.8-1为根据国内近40家旋挖钻机制造商生产的旋挖钻机，按其主要技术参数（扭矩、成孔直径和成孔深度）分为大、中、小3种类型的汇总表。

国产旋挖钻机类型汇总 表10.8-1

参数	动力头输出扭矩(kN·m)	成孔直径(mm)	成孔深度(m)
大型	200～450	1500～3000	65～110
中型	120～220	1000～2200	50～65
小型	120以下	600～1800	40～55

表10.8-1中成桩直径视主机底盘型号、钻进土层和岩层的物理力学性能及成孔时是否带套管有所不同；成孔深度视钻杆种类（摩阻式及自锁式）及钻杆的节数有所不同。

表10.8-2为国产部分旋挖钻机技术特性参数表。

旋挖钻机的结构从功能上分，分为底盘和工作装置两大部分。钻机的主要部件有：底盘（行走机构、底架、上车回转）、工作装置（变幅机构、桅杆总成、主卷扬、辅卷扬、动力头、随动架、提引器等）如图10.8-1所示。

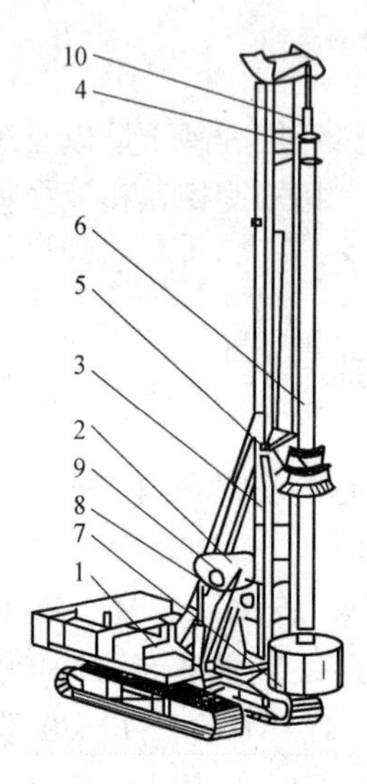

图10.8-1 旋挖钻机机械结构图
1—底盘；2—变幅机构；3—桅杆总成；4—随动架；5—动力头；6—钻杆；7—钻具；8—主卷扬；9—副卷扬；10—提引器

旋挖钻机机型的合理选择应考虑下述因素：施工场地岩土的物理力学性能、桩身长度、桩孔直径、桩数、旋挖钻机的购进成本、施工成本及维修成本等。机型配置不当，往往会造成事倍功半的后果。如果“小马”拉“大车”，则施工效率低下，造成钻机较大疲劳，甚至还可能造成钻机的寿命大大缩短；反之，如果“大马”拉“小车”，则钻机发挥不了其应有的性能，收益低下，造成设备的浪费。因此，应尽量选择与工程相匹配的机型，充分发挥钻机的高效性。在多款机型均能满足工程使用要求时，应尽量选择输出扭矩低的机型。

2. 钻斗（钻头）

钻斗是旋挖钻机的一个关键部件。旋挖钻机成孔时选用合适的钻斗能减少钻斗本身的磨损，提高成孔的质量和速度，从而达到节约能源和提高桩基施工效率的效果。目前常见的旋挖钻机，其结构形式和功能大同小异，因此，施工是否顺利，很重要的因素就是钻斗的正确选择。

对钻斗的要求：作为旋挖钻机配套的工具钻斗，它不仅要具备良好的切削地层的能力，且要消耗较少的功率，获得较快的切削速度，而且还是容纳切削下来的钻渣的容器。不仅如此，一个好的钻斗还要在频繁的升、降过程中产生的阻力最小，特别要具备在提升过程中产生尽量小的抽吸作用，下降过程中产生尽量小的激动压力。同时，还要具备在装满钻渣后可靠地锁紧底盖，而在卸渣时又能自动或借助重力方便地解锁卸渣。钻斗的切削刀齿在切削过程中会被磨损，设计钻斗的切削刀齿时要选择耐磨性好，抗弯强度高的材料，并且损坏后能快速修复或更换。

旋挖钻斗种类繁多，按所装底齿可分为截齿钻斗和斗齿钻斗；按底板数量可分为双层底钻斗和单层底钻斗；按开门数量可分为双开门钻斗和单开门钻斗；按钻斗桶身的锥度可分为锥桶钻斗和直桶钻斗；按底板性状可分为锅底钻斗和平底钻斗；按钻斗扩底方式可分为水平推出方式、滑降方式及下开和水平推出的并用方式。以上结构形式相互组合，再加上是否带通气孔及开门机构的变化，可以组合出数十种旋挖钻斗。旋挖钻斗钻成孔时在稳定液保护下钻进，稳定液为非循环液，所以终孔后沉渣的清除需用清底式钻斗。

国产部分旋挖钻机技术特性参数表 **表 10.8-2**

型号		动力头最大输出扭矩（kN·m）	最大成孔直径（mm）	最大成孔深度（m）	发动机功率（kW）	整机质量（kg）
大型旋挖钻机	三一-SR420	420	3000	110	380	145000
	徐工 XR280	280	2000/2500①	88(6节)/74(5节)②	298	80000
	山河智能 SWDM28	280	1800/2500①	86(6节)/69(5节)②	250	78000
	金泰 SD28L	286	2000/2500	85	263	70000
	南京时代 TR500C	475	4000	130	412	192000
	宇通 YTR300	320	2500	92	277	90000
	罗特锐 R400	398	2500/3000①	100	400	110000
	泰格 TGR300	280	2500	102	325	95000
	三力 SLR300	320	2500	92	267	72000
中型旋挖钻机	三一 SR200C	200	1800①	60	193.5	60000
	徐工 XR200	200	1500/2000①	60(5节)/48(4节)②	246	68000
	山河智能 SWDM20	200	1300/1800①	60(5节)/48(4节)②	194	58000
	金泰 SD20	200	1500/2000①	56	194	65000
	南车时代 TR2200	220	2000	65	213	65000
	中联重科 ZR220	220	2000	60/48③	250	68500
	宇通 YTRD200	203	1800	60	187	65000
	罗特锐 R200	210	1500/2000①	60	224	65000
	北方 NR1802DL	156	1500	55	240	54000
	泰格 TGR180	180	1800	60	153	58000
	福田 FR618	180	1800	60	179	60000
	奥盛特 OTR200D	200	1800	60	187	63000
	三力 SLR188D	200	2000	62	151	58000
	煤机 XZ20A	200	2000	60	216	73000
	东明 TRM180	182	1400/1600①	60	184	63000
	長龙 CLH200	220	2000	65	216	65000
	玉柴 YCR220	220	2000	65	216	67500
	山榷 SER22	220	2000	65	335	70000
	道颐 R200D	200	2000	60	187	63000
小型旋挖钻机	川岛 CD856A	80	1600	56	112	38000
	川岛 CD1255	120	1800	55	130	41000
	川岛 FD850A	80	1600	46	112	36000
	鑫国 XGR80	60	1200	40	108	35000
	鑫国 XGR120	120	1500	50	125	45000

① 斜杠左右端分别为带套管和不带套管的情况。
② 最大成孔深度与钻杆节数有关。
③ 斜杠左右端分别为摩阻式钻杆和自锁式钻杆情况。

表 10.8-3 为部分钻斗的结构特点与适应地层。

各类旋挖钻斗的结构特点及适应地层

表 10.8-3

钻斗种类		结构特点	适应地层
按底板数量分	双层底板钻斗	双层底板，钻进时下底板与上底板相对转动一个角度后限位，露出进土口，钻满后反转，下底板把进土口封着，保证渣不会漏出	适应地层较广，用于淤泥、土层、粒径较小的卵石等
	单层底板钻斗	单层底板，钻进和钻满后提时钻头始终有一个常开的进土口，钻进时进土阻力小，但松散的渣土会漏下	黏性土、强度不高的泥岩等
按所装齿类型分	斗齿钻斗	双层底板，钻进时下底板与上底板相对转动一个角度后限位，露出进土口，钻满后反转，下底板把进土口封着，保证渣不会漏出	适应地层较广，用于淤泥、土层、粒径较小的卵石等
	截齿钻斗	因为是主钻硬岩一般为双层底板，钻进时下底板与上底板相对转动一个角度后限位，露出进土口，钻满后反转，下底板把进土口封着，保证渣不会漏出，钻齿为截齿	卵砾石层、强风化到中风化基岩等
按开门数量分	单开门钻斗	可单底可双底板，进土口为一个，一般会在对面布置一防抽孔。钻进时进土口面积大，对于大块砾石易进斗，但由于单边吃土易偏	泥岩（打滑地层特别有效）、土层、砂层（防止抽吸孔不易塌）、粒径较大的卵石等
	双开门钻斗	进口为两个	一般砂土层及小直径砾石层
筒式取芯钻斗	截齿筒式钻斗	直筒设计，装配截齿，钻进效率高	中硬基岩和卵砾石
	牙轮筒式钻斗	直筒设计，装配截齿，钻进效率高	坚硬基岩和卵砾石
	抓取式筒式钻斗	直筒设计，装配截齿牙轮皆可，钻进效率高，由于有抓取机构取芯成孔率高	基岩和大卵砾石
冲击钻斗及冲抓锥钻斗		旋挖钻机使用时往往可与其他钻斗配合使用，可以使用旋挖钻机的副卷扬来完成，如果副卷扬有自动放绳功能效果更好	卵石、漂石及坚硬基岩

一般来说，双层底板钻斗适应地层范围较广，单层底板钻斗通常用于黏性较强的土层；双开门钻斗适应地层范围较宽，单开门钻斗通常用于大粒径卵石层和硬胶泥。对于相同地层使用同一钻进扭矩的钻机时，不同斗齿的钻进角度，钻进效率不同。在孔壁很不稳定的流塑状淤泥或流沙层中旋挖钻进时可采取压力平衡护壁或套管护壁。在漂石或胶结较差的大卵石层中旋挖钻进时，可配合"套钻"、"冲"、"抓"等工艺。黏泥对旋挖钻进的影响主要是卸土困难，如果简单地采取正反钻突然制动的方法对动力头、钻杆及钻斗的损坏很大，因此可采用半合式钻斗、侧开口双开门钻斗、两瓣式钻斗以及S形锥底钻斗等钻斗进行钻进。在坚硬岩层中钻进时，应根据硬岩的特性，采用多种组合钻头（例如斗齿捞砂螺旋钻头、截齿捞砂螺旋钻头及筒式取芯钻斗等）。

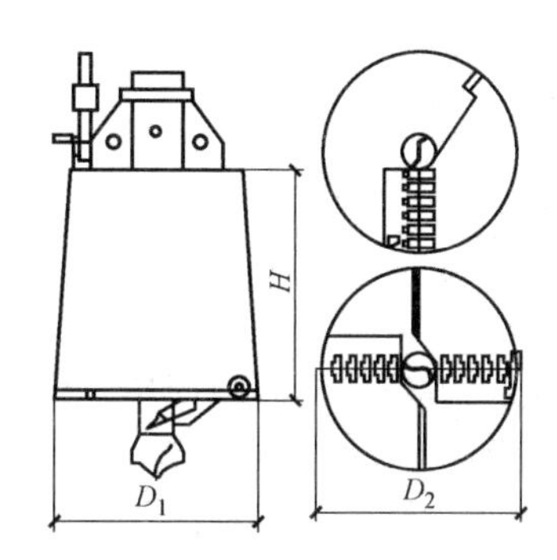

图 10.8-2　单层底板单开口、双开口旋挖钻斗结构

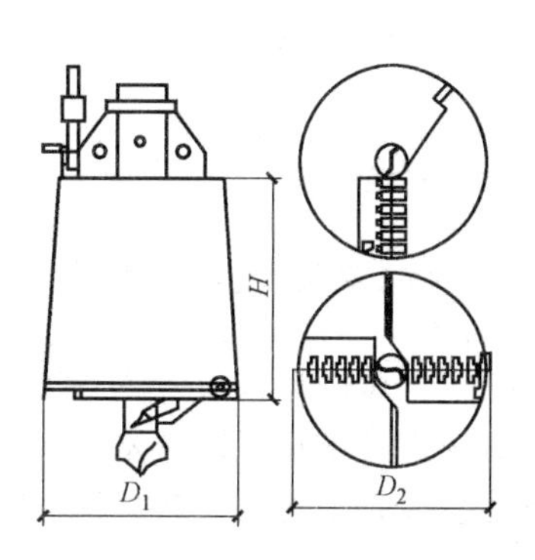

图 10.8-3　双层底板单开口、双开口旋挖钻斗结构

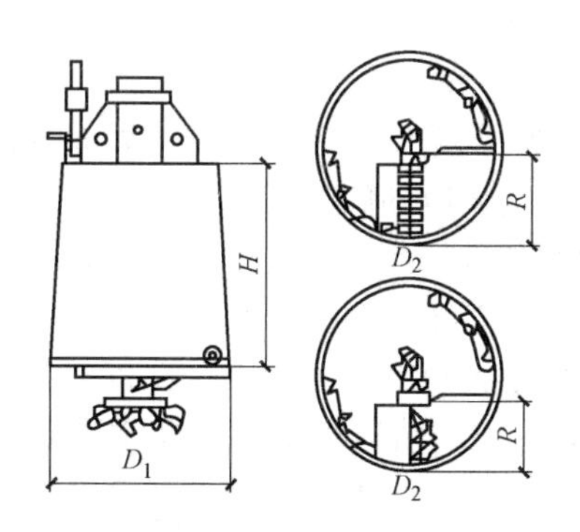

图 10.8-4　双层底板单开口镶齿钻斗结构

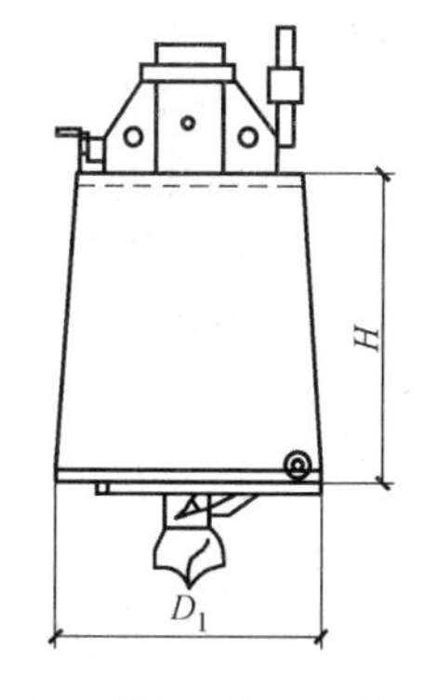

图 10.8-5　带辅助卸土机构的钻斗

图 10.8-2～图 10.8-7 为 6 种常用钻斗结构示意图。

3. 钻杆

对于旋挖钻机整机而言，钻杆也是一个关键部件。钻杆为伸缩式的，是实现无循环液钻进工艺必不可少的专用钻具，是旋挖钻机的典型钻机机构，它将动力头输出的动力以扭矩和加压力的方式传递给其下端的钻具，其受力状态比较复杂（承受拉、压、剪切、扭转及弯曲等复合应力），直接影响成孔的施工进度和质量。

对钻杆要求：具有较高的抗扭和抗压强度及较大的刚度，足以抵抗钻孔时的进给力而保证钻孔垂直度等要求；能够抵御泥浆和水等对其酸碱性的腐蚀；质量尽可能轻，以提高钻机功效，降低使用成本。

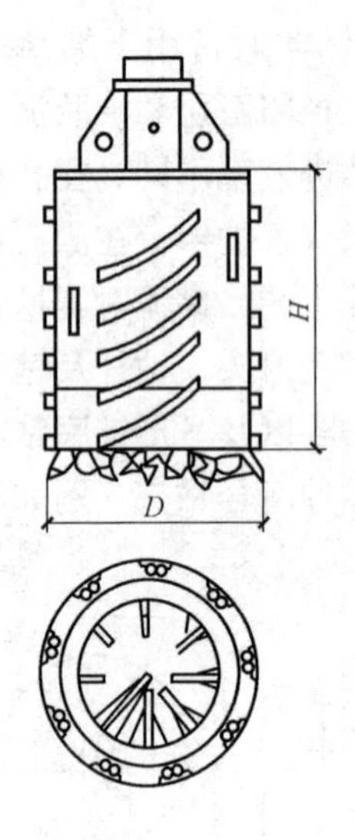

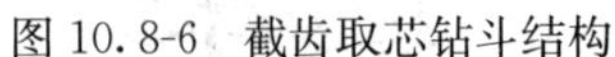
图 10.8-6 截齿取芯钻斗结构

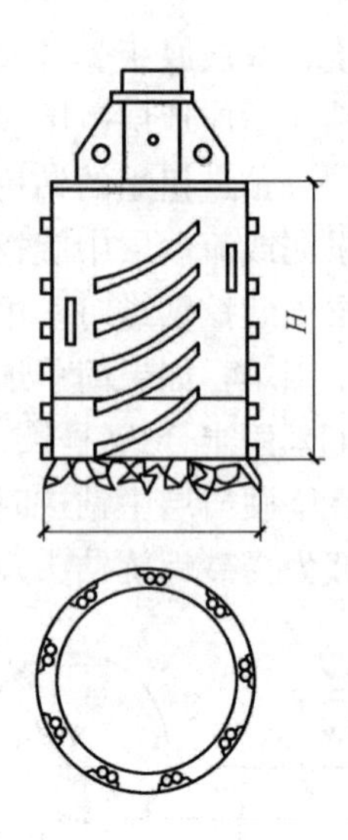

图 10.8-7 截齿不取芯钻斗结构

钻杆按其截面形式可分为正方形、正多边形和圆管形。方形钻杆制造简单，但不能加压，并有应力集中点，使用寿命较短。正多边形钻杆，其强度有所提高，受力较为合理。随着成孔直径越来越大，成孔深度越来越深，扭矩越来越大，圆管形钻杆因其受力效果最好，得到普遍使用。

钻杆按钻进加压方式可分为摩阻式、机锁式、多锁式及组合式。

表 10.8-4 为钻深与配置摩阻式钻杆节数的关系表。

表 10.8-5 为各类钻杆的技术特性参数。

在旋挖钻机成孔施工时，要根据具体地层土质情况选用不同的钻杆，以充分发挥摩阻式、机锁式、多锁式及组合式钻杆的各自优势，制定相应的施工工艺，配合选用相应的钻具，提高旋挖钻进的施工效率，确保钻进成孔的顺利进行。

4. 主卷扬

主卷扬是旋挖钻机的又一个关键部件。根据旋挖钻机的施工特点，在桩基每个工作循环（对孔—下钻—钻进—提钻—回转—卸土），主卷扬的结构和功能都非常重要，钻孔效率的高低、钻孔事故发生的概率、钢丝绳寿命的长短都与主卷扬有密切的关系。欧洲的旋挖钻机都有钻杆触地自停和动力头随动装置以防止乱绳和损坏钢丝。特别是意大利迈特公司的旋挖钻机，主卷扬的卷筒容量大，钢丝绳为单层缠绕排列，提升力恒定，钢丝绳不重叠碾压，从而减少钢丝绳之间的磨损，延长了钢丝绳的使用寿命。国外旋挖钻机主卷扬都采用柔性较好的非旋转钢丝绳，以提高其使用寿命。

钻深与摩阻式钻杆配置关系 **表 10.8-4**

钻深(m)	摩阻式钻杆的节数
20～35	3
30～45	4
40～55	4
50～75	5
大于 75	6

各类钻杆技术特性参数 表 10.8-5

钻杆类型	摩阻式	机锁式	多锁式	组合式
钻杆特点	每节钻杆由钢管和焊在其表面的无台阶键条组成，向下的推进力和向上的起拔力均由键条之间的摩擦力传递	每节钻杆由钢管和焊在其表面的带台阶键条组成，向下的推进力和向上的起拔力均由台阶处的键条直接传递	每节钻杆由钢管和焊在其表面上的具有连续台阶键条组成，形成自动内锁互扣式钻杆系统，使向下推进力和向上起拔力直接传递至钻具	由摩阻式和机锁式钻杆组成，一般采用5节钻杆。外边3节钻杆是机锁式，里边2节钻杆是摩阻式
适用地层	普通地层，如：地表覆盖层、淤泥、黏土、淤泥质粉质黏土、砂土、粉土、中小粒径卵砾石层	较硬地层，如：大粒径卵砾石层、胶结性较好的卵砾石层、永冻土、强、中风化基岩	普通地层，更适用于硬土层	适用于桩孔上部30m以内较硬地层而下部地层较软的情况
钻杆节数及钻孔深度	5节钻杆，最大深度60～65m	4节钻杆、最大深度50～55m	4～5节钻杆，最大深度60～62m	5节钻杆，最大深度60～65m

注：表中的钻杆节数及钻孔深度是以动力头输出扭矩为200～220kN·m左右的中型旋挖钻机的情况。

10.8.3 施工工艺

10.8.3.1 施工程序（图10.8-8）

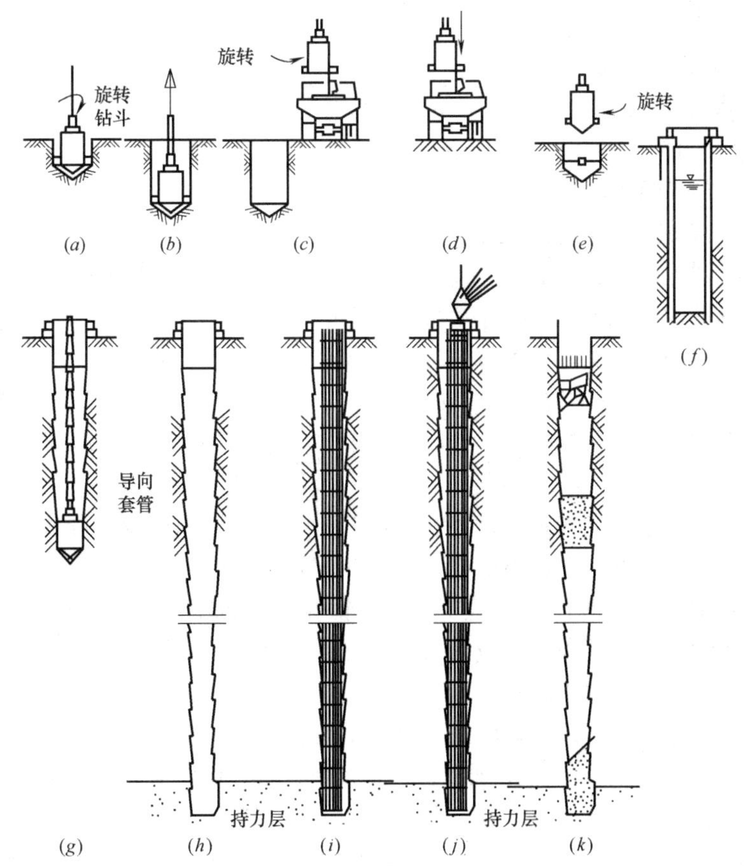

图10.8-8 旋挖钻斗钻成孔灌注桩施工示意图

(*a*) 开孔；(*b*) 卷起钻斗，开始灌水；(*c*) 卸土；(*d*) 关闭钻斗；(*e*) 钻斗降下；(*f*) 埋设导向护筒，灌入稳定液；(*g*) 钻进开始；(*h*) 钻进完成，第一次清渣；(*i*) 插入钢筋笼；(*j*) 插入导管，灌注混凝土；(*k*) 混凝土灌注完成，拔出导管，拔出护筒，桩完成

（1）安装旋挖钻机。

（2）钻斗着地，旋挖，开孔。以钻斗自重并加钻压作为钻进压力。

（3）当钻斗内装满土、砂后，将之提升上来。一面注意地下水位变化情况，一面灌水。

（4）旋挖钻机，将钻斗中的土倾卸到翻斗车上。

（5）关闭钻斗的活门。将钻斗转回钻进地点，并将旋转体的上部固定住。

（6）降落钻斗。

（7）埋置导向护筒，灌入稳定液。按现场土质的情况，借助于辅助钢丝绳，埋设一定长度的护筒。护筒直径应比桩径大100mm，以便钻斗在孔内上下升降。按土质情况，定出稳定液的配方。如果在桩长范围内的土层都是黏性土时，则不必灌水或注稳定液，可直接钻进。

（8）将侧面铰刀安装在钻斗内侧，开始钻进。

（9）钻孔完成后，进行孔底沉渣的第一次处理，并测定深度。

（10）测定孔壁。

（11）插入钢筋笼。

（12）插入导管。

（13）第二次处理孔底沉渣。

（14）水下灌注混凝土。边灌边拔导管。混凝土全部灌注完毕后拔出导管。

（15）拔出导向护筒，成桩。

10.8.3.2 施工特点

1. 旋挖钻斗钻成孔工艺最大特点是：

（1）钻进短回次，即回次进尺短（0.5～0.8m）及回次时间短（一般30～40m孔深的回次时间不超过3～4min，纯钻进时间不足1min）。

（2）钻进过程为多回次降升重复过程。由于受钻斗高度的限制，1个40m深的钻孔，按每回次钻进0.8m，大约需降升100次（提升50次），而钻具的降升和卸渣占成孔时间的80%左右，纯钻进时间不到20%，所以不能简单地认为提高钻具降升速度，钻进效率就会大大提高。

（3）每回次钻进是一个变负荷过程。钻机开始，钻斗切削刃齿在自重（钻斗重+部分钻杆重）作用下切入土层一个较小深度，随钻斗回转切削前方的土层，并将切削下的土块挤入钻斗内，随钻斗切入钻孔深度不断增加，钻斗重量也不断增加，回转阻力也随之增大，随阻力矩的增大，回转速度相应降低，这样在一个很短时间内，切入深度和回转阻力矩逐级增大，负载和钻速在很大范围内波动。

（4）在整个钻进过程中，钻斗经历频繁的下降、提升过程，因此，确保下降过程中产生尽量小的振动和冲击压力，提升过程中产生尽量小的抽吸作用，以防止钻进过程中孔壁坍塌现象的发生。

2. 旋挖钻斗钻成孔法在稳定液保护下钻进：但钻斗钻进时，每孔要多次上下往复作业，如果对护壁稳定液管理不善，就可能发生坍孔事故。可以说，稳定液的管理是旋挖钻斗钻成孔法施工作业中的关键。由于旋挖钻斗钻成孔法施工不采用稳定液循环法施工，一旦稳定液中含有沉渣，直到钻孔终了，也不能排出孔外，而且全部留在孔底。但是若能很好地使用稳定液，就能使孔底沉渣大大地减少。

10.8.3.3 稳定液

1. 稳定液定义

稳定液是在钻孔施工中为防止地基土坍塌，使地基土稳定的一种液体。它以水为主体，内中溶解有以膨润土或CMC（羧甲基纤维素）为主要成分的各种原材料。

2. 稳定液作用

（1）保护孔壁，以防止从开始钻进到混凝土灌注结束的整个过程中孔壁坍塌。

防止坍塌的三个必要条件：钻孔内充满稳定液；稳定液面标高比地下水位高，保持压力差；稳定液浸入孔壁形成水完全不能通过的薄而坚的泥膜。

（2）能抑止地基土层中的地下水压力。

（3）支撑土压力，对于有流动性的地基土层，用稳定液能抑止其流动。

（4）使孔壁表面在钻完孔到开始灌注混凝土能保持较长时间的稳定。

（5）稳定液渗入地基土层中，能增加地基土层的强度，也可以防止地下水流入钻孔内。

（6）在砂土中钻进时，稳定液可使其碎屑的沉降缓慢，清孔容易。

（7）稳定液应具有与混凝土不相混合的基本特性，利用它的亲液胶体性质最后能被混凝土所代替而排出。

旋挖钻斗钻进所使用的稳定液与正反循环钻进所使用二泥浆有显著不同的特点见表10.8-6。

泥浆与稳定液的区别　　表10.8-6

钻进方式	回转钻进	旋挖钻头钻钻进
钻进时维持孔壁稳定的浆准	泥浆或加膨润土的泥浆	把膨润土和CMC作为主要成分，并混合有其他原料，从使用目的是为了稳定地基的事实出发，稳为稳定液，以避免与泥浆两字混淆
浆液在钻孔内的运动状态	反循环钻进中，孔内泥浆由旋转钻头将泥浆和土砂一起通过钻杆排出的，而后泥浆再返回孔内下降；正循环钻进中，泥浆从钻杆内腔下降后，经钻头的出浆口射出输入孔底，带动钻渣沿环状空间上升到孔口。回转钻进中的泥浆是循环运动的，故又称循环液或冲洗液。	钻斗钻钻进使用的稳定液在孔内基本上是静态的。但局部在钻斗和钻杆的回转带动下形成环流，而当钻具在提升或下降过程中钻斗带动稳定液作局部上升或下降运动
浆液被钻渣污染的程度	钻渣的粒径与数量是以研磨方式进入泥浆的，因而钻渣对泥浆性能影响较大	钻斗钻钻进切削破土方式属于大体积切削，钻渣对稳定液性能影响较小
排渣方式	依赖泥浆的循环流动把钻渣运送到孔外，待沉淀处理后再返回孔内回收利用	排渣是通过切削机械切下的土块被挤入装载机构（圆柱形钻斗）被直接提至孔外卸渣
使用浆液的目的和用途	在钻孔过程中，孔内泥浆一面循环，一面对孔壁形成一层泥浆膜，这层泥膜将起到保护孔壁的作用	稳定液在成孔过程中的作用：支撑土压力；抑制地基土层中的地下水压力；在孔壁上造成泥膜，以抑止土层的崩坍；在砂土中成孔，可使碎屑的沉降缓慢。由于稳定液非全孔流动携带运送钻渣，因此在稳定液配制中对悬浮钻渣的能力要求很高，要求稳定液的静切力要高，结构黏度要适当

续表

钻进方式	回转钻进	旋挖钻头钻钻进
第一次清孔方法	反循环钻进方式第一次清孔仍采用反循环排渣；正循环钻进方式第一次清孔采用正循环清孔或压风机清孔	一般用沉渣处理钻斗（带挡板的钻斗）来排除沉渣；如果沉淀时间较长，则应采用水泵进行浊水循环
对浆液性能参数要求的重点	良好的制浆黏土的技术指标是：胶体率不低于95%；含砂率不高于4%；造浆能力不低于0.006～0.008m^3/kg	钻斗钻钻进本身产生的钻渣较少，特点是研磨颗粒较少，只要浆黏粒钻渣悬浮在稳定液中数小时不沉淀，因此对稳定液的黏度和静切力均有较高要求

注：回转钻进指正循环钻进、反循环钻进和潜水钻钻进。

3. 配置稳定液的原材料

为了使稳定液的性能满足地层护壁和施工条件，在配制稳定液时，按稳定液的性能设计需在稳定液中加入相应的处理剂。目前用于处理和调整稳定液性能的处理剂，按其作用不同分为分散剂（又称稳定剂、降粘剂、稀释剂）、增黏（降失水）剂、降失水剂、防坍剂、加重剂、防漏剂、酸碱度调整剂及盐水泥浆处理剂。稳定液一般要用多种材料配置而成，稳定液的主要材料见表10.8-7。

稳定液的主要材料表 **表10.8-7**

材料名称	成分	主要使用目的
水	H_2O	稳定液的主体
膨润土	以蒙脱土为主的黏土矿物	稳定液的主要材料
重晶石	硫酸钡	增加稳定液相对密度
CMC	羧甲基纤维素钠盐	增加黏性，防护壁剥落，提高泥皮韧性
腐殖酸族分解剂	硝基腐殖酸钠盐	控制稳定液变质及改善已变质稳定液
木质素族分解剂	铬铁木质素磺谷氨酸钠盐（FCL）	
碱类	Na_2CO_3 及 $NaHCO_3$ 等	
渗水防止剂	废纸浆、棉籽、锯末等	防止渗水

1）膨润土

膨润土是指含蒙脱石矿物为主的黏土，它是稳定液中最重要的原料，它使稳定液具有适当的黏性，能产生保护膜作用。原矿石经挖掘、加热干燥、粉碎后筛分成各种级配在市上出售。

膨润土分为钠基土、钙基土和锂基土3种。钠基土具有优良的分散性、膨胀性（黏性），高造浆率，低失水量及胶体性能和剪切稀释能力，但易受水泥及盐分的影响，稳定性较差；而钙基土则需要通过加入纯碱使之转化为钠基土方可使用；锂基土不用作造浆土，膨润土因其产地不同而性能不同，应以经济适用为主，易受到阳离子感染时，宜选用钙基土，但造浆率低。

使用膨润土时应注意以下几点：

（1）即使用同一产地的膨润土也具有不同性质；不同产地的膨润土的性能相差更大。仅凭名称而不加鉴别地使用常常会导致失败。

（2）在使用膨润土时，必须根据它的质量来定其浓度，否则就不能发挥其特点。

(3) 必须保证稳定液中膨润土的含量在一定标准浓度以上。

膨润土溶液的浓度与相对密度的关系见表 10.8-8。

膨润土溶液的浓度与相对密度的关系 **表 10.8-8**

浓度(%)	4	6	7	8	9	10	11	12	13	14
相对密度	1.025	1.035	1.040	1.045	1.050	1.055	1.060	1.065	1.070	1.075

一般用量为水的 3%～5%(黏土层)、4%～6%(粉土层)、7%～9%(细砂～粗砂层)。较差的膨润土用量大。优质膨润土造浆率在 0.01～0.015m^3/kg。

(4) 虽然膨润土泥浆具有相对密度低、黏度低、含砂量少、失水量小、泥皮薄、稳定性强、固壁能力高、钻具回转阻力小、钻进效率高、造浆能力大等优点，但仍不能完全适应地层，要适量掺加外加剂。

2) CMC(羧甲基纤维素)

CMC 是把纸浆经过化学处理后制成粉末，再加水形成黏性很稠的液体。CMC 可加到膨润液中，也可单独作稳定液用。

多个黏土颗粒会同时吸附在 CMC 的一条分子链上，形成布满整个体系的混合网状结构，从而提高黏土颗粒的聚粘稳定性，有利于保持稳定液中细颗粒的含量，形成致密的泥饼，阻止稳定液中的水向地层的漏失，降低滤失量。

CMC 具有降失水、改善造壁性泥浆胶体性质，特别是能提高悬浮钻渣的能力和泥浆滤液黏度，CMC 有高黏、中黏和低黏之分。低黏主要用于降失水(LV)，高黏主要用于提黏。

CMC 为羧甲基(Carboxy Methyl)与纤维素(Cellulose)以及乙醚化合成的钠盐，是具有水溶性与电离性能的高分子物质，与水泥几乎不发生作用。

3) 重晶石

重晶石的相对密度约等于 4，掺用后可使用稳定液的相对密度增加，可提高地基的稳定性，加重剂除有重晶石外，还有铁砂、铜矿渣及方铅矿粉末等。

4) 硝基腐殖酸钠盐

它是从褐炭中提炼出来的腐殖酸，用硝酸和氢氧化钠处理后而成的。它能改善与混凝土接触后变质的稳定液、混进了粉砂的稳定液和要重复使用的稳定液的性能。

5) 木质素族分解剂

以 FCL 为代表，它能用来改善混杂有土、粉砂、混凝土以及盐分等而变质的稳定液的性能。铁铬盐 FCL 作稀释剂，在黏土颗粒的断键边缘上形成吸附水化层，从而削弱或拆散稳定液中黏土颗粒间的网状结构，致使稳定液的黏度和切力显著降低，从而改善因混杂有土、砂粒、碎卵石及盐分等而变质的稳定液性能，使上述钻渣等颗粒聚集而加速沉淀，改善护壁稳定液的性能指标，既达到重复使用的目的，又具有高质量的性能。铁铬盐分子在孔壁黏土上吸附，有抑制其水化分散的作用，有利于孔壁稳定。FCL 必须在 pH 值为 9～11 时使用才会发挥优势。

6）碱类

对稳定液进行无机处理用得最多的是电解质类火碱（又名烧碱、苛性钠、NaOH），纯碱（又名碳酸钠、苏打、Na_2CO_3），其为稳定液分散剂。

纯碱（碳酸钠）用于稳定液增黏，提高稳定液的胶体率和稳定性，减小失水量。碳酸钠除去膨润土和水中的部分钙离子，使钙质膨润土转化为钠质膨润土，从而提高土的水化分散能力，使黏土颗粒分散得更细，提高造浆率。可增加水化膜厚度，提高稳定液的胶体率和稳定性，降低失水量。有的黏土只加纯碱还不行，需要加少量烧碱。

7）渗水防止剂

常用渗水防止剂（防漏剂）有废纸浆、棉花籽残渣、碎核桃皮、珍珠岩、锯末、稻草、泥浆纤维及水泥等。

8）水

自来水是配制稳定液最好的一种水。若无自来水，只要钙离子浓度不超过1000mg/L，钠离子浓度不超过500mg/L，pH值为中性的水都可用于搅拌稳定液，超过上述范围时，应在稳定液中加分散剂和使用盐的处理剂。

4. 稳定液的基本测定项目（表10.8-9）

日本基础建设协会建议的稳定液管理标准见表10.8-10，可参考采用。

10.8.3.4 施工要点

1. 护筒埋设要求：埋设护筒的挖坑一般比护筒直径大0.6～1.0m，护筒四周应夯填黏土，密实度达90%以上，护筒底应置于稳固的黏土层中，否则应换填厚为0.5m的黏土分层夯实，护筒顶标高高出地下水位和施工最高水位1.5～2.0m，地下水位很低的钻孔，护筒顶亦应高出地面0.2～0.3m，护筒底应低于施工最低水位0.1～0.3m。

稳定液的基本测定项目　　　　表10.8-9

测定项目	内容
黏度(黏性)	用漏斗黏度计测定黏度。在漏斗黏度计中放入500cc的稳定液试样，以稳定液全部流出的时间(s)(500/500cc)表示黏度
相对密度	测定稳定液的相对密度可使用泥浆比重计，或玻美液体相对密度计，或在容器中取出一定体积的稳定液试样，称重后按$m_s/V_s\rho_w$式求相对密度G_s，其中m_s、V_s为稳定液的质量、容积，ρ_w为水密度
过滤性	使用过滤装置求过滤水量及泥饼厚度
pH值(氢离子浓度)	普通膨润土溶液pH值为中性至弱碱性(pH值=7～9)，CMC溶液则为中性(pH=7)
物理稳定性	指经长时间静置，膨润土等固体成分不与水分离
化学稳定性	指稳定液与地下水中的阳离子引起化学反应而产生胶凝作用

注：漏斗黏度计、泥浆比重计和过滤装置示意图见图10.8-9～图10.8-11。

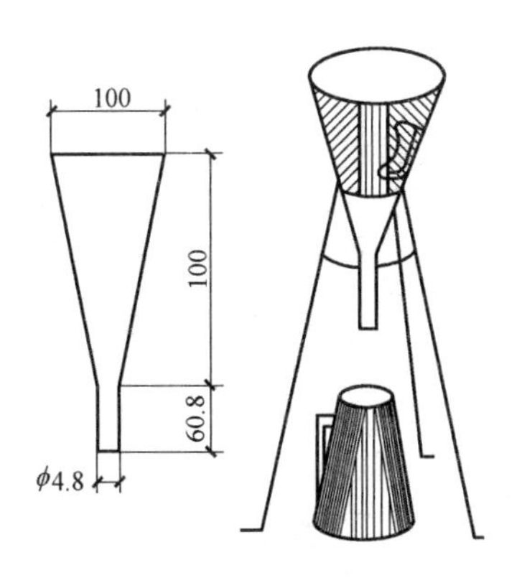

图 10.8-9 漏斗黏度计

(单位：mm)

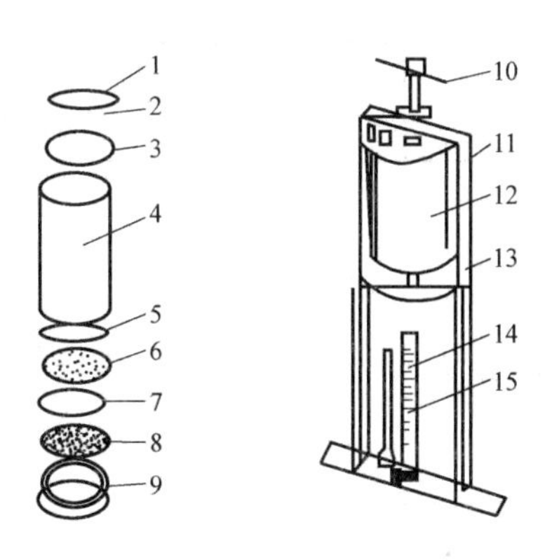

图 10.8-10 过滤试验装置

1—侧阀；2—顶盖；3—上垫圈；4—缸筒；5—中垫圈；6—滤纸；7—滤网；8—下垫圈；9—排水管；10—压紧螺杆；11—仪器架；12—缸筒；13—立柱；14—量筒；15—支架

2. 在旋挖钻斗钻成孔法施工中，几乎大部分均使用稳定液，故设计人员或发包者在工程设计条件中应对稳定液的有关规定予以说明，使施工人员能据以精心施工。

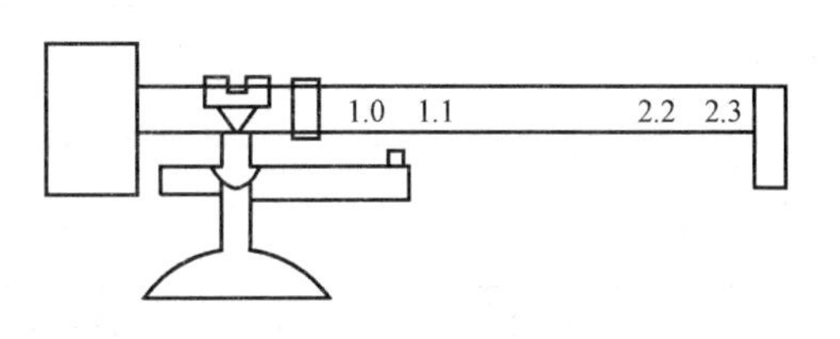

图 10.8-11 泥浆比重计

3. 旋挖钻机是集机、电、液一体化的现代设备，若管理不善，轻则导致零部件过早磨损，重则不能正常运转造成重大经济损失。因此，加强设备管理极其重要，要处理好设备的使用、维修、保养三者的关系，使“保”与“修”制度化，保证设备的完好率。

4. 旋挖钻进工艺的参数控制

(1) 钻压的确定

钻进时施加给钻头的轴向压力成为钻压，它与孔底工作面垂直。

合理确定钻压，要根据岩土的工程力学性质、钻斗的直径和类型、刀具的种类和磨钝程度、钻具和钻机的负荷能力予以综合考虑，而且还要考虑与其他钻进参数的合理配合(如转数等)。

全断面钻斗钻进的钻压可按表 10.8-12 参考使用。

稳定液管理标准 **表 10.8-10**

项目	允许范围		测定结果	处理方法
	下限值	上限值		
漏斗黏度(S)	必要黏度	作液黏度的 130%	必要黏度以下	添加膨润土和 CMC 或补充新液
			上限值以上	pH 超过 12 则废弃;pH 值在 12 以下,加水或添加分散剂

续表

项目	允许范围		测定结果	处理方法
	下限值	上限值		
相对密度	标准相对密度±0.005	1.2	标准相对密度以下	添加膨润土和CMC或补充新液
			上限值以上	如因砂混入而增加相对密度，需脱砂可添加膨润土和CMC或补充新液
砂率%	—	15.0	上限值以上	脱砂或废弃
过滤水量(mL) 30min，0.3N/mm²	—	20.0(过滤时间7.5min时10mL)	上限值以上	pH值超过12则废弃
				pH在12以下，添加膨润土和CMC补充新液
泥饼厚度(mm)	0.6	3.0(过滤时间7.5min时2.4)	下限值以下	添加膨润土和CMC或补充新液
			上限值以上	pH超过12则废弃
				pH值在12以下，添加膨润土和CMC或补充新液
pH	8.0	10.0	下限值以下	黏度在容许范围内可以
			上限值以上	黏度在容许范围内可以

注：1. 标准相对密度指只有清水和膨润土时的相对密度，见表10.8-7。
2. 必要黏度指被施工对象地层所必要的黏度。
3. 作液黏度指新配置的稳定液的黏度。
4. 原则上需要在稳定液中添加适量的分散剂。
5. 容许范围的值是指再使用时的测定值。

表10.8-11为旋挖钻斗钻成孔法为防止孔壁坍塌，所用稳定液的必要黏度参考值。

旋挖钻斗钻成孔法稳定液必要黏度参考值　　表10.8-11

土质	必要黏度(S)(500/500cc)	土质	必要黏度(S)(500/500cc)
砂质淤泥	20～23	砂($N \geqslant 20$)	23～25
砂($N<10$)	>45	混杂黏土的砂砾	25～35
砂($10 \leqslant N<20$)	25～45	砂砾	>45

注：1. 以下情况，必要黏度的取值要大于表中值：(1) 砂层连续存在时；(2) 地层中地下水较多时；(3) 桩的直径较大时（桩径在1300mm以上）。
2. 当砂中混杂有黏性土时，必要黏度的限值可小于表中值。

(2) 钻进转数的确定

钻进转数用转/分钟（r/min）为单位，它主要受钻斗外缘线速度限制。在选择钻斗转数时，应根据地层情况、钻斗的钻进速度、刀具的磨损、钻进阻力大小、钻具和设备能力诸因素综合予以确定。钻斗转数可按表10.8-13参考使用。

(3) 钻进速度的预估

钻进速度是指钻斗在单位时间内钻进的深度，一般以 m/h 为单位。式（10.8.1）为日本土木研究所和日立建机公司的钻进速度估算式，可参考使用。

钻压选取参数表 **表 10.8-12**

岩土类别	岩土单轴抗压强度(MPa)	孔径				
		0.6	0.8	1.0	1.2	1.5
		钻压(kN)				
砂层、砂土层	[N]=30～70	3～11	4～15	5～19	6～23	30～42
黏性土		11～26	15～35	19～43	23～52	
含砂黏土、强风化泥岩、泥灰页岩	[N]<5	26～33	35～44	43～55	52～65	59～72

钻斗转数选取参考表 **表 10.8-13**

岩土类别	线速度(m/s)	钻斗直径(m)					
		0.6	0.8	1.0	1.2	1.5	2.0
		钻斗转数(r/min)					
稳定性好的土层	1.5～3.5	48～11	36～84	29～67	24～56	19～45	14～33
稳定性较差的土层	0.7～1.5	22～48	17～36	13～29	11～24	9～19	7～14
极不稳定的砂层、漂卵石层	0.5～0.7	16～22	12～17	10～13	8～11	6～9	5～7
软质岩(σ_c<30MPa)	1.7～2.0	54～64	41～48	32～38	27～32	22～25	6～19

$$v=1.44\frac{P_d \cdot n}{\sigma_c} \cdot \eta \ (\text{m/h}) \tag{10.8.1}$$

式中 v——钻进速度（m/h）；

P_d——每厘米钻斗直径的钻压（kN/cm）；

n——钻斗转速（r/min）；

σ_c——岩土单轴抗压强度（MPa）；

η——钻进效率系数，常取 0.4～0.7。

式（10.8.1）表明，根据不同地质条件，合理调整钻进参数（钻压和钻斗转数），可获得合理的钻进速度。例如在孔壁比较稳定的地层如黏土层钻进时，可适当提高钻斗转数，以提高钻进速度，而在不稳定的砂土层和碎石土层中钻进时，则宜适当减慢钻斗转数，防止孔壁扩大。

（10.8.1）式表明，钻进速度 v 与钻压和钻斗转数的乘积成正比。对中硬和软土层可以采取增大钻压、降低钻斗转数的方法来提高钻进速度，降低功率消耗；而对于硬土层若钻进困难，则不能盲目加压，此时宜适当提高钻压同时增加转速以获得一定的钻进速度。

（4）回次进尺长度的确定

回次进尺指钻斗钻进一定深度后提升钻斗时的进尺，一个回次的长度主要取决于钻斗筒柱体水位高度，其次是孔底沉渣量的多少。一般说，若钻斗高1m，则回次进尺最大不超过0.8m。

(5) 钻具下降、提升速度的控制

下放钻斗时，由于钻斗下行运动所产生的压力增加称为激动压力。稳定液在高速下降的钻斗挤压下，将钻具下降的动能传给孔底和孔壁，使它们承受很高的动压力，下钻速度愈快，所产生的激动压力就愈高。当钻斗下降速度过快时，稳定液被钻斗沿环状间隙高速挤出而冲刷孔壁，引起孔壁的破坏。

钻斗既是钻进切削土岩的钻头又是容纳钻渣的容器，提升过程钻斗相当于活塞杆在活塞缸内的运动，即从孔内提升钻斗时，由于钻斗上行运动导致钻斗压力减少，产生抽吸压力。如果提升速度过快，钻斗与孔壁间隙小，下行的稳定液来不及补充钻斗下部的空腔而产生负压；速度愈快，负压愈高，抽吸作用愈强，对孔壁稳定性影响愈大，甚至导致孔壁坍塌。

综上所述，应按孔径的大小及土质情况来调整钻斗的升降速度，见表10.8-14。

钻斗升降速度 **表10.8-14**

桩径(mm)	升降速度(m/s)	桩径(mm)	升降速度(m/s)
700	0.973	1300	0.628
1200	0.748	1500	0.575

注：1. 本表适用于砂土和黏性土互层的情况。
2. 在以砂土为主的土层中钻进时，其钻斗升降速度要比在以黏性土为主的土层中钻进时慢。
3. 随深度增加，对钻斗的升降要慎重，但升降速度不必变化太大。

空钻斗升降时，因稳定液会流入钻斗内部，所以不会导致孔壁坍塌。空钻斗升降速度见表10.8-15。

孔钻斗升降速度 **表10.8-15**

桩径(mm)	升降速度(m/s)	桩径(mm)	升降速度(m/s)
700	1.210	1300	0.830
1200	0.830	1500	0.830

(6) 钻孔稳定液面高度的控制

回次结束将钻具提出稳定液面的瞬间，钻孔内稳定页面迅速下降。下降深度与钻斗高度大致相同（钻斗容器占有的空间）。此时，钻孔液柱的平衡改变了，及时回灌补充稳定液工序是钻进提升过程中不可忽视的工作。

5. 在桩端持力层中钻进时，需考虑由于钻斗的吸引现象使桩端持力层松弛，因此上提钻斗时应缓慢。如果桩端持力层倾斜时，为防止钻斗倾斜，应稍加压钻进。

6. 稳定液的配合比

(1) 按地基土的状况、钻机和工程条件来定

一般8kg膨润土可掺以100L的水。对于黏性土层，膨润土含量可降低至3%～5%。由于情况各异，对稳定液的性质不能一概而定，表10.8-16列出可供参考的指标。

工程上所用稳定液的性质　　表 10.8-16

项目	膨润土的最低浓度	稳定液的最小黏度	过滤水的限度（0.3N/mm²）每 30min	pH 指数最高限度
指标	8%	25s	20mL	11.0

注：1. 按膨润土的种类不同，有 8%、10%和 12%等。当使用 CMC 时，这个浓度可降低到 4%～0%。
2. 稳定液最小黏度一般要求为 25s，若由于地质或施工方法上的特殊情况（例如地下水很丰富时），可以用 35s 或 40s 等。
3. 过滤水的限度工程要求高精度时用 20mL，普遍情况为 30mL 或以上。
4. 在以膨润土作为主体的稳定液，pH 指数最高限度可用 11.0。如果使用适当的分解剂（例如硝基腐殖酸钠盐等）时，pH 值数最高限度可以用 11.5 左右。

（2）稳定液性能参数选择

表 10.8-17 为稳定液性能参数选择参考表。

稳定液性能参数选择参考表　　表 10.8-17

泥浆参数 地层	密度（g/cm³）	黏度（S）	失水量（mL/30min）	含砂量（%）	胶体率（%）	泥皮厚（mm）	pH	注
非含水层黏土、粉质黏土	1.03～1.08	15～16	＜3	＜4	≮90～95			清水原土造浆
流砂层	1.1～1.25	18.5～27	5～7	≤2		0.5～0.8	8	
粉、细、中砂层	1.08～1.1	16～17	＜20	4～8	≮90～95			
粗砂砾石层	1.1～1.2	17～18	＜15	4～8	≮90～95			
卵石、漂石层	1,15～1.2	18～28	＞15	＜4	≮90～95			
承压水流含水层	1.3～1.7	＞25	＜15	＜4	≮90～95			
遇水膨胀岩层	1.1～1.15	20～22	＜10	≤4				
坍塌掉块岩层	1.15～1.3	22～28	＜15	＜4	≮97		8～9	加重晶石粉

注：水的黏度为 15%。

7. 钻进成孔工艺

钻进成孔工艺是需要考虑多种因素的复杂的系统工程，多种因素指地层土质、水文地质、合适的钻斗选用（表 10.8-3）、合适的钻杆类型选用（表 10.8-5）、稳定液主要材料的选用（表 10.8-6）、稳定液性能参数的选择（表 10.8-17）、钻进工艺参数（钻压、钻进转数、钻进速度、回次进尺长度及钻具下降与提升速度等）。

1）在老沉积土层和新近沉积土层中钻进要点

表 10.8-18 为稳定液处理剂配方表。

老沉积土指晚更新世 Q_3 及其以前沉积的土，新近沉积土指第四纪全新世中近期沉积的土。在老、新沉积土层中可选用摩阻式钻杆和回转钻斗钻进。

稳定液处理剂配方表 **表 10.8-18**

稳定液类型		处理剂类型与加量(ppm)				黏度(S)	密度(g/cm³)	失水量(mL/30min)
		纤维素(CMC)	聚丙烯酰胺PHP	腐殖酸钾KHM	氯化钾KCl			
防漏稳定液	1 2	500～1000	100			>21	<1.05	<12
防坍稳定液	1		500～1000	200				<7
	2				200～300			
堵漏稳定液	每1m³黏度为50s的泥浆加入50kg水泥,15kg水玻璃和适当锯末,黏度大,凝固快,有一定固结强度							

注：1000ppm=1kg/m³。

（1）粉质黏土、黏土层在干性状态下胶结性能都比较好，在干孔钻进下可用单层底板土层钻斗钻进，也可以用双层底板捞砂钻斗和土层螺旋钻头钻进。若在湿孔钻进条件下，因土遇水的胶结性能变差，一般用双层底板捞砂钻斗钻进以便于捞取钻渣。

（2）在淤泥质地层中钻进，需解决好吸钻、塌孔、超方和卸渣困难等问题，为此需从改善稳定液性能、改进钻斗结构以及优化操作方式三方面着手。具体而言，在淤泥层施工，对于中大直径的桩孔，宜选用双层底板捞砂钻斗；对于直径小的孔，可采用单开门双层底板捞砂钻斗；对于钻进具有一定黏性的淤泥质土也可选择单层底板钻斗或者带有流水孔的直螺旋钻斗。但是不论选择何种钻具在淤泥层施工，都应该尽量增加或加大钻斗（钻头）的流水孔，以防止钻进过程中由于钻斗（钻头）上、下液面不流通而导致钻底负压过大，形成吸钻。优化操作方式，遵循"三降"（降低钻斗下降速度、降低钻斗旋转速度、降低钻斗提升速度）和"三减"（减少单斗进尺、减少钻压、减少和合斗门时的旋转速度和圈数）的原则。

（3）在含水厚细砂层中钻进，宜采取以下措施：

① 宜选择锥形钻斗，适当减少斗底直径，略微增加外侧保径条的厚度，最大限度降低钻斗提升和下放过程对侧壁的扰动。钻斗流水口设置在靠近筒壁顶部位置，以尽量减小筒内砂土在提升钻具过程中的流失。

② 单次钻进进尺要控制斗内土在流水口以下的水平，以避免进入斗内的砂土自流水口进入稳定液中。钻进完成后，关闭斗门时尽量减少扰动孔底土，以减少孔底渣土悬浮量。提升过程中，在易塌方地层对应的高程要适当降低提升速率，以减少侧壁流水冲刷造成砂土进入稳定液中。

③ 初始配置稳定液时就应根据地层特点控制好稳定液的密度及黏度等指标，采用加重稳定液或增黏（稠）稳定液，此处采取一些综合措施，以避免孔壁坍塌和预防埋钻事故。增黏稳定液的性能指标如表10.8-19所示。

增黏稳定液的性能指标 **表 10.8-19**

黏度	密度	失水量	静切力	含砂率	胶体率	pH
25～30S	0.9～1.05	≤10mL/30min	10mg/cm²	<4%	>97%	8～9

（4）在卵砾石地层中钻进的关键一是护壁，二是选用合适的钻斗。常用的保护孔壁的

方法：

① 护筒护壁。具体的操作方法是随着钻斗钻进同时，压入护筒，当护筒压入困难时，可以使用短螺旋钻头捞取护筒下脚的卵（碎）石块，清除障碍物后，再向下压入护筒。如此循环往复，使用护筒护壁直到穿过整个卵（碎）石层。

② 黏土（干水泥）+泥浆护壁。当钻进卵（碎）石层时，可先向孔内抛入黏土，然后使用钻斗缓慢旋转，将黏土挤入卵（碎）石缝隙，形成稳定的孔壁并防止稳定液的漏失，再配合稳定液的运用，来保障卵（碎）石层钻进过程中孔壁的稳定和稳定液位的平衡。另一种相似的方法是使用干水泥配合黏土使用。当钻进卵（碎）石层时，把干水泥装成体积适当的小袋和黏土一起抛入孔底，再使用钻斗旋转，将黏土块和干水泥一起挤入卵（碎）石缝隙，静滞一段时间后，可形成稳固的孔壁，干水泥的作用，是增强黏土的附着力。

③ 高黏度稳定液护壁。稳定液主要性能参数为：黏度 30～50s；密度 1.2～1.3。在稳定液中加入水解聚丙烯酰胺（PHP）溶液，即具有高黏度护壁性能。

旋挖钻进较大粒径卵石或卵砾石层，配合机锁式钻杆选用筒式环形取芯钻斗或将钻斗切削齿的切削角加大到 60°～65°，使较大粒径卵石被挤入装载机构的筒体内，同时有利于钻进疏松胶结的砂砾。在卵砾石层钻进中，转速不能过大，轴向压力也不宜过大。

钻进中遇到卵（碎）石等地下障碍物，采用轻压慢转上下活动切削钻碎障碍物。若钻进无效，可以通过正反交替转动的方式，当正转遇到较大阻力时，立即反转，然后再次正转，如此循环往复。采用专有的钻具（如短螺旋钻头、嵌岩筒钻、双层嵌岩筒钻）处理后钻进。对于卵（碎）石含量大的地层可使用短钻筒，配置黏土加泥浆护壁，控制钻速；若卵（碎）石层胶结程度密实，为了易于钻进，可先用筒式钻斗成孔（筒体直径小于孔径 150～400mm），即分级钻进，然后再加大块扫孔达到设计孔径要求。若条件具备，也可直接用有加大压力快速的筒式钻斗一次成孔。若用筒式钻斗直接开孔，初钻时应轻压慢钻，防止孔斜。

在双层嵌岩筒钻的设计中，层间隙的大小应该与卵（碎）石的粒径相对应。一般情况下，间隙约等于 1.5 倍卵（碎）石粒径。

（5）在高黏泥含量的黏土层中钻进，因该土层塑性大，造浆能力强，易出现糊钻、缩径，且进入钻斗内的钻渣由于黏滞力很强，卸渣非常困难，钻进效率往往受卸渣和糊钻影响极大。解决办法：①利用钻孔黏土自造浆的方法向孔内灌注清水；②在钻进工艺上，采用低扭矩高转速挡进行钻进且放慢给进速度和降低给进压力；③严格限制回次进尺长度不超过钻斗高度的 80%，以避免黏土在装载筒内挤压密实；④对钻斗结构进行适当的改进。对钻齿切削角调整不大于 45°，在钻筒外每隔 120°对母线夹角为 60°焊接 Φ15 圆钢，反时针方向布置 4～6 根，钻筒内立焊 Φ15 圆钢，每隔 90°焊 1 根，或在钻斗内装压盘卸渣。

（6）在钻孔漏失层钻进，漏失产生的原因是钻进所遇地层大多是冲积、洪积不含水砂层、卵砾及卵石层，由于胶结不良，填充架空疏松，渗透性强。根据漏失程度采取相应对策：

① 漏失不严重时。选用低密度稳定液是预防漏失的有效方法。降低密度的方法有：采用优质膨润土；用水解度 30%的聚丙烯酰胺进行选择性絮凝以清除稳定液中的劣质土及钻渣；加入某些低浓度处理剂如煤减剂、钠羧甲基纤维素。②漏失严重时，遇卵砾石层

钻进绝大部分事故发生在孔壁保护方面，具体堵漏方法有黏泥护壁，即边钻进边造壁堵漏的方法保护壁，每回次钻进结束后向孔内投入黏土（或黄土）的回填高度不得低于回次钻进深度，此后经回转挤压，使黏土（或黄土）挤塞于卵砾石缝隙之中，一段一段形成人工孔壁，既护壁又堵漏；高黏度稳定液护壁，即采用高固相含量、高黏度、密度在1.2左右、黏度为30～50s、失水量8～10mL/30min的稳定液。

（7）在遇水膨胀的泥土层钻进，钻进时常常出现缩径或黏土水化膨胀而出现坍塌。钻孔缩径造成钻具升降困难，严重时导致卡钻。处理原则：①向稳定液中加有机处理剂（降失水剂有纤维素、煤碱剂、铁铬盐、聚丙烯腈等），以降低稳定液失水量；②在钻斗圆筒外均匀分布4道螺纹钢筋，长600mm，直径Φ15～Φ18mm，与母线按顺时针方向呈60°倾角焊牢，在钻斗回转过程中扩大缩径部分直径以防卡钻。

（8）遇钻孔涌水的地层钻进，涌水地层是指在有地下水通道的高压含水层中旋挖成孔时，承压水会大量涌向钻孔内，使原有稳定液性能被破坏（遇水稀释），使稳定液的护壁作用和静水压支撑作用降低，不能平衡地层侧压力，造成孔壁坍塌。对付这类地层的办法是配制加重稳定液，边造孔边加入重晶石粉，使新液性能达到黏度大于30s，密度大于1.3，失水量小于15mL/min，pH＝8～9，胶体率不小于97%，静切力30～50mg/cm²。

（9）遇铁质胶结（或钙质胶结）硬板砂层钻进，“铁板砂”主要特征是细砂液被胶结后，有一定抗压强度，在该地层中钻进可采取如下措施：①改变钻斗切削角，把钻斗刀座角度加大到50°～60°，在钻进时使钻齿有足够大的轴向压力来克服“铁板砂”的胶结强度，就能在较大的钻压下钻进“铁板砂”；②调整钻进工艺，采用较高的轴向压力、较低的回转速度，避免钻齿在高的线速度下与“铁板砂”磨削磨损，提高钻进效率。

2）在泥岩地层中钻进要点

泥岩是泥质岩类的一种，是由粒度小于0.005mm的陆源碎屑和岩土矿物组成的岩石，属软岩类。泥岩的成分很复杂，主要是高岭石、伊利石、蒙脱石、绿泥石和混层黏土矿物等。常见或主要的泥岩都是呈较稳定的层状，常与砂岩、粉砂岩共生或互层。由于泥岩的特殊的物理力学性质，在旋挖钻机作业时，若要充分提高钻进效率，则往往需要解决钻进过程中出现的钻具打滑、吸钻、糊钻等不良工况。提高钻进效率的措施一般从三个方面着手：调整钻机的操作方式（采用压入回转、高速切削的操作方式来破碎钻进）；选用合适的钻具（机锁式钻杆和单开门截齿钻斗）；优化钻齿的布置（将齿角由45°改大为53°）。

8. 清孔工艺

（1）第一次孔底处理

旋挖钻斗钻工法采用无循环稳定液钻进，钻渣不能通过稳定液的循环携带到地面沉降下来（即所谓的连续排渣），而是通过钻斗提升到地面卸渣，称之为间断排渣。产生孔底沉渣的原因：钻斗斗齿是疏排列，齿间土渣漏失不可避免；土渣在斗齿与钻斗底盖之间残留；底盖关闭不严；钻斗回次进尺过大，装载过满，土渣从顶盖排水孔挤出；在泥砂、流塑性地层钻进时，进入钻斗内的钻渣在提升过程中流失严重，有时甚至全部流失于钻孔内；钻斗外缘边刃切削的土体残留于孔底外缘。

第一次孔底处理在钢筋笼插入孔内前进行。一般用沉渣处理钻斗（带挡板的钻斗）来排除沉渣；如果沉淀时间较长，则应采用水泵进行浊水循环。

（2）第二次孔底处理

在混凝土灌注前进行，通常采用泵升法，即利用灌注导管，在其顶部接上专用接头，然后用抽水泵进行反循环排渣。

10.8.3.5 施工管理检查表

表10.8-20列出了旋挖钻斗钻成孔灌注桩施工全过程中所需的检查项目。

10.8.3.6 常遇问题及对策

由于旋挖钻斗钻成孔灌注桩常会遇到一些问题，如孔壁坍塌、孔内埋钻、钻孔倾斜、缩径、超多、漏浆、卡钻、掉钻、钢丝绳断裂、钻杆事故、沉渣过厚等。由于本手册篇幅限制，读者可参见由沈保汉编著的《桩基病害防治、诊断及处理》一书。

旋挖钻斗钻成孔灌注桩施工管理检查表 **表10.8-20**

检查要点	检查要点	检查要点
1. 施工准备 (1)施工地层土质情况的把握 (2)地下障碍物排除的确认 (3)作业地层和作业性的确认 (4)与基准点的关系 (5)与设计书内容的一致 2. 钻机的选择 (1)机型和钻头的选择 3. 钻机的安装 (1)桩位的确认 (2)钻机水平位置和水平度的确认 (3)钻杆垂直度的确认 4. 桩孔表层部钻进 (1)钻杆垂直度再确认 (2)开始的钻进速度的确定 (3)桩孔位置的再确认 5. 稳定液 (1)稳定液设备的选定 a. 膨润土搅拌机 b. 稳定液存储罐 (2)液体状的确认 a. 所要求的性质 b. 配合比	c. 分散解胶剂 d. 腐殖酸类减水剂 e. 管理标准 f. 稳定液试验 (3)水头差的确保 6. 表层护筒的安设 (1)护筒尺寸的确认 (2)安设时护筒垂直度的确认 (3)护筒水平位置的确认 7. 钻进 (1)孔内水 (2)土质 (3)深度 (4)垂直度 (5)防止坍塌 8. 桩端持力层 (1)桩端持力层的土质和深度 (2)进入桩端持力层的深度 9. 孔底处理 (1)第1次孔底处理 (2)第2次孔底处理 10. 钢筋笼制作： (1)钢筋笼的加工组装是否正确、结实；	(2)钢筋笼组装后各部分是否检查。 11. 钢筋笼安放： (1)钢筋笼是否对准桩心安放； (2)钢筋笼垂直度如何； (3)钢筋笼安放后有否弯曲； (4)钢筋笼顶部位置是否合适。 12. 混凝土灌柱的准备工作： (1)导管内部是否圆滑； (2)接头的透水性如何； (3)采用什么样的柱塞； (4)混凝土拌合料进场和灌注计划如何。 13. 混凝土质量： (1)外观检查结果如何； (2)坍落度试验结果如何。 (3)混凝土泵车出发时刻是否已检查。 14. 混凝土灌柱： (1)混凝土的灌注不要中断； (2)导管和灌注混凝土的顶部的搭接是否良好； (3)传递带和泵车的安排是否妥当； (4)孔内排水如何； (5)桩孔顶部混凝土是否进行了检查； (6)灌注终了后是否进行最终检查。 15. 回填： 混凝土灌柱后是否用土覆盖。 16. 施工精度： 桩头平面位置的偏差如何

10.9 钻孔扩底灌注桩

10.9.1 基本原理及分类

10.9.1.1 概述

20世纪50年代后期在美国德克萨斯州首次成功地应用普通直径钻扩桩。此后，印度、苏联、英国等也将普通直径钻孔桩成功地用于工程实践中。

20世纪70年代末，北京市桩基研究小组在6个场地进行了27根普通直径钻扩桩与相应的12根直孔桩的静载试验。结果表明，钻扩桩是一种较好的桩型，与直孔桩相比，有显著的技术经济优势，其极限荷载为相应直孔桩的1.7～7.0倍，单方极限荷载为相应直孔桩的1.4～3.0倍。

国外有关大直径扩孔钻头专利以日、美、苏联居多，英、意、法次之。在日本自1971年大林组开发出OJP反循环扩底灌注桩工法后已有15种以上反循环扩底灌注桩工法问世；1984年基础工业和大洋基础开发出ACE旋挖钻斗钻扩底灌注桩工法后已有20种以上旋挖钻斗钻扩底灌注桩工法问世。最近4年的统计资料表明，日本建筑界和土木界大直径钻孔扩底灌注桩施工中桩身成孔约80%采用旋挖钻斗钻成孔工艺，建筑界扩底成孔几乎100%采用旋挖钻斗钻扩孔工艺。

我国从20世纪80年代中期先后研制开发出与干作业短螺旋成孔配套的1000/2600大直径扩孔钻头；泥浆护壁法的带可扩张切削工具的钻头、468-A型扩底钻头；MRR、MRS、YKD扩底钻头；AM旋挖钻斗钻扩底钻头及伞形扩底钻斗等20余种钻头。

10.9.1.2 基本原理

钻孔扩底灌注桩是先将等直径钻孔方法形成的桩孔钻进到预定的深度，然后换上扩孔钻头，撑开钻头的扩孔刀刃使之旋转切削地层扩大孔底，成孔后放入钢筋笼，灌注混凝土形成扩底桩。

10.9.1.3 优缺点

1. 优点

（1）振动小，噪声低；

（2）当桩身直径相同时，钻扩桩比直孔桩能大大提高单桩承载力；

（3）在保证单桩承载力相同时，钻扩桩比直孔桩能减小桩径或缩短桩长，从而可减少钻孔工作量，避免穿过某些复杂地层，节省时间和材料；

（4）当基础总承载力一定时，采用钻扩桩可减少桩的数量，节省投资；在泥浆护壁的情况下，可减少排土量，减少污染；

（5）桩身直径缩小和桩数减少，可缩小承台面积；

（6）大直径钻扩桩可适应高层建筑一柱一桩的要求。

2. 缺点

（1）桩端有时留有虚土；

（2）水下作业钻扩孔法，需处理废泥水。

10.9.1.4 分类

按有无地下水，钻孔扩底法可分为干作业钻扩孔和水下作业钻扩孔。

按桩身成孔方法不同，钻孔扩底法可分为泵吸循环钻成孔扩底、气举反循环钻成孔扩底、正循环钻成孔扩底、潜水钻成孔扩底、旋挖钻斗钻成孔扩底、全套管成孔扩底和螺旋钻成孔扩底等。

钻扩桩有显著的技术经济效果，又因建筑基础建设业界的激烈竞争（尤其在国外）的结果，形成钻扩桩工法及机种的多样性。我国钻扩桩种类已有20种以上。日本钻扩桩种类约有40种。

10.9.2 干作业钻孔扩底桩

10.9.2.1 适用范围

干作业螺旋钻孔扩底桩适用于地下水位以上的填土层、黏性土层、粉土层、砂土层和粒径不大的砂砾层，其扩底部宜设置于较硬的黏土层、粉土层、砂土层和砾砂层。

在选择此类钻扩桩的扩底部持力层时，需考虑以下四点：

（1）在有效桩长范围内，没有地下水或上层滞水。

（2）在钻深范围内的土层应不塌落、不缩颈、孔壁应当保持直立。

（3）扩底部与桩根底部应置于中密以上的黏性土、粉土或砂土层上。

（4）持力层应有一定的厚度，且水平方向分布均匀。

人工挖孔扩孔灌注桩的有关部分见 10.4 节。

10.9.2.2 小直径扩孔机和扩孔器

1. QKJ-120 型汽车式扩孔机

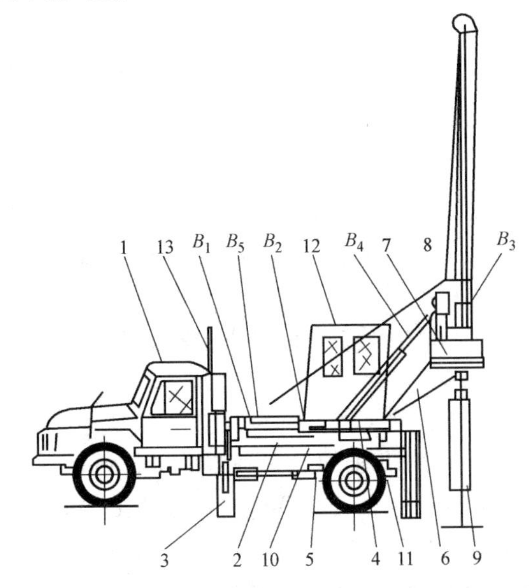

图 10.9-1 QKJ-120 型汽车式扩孔机

1—驾驶室；2—副车架；3—支腿；4—回转台；5—水平台；6—支撑臂；7—动力箱；8—钻架；9—扩孔头；10—水平滑块；11—回转轮；12—操作室；13—支架；B_1—水平油缸；B_2—回转油缸；B_3—加压油缸；B_4—支撑油缸；B_5—卷扬机

该机由北京市建筑工程研究院研制开发（图 10.9-1），其主要技术参数见表 10.9-1。

QKJ-120 型汽车式扩孔机的主要技术参数 **表 10.9-1**

钻孔		扩孔		钻杆					对桩孔范围		车速(km/h)(最大)	质量(kg)
孔径(mm)	孔深(m)	孔径(mm)	孔深(m)	转速(r/min) 切削	转速(r/min) 甩土	扭矩(kN·m)	加压力(kN)	拔钻力(kN)	前后(mm)	左右(°)		
400	7.0	800～1200	7.0	18.7	64.0	3.26	60	40	480	±30	45	8560

注：孔深视需要还可以加深。

该机特点：采用 CA141 二类汽车底盘；采用自重小，操作灵活的蛙式支腿，可单独操作调整水平；工作平台前后左右均可调整，动力为液压油缸，可保证扩孔施工时就位准确迅速；钻杆部分采用先进的摩擦加压技术和伸缩式钻杆；采用超越式离合器，正转扩孔，反转清土。

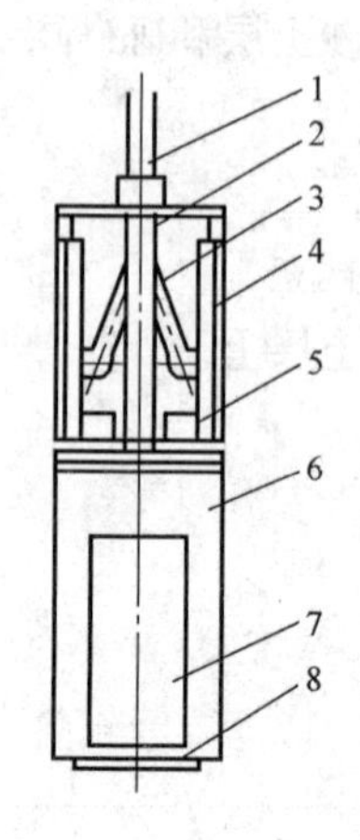

图 10.9-2 QKI-120扩孔装置

1—活动头；2—支架；3—连杆；4—扩孔刀；5—刮土板；6—贮土筒；7—出土门；8—清土刀

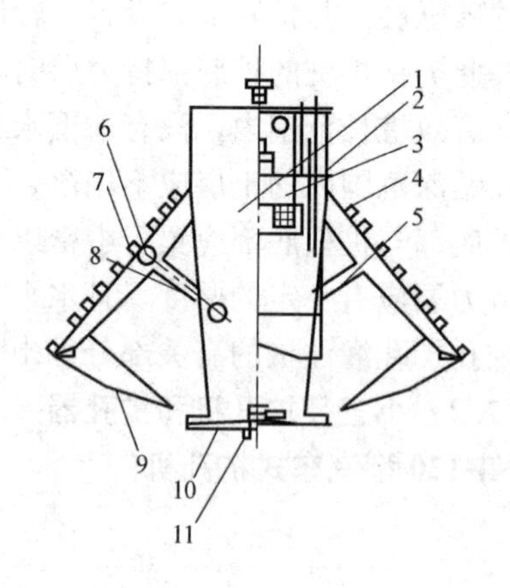

图 10.9-3 1000/2600扩孔钻头

1—钻筒；2—上销轴；3—滑块；4—刀杆；5—支撑架；6—中销轴；7—刀齿；8—下销轴；9—推土板；10—底门；11—清底刀片

QKI-120扩孔装置的构造示意图见图10.9-2，它由扩孔刀和贮土筒两部分组成。扩孔刀末端焊接刮土板，它的作用：一是将扩孔过程中切削下来的土块钻屑拨入贮土筒内（每次取土量约0.1m³）；二是在扩孔结束时将扩大体空腔底部的废土清除干净。

2. 大直径扩孔器

1）1000/2600扩孔钻头

1988年原北京城建道桥公司为引进的意大利CM-35R液压履带式短螺旋大直径钻孔机配套使用，设计出1000/2600扩孔钻头，其结构示意图见图10.9-3。该扩孔钻头由扩孔导杆、推土板、支撑架、钻筒滑块、对开斗门和斗门开关弹簧压杆机构组成，钻头外径900mm，最大扩孔直径为2600mm，每次取土量为0.25～0.30m³，最大钻深为28m。一个扩孔所需时间为20～25min。

（1）工作程序

① 将钻机钻杆与扩孔钻头滑块3用销轴联接。

② 提升钻杆、扩孔钻头滑块3上移到上止点，铰接刀杆4及支撑架5收入筒内。

③ 将扩孔钻头插到已钻成的桩孔底部，由于钻杆和刀杆4的自重以及钻杆加压机构的压力，迫使滑块3和刀杆4的铰接点下移，以支撑架5下端点为支撑点，支撑架上支点向外撑出刀杆。

④ 转动钻杆，刀杆4一面回转一面张开，刀杆4上的切削刀齿7切削孔壁土，将直孔底部扩成锥形孔，被切削下来的土由刀杆4下部的推土板9推入钻筒1内。

⑤ 钻筒1装满土后，提升钻杆，滑块3上移，刀杆4及支撑架5收入钻筒1内。

⑥ 钻头出孔后，回转一个角度，继续提升，钻头上部的弹簧压杆顶到钻杆回转箱底盘时，钻筒底门10张开排土。

⑦ 钻头下落时，由于弹簧作用，底门自动关闭，这样即完成了一个工作循环。

⑧ 上述过程反复进行，直到信号灯显示出已扩到设计尺寸时，即完成一个扩孔。

（2）注意事项

① 桩身部分钻孔要求见本手册10.8.3节。

② 扩孔时应逐渐撑开扩刀，切土扩孔；应随时注意观察动力设备运转情况，随时调节扩孔刀片设备运转情况，随时调节扩孔刀片切削土量，防止出现超负荷现象。

③ 扩孔应分次进行，每次削土量不宜超过贮土筒体积；扩孔完毕后应清除孔底虚土，并应继续空转几圈，才能收拢扩刀；为控制扩底断面和形状，应在钻机上设专门标志线或专门仪器设备，进行检查。

④ 如遇漂石应停钻，待用其他方法把漂石取出后再继续操作。

⑤ 必须在扩刀完全收拢之后，才能提升钻具；钻具提出孔口之前，应将孔口积土和孔底虚土清除干净。

⑥ 当孔底有水，为防止扩孔浸水坍塌或土体膨胀，扩完孔口之后应立即灌注混凝土；如孔内无水，扩成孔后至灌注混凝土的间歇时间不宜过长；若孔内有松土、泥浆或积水时，应清除后再灌注混凝土。

⑦ 当设计要求在扩底空腔内填充石块时，充填量不应超过空腔体积的 20%。

10.9.3 水下作业钻孔扩底桩

适用于地下水位以下的填土层、黏性土层、粉土层、砂土层和粒径不大的砾（卵）砂层，其扩底部宜设置于较密实的黏土层、粉土层、砂土层和砂卵（砾）石层，有的扩孔钻头可在基岩中钻进。

10.9.3.1 正反循环钻成孔扩底桩

该类扩底桩可采用正循环钻成孔，也可采用反循环钻成孔。

1. 带可扩展切削工具的钻头

1988 年四川省南充地区水电工程公司研制出“带可扩张切削工具的钻头及验孔器”，其钻头示意图见图 10.9-4。

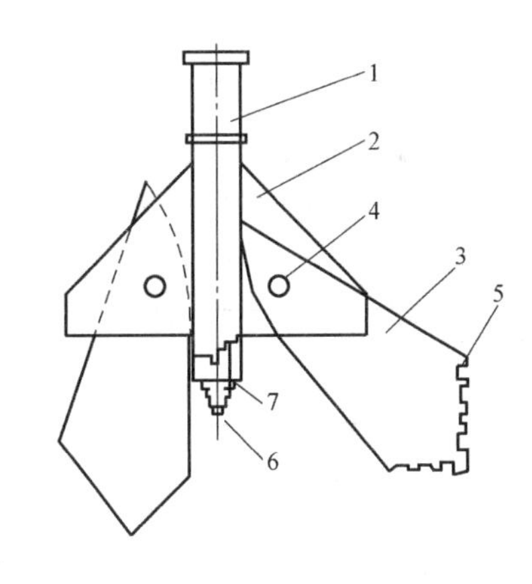

图 10.9-4 带可扩张切削工具的钻头
1—钻杆；2—固定翼；3—活动翼；4—短轴；5—切削齿；6—喷嘴；7—辅助喷孔

在钻杆 1 上设置固定翼 2，固定翼的外缘直径等于桩径，在固定翼上装有可径向扩张的活动翼片 3，活动翼和固定翼通过销钉（短轴）4 铰接。在钻杆不旋转时，活动翼由于重力的作用呈下垂状态，使得钻具能够自由进出待扩的钻孔，当钻杆旋转时，活动翼片在离心力的作用下逐渐张开，在活动翼片的底端和侧端镶有硬质合金，以便切削孔壁。调节转速，可控制活动翼片的张开程度和对孔壁的侧压力，以便分级扩孔。由于活动翼片的最大张开度是固定的，到达孔底后，可像普通刮刀钻头一样向下钻进。钻杆的下端可按正反循环钻进的需要设置喷嘴 6。

该扩孔灌注桩的施工工艺和普通钻孔灌注桩大体相同。即采用回转钻进、清水原土造浆或制备泥浆护壁的施工工艺。其施工程序为：完成直孔，换用扩孔钻头→下扩孔钻具→扩孔和清孔→放入验孔器→验孔→将钢筋笼放入孔中，并插入导管→灌注水下混凝土→拔出导管→成桩。

2. YKD、MRR 和 MRS 扩底钻头

国土资源部勘探所研制开发出 YKD、MRR 和 MRS 三种系列不同规格的扩底钻头。

（1）YKD系列液压扩底钻头。该钻头主要由钻头体、回转接头、泵站和检测控制台等部分组成，钻头体为三翼下开式结构，刀头采用硬质合金，可用于钻进各种黏性土层、砂层、砂砾层以及粒径小于50mm的卵石层。

该系列液压扩底钻头的特点是：用液压控制其张开和收缩，操作简单可靠，钻孔和扩底用同一个钻头完成，扩底时不用更换钻头；可在地面直接控制扩底直径和控制扩底过程；钻头装有副翼，可调节桩身直径；可采用正反循环施工；采用活刀板连接，刀头磨损可随时更换；可施工多节扩孔桩。

（2）MRR系列滚刀扩底钻头。该钻头的基本结构为下开式，采用对称双翼，中心管为四方结构，以便能可靠地将扭矩传递到扩孔翼上，扩孔翼本身为箱形结构。破岩刀具为CG型滚刀，它采用高强度、高硬度的合金为刀齿，以冲击、静压加剪切的方式破碎岩石，可以实现体积破碎，而所需的钻进压力和扭矩均相对较小。

该基岩扩底钻头，主要用于在各种岩石中进行扩底。如各种砂岩、石灰岩、花岗岩等。扩底前，需采用滚刀钻头或组合牙轮钻头钻进，当钻头在预定基岩中成孔后，再将扩底钻头下入孔底。

在岩石中采用扩底桩，同普通土层中扩底桩相比具有以下特点：桩的稳定性好，可靠性高；经济效益更加明显；施工难度更大；钻头加工难度大。

（3）MRS系列扩底钻头。该系列扩底钻头主要用于黏性土层、砂层、砂砾层、残积土层及强风化岩层等地层中扩底，其基本结构分为三翼或四翼下开式，刀齿为硬质合金。主要不仅包括扩底翼、加压架、底盘、连杆等。该系列扩底钻头的主要特点是结构简单，操作容易，加工方便，成本低廉。

扩底钻头扩底前，需采用普通的刮刀钻头钻进成孔，然后下入孔底钻头。

以上三种系列扩底钻头的技术性能与规格见表10.9-2。

扩底钻头的技术性能与规格 **表10.9-2**

类别	规格	钻头直径（mm）	最大扩底直径（mm）	扩底角（°）	最大直径高度（mm）
YKD系列	600	600～800	1200	15	100
	800	800～1000	1600	15	150
	1000	1000～1200	2000	20	200
	1200	1200～1500	2400	20	250
	1500	1500～1800	3000	25	300
	1800	1800～2000	3600	25	350
	2000	2000～2400	4000	25	350
MRR系列	800	800～1000	1600	30	250
	1000	1000～1200	2000	30	250
	1200	1200～1500	2400	30	300
	1500	1500～1800	3000	30	350
	1800	1800～2000	3600	30	350
	2000	2000～2400	4000	30	350

续表

类别 \ 规格	规格	钻头直径(mm)	最大扩底直径(mm)	扩底角(°)	最大直径高度(mm)
MRS 系列	500	500～600	1000	20	100
	600	600～800	1200	20	150
	800	800～1000	1600	20	200
	1000	1000～1200	2000	20	200
	1200	1200～1500	2400	20	250
	1500	1500～1800	3000	25	350
	1800	1800～2000	3600	25	350
	2000	2000～2400	4000	25	350

10.9.3.2　正循环钻成孔扩底桩

机械式伞形扩孔钻头

1. 工作原理

伞形扩孔钻头工作原理是在钻进过程中，在钻压作用下，钻具底部的支承盘支承在地基上产生反作用力，使钻刀逐渐展开扩底成孔。其扩展方式与机理与伞相似，称之为伞形扩底钻头，如图 10.9-5 所示。

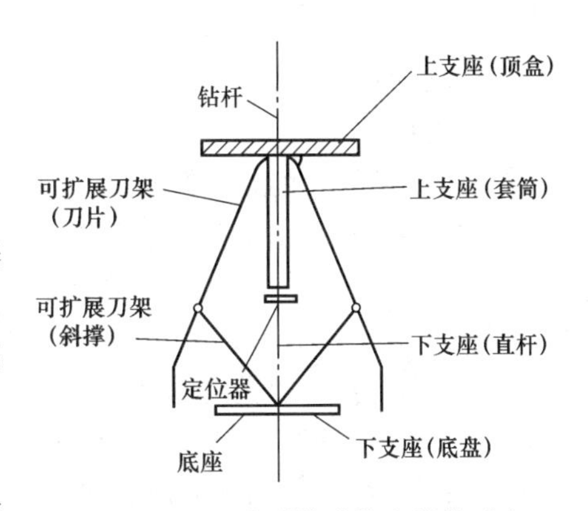

图 10.9-5　伞形扩孔钻头结构示意

2. 施工程序

用伞形扩孔钻头正循环钻孔扩底灌注桩施工程序如图 10.9-6 所示。施工程序为：埋设护筒→钻孔及注入泥浆→成孔清孔循环→扩底清孔循环→吊放钢筋笼→钢筋笼就位→下放混凝土导管，第三次清孔→安放排水，并灌注第一斗混凝土→第一斗混凝土达到初灌量→边灌注混凝土边提拔导管→混凝土灌注完毕 1～2h 后排除护筒。

3. 施工要点

1）先用普通钻头钻至桩端设计标高，提升钻杆，更换扩孔钻头重新下放钻杆，使扩孔钻头达到需扩孔位置。关于正循环钻孔的施工特点和施工要点可见本章 10.6.3 节。

2）扩孔钻头使用前的准备工作。检查扩孔钻头收缩与张开是否灵活。根据工程所需要的最大扩孔直径，确定其行程。

3）扩孔施工要点

① 当扩孔钻头下入孔底后，先在孔口用粉笔记下主动钻杆或机上钻杆的位置，并以此位置为起点，向上量一个扩孔钻头的扩底行程（终点）。然后将扩孔钻头提高孔底，使其处于悬吊状态。接着启动钻机和水泵，待钻机工作正常后即可开始扩底。

② 扩底速度不能过快，否则刀片切入太深，孔底阻力太大，容易损坏钻头的刀片和底座等部件。通常，卷扬机的放绳速度应保证主动钻杆能以 10mm/min 的速度下移，以控制钻头的扩底速度，下放时要慢、匀、稳。

③ 当主动钻杆走完扩底行程后，说明扩孔钻头已扩至预定直径，此时在原地继续回

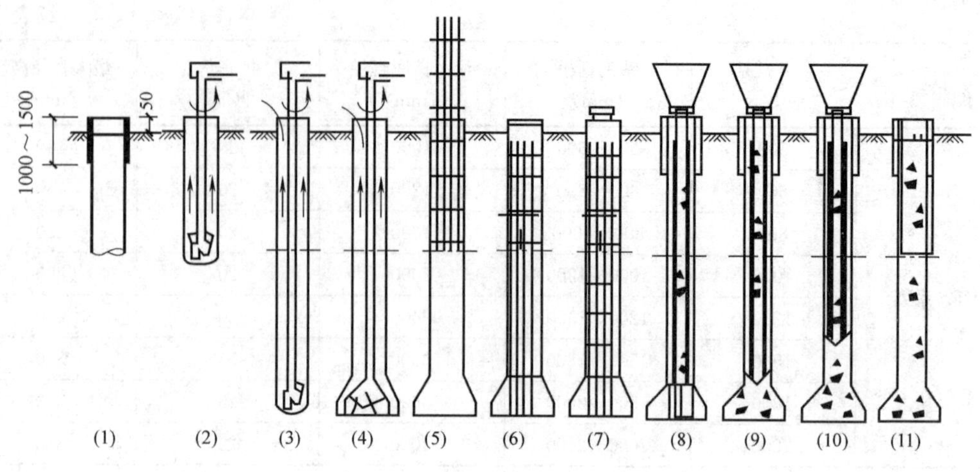

图 10.9-6 钻孔扩底桩施工程序

转 2～3min 后即可迅速提钻。

4）清孔要点

① 第一次清孔目的是清除形成直孔过程中产生的泥块和沉渣，具体做法是待直孔完成后，略提高钻杆，利用钻杆进行第一次正循环清孔，清孔时间不少于 30min。

② 第二次清孔目的是清除扩底成孔时产生的泥块和沉渣，也是利用钻杆进行第二次正循环清孔。

③ 第三次清孔目的是清除在安放钢筋笼及混凝土导管时产生的沉渣，具体做法是通过混凝土导管压入清浆以泵吸反循环方式进行第三次清孔。

10.9.3.3 泵吸反循环钻成孔扩底桩

1. 基本原理

泵吸反循环工艺（10.5.3 节）结合相应的扩底钻头（YKD 系列、MRR 系列及 MRS 系列等扩底钻头）便成为泵吸反循环钻成孔扩底工艺。

2. 工法特点

泵吸反循环钻孔扩底桩除具有一般钻孔扩底桩的优点（见 10.9.1 节）外，还具有以下 2 个特点：一是工艺技术可靠、施工效率高、工程质量好。泵吸反循环钻进工艺本身是一项成熟配套的技术，由于钻进过程中的泥浆上返速度快，携渣能力强，所以钻进效率高，孔底沉渣少，能确保工程质量。二是对地层的适应性强。泵吸反循环钻孔扩底桩适应的地层更广泛，可适应在各类不良地质地层条件下施工。

3. 适用范围

(1) 地层：可适用各类地层，包括土层、砂层、砂砾层、卵砾层、风化基岩和强度小于 80MPa 的基岩，以及部分复杂地层，如岩溶地层等。

(2) 孔径：直径段一般孔径为 600～2500mm，扩底端一般孔径为 1000～4000mm。

(3) 孔深：最大孔深可达 100m。

以深圳地区为例，其强风化岩层的承载力较高，且埋深较浅，一般在 15～50m 左右，这样选在强风化岩层扩底作为桩的持力层既利于施工，又具有明显的经济效益。

4. 施工工艺流程

参阅图 10.9-6 钻孔扩底桩施工顺序，正循环改为反循环即可。施工机械及成直孔钻头见10.5.2节。

5. 施工要点

成直孔的施工特点、施工要点，含护筒埋设、钻机就位与钻进即第一次情况见10.5.3节，本节主要阐述扩孔的施工要点。

1）扩底钻进

(1) 使用前检查扩底钻头收缩和张开是否灵活。将钻头用起重机或钻机的卷扬提起，然后缓缓放下，扩底钻头的扩底翼将随之收缩和张开，如此反复数次，使钻头动作灵活。

(2) 根据工程所需要的扩底直径，在地面确定其行程。

(3) 扩底钻头入孔前，必须在地面进行整体强度检验，其主要内容为焊接部位是否牢固，销轴连结是否安全可靠，收张是否灵活。

(4) 当扩底钻头下入孔底后，在主动钻杆上用粉笔画记号或在扩底钻头上固定好相应的行程限位器，以便确定扩底终点。

(5) 将扩底钻头提离孔底，使其处于悬吊状态；起动钻机和水泵，待钻机和水泵工作正常后即可开始扩底；扩底采取低速回转技术，开始时不得随意加压；当运转平稳后，依据孔内的情况，适当调整压力。

(6) 当钻进至机上钻杆所标出的行程时，逐步放松钻具钢丝绳，钻具钻进阻力减少，转动自如，证明扩底行程已达到扩底限位器。在扩底完成行程后，可在原位继续回转至清孔完毕后迅速提钻。

(7) 提钻时应轻轻提动钻具，使之产生一定的向上收缩力；在径向和轴向双重力作用下，收拢钻头，慢慢将其提出孔外。如出现提钻受阻现象，不可急躁，不能强提、猛拉，应上下窜动钻具，并在钻头脱离孔底的情况下使钻头慢慢收拢。

2）第二次清孔换浆

扩底完成后，扩底钻头空转清孔换浆，及时调整泥浆性能，泥浆密度一般应小于1.2g/cm^3，含砂率小于6%，黏度20～21s。本次清孔换浆是确保扩大头孔底沉渣厚度达到规范或设计要求的关键工序，一般清孔时间为1.5～2.5h。

3）第三次清孔

灌注混凝土前利用灌注导管进行第三次清孔，这是确保沉渣厚度达到要求的关键工序。应及时调整泥浆性能。泥浆密度≤1.15g/cm^3。含砂率≤5%，黏度20s，孔底沉渣≤50mm。

4）初灌量的确定及灌注混凝土

通过对扩底端容积准确计算初灌后混凝土埋管深度在0.8m以上。

6. 施工注意事项

扩底孔的形状是否达到设计要求是施工中最关键的问题，为此在施工过程中必须注意以下事项：

1）所选回转钻机扭矩必须满足扩底要求。选择钻机必须使钻塔一次安装定位，确保钻孔和扩底部分的同轴度。钻孔必须保证垂直度，防止扩底钻头下入时发生障碍。

2）要根据地层情况选择扩底钻头的形式：在黏性土、砂土或较松软的风化岩层中宜选用刮刀扩底钻头；在密实的卵石和基岩岩层中宜选用滚刀扩底钻头。

3）应在地面检查扩底钻头张合的灵活性，将扩底钻头吊起来，松开钢丝绳，观察扩翼是否能自行张开，只有扩翼能在重力作用下张开、支承盘转动灵活时，才允许将扩底钻头下入孔内。

4）须准确测量扩底钻头行程与扩底端之间的对应关系，做好记录，并在钻头上固定好相应的行程限位器。

5）将扩底钻头吊起，缓慢下入孔内，防止扩底钻头碰撞孔口护壁或孔壁，引起塌孔。

6）钻头下至孔底后，先开泵循环泥浆冲孔，观察实际机上余尺与计算出的机上余尺是否吻合，若吻合则继续冲孔或者窜动钻具或者空转一下，以确保其真正下到孔底。在主动钻杆上作扩底起始标记时，应考虑扩底系数，实际扩底行程要略小一些，这些工作完成后才可缓慢给压扩底。开泵使泥浆循环，然后缓慢给压，使扩翼张开，切削岩土。此时要密切注意动力设备的变化情况，及时调整钻压，以调节扩底钻头的切削岩土量，防止出现超负荷现象。

7）测量机上余尺，根据钻具的行程计算扩底端的直径，当行程最大、扩底钻头扩翼完全张开、扩底直径达到设计要求时，停止给压。然后连续空转1～2min，以保证孔形，然后使钻头反转5～6转，停止转动后，提动钻杆使扩翼闭合。

8）测量孔深，如孔深在扩底前后没有变化，则说明扩底质量可靠。扩底时间可根据地层、设备能力、扩底直径等来确定。

9）扩底工作完成后，应立即进行清孔换浆。清孔时，将扩底钻头提离孔底10cm左右，停止转动钻具，持续利用泵吸反循环抽渣清孔。

10）扩底完成收拔钻头时，应轻轻提动钻具，切忌强提猛拉，以免受阻。

11）钻机操作人员必须具备一定的扩底操作经验，能根据钻机扭矩的变化结合扩底行程来判定扩底是否完成。开始扩底时钻机所遇阻力骤然变大，这时要轻压慢转，一段时间后，钻机阻力会逐渐变小，当钻机回转趋于平稳，扩底行程也已完成，扩底时间亦相符时，才可判定扩底完成。

12）提钻后，经对孔深检查合格后，立即利用孔形检测仪对孔形进行检测。

10.9.3.4 旋挖钻斗钻成孔扩底桩

1. 青藏铁路长江源特大桥旋挖钻斗钻成孔扩底桩施工

该旋挖扩底钻斗的结构示意图见图10.9-7。

扩底钻斗工作原理如下：用旋挖钻斗钻至桩底设计标高后即更换扩底钻斗，缓慢将扩底钻斗置于孔底后，一边开始旋转，一边开始使用钻机的钻杆加压装置对扩底钻斗进行加压。扩底钻斗的主中心轴则随之有一向下的行程，而限位孔则由于扩底钻斗的钢板底盘已至孔底而无向下的位移。这样主中心轴则在限位孔内产生一相对向下的行程。由图10.9-7可见，箱形力矩框板则随之作向下及向外2种位移，“扩孔之势”随之形成。在钻杆扭矩及对钻杆加压的不断作用下，主中心轴在不断旋转的同时在限位孔内的相对向下的行程亦不断加大，箱形力矩框板向外的位移亦随之逐渐加大，扩孔作业便逐步展开。扩孔尺寸（即底部扩孔尺寸）通过扩孔尺寸限位板的上下调节来控制，调整时先将扩孔尺寸限位板卸下，当调至设计扩孔尺寸时，再将扩孔尺寸限位板与箱型主中心轴焊结牢固，这样扩底钻斗则具有通用性。当加压装置的加压表数值突变时，则可确定扩底钻斗已完全撑开呈设计孔底要求轮廓，也即扩孔尺寸达到设计要求。而后则一边慢慢反向旋转，一边慢慢上提钻杆，这样做是为了扩底钻斗箱形力矩框板能随之收回。然后将扩底钻斗提离孔位，再次更换旋挖钻斗进行清渣作业。

需要注意的是，扩孔完毕后清孔时用常规旋挖钻斗进行的，操作时难免存在清孔死角，其清孔效果具有一定的不确定性。

2. AM 旋挖钻斗钻成孔扩底桩工法

AM 旋挖钻斗钻成孔扩底桩工法是由浙江鼎业基础公司引进日本的技术。

1）工法特点

（1）成孔直径 850～3000mm，扩底直径 1500～5200mm，最大入土深度 80m，最大扩底率（D^2/d^2）3.0。

（2）适用地层：由于扩大端部，因此适用于浅层软而底部持力层较硬的地层，能在硬质黏土、砂层、砂砾层、卵石层、泥岩层及风化岩层（单轴抗压强度 5MPa 以内的软岩）施工。

（3）过程电脑控制，直观显示，施工操作人员一边看驾驶室内的电脑屏幕，一边进行旋挖切削扩底施工。

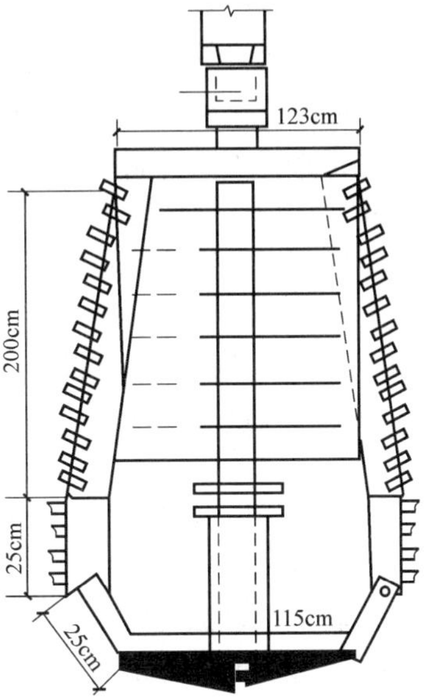

图 10.9-7　长江源特大桥旋挖扩底钻斗结构

2）施工程序（图 10.9-8）

① 定桩位中心，埋设护筒及钻机就位。

② 边成孔边注入稳定液直至设计标高。

③ 更换扩底钻斗，下降至桩孔底端。

④ 打开扩大翼进行扩大切削作业，完成扩底作业。

⑤ 检测孔底沉渣。

⑥ 若沉渣厚度超过允许值则进行清孔。

⑦ 安放钢筋笼。

⑧ 安放导管，若沉渣厚度超过允许值则进行第二次清孔。

⑨ 灌注混凝土。

⑩ 边灌注混凝土边拔导管，最后将护筒拔出，混凝土灌注完毕，成桩。

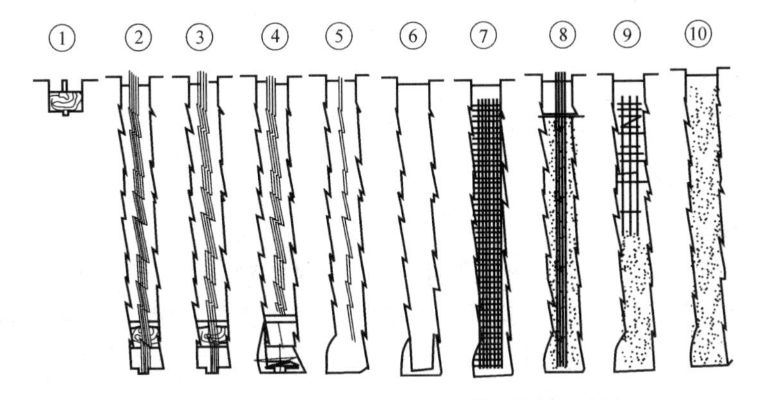

图 10.9-8　AM 旋挖钻斗钻扩底灌注桩施工程序

3）施工要点

（1）采用全液压快换扩底钻斗进行扩底切削，扩底时桩底端保持水平扩大。切削施工时，采用计算机管理映像追踪监控系统进行控制。

（2）钻机将等直径桩孔钻到设计深度后，即时更换扩底钻斗，下降至桩孔底端，打开扩大翼进行扩孔切削作业。桩孔底端深度、扩底部位形状与尺寸等数据和图像通过检测装置显示在操作室里的监控器上。此时操作人员只需按照预先输入计算机中设计要求的扩底数据和形状进行操作即可。

（3）采用专用的扩底钻斗进行扩底作业时，钻斗在旋转中被平均分割成2份或4份进行水平扩底切削作业，此时产生的泥土砂砾等直接进入钻斗，钻斗闭合后提出孔外，将泥土砂砾等带到地面，反复作业最后将孔底切削成设计要求的桩端扩大形状。

（4）通过钻进设备上的由计算机管理的施工映视装置系统。对桩孔深度和底部扩径进行检测。

（5）在清除沉渣前，先插入校直用隔离管，再将钢筋笼放入桩孔中，然后用清渣泵进行清渣。

3. 扩底部断面形状

扩底部断面形状分A型、A′型、B型、C型和D型5种形状，见图10.9-9。

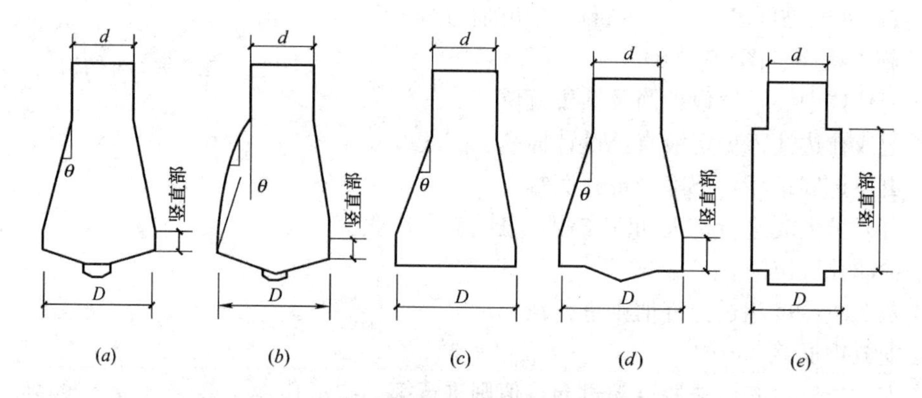

图10.9-9 扩底部断面形状

（*a*）A型（底面V型）；（*b*）A′型（底面V型，斜面钟型）；（*c*）B型（底面平坦型）；（*d*）C型（底面A、B并用型）；（*e*）D型（扩底部的角度$\theta=0°$）

10.10 挤扩灌注桩

10.10.1 挤钻扩孔灌注桩

1. 基本原理

在长螺旋钻成孔后，向孔内下入专用的挤扩、钻扩和清虚土的三联机（简称三联机）；通过地面液压站控制挤扩油缸及与其相连的撑压板的扩张与收缩，在桩身不同部位挤压出扩大头空腔；然后利用加压油缸推出扩孔刀，旋转三联机，形成扩大头空腔，挤、钻扩孔后，放入钢筋笼，灌注混凝土成桩。

该桩是由桩身、挤压扩大头、钻孔扩大头和桩根共同承受桩顶竖向荷载（压力或拔力）及水平荷载的桩型。该桩型实质上是多节挤扩桩和钻孔扩底桩的组合桩型。

2. 适用范围

基本上与干作业螺旋钻孔扩底桩的适用范围相同。

3. 三联机

三联机（又名 ZKY-100 型扩孔器）由滑轮组、挤扩机构、液压马达、回转接头、扩孔刀、液压油管、液压动力站和贮土钻斗组成，见图 10.10-1。

三联机的主要技术性能见表 10.10-1。

贮土钻斗作用：利用钻斗底面刀刃清除虚土；贮存扩孔腔刮落的土屑。

4. 施工程序

（1）钻进成直孔。参见长螺旋钻成孔灌注桩施工程序。

（2）三联机就位。用吊车将三联机放入孔中。

（3）挤压出桩身部扩大头空腔。按照设计位置，自上而下依次挤压形成挤扩空腔。每一个挤扩空腔由挤扩油缸及与其相连的撑压板的扩张，一次挤压而成，然后收回挤扩油缸及撑压板，以备下一次挤压用。最后一个挤扩空腔形成后，挤扩油缸及撑压板暂不收回，以为第（4）和第（5）程序提供反扭矩。

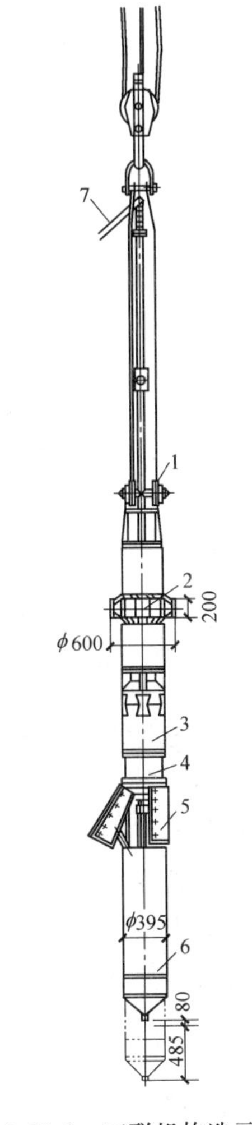

图 10.10-1 三联机构造示意图

1—滑轮组；2—挤扩机构；3—液压马达；4—回转接头；5—扩孔刀；6—贮土斗；7—液压油管

（4）清除孔底虚土。用专用的加压油缸将钻斗尖端进入孔底原状土处，然后用液压马达旋转钻斗，使虚土从钻斗底面进入钻斗内暂时贮存。旋转钻斗的扭矩由撑入土中的挤扩机构承受。

（5）钻扩出底部扩大头空腔。用专用的加压油缸将三片扩孔刀片撑开，然后用液压马达旋转扩孔刀片切削土层，钻扩出扩大头空腔。切削空腔的土粒掉进钻斗中，旋转扩孔的扭矩由撑入土中的挤扩机构承受。

（6）收拢扩孔刀片，进一步收集渣土进钻斗。

（7）提出三联机，开启钻斗底板，将渣土倒出，成孔。

（8）测定扩大头孔的位置与尺寸，复测虚土厚度。

（9）放混凝土溜筒。将钢筋笼放入孔中。

（10）灌注混凝土。

（11）测量桩身混凝土的顶面标高。

（12）拔出混凝土溜筒，成桩。

三联机主要技术性能 表10.10-1

组　件	基本参数	尺寸
挤扩机构	最大挤扩直径(mm) 挤扩高度(mm) 油缸最大推力(kN) 挤撑片数(片)	600 200 600 6～12
钻扩机构	扩孔直径(mm) 扩孔刀片数(片) 挤扩刀片回转速度(rpm) 回转扭矩(kN·m)	600～1000 3 25～45 5.7
贮土钻斗	钻斗容量(m^3) 钻斗回转速度(rpm) 钻斗进给行程(mm) 钻斗进给力(kN)	0.18 25～45 485 30.8
液压泵站	额定工作压力(N/mm^2) 动力功率(kW)	21 22

10.10.2 挤扩多分支承力盘灌注桩

1. 基本原理

挤扩多分支承力盘灌注桩（以下简称支盘桩），是在钻（冲）孔后，向孔内下入专用的液压挤扩支盘成型机，通过地面液压站控制该机的弓压臂的扩张和收缩，按承载力要求和地层土质条件，在桩身不同部位挤压出对称分布的扩大支腔或近似的圆锥盘状的扩大头腔后，放入钢筋笼，灌注混凝土，形成由桩身、分支、承力盘和桩根共同承载的桩型。

2. 适用范围

支盘桩可作为高层建筑、一般工业与民用建筑及高耸构筑物的桩基；可在黏性土、粉土、砂土层中挤扩成盘腔，也可在强风化岩、残积土和卵砾层的上层面挤扩成盘腔，对于黏性土、粉土或砂土交互分层的地基中选用支盘桩是较合适的。

支盘桩的桩身直径为400～600mm（长螺旋钻机成孔直径情况）及400～1100mm（泥浆护壁成直孔情况），支盘直径与桩身直径之比为1.8～2.5，桩长最大可达26m（长螺旋钻成孔直孔时）及60m（泥浆护壁成直孔时）。

在下列地层情况不能采用支盘桩：

（1）淤泥及淤泥质黏土层深厚，并在桩长范围内无适合挤扩支盘腔的土层。

（2）沿海浅岩地层，即地表下软土层较浅，且其以下紧接为岩层，或虽然两者之间夹有硬土层，但其厚度小，无法挤扩支盘腔时。

（3）由于承压水而无法成直孔时。

3. 支盘桩组成

图10.10-2为支盘桩组成示意图。

（1）分支的定义

通过挤扩支盘成型机向桩身直孔外侧沿桩径辐射状地进行二维挤压而形成一定宽度的

腔体，腔内灌注混凝土后形成桩受力结构的一部分，称为分支。支的宽度、高度和长度（即扩大直径部分）取决于挤扩支盘成型机的构造。通常，一个挤扩过程可挤扩出一对分支腔体。

（2）承力盘的定义

在同一桩身断面上，经过若干个挤扩过程，挤扩出16个以上单个分支腔体形成近似的圆锥盘状腔体，腔内灌注混凝土后形成桩受力机构的一部分，称为分承力盘。形成承力盘腔的条件是相邻单支腔体需挤压重叠搭接。形成承力盘腔所需的单个分支腔体数取决于挤扩支盘成型机压臂的宽度。承力盘实质上即是通常表述的扩大头。

（3）桩根

桩根长度为1.5d左右，桩根过短，在泥浆护壁成孔工艺中，如果清孔不彻底，沉渣很容易将底盘分支空腔堵塞，致使混凝土无法灌入成盘。

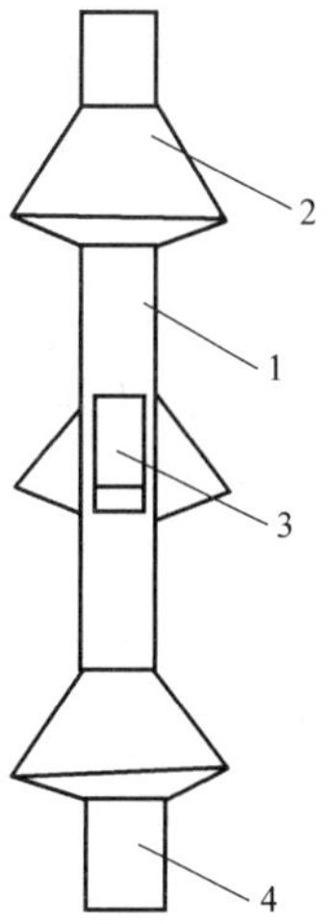

图10.10-2　支盘桩组成
1—桩身；2—承力盘；3—分支；4—桩根

4. 支盘桩施工机械与设备

（1）成孔机械

按不同成直孔工艺采用潜水钻机、正循环钻机、反循环钻机、旋挖钻机、冲击钻机及螺旋钻机。

（2）液压挤扩支盘成型机

挤扩支盘成型机有YZJ和LZ两种系列。图10.10-3和图10.10-4分别为YZJ挤扩支盘机主机结构示意图和LZ挤扩支盘机主机结构示意图。

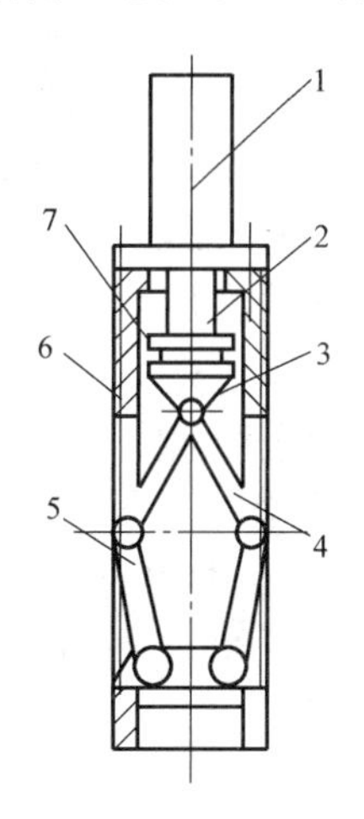

图10.10-3　YZJ挤扩支盘机主机结构示意图
1—液压缸；2—活塞杆；3—压头；4—上弓臂；5—下弓臂；6—机身；7—导向块

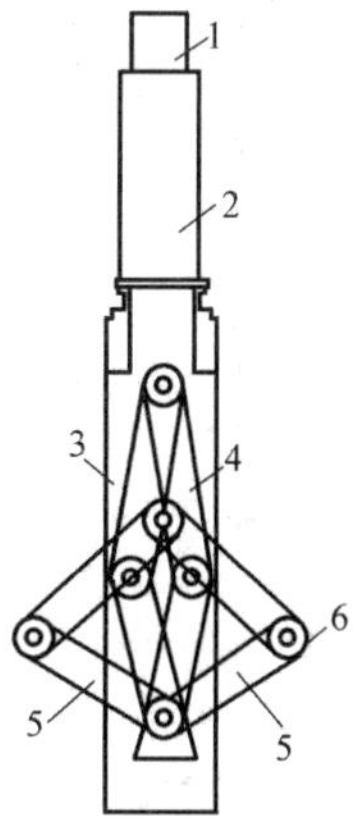

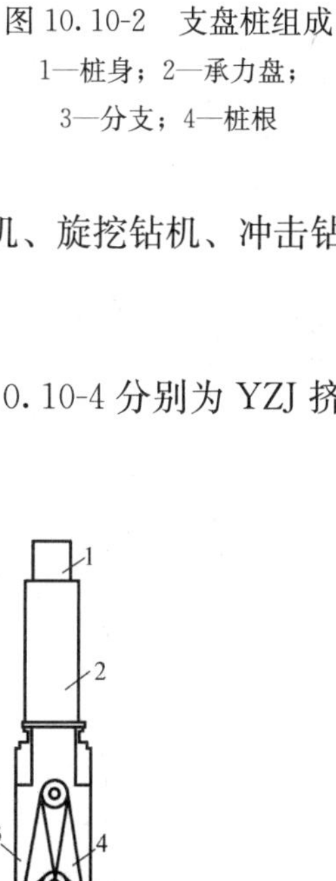

图10.10-4　LZ挤扩支盘机主机结构示意图
1—接长杆接头；2—油缸；3—防缩径套；4—回收状态；5—弓压臂（单支）；6—扩展状态

YZJ型系列和LZ型系列液压挤扩支盘成型机均由接长管、液压缸、主机、液压胶管和液压站五个部分组成，液压站提供动力，由主机（图10.10-3或图10.10-4）实施支盘空腔的成型。

由图10.10-3可知，当给定工作压力p时，液压缸活塞杆2向下伸出，带动压头3压迫上弓臂4和下弓臂5挤扩孔壁，直至达到设计要求的最大行程。当液压缸反向供油时，活塞杆2回缩，拖动上弓臂4和下弓臂5恢复到原位。这样，即完成一个分支的挤扩过程。通过旋转接长管将主机旋转相应的角度，多次重复上述挤扩过程，可在设定的位置上挤扩出分支或承力盘腔体。

10.10.3 三岔双向挤扩灌注桩基本情况

1. 基本原理

三岔双向挤扩灌注桩又称多节三岔挤扩灌注桩，简称DX挤扩灌注桩或DX桩。

三岔双向挤扩灌注桩是在预钻（冲）孔内，放入专用的三岔双缸双向液压挤扩装置，按承载力要求和地层土质条件在桩身适当部位，通过挤扩装置双向油缸的内外活塞杆作大小相等方向相反的竖向位移带动三对等长挤扩臂对土体进行水平向挤压，挤扩出互成120°夹角的3岔状或$3n$（n为同一水平面上的转位挤扩次数）岔状的上下对称的扩大楔形腔或经多次挤扩形成近似双圆锥盘状的上上下对称的扩大腔，成腔后提出三岔双缸双向挤扩装置，放入钢筋笼，灌注混凝土，制成由桩身、承力岔、承力盘和桩根共同承载的钢筋混凝土灌注桩。

2. 承力岔

承力岔是用三岔双缸双向液压挤扩装置在桩孔外侧沿径向对称挤扩，形成一定宽度的上下对称的楔形腔，此后岔腔与桩孔同时灌注混凝土所形成的楔形体，称为承力岔。承力岔按同一水平面上的转位挤扩次数可分为3岔型（一次挤扩）和$3n$岔型（n次挤扩）。承力岔可简称“岔”。

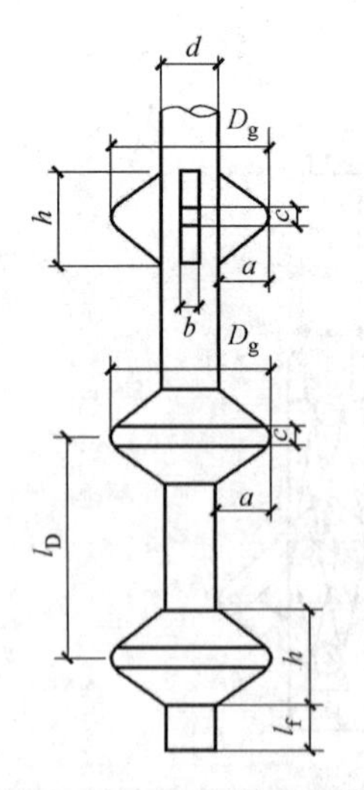

图10.10-5 三岔双向挤扩灌注桩构造示意

a—承力盘（岔）宽度；b—承力岔厚度；c—承力盘（岔）外沿高度；d—桩身设计直径；h—承力盘（岔）高度；D_g—承力盘（岔）公称直径；l_D—承力盘竖向间距；l_f—桩根长度

3. 承力盘

承力盘是在桩孔同一标高处，用三岔双缸双向液压挤扩装置在桩孔外侧沿径向对称挤扩，经过7次以上的转位挤扩，在桩孔周围土体中形成一近似双圆锥盘状的上下对称的扩大腔，此后盘腔与桩孔同时灌注混凝土形成的盘体，称为承力盘。承力盘可简称“盘”。

4. 构造

三岔双向挤扩灌注桩构造示意图如图10.10-5所示。

5. 三岔双缸双向液压挤扩装置

三岔双缸双向液压挤扩装置（简称DX液压挤扩装置）是在桩周土体中挤扩形成承力岔和承力盘腔体的DX液压挤扩专用设备。

DX液压挤扩装置示意图如图10.10-6所示。

表10.10-2为DX液压挤扩装置主要技术参数表。

6. DX挤扩灌注桩优缺点、技术特点、适用范围

1）优缺点

（1）优点

① 单桩承载力高，可充分利用桩身周围的硬土层。

② DX桩按不同成孔工艺可结合采用潜水钻机、正循

环钻机、反循环钻机及冲击钻机等进行泥浆护壁法成孔，也可结合采用长螺旋钻机及机动洛阳铲等进行干作业法成孔，还可结合采用贝诺特钻机进行全套管护壁法成孔。

DX 液压挤扩装置主要技术参数 **表 10.10-2**

参数 \ 设备型号	DX-400	DX-500	DX-600	DX-800	DX-1000
桩身设计直径(mm)	450～550	500～650	600～800	800～1200	1200～1500
承力盘(岔)公称直径(mm)	1000	1200	1550	2050	2550
承力盘(岔)设计直径(mm)	900	1100	1400	1900	2400
挤扩公称直径时两挤扩臂夹角(°)	70	70	70	70	70
挤扩臂收回时最小直径(mm)	380	450	580	750	950
液压系统额定工作压力(MPa)	25	25	25	25	25
液压缸公称输出压力(kN)	1256	1256	2198	4270	4270
液压泵流量(L/min)	25	25	63	63	63
电机功率(kW)	18.5	18.5	37.0	37.0	37.0

③ 低噪声，低振动，泥浆排放量减少。

④ 节约成本，缩短工期。

⑤ 挤扩盘、岔腔成形稳定而不坍塌。

⑥ 桩身稳定性好。

⑦ 抗拔力大。

⑧ 机控转角，定位准确，成桩差异性小。

⑨ 可实施成孔与挤扩装置的车载一体化，挤扩效率高。

（2）缺点

① 因是多节桩，用低应变法监测其完整性难度较大，但有的单位可检测三节桩完整性。

② 挤扩力还需增大，以便在硬土层中挤扩。

2）技术特点

（1）DX 挤扩灌注桩通过沿桩身不同部位设置的承力盘和承力岔，使等直径灌注桩成为变截面多支点的端承摩擦桩或摩擦端承桩，从而改变桩的受力机理，显著提高单桩承载力，既能提供较高的竖向抗压承载力，也能提供较高的竖向抗拔承载力。

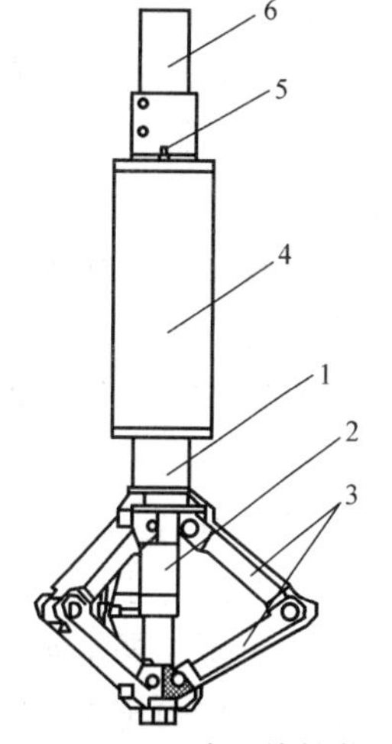

图 10.10-6 DX 液压挤扩装置示意
1—三岔挤扩臂；2—内活塞杆；3—外活塞杆；4—缸筒；5—油管；6—接长杆

（2）钻孔扩底桩与人工挖孔桩是在不改变原地基土物理力学特性的情况下，将扩底部承压面积扩大。而 DX 桩的承力盘（岔）腔体是在挤密状态下形成的，此后灌入的混凝土与承力盘（岔）腔处的被挤密土体紧密地结合成一体，从而使承力盘（岔）端阻力较大幅度地提高。

（3）双向挤扩形成的上下对称带坡度的承力盘在受力上有如下优点：

① 抗压性能明显优于传统的直孔桩。

② 具有非常好的抗拔性能。

③ 承力盘的斜面形状使该处的混凝土处于受压状态。承力盘的剪切通过桩身的主筋，使承力盘不会发生剪切破坏。

④ 在竖向受力时，承力盘下方的斜面可以增加承力盘施加给土体的附加应力的扩散范围，避免对土体造成剪切。

(4) 承力盘可以根据持力层的深度变化随时调整，确保同一工程中不同DX桩的承载力离散性小。

(5) 可在多种土层中成桩，不受地下水位限制，并可以根据承载力要求采取增设承力盘数量来提高单桩承载力。

3) 适用范围

DX桩不仅可作为高层建筑、多层建筑、一般工业建筑及高耸构筑物的桩基础，还可作为电厂、机场、港口、石油化工、公路与铁路桥涵等建（构）筑物的桩基础。

可塑～硬塑状态的黏性土、稍密～密实状态的粉土和砂土、中密～密实状态的卵砾石层和残积土层、全风化岩、强风化岩层宜作为抗压三岔双向挤扩灌注桩的承力盘和承力岔的持力土层。

工程实践表明，承力盘（岔）应设置在可塑～硬塑状态的黏性土层中或稍密～密实状态（$N<40$）的粉土和砂土层中；承力盘也可设置在密实状态（$N\geqslant 40$）的粉土和砂土层或中密一密实状态的卵砾石层的上层面上；底承力盘也可设置在残积土层、全风化岩或强风化岩层的上层面上。对于黏性土、粉土和砂土交互分层的地基中选用三岔双向挤扩灌注桩是很合适的。

宜选择较硬土层作为桩端持力土层。桩端全断面进入持力土层的深度，对于黏性土、粉土时不宜小于2.0d（d为桩身设计直径）砂土不宜小于1.5d；碎石类土不宜小于1.0d。当存在软弱下卧层时，桩端以下硬持力层厚度不宜小于3d。

承力盘底进入持力土层的深度不宜小于0.5～1.0h（h为承力盘和承力岔的高度），承力岔底进入持力土层的深度不宜小于1.0h。

淤泥及淤泥质土层、松散状态的砂土层、可液化土层、湿陷性黄土层、大气影响深度以内的膨胀土层、遇水丧失承载力的强风化岩层不得作为抗压三岔双向挤扩灌注桩的承力盘和承力岔的持力土层。

桩根长度不宜小于2.0d。

抗拔三岔双向挤扩灌注桩的承力盘（岔）宜设置在持力土层的下部。

10.10.4 三岔双向挤扩灌注桩设计要点

1. 单桩竖向抗压极限承载力（Q_u）的确定

静载试验应采用慢速维持荷载法，其试验步骤应按现行行业标准《建筑基桩检测技术规范》JGJ 106的规定执行。当作为工程桩验收时也可采用快速维持荷载法进行试验（即每隔1h加一级荷载）。

单桩竖向抗压极限承载力Q_u按下列方法综合判定：

(1) 根据沉降随荷载变化的特征确定：对于陡降型Q-s曲线，取其发生明显陡降的起始点对应的荷载值；对于缓变型Q-s曲线可根据沉降量确定，可取$s=0.05D$（D为承力盘设计直径）对应的荷载值。

（2）根据沉降随荷载对数变化的特征确定；对于 s-lg$Q$ 曲线，取其末段直线段的起始点对应的荷载值。

（3）根据沉降随时间变化的特征确定：取 s-lg$t$ 曲线尾部出现明显向下弯曲的前一级荷载值。

（4）按上述方法判断有困难时，可结合其他辅助分析方法（如百分率法、逆斜率法及波兰玛珠基维奇法等）综合判定。对桩基沉降有特殊要求时，应根据具体情况选取。

2. 单桩竖向抗压承载力确定

（1）单桩竖向抗压承载力特征值 R_a 的确定：

R_a 应按下式计算：

$$R_a = \frac{1}{K}Q_{uk} \tag{10.10.1}$$

式中 K——安全系数，可取 $K=2$；

Q_{uk}——单桩竖向抗压极限承载力标准值（kN）。

（2）单桩竖向抗压极限承载标准值 Q_{uk} 的经验关系式

初步设计时，当根据土的物理指标与承载力参数之间的经验关系确定单桩竖向抗压极限承载力标准值 Q_{uk}，可按下式估算：

$$Q_{uk}=Q_{sk}+Q_{Bk}+Q_{pk}=u\sum q_{sik}l_i+\eta\sum q_{Bik}A_{pD}+q_{pk}A_p \tag{10.10.2}$$

$$A_p = \frac{\pi^2}{4}d^2 \tag{10.10.3}$$

$$A_{pD} = \frac{\pi}{4}(D^2 - d^2) \tag{10.10.4}$$

式中 Q_{uk}——单桩竖向抗压极限承载力标准值（kN）；

Q_{sk}——单桩总极限侧阻力标准值（kN）；

Q_{Bk}——单桩总极限盘端阻力标准值（kN）；

Q_{pk}——单桩总极限桩端阻力标准值（kN）；

q_{sik}——单桩第 i 层土的极限侧阻力标准值（kPa）；

q_{Bik}——极限端阻力标准值（kPa）；

q_{pk}——极限端阻力标准值（kPa）；

u——桩身或桩根周长（m）；

l_i——桩穿过第 i 层土的厚度（m）；

η——总盘端阻力调整系数，单个和 2 个承力盘时 $\eta=1.00$；3 个及 3 个以上承力盘时 $\eta=0.93$；

A_{pD}——承力盘设计截面面积（m^2），按承力盘在水平投影面上的面积扣除桩身设计截面面积计算；

A_p——桩端设计截面面积（m^2）；

D——承力盘设计直径（m）；

d——桩身设计直径（m）。

关于三岔双向挤扩灌注桩基竖向抗拔承载力验算，单桩水平承载力计算、桩身强度验算和桩基沉降计算参见《三岔双向挤扩灌注桩设计规程》JGJ 171—2009。

10.10.5 三岔双向挤扩灌注桩施工工艺

1. 一般规定

（1）DX挤扩灌注桩的承力盘（岔）挤扩成形必须采用DX挤扩灌注桩专用三岔双缸双向DX挤扩装置。

（2）桩位的放样允许偏差应符合《建筑地基基础工程施工质量验收规范》GB 50202第5.1.1条的规定。

（3）成直孔的控制深度必须保证设计桩长及桩端进入持力层的深度。

（4）承力盘（岔）应确保设置于设计要求的土层。

（5）当土层变化需要调整承力盘（岔）的位置，调整后需确保竖向承力盘（岔）间距的设计要求。

（6）桩的中心距小于1.5D（承力盘设计直径或承力岔外接圆设计直径）时，施工时应采取间隔跳打。

（7）DX挤扩灌注桩成孔的平面位置和垂直度允许偏差应满足《建筑地基基础工程施工质量验收规范》GB 50202表5.1.4的要求。

（8）钢筋笼制作除符合设计要求外，尚应符合相关规范的规定。

（9）检查成孔、成腔质量合格后应尽快灌注混凝土。桩身混凝土试件数量应符合《建筑地基基础工程施工质量验收规范》GB 50202的规定。

（10）为核对地质资料、检验设备、成孔和挤扩艺以及技术要求是否适宜，桩在施工前，宜进行试成孔、试挤扩承力盘（岔）腔，了解各土层的挤扩压力变化检验承力盘（岔）腔的成形情况，并应详细记录成孔、挤扩成腔和灌注混凝土的各项数据，作为施工控制的依据。

（11）施工现场所有设备、设施、安全装置、工具、配件及个人劳保用品必须经常检查，确保完好和使用安全。

2. 施工特点

（1）挤扩压力值可反映出地层的坚硬程度，通过对DX挤扩装置深浅尺寸的控制，还可掌握各地层的厚薄软硬变化，来弥补勘察精度的不足，从而可有效地控制持力层位置及设计盘位尺寸，保证单桩承载力能充分满足设计要求。这种调控性能是DX桩成孔工艺的突出特点。

（2）挤扩成孔工艺适用范围广，可用于泥浆护壁、干作业成直孔工艺。

（3）可对直孔部分的成孔质量（孔径、孔深及垂直度的偏差等）进行第二次定性检测。

（4）一次挤扩3对挤扩臂同时工作，三向支撑，三向同时受力，完成对称的三岔形扩大腔，挤扩装置轴心能准确与桩身轴心对齐。

（5）挤扩装置独特的双缸双向液压结构保证盘腔周围土体的稳定性。

（6）在成腔的施工过程中，沉渣能够顺着斜面落下，避免沉渣在空腔底面的堆积。

（7）盘腔斜面便于混凝土的灌注，混凝土靠自身的流动性能充分灌满整个腔体，同时还不夹泥，利于控制混凝土的密实程度。

3. 泥浆护壁成孔工艺DX桩施工程序

（1）钻进成直孔。按采用不同钻机钻进成直孔的要求，分别见潜水钻成孔灌注桩施工程序（10.7.3）、正循环钻孔灌注桩施工程序（10.6.3）、反循环钻成孔灌注桩施工程序（10.5.3）、冲击钻成孔灌注桩施工程序（10.15.3）、成孔后进行第一次孔底沉渣处理。

（2）用吊车将DX挤扩装置放入孔中。

（3）按设计位置，自上而下依次挤扩形成承力盘和承力岔腔体。

（4）移走DX挤扩装置。

（5）检测承力盘（岔）腔直径。

（6）将钢筋笼放入孔中。

（7）插入导管，第二次处理孔底沉渣。

（8）水下灌注混凝土，拔出导管。

（9）拔出护筒，成桩。

如果挤扩承力盘（岔）腔后孔底沉渣较厚，在移走DX挤扩装置后应进行第二次沉渣处理；如果孔底沉渣不厚，可省略此工序。但对于这两种情况，均需在灌注混凝土前清理孔底沉渣。

图10.10-7为泥浆护壁成孔DX桩施工工艺示意图。

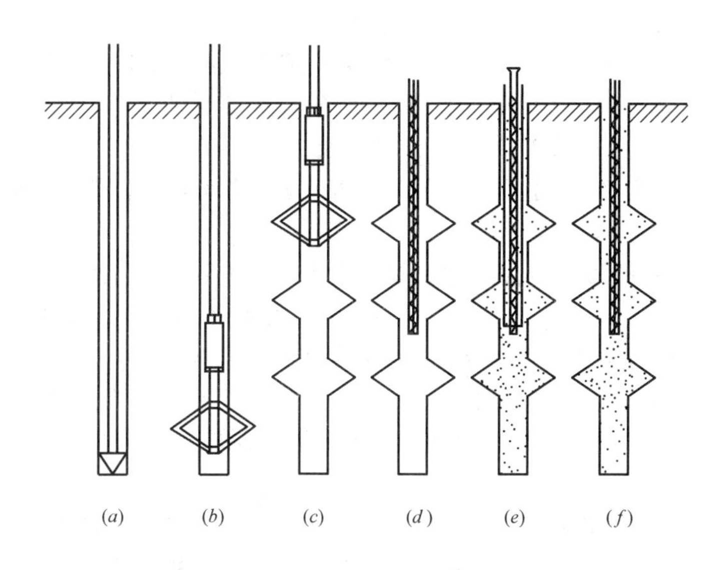

图10.10-7 泥浆护壁成孔DX桩施工工艺示意图

（a）成孔；（b）成盘腔；（c）成岔腔；

（d）下钢筋笼；（e）灌注混凝土；（f）成桩

4. 干作业成孔工艺DX桩施工程序

（1）钻进成直孔。参见长螺旋钻成孔灌注桩施工程序（10.2.3）。

（2）用吊车将DX挤扩装置放入孔中。

（3）按设计位置，自上而下依次挤压形成承力岔和承力盘腔体。

（4）移走DX挤扩装置。

（5）检测承力盘（岔）腔的位置和直径。

（6）放混凝土溜筒。

(7) 将钢筋笼放入孔中。

(8) 灌注混凝土。

(9) 测量桩身混凝土的顶面标高。

(10) 拔出混凝土溜筒，成桩。

5. 施工要点

1) 使用DX挤扩装置应遵守以下规定：

(1) DX挤扩装置入孔前，必须认真检查油管、接头、螺栓、液压装置及挤扩臂分合情况，一切正常后方可投入运行。

(2) 将DX挤扩装置在孔中找正对中，使其下放时尽量不碰击孔壁，处于自由落放状态。下放速度要适中，避免下放过程中紧急停机。

(3) DX挤扩装置放入孔中的深度、接长管的伸缩长度、挤扩过程中的转角的控制等，均应由专人负责指挥和操作，并做好详细的施工记录。

(4) 施工过程中，要特别注意液压站和液压胶管的检查与保护，避免杂质进入胶管和油箱，及时检查和更换系统液压油。

2) 挤扩承力岔和承力盘腔体时应遵守以下规定：

(1) 直孔部分的钻进的施工要点和注意事项分别参见潜水钻成孔、反循环钻成孔、反循环钻成孔、冲击成孔及长螺旋钻孔灌注桩施工要点和注意事项（本章10.7.3节、10.6.3节、10.5.3节、10.8.3节、10.15.3节及10.2.3节）。

(2) 经对桩身直孔部分的孔径、孔深和垂直度等检验合格后，即将DX挤扩装置吊入孔底。

(3) 直孔部分钻进时泥浆或稳定液的要求见本章有关节款；挤扩岔、盘腔时泥浆或稳定液的相对密度应大于1.20～1.25，以免发生岔、盘腔体坍塌；在灌注混凝土前，即第二次沉渣处理后，孔内泥浆或稳定液的相对密度宜小于1.15。

(4) 按设计位置，通常自下而上（泥浆护壁成孔工艺）和自上而下（干作业成孔工艺）依次挤压形成承力岔和承力盘腔体，对不同土层施加不同压力（N/mm^2）：黏性土7～10；粉土10～20；中密砂土13～20；密实砂土22～25。

(5) 挤扩盘腔前，按盘径和挤扩臂宽度算出分岔挤扩次数（一般不少于7次），视孔深不同，采用人工或自动转到依次重叠搭接挤扩，用人工读数或微机采集挤扩压力值，转动120°后，盘腔完成。

(6) 盘（岔）腔体成形过程中，应认真观测液压表的变化，详细记录每个盘腔的压力峰值，测量泥浆液面落差、液压计变化量、机体上浮量和每桩孔的承力岔腔和承力盘腔成形时间。

(7) 接长杆上除有刻度标志外，还应醒目地标出承力岔和承力盘的深度位置。

(8) 构成盘腔的首岔初压值（首扩压力值）若不能满足预估压力值时，可将盘位在上下0.5～1.0m。高度范围内调整；若调整后因地层土质变化很大，仍不能满足设计要求时，应与设计及监理等部门洽商解决。

(9) 在盘腔成形过程中，应及时补充新鲜泥浆，以维持水头压力。

(10) 当桩距较密时，挤扩盘腔，宜采用跳跃式施工流水顺序。

3) 对于泥浆护壁成孔工艺的DX桩，其灌注混凝土时应遵守以下规定：

(1) 盘(岔)腔成形后，应及时向孔中沉放钢筋笼，插入导管和进行第二次孔底沉渣处理，随后立即灌注混凝土。

(2) 灌注混凝土时导管离孔底300～500mm，初灌量除应确保底承力盘空腔混凝土一次灌满外，还应保证初灌量埋深。一般说来，前一项要求满足后，第二项要求往往也自然满足。

6. 施工质量管理流程图举例

图10.10-8为正循环钻成孔DX挤扩灌注桩施工质量管理流程图。

7. 质量检查要点

三岔双向挤扩灌注桩的施工质量检查的要点包括对成孔、清孔、成腔、钢筋笼制作及混凝土灌注主要工序，以及对承力盘(岔)的数量和盘(岔)的位置的检查，并应符合表10.10-3的规定。

表10.10-3中承力盘腔直径检测器的构造示意见图10.10-9。

承力盘腔直径检测器的检测方法应符合下列规定。

(1) 检测前，应对承力盘腔直径检测器进行测量标定，建立测杆张开状态时的直径(即盘径)和主、副测绳零点间距的承力盘腔直径与落差关系表；

(2) 将检测器放入到承力盘位置深度后，应放松副测绳，使测杆完全张开处于挤扩腔内，此时应提直副测绳；

(3) 应在孔口处测量主测绳与副测绳零点之间落差；

(4) 根据落差并由承力盘腔直径与落差关系表可查出相应的承力盘腔直径。

三岔双向挤扩灌注桩施工质量检查标准　　表10.10-3

检查项目		允许偏差或允许值		检查方法
成孔	桩位	—	—	应按国家现行标准执行
	泥浆护壁成孔	mm	±50	用井径仪或超声波孔壁测定仪检测
	干作业成孔	mm	−20	用钢尺或井径仪检测
	孔深	mm	+300	1. 用重锤测量;2. 测钻杆钻具长度
	成孔垂直度	%	<1	1. 以挤扩装置自然入孔检查;2. 用测斜仪
清孔	虚土厚度(抗压桩)	mm	<100	用重锤测量
	虚土厚度(抗拔桩)	mm	<200	用重锤测量
成腔	盘径	%	−4	用承力盘腔直径检测器检测
	泥浆相对密度	—	<1.25	用比重计测量
钢筋笼制作	—	—	—	应按国家现行标准执行
混凝土灌注	混凝土坍落度(泥浆护壁)	mm	160～220	用坍落度仪测定
	混凝土坍落度(干作业)	mm	70～100	用坍落度仪测定
	混凝土强度	—	—	应符合设计要求
	混凝土充盈 u	—	>1	检查混凝土实际灌注量
	桩顶标高	mm	+30,−50	用水准仪测量

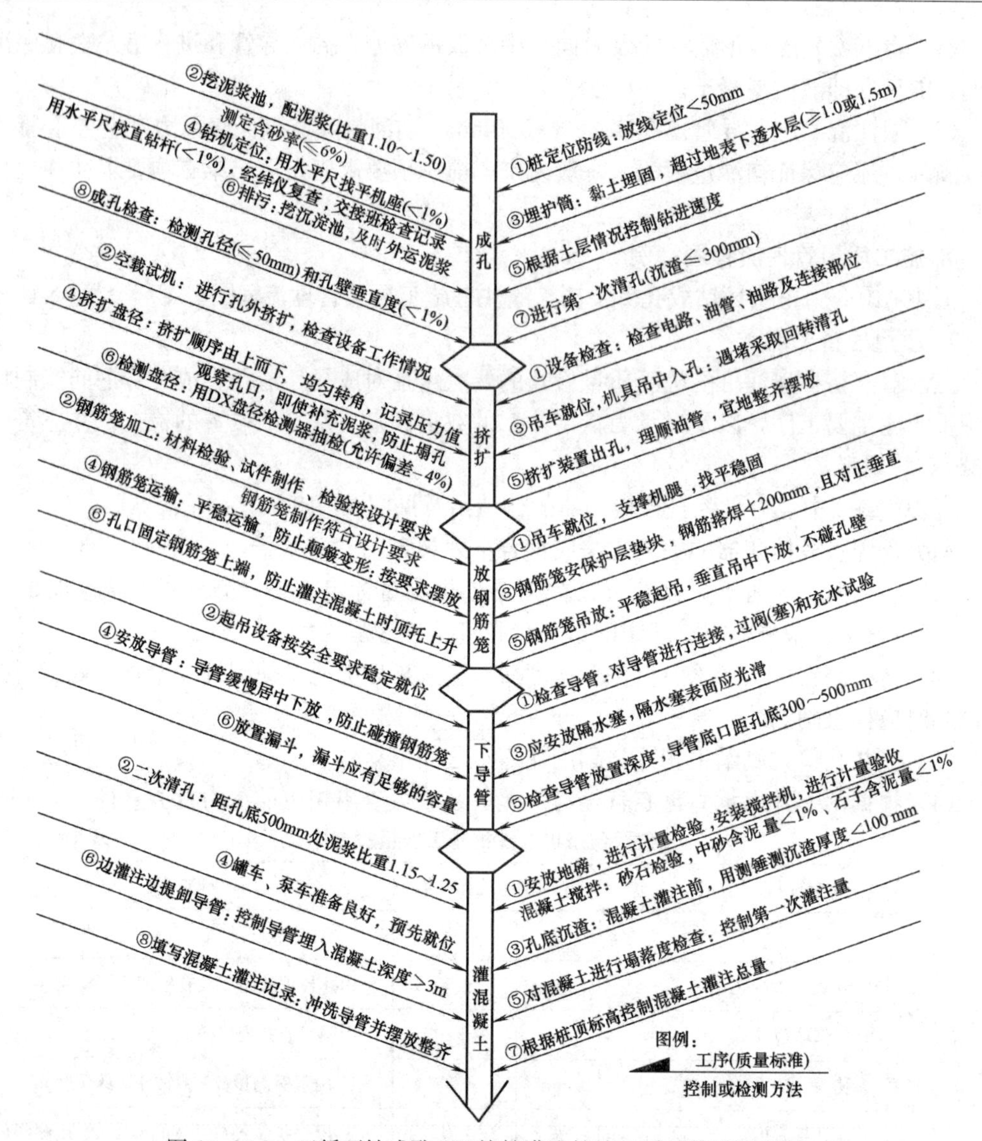

图 10.10-8 正循环钻成孔 DX 挤扩灌注桩施工质量管理流程图

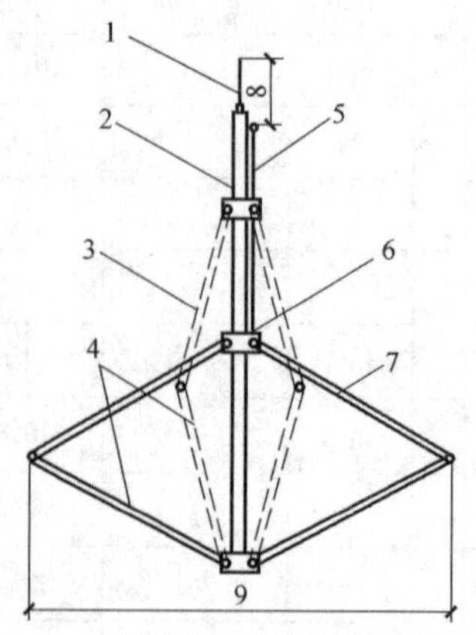

图 10.10-9 承力盘腔直径检测器的构造示意

1—主测绳；2—主杆；3—收缩状态；4—测杆；5—副测绳；6—配重；7—张开落差；8—落差；9—承力盘腔直径

10.11 沉管灌注桩

10.11.1 普通直径沉管灌注桩

10.11.1.1 基本原理和分类

普通直径（指桩径 $d<500$mm 的情况）沉管灌注桩又称套管成孔灌注桩，在 20 世纪七八十年代是国内采用得最为广泛的一种灌注桩，但随着管桩的广泛应用，该桩型的应用频度大大减少。

普通直径沉管灌注桩按其成孔方法不同可分为振动沉管灌注桩、锤击沉管灌注桩、振动冲击沉管灌注桩、静压沉管灌注桩、振动加压沉管灌注桩、旋转挤压沉管灌注桩以及沉管灌注同步桩等。

振动沉管灌注桩和锤击沉管灌注桩是分别采用振动沉管打桩机或锤击沉管打桩机，将带有活瓣式桩尖、或锥形封口桩尖、或预制钢筋混凝土桩尖、或铸铁桩尖、或钢板焊接桩尖的钢管沉入土中，然后边灌注混凝土、边振动或边锤击边拔出钢管而形成灌注桩。

10.11.1.2 桩管与桩尖

桩管宜采用无缝钢管。钢管直径一般为 $\Phi273\sim\Phi480$mm。桩管与桩尖接触部分，宜用环形钢板加厚，加厚部分的最大外径应比桩尖外径小 10～20mm 左右。桩管的表面应焊有或漆有表示长度的数字，以便在施工中进行入土深度的观测。

采用不同的桩尖形式，能满足不同的单桩竖向承载力的要求；采用特殊的桩尖形式，使桩端扩大，提高单桩竖向承载力。桩尖的分类见图 10.11-1。部分桩尖见图 10.11-2。

目前，国内最常用的桩尖为钢筋混凝土普通锥形桩尖（图 10.11-2*d*），预制桩尖直径、桩管外径和成桩直径关系，见表 10.11-1。

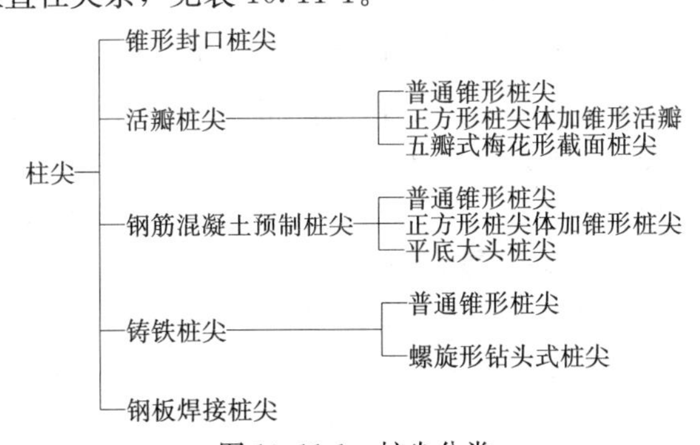

图 10.11-1 桩尖分类

预制桩尖直径、桩管外径和成桩直径关系 表 10.11-1

预制桩尖直径 d_1(mm)	桩管外径 d_e(mm)	成桩直径 d(mm)
340	273	300
370	325	350
420	377	400
480	426	450
520	480	500

注：$d\approx(d_1+d_e)/2$

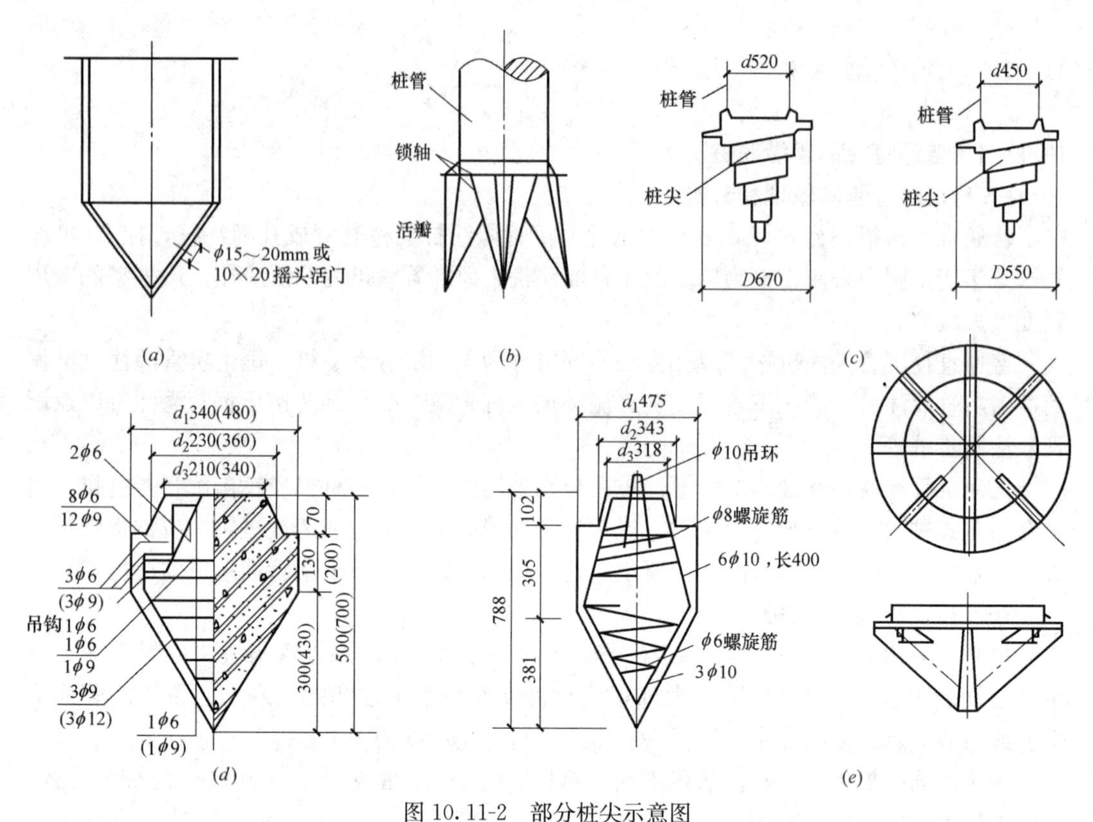

图 10.11-2 部分桩尖示意图

(a) 锥形封口桩尖；(b) 普通锥形活瓣桩尖；(c) 螺旋形钻头式桩尖；
(d) 钢筋混凝土普通锥形预制桩尖；(e) 钢板焊接桩尖

锥形封口桩尖（图 10.11-2a），不便于复打，故用得较少。普通锥形活瓣桩尖（图 10.11-2b）进入硬土层或黏性较大的土层时，灌注混凝土后拔管瞬间桩尖不易张开，混凝土难灌满桩端而形成吊脚桩。如果活瓣桩尖之间封闭不好，易进水或泥砂。因此，一般宜避免采用活瓣桩尖，如果要采用时，活瓣桩尖应有良好的加工精度以及足够的强度和刚度，活瓣之间应紧密贴合。为保证活瓣之间紧密贴合，有的工地采用可自动收拢式活瓣桩尖。正方形桩尖体和锥形活瓣桩尖和正方形桩尖体加锥形预制桩尖使沉管灌注桩的断面由圆形变成方形，从而较大地提高了单桩承载力。五瓣式梅花形截面活瓣桩尖，使成桩截面由圆形变成五瓣式梅花形截面，从而较大地提高桩侧摩阻力。螺旋形钻头式铸铁桩尖（图 10.11-2c）用于旋转挤压沉管桩。普通锥形铸铁桩尖用于锤击、振动或振动冲击沉管桩，以穿透一定厚度的硬夹层。钢板焊接桩尖（图 10.11-2e）可配合应用于大直径振动或锤击沉管桩，能贯入工程性质良好的坚硬土层，甚至可贯入强风化岩。

10.11.1.3 优缺点

1. 优点

（1）设备简单，施工方便，操作简单。

（2）造价低。

（3）施工速度快，工期短。

（4）随地质条件变化适应性强。

2. 缺点

（1）由于桩管口径的限制，影响单桩承载力。

（2）振动大，噪声高。

（3）因施工方法和施工人员的因素，偏差较大。

（4）施工方法和施工工艺不当，或某道工序中出现漏洞，将会造成缩径、隔层、断桩、夹泥和吊脚等质量问题。

（5）遇淤泥层时处理比较难。

（6）在 $N>30$ 的砂层中沉桩困难。

10.11.1.4 适用范围

锤击沉管灌注桩（指 $d\leqslant480$mm）可穿越一般黏性土、粉土、淤泥质土、淤泥、松散至中密的砂土及人工填土等土层，不宜用于标准贯入击数 N 大于 12 的砂土、N 大于 15 的黏性土以及碎石土。在厚度较大、含水量和灵敏度高的淤泥等软黏土曾中使用时，必须制定防止缩径、断桩、充盈系数过大等保证质量措施，并经工艺试验成功后方可实施。在高流塑、厚度大的淤泥层中不宜采用 $d\leqslant340$mm 的沉管灌注桩。

振动和振动冲击沉管灌注桩的适用范围与锤击沉管灌注桩基本相同，但其贯穿砂土层的能力较强，还适用于稍密碎石土层；振动冲击沉管灌注桩适用于 $N<25$ 的工程地质条件，也可用于中密碎石土层和强风化岩层。在饱和淤泥等软弱土层中使用时，必须制定防止缩径、断桩、过早提升及开瓣时掉土等保证质量措施，并经工艺试验成功后方可实施。

当地基中存在承压水层时，沉管灌注桩应谨慎使用。

《建筑桩基技术规范》JGJ 94—2008 第 3.3.2 条第 2 款规定，“挤土（普通）沉管灌注桩用于淤泥和淤泥质土层时，应局限于多层住宅桩基”。

10.11.1.5 机械设备

分别有振动沉管打桩机和锤击沉管打桩机。振动沉管打桩机有滚管式和步履式两种。锤击沉管打桩机根据工程大小不一可分为小型机（高 17m）、中型机（高 25m）、大型机（高 40m）。

振动锤可分为普通电动振动锤（30kW～55kW）；耐振变频电机振动锤（45kW～120kW）；中孔式振动锤（2×22kW～2×55kW）；变频变距振动锤（90kW～480kW）。而锤击桩锤可分为电动吊锤（750kg～3000kg）和柴油锤（750kg～7200kg）。根据工程大小不同来选用桩架和桩锤。

10.11.1.6 施工工艺

1. 振动沉管灌注桩施工工艺

振动沉管灌注桩的沉桩机理和特点是：在振动锤竖直方向往复振动作用下，桩管也以一定的频率和振幅产生竖向往复振动，减少桩管与周围土体间的摩阻力。当强迫振动频率与土体的自振频率相同时（一般黏性土的自振频率为 600～700r/min；砂土自振频率为 900～1200r/min），主体结构因共振而破坏，同时又受着加压作用，于是桩管能够沉入土中。边拔管、边振动、边灌注混凝土、边成形。振动沉管灌注桩的施工方法，一般有单打法、复打法和反插法等。

1）振动沉管灌注桩施工程序

① 振动沉管打桩机就位：将桩管对准桩位中心，把桩尖活瓣合拢（当采用活瓣桩尖

时）或将桩管对准预先埋设在桩位上的预制桩尖（当采用钢筋混凝土、铸铁和封口桩尖时），放松卷扬机钢丝绳，利用桩机和桩管自重，把桩尖竖直地压入土中。

② 振动沉管：开动振动锤，放松滑轮，并对钢管加压，直至沉到标高，停止振动器振动。

③ 灌注混凝土：利用吊斗向桩管内灌入混凝土。

④ 边拔管、边振动、边灌注混凝土：当混凝土灌满后，再次开动振动器和卷扬机。一面振动，一面拔管；在拔管过程中一般都要向桩管内继续加灌混凝土，以满足灌注量的要求。

⑤ 放钢筋笼或插筋，成桩：振动沉管灌注桩施工程序示意见图 10.11-3。

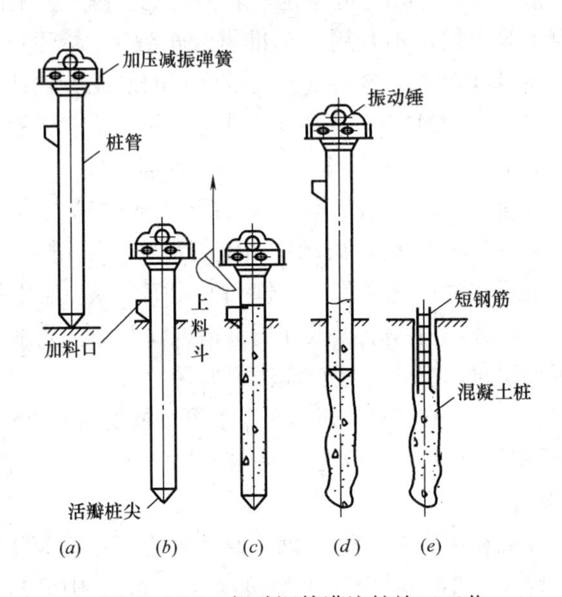

图 10.11-3 振动沉管灌注桩施工工艺

(*a*) 桩机就位；(*b*) 振动沉管；(*c*) 灌注混凝土；(*d*) 边拔管边振动灌注混凝土；(*e*) 成桩

2）振动沉管灌注桩施工注意事项

(1) 振动沉管施工应遵守下列规定：

① 振动沉管灌注桩宜按桩基施工流水顺序，依次向后退打；对于群桩基础，或桩的中心距小于 3.5 倍桩径时，应跳打，中间空出的桩应待邻桩混凝土达到设计强度等级的 50%以后，方可施打。

② 预制桩尖的位置应与设计相符，桩管应垂直套入桩尖，桩管与桩尖的接触处应加垫草绳或麻袋，桩管与桩尖的轴线应重合，桩管内壁应保持干净。

③ 沉管过程中，应经常探测管内有无地下水或泥浆，如发现水或泥浆较多，应拔出桩管检查活瓣桩尖缝隙是否过疏而漏进泥水。如果过疏应加以修理，并用砂回填桩孔后重新沉管；如果发现有少量水时，一般可在沉入前先灌入 0.1m^3 左右的混凝土或砂浆封堵活瓣桩尖缝隙再继续沉入。对于预制桩尖的情况，当发现桩管内水或泥浆较多时，应拔出桩管，采取措施，重新安放桩尖后再沉管。

④ 振动沉管时，可用收紧钢丝绳加压，或加配重；以提高沉管效率。用收紧钢丝绳

加压时，应随桩管沉入深度随时调整离合器，防止抬起桩架，发生事故。

⑤ 必须严格控制最后两个 2min 的贯入速度，其值按设计要求，或根据试桩或当地长期的施工经验确定。测量贯入速度时，应使配重及电源电压保持正常。

(2) 单打法施工：又称单振法，适宜在含水量较小的土层中施工，施工时应遵守下列规定：

① 桩管内灌满混凝土后，先振动 5～10s，再开始拔管。应边振边拔，每拔 0.5～1m，停拔 5～10s，但保持振动，如此反复，直至桩管全部拔出。

② 拔管速度在一般土层中以 1.2～1.5m/min 为宜，在软弱土层中应控制在 0.6～0.8m/min。拔管速度，当采用活瓣桩尖时宜慢，当采用预制桩尖时可适当加快。

③ 在拔管过程中，桩管内应至少保持 2m 以上高度的混凝土，或不低地面，可用吊铊探测。桩管内混凝土的高度不足 2m 时要及时补灌，以防混凝土中断，形成缩颈。

④ 要严格控制拔管速度和高度，必要时可采取短停拔 (0.3～0.5m)、长留振 (15～20s) 的措施，严防缩颈或断桩。

⑤ 当桩管底端接近底面标高 2～3m 时，拔管应尤其谨慎。

(3) 复打法施工：又称复振法，适用于饱和土层。本法特点是，对于活瓣桩尖的情况，在单打法施工完成后，再把活瓣桩尖闭合起来，在原桩孔混凝土中第二次沉下桩管，将未凝固的混凝土向四周挤压，然后进行第二次灌注混凝土和振动拔管。复打法能使桩径增大，提高承载力；此外还可借助于复打法，从活瓣桩尖处将钢筋笼放进桩管内，然后闭合桩尖活瓣，进行第二次沉管和混凝土的灌注。一次复打后的桩径约为桩管外径的 1.4 倍。

对于预制桩尖的情况，当单打施工完毕，拔出桩管后，及时清除粘附在管壁和散落在地面上的泥土，在原桩位上第二次安放桩尖，以后的施工过程与单打法相同。

对于混凝土充盈系数小于 1.0 的桩，可以采用全复打，对于有断桩和缩颈怀疑的桩，可采用局部复打。全复打时，桩的入土深度宜接近原桩长；局部复打时，应超过有可能断桩或缩颈区 1m 以上。

全复打桩施工时应遵守下列规定：

① 复打施工必须在第一次灌注的混凝土初凝以前全部完成。

② 第一次灌注的混凝土应达到自然地面，不得少灌。

③ 应随拔管随清除粘在套管壁和活瓣桩尖上以及散落在地面上的泥土。

④ 前后二次沉管的轴线应重合。

(4) 反插法施工：适用于饱和土层，施工应按下列规定进行：

① 桩管灌满混凝土之后，先振动再开始拔管，每次拔管高度 0.5～1.0m，反插深度 0.3～0.5m；在拔管过程中应分段添加混凝土，保持管内混凝土面始终不低于地表面或高于地下水位 1.0～1.5m 以上，拔管速度应小于 0.5m/min。

② 在桩端处约 1.5m 范围内，宜多次反插以扩大桩的端部截面。

③ 穿过淤泥夹层时，应适当放慢拔管速度，并减少拔管高度和反插深度。

④ 在流动性淤泥中不宜采用反插法。

⑤ 桩身配筋段施工时，不宜采用反插法。

2. 锤击沉管灌注桩施工工艺

锤击沉管灌注桩沉桩机理和特点是：利用桩锤将桩管和预制桩尖打入土中，其对土的作用机理与用锤击法设闭口钢管桩相似。边拔管、边振动、边灌注混凝土、边成形。在拔管过程中，由于保持对桩管进行连续低锤密击，使钢管不断得到冲击振动，从而振实混凝土。锤击沉管灌注桩的施工方法一般有单打法和复打法。

1）锤击沉管灌注桩施工程序

(1) 锤击沉管打桩机就位：基本同振动沉管灌注桩。在预制桩尖与钢管接口处垫有稻草绳或麻绳垫圈，以作缓冲层和防止地下水进入桩管。

(2) 锤击沉管：检查桩管与桩锤、桩架等是否在一条垂直线上，当桩管垂直度偏差≤0.5%后，可用锤打击桩管，先用低锤轻击，观察偏差在容许范围内后，方可正式施打，直到将桩管打入至要求的贯入度或设计标高。

(3) 开始灌注混凝土：用吊坨检查桩管内无泥浆或无渗水后，即用吊斗将混凝土通过灌注漏斗灌入桩管内。

(4) 边拔管、边锤击、边继续灌注混凝土：当混凝土灌满桩管后，便可开始拔管。一面拔管，一面锤击；在拔管过程中向桩管内继续加灌混凝土，以满足灌注量的要求。

(5) 放钢筋笼，继续灌注混凝土，成桩。锤击沉管灌注桩施工程序示意图见图10.11-4。

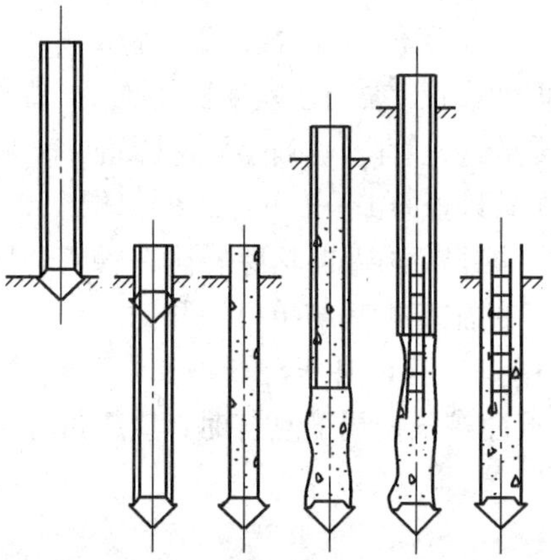

(a) (b) (c) (d) (e) (f)

图10.11-4 锤击沉管灌注桩施工工艺

(a) 桩机就位；(b) 锤击沉管；(c) 开始灌注混凝土；(d) 边拔管边锤击边连续灌注混凝土；(e) 放钢筋笼，继续灌注混凝土；(f) 成桩

2）锤击沉管灌注桩施工注意事项

(1) 锤击沉管施工应遵守下列规定：

① 施工顺序及预制桩尖与桩管就位要求，见振动沉管施工应遵守的规定①、②。

② 锤击不得偏心。当采用预制桩尖，在锤击过程中应检查桩尖有无损坏，当遇桩尖损坏或地下障碍物时，应将桩管拔出，待处理后，方可继续施工。

③ 在沉管过程中，如水泥或泥浆有可能进入桩管时，应先在管内灌入高1.5m左右的混凝土封底，方可开始沉管。

④ 沉管全过程必须有专职记录员做好施工记录。每根桩的施工记录均应包括总锤击数、每米沉管的锤击数和最后1m的锤击数。

⑤ 必须严格控制测量最后三阵，每阵十锤的贯入度，其值可按设计要求，或根据试桩和当地长期的施工经验确定。

⑥ 测量沉管的贯入度应在下列条件下进行：(a) 桩尖未破坏；(b) 锤击无偏心；(c) 锤的落距符合规定；(d) 桩帽和弹性垫层正常；(e) 用汽锤时，蒸汽压力符合规定。

(2) 拔管和灌注混凝土应遵守下列规定：

① 沉管至设计标高后，应立即灌注混凝土，尽量减少间歇时间。

② 灌注混凝土之前，必须检查桩管内有无吞桩尖或进泥、进水。

③ 用长桩管打短桩时，混凝土灌入量应尽量一次满足。打长桩或用短桩管打短桩时，第一次灌入桩管内的混凝土应尽量灌满。当桩身配有不到孔底的钢筋笼时，第一次混凝土应先灌至笼底标高，然后放置钢筋笼，再灌混凝土至桩顶标高。

④ 第一次拔管高度应控制在能容纳第二次所需要灌入的混凝土量为限，不宜拔得过高，应保证桩管内保持不少于2m高度的混凝土。在拔管过程中应设专人用测锤或浮标检查管内混凝土面的下降情况。

⑤ 拔管速度要均匀，对一般土层以1m/min为宜；在软弱土层及软硬土层交界处宜控制在0.3～0.8m/min。

⑥ 采用倒打拔管的打击次数，单作用汽锤不得少于50次/min，自由落锤轻击（小落距锤击）不得少于40次/min；在管底未拔至桩顶设计标高之前，倒打或轻击不得中断。

⑦ 灌入桩管的混凝土，从拌制开始到最后拔管结束为止，不应超过混凝土的初凝时间。

(3) 停止锤击的控制原则：

① 桩端位于一般土层时，以控制桩端设计标高为主，贯入度可作参考；

② 桩端达到坚硬、硬塑的黏性土、粉土、中密以上的砂土、碎石类土以及风化岩时，以贯入度控制为主，桩端标高作参考。

(4) 复打法施工：锤击沉管灌注桩的复打法的原则、方法和规定沉管灌注桩相同。

3. 振动冲击沉管灌注桩施工工艺

振动冲击沉管灌注桩沉桩机理和特点是：振动冲击锤是用较高的频率给土层以冲击力及振动力。桩管顶部受一个随时间变化的激振力，形成竖向的往复振动；在冲击和振动的共同作用下，桩尖对四周的土层进行挤压，改变了土体结构的排列，使周围土层挤密，桩管迅速沉入土中。DZC系列振动锤的冲击力为激振力10倍左右，穿透力强，能使桩尖顺利地支承在较坚硬的土层上。边拔管、边振动、边灌注混凝土、边成形。振动冲击沉管灌注桩的施工方法一般有单打法、复打法和反插法。

(1) 振动冲击沉管灌注桩的施工程序。这种施工方法是利用振动冲击锤（该锤兼有锤击和振动功能）将端部带有预制桩尖（钢筋混凝土、铸铁或钢板桩尖）或活瓣桩尖的桩管沉入土中，在桩管内灌注混凝土，然后拔出桩管，管内混凝土排出，此时预制桩尖留在地下桩端部或活瓣桩尖开启。其施工工艺与振动沉管灌注桩几乎相同。

(2) 振动冲击沉管灌注桩施工注意事项，参照振动沉管灌注桩的有关部分。

4. 沉管灌注桩的质量管理

沉管灌注桩在国内用得最为广泛，但是沉管灌注桩的不合格率也较高，这样，质量管理更加显得重要。

1) 设计中控制沉管灌注桩质量的措施

(1) 谨慎地分析地基的水文地质条件：当遇到强透水的土层时，尽可能避免采用沉管灌注桩；当必须采用沉管灌注桩时，应注意透水层的水压以及附近地区的使用经验。

在饱和软黏土地层中设计沉管灌注桩时，可在场地周围和内部设置砂桩以形成排水通道，减少孔隙水压力，保证桩身混凝土质量。

当桩身穿越对桩身混凝土成形无约束能力的土层（极软泥炭、淤泥、新吹填土层）时，不应采用沉管灌注桩，而应采用预制桩或沉管与预制桩的组合式桩。

(2) 合理布置桩距，控制布桩密度：控制桩的最小中心距和布桩密度，以减少土的孔隙水压力对桩的危害。见参考文献［1］中表6.1-4和表6.1-6。

2) 施工中控制沉管灌注桩质量的措施

(1) 在一些复杂地层中，振动沉管发生困难，可采取下列辅助措施后再沉管：①取土法，在硬黏土和厚粉细砂层中采用取土器取土，然后再沉管；②浸泡法，将水投入粉细砂层后再沉管；③松动法，采用不带桩尖的空管，让其振动下沉，使砂松动后再安上桩尖沉管；④导孔法，遇硬塑黏土层，先钻小一级的孔，然后再振动沉管；⑤避振法，在淤泥层中，先靠重力沉管到淤泥层底部后再振动沉管；⑥护壁短桩管法，在桩管端部增设护壁短桩管，沉桩管时，短桩管随之下沉，拔桩管时，护壁短桩管下落，起到扩孔、护孔、隔振和减振的作用，从而防止沉管桩的缩颈现象；⑦混凝土预封桩尖法，预先灌注一定量的混凝土，封闭桩尖以平衡水压力，然后再沉管。

(2) 根据场地与环境条件以及布桩密度等情况，选择一种使孔隙水压力以较快方式消散的沉桩顺序，可参考文献 [1] 6.2.2.3 预制混凝土桩的沉设“打桩顺序”有关部分。

(3) 控制沉管速度和日沉桩数：沉管速度≤3m/min，沉桩数≤18 根/d 较为合适（宁波地区经验）。

(4) 用“跑桩法”对桩身质量和承载力逐根进行普查：该法借助于静压桩机的加压系统对桩端一次加荷至设计承载力的 1.5 倍，维持 3min，量测桩顶沉降 s，然后一次卸荷至零，量测残余沉降 s_r。如果 $s<0.1d$（d 为桩径）即为合格桩。用跑桩法还可以对某些不合格桩进行补救，即当 $s>0.1d$ 时，可再次复压甚至送桩。此法实质是快速加载法的一种发展。因装置可以行走，每天可测试 40～50 根。

5. 沉管灌注桩的桩身混凝土和预制桩尖

1) 桩身混凝土

沉管灌注桩桩身混凝土的强度等级不宜低于 C25，应使用强度等级为 32.5 以上的硅酸盐水泥配制，每立方米混凝土的水泥用量不宜少于 350kg。混凝土坍落度，当桩身配筋时宜采用 80～100mm；素混凝土桩宜采用 60～80mm。碎石粒径，有钢筋时不大于 25mm；无钢筋时不大于 40mm。

2) 钢筋混凝土预制桩尖

(1) 钢筋混凝土桩尖的配筋构造见图 10.11-2 (d)，并应符合下列规定：①混凝土强度等级不得低于 C30；②制作时应使用钢模或其刚性大的工具模；③配筋量，d_1=340mm 桩尖，不宜少于 4.0kg；d_1=480mm 桩尖，不宜少于 13.0kg。

(2) 钢筋混凝土桩尖的制作质量验收标准，应符合表 10.11-2 的有关规定。

钢筋混凝土桩尖的验收标准 **表 10.11-2**

类别	项次	项目	容许偏差及要求	备注
外形尺寸	1	桩尖总高度	±20mm	
	2	桩尖最大外径	+10mm，−0mm	
	3	桩尖偏心	10mm	尖端到桩尖纵轴线的距离
	4	顶部圆台(柱)的高度	±10mm	
	5	顶部圆台(柱)的直径	±10mm	
	6	圆台(柱)中心线偏心	10mm	
	7	肩部台阶平面对纵轴线的倾斜	2mm(d_1=340mm) 3mm(d_1=480mm)	
混凝土质量	8	肩部台阶混凝土	应平整，不得有碎石露头	
	9	蜂窝麻面	不允许有蜂窝；麻面少于 0.5%表面积	
	10	裂缝、掉角	不允许	

注：本表引自《广东省建筑地基基础施工及验收规程》DBJ 15—201—91

10.11.2 普通直径静压沉管夯扩灌注桩

10.11.2.1 基本原理

普通直径静压沉管夯扩灌注桩是用抱压式静力压桩机将设在预制桩尖上的钢套管压入到设计深度：先用内夯锤将管内混凝土击出管外，形成扩大头；然后安放钢筋笼，灌入桩身混凝土；最后将套管振动拔出，成桩。

10.11.2.2 优缺点

1. 优点

(1) 环保效果好，施工噪声小，无污染。

(2) 工序明确，对每个工序都有控制标准，产品质量有保证，操作简便，工效高，施工1根桩仅需时1h左右。

(3) 锤击力通过内夯锤的传递在软硬土层界面桩端处夯扩成型，增大桩端截面（一般可以增大60%～250%），同时桩端处地基土也得到夯实挤密，达到改良加密的效果，从而获得较大的承载能力。

(4) 该桩型比普通沉管桩的单桩承载力高，桩短，桩总数减少，桩身混凝土强度得到更好发挥，材料节约，经济效益好。

2. 缺点

(1) 遇中间硬夹层，钢套管很难沉入。

(2) 遇承压水层，成桩困难。

(3) 属挤土桩，设桩时对周边建筑物和地下管线产生挤土效应。

10.11.2.3 适用范围

适用于软土地区多层住宅和中小型工业厂房的桩基础施工。桩管直径377～451mm，最大成桩深度不宜大于17m。桩端持力层宜选择中、低压缩性黏土、粉土、砂土及碎石类土。

10.11.2.4 机械设备

主要成桩设备为GEHV型沉桩机，压桩力分别为300kN、600kN、800kN、1200kN，拔桩力分别为200kN、400kN、700kN和800kN，机架高为21～30m，压桩速度为4.0～1.8 m/min，拔桩速度<1.5m/min，主机功率为30～40kW，桩管直径为377～451mm，夯锤质量为2500kg。

10.11.2.5 施工工艺

1. 施工程序

(1) 安放桩尖。

(2) 置桩管于桩尖上，并校正垂直度。

(3) 静压沉管抬架。

(4) 倒入2/3扩头混凝土量，管拔高0.5m，用内夯锤将混凝土击出管外，形成第1次扩头（注意管内留200mm高的混凝土）。

(5) 倒入1/3扩头混凝土量，管拔高0.5m，用内夯锤将混凝土击出管外，形成第2次扩头（注意管内留200mm高的混凝土）。

(6) 安放钢筋笼，灌入桩身混凝土。

(7) 振动拔管成桩。

2. 施工要点

(1) 以抬架为终孔标准，其抬架值（压桩力）由工程桩施工前“试成孔”确定，应综合考虑地层情况和单桩承载力特征值。

(2) 施工中应严格按规范操作，保证管内混凝土夯扩出去。

(3) 当采用静压法桩端无法沉至设计标高时，可采用静压加内夯锤击的办法，具体做法是：往桩管内灌入 1.0m 高碎石或干硬性混凝土，同时静压，待桩管沉至设计标高后，拔高 200 mm，用内夯锤将管内碎石或干硬性混凝土击出管外。

(4) 拔管速度应均匀，拔管全过程应保证管内混凝土始终高出原地面，拔管速度约 1 m/min，桩身混凝土顶面标高应与原地面平齐，且不低于设计标高 500mm。

(5) 钢筋笼按操作规苑要求在现场预制、吊放钢筋笼应保证位置精确。

(6) 工程施工前宜进行试成桩，应详细记录混凝土的分次灌入量、外管上拔高度和内夯锤夯击次数等。

(7) 施工中应注意观察土体的隆起与侧向挤压，并随时纠正桩尖移位。

(8) 做好旋工记录，收集各种资料，保证资料的完整，便于竣工验收。

3. 扩大头直径估算

扩大头直径可按（10.11.1）式估算：

$$D = d\sqrt{(h-c)/H} \tag{10.11.1}$$

式中 D——扩大头直径（m）；

d——桩管内径（m）；

h——灌入管内混凝土高度（m）。

10.11.3 大直径沉管灌注桩

10.11.3.1 基本原理和分类

大直径沉管灌注桩是指桩身直径不小于 500mm 的沉管灌注桩。

传统的沉管灌注桩，常因施工不当发生一些质量问题以及单桩竖向承载力不够高而引起布桩困难（布桩密度超过参考文献［1］表 6-1-6 的最低要求）等问题。近十多年来大直径沉管灌注桩在沿海地区高层建筑中应用，取得了显著的经济效益。

1. 分类

大直径沉管灌注桩按其成孔方法不同可分为大直径振动沉管灌注桩、大直径锤击沉管桩、大直径静压（振动）沉管扩底灌注桩、大直径静压全套管（筒）灌注桩以及大直径静压沉管复合扩底灌注桩等。

2. 优缺点

1) 优点

(1) 桩身和桩端质量保证率高。能够有效地克服普通沉管灌注桩的桩身混凝土易缩颈、断裂、空洞、夹泥和离析及桩端吊脚等通病，桩身混凝土的均匀性和密实性能得到保证。

(2) 承载力高，布桩容易，桩距合理。能穿透较硬土层，并能以强风化岩作为桩端持力层。

(3) 造价低。瑞安市经济分析资料表明，在同土层、同建筑物类型条件下，大直径振动沉管桩的造价比钻孔灌注桩降低约 42%，比静压桩降低 50%。

(4) 施工周期短。

2) 缺点

(1) 大直径锤击沉管桩机结构庞大，噪声高，振动大，扰民严重。

(2) 遇孤石沉管困难。

(3) 操作技术较复杂，对施工和监理人员的素质要求较高。

10.11.3.2 大直径静压全套管（筒）护壁灌注桩

1. 基本原理

静压全套管护壁灌注桩施工法是借助于专用桩架自重和配重及钢套管的自重，通过压梁或压柱将上述荷重由电动液压泵或卷扬机滑轮组，以静压的形式施加在钢套管上，当施加给钢套管的作用力与钢套管入土所受的土体阻力达到平衡时，钢套管缓慢刺入地基土层中。当钢套管入土达到一定深度时，用抓斗、旋挖钻斗或其他专用取土装置取出刺入钢套管内的土体，然后接长套管，继续施压使其进入更深的地层。如此反复，直至钢套管到达设计持力层深度，取出套管内全部土芯，进行入土深度测定，并确认桩端持力层符合设计要求后，清除孔内虚土，成孔结束后放入钢筋笼，边灌注混凝土边拔出钢套管直至成桩。

2. 适用范围

配合各种专用取土装置不仅能穿过一般黏性土、粉土、淤泥质土、淤泥，而且在遇到密实，坚硬的砂层、砾石、碎卵石甚至大直径的漂石而无法刺入压进时，可以采用超挖的措施保证施工顺利进行。

3. 施工工艺

1) 施工程序

(1) 在设计桩位上挖除杂填土并放置第一节钢套管。

(2) 静压钢套管，并用专用取土装置取出套管内土芯。

(3) 接长钢套管，继续压钢套管入土，边压边取土，直到进入设计持力层深度。

(4) 清除孔底虚土。

(5) 放置钢筋笼。

(6) 灌注混凝土，在灌注混凝土的同时振动上拔钢套管直至成桩。

2) 施工特点

静压钢套管护壁干作业成孔灌注桩施工的基本原理是在全套管贝诺特灌注桩施工方法（见本章10.3节）的基础上提出并加以改进的，它们的施工工艺基本相同，其本质区别在于两者使用不同的机械设备及沉桩方式。全套管贝诺特灌注桩施工方法是采用贝诺特钻机，利用摇动装置的摇动（或回转装置的回转）使钢套管与土层间的摩阻力大大减小，边摇动（或边回转）边压入，同时利用冲抓斗（或旋挖钻斗）挖掘取土，直至钢套管下到桩端持力层为止。而静压全套管（筒）护壁干作业成孔灌注桩施工方法是利用其桩架自身重量和配重及钢套管的自重，以静压方式将反力施加于钢套管上驱使钢套管刺入地基土层中，同时用专用取土装置取出套管内的土芯，直至钢套管下到桩端持力层为止。

3) 施工关键技术

静压全套管护壁灌注桩，不同于静压沉管灌注桩，其端部开口，在静压沉入过程中一部分土体将刺入管内形成“土塞”，进入套管内的“土塞”在沉管过程中因受到套管内壁摩阻力的作用产生压缩，而套管边因受到“土塞”的反向摩阻力作用阻碍套管的下沉，形成“闭塞效应”现象。当钢套管处于完全闭塞状态，钢套管刺入土体时端部地基土无法挤入套管内，而是被挤到钢套管以外，产生挤土效应，此时的静压情形就类似于静压沉管灌注桩。为避免静压钢套管刺入土体时产生较大的挤土破坏作用，在土塞达到闭塞状态之前应利用取土装置及时清除套管内土塞，以确保施工顺利进行。当钢套管入土较深或因遇到坚硬的土层，外侧摩阻力较大而使得钢套管在静压荷载作用下难于沉入土中，在土塞尚未达到完全闭塞状态，此时应采取措施及时降低套管阻力。具体措施有：

(1) 及时清掏套管内土体，降低土塞高度，以减少土塞对套管的内侧阻力。

(2) 当遇坚硬地基土层时，应采取超挖措施及时清除坚硬的土层，如砂石、碎卵石层。如遇大块孤石、漂石，可采取爆破的方式加以清除，以降低套管端部阻力。

(3) 启动电动振动装置，借助振动使套管周边土体受到扰动，从而在一定程度上削弱套管与土体之间的摩阻力。

(4) 增加机械设备配重或提高机械液压静载能力，使钢套管刺入地基土层中，同时用专用取土装置取出套管内的土芯，直至钢套管下到桩端持力层为止。

10.11.3.3 大直径静压沉管灌注桩

1. 基本原理

大直径抱压式静压沉管灌注桩施工法指采用静力压桩机以压桩机自重及桩架上的配重作为反力，将直径为600～800mm的带钢制锥形桩靴的长度为10～20m的钢套管抱压沉入地基土中，当钢套管长度不足时可进行接管，直至进入持力层。当终压力和桩长度到设计要求后在钢套管内放入钢筋笼，然后边灌注混凝土边振动钢管并将钢管拔出至地面而形成钢筋混凝土灌注桩。

2. 适用范围

该桩型具有较强的场地适应能力，不仅能穿过一般黏性土、粉土、淤泥质土和淤泥，还能够贯穿标准贯入击数 N 为30～60击的中粗砂土层、残积土、全风化岩层及强风化岩层，在直径300～800mm卵石存在的场地可正常施工。工程实践表明该桩型能够适应地质条件复杂、城市环境质量要求高和近海场地地下水具有腐蚀性等不同条件的要求。

3. 优缺点

1) 优点

(1) 符合环保要求。静压沉桩避免了采用柴油锤或液压锤锤击沉管产生的噪声，施工场地避免了钻、冲孔灌注桩的泥浆污染等情况，从而使得该工艺能符合环保要求。

(2) 单桩承载力高。采用抱压钢套管沉桩，静压桩机能够采用更高的压桩力沉桩而不必担心出现如静压PHC管桩夹桩部位桩身破损的现象。更高的压桩力能够使钢套管贯穿或进入标贯击数 N 为30～60击的中粗砂土层、残积土和强风化岩层，有效保证桩管到达设计持力层。同时施工对桩周土及桩端土产生明显的挤密作用，从而明显提高桩侧阻力和桩端阻力。

(3) 承载力直观。压桩力是桩侧阻力和桩端阻力的综合反映，由于桩周土层的挤密效应因而压桩力和静载试验结果存在着一定的相关性，可从终压力预估单桩竖向承载力。

(4) 抗腐蚀。成桩后钢筋笼周围有混凝土保护层保护，减少或避免地下水对钢筋的腐蚀。

(5) 成桩质量可靠。桩底无沉渣，完成混凝土灌注后管内超灌一定高度的碎石以保证管内压力，并控制混凝土坍落度，拔管过程中采用开启抱夹式振动机并反插等措施保证混凝土密度，从而保证成桩质量。

（6）施工速度快。钢套管之间采用螺纹连接，现场操作方便，施工周期短。

2）缺点

（1）桩机体积大、结构复杂、造价较高。

（2）由于桩机自重较大，在较软的土体表面施工时容易发生陷机而挤偏邻桩，针对此种情况应采取硬化地面等措施。

（3）该桩属挤土桩，设桩时会对周边建筑物和地下管线产生挤土效应。

4. 施工机械与设备

大直径静压沉管灌注桩机是湖南山河智能装备股份有限公司与国内施工企业联合研制的一种新型沉管灌注桩施工设备（山河智能拥有多项专利技术），在大吨位静压桩机平台上，增加了扶管桁架、拔管反顶油缸、振动器等一系列部件，最大限度地结合了静力桩机与灌注桩的优势。同时，又避免了传统灌注桩和预制桩成桩工法中的不利因素。既可以施工预制桩，也可以施工灌注桩，一机两用，转换方便。

5. 施工工艺

1）施工程序

（1）桩机就位：按照旋工要求将桩机移动到桩点位置。

（2）放置桩尖：将桩尖放到桩点位置，起吊钢管并从夹桩箱中穿过，钢管与桩尖对接，夹桩箱夹紧。

（3）沉管：操纵桩机实施压桩过程。

（4）接管：压完一节管后，吊入第二节管，使用动力驱动装置转动第二节管，完成两节之间螺纹连接的紧固。在一个工地内，只有施工第一根桩时需要接管工序。

（5）测量沉管深度，并按要求压至设计深度。

（6）制作并放置钢筋笼。

（7）灌注混凝土。

（8）充填卵石：当建筑物有地下车库等基础设施时，地面以下 2～3m 处不需要灌注混凝土，灌注卵石可节约成本。

（9）成桩：振动拔管，桩身进入养护期。

2）施工注意事项

（1）桩施工之前，应做好详细的地勘调查工作，确保资料准确和施工的针对性，遇有较大孤石且残积土层较厚，钢管无法将其挤开时，可造成桩尖破坏和钢管变形以及机器损坏，不可强行施工，应及时采取移位补桩措施。

（2）钢筋笼制作应尺寸准确，焊接质量可靠，以防止拔管时钢筋笼上下跑位。

（3）混凝土质量要求骨料粒径不超过 25 mm，坍落度不超过 140mm 为宜。

（4）灌注混凝土时应及时、连续，以防混凝土离析，结拱，堵管。

（5）桩管提出地面后，管内应及时清洗。

（6）每班应该对夹桩箱内落入的混凝土残渣及时清洗，加入润滑油。

（7）确保桩机内部部件运动不受阻碍。

（8）沉管到设计标高后、应及时灌注拔管，不可延误而造成拔管困难。

10.11.3.4 静压（振动）沉管扩底灌注桩

1. 适用范围

适用范围大体上与夯扩桩或锤击振动沉管扩底桩相同。

2. 施工机械与设备

静压沉管机在我国尚无标准设备，均是采用一般振动沉拔桩机加以改装而成。

静压沉管扩底灌注桩是借助于桩架自重和配重通过卷扬机和滑轮组加压于桩管顶部，从而将桩管徐徐压入土中。

桩架行走方式可以是滚管式，但多数为轨道式，以减少移动摩擦力。

3. 施工程序

静压（振动）沉管扩底灌注桩施工顺序如图10.11-5所示。

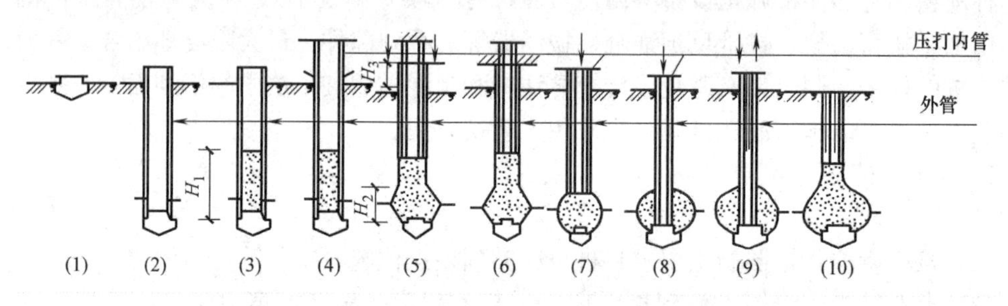

图10.11-5 静压（振动）沉管扩底灌注桩施工顺序

（1）预埋桩尖，要求桩尖埋设与地表相平，偏位应小于20mm。

（2）沉管，压入外管前应控制其垂直度偏差小于1%，沉管压力应大于1.5倍单桩承载力特征值。

（3）灌入扩底混凝土，其高度为H_1，一般H_1值视桩扩头截面而定，通常取3m左右。

（4）放进内管，然后锚固内管。

（5）根据设计要求，提升外管H_2高度（一般取1.2m左右）。

（6）将外管锚固，把内管往下加压。

（7）把内管压至与外管等平时，将外管放松。

（8）将外管与内管一起再往下压，至压不下去抬架为止，此时混凝土又外挤，扩底形成。

（9）抽出内管，灌注混凝土，安放钢筋笼，然后拔出外管。

（10）成桩。

4. 施工注意事项

1）尽量采用长管打短桩，桩身混凝土应一次灌满为宜。

2）为增加混凝土在管内下落速度，在混凝土中可适量掺加减水剂，以形成流态混凝土，减少管内辊凝土对管壁的摩阻力，使桩身混凝土达到不振自密的效果。

3）静压加适时适量的振动，有利于桩身混凝土的密实性和连续性，对于拔管加振动的情况，混凝土坍落度以100～120mm为宜。

4）混凝土灌注前应查验外管内是否有泥水进入。

5. 桩端扩大头直径的估算

桩端扩大头直径 D 与灌入外管内混凝土的体积有关，即与柱端扩大部分混凝土灌入高度有关，其扩大头直径 D 可按（10.11.2）式估算：

$$D=\sqrt{\frac{H_1+H_2}{H_2}}d_1\eta \quad (10.11.2)$$

式中 D——扩大头的最大直径（m）；

H_1——压扩大头时，投料在外管内的高度（m）；

H_2——外管、内管同步贯入深度（m）；

d_1——外管内径（m）；

η——扩大头计算修正系数（表 10.11-3）。

η 修正系数 **表 10.11-3**

计算修正系数	$H_2/H_1\leqslant0.4$	$0.4<H_2/H_1\leqslant0.5$	$0.5<H_2/H_1\leqslant0.6$
η	1.20	1.15	1.10

10.11.3.5 大直径锤击沉管灌注桩

1. 基本原理

采用大直径锤击管桩桩机，将带有锥形钢桩尖的钢套管沉入土中，随之将钢筋笼放入管内并予以固定，然后边灌注混凝土边用振动锤振动钢套管并将其拔出孔外而形成钢筋混凝土灌注桩。

2. 施工机械与设备

沉管时采用钢板焊接桩尖，见图 10.11-2(*e*)。桩尖直径比桩管外径大 100mm，使拔管时桩周土层尚未完全回弹，以减小拔管阻力，保证顺利成桩。

3. 施工程序

1）在桩位上放置钢板桩尖。

2）桩机就位，将桩管设置在桩尖上。

3）锤击沉管，沉管收锤后，要求用探灯检查管底，如发现管底积有泥水，则用泵抽或下人入管清除；如发现钢板桩尖变形或损坏，则应先浇入 0.2～0.3m^3 的混凝土（其强度等级比桩身混凝土高一级），随即振动拔出桩管，重新安放钢桩尖进行第二次沉管；通过采取以上措施，可避免出现吊脚桩事故。

4）移走冲击锤，在管顶设置振动锤。

5）放入钢筋笼，开始灌注混凝土。

6）边拔管、边振动、边继续灌注混凝土（设置振动锤的目的在于拔管时产生强烈振动，以增大混凝土的密实度和向管口的扩散能力）。

7）在拔管至离桩顶 6～8m 时，可向桩管内再灌入高度为 0.8～1.2m 的 C10 混凝土，以增大桩管内压，促使混凝土顺利排出。

当桩身混凝土达到要求强度后，需将桩顶 C10 段混凝土凿掉。

4. 施工注意事项

1）在有代表性的勘探孔附近进行试成孔、试成桩，以确定施工工艺和收锤标准。

2）确保桩管和桩尖的强度、刚度和耐打性。桩管宜采用无缝钢管。

3）穿越饱和土层时，桩身混凝土质量的保证措施为：①合理安排群桩的沉桩顺序；②桩距≤4.5d（d为桩身直径）的群桩，宜采用跳打施工，跳打间隔时间不小于24h；③拨管过程中应开动振动锤，同时严格控制拔管速度，在软硬土层交接处，应放慢拔管速度，使其不大于1.5m/min。

4）严格执行桩底检查制度，杜绝吊脚桩的产生。

5）确保桩顶混凝土质量，增加C10级混凝土的附加灌注量。

6）严格监控收锤最后三阵（每阵十击）平均贯入度和桩长。必要时还应量取最后三阵总贯入度值来进一步校核收锤标准。

7）桩管提出地面后应立即用水冲洗，把管壁内残留混凝土冲洗干净，以确保下次灌料的准确性。

10.11.3.6 大直径振动沉管灌注桩

1. 基本原理

采用大直径振动沉管桩机，视桩管直径大小（d=500～700mm），将带有钢筋混凝土预制桩尖或锥形钢桩尖的桩管沉入土中，随之将钢筋笼放入管内并予以固定，然后边灌注混凝土边用振动锤振动桩管并将其拔出孔外而形成钢筋混凝土灌注桩。

2. 施工机械与设备

（1）振动沉拔桩锤

通常采用DZ60-DZ150普通型、DZ60A-DZ120A耐振电机型、DZ60KS-DZ110KS中孔型、DZJ中、大型可调偏心力矩型振动锤以及中大型DZPJ系列变频变矩振动锤。

（2）桩架

国内多采用加大底盘的滚管式打桩架。如今正在开发自行、自动升降、扣接沉管和可泵送混凝土的新型桩架，以适应超长大直径振动沉管灌注桩施工的需要。

3. 施工程序

基本上与普通直径振动沉管灌注桩相同，见本手册“10.11.1节普通直径沉管灌注桩施工”的有关部分。

4. 施工中注意事项

除参考大直径锤击沉管灌注桩施工注意事项中1）、2）、3）和7）外，尚需注意：

1）因桩长度较长（多在45m左右），灌注混凝土要避免离析现象发生。为此，可掺入适量粉煤灰，以提高混凝土的和易性，或采取轻击密振慢拔管满灌的方法进行深部混凝土的灌注，或采用泵送混凝土法。

2）实施挤土效应的防止或减小方法。

10.11.3.7 静压沉管复合扩底灌注桩

1. 基本原理

静压沉管复合扩底灌注桩是指用顶压式静力压桩机将内外套管同时压入到设计深度后，提出内管分批将填充料和干硬性混凝土或低坍落度混凝土投入外管内，再用内管分批将填充料和干硬性混凝土或低坍落度混凝土反复压实在桩端形成复合扩大头；再次拔出内管后往外管中放置钢筋笼，灌满桩身混凝土；再将内管压在桩身混凝土上继续加压，最后拔出外管和内管，成桩。

2. 优缺点

1）优点

(1) 环保效果好，无噪声，无振动，可减少成桩过程对土体的扰动，无泥浆污染及排放，施工现场文明，比锤击式沉管灌注桩更适合于市区及医疗、学校、精密仪器厂房等需防振动防噪声地区的基础施工。

(2) 采用成熟的静力压桩技术，静压力可由设置在静力压桩机上的压力表显示，也可打印压力值实施全程监控，使各桩位压桩力控制一致，能较好地实施建筑物的整体沉降的均匀性。

(3) 采用配套的管端封水方法可保证成桩质量。

(4) 成孔施工过程中可实施配套的螺旋钻取土方法，防止或大大地减少挤土效应的危害。

(5) 为确保桩身质量和加快成桩进度可采用预制钢筋混凝土桩身，即在桩端压实干硬性混凝土或低坍落度混凝土后并在其上注入适量的水泥砂浆后，再将钢筋混凝土预制桩节插入轻压，如果桩身长度较长时，也应在桩侧注满水泥浆液将预制桩节固定。采用预制混凝土桩身既可避免穿过结构灵敏的淤泥层造成缩颈断桩现象，也可减少现灌注混凝土桩身的凝固时间，加快施工进度。

(6) 由于实施复合扩底技术，与同等条件（同桩径、同桩长和同地层土质条件）的静压预制桩相比，可较大幅度地提高单桩承载力。

(7) 配套的静压桩机既可进行静压沉管复合扩底灌注桩的施工，也可进行静压沉管灌注桩的施工，更换压桩装置后还可进行静压预制桩施工。一机多用，既扩展了静压桩机的应用范围，又可以降低用户的投资风险。

2）缺点

(1) 桩机体积大结构复杂造价较高。

(2) 由于桩机自重较大，在较软的地表面施工时容易发生陷机而挤偏邻桩，针对此种情况应采取硬化地面等措施。

3. 适用范围

静压沉管复合扩底灌注桩可穿过人工填土、淤泥质土、淤泥、一般黏性土、粉土及松散至中密的砂土等土层，作为设置复合扩大头的被加固土层宜为粉土、砂土及可塑、硬塑状态的黏性土。桩身直径 400～600mm，桩长最大深度可达 25m。在厚度较大、含水量和灵敏度高的淤泥等软土层中施工时，必须制定防止缩颈和断桩等保证质量的措施。当地基中存在一般承压水层时必须采取管端封水措施。

4. 施工机械与设备

1）静压沉管复合扩底灌注桩机

YKD 型静压沉管复合扩底灌注桩机为顶压式静压桩机，其工作原理是指通过压桩头将压桩机自重和配重施加在内外套管顶部，而后实施静压沉管复合扩底灌注桩施工，该机由平台（含卷扬机、混凝土料斗、料斗滑轨、溜槽、横滑移轨道及顶升油缸等）、龙门架（含压桩导轨及滑轮机构等）、行走装置（含长履、短履及转向履等）、压桩头、静压油缸、活塞杆及内外套管等组成。图 10.11-6 为 YKD 型静压沉管复合扩底灌注桩机构造示意图。

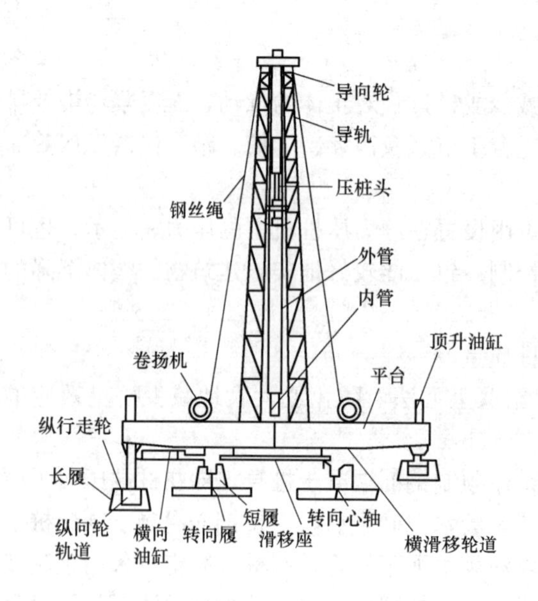

图 10.11-6 YKD 型静压沉管复合扩底灌注桩机构造示意

2）外内套管

外套管外径小于桩身直径 30～50mm，内管外径小于外套管内径 20～30mm。

表 10.11-4 为江苏吴江良工机械有限公司生产的 YKD 顶压式液力静压沉管扩底桩机的主要性能参数。

5. 施工工艺

1）施工程序如图 10.11-7 所示。

（1）测量放线、桩机就位、压下外管至设计标高。

（2）提内管露出投料口，分批向外管内投入填料。

（3）相应分次压下内管挤压填充料，直至终压达到设计要求，形成填充料扩大头。

（4）提内管露出投料口，分批投入干硬性混凝土或低坍落度混凝土，相应分次压下内管挤压，使其与填充料形成复合扩大头。

（5）放钢筋笼，灌注混凝土。

（6）用内管顶住混凝土。

（7）拔起外管，成桩完毕。

YKD 顶压式液力静压沉管扩底桩机的主要性能参数　　表 10.11-4

参数名称 \ 型号	YKD120	YKD150	YKD200	YKD250	YKD320	YKD400
最大压桩力(kN)	1200	1500	2000	2500	3200	4000
最大压桩速度(m/min)	4.3	4.3	4.7	4.3	4.7	4.3
主机功率(kW)	37	45	55	55	2×37	2×45
扩底桩长度(m)	10	10	12	12	12	12
外管提管力(kN)	120	120	120	120	120	120
外管松动提管力(kN)	200	250	300	350	400	500
长船行走缸行程(m)	1.60	1.60	2.20	2.50	2.50	3.00
短船行走缸行程(m)	0.45	0.45	0.65	0.65	0.65	0.65
整机质量(不含配重)(kg)	40000	50000	60000	70000	85000	105000

2）施工特点

（1）合理地选择 YKD 型桩机型号是静压沉管复合扩底灌注桩施工的关键之一。根据拟建桩基工程的地层土质条件、单桩竖向承载力、桩径、桩长、复合扩大头的大小、布桩密度 以及现场施工条件等因素选择 YKD 型桩机。

（2）保证复合扩大头的大小及其被加固土层的层位是静压沉管复合扩底灌注桩施工的关键之二，为此需要在施工中确定合理的填充料和干硬性混凝土或低坍落度混凝土的数量及挤压工艺。

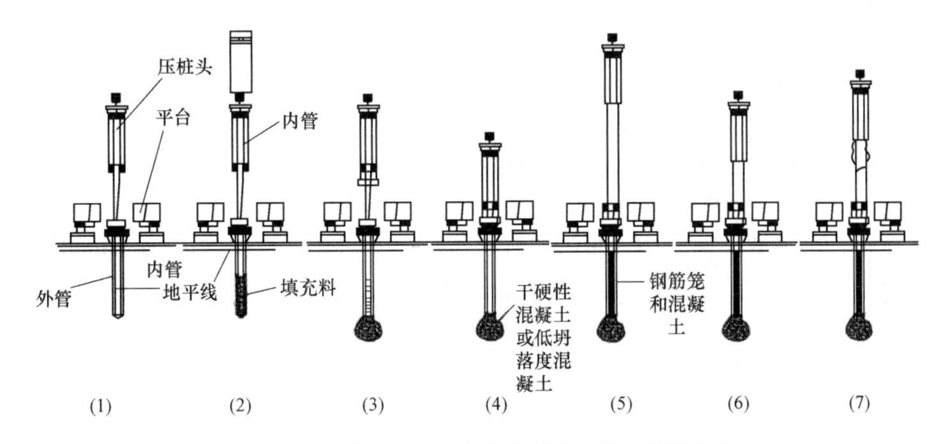

图 10.11-7 静压沉管复合扩底灌注桩施工程序示意图

(3) 封水、封泥是静压沉管复合扩底灌注桩施工的关键之三。封水的目的是保证在外管内无水的情况下灌注桩身混凝土；封泥的目的是不使沉泥进入桩身混凝土与桩端干硬性混凝土的结合部。

3) 施工要点

(1) 保证填充料的质量和数量，填充料可以为碎砖、碎混凝土块、水泥拌合物、碎石、卵石和矿渣等，有机物含量不应超过 3%；填充料的数量多少取决于单桩承载力的大小和被加固土层的物理力学性能，应由试成桩和静载试验确定。

(2) 干硬性凝土或低坍落度混凝土既作为复合扩大头的组成部分，也作为桩身和填充料扩大头之间的连接体，可采用与桩身混凝土相同的配合比，但可适当减少用水量。干硬性混凝土或低坍落度混凝土经压实并确认无夹泥后，在其上部注入厚度约 100mm 的水泥砂浆，用内管轻压，以确保与其后灌入的桩身混凝土结合良好。

(3) 确保终压力值满足设计要求，该压力值按静载试验确定。

(4) 桩身混凝土的粗骨料（碎石或卵石）的粒径为 20～40mm，混凝土坍落度宜为 60～100mm；为改善混凝土的和易性及早凝等性能，可添加外加剂；当桩不长时，桩身混凝土可一次灌满；当桩较长时，桩身混凝土宜分段灌注；混凝土灌注顶面应高出桩顶设计标高 300～500mm。

(5) 在承压含水层内进行静压沉管复合扩底灌注桩施工时，可采取如下的桩端封水措施：

①在外管上端铰耳的上部设置隔水套；②在桩位处设置无底盛料桶；③通过溜槽向无底 桶投入足够的封水材料；④压下内管挤压封水材料形成封水扩大头；⑤拆除隔水套再继续压内外管至设计标高，提内管投料等施工程序。

(6) 为确保桩身质量或加快成桩进度可采用预制钢筋混凝土桩身，具体施工工艺：当形成通过内管挤压填充料和干硬性混凝土或低坍落度混凝土组成的复合扩大头后，检查外管内有无进水，若无进水应尽快灌注高强度水泥砂浆或水泥浆，此后吊入钢筋混凝土预制桩节，再用内管轻压，使浆液溢出桩侧，将预制桩节固定。

(7) 为了减少挤土效应，可先用螺旋钻具钻成略小于外管外径的直孔，然后实施成孔、填料等施工程序。

(8) 群桩施工时应采用合理的静压顺序，以确保相邻桩的复合扩大头之间不造成相互影响。

①一般采用横移退压的方式，自中间向两端进行或自一侧向另一侧进行；当一侧毗邻建筑物时，应由毗邻建筑物的一侧向另一侧施工。②根据持力层埋深情况，按先浅后深的顺序进行。③合理安排压桩顺序，例如采用隔排或隔桩跳压法，在实施跳压过程中，应注意避免在移机时对已压桩的碾压。

(9) 压机行驶道路的地基应有足够的承载力，必要时需做硬化处理或铺垫钢板等。

(10) 量测压力等仪表应注意保养、及时检修和定期标定，以减少量测误差。

10.12 夯扩灌注桩

10.12.1 适用范围及原理

1. 基本原理

夯扩桩是沉管灌注桩与扩底桩结合的产物，它吸收了国外的夯击式沉管扩底桩的优点，并摒弃沉管灌注桩的一些缺点，是具有中国特色的一种桩型。

夯扩桩的沉桩机理是在锤击沉管灌注桩的机械设备与施工方法的基础上加以改进，增加1根内夯管，按照一定的施工工艺（无桩尖或钢筋混凝土预制桩尖沉管），采用夯扩的方式（一次、二次、多次夯扩与全复打夯扩等）将桩端现浇混凝土扩成大头形、桩身混凝土在桩锤和内夯管的自重作用下压密成型。

2. 优缺点

1) 优点

(1) 在桩端处夯出扩大头，单桩承载力较高。

(2) 借助内夯管和柴油锤的重量夯击灌入的混凝土，桩身质量高。

(3) 可按地层土质条件，调节施工参数、桩长和夯扩头直径以提高单桩承载力。

(4) 施工机械轻便，机动灵活，适应性强。

(5) 施工速度快，工期短，造价低。

(6) 无泥浆排放。

2) 缺点

(1) 遇中间硬夹层，桩管很难沉入。

(2) 遇承压水层，成桩困难。

(3) 振动较大，噪声较高。

(4) 属挤土桩，设桩时对周边建筑和地下管线产生挤土效应。

(5) 扩大头形状很难保证与确定。

3. 特点

(1) 内管底部的干拌混凝土（无桩尖工艺）可有效起到止淤和短时止水作用，使后续混凝土灌注质量得到保证。

(2) 桩身混凝土借助于桩锤和内夯管的下压作用成型，可避免或减少缩颈或断桩等弊病的产生。

(3) 在夯扩过程中，锤击力经内夯管的传递，直接贯入桩端持力层，强制将现浇混凝土挤压成夯扩头的同时，也将桩端持力层压实挤密，使桩端持力层得以改善，桩端截面积增大，促使桩端阻力和桩承载力大幅度提高。

4. 适用范围

夯扩桩适用于单桩竖向极限承载力标准值不大于4000kN的工业与民用建筑。其中对单桩竖向极限承载力标准值大于2000kN的，属高承载力夯扩桩工程，在设计与施工时应采取相应措施。高层建筑夯扩桩基的直径可达600mm。

夯扩桩成桩深度一般不宜大于20m，若桩周土质较好，成桩深度可适当加深，但最大成桩深度不宜大于25m。

夯扩桩的桩端持力层宜选择稍密～密实的砂土（含粉砂、细砂和中粗砂）与粉土，砂土、粉土与黏性土交互层及可塑～硬塑黏性土（福建部分地区已将花岗岩残积黏性土和稍密～中密砾卵石层作为夯扩桩的桩端持力层）。对高承载力夯扩桩宜选择较密实的砂土或粉土。桩端以下持力层的厚度不宜小于桩端扩大头设计直径的3倍；当存在有软弱下卧层时，桩端以下持力层厚度应通过强度与变形验算确定。

夯扩桩虽然有一系列优点，但在淤泥层较厚的沿海沿江地区，则应用较困难。针对1995年10月武汉某新建18层楼采用夯扩桩出现群桩整体失稳破坏的教训，武汉地区提出对高灵敏度厚淤泥层地区，当设计为大片密集型布桩时，不宜采用夯扩桩。

10.12.2 施工机械与设备

我国只有少数厂家生产夯扩桩施工专用设备，多数施工情况是将沉管桩机改装后进行施工，故夯扩桩施工机械与设备呈现多样化及不同适用范围的特色。

1. 桩架和桩锤

桩架有桅杆式、井式和门式等。桩架行走方式一般为滚管式，少数为履带式和轨道式。

桩锤一般采用导杆式和筒式柴油锤，少数采用落锤，个别情况采用振动锤。

2. 桩管

夯扩桩外管一般采用直径325、377、426、450、480、500、530、600mm的钢管，相应的内夯管一般采用直径219、247、273、297、325、377、426、450mm的钢管配套使用。

内夯管底部需加焊1块直径比外管内径小10～20mm、厚20mm左右的圆形钢板或夯锤头。为满足止淤封底的要求，内夯管长度比外管短100～200mm，而不采用加颈圈。有的地区在外管上端增加1个与外管同径的加颈圈，加颈圈的高度需要满足止淤封底要求，一般为100～200mm。

内夯管在夯扩桩施工中起主导作用：①作为夯锤的一部分，在锤击力作用下将内外管同步沉入地基土中；②在夯扩时作为传力杆，将外管内混凝土夯出管外并在桩端形成夯扩头；③在桩身施工时，利用桩锤和内夯管本身的自重将桩身混凝土加压成型。

3. 桩尖

夯扩桩一般采用干硬性混凝土止淤封底的无桩尖沉管方式。其做法是在沉管前于桩位处预先放上高100～200mm与桩身混凝土同强度等级的干硬性混凝土，然后将内外管扣在干硬性混凝土上开始沉管。在沉管过程中干硬性混凝土不断吸收地基中的水分，形成一层致密的混凝土隔水层，起到止淤封底作用，也不影响管内后续混凝土的夯出。

当封底或沉管有困难时，则采用钢筋混凝土预制桩尖的沉管方式。

10.12.3 施工工艺

1. 施工程序

1）无桩尖一次夯扩桩施工程序

不设加颈圈的无桩尖一次夯扩桩施工程序

（1）在桩位处按要求放置干硬性混凝土。

（2）将内外管套叠对准桩位。

（3）通过柴油锤将双管打入地基中至设计深度。

（4）拔出内夯管，检查外管内是否有泥水，当有水时，投入干硬性混凝土，插入内夯管再锤击。

（5）向外管内灌入高度为 H 的混凝土。

（6）将内夯管放入外管内压在混凝土面上，并将外管拔起一定高度 h。

（7）通过柴油锤与内夯管夯打外管内混凝土把外管下部的混凝土夯出管外，同时不让外管跟下。

（8）继续夯打管下混凝土直至外管底端深度略小于设计桩底深度处（其差值为 c），即外管和内夯管同步下沉到设计规定程度（h-c）。

（9）拔出内夯管。

（10）在外管内灌入桩身所需的混凝土，并在上部放入钢筋笼。

（11）将内夯管压在外管内混凝土面上，边压边缓缓起拔外管。

（12）将双管同步拔出地表，则成桩过程完毕。

当采用加颈圈时，施工程序总体上相同，只是第（2）、（4）、（10）步骤作如下改变：（2）对准桩位放置外管，同时把内夯管放在外管内，在其上放置直径与外管直径相同、高度为 100～200mm 的加颈圈；（4）把内夯管从外管中抽出，卸去外管上端的加颈圈；（10）将加颈圈放在外管上端，然后灌满桩身部分所需的混凝土。

图 10.12-1 为设加颈圈的无桩尖第一次夯扩桩施工程序示意图。

2）无桩尖二次夯扩桩施工程序

设加颈圈的无桩尖二次夯扩桩施工程序（图 10.12-2）如下：

（1）在桩位处按要求放置干硬性混凝土。

（2）将内外管套叠对准桩位，在其上放置直径与外管直径相同、高度为 100～200mm 的加颈圈。

（3）通过柴油锤将双管打入地基中至设计深度。

（4）拔出内夯管，检查外管内是否有水，当有水时，投入干性混凝土，插入内夯管再锤击；把内夯管从外管内抽出，卸去外管上端的加颈圈。

（5）向外管内灌入高度为 H_1 的混凝土。

（6）将内夯管放入外管内压在混凝土面上，并将外管拔起一定高度 h_1。

（7）通过柴油锤与内夯管夯打外管内混凝土，把外管下部的混凝土夯出管外，同时不让外管跟下。

（8）继续夯打管下混凝土直至外管底端深度略小于设计桩底深度处（其差值为 c_1），即外管和内管同步下沉到设计规定深度（h_1-c_1），形成夯扩头的雏型。

（9）将内夯管从外管中抽出，悬于外管上空。

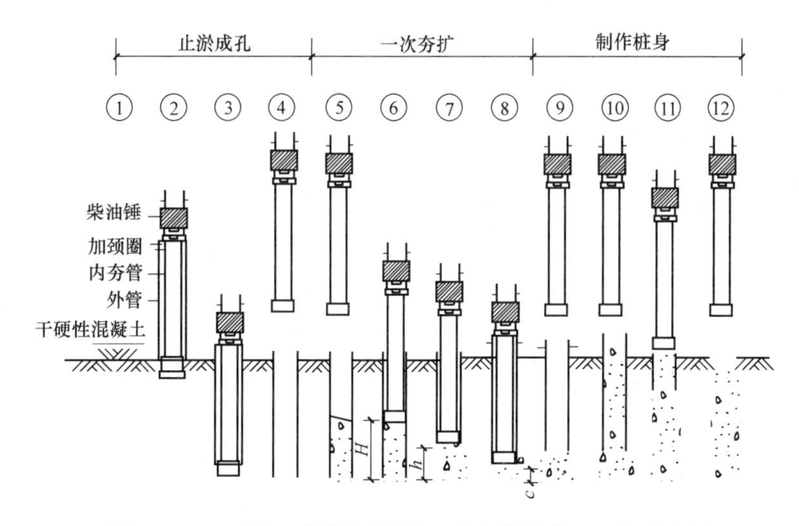

图 10.12-1 设加颈圈的无桩尖一次夯扩桩施工程序示意图

（10）向外管内再灌入 H_2 高度的混凝土。

（11）将内夯管放入外管内压在混凝土面上，并将外管再上拔设计规定高度 h_2。

（12）将外管内混凝土夯出管外（不让外管跟下）后，继续锤击，使双管同步下沉（h_2-c_2），夯扩头形成。

（13）将内夯管从外管中抽出，悬于外管上空。

（14）在外管中放入钢筋笼。

（15）在外管上端安放加颈圈，并向外管内灌入形成桩身所需混凝土量。

（16）内夯管底压在外管内上端混凝土顶面上，边拔外管，内夯管自重边加压（注意内夯管应控制加压，内夯管底应高出钢筋笼上端 0.5m 以上），边压边缓缓起拔外管。

（17）将双管同步拔出地表，则成桩过程完毕。

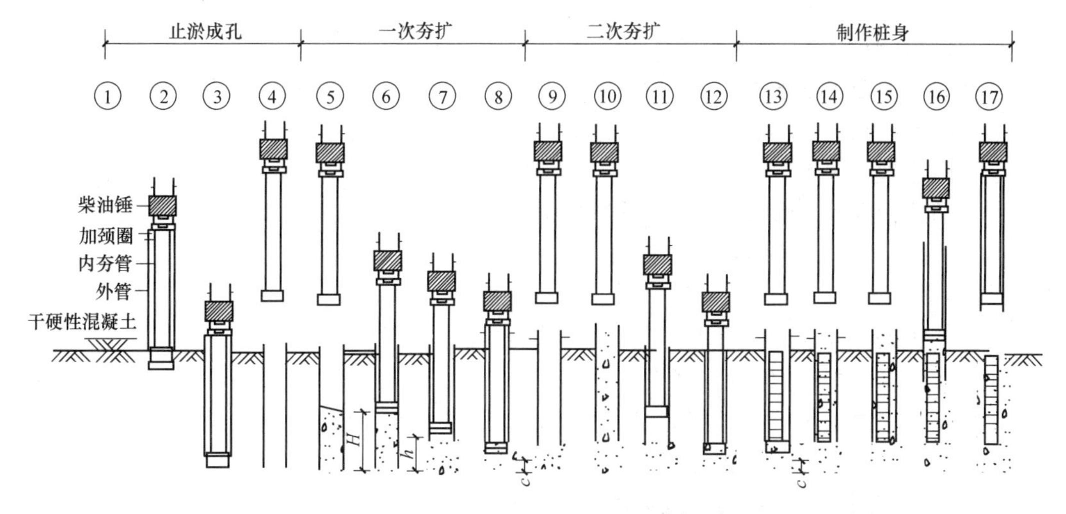

图 10.12-2 设加颈圈的无桩尖二次夯扩桩施工程序示意图

3）全复打夯扩桩施工程序

全复打夯扩桩的施工程序近似于二次夯扩桩的施工程序，前者灌注二次夯身混凝土而后者只需灌注一次桩身混凝土。

全复打夯扩桩施工程序（图10.12-3）：

（1）先进行一次夯扩程序，形成夯扩头（图10.12-3中1～4施工程序）。

（2）提出内夯管，向外管中一次性灌入桩身所需的混凝土（图10.12-3中5施工程序）。

（3）从桩顶面进行第二次沉管，边沉管，边将混凝土向地基侧向挤压扩大并沉至原深度（图10.12-3中6施工程序）。

（4）实施第二次夯扩程序（图10.12-3中7施工程序）将原夯扩头进一步扩大。

（5）第二次灌足桩身混凝土（图10.12-3中8施工程序）。

（6）将双管同步拔出地表，则成桩过程完毕（图10.12-3中9施工程序）。

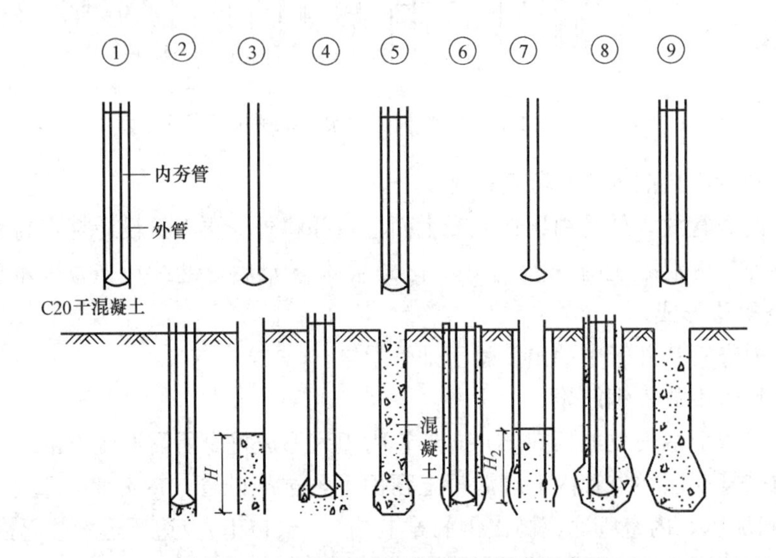

图10.12-3 全复打夯扩桩施工程序示意图

4）有预制桩尖夯扩施工程序

有预制桩尖夯扩桩施工程序（图10.12-4）：

（1）将带预制桩尖的外管打入设计深度。

（2）向外管内灌入混凝土。

（3）向外管内灌入形成夯扩头所需的混凝土（即在外管内的高度为H）。

（4）将内夯管放入外管内压在混凝土面上，将外管上拔高度h，并将外管内混凝土夯出管外。

（5）继续锤击双管同步沉入h-c深度形成夯扩头。

（6）从外管中拔出内夯管。

（7）在外管内灌入桩身所需的混凝土，并在上部放入钢筋笼；再将内夯管压在外管内混凝土面上，边压边缓慢起拔外管。

（8）将双管同步拔出地表，则成桩过程完毕。

在沉管时，为阻止地基中地下水和淤土挤入外管内，在预制桩尖的颈部与外管下端接触处应加三圈草绳，以堵塞缝隙。

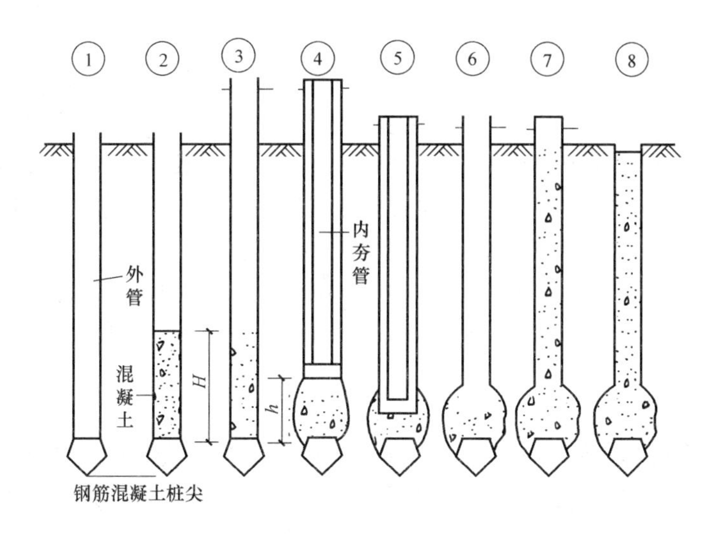

图 10.12-4 有预制桩尖夯扩桩施工程序

采用无预制桩尖干硬性混凝土止淤封底，方法简单，成本低，施工连续性好，故目前大部分采用此种施工工艺。

2. 施工特点

(1) 合理地选择桩锤是保证施工顺利进行的重要因素。桩锤应根据工程地质条件，桩径、桩长、单桩竖向承载力、布桩密度及现场施工条件等因素，通过试成桩合理选择使用。

(2) 止淤封底措施成功与否是无桩尖夯扩桩施工成败的关键，即在外管和内夯管同步下沉到设计深度后，当抽出内夯管时如何有效地防止地下水和地基土淤入外管内的问题。因此，正式施工前必须进行试成孔试验，以确保止淤封底效果良好。通常取用外管与内夯管等长，并在外管顶部增加一个与外管同径，高 130mm 的加颈圈，使内、外管组合后，在外管下端形成一个高度为 130mm 的空腔。空腔中由与桩身同强度等级的干硬性混凝土所充填，这种填料由颗粒级配良好的水泥、砂和粒径不同的碎石组成，在锤击沉管过程中，下端开口空腔内的干硬性混凝土在冲击高压下渐渐地吸入适量的地下水，而形成一层致密的混凝土隔水层。当双管沉至设计深度，内夯管抽出，这层致密的混凝土层有效地阻止地下水和地基土淤入外管内。图 10.12-5 为无桩尖夯扩桩施工的防淤封底措施简图。

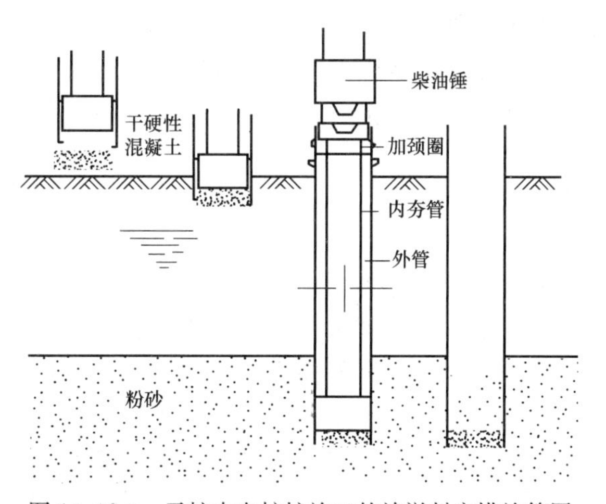

图 10.12-5 无桩尖夯扩桩施工的放淤封底措施简图

假如130mm高度加颈圈止淤封底失效，则可将加颈圈的高度增加到200～250mm，并相应增加干拌混凝土的用量，增加隔水层的厚度。假如采取这一止淤封底措施还失效，则可采用带预制桩尖的夯扩桩。

（3）在夯扩顺序中的最后一道形成夯扩头的双管同步下沉（$h-c$）高度的控制是夯扩顺序的关键。成功的夯扩桩施工，双管同步下沉至（$h-c$）高度时，往往要锤击50次以上，而此时柴油锤跳得最高，锤击贯入度却最小；反之，则说明夯扩效果不理想，应增加夯扩头的投料H值，重新调整夯扩参数或采用二次夯扩顺序等。总之，夯扩桩施工工艺参数（H、h、$h-c$）的正确选择是衡量设计是否合理，施工是否切实可行的重要指标。作为桩端持力层而言，砂土较黏性土层中外管中混凝土高度H值宜大些，性质差一些的砂土比性质好一些的砂土中的H值宜大些。外管上拔高度h一般取（0.40～0.55）H，施工中一般取0.8～1.5m为宜。

3. 夯扩头的估算

夯扩桩是一种以桩端夯扩头支承为主的桩型，而夯扩头依靠现浇混凝土锤击夯扩挤压成型，却又隐藏在地层深处，桩端没有像预制桩那样固定的尺寸，因此设法估算夯扩头的最大直径，对估算桩的端阻力和承载力，具有实用价值。

工程桩实测夯扩头形状与模型试验夯扩头结果表明：在压缩模量大的中密粉砂、硬塑粉质黏土持力层中，侧向阻力大较难夯扩，其形状呈扩大的圆柱体；在桩端为中密的粉土、可塑粉质黏土中，其夯扩头形状呈中间略大的腰鼓形；桩端在压缩模量较小的稍密粉土持力层中，侧压阻力较小、较易夯扩，夯扩头呈近似的灯泡形状；而桩端在高压缩性、压缩模量小的淤泥质土持力层中，侧向阻力小，自由挤压其夯扩头形状近似呈球体。

随着夯扩桩在有关地区试验、推广与应用，国内有关规范、规定及有关单位相继提出夯扩头直径的估算公式。这些估算公式的模式大致上均采用夯扩头投料量经过夯扩工序转变为假想的体积，然后考虑修正系数，估算出夯扩头直径。以下介绍《武汉市夯扩桩设计施工技术规定》WBJ 8—97的估算公式。

夯扩桩的桩端扩大头直径（图10.12-6）按式（10.12.1）估算

$$D_{\mathrm{n}} = a_{\mathrm{n}} d_0 \sqrt{\frac{\sum_{i=1}^{n} H_i + h_{\mathrm{n}} - c_{\mathrm{n}}}{h_{\mathrm{n}}}} \tag{10.12.1}$$

式中 D_{n}——夯扩n次的扩大头计算直径（m）；

a_{n}——扩大头直径计算修正系数，可按表10.12-1采用；

d_0——外管内径（m）；

H_i——夯扩i次时外管中灌注混凝土高度（m）；

h_{n}——夯扩n次时外管上拔高度（m）；

c_{n}——夯扩n次时外管下沉底端至设计桩底标高之间的距离，一般取$c_{\mathrm{n}}=0.2$m。

4. 施工注意事项

（1）把握住两大关键工序

夯扩桩是带有复杂扩底工艺和夯扩施工参数的一种承载能力较高的桩型，其施工程序比直柱型沉管灌注桩要复杂得多，其中两大关键工序为干硬性混凝土土塞效应和的止淤封底措施和夯扩工序。

(2) 止淤封底质量控制

当锤击双管沉管至设计深度后，抽出内夯管必须检查内夯管下端是否干燥，外管内有无水进入。如果止淤封底失效，则应采取有效措施。

(3) 混凝土制作与灌注要求

① 混凝土的配合比应按设计要求的强度等级，通过试验确定；混凝土的坍落度应按扩大头和桩身部分分别制作，扩大头部分以40～60mm为宜，桩身部分以100～140mm（$d\leqslant426$mm）及80～100mm（$d\geqslant450$mm）为宜。

② 配制混凝土的粗骨料可选用碎石或卵石，其最大粒径不宜大于40mm，且不得大于钢筋间最小净距的1/3；细骨料应选用干净的中粗砂；水泥宜用矿渣硅酸盐水泥或普通硅酸盐水泥，并可根据需要掺入适量的外加剂。

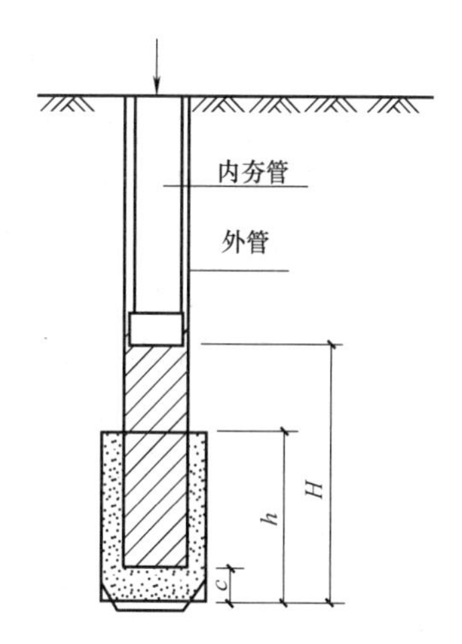

图 10.12-6 夯扩桩的桩端扩大头直径

夯扩施工设计参数 **表 10.12-1**

持力层土类	桩端土比贯入阻力 p_s（N·mm^{-2}）	每次夯扩资料高度(m)	一次夯扩大头直径计算修正系数 α
黏性土	<2.0	3.0～4.0	0.93
	2.0～3.0	2.5～3.5	0.90
	3.0～4.0	2.5～3.5	0.87
	>4.0	2.5～3.5	0.84
粉土	<2.0	3.5～4.0	0.98
	2.0～3.0	3.0～3.5	0.95
	3.0～4.0	2.5～3.5	0.93
	>4.0	2.5～3.5	0.90
砂土	<5.0	3.0～4.0	0.95
	5.0～7.0	2.5～3.5	0.92
	7.0～10.0	2.5～3.5	0.89
	>10.0	2.5～3.5	0.86

注：1. 每增加一次夯扩的计算修正系数可将表中α值乘以0.9，即有：$\alpha_n=\alpha_1\cdot(0.9)^{n-1}$。
2. 根据实际工程资料，一次、二次及三次夯扩计算所得的扩大头最大直径D一般不超过桩径的1.5、1.9、2.3倍。

③ 混凝土的灌注分扩大头和桩身两部分：扩大头部分的灌注，应严格按夯扩次数和夯扩参数进行，夯扩施工设计参数可参照表10.12-1；桩身混凝土灌注应保证充盈系数不小于：一般土质为1.1～1.2，软土为1.2～1.3。当桩长较长或需配置钢筋笼时，桩身混凝土宜分段灌注；混凝土顶面应高出桩顶0.3～0.5m；对上部为松散杂填土层，当内外管提出地面后，应用插入式振捣器对上部2m左右高度的桩身混凝土振捣密实。

(4) 夯扩工序的要求

夯扩工序应按设计参数严格执行，要求施工均匀，夯扩参数H、h、$h-c$的施工误差控制在±0.1m以内。现场施工质量要有专人负责，检查和做详细记录。

夯扩工序中先灌入形成夯扩头所需要的混凝土（即在外管内的高度为 H），而后将内夯管放入外管内压在混凝土面上，再将内夯管提出后外管上拔 h 高度，再放下锤和内夯管，通过内夯管底传递锤击力，将外管内混凝土夯出管外，此时桩端混凝土已与周围地基土全接触，再锤击双管同步沉入（$h-c$）深度，这正是夯扩头强制挤压扩大与形成的关键时刻。成功的夯扩工序，在桩端挤密特力层形成夯扩头的过程中，柴油锤应跳得最高，锤击贯入度最小，夯扩锤击次数较多（一般在50击以上）；如果在打试桩过程中达不到上述夯扩效果，一般可采用增大夯扩头混凝土的投料高度 H 值或采用二次夯扩，三次夯扩工序来达到既增大夯扩头直径，又能挤密桩端地基土的双重作用。

（5）桩距与布桩平面系数

所谓布桩平面系数是指同一建筑物内，桩的横截面积之和与边桩外缘线所包围的场地面积之比。关于桩距，除遵照规范、规程规定外，还应采取相应的措施，严守操作规程，方可避免或减少断桩、颈缩等质量事故。关于布桩系数，施工实践证明，当布桩系数大于5%时，施工中土体易隆起，桩易产生颈缩、断桩、偏位，故布桩系数一般不宜大于5%；当布桩系数6%～7%以上时，在设计、施工中应采取相应措施，防患于未然。

（6）桩位控制

施工前必须复核桩位，其施工允许偏差按《建筑地基基础工程施工质量验收规范》GB 50202—2002，规定如下：

成孔方法		桩径允许偏差（mm）	垂直度允许偏差（%）	桩位允许偏差（mm）	
				1～3根，单排桩基垂直与中心线方向和群桩基础的边桩	条形桩基沿中心线方形和群桩基础的中间桩
套管成孔灌注桩	$D\leqslant500$mm	−20	<1	70	150
	$D>500$mm			100	150

在沉桩过程中遇偏位的，应及时补救，予以纠正；不能补救的，应做好记录，注明原因，提请设计单位，采取补强措施。

（7）打桩顺序

打桩顺序的安排应有利于保护已打入的桩不被压坏或不产生较大的桩位偏差。打桩顺序应符合下列规定：

① 可采用横移退打的方式自中间向两端对称进行或自一侧向单一方向进行。

② 根据基础设计标高，按先深后浅的顺序进行。

③ 根据桩的规格，按先大后小、先长后短的顺序进行。

④ 当持力层埋深起伏较大时，宜按深度分区进行随工。

当桩中心距大于4倍桩身直径时，按顺序作业，否则采用跳打法，以减少互相影响。

（8）合理确定贯入度

《武汉市夯扩桩设计施工技术规定》WBJ 1—10—93 规定：桩管入土深度的控制一般以试成桩时相应的锤重与落距所确定的贯入度为主，以设计持力层标高相对照为辅。《浙江省建筑软弱地基基础设计规范》DBJ 10—1—90 规定，夯扩桩的设计桩长与沉管最后贯入度双重控制沉管的深度，根据具体的桩端持力层的性质、锤击能量及设计要求，或通过试桩来确定，以最后二阵的平均贯入度作为控制标准。

由以上规范、规定可知，试成桩确定的贯入度成为夯扩桩施工质量控制的关键技术指标。

（9）拔管时应遵守下列规定

① 在灌注混凝土之前不得将桩管上拔，以防管内渗水。

② 以含有承压水的砂层作为桩端持力层时，第一次拔管高度不宜过大。

③ 拔外管时应将内夯管和桩锤压在超灌的混凝土面上，将外管缓慢均匀地上拔，同时将内夯管徐徐下压，直至同步终止于施工要求的桩顶标高处，然后将内外管提出地面。

④ 拔管速度要均匀，对一般土层以 2～3m/min 为宜，在软弱土层中与软硬土层交界处以及扩大头与桩身连接处宜适当放慢，以 1～2m/min 为宜。

（10）减少挤土效应的措施

大片密集型夯扩桩基施工的挤土效应不容忽视，对此应制定相应减少挤土效应的措施。具体而言，有以下可供选择的措施：

① 设置袋装砂井或塑料排水板，以消除部分超孔隙水压力。袋装砂井直径为 70～80mm ，间距 1～1.5 m；塑料排水板的深度、间距与袋装砂井相同。

② 井点降水，在一定深度范围内，不致产生超孔隙水压力。

③ 预钻排水孔，疏排孔深范围的地下水，使孔隙水压力不致升高。

④ 设置隔离钢板桩或桩排式旋喷桩，以限制沉桩的挤土影响。

⑤ 开挖一定深度（以边坡能自立为准）的防震沟，可消除部分地面震动，沟宽 0.5～1.5m。

⑥ 采取先以螺旋钻机取土，后施打夯扩机桩的双机顺序作业方式施工，以减弱地基变形。

⑦ 控制沉桩速度，视邻近建筑物和地下管线的距离等情况，控制日沉桩数。

⑧ 合理安排打桩施工顺序或采用跳打法施工，以增加同一地点沉桩的间歇时间。

⑨ 设置应力释放孔，一般孔径 400～700mm，孔深 25～30m，可降低孔隙水压力，又使释放孔附近的土体有明确的挤压方向，起到引导土体挤压趋势的作用。

⑩ 控制布桩平面系数。

⑪ 打桩过程中，对场地孔隙水压力，地面隆起量、邻近建筑物的沉降量进行观察。

（11）在粉砂层中施工措施

① 在粉砂层尤其是表土亦为较松散粉砂土时，应采取边打边退措施，布桩密度较高时应先打中间桩后打外侧桩，桩机行走应远离成形桩，以防止造成桩顶混凝土裂缝，缩颈以及桩顶位移过大等现象。

② 在饱和粉砂土区施工，沉桩时应采用合适高度的加颈圈，以防止桩端土或地下水向管内上涌。

③ 桩端为中密～密实粉砂土时，应合理掌握沉管沉入深度，以防止产生拔管困难甚至拔不出外管的情况。

（12）克服桩端土出现“弹簧”现象的措施

在含水较高的黏土中施工，夯扩过程中桩端极易出现“弹簧”现象，表现为夯出管内混凝土时，出现内夯管弹跳，难以夯扩成型。为避免发生该现象，可采用以下措施：

① 采用少投勤夯，减小夯扩部分混凝土坍落度和适当增加锤重等方法。

② 采取拔出内夯管在一次夯扩前首先灌入高度为1m左右的干砂，拔出外管，再内外管同步沉入先复打干砂，造成“砂裹桩”，然后再进行正常混凝土夯扩工序。

(13) 防止桩身缩颈的措施

在含水量高的淤泥质土中，桩沉管时强制挤密土体，在其内部产生超孔隙水压力，土体受到强烈震动原有结构被破坏，黏结力也降低。拔管时超空隙水压力超过混凝土自重产生的侧向压力，土体挤向新灌注的桩长而导致缩颈。

防止桩身缩颈的措施：

① 严格控制拔管速度，采用慢拔密振的方法，将在淤泥土层中的拔管速度控制在0.6～0.8m/min；

② 拔管时外管内混凝土高度保证在2m以上，且比地下水位高1～2m，以保证混凝土的侧向压力；

③ 严格控制混凝土的配合比，粗骨料粒径不宜过大，适当增加水泥含量，减小混凝土坍落度，保证其和易性和浇捣质量；

④ 在炎热季节，及时用清水冲刷桩管内壁上残留的灰浆，以减少施工时桩管内壁对混凝土下滑的阻力。

10.13 旋转挤压灌注桩

10.13.1 概述及分类

1. 概述

干作业长螺旋钻成孔灌注桩（本章10.2节）具有振动小、噪声低、不扰民、钻进速度快、施工方便等优点，但主要缺点是桩端或多或少留有虚土，只适用于地下水位以上的土层中成孔。

欧洲研制开发出长螺旋挤压式灌注桩型的优点：(1) 保留普通长螺旋钻成孔灌注桩的优点；(2) 如果钻杆外径与螺旋叶片外径之比设计得当，使单位时间内的切削土量与挤出土量相等，则可使孔周土不致松动或塌落，其强度不至于折减，从而获得较普通长螺旋钻孔桩高的桩侧摩阻力；(3) 桩端夯实形成扩大头，从而获得较高的桩端阻力；(4) 无泥浆输送及排运问题。该桩缺点：(1) 在提升钻杆时，如措施不当，会使钢筋笼上浮；(2) 当场地土密实度较高时，会引起钻进困难。

2. 分类

在中国按最终成型，旋转挤压灌注桩可分为4种类型：螺纹灌注桩，浅螺纹灌注桩，螺杆灌注桩和旋转挤压灌注桩。

10.13.2 螺纹灌注桩

1. 基本原理

螺纹灌注桩又称全螺旋灌注桩，该桩成桩工艺是用带有钻进自控装置和特制螺纹钻杆的螺纹桩钻机钻进、提升、灌注混凝土、沉入钢筋笼，从而在土体中形成带螺纹的桩体。

2. 优缺点

1) 优点

（1）环保效果好，无噪声、无振动、无泥浆污染与排放。

（2）与普通钻孔灌注桩相比，不存在清底、护壁、塌孔等问题，也不易产生断桩和缩径等问题，桩身质量可靠。

（3）与普通长螺旋钻灌注桩相比，桩侧阻力和桩端阻力均较高，故桩承载能力较高。

（4）施工程序简化，降低工程造价，施工效率高，缩短工程施工工期。

（5）适用范围广，不仅可用作于普通桩基工程的基桩，也可应用于CFG桩复合地基和CM长短桩复合地基，而且更适合用于复合地基。

2）缺点

（1）因属于挤土桩，故设计和施工时需考虑挤土效应的影响，并采取减小挤土效应的措施。

（2）成孔成桩工艺特殊，受力机理比较复杂，有关的设计计算公式及理论分析等需要进一步积累和完善。

（3）不易贯穿硬塑黏土、密实砂土及卵石层。

（4）桩顶部分需加强，否则会造成桩顶破坏，而影响整个螺纹灌注桩承载力的发挥。

（5）钢筋笼的外径受到钻杆直径的制约，影响水平承载力的发挥。

3. 适用范围

螺纹灌注桩适用于淤泥质黏土、黏土、粉质黏土、粉土、砂土层和粒径小于30mm的卵砾石层及强风化岩等地层，对非均质含碎砖、混凝土块的杂填土层及粒径大于30mm的卵砾石层成孔困难很大。成孔成桩不受地下水的限制。

4. 桩型特点

（1）螺纹桩的整个桩身均形成螺纹段，因其存在使土体抗剪强度大幅提高，从而使桩侧阻力也有较大提高。另外螺纹桩在成孔过程中钻头对孔底有挤土作用，加之向钻杆空心管内泵压混凝土有较高的压力，从而使桩端阻力也有较大提高。因此，在相同条件下，螺纹桩与普通长螺旋钻孔灌注桩（直杆灌注桩）相比，单桩极限承载力有显著提高。

（2）螺纹桩属于挤土灌注桩，在成孔成桩时通过特制的螺纹钻杆对桩周土体螺旋状挤压，改善桩间土物理力学性能，从而有利于提高桩侧阻力和减小地基土沉降。当然，在实际施工中需将挤土效应控制在有利的状态下。

（3）通过螺纹桩处理的复合地基可以消除可液化土层，从而有效地降低地震力对上部结构的影响。

（4）螺纹桩施工工艺简便，在正确操作的前提下不存在清底、排土、泥浆护壁、塌孔、缩径和断桩等问题，桩身质量可靠，低噪声、低振动、无泥浆污染，属绿色环保桩型。

5. 施工机械与设备

（1）螺纹桩机

螺纹桩机与普通长螺旋钻机的主要区别在于：①动力头输出扭矩大，可达320kN·m；②动力头和主卷扬机的电机均采用直流电机；③动力头采用低转速、大扭矩方式，其转速为4r/min；④采用高精度的直流控制系统。

螺纹桩机包括立柱、动力头、钻杆、卷扬机、行走机构及钻杆旋转机构与钻杆上下牵引机构之间的联动机构等。

表10.13-1为山东省文登市合力机械有限公司生产的螺纹（螺杆）桩机的主要技术参数。图10.13-1为螺纹（螺杆）桩机的结构示意图。

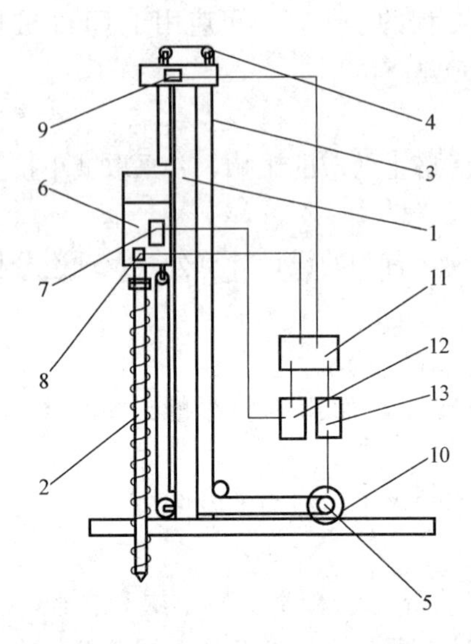

图10.13-1 螺纹（螺杆）桩机的结构示意图

1—机架；2—螺纹钻杆；3—钢丝绳；4—滑轮组；5—卷扬机；6—动力头；7—旋转驱动电机；8—钻杆旋转传感器；9—钻杆上下位移传感器；10—牵引电动机；11—工业控制器；

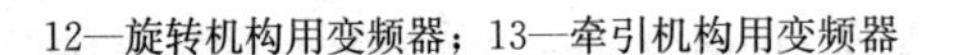

12—旋转机构用变频器；13—牵引机构用变频器

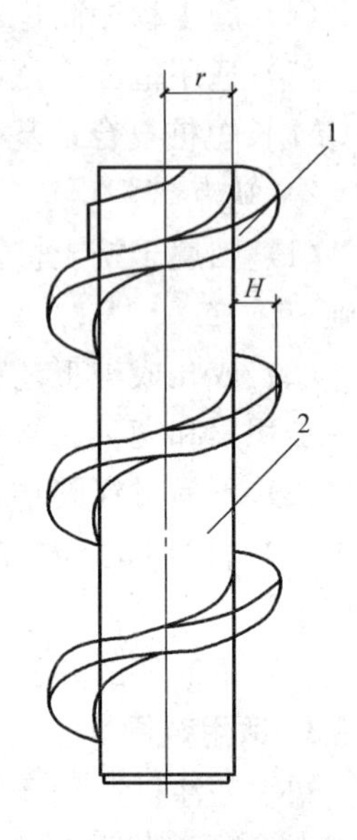

图10.13-2 螺纹钻杆

1—螺牙；2—芯管

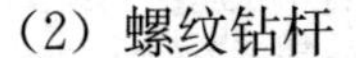

(2) 螺纹钻杆

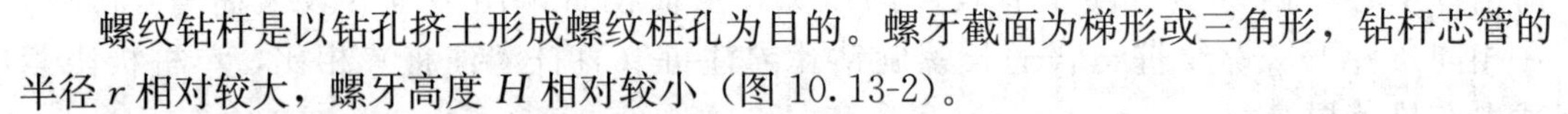

螺纹钻杆是以钻孔挤土形成螺纹桩孔为目的。螺牙截面为梯形或三角形，钻杆芯管的半径 r 相对较大，螺牙高度 H 相对较小（图10.13-2）。

螺纹钻杆与普通长螺旋钻机的螺旋钻杆（本章10.2.2节）显著不同之处在于，后者是以取土为目的，即通过螺旋钻杆钻进过程取土，钻进至设计深度后拔出钻杆，在土层中形成不带螺纹的直孔。为方便钻进顺利完成取土，其螺旋叶片薄而大，钻杆的芯管相对较细。

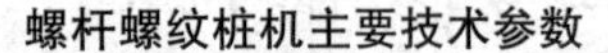

螺杆螺纹桩机主要技术参数 **表10.13-1**

参数名称	步履式		履带式	
	JZB90型	JZB120型	JZL90型	JZL120型
钻孔直径(mm)	600、500、400	600、500、400	600、500、400	600、500、400
钻孔深度(m)	25	27	25	27
回转速度(r/min)	0.28	0.28	0.30	0.30
配置动力头(kW)	37×2	55×2	37×2	55×2
动力头转速(r/min)	4	4	4	4

续表

参数名称	步履式		履带式	
	JZB90 型	JZB120 型	JZL90 型	JZL120 型
动力头扭矩(kN·m)	240	320	240	320
总质量(kg)	63×10^3	85×10^3	68×10^3	90×10^3

(3) 联动机构

螺纹钻机的最大特点是钻杆旋转机构与钻杆上下牵引机构之间设置联动机构，使钻杆旋转与上下运动之间具有一定的比例约束关系，即当钻杆每正向（反向）旋转一圈，则钻杆同时下降（上升）一个高度，该高度值等于该钻杆的螺距。这种双向约束的联动机构可控制钻杆运动轨迹，以满足螺纹桩施工工艺要求。

6. 施工工艺

1）施工程序

(1) 桩机就位，按测量放线位置将螺纹桩机就位。

(2) 对中调平。桩机调平并稳固，确保成桩垂直度。

(3) 钻孔至设计深度。下钻过程中桩机自控系统严格控制钻杆下降速度和旋转速度，使二者匹配，要求钻杆旋转一周，下降一个螺距。钻至设计深度，在土体中形成螺纹状段。

(4) 泵送混凝土。钻头钻至设计标高后，桩机反向旋转提升钻杆。提钻过程中自控系统严格控制钻杆提升速度和旋转速度，保持同步和匹配，要求钻杆提升旋转一周，上升一个螺距。与此同时将制备好的细石混凝土采用泵送方式迅速填满由钻杆旋转提升所产生的螺纹状空间。

(5) 停泵。提钻时钻头到达离桩顶设计标高处一定位置可停止泵送混凝土，由钻杆内的混凝土充填至桩顶标高，并考虑灌注余量。

(6) 提出钻头。待钻孔中心泵压混凝土形成桩体后，缓慢地提出钻头。

(7) 沉放钢筋笼。钻杆拔出孔口前，先将孔口浮土清理干净，然后将已吊起的钢筋笼竖直对准孔口，把钢筋笼下端插入混凝土桩体中，采用不完全卸载方式，使钢筋笼下沉至预定深度。

(8) 成桩，准备下一循环作业。

2）施工特点

(1) 螺纹桩的施工方法与普通长螺旋钻成孔灌注桩的施工方法（本章 10.2.3 节）不同，它采用一次性挤压旋转成孔技术，在成孔的同时通过中空钻杆的钻头，泵出混凝土，直接成桩。

(2) 螺纹桩的施工方法与 CFA 工法桩（钻孔压注桩）及长螺旋钻孔压灌后插笼灌注桩施工方法（本章 10.15.3 节）有共同点，即用成孔设备钻成孔达到预定设计深度后，再用混凝土泵通过钻杆中心将混凝土压入已钻成的桩孔中形成桩体，不同之处在于螺纹桩通过挤压方式形成桩孔，而后两类桩则通过非挤土钻孔方式形成桩孔。

(3) 螺纹桩的施工方法与德国宝峨公司的 FDP 挤土桩（Full Displacement Pile）同属

挤土灌注桩，但两者成孔方法和工艺不同。FDP桩采用橄榄形即锥形挤土体挤压成等直径桩体，而螺纹桩则采用挤压旋转成孔技术形成螺纹形桩体。

(4) 螺纹桩在钻杆下降和提升过程中通过自控系统严格控制钻杆下降速度与旋转速度及提升速度与旋转速度，分别使两者匹配，确保螺纹桩体的形成。

(5) 挤压成孔、中心压灌混凝土护壁和成桩合三为一从根本上排除了余土外运、泥浆污染和泥浆处理的问题，做到绿色施工。

(6) 由于钻机成孔后，用拖式泵将混凝土通过钻杆中心从钻头活门直接压入桩底，桩底无虚土；泵压混凝土具有一定动压力，桩端和桩侧与桩身周围土壤结合紧密，无泥皮影响。这就从根本上改善了桩基础的承载和变形性状。特别对桩基础抗拔受力性能的改善起到了重要作用。

(7) 钢筋笼植入混凝土中有一定振捣密实作用，钢筋笼的钢筋与混凝土的握裹力能够充分保证，没有泥浆遗留减弱握裹力的可能。

3) 施工要点

螺纹灌注桩中某些工序的施工要点与长螺纹钻孔压灌后插笼灌注桩（本章10.16.3节）的施工要点相同或相近，本节只是提及，不做赘述。

(1) 成孔要点

成孔的核心技术是采用一次性挤压旋转成孔技术。在下钻过程中，桩机自控系统严格控制钻杆下降速度和旋转速度，使二者匹配，要求钻杆旋转一周，下降一个螺距，钻至设计深度，在土体上形成螺纹状纹。

(2) 混凝土配合比要点参见10.15.3节。

(3) 混凝土泵送要点

除满足施工程序“泵送混凝土”要求外，其余混凝土泵送要点参见10.15.3节。对于螺纹灌注桩的场合，当钻至设计标高后，应先泵入混凝土并停顿10～20s加压，再缓慢提升钻杆。通过自控系统，匀速控制提杆速度，桩径400mm的桩钻杆提升速度为2.6m/min，桩径500mm的桩钻杆提升速度为1.6m/min。

(4) 沉放钢筋笼要点

为确保钢筋笼顺利沉放，钢筋笼底部可做成圆台式或圆锥式。混凝土灌注结束后，若钢筋笼长度不长，且混凝土坍落度合适时应立即将钢筋笼沉入混凝土桩体中。若钢筋笼长度较长，应设置下拉式刚性传力杆作为沉放的工具杆用，并采用合适的平板振动器或振动锤将钢筋笼振动沉入混凝土桩体中。混凝土的和易性是钢筋笼植入到位（到设计深度）的充分条件，经验表明，桩孔内混凝土坍落度损失过快，是造成植笼失败和桩身质量缺陷的关键因素之一。

(5) 施工顺序要点

桩的施工顺序应根据桩间距和周围建筑物的情况，按流水法分区考虑。对于较密集的满堂布桩可采取成排推进，并从中间向四周进行。若一侧靠近既有建筑物，则应从毗邻建筑物的一侧由近及远进行。同时根据桩的规格，采用先长后短的方式进行施工。当桩距小于1.2m且地下有深厚淤泥层及松散砂层时，应采取跳跃式施工，或采用控制凝固时间间隔施工，以防桩孔间窜浆。

10.13.3 螺杆灌注桩

10.13.3.1 基本原理

螺杆灌注桩的全称为半螺旋挤孔管内泵压混凝土灌注桩，也可简称为螺杆桩，又称半螺丝桩，是一种变截面异形灌注桩，由上、下两部分组成，桩的上部分为圆柱形，与普通的灌注桩相同，下部为带螺纹状的桩体，与螺纹灌注桩相同，其上下两桩段的长度可根据地基土质情况进行调节，没有固定的比例，下部螺纹桩体的外径与上部圆柱桩体直径相同。

图 10.13-3 为螺杆灌注桩示意图。

10.13.3.2 优缺点

1. 优点

除了包含 10.13.2 节螺丝灌注桩的 5 项优点外，螺杆灌注桩属于以侧阻力为主的桩，其“上大下小”的桩身构造符合桩身附加应力沿桩深度方向明显衰减的特点，两者匹配，不会造成桩顶破坏。

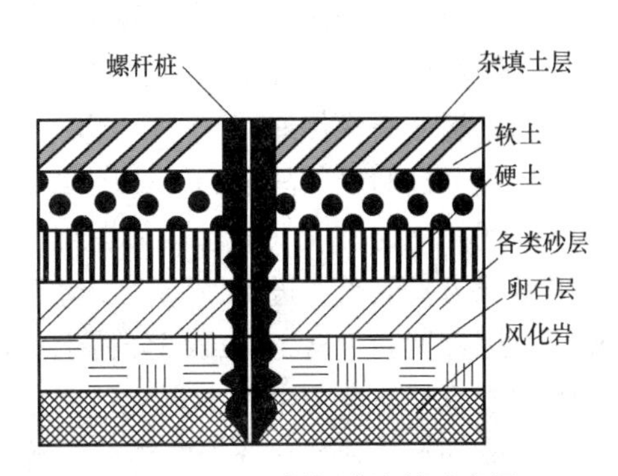

图 10.13-3 螺杆灌注桩示意图

2. 缺点

(1) 属于挤土桩或部分挤土桩，设计和施工时需考虑挤土效应的影响，并采取减小挤土效应的措施。

(2) 成孔成桩工艺特殊，受力机理比较复杂，有关的设计计算公式及理论分析等需要进一步积累和完善。

10.13.3.3 适用范围

螺杆灌注桩适用于淤泥质黏土、黏土、粉质黏土、粉土、砂土、湿陷性黄土、松散～中密卵石、全风化～中风化岩等地层。成孔成桩不受地下水的限制。

10.13.3.4 桩型特点

(1) 螺杆灌注桩是一种“上部为圆柱形，下部为螺纹形”的组合式新型桩，一般来说，圆柱段设置在承载力小于 120kPa 的软弱土层中，螺纹段设置在承载力大于 120kPa 的硬土层中，螺纹段的存在使土体抗剪强度大幅提高，从而桩侧阻力也有较大提高。另外在螺纹段形成过程中钻头对孔底有挤土作用，加之向钻杆空心管内泵压混凝土有较高的压力，从而使桩端阻力也有较大提高。因此，在相同的条件下，螺杆灌注桩与普通长螺旋钻孔灌注桩（本章 10.2 节）相比，单桩极限承载力有显著提高。

(2) 螺杆灌注桩是上部为圆柱形，下部为螺纹形的组合式桩型，而螺纹灌注桩是桩身等强度异形柱，虽然两者均属于以侧阻力为主的桩型（即端承摩擦桩），但前者的桩身强度“上大下小”与附加应力与分布规律匹配，桩体竖向几何断面更符合附加应力场由上而下逐渐减少的分布规律，满足竖向载荷在传递过程中对桩身刚度和强度的要求。后者因桩身等强度与附加应力分布规律不匹配。

(3) 螺纹灌注桩采用桩与土体形成螺纹式咬合的办法提高桩侧阻力，但其桩身截面积远小于同直径的传统直杆灌注桩（两者外径相同），故其桩身结构承载力小于后者，在桩竖向静载试验往往发生桩顶破坏，这正是螺纹灌注桩承载力不高的瓶颈所在。螺杆灌注桩将桩的上部设置为截面积较大的直杆段，从载荷传递机理来看，桩顶所受载荷最大，桩体上段受荷最大，桩体上段受荷也较大，螺杆桩这种构造特点正是用“大截面桩段”加大受力面积，承受“大载荷”，从而提高桩身结构承载力和刚度，形成桩身结构承载力略大于桩侧土对桩的最大支承力的合理关系。另外，在载荷传递过程中，直杆段对螺纹段功能的发挥起到承上启下的作用。一般说来，同径同长的螺杆桩的承载力可达到螺纹桩的二倍左右。

（4）螺杆桩的荷载传递与螺牙间距有关。当螺牙间距小于2.5～3.0倍螺牙直径时，各螺牙下的应力影响区延伸到下面的螺牙上，形成相互叠加的公共应力区，此时荷载沿着螺牙外包圆柱面和桩端部传递。当间距较大时，各螺牙则单独工作，荷载则由圆柱段桩身侧表面和各螺牙底面传递。

（5）螺杆桩的最佳间距为1.25～1.50倍螺牙直径。

（6）螺杆桩的桩段（直径段和螺纹段）的比例可根据地层土质情况和承载能力（竖向和水平承载力）的需要进行调整，使桩型设计合理化。

（7）螺杆桩属于挤土桩或部分挤土桩，视土层情况直杆段采取非取土成孔或半挤土成孔。螺纹段施工时会产生挤土效应，需采取减小挤土效应的措施。

（8）成桩工法独特。环保性能好。施工工艺简便，在正确操作的前提下不存在清底、泥浆护壁、塌孔、缩径和断桩等问题，桩身质量可靠，低噪声，低振动，无泥浆污染，属绿色环保桩型。直杆段部分会有少量排土现象。

10.13.3.5 施工机械与设备

除表10.13-1中合力机械有限公司生产额螺杆桩机外，近年来武昌造船重工集团和卓典集团联合制造推出新一代的L系列履带式螺杆桩机（L5026A、L5030A、L5035A），其主要技术参数见表10.13-2。L5030A螺杆桩机结构示意图见图10.13-4。

L型系列履带式螺杆桩机主要技术参数 **表10.13-2**

桩机型号	L5026A	L5030A	L5036A
钻孔直径(mm)	400、500、600	400、500、600	500、600、700
钻孔深度(m)	26	30	35
回转角度(°)	±180	±180	±180
动力头扭矩(kN·m)	280	340	340
许用拔桩力(kN)	660	660	900
许用压桩力(kN)	700	700	940
爬坡能力(°)	8	8	8
主卷扬提升速度(m/min)	9	9	9
主卷扬额定拉力(kN)	80	80	80
副卷扬提升速度(m/min)	12	12	12
副卷扬额定拉力(kN)	30	30	30
总质量(kg)	93×10^3	100×10^3	100×10^3

10.13.3.6 施工工艺

1. 施工程序

(1) 桩机就位。按测量放线位置将螺杆桩机就位。

(2) 对中调平。桩机就位后必须调平并稳固，确保成孔垂直度。

(3) 钻进。视上部土层情况采取不同的成孔方式。当上部土层地基承载力不大于180kPa时，采用正向同步技术（即螺旋钻杆旋转一周，螺旋钻杆下降一个螺距）钻进，使土体形成螺纹状直到设计深度。当上部土层地基承载力大于180kPa时，钻杆正向非同步钻进（即钻杆旋转2～3周，钻杆下降一个螺距）至螺杆桩直线段设计深度。在土体中形成圆柱状段，此后，采用正向同步技术（即钻杆旋转一周，钻杆下降一个螺距）钻至螺杆桩螺纹段设计深度，在土体中形成螺纹状段。

(4) 泵送混凝土。钻头钻到设计深度后，桩机反向旋转提升钻杆，在螺纹段提钻过程中自控系统严格控制钻杆提升速度和旋转速度，与下降时一样，保持同步和匹配，与此同时将制备好的细石混凝土以钻杆作为通道采取泵送方式迅速填满钻杆旋转提升所产生的带螺纹状空间；在圆柱段土体内采用同步技术提钻的同时泵送细石混凝土形成圆柱状桩体。

(5) 提钻时钻头到达一定位置可停止泵压细石混凝土，由钻杆内的混凝土充填至桩顶设计标高，并考虑灌注余量。

(6) 将钻孔中心泵压混凝土形成桩体后，缓慢地提出钻头。

(7) 钻杆拔出孔口前，先将孔口浮土清理干净，然后将已吊起的钢筋笼竖直对准孔口，把钢筋笼下端插入混凝土桩体中，采用不完全卸载方法，使钢筋笼下沉到预定深度。

(8) 成桩，准备下一循环作业。

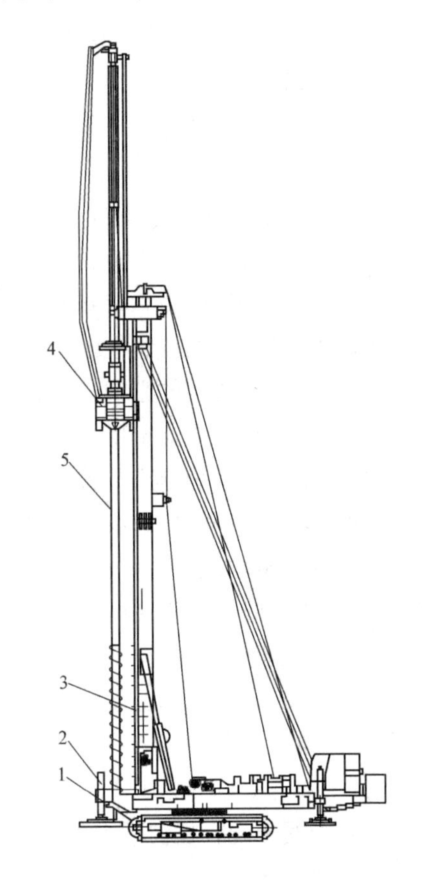

图 10.13-4 L5030A螺杆桩机结构示意图
1—行走机构；2—桩架总成；3—桅杆示意图；4—动力头总成；5—钻杆总成

2. 施工特点

(1) 螺杆桩由圆柱段桩体和螺纹段桩体组成，两者成孔和成桩工艺不同，螺纹段成桩分别采用正向同步技术挤压钻进和提钻并以钻杆为通道同步泵入混凝土；圆柱段成孔则视土层情况采用正向同步技术挤压钻进、半挤土钻进或正向非同步技术钻进，并以钻杆为通道采用非同步技术提钻泵入混凝土。由此可见螺杆桩的施工方法与普通长螺纹钻成孔灌注桩（本章10.2节）不大相同，也与螺纹灌注桩（本章10.13.2节）也有很大差别。

(2) 螺杆桩的施工方法与CFA工法桩（Continuous Flight Auger Pile，可译为钻孔

压注桩）及长螺旋钻孔压灌后插笼灌注桩（本章10.15.3节）施工方法有共同点即用成孔设备钻成孔达到预定设计深度后，再用混凝土泵车通过钻杆中心将混凝土压入已钻成的桩孔中形成桩体，不同之处在于螺杆桩通过挤压方式形成桩孔，而后两类桩则通过非挤土钻孔方式形成桩孔。

(3) 螺杆钻成桩工艺在钻杆下降和提升过程中，通过自控系统严格控制钻杆下降速度与旋转速度使两者匹配和严格控制钻杆提升速度与旋转速度使两者匹配，确保形成上部为圆柱形桩体、下部为螺纹形桩体。

第4、5、6、7与螺纹灌注桩施工特点第5、6、7、8点相同。

3. 施工要点

螺杆灌注桩某些工序的施工要点与长螺旋钻孔压灌后插笼灌注桩（本节10.15.3节）施工要点相同或相近，本节只是提及，不作赘述。

1）螺杆桩施工前应进行试成孔和试成桩，用以检测以下技术参数：

(1) 钻杆外径和芯管直径是否满足设计要求；

(2) 成孔深度能力和成孔直径；

(3) 成孔终孔的控制电流；

(4) 相邻孔之间的影响；

(5) 每根桩的混凝土用量；

(6) 定控制系统施工参数。

如果上述检测的技术参数满足成孔成桩要求，则上述参数可作为正式施工时选择工艺参数的依据。试成孔到达设计深度后，应在钻机立柱上做醒目标记，作为桩施工桩长的依据，正式施工时，根据底面高程和工作高差，作相应调整。

2）成孔要点

成孔的核心技术视土层情况，采用不同的成孔方式，确保在土体中形成圆柱的孔段和螺纹形孔段。

其余成孔要点参见10.15.3节。

3）混凝土配合比要点参见10.15.3节。

4）混凝土泵送要点

除满足施工程序“泵送混凝土”要求外，其余混凝土泵送要点参见10.15.3节。

对于螺杆灌注桩的场合，当钻至设计标高后，灌注首次混凝土时，应停顿10～20s加压，再缓慢提升钻杆。通过自控系统，严格控制匀速控制提杆速度。在螺纹段土体中钻杆旋转一圈，钻杆上升一个螺距，此时泵压的细石混凝土迅速填充由于钻杆提升所产生的螺纹空间。在圆柱段土体中采用非同步技术提钻的同时泵送细石混凝土形成圆柱状桩体。混凝土泵机采用60B泵或80泵，施工桩径400mm的桩钻杆提升速度为2.6m/min，施工桩径500mm的桩钻杆提升速度为1.6m/min。

5）沉放钢筋笼要点

参见10.13.2节螺纹灌注桩施工要点4。

6）施工顺序要点

参见10.13.2节螺纹灌注桩施工要点5。

4. 施工注意事项

(1) 螺杆桩施工中必须采用满足技术指标的成桩设备。

(2) 螺杆桩技术成桩设备及工艺的选择，应根据桩型、钻孔深度、土层情况，设计要求及基础类型综合确定。

(3) 桩的施工顺序应根据桩间距和地层的渗透情况，按编号顺序跳跃式进行，或采用凝固时间间隔进行，桩孔间应防止窜浆。

(4) 桩机就位后，应用桩机塔身的前后和左右的垂直标杆检查塔身导杆，校正位置，使钻杆垂直对准桩位中心，确保垂直度偏差小于1.0%桩长。

(5) 桩机在钻进加压后如果后摆腿下沉，会抬起前摆腿，造成立柱后倾，使得钻杆垂直度出现偏差，此时应随机调整钻杆的垂直度，满足规范要求。

(6) 泵送混凝土时严禁先提钻后泵料，确保成桩质量。

(7) 在螺纹段泵送混凝土时，应严格控制钻杆提升速度和旋转速度，保持两者同步和匹配，严禁直提钻杆而形成不了螺纹段。

(8) 混凝土必须连续泵送，每根桩的灌注时间按初盘混凝土初凝时间控制，对灌注过程中的一切故障均应记录备案。

(9) 若施工中因其他原因不能连续灌注，必须根据勘察报告和掌握的地质情况，避开饱和砂性土、粉土层，不得在这些土层内停机。

(10) 控制最后一次灌注量，桩顶不得偏低，应凿除的泛浆高度，必须保证暴露的桩顶混凝土达到强度设计值。

(11) 钢筋笼采用后置式沉放，钢筋笼沉放要一次到位，避免因沉放不当而造成的二次灌注混凝土。

(12) 钢筋笼安装到指定位置后，用9号铁丝捆绑在桩孔上的短架管上，保证钢筋笼不再下沉，捆绑时要控制好钢筋笼的中心度。

(13) 成桩后，应及时清除钻杆及泵管内残留的混凝土。长时间停置时，应将钻杆、泵管及混凝土泵清洗干净。单项工程完工后，应将施工现场所有设备彻底清洗干净。

(14) 所有螺杆桩达到一定强度后，用风镐凿除桩头浮渣，直到凿除到新鲜混凝土为止，严禁横向锤击。

10.13.3.7 结论

螺杆灌注桩和螺杆桩机是对螺纹灌注桩和螺纹桩机的发展，前者在后者的基础上进行了多方位和多层次的实质性改进，明显地改善了成孔和成桩的效果，取得了显著的技术经济效益。

10.13.4 旋转挤压灌注桩和浅螺纹灌注桩

1. 基本原理

旋转挤压灌注桩是采用专用成桩设备，通过钻具护壁并以微取土方式旋转挤压土体成孔，而后经钻杆芯管连续泵送混凝土形成桩体，最后采用后插笼工艺将钢筋笼沉入桩体中而形成的新型灌注桩。

浅螺纹灌注桩是指采用特定方法使直杆段（圆柱段）桩身形成等间距浅螺纹的螺杆灌注桩。

2. 旋转挤压灌注桩优缺点

1）优点

（1）适用范围广泛，施工不受地下水影响。

（2）承载力高、沉降小。

（3）成桩效率高。

（4）污染程度低。

（5）机械化施工。

（6）高度智能化。

（7）节能减排。

2）缺点

（1）属于挤土桩，设计和施工时需考虑挤土效应的影响，并采取减小挤土效应的措施。

（2）成孔成桩工艺特殊，受力机理比较复杂，有关的设计计算公式及理论分析等需要进一步积累和完善。

3. 旋转挤压灌注桩适用范围

1）适用土层

适用于软塑～坚硬黏土、粉质黏土、粉土及砂土等土层，特别是在卵砾石、碎石土、全风化～中风化岩（花岗岩及玄武岩等除外）等，成桩效果优异。施工不受地下水影响。

2）适用基础形式

（1）独立承台。

（2）条形基础、桩筏基础。

（3）复合地基。

旋转挤压灌注桩适用范围比较广泛，但在深厚淤泥层、硬质岩层及孤石地层中使用时应采取针对性技术措施。

4. 旋转挤压灌注桩的桩型特点

旋转挤压灌注桩是针对以重庆地区及宁波奉化地区为代表的地质状况的特点和难点（中密～密实卵石层及强风化～中风化岩层厚度大且地下水位高）开发出来的新桩型。在上述地区若采用泥浆护壁冲孔，钻孔灌注桩等取土类型桩，则具有以下缺点：取土成孔，孔壁土体应力释放，产生松弛效应；泥浆护壁产生泥皮效应；孔底取土不尽，产生沉渣（虚土）效应。其直接后果是：卵石层、风化岩层等良好土层侧阻力发挥度小于1；桩端阻力发挥度也小于1；桩的沉降量加大；为了满足承载力和沉降要求被迫向更大桩径和更深桩长发展，造成严重的泥浆污染，桩基施工效率低下和大幅度提高桩机造价。

旋转挤压灌注桩的特点：

(1) 该桩型以钻具护壁，无需泥浆，通过合理挤密和成孔的同步技术与非同步技术及连续泵送混凝土，形成上部为圆柱形或等间距浅螺纹圆柱形。下部为微取土方式旋转挤压型桩体。

(2) 该桩型成孔时无需泥浆、无泥皮和沉渣，可消除钻孔灌注桩三大负效应（桩身和桩端土体的松弛效应、泥皮效应和沉渣效应）。

(3) 采用同步技术成孔，形成等间距浅螺纹圆柱体实现桩土间的咬合构造，显著提高该部分的桩侧阻力。

(4) 在卵石层或岩层中，下部桩孔采用微取土方式旋转挤压成孔、在连续泵送混凝土采取反向同步技术提钻，混凝土在泵送压力下被压入卵石孔裂或岩层裂隙中，桩身与卵石层或风化岩层形成胶合状的共同受力，提供很大的桩侧阻力。

(5) 管内连续泵送混凝土，使桩端无沉渣，确保和提高桩端阻力。

5. 旋转挤压灌注桩的施工机械与设备

施工机械为表 10.13-2 和图 10.13-4 的 L 型系列履带式螺杆桩机，其组成、技术特点及优势见 10.13.3 节。

6. 旋转挤压灌注桩的施工工艺

1) 施工程序

(1) 桩机就位。按测量放线位置将桩机就位。

(2) 对中调平。桩机就位后必须调平并稳固，确保成孔垂直度。

(3) 钻进。根据土层软硬程度选择同步或非同步技术成孔。对于一般土层由自动控制系统精确控制旋转速度与钻进速度同步技术，即每钻进一螺距，刚好转一圈；在较硬土层中采用非同步技术成孔，即每钻进一螺距，旋转 2～3 圈。

(4) 泵送混凝土。钻头钻到设计深度后，桩机反向旋转提升钻杆，同时连续泵送混凝土。在卵石层或岩层中，采用反向同步技术提钻，即每提钻一螺距，刚好转一圈，保持桩侧土的土性和挤密效果；在上部较软土层中，采用正向技术提钻，即每提钻一螺距，旋转 2～3 圈。

第 5～8 程序同螺杆桩施工技术（10.13.3 节）第 5～8 程序。

2) 施工特点

(1) 挤密效应。钻具对桩周土体合理挤密。

(2) 精密控制。旋转与钻进（或提升）速度精密匹配。

(3) 钻具护壁。无需泥浆、无泥皮和沉渣。

(4) 胶结效应。在卵石层或风化岩中，混凝土在泵送压力下被压入卵石孔隙或岩层裂隙中，桩身与卵石层或风化岩形成铰接状共同受力体。

(5) 等间距浅螺纹。采用特定方法使桩身形成等间距浅螺纹，桩土间形成咬合构造，提高桩侧阻力，从而也提高桩承载力。

第 6、7、8、9 点与螺纹灌注桩施工特点第 5、6、7、8 点相同。

3) 施工要点

选择挤压灌注桩中某些工序的施工要点与长螺旋钻孔压灌后插笼灌注桩（本章第 10.15.3 节）施工要点相同或相近，本节只是提及，不作赘述。

（1）旋转挤压灌注桩施工前应进行试成孔和试成桩，具体做法可参见螺杆灌注桩施工要点1。

（2）成孔要点

成孔的核心技术视土层软硬程度选择同步或非同步技术成孔。

其余成孔要点参见10.15.3节。

（3）混凝土泵送要点

除满足施工程序“（4）泵送混凝土”要求外，其余混凝土泵送要点参见10.15.3节。

（4）沉放钢筋笼要点

参见10.13.2节螺纹灌注桩施工要点4。

（5）施工顺序要点

参见10.13.2节螺纹灌注桩施工要点5。

4）施工注意事项

可参考10.13.3节螺杆灌注桩“施工注意事项”。

10.14 冲击钻成孔灌注桩

10.14.1 使用范围及原理

1. 基本原理

冲击钻成孔法为历史悠久的钻孔方法。冲击钻成孔施工法是采用冲击式钻机或卷扬机带动一定重量的冲击钻头，在一定的高度内使钻头提升，然后突放使钻头自由降落，利用冲击动能冲挤土层或破碎岩层形成桩孔，再用掏渣筒或泥浆循环方法将钻渣岩屑排出。每次冲击之后，冲击钻头在钢丝绳转向装置带动下转动一定的角度，从而使桩孔得到规则的圆形断面。

2. 优缺点

1）优点

（1）用冲击力法破碎岩土尤其是破碎有裂隙的坚硬岩土和大的卵砾石所消耗的功率小，破碎效果好，同时，冲击土层时的冲挤作用形成的孔壁较为坚固，相对减少了破碎体积。

（2）在含有较大卵砾石层、漂砾石层中施工成孔效率较高。

（3）设备简单，操作方便，钻进参数容易掌握，设备移动方便，机械故障少。

（4）钻进时孔内泥浆一般不是循环的，只起悬浮钻渣和保持孔壁稳定的作用，泥浆用量少，消耗小。

（5）钻进过程中，只有提升钻具时才需要动力，钻具自由下落冲击岩土是不消耗动力的，能耗小。和回转钻相比，当设备功率相同时，冲击钻能施工较大直径的桩孔。

（6）在流砂层中亦能钻进。

（7）当含有大块石垫土地层需要打桩时或原位清除老桩基础重新打孔打桩时冲击钻成孔法为优先方法之一。

2）缺点

（1）利用钢丝绳牵引冲击钻头进行冲击钻进时，大部分作业时间消耗在提放钻头和掏渣，钻进效率较低。随桩孔加深，掏渣时间和孔底清渣时间均增加好多。

(2) 容易出现桩孔不圆的情况。

(3) 容易出现孔斜、卡钻和掉钻等事故。

(4) 由于冲击能量的限制，孔深和孔径均比反循环钻成孔施工法小。

3. 适用范围

冲击钻成孔适用于填土层、黏土层、粉土层、淤泥层、砂土层和碎石土层；也适用于砾卵石层、岩溶发育岩层和裂隙发育的地层施工，而后者常常是回转钻进和其他钻进方法施工困难的地层。

桩孔直径通常为600～1500mm，最大直径可达2500mm；钻孔深度一般为50m左右，某些情况下可超过100m。

10.14.2 施工机械及设备

10.14.2.1 冲击钻机分类

冲击钻成孔法为历史悠久的钻孔方法。国内外常用的冲击钻机可分为钻杆冲击式和钢丝绳冲击式两种，后者应用广泛。钢丝绳冲击式钻机又大致可分为两类：一类是专门用于冲击钻进的钢丝绳冲击钻机，一般均组装在汽车或拖车上，钻机安装、就位和转移均较方便；另一类是由带有离合器的双筒或单筒卷扬机组成的简易冲击钻矶。施工中多采用压风机清孔。除此以外，国内还生产正、反循环和冲击钻进三用钻机。国产冲击钻机见表10.14-1和表10.14-2。

日本神户制钢所生产的KPC—1200型重锤式基岩冲击钻机能施工直径650～2000mm、钻深100m的桩孔，能适应一般土层、卵砾石层及风化基岩，采用冲击钻进，气举反循环排渣。意大利马塞伦蒂（MASSA RENTI）也生产冲击反循环钻机，能高效地钻进各种地层。

10.14.2.2 冲击钻机的构造

冲击钻机主要由钻机或桩架（包括卷扬机）、冲击钻头、掏渣筒、转向装置和打捞装置等组成。

1. 钻机

冲孔设备除选用定型冲击钻机外（图10.14-1为CZ-22型冲击钻机示意图）也可用双滚筒卷扬机，配制桩架和钻头，制作简易冲击钻机（图10.14-2），卷扬机提升力宜为钻头重量的1.2～1.5倍。

2. 冲击钻头

冲击钻头由上部接头、钻头体、导正环和底刃脚组成。钻头体提供钻头所必须的重量和冲击动能，并起导向作用。底刃脚为直接冲击破碎岩土的部件。上部接头与转向装置相连接，设计或选择钻头的原则是充分发挥冲击力的作用和兼顾孔壁圆整。

冲击钻头形式有十字形、一字形、工字形、人字形、圆形和管式等。

1) 十字形钻头（图10.14-3）

十字形钻头应用最广，其线压力较大，冲击孔形较好，适用于各类土层和岩层。钻头自重与钻机匹配；刃脚直径D以设计孔径的大小为标准；钻头高度H约在1.5～2.5m范围，其值必须与钻头自重、刃脚直径相适应。良好的钻头，应具备下列技术性能：

表 10.14-1

国产冲击钻机

性能指标			天津探机厂		张家口探机厂	洛阳矿机厂		太原矿机厂		山西水工机械厂	
			SPC-300H	GJC-40H	GJD-1500	YKC-31	CZ-22	CZ-28	CZ-30	KCL-100	CZ-1200
钻孔最大直径(mm)			700	700	2000（土层）1500（岩层）	1500	800	1000	1200	1000	1500
钻孔最大深度(m)			80	80	50	120	150	150	180	50	80
冲击行程(mm)			500.650	500.650	100～1000	600～1000	350～1000		500～1000	350～1000	1000～1100
冲击频率(次/mm)			25.50.72	20-72	0-30	29.30.31	40.45.50	40.45.50	40.45.50	404550	36.40
冲击钻质量(kg)					2940		1500		2500	1500	2300
卷筒提升力(kN)	冲击钻卷筒		30	30	39.2	55	20		30	20	35
	掏渣钻卷筒					25	13		20	13	20
	滑车卷筒		20	20					30		
驱动动力功率(kW)			118	118	63	60	22	33	40	30	77
桅杆负荷能力(kN)			150	150					250	120	300
桅杆工作时高度(m)			11	11					16	7.5	8.50,12,50
钻机外尺寸形	拖动时	长度							10.00		
		宽度							2.66		
		高度							3.50		
	工作时	长度	10.85	10.85	5.04				6.00	2.8	
		宽度	2.47	2.47	2.36				2.66	2.3	
		高度	3.60	3.55	6.38				16.30	7.8	
钻机质量(kg)			15000	15000	20500		6850	7600	13670	6100	9500

注：SPC-300H、GJC-40H 和 GJD-1500 钻机的循环钻进性能见表 10.5-1

国内常用的简易冲击钻机 表 10.14-2

性能指标	型号				
	YKC-30	YKC-20	飞跃-22	YKC-20-2	简易式
钻机卷筒提升力(kN)	30	15	20	12	35
冲击钻质量(kg)	2500	1000	1500	1000	2200
冲击行程(mm)	500～1000	450～1000	500～1000	300～760	2000～3000
冲击频率(次/min)	40.45.50	40.45.50	40.45.50	56～58	5～10
钻机质量(kg)	11500	6300	8000		5000
行走方式	轮胎式	轮胎式	轮胎式	履带自行	走管移动

(1) 钻头重量应略小于钻机最大容许吊重，以使单位长度底刃脚上的冲击压力最大。

(2) 有高强耐磨的刃脚，为此钻刃必须采用工具钢或弹簧钢，并用高锰焊条补焊。

(3) 根据不同土质选用不同的钻头系数(表 10.14-3)。

(4) 钻头截面变化要平缓，使冲击应力不集中，不易开裂折断，水口大，阻力小，冲击力大。

(5) 钻头上应焊有便于打捞的装置。

2) 管式钻头(图 10.14-4)

管式钻头是用钢板焊成双层管壁的圆筒，壁厚约 70mm，内外壁的间隙用钢砂或铅填充，以增加钻头重量。当刃角把岩土冲碎的同时，活门随即被碎渣挤开，把钻渣装入筒内，可实现冲孔掏渣两道工序合一，以提高工效。

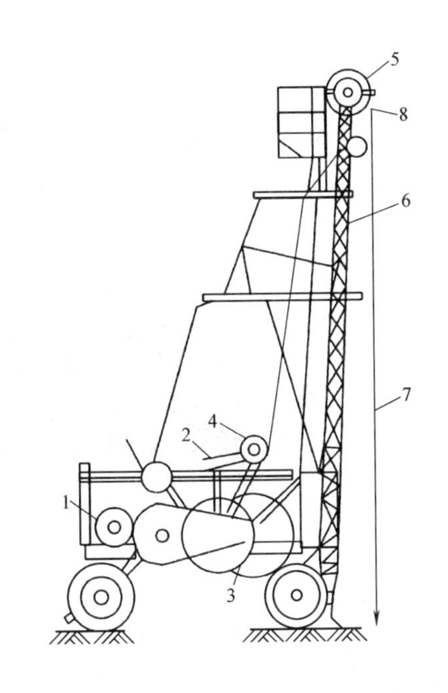

图 10.14-1 CZ-22 型冲击钻机示意图
1—电动机；2—冲击机构；3—主轴；4—压轮；5—钻具天轮；6—桅杆；7—钢丝绳；8—掏渣筒天轮

3) 其他形式钻头

一字形钻头冲击线压力大，有利于破碎岩土，但孔形不圆整；圆形钻头线压力较小，但孔形圆整；人字形钻头和工字形钻头，除刃脚形式各异外，其钻头本身与十字形钻头大同小异。

空心钻头适用于二级成孔工艺。扩孔钻头适用于二级成孔或修孔。

3. 掏渣筒

掏渣筒的主要作用是捞取被冲击钻头破碎后的孔内钻渣，它主要由提梁、管体、阀门和管靴等组成。阀门可根据岩性和施工要求不同做成多种形式，常用的有碗形活门、单扇活门和双扇活门等形式，见图 10.14-5。

4. 转向装置

转向装置又称绳卡或钢丝绳接头。它的作用是连接钢丝绳与钻头并使钻头在钢丝绳扭力作用下每冲击一次后能自动地回转一定的角度，以冲成规整的圆形桩孔。转向装置的结构形式主要有合金套式、转向套式、转向环式和绳帽套式等，见图10.14-6。

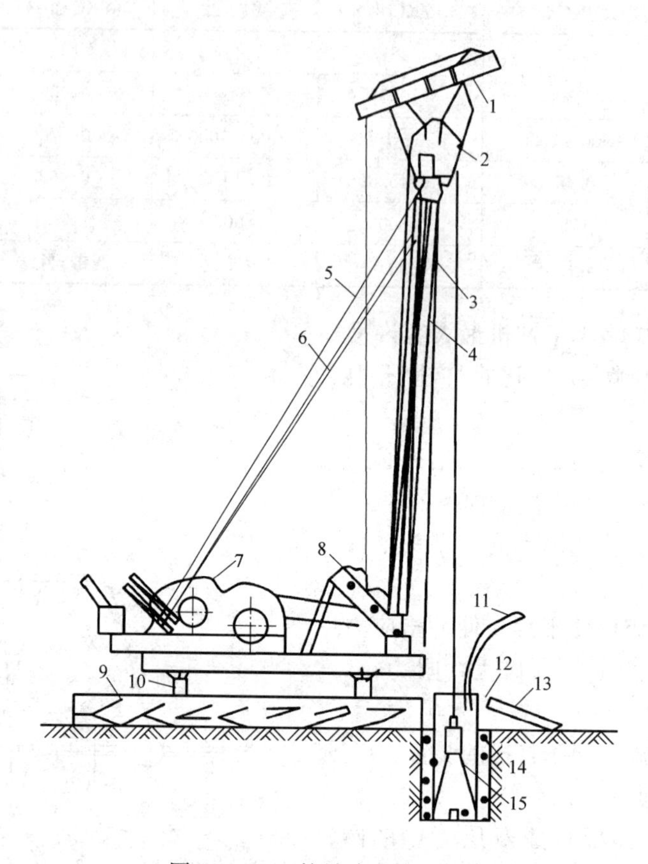

图10.14-2 简易冲击钻机示意图

1—副滑轮；2—主滑轮；3—主杆；4—前拉索；5—后拉索；6—斜撑；7—双滚筒卷扬机；8—导向轮；9—垫木；10—钢管；11—供浆管；12—溢流口；13—泥浆渡槽；14—护筒回填土；15—钻头

不同土质选用的钻头系数 **表10.14-3**

土质	α(°)	β(°)	γ(°)	φ(°)
黏土、细砂	70	40	12	160
堆积层砂卵石	80	50	15	170
坚硬漂卵石	90	60	15	170

注：本表中α、β、γ和φ角的位置见图10.14-3。

5. 钢丝绳

钢丝绳是用来提升钻具的。在冲击钻进过程中，钢丝绳承受周期性变化的负荷。在选择钢丝绳时，若钻具有丝扣连接，则钢丝绳的啮合方向应与钻具丝扣方向相反。为了减小钢丝绳的磨损，卷筒或滑轮的最小直径与钢丝绳直径之比，不应小于12～18。钢丝绳应选用优质、柔软、无断丝者，且其安全系数不得小于12。连接吊环处的短绳和主绳（起吊钢丝绳）的卡扣不得少于3个，各卡扣受力应均匀。在钢丝绳与吊环弯曲处应安装槽形护铁（俗称马眼），以防扭曲及磨损。

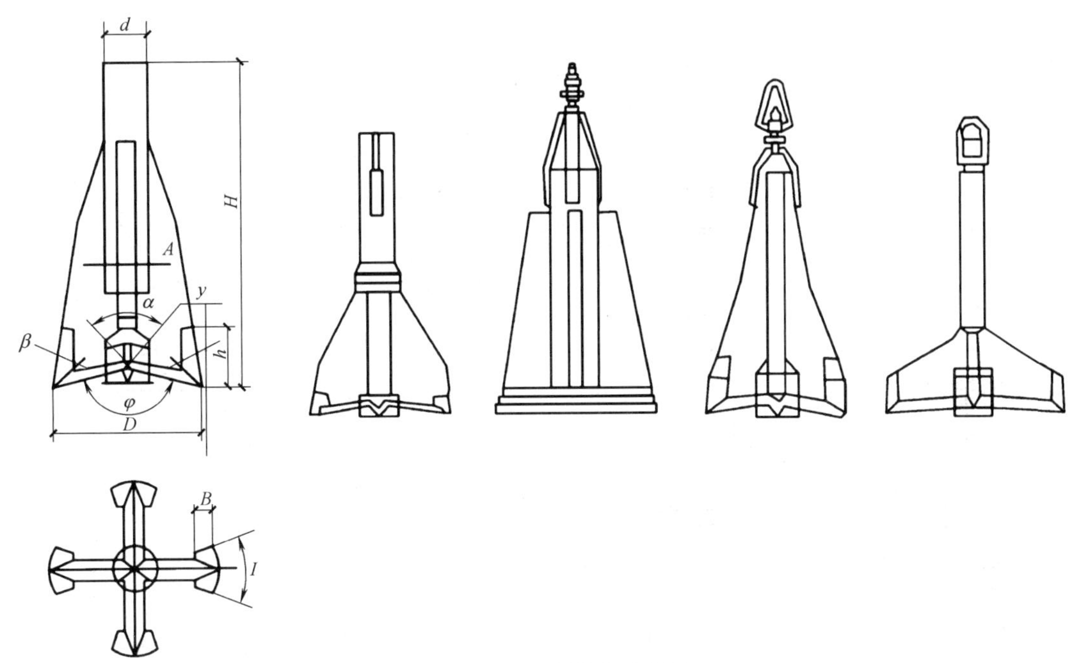

图 10.14-3 十字形钻头示意圈

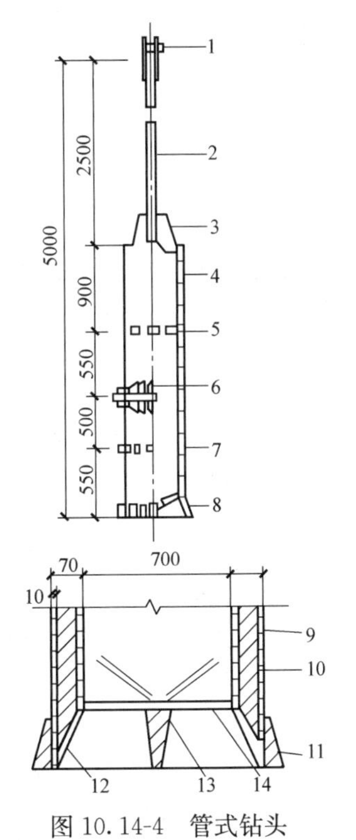

图 10.14-4 管式钻头

1—大绳吊环；2—钻杆；3—联接环；4—钻筒；5—泄水孔；6—扩孔器；7—扩孔叶片；8—刃脚；9—钢板；10—填充钢砂或铅；11—外刃脚；12—内刃脚；13—活门轴；14—活门（图中单位：mm）

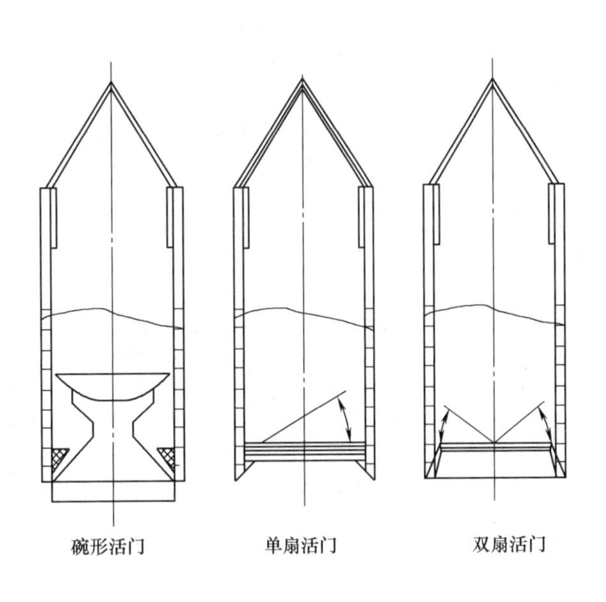

图 10.14-5 掏渣筒构造示意图

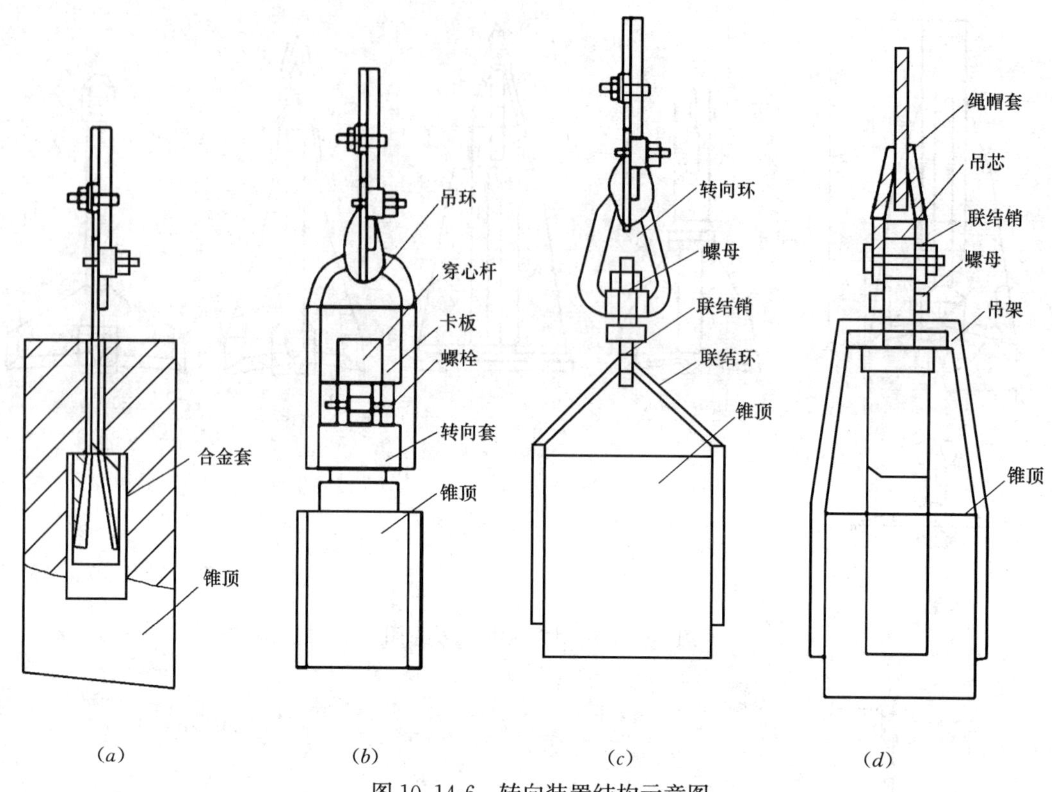

图 10.14-6 转向装置结构示意图

(a) 合金套；(b) 转向套；(c) 转向环；(d) 绳帽套

6. 打捞钩及打捞装置

在钻头上部应预设打捞杠、打捞环、或打捞套，以便掉钻时可立即打捞。卡钻时可使用打捞钩助提。

打捞装置及打捞钩的示意图 10.14-7。

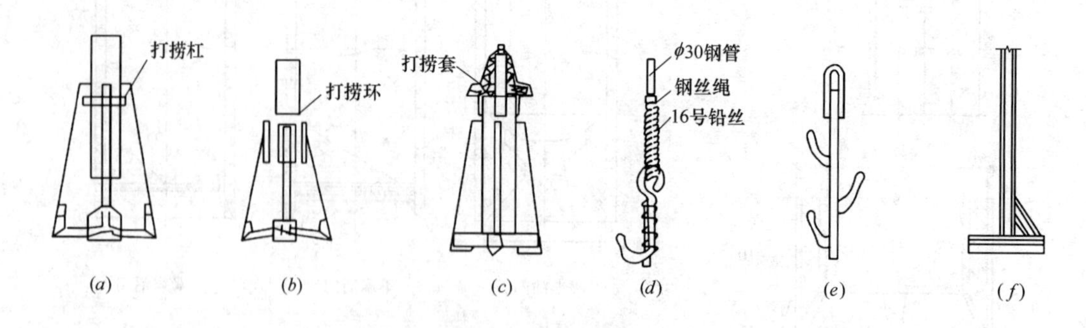

图 10.14-7 打捞装置及打捞钩

(a) 打捞杠；(b) 打捞环；(c) 打捞套；(d) 钢筋打捞钩；(e) 多面打捞钩；(f) 钢轨打捞平钩

10.14.3 施工工艺

10.14.3.1 施工程序

1. 设置护筒。

护筒内径应比冲击钻头直径大200～400mm；直径大于1m的护筒如果刚度不够时，可在顶端焊加强圆环，在筒身外壁焊竖向加肋筋；埋设可用加压、振动、锤击等方法。

2. 安装冲击钻机。

3. 冲击钻进。

4. 第一次处理孔底沉渣（用掏渣筒或泥浆循环）。

5. 移走冲击钻机。

以后的施工程序基本上与反循环钻成孔灌注桩相同，见10.5.3节。

10.14.3.2 施工特点

1. 在钢丝绳冲击钻进过程中，最重要的问题是如何保证冲击钻头在孔内以最大的加速度下落，以增大冲击功。

（1）合理地确定冲击钻头的重量

冲击钻头的重量一般按其冲孔直径每100mm取100～140kg为宜。对于硬岩土层或刃脚较长的钻头取大值，反之取小值。

（2）选择最优悬距

悬距是指冲击梁在上死点时钻头刃脚底刃面距孔底的高度。最优悬距是保证钻头最大切入深度而使钢丝绳没有剩余长度。一般正常悬距可取0.5～0.8m之间。悬距过大或过小钢丝绳抖动剧烈；悬距正常，钻机运转平稳，钻进效率高。

（3）冲击行程和冲击频率

冲击行程是指冲击梁在下死点钻头提至最高点时钻头底刃面距孔底的高度。冲击频率是指单位时间内钻头冲击孔底的次数。一般专用的钢丝绳冲击钻机选择冲击行程为0.78～1.5m，冲击频率为40～48次/min为宜。

2. 冲击钻进成孔施工总的原则是根据地层情况，合理选择钻进技术参数，少松绳（指长度）、勤松绳（指次数）、勤掏渣。

3. 控制合适的泥浆相对密度

施工时，要先在孔口埋设护筒，然后冲孔就位，使冲击锤中心对准护筒中。开始应低锤密击，锤高0.4～0.6m，并及时加片石、砂砾石和黏土泥浆护壁，使孔壁挤压密实，直至孔深达护筒底以下3～4m后，才可加快速度，将锤提高至1.5～2.0m以上转入正常冲击，并随时测定和控制泥浆相对密度。各类土（岩）层中的冲程和泥浆相对密度关系见表10.14-4。

各类土（岩）层中的冲程和泥浆相对密度选用表　　表10.14-4

适用土层	钻进方法	效果
在护筒中及其刃脚以下3m	低冲程1m左右，泥浆相对密度1.2～1.5，土层松软时投入小片石和黏土块	造成坚实孔壁
黏性土、粉土层	中低冲程1～2m，加清水或稀泥浆，经常清除钻头上的泥块	防黏钻、吸钻，提高钻进效率
粉、细、中、粗砂层	中冲程2～3m，泥浆相对密度1.2～1.5，投入黏土块，勤冲，勤掏渣	反复冲击造成坚实孔壁，防止塌孔
砂卵石层	中、高冲程2～4m，泥浆相对密度1.3左右，多投黏土，减少投石量，勤掏渣	加大冲击能量，提高钻进效率

续表

适用土层	钻进方法	效果
基岩	高冲程3～4m,加快冲击频率8～12次/min,泥浆相对密度1.3左右	加大冲击量,提高钻进效率
软弱土层或塌孔回填重钻	高冲程反复冲击,加黏土块夹小片石,泥浆小片石相对密度1.3～1.5	造成坚实孔壁
淤泥层	低冲程0.75～1.5m,增加碎石和黏土投量,边冲击边投入	碎石和黏土挤入孔壁,增加孔壁稳定性

遇岩层表面不平或倾斜，应抛入200～300mm厚块石，使孔底表面略平，然后低锤快击使成一紧密平台后，再进行正常冲击，同时泥浆相对密度可降到1.2左右，以减少黏锤阻力但又不能过低，避免岩渣浮不上来，掏渣困难。

4. 在冲击钻进阶段应注意始终保持孔内水位高过护筒底口0.5m以上，以免水位升跌波动造成对护筒底口处的冲刷。同时孔内水位高度应大于地下水位1m以上。

10.14.3.3 施工要点

1. 施工准备

(1) 钻机底部支垫一定要牢固，同时，必须保证钻机吊绳、钻头的中心与桩基的中心重合，以免造成孔位偏差。

(2) 开钻以前，一定要对照工程地质柱状图，将各孔的地质情况研究清楚。

(3) 根据工程地质资料和土（溶）洞分布情况，合理地安排桩施工顺序，尽量避免各孔施工间的相互扰动，或相互之间“穿孔事故”的发生。宜采取跳打法，首先确保打桩间距大于4倍桩径以上，否则需保证相邻灌注桩混凝土灌注完36h后方能钻孔施工。

(4) 在钻头锥顶和提升钢丝绳之间应设置保证钻头自动转向的装置。

(5) 要保证孔内泥浆的质量。泥浆制备应选用高塑性黏土或膨润土，相对密度视不同土（岩）层采取相应的数值（见表10.14-4）黏度25～28s，胶体率大于95%，pH值8～10。

(6) 施工期间护筒内的泥浆面应高出地下水位1.0m以上，在受水位涨落影响时，泥浆面应高出最高水位1.5m以上。

(7) 每根桩在钻孔前，都要根据地质复杂程度，制定不同的控制方法，严格控制钻机的“冲程和进尺”。

2. 冲击钻进应遵守以下一般规定：

(1) 应控制钢丝绳放松量，勤放少放，防止钢丝绳放松过多减少冲程，放松过少则不能有效冲击；形成“打空锤”损坏冲击机具。

(2) 用卷扬机施工时，应在钢丝绳上作记号控制冲程。冲击钻头到底后要及时收绳提起冲击钻头，防止钢丝绳缠卷冲击钻具或反缠卷筒。

(3) 必须保证泥浆补给，保持孔内浆面稳定；护筒埋设较浅或表层土质较差时，护筒内泥浆压头不易过大。

(4) 一般不易多用高冲程、以免扰动孔壁而引起坍孔，扩孔或卡钻事故。

(5) 应经常检查钢丝绳磨损情况、卡扣松紧程度、转向装置是否灵活，以免突然掉钻。

（6）每次掏渣后或因其他原因停钻后再次开钻时，应由低冲程逐渐加大到正常冲程，以免卡钻。

（7）冲击钻头磨损较快，应经常检修补焊。

（8）大直径桩孔可分级扩孔，第一级桩孔直径为设计直径的0.6～0.8倍。

3. 冲击成孔质量控制应符合下列规定：

（1）开孔时，应低锤密击，当表土为淤泥、细砂等软弱土层时，可加黏土块夹小片石反复冲击造壁，采用小冲程进行开孔，待孔壁坚实、顺直以后，再逐步加大进尺。

（2）在各种不同的土层、岩层中成孔时，可按照表10.14-4的操作要点进行。

（3）进入基岩后，应采用大冲程、低频率冲击，当发现成孔偏移时，应回填片石至偏孔上方300～500mm处，然后重新冲孔；若岩面比较平，冲程可适当加大；若岩面倾斜或半边溶蚀、岩石半软半硬，则应将冲程控制在一定范围内，防止偏孔。

（4）应采用有效的技术措施防止扰动孔壁。塌孔、扩孔、卡孔和掉钻及泥浆流失等事故。

（5）每钻进4～5m应验孔一次，在更换钻头前或容易缩孔处，均应验孔。

4. 在黏性土层中钻进要点：

（1）可利用黏土自然造浆的特点，向孔内送入清水，通过钻头冲捣形成泥浆。

（2）可选用十字小刃角形的中小钻头钻进。

（3）控制回次进尺不大于0.6～1.0m。

（4）在黏性很大的黏土层中钻进时，可边冲边向孔内投入适量的碎石或粗砂。

（5）当孔内泥浆黏度过大、相对密度过高时，在掏渣的同时，向孔内泵入清水。

5. 在砂砾石层中钻进要点：

（1）使用黏度较高，相对密度适中的泥浆。

（2）保持孔内有足够的水头高度。

（3）视孔壁稳定情况边冲击边向孔内投入黏土，使黏土挤入孔壁，增加孔壁的胶结性。

（4）用掏渣筒掏渣时，要控制每次掏渣时间和掏渣量。

6. 在卵石、漂石层中钻进要点：

（1）宜选用带侧刃的大刃脚一字形冲击钻头，钻头重量要大，冲程要高。

（2）冲击钻进时可适时向孔内投入黏土，增加孔壁的胶结性，减少漏失量。

（3）保持孔内水头高度，不断向孔内补充泥浆，防止因漏水过量而坍孔。

（4）在大漂石层钻进时，要注意控制冲程和钢丝绳的松紧，防止孔斜。

（5）遇孤石时可抛填硬度相近的片石或卵石，用高冲程冲击，或高低冲程交替冲击，将大孤石击碎挤入孔壁；也可采用对孤石松动爆破后再冲击成孔。

7. 入岩钻进要点：

（1）钻头刚入岩面，或钻进至岩面变化处，应严格控制冲程，待平稳着岩后，再加快钻进速度。

（2）冲击钻头操作要平稳，尽可能少碰撞孔壁。

（3）遇裂隙漏失时，可投入黏土，冲击数次后，再边投黏土边冲击，直至穿过裂隙。

（4）遇起伏不平的岩面和溶洞底板时，不可盲目采用大冲程穿过。需投入黏土石块，将孔底填平，用十字形钻头小冲程反复冲捣，慢慢穿过。待穿过该层后，逐渐增大冲程和冲击频率，形成了一定深度的桩孔后，再进行正常冲击。

（5）进入基岩后，非桩端持力层每钻进 300～500mm 和桩端持力层每钻进 100～300mm 时，应清孔取样一次，并应做记录。

8. 遇溶洞钻进要点：

（1）根据地质钻探资料及管波探测资料分析确定桩位所在的岩层中是否有溶洞，以及溶洞的大小、填充情况，制定相应的现场处理措施。

（2）对于溶洞发育的桩基础，采用钢护筒做桩孔的孔壁，钢护筒振打至岩面。如果桩基施工中产生漏浆，钢护筒将起到支持孔壁不致坍塌的作用，所以钢护筒对振打至关重要。

（3）根据地质资料，对可能出现溶洞的桩孔要提前做好准备，在桩孔附近堆放足够的黄泥或黏土包和片石，泥浆池储存足够的泥浆，必要时在场地内砌筑一个蓄水池，用水管驳接到各桩孔，并配备回填用机械设备，如挖掘机、铲车等。

（4）在溶洞处施工时，填充溶洞后若发现孔位出现偏差，要及时抛片石进行修孔。同时，为了掌握好溶洞的具体位置和做好前期的准备工作，冲孔时施工人员要勤取样、勤观察、勤测量孔内进尺，如发现异常情况或与实际不符，应及时向上反映。

9. 掏渣应遵守以下规定：

（1）掏渣筒直径为桩孔直径的 50％～70％。

（2）开孔阶段，孔深不足 3～4m 时，不宜掏渣，应尽量使钻渣挤入孔壁。

（3）每钻进 0.5～1.0m 应掏渣一次，分次掏渣，4～6 筒为宜。当在卵石、漂石层进尺小于 50mm，在松散地层进尺小于 150mm 时，应及时掏渣，减少钻头的重复破碎现象。

（4）每次掏渣后应及时向孔内补充泥浆或黏土，保持孔内水位高于地下水位 1.5～2.0m。

10. 第一次泥浆循环处理孔底沉渣的要点：

当孔深达到设计标高后，并对孔深、孔径进行检查合格后，即可准备清孔。清孔的目的在于减少孔底沉渣厚度，使孔底标高符合设计要求；同时也为了在灌注混凝土时测深正确，保证混凝土质量。视不同深度、不同地质情况，有以下几种清孔方法：

（1）不易塌孔的桩孔，可采用空气吸泥清孔。

（2）采用抽浆清孔法，即在孔口注入清水，使孔内泥浆密度降低，用离心吸泥泵从孔内向外排渣，直至泥浆密度符合要求的 1.15～1.20，孔底沉渣厚度符合设计要求。

（3）冲孔至设计标高时，经捞取岩石碎屑样品与超前钻及地质报告资料对比，确认可以终孔后，加大循环泥浆相对密度，同时辅以轻锤冲击，以使较粗碎石颗粒冲细，从而可以随泥浆带出孔外。当循环泥浆不再带渣时，说明第一次清孔已经完成。

（4）采用气举反循环方法清除孔底沉渣和沉淤，即采用 $6m^3/min$ 的空压机将压缩空气送至孔底，带起固体颗粒以协助清孔。在清孔初期孔内岩渣较多，应控制泥浆相对密度较大，可采用气举反循环法加强泥浆携渣能力，加快清孔速度；而在清孔后期孔内泥浆含砂率已明显降低，岩渣已接近清理完毕，泥浆相对密度也显著减小，这时可将压缩空气管道直接对准孔底冲洗来冲起沉渣。当由于不可预见的原因造成空孔时间超过 30min 时，必须对孔底进行清除沉淤操作，具体方法与清渣相同。

(5) 对较深的钻孔，岩渣较小不易被抽出，可往孔内加适量水泥粉，增加岩渣之间的黏结度使其颗粒变大而易被抽出。

(6) 对于超深桩，其桩深大于100m，采用气举反循环结合泥浆净化器清孔，其清孔原理是利用空压机的压缩空气，通过送风管将压缩空气送入气举管内，高压气迅速膨胀与泥浆混合，形成一种密度小于泥浆的浆气混合物。在内外压力差及压气动量联合作用下沿气举钢导管内腔上升，带动管内泥浆及岩屑向上流动，形成空气、泥浆及岩屑混合的三相流，因此不断往孔内补充压缩空气，从而形成流速、流量极大的反循环，携带沉渣从孔底上升，再通过泥浆净化器净化泥浆，将含大量沉渣的泥浆筛分，筛分后钻渣直接排除，而泥浆通过循环管回流补充至孔内，形成孔内泥浆循环平衡状态。

上述多种清孔过程中必须及时补给足够的泥浆，并保持孔内液面的稳定。

清孔后孔底沉渣的允许厚度应符合设计及规范要求。

11. 钢筋笼沉放要点

(1) 为检查钻孔桩的桩位，保证钢筋笼的顺利下沉，必须用检孔器检查孔位、孔径、孔深、合格后可安排下钢筋笼。

(2) 为避免钢筋笼起吊时发生变形，采用两点吊将钢筋笼吊放入桩孔时，下落速度要均匀，钢筋笼要居中，切勿碰撞孔壁。

(3) 钢筋笼下放至设计标高后，将其校正至桩心位置并加以固定。

12. 第二次清孔要点

(1) 气举反循环清孔

导管下置后，在导管内下置导管长度2/3的气管，做好孔口密封工作，在泥浆调制完毕后，用6m^{3}空压机送风清孔。清孔过程中，在泥浆出入口、泥浆沉淀池中不停捞渣，以降低泥浆含砂率，改善泥浆性能，同时测量沉渣厚度，当沉渣厚度达到规范要求后，方可做水下混凝土灌注工作。

(2) 泵吸反循环清孔

采用导管、胶管和6BS砂石泵、3PN泥浆泵组成的循环系统进行。此工艺的特点是必须确保管路密封，不能产生漏气；6BS砂石泵使用前应检查叶轮、泵轴、密封组件的磨损情况，不合要求的要及时更换，使用过程中应及时往泵内补水，确保密封，泵吸正常。

在第二次清孔过程中，应不断置换泥浆，直至灌注水下混凝土；灌注混凝土前，孔底500mm以内的泥浆相对密度应小于1.25；含砂率不得大于8%；黏度不得大于28s；孔底沉渣厚度指标应符合《建筑桩基技术规范》JGJ 94—2008第6.3.9条的规定。

13. 水下混凝土灌注见10.18节

10.14.3.4 施工注意事项

1. 钻进过程需检查冲锤、钢丝绳、卡扣卡环等的完好情况，防止掉锤；控制泥浆的相对密度、含砂率等指标，以及中间因故停顿时的反浆情况，防止塌孔；复测桩位的偏移情况。冲进钢丝绳的对中，防止斜孔。

1) 防止掉锤的措施

① 确保设备完好。

② 制定严格的检查制度（含检查的内容及标准），若检查时作业人员提升冲锤至孔口，冲水检查冲锤、锤牙的完整性，是否有裂纹，并检查冲锤的锤径。若有开裂或磨损则

加焊修补或更换处理，提升的过程检查钢丝绳有没有断丝、毛刺、表面磨损度等。卡扣卡环是否松动、有裂纹。现场技术员每隔4h对现场检查一次，并记录签名，不符合要求的，及时要求作业工班更换。白夜班交接时有交接记录。

2）防止塌孔的措施

主要保证泥浆的性能指标，同检查冲锤制度一样，技术员每隔4h检测泥浆的相对密度及含砂率等指标，并在施工记录上填写，达不到要求的责令工班即时调整。在因机械故障停冲或钢筋笼安装时，必须保证泥浆的循环不中断，施工现场备有一台200kW的发电机，备停电应急。

3）防止斜孔的措施

主要为：控制冲进钢丝绳的对中，在冲进前由测量班复测钢丝绳的对中，并在四周做好保护桩，拉线成十字形校核钢丝绳，技术员每隔4h检查1次钢丝绳的对中。检查时拉好十字线，将钢丝绳缓慢提起，观察钢丝绳是否偏位。测量班每周对保护桩复测一次。另外，在更换钢丝绳、维修桩机等原因重新冲进时，必须由测量班重新复测钢丝绳的直径。

2. 钻进过程中经常检查成孔情况，用测锤检测孔深及转轴倾斜度，为保证孔形正直，钻进中应经常用检孔器进行检查，还应注意钻渣捞取判明钻进实际地质情况并做好记录，与地质剖面图核对，发现不符时应与业主和设计人员研究处理方案，以确保钻孔的正常顺利进行。

3. 根据钻进过程中的实际土层情况控制进尺快慢和泥浆性能指标，在黏土和软土中宜采用中等转速稀泥浆钻进或中冲程冲进；在粉砂土、粗砂、粉砂岩、泥岩、风化岩中采用低转慢速大泵量、稠泥浆钻进或大冲程冲进。

4. 振打钢护筒前首先应探明地下管线情况以免造成不良后果，护筒应定位准确，振打应保证横向水平、竖向垂直，以保证桩身竖直和利于下次接振护筒，振打完毕后，需慢慢放下桩锤并以小冲程冲刷护筒底部孔壁，防止因异物导致卡锤斜孔。如在振打钢护筒过程中碰到较厚砂层或其他因素，不能一次性振打到位时应停止振打，采用正常的冲孔方法先将上部冲到一定深度后，再采用边冲边打的方法将护筒振下，直到岩面。

5. 钻进过程发现桩位有偏差时，应采取回填石料、黏土等材料重新冲孔，直至将其偏差调整至质量验收规范偏差值允许范围内。

6. 在钻进过程中，应注意观察护筒内泥浆的水头变化，如发现孔内泥浆面急剧下降，或其他异常情况，应立即停止钻孔，将钻头提出护筒以上，待查明原因或采取相应措施后再重新施钻。

7. 在厚砂层中钻进时，为防止孔壁坍塌，应严格控制冲进速度和冲击冲程，每冲进约1m即停机约30min，同时抓紧捞渣；在泥浆内掺加膨润土和适量（$<0.20\%$）的Na_2CO_3以增强泥浆的黏度和附着力；调节泥浆相对密度至1.4左右，泥浆缓慢循环，在孔壁上形成一层泥膜后继续作小幅冲进，防止对上部孔壁形成太大扰动而造成坍孔或扩孔等事故。

8. 冲击钻进孔困难主要是由钻头及其装置或泥浆黏度等原因所造成。要克服成孔困难，可采取以下的处理措施，包括经常检查转向装置的灵活性；及时修补冲击钻头；若孔径已变小，则应严格控制钻头直径并在孔径变小处反复冲刮孔壁以增大孔径；对脱落的冲锥用打捞套（钩）、冲扳等捞取；调整泥浆黏度与相对密度；采用高低冲程交替冲击以加快孔形的修整等。

9. 为提高成孔质量，施工中必须配备足够的不同直径、重量的冲孔钻头，修孔钻头，冲岩钻头。在冲击钻头锥顶和提升钢丝绳之间，设置自行转向装置，以保证钻头自动转向，避免形成梅花孔；成孔的质量检测，均有明确的质量检测方法及检测器具，如冲孔深度用测绳测量，卷尺校核；垂直度检测采用检查钢丝绳垂直度及吊紧桩锤上下升降后钢丝绳的变化测定。孔径的检测则用专用钢筋探笼检测。

10. 冲孔灌注桩施工环节较多，容易出现桩位偏差过大、桩孔倾斜超标、孔底沉渣超厚、埋管、钢筋保护层不足、桩体混凝土离析、断桩及露筋等质量问题，这些质量问题往往使成桩难以满足设计要求，且补救困难，其施工质量关键在于施工各个环节的严格控制。

11. 对于嵌岩桩而言，其嵌岩深度和桩底持力层厚度是保证桩基质量的关键，因此首先要确定孔底全岩面的位置，然后再冲入设计深度，才能保证桩嵌岩深度，某工程提出以下技术鉴别标准可供参考应用。

1）冲孔至岩面的标准：（1）泥浆中出现较大颗粒的瓜子片石渣；（2）钢丝绳出现明显反弹现象，有抖动，岩面较平时，反弹无偏离；岩面倾斜时，钢丝绳反弹有偏离。

2）冲孔至全岩面时的鉴别：（1）与超前钻资料对照基本相符；（2）钢丝绳反弹明显，并且无偏离；（3）出渣含量增大，岩样颗粒小；（4）冲孔速度明显变慢，每小时 100mm 左右。

12. 对岩溶地区的钻孔要定期检查，发现偏位及时纠正。对一般地层，每班至少检查 1 次；对半边溶蚀、岩面倾斜地层，至少每小时检查 1 次，确保桩位偏差不超过规范要求。

13. 入岩以后，平均每米要采集 1 组岩样，根据其颗粒大小和特征，判断岩石的软硬和进尺速度，并与工程地质资料进行比较，看实际岩面与地质图是否相符。一般来说，较硬的岩石采集出来的岩渣颗粒较小，且钻孔进尺较慢，为 80～200m m/h；相反，则岩样颗粒较大，进尺也快得多。

14. 特殊岩层应采用分层定量抛填块石和黏土（比例 2：1），用钻头“小冲程、反复打密”的方法，直至钻头全断面进入岩层为止。在这种岩层冲孔，因为岩面不平，很容易发生偏孔，必须随时观察孔位的偏差情况，一旦发现偏位，立即采取纠偏措施。

15. 钻至设计标高以后，应及时捞取岩样，根据岩样特征和钻进速度，判断该孔能否终孔。一般情况下，微风化岩的岩样颗粒细小，呈“米粒”状，直径 3～5mm，进尺速度 100 mm/h 左右。若发现基岩岩样颗粒太大，进尺太快，表明实际基岩与设计不符，应立即停下来，报设计院处理。

16. 当遇到岩石特别坚硬或孤石的情况，可采用松动爆破（微差爆破）的工艺以避免爆破对周围建（构）筑物的影响可能会导致建（构）筑物的破坏，其施工方法是在拟成孔的岩体内不同深度和不同平面位置上设置炸药包，按《爆破安全规程》GB 6722 中爆破地震安全距离的规定，通过微差技术控制炸药包的起爆时间和顺序，达到对拟成孔岩体松动爆破的目的。

17. 相邻比较近的 2 根冲孔桩，一根桩灌注混凝土时，另外一根桩的冲孔施工应停下来，以免造成桩孔壁破坏，影响混凝土灌注。

18. 溶洞处理时注意事项

（1）对封闭且体积较小的溶洞（$h<1m$），若洞内有填充物，且钻穿溶洞时水头变化不大，则可加入少量黏土以保持泥浆浓度；若洞内有水，则可抛投黏土块，保持泥浆浓度；若为空洞且孔内水头突然下降，则应及时补浆并加入溶洞体积1.2～1.5倍的黏土和小片石，用小冲程砸成泥石孔壁，在溶洞范围形成护壁后再继续施工。

（2）对于中型溶洞（$h=1\sim3m$），施工前应准备足够的回填料，当钻头到达溶洞上方约700mm处时调整钻机转速或冲孔速度，以防发生钻头快速下沉的失控现象。回填时采用抛填片石和注入C10素混凝土，先用小冲程冲击片石挤压到溶洞边形成石壁，混凝土将片石空隙初步堵塞后停止冲击，再次冲孔施工一定要在24h后进行，即混凝土强度达2.5MPa后再继续进行冲击，由于溶洞大小的不可预见性，灌注混凝土时应保证足够供给量。

（3）对于大型溶洞及多层溶洞（$h\geqslant3m$），如钻进无坍孔而能顺利成孔，为了防止灌注水下混凝土流失，可在溶洞上下各1m范围内用钢护筒防护。钢护筒采用壁厚6mm的钢板制成，外侧用间距200mm的$\phi8$钢筋箍紧固定，将钢护筒焊接在钢筋笼的定位钢筋上，随钢筋笼放入而下沉就位。

若溶洞范围较大且漏水严重，钻进中无法使钻孔内保持一定的静水压力，钻孔时有可能出现严重的坍孔致使钻进困难时，采用壁厚10mm的钢板圆护筒进行施工，钻进过程中应边压入钢护筒边钻进，穿过溶洞后还需继续嵌岩。

在桩位用振动打桩机，将比桩径大150～300mm的钢护筒插打至溶洞顶板，以达到预防漏浆的目的。为了减少钢护筒的下沉阻力，一般都采用“先冲孔后下护筒”的方法，当然，对于一些比较浅的溶洞，也可以不预先冲孔，直接在孔位下沉钢护筒。在钢护筒下沉过程中，应严格控制其平面位置的偏差和垂直度的偏差。钢护筒的振动下沉不宜太快，应采用“小振幅、多振次”，否则，容易引起偏桩或斜孔。钻进前应根据地质资料显示的溶洞大小，准备好钢护筒以便需要时可加长，同时应准备好黄泥包、片石及泥浆以便发现漏浆时能及时有效地处理。

19. 大直径桩孔的施工，对于一般土层采用回转钻进较合适，对于巨粒土（漂石、卵石）、混合巨粒土（混合土漂石、混合土卵石 ）及巨粒混合土（漂石混合土、卵石混合土）等土层采用回转钻进较为困难；而冲击钻进，对于上述土层及岩石钻进效率较高，但对于一般土层钻进效率较低，故在深大桩孔施工中往往采用回转钻进＋冲击钻进＋反循环清孔的施工法，可有针对性地解决深大直径嵌岩灌注桩的施工难题。

10.15 长螺旋钻孔压灌后插笼灌注桩

10.15.1 适用范围及原理

10.15.1.1 长螺旋钻成孔工艺的发展

干作业长螺旋钻成孔灌注桩具有振动小、噪声低、不扰民、钻进速度快、施工方便等优点，但主要缺点是桩端或多或少留有虚土，只适用于地下水位以上的土层中成孔。

近20多年来，国内外推出将通常长螺旋钻机只能进行干作业拓展到进行湿作业（即在地下水位以下成孔成桩作业）的施工新技术，如欧洲的CFA工法桩、长螺旋挤压式灌注桩、长螺旋钻成孔全套管护壁法灌注桩及VB型桩等；国内的钻孔压浆桩、长螺旋钻孔压灌混凝土桩、钻孔压灌超流态混凝土桩、长螺旋钻孔压灌水泥浆护壁成桩法、长螺旋钻孔中心压灌泥浆护壁成桩法、长螺旋钻孔中心泵压混凝土植入钢筋笼灌注桩成桩法及部分挤土沉管灌注桩等。

以下简要地介绍上述成桩技术中的两种。

1. CFA工法桩

CFA工法桩（Continuous Flight Auger Pile），可译为长螺旋钻成孔连续压灌混凝土桩，也可简译为钻孔压注桩，在法、英、意、德、美等国比较流行。

CFA工法桩的施工程序如图10.15-1所示。

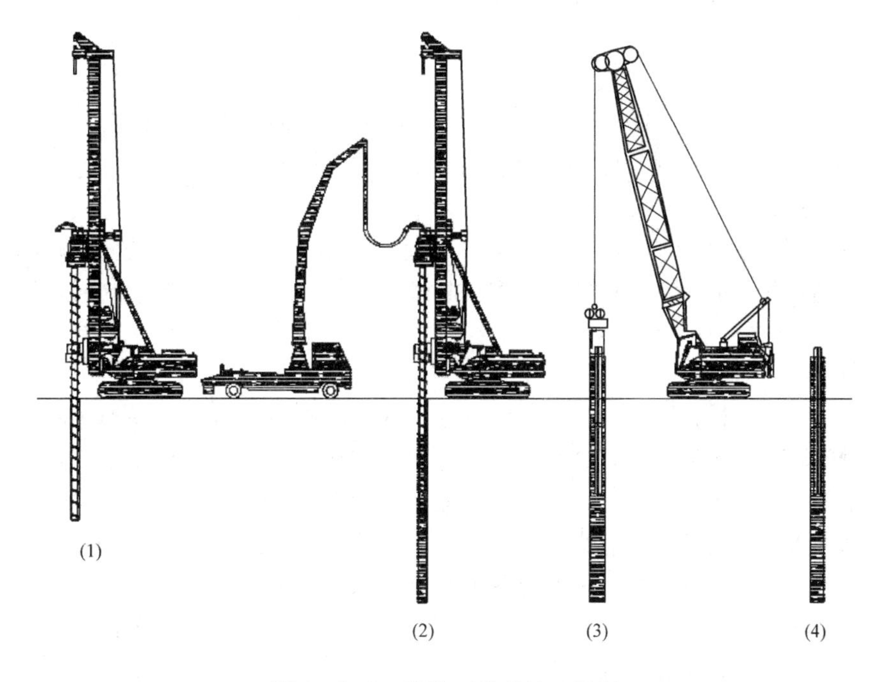

图10.15-1 CFA工法桩施工程序

（1）连续钻进至设计深度；（2）泵送混凝土；（3）将钢筋笼放入或振入至新鲜混凝土中；（4）成桩

（1）用CFA长螺旋钻机钻孔至预定深度；

（2）用混凝土泵车将混凝土通过钻杆内腔压灌至孔底，边灌混凝土边提升钻杆，直至将混凝土灌满整个桩孔；

（3）将钢筋笼振入或压入孔内混凝土中；

（4）成桩。

CFA工法桩采用的钻机均由液压马达驱动，扭矩较大，采用混凝土泵车通过钻杆内腔直接灌注混凝土，在合适的地层和深度，施工效率一般为150～200m/d，目前钻孔直径达1200mm、深度为35m左右：钻机主要生产厂家有德国的宝峨、德尔麦克、威尔特，意大利的土力、克萨格兰等公司。

据报道，（1）1988年在英国赫尔市曾施工了桩径为900mm，桩长为35m的CFA工法桩基；（2）当时在英国已有60台CFA桩机，CFA工法桩已成为英国最广泛应用的普通直径灌注桩，已占百分之五十以上的份额；(3) CFA桩机施工已实现了仪器仪表化，测量项目包括深度、混凝土体积、压力、扭矩及施工记录等：(4) 1988年《英国桩基施工规范》中有一章专门涉及CFA工法桩。

2. 钻孔压灌超流态混凝土桩

该法是由何庆林高级工程师于1993年12月提出的。

1) 基本原理

用改装后的长螺旋钻机钻至设计深度：在提钻的同时，通过设在钻杆内的芯管或直接由钻杆内腔经钻头上的喷嘴向孔底灌注一定数量的水泥浆；边提升钻杆边用混凝土泵压入超流态混凝土至略高于没有塌孔危险的位置；提出钻杆向孔内放入钢筋笼至桩顶设计标高；最后把超流态混凝土压灌至桩顶设计标高。

2) 施工程序

(1) 钻孔机就位；(2) 至设计深度后空钻清底；(3) 注水泥浆，注入量为桩体积的3%～10%；(4) 边提升钻杆边用混凝土泵经由钻杆内腔向孔内压灌超流态混凝土；(5) 提出钻杆，放入钢筋笼；(6) 灌注超流态混凝土至桩顶设计标高。

3) 超流态混凝土特性及组成

超流态混凝土坍落度为220～250mm，初凝时间控制为8～18h，超流态混凝土中加入多种外加剂：萘系减水剂、UWB—I型缓凝型絮凝剂、聚丙烯酰酸、木质磺酸钙及粉煤灰等。

4) 优缺点

优点：(1) 适应性强，应用广泛，不受地下水位的限制；(2) 不易产生断桩、缩颈、塌孔等质量问题，桩体质量好；(3) 在施工过程中桩端土及虚土经水泥浆渗透、挤密、固结；桩周土经水泥浆填充、渗透、挤密及超流态混凝土的侧向挤压，提高了桩端阻力和桩侧阻力，从而大大提高单桩承载力；(4) 经多种外加剂配制成的超流态混凝土具有摩擦系数低、流动性好、抗分散性好、细石能在混凝土中悬浮而不下沉、钢筋笼放入容易、施工方便；(5) 低噪声、低振动、不扰民；(6) 施工中不需泥浆护壁、不用排污、不需降水、施工现场文明；(7) 螺旋钻成孔、混凝土及水泥浆的拌和与泵送等一条龙施工，效率高、速度快，尤其适合于大型工程施工场地作业。

缺点：(1) 遇到粒径大的卵石层或厚流砂层时成孔困难；(2) 设备种类多，要求作业人员技术水平较高、配合紧密，施工管理较难，此外小型桩基工程采用此桩型，经济效益不高。

可以看出，钻孔压灌超流态混凝土桩是CFA工法桩的发展，具体表现在：①在压灌混凝土之前注入水泥浆，提高了桩端阻力和桩侧阻力，从而也提高了单桩承载力；②桩身采用超流态混凝土，有利于钢筋笼的沉放。

10.15.1.2 长螺旋钻孔压灌混凝土后插笼桩

该工法实质上是CFA工法桩在中国的具体实施和发展。

1. 长螺旋钻孔压灌混凝土后插笼桩施工方法（一）

该法是由中国建筑一局机械化施工公司于1997年开始实施的。其特点和原理如下：

用改装后的国产长螺旋钻机钻孔至设计深度后，在钻杆暂不提升的情况下，将普通细混凝土通过泵管由钻杆顶部向钻头进行压灌，按计量控制钻杆提升高度，边压灌混凝土边提升钻杆，直至混凝土达到没有塌孔危险的位置为止，起钻后向孔内放入钢筋笼，然后再灌入剩余部分混凝土成桩。

2. 长螺旋钻孔压灌混凝土后插笼桩施工方法（二）

本节施工方法（二）与施工方法（一）的差别，主要在于使钢筋笼植入到位的核心技术上，即振动锤的选择及下拉式刚性传力杆的设置。

(1) 基本原理

采用长螺旋钻成孔到达预定设计深度后，在边用混凝土泵通过钻杆中心将混凝土压入桩孔同时边提升钻杆，直至灌满已成的桩孔为止，再在混凝土初凝前将钢筋笼沉入（亦称植入）素混凝土桩体中成桩。

(2) 适用范围

适用于水位较高，易坍孔，长螺旋钻孔机能够钻进的土层（填土、黏土、粉质黏土、黏质粉土、粉细砂、中粗砂及卵石层等）及岩层（采用特殊的锥螺旋凿岩钻头时）。完全或主要为砂性土及卵石的地层条件应慎用。

易成孔的地层或水位较深、坍孔位置较低的地层，能适用其他更经济可靠方法施工的，不建议首选此工艺。

成孔直径 ϕ400、ϕ500、ϕ600、ϕ800 和 ϕ1000mm，最大深度为 28m（主要受国产长螺旋钻孔机设备的限制）。

10.15.2 施工机械及设备

长螺旋钻孔压灌后插笼灌注桩的施工机械及设备由长螺旋钻孔机、混凝土泵及强制式混凝土搅拌机等组成。其中长螺旋钻孔机是该工艺设备的核心部分。

1. 长螺旋钻孔机及配套打桩架

我国生产的长螺旋钻孔机主要由新河新钻公司、郑州宇通重工、郑州三力机械、文登合力机械、郑州勘察机械、洛阳大地等厂家。国外的长螺旋钻孔机主要有日本三和机工、三和机材、意大利土力公司和美国 BSP 公司等。

配套打桩机分为步履式、走管式、轨道式、履带三支点式和履带悬挂式等。

钻机直径分别为 ϕ300～1000mm（国内）、ϕ600～1500mm（国外）；钻机深度分别为 9～33m（国内），18～32m（国外）。可以根据工程需要和地层情况不同合理选用。

2. 钻头

钻头设计有单向阀门，成孔时钻头具有一般螺旋钻头的钻进功能，钻进过程中单向阀门封闭，水和土不能进入钻杆内，钻至预定标高提钻时，钻头阀门打开，钻杆内的混凝土能顺利通过钻头上的阀门流出。钻头的关键技术是：钻头的合理的叶片角度和设计靶齿，可增进钻头的吃土能力，提高钻进速度；钻头单向阀门的形式和密封性。

3. 弯头

弯头是连接钻杆与高强柔性管的重要部件，当泵送混凝土时，弯头的曲率半径和与钻杆的连接形式，对混凝土的正常输送起着至关重要的作用。

4. 排气阀

在施工中，当混凝土从弯头进入钻杆内时，钻杆内的空气需要排出，否则混合料积存大量空气将造成桩身不完整。当混凝土充满钻杆芯管时，混凝土将排气阀的浮子顶起，浮子将排气孔封闭。此时泵的压力可在混凝土连续体内传至钻头处，提钻时混凝土在一定压力下形成桩体。

气阀的主要功能是：钻杆进料时阀门处于常开状态，使钻杆内空气排出，当混凝土充满钻杆芯管时排气阀关闭，保证混凝土在一定压力下流出钻头，形成桩体。

图 10.15-2 为弯头及排气阀的构造示意图。

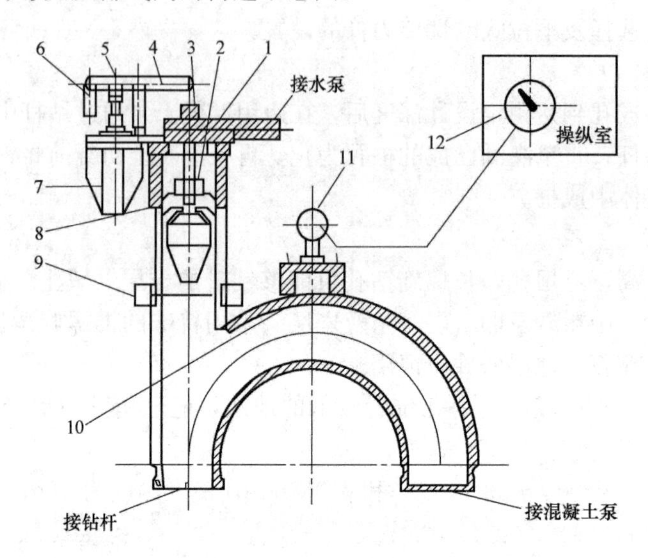

图 10.15-2 弯头及排气阀的构造示意图

1—底座；2—浮子；3—弹簧；4—杠杆；5—顶杆；6—平衡重；7—电磁阀；8—阀座；9—弯夹；10—膜片；11—远传压力表；12—压力显示器

5. 混凝土泵

较多采用活塞式混凝土泵，分配阀较多采用斜置式闸板阀和S形管阀，施工中需根据设计桩径和提拔速度合理地选择混凝土的泵送量。

6. 强制式搅拌机

当采用现场搅拌混凝土方式时，可采用双涡轴式强制搅拌机。

10.15.3 施工工艺

1. 施工程序

(1) 长螺旋钻机钻孔至设计标高。

(2) 从钻杆中心泵送混凝土。

(3) 打开长螺旋钻杆的钻头单向阀门。

(4) 待混凝土出钻头单向阀门后，边提钻杆边不间断地泵送混凝土，泵压混凝土至桩顶。

(5) 用振动方法插放钢筋笼。

(6) 成桩。

2. 施工特点

(1) 中心压灌混凝土护壁和成桩合二为一，具有桩体材料自行护壁的功能，无须附加其他护壁措施，免除泥浆污染、处理及外运等工作，对环境污染小。

(2) 由于钻机成孔后，用拖式泵将混凝土拌合料，通过钻杆中心从钻头活门直接压入桩端，桩端沉渣少；泵压混凝土具有一定的动压力，使桩壁与其周围土壤结合紧密，无泥皮。这就大大地改善了基础桩的抗压或抗拔的承载和变形性状，提高抗压及抗拔承载能力。

（3）钢筋笼植入混凝土中有一定振捣密实作用，钢筋与混凝土的握裹力能够充分保证，没有泥浆护壁灌注桩中泥浆遗留减低握裹力的可能性。

（4）施工关键技术是灌注混凝土后，再吊放钢筋笼，并沉入至设计深度。

混凝土的和易性是钢筋笼植入到位（到设计深度）的充分条件，经验表明，桩孔内混凝土坍落度损失过快，是造成植笼失败和桩身质量缺陷的关键因素之一。

（5）振动锤的选择及下拉式刚性传力杆的设置是钢筋笼植入到位的核心技术。

3. 施工要点

（1）成孔要点

① 长螺旋钻机能钻进设计要求穿透的土层，当需穿越老黏土、厚层砂土、碎石土以及塑性指数大于25的黏土时，应进行试钻。

② 长螺旋钻机定位后，应进行预检，钻头与桩点偏差不得大于20mm，刚接触地面时，下钻速度应慢；钻机钻进过程中，不宜反转或提升钻杆。

③ 钻进过程中，如遇到卡钻、钻机摇晃、偏斜或发生异常的声响时，应立即停钻，查明原因，采取相应措施后方可继续作业。

（2）混凝土配合比要点

① 根据桩身混凝土的设计强度等级，通过试验确定混凝土配合比；混凝土坍落度以180～220mm为宜。

② 水泥宜用P.O42.5强度等级，用量不得少于300kg/m^3。

③ 宜加粉煤灰和外加剂，宜采用Ⅰ级粉煤灰，用量不少于75kg/m^3。

④ 粗骨料可用卵石或碎石，最大粒径不宜大于16mm（当桩径为400～600mm时），不宜大于20mm（当桩径为800、1000mm时）。

（3）混凝土泵送要点

① 混凝土泵应根据桩径选型，安放位置应与钻机的施工顺序相配合，泵管布置尽量减少弯道，泵与钻机的距离不宜超过60m。

② 首盘混凝土灌注前，应先用清水清洗管道，再泵送一定量水泥砂浆润滑管道。

③ 混凝土的泵送宜连续进行，当钻机移位时，混凝土泵料斗内的混凝土应连续搅拌，泵送混凝土时，料斗内混凝土的高度不得低于400mm，以防吸进空气造成堵管。

④ 混凝土输送泵管尽可能保持水平，长距离泵送时，泵管下面应垫实。

⑤ 当气温高于30℃时，宜在输送泵管上覆盖隔热材料，每隔一段时间洒水湿润，以防管内混凝土失水离析，造成堵塞泵管。

⑥ 钻至设计标高后，应先泵入混凝土并暂停10～20s加压，再缓慢提升钻杆。提钻速度应根据土层情况确定，且应与混凝土泵送量相匹配，保证管内有一定高度的混凝土。

⑦ 钻进地下水以下的砂土层时，应有防止钻杆内进水的措施，压灌混凝土应连续进行。

⑧ 压灌桩的充盈系数应为1.00～1.20。桩顶混凝土超灌高度不宜小于0.3～0.5m。

⑨ 成桩后，应及时消除钻杆及软管内残留混凝土。长时间停置时，应采用清水将钻杆、泵管、混凝土泵清洗干净。

⑩ 随时检查泵管密封情况，以防漏水造成局部坍落度损失。

(4) 插入钢筋笼要点

混凝土灌注结束后，应立即用振动器将钢筋笼插入混凝土桩体中。

10.16 钻孔压浆灌注桩

10.16.1 适用范围及基本原理

1. 基本原理

钻孔压浆桩施工法是利用长螺旋钻孔机钻孔至设计深度，在提升钻杆的同时通过设在钻头上的喷嘴向孔内高压灌注制备好的以水泥浆为主剂的浆液，至浆液达到没有塌孔危险的位置或地下水位以上0.5～1.0m处；起钻后向孔内放入钢筋笼，并放入至少1根直通孔底的高压注浆管，然后投放料至孔口设计标高以上0.3m处；最后通过高压注浆管，在水泥浆终凝之前多次重复地向孔内补浆，直至孔口冒浆为止。

钻孔压浆桩施工法可以看成是吸收埋入式桩的水泥浆工法和CIP工法桩原理的组合。

所谓埋入式桩的水泥浆工法的基本原理是用长螺旋钻孔机钻孔至设计深度，在钻孔同时通过钻头向孔内注入以膨润土为主剂的钻进液，然后注水泥浆为主剂的桩端固定液或桩周固定液取代钻进液的同时提升钻杆，最后将预制桩插入孔内，并将其压入或轻打入至设计深度。

所谓CIP (Cast-in-Place Pile) 工法的基本原理是用长螺旋钻孔机钻孔至预定深度(如孔有可能坍塌时要插入套管)，提出钻杆，向桩孔中放入钢筋笼和注浆管 (1～4根)，投入粗骨料，最后边灌注砂浆、边拔注浆管 (及套管)，成桩。

2. 技术特点

(1) 钻孔压浆桩的成桩机理，有如下特点：

① 第一次注浆压力 (泵送终止压力) 一般为4～8MPa，水泥浆在此压力作用下向孔壁土层中扩渗，将易于塌孔的松散颗粒胶结，而有效地防止塌孔。所以此技术能在地下水、流砂和易塌孔的地质条件下，不用套管跟进或泥浆护壁就能顺利成孔。

② 由于高压水泥浆代替了泥浆护壁，还有明显的扩渗膨胀作用，因此这种桩的桩周不但没有因泥浆介质而减少摩阻力，反而向外长出许多树根般的水泥浆脉和局部膨胀生成的“浆瘤”，可显著地提高桩周摩阻力；同时，由于该项技术孔底不但可以有效地减少沉渣，而且高压水泥浆在桩底持力层的扩渗作用。形成“扩底桩”的效果，从而使桩端阻力大大地提高；施工工艺得当可有效地避免普通灌注桩易出现缩径、断径的通病。

③ 一般灌注桩的混凝土灌注都是由上而下自由落体，混凝土容易产生离析和桩身夹土现象；而该项技术的两次高压注浆 (注浆及补浆：长管补浆、短管补浆和花管补浆) 都是由下而上，靠高压浆液振荡，并顶升排出桩体内的空气，使桩身混凝土达到密实，因此桩身混凝土强度等级能达到C25及以上。

④ 钻孔压浆桩施工不受季节限制，尤其在严寒的东北等地区可以进行冬期施工，实

践证明，不但成桩质量有可靠保证，而且可操作性强，可以解决严寒地区建筑施工周期短的不足。

（2）钻孔压浆桩的承载机理有如下特点：

① 一般说来，钻孔压浆桩从荷载传递机理看属于端承摩擦桩，即在承载能力极限状态下，桩顶竖向荷载主要由桩侧阻力承受。

② 钻孔压浆桩由于水泥浆挤密和渗透扩散作用，桩周土和桩端土的强度有所增强。侧阻力达到极限状态所需的桩土相对位移较小（砂类土一般为 10～20mm），而且由于补浆作用，桩身下部的侧阻力能够充分发挥；侧阻力达到极限值后，端阻力随着桩端土体的压缩变形增大而逐渐发挥，由于桩端土已经过压密，因此充分发挥端阻力所需的压缩变形也较小。总之，一般表现为地基土的刺入破坏。

③ 埋有滑动测微计的测试结果表明：（1）桩身中部出现很大的侧阻力区；（2）桩身相应土层的单位侧阻力比普通钻孔灌注桩的地勘报告提供的指标高很多，单位端阻力与预制桩地勘报告提供的指标相当。

④ 工程桩桩头部位混凝土强度较低的现象也是普遍存在的，桩头开挖后，部分密实度较差或缺少骨料的桩头需要凿除，并用高强度等级普通混凝土进行接桩处理。

（3）补浆作用机理的分析

补浆工艺对确保钻孔压浆桩的承载能力起到极为重要的作用，补浆可分为长管补浆、短管补浆和花管补浆 3 种。

桩孔中的水泥浆受地下水影响，在重力作用下沉淀析水，水泥颗粒向桩身下部聚集，对桩身强度的影响不大；桩身上部的水泥浆容易离析，需要多次补浆强度才能得到加强。因此，在桩身中部补浆要比桩底补浆的效果好；补浆不仅能使骨料与浆液均匀混合，消除空隙，而且使第一次注浆后，由于孔壁对浆液的吸收、消失和收缩而引起的空隙得以填充致密，从而大大地提高桩的实际强度和质量；上述两种因素正是桩身中部补浆的钻孔压浆桩承载力得以提高的主要原因。

3. 优缺点

（1）优点

① 振动小，噪声小。

② 由于钻孔后的土柱和钻杆是被孔底的高压水泥浆置换后提出孔外的，所以能在流砂、淤泥、砂卵石、易塌孔和地下水的地质条件下，采用水泥浆护壁而顺利地成孔成桩。

③ 由于高压注浆对周围的地层有明显的渗透、加固挤密作用，可解决断桩、缩颈、桩底虚土等问题，还有局部膨胀扩径现象，提高承载力。

④ 因不用泥浆护壁，就没有因大量泥浆制备和处理而带来的污染环境、影响施工速度和质量等弊端。

⑤ 速度快、工期短。

⑥ 单方承载力较高。

⑦ 可紧邻既有建筑物施工，也可在场地狭小的条件下施工。

（2）缺点

① 因为桩身用无砂混凝土，故水泥消耗量较普通钢筋混凝土灌注桩多。

② 桩身上部的混凝土密实度比桩身下部差，静载试验时有发生桩顶压裂现象。

③ 注浆结束后，地面上水泥浆流失较多。

④ 遇到厚流砂层，成桩较难。

4. 适用范围

钻孔压浆桩适应性较广，几乎可用于各种地质土层条件施工，既能在水位以上干作业成孔成桩，也能在地下水位以下成孔成桩：既能在常温下施工，也能在−35℃的低温条件下施工；采用特制钻头可在饱和单轴抗压强度标准值 f_{rk}≤40MPa 的风化岩层、盐渍土层及砂卵石层中成孔，采用特殊措施可在厚流砂层中成孔，还能在紧邻持续振动源的困难环境下施工。

钻孔压浆桩的直径为一般为 300、400、500、600 和 800mm，常用桩径为 400、600mm，桩长最大可达 31m。

10.16.2 施工机械及设备

1. 长螺旋钻孔机

国产长螺旋钻孔机经改装和改造后均能满足钻孔压浆桩的施工工艺要求。

2. 导流器

为实现钻到预定深度后不提出钻杆而能自下而上高压注浆，在钻机动力头上部或下部安装 1 个导流器，并通过高压胶管与高压泵出口相连，导流器的出口通过小钢管或高压胶管与钻头相连通，在钻头的时片下有 2～4 个小出浆孔。在动力头输出轴下部安装导流器，不仅能传递较大扭矩，也能输送较高压力的浆液；如果动力头输出轴有通孔，则导流器可以安装在动力头上部，不起传递扭矩的作用，仅在钻杆旋转中输送高压浆液。

3. 钻杆

钻杆的接头也应通孔，并且要密封可靠，不能漏浆。如果利用钻杆内孔输送浆液，工作效率高，但注浆压力不大；如果利用钻杆内穿过的小钢管或高压胶管输送浆液，则注浆压力高，但每节管的连接一定要可靠，不能漏浆，否则小钢管和高压胶管很难从钻杆中取出。

4. 钻头

钻头的上部要有管接头与钻杆的压浆管相连，钻头叶片下有 2～4 个小出浆孔，保证浆液从孔底压入，其孔径要考虑浆液的流量和压力。在开钻前要将出浆孔堵住，以保证在钻进过程中出浆孔是关闭的；注浆时，出浆孔应及时打开，以保证注浆工序顺利进行。

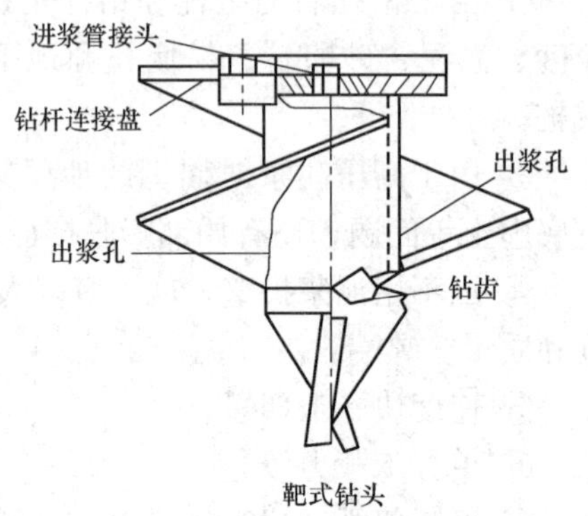

图 10.16-1 耙式钻头

钻头形式与其他螺旋钻孔机一样，视土层地质情况选用尖底钻头、平底钻头、耙式钻头或凿岩钻头等。

耙式钻头（见图 10.16-1）适应性较强，在砂卵石层中也能钻进。

锥螺旋凿岩钻头（图 10.16-2）既能钻岩又能钻土，钻头外形似一倒锥型双头螺旋，回转时稳定性好；刀头的刃部采用硬质合金，其硬度、抗弯、剪、扭、折、冲击等强度均大于一般的中硬岩石，从而使钻进中硬岩石成为可能。多刀头的合理组合，在钻进中形成阶梯状、多环自由面的碎岩方式，即下方刀头所形成的切槽为上方刀头碎岩提供了自由面，控制新刀头的硬质合金底出刃 4～6mm、外出刃 3～4mm，能较好地解决刀头钻进时在复杂应力状态下的崩刃与出刃（工作高度）之间的矛盾；针对钻头中心部分线速度小、刃口磨损过快、严重影响进尺的情况，底部的刀头采用倾角为 75°～85°的正前角，刀头刃部的正投影偏离并超越钻头轴心，实践中效果显著。

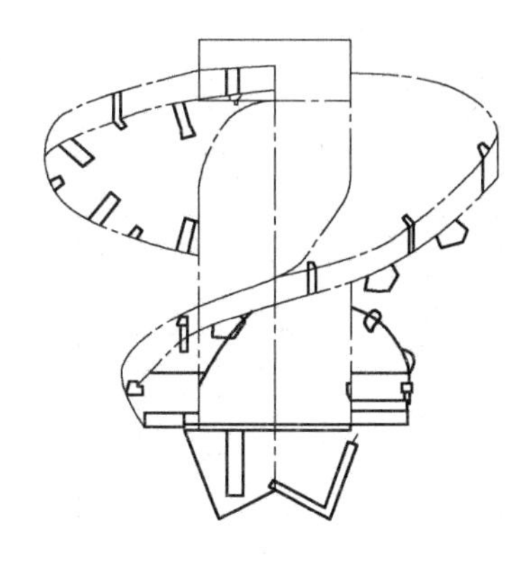

图 10.16-2 锥螺旋凿岩钻头原理图

5. 注浆泵及管路系统

注浆泵是钻孔压浆桩施工中的关键设备，因其工作介质是以水泥浆为主的浆液，通常浆液重度大于 16kN/m^3、漏斗黏度大于 35S，且采用高压注浆工况，因此对注浆泵的吸程、泵量、泵压及功率储备都有严格的要求。可选用 SNC-300 水泥注浆泵，当桩径和桩长较小时也可用 WB-320 泥浆泵替代。SNC-300 水泥注浆泵性能见表 10.16-1 所示，该泵安装在黄河 JN-150 车（油田固井车）上。

SNC-300 水泥注浆泵性能表 **表 10.16-1**

发动机变速档位	曲轴转速 (r/min)	缸套直径 ϕ100mm		缸套直径 ϕ115mm	
		排量(L/min)	压力(MPa)	排量(L/min)	压力(MPa)
V	117	762	6.1	1040	4.47
Ⅱ	26	154	30	220	20.1

动力：6135 柴油机；额定功率：117.6kW；泵活塞行程：250mm；泵外形尺寸(mm)：2380×945×1895；泵重量：2.775t

高压注浆管是钻孔压浆桩施工中连接注浆泵与螺旋钻杆、实现浆液高速输送和高压注浆的重要工具。该工艺使用的高压注浆管与液压传动机械的高压胶管通用，管路系统应耐高压，并附有快速连接装置。表 10.16-2 为高压胶管规格性能表。

6. 注水器

注水器是连接注浆管与动力头的高压密封装置，是在实现钻杆旋转的同时进行高压注浆的关键装置。

7. 浆液制备装置

由电器控制柜、电动机、减速器、搅拌轴、搅拌叶片及搅浆桶组成，搅浆桶容积 1.2～2.2m^3，浆液制备装置配套数量和规格视单桩混凝土体积及施工效率而定。每个机组通常配 2 套以上。

10.16.3 施工工艺

1. 施工工艺流程

见图 10.16-3。

2. 施工程序

见图 10.16-4。

高压胶管规格性能表 **表 10.16-2**

公称内径（mm）	型号	外径（mm）	工作压力（MPa）	最低爆破压力（MPa）	最小弯曲半径（mm）
19	B19×2S-180	31.5	18	72	265
	B19×4S-345	35	34.5	138	310
22	B22×2S-170	34.5	17	68	280
	B22×4S-300	39	30	120	330
25	B25×2S-160	37.5	16	64	310
	B25×4S-275	41	27.5	110	350
32	B32×4S-210	50	21	84	420
	B32×6S-260	53.8	26	104	490

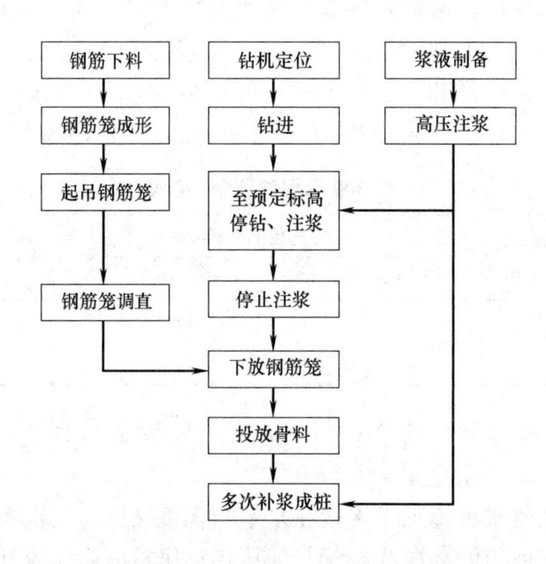

图 10.16-3 施工工艺流程图

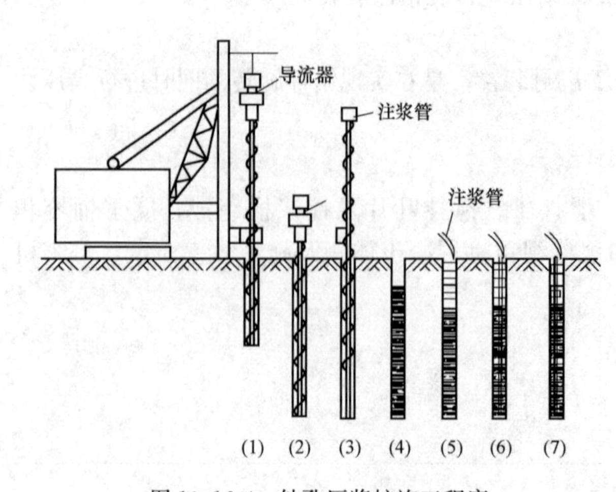

图 10.16-4 钻孔压浆桩施工程序

施工程序如下：

（1）钻机就位

在设计桩位上将钻机放平稳，使钻杆竖直，对准桩位钻进，随时注意并校正钻杆的垂直度。

（2）钻进

钻至设计深度后，停止进尺，回转钻具，空钻清底。

（3）第1次注浆

把高压胶管一端接在钻杆顶部的导流器预留管口，另一端接在注浆泵上，将配制好的水泥浆由下而上在提钻同时在高压作用下喷入孔内。

(4) 提钻

对于有地下水的情况，注浆至无坍孔危险位置以上 0.5～1.0m 处，提出钻杆，形成水泥浆护壁孔。

(5) 放钢筋笼和注浆管

将塑料注浆管或钢注浆管固定在制作好的钢筋笼上，使用钻机的吊装设备吊起钢筋笼对准孔位，并将其竖直地慢慢放入孔内，下到设计标高后，固定钢筋笼。

(6) 放碎（卵）石

碎（卵）石通过孔口漏斗倒入孔内，用铁棍捣实。

(7) 第 2 次注浆（补浆）

利用固定在钢筋笼上的塑料管或钢管进行第 2 次注浆，此工序与第 1 次注浆间隔不得超过 45 min，第 2 次注浆通常要多次反复，最后一次补浆必须在水泥浆接近终凝前完成，注浆完成后立即拔管洗净备用。

3. 施工特点

(1) 钻孔压浆桩施工工艺有两次注浆，所需的水泥浆液，是由注浆泵压入的，该泵配有水泥浆的搅拌系统。注浆泵的工作压力应根据地质条件确定，第 1 次注浆压力一般为 4～8MPa，第 2 次补浆压力一般为 2～4MPa。以上注浆压力均指泵送终止压力。

在淤泥质土和流砂层中，注浆压力要高；在黏性土层中，注浆压力可以低些：对于地下水位以上的黏性土层，为防止缩颈和断桩，也要提高注浆压力。

(2) 成孔时边注浆边提钻，每次提钻在钻头下所形成的空间必须有足够的水泥浆填充，而且压进水泥浆的体积要略大于提钻所形成的空间，必须保证水泥浆要包裹在钻头以上 1m，不得把钻杆提出水泥浆面。

(3) 两次高压注浆都是由下而上，靠高压浆液振荡，并顶升排出桩体内的空气，使桩身混凝土达到密实，因此桩身混凝土强度等级能达到 C25 及以上。

(4) 当钻头达到预定持力层标高后，不提钻即注浆，桩端土体未扰动，没有沉渣掉入孔内。水泥浆在高压作用下向孔底持力层内扩渗，使桩端形成水泥土扩大头，提高桩端阻力；同时水泥浆向上沿桩体周边土层孔隙向四周扩散渗透，形成网状树根型，提高桩侧阻力。

(5) 桩头质量控制是钻孔压浆桩的关键所在，为解决桩头质量差的弊病应采取桩头花管补浆并振捣的措施。

(6) 钻孔压浆桩为钢筋无砂混凝土桩，故其脆性比普通钢筋混凝土桩要大。

4. 施工要点

(1) 钻机定位时，将钻头的钻尖对准标志桩后，用吊线或经纬仪在互为 90°的两个方向，将螺旋钻杆或挺杆调至设计角度，垂直度控制在桩长的 1%以内。如果地基承载力不能满足长螺旋钻机行走要求，则应采用道渣、废砖块、钢板及路基箱等垫道。

(2) 钻机挺杆下方必须用硬方木垫实，以避免钻进时钻机晃动，影响桩的垂直度，损坏钻机。

(3) 制备浆液用的水泥宜采用强度等级不低于 32.5 的硅酸盐水泥或普通硅酸盐水泥，不宜使用矿渣水泥。当平均气温低于－20℃时，可采用早强型普通硅酸盐水泥。

(4) 水泥浆液可根据不同的使用要求掺加不同的外加剂（如减水剂、增强剂、速凝剂、缓凝剂或磨细粉煤灰等）。

(5) 浆液应通过 14mm×14mm～18mm×18mm 的筛子，以免掺入水泥袋屑或其他杂物。

(6) 水泥浆的水灰比宜为 0.45～0.60。

(7) 为使第1次注浆和第2次注浆（补浆）两道工序能顺利进行，粒径 10mm 以下的骨料含量宜控制在5%以内。常用规格有 10～20mm 与 16.0～31.5mm 混合级配，20～40mm 与 31.5～63.0mm 混合级配，最常用为 20～40mm；桩径较粗、孔深较大又容易窜孔时，宜用较大粒径的碎石，反之则宜选用较细粒径。骨料最大粒径不应大于钢筋最小净距的 1/2。

(8) 将投料斗放好，连续投入骨料至设计标高上 250mm，骨料投入量不得少于桩的理论计算体积。

(9) 为保证第 1 次注浆时有足够大的压力，钻杆内应设置小钢管或高压胶管输送浆液。

(10) 钻进前将钻头的出浆孔用棉纱团堵塞严实，钻头轻放入土、合上电闸、钻头及螺旋钻杆缓慢钻入土中。

(11) 安放补浆管时，其下端距孔底 1m，当桩长超过 13m 时，应安放一长一短 2 根补浆管，长管下端距孔底 1m，短管出口在 1/2 桩长处，补浆管组数视桩径而定。补浆管应与钢筋笼简易固定，上部超出笼顶长度应保证钢筋笼入桩孔后尚能露出施工地坪 0.5m 左右，补浆塑料管上端接上快速接头。

(12) 钻至设计标高后，钻机空转（桩孔较浅或没有埋钻危险时可停止转动）等待注浆、钻杆不再下放，开始注浆，浆液到达孔底后，边注浆边提钻，提升钻杆过程应保证注浆量略大于提钻形成的钻孔空间、确保钻头始终浸没在浆面下 1.0m 左右。一般注浆压力 4～8MPa，钻杆提至没有埋钻危险的标高位置时停止转动并延续原提钻和注浆速度。

(13) 钻杆提升至不塌孔标高位置时，停止注浆。在孔口清理干净后，将钻杆提出孔外，立即安放孔口护筒，并加盖孔口盖板；上部孔段超径严重时应将孔口护筒中心固定在原桩位中心。

(14) 沉放钢筋笼的做法：长度为 12m 以内的钢筋笼可采用单吊点直接起吊，长度大于 12m 的钢筋笼可采用双吊点起吊，吊点宜设在 1/3 笼长和 2/3 笼长的位置。为减少起吊变形，可采用加焊甚至满焊螺旋箍筋焊点、增加架立箍筋直径的方法以增大钢筋笼整体刚度；也可采用在吊点处绑扎梢径 120～180mm、长 4～6m 的干燥杉木以增大吊点处刚度的综合方法起吊。

(15) 钢筋笼就位后立即在孔口安放漏斗并将装满骨料的铲车开至孔口，铲斗举高对准漏斗、均匀缓慢地往桩孔内倾倒骨料，至骨料高出桩顶标高 0.5～1.0m 投料完成，并作好记录。

(16) 补浆分三种情况：

① 长管补浆

投料完成以后约 15min，将注浆管接头与拟补浆桩孔的长补浆管的快速接头连接，开泵补浆（补浆压力 2～4MPa）后浆面上升，首次补浆应将泥水返净，每次补浆都应见纯净水泥浆液开始从桩孔流出方可终止，停泵后卸开注浆管接头，通常长管补浆一次。

② 短管补浆

长管补浆后约 15min，将注浆管接头与拟补浆桩孔的短补浆管快速接头连接，开泵补浆后，浆面上升，见纯净水泥浆液开始从桩孔口流出终止补浆。由于水泥浆在桩孔内的析水原因，浆面反复下降，因此必需多次补浆直至浆面停止下降方可结束全部补浆工序。

③ 花管补浆

基础桩施工末次补浆前将花管插入桩头下约 4m。末次补浆应采用花管补浆并振捣。

（17）基础桩桩头采用插入式振捣器振捣，快插慢拔，且不得长时间在一处振捣，振捣深度应大于 1.5m。振捣完毕的桩头注意防止车辆、钻机压碾。

（18）钻孔压浆桩冬期严寒气候下施工要点：

① 钻孔压浆桩的一个主要优势是能在冬季严寒气候条件下（可达到－35℃）顺利成孔成桩。

② 应选用特制的钻头，钻进冻土时应加大钻杆对土层的压力，并防止摆动和偏位。

③ 钻进过程中，应及时清理孔口周围积土，避免气温严寒使暖土在钻机底护筒下冻结。

④ 冬期施工钻孔与注浆两道工序必须密切配合，避免孔内土壁结冰，影响桩质量。

⑤ 水泥浆制备设备放置于暖棚内，用热水搅拌水泥浆，输浆管路用防寒毡垫等包裹严实，设置专人对水温、浆温、混凝土入模温度进行监测，并做好冬期施工记录。

⑥ 一般情况下冬期施工成桩时混凝土温度不应低于－15℃，桩头用塑料薄膜、岩棉被及干土覆盖严密，局部桩孔留有测温管。

⑦ 施工期间气温低于－20℃时应采取提高水温，增加补浆次数和测温频率、桩头蒸汽加温以及添加防冻剂等技术措施。

10.17 灌注桩后注浆技术

10.17.1 基本原理及分类

随着土木建筑工程向大型化、群体化发展以及城市改造向高层、超高层建筑发展，各种类型的灌注桩的使用愈来愈多，但单一工艺的灌注桩往往满足不了上述发展的要求，以泥浆护壁法钻、冲孔灌注桩为例，由于成孔工艺的固有缺陷（桩端沉渣和桩侧泥皮的存在），导致桩端阻力和桩侧阻力显著降低。为了消除桩端沉渣和桩周泥皮等隐患，国内外把地基处理灌浆技术应用到桩基，采取对桩端（孔底）及桩侧（孔壁）实施压力注浆措施。近 30 年来这 2 项技术在我国得到广泛的应用与发展，已有数千幢公共、民用与工业建筑的灌注桩基础采用后注浆技术。在公路、铁路及大型桥梁的灌注桩基础也大量地采用后注浆技术。

我国将注浆技术用于桩基础始于 20 世纪 80 年代初。1983 年，北京市建筑工程研究所在国内首先研究开发出预留注浆空腔方式的桩端压力注浆桩。沈保汉和曾鸣于 1987 年研制开发出带活动钢板的预留注浆空腔方式的桩端压力注浆装置。1988 年徐州市第二建筑设计院刘昭运在国内首先研制开发出泥浆护壁灌注桩的预留注浆通道方式的桩端压力注浆技术。中国水利科学研究院薛韬等于 1992 年在国内首先研制开发出桩侧钻孔埋管灌浆法。

10.17.1.1 分类

后注浆桩按注浆部位可分为桩端压力注浆桩、桩侧压力注浆桩和桩端桩侧联合注浆桩三大类型。

10.17.1.2 桩端压力注浆桩

1. 基本原理

桩端压力注浆桩是指在成桩后对桩端进行压力注浆的桩型，钻（冲、挖）孔灌注桩待桩身混凝土达到一定强度后，通过预埋在桩身的注浆管路，利用高压注浆泵的压力作用，经桩端的预留压力注浆装置向桩端土层均匀地注入能固化的浆液（如纯水泥浆、水泥砂浆、加外加剂及掺合料的水泥浆、超细水泥浆以及化学浆液等）；视浆液性状、土层特性和注浆参数等不同条件，压力浆液对桩端土层、中风化与强风化基岩、桩端虚土及桩端附近的桩周土层分别起到渗透、填充、置换、劈裂、压密及固结或多种形式的不同组合作用，改变其物理化学力学性能及桩与岩、土之间的边界条件，消除虚土隐患。从而提高桩的承载力以及减少桩基的沉降量。

2. 优缺点

1）优点

（1）保留了各种灌注桩的优点。

（2）大幅度提高桩的承载力，技术经济效益显著。

（3）采用桩端压力注浆工艺，可改变桩端虚土（包括孔底扰动土、孔底沉渣、孔口与孔壁回落土等）的组成结构，可解决普通灌注桩桩端虚土这一技术难题，对确保桩基工程质量具有重要意义。

（4）压力注浆时可测定注浆量、注浆压力和桩顶上抬量等参数，既能进行注浆桩的质量管理，又能预估单桩承载力。

（5）技术工艺简练，施工方法灵活，注浆设备简单，便于普及。

（6）适应性广。

（7）因为桩端压力注浆桩是成桩后进行压力注浆，故其技术经济效果明显高于成孔后（即成桩前）进行压力注浆的孔底压力注浆类桩（本章10.16节）。

2）缺点

（1）需精心施工，否则会造成注浆管被堵、注浆管被包裹、地面冒浆和地下窜浆等现象。

（2）需注意相应的灌注桩的成孔与成桩工艺，确保施工质量，否则将影响压力注浆工艺的效果。

（3）压力注浆必须在桩身混凝土强度达到一定值后方可进行，因此会增长施工工期，但当施工场地桩数较多时，可采取合适的施工流水作业，以缩短工期。

3. 适用范围

桩端压力注浆桩适应性较强，几乎可适用于各种土层及强、中风化岩层，既能在水位以上干作业成孔成桩，也能在有地下水的情况下成孔成桩：螺旋钻成孔、贝诺特法成孔、正循环钻成孔、反循环钻成孔、潜水钻成孔、人工挖孔、旋挖钻斗钻成孔和冲击钻成孔灌注桩在成桩前，只要在桩端预留压力注浆装置，均可在成桩后进行桩端压力注浆。

4. 桩端压力注浆分类

1）按桩端预留压力注浆装置的形式分类，可分为：

（1）预留压力注浆室；

（2）预留承压包；

（3）预留注浆空腔；

（4）预留注浆通道；

（5）预留特殊注浆位置。

桩端压力注浆装置时整个桩端压力注浆施工工艺的核心部件。据笔者收集到的资料可知，至今国内外的桩端压力注浆装置接近 30 种，其中国内约有 20 种，但是各种装置的技术水平参差不齐，技术经济效果相差较大。

2）按注浆管埋设方法分类，可分为：

（1）桩身预埋管注浆法

此法是在沉放钢筋笼的同时，将固定在钢筋笼上的注浆管一起放入孔内；或在钢筋笼沉放入孔中后，将注浆管单独插入孔底：或在钢筋笼沉放入孔中后，将注浆管随特殊注浆装置沉放人孔底，此法按注浆管埋设在桩身断面中的位置可分为桩身中心预埋管法和桩侧预埋管法。

桩身预埋注浆法按注浆循环方式又分为单向管注浆和 U 形管注浆。

① 单向管注浆是指浆液由注浆泵单方向注入到桩端土层中，呈单向性，不能控制注浆次数和注浆间隔，注浆管路不能重复使用，如图 10.17-1（*a*）所示。

② U 管注浆又称循环注浆，是指每一个注浆系统由 1 根进口管、1 根出口管和 1 个注浆装置组成。注浆时，将出浆口封闭，浆液通过桩端注浆装置的单向阀注入土层中。一个循环注完规定的注浆量后，将注浆口打开，通过进浆口以清水对管路进行冲洗，同时单向阀可防止浆液回流，保证管路的畅通，便于下一循环继续使用，从而实现注浆的可控性，如 10.17-1（*b*）所示。

（2）钻孔埋管注浆法

钻孔埋管注浆法又分为桩身中心钻孔埋管注浆法和桩外侧钻孔埋管注浆法。

① 桩身中心钻孔埋管注浆法

往往在处理桩的质量事故以满足设计承载力要求时采用。成桩后，在桩身中心钻孔，并深入桩端持力层一定深度（一般为 1 倍桩径以上）。然后放入注浆管，进行桩端压力注浆，如图 10.17-2（*a*）所示。

② 桩外侧钻孔埋管注浆法

往往在桩身质量无问题，但需提高承载力，以满足设计要求时采用。成桩后，沿桩侧周围相距 0.2～0.5m 进行钻孔，成孔后放入注浆管，进行桩端压力注浆，如图 10.17-2（*b*）所示。

3）按注浆工艺分类，可分为：

（1）闭式注浆

将预制的弹性良好的腔体（又称承压包、预承包、注浆胶囊等）或压力注浆室随钢筋笼放入孔底。成桩后，在压力作用下，把浆液注入腔体内。随注浆压力和注浆量的增加，弹性腔体逐渐膨胀、扩张，在桩端土层中形成浆泡，浆泡逐渐扩大压密沉渣和桩端土体，

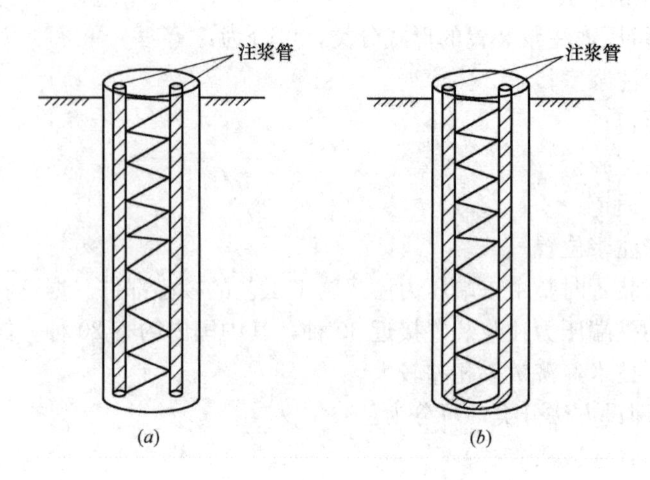

图 10.17-1 桩身预埋管注浆法
(*a*) 单向管注浆；(*b*) U形管注浆

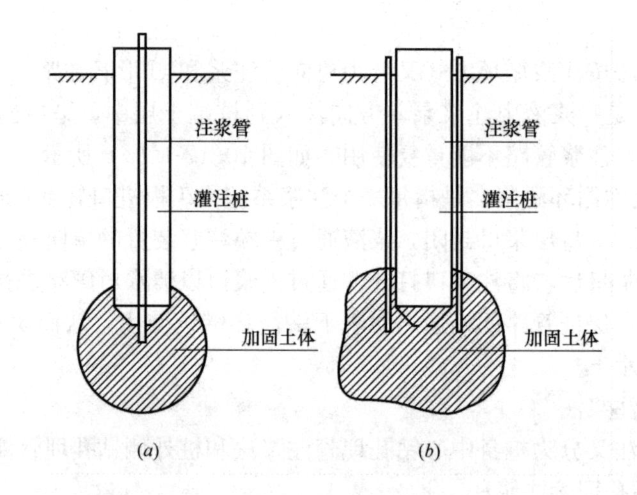

图 10.17-2 钻孔埋管注浆法
(*a*) 桩身中心钻孔埋管注浆法；(*b*) 桩外侧钻孔埋管注浆法

并用浆体取代（置换）部分桩端土层。在压密的同时，桩端土体及沉渣排出部分孔隙水。再进一步增加注浆压力和注浆量，水泥浆土体扩大头逐渐形成，压密区范围也逐渐增大，直至达到设计要求为止。图 10.17-3 为闭式注浆示意图。

(2) 开式注浆

把浆液通过注浆管（单、双或多根），经桩端的预留注浆空腔、预留注浆通道、预留的特殊的注浆装置等，直接注入桩端土、岩体中。浆液与桩端沉渣和周围土体呈混合状态，呈现出渗透、填充、置换、劈裂等效应，在桩端显示出复合地基的效果。图 10.17-4 为开式注浆示意图。

以上 2 种工艺对提高单桩承载力均有显著的效果，但闭式注浆的效果更好。从施工的难易程度而言，开式注浆工艺简单，闭式注浆工艺复杂。

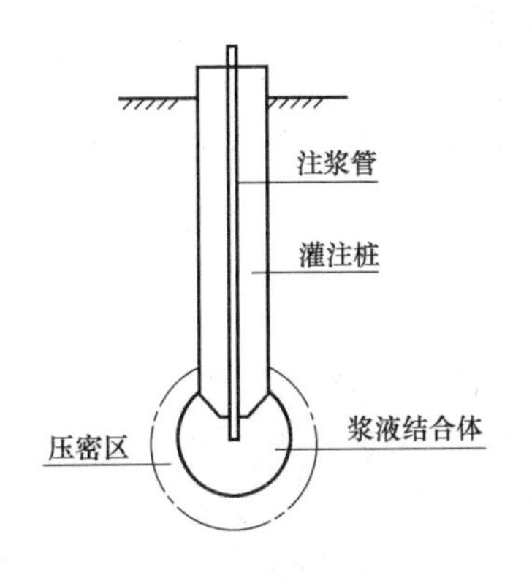

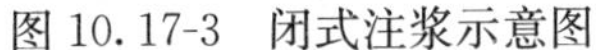

图 10.17-3 闭式注浆示意图

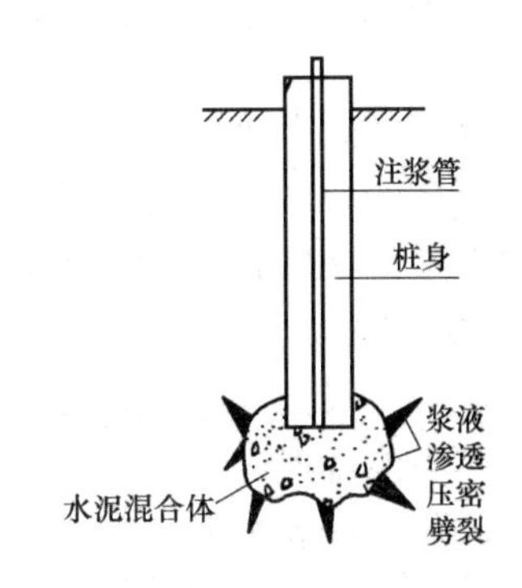

图 10.17-4 开式注浆示意图

5. 提高承载力的机理

(1) 在粗粒土（孔隙较大的中砂、粗砂、卵石、砾石）的桩端持力层中注浆时浆液渗入率高，浆液主要通过渗透、部分挤密、填充及固结作用，大幅度地提高持力层扰动面及持力层的强度和变形模量，并形成水泥土结石体扩大头，增大桩端受力面积，提高桩端阻力。试验结果表明，与相同桩长、相同桩身直径的直孔桩相比，其极限承载力的增幅在50%～260%范围内。

(2) 在细粒土（黏性土、粉土、粉砂、细砂等）的桩端持力层中注浆时，浆液渗入率低，如果浆液压力超过劈裂压力，则土体产生水力劈裂，实现劈裂注浆，单一介质土体被网状结石体分割加筋成复合土体：它能有效地传递和分担荷载，从而提高桩端阻力。试验结果表明，与相同桩长、相同桩身直径的直孔桩相比，其极限承载力增幅通常在 14%～88%的范围内，个别桩的增幅可达 106%～138%，其增幅较在粗粒土的桩端持力层中注浆时小。

(3) 桩端虚土（沉渣）与注入的浆液发生物理化学反应而固化，凝结成一个结构新、强度高、化学性能稳定的结石体，提高桩端阻力。

(4) 随着注浆量的增加及注浆压力的提高，水泥浆液一方面不断地向由于受泥浆浸泡而松软的桩端持力层中渗透，在桩端形成梨形体，当梨形体不断增大时，渗透能力受到周围致密土层的限制，使压力不断升高，压力升高对桩端持力层起到压密作用，提高了桩端土体的承载力。同时，由于在桩端形成了梨形体，增加了桩端的承压面积，相当于对钻孔桩进行“扩底”，从而提高了泥浆护壁钻孔桩的桩端阻力。

(5) 在非渗透性中等以上风化基岩的桩端持力层中注浆时，在注浆压力不够大的情况下，因受围岩的约束，压力浆液只能渗透填充到沉渣孔隙中，形成浆泡，挤压周围沉渣颗粒，使沉渣间的泥浆充填物产生脱水、固结；在注浆压力足够大的情况下，会产生劈裂注浆和挤密效应。

(6) 对于泥浆护壁法灌注桩，注入桩端的浆液在压力作用下，在桩端以上一定高度范围内会沿着桩土间泥皮上渗，加固泥皮，充填桩身与桩周土体的间隙并渗入桩周土层一定宽度范围，浆液固结后调动起更大范围内的桩周土体参与桩的承载，提高桩侧阻力。对于干作业灌注桩，压力浆液在桩端以上一定高度范围内，沿着桩周土上渗扩散（对于粗粒土）或上渗劈裂加筋（对于细粒土），提高桩侧阻力。

（7）桩端压力注浆使桩上抬而产生反向摩阻力，相当于“预应力”的作用，提高桩侧阻力。

（8）在注浆压力作用下，使桩端压缩变形部分能在施工期内提前完成，减少日后使用期的竖向压缩变形。

10.17.1.3 桩侧压力注浆桩

1. 基本原理

桩侧压力注浆桩是指在成桩后对桩侧某些部位进行压力注浆的桩型。钻（冲、挖）孔灌注桩待桩身混凝土达到一定强度后，通过预埋在桩身的注浆管路，利用高压注浆泵的压力作用，将能固化的浆液（如纯水泥浆、或水泥砂浆、或加外加剂及掺合料的水泥浆或超细水泥浆、或化学浆液等）经桩身预埋注浆装置或钻孔预埋花管强行压入桩侧土层中，充填桩身混凝土与桩周土体的间隙，同时与桩侧土层和在泥浆护壁法成孔中生成的泥皮发生物理化学反应，提高桩侧土的强度及刚度，增大剪切滑动面，改变桩与侧壁土之间的边界条件，从而提高桩的承载力以及减小桩基的沉降量。

2. 适用范围

桩侧压力注浆桩适应性较强，可用于各种土层。

3. 降低泥浆护壁钻孔灌注桩的桩侧阻力的施工因素

（1）在大直径泥浆护壁钻孔桩成孔时，主要在第四纪疏松土层中钻进，加之在成孔过程中工艺与方法不当，往往造成孔壁的完整性较差。

（2）由于钻孔使孔壁的侧压力解除，破坏了地层本身的压力平衡，使孔壁土粒向孔中央方向膨胀，如果处理不当，可能会引起孔壁坍塌。

（3）在成孔过程中，泥浆在保持孔壁稳定的同时，泥浆颗粒吸附于孔壁形成泥皮，其存在阻碍了桩身混凝土与桩周土的黏结。

（4）在成孔过程中，桩周土层受到泥浆中自由水的浸泡而松软。

（5）泥浆护壁钻孔桩在桩身混凝土固结后，会发生体积收缩，使桩身混凝土与孔壁之间产生间隙。

上述因素的存在，导致泥浆护壁钻孔桩的桩侧阻力显著降低。

4. 桩侧压力注浆分类

1）按桩侧注浆管埋设方法可分为：

（1）桩身预埋管注浆法。即在沉放钢筋笼的同时，将固定在钢筋笼外侧的桩侧注浆管一起放入桩孔内。

（2）钻孔埋管注浆法。即成桩后，在桩身外侧钻孔，成孔后放入注浆管，进行桩侧压力注浆。

2）按桩侧压力注浆装置形式可分为：

（1）沿钢筋笼纵向设置注浆花管方式，沿着直管在桩侧某些部位设置几个注浆点，形成多点源的双管桩侧壁注浆，装置如图 10.17-5（*a*）所示。

（2）根据桩径大小在桩侧不同深度沿钢筋笼单管环向设置注浆花管方式进行桩侧壁注浆，装置如图 10.17-5（*b*）所示。

（3）双管环形管注浆，在桩侧某些部位设置注浆环管，环管外侧均匀分布若干泄浆孔，形成环状的桩侧壁注浆，装置如图 10.17-5（*c*）所示。

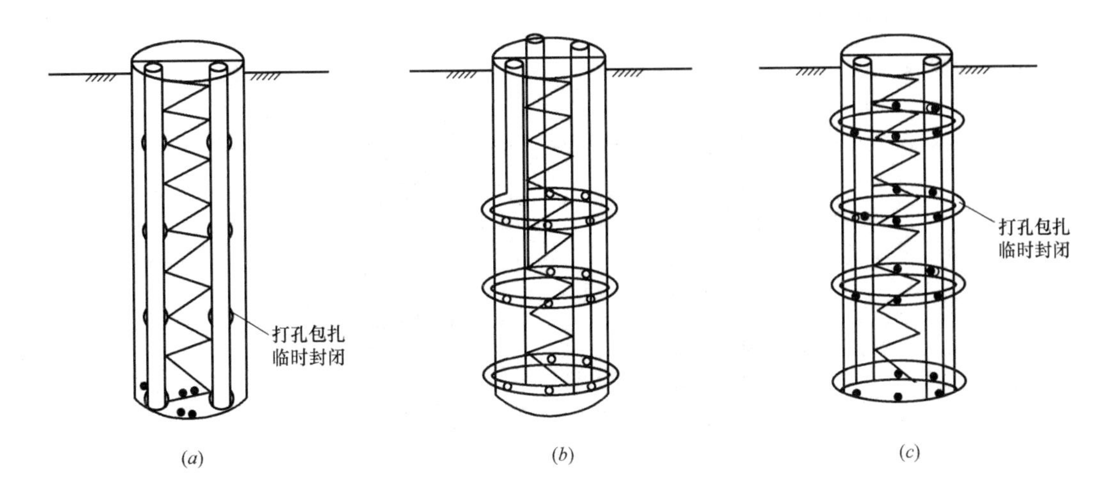

图 10.17-5 桩侧后注浆装置

(a) 双管不同部位注浆装置；(b) 不同深度单管环形注浆装置；(c) 双管环形管注浆装置

(4) 沿钢筋笼纵向设置桩侧压力注浆器方式。

5. 提高承载力的机理

(1) 在桩侧粗粒土层中注浆时，浆液通过渗透、部分挤密、填充及固结作用，使桩侧土孔隙率降低，密度增加，呈现渗透填充胶结效应；在桩侧细粒土层中注浆时，注浆压力超过劈裂压力，使土体产生水力劈裂，呈现劈裂加筋效应。由于上述 2 种效应，不仅使桩周土恢复原状，而且提高了桩周土的强度；另外，浆脉结石体像树的根须一样向桩侧土深处延伸，从而提高桩周土的强度，最终提高桩侧阻力。

(2) 在桩侧注浆点处，由于浆液的挤压作用，形成凸出的浆液包结石体。

(3) 在桩侧非注浆点处形成一层浆壳，这层浆壳或单独存在而固化或与泥皮发生物理化学反应而固化，形成该结石体与原桩身混凝土组成的复合桩身，增大剪切滑动面，“扩大”桩身断面，即增加桩侧摩擦面积。

(4) 浆液充填桩身混凝土与桩周土体的间隙，提高桩土间的黏结力，从而提高桩侧阻力。

(5) 由以上四点可理解为，桩侧压力注浆桩类似于桩身直径被增大的形状复杂的“多节扩孔桩”，即在注浆点附近形成浆土结石体“扩大头”，在非注浆点处的桩身表面形成浆土结石体的复合桩身。

10.17.1.4 桩端桩侧联合注浆桩

1. 基本原理

桩端桩侧联合注浆桩是指在成桩后对桩端和桩侧某些部位进行压力注浆的桩型，钻(冲、挖) 孔灌注桩待桩身混凝土达到一定强度后，通过预埋在桩身的注浆管路，利用高压注浆泵的压力作用，将能固化的浆液（如纯水泥浆、或水泥砂浆、或加外加剂及掺合料的水泥浆、或超细水泥浆、或化学浆液等）先后经桩侧预埋压力注浆装置和桩端预留压力注浆装置强行将浆液压入桩侧和桩端土层中，充填桩身与桩周及桩端土层的间隙，改变其物理化学力学性能，从而提高桩的承载力以及减少桩基的沉降量。

2. 注浆管埋设方法

可分为直管（图 10.17-6*a*）和直管加环形管（图 10.17-6*b*）两种情况。

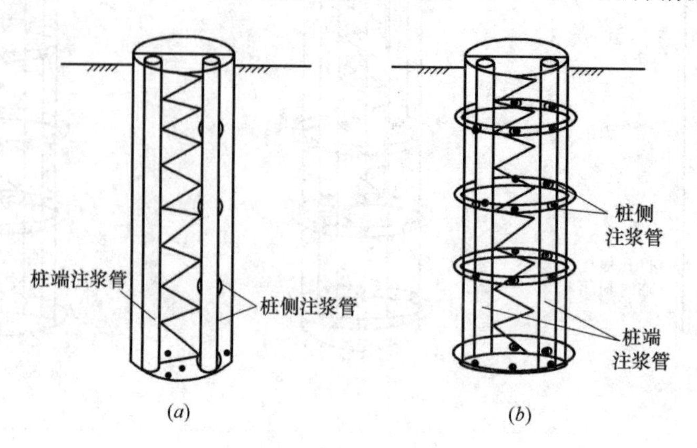

图 10.17-6 桩端桩侧联合注浆示意图

（*a*）直管；（*b*）直管加环形管

3. 几点说明

（1）桩端桩侧联合注浆桩包含着桩端和桩侧 2 种注浆工艺，所以影响注浆效果的因素更多更复杂。但与未注浆桩相比，其极限承载力提高幅度也更大，即其注浆效果明显优于一般桩端与桩侧分别注浆的桩。因此，为了获得更高的承载力，桩端桩侧联合注浆桩得到广泛应用。

（2）对于桩端桩侧联合注浆桩的注浆顺序，宜先自上而下逐段进行桩侧注浆，最后进行桩端注浆。

10.17.1.5 综合评价后注浆桩的指标

（1）极限承载力 Q_u 是衡量桩能否满足设计要求的首要指标。

（2）单方极限承载力（单位桩体积提供的极限承载力）Q_u/V 是评价后注浆桩技术经济效果的一项重要指标。

（3）每千克注入桩端和桩侧的水泥量所提供的单方极限承载力 Q_{vc} 是衡量注入水泥量对承载力的贡献率的一项重要指标。

（4）单桩承载力特征值 R_a 时的桩顶沉降量 S_a 是与建筑物桩基础的允许沉降量密切相关的。

10.17.1.6 选择后注浆的原则

（1）宜优先选用桩端压力注浆桩，如果其承载力能满足设计要求的话，这样可简化压力注浆装置和注浆工艺。

（2）当采用桩端压力注浆桩不能满足设计承载力要求时，可采用桩端桩侧联合注浆桩。

（3）当设计承载力要求较高，桩长较大且桩侧有适宜于注浆的土层时，可采用桩端桩侧联合注浆桩。

（4）对于超长桩，采用桩端压力注浆可能对提高桩端阻力不明显，应在多处合适的桩侧土层中进行注浆，此时应选用以桩侧压力注浆为主的工艺。

10.17.1.7 各类压力注浆桩与等直径灌注桩的承载力对比

表 10.17-1 为桩端压力注浆桩、桩侧压力注浆桩及桩端桩侧联合注浆桩与相应的等直径灌注桩（不注浆桩）的承载力对比举例。

1. ZW1 与 ZW2 号桩的比较一栏是指 Q_u/V 的比较，V 为桩体积。
2. 除 BS 桩为干作业长螺旋钻成孔外，其余均为泥浆护壁法桩。
3. W421 号桩是在 W42 号桩静载试验后，采用桩外侧钻孔埋管注浆法施工工艺。
4. XD3 号桩压注水泥砂浆，表中其余的压浆桩均压注水泥浆。

影响各类压力注浆桩的因素很多，此处不再赘述。

各类压力注浆桩与相应的等直径灌注桩的承载力对比举例　　表 10.17-1

桩号	桩型	桩身直径 (m)	桩长 (m)	桩端土层	极限荷载 Q_u(kN)	比较 (%)
BS43	钻孔桩	0.4	10.67	中密中砂	441	100
BS41	端压桩	0.4	10.70	中密中砂	1618	367
BS42	端压桩	0.4	10.65	中密中砂	1177	267
XD2	钻孔桩	0.7	14.50	可塑黏土夹姜石	875	100
XD1	端压桩	0.7	14.50	可塑黏土夹姜石	1800	206
XD3	端压桩	0.7	14.50	可塑黏土夹姜石	1890	216
ZW1	钻孔桩	0.8	22.50	硬塑粉质黏土	1600	100
ZW2	端压桩	0.7	22.50	硬塑粉质黏土	2200	180
BZ5	钻孔桩	0.8	21.50	密实卵石	7200	100
BZ1	测压桩	0.8	22.00	密实卵石	10000	139
BZ2	端压桩	0.8	22.30	密实卵石	12000	167
BZ6	双压桩	0.8	21.60	密实卵石	16400	228
SJ112	钻孔桩	0.8	70.00	中密细砂	8400	100
SJ116	端压桩	0.8	70.00	中密细砂	10000	119
SJ114	双压桩	0.8	70.00	中密细砂	12000	143
WT2	钻孔桩	1.0	68.00	密实卵石	9200	100
WT6	端压桩	1.0	66.10	密实卵石	16400	178
WT4	钻孔桩	0.75	49.60	可塑粉质黏土	4160	100
WT5	端压桩	0.75	49.80	可塑粉质黏土	7800	188
W42	钻孔桩	0.8	46.00	中密粉细砂	3375	100
W421	端压桩	0.8	46.00	中密粉细砂	8580	254
JN241	钻孔桩	0.9	30.00	砾卵石	6000	100
JN243	端压桩	0.9	30.00	砾卵石	9000	150
FL4	钻孔桩	0.8	66.00	含砾粉土	7000	100
FL1	端压桩	0.8	66.05	含砾粉土	13000	186

注：端压桩、侧压桩、双压桩分别指桩端、桩侧、桩端和桩侧联合注浆桩。

10.17.1.8 后注浆技术经济效益

(1) 提高单桩承载力，降低造价。大量试桩结果表明，桩端压力注浆桩的极限承载力与未注浆桩相比，增幅为 50%～260%（桩端持力层为相粒土时）及 14%～138%（桩端持力层为细粒土时)。

(2) 减小桩径、缩短桩长。

(3) 将嵌岩桩改变成非嵌岩后注浆桩。嵌岩桩的施工难度是相当大的，施工速度慢，效率低，浪费材料多，是施工企业最头痛的问题。应用泥浆护壁钻孔桩桩端及桩侧压力注浆技术，可使非嵌岩桩达到嵌岩桩的承载能力成为现实。

(4) 有效地处理和消除泥浆护壁钻孔桩的沉渣和泥膜的两大症结，提高承载力，满足设计要求。

(5) 当某些钻孔灌注桩身本身质量无问题但需要提高承载力以满足设计要求时，可采用桩外侧钻孔埋管注浆法使上述“废桩”再生利用。

10.17.2 泥浆护壁钻孔灌注桩桩端压力注浆工艺

10.17.2.1 施工程序

1. 成孔

视地层土质和地下水位情况采用合适的成孔方法(干作业法、泥浆护壁法、套管护壁法及冲击钻成孔法)。

2. 放钢筋笼及桩端压力注浆装置

在多数桩端压力注浆工法中，压力注浆装置都附着在钢筋笼上，两者同步放入孔内；有的桩端压力注浆工法是在钢筋笼放入孔内后再将压力注浆装置放入桩孔底部。

3. 灌注混凝土

按常规方法灌注混凝土。

4. 进行压力注浆

当桩身混凝土强度达到一定值(通常为75%)后，即通过注浆管经桩端压力注浆装置向桩端土、岩体部位注浆，注浆次数分1次、2次或多次，随不同的桩端压力注浆方法而异。

5. 成桩

卸下注浆接头，成桩。

10.17.2.2 施工设备与机具

注浆施工设备和机具大体上可分为地面注浆装置和地下注浆装置2大部分。地面注浆装置由高压注浆泵、浆液搅拌机、储浆桶(箱)、地面管路系统及观测仪表等组成；地下注浆装置由注浆导管、桩端注浆装置及相应的连接和保护配件等组成。

1. 高压注浆泵及观测仪表

桩端压力注浆对泵的要求是排浆量要小，而压力要高、要稳。泵的额定压力应大于要求的最大注浆压力的1.5倍，通常选泵的额定压力为6～12MPa。泵的额定流量为30～100L/min。在注浆泵上必须配备有压力表和流量计，压力表的量程应为额定泵压的1.5～2.0倍。

2. 浆液搅拌机及储浆桶(箱)

浆液搅拌机及储浆桶(箱)可根据施工条件选配。浆液搅拌机容量应与额定注浆流量相匹配，0.2～0.3m^3，搅拌机浆液出口应设置滤网。

3. 地面管路系统

该系统主要由浆液地面输送系统组成，必须确保其密封性。输送管可采用能承受2倍以上最大注浆压力的高压胶管及无缝钢管等，其长度不宜超过50m。开式注浆输送管与内导管连接处设卸压阀，以便在结束注浆时减压卸除输送管。闭式注浆输送管与内导管连接处设止浆阀，其用途是在结束注浆时达到止浆的目的，以便阻止浆液在腔体弹力作用下回流。如果输送距离过长，还应在桩顶处设一套观测仪表。

4. 注浆导管

注浆导管是连接地面输送管和桩端注浆装置的过渡管段，其材质可为镀锌管、冷轧或热轧钢管及耐压PVC管，一般采用钢管，其连接方式有管箍连接和套管焊接2种。管箍连接简单，易操作，适用于钢筋笼运输和放置过程中挠度不大、注浆导管受力很小的情况；反之则必须采用套管焊接。注浆导管公称直径为25.4～50.8mm，视桩身直径大小取值；当注浆导管兼用于桩身超声波检测时，则其公称直径取大值。注浆导管公称直径为25.4mm时，壁厚为3.0mm左右。

5. 桩端压力注浆装置

桩端压力注浆装置是整个桩端压力注浆施工工艺的核心部件，由于桩端压力注浆装置种类众多，以下仅介绍其中几种。

1）YO桩端预留特殊注浆装置和注浆工艺

YQ注浆系统是由应权和沈保汉于1997年研制开发的。

（1）YQ注浆系统组成

YQ注浆系统由桩顶上部的置换控制阀、桩身部分的注浆管、桩端中心调节器以及桩端适量填料等4部分组成。其中，上部置换控制阀和桩端中心调节器为主要部分，见图10.17-7。

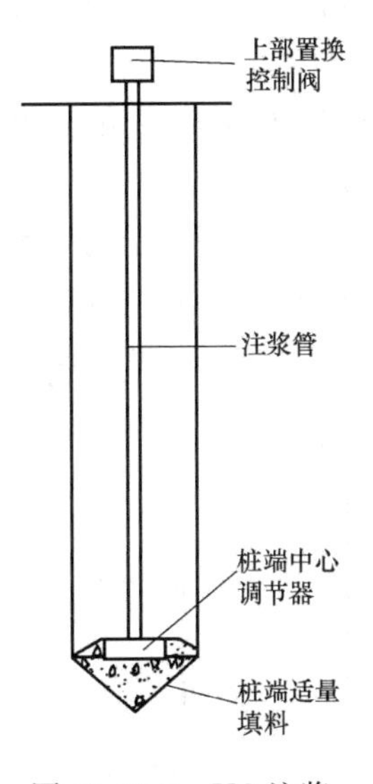

图10.17-7 YQ注浆系统简图

桩端中心调节器即桩端压力注浆装置由金属骨架、网状隔膜、出浆管和核心填料组成。出浆管在桩端中心调节器高度范围内设有若干横向出浆孔，出浆管顶部与注浆管用套管接头相连接。出浆管底部设有竖向出浆孔的封头。

（2）YQ桩端中心压力注浆装置的特点和优势

① YQ桩端中心压力注浆装置整个下部2、3、4部分为一不依附于钢筋笼的相对独立体，与钢筋笼可分离。

② 目前常用的桩端压力注浆装置的注浆管固定在钢筋笼两侧，注浆后在注浆点附近形成哑铃状或椭圆形球体，甚至由于两根注浆管不同步注浆造成不规则形状的结石体，于受力不利。YQ桩端压力注浆装置的出浆管设置接近于桩孔中心，从而可基本形成桩端中心注浆，以充分发挥注浆效果。浆液在压力作用下对桩端粗粒土层实施渗透、部分挤密、填充及固结作用，形成接近于球状的结石体扩大头。

③ 桩端中心调节器是由金属骨架、网状隔膜，出浆管和核心填料构成的圆环形组合体，可限制浆液无规则地横向流窜，使浆液在压力驱使下合理流动，这样可使桩端土体和桩端以上的部分桩侧土体注浆充分，达到以有限的注浆量来实现最大的注浆效能，从而大幅度提高桩端阻力和桩侧阻力。

④ 注浆装置不必依靠惯性下落到桩孔内，而是平稳地放入到桩孔端部处，然后向桩

孔端部投入经计算确定的适量填料形成人工营造环境，以确保出浆管不受损害，又不会使其被随后灌入桩孔的混凝土所包裹而造成注浆通路的堵塞，从而获得百分之百的注浆成功率。

⑤ 该注浆装置的注浆通路流畅，不需用高压水冲刷，从而保证浆液的浓度。

⑥ 该注浆装置既适用于泥浆护壁法成孔工艺，也适用于干作业成孔工艺。

(3) 当桩身混凝土强度达到75%后，先向桩端注入压力水置换出沉渣和沉淤，接着用稀浆液置换出桩端部及管路中的滞水，最后用优质浆液进行双管齐下同步注浆。

2) 原武汉地质勘察基础工程总公司桩端压力注浆装置

该桩端压力注浆装置有以下特点：

(1) 注浆管底部设置锥头，可使注浆装置较顺利地插入孔底沉渣和桩端土层中。

(2) 桩端注浆管为花管，按注浆需要，沿正交直径方向设置4排出浆孔，每排间隔地设置若干个直径8mm的出浆孔，以保证水泥浆液从出浆孔顺利而均匀地注入孔底沉渣和桩端土层中。

(3) 每个出浆孔处均设置PVC堵塞（又称塑料铆钉），其外侧设置密封胶套，构成可靠的单向阀座，既可防止管外泥沙的进入，又能使管内水泥浆液顺利排出，还能阻止已压入桩端的水泥浆液回流入管内，出浆孔与堵塞采用间隙配合。

(4) 径向每排出浆孔间焊有阻泥环，对出浆孔的密封胶套有保护作用。

(5) 桩端注浆花管采用丝扣连接方法接在注浆导管上，并对称地绑扎在最下面一节钢笼的外侧，桩端注浆花管超出钢筋笼底部100～300mm。

工程实践表明，该桩端压力注浆装置的优点是构造合理，使用方便，注浆成功率为100%。

3) 直管桩端压力注浆装置

在直管端部沿环向均匀钻4个直径6～8mm的孔，共4排，间距100mm。其构成由三层组成：第一层为能盖住孔眼的图钉；第二层为比钢管外径小3～5mm的橡胶带；第三层为密封胶带。

4) U形管桩端压力注浆装置

U形管桩端压力注浆装置由直径25mm的钢管弯制而成。在U形管两个直段部分的下侧均匀钻4个直径6～8mm的孔，每个钻孔单独制作形成一个单向阀。其构成也由三层组成：第一层为能盖住孔眼的图钉；第二层比钢管外径小3～5mm的橡胶带；第三层为密封胶带。

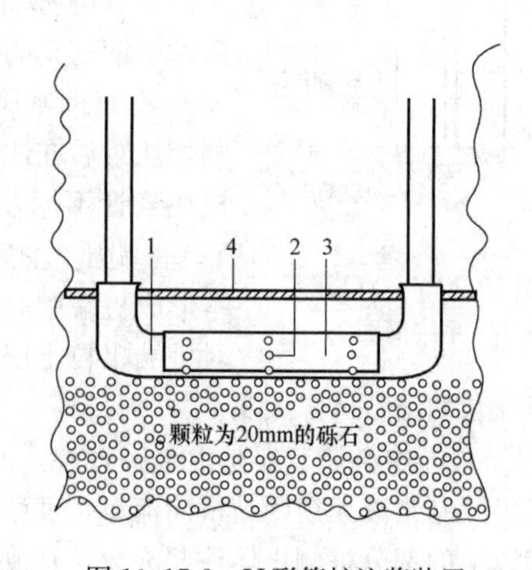

图10.17-8 U形管桩注浆装置

1—直径30mm的钢管组成的U形管；2—直径8mm的穿孔；3—橡胶管；4—厚度8mm的薄钢板

图10.17-8为国外桩端U形注浆管装置的一个例子。U形管采用直径约为30mm的钢管，由3段组成，即第一段为桩顶至桩端的进浆管，第二段为横穿桩端并用橡胶密封的穿孔管，第三段为由桩端回到桩顶的出浆管。视桩径大小采用2～4副U形注浆管，其

中应留有备用U形管。在某些情况下，注浆管可兼做超声波检测管。

5）杭州湾跨海大桥U形管桩端压力注浆装置

桩底注浆管采用3根直径25mm镀锌钢管及3根直径50mm镀锌钢管组成，底部用弯头及短直管将注浆管连接形成3个注浆回路。每个注浆回路底部安装2个套筒部件，每个套筒内钢管上设置直径为6mm、用橡胶套筒紧密包裹的出浆孔，孔口朝下。

10.17.2.3 施工特点

泥浆护壁钻（冲）孔灌注桩桩端压力注浆施工工艺流程可分为3个体系。

（1）桩土体系 设置从桩顶通达桩端土（岩）的注浆管道，即采用桩身混凝土灌注前预设注浆管直达桩端土（岩）层面，且在端部设置相应的压力注浆装置。这是注浆前的准备工作，也是注浆能否成功的关键步骤。

（2）泵压体系 在注浆管形成且桩身混凝土达到一定强度后，连接注浆管和注浆泵，用清水把直管或U形管上的密封套冲破，观察压水参数以及系统反应，再拌制可凝固浆液，通过注浆泵把配置好的浆液注入桩端土层内或岩层界面上。

影响桩端压力注浆效果的因素较多，诸如注浆工艺（闭式与开式）、桩端土种类（细粒土与粗粒土）及密实度、桩径、桩长、注浆装置形式、注浆压力（通常指泵送终止压力）、注浆量、浆液种类、浆液配合比、注浆方式、注浆速度、注浆泵流量、注浆时间的选择、注浆设备、管路系统的密封和可靠程度、施工人员的素质以及质量管理水平等。

具体施工时，必须根据工程地质条件及单桩承载力的要求选择合适的注浆工艺参数。

（3）浆液体系 浆液体系是发挥注浆作用的主体，浆液一般由可固化材料配制而成，所用材料一般以水泥为主剂，另辅以各种外加剂，以达到改性的目的。

10.17.2.4 施工要点

1. 材料及设备的准备

（1）注浆前检查确认浆液搅拌机、注浆泵、压力表、浆液分配器、溢流安全阀、球形阀、储浆桶（箱）和水泵等设备工作状态良好。

（2）注浆管路按编号顺序与浆液分配器连接牢固，并挂牌标明注浆回路序号。

（3）水泥、膨润土、外加剂等须准备充足，注浆前运抵现场。

2. 场地布置

浆液搅拌机、注浆泵、储浆桶（箱）、水泵等设备的布置要便于操作。

3. 注浆导管（直管）设置

1）注浆导管数量

桩端注浆导管数量宜根据桩径大小设定。对于直径不大于1200mm的桩，可沿钢筋笼圆周对称设置2根。对于直径大于1200mm的桩，可对称设置3根。

2）注浆导管设置要点

（1）注浆导管直径与主筋接近时宜置于加劲箍一侧，直径相差较大时宜分置于加劲箍两侧。

（2）注浆导管上端均设管箍及丝堵；桩端注浆导管下端以管箍或套管焊接与桩端注浆装置相连。

（3）注浆导管与钢筋笼采用铅丝十字绑扎方法固定，绑扎应牢固，绑扎点应均匀。

（4）注浆导管的上端应低于基桩施工作业地坪下200mm左右；注浆导管下端口（不

包括桩端注浆装置）与钢筋笼底端的距离视桩端持力层土质而定，对于黏性土、砂土，可与纵向主筋端部相平，安放钢筋笼后，注浆可随之插入持力层和沉渣中；对于砂卵石、风化岩层，注浆装置外露长度应小于50mm。否则外露过长易发生折断现象。

（5）桩空孔段注浆导管管箍连接应牢靠。

4. 直管式压力注浆装置（简称注浆阀）的构造要求与设置

1）注浆阀的基本要求

（1）注浆阀应能承受1MPa以上静水压力，注浆阀外部保护层应能抵抗砂石等硬质物的刮撞而不致使注浆阀受损。

（2）注浆阀应具备单向逆止功能。

2）注浆阀安装和钢筋笼入孔沉放

（1）注浆阀需待钢筋笼起吊至桩孔边垂直竖起后方可安装，与钢筋笼形成整体。

（2）安装前应仔细检查注浆管及连接管箍的质量，包括注浆阀内有无异物、保护层是否完好、管箍有无裂缝，发现质量问题及时处理解决。

（3）钢筋笼起吊至孔口后，应以工具敲打注浆管，排除管内铁锈、异物等。

（4）注浆阀在钢筋笼吊起入孔过程与注浆导管连接，连接应牢固可靠。

（5）钢筋笼入孔沉放过程中不得反复向下冲撞和扭动，以免注浆阀受损失效。

5. 注浆装置与钢筋笼放置后的检测

可采用带铅锤的细钢丝探绳沉放至注浆导管底部进行检测。可能有以下结果：

（1）如果导管内无水、泥浆和异物，属于理想状态。

（2）如果导管底部有少量的清水，可能是出于焊接口或导管本身存在细小的砂眼所致，可不做处理。

（3）若注浆管内有大量的泥浆，则应将钢筋笼提出孔外，待修理后再重新放入桩孔内。

检验合格后，用管箍和丝堵将注浆管上部封堵保护。混凝土灌注完毕孔口回填后，应插有明显的标识，加强保护，严禁车辆碾压。

6. 桩端注浆参数的确定

注浆参数包括浆液配比、终止注浆压力、流量以及注浆量等参数，注浆作业开始前，宜进行试注浆，优化并最终确定注浆参数。

7. 浆液性能要求

注浆浆液以稠浆、可注性好为宜，一般采用普通硅酸盐水泥掺入适量外加剂，水泥强度等级不低于42.5级，当有防腐蚀要求时采用抗腐蚀水泥，外加剂可为膨润土。浆液的水灰比应根据土的饱和度、渗透性确定：对于饱和土水灰比以0.5～0.7为宜，粗粒土水灰比取较小值，细粒土取较大值，密实度较大时取较大值；对于非饱和土水灰比可提高至0.70～0.90。低水灰比浆液宜掺入减水剂，地下水处于流动状态时，应掺入速凝剂。

对于浆液性能，要求初凝时间3～4h，稠度17～18s，7d强度≥10MPa。对于外加剂，U形微膨胀剂≤5%，膨润土≤5%。

浆液配合比可由中心试验室通过试验确定，各施工单位统一采用：也可由各单位根据指标自己配制，满足上述要求即可。

8. 注浆工艺系数及控制

控制好注浆压力、注浆量及注浆速度是桩端压力注浆施工优劣或成败的关键。

1）对于闭式注浆工艺需控制好注浆压力、注浆量和桩顶上抬量，其中注浆压力为主要控制指标，注浆量和桩顶上抬量为重要指标。

2）对于开式注浆工艺需控制好注浆量、注浆压力及注浆速度。

（1）当桩端为松散的卵、砾石层时，主要控制指标是注浆量，注浆压力不宜大，仅作为参考指标。

（2）当桩端为密实、级配良好的卵、砾石层时，注浆压力应适当加大。

（3）当桩端为密实、级配良好的砂土层以及黏性土层时，注浆压力为主要控制指标，注浆量为重要指标。

（4）视桩端土层情况，可分别采取连续注浆，二次（多次）注浆及间隙性的循环注浆，以实施注浆工艺的优化。

3）为提高注浆均匀度和有效性，注浆泵流量控制宜小不宜大（注浆流量不宜超过75L/min)，注浆速度宜慢不宜快。

4）注浆宜以稳定压力作为终止压力，稳压时间的控制是使压力注浆达到设计要求的基本保证。桩端注浆终止工作压力应根据土层性质、注浆点深度确定。对于风化岩、非饱和黏性土和粉土，终止压力 5～10MPa 为宜：对于饱和土层终止压力 1.5～6.0MPa 为宜，软土取低值，密实黏性土取高值。

9. 后注浆的终止条件

关于后注浆的终止条件未统一，也不便统一，以下介绍 2 种终止条件。

1）当满足下列条件之一终止注浆：

（1）注浆量达到设计要求。

（2）注浆总量已达到设计值的 80%，且注浆压力达到设计注浆压力的 150%并维持5min 以上。

（3）注浆总量已达到设计值的 80%，且桩顶或地面出现明显的上抬。

2）达到以下条件时可终止注浆：

（1）注浆总量和注浆压力均达到设计要求。

（2）水泥注入量达到设计值的 75%，泵送压力超过设定压力的 1 倍。

上述条件基于后注浆质量控制采用注浆量和注浆压力双控方法，以水泥注入量控制为主，泵送终止压力控制为辅。

10. 注浆顺序

在大面积桩基施工时，注浆顺序往往决定于桩基施工顺序。考虑到其他因素，如注浆时浆液窜入其他区域，硬化后将对该区域内未施工桩的钻孔造成影响，因而往往将全部桩基根据集中程度划分为若干区块，每个区块内桩距相对集中，区块之间最小桩距大于区块内最小桩距 2 倍以上。从而将注浆影响区域限定于单个区块之内，各区块之间的施工顺序不受影响。在单个区块内，以最后一根桩成桩 5～7d 后开始该区块内所有桩的注浆，注浆顺序是针对同一区块内各桩而言的。对于区块内的各桩，宜采用先周边后中心的顺序注浆。对周边桩应以对称、有间隔的原则依次注浆，直到中心。这样可以先在周边形成一个注浆隔离带并使注浆的挤密、充填、固结逐步施加于区块内其他桩。

11. 注浆时间

1）直管

一次注完全部设计水泥量。

2）U形管

（1）注浆次序与注浆量分配：

① 注浆分3个循环。

② 每一循环的注浆管采用均匀间隔跳注。

③ 注浆量分配：第一循环50%，第二循环30%. 第三循环20%。

④ 发生管路堵塞，则按每一循环应注比例重新分配注浆量。

（2）注浆时间及压力控制：

① 第一循环 每根注浆管注完浆液后，用清水冲洗管路，间隔时间不少于2.5h，不超过3h，或水泥浆初凝时进行第二循环。

② 第二循环 每根注浆管注完浆液后，用清水冲洗管路，间隔不小于3.5h，不超过6h进行第三循环。

③ 第一循环与第二循环主要考虑注浆量。

④ 第三循环以压力控制为主。若注浆压力达到控制压力，并持荷5min，注浆量达到80%也满足要求。

10.17.2.5 施工注意事项

（1）桩端后注浆技术，看起来简单，实际具有相当高的技术含量，只有工艺合理、措施得当、管理严格、施工精心才能得到预期的效果，否则将会造成注浆管被堵、注浆装置被包裹、地面冒浆及地下窜浆等质量事故。

（2）确保工程桩施工质量，为此必须满足规范或设计对沉渣、垂直度、泥浆密度、钢筋笼制作与沉放及水下混凝土灌注等要求。安装钢筋笼时，确保不损坏注浆管路；当采用焊接套管时，焊接必须连续密闭，焊缝饱满均匀，不得有孔隙、砂眼，每个焊点应敲掉焊渣检查焊接质量，符合要求后才能进行下一道工序；下放钢筋笼后，不得墩放、强行扭转和冲撞。

（3）在浆管下放过程中，每下完一节钢筋笼后，必须在注浆管内注入清水检查其密封性，如发现注浆管渗漏，必须返工处理，直至达到密封要求。

（4）在混凝土灌注后24～48h内用高压水从注浆管压入，将橡胶皮撕裂。出浆管口出水后，关闭出浆阀，继续加压，使套筒包裹的注浆孔开裂，裂开压力为1.5～2.2MPa。压水开塞时，若水压突然下降，表明单向阀门已打开，此时应停泵封闭阀门10～20min，以消散压力。当管内存在压力时不能打开闸阀，以防止承压水回流。需要注意的，压水工序是注浆成功与否的关键程序之一。

（5）对于直管情况，进浆口注浆时，打开回路的出浆口阀门，先排出注浆管内的清水，当出浆口流出的浆液浓度与进口浓度基本相同时，关闭出浆口阀门，然后匀速加压注浆，压注完成后缓慢减压。对于U形管情况，每次注浆后用清水彻底冲洗回路，从进浆管压入清水，并将出浆管排出的浆液回收到储浆桶（箱），必须保持管路畅通，以便下次注浆顺利进行。在注浆每一循环过程中，必须保证注浆施工的连续性，注浆停顿时间超过30min，应对管路进行清洗。每管3次循环注浆完毕后，阀门封闭不小于40min，再卸阀门。U形回路每一循环过程中，所有注浆管可同时注浆，但事先应检查各管路是否通畅。

（6）注浆工作一般在混凝土灌注完毕后3～7d进行。也可根据实际情况，待桩的超声波检测工作结束后进行。

（7）正式注浆作业之前，应进行试注浆，对浆液水灰比、注浆压力、注浆量等工艺参数进行调整，最终确定施工参数。注浆作业时，流量宜控制在30～50L/min，并根据设计注浆量进行调整，注浆量较小时可取较小流量。注浆原则上先稀后稠。被注浆桩离正在成孔成桩作业的桩的距离不小于10倍桩径或不宜小于8～10m。

（8）桩端注浆应对同一根桩的各注浆导管依次实施等量注浆，其目的是使浆液扩散分布趋于均匀，并保证注浆管均注满浆体以有效取代钢筋。

（9）单桩注浆量的设计主要应考虑桩径、桩长、桩端土层性质、单桩承载力增幅、是否复式注浆等因素确定。

（10）注浆前所有管路接头、压力表、阀门等连接牢固、密封。在一条回路中注浆时，其他回路的阀门关紧，保持管中压力，防止浆液从桩底注浆孔进入其他回路造成堵塞。

（11）在桩端注浆过程中，为监测桩的上浮情况，采用高精度的水准仪设置在稳定的地点进行观测。

（12）桩端后注浆施工过程中，应经常对后注浆的各项工艺参数进行检查，发现异常应采取相应处理措施。每次注浆结束后，应及时清洗搅拌机、高压注浆管和注浆泵等。

（13）注浆量与进浆压力是注浆终止的控制标准，也是两个主要设计指标。

（14）桩端注浆适合用高压，其最大压力可由桩的抗拔能力及土性条件来决定。风化岩地层所需的注浆压力最高，软土地层所需的注浆压力最低。注浆压力应根据桩端和桩周土层情况、桩的直径和长度等具体条件经过估算和试注浆确定。每次试注浆和注浆过程中，连续监控注浆压力、注浆量、桩顶反力等数值，通过分析判断，确定适当的注浆压力。

（15）注浆液制配时，严格按配合比进行配料，不得随意更改。

（16）注浆施工现场设负责人，统一指挥注浆工作。专人负责记录注浆的起止时间；注入的浆量、压力；测定桩顶上抬量；最后一次注浆完毕，必须经监理工程师签字认可后，注浆管路用浆液填充；每根桩后注浆施工过程中，浆液必须按规定做试块。

（17）注浆防护

高压管道注浆必须严格遵守安全操作规程，制定详细的安全防护措施，专人负责，专人指挥。注浆前先进行管道试压，合格后方可使用，试压操作时，分级缓慢升压，试压压力宜采用注浆压力的2倍，停泵稳压后方可进行检查。

施工中注浆区分为安全区和作业区，非操作人员不得进入作业区，作业区四周设置防护栏杆和防护网，作业工人戴好防护眼镜及防护罩，以免浆液喷伤眼睛和防止管道发生意外对操作人员造成伤害。

（18）安全保证措施

① 注浆机配备安全系数较大的安全阀。

② 注浆时设置隔离区，危险区设置醒目标志，严禁非工作人员进入，施工人员注意站位，确保人身安全。

③ 操作人员持证上岗，专人负责。

④ 加强现场安全管理及领导工作，确保注浆安全有序进行。

⑤ 设专人指挥，统一协调，及时排除安全隐患。

⑥ 注浆管路与机械接头连接牢固，严禁有松动或滑动现象。

10.17.3 干作业钻孔灌注桩桩端压力注浆工艺

1. 施工流程

（1）注浆前的准备过程，包括材料与机具的准备，连接注浆管路，注浆泵试射水，水泥浆搅拌与输送，架设安置百分表支架。

（2）第一次低压注浆，浆液经注浆管进入桩端空腔，待浆液注满空腔从回浆管溢出后暂停注浆，然后用堵头将回浆管封闭。

（3）装好百分表，并记录初读数，然后开泵进行第二次加压注浆，观察并记录三项注浆设计控制指标（注浆压力、注浆量和桩顶上抬量），如果三项指标满足要求便停泵。

（4）关闭转芯节门，卸下注浆管接头，注浆结束。

2. 施工程序

带固定钢板的预留注浆空腔方式的桩端压力注浆桩施工程序

（1）成孔。在地下水位较深的情况下，采用长螺旋干作业成孔方法。

（2）放钢筋笼及桩端压力注浆装置。在钢筋笼底部设置一块固定式的圆形钢板，在钢板上开小洞，插入1根注浆管和1根回浆管。固定式钢板、注、回浆管随钢筋笼一起插入桩孔中，同时在钢板底部与孔底之间留一空腔。也可用碎石填充空腔，使注入浆液有出路，作为注入浆液的粗骨料，便于形成扩大头。

（3）按常规方法灌注混凝土

（4）进行压力注浆。当桩身混凝土强度达到一定值（50％～75％）后实施压力注浆，一般进行2次注浆。

第一次为常压注浆，浆液从注浆管进入桩底空腔后回升入回浆管，当回浆管口冒浆，暂停注浆，用木楔或堵头将回浆管堵死，并随即进行第二次注浆。

第二次为高压注浆，在注浆同时，测量注浆压力，注浆量和桩顶上抬量，当三项指标达到预定控制指标后，终止注浆，并做好记录。

（5）卸下注浆接头，成桩。

表10.17-1中BS41和BS42号桩即为此种类型桩。

干作业钻孔灌注桩桩端压力注浆工艺的施工机械与机具、施工特点、施工要点及施工注意事项可参考10.17.2小节的有关部分。

10.17.4 泥浆护壁钻孔灌注桩桩侧压力注浆工艺

1. 施工程序

（1）成孔 视土层地质和地下水位情况采用合适的成孔方法。成孔中对孔径要求严格，孔径的变化不应过大。

（2）放钢筋笼、注浆管及桩侧压力注浆装置 当桩侧注浆管沿钢筋笼纵向设置时，一般均为花管，绑在钢筋笼外侧，其孔眼用橡皮箍、胶带等绑紧，以防止灌注混凝土时水泥浆进入花管内而造成堵塞；当采用环向桩侧注浆花管时，则将其环绕在钢筋笼外侧，两端插接于竖向注浆管底端的短接管上，并用铁丝扎紧于钢筋笼上；当采用桩侧压力注浆装置时，则将其连接于竖向或环向注浆管上，并固定在钢筋笼上。

（3）灌注混凝土 按常规方法灌注混凝土。

（4）进行桩侧压力注浆 实施桩侧压力注浆的时间，国内施工单位采用桩身混凝土初凝后，成桩后1～2d、成桩后7d几种方式。桩身有若干桩侧注浆段时，实施桩侧压力注浆的顺序采用自上而下和自下而上2种不同形式。

（5）成桩 卸下注浆接头，成桩。

上述通用的施工程序，视不同的桩侧压力注浆工法，具体施工时还会有所变通。

2. 施工特点

（1）影响桩侧压力注浆效果的因素除参考桩端压力注浆桩施工特点（本章10.17.2节）外，尚有桩侧压力注浆管设置层位这一因素。

（2）与桩端压力注浆施工相同，桩侧压力注浆须控制好注浆压力和注浆量及注浆速度，这也是桩侧压力注浆施工优劣或成败的关键。

（3）当桩身有若干桩侧注浆段时，实施桩侧压力注浆的顺序一般采用自上而下注浆，以防止下部浆液沿桩土界面上窜，即先注最上部桩段，待其有一定的初凝强度后，再依次注下部各桩段。

桩侧压力注浆桩的施工要点和施工注意事项可参考桩端压力注浆桩的施工（本章10.17.2节）。

3. 施工设备与机具

桩侧压力注浆施工设备和机具基本上与桩端压力注浆施工设备和机具相同。桩侧注浆导管公称直径为20mm，壁厚2.75mm；每道桩侧注浆阀均应设置一根桩侧注浆导管，桩侧注浆导管下端设三通与桩侧注浆阀相连。

4. 桩侧压力注浆装置

桩侧压力注浆装置是整个桩侧压力注浆施工工艺的核心部件，由于种类较多，本节仅举其中几种装置加以说明。

1）水利科学研究院研制开发的两种桩侧压力注浆法

（1）桩侧钻孔埋管注浆法

其具体做法是：

① 桩侧土体中进行钻孔，根据桩径大小在其侧面布置3～4个钻孔，孔离桩侧1.0m在右。

② 在孔中埋设套阀式注浆花管。

③ 以一定压力将水泥浆液注入桩侧土体。注浆可采用分段注浆或复注方式。

（2）沿钢筋笼纵向设置注浆花管法

其具体做法是每根注浆管沿钢筋笼纵向设置，注浆管底部出浆处焊接长度为300mm左右的注浆花管，其管端出浆口及侧壁出浆孔用弹性胶皮封好，再用塑料布密封。

2）中国建筑科学研究院地基基础研究所桩侧注浆装置

该桩侧注浆装置由预制钢筋笼、压浆钢导管和单向阀组成。压浆钢导管纵向设置在钢筋笼中；钢筋笼的外侧环向（花瓣形）或纵向（波形）设置PVC加筋弹性软管，软管凸出部位设置压浆单向阀。单向阀是由在排浆孔处设置倒置的图钉或钢珠，外包敷高压防水胶带和橡胶内车胎等组成。

10.18 水下混凝土灌注

10.18.1 概述

1. 基本原理和分类

灌注水下混凝土的方法按施工中隔离环境水的不同手段可分为：导管法、混凝土泵压法、挠性软管法、预填骨料的灌浆混凝土法、箱底张开法灌注混凝土法、溜槽法、开底容器和袋装混凝土叠置法。

在泥浆护壁钻孔灌注桩施工中采用导管法、混凝土泵压法、挠性软管法、导管与泵压联合法、挠性软管与泵压联合法灌注水下混凝土，而且多数情况下采用导管法。故本节重点介绍导管法灌注水下混凝土。

（1）基本原理

导管法是将密封连接的钢管（或强度较高的硬质非金属管）作为水下混凝土的灌注通道，其底部以适当的深度埋在灌入的混凝土拌合物内，在一定的落差压力作用下，形成连续密实的混凝土桩身。

（2）导管法分类

① 按地面上导管露出长度可分为低位灌注法和高位灌注法，建筑工地中通常采用低位灌注法，即地上导管部分很短。

② 按孔口漏斗的位置可分为漏斗固定式和漏斗活动式，后者为保证导管埋入混凝土深度的要求，在灌注过程中，不断地提高孔口漏斗的位置。

③ 按隔水装置（吊塞）及方法不同可分为刚性塞和柔性塞两大类。其中刚性塞又可分为钢制滑阀、钢制底盖、混凝土隔水塞、木制球塞等。柔性塞又分为隔水球（足球或排球内胆）、麻布或编织袋内装锯末、砂及干水泥等。

2. 优缺点

（1）优点

① 能向水深处迅速地灌注大量混凝土。

② 利用有利的地下条件对混凝土进行标准养护（即养护条件接近于标准养护）。

③ 作业设备和器具简单，能适应各种施工条件。

④ 不需降水。

（2）缺点

① 每立方米混凝土的水泥用量比一般混凝土要多。

② 在桩顶形成混凝土浮浆层。

③ 稍有疏忽，就不易保证混凝土的质量。

④ 灌注量大时，作业时间和劳动强度都比较大。

10.18.2 主要机具

1. 导管

1）规格

一般采用壁厚为4～6mm的无缝钢管制作或钢板卷制焊成。导管直径应按桩径和每小时需要通过的混凝土数量决定。但最小直径一般不宜小于200mm。导管的技术性能和适用范围见表 10.18-1。导管选用参考，见表 10.18-2。

2）导管设计应符合下列要求：

（1）导管应具有足够的强度和刚度，又便于搬运、安装和拆卸。

（2）导管的分节长度应按工艺要求确定。长度一般为 2m；最下端一节导管长应为 4.5～6m，不得短于 4m；为了配合导管柱长度，上部导管长为 1m，0.5m 或 0.3m。

（3）导管应具有良好的密封性。导管可采用法兰盘连接、穿绳接头、活接头式螺母连接以及快速插接连接；用橡胶"○"形密封圈或厚度为 4～5mm 的橡胶垫圈密封，严防漏水。

采用法兰盘连接时，法兰盘的外径宜比导管外径大 100mm 左右，法兰盘厚度宜为 12～16mm，在其周围对称设置的连接螺栓孔不宜少于 6 个，连接螺栓直径不宜小于 12mm。法兰盘与导管采用焊接时，法兰盘面应与导管轴线垂直。在法兰盘与导管连接处宜对称设置与螺栓孔数量相等的加强筋。

导管规格和适用范围 **表 10.18-1**

导管内径（mm）	适用桩径（mm）	通过混凝土能力（m^3/h）	导管壁厚（mm）		连接方式	备注
			无缝钢管	钢板卷管		
200	600～1200	10	8～9	4～5	丝扣或法兰	导管的连接和卷制焊缝必须密封、不得漏水
230～255	800～1800	15～17	9～10	5	法兰或插接	
300	≥1500	25	10～11	6		

注：本表大多数参数摘自江西省地矿局"钻孔灌注桩施工规程"（1989 年 4 月）。

导管选定参考表 **表 10.18-2**

桩径（mm）		<700				800～900				1000～2000		>2100	
导管内径（mm）		204		254		204		254		254		254	305
导管连接方法		F	S	F	S	F	S	F	S	F	S	F	S
钻孔深度（mm）	<25	×	○	×	△	○	○	○	○	○	○	△	○
	25～35	×	○	×	×	△	△	△	○	○	○	△	○
	>35	×	△	×	×	×	△	△	△	○	○	△	○
用气举、泵吸法处理孔底		—		—	△	○	△	○	△	○	△	△	○

注：1. 本表摘自日本基础建设协会"灌注柱施工指针及解说"1983 年。
2. F—法兰接头，S—插接接头，反循环钻成孔法不用套筒接头。
3. ○—可行，△—注意，×—不可。

（4）最下端一节导管底部不设法兰盘，宜以钢板套圈在外围加固。

（5）为避免提升导管时法兰挂住钢筋笼，可设置锥形护罩。

3）导管加工制造应符合下列要求：每节导管应平直，其定长偏差不得超过管长的 0.5%；导管连接部位内径偏差不大于 2mm，内壁应光滑平整；将单节导管连接为导管柱时，其轴线偏差不得超过±20mm。

导管加工完后，应对其尺寸规格、接头构造和加工质量进行认真的检查，并应进行连接、过阀（塞）和充水试验，以保证密封性能可靠和在水下作业时导管不漏水。检验水压一般为 0.6～1.0N/mm^2，不漏水为合格。

2. 漏斗和储料斗

（1）导管顶部应设置漏斗和储料斗。漏斗设置高度应适应操作的需要，并应在灌注到最后阶段，特别是灌注接近到桩顶部位时，能满足对导管内混凝土柱高度的需要，保证上部桩身的灌注质量。混凝土柱的高度，在桩顶低于桩孔中的水位时，一般应比该水位至少高出 2.0m；在桩顶高于桩孔中水位时，一般应比桩顶至少高出 2.0m。

（2）漏斗与储料斗应有足够的容量以储存混凝土（即初存量），以保证首批灌入的混凝土（即初灌量）能达到要求的埋管深度（表 10.18-3）。

（3）漏斗与储料斗可用 4～6mm 钢板制作，要求不漏浆、不挂浆，漏泄顺畅彻底。

3. 隔水塞、隔水球、滑阀和底盖

（1）隔水塞

一般采用混凝土制作，宜制成圆柱形，其直径宜比导管内径小 20～25mm；采用 3～5mm 厚的橡胶垫圈密封，其直径宜比导管内径大 5～6mm（图 10.18-1）。混凝土强度等级宜为 C15～C20。

隔水塞也可用硬木制成球状塞，在球的直径处钉上橡胶垫圈，表面涂上润滑油脂。隔水塞还可用钢板塞、泡沫塑料和球胆等制成。隔水塞在灌注混凝土时均应能顺畅下落和排出。因此，隔水塞表面应光滑，形状规整。

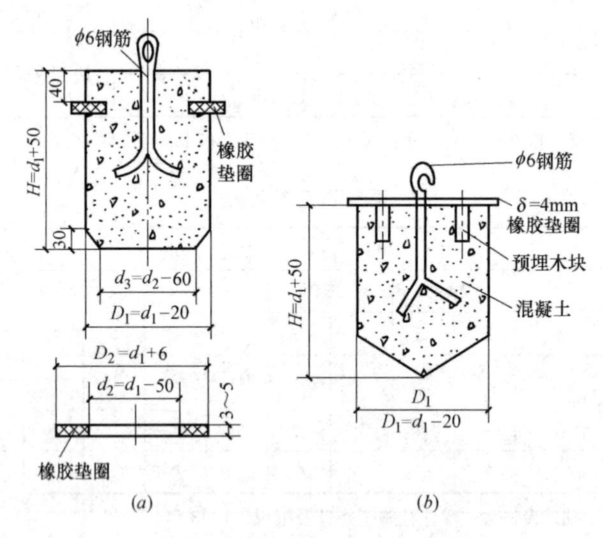

图 10.18-1 两种常用隔水塞

d_1—导管内径

（2）隔水球

隔水球可采用足球或排球的内胆，新旧均可。隔水球安装配套示意图见图 10.18-2。

（3）滑阀

滑阀采用钢制叶片，下部为密封橡胶垫圈，见图 10.18-3。

（4）底盖

底盖可用混凝土，也可用钢制成，其安设方法见图 10.18-4。

（5）球塞

球塞多用混凝土或木料制成，球直径可大于导管直径 10～15mm，灌注混凝土前将球置于漏斗顶口处，球下设一层塑料布或若干层水泥袋纸垫层，球塞用细钢丝绳引出，当达到混凝土初存量后，迅速将球向上拔出，混凝土压着塑料布垫层，处于与水隔离的状态，排走导管内的水而至孔底。本法每次只消耗一点塑料布或水泥袋纸，球塞可反复使用。本法必须有足够的初存量。

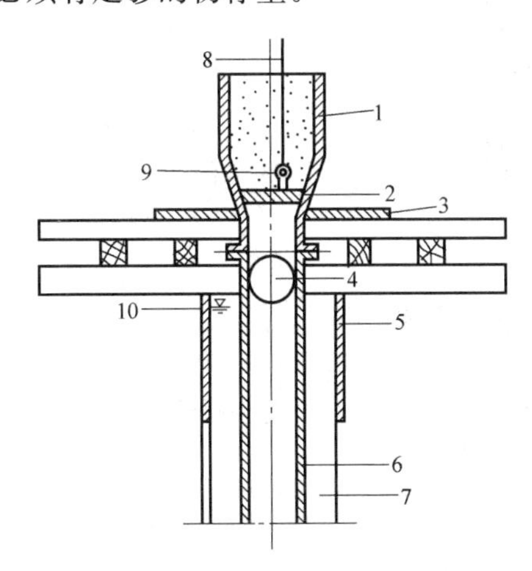

图 10.18-2　隔水球安装配套示意图

1—漏斗；2—开关隔板；3—导管夹板；4—隔水球；5—护筒；6—导管；7—桩孔；8—开关隔板提引铁丝；9—隔板提环；10—钻进液水位

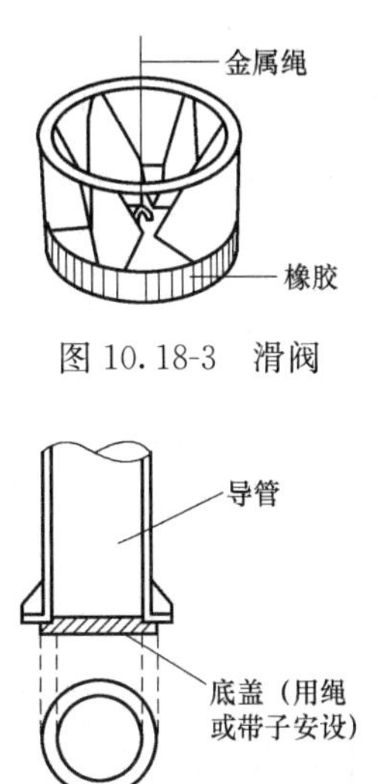

图 10.18-3　滑阀

图 10.18-4　底盖的安设方法

（6）活门

漏斗与导管之间加一活门，关闭活门，漏斗中装满混凝土拌合物后再立即打开活门，混凝土拌合物快速下行，排出导管中的泥浆而达到孔底，并迅速将导管底口埋入一定深度。此法用于混凝土灌注泵的情况，漏斗的容积应大于或等于初存量。

10.18.3　导管法施工

1. 滑阀（隔水塞）式导管法施工

（1）滑阀（隔水塞）式导管法施工程序

① 沉放钢筋笼。

② 安设导管，将导管缓慢沉到距孔底 300～500mm 的深度处。

③ 悬挂滑阀（隔水塞），将碗状滑阀（或隔水塞）放到导管内的水面之上。

④ 灌入首批混凝土。

⑤ 剪断铁丝。剪断悬挂滑阀（或隔水塞）的铁丝，使滑阀（或隔水塞）和混凝土拌合物顺管而下，将管内的水挤出去，滑阀（或隔水塞）便脱落，就留在孔底混凝土中。

⑥ 连续灌注混凝土，上提导管。

⑦ 混凝土灌注完毕，拔出护筒。

施工程序示意图见图 10.18-5。

（2）滑阀（隔水塞）式导管法施工要点

① 灌注首批混凝土

在灌首批混凝土之前最好先配制 0.1～0.3m^3 水泥砂浆放入滑阀（隔水塞）以上的导管和漏斗中，然后再放入混凝土。确认初灌量备足后，即可剪断铁丝，借助混凝土重量排

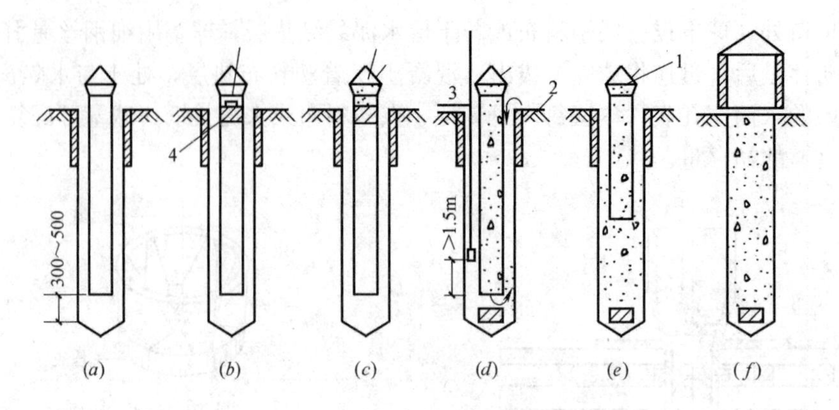

图 10.18-5 滑阀式（隔水塞）导管法施工

(*a*) 安设导管（导管底部与孔底之间顶留出 300～500mm 空隙）；(*b*) 悬挂隔水塞（或滑阀），使其与导管水面紧贴；(*c*) 灌入混凝土；(*d*) 剪断铁丝，隔水塞（或滑阀）下落孔底；(*e*) 连续灌注混凝土，上提导管；(*f*) 混凝土灌注完毕，拔出护筒

1—漏斗；2—灌注混凝土过程中排水；3—测绳；4—隔水塞（或滑阀）

除导管内的水，使滑阀（隔水塞）留在孔底，灌入首批混凝土。

灌注首批混凝土时，导管埋入混凝土内的深度不小于 1.0m。混凝土的初灌量宜按下式计算：

$$V_{\mathrm{f}}=\frac{\pi}{4}d^2(H+h+0.5t)+\frac{\pi}{4}d_1^2(0.5L-H-h) \tag{10.18.1}$$

式中 V_{f}——混凝土的初灌量（m^3）；

d——桩孔直径（m）；

d_1——导管内径（m）；

L——钻孔深度（m）；

H——导管埋入混凝土深度（m），一般取 $H=1.0$m；

h——导管下端距灌注前测得的孔底高度（m），一般取 $h=0.3\sim0.5$m；

t——灌注前孔底沉渣厚度（m）。

② 连续灌注混凝土

首批混凝土灌注正常后，应连续不断灌注混凝土，严禁中途停工。在灌注过程中，应经常用测锤探测混凝土面的上升高度，并适时提升、逐级拆卸导管，保持导管的合理埋深。探测次数一般不宜少于所使用的导管节数，并应在每次起升导管前，探测一次管内外混凝土面高度。遇特别情况（局部严重超径、缩颈、漏失层位和灌注量特别大的桩孔等）应增加探测次数，同时观察返水情况，以正确分析和判定孔内的情况。

③ 导管埋深

导管埋入混凝土中的深度见表 10.18-3。在水下灌注混凝土时，应根据实际情况严格控制导管的最小埋深，以保证桩身混凝土的连续均匀，防止出现断桩现象。对导管的最大埋深不宜超过最下端一节导管的长度或 6m。

灌注接近桩顶部位时，为确保桩顶混凝土质量，漏斗及导管的高度应严格按前述规定执行。

导管埋深值 **表 10.18-3**

导管内径（mm）	桩孔直径（mm）	初灌量埋深（m）	连续灌注埋深(m)		桩顶部灌注埋深(m)
			正常灌注	最小埋深	
200	600～1200	1.2～2.0	3.0～4.0	1.5～2.0	0.8～1.2
230～255	800～1800	1.0～1.5	2.5～3.5	1.5～2.0	1.0～1.2
300	>1500	0.8～1.2	2.0～3.0	1.2～1.5	1.0～1.2

④ 混凝土灌注时间

混凝土灌注的上升速度不得小于 2m/h。灌注时间必须控制在埋入导管中的混凝土不丧失流动性的时间内。必要时可掺入适量缓凝剂。表 10.18-4 为混凝土的适当灌注时间。

⑤ 桩顶的灌注标高及桩顶处理

桩顶的灌注标高应比设计标高增加 0.5～0.8m，以便清除桩顶部的浮浆渣层；该高度对于贝诺特桩取低值，其他桩型取高值。桩顶灌注完毕后，应即探测桩顶面的实际标高。常用带有标尺的钢杆和装有可开闭的活门钢盒组成的取样器探测取样，判断桩顶的混凝土面。处理位于水中的桩顶，可在混凝土初凝前，用高压水冲射混杂层和桩顶超标高处的混凝土层，并在桩顶设计标高以上保留不小于 200～300mm 混凝土层，待桩顶混凝土强度达到设计强度的 70%时，将其凿除。

水下混凝土适当灌注时间 **表 10.18-4**

桩长(m)	≤30		30～50			50～70			70～100		
灌注量 V(m^3)	≤40	40～80	≤40	40～80	80～120	≤50	50～100	100～160	≤60	60～120	120～200
适当灌注时间(h)	2～3	4～5	3～4	5～6	6～7	3～5	6～8	7～9	4～6	8～10	10～12

注：1. 灌注时间是从第一盘混凝土加水搅拌时起至灌注结束止；
2. 若混凝土初凝时间小于表列数值时，则首批混凝土必须掺入适量缓凝剂；

⑥ 剪绳位置

滑阀（或隔水塞）应紧贴导管水面，两者之间不得留有空隙，为防止滑阀等与导管间的缝隙进水，在滑阀等顶部盖上 2～3 层稍大于导管内径的水泥袋或塑料布，再撒铺一些水泥砂浆或干水泥，以免灌注时，混凝土中的骨料卡入隔水环，还可减少下滑阻力。

当滑阀以上导管及漏斗充满混凝土后，视孔深、孔径及孔底情况确定是否立即剪绳还是下滑至导管一定深度再剪绳。

多数施工情况是滑阀的初始位置即为剪绳位置；当孔深和孔径大时，为防止首批混凝土在导管中长距离自由移动时产生离析和增加初灌量，可将滑阀随着混凝土不断灌入，逐渐放松铁丝，直到滑入一定深度后才剪断铁丝。

对于孔底有沉渣的情况，剪绳应尽量早些，以利用导管内混凝土高速冲击管口的冲力挤开孔底沉渣。

2. 隔水球式导管法施工

隔水球式导管法施工要点（参见图 10.8-2）：

（1）在使用前将球胆充气，使其直径比导管内径大 3～5mm，然后将充气嘴绑死，并将球胆放入水中检验不漏气后，方可使用。

（2）球胆装入导管后，放入漏斗开关隔板2，使漏斗出口密封，隔板上部焊有提环9，用8号铁丝与副卷扬机相连。

（3）在漏斗中装满初灌量混凝土后，启动副卷扬机提升，拉出漏斗中的开关隔板2，使漏斗中的混凝土压着隔水球而高速灌入，紧接着将备用储料斗或运输车中的混凝土连续不间断地灌注，将导管内的浆液与导管外的冲洗液压力平衡后，隔水球即会自动浮出孔口液面，回收、清洗后可供再次使用。

3. 导管法施工时注意事项

（1）根据桩径、桩长和灌注量，合理选择导管、搅拌机、起吊运输等机具设备的规格型号。

（2）导管吊放入孔时，应将橡胶圈或胶皮垫安放周整、严密，确保密封良好。导管在桩孔内的位置应保持居中，防止跑管，撞坏钢筋笼并损坏导管。导管底部距孔底（或孔底沉渣面）高度，以能放出隔水塞及首批混凝土为度，一般为300～500mm。导管全部入孔后，计算导管柱总长和导管底部位置，并再次测定孔底沉渣厚度，若超过规定，应再次清孔。

（3）灌注混凝土必须连续进行，不得中断。否则先灌入的混凝土达到初凝，将阻止后灌入的混凝土从导管中流出，造成断桩。

（4）从开始搅拌混凝土后，在1.5h之内应尽量灌注完毕，特别是在夏季天气干燥时，必须在1h之内灌注完毕。对于商品混凝土，应根据运输、气温等条件，掺加缓凝剂。

（5）随孔内混凝土的上升，需逐节快速拆除导管，时间不宜超过15min。拆下的导管应立即冲洗干净。

（6）在灌注过程中，当导管内混凝土不满含有空气时，后续的混凝土宜通过溜槽徐徐灌入漏斗和导管，不得将混凝土整斗从上面倾入管内，以免在导管内形成高压气囊，挤出管节间的橡胶垫而使导管漏水。

（7）当混凝土面升到钢筋笼下端时，为防止钢筋笼被混凝土顶托上升，应采取以下措施：

① 在孔口固定钢筋笼上端；

② 灌注混凝土的时间应尽量加快，以防止混凝土进入钢筋笼时，流动性过小；

③ 当孔内混凝土接近钢筋笼时，应保持埋管较深，放慢灌注进度；

④ 当孔内混凝土面进入钢筋笼1～2m后，应适当提升导管，减小导管埋置深度，增大钢筋笼在下层混凝土中的埋置深度；

⑤ 在灌注将近结束时，由于导管内混凝土柱高度减小，超压力降低，而导管外的泥浆及所含渣土稠度和相对密度增大，如出现混凝土上升困难时，可在孔内加水稀释泥浆，亦可掏出都分沉淀物，使灌注工作顺利进行。

10.18.4 水下混凝土配制要求

1. 原材料要求

（1）水泥

当地下水无侵蚀性时，一般选用硅酸盐和普通硅酸盐水泥，水泥强度等级不宜低于32.5。

（2）粗骨料

宜选用坚硬卵砾石或碎石。采用碎石时，其母石抗压强度应不低于水下混凝土设计强度的1.5倍（边长50mm立方体饱和含水状态时的极限抗压强度）。

级配宜采用二级级配，即粒径5～20mm与20～40mm，二者比例可取3：7～4：6；也可采用一级级配，即粒径10～30mm与20～40mm。

（3）细骨料

应选用颗粒洁净的天然中、粗砂。含砂率一般为45%左右，见表10.18-5。

水下混凝土含砂率选择参考 **表10.18-5**

	卵石			碎石		
粒径(mm)	10	20	40	10	20	40
含砂率(%)	45～48	43～46	42～45	48～50	46～49	45～47

注：1. 表中混凝土的水灰比为0.5；
2. 水灰比每增大0.05，含水率相应增加1%～1.5%。

（4）外加剂

掺入外加剂前，必须先经过试验，以确定外加剂的使用种类、掺入量和掺入程序。

水下混凝土常用的外加剂有减水剂、缓凝剂、早强剂、膨胀剂和抗冻剂等。

（5）拌合水

一般饮用水、天然清洁水和pH不小于4的非酸性水，均可以用作拌合水。

2. 配合比设计

配合比应通过试验确定。

（1）坍落度。一般控制在180～220mm为宜。

（2）水泥用量和水灰比。水泥用量不少于360kg/m^3，水灰比不应超过0.6，通常以0.5为多。

参 考 文 献

[1] 沈保汉．一般原则（桩基础技术讲座一）．工业建筑，1990年9期．
[2] 沈保汉．桩基设计要点（桩基础技术讲座十五）．工业建筑，1991年12期．
[3] 沈保汉．桩的施工方法（桩基础技术讲座十六）．工业建筑，1992年1期．
[4] 沈保汉．常用桩施工方法要点（桩基础技术讲座十七）．工业建筑，1992年2期．
[5] 沈保汉．施工因素对桩承载力的影响（桩基础技术讲座十八）．工业建筑，1992年3期．
[6] 沈保汉．桩工机械（桩基础技术讲座十九）．工业建筑，1992年5期．
[7] 张蛮庆．钻孔灌注桩施工质量管理．西部探矿工程，1990年4期．
[8] 沈保汉．桩基础施工技术现状．工程机械与维修，2010年4期．
[9] 沈保汉．桩基础施工技术发展方向．工程机械与维修，2010年5、6期．
[10] 沈保汉．长螺旋钻孔压灌混凝土后插笼桩．工程机械与维修，2010年7期．
[11] 沈保汉．全套管冲抓取土灌注桩施工工法．工程机械与维修，2010年8期．
[12] 沈保汉．旋挖钻斗钻成孔灌注桩．工程机械与维修，2010年10期．
[13] 沈保汉．三岔双向挤扩灌注桩．工程机械与维修，2010年11期．
[14] 沈保汉．载体桩．工程机械与维修，2010年12期．
[15] 沈保汉．螺纹灌注桩与螺杆灌注桩．工程机械与维修，2011年1期．

[16] 沈保汉. 钻孔压浆桩. 工程机械与维修，2011年2期.
[17] 沈保汉. 正循环钻成孔灌注桩. 工程机械与维修，2011年3期.
[18] 沈保汉. 泵吸反循环钻成孔灌注桩. 工程机械与维修，2011年4期.
[19] 沈保汉. 夯扩灌注桩. 工程机械与维修，2011年5期.
[20] 沈保汉. 大直径现浇混凝土薄壁筒桩. 工程机械与维修，2011年6期.
[21] 沈保汉. 现浇混凝土大直径管桩（PCC桩）. 工程机械与维修，2011年7期.
[22] 沈保汉. 大直径钻孔扩底灌注桩. 工程机械与维修，2011年9、10期.
[23] 沈保汉. 桩端压力注浆桩. 工程机械与维修，2011年11、12期.
[24] 沈保汉. 桩侧压力注浆桩和桩端桩侧联合注浆桩. 工程机械与维修，2012年1期.
[25] 沈保汉. 静压沉管灌注桩和静压沉管扩底灌注桩. 工程机械与维修，2012年2、3期.
[26] 沈保汉. 壁板灌注桩. 工程机械与维修，2012年9、10期.
[27] 沈保汉. 旋挖钻斗钻成孔灌注桩（续）. 工程机械与维修，2012年11、12期.
[28] 沈保汉. 冲击钻成孔灌注桩. 工程机械与维修，2013年1、2期.
[29] 沈保汉. 旋转挤压灌注桩. 工程机械与维修，2013年3期.
[30] 沈保汉. 桩基与深基坑支护技术进展. 北京：知识产权出版社，2006年.
[31] 黎中银等. 旋挖钻机与施工技术. 北京：人民交通出版社，2010年.
[32] 何清华等. 旋挖钻机设备、施工与管理. 长沙：中南大学出版社，2012年.
[33] 张忠苗等. 灌注桩后注浆技术及工程应用. 北京：中国建筑工业出版社，2009年.
[34] 龚维明等. 大型深水桥梁钻孔桩桩端后压浆技术. 北京：人民交通出版社，2009年.
[35] 左名麒等. 桩基础工程（设计施工检测）. 北京：中国铁道出版社，1995年.
[36] 王佰惠等. 中国钻孔灌注桩新发展. 北京：人民交通出版社，1999年.
[37] 交通部第一公路工程总公司. 桥涵（上册）. 北京：人民交通出版社，2000年.
[38] 李世京等. 钻孔灌注桩施工技术. 北京：地质出版社，1990年.
[39] 黄中策. 地基与基础. 北京：中国铁道出版社，1988年.
[40] 张金斗. 第四章桩工机械//建筑机械使用手册（第二版）. 北京：中国建筑工业出版社，1989年.
[41] 谢尊渊等. 建筑施工（第二版）上册. 北京：中国建筑工业出版社，1988年.
[42] 周国钧等. 灌注桩设计施工手册. 北京：地震出版社，1991年.
[43] 顾国荣等. 桩基优化设计与施工新技术，北京：人民交通出版社，2011年.
[44] M.J. 汤姆林森. 朱世杰译. 桩的设计与施工. 北京：人民交通出版社，1984年.
[45] 京牟礼和夫，钻孔桩施工，曹雪琴等译，北京：中国铁道出版社，1981年.
[46] 建筑桩基技术规范（JGJ 94—2008）. 中国建筑工业出版社，2008年.
[47] 建筑地基基础设计规范（GB 50007—2002）. 中国建筑工业出版社，2002年.
[48] 建筑地基基础工程施工质量验收规范（GB 50202—2002）. 2002年.
[49] 浙江省建筑软弱地基基础设计规范（DBJ 10—1—90）. 1990年.
[50] 江西省地矿局，钻孔灌注桩施工规程. 1989年4月.
[51] 公路桥涵施工技术规范（JTJ 041—2000）. 人民交通出版社，2000年.
[52] 港口工程桩基规范（JTJ 254—98）. 人民交通出版社，1998年.
[53] 武汉市城乡建设管理委员会. 武汉市夯扩桩设计施工技术规定（WBJ 8—97）. 1997年10月.
[54] 三岔双向挤扩灌注桩设计规程（JGJ 171—2009）. 中国建筑工业出版社，2009年.
[55] 挤扩支盘灌注桩技术规程（CECS192：2005）. 中国建筑工业出版社，2005年.
[56] 浙江省工程建设标准. 大直径现浇混凝土薄壁筒桩技术规程（DB33/1044—2007）. 中国计划出版社，2007年.
[57] 现浇混凝土大直径管桩复合地基技术规程（JGJ/T 213—2010）. 中国建筑工业出版社，2010年.

[58] 中华人民共和国冶金工业部标准. 灌注桩基础技术规程（YSJ212，92，YBJ42—92）. 中国计划出版社，1993 年.
[59] 中华人民共和国建筑工业行业标准. 潜水钻孔机 JG/T 64—1999.
[60] 中华人民共和国国家标准. 振动桩锤 GB/T 8517—2004.
[61] 中华人民共和国国家标准. 振动沉拔桩机安全操作规程 GB 13750—2004.
[62] 中华人民共和国建筑工业行业标准. 筒式柴油打桩锤 JG/T 5053. 1—5053. 3—1995.
[63] 中华人民共和国建筑工业行业标准. 导杆式柴油打桩锤 JG/T 5109—1999.
[64] 中华人民共和国国家标准. 柴油打桩机安全操作规程 GB 13749—2003.
[65] 中华人民共和国建筑工业行业标准. 液压式压桩机 JG/T 5107—1999.
[66] 中华人民共和国国家标准. 旋挖钻机 GB/T 21682—2008.
[67] 中华人民共和国建筑工业行业标准. 桩架分类，JG/T 5006. 1—1995.
[68] 中华人民共和国建筑工业行业标准. 转盘钻孔机分类，JG/T 5043. 1—1993.
[69] 中华人民共和国建筑工业行业标准. 长螺旋钻孔机，JG/T 5108—1999.
[70] 刘古岷等. 桩工机械. 北京：机械工业出版社，2001 年.
[71] 沈保汉. 长螺旋钻成孔工艺的发展. 施工技术，2000 年 10 期.
[72] 沈保汉. 拧入式灌注桩. 施工技术. 2001 年 4 期.
[73] 沈保汉. 大直径沉管灌注桩. 施工技术. 2001 年 6 期.
[74] 郑昭池等. 长螺旋钻孔灌注桩工法. 建筑技术开发，1989 年 4 期.
[75] 刘富华等. MZ 系列摇动式全套管钻机及工程应用//全国桩基础第五届会议论文集. 2001 年 5 月.
[76] 沈保汉等. 贝诺特灌注桩施工技术的新进展//海峡两岸岩土工程/地工技术交流研讨会论文集. 2002 年 4 月.
[77] 王瑜等. 大直径全套管钻孔机及施工工法. 建筑机械，1999 年 5 期.
[78] 张瑞平等. 浅谈人工挖孔混凝土桩的桩体混凝土离析. 广东土木与建筑，1998 年 2 期.
[79] 赵顺廷. 超大直径人工挖孔扩底灌注桩的施工. 建筑施工，1999 年 2 期.
[80] 李芳著等. 泉州市区人工挖孔桩基质量事故分析. 建筑结构，1997 年 9 月.
[81] 严兆坤等. 超深大直径挖孔桩的施工. 施工技术，1996 年 9 期.
[82] 孟凡林. 喷射混凝土护壁技术在人工挖孔底桩中的应用//桩基工程技术. 北京：中国建材工业出版社，1996 年 8 月.
[83] 王万林等. 英海大厦人工挖孔桩工程实录//桩基工程技术. 北京：中国建筑工业出版社，1996 年 8 月.
[84] 蒋天涛. 郑州金博大城钻孔灌注桩试桩工程施工要点及质量管理方法. 建筑科技情报，北京中建建筑科学技术研究院，1995 年 1 期.
[85] 魏文昌等. 超百米深钻孔灌注桩施工. 施工技术，2003 年 5 期.
[86] 路鹏程. 利津黄河大桥西塔大直径超深钻孔桩施工. 桥梁建设，2001 年 1 期.
[87] 丁同领等. 潜水钻机在大孔径超深灌注桩施工中的应用. 施工技术，1998 年 4 期.
[88] 王海栋. 潜水钻机在特大桥钻孔桩工程的应用. 建筑机械，2001 年 10 期.
[89] 于好善. 旋挖钻机施工工法简介. 内部资料，2009 年.
[90] 于好善. 旋挖钻头的选配与使用. 建筑机械技术与管理，2005 年 3 期.
[91] 国土资源部勘探技术研究所大口径钻头与钻具研究中心. 大口径工程施工钻具及设备.
[92] 陈晨. 大直径扩底灌注桩现状及其发展方向. 探矿技术资料汇编（一），1995 年 11 月.
[93] 刘三意. 扩底灌注桩的发展及分析//探矿技术资料汇编（一）. 1995 年 11 月.
[94] 周作明等. SKS－Ⅱ型土钻扩底钻斗的设计及其应用效果//探矿技术资料汇编（一）. 1995 年

11月.
[95] 刘三意等. 扩底钻头的研究与应用. 1998年.
[96] 刘云松. 468－A型连杆铰链式基桩扩底钻头的研制和应用. 西部探矿工程，1992年2期.
[97] 北京市建筑工程研究所等. DZ40/120双导向钻扩机. 1984年10月.
[98] 胡喜坤等. QKJ－120型汽车式扩孔机. 建筑技术开发. 1988年第2期.
[99] 张步钦. 大直径钻孔灌注桩扩孔钻头. 建筑技术开发. 1988年第2期.
[100] 北京市第五住宅建筑工程公司等. KKJ40/120扩孔机. 1986年10月.
[101] 沈保汉. 日本钻孔扩底灌注桩工法的现状. 建筑技术开发. 1986第6期.
[102] 唐四联. 桩基工程新技术介绍与桩基工程施工实践和探讨. 1998年.
[103] 沈保汉. 多节扩孔灌注桩垂直承载力的评价//第三届土力学及基础工程学术会议论文集. 北京：中国建筑工业出版社，1981.
[104] 沈保汉等. DX多节挤扩桩的产生及特点. 工业建筑，2004年3期.
[105] 沈保汉等. 影响DX挤扩灌注桩竖向抗压承载力的因素. 工业建筑，2008年5期.
[106] 沈保汉等. DX挤扩灌注桩竖向抗压极限承载力的确定. 工业建筑，2008年5期.
[107] 沈保汉等. DX挤扩灌注桩的施工及质量管理. 工业建筑，2008年5期.
[108] 沈保汉等. DX挤扩灌注桩与DX液压挤扩装置. 工业建筑，2008年5期.
[109] 秦宗付. 凹凸型钻孔灌注桩施工技术. 建筑施工，1996年1期.
[110] 俊华地基基础工程技术集团. YZJ液压支盘成型机. 1998年12月.
[111] 史鸿林等. 新型挤压分支桩的计算与试验研究. 建筑结构学报，1997年2月.
[112] 周广泉等. 沉管灌注桩施工新工艺一非挤土沉管灌注桩//高层建筑桩基工程技术. 北京：中国建筑工业出版社，1998年8月.
[113] 沈国勤. 锤击振动扩底桩试验与施工//桩基工程技术. 北京：中国建材工业出版社，1996年8月.
[114] 史佩栋等. 静压沉管桩在福州软土中应用与测试//桩基础专辑. 太原：山西高校联合出版社，1992年5月.
[115] 刘俊辉. 大直径锤击沉管混凝土灌注桩的特点与应用. 1996.
[116] 林道宏. 静压沉管扩底灌注桩在福州软土地基工程中的实践//桩基工程设计与施工技术. 北京：中国建材工业出版社，1994年11月.
[117] 刘祖德等. 我国夯扩桩技术的发展与展望//第二届全国夯扩桩技术交流会论文集. 1994年11月.
[118] 魏章和等. 夯扩桩施打过程中地基的空隙水压力性状//第二届全国夯扩桩技术交流会论文集. 1994年11月.
[119] 周荷生. 无桩靴夯扩桩的开发应用//第二届全国夯扩桩技术交流会论文集. 1994年11月.
[120] 曹建春等. 夯扩桩施工质量问题浅析//第二届全国夯扩桩技术交流会论文集. 1994年11月.
[121] 汤志金. 复打夯扩桩的应用//第二届全国夯扩桩技术交流会论文集. 1994年11月.
[122] 杨家丽. 夯扩桩技术的应用与发展. 山东建筑，1997年2月.
[123] 周广泉. 夯扩桩在山东地区的应用. 山东建筑，1997年2月.
[124] 戚辉. 夯扩桩常见缺陷的检测技术及实例分析. 山东建筑，1997年2月.
[125] 高玉国等. 武汉江龙大厦夯扩桩工程实例. 山东建筑，1997年2月.
[126] 刘联强等. 支于中等坚硬持力层上夯扩桩的承载能力与推广价值. 山东建筑，1997年2月.
[127] 王继忠等. 复合载体夯扩桩技术的研究. 建筑结构，2005年增刊.
[128] 沈保汉等. 夯扩桩技术的发展与应用. 建筑结构，2005年增刊.
[129] 沈保汉等. 载体桩技术的诞生于发展. 工程勘察，2009年增刊.

[130] 王继忠. 载体桩的受力机理与技术创新. 工程勘察，2009 年增刊.
[131] 载体桩设计规程（JGJ 135—2007），中国建筑工业出版社，2007 年.
[132] 彭桂皎等. 无公害节能型桩一螺扩桩技术及其应用. 内部资料. 2009 年.
[133] 沈保汉等. 螺杆灌注桩和螺杆灌注桩机. 建筑技术，2010 年 9 期.
[134] 李明忠等. 北江桥超深长大直径桩基础施工关键技术//第二届深基础工程新技术与新设备发展论坛论文集. 北京：知识产权出版社，2012 年.
[135] 高翔. 冲孔灌注桩施工中常见的问题及对策. 勘察技术，2009 年 2 期.
[136] 李进峰等. 岩溶地区钻（冲）孔灌注桩施工中几个问题的分析及防治. 建筑技术，2003 年 3 期.
[137] 陈德文等. 振捣插筋钻孔压灌桩工艺技术特点及设计应用//现代结构工程技术最新发展与应用. 北京：中国环境科学出版社，2006 年 10 月.
[138] 李式仁等. 长螺旋钻孔压灌桩与振捣插筋工艺技术. 建筑技术，2009 年 12 期.
[139] 李式仁等. 长螺旋钻孔嵌岩桩施工工艺. 岩土工程学报，2001 年 6 期.
[140] 刘锡阳等. 长螺旋钻孔压灌桩混凝土成桩工法. 1998 年 9 月.
[141] 沈保汉. 钻孔压浆桩的抗拔承载力. 建筑技术开发，1989 年 6 期.
[142] 北京市地铁地基工程公司. 螺旋钻孔压浆成桩法//中国建筑机械化四十年. 中国建筑工业出版社，1990 年.
[143] 陶义. 钻孔压浆成桩法. 施工技术，1992 年 2 期.
[144] 赵彩明. 钻孔压浆桩基础的设计与应用. 岩土工程界，2007 年 11 期.
[145] 谢庆道等. 大直径现浇混凝土薄壁筒桩概论. 地基处理，2008 年 3 期.
[146] 刘汉龙. 一种新型的桩基技术—PCC 桩技术//中国土木工程学会第九届土力学及岩土工程学术会议论文集. 北京：清华大学出版社，2003 年.
[147] 刘汉龙. 振动沉模大直径现浇混凝土薄壁管桩技术及其应用. 岩土工程界，2002 年 12 期.
[148] 刘金砺. 桩基础设计与计算. 北京：中国建筑工业出版社，1990 年.
[149] F. LIZZI. Directeur technique de La SocieteAnonymeFondedile，Pieu de foundation Fondedile a “cellule de precharge”，(Pieu F. C. P.)，Construction，1976. 译文，丰德迪勒预承桩，建筑技术科研情报，1983 年 1 期.
[150] 法国专利 2331646 号，一种既抗压又抗拉的桩的施工方法.
[151] 刘照运等. 用压力注浆处理钻孔灌注孔底沉积土的试验研究//地基基础新技术专辑—中国建筑学会地基基础学术委员会论文集. 1989 年.
[152] 沈保汉. 后注浆桩技术的产生与发展. 工业建筑，2001 年 5 月.
[153] 沈保汉. 泥浆护壁钻孔灌注桩桩端压力注浆工艺. 工业建筑，2001 年 6 月.
[154] 沈保汉. 干作业钻孔灌注桩桩端压力注浆工艺. 工业建筑，2001 年 7 月.
[155] 刘金砺等. 泥浆护壁灌注桩后注浆技术及其应用. 建筑科学，1996 年 2 期.
[156] 程振亚等. 钻孔灌注混凝土桩孔底虚土处理新方法—桩端压力注浆法//中国建筑学会建筑施工学术委员会第四届年会论文集. 1987 年 10 月.
[157] 沈保汉. 影响桩端桩侧联合注浆桩竖向抗压承载力的因素. 工业建筑，2001 年 11 月.
[158] 沈保汉. 泥浆护壁钻孔灌注桩桩侧压力注浆工艺. 工业建筑，2001 年 8 月.
[159] 沈保汉. 影响桩端压力注浆桩竖向抗压承载力的因素. 工业建筑，2001 年 10 月.
[160] Klaus Krubasik，MaβnahmenzurTragkrafterbohung an Groβbohrfahlen ，Baumaschine/Bautechnik，1985. 7/8.
[161] Bruck，D. A，Enchancing the performance of large diameter pils by grouting，Ground Engineering，1986. May.
[162] P. H. Derbyshire，Recent developments in continuous flight auger piling，Piling and Deep Foundations，vol，1，Proc of the International Conference on Piling and Deep Foundations，London，May

1989.
[163] 沈保汉. 水下混凝土灌注. 施工技术，2002年3月.
[164] 周安全. 钻孔灌注桩水下混凝土配比及其灌注工艺//探矿技术资料汇编（四）. 1995年11月.
[165] 白克军. 大直径钻孔灌注桩的灌注和计算方法//探矿技术资料汇编（四）. 1995年11月.
[166] 汤捷. 钻孔灌注桩水下混凝土灌注参数的计算//探矿技术资料汇编（四）. 1995年11月.
[167] 鲍忠厚. 隔水球用于水下混凝土灌注//探矿技术资料汇编（四）. 1995年11月.
[168] 山东省工程建设标准. 螺旋挤土灌注桩技术规程（DBJ 14-091-2012，J12203-2012）.
[169] 日本岩盤削孔技術協會，大口径岩盤削孔工法，1995年.
[170] 日本建築機械化協會，大口径岩盤削孔工法の計算，1998年.
[171] 京牟禮和夫，場所打ちぐひの施工管理，山海堂，1976年.
[172] 日本土質工學會，土質力學ハンドプッタ，1981年.
[173] 磯上一男，相澤林作，大口徑RCD工法，森北出版株式會社，1983年.
[174] 日本基礎建設協會，場所打ちコンリート杭施工指針，同解說，1983年.
[175] 萩原欣也，リバースエ法，基礎工，1991年No.5.
[176] 尾身博明，ベノトエ法，基礎工，1991年No.5.
[177] 田中昌史，フースドリルエ法，基礎工，1991年No.5.
[178] 松木富藏，深礎工法，基礎工，1991年No.5.
[179] 青木功，拡底場所打ち杭工法の現状と課題，基礎工，1991年No.12.
[180] 余田功等，最近の拡底場所打ち杭工法の施工機械，基礎工，1991年No.12.
[181] 加倉井正昭，建築にす|ナゐ基礎杭の施工管理の課題と展望，基礎工，2007年No.10.
[182] 宮本和徹. 場所打ちコンクリート杭工法の施工管理と留意事項，基礎工，2007年No.10.
[183] 桑原文夫，最近の場所打ちコンクリート拡底杭の動向と課題，基礎工，2009年No.8.
[184] 小林勝已等，場所打ちコンクリート拡底杭の品質管理，基礎工，2009年No.8.

第 11 章　钢桩的施工

李耀良

11.1　概述

随着我国的经济改革及开放政策形势的发展，沿海工业城市开展大规模建，大量高层住宅及公共建筑、重型工业厂房工程项目投入建造，钢管桩是在近半个多世纪以来获得发展而成为当今基础工程中的一种主要桩型，近几十年来，海洋石油的开发，促成了大型石油平台的建造，海上巨型桥梁及深水码头的建设等，均使得钢管桩的直径与深度向更大更深的方向发展，目前欧美和日本的钢管桩长度最长已达到 100m 以上，直径也超过了 2500mm。H 型钢桩的应用是随着工业的发展而壮大的，H 型钢桩都是由工厂轧制出来，随着钢铁企业的发展，使轧钢工业的技术不断提高，为大量轧制 H 型钢桩奠定了基础，同时大量工业以及民用住宅、基础设施的建设，也创造了 H 型钢桩应用的条件。

我国是从 20 世纪 70 年代末期才开始大量运用钢管桩的，当时沿海地区特大型钢厂、发电厂房及设备基础、深水码头和高层建筑等均以钢管桩作为基础。H 型钢的使用是在 20 世纪 80 年代开始，最初用于工业和民用建筑中，这种桩型适用于南方较软的土层中，H 型钢桩除作为建筑物基础外，尚可作为基坑支撑的立柱桩，而且可以拼成组合桩以承受更大的荷载。

由于高、大、重建筑物的出现，在沿海地区软土地基中过去惯用的中、长钢筋混凝土桩基已经不能满足高承载力和控制建筑物沉降的需要。由于沿海地区良好的低压缩性持力层土往往埋置在距地表五六十米以下，需要发展能承受巨大冲击力以穿透深、厚土层获得很高的单桩承载力，同时沉降量较小的桩型。

从上海宝山钢铁厂建设开始，钢桩在我国作为建筑物的长桩基础，得到了推广应用。但由于钢桩的用钢量大，工程造价高，在选用钢桩桩基时，应先进行充分的技术经济分析比较。

钢桩基础通常指钢管桩或 H 型钢桩，较之其他桩型有以下特点：

（1）由于钢材强度高，能承受强大的冲击力，穿透硬土层的性能好，能有效地打入坚硬的地层，获得较高的承载能力，有利于建筑物的沉降控制。

（2）能承受较大的水平力。

（3）桩长可任意调节，特别是当持力层深度起伏较大时，接桩截桩调整桩的长度比较简易。

（4）重量轻，刚性好，装卸运输方便。

（5）桩顶端与上部承台、板结构连接简便。

（6）钢桩截面小，打桩时挤土量少，对土壤的扰动小，对邻近建筑物的影响亦小。

（7）在干湿度经常变化的情况下，钢桩需采取防腐处理。

H型钢桩与钢管桩相比，其承载力、抗锤击性能要差一些，但仍有一些优点：

（1）桩由钢厂轧制而成，价格要低于钢管桩；

（2）因桩体本身形状构成其穿越能力强的特点，当需穿越中间硬土层时，该类桩有一定优越性；

（3）施工时挤土量小，可以在密集建筑群中施工，对相邻建筑物和地下管线的危害不大。

H型钢桩的不足之处表现在以下几个方面：

（1）因断面刚度较小，桩身不宜过长，施工时，稍不注意便会横向失稳；

（2）对打桩场地的要求较严，尤其是浅层障碍物应彻底清除；

（3）运输及堆放过程中的管理较钢管桩复杂，容易造成弯折，当然相应处理方法比钢管桩容易。

钢桩一般适用于码头、水中结构的高桩承台、桥梁基础、超高层公共与住宅建筑桩基、特重型工业厂房等基础工程。

11.2 常用钢桩的类型与规格

为了方便陆上运输，钢桩每段长度一般为10～15m，根据设计桩长，可随意选择。

11.2.1 钢管桩的桩型及构造

钢管桩的材料一般为Q235，少量也有用16Mn等低合金钢带焊制而成。对量少、规格又特殊的工程，也可在工地上自己卷制。钢管桩的直径为400～3000mm，壁厚为6～50mm。国内工程中常用的大致为406.4、609.6、1200mm，壁厚为9～20mm，选用规格由工程地质、设计要求、施工条件等因素综合考虑决定。一般由一段下节桩、若干段中节桩和一段上节桩组成。各节桩的形式如图11.2-1所示。

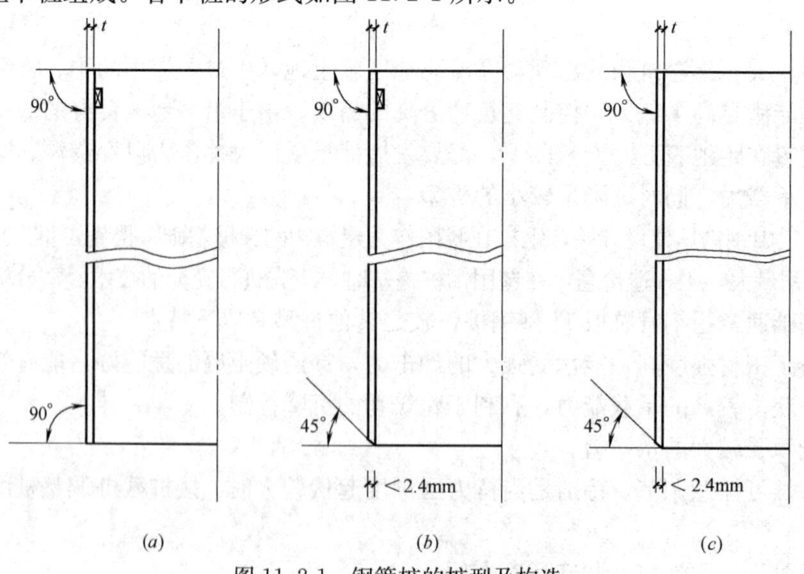

图11.2-1 钢管桩的桩型及构造

（a）下节桩；（b）中节桩；（c）上节桩

有时，由于桩顶端受到巨大的锤击力，管壁较薄，局部锤击应力过大会导致钢管桩局部损坏。因此，在钢管桩的顶端，外侧加设长度为200～300mm，厚8～12mm环形的钢板箍，可有效地防止钢管桩的径向失稳。见图 11.2-2。

钢管桩的底端也常增设加强箍，这是为了防止桩进入持力层时下端变形损坏，同时也可减少摩擦阻力，以利克服沉桩贯入的困难。见图 11.2-3。

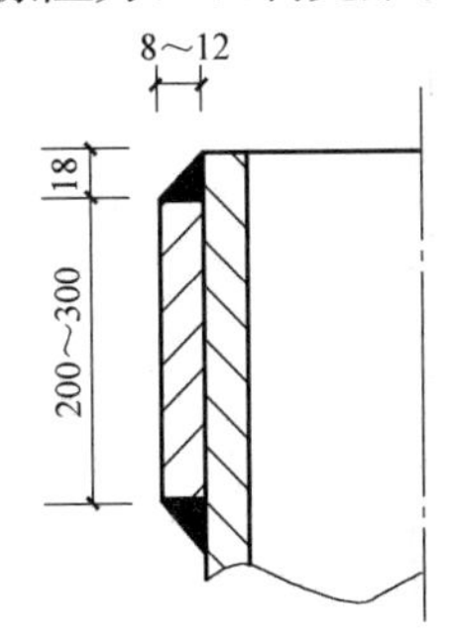

图 11.2-2 桩顶端的加强箍

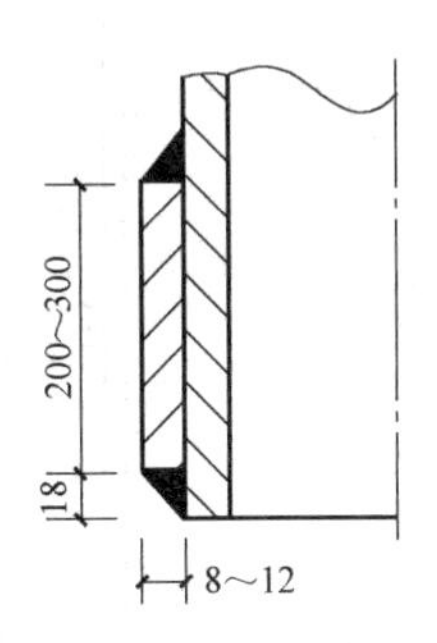

图 11.2-3 桩下端的加强箍

11.2.2 H 型钢桩的桩型及构造

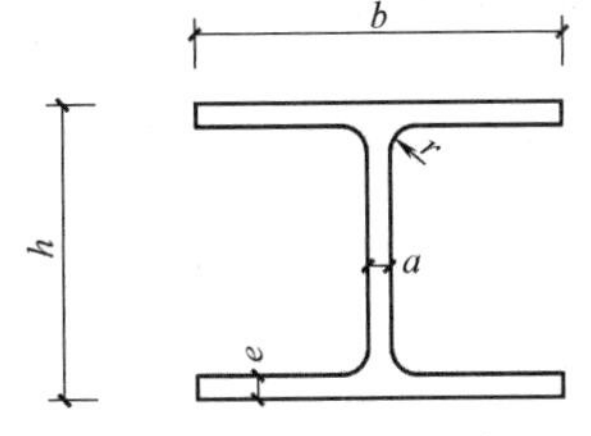

图 11.2-4 H 型钢桩断面

H 型钢桩的断面大都呈正方形，见图 11.2-4。断面尺寸由 200mm×20mm～360mm×410mm，翼缘和腹板的厚度从 9～26mm 不等，重量为 43～231kg/m，常用规格见表 11.2-1。规格的选用取决于桩的长度、单桩承载力的大小以及沉桩穿越土层的难易程度而定。

H 型钢桩常用规格表 **11.2-1**

H 型钢桩规格 $h \times b$ (mm)	每米重量 (kg/m)	尺寸					备注
		h(mm)	b (mm)	a (mm)	e (mm)	r (mm)	
HP200×200	43	200	205	9	9	10	
	53	204	207	11.3	11.3	10	
HP250×250	53	243	254	9	9	13	
	62	246	256	10.5	10.7	13	
	85	254	260	14.4	14.4	13	
HP310×310	64	295	304	9	9	15	
	79	299	306	11	11	15	
	93	303	308	13.1	13.1	15	
	110	308	310	15.4	15.4	15	
	125	312	312	17.4	17.4	15	
HP360×370	84	340	367	10	10	15	
	108	346	370	12.8	12.8	15	
	132	351	373	15.6	15.6	15	
	152	356	376	17.9	17.9	15	
	174	361	378	20.4	20.4	15	
HP360×410	105	344	384	12	12	15	
	122	348	390	14	14	15	
	140	352	392	16	16	15	
	158	356	394	18	18	15	
	176	360	396	20	20	15	
	194	364	398	22	22	15	
	213	368	400	24	24	15	
	213	372	402	26	26	15	

H型钢桩一般由一段下节桩、若干段中节桩（包括一段上节桩）组合而成。其形式及构造如图11.2-5所示。

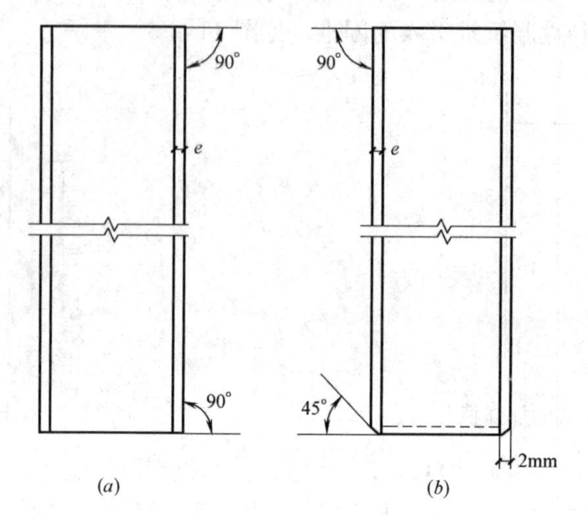

图11.2-5 H型钢的桩型及构造

（a）下节桩；（b）中节桩、上节桩

11.3 钢桩的主要附件

钢桩的接头，主要是指桩节间的连接及上节桩与桩盖的连接两种。

无论是钢管桩还是H型钢桩，大都是对焊连接。将于后面详述。H型钢桩接头尚有钢板连接和螺栓连接，见图11.3-1。

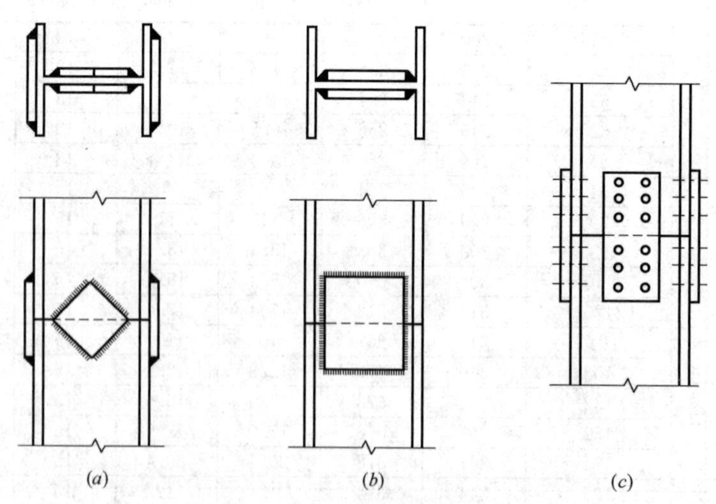

图11.3-1 H型钢桩的接头形式

（a）钢板连接；（b）钢板连接；（c）螺栓连接

钢管桩桩顶的桩盖见图11.3-2，桩盖与桩顶的连接见图11.3-3，H型钢桩顶钢帽见图11.3-4。

钢桩的主要附件，按用途进行配备，见表11.3-1及表11.3-2。

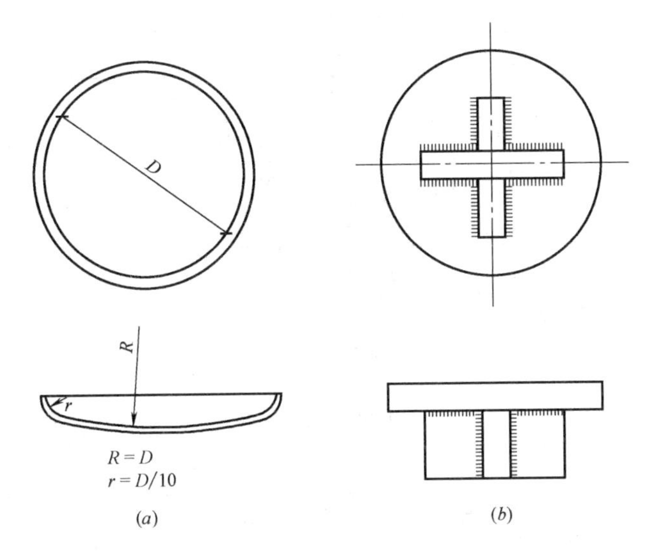

图 11.3-2　钢板桩桩盖示意图

(a) 铁锅式；(b) 铁板式

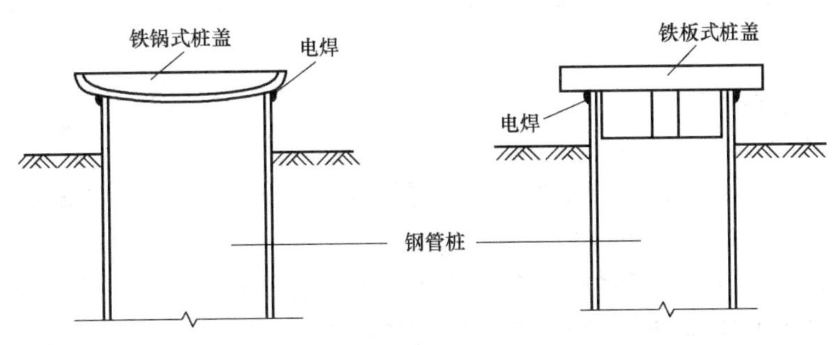

图 11.3-3　钢板桩与桩盖连接

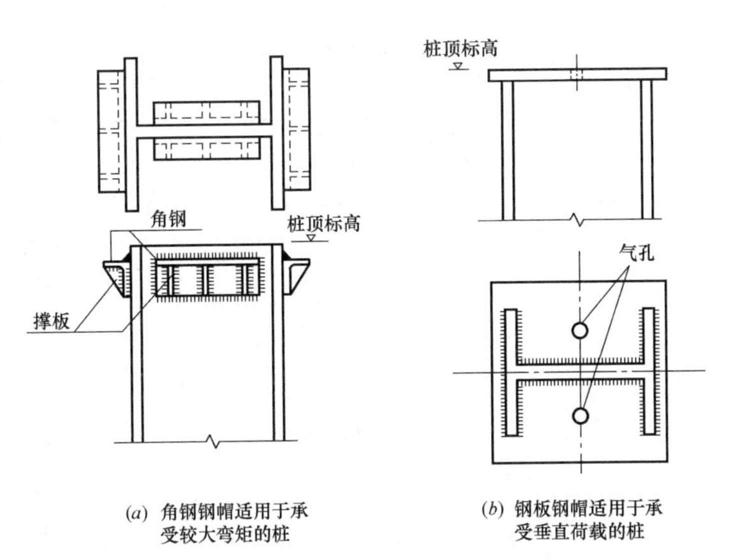

图 11.3-4　H 型钢桩盖帽

钢管桩应配附件表 **表 11.3-1**

名　　称	用　　途	材　　料
桩帽	焊在桩顶上，承受上部荷载	特质钢帽
增强带	宽 200～300mm，厚 8～12mm 的扁钢带，焊在钢管桩端部	扁钢
铜夹箍	用于桩节焊接，确保焊接质量	铜
保护圈	保护桩端，免遭桩运时碰坏	铁皮
内衬箍	确保焊接质量	扁铁
电焊丝	焊接材料	
挡块	用于固定内衬箍位置	扁铁

H 型钢桩应配附件表 **表 11.3-2**

名　　称	用　　途	材　　料
桩帽	焊在桩顶上，承受上部荷载	钢板、角铁
连接钢板	连接上下节桩，增强桩的刚度	钢板
螺栓	连接上下节桩	高强螺栓

11.4 钢桩的制作

常用的钢管桩为螺旋焊接管及卷板焊接管两种。前者壁厚为 6～19mm，长度不限。后者壁厚可为 6～47mm，但长度最大不超过 6m。

钢管桩的材质，根据地质条件和使用要求，及设计承载力需求，有多种型号可供选择。用于建筑工程上的钢管桩常用 STK 号、SKK 号钢卷制。例如 STK-41，为抗拉强度 401.8MPa 的普通碳素钢，屈服强度为 235.2MPa。钢管桩制作精度见表 11.4-1。

钢管桩的制作容许误差 **表 11.4-1**

项　　目			容许误差
外径	管端部		±0.5%
	管身部		±1%
厚度	<16mm	外径<500mm	+不规定　−0.6mm
		外径>50mm<800mm	+不规定　−0.7mm
		外径>800mm	+不规定　−0.8mm
	>16mm	外径<800mm	+不规定　−0.8mm
		外径>800mm	+不规定　−1.0mm
长度			+不规定　−0
弯曲矢高			小于长度的 0.1%
接头端面平整度			2mm 以下
接头端面垂直度			小于外径的 0.5%最大为 4mm

H 型钢桩是在钢厂一次轧制而成，材质有普通碳素钢、16Mn 高强钢材。此外，在炼钢厂炼钢时加入适量的铜、镍及磷等元素，可制成特殊的防锈钢号，可使用在海上的工程。H 型钢桩的制作精度见表 11.4-2。

H 型钢桩的制作容许误差 **表 11.4-2**

项目		容许误差	测定方法
高度(h)		+4mm −3mm	钢尺量
宽度(b)		+6mm −5mm	钢尺量
长度(L)		+100mm −0	钢卷尺量
弯曲矢高		小于长度的 0.1%	弹线
腹板偏离中心(E)		<5mm	钢尺量
端面正方法	$h\leqslant300$	<6mm(T+T)	
	$h>300$	<8mm(T+T)	

对钢桩除了作外形尺寸检查外，尚需提供：

(1) 材质合格证书；

(2) 如为进口钢桩，应经当地商检机关检验合格。

11.5 施工机械的选用

由于钢桩长度长，承受的荷载大。因此需选用稳定性好，移动方便的打桩机和锤击力大的柴油桩锤，以及相应的配套机具。

11.5.1 打桩机及桩锤、桩帽

1. 打桩机

打桩机主要功能是起吊桩锤、吊桩、插桩、控制调整沉桩方位及倾斜度，并能行走移位。通常用于打钢桩的桩机为三点支撑型履带式打桩机。该机为装有柴油引擎、液压装置、发电机、控制装置及各种操纵装置的自行移动打桩机械。机架为直立导杆，并由两根后支撑固定，导杆的前后、两侧调节都由液压油罐控制，导杆的长度可以变换调节。此类型桩机机动性能好，可悬挂各种类型的柴油桩锤，整机稳定可靠，操作安全，能作各角度的微调，打桩精度较高。自重接地压力大，对场地承载力要求较高，地面须经平整碾压密实，并铺填 10～20cm 碎石。桩机构造如图 11.5-1 所示。

选择桩机时要考虑：

(1) 工程地貌和地质条件；

(2) 配套柴油锤的型号、外形尺寸和重量；

(3) 桩的材质、规格和接头；

(4) 工程量大小，工期长短。

打桩机配置导杆长度和钢桩长度的关系见图 11.5-2 及表 11.5-1。

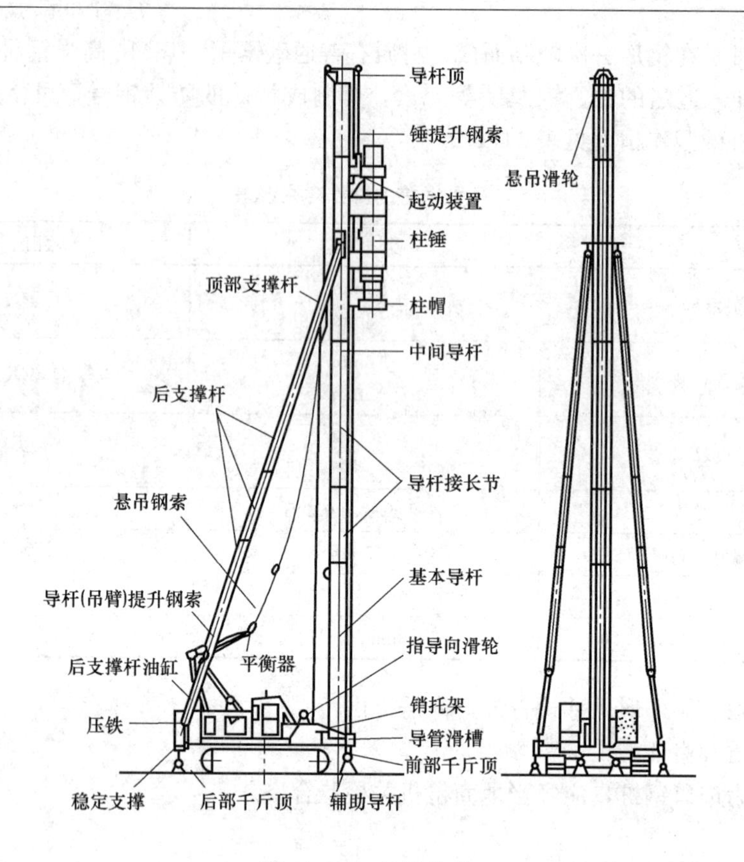

图 11.5-1　桩机构造

导杆长度：

$$L>A+C \tag{11.5.1}$$

图中 A——柴油锤的轮廓高度；

C——桩长加桩帽高度和适当的工作余量。

B——距地面高度。

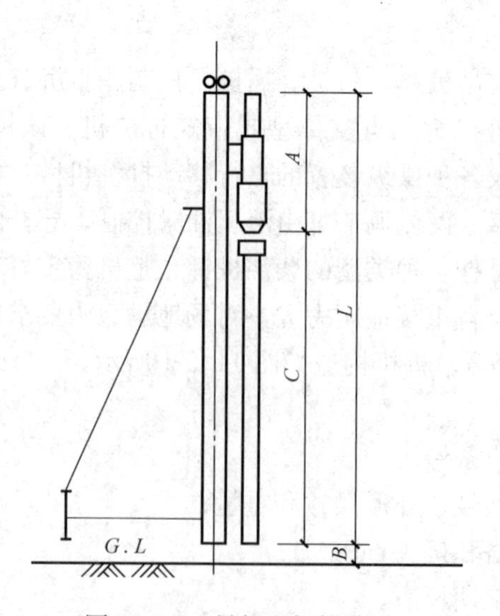

图 11.5-2　导杆和钢桩关系

导杆的长度和钢桩的容许长度 **表 11.5-1**

导杆长度 *L*(m)	锤 型	锤的高度 *A*(m)	距地面高度 *B*(m)	钢桩的容许长度 *C*(m)
18	35	5	0.3	12
	45	5		11.5
	60	6		10
	72	6		10
	80	6.5		9.5
21	35	5	0.3	15
	45	5		14.5
	60	6		13
	72	6		13
	80	6.5		12.5
24	35	5	0.3	18
	45	5		17.5
	60	6		16
	72	6		16
	80	6.5		15.5

进口履带式打桩机的主要技术性能 **表 11.5-2**

型号	立柱		桩锤作业		螺锤作业		桩锤、螺钻联合作业			发动机功率 (kW/r/min)	重量 (kN)	外形尺寸 长×宽×高 (m)
	型号	导轨面数	桩锤型号	立柱长度 (m)	螺钻型号	立柱长度 (m)	桩锤型号	螺钻型号	立柱长度 (m)			
75P	45C	2	K13 K25 K35 K45	24～30	D-40H-3 D-50H-2 D-60H-A D-60H-B	24～30	K13 K25 K35 K45	24～30	18～30	77/1600	750	
	60C	2	K25 K35 K45 KB60	21～33	D-60H-A	21～33	K25 K35 K45	D-50H-2 D-60H-A D-60H-B	18～30			
85P	60C	2	K25 K35 K45 KB60	21～33	D-60H-A	24～33	K25 K35 K45	D-50H-2 D-60H-A D-60H-B	18～30	77/1600	850	4.97× 3.3×33
	80C	2	K45 KB60 KB80 KB70	21～30	D-80H-A D-120H	21～30	K25 K35 K45	D-80H D-120H	21～30			
PD80	45R	2	45 35 25	21～30	D-60H D-50H	21～30	45 35 25	D-50H	21～27	90/2000	641～767	5.265× 3.3×30
	60R-2	2	60 45 35	21～30	D-60H D-50H	21～30	45 35 25	D～50H	21～27		689～839	

续表

型号	立柱		桩锤作业		螺锤作业		桩锤、螺钻联合作业			发动机功率（kW/r/min）	重量（kN）	外形尺寸长×宽×高（m）
	型号	导轨面数	桩锤型号	立柱长度（m）	螺钻型号	立柱长度（m）	桩锤型号	螺钻型号	立柱长度（m）			
PD100	80R-2	2	80 70 60 45	21～30	D-120H D-80H	21～36	45 35 25	D-120H D-80H	21～30	112/2000	866～1032	
	90R	2	80 70 60 45	21～33	D-240H D-150H D-120H	21～33	45 33	D-150H D-120H	21～27		930～1039	

图 11.5-3 筒式柴油打桩锤

2. 重锤

1）柴油重锤

柴油打桩锤是以柴油为燃料，以冲击作用方式进行打桩施工的桩工机械。打桩锤的构造实际是一种单缸二冲程自由活塞式内燃机，它既是柴油原动机，又是打桩工作机，因此不需要其他配套的原动机械，具有结构简单、施工方便、不受电源限制等特点，应用广泛。

柴油打桩锤按其动作特点分为导杆式和筒式两种。导杆式打桩锤冲击体为汽缸，它构造简单，但打桩能量少，只适用于打小型桩；筒式打桩锤冲击体为活塞，打桩能量大，施工效率高，是目前使用最广泛的一种打桩设备（图 11.5-3）。

筒式打桩锤又可分为以下四种类型：

（1）按打桩功能，可分为直打型和斜打型。直打型也可用于打斜桩，只是润滑方式不同，仅限于打 15°～20°范围内的斜桩，而斜打型桩锤则可在 0°～45°范围内打各种角度的桩。

（2）按打桩锤的冷却方式，可分为水冷式和风冷式。

（3）按打桩锤的润滑方式，可分为飞溅润滑和自动润滑。

（4）按打桩锤的作业用途，可分为陆上型和海上型，它们的主要区别是：陆上型柴油锤的导轨为钢管；海上型的导轨为工字钢，以此来克服海浪的影响，增强对锤的约束能力。

柴油桩锤是由汽缸、活塞、铁砧，燃料泵、导板等组成。如图 11.5-4 所示。

选择柴油桩锤时，应考虑如下几点：

（1）锤的冲击能量应满足将桩打至预定深度；

（2）打桩锤击应力应小于桩材屈服强度（一般控制在 80%）；

(3) 单桩的总锤击数不宜太多(控制在3000击以内);

(4) 最后贯入度不能太小(当小于0.5～1.0mm/击时,锤易损坏)。

适用于打钢管桩和H型钢桩的柴油锤型号较多;其主要规格见表11.5-3。

柴油桩锤工作原理:

(1) 燃料喷射。当活塞由起动装置提升到预定高度时,即自动脱落,落锤驱动燃料泵凸轮,使它在1.5左右的大气压下向铁砧的凹形圆盘面喷射一定量的柴油。

(2) 空气压缩。活塞继续下降到排吸口,并压缩气缸内的空气。

(3) 冲击和爆发。活塞最后冲击铁砧,并将其冲击能量传给钢桩,同时将铁砧上面的燃料雾化,该油雾随即被压缩的热空气点燃,产生的爆发力驱动钢桩进一步深入土内,同时向上推动活塞。

(4) 排气。气缸内的膨胀气体,在活塞经过排吸口之后即排出。

(5) 吸气。气缸上升,经排吸口之后,气缸内形成负压,新鲜空气即通过排吸口被吸入,燃料泵凸轮恢复原位,准备下一次冲击喷射燃料。

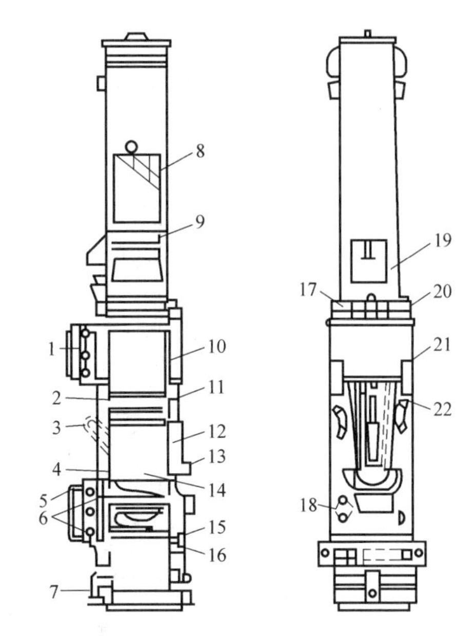

图11.5-4 柴油桩锤

1—导板;2—导环;3—排吸口;4—气缸下部;5—冷却水箱;6—活塞环;7—橡皮垫;8—活塞油箱;9—气缸顶部;10—燃料箱;11—凸轮;12—燃料泵;13—调节箱;14—活塞;15—铁砧;16—泄口;17—燃油阀;18—视孔塞;19—活塞锁性螺栓塞;20—加料口;21—加水口;22—进口

柴油桩锤规格 **表11.5-3**

柴油锤型号	30号～36号	40号～50号	60号～62号	72号	80号
冲击体质量(t)	3.2 3.5 3.6	4.0 4.5 4.6 5.0	6.0 6.2	7.2	8.0
锤体总质量(t)	7.2～8.2	9.2～11.0	12.5～15.0	18.4	17.4～20.5
常用冲程(m)	1.6～3.2	1.8～3.2	1.9～3.6	1.8～2.5	2.0～3.4
适用管桩规格	ϕ300 ϕ400	ϕ400 ϕ500	ϕ500 ϕ600	ϕ600 ϕ800	ϕ600 ϕ800
单桩竖向承载力特征值适用范围(kN)	500～1500	800～1800	1600～2600	1800～3000	2000～3500
桩尖可进入的岩土层	密实砂层\坚硬土层\强风化岩	强风化岩(N>50)	强风化岩(N>50)	强风化岩(N>50)	强风化岩(N>50)
常用收锤贯入度(mm/10击)	20～40	20～40	20～50	30～60	30～60
液压锤规格(t)	7	7～9	9～11	9～13	11～13

(6) 重力降落。活塞到达它的冲程最高度时，开始再次降落，排除废气，又自动重复燃料喷射、压缩、冲击和爆发的周期循环。

柴油锤工作原理见图 11.5-5。

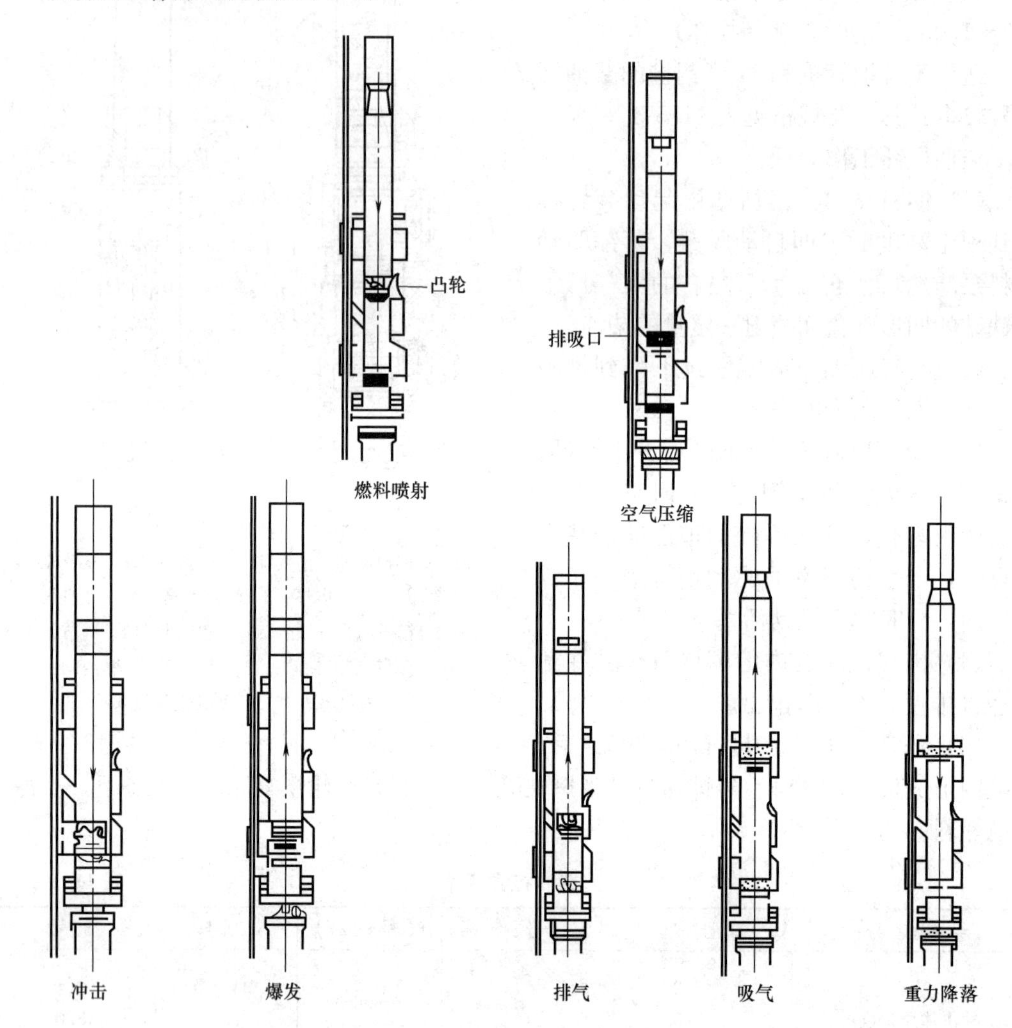

图 11.5-5 柴油桩锤工作原理

柴油桩锤的主要故障及其排除方法见表 11.5-4。

柴油桩锤的故障及排除方法 **表 11.5-4**

故障种类	原因	排除方法
桩锤不能起跳	土太松,桩入土太快; 活塞环磨损,以致压缩不足	是冲击部分重复落下几次; 更换活塞环
桩锤起跳高度不正常	油管或油泵内有空气	排除油泵内空气
桩锤突然停止爆发	油箱中存油不足; 气门接触不严密; 油管或喷油嘴堵塞,不进油	加柴油; 洗净,涂润滑油脂; 清洗油管及喷油嘴
燃料管路漏油	逆止阀或漏油圈不紧	摇动油泵,若无效,则拆洗; 旋紧螺栓
喷油嘴向旁边喷油	喷油嘴堵塞	用细针清理喷油孔

2）液压重锤

液压锤是以液压能作为动力，举起锤体然后快速泄油，或同时反向供油，使锤体加速下降，锤击桩帽并将桩体沉入土中（图 11.5-6）。液压锤正被广泛地用于工业、民用建筑、道路、桥梁以及水中桩基施工（加上防水保护罩，可在水面以下进行作业）。同时，液压锤通过桩帽这一缓冲装置，直接将能量传给桩体，一般不需要特别的夹桩装置，因此可以不受限制地对各种形状的钢板桩、混凝土预制桩、木桩等进行沉桩作业。另外，液压锤还可以相当方便地进行陆上与水上的斜桩作业，比桩锤有独到的优越性。

图 11.5-6 液压打桩锤

液压锤可分为单作用和双作用两种类型。单作用液压锤是指锤体被液压能举起后，按自由落体的运动方式落下；双作用液压锤在锤体被举起的同时，向蓄能器内注入高压油，锤体下落时，蓄能器内的高压油促使锤体加速下落，使锤体下落加速度超过自由落体加速度。常用液压锤规格见表 11.5-5。

常用液压锤规格 **表 11.5-5**

型号	IHC S-200	IHC SC-150	IHC SC-110	IHC S-70	BSP HH40	BSP HH30	BSP HH20
锤重(kg)	22500	17900	13900	7300	40000	30000	20000
锤长度(mm)	—	7200	6200	6900	4710	3540	2360
液压油流量(L/mim)	700	350	350	220	265	235	200
最大能量(kN·m)	200	140	105	70	8375	7525	6800
液压系统压力(MPa)	20	28	20	20	20～250	20～250	20～250
锤冲程(mm)	—	1000～1500	1000～1800	—	460	400	300
需用功率(kW)	450	255	255	140	460	400	300

3）蒸汽打桩锤

蒸汽打桩锤是以蒸汽（或压缩空气）作为动力，提升桩锤的冲击部分进行锤击沉桩（图 11.5-7）。随着桩基向大型化方向发展，特别是海底石油开发中，打入斜桩和水下打桩作业时，柴油打桩锤受到一定的局限，不如蒸汽打桩锤优越。此外，由于蒸汽打桩锤结构简单，工作可靠，能适应各种性质的地基，而且操作、维修也较容易；它可以做成超大型，可以打斜桩、水平桩，甚至打向上的桩，蒸汽锤的冲击能量可以在25%～30%的范围内无级调节，因此仍受到重视而列为主要桩工机械之一。

蒸汽打桩锤一般有3种类型：按蒸汽锤的动作方式可分为自由落体的单作用式和强制下落的双作用式；按蒸汽锤的打击方式可分为缸体打击式和落锤打击式；按蒸汽锤的应用方式可分为陆上型和水上型。

4）振动桩锤

振动桩锤又称振动沉拔桩锤（图11.5-8），它是利用激振器沿桩柱的铅垂力方向产生正弦波规律变化的激振力，桩在激振力的作用下，以一定的频率和振幅发生振动，使桩的周围土壤处于"液化"状态，从而大大降低了土壤对桩下沉或拔出的摩擦阻力。所以，振动桩锤在一定的地质条件下，具有沉桩或拔桩效率高、速度快、噪声小、便于施工等特点，因而得到广泛使用。

图11.5-7 蒸汽打桩锤

图11.5-8 振动桩锤

振动桩锤可以作如下分类：

（1）按动力可分为电动振动和液压振动两类。电动振动桩锤具有施工速度快、使用方便、噪声较小、无公害污染、结构简单、维修方便等优点，已被普遍采用。

（2）按振动频率可分为低频（300～700r/min）、中频（700～1500r/min）、高频（2300～2500r/min）、超高频（约6000r/min），国内生产的都属中频。

（3）按振动偏心块的结构，可分为固定式偏心块和可调式偏心块两类。

3. 桩帽

桩帽是为了防止打入桩桩头被打坏而使用的一种施工设施，桩帽是套在钢桩顶部的装置，在桩基施工时为了保护桩不被打坏安装上桩帽主要起保护作用。桩帽一般的材料是采用抗冲击强的钢材制成，它是由铸钢及普通钢板制成，如图11.5-9所示。其主要作用为控制钢桩的沉入方向，保护桩顶和使锤击力得以均匀分布。

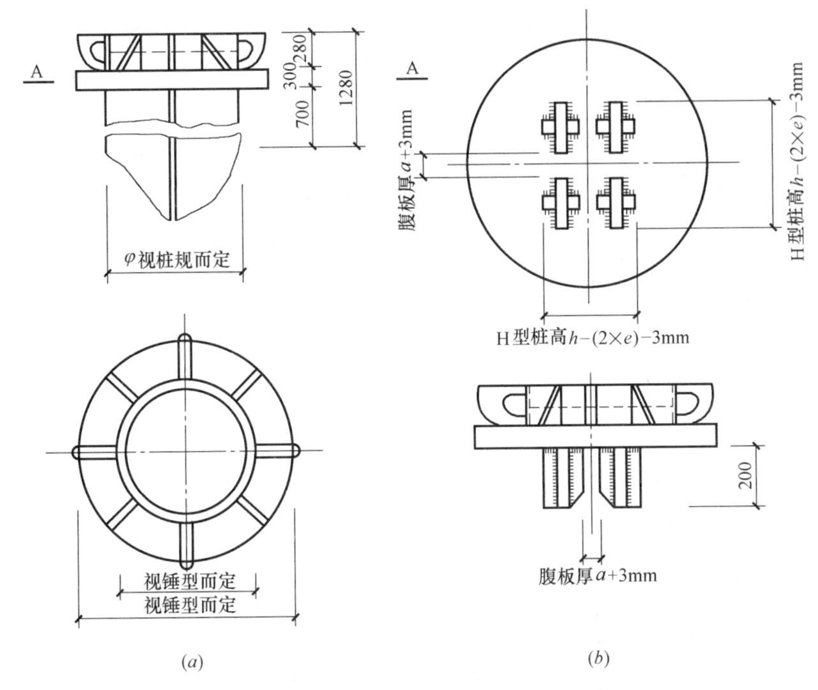

图 11.5-9 桩帽

(a) 钢管桩桩帽；(b) H 型钢桩桩帽

桩帽内的衬垫是一种缓冲材料，合理选用衬垫，是提高锤击效率和沉桩精度、保护桩锤安全使用和桩顶免遭破坏、确保顺利沉桩的重要手段。

锤垫常采用橡木、桦木等硬木按纵纹受压使用，有时也可采用钢索盘绕而成，近年来也有使用层状板及华塑型缓冲材料。

垫材经多次锤击后，会因压缩减小厚度，使得密度和硬度增加，刚度也就随之增大，这一现象在衬垫中更为显著。保持垫材的适当刚度可以控制桩身锤击应力，提高锤击效率。尤其是对钢筋混凝土桩更为重要。若垫材刚度较大，则桩锤通过垫材传递给桩的锤击能力也会增加，从而提高打桩能力，锤击应力也将相应地增大。反之，若垫材刚度较小，则桩的锤击应力可减小，且能使桩锤对桩的锤击持续时间有所延长，当桩锤的打桩能力大于桩的贯入总阻力时，这将有利于桩的加速贯入和提高效率。桩锤和锤型确定后，可根据桩材，按表 11.5-6 来选用垫层材料及厚度。

钢管桩垫层选用表 **表 11.5-6**

锤 型	桩型(mm)	桩长(m)	硬木锤垫厚度(mm)
柴油锤 12～14 级	ϕ300～ϕ450	10～15	50
柴油锤 20～25 级，蒸汽锤 3t	ϕ400～ϕ550	10～30	50
柴油锤 40～45 级，蒸汽锤 10t	ϕ600～ϕ900	15～70	100
柴油锤 30～35 级，蒸汽锤 7t	ϕ400～ϕ800	10～50	100
柴油锤 70 级	ϕ900～ϕ1500	30～80	200

垫材是一种消耗性材料，需经常更换，需经常更换，以减少桩帽的损坏，同时也避免击碎桩顶。为节约大量垫材及减少刚性桩帽的频繁更换，20世纪80年代一种新型桩帽——碟簧桩帽得到了应用。开始这样桩帽用于落锤，现在已被应用于柴油锤。

11.5.2 焊接设备及材料

钢管桩现场焊接常使用YM-505N型半自动焊机。这种焊接工艺具有效率高、质量好、焊接变形小，适应全位焊接，操作方便等优点。它由焊机、焊条（丝）传送控制装置（送丝机）和焊枪三部分组成。

1. YM－505N型焊机规格

额定输入电压：交流电焊机二次电压
交流60～90V用于交流
交流30V（150VA）用于直流

额定频率：50、60Hz

额定焊接电流：交流、直流500A

送丝速度：0.5～6m/min

可用焊丝：焊丝直径ϕ3.2mm（ϕ2.4mm）
焊丝线圈宽度80mm
焊丝线圈内径ϕ310mm以下
焊丝线圈外径ϕ410mm以下
每圈焊丝重量10kg
抗拉强度573.3MPa
延伸率27%
焊丝化学成分：C0.11%　Si0.12%　Mn0.59%　P0.016%　S0.009%

2. 送丝机

又称焊丝传送控制装置，由卷丝架、送丝装置和控制器组成，并配有双齿轮传动辊轴和焊丝控制装置（控制电流的闭合，切断及送丝）。

送丝机必须配备YX-151D型变压器，以控制电流。

YX-151D型变压器规格为：

额定输入电压：交流220V（任意选择220V或380V）

输出电压：交流30V（150VA）

与交流电焊机联用时，要配置YC-502R（C)-3保安继电器，以及YC-502R电流遥控器（YC-503R或YC-504R也可)。

3. 焊枪

YM-503NP型焊枪的作用是将传送装置送出的焊丝送到焊接点，同时对焊丝通电，由焊工用手操作。焊枪经常处于高温电弧下，较易损坏，需认真管理和操作。

4. 焊丝

对电焊丝的选择，应考虑与母材的匹配。用普通钢板制成的钢管桩，一般选用SAN-53自保护焊丝，焊丝直径为3.2mm和2.4mm 。

焊丝是将薄板弯曲，在中间充填特殊的溶剂。焊接时，在电弧周围形成屏蔽气体层，隔绝大气对电弧的侵蚀。

对焊丝要妥善贮存，认真的管理。使用前应把焊丝放入烘箱中，在规定的温度和时间条件下烘干。

11.5.3 送桩管

送桩管又称“替打”，一般都是用钢管加工而成。

建筑物的基础往往埋置较深，要将桩顶打至地表以下的设计标高，必须由送桩法实现。

送桩管的具体要求是：

(1) 能将桩锤的冲击力有效而均匀地传递到桩上；

(2) 打桩入土后其阻力不能太大；

(3) 拔出送桩管操作较方便；

(4) 结构坚固，能反复使用。

打钢管桩所用送桩如图 11.5-10 (*a*) 所示。

H 型钢桩因其截面的不同，相应所用送桩管的底端装置略有变化，其构造见图 11.5-10 (*b*) 所示。

11.5.4 钢管桩内切割机

桩顶标高大都设计在自然地面以下，施工时有的工程不采取送桩方法，桩顶外露在地面之上。挖土前，需将高于设计标高的部分割除。由于软土地基的地下水位较高，钢管桩切割常须在泥和水环境下操作，一般气割工艺无法进行，采用 GO_2-60 型地下内切割机（图 11.5-11）效果较好。

地下切割机性能如下：

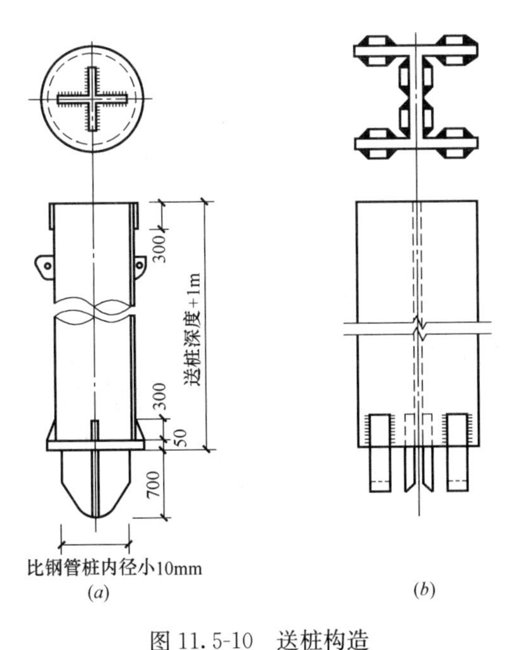

图 11.5-10 送桩构造

(*a*) 送钢管桩用；(*b*) 送 H 型钢桩用

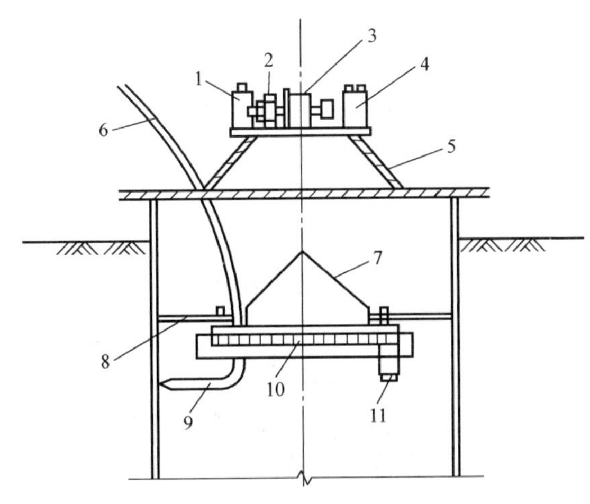

图 11.5-11 地下切割机

1—电动机、变压器；2—齿轮；3—卷筒；4—开关；5—支架；6—氧乙炔气管；7—花篮螺丝；8—可调限位器；9—回转切割头子；10—转盘；11—马达

电源 220V（交流）；

切割钢管 ϕ600～900mm；

切割深度 5～6m；

切割头子至切割体的距离约 10mm；

切割速度 15～20cm/min；

回转切割 360°。

操作程序：

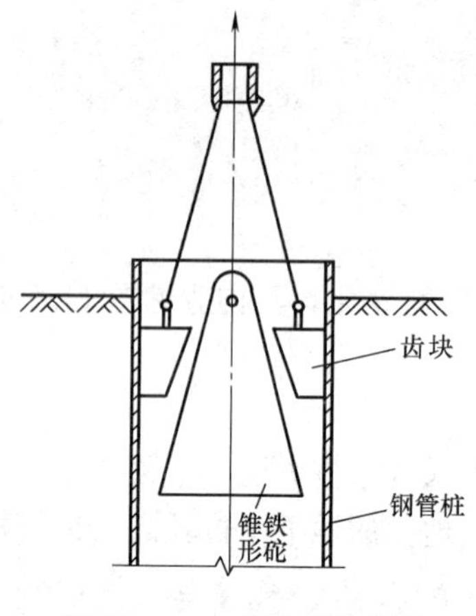

图 11.5-12 内胀式拔管器

测量高程→抽水→架设地下切割机→点火切割→拔出钢管→放临时砂塞→回填砂。

内切割机使用三种气体，即氧气（2 瓶）、乙炔（1 瓶）、氮气（1 瓶）。

拔出切割完毕的钢管桩头子的几种方法如下：

（1）在桩顶下若干距离处对称开两孔（ϕ50mm）穿以卸甲钢丝绳，用 40～50t 履带吊车拔桩管。

（2）用小型振动锤夹钳夹住钢管桩壁，振动起拔。

上述两种方法对钢管桩损耗较大，每拔出一段钢管桩至少报废 30cm 以上。

（3）内胀式拔管器（图 11.5-12），上提中间锥形铁砣，使两侧半圆形齿块卡住钢管桩内壁，从而将钢管桩段拔出。

11.6 钢桩的施工

沉桩施工方案要依据工程特点、地质水文条件、施工机械性能以及设计要求等决定，桩机站位有三种方法可供选择：

（1）挖坑打桩——即先挖土至桩顶设计标高，打桩机下坑打桩。此法适用于地下水位较深的地区。

（2）桩机在原自然地面打桩，采用送桩至设计标高。

（3）桩机在原自然地面打桩，但不送桩，待基坑开挖后，将高出设计标高的部分予以割除（钢管桩可采用内切割的方法）。此法在特殊必要时采用，因钢桩的备料及损耗量都较大。不论采用何种沉桩方法，都应能满足将桩打至设计标高，对打桩所造成的挤土影响减少到最低限度，使相邻的桩位不致出现太大的偏位和倾斜，确保工程质量，以及施工操作方便，机械运行安全，提高施工效率等。

11.6.1 施工流程要点及试桩

钢桩施工流程如图 11.6-1 所示。

11.6.2 打桩机定位及跑位顺序确定

根据先定出基础纵横中心线，控制点的设置地点应尽可能远离施工现场，以不受施工干扰和土层扰动的影响为原则。施工时按基础纵横交点和设计桩位图的尺寸确定桩位，敲一小木桩并钉上小元钉，再以此小元钉为中心套样桩箍（图 11.6-2），然后在样桩箍的外

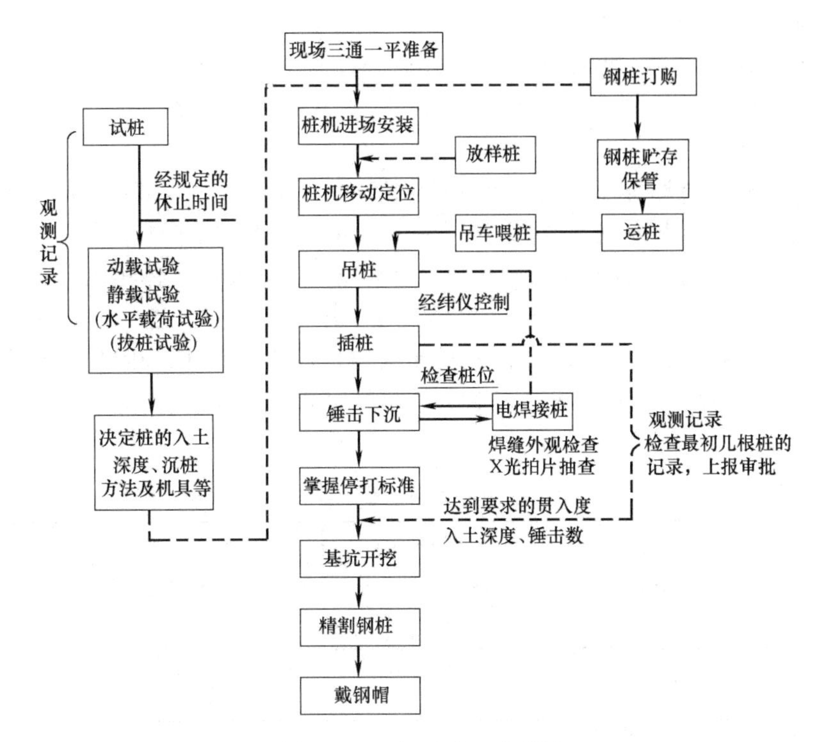

图 11.6-1 钢桩施工流程图

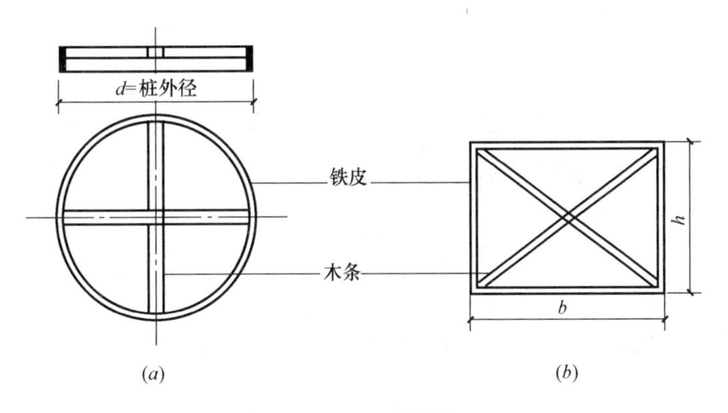

图 11.6-2 样桩箍

(a) 钢管桩箍；(b) H 型桩箍

侧撒石灰，以示桩位标记。

施工中样桩控制注意事项如下：

(1) 必须按设计原图并以轴线为基准对样桩作逐根复核（打一根复核一根），作好测量记录，复核无误后方可施打。

(2) 对施工现场的轴线控制点及水准点作经常检查，避免发生误差。

(3) 控制点和水准点应妥加保护。

(4) 测量人员应对桩的就位，垂直度和打设标高进行监测，确保施工精度。

(5) 沉桩至地面后，测量人员应根据轴线测出桩的平面偏位值，认真作好记录，办理好中间验收工作。

11.6.3 测量控制及样桩布置

制定施工顺序前应对工程性质、地质资料、桩的特点（桩的规格、布局情况、密度、工程量），地貌环境、设计要求、工程期限以及拟采用的桩工机械等等予以切实掌握，综合分析，然后规划打桩施工。

由于大量桩体的逐渐打入土中，造成地基的压缩，土密度的增高，桩周围的土向侧向及垂直方向位移，形成打桩场地的沉陷或者隆起，而且波及的范围较广。

钢桩的截面积较小，钢管桩下端开口，与其他打入式实心桩体相比，挤土量较其他类型实心桩为小（见表11.6-1），但毕竟仍存在一定的挤土量，这些挤土影响，也会造成已打好桩的位移，和对周围地下管线及建（构）筑物的危害。因此，合理安排钢桩施工流水顺序，将有利于保证桩的施工质量与打桩进度。这对桩数多、桩距密的群桩基础尤为重要。

各种桩型挤土量统计 **表11.6-1**

闭口桩	开口桩(mm)				H.P
	P.Cϕ550	S.Pϕ406.4	S.Pϕ609.6	S.Pϕ914.4	
100%	70%	45%	30%	15%	2%

选择施工流水的基本原则是：

1. 对桩数少的基础或条形基础：

(1) 先长桩后短桩；

(2) 先实心桩后空心桩；

(3) 先小直径桩后大直径桩。

2. 对桩数多、桩距密的群桩基础，除遵照上述原则外，尚须注意：

(1) 先打中间桩，逐渐向外围扩展；

(2) 往后退打；

(3) 处于桩机回转半径范围内的桩可安排在同一流水范围内；

(4) 桩机运行路线较短，移动次数少；

(5) 桩机下铺设的厚钢板要布置得当，尽可能做到多留出些样桩数，减少倒运钢板作业。

11.6.4 沉桩施工及施工记录

1. 钢桩的堆放

钢桩应予以妥善堆放保存。场地要平坦，大型车辆能够直达，场地低洼处要在搁支点下方作人工加固（铺道碴、垫道木等，见图11.6-3）。四周挖排水沟，钢桩应按规格分别堆放（即上节桩、中节桩、下节桩），这样配套运输方便。堆放支点以不使钢桩产生变形为原则，一般堆叠层数为三层（高度在2m以内），支点用枕木为妥，钢管桩堆放时，为了防止底层的桩滚动，应在枕木支点的两侧各用木楔塞牢。H型钢桩堆放时，所有上下支点应设置在同一垂线上。

钢桩的现场堆放（见图11.6-4），应放在桩机起吊范围之内。由于钢桩起吊采用一点吊，要求所有桩顶端应朝向桩机，并按打入的先后次序逐根排列，离桩顶端3m附近的下方用道木垫高，便于穿钢丝绳起吊。

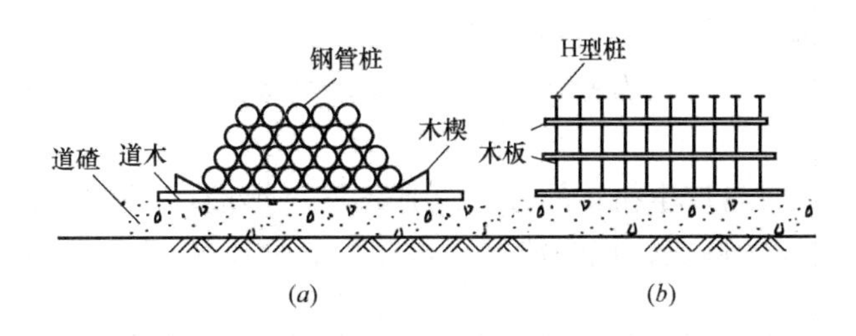

图 11.6-3 钢桩存放
(a) 钢管桩存放；(b) H 型桩存放

2. 场地地基处理

应预先充分了解打桩区域是否有地下障碍物。如：旧墙基、地下管线、人防工程、大石块等，特别是市区建设工程尤为注意，务必先彻底清除障碍物。

场地用推土机平整，压路机碾压密实，并在地表铺 10～20cm 厚石子，使地基承载力达到 0.13MPa。场地地基处理将直接关系到工程质量、施工安全与工程进度，必须予以重视。

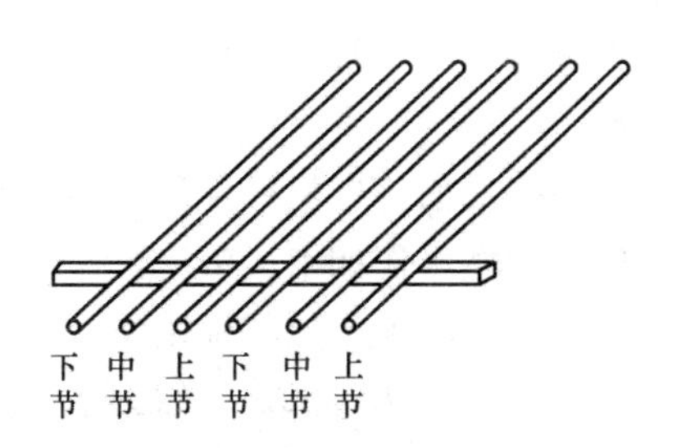

图 11.6-4 桩的现场堆放

3. 桩的就位

移动打桩机至桩位（指桩锤中心对准样桩中心），少量位置的调整可用旋转桩机或顶升导杆滑块来实现。

钢桩起吊前，需对每节桩作详尽的外观检查，尤其要注意钢管桩的椭圆度，H 型钢桩的端面正方度，并作好记录，符合要求者，方准起吊。

钢桩可采用一点起吊，使桩顶套入桩帽之中。

把桩底端对准石灰线插正。H 型钢桩外围呈矩形，桩的布置又有方位要求，务必纵横两个方向插正。

在桩机的正前方和侧面呈直角方向用二台经纬仪监控导杆的垂直度，使桩锤、桩帽及桩身成一垂线。

4. 打钢桩

钢桩的打入精度与下节桩的就位位置和垂直度密切相关。由于桩、桩帽及锤的自重，下节桩会自行逐渐沉入土中，这一自沉进程应控制缓慢进行，待稳定后再行锤击，最初阶段即使用锤击，亦宜使柴油锤处于不燃烧燃料的空打状态。在此期间，要随时跟踪观测沉桩质量情况，发现问题，立即设法纠正，必要时需把桩拔出重新插正，并采取强制措施按预定轨迹下沉。

待确认下节桩的沉桩质量良好后，再转入正常的连续锤击，直至将钢桩锤击到其顶端高出地面约 60～80cm 时停止锤击，以备接桩。

1) 钢桩沉桩的基本要求

钢桩的长细比较大，工程质量控制要求高。因而应强化施工管理，每一工序都要精心施工，才能保证工程质量。

(1) 对每一根样桩进行测量复核；

(2) 桩机导杆垂直，锤、桩帽和桩成同一垂直线，并与导杆平行；

(3) 对特殊要求的工程，为做到垂直度精确，可将导杆底端加以顶住，防止起吊锤时导杆前倾；

(4) 长细比较大且易产生扭转的桩（特别是H型钢桩），宜在桩机导杆底端装活络抱箍，考虑H型钢桩施工特点，抱箍能开启或闭合，同时能适应 x 和 y 方向的变位均可使用。

2) 穿越中间硬土层

为充分发挥桩材的强度，设计要求的钢桩往往很长，桩底端选择在标准贯入击数 N 值大于50深埋较厚的砂土层，以期取得较高的单桩承载能力，并减少建筑物的沉降。在深长桩施工中，常会遇到中间硬土层，这对设计和施工来说，需要认真考虑打桩穿透的可能性。

根据目前打桩机械性能和钢桩承受锤击应力的容许范围，通常钢桩施工穿透中间硬土层的可能性可作如下大致判断。

(1) 中间硬土层在地表下20m左右时，容易穿透；

(2) N 值为50以上的砂层，厚度大于5m，穿透较困难；

(3) N 值在30以下时，穿透5～6m黏土硬层是可能的；

(4) 中间硬层以下的下卧层为软土层，则穿透硬层是容易的；

(5) 为有利于穿透中间硬土层，可在桩底端预先焊一加强箍（图11.6-5），效果较好；

(6) 如果将中间硬层改作为持力层，必须对下卧层进行沉降验算。

穿透中间硬土层的可能性，与地质条件，桩径、壁厚材质和桩锤的能量大小等都密切相关，应预先进行综合分析判断。

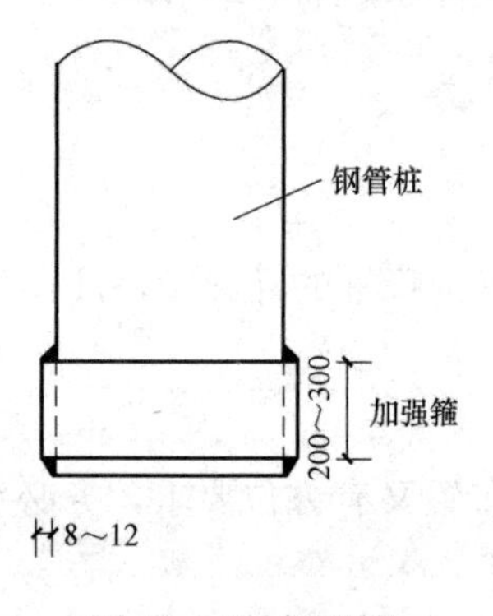

图11.6-5 加强箍

3) 沉钢桩注意事项

与打钢桩施工有关的主要问题如下：

(1) 桩在打入过程中，尽量避免长时期的停歇中断。

(2) 超长钢桩施工，必须选用重锤，但应控制桩材的锤击应力。

(3) 大口径的钢管桩，若打至持力层有困难时，除采用桩底端加箍外，也可在沉桩过程中把管内土芯设法取出等综合工法，也能取得较好效果。

有一工程采用 ϕ900mm钢管桩，设计入土深度为75m，持力层为含砾中粗砂。打第一根桩采用常规的施工方法，MH-72柴油锤硬打，总锤击次数高达14000余击，终因贯入度偏小而停打，高出设计标高5m，以后采用桩底端加箍，桩管内取土芯等综合工法，不仅把桩打到了标高，总锤击数为4002击。

(4) 桩的分节长度，应结合穿透中间硬土层综合考虑，接桩时桩尖不宜停留在硬土层中，桩的外露长度要短，以利锤击穿透。

(5) 送桩套入钢桩顶端，应确保其接触密贴，减小锤击能量损失。

5. 沉桩公害的防护措施

在饱和软土地基中进行打桩，因土体发生垂直和水平方向的变位，孔隙水压力的增高，常使邻近建筑物和地下管线等遭受不同程度的损坏，成为一种公害。因此，在掌握工程特点的前提下，应采取周密的防护措施，确保在打桩过程中，周围建筑物和地下管线的安全。

防护措施大致有以下几种：

(1) 合理安排打桩流水；

(2) 有针对性地设置钢板桩围护和防挤沟，减少浅层挤土影响，保护浅埋式地下管线和基础是有效的；

(3) 打设塑料排水板，它由截面为 4mm×1000mm 的塑料芯板外加涤纶无纺布的滤水薄膜套构成，打桩挤压时，水可从芯板和薄膜套之间的沟槽排出，设置深度约可达 12～20m，间距 1m，排距 0.2m，呈梅花形布局，可以减少打桩引起的超静孔隙水压力；

(4) 开挖排水沟；

(5) 敏感区域和时刻严格限制沉桩速率；

(6) 监测跟踪，事先对周围建筑物及地下管线进行设点，观测所有布点因打桩而引起的水平或垂直位移值，每天测三次，以科学数据信息化指导打桩，调整打桩流水顺序和控制沉桩速率；

(7) 尽量选用挤土量小的桩种和桩型。

上述几种措施，经过大量工程实践证明是有利于防护沉桩公害的。

6. 施工记录

施工记录是打桩全过程的真实写照。详细记载每根桩的操作时间，每沉入 1m 的锤击次数、落锤高度、桩的入土深度、土芯高度、最后十击的贯入度、回弹量、桩的平面位移和倾斜等等（详见表 11.6-2），同时还应记录打桩过程中发生的异常情况。

桩的贯入度和回弹量测定记录方法（图 11.6-6），每锤击一次铅笔在直尺上作一次水平移动，就能得到如图 11.6-6 的形状和有关数值。

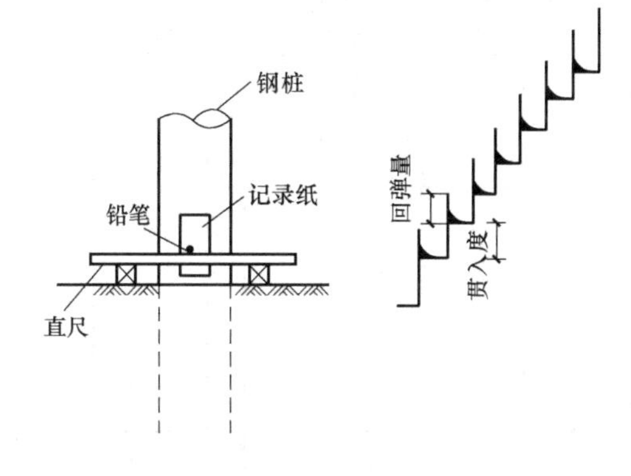

图 11.6-6 贯入度测定

11.6.5 电焊接桩

1. 焊接前，应检查和修整下节桩顶因锤击而产生变形损坏的部位，清除上节桩端泥砂、水或油污，桩端平面和斜面的铁锈用角向磨光机磨光。

2. 焊接钢桩的辅助工作

1) 钢管桩

(1) 内衬箍是斜面切开的，它比钢管桩内径略小，下端搁置于挡块上，内衬箍安装时，以专用工具使之与下节钢管桩内壁紧贴。

(2) 将内衬箍分段焊接（见表 11.6-3），焊段高度保证上下桩的装配间隙 2～4mm。

打钢桩原始记录 表 11.6-2

工程名称________ 自然地面(绝对)标高(m)

打桩机标号________

桩类型规格________ 桩尖端设计(绝对)标高(m)

桩锤类型及重量______(t)

桩尖端形式________ 气 候

焊接设备及焊工________

日期/班次	桩号	分节顺序	打桩起讫时间	焊接起讫时间	锤击下沉情况																计入土深度(m)	累计土芯高度(m)	最后贯入度(mm/击)	回弹量(mm)	平面位移(mm)	倾斜%	备注
					入土深度(m)	1	2	3	4	5	6	7	8	9	10	11	12	13	14	15							
					锤击次数																						
					落锤高度																						
					锤击次数																						
					落锤高度																						
					锤击次数																						

工作负责人 组长 审核

记录

桩径与焊段关系　　表 11.6-3

桩径(mm)	内衬箍焊段数
Φ600	4
Φ900	6

2) H 型钢桩

(1) 在平台上对 H 型钢桩（指中节及上节桩）的一端作坡口切割（如图 11.6-7），角度要正确，坡面应整齐。

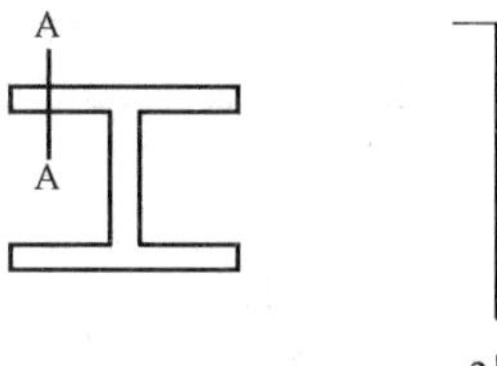

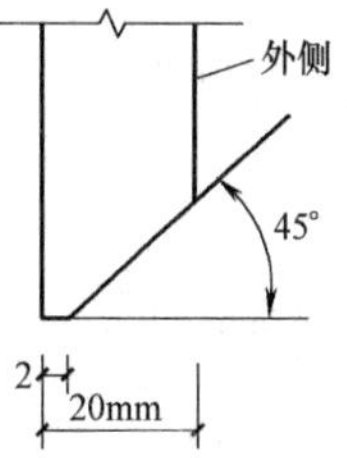

图 11.6-7　H 型钢桩坡口

(2) 在下节桩顶的翼缘处各填二段 2～4mm 的铁件，与 H 型钢桩焊牢，确保装配间隙。

(3) 在上节桩的下端焊定位铁件或连接钢板，给上下节桩的对接带来方便和安全。

3. 起吊上节桩与下节桩对接，准备施以电焊。若为钢管桩电焊，则需在接头下端钢管外围安装紫铜夹箍。焊接 H 型钢桩，必须是熟练的电焊工上岗。

4. 测量调整上节桩垂直。

5. 电焊接桩

钢桩焊接规范见表 11.6-4 所示，节点详见图 11.6-8。

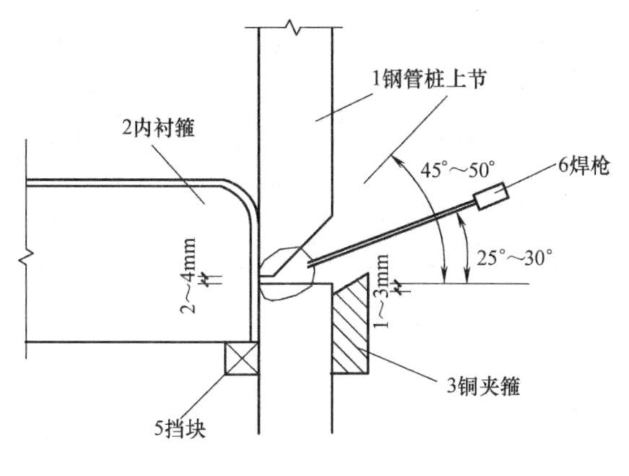

图 11.6-8　钢管桩焊接

(1) 充分融化内衬箍，保证根部焊透。

(2) 焊丝外伸长度在 20～40mm，过短会产生气孔。

(3) 焊炬与前进方向保持小于 90°。

(4) 尽量减少焊缝接头，接头处应先在前段焊缝的弧坑引弧，向后退 20mm 左右，然后向前焊接。

(5) 焊枪不应倾斜于焊接方向的相反一侧。

(6) 遇有大风，要装挡风板，雨雪天气不得施焊，自然气温低于摄氏零度，焊件要预热。

(7) 焊丝（焊条）在烘箱中烘 2 小时（200～400℃）。

(8) 焊接完毕后，要让其自然冷却 1～5 分钟，方可继续锤击沉桩。

钢桩焊接规范表　　表 11.6-4

桩型	厚度	形式	焊接层数	电流(A)	电压(V)	速度(cm/min)
钢管桩	9mm+9mm	1 2	1	380～460	26～30	23～28
			2	350～460	26～30	30～35

续表

桩型	厚度	形式	焊接层数	电流(A)	电压(V)	速度(cm/min)
钢管桩	12mm+12mm	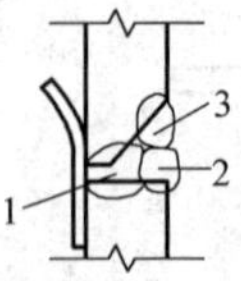	1	380～460	26～30	23～28
			2	380～460	26～30	23～28
			3	350～460	26～30	30～35
	16mm+16mm	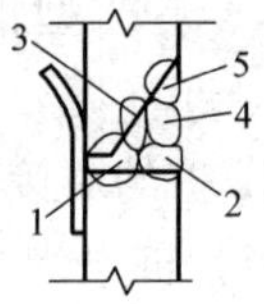	1	380～460	26～30	23～28
			2 3 4	380～460	26～30	23～28
			5	350～460	26～30	30～35
	19mm+19mm	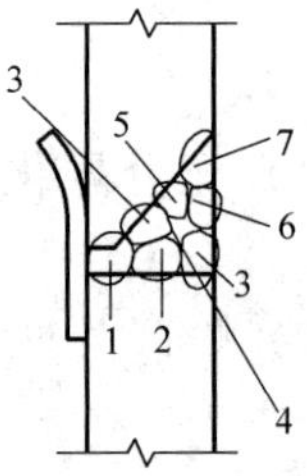	1	380～460	26～30	23～28
			2 3 4 5 6	380～460	26～30	23～28
			7	350～460	26～30	30～35
	22mm+22mm	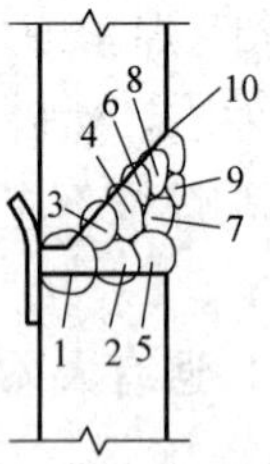	1	380～460	26～30	23～28
			2 3 4 5 6 7 8 9	380～460	26～30	23～28
			10	350～460	26～30	30～35
H型钢桩	参照钢管桩焊接规范					

11.7 施工质量控制与标准

桩基础是地下隐蔽工程，要使钢桩的施工能满足设计要求，保证工程质量，必须切实加强管理，精心施工。多年来的钢桩施工实践，积累了丰富经验，技术水平有了很大的提高，机械装备得到了更新，为桩基工程质量的提高创造了良好条件。桩基施工质量控制标准如下。

11.7.1 平面位移

从表11.7-1可见，我国对在独立基础中桩数少的桩和群桩基础中的边桩，平面位移容许误差要求较严，但国际标准更为严格。

钢桩施工容许平面误差　　表 11.7-1

序	项　目	国家验收规范	国际标准
1	上面盖有基础梁的桩 ① 垂直基础梁的中心线 ② 沿基础梁的中心线	100mm 150mm	$\frac{1}{10}$桩径或边长
2	桩数为 1～2 根或单排桩基中的桩	100mm	
3	桩数为 3～20 根桩基中的桩	$\frac{1}{2}$桩径或边长	
4	桩数大于 20 根桩基中的桩 ①最外边的桩 ②中间的桩	$\frac{1}{2}$桩径或边长 1 个桩径或变长	

注：本表不包括地下 2m 以下的送桩及因降水、挖土等引起的施工误差。

钢桩施工由于挤土量少，只要认真按照 11.6 节所述的沉桩施工得以贯彻，施工流水安排适当，操作精心，样桩逐根复核等，则其平面位移值是可以控制在国际标准范围以内的。但对桩数多且桩距密的群桩工程，其施工误差往往偏大，因而标准规定也有所放宽。

11.7.2 垂直度

作为检验钢桩打入精度的第一节桩至为重要，务必做到桩的平面位置正确，垂直精度高。不然，打桩时就会强烈扰动地基，施工中无论怎样调整，即使用桩机作强制纠正，其能力是有限的，桩还会向土体弱的方向贯入，钢桩的倾斜过甚，将影响到桩的贯入深度，更为严重的有可能造成桩的折断等。钢桩施工的容许倾斜见表 11.7-2，倾斜的检查验收是按$\frac{1}{100}l$来考核，一般都可以满足，验收标准是不高的，对于某些特殊工程，常要求提高验收标准，国内施工单位的经验，对于 15m 一节的钢桩，上下倾斜有可能控制在 2cm 左右。

钢桩施工的容许倾斜　　表 11.7-2

项　目	容许误差	备　注
桩的倾斜	小于$\frac{1}{100}l$	l为钢柱的长度

打桩施工的偏差有样桩的误差，插桩不正，打桩挤土对相邻桩的影响以及送桩深度的倾斜诸多因素误差积累。如倾斜度为$\frac{1}{100}l$，送桩深度为 6m，那么仅倾斜引起的偏位就有 6cm 之多。所以每根桩的第一节沉桩是控制倾斜误差的关键，如果第一节桩误差数小，其他节段的桩就容易控制了，整根桩的质量就得以提高。

11.7.3 打入深度控制、沉桩阻力及停打标准

1. 控制原则

（1）桩尖位于坚硬、硬塑的黏性土、碎石土，中密以上的砂土或风化岩等土层时，以贯入度控制为主，桩尖进入持力层深度或桩尖标高可作参考；

（2）贯入度已达到而桩尖标高未达到时，应继续锤击 3 阵，其每阵 10 击的平均贯入度不应大于规定的数值；

（3）桩尖位于其他软土层时，以桩尖设计标高控制为主，贯入度可作参考；

(4) 打桩时，如控制指标已符合要求，而其他的指标与要求相差较大时，应会同有关单位研究处理；

(5) 贯入度应通过试桩确定，或做打桩试验与有关单位确定。

上述规定既体现了桩基的性质，又充分考虑了持力层的起伏、打桩后土层的挤密影响等。在实际施工中，有时会出现有部分桩不能打到设计标高，所以将工程具体情况与打桩标高和贯入度控制结合起来，是合理的符合实际的。

2. 沉桩阻力

打桩时的施工阻力，为桩侧摩擦阻力和桩底反力两部分组成。只有克服这些阻力，才能将桩打入土中。

在一工程上对试桩贴了电阻片进行测试表明，当钢管桩入土深度在 60m 左右，桩尖进入砂土层时，一般而言，ϕ406.4 桩的桩尖反力约 ϕ500～600kN，ϕ914.4 桩的桩尖反力约 1500kN 左右。桩侧摩阻力约有 70%集中在桩尖附近的一小段高度范围内（见图 11.7-1）。对 ϕ406.4 钢管桩，集中在 3m 高度范围内，对 ϕ914.4 钢管桩，集中在 6m 高度范围内。

大致而言，桩侧摩擦阻力高度集中在钢桩底端以上 5～6D 的范围内。因为当桩贯入时，上体被剪切和挤开，要消耗大量的能量，而当土体被挤开后，形成一个空的柱状体，从而大大降低了对桩的阻力，所以当桩入土达到一定深度后，其动阻力的分布，多集中于桩尖附近。

桩在静荷载试验时，桩侧摩阻力和桩尖反力比率见表 11.7-3。

从上述两种桩观测得的数值是比较接近的。

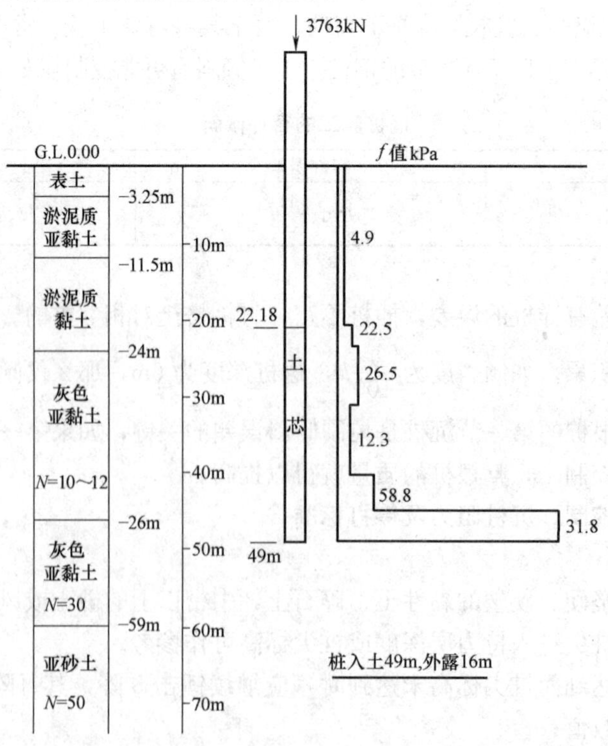

图 11.7-1 ϕ914.4 桩侧摩阻力实测值

以施工角度来看，如在这样的软土地基条件下，桩首先要穿过很厚的软黏土，软黏土的 N 值比砂土层要小得多（$N=5\sim15$），但打桩时的回弹量很大（30～40mm），所以打桩还是比较困难的。

3. 停打标准

1）停止打桩的判断

钢桩应打到规定的深度，在适当的锤重条件下，可参考下列因素：

（1）最后贯入度控制在 3～4mm。

（2）最后 1m 的锤击数要大于 250 击。

（3）控制总锤击数（钢桩限制总锤击次数在 3000 击以下，参阅表 11.7-4 所列数值）。

桩侧摩阻力和桩尖反力比率　　表 11.7-3

荷　载	ϕ406.4 钢管桩		ϕ914.4 钢管桩	
	桩侧摩阻力%	桩尖反力%	桩侧摩阻力%	桩尖反力%
最大荷载时	95	5	96	4
屈服荷载时	98	2	96.5	3.5
使用荷载时	98.5	1.5	97.5	2.5

限制总锤击次数　　表 11.7-4

锤击次数 / 桩种	限制总锤击次数	最后 10m 的限制锤击次数
钢　桩	3000 击以下	1500 击以下
预应力混凝土桩	2000 击以下	800 击以下
钢筋混凝土桩	1000 击下	500 击以下

2）Hiley（希莱）打桩公式

西方国家通常都用这一公式来验算钢桩的承载力。

$$R_u = \frac{e_f \cdot W_H \cdot H}{S + \frac{1}{2}K} \qquad (11.7.1)$$

式中　R_u——桩的极限承载力（t）；

e_f——锤的效率，柴油锤为 0.7；

W_H——柴油锤的重量（t）；

H——锤的落距（cm），柴油锤为 $2H$；

S——桩的贯入度（cm）；

K——回弹量（cm）。

打桩应一直打到最后三阵（每阵为 10 击）的贯入度均满足所选择动力公式的要求时，才能停止打桩。

3）作好原始记录

要记录桩号、打桩日期、桩锤型号、桩规格、打入深度、焊接记录、锤击次数、落锤高度、最后贯入度、回弹量、土芯高度、平面位移以及打桩过程中出现的问题等等。

总之，为了正确掌握停打标准，要作出一个固定的决定是困难的，应结合现场的具体情况来判断。一般可在工程开工前预先做试打桩，决定停打内容与标准。但由于众多的原因，现场先试打桩有困难时，可在工程桩打入的最初几根桩时，详加记录，再根据情况分析确定停打标准。

11.7.4 焊接质量控制及检测

焊接质量是评定钢桩施工总体质量的重要组成部分。施工时应选择素质良好、技术熟练、经验丰富的焊工进行操作，焊接设备必须性能良好，并加强质量监理，确保工程质量。焊接质量验收标准（见表11.7-5）。

钢桩焊接质量验收标准　　表11.7-5

序号	项　目	标　准	备　注
1	上下桩之间的间隙	2～4mm	每接头检查不少于4点
2	上下节桩的错口，ϕ＜700mm钢管桩	＜2mm	同　上
3	同上，ϕ＞700mm钢管桩	＜3mm	同上
4	同上，H型桩	＜3mm	同　上
5	咬边深度	＜0.5mm	
6	焊缝宽度（盖过母材）	＜3mm	
7	焊缝堆高	＜2～3mm	
8	X光射线探伤	Ⅲ级以上合格	每20根桩拍片一张，抽样检查

上表所列1～7均属钢桩接桩焊接外观检查，由质检员以专用卡规量具对每个焊接接头进行实际量测，并认真作好记录（见表11.7-6）。

钢桩接桩焊缝外观检查表　　表11.7-6

单位工程＿＿＿＿＿＿＿＿　　　　年　月　日

桩号	桩类别	桩规格	接头位置	焊缝质量											备　注
				上下节桩间隙（mm）				节桩错口（mm）				咬肉	焊缝堆高	焊缝宽度	
				东	南	西	北	东	南	西	北	（mm）	（mm）	（mm）	
			第一接头												
			第二接头												
			第三接头												
			第四接头												

工程负责人　　检查人　　焊工

对焊缝内在质量检查的手段，有X光射线探伤、超声波探伤和染色检验等。X光拍片评片标准见表11.7-7。

X光拍片评片标准 **表 11.7-7**

(A) 点状缺陷级别分类 单位(mm)

试验视伤 / 母材厚度 / 等级	10×10		10×20		10×30
	小于 10	超过 10 小于 25	超过 25 小于 50	超过 50 小于 100	超过 100
1级	1	2	4	5	6
2级	3	6	12	15	18
3级	6	12	24	30	36
4级	缺陷点数较 3 级多者				

(B) 缺陷的长度与点数换算表

缺陷的长度(mm)	小于 1 0	超过 1.0 小于 2.0	超过 2.0 小于 3.0	超过 3.0 小于 4.0	超过 4.0 小于 6.0	超过 6.0 小于 8.0	超过 8.0 者
点数	1	2	3	6	10	1 5	25

(C) 条状缺陷级别分类

母材厚度(mm) / 等级	小于 12	超过 12 小于 48	超过 48
1级	小于 3	小于母材厚度的 1/4	小于 12
2级	小于 4	小于母材厚度的 1/3	小于 16
3级	小于 6	小于母材厚度的 1/2	小于 24
4级	缺陷长度较 3 级长者		

注：1. 缺陷长度超过母材厚度的 1/2 时为 4 级。
2. 对于 1 级不存在熔透不足或熔合不足现象。

11.8 钢桩施工常见问题及处理

钢桩施工中，会遇到桩的偏位过大、桩的扭转以及桩的损坏折断等现象，有必要采取相应的对策。现分述如下：

11.8.1 桩的偏位

造成桩偏位的原因是多方面的，必须做到严格管理和精心施工，控制每道工序的误差(详见表 11.8-1 所示)。

桩偏位的原因及措施 **表 11.8-1**

序号	偏位原因	采取的措施
一	放样桩的误差	样桩务必逐根复核，而且要从控制桩引得，误差值必需符合规范要求
二	插桩的误差	根据钢管桩或 H 型钢桩断面所放的白灰线，插桩应与此灰线相切
三	遇地下障碍物	地下管线，地下基础等在施工前作周密调查，并予以彻底清除，方可施工一旦遇到较小的障碍，影响桩的偏位，就把桩拔出重插、并在偏位的一侧塞垫木板等纠正如遇大的混凝土、石块等，应进行清除，或与设计等单位商量，改变桩的位置，再行施工

续表

序号	偏位原因	采取的措施
四	桩的垂直度差	用二台经纬仪监控桩的垂直度，经纬仪设置在桩机的正前方及侧面，不受打桩机作业影响的区域桩锤、桩帽和桩必需呈一垂线桩和桩机的导杆必需平行
五	挤土影响	根据桩型，挤土冒的大小、桩基布置、桩数、桩机台数及工期长短等综合考虑最佳施工流水(参见本章 11.6.3) 钢桩施工时对邻桩的影响值一般控制在 H 型钢桩<1cm 钢管桩<25cm
六	挖土影响	采用分层，均匀、对称开挖土方严禁边打桩、边挖土

11.8.2 桩的扭转

桩的扭转，主要是指 H 型钢桩。由于 H 型钢桩本身的形状和受力差异，决定了该桩型的布置，具有方位要求。

H 型钢桩的长度长，节数多，布置密集。

通过打桩和送桩施工，桩周土体发生变化，聚集在 H 型钢桩两翼缘间的土存在差异，而且随着打桩入土深度的增加而加剧，致使桩逐渐朝土体弱的方位转动。

采取措施有以下几种：

(1) 在桩机导杆底端装活络抱箍（参见图 11.6-5）。沉桩初始强制 H 型钢桩沿着预定的轨迹沉入；

(2) 桩机运行时，履带与桩轴线平行；

(3) 扭转过大的桩，可采取激振法将桩逐节拔出，重新插打桩；

(4) 精心作业，控制沉桩精度，以确保工程质量和总体进度。

11.8.3 桩的损坏和折断

钢桩在运输、装卸、堆放、保管直至施工的全过程中，如注意不当，可能会出现一些问题，主要是：

1. 钢桩的弯曲变形

堆放钢桩的场地未作处理，运输、堆放搁支点不妥（如直接平放在堆场上），堆放层数超过规定等等，以及桩的自重而产生地基下沉，都会造成桩的弯曲矢高超过允许值。因此，在施工前应对钢桩作外形检查，凡不符合质量要求的钢桩，均需配备专用顶升工具和支架予以矫正调直。

此项工作量很大，处理相当费时、费力，所以桩的运输堆放务必重视。

2. 管径失圆，管壁碰撞

运输装卸钢桩过程中不慎，互相碰撞，堆放超高超荷均会造成上述缺陷。这类缺陷如发生在钢桩的端部，将严重影响到钢桩接桩的质量，必需事先予以修复。

最简易和有效的修复方法是，冷焊工常用的管内“顶”和管外“拉”的方法，慢慢地加以复原。

3. “窗口”的处理

进口钢桩抵达口岸后，由当地商品检验局对钢桩作抽样检验。一般按 1%左右（桩数）的比例在桩体上任意割取试件。此种割取试件而造成的缺口俗称“窗口”。

这种情况，在施工前应与业主、设计单位共同商定，为减少损失，应对桩节进行补强。

“窗口”补强方法大致有两种：

1）若“窗口”位于钢桩的端部时，此种“窗口”的高度仅数十厘米，占整根桩长的比例甚微，如征得设计单位的同意，桩长缩短数十厘米后，仍能满足设计承载力和沉降量要求，可将这一缺口段割除，然后按规定对钢桩用砂轮机磨平或作坡口倒角。

2）当“窗口”位置处于钢桩中间部位的情况下，则可用相同材质的钢板，覆盖于桩体上，将“窗口”盖住，再行电焊。

11.8.4 桩的折断

钢桩的折断，大都是施工不当引起的。当然，这种事故是极少发生的，只要认真组织施工，按照规定进行操作，可以予以避免。

在钢桩沉入过程中，同其他打入桩一样，随着桩入土深度的增加，锤击次数将逐渐增多，贯入度相应越来越小，当桩端抵达持力层时，沉桩就比较困难，贯入度明显减小，柴油锤的回弹剧烈，这就是沉桩的基本规律。反之，一旦出现贯入度剧变（突然度增大），在地层没有特殊差异的条件下，这一反常现象，往往就是桩已折断的特征。断桩的原因及采取的措施见表 11.8-2。

断桩的原因及采取的措施 **表 11.8-2**

序号	断桩的原因	采　取　的　措　施
一	第一节桩不垂直	当桩插好后，提升柴油锤引爆时，桩机前面负荷重，桩机呈“叩头”之势。迫使桩顶往前倾，所以第一桩力求垂直是非常重要的 除用经纬仪监控外，重要的工程，质量要求严的，应采取在导杆底端用千斤顶顶住，确保导杆与桩的垂直
二	接桩呈折线状	所接的桩段不垂直，而成为折线状，那将影响柴油锤夯击能量的有救传递，给打桩达到预定的深度造成困难 桩机吊位和调直后，一般应避免在整根桩结束前，再次作大的移动桩机或调整导杆
三	焊接质量差	严格按焊接规范操作和质量检验 焊工应作系统培训，并经应知应会考试合格，选择技术好责任心强的焊工上岗 配套的焊接机具性能要好，焊接材料要优
四	强行硬打	钢桩限制总锤击次数 3000 击以下 进入持力层后，最后 1m 的锤击次数大于 250 击，最后贯入度不要小于 2mm/击 切忌强行锤击

参考文献

[1] 祖青山．建筑施工技术［M］．武汉：华中科技大学出版社，2009.

[2] 中华人民共和国行业标准．钢管桩施工技术规程［YBJ 233—1991］［S］．北京：中国建筑工业出版社，1991.

[3] 中华人民共和国行业标准．建筑基坑支护技术规程（JGJ 120—2012）［S］．北京：中国建筑工业出

版社 1999.
[4] 李继业. 建筑工程施工技术实用手册 [M]. 北京：中国建筑工业出版社，2003.
[5] 杨波. 建筑工程施工手册 [M]. 北京：化学工业出版社，2012.
[6] 钟汉华. 建筑工程施工技术 [M]. 北京：北京大学出版社，2010.
[7] 中华人民共和国国家标准. 建筑边坡规程技术规范（GB 50330—2013）[S]. 北京：中国建筑工业出版社，2014.
[8] 史佩栋. 桩基工程手册 [M]. 北京：人民交通出版社，2008.
[9] 欧领特. 钢板桩工程手册 [M]. 北京：人民交通出版社，2011.
[10] 中华人民共和国行业标准. 钢桩施工工艺标准（JO 10203—2004）[S]. 北京：中国建筑出版社，2004.
[11] 中华人民共和国国家标准. 建筑地基基础工程施工质量验收规范（GB 50202—2002）[S]. 北京：中国计划出版社 2002.
[12] 张雁，刘金波. 桩基手册 [M]. 北京：中国建筑工业出版社，2009.

第12章 深水桩基础

周国然

12.1 概述

水工建筑物中有相当一部分采用桩基础。由于各种水工建筑物的功能和所处水域的水文、地质、气象条件以及与陆域的相互关系、交通通信等方法不同，所采用的桩基形式和施工工艺与陆域桩基有相当多的不同。

水工建筑物的桩基承担整个建筑物的上部结构和各种设备的重量，在施工过程中，还要承受各种形式的施工荷载。在一般高桩板梁式结构的码头建筑工程中，桩基的费用约占总造价的40%～60%。

由于水工建筑物是建造在水域中，桩基水上施工受气象、水文、地质等条件的制约非常大，因此，必须采取相应的施工技术和保证安全、质量等措施，才能确保工程建设顺利进行。

12.1.1 桩基水上施工特点

桩基水上施工具有下列几个特点：

（1）沉桩的主要机械设备是打桩船。

（2）桩必须水上运输，因此施工中必须配备包括打桩船、运桩方驳、拖轮以及其他辅助船在内的船组。除船员外，还必须配有受过专业培训的水上作业的打桩工。

（3）桩的制作一般在专门的预制厂或场地加工，并有专用于陆上运输转到水上运输的机械设备和码头。

（4）桩基水上施工需水陆配合，在陆上测量人员指挥下进行。

（5）沉桩的顺序是根据打桩船性能经过精心设计的。从桩的制作、堆放、运输直到打桩，其先后顺序应统一安排，避免造成某些桩无法施工。

（6）桩基水上施工受气象条件影响严重，必须要掌握和熟悉施工地区的气候及水文的变化规律，严密地制定安全技术措施，以防造成严重事故。

（7）水上桩基的最后锤击贯入度，或称停锤标准的确定，必须了解打桩设备的性能，以免造成严重的机损和安全事故。

桩基水上施工是由多工种、多种船舶，多种机械相互配合，水上、陆上相协调，受气象、水文、地质、水域条件严格制约的复杂的施工作业。

12.1.2 桩基水上施工应用范围

交通运输工程：港口的各种码头、驳岸、导堤、防波堤、防砂堤；桥梁的桩基础；航道工程的导标、测量平台，海上灯塔和航标的基础等。

造船工业设施：船坞、船台、船排、滑道和升船机等水上部分基础、舾装及靠船码头。

其他水工建筑物：海上采油平台、水上水文站、气象站、引水工程的进出口设备基础和保护桩、其他水上建筑物的基础。

12.1.3 桩基水上施工常用桩型和桩材

水工建筑物的桩基，可按下面几种情况来划分：

按制桩材料分：木桩、钢桩、钢筋混凝土桩。

按受力情况分：支承桩、摩擦桩、锚固桩。

按形状分：圆管桩、方桩、矩形桩、多角桩、板桩、H型桩和拉森板桩等。

按沉桩方法分：锤击沉桩、振动沉桩、水冲沉桩、水冲锤击沉桩、钻孔灌注桩、冲孔灌注桩和嵌岩桩等。

按桩尖形式分：全封闭、半封闭、开口、平头、尖头桩等。

按接桩方式分：环氧砂浆接桩、硫磺胶泥接桩、电焊接桩、法兰螺栓接桩和801胶接桩。

12.1.4 桩及桩材制作

桩及桩材制作详见本书相关章节。

12.1.5 打桩船、打桩锤及衬垫的选择

打桩船的打桩架部分高度尺寸如图12.1-1所示。

$$H \geqslant L + H_3 + H_2 + H_1 - H_4 \quad (12.1.1)$$

式中 H——水面以上桩架有效高度；

L——桩长；

$$H_1 = H_{1a} + H_{1b}$$

H_{1a}——锤高度；

H_{1b}——锤打高度；

H_2——滑轮组高度；

H_3——安全富余高度；

H_4——施工水深 $H_4 = T + \frac{1}{2}H_a + \Delta$

T——打桩船最大吃水深；

Δ——桩尖与泥面见的水深富余量：内河$\Delta \geqslant 20$cm，内海$\Delta \geqslant 50$cm。

12.1.5.1 打桩船的选择

打桩船按其动力和转动机械的性能基本可分三大类：一类是用蒸汽为动力，蒸汽绞车传动，此类打桩船已使用甚少；一类是柴油机为动力，发动发电机，用电机直接传动；再有一类是柴油机为动力，发动发电机、电动机带动液压系统传动。目前大型打桩船能打长80m的单桩，能起吊单根重80t的桩，能打直径为1.5m的混凝土预制管桩。有代表性的三种类型的打桩船的主要技术性能列于表12.1-1。

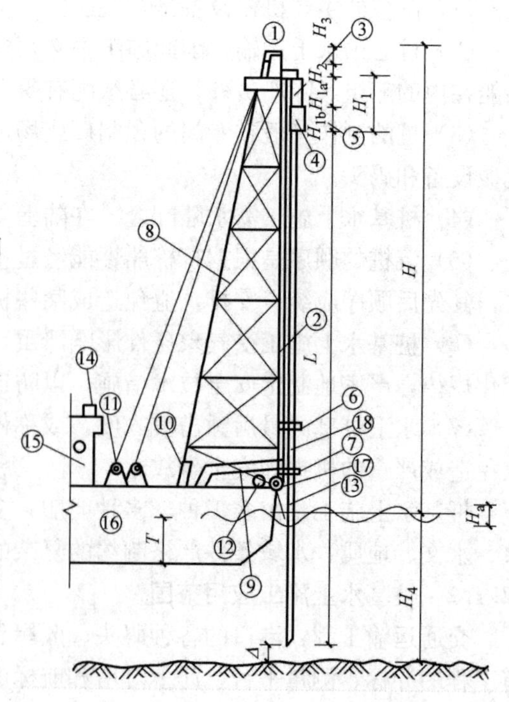

图12.1-1 打桩架高度尺寸及各部名称

有代表性的三种打桩船的技术性能 **表 12.1-1**

主要性能 \ 类型		Ⅰ	Ⅱ	Ⅲ
航区		内河	内河沿海	世界各港口
满载排水量		850t	1422.6t	2541t
船体结构	主要尺寸	31.10m×11.33m×2.38m	46m×14m×3.30m	56m×26m×4.5m
	满载吃水	艏 1.9m 艉 1.9m	艏 1.56m 艉 1.8m	2.2m
	最高建筑物高出水面	40m	54m	40m
打桩性能	桩架高度	36m	主架 24m 副架 43.5m	80m
	桩架有效高度	小于 26m	33m	70m(到甲板)
	龙口形式	内龙口 900mm	内龙口 900mm 外龙口 700mm	外龙口 975mm
	仰俯角度	±18.5°	±18.5°	±30°
	吊桩点高度	31m	40m	55m
	锤型	单动双动蒸汽锤	10t 柴油锤	大于 20t 柴油锤
	压桩能力	150t		
	生产能力	50cm 断面桩	60cm 断面桩	各种方桩圆管桩
吊龙口能力	吊龙口吊重	15t	20t	65t
	吊龙口伸距	11.8m	8m	15m
	可拆下龙口	2.5m	2.5m	4m
	适用锤	6.5 蒸汽锤	10t 柴油锤	20t 柴油锤
起吊性能	大钩能力×台数	20t×1	25t×1	40t×2
	小钩能力×台数	20t×1	25t×1	80t×2
	最大吊重	20t	40t 二钩合吊	160t 二钩合吊
	最大吊重时吊离		13m	55m
	最大吊重时架高倾角	17.5°	15°	15°
平衡	平衡型式	平衡车(手控)	纵横压水(手控)	压载水(自控)
	平衡数量	纵向二辆 横向一辆	纵向 160t 横向 50t	
甲板机械	移船绞车型式×台数	卧式双缸蒸汽绞车×6	电动绞车×8 台	电动液压绞车×8 台
	移船绞车能力	1.5t	5t	15t ×6，6t ×2
	移船绞车速度	16m/min	20m/min	10m/min
	钢丝绳容量	150m	300m	300m
主机		锅炉 卧式水管	柴油机 6S27S 一台	柴油机 6PKTB-16，300μp1000Vpm
		工作压力 11.5kg/cm²	发电机 FW446/12-12，332kVA	发电机 TVKI-A-68Z，125μp1500Vpm
副机				柴油机 6PK-14A
				发电机 SHINKOTVK-1-G-520 250kVA390V1000Vpm
其他	锚	500kg 1000kg	海军锚 2.5t 二只 2t 二只	5t 锚 6 只
	锤(最大)	蒸汽锤 6.5t	μH40，10tμH72B20t	D100 D80 液压锤

选择打桩船，应能满足施工要求，包括从吃水深度，船舶稳定，走锚可能性，锚缆布置能否打所有平面扭角桩，抗风浪性能，起吊能力，桩架高度以及施工进度等多方面因素：

(1) 打桩船的吃水深度，打桩船在最低潮位时，满载压仓水，在施工靠陆域最近的一排桩时，桩在龙口直立后应能吊离水面，而 $T+\Delta$ 尺寸（见图 12.1-1）应符合要求；若桩在龙口直立后不能吊离水面，可考虑 H_4（见图 12.1-1）是否符合要求。若水深不够，可考虑赶高潮位施工；若水深还不够，要考虑抽去压仓水后能否进行施工；若水深还是不够，则要考虑用挑龙口辅助打桩法进行施工。若上述各法都不行，可要求设计挖泥，若设计认为该处岸坡不宜再挖，则需按船上或采用陆上沉桩的方法。

(2) 根据打桩船的锚重，锚车的功力、型号，施工水域的流速，土质条件以及沉向，可能遇到的最大风力分析打桩船会不会发生走锚。若锚型、锚重任一方面不满足，一般应予调换。若锚车功率不满足，则可调换打桩船。

(3) 根据桩位设计图上桩平面扭角的布道变化，从两个方面来考虑打桩船能不能施工。①甲板上的锚车只数和锚车位置，通过合理布锚，以及板上可能进行的锚缆作业，应满足所有不同平面扭角桩的施工要求，否则就要改造，或换船。②在打各种平面扭角桩时，打桩架的操作下平台伸出船头的部分不得碰到已打好的桩。若利用潮差，仍不能避让，应进行改造或请设计考虑对桩位进行适当修改，否则就要换船。一般在布置前先按比例剪好一只打桩船，在桩位图上模拟施工，研究可能发生的各种问题，再选定合适的打桩船。

12.1.5.2 打桩机械设备的选择

打桩机械设备必须满足施工要求，包括桩架高度、吊桩钩的吊重、龙口、倾斜机构等。

(1) 打桩架的起吊能力取决于立桩过程中下吊点的小钩的起吊能力，因为在立桩进龙口的过程中到89°～90°时，下吊点的小钩在瞬间承担整个桩重的90～95%，因此在选择桩架时，要考虑小钩或下吊点的吊重能力。

(2) 在吊重允许情况下，桩架高度如图 12.1-1 所示：$L \leqslant H-H_1-H_2-H_3+H_4-\Delta$。如利用水深，当桩架高度在使用中已达极限，泥面的标高和打桩船的资料一定要准确，必要时对桩架要进行实测，若桩架不能满足要求，可以结合地质的情况考虑采用超顶起吊二次定位的辅助施工方法。

(3) 桩架的倾斜机构应满足打斜桩的设计要求，若不满足，又不能修改设计时，只能调换打桩架。

(4) 打桩船的外龙口原则上可打任何直径的桩，但必须结合锤的选用，锤与打桩船的龙口相吻合。打桩船的内龙口，对所打的桩是有限制的，只能施工比内龙口小 10cm 以内断面的桩，否则要修改桩的滑轨或换龙口的打桩架。

综上所述，选择打桩船，必须根据船体、打桩设备、水深、风浪等多种因素综合考虑来确定。

12.1.5.3 桩锤的选择

打桩锤按其动力分为自落锤、蒸汽锤、柴油锤和液压锤等几种。目前水上沉桩主要采用柴油锤。柴油锤按其冷却形式来分为水冷却、风冷却两种，其性能及选锤可参见表 12.1-2 及表 12.1-3。

水上常用柴油打桩锤性能　　表 12.1-2

锤型	桩锤技术参数						适用桩径(mm)	适用桩种类
	锤芯质量(t)	锤总质量(t)	常用冲程(m)	锤芯最大允许跳高(m)	每分钟锤击次数(击/min)	最大锤击能量		
MB70	7.2	21.8	1.8～2.3	2.5	42～60	176.6	500～600	混凝土桩、钢桩
MH72B	7.2	19.9	1.8～2.3	2.5	42～60	176.6	600～800	
MH80B	8.0	20.7	1.8～2.3	2.3	44～60	180.5	600～800	
D62	6.2	13.7	可调	3.5	35～50	219.0	600～800	
D80	8.0	19.18	可调	3.4	36～45	266.8	≥1000	
D100	10.0	23.17	可调	3.4	36～45	333.5	≥1000	
D125	12.5	20.4	可调	3.4	36～45	417.0	≥800	
D160	16.0	35.0	可调	3.4	36～45	533.0	≥800	
SC-150	11.0	19.5	可调			150.0	≥1000	钢桩
BSPHH30	30.0	55.0	0.2～1.2	1.2	27	333.5	≥1000	

在选锤时，一般先按桩的断面尺寸初定一种锤型，然后再考虑桩的入土深度，以及要穿过黏土层或砂层和桩尖进入何种土层；对穿过的砂层能否贯穿。若初定的锤达不到设计标高，则考虑调换大一级的锤，但应考虑桩身强度能否承受锤击应力以及拉应力过大而造成桩开裂。为贯穿砂层和进入持力层，必要时可采用其他辅助沉桩工艺。

大型工程的桩基，一般在设计前先进行一到二组试桩，设计人员对采用的打桩锤发出指令，但施工人员仍必须认真查阅土质资料和试桩时沉桩资料，分析所选桩锤的施工可靠性，同时要研究桩裂和打不到标高的可能性，指导施工的正常进行。

12.1.5.4 锤垫和衬垫的选择

图 12.1-2 所示，常用的替打的形式、锤垫是指替打顶部，锤下活塞所坐的部分，衬垫是指垫在桩顶上的部分。锤垫一般要经过几百根桩的施工后再行调换，采用的材料有硬木，废钢丝绳，废尼龙绳等。衬垫或称桩垫木，则是每施工一根桩，即要更换一次的。打桩时，衬垫的选择和锤击应力有很大的关系，几种衬垫与锤击压力应力关系的数据如表 12.1-4 所示，可作为选择桩垫的参考。

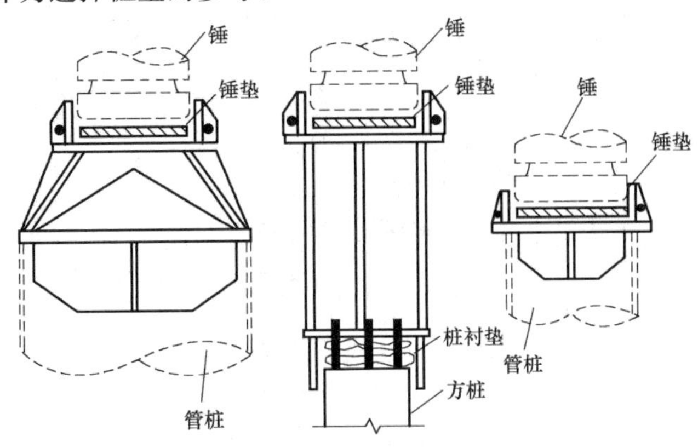

图 12.1-2 几种替打形式

选锤参考表

表 12.1-3

项目	常用锤型		柴油锤								液压锤	
			MB-70	MH-72B	MH-80B	D-62	D-80	D-100	D-125	D-160	SC150	BSP HH30
锤型资料	锤芯重(t)		7.2	7.2	8	6.2	8	10	12.5	16	11	30
	锤总重(t)		21.1	19.94	20.74	13.7	16.04	19.43	23.5	31.2	19.5	55
	常用冲程(m)		1.8～2.3	1.8～2.3	1.8～2.3	可调	2.8～3.2	2.8～3.2	可调	可调	可调	0.2～1.2
	最大锤击能量(kN·m)		180	216	220	210	272	340	417	533	150	354
与锤相应的桩截面尺寸(mm)	混凝土方桩		500～600			600	600	—	—	—	—	—
	预应力混凝土管桩		ϕ800～ϕ1000			ϕ800～ϕ1000	ϕ800～ϕ1200	ϕ800～ϕ1400	ϕ1200～ϕ1400	—	ϕ800～ϕ1200	—
	钢管桩		ϕ900～ϕ1200			ϕ900～ϕ1200	ϕ900～ϕ1200	ϕ900～ϕ1500	ϕ1200～ϕ1900	≥ϕ1400	ϕ900～ϕ1200	≥ϕ1500
锤击沉桩能力	桩身可贯穿硬土层深度(m)	硬黏土	10～15			7～10	10～15	10～20	10～20	10～20	10～15	10～20
		中密砂土	5～8			7～10	8～15	10～15	10～15	10～15	10～15	10～20
	桩端可打入硬土层深度(m)	密实砂土或砾砂	0.5～1.5			0.5～1.0	0.5～1.5	0.5～1.5	1.5～2.5	0.5～1.5	1.0～2.0	—
			(1.5～2.0)			(1.0～2.0)	(1.5～2.0)	(1.5～2.0)	(3.0～5.0)	(1.5～2.0)	(1.0～2.0)	—
		风化岩(N=50击左右)	0.5～1.5			0.5～1.0	0.5～1.5	0.5～1.5	无资料	无资料	(1.0～2.0)	—
			(1.5～3.0)			(1.0～2.0)	(1.5～3.0)	(1.5～3.0)	(无资料)	(3～5)	(1.0～2.0)	—
	所用锤可能达到的极限承载力(kN)		4000～7000			5000～7000	6000～10000	9000～17000	11000～21000	>15000	>9000	>13000
	最终10击的平均贯入度(mm/击)		5～10			5～10	5～10	5～10	5～10	5～10	5～10	—
			(3～5)			(3～5)	(3～5)	(5～10)	(5～10)	(5～10)	(5～10)	(5～10)

锤垫与锤击应力关系表 表 12.1-4

桩断面(cm)	桩垫种类	桩垫厚(cm)	落锤高(m)	最大锤击应力(kPa)	
				MB-70 锤	MB-45 锤
60×60 空心 ϕ33	松木垫	10	2.0～2.2	15000～18500	11000～13000
			2.2～2.5	16000～19500	11500～14000
			2.5～2.75	17000～20500	12000～14500
		5	2.0～2.2	16000～19000	13000～15500
			2.2～2.5	17500～21000	14000～16500
			2.5～2.75	18500～22500	14500～17500
		2	2.0～2.2	17000～21000	15000～18500
			2.2～2.5	18000～23000	16000～19500
			2.5～2.75	20000～24500	17000～20500
	纤维垫	2-4	2.0～2.2	18500～22500	16000～20000
			2.2～2.5	20000～24000	17500～21500
			2.5～2.75	21500～25500	18500～22500
50×50 空心 ϕ24	松木垫	10	2.0～2.2	19500～23500	13000～16000
			2.2～2.5	20500～24500	14000～18000
			2.5～2.75	22000～26000	15500～19500
		5	2.0～2.2	20000～24000	14000～18000
			2.2～2.5	21000～26000	15000～19000
			2.5～2.75	22500～27000	16000～20500
		2	2.0～2.2	21000～24500	16500～20000
			2.2～2.5	22000～26000	17500～21000
			2.5～2.75	24000～28000	18000～22000
	纤维垫	2-4	2.0～2.2	23000～26000	
			2.2～2.5	24000～28000	
			2.5～2.75	25000～30500	

表 12.1-4 中桩垫厚度指锤击后的厚度，MB-72 锤的打桩应力较 MB-70 锤大5%～5%。

表中用法举例说明：

某工程用断面 60cm×60cm 预应力混凝土桩，设计强度为 40000kPa，施工选用 MB-70 柴油锤、桩垫选用松木，桩垫厚 5cm，最大落锤高度为 2.4m，查表得最大锤击压应力约为 17500～21000kPa，为混凝土设计强度的 50%，故其打桩压应力不超过允许值，对桩身强度是安全的。施工时一般普通离心混凝土管桩的锤击压应力不大于桩身抗压强度的 60%，预应力混凝土桩的锤击压应力不大于桩身强度的 50%。

桩垫可以保护锤的冲击块和桩顶，还能够削减锤击应力的峰值而延长锤击力作用时间，从实测锤击力随时间变化曲线，可明显看出，新鲜的较厚的松木桩垫在锤击下，与经过锤击后较薄的松木桩垫相比，锤击应力的降值较低，而延续的时间较长，相应桩顶及桩内产生的锤击压应力也较小，因此，当遇到难打入的土层时，换用新的较厚的松木桩垫，往往效果良好。

不可用橡胶类作桩垫，要避免采用硬质纤维板，铁板类材料作桩垫，这样锤击压应力将提高很大，桩身易出现纵向裂缝，桩顶也易击坏，也可采用草麻绳，马粪绳、尼龙绳等桩垫。

一般预应力混凝土桩，桩顶均露出钢筋，松木制的桩垫可参照图 12.1-3，图中 AB 两边的尺寸，可比桩顶尺寸略小 3～5cm，另外，每个缺口可以是 5cm 边长的正方形。缺口

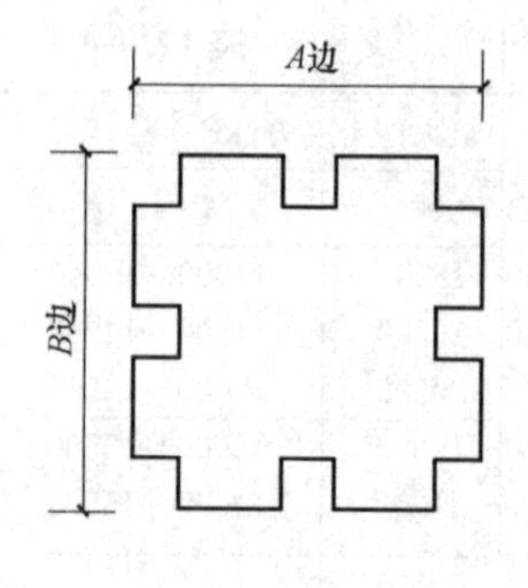

图 12.1-3 松木桩垫示意

部位让桩顶钢筋穿出并须留有余量，避免在锤击下，桩垫侧向挤压外露钢筋而损坏桩顶。

几种木垫材料的弹性模量如表 12.1-5。

几种木垫的割线弹性模量 **表 12.1-5**

垫层总类	E(MPa)
硬木锤垫	240～260
锤击后的松木垫	145～230
新松垫	100～145

根据国内外有关设计规范规定打桩锤击容许压应力为桩的静抗压强度的 65%，换算成立方体试块强度，打桩锤击后应力以 0.52R 为限。在选择和桩的同时，要设计好打桩的替打。替打须符合以下几个条件：(1) 满足锤反复施打的要求，由于它是焊接成型，为延长反复施打的时间，必须对替打进行热处理，消除焊接线应力。(2) 长度必须满足在高潮位时打斜桩，替打不宜出龙口二分之一，打直桩，替打不宜出龙口三分之一。(3) 对于桩顶留有伸出钢筋的桩，替打的中间隔板必须留孔并加厚；混凝土管桩的替打，中间要留出气孔。(4) 如图 12.1-2 也有锤垫采用小帽子形式的，可方便替换延长替打的使用期，但小帽子必须和锤挂在一起。在施工管桩时，则以加厚锤垫和经常替换锤垫来保证替打的使用寿命。采用柴油锤一般也不用小帽子。

12.1.6 桩的起吊、堆放、装船及水上运输

水工建筑物的基桩，一般是在固定的有专门设备的预制场地或预制厂制作，预制厂一般平面布局如图 12.1-4 所示。

预制厂的主要设施：混凝土搅拌楼，钢筋车间，木工及钢结构间，靠船码头，出桩码头，砂石料码头，制桩场地，堆桩场地，横移坑及横移车，试验站，变电所，办公楼，食堂，船舶调度室。

预制厂的主要机械设备：混凝土搅拌系统，起重及横移车，行车

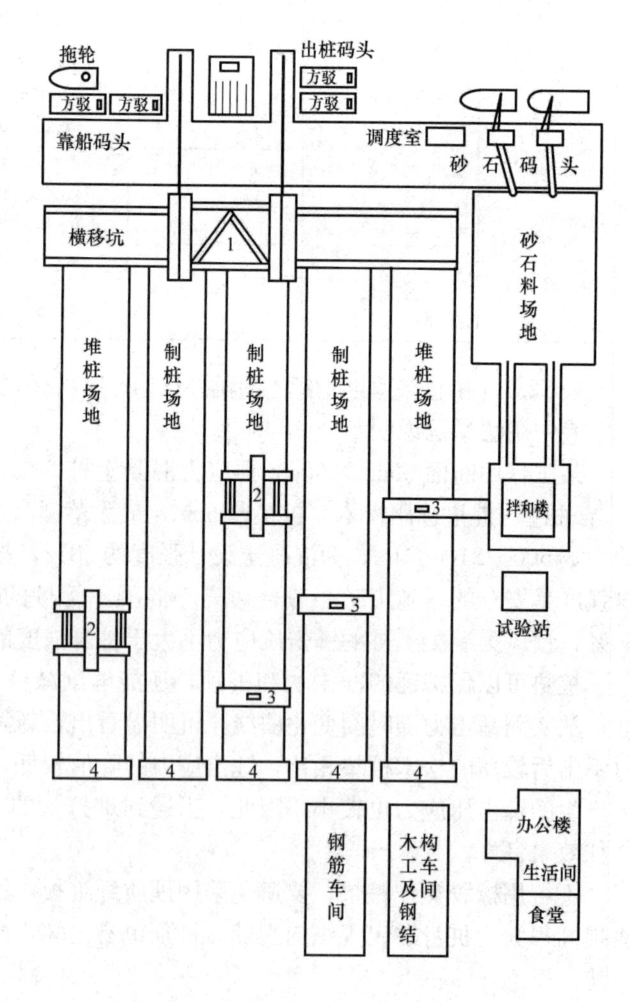

图 12.1-4 预制厂平面布置图
1—横移车；2—龙门吊；3—混凝土输送车；4—张拉设备

及龙门吊，混凝土输送车，预应力张拉设备等。

预制混凝土方桩的制造、起吊、堆放、运输工艺。流程如下：钢筋车间加工好的整根桩的钢筋笼，用行车吊出车间，接着用龙门吊吊起，再通过横移车转移到制桩场地，将钢筋放入已制好的桩模内，若采用胶囊作为空芯的，则先将胶囊放入细钢筋中，再吊入模板内。然后张拉预应力钢筋，对胶囊充气。接着将拌合的混凝土运到制桩场地进行浇筑，待强度达70%后，即将桩用龙门吊吊起，通过横移坑横移到堆场存放。最后装上驳船，按出厂计划出厂。为加快制桩周期，可对混凝土桩进行蒸养，预制厂还须备有较大功率的锅炉供气。

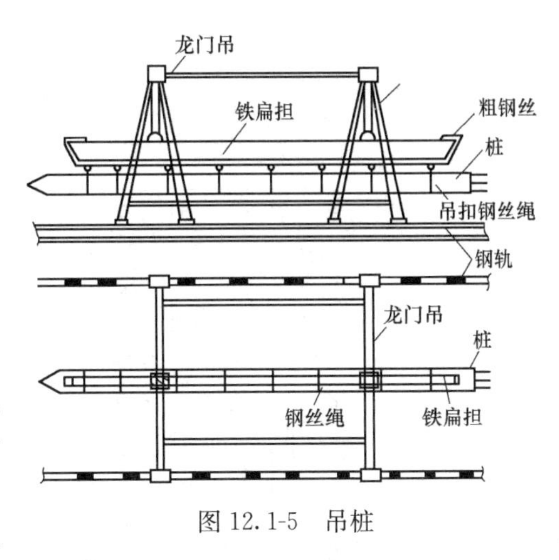

图 12.1-5 吊桩

吊桩龙门吊附有一根供吊桩用的长铁扁担，按其吊重能力悬挂粗钢丝绳，被吊运的桩用不小于ϕ22mm的钢丝扣挂在粗钢丝绳上，作水平吊运，这种龙门吊的起吊能力一般在60～160t，最大可达500t，有时可以3～4根桩同时排吊在铁扁担上吊运。如图12.1-5所示。

堆桩场地设计存载可堆放桩六层，堆放高度必须和龙门吊的净空高度相适应。

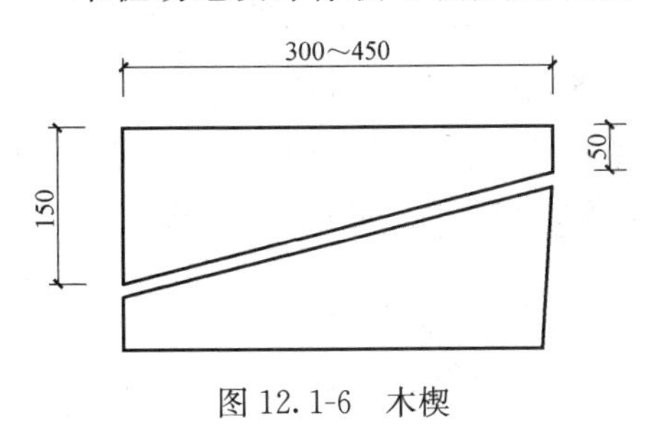

图 12.1-6 木楔

预制桩堆放时，要垫好木楔（如图12.1-6所示），木楔用硬木加工成三角形，支承点必须设置在吊桩点的下面，一般放回到八个，如图12.1-7所示。其位置偏差不超过±20cm，桩的两端悬臂长度不大于设计规定。多层堆桩时，上下支垫应在同一垂直面上。临时场地堆桩，则场地一定要整平、压实、避免不均匀的沉降。并不宜超过三层。若堆放在岸坡上须验算岸坡稳定。

运桩船均采用平板驳形式，载重吨位有300t、400t、600t、1000t、1500t、2000t，驳长在40m～80m，型宽在9m～16m，吃水深度在满载时为1.2～2.2m。甲板上一般配备四部锚车以及四只铁锚。两台为机动或电动，两台为手摇，每个锚重0.5～1.5t。一般平面布置如图12.1-8所示。

方驳上，备有硬木和木楔，供装桩时作垫木。方驳备有与其航行海区相符合的各种救生、救灾、信号、通信等设备，以及足够的防风缆绳和拖带缆绳。

方驳装桩时，先进入装桩码头的龙门档里，系好缆绳，装桩的龙门吊即按计划将桩从堆桩场地，通过横移坑，运到装桩码头装驳。在内河施工，方驳上堆桩与预制场内的堆放要求相同。并在各堆桩之间用木楔塞紧。

方驳上装桩的高度，视施工区域而不同，如表12.1-6所示。

在外海施工时，对装桩方驳必须进行抗风浪加固，如图12.1-9所示。加固的型钢支架，焊在方驳甲板上，各层有楔塞实，各层与加固的钢丝支撑间也要用木楔塞实，不得拖

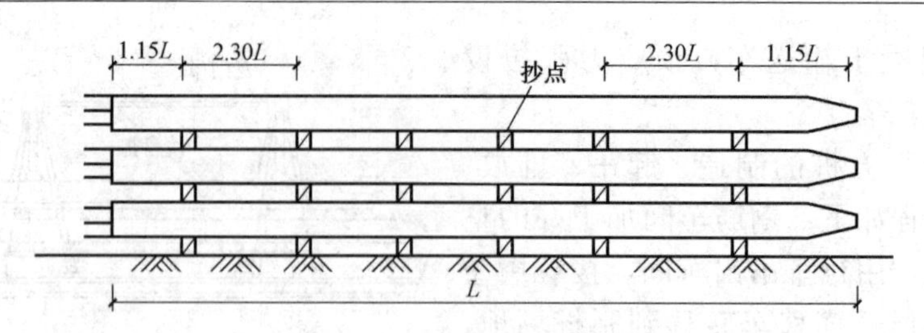

图 12.1-7 桩支点示意图

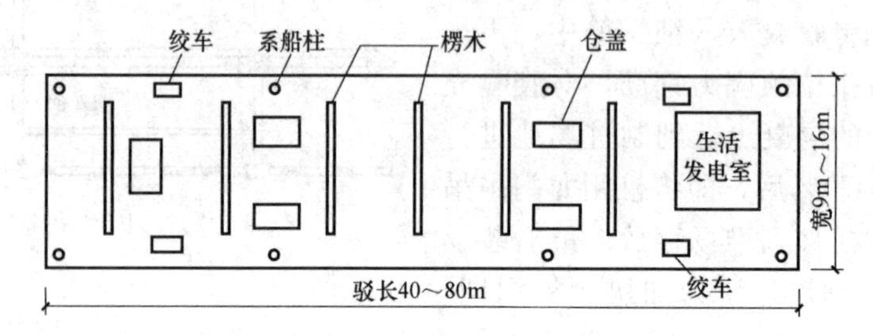

图 12.1-8 方驳上甲板设施示意

航中发生任何微小的位移引起桩身发裂。

方驳装桩高度要求 表 12.1-6

海域	层高	允许载重量	备注
内河内海	四层之内	80%载重	桩堆之间木楔塞紧
外海	三层之内	70%载重	要进行抗风浪加固

在圆桩施工中，方驳上的木楞头已不适用，必须采用钢型加工桩座，并焊牢在甲板上。作为第一层管桩的垫头，第二、第三层成宝塔型堆放，在海外作业时，也要进行加固，加固的方法是采用钢丝绳加紧器将桩捆死在桩座和系船柱上。如图 12.1-10 所示。

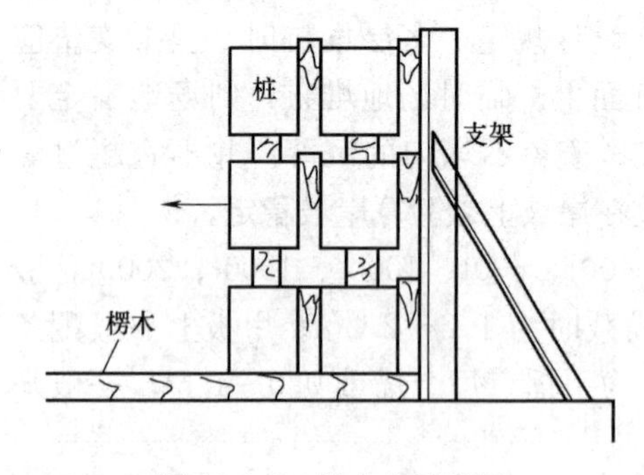

图 12.1-9 桩支点示意图

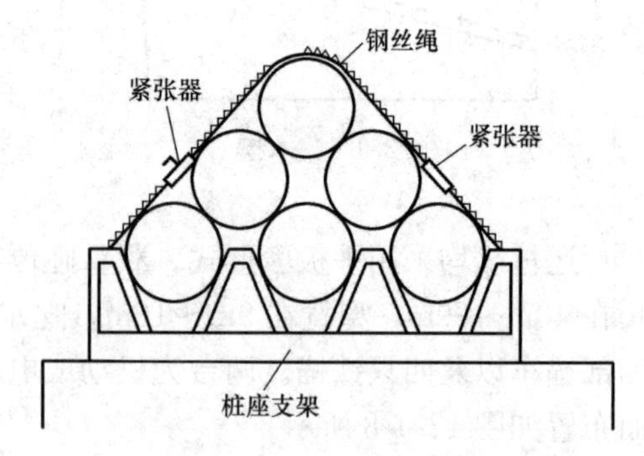

图 12.1-10 桩支点示意图

在方驳装运桩时，要着重注意到：(1) 装桩的顺序必须和现场施工时吊桩的顺序相吻合，即先打的桩放在上层，后打的桩放在下层以免水面翻桩，影响施工进度和安全。(2) 考虑到吊桩时要保护方驳的平衡，必须左右交叉吊桩。(3) 外海作业时，装桩方驳必须进行封仓作业。

方驳装桩在内河及拖运时，一般在风浪较小，距离较短，流速不大，航道较窄的情况下，可用绑拖作业法，如图 12.1-11 (*a*) 所示。此拖带方法的特点是：轮拖对拖带的方驳易于控制，拖轮和被拖船之间通信联络方便。

近海和外海作业时，由于风浪较大，可采用安拖带办法如图 12.1-11 (*b*) 所示。

这样就不致因风浪作用而造成两船间缆绳断裂，或无法控制的现象。为保证拖带安全，装桩方驳上必须备有机械操作的锚及拖带的龙须缆绳，拖轮要备有拖带用三角板和主拖缆绳，而且两船之间有畅通的无线通信，和其他辅助通信设备，在托带前，必须严格掌握天气情况，和潮汐的变化。一般在 6 级风以上就不宜拖带，但在海上拖带时，此种拖带方法能抗较大的风浪。

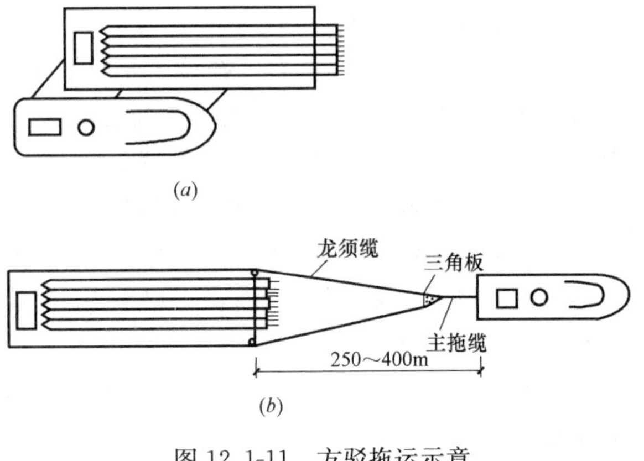

图 12.1-11 方驳拖运示意
(*a*) 绑拖运桩；(*b*) 出艄拖运桩

在外海施工时，拖带距离在 300 海里以上，对被拖船必须进行封仓加固，并通过船杆部门检查合格后，由航证部门进行签证，方可开航。拖运前召开拖航会议，对制定的拖带计划和航行安全措施及各项准备工作进行检查，由主管领导签收拖航令后启航，因此对外海的拖带作业，必须持慎重态度。

12.2 桩基水上施工准备

水上桩基施工前，先进行现场勘查，调查施工地区的气象，水文、风浪、地质等条件，熟悉图纸，并做好设计交底，在现场进行测量控制网点和水准点的交接，办妥验收手续。根据具体工程特点和条件编制施工组织设计，经审定后即可进行水上沉桩的准备。

12.2.1 水文、气象条件对桩基施工的影响

水上桩基施工受流速，水位，潮汐的影响较为严重。

(1) 当流速超过 2m/s 时，打桩船横向的平衡设施已不能满足要求，自备的锚重量不够，必须增加大锚，防止走锚。还必须加强查看并日夜值班，严防施工船舶走锚而撞断已打好的桩。在流速较大的水域施工，还要备有保驾拖轮，以备使用。拖轮的港作拖带作业也比较困难，特别是要避免顺流调头靠档，容易造成舵效差。必要时要适当加大拖轮的马力。当桩打好后，要及时将桩夹固，特别是斜桩，在流速作用下，易于倾斜，如桩顶位移过大，不但影响桩位，严重的可能造成断桩事故。

(2) 在水位落差较大的水域里施工，水位是控制施工期的重要条件，如长江下游偏中向上的地段，每年有枯水期和洪水期，岸坡稳定也较差，不易近岸挖泥，一般均抢在洪汛前期和后期施工，避免洪水和高峰流速过大，如果抓不住季节，工期就可能拖后一年。

(3) 在沿海、近海和河口港施工中，往往需要赶潮水打桩，潮差变化一般在 1.5～6.5m 的变化范围，施工中要设计合理的替打，保证在高低水位均能打桩。为了抢潮水，还要组织白天晚上二潮施工。因此，为保证测定位的明亮度，应配备足够照明设备，采用大的聚光探照灯，并有电源保证。

(4) 要掌握好气象变化，六级风以上，打桩船和方驳就不易拖带，混凝土方桩不能施

工。钢管桩的施工，允许风力可以适当加大。近海和外海，一般每日可作业天数不足50%，有时只能达到30%左右。在施工地区应备有合适的避风锚地，根据气象预报，精确掌握时间，在大风到来之前将施工船舶拖到安全地带。台风季节，水上沉桩作业应配备一艘大马力的拖轮以备急用，万一气象突异，有一定的安全可靠度。

12.2.2 水上桩基施工组织设计的基本内容

桩基水上施工的施工组织设计的主要内容如下：

(1) 工程概况，工程所在地区，规模和工程量；测量控制网点的平面布置及桩位平面布置图，开竣工日期。

(2) 施工地区的水文、地质、地形、水深、地貌、气象等自然条件，提出相应的技术安全行政措施。

(3) 设计桩位控制网点，桩位控制点，包括后视点方位角，及桩位控制图，并进行的转角计算，同时确定施工水准点。并提出现场测放桩位控制网点的方法和步骤。

(4) 按照桩长，桩位，水深，地质，桩型等条件，选择打桩船和打桩锤、桩垫。编制打桩顺序，编绘用驳顺序图。

(5) 对设计提出的挖泥图进行技术论证，提出挖泥计划，制定清除水下障碍物的技术方案和实施计划。

(6) 选择或设计打桩替打。并提出加工的进度计划。

(7) 劳动力组织、船舶使用，其他设备，测量仪器，材料机具等计划。

(8) 施工进度计划。

(9) 降低成本的措施计划。

(10) 施工安全措施计划。

(11) 控制质量措施。

(12) 资料积累要目。

12.2.3 施工水域探摸及障碍物的清理、水深地形复测

委托设计前，由建设单位先对施工水域进行探摸和清理障碍物，并将资料提供设计采用。但施工单位在开工前，还须进行复测，若发现仍有遗留物而又影响打桩，则必须再次进行清理。探测工作包括水深水域地形复测及水下障碍物的探摸。探测手段主要是用测探仪，测深水锤进行测探，潜水员进行探摸水下障碍物。对于岸边水边原有建筑物如驳岸、抛石、棱体、桩，要测出影响范围和深度，必要时进行钻孔取样，摸清结构厚度和其他性质。

体积不大的水下障碍物一般用挖泥船挖斗挖除。沉船时掉入泥里的铁锚，旧建筑物残骸，战争时留下的炮弹、木桩、钢桩、混凝土桩，防汛墙体，抛石棱体等。

局部影响进船施工的超高泥面，如大面积水深不够，采取挖泥处理，靠岸局部地方挖泥船无法施工，或局部地方超高，有条件的可趁低潮水时组织人工抢挖或用水力机械冲泥。

对混凝土结构的残余物，一般用风镐水下开挖，剥出钢筋后，进行水下切割，再分块吊出，对钢体沉船，先用高压水枪将泥冲去，进行水下切割，再分块吊出。必须配有专门设备和人员进行潜水作业。

对旧桩的处理，不管是木桩、钢桩，还是混凝土桩必须持慎重态度，首先精确测出桩

位；然后复查其与新结构桩的关系，如设计上已无法避让，则予以拔除，若不碰桩，则可采用水下爆破和切割的办法，将泥面以上的桩头清除，钢桩和木桩可以用振动锤上拔，辅以高压水枪水下冲泥。但混凝土桩须先冲泥，直至可以用较大的起重船来拔桩。若无法将桩拔起，又影响桩的施工，可会同设计作出修改，同时改变上部结构形式。

对水下抛石棱体的处理，若影响进船，则必须挖除或用潜水工水下搬走。若经钻探，抛石下游泥较厚，又不宜将抛石清除，可钻孔进行爆破挤泥作业，将抛石下沉到可以进船作业的标高。若抛石不影响进船作业，但桩位又在抛石棱体上，可用潜水工在水下清理出桩孔位置，然后用钢质冲头冲击透过棱体的桩洞，再插桩沉桩。钢冲头的直径比桩断面尺寸大20%～30%。潜水工清理的桩孔一定要适当扩大。若抛石棱体的厚度在4～5m的范围内，经计算，桩的锤击压强和可能出现的打桩拉应力在允许范围内。一般情况下，尖头桩，或钢桩，能穿透棱体和近岸的旧防汛墙及驳岸。

如资料载有该水域可能遗留下炮弹等易爆物品，则应用专门仪器进行探测，找到正确位置，潜水作业进行清理。

对不能确定的障碍物，可用二只机动小船拖一根长钢丝绳，将施工水域分块进行扫海作业如图12.2-1所示。当拉到障碍物后，潜水员下水摸清情况，以浮标标明位置，测定与沉桩位置的关系，再行拟定清除方案。

水深复测，对桩基施工至为重要，如复测得水深不够，挖泥质量不合要求，要重新挖泥或用其他方法处理。如岸坡过陡，超过规范，沉桩中可能产生滑坡，须采取与设计联系决定采用挖泥或其他特殊的施工措施。

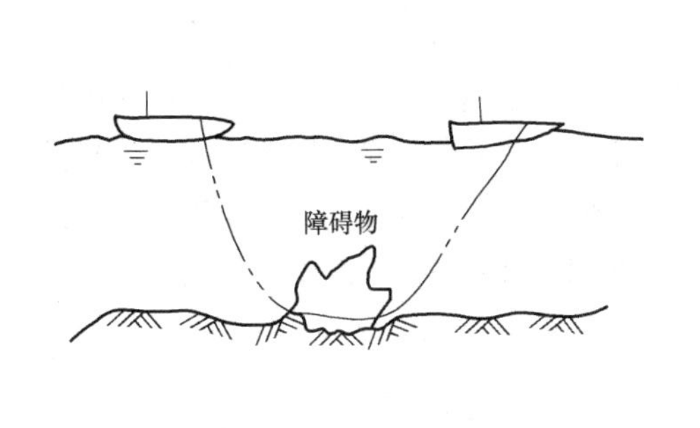

图12.2-1 用2艘机动船拖一根钢丝绳进行扫海作业

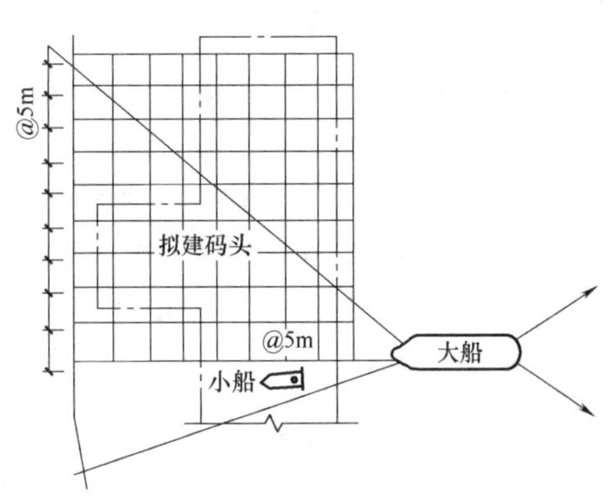

图12.2-2 小锤法测深示意

水深复测可用测深仪，一般采用水锤法测深，如图12.2-2所示，在岸上按5～10m距离，分好深量控制点，测量机动船抛八字锚，拉八字缆，再与陆上拉一根测绳。以小船或舢板板沿测绳每5～10m一档，以测深锤逐点测探同时记录潮位，再经内业计算，画出水深图。

12.2.4 申请抛锚证及施工许可证

在向当地航证部门申请抛锚证和协理施工许可证时，应具备如下文件和资料，开竣工日期；施工船舶作业平面布置图，抛锚图，锚长图，锚位；可能影响的水域范围；施工中对水域内其他船舶的航行要求等。

航证部门在接到申请后，要召开协调会，并拟定具体的安全措施，然后发出航行通告，并签发抛锚证和施工许可证。

12.2.5 水上桩基施工测量

施工前在设计提供的测量控制网基础上，按施工区域的地形，地貌特点，工程的实际情况，布置一条控制整个工程的测量基线；布置桩位控制点，选择桩位控制的前视和后视点，引测施工水准点；绘制桩位控制图；计算桩位控制交会角度等，并经验收后，投入使用。

（1）任何水工工程，必须设立两个以上的施工水准点，国家重点工程，必须要达到三级水准点的引测标准。在施工期间，对所有的水准点要及时进行复测和修正，其允许误差应控制在 $12\sqrt{R}$mm 之内（R 为施工水准点与国家一二级水准点之间的距离，以 km 计）。

（2）测量控制基线的测放

在勘察设计阶段，从国家和地区的测量控制网中引测工程测量控制网布置为一条导线或小三角网，以对整个建筑物的位置进行控制这些资料在甲方主持下向施工单位交接清楚，并办好手续。

沉桩工程的测量基线的布置要注意，必须和设计提供的控制网点闭合，能满足打桩和整个结构施工使用，国家重点工程的基线的测放精度，应与设计阶段的测量控制网的等级一致。

测量控制基线的制定，因桩位控制方法而不同，直角交会法要布置相互垂直的两条控制基线，任意角交会法则在沿岸边按地形情况布置一条导线。如图 12.2-3 所示。若采用直角交会法打桩，则每条基线的各基点必须在一条直线上，两条基线必须垂直。当控制基线的基点制作好后，即可对各基点的坐标位置进行测定。基本方法是用经纬仪在设计提供的控制网点上交会出各测量基点的夹角，用激光测距仪打出各控制网点到各基点的距离，通过内业计算，求出测量基线控制点与设计工程控制点的关系。一般水工建筑物，设计除定出纵轴，横轴外，还定出外沿转角的坐标位置。在施工中，为便于定桩位控制点和计算桩位控制转角，均把国家和地方的坐标系统转换成由建筑物纵横轴为垂直坐标来进行操作，作为施工坐标。

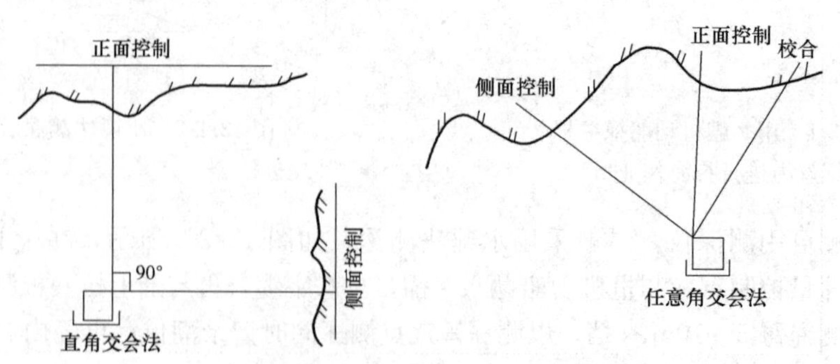

图 12.2-3 打桩定位方法示意图

测量控制基线各基点的方向允许角误差应小于等于 12″，基线长度的允许误差值控制在 1/5000 之内。

采用直角交会法打桩，桩位控制点以放在测量基线上为方便，前视点也放在基线的同一直线上，任意角交会法打桩，其桩位控制点除使用控制基线的基点外，可从基线上再外引几条支线点，前视点的选择，可将控制基线的基点相互作为前视，也可以在周围建筑物上设置一二个固定点作前视，便于计算控制转角和操作。

控制沉桩精度，桩位控制点与基线控制点的距离误差控制在 1/2000 之内，且不允许大于 5m。

例如，一个沿岸短引桥码头，采用直角交会法，设计提供了 $\alpha_1\alpha_2\alpha_3$ 三个控制网点的坐标，并定出了码头二转角 A、B，和引桥中心点 CD 的坐标，如图 12.2-4 所示。

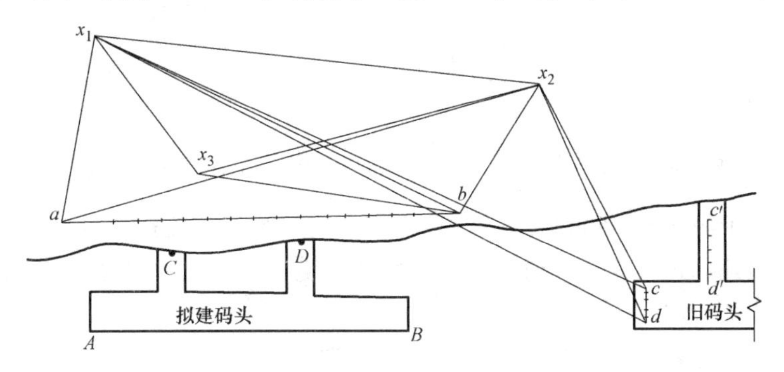

图 12.2-4 直角交会放线示意图

经现场踏勘，上游有已建码头，其外沿线与新建码头基本吻合。现将侧面控制基线设在已建码头上，正面基线设在陆上。

通过内业作图和计算，求出 $abcd$ 四点的交会角，和 ab、cd 二基线之长度。按算出的交会角，利用 $\alpha_1\alpha_2\alpha_3$ 三点交会出 ab 的位置，并埋设基线点，待混凝土强度达到强度等级要求后，再精确测定 ab 二点，打上钢冲眼，并用油漆作上标志，同样方法，定出 cd 二点。并用经纬仪校核 ab、cd 二直线的垂直度。同时在 ab、cd 二直线上定出前视点 E、F 校定好 $abcd$ 四点与 $\alpha_1\alpha_2\alpha_3$ 闭合关系。然后在已建码头的引桥上补设 $c'd'$ 基线，平行于 CD，垂直于 ab。

码头有 14 个排架，和五列桩位。通过内业的计算，求出第一排架，第 14 排架在 ab 直线上的 1，14 二点的坐标和交会角，同样求出第 1 列，第 5 列桩的在 cd 直线的 1，5 二点的坐标和交会角，运用 $\alpha_1\alpha_2\alpha_3$ 交会出 1，14 排架点和 1，5 系列点，同时用 ab、cd 二直线进行交会校核，接着经纬仪架在 a 点或 $bx=L\cdot\tan2$，L 点上，用拉尺法可放出 1 到 14 的各排架桩位控制点，仪器架在 d 点或 c 点上放出 1 到 5 系列的桩位控制点。

通过内业计算，平面扭角桩的正面控制点距离排架桩的距离 $x=L\cdot\tan2$，L 是已知斜桩中心到正面基线的距离，如图 12.2-5 所示，同样原理，也可放出侧面控制点的位置。

又例，一个长引桥码头，采用任意交会法打桩，如图 12.2-6 所示，经实地踏勘后在设计的控制网或导线上，按地形情况设计一条基线 $Z_0-Z_1-Z_2-Z_3-Z_4-Z_5$。把码头所有桩分几个组合，每个组合的交会角控制在 60°～120°之间，如图 12.2-6 所示。在引桥靠岸部分用 $Z_0Z_1Z_4$ 组合，引桥中后部用 $Z_1Z_2Z_4$，若由于平面扭角造成 Z_4 不能通视，可补充 $Z_0Z_1Z_2$ 组合码头部分采用 $Z_1Z_3Z_5$ 组合等。为了计算方便，将于地形和桩位平面扭角的方向等原因，可能有的组合需要调整，直到最佳组合为止。

12.2.6 施工警戒区的确定和安全防护措施

水上桩基施工期间，除打桩船，方驳均悬挂抛锚球和慢速指示旗，在内河施工时，一

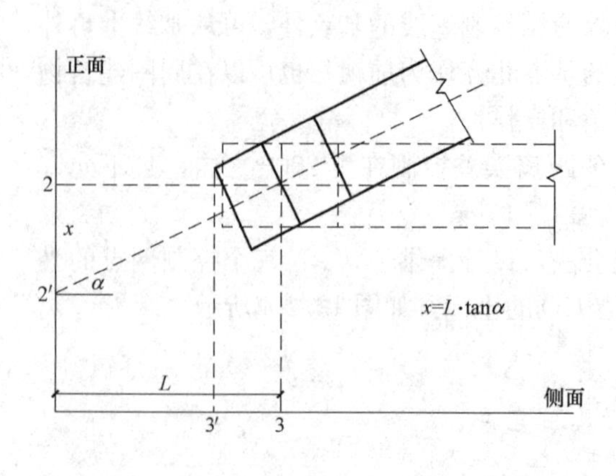

图 12.2-5 第二排架、第三系列斜桩测点测放

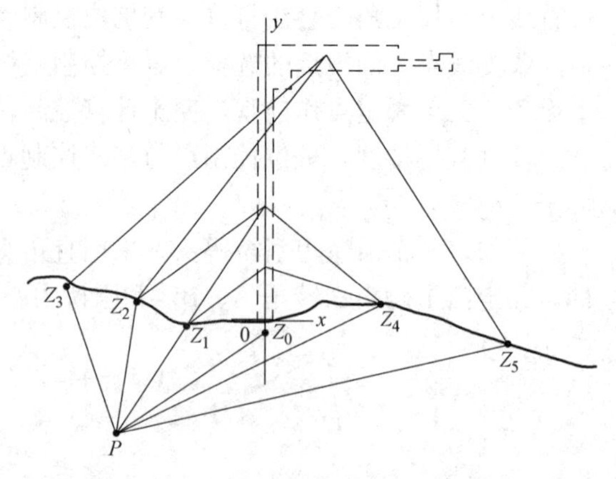

图 12.2-6 任意角交会法打桩测量控制点布置

般在施工水域上下游350～500m处设置警戒船，挂起监督和慢速指标，并配有高音喇叭指挥过往船舶慢速通过，并主动避让施工船舶的锚缆。施工前，在锚位上设浮标，指示锚位和缆绳的位置和方向。

12.2.7 锚缆平面布置

锚缆平面布置图在施工组织设计中应明确并在申报抛锚证时交航证部门审核。

在航道较宽，水域较大的地区施工，当码头引桥较短时，在陆上均设地笼，打桩船的前八字缆及前穿心缆带在地笼上，如图12.2-7所示。在水域里再抛二只八字后锚，和一根后穿心缆。地笼构造及深度，其抗拉力，一般为锚车绞拉力的1.5～2倍，陆上地笼的位置应综合考虑锚缆长短，锚车位置、桩位、平面扭角及施工中锚缆的变化情况。一般带好一次缆绳，可施工30～50m，若平面扭角桩较少，还可适当扩大。

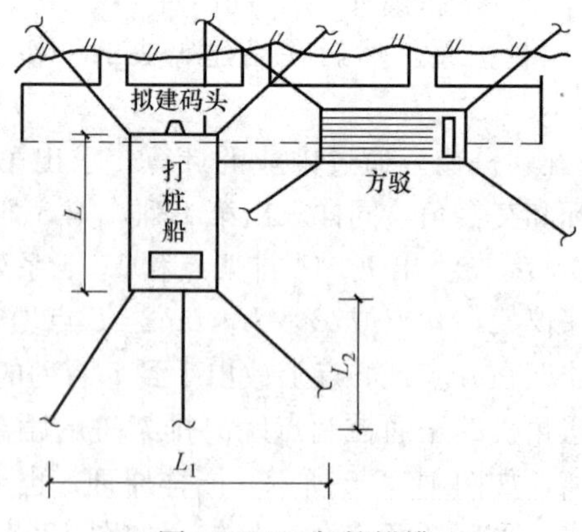

图 12.2-7 打桩锚缆

在通航许可下。一般淤泥质土，锚缆长度取3～4个船长，后穿心缆取2.5～3个船长也能满足施工要求。一般情况下，后八字锚的抛设角度与船尾成45°角，抛一次锚，可打50m左右范围的桩。

若受水域及通航限制，在减少后锚缆的长度时必须增加锚的重量。也可用素混凝土预制块，或称锚锤子的，抛设在锚位上进行施工，一般锚锤子均要在20t以上，并设置一定长度的铁链再配以钢丝绳和足够浮漂起来的浮桶，施工时可直接将缆绳带在浮桶的吊点上。若该地区为砂层面，必要时要挖坑埋设，预先将锚锤埋设好。锚锤子上必须先系一段铁链，以防止浮桶打转而将钢丝绳松开。浮桶所带钢丝绳的长度，还必须考虑到流速的大小略有富余，在急涨落潮时，浮桶可能沉入水中。浮桶的浮力也必须留有余量。

几种施工船舶锚位布置如下，附近不超过 150m 处有旧码头可加以利用，如图 12.2-8 所示。

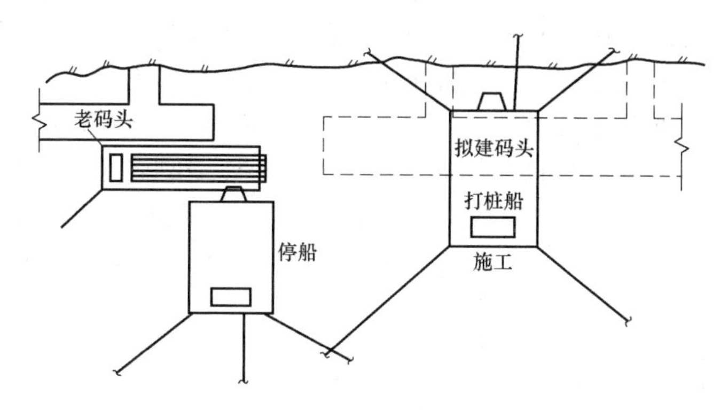

图 12.2-8 利用老码头布置锚缆

方驳靠在老码头上，停工时，打桩船靠在方驳上，不仅靠舶方便，船员上下也方便。

无老码头可利用的顺岸码头，如图 12.2-9 所示。

在开阔水域中施工，如施工长引桥码头和独立建筑物时，必须设置一只捞锚船，要考虑到流速和几只船靠在一起后捞锚船的锚力。因此捞锚船必须设置两只大锚，并须配备交通船。

由于桩位布置平面扭角复杂，而且扭角较大，有时必须采取全方位抛锚方法，如图 12.2-10 所示。

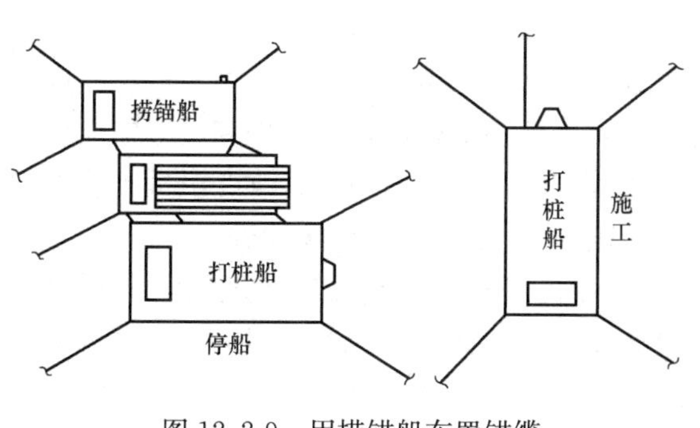

图 12.2-9 用捞锚船布置锚缆

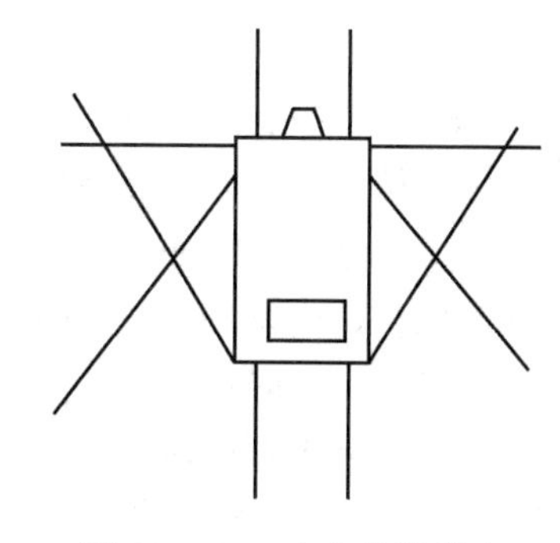

图 12.2-10 全方位抛锚法

12.3 锤击法水上沉桩

目前水上桩基施工中，以锤击法沉桩为主要手段。由于设计、科研和施工工艺的不断发展和更新，沉桩的技术和设备也日趋完善和现代化。现有施工能力吊桩重达 80t，可直接打 80m 长的桩，斜桩的最大斜度可达 45°。

12.3.1 概述

锤击沉桩主要是利用柴油锤、液压锤、气动锤等将桩打入持力层，是目前使用最多的沉桩方式，其中，又以柴油锤为最。20世纪四五十年代以自落锤、蒸汽锤为主，那时锤击能量都很小，因此，桩的直径、长度、承载力均很小，但随着建筑规模、建筑技术和机械制造业的不断发展，锤的能量也不断增大，60年代开始使用锤芯质量为4.0t的40系列柴油锤，70年代初我国少量大的建筑企业开始引进70系列柴油锤，使上海松浦大桥主桥墩的ϕ1200mm钢管桩沉桩施工得以顺利进行，它开创了我国铁路特大桥主墩使用打入桩之先河，其工期只有传统灌注桩的三分之一，是一种投资省、工期短、质量好的施工方法。此后，打入桩在桥梁基础的运用逐步推广。目前80系列、100系列以及更大型的柴油锤正被普遍使用，解决了许多重大工程的施工难题。但柴油锤排出的油污废气污染四周的环境，锤击噪声、振动和挤土也较大，使用上受到一定的限制，特别是在人口密集地区。

气动锤主要利用蒸汽或压缩空气作为动力，它需要配备大型锅炉或空压机，机动性差，目前较少使用。

液压锤克服了柴油锤的废气污染问题，是一种比较好的替代设备，它可以在陆上和水中使用，但目前基本上用于打直桩，由于一些具体的技术问题，对斜桩施工的适用性较差。

锤击沉桩已成功地用于上海金茂大厦基桩施工，金茂大厦总建筑高度420.5m、桩基为ϕ914.4×20mm，钢管桩入土深度为82.5m；上海环球金融中心，总建筑高度492m，桩基为ϕ700×18mm，钢管桩入土也为82.5m。这些工程就是利用柴油锤和液压锤共用完成的。水上单桩长已达80m，最大直径钢管桩达ϕ2800mm，已在宝钢马迹山矿石中转码头等多个工程上运用，ϕ1200mm的预应力高强混凝土管桩在工程使用中已超万根，ϕ1400mm钢筋混凝土大管桩也正在多个工程中运用。根据目前我国已有设备，锤击沉桩的桩径、长度等仍有较大的发展空间，对摩擦桩、端承摩擦桩、端承桩等都有较好的适应性。

锤击沉桩控制应根据地质条件、设计承载力、锤型、锤击能量，桩型、桩长、桩的材质等因素综合考虑，既要达到设计承载力，又要保证在沉桩的过程中桩和锤不要损坏，这三者是一个矛盾的统一体，必须兼顾。如无法兼顾时，可采取换锤、改变沉桩工艺（为水冲锤击沉桩、中掘法等）、换桩，或修改设计承载力，以便使工程顺利进行。

各种锤出厂时都对最小贯入度和连续锤击数提出要求，超过这些规定，会使锤体受损。如上海某工程沉钢桩，由于锤击贯入度较小，最后平均贯入度在1mm左右，结果使一个D125的新锤在沉20多根桩后锤芯裂缝而损坏。

对于混凝土桩应严格按照桩的设计参数如混凝土强度等级，预应力值以及桩型、桩长等技术参数按有关规定选锤，防止小锤沉大桩或大锤沉小桩，控制总锤击数1000击左右，即使预应力大管桩等也不宜超过2000击。最后一阵10击的平均贯入度控制在5～10mm/击。

设计桩端土层为一般黏性土时，应以标高控制。设计桩端土层为砾石，密实砂层和风化岩层时，应以贯入度控制。当贯入度已达到控制标准时，而桩端未达到设计标高时，应继续锤击贯入100mm或锤击30～50击。其平均贯入度不应大于控制贯入度，且桩端距设计标高不宜超过1～3m。如超过上述规定由有关单位研究解决。

对于H型钢桩，因断面刚度较小，为防止失稳，柴油锤宜选用4.5t级以下，并在桩架前增加横向约束装置。

对于钢管桩、混凝土管桩（PHC桩、预应力大管桩等）锤击沉桩有困难时，可采取内冲内排水冲锤击沉桩或桩中取土锤击沉桩。

12.3.2 锤击法水上沉桩施工顺序及工艺

水上沉桩实施阶段的施工顺序如下：

打桩船进场→水陆施工人员安全技术交底，规定通信方法、配合事项及技术安全质量要求→打桩船抛锚就位→长桩方驳进场抛锚就位→吊桩、插桩、沉桩→不间断调换方驳供桩及打桩→施工结束，撤出方驳，打桩船起锚转移。

单根桩的沉桩工艺流程如下：

发动打桩船主机→打桩船向装桩方驳移船→同时提升打桩锤和替打，俯打桩架及下放大小钩→打桩船向长桩方驳下落吊钩→捆绑吊索→水平起吊桩，超过船楼后，向沉桩区移船→移船中竖直架子，同时放下小钩起大钩，将桩立起→在测量人员配合下桩船初定位→打开抱桩器，桩进龙口，并套好背板→向桩顶套打桩替打→解下吊索（小钩）同时解开替打和桩锤的挂钩扣→在测量人员配合下进行精定位→插桩，在入土2～3m时暂停，进一步校核桩位→继续沉桩，同时可进行5cm之内的小量的桩位校正，直到桩自重下沉结束→压锤，使桩继续下沉，直至停止，→解开上吊索（大钩扣）和抱桩器，背板等→下老母扣（开锤起落架）→开锤打桩→记录锤击过程→控制标高停锤（由陆上测量人员向船上发指令）→沉桩完毕→将替打挂在锤上→起吊锤和替打→退船移船到方驳上吊下一根桩，继续施工。

12.3.3 水上沉桩施工水位的确定

如图12.1-1所示，施工水位H_4的确定和桩长桩架高度、水深、波高、船的吃水、施工水域的泥面富余量等条件有关。在立桩后，桩类与泥面间应有富余量，并确保替打能带到桩头上及吊替打的滑车有一定的安全富余量。一般规定内河施工时，允许波高$H_a<$ 50cm，安全富余量$\Delta\geqslant$20cm。外海允许波高和安全富余量均应略有增加。替打滑车组（吊桩锤的滑车组）的安全富余量H_3控制在滑车组H_2的2～3倍，一般均应有起高限位器。

12.3.4 水上沉桩桩位控制

水上沉桩的桩位控制有直角坐标交会法和坐标方位角交会法两种，也称直角交会法和任意角交会法。

1. 直角交会法

正面基线控制桩的纵向（排架间）偏位，侧面基线控制桩的横向（系列间）偏位，操作时两台经纬仪和一台控制打桩标高的水准仪配合施工。

（1）直角定位，如图12.3-1所示。须在桩的向外的平面上用墨汁弹一条中心线，并沿桩长上用墨笔划出尺寸，在最后的3～4m处每10cm划出尺寸。正面仪器放在排架中心点A上，操作时仪器看准前视，转90°找准桩之中心线。侧面仪器放在B'上，B'和系列中心点B差半个桩断面。S在测放基线时已确定，即B点到正面基线的距离，$B'=(S-b/2)$，侧面仪器看前视转90°看桩之外边线或桩的外平面。同时如图12.3-1所示，测量工放好花杆点3，在打桩船站龙口的测量工指挥打桩船移动船身，当1，2，3三根花杆点成一直线时，即桩的平面角度正确。当A，B'，花杆点三方面均已满足桩位即确定，可下沉桩作业。

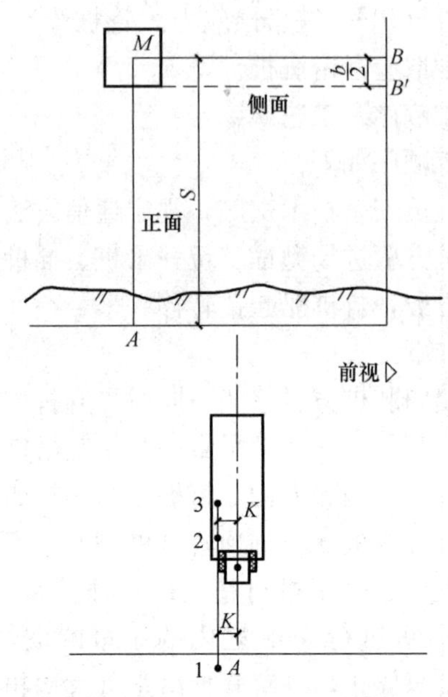

图12.3-1 直角交会打桩定位

（2）斜桩定位，斜桩的倾斜程度可用角度或坡度来表示，倾斜角度是指桩的轴向与垂直向的夹角，用β来表示，斜桩的坡度用$n:1$来表示，即斜桩的轴线在垂直方向的投影n和水平方向的投影1的比值，如3∶1，4∶1，5∶1等。两者关系为$\tan\beta=\frac{1}{n}$。斜桩按打桩架的倾斜方向分仰打桩，俯打桩二种，一般情况下，均先仰打，再俯打。为了防止斜桩与其他桩在泥面以下相碰，和承受不同方向的水平力，在平面上有一定的扭转，称平面扭角。防止在泥面下碰桩，可用立面作图复查，桩身方向交叉处，最小距离不能小于桩断面的二分之一。斜桩的平面扭角用α来表示，如图12.3-2（*a*）所示。由于斜桩有一个倾斜坡度和平面扭角，桩倾斜后，桩断面的水平切面或称水面投影成为长方形，圆桩成为椭圆形。桩的标高设计在低角，如图12.3-2（*b*）所示，仰打桩控制在b点，俯打点控制在a点。由于桩在平面上有扭角，侧面仪器控制在桩之外角即在o'点上，而不是一个面或一条线。

① 设有平面扭角的斜桩控制定位，如图12.3-2（*c*）所示，正面仪器控制之中心线，侧面仪器控制在B'上，由于有坡度$l_0>b/2$，则$l_0=\frac{b}{2}\left(\sqrt{\frac{n^2+1}{n}}\right)$，$B'$点的位置$B'=L-l_0$。花杆点的控制与直桩控制相同。

② 有平面扭角的斜桩的控制定位，正面仪器放在A'上，$AA'=L\tan\alpha$，从A点拉尺定位A'点，侧面仪器放在B'点上，如图12.3-3（*a*）所示。由于桩有坡度，又有平面扭角，l_0及S应按下式计算，

$$l=l_0=\frac{b}{2}\left(\frac{\sqrt{n^2+1}}{n}\cos\alpha+\sin\alpha\right) \tag{12.3.1}$$

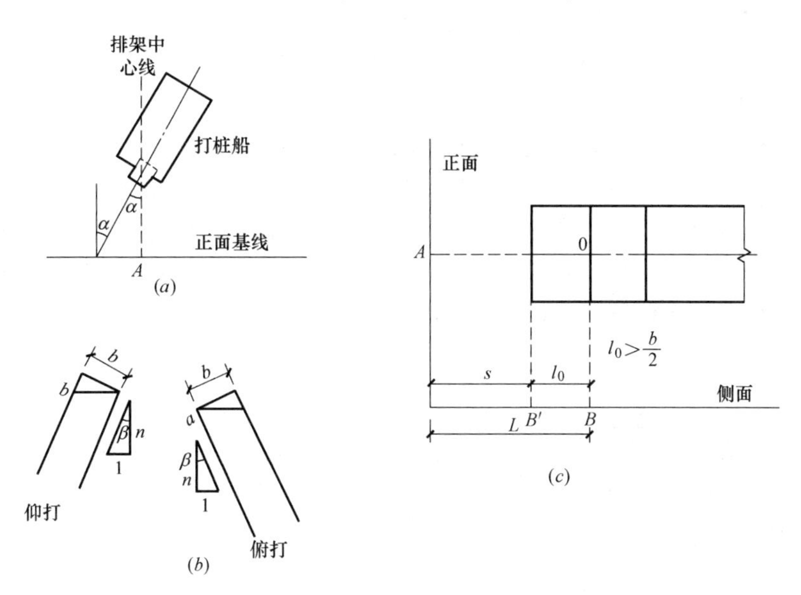

图 12.3-2 斜桩定位

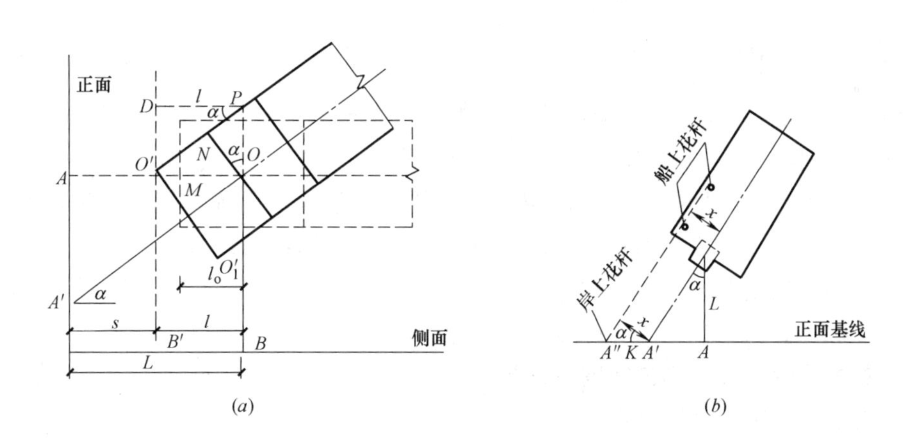

图 12.3-3 有平面扭角的斜桩控制定位

图中 L 在测放基线和测放桩位点时已确定，

$$S=L-l_0=L-\frac{b}{2}\left(\frac{\sqrt{n^2+1}}{n}\cos\alpha+\sin\alpha\right) \tag{12.3.2}$$

花杆点的确定，打桩船上的 x 已确定，如图 12.3-3（b）所示。$K=x\,\frac{1}{\cos\alpha}=A'A''$定位时，$A'$点仪器控制桩的中心线，$B'$点的仪器控制 O' 即桩的外角，量出 K，定出花杆点 3 的位置。当同时满足即可沉桩。

当打桩船初定位后，控制打桩标高的水准仪要指挥两台经纬仪，设计的桩顶标高较低时在计算桩位点时，将桩顶的控制标高提高计算以便于现场操作。如图 12.3-4 所示，若

提高 h 来控制测量，则 $L=L_1-h\dfrac{1}{n}$，L_1为设计标高处桩位中心点到正面基线的距离。由于低潮位时均能施工。在计算斜桩的桩位控制点时，要预先确定提高量 h，然后计算出 L 和 l_0。在侧面控制系列桩位 B 点上，拉尺定出 B'点来。

2. 任意角交会法

任意交会法打桩，采用经纬仪同时控制桩位，其中一台仪器作为校核台，一台水准仪控制桩顶标高。打方桩定位时，各台仪器均控制桩的外角，管桩切在切点上。在控制斜桩和又有平面扭角的桩时，均应计算出各控制外角点的坐标，定位时三台仪器同时切在各自所控之点上，（如图 12.3-5 所示），可定位下桩。打斜桩时在初定位后，即测标高，找到共同控制面，然后三台仪器各自控制所对应的角点，定位下桩。

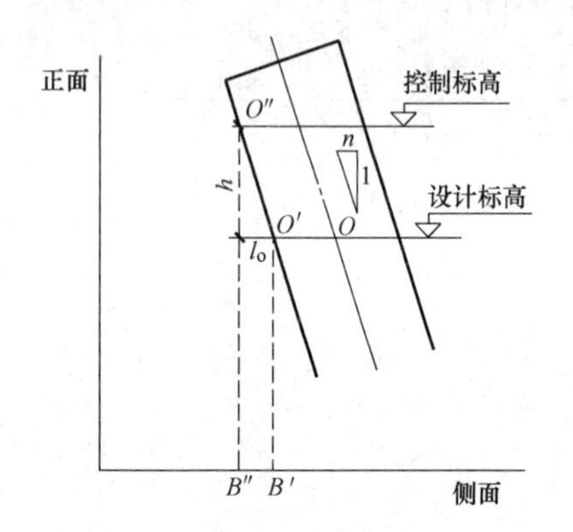

图 12.3-4　提高标高控制斜桩定位

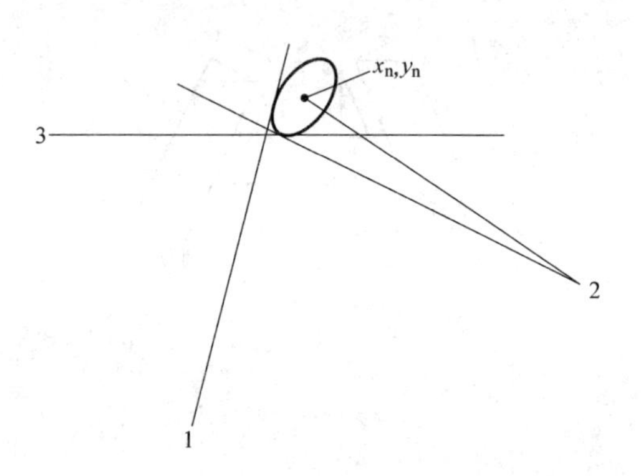

图 12.3-5　任意角交会原桩定位控制

任意角交会法打桩所选用之前视点，到测量控制点的距离不能小于测量控制点到水上桩位点的距一般有二到三倍即能满足施工精度要求。

实际作业时，当测量控制点，前视点，和各桩的角点坐标确定后，编制好的计算程序，运用微机，可以很快拿到对各桩位控制的各台仪器的转角数据。

在选择测量控制点时，要严格掌握。各台仪器对桩位的交会角，必须控制在 60°～120°之间。角度小于 45°以下，在控制时，桩位角向外移，造成偏位。

12.3.5　锤击法水上沉桩施工管理及记录

水上沉桩工程施工管理要点如下：

踏勘现场了解第一性资料，掌握施工地区的水文、地质、气象等资料。复测工程范围内的水深。

（1）严格执行和实施施工组织设计，贯彻各项技术安全措施。

（2）严格按图施工，遵守各项施工验收技术标准和规范、规程。

（3）安排每天工作进度，掌握气象、水文和地质条件的情况，联系好长桩方驳的进出和供应速率。

（4）严格监督每根桩定位下桩的正确性，和整个锤击过程的正常与否。如有异常，即须进行处理。

（5）每天做好打桩记录和施工日志，及时召开安全质量分析会，提高沉桩质量。

（6）整理竣工资料和组织交工验收工作。施工中对设计修改及打桩中发生的安全质量问题要记录清楚，特别是发生断桩和严重偏位的重大问题要及时报告和研究处理。在岸坡有稳定问题的区域施工，还要做好监控工作。

打桩记录见表 12.3-1。

沉桩、定位记录表 **表 12.3-1**

<table>
<tr><td colspan="2">工程名称</td><td colspan="2"></td><td colspan="2">沉桩日期</td><td></td><td colspan="2">船名及规格</td><td></td><td colspan="2">沉桩小组</td><td></td></tr>
<tr><td colspan="2">基桩部位</td><td colspan="2"></td><td colspan="2">天气</td><td></td><td colspan="2">桩锤型号</td><td></td><td colspan="2">测量小组</td><td></td></tr>
<tr><td rowspan="3">基桩参数</td><td>材料</td><td></td><td rowspan="2">阵次顺序</td><td rowspan="2">每阵锤击数</td><td rowspan="2">桩身读尺数</td><td rowspan="2">入土深度</td><td rowspan="2">平均贯入度</td><td rowspan="2">阵次顺序</td><td rowspan="2">每阵锤击数</td><td rowspan="2">桩身读尺数</td><td rowspan="2">入土深度</td><td rowspan="2">平均贯入度</td></tr>
<tr><td>规格</td><td></td></tr>
<tr><td>制桩日期</td><td></td><td>1</td><td></td><td></td><td></td><td></td><td>26</td><td></td><td></td><td></td><td></td></tr>
<tr><td rowspan="3">工时作期</td><td>开始锤击</td><td></td><td>2</td><td></td><td></td><td></td><td></td><td>27</td><td></td><td></td><td></td><td></td></tr>
<tr><td>停止锤击</td><td></td><td>3</td><td></td><td></td><td></td><td></td><td>28</td><td></td><td></td><td></td><td></td></tr>
<tr><td>小计</td><td></td><td>4</td><td></td><td></td><td></td><td></td><td>29</td><td></td><td></td><td></td><td></td></tr>
<tr><td rowspan="2">编号</td><td>沉桩</td><td></td><td>5</td><td></td><td></td><td></td><td></td><td>30</td><td></td><td></td><td></td><td></td></tr>
<tr><td>设计</td><td></td><td>6</td><td></td><td></td><td></td><td></td><td>31</td><td></td><td></td><td></td><td></td></tr>
<tr><td rowspan="2">桩斜身度</td><td>设计</td><td></td><td>7</td><td></td><td></td><td></td><td></td><td>32</td><td></td><td></td><td></td><td></td></tr>
<tr><td>竣工</td><td></td><td>8</td><td></td><td></td><td></td><td></td><td>33</td><td></td><td></td><td></td><td></td></tr>
<tr><td colspan="2">水准点高程</td><td></td><td>9</td><td></td><td></td><td></td><td></td><td>34</td><td></td><td></td><td></td><td></td></tr>
<tr><td colspan="2">后视读数</td><td></td><td>10</td><td></td><td></td><td></td><td></td><td>35</td><td></td><td></td><td></td><td></td></tr>
<tr><td colspan="2">仪器高程</td><td></td><td>11</td><td></td><td></td><td></td><td></td><td>36</td><td></td><td></td><td></td><td></td></tr>
<tr><td colspan="2">替打长度</td><td></td><td>12</td><td></td><td></td><td></td><td></td><td>37</td><td></td><td></td><td></td><td></td></tr>
<tr><td colspan="2">垫层厚度</td><td></td><td>13</td><td></td><td></td><td></td><td></td><td>38</td><td></td><td></td><td></td><td></td></tr>
<tr><td colspan="2">垫层材料</td><td></td><td>14</td><td></td><td></td><td></td><td></td><td>39</td><td></td><td></td><td></td><td></td></tr>
<tr><td rowspan="2">最后停锤读尺数</td><td>理论</td><td></td><td>15</td><td></td><td></td><td></td><td></td><td>40</td><td></td><td></td><td></td><td></td></tr>
<tr><td>实际</td><td></td><td>16</td><td></td><td></td><td></td><td></td><td>41</td><td></td><td></td><td></td><td></td></tr>
<tr><td colspan="2">稳桩读数</td><td></td><td>17</td><td></td><td></td><td></td><td></td><td>42</td><td></td><td></td><td></td><td></td></tr>
<tr><td colspan="2">压锤读数</td><td></td><td>18</td><td></td><td></td><td></td><td></td><td>43</td><td></td><td></td><td></td><td></td></tr>
<tr><td colspan="2">泥面标高</td><td></td><td>19</td><td></td><td></td><td></td><td></td><td>44</td><td></td><td></td><td></td><td></td></tr>
<tr><td rowspan="2">桩尖标高</td><td>设计</td><td></td><td>20</td><td></td><td></td><td></td><td></td><td>45</td><td></td><td></td><td></td><td></td></tr>
<tr><td>实际</td><td></td><td>21</td><td></td><td></td><td></td><td></td><td>46</td><td></td><td></td><td></td><td></td></tr>
<tr><td rowspan="2">桩顶标高</td><td>设计</td><td></td><td>22</td><td></td><td></td><td></td><td></td><td>47</td><td></td><td></td><td></td><td></td></tr>
<tr><td>竣工</td><td></td><td>23</td><td></td><td></td><td></td><td></td><td>48</td><td></td><td></td><td></td><td></td></tr>
<tr><td rowspan="2">沉桩偏位</td><td>纵向 A</td><td>横向 B</td><td>24</td><td></td><td></td><td></td><td></td><td>49</td><td></td><td></td><td></td><td></td></tr>
<tr><td>纵向 A</td><td>横向 B</td><td>25</td><td></td><td></td><td></td><td></td><td>50</td><td></td><td></td><td></td><td></td></tr>
<tr><td rowspan="2">竣工偏位</td><td>纵向 A</td><td>横向 B</td><td rowspan="3">桩位布置草图</td><td colspan="9" rowspan="3"></td></tr>
<tr><td>纵向 A</td><td>横向 B</td></tr>
<tr><td>仪器</td><td></td><td></td></tr>
<tr><td colspan="3"></td><td>测量</td><td></td><td>记录</td><td></td><td>计算</td><td></td><td></td><td>校核</td><td colspan="2"></td></tr>
</table>

校核__________ 誊写__________ 记录__________

12.3.6 水上接桩及送桩

水上沉桩一般不宜采用接桩。但在潮位变化较小，水流、地质等条件较适宜，又没有足够高的打桩架时，也可采用水上接桩。直桩和斜桩都可以接桩。斜桩接桩时，已仰俯的桩架不能再移动或转动，接第二节桩是还须用经纬仪校正其位置和同心度，必须注意防止接上节桩时，下节桩溜桩或倾斜。

1. 法兰对接法

在制桩时，上下节桩要作对施工，上下法兰预埋前先检查对好孔，并编好号。接桩时螺栓要加两只弹簧垫圈，并按设计要求的标准用扭角力扳手，螺栓拧到设计值。若用高强螺栓联接时，则要用专用电动工具。为防止锤击过程中螺栓松动，还须用电焊将上下法兰焊牢。若法兰结合处不密贴，要垫上沥青纸或石棉纸如缝隙过大，还须垫铁片并焊牢。

2. 电焊接桩法

预制桩时，在上下接头处均预埋钢板，钢板的锚固件的焊接在预埋前必须检查。接桩时上下节桩对准后，用角铁将上下桩头连接并焊牢，焊缝的长度和高度应严格按设计规定。焊缝的质量应经过外观检查，并以无损探测方法进行检查，并按规定拍片检查和评片，认真做好检查记录。

3. 硫磺胶泥锚接法

预制桩时，下节桩的预留孔和上节桩的预留插筋，应位置准确。接桩时，应先将上节桩钢筋试插入已入的下节桩的预留孔中，校正无误后，把上节桩提升10cm左右，用海绵夹苦夹箍将下接桩头夹好，收紧。再将硫磺胶泥灌入夹和预留孔中，最后将上节桩插筋插入下节桩的预留孔中，待胶泥冷却后，拆除夹箍即可继续沉桩。

预留孔径为钢筋的2.5倍，夹箍约高于下节桩顶5cm。检查钢筋和预留孔时，同时要检查和调整上下节桩的轴线取得一致。

硫磺胶泥材料可用成品块料或在现场配制

（1）各种材料配合比如下：

① 硫磺∶水泥∶粉砂∶聚硫708胶，44∶11∶44∶1

② 硫磺∶石英砂∶石墨粉∶聚硫橡胶，60∶34.5∶5∶0.7

（2）硫磺胶泥接桩的注意事项：

① 钢筋应事前清扫干净并调直，切忌有渍；

② 接桩时预先检查锚筋长度，锚孔深度和平面位置；

③ 锚筋孔内要清除积水，杂物和油污。有一点积水就要严重影响胶泥的质量发生爆裂造成事故；

④ 接桩时，在锚筋孔及桩节点平面应全部灌满硫磺胶泥；

⑤ 硫磺胶泥灌注温度105～140℃，灌注时间不得超过2min；

⑥ 灌注后需停歇时间应符合表12.3-2规定；

⑦ 硫磺胶泥试块每班不得少于1组。

硫磺胶泥灌注后停歇时间　　表12.3-2

桩断面	0～10℃		11～20℃		21～30℃		31～40℃	
	打桩	压桩	打桩	压桩	打桩	压桩	打桩	压桩
400mm×400mm	6	4	8	5	10	7	13	9
450mm×450mm	10	6	12	7	14	9	17	11
500mm×500mm	13	—	15	—	18	—	21	—

（3）送桩，当设计桩顶标高，低于水面时，可采用送桩。在桩顶即将沉入水中时，换上一根长替打，将桩打入水中，或送入泥面以下直至设计标高。在施工板桩时，若桩顶标高较低可在高潮位时将桩先插好，待低潮位时再送桩。

长替打的强度和抗冲击性要进行计算和设计，并考虑长替打（送桩）进入泥面后，再外拔出来的可能性，验算打桩的起吊能力。

12.3.7 沉桩阻力及停打标准

水上桩基施工，标准主要有以设计标高控制，最后贯入度大小控制，以及标高和最后贯入度双控制等三种。

在实际施工中，还必须考虑到桩锤的性能、桩的承载力的大小和桩身的强度来结合设计的要求研讨确定。

各种锤的锤击能量随锤击的次数增多，锤击时间的增长而降低。并与桩的材质有关，锤击次数超过一定范围，锤击应力就要大大降低。据统计分析，钢筋混凝土桩的总锤击数在1000击以下，最后10m的锤击数在800击以下；钢管桩的总锤击数在3000击以下；最后10m的锤击数在1500击以下。若超过上述数据，锤击能量就大大降低，必要时要考虑采用其他方法沉桩。

锤的性能也是一个重要因素。如MB70锤，为防止锤的损坏，在下列情况必须停锤：最后贯入度小于1mm；连续锤击15分钟，贯入度在3mm之内；或贯入度加回弹量小于15mm；进入持力层后，贯入度加回弹量小于9mm。此时应考虑另用其他沉桩方法，或调换更大的锤。

交通部三航设计院根据试桩资料进行统计分析后提出的公式，计算所得最后贯入度，可供确定停锤标准参考。

$$P=\frac{2WH}{0.0373+0.125S}$$

式中　P——桩的动极限承载力；

WH——锤的锤击能量，估算时可取锤的出厂的额定能量乘以0.9计；

S——桩的最后贯入度。

此外，锤击应力的大小，决定了桩身在沉桩过程中的承受能力。表12.1-2及表12.1-3，已列出各种锤的锤击能量，锤击能力以及沉桩可能达到的最大极限承载力，建议的最后控制的贯入度等，可作为停锤参考。

12.3.8 水上沉桩的质量控制及质量校验

1. 水上沉桩的质量控制措施：

（1）无论是直桩还是斜桩，沉桩时均必须保持桩锤、替打、桩在同一轴线上，为此在锤压过桩后，尽量避免再纠正桩位，掌握保桩不保位的原则。

（2）严格掌握打桩船的抗风，抗流的能力，不允许超能力施工。

（3）禁止在锤击过程中用移船的方法纠正桩位，特别是混凝土桩。

（4）对高潮位时被淹没的已打桩，必须设立标志，以免将桩碰断，禁止在没有任何加固措施的桩上带绳，在移船时要避免缆绳将桩拉断无法避让时要将缆绳挑高，不使缆绳绊到桩上。

（5）要尽量避免在锤击过程中过长时间的间歇，以防土体固结，导致沉桩困难。

（6）在穿透砂层或在贯入度较小时施工，除验算桩身拉应力外，还必须经常用泼水法检查桩身是否有裂缝。

（7）若在锤击过程中，突然发现桩身下降，倾斜，偏位，严重裂缝，以及桩顶严重破碎，掉块等情况，要立即停锤，分析原因采取措施才能继续施工。

（8）打斜桩时要根据地形，水流情况，合理地考虑下桩时的提前量或落后量，及时总结，不断调整，以提高桩位的正位率。

（9）要根据地质情况，预先分析有否可能出现溜桩现象，预先采取措施，防止造成机损和断桩事故，若有溜桩，必须制定特定的操作要令，以防止机损和保证桩的正位率。

（10）若表层有硬土层或浅层砂层，靠桩自重和锤击无法穿透，桩在泥面上的自由度较长，除采用打打停停的措施外，在打斜桩时，还必须采用软背板工艺来防止锤击时造成断桩事故。

（11）当沉桩离刚浇好的混凝土结构不足30m而混凝土强度又未达到5000kPa时，则不能在该处打桩。

（12）若采用桩顶标高和贯入度双控制施工时，一般应和设计部门商讨，采取以下一些针对性的措施。

① 在黏土层中，宜以标高控制为主，贯入度可作校核，若贯入度较设计要求过大，则必须继续锤击，但桩顶不能低于最低潮位，否则无法接长桩。

② 若桩尖标高处在中密及密实砂面层，硬土层以及风化岩层时，宜以贯入度为主，以标高作校核，若贯入度已满足，而未达设计标高，可继续锤击3～5个阵次（每阵为10击），其平均贯入度不大于控制贯入度。若已达到锤击能力极限，例如MB型锤的三不打的标准时，则要考虑停锤和调整桩长。

（13）在风浪较大，流速较快，或在台风季节是施工，对已沉好的基桩要及时夹好围檩，进行加固。

2. 水上沉桩的质量检验

（1）桩基终沉后允许偏差

① 直桩桩顶偏位一般不大于10cm，超过上述规定，而不大于15cm者，不应超过直桩总数的10%；

② 斜桩桩顶偏位一般不大于10cm，超过上述规定而不大于20cm者，不应超过斜桩总数的20%；

③ 桩的纵轴线倾斜度偏差一般不大于1%。超过上述规定且倾斜度偏差不大于2%者，直桩不应超过直桩总数的10%，斜桩不应超过斜桩总数的30%（注：桩的偏位和倾斜度，以从摘除替打后桩处于自由状态时的数值为准），对于锤击振动等外界原因所引起的岸坡变形产生的基桩位移，可研究有针对性的质量检验规定。

（2）锤击沉桩时，预应力混凝土桩不得出现裂缝，如发现裂缝必须会同设计人员研究补强措施或补桩。

（3）水上锤击沉桩的桩位允许偏差值如表12.3-3所示。

锤击沉桩允许偏差及检验方法 表 12.3-3

序号	项目		允许偏差	检验方法
1	设计标高处桩顶偏位	内河有掩护海域	≤10cm	用经纬仪结合尺量,量两个方向取大值
		无掩护近海	≤15cm	
		外海	≤20cm	
2	滑道水下送桩	桩顶平面偏位	15cm	用经纬仪测量检验两个方向取大值
		桩顶标高	0～10cm	用水平仪逐根测量
3	桩纵轴线倾斜		≤1%	吊线,尺量两个方向取大值

注：1. 长江及掩护条件较差的河港口，桩顶偏位参照无掩护近海标准执行；
2. 沉桩区有架排，抛石棱体，木笼及采用水冲沉桩等非常特殊情况，应与设计人员商议偏位和检验方法；
3. 当沉桩离岸线 500m 以外，自然条件又比较差，桩顶偏位可适当放宽，钢管桩的桩顶偏位一般不大于 1/4 桩直径，并不得超过 30cm；
4. 墩式群桩沉桩时，除四周和靠船一侧偏位按本标准严格控制外，墩中桩偏位可放宽到 1/2 桩直径；
5. 桩顶偏差，指桩夹好围檩木铺好底板后所测的偏位数据为准，此为施工偏位；
6. 水下送桩，是指一般潮位桩顶不能露出水面的桩。当桩送至 10m 以下时，或基础处为风化岩等硬层，下水送桩的质量标准可适当放宽；
7. 对以贯入度为主控制的斜叉桩偏位可相应放宽 5cm；
8. 除直桩纵轴线倾斜一项抽查 10%外，其他项检查数量为 100%，抽查点数按比例加入逐件检查实测偏差点数中，一起计算实测点的合格率。

12.4 水上静压法沉桩

12.4.1 概述

静压沉桩是近几年有较快发展的一种沉桩工艺，无噪声、无振动、无污染是它最大的特点。目前陆上最大的公称压桩力可达 12000kN 左右。水上压桩适用于边坡较陡，土质较敏感区域，如上海张华浜港区就曾使用过压桩船压桩。该船最大压桩力为 1500kN。压桩船一般均用打桩船改制，压桩能力与桩架自重及压舱水容量有关。

12.4.2 水上静压法沉桩的使用意义

1. 节省原材料降低成本

压桩可避免锤击沉桩在桩体内引起大的锤击应力。桩的混凝土强度及其筋只要满足施工吊桩弯矩和使用期受力要求，因之桩的断面较之打入桩可以减小，配筋量可大大减少，混凝土标号也可降低，还可省去衬垫、替打等消耗材料。据统计压桩与锤击法施工的相同设计对比，约可节省水泥 25%，钢筋 40%，降低造价 21%。

2. 提高施工质量

压桩可避免锤击法沉桩常引起的桩身或桩顶破损、裂缝、确保桩的完整。

由于压桩施工无振动，对水工建筑岸坡稳定性的影响也远较打桩的小。

在斜坡上打桩，岸坡稳定安全系数一般明显降低。特别当滑动面倾斜角度较小时，容易发生土坡表层平滑的斜面位移。同时，也就使斜坡上已打好的桩位普遍发生移动。由表 12.4-1 可见，上海六个码头泊位的基桩，都曾因打桩振动发生了不小的位移。

在斜坡上采用压桩施工，可避免振动引起岸坡稳定安全系数的降低，能减轻岸坡倒塌和浅层滑动的危险，减少桩的位移，提高沉桩精度，保证桩位的质量。

上海六个码头泊位在打桩过程中的最大位移量（cm） 表 12.4-1

甲 港			乙 港		
A泊位	B泊位	C泊位	D泊位	E泊位	F泊位
5.0	15.0	29.0	124.7	20～40	33

3. 压桩对环境影响

压桩施工还可避免锤击沉桩对环境和影响和公害。

压桩施工无噪声，特别适合于医院病房和重要机关附近的桩基施工，不干扰病人和居民的休息。

压桩施工无振动，对附近精密设备仪器的干扰小，特别适合精密工厂车间附近的工程，可以不影响生产。

某些地下管道密布的地区，或者由于科研的需要在桩上埋设仪器，为求避免沉桩时震坏，采用压桩也是较为理想的方法。

12.4.3 水上压桩设备

水上压桩设备一般由以下部分组成：压桩架与底盘、压桩力转动设备、压桩反力平衡设备，压桩力的测量仪器，辅助设备。

1. 压桩架与底盘

压桩架支承于底盘上，当吊桩或起重时起承重构件的作用，当压桩时起导向作用。

压桩架由架体、架顶起重设备和导向龙口等组成。

水上压桩以船体为底盘，除支承桩架，固定或安放压桩用的其他设备和运行部件外，还直接承受压桩反力。

如果把常用的打桩架改成压桩架时，其桩架部分只需加强向龙口就可以了，但其底盘部分多半要重新设计，制造配套，以适应压桩的特殊要求。

水上压桩架体分成主架和副架两部分，即称为分离式结构、压桩船采用这种结构形式的好处是拆装方便，利用主架可以进行副架的拆装。

压桩高度的确定主要根据使用条件，以单根最长桩来计算。水上压桩的桩的桩架高度计算式如下式：

$$H=h_1+h_2+h_3+h_4-h_5-h_6+h_7 \tag{12.4.1}$$

式中 H——桩架（或副架）有效高度（m）；

h_1——单根最大桩长（包括桩顶上伸出的钢筋长度）（m）；

h_2——压梁高度（m）；

h_3——送桩长度（m）；

h_4——吊压梁用滑车组所占的最小长度（m）；

h_5——桩架（或副架）底到水面的高度（m）；

h_6——工作水深（m）；

h_7——富裕高度（m）。

2. 压桩力转动设备

压桩力转动设备一般有三种类型：

（1）绞车加滑车组

利用绞车卷绳的牵引力通过几套多轮滑车组把桩压入土中。

滑车组把绞车的牵引力转变成作用于桩顶的压力，并作为省力机构，使较小的牵引力可以产生较大的压桩力。当绞车收卷钢丝绳时，通过滑车组将压梁拉下，桩就徐徐被压入土中。

① 压桩绞车

一般为电动或蒸汽动力。绞车除满足牵引力外，还要注意滚筒卷绳用量。一般来说，压入较长的桩时，宜采用摩擦式绞车，以减少卷筒容绳量和牵引力的摩擦损失。

蒸汽绞车的动力是自给的，其操作简易，故障较少，因此特别适合无电源的偏僻地区的施工。

② 压桩滑车组

滑车组一般有二组或者四组，各滑车的轮数常取3～5只，主要根据绞车的牵引能力和所需压桩力来确定，当用四套滑车组时应配备两台同步的双滚筒绞车。

滑车组的布置对称于桩轴，其中动滑车设置在压梁箱内，静滑车固定在作为反力平衡重的桩架底盘，见图12.4-1。

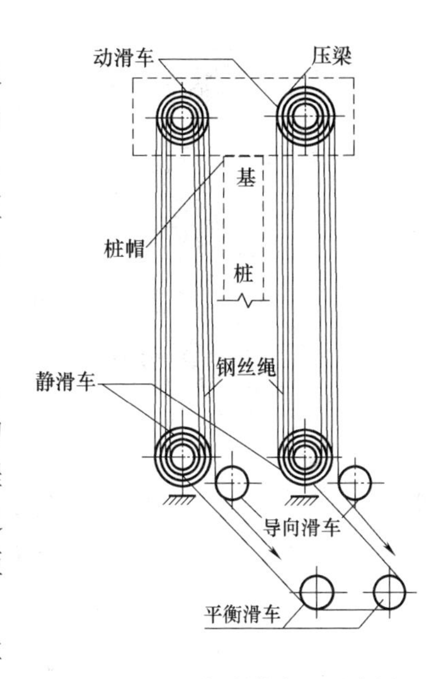

图12.4-1 压桩滑轮车组示意图

③ 压梁

压梁是直接传递压桩的部件，需有足够的刚度。压桩绞车的动滑车一般就设置在压梁箱内。压梁箱的侧面联结着可沿导向龙口走动的导向架。在压桩过程中为了避免发生压梁卡住龙口的现象，导向与龙口之间采用滚动摩擦，并相应地拉大了上、下滚筒的间距（取1.0～1.5m）。

为防止压桩力发生较大的偏心，在一对压桩滑车组之间还必须设置有平衡滑车，以便将两边钢索拉力自动调整匀称。

绞车加滑车组的能力大小取决于绞车的牵引力和各滑车组的倍率，其压桩能力可用下列计算：

$$P=T(1+\eta+\eta^{2}+\eta^{3}+\cdots\eta^{n-1})N$$

式中 P——压桩力（t）；

T——压桩绞车的牵引力（t）；

η——各滑车的滑轮效率系数，一般0.92～0.96；

n——各滑车组的倍率；

N——压桩用滑车组组数。

（2）吊载桩设备

直接利用吊载的重量作为静压的压桩。作业时，先将桩定位定好，然后把压桩所需的重量用起重船吊起，安放在桩顶上，将桩压入土中。

吊载压桩在水上填反挡区（老结构后面空档）压桩中采用，施工效果良好。可以在无导向龙口情况下连续压桩，速度也较快，它具有无导向架压桩的独特性，又有不必另外设置反力平衡设备的优点，但对起重设备的要求较高。

(3) 组合式液压千斤顶

这种形式的静压力由液压千斤顶来提供，主要用于钢板桩工程，这种形式的工作原理在后面述及该种反力平衡类型时介绍。

3. 压桩反力平衡设备

反力平衡设备的类型主要有：

(1) 利用平衡重物

设置重物平衡压桩反力可结合实际情况选择采用，图 12.4-2 列举了其中三种。

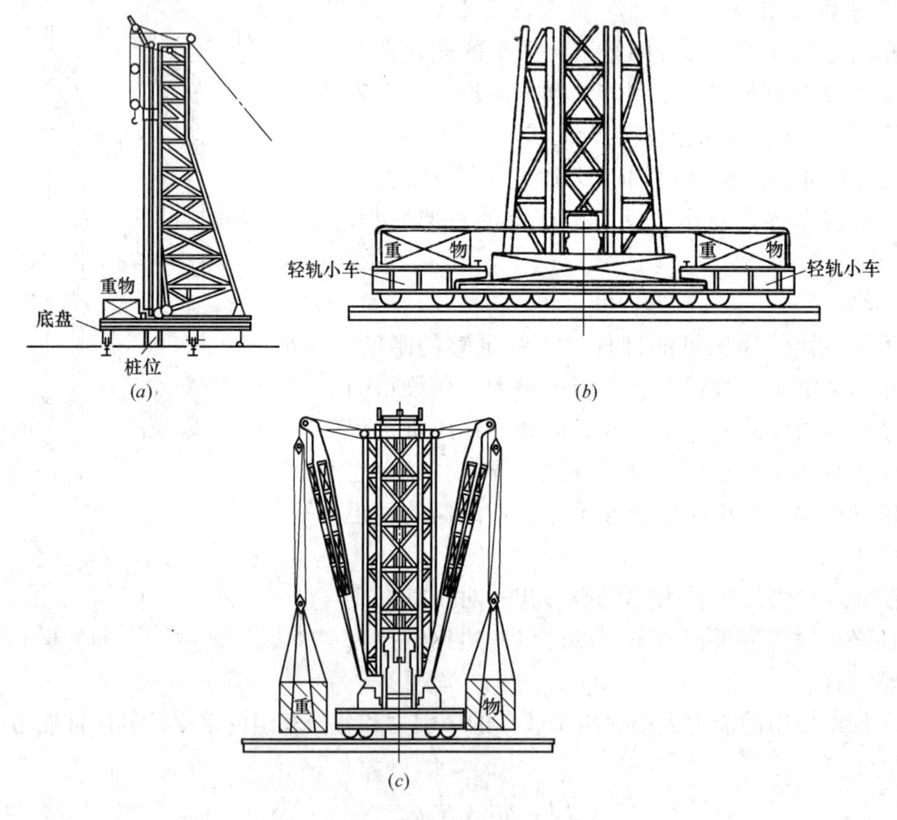

图 12.4-2 平衡重物的设置方法

(a) 在桩架盘上压铁；(b) 在压桩机两旁设置轻轨小车压铁；(c) 利用桩架本身的起重能力吊重物

设置平衡重物时必须注意将其重心尽量布置在压桩轴线上，以保证发挥最大作用并防止偏斜。

(2) 利用水压自动平衡

作用平衡的水箱是船舶和船艉的水舱。当作用在船艏上的压桩反力变化，船体使船发生纵倾，船艏、船艉的水面随即变化。这一变化由控制系统感受后，自动开闭大容量水泵的设备开关，调节纵倾，使船体保持平衡。

采用水压自动平衡方法与目前打桩船上常用的平衡车平衡的方法相比，有着非常明显的优越性。

① 平衡能力很大，能自动控制；

② 平衡迅速、准确、灵敏；

③ 充分利用压水舱，船体受力均匀；

④ 进厂修理无须搬运压铁，减轻体力劳动。

(3) 利用桩的自重与抗扰阻力配合液压千斤顶压桩

在钢板桩工程中，先将几根双数的钢板桩并立，每一根钢板桩都对应地与一只液压千斤顶相联接。压桩时，先压入一对对称的桩，其余的桩的自重用作平衡反力。压入一个行程后，调换压另一对对称的桩，这时又将其余的桩的自重以及入土部分的抗拔阻力作平衡反力，压至行行程后再行调换，如此循环反复，直至一组桩全部压入为止。

在老结构的修补加桩工程中，压桩的反力直接用老结构物的自重和抗拔力来平衡是最简单易行的好办法，它不需另设平衡重物和较复杂的机构，只要解决与老结构物的锚固联结就行了。

4. 压桩力的量测仪器

在压桩工程中系统地测量压桩力可提供压桩设备的工作状态。随时发现问题，及时解决。又可鉴别桩尖持力层的坚硬度，为使用期桩基工作状态提供依据。

(1) 压桩力的量测仪器

压桩力的量测仪器有拉力计、油压缸测力计、扁千斤顶测力计，以及压电式或电阻式等非电量传感的电测仪器等。

目前使用较多的是油压缸和扁顶测力计，它们都是油压式的测力仪器。

① 油压缸测力计

油压缸测力计如同一个无进出油阀的油压千斤顶，有时直接用关闭了油阀的油压千斤顶也可以代替使用。由油压缸引传压管（如紫钢管等）与压力表相接。

当压桩过程中压桩力传到活塞顶时，缸内油压通过压力表可以立即反映出来，然后，根据油压与桩力的关系曲线查得压力的大小。

② 扁顶测力计

它的外壳由薄钢板冷压而成，板厚一般 2～3mm，外形多呈饼形，内贮满黏性较小的碇子油或压器油，由紫铜管引出，外接压力表见图 12.4-3。图中的 B 型受力条件较好，A 型因加工方便，目前用得较多。

测力计的设置，可以放于桩顶，也可安在桩架底盘的压桩反力锚固上，这要根据情况恰当地选用。一般认为后者较优，因为其测力计位置固定，它不随桩顶上下移动，因此测读方便、准确。

(2) 压桩力量测仪器的自动记录装置

在压桩过程中，为了及时地、准确无误地测量出压桩全过程的压桩力大小及其随入土深度的变化，采用自动记录是十分必要的。

下面介绍压桩船上设置的一种自动记录装置，该船采用“绞车加滑车组”法压桩。它的压桩力测量设备及其自动记录装置共由三部分组成，其传动原理见图 12.4-4。图中，1—液压刚体，2—活塞，3—测力滑车壳，4—测力滑车，5—传压杆，6—平衡滑车，7—

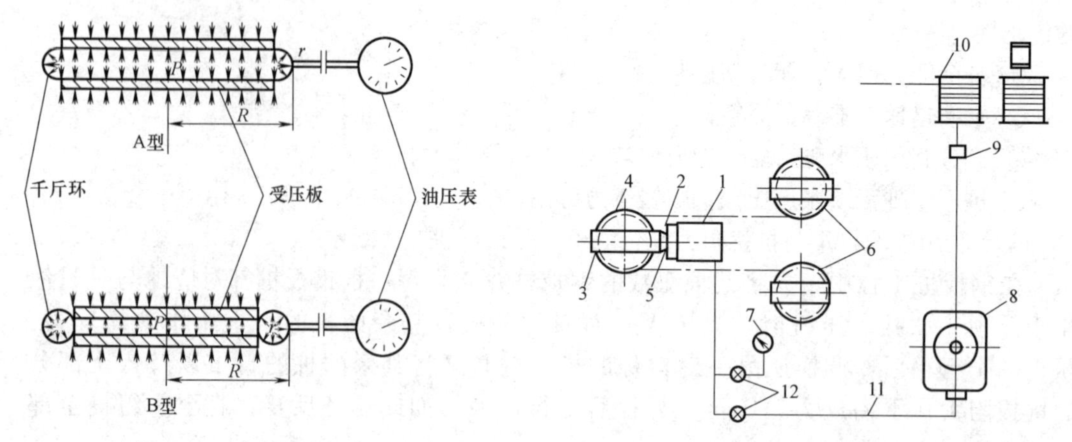

图 12.4-3 扁顶测力计

图 12.4-4 油压缸测力计的自动记录示意图

压力表，8—压力记录仪，9—减速器，10—压桩绞车，11—油管，12—截止阀。

① 油压缸测力部分

如图 12.4-4 所示，在一对平衡滑车（它设置在压桩用定滑车的锚固端平面上）之间安设了一只特制的测力滑车，油压缸测力计的活塞部分就与此测力滑车相连，当压桩时，两边钢索的拉力经测力滑车后变为压力，再通过传压杆传给油压缸测力计。

② 机械测深部分

将压桩摩擦式绞车前滚筒的减速器轴与记录器的转盘以刚性连接，减速器的传动速比为 120∶1。当压桩绞车运转时，带动记录器的转盘，通过速比关系测得桩的入土深度。

③ 记录器

记录器的主要部件是指针和转盘，指针头戴墨水笔，转盘上附有专用记录表（经率定试验后自制的），指针实际上如同油压缸测力计的压力表针。当压桩时，转盘记录表按一定的速比转动，指针头随着压桩力的变化在半径方向移动，从而在表上划出一条曲线，其周长方向则表示桩的入土深度，半径方向的偏转则表示压桩力的大小。

12.4.4 压桩适用条件与桩的设计、施工要点

1. 压桩适用条件

导致不宜采用压桩工艺的根本原因有两种：一种是下桩阻力超过了现有的压桩能力，因而压不下去；另一种则是，虽然压桩能力足够，但是由于地基处理方面的困难或压桩设备的移动过于不便，而致使工作受到影响。

压桩适用条件是：

(1) 比较适宜于较均质的软黏土地基上的沉桩施工

根据上海地区的压桩实践认为：在淤泥质黏土或淤泥质亚黏土中，压桩阻力不大，一般在 70t 以内。但如果在软弱的土层夹有较厚的夹砂层，则必须慎重考虑。

标准贯入击数 N 很能敏感地反映压桩阻力的大小，因此研究采用压桩工艺的可能性时，应该很好地重视这一指标。

下面以工程实例说明在砂层中压桩所遇到的实际问题。

① 桩形为 45cm×60cm×(3100～3700)cm 的桩。据勘探资料，该区离设计桩尖标高 1m 处有厚 3～5m 的亚黏土层，其标准贯入击数 N 为 8～14。在施工中大多数桩用 60～100t 力压入至设计标高，但其中有 8 根桩（占总数的 5%）的桩尖进入该层后，压桩阻力突然增加，其值已超过 150t 的压桩能力，未能达到设计标高。经补孔钻探查明，该层接近为亚砂土，其标准贯入击数 N 增加到 14～20 左右。

② 原设计采用了 40cm×40cm×2350cm 的四段接长的桩。在 n 根桩试压中发现，桩尖离设计标高 1～2m 处的压桩阻力突然增大至 80t 以上，无法继续压入至设计标高。经补孔钻探查明，在砂土持力层以上几米厚的亚黏土中，发现含砂率可达 50%～60%，是属亚砂层，事后将桩减短 1～2m，照常施工。

③ 桩形为 40cm×40cm×(8.5+7.5+7.5)cm 的三段接长的桩，在压桩区局部范围内，离地面 1m 以下有 2.5m 厚的粉砂层，该层用 80t 压桩力把桩沉入至设计标高。

④ 在某码头基桩工程中，曾遇到 3m 厚的老护岸柴排，或者离地面 10m 左右的浅层区内，有 2.5m 厚度的砂性夹层情况下，仍可以采用压入法沉桩。而在较深层区，有砂性夹层时，应当认真分析该层附近的标准贯入击数 N 的变化情况，如果其值大于 15 以上，压桩可能遇到困难。确有必要时应当事先进行试压，或者采取减少压桩阻力的各种措施。

(2) 从目前的工艺水平来看，压桩还只限于用在压入直桩的施工中，如果需要压斜桩，特别是斜度较大的斜桩，由于平衡水平反力的处理较为困难，不宜采用。

2. 压入桩的设计要点

根据近年来有关单位的设计、施工经验，压入桩的设计可参照下列要点进行：

(1) 桩的外形尺寸仍应根据基桩的设计承载力要求确定，但除此而外，还应满足压桩设备的压桩能力要求，即：桩长及断面须满足压桩架所允许压桩长度和断面，压桩阻力须满足压桩能力的限制。

如果估算所得的压桩过大时，可将桩基的根数适量增加，而选用较细断面的桩，以减小压桩阻力。

(2) 桩的混凝土强度除特殊要求外，根据使用期和施工期的压应力来选用，一般用 200～250 号即可。

(3) 桩内配置的主钢筋，按施工期吊桩应力控制，如果某些桩在使用期还受有较大的弯矩或拉力作用，则应进行必要的验算，根据需要作适量增加。

从本原则出发，可采用自重较小的分段空心桩，其吊桩应力小，可大大节省主钢筋。

(4) 局部加强钢筋一般根据施工期的局部附近加应力配置。压入桩的桩尖，桩顶或者各桩段的接头端，只须配置少量加强箍筋，无须加密钢筋网。

(5) 压入桩的接头强度设计，其抗压性能必须满足使用期和施工期的压应力要求，其抗拉、抗弯性能该不低于邻近桩断面的抗裂强度和抗弯强度。

3. 压桩施工程序与注意事项

(1) 压桩施工程序

在水上用“绞车加滑车组”方法压入分段长桩施工程序为：

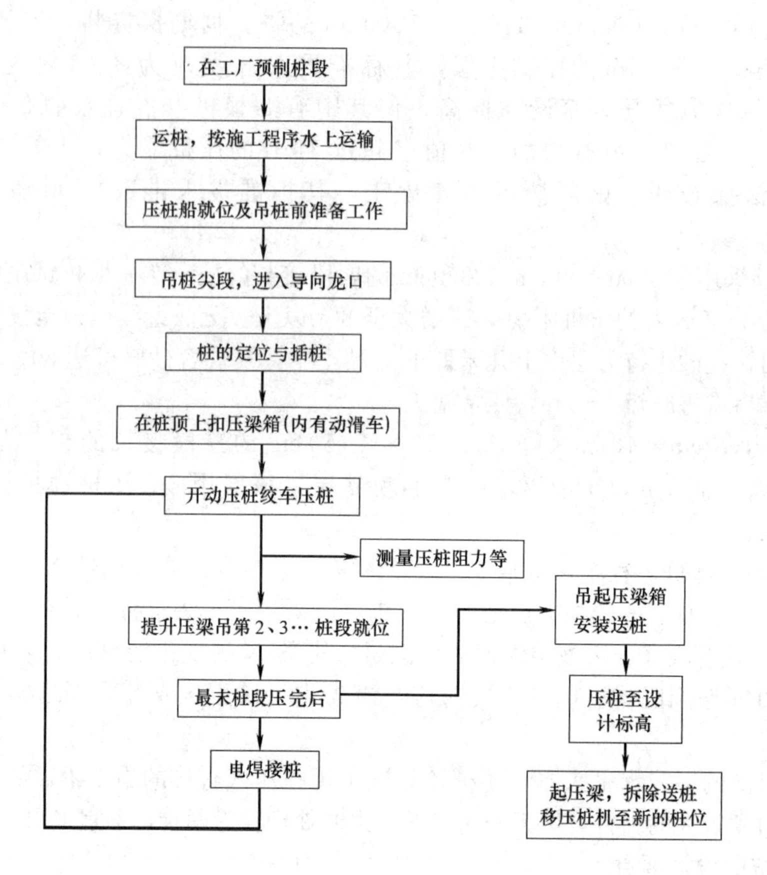

（2）水上压桩施工的注意事项

① 压桩施工前应对施工区的土质层环境及水文情况了解清楚，应作好设备检查工作，特别如压桩绞车的钢丝绳，接桩用电焊机等必须可靠，应保证压桩过程中不出毛病以免中断，引起间歇后压桩阻力过大，发生压不下去的事故。如果压桩过程原定需要中途停歇（例如套送桩，或者因绞车贮绳容量不够而分次压桩的情况），则应考虑将桩最好停歇在软弱土层中，以使启动阻力不致过大。

② 施压过程中，应密切注视压桩力是否偏心，压梁导轮和龙口的接触是否正常，是否有卡住现象。一些机具有同步的要求，应给予严格满足，发生问题应该及时调整。

③ 在需要接桩的工程中，其接桩占用的时间应尽量缩短，但接头要平顺光滑，应保两桩段轴线尽量一致，两接头端面使其尽可能多地接触，为此，接缝处可采用填砂浆和垫片结合等办法。

④ 压桩过程中，量测仪器起着判断设备负荷情况的作用，应该随时观测，注意压桩的变化。同时对观测仪器平时应该注意保养，检修和率定，以减少仪器误差。

⑤ 在桩过程中，当桩尖碰到夹砂层时，压桩阻力可能突然增大，甚至起过压桩能力使压桩机上抬。这时可以最大的压桩力作用在桩顶后，采用停车“进一进”的方法，使桩可能缓慢下沉穿过砂层。如果工程中有少量桩确实不能沉入设计标高，则在相差不多的情况下，可采用截去桩顶的办法，继续上部结构的施工。

⑥ 将达到桩顶设计标高时，如果过早停压，则补压常可能发生压不下或者压入过多

的情况，因此，压桩接近设计标高时注意严格控制，使得一次成功。

⑦ 当压桩阻力超过压桩能力，或者由于平衡来不及调整，而致使压桩架发生较大倾侧时，应立即采取措施，以免造成断桩或其他事故。

12.5 冲沉桩

12.5.1 概述

水冲沉桩也称射水沉桩。水冲沉桩是在桩的内部或外部设冲水管（也有增设高压气管），用高压水（气）破坏桩尖处土体，并用气举法将土体上浮以消除桩尖阻力，使桩在自重的作用下，或在自重加其他外力联合作用下，使桩下沉的沉桩方法。

是否采用水冲沉桩工艺主要是从地质条件、桩身材料、施工设备和施工成本等因素来考虑的。

在要求混凝土桩打入或穿过砂土、砂性土、砂砾土等土层时，往往会遇上这种情况：采用的锤击或振动能量能保证桩沉到设计标高，但由于桩身材料的原因，不能采取锤击或振动沉桩的工艺；所采用的锤击或振动能量小，无法使桩沉入到设计标高。一般在无法调换桩身材料或增加锤击能量时，均会选择水冲沉桩的工艺。

水冲沉桩的缺点是桩的偏位较难控制。

水冲锤击沉桩工艺适用于下列几种地质状况：

(1) 砂层（粉砂或细砂）中密到密实，标准贯入击数 $N>30$。

(2) 虽然 $N<30$，但砂层较厚，锤型较小，用锤击法穿不透砂层时。

(3) 虽然砂层中密，$N<30$，但砂层厚度达 10m 以上。

混凝土桩水冲沉桩工艺适用范围见表 12.5-1。

混凝土桩水冲沉桩工艺适用范围参考表　　表 12.5-1

地质情况		选择合适柴油锤			
		MB-40	MB-70	D-62	D-80
夹砂层中密 $N=15\sim30$	桩穿砂层深度(m)	≥6	≥8	≥8	≥10
砂层(中密—密实)	N 值范围	20～30	30～40	40～50	>50
	桩进入深度(m)	≥4	≥5	≥5	≥7
砾砂及极密砂层 $N\geqslant50$	桩进入深度(m)	≥1	≥1.5	≥1.5	≥2.5

水冲沉桩陆上很少采用。水上水冲沉桩的施工准备基本和水上锤击沉桩相同，水冲沉桩还需增加一套供水、供气系统和一艘机动工作船。

水上水冲沉桩对周边作业环境的要求与水上锤击沉桩的要求大致相同，但水冲沉桩作业时对流速的要求有更高的限制。在水冲过程中对桩身周围的土均作了不同程度的破坏，水流流速大于 1.0m/s 时，对桩位的影响比较大，一般流速超过 1.5m/s 时，水冲桩就不易施工。达到 2.0m/s 的流速时，水冲桩的偏位就会很大。

水上水冲沉桩的测量定位方法与水上锤击沉桩相同，由于水冲对桩身周围的土体产生不同程度的破坏，因此，在冲水过程中需要适当调整桩位。因此，经纬仪必须连续跟踪观测。

12.5.2 水冲沉桩的分类、桩型及设备介绍

1. 水冲沉桩的分类和桩型

水冲沉桩按冲水的形式不同可分为三类，如图 12.5-1 所示。

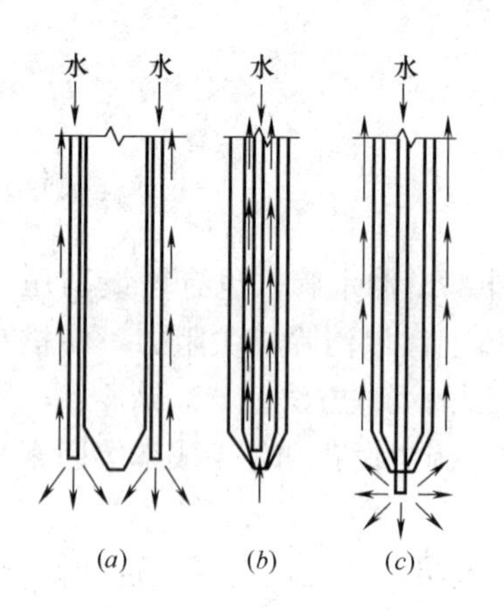

图 12.5-1 水冲沉桩类型示意图
(a) 外冲外排；(b) 内冲内排；(c) 内冲外排

水冲桩一般用混凝土空心方桩、混凝土管桩或钢管桩等的沉桩，利用桩的空腔，制成水冲桩。当冲水管头在桩内作业时，即形成内冲内排工况（图 12.5-1*b*）；当冲水管穿出桩尖时，即形成内冲外排工况（图 12.5-1*c*）。由于内冲桩桩顶和桩尖都开了孔，桩顶和桩尖处受力面积减小，因此内冲桩的桩顶和桩尖处在结构上都应作适当补强。当桩体为实心桩时，则只能用外冲外排方式水冲沉桩。

由于内冲外排和外冲外排沉桩施工桩位偏位大、稳桩条件差，极易产生倒桩情况，因此正式工程已基本上不用。陆上工程采用水冲沉桩，必须设泥浆池、沉淀池，并将泥渣运到指定的地点。

2. 水冲沉桩的设备及设备的选择

水上水冲沉桩除特殊情况用起重船来作业外，一般均采用打桩船来实施水冲沉桩。采用打桩船来实施水冲沉桩可以利用打桩船的锚缆系统、龙口跑道、抱桩器或上下背板来稳桩，提高水冲桩的正位率。在用打桩船进行水冲锤击沉桩时，要配置专用的水冲桩桩帽，见图 12.5-2。桩帽的侧面要开槽口，供冲水管在桩内上下活动。由于水冲桩的桩顶留有圆孔，除了桩帽的制作有相应要求外，对桩垫也有要求，不能用纸质桩垫，一般采用棕绳或用夹板制作。桩垫中间留有孔。为增加混凝土桩顶的抗打击能力，在桩垫上可增加一块同样开孔的钢板。冲水供气系统如图 12.5-3 所示。

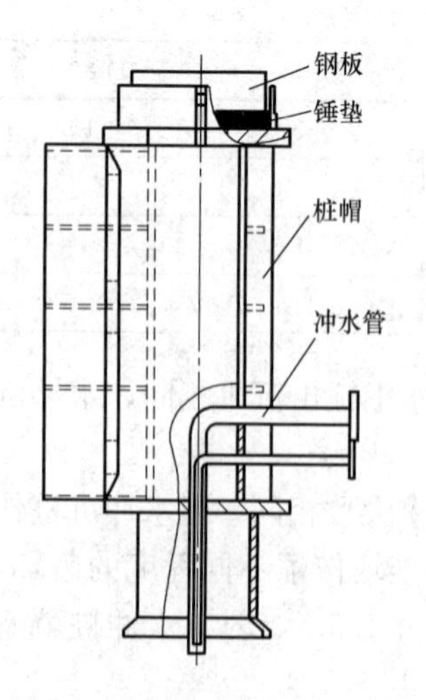

图 12.5-2 水冲桩桩帽示意图

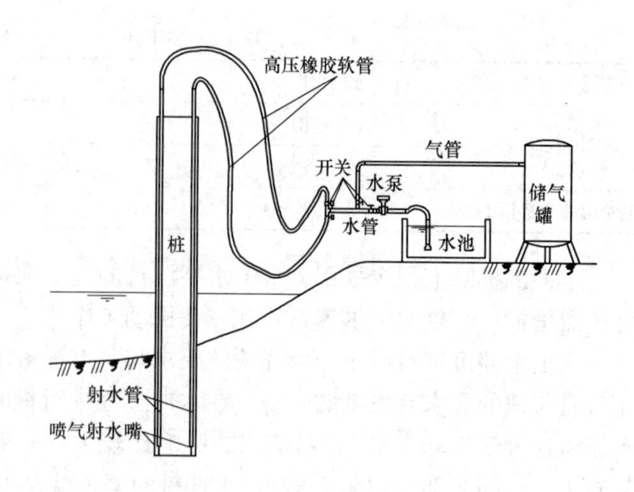

图 12.5-3 冲水供气系统示意图

冲水供气系统由高压水泵、空压机、高压橡胶水管、高压空气胶管、射水无缝钢管、射水嘴等组成。射水嘴如图 12.5-4 所示。陆上水冲沉桩也同样采用这套冲水供气系统。

水冲沉桩的设备性能选用参考表 **表 12.5-2**

土质	桩入土深度(m)	冲水排泥方法	水泵性能		射水无缝直径(mm)	水泵出水口处水压(MPa)	高压风管直径(mm)	风量(m^3/min)
			流量(m^3/h)	扬程(m)				
松砂及中密砂层	8～13	内排	80～100	80～120	75	4～8	25	6
	16～24	内排	100～130	100～150	100	6～10	32	6～9
密实砂层及夹砂砾石砂层	8～16	内排	100～130	100～130	75～100	6～10	32	6～9
	16～24	内排	130～180	130～180	100	8～12	32	9

水冲沉桩的高压泵，常用离心式多级泵，见表 12.5-2。水泵的选用主要是根据桩的断面、桩下沉深度和土层的性质决定。水泵的出水口应设止回阀、闸阀和压力表。高压水管应设放水阀，控制射水的水量和水压力，也可以防止射水咀被土堵塞时，水泵遭受损坏。因此对射水咀处的水压有一个最低要求量，才能保证正常沉桩。水冲沉桩所需水压见表 12.5-3。

水冲沉桩所需水压水量参考表 **表 12.5-3**

土质	沉桩入土深度(m)	射水嘴处需要的水压(MPa)	每根桩需用水量(L/min)	
			方桩 30～50(cm)	方桩 50～60(cm)
松砂和饱和砂	15～25	7～10	1000～2000	1200～1500
	25～35	10～15	1200～2000	1500～2500
	>35	15～20	2000～3000	2500～3500
含有卵石及砾石的密石砂层	15～25	10～15	1500～2000	2000～2500
	25～35	15～20	2000～3000	2500～3500
	>35	20～25	3000～4000	3500～5000

水冲沉桩的功效与射水管和射水嘴的选择有很大关系，内冲内排的射水咀侧面设 4～8 个斜向孔，见图 12.5-4。射水管与射水嘴孔径选择推荐表见表 12.5-4。

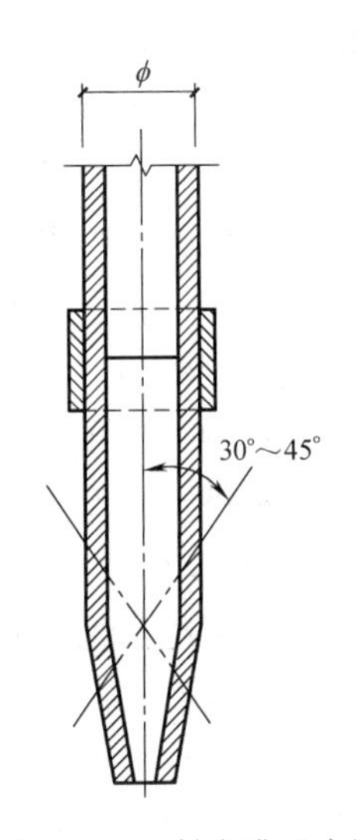

图 12.5-4 射水嘴示意图

选择空压机主要依据桩的长度、断面大小及砂层厚度按表 12.5-2 来选择。

12.5.3 水冲沉桩的施工工艺

1. 水上水冲沉桩施工平面布置

水上水冲沉桩施工平面布置与水上锤击沉桩的施工平面布置相似，只需在打桩船边上多系泊一艘装有冲水供气系统设备的机动工作船。

2. 水上水冲沉桩施工流程（以内冲形式为例）

打桩船和装桩方驳进点抛锚就位→装冲水供气设备的机动工作船系靠打桩船→打桩船靠装桩方驳→打桩船吊起冲水供气管（冲水管在装桩时先放在装桩方驳上）→将冲水管穿在冲水桩内腔里→打桩船吊桩→打桩船移船、桩进龙口、套替打并夹上、下背板→下桩到泥面→冲水、供气管与供水、供气设备连接→调试供水和供气系统→桩定位→解吊桩下扣、解上背板→在低压供水（气）情况下靠桩自重下桩→进入砂层稳桩→复测桩位和桩垂直度→压锤→解吊桩上扣、解下背板→复测桩位和桩垂直度→水冲沉桩，（根据土层情况和桩下沉情况，不断调整冲水管位置及供水、供气的压力和流量）→当桩内或桩边泛清水，控制桩顶达设计标高停止冲水、供气→水冲沉桩结束→及时夹好围檩。

射水管与射水嘴孔径选择推荐表 表 12.5-4

射水管直径（mm）	射水嘴中央射水孔直径（mm）	射水嘴侧向射水孔直径（mm）	射水管直径（mm）	射水嘴中央射水孔直径（mm）	射水嘴侧向射水孔直径（mm）
37	9～15	6～10	63	15～25	6～10
50	12～20	6～10	75	20～37	8～10

一般水冲沉桩在桩尖离设计标高 1m 左右处停止或低压供水、（气），接着开锤沉桩，实行锤击沉桩工艺，控制桩顶标高，停锤。实施这样的工艺可比纯水冲桩提高桩的承载力。

12.5.4 水冲锤击沉桩

12.5.4.1 水冲锤击沉桩的施工特点

水冲锤击沉桩就是在用水（气）冲力破坏桩尖土体的阻力的同时又用锤击沉桩的工艺，根据土质的不同，采取边冲边打、冲冲打打、打多冲少、冲多打少、打冲结合的施工方法。当桩尖离设计标高 1m 左右时，应停止冲水和供气，单用锤击沉桩，使桩达到设计标高。

12.5.4.2 水冲锤击沉桩施工

1. 施工要点

（1）下桩：当桩尖进入泥面，即可送 0.2MPa 的水压力和 0.3MPa 气压下桩，接着可增加到 0.5MPa 水压，进入砂层 3m 以上时，则可增压到 0.9MPa，气压到 0.4MPa，当桩下到一定深度，即减少水、气压，逐步使桩站稳，进行解吊索、压锤、调整桩位和桩的垂直度后，再调整水压和气压，配合锤击沉桩。

（2）锤击：当桩顶或桩边冒出的水由浓变清时，即可开锤实施边冲边打，此时水压、气压要视土质和贯入度来决定。最大水压可以增加到 1.2～1.8MPa，气压增加到 0.6～1.0MPa，当贯入度小于 5mm 时，即停止锤击。调节冲水管上下位置，继续水冲，当冒出的水由浓变清后，继续锤击。

（3）停冲：桩顶标高离设计标高 2～2.5m 时，水（气）逐步减压，到高出 1m 左右时即停止冲水供气，改为锤击沉桩，直至达到设计标高，或达到设计要求的贯入度。

2. 注意事项

（1）连接射水系统和供气系统后，必须先检查运行情况，观察水压、气压、水量、气量是否满足需要。施工过程中，不能突然停止供水供气，只能逐渐减小，否则砂泥将堵塞射水咀和射水管。严重的会损坏高压水泵。

（2）下沉初期，必须控制水压、气压、水量、气量，在下桩的过程中，要不断边沉桩边校正桩位。开锤前要校正桩位和桩的垂直度并严格控制射水咀在桩孔中的位置，在锤击贯入度许可的范围内，切不可轻易将内冲内排改成内冲外排施工。这会影响沉桩质量和桩的承载力。

（3）在锤击贯入度较小时，为保护桩顶不受破坏，应及时采取多冲少打，打打停停以冲为主的沉桩工艺。同时要防止冲水过度造成桩尖空洞，发生溜桩事故，造成桩和设备损坏。

（4）水冲锤击沉桩的最后1m左右应单用锤击。当贯入度已达要求或锤击应力超过桩身许允应力时，应与设计研究后再行施工。在标准贯入击数大于40以上的密实粉细砂层中，可以供0.2MPa压力的高压水边冲边打。原则上必须严格控制打桩贯入度。

（5）水压、气压，停止冲水后的锤击深度与标准贯入击数的关系参考值如表12.5-5。

水（气）压、锤击深度与标准贯入击数关系参考表 **表12.5-5**

标准贯入击数 N 值	＜20	20～30	30～35	35～40	40～50	＞50
正常水压(MPa)	0.8	0.9	1.0	1.2	1.3	＞1.5
正常风压(MPa)	0.3～0.5	0.4～0.5	0.5～0.6	0.6	0.6	＞0.6
减压深度(m)	2.0	1.5～2.0	1.0～1.5	1.0	1.0～1.5	＞1.5
减压后压力(MPa)	0.2	0.3	0.3～0.4	0.3～0.4	0.3～0.5	0.5
锤击深度(m)	1.2～1.5	1.2	1.0～1.2	0.8～1.0	＞0.8	＞0.8
减压沉到设计高程压力值(MPa)	0	0	0	0.2	0.2	0.2～0.3

注：1. 减压深度指桩尖离设计高程的距离；
2. 断面为50cm×50cm空芯27cm的桩及断面为60cm×60cm空芯36cm的桩宜选配的打桩锤有MB—70、MB—80、D—62、D—80等；
3. 以上参考数据适用于内冲内排桩。

3. 水冲锤击沉桩质量控制和质量评定

（1）锤击沉桩的质量控制均适合于水冲锤击沉桩，另外根据水冲桩的特点还应注意以下几个方面：

① 对内冲桩的出厂验收，除按一般锤击桩验收外，还必须严格检查桩内腔位置是否在规范之内，否则不能用作内冲桩。

② 只要锤击贯入度允许，不可以任意将内冲内排工艺改成内冲外排工艺。

③ 水冲锤击沉桩的过程中可以随时纠偏桩位和桩垂直度，下桩前定一次桩位，稳桩后再定一次桩位，第一次水冲下桩，泛上的混水变清后，要开锤前，还要再复测一次桩位。一般在只水冲不锤击时，都应尽可能地多复测桩位，作可能范围里的纠偏。

④ 打水冲斜桩，沉桩结束后，在脱开桩帽之前，应用钢丝绳先将斜桩与最近的直桩或已夹好围檩的桩拉住，并尽快夹好围檩。

⑤ 为保证桩的承载力，最后1m左右必须改为单用锤击，同时逐步减少供水及供气的压力和流量，若在砂砾土层或极密砂土层里，最后1m左右还必须边冲边打时，水压最大保持在0.2MPa，气压最大保持在0.3MPa。

⑥ 对内冲内排桩的施工，必须控制水、气的压力。桩垫、桩帽的排水孔不能比桩内腔孔小，以避免发生因来不及排水，桩内腔压力过高，产生水动力作用，造成桩身破裂。

（2）水冲锤击沉桩的验收要求和锤击沉桩的要求相同。

（3）水冲锤击沉桩的偏位标准应按设计确定的标准执行。

4. 介绍内冲外排法沉桩的几个工程实例，见表12.5-6。

12.5.5 工程实例

上海松浦公铁两用特大桥位于上海松江区境内的黄浦江上。工程于1974年开工，水

水冲锤击沉桩工程实例介绍

表 12.5-6

桩断面及数量	土质情况	水泵性能				射水管直径及喷嘴尺寸(mm)		锤型	备注
		型号	流量(m^3/h)	扬程(m)	电动机功率(W)	射水管	喷水管		
50cm×50cm×3150cm 570 根	粉砂、中粗砂	6 级泵	162	156	115	75(δ-6) 无缝钢管	ϕ27	MB-70	先用内排,因打不下改用外排。喷水嘴处水压 1.8～1.9MPa
50cm×50cm×1850(2750)cm 76 根	粉、细、粗砂相间,夹砾石	7 级泵	126～180	164～230	135	3mm 厚白铁管曾四次爆裂	ϕ25 (外伸 15cm)	MB-40	桩尖未能进入设计要求的 0.5～1.0m(砂砾层),喷水嘴处水压最大 1.5～1.8MPa
50cm×50cm×2100cm 88 根	粉、细、粗砂夹砾石	7 级泵	126～180	164～230	135	ϕ75 无缝钢管	ϕ25 (外伸 15cm)	D-25	最大水压 1.9MPa
50cm×50cm×3400cm 72 根	粉砂 $N>50$	7 级泵	126～180	164～230	135	ϕ75 无缝钢管	ϕ28	MB-40	最大水压 2.2MPa,冲水嘴由 ϕ15 改成 ϕ28
50cm×50cm×2900cm 32 根	粉细砂	7 级泵	26～180	164～230	135	ϕ75 无缝钢管	ϕ25 (外伸 15cm)	MB-40	最大水压 1.6MPa
ϕ40～ϕ50 管桩桩长 2300～3200cm	粉细砂	7 级泵	90	175	150	ϕ75 无缝钢管	ϕ25 (外伸 15cm)	5t 双动气锤	最大水压 1.2MPa
50cm×50cm×2700cm 102 根	粉细砂 $N=20～40$	8 级泵	180	196	柴油机	ϕ75～ϕ80 无缝钢管	ϕ25～ϕ80 无缝钢管,外伸 15cm	MB-70	射水管 ϕ80 比 ϕ70 效果好;射水嘴 ϕ20 效果不好,改成 ϕ27～ϕ30 效果良好

中三只桥墩采用钢管桩基础，这也是我国第一次在铁路桥梁中使用打入桩作为主桥墩基础。因此决定在该桥位附近先施工试桩，其目的就是要试沉桩工艺和垂直承载力。地质钻孔资料显示：第一层为淤泥质黏土，层厚 12.50m，第二层为砂黏土层厚 8.0m，接近硬塑状态。水冲时水管仅冲一个洞；第三层粉砂土约厚 31m，为本工程持力层，钢桩进入该层 18～20m。

（1）试桩：

ϕ1212mm×20mm×50000mm，使用三航局打桩 8 号船施工。该船长 43.8m、宽 20.0m、型深 3.60m、打桩架高 53.55m。该船配备 MB-70 柴油锤：总重 21.1t、工作冲程 2.2m，有效能量 158000kN · m，最大爆发力 200t。

（2）水冲设备：

空压机：40m^3/min×1、20m^3/min×1、9m^3/min×2

水泵：SSM 离心泵一台：Q=144m^3/h、100kW、扬程 140m；

125TSW-7 离心泵一台：Q=90m^3/h、75kW、扬程 151.2m。

（3）沉桩过程：

桩重加锤重下沉 12.5m 至－20.15m，进入暗绿色亚砂土层，锤击沉桩至－34.6m，停止锤击放入 2 隔壁 ϕ93mm 射水钢管，如图 12.5-5。

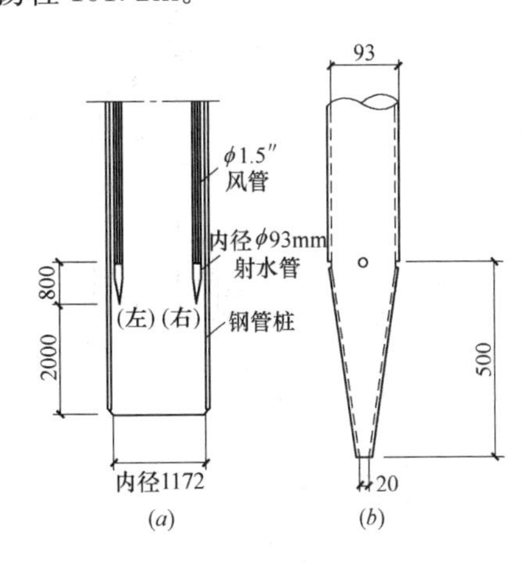

图 12.5-5 射水钢管（尺寸单位：mm）

（a）射水管和风管布置；（b）射水管孔口详图

水压：（左）0.7MPa，（右）1.0～1.1MPa，2 根 ϕ38mm 风管，风压 0.6MPa。当冲至射水嘴距桩尖 2m 时，水压降至（左）0.66MPa，（右）0.5MPa，风压不变。此时桩内泥面至桩尖 3.8m。套上桩帽边冲边打，水压（左）0.9MPa，（右）1.0MPa 至桩尖达－44.70m，停止水冲，干打至－46.55m，最后测桩内土芯 6.20m。该桩共锤击 7803 击，最后贯入度 0.94mm/击，总历时：28h 07min。其中：干打累计时间 5h 42min，水冲排泥时间 16 h 30min，边冲边打时间：3h 05min，最后干打时间 0h 20min。试桩打桩贯入曲线见图 12.5-6。

试桩时，由于应变片引出电缆需保护，四周对称布置 4 只 π 型保护槽。工程桩时设计要将桩径扩大至 ϕ1600mm，以等同原试桩周长，上海市政府和业主均不同意扩大直径，笔者提出采用变截面异形桩解决了此问题，即在－20.0m 以下砂黏土层至桩尖四周等分电焊 4 条 150mm×20mm×27000mm 钢板，最终钢桩截面如图 12.5-7。

12.5.6 水冲桩的发展趋势

水冲桩沉桩作为一种沉桩工艺，在解决砂性土地质条件沉桩起到了一定的作用；但随着技术的不断进步，经济条件改善，材料科学的发展，工程质量要求不断提高，其使用范围也在日趋萎缩。

20 世纪 50～60 年代，因桩基材料基本上是 C30 非预应力混凝土桩，所用的锤大部分是自落锤：D-5 筒式柴油锤、3-5t 蒸汽锤。对于砂性土，这些锤都无法成功将桩送入砂土层，因而外冲外排沉桩工艺就应运而生。沉桩过程中，桩的偏位较大、垂直度或倾斜度误

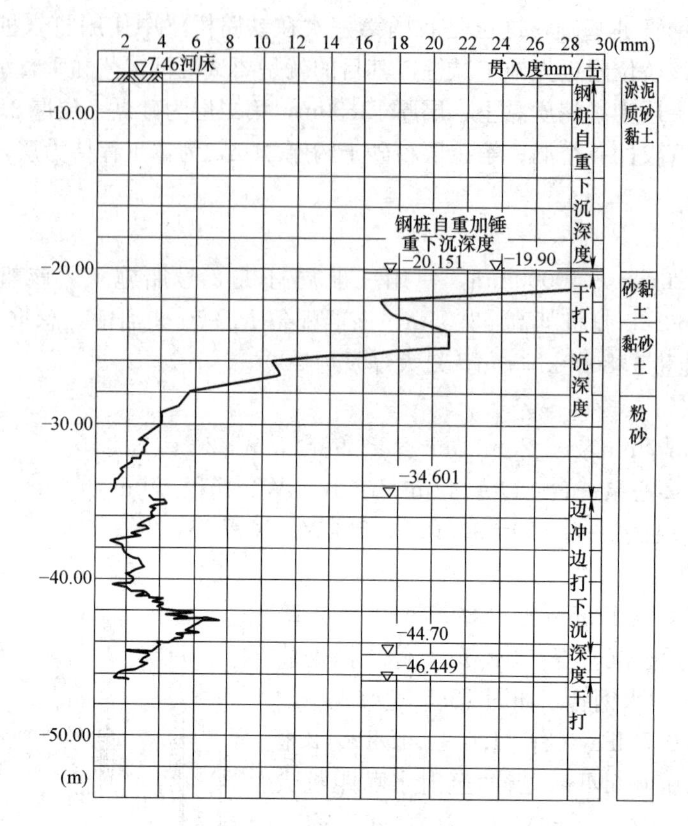

图 12.5-6 试桩打桩贯入度曲线

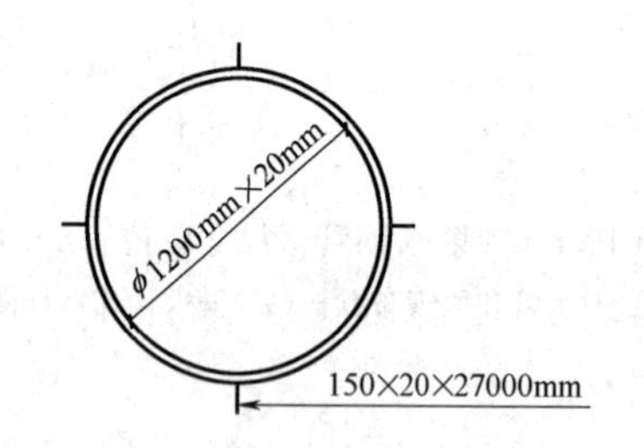

图 12.5-7 松浦大桥钢管桩剖面图
（尺寸单位：mm）

差较大，往往在上部结构中难以解决。

70 年代初期，我国提出了“三年改变港口面貌”的要求。为此，引进了当时国际上较先进的打桩船和柴油锤，锤击能量大大提高。如：MB-40、MB-70、MB-72；同时混凝土基本上是采用 C40 预应力桩，水冲法施工就大为减少，特别是外冲外排工艺也因为空心桩的生产工艺得到了改进，内冲内排工艺质量更容易控制。

1983 年上海虹桥宾馆开始建设，该楼为 33 层建筑，桩基采用 50cm×50cm×6000cm 预应力混凝土方桩，并送桩 7m，某基础公司共沉桩 14 根，其中有 4 根桩达到设计要求、有 10 根桩打断或桩顶破碎无法施工。这 10 根桩桩尖基本上都在 7m 左右的粉细砂层中，无法通过。当时对该工程有 2 种意见：原施工单位认为应改钢桩，混凝土方桩肯定不行；而设计认为混凝土桩还是有可能的。并征询三航局意见。三航局认为该地质沉桩困难，主要是要穿过 7m 左右的粉细砂层，根据的技术、能力和经验，应该是没有问题的。同时提出了该桩采用 C45 预应力混凝土，最上部一节桩锤击次数最多、锤击力也最大，桩尖要进入上海地区的主持力层⑦2 层。因此，建议采用 C60 混凝土。设计采纳后仍不放心，要求将 50cm×50cm 方桩做成全空心桩，空心直径 ϕ27cm，以防进入砂层锤击无法穿过时，采用内冲内排工艺水冲锤击沉桩作为备选方案。三航局二公司沉桩施工中将300多根混凝土方桩全部送入地下7m，没有1根桩被打断或桩顶被打坏，备用的水冲方案也没有使用过。尽管因空心桩桩顶断面减少了23%，但因C60混凝土强度有所提高，且锤击能量也比某基础公司略大（MB-72锤）。这充分说明随着技术、设备和经验的不断提高，水冲法施工也逐步退出。

如前所述的松浦大桥1974年施工时，锤击能量较小，MB-70锤边冲边打仍然锤击了约8000击左右，最多1根桩锤击了约11000击。近几年在该桥的上、下游都进行了桥梁工程施工，桩的持力层一样，但再也没有用水冲锤击沉桩，而是用D-100锤直接锤击沉钢管桩。

12.5.7 常见事故及处理

12.5.7.1 断桩事故及处理

1. 水冲沉桩断桩产生的主要原因

（1）内冲桩的内腔位置偏位，加上水（气）压就产生纵向裂缝，水、气破缝而出。

（2）水冲锤击沉桩最后干打时，因沉桩过程中造成桩垂直度超过规范，产生偏心锤击。

（3）锚缆走位，桩在打桩船龙口里蹩断；桩身材料不均匀，局部地方因空心胶囊上浮而造成偏心，壁厚减薄，强度低；打桩船锚缆将桩拉断；其他施工船舶违章作业，将桩撞断。

2. 水冲沉桩断桩处理的原则

由设计确定补桩方案。补桩前将断桩拔除或拉倒，以不影响其他桩的施工和以后工程使用为原则。

12.5.7.2 偏位和倒伏事故及处理

1. 偏位及倒伏事故产生的主要原因

（1）水冲沉桩允许偏位一般由设计确定，在水冲沉桩过程中，因桩身周围的土均不同程度受到破坏，因此，在较大的水流流速作用下，在较大的风浪影响下，桩在下沉过程中，因无法对它进行纠偏，就会产生超过设计所确定的偏位允许值。

（2）在水冲沉桩过程中，因没有严格按照既定的施工工艺操作，任意将内排改成外排，造成土体破坏面增大，产生超出规定的偏位。或者任意加大供水（气）的压力和流量，产生超出规定的偏位。

（3）水冲沉斜桩时产生倒伏的原因除上面两个外，就是沉好桩后没有能及时将桩拉住并夹好围檩。

2. 偏位及倒伏事故处理的原则

（1）由于水冲桩沉桩过程中对桩周围的土有不同程度的破坏，因此在沉桩结束后，立即用倒链、千斤顶、花篮螺丝等工具将偏位的桩和倒伏的桩尽量纠偏到允许范围里，及时夹好围檩。

（2）若通过纠偏，偏位和倾伏仍然超过设计规定的允许值，则应通知设计人员，拟定补桩或修改上部结构设计。

12.5.8 水冲锤击沉桩记录

水冲锤击沉桩和锤击沉桩一样，必须对每一根桩施工的全过程作出纪录，水冲锤击沉桩的沉桩记录表是在锤击沉桩纪录表的基础上设计的。见表12.5-7。

水冲锤击沉桩记录 表 12.5-7

工程名称			基桩位置				沉桩日期				打桩船名				备注
水泵型号			水冲管直径(mm)		冲嘴直径(mm)		冲嘴距桩尖距离(mm)				水冲方式				
			阵次	工序名称	各工序时间		水压(MPa)	风压(MPa)	锤击次数	桩身读数(m)	每阵贯入量(m)	平均贯入量(cm)	桩尖高程(m)	入土深度(m)	
					起	止									
锤型资料	锤型														
	锤总重														
	活动部分														
	冲程(cm)														
桩基资料	桩型尺寸(cm)														
	制桩日期														
桩型材料及厚度															
编号	设计														
	施工														
设计桩身斜度															
测量资料	水准点高程														
	后视														
	仪高														
泥面高程(m)															
桩尖高程(cm)	设计														
	施工														
桩顶高程(cm)	设计														
	施工														
桩身倾斜偏差(%)															
沉桩偏位(cm)	东														
	南														
	西														
	北														

测量 记录 校核

12.6 振动沉桩

12.6.1 概述

振动沉（拔）桩是利用振动锤的激振力将桩体沉入土中或将桩体拔出土中的施工方法，主要适用于钢桩（各种钢管桩、钢板桩、型钢桩、组合钢板桩）和PHC混凝土管桩等。此类施工主要用在临时工程上为多，如水上施工围堰、水上施工平台钢桩、土方开挖围护、施工临时加固、灌注桩长钢护筒下沉、短钢护筒的沉、拔（水上、陆上）、沉管灌注桩钢管的沉、拔等；在永久性工程如钢板桩码头、吹填围堰、钢管桩码头、船坞坞门的止水钢板桩、坞壁钢板桩墙、修造船滑道的钢板桩侧墙等工程，也有用振动的施工方法沉桩。在老旧结构拆除的工程上，拔除各种基础老旧桩，振动沉（拔）桩无疑是首选方案；也有采用先振动插桩后锤击沉桩的施工方法。

振动沉（拔）桩施工方法简单、成本低、施工速度快，所拔出的桩体大都有能重复使用的特点，而且只要采取合适措施，振动沉桩也能进行接桩施工。考虑选用振动沉（拔）桩施工的主要原因是地质因素，如桩基（如灌注桩钢护筒）要穿过较厚的中密和密实粉细砂，又要桩身（护筒）完好；既能保证下道工序如灌注桩成孔施工能正常进行，又要保证在必要和许可的情况下能将钢桩（护筒、钢管）完好地拔出重复使用等。振动沉桩是用振动锤的激振力克服土体的桩端阻力和桩身侧摩阻力；而振动拔桩仅需克服桩身侧摩阻力，同时往往还要辅以水冲等措施来完成。

特别是当水上打桩船在受到吊重、桩长、桩断面、水文地质等条件限制时，如近几年在特大型桥梁工程上普遍选用了振动沉（拔）桩的施工方法，所沉钢管桩（钢护筒）已从ϕ1500mm发展到ϕ2850mm、ϕ3000mm、ϕ3600mm到ϕ5800mm、单根桩（护筒）长已从55m发展到85m、单根桩（护筒）质量已从60t发展到120t。并还有采用振动锤架将2个到4个振动锤并联组合起来一起使用。起重船的吊重能力已达到了5000kN。

12.6.2 振动沉桩（拔）施工设备

12.6.2.1 振动沉（拔）桩的主要施工设备

振动沉（拔）桩的主要施工机具和设备为振动锤、起重机（水上以起重船为主、陆上以履带式吊车为主）、夹桩工具、振动锤架、吊索具、测量定位仪器等。一般的陆上锤击打桩机、螺旋钻钻机、液压式反铲挖掘机、履带式或轮胎式吊机都能改装成振动沉（拔）桩机；水上的起重船、打桩船也能改装成水上振动沉（拔）桩船。如图12.6-1水上振动沉（拔）桩船。

图12.6-1 水冲沉桩类型示意图

12.6.2.2 振动锤的选择方法

1. 按振动锤的激振力大于土的摩阻力来选择

振动锤在克服了土的摩阻力后，才能将桩沉入土中。即

$$F_V > F_R \tag{12.6.1}$$

式中 F_V——振动锤的激振力；

F_R——土的摩阻力。

2. 土的摩阻力 F_R 按下式计算

$$F_R = fUL \tag{12.6.2}$$

式中 F_R——土的摩阻力（kN）；

L——桩的入土深度（m）；

U——桩的周边长度（m）；

f——土层单位面积的动摩擦力（kN/m²），f 值可按表12.6-1估算。

土的动摩擦力表 **表12.6-1**

砂性土		黏性土	
标准贯入击数	f(kN/m²)	标准贯入击数	f(kN/m²)
0～4	10	0～2	10
4～10	15	2～4	15
10～30	20	4～8	20
30～50	25	8～15	25
>50	40	15～30	40
		>30	50

求到土的摩阻力 F_R 后，可根据相应的振动锤技术性能来选择适用的振动锤，并查得振动锤的激振力 F_V。

3. 对选出的激振力 F_V 进行复验

（1）对选出的振动锤的激振力 F_V，按经验公式（12.6.3）来复验：

$$F_V = 0.04n^2M \tag{12.6.3}$$

式中 F_V——振动锤的激振力（kN）；

n——振动锤转速（r/s）；

M——振动锤偏心力矩（N·m）。

（2）但偏心力矩 M 尚应满足下式

$$M = AW \tag{12.6.4}$$

式中 A——振幅，在软土地基中 $A \geqslant 0.007$m，在其他地基中 $A \geqslant 0.011$m；

W——桩和锤的总重力（N）。

（3）按振动锤的激振力 F_V 应大于振动系统结构总重力 W 的1.20～1.40倍来选择振动锤。即按经验公式（12.6.5）计算。

$$F_V > (1.20 \sim 1.40) \times W \tag{12.6.5}$$

此经验公式适用于一般黏性土、淤泥或淤泥质土及人工填土等土层；适用于振动沉管灌注桩、钻孔灌注桩短钢护筒和冲孔振动锤的选择。振动系统结构总重力应包括桩（短护筒、沉管）、夹具、振动锤、振动锤架、吊索具等。

（4）按激振力 F_V 大于土的摩阻力 F_R 减去钢护筒和振动锤自重力 G 进行选择。

$$F_V > F_R - G = \sum(K_i \times L_i \times U \times f_1) - G \tag{12.6.6}$$

式中 K_i——不同土层中的液化系数，可取 $K_1 = 0.25$；

L_i——钢护筒（钢桩）在不同土层中的入土深度（m）；

U——钢护筒周边长度（m）；

f_i——不同土层的单位摩阻力（kN/m^2）；

G——钢护筒和振动锤（包括振动锤架、吊索具等）的自重力（kN）。

此经验公式适用于在中密和密实砂土层中施工的长、超长、大断面钢护筒（钢桩）的振动锤选择。

12.6.2.3 振动沉拔管桩机

振动沉拔管桩机是振动沉（拔）桩机的一种特殊机型，振动沉管灌注桩是振动沉桩的一种形式，也是灌注桩的一种特殊桩型，振动沉拔管桩机的外形、结构和锤击打桩机相似，主要区别是桩架上不是挂的柴油打桩锤而是振动锤，而且桩架龙口里有一根重复使用的专用钢管，专用钢管比设计桩长要长些，还要配有吊钢筋笼和灌注混凝土等的设施。详见本篇沉管灌注桩。

12.6.3 工程实例

[实例1] 上海船厂船坞拆除工程

1. 工程概况

由于上海船厂船坞扩建，老旧船坞需全部拆除。此坞为20世纪40年代所建、60年代曾大修过。此次扩建要拔除的桩，有坞壁PU型拉森板桩、坞底板木桩、坞口止水拉森板桩，工程量见表12.6-2。

老旧桩一览表 **表12.6-2**

部位	桩　型	型　号	桩长(m)	数量(根)	入土深度(m)	拔桩方式
坞壁	拉森型钢板桩	PU32	18	约250	坞底下11.5	振动
坞底板	圆木桩	大头35～45、小头25～35	12	约3000	12	振动
坞门口	拉森型钢板桩	PU16	16	约16	16	振动

2. 试拔情况

（1）土层特性指标见表12.6-3。

土层部分特性指标表 **表12.6-3**

土　层			土 质 指 标			压桩阻力系数(kPa/m^2)	
	层厚(m)	土壤名称	密度(t/m^3)	含水率(%)	内摩擦角(°)	桩身	桩尖
1	5.8(1.2～7.0)	粉砂		24～27		14.3	4340
2	2.0(7.0～9.0)	黏质砂土	1.85	25.8		14.3	3000
3	3.0(9.0～12.0)	淤泥质粉质砂土	1.75～1.80	39.2～43.0	15.0～18.7	3.2	870
4	11.0(12.0～23.0)	淤泥质黏土	1.72	48.3～49.1	8.5～9.5	2.74	1170

（2）拔桩力估算：

按拔桩需克服的桩身侧摩阻力、拉森板桩锁口之间的侧摩阻力来估算拔桩力。

据估算：

① 坞壁PU32钢板桩≈800～900kN；

② 坞底板圆木桩≈90～100kN；

③ 坞门口PU16主板桩≈800～900kN。

(3) 为了弄清坞壁 PU32 拉森钢板桩的实际拔桩力进行了试验，在坞壁胸墙和廊道拆除后，用 10t 卷扬机、人字扒杆及 4 门滑车组，硬拔坞壁 PU32 板桩，人字扒杆两支脚坐在两根钢板桩顶，结果卷扬机被拉翻，被拔桩和支脚桩都丝毫不动，说明实际所需拔桩力大于估算拔桩力。

(4) 施工时采取了如下措施：①在坞壁 PU32 拉森钢板桩后挖深 5m；②用陆上打桩机挂 K45 柴油锤依次锤击坞壁钢板桩下沉 5cm 以上，松动锁口（K45 锤最大冲击能量为 135.0kN·m）；③用起重吊机吊长 15m、ϕ70mm 水冲钢管破坏首拔桩左右 5 根板桩范围内的土体；④仍用 10t 卷扬机、人字扒杆及 4 门滑车组拔坞壁桩，结果第一次拔出首拔桩一组 2 根。

(5) 坞底板混凝土拆除后，先在坞底板圆木桩头下 15cm 处用电钻打孔，穿进 ϕ20mm 圆钢做吊耳，用 250kN 履带吊吊拔坞底板圆木桩，结果 ϕ20mm 圆钢变形，吊索反弹起来，250kN 履带吊扒杆弯折，履带吊陷入泥里。

3. 振拔施工

(1) 坞壁钢板桩首拔桩第一次拔出一组两根后，因水冲工艺不利于整个工地施工，改用 DZ－90 型振动拔桩锤，配 500kN 履带吊去拔已用柴油锤松动过锁口的首拔桩边上的只有一边有锁口的板桩，结果顺利将板桩拔出。DZ－90 型振动拔桩锤技术性能见表 12.6-4。

DZ-90 型振动拔桩锤技术性能表 **表 12.6-4**

机 型	振动力 (kN)	偏心力矩 (kN·cm)	振动频率 (次/min)	振幅 (mm)	电动机功率 (kW)	电源容量	振动锤质量 (kg)
DZ—90 型	397	29.4	1100	5.4	90	外接电：200kVA 发电机：250kVA	6600
	530	39.2		7.2			
	644	79.0		9.0			

(2) 气割 50cm 长 ϕ50cm 钢管两段，用长 12m 三根 L100mm 角铁，将 2 段 ϕ50cm 钢管一头一段做成 1 只圆环切泥刀，套在木桩外圈上。用 25t 履带吊吊 DZ－45 型振动锤，将圆环切泥刀振动切割圆木桩外圈土体，结果用 250kN 履带吊很容易地将圆木桩拔出。一般先切割约 20 根圆木桩外圈土体后，再一次吊拔桩。一个工班可拔除 150 根以上圆木桩。

(3) 坞门口止水 PU16 钢板桩，振拔方法如 PU32 钢板桩。

[实例 2] 振动钢护筒

1. 工程概况

东海大桥辅通航孔采用 2.5m 钻孔桩，3 座辅通航孔共计为 135 根钻孔桩，桩长 115m。采用 ϕ2.9m×114mm 壁厚的钢护筒，每根钢护筒长 42.5m，进入草黄色粉砂层至－33.00m。

2. 钢平台施工

钻孔桩施工平台采用 ϕ1200mm 钢管桩作为基础，用 ϕ600mm 钢管平联，上部用贝雷架和型钢连接。

3. 钢护筒测量定位

待平台面板施工完成以后，利用 GPS 定位系统在平台上布设控制点，用 GPS 每个平台最少定出3根钢护筒位置，余下桩可用全站仪进行桩位放样。利用水准仪测量桩位标高，在测量过程中要随时检查、复测桩位，观察设置点位置变化情况。

4. 施工方法

(1) 施工时，在钻孔工作平台面板上测量放样定出桩位，并将其定位点外引至桩位面板以外（即设护桩点），然后将面板与128a分配梁之间的临时固结点解除，并将桩位处128a分配梁吊离，这样即可进行钢护筒的振沉施工。利用平台上的500kN履带吊悬吊ZD135振动锤振沉钢护筒，见图12.6-2。

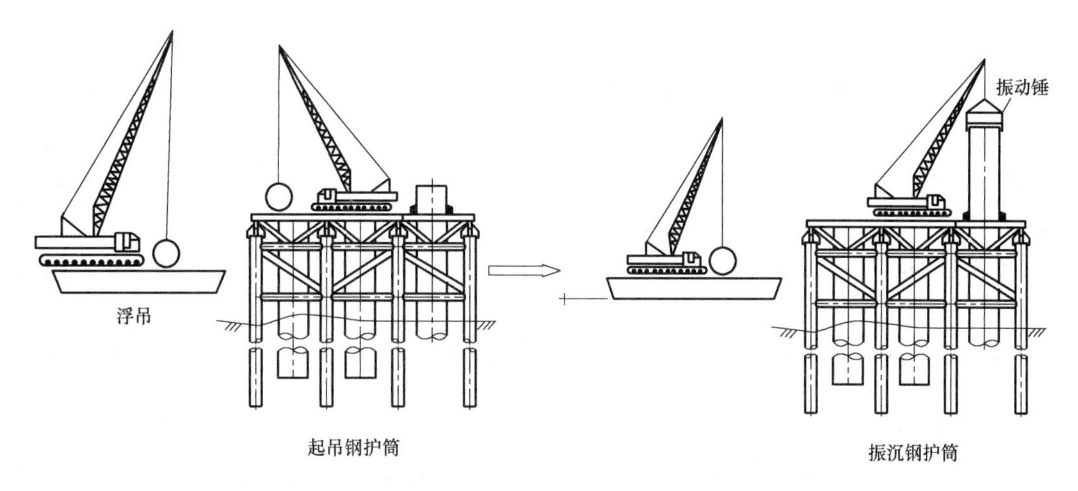

图12.6-2　ZD135振动锤振沉钢护筒

(2) 在振沉钢护筒时，采用多层导向定位架，上层固定在钻孔工作平台上的128a型钢顶面，下层与钻孔平台临时钢管桩连接牢固。由于128a型钢跨度达6.5m，若其刚度不能满足要求，则必须对其进行处理。导行定位架必须加固牢固后方可进行钢护筒的振沉施工。

(3) 钢护筒振沉前必须进行严格的自检，而且必须经过监理工程师验收合格后方可进行振沉工作，桩基钢护筒的振沉工作应安排在平潮或较低潮水位时进行。钢护筒采用分节对接振动下沉的办法，每节钢护筒在振动下沉前，在护筒顶部处设置内部支撑，防止在振动夹头夹紧时使护筒产生径向塑性变形。当每节钢护筒振动到位时，必须及时将内支撑解除，解除时一定要将内支撑拴好保险绳，以防止其掉入护筒内，影响以后的成孔。

(4) 当第一节护筒在定位架上定位临时固结前，采用“吊线法”检查其垂直度，同时检查其中心偏位是否符合要求，否则要重新进行定位。定位合格后方可将其临时固结，并进行第二节钢护筒的对接。

(5) 通常，上、下2节钢护筒点焊对接前，要用经纬仪从不同角度检查其垂直度，直至符合要求方可进行满焊焊接。2节钢护筒接头处采用坡口焊接，焊缝厚度不小于8mm。同时在钢护筒对接口外侧，沿桩周加设8块20cm×10cm×1cm的A3加劲板，钢板与钢护筒采用环形满焊，焊缝厚度不小于8mm。

(6) 两节钢护筒节口焊接完成后，割除临时固结物，开始振动下沉。接着进行第三节钢护筒的接长及振沉。

(7) 钢护筒振沉过程中应对沉桩机与振动锤与钢桩的连接螺栓进行观察，并确保其连接牢固。每次振动以不超过5min进行控制，同时注意对钢护筒下沉速度及垂直度进行控制，若遇异常情况应立刻停振，并分析其原因。

(8) 钢护筒振沉到位并完成其连接以后，及时将钢护筒口用支撑128a分配梁的牛腿焊接，然后待横向一排（3根）钢护筒完成后，及时铺设128a分配梁，并将面板与128a分配梁施焊固定。

12.7 特殊桩型的水上施工

12.7.1 超长桩的施工

一般当混凝土方桩长55m以上视为超长桩。特别是俯打桩时，当桩定位下桩后，泥面以上的悬臂段很长，如有浅层砂层，悬臂段就更长，开锤施工很容易断桩。因此需要特制一只活动软背板，用钢丝绳挂在替打上，替板的位置宜在悬臂段的中部，在施工时还须采用打打停停，泼水检查等方法，以防桩发生裂缝。

超长桩的起吊，为减少吊桩时的跨距防止桩裂，采用八点二层滑车吊桩方法同图12.6-1。

由于桩很长，装桩的方驳一般采用边楼子的驳船，即生活楼在船的一侧，桩可以伸出方驳的两端见图12.6-2。

12.7.2 板桩水上施工

钢板桩截面有U型、Z型、H型、平型等多种形式，当板桩墙弯矩较大时，也可采用圆管型、组合型。钢板桩墙主要用在挡土、挡水的永久（如板桩码头、船坞）和临时工程（如挡水围堰；挖沟、槽和基坑围护）结构上。在水运工程中，采用U型（拉森型锁口）钢板桩为多。

1. 锤型、桩帽、锤垫的要求

一般情况下，有锁口的钢板桩都使用在钢筋混凝土板桩已不适宜采用的挡土、挡水的大型临时围堰工程上，或者作为永久性结构应用在大、中型码头挡土挡水、船坞坞壁墙体上和止水结构上，因此在20m以上的钢板桩都采用冲击块4.6～8.0t的筒式柴油锤和90～150kW振动锤来沉桩。短桩大都用杆式柴油锤和小于90kW的振动锤来沉桩。近几年有一批锤击能量在20～150kN·m的小型液压锤投入建筑市场，也可用于钢板桩施工。型钢钢板桩常选用坠锤和导杆柴油锤来沉桩，短桩也有选用同等锤击能量的汽锤来施工。

为使桩锤的冲击力均匀分布在桩顶的顶面，保护桩顶免受损伤和控制打入方向，在桩锤和钢板桩之间应设桩帽，桩帽要做到与板桩的接触面尽可能地大，能承受较大的冲击力，为确保板桩在桩帽中的位置，需在桩帽内设置定向块，定向块的孔隙要大小适当。

在振动沉桩时，振动锤下面装有一只夹桩器，将钢板桩顶夹住、吊起、下插、振动下沉，为此在钢板桩顶部加焊上了1块30mm厚的加劲钢板，对钢板桩顶面加强。

锤击钢板桩用的锤垫和锤击钢筋混凝土方桩的锤垫系统。

2. 钢板桩的检验与矫正

钢板桩有可重复使用的特点，因而更要注意加强对钢板桩的验收。另外钢板桩的不同形式中又有不同的型号，它们的断面尺寸、钢板厚度都不一样，要注意区别。

因钢板桩本体刚度较小，在运输与堆放过程中难免会有变形，一般均要进行整修调直，尤其是桩身与锁口的平直度。锁口通顺是钢板桩顺利打入的首要条件，锁口受阻是钢板桩施打时出现打入困难、邻桩带下、桩体倾斜等常见通病的“罪魁祸首”，故有“七分调直、三分打桩”之说。现场检验一般可采用一段长度大于 2m 的、从同型号桩体上割下、带有锁口的“锁口检测器”。该“锁口检测器”2 人可轻松抬起，可将其插入被检测锁口内进行通锁检测。必须采用“锁口检测器”对钢板桩逐一进行检查，要求全部顺利通过整个桩长的两侧锁口，否则要对锁口及桩体进行调直矫正。调直矫正一般可采取氧乙炔焰烘和大锤敲击加冷水急冷的办法处理，直至处理后的锁口能被“锁口检测器”顺利通过。

3. 打桩机械的选择

水工工程中的钢板桩的施工一般采用锤击法及振动法，前者采用柴油锤，后者选用振动锤，可根据钢板桩的形式、长度及地质情况等选用，也可同时将 2 种方法结合运用。表 12.7-1 是上述 2 种锤型的适用情况对照。

锤型选择表 **表 12.7-1**

锤型	地质条件			施工条件				优缺点
	粉土、黏土	砂层	硬土层	噪声	振动	贯入能量	施工速度	
柴油锤	合适	合适	可以	大	大	大	快	运行简单、有油雾污染
振动锤	合适	可以	不可以	小	大	一般	一般	可打、可拔，但电耗大

4. 钢板桩施工工艺流程（图 12.7-1）

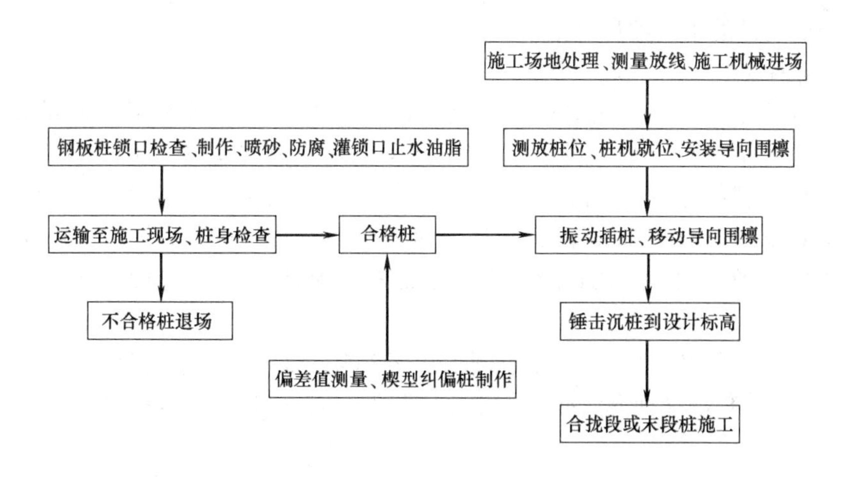

图 12.7-1 钢板桩施工工艺流程

5. 钢板桩沉桩注意事项

（1）前期准备工作必须充分、认真。

① 钢板桩因单件刚度小，在运输制作堆存中易变形，特别是旧钢板桩重复使用时更应对接桩、锁口、加工的变形进行矫正，并均可通过锁口检测器检测。

② 要根据钢板桩的使用功能做好前期准备，特别是防渗钢板桩的止水材料，应根据防渗水头选择治水材料。

③ 制作、防锈、防腐等工作应在专门工厂（或车间进行），以满足环境和制作精度要求。特别是转角桩、异型桩的制作要符合要求。

④ 测量工作重点控制轴线、转角点和首末桩以及桩轴线方向的垂直度。

⑤ 钢板桩施工轴线上应清除障碍物，特别是地下障碍物。

（2）水上沉钢板桩要注意以下几点：

① 浅水区施工：要根据地形、水深和作业条件可选择水上搭设工作平台使用陆上打桩机施工。也可进行水上挖泥后用打桩船趁潮水高时施工。

② 水上导向围檩一般用两层导向架，上层导向架高程应在施工水位以上。

③ 钢板桩水上合龙时应尽量选择在平潮时，同时设法使钢板桩内外水头差尽量小，必要时开洞使内外水平衡。

④ 水上施工要注意流速、波浪、风力等自然条件，条件不满足要求时应暂停施工。

⑤ 水上沉桩时应对已沉板桩及时夹围檩加固，同时上部结构施工亦应抓紧进行，以防风浪、船只袭击、碰撞而造成损坏。

12.8 水上桩基施工常见问题及其处理

12.8.1 钢管桩的防腐蚀措施

按《海港工程钢结构防腐蚀技术规定》JTJ 230—89，钢管桩在水位变动区的平均潮位以上，一般采用耐蚀的覆盖层以防腐蚀，水位变动区平均潮位以下，水下区、泥下区的防腐蚀采用阳极保护。

1. 水位变动区的平均潮位以上

（1）玻璃钢保护

玻璃钢用纤维织品，填充材料（石化粉以及抗冲，耐水等材料）和粘接剂制成。粘接剂一般用树脂材料，如聚酯树脂、环氧树脂或氧丙烯酸等。1983 年在上海石化总厂化工码头钢管桩浪溅，潮差区包覆玻璃钢保护，先后六次现场开片检查，经过评议，保护效果明显。玻璃钢表面和凿开玻璃钢后钢材的表面均保护原有光泽。根据现场开片检查效果和室内加速模拟试验数据，预计玻璃钢包覆的寿命可达 15 年以上。

对老码头潮差区的钢管桩，由于收潮水涨落影响，难以包覆玻璃钢，可在玻璃钢护套内灌注膨胀水泥砂浆，这种方法亦在石化总厂和陈山码头用过，效果很好。

（2）防蚀涂漆

油漆在任何场合均可采用，在金属管桩外表上，涂成粘着性的膜，可防止水、氧等腐蚀性物质直接接触钢管桩，起隔绝作用。另一个作用是漆电阻率较高，可起到防腐作用。

2. 水位变动区平均潮位以下的水下区和泥下区用阳极保护

阳极保护有牺牲阴极和外加电流两种方法。“JTJ 230—89”规范中规定：电阻率小于 2000Ωcm 只可用外加电流进行阴极保护。

外加电流阳极保护系统主要由直流电源装置（恒电位仪），辅助阳极、参比电极、电缆、检测设备（自动测试台）等组成。同时要求被采用的阴极保护的钢管桩应短路接成一通点给整体，连接电阻不应大于 0.01Ω，设计年限可达 15 年以上。

12.8.2 水上斜坡上打桩的岸坡稳定问题

1. 斜坡上打桩对岸坡稳定的影响

水上桩基有相当一部分是在港口后河道斜坡上打桩，如上海港码头工程大都位于黄浦江两岸的斜坡上，其岸坡高差有10～15m。几十年的经验证明，施工中在打码头后方平台时，经常在岸坡或坡顶一定距离（约30m以内）土体出现开裂或向江中位移，最大位移可达100cm左右，这样大的位移对已打好的桩和岸坡附近地面上的建筑设施带来极大的危害。因此，水上施工打桩必须十分重视对岸坡和周围建筑物的影响，制定相应的安全措施。

2. 打桩对岸坡稳定影响的机理

由于强大而频繁的打桩振动和挤压作用，使土体产生较高的超静孔隙水压力，土体强度瞬间剧烈下降，造成失稳变形。其次是打桩振动力使土体颗粒受到一个附加的惯性力，改变原来的应力状态，土体的稳定系数下降。对黏土、亚黏土一般是前者起主要作用，对砂性土地基则以后一作用为主。

3. 措施

（1）工程措施

在施工打桩区和附近建筑物之间，打设排水通道，如袋装砂井，塑料排水板等，使打桩产生的孔隙水压力通过排水通道迅速消散。也可在施工打桩区和建筑物之间开挖防振沟，使打桩产生的振动波减弱，取得保护效果，此外也可以打设钢板防护等。

（2）施工措施

常用的有慢打、间歇打、跳打、高潮位打，以及合理安排打桩流水顺序，先打近保护区附近，而后打远离被保护区。以防产生过高的孔隙水压叠加，使土体保持一定的抗剪强度。其中高潮位打桩主要是使岸坡的平衡应力差减小。

（3）为了确保施工打桩期间岸坡和附近建筑设施的安全，在打桩期间必须跟踪监测。通过测定孔隙水压力、土体变形、地面沉降及建筑物的变化，利用已有的经验和计算理论进行对比分析，进而判断出建筑物的安全度。如上海苏州河闸桥施工时通过监测分析，有效地保证了上海大厦，外白渡桥等重要建筑物的安全。

12.8.3 水上桩基施工的其他问题

1. 预制桩由于质量控制或原材料等原因有时造成桩身质量差异。

在锤击过程中个别桩会产生纵向裂缝，其主要原因是胶囊在预制时偏心，内腔偏于一边，锤击时，薄弱一侧会发生裂缝，有的桩在锤击时桩顶开裂，对此可采取下列补救措施：

（1）如纵向裂缝发生在水面以上，应立即进行修补。一般采用环氧和801胶。同时检查其他未打之桩，若内腔偏于一边，则在薄弱一侧采用环氧补强。

（2）如桩顶开裂，可增厚打桩垫木，并控制锤击能量采用重锤轻打。若开裂过大，则应将开裂处凿除，用环氧砂浆补平桩头，再行锤击施工。

2. 施工中有时发生断桩事故，为了防止断桩，对以下几点应予重视，打桩船走锚桩身质量问题或施工时打桩锤的轴线与桩之轴线不一致，发生偏心锤击。

发生走锚现象，可能是锤重不足，流速大船站不住，也可能锚重足够而锚缆太短，加上水深，锚被吊起，因此在选择打桩船时要注意锚重，锚缆要留有足够的长度。

如存在质量问题，可采用回弹仪检测，不合格一律降级使用或报废。

为防止桩锤与桩的中心线不一致，必须严格掌握：

(1) 下桩定位后，一定要调整好龙口边与桩边平行，压桩锤以后还须进一步调整，确认无误后才能开锤。

(2) 压锤后不允许对桩位进行过大的调整。

(3) 开锤后严禁移船纠正桩位。

3. 由于地质原因，沉桩过程中发生溜桩，桩身主应力超过设计允许拉应力，造成桩身坏裂。

对此应在分析地质资料时多加注意，操作时在发生溜桩之前打空锤，或控制油门执行重锤轻打原则，同时放松吊锤绞车，不使溜桩时锤与桩脱离，以致锤击吊索突发生机损事故。如对溜桩产生的桩身坏裂，也往往造成断桩事故。

参考文献

[1] 交通部第三航务工程局编 (1985). 桩基施工手册.

[2] 俞振全等 (1992). 桩和桩基. 冶金工业出版社.

[3] 港口工程技术规范 (1988)，人民出版社.

[4] F. E. YOUNG (1981)，Piles and foundation，THOMAS TELFORDLIMITED.

[5] Tomlinson，M. J. (1977). Pile design construction practice，A riewpoint publication.

[6] 日本钢管桩协会编 (1977). 钢管桩设计与施工.

[7] 桥本正治，西泽信二 (1992). 住宅基础工事回转贯入钢管桩工法设计与施工. 基础工，Vol. 20，No9，P58.

[8] 筱原敏雄 (1992). 使用钢管桩的防滑工法. 基础工，Vol. 10，No8，P29.

第13章　特殊土地基中桩基础

13.1　概述

我国地域辽阔，工程地质条件复杂，分布的土类繁多，不同土类的工程性质会有较大差异。由于地质成因、土的组成成分、气候条件等原因，使有些土与一般土相比具有显著不同的工程性质。如：膨胀土湿胀干缩，有的黄土具有湿陷性等等。在我国分布有不少各种特殊土地基，如：黄土地基、盐渍土地基、冻土地基、膨胀土地基、岩溶地基、红黏土地基、残积土地基、污染土地基、混合土地基、填土地基等。在这些特殊土地基上进行工程建设，必须掌握其特殊的工程性质，在设计、施工和运行使用过程中采取必要的相应措施。在特殊土地基中采用桩基础，也应根据其特殊的工程性质，在设计、施工和运行使用过程中采取必要的相应措施。

在这一章介绍的特殊土地基中桩基础主要包括：湿陷性黄土地基中桩基础，盐渍土地基中桩基础，冻土地基中桩基础，膨胀土地基中桩基础和岩溶地基中桩基础。下述几节介绍的思路对其他特殊性土地基中桩基础的设计、施工和运行使用过程中采取必要的相应措施也是有参考价值的。

13.2　湿陷性黄土地基中桩基础

13.2.1　湿陷性黄土的工程特性

黄土是第四纪的特殊堆积物，在我国分布很广，主要分布在广大西北地区的黄土高原，其次分布在华北平原以及东北的南部地区，总面积达64万km^2，其中湿陷性占黄土60%，约占世界黄土分布总面积的4.9%。颜色以黄色为主，有灰黄、褐黄等色；具有肉眼可见的大空隙，一般在1.0mm左右；富含碳酸钙成分及其结核；无层理，垂直节理发育；具有湿陷性和易溶蚀、易冲刷、各向异性等工程特性。

我国黄土根据其形成的年代不同分为Q_1（午城黄土）、Q_2（离石黄土）、Q_3（马兰黄土）、Q_4（黄土状土），湿陷性黄土主要存在于Q_3、Q_4黄土中。湿陷性黄土的最大工程特点表现在土的自重压力或附加压力与自重压力的共同作用下受水浸湿时产生急剧而大量的沉降。由于黄土形成自然条件的差别，一些湿陷性黄土浸水后在自重压力作用下就产生湿陷，而另一些黄土浸水后在自重压力和附加压力共同作用下才产生湿陷，前者称为自重湿陷性黄土，后者称为非自重湿陷性黄土。湿陷性黄土受各地区堆积环境、地理位置、地质和气候条件的影响，其堆积厚度、湿陷性等都有明显的差异，厚度从几米到四百多米，湿陷程度从轻微到很严重。

湿陷变形有别于压缩变形，通常情况下压缩变形在荷载施加后立即产生，随着时间的增长而趋于稳定。对于大多数黄土地基（饱和黄土和新近堆积黄土除外），压缩变形在施工期间就能完成一大部分，在建筑物竣工后3～6个月即基本趋于稳定，且总变形量不大，湿陷变形的特点是变形量大，常常超过正常变形的几倍甚至几十倍，变形发生较快，往往浸水1～3小时就开始湿陷，1～2天内就产生20～30cm的变形，这种量大而不均匀的变形往往使建筑物产生严重变形甚至破坏。湿陷变形完全取决于受水浸湿的几率，有的在施工期间即出现湿陷事故，有的在建成几年甚至几十年后才会出现湿陷事故。

湿陷性黄土的颗粒组成主要以粉粒为主，其含量可达60%以上，一般来说，随着黏粒含量的增加（10%～20%），黄土由湿陷性过渡到非湿陷性。但只根据颗粒组成去判断黄土的湿陷性还是相当困难。因为黏粒的赋存状态对其也有很大影响。如兰州西盆地北岸次生黄土的黏粒含量都大于20%，且大部分在30%以上，都呈现强烈的自重湿陷性。这主要是由于场地黄土中黏粒并非均布于骨架之间，而常呈微团粒分布，团粒内部往往很紧密，这些黏粒在骨架颗粒间并不起胶结作用。

湿陷性黄土的比重一般为2.51～2.81，平原地区的黄土一般为2.62～2.76。比重的大小与土的颗粒组成有关，当粗粉粒和砂粒含量较多时，则比重多在2.72以上。在确定黄土的土粒比重时，应考虑其中常包含有易溶盐和有机质。而湿陷性黄土天然重度的变化范围较大，一般为13.1～18.1kN/m^3，它不仅取决于颗粒的大小和含量的多寡，还与土的含水量有关，工程中一般常用干重度和孔隙比来反映土的密实程度。

干重度是反映黄土密实程度的一个重要指标，与土的湿陷性也有明显的关系，一般而言，干重度小，湿陷性强，反之，则弱。湿陷性黄土干重度的变化范围一般在11.4～16.9 kN/m^{3}之间，其所以变化范围大，除与土本身的密实程度有差别外，还与土中的矿物成分的含量和含盐量有关，当干重度超过某一数值后，黄土就由湿陷性变为非湿陷性。对黄土状亚黏土来说，当干重度达到15 kN/m^{3}以上。一般都属于非湿陷性。但对于洪积、冲积成因的颗粒较粗的黄土状亚黏土或新近堆积黄土，则干重度超过15 kN/m^3，则有可能仍具有湿陷性。

湿陷性黄土的天然含水量在3.3%～25.3%之间变化，其大小与场地的地下水位深度和年平均降雨量有关，在大多数情况下，黄土的天然含水量都较低。而其饱和度一般在15%～77%之间变化，多数为40%～50%，即处于稍湿状态，稍湿状态的黄土，其湿陷性一般较很湿的为强。随着饱和度增加，湿陷性减弱，当饱和度接近于80%时，湿陷性就基本消失。湿陷性黄土的液限和塑限分别在20%～35%和14%～21%之间变化，塑性指数为3.3～17.5，大多数在9～12左右，液性指数在0上下波动。液限是决定黄土力学性质的一个重要指标，当液限在30%以上时，黄土的湿陷性较弱，且多为非自重湿陷性，而小于30%时，则湿陷性一般较强烈。

湿陷性黄土的一般物理力学性质为：孔隙比大、含水量低、压缩性高，在黄土地区从东到西其湿陷性系数逐渐增大，自重湿陷性土层厚度也增大，湿陷性黄土的承载力和抗剪强度在饱和状态下很低，在天然状态下一般$f_a=100\sim170$kPa，$c=30\sim40$kPa，$\varphi=20°\sim25°$。

黄土的抗剪强度除与土的颗粒组成，矿物成分、黏粒和可溶盐含量等有关外，主要取决于土的含水量和密实度。当黄土的天然含水量低于塑限时，含水量变化对强度影响最大，含水量越低，则抗剪强度越大。当天然含水量超过塑限时，抗剪强度降低幅度小；而超过饱和含水量时，抗剪强度变化不大。含水量相同，黄土的密实度越大，则抗剪强度越大。对于湿陷性黄土来说，压缩变形是指地基在天然含水量条件下受外荷作用所产生的变形，它不包括地基受水浸湿后的湿陷变形。对于新近堆积的黄土，压缩系数的峰值出现较早，因此，计算 a 和 E_s 的压力区间宜取 0.05～0.15MPa 或 0.05～0.1MPa，深度在 10m 以下的黄土层，自重压力较大，相应的压力区间则宜取 0.1～0.3 或 0.2～0.3MPa。

湿陷性黄土湿陷变形特征的主要指标有湿陷系数，湿陷起始压力和湿陷起始含水量，其中以湿陷系数最为重要。湿陷系数是单位厚度土样在土自重压力或自重压力与附加压力共同作用下受水浸湿后所产生的湿陷量，湿陷系数的大小反映了黄土对水的敏感程度。湿陷系数越大，表示土受浸湿后的湿陷量越大，而对建筑物的危害也越大，反之则小。湿陷的起始压力指黄土在受水浸湿后开始产生湿陷时的相应压力，严格说，应是湿陷系数接近于零时的压力。相当于受水浸湿后的残余强度，通过浸水压缩试验和浸水载荷试验来确定湿陷性黄土受水浸湿时开始出现湿陷现象时的最低含水量为起始含水量，它与土的性质和作用压力有关，对于同一种土，起始含水量并不是一个常数，一般随着压力的增大而减小，对于具有一定性质的黄土，在特定压力下，它的起始压力是一个定值。

湿陷性黄土的变形研究主要是通过现场试坑浸水试验进行，通过对湿陷性黄土场地受水浸湿后地基坍塌现场和建筑物被破坏情况进行观察以便确定湿陷性的影响范围、自重湿陷沉降度的分布、浸水面积与湿陷量的大小的关系以及自重湿陷产生与发展的过程等。兰州地区湿陷峰值和裂缝产生一般在 24 小时，属于湿陷性敏感的黄土；关中地区一般在一周内。黄土自重湿陷量的大小与湿陷土层厚度有关，一般湿陷性土层厚度越大自重湿陷量越大，不同场地湿陷量不同，即使是同一场地，浸水试坑面积不同，自重湿陷量也不同，但有共同规律，浸水面积越大湿陷量越大，自重湿陷性黄土水平方向的影响范围因场地内黄土的原始结构强度和浸水后残余强度的差异，产生湿陷变形的范围不同。

13.2.2 湿陷性黄土桩基础设计

1. 湿陷性黄土场地桩基适用条件

在湿陷性黄土场地，符合下列中的任一款时均宜采用桩基础：

(1) 采用地基处理措施不能满足设计要求的建筑；

(2) 对整体倾斜有严格限制的高耸结构；

(3) 对不均匀沉降有严格限制的建筑和设备基础；

(4) 主要承受水平荷载和上拔力的建筑或基础；

(5) 经技术经济综合分析比较，采用地基处理不合理的建筑。

2. 湿陷性黄土地区桩基设计的原则

湿陷性黄土地区桩基设计需要考虑桩侧负摩阻力的影响。湿陷性黄土浸水后，正摩阻力消失，湿陷造成的过大沉降还会在桩侧产生负摩阻力，有时仅桩端土承担荷载，降低了单桩承载力。因此，湿陷性黄土地区桩基设计的原则应符合下列规定：

(1) 在湿陷性黄土场地采用桩基础，多采用端承型桩，甲、乙类建筑物桩端必须穿透湿陷性黄土层，支撑在压缩性较低的黏性土层、密实的粉土、砂土、碎石类土层或基岩中。

(2) 湿陷性黄土地基中，设计等级为甲、乙级建筑桩基的单桩极限承载力，宜以浸水荷载试验为主要依据。

(3) 在非自重湿陷性黄土场地，当自重湿陷量的计算值小于70mm时，单桩竖向承载力的计算应计入湿陷性黄土层内的桩长按饱和状态下的正侧阻力。

(4) 在自重湿陷性黄土场地，除不计湿陷性黄土层内的桩长按饱和状态下的正侧阻力外，尚应扣除桩侧的负摩擦力，应根据工程具体情况分析计算桩侧负摩阻力的影响，对桩侧负摩擦力进行现场试验确有困难时，可表13.2-1中的数值估算。

桩侧平均负摩阻力特征值（kPa） **表13.2-1**

自重湿陷量计算值(mm)	钻、挖孔灌注桩	预制桩
70～200	10	15
＞200	15	20

(5) 为提高桩基的竖向承载力，在自重湿陷性黄土场地，可采取减小桩侧负摩擦力的措施。复合基桩竖向承载力计算不考虑承台底土体阻力的作用。

(6) 自重湿陷性黄土地基中的桩基，在竖向承载力计算中下拉荷载折减系数及水平荷载计算中水平抗力系数的比例系数之取值应根据建筑物重要性、地基浸水可能性大小以及在使用期间对不均匀沉降限制的严格程度选取，比例系数的取值应考虑水平荷载的性质。

(7) 单桩水平承载力特征值，宜通过现场水平静载荷浸水试验的测试结果确定。

(8) 在Ⅰ、Ⅱ区的自重湿陷性黄土场地，桩的纵向钢筋长度应沿桩身通长配置。在其他地区的自重湿陷性黄土场地，桩的纵向钢筋长度，不应小于自重湿陷性黄土层的厚度。

3. 桩基竖向承载力计算要求

(1) 自重湿陷性黄土场地的基桩，除满足：

轴心竖向力作用下
$$N_k \leqslant R_a \tag{13.2.1}$$

偏心竖向力作用下
$$N_{kmax} \leqslant 1.2R_a \tag{13.2.2}$$

的要求外，尚应考虑土层湿陷引起的下拉荷载，满足下式要求：

$$N_k + \lambda_f Q_g^n \leqslant R_a \tag{13.2.3}$$

式中 N_k——荷载效应标准组合轴心竖向力作用下，基桩或复合基桩的平均竖向力；

N_{kmax}——荷载效应标准组合偏心竖向力作用下，桩顶最大竖向力；

R_a——单桩竖向承载力特征值；

Q_g^n——负摩阻力引起的单桩下拉荷载标准值；

λ_f——下拉荷载折减系数，根据建筑物重要性、地基浸水可能性大小以及在使用期间对不均匀沉降限制的严格程度选取，按国家标准《湿陷性黄土地区建筑规范》GB 50025划分的甲类建筑、乙类建筑中地基浸水可能性大的一般建筑取0.8，其他取0.6。

(2) 自重湿陷性黄土地基中的桩基，其单桩竖向承载力特征值R_a按下式确定：

$$R_a = \frac{Q_{sk} + Q_{pk}}{K} = \frac{Q_{uk}}{K} \tag{13.2.4}$$

式中 Q_{sk}、Q_{pk}——分别为单桩的总极限侧阻力标准值和总极限端阻力标准值；

Q_{uk}——单桩竖向极限承载力标准值；

K——安全系数，取$K=2$。

(3) 确定单桩竖向承载力标准值时，宜按下式估算：

$$Q_{uk}=Q_{sk}+Q_{pk}=u\sum q_{sik}l_i+q_{pk}A_p \tag{13.2.5}$$

式中 u——桩身周长；

A_p——桩端面积；

l_i——桩周第 i 层土的厚度；

q_{sik}——桩周第 i 层土单位面积极限侧阻力标准值，当位于负摩阻力区段时不计此段侧阻力；当为扩底桩时，变截面以上 $2d$ 长度范围内不计侧阻力；当无当地经验时可按表 13.2-2 取值；

q_{pk}——单位面积极限端阻力标准值，如无当地经验时按表 13.2-3 取值。

（4）负摩阻力的计算

① 对穿越自重湿陷性黄土进入相对较硬土层的地基在计算竖向承载力时，应计入桩周土体湿陷引起的桩侧负摩阻力。

② 桩侧负摩阻力及其引起的下拉荷载通过现场实测确定，当无实测资料时中性点以上单桩第 i 层土负摩阻力标准值可按下列规定计算：

$$q_{si}^{n}=\xi_{ni}\sigma_i' \tag{13.2.6}$$

$$\sigma'_{ri}=\sum_{m=1}^{i-1}r_m\Delta z_m+\frac{1}{2}r_i\Delta z_i \tag{13.2.7}$$

式中 q_{si}^{n}——第 i 层土桩侧负摩阻力标准值。对钻、挖、冲孔灌注桩，当黄土计算的 q_{si}^{n} 值大于 20kPa 时取为 20kPa；对沉管灌注桩、夯扩桩，当黄土计算的 q_{si}^{n} 值大于 30kPa 时取为 30kPa；

ξ_{ni}——桩周第 i 层土负摩阻力系数，对钻、挖、冲孔灌注桩取 0.2，对沉管灌注桩、夯扩桩取 0.35；

σ_i'——由土自重引起的桩周第 i 层土平均竖向有效应力；

r_m、r_i——分别为第 i 计算土层和其上第 m 土层的重度，饱和黄土可取 $18kN/m^3$；

Δz_m、Δz_i——第 m 层土、第 i 层土的厚度。

③ 自重湿陷性黄土地基中的端承型桩，中性点位于最下层自重湿陷性土层的底面。

灌注桩极限侧阻力标准值 q_{sik}（kPa） **表 13.2-2**

土的名称	土的状态	干作业挖(钻)孔桩	振动灌注/桩、夯扩桩	泥浆护壁钻(冲)孔桩
填土	—	20～28	15～22	18～26
淤泥	—	12～18	9～13	12～18
淤泥质土	—	20～28	15～22	20～28
黏性土	$I_L>1$ 流塑	21～38	16～28	21～38
	$0.75<I_L\leqslant1$ 软塑	38～53	28～40	38～53
	$0.5<I_L\leqslant0.75$ 可塑	53～66	40～52	53～68
	$0.25<I_L\leqslant0.5$ 硬可塑	66～82	52～63	68～84
	$0<I_L\leqslant0.25$ 硬塑	82～94	63～72	84～96
	$I_L\leqslant0$ 坚硬	94～104	72～80	96～102
粉土	$e>0.9$	24～42	16～32	24～42
	$0.75\leqslant e\leqslant0.9$	42～62	32～50	42～62
	$e<0.75$	62～82	50～67	62～82

续表

土的名称	土的状态	干作业挖(钻)孔桩	振动灌注/桩、夯扩桩	泥浆护壁钻(冲)孔桩
粉细砂	$10<N\leqslant15$ 稍密	22～46	16～32	22～46
	$15<N\leqslant30$ 中密	46～64	32～50	46～64
	$N>30$ 密实	64～86	50～67	64～86
中砂	$15<N\leqslant30$ 中密	53～72	42～58	53～72
	$N>30$ 密实	72～94	58～75	72～94
粗砂	$15<N\leqslant30$ 中密	76～98	58～75	74～95
	$N>30$ 密实	98～120	75～92	95～116
砾砂	$5<N_{63.5}\leqslant15$ 稍密	60～100	—	50～90
	$N_{63.5}>15$ 中密、密实	112～130	92～110	116～130
圆砾、角砾	$N_{63.5}>10$ 中密、密实	135～150	—	135～150
卵石、碎石	$N_{63.5}>10$ 中密、密实	150～170	—	140～170
黄土	流塑、软塑	15～25	—	15～25
全风化软质岩	$30<N\leqslant50$	80～100	—	80～100
全风化硬质岩	$30<N\leqslant50$	120～150	—	120～140
强风化软质岩	$N_{63.5}>10$	140～220	—	140～200
强风化硬质岩	$N_{63.5}>10$	160～260	—	160～240

注：1. 对于尚未完成自重固结的填土和以生活垃圾为主的填土，不计其侧阻力；
2. N 为标准贯入击数；$N_{63.5}$ 为重型圆锤动力触探击数；
3. 全风化、强风化软质岩指其母岩饱和单轴抗压强度标准值 $f_{rk}\leqslant15$MPa 的岩石，如页岩、泥岩、泥质砂岩等。全风化、强风化硬质岩指其母岩饱和单轴抗压强度标准值 $f_{rk}\geqslant30$MPa 的岩石，如花岗岩、片麻岩、石英砂岩、钙质砂岩等。

灌注桩极限端阻力标准值 q_{pk} (kPa) **表 13.2-3**

桩型	桩端土名称	极限端阻力标准值 q_{pk}(kPa)	备注
振动(或锤击)沉管灌注桩	角砾、圆砾(中密、密实) $N_{63.5}>10$	6500～7500	使用 DZ-60 振动锤时，最终沉入度≤20mm/2min
	碎石、卵石(中密、密实) $N_{63.5}>10$	7000～8000	
夯扩桩	角砾、圆砾(中密、密实) $N_{63.5}>10$	5500～6500	—
	碎石、卵石(中密、密实) $N_{63.5}>10$	6000～7000	
干作业挖孔桩清底干净 $D=800$mm	角砾、圆砾(中密、密实) $N_{63.5}>10$	3500～4500	包括旋挖钻钻孔，人工扩底、清底灌注桩
	碎石、卵石(中密、密实) $N_{63.5}>10$	4000～5000	
	全风化软质岩 $30<N\leqslant50$	1400～2200	
	全风化硬质岩 $30<N\leqslant50$	1600～2600	
	强风化软质岩 $N_{63.5}>10$	1800～2800	
	强风化硬质岩 $N_{63.5}>10$	2200～3200	

续表

桩型	桩端土名称	极限端阻力标准值 q_{pk}(kPa)	备注
泥浆护壁钻(冲)孔桩	角砾、圆砾(中密、密实) $N_{63.5}>10$	1800～2200	包括泥浆护壁旋挖钻成孔灌注桩。桩底沉渣厚度≤50mm
	碎石、卵石(中密、密实) $N_{63.5}>10$	2000～3000	
	全风化软质岩 $30<N\leq 50$	1000～1600	
	全风化硬质岩 $30<N\leq 50$	1200～2000	
	强风化软质岩 $N_{63.5}>10$	1400～2200	
	强风化硬质岩 $N_{63.5}>10$	1800～2800	

注：1. 表列数据适合于桩长≥5m的情况，当桩长小于5m时应通过静载试验确定；
2. 大直径桩在下述两种情况下宜取表列之上限值：建筑物对沉降要求不严；桩端扩大头直径相同（或相差不大）；
3. N为标准贯入击数；$N_{63.5}$为重型圆锤动力触探击数；
4. 全风化、强风化软质岩指其母岩饱和单轴抗压强度标准值 $f_{rk}\leq 15$MPa的岩石，如页岩、泥岩、泥质砂岩等。全风化、强风化硬质岩指其母岩饱和单轴抗压强度标准值 $f_{rk}\geq 30$MPa的岩石，如花岗岩、片麻岩、石英砂岩、钙质砂岩等。

13.2.3 湿陷性黄土地基中桩基础施工要点

在湿陷性黄土场地较常用的桩基础，可分为下列几种：(1) 钻、挖孔（扩底）灌注桩；(2) 挤土沉管灌注桩；(3) 静压或打入的预制钢筋混凝土桩等。(4) 具备干作业条件时，采用人工挖孔或旋挖钻机成孔后，人工扩底形成扩大头。选用时，应根据工程要求、场地湿陷类型、湿陷性黄土层厚度、桩端持力层的土质情况、施工条件和场地周围环境等因素确定。在湿陷性黄土场地进行钻、挖孔及护底施工过程中，应严防雨水和地表水流入桩孔内。当采用泥浆护壁钻孔施工时，应防止泥浆水对周围环境的不利影响。

1. 钻、挖孔扩底灌注桩

在湿陷性黄土地区桩底座落在地下水位以下时，多采用钻孔灌注桩，钻孔灌注桩的成孔有冲击成孔、回旋钻进成孔、挖孔取土成孔等，回旋成孔钻包括正循环和反循环钻。根据不同的工程地质条件进行选择。泥浆护壁是钻孔灌注桩施工的关键，直接关系到钻孔灌注桩的质量，根据土层的性质可以用原土造浆，也可以用人工制备的泥浆。在穿越砂层、砂夹层等易坍孔的地层时，应用人工制备的特殊泥浆，泥浆的作用是用于护壁，防止孔土坍塌、利用循环携砂等，应具有一定的比重，在孔内对孔壁产生一定的静止侧向压力，相当于一种液体支撑，并形成低透水性的护壁，有助于孔壁稳定。桩孔完成后，在浇筑混凝土前应进行清孔，将孔底沉渣进行清理，按规范规定，清孔后孔底残留的沉渣厚度，对于端承桩不得大于10cm。对摩擦桩不得大于30cm。孔底清理后，应马上灌注混凝土，中间停留时间不宜过长。

人工挖孔桩由于单桩承载力较高、施工无噪声、无地面振动、无泥浆，比较环保且在自重湿陷黄土地区一般地下水位较深而被广泛应用，根据有关规范规定人工挖孔不宜超过16m。根据湿陷性黄土地区的施工经验，在不支护的情况下，可挖孔至40m以上，当土层中夹有不稳定的砂层时，则应采取相应的支护措施，对于土质不稳定的地层可采用护壁圈支护，护壁圈可用砖砌筑、现浇混凝土以及预制钢筋混凝土套筒和钢套筒进行支护，人工成孔桩施工需要降水时，应注意对周围建筑物的影响，人工成孔完成后，放钢筋笼并浇筑混凝土，浇筑混凝土前应进行人工清孔。人工成孔灌注桩施工当开挖到一定深度，应及时向井内送风，井口四周应防止物体掉入，注意施工操作人员的安全。

2. 沉管灌注桩

湿陷性黄土地区沉管灌注桩多采用振动沉管灌注桩和锤击沉管灌注桩。主要沉管设备是利用振动或锤击的方式把钢管挤入土中，达到一定的深度并达到可靠的持力层，在管内灌注混凝土，逐步把钢管从土中拔出，而形成混凝土灌注桩，施工时应考虑沉管对挤土的影响，常用桩径一般在400mm左右，承载力大于一般与岩土工程条件有关。

施工工艺流程为：放桩位线并校正准确→在桩位处用洛阳铲挖直径为410mm，深500mm的桩位圆孔→桩基就位并稳固、调平并调整护筒直至垂直，确保其垂直度偏差不大于1%→振动沉管和锤击成孔→沉护筒至设计标高后，视地层软弱程度决定细长锤击出护筒的高度，一般控制在40～60cm→提高细长锤填适量填充料，落锤夯击将填充料打出护筒外，经反复操作初步形成夯扩提外形→待细长锤有明显反弹时，测试在不填料空打一击的情况下细长锤的贯入量，其控制值视单桩承载力要求而定，一般控制在50～150mm之间→填充干硬性混凝土，继续进行夯击操作。终锤时要求细长锤下端打出护筒10～30cm，以保证护筒内填料全部击出护筒外→在灌注混凝土前先进行回锤复打一击→迅速灌注混凝土至一定高度，安放钢筋笼→再灌注混凝土至设计标高。

混凝土的拌合要严格按照实验室提供的配合比进行配置，拌合必须均匀，搅拌时间不得少于1min，第一盘的坍落度必须控制在80mm左右。钢筋笼在安放前必须检查是否符合制作要求。钢筋笼就位校正后应予固定，防止混凝土浇筑振捣时偏斜、下沉或上浮。

3. 静压桩施工

静压桩工艺流程为：测量放桩位线→桩机就位→桩尖就位→压桩→送桩→接桩→压桩→移位。静压桩宜采用预制钢筋混凝土方桩或钢管桩。方桩边长宜为150～200mm，混凝土的强度等级不宜低于C20；钢管桩直径宜为ϕ159mm，壁厚不得小于6mm。静压桩的入土深度自基础底面标高算起，桩尖应穿透湿陷性黄土层，并应支承在压缩性低（或较低）的非湿陷性黄土（或砂、石）层中，桩尖插入非湿陷性黄土中的深度不宜小于0.30m。

在桩长不够的情况下采用焊接接桩，焊接接桩的预埋件表面应清洁，上下节之间的间隙应用铁片垫密焊牢，一般对称焊接，以减少变形，焊缝应连续、饱满。接桩一般在距离地面1m左右进行，上下节中心线偏差不得大于10mm，节点弯曲矢量不得大于1‰桩长。接桩处的焊缝应自然冷却10～15min，后打入土中，对外漏铁件应刷防腐漆。

13.2.4 湿陷性黄土地基中桩的试验及检测

1. 湿陷性黄土地区的桩基检测主要依据

湿陷性黄土地区的桩基检测主要依据有：

(1)《建筑地基基础设计规范》GB 50007—2011；

(2)《建筑桩基技术规范》JGJ 94—2008；

(3)《建筑基桩检测技术规范》JGJ 106—2014；

(4)《湿陷性黄土地区建筑规范》GB 50025—2004；

(5)《基桩低应变动力检测规程》JGJ/T 93—95；

(6)《超声波法检测混凝土缺陷技术规程》CECS 21：2000。

2. 检测方法

首先应该在施工过程中随时进行检测，确保按具体施工方法和施工工序进行施工，然后可采用低应变发、高应变发、钻心法、声波透射法或桩基载荷试验法进行检测，确保施工质量。具体检测方法根据具体情况而定。在湿陷性黄土层厚度等于或大于 10m 的场地，对于采用桩基础的建筑，其单桩竖向承载力特征值，在现场通过单桩竖向承载力静载荷浸水试验测定的结果确定。当单桩竖向承载力静载荷试验进行浸水确有困难时，其单桩竖向承载力特征值，可按有关经验公式和表 13.2-1 中的负摩阻力特征值进行估算。

3. 检测时间

所有混凝土灌注桩单桩竖向承载力标准值应达到设计要求，且单桩具备完整性。关于试验龄期，在桩身混凝土强度达到设计要求的前提下做如下规定：

(1) 当采用低应变法或声波透射法检测时，受检混凝土的强度至少达到设计强度要求 70%，且不小于 15MPa。

(2) 当采用钻芯法检测时，受检混凝土龄期应达到 28d 或预留同条件养护试块强度达到设计强度。

(3) 单桩完整性检测，桩身强度达设计要求 70%后，宜在 7 天以后进行。

(4) 单桩竖向承载力检测应视场地的地质条件确定：①对灵敏度较高的土层，宜在满 28d 后进行监测；②对灵敏度较低的土层，可在满 14d，且混凝土试块强度达设计强度的 80%时进行检测；③当对工期要求较紧且土体恢复较快时，可在桩身混凝土中添加早强剂，达 7d 后进行检测。

4. 检测数量

(1) 当设计有要求或满足下列条件之一时，施工前应采用现场静载试验确定单桩竖向抗压承载力特征值：

① 设计等级为甲级、乙级的桩基；

② 地质条件复杂、桩施工质量可靠性低。

(2) 检测数量在同一条件下不应少于 3 根，切不宜少于总桩数的 1%；当工程总桩数在 50 根以内时，不应少于 2 根。

(3) 单桩承载力和桩身完整性验收抽样检测的受检桩宜符合下列规定：

① 施工质量有疑问的桩；

② 设计方认为重要的桩；

③ 局部条件出现异常的桩；

④ 施工工艺不同的桩；

⑤ 承载力验收检测时适量选择完整性检测中判定的Ⅲ类桩；

⑥ 除上述规定外，同类型桩宜均匀随机分布。

(4) 混凝土桩的桩身完整性检测的抽检数量应符合下列规定：

① 柱下三桩或三桩以下的承台抽检数量不宜少于 1 根；

② 设计等级为甲级，或地质条件复杂、成桩质量可靠性较低的灌注桩；

③ 当符合第 (3) 条①～④款规定的桩数较多，或为了全面了解整个工程基桩的桩身完整性时，应适当增加抽检数量。

(5) 对整个单位工程且在同一条件下的工程桩，当符合下列条件之一时，应采用单桩竖向抗压承载力静载试验进行验收检测，抽检数量在同一条件下不应少于3根，切不宜少于总桩数的1%；当工程总桩数在50根以内时，不应少于2根。

① 设计等级为甲级的桩；

② 地质条件复杂，桩施工质量可靠性低；

③ 挤土群桩施工产生挤土效应。

(6) 对于端承型的大直径灌注桩，当受设备或现场条件限制无法检测单桩竖向抗压承载力时，可采用钻芯法测定桩底沉渣厚度并钻取桩端持力层岩土芯样检验桩端持力层。抽检数量不应少于总桩数的10%，且不少于10根。

(7) 对于承受抗拔力和水平力较大的桩基，应进行单桩竖向抗拔、水平承载力检测。检测数量不应少于总桩数1%，且不少于3根。

5. 静压桩的质量检验

静压桩的质量检验应符合下列要求：

①制桩前或制桩期间，必须分别抽样检测水泥、钢材和混凝土试块的安定性、抗拉或抗压强度，检验结果必须符合设计要求；

②检查压桩施工记录，并作为验收的原始依据。

6. 单桩竖向承载力静载荷浸水试验

(1) 单桩竖向承载力静载荷浸水试验，应符合下列规定：

① 当试桩进入湿陷性黄土层内的长度不小于10m时，宜对其桩周和桩端的土体进行浸水；

② 浸水坑的平面尺寸（边长或直径）：如只测定单桩竖向承载力特征值，不宜小于5m；如需要测定桩侧的摩擦力，不宜小于湿陷性黄土层的深度，并不应小于10m；

③ 试坑深度不宜小于500mm，坑底面应铺100～150mm厚度的砂、石，在浸水期间，坑内水头高度不宜小于300mm。

(2) 单桩竖向承载力静载荷浸水试验，可选择下列方法中的任一款：

① 加载前向试坑内浸水，连续浸水时间不宜少于10d，当桩周湿陷性黄土层深度内的含水量达到饱和时，在继续浸水条件下，可对单桩进行分级加载，加至设计荷载值的1.00～1.50倍，或加至极限荷载值；

② 在土的天然湿度下分级加载，加至单桩竖向承载力的预估值，沉降稳定后向试坑内昼夜浸水，并观测在恒压下的附加下沉量，直至稳定，也可在继续浸水条件下，加至极限荷载止。

(3) 设置试桩和锚桩，应符合下列要求：

① 试桩数量不宜少于工程桩总数的1%，并不应少于3根；

② 为防止试桩在加载中桩头破坏，对其桩顶应适当加强；

③ 设置锚桩，应根据锚桩的最大上拔力，纵向钢筋截面应按桩身轴力变化配置，如需利用工程桩作锚桩，应严格控制其上拔量；

④ 灌注桩的桩身混凝土强度应达到设计要求，预制桩压（或打）入土中不得少于15d，方可进行加载试验。

(4) 试验装置、量测沉降用的仪表，分级加载额定量，加、卸载的沉降观测和单桩竖向承载力的确定等要求，应符合现行国家标准《建筑地基基础设计规范》GB 50007的有关规定。

13.2.5 工程案例

13.2.5.1 工程实例一

某工程地貌单元属Ⅲ级阶地，场地地层自上而下依次为：（1）耕植土，层厚0.30～0.70m，（2）黄土状粉土，层厚16.40～20.70m，具有湿陷性。（3）卵石，层厚4.10～6.80m，（4）强风化泥质砂岩，泥质胶结，风化裂隙发育，手捏即碎，露于空气中易风化开裂，浸水易崩解，4.5m以下为中风化状态。湿陷性黄土的总湿陷量为61.4～119.8cm，计算自重湿陷量为31.9～79.4cm，属自重湿陷性黄土场地，湿陷等级为Ⅱ级（严重）～Ⅲ级（很严重），湿陷性随深度增大有减弱趋势。

1. 设计方案

拟采用钢筋混凝土夯扩桩，桩径500mm，桩长在18～21m之间，桩端穿透黄土层以卵石层为持力层，混凝土强度等级C30，配筋为：主筋8ϕ14，箍筋为ϕ8@100/200，加劲箍筋为ϕ14@2000。单桩竖向极限抗压承载力标准值为4800kN。

2. 施工工艺

（1）成孔：调平夯扩桩机设备，对准桩位同时锤击内外管直至进入卵石层内，成孔终孔贯入度为每十击沉入量5cm。

（2）扩大头施工：采用分次夯扩工艺，内外管夯扩至设计深度后，拔出内管，向外管内填入干硬性混凝土0.2～0.3m^3，然后放入内管夯打。为保证夯扩头正常形成，内管夯打过程中应适当提升外管，每次提升高度控制在80cm以内，用40t·m夯击能量将外管内混凝土全部打完后进行第二、第三次夯扩。夯扩过程与第一次相同，每次夯扩后应将内外管同时夯击，保证终止填料时外管底端至桩底距离不大于50cm。具体夯扩头填料量应以贯入度控制，标准为最后十击贯入度≤3cm。当投料量大于0.9m^{3}且最后十击贯入度仍大于3cm，应继续填料夯扩，直至最后十击贯入度≤3cm。

（3）钢筋笼制作及安放

钢筋笼按设计和规范要求提前制作。吊放钢筋笼之前由项目部质检人员按标准及要求进行验收，需检查各部件是否在允许范围内，合格后方可下放。

（4）灌注混凝土成桩

灌注时采用导管（即外扩管）直接贯入法。考虑到充盈系数及外夯管管壁所占体积，浇筑混凝土时（桩身混凝土坍落度为16～18cm）一定要保证桩身混凝土超灌高度，以便在内管下压过程中将桩身混凝土压密实，达到一定的桩身充盈系数。该高度应根据桩长、充盈系数和现场试验确定。

（5）起拔外管

桩身混凝土浇筑完毕后，应将内夯管及锤下压在外管内混凝土面上，边压边缓慢起拔外管，当外管起拔至桩顶标高时，仔细控测，超灌高度≥0.6m，拔管速度为1～1.5m/min。

3. 单桩静载试验

本次试验项目是单桩竖向抗压静载试验和单桩水平静载试验。分别在三根试桩上进行单桩竖向抗压静载试验，然后再分别在三根试桩上进行单桩水平静载试验，S_1在浸水饱和条件下进行试验，S_2、S_3在天然条件下进行试验。

单桩竖向抗压静载试验成果见表13.2-4。

单桩竖向抗压极限承载力试验数值表 表 13.2-4

桩号	单桩竖向抗压最大加载值(kN)	桩顶最大沉降量(mm)	单桩竖向抗压极限承载力(kN)	极限荷载下桩顶沉降量(mm)	桩周及桩端土体状态
S_1	4000	52.67	3000	6.67	浸水饱和
S_2	2500	169.85	2000	23.23	天然状态
S_3	4800	21.74	4500	16.04	天然状态

S_2 的试验加载值远远低于 4800kN，经沿桩侧开剖检验，发现状体在地表下 3.2～4.1m 处的混凝土存在 2 处空洞，状体严重缺损，荷载使状体在缺损处产生斜裂缝，造成断桩并沿裂缝产生位移，该空洞是成桩后停电未及时振捣所致。

单桩水平静载试验成果表 13.2-5。

单桩水平荷载与位移数值表 表 13.2-5

桩号	单桩水平最大加载值(kN)	桩身在地面处的最大位移量(mm)	单桩水平极限荷载(kN)	极限荷载下桩身在地面处位移值(mm)	桩周及桩端土体状态
S_1	125	40.23	100	9.58	浸水饱和
S_2	200	42.24	175	21.25	天然状态
S_3	150	23.78	125	8.18	天然状态

对试桩地基土的水平抗力进行计算，结果见表 13.2-6。

地基土水平抗力系数计算结果表 表 13.2-6

桩号	单桩水平临界荷载值(kN)	临界荷载对应的位移量(mm)	桩顶水平位移系数	桩的计算宽度 b_0(mm)	桩身抗弯刚度 EI(MN·m^2)	比例系数 m m(MN/m^4)
S_1	125	9.58	2.727	1.125	428	4.3
S_2	200	21.25	2.727	1.125	428	8.4
S_3	150	8.18	2.727	1.125	428	8.1

4. 结论与建议

汇总三根试验桩主要数据，综合考虑试验场地为自重湿陷性黄土场地，湿陷等级为Ⅱ级（严重）～Ⅲ级（很严重）等各种因素，有以下结论：

（1）在保证桩身质量的前提下，该场地钢筋混凝土夯扩桩单桩竖向抗压极限承载力为 3000kN，单桩竖向抗压承载力特征值为 1500kN。

（2）单桩水平极限荷载值为 100 kN，单桩水平临界荷载值为 100 kN，地基土水平抗力系数标准值取 4MN/m^4。

（3）钢筋混凝土夯扩桩成桩浇筑混凝土时，除控制混凝土初凝时间及坍落度外，应振捣密实，确保桩身的完整性。

13.2.5.2 工程案例二

兰州某住宅小区，拟建 8～12 层框架结构，现场工程地质条件为：①黄土状粉土，层厚 38～42m，黄褐色～褐色，呈大孔隙状，垂直节理发育，可塑～硬塑，稍密～中密，稍湿～湿；②卵石层 20m 以上未穿透。场地属自重湿陷性黄土，湿陷等级Ⅳ级（很严重），湿陷敏感，湿陷量大，Δz=123.1～272cm，ΔE_s=61.3～200.2cm，最大湿陷深度 38m。

1. 设计方案

设计采用工人挖孔钢筋混凝土灌注桩，桩长 40m，桩径 0.8m，桩端扩底直径 1.4m，桩端进入卵石层 0.5m 以上。

2. 试验方案

为了确定桩的承载力，决定采用桩基浸水静载荷试验，试桩于原设计桩相同，另做 0.8m 直径，桩长 21.0～28.0m 的摩擦桩，进行天然状态和浸水状态下的摩阻力试验，以确定负摩阻力大小，负摩阻力于浸水后正摩阻力相近。摩擦桩底下回填虚土（1.00m 以上）。

浸水试坑为长方形，边长 5m×5m，试坑深度 1.40m，底部铺厚 20cm 的砾石，坑内设置 6 个浸水孔，浸水孔距桩周约 40cm，孔径 108mm，孔深 35.0m，其中充填砾石，粒径小于 20mm，以保证水的渗入；试验采用先加压到预估承载力特征值后再进行浸水的方式，试验过程坑内保持 20cm 水头，连续浸水 11d，共浸水约 480m^3，桩周土明显湿陷，湿陷场地以试桩为中心呈高差渐变碟型，直径约 5.3m，中心最大湿陷量 1.80m，湿陷坑边缘高差约 0.63m，在湿陷坑西侧距桩中心 8m 处产生一条宽度为 10cm 的弧形裂缝，长度约为 13.5m。

3. 试验结果分析

（1）桩基负摩阻力分析

桩周湿陷性土层遇水湿陷并在桩周产生负摩阻力。通过两种状态下 Q-s、s-lg$t$ 曲线对比分析，在浸水过程中，桩顶位移表现上下波动，说明桩侧负摩阻力的产生不是均匀的、线形的，而是动态的、突变的，量值也是变化的。桩侧负摩阻力产生的区域，正摩阻力即丧失，导致桩顶位移值不断波动，但总趋势是增大的；因桩周浸水是逐步实现的而非理想化的，因此桩侧负摩阻力的值是动态变化的。《湿陷性黄土地区建筑规范》GB 50025—2004 建议自重湿陷量大于 200mm 时，挖孔灌注桩桩侧平均负摩阻力 q_s=15kPa；根据甘肃土木工程科学研究院近几年关于负摩阻力的试验研究成果，桩侧平均负摩阻力约与浸水状态下的正摩阻力大致相等，结合本试验摩阻力试验成果，考虑本场地自重湿陷量较大，建议本场地桩侧平均负摩阻力 q_s=20kPa。

（2）单桩极限侧阻力试验结果

通过单桩竖向抗压静载荷试验得出桩侧摩阻力，试验结果见表 13.2-7。

桩极限侧阻力 q_s（自然状态、浸水状态） **表 13.2-7**

试验桩号	桩径 d(m)	桩长 L(m)	极限荷载 Q_u(kN)	侧表面积 S_s(m^2)	极限侧阻力 q_s(kPa)		桩侧土状态
B1	0.8	38.0	6200	95.46	64.9	60.91	天然状态
B2	0.8	28.0	4000	70.34	56.87		天然状态
B2	0.8	28.0	2000	70.34	28.43	25.59	浸水，湿(部分未饱和)
B3	0.8	21.0	1200	52.75	22.75		浸水，湿(部分未饱和)

自然状态下，桩极限侧阻力标准值：$q_{s干k}$=60.91 kPa；浸水状态下，桩极限侧阻力标准值：$q_{s湿k}$=25.59 kPa

（3）单桩极限承载力试验结果

竖向抗压浸水静载试验极限荷载见表13.2-8。

试验极限荷载 **表13.2-8**

试验桩号	桩长 L(m)	桩径 d(m)	桩端直径 D(m)	试验极限荷载 Q_{u1}(kN)	桩周土状态
A1	39.2	0.8	1.4	5000	浸水状态
A2	39.7	0.8	1.4	6000	浸水状态
A3	39.2	0.8	1.4	8000	浸水状态

试验完成后，在桩侧开挖的探井采取了原状土样进行室内土工试验。试验结果显示，桩侧35m以上桩周土含水量较大，湿陷性消除，可视为已发生自重湿陷性；其下桩周土呈天然状态；自重湿陷性黄土场地的单桩承载力除不计湿陷性土层范围内的桩周正摩阻力外，尚应扣除桩侧的负摩阻力，单桩承载力计算见表13.2-9。

单桩极限承载力 **表13.2-9**

试验桩号	试验极限荷载 Q_{u1}(kN)	湿陷界限(m)	极限侧阻力		桩侧负摩阻力		单桩极限承载力 Q_u(kN)
A1	5000	35	q_s= 60.91kPa	769kN	q_s= 20 kPa	250kN	4000
A2	6000	35		845kN		278kN	4900
A3	8000	27		1993kN		654kN	5300

该场地单桩极限承载力标准值 Q_{uk}=4800kN，单桩竖向承载力特征值 R_a= 2400kN。

（4）桩极限端阻力分析

根据桩极限侧阻力试验结果可计算 Q_{sk} 值，根据公式 $Q_{uk}=Q_{sk}+Q_{pk}=Q_{sk}+q_{pk}A_p$ 计算桩极限端阻力指标 q_{pk}，计算结果见表13.2-10，桩端极限端阻力标准值 q_{pk}=3300kPa。

桩极限端阻力 q_p（浸水状态） **表13.2-10**

试验桩号	桩长 L(m)	桩端面积 A_p(m^2)	极限承载力 Q_{u1}(kN)	极限侧阻力 q_s(kPa)	总极限侧阻 Q_s(kN)	总极限端阻 Q_p(kN)	极限端阻力 q_p(kPa)
A1	39.2	1.54	5000	60.91	769	4231	2747
A2	39.7	1.54	6000		845	5155	3347
A3	39.2	1.54	8000		1993	6007	3901

（5）单桩水平承载力试验结果

单桩水平承载力试验结果见表13.2-11。

水平承载力的主要影响因素为桩周土的状态，与桩身配筋长度关系不大，单桩水平临界荷载标准值 H_{crk}= 112.5kN。

（6）地基土水平抗力系数

通过对A1、A3桩单桩水平静载试验计算得出水平抗力系数，通过试算，$\alpha h>4$，则取 $\alpha h=4$；则桩顶位移系数 ν_x=2.441。计算结果见表13.2-12。

单桩水平承载力试验结果表 表 13.2-11

试验桩号	桩长(m)	桩身配筋率	配筋长度(m)	单桩水平临界荷载 H_{cr}(kN)	H_{cr}对应位移 V_{cr}(mm)	单桩水平极限荷载 H_u(kN)	备注
B1	38.0	0	0	225	2.91	300	1. 试桩直径均为0.8m。 2. A1、A2、A3桩桩身为C25混凝土，其余试桩为C20。 3. B3、B4桩顶施加400kN轴向力
A1	39.2	0.40%	27.0	100	2.66	125	
B2	28.0	0	0	100	4.92	200	
A2	39.7	0.40%	20.0	75	10.53	100	
B3	21.0	0	0	200	2.68	300	
A3	39.2	0.40%	15.0	125	4.53	175	
B4	16.0	0	0	125	1.74	225	

地基土水平抗力计算表 表 13.2-12

桩号	单桩水平临界荷载 H_{cr}(kN)	H_{cr}对应位移 V_{cr}(mm)	桩顶位移系数 ν_x	计算宽度 b_0(m)	桩身抗弯刚度 EI(MN·m^2)	比例系数 m (MN/m^4)
A1	100	2.66	2.441	1.53	496	19.45
A3	125	4.53	2.441	1.53	496	11.62

平均值 $m_m=(19.45+11.62)/2=15.54\text{MN/m}^4$，故桩周土浸水状态下地基土水平抗力系数标准值 $m_k=15.54\text{MN/m}^4$。

13.3 盐渍土地基中桩基础

13.3.1 盐渍土的分类及其工程特性

盐渍土是盐土和碱土以及各种盐化、碱化土壤的总称，全世界盐渍土面积计约897万km^2，约占世界陆地总面积的6.5%，占干旱区总面积的39%。中国盐渍土面积约有20多万km^2，约占国土总面积的2.1%。

工程上对盐渍土以易溶盐含量予以判定。过去，我国沿用苏联的分类标准规定，对于易溶盐含量大于0.5%，或中溶盐含量大于5%的土判定为盐渍土。现行国家标准《岩土工程勘察规范》GB 50021—2001及石油天然气行业标准《盐渍土地区建筑规范》SY/T 0371—97规定，对易溶盐含量大于0.3%，具有溶陷、盐胀、腐蚀等工程特性的土称为盐渍土。

1. 盐渍土的分类

(1) 从盐渍土地区所处地理位置划分，可分为内陆盐渍土、滨海盐渍土、冲积平原盐渍土。内陆盐渍土主要分布于甘肃、青海、新疆、宁夏、内蒙古等干旱或半干旱地区。为我国主要盐渍土地区，占全国盐渍土面积的69.03%。滨海盐渍土主要分布于环渤海湾沿岸的山东、河北、天津、辽宁等滨海平原区，江苏北部及长江以南沿海有零星分布。冲积平原盐渍土主要分布在东北的松辽平原和山西、河南等地区。

(2) 按含易溶盐的性质分类，盐渍土可分为氯盐类、硫酸盐类、碳酸盐类盐渍土，按表13.3-1确定。

盐渍土按含盐化学成分分类 表13.3-1

盐渍土名称	$\frac{c(Cl^-)}{2c(SO_4^{2-})}$	$\frac{2c(CO_3^{2-})+c(HCO_3^-)}{c(Cl^-)+2c(SO_4^{2-})}$
氯盐渍土	>2	—
亚氯盐渍土	2～1	—
亚硫酸盐渍土	1～0.3	—
硫酸盐渍土	<0.3	—
碱性盐渍土	—	>0.3

注：表中 c（Cl^-）为氯离子在100g土中所含毫摩数，其他离子同。

（3）按含盐量分类，盐渍土可分为氯及亚氯盐渍土、硫酸及亚硫酸盐渍土、碱性盐渍土，按表13.3-2确定。

盐渍土按含盐量分类 表13.3-2

盐渍土名称	平均含盐量(%)		
	氯及亚氯盐	硫酸盐及亚硫酸盐	碱性盐
弱盐渍土	0.3～1	—	—
中盐渍土	1～5	0.3～2	0.3～1
强盐渍土	5～8	2～5	1～2
超盐渍土	>8	>5	>2

2. 盐渍土的工程性质

盐渍土与一般土所不同之处，即在于它具有溶陷性、盐胀性和腐蚀性。内陆盐渍土、滨海盐渍土、冲积平原盐渍土在成因、颗粒级配厚度和工程特性上各不相同。内陆盐渍土的特点是成因复杂，冲积、洪积和风积等成因均有。在颗粒级配上，从粗颗粒为主粗细混杂的碎石土到以细粒为主的黏性土、粉土及黄土状土均出现过。在厚度上变化很大，从几米到超过二十几米不等。冲积平原盐渍土在颗粒级配上主要是细颗粒的黏性土，主要是由于河床淤积或兴修水利等，使地下水位局部升高，导致局部地区盐渍化。滨海盐渍土主要是滨海一带受海水侵袭后，经过蒸发作用，水中盐分聚集于地表，形成滨海盐渍土。冲积平原盐渍土和滨海盐渍土厚度均不大，一般不超过4m。

（1）盐渍土的溶陷性

盐渍土中的易溶盐是土粒之间胶结物的重要成分，遇水后可溶盐溶解，土体在饱和自重压力下或在附加荷载下下沉，这就是盐渍土的溶陷性。溶陷性按溶陷系数 δ 值判定，当溶陷系数 $\delta<0.01$ 时，为非溶陷性土；当溶陷系数 $\delta\geqslant0.01$ 时，为溶陷性土。

测定溶陷性的方法为通过室内试验由下式确定溶陷性系数：

① 室内压缩试验。在一定压力作用下，溶陷系数应按下式确定

$$\delta=\frac{h_p-h_p'}{h_0} \tag{13.3.1}$$

式中 δ——溶陷系数；

h_p——原状土样，加压至一定压力 p 时，下沉稳定后的高度（cm）；

h_p'——上述加压稳定后的土样，经浸水溶滤，下沉稳定后的高度（cm）；

h_0——土样的原始高度（cm）。

室内压缩试验适用于土质比较均一，不含粗砾、能采取原状土的黏性土、粉土和含少量黏土的砂土。

② 现场浸水载荷试验。选择有代表性的盐渍土场地，进行现场浸水载荷试验，平均溶陷系数应按式（13.3-2）确定。测定盐渍土溶陷系数的载荷试验按《盐渍土地区建筑规范》SY/T 0371—97附录C进行。

$$\delta=\frac{\Delta s}{h_s} \tag{13.3.2}$$

式中 Δs——承压板压力为 p 时，盐渍土层浸水后的溶陷量（cm）；

h_s——承压板下盐渍土的湿润深度（cm）。

注：现场浸水载荷试验适用于各类土层，特别是碎石土，不能采取原状土的，必须采用现场浸水载荷试验。

③ 盐渍土地基的分级溶陷量应按下式计算：

$$\Delta=\sum_{i=1}^{n}\delta_i h_i \tag{13.3.3}$$

式中 Δ——盐渍土地基的分级溶陷量（cm）；

δ_i——第 i 层土的溶陷系数；

h_i——第 i 层土的厚度（cm）；

n——基础底面（初步勘察自地面下1.5m算起）以下10m深度内全部溶陷性盐渍土的层数，其中 δ 值小于0.01的非溶陷性土层不计入。

④ 盐渍土地基的溶陷等级应按表13.3-3划分。

盐渍土地基的溶陷等级 **表13.3-3**

溶陷等级	分级溶陷量 Δ(cm)
Ⅰ	$7<\Delta\leqslant15$
Ⅱ	$15<\Delta\leqslant40$
Ⅲ	>40

（2）盐胀性

盐渍土的盐胀性主要原因是由于土中硫酸钠在温度变化或湿度变化时结晶发生体积膨胀。在常温条件下（<32.4℃），硫酸钠是以带10个结晶水的固相盐——芒硝（$Na_2SO_4\cdot10H_2O$）从溶液中结晶析出；当温度上升到32.4℃以上时，芒硝的溶解度随温度上升反而下降，此时它便脱水为无水芒硝（Na_2SO_4）。而当温度又下降到<32.4℃以下时，无水芒硝又会结合10个水分子而成为芒硝，此时它的体积可增大3倍，如此不断的循环反复作用，是土体变松。当盐渍土地基中的硫酸钠含量不超过1%时，可不考虑其盐胀性。

盐渍土地基盐胀多出现在地表下不深的地方，工程上，盐胀性指整平地面以下2m深度范围内土的盐胀性。盐渍土地基的盐胀性宜根据现场试验测定的有效盐胀区厚度 h 及总盐胀量 s_0 确定，测定盐渍土盐胀性的现场试验按《盐渍土地区建筑规范》SY/T 0371—97附录E进行。

（3）腐蚀性

盐渍土均具有腐蚀性，但因其含盐种类数量多，而呈现不同的腐蚀特性和腐蚀等级。主要分为两大类，一是化学腐蚀，即土中的盐与建筑材料发生反应而引起的破坏作用；二是物理结晶性腐蚀，即侵入建筑物结构中盐溶液结晶析出，体积膨胀产生了很大内压力造成的破坏作用。

盐渍土腐蚀性可分为强腐蚀、中等腐蚀、弱腐蚀和无腐蚀四个等级。盐渍土的腐蚀性，按地下水或土中盐含量进行评价，并应按表 13.3-4 确定腐蚀等级。

盐渍土腐蚀性等级 **表 13.3-4**

介质	离子种类	埋置条件	指标值	钢筋混凝土	素混凝土	砖砌体
地下水中盐离子含量(mg/L)	SO_4^{2-}		＞4000	强	强	强
			1000～4000	中	中	中
			250～1000	弱	弱	弱
			⩽250	无	无	无
	Cl^-	间浸	＞5000	强	中	中
			＞500～5000	中	弱	弱
			⩽500	弱	无	无
		全浸	＞20000	强	弱	弱
			＞5000～20000	中	弱	弱
			＞500～5000	弱	无	无
			⩽500	无	无	无
	MH_4^+		＞1000	强	中	中
			＞500～1000	中	弱	弱
			＞100～500	弱	无	无
			⩽100	无	无	无
	Mg^{2-}		＞4000	强	强	强
			＞2000～4000	中	中	中
			＞1000～2000	弱	弱	弱
			⩽1000	无	无	无
土中盐离子含量(mg/L)	SO_4^{2-}	干燥	＞6000	强	强	强
			＞4000～6000	中	中	中
			＞2000～4000	弱	弱	弱
			⩽2000	无	无	无
		潮湿	＞4000	强	强	强
			＞2000～4000	中	中	中
			＞400～2000	弱	弱	弱
			⩽400	无	无	无
	Cl^-	干燥	＞20000	强	中	中
			＞5000～20000	中	弱	弱
			＞2000～5000	弱	无	无
			⩽2000	无	无	无
		潮湿	＞7500	强	中	中
			＞1000～7500	中	弱	弱
			＞500～1000	弱	无	无
			⩽500	无	无	无

续表

介质	离子种类	埋置条件	指标值	钢筋混凝土	素混凝土	砖砌体
土中总盐量(mg/L)	正负总离子总和	有蒸发面	>10000	强	强	强
			>5000～10000	中	中	中
			>3000～5000	弱	弱	弱
			≤3000	无	无	无
		无蒸发面	>50000	强	强	强
			>20000～50000	中	中	中
			>5000～20000	弱	弱	弱
			≤5000	无	无	无
水土酸度(pH)			≤4	强	强	强
			>4～5	中	中	中
			>5～6.5	弱	弱	弱
			>6.5	无	无	无

注：1. 以氯盐为主的盐渍土，所含硫酸盐应按 $Cl^-_{总量}=Cl^-+0.25\times SO_4^{2-}$ 换算成氯盐后，再按表进行评价。

2. 以硫酸盐为主的盐渍土，所含氯盐应按 $SO_4^{2-}{}_{总量}=SO_4^{2-}+0.075\times Cl^-$ 换算成硫酸盐后，再按表进行评价。

3. 按本表进行评价时，应以各项指标中腐蚀性最高等确定腐蚀等级，当同时具备弱透水性土、无干湿交替、不冻区段三个条件时，盐渍土的评价可降低一级。

4. 本表摘自《盐渍土地区建筑规范》SY/T 0371—97。

13.3.2 盐渍土地基中的桩基设计

1. 一般原则

建筑设计应尽量避开强溶陷性、盐胀性和腐蚀性的盐渍土地段。对不具有溶陷性和盐胀性的盐渍土地区，如滨海区、盐湖区等地下水位高的地区，桩基设计主要考虑根据腐蚀性等级采取相应的防护措施，其余可按非盐渍土地基进行桩基设计。

对内陆盐渍土溶陷性高且溶陷土层厚，荷载大，重要的建筑物，地基处理方法难以处理的地基，或上部为软弱的盐沼地，可采用桩基础。桩基设计除考虑腐蚀性外，还需对浸水后的承载力、上部土层负摩擦力进行、成桩方法进行现场试验。其余设计计算参照《建筑桩基技术规范》JGJ 94—2008 执行。

2. 桩基设计原则

(1) 桩端埋入深度应大于盐胀性盐渍土的盐胀临界深度；对自重溶陷性盐渍土，桩应穿透盐渍土土层，桩端应支承在压缩性低的黏性土、粉土、中密和密实砂土以及碎石类土层中；

(2) 盐渍土地基中，设计等级为甲、乙级建筑桩基的单桩极限承载力，应以单桩浸水静载荷试验确定。设计等级为丙级的建筑桩基，可根据原位测试和经验参数确定。单桩竖向承载力静载荷浸水试验可参照《湿陷性黄土地区建筑规范》GB 50025—2004 附录 H“单桩竖向承载力静载荷浸水试验要点”进行。

(3) 对自重溶陷性盐渍土地基中的单桩承载力特征值，除不计湿陷性黄土层内的桩长按饱和状态下的正侧阻力外，尚应扣除桩侧的负摩擦力。初步设计时，单桩承载力特征值可按式(13.3.4)计算：

$$R_a = q_{pa} \cdot A_p + u\bar{q}_{sa}(l - Z) - u\bar{q}_{sa}Z \quad (13.3.4)$$

式中 q_{pa}——桩端土的承载力特征值（kPa）；

A_p——桩端横截面的面积（m^2）；

u——桩身周长（m）；

$\bar{q}_{sa}$——桩周土的平均摩擦力特征值（kPa）；

l——桩身长度（m）；

Z——桩在自重溶限性盐渍土土层的长度（m）。

注：对$\bar{q}_{sa}$、q_{pa}均按饱和状态下确定。

（4）大量试验与工程实测结果表明，桩侧负摩阻力的大小与桩侧土的有效应力有关，以负摩阻力有效应力法计算较接近于实际。对盐渍土桩侧负摩擦力进行现场试验确有困难时，可按有效应力法计算单位负摩擦力 q_{ni}：

$$q_{ni} = k \cdot \tan\varphi' \cdot \sigma_i' = \zeta_n \cdot \sigma_i' \quad (13.3.5)$$

式中 q_{ni}——桩周第 i 层土桩侧负摩擦力标准值；

k——土的侧压力系数；

φ'——土的有效内摩擦角；

σ_i'——桩周第 i 层土平均竖向有效应力；

ζ_n——负摩擦力系数，按表 13.3-5 取值。

负摩擦力系数 ζ_n 与土的类别和状态有关，对于粗粒土，ζ_n 随土的粒度和密实度增加而增大；对于细粒土，则随土的塑性指数、孔隙比、饱和度增大而降低。

负摩擦力系数 **表 13.3-5**

土　类	$\zeta_n = k\tan\varphi'$
粉　土	0.2～0.4
砂　土	0.3～0.5
圆　砾	0.25～0.45

（5）为消除桩基、承台、基础梁等受盐胀作用的危害，可在盐胀深度范围内，沿桩周及承台、基础梁作隔胀处理，并采取隔断盐渍土中毛细水上升的方法。

（6）确定基桩竖向极限承载力时，除不计入盐胀、溶陷深度范围内桩侧阻力外，还应考虑地基土的冻胀、膨胀作用，验算桩基的抗拔稳定性和桩身受拉承载力。

（7）桩基防腐蚀原则

盐渍土桩基防腐需根据环境（湿温度变化规律，冻融及干湿交替条件等）、腐蚀介质的性质、腐蚀破坏的作用机理，综合分析和判断腐蚀类型、等级，在准确判断腐蚀类型、等级的基础上，采取防腐蚀措施。防腐蚀措施可参照《工业建筑防腐蚀设计规范》GB 50046—95 提出的防护措施进行。

盐渍土桩基础防腐立足于材料自身具有好的抗腐蚀能力，提高桩基础材料的抗腐蚀能力，包括提高水泥用量、降低水灰比、增加混凝土厚度等。以氯盐为主的腐蚀环境，配筋材料应采用钢筋阻锈剂；以硫酸盐为主的腐蚀环境，可选用抗硫酸盐水泥、减水剂、密实剂、防硫酸盐添加剂等。当材料尚不能满足防腐要求时，考虑采取表面防护措施，如涂覆防腐层、隔离层等隔断措施，以隔绝盐的侵入。

13.3.3 盐渍土地基中的桩基施工要点

1. 在盐渍土场地较常用的桩基础，可分为下列几种：

（1）钻、挖孔灌注桩；

（2）静压或打入的预制钢筋混凝土桩。

选用时，应根据工程要求、场地溶陷类型、溶陷土层厚度、桩端持力层的土质情况、施工条件和场地周围环境等因素结合确定，并宜进行现场试验确定。

目前，我国在盐渍土地基中采用的桩基经验不多，在内陆盐渍土地区采用灌注桩较为适宜，可采取钻孔灌注桩及人工挖孔灌注桩。为防止盐类的侵蚀，可采用抗硫酸盐的水泥或在混凝土中加入防腐蚀的添加剂。也可在浇灌混凝土前，在土层表面喷（抹）上各种涂料，防止盐类侵入桩（墩）体内。滨海盐渍土等水位比较高的地区，适宜钻孔灌注桩、静压或打入的预制钢筋混凝土桩。

2. 施工材料的防腐

盐渍土地区的砂、石、施工用水等，有可能含有相当数量的盐分，若不严格控制，让其预先混入砖或混凝土中，对工程造成很大危害。内部盐分的存在，除腐蚀外还会发生因盐析破坏装修层、防护层等问题。因此，对原材料的盐含量必须进行严格控制，见表13.3-6。

施工用水中含盐量 **表 13.3-6**

盐种类	含盐量(mg/L)	规　　定
Cl^-	≤300	可直接使用
	>300～600	一般工程可直接使用，重要工程掺钢筋阻锈剂
	>600～3000	掺钢筋阻锈剂
	>3000	不宜采用
SO_4^{2-}	≤300	可直接使用
	>300～1000	一般工程可用
	>1000	不宜采用

3. 施工中的防水

调查表明，有相当一部分工程是在施工过程中就已溶陷。因此，在施工用的各种水源，均应与建筑物基础保持一定距离，其最小净距见表13.3-7，如果现场条件允许，可适当再远一些，更偏于安全。

施工用水点距离建筑物基础的最小净距 **表 13.3-7**

施工用水种类	距离基础边缘的最小净距(m)
浇砖用水	10
临时给水管道	10
洗料场、淋灰池、混凝土搅拌站	20
水池	水池的直径或宽度，最小净距不小于20

13.3.4 盐渍土地基中桩的试验及检测

1. 单桩竖向承载力静载荷浸水试验

盐渍土地基中的单桩竖向承载力静载荷浸水试验可参照《湿陷性黄土地区建筑规范》GB 50025—2004 附录H“单桩竖向承载力静载荷浸水试验要点”进行。

（1）当桩进入盐渍土溶陷土层内的长度不小于10m时，宜对其桩周和桩端的土体进行浸水。

(2) 浸水坑的平面尺寸(边长或直径):如只测定单桩竖向承载力特征值,不宜小于5m;如需要测定桩侧的摩擦力,不宜小于溶陷性土层的深度,并不应小于10m。

(3) 试坑深度不宜小于500mm,坑底面应铺100~150mm厚度的砂、石,在浸水期间,坑内水头高度不宜小于300mm。

(4) 浸水及加载宜按下列方法进行:

在土的天然湿度下分级加载,加至单桩竖向承载力的设计值,沉降稳定后向试坑内昼夜浸水,并观测在恒压下的附加下沉量,直至稳定,在继续浸水条件下,加至极限荷载值。

(5) 试验加载方式应采用慢速维持荷载法,即逐级加载,每级荷载达到相对稳定后加下一级荷载,直到试桩破坏,然后分级卸载到零。

(6) 单桩竖向承载力静载荷浸水试验宜埋设测量桩身应力、应变、桩底反力等传感器,测定桩的分层侧阻力、端阻力和负摩阻力。试验装置、量测沉降用的仪表,分级加载额定量,加、卸载的沉降观测和单桩竖向承载力的确定等要求,应符合现行国家标准《建筑地基基础设计规范》GB 50007的有关规定。

(7) 单桩竖向极限承载力应按下列方法确定:

① 作荷载-沉降(Q-s)曲线和其他辅助分析所需的曲线。

② 当陡降段明显时,取相应于陡降段起点的荷载值。

③ 当满足终止加载条件时,取前一级荷载值。

④ Q-s 曲线呈缓变型时,取桩顶总沉降量 $s=40$mm 所对应的荷载值,当桩长大于40m时,宜考虑桩身的弹性压缩。

2. 基桩质量检测

盐渍土地区成桩质量检测宜先进行工程桩的桩身完整性检测,后进行承载力检测。

桩身完整性检测一般采取小应变法、超声波法或钻芯取样等方法,宜采用两种或多种合适的检测方法进行。

承载力检测采取静载试验和高应变方法进行。对于设计等级为甲级的桩基应采用单桩竖向抗压承载力静载试验进行验收检测。当采用高应变法进行灌注桩的竖向抗压承载力检测时,应具有现场实测经验和本地区相近条件下的可靠对比验证资料。对于大直径扩底桩和 Q-s 曲线具有缓变型特征的大直径灌注桩,不宜采用高应变法进行竖向抗压承载力检测。

13.4 冻土地基中桩基础

冻土分为多年冻土和季节性冻土。在野外,温度等于或低于0℃且含有冰的各种岩土称为冻土,当该冻土持续存在两年或两年以上时间称多年冻土。多年冻土的顶部一层土层在暖季融化,寒季冻结称季节融化层,季节融化层与多年冻土的交界面称多年冻土天然上限。每年地表土层在冬季开始冻结达到最大深度(下层全为融土层),春暖后又全部融化称季节冻土。由于土在冻结后,其物理、力学和热物理性质与未冻前相比均发生了很大的变化,而且这些性质又随冻土温度的变化而发生变化。因此,多年冻土区桩基的试验、设计、施工都不同于一般地区，应根据冻土特性合理设计，合理施工。

13.4.1 冻土地基的工程特性

1. 冻胀性

多年冻土区的季节融化层和季节冻土区在寒冷气温影响下，土层在冻结过程中，土中水分转化为冰，体积膨胀 9%。当土中含水量小于该类土的起始冻胀含水量时，土中形成的冰晶只能充填于土的孔隙中，这时土的冻结并不产生土体积的增大，即不会产生冻胀，但是当土的含水量超过该种土的起始冻胀含水量时，会引起土颗粒间相对位移，使土体体积发生膨胀而向上隆起，中科院寒旱所（原冰川所）对黏性土进行的试验，其冻胀起始含水量如表 13.4-1 所示。

几种黏性土塑限含水量与起始冻胀含水量关系　　表 13.4-1

含水量名称	黏土	黏土	砂黏土	黏砂土	黏砂土
塑限含水量 w_p(%)	19.10	15.70	21.00	10.50	10.20
起始冻胀含水量 w_0(%)	13.00	12.00	18.00	10.00	8.00

（1）土的冻胀除受气温及土中含水量影响外，还受土质、土的密实程度、冻结速率、地下水补给条件以及含盐成分及含盐量等因素的影响。

① 土质：细粒土由于比表面积大，表面吸附能力强，有利于冻结过程中的水分迁移，从而导致冻胀性增强。经过大量试验表明，0.05～0.005mm（粉粒级）颗粒的土冻胀量最大。颗粒进一步变细，小于 0.005mm（黏粒）时，此时虽然薄膜水含量较高，但渗透性却在减弱，对水分迁移不利，冻胀量反而减小。

纯净的粗颗粒土是不冻胀的，但当含有粉黏粒（粒径<0.05mm）时，其冻胀性能主要取决于粉黏粒含量。颗粒土中粉黏粒含量与冻胀率的关系如表 13.4-2 所示。

充分饱水条件下粗颗粒土粉黏粒（<0.05mm）含量与冻胀系数关系　　表 13.4-2

粒径<0.05mm 含量(%)	0	5	12	15	20	29	48-49	>50
冻胀系数 η(%)	<1	1.6	2.0	3.0	3.4	4.0	>4.0	≤9

由工程实践知，当粗颗粒土中粉黏粒（<0.05mm）含量达到 15%时，冻胀率为 3%，这对一般建筑物不会产生明显变形，故以粉黏粒含量 15%为界，大于此界为较差的工程地质条件。

② 土的密实度：当土较疏松，具有较大的孔隙，冻结后的冰只充填于孔隙中，而不能使土粒间距离明显增大，随着土的密实度增大，孔隙减小，土颗粒间距离变小，当形成冰时，易将土颗粒间距增大，表现出冻胀率随干密度增大而增大。

③ 土的冻结速率：当冻结面移动较快时，下层水分来不及迁移和聚集，只有土层中原有的孔隙水发生冻结，因而冻胀率比较小。当冻结速度缓慢时，下层水分可充分地向冻结面迁移和聚集成冰，导致较强的冻胀。

④ 地下水埋深影响：同类土当地下水埋藏较浅时，地下水可源源不断地补给正在冻结的土体（即开敞系统），而造成较强的冻胀。随着地下水埋藏深度增大，水分补给减弱或停止（即封闭系统），冻胀亦逐渐减小。

此外土层的含盐量以及荷载作用下均会减弱土层的冻胀。当含有一定数量的硫酸盐，特别是含有一定量的硫酸钠，在土的冻结过程中既会发生盐胀，也产生冻胀。

（2）冻胀变形的基本特征值：

① 冻胀量：冻后土体厚度与冻前土体厚度之差 $\Delta h = h - h_0$。

② 冻胀率：冻胀量与冻前土层厚度之比的百分数。

$$\eta=\frac{\Delta h}{h_0}\times 100\%=\frac{h-h_0}{h_0}\times 100\% \tag{13.4.1}$$

式中 h_0——冻结前土层厚度（cm）；

h——冻结后土层厚度（cm）。

（3）地基土的冻胀

当基础位于季节融化层中或季节冻层中，由于地基土层冻结而发生冻胀。在冻胀的同时，地基土对阻碍它的物体施加力的作用，此力称为冻胀力，平行于基础侧面的称为切向冻胀力，垂直于基础底面的称为法向冻胀力，冻胀力是随着自由位移或变形而消失。在冻结过程中如要限制基础的位移或变形，其冻胀力是相当巨大的。根据中铁西北科学研究院以往在青藏高原对黏性土进行的实测，其法向冻胀力极值可达4.3MPa，黏性土在饱和状态下，最大切向冻胀力可达400kPa，如此巨大的冻胀力仅靠建筑物自身重量很难克服。切向冻胀力与法向冻胀力不同，除决定土体的冻胀性外，还决定基础表面的性质，即基础表面的吸附水的能力。

（4）土的冻胀性分级

见表13.4-3。

季节性冻土的冻胀分级 **表13.4-3**

土的类别	冻前天然含水率 w (%)	冻结期间地下水位距冻结面的最小距离 h_w(m)	平均冻胀率 η(%)	冻胀等级及类型
粉黏粒含量≤15%的粗颗粒土(包括碎石类土,砾、粗、中砂,以下同),粉黏粒质量≤10%的细砂	不考虑	不考虑	$\eta\leqslant 1$	Ⅰ级不冻胀
粉黏粒质量>15%的粗颗粒土,粉黏粒质量>10%的细砂	$w\leqslant 12$	>1.0		
粉砂	$12<w\leqslant 14$	>1.0		
粉土	$w\leqslant 19$	>1.5		
黏性土	$w\leqslant w_p+2$	>2.0		
粉黏粒质量>15%的粗颗粒土,粉黏粒质量>10%的细砂	$w\leqslant 12$	≤1.0	$1<\eta\leqslant 3.5$	Ⅱ级弱冻胀
	$12<w\leqslant 18$	>1.0		
粉砂	$w\leqslant 14$	≤1.0		
	$14<w\leqslant 19$	>1.0		
粉土	$w\leqslant 19$	≤1.5		
	$19<w\leqslant 22$	>1.5		
黏性土	$w\leqslant w_p+2$	≤2.0		
	$w_p+2<w\leqslant w_p+5$	>2.0		

续表

土的类别	冻前天然含水率 w (%)	冻结期间地下水位距冻结面的最小距离 h_w(m)	平均冻胀率 η(%)	冻胀等级及类型
粉黏粒质量>15%的粗颗粒土，粉黏粒质量>10%的细砂	$12<w\leqslant 18$	$\leqslant 1.0$	$3.5<\eta\leqslant 6$	Ⅲ级冻胀
	$w>18$	>0.5		
粉砂	$14<w\leqslant 19$	$\leqslant 1.0$		
	$19<w\leqslant 23$	>1.0		
粉土	$19<w\leqslant 23$	$\leqslant 1.5$		
	$22<w\leqslant 26$	>1.5		
黏性土	$w_p+2<w\leqslant w_p+5$	$\leqslant 2.0$		
	$w_p+5<w\leqslant w_p+9$	>2.0		
粉黏粒质量>15%的粗颗粒土，粉黏粒质量>10%的细砂	$w>18$	$\leqslant 5.0$	$6<\eta\leqslant 12$	Ⅳ级强冻胀
粉砂	$19<w\leqslant 23$	$\leqslant 1.0$		
粉土	$22<w\leqslant 26$	$\leqslant 1.5$		
	$26<w\leqslant 30$	>1.5		
黏性土	$w_p+5<w\leqslant w_p+9$	$\leqslant 2.0$		
	$w_p+9<w\leqslant w_p+15$	>2.0		
粉砂	>23	不考虑	$\eta>12$	Ⅴ级特强冻胀
粉土	$26<w\leqslant 30$	$\leqslant 1.5$		
	>30	不考虑		
黏性土	$w_p+9<w\leqslant w_p+15$	$\leqslant 2.0$		
	$>w_p+15$	不考虑		

注：1. w 为冻层冻前天然含水率的平均值；
2. 盐渍化冻土不在表列；
3. 塑性指数大于22，冻胀性降低一级；
4. 碎石类土当填充物大于全部质量的40%时，其冻胀性按充填物土的类别判定。

2. 融沉性

当冻土温度升高，土中冰发生融化，土体在自重作用下将产生一定量的下沉即融化下沉。如加上外荷载作用，土中水逐渐被排除，而进一步被压缩即压密下沉。在多年冻土区地基土融化下沉，在建筑物竣工初期一般沉降量不大，大部分是随基底冻土融化深度加大而逐渐完成，当融化深度达到最大值时，形成新的人为上限，地基沉降量才趋稳定。

(1) 冻土的融沉性主要受土质、含水量、干密度等因素影响。大量试验资料表明土质中，砾石土融沉最小，砂类土次之，黏性土特别是有机质土融沉最大。当土中含水在某一界限以下，融沉很小，超过此限，融沉随含水量的增加而增大，同样当土的干密度在某一界限以上融沉限小，小于此限，融沉随干密度的减小而增大。

(2) 冻土融化下沉系数和压密系数，由于影响因素较多，各地区均存在一定的差异性，一般应以试验确定冻土层平均融化下沉系数 δ_0：

$$\delta_0=\frac{h_1-h_2}{h_1}\times100\%=\frac{e_1-e_2}{1-e_1}\times100\% \tag{13.4.2}$$

式中 h_1、e_1——冻土试样融化前的高度（mm）和孔隙比；

h_2、e_2——冻土试样融化后的高度（mm）和孔隙比。

（3）多年冻土融沉性分级（表 13.4-4）：

多年冻土分类及融沉性分级 **表 13.4-4**

土的类别	总含水率 w_A(%)	平均融沉系数 δ_0(%)	融沉性等级及类别	冻土类型
粉黏粒含量≤15%的粗颗粒土(包括碎石类吐，砾，粗，中砂，以下同)	$w_A<10$	≤1	Ⅰ级不融沉	少冰冻土
粉黏粒含量>15%的粗颗粒土	$w_A<12$			
细砂，粉砂	$w_A<14$			
粉土	$w_A<17$			
黏性土	$w_A<w_P$			
粉黏粒含量≤15%的粗颗粒土	$10\leqslant w_A<15$		Ⅱ级弱融沉	多冰冻土
粉黏粒含量>15%的粗颗粒土	$12\leqslant w_A<15$	$1<\delta_0\leqslant3$		
细砂，粉砂	$14\leqslant w_A<18$			
粉土	$17\leqslant w_A<21$			
黏性土	$w_P\leqslant w_A<w_P+4$			
粉黏粒含量≤15%的粗颗粒土	$15\leqslant w_A<25$	$3<\delta_0\leqslant10$	Ⅲ级融沉	富冰冻土
粉黏粒含量>15%的粗颗粒土				
细砂，粉砂	$18\leqslant w_A<28$			
粉土	$21\leqslant w_A<32$			
黏性土	$w_P+4\leqslant w_A<w_P+15$			
粉黏粒含量≤15%的粗颗粒土	$25\leqslant w_A<44$	$10<\delta_0\leqslant25$	Ⅳ级强融沉	饱冰冻土
粉黏粒含量>15%的粗颗粒土				
细砂，粉砂				
粉土	$32\leqslant w_A<32$			
黏性土	$w_P+15\leqslant w_A<w_P+35$			
碎石类土，砂类土，粉土	$w_A\geqslant44$	>25	Ⅴ级融陷	含土冰层
黏性土	$w_A\geqslant w_P+35$			

注：1. w_A——总含水率为冰和未冻水重比土骨架重；

2. 盐渍化、泥炭化、冻土及腐殖土、高塑性黏土不在表列。

3. 冻土流变性

包括蠕变和松弛。

蠕变：在应力不变的条件下，变形随时间而发展。

松弛：在变形不变的条件下，应力随时间而衰减。

由于冻土中含有冰，故具有强烈的流变性，它主要取决于土质成分、冻土温度、作用荷载的大小及时间的长短等因素。大量研究资料表明，冻土在很小的荷载作用下也会引起应力松弛和蠕变。但是根据所受荷载大小，蠕变可分为衰减和非衰减两类。当冻土受到小于某一界限应力作用时变形随时间的推移而趋于稳定即衰减蠕变，如图 13.4-1 中曲线 σ_1。当应力超过这一界限，变形随加荷时间增加而加大，最后破坏即非衰减蠕变，如曲线 σ_2。非衰减蠕变曲线所出现的三个阶段（AB、BC、CD），见图 13.4-1，AB 为不稳定蠕变阶段，BC 为稳定蠕变阶段，随着荷载的不同，可持续不同的时间间隔，从极短时间到几十年。当进入最后 CD 阶段的起点，即进入蠕变渐近流阶段（极限应力阶段）。

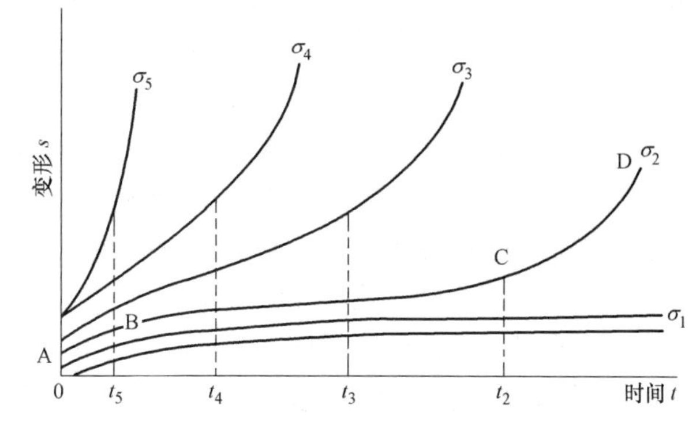

图 13.4-1 不同应力下的变形-时间曲线

13.4.2 冻土地基中桩基设计

1. 多年冻土地区桩基设计原则

桩基础是桩与地基土相互作用承受上部建筑物传来的荷载，要满足它们相互作用之间的稳定性，而不产生过量的变形要求，地基土的性质起重要作用。多年冻土地区冻土所处的条件不同，其力学性质有很大的差异。而冻土对温度变化又极其敏感，因此在多年冻土地区桩基设计原则应以多年冻土的稳定性及其类型来选择。

（1）保护多年冻土的原则：施工期和建筑物使用期内，仍保持桩基础地基处于冻结状态，该原则主要用于年平均地温低于－1.0℃基本稳定和稳定的多年冻土场地。

（2）延缓多年冻土融化速度的原则：该原则是建筑物在施工和使用的过程中，允许桩基础地基部分逐渐融化，这一原则主要适用于年平均地温为－0.5℃～1.0℃的场地，或在可能的最大融化深度范围内地基为不融沉或弱融沉性冻土（少冰冻土或多冰冻土类）。

（3）破坏多年冻土的原则：该原则在施工和建筑物使用期的过程中允许地基土全部融化，该原则适用于年平均地温高于－0.5℃的场地。当地基土全部融化时应按季节冻土设计，并考虑融化过程沉降的影响。

2. 各类桩在多年冻土区的适用条件

多年冻土地区已广泛采用桩基础，因为桩基对冻土的热挠动较小，有利于保持地基土冻结状态，易于克服冻胀的影响，并可充分利用冻土较高的冻结强度。

根据沉桩方式，分为钻孔灌注桩、钻孔插入桩和钻孔打入桩三种类型。

（1）钻孔灌入桩：该桩由于先钻孔，后浇注混凝土，在桩周会形成凹凸不平的表面而具有较高的冻结强度，但现浇混凝土对桩周地基土的热挠动大，地温场恢复慢，回冻时间长，不能连续施工。适用于按保护冻土的设计原则，多年平均地温低于－1.0℃场地的各类冻结岩土及不同的地下水条件。

（2）钻孔插入桩：钻孔后将预制桩插入孔内，在孔与桩周空隙中回填填料，该桩对地基土的热扰动比灌注桩小，回冻时间也较快。适用于年平均地温低于－0.5℃的各类冻结岩土。

(3) 钻孔打入桩：钻孔后直接将预制桩打入孔内，因此，这种沉桩方式对桩周地基土的热挠动最小，回冻时间快，前期承载力高，可连续施工。该桩适用于年平均地温高于－0.5℃不含块石、漂石的黏性土和砂土及卵砾石冻土场地。

3. 各类桩的设计要求

(1) 灌注桩应采用低温早强耐久混凝土，混凝土强度等级应不低于C20，抗冻融性能指标达到M-200，配筋率不少于0.4%；为避免相互的热影响，桩距不小于3倍桩径；当桩端持力层的冻土含冰量大时，应在冻土和混凝土之间铺设厚度为300～500mm砂砾石垫层，预制桩混凝土强度应不低于C30。

(2) 钻孔插入桩成孔直径应比桩径增大100mm及以上。

(3) 钻孔打入桩成孔直径应比预制桩小50mm，钻孔深度应比桩的入土深度大300mm，并应将预制桩沉入设计标高。

4. 多年冻土桩基设计计算

(1) 钻孔桩单桩容许承载力计算：在无条件进行试桩时，可按下式计算：

$$[P]=\frac{1}{2}\sum S_{mi}A_i m+m_0A_0[\sigma] \tag{13.4.3}$$

式中 $[P]$——桩的容许承载力（kN）；

S_{mi}——第i层冻土同桩侧表面的冻结强度（kPa），按表13.4-5查取；

m——工作条件系数，采用各种不同沉桩方式时冻结力修正系数。对于钻孔灌注桩m=1.3～1.5，钻孔插入桩m=0.7～0.8，钻孔打入桩m=1.1～1.3；

A_i——第i层冻土中桩侧表面面积（m^2）；

m_0——桩底承载力折减系数，根据孔底含水量取值，m_0＝0.5～0.9，含水量愈大取值愈小；

A_0——桩底面积（m^2）；

$[\sigma]$——桩底多年冻土容许承载力（kPa），按表13.4-6查取。

多年冻土与混凝土基础表面的冻结强度（kPa）　　表13.4-5

土的名称	土层月最高平均温度(℃)						
	－0.5	－1.0	－1.5	－2.0	－2.5	－3.0	－4.0
黏性土	60	90	120	150	180	220	280
砂土	80	130	170	210	250	290	380
碎石土	70	110	150	190	230	270	350

多年冻土地基的基本承载力（kPa）　　表13.4-6

序号	基础底面的月平均最高土温(℃) / 土名	－0.5	－1.0	－1.5	－2.0	－3.5
1	块石、卵石、碎石	800	950	1100	1250	1650
2	圆砾、角砾、砾砂、粗砂、中砂	600	750	900	1050	1450
3	细砂、粉砂	450	550	650	750	1000
4	黏砂土	400	450	550	650	850
5	砂黏土、黏土	350	400	450	500	700
6	饱冰冻土	250	300	350	400	550

注：1. 本表序号1～5类的地基基本承载力，适合于少冰冻土，多冰冻土，当序号1～5类的地基为富冰冻土石，表列数值应降低20%；
2. 含土冰层的承载力应实测确定；
3. 表列数值不适用于含盐量大于0.3%的冻土。

（2）桩基侧向受荷计算：根据青藏高原对桩的侧向受荷试验计算结果，考虑到工程使用方便及同融土地区的一致性，故推荐使用“m”法。其地基系数的比例系数可通过实测确定，无条件时可按表 13.4-7 选用。

多年冻土地区中细砂、泥炭土地基系数的比例系数 m、m_0　　表 13.4-7

冻土月最高月平均气温(℃) / m 和 m_0 (kPa/m²) / 桩的类型	−0.5	−1.0
钻孔插入桩	20000	30000
钻孔打入桩	23000	35000
钻孔灌注桩	25000	

（3）桩基础抗冻胀稳定性检算

$$N_0+G_0+F\geqslant kT \tag{13.4.4}$$

式中 N_0——桩上结构恒重（kN）；

G_0——桩重（kN），冻结线以下位于地下水位以下取浮重度。

① F 对季节性冻土为桩侧表面积与冻结线以下各层融土的摩阻力之和：

$$F=0.4U\sum\tau_i h_i \tag{13.4.5}$$

式中 U——桩周长（m），对钻孔桩按成孔直径计算；

τ_i——冻结线以下各融土层对桩壁的单位极限摩阻力（kPa），按表 13.4-8 取值；

h_i——冻土层以下各融土层厚（m）。

钻孔桩桩周土的单位极限摩阻力 τ_i 值　　表 13.4-8

土　类	单位极限摩阻力 τ_i (kPa)
回填的中密炉渣、粉煤灰	40～60
流塑黏土、亚黏土、亚砂土	20～30
软塑黏土	30～50
硬塑黏土	50～80
硬黏土	80～120
软塑亚黏土、亚砂土	35～55
硬塑亚黏土、亚砂土	55～85
粉砂、细砂	35～55
中砂、砾砂	40～60
粗砂、砾砂	60～140
砾石(圆砾、角砾)	120～180
碎石、卵石	160～400

注：1. 漂石、块石（含量占 40%～50%，粒径一般为 300～400mm）可按 600kPa 采用。
2. 砂土可根据密实度选用其大值或小值。
3. 圆砾、角砾、碎石和卵石可根据密实度和填充料选用大值或小值。

② F 对于多年冻土地基保持冻结状态时，桩侧表面积与冻土间的冻结力 F：

$$F=S_m A_m \tag{13.4.6}$$

式中 S_m——冻土与桩之间的冻结强度（kPa），按表 13.4-5 查取；

A_m——在多年冻土内桩侧面积（m²）；

k——安全系数，上部结构施工前取 1.1，施工后对静定结构取 1.2，超静定结构取 1.3；

T——每根桩在季节冻层中对桩的切向冻胀力（kN）

$$T=A_T\tau_T+A_i\tau_i \tag{13.4.7}$$

式中 A_T——季节冻层中桩侧表面积（m^2）；

A_i——河底以上冰层中桩侧表面积（m^2）；

τ_T——季节冻层中桩侧表面积切向冻胀强度（kPa），按表 13.4-9 选取；

τ_i——水结冰后对桩面的表面积切向冻胀强度（kPa），采用 190（kPa）。

季节性冻土对混凝土桩的切向冻胀强度（kPa）　　表 13.4-9

冻胀类别	不冻胀	弱冻胀	冻胀	强冻胀	特强冻胀
冻胀强度 τ_T	0～15	15～50	50～80	80～160	160～240

（4）桩基抗冻胀强度检算

桩在满足不上拔而又不被拔断可按下式计算：

$$\frac{kT-(N_0+G_1+F_1)}{A_s}<[R] \tag{13.4.8}$$

式中 k、T、N_0——同上；

G_1——桩基最薄弱断面（一般在冻结线上下，或多年冻土上限处）以上桩基自重（kN）；

F_1——最弱断面以下的摩阻錨固力（kN）；

A_s——最弱断面处纵向受拉钢筋横截面积的总和（m^2）；

$[R]$——材料容许拉应力（kPa）。

经检算如不能满足桩的抗拉强度要求，可在薄弱断面处增加短钢筋。

5. 桩基防冻胀措施

土的冻胀严重困扰着寒冷地区特别是轻型短桩结构的应用，为了不因桩周的切向冻胀力过大而加深桩的埋藏深度。一般在冻胀性土层内采取防冻胀措施，关键就是减小地基土与桩之间的冻结力，达到减小或消除地基土对桩的切向冻胀力，常用的方法有以下几种：

（1）套管法：在桩基的冻融层范围内，套上一个用铁板或硬质塑料板制成的套管，套管应比桩径大 10mm，在套管壁和桩间注入工业凡士林，下端插入冻深线以下 5cm，套管底部和桩之间放置橡胶止水圈，以防止油膏漏出。其缺点是套管经二、三年后，当冻到一定高度时，需进行套管复位维修。

（2）涂抹法：在冻融层范围内的桩表面涂抹一层渣油，因渣油具有闪点高、脆点低、低温时能保持一定的塑性，抗裂纹耐老化性能好等优点，但粘结力低，为了克服渣油与桩粘结力差的缺点，可采用硫酸铬铁盐配成 1%的水溶液涂于清洗干净的桩表面，待风干后再涂 5～10mm 渣油，然后回填，夯实土层。渣油在使用时应预先加热以便去除渣油中的水分和便于施工操作。

（3）封闭换填法：在冻融层范围内将桩周的冻胀性土挖除，换填非冻胀性的碎（卵）石、砾砂，中粗砂（粒径小于 0.05mm 的颗粒含量不大于 10%）、细砂（粒径小于 0.05mm 的颗粒含量不大于 15%）。换填宽度不小于 100mm，并且在换填层周边及上下层敷设防水土工布，顶部敷设防水土工布后应回填 10cm 的中粗砂覆盖层，以保护土工布和防止地表水及细粒土侵入。该法效果好，使用时间长。

（4）结构措施，为避免桩所连接的承台受到较大的法向冻胀力作用，承台底面距地面高度应大于土层的最大冻胀高度，但不小于0.3m。

13.4.3　冻土地基中桩基施工要点

季节冻土区春融后按一般地区施工，冬季按冬季施工规定进行。在多年冻土区由于气候严寒，寒季时间长，特别是青藏高原，海拔高，空气稀薄，气压低，一般机械功率均下降，加之生态环境脆弱，其施工原则应以提高机械化程度，降低劳动强度，尽量减少施工对冻土的热扰动，避免施工造成环境污染。

1. 施工前准备

钻孔场地布置，应尽量以填代挖，减小对原地表的热扰动。平整场地时，当地基土较松软潮湿时，应在钻机下垫上厚钢板，钻机底座下铺设聚苯乙烯塑料隔热板，防止地基融沉导致钻机偏斜。

（1）施工机械设备的选择

根据青藏线桩基实验和大规模桥梁桩基施工实践及满足快速施工的原则，应选用旋挖钻机成孔。如德国宝蛾系列BG18型、意大利土力公司R518和R622型以及北京巨力旋挖钻机，均满足多年冻土桩基施工要求。

（2）钻孔施工

① 埋设护筒：设置护筒除保护孔口不坍塌使钻孔作业正常进行外，还可起到降低桩周土对桩的冻胀作用。护筒采用4～6mm钢板卷制而成，直径比桩径大10～20cm，埋设时先用比护筒大一级的螺旋钻头施钻，钻至上限以下0.5m后停钻，安放预先在外侧涂好1cm厚渣油的护筒，并高出地面30cm以上，在护筒就位后，在护筒外侧与孔壁的空隙间用粗颗粒土回填密实。

② 钻孔钻进一般采用干法作业，对黏性土，砂类土，碎石类土处于地下水位以下，干法不能保证孔壁稳定时，可采用湿法作业。采用湿法作业时，制好的泥浆不能就地挖坑存放，而应存入专门用钢制的泥浆箱中，并另设一个沉淀箱，串联并用。钻孔所用的泥浆不能随意就地排放，沉淀的及干钻的废渣应外运至设计指定地点排放。

③ 在钻进过程中，根据地质条件选择不同的钻头形式，比较均质的冻土，用普通旋挖钻头或短螺旋钻头。当遇到较大漂石，可采用筒式凿岩钻头破岩，再用旋挖钻头取出。如遇到较大孤石，可采用孔下爆破处理。当出现轻微偏孔时，可用带导向管的凿岩钻头慢速钻进，纠偏后再换钻头正常钻进。

④ 对灌注混凝土的要求：

A. 混凝土应具有较好地适应负温环境的特性，即早期强度增长快，抗冻性能好，在负温养生条件下混凝土强度亦能增长至设计值。由于混凝土强度的增长与养生温度有关，如果环境温度较低，混凝土中水分将发生冻结而丧失强度。因此在混凝土强度达到某一值之前，混凝土温度不能到负值。这一强度值叫做混凝土的临界抗冻强度。如果在多年冻土中钻孔灌注桩桩身混凝土在负温到达前，混凝土强度就达到临界抗冻强度，在随后时间里，即使混凝土温度降至负温，其强度仍能增长至设计值。

为了使灌注桩的混凝土达到低温早强耐久的性能，铁道科学研究院专门研制了DZ-1和DZ-3系列外加剂，如DZ-1型，主要技术性能指标：减水率19.5%，泌水率10%，含气量4.8%，凝结时间差+30分钟（初凝）～+20分钟（终凝），抗压强度分别为R_{28}

116%，R_{-7+28} 108%，R_{28} 116%，R_{-7+56} 128%。施工实践表明当采用普通硅酸盐水泥，掺入水泥重10%DZ-1外加剂，水泥用量为400kg/m³，在周围介质为−2～−5℃温度条件下养生，混凝土抗冻融等级超过M300，多项力学指标达到或超过设计要求。

B. 灌注混凝土入模温度要求。为了使入模后混凝土具有一定的养生温度，免遭冻坏，这就要求混凝土入模温度为正温，同时又要求混凝土带入孔内的热量最小，回冻时间短，《青藏铁路多年冻土区桥涵施工暂行规定》施工时应将混凝土入模温度严格控制在0～12℃范围内，但在实际施工中，根据掺入外加剂的试验结果，一般将入模温度控制在0～5℃范围内。

C. 混凝土灌注及养护。为确保混凝土灌注质量，防止混凝土离析，一律采用导管法水下施工工艺，导管内尽可能平顺光滑，防止套管堵塞和混凝土脱节夹心现象。灌注时由混凝土罐车直接灌入导管上方漏斗内，直到灌至桩顶设计标高以上0.5～1.0m，灌注后加以保温保湿养生。

2. 钻孔插入桩施工

成孔后一律采用先插桩后灌浆的施工工艺，在选择回填料及配合比时，必须考虑其具有较高的冻结强度。一般采用水泥砂浆、黏土砂浆，黏土砂浆中掺入少量石灰。水泥砂浆需加防冻外加剂，同时要求将孔内泥浆和水抽干。中铁西北科学研究院有限公司（原铁科院西北分院）在青藏线桩基试验场经多次试验表明，采用黏土砂浆回填效果好。黏土（塑性指数17以上）与砂（中砂、细砂）的重量比为1∶8，含水控制在22%～25%，配置的这种黏土砂浆既不产生沉淀，又能保证回填充实，冻结强度高。缺点是当层上水发育，孔中的水及泥浆配合比不好控制，会影响黏土砂浆回填的质量。

3. 桩基回冻

灌注桩混凝土灌注后，必须等桩周地基土回冻达到设计要求，方可进行下道施工工序。

回冻时间测定，可在桩身的钢筋笼未放入孔内之前，预先按顶部、中部、底部各埋设一只温度传感器，由导线引出桩外，待钢筋笼放入孔内，即对桩身混凝土灌注前后的温度进行监测，直到桩身混凝土温度趋于稳定，回冻完成。

13.4.4 冻土地基中桩的试验及检测

1. 多年冻土区单桩垂直荷载试验

（1）加载装置及测试设备

与一般融土地区所不同的应增加桩基及该地温场的测温设备，测温设备目前广泛采用热敏电阻测温，测温范围−50～60℃，测量精度±0.01℃，该设备可手动或定时自动测量。

（2）试验要求

① 桩应充分回冻后才能进行试验。由于桩在施工中对桩周输入了各种热量，如钻孔摩擦热，循环泥浆放出的热，回填料冻结放出的潜热，及灌注桩混凝土的水化热等，引起桩周一定范围土层升温及融化，经过一段时间的热交换过程，地基土逐渐恢复冻结状态，地温场接近原有的自然状态。桩基回冻时间的长短，主要取决于该处多年平均地温、施工方法和沉桩方式、施工季节、回填料及混凝土初始温度以及桩周土质等条件。根据对青藏线试验场三种沉桩方式的测温资料分析：A. 钻孔插入桩对地基热挠动最小，插入桩次

之，灌注桩影响最大；B. 各种桩施工后对桩周影响距离（以清水河试验场为例），打入桩约 10cm，插入桩 50～60cm，灌注桩 60～80cm；C. 温度场恢复时间：打入桩 5～10d，插入桩 15～20d，灌注桩（采用铁科院研制的低温早强混凝土）50～60d。由于桩基回冻时间受很多因素影响，因此各处实际的回冻时间可根据在桩身和场地埋设的测温资料确定。

② 桩在荷载试验期内，应不受上层季节融化层冻结而产生的冻胀力影响，所以应避免在寒季进行试验。

③ 试验工作应在桩的工作最不利的条件下，即在地温最高，季节融化深度最大的情况下进行，在不能满足这一要求时，则应在试验期中每天测定地温，计算该桩在试验期内的平均地温。

④ 为保证锚桩的牢固性，锚桩表面积与试桩表面积之比采用 4.5～4.8。

（3）加载方法

由于冻土中含有冰，故冻土具有强烈的流变特性，这是桩基垂直荷载试验中必须考虑的因素，但试验时间又不能太长，结合我国具体情况，冻土桩基试验采用分级加载控制下沉的方法。

① 分级加载：第一级荷载按估算桩的极限长期荷载的 25%加载，以后每级增加量为 15%，累计试验荷载应不小于设计荷载的 2 倍。

② 24 小时内桩的沉降量小于或等于 0.5mm，作为沉降稳定标准。即试桩在该荷载下沉降已稳定，可加下一级荷载。

③ 加载后连续 10 天沉降量均大于或等于每昼夜 0.5mm 即为破坏荷载，前一级为极限荷载。

④ 卸载：卸载时的每级荷载值为加载值的两倍，卸载后立即测读桩的变化，以后每 2h 测读一次，每级荷载卸载后延续 12h 再进行下一级卸载。

⑤ 试验期内每天应测量一次桩周各深度处地温，以确定试验期内桩周冻土平均温度。

（4）试验资料整理

仍采用一般地区试验整理绘制出有关成果曲线的分析方法。

2. 多年冻土区桩的水平受荷试验

（1）年冻土区水平受荷桩的特点

水平受荷桩牵涉到桩与地基的共同作用，必须同时考虑桩与地基的变形特征。在一般地区，已进行了较广泛深入的研究，取得了不少成果，但在多年冻土区，特别是国内，其试验和计算资料很少。多年冻土地区的桩基与融土地区不同，它的上部是融化层，随着地区与季节不同，其厚度与性质变化很大，与下面多年冻土的性质又有很大的差异。而多年冻土的特性又随着冻土的岩性、结构、含冰量、地温及荷载作用的时间等因素而变，特别是它突出的流变特性。同时，由于国内大多采用钢筋混凝土桩，它是钢筋和混凝土两种材料的结合体。在荷载作用下，形成复杂的应力状态。因此在研究多年冻土区水平受荷桩的特性时，必须同时考虑这些因素。

（2）水平受荷桩试验加载方法

在多年冻土地区水平受荷桩加载方法是吸取国外及参考融土地区加载方法，通过试验比较，以一次连续加载法较适合我国多年冻土地区。它除较充分考虑了冻土流变性，还照顾到对桩的位移要求，而且应力与位移量测较容易掌握，误差较少，试验时间短等优点。

一次连续加载法：首先估算桩的水平承载能力，按每级荷载为估算荷载的10%增量加荷，每级荷载加荷后按6、9、15、30min间隔，以后每隔30min间隔读取百分表数值，至最后1h，地面处桩的位移小于或等于0.04mm时，该级荷载稳定，可施加下一级荷载，当地面处的位移值大于6mm，且在一昼夜不稳定时，地基与桩身均已破坏，试验终止。

(3) 水平受荷桩计算

水平受荷桩计算主要仍采用弹性地基梁法，虽然该法假定不太符合实际，但是，只要地基系数分布图式选择合理，参数取的恰当，采用文克勤假定来计算侧向受荷桩，完全能够满足工程设计的精度要求。

通过青藏多年冻土清水河水平受荷桩试验研究，采用现有融土地区常用的四种地基系数分布计算，根据实测位移，优选相应的地基系数，用加权平均后的参数计算出理论弯矩与实测弯矩进行对比。其中 K 值法最接近，M 法次之，C 法较差，K 法最差。

为了考虑多年冻土区侧向受荷桩适应多种地基系数分布图示，结合存在的季节融化层，并假定了多种地基系数分布图式，见图13.4-2。

为了选取最佳的地基系数分布图式，可采用有限差分法优选的方法，逐一选取各方案中与实测最接近的参数值，进而找出最佳方案与参数，优选标准 B 数值愈小，表明理论值愈接近实测值，其计算式为：

$$B=10^8\sum(x_j-x_i)^2+\sum(M_j-M_i)^2 \tag{13.4.9}$$

式中 x_i，M_i——实测位移与弯矩；

x_j，M_j——计算位移与弯矩。

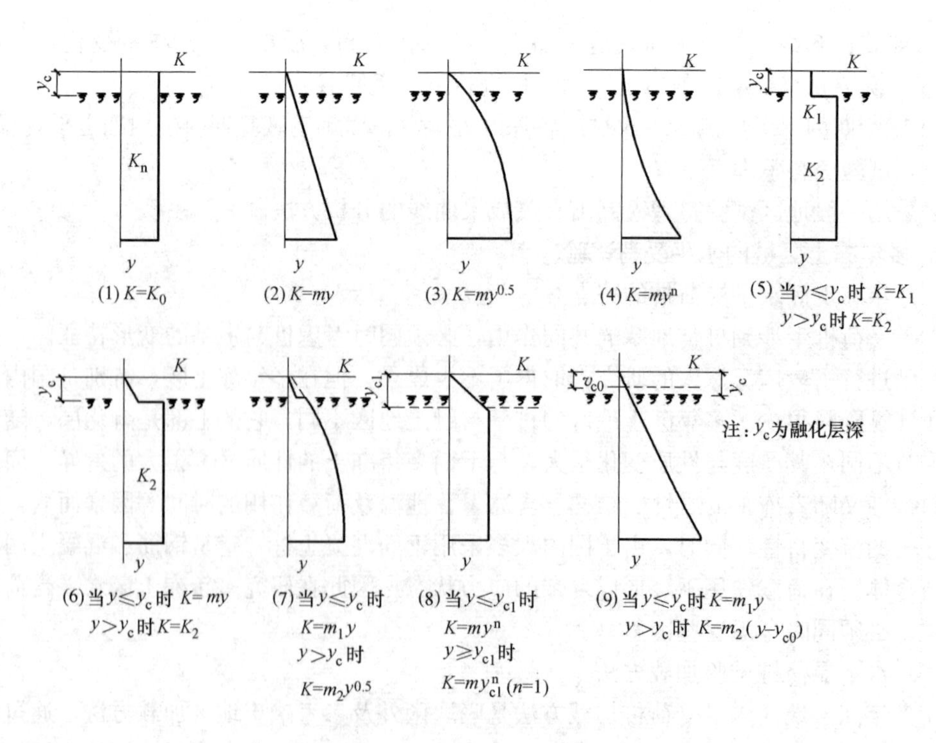

图13.4-2 各种不同地基系数分布图

计算结果见表13.4-10，除图示（1）K法，图（3）C法的地基系数分布图式有较大误差外，其他均与实测值比较接近，而以图示（9）（双m法）、图示（4）（n>1指数法）方案最好。

典型桩不同地基系数分布图式时的B值　　表13.4-10

荷重（kN）	方法									最好	较好	备注
	1	2	3	4	5	6	7	8	9			K值法
60	14.619	3.743	6.260	2.056	2.066	2.416	2.170	3.750	1.641	9	4	2.893
80	30.488	4.984	12.472	2.641	3.177	3.502	2.919	7.245	2.464	9	4	3.981
100	60.052	18.797	31.283	15.485	18.716	18.933	16.855	24.433	15.430	9	4	15.211

3. 成桩质量检测

多年冻土地区成桩质量检测，主要采用钻芯取样和无损检测的小应变法及超声波法。根据青藏铁路多年冻土区使用钻芯取样，小应变法，超声波法对比检测，小应变法仅适用于检测桩长小于40m的桩（铁路）。超声波法检测可适用于各类桩长。小应变法及超声波法检测的原理，方法及使用的仪器都是直接引用一般融土地区的检测技术，检测方法见融土地区。

13.4.5　工程案例

青藏公路清水河桥，原为1～6.0m的板梁桥，采用明挖基础施工方法，桥台为“一”字形，基底置于原天然上限以下约0.2m处，通车不久桥台发生下沉在台背水平冻胀力作用下，桥台“一”字形混凝土板向桥孔方向鼓出在中部断裂，造成桥梁的破坏，后经钻探和测温显示，桥下主河槽冻土上限已加深至4.0m，为天然上限的1.5倍，桥台处天然上限下降0.2～0.3m，致使基底处于冻融交界面的极不利位置，如图13.4-3所示。

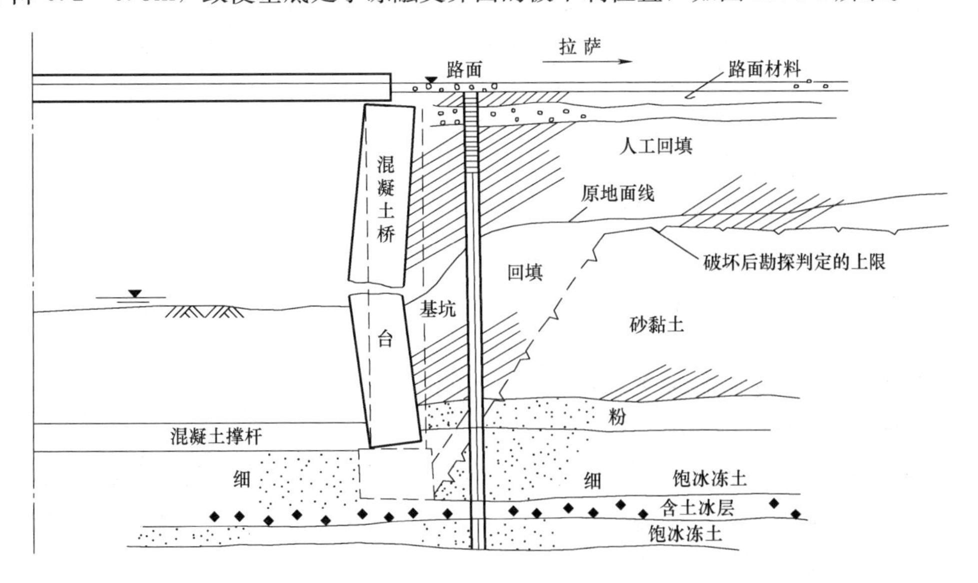

图13.4-3　原青藏公路清水河桥破坏断面图

随着青藏公路改建，在清水河下游12.5m处，新修建了一座2～6m的钢筋混凝土板梁试验桥。该桥基础采用不同的桩基。拉萨侧桥台和格尔木侧桥台均为5根直径为55cm的钻孔插入桩，桥墩为2根直径为120cm的钻孔灌注桩。桥台帽梁为预制拼装结构，接头方式分别采用砂浆粘接及焊接。桥式结构及地质情况见图13.4-4。其淤泥质粉细砂层，呈流动或饱和状为强冻胀性土，砂黏土层为泥灰冲积物，融后呈流动或饱和状。细砂层为粒状冰晶结构。泥灰土层中含有5～10mm冰透镜体，体积含冰量为40%。地基以下6.23～7.87m含冰较少，体积含冰量为10%～30%。该桥9月竣工后对桥下地温及桥梁变形进行了为期一年时间的观测。观测结果桥梁墩台在竣工后两个月均发生10～20mm下沉，以桥墩下沉量最大，这是因为桥墩灌注桩施工中对地基带入了较大的热量，致使回冻时间长达两个月，下沉量加大。11月至次年3月桥台及桥墩又产生了轻微冻胀，冻胀量为5～10mm。但桥台冻胀量达到20mm。这是因为桥台所处的季节融化层为强冻胀性土，而又未采取防冻胀措施。

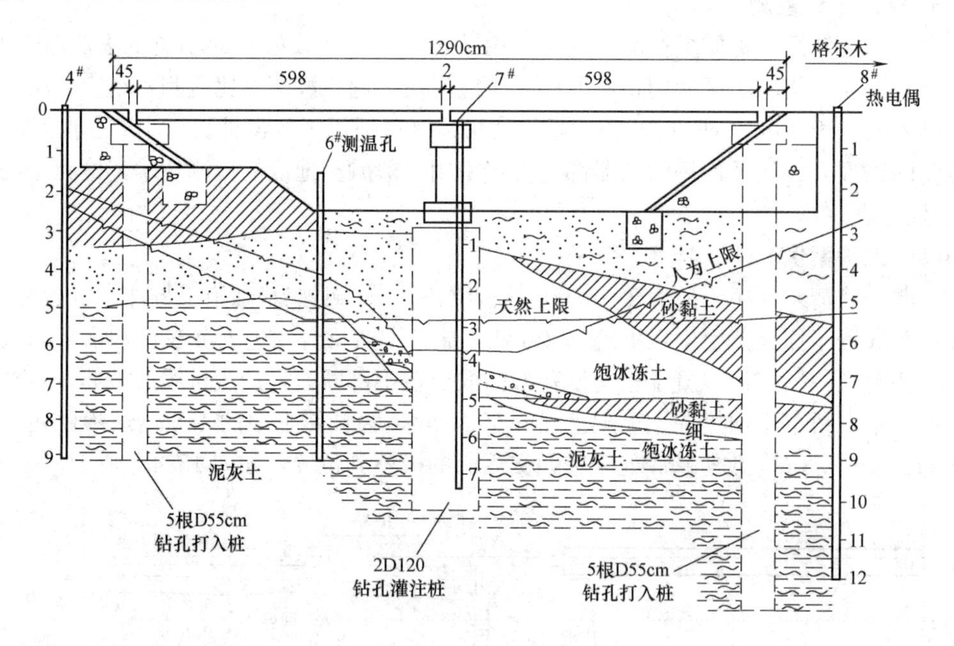

图13.4-4 青藏公路改建后清水河桥断面图

13.5 膨胀土地基中桩基础

膨胀土是在自然地质过程中形成的一种多裂隙并具有显著胀缩性的地质体，是一种黏粒成分主要由亲水性矿物蒙脱石和伊利石组成的黏性土。我国膨胀土的分布以黄河流域及其以南地区较为广泛，就其黏土矿物成分划分，可大致归纳为两大类，一类是蒙脱石为主，一类是伊利石为主。膨胀土的吸水膨胀、失水收缩并且反复变形的性质以及土体中杂乱分布的裂隙对建筑物和桩基础都有严重的破坏作用。此外，在膨胀土层内，一般无地下水，土层滞水和裂隙水也变化无常，这就造成了在很小范围内土层含水量及重力密度很不均匀的状况，成为建筑物变形不均匀的一个内在因素。

在膨胀土地区进行工程建设时，如遇到大气影响深度较深、基础埋深较大、选用墩式基础施工有困难或不经济的情况，可选用桩基。显然，由于膨胀土的特殊性质，桩基设计应作某些特殊的考虑，并应满足某些特殊的要求。顺便指出，这里讨论的膨胀土是广义的，它的含义应该包括膨胀岩在内。

13.5.1 膨胀土的特性

膨胀土形成的地质年代，大都为第四纪晚更新世或更早些，少量为全新世，有些地区为第三纪。从成因看，各地区的膨胀土大都属于泥炭岩和黏土岩的残积物。膨胀土是一种特殊的黏性土。与一般黏性土相比，除了具有一般黏性土所具有的物理、化学和工程性之外，膨胀土在矿物成分、土体结构、物理性质、化学性质等方面还具有不同的特点，从而决定了膨胀土具有特殊的力学和工程性质。

13.5.1.1 野外特征

地貌特征——多分布在二级及二级以上阶地和山前丘陵地区，个别分布在一级阶地上，呈垄岗-丘陵和浅而宽的沟谷，地形坡度平缓，一般坡度小于12度，无明显的自然陡坎。在流水冲刷作用下的水沟、水渠，常易崩塌、滑动而淤塞。

结构特征——膨胀土多呈坚硬-硬塑状态，结构致密，呈棱形土块者常具有胀膨性，棱形土块越小，胀膨性越强。土内分布有裂缝，斜交剪切裂缝越发育，胀缩性越严重。膨胀土多为细腻的胶体颗粒组成，断口光滑，土内常包含钙质结核和铁锰结核，呈零星分布，有时也富集成层。

地表特征——分布在沟谷头部、库岸和路堑边坡上的膨胀土常易出现浅层滑坡，新开挖的路堑边坡，旱季常出现剥落，雨季则出现表面滑塌。膨胀土分布地区还有一个特点，即在旱季常出现地裂缝，长可达数十米至近百米，深数米，雨季闭合。

地下水特征——膨胀土地区多为上层滞水或裂隙水，无统一水位，随着季节水位变化，常引起地基的不均匀膨胀变形。

13.5.1.2 膨胀土的成分

矿物成分——膨胀土的矿物成分包括黏土矿物和碎屑矿物。黏土矿物主要为次生黏土矿物，一般以蒙脱石［$Al_2(OH)_2Si_4O_{10}$］、伊利石［$Fe(OH)_2Si_4O_{10}$］和高岭石［$Al_2(OH)_4 \cdot Si_2O_5$］中的一种或两种为主。碎屑矿物由原生矿物构成，是膨胀土粗粒部分的主要组成物质，其中大部分为石英、斜长石和云母，其次为方解石和石膏等。膨胀土中的黏土矿物成分可以通过差热分析（TDA）、X-射线衍射（XRD）、电镜扫描（SEM）及红外光谱（IR）等手段进行鉴定。

从世界范围看，日本、以色列、美国、加拿大西部等地区的膨胀土以蒙脱石为主要矿物成分，柬埔寨、印度、俄罗斯、罗马尼亚等地区的膨胀土则以蒙脱石和伊利石为主要成分。一些地区的膨胀土中还含有少量的高岭石、拜来石、绢云母和其他矿物。我国的膨胀土中的黏土矿物成分一般以蒙脱石和伊利石为主。

化学成分——纵观世界各地的膨胀土，其化学成分以 SiO_2、Al_2O_3、Fe_2O_3 为主，其次是 CaO、MgO、K_2O、Na_2O。各地膨胀土的化学成分在构成比例上差别不大。

13.5.1.3 膨胀土的物理力学特性

表13.5-1是我国几个膨胀土地区大量土工试验资料的统计结果。

几个地区膨胀土的重要物理特性指标　　表 13.5-1

指标	黏粒含量(%)	天然含水量 w(%)	天然孔隙比 e	液限 w_L(%)	塑限 w_P(%)	缩限 w_S(%)	塑性指数 I_P	液性指数 I_L
数值	24～40	20～30	0.5～1.0	38～55	20～35	11～18	18～35	0.14～0.0

由表 13.5-1 可知膨胀土的物理力学特性指标有如下特点：

(1) 天然含水量接近塑限，$w \approx w_P$，饱和度 $S_r > 85\%$；

(2) 天然孔隙比中等偏小；

(3) 塑性指数大于 17，多数在 22～35 之间；

(4) 黏粒含量高超过 20%；

(5) 土的压缩性小，多属低压缩性土；

(6) 抗剪强度指标 c，φ 值，在浸水前后相差大；尤其 c 值可差数倍；

(7) 缩限一般小于 11%；红黏土类型的膨胀土缩限偏大。

13.5.1.4 膨胀土的膨缩性及主要影响因素

膨胀土与水作用时，随着含水量的增加，其体积将显著增大，表现出比较明显强于一般黏性土的膨胀性能。若在土体吸水体积增大的过程中膨胀受阻，则土体内部随即产生一种内应力即膨胀力。反之，如果土的含水量减小，则土体体积产生收缩，同时伴随出现裂缝，并产生收缩应力。膨胀土的膨胀变形与收缩变形具有反复性、不可逆性、相似性和各向异性。

1. 膨胀土的工程特性指标

1) 自由膨胀率 δ_{ef}

自由膨胀率 δ_{ef} 为人工制备的烘干土，在水中增加的体积与原体积之比，按下式计算：

$$\delta_{ef} = \frac{V_w - V_0}{V_0} \tag{13.5.1}$$

式中 V_w——土样在水中膨胀稳定后的体积（mL）；

V_0——土样原有体积（mL）。

2) 膨胀率 δ_{ep}

膨胀率 δ_{ep} 为在一定压力下，浸水膨胀稳定后，试样增加的高度与原高度之比，按下式计算：

$$\delta_{ep} = \frac{h_w - h_0}{h_0} \tag{13.5.2}$$

式中 h_w——土样浸水膨胀稳定后的高度（mm）；

h_0——土样原始高度（mm）。

3) 收缩系数 λ_s

收缩系数 λ_s 为原状土样在直线收缩阶段，含水率减少 1%时的竖向线缩率，按下式计算：

$$\lambda_s = \frac{\Delta\delta_s}{\Delta w} \tag{13.5.3}$$

式中 $\Delta\delta_s$——收缩过程中与两点含水率之差对应的竖向线缩率之差（%）；

Δw——收缩过程中直线变化阶段两点含水率之差（%）。

4）膨胀力 p_e

膨胀力 p_e为原状土样在体积不变时，由于浸水膨胀产生的最大内应力，由膨胀力试验测定。

2. 膨胀特性产生的原因

膨胀土是一种随外部环境变化而性质极不稳定的特殊土。对影响膨胀土的胀缩性的因素可分为内因和外因，分别详细介绍如下：

1）内因

（1）矿物及化学成分。膨胀性黏土矿物是膨胀土胀缩性的物质基础。实验表明，蒙脱石可以吸附比其自身大五倍重量的水。蒙脱石的含量越高，土体的膨胀性越大。

（2）土的结构。结构是影响和控制膨胀土胀缩变形的主导因素。黏粒粒径小于0.005mm，比表面积大，电分子吸引力强。因此，土中黏粒含量越高，其膨胀性越强。

（3）土体的密实度。土体的孔隙比越小、密实度越高，则浸水膨胀势越大，失水收缩势越小；反之则浸水膨胀势越小，失水收缩势越大。

（4）含水量。土的初始含水量越高，则土的膨胀势越小，而收缩势越大；反之初始含水量越低，则土的膨胀势越大，收缩势越小。土的膨胀和收缩性还受含水量的变化量控制。实验中发现，当含水量增大到一定值后，土体体积不再膨胀；同样，当含水量减小到一定值后，土体体积也不再收缩。

2）外因

（1）附加荷载。我们对宜昌地区膨胀土样进行的膨胀率实验结果表明：对同种膨胀土，有荷膨胀率明显小于自由膨胀率，荷载级别高时的测得的膨胀率小于荷载级别低时的膨胀率。有时，随着荷载的增大，土样甚至出现收缩。例如宜昌地区黄褐色中等膨胀土的膨胀率实验结果为：干法自由膨胀率1.78％、50kPa下膨胀率0.148％；湿法自由膨胀率1.45％、50kPa下膨胀率－0.002％。表明荷载抑制了土体的膨胀。

（2）气候条件。包括降雨量、蒸发量、日照时间、气温、相对湿度和地温等。蒸发量越大、气温越高、相对湿度越小，则土体发生的收缩变形越大。

（3）地形地貌。通过对宜昌膨胀土地区的野外调查，发现地势低处的膨胀土胀缩变形能力比地势高处的小。

（4）水文条件。地下水位上升，土体发生湿胀，地下水位下降，土体则发生干缩。地下水位升降的幅度越大或频率越高，则干湿循环效应越明显。

（5）植物植被。调查发现：树木根部吸水，在旱季易加剧土体的干缩变形；草皮则可以通过储蓄和蒸发调节土的湿度，减少和降低干湿循环作用引起的胀缩效应。

13.5.1.5 膨胀岩土的工程地质分类

目前，国内外膨胀岩土分类的方法很多，不同的研究者提出了不同的标准，所选择的指标和标准也不一，其中具有代表性的分类方法分述如下。

1）美国垦务局法（USBR法）

将膨胀土胀缩等级分为四级，评价指标为塑性指数、缩限、膨胀体变、小于0.001mm胶粒含量，分类标准见表13.5-2。

美国膨胀土分类标准 表13.5-2

级别	指标			
	塑性指数	缩限(%)	膨胀体变(%)	胶粒含量(<0.001mm)(%)
极强	>35	<11	>30	>28
强	25～41	7～12	20～30	20～31
中	5～28	10～16	10～20	13～23
弱	<18	>15	<10	<15

2）杨世基法

杨世基将膨胀土胀缩等级分为三级，评判指标为液限、塑性指数、胀缩总率、吸力、CBR膨胀量，评判标准见表13.5-3。

膨胀土胀缩等级——杨世基法 表13.5-3

级别	指标				
	液限(%)	塑性指数	胀缩总率(%)	吸力(kPa)	CBR膨胀量(%)
强	>60	>35	>4	>440	>3
中	50～60	25～35	2～4	160～440	2～3
弱	40～50	18～25	0.7～2	100～160	1～2

3）国家标准《膨胀土地区建筑技术规范》GB 50112—2013判别法

膨胀土的工程地质特征表现为：(1) 裂隙发育，常有光滑面和擦痕，有的裂隙中充填着灰白、灰绿色黏土，在自然条件下呈坚硬或硬塑状态；(2) 多出露于二级或二级以上阶地、山前和盆地边缘丘陵地带，地形较平缓，无明显自然陡坎；(3) 常见有浅层滑坡、地裂。新开挖坑（槽）壁易发生坍塌等现象；(4) 建筑物多呈“倒八字”、“×”或水平裂缝，裂缝随气候变化而张开和闭合。

判别指标：自由膨胀率$\delta_{ef}\geqslant 40\%$。膨胀土的膨胀潜势等级：按自由膨胀率大小划分膨胀土的膨胀潜势，见表13.5-4。

膨胀土的膨胀潜势 表13.5-4

自由膨胀率δ_{ef}(%)	膨胀潜势
$40\leqslant\delta_{ef}<65$	弱
$65\leqslant\delta_{ef}<90$	中等
$\delta_{ef}\geqslant 90$	强

4）按最大胀缩性指标进行分类

柯尊敬认为，一个适合的胀缩性评价指标必须全面反映土的粒度组成和矿物成分，以及宏观与微观结构特征的影响，同时能消除土的温度和密度状态的影响，即不随土湿度和密度状态的变化而变化，而且还要适应胀缩土各向异性的特点。因此，推荐用直接指标，即用最大线缩率δ'_{sv}，最大体缩率δ'_{v}，最大膨胀率δ'_{ep}等作为分类指标，判别标准见表13.5-5。这里，最大线缩率与最大体缩率是天然状态的土样膨胀后的收缩率与体缩率，最大膨胀率是天然状态土样在一定条件下风干后的膨胀率。

5）按塑性图判别与分类

塑性图系由A. 卡萨格兰首先提出，后来李生林教授作了深入的研究，它是以塑性指数为纵轴，以液限为横轴的直角坐标，见图13.5-1。因此，运用塑性图联合使用塑性指

按最大膨胀性指标分类 表 13.5-5

指标	等级			
	弱	中	强	极强
最大线缩率 δ'_{sv}(%)	2~5	5~8	8~11	>11
最大体缩率 δ'_{v}(%)	8~16	16~23	23~30	>30
最大膨胀率 δ'_{ep}(%)	2~4	4~7	7~10	>10

数与液限来判别膨胀土，不仅能反映直接影响胀缩性能的物质组成成分，而且也能在一定程度上反映控制形成胀缩性能的浓差渗透吸附结合水的发育程度。

6）南非威廉姆斯（Williams）分类标准

南非威廉姆斯（Williams）提出联合使用塑性指数及小于 2μm 颗粒的成分含量作图对膨胀土进行判别分类（图 13.5-2），分为极高、高、中等、低等四级，该分类法在第六届非洲膨胀土会议上得到了推广。

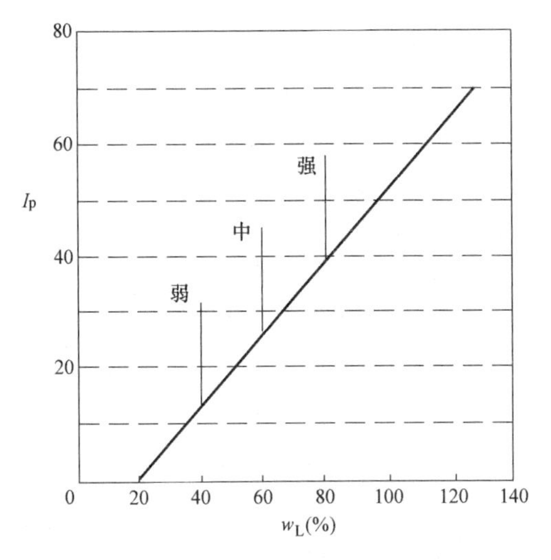

图 13.5-1 膨胀土在塑性图上的分类

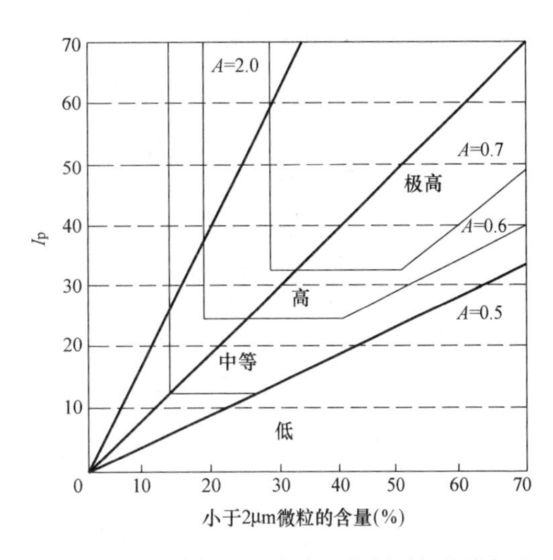

图 13.5-2 威廉姆斯对膨胀土的判别与分类标准

7）按膨胀土成因分类

根据资料分析，国内外膨胀土的成因多数属残、坡积型，其生成一是由基性火成岩或中酸性火成岩风化而成，二是与不同时代的黏土岩、泥岩、页岩的风化密切相关。洪积、冲积或其他成因的膨胀土也有，但其物质来源主要与上述条件密切联系。掌握这一规律对现场初步判别膨胀土具有实际意义。国外著名膨胀土的成因见表 13.5-6。中国膨胀土按成因和性质等分成四类见表 13.5-7。

国外著名膨胀土的成因类型 表 13.5-6

国家	当地名称	成因	母岩性质
印度	黑棉土	残积	玄武岩
加纳	阿克拉黏土	残、坡积	页岩
委内瑞拉	—	残积	页岩
加拿大	渥太华黏土	残积	海相沉积
美国	—	残积	页岩、黏土岩

中国膨胀土工程地质分类 **表 13.5-7**

类型	岩性	孔隙比 e	液限 w_L（%）	自由膨胀率 δ_{ef}（%）	膨胀力 δ_{ep}（kPa）	收缩率 δ_e（%）	分布地区
Ⅰ（湖相）	1. 黏土、黏土岩，灰白、灰绿色为主，灰黄、褐色次之	0.54～0.84	40～59	40～90	70～310	0.7～5.8	平顶山、邯郸、宁明、个旧、鸡街、襄樊、蒙自、曲靖、昭通
	2. 黏土，灰色及灰黄色	0.92～1.29	58～80	56～100	30～150	4.1～13.2	
	3. 粉质黏土、泥质粉细砂、泥灰岩，灰黄色	0.59～0.89	31～48	35～50	20～134	0.2～6.0	郧县、荆门、枝江、安康、汉中、临沂、成都、合肥、南宁
Ⅱ（河相）	1. 黏土，褐黄、灰褐色	0.58～0.89	38～54	40～77	53～204	1.8～8.2	
	2. 粉质黏土，褐黄、灰白色	0.53～0.81	30～40	35～53	40～100	1.0～3.6	
Ⅲ（滨海相）	1. 黏土，灰白、灰黄色，层理发育，有垂向裂隙，含砂	0.65～1.30	42～56	40～52	10～67	1.6～4.8	湛江、海口
	2. 粉质黏土，灰色、灰白色	0.62～1.41	32～39	22～34	0～22	2.4～6.4	
Ⅳ（残积土） Ⅳ-1（碳酸岩石地区）	1. 下部黏土，褐黄、棕黄色	0.87～1.35	51～86	30～75	14～100	1.2～7.3	贵县、柳州、来宾
	2. 上部黏土，棕红、褐色等色	0.82～1.34	47～72	25～49	13～60	1.1～3.8	昆明、砚山
Ⅳ（残积土） Ⅳ-2（老第三系地区）	1. 黏土、黏土岩、页岩、泥岩，灰、棕红、褐色	0.50～0.75	35～49	42～66	25～40	1.1～5.0	开远、广州、中宁、盐池、哈密
	2. 粉质黏土、泥质砂岩及粉质页岩等	0.42～0.74	24～37	35～43	13～180	0.6～6.3	

8）膨胀岩的分类

膨胀岩可以参照表13.5-8，分为典型的膨胀性软岩和一般的膨胀性软岩。

膨胀岩的分类 **表 13.5-8**

指标	典型的膨胀软岩	一般的膨胀性软岩	指标	典型的膨胀性软岩	一般的膨胀性软岩
蒙脱石含量（%）	≥50	≥10	体膨胀量（%）	≥3	≥2
单轴抗压强度（MPa）	≤5	>5，≤30	自由膨胀率（%）	≥30	≥25
软化系数	≤0.5	<0.6	围岩强度比	<1	<2
膨胀压力（MPa）	≥0.15	≥0.10	黏粒含量（%）	>30	>15

13.5.2 膨胀土场地与地基评价

13.5.2.1 膨胀岩土的判别

膨胀岩土的判别，目前尚无统一的指标。国内外不同研究者对膨胀岩土的判定标准和方法也不同，大多采用综合判别法。

1. 膨胀土的判别

1）我国《岩土工程勘察规范》GB 50021—2001 规定，具有下列特征的土可初判为膨胀土：

（1）多分布在二级或二级以上阶地、山前丘陵和盆地边缘；

（2）地形平缓、无明显自然陡坎；

（3）常见浅层滑坡、地裂，新开挖的路堑、边坡、基槽易生坍塌；

（4）裂隙发育，方向不规则，常有光滑面和擦痕，裂隙中常充填灰白、灰绿色黏土；

（5）干时坚硬，遇水软化，自然条件下呈坚硬或硬塑状态；

（6）自然膨胀率一般大于40%；

（7）未经处理的建筑物成群破坏、低层较多层严重，刚性结构较柔性结构严重；

（8）建筑物开裂多发生在旱季，裂缝宽度随季节变化。

2）我国《膨胀土地区建筑技术规范》GBJ 50112—2013 规定，具有下列工程地质特征的场地，且自由膨胀率大于或等于40%的土，应判为膨胀土：

（1）裂隙发育，常有光滑面和擦痕，有的裂隙中充满着灰白、灰绿色黏土。在自然条件下呈坚硬或硬塑状态；

（2）多出露于二级或二级以上阶地、山前和盆地边缘丘陵地带，地形平缓，无明显的陡坎；

（3）常见浅层塑性滑坡、地裂、新开挖坑（槽）壁易发生坍塌等；

（4）建筑物裂缝随气候变化而张开和闭合。

2. 膨胀岩的判别

1）多见于黏土岩、页岩、泥质砂岩；伊利石含量大于20%；

2）具有前述13.5.2.1中《岩土工程勘察规范》GB 50021—2001规定的第（2）～（5）项的特征。

13.5.2.2 膨胀土地基的膨胀等级

根据地基的膨胀、收缩变形对低层砖混房层的影响程度，地基土的膨胀等级可按分级变形量分为三级（表13.5-9）。

13.5.2.3 膨胀土地基的变形量

1. 膨胀土地基的计算变形量应符合式（13.5.4）的要求

$$s_j \leqslant [s_j] \tag{13.5.4}$$

膨胀土地基的胀缩等级 **表 13.5-9**

分级变形量(mm)	级别
$15 \leqslant s_c < 35$	Ⅰ
$35 \leqslant s_c < 70$	Ⅱ
$s_c \geqslant 70$	Ⅲ

式中 s_j——天然地基及采取处理措施后的地基变形量计算值（mm）；

$[s_j]$——建筑物的地基容许变形值（mm），参照相关技术规范采用。

2. 膨胀土地基变形量的取值应符合下列规定：

1）膨胀变形量应取基础的最大膨胀上升量；

2）收缩变形量应取基础的最大收缩下沉量；

3）胀缩变形量应取基础的最大胀缩变形量；

4）变形差应取相邻两基础的变形量之差；

5）局部倾斜应取砌体承重结构沿纵墙6～10m内基础两点的变形量之差与其距离的比值。

3. 膨胀土地基变形计算，可按以下三种情况（如图13.5-3所示）：

1）当离地表1m处地基土的天然含水量等于或接近最小值时或地面有覆盖且无蒸发可能性，以及建筑物在使用期间，经常有水浸湿地基，可按式（13.5.5）计算膨胀变形量：

$$s_e = \psi_e \sum_{i=1}^{n} \delta_{epi} h_i \tag{13.5.5}$$

式中 s_e——地基土的膨胀变形量（mm）；

ψ_e——计算膨胀变形量的经验系数，宜根据当地经验确定，无经验时，三层及三层以下建筑物，可采用0.6；

δ_{epi}——基础底面下第i层土在该土的平均自重压力与对应于荷载效应准永久组合时的平均附加压力之和作用下的膨胀率，由室内试验确定；

h_i——第i层土的计算厚度（mm）；

n——基础底面至计算深度内所划分的土层数，膨胀变形计算深度Z_{en}应根据大气影响深度确定；有浸水可能时，可按浸水影响深度确定。

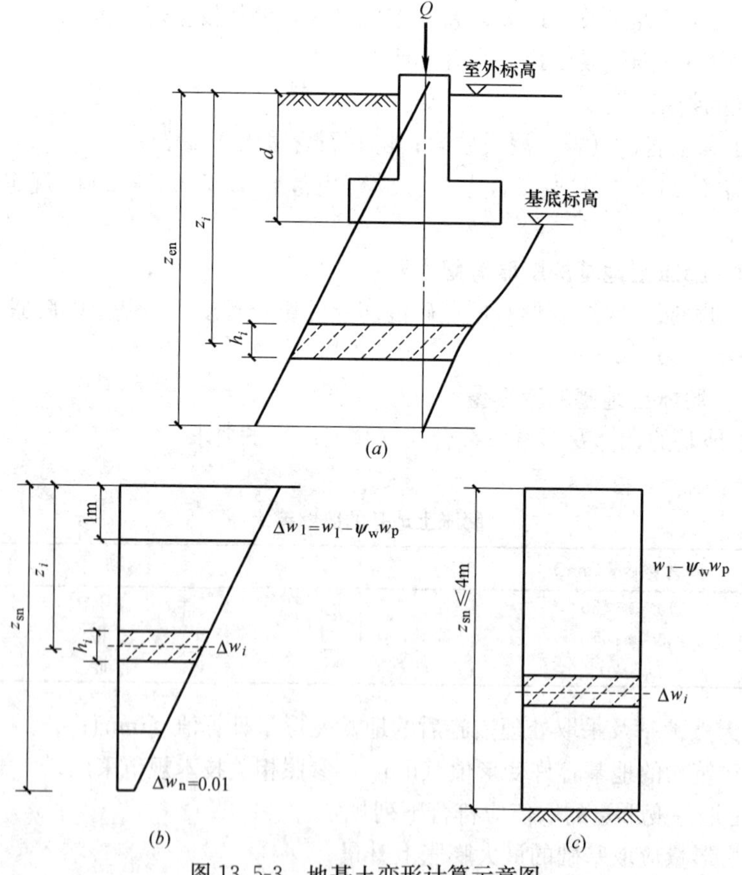

图13.5-3 地基土变形计算示意图

2）当离地表1m处地基土的天然含水量大于1.2倍塑限含水量时，或直接受高温作用的地基，可按式（13.5.6）计算收缩变形量：

$$s_s = \psi_s \sum_{i=1}^{n} \lambda_{si} \Delta w_i h_i \tag{13.5.6}$$

式中 s_s——地基土的收缩变形量（mm）；

ψ_s——计算收缩变形量的经验系数，宜根据当地经验确定，无经验时，三层及三层以下建筑物可采用0.8；

λ_{si}——基础底面下第 i 层土的收缩系数，应由室内试验确定；

Δw_i——地基土收缩过程中，第 i 层土可能发生的含水量变化的平均值（以小数计）；

n——基础底面至计算深度内所划分的土层数。

在计算深度内，各土层的含水量变化值，应按下式计算：

$$\Delta w_i = \Delta w_1 - (\Delta w_1 - 0.01)\frac{z_i - 1}{z_n - 1} \tag{13.5.7}$$

$$\Delta w_1 = w_1 - \psi_w w_p \tag{13.5.8}$$

式中 w_1、w_p——为地表下1m处土的天然含水量和塑限含水量（小数）；

ψ_w——土的湿度系数；

z_i——第 i 层土的深度（m）；

z_n——计算深度，可取大气影响深度（m）确定，当有热源影响时，可按热源影响深度确定；在地表下4m土层深度内存在不透水基岩时，可假定含水量变化值为常数（图13.5-3），在计算深度内有稳定地下水位时，可计算至水位以上3m。

3）在其他情况下，可按式（13.5.9）计算地基土的胀缩变形量

$$s_{es} = \psi_{es}\sum_{i=1}^{n}(\delta_{epi} + \lambda_{si}\Delta w_i)h_i \tag{13.5.9}$$

式中 s_{es}——地基土胀缩变形量（mm）；

ψ_{es}——计算胀缩变形量的经验系数，宜根据当地经验确定，无可依据经验时，三层及三层以下可取0.7。

13.5.2.4 膨胀土地基承载力的确定

1. 载荷试验法

对荷载较大或没有建筑经验的地区，宜采用浸水载荷试验方法确定地基土的承载力。

2. 计算法

采用饱和三轴不排水快剪试验确定土的抗剪强度，再根据建筑地基基础设计规范或岩土工程勘察规范的有关规定计算地基土的承载力。

3. 经验法

对已有建筑经验的地区，可根据成功的建筑经验或地区经验值确定地基土的承载力。

我国《膨胀土地区建筑技术规范》GB 50112—2013规定对于一般工程，可参考表13.5-10确定地基土的承载力。

地基承载力 f_k(kPa) **表13.5-10**

含水比(a_w)	孔隙比(e)		
	0.6	0.9	1.1
<0.5	350	280	200
0.5～0.6	300	220	170
0.6～0.7	250	200	150

注：1. 含水比为天然含水量与液限的比值。
2. 此表适用于基坑开挖时土的天然含水量等于或小于勘查时的天然含水量。
3. 使用此表时应结合建筑物的容许变形值考虑。

13.5.3 桩基设计中的考虑

参照文献《桩基础设计指南》，根据已有的桩基工程试验经验和有关桩基设计的规范，将膨胀土地区中桩基设计应考虑的主要问题和做法概述如下：

13.5.3.1 设计原则

1. 膨胀土桩基设计的关键是“控制”二字，在充分了解膨胀土胀缩特性的基础上，在设计中考虑必要的措施，以实现对桩和膨胀土体的工作性能、温度场和湿度场以及工程边界条件进行完善的控制。

2. 设计的第二个关键是“预测”，在膨胀土上进行桩基设计时，必须以桩基上的结构物将要经受的差异移动的某些合理评价为依据，而预计的结构物移动量又进而取决于其所坐落的桩基的可能移动量。桩基（桩和土体）的移动量一经预测，即可用于对桩基上的结构物进行桩基-结构物相互作用分析。为桩基设计而进行的桩土移动量预测可以采取数值分析的途径，但这种做法比较复杂和费时，工程实践中设计者往往宁愿采取简化设计计算的途径，前述林天健等提出的“膨胀土工程结构系统理论”中所建议的“联合控制法”就是一例。在膨胀土桩基分析中为求解各种微分方程式的数值解法可参阅 Robert L. Lytton 的论文。

3. 扬长避短。设计中注意避开膨胀土的某些不利特征和变化，充分发挥膨胀土地基的潜在承载能力。

13.5.3.2 可以考虑的设计思路和经验方法

参考已有的工程经验和有关规范，提出如下的设计思路和经验做法，以供参考：

1. 设计膨胀土中的桩时，需考虑下列三个因素：

1）桩必须能安全地承担结构荷载，即桩必须有相当的极限承载力。

2）膨胀土的作用可能会给桩带来上拔力。桩必须有足够的强度，以承担抬升所引起的桩中上拔力。

3）上拔力与结构荷载引起的桩的升降，必须小于预定的界限。

2. 对桩基土移动量的数值分析可以分为三类：非饱和水分流动和均衡状态的评价、预测隆胀或收缩以及求解水分流动-弹性边界值耦合问题。这方面的内容较为丰富，具体分析方法请参阅文献。

3.《建筑桩基技术规范》JGJ 94—2008 对膨胀土（包括季节性冻土）中桩基设计作了如下的规定：

1）桩端进入冻深线或膨胀土的大气影响急剧层以下的深度，应满足抗拔稳定性验算要求，且不得小于 4 倍桩径及 1 倍扩大端直径，最小深度应大于 1.5m；

2）为减少和消除冻胀或膨胀对建筑物桩基的作用，宜采用钻孔、挖孔（扩底）灌注桩；

3）确定基桩竖向承载力时，除不计入冻胀、膨胀深度范围内桩侧阻力外，还应考虑地基土的冻胀、膨胀作用，验算桩基的抗拔稳定性和桩身受拉承载力；

4）为消除桩基受冻胀或膨胀作用的危害，可在冻胀或膨胀深度范围内，沿桩周及承台作隔冻、隔胀处理。

4. 膨胀土中的桩基设计除应符合现行有关规定外，还应符合下列要求：

1）单桩的容许承载力应通过现场浸水静载试验，或根据当地建筑经验确定。在设计地面标高以下 3m 内的膨胀土中，桩周容许摩擦力应乘以折减系数 0.5。

2）桩径宜用 25～35cm。桩长应通过计算确定，并应大于大气影响急剧层深度的 1.6 倍，且不得小于 4m，使桩支承在胀缩变形较稳定的土层或非膨胀性土层上。

3）设计桩基时，承台底面与地面之间应留有间隙，其大小应等于或大于土层膨胀时的最大上升量，且不得小于 10cm。桩身全长需配筋，可选用 6ϕ12，箍筋 ϕ6～ϕ8，间距 20～30cm，宜用螺旋箍。承台配筋不小于 ϕ12，间距 20cm。

4）坎坡场地选用桩基时，桩长应适当增长，桩尖应支承在坡脚下大于 1m 的深度处。

5.《地基处理技术》中介绍了一种分析和计算膨胀土桩基的弹性理论法及其运用。该方法的基本理论是，设圆状长度为 L，直径为 d，桩底直径为 d_b。该桩所在的土体在其离升桩身处的抬升力分布系按一指定的规律给定（见后文计算公式），如图 13.5-4 所示。桩被分为几段，每段桩周受有均布剪应力 P_i。

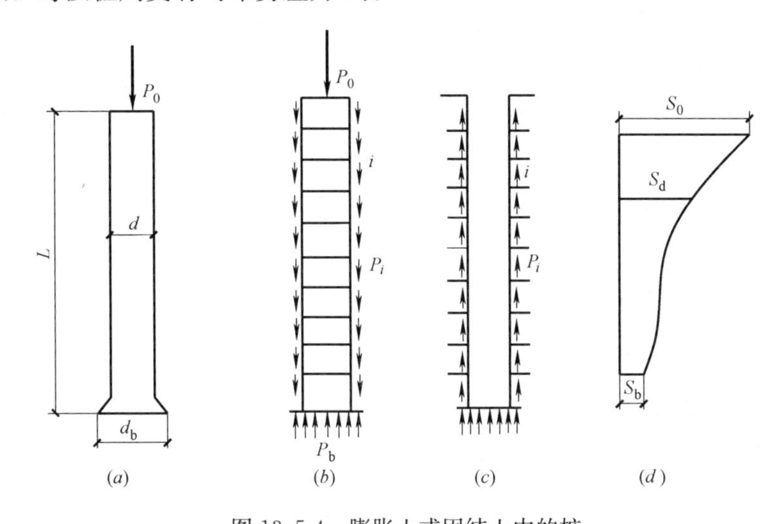

图 13.5-4　膨胀土或固结土中的桩

（a）桩；（b）桩上应力；（c）土上应力；（d）指定的土抬升分布

根据弹性理论的基本假定：土为均质、线性弹性；桩土界面无滑动；桩身不可压缩且无压坏，拉坏情况。再规定向下的土位移与剪应力为正，则沿桩身土的移动可由式（13.5.16）求得。若无滑动，则桩位移等于沿桩身土的位移，即 $\rho_p=\rho_s$，对于可压缩桩的更一般情况，桩位移务必与桩的弹性相协调，故分析起来稍繁。今仅就不可压缩桩来考虑，则 $\rho_{n_j}=\rho_s=\rho$（ρ 为桩土位移），此外再考虑入桩的平衡方程，这样，只要得出土位移分布 $[s]$，则可由式（13.5.17）和式（13.5.18）求得位移 ρ 与剪应力 p 的分布，从而任何深处桩内的荷载 P 亦可求出。

6. 膨胀土内的桩墩一般桩底都做成钟形。一根直径 0.35～0.50m、长 3～5m 钟形扩底直径 1～1.2m 的桩只用承载力公式（没有侧阻力）的 CN_c 和 $\bar{q}N_q$ 项就能支撑相当大的压力。抗拔阻力可用桩身侧阻力加桩重的方法来估算。如土层有相当的强度，扩大头直径接近 $2D$，则桩的抗拔承载力大约为桩身侧阻力加桩重的 2 倍。当桩用来将上部结构和膨胀土隔离时，在土的活动区内应使桩身接近没有摩擦力，这样，当土膨胀沿桩身四周挤压并向上膨胀时会减少桩身上部的拉力。

7. 关于膨胀土上短桩基础抗拔承载力验算，《建筑桩基技术规范》JGJ 94—2008 规定，设置在膨胀土地基中的桩，大气影响急剧层内土地膨胀时，对桩侧表面产生向上胀切力 q_e，胀切力使桩产生的胀拔力为：$u\sum q_{ei}l_{ei}$，q_{ei}值由现场浸水试验确定。稳定土层内桩的抗拔力由基桩抗拔承载力标准值、桩顶竖向荷载和桩自重三部分组成，如《建筑桩基技术规范》JGJ 94—2008 公式所示。抗拔极限承载力标准值按抗拔桩的规定确定。

8. 上述方法过于简化。实际上桩土可能发生滑动，桩也可能压坏或拉坏，土质亦可能是非均质的，此外土抬升，桩拉力与其抬升均可能随时间而变化。这些对桩的承载均有影响。对这些实际因素的考虑可参阅文献《地基处理技术》。此外，刘振明提出了一种胀缩路径与胀缩状态理论，为考虑上述实际因素开拓了一条新的途径。该理论在对膨胀土作的两个假定（连续性假定、胀缩可逆性假定以及体胀缩率与含水量成单值函数的假定）的前提下提出如下的论点：天然状态的膨胀土或扰动击实的膨胀土都处于胀缩过程中的某个中间状态，也就是说处在胀缩路径上的某个点。对某一给定的膨胀土体来说，其胀缩状态（以体胀缩率 e_v 和干容量 γ_d表征）只随含水量 w 而变。因而，过去和未来的胀缩状态，只需根据含水量的追溯和推求从胀缩路径上给予确定。为此，需通过一定的试验手段建立关于胀缩路径的数字模型，它包括体胀缩率与含水量关系 $e_v=f(w)$ 和体胀缩率与干重度关系 $e_v=f(\gamma_d)$ 以及表示胀缩路径和胀缩状态的参数方程，即前二式的联立方程：

$$\left.\begin{aligned} e_v&=K(w-w_s) \\ \gamma_d&=\frac{\gamma_{ds}}{1+K(w-w_s)} \end{aligned}\right\} \tag{13.5.10}$$

式中　w——参变量，定义域（$w_s\leqslant w\leqslant w_H$）；

K、γ_{ds}、w_s——土的特征常数。

对于特定的膨胀土，只要 w 一经确定，其胀缩状态$\{e_v、\gamma_d、w\}$就是一定的，它是胀缩路径方程空间曲线上的一个点。这样，类似于一般的力学方法，当已掌握膨胀土的含水量方程（以时间为自变量的含水量分布场）、胀缩路径方程、物理方程（胀缩路径中应力张量［σ］与应变张量［ε］之间的关系）、强度条件以及破坏状态等问题的合理解决方式时，只要给出边界条件和初始条件，则可根据初始的含水量场求得随时间变化的含水量增量场；再根据胀缩路径方程就可得到将产生的胀缩应变。此应变与外荷载在桩基上产生的应变将共同遵循膨胀土的应力应变关系，从而确定结构物随时间变化的应力场、应变场和位移场。

9. 防止土体膨胀不利影响的措施应当作为膨胀土桩基设计的一项内容，在工程时间中常用的措施主要有：

1）合理选定桩长和桩底直径。减小桩的抬升量的最有效方法，一是采用较深的直筒桩（长度约 2 倍于膨胀区深度），另一是采用不深不浅的扩底桩。扩底可减小抬升量，但桩过短或过长则扩底效果甚微。除特深桩外，扩底会明显增大拉力，桩尖正好在膨胀区时尤为明显。这种拉应力的产生是由于一方面膨胀性土把基桩抱紧并力图向上拉起而另一方面扩底基脚却把桩锚固于稳定土层内而造成的。对于这类基桩就必须配置钢筋以抵抗由于土膨胀而导致的拉应力。设计时应注意，只有在桩的长径比相对小（$l/d<20$）时，扩底才对减小桩的抬升有效。当 $z_s/l=1$（z_s为膨胀区底部埋深）时，扩底最为有效。在大多数情况下，当 $z_s/l\approx0.75$ 时，桩产生的抬升力为最大。

2）当桩被用来将上部结构和膨胀土隔离时，在地基土的膨胀活动区内，应使桩身接近于没有摩擦力，这样可使当土膨胀沿桩身四周挤压，并向上膨胀时会减少桩身上部的拉力。为此应考虑一些措施以降低桩身摩阻力，例如对预制混凝土桩或钢桩在膨胀变动范围内的桩身涂沥青；对灌注桩在膨胀土层范围内改用外围充填膨润土泥浆的预制混凝土桩段，或在干作业成桩的条件下使用塑料薄膜在桩身与钻孔孔壁之间形成可自由滑动的隔离层。

13.5.4 设计参数与计算公式

13.5.4.1 设计参数

1. 土抬升量

饱和土抬升量沿深度的分布可用沉降分析的常规方法予以预计。非饱和土抬升量（在相对干燥地区为常见）的预计较难，现有 5 个近似方法，即自由膨胀法、有效应力法、比体积（即单位骨架质量的体积）与含水量关系法、室内模拟土单元的预计含水量时程曲线与相对应变测值法以及经验法，前 4 种运用较困难，万德汶（1964）提出了经验法，计算膨胀土的抬升量，h（m）深的提土剖面得总抬升量为

$$s=\int_{z_2}^{z_1}F(PE)\mathrm{d}z \quad (13.5.11)$$

式中 F——系数，表示 z 深处的抬升量与地面抬升量的比值；

PE——可能膨胀量，见表 13.5-11；

z_1、z_2——分别为膨胀土层顶层与底层的深度。则 $h=z_1-z_2$。

F 由下式确定：

$$F=e^{2/\mathrm{k}} \quad (13.5.12)$$

式中 k——真实膨胀区的底部参考深度，在南非测得为 12m。

可能膨胀量 PE 与土的黏土含量与塑性指数有关，如表 13.5-11 和图 13.5-5 所示。

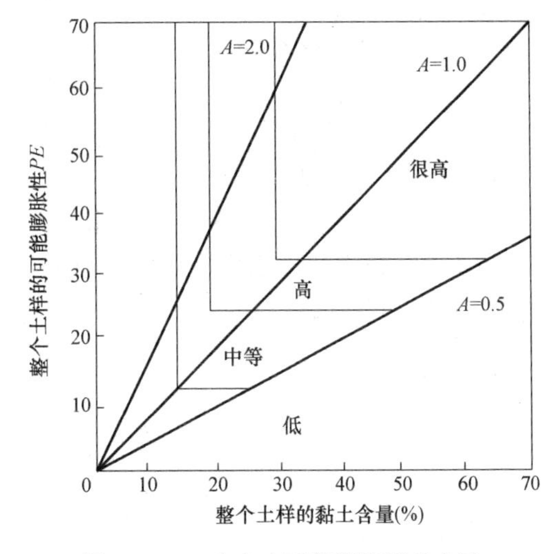

图 13.5-5 确定土可能膨胀量的方法

可能膨胀量 *PE* 表 13.5-11

膨胀程度	每 25cm 厚的土的可能膨胀量(cm)
极高	2.54
高	1.27
中等	0.635
低	0

2. 桩土界面上的抗剪强度

这是确定膨胀土内桩的拉力以及土的抬升量的必要设计参数。假定该抗剪强度服从库仑定律并随深度而增大，即近似地与覆盖压力成正比：

$$\tau_{\mathrm{a}}=c'_{\mathrm{a}}+K_{\mathrm{s}}\sigma'_{\mathrm{v}}\tan\varphi'_{\mathrm{a}} \quad (13.5.13)$$

式中 c'_{a}——黏聚力；

φ'_{a}——桩土间有效摩擦力；

σ_v'——有效覆盖应力；

K_s——水平土压力系数。

当膨胀区发生在相对干燥地区，土可能处于超固结状态，则预计 K_s 可能性较高些，据南非经验，K_s 约为1.0～1.5；黏聚力项未必可忽略。对初始未饱和土而言，上式中 σ_v 宜以总应力代替，并采用适当的桩土间的内摩擦角与黏聚力值。例如科林（Collin）假定桩身与膨胀土间发生了充分滑动，从而沿桩的剪应力等于桩土黏着力（此黏着力取 τ_a 等于排水抗剪强度 c'，φ' 的0.3～0.7倍），由此建议 $K_s=l$；而道纳苏尔（Donalsor）则建议在采用排水抗剪强度时应乘以0.3～0.7的系数。若土在膨胀剪切时严重开裂，则上述 K_s 的较大值不可能在膨胀初期得到。

3. 土的压缩模量 E_s

E_s 系《建筑地基基础设计规范》GB 50007—2011所强调的两个压缩指标之一，是计算桩基沉降和膨胀的重要参数之一。

$$E_s=\frac{1+e_0}{a} \tag{13.5.14}$$

式中 e_0——土的天然孔隙比；

a——压缩系数（MPa^{-1}），$a=1000\times\dfrac{e_1-e_2}{p_2-p_1}$；

p_1、p_2——固结压力（kPa）；

e_1、e_2——对应于 p_1、p_2 时的孔隙比。

《地基处理技术》中指出：E_s 宜由桩的原位载荷试验利用轴向加荷桩反算得出。若无此试验，E_s 值可按图13.5-6所示的 E_s-c_u 关系粗略确定，当然 c_u 应与土最终含水量相呼应，也可采取适当的应力与含水量以及 ν_s 的估值，从压缩仪得出的 m_v 按下式求得 E_s：

$$E_s=\frac{(1+2v'_s)(1-v'_s)}{m_v(1+v'_s)} \tag{13.5.15}$$

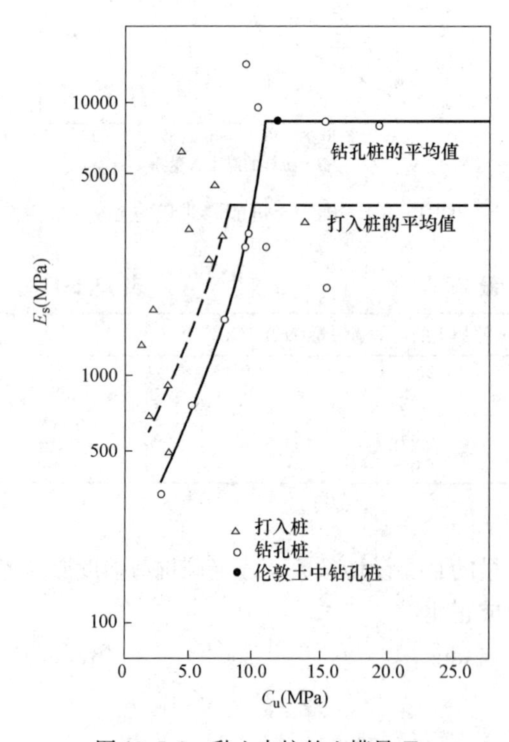

图13.5-6 黏土中柱的土模量 E_s

13.5.4.2 计算公式

1. 沿桩身土的移动量$\{\boldsymbol{\rho}_s\}$

规定向下的位移与剪应力为正，则有

$$\{\rho_s\}=-\frac{d}{E_s}[I_s]\{p\}+\{S\} \tag{13.5.16}$$

式中 $[I_s]$——$(n+1)\times(n+1)$ 位移函数矩阵，可按Mindlin方程进行重积分而得；

E_s——土的杨氏模量；

$\{S\}$——土位移的 $(n+1)$ 个矢量，若为膨胀则取负值；

$\{p\}$——桩土界面上的剪应力与桩应力的 $(n+1)$ 个矢量。

假定忽略桩本身的压缩，则如前所述，$\rho_n=\rho_s=\rho$，则得

$$d\{p\}=E_s[I_s]^{-1}\{\rho-S\} \tag{13.5.17}$$

此外由桩平衡方程

$$P_0+\sum_{i=1}^{n}p_i\pi dL/n+p_b\pi d_b^2/4=0 \tag{13.5.18}$$

式中 P_0——桩顶上施加的向下荷载。

若已确定土位移分布，则可由式（13.5.17）和式（13.5.18）求得位移ρ与剪应力p的分布。

2. 膨胀土中桩的桩中拉应力（p_t/A）

在桩穿透活动性膨胀带而将桩尖置于相对稳定土层的情况下，桩基设计考虑的第二个问题就是要估算各桩中的拉应力，以便选定钢筋尺寸。

一般来说，要确定桩重应力和位移，需要借助于数值方法求解桩的一维微分方程式，这对于一般桩基设计来说，似乎略嫌繁琐，在工程实践中，更多倾向于采取近似设计计算的途径。例如《建筑桩基技术规范》JGJ 94—2008 对膨胀土上的短桩基础规定：大气影响急剧层内土体膨胀时，对桩基表面产生向上胀切力q_e，胀切力使桩产生的胀拔力为

$$p_t=u\sum q_{ei}l_{ei} \tag{13.5.19}$$

式中 u——土体膨胀段桩身周长$u=\pi d$；

q_{ei}——大气影响急剧层中第i层土的极限胀切力；

l_{ei}——大气影响急剧层中第i层土的厚度。

可以将膨胀产生的胀拔力与固结产生的负摩擦力引起的曳荷载相对比，它们对桩作用的机理是类似的，只是方向相反——前者向上，后者向下而已。问题的实质在于胀切力与负摩擦力一样，难以从理论上准确确定。

3. 膨胀土中桩的抗拔承载力和抗拔稳定性

这个问题的求解要区别两种情况：一是扩底端承桩，桩尖设置于大气影响急剧层下的稳定层内，地基土对桩起锚固作用；另一是扩底抗拔桩，包括膨胀土上轻型建筑的短桩基础。分别叙述如下：

1）扩底端承桩

膨胀土中的扩底端承桩，当其由于膨胀胀力而产生桩内拉应力时，桩的受拉系属于被动作用，这至少对直接承受膨胀胀拔的桩段是这样。由于膨胀产生的荷载是变化的，它与桩的形状、数量和布置均有关，即设计的原始数据是变化的，求解问题时必须将桩土体系当作整体来考虑。这样就存在一个问题：即膨胀土中桩的抗拔承载力是指什么条件下的？问题的复杂性使得难以给出一个确定桩的抗拔承载力的通用计算公式。

《地基处理技术》中指出：当桩土间有滑动时，桩的抬升量随长度增加而减小。当桩尖浅于膨胀深度时，土的抬升量S_0大，桩的抬升量亦大；反之，当桩尖深于膨胀深度时，则桩的抬升量在土的抬升量超过某值后就不再增加。随着桩长的增加，桩内的最大拉力也明显增加；桩长全部在膨胀区内时，则拉力较小，且拉力的增加也是适时而止，并非土的抬升量增大，桩的拉力也越大。对于扩底桩来说，桩过短或过长，扩底效果都甚微。这是因为，桩过短，过薄的覆盖土层不足以抵抗扩大头上移导致的地基剪切；而桩过长，桩的抬升量由于桩侧土摩阻力的作用在超过某一值后就不再增加，扩底的作用就不能充分发

挥。因此，一般地说，应采用不深不浅的扩底桩。在此情况下，不论是被动的扩底端承桩，抑或是主动的扩底抗拔桩，其极限抗拔承载力的基本计算公式可按下述考虑：

扩底桩的极限抗拔承载力 P_u 可被认为由以下三部分组成，即：桩侧摩阻力 Q_s、扩底部分抗拔承载力 Q_B 和桩的有效自重 W_c。其中 Q_s 的求法按常规计算，见有关规范。P_u 的基本计算公式为：

$$P_u = Q_s + Q_B + W_c \tag{13.5.20}$$

式中 Q_s——各层土的侧阻力。主要环节是采用什么样的 K 值，但目前的观点似乎是倾向于采用 K_0 或 K_a，$Q_s = \sum Q_{si}$；

K、K_0、K_a——分别为土压力系数、静止土侧压力系数及主动土压力系数；

Q_B——（钟形）扩底的抗拔阻力，按不同土类分别由式（13.5.21）和式（13.5.22）计算；

W_c——桩或墩基的重量。

桩扩底部分的抗拔承载力可分两大不同性质的土类分别求得：

① 黏性土（按不排水状态考虑）

$$Q_B = \frac{\pi}{4}(d_B^2 - d_s^2) N_c \cdot \omega \cdot C_u \tag{13.5.21}$$

② 砂性土（按排水状态考虑）

$$Q_B = \frac{\pi}{4}(d_B^2 - d_s^2) \bar{\sigma}_v \cdot N_q \tag{13.5.22}$$

式中 d_B——扩大头直径；

d_s——桩杆直径；

ω——扩底扰动引起的抗剪强度折减系数；

N_c、N_q——承载力因素；

C_u——不排水抗剪强度；

$\bar{\sigma}_v$——有效上覆压力。

计算模式简图见图 13.5-7。

应注意桩长系从地面算到扩大头中部（若其最大断面不在中部，则算到最大断面处），而 Q_s 的计算长度则只能从地面算到扩大头的顶面。

扩底端承桩一般多为深扩底桩，这种桩的承载力只可能主要由下卧硬土层的强度来发挥，而上覆的软土层至多只能起到了压重的作用。所以，完整的滑动面基本限于下卧硬土层内开展。上面的膨胀土层内不出现清晰的滑动面，而呈大变形位移。对于深基础和深的扩底桩，极限抗拔承载力随着深度而趋于某一极限值。因此存在着一个临界深度问题，在该临界深度以下桩扩大头的抗拔能力部分不再能有效地提高。

设临界深度为 H，当基础深度 D（也即扩底桩的上拔计算桩长 L）大于这一临界深度 H，这种长的扩体桩称之为深基础（图 13.5-8）。

[摘引自抗拔桩基础（续三），刘祖德，地基处理 [J]，1996，7（2）]

深的扩底桩（$L \geqslant H$）的极限抗拔承载力可以表达为：

$$P_u = W_c + W_s + \pi dcL + \frac{\pi}{2} S_r d\gamma (2L - H) HK_u \tan\varphi \tag{13.5.23}$$

式中 c——土的黏聚力；

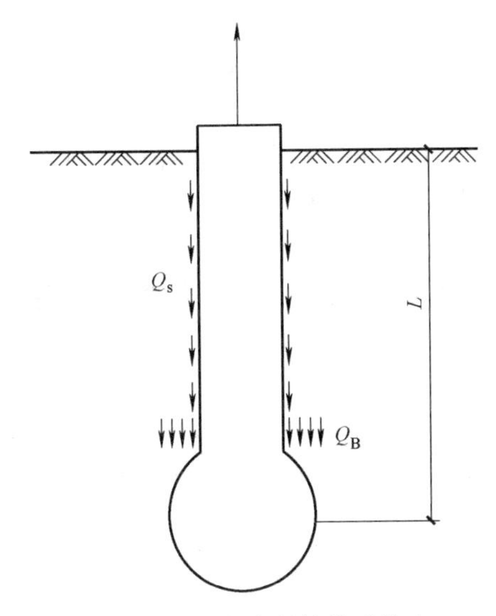

图 13.5-7 扩底桩抗拔承载力

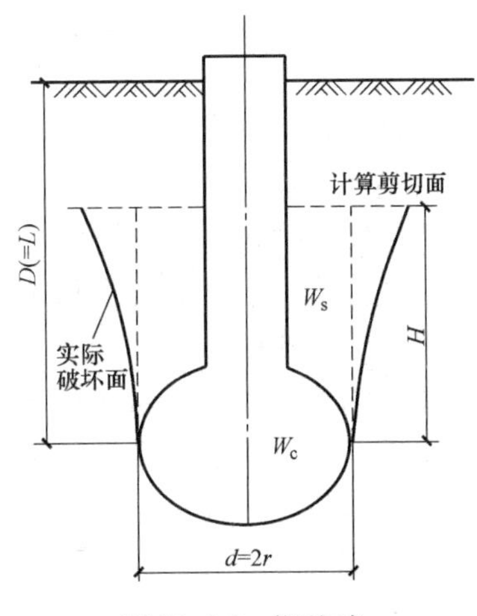

图 13.5-8 深基础

W_s——在高度 H 的圆柱体内所包含的土重。

P_u——上限受桩扩大头上覆土层承载能力的限制，即：

$$(P_u)_{max}=\frac{\pi}{4}d^2(cN_c+\gamma LN_q+A_s f_s+W_c+W_s) \tag{13.5.24}$$

式中 A_s——高度为 H 的圆柱体侧表面面积；

f_s——圆柱体单位侧表面上土的平均摩擦力；

N_c、N_q——下压荷载作用下基础的承载力因素。

上述计算公式均属于理论计算公式，除此以外，还有另一类计算公式——经验公式。此类公式系以试桩实测资料为基础，建立起桩的抗拔侧阻力与抗压侧阻力之间的关系和抗拔破坏模式。《建筑桩基技术规范》JGJ 94—2008 建议采用经验公式计算单桩与群桩的抗拔极限承载力。

根据《建筑桩基技术规范》JGJ 94—2008 的规定，在确定基桩竖向承载力时，除不计入膨胀深度范围内桩侧阻力外，还应考虑地基土的膨胀作用，验算桩基的抗拔稳定性和桩身抗拉强度。当然，在验算抗滑稳定性时，要考虑设计中沿桩周及承台所做隔胀处理的影响以及外加轴向荷载的影响。对于后者，《地基处理技术》中曾指出：只要轴向荷载达到无外加荷载时所产生的最大拉力的一半时，就足以阻止桩的抬升。外加轴向荷载与土膨胀的两效应可以迭加，此结论虽不甚严密，但由于滑动只在桩身某段内发生，在确定桩的抗拔稳定性时还是很有必要考虑的。可见，一般地说，除了在某些特殊情况下，合理布置（不深不浅）的扩底端承桩是不需验算其抗拔稳定性的。

2）扩底抗拔桩

这里讨论的扩底抗拔桩主要是指桩顶承受抗拔荷载的扩底性，包括扩底短桩和长桩。在确定或选用计算公式时，有必要先了解扩底抗拔性的特点及其破坏形态。

对于等截面的抗拔桩情况，通常，桩基承载力中的桩侧摩阻力部分随着上拔荷载的增加开始逐渐增大，但是一般在桩土界面上相对位移达 4～10mm 时，相应的侧壁摩阻力就会达到它的峰值，其后将逐渐下降。但扩底桩与上述等截面桩不同。在其上拔过程中，扩大头上移挤压土，土对它的反作用力一般也是随着上拔位移的增加而逐渐增加的。并且，当桩侧壁摩阻力已达到其峰值后，扩大头抗拔阻力还要继续增长，直到桩上拔位移量达到相当大时（有时可达数百毫米），才可能因土体整体破裂而失去稳定。因此，扩大头阻力所担负的总上拔荷载中的百分比也是随上拔位移量而逐渐增加的。桩接近破坏荷载时，扩头阻力往往是决定因素。试验证明，扩大头所担负的抗拔阻力，在合理桩长的情况下，往往可达整个抗拔承载力的三分之二以上。

由于实际的破坏形态相当复杂，在建立计算公式时都有所假定，对于抗拔的扩底短桩，当全桩均位于膨胀土层中时，通常采用两种破坏模式及计算公式：

(1) 摩擦圆柱法

摩擦圆柱法（Friction Cylinder Method），其理论假定在桩破坏时，在桩底扩大头以上将出现一个直径等于扩大头最大直径的竖直圆柱形破坏土体。根据这种理论，极限抗拔承载力计算公式可写为：

① 黏性土（不排水状态下）

$$P_{\mathrm{u}} = \pi d_{\mathrm{B}} \sum_{0}^{L} C_{\mathrm{u}} \Delta l + W_{\mathrm{s}} + W_{\mathrm{c}} \tag{13.5.25}$$

② 砂性土（排水状态下）

$$P_{\mathrm{u}} = \pi d_{\mathrm{B}} \sum_{0}^{L} K\bar{\sigma}(\tan\bar{\varphi}) \Delta l + W_{\mathrm{s}} + W_{\mathrm{c}} \tag{13.5.26}$$

式中 W_{s}——包含在圆柱形滑动体内土的重量；

$\bar{\varphi}$——土的有效内摩擦角。

计算模式简图见图13.5-9。应注意，桩长应从地面算至扩大头水平投影面积最大的部位高程。膨胀土中的桩只适用式（13.5.25）。

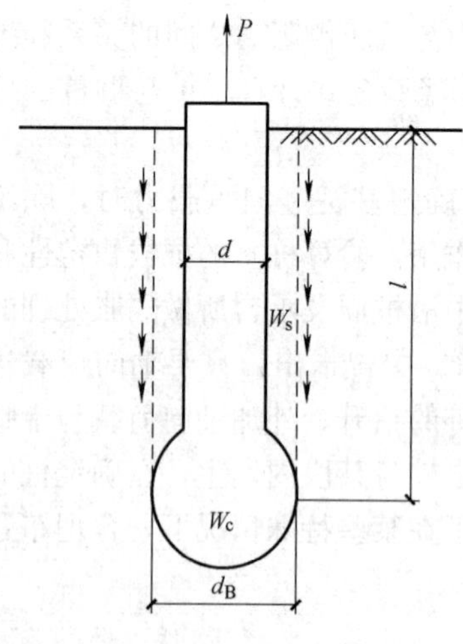

图13.5-9 圆柱形滑动法计算模式

(2) Meyerhof-Adams 法

Meyerhof-Adams 提出用一个半经验的方法来计算基础的抗拔承载力。对于浅基础，抗拔能力随着深度的增加而增加，在黏土地基中除了软弱淤泥外，一般也会出现破坏面，但不甚明显；基桩上移时，其底面附近土中伴随着出现明显的负孔隙水压力。在硬黏土及含水量低的膨胀土层中观察到一系列复杂受拉裂缝先产生，随后逐渐演变为连续滑动面。

极限抗拔承载力 P_{u}可由以下几部分所构成：从扩大头四周竖直向上延伸的圆柱体侧表面上土的黏聚力和被动土压力所产生的摩阻力、基础自重 W_{c}和圆柱体内包含的土重 W_{s}，即：

$$P_{\mathrm{u}} = W_{\mathrm{c}} + W_{\mathrm{s}} + \pi d c L + \frac{\pi}{2} S_{\mathrm{r}} d \gamma L^{2} K_{\mathrm{u}} \tan\varphi \tag{13.5.27}$$

式中 K_{u}——竖直破坏面上土压力的标定上拔系数，可以从下列近似公式计算：

$$K_{\mathrm{u}} = 0.496(\varphi)^{0.18} \tag{13.5.28}$$

φ——土的内摩擦角（°）；

S_r——决定圆柱体侧面上被动土压力大小的形状系数

$$S_r = 1 + KL/d \leqslant 1 + MH/d \quad (13.5.29)$$

式中 M——为 φ 的函数，其最大值可由表 13.5-12 查出，该表中还列出了 S_r 和 K_u 的最大值。

以上分析均适用于扩底短桩。

式（13.5.28）和式（13.5.29）中的基础参数 **表 13.5-12**

φ(°)	20	25	30	35	40	45	50
H/d 极限值	2.5	3.0	4.0	5.0	7.0	9.0	11.0
S_r的最大值	1.12	1.30	1.60	2.25	3.45	5.50	7.60
M 的最大值	0.05	0.10	0.15	0.25	0.35	0.50	0.60
K_u 的最大值	0.85	0.89	0.91	0.94	0.96	0.98	1.00

除了 Meyerhof 和 Adams 两人的计算公式外，关于扩底短桩的计算公式还可以举出转引自底板式基础的极限抗拔承载力计算公式——Balla 法和松尾稔法等。关于后者，据前人的试验研究，当不考虑基础各个侧面上摩擦力或黏聚力，不考虑基础形状的影响时，对位于黏性土中的基础来说，理论计算和现场试验结果十分相符。松尾稔所建议的计算简图如图 13.5-10 所示，滑动面位于基础上方，由一段对数螺旋线和一段直线所构成，直线段与地面的交角为（45°－φ/2）。

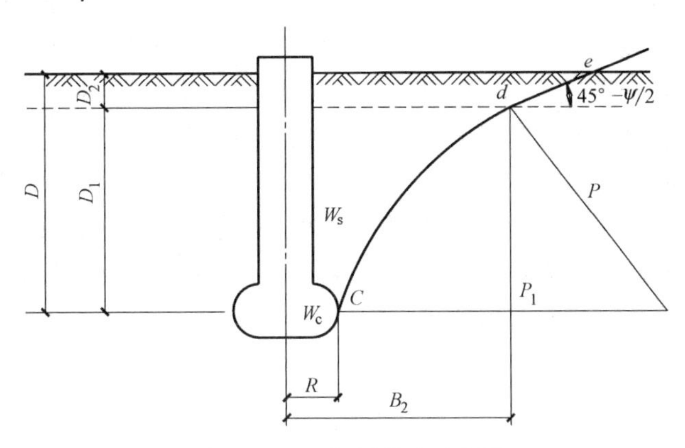

图 13.5-10 松尾稔法示意图

半径为 R 的圆形底板的极限抗拔承载力可以认为是由基础自重 W_c，基础底板侧面上的摩擦力或黏聚力 F_s、土滑动面以上的土重和沿滑动面上土的剪切阻力所组成。松尾稔提出了计算极限抗拔承载力的公式如下：

$$P_u = W_c + \gamma(B_2^3 K_1 - V_2) + cB_2^2 K_2 + F_s \quad (13.5.30)$$

式中 γ——土的重度；

c——土的黏聚力；

V_2——地表面以下基础立柱部分的体积；

$B_2^3K_1$、$B_2^2K_2$——土内摩擦角 φ 和深度参数，即前述深度比例系数 δ（$=Dt/R$）的函数。

除此以外，作为抗拔桩通用的基本计算公式，《建筑桩基技术规范》JGJ 94—2008 对群桩基础及其基桩的抗拔承载力按整体破坏及非整体破坏分别给出了抗拔极限承载力标准值的计算公式，这里不再重复。该规范还规定，对于膨胀土上轻型建筑的短桩基础，应按下式验算其抗拔稳定性：

$$u\sum q_{ei}l_{ei}\leqslant T_{gk}/2+N_G+G_P \qquad (13.5.31\text{-}1)$$

$$u\sum q_{ei}l_{ei}\leqslant T_{uk}/2+N_G+G_P \qquad (13.5.31\text{-}2)$$

式中 u——大气影响急剧层中桩段的周长；

q_{ei}——大气影响急剧层中第 i 层土的极限胀切力，由现场浸水试验确定；

l_{ei}——大气影响急剧层中第 i 层土的厚度；

T_{gk}——群柱呈整体破坏时，大气影响急剧层下稳定土层中基桩的抗拔极限承载力标准值，按规范确定；

T_{uk}——群桩呈非整体破坏时，大气影响急剧层下稳定土层中基柱的抗拔极限承载力标准值，按规范确定；

N_G——桩顶轴向压力设计值；

G_P——基桩自重，地下水位以下取浮重度。对于扩底桩，应按规范规定的破坏表面周长计算桩体自重设计值。

3）等截面深桩

减少膨胀土中桩的抬升量的有效方法之一是采用较深的等截面桩，即直筒桩（长度约2倍于膨胀区深度）。众所周知，由于等截面的直筒桩与扩底桩相比不仅抗拔承载力小，而且达到极限抗拔阻力时相应的位移也很小（5～10mm），直筒桩的破坏还可能带有突变性的特征，因此，一般不采用直筒桩作为单纯的抗拔桩。这里讨论的只是一般承受竖向压力的摩擦端承桩设置于膨胀土地区时抵抗膨胀土大气影响急剧膨胀的抗拔能力问题。

通常，在设计这类等截面深桩时，往往考虑桩伸入膨胀土层下的稳定土层内的深度大于两倍大气影响急剧层的厚度，因此，大气影响急剧层膨胀时的胀拔力显然多半会小于其下稳定土层的桩侧摩擦力，而且，外加轴向荷载在其达到外加荷载时桩内由于胀拔所产生的最大拉力的一半时就足以阻止桩的抬升，因此，一般地说，桩的抗拔稳定性是可以保证的。验算基桩承受胀拔力桩段材料的抗拉强度。

验算公式如下：

$$r_0 r_Q P_t \frac{T_{uk}}{2}+N_G+G_P \qquad (13.5.32)$$

式中 r_0——结构构件重要性系数，一般取 $r_0=0.9\sim1.0$；

r_Q——荷载分项系数，按可变荷载的一般情况考虑，取 $r_Q=1.4$；

P_t——胀拔力，见式（13.5.19）；

T_{uk}——基桩的抗拔极限承载力标准值，最好进行单桩抗拔试验测定，如因条件限制亦可进行理论估算。作为例子，可参阅《建筑桩基技术规范》JGJ 94—2008，当单桩或群桩呈非整体破坏时：

$$T_{uk}=\sum\lambda_i q_{sik}u_i l_i \qquad (13.5.33)$$

λ_i——膨胀土 i 层抗拔系数，其物理意义为抗拔与抗压桩侧阻之比，这里可取 $\lambda=0.7\sim0.8$；

q_{sik}——桩周第 i 层土的极限侧阻力标准值；

u_i——破坏表面周长，对等直径桩取 $u=\pi d$；

l_i——i 层土的厚度；

N_G——桩顶轴向压力设计值；

G_P——基桩自重设计值，地下水位以下取浮重度。

在某些情况下，即使式（13.5.32）已满足，但也可能在大气影响急剧层内桩段的桩身强度会因承受不起胀拔力的作用而被拉断。为此，还要验基桩材料的抗拉强度：

$$r_0 r_Q P_t \leqslant \varphi \frac{f_{sk}}{r_s} \cdot A'_s \tag{13.5.34}$$

式中 φ——钢筋混凝土构件的稳定系数（见《建筑桩基技术规范》JGJ 94—2008 表 5.8.4-2）；

f_{sk}——钢筋强度标准值；

r_s——钢筋的强度分项系数；

A'_s——全部纵向钢筋的截面面积。

4. 膨胀土中桩的沉降

膨胀土中桩的沉降计算与一般黏性土层中桩的沉降计算类似，但要考虑由于膨胀导致的桩的抬升量的影响。为此，可以考虑如下做法：

1）在轴向荷载较大的情况下，例如轴向荷载达到无法加荷载时所产生的最大拉力（胀拔力）的一半时，可以忽略不计桩的抬升量；

2）在轴向荷载较小或单纯抗拔性的情况下，可以将外加荷载与土膨胀的两种位移效应叠加，在必要时还应考虑位移随时间的变化，做法与一般的固结分析类似。

13.6 岩溶地基中桩基础

13.6.1 概述

岩溶作为一种不良工程地质现象分布极为广泛，岩溶地区占地球大陆面积约 15%，主要分布于中国西南部、地中海沿岸、欧洲东部、东南亚和美国东南部等地区。我国是世界上岩溶最发育的国家之一，贵州、广西、云南、四川、湖南、湖北、山西、山东等 21 个省或自治区内均有大面积岩溶出露，分布面积高达 130 万 km^2，其中以黔桂为中心，毗连湘西、鄂西南、川东南、滇东等高达 56 万 km^2。

随着我国工程建设的高速发展，桩基工程应用极为广泛，不可避免地遇到大量岩溶区桩基问题。由于岩溶地区地质情况非常复杂，许多岩溶区桩基设计与施工问题（如岩溶桩基持力层确定、承载力确定以及其稳定性问题等）越来越突出。又由于岩溶发育的不均一性，基岩表面溶槽溶沟起伏不平，形成许多临空面，岩体内溶洞发育，岩溶地下水向基坑及桩孔内大量涌水突泥，造成场地及周围地面塌陷，从而导致岩溶地区桩基工程，从工程地质勘察、设计到施工过程中，都存在一些特殊的尚未能妥善解决的技术难问题，导致建筑物的不安全因素，或设计过于保守，造成各方面的巨大浪费。实践证明，仅以少量钻孔岩芯的抗压强度作为地基承载力的评价依据可能导致严重的工程失误，真正影响地基强度和稳定性的因素是由于岩溶而形成的各种临空面、溶洞、溶隙、溶蚀带以及基坑开挖过程中因抽排水可能引起的突水涌泥、地面塌陷的环境效应等，因此，在考虑岩溶地区桩基持力层与承载力确定以及其稳定性问题时，须将各因素综合考虑。

13.6.2 岩溶地基中桩基嵌岩深度计算

岩溶地基中桩基嵌岩深度一般应分别考虑竖向承载力和桩身稳定性的要求，以最不利状况控制设计深度。

13.6.2.1 按竖向承载力确定嵌岩深度

根据桩周土岩及桩端岩层确定岩溶区基桩竖向承载力时，为安全起见，不宜计入岩层上覆土体对桩周产生的摩阻力，即其竖向承载力由嵌岩部分桩周岩体产生的侧摩阻力和桩端岩体产生的端阻力两部分组成。

对于建筑桩基，当桩端置于完整、较完整基岩时，根据《建筑桩基技术规范》JGJ 94—2008，桩的嵌岩深度 h_r 可按下列公式计算：

$$h_r=\frac{Q_{uk}-\zeta_r f_{rk}A_p}{uq_{sk}} \tag{13.6.1}$$

式中 Q_{uk}——单桩竖向极限承载力标准值；

f_{rk}——岩石饱和单轴抗压强度标准值，黏土岩取天然湿度单轴抗压强度标准值；

ζ_r——嵌岩段侧阻和端阻综合系数，与嵌岩深径比 h_r/d 、岩石软硬程度和成桩工艺有关，在已知嵌岩深度的情况下可按《建筑桩基技术规范》采用，具体如表13.6-1所示，表中数值适用于泥浆护壁成桩，对于干作业成桩（清底干净）和泥浆护壁成桩后注浆，ζ_r 应取表列数值的1.2倍；

A_p——桩端面积；

u——桩身周长；

q_{sk}——桩端岩层的极限侧阻力，无当地经验时，可根据成桩工艺按《建筑桩基技术规范》取值。

嵌岩段侧阻和端阻综合系数 ζ_r **表13.6-1**

嵌岩深径比 h_r/d	0	0.5	1.0	2.0	3.0	4.0	5.0	6.0	7.0	8.0
极软岩、软岩	0.60	0.80	0.95	1.18	1.35	1.48	1.57	1.63	1.66	1.70
较硬岩、坚硬岩	0.45	0.65	0.81	0.90	1.00	1.04				

注：1. 极软岩、软岩指 $f_{rk}\leqslant$15MPa，较硬岩、坚硬岩指 $f_{rk}>$30MPa，介于二者之间可内插取值。
2. h_r 为桩身嵌岩深度，当岩面倾斜时，以坡下方嵌岩深度为准；当 h_r/d 为非表列值时，ζ_r 可内插取值。

对于公路桥涵桩基础，根据《公路桥涵地基及基础设计规范》JTG D63—2007（以下简称《公桥基规》），桩的嵌岩深度 h_r 可按下列公式计算：

$$h_r=\frac{[R_a]-c_1A_pf_{rk}}{c_2uf_{rk}} \tag{13.6.2}$$

式中 $[R_a]$——单桩轴向受压承载力容许值（kN），桩身自重标准值与置换土重标准值（当桩重计入浮力时，置换土重也计入浮力）的差值作为荷载考虑；

c_1——根据清孔情况、岩石破碎程度等因素而定的端阻发挥系数，按《公桥基规》采用，具体如表13.6-2所示；

A_p——桩端截面面积（m^2），对于扩底桩，取扩底截面面积；

f_{rk}——岩石饱和单轴抗压强度标准值（kPa），黏土质岩取天然湿度单轴抗压强度标准值，当 f_{rk} 小于2MPa时按摩擦桩计算；

u——嵌岩部分的桩身周长（m）；

c_2——根据清孔情况、岩石破碎程度等因素而定的嵌岩层侧阻发挥系数，按

《公桥基规》采用，具体如表 13.6-2 所示；

h_r——嵌岩深度（m），不包括强风化层和全风化层。

根据工程地质勘察与设计资料，由式（13.6.1）或式（13.6.2）即可按竖向承载力确定岩溶区桩的嵌岩深度。

系数 c_1、c_2 值　　**表 13.6-2**

岩石层情况	c_1	c_2
完整、较完整	0.6	0.05
较破碎	0.5	0.04
破碎、极破碎	0.4	0.03

注：1. 当入岩深度小于等于 0.5m 时，c_1 采用表列数值的 0.75 倍，$c_2=0$；
2. 对于钻孔桩，系数 c_1、c_2 值应降低 20%采用；
桩端沉渣厚度 t 应满足以下要求：$d\leqslant1.5$m 时，$t\leqslant50$mm；$d>1.5$m 时，$t\leqslant100$mm；
3. 对于中风化层作为持力层的情况，c_1、c_2 应分别乘以 0.75 的折减系数。

13.6.2.2　按桩身稳定性确定嵌岩深度

考虑桩身稳定时，为简化计算可作如下假定：

（1）不计嵌固处水平剪力影响，桩在岩面处桩身弯矩 M_H 作用下，绕 h_r 的 1/2 处转动；且 h_r 范围内应力呈三角形分布，如图 13.6-1 所示；

（2）不计桩端与岩层的摩阻力以及桩端抵抗弯矩，M_H 由桩侧岩层产生的水平抗力平衡；

（3）因桩侧为圆柱状曲面，四周受力不均匀，设桩侧最大压应力为平均压应力的 1.27 倍。

根据上述假定，由静力平衡条件（$\sum M=0$），可得：

$$M_H=\frac{1}{2}\cdot\frac{\sigma_{max}}{1.27}\cdot d\cdot\frac{h}{2}\cdot\frac{2}{3}h_r \qquad (13.6.3)$$

故有：

$$h_r=\sqrt{\frac{7.62M_H}{\sigma_{max}d}} \qquad (13.6.4)$$

式中　d——嵌岩桩嵌岩部分的设计直径（m）。

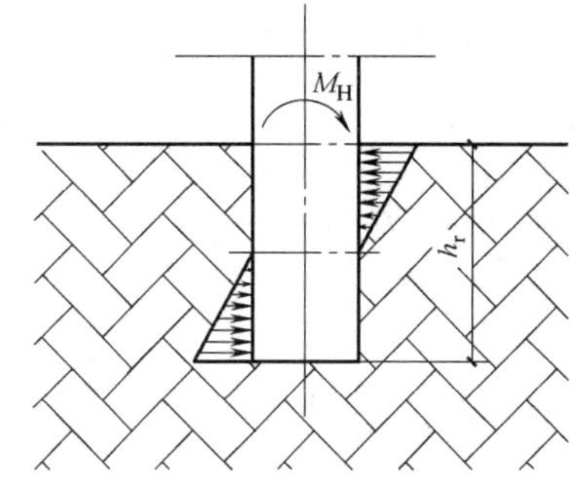

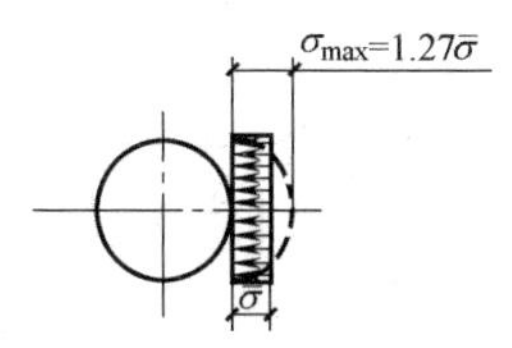

图 13.6-1　嵌入岩层最小深度计算图式

为保证桩在岩层中嵌固牢靠，桩周岩层产生的最大侧向压应力 σ_{max} 不应超过岩层侧向容许抗力 $[\sigma]$，即

$$[\sigma]=\frac{1}{K}\beta R_a \qquad (13.6.5)$$

式中　K——安全系数，可取 $K=2$；

β——岩石垂直极限抗压强度换算为水平极限抗压强度的折减系数，$\beta=0.5\sim1.0$，岩石侧面节理发育的取小值，不发育的取大值；

R_a——天然湿度的岩石单轴极限抗压强度（kPa）。

由此可得圆形截面嵌岩桩的嵌岩深度为：

$$h_r=\sqrt{\frac{M_H}{0.066\beta R_a d}} \qquad (13.6.6)$$

式中 M_H——在基岩顶面处的弯矩（kN·m）；计算时按 m 法计算，横向荷载按公路Ⅰ级选取，竖向荷载由设计方提供。

当桩身为矩形截面时，桩侧最大压应力与平均压应力相等，即 $\sigma_{max}=\bar{\sigma}$，由此可得：

$$h_r=\sqrt{\frac{M_H}{0.0833\beta R_a d}} \tag{13.6.7}$$

此时，式中 d 为矩形的边长。

我国《公桥基规》和《铁路桥涵设计规范》均按上述桩身稳定性分析方法确定桩的嵌岩深度。

采用式（13.6.6）或式（13.6.7）确定桩基嵌岩深度均未考虑桩身转动时桩端断面与基岩接触面上产生的反力矩等有利条件的影响，从而使桩基嵌岩深度计算结果偏大，为此，可采用如下改进方法进行计算。

在前述假定基础上，设桩周岩层产生最大侧向压应力 σ_{max} 时，桩端压应力为 $\alpha\sigma_{max}$，则桩端断面与基岩接触面上产生的反力矩 M_k 为：

$$M_k=\alpha\sigma_{max}W \tag{13.6.8}$$

式中 α——应力折减系数，一般可取 $\alpha=0.5$；

W——桩底截面模量，$W=\pi d^3/32$。

为了保证桩在岩层中嵌固牢靠，对桩周岩层产生的最大侧向压应力 σ_{max} 不应超过岩石的侧向容许抗力，$[\sigma]=\frac{1}{K}\beta R_a$（$K$ 为安全系数，$K=2$），则桩的嵌岩深度计算公式为：

对于圆形截面桩

$$h_r=\sqrt{\frac{M_H-M_k}{0.066\beta R_a d}}=\sqrt{\frac{M_H-0.5\alpha\beta R_a W}{0.066\beta R_a d}} \tag{13.6.9}$$

对于矩形截面桩

$$h_r=\sqrt{\frac{M_H-M_k}{0.0833\beta R_a d}}=\sqrt{\frac{M_H-0.5\alpha\beta R_a W}{0.0833\beta R_a d}} \tag{13.6.10}$$

13.6.2.3 算例分析

现采用上述方法对某工程算例的最小嵌岩深度进行计算分析，具体计算参数为：$d=1.5\text{m}$，$M_A=200\text{kN/m}$，$N=2436.4\text{ kN}$，$H=90\text{kN}$，$m_1=80000\text{kN/m}^4$，$M_H=920\text{ kN/m}$，$\beta=0.5$，$R_a=3000\text{MPa}$，岩层以上土层分为两层，分别深8m与2m。

1. 按轴力计算最小嵌岩深度

取 $h_r=0.5\text{m}$

$$[R_a]=c_1A_pf_{rk}+c_2uhf_{rk}=0.5\times1.768\times3000+0.04\times4.71\times0.5\times3000$$
$$=2931.7\text{kN}>2900\text{kN}$$

即当 $h_r=0.5\text{m}$ 时，桩的承载力已能满足要求。

2. 按弯矩计算最小嵌岩深度

规范法：

$$h_r=\sqrt{\frac{M_H}{0.066\beta R_a d}}=\sqrt{\frac{92}{0.066\times0.5\times300\times1.5}}=2.72\text{m}>0.5\text{m}$$

改进法：

取 $\alpha=0.5$

$$h_r=\sqrt{\frac{M_H-0.5\alpha\beta R_a W}{0.066\beta R_a d}}=\sqrt{\frac{920-0.5\times0.5\times0.5\times3000\times0.33}{0.066\times0.5\times3000\times1.5}}=2.32\text{m}>0.5\text{m}$$

比较可得改进方法的计算结果稍小于规范方法的计算结果，因其考虑了桩端岩层所产生的抵抗弯矩效应。

13.6.3 岩溶地基中桩基下伏溶洞顶板安全厚度确定

13.6.3.1 结构力学近似分析法

岩溶区桩端持力层下伏溶洞顶板安全厚度计算模型通常是将岩层视为一刚性底板，在桩端垂直荷载作用下，分别分析岩层可能出现的冲切、剪切与弯拉破坏。

1. 按基岩抗冲切强度确定

设桩端下伏溶洞顶板冲切破坏模式如图 13.6-2 所示，若持力岩层产状接近水平，可得桩端垂直荷载 P_p 作用下，冲切锥台的稳定条件为（锥台自重可不计）：

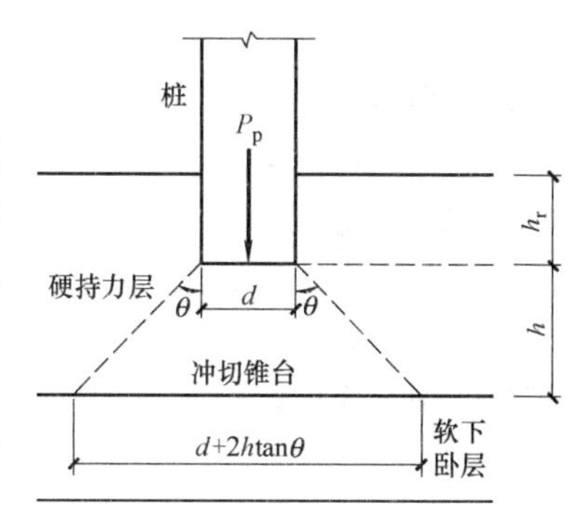

图 13.6-2 桩端顶板冲切简图

$$KP_p\leqslant Q_1+Q_2=R_t u_0 h_+ R_d F \tag{13.6.11}$$

式中 h_r——基桩嵌岩深度（m）；

h——桩端持力岩层厚度（m）；

d——桩径（m）；

K——抗冲切安全系数；

R_t——持力岩层的抗拉设计强度（kPa）；

u_0——冲切锥台的平均周长（m），$u_0=\pi(d+h\tan\theta)$；

R_d——软下卧层岩层的顶托设计强度（kPa）；

F——冲切锥台的底面积（m^2）。

若设冲切锥台高度（即岩层冲切安全厚度）与桩端直径之比为 n（$n=h/d$），作用于桩端的荷载 $P_p=\pi d^2R_j/4$（以端阻力 R_j 表示），并引入系数 $m_1=R_t/R_j$ 和 $m_2=R_d/R_j$，则可得：

$$K\leqslant4n(1+n\tan\theta)m_1+(1+2n\tan\theta)^2m_2 \tag{13.6.12}$$

当岩石裂隙不发育或裂隙间距相对于桩端直径较大时，可将桩端基岩的冲切视为混凝土板的冲切，按钢筋混凝土板冲切的有关规定进行验算，若取 $\theta=45°$，并将计算的抗拉力 Q_1 乘以折减系数 0.75，则整理可得桩端岩层安全系数的简化计算式为：

$$K\leqslant3n(1+n)m_1+(1+2n)^2m_2 \tag{13.6.13}$$

尚需注意：(1) 岩石抗拉设计强度一般可取单轴极限抗压强度 R_c 的 1/10～1/20，不宜考虑深度修正；(2) 岩石的桩端阻力通常可取岩石单轴极限抗压强度的 1/3；(3) 岩溶及采空区冲切锥体底的顶托作用可忽略不计，即使溶洞被充填，因岩层与充填物两者强度相差甚大而无法同时发挥，故不应考虑下卧层的顶托作用。

如上可取 $m_1=0.15$（$R_t=R_c/20$），$m_2=0$，若 $n=1.5$，2.0，2.5，3.0，4.0，5.0，则由式（13.6.13）可得抗冲切安全系数 $K=1.7$，2.7，3.9，5.4，9.0，13.5。由此可见，岩溶及采空区桩端持力岩层厚度一般达 2.5 倍桩径即已足够安全（$K=3.9$），而工程

中常用的“5倍桩径”（相应 $K=13.5$）偏于保守。

2. 按混凝土结构抗冲切确定

若将岩溶区桩端持力岩层视为钢筋混凝土板的冲切，且不计溶洞内充填物的顶托力，根据《混凝土结构设计规范》GB 50010—2010，并取破坏锥体锥角为45°，则当 $R_t=R_c/20$，$R_j=R_c/3$ 时，桩端岩层安全系数为：

$$K\leqslant 0.36(n+1)n \tag{13.6.14}$$

若分别取 $n=1$，2，3，4，可得安全系数 $K=0.72$，2.16，4.32，7.2。即桩端岩层厚3倍桩径时可满足抗冲切要求。

3. 按基岩抗剪强度确定

桩端基岩下伏溶洞顶板在桩端荷载作用下可能因抗剪强度不足而产生剪切破坏，此时需考虑桩端持力岩层的抗剪强度验算，其简化力学模型如图13.6-3所示。若不计溶洞内充填物的顶托作用，且忽略剪切柱体自重，根据极限平衡条件，可得桩端岩层的安全系数为：

$$K\leqslant 4u\tau/R_j \tag{13.6.15}$$

式中 u——剪切柱面周长（m），$u=\pi d$；

τ——桩端持力岩层岩体的抗剪强度（kPa），$\tau=c+\sigma\tan\varphi$。

若按规范及常用设计取值，$\tau=R_c/12$，$R_j=R_c/3$，则可得 $K\leqslant n$。可见，$n=3$ 时，$K=3$，即当桩端岩层厚达3倍桩径时，可满足抗剪切要求。

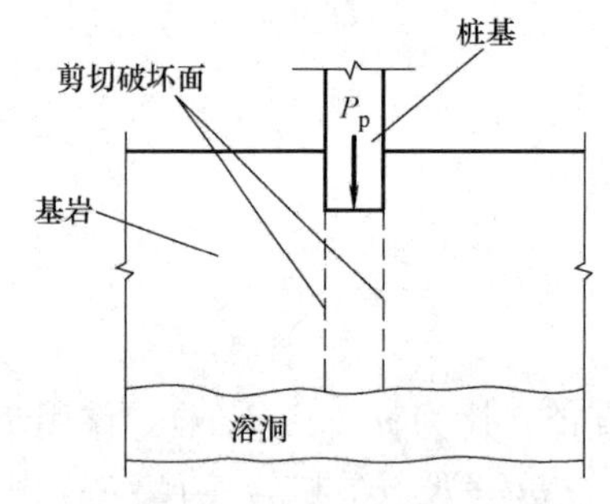

图13.6-3 抗剪切计算简图

4. 按基岩抗弯拉强度确定

桩端基岩存在岩溶洞时，除了可能发生冲切破坏与剪切破坏外，也可能因抗弯能力不足而产生受弯破坏，当溶洞顶板岩层较完整，无裂隙或裂隙胶结良好时，受弯破坏可按两端固定梁板计算，此时需先将圆形桩端截面等效换算为方形桩端截面，其换算后桩的计算宽度 b 为：

$$b=\sqrt{\pi d^2/4}=0.866d \tag{13.6.16}$$

若假定桩端下伏溶洞顶板的跨径为 l，梁板的计算宽度可取基桩的计算宽度，且认为桩的计算宽度与溶洞跨径之比 b/l 很小，故可导得梁板的最大正、负弯矩分别为：

$$M_{\max}=\left[\frac{\gamma Hl^2}{24}+\frac{b(l-b)(R_j-\gamma H)}{8}\right]b \tag{13.6.17}$$

$$M_{\min}=-\left[\frac{\gamma Hl^2}{12}+\frac{bl(R_j-\gamma H)}{8}\right]b \tag{13.6.18}$$

式中 H——溶洞顶板以上各土层厚度总和（m）；

γ——溶洞顶板以上各土层加权平均重度（kN/m³）。

溶洞顶板的受弯拉验算计算公式为：

$$[\sigma]\geqslant K\cdot 6M/bh^2 \tag{13.6.19}$$

式中 $[\sigma]$——岩石的允许弯曲应力（kPa）。

5. 影响持力岩层安全厚度的主要因素

影响岩溶区桩端持力岩层安全厚度的主要因素有：岩溶发育情况与桩端岩层节理裂隙

率发育及胶结情况、桩径、桩端溶洞跨度与荷载、上覆土层侧摩阻力以及桩端下溶洞内的充填情况等。具体分析如下。

(1) 岩溶发育与桩端岩层节理裂隙发育及胶结情况

若桩端岩层节理裂隙很发育，则不能简单套用基于桩端岩层较完整、节理裂隙不发育或已良好胶结前提下导得的持力岩层安全厚度计算公式。如图 13.6-4 与图 13.6-5 所示，此时桩端岩层在发生冲切破坏或剪切破坏时将沿节理裂隙面破坏，持力岩层的抗拉设计强度 R_t 应采用节理面的抗拉强度而不应采用岩石的抗拉强度，而岩层的抗剪设计强度 τ 应取节理面的抗剪强度而不应取岩石的抗剪强度。

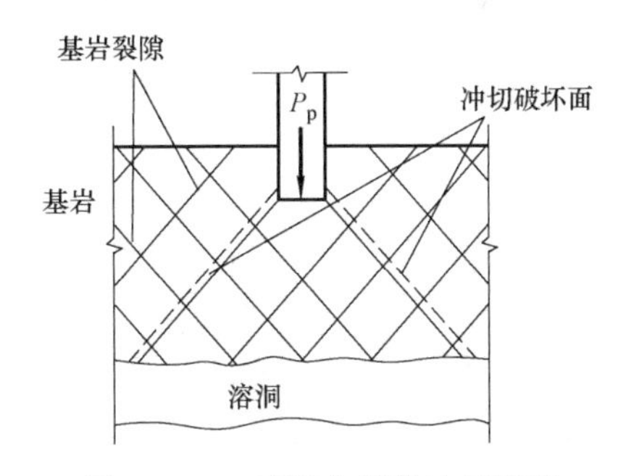

图 13.6-4 裂隙化岩体冲切简图

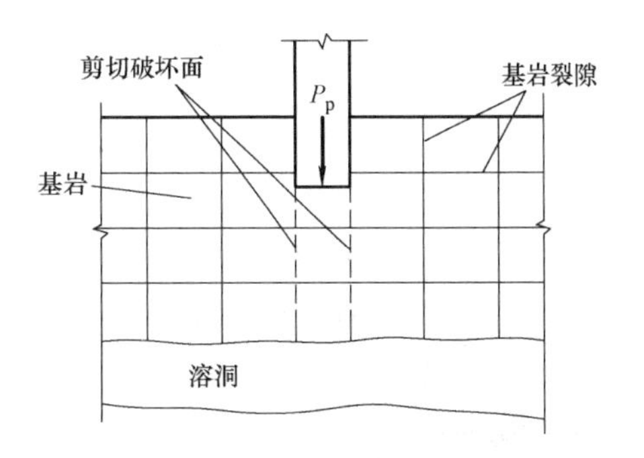

图 13.6-5 裂隙化岩体剪切破坏简图

当然，溶洞顶板节理裂隙的实际分布需采用定向钻探获取，并对岩芯进行弱面剪切与弱面抗拉试验以确定有关参数，也可通过桩端压浆处理，增强岩体节理面的力学强度，再按上述公式进行验算。

(2) 桩端岩洞跨度与荷载

桩端岩洞跨度不影响岩层的抗冲切和抗剪切验算，但对抗弯拉验算起着重要作用，其最大弯矩随跨度的增大呈二次关系增长。

桩径和桩端荷载对持力岩层安全厚度的确定影响很大，一般桩径越大，桩端荷载越大，要求桩端岩层的安全厚度就越大，取值也应更加慎重。

(3) 上覆土层侧摩阻力

若岩溶区上覆土层不太深，桩基则多为嵌岩桩，此时，尽管桩端支承于基岩，但大量试验研究表明，桩侧摩阻力所占总承载力的比例仍较大，特别是 $l/d>15\sim20$ 的钻（冲）孔嵌岩桩，因此，设计时可考虑桩侧摩阻力作用，以减小桩端持力岩层的安全厚度。

13.6.3.2 散体理论分析方法

1. 洞穴顶板坍塌堵塞估算法

洞内无地下水搬运时，若溶洞顶板坍塌，岩石体积松胀，当坍塌至一定高度，溶洞将被完全堵塞，顶板不再坍塌，其坍塌高度（可以视为顶板安全厚度 H）可用下式估算：

$$V_1K_1=V_1+V_2 \qquad (13.6.20)$$

式中 V_1——可能坍塌的岩石体积（m^3）；

V_2——洞穴体积（m^3）；

K_1——岩石胀余系数，因石灰岩胀余率一般为 20%，则 K_1 取 1.2。

溶洞顶板坍塌岩体可以视为柱体或锥体。若为棱锥体，可得顶板安全厚度 H：

$$H=3H_0/(K_1-1)=15H_0 \qquad (13.6.21)$$

若为柱体，则得：

$$H=H_0/(K_1-1)=5H_0 \tag{13.6.22}$$

式中 H_0——洞穴高度（m）。

由上可见，穹窿或棱锥体坍塌所需坍塌高度大于柱体坍塌高度，但其顶板受力条件较柱体坍塌有利。因此，按柱体坍塌考虑坍塌高度已足够安全，即非完整岩层顶板厚度大于洞高5倍时是安全的。

2. 按破裂拱概念估算

该法适用于顶板风化破碎的岩层。如图13.6-6所示，溶洞未坍塌时，相当于天然拱处于平衡状态，若发生坍塌则形成破裂拱，拱高即顶板安全厚度 H 为：

$$H=[0.5b+H_0\tan(90°-\varphi)]/f \tag{13.6.23}$$

式中 φ——岩石内摩擦角（°）；

f——岩石普氏强度系数，$f=1/\tan\varphi$；

H_0——溶洞高度（m），如溶洞不规则，H_0 应采用较大尺寸；

b——溶洞宽度（m），如溶洞不规则，b 应采用较大尺寸。

破裂拱以上的岩体重量由拱承担，因承担上部荷载尚需一定厚度，故溶洞顶板的安全厚度为破裂拱高加上部荷载作用所需的厚度，再加适当的安全系数。

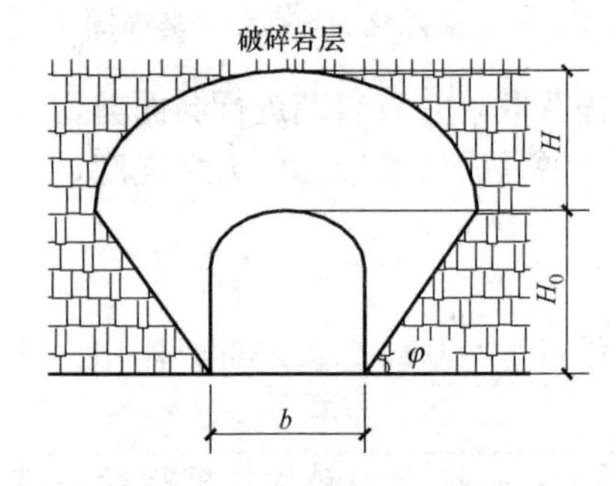

图13.6-6 按破裂拱概念估算

3. 荷载传递线交汇法

对于完整的水平顶板，假定由顶板中心按与竖直线成30°～45°扩散角向下传递，当作出的应力传递线交于顶板与洞壁交点之外时，即可认为顶板上的荷载由空洞外岩体支撑，顶板是安全的，亦即洞体不会危及上部结构物的安全。也可用顶板厚度与上部建筑物基础跨过洞穴的长度比值，即厚跨比（h/L）确定，一般认为，厚跨比 $h/L\geqslant0.5$～0.87时可认为顶板是安全的。因为当集中荷载作用于洞体中轴线，$h/L=0.5$ 时，应力扩散线为顶板与洞壁交点的连线，它与水平夹角相当于混凝土的应力扩散角45°；当 $h/L=0.87$ 时，相当于松散介质的应力扩散角30°。

4. 按厚跨比分析

影响溶洞顶板的稳定因素主要有四个方面，即顶板的完整程度、顶板形态（水平或拱形），顶板厚度（h）及建筑物跨过溶洞的长度（l）。根据我国铁路建设多年来的调查统计分析及现场试验得出：当洞顶板为完整顶板时，其顶板的厚度 h 与建筑物跨越溶洞的长度 l 之比（h/l）大于0.5时，顶板厚度是安全的。

13.6.3.3 基于二级模糊综合评判法的顶板安全厚度确定

岩溶区桩基稳定性评价影响因素往往具有不确定性和模糊性，岩溶区桩基稳定性分析有必要引进非确定性分析方法，为此可引进模糊综合二级评判分析方法对岩溶区桩基稳定性进行分析与评价。

由于影响岩溶区桩基稳定性的因素众多且复杂，考虑到各因素影响程度不尽相同，相互间又存在一定的关联，各因素对岩溶顶板稳定性的影响很难用经典的数学模型来模拟，也很难将这些复杂因素综合成一个元素来进行评判，而且，地质资料对这些因素本身的描述也是模糊的，因此，可采用系统理论和模糊数学方法来处理该问题。

1. 岩溶区桥梁桩基稳定性综合二级模糊评判模型

按照上述思路，根据岩溶区桥梁桩基工程特点，建立基桩下伏溶洞顶板稳定性的模糊二级综合评判模型，如图 13.6-7 所示，其中，一级评判选取了顶板岩层的层状构造、裂隙发育及充填情况、岩石风化情况、钻探取得岩芯的完整情况、顶板岩层厚度、顶板岩石饱和单轴抗压强度、溶洞宽度（与桩径的比值）、溶洞高度（与桩径的比值）、溶洞充填情况、桩长、基桩设计荷载等共 11 项单因素，分别对单个溶洞的顶板岩层特征、溶洞特征、基桩特征进行一级评判，再以此评判结果作为因素进行二级评判，两级评判结果均分为稳定、较稳定、较不稳定与不稳定四个级别。

其综合二级评判的计算模型如下：

$$A=H\cdot B=H\cdot\begin{bmatrix}B_1\\B_2\\B_3\end{bmatrix}=H\cdot\begin{bmatrix}H_1\cdot R_1\\H_2\cdot R_2\\H_3\cdot R_3\end{bmatrix}\tag{13.6.24}$$

式中　H——综合二级评判权重的模糊集；

H_i——一级评判权重的模糊集，$i=1\sim3$；

R_i——一级评判评语集与因素集模糊关系，即评判矩阵；

B_i——一级评判的结果集或二级评判的因素集；

A——模糊算子。

2. 模糊关系 *R* 的确定

确定模糊关系的关键是确定单因素的隶属度函数。根据隶属度函数建立的基本原则，对指标为连续型的单因素采用三角模糊数来描述，包括顶板岩层厚度、顶板岩石饱和单轴抗压强度、溶洞宽度、溶洞高度、桩长、基桩设计荷载六个因素，其隶属度函数曲线如图 13.6-8～图 13.6-13 所示。其中顶板岩层厚度、溶洞宽度和溶洞高度三个因素均为无量纲化，采用与桩径的比值作为自变量建立隶属函数。对于指标为离散型的单因素则采用隶属度取值表来赋值，此规则根据 F 统计原理，采用 Delphi 法确定，具体见表 13.6-3。

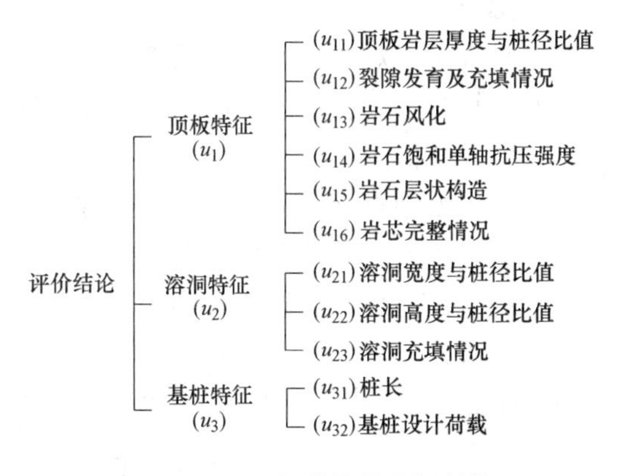

图 13.6-7　二级模糊综合评判模型

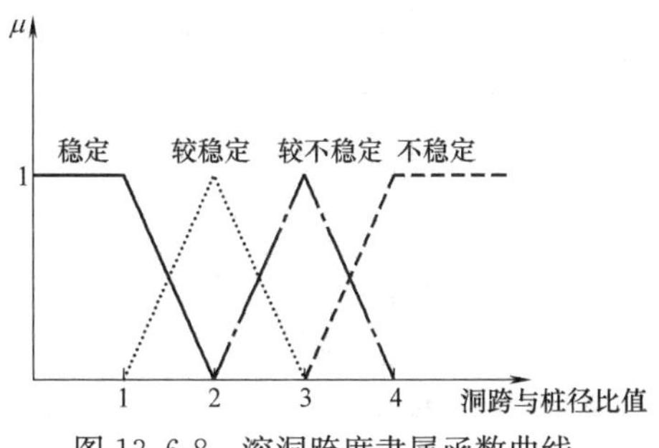

图 13.6-8　溶洞跨度隶属函数曲线

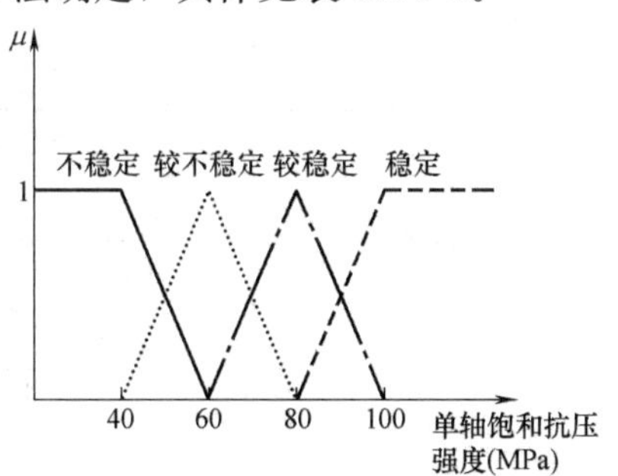

图 13.6-9　顶板岩石单轴饱和抗压强度隶属函数曲线

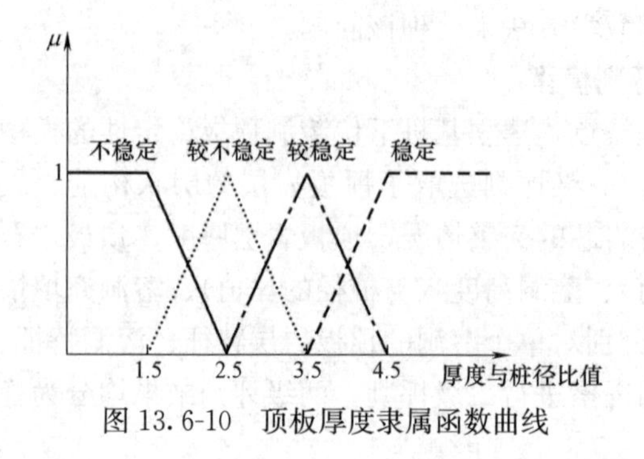

图 13.6-10 顶板厚度隶属函数曲线

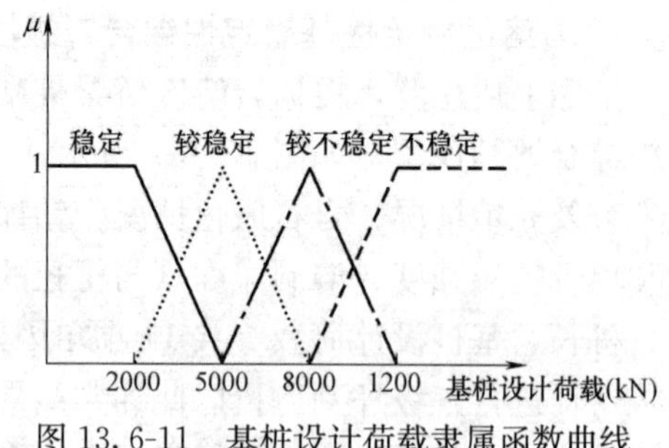

图 13.6-11 基桩设计荷载隶属函数曲线

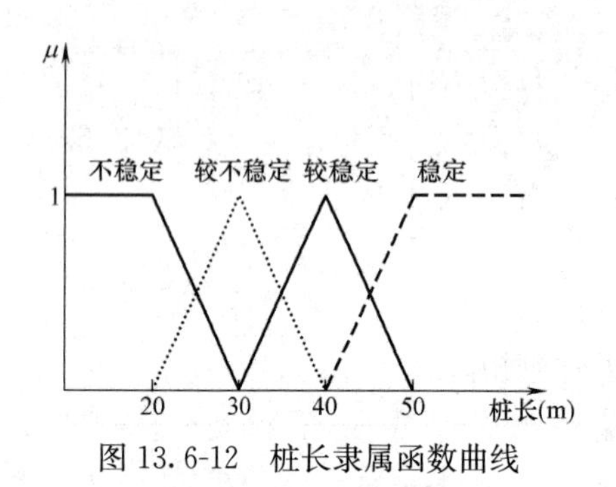

图 13.6-12 桩长隶属函数曲线

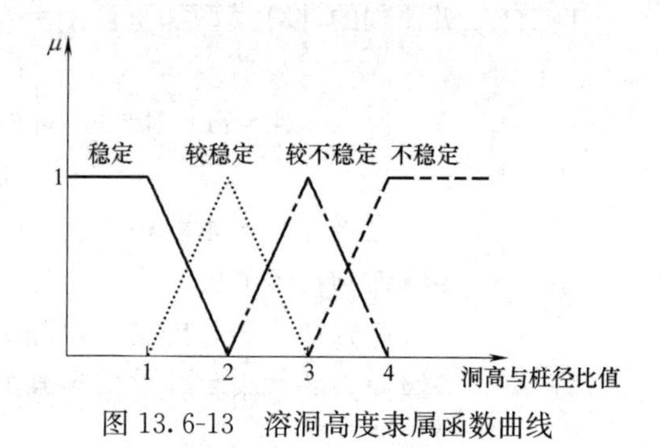

图 13.6-13 溶洞高度隶属函数曲线

3. 权值的分配

权值是各因素对岩溶区桩基顶板稳定性影响程度的度量，可以采用系统理论的层次分析法、专家打分方法及灰色关联分析等方法确定。

(1) 层次分析法

层次分析模型直接采用上述二级评判模型，然后采用 T. L. Saaty 提出的 9 标度法，将两两因素之间的比值评定后构成判断矩阵。采用特征根法解得判断矩阵的最大特征根及其所对应的特征向量，正规化后即为权值集 H。为防止判断矩阵偏离一致性以致影响最终决策，要对 λ_{max} 进行一致性检验，结果如表 13.6-4 所示。层次排序结果经一致性检验 $C.R.$ 均小于 0.1，说明判断矩阵合理，计算所得结果可靠。

离散型单因素隶属度函数取值表 **表 13.6-3**

单因素	指标值	稳定	较稳定	较不稳定	不稳定
层状构造(u_{11})	巨厚	0.40	0.30	0.20	0.10
	厚层	0.20	0.40	0.30	0.10
	薄层	0.10	0.20	0.25	0.45
裂隙发育及胶结情况(u_{12})	裂隙不发育或发育但胶结良好	0.5	0.30	0.15	0.05
	裂隙发育但多数胶结充填	0.40	0.40	0.15	0.05
	裂隙发育且少数充填	0.20	0.30	0.40	0.10
	裂隙极发育且无充填	0.05	0.15	0.35	0.45
岩石风化情况(u_{13})	微风化	0.50	0.30	0.15	0.05
	弱风化	0.10	0.30	0.40	0.20
	强风化	0.05	0.15	0.30	0.50

续表

单因素	指标值	稳定	较稳定	较不稳定	不稳定
岩芯完整情况(u_{14})	柱状	0.40	0.30	0.20	0.10
	短柱状	0.20	0.40	0.20	0.20
	短柱、碎块状	0.10	0.30	0.35	0.25
	碎块状	0.05	0.15	0.35	0.45
溶洞充填情况(u_{23})	全充填	0.40	0.30	0.20	0.10
	半充填	0.15	0.20	0.35	0.30
	无充填	0.05	0.20	0.35	0.40

层次排序结果表　　表 13.6-4

排序层	H	λ_{max}	$C.I.$	$C.R.$
A—B	[0.44 0.39 0.17]	3.018	0.009	0.016
B_1—C	[0.38 0.07 0.07 0.37 0.07 0.04]	6.092	0.018	0.015
B_2—C	[0.73 0.17 0.10]	3.029	0.015	0.003
B_3—C	[0.67 0.33]	2	0	0

(2) 专家打分法

邀请工程及科研单位经验丰富的专家，按照各影响因素对溶洞顶板稳定性影响的重要程度确定相应的权重值，并取各位专家所给某影响因素权重的平均值作为评判的权重值。

(3) 灰色关联分析法

灰色关联分析法是利用灰色系统的部分信息，分析系统中各因素关联程度的一种方法，因此，可以用其来确定各影响因素的权重分配。初始数据采用专家调查表，取其中最大的权值作为参考因素序列，最后将结果作归一化处理即得权重分配集。

对于由工程地质情况确定的桩基下伏溶洞顶板厚度，若采用上述二级模糊综合评判法所得评判结果为稳定或较稳定，则表明该厚度为满足工程要求的顶板安全厚度，否则，应进行适当调整，使确定的顶板厚度稳定性评价结果为稳定或较稳定。

13.6.3.4　工程实例分析

某高速公路 K21＋635 幸福渠中桥位于丘陵间小河冲积地貌区，地势低平开阔。场地地层自上而下为：填筑土、淤泥质细砂、黏土、砾砂、白云质灰岩等，基岩岩溶现象很发育。设计桥墩、台采用人工挖孔灌注端承桩基础，共设计桩 20 根。施工为多孔同时进行，当挖孔至 9.0～11.0m（约为设计桩深的一半）时，渠中河道和两岸地表出现大面积沉陷，最深沉陷达 4～5m，致使挖孔无法继续进行，需进行处治。

为减小挖孔深度，加快工期，降低工程造价，以极限分析方法对各桩进行桩端岩层最小安全厚度分析。现以 8 号桩为例，如图 13.6-14 所示，在标高 15.30m 以下存在有溶洞，原设计桩径 d＝1.2m，桩穿过较厚的白云质灰岩（10.70～15.30m）达标高 17.00m 以下，经计算只要桩端下岩层厚度不小于 3.0m，即可满足承载力要求。故 8 号桩采用图 13.6-14 所示设计方案施工，桩长减少约 6m，其桩端岩层最小安全厚度 h 计算过程如下。

(1) 按基岩抗冲切确定

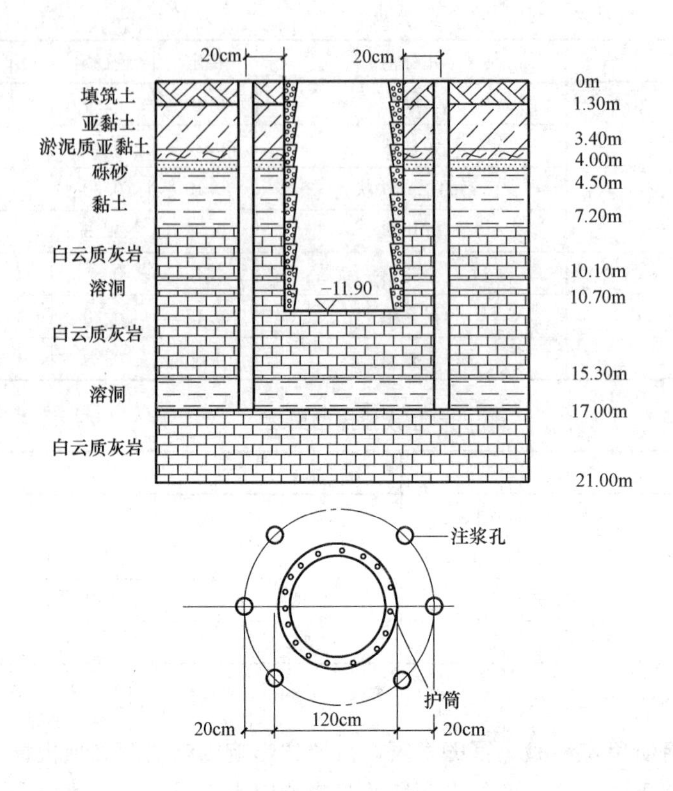

图 13.6-14 8号桩设计施工方案

根据岩石单轴抗压试验结果，单轴极限抗压强度 $R_c=120\text{MPa}$，取抗拉设计强度 $R_t=R_c/20$，岩石桩端阻力 $R_j=R_c/3$，不计溶洞内充填物的顶托力，即 $R_d=0$，若取安全系数 $K=3$。则 $m_1=0.15$，$m_2=0$，由式（13.6.13）可得 $n\geqslant2.13$，即 $h\geqslant2.556\text{m}$。

（2）按基岩抗剪确定

取桩端持力岩层岩体的抗剪强度 $\tau=R_c/8$，其他计算参数同前，根据式（13.6.15）可得 $n\geqslant2$，故 $h\geqslant2.4\text{m}$。

（3）按基岩抗弯拉确定

取桩端下溶洞的跨径为 $l=2.5\text{m}$，溶洞顶板以上各土层厚度总和 $H=8.0\text{m}$，其加权平均重度 $\gamma=20.0\text{kN/m}^3$，取岩石的允许弯曲应力 $[\sigma]=R_c/4$，由式（13.6.17）、式（13.6.18）计算可得 $M_{max}=7.899\times10^3\text{kN}\cdot\text{m}$；$M_{min}=-13.532\times10^3\text{kN}\cdot\text{m}$。再根据式（13.6.19）可得：$h\geqslant2.8\text{m}$。

综合上述三种方法，可得到8号基桩只要桩端下卧岩层厚度不小于3.0m，则可满足桩端岩层的承载力要求。

（4）基于二级模糊综合评判法的顶板安全厚度确定

幸福渠中桥8号桩，在标高15.30m以下存在有溶洞，原设计桩径 $d=1.2\text{m}$，设计荷载3000kN，桩穿过较厚的白云质灰岩（10.70～15.30m）达标高17.00m以下，若可将桩端置于溶洞顶板之上，则可减小挖孔深度6.10m，大大加快工期，降低工程造价。经施工补勘，除去嵌岩深度，桩端下溶洞顶板厚度为3.4m，溶洞跨度2.3m，溶洞高度为

1.7m，顶板岩层为微风化灰岩，厚层状构造，坚硬，节理裂隙不发育。岩芯较完整，呈短柱状，岩石单轴极限抗压强度为80～100MPa。按照层次分析方法确定权重，具体结果见表13.6-4。根据前述建立的隶属度确定方法以及相应的评判过程，可得其安全厚度分析过程为：

$$B_1=H_1\cdot R_1=\begin{bmatrix}0.38\\0.07\\0.07\\0.37\\0.07\\0.04\end{bmatrix}^T\cdot\begin{bmatrix}0&0.33&0.67&0\\0.50&0.30&0.15&0.05\\0.50&0.30&0.15&0.05\\0.50&0.50&0&0\\0.20&0.40&0.30&0.10\\0.20&.040&0.20&0.20\end{bmatrix}=[0.28\quad 0.40\quad 0.30\quad 0.20]$$

$$B_2=H_2\cdot R_2=\begin{bmatrix}0.73\\0.17\\0.10\end{bmatrix}^T\cdot\begin{bmatrix}0.08&0.92&0&0\\0.58&0.42&0&0\\0.05&0.20&0.35&0.40\end{bmatrix}=[0.16\quad 0.76\quad 0.04\quad 0.04]$$

$$B_3=H_3\cdot R_3=\begin{bmatrix}0.67\\0.33\end{bmatrix}^T\cdot\begin{bmatrix}0&0&0&1\\0.67&0.33&0&0\end{bmatrix}=[0.22\quad 0.11\quad 0\quad 0.67]$$

$$A=H\cdot R=\begin{bmatrix}0.44\\0.39\\0.17\end{bmatrix}^T\cdot\begin{bmatrix}0.28&0.40&0.30&0.02\\0.16&0.76&0.04&0.04\\0.22&0.11&0&0.67\end{bmatrix}=[0.22\quad 0.49\quad 0.15\quad 0.14]$$

按照最大隶属度原则，该溶洞顶板稳定性级别评价为较稳定，进而可知岩溶顶板厚度3.4m能够满足工程要求。

通过上述分析可知，该高速公路K21+635幸福渠中桥8号桩桩端下伏岩层厚度满足稳定性要求，而该工程自2001年施工完成以来一直运行良好，未发生任何工程事故，表明上述分析结果能够满足工程要求。

13.6.4 岩溶地基中桩基础的处治方法

13.6.4.1 成孔工艺

桩基穿越溶洞施工是岩溶区桩基施工的重点与难点，在此过程中可能遇到各种困难，若事先准备不足或应对方案不合理，则都可能导致施工困难，甚至无法完成。有些桩基施工尽管勉强完成，但成桩质量存在缺陷，补桩情况时有发生，甚至还可能出现大批桩基不合格与基础移位等严重事故。因此，桩基施工在穿越溶洞时要特别小心，事先应有详细的施工组织设计和技术交底。下面针对施工中采用较多的人工挖孔桩和冲（钻）成孔桩分别叙述其在穿越溶洞时的成孔工艺。

1. 人工挖孔桩施工

人工挖孔桩的基本施工工艺为：放线定位→挖土方→测量控制→支设护壁模板→设置操作平台→灌注护壁混凝土→拆除模板继续下一段施工→终孔验收→钢筋笼沉放就位→排除孔底积水→灌注桩身混凝土，上述过程中应注意的施工细节可参照一般地区人工挖孔桩的施工要求。

对于岩溶地基中的人工挖孔桩，由于岩溶区一般富水性强，若岩溶地下水为承压水，当基桩穿越溶洞时将可能发生突然涌水，轻则导致施工停顿，重则可能导致施工人员伤亡；当岩溶区场地内地下水位较高时，岩溶水易与地面径流、湖和塘水连通，若大量抽水，将导致地面大范围沉降或无法降低孔内水位，施工难以完成。为保证基桩人工成孔的顺利进行，可采取如下措施。

（1）钢套筒护壁穿越：当人工挖孔接近溶洞顶板时，应根据探明的桩孔范围内溶洞分布情况，依洞高制作钢套筒，并将其锤击冲破溶洞顶板，进入溶洞底板基岩，再人工挖除套筒内溶洞充填物至设计标高。但由于岩溶空间形态的复杂性，该法可能导致钢套筒长度较难确定，且当溶洞顶板或底板倾斜过大时易于失效。若桩基深度范围内存在"葫芦串"形式的多个溶洞，可分节制作钢护筒，由上往下依次安装施工，但为施工方便应使底部钢护筒直径小于上部钢护筒直径1～2级，并保证底部钢护筒直径不小于基桩设计直径1级，即采用比设计桩径大15～20cm、壁厚10～12mm的底部钢护筒，上部钢护筒直径依次增大，具体如图13.6-15所示。

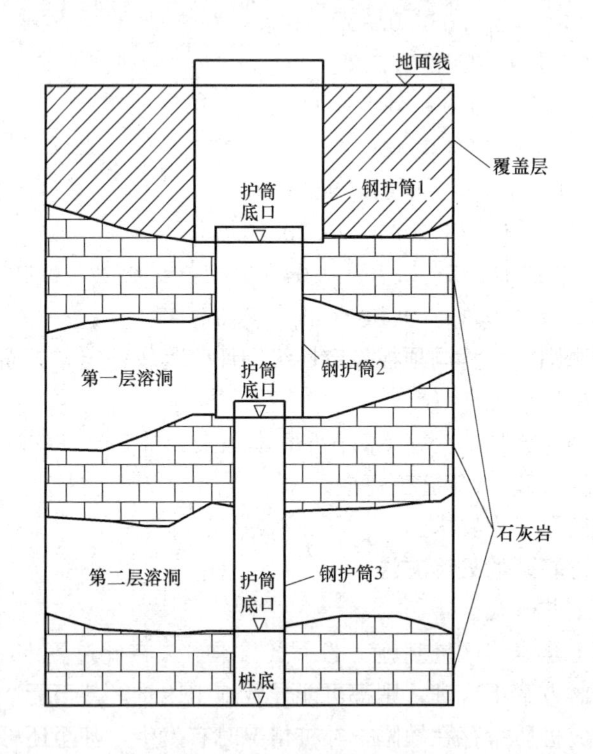

图13.6-15 多层钢护筒跟进施工

（2）高压帷幕注浆法止水穿越：桩孔因涌水或抽水，将导致附近地面及建筑物沉降而无法施工，为清除孔内涌水，或堵住向桩孔涌水的通道，可采用高压帷幕注浆堵水工艺。

若遇挖桩孔涌水时，可在已挖桩孔底部用导管水下灌注C25混凝土，形成大于0.5 m厚的止水垫；止水垫混凝土达到2/3强度时，将孔口管固定在止水垫中；用钻具在孔口管内向下钻进至第一注浆段，以带有对盘的钻杆下入孔内并与孔口管上的对盘连接、密封、固定后进行高压注浆。

对于未挖桩孔的注浆堵水，可在未挖桩孔周围布置的孔位上，先用ϕ130mm钻具钻进3.0m，放入上端带有对盘的ϕ130mm钻具钻进3.0m孔深，再下入上端带有对盘的孔口管，孔口管周围用水泥浆封闭，待水泥浆凝固后，改用钻具在孔口管内向下分段钻进、注浆。在实际工程中应用此方法时，必须先做试验，取得合理施工参数后再大范围展开，并对注浆效果进行检查与对比，包括：①桩孔涌水量及成桩率变化；②岩溶裂隙被水泥浆充填胶结与地基强度变化情况；③对附近环境的影响。

(3) 异形板或斜管节支挡穿越：若基桩穿越较大溶洞的尖灭处，可采用钢筋混凝土异形板或斜管节封堵溶洞尖灭处，防止混凝土进入溶洞而出现大量流失，但此时尚需考虑异形板的受力情况。

(4) 如果孔内存在有害气体，或者通风不畅会危及施工人员安全时，当桩孔开挖深度超过 5m 时，每天开工前应进行有毒气体的检测，必要时须采取通风措施。

2. 冲（钻）成孔桩施工

冲（钻）成孔桩施工工艺为：场地平整→桩位放线→开挖浆池与浆沟→护筒埋设→钻机就位→孔位校正→冲击造孔→泥浆循环→清除废浆泥渣→清孔换浆→终孔验收→下钢筋笼和钢导管→灌注水下混凝土→成桩养护，上述过程中涉及的孔口钢板护筒、钻头选择、泥浆制备与成孔质量检查等问题可参考一般地区冲（钻）成孔桩的施工要求。

1) 采用冲（钻）成孔穿越溶洞时，应根据溶洞大小准备好黄泥包、片石及充足泥浆，以便漏浆时及时有效处治，根据岩溶工程地质情况的不同，可分为如下几种情况：

(1) 一般溶槽、溶沟、小裂隙：在冲击成孔过程中，发现泥浆冒气泡，泥浆面缓慢下降，可以判断为小溶沟、溶槽或小裂隙。投放 1∶1 片石、袋装土反复冲压，以填塞溶沟、溶槽及裂隙，必要时加投袋装水泥，同时向孔内补充泥浆，直至孔内情况稳定，然后再缓慢进尺，穿过岩溶区。

(2) 封闭型较大溶洞：根据地质资料，当进尺接近溶洞顶部 1m 时，要采用低冲程（1～1.5m）冲击，防止击穿溶壳时卡钻。溶洞顶土层采用钢护筒跟进至岩面。若孔内无填充物，孔内泥浆面会迅速下降，要迅速往孔内加注泥浆，以保持孔内的水头差，并迅速向孔内投放片石和袋装黏土（加 30%的袋装水泥）及时回填，一般回填到溶洞顶上方 2～3m，再进行反复冲压，直至孔内情况稳定、恢复正常为止。

(3) 中小型串通型溶洞：当钻孔进入溶洞后，可采用 C20 混凝土或水泥砂浆封堵（加速凝剂）。封堵时向导管灌注混凝土到溶洞顶板以上 1.0m 处，上部回填黏土并注入冲洗液至孔口，待混凝土初凝后继续钻进。

(4) 串通型大溶洞：这类溶洞在同一墩位桩与桩之间串通，甚至串通到其他墩位。有的溶洞内充填水具有流动性，溶洞走向、容积难以判断。为保证成桩可靠度，多采用多层钢护筒跟进的方法施工。

2) 针对上述岩溶工程地质情况，冲（钻）成孔桩施工工艺可概括为钢护筒跟进与直接回填冲钻两种，具体为：

(1) 钢护筒跟进：对于填充物为软塑状或黏性土溶洞，采用单护筒冲击造浆护壁法成孔；对于填充物为流塑状或溶洞较大的溶洞，采用双护筒法成孔；对于串通型的多层溶洞可采用多层钢护筒跟进的成孔施工方法。

① 采用护筒法施工，当钻头进入溶洞时，分层投入黏土和片石，每层厚 m，用0.5～1.0m 的小冲程反复冲击，将黏土和片石挤入溶洞，并可投入水泥烧碱和锯末，增大孔壁自稳能力。

② 采用双护筒法施工时，首先用振动锤下沉外径比设计桩径大 20cm、壁厚 10～12 mm 的外护筒至基岩面，以防止孔壁坍塌；其次，当钻穿岩溶顶板时暂停钻孔，将直径大

于设计桩径5 cm的内护筒沉入岩溶层，随钻孔跟进至稳定岩面，以防溶洞填充物涌入孔内，防止灌注的混凝土流失，并为清渣和清孔创造条件；最后冲钻至设计高程成孔，钢管则留在岩溶内。

③ 单护筒泥浆护壁冲击钻孔一般采用抽渣法清孔。双护筒冲击钻孔采用吸泥法清孔，吸泥机管径为100～150mm。经过3h观察，孔底沉渣厚度≥5cm时，即可停止清孔，灌注水下混凝土。

(2) 直接回填冲钻：对于一些溶槽、溶沟、小裂隙、石灰岩蜂窝状岩溶地层，采用直接回填黏土块、碎石、片石，利用钻头冲击将其挤入溶洞及裂隙中，完成护壁和成孔工作。

① 为防止溶洞坍塌，钻机就位时，钻机下铺长钢管（钻机可在上面滑移），钻头中心与桩孔中心调整对齐。

② 护筒采用6～8mm厚钢板制作，直径较桩径大5cm，长为2.0m。

③ 钻进时用小冲程冲击钻孔，钻进至护筒底2～3m后加大冲程，主绳放长量为3～5cm。

④ 钻穿岩溶时，及时投放黏土、碎石、片石并补水，保持孔内水位高度。

⑤ 钻至设计高程检孔后，用正循环排渣法清孔。

3）岩溶地层中钻进尚应注意下列事项：

(1) 冲击钻头操作要平稳，尽可能少碰撞孔壁；

(2) 选用圆形钻头钻进，冲程宜小不宜大，加大钻头重量，悬距不宜过大；

(3) 遇裂隙漏失时，可投入黏土，冲击数次后，再边投黏土边冲击，直至穿过裂隙；

(4) 遇溶洞时应减小冲程和悬距，慢慢穿越，必要时可边冲边向孔内投放小片石或碎石，以冲挤到溶洞充填物中作骨架，稳定充填物；

(5) 遇无充填物的小溶洞，若施工需要，可投入黏土加石块，形成人造孔壁；

(6) 遇起伏不平的岩面和溶洞底板时，宜投入黏土石块，将孔底填平，采用十字形钻头小冲程反复冲捣，慢慢穿越，待穿越该层后，逐渐增大冲程和冲击频率，形成一定深度的桩孔后，再进行正常冲击。

此外，若桩侧岩溶存在地下水且采用人工挖孔方法施工，为了防止岩溶水对桩基混凝土的腐蚀作用，应采取疏导、堵塞措施，排出岩溶中的水，以达到施工设计要求；若桩基穿越岩溶，为防止上层岩溶对桩基产生摩阻力致使桩身局部应力集中而导致桩的局部失稳，对上部岩溶与桩身应采取隔离措施。

13.6.4.2 漏浆与溶洞的处理

1. 漏浆、坍塌、孤石等的处理

(1) 漏浆处理

当岩溶区桩基采用冲（钻）成孔方法施工时，漏浆为最常见的问题之一。一般可采用长钢护筒跟进或在短时间内集中抛填片石、黏土、水泥和锯木屑混合物的方法解决，若漏浆较严重，可先投入2～3m厚的泥包与片石，用钻头进行小冲程冲击5～10min，再往桩孔内注水，正常钻孔。当孔内水位恢复正常施工水位后，停止注水，反复数次，直至穿越漏浆地层。

(2) 坍塌处理

对易出现孔壁坍塌的地层应事先估计，预备好供加长用的钢护筒，必要时采用双套筒，第一套护筒外径比桩径大 2～3 级，下至黏土层内，筒底部周围用水泥砂浆固结止水；第二套护筒比桩径大 1 级，下至岩溶裂隙强发育带中较完整的基岩上，防止孔壁坍塌。

若已发生坍孔，应迅速拔出护筒，移走钻机，向孔口抛填片石、泥包混合料，随后可现场加工一个 4.5m 高，直径大于桩径 2～3 级的钢筋笼，将加工好的钢筋笼置于坍陷的孔口，四周用袋装黏土堆砌，堆砌时四周均匀升高，恢复桩孔，堆砌土袋井口四周土填平，冲击钻继续冲孔。

(3) 孤石处理

若冲击成孔过程中遇到孤石，可抛填硬度相近的片石或卵石，将钻机稍稍移向孤石一侧，然后用高冲程冲击，或高低冲程交替冲击，将大孤石击碎挤入孔壁。

若孤石非常坚硬，也可采用孔内爆破法。一般可采用孤石表面爆破和定向聚能爆破两种方法。遇一般性孤石，将炸药包吊放在孤石表面引爆，震裂孤石，以利钻进；遇坚硬孤石，采用定向聚能爆破的方式，根据孤石的大小及坚硬程度确定用药量，只要药量控制适当，不会影响孔壁及施工平台的安全。

(4) 卡钻处理

使用冲击钻钻孔时，由于钻头的抖动往往会有冲破孔壁，致使孔壁不圆，或形成梅花孔现象；此外，由于钻头磨损未及时补焊，钻孔直径逐渐变小，新钻头或补焊后钻头直径过大，以及在施钻过程中，由于冲程过大，突然击穿溶洞顶板，使钻头旋转不能提钻等均可导致卡钻。

若钻头卡在顶板岩石中部，可缓缓上下活动钻头，待松动后慢慢提出；若斜卡在顶板岩石中，可自制简易正绳器，将钻头拉正，缓缓提起；若钻头卡在顶板岩石下部，则可利用大钻头上下松动将项板岩石破掉后提出，也可用钢丝绳将小钻头放入把顶板岩石砸碎，再将大钻头提出；或将防水炸药（0.5kg）放入孔内，沿锤的滑槽放到锤底，而后引爆，震松卡锤，再用卷扬机和千斤顶同时提拉钻头。

预防卡钻的措施有：①及时更换或补焊钻头，并向桩孔中回填片石，在钻进面先用 1～1.5m 的小冲程钻进，然后逐渐加大到 3～5m 的正常冲程，转入正常钻孔；②在溶洞顶板施钻时应先用 1～1.5m 的小冲程开孔，并注意旋转钻头，溶洞开口后，要及时抛填片石和黏土块填筑，逐渐进入正常钻孔。

(5) 埋钻处理

埋钻是钻孔中常见的而不易处理的故障，主要是由于孔壁塌陷造成的。在岩溶地层钻孔，钻孔穿越的溶洞顶板较薄、埋深较浅时，由于冲程过大，砸击溶洞顶板就可能出现溶洞坍塌，地表下陷，施工不慎便会发生掩埋钻头的情况。

预防埋钻措施有：①发现漏浆应及时提起钻头，向孔内补水注浆，保持水压力，采取相应措施，堵住漏浆；②穿越溶洞时应改用小冲程钻进，防止击垮溶洞顶板，并准备好拖拉设施，系好滑车钢丝绳，做好钻机撤离准备。

(6) 掉钻处理

掉钻最常见的原因是卡钻或埋钻后强提强拉，操作不当，使钢丝绳超负荷断裂所致。掉钻后要及时摸清情况，若钻锤被沉淀物或坍孔土石埋住，应先清孔，使打捞工具能接触钻锤。用测锤探测钻锤在孔底的情况，打捞钩放入孔底，钩住钻锤再提起。如果钻锤倾倒，可派潜水员带钢丝绳下潜到孔底，将钢丝绳拴在钻锤顶上，再将钻锤提起。如果钻锤顶朝下，只能将钢丝绳捆绑在钻锤的几个爪上，再将钻锤提起。掉钻要以预防为主，经常检查机具设备，及时检修，遇到损坏的部分立即维修或更换，消除隐患。

（7）偏孔处理

偏孔指在施工钻孔过程中，孔位中心偏距超出“标准”允许范围。产生的原因：孔内低层岩石软硬不均或半岩半土、半岩半溶、斜坡岩等，造成钻锤落底时不水平而偏向软质一侧。主要的纠正方法：①回填1～2m厚片石，使钻头保持水平，钢丝绳保持竖直，小冲程冲击。片石的强度要强于岩层的强度，回填到斜面顶后再重新钻进，进行多次回填。②严重的斜面和溶洞交汇处，先向孔内灌注1～1.5m厚C25级水下混凝土（掺早强剂），待强度达到70％时再继续钻孔。或者换大直径的钢护筒跟进，用大直径的钻锤钻进一定的深度后再换回原钻锤钻进。③浅埋斜岩可采用人工挖孔爆破的方法整平岩面；斜岩较深的可用地质钻机在开始偏斜处钻取爆破孔，实施水下爆破（灰岩地质一般每孔用炸药量为0.5～1.0kg），再用片石回填到该位置以上1m左右，重新冲钻。

2. 桩端溶洞的处理

（1）注浆补强

当岩溶洞穴顶板较薄，对桩基承载力和稳定性有很大影响时，可对桩底进行灌浆处理，视桩端溶洞大小分别在受影响的桩周边布孔，从地面垂直钻孔进入溶洞，经空气吸泥清孔后注浆补强。

注浆时一般应先封堵回填，再注浆密实。当溶洞中存在黏土等充填物时，可通过高压注浆使其密实；若溶洞埋藏较深，则可先高压冲洗，清除充填物后再注浆。当溶洞很大时，也可先投入卵砾石及其他充填物回填溶洞，再灌注水泥砂浆，待凝固一定时间后，再二次钻孔，灌注水泥浆；若溶洞中充填物投入困难，则可灌注水泥黏土浆或水泥砂浆等混合浆液，必要时还可掺入一些纤维质的惰性材料，待单位注入率明显减少时，再提高压力，改注常规浆液。

注浆材料一般可采用水泥浆和水泥黏土浆，有时也可用水泥砂浆，为改善浆液性质，可掺各种外加剂以提高加固体强度。

（2）穿越洞穴

当桩端岩溶洞穴顶板很薄，难以达到设计要求时，宜将桩端穿过洞穴，坐落于较厚的基岩上。

（3）梁板（或拱）跨越

当桩端溶洞顶板破碎或无顶板，洞窄且深，洞壁坚固完整、强度较高，或暗河地下水流流速较大，填料灌浆易被冲走时，可用钢筋混凝土梁板跨越，梁板支承长度应大于梁板高度的1.5倍，有条件时也可采取拱板跨越。若洞小而面广，可设置钢筋网混凝土或钢筋混凝土交叉梁基础。

（4）洞底支撑

洞跨较大、顶板完整但厚度不足时，为加强顶板岩体稳定，如能进入洞内，可清除洞内沉积物后，用浆砌石柱或钢筋混凝土柱支撑洞顶。若溶洞很深且窄，洞内沉积物不易清除时，可向洞内打入钢轨桩或钢筋混凝土桩，桩顶上浇筑C15以上的混凝土或水泥浆砌片石。

(5)“吊篮式结构”加固法

桩端持力岩层存在较大溶洞，且挖孔或钻孔桩全部穿越溶洞又非常困难时，可采用“吊篮式结构”。

13.6.4.3 终孔的判别与质量控制

1. 基桩终孔判别

溶岩发育的无规律性给嵌岩桩终孔的判断带来了相当大的难度。施工时，应注意根据地质勘察资料，从以下几方面进行终孔综合判别：

(1) 以设计钻孔柱状图提示岩面高程作为参考；

(2) 观察钢丝绳的摆动情况，锤头触岩面时会出现轻微反弹；

(3) 查阅钻机施工记录，可将基岩进尺速度作为进入全岩面的控制速度，如 2.0m 冲程 7.0t 钻锤在完整基岩的进尺速度为 0.1～0.2m/h；

(4) 采用钎锤触探，锤头触岩时，会出现轻微反弹；

(5) 捞取钻渣，岩屑含量 50%～70%，且含泥、含砂量小于 4%时，认为基桩已经入岩。

2. 基桩成桩质量监控

基桩成桩质量监控主要包括成孔质量、原材料质量和混凝土强度以及混凝土灌注质量三个方面。

(1) 成孔质量控制

灌注混凝土前，应严格按照灌注桩的有关施工质量要求对已成孔的中心位置、孔深、孔径、垂直度、孔底沉渣厚度、钢筋笼安放等进行认真检查，并填写相应质量检查记录。具体如下：

① 桩位偏差检查：基桩施工前应按设计桩位平面图落放桩的中心位置，施工结束后应检查中心位置的偏差，并应将其偏差值绘制在桩位竣工平面图中，检测时可采用经纬仪对纵、横方向进行量测。桩孔中心位置的偏差要求，对于群桩不得大于 100mm；单排桩不得大于 50mm。当桩群中设置有斜桩时，应以水平面的偏差值计算。

② 孔径检查：能否保证基桩的承载力，桩径是极为关键的因素。要保证桩径满足设计要求，必须检验桩的孔径不小于设计桩径。桩孔径可采用专用球形孔径仪、伞形孔径仪和声波孔壁测定仪等测定。

③ 桩倾斜度检查：在灌注桩的施工过程中，能否确保基桩的垂直度，是衡量基桩能否有效地发挥作用的一个关键因素。因此，必须认真地测定桩孔的倾斜度。一般对于竖直桩，要求允许偏差不超过 1%，斜桩不超过设计斜度的±2.5%。

④ 成孔深度不到位，终孔时必须检查孔底标高是否达到设计要求。一般对于摩擦桩，终孔时的孔底标高宜比设计的孔底标高低 300mm；对于柱桩或嵌岩桩，宜比设计标高低 100mm，以保证设计的桩长。检查时可利用钻杆或冲锥、抓锥的提升钢丝绳等来量测孔深。

⑤ 成孔孔形质量问题：应防止出现坍孔、缩孔和梅花孔等现象。

⑥ 孔底沉渣厚度控制：控制沉渣厚度是以桩的承载形式确定的。根据《公路桥涵施工技术规范》JTJ 041—2000 规定，对以摩阻力为主的桩，孔底沉渣厚度应符合设计要求，当设计无要求时，对桩径≤1.5m 的桩，≤300mm；对桩径＞1.5m 或桩长＞40m 或

土质较差的桩，≤500mm；对以端承力为主的桩，不大于设计规定，且不得大于100mm。

（2）原材料质量和混凝土强度控制

混凝土拌制应对其原材料质量与计量、混凝土配合比、坍落度、混凝土强度等级等进行检查。钢筋笼制作应对钢筋规格、焊条规格、品种、焊口规格、焊缝长度、外观及质量、主筋和箍筋的制作偏差等进行检查；钢筋笼应按设计要求配置，运输、安装过程中应防止变形。具体监控如下：

① 水泥：按设计使用特定标号的水泥，不得在同一根桩中混用。水泥必须按标准规定进行复试，未经复试或复试不合格的水泥不得使用；对国家规定的免检水泥，可不复试，但必须有合格证；对过期水泥，必须复试，合格后才能使用，过期结块的水泥不得使用。

② 砂：宜用中粗砂。严格控制含泥量，一般情况下不得超过5%，当混凝土强度等级为C30以上时，不得超过3%。砂应级配良好。严禁在工程上使用烂石砂或细江砂。

③ 石：卵石粒径不宜大于50mm，碎石粒径不宜大于40mm，用于钢筋混凝土桩时，粒径不宜大于30mm，且最大粒径不宜大于钢筋间距的1/3。严格控制石子含泥量，混凝土强度等级C30以下为2%，C30以上为1%。为了达到含泥量不超过规定值，施工现场的场地必须清理干净，宜铺设钢板或浇素混凝土地坪，石子必须用水洗干净。石子宜选用连续级配，不宜用单粒级配。

④ 外加剂：必须按所施工混凝土要求的特性选用外加剂，如早强型、缓凝型、抗冻型、密实型或复合型。外加剂必须严格控制掺量，应按产品使用说明和经现场试验确定掺量，一般不超过水泥重量的5%。

⑤ 钢筋：钢筋规格、品种必须符合设计要求。钢筋必须进行现场复验，对进口钢材尚应进行化学成分的复试，未经复试或复试不合格的钢筋严禁使用。

⑥ 配合比：应按《混凝土强度检验评定标准》GB/T 50107—2010要求进行配合设计。

⑦ 混凝土强度评定：应严格按《混凝土强度检验评定标准》GB/T 50107—2010进行。

⑧ 泥浆的质量控制：一般要求泥浆用塑性指数I_p≥17的黏土制成；制泥浆的清水宜用自来水，当用井水、河水时，其pH值应为7～9，任何情况下不得用污水，特别是化工类有害污水等。

⑨ 钢筋笼：应按设计要求配置，运输与安装过程中，应防止变形。浇灌混凝土时应采取措施固定钢筋笼的位置，孔径较大时，也可在孔内绑扎钢筋笼。灌注混凝土前应将孔底残渣、杂物、浮土、积水等清理干净，经鉴定确定持力层符合设计要求，并办理隐蔽工程验收手续后立即灌注混凝土，且需一次灌注成桩，施工缝应尽量留在有钢筋笼的位置上，并按规范做好施工缝的处理。若有积水时，应将干水泥倒下后再进行灌注

（3）混凝土灌注质量控制

① 混凝土充盈系数控制：在实际施工时，为确保混凝土有足够的灌入量，可根据经验控制充盈系数：一般土质可取1.1，软土层取1.2～1.3。按规定，对充盈系数小于1的灌注桩，必须按不合格桩处理，即应采取扩颈等处理措施。在实际施工时充盈系数可通过测绳测定或浮标法测定。

② 混凝土桩身不完整：防止桩身夹渣，桩身缩颈，桩身断裂及桩身不密实、不均匀现象。

3. 基桩变形控制

岩溶区桩基除了满足基桩本身的结构强度、岩溶顶板安全厚度等要求和稳定性外，其变形也应控制在允许范围内。基桩的变形主要包括桩顶沉降、桩身挠曲变形及桩身倾斜等，要求计算的基桩变形值不应大于基桩的容许变形值。如桩周溶洞密布，桩侧抗力较弱时，应考虑基桩的挠曲变形验算；若岩溶地质条件复杂、桩端持力层性质不均、荷载差异较大、结构体型复杂，则需验算桩顶沉降及桩身倾斜度；对跨线桥或跨线渡槽下净高限制要求较高时需预先考虑沉降量。此外，对岩溶地质条件复杂、上部结构对沉降极为敏感的构筑物，还必须辅以必要的沉降观测，以备采取必要的加固补强与纠正措施。

4. 桩身完整性检测

桩身完整性检测可根据具体情况，分别选用钻芯法、声波透射法、动测法（如锤击激振法、机械阻抗法、水电效应法、共振法、PIT 桩身完整性分析仪）等无损检测方法检测。

5. 基桩承载力检测

静载荷试验是检验基桩承载力最直接的方法，其受力条件比较接近于基桩的实际受力状态，易于被人们接受。其加载方式通常有慢速维持荷载法、等贯入速率法、快速维持荷载法和循环加荷载法等。对岩溶基桩静载荷试验，一般无特殊要求。但必须注意桩端溶洞顶板的突发性刺穿及桩周溶洞的突发性破坏，导致基桩承载能力的突然丧失而出现危险。此外，由于桩周溶洞的存在，也可能导致锚桩、堆载等反力装置难以实现。因此，试验前要充分了解桩周溶洞分布情况，保证反力装置的安全可靠。在条件允许时，也可采用自锚及自平衡等静荷载试验新技术。

根据《公路桥涵施工技术规范》JTG/TF 50—2011，在勘测设计阶段，试桩数量由设计部门确定，施工阶段按下列规定进行：①在相同地质情况下，按桩总数的 1%计，并不得少于 2 根；位于深水处的试桩，根据具体的情况，由主管单位研究确定；②静拔、静推试验根据合同要求进行办理。

在技术条件成熟的情况下，也可采用数度快、成本低的动力法测桩技术，如 PDA 打桩分析仪、锤击贯入法以及国内自行研制的各种试桩分析仪等。

参考文献

[1] 中华人民共和国国家标准. 建筑桩基技术规范 JGJ 94—2008. 北京：中国建筑工业出版社，2008.

[2] 中华人民共和国行业标准. 建筑基桩检测技术规范 JGJ 106—2014. 北京：中国建筑工业出版社，2014.

[3] 陕西省建筑科学研究设计院. 湿陷性黄土地区建筑规范 GB 50025—2004. 北京：中国建筑工业出版社，2004.

[4] 钱鸿缙等. 湿陷性黄土地基. 北京：中国建筑工业出版社，1985.

[5] 徐攸在. 盐渍土地基. 北京：中国建筑工业出版社，1993.

[6] 顾晓鲁等. 地基与基础. 北京：中国建筑工业出版社，1993.

[7] 中华人民共和国国家标准. 岩土工程勘察规范 GB 50021—2001（2009 年版）. 北京：中国建筑工业出版社，2009.

[8] 中华人民共和国行业标准. 盐渍土地区建筑规范 SY/T 0371—2012. 北京：石油工业出版社，1998.
[9] 中华人民共和国国家标准. 建筑地基基础设计规范 GB 50007—2011. 北京：中国建筑工业出版社，2013.
[10] 中铁西北科学研究院. 青藏铁路多年冻土地区科研成果论文集. 2003.
[11] 中华人民共和国行业标准. 冻土地区建筑地基基础设计规范 JGJ 118—98. 中国建筑工业出版社，1998.
[12] 中华人民人和国行业标准. 铁路桥梁地基和基础设计规范 TB 10002. 5—2005. 中国铁道出版社，2005.
[13] 青藏铁路高原多年冻土地区工程设计暂行规定，2001.
[14] 董玉超. 冻土地区桥梁桩基基础施工技术. 建材技术与应用，2008 (6).
[15] 彭彦彬. 多年冻土地区钻孔灌注桩基础施工技术. 土工基础，2005 (4).
[16] 岑成贤，贾艳敏. 多年冻土的桩基础设计简述. 低温建筑技术，2004 (5).
[17] 聂清文. 多年冻土地区桩基低温混凝土温度控制方法. 铁道建筑技术，2002 (6).
[18] 何晓光，张洪玉，于宏伟. 桩基冻拔补救措施，水利科技与经济，2002 (3).
[19] 丁兆军. 多年冻土区钻孔灌注桩施工，石家庄铁路工程职业技术学院学报，2003 (2).
[20] 许兰民. 青藏铁路五北1号特大桥桩基施工技术。铁道建筑，2004 (7).
[21] 中华人民共和国国家标准. 膨胀土地区建筑技术规范 GB 50112—2013. 北京：中国建筑工业出版社，2013.
[22] 《工程地质手册》编委会. 工程地质手册（第四版）[M]. 北京：中国建筑工业出版社，2006.
[23] 陈希哲. 土力学地基基础（第四版）[M]. 北京：清华大学出版社，2004.
[24] 林天健，熊厚金，王利群. 桩基础设计指南 [M]. 北京：中国建筑工业出版社，1999.
[25] 刘祖德. 抗拔桩基础（续三）. 地基处理 [J]. 1996，7 (2).
[26] 冶金工业部建筑研究总院. 地基处理技术. ③桩和桩基. 北京：冶金工业出版社，1992.
[27] 刘振明. 试论膨胀土的力学分析方法//第三届全国岩土力学数值分析与解析方法讨论会论文集. 广东、珠海，1988.
[28] 陈善雄. 膨胀土工程特性与处治技术研究 [D]. 武汉：华中科技大学，2006.
[29] 苗 鹏. 膨胀土胀缩规律及桩-土共同作用研究 [D]. 湖南：湖南工业大学，2008.
[30] 史佩栋主编. 实用桩基工程手册. 北京：中国建筑工业出版社，1999.
[31] 徐攸在编著. 桩基检验手册. 北京：中国水利水电出版社，1999.
[32] 赵明华编箸. 桥梁桩基计算与检测. 北京：人民交通出版社，2000.
[33] 龚晓南主编. 高等级公路地基处理设计指南. 北京：人民交通出版社，2005.
[34] 林宗元主编. 岩土工程试验监测手册. 沈阳：辽宁科学技术出版社，1994.
[35] 梁炯主编. 锚固与注浆技术手册. 北京：中国电力出版社，1999.
[36] 高大钊，赵春风，徐 斌. 桩基础的设计方法与施工技术. 北京：机械工业出版社，1999.
[37] 叶世建，谢征勋. 桩基设计施工与检测. 北京：中国建筑工业出版社，2001.
[38] 孙大权主编. 公路工程施工方法与实例. 北京：人民交通出版社，2003.
[39] 柳祖亭，顾利平，骆英，顾建祖编著. 桩基振动分析与质量监测. 南京：东南大学出版社，1995.
[40] 中华人民共和国行业标准. 公路桥涵地基与基础设计规范 JTG D63—2007. 北京：人民交通出版社，2007.
[41] 周伟义，李军生，赵明华. 潭邵高速公路岩溶及采空区路基稳定性评价及治理对策. 公路，2003 (1)：5-8.
[42] 曹文贵，周伟义，赵明华，程晔. 潭邵高速公路岩溶与采空区路基处理方法. 中南公路工程，

2003，28（2）：15-18.
[43] 湖南大学岩土工程研究所. 高速公路岩溶及采空区路桥基础设计施工与质量监控方法研究（研究报告），2003.
[44] 程 晔，赵明华，曹文贵. 基桩下溶洞顶板稳定性评价的强度折减有限元法. 岩土工程学报，2005，27（1）：38-41.
[45] 程 晔，曹文贵，赵明华. 高速公路下伏岩溶顶板稳定性二级模糊综合评判. 中国公路学报，2003，16（4）：21-24.
[46] 赵明华，曹文贵，何鹏祥，杨明辉. 岩溶及采空区桥梁桩基桩端岩层安全厚度研究. 岩土力学，2004，25（1）64-68.
[47] 赵明华，袁腾方，黎莉. 岩溶区桩端持力岩层安全厚度计算研究. 公路，2003（1）：124-128.
[48] 赵明华，陈昌富，曹文贵，等. 嵌岩桩桩端岩层抗冲切安全厚度研究. 湘潭矿业学院学报，2003，18（4）：41-45.
[49] 赵明华，张 玲，刘建华. 公路桥梁嵌岩桩嵌岩深度计算. 中南公路工程，2007，32（1）：1-4.
[50] 惠中华. 岩溶地质条件下的桩基施工. 铁道建筑，2000，40（8）：2-5.
[51] 梅文勇. 岩溶地区张家中桥墩台的桩基施工. 铁道建筑，1999，39（1）：22-23.
[52] 谢丰年. 灰岩地区钻孔与冲孔灌注桩成桩质量的控制. 华中科技大学硕士学位论文，2005.
[53] 沈 冰. 岩溶地区桩基础稳定性研究. 广西大学硕士学位论文，2006.
[54] 陈仁芳. 岩溶区公路桥梁基础设计与施工技术. 长安大学硕士学位论文，2009.
[55] 尹国荣. 岩溶区勘察方法及桥梁桩基施工技术. 中南大学硕士学位论文，2009.

第14章 复合桩基

龚晓南

14.1 复合桩基发展概况

复合桩基是近二十年我国基础工程技术发展中形成的一个新的概念。复合桩基不同于传统的桩基础，是桩基础理论和实践的一个发展。一般情况下，在建筑物采用摩擦桩基础时，桩和桩间土往往共同直接承担荷载。在传统的桩基理论中，一般不考虑桩间土直接参与承担荷载。如果考虑桩间土直接参与承担荷载，则需解决如何确定桩和桩间土共同直接承担荷载的条件的问题，以及如何评估桩和桩间土直接参与承担荷载的比例。笔者曾谈到在传统的桩基理论中，不考虑摩擦桩基中的桩间土直接参与承担荷载的原因可能有下述几方面：不知如何评估桩和桩间土共同直接承担荷载的条件；在桩和桩间土能共同直接承担荷载条件下，如何确定桩土分担荷载的比例；以及考虑在大部分条件下，桩间土所承担荷载的比例较小。因此在常规桩基设计中，若桩间土能承担荷载，也只是把它作为一种安全储备。

近二十年来，随着分析技术和测试技术的发展，人们从不同出发点不断探讨如何让桩间土也能直接承担部分荷载。温州地区软弱黏土层很厚，按常规设计，多层建筑常需要采用桩基础，用桩量较大。为了减少用桩量，降低基础工程投资，管自立（1990）提出了"疏桩基础"的概念。在摩擦桩基础设计中，他建议采用较大的桩间距，减少用桩量，让桩间土也直接参与承担荷载。采用"疏桩基础"，用桩量减少了，但沉降量随之增加了。因此，在"疏桩基础"设计中要求合理控制工后沉降。就字面而言，"疏桩基础"是桩距比较大的桩基础，但它已超越了传统桩基础的概念，其实质是桩和桩间土共同直接承担荷载。同一时期，黄绍铭等（1990）提出了"减小沉降量桩基"的概念。

在工程设计中，经常会遇到下述情况：如采用天然地基，地基稳定性可以满足要求，但工后沉降偏大，不能满足要求，此时就采用桩基础。在传统桩基础设计中，荷载全部由桩承担。通常认为采用桩基础有二个主要目的：一是提高地基承载力，二是减少沉降量。以减少沉降量为主要目的的桩基础可称为"减小沉降量桩基"。在"减小沉降量桩基"设计中，根据控制容许沉降量来进行设计。在"减小沉降量桩基"设计中，桩基础不仅以减小沉降为目的，而且在计算中考虑了桩和土直接承担荷载，也已超越了经典的桩基础的概念，其实质也是桩和桩间土共同直接承担荷载。刘金砺等通过大量的现场试验，探讨研究了桩和土共同承担荷载的机理。这里桩土共同作用的实质也是桩和桩间土共同直接承担荷载。"疏桩基础"的概念、"减小沉降量桩基"的概念和桩土共同作用的概念不断地碰撞、融合，在我国发展形成了复合桩基概念。在复合桩基中，桩和桩间土直接承担荷载，应该说超越了经典的桩基础概念。在《建筑桩基技术规范》JGJ 94—2008 中，这类复合桩基被称为软土地基减沉复合疏桩基础。

顺便指出，在复合桩基中桩和桩间土直接承担荷载，在复合地基中竖向增强体和桩间土直接承担荷载，两者的实质类同。当复合地基中竖向增强体采用刚性桩时，两者的相同处更多。

另外，在复合桩基发展中，人们采用长短不一的桩形成长短桩复合桩基。长短桩复合桩基又分两类：一类是长桩和短桩采用同一材料形成，另一类长桩和短桩采用不同材料形成。长桩和短桩采用同一材料形成的复合桩基常采用多种桩长，布置形式可内长外短或外长内短。根据分析，在相同荷载作用下，内长外短和外长内短两种布置形式的复合桩基性状有较大差异。外长内短布置的总沉降比内长外短布置的小，而在基础中产生的弯矩要大。长桩和短桩采用不同材料形成的复合桩基中，短桩常采用地基处理加固形成的水泥土桩、石灰桩和散体材料桩。实际上水泥土桩、石灰桩和散体材料桩并不属于桩基础。在这类长短桩复合桩基中，也可理解为由水泥土桩、石灰桩和散体材料桩等增强体与天然地基形成复合地基，复合地基与桩形成复合桩基。这类长短桩复合桩基也称为刚柔性桩复合桩基。长短桩复合桩基与长短桩复合地基有许多类同之处，特别是刚柔性桩复合桩基。对刚柔性桩复合桩基将在 14.7 节中作简要介绍。

复合桩基毕竟是近二十年我国基础工程技术发展中形成的新概念，复合桩基受力性能好，具有较好的经济性。复合桩基理论和实践还在不断发展，其设计计算理论也还在不断完善中。由于发展时间短，对复合桩基这个新概念许多学者和工程技术人员的认识还不是很一致，本章介绍力求较全面地介绍各地工程技术人员使用的复合桩基设计计算方法，供读者参考，不妥之处，请批评指正。

14.2 复合桩基的定义、本质和形成条件

什么是复合桩基？笔者认为：在荷载作用下，桩和桩间土同时直接承担荷载的桩基础称为复合桩基。复合桩基是传统桩基础的扩展或发展。传统桩基础在荷载作用下，荷载传递路线是先传递给桩，再由桩传递给地基土层。按传递给地基土层的路线不同又分为摩擦桩和端承桩两种典型桩型。由基础传递给桩的荷载主要由桩侧摩阻力承担，其端阻力承担的比例很小，称为摩擦桩；而由基础传递给桩的荷载主要由端阻力承担，其桩侧摩阻力承担的比例很小，称为端承桩。摩擦桩桩基、端承桩桩基和复合桩基的荷载传递路线如图 14.2-1 所示。

什么是复合桩基的本质？笔者认为在荷载作用下，桩和桩间土能够同时直接承担荷载是复合桩基的本质。在荷载作用下，桩和桩间土能够同时直接承担荷载是有条件的。由端承桩形成的桩筏基础，在荷载作用下，桩间土是不能够与桩同时直接承担荷载的。由摩擦桩形成的桩筏基础，在荷载作用下，要保证桩间土能够与桩同时直接承担荷载也是有条件的。什么是桩和桩间土能够同时直接承担荷载的条件呢？在荷载作用的全过程中，要求通过桩和桩间土的变形协调，保证桩和桩间土能够同时直接承担荷载。也就是说在复合桩基中，桩和桩间土在各自承担的荷载作用下，桩和桩间土的沉降量是相等的。在荷载作用的全过程中，通过桩和桩间土承担荷载比例的不断调整，达到变形协调，保证桩和桩间土能够同时直接承担荷载。在复合桩基的设计和施工中均要重视形成复合桩基的条件。不能保证桩和桩间土能够同时直接承担荷载，则复合桩基被视为是偏不安全的，轻则降低工程安

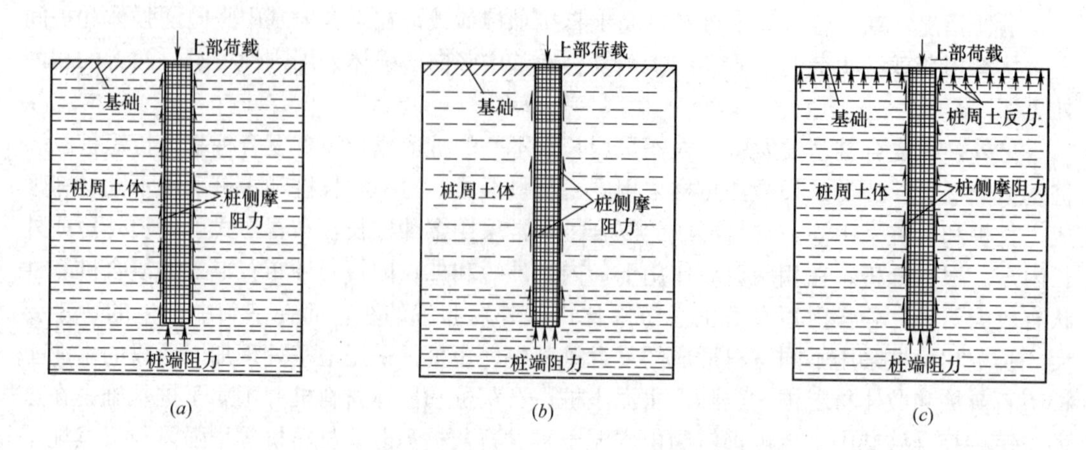

图 14.2-1 摩擦桩桩基、端承桩桩基和复合桩基的荷载传递路线示意图

(a) 摩擦桩桩基；(b) 端承桩桩基；(c) 复合桩基

全储备，重则造成安全事故。笔者认为在复合桩基的发展过程中，强调重视形成复合桩基的条件非常重要。

14.3 复合桩基的适用范围

复合桩基的适用范围与形成复合桩基的条件密切相关。端承桩是不能形成复合桩基的，摩擦桩可能形成复合桩基，但也是有条件的。不是所有的摩擦桩基础，能够保证在荷载作用下，桩间土能够与桩同时直接承担荷载。只有合理分配桩间土和桩同时直接承担荷载的比例，才能让两者在各自承担荷载的作用下变形一致。复合桩基中的桩应是摩擦型桩，其桩间距比摩擦桩基础的桩间距要大，以使桩间土和桩承担荷载的比例达到让两者在荷载作用下变形一致的条件。复合桩基较适用于压缩性土层较厚的地基。复合桩基要通过桩和桩间土变形协调来保证在荷载作用下桩间土与桩同时直接承担荷载，因此对工后沉降要求很小的工程慎用复合桩基。当压缩性土层起伏较大，或上部荷载分布很不均匀的工程也要慎用复合桩基。因为当压缩性土层起伏较大，或上部荷载分布很不均匀时，很难选用合理的桩间距，以使桩间土和桩承担荷载的比例达到让两者在荷载作用下变形一致的要求。另外，目前复合桩基多用于多层建筑和小高层建筑。

14.4 复合桩基承载力计算

在复合桩基概念发展和形成的过程中，人们曾采用多种思路计算分析复合桩基的承载力。如：桩土承担荷载设计比例人为规定法，先土后桩法，先桩后土法，按沉降量控制法，《建筑桩基技术规范》JGJ 94—2008 法和类似复合地基承载力计算法等。下面对上述六种复合桩基承载力计算思路作简要介绍。

1. 桩土承担荷载设计比例人为规定法

在复合桩基概念发展初期，为了利用桩间土的承载力，在摩擦桩基础设计中，有的工程技术人员根据地区经验和工程特性人为规定桩土分担比例。例如，桩和桩间土分别承担

90%和10%的上部荷载，或桩和桩间土各承担85%和15%的上部荷载等。然后按桩基础和浅基础设计理论进行设计计算。在设计中一般将桩间土的承载力发挥度控制在1/2～1/3。

该方法根据地区经验和工程特性人为规定桩土分担比例缺乏计算依据，有一定的盲目性，设计人员较难把握。该法现在已基本不用。

2. 先土后桩法

在复合桩基设计中，先考虑充分利用天然地基的承载力，不足部分采用桩的承载力来补足。或者考虑先利用一定比例的天然地基承载力（例如60%或50%），不足部分采用桩的承载力来补足。例如，设计要求承载力特征值为150kPa，天然地基的承载力特征值为80kPa，考虑充分利用天然地基的承载力，则要求复合桩基中桩的承载力特征值为70kPa；若考虑先利用60%比例的天然地基承载力，则要求复合桩基中桩的承载力特征值为102kPa。又如，复合桩基中的桩数可按下式确定：

$$n=\frac{F_k+G_k-kQ_{ca}}{R_a} \tag{14.4.1}$$

式中 n——复合桩基中的桩数；

F_k——相应于荷载效应标准组合时，作用于基础顶面的竖向力（kN）；

G_k——基础自重及基础上土自重标准值（kN）；

Q_{ca}——基础下桩间土承担的荷载标准值（kN）；

k——桩间土地基承载力的利用比例，可取0.5～1.0；

R_a——单桩竖向承载力特征值（kN）。

采用先土后桩法进行复合桩基设计，复合桩基的实际受力状态可能与设计设想产生背离。复合桩基在荷载作用下，荷载往往先是由桩和桩间土共同承担，随着荷载增加，复合桩基中桩先达到极限状态，然后地基土达到极限状态。在采用先土后桩法进行复合桩基设计时，不宜考虑充分利用（$k=1.0$）天然地基的承载力，考虑先利用一定比例的天然地基承载力（例如$k=0.5\sim0.6$）较好。

3. 先桩后土法

在复合桩基设计中，先设计一定的用桩量，为充分利用桩的承载力，让其达到极限状态，设计荷载减去桩承担的荷载，差额部分由桩间土承担。若桩间土不能承担或觉得承担太少，可调整桩数，使桩间土承担合理的比例。例如设计要求极限荷载为300kPa，复合桩基设计中桩的承载力极限值为200kPa，此时要求桩间土承担100kPa。若天然地基的承载力极限值为160kPa，则此时桩间土的强度发挥度为5/8，基本合理。

采用先桩后土法进行复合桩基设计，可理解为复合桩基破坏时，桩体先破坏。也就是说复合桩基破坏时桩体强度发挥度等于1.0，而桩间土强度发挥度小于1.0。采用先桩后土法进行复合桩基设计，工作荷载作用下，复合桩基的实际受力状态可能与设计设想产生背离，但较符合破坏时的状态。

4. 按沉降量控制法

当复合桩基主要用于控制沉降时，可采用按沉降量控制法计算。在按沉降量控制法中，首先根据设计荷载和场地工程地质条件，选定复合桩基中所用桩的桩长和桩径。当设计荷载、桩长和桩径确定时，采用的桩数和建筑物沉降量存在着一一对应关系，比对应关

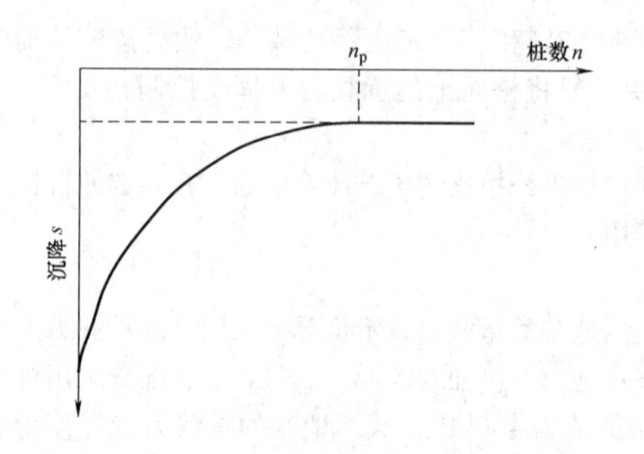

图 14.4-1 复合桩基中用桩数和沉降关系曲线示意图

系可通过计算得到。图 14.4-1 所示为复合桩基中用桩数和沉降关系曲线。当桩数等于零时，为天然地基；当桩数 $n=n_p$ 时，为摩擦桩基础。由图 14.4-1 可知，随着用桩数量增加，沉降逐渐减小。采用按沉降量控制法设计时，复合桩基中桩数的选用是根据设计沉降量确定的。如控制沉降量小于 15cm，则取沉降为 15cm 时对应的用桩数。确定桩数后再进行复合桩基承载力验算。如复合桩基承载力验算不合格，可调整所用桩长和桩径。

采用按沉降量控制法设计时，对复合桩基中桩的桩长和桩径可多选几种方案，通过比较分析进行优化设计。

5. 《建筑桩基技术规范》JGJ 94—2008 法

《建筑桩基技术规范》JGJ 94—2008 中规定，软土地基减沉复合疏桩基础可按下式确定承台面积和桩数：

$$A_c=\xi\frac{F_k+G_k}{f_{ak}} \tag{14.4.2}$$

$$n=\frac{F_k+G_k-\eta_c f_{ak}A_c}{R_a} \tag{14.4.3}$$

式中 A_c——减沉复合疏桩基础承台面积；

F_k——相应于荷载效应标准组合时，作用于承台顶面的竖向力（kN）；

G_k——基础自重及基础上土自重标准值（kN）；

f_{ak}——承台底地基承载力特征值；

ξ——承台面积控制系数，$\xi\geqslant0.60$；

n——桩数；

η_c——桩基承台效应系数；

R_a——单桩竖向承载力特征值（kN）。

6. 类似复合地基承载力计算法

复合桩基承载力也可采用类似复合地基承载力计算方法计算。复合桩基的极限承载力 p_{cf} 由桩的极限承载力和桩间土地基极限承载力采用下式计算：

$$p_{cf}=mp_{pf}+\beta(1-m)p_{sf} \tag{14.4.4}$$

式中 m——复合桩基置换率，桩面积与承台面积之比；

p_{pf}——桩的极限承载力（kPa）；

p_{sf}——桩间土地基极限承载力（kPa）；

β——桩间土地基极限承载力折减系数。

由复合桩基的极限承载力 p_{cf}，可以通过下式计算复合桩基的承载力特征值 f_{ck}：

$$f_{ck}=\frac{p_{cf}}{K} \tag{14.4.5}$$

式中 K——安全系数。

f_{ck}也可采用下式计算：

$$f_{ck}=mR_a/A_p+\beta(1-m)f_{sk} \tag{14.4.6}$$

式中 A_p——单桩截面积（m^2）；

R_a——单桩竖向承载力特征值（kN）；

m——复合桩基置换率；

β——桩间土承载力折减系数；

f_{sk}——桩间土地基承载力特征值（kPa）。

笔者认为上述6类思路均可应用于工程实践，在实践中都需继续深入研究，总结经验，不断进步。

14.5 复合桩基沉降计算

复合桩基沉降一般情况下来自下述三个方面：桩体的压缩量，桩端刺入桩下土层的相对位移量，以及桩下土层的压缩量。桩端刺入桩下土层的相对位移量简称桩端刺入量。

复合桩基中的桩体压缩量可采用计算杆件弹性压缩量方法计算，桩体材料的弹性模量容易确定，但轴力并不容易计算，轴力变化取决于桩的荷载传递规律。复合桩基中的桩体压缩量一般都不是很大，采用简化公式计算产生的误差不会很大。假定轴力由上到下线性分布，只要合理确定桩端反力，就可计算得到复合桩基中的桩体压缩量。

桩端刺入量与桩端反力和下卧土层的性状有关。复合桩基中的桩一般处在较好的土层中，桩端刺入量一般也较小，已发表的文献提供的计算方法虽多，但都较复杂，本手册不作进一步介绍。

桩体的压缩量和桩端刺入量一般情况下都较小，桩下土层的压缩量大小往往决定了复合桩基沉降量的大小。若桩下压缩性土层较厚时，桩下土层的压缩量可能会较大，特别是对最终压缩量的影响会较大。桩下土层的压缩量计算误差主要来自两个方面：一是传递至桩下土层上的荷载大小及分布形态，二是桩下土层压缩随时间变化的规律。

复合桩基沉降往往采用类同复合地基沉降计算方法，将复合桩基沉降分为两部分：加固区压缩量和加固区下卧层压缩量。计算方法可参照复合地基沉降计算方法。

复合桩基沉降也可采用有限单元法计算，计算误差主要来自本构模型和参数的选用，特别是桩土界面本构模型和参数的选用。复合桩基有限单元法计算中几何模拟也应重视。

14.6 复合桩基设计

在决定是否采用复合桩基时，设计者应详细掌握场地工程地质条件和上部结构荷载分布情况，以及对工后沉降的要求。场地工程地质条件复杂，如软弱下卧层分布起伏较大，不宜采用复合桩基；上部结构荷载分布很不均匀也不宜采用复合桩基；对工后沉降要求很严的工程也不宜采用复合桩基。在14.3节中已对复合桩基的适用范围作了介绍，应予重视。经过分析再决定是否采用复合桩基。

采用复合桩基形式一般有三个目的：一是为了利用天然地基的承载能力，让桩与桩间地基土共同承担荷载，达到节省工程投资的目的；二是为了控制沉降而采用复合桩基，如前面提到的减少沉降量桩基；三是为了减少与相邻区段不均匀沉降而采用复合桩基。目的不同，设计思路和难度也不同。或者说应根据采用复合桩基形式的目的进行复合桩基设计。

为了上述第一个目的进行复合桩基设计是比较简单的，可采用14.4节复合桩基承载力计算中介绍的先土后桩法进行设计。在复合桩基设计中，可按承载力控制设计的思路进行，先考虑利用天然地基的承载力，或利用一定比例的天然地基承载力（例如80%或60%），不足部分采用桩的承载力来补足。承载力满足要求后再验算沉降是否满足要求。

为了上述第二个和第三个目的进行复合桩基设计，需要采用按沉降控制设计的思路进行设计。可采用14.4节复合桩基承载力计算中介绍的按沉降量控制法进行设计。通过优化选用合适的桩长和桩数，满足控制沉降量的要求。

14.7 长短桩复合桩基

由长桩和短桩与桩间土形成的复合桩基称为长短桩复合桩基。

长短桩复合桩基有两类：一类是长桩和短桩采用同一桩型；另一类是长桩与短桩采用不同的桩型，长桩采用刚性桩，如各类混凝土桩、钢管桩等，短桩常根据被加固的地基土体性质采用柔性桩或散体材料桩，如水泥搅拌桩、石灰桩以及砂石桩等。也有人将长桩采用刚性桩，短桩采用柔性桩的长短桩复合桩基称为刚柔性桩复合桩基。对第二类长短桩复合桩基，也有人将其称为长短桩复合地基。

长短桩复合桩基中长桩和短桩的布置形式可分三类：一类是长桩和短桩相间布置，如图14.7-1（*a*）所示；另一类是长桩居中，向外桩长逐步递减，如图14.7-1（*b*）所示；再一类是短桩居中，向外桩长逐步增长，如图14.7-1（*c*）所示。第一类长短桩复合桩基在工程中应用最多。第二类和第三类长短桩复合桩基在工程中应用较少，第二类和第三类长短桩复合桩基中的长桩和短桩一般用同一种桩。上述第二类与第三类长短桩复合地基各有优缺点，通过比较分析可以得出：在用桩量及荷载等条件相同的情况下，短桩居中，向外桩长逐步增长的长短桩复合桩基[图14.7-1（*c*）]沉降量较小，基础底板中弯矩较大，而长桩居中，向外桩长逐步递减的长短桩复合桩基[图14.7-1（*b*）]沉降量较大，基础底板中弯矩较小。

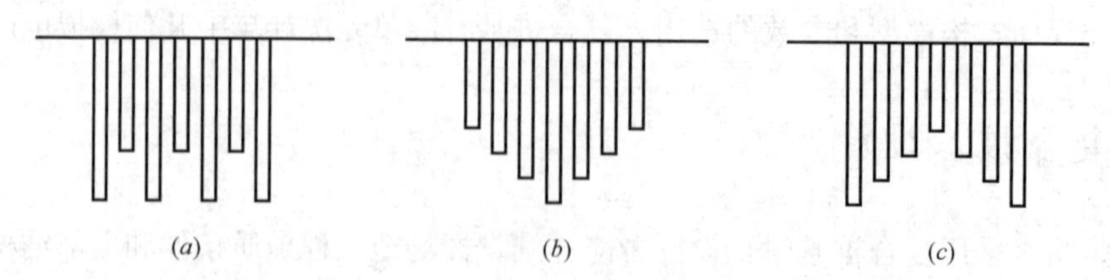

图14.7-1 长短桩复合地基中长桩和短桩的布置形式

长短桩复合桩基中上部区域既分布有长桩，又分布有短桩，布桩密度大，下部区域只分布有长桩，布桩密度小，这与在荷载作用下地基中上部附加应力大，下部附加应力小的分布特征相适应，因此长短桩复合桩基具有良好的承载性能。长短桩复合桩基具有承载力高、沉降量小的优点，具有较好的经济效益和较好的发展趋势。

在长短桩复合桩基中，长短桩的布置是根据上部结构荷载大小、长桩和短桩的承载力、长桩和短桩的直径等综合因素经试算确定。

长短桩复合桩基在加固深厚软土地基工程中应用较多，在建筑工程中常用于小高层和高层建筑中的地基加固。在处理深厚软黏土地基时，常采用水泥搅拌桩作为短桩，钢筋混凝土桩作为长桩；在处理深厚砂性土地基时，常采用砂石桩作为短桩，钢筋混凝土桩作为长桩；在处理深厚黄土地基时，常采用灰土桩作为短桩，钢筋混凝土桩作为长桩。

长短桩复合桩基承载力由长桩、短桩和桩间土地基三部分所提供的承载力组成。下面介绍长桩和短桩相间布置［图 14-3（a）］的长短桩复合桩基承载力计算思路。长桩和短桩相间布置的长短桩复合桩基的极限承载力 p_{cf}可用下式表示：

$$p_{cf} = k_{11}\lambda_{11}n_1R_{a1f} + k_{12}\lambda_{12}n_2R_{a2f} + k_2\lambda_2A_sp_{sf} \tag{14.7.1}$$

式中 R_{a1f}——长桩极限承载力（kN）；

R_{a2f}——短桩极限承载力（kN）；

p_{sf}——天然地基极限承载力（kPa）；

k_{11}——反映长短桩复合桩基中长桩实际极限承载力与单桩极限承载力不同的修正系数；

k_{12}——反映长短桩复合地基中短桩实际极限承载力与单桩极限承载力不同的修正系数；

k_2——反映长短桩复合地基中桩间土实际极限承载力与天然地基极限承载力不同的修正系数；

λ_{11}——长短桩复合地基破坏时，长桩发挥其极限强度的比例，称为长桩极限强度发挥度；

λ_{12}——长短桩复合地基破坏时，短桩发挥其极限强度的比例，称为短桩极限强度发挥度；

λ_2——长短桩复合地基破坏时，桩间土发挥其极限强度的比例，称为桩间土极限强度发挥度；

n_1——长桩桩数；

n_2——短桩桩数；

A_s——桩间地基承载面积。

长短桩复合桩基中的短桩若采用散体材料桩或柔性桩，其承载力计算可参阅地基处理手册或有关规范介绍。

长短桩复合桩基容许承载力 p_{cc}计算式为：

$$p_{cc} = \frac{p_{cf}}{K} \tag{14.7.2}$$

式中 K——安全系数。

从前面的分析可以看出，长短桩复合地基的承载力由长桩、短桩和桩间土地基三部分所提供的承载力组成，在设计中也可分二步考虑。先计算由短桩和桩间土地基形成的复合地基承载力，再将此承载力作为桩间土地基的承载力与长桩的承载力组合形成长短桩复合桩基承载力。实际工程中常采用上述思路进行计算，先采用地基处理技术加固天然地基形成复合地基，然后再设计刚性长桩形成长短桩复合桩基。

14.8 工程实例

【工程实例1】 复合桩基在浙医大一门诊综合楼基础工程中的应用（根据参考文献[1]和[2]改写）

1. 工程概况和工程地质情况

浙江医科大学第一附属医院门诊综合楼整个建筑由X形的门诊楼、一字型的医技楼及连接两者的连廊组成。门诊楼、医技楼、连廊间均以沉降缝完全断开，使三者形成相互独立的结构单元。X形的门诊楼为多层建筑，医技楼为高层建筑，地面以上结构层数为21层、地下一层，最高处标高为79.2m，地下室层高5.9m，医技楼建筑面积约22600m^2。医技楼的上部结构为混凝土框架结构体系，框架柱网尺寸为5.1m×(7.0～7.6）m，楼层平面为等腰梯形布置，大楼平面、立面均较简洁、匀称。建筑物轴线间最大宽度17.10m，最大长度66.40m。整个门诊综合楼的平面如图14.8-1所示。

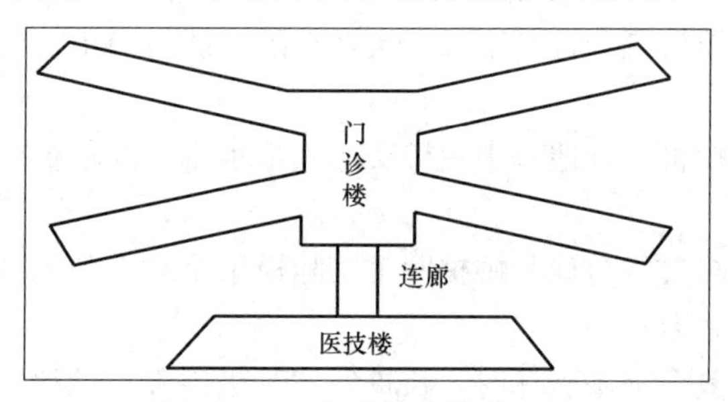

图14.8-1 门诊综合楼平面图

第一附属医院位于杭州市庆春路中段，据浙江省地矿勘察院《浙医大第一附属医院门诊综合楼工程地质勘查报告》知，场地属第四系全新世冲海相（Q^4）和晚更新世湖河相（Q^3）地层，下伏基岩为侏罗系火山岩。建筑场地较平坦，地面标高在黄海高程7.90～9.12m间，地下水位约在地表下1.50m处。属中软场地中的Ⅱ类建筑场地。场地地表下各土层属正常沉积、正常固结土，各土层的层面标高起伏不大，其中7号土层的层底面绝对标高在－30.90～－32.34m，厚度约为8～10m。地表下土层的工程地质情况见图14.8-2，各土层物理力学指标见表14.8-1。

各土层物理力学指标 **表14.8-1**

层号	土层名称	层厚(m)	E_{s1-2}(MPa)	内聚力c(kPa)	内摩擦角φ(°)	f_k(kPa)
1	填土	2.3～3.8				
2	砂质粉土	3.35～4.8	12.3	11.7	11.3	150
3	粉砂	8.80～9.70	12.6	10.3	13.5	200
4	黏质粉土	0.75～1.40	4.6	9.5	9.3	100
5	粉质黏土	8.50～9.70	5.5	19.3	17.3	190
6	粉质黏土	3.30～5.20	5.5	9.3	10.3	170
7	粉质黏土	8.00～10.3	5.5	34.3	17	230
8	粉质黏土混卵层	0.30～5.80	23			300
9	强中风化安山玢岩					

在初步设计阶段，医技楼采用常规的钻孔灌注桩桩基方案，桩长39m，进入强中风化岩层，桩径根据柱荷载大小分别取800mm，1000mm和1200mm三种。上部结构荷载主要通过柱传给桩承台，再传递给桩。嵌岩桩端承力应占很大比例。该工程钻孔灌注桩部分施工费用330万元。在施工图阶段，设计单位经比较改用复合桩基方案。钻孔灌注桩统一采用直径600mm的桩，桩长31.4m，桩端进入7号粉质黏土层内，且在桩下留有2m左右的粉质黏土，设计人员的意图是让桩有一定的沉降。不设桩承台，地下室底板统一加厚至1.8m。经比较分析，原方案中桩承台加地下室底板和复合地基中的地下室底板工程费用相当。前者钢筋用量大一些，后者混凝土用量大一些。桩位平面布置如图14.8-3所示。钻孔灌注桩部分施工费用120万元。采用复合桩基方案比原嵌岩桩方案节约了210万元。

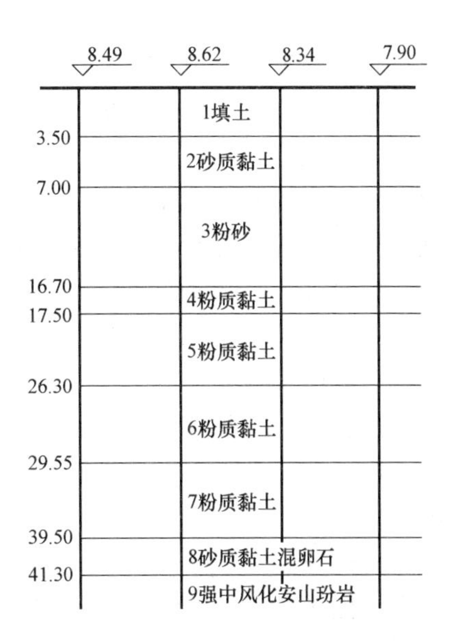

图14.8-2　工程地质剖面图

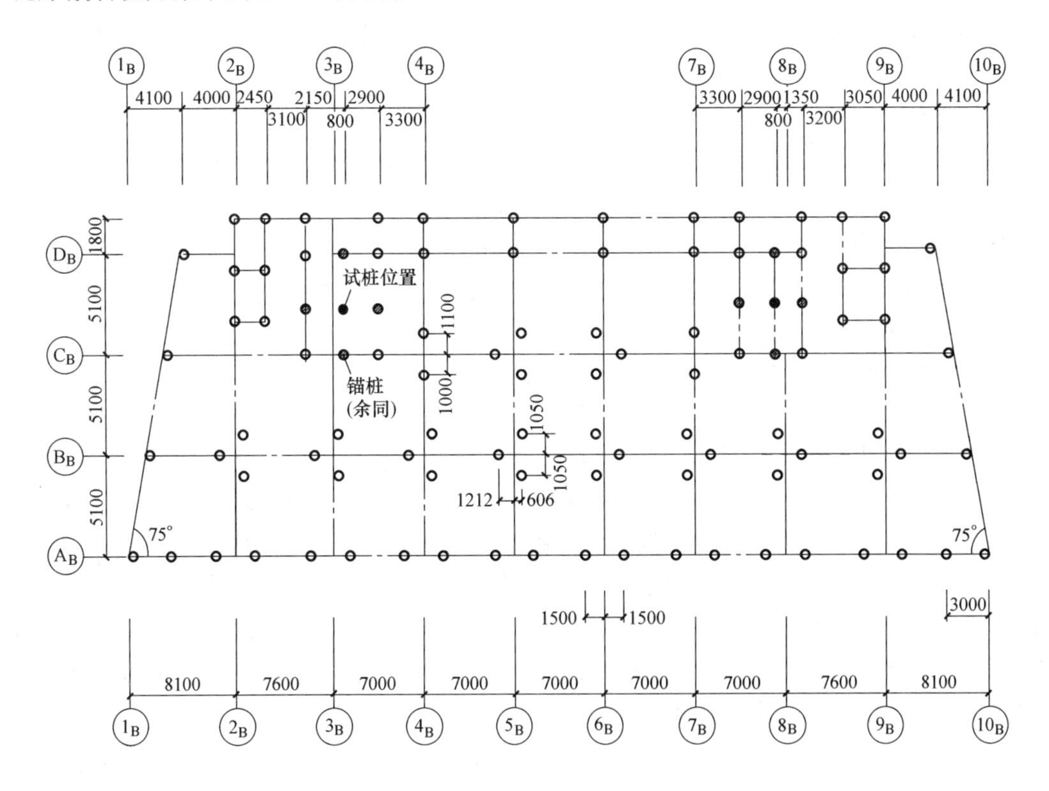

图14.8-3　桩基平面布置

2. 测试内容

为了验证实际受力情况，了解刚性桩复合地基的工作性状，完善设计理论，对整个施工过程进行了一系列监测。主要监测内容有：桩与筏板承载的比例关系、桩与土的工作及变化过程、基础筏板的工作状态等。

主要测试内容及仪器的安置如下：

（1）土压力

在地下室底板下，沿纵向一个剖面、横向三个剖面布置了19只土压力盒。了解不同荷载下桩间土压力的大小及在纵、横剖面上的分布情况。并和桩顶压力观测结果进行比较，以确定桩、土荷载的分配情况。

另外，在三桩群桩范围内，布置了4只土压力盒，了解群桩内外土压力情况。

（2）桩顶压力

沿基底的一个纵剖面和三个横剖面，选择18根桩布置了36个应变计，以了解角桩、边桩、内桩等不同桩位处，桩顶应力大小及在纵横方向上分布规律和施工过程中的变化情况。

（3）桩身轴力分布

本工程在进行静载荷试验时，曾在两根试桩和两根反锚桩内在8个剖面上埋设了68只钢筋计。由于这四根桩亦是工程桩，可以利用桩内的钢筋计，观测大楼在施工过程中，桩身轴力的变化及分布规律，并与单桩静载荷试验结果进行比较。

（4）地下室底板内力

在地下室2m厚底板内布置了44只钢筋计，仪器布置成一个纵剖面和一个横剖面，了解底层和面层钢筋的应力分布规律及在施工过程中的变化情况。

（5）孔隙水压力

在地下室底板下布置了三只孔隙水压力计，了解底板下土体中的孔隙水压力大小及变化。

（6）大楼沉降

沿大楼四周在±0.00高程上，布置了19个沉降观测点，了解大楼在施工过程中的沉降变化，监测大楼安全施工。

（7）基坑开挖期间桩基位移及坑内土体隆起

在两根桩上布置了两个观测点，观测桩基垂直位移。

在坑内土体中布置了两根沉降管，观测土体分层隆起。

所有埋设在基础内的各种观测仪器均在地下室底板浇筑前，全部埋设完毕并立即进行观测，以确定基准值。以上主要仪器布置如图14.8-4和图14.8-5所示。

复合桩基桩土荷载分担比随楼层荷载而变化的情况如表14.8-2所示。当作用2层楼荷载时，桩间土应力为45.7kPa，单桩荷载为1040kN，土承担41%的荷载；随着荷载增加，土承担荷载的比例逐渐减小。当作用22层荷载时，桩间土应力为87.6kPa，单桩荷载为4050kN，土承担荷载比例为20%。

桩土荷载分担比随荷载变化情况 **表14.8-2**

楼层荷载	2	6	10	14	18	22
桩(%)	59	67	73	76	78	80
土(%)	41	33	27	24	22	20

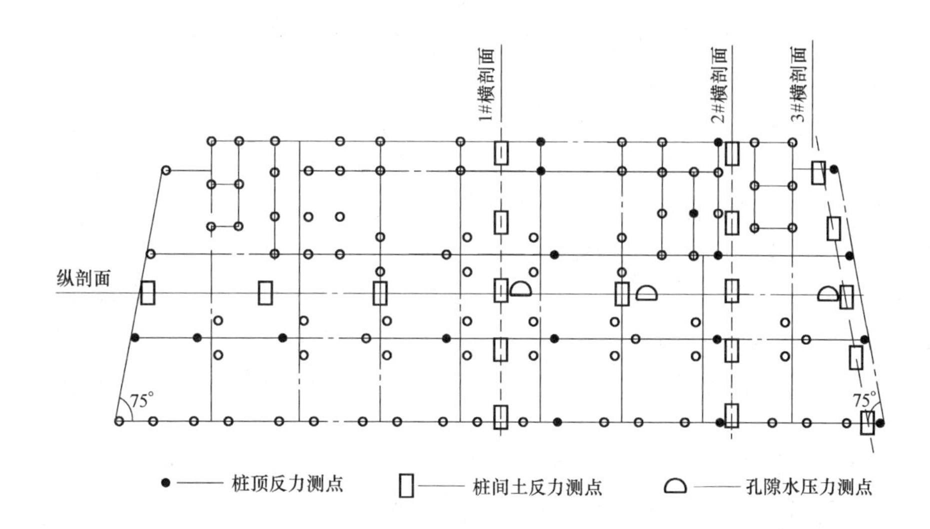

图 14.8-4 桩顶和桩间土测点平面布置

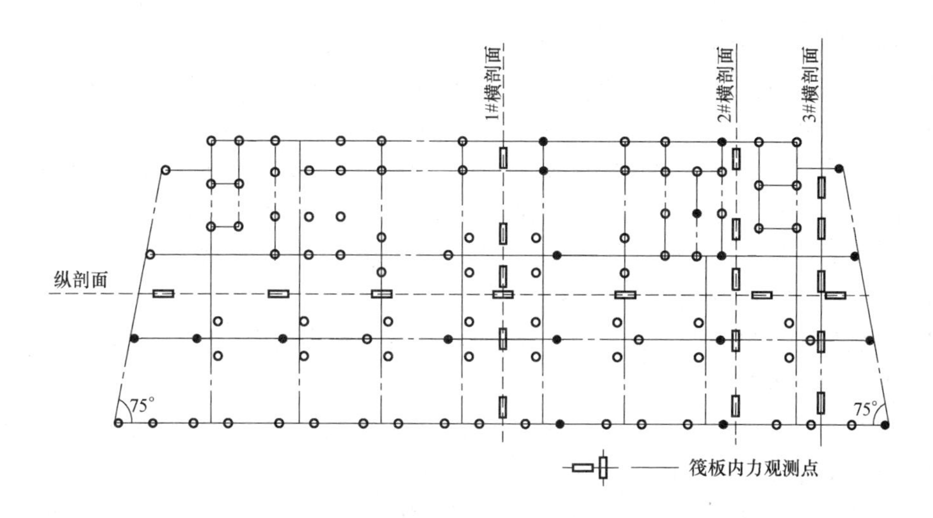

图 14.8-5 筏内力观测点

该楼沉降最大测点沉降为 20.9mm，最小为 13.4mm，平均为 18.1mm，此时沉降速率为 0.0139mm/d，建筑物沉降已达稳定标准。

上面已经提到，实测成果表明桩土分担比随荷载增大而增大，实际上当 22 层荷载作用时桩间土强度发挥度还是很低的，桩土分担比例是八二开。

从现场测试成果分析该工程桩长再短一点，桩数减少一些，也是可以的。在基础板下铺设一柔性垫层效果也会是好的。采取上述措施，桩间土强度及发挥度可能提高，沉降量可能会有所增加，而工程投资可进一步降低。

【工程实例 2】 复合桩基在某大厦地基处理中的应用（根据参考文献［3］编写）

1. 工程概况及工程地质情况

厦门二轻大厦位于厦门市湖滨南路南侧，国贸大厦西面，思明区法院新办公楼及审判法庭东侧，由地下3层（地下室底板埋深－13.70m），地上主楼28层及裙楼5层组成，其中主楼高度99.7m，框剪结构，设计单柱最大荷重为37000kN；裙楼高度21.5m，框剪结构，设计单柱荷重为14000kN。

本工程场地下覆土层自上而下为：①杂填土，均布，厚度0.80～2.30m；②淤泥，均布，厚度3.40～7.50m；③粉质黏土，局部分布，厚度1.40～2.40m；④粗砂，均布，厚度0.90～4.80m；⑤残积砂质黏性土，场地内分布较广，厚度0.50～12.40m，变化较大，顶板埋深为8.50～11.00m，顶板高程为－8.17～－5.44m，（标贯10.8～27.1击，局部有脉岩）；⑥全风化花岗岩，均布，厚度变化较大为1.30～9.50m，顶板埋深为9.00～22.50m，顶板高程为－19.67～－6.15m；⑦砂砾状强风化花岗岩，均布，厚度7.10～32.80m；⑧碎块状强风化花岗岩，主楼下顶板埋深29.40～5.00m；⑨中风化花岗岩，主楼下顶板埋深37.80～54.70m。

地下水稳定水位埋深0.60～1.10m，对钢结构具中等腐蚀性，对混凝土结构具弱腐蚀性，在干湿交替带对钢筋混凝土中的钢筋具中等腐蚀性。基坑开挖后侧壁土层主要由①杂填土、②淤泥、③局部粉质黏土、④粗砂、⑤残积砾质黏性土和⑥局部全风化花岗岩构成，部分为全风化花岗岩。

2. 各单一基础方案施工可行性比较

根据场地地面设计标高和土层结构分析，拟建场地按地下室基底设计标高开挖后，基底土层主要由残积砾质黏性土组成，局部为全风化花岗岩。除裙楼、纯地下室部分因设计荷载较小，有采用天然地基片筏基础或独立柱基的可能外，残积砾质黏性土、全风化花岗岩层的承载力特征值f_{ak}经深、宽修正后仍无法满足主楼设计的片筏基础的强度（基底压力约540kN/m^2）要求，故拟建主楼不具备采用天然地基片筏基础的条件。因此，建议拟建物（纯地下室结合抗浮设计）采用桩基础方案。

桩型选择要做到经济合理、技术可行，除应满足建筑物结构荷载、变形的要求，同时需考虑成桩的可能性以及对周边环境的影响。

（1）预应力管桩：该场地地下水对钢结构具有中等腐蚀性，管桩接头防腐处理困难，且部分区域砂砾状强风化花岗岩埋深较浅，桩的有效长度难以保证。

（2）抱压式沉管灌注桩：施工机械稀少，难以满足工期要求，挤土效应可能对周边建筑或道路管线产生不利影响；部分区域砂砾状强风化花岗岩埋深较浅，有效桩长很短，实际承载能力可能达不到设计要求。

（3）人工挖孔灌注桩：本场地碎块状强风化花岗岩埋深29.40～54.00m，以该层作为桩端持力层的人工挖孔灌注桩桩长超过政策容许范围较多，且超深降水处理可能对周边建筑道路产生不利影响。

（4）冲钻孔灌注桩：钻进效率低下，成桩质量难以控制（主要体现在孔底沉渣和泥皮效应上），有泥浆、噪声等污染问题；混凝土用量大，造价相对较高。

3. 采用复合桩基设计

鉴于地下室开挖后，其底板下伏为残积砾质黏性土和全风化花岗岩，经深、宽修正后，其承载力特征值较高，可合理利用地下室底板下地基土的承载力，因此建议本工程基础采用人工挖孔灌注桩—片筏基础复合桩基形式。造价估算见表14.8-3。

造价估算表 **表 14.8-3**

项　　目	冲钻孔灌注桩	复合桩基(人工挖孔灌注桩)
桩径(mm)	1000	1200
单桩承载力设计值(kN)	5400	5300
平均桩长(m)	40	15
桩土承担比例	100%,0%	75%,25%
桩端持力层	碎块状强风化岩	砂土状强风化岩
桩混凝土用量(m^3)	9420	5086.8
桩单方混凝土综合造价(元/m^3)	1100	600
桩费用(万元)	1036.2	305.2
承台及底板混凝土总量(m^3)	6650	8000
底板混凝土综合造价(元/m^3)	800	900
底板及承台费用(万元)	532	720
桩、底板总费用(万元)	1568.2	1025.2

注：复合桩基土方开挖量略高于单一的从钻孔灌注桩，相应的基坑支护的工程量也略有增加，所需的抗拔锚杆的数量也有所增加；但节省了钻孔灌注桩底板以上部分空孔费用。

针对该复合桩基所进行的相关试验：①利用螺旋板载荷试验测试地基土的压缩模量、变形模量和承载力、测定筏基的基床系数；②利用注水试验测出残积土层、全风化岩层和强风化岩层中的渗透系数，为人工挖孔桩的降水施工提供水文依据。

筏基的地基变形计算根据变形模量计算，其中变形模量、承载力可根据桩身材料强度和面积置换率，依《建筑地基处理技术规范》JGJ 79—2012 进行适当修正，同时还需考虑基坑开挖产生的补偿效应：

$$s=\psi_s pb\eta\left(\frac{\delta_i-\delta_{i-1}}{E_{oi}}\right) \tag{14.8.1}$$

而桩基的沉降预测，则须考虑应力的叠加，将上部荷载扣除筏基提供的地基反力后加之筏基的自重进行计算，计算方法采用《建筑桩基技术规范》JGJ 94—94 中式（5.3.5）的等效作用分层总和法。

当筏基的沉降量与桩基沉降量相差较大时，需考虑调整筏基面积、厚度、桩土承担比例，并增强桩筏连接部位抗冲切和抗拉裂的能力。鉴于基坑开挖后，筏基持力层的均匀性较差，建议对局部出露的全风化岩层进行褥垫处理或通过调整人工挖孔桩桩长进行控制。

4. 结论

复合桩基就是指桩和承台底地基土共同承担上部荷载的桩基。其思想是从桩土共同作用出发，充分利用承台基底土反力的作用。采用该技术有助于节省投资，缩短工期，减少且对周边环境影响。

【工程实例 3】 某带地下车库的多层住宅复合桩基设计（根据参考文献［4］编写）

1. 工程概况

上海静安区某住宅小区，场地面积约 1000m^2，丙类建筑，抗震烈度 7 度，Ⅵ类建筑场地。场地内有 6 幢 7 层住宅，框架结构，6 幢建筑坐在一个地下室箱形基础上，地下室不设缝，地下室一层，面积为8100m²，住宅之间为纯地下车库。

地下室一层为车库及设备用房，±0.000相当于绝对标高+3.200m，室内外高差0.30m，地下室底板面标高：（5、6、9、10楼）为-3.700m。

地下车库及7、8楼为-4.850m。

工程地质概况见表14.8-4。

土层物理力学性质综合成果表　　表14.8-4

土　名	深度(m)	厚度(m)	γ (kN/m³)	f_k (MPa)	E_s (MPa)	q_{sia} (kPa)	q_{pa} (kPa)
①填土	1.79	1.79	18.0				
②褐黄色粉质黏土	3.79	2	19.0	110	3.67	15	
③淤泥质粉质黏土夹砂	7.09	3.3	17.8	95	2.80	15	
④灰色淤泥质黏土	16.49	9.4	17.1	70	2.07	20	
⑤$_1$ 灰色黏土夹砂	19.49	3	18.0	75	3.27	30	600
⑤$_2$ 灰色粉质黏土	27.59	8.1	18.2	95	6.12	45	1000
⑥暗绿色粉质黏土	30.59	3	20.1		10.43	80	
⑦灰绿-草黄色砂质粉土	45.59	15	19.2		22.39		
⑧灰色粉质黏土			18.5		10.09		

根据勘察报告所提供的土层数据，场地地下水位较高，在地震烈度7度的条件下，场地15m深度范围内的土层不发生液化，该场地土类型为中软场地土，建筑场地为Ⅳ类。

基础持力层为第③层灰色淤泥质粉质黏土夹砂层，该层土呈软塑—流塑性，土质不均匀，局部夹砂。第⑤$_2$灰色粉质黏土，p_s值平均在4.2～4.5MPa左右，属中压缩性土，层厚较大，可以作为桩基持力层。

2. 复合桩基设计

该小区的6栋住宅均为多层框架结构，上部结构荷载并不大，但由于中间有两大块地下车库，并且同用一个地下室箱形基础，地下室底板面积达到8100m²，使基础设计变得复杂起来。

由于多层住宅与地下车库的荷载差异较大，车库几乎没有什么沉降，因此该工程基础设计的基本原则就是有效地控制6栋住宅的沉降量，减少整个基础的差异沉降，这样也可以有效地减小基础底板的内力。

（1）基础设计方案比较

基础设计时进行了几种地基基础方案对比：①考虑地下室的补偿作用，采用箱形基础天然地基。地基持力层为第③层灰色淤泥质黏土夹砂层。②采用桩基础，筏板以下梅花形布桩，桩端持力层为第⑥层暗绿色粉质黏土层。③采用复合桩基，由基底土层与桩基础共同承担上部结构荷载，并协调变形。

对以上方案，设计根据上海地区规范，并采用SFC基础设计软件进行了沉降计算，发现方案一的设计由于天然地基的持力层强度较低，计算沉降较大，住宅与车库间的差异沉降也较大。而方案二能够有效地控制沉降，但造价较高。因此设计考虑采用方案三复合桩基设计，因为大面积的筏板基础使基底土层已足以分担上部结构荷载，并承担部分沉降，而适宜的桩基础可有效地控制沉降量。这样的设计可降低工程造价，并更合理。综合各种因素，最后桩基础采用 250mm×250mm 方桩，桩长 16m，桩端持力层为⑤$_2$ 灰色粉质黏土层。

(2) 复合桩基设计

根据《上海地区地基基础设计规范》DGJ 08-11-1999

$$R_k = U_p \sum f_{si} l_i + f_p A_p \tag{14.8.2}$$

$R_k = 4\times0.25(3.14\times15+9.4\times20+3\times30+4.46\times45)+0.25^2\times1000=408.3\text{kN}$

复合桩基设计采用桩 $R_k=320\text{kN}$

桩基础采用 250mm×250mm 方桩，桩长 16m，桩端持力层为⑤$_2$ 灰色粉质黏土层。

上部结构荷载：

5 号、6 号楼：$F_d=2404447.5\text{kN}$，$A=1572.3\text{m}^2$，地下室深度−3.700m

7 号、8 号楼：$F_d=229081.25\text{kN}$，$A=1466.1\text{m}^2$，地下室深度−4.850m

9 号、10 号楼：$F_d=232475\text{kN}$，$A=1503\text{m}^2$，地下室深度−3.700m

地下车库：$F_d=148487\text{kN}$，$A=3547.6\text{m}^2$，地下室深度−4.850m

根据上部结构的荷载数据及地下室布置情况对各栋住宅分别进行布桩设计：

$$Q=(F_d+G_d)/1.25-\sigma_c A_c$$

5 号、6 号楼：389 根桩：$Q/n=100772/389=259\text{kN}$/根

7 号、8 号楼：198 根桩：320kN/根；$Q-kR_k/A=3.03\text{kN/m}^2$

9 号、10 号楼：382 根桩：$Q/n=98429.8/382=258\text{kN}$/根

对于本工程有 6 栋建筑及车库作用于同一基础的沉降计算，等代基础的方法已不再适应；因此沉降计算采用明德林（Mindlin）公式，设地基为弹性半空间体，而桩为作用于其中的沿桩长方向分布的侧摩阻力和桩端集中端阻力，通过积分求出这些力产生的附加应力。该方法考虑了群桩的影响，比较合理地体现了建筑物沉降的分布情况和影响。沉降表达式如下：

$$s=\psi_m \sum 1/E_{s,t} \sum \sigma_{z,t,i} \Delta H_{t,i} \tag{14.8.3}$$

$$\sigma_z = Q/L^2 \sum [\alpha I_{p,j} + (1-\alpha) I_{s,j}] \tag{14.8.4}$$

本工程沉降计算利用 SFC 复合桩基设计程序（《上海市地基基础设计规范》DGJ 08-11-1999 配套程序）计算：沉降分别为 9.44cm；10.5cm；10.15cm。各楼的荷载重心分别于各个桩位形心的偏差 X、Y 向均<0.20m，<1.5%。

(3) 大底板设计与计算

由于该工程是 6 栋住宅与地下车库同时作用于一整块地下室底板基础。底板受力情况复杂，底板设计、计算需要考虑以下几方面问题：

① 中间地下车库的沉降假定；

② 各单元弹簧刚度的取法；

③ 底板计算中的桩、土反力如何分担，如何考虑桩土共同作用。

中间地下车库因补偿作用，上部结构荷载与水浮力和自重应力相抵消，因而理论上沉降 $s=0$，但由于车库两边均有多层荷载且同作用于一块底板基础，实际上是有沉降存在的，但现有的设计计算手段尚难以估算两面沉降对中间的影响，因此需要对地下车库的沉降进行假定。根据 Mindlin 沉降计算方法所绘的沉降影响线，中央地下车库受两边住宅影响的沉降量估计为 0.8cm。事实证明这样的估计是比较符合实际情况的。

底板设计采用整板式，板厚分两种，6栋多层下底板厚度为600mm，中间地下车库底板考虑土反力的作用厚度为800mm，板厚符合抗冲切的演算要求。底板计算采用上海现代设计集团的底板计算程序，考虑桩作为弹簧支座，$k=R/s$（R为单桩竖向力标准值，s为计算沉降量）；土反力作为上部荷载方向相反的面荷载反作用于底板。底板内力计算采用有限元分析的方法，将底板细分为网格状单元，上部荷载和桩基弹簧作用于单元节点上，并考虑剪力墙的约束，运用有限元分析程序进行内力计算，并绘出内力分布等值线图。由于桩基础设计采用的是复合桩设计，底板计算要考虑桩土共同作用，结构主体部分桩与土对上部结构的分担比例按两种最不利的情况分别计算：①桩反力最大，即桩反力接近于桩极限承载力，剩下的荷载由土承担。②土反力最大，即土承担大部分的荷载，本次设计考虑土体承担70%的上部结构荷载，桩承担30%。此外中间地下车库的土反力采用这样的假定，即先用沉降计算软件估算假定地下车库单体箱形基础沉降8cm时，所需的上部结构面荷载作为土反力作用于底板。

根据以上假定确定了主要的设计参数如下：

① 桩反力最大的情况：

桩弹簧刚度：$k=R_k/s$

$k=320000/94.4=3389.83$MPa（5号、6号楼）

$k=320000/105=3047.62$MPa（7号、8号楼）

$k=320000/102=3137.262$MPa（9号、10号楼）

考虑到桩型相同，为简化计算取其平均值$k=3192$MPa。

土反力：$q=[(F_d+G_d)/1.25-kR_k]/A$

$q=29.57\text{kN/m}^2$（5号、6号楼）

$q=59\text{kN/m}^2$（7号、8号楼）

$q=28.8\text{kN/m}^2$（9号、10号楼）

② 土反力最大的情况：

桩弹簧刚度：$k=[(F_d+G_d)/1.25\times30\%]/n/s$

$k=1396.8$MPa（5号、6号楼）

$k=2162.3$MPa（7号、8号楼）

$k=1274.6$MPa（9号、10号楼）

土反力：$q=[(F_d+G_d)/1.25\times70\%]/A$

$q=95.15\text{kN/m}^2$（5号、6号楼）

$q=89.43\text{kN/m}^2$（7号、8号楼）

$q=96.37\text{kN/m}^2$（9号、10号楼）

③ 地下车库土反力假定

反算地下车库沉降为8cm时的基地附加应力为24kPa，这样地基土作用在底板的反力为73.5kPa。

3. 分析与结论

多幢建筑与纯地下室共用一块基础底板中间仅设后浇带的设计，虽然使建筑的地下室使用空间有所增加，但结构上使底板的受力情况更复杂。在本工程的设计中采用了复合桩基的设计，并利用合理的假定考虑底板的桩土共同作用，进行了底板的受力分析、计算，从而使基础设计在受力和经济上更为合理。在设计过程中有以下几点经验值得探讨：

（1）关键是要控制住建筑物的沉降量，减少因基础的差异沉降而使底板内力增大；计算沉降量最好控制在10cm内。

（2）沉降计算要考虑箱形基础的补偿作用，扣除土的自重应力；而底板计算桩的弹簧刚度和土反力不考虑土的自重应力影响。

（3）考虑中间地下车库的沉降，通过根据周围沉降的影响来设定地下车库的沉降量，并用以反算土反力，假定最不利的底板受力情况。

（4）考虑桩与土的共同作用，根据桩反力最大与土反力最大的两种最不利情况确定桩、土的受力分担比例，确定底板的内力最大值。

（5）根据底板弯矩等值线图的内力分布情况可知，底板内力的最大位置集中在地下车库与两边多层的交接处，这是因为该位置正是底板正负应力的变化处，而且该位置也是地下室层高和底板厚度的变化处，因此底板配筋设计要考虑该部位的加强，可采用偏大的板厚，并加强配筋量，甚至可配置底板暗梁。

【工程实例4】 刚柔复合桩基工程实例（根据参考文献［5］编写）

1. 工程概况

某小高层住宅地下1层，地上12层，基础筏板厚1m，埋深4.4m，尺寸为30.8m×15.3m，基底荷载产生的平均附加应力为231kPa。基底以下土体为淤泥质土，厚30m左右。地基土的物理力学性能指标见表14.8-5。

地基土物理力学性能指标 **表14.8-5**

土层	层厚 (m)	w (%)	γ_0 (kN/m³)	e_0	E_{s1-2} (MPa)	φ (°)	c (kPa)	f_k (kPa)	q_s (kPa)	q_p (kPa)
①杂填土	1.6									
②粉质黏土	1.4	30.4	19.2	0.848	4.43	16.0	26.5	120	16	
③$_1$淤泥质黏土	4.4	42.1	18.4	1.106	2.48	11.0	16.0	70	8	
③$_2$淤泥质黏质黏土	4.8	37.1	18.6	1.061	3.11	17.0	7.0	70	8	
③$_3$淤泥质黏质黏土	11.0	42.5	17.8	1.150	2.65	15.0	8.5	70	10	
③$_4$淤泥质黏质黏土	10.9	38.3	18.0	1.105	2.79	19.0	8.0	80	12	
③$_5$贝壳土	1.9	44.8	17.5	1.287	2.81			80	15	
⑥$_2$圆砾	2.5				20.00			300	50	
⑦$_2$强风化凝灰岩	0.9								50	
⑦$_3$中风化凝灰岩	未穿								70	3000

勘探揭示各土层分布基本均匀，局部有薄夹层。其中，基底以下为：层③淤泥质土，平均厚度大，承载力低，且亚层③$_5$贝壳土性状特殊，不宜作为桩端持力层；层⑥$_2$圆砾土属低压缩性土，强度高，分布相对稳定，为较佳的桩基持力层；层⑦$_3$中风化基岩强度高，分布稳定，又无软弱下卧层，为理想的大直径钻孔灌注桩桩端持力层。

2. 基础方案比较

在深厚软土地区，考虑用柔性桩加固软土层，提高软土层地基承载力，并把加固后地基承载力较高的软土层看成是天然承载力较高的土层，按照刚性桩复合地基理论进行设计，就是刚柔复合桩基。它一方面具有刚性桩复合地基的长处：承载力大、对建筑物上部结构的适应性好，沉降和差异沉降易于控制，另一方面也可以适用于深厚软土地区。在确保安全的前提下，能尽量发挥土体和桩的力学性能，做到既施工方便，又经济合理。经过反复比较，决定采用刚柔复合桩基技术进行地基处理。

3. 地基基础设计

(1) 柔性短桩设计

柔性短桩设计主要是确定其置换率和长度。置换率由柔性桩和土体所形成的改良地基的承载力确定。水泥搅拌桩的直径不应小于500mm，由于工程荷载较大，直径定为600mm，从而得到柔性桩数量，结合场地布桩条件，布桩时进一步调整桩身直径和数量。

短桩长度是由桩端处软土强度决定：桩长越长，桩端深度处附加应力越小，只有当桩端处软土中的附加应力小于该点地基承载力，短桩加固区下卧层土体才不致破坏，软土中附加应力与地基承载力相等的深度，即为短桩长度。

工程软土地基承载力设计值为80kPa，经反复试算，短桩采用直径为600mm的湿法深层水泥搅拌桩，有效桩长为9m，采用425号普通硅酸盐水泥，掺量300kg/m^3，在桩顶以下3m内加浆复搅，以加强浅层地基的处理效果。

(2) 刚性长桩设计

刚性桩持力层，主要依据地质报告中提供的土体参数，结合上部结构荷载，综合选择一中、低压缩性的土层。经计算，刚性桩采用直径500mm和600mm钻孔灌注桩，桩身混凝土强度等级为C25。考虑到层⑥$_2$圆砾是较佳的桩端持力层，但局部有0～1.2m的高压缩性黏土夹层，决定让刚性桩穿越层⑥$_2$，以层⑦$_3$中风化基岩为桩端持力层，有效桩长36.5m，桩尖进入层⑦$_3$不小于1m，桩尖沉渣厚度不大于50mm。

(3) 刚柔复合桩平面布置

经过反复试算和调整，共布桩104根，其中刚性长桩60根，其中15根直径600mm，45根直径500mm；柔性短桩44根，直径600mm。桩位布置见图14.8-6。

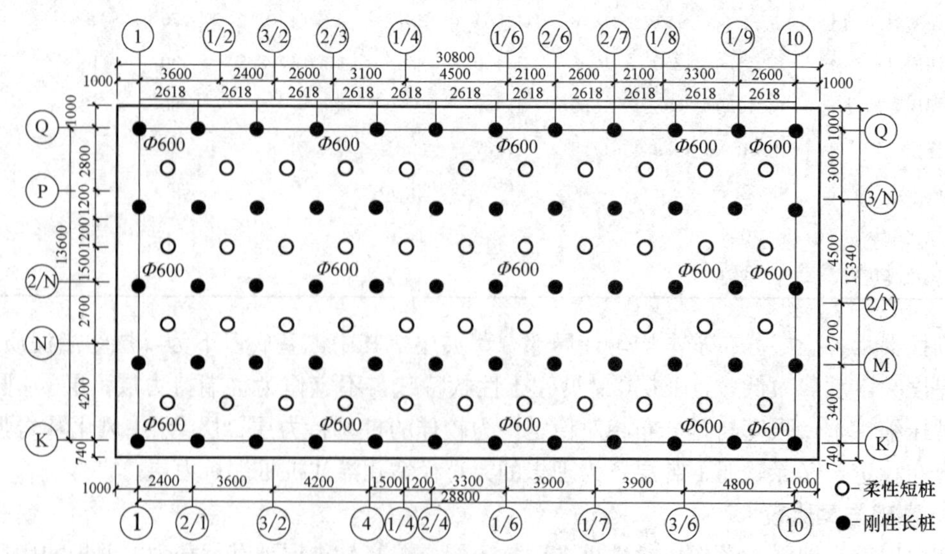

图14.8-6 桩位布置图

(4) 褥垫层设计

① 垫层厚度

刚性桩、柔性桩和基底土体共同承担上部荷载通过褥垫层变形协调来实现，垫层调节应力的效果可以用桩土应力比来反映。柔性桩变形与桩间土基本协调，其应力比接近模量比，可以不予讨论。从刚性桩在不同褥垫层厚度下的桩土应力比曲线[6]可知：当厚度小于200mm时，其厚度的减小对桩土应力比影响很大；当厚度大于400mm时，其厚度的增加对桩土应力比调节作用变化不大；厚度200～400mm是桩土应力比对垫层厚度变化反应敏感程度的分界区间。初步确定垫层厚度为300mm左右，再根据上部结构荷载大小做适当增减，在250～350mm之间取适宜厚度，适当减小刚性桩应力集中的程度。

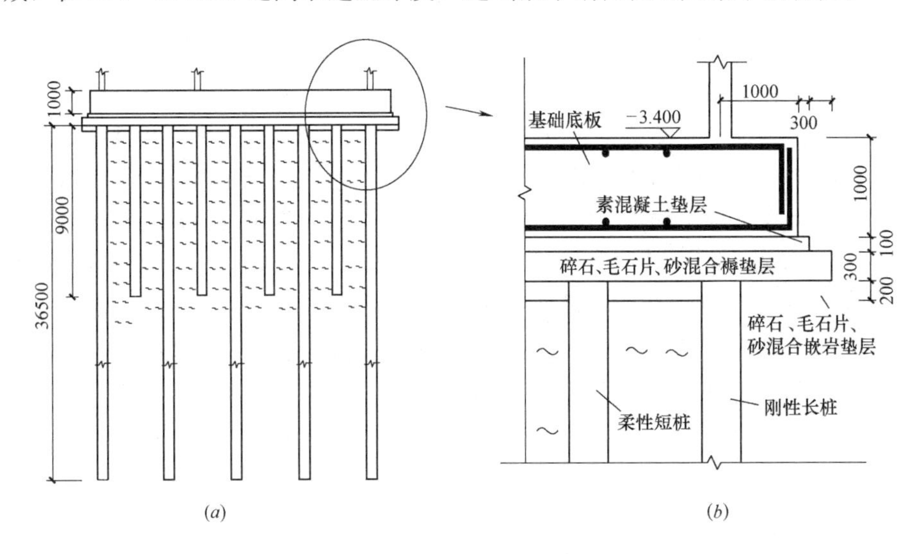

图 14.8-7 刚柔复合桩基及垫层剖面

(a) 刚柔复合桩基剖面；(b) 垫层剖面

② 垫层材料

为了研究垫层材料对复合桩基承载力和沉降的影响，对工程中不同褥垫层材料的复合桩基承台进行了现场静载荷对比试验，结果表明：在桩间土上放置200mm的嵌桩石与桩顶平，并在嵌桩石上设置300mm的砂褥垫层时，静载试验沉降较大，所得复合地基承载力基本值较低，在最大荷载下的沉降量较大且不稳定；将嵌桩石改为碎石、毛片、砂混合垫层（厚200mm），砂垫层也改为混合垫层（厚200mm），混合垫层上设置C10素混凝土垫层（100mm）时，所得承载力高出前者较多，其对应的沉降较小，说明混合褥垫层及素混凝土垫层要比纯砂垫层好得多，同时也充分说明了垫层性质好坏对复合地基影响比较大。

工程采用厚300mm碎石、毛片、砂混合垫层及素混凝土垫层，嵌桩段为厚200mm混合垫层。刚柔复合桩基和垫层剖面见图14.8-7。

4. 刚柔复合桩基检测与沉降计算分析

(1) 复合桩基检测

工程桩施工完毕后，对一根刚性长桩和一组刚柔复合桩基分别进行了静载试验。在对刚柔复合桩基进行试验时，荷载板尺寸 3.37m×3.37m，采用慢速维持荷载法，分别得到长桩及复合桩基的荷载位移曲线见图 14.8-8。试验均为工程桩，在加载时不能使长桩和复合桩基达到极限破坏状态，由图 14.8-8 可见两试验所得曲线均为缓变形。按规范长桩及复合桩基承载力取值规定，将试验成果列于表 14.8-6。成果表明，复合桩基承载力与变形均符合设计要求。

静载荷试验成果 **表 14.8-6**

试验内容	荷载板尺寸 (m)	静载极限承载力 (kN)	最大加载对应沉降 (mm)	承载力取值 (kN)	要求设计值 (kN)
<500 长桩	—	≥2695	6.39	2695	2660
复合桩基	3.37×3.37	≥4245	4.72	4245	3150

(2) 沉降量计算值与实测值的比较分析

工程从开工到装饰工程结束，14 个月内共进行了 20 次沉降观测。并且分别采用等应力法、复合模量法、桩身位移法和极限应力法，算得了刚柔复合桩基加固区沉降量。桩端以下为基岩，其沉降不计，加固区沉降即为地基总沉降。大楼平均沉降计算值与实测值的比较见表 14.8-7 和图 14.8-9（由于等应力法计算值很大，画入同一张图中时，使其他四条曲线效果失真，故图 14.8-9 中未将其绘入）。

沉降量计算值与实测值的比较分析（mm） **表 14.8-7**

计算方法	等应力法	复合模量法	桩身位移法	极限应力法	实际观测值
沉降量	346.6	5.2	36.0	14.3	11.0

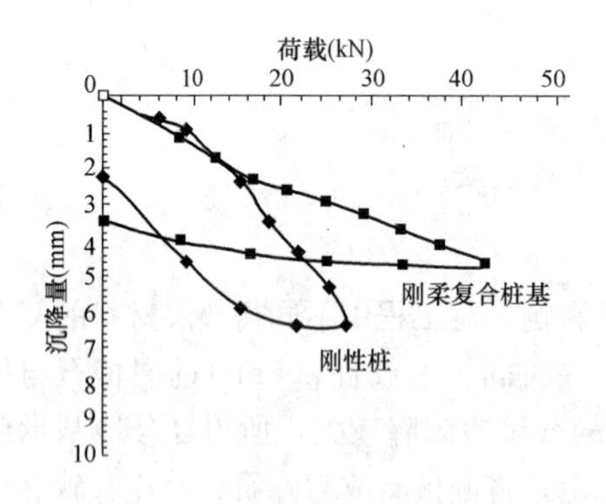

图 14.8-8 静载试验荷载位移曲线

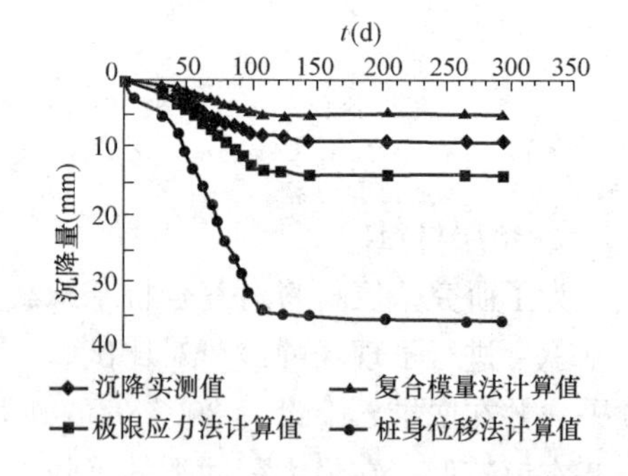

图 14.8-9 平均沉降与时间关系

从图 14.8-9 可看出总沉降量不大，且平均沉降量实测值随着荷载增加而增长，增速均匀，无明显突变；到竣工验收时，各点平均沉降量为 9.4mm，沉降量很小；各点沉降统计也表明，测点最大沉降为 11mm，最小沉降为 8mm，最大不均匀沉降为 3mm，说明各点沉降基本均匀。从 2000 年 5 月 15 日装饰结束后到同年 6 月 14 日，共 30d 时间内，大楼的平均沉降量仅增长了 0.2mm，沉降速率为 0.0067mm/d，充分说明工程的沉降已经趋于稳定。用对数曲线法推算，工程的最终沉降量将在 11.0mm 左右。

从表 14.8-7 中可以看出，在浙江深厚软土地区，等应力法计算刚柔性复合桩基所得的沉降结果明显偏高，说明该法在短桩复合地基中适用，但长桩复合地基的适用性还有待论证；复合模量法计算所得沉降量只有实测沉降量的47.3%，计算结果明显偏小，不安全，在其他有刚性桩工程中应用时应特别谨慎；桩身位移法计算所得沉降量是实际沉降量的三倍，在沉降允许范围内，计算结果偏安全，可以在其他工程中推荐使用；极限应力法计算所得沉降量与实测值吻合较好，可以考虑在类似地质条件、相似荷载水平及同类基础形式的工程中采用。

5. 结论

（1）工程扩初设计时采用普通桩基础，桩基部分造价在250万左右，施工时采用刚柔复合桩基，其桩基部分造价仅180万，节约投资70万，占桩基部分造价的28%，经济效益明显。

（2）长桩、短桩及垫层的设计与分析，以及对几种沉降计算方法的总结，可供设计人员参考。

（3）工程实例验算表明，采用极限应力法计算刚柔复合桩基沉降的计算结果与实测值符合良好，但该方法是否具有广泛的适用性还有待进一步验证。

参考文献

[1] 倪士坎. 高层建筑下桩-筏复合桩基的设计分析，地基处理工程实例. 北京：中国水利水电出版社，2000.
[2] 葛忻声. 高层建筑刚性桩复合地基性状，浙江大学博士学位论文 [D]. 1993.
[3] 方志峰. 复合桩基在实例中的应用 [J]. 四川建材. 2008 (5).
[4] 陈颖. 多层住宅筏板基础复合桩基及筏板设计与分析 [J]. 西部探矿工程. 2004 (12).
[5] 张世民，张忠苗，魏新江等. 小高层建筑刚柔复合桩基设计 [J]. 建筑结构，2006.36 (4).
[6] 张忠苗，杨什生，唐朝文. 不同垫层材料对刚-柔复合桩基受力变形性状的影响 [J]. 工业建筑，2003，33 (12)：54257.

第 15 章　桩的现场载荷试验

龚一鸣　张耀年　施　峰
（福建省建筑科学研究院）

15.1　概述

桩的现场足尺静载试验是获得桩的竖向抗压、抗拔以及水平承载力的最基本而且可靠的方法。在工程实践中，以承受竖向荷载为主的桩居多，穿越较软土层是桩的强劲优势。水平荷载有多种形式，从工业与民用建筑角度，人们一般仅关注经由上部结构向地基传递的或由土压力侧向施加于桩基的水平荷载。水平荷载试验目的是通过试验确定单桩的水平承载力和地基反力系数，亦称地基反力模量。在有内埋元件的桩中，尚可求得桩身弯矩分布。抗拔荷载试验以斜向拉拔、斜桩竖拔、竖桩竖拔为其试验特点。有关的试验方法有些类同抗压静载试验，施加荷载的方向以抗压改为抗拔。随着高科技测试手段的应用，如高精度的数值采集仪现场测试、光纤测量技术、防水绝缘工艺的进步，桩身内埋测试技术日臻成熟，已为进一步探索桩的作用机理提供了条件。

桩在外荷载作用下的破坏包括桩本身的材料强度破坏和地基土的强度破坏。

15.1.1　桩身的材料破坏

灌注桩在轴向抗压试验中，桩体的破坏包括：混凝土强度不足形成的破坏，如水泥用量不足，不密实，漏浆，离析等；成桩畸形引起的破坏，如缩颈、错位、断桩、夹泥等。大直径冲孔灌注桩在轴向静载试验中，曾遇到因顶部发生混凝土棱柱强度破坏而终止试验。预制桩试验中，当地基浅部为厚层淤泥时，曾遇到 400m×400m×51m 钢筋混凝土桩和 30.48m×30.48m×35m 的 H 型钢桩出现在地基浅部屈曲而终止试验。在砍桩后的钢筋混凝土方桩上做静载试验也曾出现因桩顶部没有网筋和箍筋间距大，加载不大即出现沿主筋位置的竖向裂缝，最终桩头沿裂缝压碎而终止试验。钢管桩曾出现外露部分压屈破坏。

单桩水平静荷载试验中，依照桩-土相对刚度的不同，桩-土体系有两类工作状态和破坏机理：一类是刚性短桩，因转动或平移而破坏（桩体本身一般不发生破坏）；另一类是弹性长桩。钢筋混凝土长桩挠曲时，将先在弯矩最大的截面受拉侧开裂，随着荷载的增加，受拉区混凝土全部退出工作，钢筋的应力达到流限，桩体材料强度达到极限状态而破坏。至于钢桩，因其拉压强度基本上相同，长桩体可忍受较大的挠曲变形而不弯折破坏。但过大的水平位移，已失去工程使用意义，所以必须限制桩顶位移，并以界定的位移作为水平极限荷载。

15.1.2　桩的地基土强度破坏

单桩竖向抗压极限承载力，就土对桩的抗力而言，一般分为桩侧摩阻力和端阻力（两者既有区别又相互影响)。试验研究认为，当静载试验加荷、桩尖沉降≥10mm时（桩顶因桩身弹塑性压缩量的累计，其沉降比桩尖大)，桩侧各层土的桩-土相对位移均大于10mm，这时各层侧摩阻力均已被充分动员（发挥)。整根桩的总侧摩阻达到峰值后，如继续加载，其值将有所减小或大体保持不变。单桩轴向抗压承载力的极限状态（除纯摩擦桩外)，一般由桩端阻力所制约。要充分动员桩端承载力所需要的桩端沉降量比侧摩阻力的要大得多，且它不仅与土类有关，同时还是桩径的函数。这个极限沉降值，一般黏性土约为0.25D；硬黏土约为0.1D；砂类土约为（0.08～0.10)D，D为桩端直径。

利用卸荷回弹值，可近似得到桩身的弹性压缩，由于受到残余应力等的影响，其值偏小，对于长桩扣除回弹值后，可推算试验桩的侧摩阻力是否充分发挥。

桩周围地基土破坏时，在桩身周围土体将形成一个近似圆柱形的剪切破坏面，桩端下滑动土体的滑动线一般不会延伸至地面。对于黏性土层中的桩，由于土体的压缩，剪切塑性变形的发展，即可为桩顶的较大沉降腾出空间，此时表示荷载Q与沉降s关系的Q-s曲线出现陡降，相应于曲线拐点处的荷载即为桩的极限荷载。对于持力层为砂土或粉土的打入桩，欲求得极限荷载，一般试验加载量很大，这时桩尖平面下的平均法向应力大，砂土呈剪缩破坏，就是密砂在剪切过程中，也会使其体积显著减小，但剪缩体应变是随应力逐渐地发展，由于它属于加工硬化型土，Q-s曲线后段呈缓变型，从Q-s曲线上难以确定单桩的极限荷载。在这种情况下，一般根据上层建筑物的允许沉降来确定桩的极限承载力。按沉降值确定桩的承载力，在各部门的规程中都有明确规定，一般地规定桩顶沉降值为40～60mm时的相应荷载为桩的极限荷载。

桩在极限荷载下，其总侧摩阻力基本已充分发挥，总端阻力则可能已充分发挥（陡降型的Q-s曲线)，或仅部分得到发挥（缓变型Q-s曲线)。

桩在水平荷载的作用下发生变位，当水平荷载较小时，这一抗力是由靠近地面的土提供的，而且土的变形主要为弹性的，属弹性压缩阶段。随着水平荷载的增大，桩的变形加大。表层土将逐渐产生塑性屈服，从而使水平荷载向更深处的土层传递。当变形增大到桩所不能容许的程度，如桩顶水平位移超过30～40mm或桩周土层失去稳定时，桩～土体系便趋于破坏。

实践表明：竖直桩能通过抗剪抗弯来承担一定的水平荷载。承担水平、竖向荷载和力矩的共同作用下的桩基工程日益增多，它已不单是一个“轴向”受压杆件。考虑到便于工程设计应用，对工程桩仍然分别进行竖向抗压、水平荷载及拉拔现场静载试验。

15.2 竖向承压荷载试验

15.2.1 试验的目的和意义

通过现场试验确定单桩的竖向受压承载力。荷载作用桩顶，桩将产生位移（沉降)，可得到每根试桩的Q-s曲线，它是桩破坏机理和破坏模式的宏观反映。此外，静载试验过程，还可获得每级荷载下桩顶沉降随时间的变化曲线，它也有助于对试验成果的分析。

对单桩荷载在4000kN以上的建筑物和重要的交通能源工程以及成片建造的标准厂房和住宅进行静载试桩时，宜埋设应变测量元件以直接测定桩侧各土层的极限摩阻力和端承载力，以及桩端的残余变形等参数。从而能对桩-土体系的荷载传递机理作较全面的了解和分析。

15.2.2 试验装置、仪表和测试元件

1. 试验加载装置

一般使用单台或多台同型号千斤顶并联加载。千斤顶的加载反力装置可根据现有条件选取下述三种形式之一。

(1) 锚桩主次梁（或主次钢桁架）反力装置。一般锚桩至少 4 根。如用灌注桩作锚桩，其钢筋笼要通长配置。如用预制长桩，要加强接头的连接，锚桩按抗拔桩的有关规定计算确定，并应对在试验过程中对锚桩上拔量进行监测。除了工程桩当锚桩外，也可用地锚的办法。主次梁强度刚度与锚接拉筋总断面在试验前要进行验算。试验布置可参阅图 15.2-1（*a*），（*b*）。在大承载力桩试验中，主次梁的安装，自重有时可达 400kN 左右，见

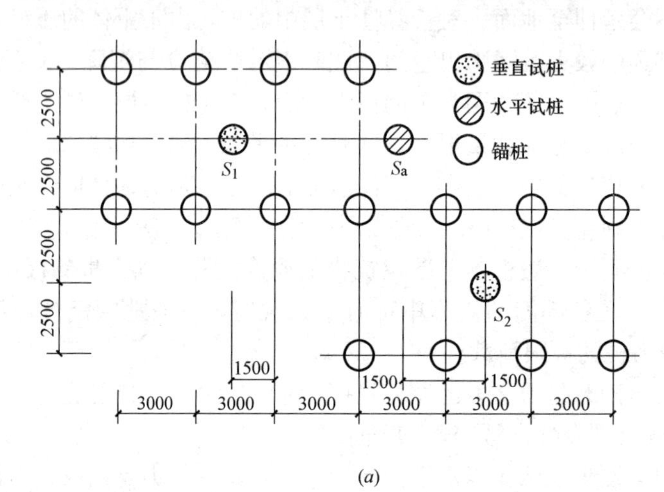

(*a*)

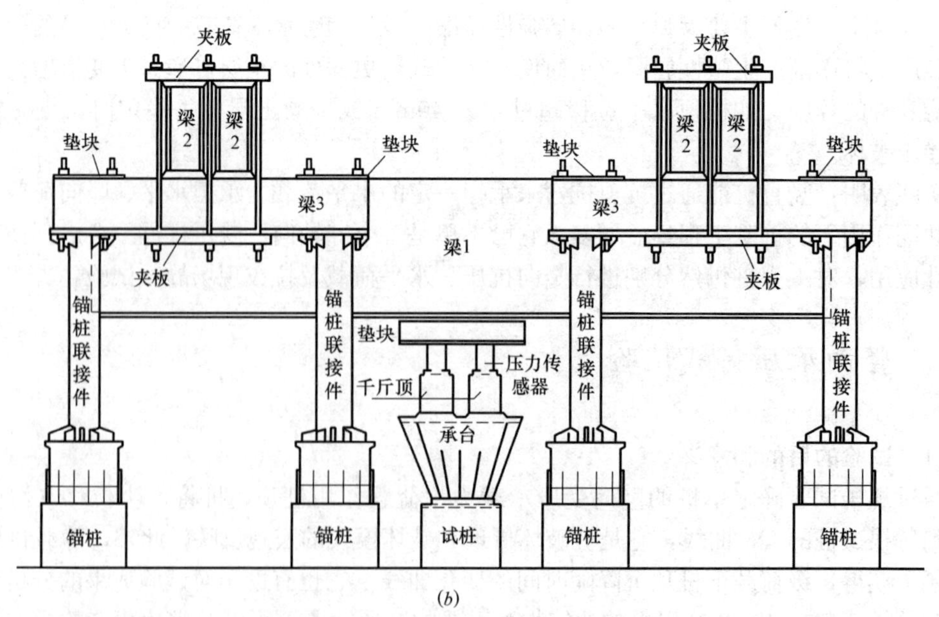

(*b*)

图 15.2-1 试验布置（引自索富珍，1986）

(*a*) 试验场地布置平面；(*b*) 反力架安装简图

图 15.2-1 (b)，需要以其他工程桩作支承点，且基准梁亦以放在其他工程桩上较为稳妥。堆载加于地基的压应力不宜超过地基本载力特征值。

(2) 堆重平台反力装置

堆重量不得少于预估试桩破坏荷载的 1.2 倍。堆载最好在试验开始前一次加上，并均匀稳固放置于平台上。堆重材料一般为铁锭、混凝土块或砂袋。在软土地基上的大量堆载将引起地面的大量下沉，基准梁要支承在其他工程桩上，并远离沉降影响范围。作为基准梁的工字钢，似乎长些好，但不能太柔，高跨比宜$\leqslant\frac{1}{40}$。堆载的优点是能随机取样（香港地区多用之），并适合于不配或少配筋的桩基工程。

(3) 锚桩堆重联合反力装置

当试桩最大加载重量超过锚桩的抗拔能力时，可以锚桩上或主次梁上配重，由锚桩与堆重共同承受，千斤顶加载反力由于锚桩上拔受拉，采用适当的堆重，有利于控制桩体混凝土裂缝的开展。缺点是由于桁架或梁上挂重堆重，使由桩的突发性破坏所引起的振动、反弹对安全不利。

千斤顶应严格进行物理对中：当采用多台千斤顶加载时，应将千斤顶并联同步工作，其上下部尚需设置有足够刚度的钢垫箱，并使千斤顶的合力通过试桩中心。

试桩、锚桩和基准桩之间的中心距离应符合表 15.2-1 的规定。

2. 仪表和测试元件

加载油压系统采用并联于千斤顶的高精度压力表测定油压，一般用 0.4 精度等级的，并由事先千斤顶率定曲线换算荷载。重要的桩基试验尚需在千斤顶上放置应力环或压力传感器实行双控校正。

试桩、锚桩和基准桩之间的中心距离 **表 15.2-1**

反力系统	试桩与锚桩（或压重平台支墩边）	试桩与基准桩	基准桩与锚桩（或压重平台支墩边）
锚桩横梁反力装置 压重平台反力装置	$\geqslant 4d$ 且>2.0m	$\geqslant 4d$ 且>2.0m	$\geqslant 4d$ 且>2.0m

注：d—试桩或锚桩的设计直径，取其较大者（如试桩或锚桩为扩底桩时，试桩与锚桩的中心距不应小于 2 倍扩大端直径）。

沉降测量一般采用 40～60mm 标距的百分表，设置在桩的 2 个正交直径方向，对称安置 4 个。小径桩可安置 2 个或 3 个百分表。沉降测定平面离桩顶距离不应小于 0.5 倍桩径，固定和支承百分表的夹具和横梁在构造上应确保不受气温影响而发生竖向变位。当采用堆载反力装置时，为了防止堆载引起的地面下沉影响测读精度，其基准梁系统尚需用 N-3 水准仪进行监控。为确保试验安全，特别当试验加载临近破坏时，最好采用遥控沉降读数，一是采用电测位移计；一是采用摄像头对准百分表读数。

桩身内埋测试元件方面，国内用得较多的是电阻式应变计和弦丝频率式应变计，以优质多芯电缆线引出，当防潮绝缘处理好时，元件成活率可达 95%以上，弦丝频率式对环境适应性更强些。另一种是沿桩身的不同标高处预埋不同长度的金属管和测杆：即可用千分表量测测杆趾部相对于桩顶处的下沉量，经计算而求应变与荷载。这种方法也是美国材料及试验学会（ASTM）所推荐的。如图 15.2-2 所示。

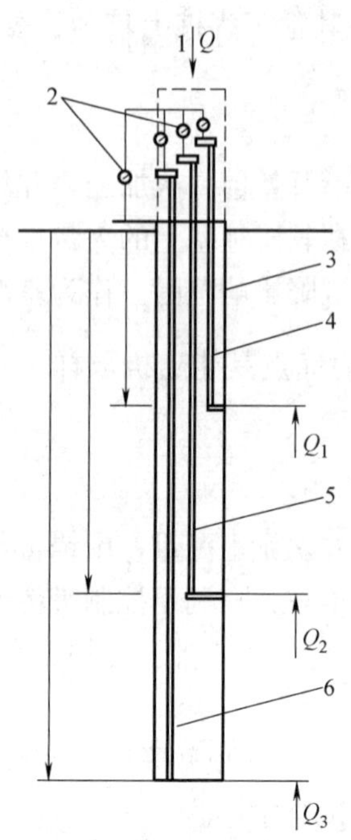

图 15.2-2 测杆式应变计
1—荷载；2—量测测杆趾部相对于桩头处的下沉量时用的千分表；3—空心钢管桩或空心箱形钢柱；4—测桩 1；5—测杆 2；6—测杆 3

$$Q_3=\frac{2AE\Delta_3}{L_3}-Q \tag{15.2.1}$$

$$Q_2=\frac{2AE\Delta_2}{L_2}-Q \tag{15.2.2}$$

$$Q_1=\frac{2AE\Delta_1}{L_1}-Q \tag{15.2.3}$$

在桩身端部轴力测量中，也可用扁千斤顶。采用“自平衡测桩法”是在桩尖附近安设荷载箱，沿垂直方向加载，即可同时测得荷载箱上、下部各自轴压力。

应变等数据的采集可使用百点数据采集仪，自动采集打印。为了使整个测试系统测量精度满足试验要求，要防止阳光直照，宜将整个试验装置遮蔽起来。

光纤测量技术是近年来在土木工程领域逐渐采用的实时监测技术之一，已在国内大型桥梁工程中成功应用。2007 年郑州大学土木系综合设计研究院等单位曾在郑东会展宾馆钻孔灌注桩抗压静载试验中，采用分布式光纤检测。由于光纤检测间隔是 0.05m，远小于钢筋应力计的间隔（最小的 2.00m）。它的预埋布设，特别是长桩（该试验桩长 67.00m），更显简捷。光纤检测除了能得到按土层划分的计算成果，还能得到按连续测点的计算结果。它的分辨率高，在试桩过程中，局部出现的负摩擦力和侧摩阻软化现象也能得以显示。

15.2.3 试桩制备、加载与测试

1. 试桩制备

试桩的成桩工艺和质量控制标准应与工程一致。试桩的倾斜度不应大于 1%。如属于工程检验性质而做静载试桩，则一定要随机抽样。灌注桩的试桩，其头部应凿除浮浆，可在桩顶配置加密钢筋网 2～3 层，或以薄钢板圆筒做成加强箍与桩顶混凝土浇成整体，桩顶面用高标号砂浆抹平。对于预制桩的试桩，如因沉桩困难需在砍桩后的桩头上做试验，其顶部要外加封闭箍后浇捣高强细石混凝土予以加强。为安置沉降测点和仪表，试桩顶部露出试坑地面的高度不宜小于 60cm，试坑地面应与桩承台底设计标高一致。

试桩间歇时间。在满足混凝土设计标号的情况下，对于砂类土，不应少于 7d；对于一般黏性土，不应少于 15d；对于黏土与砂交互层地基可取中间值；对于饱和土、淤泥、淤泥质土，不应少于 25d。对于遇水软化土层（如火山凝灰岩、泥质胶结粉细砂岩的残积土强风化层）的工程试桩间歇时间，宜根据具体情况定，宜略长。

在试验桩间歇期间还应注意试桩区 30m 范围内，不要进行如打桩一类的能造成地下孔隙水压力增高的环境干扰。

2. 加载卸载方法

一般采用慢速维持荷载法，即逐级加载，每级荷载达到相对稳定后，再加下一级荷载，直到试验破坏，然后按每级加荷量的 2 倍卸荷到零。快速维持荷载法，即一般采用 1

小时加一级荷载。经与慢速维持荷载法试验对比，上海地区已作了定量分析：快速法极限荷载定值提高的幅度大致为一级或不足一级加荷增量。快速维持荷载法所得极限荷载所对应的沉降值比慢速法的偏小百分之十几。但软土地基中摩擦桩所得的桩顶沉降值，不论用什么试桩方法取得的，通常都不能作为建筑物桩基沉降计算的依据。

所以快速维持荷载法对工程沉降计算并无影响，且能缩短试验周期，该法曾在沿海软土地区使用。

当考虑结合实际工程桩的荷载特征，也可采用多循环加、卸载法（每级荷载达到相对稳定后卸荷到零或用等速率贯入法（CRP 法）。此法的加荷速率通常取 0.5mm/min，每 2min 读数一次并记下荷载值，一般加载至总贯入量，即桩顶位移为 50～70mm，或荷载不再增大时为终止。

由于高大建筑物和桥梁工程大量建造，大直径冲钻孔灌注桩的广泛使用，给桩的现场试验带来难题——加荷困难或无法加荷。“自平衡测桩法”利用桩的侧阻与端阻互为反力，能解决大吨位桩现场静载试验问题。

现场静载试验的加载卸载方法很多。作为国家技术标准，《建筑地基基础设计规范》GB 50007—2011 附录 Q 单桩竖向静载试验要点规定：“单桩竖向静载荷试验的加载方式，应按慢速维持荷载法”。

3. 慢速维持荷载法

（1）荷载分级：不应少于 8 级，每级加荷宜为预估极限荷载的 1/8～1/10。亦可将沉降变化较小时的第一、二级加载合并，但是预估的最后一级加载和在试验过程中提前出现临界破坏那一级荷载亦可分成二次加载，这对判定极限承载力精度将有所帮助。

（2）测读桩沉降量的间隔时间：每级加载后，隔 5，10，15min 各测读一次，以后每隔 15min 读一次，累计 1 小时后每隔半小时读一次。

（3）稳定标准：在每级荷载作用下，桩的沉降量在每小时内小于 0.1mm。鉴于在软土地区快速和慢速维持荷载法，对极限荷载值的确定相差不大，仅高出 5%左右，故在软土地区试桩稳定标准，尚可放宽。上海已在一些工程中，用了新的稳定标准，即试桩沉降速率还没有达到小于 0.1mm/h，但在连续观测的半小时沉降量中，出现相邻三次平均沉降速率呈现衰减，认为该级荷载的沉降已经稳定。

（4）终止加载条件

出现下列情况之一时，即可终止加载：

① 当 Q-s 曲线上有可判定极限承载力的陡降段，且桩顶总沉降超过 40mm；

② 某级荷载作用下，桩顶的沉降量大于前一级荷载作用下沉降量的二倍，且经 24h 尚未达到相对稳定；

③ 25m 以上的非嵌岩桩，Q-s 曲线呈缓变型时，桩顶总沉降量大于 60～80mm；

④ 桩底支承在坚硬岩（土）层上，桩的沉降量很小时，最大加载量不应小于设计荷载的两倍；

⑤ 在特殊条件下，可根据具体要求加载，且桩顶沉降量大于 100mm（基本可揭示桩端极限端承力）。

（5）卸载观测的规定：每级卸载值为加载增量的二倍。卸载后隔 15min 测读一次，读两次后，隔 0.5h 再读一次，即可卸下一级荷载。全部卸载后，隔 3～4 小时再读一次。

15.2.4　试验成果整理

(1) 单桩竖向静载试验成果，为了便于应用与统计，宜整理成表格形式。除表格外，还应对成桩和试验过程中出现的异常现象作补充说明。

表 15.2-2 为单桩竖向（水平）静载试验概况表；表 15.2-3 为单桩竖向静载试验记录表；表 15.2-4 为单桩竖向静载试验结果汇总表。

(2) 绘制有关试验成果曲线。为了确定单桩的极限荷载，一般绘制 Q-s 曲线（按整个图形比例横：竖＝2：3，取 Q、s 的坐标比例）、s-$\log t$、s-$\log Q$ 曲线以及其他辅助分析所需曲线。

(3) 当进行桩身应力、应变和桩端反力测定时，应整理出有关数据的记录表和绘制桩身轴力分布、摩阻力分布、桩端反力等与各级荷载关系曲线。

单桩竖向（水平）静载试验概况表　　**表 15.2-2**

工程名称		地　点			试验单位		
试桩编号		试验起止时间			混凝土浇灌时间		
成桩工艺							
设计尺寸		混凝土标号	设　计		配　筋	规　格	
实际尺寸			实　际			长　度	
加载方式		稳定标准					

综合柱状图						试桩平面布置示意图
层次	土层名称	描述	地质符号	相对标高	桩身剖面	
1						
2						
3						
4						
5						

土的物理力学指标

层次	深度 (m)	γ(g/cm³)	w (%)	e	S_r (%)	w_p (%)	I_p	I_L	$a_{1\text{-}2}$ (2～3)	E_s (kPa)	c (kPa)	φ (°)	[R] (kPa)
1													
2													

试验：　　　　资料整理：　　　　校核：

单桩竖向静载试验记录表　　**表 15.2-3**

试桩号：

荷载	观测时间 日/月时分	间隔时间 (min)	读数					沉降(mm)		备注
			表	表	表	表	平均	本次	累计	

试验：　　　　记录：　　　　校核：

单桩竖向静载试验结果汇总表 **表 15.2-4**

试桩号：

序号	荷载(kN)	历时(min)		沉降(mm)	
		本 级	累 计	本 级	累 计

试验： 记录： 校核：

(4) 根据单桩竖向受压极限荷载，划分桩侧总极限摩阻力和总极限端承力，并由此求出桩侧平均极限摩阻力（当进行分层测试时，应求出各层土的极限摩阻力）和极限端承力。

(5) 单桩轴向承压试验的典型 *Q-s* 曲线见图 15.2-3。

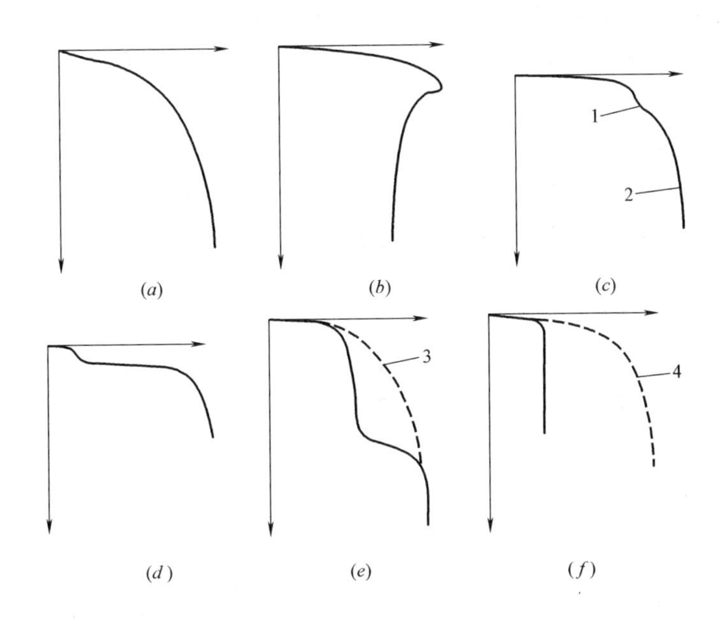

图 15.2-3 *Q-s* 曲线

(引自 M. J. Tomlinson，1997)

(*a*) 在软至半硬黏土中或松砂中的摩擦桩；(*b*) 在硬黏土中的摩擦桩；(*c*) 桩端支承在软弱而有孔隙的岩石上；(*d*) 由于基土隆起，桩离开了坚硬岩石上的桩座，当被试验荷载压下后，桩又重新支承在岩石上；(*e*) 桩身的裂缝被试验的下压荷载闭合；(*f*) 桩身的混凝土被试验荷载完全剪断

1—桩趾下岩石结构的破损；2—岩体的总剪切破坏；3—正常曲线；4—正常曲线

15.2.5 单桩竖向极限承载力的确定

(1) 当 *Q-s* 曲线的陡降段明显时，取相应于陡降段起点的荷载值。

(2) 当出现 $\frac{\Delta s_{n-1}}{\Delta s_n} \geqslant 2$，且经 24h 尚未达到稳定，取前一级荷载值（$\Delta s_i$ 为级荷载下沉量）。

(3) *Q-s* 曲线呈缓变型时，取桩顶总沉降量 $s=40$mm 所对应的荷载值。当桩长大于

40m时宜考虑桩身的弹性压缩。

（4）按上述方法判定有困难时，可结合其他辅助分析方法综合判定。

（5）当静载试验时，桩顶沉降量尚小，因受加荷条件限制提前终止试验，其极限荷载仅取最大加载值。

采用预制桩的工程，当满足极差不超过平均值的30％时，可取其平均值为单桩竖向极限承载力。当极差超过30％时，应分析离差过大的原因，如桩基是否跨越不同的地质单元，桩身接头有否脱焊上浮等。宜结合其他检测手段加以分析判定。

灌注桩工程增加了现场成孔成桩工艺，试验结果比较分散，按上述取值"难度"较大。必要时宜增加试桩数，并借助动测、取芯等加以确定。

依据《建筑地基基础设计规范》GB 5007—2011附录Q，单桩竖向静载荷试验要点规定：单桩竖向极限承载力除以安全系数2，为单桩竖向承载力特征值R_a。

15.2.6 工程实例

400mm×400mm×35m钢筋混凝土试验桩测试实例如下：

福建省建筑科学研究所受委托，对拟建的××大厦试桩进行打桩波动分析和单桩垂直静荷载试验。

1. 场地工程地质概述

本工程主楼21层，地下室二层，总高度约80m，筒体-框架结构，基础拟采用钢筋混凝土预制桩。本工程场地地质勘察由福州铁路勘测设计院承担。

主要地层自上而下分别为：

① 杂填土，稍密状态、稍湿至湿，厚度为2～3m。

② 淤泥，深灰色，饱和流塑状态，厚度为8.5～12m。

③ 淤泥质土夹中细砂，深灰色，饱和软塑状态，淤泥质土为页片状，与中细砂呈互层，厚度为12.5～14m。

④ 中细砂夹淤泥质土，与上层相似，且以中细砂为主，稍密饱和状态，厚度为6～7.5m。

⑤ 中砂，灰黄色、中密饱和状态，质较纯砂粒以石英为主，厚度约8.5～11.5m。

⑥ 粉质黏土混中砂，中密至密实，硬至可塑状态，厚度为11～14m。

2. 试桩概况

为确定单桩容许承载力，在工程桩施工之前先打了三根试桩，试桩位置如图15.2-4所示。三根试桩都在钻探孔ZK4周围，与ZK4孔的平面距离都在10m以内。试桩按省标《钢筋混凝土预制桩DBJT 13-07》GZHS40设计，桩身混凝土为450，桩长35m，分为18m和17m两节，打桩机械为KB60柴油打桩机，锤重6t，落距为1.6～1.8m，以桩顶标高为现有地平以下2m为控制标准，三根试桩的最终贯入度和总击数如表15.2-5所示。

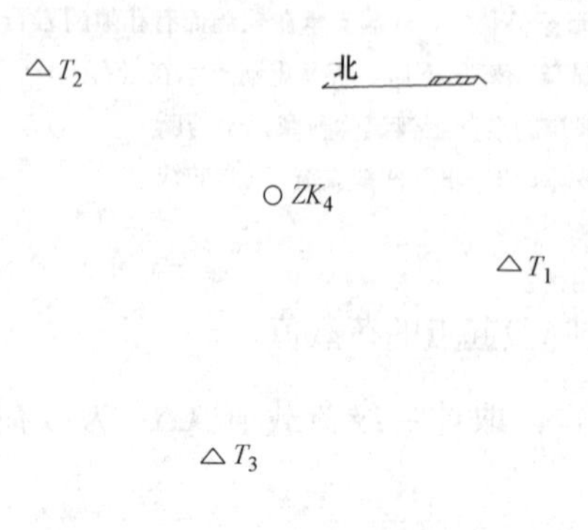

图15.2-4 试桩平面示意图

试桩最终贯入度和总击数 表 15.2-5

试桩编号	1	2	3
最终贯入度(击/10cm)	14	12	12
总锤击数(击)	1173	916	1008

在浇筑混凝土时，三根试桩桩身内都预埋了电阻应变计式钢筋计，预埋位置基本上位于桩周主要土层的分界面上，桩周土层情况及应变计布置如图 15.2-5 所示。

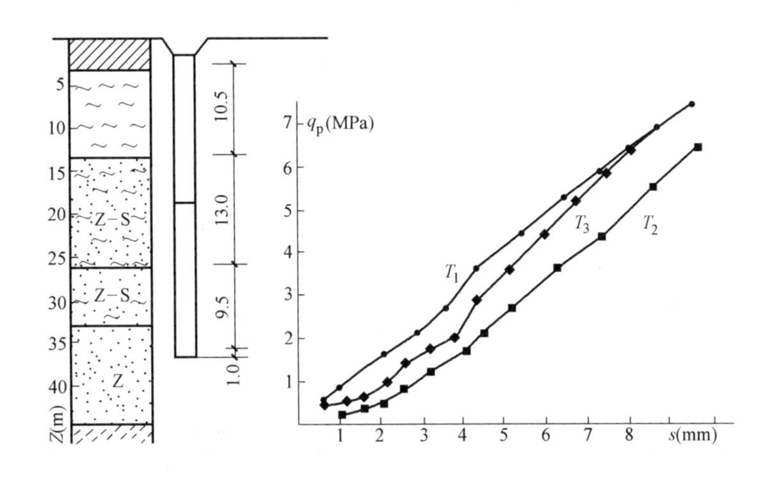

图 15.2-5 试桩土层情况、测点位置和轴力分布

3. 打桩波动分析

见表 15.2-6。

PDA 测桩的结果 表 15.2-6

桩 号	1	2	3
最大承载力(kN)	2450	2350	2390
最大实测压力(kN)	3180	3130	2730
桩身完整系数	100	90	82
最大拉力计算值(kN)	330	480	550

4. 静荷载试验

本试验按国标 GBJ 7—89 的有关规定进行，加荷设备采用液压千斤顶和加重平台，加荷方式为快速维持荷载法，每级荷载增量为 250kN，每级荷载维持 1h，三根试桩都加荷至 4000kN，试桩桩顶荷载-位移实测值经整理汇总后如表 15.2-7 所示，试桩桩身应变实测值如表 15.2-8 所示（本数据已对长导线影响等因素做了修正）。

（1）桩垂直极限承载力

试桩 *Q-s* 曲线如图 15.2-6 所示，三根试桩加载曲线非常接近，没有明显的拐点，但残余沉降较大，对照国标 GBJ 7—89 关于确定极限承载力的三条标准，试桩在最大试验荷载下没有达到极限状态。

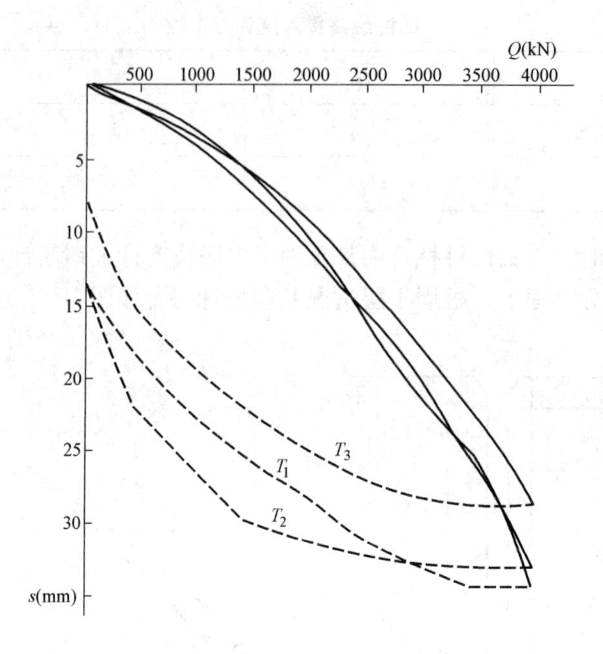

图 15.2-6 试桩和 Q-s 曲线

（2）桩身钢筋混凝土应力-应变关系

桩顶位移实测值和桩尖位移计算值（mm） **表 15.2-7**

桩顶荷载 (kN)	1号		2号		3号	
	桩顶	桩尖	桩顶	桩尖	桩顶	桩尖
250	0.34	0.0	0.86	0.44	0.60	0.19
500	1.10	0.0	1.62	0.39	1.66	0.54
750	2.10	0.0	2.86	0.75	2.61	0.92
1000	3.18	0.43	4.01	1.07	3.57	1.18
1250	4.45	0.92	5.46	1.48	4.73	1.51
1500	6.26	1.42	7.24	2.05	5.97	1.75
1750	8.28	2.03	9.06	2.57	7.51	2.17
2000	10.4	2.79	11.05	3.13	9.33	2.52
2250	12.90	3.63	13.40	4.18	11.11	3.16
2500	15.65	4.27	15.09	4.45	13.42	3.82
2750	18.46	5.37	17.20	5.09	15.38	4.41
3000	21.15	6.31	20.21	6.23	17.55	5.05
3250	23.35	7.20	23.17	7.30	20.01	5.81
3500	25.35	7.94	26.18	8.48	22.65	6.69
3750	29.31	9.50	29.05	9.60	24.98	7.47
4000	34.21	12.06	32.83	11.25	28.60	8.77
3500	34.21		32.83		28.60	
3000	32.64		32.57		28.17	
2500	30.95		32.12		26.64	
2000	27.92		30.83		24.67	
1500	25.57		29.83		22.18	
1000	22.41		25.83		19.07	
500	18.55		21.83		15.29	
0	13.43		13.18		7.61	

桩身轴向应变实测值（με） 表 15.2-8

桩顶荷载(kN)	1号				2号				3号			
	1	2	3	4	1	2	3	4	1	2	3	4
250	27.7	18.1	4.2	0	38.3	16.5	2.5	0	26.1	20.6	2.5	0.9
500	72.5	52.7	13.4	1.7	106.7	46.1	11.7	0	69.2	53.6	10.0	2.5
750	123.0	96.4	27.6	3.4	158.0	84.9	24.3	2.5	107.5	82.4	13.4	2.5
1000	164.5	117.8	41.8	5.9	198.7	124.4	36.8	4.2	151.5	112.1	23.4	3.4
1250	202.8	155.7	51.6	11.8	242.7	173.0	56.9	7.6	199.5	149.1	36.0	4.2
1500	254.1	212.6	82.8	21.2	290.7	225.8	84.5	12.7	247.6	192.8	54.4	8.5
1750	308.6	267.8	117.1	32.1	336.3	280.1	117.9	22.0	299.7	243.9	74.4	12.7
2000	365.6	314.7	158.9	44.0	387.6	335.3	158.1	35.5	361.6	301.6	111.2	23.7
2250	422.6	374.9	208.3	63.4	436.5	386.4	192.4	47.4	406.4	345.2	142.2	33.8
2500	521.2	441.6	269.3	88.8	480.5	435.8	239.2	64.3	466.6	406.2	194.9	39.8
2750	576.6	500.9	323.7	112.5	532.6	490.2	281.8	80.4	516.3	454.8	231.7	65.1
3000	636.8	561.1	378.0	136.2	602.6	546.3	345.4	108.3	566.0	506.7	281.8	85.4
3250	681.6	605.6	419.8	154.0	668.6	611.3	404.8	131.1	622.9	563.6	337.9	107.4
3500	723.1	648.4	460.8	170.0	711.7	669.8	472.5	164.1	678.4	621.2	398.1	130.3
3750	802.9	727.5	540.3	203.9	758.2	726.7	535.3	191.2	732.1	674.0	448.3	148.9
4000	877.9	803.3	621.4	234.3	811.9	793.4	613.9	228.4	807.0	750.6	527.7	175.9

由试验实测各级荷载下标定面的轴向应变值和对应的应力计算值，可得各试桩标定面钢筋混凝土的轴向应力和应变关系，回归分析表明，二次方程可以较为精确地表达这种非线性的关系，方程形式如下：

$$\sigma=\alpha_0+\alpha_1\varepsilon+\alpha_2\varepsilon^2 \tag{15.2.4}$$

式中 α_0，α_1 和 α_2——回归方程系数。

三根试桩的回归方程系数分别如表 15.2-9 所示。

试桩的回归方程系数 表 15.2-9

桩　号	1	2	3
α_0	0.5279084	0.0655024	0.4737008
α_1	0.350731×10^5	0.3300605×10^5	0.3704747×10^5
α_2	-0.8555773×10^7	-0.3117554×10^7	-0.8248009×10^7

（3）桩身轴力计算

根据预埋钢筋计实测的应变数据，以下式计算各测量截面的轴力。

$$Q_{ij}=A_p\sigma(\varepsilon_{ij}) \tag{15.2.5}$$

式中 Q_{ij}、ε_{ij}——分别为第 i 截面在 j 级荷载下的轴向力的应变；

A_p——桩身平均截面面积。

各试桩身轴力分布如表 15.2-10 所示。

（4）应变测量截面的轴向位移

假定两相邻应变测量截面之间的轴向应变随深度成线性变化，根据桩顶位移实测值 $\overline{W}_0$ 和各截面应变实测值 ε_i，由下式计算第 j 截面在荷载作用下的位移。

$$\overline{W_j}=\overline{W_0}-\sum_{i=1}^{j}\frac{L_i}{2}(\varepsilon_{i+1}+\varepsilon_i) \tag{15.2.6}$$

式中 L_i——第 i 节桩长。

桩身轴力分布计算值（kN） 表 15.2-10

桩顶荷载（kN）	1号			2号			3号		
	2	3	4	2	3	4	2	3	4
250	185.8	107.9	84.5	96.8	23.0	9.7	197.3	90.7	80.8
500	376.6	159.3	93.9	253.0	71.6	9.7	389.4	135.4	90.8
750	612.7	238.3	103.4	455.5	137.8	23.1	555.2	154.9	90.8
1000	726.6	316.8	117.6	660.8	203.9	32.1	723.4	213.9	95.8
1250	925.1	371.8	150.7	911.0	309.2	50.0	930.4	287.2	100.8
1500	1215.5	539.7	202.5	1197.7	453.4	76.8	1169.5	394.1	125.8
1750	1489.0	722.8	263.4	1453.9	622.2	125.9	1442.9	509.7	150.8
2000	1715.0	941.6	328.7	1729.3	834.3	197.2	1743.3	718.8	215.4
2250	1995.8	1193.7	435.0	1981.4	1009.8	259.4	1964.8	891.9	274.9
2500	2295.7	1496.4	572.1	2222.9	1247.7	348.1	2265.7	1180.7	309.4
2750	2552.0	1757.3	698.5	2485.7	1462.5	432.0	2498.6	1378.2	456.3
3000	2802.1	2010.2	823.3	2753.4	1779.2	577.2	2740.5	1641.6	572.6
3250	2980.7	2199.2	915.9	3060.5	2071.4	695.4	2997.2	1927.9	697.4
3500	3147.6	2379.7	999.0	3332.9	2400.5	865.2	3248.8	2226.4	825.6
3750	3442.5	2716.7	1171.6	3594.3	2701.1	1003.8	3471.3	2467.8	929.0
4000	3709.0	3042.0	1324.2	3897.1	3072.3	1193.1	3781.4	2836.4	1077.8

（5）桩侧平均摩阻力、桩端承力与桩土相对位移关系

在试验中，钢筋计都是有意识地安装在各土层的分界面上，因此根据上述的轴力计算值各土层的平均单位摩阻力可按下式计算：

$$q_{si}=(Q_i-Q_{i+1})/A_{si} \tag{15.2.7}$$

式中 A_{si}——第 i 桩节的侧表面积。

端承力可按下式计算

$$q_p=Q_p/A_p \tag{15.2.8}$$

根据上述分析，可得本场地主要土层摩阻力系数与相对位移的关系曲线，以及持力层端承力与位移相对关系，如图 15.2-7 所示。

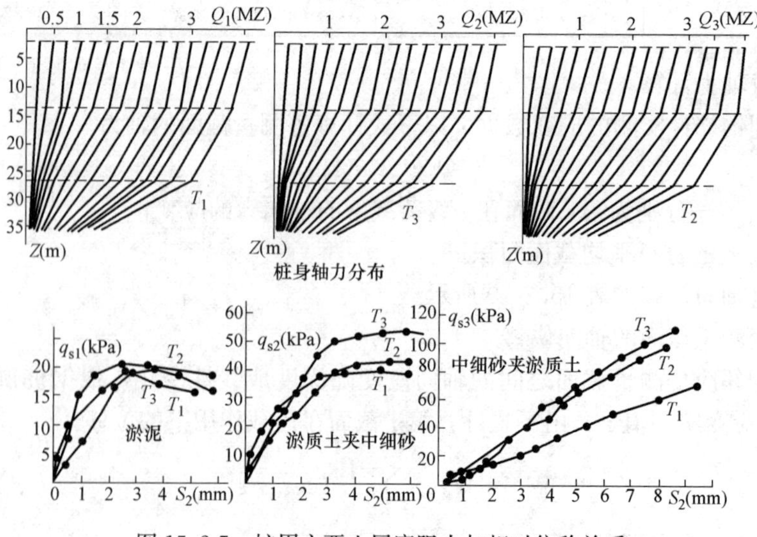

图 15.2-7 桩周主要土层摩阻力与相对位移关系

5. 结论

（1）波动分析表明，桩初打时极限承载力平均为 2400kN，本地区预制桩承载力歇后增长系数约为 1.2，单桩极限垂直承载力可达 2900kN。

（2）静荷载试验表明，如果不考虑建筑物容许沉降和材料容许应力等因素，本场地单桩极限承载力可达 4000kN。根据本地区打桩经验，建议混凝土容许工作应力取值为 9MPa，单桩容许承载力≤1450kN。

（3）本场地主要土层单位摩阻力：淤泥，$q_{su}=20$kPa；淤泥夹中细砂，$q_{su}=40\sim50$kPa；中细砂夹淤泥 $q_{su}=100$kPa；持力层中砂极限单位端承力 $q_{pu}=6$MPa。

15.3 单桩竖向抗拔静载试验

15.3.1 试验的目的和意义

桩基础是建（构）筑物抵抗上拔荷载的重要基础型式。许多桩基础既要承受竖向抗压荷载，又要承受竖向抗拔荷载。《建筑地基基础设计规范》GB 50007 规定，当桩基承受拔力时，应对桩基进行抗拔验算及桩身抗裂验算。桩基础上拔承载力的计算还是一个没有从理论上很好解决的问题，在这种情况下，现场原位试验在确定单桩竖向抗拔承载力中的作用就显得尤为重要。

单桩竖向抗拔静载荷试验就是采用接近于竖向抗拔桩实际工作条件的试验方法，确定单桩的竖向抗拔极限承载能力，单桩竖向抗拔静载试验是检测单桩竖向抗拔承载力最直观、可靠的方法。

单桩竖向抗拔静载试验一般按设计要求确定最大加载量。当为设计提供依据时，应加载至桩侧土破坏以能判别单桩抗拔极限承载力为止，或加载到桩身材料强度控制值。在对工程桩抽样验收检测时，可按设计要求控制最大上拔荷载，但应有足够的安全储备。

单桩竖向抗拔静载试验宜采用慢速维持荷载法。需要时，也可采用多循环加、卸载方法。

当埋设有桩身应力、应变测量传感器时，或桩端埋设有位移测量杆时，可直接测量桩侧抗拔摩阻力分布，或桩端上拔量。

为设计提供依据的试验桩，为了防止因试验桩自身质量问题而影响抗拔试验成果，在拔桩试验前，宜采用低应变法对混凝土灌注桩、有接头的预制桩检查桩身质量，查明桩身有无明显扩径现象或出现扩大头，接头是否正常，对抗拔试验的钻孔灌注桩可在浇注混凝土前进行成孔检测。发现桩身中、下部位有明显缺陷或扩径的桩不宜作为抗拔试验桩，因为其桩的抗拔承载力缺乏代表性，特别是扩大头桩及桩身中下部有明显扩径的桩，其抗拔极限承载力远远高于长度和桩径相同的非扩径桩，且相同荷载下的上拔量也有明显差别。对有接头的 PHC、PTC 和 PC 管桩应进行接头抗拉强度验算，确保试验顺利进行；对电焊接头的管桩除验算其主筋强度外，还要考虑主筋镦头的折减系数以及管节端板偏心受拉时的强度及稳定性。镦头折减系数可按有关规范取 0.92，而端板强度的验算则比较复杂，可按经验取一个较为安全的系数。

15.3.2 试验装置、仪表和测试元件

单桩竖向抗拔静载试验设备主要由主梁、次梁（适用时）、反力桩或反力支承墩等反

力装置，千斤顶、油泵加载装置，压力表、压力传感器或荷重传感器等荷载测量装置，百分表或位移传感器等位移测量装置组成。荷载测量仪器及位移测量仪器的技术要求应符合《建筑基桩检测技术规范》JGJ 106—2014 第 4.2.3 条的规定。

1. 反力装置

抗拔试验反力装置宜采用反力桩（或工程桩）提供支座反力，也可根据现场情况采用天然地基提供支座反力；反力架系统应具有不小于 1.2 倍的安全系数。

采用反力桩（或工程桩）提供支座反力时，反力桩顶面应平整并具有一定的强度，为保证反力梁的稳定性，应注意反力桩顶面直径（或边长）不宜小于反力梁的梁宽，否则，应加垫钢板以确保试验设备安装稳定性。

采用天然地基提供反力时，两边支座处的地基强度应相近，且两边支座与地面的接触面积宜相同，施加于地基的压应力不宜超过地基承载力特征值的 1.5 倍，避免加载过程中两边沉降不均造成试桩偏心受拉，反力梁的支点重心应与支座中心重合。

加载装置采用油压千斤顶，桩抗拔试验的最大荷载受控于试桩主筋的材料抗拉强度，桩的抗拔承载力远低于抗压承载力，所以一般在抗拔试验中采用一台油压千斤顶就足够了，千斤顶放在试桩的上方、主梁的上面，试桩的主筋锁定在千斤顶上方的垫箱上，进行试验，如图 15.3-1（*a*）所示。如对预应力管桩进行抗拔试验时，可采用穿心张拉千斤顶，将管桩的主筋直接穿过穿心张拉千斤顶的各个孔，然后锁定，进行试验。对于大直径、高承载力的桩，可将两个千斤顶分别放在反力桩或支承墩的上面、主梁的下面，如图 15.3-1（*b*）所示，千斤顶顶主梁，通过“抬”的形式对试桩施加上拔荷载。现场如图 15.3-2 所示。

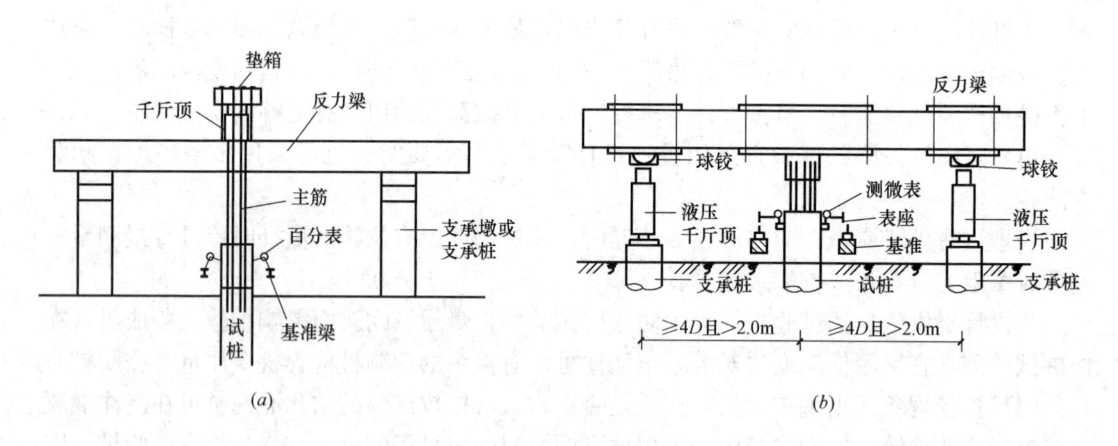

图 15.3-1 抗拔试验装置示意图

2. 荷载测量装置

静载试验均采用千斤顶与油泵相连的形式，由千斤顶施加荷载，通过并联于千斤顶油路的压力表或压力传感器测定油压，根据千斤顶率定曲线换算荷载。也可以通过用放置在千斤顶上的荷重传感器直接测定。在选择千斤顶和压力表时，应注意量程问题，避免“大秤称轻物”。当采用两台及两台以上千斤顶采用“抬”的形式加载时，为了避免受检桩偏心受荷，千斤顶型号、规格应相同且应并联同步工作。

3. 上拔量测量装置

桩顶上拔量测量平面必须在桩顶或桩身位置，安装在桩顶时应尽可能远离主筋，严禁在混凝土桩的受拉钢筋上设置位移观测点，避免因钢筋变形导致上拔量观测数据失实。

试桩、反力支座和基准桩之间的中心距离的规定与单桩抗压静载试验相同。在采用天然地基提供支座反力时，拔桩试验加载相当于给支座处地面加载。支座附近的地面也因此会出现不同程度的沉降。荷载越大，这种变形越明显。为防止支座处地基沉降对基准梁的影响，基准桩与反力支座、试桩各自之间的间距满足《建筑基桩检测技术规范》JGJ 106—2014 第 4.2.6 条的规定，基准桩需打入试坑地面以下一定深度（一般不小于 1m）。

图 15.3-2 抗拔试验装置现场图

15.3.3 竖向抗拔荷载试验

单桩竖向抗拔静载试验宜采用慢速维持荷载法。需要时，也可采用多循环加、卸载方法。慢速维持荷载法可按下列要求进行。

1. 加卸载分级

加载应分级进行，采用逐级等量加载；分级荷载宜为最大加载量或预估极限承载力的 1/10，其中第一级可取分级荷载的 2 倍。终止试验后开始卸载，卸载应分级进行，每级卸载量取加载时分级荷载的 2 倍，逐级等量卸载。加、卸载时应使荷载传递均匀、连续、无冲击，每级荷载在维持过程中的变化幅度不得超过分级荷载的±10%。

2. 桩顶上拔量的测量

加载时，每级荷载施加后按第 5、15、30、45、60min 测读桩顶沉降（变形）量，以后每隔 30min 测读一次。当桩顶沉降（变形）速率达到变形相对稳定标准时，再施加下一级荷载。卸载时，每级荷载维持 1h，按第 5、15、30、60min 测读桩顶沉降量；卸载至零后，应测读桩顶残余沉降量，维持时间为 3h，测读时间为第 5、10、15、30min，以后每隔 30min 测读一次。

试验时应注意观察桩身混凝土开裂情况。

测试桩侧抗拔摩阻力或桩底上拔位移时，测试数据的测读时间应符合《建筑基桩检测技术规范》JGJ 106—2014 第 4.3.5 条的规定。

3. 变形相对稳定标准

在每级荷载作用下，桩顶的沉降量在每小时内不超过0.1mm，并连续出现两次，可视为稳定（由1.5h内的沉降观测值计算）。当桩顶上拔速率达到相对稳定标准时，再施加下一级荷载。

4. 终止加载条件

当出现下列情况之一时，可终止加载：

（1）在某级荷载作用下，桩顶上拔量大于前一级上拔荷载作用下的上拔量5倍。（但若在较小荷载下出现某级荷载的桩顶上拔量大于前一级荷载下的5倍时，应综合分析原因。若是试验桩，必要时可继续加载，因混凝土桩当桩身出现多条环向裂缝后，其桩顶位移会出现小的突变，而此时并非达到桩侧土的极限抗拔力。）

（2）按桩顶上拔量控制，当累计桩顶上拔量超过100mm时。

（3）按钢筋抗拉强度控制，钢筋应力达到钢筋强度标准值的0.9倍。

（4）对于验收抽样检测的工程桩，达到设计要求的最大上拔荷载值。

5. 试验记录

试验资料的收集与记录可参照竖向抗压试验的有关规定执行，记录表格可按《建筑基桩检测技术规范》JGJ 106—2014附录C中附表C.0.1的格式记录。

15.3.4 试验成果整理

1. 抗拔极限承载力

单桩竖向抗拔极限承载力应绘制上拔荷载U与桩顶上拔量δ之间的关系曲线（U-δ）和桩顶上拔量δ与时间对数之间的曲线（δ-lg$t$曲线）。但当上述二种曲线难以判别时，也可以辅以δ-lg$U$曲线或lg$U$-lgδ曲线，以确定拐点位置。

单桩竖向抗拔静载试验确定的抗拔极限承载力是土的极限抗拔阻力与桩（包括桩向上运动所带动的土体）的自重标准值两部分之和。单桩竖向抗拔极限承载力可按下列方法综合判定。

（1）根据上拔量随荷载变化的特征确定：

对陡变型U-δ曲线，取陡升起始点对应的荷载值。对于陡变型的U-δ曲线（图15.3-3），可根据U-δ曲线的特征点来确定，大量试验结果表明，单桩竖向抗拔U-δ曲线大致上可划分为三段：第Ⅰ段为直线段，U-δ按比例增加；第Ⅱ段为曲线段，随着桩土相对位移的增大，上拔位移量比侧阻力增加的速率快；第Ⅲ段又呈直线段，此时即使上拔荷载增加很小，桩的位移量仍急剧上升，同时桩周地面往往出现环向裂缝；第Ⅲ段起始点所对应的荷载值即为桩的竖向抗拔极限承载力U_u。

（2）根据上拔量随时间变化的特征确定：

取δ-lg$t$曲线斜率明显变陡或曲线尾部明显弯曲的前一级荷载值，如图15.3-4所示。

（3）当在某级荷载下抗拔钢筋屈服或断裂时，取其前一级荷载为该桩的抗拔极限承载力值。这里所指的“屈服或断裂”，是指因钢筋强度不足情况下的断裂。如果因抗拔钢筋受力不均匀，部分钢筋因受力太大而屈服或断裂时，应视为该桩试验失效，并进行补充试验，此时不能将钢筋断裂前一级荷载作为极限荷载。

（4）根据lg$U$-lgδ曲线来确定单桩竖向抗拔极限承载力时，可取lg$U$-lgδ双对数曲线

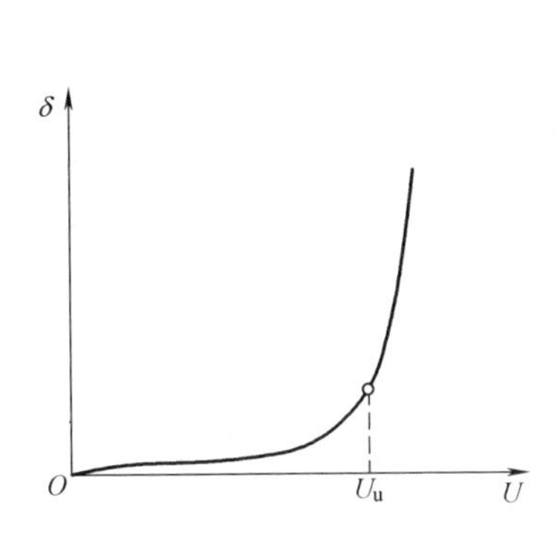

图 15.3-3　陡变型 U-δ 曲线确定单桩竖向抗拔极限承载力

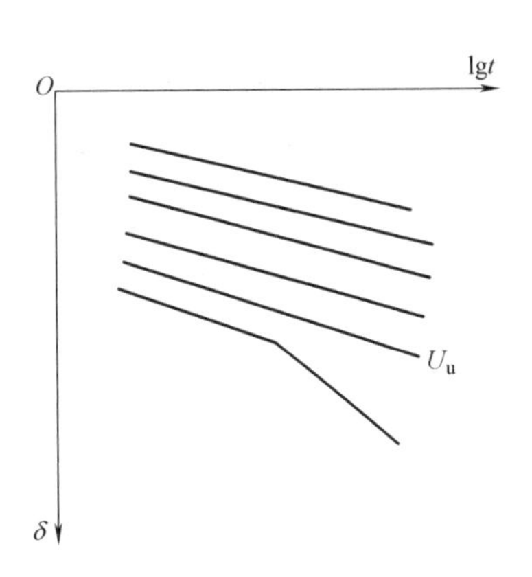

图 15.3-4　根据 δ-lg$t$ 曲线确定单桩竖向抗拔极限承载力

第二拐点所对应的荷载为桩的竖向极限抗拔承载力。当根据 δ-lg$U$ 曲线来确定单桩竖向抗拔极限承载力时，可取 δ-lg$U$ 曲线的直线段的起始点所对应的荷载值作为桩的竖向抗拔极限承载力。

工程桩验收检测时，混凝土桩抗拔承载力可能受抗裂或钢筋强度制约，而土的抗拔阻力尚未发挥到极限，若未出现陡变型 U-δ 曲线、δ-lg$t$ 曲线斜率明显变陡或曲线尾部明显弯曲等情况时，应综合分析判定，一般取最大荷载或取上拔量控制值对应的荷载作为极限荷载，不能轻易外推。

2. 抗拔承载力特征值

单桩竖向抗拔极限承载力统计值按以下方法确定：成桩工艺、桩径和单桩竖向抗拔承载力设计值相同的受检桩数不小于 3 根时，可进行单位工程单桩竖向抗拔极限承载力统计值计算；参加统计的受检桩试验结果，当满足其极差不超过平均值的 30%时，取其平均值为单桩竖向抗拔极限承载力；当极差超过平均值的 30%时，应分析极差过大的原因，结合工程具体情况综合确定，必要时可增加受检桩数量；对桩数为 3 根或 3 根以下的柱下承台，应取最小值。

单位工程同一条件下的单桩竖向抗拔承载力特征值应按单桩竖向抗拔极限承载力统计值的一半取值。当工程桩不允许带裂缝工作时，取桩身开裂的前一级荷载作为单桩竖向抗拔承载力特征值，并与按极限荷载一半取值确定的承载力特征值相比取小值。

15.3.5　工程实例

拟建恒力·金融中心位于福州市湖东路，南临湖东路、东侧为宏利大厦、西侧为中山大厦、北侧为在建的公正新苑。主体为一栋 25 层的高层建筑及 5 层附属裙楼组成，设有三层地下室。主楼采用框剪结构，高度约 99.0m；裙楼采用框架结构，高度约 23.0m。基础采用冲（钻）孔灌注桩。本工程由深圳市水木清建筑设计事务所设计，中建七局第三建筑公司承担灌注桩基础施工。

拟建场地土层情况自上而下为：杂填土、淤泥、粉质黏土、淤泥质土、碎卵石、花岗岩残积土、全风化岩、强风化岩和中等风化岩层。根据福建省建筑设计研究院提供的岩土工程勘察报告，各土层的物理力学指标和设计计算参数如表 15.3-1 所示。

各土层的物理力学指标和设计计算参数 **表15.3-1**

土层	天然重度 (kN/m³)	天然含水量 w(%)	固结快剪		地基承载力特征值 f_{ak}	抗拔系数 λ	冲(钻)孔灌注桩	
			C (kPa)	φ (°)			q_{sik} (kPa)	q_{pk} (kPa)
②粉质黏土	17.90	36.13	21.00	15.57	100	0.70	22	—
③淤泥	15.82	68.19	9.54	12.71	50	0.60	14	—
④粉质黏土	18.93	30.84	22.17	18.20	180	0.75	54	—
⑤淤泥质土	17.19	46.22	16.11	15.31	70	0.70	25	—
⑥粉质黏土	19.35	28.25	25.00	19.03	200	0.75	55	—
⑧粉砂质黏土	19.00	30.92	20.33	17.02	180	0.70	60	1800
⑩残积土	19.41	25.39	10.75	23.10	250	0.60	65	2200
⑪全风化岩	19.5	—	—	—	350	0.60	75	2800
⑫强风化岩	20.5	—	—	—	550	0.60	95	4500

由业主、监理和设计单位指定，对施工编号为试1号的试桩进行竖向抗拔静载荷试验。试桩的设计桩径为800mm，桩长为47.7m，桩端持力层为强风化岩层，桩身混凝土设计强度等级为C30，单桩设计抗拔承载力特征值为1200kN。

本工程试桩竖向抗拔静载荷由福建省建筑科学研究院完成，静载荷试验按《建筑基桩检测技术规范》JGJ 106的有关规定进行，试验由安装在反力架上的油压千斤顶进行逐级加荷，千斤顶所需的反力由地基土承担，桩顶上拔量由对称方向安装的大量程位移传感器测读。

试验加荷方式为慢速维持荷载法，每级荷载增量为240kN，试验拟加载至最大试验荷载2400kN，当试验荷载加至1920kN时，桩顶上拔量急剧增大，本级桩顶上拔量超过前一级荷载作用下的上拔量5倍，按规范要求，终止加荷后卸载至零，取U-δ曲线陡升起始点对应的荷载值1680 kN为该桩的单桩竖向抗拔极限承载力。

试桩静载荷试验结果如表15.3-2所示。

静载荷试验结果汇总表 **表15.3-2**

<table>
<tr><td rowspan="2"></td><td rowspan="2">荷载 (kN)</td><td colspan="2">历时(min)</td><td colspan="2">位移(mm)</td><td rowspan="2">桩位示意图</td></tr>
<tr><td>本级</td><td>累计</td><td>本级</td><td>累计</td></tr>
<tr><td rowspan="8">加载</td><td>0</td><td>0</td><td>0</td><td>0.00</td><td>0.00</td><td rowspan="8">5
2/0A
试</td></tr>
<tr><td>480</td><td>120</td><td>120</td><td>0.95</td><td>0.95</td></tr>
<tr><td>720</td><td>150</td><td>270</td><td>1.09</td><td>2.04</td></tr>
<tr><td>960</td><td>150</td><td>420</td><td>1.08</td><td>3.12</td></tr>
<tr><td>1200</td><td>150</td><td>570</td><td>1.02</td><td>4.14</td></tr>
<tr><td>1440</td><td>150</td><td>720</td><td>0.93</td><td>5.07</td></tr>
<tr><td>1680</td><td>120</td><td>840</td><td>0.92</td><td>5.99</td></tr>
<tr><td>1920</td><td>300</td><td>1140</td><td>10.14</td><td>16.13</td></tr>
</table>

续表

	荷载(kN)	历时(min)		位移(mm)		桩周土层示意图
		本级	累计	本级	累计	
卸载	1440	60	1200	0.03	16.16	0.00 杂填土；淤泥；18.80 粉质黏土；27.30 淤泥质土；31.90 圆角砾；37.90 全风化岩；43.20 强风化岩①；47.70
	960	60	1260	−0.72	15.44	
	480	60	1320	−2.36	13.08	
	0	180	1500	−2.35	10.73	
备注						

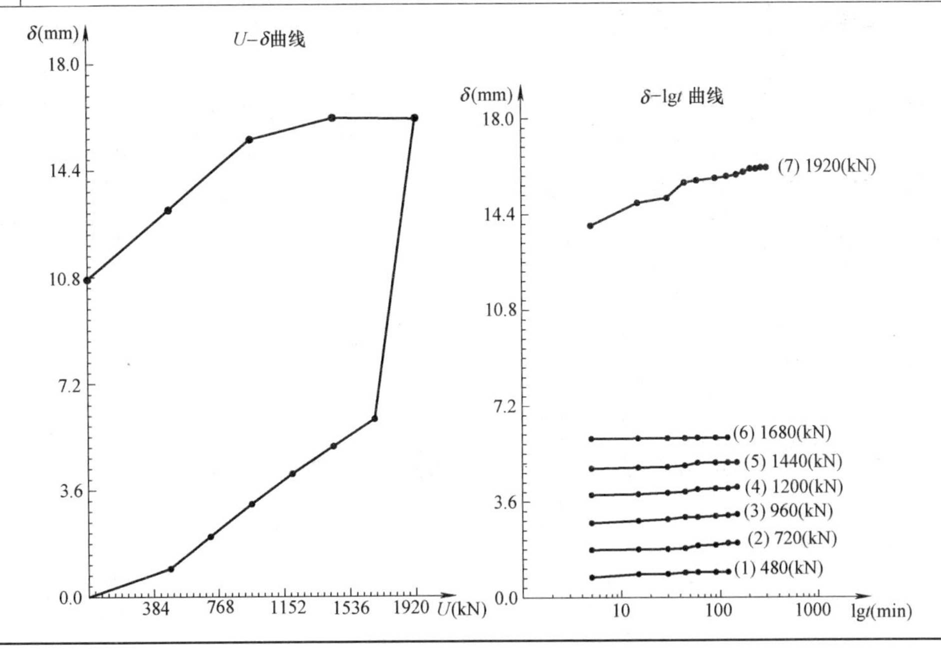

15.4　单桩水平静载试验

15.4.1　试验的目的和意义

单桩水平静载试验采用接近于水平受荷桩实际工作条件的试验方法，确定单桩水平临界荷载和极限荷载，推定土抗力参数的比例系数，或对工程桩的水平承载力进行检验和评价。当桩身埋设有应变测量传感器时，可测量相应水平荷载作用下的桩身应力，并由此计算得出桩身弯矩分布情况，可为检验桩身强度、推求不同深度弹性地基系数提供依据。

桩顶实际工作条件包括桩顶自由状态、桩顶受不同约束而不能自由转动及桩顶受垂直荷载作用等。《规范》中的试验桩为桩顶自由的单桩，桩的水平承载力静载试验除了桩顶自由的单桩试验外，还有带承台桩的水平静载试验（考虑承台的底面阻力和侧面抗力，以便充分反映桩基在水平力作用下的实际工作状况）、桩顶不能自由转动的不同约束条件及桩顶施加垂直荷载等试验方法，也有循环荷载的加载方法。可根据设计的特殊要求给予满足，并参考本方法进行。

桩的抗弯能力取决于桩和土的力学性能、桩的自由长度、抗弯刚度、桩宽、桩顶约束等因素。试验条件应尽可能和实际工作条件接近，将各种影响降低到最小的程度，使试验成果能尽量反映工程桩的实际情况。通常情况下，试验条件很难做到和工程桩的情况完全一致，此时应通过试验桩测得桩周土的地基反力特性，即地基土的水平抗力系数。它反映了桩在不同深度处桩侧土抗力和水平位移之间的关系，可视为土的固有特性。根据实际工程桩的情况（如不同桩顶约束、不同自由长度），用它确定土抗力大小，进而计算单桩的水平承载力。因此通过试验求得地基土的水平抗力系数具有更实际、更普遍的意义。

工程桩水平静载试验一般按设计要求的水平位移允许值控制加载，为设计提供依据的试验桩宜加载至桩顶出现较大的水平位移或桩身结构破坏。

15.4.2 试验装置、仪表和测试元件

1. 加载与反力装置

试验装置与仪器设备如图15.4-1所示。水平推力加载装置宜采用油压千斤顶（卧式），加载能力不得小于最大试验荷载的1.2倍。采用荷重传感器直接测定荷载大小，或用并联油路的油压表或油压传感器测量油压，根据千斤顶率定曲线换算荷载。传感器的测量误差不应大于1%，压力表精度应优于或等于0.4级。试验用千斤顶、油泵、油管在最大加载时的压力不应超过规定工作压力的80%。

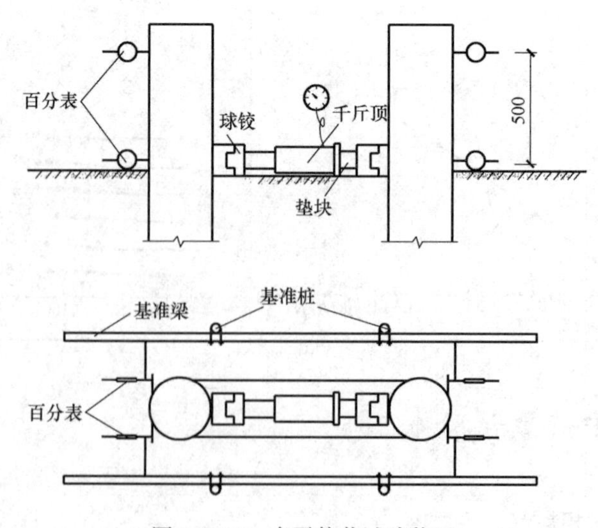

图15.4-1 水平静载试验装置

水平力作用点宜与实际工程的桩基承台底面标高一致，如果高于承台底标高，试验时在相对承台底面处会产生附加弯矩，会影响测试结果，也不利于将试验成果根据桩顶的约

束予以修正。千斤顶与试桩接触处需安置一球形支座，使水平作用力方向始终水平和通过桩身轴线，不随桩的倾斜和扭转而改变，同时可以保证千斤顶对试桩的施力点位置在试验过程中保持不变。

试验时，为防止力作用点受局部挤压破坏，千斤顶与试桩的接触处宜适当补强。

反力装置应根据现场具体条件选用，最常见的方法是利用相邻桩提供反力，即两根截面刚度相同的试桩对顶，如图 15.4-1 所示；也可利用周围现有的结构物作为反力装置或专门设置反力结构，但其承载能力和作用方向上刚度应大于试验桩的 1.2 倍。

2. 量测装置

桩的水平位移测量宜采用位移传感器或大量程百分表，测量误差不大于 0.1%FS，分辨力优于或等于 0.01mm。在水平力作用平面的受检桩两侧应对称安装两个位移计，以测量地面处的桩水平位移；当需测量桩顶转角时，尚应在水平力作用平面以上 50cm 的受检桩两侧对称安装两个位移计，利用上下位移计差与位移计距离的比值可求得地面以上桩的转角。

固定位移计的基准点宜设置在试验影响范围之外（影响区见图 15.4-2）与作用力方向垂直且与位移方向相反的试桩侧面，基准点与试桩净距不小于 1 倍桩径。在陆上试桩可用入土 1.5m 的钢钎或型钢作为基准点，在港口码头工程设置基准点时，因水深较大，可采用专门设置的桩作为基准点，同组试桩的基准点一般不少于 2 个。搁置在基准点上的基准梁要有一定的刚度，梁的一端应固定在基准桩上，另一端应简支于基准桩上，整个基准装置系统应保持相对独立。固定和支撑位移计（百分表）的夹具及基准梁应避免气温、振动及其他外界因素的影响。为减少温度对测量的影响，整个基准装置系统顶上应有篷布遮阳。

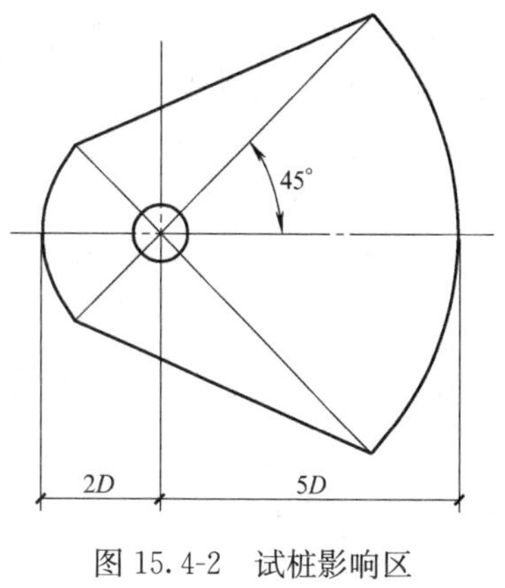

图 15.4-2 试桩影响区
（D—桩径或桩宽）

15.4.3 试桩制备、加载和测试

当对灌注桩或预制桩测量桩身应力或应变时，各测试断面的测量传感器应沿受力方向对称布置在远离中性轴的受拉和受压主筋上，埋设传感器的纵剖面与受力方向之间的夹角不得大于 10°，以保证各测试断面的应力最大值及相应弯矩的量测精度（桩身弯矩并不能直接测到，只能通过桩身应变值进行推算）。对承受水平荷载的桩，桩的破坏是由于桩身弯矩引起的结构破坏；对中长桩，浅层土对限制桩的变形起到重要作用，而弯矩在此范围里变化也最大，为找出最大弯矩及其位置，应加密测试断面。《规范》规定，在地面下 10 倍桩径（桩宽）的主要受力部分，应加密测试断面，但断面间距不宜超过 1 倍桩径；超过此深度，测试断面间距可适当加大。

单桩水平静载试验宜根据工程桩实际受力特性，选用单向多循环加载法或与单桩竖向抗压静载试验相同的慢速维持荷载法。单向多循环加载法主要是模拟实际结构的受力形式（如地震力、海浪和风荷载，等等）。对于长期承受水平荷载作用的工程桩，加载方式宜采用慢速维持荷载法。对需测量桩身应力或应变的试验桩不宜采取单向多循环加载法，因为它会对桩身内力的测试带来不稳定因素，此时应采用慢速或快速维持荷载法。水平试验桩通常以结构破坏为主，为缩短试验时间，可采用更短时间的快速维持荷载法，例如《港口工程桩基规范》JTJ 254—98 规定每级荷载维持 20min。

单向多循环加载法的分级荷载应小于预估水平极限承载力或最大试验荷载的 1/10，每级荷载施加后，恒载 4min 后可测读水平位移，然后卸载为零，停 2min 测读残余水平位移。至此完成一个加卸载循环，如此循环 5 次，完成一级荷载的位移观测。试验不得中间停顿。

慢速维持荷载法的加卸载分级、试验方法及稳定标准应按“单桩竖向抗压静载试验”的相关规定进行。测量桩身应力或应变时，测试数据的测读宜与水平位移测量同步。

当出现下列情况之一时，可终止加载：

（1）桩身折断。对钢筋混凝土长桩和中长桩，水平承载力作用下的破坏特征是桩身弯曲破坏，即桩发生折断，此时试验自然终止。

（2）水平位移超过 30～40mm（软土取 40mm）。本条是根据《建筑基桩检测技术规范》JGJ 106 的要求提出的。

（3）在工程桩水平承载力验收检测中，终止加载条件可按设计要求或规范规定的水平位移允许值控制。

检测数据可按表 15.4-1 的格式记录。

单桩水平静载试验记录表 **表 15.4-1**

<table>
<tr><td colspan="2">工程名称</td><td colspan="4"></td><td colspan="2">桩号</td><td></td><td>日期</td><td></td><td>上下表距</td><td></td></tr>
<tr><td rowspan="2">油压
(MPa)</td><td rowspan="2">荷载
(kN)</td><td rowspan="2">观测时间</td><td rowspan="2">循环数</td><td colspan="2">加载</td><td colspan="2">卸载</td><td colspan="2">水平位移
(mm)</td><td rowspan="2">加载上下
表读数差</td><td rowspan="2">转角</td><td rowspan="2">备注</td></tr>
<tr><td>上表</td><td>下表</td><td>上表</td><td>下表</td><td>加载</td><td>卸载</td></tr>
<tr><td></td><td></td><td></td><td></td><td></td><td></td><td></td><td></td><td></td><td></td><td></td><td></td><td></td></tr>
<tr><td></td><td></td><td></td><td></td><td></td><td></td><td></td><td></td><td></td><td></td><td></td><td></td><td></td></tr>
<tr><td></td><td></td><td></td><td></td><td></td><td></td><td></td><td></td><td></td><td></td><td></td><td></td><td></td></tr>
<tr><td></td><td></td><td></td><td></td><td></td><td></td><td></td><td></td><td></td><td></td><td></td><td></td><td></td></tr>
<tr><td></td><td></td><td></td><td></td><td></td><td></td><td></td><td></td><td></td><td></td><td></td><td></td><td></td></tr>
</table>

检测单位： 校核： 记录：

15.4.4 试验成果整理

15.4.4.1 检测数据整理要求

1. 采用单向多循环加载法时应绘制水平力-时间-作用点位移（H-t-Y_0）关系曲线和水平力-位移梯度（H-$\Delta Y_0/\Delta H$）关系曲线。

2. 采用慢速维持荷载法时应绘制水平力-力作用点位移（H-Y_0）关系曲线、水平力-位移梯度（H-$\Delta Y_0/\Delta H$）关系曲线、力作用点位移-时间对数（Y_0-$\lg t$）关系曲线和水平力-力作用点位移双对数（$\lg H$-$\lg Y_0$）关系曲线。

3. 绘制水平力、水平力作用点水平位移-地基土水平抗力系数的比例系数的关系曲线（H-m、Y_0-m）。

当桩顶自由且水平力作用位置位于地面处时，m 值可按下列公式确定：

$$m=\frac{(\nu_y\cdot H)^{\frac{5}{3}}}{b_0 Y_0^{\frac{5}{3}}(EI)^{\frac{2}{3}}} \tag{15.4.1}$$

$$\alpha=\left(\frac{mb_0}{EI}\right)^{\frac{1}{5}} \tag{15.4.2}$$

式中　m——地基土水平土抗力系数的比例系数（kN/m^4）；

α——桩的水平变形系数（m^{-1}）；

ν_y——桩顶水平位移系数，由式（15.4-2）试算 α，当 $\alpha h\geqslant 4.0$ 时（h 为桩的入土深度），其值为 2.441；

H——作用于地面的水平力（kN）；

Y_0——水平力作用点的水平位移（m）；

EI——桩身抗弯刚度（kN·m^2）；其中 E 为桩身材料弹性模量，I 为桩身换算截面惯性矩；

b_0——桩身计算宽度（m）。对于圆形桩：当桩径 $D\leqslant 1$m 时，$b_0=0.9(1.5D+0.5)$；当桩径 $D>1$m 时，$b_0=0.9(D+1)$。对于矩形桩：当边宽 $B\leqslant 1$m 时，$b_0=1.5B+0.5$；当边宽 $B>1$m 时，$b_0=B+1$。

4. 对埋设有应力或应变测量传感器的试验应绘制下列曲线，并列表给出相应的数据：

（1）各级水平力作用下的桩身弯矩分布图；

（2）水平力-最大弯矩截面钢筋拉应力（H-σ_s）曲线。

15.4.4.2　单桩的水平临界荷载

单桩的水平临界荷载即桩身受拉区混凝土明显退出工作前的最大荷载。对于混凝土长桩或中长桩，在水平荷载作用下，桩侧土体随着荷载的增加，其塑性区自上而下逐渐开展扩大，最大弯矩断面下移，最后形成桩身结构的破坏。此时所测水平临界荷载 H_{cr} 为桩身产生开裂时所对应的水平荷载。因为只有混凝土桩才会产生开裂，所以只有混凝土桩才有临界荷载。

单桩的水平临界荷载可按下列方法综合确定：

1. 取单向多循环加载法时的 H-t-Y_0 曲线或慢速维持荷载法时的 H-Y_0 曲线出现拐点的前一级水平荷载值。

2. 取 H-$\Delta Y_0/\Delta H$ 曲线或 $\lg H$-$\lg Y_0$ 曲线上第一拐点对应的水平荷载值。

3. 取 H-σ_s 曲线第一拐点对应的水平荷载值。

15.4.4.3　单桩的水平极限承载力

单桩的水平极限承载力是对应于桩身折断或桩身钢筋应力达到屈服时的前一级水平荷载。单桩的水平极限承载力可根据下列方法综合确定：

1. 取单向多循环加载法时的 H-t-Y_0 曲线或慢速维持荷载法时的 H-Y_0 曲线产生明显陡降的起始点对应的水平荷载值。如图 15.4-3 所示。

2. 取慢速维持荷载法时的 Y_0-$\lg t$ 曲线尾部出现明显弯曲的前一级水平荷载值。

3. 取 H-$\Delta Y_0/\Delta H$ 曲线或 $\lg H$-$\lg Y_0$ 曲线上第二拐点对应的水平荷载值。

4. 取桩身折断或受拉钢筋屈服时的前一级水平荷载值。

15.4.4.4　单桩水平极限承载力和水平临界荷载统计值的确定

1. 参加统计的试桩结果，当满足其极差不超过平均值的 30%时，取其平均值为统

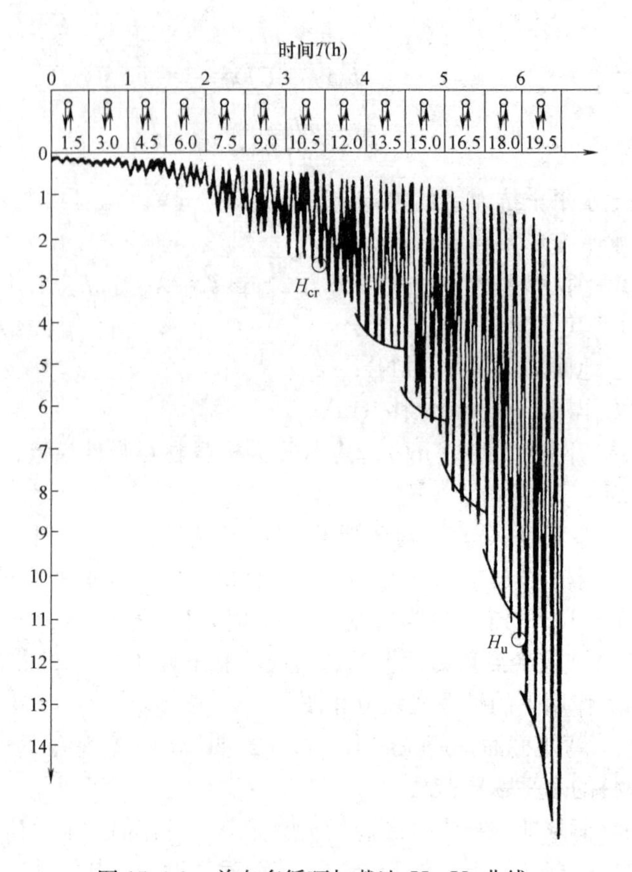

图 15.4-3 单向多循环加载法 H-t-Y_0 曲线

计值。

2. 当极差超过平均值的30%时，应分析极差过大的原因，结合工程具体情况综合确定。必要时可增加试桩数量。

3. 对桩数为3根或3根以下的柱下承台，或工程桩抽检数量小于3根时，应取低值。

15.4.4.5 单位工程同一条件下的单桩水平承载力特征值的确定

1. 当水平承载力按桩身强度控制时，取水平临界荷载统计值为单桩水平承载力特征值；(《建筑基桩检测技术规范》JGJ 106)

2. 当桩受长期水平荷载作用且桩不允许开裂时，取水平临界荷载统计值的0.8倍作为单桩水平承载力的特征值；(《建筑基桩检测技术规范》JGJ 106)

3. 当按设计要求的水平允许位移控制且水平极限承载力不能确定时，取设计要求的水平允许位移所对应的水平荷载，并与水平临界荷载相比较取小值。但应满足有关规范抗裂设计的要求。(《建筑基桩检测技术规范》JGJ 106)

4. 当水平极限承载力能确定时，应按单桩水平极限承载力统计值的一半取值，并与水平临界荷载相比较取小值。

5. 对于钢筋混凝土预制桩、钢桩、桩身正截面配筋率不小于0.65%的灌注桩，可根据静载试验结果取地面处水平位移为10mm（对于水平位移敏感的建筑物取水平位移6mm）所对应的荷载的75%为单桩水平承载力特征值。(《建筑桩基技术规范》JGJ 94—2008)

6. 对于桩身配筋率小于0.65%的灌注桩，可取单桩水平静载试验的临界荷载的75%为单桩水平承载力特征值。(《建筑桩基技术规范》JGJ 94—2008)

单桩水平承载力特征值除与桩的材料强度、截面刚度、入土深度、土质条件、桩顶水平位移允许值有关外，还与桩顶边界条件（嵌固情况和桩顶竖向荷载大小）有关。由于建筑工程的基桩桩顶嵌入承台长度通常较短，其与承台连接的实际约束条件介于固接与铰接之间，这种连接相对于桩顶完全自由时可减少桩顶位移，相对于桩顶完全固接时可降低桩顶约束弯矩并重新分配桩身弯矩。如果桩顶完全固接，水平承载力按位移控制时，是桩顶自由时的2.60倍；对较低配筋率的灌注桩按桩身强度（开裂）控制时，由于桩顶弯矩的增加，水平临界承载力是桩顶自由时的0.83倍。如果考虑桩顶竖向荷载作用，混凝土桩的水平承载力将会产生变化，桩顶荷载是压力，其水平承载力增加，反之减小。

与竖向抗压、抗拔桩不同，混凝土桩在水平荷载作用下的破坏模式一般为弯曲破坏，极限承载力由桩身强度控制。所以，《规范》在确定单桩水平承载力特征值 H_a 时，没有采用按试桩水平极限承载力除以安全系数的方法，而按照桩身强度、开裂或允许位移等控制因素来确定 H_a。不过，也正是因为水平承载桩的承载能力极限状态主要受桩身强度制约，通过试验给出极限承载力和极限弯矩对强度控制设计是非常必要的。抗裂要求不仅涉及桩身强度，也涉及桩的耐久性。《规范》虽允许按设计要求的水平位移确定水平承载力，但根据《混凝土结构设计规范》GB 50010，只有裂缝控制等级为三级的构件，才允许出现裂缝，且桩所处的环境类别至少是二级以上（含二级），裂缝宽度限值为0.2mm。因此，当裂缝控制等级为一、二级时，水平承载力特征值就不应超过水平临界荷载。

15.4.4.6 土抗力参数的比例系数 *m* 值的确定

桩顶自由的单桩水平试验得到的承载力和弯矩仅代表试桩条件的情况，要得到符合实际工程桩嵌固条件的受力特性，需将试桩结果转化，而求得地基土水平抗力系数是实现这一转化的关键。

上述15.4.4条中的地基土水平土抗力系数随深度增长的比例系数 m 值的计算公式仅适用于水平力作用点至试坑地面的桩自由长度为零时的情况。按桩、土相对刚度不同，水平荷载作用下的桩-体系有两种工作状态和破坏机理，一种是“刚性短桩”，因转动或平移而破坏，相当于 $\alpha h<2.5$ 时的情况；另一种是工程中常见的“弹性长桩”，桩身产生挠曲变形，桩下段嵌固于土中不能转动，即本条中 $\alpha h \geqslant 4.0$ 的情况。在 $2.5 \leqslant \alpha h<4.0$ 范围内，称为“有限长度的中长桩”。《建筑桩基技术规范》对中长桩的 ν_y 变化给出了具体数值（见表15.4-2）。因此，在按式（15.4.1）计算 m 值时，应先试算 αh 值，以确定 αh 是否大于或等于4.0，若在2.5～4.0范围以内，应调整 ν_y 值重新计算 m 值（有些行业标准不考虑）。当 $\alpha h<2.5$ 时，式（15.4.1）不适用。

桩顶水平位移系数 ν_y **表15.4-2**

桩的换算埋深 αh	4.0	3.5	3.0	2.8	2.6	2.4
桩顶自由或铰接时的 ν_y 值	2.441	2.502	2.727	2.905	3.163	3.526

注：当 $\alpha h>4.0$ 时取 $\alpha h=4.0$。

试验得到的地基土水平抗力系数的比例系数 m 不是一个常量，而是随地面水平位移及荷载而变化的曲线。考虑到水平荷载-位移关系曲线的非线性且 m 值随荷载或位移增加而减小，有必要给出 H-m 和 Y_0-m 曲线并按以下考虑确定 m 值：

(1) 可按设计给出的实际荷载或桩顶位移确定 m 值；

(2) 设计未做具体规定的，可取 15.4.4.5 条确定的水平承载力特征值对应的 m 值；对低配筋率灌注桩，水平承载力多由桩身强度控制，则应按试验得到的 H-m 曲线取水平临界荷载所对应的 m 值；对于高配筋率混凝土桩或钢桩，水平承载力按允许位移控制时，可按设计要求的水平允许位移选取 m 值。

对于钢筋混凝土预制桩、钢桩、桩身正截面配筋率不小于 0.65%的灌注桩，可根据静载试验结果取地面处水平位移为 10mm 时对应的 m 值，对于桩身正截面配筋率小于 0.65%的灌注桩，可根据静载试验结果取地面处水平位移为 6mm 时对应的 m 值。(《建筑桩基技术规范》JGJ 94—2008 条文说明)

15.4.5 工程实例

15.4.5.1 实例一

1. 试桩及试验场地概况

近年来高强预应力混凝土管桩（以下简称 PHC 管桩）在福建沿海地区被大量推广应用，为了检验 PHC 管桩的水平承载性能，福建省建筑科学研究院在福建沿海城市进行了一些 PHC 管桩的现场水平荷载试验，实例一的三根桩试验在泉州进行。这三根桩的长度均为 25m，桩径均为 400mm，壁厚均为 95mm。试验前各桩均进行基桩低应变动测，对桩身各部位进行完整性检查，这三根桩均为完整桩。

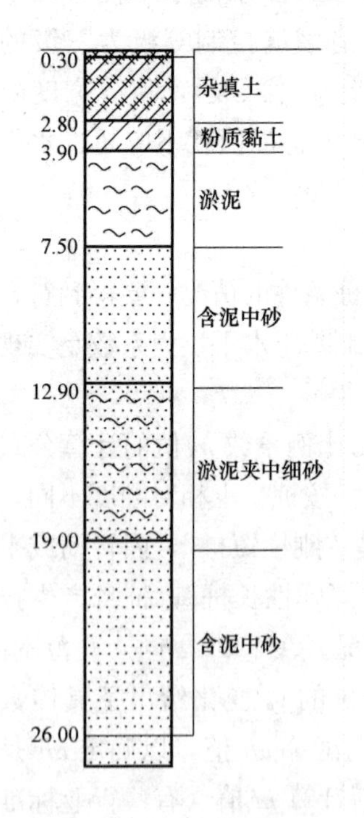

图 15.4-4 试验桩周土层情况

试验场地土层情况自上而下为：

(1) 杂填土：杂色，松散，堆填时间约 5～8 年，厚度 1.40～3.50m；

(2) 粉质黏土：灰黄色，可塑，局部软塑，厚度 0.10～3.20m；

(3) 淤泥：深灰色，流塑，厚度 1.80～9.60m；

(4) 含泥中砂：深灰色，松散～稍密，饱和，含泥量 20%～30%，厚度 0.40～7.20m；

(5) 淤泥夹中细砂：灰黑色，软塑，夹薄层状中细砂，局部为淤泥与中细砂互层，厚度 3.60～12.40m；

(6) 含泥中砂：灰色，上部松散，下部稍密，局部中密，饱和，含泥量 20%～30%，厚度 1.40～3.50m；

(7) 强风化花岗岩：褐黄色，散体结构，岩芯呈砂土状、碎块状，厚度 0.4～7.6m。

试验桩周土层情况见剖面图 15.4-4，各土层的物理力学指标和桩基设计计算参数详见表 15.4-3。

各土层的物理力学指标和桩基设计计算参数　表 15.4-3

土层	天然重度 (kN/m³)	抗剪强度（固快或直剪）		压缩模量 E_s(MPa)	地基土承载力特征值 f_{ak} (kPa)	预制桩		钻孔灌注桩	
		C (kPa)	φ (°)			q_{sik} (kPa)	q_{pk} (kPa)	q_{sik} (kPa)	q_{pk} (kPa)
杂填土	19.0								
粉质黏土	19.2	33.0	10.4	3.22	130	35		30	
淤泥	16.5	15.7	2.7	1.56	45	15		10	
含泥中砂	18.0	17.2	2.6		140	40		35	
淤泥夹中细砂	16.6			1.74	55	17		12	
含泥中砂	18.0				150-170	45	3500	40	
卵砾石	21.0				300	120	8500	120	2600
强风化花岗岩	21.0				500			120	3800
中风化花岗岩					1500				9000

2. 现场试验

在试桩桩顶地坪处施加一等效静态水平力模拟水平地震惯性力，水平力采用高压油泵驱动水平向千斤顶施加。水平位移用大量程百分表（量程 50mm）量测，桩顶相距500mm 安装二个百分表测量转角。

试验采用单向多循环加载法，水平荷载分级施加，每级荷载取预估极限承载力的1/10左右，每级水平荷载循环加卸载 5 次，每次加载后 4min，测读水平位移然后卸载至零，停 2min，测读残余水平位移，如此反复 5 次，再加下一级荷载，直至桩身折断或水平位移超过 40mm，终止试验。由此求得每级荷载每一循环桩在地坪处的水平位移和桩顶转角。

3 根试桩的每级荷载增量均为 20kN，1 号试桩最大试验荷载加至 180kN，2 号试桩最大试验荷载加至 120kN，3 号试桩最大试验荷载加至 140kN，当分级循环加载至最大试验荷载时，桩的位移速率突然增大，同一级荷载的每次循环都使位移量不断增大，同时钢筋已达到流限，相继发生钢筋断裂声，桩周土出现裂缝，桩体逐渐破坏。

根据现场试验记录整理的各试桩水平荷载试验 H-t-Y_0 曲线和 H-$\Delta Y_0/\Delta H$ 曲线如图 15.4-5 和图 15.4-6 所示。

3. 试验结果分析

根据各试桩水平荷载试验 H-t-Y_0 曲线和 H-$\Delta Y_0/\Delta H$ 曲线，按《建筑基桩检测技术规范》JGJ 106—2003 第 6.4.3 条和第 6.4.4 条的判定标准，三根试桩在水平荷载下的性状可归纳如下：

（1）三根试桩水平临界荷载分别为 100kN、60kN、80kN，水平临界荷载对应的位移量均在 10mm 范围内，当水平力超过临界荷载后，在相同的增量荷载条件下，桩的位移增量比前一级明显增大；而且在同一级荷载作用下，桩的位移随着加卸载循环的次数增加而逐渐增大。

（2）三根试桩极限荷载分别为 160kN、100kN、120kN，水平极限荷载对应的位移量均在 40mm 范围内，当分级循环加载大于极限荷载时，桩的位移速率突然增大，同时钢筋已达到流限，桩周土出现裂缝，桩体逐渐破坏。

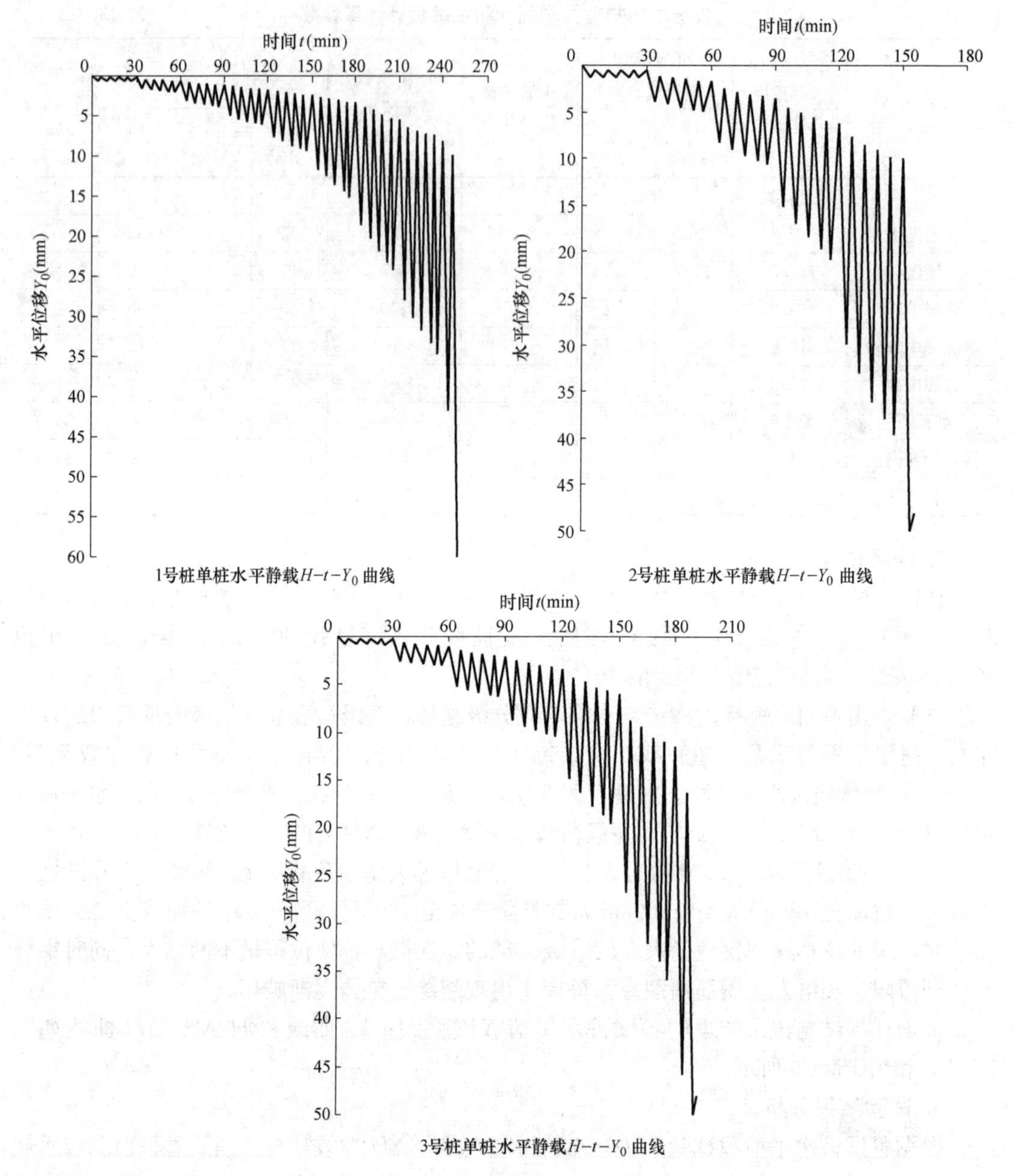

图 15.4-5 试桩水平荷载试验 H-t-Y_0 曲线

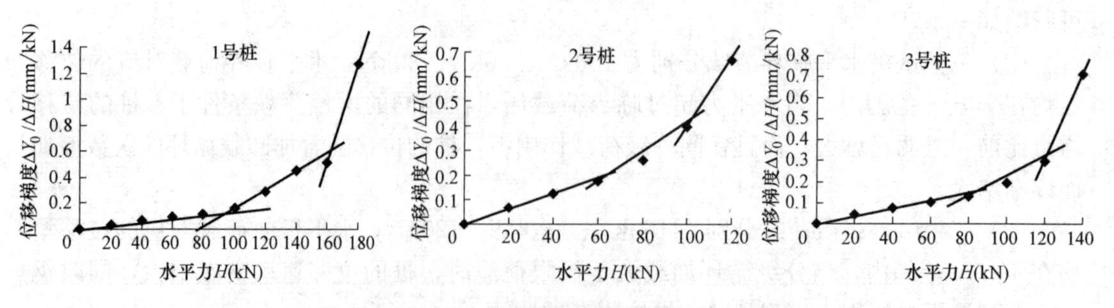

图 15.4-6 试桩水平荷载试验 H-$\Delta Y_0/\Delta H$ 曲线

(3) 三根试桩在水平临界荷载下的桩周土水平抗力系数分别为 $13.6MN/m^4$、$4.7MN/m^4$、$7.7MN/m^4$。

三根试桩水平荷载试验结果汇总见表 15.4-4。

单桩水平荷载试验结果汇总表 **表 15.4-4**

试验桩号	最大试验荷载 (kN)	临界荷载 H_{cr}(kN)	相应水平位移 (mm)	水平抗力系数 m(MN/m^4)	极限荷载 H_u(kN)	相应水平位移 (mm)
1号	180	100	9.33	13.6	160	34.16
2号	120	60	10.49	4.7	100	39.68
3号	140	80	10.59	7.7	120	35.87

为了进一步分析，还可以根据现场试验记录整理各试桩水平荷载试验的 H-m 曲线和 Y_0-m 曲线，如图 15.4-7 和图 15.4-8 所示。

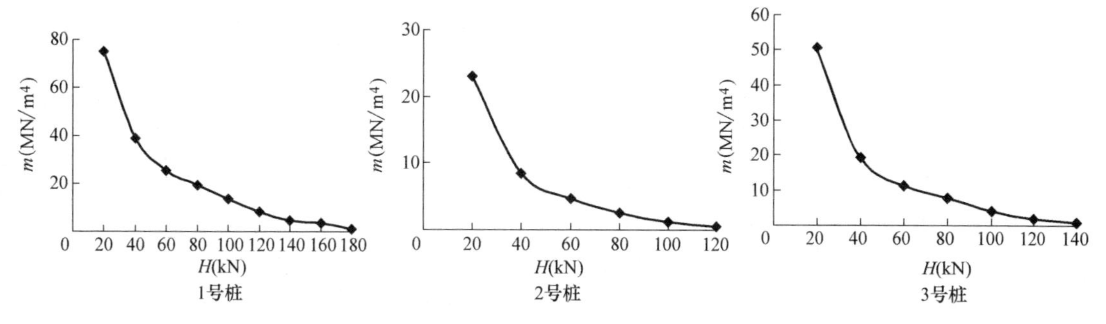

图 15.4-7 试桩水平荷载试验 H-m 曲线

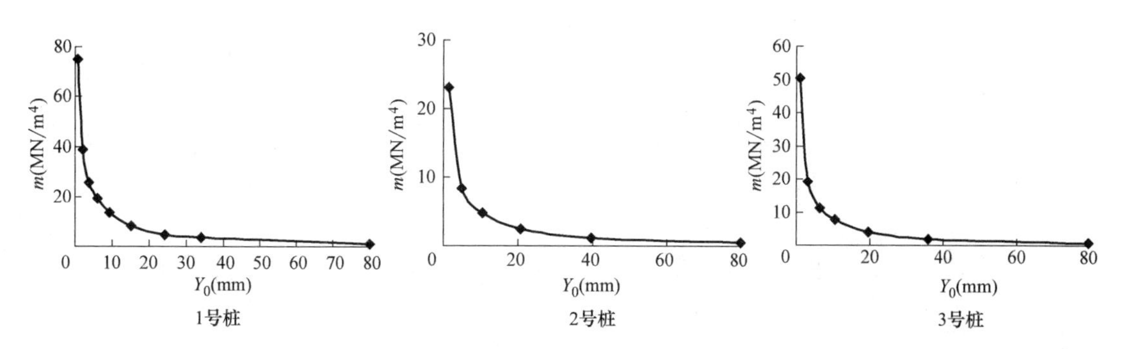

图 15.4-8 试桩水平荷载试验 Y_0-m 曲线

15.4.5.2 实例二

1. 概况

拟建工程位于福州市东郊，试桩现场在该厂西侧菜园地内，主要构筑物有重碱车间、氯化氨车间，煅烧车间、脱碳车间、盐碱仓库、包装车间和烟囱等，基础采用预制钢筋混凝土方桩，进行三组水平静载试验，试验成果作为确认或调整设计方案的依据。预制钢筋混凝土方桩的设计选自 DBJT-08-8-83，桩截面 400×400 和 450×450 两种，桩长约 20m 左右，桩尖持力层为黏土（Ⅱ），桩身混凝土强度等级为 C30 和 C40，打桩设备为 6t 柴油打桩机。试桩有关参数见表 15.4-5，试桩位置平面图见图 15.4-9。

各试桩有关参数 表 15.4-5

项目＼试桩号	第一组		第二组		第三组
	1	2	1	2	
桩长(m)	20.5	20.5	20.5	20.5	20.9
桩截面(mm)	400×400	400×400	450×450	450×450	400×400
桩尖持力层	黏土(Ⅱ)	黏土(Ⅱ)	黏土(Ⅱ)	黏土(Ⅱ)	黏土(Ⅱ)
最终贯入度(cm/击)	10/4	10/4	10/6	10/6	140/32
混凝土强度等级	C30	C30	C40	C40	C30
施工日期(月、日)	8.16	8.16	8.16	8.16	8.16
沉桩日期(月、日)	9.25	9.24	9.24	9.24	9.24
试桩日期(月、日)	10.23	10.23	10.22	10.22	11.23

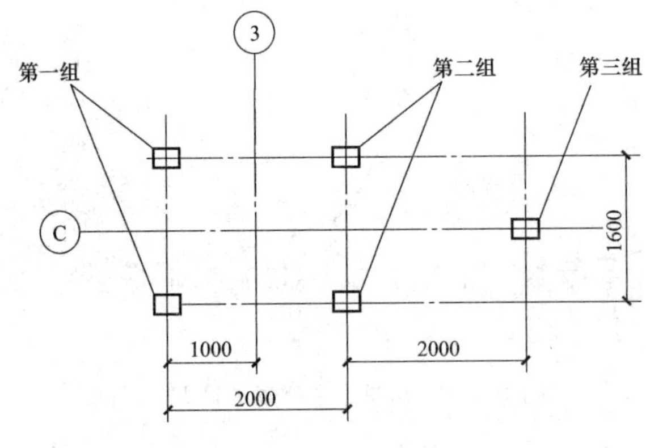

图 15.4-9 试桩位置平面图

2. 地质情况

拟建场地土层分布情况自上而下为：

(1) 杂填土：褐黄、深灰等色，稍密，系坡残积土回填，含少量生活垃圾混杂物，层厚1.00～1.30m；

(2) 耕土：黑灰色，稍密，含瓦砾、贝壳、腐殖物等，层厚0.50～0.60m；

(3) 黏土（Ⅰ）：浅黄、灰绿色，湿，中密，可塑，含云母片，少量铁锰氧化物，层厚0.30～0.80m；

(4) 淤泥：深灰色，饱和，流塑，含腐殖物，烂树木，有机质等，局部夹粉细砂，层厚13.00～18.00m；

(5) 黏土（Ⅱ）：浅灰、灰黑色，湿，可塑-硬可塑，富含铁锰氧化物，层厚6.00～8.00m；

以下为淤泥（Ⅱ）、砂质黏土、含碎卵石轻砂质黏土、强风化花岗岩等。试桩周围土的物理力学指标见表15.4-6。

3. 试验简介

本工程桩基静载荷试验由福建省建筑科学研究院于1988年完成，当时《建筑桩基技术规范》JGJ 94—94尚未颁布，试验参照《工业与民用建筑灌注桩基础设计与施工规程》

桩周土的物理力学指标 表 15.4-6

土 层	砂质黏土	黏土	淤泥
天然含水量 w(%)	20.1	33.6	65.7
天然重度 γ(kN/m^3)	19.9	18.8	16.0
天然孔隙比 e	0.617	0.933	1.771
饱和度 S_r(%)	87.3	98.0	99.0
液限 w_L(%)	28.4	43.6	50.7
塑限 w_p(%)	18.0	23.7	30.5
塑性指数 I_p	10.4	19.3	20.4
液性指数 I_L	0.202	0.497	1.73
内聚力 c(kPa)	12.0	20.0	8.0
内摩擦角 φ(°)	25°10′	13°21′	10°44′
压缩系数 $C_{1\text{-}2}$(MPa)	0.26	0.53	2.12
压缩系数 $C_{2\text{-}3}$(MPa)	0.24	0.47	
压缩模量 $E_{s\,1\text{-}2}$(MPa)	6.05	3.58	1.22
压缩模量 $E_{s\,2\text{-}3}$(MPa)	6.56	3.99	

(JGJ 4—80) 的有关规定进行。第一、二组试验在两根试桩之间安装液压千斤顶相互顶推，第三组试桩则利用第二组的两根试桩作为水平推力的反力。施力作用点与地面重合，在试桩地面处和地面以上 50cm 处安装大量程百分表，测量各试桩在水平推力作用下地面处桩的水平位移和转角。

采用慢速维持荷载法，每级荷载维持时间为 1h，第一、三组荷载增量为 5kN，第二组荷载增量为 8kN，每组试桩在受拉侧和受压侧主筋预埋了电阻应变式钢筋计，第二组试桩的应变计与混凝土保护层表面间距离为 75mm，其余均为 55mm。试桩钢筋计测点的布置及桩周地质柱状图如图 15.4-10～图 15.4-12 所示。

4. 试验资料整理

第一组试桩在水平推力下的位移，转角和钢筋应变实测结果参见表 15.4-7～表 15.4-9。各组试桩应力沿桩身分布见图 15.4-10～图 15.4-12，水平力位移梯度曲线见图 15.4-13～图 15.4-15。

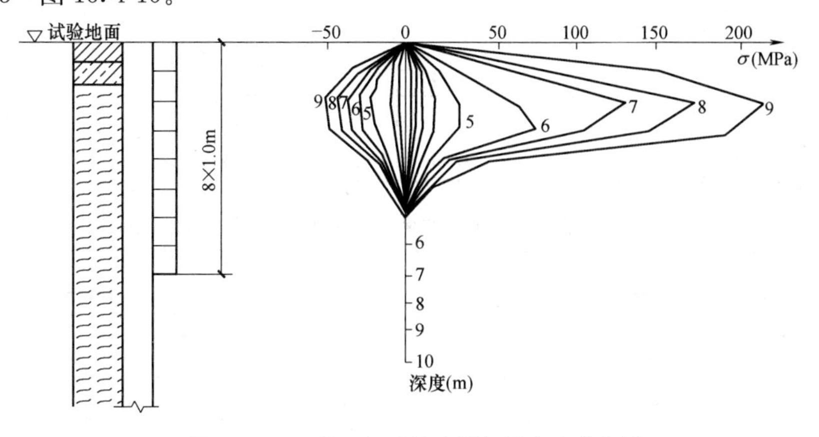

图 15.4-10 第一组试桩实测钢筋应力分布图

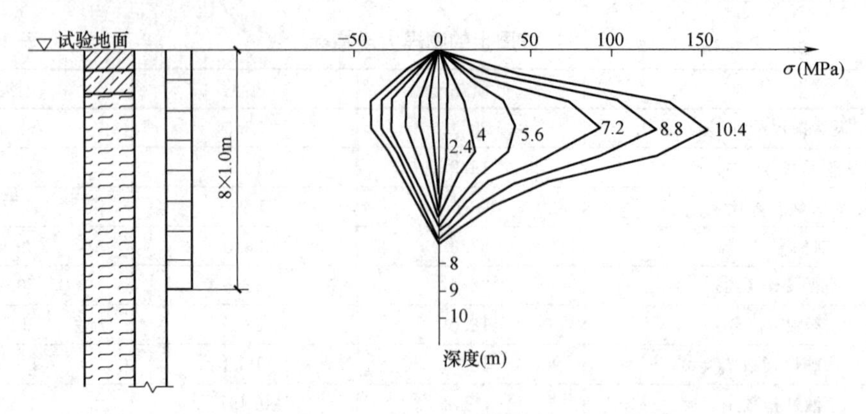

图 15.4-11 第二组试桩实测钢筋应力分布图

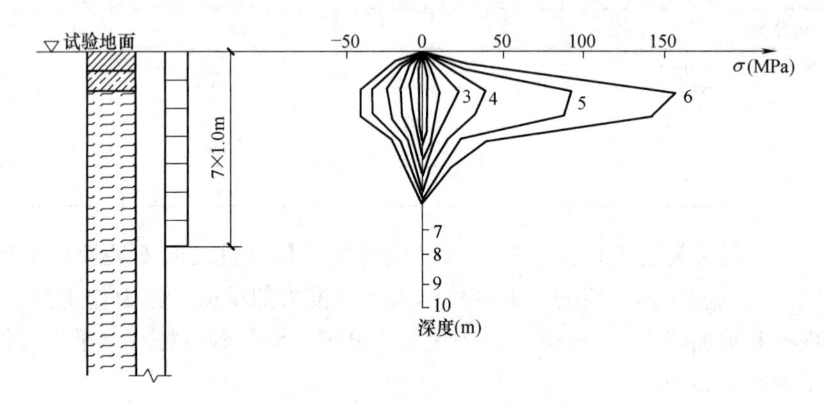

图 15.4-12 第三组试桩实测钢筋应力分布图

第一组试桩地面处位移与转角汇总表 **表 15.4-7**

水平推力(kN)	1号		2号		水平推力(kN)	1号		2号	
	位移(mm)	转角(10^{-3}rad)	位移(mm)	转角(10^{-3}rad)		位移(mm)	转角(10^{-3}rad)	位移(mm)	转角(10^{-3}rad)
10	0.42	0.24	0.38	0.30	45	4.17	2.00	4.69	2.14
15	0.74	0.40	0.68	0.48	50	5.46	2.60	5.78	2.56
20	1.08	0.58	1.02	0.70	55	6.97	3.30	7.21	3.04
25	1.47	0.80	1.52	0.88	60	8.96	4.28	9.14	3.90
30	1.97	1.02	2.08	1.12	70	13.30	6.42	13.88	6.06
35	2.51	1.26	2.75	1.38	80	18.24	8.62	19.88	8.66
40	3.38	1.74	3.50	1.66	90	24.70	11.44	27.90	11.92

第一组1号试桩受拉侧实测钢筋应变值(με) **表 15.4-8**

水平推力(kN)	①	②	③	④	⑤	⑥	⑦	⑧
10	14.3	14.3	11.1	4.9	1	−0.8	−0.4	0.8
15	22.8	24.9	19.3	8.6	3.3	−0.4	−0.4	1.6
20	31.4	35.2	23.4	12.7	4.1	−0.8	−2.9	3.3
25	41.2	46.6	34.4	18.9	6.6	−1.6	−5.4	2.1

续表

水平推力(kN)	①	②	③	④	⑤	⑥	⑦	⑧
30	49.3	58.5	46.7	27.1	9.1	−2.5	−4.1	2.5
35	59.9	74.0	65.1	40.7	14.0	−1.3	−5.4	1.6
40	75.0	95.6	89.7	52.6	18.1	−1.3	−5.4	2.1
45	90.1	124.3	124.5	65.3	23.0	−1.3	−8.3	1.2
50	104.8	163.5	169.2	78.4	26.3	−1.6	−9.5	−4.6
55	125.2	224.4	324.1	89.5	28.8	−2.5	−11.2	−6.2
60	188.4	347.4	417.9	105.1	35.4	−2.5	−12.4	−6.2
70	331.5	713.7	568.3	131.0	43.6	−2.9	−15.3	−8.3
80	518.7	916.8	766.5	176.2	53.5	−2.9	−16.5	−10.4
90	825.8	1152.3	1022.2	269.0	68.3	−3.3	−20.7	−13.7

第一组1号试桩受压侧实测钢筋应变值（με）　　表15.4-9

水平推力(kN)	①	②	③	④	⑤	⑥	⑦	⑧
10	−13.9	−12.7	−9.4	−3.3		0	0	0.4
15	−20.4	−20.0	−15.6	−6.2		0	1.7	0.4
20	−27.3	−30.7	−22.9	−9.9		0.8	1.7	0
25	−34.7	−41.3	−32.8	−15.6		0.8	0	−0.4
30	−40.8	−50.7	−42.2	−20.5		0.8	2.5	0.4
35	−48.9	−63.5	−54.1	−27.1		0.8	4.1	1.2
40	−59.1	−79.3	−68.8	−34.9		0	5.0	2.1
45	−67.7	−94.4	−84.8	−43.1		0	5.8	2.1
50	−77.9	−115.3	−101.6	−52.6		0.8	5.0	3.3
55	−88.1	−133.3	−126.2	−60.0		1.6	5.0	3.7
60	−98.3	−152.5	−145.0	−69.0		0.8	5.8	4.1
70	−115.4	−188.8	−172.9	−80.9		1.6	6.6	5.8
80	−141.5	−224.4	−208.9	−97.7		2.5	8.3	5.2
90	−177.0	−258.3	−247.4	−123.2		2.5	10.7	8.3

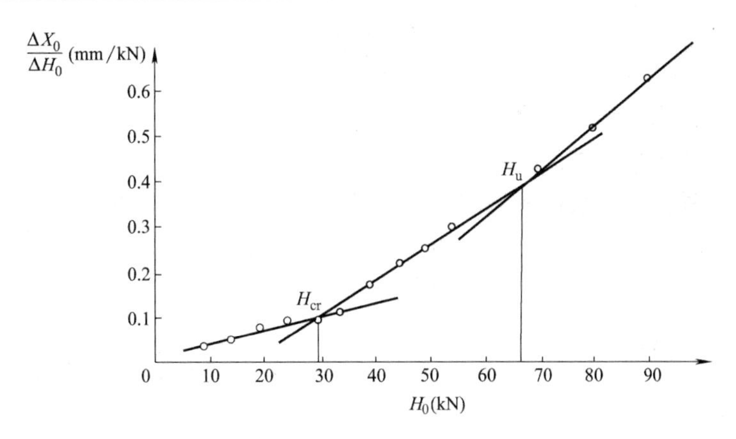

图15.4-13　第一组试桩 H_0-($\Delta X_0/\Delta H_0$) 曲线

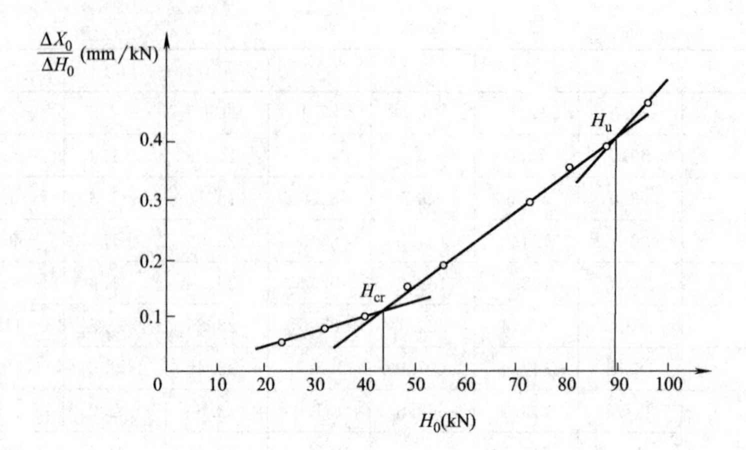

图 15.4-14 第二组试桩 H_0-（$\Delta X_0/\Delta H_0$）曲线

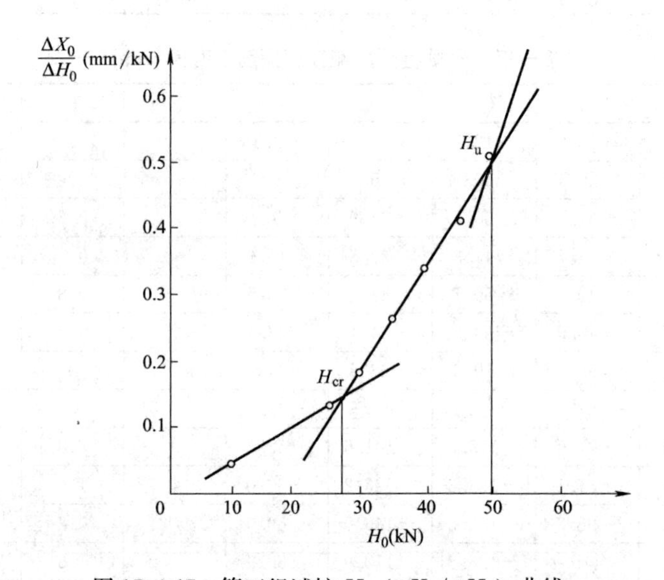

图 15.4-15 第三组试桩 H_0-（$\Delta X_0/\Delta H_0$）曲线

试桩地面以下 2（d+1）米深度内地基水平抗力系数的比例系数 m 按下式计算：

$$m=\frac{(\nu_x \cdot H_{cr})^{\frac{5}{3}}}{b_0 x_{cr}^{\frac{5}{3}}(EI)^{\frac{2}{3}}}$$

式中 H_{cr}——单桩水平临界荷载（kN）；

x_{cr}——单桩水平临界荷载对应的位移；

v_x——桩顶位移系数，本例 $\alpha h>4.0$ 取 $\alpha h=4.0$，v_x 取 2.441。

$$b_0=1.5b+0.5=\begin{cases}1.1\\1.175\end{cases}$$

$$EI=0.85E_cI_0=\begin{cases}0.85\times3.0\times10^4\times1/12\times0.4^4=54.40\\0.85\times3.3\times10^4\times1/12\times0.45^4=95.85\end{cases}$$

5. 试验结果

三组水平试桩试验结果汇总见表 15.4-10。

试验结果汇总表　　表 15.4-10

项目＼试桩号	第一组	第二组	第三组
单桩水平极限荷载 H_u(kN)	67	90	50
单桩水平临界荷载 H_{cr}(kN)	30	44	27
临界荷载下地面处位移 X_{cr}(mm)	1.97	2.63	2.60
最大弯矩面距地面深度(m)	2～3	2～3	1.5～2.5
第一弯矩零点截面距地面深度(m)	6.3	7.5	6.0
地面以下 $2(d+1)$深度内地基土水平抗力系数的比例系数 m(MN/m^4)	26.2	19.7	13.8

15.5 Osterberg 法静载荷试桩技术

15.5.1 概述

传统的静载荷试桩法被世界各地认为是确定单桩承载力最直观、最可靠的方法。然而，长期以来传统静载荷试验装置一直停留在压重平台或者锚桩反力架之类的形式，试验工作费时、费力、费钱；另外，对于水上试桩、坡地试桩、基坑底试桩、狭窄场地等场地受限制以及大吨位的情况，传统静载荷试验相当困难甚至无法完成。Osterberg 法是基桩承载力试验的一种新方法，它利用上部桩极限侧摩阻力及自重与下部桩极限侧摩阻力及极限端阻力相平衡来维持加载，摒弃了传统笨重的反力装置，具有试验周期短、材料省、综合费用低等优点，特别是在场地条件、加载吨位受限制的情况下，具有其独特的优势。

早在 1969 年，日本的中山（Nakayama）和藤关（Fujiseki）就提出用桩侧阻力作为桩端阻力的反力测试桩承载力的概念，称为桩端加载试桩法。80 年代中期，类似的技术也为 Osterberg 和 Cernac 等人所发展，其中 Osterberg 将此技术用于工程实践，并推广到世界各地，所以一般称这种方法为 Osterberg 法，称其试验为 Osterberg-Cell 载荷试验（简称 O-Cell 载荷试验)。该法是在桩端埋设荷载箱（O-Cell 盒），然后沿桩身垂直方向加载，即可求得桩极限承载力。

至今，美国 Loadtest 国际有限公司在 32 个国家和地区做了近千例工程，2005 年，韩国某工程最大试验荷载为 27900t，为已知的国外最大试验荷载。

15.5.2 测试原理

根据 30 多个国家 20 多年的应用经验，Osterberg-Cell 载荷试验可应用于钻孔灌注桩、人工挖孔桩、预制桩和嵌岩灌注桩等桩型中。除了可将荷载箱放置于桩的底部以外，还可放置于桩身中部若干不同的部位，工程中常用的荷载箱位置如图 15.5-1 所示。

图（*a*）是一般常用的位置，即当桩身成孔清孔后，先在孔底稍作注浆或用少量混凝土找平，即放置荷载箱。它适用于桩侧阻力与桩端阻力大致相等的情况，或端阻力大于侧阻力而试桩目的在于测定侧阻极限值的情况。

图（*b*）将荷载箱放在桩身中部某一位置，此时，如定位恰当，则当荷载箱以下的桩

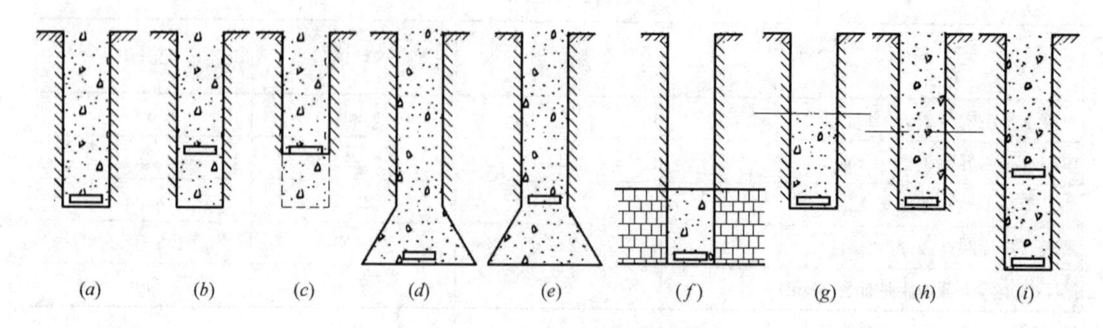

图 15.5-1 荷载箱放置位置示意图

侧阻力加桩端阻力之和达到极限时，荷载箱以上的桩侧阻力亦达到极限值，将二者相加便可得到桩的总承载力极限值。

图（*c*）为钻孔桩抗拔试验的情况。由于抗拔桩需测出整个桩身的侧阻力，故荷载箱必须设在桩端，而桩端处无法提供需要的反力，故将该桩钻深，使加长部分桩侧阻力及桩端阻力能够提供所需的反力。

图（*d*）为挖孔扩底桩抗拔试验的情况，当抗拔桩为挖孔扩底桩时，将荷载箱设在扩大头底部进行抗拔试验。

图（*e*）当预估桩端阻力小于桩侧阻力而要求测定桩侧阻力极限值时，可将桩底扩大，将荷载箱放在扩大头的面上。

图（*f*）适用于测定嵌岩桩嵌岩段的侧阻力（亦称嵌固力）与桩端阻力之和。所得结果不至于与覆盖土层的侧阻力相混。如仍需测定覆盖土层的极限侧阻力，则可在嵌岩段试验后再灌注桩身上段的混凝土，待混凝土达到足够强度再进行一次试桩。

图（*g*）当有效桩顶标高处于地面以下一定距离时（例如高层建筑有地下室的情况），输压管道及量测器件均可自桩顶往上伸出至地面。

图（*h*）若需测定两个土层的侧阻极限值时，可先将混凝土灌至下层土的顶面进行测试而获得下层土的数据，然后再将混凝土灌至桩顶，再进行测试，便可获得桩身全长的侧阻极限值。

图（*i*）采用两只荷载箱，一只放在桩底，另一只放在桩身中部某一部位，便可测出桩身上段的极限侧阻力、下段的极限侧阻力以及极限端阻力。

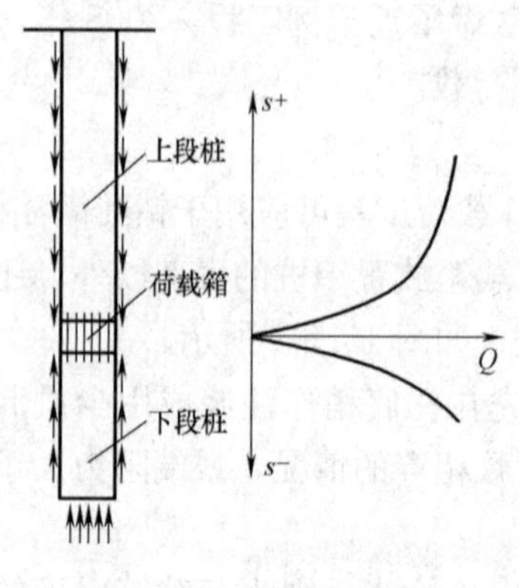

图 15.5-2 试验示意图

待将荷载箱埋设好，然后由荷载箱施压沿垂直方向加载，即可同时测得荷载箱上、下部各自承载力以及相应的位移，如图 15.5-2 所示。

15.5.3 试验加载装置及方式

Osterberg-Cell 载荷试验的主要装置是一种经特别设计可用于加载的荷载箱。它主要由活塞、顶板、底板及箱壁四部分组成。顶、底板的外径略小于桩的外径，在顶、底板上布置位移棒。对于灌注桩，将荷载箱与钢筋笼焊接成一体放入桩孔后，即可浇捣混凝土成桩。

在美国，目前单个荷载箱具有从76.5t至5100t的能力，在同一水平面并联使用多个荷载箱时，最大试验荷载可以做到超过30600t，也可以根据需要在不同断面设置荷载箱。2006年，美国阿米莉亚尔哈特里尔桥利用三个4080t的荷载箱最大试验荷载达到18156t。

荷载箱中的压力可用压力表测得；荷载箱的向上、向下位移可用位移传感器测得；当需要测试桩身内力时可布设钢筋计，并由桩身内力推算各土层的抗压或抗拔侧摩阻力，常用的钢筋计有钢弦式和应变式两种。根据读数绘出相应的“向上的力与位移图”及“向下的力与位移图”，然后根据向上、向下 Q-s 曲线判断桩承载力、桩基沉降、桩弹性压缩和岩土塑性变形等。

Osterberg-Cell载荷试验示意图如图15.5-3所示。

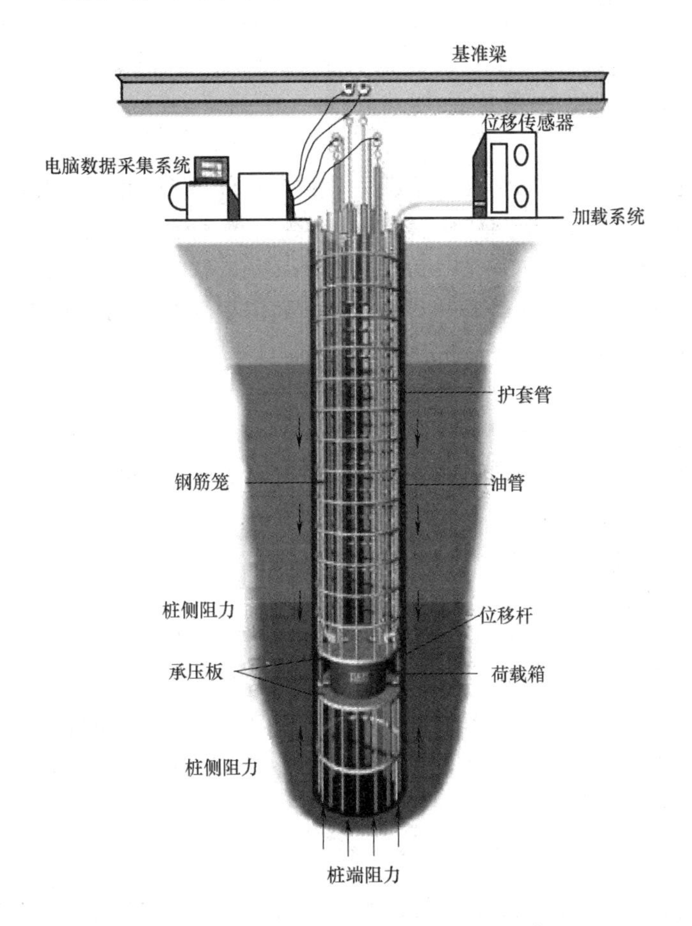

图15.5-3 Osterberg-Cell载荷试验示意图

15.5.4 试验方法

试验方法和传统静载试验一样，一般采用慢速维持荷载法，也可根据实际工程特征，采用多循环加、卸载法或快速维持荷载法等，具体采用哪种加载方式应视设计要求而定。试验的荷载分级、相对稳定标准、位移观测、终止加载条件等与传统试验方法相同，具体可参照工程所在地国家相关部门的规范规定。试验中应测读在各级荷载作用下，荷载箱顶板的向上位移 $s_{上}$ 和荷载箱底板的向下位移 $s_{下}$，需要时，也可测读桩顶的向上位移 s_{T}。

15.5.5 试验成果整理

根据单桩竖向静载荷试验记录，一般应绘制 $Q_{上}$-$s_{上}$，$Q_{下}$-$s_{下}$，$s_{上}$-lg$t$，$s_{下}$-lg$t$，$s_{上}$-lg$Q_{上}$，$s_{下}$-lg$Q_{下}$ 曲线。对于重要工程，应将测试结果由向上、向下两个方向的荷载-位移曲线，转换为传统静载桩只有向下的荷载-位移曲线，一般由等效转换曲线来确定承载力。

当进行桩身应力、应变测定时，应整理出有关数据的记录表和绘制桩身轴力分布、侧阻力分布，桩顶-沉降、桩端-沉降关系曲线图等。

15.5.6 单桩竖向极限承载力

1. 单桩竖向极限承载力确定

目前国外对Osterberg法如何由测试值得出抗压桩承载力的方法也不相同。有些国家将上、下两段实测值相叠加而得抗压极限承载力，这样偏于安全、保守。有些国家将上段桩摩阻力乘以大于1的系数再与下段桩叠加而得到抗压极限承载力。

确定单桩极限承载力，一般应绘制 $Q_{上}$-$s_{上}$，$Q_{下}$-$s_{下}$，$s_{上}$-lg$t$，$s_{下}$-lg$t$，$s_{上}$-lg$Q_{上}$，$s_{下}$-lg$Q_{下}$ 等曲线。

根据位移荷载的变化特征确定极限承载力，对于陡降型 Q-s 取 Q-s 曲线发生明显陡降的起始点；当 s-lg$t$ 尾部有明显弯曲时，取其前一级荷载为极限荷载；对于缓变形 Q-s 曲线，按位移确定极限值，极限侧阻 $Q_{上}$ 取 $s_{上}$＝40～60mm 对应的荷载，极限端阻 $Q_{下}$ 取 $s_{下}$＝40～60mm 对应的荷载。分别求出上、下段桩的极限承载力 $Q_{上}$ 和 $Q_{下}$ 后，并考虑荷载箱上段桩自重影响，得出单桩竖向抗压极限承载力：

$$Q=\frac{Q_{上}-W}{\gamma}+Q_{下} \tag{15.5.1}$$

式中 γ——修正系数（单桩在桩底受托时的负摩阻力与单桩在桩顶受压时的正摩阻力的比值），砂土取0.7，黏性土取0.8；

W——荷载箱上部桩的自重。

2. 转换为传统静载 Q-s 曲线

传统静载桩［图15.5-4（a）］在荷载传递、桩土作用机理上与单桩的实际受荷情况基本一致，桩顶受轴向荷载 Q，桩顶荷载由桩侧摩阻力和桩端阻力共同承担，桩侧阻力是由上而下发挥并传至桩端荷载，这与由桩底向桩顶发展的桩侧阻力的破坏规律略有区别。

传统的抗拔桩如图15.5-4（b）所示的受力机理，即桩顶拉拔力仅由负摩阻力与桩自重平衡（地下水位下按浮重度计算）。

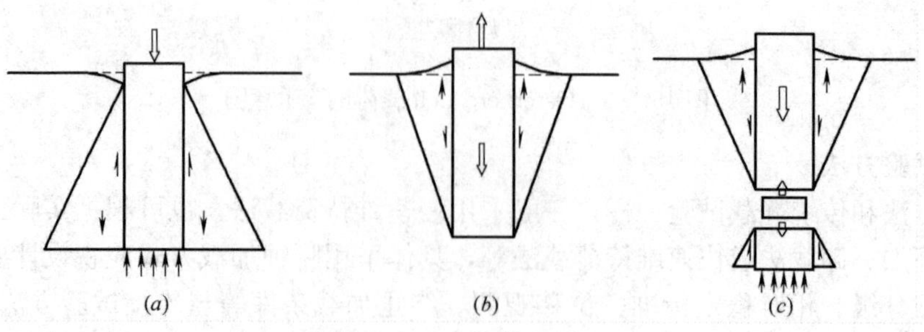

图15.5-4 荷载传递简图

（a）受压桩；（b）抗拔桩；（c）O-Cell 桩

Osterberg-Cell 载荷试验与纯粹的受压桩、抗拔桩试验时的受力机理不同［图 15.5-4 (c)］，它由一对大小相同、方向相反的荷载（$Q_{上}=Q_{下}$）施加于平衡点的下段桩顶和上段桩底，其荷载传递分上、下段桩分析。下段桩与受压桩受力基本一致；而上段桩桩底的托力由桩侧负摩阻力与桩自重来平衡。虽类似于抗拔桩，但由于上托力作用点在上段桩桩底，其桩侧负摩阻力的分布是不相同的。

将测试的向上、向下 Q-s 曲线转换为与传统静载试验等效的桩顶 Q-s 曲线如图 15.5-5 所示。目前，国内外转换 Q-s 曲线的方法有三种：（1）根据向上向下荷载相同的原则拟合；（2）根据向上向下位移相同的原则拟合；（3）根据向上向下位移相同并考虑桩身压缩的原则拟合。

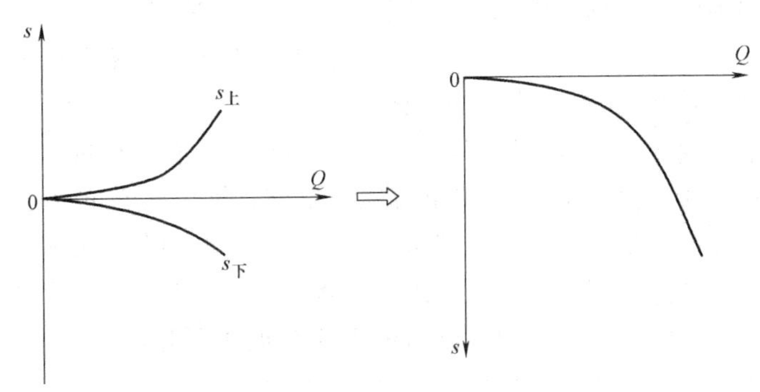

图 15.5-5 试桩 Q-s 曲线的转换

由于测得的向上位移和向下位移不一定刚好一致，在等效转换时，Osterberg 法利用双曲线函数模型外推至上下位移一致。

15.5.7 Osterberg 法的局限性及若干技术问题

对于传统静载试验方法相当困难或无法完成的水上试桩、坡地试桩、基坑底试桩，以及吨位较大或场地受限制的情况，Osterberg 法具有其独特的优势。但是作为还在发展中的测试手段，还有一些问题有待于进一步的研究。

（1）由于荷载箱要预埋，故不能用于随机抽样进行试桩。

（2）试验的成功跟“平衡点”的选取有很大的关系，而平衡点的选取要求工程技术人员经验很丰富。

（3）桩身承受的试验荷载只有设计极限承载力的一半值，无法检验到极限承载力作用下的桩身强度等情况。

（4）目前，针对上托力与下压力的关系（修正系数 γ）的试验研究不够丰富，主要还是参考抗拔系数 λ（单桩在桩顶抗拔时的负摩阻力与受压时的正摩阻力的比值，它受地基土的种类、饱和度、加载速度和其他边界条件影响的，《建筑桩基技术规范》JGJ 94—2008 建议在砂土中 λ 值取 0.5～0.7，黏性土取 0.7～0.8），而两者在受力机理上是不同的，因此，γ 取值不应直接套用 λ 取值。另外，在确定极限承载力时，γ 值的单因素敏感程度较大，极限荷载越大，影响越大，因此，γ 值也应根据荷载大小进行调整。总之，还需要进行大量不同地区的试验研究，以确定 γ 值与荷载大小的关系，积累地区经验。

（5）试桩后，在荷载箱处形成不连续面，可以通过注浆进行加强处理，注浆后一般能将不连续面充盈，甚至形成扩径，因此，当荷载箱埋设比较深时，加强处理后的试验桩对竖向承载力影响较小，对水平承载力影响也不大。但是对于多荷载箱时，因为部分荷载箱埋设较浅，基桩使用荷载较大，浅部荷载箱处桩身所受轴力较大，因此对注浆补强的强度要求较高，对注浆工艺的要求比较高，才能确保桩身强度满足使用要求。

15.5.8 国内应用情况

在国内，清华大学水利水电工程系李广信教授等在1993年首先将此方法介绍到国内，并在以后几年指导博士和硕士做了大量的理论研究和模型试验，但缺乏现场试验的研究。史佩栋从1996年来相继介绍了该方法在国外的应用和发展情况。但是该技术在国外属专利产品，相关技术资料报道较少。

东南大学土木工程学院龚维明教授等经过努力于1996年率先开始应用该法，称之为自平衡法，并获两项国家专利，于1999年制定江苏省地方标准《桩承载力自平衡测试技术规程》DB32/T 291—1999，2009年修订为《基桩自平衡法静载试验技术规程》DGJ32/T J77—2009，交通运输部标准《基桩静载试验自平衡法》JT/T 738—2009也于2009年颁布实施。近年来，全国二十多个省市均编制了地方标准，行业标准《建筑基桩自平衡静载试验技术规格》已编制完成，即将颁布实施。目前，该方法在北京、上海、天津、重庆、广东、广西、江苏、浙江、江西、安徽、福建、河南、河北、云南、贵州、四川、辽宁、吉林、黑龙江、湖南、湖北、山西、山东、青海、新疆等二十多个省市，以及越南等国家上千例工程中得到应用。在国内，试验最大荷载近4万吨，最大桩径达8m，最大桩长136m。

参考文献

[1] 龚一鸣等. “Experimental research on end bearing capacity of bored and drilled piles”, Deep Foundation on Bored and Auger Piles, Van Impe. 1988. Balkema, Rotterdam, ISBM 9061918146.

[2] 胡人礼. 桥墩桩基分析和设计. 北京：中国铁道出版社，1987.

[3] 汤姆林森. 桩基的设计与施工. 北京：人民交通出版社，1984.

[4] E. De. Beer, “Different behavior of bored and drilled piles”, Deep Foundation on Bored and Auger Piles, Van Impe, 1988, Balkema, Rotterdam, ISBM 9061918146.

[5] Masami Fukouka, “Large cast-in-place piles in Japan”, Deep Foundation on Bored and Auger Piles, Van Impe, 1988, Balkema, Rotterdam, ISBM 9061918146.

[6] G. G. Meyerhof Some probrem in predicting behavior of bored pile foundation. Deep Foundation on Bored and Auger Piles. Van Impe, 1988, Balkema, Rotterdam, ISBM 9061918146.

[7] 中华人民共和国国家标准. 建筑地基基础设计规范 GB 50007—2011.

[8] 中华人民共和国行业标准. 建筑桩基技术规范 JGJ 94—2008.

[9] 中华人民共和国行业标准. 建筑桩基检测技术规范 JGJ 106—2014.

[10] 中华人民共和国行业标准. 港口工程桩基规范 JTJ 167-4—2012.

[11] 中华人民共和国行业标准. 港口工程基桩静载荷试验规程 JTJ 255—2002.

[12] ASTM D1143/D1143M—07. Standard Test Methods for Deep Foundations Under Static Axial Compressive Load.

[13] ASTM D3966—07. Standard Test Methods for Deep Foundations Under Lateral Load.

[14] Jori Osterberg. New device for load testing driven piles and drilled shaft separates friction and end bearing. Piling and Deep Foundations. 1989, 421～427.

[15] Osterberg, J. O. The Osterberg Load Test Method for Bored and DrivenPiles-The First Ten Years.

Presented at 7th International Conference &Exhibition on Piling and Deep Foundations，Deep Foundations Institute，Vienna，Austria，June 1998.

[16] 罗骐先. 桩基工程检测手册. 北京：人民交通出版社，2002.

[17] 中华人民共和国行业标准. 基桩静载试验自平衡法 JT/T 738—2009，北京：人民交通出版社，2009.

第16章　桩基抗震设计与计算

潘凯云　罗强军　高国家
（云南怡成建筑设计有限公司）

16.1　桩基对建筑抗震的有利作用及震害分析

当前，桩基的抗震设计还没有形成系统的理论和方法。而通过震害调查，分析地震发生时各类建筑结构在地震中的表现和震害，并研究其原因，是推动抗震设计理论发展进步的重要手段，是理论研究和抗震设计的基础；特别是当计算手段还不够完善时，是进行概念设计和采取构造措施的重要依据。

本节依据相关文献的调查分析，具体的案例和统计不再重复，可参阅相关文献。

16.1.1　桩基对建筑抗震的有利作用

我国唐山、海城震害调查成果和日本多次地震震害调查成果表明，在相同场地条件下，采用桩基的建筑在地震中的表现均优于其他类型的基础，具有良好的抗震性能：

1. 采用桩基的建筑，桩基自身的震害很轻。例如，唐山地震时，处于8度震害的天津，桩基破坏仅有3%，轻微震害占7%，其余均完好。

2. 在唐山、海城地震中，绝大多数没有抗震设防的建筑，在非液化地基和液化地基上采用桩基的建筑在震害烈度7～9度地区震后沉降都很小，表明按垂直荷载设计的桩基建筑具有很好的抗震性能。还有的文献调查表明，在同一场地，震害烈度8度，天然地基上的混凝土条形基础的附加沉降是采用桩基的10倍。

3. 在同一场地，采用桩基的建筑，上部结构震害较轻。

4. 桩基在水平场地上的震害比倾斜场地和岸边场地要轻。

以上的震害调查成果表明，采用桩基的建筑，在大震中的表现较好，桩基是一种很好的建筑抗震措施。

16.1.2　桩基震害分析

1. 在地震作用下产生滑坡、挡墙后填土失稳、液化、软土震陷、地面堆载等土体变形，由于场地的失稳破坏产生建筑的破坏。

2. 承台之间的系梁开裂、系梁被拉断；按当前桩与承台连接方式抗拔与嵌固不足，使钢筋被拔出，桩与承台脱离，并使承台混凝土破坏。

3. 非液化地基中桩的破坏

地震对桩的作用是上部结构传至桩顶的地震力和土层运动的复合作用。对于嵌固在承台中的桩，地震作用在桩顶的水平力产生的桩身弯矩和剪力在桩顶处最大；而土层运动产生的桩身内力是在土层刚度变化处即软硬土层交接处为最大。这一震害机理在旧金山和日本阪神地震实录和数值分析得到证实，其剪力和弯矩甚至达到桩顶的量级。

1）钢筋混凝土桩。在非液化地基中在受力最大的桩头部位及桩与承台的连接处由于混凝土强度不足或配筋不足产生剪压或弯曲破坏；空心桩由于桩头处后填的混凝土压坏后楔入桩头内，产生纵向裂缝；预应力桩在顶部300mm左右预应力不足，抗弯能力不够而产生破坏。

2）软硬土界面处的弯矩、剪力过大产生桩身破坏。虽然震害实录和理论分析均证实了这一震害产生的原理，但目前我们所采用的计算桩在水平地震作用下桩身内力的m法或常数法，均以土层分布为均匀的假定，仅考虑了桩顶水平力，没有考虑土层运动的影响，不能反映软硬土界面处桩身弯矩和剪力的突变，因此是不安全的。但数值计算的有限元方法由于工程地质的参数和计算的复杂性，还不能在工程设计中推广，因此需要通过概念设计和采取构造措施对于这种条件下桩的安全性给予保证。这种情况同样适用于液化地基中的桩。

3）软土在地震中摩擦力下降，桩轴向承载力不足而震陷。在1985年墨西哥城地震时，采用桩基的15层建筑，由于软土中桩侧摩阻力下降，桩竖向承载力不足产生3～4m的震陷。

4）桩基附近的地面荷载、土坡、挡墙等在地震下土体失稳，波及桩基，使桩身受到侧向挤压，弯矩、剪力增大而破坏。

4. 液化但无侧向扩展土中桩基的震害

1）液化震陷

液化场地上地震时建筑周围常有喷砂、冒水，采用桩基的建筑本身没有水平位移，桩基的承台常相对上升而液化土则下沉，形成承台与土脱空。如果建筑物荷载在平面分布上不均匀，或者液化土层性质或厚度不均匀，可能在震后产生相当大的不均匀沉陷。当荷载分布均匀且液化土层厚度和性质也比较均匀时，建筑物一般不会有大的不均匀沉陷。

2）桩身在液化层界面附近处断裂。其原因是地震时土层运动在液化层界面处相对剪切位移很大，使桩身在该处受到很大的剪、弯作用而破坏，这一现象与前述软土中的情况相同。

3）桩基失效

由于桩长不足未伸入液化层以下稳定土层足够深度，甚至悬在液化层中。地震发生时，桩基因竖向承载力不足而失效，整个建筑下沉或倾斜。1964年，日本新泻地震有不少此类震害，唐山地震时还出现在同一建筑中长短桩共用，短桩液化失效而沉陷，将长桩拉偏折断。

4）地面荷载使液化地基失稳，土体侧移挤压相邻桩身使桩折断。例如，唐山地震时，天津钢厂的钢锭堆场的粉砂、粉土液化，钢锭下沉，液化土挤出，造成旁边建筑的桩身折断。

5. 有液化扩展时桩基震害

当地震发生时土层液化并产生侧向流动，推力造成桩基破坏，这种情况桩的损坏远比无侧向扩展时严重。

1）因承受不住流动土体产生的巨大弯矩和剪力，桩身在液化层底和液化层中部剪切破坏或弯曲破坏。

2）桩头与承台的连接破坏形成铰。

3）上部结构因桩身折断而产生不均匀沉降。

4）高层建筑因重心的水平位移而产生较大的附加弯矩，使一侧的桩产生拉力，另一侧出现压弯塑性铰。

5）建筑整体有较大水平位移。

6. 综合分析

1）桩基具有很好的抗震性能，采用桩基可以提高建筑整体的抗震能力，因此在抗震设防区特别是高烈度抗震设防区，应尽可能采用桩基。

2）虽然桩基具有很好的抗震性能，但如果设计不当，震害也是严重的，因此桩基的抗震设计非常必要，应给予重视。

3）当前桩顶与承台的连接采用桩顶埋入承台50～100mm，主筋按抗拉要求伸入承台，虽不能完全视为固接，但桩顶实际的剪力和弯曲力矩很大，因此抗震设计中桩顶的抗拉、弯、剪的能力应得到保证。

4）应充分发挥承台周围填土分担水平地震作用和限制基础转动的能力，因此承台周围回填土的压实系数不应小于0.94，必要时应以级配砂石或灰土代替过湿的黏性土或软土。

5）当桩用于相邻土层刚度相差很大的软土或液化土地基时，如前所述，水平地震作用下桩身内力分析的 m 法和常数法仅适用于分析均质土或刚度相差不大的工程地质条件的桩，遇上述情况一般采取构造措施满足桩的抗震性能。但如果是高烈度设防区的甲、乙类重要建筑和超限的高层建筑，建议采用地震时程反应分析的有限元法复核桩身内力。

16.2 水平和竖向地震作用

桩基抗震设计与计算，首先应确定由建筑结构上部传至桩顶的水平和竖向地震作用。

16.2.1 水平地震作用计算及影响因素

按现行《建筑抗震设计规范》GB 50011—2010（以下简称《建筑抗震设计规范》）对各类不同的建筑结构进行抗震计算，可采用底部剪力法或振型分解反应谱法，必要时采用时程分析法进行补充计算。

桩基抗震计算时应核对上部建筑结构抗震计算所采用的设计地震动参数和场地条件是否正确，影响水平地震作用的因素考虑得是否恰当。

影响水平地震作用的因素：

1. 建筑的重力荷载代表值

地震作用分析的基本原理是基于惯性力原理 $F=ma$，因此重力荷载代表值直接影响水平地震作用计算是否合理。《建筑抗震设计规范》规定：重力荷载代表值应取结构和构配件自重标准值和各可变荷载组合值之和。各可变荷载的组合值系数按《建筑抗震设计规范》表5.1.3采用。

2. 设计基本地震加速度及对应的抗震设防烈度和设计地震分组。

一般情况按《建筑抗震设计规范》附录A确定设计基本加速度、抗震设防烈度和设计地震分组。已编制抗震设防区划的城市和进行过场地地震安全性评价的地区，应按批准的设计地震动参数取用。

3. 地震影响系数

我国现行《建筑抗震设计规范》是基于弹性反应谱理论，所采用的设计反应谱形式就是地震影响系数曲线，以该曲线中段为例，其数学表达式为：

$$\alpha=(T_g/T)^{\gamma}\eta_2\alpha_{max} \tag{16.2.1}$$

式中 α——地震影响系数；

α_{max}——地震影响系数最大值；

T_g——场地设计特征周期；

T——结构自振周期；

γ——衰减指数；

η_2——阻尼调整系数。

与上式有关的参数概述如下：

1）场地类别

这里要区分地基土分类与场地类别的不同。地基土类别是浅层土按其刚度划分的类别，而场地类别反映了不同场地的动力效应，对不同的建筑结构的影响存在较大的差异，这是建筑结构抗震设计的重要因素。

影响场地类别的因素为土层等效剪切波速和场地覆盖层厚度。场地类别的确定，应在建筑结构设计工作开展前，由岩土工程勘察单位现场实测后，按《建筑抗震设计规范》确定。我国规范规定，场地类别分为$Ⅰ_0$、$Ⅰ_1$、Ⅱ、Ⅲ、Ⅳ五类。

2）设计特征周期 T_g

大量的实际震害和抗震分析的反应谱理论均表明，场地的周期特性对建筑结构的地震反应、水平地震作用有重要影响。在《建筑抗震设计规范》中，具体表现在设计特征周期 T_g 影响到反应谱曲线，即地震影响系数曲线的位置和形状。

设计特征周期与场地类别有关，还与设计地震分组即震中距有关。当场地类别和设计地震分组确定后，按《建筑抗震设计规范》表 5.1.4-2 特征周期值确定。

由以上分析可知，地震影响系数是根据抗震设防烈度、设计基本地震加速度、设计地震分组、场地类别和建筑结构的自振周期及阻尼比确定（其中，自振周期应取合理的折减系数）。

16.2.2 竖向地震作用计算

我国现行《建筑抗震设计规范》对竖向地震作用采用简化方法确定，对高层建筑和高烈度地区，竖向地震作用的表达式为：

$$F_{Evk}=\alpha_{Vmax}G_{eq} \tag{16.2.2}$$

式中 α_{Vmax}——竖向地震影响系数最大值，取水平地震影响系数最大值的65%；

G_{eq}——结构等效总重力荷载，取重力荷载代表值的75%。

同时，《建筑抗震设计规范》还对大跨度结构和长悬臂结构的竖向地震作用给出了规定。

桩基抗震计算应了解和确认传至桩顶的水平和竖向地震作用所采用的地震动参数及影响水平和竖向地震作用的各种因素是否合理和正确。

16.3 桩基抗震设计的一般原则

16.3.1 桩基选型

1. 宜优先采用钢筋混凝土预制桩或预应力钢筋混凝土预制桩（以下简称预制桩）、挤土型或部分挤土型钢筋混凝土灌注桩，也可采用非挤土型钢筋混凝土灌注桩（以下简称灌注桩）。当技术经济合理时，也可采用钢管桩。

2. 宜优先采用长桩；当承台底面标高上下土层为软弱土或液化土时，7～9度地区不宜采用桩端未嵌固于稳定岩石中的短桩（长桩指桩长不小于$4/\alpha$的桩，α为m法的桩长变形系数）。

3. 一般应采用竖直桩。当竖直桩不能满足抗震要求且施工条件容许时，可在适当部位布置少量的斜桩，如高层建筑抗震墙、单层厂房柱间支撑桩基承台的两端以及边坡地段等。

4. 同一结构单元中桩基类型宜相同。不宜部分采用端承桩，另一部分采用摩擦桩；不宜部分采用预制桩，另一部分采用灌注桩；不宜部分采用扩底桩，另一部分采用不扩底桩。

5. 同一结构单元中，桩的材料、截面、桩顶标高和桩长宜相同；当桩长不同时，桩端宜支承在同一土层或抗震性能基本相同的土层上。

6. 桩顶与承台的连接应按固结设计，承台宜埋于地下，即设计为低承台桩基。

16.3.2 桩基布置

1. 作用于承台的水平力的合力，宜通过群桩平面中心。

2. 在不能设置基础系梁的方向，独立承台不宜采用单桩，条形基础承台不宜设置单排桩。

3. 独立承台的桩基应沿两个主轴方向设置基础系梁，系梁按拉压杆设计，其轴力按系梁拉结的各柱轴力较大者的1/10取值。

当一柱一桩承台柱间距较大，设双向系梁有困难时，桩与柱截面直径比大于2，桩的抗弯刚度大于柱的抗弯刚度16倍以上，在水平力作用下，承台水平变位较小，可以认为满足结构内力分析时柱底为固端的假定，此时可不设连系梁。

4. 建筑重心宜与群桩承载力的合力点重合。

16.3.3 非液化地基上低承台桩的设计原则

1. 可不进行桩基抗震承载力验算的建筑

承受竖向荷载为主的工业与民用建筑采用低承台桩基，当地面下无液化土层，桩承台周围无淤泥、淤泥质土、泥炭、泥炭质土，且桩承台周围为地基承载力特征值不大于100kPa的地基土或填土时，下列建筑可不进行桩基抗震承载力验算：

1）砌体房屋。

2）按《建筑抗震设计规范》的规定，可不进行上部结构抗震验算的建筑。

3）7度和8度抗震设防时的下列建筑：

（1）一般的单层厂房和单层空旷房屋；

（2）不超过8层且高度在24m以下的一般民用框架房屋；

(3) 基础荷载与上一条相当的多层框架厂房和多层混凝土抗震墙房屋。(《建筑抗震设计规范》说明：限制使用黏土砖以来，有些地区改为建造多层的混凝土抗震墙房屋，当其基础荷载与一般民用框架相当时，与砌体结构类似，当采用桩基时也可不进行抗震承载力验算。)

2. 桩基的抗力和桩顶地震作用效应及抗震验算的规定。

1) 单桩竖向和水平向抗震承载力特征值，可比非抗震设计时提高25%。

2) 当承台周围的回填土夯实至压实系数$\lambda_c \geqslant 0.94$时，可由与地震作用方向垂直的承台正面的地基土或回填土与桩共同承担水平地震作用；但不计入承台两侧、承台底面与地基土的摩擦力。

对于疏桩基础，如果桩的设计承载力按桩极限荷载取用则可以考虑承台与土间的摩阻力（因为此时承台与土不会脱空，且桩、土的竖向荷载分担比也比较明确）。

3) 桩顶的地震作用效应采用地震作用效应的基本组合，其中水平地震作用分项系数γ_{Eh}和竖向地震作用分项系数γ_{Ev}应按表16.3-1采用：

地震作用分项系数　　**表16.3-1**

地震作用	γ_{Eh}	γ_{Ev}
仅计算水平地震作用	1.3	0.0
仅计算竖向地震作用	0.0	1.3
同时计算水平与竖向地震作用(水平地震为主)	1.3	0.5
同时计算水平与竖向地震作用(竖向地震为主)	0.5	1.3

4) 桩身受弯承载力和受剪承载力验算

(1) 对于桩顶固端的桩，应验算桩顶正截面弯矩；对于桩顶自由或铰接的桩，应验算桩身最大弯矩截面处的正截面弯矩；

(2) 应验算桩顶斜截面的受剪承载力。

16.3.4　液化地基上低承台桩的设计原则

地震震害调查、地震反应分析和振动台试验表明，液化地基在地震发生时，土层液化时的喷水冒砂滞后于地震作用过程，因此液化地基上桩的抗震验算，应考虑上述特点，并按下述规定进行：

1. 对一般浅基础，不宜计入承台周围土的抗力或刚性地坪对水平地震作用的分担作用。

2. 当桩承台底面上下分别有厚度不小于1.5m、1.0m的非液化土层或非软弱土层时，可按下列两种情况进行桩的抗震验算，并按不利情况设计：

第一种情况：桩顶地震效应按上一节非液化地基上低承台桩取用，桩承受全部地震作用，单桩竖向和水平向抗震承载力特征值，可比非抗震设计时提高25%，但液化土的桩周摩阻力及桩的水平抗力均应乘以表16.3-2的折减系数。

第二种情况：地震作用按水平地震影响系数最大值的10%采用，单桩竖向和水平向抗震承载力特征值可比非抗震设计时提高25%，但应扣除液化土层的全部摩阻力及桩承台下2m深度范围内非液化土的桩周摩阻力。

土层液化影响折减系数 表16.3-2

实际标准贯入锤击数/临界标准贯入锤击数	深度 d_s(m)	折减系数
<0.6	$d_s \leqslant 10$	0
	$10 < d_s \leqslant 20$	1/3
>0.6～0.8	$d_s \leqslant 10$	1/3
	$10 < d_s \leqslant 20$	2/3
>0.8～1.0	$d_s \leqslant 10$	2/3
	$10 < d_s \leqslant 20$	1

3. 打入式预制桩及其他挤土桩，当平均桩距为2.5～4倍桩径且桩数不少于5×5时，可计入打桩对土的加密作用及桩身对液化土变形限制的有利影响。当打桩后桩间土的标准贯入锤击数值达到不液化的要求时，单桩承载力可不折减，但对桩尖持力层作强度校核时，桩群外侧的应力扩散角应取为零。打桩后桩间土的标准贯入锤击数宜由试验确定，也可按下式计算：

$$N_1 = N_P + 100\rho(1 - e^{-0.3N_P}) \tag{16.3.1}$$

式中 N_1——打桩后的标准贯入锤击数；

ρ——打入式预制桩的面积置换率；

N_P——打桩前的标准贯入锤击数。

16.4 桩基抗震验算

16.4.1 地震作用下的桩基竖向承载力验算

1. 非液化地基上桩基竖向抗震承载力验算

1）验算公式

轴心竖向力作用下：

$$N_{Ek} \leqslant 1.25R \tag{16.4.1}$$

偏心竖向力作用下，除满足上式外，尚应满足式（16.4.2）的要求：

$$N_{Ekmax} \leqslant 1.5R \tag{16.4.2}$$

式中 N_{Ek}——地震效应和荷载效应标准组合下，基桩或复合基桩的平均竖向力。

2）基桩竖向力的确定

$$N_{Ek} = \frac{F+G}{n} \tag{16.4.3}$$

$$N_{Ekmin}^{Ekmax} = \frac{F+G}{n} \pm \frac{M_x Y_{max}}{\sum Y_i^2} \pm \frac{M_y X_{max}}{\sum X_i^2} \tag{16.4.4}$$

式中 N_{Ekmin}^{Ekmax}——地震效应和荷载效应标准组合下基桩或复合基桩的最大最小竖向力；当为正值时基桩受压，当为负值时基桩受拉；

R——基桩或复合基桩竖向承载力特征值；

F——地震效应和荷载效应标准组合下，上部结构作用于桩顶的竖向力；

G——承台（基础）自重及其上的土重；

M_x、M_y——地震效应和荷载效应标准组合下，绕桩群重心 X、Y 轴的力矩；

X_{max}、Y_{max}——边缘单桩距 X、Y 轴的最大距离；

$\sum X_i^2$、$\sum Y_i^2$——承台下各桩距 X、Y 轴距离的平方和；

n——承台中的桩数。

3）基桩或复合基桩竖向承载力特征值的确定

单桩承载力特征值的确定：

$$R_a = \frac{1}{K} Q_{uk} \tag{16.4.5}$$

式中 R_a——单桩承载力特征值；

Q_{uk}——单桩竖向极限承载力标准值；

K——安全系数，取 $K=2$。

单桩承载力特征值 R_a 应由单桩静载荷试验确定。

对于端承型桩、桩数少于 4 根的摩擦型桩的柱下独立桩基或由于地层土性、使用条件等因素不宜考虑承台效应时，基桩竖向承载力特征值应取单桩竖向承载力特征值，即：

$$R = R_a$$

地震作用下，对于符合下列条件之一的摩擦型桩基，宜考虑承台效应按下式确定其复合基桩的竖向承载力特征值：

（1）上部结构整体刚度较好、体形简单的建（构）筑物；

（2）对差异沉降适应性较强的排架结构和柔性构筑物；

（3）按变刚度调平原则设计的桩基刚度弱化区；

（4）软土地基的减沉复合桩基础。

$$R = R_a + \frac{\zeta_a}{1.25} \eta_c f_{ak} A_c \tag{16.4.6}$$

$$A_c = (A - nA_{ps})/n \tag{16.4.7}$$

式中 η_c——承台效应系数，可按本手册“承台效应系数表”取值；

f_{ak}——承台下 1/2 承台宽度且不超过 5m 深度范围内各层土的地基承载力特征值按厚度加权的平均值；

ζ_a——地基抗震承载力调整系数，按现行国家标准《建筑抗震设计规范》GB 50011 采用；

A_c——计算基桩所对应的承台底净面积；

A_{ps}——桩身截面面积；

A——承台计算域面积，按以下不同情况取值：

① 柱下独立承台桩基：A 为全承台面积；

② 桩筏、桩箱基础：A 按柱、墙侧 1/2 跨距，悬臂边取 2.5 倍板厚处确定计算域；

③ 桩集中布置于墙下的高层建筑剪力墙桩筏基础：计算域自墙两边外扩各 1/2 跨距，对于悬臂板自墙边外扩 2.5 倍板厚，按条形基础计算 η_c；

④ 对于按变刚度调平原则布置桩的核心筒外围平板式和梁板式筏形承台复合桩基：计算域为自柱侧 1/2 跨，悬臂板边取 2.5 倍板厚处围成。

对于以下情况不应考虑承台效应，即 $\eta_c=0$：

可液化土、湿陷性土、高灵敏度软土、欠固结土、新填土、沉桩引起孔隙水压力和土体隆起等，均不应考虑承台效应，因以上情况承台下土的抗力随时可能消失。

4）产生拉力时桩基抗震承载力的验算

当 N_{Ekmin} 为负值时，桩基作用效应出现上拔力，应按《建筑桩基技术规范》JGJ 94 进行桩基抗拔抗震承载力验算，计算时应将桩基抗拔极限承载力提高 1.25 倍。

5）摩擦群桩竖向抗震承载力的验算

当桩的中心距小于桩径 6 倍，且同一承台中的桩数大于等于 9 根的摩擦桩基称为摩擦群桩。此时，除按单桩验算抗震承载力外，还应按下述原则验算摩擦群桩抗震承载力。

（1）将群桩视作一假想实体，支承在桩端土层上，验算桩端土层及其软弱下卧层的天然地基承载力。计算方法与静载时的桩基验算相同。

（2）假想实体基础的底面积按承台外排桩外缘尺寸确定，不考虑沿桩身向外的扩散。

（3）桩端土及其软弱下卧层的抗震承载力采用调整后的天然地基抗震承载力设计值，验算方法同天然地基。

6）当存在负摩阻力时的验算

符合下列条件之一的桩基，当桩周土层产生的沉降超过基桩的沉降时，计算单桩竖向承载力特征值应考虑桩侧负摩阻力的不利影响。

（1）桩穿越较厚松散填土、自重湿陷黄土、欠固结土、液化土层，进入相对较硬土层时；

（2）桩周存在软弱土层，邻近桩侧地面承受局部较大的长期荷载或地面大面积堆载（包括填土）时；

（3）由于降低地下水位，使桩周土有效应力增大并产生显著压缩沉降时。

此时，不应考虑承台下土的共同作用，负摩阻力的计算按《建筑桩基技术规范》JGJ 94 确定。

2. 液化地基上桩基竖向抗震承载力验算

1）存在液化土层的低承台桩基进行竖向抗震承载力验算时，验算公式同本节非液化地基上的验算公式，按以下两种情况进行桩的竖向承载力抗震验算，并按不利情况设计：

第一种情况：桩承受全部地震作用，即 N_E、N_{Emin}、N_{Emax}、M_x、M_y 均按地震作用取值，而桩抗震承载力特征值计算时，应将液化土层的桩周摩阻力按表 16.3-2 土层液化影响折减系数折减。

第二种情况：按水平地震影响系数最大值的 10%计算所得的 N_E、N_{Emin}、N_{Emax}、M_x、M_y 作为轴力和弯矩；单桩竖向承载力特征值计算时，应扣除液化土层的全部摩阻力及桩承台下 2m 深度范围内非液化土的桩周摩阻力。

2）液化地基上挤土桩的特殊情况

对于打入式预制桩及其他挤土桩，当平均桩距为 2.5～4 倍桩径，且一个承台桩数不少于 5×5 时：

（1）由于打桩过程的挤密作用使桩间土的标准贯入锤击数值达到不液化的指标时，单桩承载力可不折减。打桩后桩间土的标准贯入锤击数宜由试验确定，也可按式（16.3.2）

计算。

(2) 此时，对摩擦群桩进行桩尖持力层强度校核时，桩群外侧的应力扩散角应取为零。

16.4.2 地震作用下的桩基水平承载力验算

1. 非液化地基上桩基水平抗震承载力验算

1) 验算公式

$$H_{\mathrm{Ek}i} \leqslant 1.25R_{\mathrm{h}} \tag{16.4.8}$$

式中 $H_{\mathrm{Ek}i}$——地震效应和荷载效应标准组合下，作用于基桩 i 桩顶处的水平力；

R_{h}——单桩基础或群桩中基桩的水平承载力特征值，对于单桩基础，可取单桩水平承载力特征值 R_{ha}。

2) 桩身所受总水平力的确定

(1) 可考虑承台（箱形基础、地下室）与地震作用方向垂直的正面土体抗力；

(2) 一般不考虑承台（箱形基础、地下室）底面和与地震作用方向平行的两侧面土的摩擦力。

(3) 桩身所受总水平力 H_{Ek}可按以下两式中较大者确定

$$H_{\mathrm{Ek}} = F_{\mathrm{E}} - E_{\mathrm{P}} \tag{16.4.9}$$

$$H_{\mathrm{Ek}} = F_{\mathrm{E}} \frac{0.2\sqrt{h_{\mathrm{b}}}}{\sqrt[4]{d_{\mathrm{f}}}} \tag{16.4.10}$$

式中 H_{Ek}——地震效应和荷载效应标准组合下桩身所受总水平力，当 $H_{\mathrm{Ek}}<0.3$ 时，取 $H_{\mathrm{Ek}}=0.3F_{\mathrm{E}}$；当 $H_{\mathrm{Ek}}>0.9F_{\mathrm{E}}$时，取 $H_{\mathrm{Ek}}=0.9F_{\mathrm{E}}$时；

F_{E}——地震效应和荷载效应标准组合下，桩身所受总水平力；

E_{P}——承台（箱基、地下室）与水平地震作用垂直的正面土的水平抗力，一般取被动土压力的 1/3。当抗震设防烈度为 7、8、9 度时，土的内摩擦角宜分别减小 1、2、4 度；

h_{b}——建筑物地上部分高度，3～10 层总高度不大于 45m；

d_{f}——桩基承台埋深（m），地下 1～4 层。

[注：式（16.4.10）的计算假定为：考虑地震水平力的前方的被动土压力，与地震作用平行的侧面处墙面上的土摩阻力及桩本身抗水平力的能力三部共同作用的水平抗力，水平位移不大于 10mm 时为线性变化，大于 10mm 时抗力不再增长，土的性质为标贯值N=10～20，q（单轴压强）为 0.5～1.0kg/cm^2（黏土）。对一系列建筑进行试算后得出的经验公式，在日本应用较多。试算中所采用的结构形式为带地下室的平面为 14m×14m，及 14m×28m 的塔楼，最高层数为 10 层。]

[说明：式（16.4.10）引自《日本建筑基础抗震设计指南》（以下简称《日本指南》），假定设有埋入地下的地下室的桩基建筑，其上部传来的和地震时产生的全部外部水平力由三部分承受：(1) 地下室前墙所受被动土压力在弹性阶段工作；(2) 地下室两侧墙与土的摩阻力，当变位为 1cm 时为最大，通常只取 80%；(3) 桩基所承受的水平力即本文中的 H_{Ek}。这是《日本指南》的经验公式。

由于我国大部分文献均没有作相关的规定，而桩基抗震验算中考虑地下室的作用是合理的也是势在必行的，因此我们引入文献 3 的做法，说明二点：(1) 只考虑地下室前墙的作用，当确有必要考虑两侧墙摩阻力时，设计人依据经验采用；（2）地下室周边的回填土必须按本章严格回填。以上供工程师参考。]

3）基桩所受水平地震作用的确定（按同一承台各桩桩顶水平位移相等的条件）

（1）当各桩桩径（边长）相同时，各桩平均分配

$$H_{Eki}=H_{Ek}/n \tag{16.4.11}$$

式中 n——同一承台下的桩数。

（2）当各桩桩径（边长）不同时，按桩的截面刚度分配

$$H_{Eki}=\frac{E_iI_i}{\sum E_iI_i}H_{Ek} \tag{16.4.12}$$

式中 E_iI_i——第 i 根桩桩身截面刚度；

$\sum E_iI_i$——各根桩桩身截面刚度之和。

4）单桩或群桩中的基桩水平承载力特征值的确定

（1）单桩基础

$$R_h=R_{ha} \tag{16.4.13}$$

（2）群桩基础

$$R_h=\eta_hR_{ha} \tag{16.4.14}$$

式中 R_{ha}——单桩水平承载力特征值；

η_h——群桩效应综合系数，按《建筑桩基技术规范》JGJ 94 确定。

注：当桩基竖向承载力设计时考虑了桩土共同工作，桩基水平承载力设计时也应考虑承台底与地基土的摩阻力。

5）单桩水平承载力特征值的确定

（1）单桩水平承载力分为由桩身强度控制和由桩顶水平位移控制两种情况，需进行桩基抗震承载力验算的桩，其单桩水平承载力特征值应通过单桩水平静载荷试验确定，试验方法见本手册或《建筑基桩检测技术规范》JGJ 106；取值方法见本手册或《建筑桩基技术规范》JGJ 94 第 5.7 节。

（2）对于桩身配筋率小于 0.65%的灌注桩，当缺少单桩水平静载试验资料时，可按下式估算单桩水平承载力特征值。

$$R_{ha}=0.75\frac{\alpha\gamma_m f_t W_0}{\upsilon_M}(1.25+22\rho_g)\left(1\pm\frac{\zeta_N N_k}{\gamma_m f_t A_n}\right) \tag{16.4.15}$$

上式详细说明及表格详见本手册或《建筑桩基技术规范》JGJ 94 第 5.7 节。

（3）对于桩的水平承载力由水平位移控制的预制桩、钢桩、桩身配筋率不小于 0.65%的灌注桩，当缺少单桩水平静载试验资料时，可按下式估算单桩水平承载力特征值：

$$R_{ha}=0.75\frac{\alpha^3EI}{\upsilon_x}\chi_{0a} \tag{16.4.16}$$

上式详细说明及表格详见本手册或《建筑桩基技术规范》JGJ 94 第 5.7 节。

（4）当采用 m 法计算桩的水平承载力时具体计算和桩的水平变形系数、地基土水平抗力系数的比例系数 m，见本手册或《建筑桩基技术规范》JGJ 94 第 5.7.5 条及条文说明。

6）地震作用下桩身不同深度所受的水平剪力和弯矩

$$V=H_{Eki}\beta_v \tag{16.4.17}$$

$$M=\frac{H_{Eki}}{\alpha_E}\beta_m \tag{16.4.18}$$

式中 V——Z深度处桩所受的水平剪力设计值；

β_v——剪力系数，与桩顶以下深度Z有关，见表16.4-1；

M——Z深度处桩身弯矩设计值；

β_m——弯矩系数，与桩顶以下深度Z有关，见表16.4-1；

α_E——地震作用下桩身变形系数，见式（16.4.19）。

桩身变形系数α_E的计算：

$$\alpha_E=\sqrt[5]{\frac{m_E b_0}{EI}} \tag{16.4.19}$$

式中 m_E——地基土水平抗震抗力的比例系数，

$$m_E=1.25m$$

m——地基水平抗力的比例系数，按单桩水平静载荷试验确定，当无试验资料时，可按本手册或《建筑桩基技术规范》JGJ 94表5.7.5采用；

b_0——桩身的计算宽度（m）；

对圆形截面：当$d\leqslant 1$m时，$b_0=0.9\times(1.5d+0.5)$，

当$d>1$m时，$b_0=0.9\times(d+1)$，

d为圆桩直径；

对方形截面：当$b\leqslant 1$m时，$b_0=1.5b+0.5$，

当$b>1$m时，$b_0=b+1$，

b为方桩边长；

E——桩身材料弹性模量（kN/m^2），当为钢筋混凝土桩时，$E=0.85E_c$，E_c为混凝土弹性模量；

I——桩身截面惯性矩（m^4）。

桩身内力系数值 **表16.4-1**

$Z=\alpha h$	0.0	0.1	0.2	0.3	0.4	0.5	0.6
剪力系数β_V	1.000	0.9953	0.9815	0.9589	0.9280	0.8896	0.8445
弯矩系数β_m	−0.9280	−0.8282	−0.7293	−0.6322	−0.5378	−0.4468	−0.3601
$Z=\alpha h$	0.7	0.8	0.9	1.0	1.2	1.4	1.6
剪力系数β_V	0.7938	0.7383	0.6791	0.6173	0.4896	0.3628	0.2432
弯矩系数β_m	−0.2781	−0.2015	−0.1306	−0.0658	0.0450	0.1301	0.1906
$Z=\alpha h$	1.8	2.0	2.4	2.6	3.0	3.5	4.0
剪力系数β_V	0.1358	0.0440	−0.0863	−0.1245	−0.1528	−0.1169	0.0386
弯矩系数β_m	0.2282	0.2459	0.2350	0.2136	0.1562	0.0859	0.0477

注：本表适用于桩顶与承台固接的情况。本表根据《冶金建筑抗震设计规范》YB 9081—1997编制。

7）带地下室的高层建筑桩基水平抗震承载力验算

在地震作用下可考虑地下室侧墙、承台、桩群、土共同工作，按《建筑桩基技术规范》JGJ 94附录C的方法计算基桩内力和变位。

8）单排桩基水平抗震承载力验算

与水平地震作用方向垂直的单排桩基础可按《建筑桩基技术规范》JGJ 94附录C进

行计算。

2. 液化地基上桩基水平抗震承载力的验算

1）一般情况

当桩承台底面上下分别有厚度不小于1.5m、1.0m的非液化土层或非软弱土层时，可按下述方法验算液化地基上桩基水平抗震承载力：

（1）承台周围的回填土夯实至压实系数$\lambda_c \geqslant 0.94$，此时可由地震作用方向垂直的承台面的地基土或回填土与桩共同承担水平地震作用，但不计入承台两侧、承台底面与地基土的摩擦力。

（2）当计算桩基水平承载力特征值时，应将液化土的桩身水平抗力乘以表16.3-2的折减系数。

（3）单桩水平向抗震承载力特征值为按上述方法确定的水平承载力特征值的1.25倍。

2）特殊情况

对于水塔、烟囱、筏形基础等面积较大的群桩基础，采用打入式预制桩及其他挤土桩，当平均桩距为2.5～4倍桩径且桩数不少于5×5时，打桩后桩间土的实测标准贯入锤击数或按式（16.3.2）计算的标准贯入锤击数达到不液化要求时，可按非液化地基上的桩基验算水平抗震承载力。

16.4.3 软土地基上桩基的抗震设计

软土一般是指天然孔隙比大于或等于1，且天然含水量大于液限的细粒土，包括淤泥质土、淤泥、泥炭质土、泥炭等。

软土上的桩基大都采用挤土桩或部分挤土桩，并采取各种使土体排水固结的技术措施消减孔隙水压力和挤土效应。

如前所述，软土地基上的桩基在地震发生时，其桩受地震作用的效应、桩身剪力和弯矩的分布类似于液化土的情况，但由于软土工程地质条件如：孔隙比、含水量、饱和度、有机质含量等较复杂，沉桩过程中采用的排水固结方法依据不同的工程和地域又各不相同，目前还不可能对软土地基中的桩周土给出定量的描述。因此，软土地基上桩基的抗震设计更应从构造措施上给予保证。对于重要的工程，可采用数值分析的有限元法进行验算。

16.4.4 液化侧扩范围内的桩基设计

在有液化侧向扩展的地段，规范规定距常时水线100m范围内的桩基除应按前述要求对桩基进行验算外，还应考虑土体流动时侧向作用力，且承受侧向推力的面积应按边桩外缘的宽度计算，详细请见《建筑抗震设计手册》（龚思礼主编，中国建筑工业出版社，2002年第二版）第2.4.6节和2.6.7节，本节略。

16.4.5 隔震建筑采用桩基的抗震验算

《建筑抗震设计规范》规定：隔震层支墩、支柱及相连构件的地震作用和承载力验算，应采用罕遇地震下隔震支座底部的竖向力、水平力和力矩进行计算。

隔震建筑地基基础的抗震验算和地基处理仍应按本地区抗震设防烈度进行，甲、乙类建筑的抗液化措施应按提高一个液化等级确定，直至全部消除液化沉陷。

依据上述规定，隔震建筑采用桩基时的抗震设计和计算应按下述要求进行。

1. 当进行桩基的竖向和水平向地震作用验算时，应采用隔震建筑罕遇地震作用下传至基础的竖向力、水平力和力矩进行计算。

2. 应按本地区的抗震设防烈度判别是否可不进行桩基抗震承载力验算。

3. 应按本地区的抗震设防烈度进行液化土的相关判别和桩基的抗震设计和计算。

4. 当隔震建筑为甲、乙类建筑时，桩基伸入液化深度以下稳定土层中的长度（不包括桩尖部分），应按计算确定，且对碎石土，砾、粗、中砂，坚硬黏性土和密实粉土，还不应小于 0.5m；对其他非岩石土，还不宜小于 1.5m。

16.4.6　桩身及承台抗震承载力验算

1. 钢筋混凝土桩应按偏压构件验算桩身承载力

1）正截面

轴向力 N 取 N_{Emin} 或 N_{Emax}，桩顶弯矩 $M=M_0$，偏心距增大系数 $\eta=1.0$，承载力抗震调整系数 $\gamma_{RE}=0.8$。

2）斜截面

剪力 $V=H_P$，轴向力 $N=N_{Emin}$，承载力抗震调整系数 $\gamma_{RE}=0.85$。

2. 承台抗震承载力验算

按作用于承台上的地震作用效应和桩顶的作用力验算承台的抗剪、抗弯和冲切抗震承载力，γ_{RE} 分别按受弯时取 0.75，受剪（冲切）时取 0.85。

16.5　桩基的抗震构造要求

桩基在地震作用下，桩、土、承台的共同工作和相互作用还缺乏震害经验和理论研究，桩基的抗震设计方法还有待完善，为保证桩基在地震作用下达到预期的工作性能和稳定性，抗震设计的桩在满足非地震区设计的构造要求外，还应满足相应的抗震构造要求。

16.5.1　一般要求

1. 承台四周回填土不应采用软土且应分层夯实，压实系数不应小于 0.94。

2. 桩顶嵌入承台内的长度对中等直径的桩不宜小于 50mm，对于大直径的桩不宜小于 100mm。

3. 钢筋混凝土桩的纵向主筋应锚入承台，锚入长度不宜小于 35 倍纵向主筋直径。对于地震作用下有可能产生拉力的桩，桩顶纵向钢筋的锚固长度应按现行国家标准《混凝土结构设计规范》GB 50010 第 8.3 节，按受拉钢筋计算锚固长度。

4. 桩的配筋率：当桩身直径为 300～2000mm 时，正截面配筋率可取 0.65%～0.2%（小直径桩取高值）；对于抗震计算可能受拉的桩，应通长配筋，还应按计算确定配筋率，并不应小于上述规定值。

5. 配筋长度：抗震设防烈度为 7 度的Ⅲ、Ⅳ类场地的桩，8 度及 9 度的桩应通长配筋。当桩较长时，可在 2/3 桩长以下减小配筋率和主筋直径，并按计算结果及施工工艺要求确定。

6. 抗震设计的桩，主筋不应小于 8ϕ12；纵向主筋应沿桩身周边均匀布置，且净距不小于 60mm。

7. 抗震设计的桩，桩顶以下 5 倍桩径范围内的箍筋应加密，间距不应大于 100mm。

8. 预制桩的连接应采用端板焊接连接或机械连接，并应尽可能错开地质剖面软硬层交接的位置。

9. 预应力管桩顶部的填芯混凝土应灌注饱满。灌注深度在抗震设防烈度7度的Ⅲ、Ⅳ类场地和8度区，不应小于2.5m；混凝土等级采用与承台或是基础梁相同。

10. 预应力管桩伸入承台内的纵向钢筋应符合下列规定：

1）当采用桩内的纵向钢筋直接与承台锚固时，锚固长度不得小于50倍纵筋直径，且不得小于500mm；

2）当采用插筋时，插筋数量宜取4ϕ16～6ϕ20，插入管桩顶部填芯混凝土内纵筋应与端托板焊牢，锚入承台内长度均不小于35倍插筋直径。

16.5.2 液化地基上的桩

1. 当承台底面标高上下为液化土层时，除抗震设防类别为丁类的建筑外，应进行浅层地基抗液化处理，处理深度不宜浅于承台底面以下2m，处理宽度宜延伸至建筑外缘桩基承台以外，不小于6m。承台周围宜用非液化土夯实，若用砂土或粉土，应使土层的标准贯入锤击数不小于液化判别标准贯入锤击数临界值（判别方法见《建筑抗震设计规范》第4.3.4条规定）。

2. 桩应穿过液化土层以下进入稳定土层一定长度（不包括桩尖部分），其长度值除应按本章计算满足液化地基竖向和水平向抗震要求外，还应满足以下要求：

1）对于碎石土、砾、粗、中砂，密实粉土，坚硬黏性土，不应小于2～3倍桩的直径；

2）对于其他非岩石土，不宜小于4～5倍桩的直径；

3）不小于2m。

3. 液化土和震陷软土中桩的配筋范围，应自桩顶至液化深度以下符合全部消除液化沉陷所要求的深度，且穿过液化层底面不小于2m。其纵向钢筋应与顶部相同，箍筋应加粗和加密。

（注：本条在《建筑抗震设计规范》中为强制性条文。）

（说明：本条在保证桩基安全方面是相当关键的。桩基理论分析已经证明，地震作用下的桩基在软、硬土层交界面处最易受到剪、弯损害。日本1995年阪神地震后对许多桩基的实际考查也证实了这一点，但在采用m法的桩身内力计算方法中却无法反映，目前除考虑桩土相互作用的地震反应分析可以较好地反映桩身受力情况外，还没有简便实用的计算方法保证桩在地震作用下的安全，因此必须采取有效地构造措施。本条的要点在于保证软土或液化土附近桩身的抗弯抗剪能力。《建筑抗震设计规范》条文说明。）

16.5.3 软土地基上的桩

1. 当承台底面标高上下为淤泥、淤泥质土、泥炭、泥炭质土等软土时，承台底应设不小于30cm的碎石垫层，承台周围的回填土不应采用软土，应分层夯实，压实系数不应小于0.94。处理的范围根据工程的具体情况确定。

2. 桩应穿过软土层进入稳定土层一定长度（不包括桩尖部分），其长度值首先应满足静力和地震作用下竖向和水平向承载能力，还应满足以下要求：

1）对于碎石土、圆砾、中粗砂，密实粉土，坚硬黏性土，不应小于2～3倍桩的直径；

2）对于其他非岩土，不宜小于4～5倍桩的直径；

3）不小于2m。

3. 软土中桩的配筋范围应自桩顶至软土层底面以下不小于2m，且箍筋应全部加密。

（注：本条同16.5.2节第3条）

16.5.4 承台系梁

1. 框架柱单独承台应在纵横两个方向沿柱中心线设置基础系梁。

2. 剪力墙单独承台时应结合剪力墙的整体布置，在纵、横两个方面均匀布置承台系梁，并应尽可能考虑设在承台重心的位置。

3. 当承台系梁的净跨度大于等于6m时，宜在跨中设置次梁，以保证承台平面具有一定的水平刚度。

4. 单层厂房应沿柱列纵向设置承台系梁，传递柱间支撑传来的水平地震作用。

5. 承台系梁的设计宜符合下列要求：

1）混凝土强度等级、保护层厚度应与承台相同。

2）对于有多个塔楼的大面积地下室，由于桩径、桩长不同，形成桩的侧向刚度不同而产生水平地震作用的重分布，承台系梁应能起到传递作用，并能在地面荷载或浮力的同时作用下满足强度和刚度的要求。

3）系梁纵向钢筋和连接应经计算确定：

（1）按上述复合受力状态计算确定；

（2）当系梁位于框架柱或剪力墙基础顶面时，尚应考虑上部传递的部分弯矩，适当增加配筋；

（3）承台设有柱间支撑的承台系梁应按计算确定承受的水平拉力和压力，且不小于柱间支撑传来水平力的1/4；

（4）一般承台系梁按相当于承台承受竖向压力的10%（8、9度）、5%（6、7度）的拉力和压力计算系梁内力。

4）普通的承台系梁截面高度不小于系梁净跨度的1/10且不小于250mm，截面宽度不小于200mm且不小于截面高度的1/2。

5）承台系梁纵向钢筋配筋率不小于1%，直径不小于ϕ12，箍筋直径不小于ϕ6，间距不大于250mm。

6）承台系梁纵向钢筋宜穿过承台，或按受拉钢筋锚入承台。

7）同一方向的系梁宜位于同一标高。

16.6 按性能目标设计时桩基抗震验算的探讨

当抗震设防类别为甲、乙类的建筑和众多的抗震超限项目，在进行设防烈度和罕遇地震性能目标验算时，尚没有进行桩基验算的实例，而基础结构的设计与上部结构的预期反应不相适应，会使上部结构的抗震性能目标不能实现。而且，基础结构一旦损坏修复非常困难，其性能目标应高于上部结构，以下将探讨按抗震性目标设计时桩基的抗震验算。

16.6.1 桩基按性能目标抗震设计的原则和基本假定

1. 桩基按抗震性能目标设计的原则

桩基是整个结构体系中的一个特殊部位，由于桩基在水平及竖向地震作用下一旦损坏时难于修复甚至不可能修复，因此桩基的抗震性能目标不能简单等同于上部结构的抗震性能目标。基于这一特点，桩、承台或地下室的底板和桩与承台的连接部位均不能作为耗能构件和部位。

2. 桩基按抗震性能目标设计的基本假定

桩基承台和地下室按刚性假定，桩与承台的连接为刚接，在水平地震作用下计入低承台侧面和地下室外墙侧面土的抗力，对于符合《建筑桩基技术规范》群桩要求的低承台和地下室底板下地基土计入桩间土分担的竖向抗力及相应的水平摩阻力。当承台底面和地下室底板上、下为液化土层时，应按《建筑抗震设计规范》的要求进行验算，并不考虑桩间土的竖向抗力和水平摩阻力。当桩间土有可能因地下水的作用自沉与承台或地下室底板脱离时，不计入桩间土竖向分担的抗力和水平摩阻力。

3. 桩基按性能目标抗震设计的范围

对于超限工程，上部结构已经按多遇地震（以下简称“小震”）、设防烈度地震（以下简称“中震”）和罕遇地震（以下简称“大震”）作用下的性能目标设计，桩基也按小震、中震、大震设定性能目标进行验算。

对于一般多层的超限工程和众多的乙类工程，如中学、小学、幼儿园，规模不大的医院等，上部结构没有进行性能目标设计，或仅按提高一度进行抗震技术措施和构造措施加强，桩基应按小震和中震进行性能目标设计，原因如下：

1）由于上述桩基难于修复甚至不可修复和桩基因场地条件和工程地质条件产生地震效应的复杂性，不进行性能目标的抗震设计就不了解其在小震、中震下的工作性态，有可能达不到三个水准的设防要求。

2）小震和中震的性能设计上部结构均采用振型分解反应谱法，不会过度增加设计的工作量，设计计算方法可行。

3）对于上述第二类的建筑，当地震作用超过中震甚至达到大震时，上部结构已进入弹塑性阶段，周期变长，水平和竖向地震作用和倾覆力矩不会大幅度增加，在满足中震性能目标的基础上，桩基抗震性能达到大震不倒是有保证的。

16.6.2 桩基抗震性能目标、抗震作用效应组合及构件承载力

按《建筑抗震设计规范》性能2作为桩基预期的性能控制目标。

1. 小震作用下

1）性能目标：完好。

2）地震作用效应组合：同上部结构小震的地震作用效应组合。

3）构件承载力：

单桩的竖向和水平向承载力按承载力特征值并乘以1.25的抗震承载力调整系数取用。

桩身强度含轴向力、弯矩、剪力作用，承台强度含抗剪、抗冲切、抗弯均按弹性设计。

2. 中震作用下

1）性能目标：基本完好，即桩、承台主要承重构件完好，承台间的连系梁轻微损坏。当有地下室时，地下室应完好。

2）地震作用效应弹性组合：上部结构计算采用振型分解反应谱法，地震影响系数最大值按设防烈度取用，计入荷载分项系数、承载能力分项系数和抗震承载力调整系数，但不计入地震内力增大系数和结构的抗震内力调整，不计入风荷载组合。

3）构件承载力：在上述中震作用效应弹性组合作用下。

单桩的竖向和水平向承载力按承载力特征值乘以1.25的抗震承载力调整系数取用。

桩身强度含轴向力、弯矩、剪力作用，承台强度含抗剪、抗冲切、抗弯均按弹性设计。

3. 大震作用下

1）性能目标：轻微损坏，即桩完好，个别承台有轻微裂缝，连系梁有轻微裂缝，地下室个别处有轻微裂缝。个别部位的竖向变位稍大。

2）地震作用效应组合：上部结构计算采用动力弹塑性时程分析或静力弹塑性时程分析，抗震承载力调整系数取 1.0，单桩水平承载力取极限值，材料强度取标准值。

3）构件承载力：在上述大震作用效应组合作用下，单桩的竖向和水平向承载力取极限值。桩身强度含轴向力、弯矩、剪力作用，承台强度含抗剪、抗冲切、抗弯均按材料标准值计算。

16.6.3 按《建筑桩基技术规范》附录 C 进行低承台（或地下室）桩基抗震验算的讨论

1. 基本计算参数

1）m_1——地基土水平抗力系数的比例系数

当没有单桩水平静载荷试验资料时，按表 5.7.5 确定。

由 m_1 可计算出桩的水平变形系数 α（1/m）。

$$\alpha=\sqrt[5]{\frac{m_1 b_0}{EI}}$$

式中 m_1——桩侧土水平抗力系数的比例系数（即《建筑桩基技术规范》中的 m）；

b_0——桩身的计算宽度（m）；

圆形桩：当直径 $d\leqslant 1\text{m}$ 时，$b_0=0.9(1.5d+0.5)$

$d>1\text{m}$ 时，$b_0=0.9(d+1)$

方形桩：当边宽 $b\leqslant 1\text{m}$ 时，$b_0=1.5b+0.5$

$b>1\text{m}$ 时，$b_0=b+1$

EI——桩身抗弯刚度。对于钢筋混凝土桩，$EI=0.85E_cI_0$

其中：E_C——混凝土弹性模量；

I_0——桩身换算截面惯性矩；

圆形截面 $I_0=W_0d_0/2$；

矩形截面 $I_0=W_0b_0/2$。

2）承台侧面土的水平抗力系数 C_n

$$C_n=m_n\cdot h_n$$

式中 h_n——承台埋深（m）；

m_n——承台埋深范围地基土的水平抗力系数的比例系数（MN/m^4）。

3）地基土竖向抗力系数 C_0、C_b

（1）桩底面地基土竖向抗力系数 C_0

$$C_0=m_0h$$

式中 h——桩入土深度（m），小于 10m 时按 10m；

m_0——桩底面地基土竖向抗力系数的比例系数，m_0 近似等于 m_1。

（2）承台底桩间地基土竖向抗力系数 C_b

$$C_b=m_bh_n\eta_c$$

式中 h_n——承台埋深（m），h_n 小于 1m 时按 1m 计；

η_c——承台效应系数，按第5.2.5条表5.2.5取值；

m_b——桩间地基土竖向抗力系数的比例系数。

4）桩身抗弯刚度 EI 同前

5）桩身轴向压力传递系数 ξ_N

$$\xi_N = 0.5 \sim 1.0$$

摩擦型桩取小值，端承型桩取大值。

6）地基土与承台底之间的摩擦系数 μ

按表5.7.3-2取值。

2. 计算公式

表C.0.3-2 低承台桩含有地下室的情况

1）按以上分别计算 m、EI、α、ξ_N、C_0、C_b、C_n、μ 各系数；

2）单位力作用于桩顶时，桩顶产生的变位。

（1）单位水平力 $H=1$ 作用时

① 水平位移（$F^{-1}\times L$）$\delta_{HH}=\dfrac{1}{\alpha^3 EI}\times\dfrac{(B_3D_4-B_4D_3)+K_h(B_2D_4-B_4D_2)}{(A_3B_4-A_4B_3)+K_h(A_2B_4-A_4B_2)}$

② 转角（F^{-1}）$\delta_{MH}=\dfrac{1}{\alpha^2 EI}\times\dfrac{(A_3D_4-A_4D_3)+K_h(A_2D_4-A_4D_2)}{(A_3B_4-A_4B_3)+K_h(A_2B_4-A_4B_2)}$

（2）单位弯矩 $M=1$ 作用时

① 水平位移（F^{-1}）$\delta_{HM}=\delta_{MH}$

② 转角（$F^{-1}\times L^{-1}$）$\delta_{MM}=\dfrac{1}{\alpha EI}\times\dfrac{(A_3C_4-A_4C_3)+K_h(A_2C_4-A_4C_2)}{(A_3B_4-A_4B_3)+K_h(A_2B_4-A_4B_2)}$

计算中：低承台桩和有地下室 $K_h=0$；F、L表示力、长度的量纲。

3）桩顶发生单位变位时在桩顶引起的内力

（1）发生单位竖向位移

轴向力（$F\times L^{-1}$）$\rho_{NN}=\dfrac{1}{\dfrac{\xi_N h}{EA}+\dfrac{1}{C_0A_0}}$

（2）发生单位水平位移时

① 水平力（$F\times L^{-1}$）$\rho_{HH}=\dfrac{\delta_{MM}}{\delta_{HH}\delta_{MM}-\delta_{MH}^2}$

② 弯矩（F）$\rho_{MH}=\dfrac{\delta_{MH}}{\delta_{HH}\delta_{MM}-\delta_{MH}^2}$

（3）发生单位转角时

① 水平力（F）$\rho_{HM}=\rho_{MH}$

② 弯矩（$F\times L$）$\rho_{MM}=\dfrac{\delta_{HH}}{\delta_{HH}\delta_{MM}-\delta_{MH}^2}$

4）承台发生单位变位时所有桩顶、承台和侧墙引起的反力之和

（1）发生单位竖向位移时

① 竖向反力（$F\times L^{-1}$）$\gamma_{VV}=n\rho_{NN}+C_bA_b$

② 水平反力（$F\times L^{-1}$）$\gamma_{UV}=\mu C_bA_b$

（2）发生单位水平位移时

① 水平反力（$F\times L^{-1}$）$\gamma_{UU}=n\rho_{HH}+B_0F^c$

② 反弯矩（F）$\gamma_{\beta U}=-n\rho_{MH}+B_0S^c$

（3）发生单位转角时

① 水平反力（F）$\gamma_{U\beta}=\gamma_{\beta U}$

② 反弯矩（$F\times L$）$\gamma_{\beta\beta}=n\rho_{MM}+\rho_{NN}\sum K_iX_i^2+B_0I^c+C_bI_b$

5）以上各式的系数

（1）$B_0=b+1$

式中　B——垂直于力作用方向的承台宽。

（2）A_0——单桩桩底压力分布面积，对于端承桩，A_0 为单桩的底面积，对摩擦型桩，取下列两公式计算的较小者。

$$A_0=\pi\left(h\tan\frac{\varphi_m}{4}+\frac{d}{2}\right)^2$$

$$A_0=\frac{\pi}{4}S^2$$

式中　h——桩的入土深度；

φ_m——桩周各土层内摩擦角的加权平均值；

d——桩的设计直径；

S——桩的中心距。

（3）A_b、I_b——承台底与地基土的接触面积、惯性矩：

$$A_b=F-nA$$

$$I_b=I_F-\sum AK_iX_i^2$$

式中　F——承台底面积；

nA——各基桩桩顶横截面积之和；

k_i——第 i 排桩的桩数；

X_i——坐标原点至各桩的距离。

（4）F^c、S^c、I^c——承台底面以上侧向水平抗力系数 C 图形的面积、对于底面的面积矩、惯性矩。

$$F^c=\frac{c_nh_n}{2}$$

$$S^c=\frac{c_nh_n^2}{6}$$

$$I^c=\frac{c_nh_n^3}{12}$$

6）按图示建立 $N+G$、H、M 的平衡方程：

$$\sum Y=0\qquad u\gamma_{uu}+\nu\gamma_{u\nu}+\beta\gamma_{u\beta}-H=0$$

$$\sum Y=0\qquad u\gamma_{\nu u}+\nu\gamma_{\nu\nu}+\beta\gamma_{\nu\beta}-(N+G)=0$$

$$\sum M=0\qquad u\gamma_{\beta u}+\nu\beta\gamma_{\beta\nu}+\beta\gamma_{\beta\beta}-M=0$$

解上式，可得承台变位。

7）求承台的变位

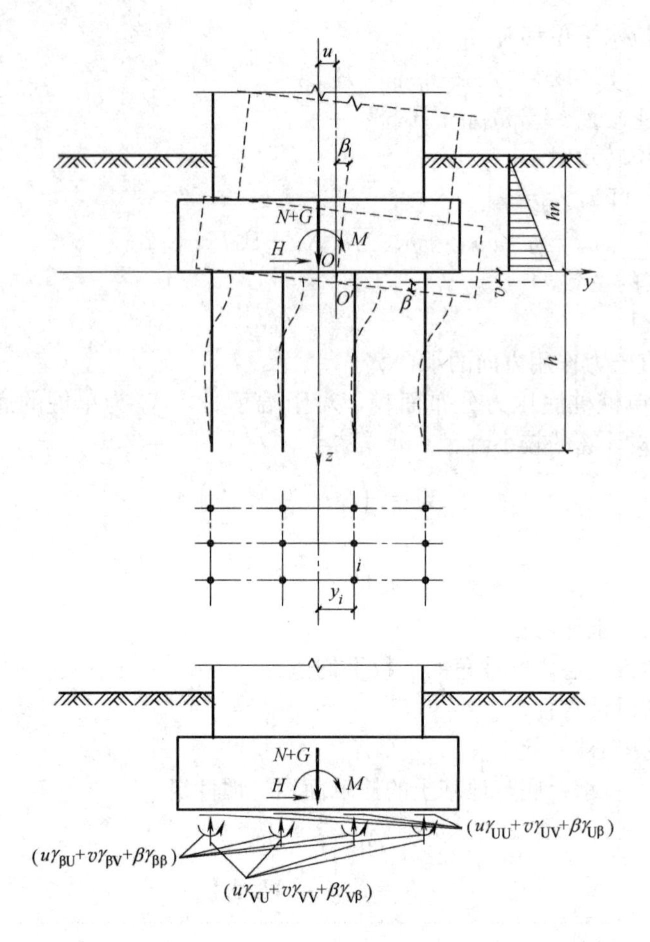

图 16.6-1 承台脱离体

(1) 竖向位移（L） $V=\dfrac{(N+G)}{\gamma_{VV}}$

(2) 水平位移（L） $u=\dfrac{\gamma_{\beta\beta}H-\gamma_{U\beta}M}{\gamma_{UU}\gamma_{\beta\beta}-\gamma_{U\beta}^{2}}-\dfrac{(N+G)\gamma_{UV}\gamma_{\beta\beta}}{\gamma_{VV}(\gamma_{UU}\gamma_{\beta\beta}-\gamma_{U\beta}^{2})}$

(3) 转角（弧度） $\beta=\dfrac{\gamma_{UU}M-\gamma_{U\beta}H}{\gamma_{UU}\gamma_{\beta\beta}-\gamma_{U\beta}^{2}}+\dfrac{(N+G)\gamma_{UV}\gamma_{U\beta}}{\gamma_{VV}(\gamma_{UU}\gamma_{\beta\beta}-\gamma_{U\beta}^{2})}$

8）求任一基桩桩顶内力

(1) 轴向力（F） $N_{0i}=(V+\beta X_i)\ \rho_{NN}$（$X_i$ 在原点以右取正，以左取负）

(2) 水平力（F） $H_{0i}=U\rho_{HH}-\beta\rho_{HM}$

(3) 弯矩（F×L） $M_{0i}=\beta\rho_{MM}-U\rho_{MH}$

9）求任一深度桩身弯矩（F×L）

$$My=\alpha^{2}EI\left(UA_{3}+\frac{\beta}{\alpha}B_{3}+\frac{M_{0}}{\alpha^{2}EI}C_{3}+\frac{H_{0}}{\alpha^{3}EI}D_{3}\right)$$

式中 $m_0=\dfrac{M}{n}+\dfrac{H}{N}\times l_0$

$H_0=\dfrac{H}{n}$

A_3、B_3、C_3、D_3 查表 C. 0. 3-4（桩身变截面配筋时用）

10）求任一基桩桩身最大弯矩及其位置

（1）最大弯矩位置（L）

由 $C_1=\dfrac{\alpha M_0}{H_0}$ 查表 C. 0. 3-5 得相应的 αy，$y_{max}=\alpha y/\alpha$

（2）最大弯矩（F×L）$M_{max}=H_0/D_{II}$　D_{II} 查表 C. 0. 3-5

11）求承台和侧墙的弹性抗力

（1）水平抗力（F）　$H_E=UB_0F^c+\beta B_0S^c$

（2）反弯矩（F×L）　$M_E=UB_0S^c+\beta B_0I^c$

12）求承台底地基土的弹性抗力和摩阻力

（1）竖向抗力（F）　$N_b=VC_bA_b$

（2）水平抗力（F）　$H_b=\mu N_b$

（3）反弯矩（F×L）　$M_b=\beta C_bI_b$

13）校核水平力的计算结果

$$\sum H_i+H_E+H_b=H$$

3. 对上述附录 C 方法的讨论

上述方法简称为 m 法。m 法是弹性地基反力法，假定土为弹性体，将桩和土进行弹性变形协调，用梁在弹性地基上的变形理论来解算桩的水平抗力。

用 m 法分析带地下室的桩基抗震问题有如下特点：

1）在弹性理论的前提下考虑三个部分刚度的变形协调，即：

（1）桩土共同工作桩的竖向刚度、水平刚度和转角刚度；

（2）承台或地下室底板桩间土的竖向刚度；

（3）承台或地下室侧墙土的水平刚度和转角刚度。

2）影响三个部分刚度的因素如下：

（1）影响桩的刚度的因素：

桩侧土和桩底土的抗力系数的比例系数 m_1（地基土的因素），其影响因素主要为：

桩长、桩径、桩的 EI（含混凝土强度等级和配筋），单桩竖向承载力（即桩的总体数量）。

（2）影响桩间土刚度的因素

承台底或地下室底板下地基土的竖向抗力系数的比例系数 m_b，影响因素：桩间土的面积、桩的数量和竖向刚度；

（3）影响承台或地下室墙侧土的刚度的因素

墙侧土的抗力系数的比例系数 m_n，影响因素有：承台或墙的埋深和面积。

3）假定承台或地下室为刚性体，桩顶与承台或地下室为刚接。

4）地基土抗力系数的各项比例系数 m 的取值分析

（1）基桩桩侧土水平抗力系数的比例系数 m_1

基桩桩侧土水平抗力系数的比例系数 m_1，一般可通过单桩水平静载荷试验确定，如没有试 验资料，也可按《建筑桩基技术规范》表 5. 7. 5 确定，相对接近实际。m_1 反映了作为弹性体的桩与弹性体的桩周土的变形协调关系。

基桩桩底的地基土的抗力系数的比例系数反映了桩土共同工作的竖向刚度，近似取m_1。

(2) 承台底或地下室底板以下地基土的抗力系数的比例系数m_b

承台底或地下室底板以下地基土的抗力系数的比例系数m_b是反映作为刚性体的承台或地下室底板下的地基土在竖向力作用下的竖向刚度。不能用在水平力作用下桩土共同工作的水平抗力系数的比例系数来替代。

影响范围：

A. 影响桩和桩间土承担竖向力的分担比例；

B. 影响竖向变形量的计算；

C. 影响桩间土承担的水平摩阻力的计算量。

承台底或地下室底板以下地基土抗力系数的比例系数m_b的计算分析

① 桩间地基土抗力的静力分析

按《建筑桩基技术规范》，承台底或地下室底板下桩间土承受的摩擦力H_b^J按下式计算：

$$H_b^J=\mu P_c=\mu\eta_c f_{ak}(A-nA_{ps}) \tag{16.6.1}$$

式中 p_c——承台底地基土分担的总荷载标准值；

μ——承台底与地基土间的摩擦系数；

η_c——承台效应系数；

f_{ak}——承台下1/2承台宽度且不超过5m深度范围内各层土的地基承载力特征值按厚度的加权平均值；

A——承台总面积；

A_{ps}——桩身截面面积；

n——总桩数。

按上式计算得出的桩间土承担的竖向力P_c，是基于桩间土竖向承载力特征值得出的。此时，地基土在弹性阶段工作，属于小变形。当桩间土的分担比例超过f_{ak}时，桩间土的变形将加大，土的塑性变形的比例将加大，桩土之间将产生内力重分布。

该式的计算是静力分析。

② 依据文克尔假定的弹性理论分析

弹性地基梁已有实用的计算方法和实用的计算机软件，但如何确定桩间土的基床系数(即弹簧刚度)仍非常困难，因此难于得到设计实用的弹性理论方法。

③ 简化计算方法

按《建筑桩基技术规范》附录C求解承台底或地下室底板下地基土的弹性抗力的最终表式为：

$$N_b=VC_bA_b \tag{16.6.2}$$

式中 V——承台或地下室的竖向变位；

A_b——承台底或地下室底板与地基土的接触面积$A_b=F-nA$；

C_b——承台底或地下室底板下地基土的抗力系数$C_b=m_bh_n\eta_c$。

上式可写为：

$$N_b=Vm_bh_n\eta_c(F-nA) \tag{16.6.3}$$

式中 m_bh_n——弹簧刚度。

按前述静力分析的桩基地基土抗力的表达式

$$P_c = f_{ak}\eta_c(A - nA_{ps}) \tag{16.6.4}$$

由于 $P_c = N_b$，两式对比，如果能得到地基土在 f_{ak} 竖向力作用下的变位 δ，即可得到相应的弹簧刚度

$$K = f_{ak}/\delta \tag{16.6.5}$$

因而，采用桩基规范桩间土分担竖向力的公式，分析桩间土达到竖向承载力特征值时的竖向变形量 δ 值。

方法一：当有条件时进行现场载荷板原位试验，取 P-S 曲线上 f_{ak} 特征值对应的变形量为 δ。

方法二：当没有条件进行原位试验时，按以下方法简化计算：

按《建筑地基基础设计规范》GB 50007—2011（以下简称《建筑地基基础设计规范》）深层平板载荷试验要点，深层平板载荷试验的承压板采用直径为 0.8m 的刚性板，并且规定沉降量超过 $0.04d$ 时终止加载，取前一级荷载为极限荷载。当该值小于对应比例界限的荷载值的 2 倍时，取极限荷载值的一半为承载力特征值，也可取 $s/d = 0.01 \sim 0.015$ 所对应的荷载值。

直径 80cm 的刚性板，$0.04d = 3.2$cm。

$s/d = 0.01 \sim 0.015$　$s = 0.8 \sim 1.2$cm

可取 $\delta = 1$cm 为对应的特征值 f_{ak} 的变形值。

按上述两个方法得到的 f_{ak} 对应的竖向变形 δ，桩间土的竖向刚度可定义为

$$K = f_{ak}/\delta$$

按前述的《建筑桩基技术规范》附录 C 中，承台底地基土竖向抗力系数 C_b。

$$C_b = m_b h_n \eta_c \tag{16.6.6}$$

上式中　$m_b h_n$ 即为弹簧刚度，则有

$$K = m_b h_n = f_{ak}/\delta \tag{16.6.7}$$

则有

$$m_b = K/h_n = f_{ak}/(\delta \cdot h_n) \tag{16.6.8}$$

可得到承台或地下室底板桩间土竖向抗力系数的比例系数 m_b。

按本简化方法得出的弹簧刚度可认为地基土在弹性阶段工作，力学模型符合承台或地下室底板作为刚性假定的结构在竖向力作用下的工作条件，并符合了《建筑桩基技术规范》附录 C 的弹性理论计算体系。如果承台底位于浅层，可用浅层平板载荷试验要点，用相同的方法确定 δ 值。当进行地下室底板计算时，f_{ak} 应进行深度和宽度修正。

（3）承台或地下室墙侧土的水平抗力系数的比例系数 m_n

承台或地下室墙侧土的水平抗力系数的比例系数 m_n 的取值应考虑两个方面的因素：

第一方面：承台或地下室墙侧土的水平抗力系数的比例系数，不应与桩的相同，因为一般情况下承台或地下室与桩所处的工程地质的性质差异是较大的。

第二方面：承台或地下室是按刚性假定的，这与弹性的桩与桩侧土的水平抗力系数的比例系数会有较大的差异。有关文献指出，地下连续墙的水平抗力系数的比例系数远比桩的要小，日本的经验为桩的 20%。

承台或地下室墙侧土的水平抗力系数的比例系数 m_n 取值的分析：

① 静力分析方法

按朗肯理论计算的被动土压力，作为承台或地下室墙侧土的水平抗力。被动土压力的计算不仅考虑了土的重度，而且考虑了土的抗剪强度，即土的黏聚力 c 和内摩擦角 φ 且达到被动土压力时墙的位移达到 $0.05H$（H 为墙高），因此该值偏大，有的文献提出采用该方法仅应取用被动土压力的 1/3 作为墙背的抗力。而计算理论是静力平衡。

按静止土压力计算，即按下式计算：

$$e_{0ik} = (\sum_{j=1}^{i} \gamma_j h_j + q) k_{0i} \tag{16.6.9}$$

式中 γ_j——计算点以上第 j 层土的重度；

h_j——计算点以上第 j 层土的厚度；

q——地面均布荷载（本处取 $q=0$）；

k_{0i}——计算点处的静止土压力系数。

用该式计算承台或地下室墙侧土的水平抗力，略显保守，但更接近实际。而计算理论也是静力平衡。

② 依据文克尔假定的弹性理论分析方法

文克尔假定的弹性理论的关键是要确定基床系数 K，即弹性地基假定的弹簧刚度，其力学概念为结构产生单位变位地基土的反力。

我们引入地基土变形模量 E_0 的概念（文献［17］、文献［18］）

土的变形模量 E_0 是指在单轴受力且无侧限条件下的应力与应变之比。由于土的变形中既有弹性变形又有塑性变形，因此称为变形模量。

土的变形模量多根据载荷试验结果求得，即根据 P-s 曲线中的直线或接近于直线的试验数据，按下述弹性理论公式求得：

$$E_0 = (1-\mu^2)\frac{P}{sd} \tag{16.6.10}$$

式中 E_0——土的变形模量 K_{pa}；

P——作用在载荷板上的总荷载，kN；

s——与荷载 P 相对应的沉降量；

d——相当于圆形承压板直径；

μ——土的泊松比。

由上述概念可知，地基土的变形模量 E_0 也即是文克尔假定的基床系数 K。通过工程地质的试验可以获得工程地基土的泊松比 μ，如果有条件进行现场原位水平方向刚性载荷板试验，可以直接得到承台或地下室墙侧土水平方向的基床系数，即可以求得水平抗力系数的比例系数 m_n。当有条件时，这是首选的方法。

③ 依据变形模量概念 E_0 的简化计算方法。

由上述理论分析的概念可知，地基土的变形模量的概念更接近承台侧面或地下室侧墙水平受力时的工作条件，但由于地基土的特性，竖向受力状态下承压板试验获得的变形模量与水平受力状态下承压板试验获得的变形模量是有差异的。在工程实践中，要求进行水平向载荷板试验获得承台或地下室墙侧土水平向变形模量比较困难，因此设定三个条件得到承台或地下室墙侧土水平抗力系数的比例系数 m_n。

第一，承台或地下室墙侧土水平向的变形模量即为文克尔假定的弹簧刚度；

第二，按前述段落取地基土达到承载力特征值 f_{ak} 时的作用力和变形量近似计算地基土竖向力作用下的应力-应变关系；

第三，地基土竖向变形模量和水平向变形模量的差异，近似取修正系数（参照文献[13]）。

承台或地下室墙侧土水平抗力系数的比例系数 m_n 的简化计算方法：

设：承台或地下室墙侧土水平向的变形模量为 E_{0n}；

设：E_{0n} 即为文克尔假定的基床系数（弹簧刚度）K_n，也即为前述《建筑桩基技术规范》附录C中 m 法的 C_n，表达式为：

$$E_{0n}=C_n=m_n h_n \tag{16.6.11}$$

设：将（16.6.10）式中的 P 取为地基土受力达到竖向承载力特征值时的竖向力，此处定义为 P_{ak}，此时相应的沉降量 s 按前一节相同的方法取值，当为深层时取 $S=1$cm；当为浅层时取为 1.2cm。

$$P_{ak}=f_{ak}\cdot\pi\cdot d^2/4 \tag{16.6.12}$$

式中 d——载荷板直径 $d=0.8$m。

由式（16.6.10）可得：

$$E_0=(1-\mu^2)P_{ck}/sd \tag{16.6.13}$$

考虑水平方向的修正

$$E_{0n}=(1-\mu^2)\frac{P_{ak}}{sd}\alpha\cdot\beta^{-\frac{3}{4}} \tag{16.6.14}$$

式中 α——侧面修正系数取 1～1.2，较浅时取 1.0，较深时取 1.2（参照文献 13）。

β——水平荷载作用下的换算宽度，$\beta=d=0.8$，$\beta^{-\frac{3}{4}}=1.18$（参照文献 13）。

将式（16.6.13）、（16.6.14）代入得：

$$E_{0n}=C_n=(1-\mu^2)f_{ak}\pi d\alpha\beta^{-\frac{3}{4}}/4s \tag{16.6.15}$$

$$m_n=C_n/h_n=(1-\mu^2)f_{ak}\pi d\alpha\beta^{-\frac{3}{4}}/4sh_n \tag{16.6.16}$$

按本简化方法得出的弹簧刚度可认为土在弹性阶段工作，力学模型基本符合承台或地下室墙体作为刚性假定的结构在水平力作用下的工作条件，符合了《建筑桩基技术规范》附录C的弹性理论计算体系。

16.6.4 计算实例

1. 某B级高度的超限工程

1）工程概况

公寓式写字楼，30层，第1、2、3层层高为4.8m，第4～30层层高为3.0m，总高度95.4m，轴线长44.1m，宽18.9m，地下室外边线长48.1m，宽22.9m。剪力墙结构体系。由于1～2层的建筑功能为商业，需要较大的空间，因此结构体系采用部分框支剪力墙结构，在第2层用梁式转换。抗震设防类别为丙类，抗震设防烈度8度，设计基本地震加速度0.20g，设计地震分组第二组，场地类别Ⅲ类，设计特征周期0.55s，罕遇地震时0.6s。由于总高度超过80m，本项目为B级高度的框支剪力墙超限高层。因此，进行了小震、中震和大震的性能目标设计和计算。

本例按分别设有一层地下室和二层地下室进行桩基抗震验算分析

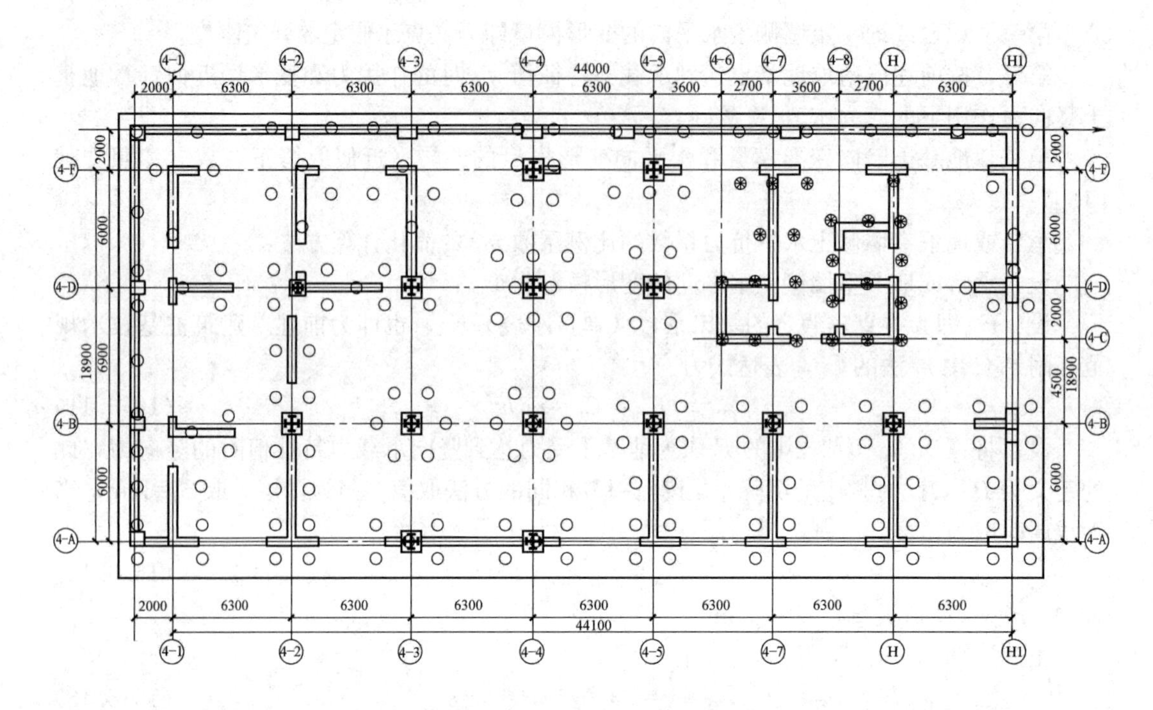

图 16.6-2 基础平面布置简图

当设一层地下室时，地下室埋深－5m，$N+G=416765$kN

当设二层地下室时，地下室埋深－9m，$N+G=428750$kN

上部结构在小震、中震、大震时传来的地震作用见表 16.6-1。

上部结构传来的地震作用 **表 16.6-1**

地震作用	X向		Y向	
	剪力 H(kN)	弯矩 M(kN·m)	剪力 H(kN)	弯矩 M(kN·m)
小震	244737	1356569	27346	1478123
中震	49673	2718600	55848	2966423
大震	57450	2134500	64770	2869950

本项目的桩基采用ϕ600mm的长螺旋钻孔压力灌注钢筋混凝土桩，桩长28m，单桩竖向承载力特征值3750kN，共186根。

单桩竖向承载力特征值考虑1.25的抗震承载力调整系数后为4688kN。

单桩竖向承载力极限值为7500kN。

单桩抗震抗拉承载力特征值为1875kN（配筋率大于0.65%时才能达到）。

单桩抗拉承载力极限值为3750kN（配筋率大于0.65%时才能达到）。

由于本项目没有单桩水平静载试验资料，按式（5.7.2-1）计算单桩水平承载力特征值，并考虑1.25的抗震载力调整系数。

$$1.25R_{ha}=1.25\frac{0.75\alpha\gamma_m f_t w_0}{\nu_M}(1.25+22\rho_g)\left(1\pm\frac{\zeta_n N_K}{\gamma_m f_t A_n}\right)=130\text{kN}$$

当以上承载力不满足要求，桩的配筋率大于0.65%，按桩的水平变位控制桩的水平承载力时

$1.25R_{ha}=1.25\times0.75\times\alpha^3EI/\nu_x\times\chi_{0a}=1.25\times336.5kN=421kN$ （按3mm变形计算）

单桩水平承载力极限值为 336.5/0.75=449kN

2）基本参数取值。

承台效应系数按表 5.2.5，取 $\eta_c=0.2$。

地基土与承台之间的摩擦系数按表 5.7.3-2，取 $\mu=0.35$。

3）地基土抗力系数的比例系数取值。

（1）根据工程地质岩土工程勘察报告分析，桩侧土水平抗力系数的比例系数 $m_1=100MN/m^4$。

（2）地下室墙侧土水平抗力系数的比例系数按上述简化方法计算 $m_n=4MN/m^4$。

（3）地下室底板桩间土竖向抗力系数的比例系数，按上述简化方法计算 $m_b=6MN/m^4$。

4）计算结果

桩基抗震验算结果（一层地下室） **表 16.6-2**

作用方向	烈度	地震作用		单桩顶竖向力 $N_{i,max}$(kN)	单桩顶竖向力 $N_{i,min}$ (kN)	单桩顶水平力 H_i (kN)	正面侧墙抗力 H_E(kN)	底板摩擦 H_b (kN)	$\sum H_i+H_E+H_b$
		水平力 H (kN)	弯矩 M (kN·m)						
X 向	小震	24437	1356569	2550	962	96	899	5698	24437
	中震	49673	2718600	3354	160	225	2054	5698	49673
	大震	57450	2134500	3020	495	266	2291	5698	57450
Y 向	小震	27346	1478123	4673	−1159	92	4471	5698	27347
	中震	55848	2966423	7620	−4106	218	9512	5698	55848
	大震	64770	2869950	7445	−3931	264	10052	5698	64770

桩基抗震验算结果（二层地下室） **表 16.6-3**

作用方向	烈度	地震作用		单桩顶竖向力 $N_{i,max}$(kN)	单桩顶竖向力 $N_{i,min}$ (kN)	单桩顶水平力 H_i (kN)	正面侧墙抗力 H_E(kN)	底板摩擦 H_b (kN)	$\sum H_i+H_E+H_b$
		水平力 H (kN)	弯矩 M (kN·m)						
X 向	小震	24437	1356569	2496	974	64	2373	1026	24437
	中震	49673	2718600	3264	206	180	6029	1026	49673
	大震	57450	2134500	2940	530	219	6641	1026	57450
Y 向	小震	27346	1478123	4370	−900	17	14068	1026	27347
	中震	55848	2966423	7025	−3555	81	30671	1026	55848
	大震	64770	2869950	6855	−3386	122	31946	1026	64770

在水平地震作用下地下室水平和竖向位移值（mm） **表 16.6-4**

位移方向	X 向		Y 向		Z 向	
地下室层数	1	2	1	2	1	2
小震	0.69	0.48	1.07	0.53	2.77	2.74
中震	1.61	1.30	2.38	1.37		
大震	1.85	1.54	2.65	1.62		

按静止土压力计算的土压力

当为一层地下室时：X方向 $e_x=4105\text{kN}$

Y方向 $e_y=8622\text{kN}$

当为二层地下室时：X方向 $e_x=13140\text{kN}$

Y方向 $e_y=27599\text{kN}$

当按《建筑桩基技术规范》静力法计算的桩向土分担的摩擦力为：

$$H_b=17131\text{kN}$$

5）计算结果分析

（1）分别验算了有1、2层地下室在小震、中震、大震作用下，X、Y方向共12种情况。

（2）地下室的水平位移竖向位移均小于简化计算的假定，符合弹性阶段的工作条件。地下室侧墙承担的抗力在中震和大震时略大于静止土压力。底板桩间土分担的摩擦力小于静力法计算的摩擦力。

（3）一层地下室时

在小震作用下

① 桩顶水平力

X方向：$H_i=96\text{kN}$，Y方向：$H_i=92\text{kN}$

均小于单桩抗震水平承载力特征值

② 桩顶竖向最大压力

X方向：$N_{i\max}=2552\text{kN}$，Y方向：$N_{i\max}=4673\text{kN}$

X方向、Y方向竖向最大压力小于单桩抗震竖向承载力特征值，4688kN。

③ 桩顶竖向最小压力

X方向：$N_{i\min}=962\text{kN}$，Y方向：$N_{i\min}=-1159\text{kN}$

X方向没有出现拉力。

Y方向出现拉力，当桩身配筋率大于0.65%时，小于单桩抗震抗拉承载力特征值，1875kN。

在中震作用下：

① 桩顶水平力：

X方向：$H_i=225\text{kN}$，Y方向：$H_i=218\text{kN}$

X方向、Y方向均大于配筋率小于0.65%时，单桩抗震水平承载力特征值，均小于配筋率大于0.65%时单桩水平承载特征值。

② 桩顶竖向最大压力

X方向：$N_{i\max}=3354\text{kN}$，Y方向：$N_{i\max}=7620\text{kN}$

X方向的竖向压力小于单桩抗震竖向承载力特征值。

Y方向的竖向压力大于单桩抗震竖向承载力特征值4688kN，不满足要求。

③ 桩顶竖向最小压力

X方向：$N_{i\min}=160\text{kN}$，Y方向：$N_{i\min}=-4106\text{kN}$

X方向没有出现拉力。

Y方向出现拉力且大于单桩抗震抗拉承载力特征值−1875kN，不满足要求。

在大震作用下：

① 桩顶水平力：

X 方向：$H_i=266\text{kN}$，Y 方向：$H_i=264\text{kN}$

X 方向、Y 方向均大于配筋率小于 0.65%的单桩抗震水平承载力极限值，而小于配筋率大于 0.65%时单桩抗震水平承载力极限值。

② 桩顶竖向最大压力

X 方向：$N_{i\max}=3020\text{kN}$，Y 方向：$N_{i\max}=7445\text{kN}$

X 方向、Y 方向竖向压力均小于单桩抗震竖向承载力极限值。

③ 桩顶竖向最小压力

X 方向：$N_{i\min}=495\text{kN}$，Y 方向：$N_{i\min}=-3931\text{kN}$

X 方向没有出现拉力。

Y 方向出现拉力，且大于单桩抗拉承载力极限值，不满足要求。

（4）二层地下室时

在小震作用下

① 桩顶水平力

X 方向：$H_i=64\text{kN}$，Y 方向：$H_i=17\text{kN}$

X 方向、Y 方向均小于单桩抗震水平承载力特征值。

② 桩顶竖向最大压力

X 方向：$N_{i\max}=2496\text{kN}$，Y 方向：$N_{i\max}=4370\text{kN}$

X 方向、Y 方向竖向最大压力均小于单桩抗震竖向承载力特征值。

③ 桩顶竖向最小压力

X 方向：$N_{i\min}=989\text{kN}$，Y 方向：$N_{i\min}=-906\text{kN}$

X 方向没有出现拉力。

Y 方向出现拉力且小于单桩抗震抗拉承载力特征值。

在中震作用下

① 桩顶水平力

X 方向：$H_i=180\text{kN}$，Y 方向：$H_i=81\text{kN}$

X 方向水平力大于配筋率小于 0.65%时的单桩抗震水平承载力特征值，但小于配筋率大于 0.65%时的单桩抗震水平承载力特征值。

Y 方向小于单桩抗震水平承载力特征值。

② 桩顶竖向最大压力

X 方向：$N_{i\max}=3264\text{kN}$，Y 方向：$N_{i\max}=7025\text{kN}$

X 方向竖向最大压力小于单桩抗震竖向承载力特征值。

Y 方向竖向最大压力大于单桩抗震竖向承载力特征值，不符合要求。

③ 桩顶竖向最小压力

X 方向：$N_{i\min}=206\text{kN}$，Y 方向：$N_{i\min}=-3555\text{kN}$

X 方向没有出现拉力。

Y 方向出现拉力，且大于单桩抗震抗拉承载力特征值 1875kN，不满足要求。

在大震作用下

① 桩顶水平力

X 方向：$H_i=219\mathrm{kN}$，Y 方向：$H_i=122\mathrm{kN}$

X 方向桩顶水平力大于配筋率小于0.65%时单桩抗震水平承载力极限值单桩抗震水平承载力极限，但小于配筋率大于0.65%时的单桩抗震水平承载力极限值单桩抗震水平承载力极限值。

Y 方向桩顶水平力小于单桩抗震水平承载力极限值。

② 桩顶竖向最大压力

X 方向：$N_{i\max}=2940\mathrm{kN}$，$Y$ 方向：$N_{i\max}=6855\mathrm{kN}$

X 方向、Y 方向竖向最大压力均小于单桩抗震竖向承载力极限值。

③ 桩顶竖向最小压力

X 方向：$N_{i\min}=530\mathrm{kN}$，Y 方向：$N_{i\min}=-3386\mathrm{kN}$

X 方向没有出现拉力。

Y 方向出现拉力，拉力小于配筋率大于0.65%时的单桩抗震抗拉承载力极限值3750kN。

6）桩基抗震验算结果的机理分析

（1）桩顶竖向力分析：

① X 方向：

X 方向，设一层地下室和二层地下室，不论是小震、中震还是大震，桩顶承受的最大压力均小于性能目标基桩的抗力，并且桩顶没有出现拉力。

② Y 方向

Y 方向在小震作用下，设一层地下和设二层地下室，桩顶承受的最大压力均小于性能目标基桩的抗力，而桩顶承受的最大拉力只有当桩身配筋率大于0.65%时，才能满足性能目标抗力的要求。

Y 方向在中震作用下，桩顶承受的最大压力和最大拉力都不能满足性能目标抗力的要求。

Y 方向在大震作用下，设一层地下室或二层地下室桩顶承受的最大压力可以满足性能目标的抗力要求，没有达到极限承载力。当设一层地下室时，桩顶承受的最大拉力超过性能目标的抗力，即超过单桩抗拉极限承载力；当设二层地下室时，桩顶承受的最大拉力，小于性能目标的抗力，即小于单桩抗拉极限承载力。

③ 桩顶竖向力分析得到的启示：

本例建筑的高宽比（建筑总高度95.4m） **表16.6-5**

	建筑宽度(m)	高宽比	地下室宽度(m)	地下室高宽比
X 方向	18.9	5.05	22.9	4.17
Y 方向	44.1	2.16	48.1	1.95

由计算结果的分析和与上表的对照可知，高层建筑的高宽比对桩基竖向抗震能力影响很大。

本例：X 方向高宽比为2，设一层地下室或设二层地下室，在小震、中震和大震中，竖向作用力的最大值和最小值（没有出现拉力）都能满足性能目标的要求。

Y方向，高宽比在4～5之间，在设防烈度作用下压力和拉力都不满足中震弹性的性能目标；大震时的桩顶拉力接近或超过性能目标即单桩抗拉极限值。

这是由于高宽比大，地下室宽度小，群桩在Y方向的整体抗弯刚度小，在倾覆力矩作用下，拉、压很难满足性能目标要求。

本例计算结果还可看出，大震的竖向力均略小于小震的竖向力，是因为大震时上部结构局部进入塑性，总倾覆力矩小于中震所致。

（2）桩顶水平力分析：

由计算结果的分析可以验证，在水平地震作用下，影响桩顶水平力大小的因素有以下几项：

① 桩与承台或地下室共同工作的结构体系，桩土共同工作的水平抗侧力刚度越大，即m_1越大，桩顶分配到水平地震作用越大。

② 按刚性假定的承台或地下室侧面土的抗侧力刚度越大，即m_n越大，承台或地下室墙侧分配到的水平地震作用越大，桩顶的水平力相应减少。

③ 承台或地下室侧墙的面积越大，地下室的埋深越大，承台或地下室墙侧承担的水平地震作用越大，桩顶的水平力相应减少。

④ 按刚性假定的承台或地下室的桩间土抗竖向力的刚度越大，即m_b越大，桩间土分担的竖向力越大，在水平地震作用下相应的摩擦力也越大，桩顶水平力相应减少。

按上述分析，桩在桩顶以下一定范围内（按桩身弯矩和剪力分析确定）桩的配筋率应大于0.65%，才能满足性能目标的要求。

（3）当承台或地下室及桩周土为液化土层时，还应按《建筑抗震设计规范》的要求进行相应的验算。

7）本例小结

（1）地震作用下，特别是8度及8度以上抗震设防的高层建筑桩基的抗震验算应引起重视。

（2）8度及8度以上抗震设防的一般超限高层和超高层建筑，当建筑的高度与地下室的宽度之比大于等于4时，必须调整桩的配筋和布置或从建筑方案上调整建筑的高宽比，特别是加大地下室的宽度，确保在设防烈度下边角区域桩的压力和拉力满足性能目标的要求。本算例验证了文献16日本阪神和美国阿拉斯加地震非埋入式柱基产生破坏的震害实例。高宽比的限值是否为4，还需深入研究分析。

（3）8度及8度以上抗震设防的一般超限高层和超高层建筑，桩的配筋率不应简单地按小于0.65%配筋。

① 当设一层地下室时，桩的配筋率应大于0.65%，并按水平抗震验算配筋，才能满足设防烈度和罕遇地震时性能目标的要求。

② 当设二层地下室，地下室的宽度较小，墙侧土分担的水平地震作用较小时，桩的配筋率仍应大于0.65%并按水平抗震验算配筋，才能满足设防烈度和罕遇地震时性能目标的要求。

（4）按本例简化计算的墙侧土和桩间土的文克尔假定的弹簧刚度，即抗力系数的比例系数m_n和m_b，虽有简化假定的理论分析，仍需试验和实践的检验。

（5）本例对8度及8度以上一般的超限高层和超高层建筑，基于其重要性和桩基的不可修复性将桩、承台或地下室底板、桩与承台或地下室底板的连接的性能目标按《建筑抗震设计规范》性能2在设防烈度作用下定为弹性工作，高于上部结构应该是合理的，但仍需得到专家和权威部门的认可。

参考文献

[1] 建筑抗震设计规范 GB 50011—2010. 北京：中国建筑工业出版社，2011.
[2] 建筑桩基技术规范 JGJ 94—2008. 北京：中国建筑工业出版社，2009.
[3] 龚思礼主编. 建筑抗震设计手册（第二版）. 北京：中国建筑工业出版社，2003.
[4] 周锡元，王广军，苏经宇. 场地·地基·设计地震. 北京：地震出版社，1990.
[5] 刘惠珊. 桩基抗震设计探讨——日本阪神大地震的启示. 工程抗震，2000年第3期.
[6] 刘惠珊. 现行抗震规范中的液化土中桩基计算方法的讨论. 工业建筑，1994年4月.
[7] 林天健，熊厚金，王利群编著. 桩基础设计指南. 北京：中国建筑工业出版社，1999.
[8] 刘昌杞. 日本建筑基础抗震设计指南. 工程抗震，1992年第3期.
[9] 张雁，刘金波主编. 桩基手册. 北京：中国建筑工业出版社，2009.
[10] 建筑工程抗震性态设计通则 CECS 160. 北京：中国计划出版社，2004.
[11] 胡庆昌，孙金墀，郑琪编著. 建筑结构抗震减震与连续倒塌控制. 北京：中国建筑工业出版社，2007.
[12] 黄强编著. 桩基工程若干热点技术问题. 北京：中国建材工业出版社，1996.
[13] 尉希成编著. 支挡结构设计手册. 北京：中国建筑工业出版社，1995.
[14] 建筑边坡工程技术规范 GB 50330—2013. 北京：中国建筑工业出版社，2014.
[15] 王卫东，王建华著. 深基坑支护结构与主体结构相结合的设计、分析与实例. 北京：中国建筑工业出版社，2007.
[16] 汪大绥，周建龙. 我国高层建筑钢—混凝土混合结构发展与展望. 建筑结构学报，2010年6月.
[17] 顾晓鲁，钱鸿缙，刘惠珊，汪时敏主编. 地基与基础（第二版）. 北京：中国建筑工业出版社，1993.
[18] 陈希哲编著. 土力学地基基础（第三版）. 北京：清华大学出版社，1998.
[19] 建筑地基基础设计规范 GB 50007—2011. 北京：中国建筑工业出版社，2012.

第 17 章　桩基工程质量检验

关立军（中国建筑科学研究院）

17.1　概述

桩的应用历史悠久，种类繁多。按其使用用途，可分为承受竖向荷载，利用深层土体提供抗力的基础桩；主动或被动承受水平荷载，用来支挡土体的围护桩以及用于地基处理或岩土加固中的增强体。从传统意义上讲，这几类桩属于刚性桩的范畴，本章所讨论的桩的质量检验，主要是针对这些桩而言。

由于桩基础属于隐蔽工程，受地质条件、施工水平的影响，施工质量具有很多不确定性的因素。桩基一旦出现质量问题，势必会危及建筑物的安全，造成建筑成本的增加。因此，加强基桩施工过程中的质量管理和施工后的质量检测，提高基桩质量检测工作的质量和检测评定结果的可靠性，对确保整个桩基工程的质量与安全具有重要意义。

根据现行的《建筑桩基技术规范》JGJ 94（以下简称桩基规范），桩基工程的质量检验分为三个阶段，即施工前检验、施工过程中检验及施工后的成桩检验。对于前两个阶段，我们将在 17.3 节中详细叙述，本节只对成桩后的质量检验方法进行介绍。

《建筑基桩检测技术规范》JGJ 106（以下简称基桩检测规范）对成桩检测技术进行了详细的叙述，在宏观上将基桩检测分为直接法和半直接法，检测内容主要集中在承载力和完整性两个方面。规范中对检测方法进行了分类，可根据不同的检测目的进行选择；其中，直接法包括成桩后的现场静载试验和钻芯法检测，半直接法为基于振动或波动理论的动测方法。

直接法中的静载试验技术简单、方法明确，可在施工前为桩基设计提供所必须的设计参数，如单桩承载力、桩侧阻力和桩端阻力信息、土抗力与位移的关系以及桩的荷载传递机理，也可通过试验对桩型和桩端持力层的选择进行比较，使地基土抗力与桩身结构强度合理匹配。

但静载试验的局限性也比较明显。首先，是费时、费力和成本高，特别是随着桩基施工技术的提高，超长桩、特大型桩及异形桩的出现，静载检测成本直线上升，常规试验方法（如锚桩法）因单桩承载力高、试验设备不足或场地限制而无法实施，堆载法也存在诸如支墩边与基准桩中心距离、支墩下地基土加固等技术条件的限制，处置不当将导致试验数据的失真；其次，静载试验是基于百分比抽样原则，而非建立在科学的概率统计学基础之上，地质条件的复杂性和桩基施工的非均质性，使对工程桩质量的整体评价存在片面性和较低的置信度，至少在承载力检测一项上就存在只对来样负责、试桩结果仅限于少量试桩本身之嫌。

直接法中的钻芯法检测是一种微破损或局部破损的完整性检测方法，具有科学、直观、实用等特点，不仅可以检测桩身混凝土质量、利用芯样试件抗压强度结果综合评价桩身混凝土强度，而且还可查明桩底沉渣厚度、混凝土与持力层的接触情况、持力层的岩土性状以及是否存在夹层，同时还可测定有效桩长；对于有缺陷却无法定性判别缺陷类型的桩，钻芯法可通过钻取芯样的表观质量对缺陷类型进行识别和判定。

钻芯法作为完整性检测方法，存在现场检测时间长、成本高等缺点，突出的问题主要体现在以下两个方面：一是对于长桩和超长桩，钻芯法因成孔的垂直度、钻芯孔的垂直度、钻芯设备及操作人员等多种因素影响，可能达不到全长取芯的目的，钻头在钻进途中就偏出桩身；二是在对钻取芯样试件的抗压强度评定上，因芯样强度与立方体强度比值的统计结果离散性较大，目前还不能给出科学、准确的强度修正计算方法。

半直接法在基桩检测规范中主要指基于波动理论的动测方法，而以振动理论为依据的机械阻抗法，因设备复杂、操作麻烦在市场上没有得到广泛推广，但不可否认也是一种有效的测试手段。

桩的动测技术在近几十年来发展迅速，得益于计算机软件、硬件水平的提升，主要体现在测试设备的不断完善和更新上。如瑞典 PID 打桩分析仪、荷兰建筑材料与建筑结构研究所的 TNO 基桩诊断分析系统、美国 PDI 公司生产的 PIT 桩身完整性检测仪和 PDA 打桩分析仪等一系列国外先进仪器的引进，中国建筑科学研究院的 FEI 系列、中科院武汉力学研究所的 RSM 系列以及武汉岩海工程技术开发公司的 RS 系列等桩基动测系统的自主研发，都为动力试桩技术的推广奠定了基础。但我们也应看到，受土弹塑性本构关系及地基土分布非均质性、复杂性的影响，动测技术在基本原理、桩土模型以及测试手段上近年来都进展不大，而且动力试桩在承载力判定上受桩土模型假定、土参数及波形判断的影响，很大程度上仍依赖于工程技术人员的实践经验。

在基桩检测规范中推荐的基于波动理论的成桩检测技术有以下三种，这三种检测方法不仅在国内，而且在世界范围内均得到了普遍应用。

(1) 低应变法。目前，国内外普遍采用瞬态冲击方式，通过实测桩顶加速度或速度响应时域曲线，利用一维波动理论分析对桩身阻抗变化的截面和桩底进行定性识别，进而判断整个桩身的完整性，这种方法称之为反射波法（或瞬态时域分析法）。目前，国内外绝大多数的检测机构均采用反射波法，以速度时域曲线进行分析和判断；由于市场上的动测仪器一般都具有傅立叶变换功能，所以还可通过速度频域曲线做辅助分析，即瞬态频域分析法；有些动测仪器还具备实测锤击力并对其进行傅立叶变换的功能，进而得到导纳曲线，这称之为瞬态机械阻抗法。

(2) 高应变法。通过在桩顶实施重锤敲击，使桩产生的动位移量级接近常规静载试桩的沉降量级，以便使桩周岩土阻力充分发挥；通过测量和计算，判定桩周土体对桩所能提供的承载力，同时对桩身完整性做出评价的一种检测方法。

波动方程法是我国目前常用的高应变检测方法，基桩检测规范对此规定了两种承载力分析方法，即 CASE 法和实测波形拟合法。

CASE 法是美国凯司技术学院（CASE Institute of Technology）Goble 教授等人经十余年努力，逐步形成的一套以行波理论为基础的桩动力测量和分析方法。这个方法从行波理论出发，利用近似假定对波动方程求解，直接获得桩周土体对桩身的总阻力，然后利用经验系数推算出总的静阻力。CASE 法的计算公式简洁并有相应的测量仪器，使之能在打桩现场立即得到关于桩的承载力、桩身完整性、桩身应力和锤击能量传递等分析结果，具有很强的实时测量分析功能。

实测波形拟合法通过波动问题数值计算，反演确定桩和土的力学模型及其参数值，通过拟合分析获得桩身阻抗变化和桩周土体的静、动阻力分布情况。

高应变动力试桩物理意义较明确，检测成本低，抽样数量较静载试验大，特别适用于预制桩的打桩过程监控，监测预制桩打入时的桩身应力、锤击能量的传递、桩身完整性变化，为沉桩工艺参数及桩长选择提供依据；同时，由于激励能量大，检测有效深度深，在判定桩身水平整合型缝隙、预制桩接头等缺陷时，可作为低应变检测的一种补充验证手段。

（3）声波透射法。通过在桩身预埋声测管（钢管或塑料管），将声波发射、接受换能器分别放入两根管内，管内注满清水为耦合剂，换能器可置于同一水平面或保持一定高差，进行声波发射和接受，使声波在混凝土中传播，通过对声波穿越的时间、波幅及主频等声学参数的测试与分析，对桩身完整性做出评价的一种检测方法。

声波透射法一般不受场地限制，测试精度高，在缺陷的判断上较其他方法更全面，检测范围可覆盖全桩长的各个横截面，是检验大直径灌注桩完整性的较好方法。但由于需要预埋声测管，抽样的随机性差且对桩身直径有一定的要求，检测成本也相对较高。

目前，市场上应用较多的智能型数字声波透射仪器包括美国 PDI 公司的 CHA 型跨孔分析仪、北京市政工程研究院的 NM 系列非金属超声波检测分析仪、中科院武汉力学研究所的 RSM-SY5、武汉岩海工程技术开发公司的 RS-UT01C 以及同济大学的 U-SONIC 型声波检测仪等等。

17.2 常用桩型施工中容易出现的质量问题

我国建筑工程领域所使用的桩型较多，受地质条件的复杂性、施工技术水平以及施工管理水平的影响，经常发生因桩基质量缺陷导致的工程事故。由于成桩工艺、沉桩方法以及用材种类在各个地区的差别较大，产生桩基事故的原因因桩而异，多数情况下都难以用共性的指标去衡量。对于工程技术人员，特别是检测工程师，应该了解和掌握各种桩型的基本施工方法、注意事项和施工中容易产生的问题，重视地勘资料所提供的土层信息，这样才能准确判断缺陷类型和产生缺陷的原因，为桩基事故的处理打好基础。现针对常用刚性桩型容易产生的质量问题进行分析。

17.2.1 泥浆护壁成孔灌注桩

按成孔方式，可分为正、反循环成孔、冲击式成孔和旋挖成孔灌注桩。

1. 对于泥浆护壁成孔的灌注桩，孔壁泥皮和桩底沉渣过厚是导致承载力大幅降低的主要原因。解决泥皮问题，泥浆的施工（含配比、制备）是关键；对于清孔，桩基规范中规定，“对不易塌孔的桩孔，可采用空气吸泥清孔，稳定性差的孔壁应采用泥浆循环或抽渣筒排渣；对孔深较大的端承型桩和粗粒土层中的摩擦桩，宜采用反循环工艺成孔或清孔，也可根据土层情况采用正循环钻进，反循环清孔”。但当孔深较大（大于 50m）时，孔底沉渣不易清出，正循环清孔的方法不适用。

当前机械成孔灌注桩施工中，超钻以减少沉渣测试厚度的做法也非常普遍，而采用后注浆进行桩端加固的处理方式也只能算是一种弥补措施。

2. 配合比和和易性不好时，混凝土易产生离析现象。

3. 水下浇筑混凝土时，如果施工不当，如导管下口离开混凝土面、混凝土浇筑不连续时，桩身会出现断桩现象；施工时，一般要求导管在混凝土中的深度为2～6m，且不宜小于1m。

4. 混凝土搅拌不均、水灰比过大或导管连接处漏水，均会产生混凝土离析或断桩。

5. 当泥浆相对密度配制不当，地层松散或呈流塑状，或遇承压水层时，都可能使孔壁不能直立、发生塌孔现象，桩身因此会出现扩径、缩颈或断桩等问题；泥浆相对密度配制与土的性质有关，用于砂质土的泥浆黏度应大于黏性土，用于地下水丰富的地层的泥浆黏度应大于没有地下水的地层。

6. 冲击成孔发生孔径不规则、孔径偏斜的情况比较普遍，此时采用动力试桩法判别桩身完整性，容易出现误判或漏判的可能。

7. 钢筋笼的错位（如钢筋笼上浮或偏靠孔壁）也是这类桩经常出现的质量问题。

17.2.2 长螺旋钻孔压灌桩

这种成桩方式是国内近年开发的一种新工艺，由长螺旋钻孔机、混凝土泵和强制式混凝土搅拌机组成完整的施工体系。这种工艺施工效率高、对环境影响小，适合在闹市区施工。根据大量的实践经验，这种工艺在以下两个方面易造成桩的质量缺陷：

（1）成孔后，留存于孔底的虚土或泵送混凝土前提拔钻杆，造成桩端混合料离析，均会使桩端阻力下降；

（2）因混凝土质量控制原因或地层条件的影响，钢筋笼无法插到设计标高，施工时的持续振捣也可能导致局部混凝土离析。

17.2.3 沉管灌注桩

常用的沉管灌注桩按成孔方法不同，主要分为锤击沉管灌注桩、振动、振动冲击沉管灌注桩和静压沉管灌注桩。

沉管灌注桩是质量事故发生频率较高的桩型，特别是在淤泥较厚的沿海地区出现的问题最多，主要体现在以下几个方面：

（1）拔管速度快，沉管桩易出现缩颈、夹泥或断桩等质量问题，特别是在饱和淤泥、流塑状淤泥质软土层及带承压水的砂层中成桩时，控制好拔管速度尤为重要；

（2）当桩间距过小时，邻桩施工易引起地表隆起和土体挤压，产生的振动力、上拔力和水平力会使初凝的桩被振断或拉断，或因挤压而缩颈；

（3）当地层存在承压水的砂层，砂层上又覆盖透水性差的黏土层，此时在孔中浇灌混凝土后，由于动水压力作用，沿桩身至桩顶出现冒水现象，凡冒水桩一般都形成断桩；

（4）当预制桩尖强度不足，沉管过程中被击碎后塞入管内，当拔管至一定高度后下落，又被硬土层卡住未落到孔底，形成桩身下段无混凝土的吊脚桩。对采用活瓣桩尖的振动沉管桩，当活瓣张开不灵活，混凝土下落不畅时也会产生这种现象；

（5）振动沉管灌注成桩，若混凝土坍落度过大，将导致桩顶浮浆过多，桩体强度降低。

17.2.4 人工挖孔灌注桩

人工挖孔桩虽然造价便宜、适用范围广，但安全事故一直是无法回避的问题。特别是在地下水丰富的地区，这种桩型应慎用。常见的质量问题有以下几种：

(1) 当桩孔内有水，未完全疏干就灌注混凝土，会造成桩底混凝土离析而影响桩的端阻力；

(2) 混凝土浇筑时，将混凝土从孔口直接倒入孔内或串筒口到混凝土面的距离过大(大于 2.0m)，均会造成混凝土离析；

(3) 干浇法施工时，如果护壁漏水，将造成混凝土面积水过多，使混凝土胶结不良，强度降低；

(4) 地下水渗流严重的土层，易使护壁坍塌，土体失稳塌落；

(5) 在地下水丰富的地区，采用边挖边抽水的方法进行挖孔桩施工，致使地下水位下降，下沉土层对护壁产生负摩擦力作用，易使护壁产生环形裂缝；护壁周围的土压力不均匀时，在弯矩和剪力的作用下，护壁将产生垂直裂缝；护壁作为桩身的一部分，其质量差、裂缝和错位将影响桩身质量和侧阻力的发挥。

17.2.5 预制桩

预制桩含钢桩（钢管桩、H 型钢桩和其他异形钢桩）和混凝土预制桩（钢筋混凝土预制方桩和预应力混凝土管桩）。

1. 钢桩

(1) 锤击应力过高时，易造成钢管桩局部损坏，引起桩身失稳；打桩时的锤击应力应控制在桩材屈服强度的 80%～85%；

(2) H 型钢桩因桩本身的形状和受力差异，当桩入土较深而两翼缘间的土存在差异时，易发生朝土体弱的方向扭转；所以，锤击时必须有活络抱箍等横向稳定装置；

(3) 当土质过硬，H 型钢桩不易入土时，多次锤击会造成桩的失稳；为避免此类事故，可在桩尖两侧焊以钢板，长度 1～3m，以减少摩阻力，增加贯入性；

(4) 焊接质量差，锤击次数过多或第一节桩不垂直时，桩身均易断裂。桩基规范规定，对桩插入时的垂直度，偏差不得超过 0.5%。

2. 混凝土预制桩

(1) 桩锤选用不合理，轻则桩难于打至设计标高，无法满足承载力要求，或者锤击数过多，造成桩疲劳破坏；重则易击碎桩头，增加打桩破损率；

(2) 锤垫或桩垫过软时，锤击能量损失大，桩难于打至设计标高；过硬则锤击应力大，易击碎桩头，使沉桩无法进行；

(3) 锤击拉应力是引起桩身开裂的主要原因。混凝土桩能承受较大的压应力，但抵抗拉应力的能力差，当压力波反射为拉伸波，产生的拉应力超过混凝土的抗拉强度时，一般会在桩身中上部出现环状裂缝；

(4) 焊接质量差或焊接后冷却时间不足，锤击时易造成在焊口处开裂；焊接接头的质量可采用 X 光射线探伤或超声探伤检测，而焊接后焊口的自然冷却时间不宜少于 8min；

(5) 桩锤、桩帽和桩身不能保持一条直线，造成锤击偏心，不仅使锤击能量损失大，桩无法沉入设计标高，而且会造成桩身开裂、折断；

(6) 桩间距过小时，打桩引起的挤土效应使后打的桩难于打入或使地面隆起，导致桩上浮，影响桩的端承力；所以沉桩顺序的选择至关重要；

(7) 在较厚的黏土、粉质黏土层中打桩，如果停歇时间过长，或在砂层中短时间停歇，土体固结、强度恢复后桩就不易打入，此时如硬打，将击碎桩头，使沉桩无法进行；

特别是静力压桩时，桩尖将很难达到设计标高或将桩顶混凝土压损；

(8) 由于桩身水平刚度比钻孔桩小，在软土地区基坑开挖不当时，容易引起桩身偏斜或断桩。

17.3 桩基施工的全过程检验

对桩的质量检验的直观理解，大部分人都集中在成桩检验上，即桩基施工后的质量验收。实际上，桩基工程的质量验收和整体评价是建立在一套完整的检测程序并有着对应的时间顺序和独立检测内容的基础之上；我们所熟知的承载力和完整性检测也只是它的一个必要条件。

对此，桩基规范做出了明确规定，把桩基工程的检验分为三个阶段：施工前检验、施工检验和施工后检验，即我们所说的全过程检验。《建筑地基基础工程施工质量验收规范》GB 50202 对不同类型桩基础的验收也提出了明确的检验要求和控制指标。

下面，我们将针对全过程检验的概念进行探讨，以期达到共识，为整个桩基工程提出安全、可靠的结论奠定基础。

17.3.1 施工前检验

桩型选定后，设计公司都会对桩的施工提出一些要求，这是我们进行桩基施工前检验的基本依据和目标。

例如，北京某工程由国内外两个设计机构联合设计，有专门的设计顾问公司。在他们的桩基设计图纸上，明确提出了桩基础施工的技术要求，如建议采用反循环工艺施工，水下灌注的混凝土应提高混凝土强度的配料，钢筋采用 HRB335 级钢和 HRB400 级钢，焊条应与钢筋的材料性能配合，桩内主筋应采用直螺纹套管连接，对护壁泥浆的密度、黏度、含砂量提出详细的控制指标，对桩位、桩径、桩孔孔深和垂直度的偏差做出限制等等。这其中就涉及很多施工前的桩基检验工作。实际上，在我国的相关技术规范里，这些施工要求和控制指标也都有明确规定。

1. 对预制桩，包括混凝土预制桩和钢桩，大多是在工厂里生产，也有部分在工地现场预制。因为有严格的生产标准和加工流程，成品质量容易保证，不像灌注桩那样，施工工序和影响质量的环节均较多。预制桩一般都有设计标准图，施工前应对照图纸对其外观及尺寸进行检查；对那些在现场预制、非批量生产的预制桩，其制作误差应满足相应技术规程或设计限定。

混凝土预制桩不同于钢桩，钢桩的材料一般为 Q235，少量也有用 16Mn 等低合金钢，强度高且有保证；混凝土受水泥、骨料、制备条件及养护条件的限制，稳定性稍差。为此，对于混凝土预制桩，应考虑对桩身混凝土强度进行检验。检验方法可采用钻芯法、回弹法、超声回弹综合法或回弹加钻芯修正的方法。

预制桩节间的连接是一项关键工序。钢桩的连接一般都是焊接，而混凝土桩有电焊接桩、浆锚接桩、法兰连接或机械快速连接等方法。浆锚接桩的质量不易保证，且有环境污染的问题，目前已很少采用。焊接时，焊条的选择对焊接质量有较大影响，特别是锤击法施工的预制桩，焊接质量直接影响桩身质量，一旦焊点开裂则断桩不可避免。所以，对焊条的选用应考虑与母材的匹配。施工前，应对接桩用焊条材料进行检验。

对静压法沉桩，当施加在桩上的压力达到预定压力值或达到预定压桩深度时，可停止压桩；而且，还可通过压力值的大小与桩入土深度的关系，判断桩的质量及承载力。如当压桩时遇到地下障碍物或断桩时，压力值将会突然上升或下降。所以，压力机操作平台上的压力表的精度对压桩质量控制、指导压桩施工起到关键作用。施工前，应对压桩用压力表进行检验。

2. 对混凝土灌注桩施工前的检验，主要是桩体构成材料的检验。涉及混凝土性能指标且有可能影响施工质量的因素包括原材料（水泥、砂和石子）的质量和计量、混凝土配合比、坍落度以及混凝土强度等级等，施工前应对混凝土试验报告中的各项指标进行检查和验证。现在，灌注桩施工用的混凝土一般都是程序化生产的商品混凝土，相对现场搅拌的混凝土稳定性好，质量也更容易控制。

钢筋笼的前期制作也是重点检查的对象。首先，应对钢材的出厂合格证明及质保资料进行检查，并要求作力学性能试验和焊接试验，合格后再对照设计文件对钢筋的种类、型号及规格进行验收。按钢筋笼尺寸确定的主筋和箍筋，其制作偏差应满足规范要求。钢筋笼的允许偏差应符合表 17.3-1 的规定，其中主筋间距和钢筋笼长度是主控项目。

钢筋笼制作允许偏差 **表 17.3-1**

项　目	允许偏差(mm)	项　目	允许偏差(mm)
主筋间距	±10	钢筋笼直径	±10
箍筋间距	±20	钢筋笼长度	±100

由于钢筋笼的主筋、箍筋和架立筋的接点以焊接为主，而焊接的质量将直接影响钢筋笼的整体稳定性，所以包括焊条种类、规格、对焊口的要求、焊缝长度，宽度、外观和质量都是检查的重点。其中，焊条要有质保单，型号要与钢筋的性能相适应。

3. 无论是预制桩还是混凝土灌注桩，施工前都应对桩位的准确性进行检验。根据建设单位提供的建筑物控制点坐标，由专职测量人员按桩位平面图将桩位放样到现场，并做好桩位标识。桩基规范规定，群桩的放样允许偏差为 20mm，单排桩的放样允许偏差为 10mm。

4. 设计阶段的试桩。为验证设计的基桩能否满足上部结构的荷载要求，同时也为论证施工工艺的可行性，一般需要在施工现场或地质条件类似的邻近区域进行前期试验，也就是我们常说的为设计提供依据的试桩。传统的试桩方法为静载试验，有时含桩身内力测试以推断桩侧阻力和端阻力，即桩周土提供的承载能力；必要时，还要求进行试验桩的成孔测试、声波测试以及钻芯法强度测试。

静载试验一般要求做到桩的极限承载力状态，当受试验设备或其他条件的制约，无法测试到极限承载力时，一般由桩基设计或结构设计公司提出最大加载要求，以充分发挥桩的使用功能。北京某工程，试验桩桩径 1200mm，桩长约 70m，采用桩侧、桩端后注浆施工工艺。根据地区经验，此类试验桩承载能力高，试验很难达到规范中的破坏标准，为此相关设计部门明确提出加载至预估极限承载力的 1.1 倍，即可停止试验的要求。

17.3.2 施工检验

正如 17.3.1 节中提到的，设计者在设计图纸中对桩的施工要求很多都集中在桩基施工过程中的检验工作。道理是明显的，控制施工质量的关键在于施工过程的监督和质量控制，以达到信息化施工。施工后的质量弥补必然会造成施工成本的增加和工期延误，而且只有在施工中发现问题并及时解决，才能真正做到防患于未然。我国在20世纪80年代的《工业与民用建筑灌注桩基础设计与施工规程》JGJ 4—80、《建筑地基基础工程施工质量验收规范》GBJ 202—83等规范中就已经明确了施工过程中监督和控制的要求。

加强施工检验工作的必要性还在于桩基施工过程中可能会发现局部地质条件与勘察报告不符的情况、工程桩施工参数与施工前的试验参数不同、原材料发生变化、设计变更或施工单位变更等，这些都可能对桩基承载力和桩身质量产生影响。

由于桩基施工过程中的检验工作很多，也很烦琐，一般需要专职人员进行。但不可否认，选择技术水平和管理水平较高的施工单位，可大大减少施工检验的工作量。

下面，针对桩基规范中的要求，对施工检验的内容、目的及注意事项进行论述。

1. 预制桩施工检验

目前，最常用的预制桩施工方法为锤击法和静压法。像钢管桩、预应力管桩等桩型主要的施工方法为锤击法，而预制钢筋混凝土方桩以静压法施工居多。锤击法沉桩使用的设备与工艺均较简单，而且施工速度快，对土层的适应性强，是常用的预制桩施工方法；静压法具有噪声低、无振动、无冲击力、空气污染少且对周边环境影响小等优点，更适合在城市环境里使用。

预制桩在施工过程中的检验主要包括以下几个方面：

(1) 锤击法沉桩时，桩身及桩架的垂直度控制极为重要。一旦发生沉桩倾斜，首先桩的入土深度无法保证，使桩产生水平位移；其次，是有可能造成桩的局部变形过大，导致桩身折断，至少焊接处焊缝会开裂。桩基规范规定，桩插入时的垂直度偏差不得超过桩长的0.5%，即15m长的一节桩，其最大偏差应小于75mm。施工中，可通过经纬仪在两个方向上对桩身垂直度进行校核，而桩架也应有准确、便利的垂直度控制设施。

(2) 桩位偏差

打入桩的桩位允许偏差应满足表17.3-2的要求。

打入桩桩位的允许偏差 **表17.3-2**

项目	允许偏差(mm)
带有基础梁的桩：(1)垂直基础梁的中心线 (2)沿基础梁的中心线	$100+0.01H$ $150+0.01H$
桩数为1～3根桩基中的桩	100
桩数为4～16根桩基中的桩	1/2桩径或边长
桩数为大于16根桩基中的桩：(1)最外边的桩 (2)中间桩	1/3桩径或边长 1/2桩径或边长

注：H为施工现场地面标高与桩顶设计标高的距离。

(3) 接桩质量的检查和监督

焊接是预制桩主要的连接方式，焊接质量是评定桩基施工总体质量的关键。焊接前应对焊接人员和设备进行检查，焊接结束后由质量检查人员用专用工具对焊接接头进行检验，检查有无气孔、焊瘤和裂缝，焊缝长度是否满足要求等，必要时应进一步作探伤检查。

焊好后的接头应自然冷却，对混凝土预制桩冷却时间不宜少于 8min，钢桩不宜少于 1min。严禁采用水冷却或焊好即施打。

对于硫磺胶泥接桩，它适用于抗震设计烈度小于 7 度的工程场地，但因接桩质量不易保证、环境污染等问题，现在已很少采用。采用硫磺胶泥接桩施工中，应对操作的规范性、胶泥浇筑时间和停歇时间进行监督检查，以避免因硫磺胶泥未完全凝固即进行压桩而出现的节间脱离现象。

(4) 入土深度和桩尖标高

桩的入土深度一般是设计人员根据地勘资料、地区经验以及试桩结果确定的。但在实际施工过程中，经常会出现沉桩不能达到设计标高的情况，原因有以下几种：

① 地质勘察资料不详细，浅层障碍物如旧基础、孤石的存在影响沉桩；或局部土层分布深度和性质未查明，如非常密实的砂层、砂砾石层，较深部的硬塑老黏土等等，都会使沉桩无法达到预定深度；

② 预制桩施工的挤土效应，导致后续施工的桩无法沉到设计桩尖标高；

③ 桩体质量不符合设计要求。如静压预制混凝土方桩，因混凝土强度不足出现的桩顶部混凝土压损破坏或桩身折断而无法沉桩到预定标高；

④ 沉桩间歇时间过长，或接桩时桩尖停留在硬层上，因土的侧阻力恢复快，导致施工阻力增加，沉桩无法继续进行；这在静力压桩施工时经常出现。

入土深度不足时应暂停施工，会同设计人员共同协商，提出补救措施或新的沉桩控制原则。如对锤击沉桩，当桩尖无法达到设计标高，而桩尖位于碎石土、中密砂土或硬塑黏土时，可以最终贯入度控制为主，桩尖标高或桩尖入持力层深度控制为辅。但对以沉降控制为目标的桩基工程，应共同协商解决。

(5) 停锤标准及控制原则

沉桩施工中的停锤控制指标有两种，即最终贯入度控制和桩尖标高控制。影响贯入度的因素很多，条件也很复杂，加之地层的非均质性等因素，单一的停锤控制指标有时难以奏效。桩基规范规定了终止锤击的控制原则：

① 当桩端位于一般土层时，应以控制桩端设计标高为主，贯入度为辅；

② 桩端达到坚硬、硬塑的黏性土，中密以上的粉土、砂土、碎石类土及风化岩时，应以贯入度控制为主，桩端标高为辅；

③ 贯入度已达到设计要求而桩端标高未达到时，应继续锤击 3 阵，并按每阵 10 击的贯入度不应大于设计规定的数值确认。必要时，施工控制贯入度应通过试验确定。

规范同时也说明，确定停锤标准比较复杂，如软土地区密集桩群施工时，挤土效应带来的后续桩无法沉到设计标高的问题，此时以桩尖标高控制指标很难实现；也有贯入度满足控制要求，但承载力却不满足设计要求的情况。对于重要建筑，强调贯入度和桩端标高双控的原则。

对于锤击法沉桩，提倡采用高应变法进行试打桩和打桩监控，这对制订停锤标准和防止沉桩时桩身应力过高起到很好的指导作用。

关于停锤标准的其他建议取值，可参见表 17.3-3。在桩基规范中，对预应力混凝土管桩的总锤击数及最后 1m 的沉桩锤击数，提出了应根据桩身强度和当地工程经验确定的要求。

桩的停锤标准建议值 **表 17.3-3**

<table>
<tr><td colspan="2">桩型</td><td colspan="4">PC桩</td><td colspan="4">RC桩</td></tr>
<tr><td colspan="2">桩规格(cm)</td><td>闭口</td><td>开口</td><td>闭口</td><td>开口</td><td>40×40</td><td>45×45</td><td>50×50</td><td>50×50</td></tr>
<tr><td colspan="2">桩尖处土质
(N值)</td><td>砂质土
(30～50)</td><td>硬黏土
(20～25)</td><td>砂质土
(30～50)</td><td>硬黏土
(20～25)</td><td colspan="3">硬黏土
(20～25)</td><td>砂质土
(30～50)</td></tr>
<tr><td rowspan="2">锤型</td><td>柴油锤</td><td colspan="2">20～25级</td><td colspan="2">30～40级</td><td>30级</td><td>30～35级</td><td>35～45级</td><td>40～45级</td></tr>
<tr><td>气锤</td><td colspan="2">4～7t</td><td colspan="2">7～10t</td><td>7t</td><td>7～10t</td><td>10t</td><td>10t</td></tr>
<tr><td colspan="2">总锤击数控制</td><td colspan="4"><2000</td><td colspan="4"><1500</td></tr>
<tr><td colspan="2">最后5m锤击数控制值</td><td colspan="4"><700～800</td><td colspan="4"><500～600</td></tr>
<tr><td rowspan="2">最后贯入
度建议值</td><td>柴油锤</td><td colspan="4">1～2mm/击</td><td colspan="4">2～3mm/击</td></tr>
<tr><td>气锤</td><td colspan="4">3～4mm/击</td><td colspan="4">3～4mm/击</td></tr>
</table>

(6) 静压终止压力值

静压桩的极限承载力与压入力值的大小及土的性质有一定的相关性，根据地区经验，结合静压桩终压力值的大小，即可初步判断桩的极限承载能力。桩在入土过程中，桩侧土层所提供的侧阻力并不是定值，一般是随着桩入土深度的增加而减小，所以压桩阻力是动态变化的，可通过压桩过程中桩的入土深度和压力值的大小判断桩的质量和承载力。施工过程中容易出现的问题是当土层中存在硬夹层时，静压力值瞬间提高至预定的终压力值，而桩端并未到达设计持力层，此时停止压桩可能对桩基整体稳定性有影响，或因下卧层的存在导致桩基沉降过大。

对于以压桩力值大小确定停压标准的工程，静压终止压力值的准确性就很关键。施工过程中，应加强终压力值的监督和检查。

(7) 施工完毕后应对桩顶的完整状况进行检查，以保证后续施工的连接。对混凝土预制桩，桩顶的完整状况也可间接反映出混凝土的质量。

2. 灌注桩施工检验

相比预制桩而言，灌注桩的施工程序多、施工工艺复杂、施工管理的难度大，而且出现工程事故的概率也高。但由于灌注桩的直径最大可达3～4m，单桩承载力高，对地层的适应性强、对环境的影响又小，使得灌注桩的应用前景在工程界普遍看好。现在的一些特大型工程和超高层建筑，为满足承载力和沉降控制的要求，一般均会采用灌注桩基础。

灌注桩的很多质量问题均是在施工过程中产生的，如孔径偏差、垂直度偏差、孔底沉渣过厚、桩身缩径、夹泥或断桩等。所以，加强灌注桩施工过程中的监督管理和检验对减少质量隐患和后期对质量问题的分析与处理有非常重要的意义。

1) 成孔质量检验

成孔是混凝土灌注桩施工开始后的重要环节，其质量的好坏直接关系到桩身质量和承载力。因此，加强成孔时和成孔后的施工技术管理和施工质量控制对确保最终的成桩质量意义重大。

常用的灌注桩的成孔方式有以下几种：

(1) 泥浆护壁成孔灌注桩。一般在有地下水的场地使用，泥浆具有防止孔壁坍塌、悬浮并带出土渣的功能。按施工工艺的不同又分为正、反循环钻成孔，冲击成孔，旋挖成孔等成孔方式。

(2) 长螺旋钻孔压灌桩，结合后插钢筋笼施工工艺。

(3) 沉管灌注桩，含锤击沉管、振动沉管和内夯沉管。

(4) 干作业成孔灌注桩，含机械成孔和人工挖孔。

成孔后的检验内容包括桩位偏差、孔深、孔径、垂直度、孔底沉渣厚度等等。灌注桩成孔施工的允许偏差应满足表 17.3-4 的要求。

灌注桩成孔施工允许偏差 **表 17.3-4**

<table>
<tr><th rowspan="2" colspan="2">成孔方法</th><th rowspan="2">桩径允许偏差(mm)</th><th rowspan="2">垂直度允许偏差(%)</th><th colspan="2">桩位允许偏差(mm)</th></tr>
<tr><th>1～3 根桩、条形桩基沿垂直轴线方向和群桩基础中的边桩</th><th>条形桩基沿轴线方向和群桩基础的中间桩</th></tr>
<tr><td rowspan="2">泥浆护壁钻、挖、冲孔桩</td><td>$d\leqslant 1000$mm</td><td>±50</td><td rowspan="2">1</td><td>$d/6$ 且不大于 100</td><td>$d/4$ 且不大于 150</td></tr>
<tr><td>$d>1000$mm</td><td>±50</td><td>$100+0.01H$</td><td>$150+0.01H$</td></tr>
<tr><td rowspan="2">锤击(振动)沉管、振动冲击沉管成孔</td><td>$d\leqslant 500$mm</td><td rowspan="2">−20</td><td rowspan="2">1</td><td>70</td><td>150</td></tr>
<tr><td>$d>500$mm</td><td>100</td><td>150</td></tr>
<tr><td colspan="2">螺旋钻、机动洛阳铲干作业成孔</td><td>−20</td><td>1</td><td>70</td><td>150</td></tr>
<tr><td rowspan="2">人工挖孔桩</td><td>现浇混凝土护壁</td><td>±50</td><td>0.5</td><td>50</td><td>150</td></tr>
<tr><td>长钢套管护壁</td><td>±20</td><td>1</td><td>100</td><td>200</td></tr>
</table>

注：1. 桩径允许偏差的负值是指个别断面。
2. H 为施工现场地面标高与桩顶设计标高的距离；d 为设计桩径。

下面介绍成孔质量检验中的一些重要事项。

(1) 孔径和垂直度的控制是灌注桩顺利施工的重要条件，否则会造成钢筋笼无法下放或下放时碰到孔壁的情况。特别是对后期成桩检测时有内力测试要求的试桩，前期孔径检测结果对数据分析的准确性影响很大。

对于测试设备，目前市场上常用的有声波孔壁测定仪和数字井径仪。

声波孔壁测定仪由声波发射器、发射和接受探头、放大器和提升机构组成。其测试原理是由发射探头发出声波，声波穿过泥浆到达孔壁，泥浆的声阻远小于孔壁土层介质的声阻抗，声波可以从孔壁产生反射，利用发射和接收的时间差和已知声波在泥浆中的传播速度，计算出探头到孔壁的距离，通过探头的上下移动，便可由记录仪绘出孔壁的形状，或通过计算机接口把信号数字化，然后输入计算机做进一步处理。要注意的是当泥浆比重过大时，声波的传播距离将减小，有时难于到达孔壁；另外泥浆中含有的气泡也会对声波的传播产生影响。

井径仪由测头、放大器和记录仪三部分组成，采用四臂接触孔壁方式测量孔径，检测直径 60～3000mm。仪器四臂分别通过动密封活塞与零温漂直线传感器相连。检测时，测头自孔底向上提升，四个测臂末端紧贴孔壁，随着孔壁变化相应张开或收拢，带动密封活塞杆上下移动，把孔径值转变为电位差信号；然后，利用地面记录设备对信号做数字化处理，结合系统标定数据，可以得到钻孔的全孔孔径。

(2) 孔底沉渣过厚将直接影响桩端阻力的发挥，同时对桩侧阻力的发挥和桩的后期沉降也会间接产生影响。桩基规范规定，泥浆护壁成孔工艺的灌注桩，浇灌混凝土之前，孔底沉渣厚度指标应满足以下要求：

① 对端承型桩不应大于50mm；

② 对摩擦型桩不应大于100mm；

③ 对抗拔、抗水平力桩，不应大于200mm。

沉渣厚度检测是灌注桩施工的重要环节，测试方法一般采用重锤测量或沉渣测定仪，也可通过声波孔壁测定仪间接测得沉渣厚度。

重锤测量法是利用不小于1kg重的铜球锥体作为垂球，顶端系上测绳，把垂球慢慢沉入孔内，施工孔深与测量孔深即为沉渣厚度，有时也根据两次清空前后的差值确定沉渣厚度。这种方法在现场操作方便，易于掌握，是当前最为普及的沉渣测试方法。但其测试精度不高，需要技术人员的经验判断。

沉渣测定仪的测试精度高于锤测法，但仪器需专业人员操作，同时也依赖经验上的判断。其测试原理一般为电阻率法，即根据不同介质如水、泥浆和沉淀颗粒具有不同的导电性能，由电阻阻值变化来判断沉渣厚度。另外还有电容法、声呐法等等。现在建筑市场上规模不大、重要性不是很强的桩基工程，或者一些工期较紧的工程，很少使用专业仪器测量沉渣厚度。

（3）人工挖孔桩，特别是嵌岩桩，一般以端承为主，桩端持力层的岩土性状是否与原勘察资料相符，直接关系到桩的承载能力。所以，应加强这类桩成孔后桩端持力层岩土性状的检查。鉴于人工挖孔桩桩径不小于800mm，当安全措施有保证时，可以派人下到孔底进行复验。

（4）桩位与孔深是验收规范的主控项目。桩位偏差可现场量测，其数值应满足表17.3-3中的规定；孔深的要求是单方向的，即只深不浅，一般可通过成孔钻具上的标尺进行核验，或用重锤测绳测试。嵌岩桩应确保嵌岩深度满足设计要求。

2）钢筋笼下放的质量检验

（1）对多节钢筋笼，下放过程中应逐节验收钢筋笼的连接焊接质量，对质量不符合要求的焊缝、焊口，要采取补焊处理；同时要加快焊接，以缩短沉放时间。

（2）对钢筋笼下放时的垂直度进行检查，以防下放过程中碰撞孔壁。

（3）下放后，要对钢筋笼的实际位置和安装深度进行检查，并做好检查记录。

（4）对灌注桩后插钢筋笼工艺，因钢筋笼下放过程中的导向不容易控制，所以应加强后插钢筋笼垂直度的检查，以确保保护层的有效厚度。另外，因钢筋笼插入遇阻而无法达到设计标高的问题时有发生，所以应对钢筋笼的实际插入长度进行检查。

3）其他措施

对挤土灌注桩或预制桩，均应加强施工过程中桩顶和地面土体的竖向和水平位移监测。如果因挤土效应导致桩体上浮、挤压相邻桩或地面隆起，则应在施工过程中采取必要的防范措施，如复打、引孔、设置排水措施、调整沉桩速率等等。

17.3.3 施工后检验

施工后检验实际上就是对成桩的施工质量进行验收，即确定已完成的桩基是否达到设计规定的要求。我国过去比较重视17.3.2节中提到的施工检验，即以施工过程中的监督和检验来确保桩基工程质量，只有当出现质量问题时，才会利用成桩测试手段进行检测验证。1995年开始实施的行业标准《建筑桩基技术规范》JGJ 94—94，把成桩后的质量检测（包括承载力和桩身完整性）作为了工程桩验收的一个必要环节。随后，在 2002 年实施的国家标准《建筑地基基础设计规范》GB 50007—2002 和《建筑地基基础工程施工质量验收规范》GB 50202—2002 都对工程桩的质量验收提出了明确要求。

成桩后的质量检验包括以下几个方面的内容：

1. 桩顶标高的检验

可采用水准仪进行量测。对预制桩的允许偏差为±50mm，对混凝土灌注桩为+30mm～−50mm。

2. 桩位偏差的检验

可直接采用钢尺进行测量。允许偏差可参照表 17.2 和表 17.4 中的相关规定。

3. 桩身质量检验

这里所讲的“桩身质量”的概念，涵盖了桩身强度和完整性两个层面的意思。

(1) 桩身强度的检验

对于在工厂里批量生产的混凝土预制桩和钢桩，出厂时带有产品合格证书，其强度指标一般不需要核验；但当对混凝土预制桩的桩身强度存在争议时，则可通过钻芯法钻取芯样进行试压验证。对现场预制的混凝土预制桩，可通过检查混凝土试块强度报告验证其是否满足设计要求。

混凝土灌注桩桩身强度的验证一般依据预留的、经标准养护的混凝土试件，经有资质实验室进行试块压力试验后出具的强度等级评定报告。但灌注桩桩身强度问题有时争议较大，工程上经常出现预留试块数量不足而无法综合评定，或因养护条件的限制，试块强度达不到设计要求的情况。这时，一般均会采用钻芯法，在桩身一定深度或全长范围内钻芯取样，根据芯样试件的抗压强度试验结果对混凝土强度等级进行评定。存在的问题是水下灌注混凝土的强度离散性大且钻取的芯样试件数量少，在强度评定上不像上部结构混凝土那样，可以采用可靠的抽样方法和数理统计方法进行分析，置信度较低；而且，在强度计算时，对于芯样试件抗压强度折减系数的取值也存在争议。

(2) 桩身完整性检验

桩身完整性是反映桩身截面尺寸变化、桩身材料密实性和连续性的综合定性指标。检测方法包括钻芯法、声波透射法以及高、低应变法等。由于各种方法都有其适用范围和检测能力，检测时应根据桩径和桩长的大小，结合桩的类型、检测目的和实际需要进行选择。如对存在浅部缺陷的桩，可现场开挖验证；对直径大于 800mm 的混凝土嵌岩桩应采用钻芯法或声波透射法检测桩身质量；而对大直径桩、超长桩、桩身截面阻抗变化较大或桩土刚度比较小的桩，采用低应变方法进行桩身完整性测试就很难给出准确的判别。

对于存在桩身质量问题的基桩，任何单一的检测手段都有可能无法给出明确的结论。像低应变法对桩顶下第一个缺陷界面的判别比较可靠，而当桩身深部同时存在缺陷时就很难识别；钻芯法存在“一孔之见”的片面性；声波透射法只能检测到测程范围内的平均性状，且因需预埋声测管而缺乏随机性；高、低应变法对大直径桩特别是嵌岩桩的检测效果不理想。此时，就需要多种检测方法的联合应用和相互印证，才能对桩身质量问题作出较正确的诊断，如低应变法和钻芯法、低应变法和高应变法、声波透射法和钻芯法等。

关于各种完整性检测方法，我们将在第 17.4 节中做详细介绍。

4. 承载力检验

对桩而言，承载力是其质量好坏的最终评价指标。按工程桩的使用用途，其所提供的承载力主要为竖向承载力、水平承载力或两者兼顾。

(1) 竖向承载力的检验

桩的竖向承载力在工程中，又分为竖向抗压和竖向抗拔两种承载方式。

对竖向承载力，最常用的检验手段是静载试验。无论是因桩周土体对桩身的承载力还是桩本身的物理力学性状决定的承载能力，静载试验方法以最先出现破坏状态时桩的承载力或超出某一规定的变形限值作为判别其是否合格的指标，因而是最为可靠的检测方法。据此分析，其他以替代传统静载试验方法为目的的测试手段，在某种程度上或多或少地存在一定的不可靠性，即或者不能综合各种不利因素对极限承载能力进行解释，或者因检测能力的限制而无法给出准确的承载力判别，如自平衡测试方法和高应变检测法。

桩基规范规定，对下列情况之一的桩基工程，应采用静载试验方法对工程桩进行检测：

① 工程施工前已进行静载试验，但施工过程中工艺参数发生变更或施工质量出现异常；

② 施工前未进行单桩静载试验的工程；

③ 地质条件复杂、桩的施工质量可靠性低；

④ 采用的新桩型或新工艺。

但对大直径端承型桩或嵌岩桩，当受试验设备能力的限制无法进行静载试验时，可根据终孔时桩端持力层的岩性报告并结合桩身质量检验报告核验，必要时可通过深层平板载荷试验或岩基平板载荷试验确定桩端土的承载力特征值或极限端阻力。

高应变法作为竖向抗压静载试验的辅助检测手段，从扩大检测的覆盖面、降低检测费用和缩短检测工期的意义上说，是值得推广的一种测试技术。但高应变法的应用要考虑以下几个方面：

① 应根据地基基础设计等级和现场条件，结合地区经验和技术水平确定其是否适用；

② 本地区是否有可靠的静动对比验证资料；

③ 试验的设备条件，如锤击设备是否满足规范要求；

④ 大直径扩底桩和预估 Q-s 曲线具有缓变型特征的大直径灌注桩不宜采用。

对竖向抗拔承载力，静载试验是唯一的检测手段。存在的问题是，因设计安全度的不同，抗拔桩的配筋量一般不满足上拔试验荷载的要求，或虽然满足抗拔荷载的要求，却不能满足桩身抗裂计算的要求。解决的办法是或者提高试验桩的配筋量，或者减少试验荷载；前者破坏了随机性抽样的原则，后者在对承载力特征值评价上存在问题。检测单位应在试验前对试验桩的承载力与配筋情况进行核验，必要时与相关各方协商解决。

(2) 水平承载力的检验

工程中常用的水平承载桩一般为弹性（中）长桩，相当于 $\alpha h>2.5$ 时的情况（α 为桩的水平变异系数，h 为桩的入土深度），其工作性能主要体现在桩与土的相互作用上，即利用桩周土的抗力来承担水平荷载。单桩水平静载试验采用接近于水平受荷桩实际工作条件的试验方法，如慢速或快速维持荷载法、单向多循环加卸载法，在桩顶自由、受约束或施加垂直荷载的条件下，确定单桩水平临界荷载和极限荷载。受材料强度与桩身截面抗弯刚度的影响，对低配筋率的灌注桩，水平承载力受桩身强度控制，桩身将在弯矩较大处发生断裂；对抗弯性能强、配筋率较高的桩，如预制桩和钢桩，则以桩顶水平位移的使用允许值或结构物的允许变形值来确定水平承载力特征值。

需要说明的是，只有在试验条件与桩的实际工作条件接近时，试验结果才能真实反映工程桩的实际情况。通常情况下，试验条件很难做到和工程桩的工况完全一致。此时，应通过试验桩测得桩周土的地基反力特性，即地基土的水平抗力系数，它反映了桩在不同深度处桩侧土抗力和水平位移的关系，可视为土的固有特性；然后，根据实际工程桩的情况（如不同桩顶约束、不同自由长度），用它确定土抗力大小，进而计算单桩的水平承载力和桩身弯矩。

17.4 施工后桩基质量的检验方法

成桩后的质量检验包括承载力和桩身完整性两部分。这在我国现行的《建筑地基基础设计规范》、《建筑桩基技术规范》、《建筑基桩检测技术规范》和《建筑地基基础工程施工质量验收规范》以及各地方的勘察、设计标准中都有明确规定。其中，承载力检测作为主控项目，在成桩质量评价中占据重要位置，很多规范都把它作为强制性条文加以规定。

对于基桩的承载力检验，工程界普遍共识的检测方法为原型桩的现场静载试验。随着大型公路桥梁、港口码头和海上钻井平台的兴建，自平衡法（Osterberg 法）作为特殊的静载试验方法，在常规静载试验因荷载过大或场地条件限制无法实施时，作为替代方法得到一定的推广。而基于波动技术的高应变动力试桩，也作为世界范围内认可的成桩检测方法，在工程桩承载力辅助检测、打桩监控和扩大检测范围上起到了重要作用。

对于承载力的静载试验方法可参见第 15 章。本章将重点介绍桩身质量即完整性的检测，包括低应变反射波法、高应变法、声波透射法和钻芯法。其中，高应变法还兼顾了承载力检测的内容。

17.4.1 低应变反射波法

1. 基本原理

低应变法是以一维弹性杆的波动方程为理论基础，将桩等价于一维杆。假定桩身材料是均质各向同性的，并遵循虎克定律，同时杆件的平截面假设成立，即在轴向外力作用后，变形后的杆截面仍保持为平面，且截面上的应力是均匀分布的。其一维波动方程为：

$$\frac{\partial^2 u}{\partial t^2}-c^2\frac{\partial^2 u}{\partial x^2}=0$$

式中涉及的波动基本参量包含位移 u、质点运动速度 V 和应变 ε 等动力学和运动学参量。它们之间的换算关系为：

$$V=\frac{\partial u}{\partial t}\text{、}\varepsilon=\frac{\partial u}{\partial x}$$

$$V=\pm c\cdot\varepsilon$$

再根据虎克定律（$\varepsilon=\sigma/E=F/EA$），可导出如下两个公式：

$$\begin{aligned}&\sigma=\pm\rho c\cdot V\\&F=\pm\rho cA\cdot V=\frac{EA}{c}\cdot V=\pm Z\cdot V\end{aligned}\tag{17.4.1}$$

式中 E——为弹性模量；

ρ——质量密度；

A——杆截面面积；

F——桩身轴力；

$c=\sqrt{\dfrac{E}{\rho}}$，为位移、速度、应变或应力波在一维杆中的纵向传播速度；

Z——杆的力学阻抗，$Z=\rho Ac=\dfrac{EA}{c}$；

+、一号——代表沿 x 轴的正向和负向传播，对桩而言分别代表下行波和上行波，见图17.4-1。

要说明的是，一维杆中的纵波波速与三维介质中的纵波传播速度因横向约束条件的不同存在差别。三维纵波波速的表达式为 $\varepsilon_{\mathrm{p}}=\sqrt{\dfrac{1-\nu}{(1-2\nu)(1+\nu)}}\cdot c$（式中，$\nu$ 为介质材料的泊松比），为声波透射法中定义的声速。

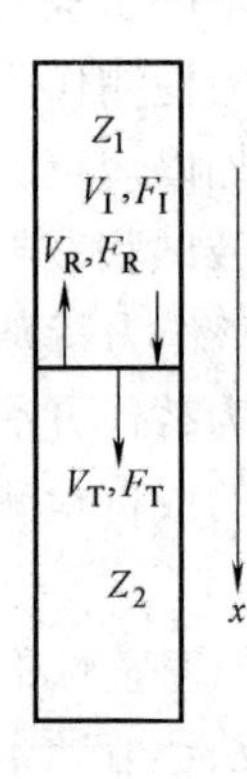

图 17.4-1 两种阻抗材料的杆件

现在，讨论杆力学阻抗变化对应力波传播性状的影响。

假设图 17.4-1 所示的杆由两种不同阻抗材料（或截面面积）组成，当应力波从波阻抗 Z_1 的介质入射至阻抗 Z_2 的介质时，在两种不同阻抗的界面上将产生反射波和透射波，用下标 I、R 和 T 分别代表入射、反射和透射。

根据阻抗变化界面处的连续条件和牛顿第三定律，有如下平衡方程：

$$F_{\mathrm{I}}+F_{\mathrm{R}}=F_{\mathrm{T}} \tag{17.4.2}$$

$$V_{\mathrm{I}}+V_{\mathrm{R}}=V_{\mathrm{T}} \tag{17.4.3}$$

注：按习惯定义位移 u，质点运动速度 V 和加速度 a 以 x 轴正向为正，桩身轴力 F，应力 σ 和应变 ε 以受压为正。

将式（17.4.1）代入式（17.4.3），得到

$$F_{\mathrm{I}}/Z_1-F_{\mathrm{R}}/Z_1=F_{\mathrm{T}}/Z_2 \tag{17.4.4}$$

由式（17.4.2）和式（17.4.4）联立求解得：

$$F_{\mathrm{T}}=\frac{2Z_2}{Z_1+Z_2}F_{\mathrm{I}}=\frac{2Z_1Z_2}{Z_1+Z_2}V_{\mathrm{I}}$$

$$V_{\mathrm{T}}=\frac{2}{Z_1+Z_2}F_{\mathrm{I}}=\frac{2Z_1}{Z_1+Z_2}V_{\mathrm{I}}$$

记截面完整性系数 $\beta=Z_2/Z_1$，反射系数 $\zeta_{\mathrm{R}}=(\beta\text{-}1)/(1+\beta)$，透射系数 $\zeta_{\mathrm{T}}=2\beta/(1+\beta)$，可得下列公式：

$$F_{\mathrm{R}}=\zeta_{\mathrm{R}}\cdot F_{\mathrm{I}} \quad V_{\mathrm{R}}=-\zeta_{\mathrm{R}}\cdot V_{\mathrm{I}}$$

$$F_{\mathrm{T}}=\zeta_{\mathrm{T}}\cdot F_{\mathrm{I}} \quad V_{\mathrm{T}}=2/(1+\beta)V_{\mathrm{I}}$$

由此可见：

（1）由于截面阻抗变化处的 β 值为常量，透射波和反射波的波形和初始的应力波波形在理论上是一致的。

（2）由于 $\zeta_{\mathrm{T}}\geqslant 0$，所以透射波总是与入射波同号。

(3) $\beta=1$，即桩身阻抗无变化，反射系数 $\zeta_R=0$，透射系数 $\zeta_T=1$，$F_T=F_I$，说明入射力波将一直沿杆正向传播，而波形保持不变。

(4) $\beta>1$，即应力波从小阻抗介质传入大阻抗介质，如桩的扩径或桩端嵌岩情况。因 $\zeta_R\geqslant0$，故反射力波与入射力波同号。若入射波为下行压力波，则反射的仍是上行压力波，与后面的压力波叠加后起增强作用；因反射波与入射波运行方向相反，则反射力波引起的质点运动速度 V_R 与入射波的 V_I 异号，与后面的压力波速度叠加后有抵消作用；又因 $\zeta_T\geqslant1$，则透射力波的幅度总是大于或等于入射力波。当极端情况 $\beta\rightarrow\infty$时，相当于刚性固定端反射，此时有 $\zeta_R=1$ 和 $\zeta_T=2$，在该界面处入射波和反射波叠加使力幅值加倍，而质点运动速度叠加后变为零。

(5) $\beta<1$，即波从大阻抗介质传入小阻抗介质，如桩的缩径、混凝土离析、夹泥或断桩等情况。因 $\zeta_R\leqslant0$，故反射力波与入射力波异号。若入射波为下行压力波，则反射的是上行拉力波，与后面入射的压力波叠加起卸载作用；因反射波与入射波运行方向也相反，则反射力波引起的质点运动速度 V_R 与入射波的 V_I 同号，显然与后面入射的下行压力波引起的正向运动速度叠加有增强作用；又因 $\zeta_T\leqslant1$，则透射力波的幅度总是小于或等于入射力波。特别地，当 $\beta\rightarrow0$ 时，相当于自由端反射，此时有 $\zeta_R=-1$ 和 $\zeta_T=0$，在该界面处入射波和反射波的叠加使力幅值变为零，而质点运动速度叠加后加倍。

2. 适用范围

低应变反射波法适用于混凝土桩（包括灌注桩，预制桩及复合地基中的增强体等）的桩身完整性检测，判定缺陷程度和位置。现场检测与数据后处理过程中，应对以下几个问题有清醒的认识：

(1) 一维应力波理论要求波在桩身中传播时平截面假设成立。因此受检桩的长细比、瞬态激励脉冲有效高频分量的波长与桩的横向尺寸之比均宜大于 5；而对薄壁钢管桩和类似于 H 型钢桩的异型桩，低应变法一般不适用。

对于桩身截面多变的灌注桩（如支盘桩），因应力波在截面变化处的多次反射将产生交互影响，使对信号质量的判断变得很困难，也容易误判，所以应慎重使用。

对大直径桩，为弥补尺寸效应的影响，测试时的激励脉冲应有足够的宽度，但同时要注意脉冲宽将导致对浅部缺陷识别精度的降低。

(2) 反射波法对桩身缺陷程度只作定性判定，尽管利用实测曲线拟合法分析能给出定量的结果，但由于桩的尺寸效应、测试系统的幅频、相频响应、高频波的弥散、滤波等造成的实测波形畸变，以及桩侧土阻尼、土阻力和桩身阻尼的耦合影响，曲线拟合法还不可能达到精确定量的程度。

少数情况下，桩的缺陷类型是可以判断的，如预制桩桩身裂隙或焊点开焊；因机械开挖造成的中小直径灌注桩浅部断裂等。多数情况下，对于存在缺陷的灌注桩，测试信号主要反映了桩身阻抗变化的信息，而缺陷性质一般较难区分，如灌注桩出现的缩颈与局部松散或低强度区、夹泥、空洞等，只凭测试信号区分缺陷类型尚无理论依据，必要时应结合地质勘察资料和施工工艺等因素综合判别。

要说明的是，对存在两个以上严重缺陷的桩，低应变法将无法给出全面的判断；对桩身纵向裂缝、深部缺陷的方位、钢筋笼长度以及沉渣厚度，低应变法也不能进行判断。

(3) 受桩周土约束、激振能量、桩身材料阻尼和桩身截面阻抗变化等多种因素的影响，应力波的能量和幅值在传播过程中将逐渐衰减。如果桩的长径比较大，桩土刚度比过小或桩身截面阻抗变幅较大，应力波可能尚未反射回桩顶甚至尚未传到桩底，其能量就已经完全衰减；另外还有一种特殊情况，即桩的阻抗与桩端持力层阻抗相匹配。上述情况均可能因检测不到桩底反射信号而无法对整根桩的完整性进行判定。在我国，各地提出的有效检测范围变化很大，如长径比30～50、桩长30～50m等，基桩检测规范也没有对有效检测长度的控制范围做出明确规定。所以，具体工程的有效检测桩长，应通过现场试验、依据能否识别桩底反射信号来确定。

对于有效检测桩长小于实际桩长的桩，尽管测不到桩底反射信号，但如果有效检测长度范围内存在缺陷，则实测信号中必有缺陷反射信号。此时，低应变法只可用于查明有效检测长度范围内是否存在缺陷。

对于桩身截面多变且变化幅度较大的灌注桩，低应变法误判的几率很大，这有理论上的原因，如因纵向尺寸效应而偏离一维杆波动理论，也有人为经验判断的影响；对此应采用其他辅助方法验证低应变法检测的有效性。

(4) 波速的大小与骨料品种、粒径级配、水灰比等多种因素有关，与混凝土强度之间呈正相关关系，即强度高则波速高，但两者间不能定量推算。中国建筑科学研究院的试验资料表明，采用普通硅酸盐水泥、粗骨料相同、不同试配强度及龄期强度相差1倍时，声速变化仅为10%左右；根据辽宁省建设科学研究院的试验结果，采用矿渣水泥，28d强度为3d强度的4～5倍，一维波速增加20%～30%；分别采用碎石和卵石并按相同强度等级试配，发现以碎石为粗骨料的混凝土一维波速比卵石高约13%；但福建省建筑科学研究院的试验结果正相反，即骨料为卵石的混凝土声速略高于骨料为碎石的混凝土。另外，低应变法得到的波速为整个桩长范围内的平均波速，如果桩身存在缺陷，平均波速值将降低，但不能说桩身混凝土强度偏低；所以，单纯依据波速大小评定混凝土强度等级是不准确的。

(5) 对复合地基中的竖向增强体，当混凝土强度等级不低于C15时，采用低应变法对桩身完整性检验是可行的。但对水泥土桩，因桩身强度不高且离散性大，低应变法检测的可行性有时应视现场情况而定，其可靠性和成熟性还有待进一步探究。

3. 检测仪器设备

(1) 传感器

目前常用的低应变测试传感器是压电加速度计和磁电式速度计两种。

根据压电式加速度计的结构特点和动态性能，当传感器的可用上限频率在其安装谐振频率的1/5以下时，可保证较高的冲击测量精度，且在此范围内，相位误差可以忽略。所以应尽量选用自振频率较高的加速度传感器。与速度计相比，加速度计具有体积小、重量轻、频响范围大（2～5000Hz）等优点，所以低应变法检测建议采用压电式加速度传感器。

磁电式速度传感器的频响范围较窄（一般10～1500Hz），且在低频段和高频段的响应均较差，不适合长桩和有浅部缺陷桩的判别。稳态和冲击响应性能的研究表明，高频窄脉冲冲击响应测量不宜使用速度传感器。此外，受安装条件影响，速度传感器在安装不良时，安装谐振频率会大幅下降并产生自身振荡，虽然可通过低通滤波将自振信号滤除，但由于安装谐振频率与信号的有用频率成分的重叠，安装谐振频率附近的有用信息也将被滤除。

（2）激振设备

低应变法常用的瞬态激振设备为手锤或力棒。锤头材料为工程塑料、尼龙、铝、铜、铁或硬橡胶，质量一般在几百克至几十千克不等。现场测试时，可根据需要选择不同材质的锤头或加设锤垫，目的是控制激励脉冲的宽窄，以获得清晰的桩身阻抗变化反射或桩底反射（见图 17.4-2）；同时，又不产生明显的波形失真或高频干扰。

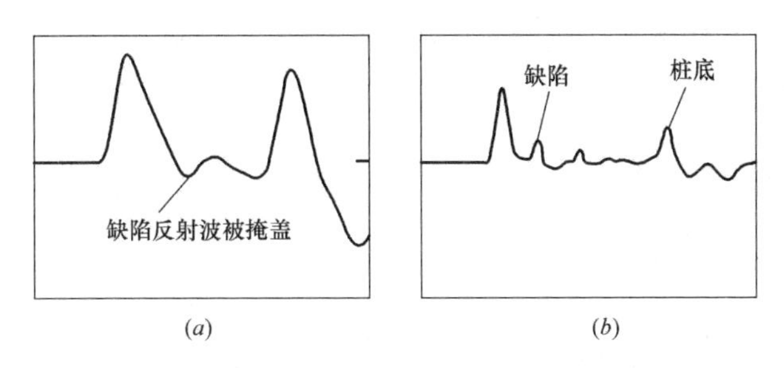

图 17.4-2　不同激励脉冲宽度

（*a*）脉冲过宽；（*b*）脉冲宽度合适

4. 检测技术

（1）桩头处理

桩顶条件和桩头处理好坏直接影响测试信号质量。对低应变动测而言，判断桩身阻抗相对变化的基准是桩头部位的阻抗，因此受检桩桩顶的混凝土质量、截面尺寸应与桩身基本相同。测试时，灌注桩应凿去桩顶浮浆或松散、破损部分直至坚硬的混凝土表面，必要时割掉影响测试的桩顶外露主筋；桩顶表面应平整、干净且无积水；因锤击信号重复性差与敲击或安装部位不平整有关，所以测试时应尽量将敲击点和传感器安装点部位磨平；对于预应力管桩，当法兰盘与桩身混凝土之间结合紧密时，可不进行处理。

当桩头与承台或垫层相连时，测试信号因桩头附近截面阻抗的变化可能受到影响。因此，除非通过试测证明对信号质量没有影响，否则测试时应将桩头与混凝土承台或垫层脱开。

（2）桩身混凝土强度

对于测试时的桩身混凝土强度，基桩检测规范要求不少于设计强度的 70%，且不小于 15MPa；国外也有养护期不少于 7 天的规定。

（3）测试参数设定

测试桩长应以实际记录的施工桩长为准。桩身波速可根据本地区同类桩型的测试经验值初步设定，后处理时再根据实测信号进行调整。

对采样频率的设定，一般应在保证测得完整信号（时段 $2L/c+5\text{ms}$，1024 个采样点）的前提下，选用较高的采样频率。因为在时域分析时，采样频率越高，采集的数字信号越接近模拟信号，对缺陷位置的准确判断就越有利。但是，若要提高频域分辨率，则应按采样定理适当降低采样频率。

（4）传感器安装和激振操作

① 传感器用黄油、橡皮泥等耦合剂粘结时，粘结层应尽可能薄，必要时可采用冲击钻打孔安装方式，但传感器底安装面与桩顶面之间不得留有缝隙，否则都会降低传感器的

可使用上限频率。激振以及传感器安装均应沿桩的轴线方向。

② 激振点与传感器安装点应远离钢筋笼的主筋，且安装点与主筋的距离不少于50mm。

③ 相对于桩顶横截面尺寸，激振点处为集中力作用，在桩顶部位难免出现与桩的径向振型相对应的高频干扰。当锤击脉冲变窄或桩径增加时，这种由三维尺寸效应引起的干扰加剧。传感器安装点与激振点距离和位置不同，所受干扰的程度也不一样。根据实心桩和管桩尺寸效应研究成果，实心桩安装点在距桩中心约$\frac{2}{3}R$（R为桩半径）时，所受干扰相对较小；空心桩安装点与激振点平面夹角等于或略大于90°时所受干扰也较小，该处相当于径向耦合低阶振型的驻点。另外应注意，加大安装与激振两点间距离或平面夹角，将增大锤击点与安装点响应信号的时间差，造成波速或缺陷定位误差。

④ 当预制桩等桩顶高于地面很多、或灌注桩桩顶部分桩身截面很不规则、或桩顶与承台等其他结构相连而不具备传感器安装条件时，可将两支测量响应传感器对称安装在桩顶以下的桩侧表面，且宜远离桩顶。

⑤ 瞬态激振通过改变锤的重量、锤头材料或锤垫厚度，可改变冲击入射波的脉冲宽度及频率成分。锤头质量较大或锤垫较厚时，冲击入射波脉冲较宽，低频成分为主；当冲击力大小相同时，其能量较大，应力波衰减较慢，适合于获得长桩桩底信号或深部缺陷的识别（见图17.4-3）。锤头较轻或锤垫较薄时，冲击入射波脉冲较窄，高频成分为主；冲击力大小相同时，虽其能量小并受大直径桩尺寸效应的影响，但适宜于桩身浅部缺陷的识别及定位。

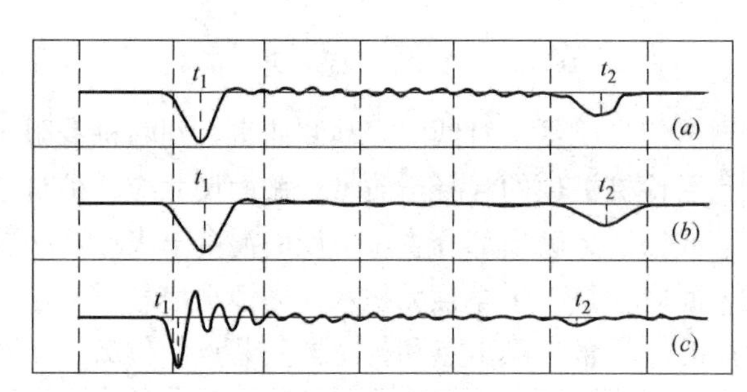

图17.4-3 不同的锤击工具引起的不同的动力响应
（a）手锤；（b）带尼龙头力锤；（c）细金属杆

⑥ 桩径越大，桩截面各部位的运动就越不均匀，桩浅部的阻抗变化往往会有明显的方向性。所以应增加检测点数量，通过各接收点的波形差异，大致判断浅部缺陷的方向。

每个检测点有效信号数不宜少于3个，而且要有良好的重复性，然后通过叠加平均以消除噪声影响，提高测试精度。

5. 检测数据的分析与判定

（1）桩身平均波速

当桩长已知、桩底反射信号明确时，在地质条件、设计桩型、成桩工艺相同的基桩中，选取不少于5根Ⅰ类桩的波速按下列公式计算其平均值：

$$c_{\mathrm{m}}=\frac{1}{n}\sum_{i=1}^{n}c_i \tag{17.4.5}$$

$$c_i=\frac{2L}{\Delta T} \tag{17.4.6}$$

$$c_i=2L\cdot\Delta f \tag{17.4.7}$$

式中 c_{m}——波速的平均值；

c_i——第 i 根受检桩的波速值，且 $|c_i - c_m|/c_m$ 不宜大于5%；

L——测点下桩长；

ΔT——速度波第一峰与桩底反射波峰间的时间差，见图17.4-4；

Δf——幅频曲线上桩底相邻谐振峰间的频差，见图17.4-5；

n——参加波速平均值计算的基桩数量（$n \geqslant 5$）。

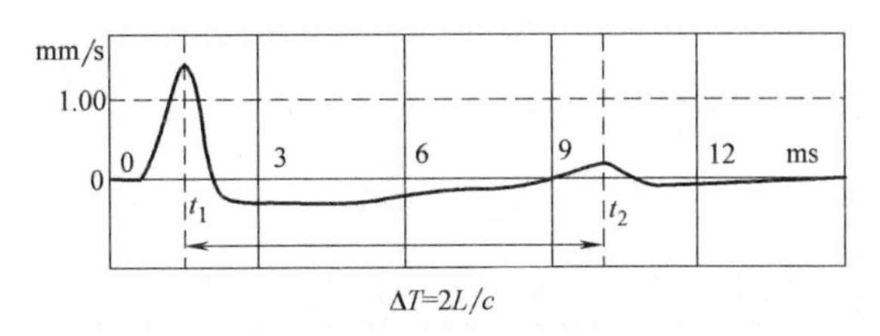

图17.4-4 完整桩典型时域信号特征图

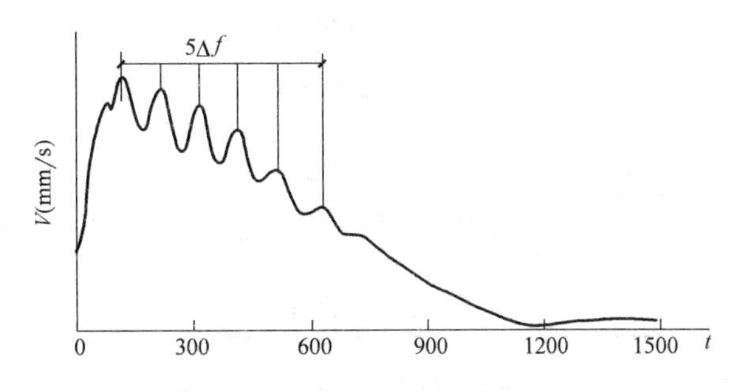

图17.4-5 完整桩典型速度幅频信号特征 f(Hz)

当无法按上述方法确定时，波速平均值也可根据地区经验，结合桩身混凝土的骨料品种和强度等级综合确定。

（2）桩身缺陷位置

桩身缺陷位置的计算可采用下列公式：

$$x = \frac{1}{2} \cdot \Delta t_x \cdot c \tag{17.4.8}$$

$$x = \frac{1}{2} \cdot \frac{c}{\Delta f'} \tag{17.4.9}$$

式中 x——桩身缺陷至传感器安装点的距离；

Δt_x——速度波第一峰与缺陷反射波峰间的时间差，见图17.4-6；

c——受检桩的桩身波速，无法确定时用 c_m 值替代；

$\Delta f'$——幅频信号曲线上缺陷相邻谐振峰间的频差，见图17.4-7。

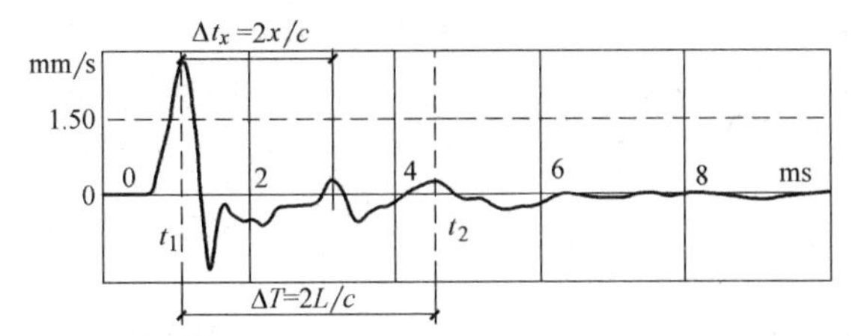

图17.4-6 缺陷桩典型时域信号特征

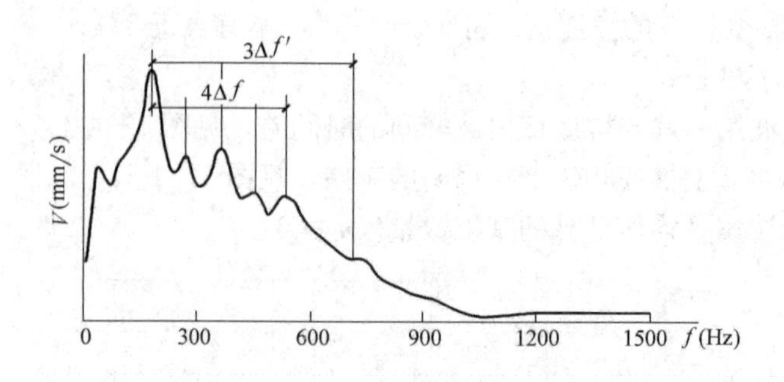

图 17.4-7 缺陷桩典型速度幅频信号特征

提高采样频率，即采样间隔缩小，则时域分析的精度提高，但却造成了频域分辨率的降低。所以，不论采用以上哪一个公式计算桩身缺陷位置，都会因测读精度的影响而产生计算误差。另外，用平均波速值 c_m 计算缺陷位置时，也会对个别桩缺陷位置的确定带来误差。

还有，就是桩的尺寸效应对缺陷定位产生的影响，如大直径桩的横向尺寸效应即因传感器接收点测到的入射峰要比锤击点处滞后的影响，导致桩身波速定值偏高，以及浅部缺陷桩因纵向尺寸效应造成的浅部缺陷定位误差等。

(3) 桩身完整性类别判定

基桩检测规范规定了桩身完整性分类的统一四类划分标准，见表 17.4-1。

桩身完整性判定 **表 17.4-1**

类别	时域信号特征	幅频信号特征
Ⅰ	$2L/c$ 时刻前无缺陷反射波，有桩底反射波	桩底谐振峰排列基本等间距，其相邻频差 $\Delta f \approx c/2L$
Ⅱ	$2L/c$ 时刻前出现轻微缺陷反射波，有桩底反射波	桩底谐振峰排列基本等间距，其相邻频差 $\Delta f \approx c/2L$，轻微缺陷产生的谐振峰与桩底谐振峰之间的频差 $\Delta f' > c/2L$
Ⅲ	有明显缺陷反射波，其他特征介于Ⅱ～Ⅳ类之间	
Ⅳ	$2L/c$ 时刻前出现严重缺陷反射波或周期性反射波，无桩底反射波； 或因桩身浅部严重缺陷使波形呈现低频大振幅衰减振动，无桩底反射波	缺陷谐振峰排列基本等间距，相邻频差 $\Delta f' > c/2L$，无桩底谐振峰； 或因桩身浅部严重缺陷只出现单一谐振峰，无桩底谐振峰

要注意和考虑的问题有以下几点：

① 采用时域和频域分析相结合的方法，以时域分析为主、频域分析为辅，必要时采用时域的拟合技术，对桩身完整性进行判定。

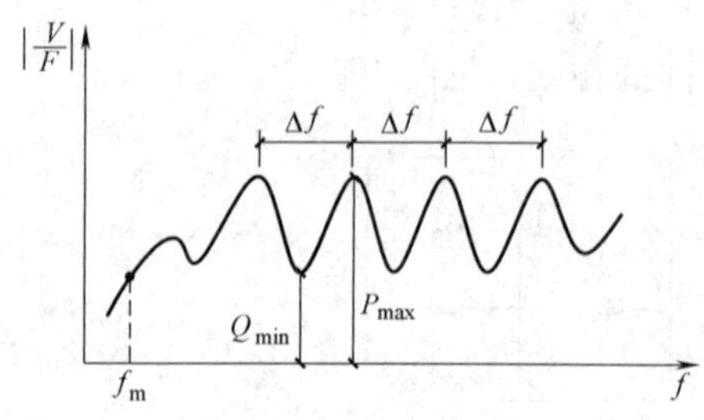

图 17.4-8 均匀完整桩的速度导纳曲线

频域分析是根据速度幅频曲线或导纳曲线中基频位置，利用实测导纳值与计算导纳值相对高低和实测动刚度的大小进行桩身完整性的判断。此外，还可对速度幅频信号曲线进行二次谱分析，以获得速度谱的倒谱进行分析。

图 17.4-8 为完整桩的导纳曲线。计算导纳值 N_c、实测导纳几何平均值 N_m 和动刚度 K_d

分别按下列公式计算：

导纳理论计算值：
$$N_c=\frac{1}{\rho c_m A} \tag{17.4.10}$$

实测导纳几何平均值：
$$N_m=\sqrt{P_{max}\cdot Q_{min}} \tag{17.4.11}$$

动刚度：
$$K_d=\frac{2\pi f_m}{\left|\frac{V}{F}\right|_m} \tag{17.4.12}$$

式中 ρ——桩材质量密度（kg/m³）；

c_m——桩身波速平均值（m/s）；

A——桩身截面积（m²）；

P_{max}——导纳曲线上谐振波峰的最大值（$m/s\cdot N^{-1}$）；

Q_{min}——导纳曲线上谐振波谷的最小值（$m/s\cdot N^{-1}$）；

f_m——导纳曲线上起始近似直线段上任一频率值（Hz）；

$\left|\frac{V}{F}\right|_m$——与 f_m 对应的导纳幅值（$m/s\cdot N^{-1}$）。

理论上，N_m、N_c、K_d 和桩身完整性判别间的关系如下：完整桩，N_m 约等于 N_c 而 K_d 值正常；缺陷桩，N_m 大于 N_c 而 K_d 值低，且随缺陷程度的增加其差值增大；扩径桩，N_m 小于 N_c 而 K_d 值高。

要说明的是，由于稳态激振是在某窄小频带上进行的，其能量集中、信噪比高、抗干扰能力强，所测的导纳曲线、导纳值及动刚度要比瞬态激振方式重复性好、可信度高。

② 应根据实测波形特征、缺陷深度、信号衰减特性、成桩工艺、地质条件以及施工情况等综合判定桩身完整性。如预制桩易在接桩处出现缺陷反射，灌注桩的逐渐扩径再缩回原桩径以及因土层中存在硬夹层造成的类似缺陷反射等等。特别是对疑似的Ⅲ类桩，还应结合桩型、基础形式和上部结构特点以及检测人员的经验综合判断，必要时做验证检测。另外，因缺陷埋深的不同以及桩周土阻尼的影响，即使缺陷程度一样，也会出现幅值各异的反射信息，分析时应慎重。

③ 以下几种情况，可能导致低应变法测不到桩底反射：

A. 软土地区的超长桩，长径比大；

B. 桩周土约束强，应力波衰减快；

C. 桩身阻抗与周围土层阻抗接近；

D. 桩身截面阻抗显著突变或沿桩长渐变；

E. 预制桩接头缝隙影响。

对以上几类桩的桩身完整性判定，只能根据经验并参照本场地、本地区同类型桩的测试结果进行综合分析或采用其他方法进一步检测。例如，图 17.4-9 是人工挖孔桩的实测波形，桩长 38.4m，因桩侧土阻力较强，从波形上很难判断桩身是否存在缺陷，但经钻芯法和声波透射法验证桩身在 28～31m 范围存在缺陷。

④ 对桩身截面渐变或多变以及存在明显扩径的混凝土灌注桩，阻抗变化处的一次或二次反射常表现为类似扩径、严重缺陷或断桩的相反情形，易于造成误判。

⑤ 对于存在多个截面阻抗变化的桩，因反射波相互叠加影响，桩顶下第一阻抗变化截面的一次反射一般能够识别，而其后的反射信号可能变得十分复杂，不仅难于判断，而

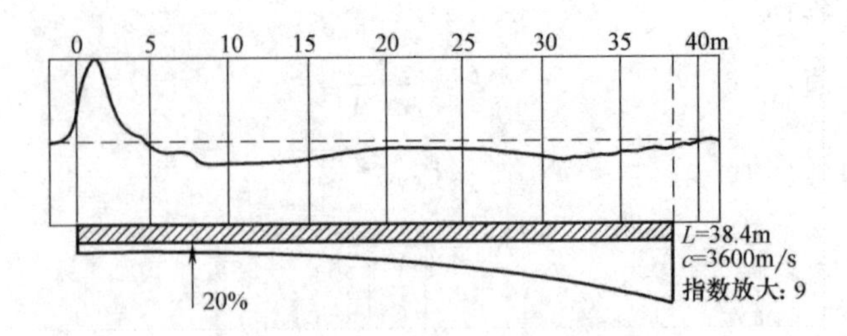

图 17.4-9 低应变测试波形（经验证，桩深部 28～31m 范围存在缺陷）

且还会因为信号峰值的移位造成定位误差的增大。

⑥ 对嵌岩桩，反射波法一般无法给出沉渣厚薄或桩端嵌固好坏的准确判定，但一旦桩底出现扩径反射信息，则至少说明桩底情况不会太差。理论上可以将嵌岩桩桩端视为杆件的固定端，并根据桩底反射波的方向判断桩端端承效果，也可通过导纳值、动刚度的相对高低提供辅助分析。若怀疑桩端嵌固效果差，可采用静载试验、钻芯或高应变等检测方法验证桩端嵌岩情况。

⑦ 当对桩身浅部阻抗变化（缩径或扩径）无法定性判断时，可在测量桩顶速度响应的同时测量锤击力，根据实测力和速度信号起始峰的比例失调情况判断浅部阻抗变化程度。采用这种方法一般需有同条件下多根桩的对比，而且当阻抗变化位置很浅时也无法准确定位。

（4）存在阻抗变化截面时桩顶速度信号的理论波形

为了更好地从理论上说明不同桩身阻抗变化条件对桩顶速度响应的影响，下面给出采用特征线波动分析方法、同时考虑土阻尼和线弹性段土阻力共同作用的一些典型计算波形，见图 17.4-10～图 17.4-12。在所有列出的计算实例中，除改变横截面尺寸外，桩的其他物理常数、冲击力脉冲的宽度和幅值、土阻尼和阻力均保持不变。

在这 32 组图形中，比较容易混淆的有以下几组：

① 第 2 组和第 3 组，极浅部缺陷和扩径的误判。

② 第 16～18 组，对扩径或缩径的二次反射的误判。

③ 第 25～28 组，桩身存在多个阻抗变化的截面，容易造成误判或漏判。

④ 第 29～32 组，对桩身阻抗渐变的误判。

17.4.2 高应变法检测

1. 高应变法检测目的和适用范围

（1）检测目的

① 判定单桩竖向抗压承载力是否满足设计要求。这里所说的承载力是指在桩身结构强度满足轴向荷载的前提下，桩周岩土对桩身的静承载能力，它是通过锤击后激发的总动态阻力间接推算出来的，而且只有在桩侧和桩端土阻力被充分激发的条件下，才能得到极限承载力；否则，只能得到承载力检测值，据此对试桩承载能力做出判断。

② 判定桩身完整性。高应变法的激励能量高，有效检测深度大，在判定预制桩焊缝是否开裂和桩身水平整合型缝隙等缺陷上优于低应变法。另外，对于等截面桩可由桩身完整性系数β定量判定桩顶下第一缺陷的缺陷程度及是否影响桩身结构承载力，属于直接定量的测试方法。但带有普查性的完整性检测，采用低应变法则更为简便、快速。

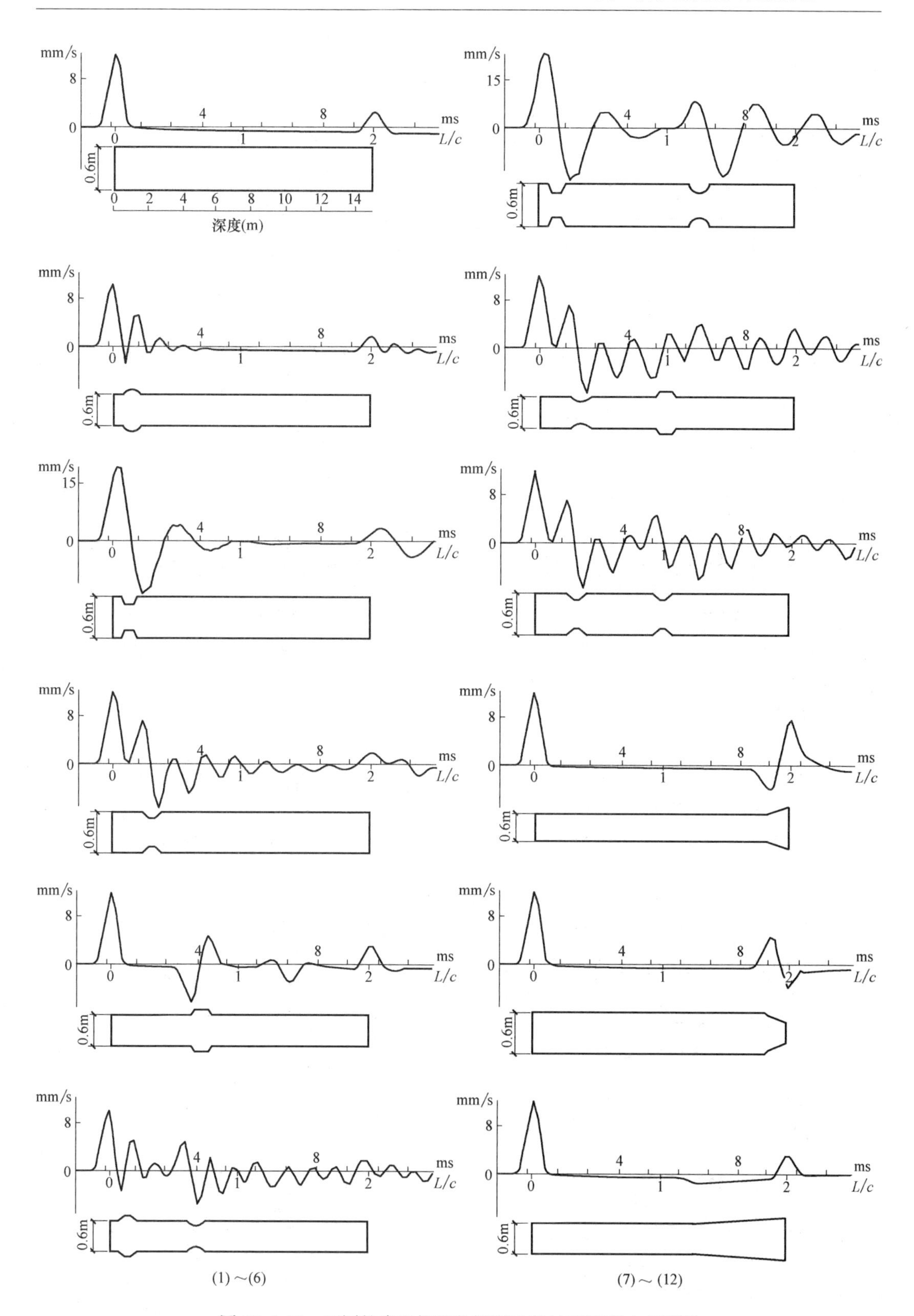

图 17.4-10 不同桩身阻抗变化情况时的桩顶速度响应波形

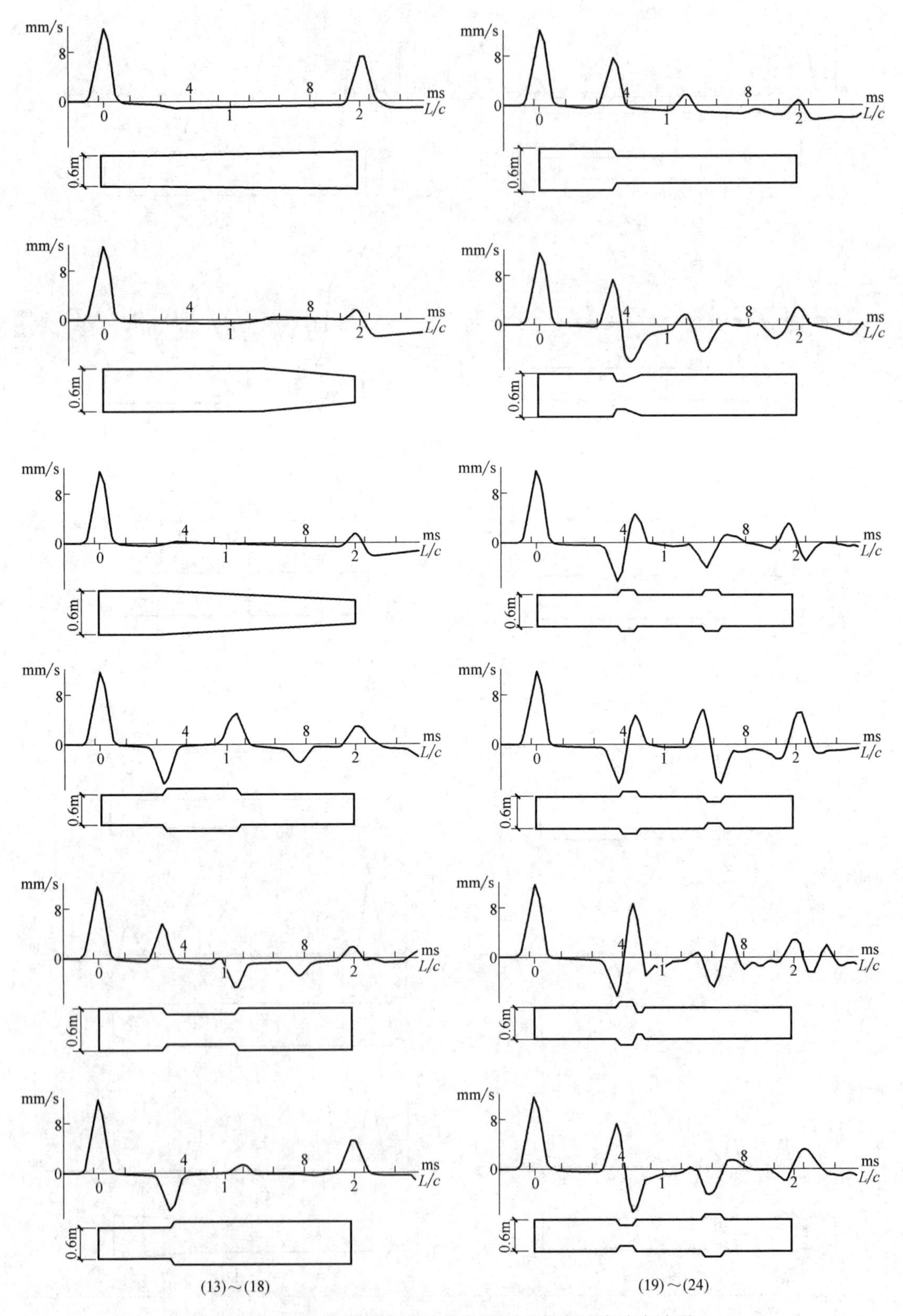

图 17.4-11 不同桩身阻抗变化情况时的桩顶速度响应波形

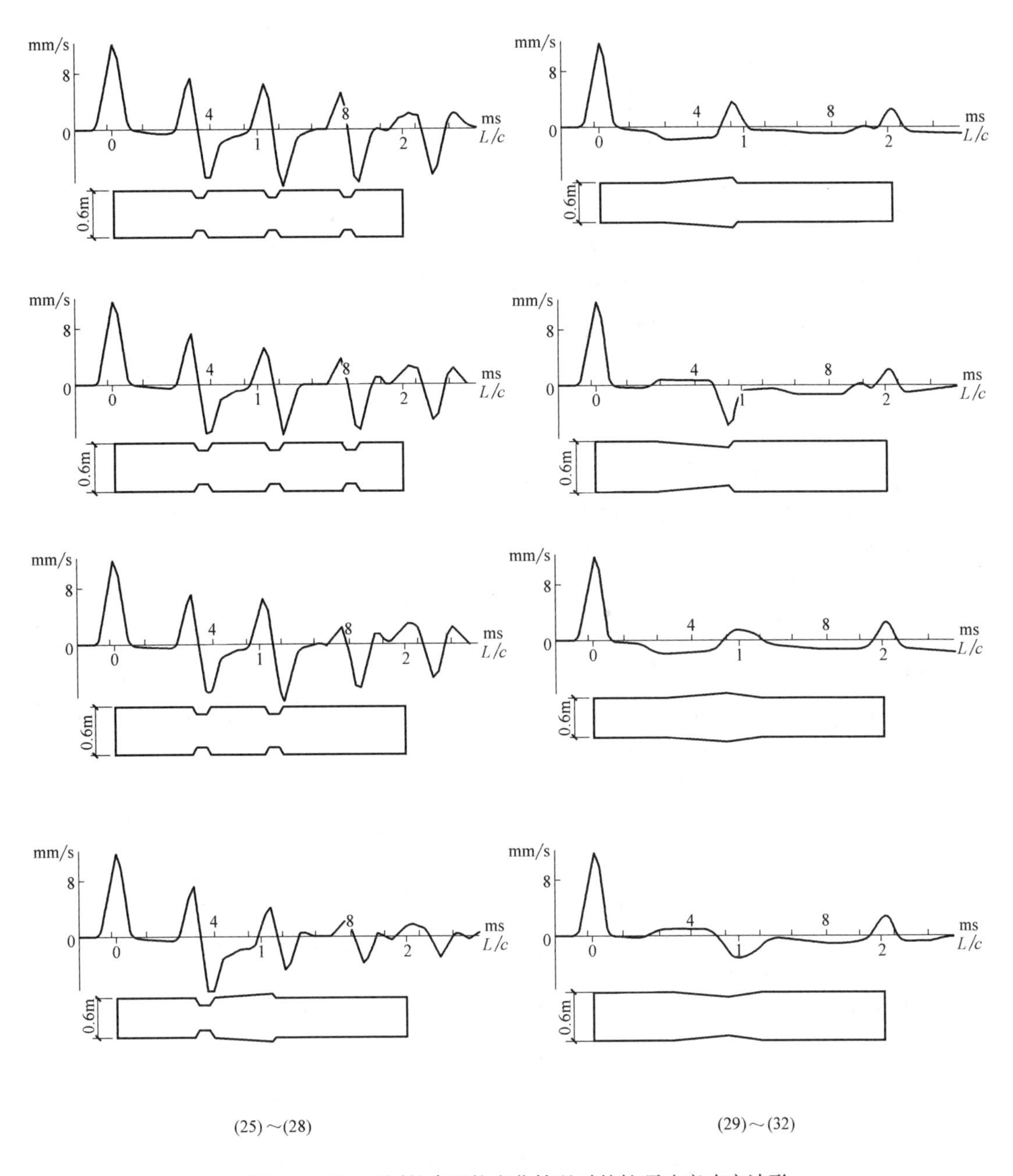

(25)～(28)　　(29)～(32)

图 17.4-12 不同桩身阻抗变化情况时的桩顶速度响应波形

③ 打桩过程的监控。高应变检测技术是从打入式预制桩发展起来的，以取代动力打桩公式。试打桩和打桩监控是高应变法的特有功能，目的有两个：一是验证打入桩设计的可行性，即是否能够在设定深度内提供预期的承载力；二是监测预制桩打入时的桩身应力、锤击能量的传递、桩身完整性变化，为沉桩工艺参数如收锤标准，桩长、桩型的选择以及沉桩设备的匹配能力提供依据。

(2) 适用范围

① 高应变法在检测桩承载力方面属于半直接法，它是通过应力波直接测量打桩时的

土阻力，然后根据假设的桩土力学模型及参数，从中再提取我们所要求的静阻力信息。

高应变法在某种程度上仍是经验方法。首先，模型的建立和参数的选择带有近似性和经验性，它们是否合理、准确，依赖于大量工程经验的积累和可靠的静动对比资料；其次，对检测数据分析结果的准确程度取决于检测人员的技术水平和经验。所以，在基桩检测规范中，明确了高应变法只能作为工程桩的检验而不能作为设计性试桩，或在有本地区相近条件对比资料的前提下，可作为工程桩承载力验收时静载试验的补充。

② 灌注桩的截面尺寸不规则，材质也不均匀，加之施工的隐蔽性，承载力检测结果的变异性普遍高于预制桩；受混凝土材料的非线性、传感器安装条件及安装处混凝土质量的影响，灌注桩采集的波形质量明显低于预制桩，波形拟合分析时参数设定的不确定性和分析的复杂程度又明显高于预制桩。因此，基桩检测规范特别强调了灌注桩应在具有现场实测经验和本地区相近条件下的可靠对比验证资料下，才能实施高应变法承载力检测。

③ 大直径灌注桩或扩底桩（墩），静载试验的 Q-s 曲线通常表现为缓变型。此时，桩端阻力的充分发挥需要很大的位移量。另外，在土阻力相同的条件下，桩身直径的增加使桩身截面阻抗（或桩的惯性）与直径成平方的关系增加，造成锤与桩的匹配能力下降，而高应变检测所用锤的重量有限（一般在200kN以内），且很难在桩顶产生持续时间较长的作用荷载，达不到使土阻力充分发挥所需的位移量，从而不能得到桩的极限承载力，承载力检测值也往往偏低，有时会因达不到设计要求而出现争议。因此，基桩检测规范规定了对这类桩不宜采用高应变法检测承载力。

但规范中也没有限制高应变法对嵌岩桩的检测，主要考虑的是可以通过对嵌岩桩测试波形特征的解读和承载力检测值的大小对其作出分析和判定；而且，对于长径比较大的嵌岩桩，桩身的弹性压缩量就足以使桩侧土阻力得到充分发挥。

2. 高应变法的检测技术

（1）测试仪器

检测仪器的主要技术性能不应低于行业标准《基桩动测仪》JG/T 3055表1规定的2级标准，且应具有保存、显示实测力与速度信号和信号处理与分析的功能。

（2）传感器及其安装

① 加速度计。目前，常用的压电式加速度计有两种：一种是电压输出，带内装放大；一种是电荷输出。加速度计的安装谐振频率不应低于10000Hz，量程应大于预估最大冲击加速度1倍以上。如对混凝土桩，可选择量程为1000～2000g的加速度计，对钢桩为3000～5000g。

② 应变式力传感器。目前，用于高应变检测的力传感器都是专门设计制作的，材料一般为铝合金，结构形式为圆环式或双梁式结构，采用全桥方式内贴4片电阻应变片，且可温度自补偿。力传感器的线性工作范围一般不应小于±1000$\mu\varepsilon$，非线性误差在±1%以内；但考虑到锤击偏心、传感器安装初变形以及钢桩测试等因素，最大轴向应变范围不宜小于±2500～±3000$\mu\varepsilon$，而相应的应变适调仪应具有较大的电阻平衡范围。

③ 传感器安装见图17.4-13。传感器的安装位置一般在桩顶下（1～2）D（D为试桩的直径或边宽）的桩侧表面。实际安装时，应根据现场条件尽量向下安装，以避免锤击时应力集中和偏心的影响。传感器数量每种均不得少于两个，美国PDI公司甚至建议每种4个，以提高力与速度测试结果的精度。用锤上安装加速度传感器进行冲击力量测时，传感

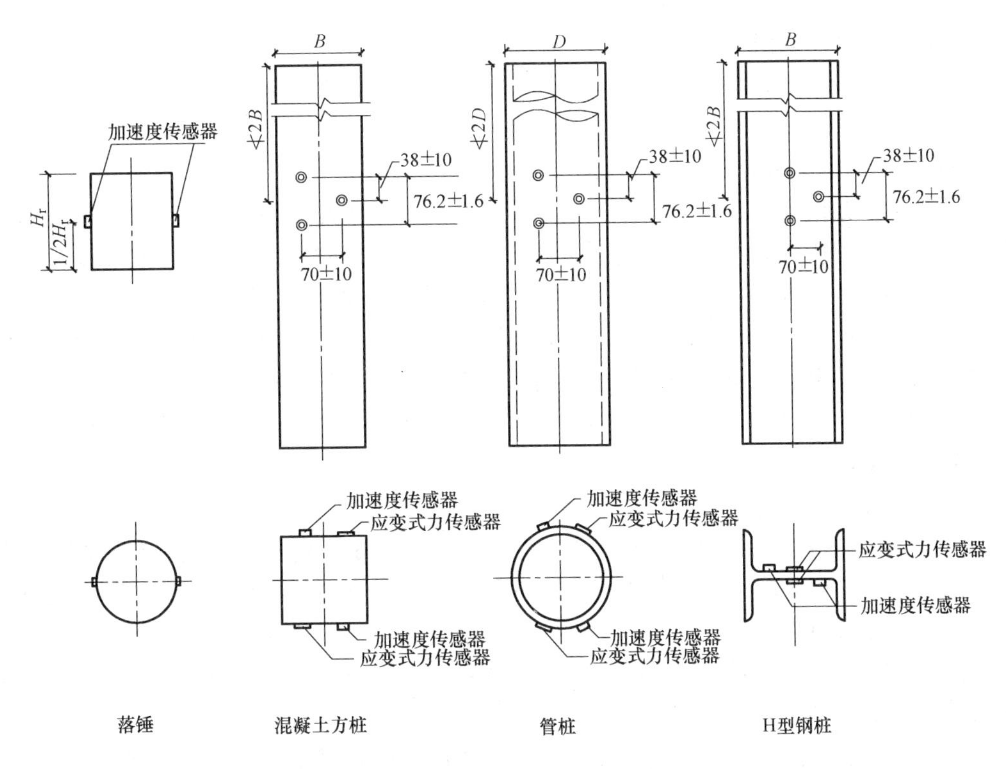

图 17.4-13　传感器安装示意图（单位：mm）

器的安装位置在自由落锤锤体 0.5H_r 处（H_r 为锤体高度）；在此条件下，对称安装在桩侧表面的加速度传感器距桩顶的距离不得小于 0.4H_r 或 1D，并取两者之中的高值。

应变式力传感器的安装应符合下列规定：

A. 力传感器与加速度传感器的中心应位于同一水平线上；同侧的传感器间的水平距离不宜大于 80mm。安装后传感器的检测方向必须与桩身轴线平行。

B. 传感器的安装面材质应均匀、密实、平整，必要时采用磨光机将其磨平，以避免传感器的初始不平衡值超标。安装完毕后的传感器应紧贴桩身表面，锤击时传感器不得产生滑动。为保证检测时的最大应变值在传感器的线性工作范围内，安装后的传感器初始应变应能保证锤击时的可测轴向变形余量，混凝土桩应大于 ±1000$\mu\varepsilon$，钢桩应大于 ±1500$\mu\varepsilon$，且允许拉应变的初始值比压应变大一些。

C. 当连续锤击监测时，应将传感器连接电缆包括电缆接头有效固定。

（3）锤击设备

高应变检测的锤击设备包括以下两种：一是自由落锤，它适用于各种桩型；二是打桩锤，适用于打入桩，如筒式柴油锤、蒸汽锤、液压锤、蒸汽锤等具有导向装置的打桩机械都可作为锤击设备，但对导杆式柴油锤，因力和速度上升过于缓慢，容易造成速度响应信号失真，所以不建议采用。

基桩检测规范对锤击设备的规定如下：

① 落锤应材质均匀、形状对称、底面平整，高径（宽）比不得小于 1，并采用铸铁或铸钢制作。当采取自由落锤安装加速度传感器的方式实测锤击力时，重锤应整体铸造，且

高径（宽）比应在1.0～1.5范围内。

② 锤击装置应具有稳固导向装置。

③ 锤重应大于预估单桩承载力特征值的2%～3%，混凝土桩的桩径大于600mm或桩长大于30m时取高值。

④ 采用自由落锤时应重锤低击，最大落距不宜大于2.5m。

锤的重量不足时，即使提高落距，也不能有效提高锤传递给桩的能量和增大桩顶位移以激发桩周土的静阻力，而且锤击时的脉冲窄、力脉冲作用时间短，会造成桩身受力和运动的不均匀性。落距大、冲击速度较高时，实测波形中土的动阻力影响加剧，而与位移相关的土的静阻力的分析误差将增加；而且，落距越高，锤击应力和偏心越大，越容易击碎桩头。因此，重锤低击是确保高应变法检测承载力准确性的基本原则。

对自由落锤装置，锤架的安放应确保其承重后不会发生倾斜，同时也要避免锤体反弹对导向装置的横向撞击。

（4）贯入度测量

贯入度量测的目的主要是校核波动分析结果，同时也是推定桩侧和桩端土阻力是否发挥的依据。对于具有陡降型 Q-s 曲线的摩擦桩和部分打入桩，贯入度大小是确保试桩极限承载力发挥的必要条件。

贯入度的测量可采用精密水准仪等光学仪器，但对于打入桩，也可根据一阵锤（10锤）后桩的总下沉量计算单击贯入度。

利用桩顶附近截面实测的加速度 a（t），经过两次积分可得到桩顶整个动位移过程，从而获得最终贯入度值，这是一种简便而有效的检测方法。但结果可能会因下列原因产生很大的误差：

① 由于记录长度不足，信号采集结束时桩的运动尚未停止，这时只能获得最大动位移而无法得到正确的贯入度值，这在用柴油锤打长桩时尤为明显。

② 加速度计的质量优劣直接影响测试结果的精度和可靠性，如零漂大和因时间常数小导致的低频响应差等问题都会影响积分曲线的趋势。

基桩检测规范给出了单击贯入度宜在2～6mm之间，以保证承载力计算结果的可靠性。因贯入度过大，会造成桩周土的扰动大，这时高应变法所假设的土的力学模型将变得不符合实际。根据国内和国外的统计资料，贯入度较大时，采用常规的理想弹一塑性土阻力模型进行实测曲线拟合分析，得到的承载力多数明显低于静载试验结果，且统计结果离散性大。而贯入度较小，甚至桩几乎未被打动时，静动对比的误差相对较小，且统计结果的离散性也不大。

（5）桩头加固

混凝土灌注桩在进行高应变检测前一般均应进行桩头加固处理。加固要求如下：

① 应凿掉桩顶浮浆层至新鲜混凝土，并冲洗干净。

② 桩头主筋应全部直通至新接桩头桩顶，各主筋应在同一高度上。

③ 桩顶下1倍桩径范围内，宜用厚度为3～5mm的钢板围裹，或在新接桩头内设置箍筋，箍筋间距不宜大于100mm。

④ 桩顶应设置钢筋网片2～3层，间距60～100mm。

⑤ 桩头混凝土强度等级宜比桩身提高1～2级，且不得低于C30；桩顶面用水准尺找

平，并确保保护层厚度。

⑥ 桩头测点处截面尺寸应与原桩身截面尺寸相同。

（6）参数设定

① 采样时间间隔宜为50～200μs，信号采样点数不宜少于1024点。对于超长桩（大于60m），采样时间间隔取高值或增加采样点数。

② 传感器的灵敏度设定值按检定或校准结果取值。

③ 自由落锤安装加速度传感器测力时，力的设定值由加速度传感器设定值与重锤质量的乘积确定，单位为kN/V。

④ 检测截面的面积 A 应按实际测量确定。

⑤ 测点下桩长 L 可采用设计图纸或施工记录提供的数据作为设定值。对预制的打入桩，桩尖长度一般不予计入。

⑥ 桩身材料质量密度 ρ 可按表17.4-2取值。

桩身材料质量密度（t/m³） **表17.4-2**

钢桩	混凝土预制桩	离心管桩	混凝土灌注桩
7.85	2.45～2.55	2.55～2.60	2.40

⑦ 对混凝土灌注桩或预制桩，桩身波速 c 可根据经验初步设定；然后，根据实测信号确定的波速进行修正。对于普通钢桩，桩身波速可直接设定为5120m/s。

⑧ 按 $E=\rho c^2$ 和 $Z=\rho cA$ 计算或调整桩身材料弹性模量和截面阻抗。

（7）检测开始前的系统调试

① 利用仪器的自检功能，确认仪器内部的工作状态；如利用仪器内置的标准模拟信号，触发所有测试通道进行自检，以确认包括传感器、连接电缆在内的仪器系统是于正常工作状态。

② 对应变式力传感器进行初偏值的检查；

③ 当采用交流电给仪器供电时，因传感器外壳与仪器外壳共地，易出现50Hz干扰，所以应采取良好的接地措施。

（8）信号质量的检查与判别

信号质量以及信号中有效的桩土相互作用信息是高应变分析的基础。由于同一根试桩的高应变检测往往在离开测试现场后无法进行复核或重新测试，所以检测人员应能正确判断波形质量，熟练地诊断测量系统的各类故障，排除干扰因素，确保采集到可靠的数据。

① 根据实测的 F 和 ZV 曲线对信号质量进行初判。如：

A. 多数情况下力和速度信号第一峰前后区段应基本成比例或重合，除非桩身浅部阻抗变化或地表有较大土阻力的影响；

B. 除柴油锤施打长桩外，力和速度的时程曲线尾部应基本归零，否则有可能造成采集的数据记录长度不足。力信号尾部不归零的原因有两个：一是混凝土桩测点处有塑性变形或开裂；二是传感器安装不牢固。基桩检测规范规定，对力时程曲线不归零的高应变锤击信号，不得作为承载力分析的依据。

② 利用辅助曲线对信号质量做进一步判断。如：

A. 对四个通道（F1和F2，V1和V2）的实测曲线逐一进行检查，主要用来判断锤击的偏心程度和检测通道是否正常工作。严禁采用单边力信号代替平均力信号，而对单边速度信号，因锤击偏心对加速度信号的对称性影响一般较小，如果检测人员对单边信号质量有把握，将其作为平均加速度信号采用是可行的；基桩检测规范规定，对两侧力信号幅值相差超过 1 倍的高应变锤击信号，不得作为承载力分析的依据；

B. 根据动位移曲线观察检测截面的动位移过程、判断锤击是否充分以及贯入度的情况；

C. 根据能量曲线反映锤击系统的沉桩能力以及桩身从锤体接收到的能量大小。

③ 用 β 法对桩身完整性作出判断。当桩身有明显缺陷或缺陷程度加剧时，应停止检测。

④ 根据实测速度曲线的最大值，初步判定桩身的最大压应力，在已知桩身混凝土强度的条件下，调整锤击落距。

⑤ 利用采集软件提供的数据分析结果，检查混凝土桩锤击拉、压应力的大小，以决定是否进一步锤击，以免桩头或桩身受损。对预制桩，桩基规范规定，最大锤击压应力和最大锤击拉应力分别不应超过混凝土的轴心抗压强度设计值和轴心抗拉强度设计值。

(9) 试打桩与沉桩监测

试打桩与打桩过程监控是预制桩信息化施工的体现，它对控制沉桩质量和提高沉桩效率有很大作用。

① 试打桩：根据典型工程地质剖面，初步选定桩端持力层；试打过程中，通过多阵锤击下的贯入度的变化和测试波形，对桩端进入持力层不同深度时的初打承载力进行预判，同时确定收锤标准。考虑在休止一段时间后，随着桩侧土强度的恢复，桩的承载力将得到提高。此时，应通过复打对承载力进行校核，进而确定局部地质条件下的恢复系数。

② 沉桩监测的主要目的是对桩身锤击拉应力和锤击压应力的控制。有关桩身拉压应力的应力波理论计算方法，本章就不介绍了。以下几点是关于沉桩监测过程中的一些注意事项：

A. 被监测桩与后期的工程桩应在桩型、材质、打桩机械以及沉桩工艺参数上均相同；

B. 桩身最大锤击拉应力一般在桩端进入软土层、桩端穿过硬土层进入软夹层或桩身存在变截面时出现，位置一般在桩的中上部位；打桩时的土阻力越弱，产生的拉应力就强；锤击力波幅值低和力作用时间长时，拉应力就低，而桩越长且锤击力波持续时间短时，最大拉应力的位置就会下移。典型的锤击拉应力测试波形见图 17.4-14。

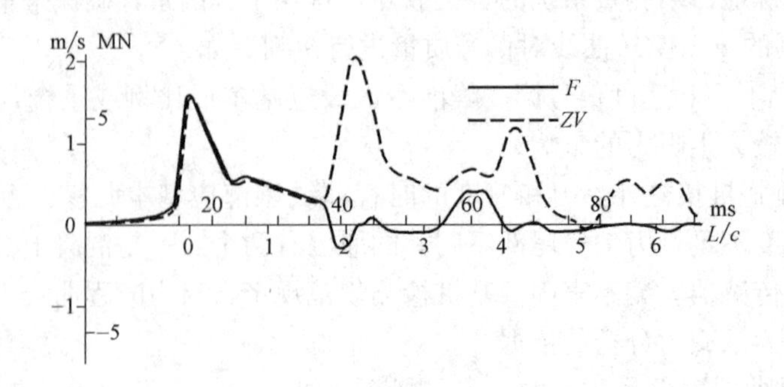

图 17.4-14 典型锤击拉应力实测波形（600mm×600mm 预应力方桩）

C. 桩身最大锤击压应力一般在桩端进入硬土层或桩周土阻力较大时出现，且主要在桩顶部；但当桩端碰到较硬层如基岩或孤石时，因桩底部锤击压应力的放大作用，桩端压应力会很大，此时如果仍严格执行以贯入度指标控制的收锤标准，就会造成桩尖破损。桩端碰到孤石的典型锤击压应力测试波形见图 17.4-15。

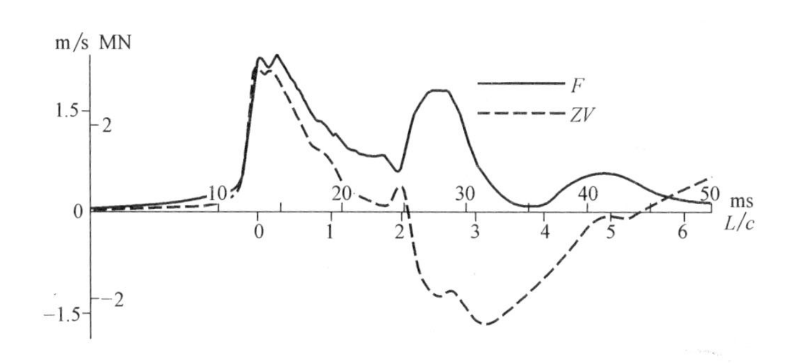

图 17.4-15　典型锤击压应力实测波形（550mm×100mm 预应力管桩）

（10）桩身平均波速 c 的确定

桩身平均波速应根据实测的 F-V 曲线，首选峰-峰法或起升沿-起升沿法确定，也可根据导出的上、下行波曲线的起跳点法确定。

① 当桩底反射明显且尖锐时，可利用速度曲线的波峰和桩底反射的波峰间的时间差，结合测点下桩长确定平均波速值，见图 17.4-16。但当测试波形畸变明显或桩身有水平裂缝时，这种方法的误差将增大；

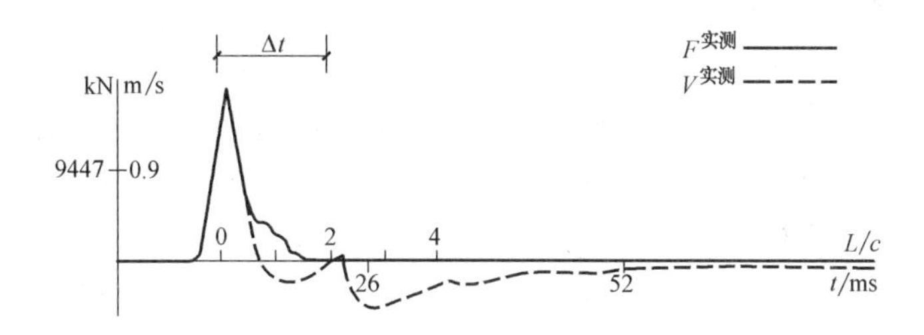

图 17.4-16　根据峰-峰法确定桩身波速

② 当桩底反射的波峰较宽、准确定位峰值点有困难时，可根据速度曲线第一峰起升沿的起点和桩底反射峰的起点之间的时间差确定平均波速，见图 17.4-17；这种方法的误差大小与起跳点定位精度有关，而且易受噪声或其他杂波的干扰；

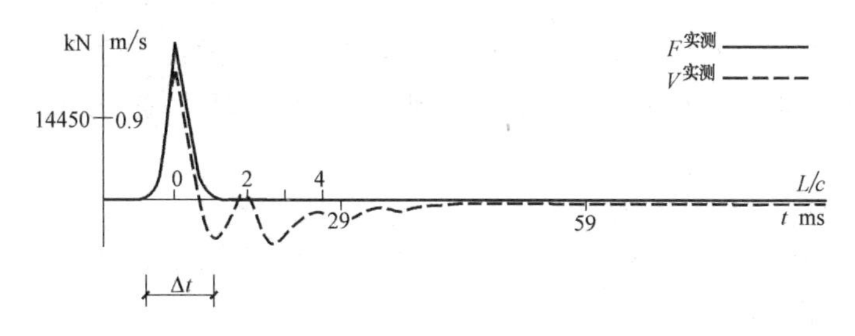

图 17.4-17　根据起升沿-起升沿法确定桩身波速

③ 当桩底反射不明显时，平均波速可根据下行波波形起升沿的起点到上行波下降沿的起点之间的时间差确定，见图 17.4-18。但要注意的是，当桩底附近有明显缺陷时，上行波曲线下降起跳点的判断可能会变得相对复杂；

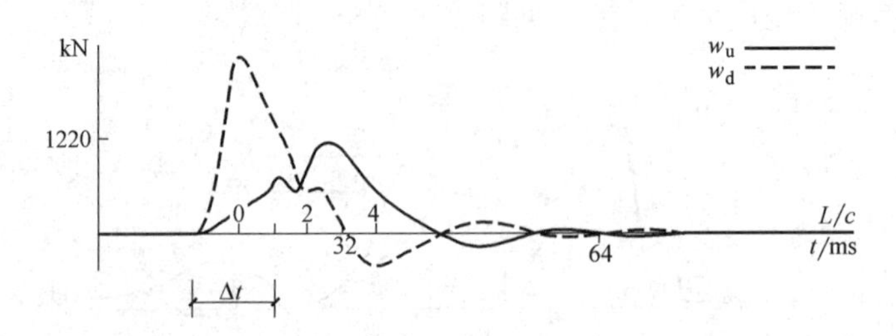

图 17.4-18 根据上下行波确定桩身波速

④ 当无法明确看到桩底反射时，可根据桩长、混凝土波速的合理取值范围或邻近桩的桩身波速值综合确定，结果则取决于检测人员的实践经验。

(11) 信号的选取与幅值调整

① 信号质量在满足了本节第（8）小节要求的前提下，宜选取锤击能量大、贯入度合理的击次，以保证桩侧与桩端土阻力最大限度的发挥，达到正确判定试桩承载力的目的。信号选取的基本原则如下：

A. 对桩身完整性的判别可选能量较低的锤击信号；

B. 对承载力测试，当采用自由落锤时宜选取能量较大且靠前的锤击信号；对打桩机，沉桩监控对承载力进行初判时，收锤阶段的一阵锤击宜选靠后的锤击信号，而对复打试验时的承载力测试，则应尽可能选取靠前的锤击信号；

C. 当连续锤击使桩周土受到扰动，如因触变效应使桩侧土体强度下降，或因锤击使桩身缺陷进一步发展或拉应力使桩身混凝土产生裂隙时，则应对连续的几个锤击信号进行分析计算，以明确土阻力的变化，合理判定承载力的大小，或通过对缺陷程度较大的测试信号的分析计算，判定桩身结构承载力是否满足使用要求。

基桩检测规范规定，当出现下列情况之一时，高应变锤击信号不得作为承载力分析计算的依据：

a. 传感器安装处混凝土开裂或出现严重塑性变形使力曲线最终未归零。

b. 严重锤击偏心，两侧力信号幅值相差超过 1 倍。

c. 四通道测试数据不全。

② 对信号幅值的调整主要有以下几个方面：

A. 当平均波速按实测波形改变后，测点处的原设定波速也按比例线性改变，模量则按平方的比例关系改变（见本节第（6）小节）。当采用应变式传感器测力且以速度（$V=c\cdot\varepsilon$）的单位存储，如果仪器不能自动修正，则应在模量改变后按式（17.4.13）对原始实测力值进行校正。

$$F=Z\cdot V=Z\cdot c\cdot\varepsilon=\rho\cdot c^2A\cdot\varepsilon \tag{17.4.13}$$

B. 当传感器设定值或仪器增益的输入错误时，可将速度或力曲线乘以一个固定数值来改变整个曲线的幅值；

C. 采用应变式传感器测力时，因测点处混凝土的非线性造成力值明显偏高时，可对力值幅值进行调整，以避免计算承载力过高。

基桩检测规范规定，高应变实测的力和速度信号第一峰起始比例失调时，不得进行比例调整。

除第 C 点原因外，桩浅部阻抗变化和土阻力影响，以及在锤击力波上升缓慢或桩很短时，土阻力波或桩底反射波的影响，都会造成力和速度信号第一峰起始比例失调。

D. 对于采取自由落锤安装加速度传感器实测锤击力的方式，无论桩身材料弹性模量是否调整，均不得对原始实测力值进行调整，但应扣除响应传感器安装测点以上桩头质量产生的惯性力，对实测桩顶力值修正。

(12) CASE 法判定单桩承载力

① CASE 法基本假定及数学模型

由于在推导过程中对桩土体系做了假定，CASE 法承载力的计算结果被称为一维波动方程的准封闭解。其简化假定及说明如下：

A. 在整个桩长范围内，桩身阻抗（$Z=\rho cA$）恒定，即 F-V 曲线图上，只有土阻力和桩底反射的信息，没有桩身阻抗变化的反射波，$2L/c$ 时刻以前实测 F-V 曲线之差只反映了土阻力的大小；

B. 只考虑桩端阻尼，忽略桩侧阻尼的影响，即动阻力 R_d 全部集中在桩底而忽略桩侧动阻力，或者把桩侧动阻力的影响近似合并到桩底动阻力中。

动阻力 R_d 的线性黏滞阻尼表达式为：$R_d=J\cdot V$（式中，J 为动阻力作用界面的黏滞阻尼系数，单位为 kN·s/m；V 为桩身运动速度，单位为 m/s）

对于采用 CASE 阻尼系数的动阻力表达式为：$R_d=J_c\cdot Z\cdot V$（式中，J_c 为 CASE 无量纲阻尼系数）；对于采用 Smith 阻尼系数的动阻力表达式为：$R_d=J_s\cdot R_u\cdot V$（式中，J_s 为 Smith 阻尼系数，R_u 为土的极限阻力）

C. 应力波在沿桩身传播时，除土阻力影响外，不会通过桩身侧面向土中逸散，也不会因桩身内阻尼造成能量耗散和波形畸变；

D. 土的静阻力 R_s 采用理想刚塑性模型，即只要桩产生位移（应力波到达），土的静阻力立即达到极限值 R_u，即 $R_s=R_u$ 且始终保持为常量。

② CASE 法计算桩承载力

利用叠加原理，桩周土体对桩的动态总阻力 R_T 可看作是静阻力和动阻力之和，即：

$$R_T=R_s+R_d \tag{17.4.14}$$

记初始速度曲线第一峰的时刻为 t_1，$t_2=t_1+2L/c$ 为应力波反射回桩顶的时刻，经推导可求得应力波在 $2L/c$ 一个完整行程中动态总阻力公式的通用表达方式（西方文献中称作 CASE-Goble 公式）为：

$$R_T=\frac{1}{2}[F(t_1)+ZV(t_1)]+\frac{1}{2}[F(t_2)+ZV(t_2)] \tag{17.4.15}$$

由于 R_T 中含有土阻尼即土的动阻力 R_d 的影响，要得到桩周土体对桩所能提供的极限静阻力 R_u，必须扣除 R_d。在计算 R_T 的过程中，需要考虑以下几个问题：

A. 正确选择 F-V 曲线上的 t_1 时刻，使 R_T 中包含的静阻力充分发挥。Goble 教授建议直接取速度曲线峰值出现时刻作为 t_1 时刻，但对于速度曲线为双峰的情况，可分别选取第一峰（RS1）、第二峰（RS2）或最高峰（RSM）作为 t_1 时刻，然后选择提供最大极限静阻力的峰值时刻作为 t_1 时刻。

B. 打桩时，桩周土应出现塑性变形，即桩应出现永久贯入度，以保证桩侧土极限阻力的充分发挥。

C. 考虑桩的承载力随时间变化的因素，应在合理休止时间、土体强度恢复后，通过复打试验确定桩的承载力。

根据CASE法的四个基本假定和行波理论，可推导出标准形式的CASE法极限静阻力 R_c 的计算公式下：

$$R_c=\frac{1}{2}(1-J_c)\cdot[F(t_1)+Z\cdot V(t_1)]+\frac{1}{2}(1+J_c)\cdot\left[F\left(t_1+\frac{2L}{c}\right)-Z\cdot V\left(t_1+\frac{2L}{c}\right)\right] \tag{17.4.16}$$

这个承载力计算公式适宜于长度适中且截面规则的中、小直径摩擦桩，且在 t_1+2L/c 时刻桩侧和桩端土阻力均已充分发挥。

③ CASE法阻尼系数 J_c 的确定

阻尼系数 J_c 与桩端土层的类别有关，土的颗粒越细，J_c 值越大，一般可通过静动对比试验得到。表17.4-3是美国PDI公司早期通过预制桩的静动对比试验推荐的阻尼系数取值。

PDI公司CASE法阻尼系数经验取值 **表17.4-3**

桩端土类别	砂土	粉质砂土、砂质粉土	粉土	粉质黏土和黏质粉土	黏土
J_c	0.1～0.15	0.15～0.25	0.25～0.4	0.4～0.7	0.7～1.0

J_c 的取值对承载力计算结果影响很大。所以，当缺乏同条件下的静动对比校核或大量相近条件下的对比资料时，其使用范围将受到限制。为避免CASE法的不合理应用，阻尼系数 J_c 宜根据同条件下静载试验结果进行校核，或采用实测曲线拟合法，通过一定数量检测桩的拟合分析，反推 J_c 值。拟合计算的桩数不应少于检测总桩数的30%，且不应少于3根。在同一场地、地质条件相近和桩型及其几何尺寸相同情况下，J_c 值的极差不宜大于平均值的30%。

④ 确定CASE法极限静阻力的几种修正方法

A. 最大阻力修正法（RMX法）

由于桩周土对桩的静阻力是位移的函数，只有在桩身产生一定的位移后，土阻力才能达到最大值，即最大土阻力的出现要比应力波的峰值滞后。t_1 时刻可能是桩顶速度值最大，但桩顶位移却不一定最大，出现位移最大值的滞后时间为 $t_{u,0}$，见图17.4-19。对于以侧阻为主且需要较大弹性变形才能发挥极限阻力的桩，刚-塑性模型的假定将产生很大的误差，此时按 t_1～t_2 时段确定的承载力将显著偏低。同样道理，对于以端阻力为主或桩端阻力的充分发挥需要较大桩端位移时（如大直径桩），按式（17.4.16）计算得出的承载力也不可能包含全部端阻力充分发挥的信息。为了解决这个问题，美国PDI公司提出了如下修正方法，即将 t_1 和 t_2 同步后移，直到找到极限阻力的最大值 $R_{s,max}$ 为止。这就是CASE法的最大阻力修正法，也称RMX法。

B. 卸载修正法

对于长桩或桩上部侧阻较大，或者虽然桩不是很长，但锤击能量偏小时，都会使桩上

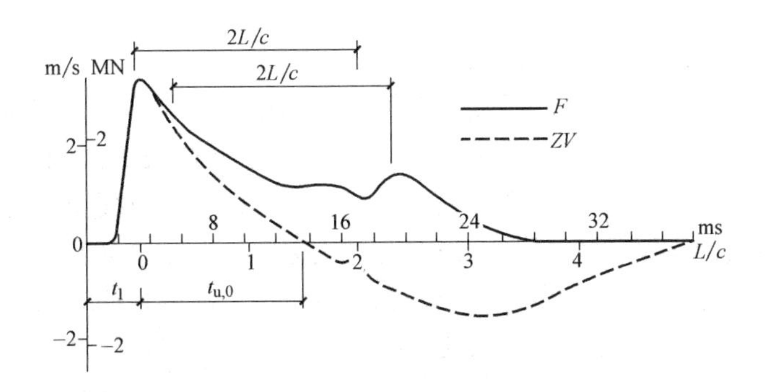

图 17.4-19 最大阻力修正法

部一定范围的桩段在 t_2 前出现反弹，产生的负阻力波将导致该段的土阻力卸载，因此需对此做出修正。

CASE 法给出的卸载修正方法，考虑了在 $2L/c$ 时段内卸载的全部土阻力，卸载时间和卸载段长度分别按下两式计算，各符号的意义见图 17.4-20。

$$t_u = t_1 + \frac{2L}{c} - t_{u,0}$$

$$x_u = \frac{c}{2} \cdot t_u$$

为了估计卸载土阻力 R_{UN}，令在 $t_1 + t_u$ 时刻，力与速度曲线之差为 x_u 段激发的总阻力 R_x，取 $R_{UN} = R_x/2$，将 R_{UN}加到总阻力 R_T 上，以补偿由于提前卸载所造成的 R_T 减小。这个方法称为 RSU 法。

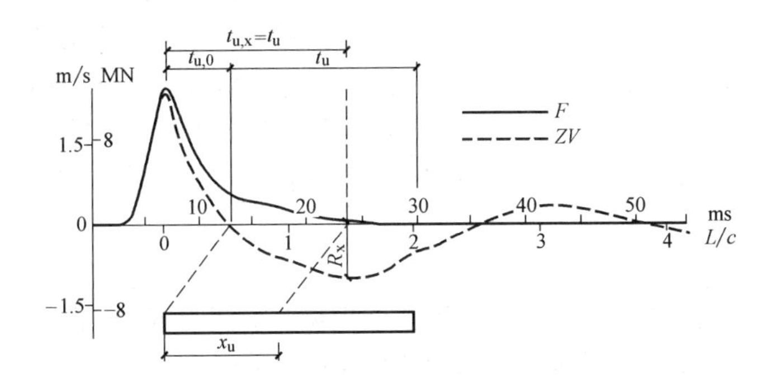

图 17.4-20 卸载修正法

CASE 法的其他修正方法在这里就不详细介绍，它们是：

a. 当忽略桩侧动阻力的影响，且动阻力与桩身运动速度成正比关系时，则桩尖质点运动速度为零，动阻力也为零。此时有两种计算承载力的“自动”法，且均与 J_c 无关，即 RAU 法和 RA2 法。前者只有在桩侧阻力很小的情况下，才能获得比较准确的极限静阻力，后者则适用于桩侧阻力适中的场合，有时常用 RA2 快速估算试桩承载力。

b. 通过延时求出承载力最小值的最小阻力法（RMN 法）。与 RMX 法不同，RMN 法不是固定 $2L/c$，而是固定 t_1，左右变化 $2L/c$ 值，用式（17.4.16）找出承载力的最小值。这个方法主要用于桩底反射不明显或滞后，或桩极易被打动等情况，以避免出现高估承载力的危险。

（13）实测曲线拟合法判定单桩承载力

实测曲线拟合法是通过波动问题数值计算，反演确定桩和土的力学模型及其参数值。拟合分析时，整个桩土系统被分为若干计算单元，首先，假定各桩、土单元的力学模型及模型参数；然后，利用实测的速度（或力、上行波、下行波）曲线作为边界条件，利用一维波动理论数值求解波动方程，反算桩顶的力（或速度、下行波、上行波）曲线。若计算曲线与实测曲线不吻合，说明假设的模型或参数不合理，则再有针对性地调整模型或单元参数反复试凑计算，直至计算曲线与实测曲线（以及贯入度的计算值与实测值）的吻合程度良好且不易进一步改善为止。

通过拟合分析，不仅可以得到桩的静阻力值，而且可以清楚地了解到桩侧土阻力、桩身轴力和桩身阻抗的分布情况及桩端阻力的大小，还可通过计算获得模拟的桩顶静载试验 Q-s 曲线。

① 拟合法采用的桩土数学模型

A. 桩身模型

把桩身看成是一根一维的连续弹性杆，按特征线差分格式的要求，将桩划分成 N 个单元，每个桩单元的截面积 A、弹性模量 E 和波速 c 均可不同，以模拟桩身阻抗不规则的情况。单元的长度按等时原则划分，即应力波通过每个单元所需的时间相等，见图 17.4-21。

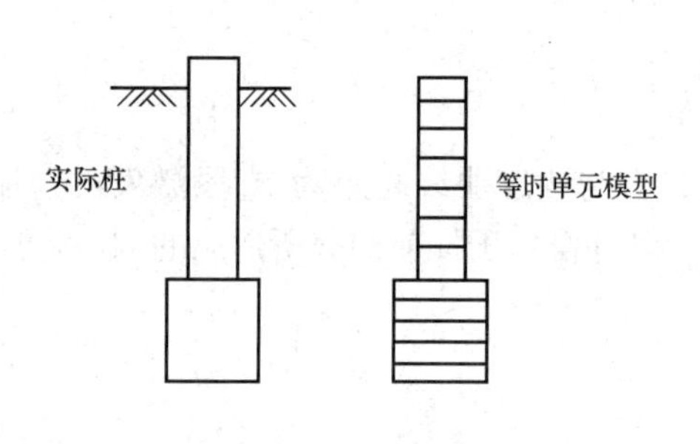

图 17.4-21 桩身模型

桩单元除考虑 A、E、c 等参数外，也要考虑桩身阻尼和裂隙，如为模拟接桩或桩身裂隙，在桩单元相邻界面设置的桩身拉-压裂隙模型。对开口管桩或 H 型桩，土塞的形成使桩在贯入时产生较大的排土量，而且在土塞比较坚固时还可能出现闭塞效应。为了近似模拟这一特性，最简单的方法是把土塞的土质量等量地折算成相邻桩单元的附加质量。

B. 土的静阻力模型

土的静阻力模型原则上采用理想的弹塑性模型，静阻力 R_s 与桩单元的位移有关。目前，市场上的数值分析软件基本上都采用这种模型，见图 17.4-22。

图中，R_u 为土的极限静阻力，s_q 和 s_{qu} 分别为加载与卸载最大弹性变形值；α 为土的加工硬化系数（$\alpha>0$）或软化（$\alpha<0$）系数；R_L 为土的残余强度（$\alpha<0$ 时），u_0 为达到残余强度所需的位移；R_{EL} 为重加载水平，即土弹簧按卸载刚度 R_u/s_{qu} 卸载后又重新加载，当静阻力 R_s 超过 R_{EL} 时，土的弹簧刚度又变为 R_u/s_q；U_{NL} 为卸载弹性限，即负向极限强度。在桩端，由于土弹簧不能承受拉力，则 U_{NL} 恒为零。

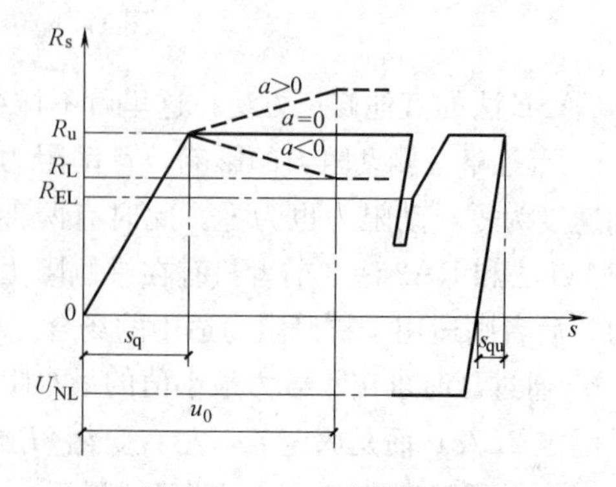

图 17.4-22 土的静阻力模型

模型中的主要参数 R_u 和 s_q，可以通过静载试验来验证。

为模拟桩侧土的非线性特征，有时也采用考虑土体硬化或软化的双线性模型，但其成熟经验不多。

C. 土的动阻力模型

土的动阻力模型见图 17.4-23，采用了与桩身运动速度成正比的线性黏滞阻尼，其表达式与 CASE 法相同，为 $R_d = J_c \cdot Z \cdot V$ 或 $R_d = J_s \cdot R_u \cdot V$，只是 CASE 法中 J_c 只与桩端土层的类别有关，详见第（12）小节。

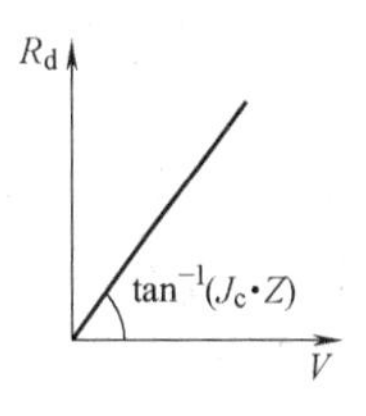

图 17.4-23 土的动阻力模型

D. 桩端缝隙模型

对桩端缝隙的模拟，一般的做法是预设一定厚度的缝隙 G_{ap}，当桩端沉降量小于 G_{ap} 时，桩端的静、动阻力均为零。但对桩底只是存在沉渣而非真正缝隙时，如钻孔灌注桩，则可以采用非线性桩端缝隙模型（见图 17.4-24），以模拟沉渣在压缩过程中的非线性。即当桩端沉降小于 G_{ap} 时，端阻力-位移曲线为抛物线形式，超过后则呈线性变化。

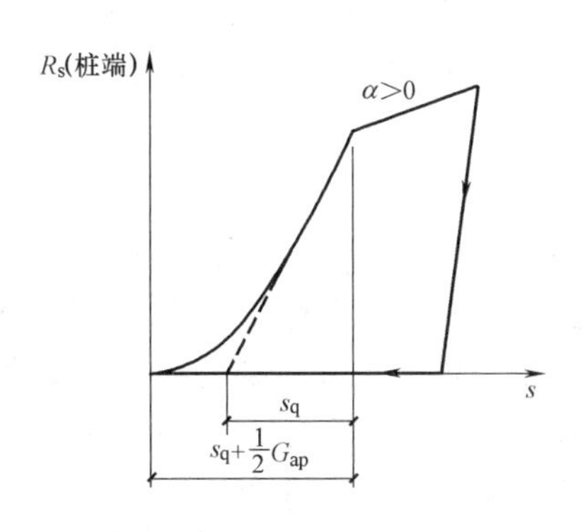

图 17.4-24 桩端缝隙模

此外，对沿桩身传播的应力波，考虑其部分能量将向桩周土外泄，美国 PDI 公司提出了辐射阻尼模型，以桩土间的相对运动参数确定动阻力和静阻力的大小。考虑辐射阻尼的影响后，桩的计算承载力将有所提高，但阻尼系数明显降低。

② 对拟合分析的基本规定

考虑桩土间相互作用、地质条件的复杂性以及人为因素，波形拟合法还不能十分准确地求解桩的动力学和承载力问题，实际拟合结果也不唯一。针对这个问题，基桩检测规范对实测曲线拟合法做了如下规定：

A. 桩土力学模型的物理力学概念应明确，参数取值应能限定，不应采用使承载力计算结果产生较大变异的桩-土模型及参数。

B. 拟合时应根据波形特征，结合施工和地质条件调整桩土参数，选用的参数应在岩土工程的合理范围内。

C. 曲线拟合时间段长度在 t_1+2L/c 时刻后延续时间不应小于 20ms；对于柴油锤打桩信号，在 t_1+2L/c 时刻后延续时间不应小于 30ms。

拟合分析长度的规定是基于以下考虑：一是自由落锤产生的力脉冲持续时间通常不超过 20ms（除非采用很重的落锤），而柴油锤信号在主峰过后的尾部仍能产生较长的低力幅延续；二是与位移相关的总静阻力一般会不同程度地滞后于 $2L/c$ 发挥。特别是端承型桩，因端阻力的发挥需要很大的位移，土阻力发挥将产生严重滞后，故规定 $2L/c$ 后应延时足够的时间，使曲线拟合能包含土阻力响应区段的全部土阻力信息；三是分析时间应尽量延长到桩身运动停止，以保证获得正确的贯入度值。

美国 PDI 公司的 CAP 软件要求曲线拟合时间段长度必须同时满足以下两个条件：

a. $\geqslant t_1+5L/c$；b. $\geqslant t_1+2L/c+20\text{ms}$。

D. 各单元所选用的土的最大弹性位移值不应超过相应桩单元的最大计算位移值，以避免实际土阻力没有充分发挥而缺乏根据的外推承载力。

E. 拟合完成时，土阻力响应区段的计算曲线与实测曲线应吻合，其他区段的曲线应基本吻合。土阻力响应区是指波形上呈现的土阻力信息较为突出的时间段，如从 t_1 到 t_1+2L/c时间段，主要反映桩侧土阻力的信息，之后的 5ms 时间段反映的是总的土阻力和滞后端阻力信息，而后大约 20ms 的区间，应力波往返于桩身、携带的信息着重反映了土的加、卸载参数和桩身阻抗变化的影响。加强土阻力响应区段的拟合质量，并通过合理的加权方式计算总的拟合质量系数 MQ，以判别拟合质量的优劣。由于不同的拟合程序对土阻力响应区段的划分和界限以及各拟合时间段加权系数大小的差异，所以用拟合质量系数对波形拟合质量的评价标准也不同。

F. 贯入度的计算值与实测值接近，证明拟合选用的参数、特别是 s_q 值的合理性。但强调的是，对端承桩，特别是嵌岩桩的高应变检测，贯入度值可能很小或者根本无法打动。对此类工程桩的验收检测，承载力检测值是否满足设计要求是主要目的，而非必须探明其极限承载力。此时，应根据波形特征对试验桩的承载性状加以分析和判断，贯入度指标只作为辅助分析之用。

③ 拟合参数对计算曲线的影响

影响拟合结果的主要参数包括：土的静阻力 R_u、阻尼系数 J_c、加载与卸载最大弹性变形值 s_q 和 s_{qu}以及卸载弹性限 U_{NL}；对灌注桩，还要考虑桩身阻抗的变化。另外，桩身阻尼、土塞、桩尖缝隙模型以及辐射阻尼等参数在特定条件下也会对拟合结果产生影响。实践证明，熟知每个拟合参数的合理取值范围、了解各参数调整后对计算曲线和贯入度的影响以及对桩土数学模型的深刻理解，是确保拟合速度和拟合质量的关键。

下面以图 17.4-25 所示波形的拟合结果，分析主要土阻力参数变化对拟合曲线的影响（注：拟合方式以实测速度曲线为边界条件计算力值）。

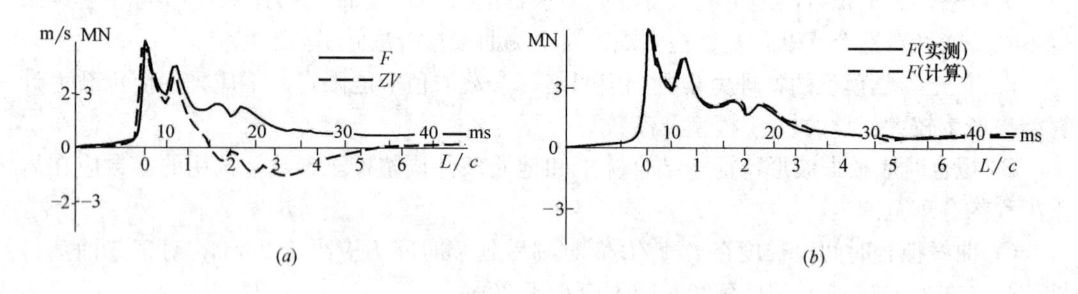

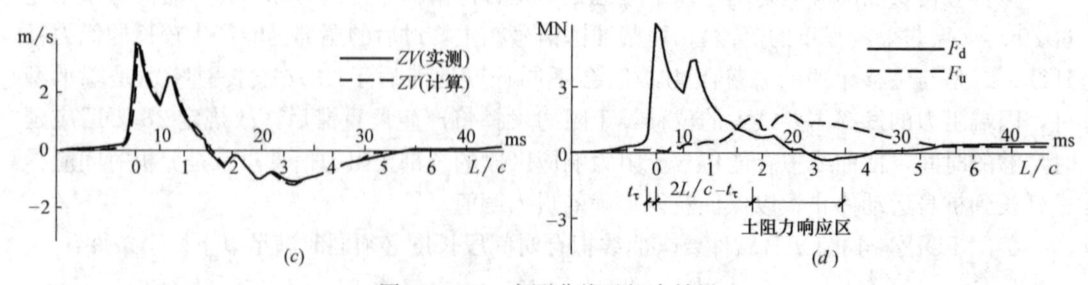

图 17.4-25 实测曲线及拟合结果

(a) 实测力和速度曲线；(b) 实测与拟合的力曲线；(c) 实测与拟合的速度曲线；(d) 实测上、下行波

A. 静阻力的增加将使计算力曲线的幅值增大，反之亦然。一般从侧阻变化部位开始或 t_2 时刻以后的土阻力响应区段曲线变化明显，见图 17.4-26。根据土的静阻力模型，静阻力的发挥程度还与 s_q 的大小有关，即 s_q 值影响着土阻力对计算曲线的实际影响时刻。

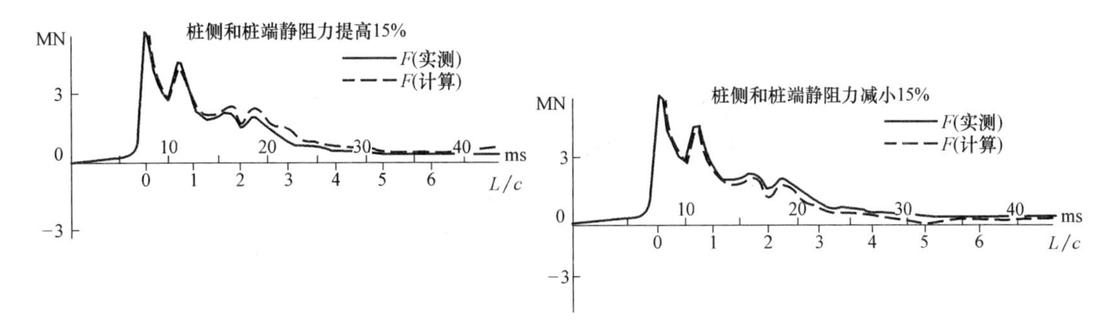

图 17.4-26 静阻力变化时对拟合曲线的影响

静阻力的增加将使质点运动速度和桩身位移的减少，最终导致计算贯入度的减少。

B. 加载最大弹性变形值 s_q 影响着极限土阻力发挥的快慢，如增大 s_q 值，相当于使土弹簧的刚度减少，相应桩单元极限阻力 R_u 的出现就将滞后。此时，计算力曲线在相应时刻出现幅值降低而后面时段增加的情况，反之亦然。图 17.4-27 为因 s_q 值减少造成力曲线幅值前增后减的情况。

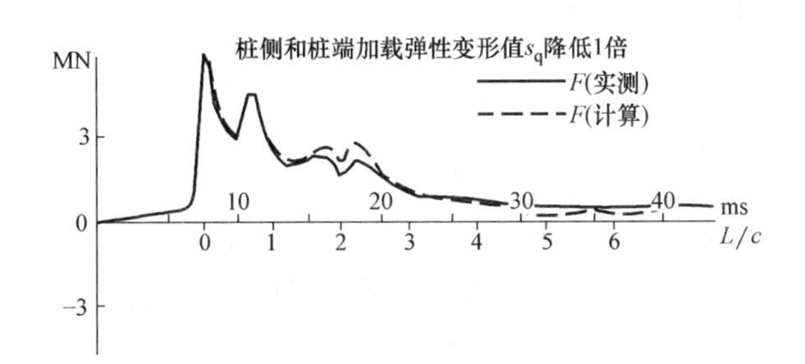

图 17.4-27 加载弹性变形值 s_q 变化时对拟合曲线的影响

拟合分析时，各单元设定的 s_q 值不得大于相应桩身分段的最大计算位移值，这是拟合的基本原则。否则，计算得到的极限承载力将隐含外推成分而变得不真实。

C. 在静阻力不变的情况下，阻尼系数的调整将使动阻力发生变化，如增大 J_c 值，动阻力的增加导致局部计算力曲线的幅值增大，见图 17.4-28，同时计算贯入度减小。另外，增大阻尼系数对减少计算波形振荡的效果明显。

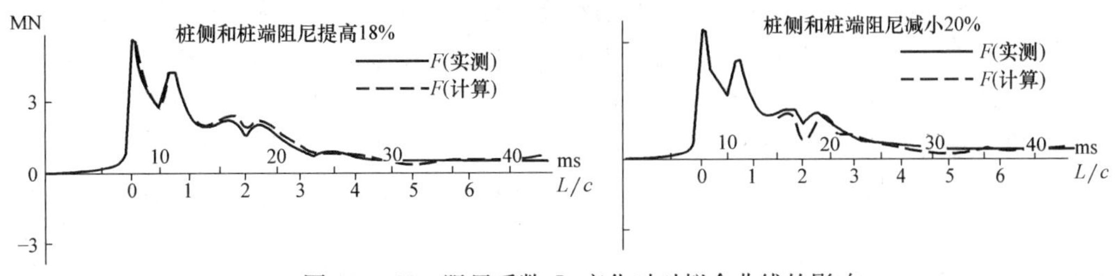

图 17.4-28 阻尼系数 J_c 变化时对拟合曲线的影响

D. 卸载弹性变形值 s_{qu}一般以 s_q 值的百分比表示，如 $s_{qu}=100\%$，则表示卸载与加载弹性变形值相等，$s_{qu}=0$ 则表示刚性卸载。s_{qu}值越小，卸载越快，造成回弹时段的计算力曲线幅值下降迅速，见图 17.4-29。

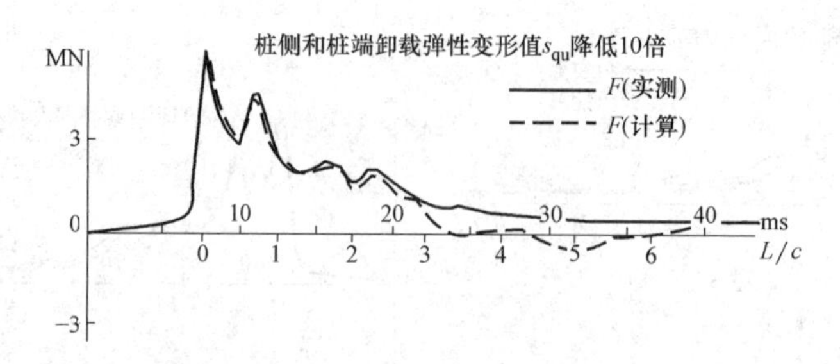

图 17.4-29 卸载弹性变形值 s_{qu}变化时对拟合曲线的影响

E. 卸载弹性限 U_{NL}以 R_u 的百分比表示。增大 U_{NL}将直接导致计算力曲线的后段下移，如图 17.4-30 所示。

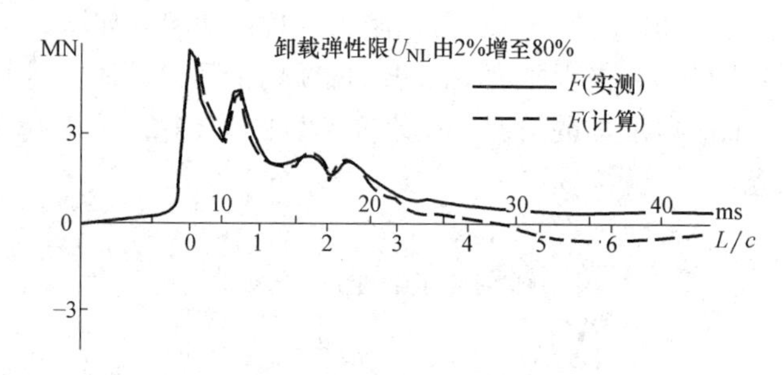

图 17.4-30 卸载弹性限 U_{NL}变化时对拟合曲线的影响

F. 桩身阻抗分布的调整，主要应用在灌注桩的实测波形拟合上。一般情况下，局部桩单元的阻抗增大，将导致计算力曲线在相应局部时段的幅值前增后减，而不像静阻力增大那样会使计算力曲线在某一时段内的幅值整体上升。关于阻抗变化的位置和范围，检测人员应根据地质情况、施工资料及施工方法，基于岩土工程知识和检测经验综合判定。

实际拟合分析时，部分土参数存在相互间的影响，如桩较长且桩侧阻力较强时，$2L/c$ 以前桩中、上部出现回弹卸载（但桩下部的岩土阻力仍处于加载阶段），则卸载弹性变形值 s_{qu}、卸载弹性限 U_{NL}将提前发挥作用。

为提高拟合效率，分析人员应从计算曲线的整体趋势、局部细化和模型调整等几个方面入手，有针对性地选择要调整的土参数，如增大土阻力还是调整阻尼或桩身阻抗等。

（14）桩身完整性判定

高应变法锤击能量大，对深部缺陷的判别优于低应变法，且可对缺陷程度直接定量计算，连续锤击时还可观察缺陷的扩大或逐步闭合情况。在桩身情况复杂或存在多处阻抗变化时，可优先考虑用实测曲线拟合法判定桩身完整性。桩身完整性判定可采用以下方法：

① 采用实测曲线拟合法判定。拟合所选用的桩土参数应按承载力拟合时的有关规定；根据桩的成桩工艺，拟合时可采用桩身阻抗拟合或桩身裂隙（包括混凝土预制桩的接桩缝隙）拟合。

② 对于等截面桩，用桩顶实测力和速度表示的桩身完整性系数 β 的表达式如下：

$$\beta=\frac{F(t_1)+F(t_x)-2R_x+Z\cdot[V(t_1)-V(t_x)]}{F(t_1)-F(t_x)+Z\cdot[V(t_1)+V(t_x)]} \tag{17.4.17}$$

式中　Z——传感器安装点处的桩身阻抗；

x——桩身缺陷至传感器安装点的距离；

t_x——缺陷反射峰对应的时刻；

R_x——缺陷以上部位土阻力的估计值，等于缺陷反射波起始点的力与速度乘以桩身截面力学阻抗之差值，取值方法见图 17.4-31。

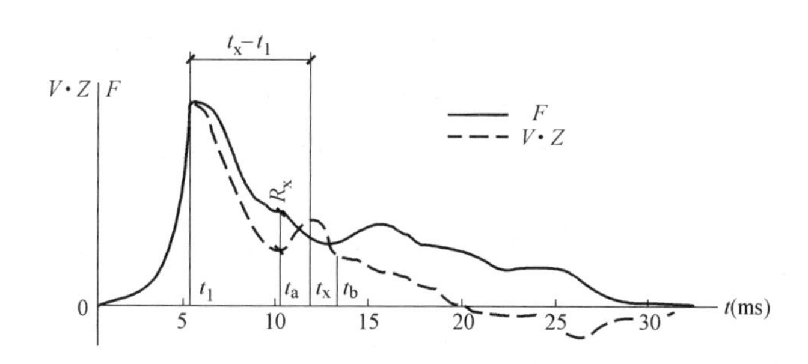

图 17.4-31　桩身完整性系数计算

当土阻力 R_x 先于 t_x 时刻发挥并产生桩中上部强烈反弹时，即 R_x 提前卸载，造成 R_x 被低估，β 计算值被放大，此种情况多在长桩存在深部缺陷时出现。此时，式（17.4.17）不适用。

我国及世界各国普遍认可的桩身完整性分类见表 17.4-4。

桩身完整性判定　　　　**表 17.4-4**

类　别	β值	类　别	β值
Ⅰ	$\beta=1.0$	Ⅲ	$0.6\leqslant\beta<0.8$
Ⅱ	$0.8\leqslant\beta<1.0$	Ⅳ	$\beta<0.6$

③ 对下列情况，桩身完整性宜根据工程地质条件、施工工艺并结合实测曲线拟合法或其他检测方法综合判定：

A. 桩身有扩径；

B. 桩身截面渐变或多变；

C. 力和速度曲线在峰值附近比例失调，桩身浅部有缺陷；

D. 锤击力波上升缓慢，力与速度曲线比例失调。

采用实测曲线拟合法分析桩身扩径、桩身截面渐变或多变的情况时，应注意土参数选择的合理性，因为土阻力（土弹簧刚度或土阻尼）取值过大或过小，对桩身阻抗的实际变化会产生负面影响。

高应变法锤击的荷载上升时间一般不小于 2ms，因此对桩身浅部缺陷位置的判定存在盲区，无法根据式（17.4.17）来判定缺陷程度，也不能定量给出缺陷的具体位置，只能根据力和速度曲线的比例失调程度对缺陷程度做定性估计。对浅部缺陷桩，宜用低应变法检测并进行缺陷定位。

3. 高应变法检测的优缺点

与静载试验相比，高应变法最突出的优点是检测速度快、检测数量大且检测费用相对较低，在地质条件复杂、特别是土层不均匀情况下成桩的工程，能够提高桩基检测的覆盖面，进而对桩基的整体施工质量进行评价。不可否认，高应变法的测试精度还不能与静载试验相比，但检测数量大的优势有利于提高其检测结果在整体评价上的置信度。

高应变法优于静载试验还体现在以下几个方面：

(1) 完整性的判定。正如上节中提到的，高应变法能够对桩身深部缺陷进行判别，采用波形拟合法时还能了解桩身阻抗的分布情况，而且在连续锤击下，可以观察到缺陷的变化趋势和发展情况。

(2) 明确土阻力的分布。通过波形拟合分析，可以对桩侧与桩端土阻力的分布情况一目了然，为进一步研究荷载传递机理奠定基础。而静载试验一般要靠在桩身预埋测试元件的方法对土阻力进行分析，不但检测成本高，而且有时也因桩身垂直度和截面尺寸等问题导致测试结果存在偏差。

(3) 试打桩和打桩监控，以验证打入桩的可行性，为沉桩工艺参数、沉桩设备的匹配提供依据。

(4) 当对不同桩长和不同休止期的试验桩进行承载力分析，以选择桩端持力层和考虑桩周土时效影响时，在桩型多、地质条件变化大的工程中，有时高应变法要比静载试验更加适合，或利用高应变作为静载试验的补充。

高应变法存在的问题主要体现在以下几个方面：

(1) 动力分析所假定的桩土数学模型在一定场合下存在偏差。基桩检测规范对高应变的限制条件中，对"单击贯入度大，桩底同向反射强烈且反射峰较宽，侧阻力波、端阻力波反射弱，即波形表现出竖向承载性状明显与勘察报告中的地质条件不符合"的情况，要求采用静载试验做进一步验证。实际上，贯入度大带来的桩身位移和运动速度偏大、桩底反射强烈的情况，与贯入度特别小、桩打不动的情况一样，都会因土的力学模型假定与实际桩土相互作用差别很大的原因，使高应变分析结果变得不可靠。

(2) 采集信号的可靠性与精度问题。由于采用重锤进行动力试验，高应变法实际上对试验条件的要求是很高的，如桩头的加固处理、防止偏心锤击等，而且要在确保桩身没有发生结构破坏的条件下使桩周土阻力得到正常发挥。如果因操作原因或准备条件不充分，造成采集到的信号质量很差，如因偏心造成的桩顶塑性位移过大，高应变分析就只能靠经验推断了。

另外，动态采集的精度远低于静态采集，测定误差偏高也是高应变法无法回避的技术问题。

(3) 与静载试验相比，高应变法因加载速率快，桩侧土强度和变形将会受到孔隙水压力、惯性效应或辐射阻尼效应的影响。

(4) 不论是CASE法还是实测波形拟合法，桩土参数的设定都存在着经验成分，所以人为因素有时会决定检测结果。

(5) 有试验证实，桩端土强度或刚度的高低直接影响着桩侧土阻力的发挥，桩侧阻力和桩端阻力并非简单的代数相加，这可能会在一定程度上限制高应变法的应用，有待研究。

高应变动测法的局限性还远不止这些，需要我们在工程实践中体会、总结和积累经验，同时也应该对影响动测承载力的各种因素做客观评价，使这项检测技术发挥其应有的作用。

17.4.3 声波透射法检测

1. 基本原理

利用包含多种频率成分的脉冲声波在穿越介质后声学参数（包括声时、声速、波幅以及频率）的变化和波形的畸变来探测介质性状的动测方法，我们称之为声波透射法。在桩基检测领域，涉及的固体传播介质主要为混凝土，声波的频率范围一般为（2～25）$\times 10^4$Hz。

对混凝土灌注桩，特别是大直径灌注桩的完整性检测，声波透射法是最重要的检测手段之一，其检测原理如下：当声波在混凝土这种近似黏弹塑性、非均质介质中传播时，其传播速度是有一定范围的。当传播路径上的混凝土有缺陷时，声波将在局部范围内发生绕射、反射和折射，或在传播速度较慢的介质中通过，造成能量衰减，波幅减小，声时增大，声速降低，甚至波形发生畸变。利用这些声学参数的变化，就可以发现和评定各种缺陷，进而对整个桩长范围内的混凝土质量作出全面、细致的判断。

2. 适用范围

声波透射法适用于已预埋声测管且桩径大于 600mm 的混凝土灌注桩的完整性检测；而当桩径小于 600mm 时，声测管的声耦合会造成测试误差。

声波透射法可对桩长范围内的各个截面的桩身质量情况进行检测，且不受长径比和桩长的限制，比低应变法更加直观、可靠；但需预埋声测管，检测缺乏代表性。

对钻芯法检测时有两个及两个以上钻孔的基桩，当需进一步了解钻芯孔之间混凝土质量时，也可采用声波法检测桩身完整性。

由于桩内跨孔测试的测试误差高于上部结构混凝土的检测，且桩身混凝土纵向各部位硬化环境不同，粗细骨料分布也不均匀，因此不应用声波法推定桩身混凝土强度。

3. 仪器设备

混凝土声波检测设备主要由声波仪和换能器（探头）两部分组成。

（1）声波仪

目前，国内检测机构基本上都使用智能型数字式声波仪，即第四代混凝土声波仪，模拟式非金属超声仪已很少使用。

数字式声波仪主要由高压发射与控制、程控放大与衰减、A/D 转换与采集和计算机四大部分组成。高压发射电路受主机同步信号控制，产生受控高压脉冲激励发射换能器，使电能转换为声能。声波脉冲传入被测介质后，用接收换能器接收穿过被测介质的声波信号；然后，将声能转换为电能，电信号经程控放大与衰减，将接收信号调节到最佳电平，输送给高速 A/D 采集板。经 A/D 转换后的数字信号以 DMA 方式送入计算机，进行各种信息处理。

对混凝土桩的完整性测试，要求声波仪的技术性能应符合如下规定：

① 具有清晰、显示稳定的示波装置，能同时显示接收波形和声波传播时间；

② 显示时间范围宜大于 3000μs，声时测量分辨力优于或等于 0.5μs，声波幅值测量相对误差小于 5%；

③ 接收放大系统的频带宽度宜为 5～200kHz，增益应大于 100dB，并带有 0～60（或

80）dB的衰减器，其分辨率应为1dB，衰减器的误差应小于1dB，其档间误差应小于1%；

④ 反射系统应输出200～1000V的脉冲电压，其波形可为阶跃脉冲或矩形脉冲。

⑤ 具有首波实时显示功能。

⑥ 具有自动记录声波发射与接收换能器位置功能。

对数字式声波仪，还要求具有手动游标测读和自动测读两种方式以及频谱分析（FFT）等功能。

（2）声波换能器

换能器的作用是实现电能与声能的相互转换。其中，发射换能器实现电能向声能的转换，接收换能器实现声能向电能的转换，两者的基本构成相同，一般情况下可以互换使用。但有的接收换能器为了增加测试系统的接收灵敏度而增设了前置放大器，这时，收、发换能器就不能互换了。

对灌注桩完整性检测使用的换能器的技术性能要求如下：

① 应采用圆柱状径向振动的换能器，且沿径向（水平向）无指向性；

② 径向换能器的谐振频率宜采用30～60kHz、有效工作面轴向长度不大于150mm（长度过大将夸大缺陷实际尺寸，并影响测试结果）。当接收信号较弱时，宜选用带前置放大器的接收换能器，前置放大器的频带宽度宜为5～50kHz。

③ 换能器的绝缘电阻应达5MΩ，水密性应满足在1MPa水压（即100m水深）下不漏水。桩径较大时，宜采用增压式柱状探头。

4. 现场检测技术及要求

（1）声测管的埋设及要求

声测管是径向换能器的通道，管材可选用钢管、塑料管或钢质波纹管。声测管内径宜为50～60mm，一般要求比换能器的外径大10mm左右，过大则声耦合误差明显。考虑到钢管的安装和连接方便，受环境影响小且可代替部分钢筋，所以建议优先选择钢管作为声测管。

声测管的埋设数量由受检桩桩径d大小决定，要求如下：

① 桩径$d\leqslant 0.8$m，声测管不少于两根；

② 桩径$0.8\text{m}<d\leqslant 1.5$m，声测管不少于三根；

③ 桩径$d>1.5$m，声测管不少于四根。

当桩径$d>2.5$m时宜增加预埋声测管数量。

声测管的埋设及顺时针编号顺序如图17.4-32所示：

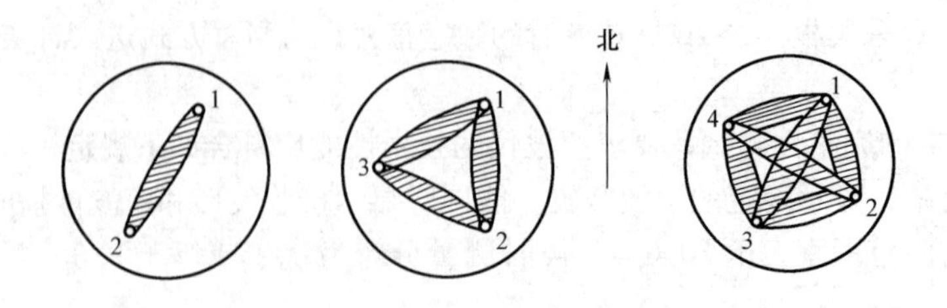

图17.4-32 声测管布置及编号（图中阴影部分为声波的有效检测范围）

对声测管的技术要求如下：

① 声测管应焊接或绑扎在钢筋笼的内侧，且检测管之间应互相平行；

② 声测管底端及接头应严格密封，保证管外泥浆在 1MPa 压力下不会渗入管内。管间的连接方式一般为螺纹连接和套筒连接，如图 17.4-33 所示。连接后管间应光滑过渡，不应有突出的焊点或毛刺。

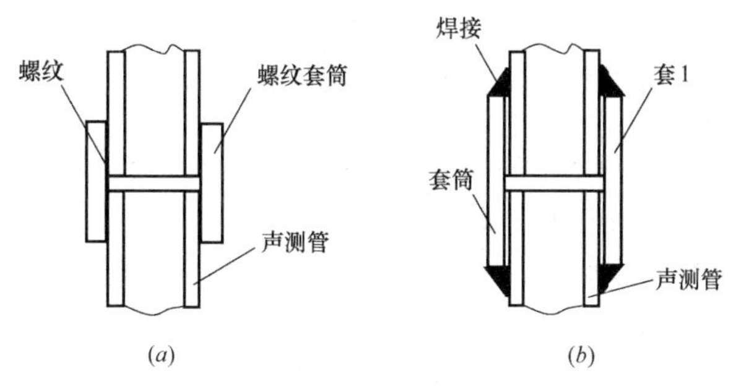

图 17.4-33　声测管的连接

(a) 螺纹连接；(b) 套筒连接

③ 声测管埋设后管口应封闭，以防止异物进入；同时，管口应高出桩顶 100mm 以上。

(2) 检测前的准备工作及要求

① 混凝土龄期要求

基桩检测规范规定，当采用低应变法或声波透射法检测桩身完整性时，受检桩混凝土强度至少达到设计强度的 70%，且不小于 15MPa。这主要是考虑了声波法完整性检测不涉及强度的问题，也不会因检测导致桩身混凝土强度降低或破坏，而且对各种声参数的判别采用的是相对比较法，且混凝土内部缺陷一般也不会因时间的增长而明显改善。因此，原则上只要求混凝土达到一定强度即可进行检测。

② 仪器系统延迟时间的确定

即使将发射和接受换能器紧紧耦合在一起，中间没有被测介质，声波仪仍然会测到一定的声时，这个延迟时间我们称之为仪器零读数，常用符号 t_0 表示。它主要包括电延迟时间、电声转换时间和声延迟三部分。其中，声延迟所占比例最大。声波测试时，应将 t_0 从所测声时中减去，才能得到桩身混凝土的真实声时。

检测前，首先要对检测装置进行零读数校正。校正方法如下：

将发、收换能器平行悬于清水中，逐次改变两换能器的间距，并测定相应声时和两换能器间距，做若干点的声时—间距线性回归曲线，利用式 (17.4.18)，就可求得 t_0。

$$t=t_0+b\cdot l \tag{17.4.18}$$

式中　b——回归直线斜率；

l——发、收换能器辐射面边缘间距；

t——仪器各次测读的声时；

t_0——时间轴上的截距 (μs)，即测试系统的延时。

另外，声波检测时也要考虑声波在耦合介质及声测管壁中传播的延迟时间。可按下式计算声测管及耦合水层的声时修正值 t'：

$$t'=\frac{D-d}{v_{\mathrm{t}}}+\frac{d-d'}{v_{\mathrm{w}}} \tag{17.4.19}$$

式中 D——检测管外径（mm）；

d——检测管内径（mm）；

d'——换能器外径（mm）；

v_t——声测管壁厚度方向声速（km/s）；

v_{w}——水的声速（km/s）；

t'——声测管及耦合水层声时修正值（μs）。

最后，以 t_0+t' 作为检测系统的零读数，在数据后处理时扣除。

③ 测量各声测管外壁间的净距离。

④ 将各声测管内注满清水作为声波耦合剂，用假探头检查声测管畅通情况。

5. 现场检测方式

声波透射法检测混凝土灌注桩可分为以下三种方式：

（1）桩内跨孔透射法；

（2）桩内单孔透射法；

（3）桩外孔透射法，见图17.4-34。其中，（2）、（3）两种方式一般在特殊场合下用到，如桩身内只有1个测孔或没有测孔，但方法的实施、数据的分析和判断均存一定困难，测试结果的可靠性也较低。而桩内跨孔透射法比较成熟、可靠，基桩检测规范中的声波透射法就是指这种方法。

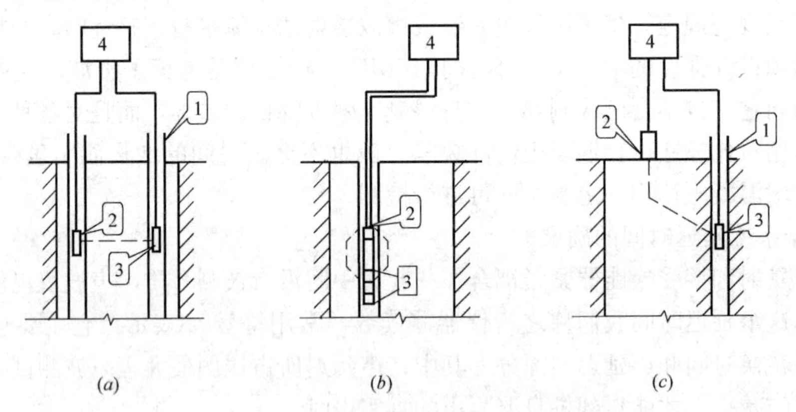

图17.4-34 声波透射法检测方式示意图

（a）桩内跨孔检测；（b）桩内单孔检测；（c）桩外孔检测

1—声测管（或钻孔）；2—发射换能器；3—接收换能器；4—声波检测仪

桩内跨孔检测需在桩身混凝土浇筑前，根据桩身直径大小在桩内预埋两根或两根以上的声测管。跨孔检测根据发、收换能器高程的变化，分为平测、斜测和扇形扫测三种方式。

平测普查是基本方式，检测时把发射、接收换能器分别置于声测管底部，然后按一定的间距（声测线间距不大于10cm）同步提升换能器，每提升一次进行一次测试，根据测点声波信号的时程曲线，读取声时、首波幅值，同时显示频谱曲线和主频值。根据接收波形声时、波幅和主频等声学参数的相对变化及实测波形的形态，就可以对有效检测范围内的混凝土质量进行评判。测量时，声波发射电压和仪器设置参数应保持不变。

斜测和扇形扫射实际上都是对异常点的进一步细测，以查明缺陷部位和范围。

斜测法是让发、收换能器保持一定的高差，在声测管内以相同步长同步升降进行测试。这种测试有利于发现桩身的水平状缺陷，如横截面断裂。由于径向换能器在垂直面上存在指向性，因此，斜测时，发、收换能器水平测角不应大于30°。

扇形扫射是发射或接收换能器固定在某高程不动，另一只换能器逐点移动，测线呈扇形分布，以查明桩身局部缺陷的分布状况。由于扇形测量时各测点测距及角度不同，测点间只能采用换算的波速值进行比较，而波幅因与测距及方位角有关且非线性，各测点间就没有相互可比性了。采用扇形扫测时，两个换能器中点连线的水平夹角不宜大于40°。

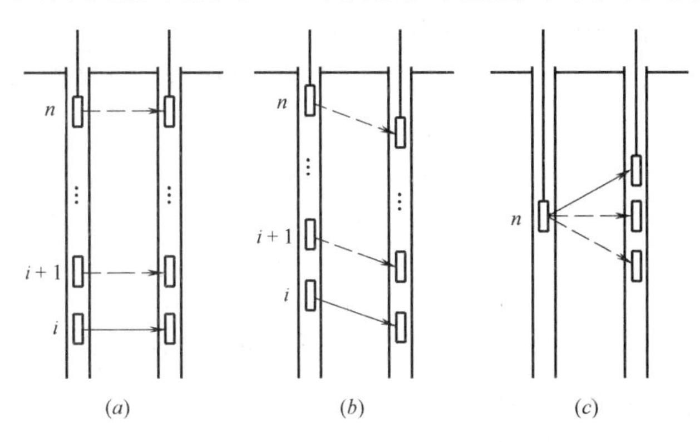

图17.4-35 平测、斜测和扇形扫测示意图

(a) 平测；(b) 斜测；(c) 扇形扫测

6. 检测数据的分析与判定

当声测管弯曲时，各声测线测距将发生变化，声速值可能会偏离混凝土声速正常取值。一般情况下，声测管倾斜造成的各测线测距变化沿深度方向有一定规律，表现为各条声测线的声速值有规律地偏离混凝体正常取值。此时，可采用高阶曲线拟合等方法对各条测线测距作合理修正，然后重新计算各测线的声速。但当声测管严重倾斜、扭弯，不能进行有效的斜管修正时，声速或声时的检测结果将出现严重偏差。

灌注桩的声波透射法检测反映桩身质量的主要声学参数是声速（或声时）、波幅及主频，同时在检测时也要注意对实测波形的观察和记录。

(1) 声速判据

由于混凝土质量波动符合正态分布，所以反映混凝土质量的指标如强度是服从正态分布的随机变量，考虑强度和声速的相关性，一般假定声速指标也服从正态分布。此时，利用各测点的计算声速值和数理统计学判断异常值的方法就可以对桩身混凝土是否存在缺陷进行判断。另外，声速的测试值受非缺陷因素影响小，声速的测试值稳定，不同剖面间的声速测试值具有可比性，所以声速判据是桩身完整性的主要判定依据。

① 声速临界值的概率计算方法

声速临界值的计算在规范JGJ 106—2003版本中，采用单边剔除法，即只剔除声速小值，现行规范JGJ 106—2014对其进行了调整，采用双边剔除法，即剔除声速小值，也剔除异常大值。对于混凝土质量较稳定的桩，双边剔除法确定的声速临界值接近或略高于单边剔除法，工程上使用偏于安全；而对于混凝土质量不稳定的桩，尤其是桩身存在多个严重缺陷的桩，双边剔除法可有效降低因为声速标准差过大导致声速临界值过低（小于3500m/s）情况。

下面对双边剔除计算声速临界值的概率计算方法加以介绍。

A. 将同一检测面各声测线的声速值 v_i 由大到小依次排序，即：

$$v_1 \geqslant v_2 \geqslant \cdots v_l \geqslant \cdots \geqslant v_i \geqslant \cdots \geqslant v_{n-k} \cdots v_{n-1} \geqslant v_n \tag{17.4.20}$$

式中 v_i——按序列排列后的第 i 声测线的声速测量值；

n——某检测剖面的声测线总数；

k——拟去掉的低声速值的数据个数，$k=0$，1，2，……；

l——拟去掉的高声速值的数据个数，$l=0$，1，2，……。

B. 对逐一去掉 v_i 序列中 k 个最小数值和 l 个最大数值后的其余数据进行统计计算：

$$v_{01}=v_m-\lambda s_x \tag{17.4.21}$$

$$v_{02}=v_m-\lambda s_x \tag{17.4.22}$$

$$v_m=\frac{1}{n-k-l}\sum_{i=l+1}^{n-k} v_i \tag{17.4.23}$$

$$s_x=\sqrt{\frac{1}{n-k-l-1}\sum_{i=l+1}^{n-k}(v_i-v_m)^2} \tag{17.4.24}$$

式中 v_{01}——声速异常小值判断值；

v_{02}——声速异常大值判断值；

v_m——$n-k-l$ 个数据的平均值；

s_x——$n-k-l$ 个数据的标准差；

λ——由表17.4-5查得的与 $n-k-l$ 相对应的系数。

统计数据个数 $n-k-l$ 与对应的 λ 值 **表17.4-5**

$n-k-l$	20	22	24	26	28	30	32	34	36	38
λ	1.64	1.69	1.73	1.77	1.80	1.83	1.86	1.89	1.91	1.94
$n-k-l$	40	42	44	46	48	50	52	54	56	58
λ	1.96	1.98	2.00	2.02	2.04	2.05	2.07	2.09	2.10	2.11
$n-k-l$	60	62	64	66	68	70	72	74	76	78
λ	2.13	2.14	2.15	2.17	2.18	2.19	2.20	2.21	2.22	2.23
$n-k-l$	80	82	84	86	88	90	92	94	96	98
λ	2.24	2.25	2.26	2.27	2.28	2.29	2.29	2.30	2.31	2.32
$n-k-l$	100	105	110	115	120	125	130	135	140	145
λ	2.33	2.34	2.36	2.38	2.39	2.41	2.42	2.43	2.45	2.46
$n-k-l$	150	160	170	180	190	200	220	240	260	280
λ	2.47	2.50	2.52	2.54	2.56	2.58	2.61	2.64	2.67	2.69
$n-k-l$	300	320	340	360	380	400	420	440	470	500
λ	2.72	2.74	2.76	2.77	2.79	2.81	2.82	2.84	2.86	2.88

C. 按 $k=0$、$l=0$、$k=1$、$l=1$、$k=2$、$l=2$……的顺序，将参加统计的数列的最小数据 v_{n-k} 与异常判断值 v_{01} 进行比较，当 $v_{n-k} \leqslant v_{01}$ 时，则去掉最小数据；将最大数据 v_{l+1} 与

v_{02}进行比较，当 $v_{l+1} \geqslant v_{02}$ 时去掉最大数据。然后，对剩余数据构成的数列重复式（17.4.21）-（17.4.24）的计算步骤，直到下列两式成立：

$$v_{n-k} > v_{01} \tag{17.4.25}$$

$$v_{l+1} < v_{02} \tag{17.4.26}$$

此时，v_{01}为声速异常判断概率统计值。

D. 声速临界值确定

根据预留同条件混凝土试件或钻芯法获取的芯样试件的抗压强度与声速对比试验，结合本地区经验，确定正常情况下桩身混凝土声速的低限值 v_L，平均值 v_p。当 $v_L < v_{01} < v_p$时

$$v_c = v_{01} \tag{17.4.27}$$

当 $v_{01} \leqslant v_L$ 或 $v_{01} \geqslant v_p$ 时应分析原因，v_c 的取值可参考同一桩的其他检测剖面的声速异常判断临界值或同一工程相同桩型的混凝土质量较稳定的受检桩的声速异常判断临界值综合确定。

对单个检测剖面的桩，其声速异常判断临界值等于检测剖面声速异常判断临界值。对于有三个或三个以上检测剖面的桩，应取各个检测剖面声速异常判断临界值的平均值作为该桩的声速异常判断临界值。

② 声速异常时的临界值判据为：

$$v_i < v_c \tag{17.4.28}$$

当式（17.4.28）成立时，声速可判定为异常。

（2）波幅判据

首波波幅对缺陷的反应比声速更敏感，但波幅的测试值易受换能器与介质的耦合状态、仪器设备等多种非缺陷因素的影响，不如声速稳定；而且波幅的实测数据离散性大，用数理统计学方法计算波幅临界值缺乏可靠理论依据。所以，波幅判据对各检测剖面没有取平均值，而是采用单剖面判据，这也考虑了不同剖面间的测距及声耦合状况差别大，波幅不具有可比性的特点。

基桩检测规范中，采用下列方法确定波幅临界值判据：

$$A_m = \frac{1}{n}\sum_{i=1}^{n} A_{pi} \tag{17.4.29}$$

$$A_{pi} < A_m - 6 \tag{17.4.30}$$

式中　A_m——同一检测剖面各测点的波幅平均值（dB）；

　　n——同一检测剖面测点数。

即波幅异常的临界值判据为同一剖面各测点波幅平均值的一半。

当式（17.4.30）成立时，波幅可判定为异常。但在实际应用中，应将异常点波幅与混凝土的其他声参量进行综合分析。

（3）*PSD* 法判据（斜率法判据）

所谓 *PSD* 判据，就是采用上下相邻测点声时随深度的变化速率和声时差值的乘积作为判据。采用 *PSD* 法突出了声时的变化，对缺陷较敏感。同时，也减小了因声测管不平行或混凝土不均匀等非缺陷因素造成的测试误差对数据分析判断的影响。

PSD 判据为：

$$K_i=\frac{(t_{ci}-t_{ci-1})^2}{z_i-z_{i-1}} \tag{17.4.31}$$

$$\Delta t=t_{ci}-t_{ci-1} \tag{17.4.32}$$

式中 K_i——第 i 测点的 PSD 判据；

t_{ci}、t_{ci-1}——分别为第 i 测点和第 $i-1$ 测点声时；

z_i、z_{i-1}——分别为第 i 测点和第 $i-1$ 测点深度。

根据实测声时计算某一剖面各测点的 PSD 判据，绘制“PSD 值一深度”曲线，然后根据 PSD 值在某深度处的突变，结合波幅变化情况进行异常点判定。

(4) 主频判据

声波接收信号的主频漂移程度反映了声波在桩身混凝土中传播时的衰减程度，而这种衰减程度又能体现混凝土质量的优劣。声波接收信号的主频漂移越大，该测点的混凝土质量就越差，在主频一深度曲线上主频值明显降低的测点可判定为异常点。但接收信号的主频受诸如测试系统的状态、声耦合状况、测距等许多非缺陷因素的影响，测试值没有声速稳定，对缺陷的敏感性也不及波幅。在基桩检测规范中，主频判据只是作为声速、波幅等主要声参数判据的辅助判据。

(5) 桩身完整性类别的判定

对桩身完整性类别的判定可按表 17.4-6 描述的特征进行。除了根据声参量的变化和各种判据判定外，还要根据桩的承载性状（摩擦桩或端承桩）、承载方式（抗压或抗拔）、基础类型（单桩或群桩）或缺陷部位进行综合判定。

桩身完整性判定 **表 17.4.6**

类别	特征	
	一个检测剖面	多个检测剖面
Ⅰ	声学参数基本正常，无声速低于低限值异常	
Ⅱ	个别声测线的声学参数出现异常，无声速低于低限值异常	某一检测剖面个别声测线的声学参数出现异常，无声速低于低限值异常
Ⅲ	有下列情况之一： 连续 0.5D 范围内多条测线的声学参数出现异常； 局部混凝土声速出现低于低限值异常	有下列情况之一： 某一检测剖面连续 0.5D 范围内的多条声测线的声学参数出现异常； 两个或两个以上检测剖面在同一深度声测线的声学参数出现异常； 局部混凝土声速出现低于低限值异常
Ⅳ	有下列情况之一： 连续 0.5D 范围内多条声测线的声学参数出现明显异常； 桩身混凝土声速出现普遍低于低限值异常或无法检测首波或声波接收信号严重畸变	有下列情况之一： 某一检测剖面连续 0.5D 范围内多条声测线的声学参数出现明显异常； 两个或两个以上检测剖面在同一深度声测线的声学参数出现明显异常； 桩身混凝土声速出现普遍低于低限值异常或无法检测首波或声波接收信号严重畸变

17.4.4 钻芯法

1. 适用范围及限制条件

对混凝土灌注桩，特别是大直径灌注桩的桩身完整性检测，钻芯法是最直接、有效的检测手段。其优势如下：

（1）可全桩长范围钻取混凝土芯样，通过对芯样表观质量的直接观察，识别桩身是否存在缺陷或验证可能的缺陷，进而对桩身完整性类别做出判断。此法可弥补动测法只知缺陷的存在而无法明确缺陷类型的弊端；

（2）对桩长的直观识别，以校核施工记录桩长；

（3）利用芯样试件抗压强度的统计结果整体评价桩身混凝土强度；

（4）对桩底沉渣厚度的定量判断，以验证是否满足设计或规范要求；

（5）可查明混凝土与持力层的接触情况；

（6）鉴别持力层的岩土性状，对是否存在软弱夹层、断裂破碎带等进行检验。这点对嵌岩灌注桩的质量评价尤为重要。

另外，钻芯法还可检测地下连续墙的施工质量。

钻芯法存在的问题主要体现在以下几个方面：

① 钻芯法属破损检测，可能会对桩身局部结构承载力有影响；

② 有一孔之见之嫌、代表性差，可能因钻芯方位的限制对桩身局部缺陷无法探明，如对严重缩径而取芯孔位于桩身中部附近时，则缺陷无法识别；

③ 检测受长径比的制约，对长桩或超长桩，受成孔垂直度和钻芯孔垂直度等多方面的影响，可能导致钻头中途就钻出桩身；一般要求受检桩的桩径不宜小于800mm，长径比不宜大于30；

④ 不能对预制桩和钢桩的成桩质量进行检测；

⑤ 在桩身混凝土抗压强度评定上，因芯样试件强度和立方体试件强度的相关性上存在离散型，如何对芯样试件强度进行修正，各地方标准不完全统一；

⑥ 对复合地基中的低强度增强体，如水泥土桩、深层搅拌桩、高压喷射注浆桩等，受施工工艺、地质条件的影响，桩身质量一般都很不均匀，强度离散性大。同时，受钻芯工艺的影响，芯样的完整率也不高；即使完善取芯方法，如采用单动双管钻具，但因芯样试件强度的变异系数大，在对检测结果的分析与评价上有很多困难或者根本无法整体评价，如深层搅拌桩在砂层部分的桩身强度可高达10MPa，而在淤泥部分可能不到1MPa。

2. 钻芯设备及安装

钻芯检测宜采用液压操纵的钻机，并配有相应的钻塔和牢固的底座，钻机的立轴旷动不能过大。钻机的额定最高转速不应低于790r/min，额定最高转速宜不低于1000r/min，转速调节范围应不少于4档，额定配用压力不应低于1.5MPa，钻机压力越大，钻孔越深。实践证明，加大钻机的底座重量有利于钻机钻进过程中的稳定性，对提高芯样质量和采取率有益。

钻机应配备单动双管钻具及相应的孔口管、扩孔器、卡簧、扶正稳定器（导向器）及可捞取松软渣样的钻具。当桩较长时，可使用扶正稳定器确保钻芯孔的垂直度。实践证明，单管钻具钻取的芯样质量一般无法保证。基桩检测规范规定，为保证桩身混凝土芯样的完整性，不得使用单动单管钻具钻取芯样。

钻头应根据混凝土设计强度等级选用合适粒度、浓度、胎体硬度的金刚石钻头。金刚石钻头切削刀细、破碎岩石平稳、钻具孔壁间隙小、破碎孔底环状面积小，且由于金刚石较硬、研磨性较强，高速钻进时、芯样受钻具磨损时间短，容易获得比较真实的芯样。为保证芯样钻进质量，钻头胎体不得有肉眼可见的裂纹、缺边、少角及喇叭形磨损。

目前，钻头外径有76mm、91mm、101mm、110mm和130mm等几种规格，钻芯时应根据混凝土粗骨料粒径大小选取；如当骨料最大粒径小于30mm时，可选用外径为91mm的钻头；如果不检测混凝土强度，可选用外径为76mm的钻头。试验表明，芯样试件直径不宜小于骨料最大粒径的3倍；在任何情况下，不得小于骨料最大粒径的2倍，否则试件强度的离散性较大。

钻杆应选用直径较粗、刚度大且平直的钻杆，直径宜为50mm。钻杆刚度大、与孔壁的间隙小，钻进时晃动就小，钻孔的垂直度就容易保证。

钻芯时的冲洗液主要用来清洗孔底、携带和悬浮岩粉、冷却钻头、润滑钻头和钻具以及保护孔壁。基桩钻芯法检测时采用的冲洗液一般为清水，清水钻进的优点是黏度小，冲洗能力强，冷却效果好，可获得较高的机械钻速。水泵的排水量宜为50～160L/min、泵压宜为1.0～2.0MPa。

钻机安装时应周正、稳固、底座水平，立轴中心、天轮中心（天车前沿切点）与孔口中心必须在同一铅垂线上。设备安装后，应进行试运转，在确认正常后方能开钻。钻进开始阶段，应对钻机立轴进行校正，及时纠正立轴偏差，确保钻机在钻进过程中不发生倾斜、移位。钻芯孔垂直度偏差不大于0.5%。

桩顶面与钻机塔座距离大于2m时，宜安装孔口管。开孔宜采用合金钻头、开孔深为0.3～0.5m后安装孔口管，孔口管下入时应严格测量垂直度，然后固定。

3. 钻芯法检测技术

（1）抽样数量及要求

基桩钻芯检验抽取数量不应少于总桩数的5%，且不少于5根；当总桩数不大于50根时，钻芯检验桩数不应少于3根。

对于端承型大直径灌注桩，当受设备或现场条件限制无法检测单桩竖向抗压承载力时，可采用钻芯法测定桩底沉渣厚度，并钻取桩端持力层岩土芯样检验桩端持力层。抽检数量不应少于总桩数的10%，且不应少于10根。

一般情况下，基桩钻芯法属于验证性检测，包括对桩身强度的验证和对桩身质量有怀疑时的进一步核实，以提高检测结果的可靠性，如对超长桩下部混凝土强度的验证，以了解施工情况和施工水平；对声波法或高低应变法判定的深部缺陷进行钻芯验证，以明确缺陷类型等。对桩径大于1.5m的大直径灌注桩，如果没有预埋声测管，则钻芯法可能是完整性检测最优先选择的手段。

钻芯法检测时桩身混凝土龄期不宜少于28d，即使可以提前检测，混凝土强度也至少要达到C20以上，以便获得较高的芯样采取率。芯样试件的强度试验建议达到28d的混凝土龄期，以免芯样强度不足而产生争议。

（2）对钻孔的技术要求

钻芯孔数量应根据桩径大小确定。$D<1.2$m时，每桩钻1孔，钻孔位置宜距桩中心10～15cm。这主要考虑了导管附近的混凝土质量相对较差、不具有代表性；$1.2\text{m}\leqslant D\leqslant 1.6$m时，每桩宜钻2孔；$D>1.6$m时，每桩宜钻3孔。当钻芯孔为两个或两个以上时，开孔位置宜在距桩中心（0.15～0.25）D内均匀对称布置。

对桩端持力层的钻探，每桩至少应有一孔钻至设计要求的深度，如果没有明确的设计要求，宜钻入持力层 3 倍桩径且不应少于 3m。

《建筑地基基础设计规范》GB 50007 明确规定，对嵌岩灌注桩，桩端以下 3 倍桩径且不小于 5m 范围内应无软弱夹层、断裂破碎带和洞穴分布，且在桩底应力扩散范围内无岩体临空面。除每桩都有探孔的柱下单桩基础以外，一般工程因受勘探孔数量的限制，在地质条件复杂时，很难全面了解岩石和土层的分布情况。此时通过钻芯孔在桩底进行足够深度的钻探以查明持力层岩土性状，对端承桩、特别是大直径嵌岩桩的安全使用有很大作用。

(3) 钻芯技术

① 桩身钻芯技术

每回次进尺宜控制在 1.5m 内。钻进过程中，应经常对钻机立轴垂直度进行校正，同时注意钻机塔座的稳定性，确保钻芯过程不发生倾斜、移位。如果发现芯样侧面有明显的波浪状磨痕或芯样端面有明显磨痕，应查找原因，如重新调整钻头、扩孔器、卡簧的搭配，检查塔座是否牢固、稳定等。

钻进过程中，钻孔内循环水流不得中断，应根据回水含砂量及颜色调整钻进速度；同时，要随时观察冲洗液量和泵压的变化，正常泵压应为 0.5～1MPa，发现异常应查明原因，立即处理。

松散的混凝土应采用合金钻“烧结法”钻取，必要时应回灌水泥浆护壁，待护壁稳定后再钻取下一段芯样。

应区分松散混凝土和破碎混凝土芯样，松散混凝土芯样完全是施工所致，而破碎混凝土仍处于胶结状态，但施工造成其强度低，钻机机械扰动使之破碎。

② 桩底钻芯技术

钻至桩底时，应采取适宜的钻芯方法和工艺钻取沉渣并测定沉渣厚度。为检测桩底沉渣或虚土厚度，当钻至桩底时，应采用减压、慢速钻进；若遇钻具突降，应立即停钻，及时测量机上余尺，准确记录孔深及有关情况。当持力层为中、微风化岩石时，可将桩底 0.5m 左右的混凝土芯样、0.5m 左右的持力层以及沉渣纳入同一回次。当持力层为强风化岩层或土层时，钻至桩底时，立即改用合金钢钻头干钻、反循环吸取法等适宜的钻芯方法和工艺钻取沉渣并测定沉渣厚度。

③ 持力层钻芯技术

应采用适宜的方法对桩底持力层岩土性状进行鉴别。

对中、微风化岩的桩底持力层，应采用单动双管钻具钻取芯样；如果是软质岩，拟截取的岩石芯样应及时包裹并浸泡在水中，避免芯样受损。根据钻取的芯样和岩石单轴抗压强度对岩性进行判断。

对于强风化岩层或土层，宜采用合金钻钻取芯样，并进行动力触探或标准贯入试验等，试验宜在距桩底 1m 内进行，并准确记录试验结果。根据试验结果及钻取的芯样对岩性进行鉴别。

对桩身钻芯，当出现钻芯孔与桩体偏离时应立即停机记录，分析原因。当有争议时，可进行钻孔测斜，以判断是受检桩倾斜超过规范要求还是钻芯孔倾斜超过规定要求。

钻芯工作结束后，当单桩质量评价满足设计要求时，则应对钻芯留下的孔洞作回灌封闭处理，以保证基桩的工作性能；可采用 0.5～1.0MPa 压力，从钻芯孔孔底往上用水泥浆回灌封闭，水泥浆的水灰比宜为0.5～0.7。

如果检测结果不满足设计要求，则应封存钻芯孔，留待处理。钻芯孔可作为桩身或桩底高压灌浆加固的补强孔。

4. 钻芯法现场记录

(1) 操作记录

钻取的芯样应由上而下按回次顺序放进芯样箱，一般一个回次摆成一排，芯样侧面应清晰标明回次数、块号和本回次总块数。采用带分数的记录方式溯源性较好，是常用的标识方法，如标识为$2\frac{3}{5}$的芯样，表示第2回次共5块芯样中的第3块。

现场应及时记录钻进情况和钻进异常情况，并对芯样质量做初步描述，包括记录孔号、回次数、起至深度、块数、总块数等，记录格式见表17.4-7。有条件时，可采用钻孔电视辅助判断混凝土质量。

钻芯法检测现场操作记录表 **表17.4-7**

<table>
<tr><td colspan="2">桩号</td><td colspan="2"></td><td>孔号</td><td></td><td>工程名称</td><td colspan="2"></td></tr>
<tr><td colspan="2">时间</td><td colspan="3">钻进(m)</td><td rowspan="2">芯样编号</td><td rowspan="2">芯样长度(m)</td><td rowspan="2">残留芯样</td><td rowspan="2">芯样初步描述及异常情况记录</td></tr>
<tr><td>自</td><td>至</td><td>自</td><td>至</td><td>计</td></tr>
<tr><td></td><td></td><td></td><td></td><td></td><td></td><td></td><td></td><td></td></tr>
<tr><td></td><td></td><td></td><td></td><td></td><td></td><td></td><td></td><td></td></tr>
<tr><td></td><td></td><td></td><td></td><td></td><td></td><td></td><td></td><td></td></tr>
<tr><td colspan="2">检测日期</td><td colspan="3"></td><td colspan="2">机长：</td><td>记录：</td><td>页次：</td></tr>
</table>

(2) 芯样编录

按表17.4-8的格式对芯样混凝土、桩底沉渣及桩端持力层做详细编录。

对桩身混凝土芯样的描述包括混凝土钻进深度，芯样连续性、完整性、胶结情况、表面光滑情况、断口吻合程度、混凝土芯是否为柱状、骨料大小分布情况，气孔、蜂窝、麻面、沟槽、破碎、夹泥、松散的情况，以及取样编号和取样位置。

钻芯法检测芯样编录表 **表17.4-8**

<table>
<tr><td>工程名称</td><td colspan="2"></td><td>日期</td><td></td></tr>
<tr><td>桩号/钻芯孔号</td><td></td><td>桩径</td><td>混凝土设计强度等级</td><td></td></tr>
<tr><td>项目</td><td>分段(层)深度(m)</td><td>芯 样 描 述</td><td>取样编号
取样深度</td><td>备注</td></tr>
<tr><td>桩身混凝土</td><td></td><td>混凝土钻进深度，芯样连续性、完整性、胶结情况、表面光滑情况、断口吻合程度、混凝土芯是否为柱状、骨料大小分布情况，以及气孔、空洞、蜂窝、麻面、沟槽、破碎、夹泥、松散的情况</td><td></td><td></td></tr>
<tr><td>桩底沉渣</td><td></td><td>桩端混凝土与持力层接触情况、沉渣厚度</td><td></td><td></td></tr>
<tr><td>持 力 层</td><td></td><td>持力层钻进深度，岩土名称、芯样颜色、结构构造、裂隙发育程度、坚硬及风化程度；分层岩层应分层描述</td><td>(强风化或土层时的动力触探或标准贯入结果)</td><td></td></tr>
<tr><td colspan="2">检测单位：</td><td colspan="2">记录员：</td><td>检测人员：</td></tr>
</table>

对持力层的描述包括持力层钻进深度，岩土名称、芯样颜色、结构构造、裂隙发育程度、坚硬及风化程度以及取样编号和取样位置，或动力触探、标准贯入试验位置和结果；分层岩层应分别描述。

（3）芯样照片

应先拍彩色照片，后截取芯样试件。芯样照片应包括芯样和标有工程名称、桩号、钻芯孔号、芯样试件采取位置、桩长、孔深、检测单位名称标示牌等内容。拍照前，应将被包封浸泡在水中的岩样打开并摆在相应位置。取样完毕剩余的芯样宜移交委托单位妥善保存。

5. 芯样截取、制作与抗压试验

（1）混凝土芯样的截取

基桩检测规范要求截取混凝土抗压芯样试件应符合下列规定：

① 当桩长为 10～30m 时，每孔截取 3 组芯样；当桩长小于 10m 时，可取 2 组；当桩长大于 30m 时，不少于 4 组。

② 上部芯样位置距桩顶设计标高不宜大于 1 倍桩径或 2m，下部芯样位置距桩底不宜大于 1 倍桩径或 2m，中间芯样宜等间距截取。

③ 缺陷位置能取样时，应截取一组芯样进行混凝土抗压试验。

④ 如果同一基桩的钻芯孔数大于一个，其中一孔在某深度存在缺陷时，应在其他孔的该深度处截取芯样进行混凝土抗压试验。

芯样截取的原则是既要客观、准确地评价混凝土强度，也要避免人为因素影响，即只选择好或差的混凝土芯样进行抗压强度试验。当芯样混凝土均匀性较差或存在缺陷时，应根据实际情况增加芯样数量。所有取样位置应标明其深度或标高。

一般来说，蜂窝、麻面、沟槽等缺陷部位的混凝土较正常胶结混凝土的强度低，所以无论是为了查明质量隐患还是对结构承载力进行验算，都有必要对缺陷部位的混凝土截取芯样进行抗压试验。

当试桩钻芯孔数不止一个，其中一孔在某深度存在蜂窝、麻面、沟槽、空洞等缺陷，芯样试件强度可能不满足设计要求时，有必要在其他孔的相同深度部位取样，按多孔强度计算原则，确定该深度处混凝土抗压强度代表值，在保证结构承载能力的前提下减少工程加固处理费用。

（2）岩石芯样的截取

当桩底持力层为中、微风化岩层且岩芯可制作成试件时，应在接近桩底部位截取一组岩石芯样；如遇分层岩性时，宜在各层取样。为便于设计人员对端承力的验算，提供分层岩性的各层强度值是必要的。为保证岩石原始性状，避免岩芯暴露时间过长而改变其强度，拟选取的岩石芯样应及时包装并浸泡在水中。

下面对地方标准在芯样截取上的规定做简单介绍：

① 广东省标准《建筑地基基础检测技术规范》DBJ 15—60—2008 要求混凝土抗压芯样试件采取数量应符合如下规定：

A. 当单孔的混凝土芯样长度小于 10m 时，每孔截取 2 组芯样；当其长度为 10～30m 时，每孔截取 3 组芯样；当其长度大于 30m 时，每孔截取芯样不少于 4 组。上部芯样位置距桩顶设计标高不宜大于 1 倍桩径或 2m，下部芯样位置距桩底不宜大于 1 倍桩径或

2m，中间芯样宜等间距截取；

B. 缺陷位置能取样时，每个缺陷位置应截取一组芯样进行混凝土抗压试验；

C. 如果同一受检桩的钻芯孔数大于一个，其中一孔在某深度存在缺陷时，应在其他孔的该深度处截取芯样进行混凝土抗压试验。

② 福建省标准《基桩钻芯法检测技术规程》DBJ 13—28—1999 规定：

混凝土抗压试验芯样应从检测桩上、中、下三段随机连续选取3组，每组3块，试件芯样不应少于9块。当桩长大于30m时，宜适当增加试验组数，选取的试件均应具有代表性。

③ 深圳市标准《深圳地区基桩质量检测技术规程》SJG 09－2015 规定：

A. 当有效桩长小于或等于30m时，每孔截取芯样不应少于3组，（每组3块），当有效桩长大于30m时，不应少于4组（每组3块）；

B. 上部一组芯样位置距桩顶设计标高不宜大于1倍桩径且不大于2m，下部一组芯样位置距桩底不宜大于1倍桩径且不大于2m，中间组芯样宜等间距截取；同组芯样宜在0.5m长度范围内截取；

C. 在较多气孔、严重蜂窝麻面、连续沟槽或局部混凝土芯样骨料分布不均匀部位应增加截取1组芯样，钻孔数量多于1孔时，尚应在对应深度的其他各孔分别增加截取1组芯样。

（3）芯样制作

由于混凝土芯样试件的高度对抗压强度有较大的影响，为避免高径比修正带来误差，应取试件高径比为1，即混凝土芯样抗压试件的高度与芯样试件平均直径之比应在0.95～1.05的范围内。

每组芯样应制作三个芯样抗压试件。

对于基桩混凝土芯样，要求芯样试件不能有裂缝或其他较大缺陷，也不能含有钢筋；为了避免试件强度出现大的离散性，在选取芯样试件时，应观察芯样侧面的表观混凝土粗骨料粒径，确保芯样试件平均直径不小于两倍表观混凝土粗骨料最大粒径。

① 芯样试件加工

应采用双面锯切机加工芯样试件，加工时应将芯样固定，锯切平面垂直于芯样轴线。锯切过程中应淋水冷却金刚石圆锯片。

锯切过程中，由于受到振动、夹持不紧、锯片高速旋转过程中发生偏斜等因素的影响，芯样端面的平整度及垂直度不能满足试验要求时，可采用在磨平机上磨平或在专用补平装置上补平的方法进行端面加工。

常用的补平方法有硫磺胶泥（或环氧胶泥）补平和用水泥砂浆（或水泥净浆）补平两种。硫磺胶泥的补平厚度不宜大于1.5mm，一般适用于自然干燥状态下的芯样试件补平；水泥砂浆的补平厚度不宜大于5mm，一般适用于潮湿状态下的芯样试件补平。

采用补平方法处理端面应注意的问题是：

A. 经端面补平后的芯样高度和直径之比应符合有关规定；

B. 补平层应与芯样结合牢固，抗压试验时补平层与芯样的结合面不得提前破坏。

② 芯样试件测量

试验前，应对芯样试件的几何尺寸做下列测量：

A. 平均直径：用游标卡尺测量芯样中部，在相互垂直的两个位置上，取其两次测量的算术平均值，精确至0.5mm。如果试件侧面有较明显的波浪状，选择不同高度对直径进行测量，测量值可相差1～2mm，误差可达5%，引起的强度偏差为1～2MPa。考虑到钻芯过程对芯样直径的影响是强度低的地方直径偏小，而抗压试验时直径偏小的地方容易破坏，因此，在测量芯样平均直径时宜选择表观直径偏小的芯样中部部位。

B. 芯样高度：用钢卷尺或钢板尺进行测量，精确至1mm。

C. 垂直度：用游标量角器测量两个端面与母线的夹角，精确至0.1°，见图17.4-36。

D. 平整度：用钢板尺或角尺立起紧靠在芯样端面上，一面转动钢板尺，一面用塞尺测量与芯样端面之间的最大缝隙，如图17.4-37所示。实用上，如对直径为80mm的芯样试件，可采用0.08mm的塞尺检查，看能否塞入最大间隙中去，能塞进去为不合格；不能塞进去为合格。

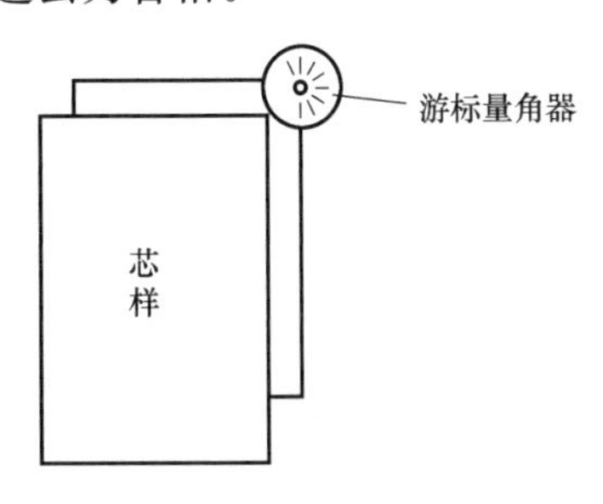

图17.4-36　垂直度测量示意图

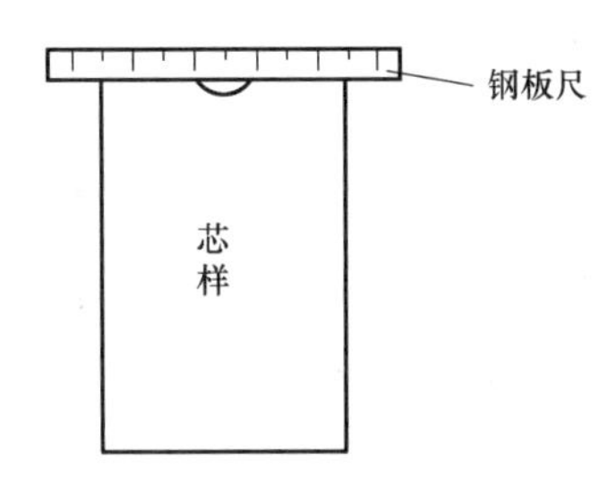

图17.4-37　平整度测量示意图

芯样试件端面的平整度对芯样的抗压强度影响较大。有数据表明，平整度不足时，强度可降低20%～30%。

③ 试件合格标准

除芯样选取时对芯样的规定外，制作完成后的芯样试件尺寸偏差超过下列数值时，也不得用作抗压强度试验：

A. 芯样试件高度小于0.95d或大于1.05d时（d为芯样试件平均直径）。

B. 沿试件高度任一直径与平均直径相差达2mm以上。

C. 试件端面的不平整度在100mm长度内超过0.1mm。

D. 试件端面与轴线的不垂直度超过2°。

E. 芯样试件平均直径小于2倍表观混凝土粗骨料最大粒径。

（4）芯样试件抗压强度试验

① 混凝土芯样试件的强度试验

基桩检测规范规定，芯样试件加工完毕可立即进行抗压强度试验，这主要是考虑钻芯过程中导致芯样强度降低的因素较多，另一方面也是出于方便考虑。实际上，混凝土芯样试件的含水量对抗压强度有一定影响，含水量越大则强度越低。但这种影响也与混凝土的强度有关，混凝土强度等级高时影响相对小一些。根据国内的试验资料，浸水饱和后的芯样强度比干燥状态时下降7%～22%，平均下降14%。

根据桩的工作环境状态，试件宜在20±5℃的清水中浸泡一段时间后（一般40～48h可达饱和）立即进行抗压强度试验。广东省标准《建筑地基基础》DBJ 15—60—2008规定：芯样试件应在清水中浸泡不少于12h后进行试验。

混凝土芯样试件的抗压强度试验应按《普通混凝土力学性能试验方法》GB 50081的有关规定执行。芯样试件抗压破坏时的最大压力值与混凝土标准试件明显不同，试验应合理选择压力机的量程和加荷速率，以保证试验精度。试验时应均匀加荷，加荷速度为：混凝土强度等级低于C30时，取0.3～0.5MPa/s；混凝土强度等级高于或等于C30时，取0.5～0.8MPa/s。当试件接近破坏而开始迅速变形时，停止调整试验机油门，直至试件破坏。

抗压强度试验后，若发现芯样试件平均直径小于两倍试件内混凝土粗骨料最大粒径、强度值异常时，则该试件的强度值无效。当截取芯样未能制作成试件或芯样试件平均直径小于两倍试件内混凝土粗骨料最大粒径时，应重新截取芯样试件进行抗压强度试验。

混凝土芯样试件抗压强度应按下列公式计算：

$$f_{cu}=\xi\cdot\frac{4P}{\pi d^2}$$

式中 f_{cu}——混凝土芯样试件抗压强度（MPa），精确至0.1MPa；

P——芯样试件抗压试验测得的破坏荷载（N）；

d——芯样试件的平均直径（mm）；

ξ——混凝土芯样试件抗压强度折算系数，取为1.0；当有地方标准时，可按地方标准规定取值。

对混凝土芯样抗压强度折减系数ξ的取值，到目前仍存在一定的争议，现对此作如下说明：

混凝土芯样试件的强度与标准养护或同条件养护立方体试件抗压强度均不同，其中标准养护的试件强度通常要比实体强度高，而同条件养护的试件强度一般能代表实际混凝土强度；钻芯法中的芯样试件强度虽然也能较真实地反映混凝土强度，但受温度、湿度和机械扰动等诸多因素的影响，一般认为芯样强度会因此降低，需要对其进行修正。这就是ξ的由来。

《钻芯法检测混凝土强度技术规程》CECS 03：88的条文说明中指出，龄期28d的芯样试件强度换算值为标准强度的86%，为同条件养护试块的88%。同时，推荐ξ取值1/0.88。

广东省有137组试验数据表明，桩身混凝土中的钻芯强度与立方体强度的比值的统计平均值为0.749。为考察小芯样取芯的离散性（如尺寸效应、机械扰动等），基桩检测规范编制组委托广东、福建、河南等地的6家单位进行类似试验，共完成184组的对比试验。其中，混凝土强度等级C15～C50，芯样直径68～100mm。结果表明：芯样试件强度与立方体强度的比值分别为0.689、0.848、0.895、0.915、1.106、1.106，平均为0.943。

排除龄期和养护条件（温度、湿度）的差异，尽管普遍认同芯样（尤其是在桩身混凝土中钻取的芯样）强度低于立方体强度，但上述试验结果的离散性表明，尚不能采用统一的折算系数来反映芯样强度与立方体强度的差异。基桩检测规范中，没有推荐采用1/0.88对芯样强度进行修正，而是留待各地根据试验结果进行调整。

② 岩石芯样试验

桩底岩芯单轴抗压强度试验可参照《建筑地基基础设计规范》GB 50007执行。当岩石芯样抗压强度试验仅仅是配合判断桩底持力层岩性时，检测报告中可不给出岩石饱和单轴抗压强度标准值，只给出平均值；当需要确定岩石饱和单轴抗压强度标准值时，宜按规范 GB 50007 附录 J 执行。

6. 检测数据的分析与判定

（1）芯样强度检测值的确定

由于混凝土芯样试件抗压强度的离散性比标准试件大，可能无法根据《混凝土强度检验评定标准》GB 50107 来评定芯样试件抗压强度检测值。大量试验数据表明，采用每组三个芯样的抗压强度平均值作为芯样试件抗压强度的检测值是简便、可行的方法。

（2）混凝土桩芯样强度检测值的确定

同一根桩有两个或两个以上钻芯孔时，应综合考虑各孔芯样强度来评价桩身结构承载能力。基桩检测规范规定，受检桩在同一深度部位各孔芯样试件抗压强度检测值的平均值作为该深度的混凝土芯样试件抗压强度检测值。整根受检桩的混凝土芯样抗压强度检测值指该桩中不同深度位置的混凝土芯样试件抗压强度检测值中的最小值。

上述单根桩的强度评定方法有时也会产生异议，如水下灌注桩，因桩身混凝土强度的离散性大，可能会出现个别受检桩在局部深度处强度偏低的情况，进而对整个桩基础工程的验收产生影响。目前，提出的改进办法是参照现行混凝土结构强度检测评定方法，将所有受检桩作为一个检验批进行强度的整体评定，对个别强度不满足要求的桩另行处理。

（3）持力层的评价

桩底持力层岩土性状应根据芯样特征、岩石芯样单轴抗压强度试验结果、动力触探或标准贯入试验结果综合判定，对岩土性状的描述和判定应有工程地质专业人员参与，并应符合《岩土工程勘察规范》GB 50021 的有关规定。当只对受检桩桩底持力层岩石强度评价时，每组岩石芯样单轴抗压强度均应满足设计或规范要求。

（4）成桩质量评价

灌注桩的成桩质量因混凝土浇筑的非均匀性和地质条件的不确定性，还无法同批量生产的产品一样进行概率统计学意义上的质量评价。钻芯法也不例外，只能对受检桩的桩身完整性和混凝土强度进行评价，且评价应结合钻芯孔数、芯样特征以及强度试验结果综合判定。桩身完整性判定见表 17.4-9。

要说明的是，在单桩钻芯孔为两个或两个以上时，应根据各钻芯孔质量综合评定受检桩质量，而不应单孔评定。

基桩检测规范规定，当出现下列情况之一时，应判定该受检桩不满足设计要求：

（1）桩身完整性类别为Ⅳ类；

（2）桩身混凝土芯样试件抗压强度检测值小于混凝土设计强度等级；

（3）桩长、桩底沉渣厚度不满足设计或规范要求；

（4）桩底持力层岩土性状（强度）或厚度未达到设计或规范要求。

钻芯法可准确测定桩长，所以对实测桩长小于施工记录桩长的受检桩，即使不影响桩的承载力，但按桩身完整性定义中连续性的涵义，也应判为Ⅳ类桩。对端承桩，沉渣厚度大或持力层（岩性或厚度）没有达到设计要求都会影响桩的承载能力，所以应判Ⅳ类桩，而钻芯法正是最直接、最准确的检测手段。

桩身完整性判定 **表 17.4-9**

<table>
<tr><th rowspan="2">类别</th><th colspan="3">特征</th></tr>
<tr><th>单孔</th><th>两孔</th><th>三孔</th></tr>
<tr><td rowspan="2">Ⅰ</td><td colspan="3">混凝土芯样连续、完整、胶结好，芯样侧面表面光滑、骨料分布均匀，芯样呈长柱状、断口吻合</td></tr>
<tr><td>芯样侧面仅见少量气孔</td><td>局部芯样侧面有少量气孔、蜂窝麻面、沟槽，但在两孔的同一深度部位的芯样中未同时出现</td><td>局部芯样侧面有少量气孔、蜂窝麻面、沟槽，但在三孔的同一深度部位的芯样中未同时出现</td></tr>
<tr><td rowspan="2">Ⅱ</td><td colspan="3">混凝土芯样连续、完整、胶结较好，芯样侧面表面较光滑、骨料分布基本均匀，芯样呈柱状、断口基本吻合</td></tr>
<tr><td>局部芯样侧面有蜂窝麻面、沟槽或较多气孔。
芯样骨料分布极不均匀、芯样侧面蜂窝麻面严重或沟槽连续；但对应部位的混凝土芯样试件抗压强度满足设计要求，否则应判为Ⅲ类</td><td>芯样侧面有较多气孔，连续的蜂窝麻面、沟槽或局部混凝土芯样骨料分布不均匀，但在两孔的同一深度部位的芯样中未同时出现。
芯样侧面有较多气孔，连续的蜂窝麻面、沟槽或局部混凝土芯样骨料分布不均匀，且在两孔的同一深度部位的芯样中同时出现；但该深度部位的混凝土芯样试件抗压强度代表值满足设计要求，否则应判为Ⅲ类。
任一孔局部混凝土芯样破碎段长度不大于10cm，且另一孔的同一深度部位的混凝土芯样质量完好，否则应判为Ⅲ类</td><td>芯样侧面有较多气孔，连续的蜂窝麻面、沟槽或局部混凝土芯样骨料分布不均匀，但在三孔的同一深度部位的芯样中未同时出现。
芯样侧面有较多气孔，连续的蜂窝麻面、沟槽或局部混凝土芯样骨料分布不均匀，且在三孔的同一深度部位的芯样中同时出现，但该深度部位的混凝土芯样试件抗压强度代表值满足设计要求，否则应判为Ⅲ类。
任一孔局部混凝土芯样破碎段长度不大于10cm，且另外两孔的同一深度部位的混凝土芯样质量完好，否则应判为Ⅲ类</td></tr>
<tr><td>Ⅲ</td><td>大部分混凝土芯样胶结较好，无松散、夹泥现象，但有下列情况之一：
局部混凝土芯样破碎段长度不大于10cm。
芯样不连续完整、多呈短柱状或块状</td><td>任一孔局部混凝土芯样破碎段长度大于10cm但不大于20cm，且另一孔的同一深度部位的混凝土芯样质量完好，否则应判为Ⅳ类</td><td>任一孔局部混凝土芯样破碎段长度大于10cm但不大于30cm，且另外两孔的同一深度部位的混凝土芯样质量完好，否则应判为Ⅳ类。
任一孔局部混凝土芯样松散段长度不大于10cm，且另外两孔的同一深度部位的混凝土芯样质量完好，否则应判为Ⅳ类</td></tr>
<tr><td>Ⅳ</td><td>有下列情况之一：
因混凝土胶结质量差而难以钻进。
混凝土芯样任一段松散或夹泥。
局部混凝土芯样破碎长度大于10cm</td><td>有下列情况之一：
任一孔因混凝土胶结质量差而难以钻进。
混凝土芯样任一段松散或夹泥。
任一孔局部混凝土芯样破碎长度大于20cm。
两孔在同一深度部位的混凝土芯样破碎</td><td>有下列情况之一：
任一孔因混凝土胶结质量差而难以钻进。
混凝土芯样任一段夹泥或松散段长度大于10cm。
任一孔局部混凝土芯样破碎长度大于30cm。
其中两孔在同一深度部位的混凝土芯样破碎、夹泥或松散</td></tr>
</table>

注：1. 如果上一缺陷的底部位置标高与下一缺陷的顶部位置标高的高差小于30cm，则定为两缺陷处于同一深度部位。
2. 混凝土出现分层现象，宜截取分层部位的芯样进行抗压强度试验。抗压强度满足设计要求的，可判为Ⅱ类；抗压强度不满足设计要求或未能制作成芯样试件的，应判为Ⅳ类。
3. 存在水平裂缝的，应判为Ⅲ类。
4. 多于三孔的桩身完整性判断参照三孔。

通过芯样特征对桩身完整性分类，有比低应变法更直观的一面，也有一孔之见代表性差的一面。所以，当同一根桩有两个或两个以上钻芯孔时，桩身完整性应综合考虑各钻芯孔的芯样质量确定类别；当不同钻芯孔的芯样在同一深度部位均存在缺陷时，则该位置的缺陷程度可能较严重；一般来说，只要桩身存在缺陷，不管缺陷是什么类型都会影响强度指标。因此，钻芯法的完整性分类应结合芯样强度值综合判定。

参考文献

[1] 中华人民共和国行业标准.《建筑桩基技术规范》JGJ 94—2008.
[2] 中华人民共和国行业标准.《建筑基桩检测技术规范》JGJ 106—2014.
[3] 中华人民共和国国家标准.《建筑地基基础工程施工质量验收规范》GB 50202—2002.
[4] 中华人民共和国国家标准.《建筑地基基础设计规范》GB 50007—2011.
[5] 中华人民共和国行业标准.《建筑地基处理技术规范》JGJ 79—2012.
[6] 中华人民共和国国家标准.《混凝土结构设计规范》GB 50010—2002.
[7] 中华人民共和国国家标准.《岩土工程勘察规范》GB 50021—2001（2009 年版）.
[8] 中华人民共和国国家标准.《混凝土结构工程施工质量验收规范》GB 50204—2002.
[9] 北京市地方标准.《北京地区建筑地基基础勘察设计规范》DBJ 11—501—2009.
[10] 福建省标准.《基桩钻芯法检测技术规程》DBJ 13—28—1999.
[11] 广东省标准.《建筑地基基础检测规范》DBJ 15—60—2008.
[12] 中国工程建设标准化协会标准.《超声法检测混凝土缺陷技术规程》CECS 21：2000.
[13] 中国工程建设标准化委员会标准.《钻芯法检测混凝土强度技术规程》CECS 03：88.
[14] 陈凡等. 基桩质量检测技术.
[15] 李德庆等. 桩基工程质量的诊断技术.
[16] 廖红建等. 岩土工程测试.
[17] 林维正主编. 土木工程质量无损检测技术.
[18] 桩基工程手册. 北京：中国建筑工业出版社，1995.
[19] 史佩栋主编. 实用桩基工程手册.
[20] 史佩栋主编. 桩基工程手册.
[21] 刘金砺主编. 桩基工程检测技术. 北京：中国建材工业出版社，1995.
[22] 刘金砺主编. 桩基工程技术. 北京：中国建材工业出版社，1996.
[23] 刘金砺编著. 桩基础设计与计算. 北京：中国建筑工业出版社，1990.
[24] 刘兴录编著. 桩基工程与动测技术 200 问. 北京：中国建筑工业出版社，2000.
[25] 罗骐先主编. 桩基工程检测手册. 北京：人民交通出版社，2003.
[26] 陈仲颐、叶书麟. 基础工程学.
[27] 徐攸在，刘兴满. 桩的动测新技术.
[28] 刘金砺主编. 高层建筑桩基工程技术.
[29] 《工业与民用建筑灌注桩基础设计与施工规程》JGJ 4—80.
[30] 《工业与民用建筑地基基础设计规范》TJ 7—74.
[31] 罗骐先主编. 桩基工程检测手册.

第18章　桩基工程的原型观测

魏汝龙　王年香　杨守华　高长胜　何　宁

18.1　概述

桩基是一种最常用的深基础，它几乎可以应用于各种工程地质条件和各种类型的工程，尤其适用于建在软弱地基上的重型建筑物，以及随水平荷载的水工、港工和海工建筑物。但是，桩基同时又是一个著名的老、大、难问题，多年来国内外许多学者都曾对此进行研究。这些工作大多结合现场单桩载荷试验或室内模型试验而进行理论和经验的验算，然而很少能得出具有实际意义的成果。众所周知，由于所谓群桩效应的影响，桩基的性状与单桩的迥然不同；而常规的土工模型试验（离心模型试验除外）的最大缺点是不能模拟地基土的自重应力条件，因而无法准确地反映深处土层在实际应力条件下的性状及其与桩基的相互作用。所以，现有的一些试验和实验资料，很难用来作为理论的或经验的分析计算的依据。

在这种情况下，桩基工程的原型观测就显得特别重要。然而，影响桩基性状的因素很多，非积累大量资料难以找出规律。有时，为了得到有关桩基性状的全面的和准确的资料，还需要在桩上和土中装设各种仪器，进行长期观测。这样的原型观测工作，技术复杂、费用昂贵、再加上土质条件变化又较大，如果考虑不周，就可能花了很大代价而仍得不到有意义的成果。因此，在进行这项工作时，必须妥善计划，慎重对待，决不可掉以轻心。

18.2　桩基原型观测目的及仪器

18.2.1　桩基原型观测目的

开展桩基原型观测主要有两个目的：(1) 监测桩基的使用状况，并检验所用设计方法的正确性；(2) 增加对桩基性状的了解，以提出改进的设计方法。这是两个密切相关的课题。

首先，人们日益深刻地体会到，需要对重要的桩基建筑物进行观测，以给出关于桩基设计有效性的反馈资料，例如：

(1) 检验在工作条件下，桩尖阻力和各土层中的侧摩阻之间的划分是否如设计中所假设的那样，而且是否随时间而变。

(2) 考察各桩和承台或筏基之间的荷载分配，并检验是否随时间而发生重新分布。

(3) 查明设计中所考虑的负摩擦力是否确实发生，如果在桩上采用涂层以防止产生负摩擦力，则这些措施在要求的时期内是否有效。

必须充分认识到，为了使桩基工作状况的长期监测得以顺利进行，还需要解决不少繁琐的甚至是非技术性的问题。例如，由于施工的干扰，仪器和测点往往不能及时埋设和测读，以致遗漏了十分重要的初读数和施工初始阶段的读数；还由于建筑物不同施工阶段和施工后主管单位的转换和责任移交，对于仪器及其线路的维护以及保持经常性的定期观测，有时也会发生困难，虽然这些工作并不需要太多的经费。尽管有着这样或那样的困难，经过许多学者以及设计、施工和使用单位的努力，有关桩基原型观测资料正在逐渐积累，而对于桩基工作状况的了解也开始日益深入。

由于对桩基工作状况进行长期而全面的监测往往旷日持久，不能很快收效，故为改进设计方法而进行的测量大多数是在相当短的时间内对于个别桩进行的。但是，其仪器埋设一般更为复杂，因为它是用来直接考察各种土层中动员出来的支承力，特别是在设计荷载下，这些力的相对值可能极其不同于在破坏试验中较大外加荷载下观测到的数值。Vesic（1970）在打入钢管桩上贴电阻应变片而进行的观测是一个十分有趣的例子，它揭示出在工作荷重下紧砂中桩上的摩阻力可能有多大。

对于随水平荷载的桩基，则需要测量桩上的侧向土压力或桩中的应力、弯矩和挠曲变形等，以检验设计中所用的某些方法或假设（如 p-y 曲线或桩侧反力系数 k 值等）的有效性，并提出改进意见。

18.2.2 常规仪器类型及其特点

各种特定类型的仪器适用于不同的条件。例如，如果需要沿桩长上各点精确地分别测量荷载时，通常偏向于采用荷载盒。但是，荷载盒的费用昂贵，可能导致实际工作中测点数目受到限制。应变计的费用相对地低廉些，故可使测量范围扩大。然而，一般认为应变计较不精确，不如荷载盒可靠。如果对于荷载分布的测量只需要相对值而不是绝对值，则采用应变计还是适宜的。例如，在上述 Vesic（1970）的钢管桩试验中，他在桩内 6 个不同的标高上，将电阻应变片联成单桥线路进行测量。这种在桩身上直接贴片的方法的缺点是，如果桩的截面是均匀的，则在荷重一般很小的桩尖附近，仪器的灵敏度可能显得不够。因此，英国建筑研究所（Cooke et al.，1979）在研究荷载从钢桩向伦敦黏土的传递时，利用荷载盒连接起来的管段组成的试桩，使从上而下的各个荷载盒的支柱截面积逐渐减小，以保证每个标高上必需的灵敏度。每个荷载盒设有两套电路，还十分注意防水措施，使干燥的氮气不断地循环通过荷载盒。由于这些措施的效果，全部荷载盒在三年内都有效地工作，只有十分低的蠕变损失。

荷载盒和应变计都可能是电阻式的或振弦式的。通常认为宜用电阻应变片式的一起进行测量，因为人们往往认为振弦式仪器可能经不住打桩引起的剧烈冲击。然而国外也有在锤击桩中采用振弦式一起获得成功的经验，例如 Newheaven 桥梁桩基中（Cooke，1981）曾将振弦式应力计固定在桩中钢筋上，以观测桩群效应和副摩擦现象。在室内对装有应力计的桩段进行模拟打桩试验，结果表明振弦式应力计能承受剧烈冲击的惯性力而不损坏。桥梁桩基中也有很大一部分应力计的工作情况令人满意。

在钻孔灌注桩中，可以将短钢板绑于钢筋笼上，然后再其上贴振弦式应变计，这种方法也有一个很大的缺点：荷载-应变率定曲线与混凝土质量有关，后者在整个桩长上可能是不均匀的。率定曲线还可能随混凝土龄期而变。

一些常用仪器，如反力计、钢筋计、应变计、测斜仪和土压力盒等，大多已为人们所熟悉。此处不再介绍它们的结构和优缺点等。

18.2.3 监测仪器的埋设与观测

埋设在桩基中的仪器有不同的类型和用途。最常见的是在轴向受荷桩的桩身特定截面上测量其应力。例如，在有的工程实例中，曾在紧靠桩尖以上埋设荷重盒，以分别考察桩侧摩阻和桩尖阻力的发展；有的沿桩身轴线上隔一定间距埋设一系列荷重念，以详细研究对桩所通过的各个土层的荷重传递；也有将荷重盒埋设在紧靠桩帽的桩头中或桩台底板下，以观测桩群中的荷重分布或确定直接由桩台承受的荷重比例。其他常用的仪器还有应变计、钢筋计或测力计、土压力盒和测斜仪等。

对于桩基原型观测的仪器来说，最重要的要求是牢固可靠，能令人满意地运行许多年。仪器的工作寿命一般至少应在4年以上。但是经验表明，桩基原型观测中的仪器损坏率往往很高，尤其在一些长期监测工作中。因此，在筹划仪器数量及其布置时，特别是在重要和或关键的位置，必须适当考虑增设一些平行的观测点，或者使仪器中设有双重的感应元件以及相应的独立桥路和导线。此外，还必须注意，埋设在桩基中的任何仪器都不能影响桩的寿命和工作状况。例如，不能由于局部地增大了测量断面的刚度而导致影响应力分布等。

18.2.4 分布式光纤传感技术

传统的桩基监测仪器，如测斜仪、应变计、钢筋计、近景摄影方法等测量手段都可以对桩基进行监测，但是都存在一定的缺陷。如测斜仪易受到施工影响，监测时间受限制，不能进行实时监测；应变计和钢筋计易受温度变化的影响，监测数据是点式的，只能有效地反映某些点的性状等。而桩基工程的监测是一个长期的过程，不等于其他技术工作，同时由于其他不确定因素的影响，所以在工作过程中要求监测人员能及时掌握监测信息，并将信息反馈于施工生产，及时调整施工参数，从而协调施工对周边环境影响，保证施工生产安全。

国内外应用于桩基或地下工程监测的技术和方法正积极在从传统的点式仪器监测向分布式、自动化、高精度和远程监测的方向发展。近年来兴起的分布式光纤传感技术具有以下优点：(1) 防水、抗腐蚀和耐久性长；(2) 其传感元件体积小、重量轻，测量范围广，便于铺设安装，将其植入监测对象中不存在匹配的问题，对监测对象的性能和力学参数等影响较小；(3) 光纤本身既是传感元件又是信号传输介质，可实现对监测对象的远程分布式监测。同时还可以准确地测出光纤沿线任一点上的应力、温度、振动和损伤等信息，无须构成回路。

目前常见的分布式光纤传感技术主要有以下几种：(1) 利用后向瑞利散射的分布式光纤传感技术；(2) 利用拉曼效应的分布式光纤传感技术；(3) 利用布里渊效应的分布式光纤传感技术；(4) 利用传输模耦合的分布式传感技术。而目前基于布里渊散射的温度、应变传感技术的研究主要集中在三个方面：(1) 基于布里渊光时域反射 (BOTDR) 技术的分布式光纤传感技术；(2) 基于布里渊光时域分析 (BOTDA) 技术的分布式光纤传感技术；(3) 基于布里渊光频域分析 (BOFDA) 技术的分布式光纤传感技术。分布式光纤传感技术原理见图18.2-1。

在进行光纤布设是一般采用结构胶，使光纤与结构紧密地结合在一起，保证光纤与结构一起变形。在前期准备阶段，一般需要进行室内试验的工作，经过了率定、结构胶选型

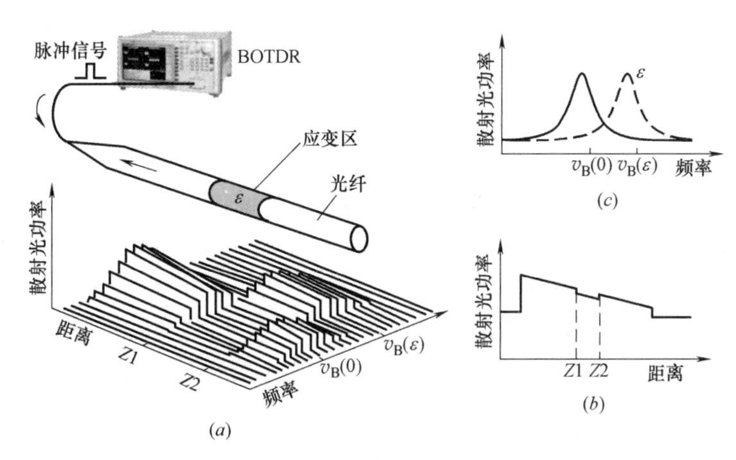

图 18.2-1 分布式光纤传感技术原理图

等一系列准备工作之后，才进行现场光纤的安装。而分布式传感光纤所得到的应变数据一般是针对桩身某特定位置的变形，在中性面位置不确定的情况下，不能代表桩身整体的变形状态，必须经过一系列的数据处理，消除中性面位置不确定的影响后方可计算桩身弯矩、挠度等。

18.3 桩基性状及其监测

桩基的功能首先是竖向支承，即将荷载从上部结构向下安全地传递到能够支承设计荷载的土层上，而不致引起破坏。其次，人们不仅希望基础不发生破坏，而且要求在建筑物使用期间发生相当均匀的和可预测的沉降。此外，有时还要求桩基能够在水压力、土压力、风力或地震作用下抵抗水平力和上拔力。

在桩基设计中，一般使建筑物的整个荷载由桩来承担，并采用大于 2 的安全系数，以保证建筑物的稳定性，且使其只发生很小的沉降。在设计带刚性承台或筏基的桩群时，通常忽略直接由承台或筏基传递的那部分荷载。

目前，在某些超拥挤的城市中，特别是在容易产生沉降的黏性土场地上，为了充分开发土地效益，场地的利用程度（高楼层数）主要决定于建筑物的容许沉降。因此，甚至在黏性土中，也日益增多地采用“悬浮”桩基作为减小沉降的措施。此时，往往采用带筏基的群桩，其中有意识地使各桩上的设计荷载达到其极限承载力，以迫使筏基也起支承作用。在这些情况中，观测桩基和筏基的荷载分担以及建筑物的沉降就是十分必要的了。

对于承受水平荷载的桩基，特别是那些抵抗土体水平运动的所谓“被动”桩基（魏汝龙，1989），除了要观测桩基的荷载分配以及各桩中的应力、弯矩和变形外，有时还要观测桩、土之间的相互作用。为此，土体变形及其随时间的发展过程也成为这类桩基的重要观测项目之一。

桩基工程的上述观测，一般都是在比较困难的条件下进行的。例如，有些仪器和观测标点需要在施工中埋设，并且要随着施工中结构荷重的逐渐增长而不断地进行观测，甚至到建筑物竣工后，还要连续观测相当长的一段时间。所以，桩基工程原型观测必须在设计时妥善安排，列出一个通盘计划，以便在施工中和建筑物运行时，都能按部就班地顺利进行。

18.3.1 桩基中的荷载分布

在桩基设计中，一般都假设建筑物的整个荷载由桩基中各桩分担，通常忽略直接由承台或筏基传递的那部分荷载。实际情况并不完全如此。此外，桩群中各桩上的桩侧摩阻和桩尖阻力的分布与单桩试验中测出的也会有所不同。因此，为了合理地设计桩基，首先必须通过对桩基的原型观测来观测其荷载的实际分布情况。

以下通过上海一座散粮筒仓的原型观测（陈绪录等，1979），说明对于桩基中各桩上的荷载分布，桩基及其承台下土面上的荷载分配，以及各桩的桩侧摩阻和桩尖阻力的分布进行监测的情况。

有一座容量为400MN的散粮筒仓坐落在江边上，其自重达300MN，总重700MN。18个筒仓建在厚1.6m的底板上，底板面积为35.2×69.4m^2，支承在604根截面45cm×45cm的钢筋混凝土桩上，桩距1.9m，桩长30.7m，桩尖进入标高-28.4m以下的褐黄色粉砂持力层（图18.3-1）。

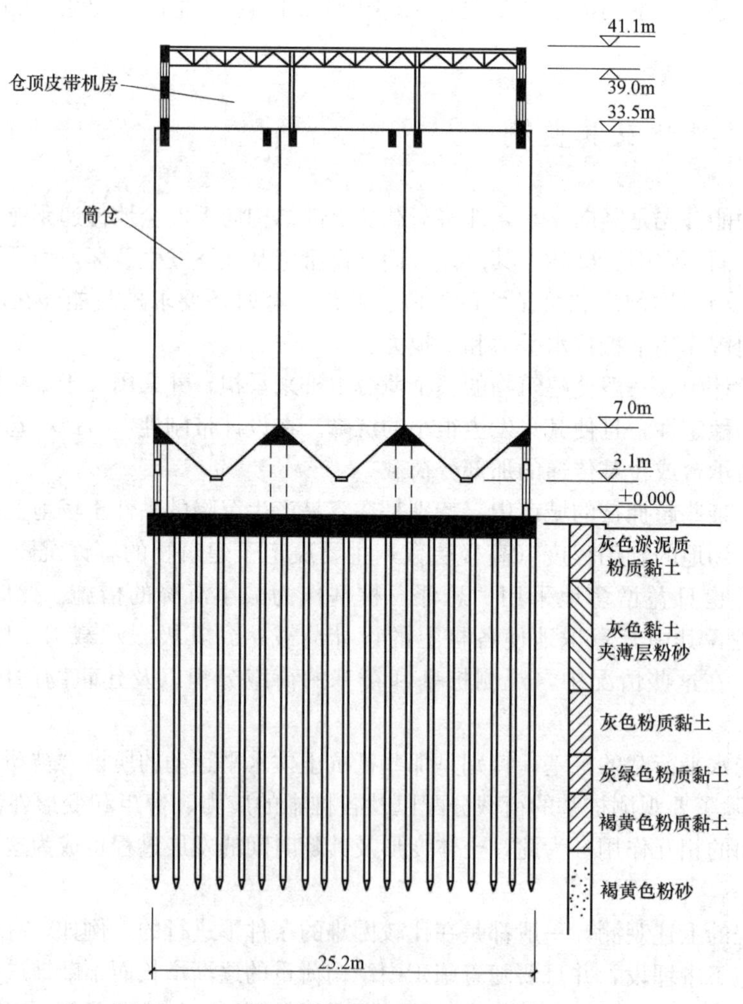

图18.3-1 筒仓下的桩基（引自陈绪录等，1979）

观测工作从打桩时就开始，观测了施工期间上体内的孔隙压力，土体的表面隆起和深层水平位移以及已打入桩的隆起和水平位移等。在工程桩中，有三根桩中埋设钢筋计，便测量桩在基础中的受力情况。当全部桩打入后，还选择其中一根（E1）进行静荷载试验。在浇制底板前，还在5个桩头上埋设反力计（图18.3-1），在土面上埋设11只土压力盒，用以测量桩顶受力和土面的接触压力，其布置如图18.3-2所示，另外，还布置了沉降标点47个。

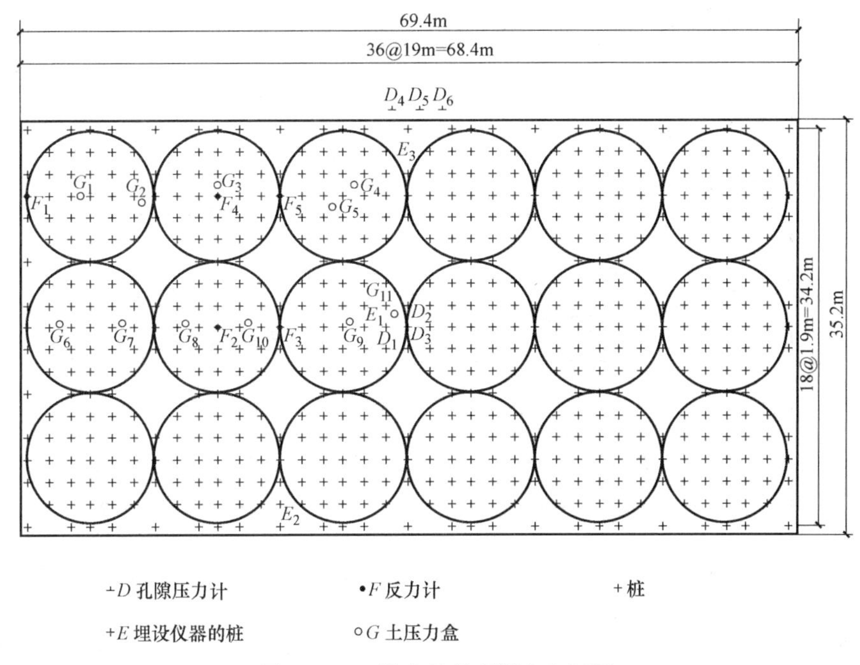

图18.3-2 筒仓桩基观测点布置图

施工期间的观测结果已经发表（Wei et al.，1987）。以下主要介绍筒仓运转期的桩基原型观测情况。

（1）各桩顶上的荷载分配

在密集的群桩基础中，打桩对土体的扰动很大。因此，基桩的荷载分配不仅决定于桩的位置，而且还可能与基桩入土先后和底板浇注的施工程序有关。实测资料表明，五个装有反力计的桩顶受力情况有明显差异。在筒仓完工时，反力计反映的桩顶荷载变化在200kN到500kN之间。筒仓进粮后，桩顶反力的增长在200～400kN之间。经过几年的运转，桩顶荷载分配有渐臻均匀的趋势。

（2）桩基和承台的荷载分配

对于刚性底板下打穿可压缩层而达到持力硬层的密集深桩基础，一般在设计时是不考虑底板下土面的承载能力的。本次观测也初步证实了这种情况。从施工开始到正常运转的实测土压力变化过程如图18.3-3所示。从此看出底板下土面上的土压力最大值发生在浇注板之后，其数值不大于30kPa，此后上部结构自重虽然不断增加，但是由于上体沉降使得底板和土面之间的接触压力减小。到筒仓建成开始进粮，特别是当1976年初筒仓初次满载时，土压力有明显增加，但其最大值仍小于20kPa。此后，一方面是筒仓沉降趋于稳定，另一方面是土体继续沉降，所以接触压力仍不断减小。在1977年6、7月（筒仓运转不到2年），土面基本上和底板脱开，筒仓的满载和空载变化，不再影响土压力，全部荷载由基桩承担。

以上是在桩尖打到深处持力层的长桩基础中测出的情况。对于桩尖未达硬层的短桩基础的情况就迥然不同。这可以从后面列举的工程实例中看出。

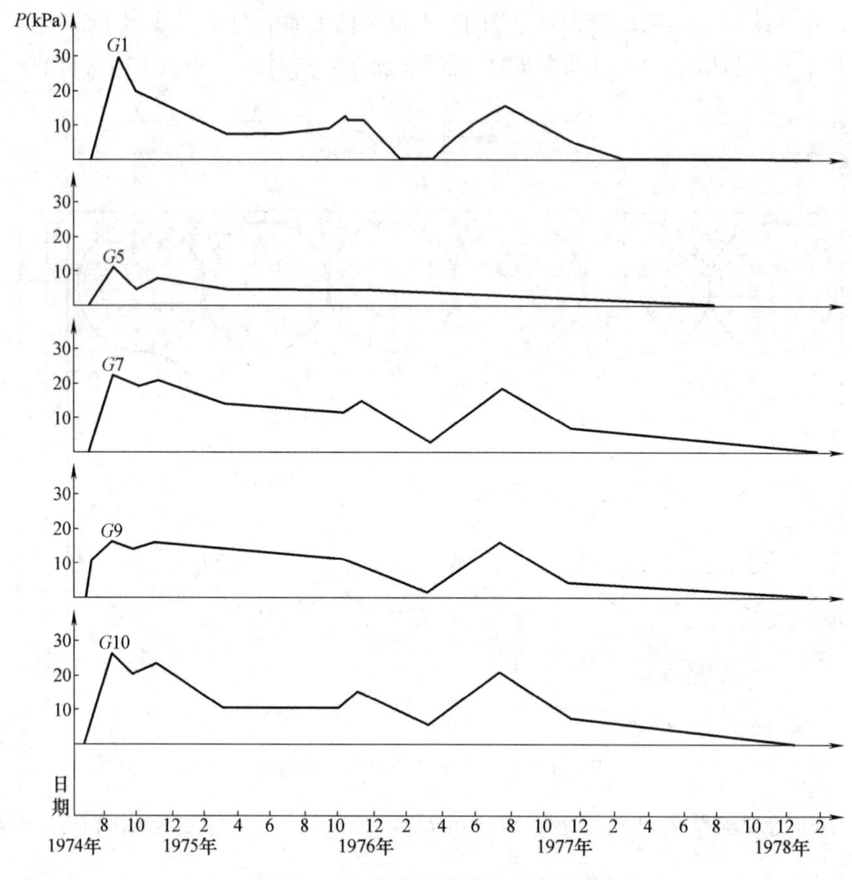

图 18.3-3 底板下土压力变化过程

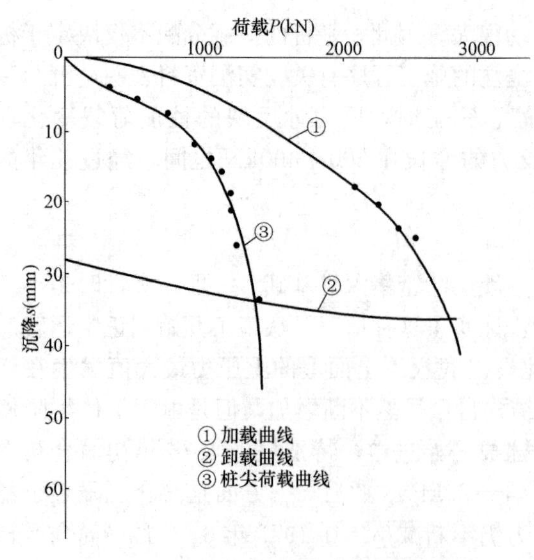

图 18.3-4 单桩试验的荷载-沉降曲线

(3) 桩侧摩阻和桩尖阻力的分布

桩基中荷载分配还包括桩侧摩阻和桩尖阻力的分布。一般认为，桩基中各桩向土体传递应力的机理与单桩不尽相同，故各桩上沿桩身的荷载变化也与单桩中的不同。图 18.3-4 和图 18.3-5 示出试桩 E1 的单桩静荷载试验结果；图 18.3-6 则示出在筒仓荷载作用下桩基中试桩 E2 的轴力分布。1978 年 4 月，当筒仓从空载到满载时，试桩 E2 的桩顶轴力增量为 400kN，而桩尖轴力增量约为 200kN（同时期试桩 E1 中的相应增量分别为 300kN 和 200kN）。这就是说，在桩基内部各桩桩身荷载分布中，桩尖阻力起主要作用，

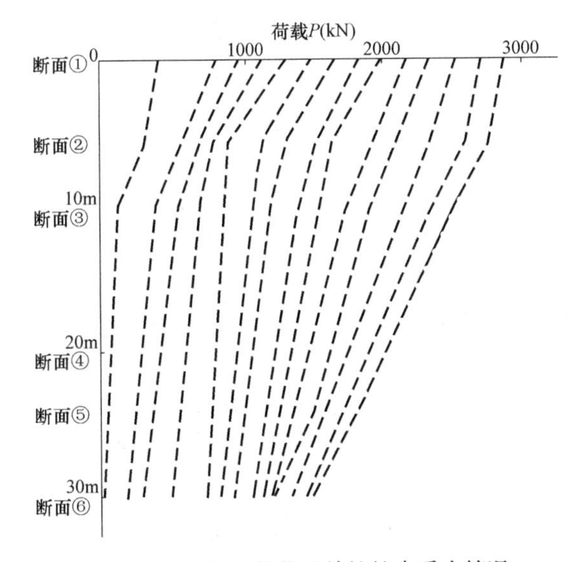

图 18.3-5 各级荷载下单桩桩身受力情况

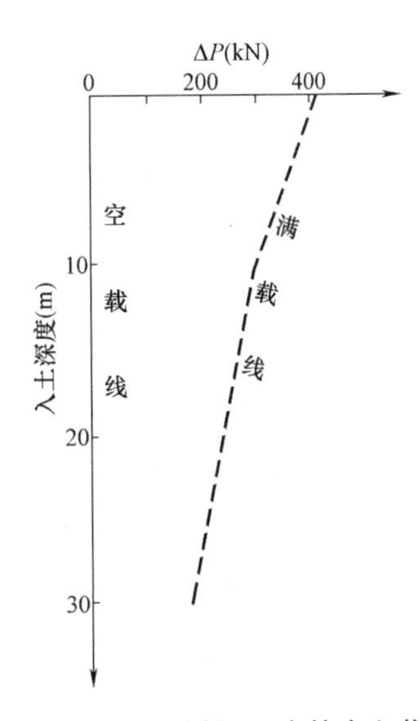

图 18.3-6 试桩 E2 在筒仓空载到满载时的轴力增量

约占桩上总荷重的 50%～70%左右。但是根据静荷载试验结果看来，在单桩桩身的荷载分布中，桩侧摩阻力占有较大的比重，特别是当桩上总荷载低于其极限承载力的一半时。

18.3.2 桩基中的负摩擦力

通常，当桩周的土体相对于桩基而下沉时，桩基中就会产生负摩擦力，因为桩基本身也趋于下沉，故土体沉降的影响十分复杂，不能依靠简单的静力计算加以估算，迫切需要研究产生负摩擦力所需要的相对变形的大小。Fellenius（1971）曾指出，地面的十分小的下沉，就能使桩基中产生的负摩擦力达到桩侧摩阻最大理论值的很大部分。

桩上负摩擦力的大小直接与它就位后土中竖向应力的增长及其引起的土体沉降有关，这些增长是由下列因素引起的：

（1）桩就位后大面积填土；

（2）降低地下水位；

（3）打桩过程中土体受到扰动后的再固结；

（4）邻近新建建筑物浅基引起的边载；

（5）新填土在桩就位时尚未完成的固结。

因此，对于桩基中负摩擦力的观测。除了需要埋设仪器，设法测定各桩中沿桩身上的负摩擦力的大小及其分布，以及桩基和土体中各点的沉降外，最好还与上述因素联系起来加以分析。此外，由于负摩擦力是随着桩周土体的固结而逐渐发展出来的，因此其观测必须持续相当长的时间。

可能由于技术上的比较复杂和困难，已发表的有关桩基中负摩擦力的原型观测资料很少。此处还用上述筒仓桩基观测资料说明，图 18.3-7 示出试桩 E1 在单桩静载荷试验卸荷回弹时桩身上产生的负摩擦力，其总量可达 950kN 左右。图 18.3-8 则示出该试桩桩顶和桩尖两个断面上的荷载在筒仓施工和运转过程中的变化。在此图中，桩尖的荷载始终大于

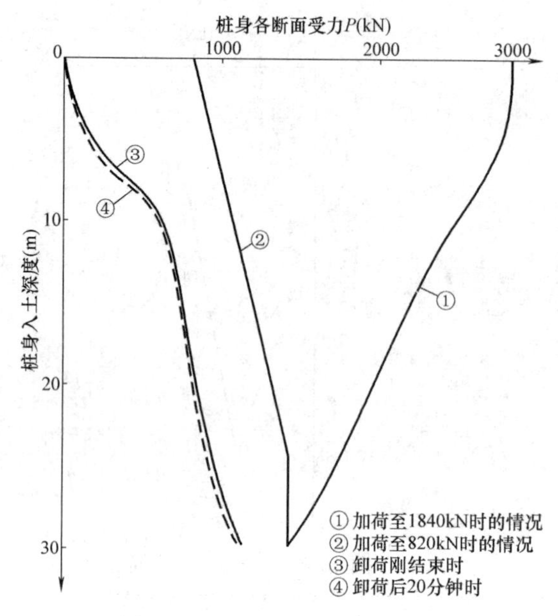

图 18.3-7 卸载时桩身受力情况

桩顶的，两者之差代表负摩擦力。可以看出，随着浇筑底板和建筑上部结构，桩顶荷重逐渐增加到 850kN，桩基也慢慢下沉，负摩擦力减小到 600kN 左右。筒仓进粮初期，筒仓最高沉降速率达到 056mm/d，使得负摩擦力急剧减少到 250kN。接着筒仓沉降渐趋稳定，而土体仍在持续下沉，故负摩擦力又有所增长，一直保持在 400kN 左右。

18.3.3 桩基与土体的相互作用

根据桩与土体的相互作用，桩基可以分为两大类。第一类桩直接承受外荷载并将它传递到土体中去。此时，作用于桩上的荷载是因，而土体产生的变形和位移是果。有人称之为“主动”桩。第二类桩主要随周围土体的变形和位移所产生的作用力。此时，土体运动是因，而桩上的受的力是果。这类桩可称为“被动”桩。可以想象，被动桩问题要比主动桩复杂得多。例如，在被动桩中，虽然土体运动是因，但是它与桩的存在及其形状、数量和布置均有关，因此一开始就必须考虑桩土之间的相互作用。这就是说，研究桩土之间的相互作用，对于被动桩显得特别重要，例如当桩基附近有大面积填土或堆载时，填土或堆载对于邻近桩基的影响，主要表现在下述两个方面。(1) 填土引起地基土侧向变形而挤压桩基，使桩挠曲甚至断裂；(2) 填土引起地基土固结，使桩基受到负摩擦而下沉，并且往往造成不均匀沉降，这对上部结构不利。

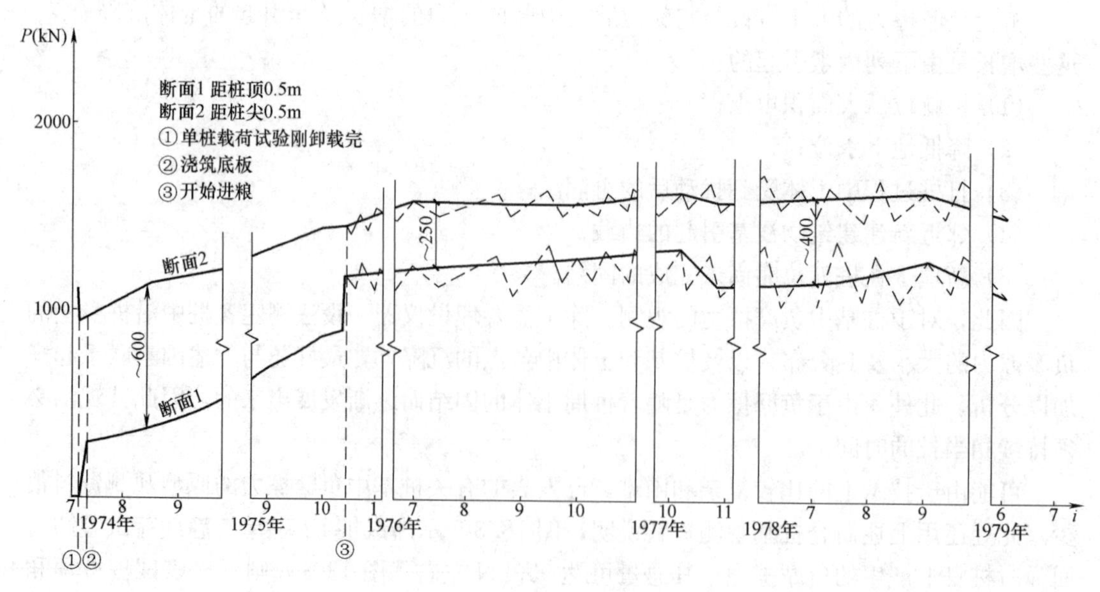

图 18.3-8 试桩 E1 中的轴力变化

这两个问题都很复杂，迄今尚未能被普通接受的实用计算方法。重要的是应该通过原型监测，总结出一些预防的结构措施或施工措施，以防止或尽量减小上述两种不利影响。一般说来，这两种影响是同时存在的。不过，在一些情况下，第一种影响比较突出，而在另一些情况下，第二种影响是主要的。下面简单地介绍一个实际例子，以说明这两种不利影响的危害及其监测的必要。

某水闸建于十分不利的地堪上（魏汝龙，1982），建筑物一端置于岩基上，另一端则下卧厚层的软黏土（图 18.3-9）。闸身建成后，需要立即在边墩旁软土上回填高达十余米的土堤。虽然该处主要上层轻粉质黏土的天然强度十分低，但其透水性较好，渗透系数 $k=10^{-3}$cm/s 左右，这对利用分期施工使土层排水固结以提高其强度是十分有利的条件。故决定在第一期施工中先建造一个断面缩小的土堤，并由现场观测控制施工速率。为了监测桩的挠曲作为控制施工的手段之一，在边墩下的一根桩上，离桩顶 2.8m 处埋设一对固定式测斜仪。观测表明，测斜仪读数的变化对于填土速率十分敏感（图 18.3-10）。当土堤高度达到 6m 左右时，发现闸身沉降不均匀，某些部位出现裂缝，测斜仪读数的变化速率也加快了 2.5 倍，故决定减缓施工速率。在距离边墩 12.5m 以内停止填土，而在此范围外继续填土，但进一步缩小填土断面，以减轻填土荷重。这样，测斜仪读数变化就明显地减缓。此后，由于江水提前上涨，工程被迫停顿，不再继续填土，测斜仪读数变化很快停滞下来。从此看出，填土速率对于桩基变形的影响十分大。因此，在填土尤其是快速填土过程中考虑一个休止期，对于保证邻近桩基的安全还是十分必要的。

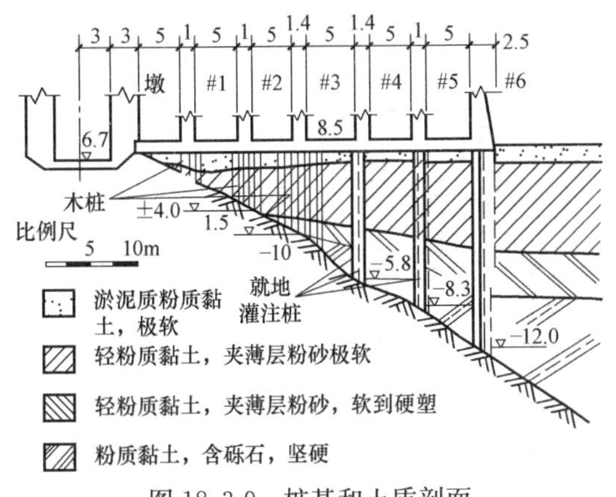

图 18.3-9 桩基和土质剖面

（引自魏泷龙，1982）

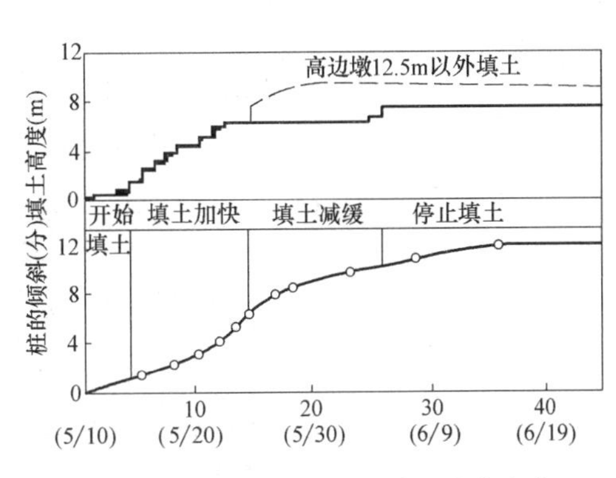

图 18.3-10 桩倾斜随土填土速率变化

（引自魏泷龙，1982）

闸墩下基桩的倾斜和挠曲是由两种因素同时作用而引起的。一种是填土时下卧软土层的侧向变形挤压桩身，使之发生挠曲；另一种是建筑物不均匀沉降引起闸墩底面倾侧，带动嵌固于其中的桩头随之旋转，从而使桩身挠曲。前者使嵌固的桩顶发生负弯矩，而后者则在桩顶引起正弯矩。根据基桩倾斜和闸墩不均匀沉降的实测数据（表 18.3-1），在一些假设基础上进行初步验算，以分析桩基的受力和变形情况。计算得出，作用于桩顶上的净弯矩是负的。据此可以推断，在上述两种因素中以侧向挤压为主。该闸边墩下为直径 80cm 的就地灌注桩，其上部 8m 范围内对称地配置 8 根 ϕ22mm 和 4 根 ϕ14mm 的钢筋，下部为素混凝土。计算表明，填土过程中，桩顶的安全系数始终在 1.5 以上，而其下部的素混凝土部分则可能早在桩顶转角 $\theta_{2.8}$ 达到 0.0008 弧度以前就已经断裂。因此，在桩基

(特别是没有全长配筋的就地灌注桩) 附近大面积填土时，为了减少填土对桩基的不利影响，必须严格控制填土速率，其要求甚至比保证地基稳定的控制标准还要高。例如，在5月18日以前，不仅上堤堤趾、堤坡均无隆起或鼓出等失稳迹象，地基中的最大孔压系数$\beta\left(=\dfrac{\Delta u}{\delta h}\right)$也一直保持在0.25以下，然而此时就地灌注桩下部却早已断裂。

基桩倾斜和闸墩不均匀沉降的发展趋势　　表18.3-1

日期 / 倾角(弧度)	5月18日	5月24日	6月1日	6月30日
桩顶下2.8m处的桩身倾角$\theta_{2.8}$	0.0008	0.0019	0.0029	0.0037
不均匀沉降引起的闸墩底面倾侧	0.0005	0.0009	0.0017	0.0025

18.4 工程实例

18.4.1 高层建筑下的桩基

1. 上海某高层住宅建筑 (陈强华等，1990)

该工程为20层住宅建筑，总高57m，平面面积430m²。基础为箱基加短桩。箱基高2.9m，埋深1.7m，底板为梁板结构，梁宽0.6m，板厚0.3m。在箱基底梁下布置了183根0.4×0.4×7.5m钢筋混凝土预制桩，桩位布置示于图18.4-1。场地土层分布及静力触深贯入阻力如图18.4-2所示。

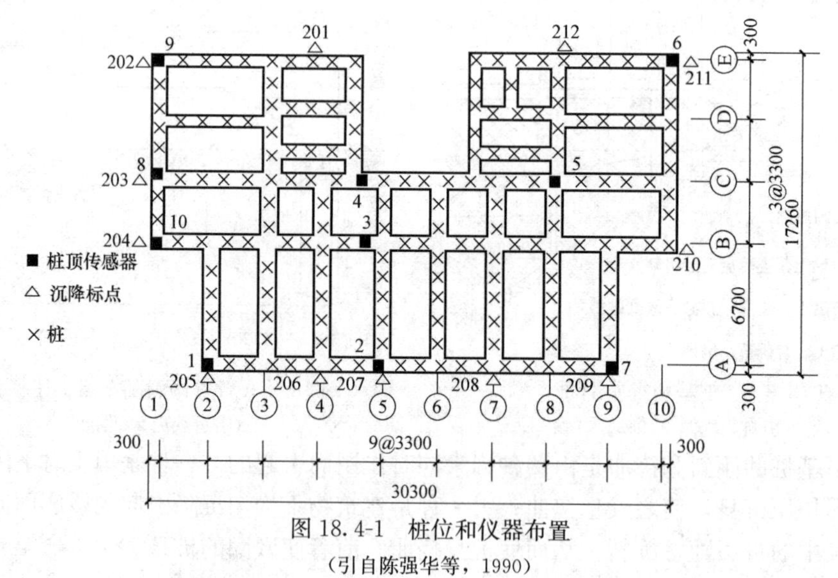

图18.4-1 桩位和仪器布置
(引自陈强华等，1990)

在设计中，建筑物下桩的使用荷载已接近单桩静载试验的极限荷重，故对桩与基础底板分担荷重作用特别感兴趣。

在基础中选择不同部位的10根桩 (图18.4-1)，于桩身内设置三个测量断面，实测桩顶荷重、桩尖阻力以及桩侧摩阻和桩的荷重传递性能。在箱基底面不同部位 (梁和板) 埋设54只土压力盒，实测基底压力分布以及桩与基础底面分担荷载的情况。此外，还在地下室外墙上设置12只沉降标点 (图18.4-1)，从施工开始定期进行沉降观测。

建筑物总重（扣除浮力后）为95.22MN，183根基桩大致可区分为角桩24根，边桩58根和内桩101根。实测的角桩、边桩和内桩的桩顶平均荷重列于表18.4-1中，图18.4-3示出其与建筑物完成层数的关系。从此看出，角桩承担荷载 P_1 最大，边桩 P_2 次之，内桩 P_3 最小，其中 P_1 要比 P_3 大40%左右。这符合刚性基础下荷载分布规律，也与其他实测结果一致。

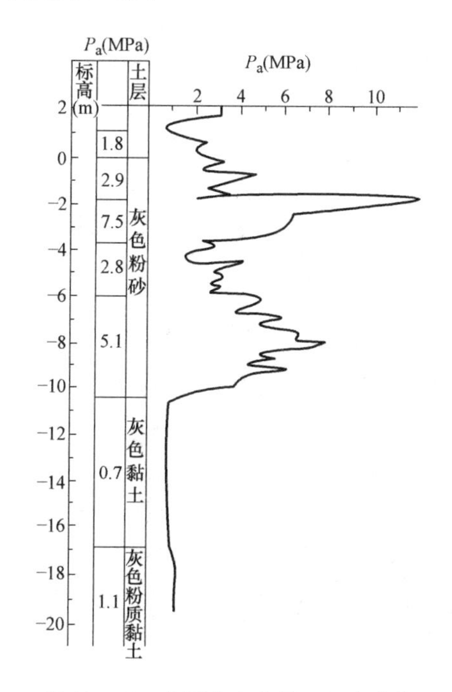

图18.4-2　土层分布和贯入阻力曲线

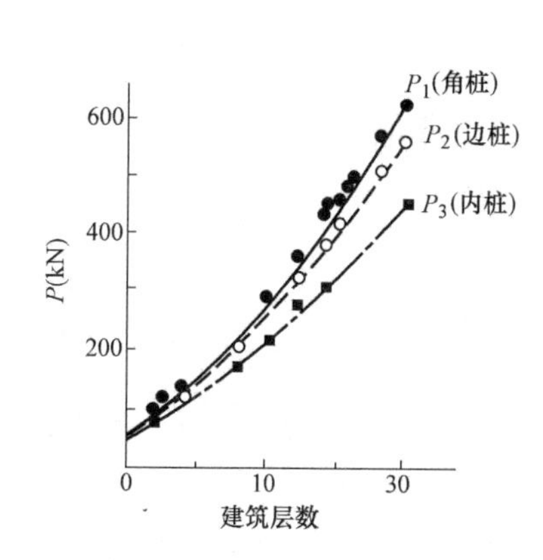

图18.4-3　实测杆顶荷重

实测桩顶荷重（MN）　　表18.4-1

完成层数		5	10	15	20
内桩 P_3	平均值/—	0.12/—	0.20/—	0.32/—	0.45/—
边桩 P_2	平均值/P_2/P_1	0.14/1.1	27/1.3	0.42/1.3	0.56/1.2
角桩 P_1	平均值/P_1/P_3	0.15/1.2	0.29/1.4	0.46/1.4	0.62/1.4
桩基承重 $N_p=24P_1+58P_2+101P_3$		24.10	43.96	67.03	93.26

在建筑物施工和使用期间，沿纵、横轴线下的实测基底压力分布如图18.4-4所示。基底压力是鞍形分布。建筑物施工到第5层以后，上部结构刚度形成，使基础呈刚性基础性状。建筑物竣工后两年多，基底压力变化不大，说明短桩基础的刺入变形不大。

表18.4-2列出基底不同部位（内、外圈基础梁及基础板）实测净压力 P（扣除浮力后）的平均值。其中外圈基础梁下的压力 P_1 最大，内圈基础梁下的压力 P_2 最小。当20层大楼全部施工完成后，它们分别达到35～40kPa和10～12kPa。此时，基底平均压力为17kPa，接近于该处原有的上覆压力。

将表18.4-1、表18.4-2中实测的桩和基底分担的荷重 N_p 和 N_s 相加，得实测建筑物总重 N_m，其数值与建筑物实际总重 N_θ 相近（表18.4-3和图18.4-5），误差在±2%～7%左右。

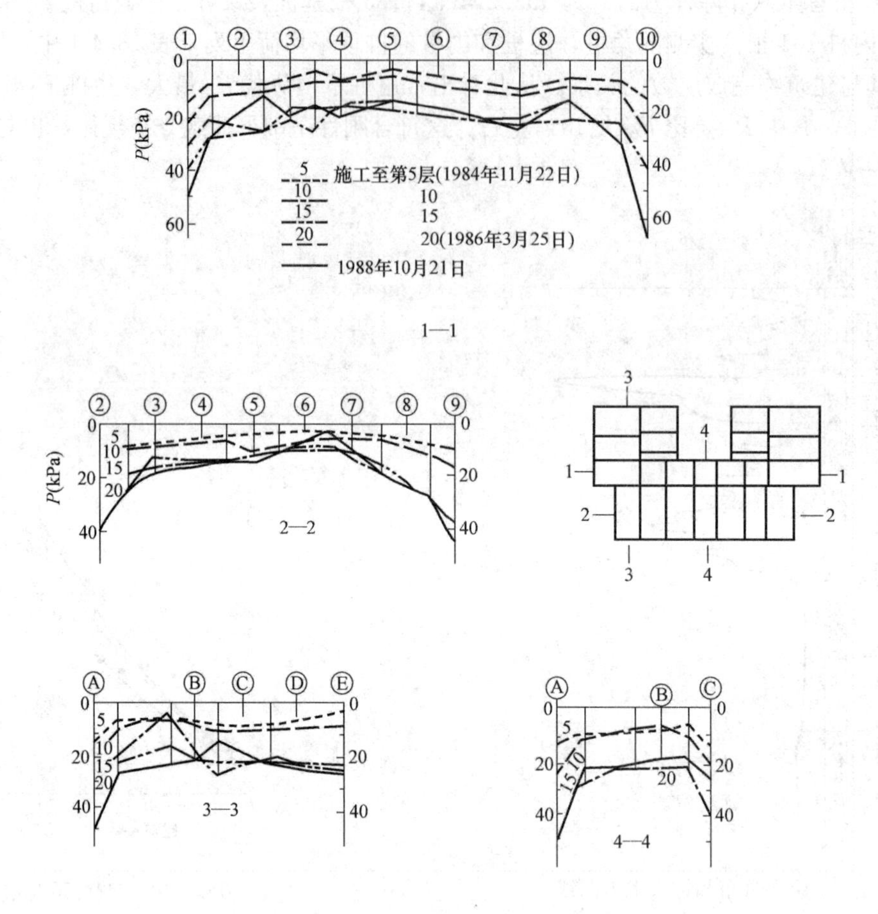

图 18.4-4 实测基底压力分布

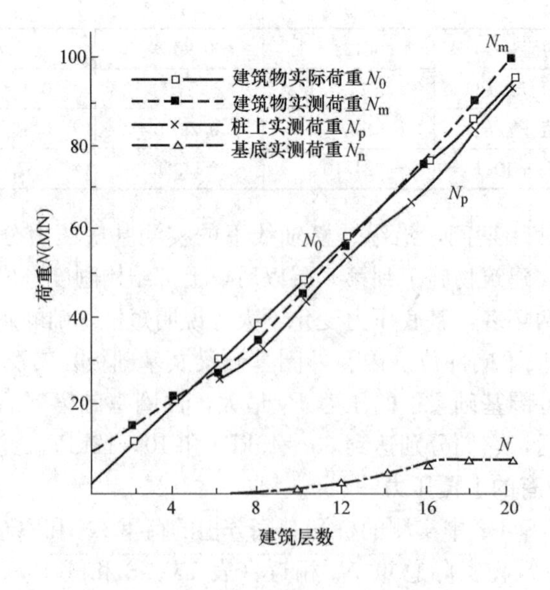

图 18.4-5 建筑物荷重分担图

实测基底净压力 P 值 **表 18.4-2**

完成层数	8	10	15	20	20	备注
观测日期	84.10.25	85.1.22	85.6.24	86.2.14	88.10.12	
外圈基础梁平均 P_1	4.7	12.0	24.0	35.3	40.6	共埋设土压力盒 19 只
内圈基础梁平均 P_2	0	1.6	9.9	9.9	11.6	共埋设土压力盒 9 只
基础板平均 P_3	0.6	3.0	12.9	16.0	14.8	共埋设土压力盒 22 只
外梁承重 F_1P_1(kN)	260	664	1327	1963	2245	外梁底净面积 $F_1=55.3\text{m}^2$
内梁承重 F_2P_2(kN)	0	129	798	798	935	内梁底净面积 $F_2=80.6\text{m}^2$
底板承重 F_3P_3(kN)	195	972	4181	5186	4797	基础板面积 $F_3=324.1\text{m}^2$
基底承重 $N_s=\sum F_1P_1$(kN)	455	176.5	6306	7947	7977	
基底平均压力 P_m(kPa)	1.0	3.8	13.87	17.3	17.3	基底总面积 $F=460\text{m}^2$

从表 18.4-3 看出，当建筑物施工到顶后，桩基承担总荷载的 92%，基底下的土只承担 8%，以后两年多变化不大。

表 18.4-4 列出桩基不同部位处各桩中实测的桩顶荷载 P、桩端阻力 σ 和桩侧平均摩阻力 τ_m。表 18.4-5 则示出附近一根同样尺寸的单桩静载试验结果以资比较。图 18.4-6 还

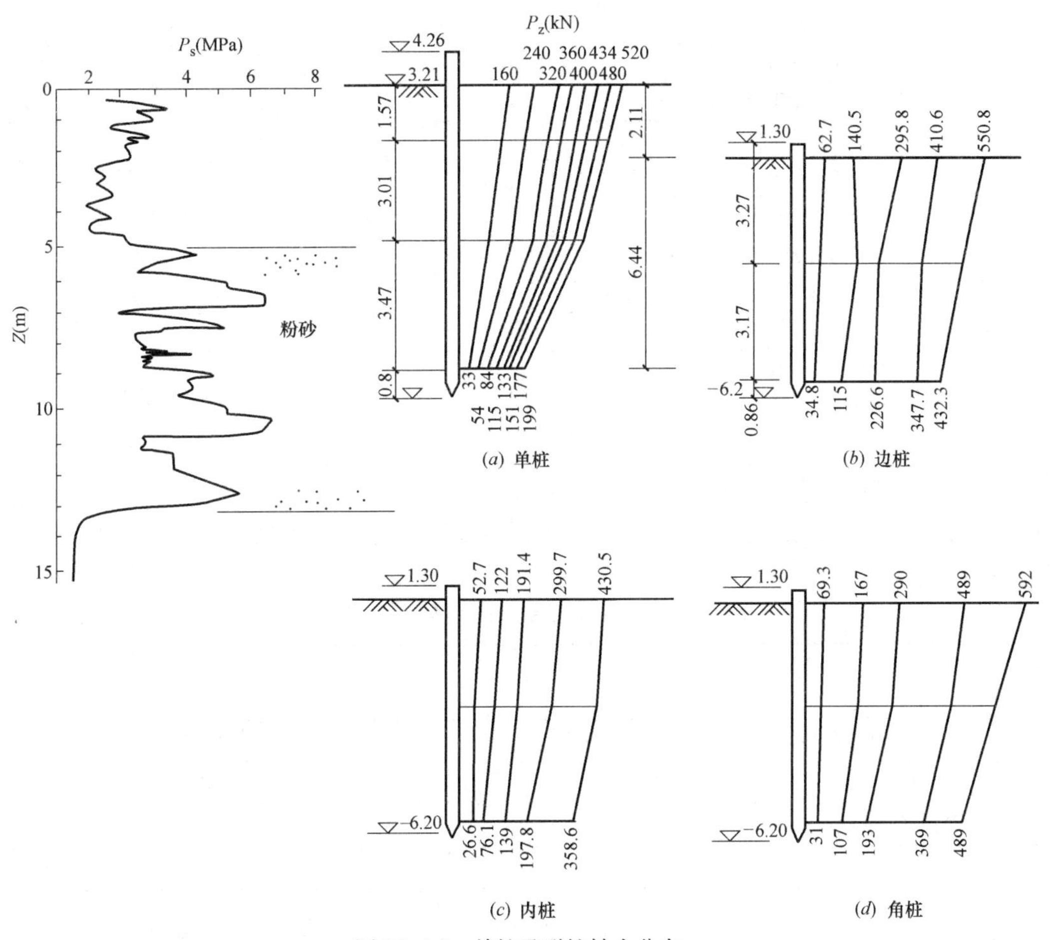

图 18.4-6 单桩及群桩轴力分布

（引自陈强华等，1990）

实测荷载与建筑物实际荷载的比较 **表 18.4-3**

项目 \ 建筑完成层数	5	10	15	20 (86.2.14)	20 (88.10.12)
实测的桩基承载 N_p (kN)	24100	43960	67030	93260	(93260)
实测的基底承载 N_s (kN)	455	1765	6306	7947	7977
实测的总荷载 $N_m=N_p+N_s$ (kN)	24555	45725	73336	101207	101237
N_p/N_m	0.96	0.96	0.91	0.92	0.92
N_s/N_m	0.04	0.04	0.09	0.08	0.08
建筑物实际荷载 N_0 (kN)	25770	48920	72070	95220	95220
相对误差 $\delta=\frac{N_m-N_0}{N_0}$	−0.05	−0.07	0.02	0.06	0.06

桩基中不同部位处各桩中实测荷载及其分布 **表 18.4-4**

位置	项目 \ 建筑物完成层数	箱基	5	10	15	20
角桩	桩顶平均荷载 P_1(kN)	54.7	149	290	456	623
	桩端平均荷载 P_{b1}(kN)	33.9	93.6	181	309	464
	桩端阻力 σ_1(kPa)	212	585	1131	1931	2900
	桩侧平均摩阻力 τ_{m1}(kPa)	1.9	5.0	9.9	13.3	14.4
	P_{b1}/P_1	0.62	0.63	0.62	0.68	0.74
边桩	桩顶平均荷载 P_2(kN)	58	138	274	415	563
	桩端平均荷载 P_{b2}(kN)	29.6	92.3	189	304	407
	桩端阻力 σ_2(kPa)	185	577	1131	1900	2544
	桩侧平均摩阻力 τ_{m2}(kPa)	2.6	4.1	7.7	10.1	14.1
	P_{b2}/P_2	0.51	0.67	0.69	0.73	0.72
内桩	桩顶平均荷载 P_3(kN)	49	124	209	317	452
	桩端平均荷载 P_{b3}(kN)	27.7	75.8	138	192	339
	桩端阻力 σ_3(kPa)	173	474	863	1200	2119
	桩侧平均摩阻力 τ_{m3}(kPa)	1.9	4.4	6.4	11.3	10.2
	P_{b3}/P_3	0.57	0.61	0.66	0.61	0.75

(引自何颐华等，1990)

单桩静载试验结束 **表 18.4-5**

项目 \ 桩顶荷载 P(kN)	246	320	400	480	520
桩端荷载 P_b(kN)	54	84	133	177	199
桩端阻力 σ(kPa)	338	525	831	1106	1244
桩侧平均摩阻力 τ_m(kPa)	13.6	17.3	19.5	22.1	23.5
P_h/P	0.22	0.26	0.33	0.33	0.38

示出单桩、内桩、边桩和角桩中的桩身轴力分布的比较。从此看出，在群桩中约有70%～75%的桩顶荷重传到桩尖，而单桩中则只有 38%传到桩尖，仅为群桩中的一半。当桩顶

荷载接近或达到单桩的极限承载力时，单桩中的桩端阻力 σ_u＝1.2MPa，而群桩中则可达到 σ_u＝2.1～2.9MPa，约为单桩中的 2～2.5 倍；单桩中极限摩阻力 τ_u＝23kPa，而群桩中 τ_u＝1014kPa，大致只有单桩的 45％～60％。

对设置在地下室外墙四周的 12 只沉降标点，从施工开始定期进行观测。将建筑物沉降与荷重传递联系起来可以看出，在沉降发展初期（大致相当于施工到 13 层），桩顶平均荷载等于 2/3 极限荷载，此时沉降较小，约为 29mm，沉降速度 s'＝0.05～0.15mm/d。施工超过 13 层一直到结顶后半年，是沉降发展中期，桩上平均荷载已达到单桩的极限承载力，此时沉降速度明显增大，s'达到 0.35mm/d。建筑物到顶半年以后，沉降速度显著减小，达到收敛阶段，s'＝0.10～0.15mm/d。两年以后，沉降量为 245mm，已接近上海地基规范规定的最大容许值 250mm。

2. 湖北省外贸中心大楼（何颐华等，1990）

该大楼共 22 层，总高度 82.8m，上部结构为现浇钢筋混凝土框架—剪力墙体系，地下部分为箱形基础加满堂摩擦桩群。采用预制混凝土管桩，外径 D＝550mm，壁厚 t＝80mm，桩长 22m；桩尖进入粉砂层。荷载试验确定单桩容许承载力为 1200kN。箱基高 5.5m，底板厚 1.5m。场地工程地质剖面如图 18.4-7。

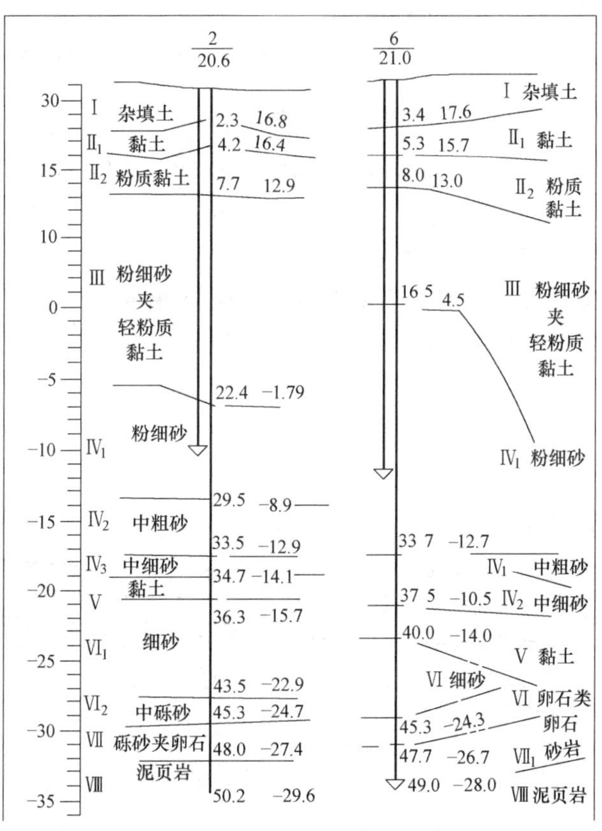

图 18.4-7 工程地质剖面图

（引自何颐华等，1990）

为了实测箱下桩上的协同作用，在桩间土面埋设土压力盒 25 只，在桩顶上埋设荷重传感器 35 只，分布在箱基下不同部位，其布置见图 18.4-8。在建筑物施工过程中不同荷

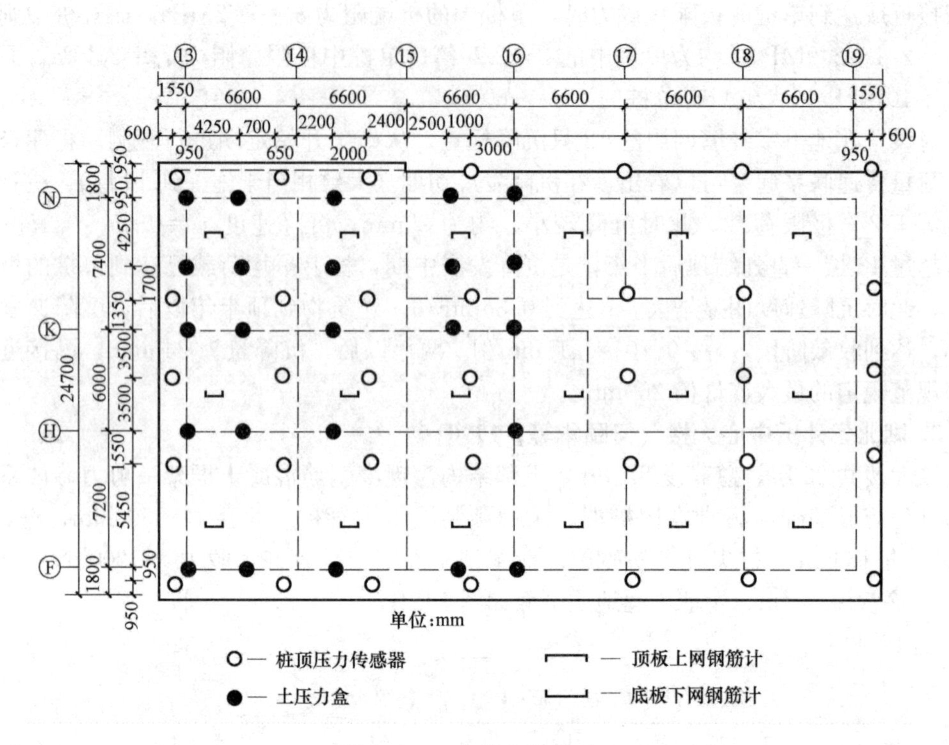

图 18.4-8 仪器埋设位置

载下分别观测桩和桩间上所分担的荷载。图 18.4-9 示出不同荷载下桩间土压力的纵向分布，图 18.4-10 则示出桩顶平均荷载的纵、横向分布，其中纵向分布的变化规律与桩间土压力纵向分布基本相似。当基础底板刚浇筑完成，空间刚度尚未形成时，桩间土压力和桩顶荷载均近似直线分布；随着建筑层数增加，空间刚度逐渐增大，基础由柔性渐渐过渡到刚性、桩间土压力和桩顶荷载分布由直线缓慢地过渡形成边缘大、中间小的抛物线形。

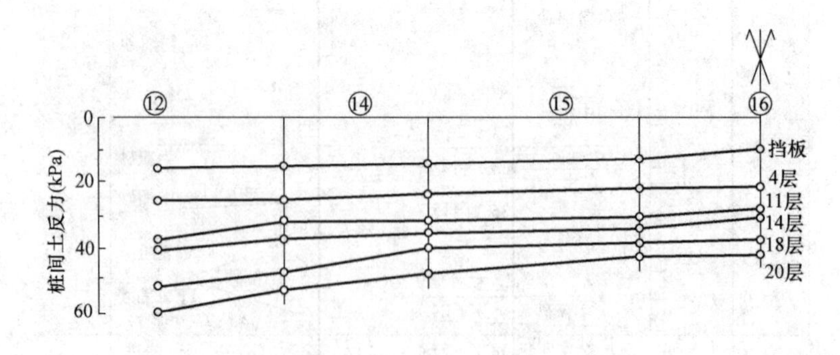

图 18.4-9 桩间土压力分布（引自何颐华等，1990）

根据建筑物完成不同层数时实测的桩顶荷载和桩间上压力而绘制成桩，土各自承担的荷载曲线（图 18.4-11）。可以看出，桩间土压力和桩顶荷载均随着上部结构荷载和建筑物沉降的增加而增长，在建筑物施工到 11 层以后，桩间土分担的总荷载始终保持在 20%左右，而桩基承担的总荷载则约占 80%。

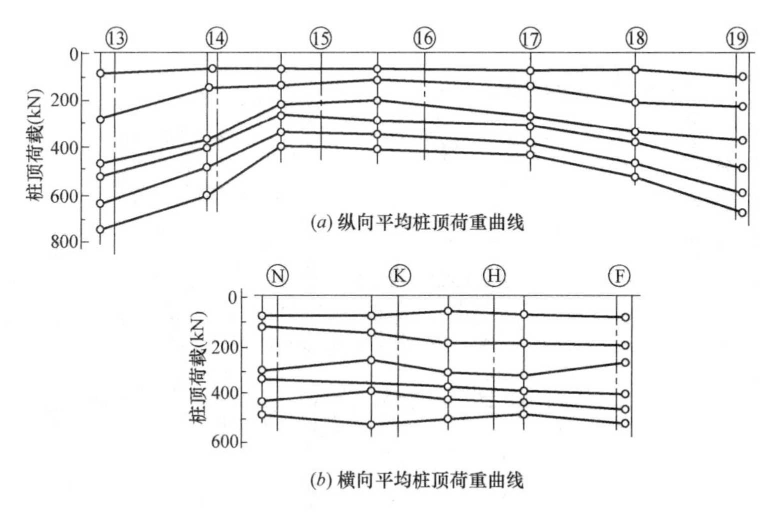

图 18.4-10 桩顶荷重分布（引自何颐华等，1990）

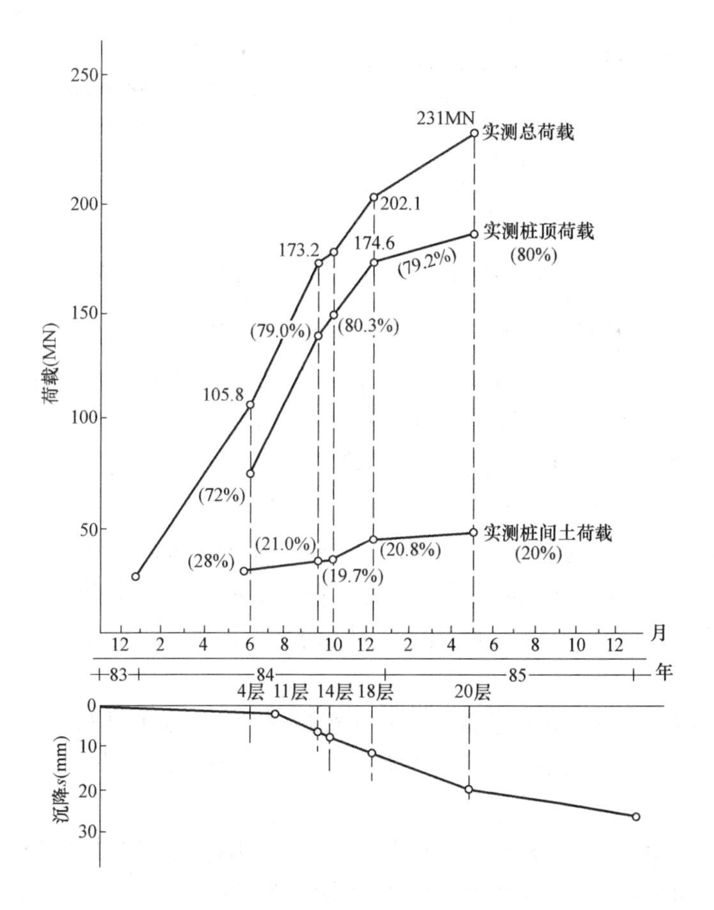

图 18.4-11 桩土荷载分担情况（引自何颐华等，1990）

3. 伦敦海德公园卡伐尔里兵营塔楼（Hopper，1979）

该建筑物的基础由群桩支承的筏基组成。为了研究其性状，在桩中和筏基底面埋设荷载盒和接触式土压力盒，并测量基础的沉降（图 18.4-12）。塔楼高度 90m，有 9m 深的地

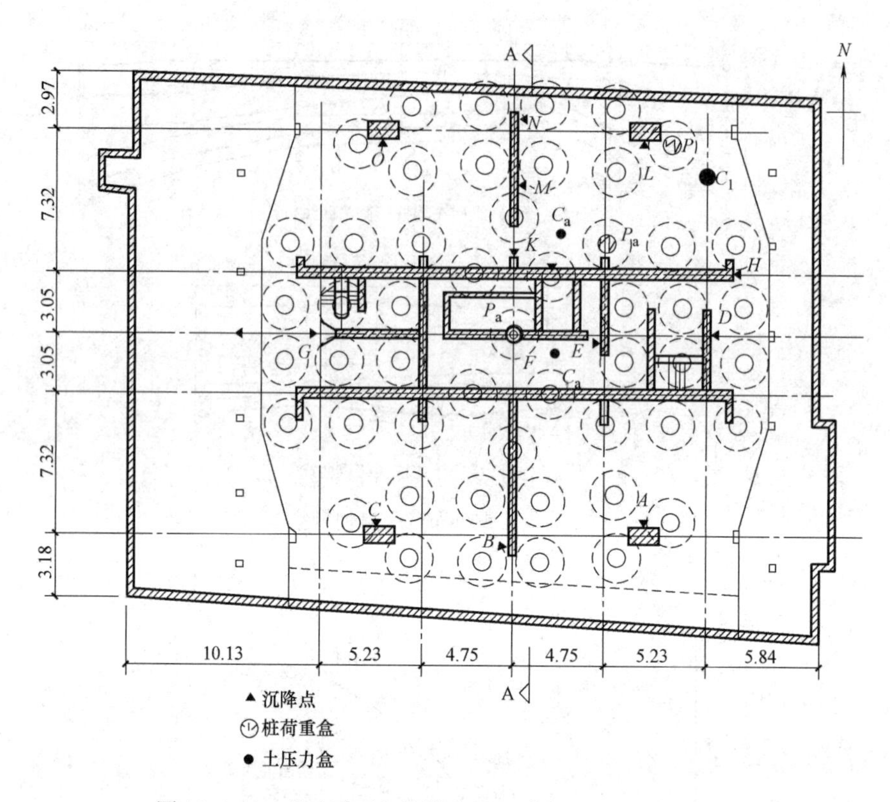

图 18.4-12 基础平面和仪器布置（引自 Hopper，1979）

下室。筏基厚 1.5m，其底面置于伦敦黏土上。下有 51 根钻孔桩，每根长 25m，桩身直径 0.9m，桩尖扩大直径 2.4m。基础面积上的平均总压力为 370kN/m²，筏基底面标高在伦敦黏土层顶面下 5m，该处的计算上覆压力为 170kN/m²，故外加净压力为 200kN/m²。土层剖面图以及伦敦黏土的不排水强度 C_u、固结系数 c、和体积压缩系数 m、的实测数值示于图 18.4-13。地下水位约在地面下 4m。填土下砂砾层的平均标准贯入击数 N=36。

为了测量基础沉降，在底层的墙上和柱上埋入 14 个水准测量插座，其平面位置如图 18.4-12 所示。利用 6MN 的光弹性荷载盒，在筏基底面下 2m 处测量 3 根桩所承受的荷载，还在附近几点上测量筏基接触压力。荷载盒和压力盒的平面位置也示于图 18.4-12 中。

图 18.4-14 示出建筑荷载在筏基底面处的实测分布。在施工早期，大部分荷载由筏基承受，而在后期，结构荷载的增长大部分传到桩上。到施工结束时，60%的结构总荷载由桩承担，而 40%由筏基承担。

筏基的实测沉降示于图 18.4-15，它表明建筑物沉降在施工开始后约 5 年就差不多完成。实测的差异沉降在沿着柔性较大的对角线轴上为 7mm，而在沿着刚性的东-西轴上则为 3mm（图 18.4-16）。这些沉降并未使混凝土结构和装饰贴面产生任何可见的裂缝。

4. 德国法兰克福博览会（Sommer et al.，1985）

有一座 130m 高的建筑物建造在法兰克福博览会地区的铁路桥三角交叉的狭窄地带。这座 30 层楼房坐落在两个独立的筏基上，楼中间下面有街道穿过。沿着三角地区边缘，

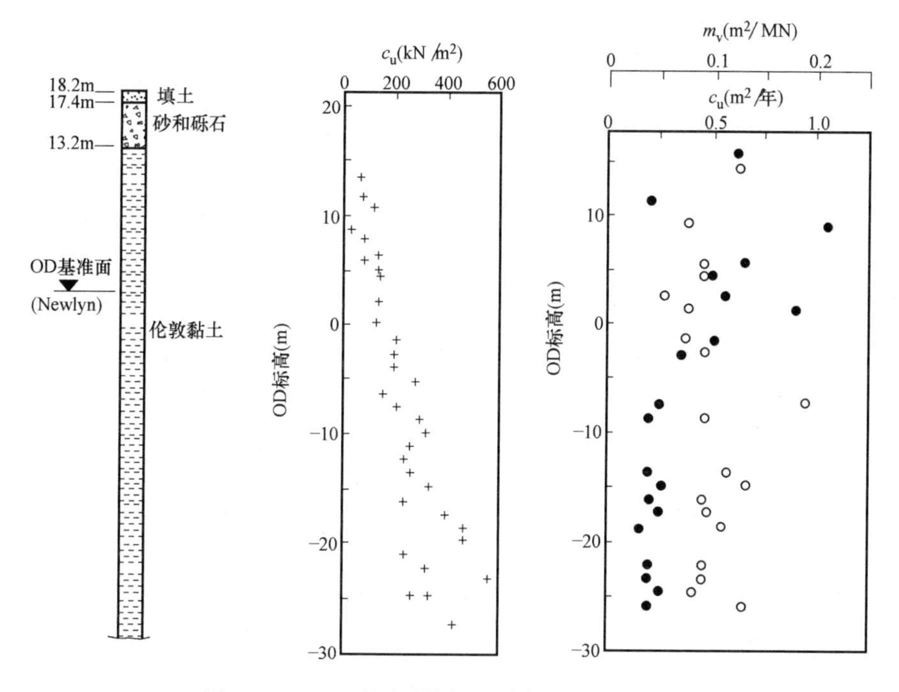

图 18.4-13 工程地质资料（引自 Hopper，1979）

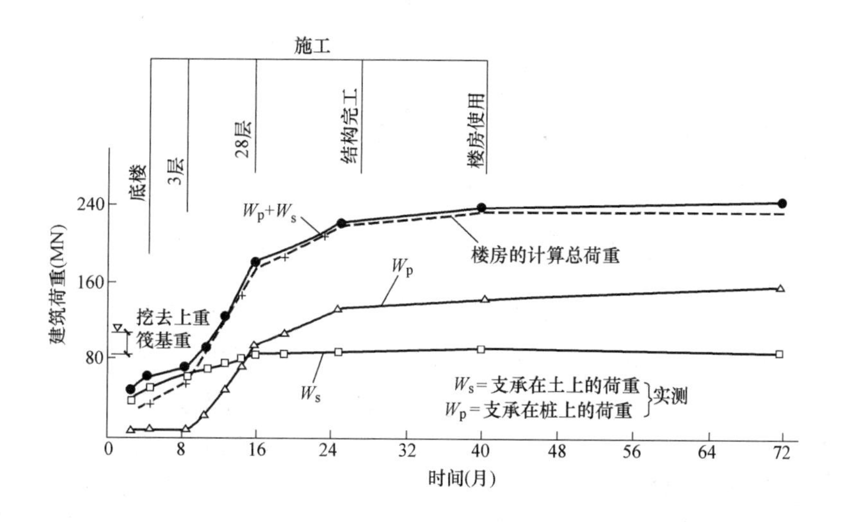

图 18.4-14 筏基底面上建筑荷载分布（引自 Hopper，1979）

有低层（6 层）楼群集聚在该摩天楼周围（图 18.4-17）。土层分层如下。筏基底面以下 2.5m 为砾石，下卧延伸至很深处的法兰克福黏土，其中有砂和粉土夹层等。室内试验表明，裂隙硬塑黏土的不排水强度达到 $c_u=100\sim200\text{kN/m}^2$，其压缩性随深度而减小。

观测计划包括在施工时，竣工后和使用初期测定地基变形，桩上荷载和筏基压力，为了在合理的费用下使测点尽可能集中，仪器的埋设集中在南面筏基的一段，如图 18.4-18 所示，最后一次测量时，结构荷载已施加 75％左右。最大沉降达 4.5cm。6 层楼房也沉降了同样数量。从浇筑筏基到最后一次测量只经过 6 个月。由于采用滑模浇筑混凝土的施工

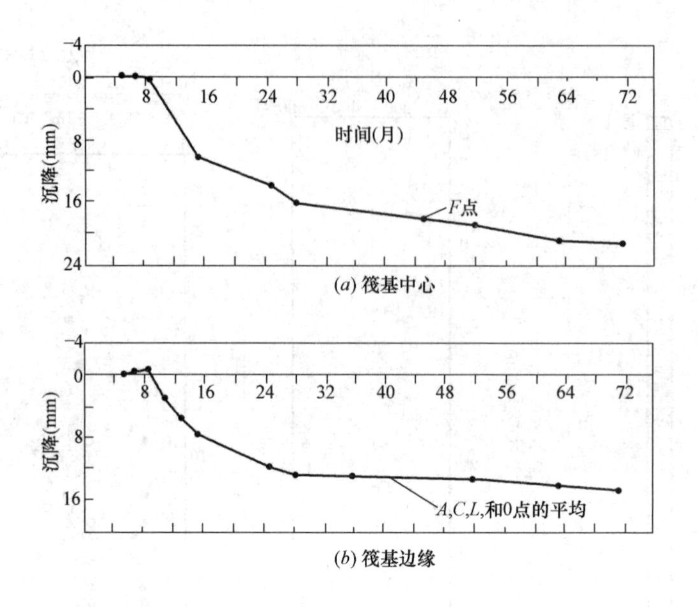

图 18.4-15 筏基实测沉降（引自 Hopper 等，1979）

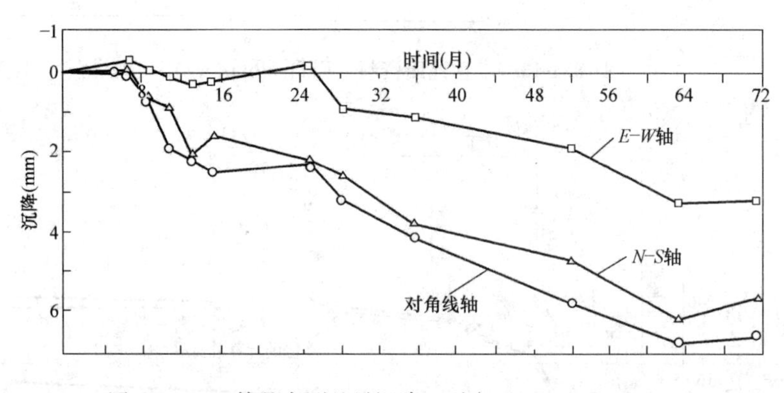

图 18.4-16 筏基实测差异沉降（引自 Hopper，1979）

方法，施工速率可以高达每月完成 4 层。因为加荷速率快，只发生小部分固结沉降，故仅测出计算最终沉降的 30%。用 3 个分层沉降仪测出的沉降随深度的分布示于图 18.4-19。全部分层沉降杆都是在浇筏基后埋下的，故只能测出上部结构的荷载所引起的沉降。用水准测量测出筏基自重引起的沉降大致为 1cm。分层沉降仪测出的沉降在桩尖以上大致保持为常数。边缘的沉降数值较小，特别是在筏基角区桩尖以下 5～10m 深度处。在此标高以下约 20m 深度处，只发生很小的沉降。相反地，筏基中心的分层沉降表明，大约 50%的沉降发生在桩尖下 20m 以外。

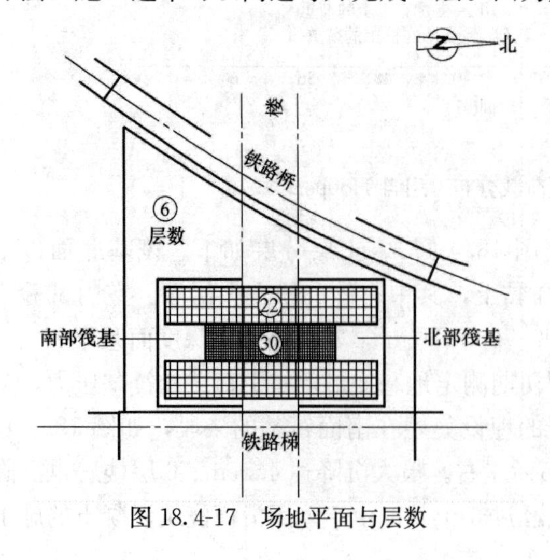

图 18.4-17 场地平面与层数

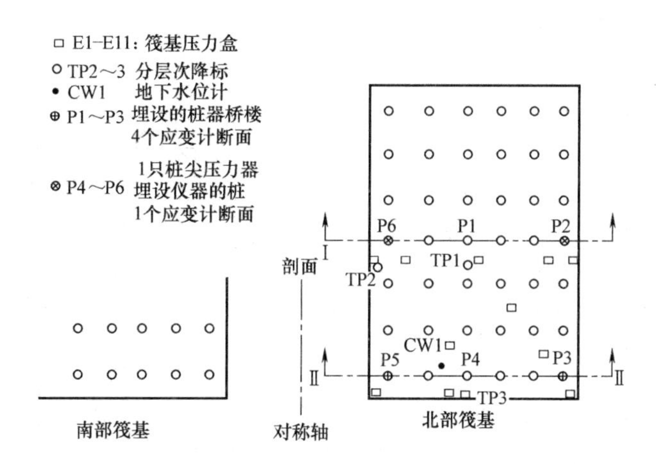

图 18.4-18 仪器埋设位置（引自 Sommer et al.，1985）

显然，直到最后测量时，上部结构的荷载只使桩间土层发生可予忽略的沉降，因而桩相对于土没有发生明显的滑动。从而，上部结构的荷载将只有极少一部分由筏基传到土上，如图 18.4-20 所示。此图示出桩和筏基之间的实测荷载分配。紧接于浇筑筏基后，筏基下的压力盒以很好的精度记录出筏基的自重。在初始沉降后，随着桩上荷载的增长，筏基压力稍有下降。此后，在施加 25％的上部结构荷载后，测出筏基压力开始增大而超过筏基自重。这些结果与有限元计算结果相符。在设计中，算出筏基压力约为最终总荷载的 25％（75％结构荷载时测出为 15％）。

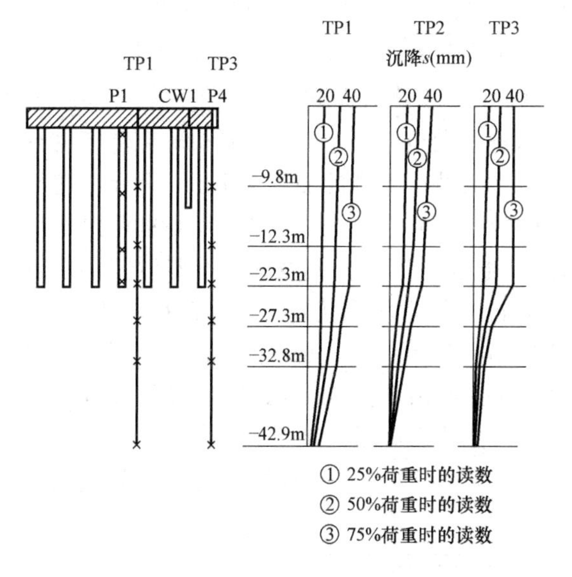

图 18.4-19 分层沉降标点位置和实测结果
（引自 Sommer et al.，1985）

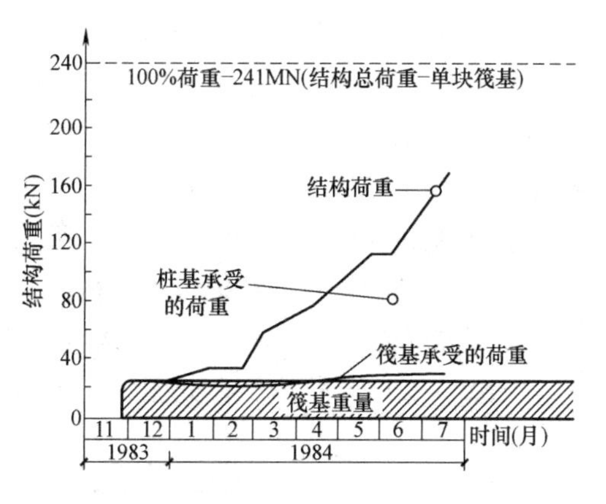

图 18.4-20 桩基和筏基间的实测荷重分担
（引自 Sommer et al.，1985）

图 18.4-21 示出外边桩 P_2 中的计算和实测表面摩阻分布。在桩身上部只测得很低的表面摩阻，靠近桩尖，测出的摩阻值急剧增大。在桩群中，与中心桩比较起来，在边桩上特别是在角桩上测出的荷载要大得多（图 18.4-22）。桩尖阻力和表面摩阻也受到相同的

影响。如果分别考虑桩尖和侧面的荷载分担（图18.4-21），则在侧面摩阻中可以看到更明显的荷载重分布。

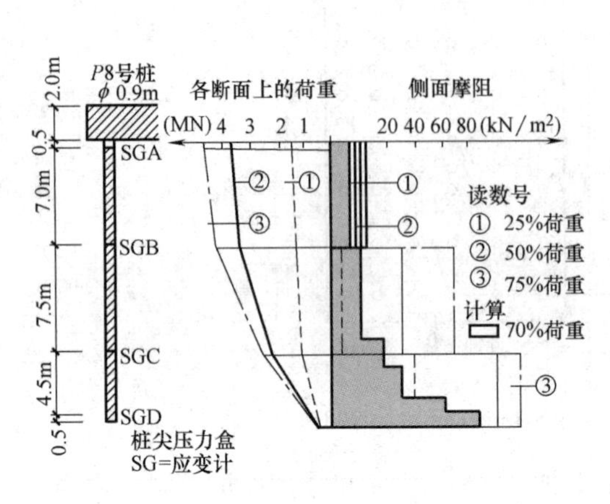

图18.4-21 P_2导桩的实测和计算侧面摩阻（引自Sommer et al.，1985）

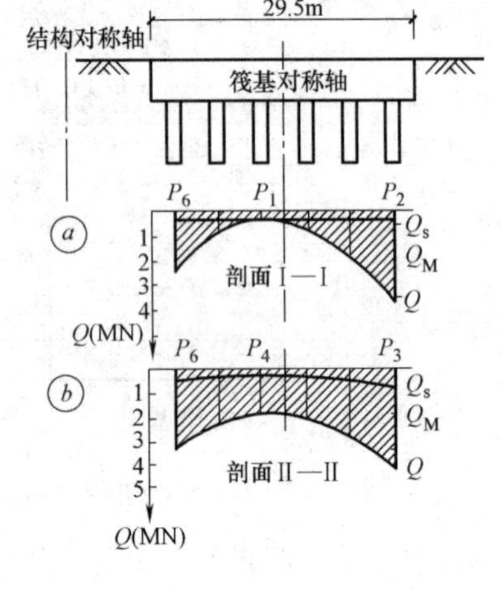

图18.4-22 剖面Ⅰ-Ⅰ（中心）和Ⅱ-Ⅱ（边缘）的实测桩顶荷重分布（引自Sommer et al.，1985）

以上结果与伦敦黏土中类似建筑（上一工程实例即18.4.1之三）的观测十分一致。

18.4.2 大面积填土或堆载附近的桩基

1. 铁矿砂堆场起重机轨道底座下的桩基（Leussink & Wenz，1969；Wenz，1973）

为了合理地设计这种基础，先在拟建堆场附近一个土质条件相似的堆场进行大规模现场试验。该堆场坐落在软弱地基上（图18.4-23），地面有4～5m吹填砂，其下为15m厚的有机软黏土和泥炭。下卧洪积砂层，直到地面下50m，软黏土层的不排水强度$S_u \leqq 15kN/m^2$，相应于堆场表面的极限承载力约为80kPa。但是堆场的实际使用荷载却要超过此值几倍以上，故堆场下不可避免地将发生很大的侧向位移，并对堆卸料机的桩基产生不利影响。为此，在邻近堆场设置3根试桩进行现场观测。堆载的面积为70m×70m，它与试桩的相对位置如图18.4-24所示。开始时用砂分级堆载，每级2m厚，在6星期内堆到180kPa。此荷重维持6星期，然后在几天内使砂重减少25%。此后利用堆矿砂使荷载连续增长。由于矿砂的转移，也发生过几次卸荷，此时最小荷载就是仍然保持在位的砂重。堆载荷载随时间的变化如图18.4-25所示。试桩由4根Larssen钢板桩（LV5）焊成，宽0.85m（图18.4-26）。试桩打入洪积砂层6m，桩头伸出地面2m，支撑在起重机轨道梁上。桩的侧面装有28只装在面向堆场的侧面上，在其相对面上装7只，其余两侧各装5只，如图18.4-25所示。在此图中还示出作用在试桩MP3上的侧向压力与堆载荷载和时

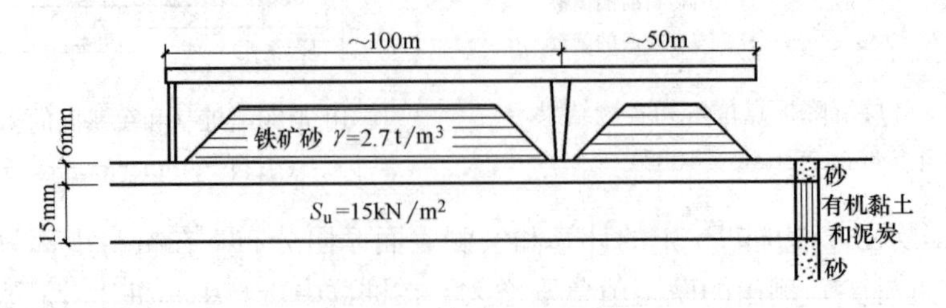

图18.4-23 堆场及其地基

间的关系。其他 2 根桩也给出几乎相同的结果。桩的挠曲用测斜仪测量。在压载试验经过大约 10 个月后，观测到在最大挠度的位置处发生破坏。到 36 个月时，由于桩的变形太大，以致不可能再用测斜仪在其中进行测量。图 18.4-26 示出在试验开始后经过 2、10 和 36 个月时桩的挠度曲线。图 18.4-27 示出设置在堆载边缘处的测斜管的变形情况，它是在堆载荷载为 180kPa 时的测量结果，在此荷载下测出堆场各处最大位移的大小和方向也示于图 18.4-27。这些位移都发生在大致相同的深度上，位移的方向一般都从堆载中心向外，而最大位移则发生在堆载边缘附近。

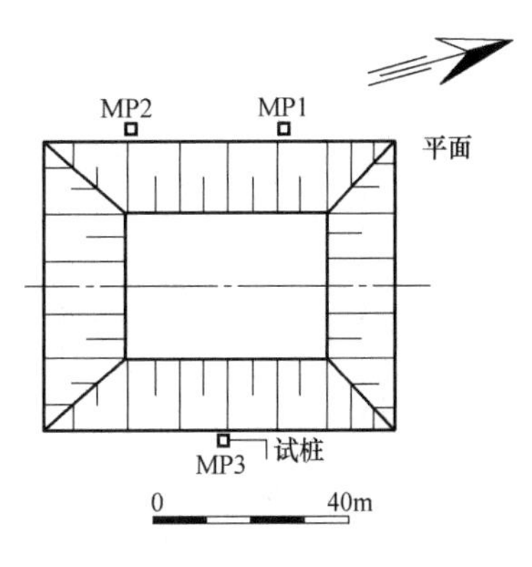

图 18.4-24 堆场面积

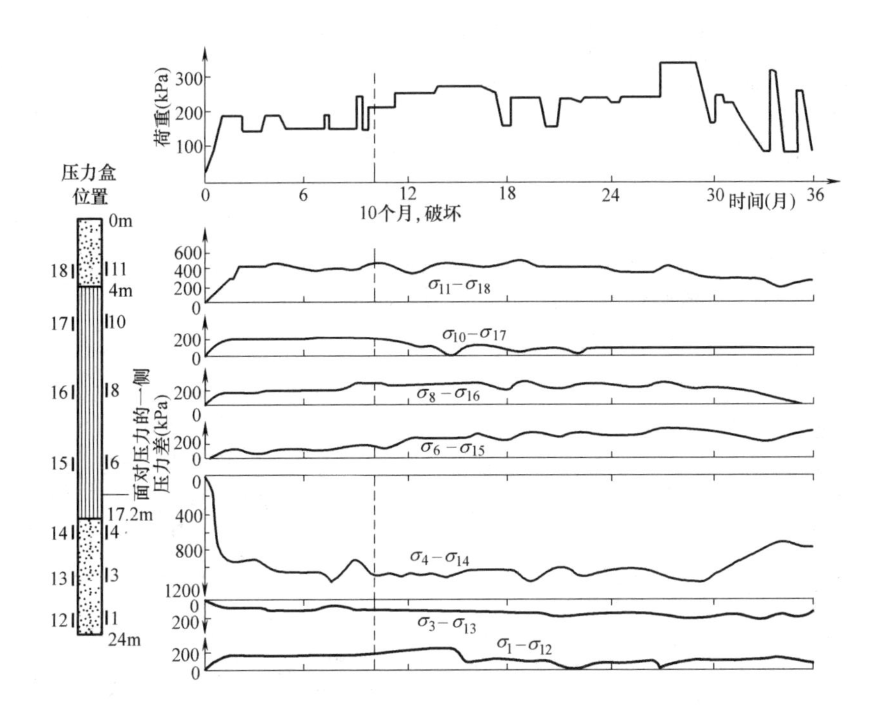

图 18.4-25 桩上水平压力随荷重和时间的变化（引自 Wenz，1973）

为了确定土体位移对于钢筋混凝土桩的影响，还设置了就地灌注的试桩，桩径 56cm，桩尖进入持力砂层 2m 深。桩的中心设置测斜管，用测斜仪测量桩的挠曲。桩头与已有的底座基础联结，并测量桩头传到已有基础上的水平力。图 18.4-28 示出试桩在三种荷载条件下的挠曲变形。

从上述大型现场试验看出，土体水平位移对桩上施加的侧向压力很大，足以使起重机轨道下的产生巨大变形。所以必须对堆场起重机轨道底座下的桩基原型进行监测，以保证安全。

堆场起重机轨道底座为钢筋混凝土空心块体，支承在 14.5m 间距的桩架上。每个桩架由 1 根直桩和 2 根 3∶1 的斜桩组成（图 18.4-29）。这些桩由 3 根 PSp60L 型 IP 断面的

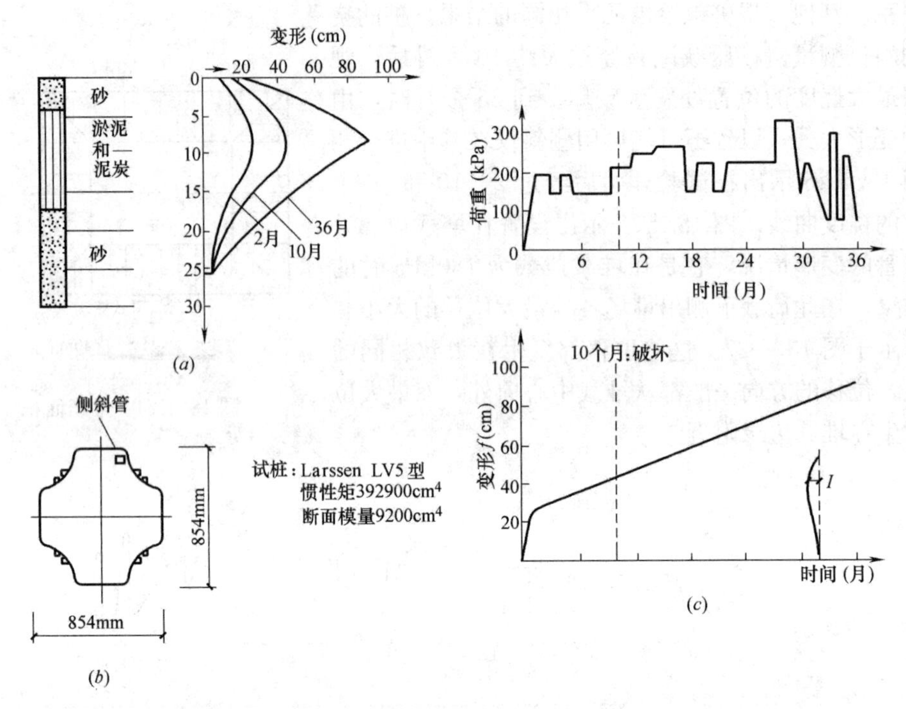

图 18.4-26 试桩 MP3 的变形(引自 Wenz,1973)

(a)试桩 MP3 的变形;(b)试桩断面;(c)最大变形随荷重和时间的变化(试桩 MP3)

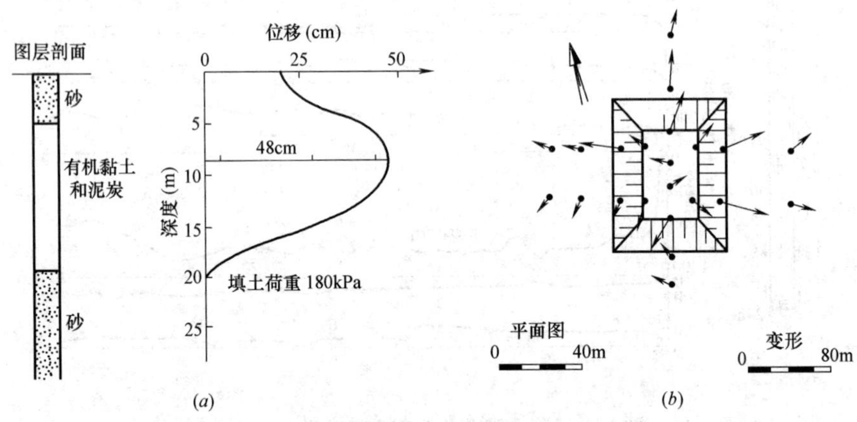

图 18.4-27 地基土的水平变形(引自 Leussink & Wenz,1969)

(a)侧斜管的变形;(b)地基土的水平变形

型钢焊成,打入洪积砂层6~10m。由于要在已建成的桩基中设置测量设备,只能在桩头上开洞,以便通过它用水冲清除开口桩内的软黏土,并引入测量设备。此外,还应考虑到由于地基有破坏的危险,不容许将桩内的土全部清除直到桩尖,故用来测量的桩段大大小于桩的总长。开始测量时,该堆场已经使用了一段时间。在测量前没有资料,但是可以假设桩打入土中后,其初始形状保持挺直。最初,堆场的最大荷重限制在150kPa以下。随着地基的固结,容许最大荷载增加到240kPa。现场试验中测量表明,支撑在起重机轨道底座上的桩头已经产生高达20cm的侧向位移。测量桩的最大挠度的意义已不大,更重要的是确定最小曲率半径,才能明确地推断桩的应变。典型的结果示于表18.4-6中。图

18.4-29 示出最大的挠曲区中的曲率半径与 22/L1/0 号桩附近荷重条件的关系。这些测量结果表明：

（1）直桩的最大挠度为 12～16cm，相应于最小曲率半径约 65～75m；

（2）内斜桩的最大挠度为 25cm，相应于最小曲率半径 30m，这种变形导致桩的破坏；

（3）挠度超过某个临界值后，任何小的增量都会引起最大挠度区中的曲率半径急剧减小。

2. 路堤旁的桩基（Heyman & Boersma，1961；Heyman，1965）

在已有建筑物旁建造路堤时，由于软土的侧向位移，可能对其下的桩基施加巨大的水平荷载。为了合理地设计这些建筑物下的桩基，必须精确估计侧向土压力在桩中引起的弯矩。曾为此进行过两次现场试验，以观测桩中应力与它和路堤之间距离的关系。

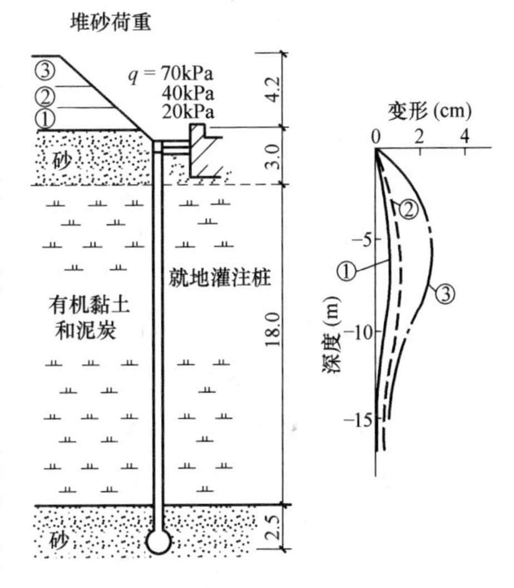

图 18.4-28 就地灌注桩的变形
（引自 Wenz，1973）

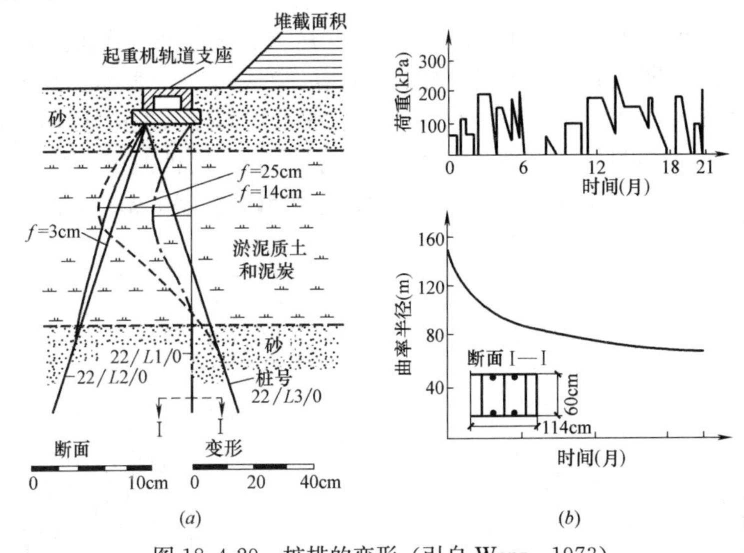

图 18.4-29 桩排的变形（引自 Wenz，1973）

（a）桩排断面和桩的变形；（b）最小曲率半径与荷重和时间的关系（桩 22/L1/0）

变形测量结果 表 18.4-6

桩号	桩的类型	总长 (m)	测量长度 (m)	第一次堆载经历时间(月)	最大变形 f_{max}	曲率半径 (m)	桩顶下 F_{max}的位置(m)
32/L1/0	直桩	23.8	14.5	18 48	12 16	150 70	7
32/L1/W	直桩	22.9	14.0	18 48	8.5 12	200 75	7
22/L1/0	直桩	23.1	14.5	28 48	13 14	80 65	7

续表

桩号	桩的类型	总长(m)	测量长度(m)	第一次堆载经历时间(月)	最大变形 f_{max}	曲率半径(m)	桩顶下 F_{max} 的位置(m)
22/L2/0	斜桩	24.0	16.8	28 48	1.5 3	1000 1000	6
32/L3/0	内斜桩	24.0	17.8	28 36	21 25	55 30	7

第一次试验是在Amsterdam的建筑工地进行的。整个场地表面覆盖一层2m厚的填砂，其下为泥炭、黏土和砂质黏土组成的软弱地基（图18.4-30）。试桩是由两根长12.5m的U形槽钢焊成30×30cm矩形的封口钢管桩，壁厚6mm。在每根桩内有电阻应变计组成的8个测点，集中于桩的上部4个断面上。试桩制成后置于两支点上，作为水平梁的挠曲试验而进行标定。

将3根试桩以5m间距打成一排，桩尖进入紧砂层。桩头在地面处由4对叉桩支承的重型混凝土梁撑住，并在其间装设荷载盒以测定其反力。在桩排轴线上埋入4根柔性管，(图18.4-34)，以便用测斜仪测量土体的水平位移，并在黏土层中埋设几只电阻式孔压计。

在距离桩排30m处填筑7m高的路填，并分5m一步逐步向桩靠拢（图18.4-31）。在每步荷载下休止二星期以上，并测定当时桩中应力、桩头反力、地基变形和孔压等。当堤趾扩展到距离桩排10m时，桩中弯矩已接受于它能承受而不致发生干扰应变计读数的永久变形时的最大值140kN-m。在此试验阶段，将其中的二根桩拔出，对零读数的检查表明，各测点在使用6个多月后仍保持良好状态，将路填再扩展5m，使第3根桩接受最后

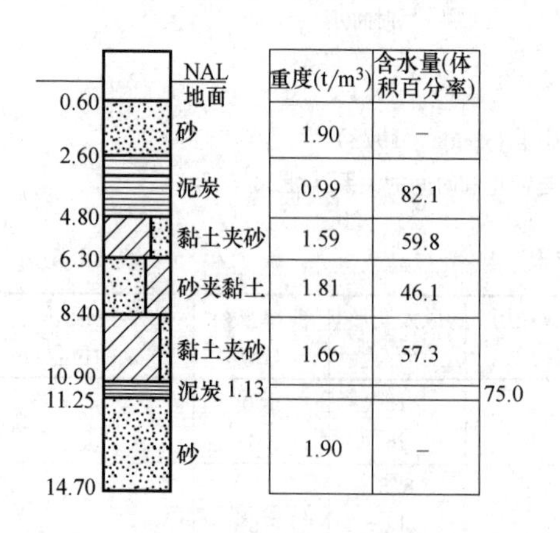

图18.4-30　地质柱状剖面图
(引自Heymen & Boersman，1961)

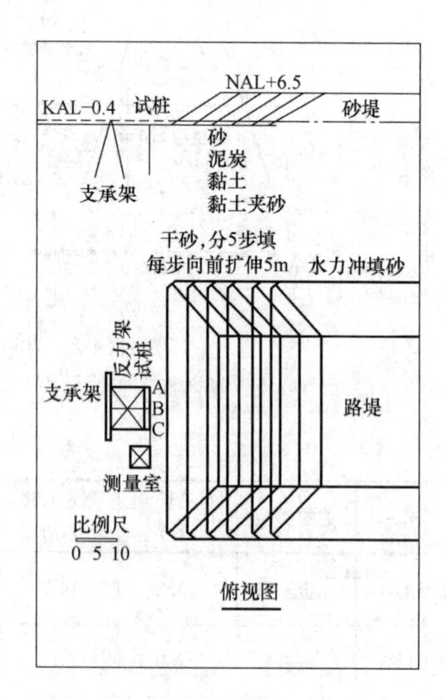

图18.4-31　路堤分步扩伸试验平面布置
(引自Heymen & Boersman，1961)

的试验，由于在最后二步荷载之间的间歇期内，砂井使孔压有所降低，故第二根桩中的实测应力并未超过以前各阶段的。

图 18.4-32 给出试桩中实测弯矩与堤趾离桩距离之间的关系。3 根桩得出的读数十分一致。最大弯矩发生在深度 2.5m 左右，大致正在砂和泥炭层的界面附近。图 18.4-33 示出桩头水平反力与堤距离之间的关系。在一般建筑实践中，这种水平力不致引起特殊问题，因为整个桩基的刚度通常足以随受它，必要时还可采用叉桩。图 18.4-34 示出在路堤每步扩伸后测出的土体位移。最大位移发生在地面处，并随深度而衰减。在第 3 步（距离 15m）后，地面处的位移达到 20cm；在 5m 深处的砂质黏土中，位移已相当小；在 11m 以下的紧砂层中，未测出任何位移。图 18.4-35 示出桩附近的黏土层中的实测孔压与相应的桩中最大弯矩的关系。对于第 3 步（距离 15m），当桩中最大弯矩为 100kN-m 时，超静孔压为 1.4m 水头。

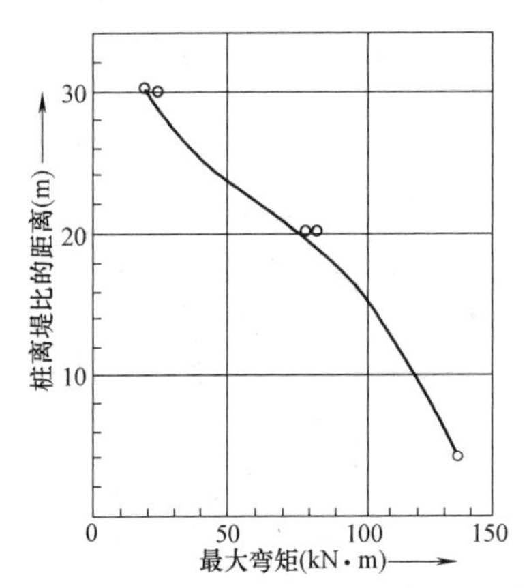

图 18.4-32 桩中弯矩与高堤距离的关系（引自 Heymen & Boersman，1961）

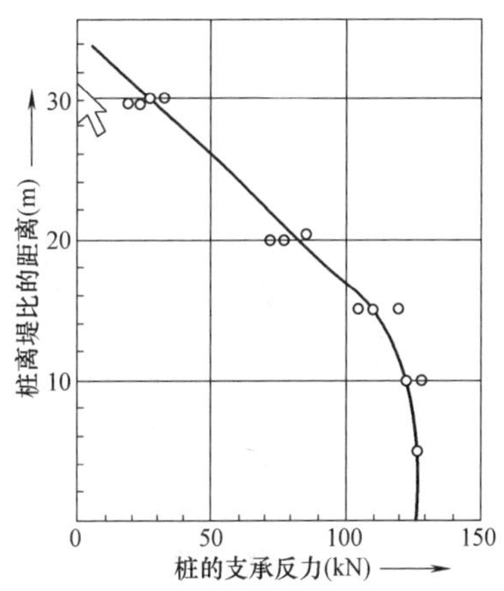

图 18.4-33 水平支承反力与高堤距离的关系（引自 Heymen & Boersman，1961）

4 号测斜管
观测方向

4 号测斜管
观测方向

从上述试验得出的结论是，在与试验场地类似的土质条件下，如果在距离已有桩基 25m 以内建造高路堤时，必须引起特别注意。对于断面为 30cm×30cm 的一般混凝土来说，最大容许矩约为 50kN·m。

在上述现场大型试验结果的警告下，引起 Amsterdam 公共工程局对其负责的城市扩展工程中有关情况的密切关注。在 Amsterdam 扩展西区中，必须沿着许多建于混凝土桩基上的建筑群，建造一条长 1000m，高 4m 的砂质路堤，公共工程局决定要防止已有建筑物发生任何损坏，并进行测量，以评价在施工时土体侧向位移对于桩基影响。

图 18.4-36 示出一段路堤，它是为高级公路而设计的，底宽 65m。堤趾离开一座长 100m 且与公路平行的楼房的距离在 12m 以内（如图 18.4-37 中 A-A 断面所示），而离开另一座与公路成直角的楼房的前墙的距离则只有 3m。楼房下的桩为预制的钢筋混凝土桩，长 13m，其扩大桩尖支承在较深的砂层中。为了尽可能减少作用于这些桩上的侧向土压力，决定分级填筑路堤，每级填高 1.4m。在每级之间休止几个月，使地基逐渐固结。在填筑第一层砂前打设 4 排间距 3m，深 12m 的砂井，以提高地基固结速率。采用这些措施，可以避免在堤趾产生过高超静孔压，沿路堤在几处埋设电阻式孔压计，以监测排水的有效性。

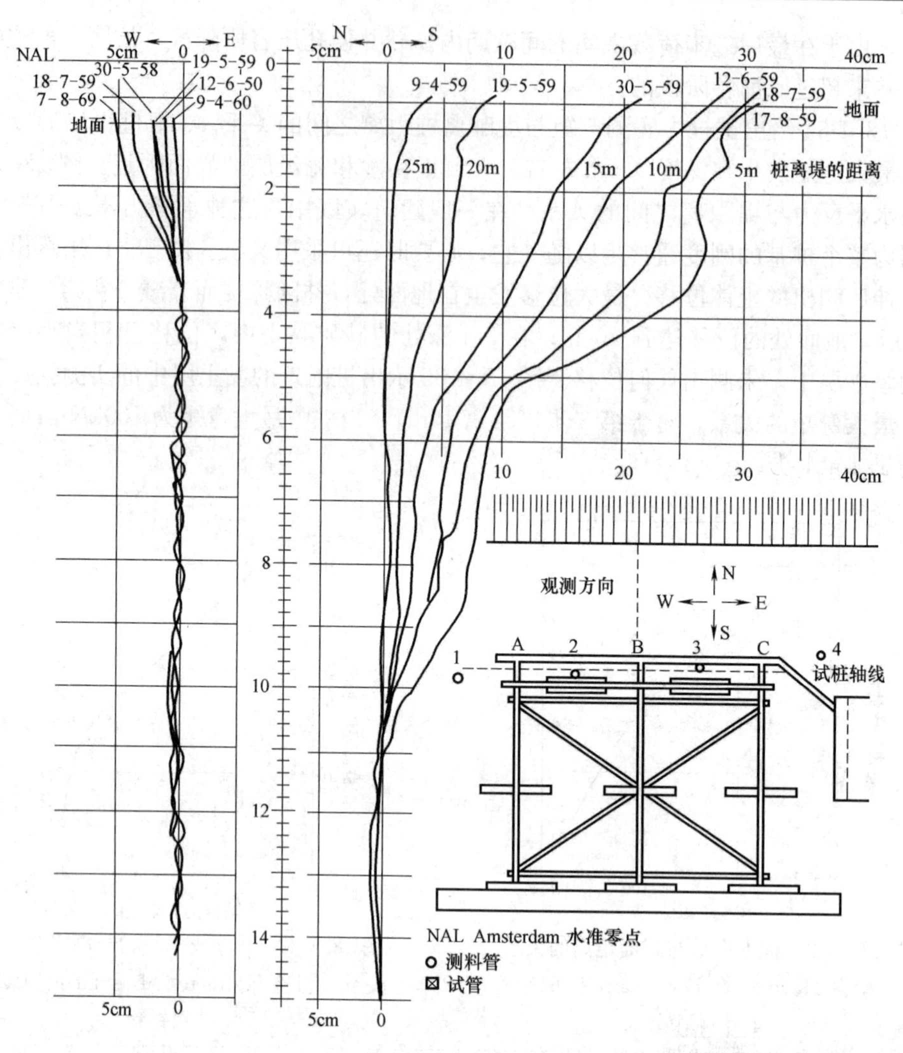

图 18.4-34　测斜仪测出的土体水平位移（引自 Heymen & Boersma，1961）

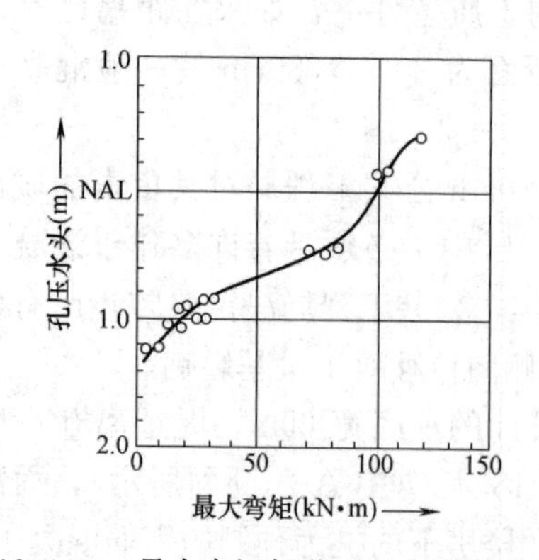

图 18.4-35　最大弯矩与黏土层中孔压的关系（引自 Heymen & Boersma，1971）

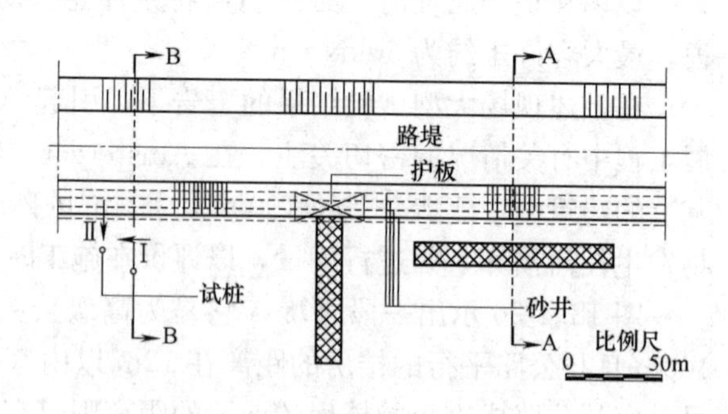

图 18.4-36　路堤与两座楼房和试桩的相对位置（引自 Heyman，1965）

为了防止距离路堤只有 3m 的楼房前墙下的桩仍会超负荷地受到水平压力，在这些楼房前建造支承在木桩上的 30m 宽的保护混凝土板。这些位于路堤坡下的板必须在最危险地段承受路堤的竖向荷载，使它不再下传到软土上而引起侧向位移和水平压力。

为了估计距离路堤 12m 的楼房下的桩中的应力，于路堤施工开始前，在楼房附近的空地上打入两根长 13m 的试桩（图 18.4-36），试桩的类型和断面尺寸与上述试验中的完全相同。每根桩在桩顶下 2.2m 到 6.7m 的范围内装设 6 个断面的电阻应变计。桩顶支承在自由的水平支撑上，并装有电阻式荷重计和油压千斤顶，利用千斤顶补偿钢框架和叉桩组成的支架的小位移，使桩顶尽可能精确地维持其原来位置。

图 18.4-38 和图 18.4-39 示出测量结果，其中Ⅰ、Ⅱ和Ⅲ相应于三级填土，每级高 1.4m。图 18.4-38 示了三级荷载与桩顶反力的关系。图 18.4-39 示出从应变计推算出的试

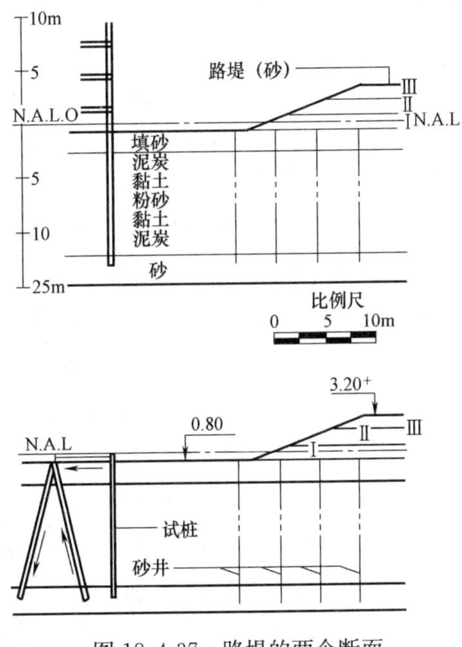

图 18.4-37 路堤的两个断面
（引自 Heyman，1965）

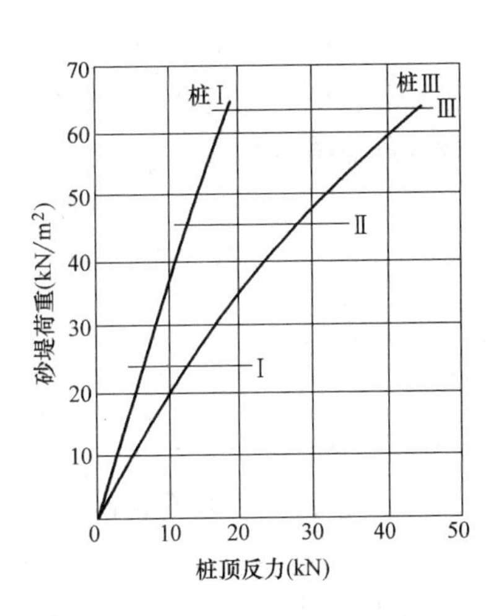

图 18.4-38 桩顶水平压力与路堤荷载的关系

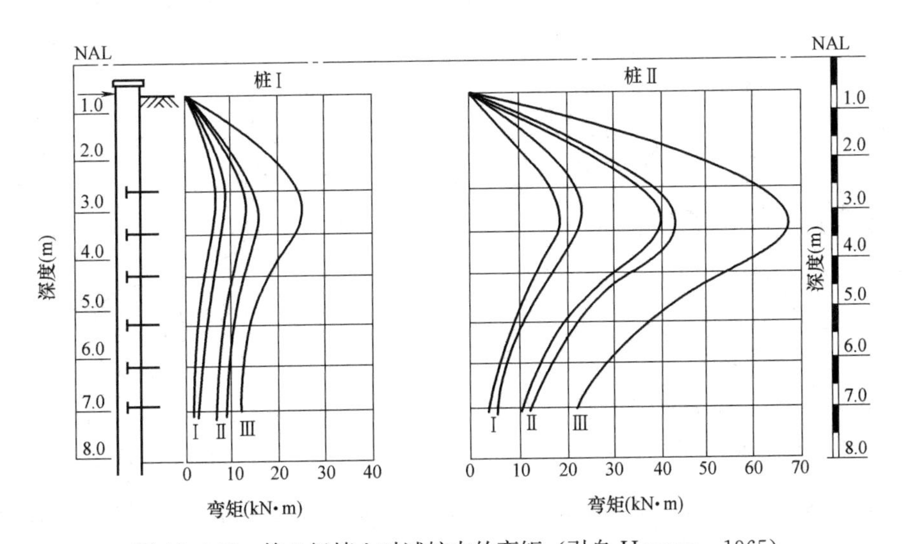

图 18.4-39 第 3 级填土时试桩中的弯矩（引自 Heyman，1965）

桩弯矩。对于第Ⅰ和Ⅱ级填土，各标出两条线，低值相应于紧接在加荷后的应力，高值则是大致在二个月后加下一级填土前测出的。在堤趾和距离 12m 处的测斜仪测量表明，直到地面下 10～11m 深度为止，各层土中的位移实际上是均匀的，从距离 12m 处的 1.5cm 到堤趾下的 3cm。

Ⅰ号和Ⅱ号桩的实测最大弯矩分别为 24.5kN·m 和 67.5kN·m。利用当量梁挠度的简单静力计算，可以近似地估计出这些弯矩，其误差在 20%以内。因此，至少对于地基只发生小变形的情况，可以利用桩顶反力合理地估计侧向土压力所引起的弯矩。如果在已有建筑物前打入一根与该建筑物下桩基相同的桩，并在其间设置测力计，同时利用测斜仪检验地基土的侧向变形，就能对已有建筑物下桩基所受影响作出估计。

3. 高速公路路基下的桩基（赵维炳等，2005）

某高速公路沿线软土分布广泛、埋藏浅、厚度大而且不均匀，其中一段软土最大厚度达 26.3m。软土的物理力学性极差。针对本工程的实际情况，选取 K28＋983.8～K29＋044.04 作为 CFG 桩试验段，设计 CFG 桩桩径 0.50m，三角形布置，设计桩长 17m 左右。根据试验段的软土特性和土层分布情况，设计桩长范围内没有阻碍钻进的坚硬土层，施工采取静压振拔技术进行施工。CFG 桩试验路段的划分见表 18.4-7。

CFG 桩复合地基软基处理设计方案　　　　**表 18.4-7**

起讫桩号	路线长度（m）	处理宽度（m）	路堤高度（m）	桩长度（m）	间距（m）
K28＋983.8～K29＋008.8	25.00	39.79	3.93	17	1.80
K29＋008.8～K29＋044	35.20	39.79	3.93	17	1.50

为研究 CFG 桩桩身荷载传递规律、复合地基桩土应力分担比及沉降变化规律等状况，在 CFG 桩的桩体中及桩间土中埋设一批观测仪器，以便进一步评价地基的加固效果。选择 CFG 桩间距为 1.8m 和 1.5m 的断面 K29＋000 和 K29＋020 作为监测断面，主要进行了桩间土孔隙水压力监测、桩间土分层沉降监测、桩身应力监测（钢筋计和土压力盒）和桩土应力比测试（桩顶和桩间土表面埋设土压力盒）。观测仪器埋设布置见图 18.4-40～图 18.4-42。

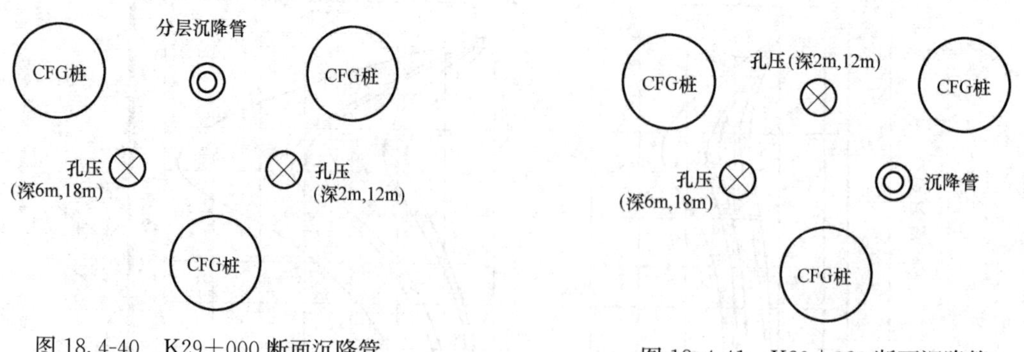

图 18.4-40　K29＋000 断面沉降管与孔压平面布置图

图 18.4-41　K29＋020 断面沉降管与孔压平面布置图

图 18.4-43 为 K29＋000 和 K29＋020 断面的土体分层沉降曲线，可以看出，在荷载作用下，地基土沿深度沉降逐渐减少，但在 CFG 桩长范围内沿深度地基土沉降变化较为

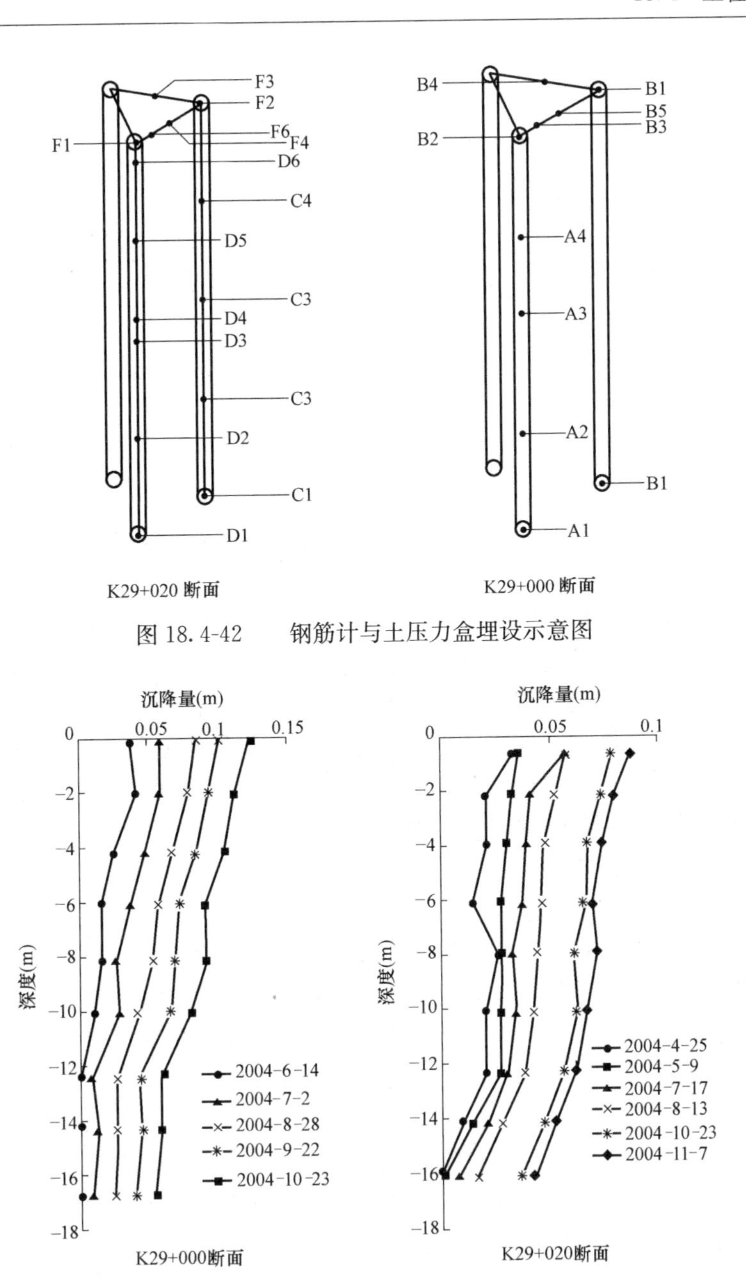

图 18.4-42　　钢筋计与土压力盒埋设示意图

图 18.4-43　地基土体分层沉降过程

平缓，说明 CFG 桩能充分发挥全桩长范围内的摩阻力，增大了荷载的传递深度，能有效减少、消除地基的深层沉降，地基深层加固效果较好。开始时加固区的分层沉降量要明显大于下卧层的分层沉降量，随着荷载的增加和时间的延长，下卧层的沉降量在总沉降量中的比率越来越高，最终总的沉降量以下卧层的沉降量为主，表明采用 CFG 桩处理软基能有效减少、消除加固区软土沉降量。

图 18.4-44 和图 18.4-45 分别为 k29＋000 和 k29＋020 断面桩身应力分布图，监测结果表明，CFG 桩桩身所受最大应力相对于路堤填筑荷载要高出一个数量级甚至更大，桩土应力比大致在 25 左右，这说明由于 CFG 桩复合地基通过垫层的应力调节作用，将大部

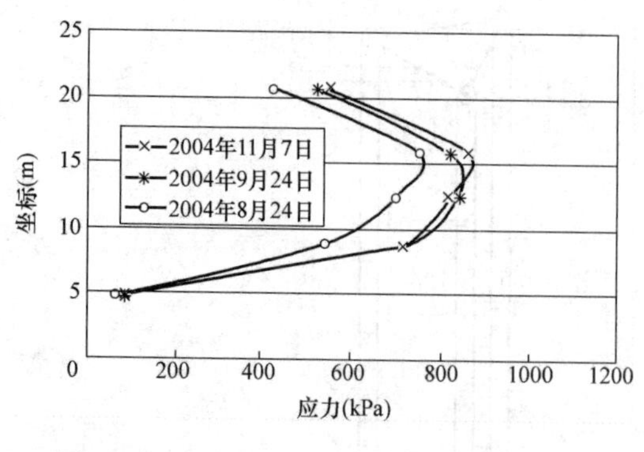

图 18.4-44 k29+000 断面桩身应力分布图

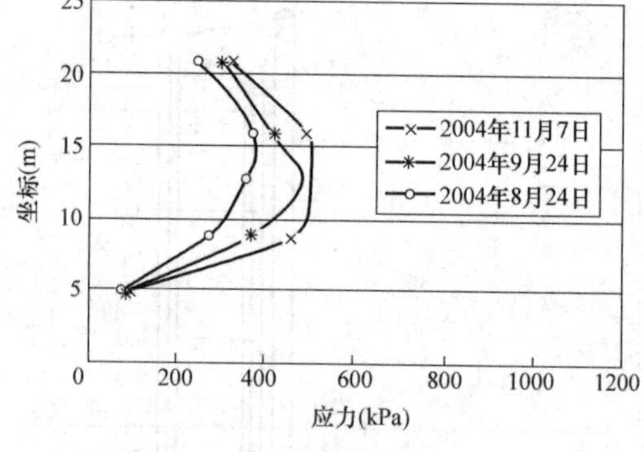

图 18.4-45 k29+020 断面桩身应力分布图

分的上部荷载分担到桩体，从而减小了桩间土体的应力，在桩身形成应力集中，通过桩身将上部荷载传递到深层不易压缩的下卧土层，从而达到减少加固深度内地基土体沉降的目的。

从土体分层沉降图和桩身应力分布图中还可以看出，当荷载施加后，中上部桩长范围内软土沉降大于桩身沉降，桩间土对桩身产生向下的负摩擦力，在该范围内桩身受力逐渐增大，而至一定深度后桩间土沉降逐渐减少，桩体沉降大于桩间土沉降，桩间土对桩身产生向上的正摩擦力，桩体受力逐渐减少，因此桩身最大应力点并不在桩顶端，而是在桩体中上部区域。另外，k29+020 断面桩身附加应力较 k29+000 断面桩身附加应力要小，表明随着桩间距的减小，桩身附加应力集中现象有所减弱。

18.4.3 岸坡上的码头桩基

1. 华东 S 港某高桩板梁码头（魏汝龙等，1986）

该码头坐落在沿江浅滩上。在建造码头前数十年内，其后方一再大面积填土，最多处填高达 7m 以上，在建造码头期间又用煤渣等进行填筑，平均又填高了约 1m。码头结构形式和地基土层分布如图 18.4-46 所示。码头建成后不久，即发现结构变形和损坏，主要表现如下：

1）码头不均匀沉降

在码头竣工后五、六年内，码头面最大沉降达 60cm，尤其其前、后方的沉降差异非常突出，形成前高后低，相差达 0.5m 左右。码头上的荷载很小，因此，这样大的沉降和沉降差，显然是由后方大面积填土所引起的。

2）基桩开裂和断裂

该码头结构损坏中最触目惊心的现象＃5 斜桩（图 18.4-46）的断裂和直桩的开裂。竣工五年后，中部两个泊位的 50 根斜桩已断裂 29 根，直桩也大部分有裂缝。斜桩断裂多发生在桩顶，桩断后一般均向下沉。直桩裂缝大多从临江面上开始，逐渐向两侧发展，裂缝集中于桩顶下 1m 以内，当时裂缝和断裂还在发展，但是，直桩倾斜度在同时期内并无显著变化。

3）码头与前平台横梁悬臂挤压破坏

竣工半年后，即发现码头与前平台横梁之间留下的模板已普遍被挤紧，过两年检查时，就有 9 处横梁悬臂挤裂。到第五年再检查时，挤压情况无进一步发展。

在上述初步检查中，已经发现有不少迹象可以定性地说明，码头桩基损坏主要是由于

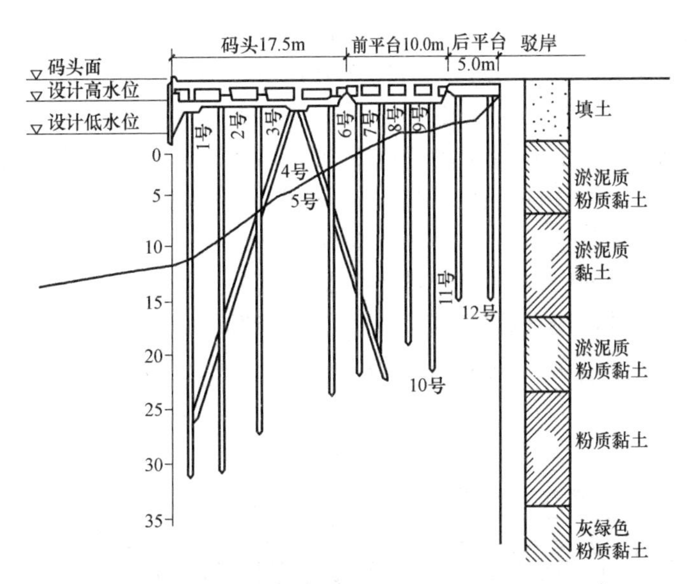

图 18.4-46 码头结构和土层分布（引自魏汝龙等，1979）

不均匀沉降引起的。例如直桩桩顶附近的裂缝发生在临江面上，有力地表明它们是由码头面转角引起的弯矩造成的，5 号斜桩断裂后有下沉现象，说明桩的断裂是由于受到负摩擦引起的轴向拉力造成的。但是，还有人怀疑码头损坏是由于岸坡稳定性不够或土体侧向挤出造成的。因此，又在现场进行大规模试验，得到下述主要结果。

首先，在码头临近没有桩排的驳岸上进行两次堆载试验，还分别验算了码头岸坡和堆载驳岸的稳定安全系数加以对比。结果表明，码头岸坡在当时的荷载条件下是稳定的。

其次，为了测量 5 号斜桩的实际受力情况，曾在一根断桩上埋设差动电阻式钢筋计，并将断裂处重新连接起来。实测表明，轴向拉力在其后的一年中发展到最大达 420kN，而桩顶负弯矩（靠岸面受拉为负）最大仅 24kN·m。这说明斜桩受到主要的轴向拉力，而且尚在不断发展。这种轴向拉力可能是由负摩擦力造成的，也可能是平台对码头挤压而引起，但是，在斜桩破坏严重处，码头和平台横梁悬臂的挤压不一定厉害。而且，从竣工后两年开始，斜桩陆续拉断，而悬臂的挤坏却无显著发展。此外，还曾经利用 γ 射线测定桩身空心部分的位置，并下套筒清泥抽水进行直观检查，发现直桩的土下部分挺直完好，既无绕曲，也未开裂。这些都说明土体水平推力不是引起斜桩破坏的主要原因。

最后，观测资料之间的统计对比，也有力地表明桩基破坏主要由码头的不均匀沉降引起。例如，各泊位的断桩百分率与 5 号和 8 号桩（5 号桩尖正好插在 8 号桩尖附近）桩顶沉降差异大致成线性关系，各排架中直桩平均裂缝长度与该排架处的码头面转角之间也存在一定的线性关系。从这些关系看出，沉降差异越大，则斜桩断裂越多，直桩的裂缝也越多。

根据以上观测和分析，认为码头桩基损坏主要是由于不均匀沉降引起的，土体水平挤压的影响不大。修理码头时，首先必须消除或减少码头的不均匀沉降及其对结构的影响。因此，采用无振动压桩法补设直桩，以代替已断的和未断的全部#5 斜桩，并在码头部分增设长桩，使桩基桩尖均达硬土层，码头按此方案修理后，经过 20 多年使用，没有再发生过任何工程问题。

2. 华南 Z 港某码头一期工程（Wei & Wang，1992）

这是一个突堤码头，宽 275m，北边长 581m，南边长 427m，共设有 6 个泊位，码头前沿从顶面到水底的深度为 17.5～18.5m，全部采用长桩大跨的钢筋混凝土板梁结构，桩基排架间距除废钢泊位后方承台中为 5m 外均为 7m。图 18.4-47 是废钢泊位的断面图。其中前方承台宽 14m，桩基排架有 4 根直桩和一堆叉桩组成；后方承台宽 15m，桩基排架由 5 根直桩组成。废钢泊位后方承台每段长 58.25m，由 12 个排架组成。其他各泊位的前、后承台的长度均为 60cm，由 9 个排架组成（拐角处除外）。码头上设计荷载除各泊位作业所需的机械荷载外，还有均布荷载，前方承台上位 30kPa，后方承台为 80kPa（废钢泊位）和 40kPa（其他泊位）。基础均为预应力混凝土桩，截面尺寸为 50×50cm，其配有 4 根 $\phi25$ 和 4 根 $\phi20$ 的钢筋。

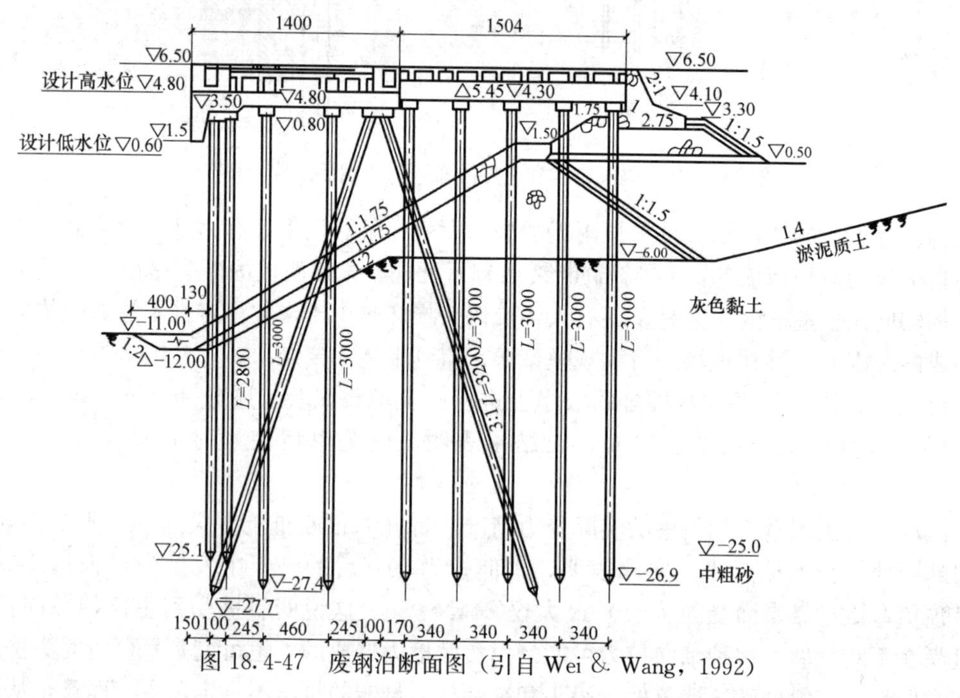

图 18.4-47　废钢泊断面图（引自 Wei & Wang，1992）

该码头废钢泊位自 1984 年投产使用以来，由于各种不利因素的综合影响，不到一年后即发现码头后方堆场明显下沉。1989 年 11 月初又发现该泊位码头结构个别叉桩已严重损坏。表 18.4-8 列出 1989 年 12 月测得码头前沿的位移和沉降。从此看出，码头沉降不大，最大的只有 3cm，但当时堆场沉降已达 40 多厘米。码头位移也较大，最大达 12.5cm，发生在该泊位 105 段。表 18.4-9 列出该泊位 27 对叉桩桩帽的损坏情况。从表中看出，叉桩或桩帽损坏严重者有 8 对，约占 30%。其中尤以位移较大的 105 段最为突出。完全断开的占一半以上。此外，还发现码头前后方承台和横梁普遍挤紧，以及纵、横梁开裂。

码头前沿的位移和沉降（mm）（1989 年 12 月）　　　　**表 18.4-8**

项目	伸缩缝 / 测点	1	2	3	4	5	6	7	8	10
偏北位移	西	34	118	83	18	—	—	14	31	—
	东	37	125	70	29	—	13	23	24	34

续表

项目 \ 测点 \ 伸缩缝		1	2	3	4	5	6	7	8	10
沉降	西	11	—4	2	1	26	—	31	25	—
	东	17	—1	4	10	23	27	26	25	26

(引自 Wei & Wang，1992)

废钢泊位叉桩帽的损坏情况 **表 18.4-9**

段号 \ 排号	1	2	3	4	5	6	7	8	9
104	Ⅱ	Ⅲ	Ⅰ	Ⅱ	Ⅲ	Ⅲ	Ⅰ	Ⅱ	Ⅲ
105	Ⅰ	Ⅱ	Ⅱ	Ⅱ	Ⅰ	Ⅰ	Ⅱ	Ⅰ	Ⅰ
106	Ⅲ	Ⅰ	Ⅱ	Ⅲ	Ⅱ	Ⅱ	Ⅱ	Ⅲ	Ⅲ

备注：Ⅰ桩或桩帽完全断开；Ⅱ桩或桩帽裂开；Ⅲ微裂缝。 (引自 Wei & Wang，1992)

为了避免码头损坏对其安全生产的不利影响，于 1990 年 5～7 月停产修复废钢泊位，主要包括：修补叉桩帽：在前后方承台之间重设一条宽 10cm 的缝隙；对纵、横梁的裂缝喷浆处理；堆场地面加高，使与码头面齐平。

结合码头修复工作，在废钢泊位埋设安装了一些原位观测仪器，包括 16 只钢筋计、2 个反力计和 6 根测斜管，其布置如图 18.4-48 所示，钢筋计分别安装在 105 段的 1 号、6 号和 104 段的 3 号、7 号排架的 6 号斜桩的 4 根 ϕ25 主筋上，目的是测定 6 号斜桩的受力情况。反力计分别安装在 105 段的 4 号和 5 号排架之间和 104 段的 5、6 号排架之间的两个断面上，相应于 2 号、7 号桩和挡土墙后 10m 的位置处，以测定这些地方的土层深层水平位移。

图 18.4-49～图 18.4-51 示出仪器埋设后半年内的一些典型的初步观测结果。从此看出，码头前、后方平台之间的挤压力以及 6 号桩受到的弯矩都不大，这似乎表明岸坡和抛石棱体作用于前、后平方下桩基上的水平推力的影响并不显著。但是，6 号桩上的轴向拉力却已大大超过后方平台传来的挤压力所能产生的数值。因此，叉桩损坏可能主要是由 6 号桩所受的负摩擦力引起的。此外，测斜管的测量也未示出岸坡没有多大变形。当然，也可能是由于观测时间较短，岸坡的侧向变形的影响尚未充分显示出来。目前观测还在继续，有待进行较长时期的观测和深入分析后，才能做出比较肯定的最终结论。

18.4.4 光纤在桩基监测中的应用（何宁等，2011）

广州南沙钢铁基地某大型厂房建于深厚软土地基上，地基土主要以淤泥和淤泥质土为主，土体力学性质较差，详见表 18.4-10。基坑采用 SMW 工法施工（见图 18.4-52），基坑底面挖深 11m，水平方向上设有 3 道支撑，H 型钢长 25m，其中桩顶部分有 1.7m 在地面以上。

在基坑开挖的过程中，运用分布式光纤传感技术（BOTDA）对桩身进行智能化改造，通过分布式传感光纤测定桩身全长的应变分布，再经过算法去噪、温度自补偿等数据处理之后，计算出桩身的弯矩和挠度分布，最终形成一个能够实时感知桩身受力变形状态的智能系统。分布式光纤如图 18.4-53 所示在 P39、P38、P37、P36、P35、P34 六个位置

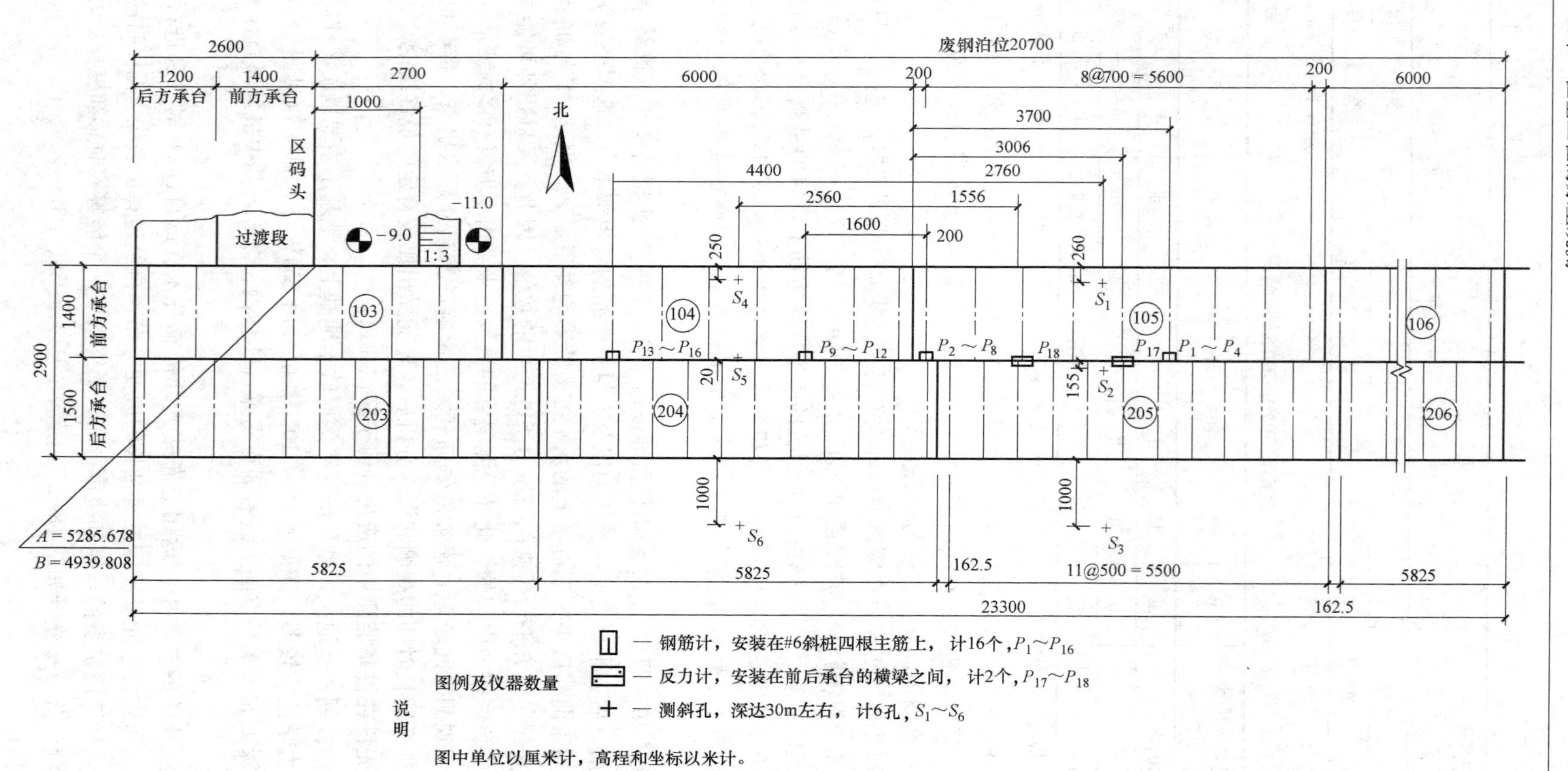

图 18.4-48 原位观测仪器平面布置图（引自 Wei & Wang，1992）

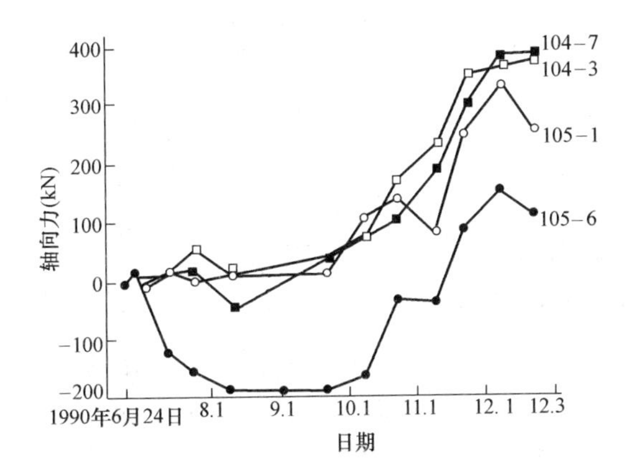

图 18.4-49 6 号桩的轴向力过程线（引自 Wei & Wang，1992）

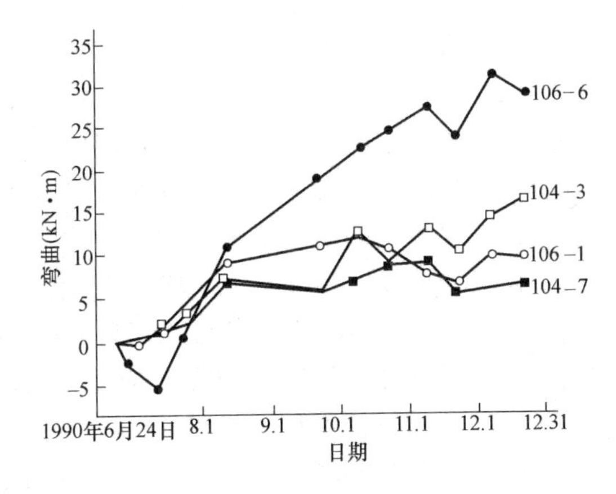

图 18.4-50 6 号桩的弯矩过程线（引自 Wei & Wang，1992）

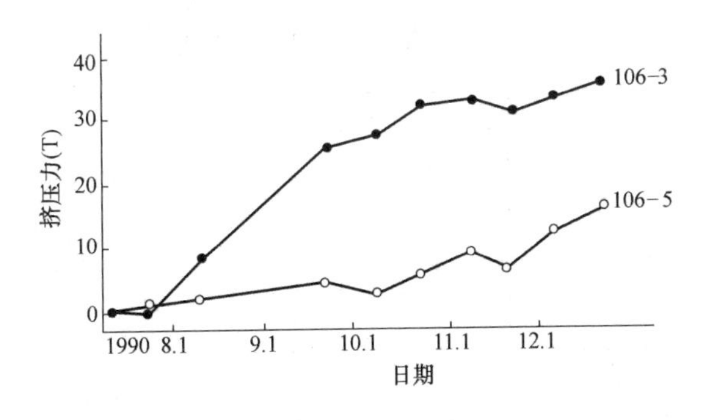

图 18.4-51 前后方承台挤压力的变化过程线（引自 Wei & Wang，1992）

对四号基坑型钢进行实时监测，为了与光纤测量的数据进行对比，同时在这六根型钢的旁边土体中插入了斜测管进行传统监测。整个监测分为三个阶段：

（1）前期准备阶段，在这个过程中主要进行了光纤布设工艺的确定以及原材料的选定；

（2）安装阶段，在这个过程中主要进行了光纤的铺设以及型钢下桩、光缆接入等；

地基土物理力学性质指标 表 18.4-10

土层编号	土层名称	层底埋深(m)	ρ_0 (g/cm)	ρ_d (g/cm³)	w %	G_r	e	S_r (%)	I_r	c (kPa)	φ (°)
1	吹填砂	2.0	—	—	—	—	—	—	—	—	—
2	淤泥	20.6	1.61	1.02	57.8	2.63	1.59	95.6	1.58	7.9	5.3
3	粉土	23.1	1.96	1.61	21.8	2.67	0.66	87.6	1.11	16.6	15.8
5	淤泥质土	28.9	1.72	1.19	55.7	2.65	1.29	95.7	1.29	15.16	8.25

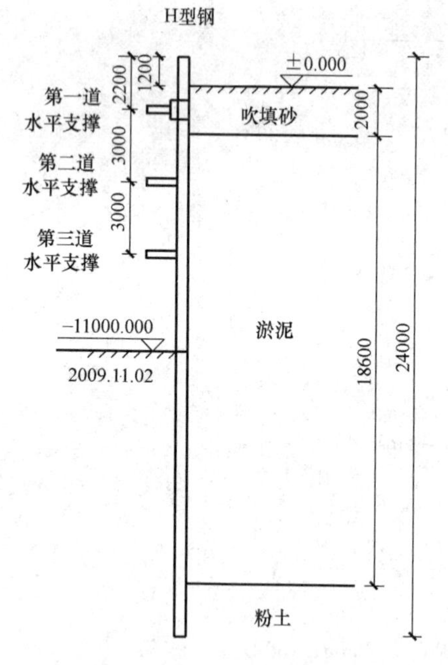

图 18.4-52 基坑开挖示意图

(3) 监测阶段，在这个过程中进行了一周三次的数据采集，数据量丰富并且准确，然后是数据的处理和分析。

由于六组监测断面的变形规律基本一致，这里仅选取具有代表性的④、⑥、⑨三组数据来进行分析。

图 18.4-54 为④H 型钢基坑内侧翼缘在基坑开挖过程中的应变分布曲线，图中纵坐标代表 H 型钢由桩顶（坐标为 0）到桩底（坐标为－24m）的距离，横坐标则是对应的光纤应变数据。根据这组应变分布曲线，计算出 H 型钢的弯矩分布和桩身的挠度分布（假定桩底固定）。图 18.4-55～图 18.4-57 分别为④H 型钢弯矩分布图、挠度分布图以及测斜数据与 H 型钢挠度对比图。

图 18.4-52～图 18.4-54 分别为⑥号 H 型钢弯矩分布图、挠度分布图以及测斜数据与 H 型钢挠度对比图。图 18.4-61～图 18.4-63 分别为⑨号 H 型钢钢弯矩分布图、挠度分布图以及测斜数据与 H 型钢挠度对比图。

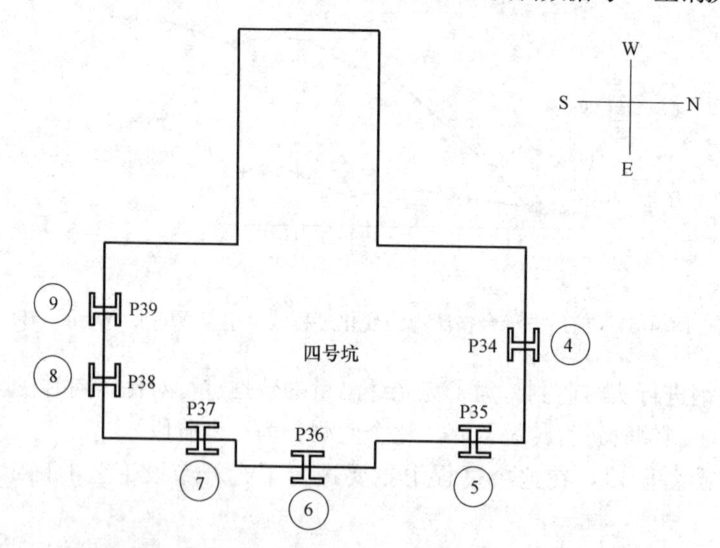

图 18.4-53 四号基坑中被测六根型钢光纤接入图

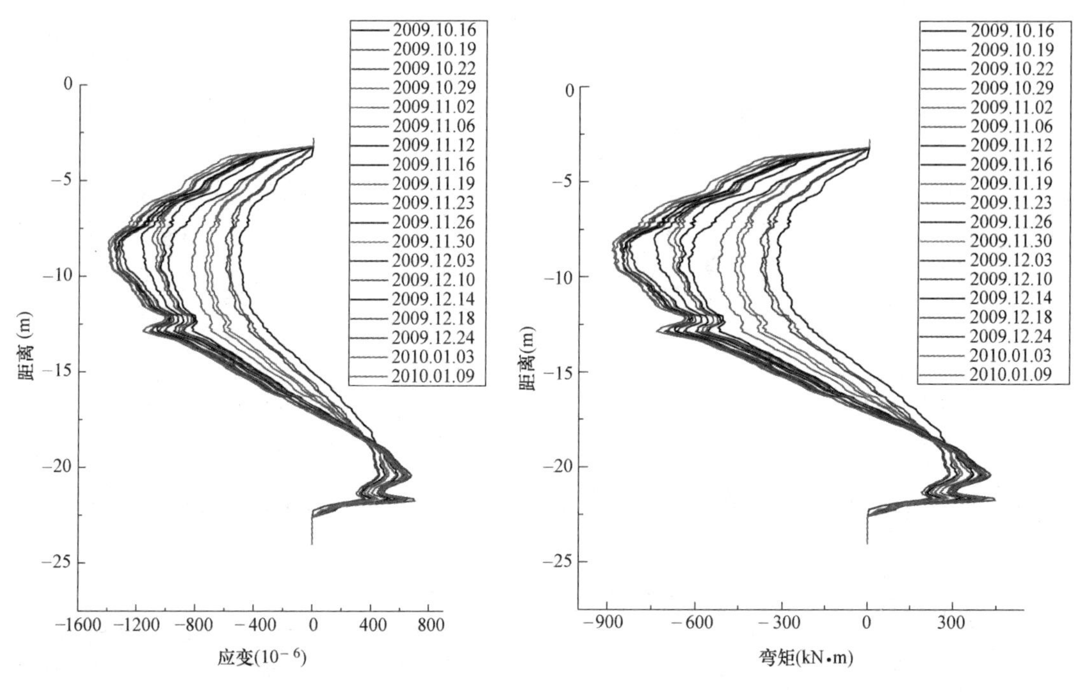

图 18.4-54 ④号 H 型钢基坑内侧侧应变分布图

图 18.4-55 ④号 H 型钢桩身弯矩分布图

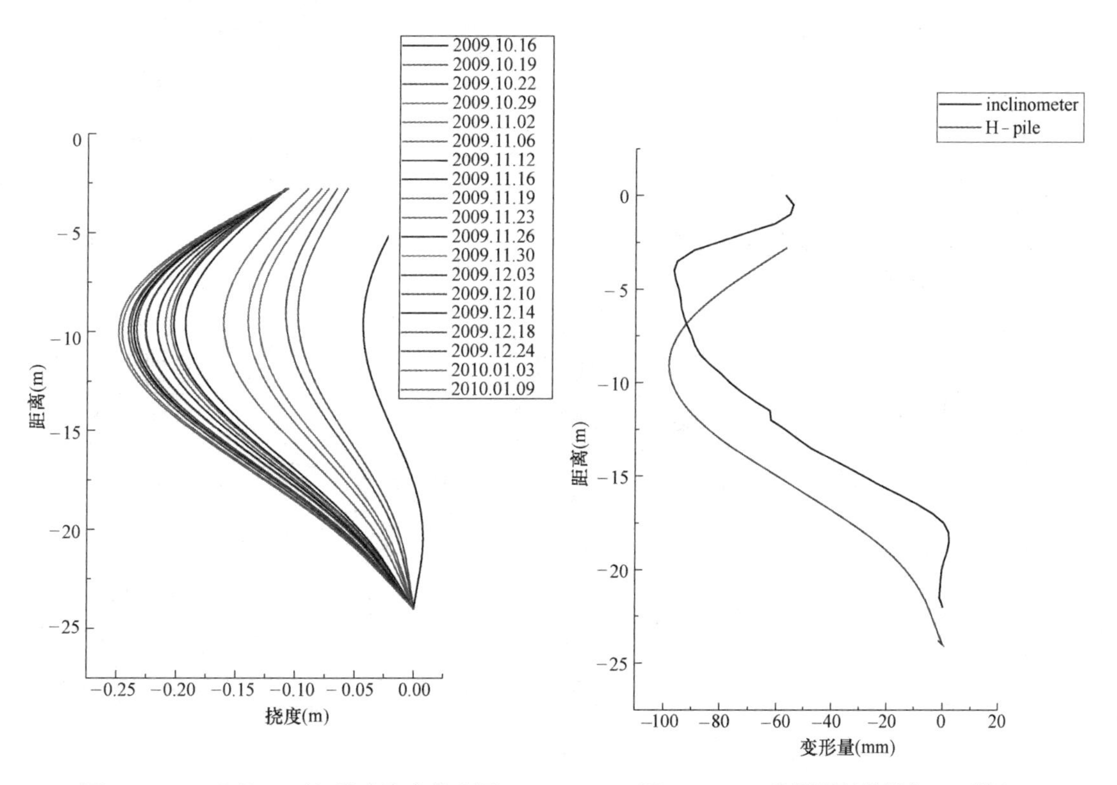

图 18.4-56 ④号 H 型钢桩身挠度分布图

图 18.4-57 ④号测斜数据与 H 型钢挠度对比图（2009.10.28）

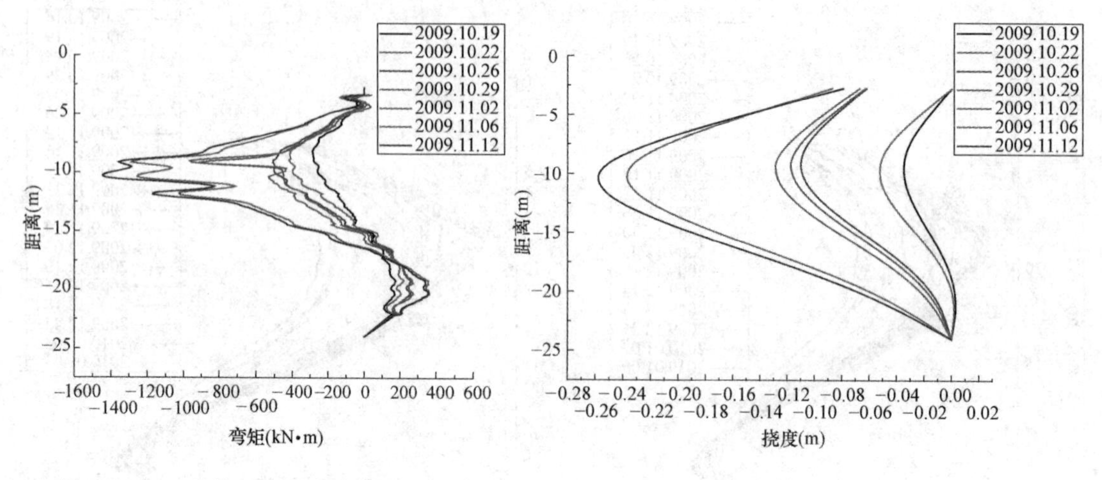

图 18.4-58 ⑥号 H 型钢桩身弯矩分布图

图 18.4-59 ⑥号 H 型钢桩身挠度分布图

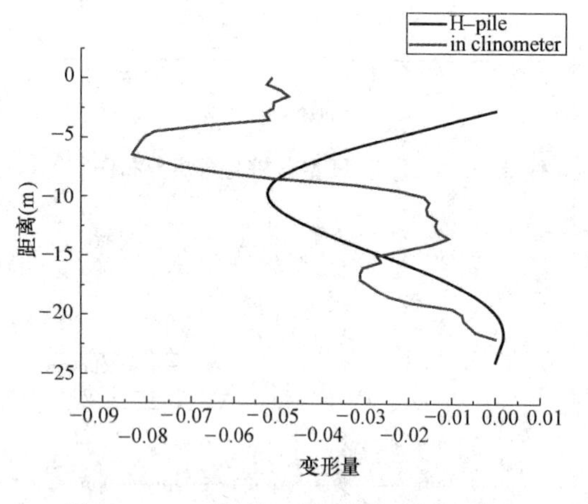

图 18.4-60 ⑥号 H 型钢挠度与测斜数据对比图（2009.10.28）

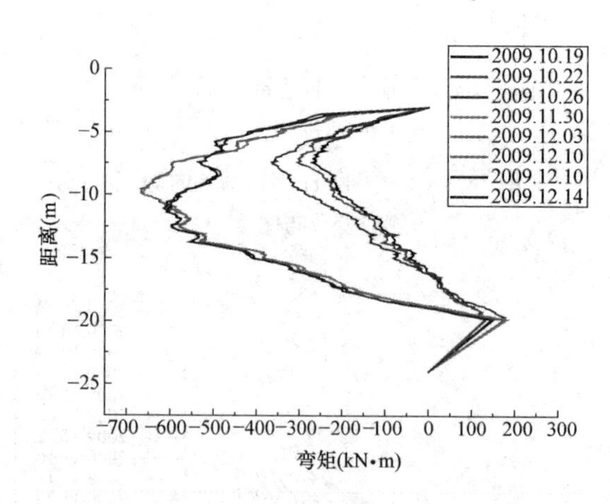

图 18.4-61 ⑨号 H 型钢桩身弯矩分布图

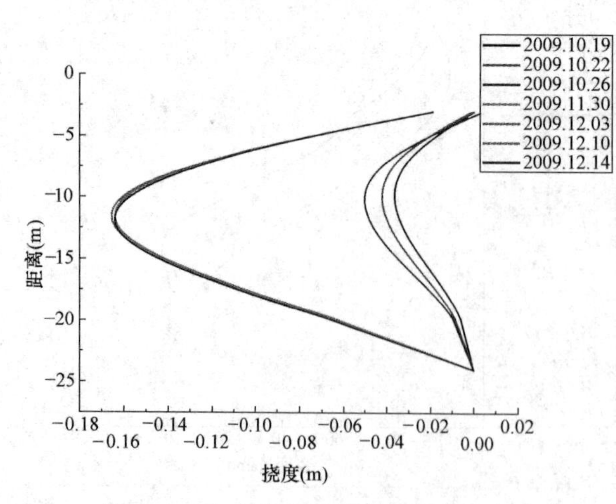

图 18.4-62 ⑨号 H 型钢桩身挠度分布图

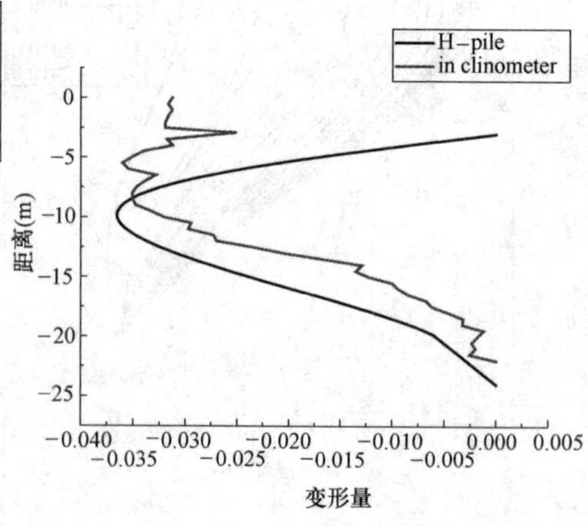

图 18.4-63 ⑨号 H 型钢挠度与测斜数据对比图（2009.10.28）

监测结果表明，④号桩受力区间和受力都比⑥号桩稍小，这因为在④、⑤号桩附近基坑只开挖了5～6m，比其他区域小，这说明光纤测量的结果真实地反映了现场情况。

从⑥号型钢弯矩、挠度图中可以看出，10月29日以后的测量数据在型钢10m左右处有一个突变，这说明型钢在此处有较大的变形，现场检查后发现⑥号桩的冠梁处出现了较大的裂缝，根据现场情况以及对监测数据分析，最后在⑥号桩下加了一道水平支撑用来保护桩体，避免了工程事故的发生，见图18.4-64。

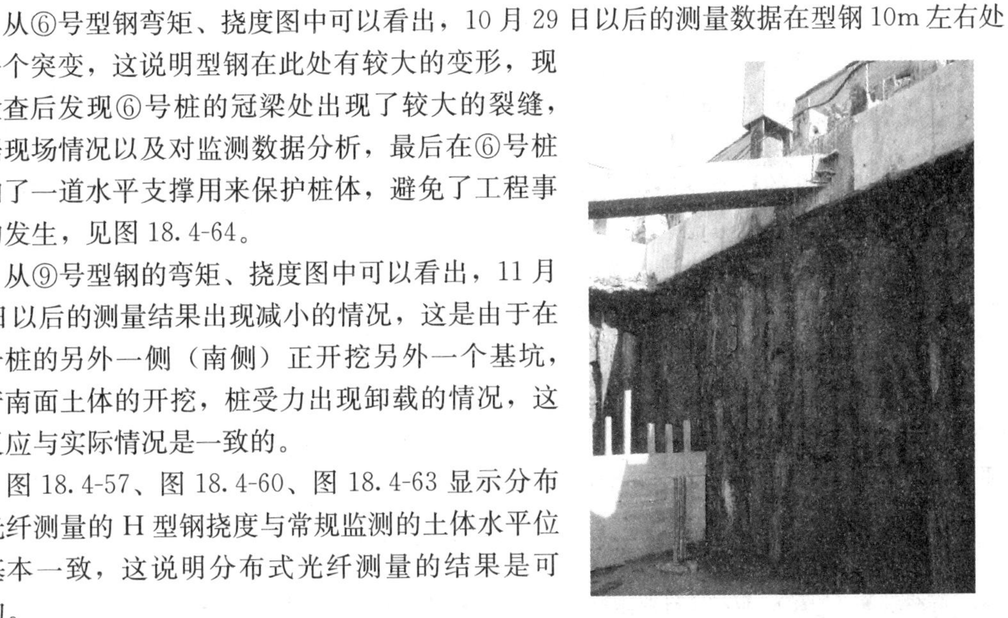

图18.4-64 ⑥号型钢附加水平支撑

从⑨号型钢的弯矩、挠度图中可以看出，11月30日以后的测量结果出现减小的情况，这是由于在⑨号桩的另外一侧（南侧）正开挖另外一个基坑，随着南面土体的开挖，桩受力出现卸载的情况，这种反应与实际情况是一致的。

图18.4-57、图18.4-60、图18.4-63显示分布式光纤测量的H型钢挠度与常规监测的土体水平位移基本一致，这说明分布式光纤测量的结果是可靠的。

采用光纤对结构工程进行监测是近年来新兴发展起来的新技术，本次现场监测结果表明采用分布式光纤对基坑支护的型钢桩进行监测是可行的，它与传统的监测手段与方法相比，具有监测数据连续，可以进行远程操作与控制，不受施工的影响和干扰等优点，当然在监测的操作与分析中仍然需要对该技术进行进一步的研究与完善。

18.5 结语

以上列举了许多桩基原则观测的工程实例，其目的在于介绍和比较这些工程中所采用的各种类型的观测方案和一起，以及其整理，分析和表达观测结果的技巧和方法，提供读者参考。

在已发表的资料中，以结合高层建筑进行的桩基原型观测较多。Hopper（1979）总结了这方面的资料后指出，真正能从原型观测获得可靠现场数据的看来还不多，大部分都像伦敦DASHWOOD大厦和西敏市特国家银行塔楼工程中那样，得到的资料不能令人满意。因而他建议，最近期内不应开展类似的埋设仪器的桩基原型观测。只有在总结经验并解决了目前存在的仪器困难后，才能进行比较复杂的现场观测。对于目前来说，重要的是测量桩基的沉降，因为它能以相当低的代价提供有关桩基性状的十分有价值的信息。所以应该有选择地进行桩基沉降研究，特别是对于那些只是为了减小沉降而设计的桩基。在这方面，应该十分注意水准标点和基准点的位置，以尽可能保证在整个施工期间能够获得全套完整而精确的沉降读数。只要有可能，还应测量地基土层的沉降，因为这能大大扩大桩基沉降读数的用途。在这些情况中，似乎应慎重地设置一个以上的分层沉降仪，以减少整理资料的困难。

对于被动桩基的原型观测，特别的对于岸坡上的码头桩基，目前还进行得不多。并且，已有的一些观测大多是在桩基施工完成后，由于附近大面积填土或堆载而发生问题时，才被迫进行，此时已难以再埋设仪器等，仅能对桩基（包括上部结构）和土体的位移和变形进行唯象的观测，并据之选择补救措施。

为了能使桩基原型观测工作顺利进行，根据过去观测工作中多获得的经验，提出以下建议：

（1）对于埋设的仪器类型，特别是对于它们在现场条件下的长期稳定和对环境因素的灵敏程度，应仔细加以考虑。

（2）在施工进行前，设计、施工和监测单位应对仪器的位置和埋设进行充分讨论，并取得一致意见，同时要做好仪器的保护工作。

（3）应仔细规划仪器的通道布置，最好能在设计和施工承包文件中明确，要保证这些通道完全通行。

（4）大部分现场工作的持续时间很长，应采取有效、合理的步骤以便在仪器的设计、埋设、维护和测读等方面保证工作人员的连续性。

参考文献

[1] 陈绪录等（1979）．群桩基础原体观测．南京水利科学研究院报告，编号土 7911.

[2] 陈强华等（1990）．高层建筑下桩-箱共同作用原位测试研究．岩土工程师，第 2 卷第 1 期.

[3] 何颐华等（1990）．高层建筑箱形基础加摩擦群桩的桩土共同作用．岩土工程学报，第 12 卷第 3 期.

[4] 魏汝龙（1979）．地基变形引起的码头损坏及其修复．水利水运科学研究，第 1 期.

[5] 魏汝龙（1982）．大面积填土对邻近桩基的影响．岩土工程学报，第 4 卷第 2 期.

[6] 魏汝龙（1985）．我国沿海软黏土特性及其工程问题，水利水运科学研究，第 3 期.

[7] 魏汝龙（1989）．桩基结构与土的相互作用．水利水运科技情报，第 3 期.

[8] 魏汝龙、屠毓敏（1990）．桩基码头与岸坡相互作用初步研究．国家自然科学基金资助水利学科大项目《岩土与水工建筑物相互作用》1989 年成果汇编.

[9] 魏汝龙，杨守华等（1991）．湛江港一区南码头二期工程离心模型试验初步报告．国家自然科学基金资助水利学科大项目《岩土与水工建筑物相互作用》1990 年成果汇编.

[10] 魏汝龙，杨守华，王年香（1992）．桩基码头和岸坡的相互作用．岩土工程学报，第 6 期.

[11] Cooke，R. W. et al. （1979），Jacked piles in London Clay：a study of load transfer and settlement under working conditions. Geotechnique. Vol. 29，No. 2.

[12] Cooke，R. W. （1981），Instrumented piles and pile group，Pile and Foundation，ed. by Young，F. E.

[13] Fellenius，B. H. （1971），Negative skin friction on long piles driven into clay. Proc. No. 25 SGI，Stockholm.

[14] Heyman，L. and Boersma，L （1961），Bending moments in piles due to lateral earth pressure. Proc. 5th ICSMFE，Vol. 2.

[15] Heyman，L. （1965），Measurement of the influence of lateral earth pressure on pile foundation. Proc. 6th ICSMFE，Vol. 2.

[16] Hopper，J. A. （1979），Review of behaviour of piled raft foundations. CIRIA Report 83.

[17] Leussink，H. and Wenz，K. P. （1969），Storage yard foundations on soft cohesvie solis. Proc.

7th ICSMFE, Vol. 2.

[18] Sommer, H. et al. (1985), Piled raft foundation of a tall building in Frakfurt Clay. Proc. 11th ICSMFE, Vol. 2.

[19] Vesic, A. S. (1970), Tests on instrumented piles, Ogeechoe River Site. Proc. ASCE, Vol. 96, No. SM2.

[20] Wenz, K. P. (1973) Large scale tests for determination of lateral loads on piles in soft cohesive soils. Proc. 8th ICSMFE, Vol. 2-2.

[21] Wei, R. L. (1981), Effect of surcharge on neighbouring pile foundation. Pro. 10th ICSMFE, Vol. 4.

[22] Wei, R. L. et al. (1986), Exporation for the cause of damage of a pile-supported pier. ASTM STP923.

[23] Wei, R. L. et al. (1986), Effect of pile driving in soft clay. Proc. Int. Conf. on Deep Foundation, Beijing.

[24] Wei, R. L. (1987), Soft clay along coast of China. China Ocean Engineering, No. 4.

[25] Wei, R. L. and Tu, Y. M. (1991), Preliminary study on interaction between pile-supported pier and bank slope. Proc. Int. Conf. on Centrifuge 91, Boulder.

[26] Wei, R. L. and Wang, N. X. (1992), Performance monitoring of a pile-supported pier. Proc. Int. Symp. on Soil Improvement and Pile Foundation, Nanjjing.

[27] Wei, R. L. and Yang S. H. (1992), Centrifuge model test of pile-supported piers. Proc. Int. Symp. on Soil Improvement and Pile Foundation, Nanjing.

[28] Wei, R. L., Yang, S. H. and Wang, N. X. (1992), Interaction between pile-supported pier and bank slope. China Ocean Engineering, No. 2.

[29] 赵维炳等(2005). CFG桩复合地基加固高速公路深厚软基技术研究. 南京水利科学研究院报告, 土05062.

[30] 何宁等(2011). 分布式光纤技术在基坑支护桩监测的工程应用. 南京水利科学研究院报告, 土12008.

第19章　桩基施工环境效应及对策

鹿　群（天津城建大学）
龚晓南（浙江大学滨海和城市岩土工程研究中心）

19.1　概述

“中华人民共和国建筑法”规定“施工现场对毗邻的建筑物、构筑物和特殊作业环境可能造成损害的，建筑施工企业应当采取安全防护措施”、“建筑施工企业应当遵守有关环境保护和安全生产的法律、法规的规定，采取控制和处理施工现场的各种粉尘、废气、废水、固体废物以及噪声、振动对环境的污染和危害的措施”。

桩基施工的环境效应主要表现在挤土桩的挤土问题以及锤击式沉桩的噪声、振动对周围建筑物及地下管线的影响，或非挤土灌注桩施工产生排污及环境污染的问题。近年来，由于桩基施工引起的工程事故、环境破坏以及经济和法律纠纷常见于各种报道及学术文集中。

桩基施工的环境效应，是环境土工学的一个研究分支，涉及土力学、工程地质学、桩基工程、测量学、结构力学等多门学科，十分复杂。目前还缺乏成熟的计算方法及合理的预警判据，所以很大程度上仍然依赖于工程经验，并且隐藏在经验之后的规律性仍然不甚明了。但同时实践也表明，若采取适合的对策，桩基施工的环境效应是可以预防和减小的，桩基施工引起的工程事故是可以避免的。

因此无论从安全、经济、科技进步和社会安定等角度考虑，深入系统地研究、掌握以及设法减小桩基施工对周围环境的影响都具有重要的意义。

本章将从理论和实践经验两方面阐述挤土桩的环境效应、锤击式沉桩施工对环境的影响、非挤土灌注桩施工对环境的影响的机理和影响因素、简化计算方法和防治对策。

19.2　挤土桩的环境效应

按成桩方法桩可分为三类：

（1）非挤土桩：干作业法钻（挖）孔灌注桩、泥浆护壁法钻（挖）孔灌注桩、套管护壁法钻(挖）孔灌注桩等；

（2）部分挤土桩：长螺旋压灌灌注桩、冲孔灌注桩、钻孔挤扩灌注桩、搅拌劲芯桩、预钻孔打入（静压）预制桩、打入（静压）式敞口钢管桩、敞口预应力混凝土空心桩和H型钢桩等；

（3）挤土桩：沉管灌注桩、沉管夯（挤）扩灌注桩、打入（静压）预制桩、闭口预应力混凝土空心桩和闭口钢管桩等。

由于桩身入土要排开一定体积的土体，所以必然会扰动附近的土层，改变其应力状态，并对桩区周围一定范围内的已有建构筑物及其基础、市政道路、管线以及已施工的桩等产生作用，即所谓的挤土桩的环境效应。

挤土桩、部分挤土桩的环境效应在松散土和非饱和填土中是正面的，会起到加密地基土体，提高地基承载力的作用；而在饱和黏性土地基中是负面的，主要环境效应有：

1）对周围建筑物、地下管线及相邻已施工桩基的影响：压桩时，桩周土层被挤密和挤开，从而使土体产生大量的垂直隆起和水平位移，如果位移受到阻碍，便会产生强烈的挤压应力，对周围建筑物、地下管线造成不同程度的损坏，造成已压入的桩上浮、桩位偏移和桩身翘曲，严重时使桩身折断。

打桩引起的挤土对环境影响范围较大，一般认为是桩长的0.6～0.8倍，或等于软土层厚度。某机械化施工公司在负责施工该省烟草公司综合大楼的桩基时（该桩基设计采用400mm×400mm×14.5m预制钢筋混凝土方桩共465根），为在打桩过程中对邻近房屋造成的影响作出定量分析，该公司对附近受影响的房屋设置33个观察点，结论是："距离原有建筑物15m以内打桩，对建筑物有明显影响；15～25m有一定影响；30m以外，基本没有影响"。

建筑物因打桩振动受损程度，随建筑物本身的结构状况、地质情况、打桩方式和距离施工场地的远近等而有不同。有实例表明：对被监测的陈旧的3层以下砌体结构房屋，影响距离为1.0～1.5倍桩入土深度；对被测的3～5层砌体结构房屋，影响距离为1.0～1.6倍桩入土深度；对被监测的5层以上浅基础房屋，为0.5倍桩入土深度。

2）对土体工程性质的影响：压桩过程中桩周土体被严重扰动和重塑，土的原始结构遭到破坏，土的工程性质有很大的改变。在透水性差的黏性土中沉桩时，桩周土体尤其在靠近桩体表面处将产生很高的超静孔隙水压力，其增值一般都会大于相应处的总应力增量，从而使有效应力减少。压桩结束后，桩周土体中孔隙水压力缓慢消散，土体再固结，可能使桩侧受到负摩阻力的作用，桩间土面下沉，造成承台与承台底土脱离，桩基工程设计时应充分考虑这一因素，以免过大估算复合基桩的竖向承载力。

研究表明：挤土桩对桩周土的挤密效用发生在桩顶之下一定范围内，且随深度增加挤密效用降低；静压桩对硬土的挤密作用优于软土，且桩端持力层由于受三维力的作用挤密效果强于桩侧土；沉桩附加应力对软弱土的挤密效果和影响范围均较弱；由于挤密效果与深部土的应力状态有关，沉桩在理论上存在一个临界深度问题，对此，工程界正在探讨之中。

3）与基坑开挖的关系：(1）打桩区附近开挖基坑时，由于侧卸载，常造成邻近基坑维护体系移动，以及桩本身向基坑方向移动。桩越密，基坑越深，影响越严重。(2）基坑工程本身大量卸载，由于大量桩打入地下，储存着的很大的挤压应力释放，工程桩本身会发生位移。移动方向往往与挖土方向一致。

研究表明：

(1）从桩边向外，表层土体竖向位移一般表现为：先向下，再迅速转为隆起，然后逐渐衰减为零。

(2）随径向距离的增加，土体水平位移呈指数形式减小。

(3）水平挤压应力沿径向呈对数形式衰减，影响范围大致在15d左右；竖向挤压应力沿径向也呈对数形式衰减，影响范围大致在 $5d$ 左右。

(4) 沉桩使上部和桩尖两侧土体水平应力增大，出现挤土现象；桩尖处则出现了灯泡状的水平应力减小区域，使进一步贯入成为可能；桩尖下部土体水平应力减小，但不明显。土体竖向应力场有类似规律。

(5) 单桩沉桩过程中，水平位移最大值发生在桩端以上大约 $10d$ 处。单桩沉桩产生的可测土体水平位移在桩端下 $10d$ 左右。

(6) 空心管桩压入地基后，很快形成土塞，进入管桩的土体很少。应根据具体工程情况，合理评价管桩减少挤土效应的作用。

(7) 挤土效应导致已压入桩：桩身上部受负摩擦力作用，降低承载力；桩身产生轴向拉力等。从而使已压入桩上抬、偏位、弯曲、开裂甚至折断等。

19.2.1 沉桩挤土机理及主要影响因素

1. 相关研究简要述评

挤土桩的环境效应是一个非常复杂的问题，涉及多方面的理论，如有限变形理论、摩擦接触理论、本构关系理论、固结理论、重力初应力场、压桩速率、土的工程性质（超固结比、敏感性）等。

自20世纪50年代以来，开始有人对挤土桩的环境效应进行研究，目前依然是研究的热点。主要的方法有现场实测和室内试验研究、理论分析和有限元数值模拟三种，本文简单介绍之，有兴趣的读者可查阅相关文献。

1) 实测和室内试验研究：即主要通过现场观测、模型槽试验、离心模型试验、土体结构试验等研究桩压入前后的桩周土体的位移、土中应力和超静孔隙水压力、桩周土体的强度以及微结构参数的变化。

现场试验反映的是真实情况，观测数据更加可信。但是，由于各个试验现场的条件差异很大，各种复杂的因素都会对最终的试验结果产生影响，因此现场试验中的结论有一定局限性，同时，现场试验成本较高，不能广泛开展。

模型槽试验结果依赖于其尺寸和采用的边界模型，具有以下不足之处：(1) 模型槽尺寸有限，在未对其结果作修正之前，无法应用于工程实际；(2) 在建立基于模型槽试验结果的关系式时，土体刚度常被忽略；(3) 一种土体中所得的模型关系式不能直接用于另一种土体；(4) 模型缩小后，土体自重的影响与实际情况不符，因此只能作为定性分析，而无法得到精确的定量成果。

相对于模型槽试验，离心模型试验能够很好地解决土体自重的模拟问题，因而其成果更可信，是一种较好的研究方法，有条件应优先采用。但该试验同样有尺寸受限问题，且成本较高。

2) 理论分析：用理论来研究沉桩引起的桩周土体的应力状态变化、孔压的产生和消散、桩周土体的强度变化、桩的极限承载力的变化以及沉桩挤土效应等现象由来已久，从20世纪70年代起，国内外在这方面做了不少工作。归纳起来，主要有以下3种方法：圆孔扩张理论、球形孔扩张理论、应变路径法。

下面简要介绍目前应用最多的圆孔扩张理论：

Butterfield Retal. (1968) 首先提出用平面应变条件下的柱形孔扩张来解决桩体贯入问题。为了利用弹塑性力学的理论，引进如下假定：

① 土是均匀的、各向同性的理想弹塑性材料。

② 土体是饱和和不可压缩的，

③ 土体屈服满足摩尔二库-伦强度准则，

④ 小孔扩张前，土体具有各向同性的有效应力，体力不计。

在无限土体中一个圆柱形孔扩张的简略示意图见图 19.2-1。

由于孔的扩张在周围土体中形成了一个半径为 R_p 的环形塑性区，其外是无限弹性区，扩张后，孔壁与土的界面作用着扩张压力 P_u。

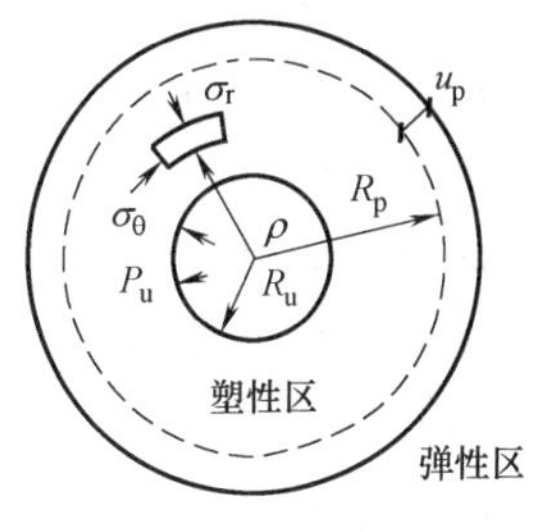

图 19.2-1 小孔扩张示意图

图中，R_p为塑性区半径；R_u为扩张孔半径（桩半径）；ρ为离扩张孔中心（桩轴）的距离；P_u为扩张压力；σ_r，σ_θ，σ_z为由挤土引起的径向、切向、竖向总应力；u_p为塑性区边界的径向位移；c_u为饱和软土的不排水强度。

可以推导得到离开扩张中心 ρ 处一点的平衡方程式：

$$\frac{d\sigma_r}{d\rho}+\frac{\sigma_r-\sigma_\theta}{\rho}=0 \tag{19.2.1}$$

在塑性区边界上满足 Mohr-Coulomb 准则：

$$\sigma_r-\sigma_\theta=2c_u \tag{19.2.2}$$

可解得（塑性区内）：

$$\begin{cases}\dfrac{\sigma_r}{c_u}=2\ln\dfrac{R_p}{\rho}+1\\ \dfrac{\sigma_\theta}{c_u}=2\ln\dfrac{R_p}{\rho}-1\\ \dfrac{\sigma_z}{c_u}=2\ln\dfrac{R_p}{\rho}\end{cases} \tag{19.2.3}$$

该方法有以下优点：(1) 将桩模拟为一维扩张问题，易于求解；(2) 由于求解的简单，可以考虑更复杂的土体模型以及大应变等其他方面；(3) 由于圆孔扩张理论所用的参数可为一般标准试验得到或间接得到，易于在工程中得到应用。

经典的圆孔扩张理论有一个致命的缺点，就是将一维的圆孔扩张解应用于桩体贯入这样一个三维问题，导致其解只与径向坐标 r 有关，而与坐标深度无关，并忽略孔壁摩擦力的影响。近年来，圆孔扩张理论在本构关系、屈服面模型、大小应变等方面都取得了较大进展，考虑了土体非线性弹性、应力历史的影响及塑性区的大应变等。

总体上讲，理论研究方法假定土体是均匀的，没有考虑土体的成层性和土体强度、弹性模量等随深度的变化，其应力场、位移场也是简单的叠加，同时也都没有考虑桩土之间的摩擦作用和地基的初始重力场作用，因而与实际情况有一定出入。同时，现在的理论研究主要针对的是单桩，对于群桩挤土的应力应变解析解则几乎没有，这与影响因素和边界条件过于复杂有关。目前一般将群桩按一定组合分区，将每个分区的桩近似为当量单桩，然后按单桩分析群桩的挤土。这种方法有以下缺点：(1) 忽略了桩施工的先后顺序对桩间土及已施工的桩的影响；(2) 用当量单桩的远场解代替群桩的近场解，缺乏充分的理论依据；(3) 回避了各分区内的单桩施工次序及施工速度的影响，其本质上仍是采用单桩的分析方法。

3）有限元数值模拟：在一定程度上能够考虑土体的本构关系、大变形和桩土的相互作用。但还存在如下的主要问题：计算精度严重依赖于本构模型的选用和参数的确定，在现有土工试验水平的基础下，常规的原状土的三轴应力应变关系尚不普遍，更不要说模拟受挤压后土体的本构关系了；群桩的挤土效应分析目前难以模拟。

2. 沉桩挤土机理

挤土桩成桩过程中产生的挤土作用，将使桩周土扰动重塑、侧向压应力增加，且桩端附近土也会受到挤密。非饱和土因受挤而增密，增密的幅度随密实度减小或黏性降低而增大。而饱和黏性土则因瞬时排水固结效应不显著、体积压缩变形小而引起超孔隙水压力，使土体产生横向位移和竖向隆起，致使桩密集设置时先打入的桩被推移或被抬起，或对邻近的结构物造成重大影响。因此，黏性土与非黏性土、饱和与非饱和状态，松散与密实状态，其挤土效应差别较大。一般来说，松散的非黏性土挤密效果最佳，密实或饱和黏性土的挤密效果最小。

1）黏性土中挤土桩的成桩效应

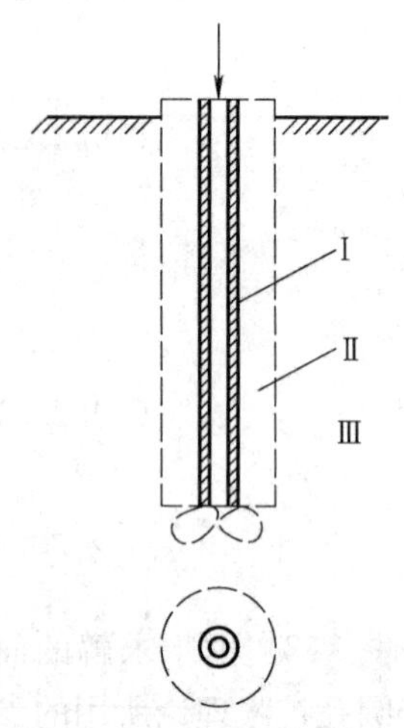

图 19.2-2 桩周挤土分区

饱和黏性土中挤土桩的成桩效应，集中表现在成桩过程使桩侧土受到挤压、扰动、重塑，产生超孔隙水压力及随后出现超孔隙水压力消散、产生再固结和触变恢复等方面。

桩侧土按沉桩过程中受到的扰动程度可分为三个区：重塑区Ⅰ、部分扰动区Ⅱ和非扰动区Ⅲ（Ⅰ区、Ⅱ区为塑性区，其半径一般为2.5～5倍桩径，Ⅲ区为弹性区），如图19.2-2所示。重塑区因受沉桩过程的竖向剪切、径向挤压作用而充分扰动重塑。

沉桩引起的超孔隙水压力在桩土界面附近最大，但当瞬时超孔隙水压力超过竖向或侧向有效应力时便会产生水利劈裂而消散，因此成桩过程的超孔隙水压力一般稳定在有效自重压力范围内。沉桩后，超孔隙水压力消散初期较快，以后变缓。

由于沉桩引起的挤压应力、超孔隙水压力在桩土界面最大，因此，在不断产生相对位移、黏聚力最小的桩土界面上将形成一“水膜”，该水膜既降低了沉桩贯入阻力（若打桩中途停歇、水膜消散，则沉桩阻力会大大增加），又在桩表面形成了排水通道，使靠近桩土界面的5～20mm土层快速固结，并随静置和固结时间的延长强度快速增长，逐渐形成一紧贴于桩表面的硬壳层（图19.2-2Ⅰ区）。当桩受竖向荷载产生竖向位移时，其剪切面将发生在Ⅰ、Ⅱ区的交界面（相当于桩表面积增大了），因而桩侧阻力取决于Ⅱ区土的强度。由于Ⅱ区土体强度也因再固结、触变作用而最终超过天然状态，因此，黏性土中的挤土效应将使桩侧阻力提高。

值得一提的是，虽然挤土塑性区半径与桩径成正比增大，但桩土界面的最大挤土压力仅与土的强度、模量和泊松比有关。因此，桩周土的压缩增强效应是有限的，挤土量达到某一临界值后增强效应不再变化。

2）砂土中挤土桩的成桩效应

非密实砂土中的挤土桩，桩周土因侧向挤压使部分颗粒被压碎及土颗粒重新排列而趋于密实。在松散至中密的砂土中设置挤土桩，桩周土受挤密的范围，桩侧可达 3～5.5 倍桩径，桩端下可达 2.5～4.5 倍桩径。对于群桩，桩周土的挤密效应更为显著。因此，非密实砂土中挤土桩的承载力增加是由打桩引起的相对密实度增加所造成的。

3）饱和黏性土中挤土摩擦型桩承载力的时间效应

饱和黏性土中挤土摩擦型桩的承载力随时间而变化的主要原因在于：

1）沉桩引起的超孔隙水压力在沉桩挤压应力下消散，导致桩周土再固结，其强度随时间逐渐恢复（甚至超过原始强度）；

2）沉桩过程中受挤压扰动的桩周土，因土的触变作用使被损失的强度随时间逐步恢复。

研究表明，在土质相同的条件下，饱和黏性土中挤土摩擦型桩承载力随时间的增长幅度，无论是单桩还是群桩，均与桩径、桩长有关，桩径愈大、桩愈长，增幅愈大，且前期增长速率愈大，趋于稳定值所需的时间也愈长。与独立单桩相比，群桩由于沉桩所产生的挤土效应受桩群相互作用的影响而加强，土的扰动程度大、超孔隙水压力更大，因此，群桩中单桩的初始承载力及初期增长速率虽然都比独立单桩低，但其增长延续时间长、增长幅度大，且群桩中桩愈多，时效引起的承载力增量愈大。

3. 沉桩挤土主要影响因素

沉桩对周围环境影响程度取决于沉桩数量、布桩密度、沉桩速率、桩入土深度、土质情况、桩大小及打桩点距建筑物的距离、沉桩的施工方向等。

（1）压入地基土体中桩的体积越大，挤土效应越大。所以，沉桩数量越多、布桩密度越大、桩入土越深、打桩点距建筑物的距离越近，则沉桩挤土效应越明显。

（2）沉桩的施工方向对挤土效应影响显著，在迎着和背着打桩顺序的方向上，与打桩距离相等的 2 个地面土体的隆起和位移相差可达 1 倍至数倍。

（3）沉桩速率包括每天的打桩数量和每一根桩的入土速率。沉桩速率越高，超孔隙水压力的增长也就越快，影响也越严重。

（4）桩土模量比对土体位移场影响较大，模量比较大时，产生的土体位移场较大。当土体较硬，即桩土模量比较小时，地表土体竖向位移表现为隆起，而随土体变软（即模量比增大），地表土体下沉，土越软，下沉量越大。

（5）土体剪胀性对静压桩挤土效应有较大影响。随剪胀性的增强，土体水平位移明显增大，竖向位移增大，土体的水平挤压应力也变大。

（6）地基土泊松比较大者，其产生的位移相对较大。

（7）桩土间摩擦对土体位移场，特别是对竖向位移，有较大影响。桩土间摩擦越小，土体水平位移相对越大。摩擦较小时，土体竖向位移在紧贴桩边处隆起，然后很快衰减到 0 值以下，又缓慢上升至远桩处的向上的隆起。摩擦较大时，土体竖向位移近桩处均表现为下沉，然后缓慢上升至远桩处的向上的隆起。摩擦越大，土体下沉越多。这是由于摩擦越大，桩土间产生相对滑动越困难，土体受桩的向下的拖带作用越大。

（8）现场实测及有限元模拟均表明：压桩过程是静压桩挤压土体和桩机压土的共同作用的动态变化过程，静压桩机作用于土体所形成的位移场以及其对土体位移的约束作用不可忽略。通常采用的不考虑桩机作用的轴对称力学模型，不能准确地反映实际情况。而对锤击桩而言，机架较轻，其影响可忽略不计。

19.2.2 土体位移简化计算方法

这个估算水平位移和竖向位移的简易方法是根据挤土量与排水量体积相等的原理，以及许多实际工程实测结果总结得到的。

根据无限长圆柱形小孔扩张的理论，可按平面问题考虑。如图19.2-3所示，小孔扩张的桩体截面积F_1必等于打桩引起土体扩张面积F_2，桩截面$F_2=\pi r^2$（群桩情况可按桩总面积与桩群中心为小孔中心换算为当量单桩面积）。离小孔中心半径为ρ的边界面将会发生Δ的位移，由$F_2=\pi[(\rho+\Delta)^2-\rho^2]=F_1$，可以得到

$$\Delta=\sqrt{\rho^2+r^2}-\rho \tag{19.2.4}$$

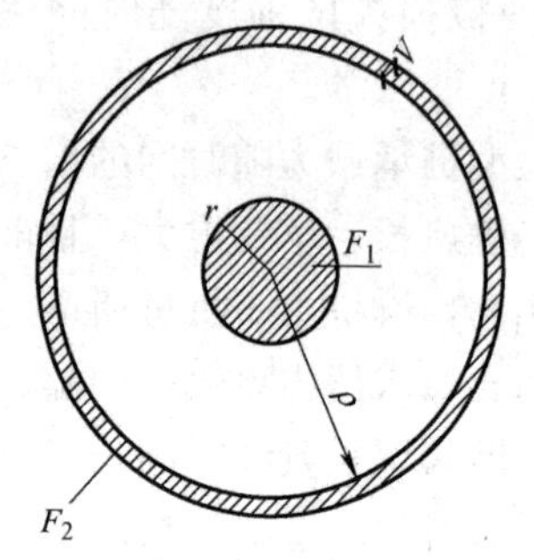

图19.2-3 桩土体积等代关系

故实际水平向和竖直向位移量可分别表示为

$$\Delta_H=K_1K_2K_3\Delta \tag{19.2.5}$$

式中：K_1为挤土系数，上海地区可取0.70～0.95；K_2为挤土分配系数，可取为0.50～0.80；K_3为水平向位移分配系数，约为2/5～3/5。

由式（19.2.4），式（19.2.5）可以求出任一位置的水平向和竖直向位移分量，反之，也可以根据一定的标准和要求，确定沉桩的影响范围。例如，上海市政部门对各类管线位移规定的许可值如表19.2-1所示。而对于桩区周围的建筑物可用墙体材料相对挠度$\varepsilon=\Delta/L$作为其受沉桩挤土影响的评价标准，表19.2-2列出了各种墙体材料的最大许可挠度值，根据该值就可预测建筑物在沉桩过程中的危险性。

管线位移许可值（mm）

表19.2-1

管线名称	容许垂直位移	容许水平位移
雨水管	50	50
上水管	30	30
煤气管	10～15	10～15
隧道	5	5

各种墙体材料最大许可相对挠曲

表19.2-2

材料	ξ
砌体	0.02%
素混凝土	0.03%
钢混凝土	0.05%

估算实例：打4根钢筋混凝土预制桩，桩截面400mm×400mm，间距2.5m，长30m，估算桩周挤土影响值。先计算当量单桩面积$F_1=4\times0.4\times0.4=0.64\text{m}^2$。由于预制桩为排土桩，故取$K_1=0.90$，$K_2=0.80$，$K_3=2/3$，计算结果如表19.2-3所示。

打桩影响范围 **表19.2-3**

F_1/π	ρ	$\Delta=\sqrt{\rho^2+\frac{1}{\pi}F_1}-\rho$ (mm)	$\Delta_H=K_1K_2K_3\Delta$ (mm)	$\Delta_V=K_1K_2(1-K_3)\Delta$ (mm)
0.204	6.5	20	9.6	4.8
	21.45	5	2.4	1.2
	23.4	4.4	2.1	1.06
	38.6	2.7	1.3	0.65

实测结果表明，计算结果是可靠的。因此，用这个简易方法，可以预测土体位移，评价管线及建筑物的危害性，在实际工程中有一定的应用价值。

19.2.3 成层地基中挤土桩的挤土效应

实际工程中的地基很多情况是软硬交错的成层土，存在硬壳层或夹硬层，因此基础桩的施工要穿越不同的土层。近年来大量工程实践中出现了许多问题，尤其是软硬土层交界处土体位移、应力变化剧烈，挤土桩易在此处开裂、弯折。

一些学者（Poulos（1994），唐世栋（2004），许朝阳（2000），鹿群、龚晓南（2007）等）对成层土中挤土桩的挤土效应进行了研究，主要有以下结论：

1. 对土体应力场和位移场的影响

（1）饱和土体泊松比接近0.5，压桩过程近似于不排水过程，体积变化很小。较硬土体在桩的挤压作用下，由于其水平向受到的是同样较硬土体的较强约束，而竖向则是较软土体的较弱约束，因此，较硬土体会向位于其上、下的较软土体中“挤进”。这种“挤进”作用越靠近桩边越显著，随距桩距离的增大而减弱至零。

（2）软硬土层交界处，土体水平位移发生骤变，要明显大于均质土情况时的水平位移。

（3）软硬土层交界处，土体水平挤压应力发生应力间断，硬土层的挤压应力要大于软土层的挤压应力，软、硬土层的模量相差越大，则挤压应力的差值越大。这种应力间断将使先期已压入桩的侧面受力发生骤变，是很不利的。

（4）硬土层的挤压应力随其深度的增加而增大，水平挤压应力的最大值出现在硬土层中部。因此，硬土层的深度较深时，其危害要更大些。

（5）由于以上原因，不同土层分布情况下，会产生不同的位移场和应力场。

2. 对已压入桩的影响

（1）上部有硬土层时，因其对桩上部的嵌固作用更强，桩身拉应力要明显大于均质软土情况。

（2）存在夹硬层时，在桩身两侧均出现拉应力，对桩体很不利。说明夹硬土层可能会造成桩身反复挠曲，反复挠曲容易使桩身折断。同样因为夹硬层对桩体的水平嵌固作用更强，桩身拉应力也要大于均质软土情况。若出现多个夹硬层时，情况就更为不利。

（3）持力层为硬土层时，桩身最大拉应力明显加大。从这一点看，持力层为硬土层是很不利的。

19.2.4 防治对策

减少沉桩挤土效应可根据实际情况从两个方面进行综合考虑：一是减少桩的排土体积；二是缩短水的排放路径，使沉桩引起的超静孔隙水压力得以及时扩散。

在设计阶段、施工前和施工期间可采取多种减小挤土效应的工程措施。只要综合应用下述措施，精心设计、精心施工、特别是实行信息化施工，可有效控制软土地基中压桩施工的挤土效应及其对周围环境的影响。

1. 设计阶段的工程措施

设计阶段考虑减小挤土效应的工程措施是一种主动措施，十分重要，也很有效。在设计阶段可采取的工程措施主要有：

（1）应详细了解周边环境，包括地下管线，市政道路及建筑物情况，初步分析静压桩施工挤土效应可能对周边环境产生的不良影响。

（2）根据工程地质条件和桩基设计，初步估算挤土桩施工可能造成的土体位移情况。

如采用前面提到的上海市市政工程管理局编制的《软土市政地下工程施工手册》中给出的简单计算公式对水平位移和垂直隆起进行估算。

（3）根据具体工程条件尽可能通过增加桩长或采用大直径桩，以提高单桩承载力，减少桩的数量，减小平面布桩系数，从而减小挤土效应。

根据圆孔扩张理论，在饱和软黏土中压桩：1）塑性区开展范围与桩径呈线性增加关系。采用长细桩有利于减小塑性区的叠加；2）$E/C_u \leqslant 160$ 时，桩距 $S=6\sim8R$，$E/C_u>160$ 时，桩距 $S=8\sim12R$ 较合适。

建议在 $E_p/E_s<500$ 的地区打桩时，应考虑沉桩的难易性。要适当考虑桩土共同作用，减少桩数，以利增大桩距。在该类地区进行桩基设计时，宜选用钻孔灌注桩或预钻孔送桩。

其中，E 为土的变形模量；C_u为土的不排水抗剪强度；R 为桩的半径；E_p 为桩的弹性模量；E_s为土的压缩模量。

（4）有条件尽可能采用空心桩代替实心桩，减小挤土效应。

（5）必要时可采用非挤土桩，如钻孔灌注桩或人工挖孔代替静压桩，消除挤土效应。

（6）在挤土桩设计中应提出在施工阶段减小挤土效应的工程措施及测试要求。

（7）预制桩的接桩位置尽量避开软硬土层交界处。

2. 压桩施工前的工程措施

根据需要可在压桩施工前采取下述措施，以减小压桩挤土效应：

（1）设置应力释放孔

研究表明，在桩位之间预钻孔，可有效释放挤土桩压桩过程产生的压力，减小挤土效应。在需要保护的地下管线或建筑物一侧设置一排应力孔，可有效减小挤土效应的影响。预钻孔数量根据布桩量和平面布桩系数确定，并可根据现场监测情况调整。

（2）设置防挤槽

在压桩区和要保护的建（构）筑物之间开挖防挤槽，其与桩长的关系如图 19.2-4 所示。

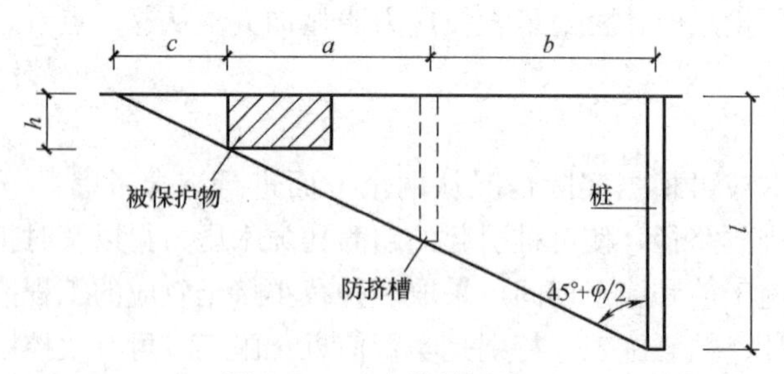

图 19.2-4 防挤槽示意图

a——防挤槽中心到保护对象边缘的距离；

b——防挤槽中心到桩中心的距离。

关系式为：$$H\geqslant h\left[1+\frac{a}{l\cdot\tan(45°+\varphi/2)-a-b}\right] \quad (19.2.6)$$

式中，l 为桩长；h 为保护对象的埋深；φ 为土体内摩擦角；

也可在槽内回填砂或者其他松散材料，这种防挤槽对于减少地基浅层的位移效果较好，用于浅埋管线的保护很好。防挤槽应挖通，否则会引起应力集中，影响路面和地下管线的安全。防挤槽和应力释放孔可同时使用。

（3）设置排水砂井或塑料排水带

在打桩区的四周或者群桩之间，设置排水砂井或塑料排水带。袋装砂井直径宜为70～80mm，间距宜为1.0～1.5m，深度宜为10～12m；塑料排水板的深度、间距与袋装砂井相同。在挤土桩施工过程中，地基土中产生超孔隙水压力，此时，土中水可通过砂井或排水带板排出地面，土体排水固结，体积减小，可有效减小挤土桩形成的挤土效应。

工程实测发现，砂井对孔隙水压力的减压作用平均达40%左右，在孔隙水压力出现峰值时，作用发挥得最好可减压50～60kPa，一般情况下可减压10～20kPa。在桩区内打设1～2排砂井，可使地面水平位移减少1～2cm。排水砂井对消除孔隙水压力效果显著，塑料排水板效果一般。

（4）对重要管线和建筑物地基进行加固托换。

3. 压桩施工期间的工程措施

在压桩施工期间采取下述工程措施可有效减小挤土效应：

1）控制打桩速率

在软土地基中，压桩施工进度快，地基土体中孔隙水压力值增加快，土体抗剪强度降低明显，地基土体的变形值大，而且扩大了超孔隙水压力和地基变位的影响范围，所以压桩施工应严格控制每天压桩的数量。控制打桩速率，减慢压桩速度目的是使压桩挤土引起的超孔隙水压力有时间消散。超孔隙水压力消散可有效减小挤土效应。特别是沉桩后期，由于土体也已接近不可压缩，沉桩的速率对土体的位移特别敏感，应严格控制速率及间歇时间，或者采用其他办法。

实际打桩过程中，可根据现场测试，控制每天的沉桩根数。如发现位移量较大，则减少沉桩根数或停止沉桩1～2天。合理控制打桩速率，控制土体位移。

2）合理安排打桩顺序

在各种防治措施中，合理的压桩顺序是最经济实用的。

压桩顺序宜根据场地工程地质条件确定，并应符合下列规定：

（1）对于场地地层中局部含砂、碎石、卵石时，宜先对该区域进行压桩；

（2）当持力层埋深或桩的入土深度差别较大时，宜先施压长桩后施压短桩。

在小范围内连续快速压桩的挤土效应最强。应尽量间隔距离压桩，尽量减小挤土效应的叠加。另外，由于先期压入桩的遮帘作用，压桩的流水施工方向对减小挤土效应有较好的效果。背着保护对象压桩比对着保护对象压桩的挤土效应要小得多。

为避免某一侧的地下管线，市政道路或建筑物受影响而产生移动，可以按从这一侧向另一侧的顺序压桩。

如果有些工程四周都有被保护对象，或四周都没有被保护对象，则压桩顺序原则上从中心向外围进行，即先从中心施压中部桩，最后向外围施压四周最外侧桩。这样安排的好处是中部桩施工后有较长的时间释放挤土应力和向外排水，可减少已沉入桩的上浮、偏位的可能性。

3）钻孔取土和取土植桩

由于浅层挤土效应比较明显，因此可采用钻孔取土来减小挤土效应。预钻孔孔径可比桩径（或方桩对角线）小50～100mm，深度可根据桩距和土的密实度、渗透性确定，宜为桩长的1/3～1/2；施工时应随钻随打。此方法可以有效减小压桩过程中地基土的挤压应力。当桩长在30m以内时，钻孔取土对减小挤土效应的作用非常明显，对保护地基浅层的管线相当有利。当设计要求或施工需要采用引孔法压桩时，应配备螺旋钻孔机，或在压桩机上配备专用的螺旋钻。当桩端持力层需进入较坚硬的岩层时，应配备可入岩的钻孔桩机或冲孔桩机。

对保护地下管线的预引孔需结合土层条件来考虑，地下管线的埋深一般地面下2m内，若管线之下有较厚的硬土层（如粉质黏土），能有效地约束软黏土的位移，则钻孔深度只需达管线下3～5m，若无硬土层，管线下部为厚淤泥质土层，则钻孔需深达10多米深。这是由于在桩的周围，浅层土的位移大于深层土，浅层土又以竖向位移为主，而深层土主要是侧向位移。

除钻孔取土外还可采用取土植桩。取土植桩是将预制钢筋混凝土桩或钢管桩，用预钻孔或中掘（在管桩内挖土）等方法进行沉桩后，再采取静压，对桩端进行固根，以增强承载力。本法与钻孔取土法的主要区别在于钻孔深度较深。

4. 挤土桩与基坑施工的关系

1）宜先施工深基坑中的挤土桩，再施工基坑的围护桩

为保证施工质量，工程桩的送桩深度不宜过大，因此，在开挖土方时，截下来的余桩比较多，为此，有些工程先做基坑的围护桩，然后开挖土方，再在基坑内沉桩。或者为了赶工期，边做围护结构边沉桩。这样的施工顺序会导致下列三个问题：一是沉桩引起严重的挤土，由于基坑四周有封闭的围护结构，土体难于扩散，压迫围护结构，严重的可以将围护结构挤斜甚至挤坏，降低甚至破坏基坑围护结构挡土止水的效果；二是会使基坑土体内的孔隙水压力陡增范围扩大且难于消散，待日后开挖基坑时，开挖处就成为孔隙水压力消散的最佳去处，导致四周土体及围护桩向基坑内倾斜；三是在这种环境下沉桩，先打的桩很容易被后打的桩挤上来，造成桩体上浮，桩的承载力达不到设计值。如果深基坑四周是采用自然放坡形式，那么先挖土后沉桩也是可以的，但应加强对边坡的监测并采取有效措施保持边坡稳定，否则，也会引起边坡的倒塌，危害基坑附近的建筑物及市政设施。

值得一提的是，先施工围护桩后施工工程桩也不是绝对不行的，但要根据具体工程的岩土工程条件，采取切实可行的办法（例如预引孔）。

2）基坑开挖

若桩基施工引起超孔隙水压力，宜待超孔隙水压力大部分消散后开挖基坑。

挖土应均衡分层进行，对流塑状软土的基坑开挖，高差不应超过1m。

5. 加强监测，实行信息化施工

监测主要包括地面沉降或隆起的测量，地基土体深层水平位移，已放置桩的竖向和水平位移，以及对邻近建筑物、地下管线等的观测、监护。通过在挤土桩施工过程中对土体位移的监测，控制打桩速率，判断是否需要增加应力释放孔，以及采取其他减小挤土效应的措施。

当桩较密集，或地基为饱和淤泥、淤泥质土及黏性土时，在压桩施工过程中应对总桩数10%的桩设置上涌和水平偏位观测点，定时检测桩的上浮量及桩顶水平偏位值，若上涌和偏位值较大，应采取复压等措施。

目前我国尚未颁布沉桩监控技术标准，根据华东沿海城市的压桩经验总结以下原则，可供参考：(1) 减少日压桩数的标准。防护对象基础测点隆起量连续两天达到3mm/d或当日达到5mm，或离桩位5m处土体水平位移量连续两天达到5mm/d。(2) 停止压桩施工的标准。防护对象基础测点累计隆起量超过10mm，或离桩位5m处土体水平位移日增量达到10mm/d。(3) 恢复沉桩施工的标准。防护对象基础测点累计隆起量减小到10mm以内，或离桩位5m处土体水平位移日增量小于2mm/d。

19.3 锤击式沉桩施工对环境的影响

锤击式沉桩产生的振动能够扰动附近土层，激发土体内的孔隙水压力，破坏土体的天然结构，改变土体的应力状态和动力特性，造成土体强度降低使周围一定范围内的建筑物基础和地下设施产生不均匀沉降，从而引起这些建筑物开裂、倾斜甚至破坏，道路路面损坏和地下管线爆裂等灾难性后果。

振动还可能引起周围的人感觉不适甚至影响人的健康。人的反应与地面质点速度之间的关系大致可以分为可感（0.2～0.5cm/s），感到显著（0.5～0.97cm/s），不适（0.97～2.0cm/s），感到骚扰（2.0～3.3cm/s），反感（3.3～5.08cm/s）等几个数量级。

19.3.1 锤击式沉桩产生的振动

1. 锤击式沉桩产生的振动的传布规律

工程地基土是半无限体的非完全弹性介质，沉桩施工时产生的振动，在地基中产生波动，并向周围土层扩散传播。在地基土体中传播的振动可近似按弹性波处理，分为体波和表面波两大类。体波包括纵波（压缩波）和横波（剪切波）。在地基假设为弹性半空间的情况下，表面波为瑞利波。三种波占总输入能量的百分比依次为：面波67%，剪切波26%，压缩波7%。由于表面波占了振动总输入能量的三分之二，以及表面波随着距离增加而衰减（属r^{-1}级的衰减函数）要比体波的衰减（属r^{-2}级的衰减函数）慢得多的特性，所以在离振源较远的一定距离内，表面波的影响是主要的。

沉桩施工中所引起的地基土的振动包括有五个振动参数：振幅A，质点速度V，质点加速度a，频率f，波的传播速度v。产生的振动在垂直方向和两个水平方向同时存在。但在振动频率较低的地基土中，垂直振动要比水平振动更容易感受到，且引起的危害更大。

在离沉桩点以外一定范围内，振动弹性波的传布有下列规律：

1) 振动频率f和振动周期T

振动时引起的桩身振动属衰减性的自由振动，桩的自振频率主要受桩尖所在处土层性质的影响，与桩的入土深度关系不大。而桩的振动周期，随着桩的入土深度的增加不仅未减小，有时甚至稍有增加。一般沉桩时的振动周期T为一常数。

$$T=2\pi\cdot\sqrt{M_p/K_z}\ (\mathrm{s}) \tag{19.3.1}$$

式中 M_p——桩的质量，$M_p=G_{桩}/g$ (kg) ($\mathrm{kg\cdot s^2/cm}$)；

K_z——地基土的弹性阻力系数（kN/cm）。

当沉桩入土深度较浅时，地面振动波的周期较短，随着入土深度的增大，地面处振动波的周期呈延长趋势，且随着离振源的距离增加而稍有延长，并有接近某一固定周期的趋势。一般沉桩振动引起的地基土体的振动周期约为0.1～0.14s，振动频率约为10～7Hz。

2）振动强度与沉桩能量的关系

桩锤冲击能量的大小是影响地基土体振动强度的主要因素之一。地基土体的振动强度随着桩锤能量的增大而相应增大。

最大振幅比比较表 **表 19.3-1**

打入土层	振动分量	$\frac{A_{max}(1.0)}{A_{max}(2.0)}$		$\frac{A_{max}(4.0)}{A_{max}(2.0)}$		$\frac{A_{max}(6.0)}{A_{max}(2.0)}$		$\frac{A_{max}(8.0)}{A_{max}(2.0)}$		$\frac{A_{max}(10.0)}{A_{max}(2.0)}$	
		$\bar{x}$	σ	$\bar{x}$	σ	$\bar{x}$	σ	$\bar{x}$	σ	$\bar{x}$	σ
砾石和碎石	水平 x 向	0.67	0.12	1.33	0.21	1.51	0.27	1.71	0.33	1.79	0.27
	垂直 z 向	0.71	0.07	1.28	0.16	1.46	0.24	1.67	0.28	1.92	0.29
	水平 y 向	0.75	0.14	1.21	0.15	1.32	0.26	1.54	0.23	1.65	0.00
中等颗粒砂	水平 x 向	0.70	0.10	1.25	0.09	1.49	0.14	1.67	0.05	1.75	0.11
	垂直 z 向	0.70	0.04	1.27	0.06	1.46	0.11	1.64	0.12	1.68	0.17
淤泥质黏土	水平 x 向	0.76	0.10	1.14	0.03	1.33	0.09	1.41	0.15	1.57	0.21
任意土层	水平 x 向	0.69	0.12	1.30	0.19	1.48	0.24	1.65	0.31	1.71	0.24
	垂直 z 向	0.71	0.06	1.27	0.13	1.46	0.21	1.65	0.26	1.78	0.27
	地面振动(不计方向)	0.70	0.10	1.28	0.17	1.47	0.24	1.65	0.30	1.69	0.26
	建筑物振动(不计方向)	0.70	0.11	1.32	0.18	1.48	0.19	1.67	0.26	1.85	0.22
	地面和建筑物振动(不计方向)	0.70	0.10	1.29	0.17	1.47	0.23	1.65	0.29	1.74	0.26

沉桩施工中在不同测点所测得的各项最大振幅比通常为常数。表 19.3-1 为捷尔斯在不同土质时，以桩锤落距 $H_{锤}=2\text{m}$ 为标准高度，对每一个测点标出比值 $A_{max(1)}/A_{max(2)}$，再经统计分析得到该比值的平均值$\bar{x}$和标准离差 σ（波传播水平 x 向分量、垂直于传播方向的水平 y 向分量、垂直 z 向分量）。

值得注意的是对地面振动和建筑物振动分别进行测定时，其变化规律也无明显差异。应当指出，上述关系是在沉桩阻力较大的土层情况下测得的。当桩沉入软土层时，最大振幅并不随沉桩能量的增加而增加，有时甚至反而减小。

采用不同沉桩方法所引起的土体质点垂直方向峰值速度 V 与振源处能量和离振源的距离有如下近似关系：

$$V=1.5\frac{\sqrt{E_0}}{r}\ (\text{mm/s}) \tag{19.3.2}$$

式中 E_0——振源能量（J）；

r——离振源的距离（m）；

V——土的质点峰值速度。

从上式可知，土的质点振动速度与离振源的距离成反比，与沉桩能量的平方根成正比。所以减小沉桩能量对减小振动影响的效果不大，主要是传播距离的影响。

沉桩能量与土的振动加速度之间的关系类同于土的质点振动速度。

3）振动强度与地基土体阻力的关系

振动弹性波传播的力学特性表明，控制桩锤能量传播的最重要因素是地基土体抵抗桩贯入下沉的阻力，尤其是桩尖处土体。当沉桩能量不变时，桩下沉的贯入度愈小，则传递到地基土中的振动能量就越大，而在桩快速下沉中，大部分能量将消耗在桩的贯入下沉过程中。由于桩下沉时的贯入度大小取决于地基土体阻力，因此沉桩阻力的大小也可衡量预期的振动强度及二者关系，见图 19.3-1。试验资料表明，桩沉入硬持力层时，不仅振动的振幅 A_{max} 较高，而且振动频率也较高。当桩贯入至黏土层时，振动振幅 A_{max} 会变小，而且主要是低频振动。

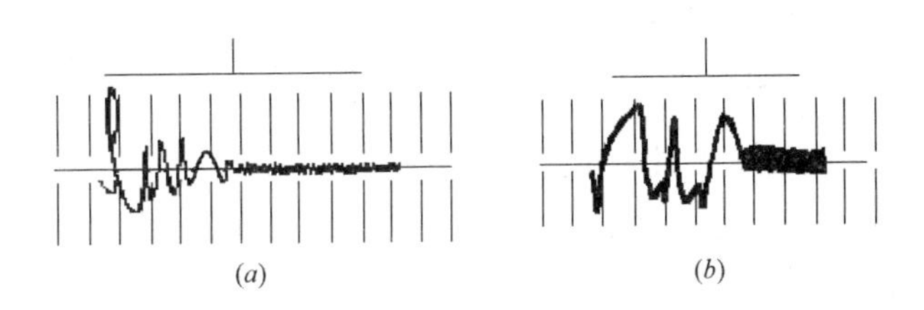

图 19.3-1 法兰克桩落距 6.2m，距桩 21.5m 处地面振动 x 方向振幅-时间关系

(a) 桩打入碎石；(b) 桩打入软土

4) 振动强度（振幅、振动加速度、质点振动速度）随距离的衰减关系

沉桩引起的地基土振动一般按振动振幅的衰减与距离的平方根成比例的抛物线形式向四周传播衰减。同时振动振幅的衰减与地基土的成层状态、土的弹性常数以及土的振动周期、桩锤的作用频率有关。一般情况下，振动强度的衰减量与振动频率成正比。

(1) 振幅的衰减

如图 19.3-2 所示，当桩长为 L、桩的当量半径为 r_0 时，在距振源（桩尖处）很近的范围内，以纵波和横波为主，以 r^{-2} 的规律传播；当距振源的距离增加到 r_R（$r_R = r_0 + 2L \sim r_0 + 3L$）时，有瑞利波出现，并以 r^{-1} 的规律传播。

能耗衰减系数 η 可表示为

$$\eta = f(\omega) \cdot m \ (1)$$

故当 $r < r_R$ 时，土体中竖向分量振幅衰减关系为

$$A_r = A_0 \frac{r_0^2}{r^2} e^{-f_1(\omega) m_1 (r - r_0)} \tag{19.3.3}$$

当 $r \geqslant r_R$ 时

$$A_r = A_R \sqrt{\frac{r_R}{r}} e^{-f_2(\omega) m_2 (r - r_R)} \tag{19.3.4}$$

在以上各式中，ω 为振源圆频率；m_1、m_2 为土介质的阻尼常数；A_r 为距振源 r 处土的竖向分量振幅，是待求的；A_R 为距振源 r_R 处土的竖向分量振幅；A_0 为振源边缘处的竖向分量振幅；$f_1(\omega)$、$f_2(\omega)$ 为振源圆频率的函数。

$f_2(\omega)$ 和阻尼常数 m_2 可通过土的波动试验作出定量测定。试验时在基础上安装了激振器作为振源，由振源出发布置几条测线，在其上以不同距离布置测点，记录振动的波形。为了求得 $f(\omega)$，试验时，在不同激振频率作用下测出了振幅的衰减曲线，按公式（19.3.4）的

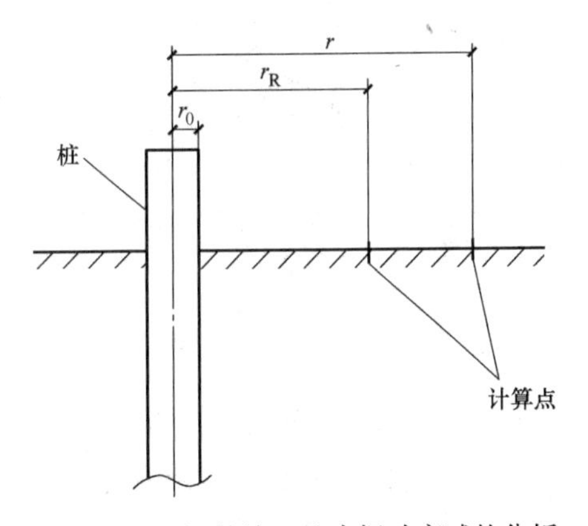

图 19.3-2 沉桩施工地表振动衰减的分析

变形

$$\eta=m_2 f_2(\omega)=\frac{1}{r-r_{\mathrm{R}}}\ln\left[\frac{A_{\mathrm{R}}}{A_{\mathrm{r}}}\sqrt{\frac{r_{\mathrm{R}}}{r}}\right] \tag{19.3.5}$$

即可算出不同频率时的 $m_2 f_2(\omega)$。

因 $m_2 f_2(\omega)\sim\omega/2\pi$ 具有直线关系，故可求得

$f_2(\omega)$和 m_2，试验结果还表明 $f_2(\omega)=\omega/2\pi$，所以，在这种情况下，

$$A_{\mathrm{r}}=A_{\mathrm{R}}\sqrt{\frac{r_{\mathrm{R}}}{r}}e^{-\frac{\omega}{2\pi}m_2(r-r_{\mathrm{R}})} \tag{19.3.6}$$

在工程中常关心 $r\geqslant r_{\mathrm{R}}$ 的情况，即常用公式（19.3.4）进行计算。

（2）加速度的衰减

振动加速度在土中传播时的衰减极快，土的质点振动速度的衰减也是随着距离的增大而减小。通常离振源 40m 处的垂直向质点振动速度将衰减为 10m 处的 40%～50%，且随着桩入土深度的增加而呈稍减小的趋势。通常地基土的振动强度可采用其综合特征以 dB 表示。振动的水平方向分量较小于振动的垂直向分量。日本北川原等考虑地面振动频率对地面波衰减的影响，提出经验公式如下：

$$\Delta L=10\log\frac{r_{\mathrm{b}}}{r_{\mathrm{b0}}}+55\left(f_{\mathrm{L}}\frac{\alpha}{v}\right)(r_{\mathrm{b}}-r_{\mathrm{b0}}) \quad (\mathrm{dB}) \tag{19.3.7}$$

式中 r_{b}，r_{b0}——离振源 r_{b}，r_{b0}处的距离（m）；

f_{L}——振动频率（Hz）；

v——地面波传播速度，通常为 100～300m/s；

α——土的能量吸收系数，通常为 0.01～0.1l/m；

ΔL——地面波由 r_{b0}处传播至 r_{b}处的衰减量。

实测结果表明，按上述公式计算的理论值和实测值是较接近的。

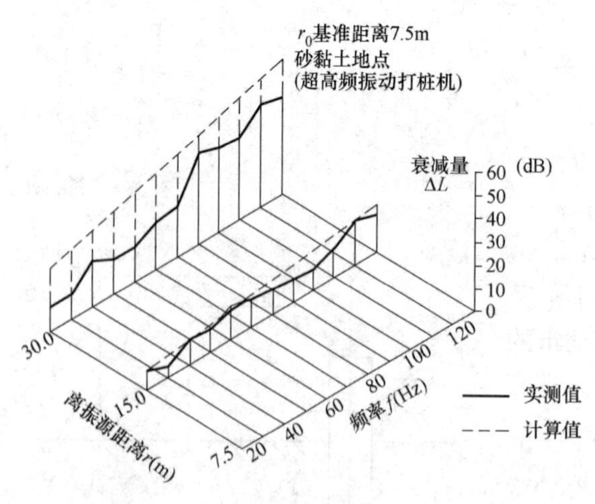

图 19.3-3 沉桩施工地表振动衰减的分析

沉桩振动所引起的地面振动强度基本上是按距离的对数呈线性衰减，并且较高频率的振动锤所引起的地面振动，其衰减值一般要比柴油锤稍大。但声波振动锤（90～120Hz）所引起的地面振动要比锤击法沉桩时小一个数量级。锤击法沉桩时，土体质点的最大振动速度与桩锤的能量和距离有着对应关系，见图 19.3-4。该图一般表示可预计的振动强度的上限。

综上所述可知，表面波在地面振动中起着主导作用，一般地面土的振动振幅和振动加速度将在沉桩区 10～15m 处达最大值，且振幅 A 不大于 0.2mm、振动加速度 a 不大于 $0.06g$。当距离增大至 20m 后，振幅和加速度将显著减小，一般振幅 A 不大于 0.08mm、振动加速度 a 不大于 $0.03g$。振动频率也将随距离的增大而减小。在软土地基中，当锤击能量为 13～5.5×

10^4J 时，地面土的质点振动速度在离沉桩区 5～6m 处将小于 10mm/s。当锤击能量为 21.5×10^4J 时，地面土的质点振动速度在离沉桩区 10m 处将小于 1.5～1.8mm/s，但地基存在硬土层时，则有时可达 15mm/s。在一般施工条件下（桩锤锤级为 3～6t），沉桩振动的显著影响范围约为 10～15m。表 19.3-2 所示为国内外部分沉桩振动影响资料可供参考。

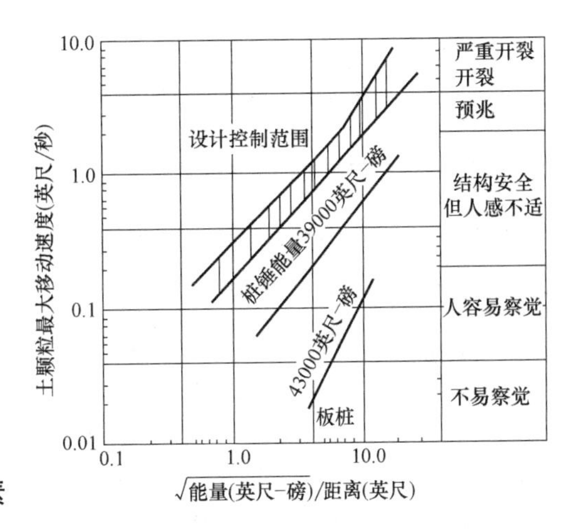

图 19.3-4　冲击打桩机的预期最大打桩强度

2. 锤击式沉桩产生的振动的影响因素

打桩振动效应影响的因素是非常复杂的，除打桩的振动能量之外，还与桩和场地土的动力参数，桩的入土深度，建筑物的施工质量，基础类型，振源的远近及方位，振动的频率及地基工程地质条件等有关。

表 19.3-2

序号	打桩机械	打桩情况			打桩位置(m)	
		描述	落距	土层	描述	离振源距离
1	1.15t 落锤	锤击 Φ32×1700cm 灌注桩	0.25	亚黏土	在地表面	1.20
			0.30	亚黏土	在地表面	1.20
			0.35	亚黏土	在地表面	1.20
			0.45	亚黏土	在地表面	1.20
2	DZ40-A 振动沉桩机	打桩管至持力层		亚黏土	在地表面	15.00
		拔桩管		亚黏土	在地表面	15.00
3	K-25 或 K-35 柴油打桩机	不钻孔直接打入		灰色亚黏土		7.00
		先钻孔 ϕ40,8～10m 后打桩		灰色亚黏土		5.00
4	K35 柴油打桩锤	打 45×45×4050cm 钢筋混凝土桩	1.80～2.00	灰亚黏土 暗绿黏土	电梯井	
					地面,北面塔吊处	
					地面,地下油池	
					静安宾馆二层	
					静安宾馆五层	
					静安宾馆九层	
					华山医院抗生素室	
5	打桩				接近住宅处	
6	ICE812 型振动锤	打桩板,桩断面模数 712cm^2 重量 63.4kg/m,长度 10～15m/根			桩附近处 30m 之外	30.00
7	3t 落锤	打法兰克桩	8.00	砾石	沉管	60.00
			8.00	砾石	沉管	60.00
			6.00	碎石	沉管	21.50
			6.00	软泥	沉管	21.50

续表

序号	打桩机械	打桩情况			打桩位置(m)		
		描述	落距	土层	描述		离振源距离
8	2.75t 落锤	打钢板桩	1.00	黏土、砂粗砾石	旧厂房支墩上		10.00
					旧厂房墙上		10.00
9	振动钻孔	桩径 600mm		黏土	17 世纪建筑	女儿墙	15.00
						正面墙	15.00
						地面上	15.00
10	3t 落锤	就地灌入打入式钻孔桩,直管 ϕ500mm	8.00	白垩土	女儿墙		15.00
					桩附近		2.00
11	IDH-22 柴油打桩锤锤击部分重 2.2t 每击能量 5.5t-m频率 50～60 次/分钟	打钢筋混凝土桩 ϕ350mm,长 12m			在地面上		10.00
							14.60
							18.00
							20.00
							23.00
							30.00
							40.00
12	K35 柴油锤	钢筋混凝土桩 45×45×2850cm	1.2～1.4	灰亚黏土	地面上钻孔 9.5m		11.6
							21.6
					地面上		11.6
							21.6
					地面上钻孔 11.5m		15.0
							25.0
							35.0
							39.0

打桩振动实例 **表 19.3-3**

振幅(mm)		频率	速度(mm/s)		加速度(g)		资料来源
垂直	水平	(Hz)	垂直	水平	垂直	水平	
0.18		28					建研院地基所试桩资料,1982 年,天津
0.15		28					
0.20		23					
	0.05	32					
0.05		9					同上
0.03		10					
0.13	0.07						上海市基础工程公司 1984 年,上海
0.00	0.05						
0.195	0.016		4.9	4.0	0.13	0.019	上海四建公司,上海市建筑施工技术研究所,1979 年,上海
0.046			1.15		0.031		
0.029	0.007		0.73	2.1	0.019	0.007	
0.010			0.26		0.007		
0.014			0.36		0.009		
0.012	0.015		0.31	0.20	0.008	0.003	
0.022	0.019		0.55	0.48	0.014	0.012	
0.013		30	2.5		0.049		美国房屋研究所,1952 年
			25～50		0.40		美国(I·Waync 等)1977 年旧金山
			0.7～2.5		0.03		

续表

振幅(mm)		频率(Hz)	速度(mm/s)		加速度(g)		资料来源
垂直	水平		垂直	水平	垂直	水平	
	0.02 0.028 0.036 0.009						波兰 R·Clesielski1980 年
			3 1.1	0.7 0.25			M. S. Langey 和 P. C. Bllis,1980 年
			9.5	4 0.5 5			同上
			7 12.5	7 17.5			同上
0.15 0.08 0.04 0.027 0.021 0.027 0.006	0.11 0.025 0.01 0.01 0.005 0.008	12～14 12～17 13～11 12～11 11～12 13～11 14			0.083 0.013 0.028 0.015 0.011 0.018 0.005	0.085 0.014 0.005 0.005 0.003 0.001	据国外资料
0.041 0.0305		10 10			0.016		上海市基础工程公司
0.132 0.036		10 10			0.053		
	0.087 0.028 0.023 0.012	10				0.035	

锤击式沉桩产生的振动，每击振动持续时间约 1s，对周围建筑物的影响随离打桩点距离的增大而减少，加速度幅值随离桩位距离增加而衰减。由于每一击贯入度大小取决于土的阻力，故振动强度与土的阻力密切相关。在锤击能量不变时，若桩端土层越硬。每击塑性惯入越小、其传入土中能量就越大，引起的振动响应也越显著。反之，土层较软时，就表现为低频振动，振幅也较小。

3. 锤击式沉桩产生的振动的判别标准

通常情况下振动影响的可接受标准可以根据下列影响后果规定：(1) 结构构件的容许变形或应力（变形、疲劳或强度方面）；(2) 人生理方面的影响（机械、声学或视觉方面）；(3) 生产过程中的问题（如产品偏差问题等）及机器的超应力（变形、疲劳或强度方面）。振动的评定或设计界限必须同时符合对结构、构件和对人的影响，有时还要考虑对机械和设备的影响。由于结构形式及用途不同，三个目标可能得出不相同的界限，因此，在处理桩基施工对周边振动影响的纠纷中，应充分考虑到这些情况，对不同的结构环境在施工前或纠纷处理时必须综合考虑上面三个因素确定一个为当事双方均可接受的、合理的振动标准作为处理今后可能的纠纷时的依据。

在打桩振动中，瑞利波在地面振动中起主导作用。振动的振幅、速度、加速度之间是可以相互转换的。这三个振动参数中的任何一个都可以作为评价打桩振动危害性的标准。国内外的工程实践表明，地面质点峰值速度与结构物、建筑物的破坏程度相关性最好，所以，在衡量建筑物的振动效应时，国内外绝大多数采用质点速度作为控制标准。目前，我国尚没有正式颁布有关建筑物和结构物安全振动的控制标准。综合国内外相关技术规范，有人提出以质点速度 0.5cm/s 作为安全阈值。

（1）以响应速度峰值为判别标准，则：当振动速度 $v > 0.3$mm/s（新隔振规范）时，对精密仪器设备的正常运行有影响；当 $v > 0.25$mm/s 时，若持续时间较长，会使人感到厌烦；当 $v > 0.75$mm/s 或冲击加速度 $a > 0.1$g，陈旧的砖混结构房屋可能有损坏。

据福州市某工程监测，该处上部土层为巨厚的饱和软黏土，当桩打入上部地层时，基本上是靠桩自重及桩锤重量压入，或轻击打入，振动影响较小；当桩进入硬层，特别是进入持力层时，桩锤连续重击，振动影响大。对周围建筑物的影响除了与距离有关外，还与建筑物本身的结构强度有关。如该工程距打桩点最近距离 12m 的电影院，地面最大垂直加速度 0.33m/s^2，最大水平加速度 0.16m/s^2，相当于重型汽车行驶时对路边房屋产生的振动，其影响不构成危害；而距打桩点 4m 的旧式民房，地面垂直加速度 0.5m/s^2，最大水平加速度达到 0.31m/s^2 时，旧裂缝有延伸、扩展现象，局部出现新裂缝，并引起部分旧围墙倒塌；而对于距离仅 4m 新建的 5 层楼房（片筏基础，结构强度好），则未见任何损坏。振动的冲击波的传播距离较远，据监测，打桩区以外 11.3 倍桩长距离的浅基础建筑物地基被振实，产生沉降，但沉降量较小。

（2）以振幅作为危害性评价标准可参照 O. Neil 提出的振幅界限图（见图 19.3-5）。

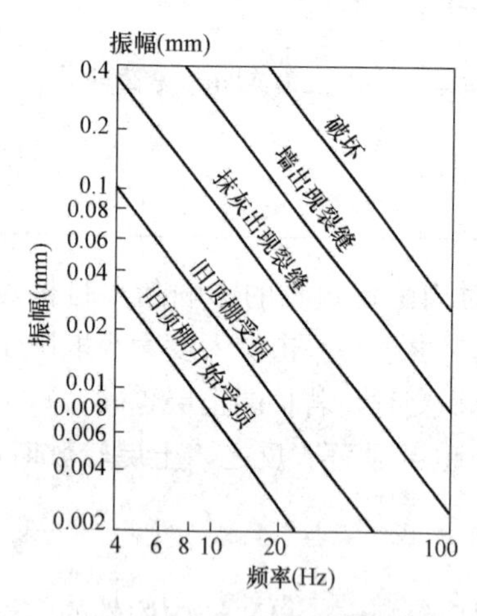

图 19.3-5 振幅界限图

4. 锤击式沉桩产生的振动的预测方法

振动预测方法主要有三种：（1）利用现场波动试验预测；（2）类比法；（3）模式法。

1）利用现场波动试验预测

工程中对沉桩振动问题的处理，通常是在沉桩施工的过程中，通过现场波动试验，利用拾振器、测振仪等试验仪器，进行实地振动监测，并利用监测结果（如测点的振幅、振动加速度等），结合公式（19.3.4），对所得数据进行回归分析，得到能耗衰减系数 η，从而获得沉桩振动的振幅、速度、加速度等随着距离的衰减规律。之后，利用得到的振动衰减规律确定沉桩对环境的振动影响范围和非测点的振动强度。

打桩振动影响范围的预测

如前所述，打桩振动可以由振动速度、振动加速度或振幅中的任一个参数来评价。因此，当选定某个评价标准后，就可对振动范围作出预测。如：某工程采用 DZ40-A 振动沉桩机施工，要估计在施工区附近砖混结构房屋不受损害的最小安全距离。由该桩机实测数据知离打桩点 15m 处的最大振幅为 0.05m（频率为 9Hz）。另由图 19.3-5 可知，如以旧顶棚轻微受损为安全界限，当 f=9Hz 时，振幅应小于 0.015mm。已知 A_0=0.05mm，r_0=15m，A_r=0.015mm，若 a=0.065，代入式（2）求得 $r \approx 28.6$m，即认为大约在 29m 之外的砖混结构房屋是安全的。用这样的方法求出的振动影响范围涉及了经验数据和半经验公式，因此是比较粗略的，但在工程上也不失为一种简便实用的方法。

2）类比法

这也是目前应用较多的方法。选择一个已完成的，引起的环境振动符合《城市区域环境振动标准》的工程，其振源的类型和运行条件应相同或相似。由于地质状况对振动传播影响很大，所以地质条件（主要是表面层）的相似性也十分重要。在满足上述条件的前提下，通过振动实测和分析，说明评价工程的振动影响状况。由于振动的传播距离（或影响范围）较小，多数情况下受振点仅受到某一种类型振源的影响，因此与噪声的类比法相比较，振动的类比法容易选择到较好的类比对象。但困难之处是地质条件的选择，通常为保证地质条件的相似性，应尽量在同一地区选择类比对象。

3）模式法

迄今为止，国内外对环境振动的预测都还处于研究阶段，尚无一种实用的预测模型供振动环境影响评价使用，因此还需要进行大量的工作，研究、完善一些预测模型。

19.3.2　锤击式沉桩产生的噪声

打桩所产生的噪声，同桩的材质和类型及打桩设备等有关。根据我国颁布的《声环境质量标准》GB 3096—2008 规定，允许的噪声："交通干线道路两侧，昼间为 70dB，夜间为 55dB；以居住、文教机关为主的区域为 55dB，夜间为 45dB"。而打桩施工所产生的噪声往往高达 90～120dB 以上。据有关实例，20kN 的落锤产生 90dB 的噪声影响范围可达 16～20m；50kN 落锤产生 90dB 的噪声可达 20～50m，1 根桩常常锤击几百次以上，对周围环境具有十分明显的干扰作用，因此需要在打桩施工时采取必要的措施以降低噪声。目前，有的城市在这方面已经高度重视，对打桩噪声控制进行了立法规定，如广州市颁布的《广州市环境噪声管理规定》、南京市颁布的《夜间施工规定》中都对打桩施工噪声提出了要求。

噪声在空气以平面正弦波传播，并按音源距离对数值呈线性衰减。一般以音压单位 dB 来衡量噪声的强弱及其危害程度。噪声的危害不仅取决于音压大小，而且与持续时间有关。沉桩工艺也有所不同，噪声音压也有所不同。见表 19.3-4，及图 19.3-6 和图 19.3-7。

（钢桩）音源处噪声音压（dB）　　表 19.3-4

柴油锤					振动锤	静力压入	水冲与锤击并用	预钻孔与锤击并用	中掘与锤击并用
K-25	K-35	K-45	(有消音罩)K-45	K-60					
127～132	128～133	129～134	113～118	129～134	94～104	86～99	102～112	92～103	97～107

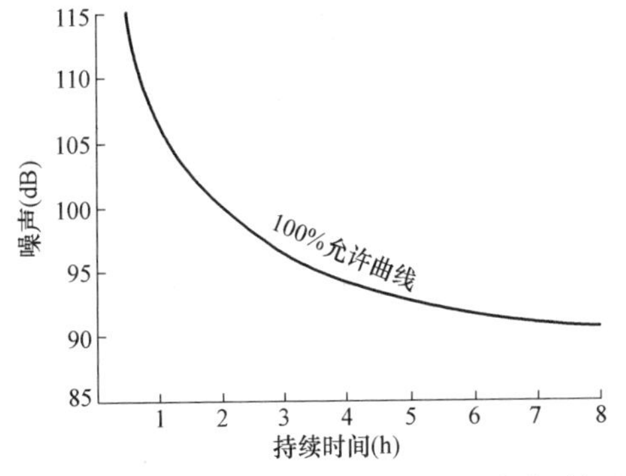

图 19.3-6　噪声音压与人能经受的允许时间

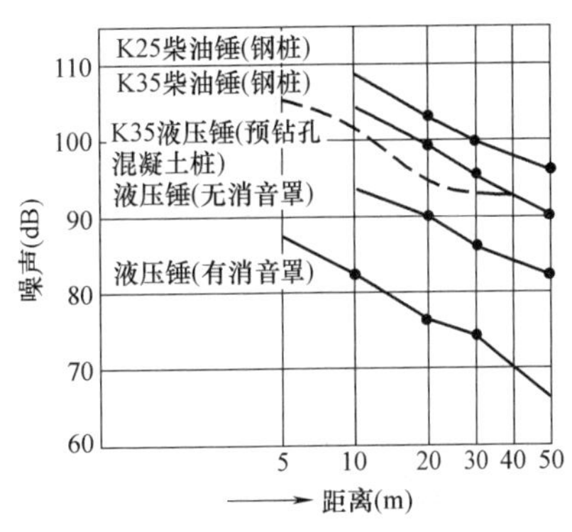

图 19.3-7　打桩噪声与距离的关系

噪声随着离声源距离增大而衰减的状况，一般可按下式估算：

$$P_{L}=P_{W_1}-20\log r_{b}-ar_{b}-8\ (\text{dB}) \tag{19.3.8}$$

式中 P_L——衰减后的音压（dB）；

P_{W_1}——音源处的音压（dB）；

r_b——离音源的距离（m）；

a——地面吸收系数（dB/m）。与地面平整程度和特性有关。有时也可按图19.3-7采用图解法进行估算。

当在噪声扩散传播进程中有障碍物阻挡时，应考虑传播回折所增加的距离对噪声衰减的影响，以及障碍物的消声效能会使噪音进一步衰减。可按下式计算回折距离δ。

$$\Delta=\frac{1}{2}(H-h)^2\cdot\left(\frac{1}{A_b}+\frac{1}{B_b}\right)(\text{m}) \tag{19.3.9}$$

式中 H——障碍物高度（m）；

h——声源的高度（m）；

A_b——声源处至障碍物的距离（m）；

B_b——受音处至障碍物的距离（m）。

障碍物的消音效能与其吸声效果及接合状态有关。一般简易板屏其最大消音值T_L约为5dB。通常也可按图19.3-8估算噪声障碍物和回折距离δ影响所产生的衰减量。当噪音传播进室内时，一般尚可衰减约15dB。

L(dB) L(dB) Γ_b(m)

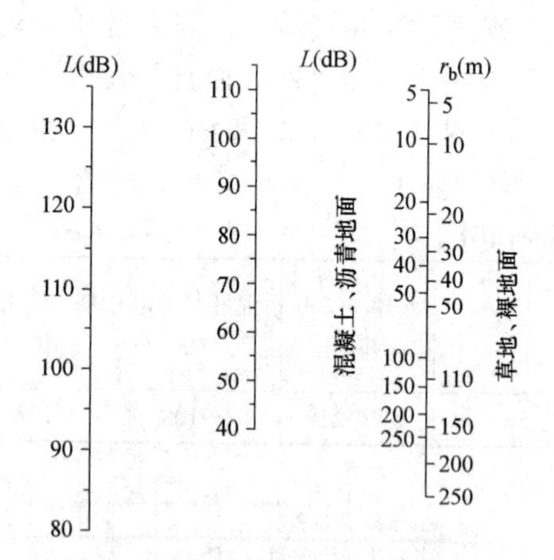

图19.3-8 噪声随距离衰减图解法

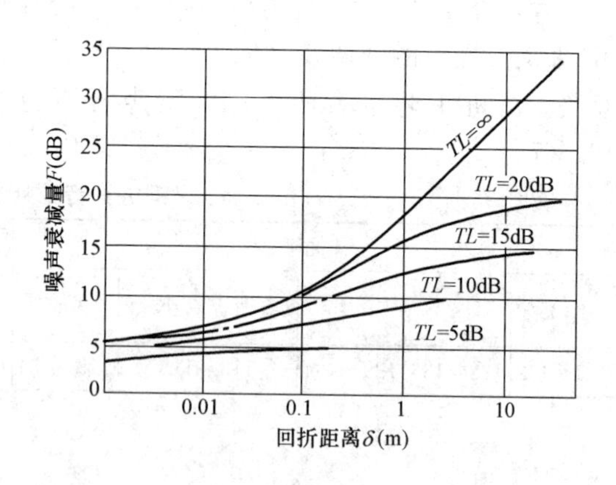

图19.3-9 噪声回折距离与衰减量的关系

当为多声源噪声时，则受音处的噪声音压将为各个声源影响的合成，合成声压可按下式估算：

$$P_L=10\lg(10^{P_{L1}/10}+10^{P_{L2}/10})\qquad(\text{dB}) \tag{19.3.10}$$

19.3.3 防治对策

1. 振动的防治

按照工程设计规模和工地周围环境实际，提出施工振动预防措施。沉桩振动的危害影响程度不但与桩锤的能量、桩锤的锤击频率、离沉桩区的距离有关，而且取决于沉桩区的地形、地基土的成层状态和土质、邻近建筑物的结构形式及其规模大小、重量和陈旧程度等。

沉桩振动的防治对策应该考虑从振源上降低振动、从振动传播途径上降低振动以及建筑物的加固三个环节。

1）从振源上降低振动

（1）改进桩型设计

为了缩短振动影响时间和减少振动影响程度，可以设计采用桩尖灌浆等提高桩的承载能力达到减少桩的数量的防护方法，也可设计采用完全排土桩（钢管桩）和部分排土桩（空心钢筋混凝土管桩）桩型。

（2）改进施工方案

为了缩短沉桩振动时间和减少振动影响程度，可在沉桩施工中采用特殊缓冲垫衬和缓冲器，合理选用低振动强度和高施工频率的桩锤，采取桩身涂覆减少摩阻力的材料以及预钻孔法、掘削法、水冲法、静压法相结合的沉桩工艺，控制沉桩施工顺序（由近向远沉桩顺序）和沉桩速度以及隔桩跳打等防护措施。

一个工程项目中有不同的基础形式时，要先做桩基、深基，后做浅基，有不同桩长时，先打长桩，后打开口桩。

2）在振动传播途径上降低振动

如果采取措施阻隔应力波的传递路径，就能有效地防治锤击式沉桩产生的振动。在振动传播途径上降低振动是一种常见的振动防治手段，以使振动敏感区达标为目的。具体做法如下：

（1）采用“动静分开”和“合理布局”的设计原则，使高振动设备（打桩机等）尽可能远离振动敏感区；

（2）利用自然地形物（如位于振源与振动敏感区之间的地堑、山坡等）降低振动；

（3）采用振动控制措施，使地面传播的振动弹性波的大部分能量被吸收和反射，从而减少继续传播中的振动弹性波的振动强度和影响范围。可采取以下措施：

① 设置如防挤沟、钻孔排；

② 应设置隔离板桩或地下连续墙；

③ 开挖地面防震沟，并可与其他措施结合使用。防震沟沟宽可取 0.5～0.8m，深度按土质情况决定。

3）建筑物的保护与加固

首先要了解打桩的干扰频率是多少，对周围建筑物内的精密仪器、仪表或机床采取隔振措施，将保护对象的固有频率避开干扰频率，防止产生共振。为了保证沉桩施工期间，沉桩区邻近建筑物在沉桩振动影响下的安全，对陈旧型和古建筑宜采取临时托换加固体系防护措施，以提高建筑物的抗震性能。

2. 噪声的防治

1）国家标准

《建筑施工场界环境噪声排放标准》GB 12523—2011 规定“建筑施工场界噪声限值：昼间：70dB；夜间：55dB”。同时，又规定“一般情况夜间禁止施工，因特殊需要必须连续作业的经有关部门批准，施工单位预先公告后，执行 55dB 的夜间限值。”

根据《中华人民共和国环境噪声污染防治法》，“昼间”是指6：00至22：00之间的时段；“夜间”是指22：00至次日6：00之间的时段。

2）防治措施

当沉桩施工噪声音压高于80dB时，应采取减小噪声的处理措施，一般可采取声源控制、遮挡、保护设施、时间控制等基本防护方法。

（1）声源控制防护

降低声源处噪声音压是直接有效措施。锤击法沉桩可按桩型和地基条件选用冲击能量相当的低噪声冲击锤。振动法沉桩选用超高频振动锤和高速微振动锤可较一般振动锤降低噪声音压5～10dB，且噪声持续时间可缩短近一半。为了进一步减小噪声和缩短噪声持续时间，也可采用预钻孔辅助沉桩法、振动掘削辅助沉桩法、冲水辅助沉桩法等工艺。同时可改进桩帽、垫材以及夹桩器来取得降低噪声的效果。在柴油锤锤击法沉桩施工中，还可用桩锤式或整体式消声罩装置将桩锤封闭隔绝起来，并可在罩内壁设置以消声材料制作的夹层，可显著降低桩锤锤击所产生的噪声向外传布时的噪声音压，可降低噪声音压15～20dB。其中桩锤式消声罩效果稍差，但使用方便经济。而整体式消声罩的效果较好，一般离打桩区30m处噪声音压可控制在70dB以下。

（2）遮挡防护

在打桩区和受音区之间设置遮挡壁可增大噪声传播回折路线，并能发挥消声效果，显著增大噪声传布时的衰减量。遮挡壁的消声效果不仅取决遮挡壁的高度，而且与制作遮挡壁的材料有关。当采用具有足够高度的优质消声材料制成的接合良好的遮挡壁时，可降低噪声音压达20～25dB。通常情况下遮挡壁高度不宜超过声源高度和受音区控制高度，一般宜为15m左右比较经济合理。遮挡壁的设计可按噪声控制要求和前述估算公式及图表进行。

（3）保护设施防护

为了减小噪声对施工操作人员的危害影响，有时可采用消声效果良好的材料制成接合良好的操作控制室，以保护施工操作人员免受噪声长时间作用对人体健康和生产安全所产生的危害影响。

19.4 非挤土灌注桩施工对环境的影响

19.4.1 排放泥浆对环境的污染问题

泥浆是桩孔施工的冲洗液，主要作用是清洗孔底、携带钻渣、平衡地层压力，以及护壁防塌、润滑和冷却钻头。泥浆用量与钻孔直径、钻孔深度、处理方式有关，一般为成孔体积的3～5倍。

采用泥浆作业，特别是在易于自然造浆的黏土层钻进，往往会产生大量的高黏度、高密度的废泥浆，加上排出的大量钻渣，处理不当很容易造成附近水质污染。

现行的处理方式是用槽罐车把现场泥浆水运到郊外垃圾场，让其自然干化。这种处理方式原始落后，产生了许多问题。一是费用高、效率低，施工紧张时，槽罐车昼夜运输尚不能满足施工进度要求。二是施工现场环境恶劣，泥浆水四溢令人难以插足，工程队常因泥浆水漏入下水道造成管道堵塞而遭受巨额罚款。另外，槽罐车在运输途中也常因泥浆水漏洒在城区干道上而污染了市容环境。

19.4.2 防治对策

近些年来，国内外有关科研和施工部门致力于研究废浆钻渣的处理，取得了很大进展，能够比较有效地处理这些施工废弃物，控制对环境的污染。目前常用的方法有如下几种：

1. 机械处理

使用专门的泥水分离设备对废浆、钻渣进行分离处理。这类泥水分离设备有机械振动筛、旋流除砂器、真空式过滤机械、滚筒或带式碾压机及大型沉淀箱等。使用时，通常将上述几种机械联组成一套废浆钻渣处理系统，进行泥水分离联合处理，形成含水量不高的湿土和符合排污标准的污水。最后湿土装车外运，污水从下水道排走。这类处理方法的主要不足是占用场地较大，动力消耗增加，处理量一般不超过 $15m^3/h$，不能适应大量废浆及时处理。

2. 化学处理

泥浆水是一种水中含有一定量的微细泥颗粒的悬浮液体，它具有一定黏度，长时间静置也难以分层。可使用化学絮凝剂进行絮凝沉淀，使泥水分离，然后清出沉淀的泥渣。由于这类絮凝剂的价格较高，而使用量往往又比较大，所以处理费用也较大。此外，为防止有害化学元素对地下水、邻近地面水或土的污染，对使用化学絮凝剂也作了比较严格的限制，故在施工中单独使用化学方法对废泥浆的处理也比较少。

3. 机械化学联合处理

这种方法采用较多。首先用振动筛将废浆中大颗粒的钻渣筛出，再加入高效的高分子化学絮凝剂对细小的钻渣进行絮凝聚沉，然后送至压滤机或真空过滤机进行泥水分离，最后将分离出的湿土和污水分别清出排走。

其基本工艺流程如图 19.4-1 所示。

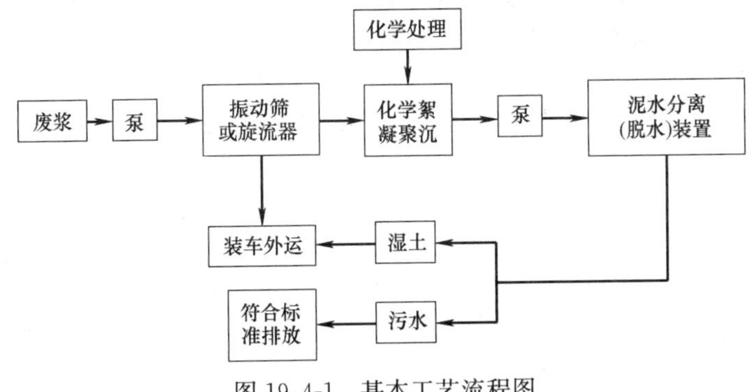

图 19.4-1 基本工艺流程图

4. 重力沉淀处理

这种方法比较简单，主要依据场地条件设置数个沉淀池，泥浆中的钻渣靠自身的重力沉淀，形成含水量较大的浓稠状废浆，装入槽罐车运走。在以砂层为主的地层钻进时这种处理方法简单易行，可满足施工要求。

参考文献

[1] 中华人民共和国行业标准．建筑桩基技术规范 JGJ 94—2008. 北京：中国建筑工业出版社，2008.

[2] 孙钧等. 城市环境土工学. 上海：上海科学技术出版社，2005.
[3] 张明义. 静力压入桩的研究与应用. 北京：中国建材工业出版社，2004.
[4] 鹿群. 成层地基中静压桩挤土效应及防治措施. 浙江大学博士学位论文，2007.
[5] 华南理工大学，浙江大学，湖南大学编. 基础工程（第一版）. 北京：中国建筑工业出版社，2006.
[6] 中华人民共和国建筑法. 1997年11月1日第八届全国人民代表大会常务委员会第二十八次会议通过，自1998年3月1日起施行.
[7] 张雁. 深基础施工的环境效应问题. 建筑科学，1995年第1期：32-35.
[8] 孙修礼. 挤土桩对工程环境的影响及防治措施. 岩土工程界，11（6）：48-49.
[9] 施建勇，彭劼. 沉桩挤土效应研究综述. 大坝观测与土工测试，2001，25（3）：5-9.
[10] 张庆贺，柏炯. 沉桩引起环境病害的预测和防治. 岩石力学与工程学报，16（6）：595-603.
[11] 龚晓南. 应重视上硬下软多层地基中挤土效应的影响 [J]. 地基处理，2005，16（3）：63-64.
[12] 陈勇金. 沉管灌注桩断桩原因的分析及控制探讨 [J]. 福建建设科技，2001，4：6-8.
[13] 廉进生. 打桩施工对环境的影响及防治措施 [J]. 铁道标准设计，21（11）：39-40.
[14] 蒋建平，高广运. 桩基工程引发的环境问题及其防治技术 [J]. 建筑技术，2004，（3）：173-175.
[15] 蔡江东. 静压沉桩后桩间土挤密效果测试分析 [J]. 路基工程，2009，（3）：90-91.
[16] 陆庆华. 中心城区预制桩沉桩对环境影响的控制方法研究 [J]. 建筑施工，30（9）：756-757.
[17] 夏传勇，姚仰平，罗汀. 沉桩振动的环境影响评价 [J]. 北京航空航天大学学报，29（6）：539-543.
[18] G. A. 波林格，刘锡荟，熊建国译. 爆炸振动分析. 北京：科学出版社，1975.
[19] 徐必兵. 打桩引起地面振动的研究. 武汉理工大学硕士学位论文，2007.
[20] 余小晖. 桩基施工对周边建筑振动影响的可接受标准及对策探讨. 福建建设科技，2006，（14）26-28.
[21] 许锡昌，徐海滨，陈善雄. 桩基施工振动对环境影响的研究与对策. 岩土力学，24（6）：957-960.
[22] 桩基工程手册，北京：中国建筑工业出版社，1995.
[23] 中华人民共和国国家标准，声环境质量标准GB 3096—2008. 北京：中国环境科学出版社，2008.
[24] 中华人民共和国国家标准. 建筑施工场界环境噪声排放标准GB 12523—2011. 北京：中国环境科学出版社，2012.
[25] 万玉纲. 桩基工程泥浆水处理技术 [J]. 环境工程，17（1）：14-16.

索 引

D

F

G

H

J

K

L

M

N

P

Q

R

S

T

W

X

Y

Z